Andrea Tipold • Reinhard Mischke (Hrsg.)

Innere Medizin
beim Kleintier

lehmanns media

Autorinnen und Autoren

PD Dr. Michèle Bergmann
Ludwig-Maximilians-Universität München
Tierärztliche Fakultät
Kleintierklinik
Veterinärstraße 13
80539 München

Prof. Dr. Iwan Burgener, PhD
Veterinärmedizinische Universität Wien
Innere Medizin der Kleintiere
Veterinärplatz 1
1210 Wien

Dr. Michael Deinert
AniCura Wiesloch GmbH
Ludwig-Wagner-Straße 31
69168 Wiesloch

Dr. René Dörfelt
Ludwig-Maximilians-Universität München
Tierärztliche Fakultät
Kleintierklinik
Veterinärstraße 13
80539 München

Prof. Dr. Anne-Rose Günzel-Apel
ehemals
Stiftung Tierärztliche Hochschule Hannover
Reproduktionsmedizinische Einheit der Kliniken,
Arbeitsgruppe Kleintiere
Bünteweg 15
30559 Hannover

Prof. Dr. Katrin Hartmann
Ludwig-Maximilians-Universität München
Tierärztliche Fakultät
Kleintierklinik
Veterinärstraße 13
80539 München

Dr. Thomas Häußler
Justus-Liebig-Universität Gießen
Fachbereich Veterinärmedizin
Klinik für Kleintiere – Chirurgie
Frankfurter Straße 114
35392 Gießen

Prof. Dr. Romy M. Heilmann, PhD
Universität Leipzig
Veterinärmedizinische Fakultät
Klinik für Kleintiere
An den Tierkliniken 23
04103 Leipzig

Prof. Dr. Johannes Hirschberger
ehemals
Ludwig-Maximilians-Universität München
Tierärztliche Fakultät
Kleintierklinik
Veterinärstraße 13
80539 München

Prof. Dr. Sabine Kästner
Stiftung Tierärztliche Hochschule Hannover
Klinik für Kleintiere
Bünteweg 9
30559 Hannover

Prof. Dr. Ellen Kienzle
ehemals
Ludwig-Maximilians-Universität München
Tierärztliche Fakultät
Veterinärstraße 13
80539 München

Prof. Dr. Manfred Kietzmann
ehemals
Stiftung Tierärztliche Hochschule Hannover
Institut für Pharmakologie, Toxikologie
und Pharmazie
Bünteweg 17
30559 Hannover

Prof. Dr. Wilfried Kraft
ehemals
Ludwig-Maximilians-Universität München
Tierärztliche Fakultät
Kleintierklinik
Veterinärstraße 13
80539 München

Prof. Dr. Dr. h.c. mult. Martin Kramer
Justus-Liebig-Universität Gießen
Fachbereich Veterinärmedizin
Klinik für Kleintiere – Chirurgie
Frankfurter Straße 114
35392 Gießen

PD Dr. Jessica Meißner
Stiftung Tierärztliche Hochschule Hannover
Institut für Pharmakologie, Toxikologie
und Pharmazie
Bünteweg 17
30559 Hannover

Prof. Dr. Reinhard Mischke
Stiftung Tierärztliche Hochschule Hannover
Klinik für Kleintiere
Bünteweg 9
30559 Hannover

Prof. Dr. Rafael Nickel
Evidensia Tierärztliche Klinik für
Kleintiere Norderstedt
Kabels Stieg 41
22850 Norderstedt

Dr. Isabella Pfeiffer
Thompson Proton Center
6450 Provision Cares Way
Knoxville, TN 37909
USA

Prof. Dr. Dr. h.c. Kurt Pfister
Parasite Consulting GmbH
Wendschatzstrasse 8
3006 Bern
Schweiz

Dr. Denise S. Riggers
mobile Tierarztpraxis Riggers
Ottobrunner Str. 29
85640 Putzbrunn

Prof. Dr. Andrea Tipold
Stiftung Tierärztliche Hochschule Hannover
Klinik für Kleintiere
Bünteweg 9
30559 Hannover

Prof. Dr. Dr. h.c. Axel Wehrend
Justus-Liebig-Universität Gießen
Fachbereich Veterinärmedizin
Klinik für Geburtshilfe, Gynäkologie und
Andrologie der Groß- und Kleintiere
Frankfurter Straße 106
35392 Gießen

Andrea Tipold • Reinhard Mischke (Hrsg.)

Innere Medizin beim Kleintier

lehmanns media

Impressum

Bibliografische Information der Deutschen Nationalbibliothek Die Deutsche Nationalbibliothek verzeichnet diese Publikation in der Deutschen Nationalbibliografie; detaillierte bibliografische Angaben sind im Internet unter http://www.dnb.de abrufbar.

Autoren und Herausgeber haben die Angaben zu Wirkstoffen, Dosierungen und Applikationsformen auf Basis des Kenntnisstandes bei Erscheinen dieses Buches sorgfältig geprüft. Anwender sind jedoch gehalten, vor der Anwendung von Medikamenten Dosierungsangaben anhand der jeweiligen Beipackzettel selbst kritisch zu überprüfen und dort vermerkte Kontraindikationen zu berücksichtigen.
Im Fall von Unstimmigkeiten sind Autoren, Herausgeber und Verlag dankbar für entsprechende Hinweise.

Helmholtzstraße 2-9
10587 Berlin

Umschlag, Satz und Layout: Jasmin Plawicki
Druck und Bindung: Elanders, Waiblingen
ISBN 978-3-96543-379-3

www.lehmanns.de

Inhaltsverzeichnis

Vorwort zur 1. Auflage

Seit Erscheinen des Buchklassikers „Kleintierkrankheiten, Band 1, Innere Medizin, 3. Auflage“ der Herausgeber Wilfried Kraft und Johannes Hirschberger sind mehr als 20 Jahre vergangen. Viele Generationen von Tierärztinnen und Tierärzten haben dieses Buch in Händen gehalten und hiermit die Innere Medizin von Hund und Katze studiert. Die jetzigen Herausgeber, alle Autorinnen und Autoren sowie der Verlag sind stolz darauf, eine Art Wiederbelebung des Buches durchgeführt zu haben. Dieses Buch wurde nun mit einem neuen Namen („Innere Medizin beim Kleintier“, 1. Auflage) versehen und bei einem neuen Verlag realisiert. Viele Autorinnen und Autoren des ehemaligen Buches konnten glücklicherweise für die Neuerscheinung gewonnen werden. Die Herausgeber freuen sich zudem, dass zahlreiche, neu hinzugekommene Spezialistinnen und Spezialisten dabei helfen, dieses Buch, das vom Lehmanns Media Verlag ein neues Gesicht erhält, komplett neu aufzulegen. Der Umfang ist deutlich größer geworden, was den Tatsachen geschuldet ist, dass sich das Wissen in Innerer Medizin erweitert hat und neue Kapitel zusätzlich eingefügt wurden.

Das vorliegende Buch legt nicht Wert auf Vollständigkeit, sondern soll knapp und übersichtlich die verschiedenen wichtigsten Erkrankungen beleuchten und einen Überblick über die Innere Medizin bei Hund und Katze ermöglichen. Wir hoffen, damit Studierenden und praktizierenden Kolleginnen und Kollegen wesentliche Informationen für die tägliche Arbeit zu liefern. Zu den einzelnen Kapiteln sind online MC-Fragen abrufbar, um Studierenden eine Vorbereitung auf die Prüfung in Innerer Medizin zu erleichtern. Diese Fragensammlung kann natürlich auch Kolleginnen und Kollegen motivieren, ihr Fachwissen in verschiedenen Bereichen zu überprüfen.

Die Literaturangaben wurden möglichst knapp gehalten und sollen einen Überblick über aktuelle wichtige Studien und lesenswerte Übersichtsarbeiten verschaffen. Die Herausgeber möchten sich bei allen Autorinnen und Autoren ganz herzlich bedanken, die so viel Mühe und Geduld aufgebracht haben, das Werk zu einem guten Abschluss zu bringen. Die Zusammenarbeit mit Ihnen war einfach großartig. Dem Verlag, insbesondere Herrn Volker Thurner (Verlagsleitung und Lektorat), Frau Jasmin Plawicki (Layout und Lektorat) und Herrn Bernhard Thieme (Lektorat), danken wir für die gute, freundliche, konstruktive und schnelle Zusammenarbeit. Es war ein Vergnügen, wie schnell kompetente Antworten auf Anfragen gekommen sind. Es ist wunderschön, dieses umfangreiche Werk in Händen zu halten und wir hoffen, dass es auch in der heutigen digital geprägten Zeit einen Platz in vielen Bücherregalen finden und als rasche Informationsquelle dienen wird.

Hannover, Herbst 2024

Andrea Tipold
Reinhard Mischke

Zu den MC-Fragen siehe
https://www.lehmanns.de/title_id/62298596

1 Ernährung und Diätetik

Ellen Kienzle

In der tierärztlichen Praxis gibt es im Wesentlichen drei typische Situationen, in welchen Wissen über Ernährung benötigt wird.

1. Diagnose von ganz oder teilweise ernährungsbedingten Erkrankungen
2. Präventive Optimierung der Ernährung
3. Diätetische Behandlung von nicht primär ernährungsbedingten Erkrankungen

In der Kleintierpraxis ist die unter 2. aufgeführte präventive Optimierung der Ernährung die am häufigsten nachgefragte Leistung, auch wenn dies nicht immer realisiert wird. Die Frage des Tierbesitzers, ob er denn mit der Fütterung alles richtigmache, ist eine Nachfrage nach einer entsprechenden Dienstleistung, die, sofern Tierärzte nicht darauf eingehen, dann oft von anderen Berufsgruppen, wie z. B. Zoohändlern übernommen wird.

An zweiter Stelle steht die Diätetik. Bei den ernährungsbedingten Erkrankungen nimmt Übergewicht die Spitzenposition ein, gefolgt von Skelettentwicklungsstörungen bei Welpen. Andere Erkrankungen durch Fehlernährung treten in der Kleintierpraxis zunehmend auf, meist als Folge spezieller, ideologischer Ernährungsformen und -lehren mit hausgemachten Rationen wie z. B. dem „Barfen", einem speziellen Rohfütterungssystem. Außerdem gibt es mittlerweile unter den Fertigfuttern Nischenprodukte, deren Zusammensetzung geeignet ist, bei ausschließlicher Fütterung über einige Zeit Ernährungsschäden hervorzurufen. Es ist durchaus möglich, dass ein derartiges Produkt als Alleinfutter deklariert ist, oder aber, dass Aufmachung und Werbung zumindest den Eindruck hervorrufen können, dass es sich um ein Alleinfutter handelt. Solche Produkte werden oftmals durch das Internet vertrieben und sie zeichnen sich i. d. R. durch eine aggressive und ideologische Werbung aus, bei der die Produkte von Mitbewerbern am Markt als minderwertig oder sogar gefährlich dargestellt werden. So wird z. B. damit geworben, das eigene Produkt enthalte keine Tierkadaver, keine „hormongemästeten" Tiere oder es sei „ohne Zusatzstoffe". Es sei hier daran erinnert, dass Vitamine unter Zusatzstoffe fallen und die Verluste beim Sterilisieren von Dosen ausgeglichen werden müssen, sodass es gar nicht ohne Weiteres möglich ist, ein Alleinfutter ohne Zusatzstoffe herzustellen. Nach Fütterung eines so beworbenen Produktes trat ein klinischer Thiaminmangel bei Katzen auf.

Im Folgenden sollen zunächst einige praxisrelevante klinische ernährungsbedingte Erkrankungen abgehandelt, eine Einschätzung der Nährstoffversorgung bei verschiedenen Rationstypen besprochen und schließlich auf Rationsberechnung sowie allgemeine und spezielle Diätetik eingegangen werden. Auf eine detaillierte Darstellung sämtlicher durch Nährstoffmängel oder Überversorgung bedingter Erkrankungen wird verzichtet, eine nicht kommentierte Übersicht gibt Tabelle 1.1.

Im Kontext mit ernährungsbedingten Krankheiten soll hier nicht auf Infektionen durch Futtermittel wie z. B. mit Salmonellen bei Rohfütterung eingegangen werden. Diese Probleme werden an anderer Stelle behandelt. Erwähnt werden sollte jedoch, dass im Zuge immer weiterer modischer Ernährungsstile und deren Übertragung auf Heimtiere auch an chronische Vergiftungen durch ungeeignete oder falsch zubereitete Futtermittel wie z. B. Buchweizen zu denken ist. Kräuter, Tees, Gewürze und ähnliche Zusätze können ebenfalls unerwünschte Nebeneffekte haben.

Tabelle 1.1: **Erkrankungen durch Mangel oder Überversorgung mit Nährstoffen**

Nährstoff	Mangel: Leitsymptome; *typische Rationen und Situationen*	Überversorgung: Leitsymptome; *typische Rationen*
Protein/ Aminosäuren	Glanzloses Fell, Hautveränderungen, Apathie, Hypoproteinämie, Jungtiere: Störungen der Skelettentwicklung, Neugeborene: unterentwickelt; *Überwiegend Süßigkeiten, sehr fettreiche Rationen*	Schmieriger Kot, bei gleichzeitig ballaststoffarmen Rationen; *Schlachtabfälle, einige kommerzielle Feuchtfutter, BARF*
Tyrosin	Rötliche Aufhellungen schwarz pigmentierter Haare	
Taurin, v. a. Katze, beim Hund i. d. R. Folge einer unzureichenden Versorgung mit Methionin	Herzdilatation, Retinaatrophie, Fruchtbarkeitsstörungen; *Vegetarische Rationen, hausgemachte gekochte Rationen mit viel Bindegewebe, Diäten auf Lammbasis, getreidefreie Fertigprodukte, fettreiche proteinarme Rationen, Cystinsteindiäten*	
Essenzielle Fettsäuren	Hautkrankheiten, Leberverfettung, Fruchtbarkeitsstörungen; *Vegetarische Rationen bei Katzen, sehr fettarme Billigtrockenfutter, Rationen mit Rindfleisch oder Quark und Reis, vollständige parenterale Ernährung, Maldigestion/Malabsorption*	
Kalzium und Phosphor	Jungtiere: Skeletterkrankungen, laktierende Tiere: Hypokalzämie, Eklampsie; *Hausgemachte Rationen ohne Knochen, ohne geeignete Mineralstoffergänzungen*	Regulationsstörungen im Kalziumstoffwechsel: Jungtiere: Skeletterkrankungen, laktierende Tiere: Hypokalzämie, Eklampsie? *Übersupplementierung von kalziumreichen Fertigfuttern, exzessive Ergänzung hausgemachter Rationen, zu viel Knochenfütterung*
Natrium	Trockene Haut, Unruhe, Lecksucht, Schluckbeschwerden, Gewichtsverlust, Anstieg von Hämatokrit, Herz- und Atemfrequenz; *Hausgemachte Ration salzlos für den Hund gekocht*	Krämpfe (Gehirnödem); *Pökellake, Meerwasser u. a. salzreiche Flüssigkeiten, sehr salzreiche Fisch- oder Fleischabfälle, i. d. R. in Verbindung mit Wassermangel*

Nährstoff	**Mangel: Leitsymptome;** ***typische Rationen und Situationen***	**Überversorgung: Leitsymptome;** ***typische Rationen***
Kalium	Muskelkrämpfe, paralyseartige Bewegungsstörungen, Blutdruckabfall; *Rationen auf Quark-Reis-Basis, Cave: erhöhte Kaliumverluste bei Durchfall, Nierenerkrankungen, Diabetes mellitus, Diuretikagabe*	
Magnesium	Krämpfe; *Extrem magnesiumreduzierte Struvitdiäten*	Struvitsteine
Eisen	Anämie bei Welpen oder hochtragenden Muttertieren; *Rationen auf Milch- oder Getreidebasis mit ungenügender Supplementierung, Milchaustauscher, zu späte Beifütterung*	Erbrechen, gastrointestinale Symptome, später Lethargie, metabolische Acidose, Schock, Kreislaufkollaps,Exitus nach *unkontrollierter Aufnahme wohlschmeckender Eisenpräparate*
Kupfer	Anämie, Jungtiere: Entwicklungsstörungen im Bindegewebe, Durchtrittigkeit, Pigmentaufhellung; Katze: Fruchtbarkeitsstörungen; *Rationen auf Milchbasis ohne Ergänzung, Zinküberversorgung, Katze: Mineralisierung mit nicht verfügbarem Kupferoxid*	Bei Überschreiten der Bindungskapazität in Leber und Plasma hämolytischer Ikterus. Bei Fehlfütterung hohe Toleranz, außer bei Leberkrankheiten; *Iatrogen, exzessive Supplementierung, Fehlmischungen*
Zink	Hautkrankheiten, Parakeratose, Entwicklungsstörungen des Skeletts, Pigmentaufhellung, Immunschwäche; *Rationen mit viel Kalzium und Phytat*	Sekundärer Kupfermangel (s. dort), außerdem Gewichtsverlust, Erbrechen, histologische Veränderungen am Pankreasgewebe; *Iatrogen, exzessive Supplementierung, Fehlmischungen, Verschlucken zinkhaltiger Gegenstände*
Selen	Weißfleischigkeit, Lebensschwäche bei Neugeborenen; *Fettreiches Fleisch von auf Selenmangelböden gehaltenen Tieren*	Anämie, Lebernekrose, Anorexie und Tod; *Iatrogen, exzessive Supplementierung, Fehlmischungen*
Jod	Kropfbildung, Hypothyreose, Myxödem, Haarausfall, Fruchtbarkeits-, Wachstums- und Entwicklungsstörungen; *Hausgemachte Rationen in Jodmangelgebieten*	Symptomatik wie Mangel, da Hemmung der Thyroxinfreisetzung; *Iatrogen, Ablecken jodhaltiger Salben, Aufnahme durch die Haut bei großflächiger Jodbehandlung, Ohrreiniger, exzessive Supplementierung, Algenprodukte, Schlachtabfälle mit Schilddrüsengewebe*

Nährstoff	**Mangel: Leitsymptome;** ***typische Rationen und Situationen***	**Überversorgung: Leitsymptome;** ***typische Rationen***
Vitamin A	Hautkrankheiten, Augenkrankheiten, Missbildungen bei Neugeborenen, Störungen der Skelettentwicklung, insbesondere an der Wirbelsäule, Ataxie, Infektionsanfälligkeit, Fruchtbarkeitsstörungen; *Hausgemachte Rationen ohne Leber, ohne Milch, ohne Ergänzungsfutter; Katze: Carotin kann nicht in Vitamin A umgewandelt werden.*	Katze: Ankylose der Halswirbelsäule, Hund: Kälteintoleranz, Hauterkrankungen, Leberschäden, Jungtiere: Störungen der Skelettentwicklung, Teratogenität bei Katze gezeigt, vermutlich bereits bei niedrigerer Dosis als Toxizität, Toleranz bei Überversorgung vor allem beim Hund relativ hoch; *Iatrogen, unkontrollierte Supplementierung, Rationen oder Dosenfutter mit viel Leber*
Vitamin D	Rachitis bzw. Osteomalazie, i. d. R. gleichzeitig Kalzium- und Phosphorfehlversorgung; *Hausgemachte Rationen ohne entsprechende Supplementierung*	Hyperkalzämie, Weichgewebeverkalkungen an Nieren, Aorta, Herzklappen, Lunge usw.; *Iatrogen, unkontrollierte Supplementierung, Lebertran, Fischeingeweide*
Vitamin E	Hund: Muskeldystrophie, verschlechterte Immunabwehr, Fortpflanzungsstörungen auch bei Rüden, Katze: Steatitis, Gelbfettkrankheit; *Fettreiche Rationen mit vielen ungesättigten Fettsäuren ohne Vitamin-E-Ergänzung z. B. fettreiche Fischkonserven*	Beim Menschen bei exzessiver Einnahme zur „Krebsprophylaxe" Blutgerinnungsstörungen
Vitamin B_1	Anorexie, Koprophagie, neurologische Störungen (Ventroflexion des Kopfes); *Hausgemachte gekochte Rationen, Feuchtfutter „ohne Zusatzstoffe"*	
Niacin/ Tryptophan	Black-Tongue-Disease, Ulzerationen der Schleimhäute des Verdauungskanals; *Rationen auf Maisbasis mit wenig Protein*	
Biotin	Hautkrankheiten; *Aufnahme erheblicher Mengen nicht erhitzten Eiklars, längerdauernde orale Antibiose*	
Vitamin K	Blutungsneigung; *Längerdauernde orale Antibiose*	

1.1 Praxisrelevante Ernährungsschäden

1.1.1 Skelettkrankheiten bei großwüchsigen Welpen

Ernährungsfehlern kann eine erhebliche Beteiligung an der Entstehung von Skeletterkrankungen bei Welpen großer Rassen zugesprochen werden. Dabei muss deutlich unterschieden werden zwischen Erkrankungen, bei denen die Ernährung ein bestehendes Problem verschlimmern kann, wie z. B. die Hüftgelenksdysplasie, und Erkrankungen, die ausschließlich ernährungsbedingt sind, wie die Rachitis. Letztere sind systemisch und betreffen meist das gesamte Skelett, zumindest aber mehrere Lokalisationen. Erkrankungen nur einer Gliedmaße oder nur eines Gelenkes sind dagegen in aller Regel nicht primär ernährungsbedingt.

Die regelmäßig im Zusammenhang mit Skeletterkrankungen beobachteten Ernährungsfehler sind:

1. Kalziummangel
2. Überversorgung mit Energie und dadurch bedingtes übermäßiges Wachstum
3. Exzessive Kalziumversorgung (häufig in Kombination mit Energieüberversorgung und/oder sehr weitem Ca/P-Verhältnis

Im Zuge von Spezialernährungsplänen und bei „geretteten" Welpen aus dem Ausland wurde in jüngster Zeit auch Phosphormangel im Zusammenhang mit Durchtrittigkeit beobachtet.

1.1.1.1 Kalziummangel

Kalziummangel führt bei intensiv wachsenden Welpen innerhalb weniger Wochen zu schwersten Störungen der **Skelettentwicklung**, die vor allem durch eine unzureichende Mineralisierung charakterisiert sind. Die Bezeichnung dieser Störungen als Rachitis ist nicht unumstritten, da einige Autoren diesen Begriff ausschließlich den bei Hund und Katze äußerst seltenen, durch Vitamin-D-Mangel hervorgerufenen Mineralisierungsstörungen des Skeletts vorbehalten wollen.

Obwohl so gut wie jeder Welpenbesitzer weiß, dass Welpen Kalzium brauchen, fehlen quantitative Vorstellungen über den Bedarf und den Gehalt in Futtermitteln meist völlig.

Der Kalziumbedarf des Menschen ist viel niedriger als der des Hundes, da Hunde Kalzium nicht so effektiv aus dem Verdauungskanal absorbieren können wie Menschen. Sie ziehen zur Regulation des Kalziumhaushaltes vor allem das Skelettsystem heran und Erhöhen oder reduzieren den Knochenturnover entsprechend. Deshalb sind sie extrem anfällig für Knochenstoffwechselstörungen. Bei Ernährung durch Beutetiere gibt es entweder Nahrung mit viel Kalzium (Skelett der Beutetiere) oder keine Nahrung. Aus dieser Sicht ist die Regulation über das Skelett sinnvoll. Problematisch wird dies aber, wenn längerfristig kalziumarme Nahrung angeboten wird. Dies kann auch beim erwachsenen Tier Knochenerkrankungen hervorrufen. Bei Welpen kommt dann noch hinzu, dass z. B. eine Dogge innerhalb eines Jahres von 600 g auf 60 kg wachsen kann. Welpen größerer Rassen brauchen mehrere Gramm Kalzium pro Tag. Da hauptsächlich über den Knochenstoffwechsel reguliert wird – und Kalzium und Phosphor nur gemeinsam in den Knochen eingebaut oder daraus mobilisiert werden können – ist der Hund in viel stärkerem Maße auf ein ausgeglichenes Kalzium/Phosphorverhältnis angewiesen als der Mensch. Vorstellungen aus der Ernährung von Kindern können daher in keiner Weise auf Hunde übertragen werden.

Hinzu kommt, dass der Kalziumgehalt von Ergänzungsfuttermitteln zwischen 2 und knapp 40 % schwankt, ohne dass diese Unterschiede den Tierhaltern bewusst sind. Es kommt durchaus vor, dass Welpenbesitzer Kalziumkarbonat in einer homöopathischen Potenz für eine geeignete Ergänzung einer kalziumarmen Ration halten.

Typische Kalziummangelrationen sind hausgemachte Rationen, da alle dafür üblichen Komponenten mit Ausnahme der nicht empfehlenswerten Knochen kalziumarm sind bzw. nicht ausreichend Kalzium enthalten, um den Bedarf wachsender Welpen abzudecken. Dies gilt nicht nur für Fleisch und Innereien, einschließlich des „grünen" Pansens, sondern auch für Milchprodukte, Getreide und Gemüse. Wird eine solche Ration mit einem relativ kalziumarmen Mineralfutter ergänzt oder wird eine unzureichende Menge eines kalziumreicheren Produktes aufgenommen (Akzeptanz!), so entsteht eine Mangelsituation (Tab. 1.2). Für die Ergänzung hausgemachter Rationen für Welpen sollte das Mineralfutter etwa 20 % Kalzium enthalten, je nach Alter und Endgewicht des Welpen werden davon 20 bis 50 g benötigt. Die Zunahme hausgemachter Rationen durch Modeernährung, wie z. B. „Barfen" oder vegane Ernährung, ist ein wesentlicher Grund für die Zunahme von durch Kalziummangel bedingten Erkrankungen, nicht nur bei Welpen.

Tabelle 1.2: **Unzureichende Kalziumversorgung durch Supplementierung einer hausgemachten Ration mit einem dafür nicht geeigneten Präparat zur Vitamin-Mineralstoffergänzung: Rationsberechnung für einen 10 Wochen alten Boxer mit 10 kg KM, erwartetes Endgewicht 35 kg**

Futtermittel	Menge [g]	ME [MJ]	Rohprotein [g]	Kalzium [mg]	Phosphor [mg]
Hüttenkäse	250	1,1	35	**175**	475
Rinderherz	300	1,2	54	**27**	642
geputzter Pansen	200	1,0	24	**40**	80
Haferflocken	100	1,7	120	**80**	390
Vitamin-Mineralstoff-Tabletten	10			**54**	42
Summe		5,0	233	**376**	1620
Bedarf		5,0	88	**5000**	2640

Eine weitere typische Kalziummangelsituation ist das Verschneiden von Fertigprodukten mit kalziumarmen Futtermitteln. Dem Tierbesitzer ist dies oft nicht einmal bewusst, er empfindet die Zugaben als zusätzliches Extra und ihm ist nicht klar, dass dadurch der Bedarf an Fertigfutter sinkt. Meist reduzieren die Tierbesitzer die Fertigfuttermengen auch bis zu einem gewissen Grad oder die Welpen fressen einfach weniger davon. Auf die Frage nach der Fütterung antworten solche Besitzer trotzdem sehr oft, dass der Welpe ein kommerzielles Welpenfutter erhielte. Erst bei weiterem gezielten Nachfragen kommt zu Tage, dass der Welpe außerdem noch regelmäßig Fleisch erhält („weil der Hund doch Frischfleisch braucht ..."), ein bis zwei Esslöffel Speiseöl („für den Fellglanz ..."), ein Päckchen Magerquark („damit er genug hochwertiges Protein erhält ..."), ein Löffel Honig („fürs Immunsystem ...") und drei Bananen („zur Kaliumergänzung ...") zugelegt werden sowie das kalorienreiche getrocknete Schweinsohr („das Kauen macht ihm so viel Spaß"), und obendrein natürlich einmal in der Woche Pansen und Leber gefüttert wird. Der Phantasie für Welpenrationen ebenso wie für deren Begründungen sind kaum Grenzen gesetzt, mehrseitige detaillierte Futterpläne gehören schon fast zum guten Ton, wenn ein Züchter etwas auf sich hält. Oft kommt bei solchen Zusammenstellungen nicht einmal mehr die Hälfte des Energiebedarfs aus dem Fertigfutter, dessen Kalziumgehalt sinnvollerweise auf eine ausschließliche Fütterung abgestimmt sein muss. Eine unzureichende Kalziumversorgung ist dann unvermeidlich. Werden derartige Rationen mit Ergänzungsfuttern supplementiert, so ist ohne Rationsberechnung eine Abschätzung der Kalziumversorgung nicht mehr möglich.

Eine neuartige Variante der Kalziummangelsituationen kommt gelegentlich durch die an sich sinnvolle Diversifizierung der Alleinfutter für Welpen zustande. So gibt es seit einiger Zeit Welpenfutter mit reduziertem Kalziumgehalt, die darauf abzielen, jegliche Überversorgung mit Kalzium zu vermeiden. Diese Alleinfutter wurden hauptsächlich für und an Doggen entwickelt, die einen relativ hohen Energiebedarf haben und entsprechend viel Futter und damit auch viel Kalzium aufnehmen. Werden solche Alleinfutter an Welpen anderer großer Rassen mit unterdurchschnittlichem Energiebedarf gefüttert, wird durch die wesentlich geringere Futteraufnahme natürlich auch weniger Kalzium aufgenommen, im Extremfall so wenig, dass klinische Symptome eines Kalziummangels auftreten. Kölle et al. (2006) berichten über einen klinischen Fall bei einem Owtschaka-Welpen. Wenn der Kalziumgehalt in Welpenfuttern von den Empfehlungen (1,2 % in der Trockenmasse, bei einer Energiedichte von etwa 17 MJ/kg Trockenmasse; NRC 2006) deutlich abweicht, muss daher überprüft werden, ob bei der für das individuelle Tier erforderlichen Futtermenge die Kalziumversorgung adäquat ist.

Die Verfügbarkeit spielt gegenüber so erheblichen Fehlern bei der Kalziumversorgung, wie sie unter Praxisbedingungen regelmäßig beobachtet werden, nur eine untergeordnete Rolle, zumal die für die Welpenfütterung üblichen Kalziumquellen wie Kalziumkarbonat, primäres und sekundäres Kalziumphosphat sowie Knochenbestandteile (z. B. von Knochenputzfleisch) ausreichend verfügbar sind. Zu organischen Kalziumsalzen sei angemerkt, dass der Kalziumgehalt oft eher gering ist (meist um die 10 % im Vergleich zu 37 % bei Kalziumkarbonat). Eine Ausnahme macht Kalziumcitrat mit etwa 20 % Kalzium. Bei letzterem ist aber die Verträglichkeit im Intestinaltrakt nicht sehr hoch. Durch den osmotischen Effekt des Citrates und seiner mikrobiellen Metaboliten (u. a. Laktat) kann Durchfall ausgelöst werden.

Die **Diagnose** Kalziumunterversorgung ist vor dem Auftreten klinischer Erscheinungen am besten anhand einer sorgfältigen nutritiven Anamnese und Rationsberechnung möglich. Der Kalziumgehalt im Plasma unterliegt keinen eindeutigen Veränderungen, Hypokalzämie wird, wenn überhaupt, erst im Endstadium auftreten, da die Aufrechterhaltung des Plasmakalziumspiegels Vorrang vor der Skelettentwicklung hat. Ebenfalls unsicher ist der Plasmaphosphorgehalt. Bei einem sekundären Hyperparathyreoidismus, der bei Kalziummangel zu erwarten ist, ist zwar mit einem Anstieg des Phosphatgehaltes im Plasma zu rechnen, ein solcher Anstieg tritt jedoch nicht regelmäßig auf. Außerdem ist der Plasmaphosphorgehalt bei Welpen ohnehin höher als bei adulten Tieren, was die Interpretation erschwert. Grundsätzlich ist auch die Bestimmung des Parathormons möglich, doch auch diese weist enorme Unsicherheiten auf.

Großwüchsige Hundewelpen sind dankbare Patienten für die tierärztliche Ernährungsberatung. Das relativ häufige Auftreten von Skeletterkrankungen in Verbindung mit Werbeaussagen und populärwissenschaftlichen Vorstellungen führt zu erheblicher Verunsicherung der Welpenbesitzer, eine fundierte Beratung wird meist gerne angenommen. Eine rechtzeitige Korrektur nicht bedarfsgerechter Rationen kann schwere Erkrankungen verhüten, ein Beispiel für moderne Präventivmedizin ebenso wie für tierärztlichen Tierschutz. Aus dem oben Gesagten geht klar hervor, dass es nicht genügen kann zu fragen, ob denn ein Mineralfutter gegeben wird, sondern dass eine sorgfältige Erhebung über die angebotenen und die tatsächlich aufgenommenen Futtermengen sowie die Zusammensetzung (Beipackzettel, Deklaration aller Futtermittel mitbringen lassen!) der verwendeten Produkte mit nachfolgender Rationsberechnung notwendig ist. Es versteht sich von selbst, dass anschließend eine konkrete Rationskorrektur vorgenommen werden muss. Welpenbesitzer sind bei dieser Vorgehensweise in aller Regel auch bereit, eine solche Dienstleistung zu bezahlen. Es kann sich also durchaus lohnen, ein entsprechendes Angebot in einer Kleintierpraxis einzurichten. Wenn die Rationsberechnung nicht ins Praxiskonzept passt, ist es sinnvoll, „verdächtige" Patienten an die Ernährungsberatung der Tierärztlichen Bildungsstätten oder an selbstständig tätige, spezialisierte Kolleg*innen zu überweisen. Auf keinen Fall dürfen möglicherweise ernährungsbedingte Skeletterkrankungen symptomatisch behandelt werden, ohne dass die Ernährung sorgfältig überprüft und ggf. korrigiert wird.

Kalziummangel bei Katzenwelpen

Auch bei Katzenwelpen tritt hin und wieder Kalziummangel mit der Folge mangelnder Skelettmineralisierung auf, i. d. R. bei hausgemachten Rationen. In einem Sonderfall trat Kalziummangel nur bei einigen Tieren eines Wurfs auf, die sowohl Fleisch als auch Feuchtfutter erhielten. Die betroffenen Tiere lehnten das Feuchtfutter ab und fraßen ausschließlich Fleisch.

1.1.1.2 Übermäßiges Wachstum

Die Diagnose „übermäßiges Wachstum" kann am besten anhand des Gewichtes des Welpen im **Vergleich zu Empfehlungen für das optimale (nicht maximale) Wachstum** gestellt werden (Tab. 1.3). Das klinische Erscheinungsbild ist weniger aussagekräftig, da schnell wachsende Tiere in aller Regel nicht offensichtlich verfetten. Hier entsteht allenfalls der Eindruck „groß für sein Alter", ein Kommentar, der vom Besitzer leider oft als Kompliment verstanden wird. Eine Rationsberechnung ist für die Feststellung der Energieüberversorgung nicht empfehlenswert, da sich der Energiebedarf von Welpen, in Abhängigkeit von Rasse und Bewegungsaktivität, erheblich unterscheiden kann. Ein Welpe, der sich wenig bewegt, z. B. als Einzelhund im Stadthaushalt, braucht nach praktischen Erfahrungen deutlich weniger Energie als ein Welpe, der in der Gruppe im Zwinger lebt. Bei einer Rationsberechnung würde eine Überversorgung in solchen Fällen nicht festgestellt.

Der Vergleich des aktuellen Gewichtes eines Welpen mit den Empfehlungen, die in Prozent seines voraussichtlichen Endgewichtes angegeben sind, ist recht umständlich, und die Berechnung mit dem Taschenrechner wirkt überdies wenig professionell und wenig überzeugend. Von der Futtermittelindustrie werden mittlerweile Poster mit Wachstumskurven und andere **Hilfsmittel zur Überprüfung der Gewichtsentwicklung** herausgegeben. Man sollte allerdings vor der Anwendung überprüfen, inwieweit diese Vorgaben mit den von Klein et al. (2019) erneut bestätigten Empfehlungen übereinstimmen (Tab. 1.3). Ein sehr eleganter Weg ist die Verwendung eines Computerprogramms, welches die optimale Wachstumskurve und das aktuelle Gewicht des Welpen graphisch darstellt (Abb. 1.1). Ein weiterer Vorteil einer solchen Darstellung ist, dass der Besitzer sich an dem entsprechenden Ausdruck orientieren, ggf. die weitere Gewichtsentwicklung seines Welpen in die Graphik einzeichnen und so erkennen kann, ob sich die Entwicklung der Empfehlung allmählich wieder annähert oder nicht. Die weitere Entwicklung sollte in etwa parallel zur vorgegebenen Kurve verlaufen. Die Kurve sollte nicht gekreuzt werden und die Entwicklung sollte auch nicht stark divergierend von der Kurve verlaufen. Nach den Angaben von Klein et al. (2019) kann eine solche Kurve leicht in einer Tabellenkalkulation programmiert werden, sofern kein Rationsberechnungsprogramm mit integrierten Wachstumskurven zur Verfügung steht.

Unabhängig von der Methode zur Überprüfung der Gewichtsentwicklung spielt das zu erwartende Endgewicht des Welpen eine wesentliche Rolle. Am besten verwendet man das Normalgewicht des gleichgeschlechtlichen Elternteils, notfalls den Rassestandard. Man sollte das Endgewicht lieber etwas niedriger ansetzen, keinesfalls unrealistische Angaben, die gerade bei großen Rassen Wunschdenken der Besitzer widerspiegeln können, einsetzen. Ein leicht verzögertes Wachstum hat keine negativen Effekte auf die Tiergesundheit, auch die am Ende des Wachstums erreichte Körpergröße wird dadurch nicht beeinflusst. Dies sollte man den Welpenbesitzern sehr deutlich erklären. Ein Einfluss der Aufzucht auf die spätere Größe des erwachsenen Hundes wäre nur bei drastischer Unter- oder Fehlernährung zu erwarten. Sehr fehlerhaft wäre es, wenn man sich am aktuellen Gewicht des Welpen orientiert, um das Endgewicht einzuschätzen. Die

Tabelle 1.3: **Empfehlungen zur optimalen Gewichtsentwicklung von Welpen mittlerer und großer Rassen in Prozent des erwarteten Endgewichtes nach Meyer und Zentek (1998) sowie Klein et al. 2019**

Am Ende des ... Monats	Körpermasse des ausgewachsenen Hundes		
	20 kg	35 kg	60 kg
1.	9 %	7 %	6 %
2.	22 %	20 %	14 %
3.	37 %	35 %	26 %
4.	52 %	48 %	38 %
6.	70 %	65 %	60 %
12.	95 %	88 %	80 %

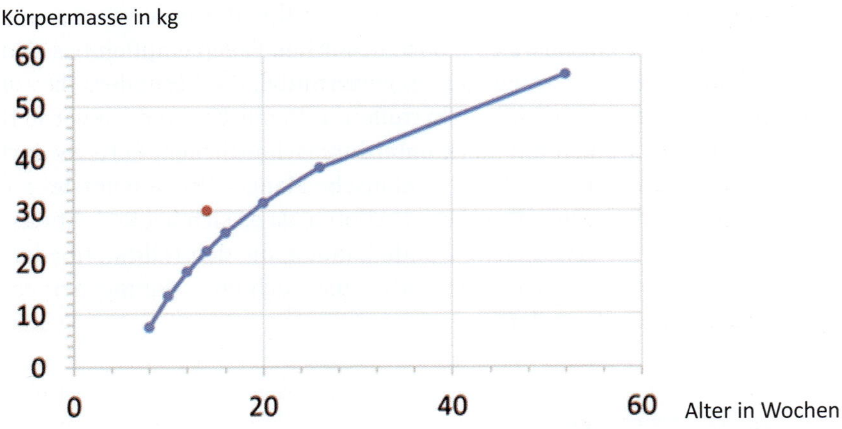

Abb. 1.1 Computerprogramm, welches eine optimale Wachstumskurve und das aktuelle Gewicht eines Welpen graphisch darstellt. Blauer Strich Empfehlungen, roter Punkt aktuelle Körpermasse eines Patienten mit erwartetem Endgewicht von 60 kg.

Folge wäre, dass das Endgewicht bereits übergewichtiger Welpen zu hoch eingeschätzt wird und sie eine Empfehlung zu besonders schnellem Wachstum erhalten würden.

Die **Steuerung der Gewichtsentwicklung** im Sinne eines optimalen, nicht maximalen Wachstums kann unter Praxisbedingungen nur durch die Energiezufuhr erfolgen. Im Gegensatz zu landläufig weit verbreiteten Vorstellungen eignet sich die Proteinzufuhr nicht zur Beeinflussung des Wachstums. Dazu ein Beispiel aus der Schweinemast: Ein knapp unterhalb des Proteinbedarfs liegender Proteingehalt im Futter führt zunächst zu einer schlechteren Schlachtkörperqualität mit höheren Fettanteilen, nicht aber zu einer wesentlichen Reduktion der Zunahmen. Erst, wenn ein drastischer Protein- oder Aminosäurenmangel vorliegt, verlangsamt sich das Wachstum erheblich. Es bedarf sicherlich keiner besonderen Erwähnung, dass ein solcher Mangel beträchtliche unerwünschte Nebenwirkungen hat, und daher als Mittel zur Begrenzung des Wachstums ungeeignet ist. Ähnliches gilt für die Zufuhr von anderen Nährstoffen, eine Limitierung des Wachstums durch reduzierte Zufuhr ist erst im Bereich einer Mangelernährung mit entsprechenden Folgen zu erwarten. Bei ausgewogener Nährstoffzufuhr, die für ein gesundes Wachstum zweifelsfrei erforderlich ist, ist die Energiezufuhr für den Gewebeansatz entscheidend. Eine Überversorgung mit Protein ist per se nicht schädlich für die Skelettentwicklung.

Unabhängig von Fütterungsempfehlungen der Futtermittelindustrie oder der einschlägigen Lehrbücher muss die **Futteraufnahme** individuell so weit reduziert werden, dass die Gewichtsentwicklung den Empfehlungen entsprechend verläuft. Obwohl keine Gewichtsabnahme erwünscht ist, sondern lediglich verlangsamte oder stagnierende Zunahmen, kann dabei die Futteraufnahme so weit unter die Norm absinken, dass die Nährstoffzufuhr (insbesondere die Kalziumaufnahme) auch bei Verwendung von Welpenfutter, das den Empfehlungen zur Zusammensetzung für Alleinfutter für wachsende Hunde entspricht, nicht mehr völlig ausreichend ist. In solchen Fällen empfiehlt es sich daher, eher kalziumreiche Produkte auszuwählen. Futtermittel, die besonders darauf abgestimmt sind, eine Überversorgung mit Nährstoffen, z. B. mit Kalzium, zu vermeiden, sind für übergewichtige Welpen mit stark unterdurchschnittlichem Futterbedarf nicht zu empfehlen. Hier kann im Extremfall eine klinische Mangelsituation entstehen. Vorsicht ist auch bei sogenannten Light-Produkten geboten, da es sich bei Reduktionsdiäten häufig um Alleinfutter für erwachsene Hunde handelt, die den Nährstoffbedarf von Welpen nicht abdecken können. Gegebenenfalls muss nach einer Rationsberechnung (!) mit Mineralfutter ergänzt werden.

1.1.1.3 Exzessive Kalziumversorgung

Es wurde wiederholt gezeigt, dass eine Kalziumversorgung auf dem Niveau des dreifachen Bedarfs bei Welpen großwüchsiger Rassen **Wachstumsstörungen** hervorrufen kann. Es kommt im wachsenden Skelett zu einer Beeinträchtigung der Osteoklastentätigkeit und damit des Remodellings. Zu den Folgen gehören u. a. Einengung der Wirbelkanäle und Ataxie, Radius curvus und andere Störungen der enchondralen Ossifikation. Dobenecker et al. (2006) zeigten, dass die Empfindlichkeit gegenüber exzessiver Kalziumzufuhr auch bei kleineren Rassen (Beagles) vorhanden sein kann, während bei einer großwüchsigen Mischrasse im Pointertyp eine weitgehende Toleranz bestand. Bisher sind allerdings nur wenige Hunderassen im Hinblick auf ihre Kalziumtoleranz während des Wachstums untersucht, daher muss generell gelten, dass die Kalziumzufuhr während des Wachstums möglichst genau an den Bedarf angepasst sein sollte. Dies gilt auch für kleinere Rassen, bei welchen im Falle des Kalziumexzesses zwar keine klinischen Wachstumsstörungen auftreten, bei welchen aber eventuelle Langzeitfolgen nicht absehbar sind. Besonders problematisch ist es, wenn der Kalziumexzess im Kontext mit Energieüberversorgung und/oder einem unausgeglichenen Kalzium/Phosphorverhältnis auftritt. Im letzteren Fall entsteht einfach ein sekundärer Phosphormangel. Nach dem oben über den Kalziumstoffwechsel der Fleischfresser Gesagten kann die folgende Hypothese zur Interaktion von Wachstumsgeschwindigkeit und Kalziumversorgung aufgestellt werden: Ein schnelles Wachstum erfordert einen schnellen Knochenturnover. Durch exzessive Kalziumaufnahme wird aber der Knochenturnover verlangsamt. Dies könnte zur Entstehung von Wachstumsstörungen beitragen. Eine Kalziumüberversorgung in klinisch relevanter Höhe kommt in der Praxis i. d. R. dadurch zustande, dass die Welpenbesitzer **Fertigfutter unkontrolliert supplementieren** (Tab. 1.4). Dadurch wird nicht nur eine Kalziumüberversorgung bedingt, sondern das Kalzium/Phosphor-Verhältnis kommt obendrein auch noch aus dem Gleichgewicht. Mit kalziumreichen Mineralfuttern entstehen ähnliche Rationen, i. d. R. wird das Kalzium/Phosphor-Verhältnis jedoch weniger stark verändert. Die Tatsache, dass die wenigsten handelsüblichen Supplemente für Hunde eine vollständige Anweisung zum bestimmungsgemäßen Gebrauch enthalten, sondern lediglich Dosierungsangaben in Abhängigkeit von Alter und/oder Körpergewicht, begünstigt zweifellos einen unkontrollierten Einsatz solcher Produkte. Hinweise auf den durch das betreffende Supplement zu ergänzenden Rationstyp und ggf. auch auf Rationen, die auf keinen Fall damit supplementiert werden dürfen, fehlen leider fast immer.

Eine andere Variante der Kalziumüberversorgung ist das Zufüttern von Knochen zu einer ausgewogenen Ration. Beim „Barfen“ wird oftmals zu viel Knochen gefüttert. Schwer überschaubar wird die Kalziumversorgung bei Rationen, die Schlachtabfälle, Flocken, Fertigfutter und Mineralstoffergänzungen beinhalten. Bei Verordnung von Aminoglykanpräparaten und ähnlichen Produkten ist ebenfalls Vorsicht geboten, z. T. enthalten diese reichlich Kalzium und können daher zur Kalziumüberversorgung führen.

Im Vergleich zu den bei unkontrollierter Supplementierung von Rationen auftretenden Überversorgungen nehmen sich die in der Werbung so heiß umkämpften Unterschiede im **Kalziumgehalt von kommerziellen Welpenfuttern** geradezu bescheiden aus. In aller Regel wird eine Kalziumüberversorgung im Bereich des dreifachen Bedarfs auch mit kalziumreicheren Produkten nicht erreicht. Es soll hier nicht verschwiegen werden, dass die **Grenzwerte**, ab welchem Grad der Kalziumüberversorgung Schäden zu erwarten sind, nicht genau bekannt sind. Die oben genannten Rassenunterschiede

Tabelle 1.4: **Exzessive Kalziumversorgung durch Supplementierung eines Welpenalleinfutters mit Futterkalk: Rationsberechnung für einen 10 Wochen alten Boxer mit 10 kg Körpermasse (KM), erwartetes Endgewicht 35 kg**

Futtermittel	Menge [g]	ME [MJ]	Rohprotein [g]	Kalzium [mg]	Phosphor [mg]
Welpen-trockenfutter	320	5	116	**4794**	3675
Futterkalk, 2 Esslöffel	40			**14400**	
Summe	295	4,0	93	**19194**	2929
Bedarf		5,0	88	5000	2640

erschweren zusätzlich die Festlegung einer Obergrenze. Das NRC (2006) empfiehlt das 1,8-Fache des Bedarfs nicht zu überschreiten („Safe Upper Limit“ 1,25 g/kg $KM^{0,75}$).

Kalziumüberversorgung kann vor allem anhand der nutritiven Anamnese und einer Rationsberechnung festgestellt werden, am Tier gibt es kaum geeignete Parameter zur **Diagnostik**. Der Kalziumgehalt im Plasma verändert sich, wenn überhaupt, nur bei wenige Wochen alten Welpen. Auch der Phosphorgehalt ist zur Diagnosestellung wenig geeignet, da er bei Welpen höher liegt als bei erwachsenen Hunden und sich im Laufe des Wachstums allmählich an den Wert adulter Tiere angleicht.

Phosphormangel bei Welpen

Phosphormangel kann zu sehr ähnlichen klinischen Erscheinungen führen wie Kalziummangel. Er kommt beispielsweise bei hausgemachten Rationen vor, welche mit Kalziumkarbonat oder einem relativ phosphorarmen aber kalziumreichen Mineralfutter ergänzt werden. Dobenecker et al. (2008) untersuchten dies experimentell. Es gibt we-

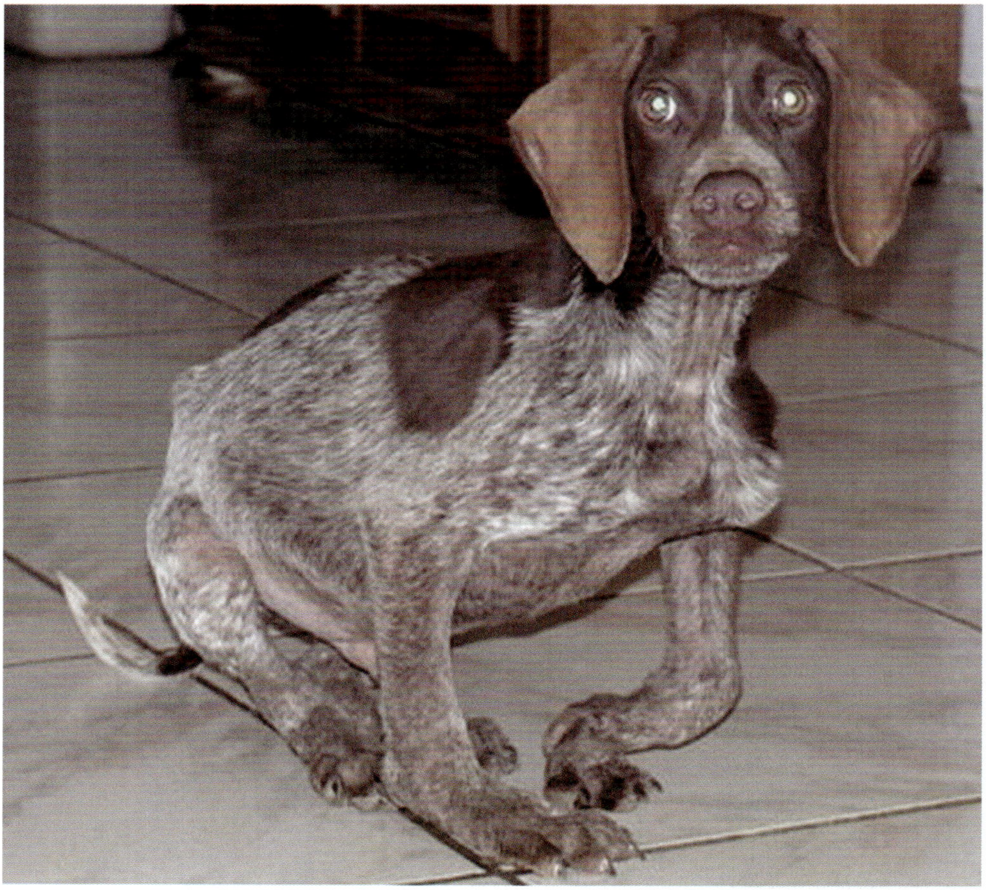

Abb. 1.2 Welpe mit Phosphormangel in einem klinischen Fall (Fritz et al., 2008). Eine Phosphorrepletion wurde kurz nach Aufnahme des Fotos eingeleitet.

sentliche Unterschiede zum Kalziummangel. So liegt beim Auftreten erster klinischer Erscheinungen des Phosphormangels noch keine auffällige Reduktion der Röntgendichte der Knochen vor. Weiterhin ist die ausgeprägte Durchtrittigkeit der Gliedmaßen, im Extremfall mit nahezu plantarer Fußung, charakteristisch, wobei kaum Schmerzhaftigkeit besteht. Die Veränderungen der Gliedmaßen können sich ungeheuer schnell entwickeln, es ist möglich, dass ein weitgehend „normaler" Welpe innerhalb von 48 Stunden eine massive Durchtrittigkeit und/oder deutliche Achsenabweichungen mit Stehschwäche entwickelt. Ein derartiger Vorbericht sollte daher ernst genommen und als Hinweis auf einen möglichen Phosphormangel betrachtet werden. Im Phosphormangel kann es zu reduzierter Futteraufnahme und Vitalität kommen. Die Folgen des Phosphormangels sind weitgehend reversibel. Nach Repletion von Phosphor normalisiert sich die Gliedmaßenstellung innerhalb weniger Wochen. Selbst bei dramatischen Veränderungen (Abb. 1.2) muss der betroffene Welpe nicht euthanasiert werden, da eine sehr weitgehende Besserung möglich ist (Abb. 1.3).

Abb. 1.3 Welpe aus Abb. 1.2. als ausgewachsener Hund: Es blieben nach Repletion eines dramatischen Phosphormangels im Welpenalter (Abb. 1.2) keine erheblichen Beeinträchtigungen zurück.

1.2 Einschätzung der Nährstoffzufuhr

Neben der Fehlversorgung mit Kalzium und Phosphor mit klinischen Folgen tritt eine nicht optimal an den Bedarf angepasste Nährstoffversorgung ohne direkt erkennbare klinische Erscheinungen relativ häufig auf. Die Folgen sind weitgehend unklar, ob langfristig dadurch Gesundheitsrisiken entstehen, ist für viele Nährstoffe nicht überprüft. Insbesondere adulte, gesunde Hunde tolerieren erhebliche Fehlversorgungen für längere Zeit ohne offensichtliche Folgeschäden. Andererseits wünschen viele Tierbesitzer eine optimale Ernährung ihrer Lieblinge, ein potenzielles Tätigkeitsfeld für Tierärzte. Darüber hinaus ist es auch im nicht ernährungsbedingten Krankheitsfall von Interesse, welche möglichen subklinischen Mängel oder Exzesse an Nährstoffen bei üblichen Rationen zu erwarten sind.

1.2.1 Protein

In den westlichen Industrieländern ist bei Hund und Katze bei nahezu allen Rationstypen eine moderate bis deutliche Proteinüberversorgung zu erwarten. Folgen wie z. B. Nierenschäden, Wachstumsstörungen, Panostitis und Hauterkrankungen werden immer wieder postuliert. Bisher gibt es jedoch keinerlei Beweis für einen Zusammenhang mit der Proteinversorgung. Es konnte sogar widerlegt werden, dass ein Zusammenhang zwischen Proteinüberversorgung und Wachstumsstörungen besteht. Es ist offensichtlich, dass für die Fragestellungen bei adulten Hunden sehr langfristige Versuche notwendig wären. Epidemiologische Studien an Patienten sind insofern problematisch, da sie lediglich nachweisen können, dass die Mehrzahl der an einer bestimmten Krankheit leidenden Tiere mit Protein überversorgt ist. In aller Regel trifft dies jedoch auch auf den gesunden Teil der Population zu.

Bei der Optimierung einer Ration für gesunde Tiere ist es daher nicht erforderlich, eine Proteinüberversorgung unter allen Umständen zu vermeiden. Protein spielt eine erhebliche Rolle für die Akzeptanz der Rationen und damit letztlich für die Compliance der Tierbesitzer.

Proteinunterversorgung tritt nur äußerst selten auf. Vegetarische Rationen für Hunde und Katzen führen gelegentlich zu einer geringeren Proteinaufnahme. Bei konventioneller Fütterung kann es durch das Verschneiden von Fertigalleinfutter mit Beilagen wie Reis, Nudeln, Kartoffeln, Getreideflocken zu suboptimaler Proteinzufuhr kommen. Auch Tiere mit einem stark unterdurchschnittlichen Energiebedarf können unterversorgt sein. Beim adulten Hund sind eventuelle Folgen wie Konditionsverlust, stumpfes Fell, reduzierte Immunkompetenz nur bei sehr langfristiger, erheblicher Unterversorgung zu erwarten. Selbstverständlich sollte die Proteinzufuhr trotzdem bei der Rationskorrektur in den bedarfsdeckenden Bereich angehoben werden. Wenn das Protein wenig schwefelhaltige Aminosäuren enthält, kann es auch beim Hund zum Taurinmangel kommen (s. Abschnitt 1.2.2).

1.2.2 Taurin

Katzenbesitzer sind oft sehr besorgt, ob ihre Katze auch genügend Taurin bekommt. Dies hängt mit der relativ späten Entdeckung der Essenzialität für die Katze sowie mit der 1987 erfolgten Feststellung einer rationsabhängig sehr stark schwankenden Verfügbarkeit und demzufolge stark schwankendem Bedarf zusammen. Dosenfutter mit hohem Anteil an Bindegewebsproteinen in großen Dosen, die entsprechend lange sterilisiert werden müssen, führen zu einer Reduktion der Taurinverfügbarkeit. Entsprechend mehr Taurin müssen sie enthalten, wenn es nicht zu Problemen kommen soll. Klinische Mangelerscheinungen traten vor allem in den USA auf, die Entdeckung des Problems wurde allerdings durch die einschlägigen Katzenzeitschriften weit verbreitet.

Mittlerweile setzen fast alle Hersteller ihren Produkten (auch in Europa) Taurin zu. Bei Fertigfutter ist daher i. Allg. nicht mit einer Mangelsituation zu rechnen. Ausnahmen können hier „zusatzstofffreie" Nischenprodukte oder auch vegetarische Futtermittel sein. Hausgemachte Rationen aus Fleisch und Innereien enthalten ausreichend Taurin. Beim Kochen kann es jedoch zu Verlusten kommen, da Taurin wasserlöslich und nicht in die Proteinstruktur eingebunden ist, sodass es ins Kochwasser austritt. Vegetarische Rationen enthalten kein Taurin, da dieses weder in pflanzlichen Produkten noch in Milch- und Eiprodukten enthalten ist. Die Taurinsupplementierung mit Ergänzungsfuttermitteln sollte immer rechnerisch überprüft werden, da diese oftmals nicht genügend Taurin enthalten, um den Bedarf einer Katze, die eine sehr taurinarme Ration erhält, tatsächlich abzudecken. Niedrige Taurinplasmaspiegel in Verbindung mit dilatativer Kardiomyopathie, Reproduktionsstörungen sowie Veränderungen an der Retina wurden auch bei Hunden beobachtet, die Rationen mit insgesamt wenig Protein oder wenig Methionin (evtl. auch schlecht verfügbares Methionin), häufig auf Lammfleischbasis oder fleischlos oder getreidefrei, erhalten hatten. Es scheint, dass sich Taurinmangel generell bei Hunden durch eine derartige Fütterung provozieren lässt, allerdings gibt es hierfür auch eine Rassedisposition, besonders bei großen Rassen, z. B. bei Neufundländern, Doggen, Afghanen, Bernhardinern, Boxern, Irischen Wolfshunden, Altenglischen Schäferhunden, Golden Retrievern oder American Cockerspaniels. Männliche Tiere sind häufiger betroffen. Zur Repletion werden täglich 1 bis 3 g Taurin verabreicht. Eine Futterumstellung auf eine ausgeglichene Ration ist empfehlenswert. Im Gegensatz zu Katzen könnten bei Hunden niedrige Taurinspiegel auch durch ausreichende Methioningaben verhindert werden. Der Methioninbedarf adulter Hunde beträgt 0,11g/kg $KM^{0,75}$, Cystein und Methionin sollten zusammen in einer Menge von mindestens 0,21g/kg $KM^{0,75}$ zugeführt werden – ausreichende Verfügbarkeit wird dabei vorausgesetzt. Spezialdiäten wie z. B. getreidefreie Futter weisen eine ausreichende Verfügbarkeit der S-haltigen Aminosäuren nicht immer auf. Bei langhaarigen Hunden, besonders während des Haarwechsels, dürfte der Bedarf wegen hoher kutaner Verluste sogar höher sein.

1.2.3 Kalzium und Phosphor

Alleinfutter für Katzen führen bei erwachsenen Tieren sehr häufig zu einer erheblichen Überversorgung mit beiden Elementen. Es wurde gezeigt, dass exzessive Phosphoraufnahme bei gesunden Katzen die Kreatininclearance reduziert. Dabei zeigte sich, dass für die Schadwirkung an der Niere vor allem die Wasserlöslichkeit des Phosphors entscheidend ist. Anorganische Phosphate, die aus technologischen Gründen dem Futter zugesetzt werden, sind besonders kritisch zu sehen. Ein Zusammenhang zwischen einer sehr häufigen Überversorgung mit anorganischen Phosphaten und dem ebenfalls sehr häufigen Auftreten chronischer Nierenerkrankungen bei Katzen ist durchaus wahrscheinlich. Sofern subklinische Nierenerkrankungen vorliegen, sollte die Phosphorüberversorgung unbedingt abgebaut werden, da sie zu einer schnelleren Progression der Nierenerkrankung führen kann. Tiere mit einer Disposition zu Harnsteinen sollten ebenfalls nicht mit Kalzium und Phosphor überversorgt werden, Dabei geht es nicht nur um die potenzielle renale Phosphorausscheidung, sondern auch um Effekte auf den Säuren-Basen-Haushalt und damit auf den Harn-pH-Wert.

Hausgemachte Rationen jeglicher Art, auch solche, die durch spezielle Ernährungslehren geprägt sind, wie z. B. vegetarische Ernährung, Rohkost, Makrobiotik usw., enthalten sehr häufig zu wenig Kalzium, meist bei unausgeglichenem Kalzium/Phosphor-Verhältnis. Erwachsene Hunde und Katzen tolerieren dies einige Zeit, bevor sich eine Entmineralisierung des Skeletts i. d. R. zuerst am Kiefer („Gummikiefer") zeigt. Die Ration muss durch ein Mineralsupplement korrigiert werden. Dies ist auch bei sehr spezieller Fütterung, z. B. beim Barfen, ohne eine weitergehende Ernährungsumstellung möglich.

Wie bereits bei den Mangelerkrankungen bei wachsenden Welpen beschrieben, kann die übersichtliche Einteilung der Kalzium- und Phosphorversorgung nach Fertigfutter und Hausgemachtem durch Mischrationen und unkontrollierte Supplementierung so stark kompliziert werden, dass eine Einschätzung der Versorgung ohne Rationsberechnung nicht mehr möglich ist. Insbesondere beim Feuchtfutter sind Alleinfutter auf dem Markt, die viel zu wenig Kalzium enthalten, sodass die Verwendung von Alleinfutter nicht garantiert, dass kein Mangel vorliegt.

Hunde und Katzen unterscheiden sich hinsichtlich der Effizienz der Kalziumabsorption aus Rationen mit wenig Kalzium erheblich von Ratten ebenso wie von Menschen. Nach Schmitt et al. (2018) sind sie nicht in der Lage, bei geringem Kalziumgehalt in der Nahrung einen höheren Prozentsatz des Kalziums zu absorbieren, sodass sie zur Aufrechterhaltung des Blutkalziumspiegels auf die Mobilisierung aus dem Skelett angewiesen sind. Dies erklärt, warum bei gleicher KM der Kalziumbedarf des adulten Hundes etwa dreimal so hoch ist wie der des Menschen und warum adulte Hunde bei Fütterung einer kalziumarmen „Western Diet" einen klinischen Mangel entwickeln, Menschen aber nicht.

1.2.4 Natrium

Die Versorgung mit Kochsalz ist bei Verwendung von Fertignahrung in aller Regel reichlich.

Die früher oft üblichen, sehr hohen Salzgehalte in Trockenfuttern für Katzen, die dazu dienen sollten, eine vermehrte Trinkwasseraufnahme und ein entsprechend größeres Harnvolumen zur Struvitsteinprophylaxe zu induzieren, sind eher rückläufig, da es mittlerweile Safe Upper Limits dafür gibt (z. B. FEDIAF 0,89 g/MJ ME).

In Feuchtfuttern werden allerdings auch relativ hohe Natriumgehalte gefunden, wobei das Safe Upper Limit selten überschritten wird. In Feuchtfuttern sind hohe Natriumgehalte aus ernährungsphysiologischer Sicht aber vollkommen sinnlos, da eine Vergrößerung des Harnvolumens durch Induktion einer vermehrten Trinkwasseraufnahme nicht erforderlich ist. Sie sind i. d. R. technologisch bedingt. Sowohl ein Zusammenhang mit dem Zusatz von anorganischen Phosphaten (als Natriumsalze) als auch eine Interaktion mit hoher Phosphoraufnahme sind denkbar.

Bei hausgemachten Rationen muss unterschieden werden, ob Hund und Katze den Tisch des Herrn teilen oder ob speziell für die Tiere gekocht wird. Speisereste sind i. d. R. mehr als ausreichend gesalzen, „Herrchen“ oder „Frauchen“ müssten schon extreme Salzvermeidung betreiben, um einen für Hunde oder Katzen unzureichenden Gehalt in den Tischresten zu haben. Wird dagegen speziell, meist ohne oder mit extra wenig Salz für den Hund oder die Katze gekocht, so ist die Natriumzufuhr u. U. nicht ausreichend. Supplemente zur Mineralstoffversorgung enthalten zum Teil Kochsalz, sodass sie durchaus zur Ergänzung geeignet sind. Klinische Erscheinungen sind bei adulten Hunden und Katzen, die ja keine nennenswerten Natriummengen über den Schweiß verlieren, eher selten zu erwarten, es sei denn, es kommt zu verstärkten Elektrolytverlusten, z. B. bei Durchfall.

1.2.5 Kalium

Sowohl Alleinfutter als auch hausgemachte Rationen decken meistens den Kaliumbedarf von Hunden und Katzen. Eine gerade noch ausreichende Versorgung, die erhebliche zusätzliche Verluste z. B. durch Diuretika oder Durchfall nicht mehr abdeckt, ist aber in beiden Fällen möglich. Rationen mit hohem Anteil an Reis, wie z. B. bei gastrointestinalen Erkrankungen als Schonkost eingesetzt, enthalten häufig nicht genügend Kalium. Viele Mineralfutter enthalten kein oder nicht ausreichend Kalium, um solche Rationen zu ergänzen. Die negativen Auswirkungen von azidierenden oder sehr phosphorreichen Rationen auf die Nierengesundheit werden durch unzureichende Kaliumversorgung wesentlich verstärkt. Eine Kaliumüberversorgung ist bei Rationen mit vielen pflanzlichen Bestandteilen, insbesondere mit Kartoffeln, zu erwarten. Sie stellt i. d. R. kein Problem dar. Eine Kombination mit sehr geringer Natriumzufuhr sollte aber vermieden werden, sofern es keine diätetische Indikation hierfür gibt.

1.2.6 Magnesium

Die Magnesiumversorgung ist bei Verwendung von Fertigfutter in den meisten Fällen adäquat, im Zusammenhang mit der Struvitsteinprophylaxe wird gelegentlich eine marginale Zufuhr beobachtet. Bei hausgemachten Rationen auf der Basis fettreicher Schlachtabfälle, Quark und Reis ist die Magnesiumversorgung meist nicht ausreichend, Getreideflocken und Gemüse sind dagegen reicher an Magnesium. Eine im Hinblick auf die Struvitsteinprophylaxe unerwünschte Magnesiumüberversorgung kann gelegentlich durch nicht ganz ausgewogene Alleinfutter, Mineralsupplemente oder durch Rationen, die reich an pflanzlichem Material sind, zustande kommen. Auch Kleiezusätze können den Magnesiumgehalt der Ration erhöhen.

1.2.7 Eisen

Die Eisenversorgung ist bei Alleinfuttern und bei hausgemachten Rationen i. d. R. ausreichend. Ausnahmen können vegetarische Rationen (Verfügbarkeit!) sowie Rationen auf Quark-Reis- oder Getreidebasis eventuell auch mit hohem Anteil an sehr fettem Fleisch sein. Insbesondere während des letzten Drittels der Gravidität und im Absetzalter kann es dadurch zu mehr oder weniger stark ausgeprägten Anämien kommen. Auch bei kommerziellen Milchaustauschern und Spezialdiäten wurde gelegentlich ein zu knapper Eisengehalt beobachtet. Eine bedenkliche Überversorgung mit Eisen ist nur bei exzessiver Supplementierung oder bei unkontrolliertem Zugang zu einem wohlschmeckenden Eisenpräparat zu erwarten.

1.2.8 Kupfer

Die Bedarfszahlen für Kupfer sind mangels Absicherung nach unten mit relativ hoher Sicherheitsspanne angesetzt. Eine mäßige Unterschreitung des Bedarfs ist daher nicht zwingend mit einer Mangelsituation gleichzusetzen, sondern eher mit einer suboptimalen Versorgung. Eine solche wird häufig angetroffen, wenn fleischreiche Rationen nicht ausreichend supplementiert werden, z. B. beim Barfen. Eine kritischere Unterversorgung kommt bei sehr fettem Fleisch, bei Rationen auf Quark-Reis- oder Getreidebasis und wegen geringer Verfügbarkeit auch bei vegetarischen Rationen zustande. Das Verschlucken zinkhaltiger Gegenstände kann durch kompetitive Hemmung der Kupferabsorption zu Kupfermangel führen. Außerdem sollte erwähnt werden, dass Kupferoxid für die Katze nicht verfügbar ist. Welpen haben relativ geringe Kupferspeicher in der Leber und sind daher eher anfällig, einen klinischen Mangel auszubilden. Gesunde Hunde und Katzen sind relativ unempfindlich gegen Kupferüberversorgung.

1.2.9 Zink

Für den Zinkbedarf gilt das bereits beim Kupfer Gesagte. Der Zinkgehalt kommerzieller Alleinfutter für Hunde und Katzen variiert stark. Von marginal bis mehrfach überversorgt (unbedenklich) ist alles möglich. Bei hausgemachten Rationen ist Zink häufig knapp, besonders wenn fettreiches Fleisch oder Schlachtabfälle verwendet werden und pflanzliche Komponenten, wie z. B. Getreideflocken, enthalten sind. Eine Ergänzung erfolgt durch Mineralfutter nicht zuverlässig. Beim Zink spielt nicht nur die Höhe der Versorgung, sondern auch die Verfügbarkeit eine erhebliche Rolle. Überhöhte Kalziumgehalte und Phytinphosphat im Futter (aus pflanzlichen Futtermitteln, z. B. Getreide) reduzieren die Zinkverfügbarkeit.

Da beide Faktoren regelmäßig auftreten, ist eine marginale Zinkversorgung nicht selten. Erwähnung verdienen in diesem Zusammenhang Barf-Rationen und auch vegetarische Ernährung. Besonders kritische Lebensphasen im Hinblick auf die Zinkversorgung sind das Wachstum und die Laktation. Anekdotische Berichte über positive Wirkungen von Zinksupplementierung auf die Gesundheit und das Aussehen der Haut finden so eine einfache Erklärung, es wird lediglich eine marginale Versorgung korrigiert. Demnach ist bei längerfristiger Supplementierung oder aber bei Zinkzulagen zu bereits ausreichend zinkhaltigen Rationen kein so deutlicher Effekt mehr zu erwarten. Zinküberversorgung ist innerhalb des futtermittelrechtlich zugelassenen Rahmens (250 mg/kg lufttrockene Substanz in der Gesamtration) unbedenklich, es sei denn Kupfer ist sehr knapp.

1.2.10 Selen

Bei praxisüblichen Rationen muss nicht mit erheblichen Fehlversorgungen gerechnet werden. Bei hausgemachten Rationen, deren Bestandteile auf selenarmen Böden erzeugt werden, ist eine suboptimale Versorgung möglich, sofern das Mineralfutter keinen Selenzusatz enthält. Die Toleranz von Hunden und Katzen gegenüber Selenüberversorgung ist im Vergleich zu anderen Spezies relativ hoch.

1.2.11 Jod

Alleinfutter für Hunde und Katzen enthalten i. d. R. ausreichend Jod. Ausnahmen machen vor allem Nischenprodukte im Feuchtfuttersegment „ohne Zusatzstoffe“ – wie bei anderen Nährstoffen auch. Auch „Fertig-BARF-Produkte“ können zu wenig Jod enthalten. Solche Futtermittel können aber auch Schilddrüsen von Schlachttieren enthalten (am Schlund hängend!). Damit werden Schilddrüsenhormone zugeführt, dies kann im Extremfall letal sein. Kritisch für eine exzessive Jodversorgung kann auch der Einsatz von Seealgenprodukten sein. Es soll nicht unerwähnt bleiben, dass Alleinfutter auch mehr Jod enthalten können als benötigt wird; i. d. R. aber nicht über die futtermittelrechtlich zulässigen Gehalte hinaus.

Bei hausgemachten Rationen (ohne Seefisch) ist mit Unterversorgung zu rechnen, und zwar auch dann, wenn jodiertes Salz verwendet wird. Der Gehalt im jodierten Salz ist nicht ausreichend, um bei moderater Salzzufuhr den Bedarf zu decken. Mineralfutter und sonstige Supplemente sind häufig nicht jodiert oder sie enthalten nicht genügend Jod, um eine hausgemachte Ration zu supplementieren. Auch hier gibt es aber Produkte, deren Jodgehalt eine Zufuhr, die den Bedarf deutlich überschreitet, bedingt. Während gesunde Tiere sowohl die knappe als auch die reichliche Aufnahme an Jod tolerieren, muss dieser Punkt bei Tieren mit Schilddrüsenerkrankungen besonders beachtet und die Jodzufuhr optimiert werden. Beide Varianten der Fehlversorgung stehen im Verdacht, zur Zunahme von Schilddrüsenerkrankungen bei Katzen beizutragen.

1.2.12 Andere Spurenelemente

Die Versorgung mit sonstigen Spurenelementen wie Mangan, Cobalt, Molybdän und Fluor stellt bei Hunden und Katzen im Allgemeinen kein Problem dar. Die oft als Ultraspurenelemente bezeichneten, und erst seit relativ kurzer Zeit in aufwendigen Experimenten mit hochgereinigten Futterrationen unter weitgehender Vermeidung vielfältiger Kontaminationsmöglichkeiten als essenziell erkannten, Elemente Nickel, Vanadium, Arsen und Blei haben für die praktische Fütterung i. d. R. keine Bedeutung, wenn überhaupt, ist eher an eine übermäßige Aufnahme und Toxizität zu denken, z. B. beim Blei. Bei Ratten wurde gezeigt, dass Chrom bei der Kontrolle der Glukosehomöostase eine essenzielle Rolle spielt. Geringfügige Verbesserungen der Glukosetoleranz konnten im Experiment an gesunden Hunden gezeigt werden, nicht aber bei diabetischen. Silizium wird von Hunden absorbiert, wie der Nachweis von Silikatsteinen eindrücklich demonstriert. Beim Menschen wird es als essenziell angesehen, die Höhe des Bedarfs ist bisher für keine Spezies bekannt. Es wird vermutet, dass Silizium an der Kalzifizierung des Skeletts beteiligt ist. Unter Praxisbedingungen ist es allerdings ausgesprochen unwahrscheinlich, dass eine mangelnde Kalzifizierung des Skelettes auf eine unzureichende Siliziumzufuhr zurückzuführen ist.

1.2.13 Vitamin A

Bei Verwendung von Feuchtfutter ist mit einer hohen Vitamin-A-Aufnahme zu rechnen, und zwar auch dann, wenn keine Zusätze deklariert sind. Feuchtfutter enthalten oft sehr viel Leber. Hausgemachte Rationen, die Leber enthalten, können ebenfalls mehrfach bedarfsdeckend sein. Vitamin-Mineralstoffzusätze decken den Vitamin-A-Bedarf in aller Regel ab, oft wird er sogar übererfüllt. Bei Trockenfutter liegt die Vitamin-A-Aufnahme meist im bedarfsdeckenden Bereich. Daher empfiehlt es sich nicht, Hunden und Katzen hochdosierte Vitamin-A-haltige Präparate zu verordnen oder gar parenteral zu verabreichen, wenn nicht ein konkreter Verdacht auf eine Vitamin-A-Mangelernährung vorliegt. Dies kann bei hausgemachten Rationen ohne Leber der Fall sein oder aber bei bestimmten Nischenfertigprodukten.

1.2.14 Vitamin D

Die Vitamin-D-Zufuhr ist bei Fertigfutter in Deutschland i. d. R. im bedarfsdeckenden Bereich, außer bei bestimmten Nischenprodukten; bei hausgemachten Rationen hängt die Vitamin-D-Zufuhr meist von der Supplementierung ab. UV-Lichtexposition führt bei Hunden und Katzen nicht zu einer ausreichenden Vitamin-D-Synthese. Eine knappe Vitamin-D-Versorgung wird bei ausreichender Kalziumzufuhr von adulten Hunden und Katzen sehr lange toleriert, bei jungen Katzen konnten Mangelsymptome nur provoziert werden, wenn die Ration gleichzeitig wenig Kalzium enthielt.

1.2.15 Vitamin E

Fertigfutter decken den Vitamin-E-Bedarf weitgehend ab, eine knappe Versorgung ist vor allem bei Nischenprodukten möglich. Die Zufuhr über Supplemente ist ausgesprochen unterschiedlich und muss im Einzelfall überschlägig nachgerechnet werden. Bei hausgemachten Rationen ist die Versorgung i. d. R. ebenfalls eher knapp. Pflanzenöl enthält meist viel Vitamin E, allerdings auch viele ungesättigte Fettsäuren, die ihrerseits wiederum den Vitamin-E-Bedarf erhöhen. Fischöl und fetter Fisch erhöhen den Bedarf an Vitamin E erheblich, da sie viele langkettige und hochungesättigte Fettsäuren enthalten. Bei ausschließlicher Verfütterung fettreicher Fischkonserven kann Vitamin-E-Mangel in Form von Gelbfettkrankheit auftreten.

1.2.16 B-Vitamine

Die Verluste bei der Futterherstellung, z. B. beim Sterilisieren, machen es erforderlich, vor dem Produktionsprozess so viel B-Vitamine zuzusetzen, dass der Gehalt im fertigen Produkt noch ausreicht, um Mangelsymptome zu verhindern. Dies erfolgt nicht immer im ausreichenden Maß. Besonders Thiamin kann in Feuchtfuttern nicht ausreichend sein. Bei hausgemachten Rationen können Kochverluste die Vitamin-B-Versorgung stark beeinträchtigen. Dies muss bei der Rationsberechnung beachtet werden, da hier evtl. die Gehalte für rohe Futtermittel zugrunde gelegt werden. Supplemente sind hinsichtlich des Vitamin-B-Gehaltes sehr unterschiedlich.

1.3 Rationsberechnung, Futterbewertung, Energie- und Nährstoffbedarf

Dreh- und Angelpunkt der Rationsberechnung ist die Energiezuteilung. Der Energiebedarf des Tieres muss auf längere Sicht in jedem Falle erfüllt werden, er darf andererseits aber nicht überschritten werden. Daher muss die Futterzuteilung immer nach dem Energiebedarf erfolgen. Ein typischer Anfängerfehler bei der Rationsberechnung ist es, die Futtermenge an einem Nährstoff auszurichten, z. B. am Protein. Wenn ein Tier mit einem eiweißreichen Futtermittel bei bedarfsgerechter Energiezufuhr zu viel Eiweiß aufnimmt, kann man eben nicht einfach die Futtermenge reduzieren, um eine bedarfsgerechte Eiweißaufnahme zu erreichen, da das Tier dann nicht ausreichend Energie bekäme. Eine bedarfsgerechte Eiweißversorgung ist mit einem entsprechend proteinreichen Futtermittel nicht möglich und man muss sich entscheiden, ob man die Überversorgung toleriert oder ein weniger eiweißreiches Produkt empfiehlt.

1.3.1 Energiebewertung

Um Futtermittel dem Energiebedarf eines Tieres entsprechend zuzuteilen, benötigt man neben dem Bedarf auch den Gehalt im Futtermittel. Sowohl die Angaben zum Energiebedarf als auch die Verfahren zur Energiebewertung für Hund und Katze sind sehr unterschiedlich. Alle folgenden Angaben und Berechnungen werden auf der Stufe der umsetzbaren Energie (ME) durchgeführt, im Schrifttum finden sich jedoch gelegentlich noch Werte in verdaulicher Energie (DE), die im Mittel um 6 % höher liegen.

Die verdauliche Energie (DE) in einem Futtermittel errechnet sich aus dem physikalischen Brennwert abzüglich der Energieverluste über den Kot. Die umsetzbare Energie (ME) berücksichtigt dagegen, außer den Verlusten über den Kot, die Verluste durch mikrobielle Gasbildung sowie über den Harn, die ebenfalls von der Bruttoenergie (= physikalischer Brennwert) abgezogen werden. Es ist offensichtlich, dass zur direkten Bestimmung sehr aufwendige Versuche erforderlich sind. Für Hunde und Katzen lässt sich die ME durch vereinfachte Verfahren abschätzen. Da beide Spezies nur einen kleinen Dickdarm haben und die mikrobielle Gasbildung in diesem Kompartement nur einen sehr geringen Energieverlust darstellt, werden Gärgasverluste bei allen Methoden vernachlässigt. Es müssen also nur die Verluste über den Kot (bzw. die Verdaulichkeit) sowie die Verluste über den Harn berücksichtigt werden. Für die Verdaulichkeit der Energie gibt es auch beim Fleischfresser eine breite experimentelle Basis, während für die Energieverluste über den Harn wiederum auf eine grobe, auf wenigen Daten beruhende Schätzung zurückgegriffen werden muss. Man geht davon aus, dass die wesentlichen renalen Energieverluste durch Abgabe stickstoffhaltiger Substanzen, vor allem Harnstoff, in den Urin zustande kommen. Da es sich dabei um Eiweißmetaboliten handelt, wird die verdauliche Energie anhand des Eiweißgehaltes im Futter korrigiert (Stickstoffkorrektur). Da nur das verdauliche Eiweiß im Intermediärstoffwechsel Metaboliten bilden kann, bezieht sich diese Korrektur auf verdauliches Rohprotein. Pro Gramm verdauliches Rohprotein werden bei Hundefuttern 5,2 kJ und bei Katzenfuttern 3,6 kJ von der verdaulichen Energie abgezogen.

Für viele Einzelfuttermittel liegen die erforderlichen Daten zum Energie- und Proteingehalt sowie der Verdaulichkeit von Energie und Protein vor. Meyer und Zentek (2005) geben außerdem auch die daraus berechneten ME-Gehalte an. Bei hausgemachten Rationen aus Bestandteilen einer „Western Diet", also z. B. Fleisch, Schlachtabfälle, Reis, Nudeln, Kartoffeln, kann für Hunde mittels derselben Faktoren für die Rohnährstoffe berechnet werden wie beim Menschen. Diese Faktoren setzen sich aus Brennwert und einer einheitlich hohen geschätzten Verdaulichkeit sowie im Falle des Proteins aus einem entsprechenden Abzug für die renalen Energieverluste zusammen. Bei Katzen wird ein etwas niedriger Faktor für Fett eingesetzt wird, welcher die bei dieser Tierart etwas weniger effiziente Fettverdaulichkeit berücksichtigt (NRC 2006). Diese Faktoren eignen sich nur für Futtermittel mit einer scheinbaren Nährstoffverdaulichkeit von 90 % und mehr. Neben hausgemachten Rationen gehören hierzu Milchaustauscher und Produkte zur enteralen Ernährung.

Berechnung des ME-Gehaltes in hausgemachten Rationen, Milchaustauschern und Produkten zur enteralen Ernährung (scheinbare Verdaulichkeit der Nährstoffe ≥ 90 %):

Hund

$$\begin{aligned} \text{ME (MJ/kg)} = {} & 0{,}01674\ \text{(MJ/g)} \times \text{Protein (g/kg)} + \\ & 0{,}03767\ \text{(MJ/g)} \times \text{Fett (g/kg)} + \\ & 0{,}01674\ \text{(MJ/g)} \times \text{Kohlenhydrate (NfE; g/kg)} \end{aligned}$$

Katze

$$\begin{aligned} \text{ME (MJ/kg)} = {} & 0{,}01674\ \text{(MJ/g)} \times \text{Protein (g/kg)} + \\ & 0{,}03557\ \text{(MJ/g)} \times \text{Fett (g/kg)} + \\ & 0{,}01674\ \text{(MJ/g)} \times \text{Kohlenhydrate (NfE; g/kg)} \end{aligned}$$

Fertigfutter weisen i. d. R. deutlich geringere Verdaulichkeiten auf. Zum einen sinkt die Verdaulichkeit durch die Herstellungsverfahren, zum anderen ist eine Verdaulichkeit von mehr als 90 % bei gesunden Tieren auch nicht unbedingt sinnvoll. Geringer verdauliche Futtermittel haben gewisse Ballaststoffeffekte, die durchaus erwünscht sein können. Je nach Verwendungszweck (z. B. Reduktionsdiät), Ausgangsmaterial und Qualität kann die Verdaulichkeit bei Fertigprodukten daher erheblich schwanken. Einheitliche Faktoren für die Nährstoffe führen daher zwangsläufig zu Fehleinschätzungen. Deshalb wird in Fertigfuttern zunächst der physikalische Brennwert Bruttoenergie (GE) anhand von Standardbrennwerten für die Rohnährstoffe berechnet, anschließend die Verdaulichkeit der Energie anhand des Rohfasergehaltes abgeschätzt. Aus Bruttoenergie und Energieverdaulichkeit kann die DE berechnet werden. Davon wird ein Abzug für die renalen Verluste vorgenommen. Eine Abschätzung des Gehaltes an ME in Fertigfuttermitteln wird wie folgt durchgeführt:

1. Schätzung des Gehaltes an Bruttoenergie (GE)
GE kJ = 23,9 kJ × g Rohprotein + 38,5 kJ × g Rohfett + 17,2 kJ × g Gesamtkohlenhydrat
Gesamtkohlenhydrate (%) = 100 – Feuchtigkeit (%) – Rohprotein (%) – Rohfett (%) – Rohasche (%)

Feuchtigkeit, falls nicht deklariert, unter 14 % (Schätzwert 10 %)

2. Schätzung der Verdaulichkeit der Energie:
Hund: Verdaulichkeit der Energie (%) = 91,2 – 1,43 × Rohfaser in % Trockensubstanz
Katze: Verdaulichkeit der Energie (%) = 89,9 – 0,88 × Rohfaser in % Trockensubstanz

Rohfaser in % der Trockensubstanz = Rohfaser (%)/(100 – Feuchtigkeit (%)) × 100
Verdauliche Energie (DE) = GE × Verdaulichkeit der Energie (%)/100

3. Stickstoffkorrektur
Hund: Umsetzbare Energie (ME) = DE (kJ) – 4,34 kJ × g Rohprotein
Katze: Umsetzbare Energie (ME) = DE (kJ) – 3,10 kJ × g Rohprotein

Die Korrekturfaktoren errechnen sich aus den oben genannten Faktoren für verdauliches Rohprotein von 5,2 bzw. 3,6 kJ und einer angenommenen mittleren Proteinverdaulichkeit von 83,5 bzw. 86 %.

Diese Methoden zur Energieabschätzung wurden vom NRC (2006) und der FEDIAF sowie der EU übernommen. Die Energiebewertung nach dieser Methode ist für Berechnungen mit dem Taschenrechner zweifellos recht kompliziert. Bei der computergestützten Rationsberechnung spielt dies aber keine Rolle mehr. So kann beispielsweise der Rechenweg auf einem Arbeitsblatt einer Tabellenkalkulation gespeichert werden, sodass dann nur noch die Rohnährstoffgehalte laut Deklaration eines Futtermittels eingegeben werden müssen, um den Gehalt an ME zu erhalten. Noch eleganter ist es, in einer Datenbank auf einer Tabellenkalkulation mit den Gehalten an Rohnährstoffen den Energiegehalt mit berechnen zu lassen. Auch hier muss der Rechenvorgang nur einmal bei einem Futtermittel eingegeben werden, für alle weiteren genügt das Kopieren. Eine weitere Vereinfachung ist ein Unterprogramm zur Energiebewertung innerhalb einer Software zur computergestützten Rationsberechnung, wie z. B. bei diet-check Munich®.

1.3.2 Energiebedarf

Erhaltungsbedarf

Der Erhaltungsbedarf an ME beinhaltet bei Hund und Katze den Bedarf zur Erhaltung der Körperfunktionen und der Körpermasse ohne besondere Beanspruchung. Dazu gehören Futteraufnahme und Verdauung, ungerichtete sowie die zur Gesunderhaltung notwendige Bewegung, also z. B. kleinere Spaziergänge, sowie die Aufrechterhaltung der Körpertemperatur unter suboptimalen, aber nicht extremen Bedingungen. Die Werte liegen daher deutlich über dem Grundumsatz, der postabsorptiv, in Ruhe und unter thermoneutralen Bedingungen, gemessen wird. Vor allem beim Hund unterliegt der Erhaltungsbedarf an ME sehr großen Schwankungen, die u. a. auf unterschiedliche Lebhaftigkeit und Bewegungsaktivität, Haltungsbedingungen, Körperbautyp, Alter und Oberflächenisolation zurückgeführt werden. Die Spannweite reicht beim Hund von unter 0,4 MJ/kg $KM^{0,75}$ bis über 0,7 MJ/kg $KM^{0,75}$. Besonders hohe Werte wurden bei Doggen beobachtet. Auch kleinere Hunderassen im „athletischen" Typ, wie z. B. einige Terrier oder auch mittelgroße Foxhound-Boxer-Kreuzungsprodukte, zeigen einen überdurchschnittlichen Erhaltungsbedarf. Bei Neufundländern lag der Erhaltungsbedarf dagegen auffallend niedrig. Die Mehrzahl der experimentellen Bestimmungen, die i. d. R. an in Zwingern zu mehreren oder mit Sichtkontakt gehaltenen Hunden durchgeführt wurden, ergaben Zahlen, die sich in der Praxis für im Haus gehaltene Hunde als viel zu hoch erwiesen (Tab. 1.5). Sofern es sich nicht um ein sehr lebhaftes Tier mit viel Bewegungsanreiz und Möglichkeit handelt, wie z. B. ein Tier aus einem Haushalt mit mehreren Hunden, die regelmäßig und über Stunden gemeinsam Auslauf haben, empfiehlt es sich, von einem Erhaltungsbedarf von 0,4 MJ ME/kg $KM^{0,75}$ auszugehen. Alte Tiere, Osteoarthrosepatienten müssen noch etwa 20 % darunter eingestuft werden. Bei unter- oder übergewichtigen Tieren muss zur Berechnung des Energiebedarfs das Normalgewicht verwendet werden. Bei Katzen wurde früher der Energiebedarf anhand des absoluten Körpergewichts berechnet. Bei übergewichtigen Tieren, welche nicht als solche erkannt werden, entstehen hierdurch erheblich größere Fehleinschätzungen als bei Bezug auf die Stoffwechselmasse, da Fettgewebe einen erheblich niedrigeren Erhaltungsbedarf hat als die fettfreie Körpermasse. Eine 4 kg schwere Katze kann bereits 30 % Übergewicht haben, wenn ihr Normalgewicht 3 kg beträgt. Sofern dann 4 kg als Normalgewicht dieser Katze angenommen werden und der Energiebedarf bestimmt wird, kann es zu Fehleinschätzungen des Energiebedarfs normalgewichtiger Katzen von bis zu 25 % kommen. Allein dadurch erklären sich viele Diskrepanzen in der Literatur.

Tabelle 1.5: **Erhaltungsbedarf an Energie von Hunden (NRC 2006, Thes et al., 2016)**

Rasse	Aktivität	Alter	MJ ME/kg $KM^{0,75}$
Doggen, Terrier[1]	hoch[2]	jung bis mittleres Alter	0,75–0,84
Durchschnittliche Rasse	hoch[2]	jung	0,59
Durchschnittliche Rasse	hoch[2]	mittleres Alter	0,54
Durchschnittliche Rasse	hoch[2]	höheres Alter	0,44
Durchschnittliche Rasse, typischer Haushund	**gering[3]**	**mittleres Alter**	**0,40**
Durchschnittliche Rasse, typischer Haushund	**gering[3]**	höheres Alter	**0,32–0,40**

In der Praxis ist es vor allem kritisch, wenn der auf das absolute Körpergewicht bezogene Erhaltungsbedarf normalgewichtiger Katzen auf übergewichtige Tiere umgerechnet wird. Deshalb sollte auch bei Katzen der Erhaltungsbedarf auf die Stoffwechselmasse bezogen werden. Für Katzen wird bei der Berechnung der Stoffwechselmasse der Exponent 0,67 verwendet. Gründe hierfür sind neben fehlenden allometrischen Veränderungen des Körperbaus, wie sie bei Hunden sowie zwischen verschieden großen Tierarten beschrieben sind, auch die Abmilderung der rechnerischen Auswirkungen von nicht erkanntem Übergewicht (NRC 2006). Der Erhaltungsbedarf der normalgewichtigen Katze beträgt im Mittel 0,42 MJ/kg $KM^{0,67}$. Für über- oder untergewichtige Katzen wird der Energiebedarf am besten anhand des Normalgewichtes abgeschätzt.

Derzeit ist nicht eindeutig geklärt, ob die Kastration einen direkten Einfluss auf den Energiebedarf besitzt oder nicht. Indirekte Effekte bestehen aber mit Sicherheit. Zum einen können viele Katzen nach einer Kastration ihre Energieaufnahme nicht mehr von sich aus regulieren, sie neigen dazu, mehr zu fressen als sie brauchen. Wenn sich dann Übergewicht ausbildet, so nimmt der Energiebedarf bezogen auf das Körpergewicht bzw. die Stoffwechselmasse ab. Außerdem ist eine Reduktion der fettfreien Körpermasse, insbesondere der Muskelmasse, als Folge des Wegfallens der Sexualhormone und/oder einer eventuell reduzierten Aktivität möglich. Entsprechend ist mit einem geringeren Erhaltungsbedarf zu rechnen. Nach einer Kastration sollte deshalb möglichst nicht mehr ad libitum gefüttert werden. Es empfiehlt sich, zunächst in sehr regelmäßigen Abständen zu wiegen und die Futterration ggf. anzupassen.

Der individuelle Energieerhaltungsbedarf eines Tieres kann auch bei Berücksichtigung aller bekannten Einflussfaktoren nicht ganz genau geschätzt werden. Daher ist es bei der Rationsberechnung sinnvoll, die Angaben des Besitzers über die bisherige Fütterung zu berücksichtigen. Bei normalgewichtigen Tieren, die keine Gewichtsveränderungen aufweisen, verlässlichen Angaben des Besitzers und entsprechend gründlicher nutritiver Anamnese (!) kann davon ausgegangen werden, dass die mit der bisherigen Fütterung aufgenommene Energie dem individuellen Bedarf des betreffenden Tieres entspricht. In jedem Fall muss der Besitzer darauf hingewiesen werden, dass beim Energiebedarf erhebliche individuelle Unterschiede auftreten können, die auch bei computergestützter Rationsberechnung nicht erfasst werden, sodass bei unerwünschten Veränderungen an der Körpermasse Korrekturen der Energiezuteilung erfolgen müssen.

Gravidität

Bei der Hündin entspricht der Energiebedarf in den ersten 4 Wochen der Gravidität in etwa dem Erhaltungsbedarf. In den letzten 5 Wochen steigt der Bedarf aber an. Die Fruchtmasse ist eine lineare Funktion des Körpergewichts. Der Bedarf für den Ansatz und die Erhaltung der Früchte ist daher bei großen Hunden in Relation zum Erhaltungsbedarf, der eine Funktion der Stoffwechselmasse darstellt, höher. Bei Riesenrassen veranschlagt man daher bis zum 1,8-Fachen des Erhaltungsbedarfs für die zweite Hälfte der Gravidität, bei Zwergrassen dagegen nur etwa das 1,3-Fache, mittelgroße Hunde benötigen etwa das 1,5-Fache. Eine genaue Berechnung erfolgt durch die Gleichung:

Energiebedarf für hochgravide Hündin = Erhaltungsbedarf + 0,109MJ × kg KM

Für den Erhaltungsbedarf wird der entsprechend Rasse, Alter, Haltungsbedingungen und Temperament zu erwartende Bedarf eingesetzt bzw. der anhand der nutritiven Anamnese ermittelte individuelle Bedarf der Hündin (Tab. 1.5 und 1.6).

Bei der Kätzin spielt die Anlage extragenitaler Reserven während der Gravidität eine größere Rolle. Sie sollte von Beginn der Gravidität an etwa das 1,4-Fache des Erhaltungsbedarfs aufnehmen (Tab. 1.7). Ad libitum Fütterung ist empfehlenswert.

Tabelle 1.6: **Energiebedarf von hochgraviden (ab 5. Woche) und laktierenden Hündinnen**

Reproduktionsstadium	Energiebedarf MJ ME; KM in kg
Gravidität (ab 5. Woche)	Erhaltung + 0,109 × KM Erhaltungsbedarf s. Tab. 1.5
Laktation: abhängig von Welpenzahl (n, m) und Laktationsstadium (l): n = Zahl der Welpen zwischen 1 und 4 m = Zahl der Welpen zwischen 4 und 8 (bei < 5 Welpen m = 0, bei > 8 Welpen m = 8) l: 1. Woche 0,75, 2. Woche 0,95, 3 Woche 1,1, 4. Woche 1,2	Erhaltungsbedarf + (0,1 n + 0,05 m) × l × KM Erhaltungsbedarf s. Tab. 1.5., bei größeren Würfen ist von hoher Aktivität auszugehen

Tabelle 1.7: **Energiebedarf von Katzen**

Lebensstadium	MJ ME
Erhaltung: normalgewichtig, Rippen leicht tastbar	$0,42 \times kg\ KM^{0,67}$
Gravidität[1]	$0,59 \times kg\ KM^{0,67}$
Laktation[2] < 3 Welpen 3–4 Welpen > 4 Welpen l = Laktationsstadium von Woche 1 bis 7: 0,9/0,9/1,2/1,2/1,1/1,0/0,9	 $0,42 \times KM^{0,67} + 0,075 \times KM \times l$ $0,42 \times KM^{0,67} + 0,25 \times KM \times l$ $0,42 \times KM^{0,67} + 0,29 \times KM \times l$
Wachstum 2. Monat bis zum Erreichen von etwa 40 % des erwarteten Endgewichts > 40 bis < 60 % des erwarteten Endgewichts > 60 % des erwarteten Endgewichts bis Ende des Wachstums	 $0,8 \times KM^{0,67}$ $0,7 \times KM^{0,67}$ $0,55$ bis $0,42 \times KM^{0,67}$

[1]Gewichtszunahme bis zu 50 % des Normalgewichtes beim Belegen erwünscht
[2]Gewichtsabnahme bei größeren Würfen unvermeidlich

Laktation

Der Energiebedarf für die Laktation hängt vor allem von der Zahl der saugenden Welpen ab. Er kann bei Hündinnen bei großen Würfen bis etwa zum 4-Fachen des Erhaltungsbedarfs ansteigen (Tab. 1.6). Bei Zwergrassen mit 2 bis 4 Welpen veranschlagt man etwa das 1,5-Fache bis Doppelte des Erhaltungsbedarfs, bei mittelgroßen Rassen mit 3 bis 6 Welpen das Doppelte bis 3-Fache, bei großen Rassen bei 4 und mehr Welpen das 3- bis 4-Fache. In der Regel kann man ab 4 Welpen ad libitum füttern. In der ersten Woche der Laktation ist die Milchleistung am geringsten, sie steigt bis zum Beginn einer nennenswerten Beifutteraufnahme durch die Welpen (etwa ab 4.–5. Woche) an und sinkt danach wieder ab. Entsprechend variiert der Energiebedarf im Verlauf der Laktation.

Bei Kätzinnen werden während der Laktation die in der Gravidität angelegten extragenitalen Reserven wieder aufgebraucht. Der tatsächliche Energieverbrauch bzw. die Abgabe mit der Milch ist daher höher als die Versorgungsempfehlungen (Tab. 1.7), die sich auch an der Futteraufnahmekapazität orientieren. Ad-libitum-Fütterung ist bei mehr als zwei Welpen im Wurf empfehlenswert.

Wachstum

Der Energiebedarf wachsender Hunde aus Privathaushalten wurde von Klein et al. (2019) überprüft. Sie empfehlen eine Energiezufuhr nach folgender Gleichung. Dazu ist es notwendig das aktuelle Gewicht des Hundes (aktuelle KM) und das voraussichtliche Endgewicht (adulte KM) zu kennen.

$$\text{ME (MJ)} = (1{,}063 - 0{,}565 \times [\text{aktuelle KM}/\text{adulte KM}]) \times \text{aktuelle KM}^{0{,}75}$$

Das voraussichtliche Gewicht des adulten Hundes sollte nicht überschätzt werden. Das Normalgewicht des gleichgeschlechtlichen Elternteils gibt eine Orientierung, evtl. auch der Rassestandard. Bei großen Rassen sollte man unbedingt den Fehler vermeiden, ein hohes Endgewicht einzusetzen. Das Motto: „Der wird mal richtig groß, größer als sein Vater" ist eine Anleitung zum Überfüttern.

Es empfiehlt sich, wachsende Hunde größerer Rassen regelmäßig zu wiegen und die Energiezufuhr so anzupassen, dass sie sich in etwa gemäß den Empfehlungen in Tabelle 1.3 entwickeln.

Bei Katzenwelpen wird im Absetzalter etwa das Doppelte des Erhaltungsbedarfs bezogen auf die aktuelle metabolische Körpermasse benötigt (Tab. 1.7). Im Verlauf des Wachstums geht der Bedarf pro kg Stoffwechselmasse dann allmählich zurück.

1.3.3 Proteinbedarf

Erhaltung

Empfehlungen für die Proteinversorgung im Erhaltungsstoffwechsel variieren im Schrifttum erheblich. Für die hier angegebene Versorgungsempfehlung für die Erhaltung wird eine mittlere Proteinqualität unterstellt und eine optimale Versorgung (Anlage von Reserven möglich) postuliert. Außerdem wird berücksichtigt, dass die Energiezufuhr aus Fett oder aus Kohlenhydraten nicht zu hohe Anteile erreichen sollte, sodass zwangsläufig mehr Protein aufgenommen werden muss als unbedingt erforderlich. Ein Unterschreiten der Versorgungsempfehlungen (Tab. 1.8 und 1.9) führt daher nicht unbedingt zu einem Eiweißmangel. Hunde können bei entsprechend hoher Proteinqualität mit etwa der Hälfte der Empfehlung für den Proteinerhaltungsbedarf auskommen, Katzen mit etwa zwei Drittel.

Gravidität, Laktation und Wachstum

In den Tabellen 1.8 und 1.9 sind die Empfehlungen zur Proteinversorgung während Reproduktion und Wachstum nach NRC (2006) sowie nach Kamphues et al. (2014) zusammengestellt.

Tabelle 1.8: **Proteinbedarf von Hunden in verschiedenen Lebensstadien (modifiziert nach NRC 2006 und Kamphues et al., 2014)**

Lebensstadium	**Rohprotein (1 g Rohprotein ≈ 0,83 g verdaulichem Rohprotein)**	
Erhaltung	5 g × kg $KM^{0,75}$	
Hochgravidität	6,5 g × kg $KM^{0,75}$ + 1,3 g × kg KM	
Laktation: oberer Bereich bei großen Würfen, unterer Bereich bei kleinen Würfen	7–12 g × kg $KM^{0,75}$	
Wachstum 1.–3. Monat 4.–6. Monat > 6 Monate Die jeweils höheren Werte gelten für jüngere Welpen der Altersgruppe und für Welpen mit höherem erwarteten Endgewicht.	KM adult < 15 kg 10–17 g × kg $KM^{0,75}$ 8–11 g × kg $KM^{0,75}$ 6–7 g × kg $KM^{0,75}$	KM adult > 15 kg 14–21 g × kg $KM^{0,75}$ 10–15 g × kg $KM^{0,75}$ 7 g × kg $KM^{0,75}$

Tabelle 1.9: **Proteinbedarf von Katzen in verschiedenen Lebensstadien**

Lebensstadium	Rohprotein (1 g Rohprotein ≈ 0,86 g verdaulichem Rohprotein)
Erhaltung	7 g × kg $KM^{0,67}$
Gravidität	10 g × kg $KM^{0,67}$
Laktation[1] < 3 Welpen 3–4 Welpen > 4 Welpen	 7,5 g × kg $KM^{0,67}$ 11 g × kg $KM^{0,67}$ 12 g × kg $KM^{0,67}$
Wachstum (Hauptwachstumsphase[1])	14 g × kg $KM^{0,67}$

[1]allmählicher Rückgang während des späteren Wachstums bis auf den Erhaltungsbedarf

1.3.4 Bedarf an Mengen-, Spurenelementen und Vitaminen

Der Bedarf an Mengen-, Spurenelementen und Vitaminen wurde bis 2006 in der deutschsprachigen Literatur bei Hunden und Katzen pro kg Köpermasse angegeben. Es handelt sich hier um eine Übernahme des traditionellen Vorgehens bei landwirtschaftlichen Nutztieren, bei welchen es innerhalb einer Nutzungs- und Altersgruppe i. d. R. nur relativ kleine Unterschiede in der Körpermasse gibt und bei welchen der Erhaltungsbedarf eine eher untergeordnete Rolle spielt. Insbesondere bei Hunden, deren Körpermasse zwischen zwei und beinahe 100 kg variieren kann, ergeben sich durch dieses Vorgehen rechnerisch allometrische Effekte, die wahrscheinlich die biologische Wirklichkeit nicht korrekt abbilden. Wenn der Nährstoffbedarf mit der Körpermasse, der Energie- und damit der Futterbedarf aber mit der Stoffwechselmasse ansteigen, so müsste der Nährstoffgehalt im Futter einer Riesenrasse etwa doppelt so hoch sein wie im Futter einer Zwergrasse. Bezieht man den Nährstoffbedarf dagegen auf die Stoffwechselmasse, so verändert er sich rechnerisch mit zunehmender Körpergröße in gleicher Weise wie der Energiebedarf, d. h. es ergeben sich keine größenabhängigen Änderungen bei den Empfehlungen zur Futterzusammensetzung. Für viele Nährstoffe, vor allem für Vitamine und Spurenelemente mit Funktionen im Energiestoffwechsel oder für Nährstoffe, bei welchen die endogene Ausscheidung indirekt durch die Futtermenge beeinflusst wird, ist dies wahrscheinlich zutreffend. Daher bezog das NRC (2006) alle Nährstoffe auf die Stoffwechselmasse. Gewisse Unsicherheiten wurden durch entsprechende Sicherheitszuschläge abgepuffert.

Die folgenden Empfehlungen zur Mengenelementversorgung des Hundes (Tab. 1.10) enthalten daher Sicherheitszuschläge. Geringfügige Unterschreitungen sollten noch nicht als kritisches Gesundheitsrisiko eingestuft werden. Neben der absoluten Aufnahme muss auch das Verhältnis von Kalzium und Phosphor berücksichtigt werden. Es sollte zwischen 1 : 1 und 2 : 1 liegen, als optimal werden 1,4 : 1 angesehen. Je deutlicher die Versorgung mit einem dieser beiden Elemente vom Bedarf abweicht, umso wichtiger ist das Kalzium/

Tabelle 1.10: **Mengenelementbedarf von Hunden nach Kamphues et al. (2014) [mg/kg $KM^{0,75}$/Tag]**

Lebensstadium	Ca	P	Mg	Na	K
Erhaltung + Arbeit[1]	130	100	20	26	140
Gravidität, 2. Hälfte	270	200	30	50	170
Laktation[2]	260–860	160–430	30–60	80–320	210–540
Wachstum[3]					
1. Lebensmonat	400–582	290–420	20	100	300
2. Lebensmonat	450–900	290–560	20	100	300
3. Lebensmonat	470–870	270–470	20	100	300
4. Lebensmonat	400–670	230–270	20	100	300
5. + 6. Lebensmonat	290–520	170–270	20	100	300
7.–12. Lebensmonat	180–230	120–150	20	100	300

[1] Die faecalen Kalziumverluste werden wesentlich durch die faecale Trockenmasseausscheidung beeinflusst. Diese wiederum hängt von der Aufnahme und Verdaulichkeit der Trockenmasse ab (Kienzle et al., 2017). Daher kann der Kalziumbedarf bei schwerverdaulichen Rationen (Reduktionsdiät!) und bei hoher Futteraufnahme(erhöhter Energiebedarf bei Arbeit) erheblich ansteigen (Kienzle et al., 2017)
[2] Höhere Werte für Hündinnen mit größeren, niedrigere für Hündinnen mit kleineren Würfen
[3] Höhere Werte für Welpen großer, niedrigere für Welpen kleiner Rassen

Phosphor-Verhältnis. Es genügt jedoch nicht, nur das Verhältnis der beiden zueinander ausgewogen zu gestalten, wenn die absolute Aufnahme deutlich vom Bedarf abweicht.

Die Empfehlungen zur Spurenelementversorgung des Hundes (Tab. 1.11) sind bei den Elementen Eisen, Kupfer, Zink, Mangan und Selen mit erheblichen Sicherheitsspannen versehen. Beim Selen gibt es erhebliche Unsicherheiten hinsichtlich der Verfügbarkeit aus verschiedenen Rationstypen, z. B. Feucht- oder Trockenfutter und verschiedene hausgemachte Rationen. Die Empfehlungen zur Vitaminversorgung (Tab. 1.11) sind zu einem großen Teil aus Versuchen zur Vitaminforschung abgeleitet, die in der ersten Hälfte des letzten Jahrhunderts durchgeführt wurden. Moderate Unterschreitungen sind daher in aller Regel nicht unmittelbar klinisch relevant. Sie können allerdings subklinische Effekte haben, z. B. eine erhöhte Infektanfälligkeit. Auch andere Probleme, die nicht immer sofort zugeordnet werden können, sind möglich. So wird z. B. eine zu knappe Selenversorgung mit Störungen der männlichen Fruchtbarkeit beim Hund in Verbindung gebracht. Hunde bilden unter UV-Licht kein Vitamin D in der Haut.

Bei der Katze basieren die Bedarfszahlen (Tab. 1.12) auf einer noch deutlich kleineren experimentellen Grundlage als beim Hund. Entsprechend vorsichtig sollten sie interpretiert werden. In der jüngeren Vergangenheit hat es hinsichtlich des Nährstoffbedarfs der Katze noch einige Überraschungen gegeben, die erhebliche Korrekturen der Empfehlungen erforderlich machten, so z. B. die Unterschätzung des Taurin- und die Überschätzung des Vitamin-D-Bedarfs. β-Karotin kann von der Katze nicht in Vitamin A umgewandelt und Vitamin D kann unter UV-Bestrahlung nicht in ausreichender Menge gebildet werden.

Tabelle 1.11: **Spurenelement- und Vitaminbedarf von Hunden (pro kg $KM^{0,75}$) (modifiziert nach NRC 2006)**

Spurenelement/ Vitamin	Einheit	Erhaltung	Gravidität 2. Hälfte	Laktation Zahl der Welpen			Wachstum
				< 4	4–6	> 6	
Eisen	mg	1	3,5	5,1	7,1	9,3	6,1
Kupfer	mg	0,2	0,6	0,9	1,3	1,7	0,8
Zink	mg	2	4,4	7,2	10,1	13,2	6,8
Mangan	mg	0,2	0,3	0,5	0,8	1,0	0,4
Selen	µg	6,8	16	26	37	48	25
Jod	µg	30	40	66	92	121	61
Vit. A	IE	166	233	377	529	714	350
Vit. D	IE	18	25	41	57	77	38
Vit. E	mg	1	1,38	2,24	3,14	4,24	2,1
Vit. B_1	mg	0,05	0,08	0,12	0,17	0,23	0,11
Vit. B_2	mg	0,07	0,10	0,17	0,23	0,32	0,10
Vit. B_6	mg	0,17	0,24	0,39	0,54	0,73	
Vit. B_{12}	µg	1,15	1,61	2,61	3,67	4,95	
Pantothensäure	mg	0,49	0,69	1,12	1,57	2,12	
Nikotinsäure	mg	0,57	0,78	1,27	1,78	2,40	
Folsäure	µg	8,9	12	20	28	38	
Linolsäure	g	0,36	0,61	0,99	1,38	1,87	
Eicosapentaen- und Docosahexaensäure	G	0,03	0,04	0,06	0,08	0,11	

Tabelle 1.12: **Mengen- und Spurenelement- sowie Vitaminbedarf von Katzen (pro kg $KM^{0,67}$) (modifiziert nach NRC 2006)**

Spurenelement/Vitamin	Einheit	Erhaltung	Gravidität[2]	Laktation Welpenzahl		Wachstum
				bis 2	> 2	
Kalzium	mg	71	166	343	565	410
Phosphor	mg	63	151	241	411	372
Magnesium	mg	9,5	16	16	32	20
Natrium	mg	16,7	85	85	142	74
Kalium	mg	130	165	165	277	209

Spurenelement/Vitamin	**Einheit**	**Erhaltung**	**Gravidität**[2]	**Laktation Welpenzahl**		**Wachstum**
				bis 2	**> 2**	
Eisen	mg	2,0	3,2	2,5	4,3	4,2
Kupfer	mg	0,12	0,23	0,28	0,47	0,44
Zink	mg	1,9	2,1	1,9	3,2	3,9
Mangan	mg	0,12	0,21	0,23	0,38	0,25
Jod	µg	12	50	57	96	15,8
Selen[3]	µg	6,8	7,6	9,5	16	93
Vit. A	IE	82	150	210	356	170
Vit. D	IE	7	8	9	15	12
Vit. E	mg	0,9	3	1	1,7	2
Vit. B_1	µg	0,14	0,45	0,20	0,32	0,29
Vit. B_2	µg	0,099	0,15	0,13	0,21	0,21
Vit. B_6	µg	0,06	0,15	0,08	0,11	0,13
Vit. B_{12}	µg	0,56	0,76	0,71	1,0	1,18
Pantothensäure	µg	0,14	0,6	0,22	0,32	0,3
Nikotinsäure	µg	0,99	1,8	1,3	2,1	2,1
Folsäure	µg	19	30	24	33	39
Taurin	mg	42[1]	90	70	77	90
Linolsäure	mg	140	220	187	300	290
Arachidonsäure	mg	1,5	12,5	6	11	1
Alpha-Linolensäure	mg	?	11	6	11	10
Eicosapentaen- und Docosahexaensäure	mg	2,5	4,4	3	4,4	5

[1]Bedarf bei Fütterung von Feuchtfutter oder Schlachtnebenprodukten, bei Trockenfutter sind nur 24 mg/kg $KM^{0,67}$ erforderlich, bei halbsynthetischen Rationen nur 10 mg/kg $KM^{0,67}$. Für andere Lebensstadien gelten vermutlich analoge Relationen, da die Differenzen sich durch futtermittelbedingte Unterschiede in der Verfügbarkeit des Taurins erklären.

[2]Empfehlungen des NRC (2006) zur Reproduktion beziehen sich auf die Laktation. Aus diesen Zahlen ergeben sich aber unrealistische Empfehlungen für die Gravidität. Deswegen wurden überwiegend bisherige Empfehlungen aus der vorherigen Auflage der Supplemente übernommen und auf die metabolische Körpermasse umgerechnet. Es muss allerdings gesagt werden, dass es für Katzen nur unzureichende Kenntnisse über den Bedarf gravider Tiere gibt.

[3]Für Feuchtfutter; Verfügbarkeit von Selen im Trockenfutter höher, daher etwas niedrigerer Bedarf als bei Feuchtfutter

1.4 Ernährung in verschiedenen Lebensabschnitten

1.4.1 Gravide und laktierende Hündinnen und Kätzinnen

Obwohl relative Wurfmasse und Tragzeit bei Hund und Katze sehr ähnlich sind, gibt es einen grundlegenden Unterschied bei der **Ernährung tragender Tiere**. Hündinnen sollen während der Gravidität um etwa 25 % ihres Gewichtes beim Belegen zunehmen, Kätzinnen dagegen 30–50 %. Sie können daher während der Gravidität wesentlich reichlicher ernährt werden als Hündinnen, bei denen es i. d. R. notwendig ist restriktiv zu füttern, um ein übermäßiges Verfetten zu verhindern. Bei der Hündin wird man erst ab der 5. Woche der Gravidität mehr Futter anbieten, bei der Kätzin dagegen eher. Bei beiden Spezies muss die Nährstoff/Energierelation im Futter gegenüber dem Erhaltungsstoffwechsel etwas ansteigen. Ein bis zwei Tage vor der Geburt stellen manche Hündinnen und Kätzinnen die Futteraufnahme ein. Erwähnung verdient die Versorgung der graviden Hündin mit Folsäure. Durch Verabreichung von 5 mg pro Tag an gravide Bostonterrier-Hündinnen konnte die Häufigkeit des Auftretens von Gaumenspalten bei deren Welpen reduziert werden.

Bei beiden Tierarten hängt die **Milchleistung** von der Zahl der saugenden Welpen ab, je größer der Wurf, umso höher die Leistung. Die Laktationskurve verläuft bei beiden Spezies ähnlich. Die Leistung setzt relativ langsam ein und zeigt einen Höhepunkt vor Beginn der Beifütterung. Aus diesem Grund empfiehlt es sich bei großen Würfen, frühzeitig mit der Beifütterung zu beginnen, um das Muttertier zu entlasten. Die Milchzusammensetzung unterscheidet sich bei Hund und Katze zwar etwas, trotzdem gilt für beide Tierarten gleichermaßen, dass die Nährstoff/Energierelation im Futter ansteigen muss.

Kätzinnen verlieren während der **Laktation** an Körpermasse, nach dem Absetzen der Welpen sollte in etwa wieder das Gewicht vor dem Belegen erreicht sein. Sofern Kätzinnen einen großen Wurf haben und bereits zu Laktationsbeginn ihr Normalgewicht aufweisen, ist damit zu rechnen, dass sie auf dem Höhepunkt der Laktation in einen sehr schlechten Ernährungszustand kommen. Bei Hündinnen, die während der Gravidität weniger stark zunehmen sollen, sollte das Gewicht während der Laktation etwa konstant bleiben. Da bei beiden Tierarten während der Laktation bei großen Würfen die Trockensubstanz-Aufnahmekapazität die Energieaufnahme limitieren kann, ist für beide Spezies eine hohe Energiedichte im Futter erforderlich. Empfehlenswert sind je nach Wurfgröße mindestens 1,8 bis 2 MJ/100 g Trockenmasse.

1.4.2 Jungtiere

Bis zum Alter von mindestens zweieinhalb Wochen ernähren sich Hunde- und Katzenwelpen ausschließlich von Muttermilch. Danach kann mit der Beifütterung begonnen werden. Dies sollte spätestens ab der 4. Woche erfolgen. Für möglichst frühes **Beifüt-**

tern spricht, dass das Muttertier entlastet wird und Spurenelemente zugeführt werden, die in der Muttermilch für diese Altersgruppe nicht mehr ausreichend enthalten sind. Dagegen spricht die Gefahr der Überfütterung, das höhere Risiko für Verdauungsstörungen und – Analogieschluss zum Frühabstillen beim Menschen – das möglicherweise höhere Risiko für die Entwicklung von Allergien.

Das Beifutter sollte zusammen mit der Muttermilch den Energie- und Nährstoffbedarf decken. Vermieden werden sollte ein hoher Gehalt an Stärke (z. B. getreidereiche Trockenfutter), da die Pankreasamylaseaktivität noch nicht ausreichend entwickelt ist. Das Protein sollte hochverdaulich sein, zu viel Bindegewebe oder pflanzliches Eiweiß kann Verdauungsstörungen begünstigen. Welpenbeifutter sind häufig ballaststoffarm oder enthalten überwiegend fermentierbare Faser. Auch dadurch kann Durchfall oder weicher Kot begünstigt werden. In solchen Fällen ist es sinnvoll, dem Futter für einen Wurf einige Esslöffel Futterzellulose (Fa. Phrikolat, 53707 Siegburg) zuzusetzen.

Besonders bei **Katzenwelpen** ist zu bedenken, dass es in relativ kurzer Zeit zu einer sehr wenig flexiblen **Nahrungsprägung** kommt. Es sollten daher vielerlei verschiedene Futtermittel (Produkte verschiedener Firmen, Feucht- und Trockenfutter, hausgemachte Rationen) angeboten werden, damit es nicht zu einer Festlegung auf einen bestimmten Futtertyp kommt. Dabei ist aber darauf zu achten, dass es nicht zu allzu abrupten Futterwechseln kommt, dass die Ration in etwa den Nährstoffbedarf abdeckt und dass nicht einzelne Welpen des Wurfs sich einseitig auf bestimmte Nahrungsangebote wie z. B. Hackfleisch kaprizieren.

Sehr wichtig ist es, die **Kalzium- und Phosphoraufnahme** bedarfsgerecht zu gestalten. Gerade im Alter von wenigen Wochen sind Welpen großwüchsiger Hunderassen besonders empfindlich gegenüber einer Kalziumüberversorgung. Eine unkontrollierte Supplementierung kann bereits vor dem Absetzen die Weichen für Störungen der Skelettentwicklung stellen.

Das **Absetzen der Welpen** sollte nicht mit einem Futterwechsel verbunden werden.

Welpen sollten nicht mit Alleinfuttern, die ausdrücklich für erwachsene Tiere ausgewiesen sind, ernährt werden.

1.4.3 Alte Tiere

Bei alternden Tieren muss, wie in allen Lebensstadien, eine adäquate Energie- und Nährstoffversorgung sichergestellt werden. Beim Hund muss berücksichtigt werden, dass im Alter aufgrund reduzierter Bewegungsaktivität i. d. R. der **Energiebedarf** um ca. 20 % sinkt. Bei Katzen ist dies nicht der Fall. Entsprechend neigen alte Hunde mehr zur Adipositas als alte Katzen. Bei älteren Hunden sollte daher der Adipositas vorgebeugt werden. Sobald sie an Lebhaftigkeit verlieren (etwa ab dem 7. Lebensjahr), sollte die Gewichtskontrolle sehr regelmäßig durchgeführt und ggf. die Futtermenge reduziert werden. Bei alten Katzen kann die Kapazität zur Fettverdauung zurückgehen. Dies kann zu einer Gewichtsreduktion führen. Gerade bei älteren Katzen werden aber auch subklinische Erkrankungen von Gewichtsabnahmen begleitet, weshalb auch bei dieser Spezies im Alter eine regelmäßige Gewichtskontrolle geraten ist.

Die Proteinzufuhr sollte bei älteren Tieren bedarfsgerecht gestaltet werden. Es gibt weder einen stichhaltigen Grund für eine Über- noch für eine Unterversorgung. Das Protein sollte jedoch hochwertig und präzäkal leicht verdaulich sein (s. auch Diätetik der Lebererkrankungen). Beim Hund muss ggf. in Betracht gezogen werden, dass mit verringerten Futtermengen auch weniger Protein zugeführt wird. Bei den **Mineralstoffen** sollte darauf geachtet werden, dass die Phosphoraufnahme dem Bedarf entspricht, eine übermäßige Aufnahme kann die Progression subklinischer Nierenerkrankungen beschleunigen. Sehr wichtig ist, dass nicht hohe Anteile des Phosphats aus anorganischen Quellen stammen. Insbesondere wasserlösliche anorganische Phosphate sollten gemieden werden. Eine überhöhte Natriumzufuhr sollte ebenfalls vermieden werden. Reichlich zugeführt werden dürfen dagegen die **Spurenelemente** Selen und Zink. Beim Vitamin A ist bekannt, dass bei älteren Hunden die Speicherkapazität in der Leber abnimmt und eventuell renale Verluste zunehmen. Letzteres kann auch bei wasserlöslichen Vitaminen ein Problem sein. Bei Vitamin E und anderen antioxidativ wirkenden essenziellen und nicht-essenziellen Substanzen (z. B. Ascorbinsäure, ß-Carotin, Lutein) erhofft man sich eine Verzögerung des Alterungsprozesses, sozusagen einen „Rostschutz" des Organismus. Eine marginale Versorgung mit Vitamin E ist für alternde Tiere sicherlich als besonders ungünstig einzuschätzen, inwieweit dagegen durch eine Überversorgung das Altern verlangsamt werden kann, ist eher fraglich. Die Vitaminzufuhr für alte Hunde und Katzen sollte nicht an der Untergrenze des bedarfsdeckenden Bereichs liegen.

1.5 Allgemeine Grundsätze der Diätetik

1.5.1 Compliance

Jeglicher Erfolg der Diätetik ist unabdingbar an die Compliance der Tierbesitzer gebunden. Ihr muss daher die höchste Priorität eingeräumt werden. Im Interesse einer Mitarbeit der Tierbesitzer können sogar gewisse, noch vertretbare Abstriche bei der ernährungsphysiologischen Konzeption einer Diät vorgenommen werden.

Eine gute Compliance hängt nicht nur vom Tierbesitzer, sondern auch vom Tierarzt ab. Durch den beratenden Tierarzt können im Wesentlichen 5 Aspekte der Compliance beeinflusst werden.

1. Einsicht in Notwendigkeit und Sinn der Diät
2. Praktikabilität der Diät
3. Persönliche emotionale Überzeugung des Tierbesitzers
4. Akzeptanz durch das Tier
5. Feedback

Es versteht sich aus dieser Auflistung von selbst, dass in einem persönlichen Gespräch individuell auf den Tierbesitzer und den Patienten eingegangen werden muss. Einfach ein Rezept für eine Diät zu kopieren und zusammen mit einem Merkblatt abzugeben, ist wenig Erfolg versprechend. Die Vorstellungen des Tierbesitzers können i. d. R. nur im wiederholten persönlichen Gespräch nachhaltig beeinflusst werden.

Die Einsicht in die Notwendigkeit einer Diät hängt von der Fähigkeit des Tierarztes ab, die Zusammenhänge zwischen Erkrankung und Diätprinzip darzustellen. So muss z. B. dem Tierbesitzer erklärt werden, dass bei einer „Nierendiät" mit dem Futter möglichst wenig Substanzen aufgenommen werden sollen, die über die erkrankte Niere nicht ausgeschieden werden können. Je besser der Tierbesitzer diese Zusammenhänge versteht, umso geringer ist das Risiko für Abweichungen vom Diätplan und auch für unbeabsichtigte Diätfehler. Andererseits darf der Tierbesitzer auch nicht überfordert werden. Daraus ergibt sich die Notwendigkeit, bei der Beratung individuell auf den Bildungsgrad und die Vorkenntnisse des Patientenbesitzers einzugehen. So wird man einem Arzt vor allem die eventuell vorhandenen Unterschiede zu Diäten für vergleichbare Erkrankungen beim Menschen erklären und begründen, während man Tierhaltern ohne Vorstellungen über pathophysiologische Zusammenhänge nur eine sehr vereinfachte aber anschauliche Version des Diätprinzips geben sollte. Unverständlichkeit der Anweisungen und Begründungen wird vom Klienten als Arroganz empfunden und erzeugt Demotivation und Antipathie; sie ist daher nicht nur dem Diäterfolg, sondern auch der Kundenbindung an die Praxis eher abträglich.

Auch die Praktikabilität ist eine Conditio sine qua non für die Compliance. Wenn es dem Tierbesitzer nicht gelingt, die Diät seines Lieblings in seinen Alltag einzubauen, wird er früher oder später aufgeben. Zur Praktikabilität gehört ganz wesentlich die Frage nach dem zeitlichen und finanziellen Aufwand, den der Tierbesitzer zu leisten bereit ist, insbesondere wenn es sich um eine langfristige oder lebenslange Diät handelt. Langwieriges Einkaufen und Kochen wird bei vielbeschäftigten Patientenbesitzern nicht auf begeisterte Zustimmung stoßen. Umgekehrt hat eine kostspielige Fertigdiät für einen großen Hund bei Besitzern mit geringem Einkommen nur begrenzte Chancen auf langfristige Verwendung. Disziplin, Gedächtnisleistung, Konzentrationsfähigkeit und Bildungsgrad spielen ebenfalls eine erhebliche Rolle dabei, ob der Tierbesitzer in der Lage ist, die Diätvorschriften auszuführen. Davon hängt es ab, wie kompliziert die Diät sein darf, wie genau dem Besitzer das Abwiegen oder Abmessen von Mengen erklärt werden muss (ggf. müssen beim Beratungsgespräch Mengen abgewogen und Gefäße gekennzeichnet werden), wie genau Rationsbestandteile bezeichnet werden (fettes Fleisch oder Schweinebauch oder Kopffleisch Rind), wie viele und welche Variationen der Ration vorgeschlagen werden, wie genau das schriftliche Protokoll sein muss u. Ä. Es ist sinnlos, einem Tierbesitzer, der beim Lesen von Anweisungen bereits eine gewisse Mühe erkennen lässt, den Rat zu geben, wenig Kohlenhydrate zu füttern. Es ist durchaus wahrscheinlich, dass er gar nicht weiß, dass damit vor allem Zucker und Stärke gemeint sind, und schon gar nicht, in welchen Futtermitteln diese enthalten sind. Besitzer mit ausgeprägt assoziativer aber weniger analytischer Denkweise sind unabhängig vom Bildungsgrad i. d. R. überfordert, wenn die Ration zu viele Variationsmöglichkeiten beinhaltet. Nach dem Motto „Ja, und dann hab ich das Fleisch mal gegen Quark ausgetauscht, weil ich hab gehört, das ist ein besonders gutes Eiweiß, und morgens hat er dann noch eine Banane gekriegt ..." wird munter variiert, bis von der ursprünglichen Empfehlung nichts mehr übrig bleibt. Eindeutige, kurze Anweisungen sind hier dringend erforderlich. Unter dem Gesichtspunkt Praktikabilität ist auch die Frage zu überprüfen, wie viele Mitglieder des Haushaltes füttern und wie diese ggf. einbezogen werden können.

Die Bedeutung der persönlichen emotionalen Überzeugung des Tierbesitzers wird oft unterschätzt. Sie ist nicht mit der Einsicht in die Notwendigkeit der Diät zu verwechseln, wie sich am Beispiel der Adipositas deutlich zeigen lässt. So kann der Besitzer eines übergewichtigen Hundes sehr wohl wissen, dass sein Hund zu dick ist und dass Übergewicht ein Gesundheitsrisiko beinhaltet, aber trotzdem sein Fütterungsverhalten nicht ändern. Daher muss bei der Diätberatung auf die persönlichen Vorstellungen und möglichen Barrieren des Tierbesitzers und seines sozialen Umfelds eingegangen werden. Einen wesentlichen Punkt stellt hier auch das eigene Essverhalten dar, da es sich oft sehr stark auf die Fütterungsgewohnheit auswirkt. Wer selbst keinen Fisch mag, wird möglicherweise auch bei seinem Tier eine Abneigung dagegen feststellen. Auch Vorurteile und weltanschauliche Vorstellungen müssen mit einbezogen werden. Einen Tierbesitzer mit anthroposophischen Neigungen wird man nur schwer davon überzeugen, dass ein Trockenfertigfutter die richtige Diät darstellt. Die Empfehlung, Pferdefleisch für eine Eliminationsdiät zu verwenden, bricht bei vielen Tierhaltern ein Tabu. Einen sensiblen Tierfreund sollte man nicht auf den Schlachthof schicken, um sich hinter den Kulissen Organe abzuholen. Ein Hundesportler, der sich von speziellen Zusätzen zum

Futter einen Vorteil hinsichtlich des Leistungsvermögens seiner Vierbeiner verspricht, wird vor allem dann mit der Fütterungsempfehlung zufrieden sein, wenn er das Gefühl hat, etwas Besonderes zu füttern, am besten etwas, das die Konkurrenz nicht hat oder weiß.

Von nicht zu unterschätzender Bedeutung ist auch die Qualität der Mensch-Heimtier-Beziehung und der Typus des Tierbesitzers. Wird das Tier stark vermenschlicht oder als Tier wahrgenommen? Handelt es sich um einen Besitzer mit eher rationalen oder eher emotionalen Einstellungen? Ist der Tierhalter eher „easy-going" und denkt nicht allzu viel über sein Tier nach oder handelt es sich um einen komplizierten Menschen, der alles genau wissen möchte?

Zu guter Letzt sollte die Diät vom Patienten auch gefressen werden. Protein- und Fettgehalt, die wesentlich zu einer guten Akzeptanz beitragen, sollten daher nicht weiter reduziert werden als notwendig. Proteinarme Diäten werden i. d. R. besser gefressen, wenn sie fettreich sind. Die Diät sollte dem bisher verwendeten Futter so ähnlich sein wie möglich. So wird es bei einer Katze, die vorher ausschließlich Trockenfutter gefressen hat, ausgesprochen schwierig sein, sie an eine hausgemachte Diät aus Kartoffeln und Quark zu gewöhnen, während umgekehrt eine Katze, die überwiegend vom Tisch gefüttert wurde und kein Trockenfutter kennt, dieses i. d. R. für nicht fressbar hält.

Eine möglichst enge Angleichung der Diät an die bisherige Ernährung ist auch unter dem Gesichtspunkt von Praktikabilität und emotionaler Überzeugung des Tierbesitzers sinnvoll. Manchmal genügt es ja, das Verhältnis zweier Futtermittel zu ändern, mageres gegen fettes Fleisch oder Knochen gegen Kauknochen auszutauschen, ein anderes Mineralfutter zu empfehlen oder einige Komponenten aus der Ration herauszunehmen. Dabei ist es allerdings sehr wichtig, dass der Tierbesitzer versteht, warum gerade diese Punkte geändert wurden.

Für die Compliance hat ein Feedback, z. B. die Frage, wie die Diät gefressen wird, ob es Probleme gibt, aber auch ein Gespräch, in welchem die wesentlichen Punkte wiederholt werden, große Bedeutung. Selbstverständlich müssen in einer Tierarztpraxis dabei wirtschaftliche Gesichtspunkte wie z. B. der zusätzliche Zeitaufwand oder Telefonkosten berücksichtigt werden. Eine Minimallösung ist die wiederholte Aufforderung an den Tierbesitzer, sich unbedingt zu melden, wenn etwas nicht klappt mit der Diät, z. B. wenn ein normalgewichtiges Tier zu- oder abnimmt. Eine weitere Möglichkeit, ein Feedback zu bekommen, ist es, einen Bestandteil der Diät, z. B. ein Mineralfutter oder ein Organ vom Schlachthof o. Ä. in der Praxis an den Tierbesitzer zu verkaufen. Wenn diese Komponente nachgekauft wird, ist dies eine gute Gelegenheit, den Diäterfolg zu erfragen bzw. wenn ein Nachkauf nach einer bestimmten Zeit nicht erfolgt, ist dies ein Hinweis auf schlechte Compliance und eventuell ein Anlass nachzufragen, warum es nicht klappt. Auch das Angebot einer Waage für große Hunde kann besonders für Besitzer von Welpen und Junghunden ein Anreiz sein, in die Praxis zurückzukommen und bei dieser Gelegenheit auch Bericht zu erstatten. Wo dies sinnvoll ist (z. B. Nierendiät), können Nachuntersuchungen empfohlen werden, nach denen die Diät entsprechend dem Fortschreiten der Erkrankung angepasst wird. Eine aufwendige aber auch effektive Methode ist es, ein Treffen von Besitzern zu organisieren (z. B. zu einem Vortrag), deren Tiere dasselbe Problem haben (Welpenabend, Selbsthilfegruppe für Besitzer übergewichtiger Hunde usw.).

Neben diesen Gesichtspunkten ist auch die Durchführung der Diätberatung für die Compliance wichtig. Ein zwischen Tür und Angel gegebener Tipp wird nicht so ernst genommen wie ein Beratungsgespräch, in welchem nach Terminvereinbarung mittels computergestützter Rationsberechnung ein oder mehrere Rationsvorschläge individuell erarbeitet werden – und das auch bezahlt werden muss.

Eine sorgfältige nutritive Anamnese bei der Ernährungsberatung sollte eine Selbstverständlichkeit sein und keiner besonderen Erwähnung bedürfen. Es ist offensichtlich, dass wesentliche Gesichtspunkte zur Herstellung einer guten Compliance ohne Kenntnis der bisherigen Fütterung nicht berücksichtigt werden können. Es empfiehlt sich aus mehreren Gründen, den Besitzer darum zu bitten, die Deklarationen und Beipackzettel aller bisher verwendeten Futtermittel und Supplemente zum Gespräch mitzubringen. Zum einen veranlasst dies Besitzer, genau über die bisherige Ration nachzudenken, zum anderen stellt es sicher, dass die Ration nicht versehentlich für ein anderes Produkt mit ähnlichem Namen aber völlig anderer Zusammensetzung falsch berechnet wird. Sehr aufschlussreich im Hinblick auf Einstellungen und Vorurteile des Besitzers ist es, danach zu fragen, *warum* bestimmte Futtermittel eingesetzt werden. Um eine erschöpfende Auskunft über die tatsächlich verwendeten Futtermittel und Supplemente zu erhalten, sollte man nicht schulmeisterhaft vorgehen nach dem Motto „Und sonst geben Sie ihm wirklich nichts?“, sondern eher überrascht wirken z. B. „Ach, Sie geben gar nichts extra, auch nicht für Fellglanz oder starke Knochen?“. Tierbesitzer mit Interesse an der Ernährung erwerben oft ein umfangreiches Halbwissen aus dem Internet. Die Richtigstellung der für die Ernährung des betroffenen Tiers wichtigsten Punkte kann ein enormes Spezialwissen erfordern. Aus dem hier Gesagten geht hervor, dass Ernährungsberatung eher nicht so nebenbei in der Sprechstunde durchgeführt werden kann, sondern dass eine gewisse Spezialisierung erforderlich ist.

1.5.2 Futtermittelrechtliche Regelungen für Diätfutter

Für Diätfuttermittel (Futtermittel für besondere Ernährungszwecke) gelten besondere futtermittelrechtliche Regelungen. Sie sind definiert als „Futtermittel, die sich durch ihre Zusammensetzung oder Herstellungsweise sowohl von gängigen Futtermitteln als auch von Fütterungsarzneimitteln deutlich unterscheiden und die dazu bestimmt sind, besondere ernährungsphysiologische Bedürfnisse zu decken.“ Letztere entstehen bei Tieren, deren Verdauung, Resorption oder Stoffwechsel zeitweilig oder irreversibel gestört sind, und denen daher die Aufnahme von für ihren Zustand geeigneten Futtermitteln zuträglich ist. Die Anlage 2a der Futtermittelverordnung enthält ein Verzeichnis der für Diätfuttermittel festgesetzten Verwendungszwecke.

Gegen andere als die in Anlage 2a aufgelisteten Indikationen darf keine Diät ausgewiesen werden. Die Werbung für Futtermittel mit der Heilung oder Linderung von

Krankheiten, die nicht in Anlage 2a aufgeführt sind und die nicht durch Mangel an Nährstoffen zustande kommen, ist ausdrücklich verboten. Dadurch soll sichergestellt werden, dass keine „Diät“ gegen Krankheiten oder Probleme, die diätetisch nicht behandelt werden können oder die bei ausgewogener bedarfsgerechter Fütterung nicht auftreten, in den Handel gebracht werden kann. Dies wird zwar von den regional tätigen Futtermittelüberwachungsbehörden nicht überall konsequent durchgesetzt, sodass immer wieder Produkte mit unzulässigen Werbeaussagen in den Handel kommen; es ist jedoch trotzdem geltendes Recht.

In Anlage 2a der Futtermittelverordnung werden nicht nur die Indikationen für Diätfutter definiert, sondern auch deren wesentliche ernährungsphysiologischen Merkmale z. B. „niedriger Energiegehalt“. Zur Überprüfung gibt es eine erweiterte Deklarationspflicht. So müssen die Parameter, welche für den Diätzweck ausschlaggebend sind, deklariert werden, z. B. der Energiegehalt bei einer Reduktionsdiät, der Phosphorgehalt einer Nierendiät, die azidierenden und alkalisierenden Bestandteile bei Struvitdiät, die Proteinquellen bei Futtermitteln für Tiere mit Allergien usw.

1.6 Spezielle Diätetik

1.6.1 Diätetik bei Magen-Darm-Erkrankungen

1.6.1.1 Akute Gastroenteritiden

Bei akuten Gastroenteritiden ist es bei Hund und Katze, bei denen sekretorische Diarrhöen unüblich sind, empfehlenswert, eine 24- bis 48-stündige Nahrungskarenz einzuhalten (Cave: extrem fettsüchtige Katzen!). Wasser muss selbstverständlich zur freien Aufnahme zur Verfügung stehen. Die Tierbesitzer sind zunehmend schwieriger davon zu überzeugen, dass dies keine Grausamkeit darstellt. Neben dem Hinweis auf eine Verschlimmerung von osmotischen Diarrhöen durch Futteraufnahme ist auch das Argument überzeugend, dass es einen möglichen Zusammenhang zwischen Futteraufnahme bei akuten gastrointestinalen Störungen und dem Auftreten von Futtermittelallergien gibt, weil unter solchen Bedingungen ein außergewöhnlich intensiver Kontakt zwischen Entzündungszellen, pathologisch veränderten Zellen und Futtermittelbestandteilen möglich wird. Bei Tieren, deren Ernährungs- oder Allgemeinzustand dies erfordert (adipöse Katzen, Jungtiere) muss, wenn die Erkrankung länger als 48 Stunden anhält, ggf. parenteral ernährt werden. Bei adipösen Katzen sollte sowohl bei enteraler als auch parenteraler Nahrungszufuhr unbedingt Protein oder Aminosäuren zugesetzt werden.

Nach überstandener Erkrankung empfiehlt es sich, eine sogenannte Schonkost für einige Tage anzubieten, also leicht verdauliche Rationen ohne Gewürze oder grobe Bestandteile wie z. B. Fleisch-Reis- oder Quark-Reis-Mischungen mit wenig Fett. Cave: Solche Rationen sind elektrolytarm, ggf. mit Natrium, Kalium, Magnesium und Chlorid ergänzen!

1.6.1.2 Chronische Erkrankungen des Magen-Darm-Kanals

Rationen zur Diätetik von Magen-Darm-Erkrankungen sind sich prinzipiell ähnlich. Die Komponenten sollten hochverdauliche Proteine und Kohlenhydrate (i. e. Fleisch, Quark, Hüttenkäse, Reis, Kartoffeln) enthalten, der Fettgehalt muss mäßig bis deutlich reduziert werden. Von letzterem gibt es Ausnahmen, z. B. exokrine Pankreasinsuffizienz mit Enzymsubstitution, Hypoazidität des Magens. Zur Steuerung der Darmflora sowie zur Wasserbindung können – je nach Erkrankung – zusätzlich verschiedene Fasern oder andere schwer verdauliche Kohlenhydrate zugesetzt werden. In vielen Fällen kann eine Überempfindlichkeit gegen Nahrungsbestandteile nicht ausgeschlossen werden, sodass die Diät gleichzeitig auch das Prinzip der Eliminationsdiät berücksichtigen sollte.

Hypoazidität des Magens

Bei Hypoazidität des Magens ist die Proteinverdauung durch Pepsin (saures pH-Optimum) gestört und die Magenpassage erfolgt beschleunigt, häufig tritt auch Erbrechen auf. Schwer verdauliche Proteine wie z. B. Bindegewebe müssen daher gemieden werden. Als Eiweißquellen kommen hochverdauliche Proteinträger infrage, die eine starke Wirkung auf die Magensäuresekretion haben, also z. B. Fleisch, Milchproteine, Eier (gekocht) oder auch Fisch. Das Futter darf fettreich sein, da dadurch der beschleunigten Magenentleerung entgegengewirkt wird. Bei häufigem Erbrechen sind hohe Chloridverluste zu erwarten, daher soll die Ration reichlich Kochsalz enthalten.

Hyperazidität

Bei Hyperazidität des Magens und chronischer Gastritis müssen ebenfalls leicht verdauliche Proteine verwendet werden. Die Proteinzufuhr sollte jedoch nicht über dem Bedarf erfolgen, um die Magensäuresekretion nicht zusätzlich zu stimulieren. Als Proteinquellen sind Milcheiweiß, Eier (gekocht) und Geflügelfleisch zu empfehlen. Der Fettgehalt im Futter muss möglichst reduziert werden. Beim Hund kann Glukose als Kohlenhydratquelle verwendet werden, da sie (in mindestens 10 %iger Lösung) eine Hemmung der Säuresekretion bewirken kann. Ansonsten muss aufgeschlossene Stärke (Reis, Kartoffeln, Nudeln, gekocht) als Energielieferant herangezogen werden. Der Einsatz von alkalisierenden Salzen wie Karbonaten (z. B. Kalziumkarbonat und sekundären oder tertiären Phosphaten zur Mineralisierung der Ration oder 6-mal täglich als Zusatz Natriumbikarbonat ca. 50 mg/kg KG) kann der Übersäuerung ebenfalls entgegenwirken, Reboundeffekte sind hier nach Erfahrungen bei anderen Spezies möglich.

Exokrine Pankreasinsuffizienz

Einen Sonderfall stellt die exokrine Pankreasinsuffizienz (Maldigestion) dar. Hier müssen Verdauungsenzyme z. B. Pancreatin zugelegt werden (1 g Pancreatin auf 100 g Dosenfutter bzw. 30 g Trockenfutter). Die Enzyme können dem Futter zunächst unmittelbar vor dem Verfüttern zugesetzt werden. Manchmal reicht dies aus, um eine erhebliche Verbesserung der Verdaulichkeit zu bewirken. Sofern damit kein Erfolg erzielt wird, kann auf die extrakorporale Vorverdauung ausgewichen werden. Die Futtermittel werden zerkleinert, ggf. mit Wasser angerührt (Trockenfutter!) und mit den Enzymen vermischt. Zunächst sollte der pH-Wert geprüft werden, der in etwa im Neutralbereich liegen sollte, falls notwendig kann Soda zur pH-Einstellung zugelegt werden. Anschließend 4 Stunden bei Zimmertemperatur oder 24 Stunden im Kühlschrank stehen lassen. Das vorverdaute Futter unterliegt organoleptisch wahrnehmbaren Veränderungen. Pankreasinsuffiziente Hunde stört dies im Allgemeinen nicht (Hunde fressen schließlich auch Erbrochenes), deren Besitzer sollte man aber im Voraus darauf hinweisen. Statt Pancreatin kann auch zerkleinertes frisches oder eingefrorenes Pankreasgewebe von Schlachttieren zur Enzymsubstitution verwendet werden. Mikrobielle Enzyme, wie sie für industrielle Zwecke hergestellt werden, sind erheblich preisgünstiger als Pancreatin. Sie können grundsätzlich verwendet werden. Allerdings besteht das Risiko von Überempfindlichkeiten beim Patienten, beim Besitzer und beim Praxispersonal. Weniger bewährt haben sich Enzymzulagen in magensaftresistenten Kapseln, da diese u. U. den Pylorus nicht regelmäßig passieren können. Sie sollten daher ggf. eröffnet und über das Futter entleert werden. Als Futter eignen sich hochverdauliche Rationen, einschließlich qualitativ hochwertiger Fertigfutter. Wenn Enzyme zugelegt werden, muss die Ration nicht unbedingt fettreduziert sein. Auf jeden Fall sollte sie reichlich essenzielle Fettsäuren enthalten z. B. durch Zusatz von Sonnenblumen- oder Sojaöl, da die pankreasinsuffizienten Tiere häufig zum Zeitpunkt der Erstvorstellung an einem Linolsäuremangel leiden. Auch Zink und fettlösliche Vitamine, eventuell auch Vitamin B12, können bei Insuffizienz des exokrinen Pankreas nicht ausreichend verfügbar sein, sodass hier ebenfalls auf eine reichliche Versorgung geachtet werden sollte.

Malabsorptionssyndrome

Malabsorptionssyndrome können infolge von Schädigung der Dünndarmschleimhaut, z. B. durch chronische Entzündungsprozesse oder nach akuten Infektionen, aber auch durch eine Hypersensitivität gegen Futterbestandteile entstehen. Als klassisches Beispiel hierfür ist die familiär auftretende **Glutenhypersensitivität** der Irischen Setter zu nennen, die zu schweren Veränderungen an Mukosa und Darmzotten führt. Sobald Gluten (Getreideprotein) aus dem Futter eliminiert ist, verschwindet das Problem. An dieser Stelle sollte aber erwähnt werden, dass eine Glutenunverträglichkeit bei Hunden und Katzen insgesamt eher selten auftritt. Daher ist ein präventiver Verzicht auf Weizen oder Getreide unnötig. Eine Eliminationsdiät (s. unter Diätmaßnahmen bei Hauterkrankungen) kann in ungeklärten Fällen von Malabsorption versucht werden. Auf dem Markt gibt es Alleinfutter mit hydrolisiertem Protein mit kleiner Molekülmasse. Ansonsten sollten hochverdauliches Protein, Aminosäurengemische, Monosaccharide (i. d. R. Glukose), Mono- und Diazylglyzeride, Elektrolyte sowie vermehrt Vitamine zugeführt werden. Eine preiswerte Methode zur Herstellung solcher Mischungen ist die extrakorporale Vorverdauung von Rationen auf Quarkbasis mittels Pankreasenzymen. Dabei muss aber bedacht werden, dass alle niedermolekularen Komponenten zwar eine größere Chance haben, bereits im kranialen Dünndarm absorbiert zu werden, wo die Zerstörung der Schleimhaut möglicherweise noch nicht so weit fortgeschritten ist, dass sie aber andererseits auch eine stärkere osmotische Wirkung haben als hochmolekulare Nahrungsbestandteile und daher das Durchfallproblem verstärken können.

Bacterial overgrowth

Beim Bacterial overgrowth soll die Diät die Antibiotikatherapie unterstützen. Proteine und Kohlenhydrate müssen hochverdaulich sein, keinesfalls sollten Bindegewebsprotein oder größere Mengen an schwer verdaulichem pflanzlichen Eiweiß gefüttert werden. Der Proteingehalt sollte moderat und dem Bedarf angepasst sein, als Kohlenhydratkomponente eignen sich hochverdauliche Stärkearten (z. B. gekochter Reis, gekochte Kartoffeln, Nudeln). Die Ration sollte fettarm sein. Da auch die Absorption von Vitaminen beeinträchtigt sein kann, empfiehlt es sich, die Zufuhr von Vitamin A, E und B-Vitaminen (auch B12) auf das Doppelte bis Dreifache des Erhaltungsbedarfs zu steigern. Faserzusätze können durch Beschleunigung der Darmpassage einen positiven Effekt ausüben. Beim Bacterial overgrowth stellt sich die Frage nach dem Nutzen von Probiotika und Prebiotika (Substrate für Probiotika, z. B. Laktose, Fruktooligosaccharide, fermentierbare Faser, Dosierung 1–2 g/kg KM, Überdosierung kann Durchfall verursachen), die i. d. R. darauf abzielen, eine Laktoflora zu etablieren. Hierzu muss zunächst festgestellt werden, dass adulte Hunde und Katzen unter natürlichen Bedingungen (im Gegensatz zu Ferkeln) keine Laktoflora im Magen-Darm-Kanal aufweisen. Dies schließt nicht aus, dass Tiere, die an Verdauungsstörungen leiden, von der Etablierung einer Laktoflora profitieren. Der Einsatz von Pro- und Prebiotika kann daher versucht werden. Wenig sinnvoll erscheint allerdings eine Kombination kohlenhydratarmer Futtermittel mit Probiotika, da diese unter solchen Bedingungen nicht ausreichend Substrat vorfinden, um sich zu vermehren.

Protein-losing-Enteropathie

Die Protein-losing-Enteropathie, bei der es aufgrund von schweren Schleimhautschädigungen (chronische Entzündungen bis hin zur Ulzeration, Tumoren) und/oder Störungen in der Zirkulation von Blut und/oder Lymphe zu Plasmaproteinverlusten in den Darm kommt, kann diätetisch nur unterstützend behandelt werden. Oft tritt als Folge der Proteinverluste in den Darm zusätzlich ein Bacterial overgrowth auf. Das Grundprinzip der Diätetik mit hochverdaulicher Nahrung bleibt erhalten, die Proteinzufuhr muss jedoch deutlich erhöht werden. Sofern die Möglichkeit, dass sich die Darmlymphe staut, nicht sicher ausgeschlossen ist, muss die Fettzufuhr auf ein Minimum, das die essenziellen Fettsäuren enthält (Pflanzenöle), reduziert werden.

Chronische Kolonerkrankungen

Bei Durchfällen im Zusammenhang mit chronischen Kolonerkrankungen, wie z. B. Kolitis, Kolon irritabile, wurde über eine Besonderheit der nutritiven Anamnese berichtet. Mindestens die Hälfte aller Besitzer von betroffenen Hunden nahmen sehr häufig Futterwechsel vor, i. d. R. in Abhängigkeit von der jeweils aktuellen Kotqualität. Zu häufige und z. T. drastische Futterwechsel würden möglicherweise auch bei einem gesunden, aber empfindlichen Tier Durchfall provozieren. Es ist daher äußerst wichtig, zunächst die ständigen Futterwechsel abzustellen und den Patienten auf eine gleichbleibende Diät zu setzen. Diese sollte hochverdaulich und eher fettarm sein. Sie sollte aus wenigen Komponenten bestehen. Bei Verdacht auf das Vorliegen einer Überempfindlichkeit gegen Futterbestandteile kann eine Eliminationsdiät versucht werden. Schwer fermentierbare Faser wie z. B. Zellulose kann zur Wasserbindung zugesetzt werden. Dadurch ändert sich zwar nicht unbedingt etwas an der Pathophysiologie der Diarrhö, die Kotqualität kann aber in vielen Fällen erheblich verbessert werden. Für den Tierbesitzer, der den Kot ggf. entfernen muss, kann dies eine beträchtliche Erleichterung bringen und so die Bedeutung des Problems für Mensch und Tiere verringern. Besonders bei Erkrankungen mit nervöser Beteiligung ist dieser Effekt von Vorteil.

In manchen Fällen kommt es nach Einsatz von Zellulose zu einer Verschlimmerung des Problems, manchmal wird auch zunächst über eine Verschlechterung für einige Tage und anschließend über eine deutliche Verbesserung der Kotqualität berichtet. Für die Auswahl der Zellulose gilt, je länger die Faser, umso größer ist die Wasserbindungsfähigkeit, mikrokristalline Zellulose hat dagegen keinen so großen wasserbindenden Effekt. Gute Erfahrungen wurden mit einer Zellulose von einer Faserlänge bis 200 µm

(Fa. Phrikolat, 53707 Siegburg) gemacht. Leicht fermentierbare Fasern, z. B. Guar, Pektin (erhältlich zum Einkochen von Obst – Cave: Für diesen Zweck darf das Produkt noch nicht gezuckert sein!), und andere Kohlenhydrate, die der Fermentation im Dickdarm zur Verfügung stehen, wie z. B. Laktose und Oligosaccharide (Dosierung 1–2 g/kg KM täglich), werden bei Kolonerkrankungen eingesetzt, da bei ihrer Fermentation kurzkettige Fettsäuren entstehen. Diese sind Hauptenergielieferanten für die Ernährung der Mukosazellen des Kolons. Man muss sich aber darüber im Klaren sein, dass diese kurzkettigen Fettsäuren ebenso wie das teilweise außerdem entstehende Laktat auch eine osmotische Wirkung haben und dadurch den Wassergehalt in Chymus und Kot erhöhen können. Bei Überdosierung kann es auch bei gesunden Tieren zu Durchfall kommen.

Weizenkleie ist an sich eine günstige Kombination von leicht und schwer fermentierbarer Faser für die Diätetik. Es gibt allerdings zwei gravierende Nachteile. Zum einen ist Kleie sehr phosphatreich und kann daher bilanzierte Rationen aus dem Gleichgewicht bringen, wenn größere Mengen eingesetzt werden. Zum anderen ist sie bei einer möglicherweise vorliegenden Überempfindlichkeit gegen Nahrungsbestandteile nicht zu empfehlen, da sie Getreideprotein enthält und außerdem als äußere Hülle des Getreidekorns mit Schimmelpilzen, anderen Mikroorganismen oder Verunreinigungen besetzt sein kann, und zwar auch ohne Vorliegen von organoleptisch offensichtlichen Veränderungen am Getreide oder an der Kleie.

Obstipation

Bei Obstipation können oben genannte, leicht fermentierbare Substanzen oder auch Laktulose ebenfalls zur Verflüssigung von Chymus und Kot eingesetzt werden. Die Dosierung kann von 1–2 g/kg KM langsam erhöht werden, bis der gewünschte Effekt eintritt. Auch Ascorbinsäure hat eine hervorragende laxierende Wirkung, wenn Dosierungen von 500–1000 mg/kg KM erreicht werden. Sie zeichnet sich durch eine hohe Akzeptanz aus, was besonders bei Katzen sehr vorteilhaft ist. Schwer fermentierbare Faser (Cellulose) erhöht vor allem die Kotmenge, was nicht immer zu dem gewünschten laxierenden Effekt führt. Andererseits kann nicht so leicht überdosiert und Durchfall induziert werden.

Flatulenz

Flatulenz kann durch übermäßige Aufnahme von schwer verdaulichen Proteinen (Bindegewebsprotein, bestimmte Schlachtabfälle (auch in getrockneter Form als Belohnung), ungereinigte Sojaproteine) und fermentierbaren Kohlenhydraten, wie bestimmten löslichen Fasern und Oligosacchariden, zustande kommen. Die Umstellung auf eine leicht verdauliche Ration, die auch einen höheren Fettgehalt haben darf, löst i. d. R. das Problem.

Pankreatitis

Chronische und akute Pankreatitiden bedürfen neben der Behandlung auch einer nutritiven Unterstützung. Sie können, müssen aber nicht zusammen mit Diabetes mellitus oder exokriner Pankreasinsuffizienz (zum Teil transient) einhergehen. In diesen Fällen müssen die entsprechenden Diätprinzipien zusätzlich berücksichtigt werden. Proteinarme, fettreiche Diäten, wie sie z. B. bei Erkrankungen der Harnorgane eingesetzt werden, werden beim Hund mit dem Auftreten von Pankreatitiden in Verbindung gebracht. Im Akutfall sollte möglichst bald eine enterale Ernährung über Ösophagussonden versucht werden. Dies gilt insbesondere für die Katze wegen der Gefahr einer Lipidose. Hierbei zeigen sich keine Vorteile bestimmter Nährstoffzusammensetzung. Für die längerfristige Fütterung gilt beim Hund allerdings die Empfehlung fettarm (< 10 % Rohfett in der TS) zu füttern. Fettrestriktion ist bei dieser Tierart dringend zu empfehlen, wenn eine Hyperlipämie vorliegt. Bei Katzen ist dies nicht so eindeutig, hier muss vor allem interveniert werden, wenn die Möglichkeit besteht, dass eine unausgewogene Ernährung zum Entstehen der Pankreatitis beigetragen hat. Gerade bei multimorbiden Tieren mit Pankreatitis kann man in der Diätetik an Grenzen stoßen. Es gibt bekanntlich nur die drei wesentliche Energiequellen Fett, Protein und Kohlenhydrate. Wenn es dann beispielsweise notwendig wird, Fett und Protein zu reduzieren, wird die Ration zwangsläufig kohlenhydratreich. Wenn dies wegen einer weiteren Erkrankung oder individuell mäßiger Verträglichkeit nicht ratsam ist, so bleibt nur übrig, auszuprobieren, welcher der drei Energieträger am ehesten vertragen wird bzw. in welchem Verhältnis die drei Nährstoffgruppen im individuellen Fall am besten eingestellt werden. Dabei spielt natürlich die Art des Nährstoffs eine Rolle. So kann man vielleicht mehr Erfolg mit ungesättigtem Fett haben, genügend Vitamin E in der Ration vorausgesetzt. Mittelkettige Triglyceride können zwar ohne Aufspaltung durch Lipase absorbiert werden, sie können aber auch unverträglich sein. Hochwertige weitgehend präzäkal verdauliche Proteine (Fleisch, Milch, Ei, Fisch) sind zweifelsfrei besser geeignet als Bindegewebe oder Erbsen u. Ä. Glucose wird man eher nicht einsetzen, wenn eine Hyperglykämie besteht, bei Stärke spielt der Aufschlussgrad eine große Rolle für den postprandialen Anstieg des Blutzuckerspiegels, aber eben auch für Verträglichkeit und Verdaulichkeit. Gekochter Reis ist ein Beispiel für sehr hoch aufgeschlossene und hochverdauliche Stärke.

1.6.2 Diätetik bei Lebererkrankungen

Bei Lebererkrankungen können Syntheseleistungen, Speicherkapazität und Ausscheidungsfunktionen der Leber beeinträchtigt sein, im fortgeschrittenen Stadium kann es außerdem zu Stauungen im Pfortaderkreislauf kommen. Ziele einer Leberdiät sind daher zunächst die Verringerung des Anfalls von Metaboliten (aus der Nahrung und aus körpereigenem Gewebe), die durch die Leber umgesetzt oder ausgeschieden werden müssen, die Unterstützung der Regeneration der Leber durch angepasste Nährstoffzufuhr sowie eine gleichmäßige Versorgung mit Nährstoffen, die nicht mehr in ausreichender Menge gespeichert oder gebildet werden können.

Um den Abbau körpereigenen Gewebes zu verhindern, muss ausreichend **Energie** zugeführt werden, notfalls muss vor allem bei Katzen vorübergehend mit einer Sonde ernährt werden. Als Energieträger eignen sich aufgeschlossene Stärke (gekochter Reis,

Nudeln, Kartoffeln, Brot, Getreideflocken), bei Hunden auch Traubenzucker und kleinere Mengen an Rohrzucker. Außer bei unzureichender Gallesekretion (Steatorrhoe) und bei Leberverfettung besteht keine Notwendigkeit, den Fettgehalt zu reduzieren. Ein hoher Gehalt an essenziellen Fettsäuren sowie an Gamma-Linolensäure (Nachtkerzenöl) und/oder n3-Fettsäuren (Fischöl, Leinöl) ist empfehlenswert, wobei auf eine zusätzliche Vitamin-E-Gabe geachtet werden sollte.

Die **Protein**zufuhr sollte zunächst in etwa im Bereich der Empfehlungen für die Erhaltung liegen. Anhand von Laborbefunden zum Plasmaeiweiß- oder Albumingehalt (bei reduziertem Wert Proteinzufuhr erhöhen) und Ammoniakgehalt (bei erhöhten Werten Protein reduzieren) sind ggf. Veränderungen erforderlich. Das Protein soll präzäkal hochverdaulich sein, da Proteine, die der Verdauung im Dünndarm entgehen, im Dickdarm mikrobiell umgesetzt werden, wobei leberbelastende Metaboliten entstehen. Das Protein soll reichlich Arginin und verzweigtkettige Aminosäuren, aber wenig Methionin und aromatische Aminosäuren enthalten und obendrein noch hochakzeptabel sein. Alle genannten Anforderungen werden von keinem Protein erfüllt. Kombinationen von Fleisch, Sojaisolat und Milchprotein kommen der optimalen Aminosäurenzusammensetzung bei hoher Verdaulichkeit im Dünndarm und mäßiger bis guter Akzeptanz noch am ehesten nahe. Bindegewebe (z. B. Lunge, Schlund) sollte gemieden werden, Eiprotein enthält viel Methionin und kann daher, wenn überhaupt, nur in kleinen Mengen verwendet werden.

Fermentierbare **Faser** sowie andere präzäkal schwer verdaulichen aber leicht fermentierbaren Kohlenhydrate werden zugesetzt, um den Dickdarmchymus zu azidieren und die Passage zu beschleunigen. Dadurch wird die Bildung und Absorption von Ammoniak und anderen Metaboliten des bakteriellen Proteinstoffwechsels reduziert. Dies ist besonders bei Hepatoenzephalopathie von Bedeutung. Geeignet sind Pektin (zum Einkochen, oder aus Karotten oder Äpfeln), Guar, Laktose, Laktulose, Oligosaccharide, eventuell auch Ascorbinsäure. Die Dosierung kann ähnlich gestaltet werden wie bei Obstipation (1–2 g/kg KM). Es besteht natürlich immer die Gefahr, Durchfall auszulösen. Dies kann man am besten durch eine kleine Anfangsdosis und langsame Steigerung der Mengen vermeiden. Weniger leicht fermentierbare Faser kann unerwünschte Metaboliten binden und die Dickdarmpassage beschleunigen. Daher kann auch Zellulose zugelegt werden.

Bei den Mengenelementen ist die **Natrium**versorgung zu beachten. Sofern Störungen im Pfortaderkreislauf und Aszites vorliegen, muss die Natriumzufuhr reduziert werden (s. Herzdiät). Bei den Spurenelementen muss darauf geachtet werden, dass die **Kupfer**aufnahme in etwa dem Bedarf entspricht oder sogar darunter liegt, da durch eine hohe Kupferzufuhr höhergradige Leberdegenerationen verschlimmert werden können. Kupferchelate stehen im Verdacht, einen Beitrag zu übermäßiger Kupferspeicherung in der Leber zu leisten. Einen Sonderfall stellt die erbliche Kupferspeicherkrankheit bei verschiedenen Hunderassen dar. Sie wurde zuerst beim Bedlington-Terrier beschrieben, mittlerweile ist sie aber auch beim West Highland White Terrier, Dobermann, altdeutschen Schäferhunden u. a. aufgetreten. Bei dieser Erkrankung soll die Kupferaufnahme weitmöglichst reduziert werden. Als kupferarme Proteinquelle eignet sich Hüttenkäse oder Quark, bei den Kohlenhydratträgern geschälter Reis. Fette sind i. d. R. kupferarm.

Natürlich darf über das Mineralfutter kein Kupfer in die Ration eingeschleppt werden. Kupferfreie Mineralstoff-Vitamin-Mischungen kann man sich über den Dienstleistungsbereich Tierernährung an Tierärztlichen Bildungsstätten oder auch von niedergelassenen Fachtierärzten für Tierernährung und Diätetik, die einen entsprechenden Service anbieten, herstellen lassen. Solchen Mineralstoffmischungen kann dann außerdem eine erhöhte Zinkmenge (Dosierung zu Therapiebeginn 200 mg Zink täglich für einen mittelgroßen Hund, Plasmazinkgehalt sollte nicht über 200 mg/dl ansteigen, nach ca. drei Monaten Zinkdosis deutlich reduzieren) zugesetzt werden, um die Kupferabsorption zu verringern. Zum Einsatz von Chelatbildnern s. klinische Kapitel zu Leberkrankheiten.

Die Zufuhr an **Vitamin A** sollte bei leberkranken Tieren bedarfsdeckend sein, eine Überversorgung ist zu vermeiden. **Vitamin E** und **B-Vitamine** sollen reichlich verabreicht werden. Da bei leberkranken Tieren die Möglichkeit besteht, dass die Synthese von Vitamin C in der Leber eingeschränkt ist, kann es sinnvoll sein, zusätzlich **Vitamin C** (20–100 mg/kg KM) zu füttern.

Lipotrope Substanzen wie Methionin, Cholin, Carnitin, Inositol werden im Zusammenhang mit Leberverfettung gelegentlich empfohlen. Mit Ausnahme der idiopathischen Lipidose der Katze ist in der Praxis nicht mit Leberverfettung zu rechnen, die durch Mangel an diesen Substanzen bedingt wurde. Man sollte sich daher von ihrem Einsatz nicht zu viel versprechen. Bei Methionin sollte die Kontraindikation Hepatoenzephalopathie bedacht werden.

Bei der idiopathischen Leberlipidose der Katze sind einige Besonderheiten zu beachten. Experimentell wurde die Erkrankung bei adipösen Katzen durch mehrwöchige Nahrungskarenz reproduziert. Unter Praxisbedingungen, wenn noch weitere Krankheiten oder Stress hinzukommen, kann die idiopathische Lipidose jedoch bereits nach wesentlich kürzerer Hungerperiode auftreten. Bei Nahrungskarenz setzt bei den adipösen Katzen eine übermäßige Fettmobilisation ein. Die Folge sind große Mengen an in der Leber anflutenden Fettsäuren, die als Lipoproteine wieder ausgeschleust werden müssten. Die Lipoproteinsynthese ist dafür limitierend, insbesondere wenn Aminosäuren wie z. B. Methionin nicht mehr mit der Nahrung zugeführt werden. Eine diätetische Behandlung muss daher dem Fettabbau entgegenwirken und ausreichend Aminosäuren für die Lipoproteinsynthese zur Verfügung stellen. Eine Nahrungszufuhr ist daher zwingend erforderlich. Wenn die Katze nicht von selbst frisst, muss mittels einer Sonde zwangsgefüttert werden. Es ist möglich, dass sich anschließend der Zustand des Tieres verschlechtert. Trotzdem muss die enterale Ernährung unbedingt fortgesetzt werden. Aus der oben beschriebenen Pathogenese ergibt sich, dass die Sondennahrung viel hochwertiges Protein enthalten muss. Es gibt keine vergleichenden experimentellen Daten darüber, ob für die Abdeckung der Energieversorgung Fett oder Kohlenhydrate günstiger sind. Wegen der eher geringen Kohlenhydrattoleranz der Katze empfiehlt es sich wahrscheinlich nicht, sehr fettarme Rationen einzusetzen, während es andererseits im Hinblick auf eine erwünschte Insulinausschüttung (zum Stoppen des Fettabbaus) nicht sinnvoll ist, auf Kohlenhydrate völlig zu verzichten. Unter experimentellen Bedingungen hat sich eine proteinreiche Diät mit Fett und Kohlenhydraten gut bewährt (22 % Fett, 42 % Protein und 28 % Kohlenhydrate in der Trockenmasse).

Von der Zusammensetzung eignen sich hochwertige Feuchtfutter sehr gut, allerdings ist die Verabreichung mit der Sonde nicht ganz einfach. Das Zerkleinern in einer Küchenmaschine und Vermischen mit Wasser kann zur Verflüssigung geeignet sein. Die Mischung sollte dann durch eine gleichartige Sonde aufgezogen werden, wie die, die bei der betroffenen Katze verwendet wird, damit es nicht bei der im Tier befindlichen Sonde zu einer Verlegung kommt. Alternativ kann eingedickte Fleischbrühe mit etwas Traubenzucker (5 %) und/oder Kartoffelbrei oder eine Emulsion aus Magerquark, Speiseöl, Traubenzucker und Eigelb gefüttert werden. Für die Erstversorgung ist es nicht erforderlich, dass diese Mischungen bilanziert werden, längerfristig sollte eine passende Mineralstoff- und Vitamin-Ergänzung vorgenommen werden. Der Zusatz von lipotropen Substanzen, z. B. Cholin und Taurin, wird empfohlen, eventuell könnte auch eine Carnitingabe sinnvoll sein.

Bei allen Lebererkrankungen sollte die Futtermenge auf mehrere kleine Mahlzeiten verteilt werden, um zu hohe Peaks bei der postprandialen Anflutung von Metaboliten zu verhindern.

1.6.3 Diätetik bei chronischer Insuffizienz der Niere

Bei chronischer Niereninsuffizienz ist die Diätetik unverzichtbarer Bestandteil der Therapie. Vor allem im Anfangsstadium hat sie erheblichen Einfluss auf die Prognose; je früher mit der Diätetik begonnen wird, umso länger kann die Progression der Erkrankung verzögert werden und umso länger besteht Aussicht auf eine gute Lebensqualität. Im Rahmen eines Geriatrieprogramms sind daher entsprechende Blutuntersuchungen empfehlenswert. An dieser Stelle muss erwähnt werden, dass der dringende Verdacht besteht, dass **anorganische Phosphate** in Futtermitteln eine Rolle bei der Entstehung von Nierenerkrankungen spielen Diese werden Fertigfuttermitteln in erster Linie aus technologischen Gründen zugesetzt. Dadurch kommt es zur Aufnahme eines Vielfachen des Bedarfs an Phosphor. Im Gegensatz zu den „organischen" Phosphorquellen wie z. B. Knochenmehl oder Getreide sind viele anorganischen Phosphate leicht wasserlöslich und sehr schnell verfügbar. Dadurch kommt es postprandial sogar bei gesunden Tieren zum Anstieg des Serumphosphorgehaltes und es werden größere Mengen an Phosphat renal ausgeschieden. Da die auszuscheidende Phosphormenge pro Nephron ein sehr wesentlicher Maßstab für die zu erwartende Nierenschädigung ist, muss im Hinblick auf die Verzögerung der Progression der Erkrankung nicht nur die **Phosphoraufnahme deutlich reduziert**, sondern auch der **Anteil der anorganischen Phosphate in der Ration erheblich reduziert** werden. Wasser- und leicht säurelösliche Phosphate sollten gänzlich gemieden werden.

Sofern keine oder nur eine geringgradige Hyperphosphatämie vorliegt, sollte die Phosphoraufnahme auf 60 bis 70 % des Erhaltungsbedarfs reduziert werden. Dies schließt die Verwendung sehr vieler handelsüblicher Alleinfutter aus, da viele dieser Produkte ein Mehrfaches des notwendigen Phosphorgehaltes aufweisen. Auch das Verschneiden des gewohnten Alleinfutters mit einer Diät ist daher, wenn überhaupt, nur kurzfristig möglich. Bei starker Hyperphosphatämie ist davon unbedingt abzusehen. Ausnahmen stellen einige qualitativ hochwertige Alleinfutter dar, die genau auf den Bedarf erwachsener Tiere abgestimmt sind. Vor einer Empfehlung für diesen Zweck sollte allerdings der Gehalt an löslichem Phosphor nach der Methode von Lineva geprüft werden.

Wegen des meist auf wachsende Tiere abgestimmten hohen Phosphorgehaltes, der häufig aus anorganischen Phosphaten stammt, sind auch viele Mineralfutter nicht für nierenkranke Tiere zu empfehlen. Der Tierbesitzer muss darauf ausdrücklich hingewiesen werden, damit nicht eine phosphorreduzierte Diät mit einer unkontrollierten Supplementierung verbunden wird.

Mit fettem Fleisch und Kartoffeln ebenso wie mit einigen kommerziellen Nierendiäten kann die Phosphoraufnahme noch erheblich unter 60–70 % des Erhaltungsbedarfs gesenkt werden (Tab. 1.13). Im Spätstadium der Erkrankung ist dies wünschenswert. Bei Tieren mit geringgradiger Niereninsuffizienz ohne oder mit geringgradiger Hyperphosphatämie ist dies jedoch möglicherweise nicht sinnvoll. Im Experiment wurde durch mittelfristige mäßige bis erhebliche Phosphorreduktion bei weitem Kalzium/Phosphor-Verhältnis bei gesunden erwachsenen Katzen Phosphormangel (Symptome u. a. Apathie, Muskelschwäche, Inappetenz, Anämie, Veränderungen der Gliedmaßenstellung, z. B. Säbelbeinigkeit) ausgelöst. Eine regelmäßige Überprüfung des Plasmaphosphorspiegels und eine Anpassung der Phosphoraufnahme an den Grad der Beeinträchtigung der renalen Ausscheidung sind daher anzuraten. Dies kann nicht nur durch hausgemachte Rationen erreicht werden, sondern die Vielfalt des Angebots an kommerziellen Diäten mit unterschiedlicher Zusammensetzung bietet genügend Optionen, die für das Tier individuell geeignete auszuwählen. Auch hier sollte man allerdings vor der Empfehlung von Produkten und vor dem Verkauf in der eigenen Praxis den Gehalt an löslichem Phosphor bestimmen lassen. Es ist leider nicht selbstverständlich, dass kommerzielle Nierendiäten wenig anorganisches Phosphat enthalten!

Phosphatbinder (Aluminiumhydroxid, Lanthancarbonat) sind nur sinnvoll, wenn eine Kontrolle der Hyperphosphatämie nicht durch eine drastische Reduktion der Phosphoraufnahme gelingt. Einen ähnlichen Effekt wie Aluminiumhydroxid haben auch der Zusatz von Kalziumkarbonat und ein weites Kalzium/Phosphor-Verhältnis.

Die Bedeutung der **Protein**versorgung für die Progression der Nierenerkrankungen wurde früher überschätzt. Aus heutiger Sicht muss sich die Proteinversorgung nach dem Grad der Urämie richten. Der Spielraum für eine Variation der Proteinversorgung ist beim Hund erheblich größer als bei der Katze. Da beim Hund sowohl bei Fertigfutter als auch bei hausgemachten Rationen in aller Regel eine moderate bis erhebliche Proteinüberversorgung vorliegt, wird man bei Tieren mit moderater Urämie die Aufnahme zunächst auf den Erhaltungsbedarf reduzieren. Erst wenn dies nicht genügt, um die Urämie zu kontrollieren (Nüchternharnstoff > 8 mmol/l), ist eine weitere Verringerung der Proteinzufuhr angebracht. Bei erheblicher Proteinreduktion und hochgradiger Proteinurie besteht die Gefahr, dass ein Eiweißmangel entsteht. Sofern eine Hypoproteinämie vorliegt, muss wieder etwas mehr Eiweiß zugeführt werden. Bei Nierenpatienten

Tabelle 1.13: **Rationsbeispiel für einen 20 kg schweren Hund mit mittelgradiger chronischer Insuffizienz der Nieren**

Futtermittel	Menge [g]	ME [MJ]	Rohprotein [g]	Kalzium [mg]	Phosphor [mg]	Kalium [mg]	Natrium [mg]	Magnesium [mg]
Rind, Hochrippe	100	1,1	17	10	160	350	70	30
Kartoffeln, gekocht	300	0,9	6	30	180	1560	3	60
Schwein, Bauch	170	2,9	20	17	238	527	119	34
Fett[1]	5	0,2	0	0	0	0	0	0
Zwischensumme		**5,1**	**43**	**57**	**578**	**2437**	**192**	**124**
Mineralfutter[2]	15	–	–	1172	159	0	54	60
Summe	**575**	**5,1**	**43**	**1229**	**737**	**2437**	**246**	**184**
Bedarf		5,1	31	1229	737	1324	246	184
Protein/Energieverhältnis 8,4 g Rohprotein/MJ ME Kalzium/Phosphor-Verhältnis 1,7 : 1 Phosphor/Energieverhältnis 144 mg/MJ Phosphoraufnahme/Bedarf auf ca. 75 % des Erhaltungsbedarfs eingestellt								

[1]z. B. Speiseöl, Leinöl, Fischöl, Schweineschmalz oder Rindertalg, Fett kann zum Braten der Kartoffeln und/oder des Fleisches verwendet werden, Braten erhöht i. d. R. Akzeptanz, aber evtl. geringere Verträglichkeit bei gastrointestinalen Störungen

[2]phosphor- und natriumarme Spezialmischungen

Tabelle 1.13: ***Fortsetzung***

Futtermittel	Eisen [mg]	Zink [mg]	Jod [µg]	Vit. A [IE]	Vit. D_3 [IE]	Vit. B_1 [mg]	Vit. B_{12} [µg]
Rind Hochrippe	3,5	3,0	3	50	0	0,11	2
Kartoffeln, gekocht	2,7	0,9	8	9	0	0,33	0
Schwein, Bauch	2,4	2,7	7	85	0	1,45	2
Fett[1]	0	0	0	0	0	0	0
Zwischensumme	**8,6**	**6,6**	**18**	**144**	**0**	**1,89**[3]	**4**
Mineralfutter[3]	1,0	15	280	1500	170	0,6	8
Summe	**9,6**	**21,6**	**298**	**1644**	**170**	**2,49**	**12**
Bedarf	9,2	19,0	283	1570	170	0,47	10,9

[3]Verluste beim Kochen möglich, daher zusätzlich im Mineralfutter

ist daher zur Einstellung der Proteinzufuhr eine regelmäßige Kontrolle von Plasmakreatinin, Plasmaharnstoff, Gesamteiweiß und/oder Albumin vorzunehmen.

Selbstverständlich muss das verwendete Protein von hoher Qualität sein und es sollte im Dünndarm hochverdaulich sein. Dies ist nicht nur für die Verfügbarkeit der Aminosäuren von Bedeutung, sondern auch, wie schon bei der Leberdiätetik besprochen, für die Entstehung von mikrobiellen Metaboliten des Proteinstoffwechsels. Im Zusammenhang mit Nierenerkrankungen verdient hier insbesondere Ammoniak Erwähnung. Nach Absorption aus dem Darmkanal wird es über die Pfortader zur Leber transportiert und dort in Harnstoff überführt. Besonders bei Urämie können beträchtliche Harnstoffmengen über Verdauungssekrete und durch Diffusion in den Verdauungskanal rezyklisiert werden. Dort wird der Harnstoff durch bakterielle Urease wiederum in Ammoniak überführt, und der Kreislauf beginnt von vorn.

Es gibt seit Langem Versuche, diesen Kreislauf durch Antibiotika oder durch gezielte Zufütterung von Kohlenhydraten, die im Dickdarm fermentiert werden (z. B. Laktulose), einzuschränken. Antibiotika kommen wegen der zu erwartenden Resistenzbildung nicht infrage, die Verwendung fermentierbarer Kohlenhydrate (Dosierung 1–2 g/kg KM) kann zu einer Einschränkung des enterohepatischen Stickstoffkreislaufs beitragen. Das Prinzip beruht zum einen auf einem verstärkten Mikrobenwachstum im Dickdarm, die aus dem Ammoniak Protein aufbauen, welches dann mit dem Kot ausgeschieden wird, zum anderen durch eine vermehrte Bildung von organischen Säuren, Reduktion des pH-Wertes im Chymus, und dadurch Einschränkung der Ammoniakabsorption. Der quantitative Effekt auf die Stickstoffausscheidung mit dem Kot ist allerdings recht gering, solange kein Durchfall auftritt. Das Ansäuern des Chymus mittels fermentierbarer Substanzen hat daher bei der Nierendiät einen weit geringeren Effekt als bei der Diätetik der Hepatoenzephalopathie.

Überhöhte **Natrium**aufnahme wurde bei nierenkranken Tieren mit Störungen der Blutdruckregulation in Zusammenhang gebracht ebenso wie mit einer Verschlechterung der Nierenparameter im Serum. Andererseits kann durch eine deutlich unter dem Bedarf liegenden Na-Zufuhr das Renin-Angiotensin-System aktiviert werden. Dies kann zur Hypokaliämie und damit ebenfalls zu einer Verschlechterung führen. Daher empfiehlt sich eine Versorgung im bedarfsdeckenden Bereich. Dies wird in der Praxis häufig eine Reduktion der Zufuhr bedeuten, da viele Alleinfuttermittel mehr Natrium enthalten als notwendig.

Besonders bei Katzen kann vermehrt **Kalium** über die Nieren verloren gehen, aber die Ausscheidung kann auch reduziert sein. Eine geringe Kaliumaufnahme (unter dem Bedarf) bei azidierender Fütterung wurde bei Katzen mit Nierenschäden in Verbindung gebracht. Deshalb sollte nicht unnötig unter den Bedarf reduziert werden. Kalium sollten demnach ebenfalls in etwa dem Erhaltungsbedarf entsprechend zugeführt werden. Fertignierendiäten weisen i. d. R. geringe bis mäßige Gehalte an beiden Elementen auf. Gegebenenfalls ist eine Ergänzung durch Kochsalz oder Kaliumkarbonat (ca. 100 mg/kg KM) einfach durchzuführen. Ungesalzene hausgemachte Rationen enthalten i. Allg. ebenfalls wenig Natrium, beim Kalium kommt es auf die Kohlenhydratträger an, Kartoffeln sind kaliumreich, Reis dagegen nicht. Kommerzielle Mineralfutter enthalten unter

Umständen Natrium, worauf bei der Supplementierung hausgemachter Rationen geachtet werden muss Die Wirksamkeit von Vitamin D ist bei nierenkranken Tieren verringert, da das in der Leber aus D_3 gebildete 25-OH-D_3 in der geschädigten Niere nicht in ausreichendem Maße zu 1,25-$(OH)_2$-D_3 umgewandelt wird. Es wird empfohlen, **Vitamin D** in einer Dosierung von etwa dem Zwei- bis Dreifachen des Erhaltungsbedarfs zuzuführen. In exzessiven Dosen kann zwar auch Vitamin D vor der Hydroxylierung an den Rezeptoren wirken, die Nebenwirkungen sind jedoch so drastisch, dass eine weit über den Bedarf hinausgehende Vitamin-D-Zulage nicht empfohlen werden kann. Bei **Vitamin A** und den **B-Vitaminen** sollte die Zufuhr auf das 2- bis 3-Fache des Erhaltungsbedarfs eingestellt werden.

Bei den Spurenelementen ist besonders auf eine ausreichende Eisen- und Kupferversorgung zu achten, da diese Elemente für die Blutbildung wichtig sind. Keinesfalls darf eine zu geringe Zufuhr die beim nierenkranken Tier ohnehin beeinträchtigte Erythropoese limitieren. Rationen auf der Basis von Milchprodukten oder hellen und/oder sehr fettreichen Fleischsorten bedürfen einer Supplementation.

Der Tierbesitzer muss unbedingt darauf hingewiesen werden, dass Nierenpatienten **Wasser** ständig zur freien Aufnahme zur Verfügung stehen muss. Keinesfalls darf den Tieren Wasser entzogen werden, um beispielsweise über Nacht die Häufigkeit des Harnabsatzes zu reduzieren.

1.6.4 Diätetik bei Urolithiasis

Diätmaßnahmen, die der Bildung verschiedener Harnkonkremente entgegenwirken, unterscheiden sich prinzipiell erheblich. Was für einen Steintyp die Methode der Wahl ist, kann beim anderen kontraindiziert sein. Daher ist es von ausschlaggebender Bedeutung für den Diäterfolg, dass die Zusammensetzung des Konkrementbildners bekannt ist. Sofern bereits ein Stein chirurgisch entfernt wurde, kann dies durch eine infrarotspektroskopische Analyse erfolgen.[1] Chemische oder gar semiquantitative Analysen können bei Mischsteinen irreführend sein und werden daher nicht empfohlen.

Wenn noch kein Konkrement zur Untersuchung gelangt ist und in Betracht gezogen wird, die Steine durch Diät aufzulösen, kann versucht werden, den Konkrementtyp einzuschätzen, z. B. mithilfe der nutritiven Anamnese, der Rassedisposition und den Ergebnissen der Harnuntersuchung. Dabei muss ausdrücklich davor gewarnt werden, aus den Kristallen im Harnsediment eindeutige Rückschlüsse auf den Steintyp zu ziehen. Wenn z. B. Struvitkristalle auftauchen, ist dies zwar ein Hinweis, dass Struvit der Konkrementbildner sein könnte, es ist jedoch kein Beweis. Genauso gut kann ein kalziumhaltiges Konkrement oder ein Mischstein vorliegen. Die Voraussetzungen für die Struvitkristallisation können auch sekundär durch eine von einem anderen Stein ausgelöste Entzündung der harnableitenden Wege entstanden sein. In solchen Fällen bildet sich häufig ein Struvitmantel um einen Kern aus anderem Material. Findet man dagegen

[1] z. B. in der Klinik und Poliklinik für Urologie, Experimentelle Urologie – Harnsteinforschungsstelle – Sigmund-Freud-Str. 25, 53105 Bonn

Cystin- oder Harnsäurekristalle im Sediment, ist es schon sehr viel wahrscheinlicher, dass diese Substanzen tatsächlich die Konkrementbildner sind. Bei nicht eindeutig bekanntem Konkrementtyp muss eine straffe klinische Kontrolle des Diäterfolges durchgeführt werden, z. B. durch regelmäßige Röntgen- oder Ultraschalluntersuchungen. Bei Nichtansprechen muss schnell reagiert werden, um zu verhindern, dass die Konkremente durch ungeeignete Diätmaßnahmen vergrößert werden.

Ähnlich wie in den USA wurde auch für die Beneluxländer gezeigt, dass mittlerweile **Kalziumoxalat** bei Hunden und Katzen der häufigste Konkrementbildner ist, vermutlich weil die nutritiven Ursachen der Struvitsteinbildung bekannt sind und die Hersteller von Fertigfuttermitteln vermehrt darauf achten, ihre Produkte entsprechend zu konzipieren. Eine ähnliche Tendenz ist auch in Deutschland zu erwarten, wobei – zumindest bei Katzen – Struvit noch dominiert. Kalziumoxalat tritt besonders bei kleinen Hunderassen überdurchschnittlich häufig auf. So bestanden bei Welsh- und Foxterriern über 70 % aller untersuchten Steine aus Kalziumoxalat. Dobermannpinscher, Beagles, Yorkshire Terrier, Zwerg- und Mittelschnauzer sowie Spitze haben ebenfalls einen auffallend hohen Anteil an kalziumhaltigen Harnsteinen.

Harnsteine von Cockerspaniel, Pekinesen, Deutschen Schäferhunden, Shih Tzus, Bobtails und Berner Sennenhunden bestanden dagegen überdurchschnittlich häufig aus Struvit (Hesse et al., 1998). Es drängt sich die Spekulation auf, dass möglicherweise langhaarige Hunde, bei denen die Körperhygiene größere Schwierigkeiten macht, häufiger Struvitsteine bilden. Beim Hund ist die Struvit-Urolithiasis meist die Folge einer Entzündung der harnableitenden Wege, während bei der Katze in aller Regel zuerst die Konkremente auftreten. Wenn es bei Katzen zu Entzündungen kommt, so sind sie meist die Folge der Harnsteine und nicht umgekehrt. Bei Katern treten außerdem Harnpfropfen aus organischem Material auf, die nachträglich häufig mit Struvit mineralisiert werden.

Noch ausgeprägter ist die Rassedisposition bei **Cystin-** und **Harnsäure-** bzw. **Uratsteinen**. Beide treten überwiegend bei Hunden bestimmter Rassen auf, Cystin auch bei einigen Großkatzen. Voraussetzung für das Auftreten von Cystinsteinen ist die essenzielle Cystinurie, eine Stoffwechselstörung, bei welcher die Reabsorption verschiedener Aminosäuren, darunter das schwer lösliche Cystin aus den renalen Tubuli, gestört ist. Prädisponierte Rassen sind Irish Terrier, Bassets, Münsterländer und Dackel. Bei Mischlingen mit Blutanteilen aus diesen Rassen muss Cystin als Konkrementbildner ebenfalls in Betracht gezogen werden. Kastration von Rüden kann die Ausscheidung reduzieren.

Harnsäure- und Uratsteine können nur auftreten, wenn Harnsäure nicht zu Allantoin umgewandelt wird. Dies ist bei Dalmatinern der Fall. Bei dieser Hunderasse ist der Transport der Harnsäure in die Leberzellen reduziert, sodass die dort stattfindende Umsetzung zu Allantoin unterbleibt. Andere Hunde und Katzen mit portosystemischen Shunts scheiden ebenfalls Harnsäure aus und können daher entsprechende Konkremente bilden. Allerdings wird dieses Problem i. d. R. bei solchen Erkrankungen klinisch nicht im Vordergrund stehen. Beim Dalmatiner fällt die Harnsäure überwiegend in Form ihres Salzes, des Urates, aus. 86,5 % aller Harnsteine bestehen bei dieser Hunderasse aus Ammoniumurat, 3 % aus Natriumurat, außerdem treten noch Struvit und

Kalziumphosphat auf. Wird die Umsetzung von Xanthin durch Allupurinol gehemmt, können zwar keine Uratsteine auftreten, dafür können sich aber Xanthinsteine bilden. Deshalb ist die alleinige Verwendung von Allopurinol zur Harnsteinprophylaxe bei Dalmatinern nicht sinnvoll. Eine purinarme Diät ist auch bei Leishmaniose zu empfehlen, wenn mit Allopurinol behandelt wird.

Sehr selten wurden **Silikatsteine** nach Aufnahme von silikatreichen pflanzlichen Futtermitteln oder Zusätzen beobachtet.

Obwohl eine nutritive Rezidivprophylaxe grundsätzlich bei allen Konkrementtypen sinnvoll ist, gibt es doch große Unterschiede im Ansprechen der Konkrementbildner auf eine Diät (Tab. 1.14). Während Struvit durch Diätmaßnahmen sehr gut behandelt (gute Prognose für Auflösung und Prophylaxe von Konkrementen), andererseits aber durch Fütterungsfehler auch am ehesten hervorgerufen werden kann, sind die kalziumhaltigen Konkremete durch die Fütterung weniger leicht beeinflussbar (Auflösung von Konkrementen aussichtslos). Cystin- und Uratsteine nehmen eine Mittelstellung ein. Eine Steinauflösung durch Diätmaßnahmen kann bei Cystin gelingen, bei Uratsteinen ist sie eher umstritten.

Eine bei allen Konkrementarten sinnvolle Diätmaßnahme ist die Vergrößerung des Harnvolumens durch vermehrte Wasseraufnahme. Das spezifische Gewicht des Harns sollte unter 1030 gesenkt werden. Dies lässt sich am besten durch wasserreiche Futtermittel erreichen. Kochsalzzulagen zum Futter sind dazu nur bedingt geeignet. Zum einen werden so hohe Mengen benötigt (mindestens 1 g/kg KM täglich), dass langfristig Nebenwirkungen nicht sicher ausgeschlossen werden können. Hinzu kommt ein Anstieg der Kalziumausscheidung in den Harn, dessen Ausmaß allerdings meist geringer ist als die eventuelle Zunahme des Harnvolumens. Auch schmackhafte Zusätze zum Trinkwasser können hilfreich sein, ihr Erfolg ist jedoch nur in Ausnahmefällen so eindeutig wie der eines hohen Wassergehaltes im Futter. Die „Feuchtigkeit" (= Wassergehalt) im Futter sollte mindestens 80 % betragen. Besonders vorteilhaft ist es, wenn die Energiedichte im Futter niedrig ist (1,6 MJ ME/100 g Trockensubstanz, bei 80 % Wasser in der ursprünglichen Substanz). Dann muss mehr Futter aufgenommen werden, um den Energiebedarf zu decken. Damit wird zwangsläufig auch mehr Wasser aufgenommen. Faser mit hohem Wasserbindungsvermögen kann die Energiedichte reduzieren und gleichzeitig mehr Wasser im Futter binden. Es wird dann zwar auch etwas mehr Wasser über den Kot ausgeschieden, solange kein Durchfall auftritt, sind die zusätzlichen fäkalen Verluste jedoch deutlich geringer als die zusätzlich aufgenommene Wassermenge.

Die Vergrößerung des Harnvolumens ist bei den kalziumhaltigen Konkrementen von besonderer Bedeutung, da die anderen Diätmaßnahmen hier nicht übermäßig wirkungsvoll sind. Durch das vermehrte Auftreten dieser Konkrementart bei der Katze schließt sich ein Kreis: Während man nach dem gehäuften Auftreten von Struvit zunächst annahm, dass dies durch Trockenfutter und die entsprechend reduzierten Harnmengen bedingt sei, wurde später gezeigt, dass mit azidierenden Trockenfuttern sogar eine Steinauflösung möglich ist. Eine auf die Struvitprophylaxe ausgerichtete Zusammensetzung der Futtermittel begünstigte das Auftreten kalziumhaltiger Steine, für deren Prophylaxe wiederum ein hohes Harnvolumen empfohlen wird.

Tabelle 1.14: **Übersicht über Diätmaßnahmen zur nutritiven Prophylaxe und Therapie verschiedener Harnkonkremente**

Konkrementtyp	Harn-pH	Nährstoffversorgung	Sonstige Maßnahmen
Struvit	Prophylaxe < 7, Auflösung < 6,5	Mg (< 40 mg/MJ), P, Protein bedarfsgerecht	Entzündungen/Infektionen der harnableitenden Wege behandeln
Kalziumhaltige	Neutral, um 7	Ca, Vit. D, Protein, Na bedarfsgerecht, kein Zucker (erhöhen Kalziumausscheidung in den Harn), Ascorbinsäure, Gemüse, Bindegewebe (enthalten Oxalat bzw. Vorstufen) meiden, reichlich Vit. B_6 (Mangel begünstigt Oxalatausscheidung)	Neutraler Harn-pH kann bei vielen Rationen durch 150 mg Kaliumcitrat/kg KM eingestellt werden, Citratausscheidung in den Harn und damit Inhibitorwirkung beim Flfr. noch nicht geklärt
Zystin	Um 8 (Cave: Entzündung → Struvitmantel)	Protein bedarfsgerecht, 100 mg Ascorbinsäure/kg KM, S-haltige Aminosäuren knapp, aber Taurin zulegen (DCM-Risiko!). Bei einigen Hunderassen reduziert die Kastration von Rüden die Zysinausscheidung in den Harn	N-2-Mercaptopropionylglycin (Hund) Prophylaxe 30 mg/kg KM, Auflösung 40 mg/kg KM
Harnsäure/Urat	Neutral 6,7–7,2	Purinarm (= zellkernarm: Milch- und Eiprotein, keine zellreichen Organgewebe wie z. B. Leber, Niere, Hirn), Protein bedarfsgerecht	Allopurinol (Hund) 10–30 mg/ kg KM verhindert Umsetzung von Xanthin zu Harnsäure, ersetzt purinarme Diät nicht, bei hoher Purinzufuhr bilden sich Xanthinsteine
Silikat		Silikathaltige Futtermittel oder Supplemente absetzen	

Da bei fast allen Konkrementen der **Harn-pH** in einen bestimmten Bereich eingestellt werden muss, ist es sinnvoll, die Zusammenhänge zwischen der Fütterung und dem Harn-pH-Wert zu systematisieren. Sowohl bei der Katze als auch beim Hund lässt sich der Harn-pH-Wert anhand der Futterzusammensetzung grob abschätzen. Einen alkalisierenden Einfluss haben die Kationen Kalzium, Magnesium, Natrium und Kalium, während die Anionen Phosphor, Schwefel und Chlor einen azidierenden Effekt haben. Daraus errechnet sich die Kationen-Anionen-Bilanz (KAB) unter Berücksichtigung von Wertigkeit und Atomgewicht wie folgt:

$$\text{KAB mmol/kg TS} = 49{,}9 \times \text{Ca} + 82{,}3 \times \text{Mg} + 43{,}5 \times \text{Na} + 25{,}6 \times \text{K} - 64{,}4 \times \text{P} - 62{,}4 \times \text{S} - 28{,}2 \times \text{Cl}$$

Die Werte für die Mengenelemente werden in g/kg Trockenmasse eingesetzt. Falls keine Angaben für Schwefel vorhanden sind, können an dessen Stelle auch die Gehalte an den schwefelhaltigen Aminosäuren Cystin und Methionin mit den Faktoren 16,6 (Cys) und 13,4 (Met) verwendet werden.

Für die Einstellung des Harn-pH-Wertes werden die folgenden KAB-Bereiche empfohlen:

Harn-pH	KAB mmol/kg Trockensubstanz	Konkrementtyp
< 6,5	≤ –150	Struvitauflösung
6,5–7	0	Struvitprophylaxe, Struvit/Karbonatapatit
um 7	200	Harnsäure/Urat, Kalziumoxalat
um 8	600	Cystin

Es muss ausdrücklich darauf hingewiesen werden, dass die zu erwartenden pH-Werte sich auf das Tagesmittel beziehen, der postprandiale Anstieg kann deutlich darüber liegen. Nebenwirkungen azidierender Rationen stehen nicht in direkter Beziehung zur Reduktion des Harn-pH-Wertes, sondern auch zur Dosis der harnansäuernden Stoffe, insbesondere des Ammoniumchlorids. Daher empfiehlt es sich, zuerst die alkalisierenden Bestandteile der Ration zu reduzieren (z. B. kaliumreiche Gemüse wie Kartoffeln oder Mineralfutter mit Kalziumkarbonat), um dann mit geringeren Mengen an azidierenden Substanzen eine negative KAB einstellen zu können. In diesem Zusammenhang muss erwähnt werden, dass die Mineralisierung von Rationen für Fleischfresser die KAB stark in den positiven Bereich verschieben kann, während viele Ausgangskomponenten eher azidierend wirken. So kann z. B. durch Kalziumkarbonatzulagen (Futterkalk, Bestandteil vieler Mineralfutter) der Harn-pH-Wert stark erhöht werden. Ergänzungsfutter müssen daher bei der nutritiven Anamnese unbedingt erfragt werden, die Ration muss entsprechend korrigiert und der Besitzer auf dieses Problem der pH-Verschiebung in einen möglicherweise unerwünschten Bereich ausdrücklich hingewiesen werden. Hausgemachte azidierende Rationen werden am besten mit speziellen Mineralstoff-Vitamin-Mischungen (erhältlich in der Tierernährung einiger Tierärztlicher Bildungsstätten und spezialisierter Tierärzte) ergänzt, bei denen die alkalisierenden Bestandteile möglichst reduziert und dafür bereits azidierende Substanzen enthalten sind.

1.6.5 Chronische Herzinsuffizienz

Bei chronischer Herzinsuffizienz zielt die Diätetik auf eine Verminderung der Wasserretention. Außerdem soll der Verlust von Körpermasse verlangsamt und eine Belastung durch zu starke Magenfüllung vermieden werden. Das wichtigste Merkmal der Diät ist die Reduktion des Natriumüberschusses. Mit Ausnahme von ungesalzenen hausgemachten Rationen enthält das Futter meistens wesentlich mehr Natrium als notwendig. Daher kann eine Reduktion in den bedarfsdeckenden Bereich (26 mg/kg $KM^{0,75}$) Erleichterung schaffen. Das Trinkwasser muss ebenfalls natriumarm sein (< 20–30 mg/l). Bei Wasserenthärtung mittels Ionenaustauscher kann eventuell zu viel Natrium enthalten sein. Natrium sollte aber auch nicht so stark reduziert werden, dass es zur Aktivierung des Renin-Angiotensin-Aldosteron-Systems kommt, denn das verschlechtert Herzerkrankungen. Der Kaliumgehalt soll eher über dem Bedarf liegen, zu weit soll allerdings nicht überversorgt werden, aus demselben Grund wie Natrium nicht zu weit reduziert werden soll. Furosemid-Diuretika erhöhen die renalen K-Verluste, daher darf die Ration nicht K-arm sein, wenn diese eingesetzt werden. ACE-Inhibitoren verstärken die Natriumausscheidung in den Urin, sparen aber Kalium. Auch Spironolactone als Diuretika haben diesen Effekt. Deshalb kann sowohl Hypo- als auch Hyperkaliämie auftreten, sodass es erforderlich ist, die Serumelektrolyte regelmäßig zu überprüfen. Der Proteingehalt muss einerseits hoch genug sein, um dem Katabolismus entgegenzuwirken und eine gute Akzeptanz zu gewährleisten, andererseits sollte bedacht werden, dass durch verringerte Durchblutung auch eine gewisse Insuffizienz von Leber und Niere bestehen kann, sodass die Ausscheidung der Proteinmetaboliten verzögert erfolgen kann. Der Akzeptanz der Diät ist hier eine hohe Priorität einzuräumen. Wegen möglicher Nierenprobleme sollte auch die Phosphorversorgung den Bedarf nicht massiv übererfüllen. Magnesium sollte ausreichend enthalten sein.

Sinnvoll kann zur Unterstützung der Herzmuskulatur reichlich Vitamin E (2 mg/kg KM) und Selen (bis 5 µg/kg KM, bei Zusätzen einschließlich des im übrigen Futter bereits vorhandenen Selens; Cave: Intoxikation möglich!) in der Ration sein. Bei Katzen und bei bestimmten Hunderassen kann eine Kardiomyopathie auch durch Taurinmangel entstehen. Bei einigen Hunderassen ist eine vermutlich erblich bedingte Störung bekannt, die durch L-Carnitingaben erheblich gebessert werden kann. Bei dilatativer Kardiomyopathie sollte Taurin (Katze 250–500 mg/kg KM; Hund 1000–3000 mg/Tier täglich) und beim Hund L-Carnitin (50–100 mg/kg KM) versuchsweise zugelegt werden. Dies sollte besonders dann in Erwägung gezogen werden, wenn in der Fütterungsanamnese vegetarische Ernährung, getreidefreie Futter, Futter mit größeren Anteilen an Lammfleisch oder Leguminosen genannt werden, da diese bei Hunden zu Taurinmangel führen können. n3-Fettsäuren zur Reduktion von entzündlichen Vorgängen und mittelkettige Triglyceride zur Energiebereitstellung werden gelegentlich empfohlen. Die Ration muss auf mehrere Portionen pro Tag verteilt werden, um eine durch übermäßige Füllung des Magens bedingte mechanische Belastung des Herzens zu vermeiden.

1.6.6 Diätetik bei Diabetes mellitus

Beim Diabetes mellitus kommt der Diät eine wichtige unterstützende Funktion in der Therapie zu, die Behandlung mit Insulin kann jedoch nicht durch eine Diät ersetzt werden. Sowohl beim Hund als auch bei der Katze gibt es den Typ-I-Diabetes mit absolutem Insulinmangel aufgrund einer Insuffizienz der ß-Zellen des Pankreas und den Typ II zunächst mit ungenügender Insulinwirkung und späterer Erschöpfung der ß-Zellen, der vor allem bei älteren adipösen Tieren auftritt. Bei Katzen tritt häufig Typ II auf, bei Hunden ist Typ I häufiger Während es bei beiden Diabetikertypen ein wichtiges Ziel der Diät ist, den postprandialen Glukoseanstieg zu kontrollieren, gibt es hinsichtlich der Energiezufuhr grundlegende Unterschiede: Beim Typ I muss das Futter energiereich sein, um der katabolen Stoffwechselsituation und dem daraus resultierenden Konditionsverlust entgegenzuwirken, beim Typ II ist dagegen meist nach der ersten Einstellung des Diabetes eine Gewichtsabnahme erwünscht.

Hund

Beim Hund ist eine völlig kohlenhydratfreie Diät nicht empfehlenswert, da bereits bei gesunden Hunden, die kohlenhydratfrei ernährt werden, die Glukosetoleranz verschlechtert sein kann. Zucker sollten selbstverständlich gemieden werden. Hunde besitzen aber eine hohe Kapazität zur Stärkeverdauung, sodass auch bei moderater Stärkefütterung eine Kontrolle der postprandialen Hyperglykämie notwendig wird. Bestimmte lösliche Fasern, z. B. Guarmehl, können den Anstieg des Glukosespiegels verzögern. Je mehr Stärke daher in einer Ration enthalten ist, umso mehr Faser sollte zugelegt werden. Dabei muss allerdings bedacht werden, dass lösliche Fasern in hoher Dosierung zu Flatulenz und Durchfall führen können. Außerdem reduzieren auch diese Fasern die Energiedichte in der Ration. Beim Typ-I-Diabetiker wird man daher mit der Fasermenge zurückhaltender sein als beim adipösen Typ. Als Faustregel gilt, die Energie aus Kohlenhydraten etwa auf ein Drittel zu begrenzen. Besonders beim Typ I darf die Ration protein- und fettreich sein, beim Typ II muss vor allem auch bei der Gewichtsreduktion darauf geachtet werden, dass die Proteinversorgung auch bei reduzierter Energieaufnahme ausreichend ist. Die Diät muss daher entsprechend mehr Protein enthalten.

Abgesehen von kommerziellen Diabetesdiäten eignen sich auch viele kommerzielle Feuchtfutter, da sie meistens nicht besonders kohlenhydratreich sind. Der Kohlenhydratgehalt kann, wie auf S. 88 im Kapitel 1.6.10 „Ernährung von Intensivpatienten" gezeigt, anhand der Deklaration berechnet werden. Hausgemachte Rationen mit Fleisch, Fisch oder Hüttenkäse als Proteinträger und Reis, Nudeln, Kartoffeln oder Getreideflocken als Kohlenhydratquelle sind geeignet. Diese Rationen sollten noch Faserzulagen erhalten und ein passendes Mineralfutter. Es ist nicht empfehlenswert, die Ration von Tag zu Tag zu wechseln, da die Energie- und Nährstoffzufuhr möglichst gleichmäßig sein sollte. Bei hausgemachten Rationen muss darauf geachtet werden, dass sich der Fettgehalt im Fleisch nicht ständig ändert. Deshalb sollte immer Fleisch aus demselben Stück gekauft und beim Einkauf bewusst auf den Fettgehalt geachtet werden.

Hinsichtlich der Fütterungstechnik gibt es verschiedene Standpunkte. Einerseits ist die Verteilung des Futters auf drei Mahlzeiten sinnvoll (morgens und abends je ein Viertel, mittags die Hälfte), um den postprandialen Glukosepeak möglichst niedrig zu halten, andererseits wird empfohlen bei insulinabhängigen Diabetikern, bei denen kein Langzeitinsulin verwendet wird, die Fütterung an die Insulinverabreichung anzupassen. So ist es durchaus sinnvoll, die Hauptmahlzeit vor der Applikation von Insulin zu füttern, um sicher zu gehen, dass eine entsprechende Glukoseanflutung aus dem Futter die insulinbedingte Blutzuckersenkung kompensiert.

Katze

Bei der Katze tritt vorwiegend Typ II Diabetes auf, sehr häufig in Kombination mit Adipositas. Trotzdem kann es zum Zeitpunkt der Diagnose sein, dass die Katzen Gewicht verlieren. Dies muss zunächst durch Insulinbehandlung und protein- und energiereiche Fütterung verhindert werden. Erst nach einer Stabilisierung des Zustandes ist eine Gewichtsabnahme angezeigt. Hierfür werden sehr proteinreiche Rationen mit wenig Kohlenhydraten empfohlen (< 12 % der ME). Da bei der Katze der Sättigungseffekt volumenabhängig ist, sind Feuchtfutter zum Abnehmen besser geeignet als Trockenfutter.

1.6.7 Diätetik bei Adipositas

Fettsucht entsteht, wenn Hunde und Katzen längerfristig mehr Energie aufnehmen, als sie brauchen. Die möglichen Ursachen für dieses Ungleichgewicht sind allerdings vielfältig, sie reichen von Defiziten bei der Regulation der Futteraufnahme, niedrigem Energiebedarf (infolge Haltungsbedingungen z. B. Bewegungsmangel und/oder ruhigem Temperament) bis zu hohem Fettspeichervermögen. Fettsucht ist nicht nur ein Schönheitsfehler, sondern sie stellt ein erhebliches Gesundheitsrisiko mit weitreichenden metabolischen Veränderungen dar, deren wichtigstes Kennzeichen die Insulinresistenz ist. In kurzer, für den Tierbesitzer verständlicher Form ausgedrückt kann man sagen, dass die übermäßig gefüllten Fettzellen verschiedene Entzündungsbotenstoffe ausschütten und Fettsucht daher eine vergleichbare Wirkung auf den Organismus ausübt wie ein fauler Zahn oder ein anderer Entzündungsherd im Körper. Die Lebenserwartung sinkt beim Hund um etwa 20 %. Zahlreiche Erkrankungen werden verschlimmert oder sogar ausgelöst.

Häufig ist den Besitzern übergewichtiger Hunde und Katzen gar nicht bewusst, dass ihre Tiere zu dick sind. Um den Besitzern dies bewusst zu machen, empfiehlt sich zum einen eine Gewichtskontrolle und ein Vergleich mit Gewichten aus der Vergangenheit oder dem Rassestandard. Bei den meisten Katzenrassen, einschließlich der Europäischen Kurzhaarkatze und der Hauskatze, beträgt das Normalgewicht der weiblichen Tiere 3 bis 3,5 und das der Kater 4 bis 5 kg. In der Praxis sind zwar viele Katzen deutlich schwerer, dieses Gewicht ist aber als Übergewicht anzusehen. Wichtig ist, dass das Übergewicht nicht in kg ausgedrückt wird, sondern in Prozent, sonst wird u. U. wie beim Menschen bewertet, wo ein kg Übergewicht eher unwesentlich ist. Bei einer Katze kann 1 kg Übergewicht aber bereits 30 % Übergewicht entsprechen. Eine 4 kg schwere Katze von 3 kg Normalgewicht ist aber vergleichbar mit einer Frau, die 60 kg wiegen sollte und 80 wiegt. Eine weitere Möglichkeit ist das Body Condition Scoring. Aus psychologischen Gründen empfiehlt sich eine Skala mit 7 bis 9 Stufen. Sehr empfehlenswert ist das System von Laflamme.

Eine gewisse, z. T. erbliche Disposition zur Adipositas dürfte auch bei Hunden und Katzen auftreten. So beobachtet man immer wieder, dass von zwei unter identischen Haltungsbedingungen bei einem Besitzer gehaltenen Tieren eines normal- und das andere übergewichtig ist. Bei Hunden ist eine gewisse Häufung der Adipositas in bestimmten Hunderassen (z. B. beim Labrador, Cocker Spaniel, Dackel, Basset, Beagle) bekannt. Auch bei Rassekatzen, insbesondere bei Rassen, bei welchen ein großer, kräftiger Körperbau erwünscht ist, besteht eine gewisse Disposition zu Übergewicht. Bei beiden Spezies, aber ganz besonders bei Katzen stellt die Kastration ein erhebliches Risiko für Adipositas dar, diese ist aber keineswegs ein unabwendbares Schicksal für Kastraten. Präventivmaßnahmen (regelmäßiges Wiegen und Scoren, keine Ad-libitum-Fütterung mehr) sollten den Tierbesitzern nach einer Kastration unbedingt empfohlen werden, und nicht erst, wenn das Tier bereits zu dick geworden ist.

In jedem Fall sollte die Energiezufuhr dem Energiebedarf des Tieres angepasst werden. Diese ernährungsphysiologisch so einfache Maßnahme stellt allerdings in der Praxis ein erhebliches psychologisches Problem dar. Ähnlich wie bei der Adipositas des Menschen werden dabei verschiedene Strategien angewandt:

- Verringerung der Futtermenge: Das gewohnte Futter wird weiterhin in geringerer Menge gegeben.
- Reduktionsdiät: Es wird ein Futter mit geringerem Energie-, aber höherem Nährstoffgehalt gefüttert.
- Nulldiät bei stationär aufgenommenen Hunden: vollständiger Nahrungsentzug bis zum Erreichen des Normalgewichtes. Cave: bei Katzen kontraindiziert!

Die Reduktionsdiät ist die Methode der Wahl. Wird nur die Futtermenge reduziert, so werden die Tiere ihre Besitzer durch Betteln oder auch anderes unerwünschtes Verhalten zur Inkonsequenz bewegen, vor allem aber wird auch die Nährstoffzufuhr reduziert, was unerwünscht ist. So könnte es zu einem Proteinmangel kommen, der einen starken Muskelabbau zur Folge hätte. Nulldiät wird zwar unter erheblicher Belastung des betroffenen Hundes eine Gewichtsabnahme zur Folge haben, das Fütterungsverhalten des Besitzers wird dadurch aber nicht geändert. Im Gegenteil, es ist durchaus möglich, dass der „arme" Hund, sobald er wieder zu Hause ist, „zum Ausgleich" für die schlechten Zeiten noch mehr Futter erhält. Hinzu kommt, dass dabei mit einem stärkeren Abbau der Muskulatur zu rechnen ist. Daher ist dies nur in Ausnahmefällen sinnvoll.

Bei **Reduktionsdiät** ist es besonders wichtig, dass der Besitzer glaubt, dass sein Tier durch die Reduktionsdiät ein ausreichendes Sättigungsgefühl bekommt. Er wird unerwünschtem Bettelverhalten seines Tiers dann noch am ehesten konsequent begegnen. Grundsätzlich kann das Volumen des Futters bei gleichbleibendem Energiegehalt durch Wasser, Luft oder schwer verdauliche Substanzen, z. B. Faser, vergrößert werden. Bei Katzen kann dadurch ein mechanisches Sättigungsgefühl hervorgerufen werden, bei Hunden ist dies nur begrenzt zu erwarten. Hier geht es lediglich darum, beim Besitzer den Eindruck größerer Futtermengen hervorzurufen. Faser hat dagegen ernährungsphysiologische Effekte. Sie reduziert die Verdaulichkeit des Futters und erhöht die Magenfüllung. Bei Hunden ist es allerdings sehr schwierig, eine mechanische Sättigung allein durch Faser zu erreichen. Eher geht die Akzeptanz des faserreichen Futters zurück. Für etwas anderes, Wohlschmeckenderes, ist beim Hund nach Erfahrungen im Experiment dann durchaus noch genügend Platz im Magen vorhanden. Bei Katzen ist die Futteraufnahmekapazität stärker limitiert, und zwar vor allem durch das Volumen des Futters, zu dem auch der Wassergehalt beitragen kann. Hier ist eine mechanische Limitierung der Futteraufnahme durch faserreiche Futtermittel durchaus möglich. Zugegebenermaßen wird die Grenze zur Scharlatanerie ein wenig verwischt, wenn man Hundebesitzer glauben macht, dass ihr Liebling wegen des höheren Faser- oder gar Wasser- bzw. Luftgehaltes mechanisch gesättigt sei. Da es letztlich den adipösen Tieren hilft, ist die Bezeichnung Placeboeffekt wohl noch erlaubt.

Faserreiche Materialien, wie z. B. Futterzellulose (Fa. Rettenmaier), können mit fettarmen, hausgemachten Rationen aber auch mit dem gewohnten Fertigfutter oder in hartnäckigen Fällen mit kommerziellen Adipositasdiäten verschnitten werden. Futterzellulose ist im Geschmack unauffällig, sie beeinträchtigt die Akzeptanz i. d. R. erst bei sehr hohen Gehalten. Besonders für Katzen, die sich weigern, eine spezielle Diät zu fressen, kann daher die Zulage von Zellulose zum bisherigen Futter die Methode der Wahl sein (Cave: Proteinzufuhr!, s. u.). Es bedarf keiner ausdrücklichen Erwähnung, dass die Menge des gewohnten Futters dabei reduziert werden muss.

Zur **Berechnung des Energie – und damit des Futterbedarfs –** benötigt man zunächst das Normalgewicht des Tieres, da eine Gewichtsabnahme im Allgemeinen nicht erfolgen wird, wenn man für die Bedarfsberechnung das aktuelle (Über-)Gewicht einsetzt. Bei Hunden kann man sich am Rassestandard orientieren, besser ist es aber noch, wenn das Gewicht im Alter von etwa einem Jahr bzw. zu einer Zeit, als der Hund noch schlank war, bekannt ist. Es muss außerdem bedacht werden, dass adipöse Tiere i. d. R. weniger aktiv sind. Deshalb muss der Bedarf für wenig aktive Hunde zugrunde gelegt werden, bei Tieren mittleren Alters etwa 0,40 MJ ME pro kg Stoffwechselmasse (Normalgewicht^{0,75}). Dies ist dann aber der Erhaltungsbedarf, d. h. wenn diese Energiemenge gefüttert wird, nimmt das Tier noch nicht ab, sondern nur nicht weiter zu. Um eine Gewichtsabnahme zu erreichen, werden etwa 60–70 % des Erhaltungsbedarfs zugeteilt, also 0,24–0,28 MJ/kg Normalgewicht^{0,75}. Bei Katzen gib es inzwischen Angaben zum Normalgewicht verschiedener Rassen. Bei der Mehrzahl der Katzenrassen ist für ein weibliches Tier mit 2,5 bis 3,5 kg und für ein männliches 3,0 bis 4,5 kg anzusetzen. Etwas höhere Normalgewichte gelten für Riesenrassen wie z. B. Norwegische Waldkatzen und Main Coon. Hier wiegen Kätzinnen um die 5 und Kater um die 6 kg. Es wird auch von größeren und schwereren Exemplaren berichtet, wobei aber Skepsis angebracht ist. Die Einschätzung muss in solchen Fällen von Body Condition Scores begleitet werden, es sollte z. B. von oben und von der Seite eine Taille markiert sein. Der

Erhaltungsbedarf wird – wie beim Hund – anhand des Normalgewichtes berechnet, es werden etwa 60–70 % des Erhaltungsbedarfs zugeteilt.

Wenn dem Besitzer eine Rationsberechnung vorgelegt wird, so ist es psychologisch klug, in der Spalte für den Energiebedarf bereits den reduzierten Bedarf für die Gewichtsabnahme einzutragen. Andernfalls wird er immer das Gefühl haben, dass bei der Energiezuteilung noch Spielraum nach oben besteht.

Es muss betont werden, dass der **Nährstoffbedarf** nicht reduziert ist. Besondere Bedeutung kommt der Deckung des Proteinbedarfs zu, da bei Proteinmangel vermehrt Muskelmasse abgebaut wird, wodurch die fettfreie Körpermasse und damit auch der Erhaltungsbedarf an Energie reduziert werden können. Besonders bei Katzen ist es im Extremfall möglich, dass der Proteinbedarf nicht oder nur schwer gedeckt werden kann, ohne dass zu viel Energie zugeführt wird. Es muss auf proteinreiche Lebensmittel wie Thunfisch in Aspik zurückgegriffen werden. Auch der Gehalt an Mineralstoffen und Vitaminen muss so hoch sein, dass trotz geringerer Energiezufuhr und entsprechend geringer Futtermengen noch genügend zugeführt wird.

Die Gewichtsabnahme soll allmählich erfolgen, 0,5–2 % der Körpermasse pro Woche. Geht mehr oder weniger verloren, muss die Energiezufuhr nachjustiert werden. Es empfiehlt sich, die Gewichtsentwicklung schriftlich zu notieren oder besser noch in ein Diagramm einzutragen. Besonders bei Katzen kann nach einiger Zeit eine Stagnation der Gewichtsabnahme eintreten, die das Nachbessern der Diät notwendig macht.

Psychologische Untersuchungen zu Mensch-Hund-Beziehungen bei Besitzern übergewichtiger Hunde im Vergleich zu denen normalgewichtiger zeigten eine stärkere Vermenschlichung der dicken Hunde, aber keine engere Mensch-Tier-Bindung. Auffallend war außerdem, dass die Besitzer der dicken Hunde den Zusammenhang zwischen einem gesundheitsbewussten Lebensstil und dem Gesundheitszustand sowohl für ihre Hunde als auch für sich selbst nicht wirklich ernst nahmen. Eigene Ess- und Lebensgewohnheiten der häufig selbst übergewichtigen Besitzer wurden auf den Hund übertragen. Einige Ergebnisse der Studie lassen sich durchaus dahingehend interpretieren, dass die Besitzer der dicken Hunde oft recht träge und phantasielos sind und das Füttern des Hundes als bequeme Form der Interaktion mit ihrem Tier ansehen. Letzteres traf auch für Katzenhalter mit dicken Tieren zu. Katzen spiegelten jedoch den Lebensstil der Besitzer nicht im gleichen Ausmaß wider wie Hunde. Vermenschlichung der Katze war ebenfalls ein wichtiger Faktor der Beziehungen zwischen übergewichtigen Katzen und ihren Besitzern. Im Gegensatz zu Hunden stellte eine enge Bindung an das Tier bei Katzen einen Risikofaktor für Adipositas dar, es sei denn der Besitzer war sehr am Spielen mit seiner Katze interessiert.

1.6.8 Diätetik bei Erkrankungen der Haut

Durch die Ernährung können verschiedene Hauterkrankungen beeinflusst werden. Dabei muss jedoch unterschieden werden zwischen Erkrankungen, die

- Primär durch fehlerhafte Nährstoffversorgung ausgelöst werden (z. B. Parakeratose bei Zinkmangel)
- Durch suboptimale Ernährung begünstigt werden
- Nur bei bestimmten Individuen als Unverträglichkeitsreaktion auf bestimmte Rationsbestandteile auftreten, die sich an Haut und/oder Gastrointestinaltrakt manifestieren (z. B. Glutenüberempfindlichkeit der Irischen Setter)
- Nicht ernährungsbedingt sind, jedoch durch bestimmte Diätmaßnahmen gebessert werden können (z. B. zinc responsive Dermatosis der Huskies)

Primär durch **Nährstoffmangel** oder Überversorgung ausgelöste Hauterkrankungen sind extrem selten. Grundsätzlich kommen infrage: Mangel an Protein und Aminosäuren, essenziellen Fettsäuren, Zink, Kupfer, Jod, Vitamin A und E, B_2, B_6, Nikotinsäure und Biotin (s. Tab. 1.1). Durch Überversorgung mit bestimmten Nährstoffen können sekundäre Mängel an anderen ausgelöst werden, z. B. Zinkmangel durch Kalziumüberversorgung, Kupfermangel durch Zinküberversorgung. Exzessive gleichzeitige Vitamin-A- und -D-Zufuhr kann die Schilddrüsenhormonaktivität reduzieren und dadurch zur Alopezie führen. Bei der **Begünstigung** von Hautkrankheiten durch die Fütterung ist an erster Stelle die Adipositas zu nennen, die im Extremfall durch mechanische Beanspruchung (Bauch schleift auf dem Boden, Schenkel reiben aneinander usw.) oder durch Speckfaltenbildung zu Hauterkrankungen führen kann. Auch in weniger krassen Fällen steigt bei fetten Tieren die Anfälligkeit für Hautkrankheiten. Die Ausschüttung von pro-inflammatorischen Entzündungsmediatoren durch das Fettgewebe ist sicherlich ein wesentlicher Grund hierfür. Marginale Versorgung (s. Kapitel 1.2 „Einschätzung der Nährstoffzufuhr") mit den oben genannten Nährstoffen kann Hauterkrankungen, die durch andere Ursachen bedingt sind, erheblich verschlimmern. Eine Infektion (z. B. Hautpilz), eine Ektoparasitose (z. B. Demodex) oder auch eine Kontaktdermatitis können bei suboptimaler Ernährung erheblich stärker ausgeprägt sein und auch schlechter auf eine Therapie ansprechen.

Mittlerweile wurde gezeigt, dass Veränderungen des intestinalen Mikrobioms auch bei Hunden und Katzen einen Einfluss auf entzündliche und/oder atopische Hautkrankheiten ausüben können. Daher ist es möglich, dass die oft aus der Praxis berichtete Besserung von Hautkrankheiten nach einem Futterwechsel mit einer Umstimmung der Darmflora zusammenhängt. Der Versuch einer Ernährungsumstellung bei Hautpatienten ist daher auch dann sinnvoll, wenn keine klassische Futterallergie vorliegt.

Bei **Unverträglichkeitsreaktionen und Futtermittelallergien** bleibt als diagnostische und therapeutische Maßnahme nur die Vermeidung des oder der problematischen Futtermittel. Es ist allerdings recht schwierig, eine Diagnose zu stellen, und herauszufinden, gegen welche Futterbestandteile eine Überempfindlichkeit besteht. Bisher gibt es nur die Möglichkeit, eine Eliminationsdiät mit einem oder zwei Futtermitteln, von denen erwartet wird, dass sie verträglich sind, durchzuführen. Labortests allein führen nicht zu einer sicheren Identifikation des Allergens bzw. zur Diagnose Futterallergie. Grundsätzlich gelten Tests auf Basis der IgE-Globuline als verlässlicher als auf IgG basierende Tests. In beiden Fällen sind falsch positive Ergebnisse möglich, falsch negative Ergebnisse aber unwahrscheinlich (es sei denn, es bestand sehr lange kein Kontakt zum Allergen). Ein negativer Allergietest auf ein Futtermittel bedeutet daher, dass eine Allergie (nicht aber eine nicht immunvermittelte Intoleranz) gegen dieses Futtermittel unwahrscheinlich ist. Ein positiver Allergietest bedeutet dagegen, dass eine Allergie gegen dieses Futtermittel möglich ist, sie ist dadurch jedoch nicht nachgewiesen. Hieraus ergibt sich, dass Allergieteste bei der Auswahl der Futtermittel für eine Allergiediät oder auch für eine spätere Provokation sehr hilfreich sein können. Während man ohne Test möglichst Futtermittel auswählen muss, mit denen das Tier bisher nicht in Kontakt kam, und die i. d. R. ungewöhnlich, entsprechend schwierig zu beschaffen, mit Vorurteilen belegt und/oder teuer sind, wie z. B. Pferd, Wild, Strauß, kann man nach einem Test auch üblichere Futtermittel, auf die der Patient negativ getestet wurde, heranziehen. Umgekehrt wird man bei einer Provokation zuerst die Futtermittel verwenden, auf welche positiv getestet wurde.

Wenn es mit einer Eliminationsdiät gelungen ist, das Allergen zu eliminieren, so kann es bis zu 16 Wochen dauern, bis eine eindeutige Besserung erkennbar wird. Um eine klare Diagnose zu stellen, müsste dann das unverträgliche Futter (oder die als Allergene verdächtigten Futterbestandteile) erneut gefüttert werden. Wenn eine Unverträglichkeit vorliegt, müssten die Krankheitserscheinungen erneut auftreten, auch dies kann allerdings Wochen dauern. Nach einer kurzfristigen Provokation verschwinden die Symptome i. d. R. schneller als zu Beginn einer Eliminationsdiät. Streng genommen müsste nach dem Abklingen der provozierten Symptome die Provokation noch einmal wiederholt werden, um sicher aussagen zu können, dass eine Unverträglichkeit vorliegt. Es bedarf keiner weiteren Erklärung dafür, dass der Anteil der in diesem Sinne vollständig gestellten Diagnosen bei Patienten mit „Futtermittelallergie" eher gering ist. Sehr wichtig ist es bei Durchführung einer Eliminationsdiät, den Tierbesitzer darauf hinzuweisen, dass nichts zusätzlich gegeben werden darf: keine Kapseln für den Fellglanz oder Knoblauchpillen oder Mineralfutter oder Kräuterpräparate usw. Diese werden vom Besitzer oft nicht als Futter eingestuft, weshalb ausdrücklich und in verschiedenen verbalen Formulierungen nach solchen Extras nachgefragt werden muss.

Allergien treten meist gegen Proteine auf, selten gegen Kohlenhydrate oder Fette. Proteinquellen wie Rind- und Geflügelfleisch, Getreide-, Soja- und Milchprotein, die häufig verwendet werden, stehen entsprechend oft im Zusammenhang mit Unverträglichkeitsreaktionen. Lokale Fütterungsgewohnheiten beeinflussen die Häufigkeit, mit der eine Proteinquelle zum Auslöser für eine Allergie wird. So treten in Neuseeland häufig Hypersensibilitäten gegen Schaffleisch auf.

Bei der Diskussion um mögliche Auslöser von Futterallergien werden Futterzusatzstoffe (ohne Nährstoffcharakter) häufig genannt, der Nachweis einer Beteiligung wird jedoch nur äußerst selten geführt. Antioxidanzien (z. B. Ethoxiquin), Emulgatoren,

Farb- und Konservierungsstoffe sowie Säureregulatoren (z. B. Ammoniumchlorid) sind schon von der Molekülgröße her im Allgemeinen nicht als potente mögliche Allergene einzustufen, sie könnten allenfalls Haptenwirkung haben. Bei den Aromastoffen sind alle natürlich vorkommenden Stoffe und die ihnen entsprechenden synthetischen Stoffe zugelassen. Hier gibt es nun zweifellos potenziell allergene Stoffe, Allergien gegen bestimmte Gewürze, die ja auch unter diese Kategorie fallen, sind beim Menschen schon beobachtet worden. In der Gruppe der Bindemittel, Fließhilfsstoffe und Gerinnungshilfsstoffe sind für Hunde und Katzen Bentonit-Montmorillonit, Silikate, Tone, Stearate, Zitronensäure sowie Ligninsulfonate zugelassen.

Allergene Wirkungen sind hier eventuell von Ligninsulfonaten denkbar. Da es sich um ein Pelletierhilfsmittel handelt, ist der Einsatz in Feuchtfuttern äußerst unwahrscheinlich. Diese enthalten dagegen häufig Verdickungs- und Geliermittel. Darunter fallen viele sogenannte lösliche Faserstoffe wie z. B. Pektin und Pflanzengummis (Guar). Völlig auszuschließen sind allergene Effekte hier nicht, allerdings handelt es sich zwar um Polymere, aber nicht um Proteine, sodass die Wahrscheinlichkeit eher gering ist. Eine unmittelbare Beteiligung von Zusatzstoffen an der Ausbildung von Allergien ist demnach eher weniger wahrscheinlich. Möglich wären außerdem Zusammenhänge mit anderen Effekten bestimmter Zusatzstoffe, z. B. mit Veränderungen der Passagezeit des Chymus, des mikrobiellen intestinalen Milieus oder eventuell sogar der Permeabilität des Epithels. Diskutiert werden auch während des Herstellungsprozesses entstehende Reaktionsprodukte zwischen Proteinen und Kohlenhydraten als Allergene in Fertigfutter. Dies kann zum gegenwärtigen Zeitpunkt weder bestätigt noch ausgeschlossen werden. Sicher ist jedoch, dass Erhitzen die Allergenität von Proteinen verändern kann, wobei durchaus auch der Verlust der Allergenität möglich ist. In Verdacht geraten, an Futtermittelallergien bei Hunden und Katzen beteiligt zu sein, sind auch Schimmelpilze und Vorratsschädlinge (Milben) bzw. deren Exkremente. Milben wurden in einer neueren Studie in Trockenfutter nicht gefunden. Eine Kontamination der Ausgangsmaterialien mit Milbenexkrementen ist damit zwar nicht ausgeschlossen, es ist aber doch fraglich, ob die Exkremente und eventuell auch die Bestandteile toter Milben nach dem Verarbeitungsprozess noch eine allergene Wirkung haben.

Im Zusammenhang mit Futtermittelallergien soll nicht unerwähnt bleiben, dass zur Allergie neben dem potenziellen Allergen noch ein potenzieller Allergiker gehört. Zum einen sind genetische Dispositionen z. B. Häufung in bestimmten Hunderassen oder sogar in Familien bekannt. Sehr gut untersucht ist die Glutenüberempfindlichkeit der Irischen Setter, bei denen die Darmwand eine erhöhte Permeabilität für Gluten aufweist. Dadurch wird im darmassoziierten Lymphgewebe eine Immunreaktion ausgelöst. Vermutlich müssen noch Defekte bei der Regulation der lokalen und/oder systemischen Immunantwort hinzukommen, damit eine Allergie entsteht. Auch der „Lebensstil" (Bewegungsmangel, Überfütterung, häufiger Futterwechsel usw.) könnte eine gewisse Disposition bedingen. Es wird diskutiert, dass möglicherweise die Fütterung von Hunden mit akuten gastrointestinalen Erkrankungen, im Gegensatz zum früher üblichen und heute immer noch zu empfehlenden zweitägigen Fasten, das Auftreten von Futterallergien begünstigt, da es bei einer akuten Entzündungsreaktion am Epithel zu einem verstärkten Kontakt zwischen Immunzellen und Futtereiweißen als möglichen Allergenen kommen kann.

Die Diätetik bei Futtermittelallergien schließt sich an die diagnostische Therapie mittels Eliminationsdiät an. Wenn es gelungen ist, das Allergen mittels einer solchen Diät aus einem oder zwei Futtermitteln zu eliminieren, so muss nach einigen Wochen oder Monaten (bei Welpen innerhalb von zwei Wochen) die Ration bilanziert werden. Fleisch-Reis- oder Fleisch-Kartoffel-Diäten sind bei der Mehrzahl der Mengen-, etlichen Spurenelementen und vielen Vitaminen nicht bedarfsdeckend (Tab. 1.15). Grundsätzlich gibt es drei Möglichkeiten, weiter vorzugehen:

A Die bereits bewährte Eliminationsdiät wird weiter gefüttert und schrittweise ergänzt. Zunächst wird ein Mineralfutter aus chemisch reinen Mineralstoffverbindungen ohne Trägersubstanzen zugelegt. Wenn dieses vertragen wird, wird außerdem ein kleiner Anteil an Leber (5–10 %) von der Tierart, deren Fleisch verträglich ist, zugegeben. Dies ist notwendig, da die fettlöslichen Vitamine in chemisch reiner Form nicht stabil und für Fütterungszwecke auch nicht erhältlich sind. Wird dies vertragen, so kann stufenweise versucht werden, noch weitere Komponenten in die Ration einzuführen.

B Die Eliminationsdiät wird weiterverwendet und mit einem passenden kommerziellen Mineralfutter ergänzt. Kommerzielle Mineralfutter können aber die verschiedensten Substanzen enthalten, gegen welche der Patient allergisch reagiert. So werden z. B. häufig Getreidenachprodukte als Trägerstoffe oder Gelatine zur Stabilisierung von fettlöslichen Vitaminen, eventuell auch Knochen- oder Fleischknochenmehl als Kalzium- und Phosphorquellen eingesetzt. Während dies bei gesunden Tieren sinnvoll und unproblematisch ist, kann es den Erfolg einer Eliminationsdiät zunichte machen. Sofern der Patient das Mineralfutter toleriert, kann auch hier schrittweise das Spektrum der Futtermittel erweitert werden, andernfalls muss, wie unter A beschrieben, vorgegangen werden.

C Es wird eine kommerzielle Allergiediät verwendet. Da es sich hierbei i. d. R. um ein Alleinfutter handelt, das definitionsgemäß alle essenziellen Nährstoffe in ausreichender Menge enthalten muss, enthält eine solche Diät zwangsläufig mehr Komponenten, gegen die eine Überempfindlichkeit möglich ist, als eine unbilanzierte hausgemachte Ration aus ein oder zwei Einzelfuttermitteln. Hinzu kommen noch Effekte der Verschleppung von anderen Proteinen bei der Produktion.

D Verwendung kommerzieller Diäten auf der Basis hydrolisierter Proteine. Hier ist die Erfolgsquote höher als bei einfachen Eliminationsdiäten. Man muss sich aber bewusst sein, dass auch bei hydrolisiertem Futter Unverträglichkeitsreaktionen möglich sind.

Tabelle 1.15: **Beispiel für eine hausgemachte supplementierte Eliminationsdiät für einen 10 kg schweren Hund mit Futtermittelallergie**

Futtermittel	Menge [g]	ME [MJ]	verd. Rohprotein [g]	Kalzium [mg]	Phosphor [mg]	Natrium [mg]	Kalium [mg]	Kupfer [mg]
Pferdefleisch, fettarm	218	1,17	41	33	327	87	719	0,4
Kartoffeln, gekocht	450	1,45	9	45	270	5	2340	0,9
Leber[1]	5	0,03	1	0	18	4	11	0,2
Zwischensumme	**674**	**2,65**	**51**	**78**	**615**	**96**	**3070**	**1,5**
Mineralfutter[2]	10	0	0	800	100	100	0	0
Summe	**684**	**2,65**	**51**	**878**	**715**	**196**	**3070**	**1,5**
Bedarf		2,65	28	732	562	146	786	1,1
Protein/Energieverhältnis 9 g verd. Rohprotein/MJ ME Kalzium/Phosphor-Verhältnis 1,2 : 1 Der Bedarf an Vitamin D_3 und Vitamin E wird mit dieser Ration noch nicht gedeckt, dies wird über mehrere Wochen toleriert, danach zunächst parenteral verabreichen, später kann Speiseöl und eventuell Lebertran versucht werden.								

[1]nach Möglichkeit ebenfalls vom Pferd

[2]aus chemisch reinen Mineralstoffverbindungen, rationsspezifisch u. a. am Lehrstuhl für Tierernährung und Diätetik der LMU München erhältlich

Tabelle 1.15: ***Fortsetzung***

Futtermittel	Jod [µg]	Zink [mg]	Vit A [IE]	Vit. D_3 [IE]	Vit. E [mg]	Vit. B_1 [mg]	Vit. B_{12} [µg]
Pferdefleisch, fettarm	7	5,5	44	0	0	0,17	4
Kartoffeln, gekocht	12	1,4	0	0	0	0,50	0
Leber[1]	0	0,2	2000	2	0	0,01	5
Zwischensumme	**19**	**7,1**	**2044**	**2**	**0**	**0,68**	**9**
Mineralfutter[2]	150	20,0	0	0	0	0,5[3]	0
Summe	169	27,1	2044	2	0	1,18	9
Bedarf	**168**	**11,2**	**933**	**100**	**5,6**	**0,28**	**6,4**

[3]Verluste beim Kochen möglich, daher zusätzlich im Mineralfutter

Die größte Wahrscheinlichkeit für eine gute Verträglichkeit bzw. eine genaue Identifizierung der ggf. unverträglichen Komponenten bietet die erste Version, am bequemsten ist dagegen die dritte. Im Hinblick auf die Bequemlichkeit des Besitzers ist grundsätzlich auch ein umgekehrtes Vorgehen möglich: Man beginnt die diagnostische Therapie mit kommerziellen Allergiediäten, und erst, wenn die Erkrankung auf mehrere kommerzielle Diäten nacheinander nicht anspricht, wird eine hausgemachte (unbilanzierte) Eliminationsdiät versucht. Dies kann natürlich die diagnostische Phase stark verlängern, sofern der Patient auf diese Therapie anspricht, vereinfacht jedoch die Handhabung der Diätetik erheblich. Die Entscheidung, welchen Weg man einschlägt, wird sicherlich vom Besitzer abhängen (s. auch Abschnitt 1.5.1 „Compliance"), aber auch vom Vorbericht. Bei Patienten, die nach verschiedenen erfolglosen Behandlungsversuchen an eine dermatologische Praxis überwiesen wurden, ist die Wahrscheinlichkeit, dass man einfach durch Verwendung einer einfachen kommerziellen Allergiediät schon zum Erfolg kommt, deutlich geringer als bei Patienten, die erstmalig wegen einer Hauterkrankung vorgestellt werden.

Neben der Gestaltung der Diät kann es für die Compliance ungeheuer wichtig sein, eine praktikable Lösung für Belohnungsfutter zu finden. Besonders beim Hund kann das Weglassen gewohnter Belohnungen den Alltag empfindlich stören. Werden die Belohnungen beim Spazierengehen gebraucht, so sollten sie „hosentaschentauglich" sein. Am besten geeignet ist, sofern sie von dem Tier vertragen wird, eine Trockenallergiefertigdiät. In der Anfangsphase einer strengen Eliminationsdiät ist diese Lösung allerdings nicht empfehlenswert. Trockenfleischprodukte können je nach Tierart eingesetzt werden, in einigen Fällen klappte es auch mit Karotten- oder Apfelstückchen. Erstaunlicherweise vertragen manche Tiere, obwohl sie Fertigfutter nicht besonders gut tolerieren, bestimmte kommerzielle Snacks, von welchen man eigentlich abraten würde.

Im Zusammenhang mit allergischen Reaktionen werden auch bestimmte, mehrfach ungesättigte Fettsäuren diskutiert. So können n3-Fettsäuren und Gamma-Linolensäure bei gleichzeitiger Reduktion anderer ungesättigter Fettsäuren der n6-Familie die Bildung von Entzündungsmediatoren im Sinne einer Abmilderung der entzündlichen Reaktion beeinflussen. Bei bestehender Futterallergie ersetzt dies nicht die Elimination des Allergens, da entzündungshemmende oder immunsuppressive Effekte, die zur Unterdrückung der Symptome ausreichen, davon allenfalls bei sehr langfristiger Fütterung von Rationen mit extrem verändertem Fettsäurenmuster zu erwarten sind. In diesem Fall wäre jedoch auch mit Nebenwirkungen zu rechnen, z. B. mit verzögerter Wundheilung. Ob der Einsatz dieser ungesättigten Fettsäuren die Ausbildung von Allergien bei disponierten Tieren verhindern oder verzögern kann, ist beim heutigen Stand des Wissens noch nicht definitiv zu beantworten. Im Zusammenhang mit einer Eliminationsdiät ist bei bestehender Allergie ein höherer Anteil an n3-Fettsäuren aber durchaus sinnvoll.

Bei den nicht ernährungsbedingten Hauterkrankungen, die durch Fütterungsmaßnahmen gebessert oder geheilt werden können, ist die **follikuläre Hyperkeratose der Cocker Spaniel** zu nennen. Die tägliche Verabreichung von 10 000 IE Vitamin A kann eine erhebliche Besserung oder Heilung bringen. Allerdings muss bedacht werden, dass es sich dabei um ein Vielfaches des Bedarfs handelt, sodass Nebenwirkungen nicht völlig auszuschließen sind. Ein 15 kg schwerer Spaniel benötigt nur etwa 1500 IE Vitamin A. Nach neueren Untersuchungen wird eine Dosierung längerfristig vertragen, die bei einem 15 kg schweren Hund etwa 35 000 IE entspricht, Vergiftungserscheinungen sind bei einem Hund dieser Gewichtsklasse erst bei 450 000 IE zu erwarten.

Eine weitere Erkrankung aus dieser Gruppe ist die **zinc responsive Dermatose** der Siberian Huskies. Obwohl diese Erkrankung i. d. R. nicht durch ernährungsbedingten Zinkmangel bedingt ist, spricht sie häufig auf Zinkzulagen an. Man sollte zunächst versuchen, täglich 1,5–2,5 mg Zinkoxid/kg KM (oder 5–10 mg Zinksulfat/kg KM) zu verabreichen. Es gibt sogar Berichte, dass eine intravenöse Verabreichung (4 mg Zn/kg KM als Zinkaspartat, zweimal wöchentlich) erfolgreich war. Grundsätzlich ist hier aber eher eine vorübergehende Besserung als ein dauerhafter Erfolg zu erwarten.

Ernährung bei Epilepsie

Ketogene Diäten werden in der Humanernährung zur Behandlung von Epilepsie eingesetzt. Postuliert werden u. a. Veränderungen der mitochondralen Funktionen, direkte Effekte der Ketonkörper auf neuronale Funktionen, zusätzliche Energiebereitstellung, Veränderungen der Membranpolarisation, der Konzentrationen an Gamma-Aminobuttersäure, Glutamat, Adenosin und Norepinephrin sowie neuroprotektive Effekte der Ketonkörper. Ketogene Diäten müssen weitgehend kohlenhydratfrei sein. Um eine Glukoneogenese aus Protein zu verhindern, muss auch der Proteingehalt sehr niedrig sein. Bei Hunden ist es selbst damit sehr schwierig, tatsächlich eine Ketose auszulösen. Hinzu kommt, dass solche Diäten starke Nebenwirkungen haben, u. a. sinkt die Glukosetoleranz. Durch die Aufnahme mittelkettiger Triglyceride kann jedoch auch beim Hund die Bildung von Ketonkörpern induziert werden, ohne dass eine kohlenhydratfreie proteinarme Ration gefüttert wird. Hinzu kommt, dass besonders Octansäure auch als Energiequelle für das Gehirn dienen kann.

Durch Verwendung von mittelkettigen Triglyceriden können die Vorteile ketogener Diäten ohne deren Nachteile erreicht werden. Es werden auch von der Ketonkörperbildung unabhängige neuroprotektive Effekte postuliert. Octan- und Decansäure (Capryl- und Capronsäure) sind in Kokos- und Palmfett vorhanden, müssen aber für diätetische Zwecke angereichert werden. 9 % der ME aus mittelkettigen Triglyceriden (entsprechend einem Gehalt von 5,5 % in einem Trockenalleinfutter) reduzierten die Anfallshäufigkeit bei einem Teil der Patienten erheblich. Unverträglichkeitsreaktionen auf mittelkettige Triglyceride wie Erbrechen und Durchfall sind schon lange bekannt. Deshalb empfiehlt sich eine langsame Gewöhnung. Beim Zulegen solcher Fette zu einem gewohnten Futter muss bedacht werden, dass die Futtermenge entsprechend der Energie der Zulage reduziert werden muss. Dadurch kann es zu unzureichender Nährstoffversorgung kommen, beispielsweise wenn essenzielle Aminosäuren in der bisherigen Ration schon knapp waren.

Diätetik bei feliner Hyperthyreose

Diäten mit einem Jodgehalt von 0,2 mg/kg Trockenmasse können das Gesamtthyroxin im Serum senken und das klinische Bild der Hyperthyreose bei der Katze verbessern,

i. d. R innerhalb von 4 Wochen. Zum Vergleich: Der Jodbedarf nach NRC (2006) beträgt bezogen auf die Trockenmasse 1,4 mg/kg. Wedekind et al. (2010) korrigierten den felinen Jodbedarf auf 0,46 mg/kg Trockenmasse nach unten. So gesehen ist eine Reduktion auf 0,2 mg/kg Trockenmasse nicht extrem drastisch. Entsprechend führte eine Fütterung einer solchen Diät an gesunde Katzen nicht zu Veränderungen am Schilddrüsenstatus. Allerdings wurde von einer anderen Arbeitsgruppe eine gewisse Schilddrüsenautonomie (ermittelt durch Radiojodaufnahme) nach Fütterung von jodreduziertem Futter bei Katzen beobachtet. In Anbetracht der Unsicherheiten beim Bedarf, der bei der Zieltierart nicht geprüften Interaktionen mit anderen Nährstoffen, wie z. B. Selen ist dies nicht überraschend. Bei der Anwendung solcher Diäten sollte man diese Möglichkeit bedenken.

1.6.9 Ernährung von Tumorpatienten

Wunschvorstellungen der Besitzer von Tumorpatienten über die Wirkung einer Ernährungsumstellung auf den Krankheitsverlauf bei ihrem Tier reichen häufig weit über die Wirklichkeit hinaus. Daher ist es bei der Diätetik sehr wichtig, keine falschen Hoffnungen zu wecken oder zu bestätigen, Tumoren lassen sich leider nicht „wegfüttern". Das Ziel einer speziellen Ernährung von Tumorpatienten ist es in erster Linie, dem katabolen Stoffwechsel, der schließlich zur Tumorkachexie führen kann, durch optimierte Energie- und Nährstoffzufuhr entgegenzuwirken. Es ist allerdings nicht auszuschließen, dass die verbesserte Versorgung das Tumorwachstum ebenfalls fördert. Da andererseits ein Energie- und Nährstoffdefizit, insbesondere der durch das Tumorwachstum bedingte Proteinmangel, sich negativ auf das Immunsystem, das Wundheilungsvermögen und andere Reparationsleistungen des Körpers auswirken, muss die Energie- und Nährstoffzufuhr trotz dieses Risikos entsprechend angepasst werden. Tumorzellen können vor allem Kohlenhydrate und Aminosäuren metabolisieren, Fett wird dagegen oft nicht effektiv umgesetzt. Für Tumorzellen ist es charakteristisch, dass Glukose durch anaerobe Glykolyse zu Laktat umgesetzt wird. Dadurch entstehen Energieverluste, außerdem kann eine Hyperlaktatämie auftreten. Als Energiequelle sollten daher Zucker gemieden und Stärke nur in mäßigem Umfang eingesetzt werden. Bei den Fetten sind hohe Gehalte an n3-Fettsäuren (Fischöl, fetter Fisch, Leinöl) zu empfehlen, da sie im Experiment die Überlebenszeiten bei Tumorerkrankungen verbessern, während gesättigte Fettsäuren (Rindertalg, fettes Rindfleisch) mit verstärktem Tumorwachstum in Zusammenhang gebracht werden. Die meisten Pflanzenöle sowie Schweine- und Geflügelfette sind relativ hoch ungesättigt, sie enthalten aber vor allem n6-Fettsäuren. Der Fettgehalt in der Ration sollte mindestens 20 % in der Trockenmasse betragen. Insbesondere bei hohen Gehalten an n3-Fettsäuren kann er ohne Weiteres deutlich höher liegen. Es ist auffällig, dass gerade beim Hund, der einen extrem leistungsfähigen Fettstoffwechsel aufweist, Tumorpatienten seltener kachektisch sind als bei anderen Spezies. Tumorpatienten sollen deutlich mehr Protein erhalten als für die Erhaltung notwendig. Sinnvoll ist außerdem eine reichliche Versorgung (2- bis 3-facher Bedarf) mit Kupfer,

Zink, Selen, den Vitaminen A, D und E. Eventuell können Ascorbinsäure und β-Karotin zugelegt werden. Für β-Karotin wurde beim Hund, nicht aber bei der Katze ein positiver Effekt auf die Immunantwort beobachtet. Extrem hohe Dosen an antioxidativ wirksamen Nährstoffen sollten nach Erfahrungen beim Menschen vermieden werden.

1.6.10 Ernährung von Intensivpatienten

Nach Operationen, bei schweren Verletzungen und generell bei schweren Erkrankungen ändert sich der Energie- und Nährstoffbedarf. Posttraumatisch kommt es zunächst für etwa 24 bis 48 Stunden zur Reduktion des Energiebedarfs (hypometabolische Phase). Danach steigen Energie- und Proteinbedarf deutlich an. Dies hängt mit einem erhöhten Proteinturnover zusammen, aber auch eine verstärkte Laktatbildung kann den Energiebedarf erhöhen. Somit unterscheidet sich ein anorektischer Intensivpatient erheblich von einem hungernden gesunden Tier. Bei einem gesunden Tier wird im Hungerstoffwechsel Gewebe und vor allem Muskulatur so gut wie möglich konserviert, das Tier wird hypometabolisch. Beim kranken Tier wird dagegen das Körpergewebe rasch abgebaut. Deshalb ist nicht nur der BCS für die Prognose wichtig, sondern vor allem der Muscle Score, der den Grad einer eventuellen Sarkopenie anzeigt und letztlich ein Maß für die Proteinvorräte darstellt. Für das Immunsystem und die Gewebesynthese und damit die Heilung ist der Ernährungsstatus des Patienten von erheblicher Bedeutung. Auch die Pharmakokinetik verschiedener Medikamente kann im Hungerstoffwechsel deutlich verändert sein. Daher ist eine ausreichende Ernährung von Intensivpatienten von erheblicher Bedeutung.

Hinsichtlich des Energiebedarfs wird von der resting fed metabolic rate (RFMR) ausgegangen. Dies bezeichnet den Energiebedarf bei Ruhe in thermoneutraler Umgebung. Im Gegensatz zum Grundumsatz wird aber die Futteraufnahme, Verdauung und Verstoffwechselung miteinbezogen. Der Wert liegt ca. 25 % unter dem Erhaltungsbedarf. Selbst wenn nur die Hälfte des RFMR zugeführt wird, ist bereits eine Verbesserung des Zustandes des Pateinten zu erhoffen. Protein sollte, je nach Funktion von Leber und Niere, möglichst in bedarfsdeckender Menge zugeführt werden. Erhöhte Verluste an Wasser und Elektrolyten werden i. d. R. durch Infusionen ausgeglichen. Trotzdem sollte die Nahrung von Intensivpatienten nicht gerade elektrolytarm sein (wie z. B. Quark-Reis-Diäten ohne Ergänzung) und auch das Trinkwasser muss ständig frisch und für den Patienten leicht erreichbar sein. Die Versorgung mit Spurenelementen und Vitaminen muss bedarfsdeckend sein, insbesondere die Eisen- (Blutbildung) und Zinkzufuhr (Wundheilung) müssen beachtet werden.

Am besten ist es zweifelsfrei, wenn der Patient selbst frisst. Dies ist allerdings häufig nicht der Fall, teils aus krankheitsbedingten Ursachen, teils aber auch aus anderen Gründen, wie z. B. dem Fehlen der Bezugsperson. Es ist sehr wichtig, dass das angebotene Futter nicht stark vom gewohnten Futter abweicht. Gerade gestresste Tiere und ganz besonders Katzen haben wenig Lust auf neue Futterarten. Deshalb sollte bei der stationären Aufnahme immer mit erfragt werden, was der Patient zu Hause frisst, was er besonders gerne mag. Dies erspart die spätere Rückfrage im Falle der Inappetenz. Falls der Patient längerfristig (> 3 Tage) nicht frisst, muss eine Sonde verwendet werden. Bei kurzfristigem Einsatz genügt eine Nasenschlundsonde, soll längerfristig mit der Sonde gefüttert werden, empfiehlt sich eine Ösophago- oder Gastrostomiesonde. Letztere ist auch dann sinnvoll, wenn bereits vor oder während der Operation absehbar ist, dass der Patient anschließend schlecht fressen kann oder wird, und bei besonderen Risiken wie z. B. bei hochgradig adipösen Katzen, bei denen Nahrungskarenz zur idiopathischen Lipidose führen kann. Sofern der Magen umgangen werden muss (z. B. bei Erbrechen oder Tumoren) kann auch eine Jejunostomiesonde gelegt werden. Cave: Sondennahrung für Jejunostomiesonden darf keine wesentlich höhere Osmolalität als die extrazelluläre Flüssigkeit aufweisen, sonst besteht die Gefahr der Dehydratation des Patienten infolge Wassereinstroms in das Jejunum!

Unabhängig von der Art der Verabreichung darf nicht sofort die gesamte berechnete Futtermenge gegeben werden, sondern sie muss langsam innerhalb von 3 bis 5 Tagen gesteigert werden. Diese Anfütterungszeit fällt ohnehin meist mit der hypometabolischen Phase zusammen, sodass das Tier durchgehend in etwa bedarfsgerecht gefüttert wird. Das Futter sollte auf mindestens zwei, besser drei Mahlzeiten verteilt werden.

Als Futtermittel für die Ernährung von Intensivpatienten eignen sich u. a. hochwertige Dosenfutter. Diese können in einer Küchenmaschine unter Vermischen mit Wasser sondengängig gemacht werden. Das so hergestellte Homogenat wird am besten durch eine Sonde gleichen Typs wie die im Tier befindliche aufgezogen, damit eventuell noch vorhandene größere Partikel bereits dort hängen bleiben. Von der Industrie wird auch spezielle Sondenkost angeboten. Der Kohlenhydratgehalt in der Trockenmasse gibt einen guten Anhaltspunkt darüber, wie gut die jeweiligen Produkte auf die Zieltierarten Hund und Katze abgestimmt sind. Dieser lässt sich leicht berechnen, wie das folgende Beispiel zeigt.

Pulverförmiges Material zum Anmischen mit Wasser:

- Feuchtigkeit nicht angegeben: Futtermittelrechtlich nur zulässig, wenn < 14 %, Schätzwert: 10 %
  Protein: 28 %
  Fett: 35 %
  Faser: 0 %
  Asche: 8 %
- Kohlenhydrate (NfE) = 100 % – Feuchtigkeit – Protein – Fett – Faser – Asche
  = 100 % – 10 % – 28 % – 35 % –0 % – 8 %
  = 19 %
- Umrechnung auf Trockenmasse: Trockenmasse = 100 % – Feuchtigkeit
  = 100 % – 10 %
  = 90 %
- NfE in Trockenmasse = NfE/Trockenmasse × 100
  = 19/90 × 100 %
  = 21 %

Der NfE-Gehalt in der Trockenmasse sollte bei Krankenkost für Intensivpatienten beim Hund 40–50 % und bei der Katze 20 % nicht überschreiten. Allerdings ist nicht nur der Kohlenhydratgehalt ausschlaggebend, sondern auch, um welche Kohlenhydrate es sich handelt. Zucker erhöhen z. B. den Blutglukosespiegel weit mehr als Stärke, was besonders bei Katzen, die bereits durch Stress hyperglykämisch sein können und ohnehin eine relativ geringe Zuckertoleranz aufweisen, nicht erwünscht ist. Ob ein Produkt zuckerreich ist, kann durch eine Geschmacksprobe einfach überprüft werden. Sofern Malassimilationssyndrome vorliegen kann niedermolekulare Sondenkost versucht werden. Bei Verwendung von Humanpräparaten ist dem NfE- und besonders dem Zuckergehalt besondere Aufmerksamkeit zu schenken. Eine für die Zieltierart konzipierte hochmolekulare Sondenkost kann mittels Pankreasenzymen extrakorporal vorverdaut werden (siehe exokrine Pankreasinsuffizienz).

Auch hausgemachte Rezepte sind geeignet. So kann z. B. Fleischbrühe (Cave: Instantprodukte können sehr salzig sein) sehr gut zum Anfüttern verwendet werden. Durch Anreicherung mit Quark, Speiseöl, Reisschleim, Kartoffelbrei unter Verwendung von Eigelb als Emulgator kann Sondenkost in jeder gewünschten Zusammensetzung gemischt werden. Selbstverständlich müssen solche Mischungen längerfristig mit einem geeigneten Mineralfutter supplementiert werden. Sie können nötigenfalls auch extrakorporal vorverdaut werden.

Während die partielle parenterale Ernährung durch Verabreichung von Kohlenhydrat-, Aminosäuren- und vor allem Elektrolytlösungen eine Routinemaßnahme bei Intensivpatienten z. B. nach schweren Verletzungen, Operationen oder Verbrennungen, die mit Protein-, Flüssigkeits- und Elektrolytverlusten verbunden sind, darstellt, ist die totale parenterale Ernährung mit Problemen verbunden. Sofern irgend möglich sollte daher der enteralen Ernährung der Vorzug gegeben werden (ggf. in Kombination mit partieller parenteraler Ernährung), eine strenge Indikationsstellung wird beim Tier schon aus Kostengründen erforderlich. Schwere gastrointestinale Erkrankungen oder Verletzungen, deren Dauer drei Tage überschreitet, stellen eine Indikation für totale parenterale Ernährung dar. Bei Bewusstlosigkeit, nicht beherrschbarem Erbrechen, akuter Pankreatitis oder akuter Hepatitis ist eine totale parenterale Ernährung ebenfalls angezeigt. Kontraindikationen stellen dagegen alle Erkrankungen dar, die mit einer Intoleranz gegen Volumenbelastung einhergehen, wie z. B. eine dekompensierte Herzinsuffizienz oder eine Anurie. Eine totale parenterale Ernährung darf ebenfalls nicht durchgeführt werden, wenn kein zentralvenöser Zugang geschaffen werden kann (ab einer Osmolalität der Infusionslösung von 600 mosm/l darf nicht mehr in periphere Venen infundiert werden). Kritisch ist eine parenterale Ernährung auch dann zu sehen, wenn keine ausreichenden Möglichkeiten zur Überwachung einschließlich der notwendigen Laboruntersuchungen vorhanden sind. Wenn zu erwarten ist, dass der Patient nicht noch mindestens 3 Tage stationär in der Klinik bleibt, ist es ebenfalls nicht angezeigt mit totaler parenteraler Ernährung zu beginnen.

Sofern Tiere längere Zeit gehungert haben besteht die Gefahr eines Refeedingsyndroms, wenn wieder Nahrung zugeführt wird. Durch Insulinausschüttung kommt es zur Verschiebung von Kalium, Phosphor und Magnesium in den intrazellulären Raum.

Weiterhin kann Vitamin B_1-Mangel bestehen. Es können neurologische Symptome auftreten, Kreislaufversagen und Ödembildung. Dies ist besonders kritisch, wenn Kohlenhydrate zugeführt werden. Dies ist auch bei der parenteralen Ernährung zu beachten.

Beim Hund kann man mit 60–90 % der Energie aus Dextrose beginnen, sofern keine längere Nahrungskarenz bestanden hat. Im Falle einer Nahrungskarenz beim Hund und bei Katzen generell sollten 60–90 % der Energie als Lipidemulsion zugeführt werden. Für die Zusammenstellung der totalen parenteralen Ernährung wird ein Verhältnis von 5–7 g Protein/MJ bei Hunden und von 7–10 g Protein/MJ bei Katzen empfohlen. Unter Protein werden in diesem Kontext die Aminosäuren in Infusionslösungen verstanden. Taurin ist für Katzen und größere Hunde erforderlich, Infusionslösungen für Kinder enthalten ebenfalls Taurin.

Die Gesamtmenge an Infusionsflüssigkeit muss den Wasserbedarf (30–60 ml/kg KM/d, bei Durchfall, Erbrechen, Verbrennungen u. Ä. auch höher) abdecken. Außerdem sollten auch Elektrolyte enthalten sein. Bisherige Empfehlungen für den Gehalt an Elektrolyten in Infusionslösungen zur parenteralen Ernährung (mmol/l) belaufen sich für Natrium und Chlorid auf 35–45, für Kalium auf 30–40, für Phosphor auf 10–15 und für Kalzium und Magnesium auf 2–2,5. Spurenelemente sind erst erforderlich, wenn die parenterale Ernährung länger als fünf Tage dauert. Es stehen Mischungen aus dem Humanbereich zur Verfügung. Vitamine können entweder ebenfalls als Spezialpräparat der Infusionslösung zugesetzt werden oder aber einfacher durch Injektion eines Multivitaminpräparates.

Die einfachste Art der Verabreichung der parenteralen Ernährung ist die zentralvenöse Infusion von Kombinationslösungen aus Aminosäuren, Kohlenhydraten und Elektrolyten und die periphervenöse Applikation einer Lipidlösung. Eine kombinierte zentralvenöse Verabreichung aller Komponenten ist i. d. R. ebenfalls möglich. Voraussetzung ist allerdings, dass die Lösungen miteinander kompatibel sind. So kann z. B. Kalzium in Verbindung mit Heparin mit bestimmten Fettemulsionen inkompatibel sein. Die Gebrauchsinformation enthält i. d. R. Hinweise auf solche Wechselwirkungen. Dies ist besonders zu beachten, wenn noch Medikamente wie z. B. Heparin zusätzlich infundiert werden. Selbstverständlich muss die Mischung unter sterilen Bedingungen erfolgen. Details sind spezialisierten Publikationen zu entnehmen.

Die Überwachung beinhaltet neben klinischer Untersuchung auch labordiagnostische Parameter. Plasmaglukose, Kalium und Phosphor, Triglyceride, Ammoniak sowie Harnglukose müssen zu Beginn täglich kontrolliert werden. Bei länger dauernder parenteraler Ernährung sollten außerdem ein- bis zweimal wöchentlich ein Differenzialblutbild angefertigt und Gesamteiweiß, Albumin sowie Leberenzyme bestimmt werden.

1.6.11 Ernährung und Verhalten

Anekdotische Berichte darüber, dass Ernährung das Verhalten beeinflusse, gibt es reichlich. Insbesondere manche Hundebesitzer sind der Meinung, dass rohes Fleisch und/oder proteinreiche Fütterung an sich Hunde „schärfer" mache. Daneben gibt es die Vorstellung, dass vegetarische Ernährung unerwünschtes Verhalten reduziere. Aus wissenschaftlicher Sicht gibt es verschiedene Möglichkeiten der Beeinflussung des Verhaltens durch die Ernährung. Erstens sind dies Effekte der Fütterung auf den körperlichen Zustand des Tieres, zweitens Effekte auf das Sättigungsgefühl und drittens Effekte im Grenzbereich zu pharmakologischer Wirkung.

In der ersten Kategorie ist als drastisches und natürlich tierschutzrelevantes Beispiel der Wasserentzug zu nennen, der den körperlichen Zustand eines Tieres so stark reduzieren kann, dass unerwünschtes Verhalten ebenfalls stark reduziert wird. Ebenso drastisch ist der Mangel an Nährstoffen wie z. B. B-Vitaminen mit der Folge neurologischer Störungen, die allerdings i. d. R. so ausfallen, dass sie sich zur Reduktion unerwünschten Verhaltens nicht eignen. Moderate Unterversorgung mit Nährstoffen kann ein Tier insgesamt oder in bestimmten Aspekten schwächen und dadurch ebenfalls unerwünschtes Verhalten reduzieren. Als Extremfall ist hier ein Katzenbesitzer zu nennen, der seine intakten weiblichen Katzen vegan ernährte, und stolz berichtete, dass seitdem die Probleme mit der Rolligkeit verschwunden seien, die Tiere seien durch die Ernährung „geläutert" worden. Aus tierärztlicher Sicht muss man hier allerdings ernährungsbedingte Zyklusstörungen (Mangel an Taurin und Arachidonsäure) als Ursache der „Läuterung" annehmen. Die Zufuhr von n3-Fettsäuren während der neurologischen Ontogenese kann sich vermutlich auch bei Hunden und Katzen auf die Gehirnentwicklung auswirken, vor allem im Sinne einer verzögerten Entwicklung bei unzureichender Zufuhr. Ein ganz alltägliches Beispiel einer meist nicht direkt beabsichtigten Verhaltensbeeinflussung durch die Ernährung ist die Fettsucht, erhebliches Übergewicht führt in aller Regel zu ruhigerem Verhalten.

In der zweiten Kategorie hinsichtlich des Effektes der Sättigung auf das Verhalten gibt es sehr viel Alltagserfahrungen bei verschiedenen Spezies einschließlich des Menschen, aber bisher wenig wissenschaftlich Gesichertes bei Hund und Katze. Hunger macht viele Individuen aggressiv und unruhig, sofern er nicht durch langfristige Unterernährung bereits zu einer erheblichen Schwächung geführt hat. Man denke nur an die Berichte von Tierbesitzern, deren „Lieblinge" beim Versuch einer Gewichtsreduktion zu regelrechten „Nervensägen" werden. Der Füllungszustand des Magen-Darm-Kanals dürfte sich ebenfalls auf die Aktivität auswirken. Postprandial ausgeschüttete Hormone, wie z. B. Leptin, wirken nicht nur sättigend, sondern auch beruhigend. In einer niederländischen Studie konnte an Hunden gezeigt werden, dass fermentierbare Faser einen sättigenden und beruhigenden Effekt bei Hunden hat.

Der dritten Kategorie mit mehr oder weniger pharmakologischen Effekten sind vor allem Tryptophan und Magnesium zuzuordnen. Letzteres ist problematisch, da Magnesium ein wesentlicher Bestandteil des Struvits ist. Magnesiumsalze haben entweder einen schlechten Geschmack, wirken abführend oder alkalisierend, was das Struvitrisiko stark erhöhen würde. Tryptophan ist Vorläufer von Serotonin und soll durch eine mögliche Steigerung der Serotoninproduktion wirken. Bei Hunden ist die Wirkung umstritten und hängt vermutlich auch vom Proteingehalt der Nahrung ab. Insbesondere in Verbindung mit proteinarmer Fütterung wurden in einer Studie angstlösende und aggressionsreduzierende Effekte beschrieben. Bosch (2009) konnte dagegen keine derartige Wirkung von Tryptophan bei Hunden zeigen.

Bei alten Tieren mit kognitiven Defiziten könnten eventuell Diäten mit mittelkettigen Triglyceriden die Energieversorgung der Nervenzellen verbessern.

Sekundäre Pflanzeninhaltsstoffe mit pharmakologischer Wirkung können zweifellos das Verhalten von Hunden und Katzen beeinflussen. Wegen der zu erwartenden Nebenwirkungen sowie dem bisher sehr eingeschränkten Wissen über die Effekte dieser Stoffe bei Hund und Katze ist diese Art der Verhaltensbeeinflussung derzeit nicht empfehlenswert. Es sei darauf hingewiesen, dass Hunde und ganz besonders Katzen sekundäre Pflanzeninhaltsstoffe in vielen Fällen weniger leicht metabolisieren und ausscheiden können als omnivore Spezies. In diesem Kontext verdient die Unverträglichkeit von Schokolade, Macadamianüssen und Weintrauben Erwähnung.

Literatur

Albretsen J (2006): The toxicity of iron, an essential element. Veterinary Medicine, Bonner Springs then Edwardsville, 101(2), 82.

Becker N (2009): Erhebungen zur Fütterung von Hunden und Katzen mit und ohne Verdacht auf eine Futtermittelallergie in Deutschland. Dissertation, LMU München: Tierärztliche Fakultät.

Behrend E, Holford A, Lathan P, Rucinsky R & Schulman R (2018). 2018 AAHA diabetes management guidelines for dogs and cats. Journal of the American Animal Hospital Association, 54(1), 1–21.

Bergler R (1994): Die Psychologie der Mensch-Heimtier-Beziehung und ihre Bedeutung für den Tierarzt. Tierärztl. Praxis 22: 1–14.

Bergler R, Wechsung S, Kienzle E, Hoff T & Dobenecker B (2016): Ernährungsberatung in der Kleintierpraxis – ein Arbeitsfeld für spezialisierte Tierärzte. Tierärztliche Praxis Ausgabe K: Kleintiere/Heimtiere, 44(01), 5–14.

Biourge V (1993): Feline hepatic lipidosis: Characterization of a model. Thesis, University of California, Davis.

Biourge V, Pion P, Lewis J, Morris JG, Rogers QR (1993): Spontaneous occurrence of hepatic lipidosis in a group of laboratory cats. J. Vet. Internal Med. 7, 194–197.

Biourge VC, Fontaine J & Vroom MW (2004): Diagnosis of adverse reactions to food in dogs: efficacy of a soy-isolate hydrolyzate-based diet. The Journal of nutrition, 134(8), 2062S-2064S.

Blake AB & Suchodolski JS (2016): Importance of gut microbiota for the health and disease of dogs and cats. Animal Frontiers, 6(3), 37–42.

Bosch G (2009): Can diet composition affect behaviour in dogs? Food for thought. Ph.D. thesis, Wageningen University, The Netherlands.

Böswald LF, Kienzle E & Dobenecker B (2018): "Observation about phosphorus and protein supply in cats and dogs prior to the diagnosis of chronic kidney disease." Journal of animal physiology and animal nutrition 102: 31–36.

Böswald LF, Klein C, Dobenecker B & Kienzle E (2019): Factorial calculation of calcium and phosphorus requirements of growing dogs. PloS one, 14(8), e0220305.

Buffington CAT, Rogers QR, Morris JG (1985): Feline struvite urolithiasis: Magnesium effect depends on urinary pH. Feline Practice 15, (6), 29–33.

Carney HC, Ward CR, Bailey SJ, Bruyette D, Dennis S, Ferguson D, ... & Rucinsky AR (2016): 2016 AAFP guidelines for the management of feline hyperthyroidism. Journal of feline medicine and surgery, 18(5), 400–416.

Chandler ML (2008): Pet food safety: sodium in pet foods. Topics in companion animal medicine, 23(3), 148–153.

Chew BP, Park JS, Wong TS, Kim HW, Weng BB, Byrne KM, ... & Reinhart GA (2000): Dietary β-carotene stimulates cell-mediated and humoral immune response in dogs. The journal of nutrition, 130(8), 1910–1913.

Coltherd JC, Staunton R, Colyer A, Thomas G, Gilham M, Logan DW, ... & Watson P (2019): Not all forms of dietary phosphorus are equal: an evaluation of postprandial phosphorus concentrations in the plasma of the cat. British Journal of Nutrition, 121(3), 270–284.

Dobenecker B, Kasbeitzer N, Flinspach S, Köstlin R, Matis U, Kienzle E (2006): Calcium-excess causes subclinical changes of bone growth in Beagles but not in Foxhound-crossbred dogs, as measured in X-rays. J Anim Physiol Anim Nutr 90: 394–401.

Dobenecker B (2011): Factors that modify the effect of excess calcium on skeletal development in puppies. British journal of nutrition, 106(S1), S142–S145.

Dobenecker B, Kienzle E, Köstlin R, Matis U (1998): Mal- and overnutrition in puppies with or without clinical disorders of skeletal development. J. Anim. Physiol. a. Anim. Nutr. 80, 76–81.

Dobenecker B, Hertel-Böhnke P, Webel A & Kienzle E (2018): Renal phosphorus excretion in adult healthy cats after the intake of high phosphorus diets with either calcium monophosphate or sodium monophosphate. Journal of animal physiology and animal nutrition, 102(6), 1759–1765.

Dobenecker B, Reese S, & Herbst S (2021): Effects of dietary phosphates from organic and inorganic sources on parameters of phosphorus homeostasis in healthy adult dogs. PloS one, 16(2), e0246950.

Dobenecker B, Webel A, Reese S & Kienzle E (2018): Effect of a high phosphorus diet on indicators of renal health in cats. Journal of feline medicine and surgery, 20(4), 339–343.

Edinboro CH, Scott-Moncrieff JC, & Glickman LT (2010): Feline hyperthyroidism: potential relationship with iodine supplement requirements of commercial cat foods. Journal of feline medicine and surgery, 12(9), 672–679.

Fascetti AJ, Reed JR, Rogers QR, & Backus RC (2003): Taurine deficiency in dogs with dilated cardiomyopathy: 12 cases (1997–2001). Journal of the American Veterinary Medical Association, 223(8), 1137–1141.

Forman MA, Steiner JM, Armstrong PJ, Camus MS, Gaschen L, Hill SL, ... & Steiger, K (2021): ACVIM consensus statement on pancreatitis in cats. Journal of veterinary internal medicine, 35(2), 703–723.

Freeman, LM (2012): Cachexia and sarcopenia: emerging syndromes of importance in dogs and cats. Journal of Veterinary Internal Medicine, 26(1), 3–17.

Fritz J, von Rosenberg S, Bensinger K, Kienzle E (2008): Two cases of malnutrition associated with locomotor problems in growing puppies without alterations of x-ray density of long bones. ESVCN confernce, Wien, Abstract p. 28.

Fritz J (2008): Heimtiere mit Haut und Haaren. ZDS-Tagung, Petfood & Ernährungs Update Symposium. 25.–26.06.2008. Abstract.

Gesellschaft für Ernährungsphysiologie, Ausschuss für Bedarfsnormen (1989): Energie- und Nährstoffbedarf, Nr. 5 Hunde. DLG-Verlag, Frankfurt.

Gürtler, A & Laurenz, S (2022): The impact of clinical nutrition on inflammatory skin diseases. JDDG: Journal der Deutschen Dermatologischen Gesellschaft, 20(2), 185–202.

Han FY, Conboy-Schmidt L, Rybachuk G, Volk HA, Zanghi B, Pan Y & Borges K (2021): Dietary medium chain triglycerides for management of epilepsy: New data from human, dog, and rodent studies. Epilepsia, 62(8), 1790–1806.

Hesse A, Steffens HJ, Graf C (1998): Pathogenetic factors of urinary stone formation in animals. J. Anim. Physiol. Anim. Nutr. 80: 108–119.

Hesse A, Hoffmann J, Orzekowsky H & Neiger R (2016): Canine cystine urolithiasis: A review of 1760 submissions over 35 years (1979–2013). The Canadian veterinary journal, 57(3), 277.

Hoenig M (2002): Comparative aspects of diabetes mellitus in dogs and cats. Molecular and cellular endocrinology, 197(1-2), 221–229.

Iben C, Liesegang A, Wichert B, Wolf P (2021): Ernährung der Katze. Georg Thieme Verlag.

http://www.nutrilex.de/geltendes Futtermittelrecht

Kamphues J, Wolf P, Coenen M, Eder K, Iben C, Kienzle E, Liesegang L, Männer K, Zebeli Q, Zentek J (2014): Supplemente zu Übungen und Vorlesungen in der Tierernährung, 12. Aufl. Schaper Verlag, Hannover.

Kaplan JL, Stern JA, Fascetti AJ, Larsen JA, Skolnik H, Peddle GD, ... & Ontiveros E (2018): Taurine deficiency and dilated cardiomyopathy in golden retrievers fed commercial diets. PloS one, 13(12), e0209112.

Kiefer-Hecker B, Bauer A & Dobenecker B (2018): Effects of low phosphorus intake on serum calcium, phosphorus, alkaline phosphatase activity and parathyroid hormone in growing dogs. Journal of animal physiology and animal nutrition, 102(6), 1749–1758.

Kiefer-Hecker B, Kienzle E, & Dobenecker B (2018): Effects of low phosphorus supply on the availability of calcium and phosphorus, and musculoskeletal development of growing dogs of two different breeds. Journal of animal physiology and animal nutrition, 102(3), 789–798.

Kienzle E (2003): Ernährung alter Hunde und Katzen. In: Kraft W (Hrsg.): Geriatrie von Hund und Katze. Parey, Hamburg, Berlin, pp. 289–311.

Kienzle E, Bergler R, Mandernach A (1998): A comparison of the feeding behavior and the human-animal relationship in owners of normal and obese dogs. J. Nutr. 128: 2779S–2782S.

Kienzle E, Moik K (2011): A pilot study of the body weight of pure-bred client-owned adult cats. British Journal of Nutrition 106(S1): S113–S115.

Kienzle E, Opitz B, Earle KE, Smith PM, Maskell IE, Iben C (1998b): The development of an improved method of predicting the energy content in prepared dog and cat food. J Anim Physiol Anim Nutr 79: 69–79.

Kienzle E, & Bergler R (2006): Human-animal relationship of owners of normal and overweight cats. The Journal of nutrition, 136(7), 1947S–1950S.

Kienzle E, Brenten T & Dobenecker B (2017): Impact of faecal DM excretion on faecal calcium losses in dogs eating complete moist and dry pet foods–food digestibility is a major determinant of calcium requirements. Journal of nutritional science, 6.

Kienzle E, Landes E (1995a): Aufzucht verwaister Jungtiere, Teil I: Indikationsstellung und Zusammensetzung der Muttermilch. Kleintierpraxis 9, 681–685.

Kienzle E, Landes E (1995b): Aufzucht verwaister Jungtiere, Teil II: Herstellung von Milchaustauschern und praktische Durchführung der mutterlosen Aufzucht. Kleintierpraxis 9, 687–700.

Kienzle E, Maiwald E (1998): Effect of vitamin C on urine pH in cats. Proceedings ESVCN-Konferenz, 19.–21. 03. 1997, München, J. Anim. Physiol. Anim. Nutr. 80, 134–139.

Kienzle E, Meyer H, & LOHRIE H (1985, January): The influence of carbohydrate-free rations with varying protein-energy relations on the fetal development and vitality of puppies as well as the lactic composition of female dogs. In Zeitschrift für Tierphysiologie, Tierernährung und Futtermittelkunde – Journal of animal physiology and animal nutrition (Vol. 54, No. 2, pp. 76-77). Spitalerstr. 12, D-2000 Hamburg 1, Germany: Verlag Paul Parey.

Klein C, Thes M, Böswald LF & Kienzle E (2019): Metabolisable energy intake and growth of privately owned growing dogs in comparison with official recommendations on the growth curve and energy supply. Journal of Animal Physiology and Animal Nutrition, 103(6), 1952–1958.

Kölle P, Jacobs S, Klesty C, Bringewatt W, Kienzle E (2006): Kalziumunterversorgung eines Hundewelpen durch Fütterung eines kalziumreduzierten Welpenalleinfutters. Tierärztl. Praxis 34 (K): 104–107.

Laflamme DP (1997a): Development and validation of a body condition score system for dogs. Canine Practice 22 (4): 10–15.

Laflamme DP (1997b): Development and validation of a body condition score system for cats: a clinical tool. Feline Practice 25: 13–18.

Laflamme D (2020): Nutritional Management in Canine Heart Disease. CARDIAC DISEASE, 18.

Lineva A, Benković ET, Kreft S, & Kienzle E (2019): Remarkable frequency of a history of liver disease in dogs fed homemade diets with buckwheat. Tierärztliche Praxis Ausgabe K: Kleintiere/Heimtiere, 47(04), 242–246.

Lineva A, Kirchner R, Kienzle E, Kamphues J & Dobenecker B (2019): A pilot study on in vitro solubility of phosphorus from mineral sources, feed ingredients and compound feed for pigs, poultry, dogs and cats. Journal of animal physiology and animal nutrition, 103(1), 317–323.

Mansfield C (2020):"Pancreatitis in the Dog." Clinical Small Animal Internal Medicine, 591–600.

Marek J, Wellmann O (1931): Die Rhachitis. Gustav Fischer Verlag, Stuttgart.

May KA & Laflamme DP (2019): Nutrition and the aging brain of dogs and cats. Journal of the American Veterinary Medical Association, 255(11), 1245–1254.

Meyer H, Zentek J (1992): Über den Einfluß einer unterschiedlichen Energieversorgung und Wachstumsintensität auf Skelettentwicklung bei wachsenden Doggen. 1. Mitteilung: Körpermasseentwicklung und Energiebedarf. J Vet Med A 39: 130–141.

Meyer H, Zentek J (2001, 2013): Ernährung des Hundes. Enke, Stuttgart.

Nap R, Hazewinkel HAW , Voorhout G, van den Broom WE, Goedegebuure SA, van't Klooster AT (1991): Growth and skeletal development in Great Danes fed different levels of protein intake. J. Nutr. 121, 107–113.

National Research Council (NRC). Nutrient requirements of dogs and cats (2006): National Academy Press, Washington D.C.

Nguyen P, Reynolds B, Zentek J, Paßlack N & Leray V (2017): Sodium in feline nutrition. Journal of animal physiology and animal nutrition, 101(3), 403–420.

Nickels KC & Wirrell EC (2021): Dietary Therapy in Epilepsy. Epilepsy, 239–248.

Osborne CA, Clinton CW, Davenport MB, Sanna JJ, Unger LK (1988): Mineral composition of 4000 uroliths removed from dogs, cats, horses, cattle, sheep, goats and pigs. European Society of Veterinary Nephrology and Urology, 3rd Annual Symp., Proc. 157–169.

Paetau-Robinson I, Melendez LD, Forrester SD, Armbrust LJ, Refsal KR & Burris PA (2018): Comparison of health parameters in normal cats fed a limited iodine prescription food vs a conventional diet. Journal of feline medicine and surgery, 20(2), 142–148.

Pastoor FJH, van't Klooster AT, Mathot JNJ, Beynen AC (1995): Increasing phosphorus intake reduces urinary concentrations of magnesium and calcium in adult cats fed purified diets. J Nutr 125: 1334–1341.

Petersen E, Skov L, Thyssen JP & Jensen P (2019): Role of the Gut Microbiota in Atopic Dermatitis: A Systematic Review. Acta dermato-venereologica, 99(1).

Picavet P, Detilleux J, Verschuren S, Sparkes A, Lulich J, Osborne C, Istasse L, Diez M (2007): Analysis of 4495 canine and feline uroliths in the Benelux. A retrospective study: 1994–2004. J. Anim. Physiol. a. Anim. Nutr. 91, 247–251

Polzin DJ, Osborne CA, Hayden DW, Stevens JB (1983): Influence of modified protein diets on morbidity, mortality and renal function in dogs with experimental chronic renal failure. J. Am. Vet. Res. 45, 506–517.

Remillard RL, Saker KE (2010): Parenteral-Assisted Feeding. In Hand, Thatcher Remillard, Roudebush, Novotny (ed.): Small Animal Clinical Nutrition 5th edition, Mark Morris Institute pp 477–498.

Ross LA, Finco DR, Crowell WA (1982): Effect of dietary phosphorus restriction on the kidneys of cats with reduced renal mass. Am. J. Vet. Res. 43, 1023–1026.

Saker KE, Remillard RL (2010): Critical Care Nutrition and Enteral-Assisted Feeding. In Hand, Thatcher Remillard, Roudebush, Novotny (ed.): Small Animal Clinical Nutrition 5th edition, Mark Morris Institute pp 439–476.

Scarlett JM, Donoghue S, Saidla J, Wills JM (1994): Overweight cats: prevalence and risk factors. Int. J. Obesity 18 (Suppl. 1), 22–28.

Schmitt S, Mack J, Kienzle E, Alexander LG, Morris PJ, Colyer A & Dobenecker B (2018): Faecal calcium excretion does not decrease during long-term feeding of a low-calcium diet in adult dogs. Journal of animal physiology and animal nutrition, 102(2), e798–e805.

Scott-Moncrieff JC, Heng HG, Weng HY, Dimeo D & Jones MD (2015): Effect of a limited iodine diet on iodine uptake by thyroid glands in hyperthyroid cats. Journal of Veterinary Internal Medicine, 29(5), 1322–1326.

Taton GF, Hamar DW, Lewis LD (1984): Urinary acidification in the prevention and treatment of feline struvite urolithiasis. J. Am. Vet. Med. Assoc. 184, 437–443.

Thes M, Koeber N, Fritz J, Wendel F, Dillitzer N, Dobenecker B & Kienzle E (2016): Metabolizable energy intake of client-owned adult dogs. Journal of animal physiology and animal nutrition, 100(5), 813–819.

Tizard IR & Jones SW (2018): The microbiota regulates immunity and immunologic diseases in dogs and cats. Veterinary Clinics: Small Animal Practice, 48(2), 307–322.

Todd SE, Thomas DG, Bosch G, Hendriks WH (2012): Selenium status in adult cats and dogs fed high levels of dietary inorganic and organic selenium. Journal of animal science 90(8): 2549–2555.

Weber M, Martin L, Biourge V, Nguyen P, Dumon H (2003): Influence of age and body size on the digestibility of a dry expanded diet in dogs. J Anim Physiol Anim Nutr 87: 21–31.

Webster CR, Center SA, Cullen JM, Penninck DG, Richter KP, Twedt DC & Watson PJ (2019): ACVIM consensus statement on the diagnosis and treatment of chronic hepatitis in dogs. Journal of veterinary internal medicine, 33(3), 1173–1200.

Wedekind KJ, Blumer ME, Huntington CE, Spate V & Morris JS (2010): The feline iodine requirement is lower than the 2006 NRC recommended allowance. Journal of animal physiology and animal nutrition, 94(4), 527–539.

Zentek J, Meyer H, Dämmrich K (1995): Development of body mass and skeleton in growing Great Danes as affected by energy supply. 3. Clinical features and chemical skeletal analysis. J Vet Med Series A, 42: 69–80.

Zentrichová V, Pechová A & Kovaříková S (2021): Selenium and Dogs: A Systematic Review. Animals, 11(2), 418.

2 Infektionskrankheiten

Michèle Bergmann, Katrin Hartmann

2.1 Bakterielle Infektionskrankheiten

2.1.1 Leptospirose

Definition: Leptospirose (Stuttgarter Hundeseuche, Weil'sche Krankheit), eine durch Spirochäten der Gattung *Leptospira* verursachte Infektionskrankheit, ist eine Zoonose mit weltweiter Bedeutung. Leptospiren können in Wildtieren (Reservoirwirte, z. B. Ratten) persistieren und, von diesen mit dem Urin ausgeschieden, die Umwelt kontaminieren. Subklinische Infektionen sind häufig. Die Krankheit kann tödlich verlaufen. Leptospirose ist bei Hunden relativ weit verbreitet. Katzen erkranken ebenfalls, wenn auch seltener. Bei Menschen ist die Krankheit selten, ihre Häufigkeit nimmt jedoch wieder zu; aus dem Grund wird die Leptospirose als re-emerging disease eingestuft.

Ätiologie: Leptospiren sind dünne, bewegliche, fadenförmige Bakterien, die schraubenartig gewunden sind, hakenförmige Enden besitzen und sich selbst aktiv im Körper ausbreiten. Es gibt ca. 300 verschiedene Serovare der pathogenen Art *Leptospira interrogans*. In Deutschland werden bei Hunden mit Leptospirose am häufigsten die Serovare Grippotyphosa, Bratislava, Icterohaemorrhagiae und Canicola, Saxkoebing, Sejroe, Australis und Pomona gefunden. Ihre Verbreitung ist regional unterschiedlich. So findet man im Nordosten Deutschlands häufiger das Serovar Pomona, in Süddeutschland eher die Serovare Grippotyphosa und Bratislava.

Leptospiren bevorzugen ein feuchtes Milieu sowie Temperaturen über 18 °C. Daher treten Infektionen in Deutschland bevorzugt im Sommer und Herbst auf. Eine Umgebung mit stehenden oder langsam fließenden, warmen Gewässern (Temperaturen zwischen 0–25°C) begünstigt das Überleben der Erreger. Die Kontamination der Umwelt erfolgt überwiegend durch den Urin infizierter Tiere. Wildlebende Nagetiere, wie beispielsweise Ratten, sind die wichtigsten Reservoirwirte für Leptospiren. In Deutschland sind ca. 10 % der Nager mit Leptospiren infiziert. Auch Igel, Wildschweine und Füchse stellen eine Infektionsquelle dar.

Pathogenese: Leptospiren können direkt durch engen Kontakt mit Urin, beim Deckakt, über die Plazenta, durch Bisse und die orale Aufnahme von infizierten Tieren oder Geweben übertragen werden. Eine indirekte Übertragung durch kontaminierte Erde, Futter und Schlafstellen kommt ebenfalls vor. Beim Hund stellt der Kontakt mit kontaminiertem Wasser die Hauptinfektionsquelle dar, bei der Katze eher die Aufnahme von Nagern. Leptospiren vermehren sich schon einen Tag *post infectionem* im Blut und befallen viele Organe. Dazu gehören v. a. die Nieren, die Leber und die Lunge. Das Gewebe wird durch die Vermehrung der Erreger und die daraus entstehende Entzündungsreaktion geschädigt. Hunde, die sich von der Krankheit erholt haben, können die Erreger über mehrere Monate bis hin zu mehreren Jahren intermittierend über den Urin ausscheiden. Infektionen mit Leptospiren können auch klinisch inapparent verlaufen. In Süddeutschland scheiden ca. 1,5 % der gesunden Hunde und ca. 3 % der gesunden Katzen Leptospiren mit dem Urin aus.

Symptome: Eine Infektion geht häufig zunächst mit grippeähnlichen Symptomen (plötzliches hohes Fieber, reduziertes Allgemeinbefinden) einher. Danach können Leber-, Nierenversagen, Lungenfunktionsstörung und/oder Gerinnungsstörungen auftreten. Der Schweregrad der klinischen Symptome ist abhängig von Alter und Immunität des Wirts, Umwelteinflüssen, dem jeweils beteiligtem Serovar und der Virulenz und Menge an aufgenommenen Bakterien. Die Krankheit kommt bei Hunden jeden Alters vor; junge Hunde (unter sechs Monaten) erkranken meist am schwersten. Eine akute Beeinträchtigung der Nierenfunktion mit verminderter glomerulärer Filtrationsrate tritt bei den meisten infizierten Tieren auf, weil der Erreger sich in den Tubulusepithelzellen vermehrt und dort persistiert. Bei manchen Hunden, die eine akute Infektion überleben, kann die Nierenfunktion innerhalb einiger Wochen wieder vollständig hergestellt werden, oder aber sie entwickeln ein chronisches Nierenversagen. Ein weiteres wichtiges Organ, das während der Leptospirämie geschädigt wird, ist die Leber. Schwere Leberdysfuktionen mit Ikterus können aufgrund zellulärer Schäden auftreten. Auch chronisch aktive Hepatitis und Leberfibrose wurden gelegentlich als Folge einer Infektion bei Hunden beobachtet. Daneben treten Endothelschäden mit Ödembildung und disseminierte intravasale Gerinnung mit Verbrauchskoagulopathie auf, die zu Blutungen führen können. Schwere pulmonale Hämorrhagien (severe pulmonary haemorrhage syndrome, SPHS) können (auch ohne Nierenversagen und/oder Ikterus) auftreten und sind mit einer schlechten Prognose verbunden.

Die häufigsten Laborveränderungen sind Leukozytose, Thrombozytopenie, Azotämie, Elektrolytverschiebungen, Bilirubinämie und hohe Leberenzymaktivitäten und/oder verlängerte Gerinnungszeiten. Im Urin treten Bilirubinurie, manchmal Glukosurie und Proteinurie auf, im Urinsediment granulierte Zylinder, Leukozyten und Erythrozyten. Während der akuten Phase der Infektion können auch andere Organsysteme geschädigt werden (Meningitis, Uveitis, Abort).

Diagnose: Es gibt verschiedene Möglichkeiten, Leptospirose nachzuweisen. Für die Einleitung einer zielgerichteten Therapie und wegen des Zoonoserisikos ist eine schnelle Diagnose besonders wichtig.

Direkter Erregernachweis: Leptospiren können kultiviert werden, mittels Dunkelfeldmikroskopie in frischem Urin oder in Gewebeschnitten im Lichtmikroskop sichtbar gemacht werden, oder ihre DNA kann mittels PCR nachgewiesen werden. Alle direkten Methoden sind jedoch nur im Falle eines positiven Ergebnisses beweisend. Ein negatives Testergebnis schließt eine Infektion nie aus. Außerdem ist zu beachten, dass ein direkter Erregernachweis nach antimikrobieller Behandlung innerhalb weniger Stunden negativ werden kann und nur bei Hunden sinnvoll ist, die nicht mit Antibiotika vorbehandelt sind. Die Kultur kann infektiöse Leptospiren nachweisen, allerdings ist diese Methode nicht für die Praxis geeinet, da sie sehr zeitaufwändig und nicht sehr sensitiv ist. Bei Verdacht auf Leptospirose sollte zum Nachweis von Leptospiren-DNA eine PCR aus Blut (kurz nach Infektion), Urin (etwas später) oder anderen Flüssigkeiten (z. B. Liquor, Kammerwasser) durchgeführt werden.

Indirekter Erregernachweis: Die am häufigsten verwendete Methode ist die Untersuchung auf Antikörper mit dem Mikroagglutinationstest (MAT). Ein einmalig positives Testergebnis ist nicht beweisend für eine Leptospirose, da durch Impfungen, chronische oder subklinische Infektionen gebildete Antikörper ebenfalls im MAT nachgewiesen werden. Ein 4-facher Anstieg des MAT-Titers innerhalb von ein bis zwei Wochen (also um zwei Titerstufen), verbunden mit entsprechenden klinischen Symptomen, sind beweisend für eine Infektion bei einem nicht kürzlich (> vier Wochen) geimpften Hund. Hierfür müssen allerdings zwei Serumproben untersucht werden. Seit einiger Zeit existieren für den Hund auch Leptospirose-Schnelltests (Point-of-Care-Tests, POC-Tests). Diese sollen eine rasche und praktikable Diagnose durch den Nachweis spezifischer Immunglobuline (Ig), speziell IgM, die bereits im frühen Verlauf einer aktuen Infektion nachweisbar sind, ermöglichen. Derzeit ist jedoch noch unklar, wie lange die Testergebnisse eines nicht-infizierten Hundes nach Impfung positiv bleiben, und auch ein Vergleich der POC-Tests untereinander steht noch aus, sodass ihre Aussagekraft derzeit noch nicht sicher beurteilbar ist.

Therapie: Die symptomatische Behandlung richtet sich nach Organmanifestation und Schwere der Symptome. Essenziell ist der sofortige Start einer antibiotischen Therapie (nach Probenentnahme), um die Erregerausscheidung über den Urin zu stoppen (innerhalb von 24–48 Stunden nach Therapiestart). Um die Vermehrung (und Ausscheidung) des Erregers effektiv zu unterbinden und möglichst schnell das Risiko tödlicher Komplikationen der Infektion, wie Leber- oder Nierenversagen, zu reduzieren, ist zu Beginn die intravenöse Gabe von Penicillinen, z. B. Amoxicillin oder Ampicillin (20–30 mg/kg KM alle 6–8 Stunden i. v.), sinnvoll. Allerdings schaffen Penicilline es weder, die Erreger aus den Nieren zu eliminieren, noch den Trägerstatus zu beenden oder eine Dauerausscheidung zu verhindern. Mittel der Wahl hierfür ist Doxycyclin (5 mg/kg KM 2 × tägl. p. o. oder 10 mg/kg KM 1 × tägl. p. o.) für drei Wochen. Die Behandlung mit Doxycyclin sollte jedoch erst begonnen werden, wenn das Tier nicht (mehr) erbricht, die Leberfunktionen nicht (mehr) gestört und Leberenzym-Aktivitäten im Referenzbereich sind. Bei Tieren, die keine oder nur milde Symptome zeigen, kann Doxycyclin von Anfang an gegeben werden. Doxycyclin sollte möglichst immer mit Futter eingegeben und mit Wasser nachgespült werden, um Ösophagusreizungen und -strikturen zu vermeiden. Viele der Hunde mit Leptospirose müssen als Intensivpatienten stationär in einer Tierklinik behandelt werden. Eine akute Nierenschädigung mit Anurie erfordert eine schnelle Hämodialyse; ohne diese potenziell lebensrettende Maßnahme ist die Prognose schlecht.

Für das tiermedizinische Personal (und Besitzer) ist ein hygienischer Umgang, insbesondere durch das Tragen von Handschuhen sowie ein gewissenhafter Umgang mit den Ausscheidungen betroffener Hunde, unbedingt notwendig. Urinpfützen sollten nicht mit Wasser entfernt werden, da Wasser ein gutes Milieu für die Erreger schafft und eine Verbreitung stattfinden kann. Wichtig ist das Händewaschen nach Kontakt zu Hundeurin oder damit kontaminierten Gegenständen sowie das Tragen von Schutzbrillen.

Prognose: Ein Großteil der Hunde mit klinisch manifester Leptospirose überlebt mit entsprechender intensiver Behandlung. Das Ausmaß des Nierenschadens nach der Therapie ist ausschlaggebend für die Langzeit-Prognose.

Prophylaxe: Die Erregerausscheidung in Wildtier-Reservoiren zu kontrollieren, ist unmöglich. Aus diesen Gründen sollte jeder Hund gegen Leptospirose geimpft werden (Core-Komponente). In Europa gab es früher nur Impfstoffe gegen die Serovare Icterohaemorrhagiae und Canicola. Inzwischen gibt es neue Impfstoffe, die zusätzlich gegen die Serovare Grippotyphosa und teils auch Bratislava gerichtet sind. Nach einer Grundimmunisierung (zwei Impfungen im Abstand von drei bis vier Wochen) muss eine jährliche Wiederholungsimpfung durchgeführt werden, da der Schutz der Leptospirose-Impfung wesentlich kürzer anhält als der Schutz gegen Virusinfektionen. Idealerweise finden die Impfungen im Frühjahr statt, um einen guten Schutz über die für die Infektion relevanten Monate zu gewährleisten. Zusätzlich verhindert die Impfung die Ausscheidung von Leptospiren über den Urin symptomlos infizierter Tiere und reduziert somit auch das Ansteckungsrisiko. Zu beachten ist, dass beim Wechsel von einem „alten" Zwei-oder Drei-Serovar- zu einem „neuen" Vier-Serovar-Impfstoff eine erneute Grundimmunisierung erfolgen muss.

Bedeutung für die Katze

Obwohl in der Katzenpopulation bei vielen Katzen Antikörper gegen Leptospiren nachgewiesen werden (in Deutschland bei bis zu 18 %), erkranken Katzen selten. Bei der Infektion spielt die Aufnahme infizierter Nager vermutlich eine größere Rolle als der Kontakt zu kontaminiertem Wasser. Infizierte Katzen scheiden, ebenso wie Hunde, Leptospiren im Urin aus und stellen daher ein potenzielles Zooonoserisiko dar (v. a. Freigängerkatzen, die im Haus die Katzentoilette benutzen).

Nach experimenteller Infektion mit *Leptospira* spp. zeigten betroffene Katzen nur milde klinische Symptome mit histologischen Hinweisen auf chronische Entzündungen in Nieren- und Lebergewebe. Es gibt aber auch Beschreibungen von klinischen

Manifestationen bei Katzen mit Symptomen ähnlich wie beim Hund. Ein potenzieller Zusammenhang zwischen chronischen Nierenerkrankungen und dem Vorhandensein von Antikörpern gegen *Leptospira* spp. wurde in zwei Studien nachgewiesen. Mittel der Wahl zur Therapie sind (wie beim Hund) Penicilline und im Anschluss daran (oder wenn möglich direkt) Doxycyclin (5 mg/kg KM 2 × tägl. p. o. oder 10 mg/kg KM 1 × tägl. p. o.) für mindestens drei Wochen. Erhältliche Doxycyclin-Präparate können sich in ihren Formulierungen unterscheiden; Doxycyclin-Monohydrat wird von der Katze besser vertragen als Doxycyclin-Hyclat.

Eine Impfung für Katzen gibt es bislang nicht. Freigängerkatzen, die in Haushalten mit immunsupprimierten Personen leben, sollten auf Leptospirurie getestet werden, gerade wenn sie Katzentoiletten im Haus benutzen. Wichtig ist das Tragen von Handschuhen bei der Reinigung der Katzentoiletten.

Bedeutung für den Menschen und andere Tiere

Die meisten humanen Leptospirose-Fälle treten in feuchten wärmeren Gebieten der Erde, v. a. bei Menschen auf, die viel mit Wasser zu tun haben (berufs- oder freizeitbedingt, nach Überschwemmungen). Infektionen über Haustiere (infizierter Urin) sind möglich. Die Leptospirose beim Menschen geht häufig zunächst mit grippeähnlichen Symptomen (plötzliches hohes Fieber, Gelenk- und Muskelschmerzen) einher. Danach kann es zu Entzündungen von Leber und Nieren, Lungenblutungen und/oder Meningitis kommen.

2.1.2 Borreliose

Definition: Borreliose (Lyme-Borreliose, Lyme'sche Krankheit, lyme disease) ist eine bei Menschen und Tieren auf der ganzen Welt auftretende, von Zecken der Gattung *Ixodes* übertragene Spirochätose. Borreliose ist derzeit die am häufigsten diagnostizierte, durch Vektoren übertragene Krankheit beim Menschen. Obwohl Infektionen bei Hunden sehr häufig sind, entwickeln sie wesentlich seltener klinische Symptome als Menschen. Die Bedeutung der Borreliose bei Hunden wird überschätzt, weil die Antikörpertests oft positiv sind, häufig infolge (vorangegangener) asymptomatischer Infektionen. In endemischen Gebieten haben sehr viele Hunde Antikörper, ohne jemals klinische Symptome zu entwickeln. Katzen erkranken noch viel seltener als Hunde.

Ätiologie: Die Borreliose wird von verschiedenen Spezies von *Borrelia (B.) burgdorferi sensu lato* hervorgerufen, die Menschen, Hunde und andere Tierarten (u. a. Pferde) weltweit infizieren. Wie die meisten Spirochäten sind Borrelien kleine, korkenzieherartig geformte, bewegliche mikroaerophile Bakterien der Ordnung *Spirochetales*, die sich im Bindegewebe durch ihre Flagellen fortbewegen können. Es existieren verschiedene Borrelienspezies, deren Vorkommen regional unterschiedlich und mit geographischen Diversitäten verbunden ist. *B. burgdorferi sensu stricto* kommt v. a. in den USA vor. *B. garinii*, *B. afzelii*, *B. burgdorferi sensu stricto*, *B. bavariensis* sowie *B. spielmanii* sind die in Europa am häufigsten vorkommenden Spezies. In manchen endemischen Gebieten,

z. B. in Süddeutschland, sind etwa 30 % der Zecken infiziert. Die Antikörperprävalenz korreliert bei Hunden in endemischen Gebieten mit der Haltung und der Felllänge; in Deutschland beträgt sie ca. 2–10 %.

Pathogenese: Im Gegensatz zu den Leptospiren können Borrelien nicht frei in der Umwelt überleben. Sie sind an Wirte gebunden und werden zwischen Reservoirwirten, wie z. B. Waldsäugetieren und Vögeln, über blutsaugende Arthropoden (als Vektoren) übertragen. Die Hauptüberträger sind verschiedene Arten von Schildzecken. *Ixodes ricinus* (Gemeiner Holzbock) ist der Hauptvektor in Europa. *Ixodes ricinus* befällt während seines Lebenszyklus immer mehr als einen Wirt. Der direkte Übertragungsweg von Borrelien zwischen Reservoirwirten ist unwahrscheinlich, genauso die transovarielle Übertragung in den Zecken. Hunde-Urin scheint keine wesentliche Verbreitungsquelle darzustellen; möglich ist jedoch eine Übertragung durch Bluttransfusionen.

Für die natürliche Übertragung der Spirochäten muss die Zecke in etwa (24 bis) 48 Stunden am Wirt festgesaugt bleiben. An der Stelle des Zeckenstichs kommt es zu unspezifischen Abwehr- und Entzündungsreaktionen. Die meisten im Feld infizierten Hunde entwickeln keine augenscheinlichen klinischen Symptome. Wahrscheinlich persistieren die Borrelien zwar nahe der Stichstelle der Zecke, breiten sich aber nie weiter im Gewebe aus und rufen deswegen keine klinischen Symptome hervor, provozieren aber eine ständige Antikörperantwort (IgM- und IgG-Antikörper). Bei manchen Hunden jedoch vermehren sich die Borrelien und wandern, ausgehend von der Stichstelle, über die Haut in verschiedene Gewebe mit hohem Anteil an kollagegen Fasern, vorwiegend die Gelenke (u. a. auch Herzmuskel und ZNS), ein. Die klinischen Symptome resultieren aus der Entzündungsreaktion des Wirts und manifestieren sich als immunmediierte Krankheit ab einem Zeitraum von vier bis sechs Wochen nach Infektion. Wenn die Borrelien einmal einen Wirt infiziert haben, können sie immunevasive Machnismen etnwickeln, im Wirt (vermutlich lebenslang) persistieren und eine chronische Infektion hervorrufen.

Die Pathogenität ist abhängig von der Borrelienspezies. *B. burgdorferi sensu stricto* ist für Hunde pathogener als die Arten, die v. a. in Europa gefunden werden. Die Menge der festgesaugten infizierten Zecken, sowie Alter und Immunstatus des Tieres sind entscheidend für eine potenzielle klinische Manifestation; möglicherweise tragen Koinfektionen, z. B. mit (weiteren) Zecken-übertragenen Pathogenen, zur klinischen Manifestation bei.

Symptome: Das Erscheinungsbild der Arthritis ist bei Hunden mit klinisch manifester Borreliose am häufigsten beschrieben. Betroffene Gelenke sind geschwollen und schmerzhaft und führen zu Lahmheiten. Experimentell (*B. burgdorferi sensu stricto*) ließ sich eine Korrelation zwischen der Seite der Zeckenexposition und der Seite der betroffenen Gliedmaße(n) feststellen. Der Hauptbefund bei länger dauernden Infektionen ist eine chronische, nicht-erosive Polyarthritis mit intermittierenden Lahmheiten. Im Weiteren können Fieber, reduziertes Allgemeinbefinden, Anorexie und Lymphadenopathie auftreten. Die klinischen Symptome, die bei Infektionen mit den anderen

Borrelia-Spezies auftreten, sind weniger gut bekannt. Experimentelle Infektionen mit diesen Stämmen führten nicht zu Symptomen; dadurch ist das Krankheitsbild schlecht charakterisiert. Eine Hautveränderung um den Zeckenstich, wie das *Erythema migrans* beim Menschen, tritt bei Hunden nur selten auf.

Im deutschsprachigen Raum wird bei Berner Sennenhunden mit hohen Antikörpertitern gegen Borrelien häufig eine Glomerulonephritis beobachtet. Es wird diskutiert, ob der Kontakt mit Borrelien in der Entstehung dieser rasch fortschreitenden Glomerulonephritis eine gewisse Rolle spielt. Auch kardiologische (Myokarditis) und/oder neurologische Auswirkungen (Meningitis) werden beim Hund mit klinischen Manifestationen einer Borrelliose in Zusammenhang gebracht.

Diagnose: Anhand von klinischen Symptomen oder labordiagnostischen Befunden kann eine Borreliose nicht diagnostiziert werden. Auch eine Kombination, z. B. Lahmheit und vorhandene Antikörper, kann in endemischen Gebieten nicht zur Diagnose herangezogen werden. Die Diagnose anhand eines Therapieerfolgs ist ebenfalls nicht möglich, da viele Polyarthritiden einen „wellenartigen" Verlauf haben und spontane Besserungen der Symptome typisch sind. Eine Behandlung mit Doxycyclin (Mittel der Wahl zur Therapie der Borreliose) kann auch bei anderen Doxycyclin-responsiven Infektionserregern und sogar bei degenerativen Arthrosen verschiedener Ursache zur Besserung der Symptome führen, weil Doxycyclin nicht nur antibakterielle, sondern auch chondroprotektive Eigenschaften hat und auch in gewissem Grad immunmodulierend wirkt. Ein Ansprechen auf eine Therapie kann u. a. deshalb auch nicht als diagnostisches Kriterium herangezogen werden.

Direkter Erregernachweis: Die Anzüchtung von Spirochäten ist sehr anspruchsvoll und zeitaufwändig. Auch der Nachweis Borrelien-spezifischer DNA mittels PCR ist schwierig. Ist die Erregermenge in den Proben zu gering, sind falsch-negative Ergebnisse wahrscheinlich. Das beste Material für die PCR sind Hautbiopsien aus einer dem ursprünglichen Zeckenstich nahen Stelle. Auch aus Urin kann eine PCR durchgeführt werden; sie ist aber wenig sensitiv. Synovia oder auch Liquor sind hervorragende Materialien für die PCR, wenn klinische Symptome vorliegen. Eine positive PCR aus Gewebe oder Gewebsflüssigkeit ist beweisend für eine klinisch manifeste Borreliose.

Indirekter Erregernachweis: Verfahren, die für den Antikörpernachweis gegen Borrelien verwendet werden, wie der ELISA (enzyme-linked immunosorbant assay) und IFA (immunofluorescence assay) sind wenig spezifisch und in endemischen Gebieten bei sehr vielen Hunden positiv. Bei gegen Borreliose geimpften Hunden können Antikörper in ELISA und IFA Monate bis Jahre nach der Impfung nachgewiesen werden. Falsch-negative Ergebnisse von Antikörpertests sind allerdings unwahrscheinlich. Damit kann ein negativer Antikörpertest bei einem Tier mit klinischen Symptomen eine Borreliose ausschließen. Da die routinemäßig durchgeführten Antikörpertests nicht spezifisch sind und weder Titerpaare noch die Differenzierung von IgM und IgG sinnvoll sind, sollten andere Tests, wie der Western Blot oder der C6-ELISA, herangezogen werden. Mit beiden Verfahren können Antikörper nachgewiesen werden, die spezifisch auf eine Infektion mit *B. burgdorferi* hinweisen und nicht mit anderen Antikörpern kreuzreagieren. Der C6-ELISA reagiert auch nicht bei geimpften Hunden und ist in der Lage, zwischen Impf- und Infektions-Antikörpern zu unterscheiden. Außerdem sieht man einen Titerabfall innerhalb von drei Wochen nach Therapiestart. Aber auch der C6-ELISA weist nur auf das Vorhandensein sich replizierender Borrelien hin und stellt nicht die Diagnose der Krankheit Borreliose, und viele gesunde Hunde haben einen positiven C6-ELISA.

Therapie: Weil es so schwierig ist, eine Diagnose zu stellen, werden häufig Antibiotika im Sinne einer diagnostischen Therapie eingesetzt. Zu den Antibiotika, die für die Behandlung einer Borreliose am effektivsten sind, zählen Doxycyclin, Ampicillin und Amoxicillin; ebenso wirskam sind einige Cephalosporine der dritten Generation sowie Azithromycin, für die es jedoch aktuell keine veterinärmedizinisch zugelassenen Präparate gibt. Doxycylin (5 mg/kg KM 2 × tägl. p. o. oder 10 mg/kg KM 1 × tägl. p. o.) für mindestens 28(–30) Tage ist Mittel der Wahl, weil es lipidlöslich und daher gut intrazellulär wirksam ist. Doxycyclin sollte möglichst immer mit Futter eingegeben und mit Wasser nachgespült werden, um Ösophagusreizungen und -strikturen zu vermeiden. Nach Beginn der antibakteriellen Therapie ist innerhalb von 24–72 Stunden häufig schon eine Besserung zu erkennen. Eine vollständige Eliminierung der Erreger ist trotz Antibiotika-Therapie (vermutlich) nicht möglich. Nicht-steroidale Antiphlogistika können zur Schmerzlinderung eingesetzt werden. Glukokortikoide sollten wegen der immunsuppressiven Wirkung vermieden werden.

Prognose: Bei frühzeitiger Behandlung ist die Prognose günstig. Eine vollständige Erregerelimination ist selbst bei langdauernder Therapie (vermutlich) nicht zu erreichen. Rezidive sind möglich.

Prophylaxe: Hunde sollten regelmäßig abgesucht und Zecken schnellstmöglich (manuell) entfernt werden; die Stichstelle kann desinfiziert werden. Eine Zeckenprophylaxe mit repellierenden Wirkstoffen (z. B. Permethrin, Deltamethrin, Flumethrin) ist, besonders in endemischen Gebieten, ganzjährig zu empfehlen.

In den USA sind für Hunde sowohl Vollerregerimpfstoffe als auch rekombinante OspA-Impfstoffe erhältlich. Der Vorteil von rekombinanten OspA-Impfstoffen ist, dass sie nur Antikörper gegen OspA induzieren, dem Protein, das nur in der Zecke exprimiert wird und nicht im Hund. Das Risiko Immunkomplex-assoziierter Krankheiten ist bei rekombinanten Impfstoffen verglichen mit Vollerregerimpfstoffen geringer, da in Vollerregerimpfstoffen viele Komponenten enthalten sind, von denen nicht alle für den Impfschutz notwendig sind und die potenziell immunmediierte Reaktionen auslösen können. In Europa gibt es nur Vollerregerimpfstoffe, seit einiger Zeit auch gegen die vorwiegend in Europa vorkommenden Stämme. Die Impfung ist eine Non-Core-Komponente und wird nur in Ausnahmefällen empfohlen, da (1) die Krankheit in Deutschland extrem selten ist (obwohl die Infektion häufig vorkommt), (2) die vorwiegend in Europa vorkommenden Borrelien-Spezies nach experimenteller Infektion keine Symptome hervorrufen (ihre Pathogenität also fraglich ist), (3) immunmediierte Krankheiten durch die Impfung ausgelöst werden können (v. a., wenn Vollerregerimpfstoffe verwendet werden) und (4) viele Hunde bereits infiziert sind (und die Impfung die eine vorhandene Infektion nicht beeinflusst). Die Impfung sollte daher nur bei Hunden mit sehr hohem Infektionsrisiko (z. B. häufige Aufenthalte in Busch- und Waldgebieten) in Betracht gezogen werden.

Bedeutung für die Katze

Katzen entwickeln noch seltener klinische Symptome als Hunde. Ungefähr 13 % der Katzen, die in den USA getestet wurden, hatten Antikörper gegen Borrelien. Dabei gab es keinen Unterschied zwischen Katzen mit und ohne Lahmheiten. In Großbritannien hatten 4 % der Katzen, die in einer Klinik unselektiert untersucht wurden, Antikörper. Bei Katzen in Europa werden, wie bei Hunden, v. a. *B. garnii*, *B. afzelii* und selten *B. burgdorferi sensu stricto* nachgewiesen. Unter natürlichen Bedingungen sind klinische Manifestationen bei Katzen extrem selten. Wenn bei Katzen trotzdem Symptome auftreten, entwickeln sie meist Arthritiden und Meningitiden. Injiziert man Katzen experimentell direkt aus den Arthropoden entnommene Erreger, entwickeln auch sie multiple Lahmheiten und zeigen bei der Sektion entzündliche Veränderungen in Gelenken, Lunge, Lymphgewebe und ZNS. Die Symptome treten aber nur tageweise in Intervallen von einigen Wochen oder Monaten auf. Diagnose und Therapie entsprechen jeweils denen beim Hund. Im Gegensatz zum Hund kann bei der Katze nur Flumethrin gegen Zecken eingesetzt werden; Permethrin und Deltamthrin sind für die Katze toxisch. Impfstoffe für die Katze sind nicht auf dem Markt, aber wegen des seltenen Vorkommens auch nicht sinnvoll.

Bedeutung für den Menschen und andere Tiere

Eine direkte Übertragung von Hund oder Katze auf den Menschen findet nicht statt. Ein Zeckenbefall von (infizierten) Hunden oder Katzen kann für den Menschen ein gewisses Risiko darstellen, da eine mit Borrelien infizierte Zecke diese, eingeschleppt in menschlicher Umgebung, auf den Besitzer übertragen kann. Die direkte, horizontale Übertragung auf den Menschen ist unwahrscheinlich.

2.1.3 Anaplasmose

Definition: Die Anaplasmose ist eine Infektionskrankheit, die durch Anaplasmen, Erreger der Ordnung *Rickettsiales*, hervorgerufen werden kann. Zur Ordnung *Rickettsiales* zählen die Familie *Anaplasmatacae*, mit den Gattungen *Anaplasma, Ehrlichia* und *Wolbachi*a und die Familie *Rickettsiaceae* mit den Gattungen *Rickettsia und Neorickettsia.*

Anaplasma (A.) phagocytophilum und *A. platys* können bei verschiedenen Säugetierspezies (u. a. bei Hunden, Katzen, Kleinsäugern, Schafen, Rindern, Rehen, Pferden und Menschen) vorkommen. Bei Hunden in Deutschland sind Infektionen mit *A. phagocytophilum* häufig, eine klinische Manifestation (granulozytäre Anaplasmose) aber sehr selten; bei Katzen sind Infektionen und klinische Manifestationen noch seltener als bei

Hunden. Reservoirwirte sind Nager, Füchse, Reh- und Rotwild. Der Name granulozytäre Anaplasmose begründet sich durch das Auftreten der für diese Erkrankung charakteristischen Erregerstadien, die im Zellplasma von Granulozyten vorkommen.

Ätiologie: Anaplasmen sind obligat intrazelluläre Bakterien. *A. phagocytophilum* kann sich in Vakuolen im Zytoplasma von neutrophilen und z. T. eosinophilen Granulozyten vermehren. Der Erreger ist weit verbreitet und wird über Schildzecken, *Ixodes* spp., übertragen. Infektionen bei Hunden werden durch verschiedene genetische Varianten mit vermutlich unterschiedlicher Pathogenität hervorgerufen. Ca. 30 % der Hunde in Deutschland haben Antikörper gegen *A. phagocytophilum*, haben sich also infiziert, aber nur wenige davon erkranken.

A. platys hingegen, der Erreger der caninen zyklischen Thrombozytopenie, führt bei infizierten Hunden häufiger zu einer klinischen Manifestation. Dieser Erreger ist jedoch nur in wärmeren Ländern, aber nicht in Deutschland, endemisch. Überträger ist *Rhipicephalus (R.) sanguineus* (Braune Hundezecke).

Pathogenese: Eine Infektion mit *A. phagocytophilum* in Deutschland erfolgt über Zeckenstiche. Hierfür muss die Zecke über 36–48 Stunden am Hund anhaften. In etwa vier bis sieben Tage nach Infektion gelangt der Erreger ins Blut (Bakteriämie) und befällt v. a. neutrophile Granulozyten und Zellen des mononukleären Phagozytosesystems (in Leber, Milz und Knochenmark). Von dort aus erreicht er weitere Organe, wie Lunge, Nieren und ZNS und ruft Entzündungsreaktionen hervor (z. B. Vaskulitis). Kardinalanzeichen der granulozytären Anaplasmose beim Hund ist eine Thrombozytopenie, die multifaktoriell und oft sekundär-immunmediiert ist und zu Blutungen in verschiedensten Organsystemen führen kann. Die Mehrheit der infizierten Hunde entwickelt allerdings keine klinisch manifeste Anaplasmose und bleibt (trotz Bakteriämie) symptomlos. Warum ein Hund erkrankt und die meisten anderen nicht, ist nach wie vor nicht genau geklärt.

Symptome: Bei symptomatischen Hunden tritt die granulozytäre Anaplasmose kurz nach Infektion, also sehr akut auf und führt zu Fieber, einem reduzierten Allgemeinbefinden und in den meisten Fällen zu einer Thrombozytopenie. Mögliche Auffälligkeiten bei der klinischen Untersuchung sind daher auch Petechien, Ekchymosen und/oder Epistaxis. Des Weiteren kann es zu einer generalisierten Lymphadenopathie, Spleno-, Hepatomegalie und Vaskulitis kommen. Symptome einer ZNS-Schädigung (bei Meningitis, Meningoencephalitis), okuläre Symptome (bei Uveitis), Symptome des Bewegungsapperates (bei Polyarthritis) und/oder gastrointestinale Symptome sind möglich. Neben einer Thrombozytopenie sind Neutropenie, (a)regenerative Anämie, erhöhte Leberenzymaktivitäten, Hyperbilirubinämie, Hyperglobulinämie und Hypalbuminämie mögliche labordiagnostische Veränderungen. Eine Proteinurie kann ebenfalls vorkommen.

Hauptbefund einer *A. platys*-Infektion ist eine Thrombozytopenie, die in „Zyklen", in Abständen von ca. ein bis zwei Wochen, auftreten kann. Klinische Symptome, wie Fieber, Petechien, Ekchymosen und/oder Epistaxis, treten jedoch seltener auf.

Diagnose: Anhand des klinischen Bildes oder Laborveränderungen kann die Diagnose Anaplasmose nicht gestellt werden.

Direkter Erregernachweis: Ab dem vierten bis 14. Tag *post infectionem* können für vier bis acht Tage basophil angefärbte Morulae in neutrophilen Granulozyten in Giemsa-gefärbten Blutausstrichen nachweisbar sein. Der Erreger wird jedoch in aller Regel mittels PCR (meist aus Blut) nachgewiesen, da diese Methode deutlich sensitiver ist als der Nachweis von Morulae. Da die klinisch manifeste granulozytäre Anaplasmose beim Hund selten und (wenn überhaupt) sehr akut auftritt, ist eine positive PCR unter Berücksichtigung der vorliegenden Symptome Voraussetzung für die Diagnose. Die Tatsache, dass viele Hunde trotz positiver PCR keine klinische Manifestation der Infektion haben, muss bei der Interpretation berücksichtigt werden.

Indirekter Erregernachweis: Ein Antikörpernachweis (ELISA oder IFA) ist im frühen Infektionsverlauf nach Infektion mit *A. phagocytophilum* (eine bis zwei Wochen nach Infektion) negativ. Da Hunde akut erkranken (wenn sie erkranken), ist der Antikörpernachweis bei klinischer Manifestation in der Regel noch negativ. Er eignet sich daher nicht zur Diagnose einer klinisch manifesten Anaplasmose. Viele Hunde haben Antikörper; diese sind beweisend für eine Infektion, nicht aber für eine Erkrankung.

Therapie: Die Therapie einer Infektion mit *A. phagocytophilum* sollte nur bei Hunden mit Symptomen erfolgen. Mittel der Wahl ist Doxycyclin (5 mg/kg KM 2 × tägl. p. o. oder 10 mg/kg KM 1 × tägl. p. o.) für vier Wochen. Doxycyclin sollte möglichst immer mit Futter eingegeben und mit Wasser nachgespült werden, um Ösophagusreizungen und -strikturen zu vermeiden. Klinische Besserung tritt meist innerhalb von zwei Tagen ein. Verbunden mit einem Ansprechen auf Therapie ist ein Anstieg der Thrombozytenzahl (bei zuvor bestehender Thrombozytopenie).

Prophylaxe: Zur Prophylaxe dient die Zeckenbekämpfung. Dafür eignen sich Präparate mit repellierender Wirkung; für den Hund stehen z. B. Permethrin, Deltamethrin und Flumethrin zur Verfügung. Blutspender sollten auf durch Rickettsien übertragene Infektionen mittels PCR aus Blut getestet werden.

Bedeutung für die Katze

Bei der durch *A. phagocytophilum* hervorgerufenen felinen Anaplasmose handelt es sich um eine selten diagnostizierte Infektionskrankheit. *A. phagocytophilum* wird bei der Katze, wie beim Hund, von *Ixodes*-Zecken übertragen. Inwiefern die Ingestion oder der direkte Kontakt zu Nagern eine Rolle in der Übertragung spielt, ist nicht bekannt. Fallberichten zufolge entwickeln Katzen bei klinischer Manifestation meist unspezifische Symptome, wie Fieber, ein reduziertes Allgemeinbefinden und verminderten Appetit. Erbrechen, Dehydratation und Bewegungsunlust sind ebenfalls beschrieben. Anämie und Thrombozytopenie sind die häufigsten Laborveränderungen; eine Thrombozytopenie scheint bei Katzen jedoch seltener aufzutreten als bei Hunden. Bei betroffenen Katzen aus Deutschland wurden mikroskopisch Morulae in den neutrophilen Granulozyten eines Blutausstrichs und/oder *A. phagocytophilum*-DNA mittels PCR nachgewiesen; außerdem konnten deutlich erhöhte Konzentrationen des Serum-Amyloid-A (SAA) nachgewiesen werden. Doxycyclin wird (wie beim Hund) als Mittel der Wahl eingesetzt (5 mg/kg KM 2 × tägl. p. o. oder 10 mg/kg KM 1 × tägl. p. o.) für vier Wochen. Die Behandlung führt bei den erkrankten Katzen zu einer schnellen Besserung des Allgemeinbefindens, Normalisierung der SAA-Konzentrationen und negativen PCR-Ergebnissen. Doxycyclin sollte möglichst immer mit Futter eingegeben und mit Wasser nachgespült werden, um Ösophagusreizungen und -strikturen zu vermeiden. Erhältliche Doxycyclin-Präparate können sich in ihren Formulierungen unterscheiden; Doxycyclin-Monohydrat wird von der Katze besser vertragen als Doxycyclin-Hyclat. Da *A. phagocytophilum* von Zecken übertragen wird, besteht die Prophylaxe vorrangig in der Zeckenbekämpfung. Permethrin und Deltamethrin sind für Katzen toxisch; als repellierendes Mittel steht z. B. Flumethrin zur Verfügung. In endemischen Gebieten sollten auch Blutspender-Katzen auf durch Rickettsien übertragene Infektionen getestet werden.

Bedeutung für den Menschen und andere Tiere

Menschen können ebenfalls an Anaplasmose erkranken. Eine direkte Übertragung von Hund oder Katze auf den Menschen findet nicht statt.

2.1.4 Ehrlichiose

Definition: Die Ehrlichiose ist eine Infektionskrankheit, die bei verschiedenen Säugetierspezies, wie Hunden, Katzen, Wiederkäuern, Pferden, Nagern und Menschen durch Erreger der Ordnung *Rickettsiales* hervorgerufen werden kann. In Deutschland spielt die Ehrlichiose bei Hunden mit Aufenthalten im endemischen Ausland (warme Länder) eine große Rolle. Es handelt sich hierbei meist um Infektionen mit *Ehrlichia (E.) canis*. Bei der Katze hingegen kommen Ehrlichien sehr selten vor.

Ätiologie: Der Erreger der caninen monozytären Ehrlichiose ist *E. canis*, ein obligat intrazellulär lebender Erreger, der sich in Vakuolen des Zytoplasmas von Monozyten vermehrt. *E. canis* infiziert Hunde und andere Caniden und kommt in Ländern mit tropischem und subtropischem Klima vor. In Deutschland hat er Bedeutung bei Hunden mit Auslandsvorbericht.

Pathogenese: Überträger der Infektion ist *R. sanguineus*. Durch den Stich der Zecke gelangt der Erreger ins Blut und befällt lymphatische Gewebe, v. a. Lymphknoten und mononukleäre Phagozyten in Leber und Milz. Von dort aus erreicht er andere Organe, befällt Endothelzellen und verursacht Vaskulitiden. Anschließend zieht sich der Erreger ins Knochenmark zurück. Die Inkubationszeit beträgt sieben bis 15 Tage.

Symptome: Man unterscheidet eine akute und eine chronische Phase. Die akute Phase ist gekennzeichnet durch einen selektiven Abfall der Thrombozyten. Klinisch treten in der akuten Phase daher v. a. Petechien und Ekchymosen in Haut und Schleimhäuten, eventuell Epistaxis und unspezifische Symptome, wie Fieber, Anorexie und Apathie, auf. Nach der akuten Phase, die etwa eine bis vier Wochen andauert, verschwinden die klinischen Symptome (in der Regel) wieder. Wird der Hund in der aktuen Phase nicht therapiert, persistiert die Infektion und kann in eine chronische Phase übergehen. In der dazwischenliegenden subklinischen Phase, die Wochen bis Monate (und Jahre) dauern kann, erscheinen die Hunde klinisch gesund. Die chronische Phase ist schließlich gekennzeichnet durch eine Knochenmarkssuppression mit einer Reduktion aller Zellreihen. Die Folge sind Thrombozytopenie (mit Blutungsneigung), Anämie und Neutropenie. Klinische Symptome in der chronischen Phase sind (neben einer Blutungsneigung) auch Schwäche, Apathie, Anorexie, blasse Schleimhäute, anhaltender Gewichtsverlust, Fieber, Lymphknotenschwellung oder Splenomegalie. Zentralnervöse Störungen sind beschrieben, meist als Folge von Blutungen. Die chronische Antigenstimulation kann zu Hypergammaglobulinämie und Bildung von Antigen-Antikörperkomplexen führen. Diese Immunkomplexe können sich in der Niere ablagern und eine Glomerulonephritis mit Proteinurie und Hypalbuminämie verursachen, seltener auch in Gelenken und dort zu Polyarthritis führen oder im Auge und Uveitis verursachen. Die immunmediierten Vorgänge können auch zu Vaskulitis mit Ödemen (u. a. im Bereich der Hintergliedmaßen und des Skrotums) führen.

Diagnose:

Direkter Erregernachweis: Einzelne Ehrlichien sind nicht sichtbar. Im akuten Stadium können manchmal basophil angefärbte Morulae in Monozyten in einem Giemsagefärbten Blutausstrich nachgewiesen werden. Bei Lymphknotenvergrößerung sind die Morulae manchmal auch im gefärbten Ausstrich aus Lymphknotenpunktat nachweisbar. Auch im Knochenmark können sie manchmal gefunden werden. Weiterhin kann eine PCR aus Blut, Lymphknoten- oder Knochenmarksproben durchgeführt werden; diese ist im positiven Fall beweisend.

Indirekter Erregernachweis: Ein Antikörpernachweis mittels ELISA oder IFA ist ab dem siebten bis 28. Tag nach Infektion möglich. Das Vorhandensein von Antikörpern bei nicht behandelten Hunden spricht für eine Infektion.

Therapie: Mittel der Wahl zur Behandlung der caninen Ehrlichiose ist Doxycyclin (5 mg/kg KM 2 × tägl. p. o. oder 10 mg/kg KM 1 × tägl. p. o.) über 21–28 Tage. Klinische Besserung tritt im akuten Stadium meist innerhalb von 48 Stunden ein. Bei chronischen Fällen ist zuweilen eine viel längere Gabe von Doxycyclin nötig (teilweise sechs Monate und länger), bis sich die Tiere erholen. Doxycyclin sollte möglichst immer mit Futter eingegeben und mit Wasser nachgespült werden, um Ösophagusreizungen und -strikturen zu vermeiden.

Prognose: Die Prognose bei akuter Ehrlichiose ist gut, da eine Erregerelimination in den meisten Fällen erzielt werden kann. Bei chronischer Ehrlichiose ist die Prognose vorsichtig; oft ist hier eine lange Therapie notwendig.

Prophylaxe: Reisen mit Hunden in Endemiegebiete sollten vermieden werden. Nach jedem Spaziergang sollte der Hund nach Zecken abgesucht werden. Zur Zeckenprophylaxe eignen sich am besten repellierende Wirkstoffe (z. B. Permethrin, Deltamethrin, Flumethrin).

Bedeutung für die Katze

Eine experimentelle subkutane Inokulation von Katzen mit einem Hundestamm von *E. canis* war nicht erfolgreich. Berichten zufolge können Katzen mit monozytotroper Ehrlichiose unspezifische Symptome, wie Fieber, Anorexie und Lethargie, seltener Hyperästhesie, Gelenkschmerzen, blasse Schleimhäute, Lymphknoten- und Milzvergrößerung sowie hämorrhagische Diathesen (Petechien, Glaskörperblutungen) aufweisen. Zu den labordiagnostischen Veränderungen gehören aregenerative Anämie, Thrombozytopenie und/oder Neutropenie sowie Hyperglobulinämie. Bei einer Katze mit Gelenkbeschwerden wurde eine neutrophile Polyarthritis diagnostiziert. Standardisierte Antikörpertests für Katzen sind aktuell nicht auf dem Markt verfügbar. Der direkte Erregernachweis erfolgt durch mikroskopische Untersuchungen von Blutausstrichen auf Morula-Stadien in Blutzellen oder PCR aus Blut oder Knochenmark. Therapie der Wahl ist, wie beim Hund, Doxycyclin (5 mg/kg KM 2 × tägl. p. o. oder 10 mg/kg KM 1 × tägl. p. o.) über drei bis vier Wochen. Erhältliche Doxycyclin-Präparate können sich in ihren Formulierungen unterscheiden; Doxycyclin-Monohydrat wird von der Katze besser vertragen als Doxycyclin-Hyclat. Eine vollständige Erregerelimination ist fraglich.

Bedeutung für den Menschen und andere Tierarten

Da einige *Ehrlichia* spp. zu Infektionen bei verschiedenen Wirtsspezies führen können, sind möglicherweise auch infizierte Hunde und Katzen für Menschen infektiös. Es gibt bisher aber keine Fälle, in denen Infektionen bei Menschen auf Kontakte zu Hunden oder Katzen zurückgeführt wurden.

2.1.5 Chlamydien-Infektion

Definition: Chlamydien sind Kommensalen auf okularen, respiratorischen, gastrointestinalen und urogenitalen Schleimhäuten. Sie werden den Bakterien zugeordnet, obwohl autonomes Überleben nicht möglich ist. *Chlamydia (C.) felis* tritt bei Katzen weltweit auf und ist einer der fünf Primärerreger des Katzenschnupfen-Komplexes.

Ätiologie: *Chlamydia* spp. sind intrazelluläre, gramnegative Bakterien. Die wichtigsten Spezies (Hauptwirte) sind *C. felis* (Katze), *C. psittaci* (Vogel, Mensch), *C. abortus* (Wiederkäuer), *C. caviae* (Meerschweinchen) und *C. pneumoniae* (Mensch). Erstmals 1942 bei einer Katze mit Pneumonie entdeckt und lange Zeit als Hauptverursacher von Infektionen des Respirationstrakts der Katze angesehen, wurde die von *C. felis* verursachte Krankheit früher auch als „feline Pneumonitis" bezeichnet. Es stellte sich aber heraus, dass die Chlamydien der Katze eher konjunktivale als respiratorische Pathogene sind und nur selten Pneumonien hervorrufen.

Antikörperprävalenzen von *C. felis* variieren in Untersuchungen von 0–69 %, je nach Patientengut. Eine Anzüchtung gelang bei bis zu 13 % der gesunden und bis zu 49 % der kranken Katzen, ein Nachweis der DNA mittels PCR bei bis zu 4 % der gesunden und bis zu 30 % der kranken Katzen. In einer Studie in Deutschland wurde *C. felis* mittels PCR bei 3 % der Katzen aus Beständen ohne Krankheitssymptome und bei 8 % mit Krankheitssymptomen nachgewiesen.

Pathogenese: *C. felis* wird direkt und indirekt über Sekrete und als Tröpfcheninfektion übertragen. Zielgewebe ist v. a. das Konjunktivalepithel. Die Inkubationszeit liegt zwischen drei und fünf Tagen. *C. felis* vermehrt sich im Zytoplasma der Ephitelzellen. Die Ausscheidung dauert meist bis zu 60 Tagen an (unter Umständen auch länger). Die Infektion hält sich in Tierbeständen wahrscheinlich über Monate bis Jahre.

Symptome: 18–30 % aller chronischen Konjunktivitiden sind auf eine *C.-felis*-Infektion zurückzuführen. Primär ist oft nur ein Auge betroffen, später aber oft beide Augen. Die Konjunktivitis geht häufig mit ausgeprägtem, zunächst serösem Augenausfluss, der später mukopurulent wird, und Blepharospasmus einher. Die Konjunktiven sind hyperämisch und oft massiv geschwollen. Selten kann leichter Nasenausfluss, Niesen, Husten sowie Fieber auftreten. Schwere Konjunktivitiden persistieren drei bis vier Wochen, milde Symptome können über einige Monate bestehen. Lahmheiten, durch immunmediierte Arthritiden, treten nach experimentellen Infektionen auf, sind bei natürlicher Infektion jedoch nicht beschrieben. Auch eine Beeinträchtigung der Fruchtbarkeit durch eine *Chlamydia*-Infektion, wie zum Beispiel beim Schaf, ist bei Kätzinnen nicht bewiesen. Experimentelle intravaginale oder intraurethrale Infektionen führen allerdings bei Kätzinnen zu Blutungen und Schleimhautschwellung, bei Katern zu Entzündungen der Harnröhre. Bei Tieren, die durch eine FIV- oder FeLV-Infektion immunsupprimiert sind, kann es auch unter natürlichen Bedingungen zu genitalen Infektionen mit Rötung und Schwellung des Präputiums kommen.

Diagnose:

Direkter Erregernachweis: Die Isolierung von Chlamydien in Zellkultur aus einem Konjunktivalabstrich ist möglich, aber nicht sensitiv. Die heute zur Diagnose durchgeführte PCR ist sehr sensitiv, spezifisch und gilt als Diagnostik der Wahl. Auch eine direkte, mikroskopische Untersuchung von z. B. Giemsa-gefärbten Konjunktivalabstrichen auf intrazytoplasmatische Einschlusskörperchen ist möglich. Diese sind aber nur (manchmal) in der Frühphase der Infektion zu finden.

Indirekter Erregernachweis: Der Nachweis von Antikörpern (ELISA, IFA) kann bei nicht gegen Chlamydien geimpften Katzen (lediglich) zum Nachweis einer vorangegangenen Exposition herangezogen werden.

Therapie: Zur Therapie gegen *C. felis* sollten intrazellulär wirksame Antibiotika, wie Doxycyclin, eingesetzt werden. Doxycyclin (5 mg/kg KM 2 × tägl. p. o. oder 10 mg/kg KM 1 × tägl. p. o.) hat unter den Tetracyclinen die wenigsten Nebenwirkungen. Zudem ist es lipophiler als die anderen Tetracycline und daher für intrazelluläre Erreger besonders geeignet. Doxycyclin sollte möglichst immer mit Futter eingegeben und mit Wasser nachgespült werden, um Ösophagusreizungen und -strikturen zu vermeiden. Erhältliche Doxycyclin-Präparate können sich in ihren Formulierungen unterscheiden; Doxycyclin-Monohydrat wird von der Katze besser vertragen als Doxycyclin-Hyclat. Die Behandlung mit Doxycyclin sollte für mindestens vier Wochen erfolgen und/oder nach dem Abklingen klinischer Symptome zwei Wochen lang fortgeführt werden. In der Regel erstreckt sich die Therapie über sechs Wochen. Der gesamte Bestand sollte therapiert werden. Eine komplette Erregerelimination kann selbst mit sechswöchiger Therapie nicht immer erreicht werden. Pradofloxacin und Enrofloxacin zeigen *in vivo* und *in vitro* ebenfalls eine Wirksamkeit gegen *C. felis,* jedoch nicht so wirksam wie Doxycyclin. Eine lokale Behandlung der Augen mit Tetracyclin-haltigen Augensalben ist möglich. Die systemische Therapie mit Doxycyclin erzielt jedoch bessere Erfolge.

Prognose: Bei akuter Konjunktivitis ist eine Heilung der Symptome bei intensiver Behandlung in den meisten Fällen möglich, eine vollständige Erregerelimination wird aber oft nicht erreicht. Viele mit *C. felis* infizierte Katzen werden zu latenten Carriern und Dauerausscheidern.

Prophylaxe: Die Impfung wird zu den Non-Core-Vakzinen gezählt, da sie nur bei Katzen, die in Problembeständen leben und einem anhaltenden Infektionsrisiko ausgesetzt sind (z. B. Reinfektionen in Katzenzuchten, Tierheimen), nötig ist. Studien haben gezeigt, dass ein signifikanter, wenn auch nicht kompletter Schutz gegen die Krankheit erzielt werden kann, nicht aber gegen die Schleimhautbesiedlung und Erregerausscheidung. Für gefährdete Katzen werden Erstimpfungen ab der achten bis neunten Lebenswoche und jährliche Wiederholungsimpfungen empfohlen.

Bedeutung für den Hund

Chlamydien haben für Hunde keine Bedeutung.

Bedeutung für den Menschen und andere Tiere

Die verschiedenen Stämme von *Chlamydia* infizieren jeweils verschiedene Tierarten. Im Gegensatz zu Infektionen mit *C. psittaci,* welcher Psittakose beim Menschen verursachen kann, kommen *C.-felis*-Infektionen beim Menschen nur selten vor und verlaufen zumeist mild (nur als Konjunktivitiden).

2.1.6 Bordetellen-Infektion

Definition: Bordetellen sind häufige, persistierende Bewohner des Nasen-Rachenraums bei Nutz-, Haus- und Labortieren. *Bordetella (B.) bronchiseptica* hat als Primärerreger eine Bedeutung bei Katzenschnupfen und CIRD (canine infectious respiratory disease).

Ätiologie: *Bordetella* spp. sind gramnegative, bewegliche Kokkenbakterien. *B. bronchiseptica* kann sich über Flagellen selbst bewegen und mit Fimbrien an seine Wirtszellen anheften. Es hat eine hohe Affinität zu den zilienbesetzten Anteilen des Atmungstrakts. Es ist als eine wichtige Ursache der atrophischen Rhinitis beim Schwein, als beteiligtes Agens bei CIRD des Hundes und beim Katzenschnupfen der Katze bekannt. *B. bronchiseptica* ist in der Außenwelt bis zu zehn Tage überlebensfähig und in Gewässern auch vermehrungsfähig. Es wird von vielen gängigen Desinfektionsmitteln abgetötet.

Pathogenese: *B. bronchiseptica* wird v. a. durch direkten engen Kontakt, aber auch als Tröpfcheninfektion übertragen. Eine Übertragung zwischen verschiedenen Wirtsspezies (z. B. vom Hund auf die Katze) ist möglich, obwohl deutliche Unterschiede in der Pathogenität der Isolate verschiedener Tierarten bestehen. *B. bronchiseptica* heftet sich nach oronasaler Infektion mit Fimbrien an die Zilien der respiratorischen Schleimhäute, bildet Ziliostase-verursachende Toxine, hemmt die mukoziliäre Clearance sowie die Phagozytenfunktion und dient so auch als Wegbereiter für Sekundärinfektionen. Lokal produziertes IgA unterdrückt die weitere Kolonisation der Schleimhäute. Der Erreger kann jedoch latent über Wochen bis Monate im Respirationstrakt persistieren und die infizierten Tiere zu symptomlosen Trägern machen. Die Inkubationszeit ist variabel (zwischen zwei und zehn Tagen). Eine Aktivierung der Ausscheidung durch Stress (Geburt, Laktation etc.) ist möglich. Bei Hunden mit respiratorischen Symptomen liegt die Prävalenz von *B. bronchiseptica* (mittels PCR) in Europa zwischen 3,3 und 78,7 %.

Bei Katzen kommen Infektionen mit *B. bronchiseptica* besonders in Mehrkatzenhaushalten vor. Je mehr Katzen zusammengehalten werden (und je schlechter die Haltungsbedingungen), umso höher ist das Risiko einer Infektion. Die Prävalenz des Erregers ist unterschiedlich und beträgt in privaten Mehrkatzenhaushalten (≥5 Katzen) etwa 5 % bei Katzen mit respiratorischen Symptomen und 1 % bei gesunden Katzen. In Tierheimen und Auffangstationen wird der Erreger bei fast jeder 5. Katze nachgewiesen. Die Antikörperprävalenz liegt zwischen ca. 40 % bei gesunden Katzen und 60 % bei Katzen mit respiratorischen Symptomen.

Symptome: *B. bronchiseptica* verursacht als primäres Pathogen respiratorische Symptome (Husten und Rasselgeräuschen bei Auskultation der Lunge, gelegentliches Niesen, seltener mukopurulenter Augenausfluss), teilweise schwere Pneumonien. Die Symptome klingen meist nach zehn Tagen ab. Dyspnoe, Zyanose und Todesfälle wurden selten beobachtet.

Diagnose:

Direkter Erregernachweis: Der Nachweis kann mittels PCR oder Kultur erfolgen. Die Probe sollte am besten aus dem unteren Respirationstrakt (Tracheobronchiallavage), alternativ aus dem Oropharynx und/oder der Nasenhöhle (steriler Tupfer) entnommen werden. Ein Erregernachweis aus dem oberen Respirationstrakt ist auch bei klinisch gesunden Tieren möglich; die Relevanz muss daher in Bezug zu vorhandenen Symptomen interpretiert werden.

Indirekter Erregernachweis: Der indirekte Erregernachweis ist aufgrund der hohen Antikörperprävalenz in der Hunde- und Katzenpopulation nicht zur Diagnose geeignet.

Therapie: Mit einer antimikrobiellen Therapie kann die Progression einer Infektion mit *B. bronchiseptica* vermutlich verhindert werden. Eine frühzeitige Gabe ist daher gerade bei Tieren, die für einen komplizierten Verlauf prädisponiert sind (z. B. Welpen, immunsupprimierte Tiere), indiziert. Die Therapie sollte am besten nach Antibiogramm erfolgen. Mittel der Wahl bei empirischer Therapie ist Doxycyclin (5 mg/kg KM 2 × tägl. p. o. oder 10 mg/kg KM 1 × tägl. p. o.) für sieben bis zehn Tage. Doxycyclin sollte möglichst immer mit Futter eingegeben und mit Wasser nachgespült werden, um Ösophagusreizungen und -strikturen zu vermeiden. Erhältliche Doxycyclin-Präparate können sich in ihren Formulierungen unterscheiden; Doxycyclin-Monohydrat wird von der Katze besser vertragen als Doxycyclin-Hyclat. Gegen Penicilline und einige Cephalosporine, v. a. der dritten Generation, sind Bordetellen oft resistent.

Die Patienten sollten unterstützend symptomatisch behandelt (wie unter 2.2.7 beschrieben) und in einer sauberen, warmen und gut belüfteten Umgebung gehalten werden. Trotz Antibiotika-Therapie kann es zu chronischen Verläufen kommen. In diesen Fällen kann eine Therapie mit inhalativ verabreichtem Gentamicin erfolgreich sein, um eine klinische Heilung herbeizuführen.

Prognose: Trotz der Empfindlichkeit gegen viele Antibiotika kann *B. bronchiseptica*, durch fakultativ intrazellulären Aufenthalt latent über Wochen bis Monate persistieren. Stress kann zur Reaktivierung führen. Zudem gilt *B. bronchiseptica* als Wegbereiter für andere Bakterien.

Prophylaxe: Gegen *B. bronchiseptica* (Non-Core-Vakzine) ist sowohl für Hunde als auch für Katzen in Deutschland derzeit ein Impfstoff zur intranasalen Applikation erhältlich. Diese MLV kann bei gesunden Tieren mit viel Kontakt zu Artgenossen (Tierpensionen, Tierheimen, Zuchten) bereits ab der vierten Lebenswoche eingesetzt werden. Ein Impfschutz soll bereits 72 Stunden nach der Impfung gegeben sein und bis zu einem Jahr anhalten. Die Impfung kann weder eine Infektion noch eine Erkrankung verhindern, vermindert aber klinische Symptome einer mit *B. bronchiseptica* einhergehenden Infektion. Geimpfte Tiere können den *Bordetella*-Impfstamm über einen Zeitraum von sechs Wochen (und möglicherweise länger) intermittierend ausscheiden. Ungeimpfte Hunde und Katzen können nach Kontakt mit dem Impfstamm vorübergehend mit milden, respiratorischen Symptomen reagieren. Hunde und Katzen, die in sehr engem Kontakt zu immunsupprimierten Personen gehalten werden, sollten wegen einer potenziellen Übertragungsgefahr nicht geimpft werden. Tiere, die mit Antibiotika behandelt werden, sollten nicht zeitgleich geimpft werden.

Bedeutung für den Menschen und andere Tiere
Alle Warmblüter sind gegenüber einer Infektion mit *B. bronchiseptica* empfänglich (besonders Schweine und Meerschweinchen). *B. bronchiseptica* wird nur in seltenen Fällen bei Atemwegserkrankungen des Menschen nachgewiesen. Eine direkte Übertragung von Hunden oder Katzen auf den Menschen, insbesondere bei Immunsuppression, ist möglich.

2.1.7 Mykoplasmen-Infektion

Definition: Mykoplasmen leben teilweise zeitlebens kommensalisch auf Schleimhäuten, ohne Veränderungen hervorzurufen. So können sie bei gesunden Hunden und Katzen z. B. auf den Schleimhäuten des Respirations- und Urogentialtrakts nachgewiesen werden. Mykoplasmen auf den Schleimhäuten müssen von den hämotrophen Mykoplasmen, den Erregern der Hämoplasmose, unterschieden werden, die marginal auf Erythrozytenmembranen parasitieren und mit Anämien assoziiert sein können.

Ätiologie: *Mycoplasma* (*M.*) spp. sind zellwandlose Bakterien und werden der Familie der *Mycoplasmataceae* zugeordnet. Mykoplasmen besitzen keinen autarken Stoffwechsel und sind so abhängig von einer nahrungsreichen Umwelt. Daher leben sie kommensalisch auf Schleimhäuten, meist ohne Veränderungen hervorzurufen. Gelegentlich werden Mykoplasmen aber auch bei Hunden und Katzen nachgewiesen, die unter Erkrankungen, v. a. des Atmungstrakts, leiden. Wie in der Humanmedizin wird daher ein Zusammenhang zwischen Infektion und Erkrankung diskutiert. Zahlreiche unterschiedliche Mykoplasmen-Spezies wurden bisher bei Katzen und Hunden isoliert. In Verbindung mit Atemwegsinfektionen (gelegentlich auch Konjunktivitis sowie Gelenkserkrankungen) wurden bei Katzen am häufigsten *M. felis* und *M. gatae* nachgewiesen. *M. cynos* wurde als vorherrschende Spezies bei Ausbrüchen von Atemwegsinfektionen unter Hunden (in Gruppenhaltung) nachgewiesen und daher mit CIRD in Verbindung gebracht.

Pathogenese: Mykoplasmen haften v. a. am Schleimhautepithel des oberen Respirationstrakts. Sie werden oronasal übertragen. Durch die enge Verbindung zwischen Wirtszelle und Erreger können sich die von den Mykoplasmen ausgeschiedenen, toxischen Metabolite (z. B. H_2O_2) lokal anreichern und Gewebsschäden verursachen. Außerdem kann es zur Erregerpersistenz kommen. Man geht davon aus, dass Mykoplasmen bei Tieren mit eingeschränkter mukoziliärer Clearance (z. B. infolge anderer zugrunde liegender Erkrankungen, wahrscheinlich v. a. Koinfektionen mit Viren) als Erreger an bakteriellen Pneumonien beteiligt sind. Ob Mykoplasmen eine Rolle in der Pathogenese von Erkrankungen im Urogenitaltrakt bei Hunden (und Katzen) spielen, ist nicht genau geklärt.

Symptome: Mykoplasmen gelten als primär opportunistische Erreger in den oberen Atemwegen. Sie können aber auch am Katzenschnupfen und CIRD beteiligt sein. Zu Symptomen zählen Augen- und/oder Nasenausfluss, Husten, Niesen, Konjunktivitis mit Schwellung der Lidbindehaut (Chemosis), Lethargie und Appetitlosigkeit. Ein Zusammenhang zwischen Mykoplasmen-Infektionen und Konjunktivitiden und einer klinischen Manifestation im unteren Respirationstrakt wird v. a. bei Katzenwelpen vermutet. In experimentellen Studien führten Mykoplasmen-Infektionen jedoch nicht immer zu klinischen Symptomen. Auch eine Beteiligung bei Pyothorax und pulmonären Abszessen wurde bei Katzen beschrieben. Zusätzlich zu den Schleimhäuten des Respirations- und Urogenitaltrakts haben Mykoplasmen vermutlich auch eine Affinität zu Gelenken. So wurden in experimentellen Studien und Fallberichten Polyarthritiden bei Hunden und Katzen beschrieben.

Diagnose: Ein Nachweis einer Beteiligung von *Mycoplasma* spp. sollte v. a. bei Patienten mit chronischen Atemwegserkrankungen (z. B. Asthma, chronische Bronchitis) durchgeführt werden sowie bei Patienten, die auf eine Therapie mit antimikrobiellen Medikamenten, die auf die Zellwandsynthese abzielen und somit gegen Mykoplasmen nicht wirksam sind, nicht ansprechen.

Direkter Erregernachweis: Bei Katzen mit Katzenschnupfen wird die Entnahme von Tupferproben aus Nasen- und Rachenraum empfohlen. Für die Gewinnung von Proben aus den unteren Atemwegen sollten endotracheale Spülungen oder eine bronchoalveoläre Lavage (BAL) durchgeführt werden. Proben für die Anzüchtung von Mykoplasmen sollten in ein festes Transportmedium und Proben für biomolekulare Untersuchungen in ein steriles Röhrchen überführt werden. Die Proben sollten bei direktem Versand gekühlt und bei verzögertem Versand gefroren gehalten werden. Die PCR ist schnell, sensitiv und ermöglicht auch die Identifizierung nicht kultivierbarer Mykoplasmen-Arten. Ein positiver Nachweis muss jedoch immer im klinischen Zusammenhang interpretiert werden.

Indirekter Erregernachweis: Der indirekte Erregernachweis hat keine Bedeutung.

Therapie: Zur Behandlung von Mykoplasmen-Infektionen der Atemwege wird bei vermuteter klinischer Relevanz eine antimikrobielle Therapie eingesetzt. Mykoplasmen lassen sich *in vitro* durch viele Antibiotika abtöten. Gegen Antibiotika, die in die Zellwandsynthese eingreifen, wie Penicilline und Cephalosporine, sind Mykoplasmen resistent, da sie keine Zellwand besitzen. Mittel der ersten Wahl ist Doxycyclin (5 mg/kg KM 2 × tägl. p. o. oder 10 mg/kg KM 1 × tägl. p. o.). Doxycyclin sollte möglichst immer mit Futter eingegeben und mit Wasser nachgespült werden, um Ösophagusreizungen und -strikturen zu vermeiden. Erhältliche Doxycyclin-Präparate können sich in ihren Formulierungen unterscheiden; Doxycyclin-Monohydrat wird von der Katze besser vertragen als Doxycyclin-Hyclat. Bei Augenbeteiligung kann zusätzlich eine Oxytetracyclin- oder Chlortetracyclin-haltige Augensalbe zur topischen Behandlung (4 × tägl.) verwendet werden. Makrolide (Azithromycin), Lincosamide (Clindamycin) und Flurchinolone (Marbofloxacin oder Pradofloxacin) könnten als Mittel der zweiten Wahl verwendet werden. Die erforderliche Dauer der Behandlung ist unklar. Klinische Symptome verschwinden bei erfolgreicher Therapie, abhängig vom beteiligten Organsystem, oft innerhalb einer Woche. Bei chronischen Infektionen ist eine Erregerpersistenz möglich. Zur Therapiedauer gibt es unterschiedliche Empfehlungen, wie etwa zwei bis drei Wochen (in jedem Fall länger als eine Woche). In Studien konnten PCR-negative Ergebnisse erst nach zwei- bis vierwöchigen Behandlungen erzielt werden; aufgrund des nicht eindeutigen Zusammenhangs zwischen klinischen Symptomen und Erregernachweis ist eine Langzeittherapie jedoch fragwürdig.

Prognose: Mykoplasmen besitzen bei Katzen und Hunden wahrscheinlich v. a. Pathogenität im Respirationstrakt. Mit antibiotischer Therapie können sie meist gut behandelt werden.

Prophylaxe: Es gibt keine Impfstoffe gegen Mykoplasmen für Katzen oder Hunde. Bisher durchgeführte Impfversuche scheiterten.

Bedeutung für den Menschen und andere Tiere

Es gibt bislang keinen Hinweis darauf, dass von Katzen oder Hunden übertragene Mykoplasmen pathogene Bedeutung für Menschen oder andere Tiere haben.

2.1.8 Hämoplasmose

Definition: Die Hämoplasmose (Hämoplasma-Infektion, infektiöse Anämie, *Anemia infectiosa felis*, früher: Hämobartonellose, hemoplasma infection) ist eine von hämotrophen Mykoplasmen (auch Hämoplasmen genannt) verursachte Infektionskrankheit, die durch eine hämolytische Anämie charakterisiert ist.

Ätiologie: Die Erreger der Hämoplasmose wurden zunächst als *Eperythrozoon* bezeichnet, später in *Haemobartonella* und dann als *Mycoplasma (M.)* reklassifiziert. Hämotrophe Mykoplasmen sind, wie die auf den Schleimhäuten vorkommenden Mykoplasmen, zellwandlos. Sie „parasitieren" marginal auf Erythrozytenmembranen. Bei der Katze kommen hämotrophe Mykoplasmen weltweit vor. In Deutschland sind sie häufig; in den meisten Fällen treten jedoch klinisch inapparente Infektionen auf. Auch beim Hund kommen hämotrophe Mykoplasmen vor (in der Regel bei Hunden mit Auslandsvorbericht). Die bei der Katze vorkommenden Stämme unterscheiden sich in der Größe (große und kleine hämotrophe Mykoplasmen) und in der Pathogenität. *M. haemofelis* ist am ehesten pathogen; Doppelinfektionen sind beschrieben und führen potenziell eher zu klinischen Symptomen als Monoinfektionen.

Pathogenese: Der Infektionsweg ist bis heute nicht endgültig geklärt. Man geht davon aus, dass eine Übertragung über Blut erfolgt. Flöhe könnten als Überträger eine Rolle spielen, stechende Insekten und Zecken vermutlich eher nicht. Eine direkte Übertragung der Erreger mit Blut von Katze zu Katze (z. B. durch Biss oder Bluttransfusion) ist möglich. Auch eine Übertragung vom Muttertier auf das Jungtier ist denkbar. Die Infektion wird v. a. bei freilaufenden Katzen jeden Alters beobachtet. Während in experimentellen Studien splenektomierte Katzen in 100 % der Fälle erkrankten, ist die Krankheit bei natürlich infizierten Katzen selten. Treten klinische Symptome auf, dann erfolgt dies meist nicht direkt nach der Infektion, sondern erst nach einer längeren Latenzzeit und dann bei Immunsuppression. FeLV- und FIV-Infektionen z. B. können die Entstehung klinischer Symptome begünstigen. Die Inkubationszeit ist variabel und kann sehr lang sein, da sich die Krankheit, wenn überhaupt, oft erst nach Jahren manifestiert.

Hämotrophe Mykoplasmen vermehren sich auf der Oberfläche von Erythrozyten und schädigen dabei deren Membran. Eine Zerstörung und Verkürzung der Lebenszeit von Erythrozyten mit hämolytischer Anämie ist einerseits Folge der direkten Erregereinwirkung auf die Erythrozytenmembran, andererseits Folge von autoimmunen Prozessen, durch Antikörper, die gegen Erythrozyten mit Hämoplasmen-bedingten Oberflächenveränderungen gebildet werden. Zudem werden veränderte Erythrozyten im retikuloendothelialen System von Milz, Leber, Lunge und Knochenmark herausgefiltert. Makrophagen der Milz sind auch in der Lage, hämotrophe Mykoplasmen von der Oberfläche der Erythrozyten zu beseitigen („pitting") und die freien Erythrozyten wieder in die Zirkulation zu entlassen; dies erklärt den teilweise sehr schnellen Hämatokritanstieg in Genesungsphasen und warum splenektomierte Tiere schwerer und häufiger erkranken. Selten kommt es zur intravasalen Hämolyse.

Mit Beginn der ersten Bakteriämie können Symptome auftreten; dies ist jedoch selten. Ist die akute Phase der Infektion überstanden, wechseln sich Perioden (Dauer meist ein bis fünf Tage) mit Anämie und symptomlosen Phasen ab, entsprechend der Anzahl der im Blut vorhandenen Erreger. Bei milden Bakteriämien entsteht ein Gleichgewicht zwischen Erythrozytenzerstörung und -neubildung. Bei chronischen Infektionen können intakte Erreger über Monate oder Jahre in Vakuolen in Milz- oder Lungenmakrophagen überdauern und nur milde oder keine Symptome verursachen. Die Reaktivierung einer klinisch inapparenten Infektion ist möglich. Bei einer Katze, die mit klinisch manifester Hämoplasmose vorgestellt wird, handelt es sich meist um eine reaktivierte Infektion und nur selten um eine Neuinfektion. Eine Katze kann über Jahre oder lebenslang symptomloser Träger sein.

Symptome: Die meisten Infektionen verlaufen klinisch inapparent. Hauptbefund bei klinisch manifester Hämoplasmose ist eine hämolytische Anämie. Die Ausprägung ist abhängig von der *M.*-Spezies, korreliert aber nur wenig mit dem Grad der Bakteriämie. Die Krankheit ist durch Symptome einer Anämie, wie blasse Schleimhäute, manchmal Ikterus, Schwäche, eventuell Polypnoe und Tachykardie sowie Splenomegalie, als Zeichen des Erythrozytenabbaus und extramedullärer Hämatopoese, gekennzeichnet. Bei chronischen Verlaufsformen kommt es auch zu Gewichtsverlust. Fieber tritt meist nur während der akuten, hämolytischen Phasen auf. Lymphknotenvergrößerungen kommen vor. Abhängig vom Grad der Bakteriämie und des Hämatokrit-Abfalls können plötzliche Todesfälle auftreten.

Labordiagnostisch dominiert die Anämie. In den ersten drei bis sieben Tagen der Hämolyse findet noch keine Regeneration statt, danach ist die Anämie regenerativ (meist verbunden mit hohen Retikulozytenzahlen und einem hohen MCV). Typischerweise werden in den Ausstrichen Anisozytose, Polychromasie, Poikilozytose, manchmal Normoblastose und Erythrophagozytose (durch mononukleäre Zellen) beobachtet. Hyperbilirubinämie und Bilirubinurie kann ein bis zwei Tage nach einem massiven Hämatokrit-Abfall auftreten. In einigen (seltenen) Fällen von chronischer Hämoplasmose kann eine Hyperproteinämie mit Hypergammaglobulinämie durch Produktion nichtneutralisierender Antikörper beobachtet werden.

Diagnose:

Direkter Erregernachweis: Eine Kultivierung des Erregers ist nicht möglich. Der direkte Erregernachweis kann durch mikroskopische Untersuchung möglichst dünn angefertigter, luftgetrockneter Blutausstriche (direkt nach der Blutentnahme ohne Zusatz von Antikoagulantien) erfolgen. Hämotrophe Mykoplasmen stellen sich als kleine runde Punkte, Ringe oder Stäbchen dar, die an die Erythrozyten angelagert sind. Die PCR gilt heute als Mittel der Wahl, da sie sehr sensitiv und spezifisch ist. Sie ermöglicht den Nachweis von akuten (ab dem achten Tag *post infectionem*) und persistierenden Infektionen. Zudem ist sie derzeit das einzige Verfahren, mit dem eine Differenzierung der Haemoplasmen-Stämme erfolgen kann. Ein direkter Erregernachweis sichert die Diagnose einer Infektion, nicht jedoch die Diagnose einer klinisch manifesten Hämoplasmose.

Indirekter Erregernachweis: Viele gesunde Katzen haben Antikörper. Der Nachweis von Antikörpern (IgG, IgM mittels ELISA, IFA oder Western-Blot) gegen hämotrophe Mykoplasmen ist beweisend für eine Erregerexposition. Da viele Katzen klinisch inapparent infiziert sind und über lange Zeit konstant hohe IgG-Antikörper haben, ist eine Differenzierung zwischen IgG- und IgM-Antikörpern hilfreich. Steigende IgM-Antikörper-Titer in Kombination mit klinischen Symptomen sprechen für eine klinisch manifeste Hämoplasmose. Ein negativer Antikörpernachweis zeigt, dass die Katze mit sehr hoher Wahrscheinlichkeit nicht infiziert ist.

Therapie: Eine akute klinische Manifestation erfordert eine sofortige Therapie. Bei raschem Hämatokrit-Abfall ist eine Bluttransfusion erforderlich. Zur Therapie der klinisch manifesten Hämoplasmose stehen verschiedene Antibiotika zur Verfügung. Mittel der Wahl ist Doxycyclin (5 mg/kg KM 2 × tägl. p. o. oder 10 mg/kg KM 1 × tägl. p. o.). Wirksam sind auch Fluorchinolone, wie Pradofloxacin (5–10 mg/kg KM 1 × tägl. p. o.) und Marbofloxacin (2–5,5 mg/kg KG 1 × tägl. p. o.). Die Therapie erfolgt in der Regel über einen Zeitraum von zwei bis vier Wochen. Eine vollständige Erregerelimination wird jedoch selten erreicht. Um die Chance auf eine vollständige Erregerelimination zu erhöhen, gibt es unterschiedliche Empfehlungen, wie etwa eine längere Therapiedauer (über sechs bis acht Wochen) oder die nach vierwöchiger Doxycyclin-Gabe anschließende Therapie mit Fluorchinolonen (Pradofloxacin) über 14 Tage. Der Einsatz von Glukokortikoiden bei autoimmunhämolytischer Anämie (Autoagglutination, positiver Coombs-Test) wird kontrovers diskutiert; da vorhandene Auto-Antikörper durch Absterben der Erreger als Folge einer antibiotischen Therapie häufig von selbst verschwinden und sich Katzen in der Regel schnell erholen, wenn eine Errergertherapie durchgeführt wird, ist die Gabe von Glukokortikoiden (eher) kontraindiziert. Darüber hinaus besteht bei zeitgleicher Gabe von Doxycyclin und Glukokortikoiden ein höheres Risiko für Magen-Darm-Ulzera.

Prognose: Ist eine Katze akut erkrankt und zeigt eine hochgradige Anämie, kann die Infektion ohne Therapie tödlich verlaufen. Mit Behandlung ist die Prognose gut, die Katzen bleiben aber fast immer latent infiziert. Untersuchungen zeigen, dass die meisten Katzen nach Therapie (weiterhin) PCR-positiv sind. Eine erneute Reaktivierung der Infektion ist daher möglich.

Prophylaxe: Eine sinnvolle Maßnahme ist die Ektoparasitenbekämpfung, auch wenn der Übertragungsweg nicht eindeutig gesichert ist. Außerdem sollten Katzen vor einer Blutspende mittels PCR auf eine Infektion mit hämotrophen Mykoplasmen getestet werden. Eine Impfung gegen Hämoplasmose ist nicht auf dem Markt und scheint wegen der vergleichsweise geringen Anzahl an klinisch manifesten Fällen auch nicht erforderlich.

Bedeutung für den Hund

Bei Hunden ist eine klinisch manifeste Hämoplasmose sehr selten und wird v. a. durch *M. haemocanis* verursacht. Die geographische Verbreitung der Infektion ist von der Verbreitung der Zeckenart *R. sanguineus,* die als Vektor fungiert, abhängig, umfasst also warme (mediterrane) Länder. In Deutschland werden Infektionen oft als Zufallsbefund bei gesunden Hunden diagnostiziert, die als Urlaubsbegleiter gereist sind oder aus entsprechenden Regionen stammen. Da die Infektion meist klinisch inapparent verläuft, ist eine Therapie nur selten erforderlich. Eine Infektion mit *M. haemocanis* kann aber bei splenektomierten Hunden (seltener bei Hunden mit immunsuppressiven oder anderen zusätzlichen Krankheiten) mit einer hämolytischen Anämie assoziiert sein. Subklinische, latente Infektionen können zudem nach Splenektomie (re)aktiviert werden, weshalb Hunde (insbesondere mit Auslandsvorbericht) vor einer geplanten Splenektomie auf die Erreger getestet und im Falle einer Infektion therapiert werden sollten. Da meistens keine Symptome auftreten, ist die Prognose generell gut. Prophylaktische Maßnahme ist die repellierende Zeckenprophylaxe (bei Auslandsaufenthalt).

Bedeutung für den Menschen und andere Tiere

Hämotrophe Mykoplasmen scheinen streng wirtspezifisch zu sein, obwohl bei Katzen Fälle von klinisch inapparenten Infektionen mit *M. haemocanis* beschrieben sind. *M. haemominutum* und *Candidatus* M. turicensis werden auch bei Wildfeliden (u. a. Luchse, Löwen, Wildkatzen) nachgewiesen. *M. haemofelis*-Infektionen konnten bisher nur bei Katzen nachgewiesen werden. Infektionen mit hämotrophen Mykoplasmen, die ihren Ursprung bei Tieren (darunter unter anderem Katzen) haben, wurden beim Menschen beschrieben, was die Möglichkeit eines zoonotischen Potentials mit sich bringt; im Weiteren existieren Berichte zu Infektionen mit neuartigen Hämoplasmen-Spezies beim Menschen.

2.1.9 Bartonellose

Definition: Die Bartonellose ist eine bei der Katze häufige, aber fast immer asymptomatisch verlaufende Infektionskrankheit. Die Bedeutung der Infektion liegt in ihrem Zoonosepotential (Katzen-Kratz-Krankheit, cat scratch disease, CSD), hervorgerufen durch *Bartonella* (*B.*) *henselae* und *B. clarridgeiae.* Katzen sind Reservoirwirte für diese zwei Erreger. Die Bartonellose beim Hund wird hauptsächlich durch die „Hundebartonelle", *B. vinsonii* Subspezies (ssp.) *berkhoffii,* verursacht.

Ätiologie: Bartonellen sind gramnegative, intrazelluläre Bakterien, die als Parasiten in und auf Erythrozyten bei Menschen und Wirbeltieren leben und phylogenetisch zur Klasse *Proteobacteria*, Familie *Bartonellaceae* zählen. Als Erreger der weltweit vorkommenden CSD beim Menschen gilt v. a. *B. henselae,* daneben auch *B. clarridgeiae,* beides *Bartonella* spp. (früher *Rochalimaea* spp.), die gewöhnlich bei Katzen isoliert werden können. Auch andere Bartonellen, wie *B. quintana* (Fünftagefieber, Wolhynisches Fieber, trench fever des Menschen), *B. vinsonii* ssp. *berkhoffii* (Bartonellose des Hundes), *B. koehlarae* und *B. bovis* konnten bereits bei Katzen isoliert werden; allerdings sind die Übertragungswege und die Rolle der Katze als Reservoirwirt dieser Bartonellen bislang unklar.

Antikörperuntersuchungen bei Katzen zeigten eine Prävalenz zwischen 15–37 % in Deutschland, 40 % in Großbritannien und bis zu 78 % in Spanien. Eine Bakteriämie tritt v. a. bei Katzen unter zwei Jahren auf. Mit zunehmendem Alter scheinen Katzen resistent(er) zu werden. *Bartonella* spp. sind relativ streng an einen (selten mehrere) Wirte adaptiert und persistieren in ihm vorwiegend intrazellulär, ohne Symptome hervorzurufen. In Fehlwirten, wie Menschen oder Hunden, breiten sich *B. henselae* oder *B. clarridgeiae* v. a. bei Immunsuppression aus und können Endothelzellen, Makrophagen und Zellen anderer Gewebe infizieren und zu Entzündungen führen.

Pathogenese: Bartonellen (*B. henselae* oder *B. clarridgeiae*) persistieren im Blut meist gesunder Katzen (Reservoirwirte). Sie werden vorwiegend über Flöhe (*Ctenocephalides felis*) von Katze zu Katze übertragen. Eine Übertragung durch direkten Kontakt (Inokulation von Bakterien über Speichel oder kontaminierte Krallen) von Katze zu Katze ohne Flohbefall ist unwahrscheinlich. Eine Übertragung *in utero* wurde bislang nicht nachgewiesen; eine Erregerübertragung durch Bluttransfusionen ist jedoch möglich. Bartonellen vermehren sich auf und in Erythrozyten und führen so zu einer Bakteriämie, die Monate bis Jahre bestehen kann. Potenziell infektiös (für andere Katzen oder Menschen) ist eine Katze immer dann, wenn sie bakteriämisch ist.

Symptome: Die Bartonellose verläuft bei der Katze fast immer asymptomatisch. Eine Immunsuppression (z. B. infolge einer FIV-, oder FeLV-Infektion) scheint keinen direkten Einfluss auf die Entstehung klinischer Symptome zu haben, wenngleich Katzen mit FIV und Bartonellen-Infektion in einer Studie ein erhöhtes Risiko für Lymphadenopathien hatten. Auch die Dauer der Bakteriämie beeinflusst das Entstehen klinischer Symptome nicht. Wenn Symptome auftreten, dann sind sie mild und selbstlimitierend. Fieber und transiente neurologische Symptome über drei Tage sind nach experimenteller *B.-henselae*-Infektion beschrieben. Obwohl sich Bartonellen auf und in Erythrozyten vermehren, führen sie bei der Katze, im Gegensatz zu hämotrophen Mykoplasmen, nicht zu einer Hämolyse. Eine Beteiligung von Bartonellen an chronisch proliferativen Stomatitiden, Uveitiden, chronischen Rhinosinusitiden und Pankreatitiden wurde diskutiert, jedoch nie bestätigt. Neben generalisierter Lymphadenopathie können Katzen seltenen Fallberichten zufolge lebensbedrohliche kardiovaskuläre Erkrankungen entwickeln, wie sie auch beim Hund durch *B. vinsonii* ssp. *berkhoffii* beschrieben sind.

Diagnose: Mit Bartonellen infizierte Katzen sind meistens klinisch unauffällig und zeigen keine labordiagnostischen Veränderungen. Auf eine Infektion getestet werden sollten (insbesondere junge) Katzen von Besitzern, die immunsupprimiert sind oder Symptome einer CSD aufweisen, Blutspenderkatzen sowie Hunde (und Katzen) mit Verdacht auf Bartonellose.

Direkter Erregernachweis: Die PCR ist inzwischen für verschiedene *Bartonella* spp. etabliert. Sie hat eine gute Sensitivität und Spezifität zum Nachweis einer Bakteriämie. Der kulturelle Nachweis mit anschließender PCR ist die Goldstandard-Methode zur Diagnose einer Bartonellen-Infektion; die Anzüchtung ist jedoch schwierig und langwierig (bis zu 60 Tage). Zur Kultivierung am besten geeignet ist das „*Bartonella* α-Proteobacteria growth medium“ (BAPGM), welches derzeit nur in den USA, nicht in Deutschland, zur Verfügung steht.

Indirekter Erregernachweis: Der Nachweis von Antikörpern wird mittels IFA oder ELISA durchgeführt. Er ist nur zum Ausschluss einer Exposition geeignet.

Therapie: Eine Therapie sollte im Einzelfall, also nur bei Tieren, bei denen der Verdacht einer klinischen Manifestation besteht, evtl. bei bakteriämischen Katzen, die zusammen mit immunsupprimierten Besitzern leben, in Betracht gezogen werden. Da eine Therapie zwar zur Reduktion der Bakteriämie, aber nicht zwangsläufig zur vollständigen Erregerelimination führt, sollte sie auch im Hinblick auf mögliche Antibiotika-Resistenzen nur nach strenger Indikation erfolgen.

In vitro sind Bartonellen empfindlich gegen viele Antibiotika. *In vivo* ist die Wirksamkeit abhängig von der Fähigkeit der Wirkstoffe, intrazellulär hohe Konzentrationen zu erreichen. In vielen Fällen gelingt es den Katzen mit zunehmendem Alter, den Erreger ohne antimikrobielle Therapie zu eliminieren. Es wurde bisher keine Behandlung gefunden, die eine sichere Elimination der Bartonellen gewährleistet. Studien mit Doxycyclin, Amoxicillin und Amoxicillin/Clavulansäure erreichten zumindest einen schnellen Abfall der Bakterienlast im Blut bei infizierten Katzen. Empfohlen werden Doxycyclin (5 mg/kg KM 2 × tägl. p. o. oder 10 mg/kg KM 1 × tägl. p. o.) für 14–28 Tage oder Pradofloxacin (7,5 mg/kg 1 × tägl. p. o.) mit Doxycyclin über sechs Wochen; die alleinige Gabe von Doxycyclin und die erforderliche Dosierung zur Therapie der klinisch manifesten Bartonellose bei Katzen sind also umstritten. Manche Autoren empfehlen die Gabe von Doxycyclin nur im Kombination mit anderen Antibiotika oder (bei alleiniger Anwendung) eine Dosierung von 10 mg/kg KM 2 × tägl. p. o. nicht zu unterschreiten.

Prognose: Die Bakterienlast in Blut, die eher bei jüngeren Katzen auftritt, kann mit antimikrobieller Therapie reduziert werden. Eine Elimination der Bartonellen ist aber kaum möglich. Danach scheinen Katzen eine Art Altersresistenz auszubilden, die Bartonellen eher zu eliminieren und eher gegen Neuinfektionen geschützt zu sein.

Prophylaxe: Wichtigste prophylaktische Maßnahme bei Katzen ist die Ektoparasitenprophylaxe. Impfstoffe gegen Bartonellen für Katzen oder Menschen sind derzeit nicht auf dem Markt.

Bedeutung für den Hund

Der wichtigste Erreger beim Hund ist *B. vinsonii* ssp. *berkhoffii*. Während die Bartonellen der Katze vorwiegend durch Flöhe übertragen werden, wird *B. vinsonii* ssp. *berkhoffii* durch Zecken (*I. pacificus*, daher insbesondere an der Pazifikküste) übertragen. *B. vinsonii* ssp. *berkhoffii* kann bei Hunden Endokarditis, Myokarditis und/oder granulomatöse Lymphadenitis verursachen; es gibt aber auch Berichte von Infektionen mit *B. henselae* bei Hunden mit Endokarditis. Die Antikörperprävalenz ist am höchsten bei Hunden aus tropischen/subtropischen Gebieten, bei Hunden aus ländlicher Gegend, Hunden mit Freilauf, Zeckenbefall und bei Hunden, die eine Infektion mit Ehrlichien und/oder Babesien haben. Auch beim Hund ist eine völlige Erregerelimination trotz Therapie fraglich. Die Prognose bei Endokarditis/Myokarditis ist vorsichtig zu stellen. Häufig ist eine monatelange, manchmal lebenslange Therapie nötig. Wichtigste prophylaktische Maßnahme ist die Zeckenprophylaxe (bei Auslandsaufenthalten).

Bedeutung für den Menschen und andere Tiere

Die CSD beim Menschen wird in den meisten Fällen auf Kontakt zu Katzen zurückgeführt. Für die Infektion des Menschen spielen Kratzwunden von bakteriämischen Katzen mit Flohbefall die größte Rolle. Flöhe saugen das Blut bakteriämischer Katzen und scheiden dann Bartonellen mit dem Kot aus. Die Katzen kratzen sich aufgrund des durch den Flohbefall bedingten Juckreizes. So gelangt der Flohkot samt der Bartonellen unter die Krallen. Wenn der Mensch dann gekratzt wird, werden Bartonellen in die Haut inokuliert. *B. henselae* und *B. clarridgeiae* können bei immunkompetenten und immunsupprimierten Menschen zu Krankheiten führen; immunsupprimierte Menschen erkranken aber schwerer. Bei Menschen mit normaler Abwehrlage verläuft die Krankheit meist mild mit Tendenz zur Selbstheilung, erstreckt sich aber oft über Monate bis Jahre.

Zunächst entsteht im Bereich einer Hautwunde eine nicht juckende, erythematöse Papel. Sie wird zur Pustel, rupturiert, verschorft und heilt. Etwas später können regionale Lymphadenopathie, Fieber, Schüttelfrost, Anorexie, Unwohlsein und generalisierte Exantheme auftreten. Neben CSD sind beim immunsupprimierten Menschen schwere Krankheitsformen, wie bazilläre Angiomatose, bazilläre Peliose, Endokarditis, granulomatöses Leber-Milz-Syndrom und Retinitis mit Schwellung des *Nervus opticus*, beschrieben. Manchmal ist der Verlauf tödlich. Möglicherweise kann der Erreger bei immunsupprimierten Menschen auch für Polyarthritiden, osteolytische Läsionen, Lungengranulome und rezidivierendes Fieber verantwortlich sein. Eine Rolle von *Bartonella*-Infektionen in der Pathogenese HIV-assoziierter neurologischer Erkrankungen wird ebenfalls diskutiert. Über Infektionen anderer Säugetiere liegen nur spärliche Informationen vor. Beschrieben ist eine klinisch-inapparente *Bartonella*-Infektion eines Kaninchens in einem Haushalt, in dem Katze und Mensch ebenfalls infiziert waren.

2.1.10 Tetanus

Definition: Tetanus (griech. „Starrheit", Starrkrampf, Wundstarrkrampf, lock jaw) ist eine akut verlaufende, mit spastischen Paralysen einhergehende Infektionskrankheit, die bei empfänglichen Säugetierspezies auftreten kann.

Ätiologie: Tetanus wird durch die Wirkung eines potenten Neurotoxins verursacht, das von *Clostridium (C.) tetani*, einem beweglichen, grampositiven, anaeroben, sporenbildenden Bakterium ohne Kapsel produziert wird. Die widerstandsfähigen Sporen des Erregers sind in der Umwelt, besonders in Böden, zu finden. *C. tetani* ist extrem widerstandsfähig und nicht durch Auskochen oder Desinfektion mit Alkohol oder Formalin abzutöten. Sporen können mittels Jod, Glutaraldehyd, Wasserstoffperoxid oder durch Autoklavieren inaktiviert werden. Die Erreger können aus dem Kot von vielen gesunden Haustieren, einschließlich Hund und Katze, und von Menschen (ohne pathogenetische Relevanz) isoliert werden. Die Prävalenz der klinisch manifesten Krankheit aber ist bei Hunden und Katzen, verglichen mit anderen Tieren (besonders Pferden) oder dem Menschen, relativ niedrig. Dies ist durch die natürliche Resistenz gegen das Toxin bedingt, die bei Katzen noch ausgeprägter ist als bei Hunden, weshalb Katzen noch seltener erkranken.

Pathogenese: Tetanus entsteht, wenn Sporen von *C. tetani* in Wunden gelangen. Die meisten Fälle treten nach tiefgehenden Hautverletzungen auf. Auch iatrogen verursachte Fälle, z. B. nach Ovariohysterektomie, sind beschrieben. Die Sporen keimen unter den anaeroben Bedingungen einer Wundhöhle aus. Im Weiteren gibt es Fälle ohne Wundhistorie (bei ⅓ der Hunde, sog. „cryptogenic tetanus"); man geht davon aus, dass Infektionen in solchen Fällen unentdeckt, z. B. im Rahmen eines Zahnwechsels über die Gingiva stattfinden.

C. tetani kann zwei Toxine bilden. Tetanolysin lysiert Erythrozyten *in vitro*, hat aber *in vivo* keine (bisher bekannte) Relevanz. Für die Symptome bei Tetanus ist Tetanospasmin verantwortlich. Es dringt von der Wunde aus in den Körper ein und ruft neurologische Dysfunktionen hervor. Aus dem Gastrointestinaltrakt wird es nicht resorbiert, da es durch Verdauungsenzyme inaktiviert wird. Es dringt an der motorischen Endplatte in die Axone der am nächsten gelegenen motorischen Nerven ein und wandert retrograd zum Nervenzellkörper im Rückenmark oder Hirnstamm. Auf diese Weise kann es sich im ZNS ausbreiten. Alternativ kann es über das Blutgefäßsystem von der Wunde zu weiter entfernten Nerven transportiert werden. Daher kann sich Tetanus lokal oder generalisiert präsentieren.

Symptome: Die klinischen Symptome des Tetanus treten normalerweise innerhalb von drei bis zehn Tagen nach Infektion auf; der Ausbruch der Erkrankung kann sich aber auch mehrere (bis zu drei) Wochen hinauszögern abhängig von der Lokalisation der Eintrittspforte und Toxinmenge. Das ist wohl der Grund dafür, dass man bei Hunden mit klinischen Symptomen manchmal keine Eintrittswunde mehr findet. Bei Katzen muss eine erhebliche Verletzung vorliegen (vermutlich wegen ihrer natürlichen Resistenz), die daher bei Vorstellung in der Regel immer noch offensichtlich ist. Die klinischen Symptome des Tetanus können mit den pathophysiologischen Wirkungen von Tetanospasmin auf das Nervensystem erklärt werden. Das Toxin hemmt die Freisetzung der Neurotransmitter Glyzin und γ-Aminobuttersäure (GABA) an inhibitorischen Neuronen in Gehirn und Rückenmark. Tetanospasmin hat außerdem eine Affinität zur motorischen Endplatte. Dies führt direkt zur neuromuskulären Stimulation, noch bevor das Toxin im ZNS ankommt. Somit können sympathische präganglionäre Neurone, ähnlich wie untere motorische Neurone innerhalb des Rückenmarks, betroffen sein und Symptome einer autonomen Dysfunktion verursachen.

Wenn Tetanus bei der Katze auftritt, dann zumeist nur lokalisiert. Lokalisierter Tetanus ist bei Hunden seltener als bei Katzen, aber häufiger als beim Menschen oder anderen Haussäugetieren. Er ist durch einen Spasmus nur eines Muskels oder einer gesamten Gliedmaße gekennzeichnet. Unter Umständen kann sich die Infektion nach und nach ausbreiten und den gesamten Bewegungsapparat betreffen. Generalisierter Tetanus ist gekennzeichnet durch Hyperästhesie, steifen Gang, teilweise nach hinten gestreckte Hintergliedmaße („Sägebockstellung") und gestreckten Schwanz, durchschmerzhafte Muskelspasmen und/oder Krämpfe. Die rektale Temperatur ist meistens aufgrund der exzessiven Muskelaktivität erhöht. Aufgrund von Spasmen der Gesichtsmuskulatur sind die Ohren aufrecht gestellt, die Lefzen nach hinten gezogen und die Stirn ist gerunzelt (*Risus sardonicus*). Nickhautvorfall und Enophthalmus, Trismus (Kiefersperre), vermehrter Speichelfluss, schnelle Atmung, Laryngospasmus und Dysphagie können auftreten und eine Aspirationspneumonie verursachen (Abb. 2.1). Tiere werden sehr aufmerksam und reagieren stark auf taktile und auditive Reize. Die Hunde (und Katzen) bleiben normalerweise, bis sie Krämpfe entwickeln, bei Bewusstsein. Die Symptome können bis hin zu periodischen generalisierten tonischen Kontraktionen der gesamten Muskulatur mit Opisthotonus oder Anfällen fortschreiten.

Das Fortschreiten der klinischen Symptome führt schließlich zum Tod, welcher meistens infolge einer starken Beeinträchtigung der Atmung durch den Spasmus der Atemmuskulatur, reflektorische Laryngospasmen, vermehrte Sekretbildung in den Atemwegen und eines (durch die Wirkung des Tetanospasmins auf die *Medulla oblongata*) zentral ausgelösten Atemstillstands eintritt. Hunde und Katzen, die nicht sehr schwer betroffen sind, können genesen. Die Anlagerung des Tetanospasmins an die präsynaptischen Bindungsstellen ist irreversibel. Eine Wiederherstellung der Funktion hängt daher von der Bildung neuer Axon-Endstücke ab.

Zu den häufigsten Laborveränderungen gehören hohe Muskelenzymaktivitäten (Creatinkinase, Aspartataminotransferase). Eine Neutrophilie mit Linksverschiebung tritt z. B durch Infektion großer Wunden oder bei Aspirationspneumonie auf.

Diagnose: Tetanus ist eine der wenigen Infektionskrankheiten, deren Diagnose auch anhand der typischen klinischen Symptome und des Vorberichts gestellt werden kann. Es gibt keinen Test, der für die Krankheit beweisend ist.

Direkter Erregernachweis: Der Nachweis von *C. tetani* aus Wunden kann sich sehr schwierig gestalten und ist ohne Toxinnachweis nicht beweisend. Die Erreger sind zumeist nur in sehr niedrigen Konzentrationen vorhanden und morphologisch anderen anaeroben Bakterien sehr ähnlich. Die Anzüchtung dauert mindestens zwei Wochen.

Indirekter Erregernachweis: Mit der Messung von Antikörpern gegen Tetanospasmin kann der Verdacht auf Tetanus erhärtet werden; allerdings ist kein kommerzieller Test zum Nachweis von Antikörpern erhältlich.

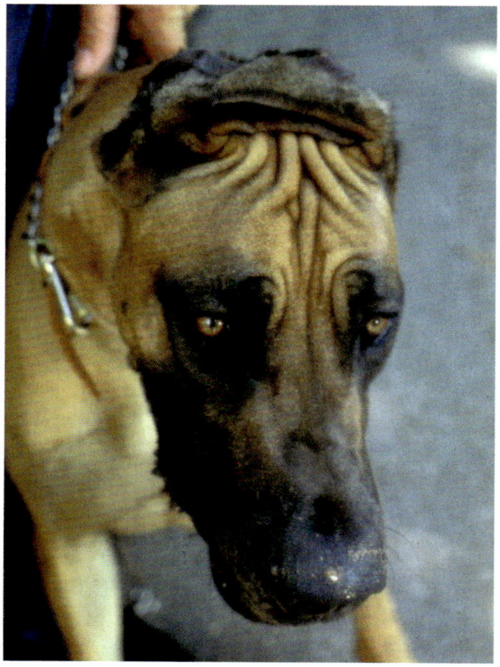

Abb. 2.1 Tetanus bei einer dreijährigen Deutschen Dogge.

Therapie: Tetanus führt beim Hund, aber auch bei der Katze, unbehandelt meist zum Tod. Die Therapie setzt eine intensive symptomatische Behandlung in ruhiger, abgedunkelter Umgebung voraus; sie ist kostenintensiv und langwierig. Wenn eine Wunde vorhanden ist, muss diese versorgt werden. Tetanus-Antitoxin (das von mit *C. tetani* immunisierten Pferden gewonnen wird; Tetanus-Serum, WDT, Garbsen, Deutschland) ist begrenzt wirksam, da es aufgrund seiner Größe die Blut-Hirn-Schranke nicht überwinden kann; eine schnelle Gabe ist wichtig, um jegliches Toxin, das noch nicht im ZNS gebunden ist, zu neutralisieren. Die intravenöse Injektion ist der intramuskulären oder subkutanen Injektion überlegen, um einen schnellen Anstieg des zirkulierenden Antitoxins zu erzielen. Eine intrathekale Verabreichung könnte die zentrale Wirkung durch Umgehung der Blut-Hirn-Schranke verstärken. Bei lokalem Tetanus hat sich in experimentellen Studien die intramuskuläre Injektion kleiner Antitoxinmengen um den Wundbereich herum als günstig erwiesen. Weitere Studien sind nötig, um die Wirksamkeit verschiedener Applikationsarten hinreichend beurteilen zu können.

Um vegetative Erreger abzutöten und so die Freisetzung von Toxin zu reduzieren, sollte eine antimikrobielle Behandlung erfolgen. Penicillin G galt lange Zeit als Antibiotikum der Wahl. Mittlerweile wird standardmäßig Metronidazol (10 mg/kg KM 3 × tägl. i. v.) über mindestens 14 Tage empfohlen, da es effektiver in Gewebe mit Gefäßschäden eindringen kann. Patienten, die mit Metronidazol behandelt wurden, benötigten außerdem zur unterstützenden Therapie geringere Mengen an Muskelrelaxantien und Sedativa im Vergleich zu Patienten, die mit Penicillin G behandelt wurden. Allerdings kann Metronidazol in hoher Dosierung zu Neurotoxizität (Tremor, Rigidität, Ataxie, Kopfneigung und Nystagmus) führen. Obwohl dies bei Hunden, die gegen Tetanus behandelt werden, bisher nicht beschrieben wurde, ist Vorsicht geboten. Beim Menschen konnte die zusätzliche Gabe von Magnesiumsulfat den Bedarf an Muskelrelaxantien und Sedativa senken und zusätzlich autonome Dysfunktionen verbessern. In der Tiermedizin wird Magnesiumsulfat daher empirisch eingesetzt; die Gabe kann allerdings mit unerwünschten Wirkungen, wie Hypotonie und Herzrhythmusstörungen, einhergehen.

Prognose: Bei leichter betroffenen Tieren wird die normale Funktion der Muskulatur gewöhnlich innerhalb von drei Wochen nach Beginn der Behandlung erreicht. Für schwer erkrankte Tiere ist die Prognose sehr vorsichtig. Die Überlebenschance beim Hund liegt zwischen etwa 50–90 % und ist abhängig vom Behandlungs-Management und auftretenden Komplikationen (häufig respiratorisch oder kardiovaskulär). Bei der Katze ist die Prognose besser als beim Hund.

Prophylaxe: Eine aktive Impfprophylaxe mit dem Tetanustoxoid, wie beim Menschen und beim Pferd, wird für Hunde und Katzen nicht routinemäßig empfohlen. In Deutschland ist eine Tetanusvakzine lediglich für Pferde zugelassen. In osteuropäischen Ländern gibt es auch eine Vakzine mit Zulassung für den Hund (Biocan® T, Bioveta, A.S. Tschechien). Da die Krankheit aber so selten ist, sollte sie nur in Ausnahmefällen (tiefe, enge Wunden) oder bei bekanntem, unvermeidbarem Expositionsrisiko in Betracht gezogen werden. Gute Wundhygiene ist bei Hunden und Katzen als prophylaktische Maßnahme in den allermeisten Fällen ausreichend.

Bedeutung für den Menschen und andere Tiere
Es besteht kein Risiko der Übertragung von Tetanus von Hunden oder Katzen auf den Menschen.

2.1.11 Botulismus

Definition: Botulismus ist eine akut oder subakut verlaufende, mit schlaffer Lähmung einhergehende, oft tödlich endende Infektionskrankheit der Säugetiere und Vögel. Botulismus kommt beim Hund gelegentlich, bei der Katze nur sehr selten vor.

Ätiologie: *Clostridium (C.) botulinum* ist ein grampositives, sporenbildendes, saprophytisch lebendes, anaerobes Stäbchenbakterium, das weltweit im Boden verbreitet ist. Um Botulismus auszulösen, müssen entweder die Erreger selbst oder deren Sporen eine Nahrungsquelle kontaminieren. Die meisten Fälle bei Tieren werden durch die Aufnahme des bereits in der Nahrung gebildeten Toxins verursacht. Botulismus bei Hunden und Katzen ist hauptsächlich auf den Verzehr von Tierkadaver (v. a. Wassergeflügel) zurückzuführen. Bei Katzen verläuft die Krankheit unter experimentellen Bedingungen ähnlich wie bei Hunden; über natürliche Infektionen ist wenig bekannt. Der bislang einzige bekannte Krankheitsausbruch wurde bei mehreren Katzen nach der Verfütterung von Pelikan-Kadavern beobachtet.

Aufgrund der antigenetisch unterschiedlichen Neurotoxine werden sieben Typen von *C. botulinum* (A, B, C, D, E, F und G) unterschieden. Typ A, B, E und F werden mit Botulismus beim Menschen in Verbindung gebracht. Die meisten Fälle bei Tieren werden von Typ C und D ausgelöst, die immunologisch eng miteinander verwandt sind. Clostridiensporen sind resistent gegen viele Umwelteinflüsse. Botulinumtoxine werden durch Lyse von *C. botulinum* in einer inaktiven Form freigesetzt und müssen erst durch Proteasen aus anderen Bakterien- oder Gewebeproteasen gespalten werden, um das aktive Neurotoxin zu bilden.

Pathogenese: Botulismus wird meist durch die Aufnahme des präformierten Toxins in der Nahrung verursacht. Eine Besiedelung des Darms mit C. Botulinum (kursiv) tritt oft bei (noch) nicht ausgebildeter Darmflora (Säuglinge) auf, die sich meist über Sporen mit der Nahrung (Honig) infizieren (sog. Säuglingsbotulismus).

Botulinumtoxin ist gegen Magensäure resistent, wird im Dünndarm absorbiert und zirkuliert anschließend im Blut und gelangt zur motorischen Endplatte cholinerger Nerven. Dort tritt der Effekt ein. Das Toxin, eine Metalloproteinase ähnlich dem Tetanustoxin, verhindert die spontane Freisetzung von Acetylcholin und hemmt damit das Aktionspotential des jeweiligen Nervs. Die Bindung des Toxins erfolgt sehr schnell, ist irreversibel und führt zu einer aufsteigenden, symmetrischen, schlaffen Lähmung. Der

Tod tritt meist durch Beeinträchtigung des *Nervus phrenicus* und daraus resultierender Zwerchfelllähmung ein.

Symptome: Die Inkubationszeit nach einer Aufnahme kontaminierten Futters beträgt üblicherweise zwölf bis 72 Stunden. Je früher die Symptome auftreten, desto ernsthafter ist die Erkrankung. In den meisten Krankheitsfällen kommt es zu einer Verschlechterung innerhalb der ersten beiden Tage. Bei Hunden, die sich wieder erholen, kann eine deutliche Besserung nach weniger als einer Woche beobachtet werden. Der Schweregrad der Krankheit variiert mit der aufgenommenen Toxinmenge und der individuellen Empfindlichkeit.

Die klinische Symptomatik ist durch generalisierte, schlaffe Lähmung gekennzeichnet. Die peripheren Reflexe sind vermindert. Auch die motorischen Funktionen der Kopfnerven sind betroffen. Mydriasis, herabgesetzte Kieferspannung und Schluckreflexe mit exzessivem Speicheln können auftreten, und ein Megaösophagus kann entstehen. Reduziertes Blinzeln kann zu Hornhautgeschwüren führen und von einer Keratokonjunctivitis sicca begleitet werden. Die Schmerzwahrnehmung und in den meisten Fällen auch die Fähigkeit, mit dem Schwanz zu wedeln, bleiben erhalten. In der Regel leiden Patienten unter Obstipation. Störungen der unteren motorischen Neuronen können zu einer übermäßig gefüllten Blase führen. Gelegentlich sind Tachykardie und Tachypnoe beschrieben. Fieber tritt in der Regel nur bei bakteriellen Sekundärinfektionen auf. Aufgrund der Lähmung der Atemmuskulatur kann es zum Tod kommen. Labordiagnostische sind in der Regel unverändert.

Diagnose: Botulismus wird meistens aufgrund des Vorberichts und der klinischen Symptome vermutet. Bei der Elektromyographie zeigen sich typische Überleitungsdefizite, hauptsächlich an der motorischen Endplatte und weniger am peripheren Nerv.

Direkter Erregernachweis: Der direkte Nachweis von *C. botulinum*, z. B. aus Kot, ist schwierig und ohne Toxinnachweis nicht beweisend. Die Bestätigung der Diagnose basiert auf dem Toxinnachweis in Serum, Kot, Erbrochenem oder Proben des aufgenommenen Futters. Die sensitivste Methode ist der Neutralisationstest in Mäusen. Dabei werden Extrakte des Probenmaterials unbehandelten und mit Toxintyp-spezifischem Antitoxin vorbehandelten Mäusen injiziiert. Die Mäuse werden dann auf Anzeichen von Botulismus beobachtet. Das Überleben einer Gruppe, die durch ein bestimmtes Antitoxin geschützt ist, und der Tod ungeschützter Tiere mit Anzeichen von Botulismus bestätigt den Verdacht auf Botulismus. Toxintyp-spezifische PCR-Tests sind teilweise verfügbar, können den Neutralisationstest an Mäusen aufgrund ihrer geringen Sensitivität bislang aber nicht ersetzten.

Indirekter Erregernachweis: Antikörper gegen das Toxin werden meist nicht gebildet und wenn, dann (zu) spät. Der Antikörpernachweis ist daher ohne Bedeutung.

Therapie: Botulismus erfordert eine sofortige unterstützende Therapie. Laxantien und Einläufe können helfen, das Toxin aus dem Darm zu entfernen. Der Einsatz von Botulinum-Antitoxin wird kontrovers diskutiert. Das Botulinum-Antitoxin muss gegen den spezifischen Toxin-Typ gerichtet sein, bei Hunden wird daher Antitoxin-Typ C/D empfohlen. Das Botulinum-Antitoxin kann nur die freie, ungebundene Fraktion des Toxins im systemischen Kreislauf neutralisieren, nicht aber das gebundene und internalisierte Toxin, welches für die klinischen Symptome verantwortlich ist. Das Ziel der Verabreichung von Botulinum-Antitoxin besteht darin, ein weiteres Fortschreiten der Lähmung zu verhindern, insbesondere der Atemlähmung sowie die Notwendigkeit einer Beatmung in Fällen mit großen Mengen an zirkulierenden ungebundenen Toxinen oder einer anhaltenden Resorption im Magen-Darm-Trakt zu umgehen. Anaphylaktische Reaktionen können auftreten. Eine subkutane Testdosis kann 30 bis 45 Minuten vor der intravenösen Gabe verabreicht werden. Die Gabe von Antibiotika ist nicht induziert, da die Krankheit zumeist durch die Aufnahme des Toxins und nicht des Erregers (Ausnahme Kolonisation beim Säugling) verursacht wird. In den wenigen Fällen von Kolonisation des Erregers wurde mit Antibiotika keine vollständige Erregerelimination erzielt und teilweise sogar eine Verschlechterung durch Toxinfreisetzung aus den lysierten Bakterien provoziert. Daher sollten Antibiotika nur bei Sekundärinfektionen (z. B. Aspirationspneumonie) eingesetzt werden und die Gabe nicht *per os* erfolgen, da sie durch Veränderung der Darmflora eine Clostridien-Vermehrung potenziell begünstigen könnte. Auf den Einsatz von Aminoglykosidantibiotika sollte verzichtet werden, da sie zu einer neuromuskulären Blockade beitragen können.

Unterstützende Maßnahmen, welche langwierig (und teuer) sein können, haben für die Therapie von Tieren mit Botulismus die größte Bedeutung. Die erkrankten Tiere müssen intensiv betreut werden. Sie sollten weich gelagert werden und nur mithilfe fressen und trinken.

Prognose: Wenn Sekundärinfektionen verhindert werden können, können sich betroffene Tiere vollständig erholen. Botulinumtoxin zerstört die betroffenen Neurone nicht, sondern verursacht nur Lähmung und Degenerierung der vergifteten Synapse. Wenn das Tier überlebt, tritt die Heilung durch die Entwicklung neuer Nervenfaserendstücken mit funktionierenden motorischen Endplatten ein. Somit sind die Effekte des Botulinumtoxins potenziell reversibel.

Prophylaxe: Vermeidung von Zugang zu Kadavern und Durchgaren jeglichen Futters, das an Hunde und Katzen verfüttert wird, beugt der Krankheit vor. Botulinumtoxin wird bei Erhitzen von Futter auf 80 °C für 30 Minuten oder auf 100 °C für zehn Minuten zerstört. Die Impfung mit einem Toxoid war bei Rindern und exponierten Laborangestellten erfolgreich, wurde aber noch nie für Hunde und Katzen verwendet und wird aufgrund der niedrigen Prävalenz der Krankheit nicht empfohlen. Außerdem gibt es in Deutschland (und Europa) keinen zugelassenen Impfstoff.

Bedeutung für den Menschen und andere Tiere

Die Krankheit wird nicht von Tieren auf den Menschen übertragen.

2.1.12 Seltene bakterielle Infektionskrankheiten

2.1.12.1 Tuberkulose

Beim Menschen stellt die Tuberkulose auch heute noch weltweit eine der wichtigsten Infektionskrankheiten dar, da zunehmend resistente Erreger auftreten und eine große Anzahl von immunsupprimierten Patienten jedes Jahr neu erkrankt. Zu den Erregern des *Mycobacterium-tuberculosis*-Komplexes gehören *Mycobacterium (M.) tuberculosis* (infiziert hauptsächlich Menschen und Hunde, selten Katzen und andere Spezies), *M. bovis* (infiziert Rinder, Hunde, Katzen und selten Menschen) und *M. microti* (infiziert kleine Nagetiere, wie Wühlmäuse und Spitzmäuse, sowie Katzen). Tuberkulose spielt v. a. bei der Katze eine Rolle; beim Hund tritt sie sehr selten auf.

Die Tuberkulose bei der Katze wird am häufigsten durch eine Infektion mit *M. bovis* oder *M. microti* hervorgerufen. Eine Infektion mit *M. microti* erfolgt hauptsächlich durch direkten Kontakt oder Verzehr von zu kleinen Nagetieren, wie Wühlmäusen und Mäusen. Eine Infektion mit *M. tuberculosis* und *M. bovis* kann durch direkten Kontakt zu infizierten Menschen (*M. tuberculosis*), durch die Aufnahme von Milch infizierter Rinder sowie durch direkten Kontakt zu Dachsen (*M. bovis*) erfolgen; eine *M.-bovis*-Infektion kann auch direkt von Katze zu Katze übertragen werden. Kürzlich wurden bei mehreren Katzen *M.-bovis*-Infektionen im Zusammenhang mit der Aufnahme von kommerziellem Rohfutter beschrieben. Eine Übertragung von der Katze auf den Menschen ist bislang nicht beschrieben. Bei Katzen können sich Infektionen im Verdauungstrakt und/oder in den Atemwegen (sog. viszerale Form) ausbreiten. Während *M. bovis* durch die vorwiegend orale Aufnahme v. a. zu primär enteralen Infektionen führt (Anorexie, Schwäche, Erbrechen oder Durchfall), manifestieren sich Infektionen mit *M. tuberculosis* vorwiegend in der Lunge (Polypnoe, Dyspnoe, Husten, verschärfte Atemgeräusche, hohes Fieber und Vergrößerung der regionären Lymphknoten). Infektionen mit *M. microti* manifestieren sich hauptsächlich in der Haut (kutane Form) in Form von Knoten, Granulomen, Ulzerationen und nässenden Fisteln (vorwiegend an den Extremitäten und am Rücken). Viele Infektionen verlaufen auch klinisch inapparent.

Klinische Symptome erlauben allenfalls eine Verdachtsdiagnose. Bei Lungenmanifestation lassen sich in manchen Fällen radiologisch diffuse, röntgendichte Verschattungen der Lungenlappen oder charakteristische miliäre Herde bis hin zu z. T. hochgradigen interstitiellen und alveolären Verschattungen nachweisen. Bei Darmmanifestation kann endoskopisch Hinweise und Material für zytologische Proben gewonnen werden. Als indirekte Nachweisverfahren stehen ein wenig sensitiver Antikörpernachweis und ein intradermaler Tuberkulintest (nicht sehr sensitiv bei Katzen und Hunden) zur Verfügung, die beide nicht routinemäßig eingesetzt werden. Der direkte Erregernachweis kann durch den Nachweis säurefester Stäbchen aus zytologischen und/oder histologischen Gewebeproben erfolgen sowie mittels PCR oder durch Anzüchtung der Bakterien auf speziellen Nährböden.

Eine Therapie der Tuberkulose (*M. tuberculosis* meldepflichtig, *M. bovis* anzeigepflichtig) bei Tieren muss wegen des potenziellen Gesundheitsrisikos für den Menschen genau abgewogen werden. *M.-tuberculosis*-Infektionen bei Hunden wurden erfolgreich mit Rifampicin, Isoniazid und Streptomycin über einen Zeitraum von 23 Monaten behandelt. Bei der Katze beruhen Behandlungs-Empfehlungen auf Fallberichten oder retrospektiven Studien. Ein chirurgischer Eingriff ist angezeigt, wenn lokale Hautläsionen entfernt werden können. Diffuse Läsionen müssen mit einem chirurgischen Debridement und einer anschließenden Antibiotika-Therapie behandelt werden. Bei der Katze wird derzeit eine antibiotische Kombinationstherapie empfohlen, bestehend aus Rifampicin plus Fluorchinolon (z. B. Pradofloxacin) plus Makrolid (z. B. Azithromycin) über einen Zeitraum von sechs bis neun Monaten. Die Prognose ist (abhängig vom Grad und der Ausbreitung der Infektion) vorsichtig zu stellen. Eine Impfung ist weder für Hunde noch für Katzen verfügbar. Zur Vorbeugung von Infektionen sollten Kontakte zu Nagetieren vermieden und kein rohes Fleisch verfüttert werden.

2.1.12.2 Lepra

Die feline Lepra ist eine bei der Katze relativ harmlos verlaufende, fast ausschließlich auf die Haut beschränkte, seltene, durch sepzielle Mykobakterien verursachte Krankheit. Beim Hund tritt die Infektion nicht auf. Die in Deutschland bislang nicht nachgewiesene feline Lepra wird durch *M. lepraemurium* verursacht, das weltweit zu Enzootien unter Ratten, Mäusen und Meerschweinchen führt. Weitere, seltene Mykobakterien-Arten (z. B. *„M. lepraemurium-like"*) können ebenfalls die Krankheit verursachen. Die meisten Fälle wurden in Australien und Neuseeland diagnostiziert. In den letzten Jahren wurden weitere Arten, wie *Canditatus (Cand.)* M. tarwinense und *Cand.* M. lepraefelis, entdeckt. Katzen werden v. a. durch Bisse von Ratten und anderen Nagetieren infiziert. Eine Infektion kann auch durch Kontakt zu kontaminierter Umwelt (Erde, Pflanzen) stattfinden. Auch stechende Insekten werden als mögliche Überträger diskutiert. Für *Cand.* M. tarwinense wurden auch Übertragungswege unter Katzen, wie Rangkämpfe und Fellpflege, diskutiert.

M. lepraemurium bevorzugt die kühleren Temperaturen auf Haut und Schleimhaut, wie im oberen Respirationstrakt, und breitet sich nur selten systemisch aus. Mit *M. lepraemurium* infizierte Katzen sind zumeist jung und zeigen vorwiegend chronische Hautveränderungen in Form von einzelnen oder multiplen weichen, fluktuierenden, selten disseminierten, nicht schmerzhaften kutanen Knoten, v. a. an Kopf und Gliedmaßen, ohne Störung des Allgemeinbefindens. Auch Ulzerationen können auftreten. Die Ausbreitung der Infektion kann mit Lymphadenopathie und Splenomegalie einhergehen. In seltenen Fällen (bei Immunsuppression) tritt ein generalisiertes Krankheitsgeschehen auf. Die Diagnosestellung erfolgt analog zu den Erregern des *M.-tuberculosis*-Komplexes (wie unter 2.1.12.1 beschrieben).

Die meisten Infektionen bei Katzen lassen sich durch einen chirurgischen Eingriff (kleine Läsionen) zusammen mit einer Antibiotika-Therapie (über Monate) gut behandelt; hierfür eignet sich eine Kombinationstherapie aus Clofazimin, Rifampicin und Clarithromycin. Kleinere Läsionen verheilen nach Monaten teilweise auch spontan. Rezidive sind selten. Die Prognose bei feliner Lepra ist relativ gut. Fälle mit spontaner Heilung sind (selten) beschrieben. Einmal infizierte Katzen sind nach der Heilung resistent gegen Reinfektionen.

Zur Vorbeugung einer Infektion (unter Berücksichtigung der geographischen Verbreitung) sollte der Kontakt zu Nagetieren vermieden werden. *M. lepraemurium* wurde bisher nur bei Nagetieren und Katzen nachgewiesen; eine Gefahr für den Menschen oder andere Tiere besteht nicht. Die humane Lepra (*M. leprae*) wird über Sekrete und als Tröpfcheninfektion zwischen Menschen übertragen und ist ausschließlich humanpathogen.

2.1.12.3 Atypische Mykobakteriosen (nontuberculous mycobacteria (NTM) group)

Atypische, nicht tuberkulöse (opportunistische) Mykobakterien (mycobacteria other than tuberculosis, MOTT) sind Mykobakterien, die in der Umwelt auch ohne Wirt vorkommen können und bei Katzen (seltener bei Hunden) zunehmend häufiger nachgewiesen werden. Bei Katzen werden u. a. *M. avium, M. fortuitum*, seltener auch *M. chelonae, M. smegmatis, M. xenopi, M. thermoresistibil, M. ulcerans* und *M. phlei* isoliert. Die Paratuberkulose, eine durch *M. avium paratuberculosis* (MAP) beim Rind hervorgerufene Krankheit, spielt bei Hunden und Katzen keine Rolle. Die Erreger besitzen eine sehr hohe Tenazität in der Umwelt und sind im Erdboden und Gewässern v. a. in warmen bis tropischen Regionen, aber auch in Deutschland zu finden. Sie gelangen meist über Hautwunden (oder subkutane Injektionen) in den Organismus. Die Aufnahme von *M. avium* erfolgt durch Inokulation über Hautwunden oder orale Aufnahme von infiziertem Fleisch (Vögel). *M. fortuitum* kommt in Erde und Staub vor; die Infektion erfolgt v. a. durch Inhalation.

Eine Infektion mit atypischen Mykobakterien führt in erster Linie zu Hautveränderungen (oberflächliche, selten tiefer gelegene Abszesse und ulzerative, granulomatöse, fokale, multifokale oder diffuse Läsionen), aber auch Fieber, Lymphadenopathie und Splenomegalie sind beschrieben. Einige Mykobakterien (z. B. *M. abscessus, M. chelonae*) vermehren sich in Fettgewebe, z. B. ventrale Bauch- und Leistengegend, insbesondere nach chirurgischer Wundkontamination, und verursachen eine kutane Pannikulitis. Systemische Krankheiten (eher bei *M.-avium*-Infektionen) mit Manifestation im Knochenmark oder in Organen sind selten. Die Diagnosestellung erfolgt analog zu den Erregern des *M.-tuberculosis*-Komplexes (wie unter 2.1.12.1 beschrieben).

Unkomplizierte Hautveränderungen haben die beste Prognose und sprechen meist gut auf Therapie (wie unter 12.1 beschrieben) an. Bei systemischen Infektionen dauert die Heilung wesentlich länger; Erfolge konnten durch Kombinationstherapie mit Clarithromycin mit Clofazimin und alleiniger Gabe von Rifampicin oder auch Doxycyclin erzielt werden. Fallberichte deuten darauf hin, dass Pradofloxacin wirksamer ist als die älteren Fluorchinolone; Resistenzen wurden gegen Fluorchinolone und Aminoglykoside bei *M.-avium*-Isolaten nachgewiesen.

Eine Impfung gegen atypische Mykobakterien gibt es nicht. Die einzige Maßnahme zur Vorbeugung einer Mykobakterieninfektion besteht darin, die Katze im Haus zu halten und den Kontakt mit Nagetieren zu vermeiden. Berichte über Übertragung von atypischen Mykobakterien durch direkten Kontakt zwischen Tieren oder zwischen Tieren und Menschen liegen nicht vor. Für den Menschen besitzen die atypischen Mykobakterien ohnehin nur geringe Pathogenität und manifestieren sich nur bei immunsupprimierten Personen.

2.1.12.4 Brucellose

Die Brucellose ist eine durch *Brucella (B.)* spp. hervorgerufene Krankheit, die u. a. bei Hunden, Rindern, Schweinen, Menschen und seltener Katzen mit seuchenhaften Aborten und Infertilität in Verbindung gebracht wird. Die canine Brucellose wird von *B. canis* verursacht. Katzen können zwar experimentell mit *B. canis* infiziert werden und entwickeln eine Bakteriämie, sind aber relativ resistent und zeigen keine klinischen Symptome. Hunde sind u. a. auch für Infektionen mit *B. abortus* und *B. suis* empfänglich, die sie über kontaminierte Gewebe (Plazenta, abortierte Feten) von Nutztieren aufnehmen können. Diese Infektionen spielen im Gegensatz zu *B. canis* aber nur eine untergeordnete Rolle. *B.-canis*-Infektionen kommen weltweit vor. Die Infektion hat in Deutschland zugenommen, vermutlich durch den Import von Hunden aus Ländern mit einer hohen Prävalenz an Straßenhunden, die möglicherweise als Erregerreservoir dienen.

B. canis wird meistens venerisch übertragen, seltener oral durch die Aufnahme infizierter Gewebe und/oder Flüssigkeiten (z. B. Plazenta, Fruchtwasser). Der Erreger durchdringt Schleimhäute und kleine Hautverletzungen und gelangt so in das Lymphsystem und u. a. zu den Geschlechtsorganen. Sperma und Urin sind die Haupt-Infektionsquellen. Ein bis vier Wochen *post infectionem* tritt eine Leukozyten-assozierte Bakteriämie auf, die sechs bis 64 Monate andauern kann. Die größte Erregerkonzentration ist in Lymphknoten, Milz und Geweben, die von Sexualsteroiden abhängig sind, zu finden; auch andere Gewebe, wie Bandscheiben, Augen, Meningen und Nieren können infziert werden. Adulte Hunde erkranken nur sehr selten schwer. Hauptprobleme bei intakten Rüden sind Epididymitis und Skrotumvergrößerung mit Dermatitis. Hündinnen im letzten Drittel der Trächtigkeit verwerfen üblicherweise tote (nicht zwingend alle) Welpen, zeigen aber keine anderen klinischen Symptome und können später gesunde Würfe zur Welt bringen. Infizierte asymptomatische Welpen werden oft erst später (im Junghunde-Alter) vorgestellt mit Lymphadenopathie, Anzeichen einer Uveitis, Diskospondylitis, und/oder Endokarditis (Hauptproblem kastrierter Tiere).

Die bakteriologische Kultur aus Blut, Sperma, Vaginalsekret, Urin oder Biospien ist, sofern sie positiv ausfällt, die einzige definitive Methode, eine Brucellose zu diagnostizieren. Negative Resultate können bei chronisch infizierten Hunden mit intermittierender Bakteriämie vorkommen. Der direkte Erregernachweis mittels PCR ist für die Diagnose einer aktiven Infektion sowie für die Beurteilung eines Ausscheidungsrisikos (ebenfalls) sehr hilfreich. Der Nachweis von Antikörpern kann unter Umständen falsch-positive Ergebnisse anzeigen (Kreuzreaktionen durch andere gramnegative Bakterien). Zudem ist es möglich, dass frühe Infektionen nicht detektiert werden.

Die Behandlung einer *B.-canis*-Infektion ist wegen der intrazellulären Persistenz des Erregers schwierig. Häufig treten Rückfälle auf, sobald die Antibiotika-Therapie abgesetzt wird. Wegen des Zoonoserisikos ist die Aufklärung des Besitzers sehr wichtig. Falls die Behandlung gewünscht wird, sollte das infizierte Tier kastriert werden und ein intensives Behandlungsprotokoll mit Antibiotika erhalten. Die infizierten Tiere sprechen nur wenig oder überhaupt nicht auf eine Monotherapie oder einen einzelnen Behandlungszyklus an. *In vitro* wurden zwischen Tetracyclinen, Fluorchinolonen, Aminoglykosiden und Sulfonamiden synergistische Effekte beobachtet. Eine Erregerelimination ist trotz (langer antibiotischer Therapie) unwahrscheinlich und Rezidive sind möglich. Eine Kombinationstherapie mit Tetracyclinen (Doxycyclin) und Aminoglykosiden (Gentamicin) bietet die höchste Chance, die Infektion zu beseitigen; aufgrund der nephrotoxischen Wirkung von Aminoglykosid-Antibiotika wird die Kombination von Doxycyclin mit Flourquinolonen (Pradofloxacin) empfohlen oder die Monotherapie mit Enrofloxacin. Nichtsdestotrotz gibt es bisher keine beschriebene Therapie, die den Erreger vollständig eliminiert, sodass mit Rückfällen gerechnet werden muss. Eine wichtige Maßnahme ist die Kastration.

Eine Impfung ist nicht erhältlich. Ein infizierter Zwinger sollte unter Quarantäne gestellt und alle infizierten Tiere aus dem Bestand möglichst schnell entfernt werden. Fälle mit *B.-canis*-Infektionen beim Menschen sind nach Kontakt zu infizierten Hunden beschrieben, aber Menschen sind relativ resistent gegen *B. canis*. Die Erkrankung verläuft beim Menschen, im Gegensatz zu von anderen Brucellen verursachten Infektionen, relativ mild. Fieber, Schüttelfrost, Müdigkeit, Übelkeit, Lymphadenomegalie und Gewichtsverlust sind beschrieben. Brucellosen, die durch andere Brucellen verursacht werden, sind in vielen südlichen Ländern verbreitet (z. B. durch Aufnahme von roher Milch).

2.1.12.5 Nokardiose

Die Nokardiose (früher Streptotrichose) wird durch Erreger der Gattung *Nocardia* spp. hervorgerufen und ist eine bei Säugetieren vorkommende Infektionskrankheit, die mit eitrig-granulomatösen Entzündungen in Haut, Unterhaut und Körperhöhlen einhergeht und häufig tödlich endet. Bei Katzen und Hunden tritt die Nokardiose nur relativ selten auf. *Nocardia* spp. sind grampositive, aerobe, partiell säurefeste Bakterien. Verschiedene *Nocardia* spp. wurden bei Hunden und Katzen als Krankheitserreger identifiziert (z. B. *N. nova, N. cyriacigeorgica, N. brasiliensis, N. otitidiscaviarum*), deren Vorkommen sich geographisch unterscheidet.

Die Nokardiose kann bei Katzen und Hunden nach Kontamination von Biss- und Kratzverletzungen, Traumata oder nach Inhalation der ubiquitär (u. a. im Erdreich, Staub, Fäkalien, Wasser) vorkommenden Erreger entstehen. Die Kontamination von kleinen Verletzungen führt meist nur zu lokalisierten Infektionen in Haut und Unterhaut, manchmal mit Beteiligung regionärer Lymphknoten. Tiefe Wunden an Thorax oder Abdomen können zur Ausbreitung und zum Eindringen in Körperhöhlen führen. Bei Inhalation dringen die Erreger über die Alveolaren in Blutgefäße ein und können so im gesamten Organismus verteilt werden. Strukturen im Thorax (Mediastinum, Pleura, Perikard) sind häufig involviert. Man unterscheidet demnach auch zwischen einer Hautform und einer Lungenform. Beide Formen können auch in eine disseminierte Form übergehen. Die Hautform manifestiert sich mit zunächst festen oder fluktuierenden Schwellungen, die zur Ulzeration neigen und mit Bildung von pyogranulomatösen, fistelnden Abszessen einhergehen. Die Lungenform kann sehr akut auftreten und zu Dyspnoe, Hämoptyse, Koma und in Folge zum Tod führen. Ein weniger akuter Verlauf ist durch inspiratorische Dyspnoe, mukopurolenten Nasenausfluss, Anorexie und Fieber charakterisiert. Die disseminierte Form kann mit granulomatös-eitrigen Entzündungen von Brust- und Bauchfell (Pyothorax, Peritonitis) und/oder Abszessen in Organen (Leber, Niere, Milz, Lymphknoten, ZNS) einhergehen. Auch Knochen und Gelenke können betroffen sein. Tiere mit Nokardiose zeigen häufig eine sehr deutliche Leukozytose (bis zu 100×10^9/l) mit Neutrophilie, Linksverschiebung und Monozytose, sowie in einigen Fällen eine aregenerative Anämie (Anämie der chronischen Krankheit) und/oder eine Hyperproteinämie mit Hypergammaglobulinämie (Antigenstimulation).

Zytologisch findet man in Ausstrichen aus Fistelsekret oder Körperhöhlenergüssen sich verzweigende grampositive Fäden und Stäbchen. Die Diagnose der Nokardiose erfolgt durch mikroskopischen Erregernachweis aus veränderten Geweben (Biopsien) oder kulturelle Anzüchtung, die auch eine Speziesdifferenzierung ermöglicht.

Für eine effektive Therapie sind Wundbehandlungen und Drainagen erforderlich. Trimethoprim-Sulfonamid (TMS) ist Mittel der ersten Wahl (bei wechselndem Erfolg). Alternativ empfohlen wird Doxycyclin oder eine Kombinationstherapie (Erythromycin und Ampicillin). Eine klinische Besserung tritt in der Regel sieben bis zehn Tage nach Start der antimikrobiellen Therapie ein, die für gewöhnlich über mindestens sechs Wochen (bis zu zwölf Monate) fortgeführt wird. Die Langzeittherapie mit TMS kann bei Hunden zu Nebenwirkungen, wie Keratokonjunktivitis sicca oder Myelosuppression, führen. Mit Therapie ist die Prognose gut; die Heilungsrate liegt über 90 % bei Hunden und ist bei Katzen noch höher. Obwohl die Nokardiose prinzipiell bei allen Säugetieren vorkommen kann, besteht keine Übertragungsgefahr zwischen Tieren und Menschen. Beim Menschen können *Nocardia* spp. (nach Infektionen durch die Umgebung) ebenfalls Lungen- und Hautveränderungen verursachen, auch disseminierte Verläufe sind möglich.

2.1.12.6 Aktinomykose

Die Aktinomykose (Strahlenpilzkrankheit) ist eine bei Katzen und Hunden selten auftretende pyogranulomatöse Krankheit, an der Bakterien des Genus *Actinomyces (A.)* spp. der Familie *Actinomycetaceae* beteiligt sind. *Actinomyces* spp. sind fakultativ anaerobe, nicht säurefeste, grampositive, pleomorphe, verzweigte Stäbchen. Sie gehören als

Kommensalen zur normalen Flora von Maulhöhle, Respirationstrakt und Darm. Bei Katzen können üblicherweise v. a. *A. viscosus*, *A. hordeovulneris* und *A. denticolens* isoliert werden. Infektionen können auch durch *A. bovis* (Aktinomykose des Rindes) entstehen. Als Erreger bei Hunden werden v. a. *A. viscosus* und *A. bowdenii* isoliert. Die Infektion erfolgt durch Aufnahme (Penetration, Inhalation) von kontaminierten Pflanzen, es gehen Biss-, seltener Kratz- (auch von gesunden Tieren) oder Stichwunden (Fremdkörper) voraus. Oft sind mehrere Erreger beteiligt (polymikrobielle Infektion).

Die Aktinomykose verläuft meistens chronisch (teilweise über Monate oder Jahre), mit Bildung von multiplen, pyogranulomatösen Abszessen und Fisteln in der Haut und dem darunterliegenden Gewebe. Sie manifestiert sich unter anderem an den Gliedmaßen, gelegentlich auch im Ohr-, Nasen- oder Bauchbereich. Wird der Ösophagus oder die Thoraxwand durch Fremdkörper penetriert, kann ein Pyothorax entstehen. Eine hämatogene Ausbreitung ist selten. Inhalation kann zu Pneumonien führen. Die systemischen Symptome richten sich v. a. nach der Lokalisation. Labordiagnostisch können Leukozytose mit Neutrophilie und Linksverschiebung und Monozytose auftreten. Milde, aregenerative Anämie (chronische Krankheit), Hypalbuminämie und Hyperglobulinämie (Antigenstimulation) sind beschrieben.

Die Diagnose kann durch zytologische Untersuchung von Aspiraten aus Abszessen oder Erguss gestellt werden. Eine Unterscheidung von *Norkadia* spp. ist mikroskopisch nicht möglich (nur durch Kultur). Die histologische Untersuchung von Hautbiopsien zeigt eine noduläre oder diffuse Dermatitis und/oder pyogranulomatöse Pannikulitis.

Die Therapie umfasst immer eine lang dauernde Antibiotika-Therapie (mindestens vier Wochen über die klinische Heilung hinaus, bis zu einem Jahr) und in vielen Fällen chirurgische Intervention. Penicillin-Antibiotika sind Mittel der Wahl; eine initiale systemische Therapie kann mit Ampicillin oder Penicillin G erfolgen, im Anschluss kann eine orale Behandlung mit Amoxicillin über sechs bis zwölf Monate erforderlich sein. Alternativ können Clindamycin oder Doxycyclin zur Therapie eingesetzt werden. Die Prognose hängt wesentlich von der Lokalisation und vom Schweregrad der Symptome ab. Besonders Körperhöhlenergüsse erfordern eine monatelange Behandlung bei unsicherer Prognose. Wunden, v. a. nach Bissverletzungen, sollten gründlich gereinigt und desinfiziert werden. Direkte Infektionsbeziehungen zwischen Menschen und Tieren bestehen nicht.

2.1.12.7 Salmonellose

Die Gattung *Salmonella (S.)* der Familie *Enterobacteriaceae* umfasst gramnegative, fakultativ anaerobe, bewegliche Stäbchenbakterien, die ubiquitär vorhanden sind und bei Menschen und fast allen Tierarten nachgewiesen werden können. Jedes Salmonellen-Isolat muss als potenzieller Zoonoseerreger angesehen werden. Eine klinisch manifeste Salmonellose (hervorgerufen durch verschiedene Serovare der Spezies *S. enterica* ssp. *enterica*) kann beim Menschen und verschiedenen Tieren, inkl. Katzen und Hunden, mit Enteritis und Sepsis einhergehen. Bei Katzen und Hunden ist die klinisch manifeste

Salmonellose jedoch selten (bei der Katze etwas häufiger als beim Hund). Bei den Salmonellosen des Menschen wird zwischen den als Allgemeininfektionen verlaufenden Krankheitsbildern des Typhus (*S. enterica* ssp. *enterica* Serovar (ser.) Typhi) und Paratyphus (*S. enterica* ssp. *enterica* ser. Paratyphi) und dem der Salmonellen-Enteritis (*S. enterica* ssp. *enterica* ser. Enteritidis, *S. enterica* ssp. *enterica* ser. Typhimurium und andere) unterschieden. Speziell an Hunde oder Katzen adaptierte Salmonellen gibt es nicht; bei beiden Tierarten konnten viele verschiedene Serovare nachgewiesen werden (z. B. *S. enterica* ssp. *enterica* ser. Typhimurium, *S. enterica* ssp. *enterica* ser. Newport, *S. enterica* ssp. *enterica* ser. Livingstone, *S. enterica* ssp. *enterica* ser. Infantis). Salmonellen überleben in der Umwelt (auch bei Kälte) Wochen bis Monate.

Katzen und Hunde infizieren sich meist durch orale Aufnahme von rohem Fleisch und Schlachtabfällen; aber auch kommerzielle Futtermittel können mit Salmonellen kontaminiert sein. Jungtiere, trächtige Tiere, Tiere mit Immunsuppression oder solche aus schlechter (Gruppen-)Haltung erkranken häufiger. Klinische Manifestationen gehen mit wässrig bis schleimigem, teilweise blutigem Durchfall, Erbrechen, Apathie und Fieber einher. Katzen können eine Cholangitis mit Gallenblasenwandödem entwickeln (oft bei aufsteigender Infektion). Bei Übertritt der Erreger aus dem Magen-Darm-Trakt in die Blutbahn kann es zu Sepsis und Tod kommen. Gelegentlich sind Salmonellen nur in bestimmten Organen (z. B. Lunge, ZNS, Harntrakt) lokalisiert, was mit einer Dysfunktion des betroffenen Organsystems (bei fehlenden Enteritis-Symptomen und fehlender enteraler Ausscheidung) führen kann. Labordiagnostische Veränderungen sind abhängig vom Ausmaß der Krankheit (Neutropenie bei Sepsis, Neutrophilie bei chronischem Verlauf, Thrombozytopenie und verlängerte Gerinnungszeiten bei DIC, Hypoproteinämie mit Hypalbuminämie bei Verlust über den Darm, prärenale Azotämie bei Dehydratation). Bei adulten Tieren verläuft die Infektion meist klinisch inapparent. Latente Infektionen mit Erregerpersistenz sind möglich; diese sind zu Beginn mit einer meist drei- bis vierwöchigen, kontinuierlichen oder intermittierenden Erregerausscheidung verbunden. In der Latenzzeit ist eine Reaktivierung und erneute Ausscheidung (mit oder ohne klinische Symptome) v. a. durch Stress oder Immunsuppression möglich.

Der Nachweis einer Salmonellen-Infektion erfolgt durch bakteriologische Kultur mit Abgrenzung zu anderen *Enterobacteriaceae* auf Differenzialnährboden. Außerdem gibt es PCRs, die teilweise sensitiver und spezifischer als der kulturelle Erregernachweis sind, allerdings keine Informationen zur Empfindlichkeit der Erreger auf verschiedene Antibiotika liefern. Eine PCR nach Anreicherung der Erreger in nicht-selektiven Nährmedien mit anschließender Kultivierung in Selektivmedien zur Isolierung und Identifizierung wird in der Salmonellen-Diagnostik als Goldstandard erachtet. Der Nachweis von Salmonellen aus Kot lässt keine Rückschlüsse auf die Erreger als Krankheitsursache zu. Im Gegensatz dazu kann eine Diagnose durch Isolierung aus sterilen Medien (Blut bei Sepsis; BAL, Synovia oder Urin je nach Organbeteiligung) erfolgen. Bei Tieren mit Verdacht auf eine systemische Salmonellose sollte vorrangig eine bakteriologische Blutuntersuchung durchgeführt werden. Bei Tieren mit unkompliziertem Enteritis-Verlauf (meist selbstlimitierender Durchfall und Ausscheidung) ist keine Antibiotika-Therapie indiziert, da diese einen Carrier-Status eher begünstigen und zur Entstehung von Resistenzen beitragen kann; Salmonellen können unter Antibiotika-Therapie eine übertragbare (Plasmid-mediierte) Resistenz entwickeln, die immer häufiger bei Isolaten von Katzen, Hunden und Menschen nachgewiesen werden kann. In Fällen mit schwerem Verlauf, Anzeichen von Sepsis oder wenn Salmonellen im Blut nachgewiesen werden, muss dagegen therapiert werden. Die Wahl des antimikrobiellen Wirkstoffs sollte auf einem Antibiogramm basieren. Eine symptomatische Therapie mit Ausgleich von Flüssigkeits- und Elektrolytverlusten sollte immer durchgeführt werden.

Die Prognose hängt ab vom Schweregrad der Symptome, dem Allgemeinzustand des Patienten (v. a. Alter) und von den sich einstellenden Komplikationen und Begleitkrankheiten. Bei Sepsis ist die Prognose vorsichtig. Ist nur Durchfall vorhanden, verläuft die Infektion meist selbstlimitierend. Der hygienische Umgang mit Lebensmitteln ist von entscheidender prophylaktischer Bedeutung.

2.1.12.8 Yersiniose

Yersiniose (Pseudotuberkulose, Rodentiose) ist eine Zoonose, die durch *Yersinia* (*Y.*) *pseudotuberculosis*, einem begeißelten, gramnegativen, pleomorphen, fakultativ anaeroben Stäbchenbakterium der Familie *Enterobacteriaceae* verursacht wird. Unter dem Terminus „Yersiniose“ werden Infektionen mit *Y. enterolytica* und *Y. pseudotuberculosis* zusammengefasst. Beide Erreger zeichnen sich durch ein weites Wirtsspektrum aus und können aus dem Erdboden und dem Kot vieler Tiere, auch Katzen und Hunden, isoliert werden. Eine Infektion ruft bei Katzen und Hunden, im Gegensatz zum Menschen und einigen anderen Tierarten, meist keine klinischen Symptome vor. Katzen und Hunde sind meist asymptomatische Träger. *Y. pseudotuberculosis* ist weltweit verbreitet (auch in Deutschland), hat ein breites Wirtsspektrum (Säugetiere, Vögel), eine hohe Tenazität und kann im Erdboden über Monate infektiös bleiben. Als Erregerreservoir gelten latent infizierte Tiere wie Nagetieren, Vögel, Schweine und auch Katzen und Hunde. Die Infektion mit *Y. pseudotuberculosis* erfolgt sowohl über kontaminierte Lebensmittel und Wasser, als auch durch direkten Kontakt zu infizierten Tieren, vorwiegend Nagetieren. *Y. enterocolitica* kann bei Menschen klinische Symptome, wie Enterokolitis, Bauchschmerz, Fieber, seltener Sepsis und Arthritiden, hervorrufen.

Katzen erkranken selten, Hunde noch seltener. Wenn, dann handelt es sich meist um sporadische Fälle von Enteritis. Krankheitserscheinungen treten eher in den Wintermonaten und fast nur bei Welpen auf. Sie manifestieren sich als akute oder chronische, schleimige bis blutige Durchfälle, manchmal begleitet von Erbrechen und/oder Fieber. Abszesse in verschiedenen Organen können (v. a. bei *Y.-pseudotuberculosis*-Infektionen) auftreten und entsprechende Symptome hervorrufen. Die Diagnose wird oft erst anhand des typischen Sektionsbildes (Gastroenteritis, abdominale Lymphadenitis und einzelne käsige Mikroabszesse mit Mikrothrombenbildung in verschiedenen Organen) gestellt. Die Anzüchtung von Yersinien erfolgt auf Selektivnährböden aus dem Kot. Bei klinisch inapparenten Infektionen ist eine Therapie normalerweise nicht erforderlich. *Yersinia* spp. reagieren sensitiv auf viele Antibiotika (außer Penicilline). Bei Katzen und

Hunden ist die Prognose gut. Im Mittelpunkt der Prophylaxe steht die Vermeidung der Fütterung roher Fleischprodukte und Tierkadaver. Menschen werden mit *Y. pseudotuberculosis* meist durch Nagetiere, gelegentlich auch durch Katzen oder sehr selten durch Hundebisse angesteckt. Hunde und Katzen spielen aber wahrscheinlich als potenzielle Überträger auf den Menschen eine untergeordnete Rolle.

2.1.12.9 Listeriose

Die Listeriose ist eine durch *Listeria* (*L.*) *monocytogenes* (sporenlose, fakultativ anaerobe, grampositive Stäbchenbakterien) hervorgerufene Krankheit bei Säugetieren, Vögeln und Menschen. Von Bedeutung ist die Listeriose besonders bei Wiederkäuern, als meldepflichtige Tierseuche. Katzen und Hunde erkranken sehr selten. Bei Menschen spielt die Listeriose v. a. bei immunsupprimierten Personen und schwangeren Frauen eine Rolle. Listerien kommen auch im Darm gesunder Tiere vor und gelangen mit den Ausscheidungen in die Umwelt. In Boden, Wasser und an Pflanzen überleben sie wochen- bis monatelang. Neben *L. monocytogenes* gilt auch *L. ivanovii* als tier- und menschenpathogen. *L. monocytogenes* kommt ubiquitär vor.

Die Ansteckung erfolgt meist oral über kontaminierte Lebensmittel und über Schleimhautverletzungen. Listerien können sich vermutlich nur dann im Körper ausbreiten, wenn die T-Zellfunktion gestört ist (bei Immunsuppression). Die Listerien gelangen über Gehirnnerven ins Stammhirn. Die Symptomatik ist abhängig von den betroffenen Organen. Zentralnervöse Symptome infolge einer Meningoenzephalitis äußern sich in Form von Depression, Schwäche beim Gehen, Ataxien, vestibuläre Störungen und Hirnnervenausfällen. Weitere gelegentlich beobachtete Symptome sind Aborte und Veränderungen des Magen-Darm-Trakts und der Leber. Bei Welpen kann sich eine Sepsis entwickeln. Im Liquor können die mononukleären Zellen erhöht sein.

Die Diagnose der Listeriose erfolgt durch kulturelle Anzüchtung oder mittels PCR (aus Liquor, Kot, Blut, Abortmaterial). Zur Therapie geeignet ist u. a. Ampicillin, Amoxicillin (oft in Kombinaton mit Gentamicin als erste Wahl), Trimethoprim-Sulfonamide (bei Enzephalitiden), Erythromycin, Chloramphenicol, Rifampin und Tetrazyklin. Die Therapiedauer beträgt in der Regel 14 Tage. Die Prognose hängt von der Manifestation ab. Katzen und Hunde spielen bei der Ansteckung des Menschen keine Rolle.

2.1.12.10 Tularämie

Die Tularämie (Nagerpest) ist eine durch *Francisella (Fr.) tularensis* verursachte fieberhafte, meldepflichtige Krankheit, die bei Kaninchen und Nagetieren enzootisch auftreten kann, aber auch bei vielen anderen Wirbeltierarten, u. a. Menschen, sowie wirbellosen Tieren beschrieben ist. Als Überträger fungieren Arthropoden, besonders Zecken, und Vögel. Unterschieden werden zwei Subtypen von *Fr. tularensis*, Subtyp A (*Fr. tularensis* ssp. *tularensis*) und Subtyp B (*Fr. tularensis* ssp. *holarctica*). Subtyp A kommt nur in den USA vor und ist hochpathogen für Kaninchen. Subtyp B kann überall auf der Nordhalbkugel nachgewiesen werden und ist nicht pathogen für Kaninchen.

Tularämie kommt gelegentlich bei Katzen (v. a. in den USA) und sehr selten bei Hunden vor. In Mitteleuropa ist die Krankheit extrem selten. Katzen und Hunde werden meist durch Zeckenstiche oder orale Aufnahme infizierter Kaninchen oder Nagetiere infiziert. Bei Katzen treten selten klinische Symptome auf, jedoch öfter als bei Hunden. Der Schweregrad der Krankheit ist unterschiedlich und reicht von einer milden chronischen, lokal begrenzten Infektion (ulzero-glanduläre Form) bis hin zu einer akuten systemischen Erkrankung. Die ulzero-glanduläre Form ist gekennzeichnet durch chronisch drainierende subkutane Abszesse. Einige Katzen weisen orale und/oder linguale Ulzerationen auf. Die systemische Form wird v. a. bei jungen Tieren beobachtet, die allgemein empfänglicher zu sein scheinen als adulte Tiere. Sie kann mit Fieber, Lethargie, generalisierter Lymphadenopathie, Splenomegalie, Hepatomegalie und Ikterus einhergehen und bei Katzen (wie auch Menschen) tödlich enden. Als labordiagnostische Veränderungen sind v. a. Leukopenien mit Neutropenie und toxische Veränderungen der neutrophilen Granulozyten beschrieben.

Die meisten Infektionen werden erst *post mortem* in der Sektion anhand nekrotischer Bereiche und miliärer Abszesse festgestellt. Sicher wird die Diagnose mittels Erregerisolierung nach aerober Anzüchtung auf Spezialnährböden, IHC oder PCR gestellt. Spezifische Antikörper können sowohl mit dem MAT als auch mit dem IFA nachgewiesen werden; Antikörper treten jedoch erst spät im Infektionsverlauf, frühestens etwa drei Wochen nach der Infektion, auf. Ein 4-facher Anstieg des Antikörpertiters oder ein Titer von mindestens 160 gilt als hinweisend für eine akute Infektion.

In der Humanmedizin werden zur Therapie der Tularämie v. a. Aminoglykosid-Antibiotika eingesetzt. Welches Antibiotikum bei Katzen und Hunden am besten geeignet ist, ist noch nicht ausreichend untersucht. Gentamicin (Mittel der Wahl beim Menschen) kann für Katzen mit schweren Formen in Betracht gezogen werden; alternativ werden Tetracycline (Doxycyclin) oder Fluorchinolone empfohlen. Bei rechtzeitiger Behandlung ist die Prognose bei adulten Tieren gut. Eine direkte Übertragung von Hunden und Katzen auf Menschen (Biss- oder Kratzverletzungen) ist beschrieben. Hygiene beim Umgang mit infektionsverdächtigen Tieren (z. B. Katzen mit Abszessen) steht im Vordergrund der Prophylaxe.

2.1.12.11 Pest

Die Pest (feline plaque) gehört zu den menschlichen Seuchen, die bis heute nicht ausgerottet sind. Der Erreger ist *Yersinia (Y.) pestis*, ein gramnegatives, fakultativ anaerobes Stäbchenbakterium der Familie *Enterobacteriaceae*. Die Pest wird bei wildlebenden Spezies derzeit noch in Teilen Asiens, Afrikas, Nord- und Südamerikas beschrieben. Die Übertragung erfolgt durch Arthropoden, v. a. Flöhe, aber auch durch Aufnahme von Fleisch von infizierten Reservoirwirten oder Exsudaten von Tieren oder Menschen mit Lungenpest. Unter den Haustieren sind in den noch vorhandenen Pestgebieten (darunter z. B. Gegenden in den USA) besonders jagende Freigänger-Katzen, Hunde weniger, gefährdet. Katzen sind etwa so empfänglich wie der Mensch, spielen als Überträger für den Menschen aber keine wesentliche Rolle. Pestfälle bei vergleichsweise resistenten Hunden treten nur sehr selten auf und verlaufen meist klinisch inapparent.

Nach oraler Aufnahme vermehrt sich der Erreger zunächst in den Tonsillen und pharyngealen Lymphknoten, wird über das Blut (mononukleäre Zellen) verbreitet und führt zu neutrophilen Entzündungsreaktionen und Abszessbildungen in infizierten Geweben. Bei Katzen und Hunden werden, wie beim Menschen, drei Krankheitsformen unterschieden. Die häufigste Krankheitsform ist die Beulenpest (oder auch Bubonenpest) mit Beulenbildung sowie Fieber und Lymphadenopathie. Die septikämische Pest kann aus der Beulenpest oder direkt durch hämatogene Verbreitung entstehen. Bei der septikämischen Pest können alle Organe, bei Katzen und Hunden v. a. die Lunge, befallen sein. Sie führt häufig innerhalb von 24 bis 48 Stunden nach Fieber, Schocksymptomen, Leukozytose und DIC zum Tod (bis zu 40 %). Eine primäre Lungenpest kann sich nach Tröpfcheninfektion ausbilden. Die Lungenpest ist bei Hunden und Katzen selten und entsteht vorrangig sekundär als Folge der Beulen- oder der septikämischen Pest. Sie geht mit persistierendem Fieber und beim Menschen (wahrscheinlich auch bei Katzen und Hunden) mit einer Letalität von fast 100 % einher.

Zur Diagnose kann die zytologische Untersuchung von Ausstrichen aus Blut oder von Feinnadelaspiraten aus Lymphknoten oder anderen infizierten Geweben herangezogen werden. Die Bestätigung und Erregerdifferenzierung kann mittels kultureller Anzüchtung auf Spezialmedien oder PCR erfolgen. Abstriche und Gewebeschnitte können auch mittels IFA markiert werden. Der Antikörpernachweis ist hinweisend auf eine Infektion.

Die Pest gehört zu den wenigen Krankheiten, die bereits bei Verdacht, und nicht erst bei Vorliegen der Diagnose, therapiert werden müssen. *Y. pestis* ist gegen viele Antibiotika sensibel. Mittel der Wahl ist Gentamicin allein oder in Kombination mit Flourchinolonen; für weniger schwere Verläufe eignet sich auch Doxycyclin, wobei von einer oralen Tabletteneingabe bis 72 Stunden nach Therapiebeginn abgesehen werden sollte (als prophylaktische Maßnahme für den Menschen). Nach dreitägiger antibiotischer Behandlung, die unter strenger Isolation mit entsprechenden Schutzmaßnahmen erfolgen muss, gelten Katzen und Hunde als nicht mehr infektiös; wichtig ist auch eine begleitende Behandlung gegen Flöhe. Antibiotika sollte über mindestens drei Wochen und mindestens eine Woche über die klinische Heilung hinaus verabreicht werden. Pestbeulen müssen drainiert und gespült werden. Bei frühzeitiger Therapie ist die Prognose der Beulenpest gut (vollständige Genesung bei etwa 90 %). Die Prognose von Lungenpest und septikämischer Pest ist dagegen schlecht. Wegen des hohen Zoonosepotentials sollte hier die Euthanasie von betroffenen Katzen und Hunden in Erwägung gezogen werden. Partnertiere und Kontaktpersonen sollten prophylaktisch mit Doxycyclin behandelt werden. Im Vordergrund der Prophylaxe steht die Floh- und Nagetierbekämpfung.

2.1.12.12 Milzbrand

Milzbrand (Anthrax) ist eine anzeigepflichtige Tierseuche und Zoonose, tritt in Europa aber nur noch sporadisch auf. Erreger des Milzbrands ist *Bacillus (B.) anthracis*, ein unbewegliches Stäbchenbakterium mit extrem widerstandsfähigen Sporen. Andere Bazillus-Arten (*B. cereus, B. mycoides, B. thuringiensis, B. subtilis*) spielen bei Katzen und Hunden nur eine sehr untergeordnete Rolle (verursachen gelegentlich Durchfall und Erbrechen). Für Infektionen mit *B. anthracis* sind alle Säugetiere, inklusive Menschen, sowie einige Vögel empfänglich. Katzen und Hunde sind relativ resistent gegenüber dem Erreger.

Katzen und Hunde infizieren sich meist durch Aufnahme von rohem Fleisch kontaminierter Kadaver oder Tierabfällen (Ingestation, Inhalation oder über die Haut). Beim Menschen werden Haut-, Lungen- und Darmmilzbrand unterschieden. Alle Formen können unbehandelt innerhalb von Tagen tödlich verlaufen. Wegen der hohen Einstufung der Erreger nach Bundesseuchengesetz (Risikogruppe 3) müssen verdächtige Tiere mit entsprechender Vorsicht behandelt werden. Alle tierärztlichen Handlungen an erkrankten und verdächtigen Tieren müssen unter dem Grundsatz der Vermeidung einer Kontamination der Umgebung mit Sporen (Blutaustritt) vorgenommen werden.

Beim Menschen werden je nach vorherrschender Milzbrand-Form Pustelinhalt, Sputum, Kot oder Gewebefeinnadelaspirate zum Erregernachweis herangezogen. Heute erfolgt die Diagnose meist mittels PCR. Bei frühzeitiger Diagnose werden (beim Menschen) Penicillin oder Tetracycline in hoher Dosierung (i. v.) verabreicht. Noch nicht erkrankte Partnertiere mit potenziellem Kontakt sollten ebenfalls behandelt werden (über drei Tage). In der Humanmedizin werden zusätzlich Milzbrandseren verwendet. Erkrankte Tiere sollten aufgrund des hohen Zoonose-Potentials nicht therapiert werden. Impfungen gegen Milzbrand sind für Menschen auf dem Markt, nicht für Hunde und Katzen. Handelsübliche Desinfektionsmittel sind wirkungslos.

2.1.12.13 Pararauschbrand

Haupterreger des Pararauschbrands ist *Clostridium* (*C.*) *septicum*. *C. novyi* kommt seltener vor. Die durch *C. septicum* verursachte Krankheit wird als „malignes Ödem" bezeichnet, der durch *C. novyi* A verursachte Pararauschbrand auch als „malignes Ödem II". Der Pararauschbrand verläuft wie der Rauschbrand (der bei Katzen und Hunden nicht vorkommt), als fieberhafte Allgemeinerkrankung mit Gasödemen, wobei die Gasentwicklung bei der *C.-novyi*-Infektion weitgehend fehlen kann. Das Wirtsspektrum von *C. septicum* und *C. novyi* umfasst alle Säugetiere, inklusive Menschen, und auch Vögel. Die Infektion mit beiden Erregern erfolgt üblicherweise über Wunden.

Bei Katzen und Hunden tritt die Krankheit nur sehr selten, nach Verletzungen oder chirurgischen Eingriffen, auf und beschränkt sich zumeist auf das Bindegewebe zwischen Unterhaut und Muskelfaszien, kann aber auch mit Nekrosen der Muskulatur einhergehen. Ein Gasödem stellt sich als anfangs warme, schmerzhafte Schwellung mit charakteristischem Knistern bei Palpation dar. In der Schwellung befindet sich rötlichgelbe, seröse, mit Gasblasen durchsetzte, nach Buttersäure riechende Flüssigkeit.

Die Diagnose kann meist aufgrund des klinischen Bilds gestellt werden. Der kulturelle Erregernachweis der anaeroben Erreger ist oft schwierig. Die Therapie stützt sich auf tiefe, chirurgische Inzision und Spülung sowie lokale und parenterale Antibiotikaverabreichung (Penicillin; bei Mischinfektion mit anderen Erregern in Kombination mit anderen Antibiotika). Die Prognose ist bei aggressiver Therapie günstig. Als prophylaktische Maßnahme gilt die Reinigung und Desinfekion von Wunden. Für Menschen spielen Infektionen bei Katzen und Hunden keine Rolle.

2.1.12.14 Tyzzer`sche Krankheit

Erreger der Tyzzer`sche Krankheit (Tyzzer`s disease) ist *Clostridium (C.) piliformis* (früher *Bacillus piliformis*), ein gramnegatives, sporenbildendes, bewegliches, obligat intrazelluläres Stäbchenbakterium. *C. piliformis* gehört als Kommensale zur Darmflora vieler Nagetiere. Klinische Erkrankungen sind bei Fohlen bis zur sechsten Lebenswoche, Mäusen, Ratten, Meerschweinchen, Hamstern, Kaninchen, Beuteltieren, Rhesusaffen und auch Fleischfressern beschrieben, nicht jedoch bei Menschen. Bei Katzen und Hunden kommt die Krankheit nur sehr selten vor. In den meisten Fällen handelt es sich um immunsupprimierte Tiere.

Katzen und Hunde infizieren sich meist durch Kontakt zu Nagern oder Nagerkot. Die klinischen Symptome sind charakterisiert durch plötzliches Auftreten von Apathie, Anorexie, Bauchschmerzen, Hepatomegalie und Hypothermie. Gelegentlich wird Durchfall oder Ikterus beobachtet. Die Diagnose kann oft erst *post mortem* durch Erregerisolierung gestellt werden. Therapieversuche sind wenig aussichtsreich; erkrankte Tiere sterben meist schnell (innerhalb von 24–48 Stunden).

Zur Wirksamkeit von Antibiotika bei Katzen und Hunden gibt es nur wenig Daten. Penicilline, Doxycyclin und Erythromycin werden v. a. bei Kontakttieren eingesetzt. Die Prophylaxe in Risiko-Gebieten (Wildtierpopulationen in Nordamerika und Australien) besteht v. a. in der Nagetierbekämpfung.

2.1.12.15 Q-Fieber

Q-Fieber (Coxiellose, query fever) ist eine fast weltweit verbreitete, meldepflichtige Zoonose, die durch *Coxiella (C.) burnetii* der Familie *Coxiellaceae* hervorgerufen wird. Das Wirtsspektrum des Erregers umfasst neben Menschen viele andere Säugetiere (besonders Wiederkäuer), Vögel und Arthropoden. Der Erreger kann durch über 40 verschiedene Zecken (u. a. *Dermacentor marginatus, Rhipicephalus sanguineus*) und andere Arthropoden-Spezies (u. a. Milben) auf Menschen und Haustiere übertragen werden. Wichtiger für Menschen ist aber die Übertragung durch Haustiere (Wiederkäuer, Katzen, Hunde). Coxiellen werden mit Speichel, Milch, Kot, Urin und in besonders hoher Konzentration mit Fruchtwasser oder der Plazenta (Nachgeburt) infizierter Tiere (auch ohne klinische Symptome) ausgeschieden. Antikörper gegen *C. burnetii* wurden bei Hunden und häufig bei Katzen nachgewiesen. In einer Studie aus Großbritannien waren 62 % der getesteten Katzen Antikörper-positiv.

Katzen und Hunde infizieren sich v. a. über orale Aufnahme infizierter Tiere (z. B. Mäuse), Gewebe (Nachgeburt, Kadaver, Fleisch) oder Milch. Nach oraler (oder aerogener) Aufnahme vermehren sich die Coxiellen in den Gefäßendothelien und den Serosaepithelien des Respirations- und Urogenitaltrakts. Die Mehrzahl der Infektionen mit *C. burnetii* bei Katzen und Hunden im Feld verläuft klinisch inapparent, aber mit Ausscheidung der Erreger, v. a. über die Milch (bis zu vier Wochen) und den Urin (bis zu zehn Wochen). Infizierte Katzen und Hunde sind somit eine potenzielle Gefahr für Menschen und andere Tiere. Aborte und Frühgeburten sind beschrieben (selten auch Bronchopneumonie und Splenomegalie).

Beim Menschen wird die Diagnose mittels PCR oder Zellkultur gestellt. In Organproben kann der Erreger mittels der Immunfluoreszenz oder elektronenmikroskopisch nachgewiesen werden. Auch der Antikörpernachweis ist diagnostisch, da die Erreger unterschiedliche Entwicklungsstadien durchlaufen und so zu verschiedenen Zeiten der Infektion unterschiedliche Antigene (Phase-I- und Phase-II-Antigen) vorhanden sind, gegen die verschiedene Antikörper gebildet werden. Zum Nachweis bei Hunden und Katzen werden diagnostische Tests in Anlehnung an die Humanmedizin herangezogen.

Da Infektionen bei Hunden und Katzen meist ohne klinische Symptome verlaufen und selten nachgewiesen werden, stehen kaum Informationen über die Wirksamkeit von Therapeutika zur Verfügung. Als wirksam beim Menschen gelten u. a. Tetracycline und Fluorchinolone; eine vollständige Erregerfreiheit ist aber nicht sicher zu erreichen. Katzen und Hunde, die klinische Symptome entwickelten, wurden empirisch mit Doxycyclin behandelt. Da die Infektionen meist klinisch inapparent verlaufen, ist die Prognose für Katzen und Hunde gut. Prophylaktische Maßnahmen für Menschen stellen v. a. Hygiene bei Geburten, Verzicht auf rohe tierische Lebensmittel und Zeckenprophylaxe dar. Bei Katzen und Hunden stehen Ektoparsitenprophylaxe und das Fernhalten von potenziell infizierten Tieren im Vordergrund (z. B. Schafe während der Geburt). In Deutschland (und Europa) gibt es Impfstoffe, die für Wiederkäuer (Rinder und Ziegen) zugelassen sind, nicht jedoch für den Menschen oder Hunde und Katzen.

2.1.12.16 Seltene Rickettsiosen

Zu den Rickettsien gehören die Familie *Anaplasmataceae*, mit den Gattungen *Anaplasma, Ehrlichia* (bereits separat unter 2.1.3 und 2.1.4 beschrieben), *Neoehrlichia, Neorickettsia* und *Wolbachi*a und die Familie *Rickettsiaceae* mit der Gattung *Rickettsia*.

Die Gattung *Rickettsia* umfasst mehr als 20 Arten. Rickettsien sind gramnegative, obligat intrazelluläre Bakterien, die hauptsächlich Erythrozyten und/oder retikuloendotheliale Zellen befallen. Vektoren der Erreger, von denen einige wichtige humanpathogene Erreger sind, darunter *Rickettsia (R.) conorii* (Mittelmeer-Fleckfieber in der

Alten Welt) und *R. rickettsii* (Rocky-Mountain-Fleckfieber auf dem amerikanischen Kontinent), sind Zecken.

Für den Hund spielen in Europa von den seltenen Rickettsiosen vowiegend Infektionen mit *R. conorii* eine Rolle. Der Erreger wird über *Rhipicephalus sanguineus* übertragen und hat in Deutschland daher Relevanz bei Hunden mit Auslandsvorbericht; eine Infektion durch Bluttransfusion kommt ebenfalls in Betracht. Die hohe Prävalenz von Antikörpern bei gesunden Hunden (und Katzen) lässt auf häufige Infektionen schließen, die in den meisten Fällen asymptomatisch verlaufen. Einige Hunde etwickeln Symptome, wie Fieber, Lymphadenopathie, Hepatomegalie, Inappetenz und reduziertes Allgemeinbefinden; Erbrechen und Durchfall, Hyperästhesie, Ödeme, steifer Gang und Lahmheiten sind ebenfalls beschrieben. Abweichungen bei den labordiagnostischen Parametern können, neben einer (für Rickettsien typischen) Thrombozytopenie, Anämie und/oder Leukopenie, erhöhte Konzentrationen des C-reaktiven Proteins, Hyper- oder Hypoglobulinämie und Hypalbuminämie sein. Infektionen mit *R. rickettsii* verlaufen beim Hund ebenfalls meist mild, jedoch sind auch schwere und letale Verläufe möglich. Mögliche Symptome sind unter anderem Fieber, Erbrechen, Durchfall, Petechien, Ekchymosen und Gelenkschwellung. Auch bei dieser Rickettsien-Art wird häufig eine Thrombozytopenie festgestellt. Bei Katzen konnten Infektionen mit *R. massiliae, R. conorii, R. felis, R. typhi* und *R. rickettsii* nachgewiesen werden; über die Bedeutung dieser Rickettsien bei der Katze ist wenig bekannt; auch die Rolle der Katze als (potenzielles) Reservoir für Rickettsien (v. a. *R. felis*) ist nicht abschließend geklärt.

Für den Nachweis ist ein direkter Erregernachweis mittels PCR (z. B. aus Blut) indiziert, interpretiert in Relation zu den bestehenden Symptomen und einem schnellen Ansprechen auf antibiotische Therapie (mit Doxycyclin). Der Antikörpernachweis ist für die Diagnose einer durch Rickettsien hervorgerufenen Erkrankung nicht geeignet; hiermit kann lediglich ein (vorangegangener) Erregerkontakt nachgewiesen werden. Hinzu kommen Kreuzreaktionen, die nach Infektionen mit anderen *Rickettsia* spp., die keine klinische Relevanz haben, auftreten können.

Zur Gattung *Neoehrlichia* gehört die humanpathogene Spezies *Canidatus* Neoehrlichia mikurensis, welche Neoehrlichiose beim Menschen auslösen kann. Über die Rolle dieses Erregers bei Hunden und Katzen ist wenig bekannt. *Canidatus* Neoehrlichia mikurensis wurde bisher bei Nagetieren (Italien und Japan), sowie in Zecken (Slowakei, Japan, Österreich, Schweiz und Russland) nachgewiesen. In Deutschland konnte bei einem Hund (mit Reisehistorie) eine klinisch manifeste Neoehrlichien-Infektion mittels PCR und anschließender Sequenzierung diagnostiziert werden; bei diesem Hund wurde Lethargie, subkutane Hämorrhagien, eine milde Anämie, Thrombozytopenie und eine Neutropenie festgestellt. Die Symptome konnten mit Doxycyclin erfolgreich behandelt werden. Infektionen bei Katzen sind nicht beschrieben.

Neorickettsia (N.) spp. scheinen für Hunde und Katzen wenig Bedeutung zu haben. Die Spezies *N. risticii* löst die equine monozytotrophe Ehrlichiose aus und ist in den USA und Kananda verbreitet (u. a. beim Menschen). Vektoren sind Trematodenlarven; Reservoirwirte sind Schnecken. Hunde und Katzen sowie Mäuse und Primaten konnten experimentell mit *N. risticii* infiziert werden. Bei Katzen konnten nach experimenteller

Infektion (milde) Symptome (leichtes Fieber, Anorexie, Durchfall und Lymphadenopathie) beobachtet werden. Der Nachweis von Antikörpern bei Katzen im Feld (USA, Spanien) lässt Rückschlüsse zu, dass auch natürliche Infektionen vorkommen. *N. helminthoeca* (salmon poisoning disease) ist an der Pazifikküste der USA verbreitet und kann neben Kojoten und Bären auch Hunde infizieren. Vektoren sind Trematoden; Fische sind Reservoirwirte. Katzen scheinen nicht empfänglich zu sein.

Wolbachia pipientis (die einzige Spezies) des Genus *Walbachia* ist ein obligat intrazelluläres, gramnegatives Bakterium, welches als Symbiont parasitisch in *Dirofilaria immitis* (Herzwurm) lebt. Infektionen mit Dirofilarien werden durch Stechmücken (*Culicidae*) übertragen, die in warmen Ländern vorkommen. Infektionen in Deutschland spielen daher nur bei Katzen und Hunden mit Auslandsvorbericht eine Rolle. Durch Absterben der Herzwürmer werden Wolbachien freigesetzt, und es kommt zu einer Immunantwort, die zu (schweren) Entzündungsreaktionen führen kann. Mit der Gabe von Doxycyclin kann die Wolbachien-Last in den Dirofilarien reduziert und Entzündungsreaktionen in ihrem Ausmaß gemindert werden. Eine Doxycyclin-Therapie bei Katzen wird in manchen Fällen über einen langen Zeitraum zur Therapie der Herzwürmer eingesetzt, da die dauerhafte Abtötung ihrer Symbionten zur Infertilität der weiblichen Herzwürmer und längerfristig zum Tod der Herzwürmer führt. Symptome direkt durch Wolbachien sind nicht beschrieben.

2.2 Virale Infektionskrankheiten

2.2.1 Feline Immunschwächevirus-Infektion

Definition: Das feline erworbene Immunschwächesyndrom (felines AIDS, F-AIDS, feline acquired immunodeficiency syndrome) ist eine weltweit unter Feliden verbreitete, unheilbare Infektionskrankheit.

Ätiologie: Das feline erworbene Immunschwächesyndrom wird durch eine Infektion mit dem felinen Immunschwächevirus (FIV, feline immunodeficiency virus) hervorgerufen. FIV gehört zur Familie der *Retroviridae*, Genus Lentivirus, und kommt weltweit in verschiedenen Subtypen (z. B. A, B, C, D, E) vor. In Deutschland kommen vor allem die Subtypen A, B und C vor. Im Gegensatz zum humanen Immunschwächevirus (HIV), das historisch gesehen erst kürzlich von Affen auf den Menschen übertragen wurde, ging FIV vermutlich vor mehr als drei Millionen Jahren auf Katzen (oder deren Vorfahren) über. FIV ist ein sphärisches bis ellipsoides Virus mit einem Durchmesser von 100 bis 125 nm. Das FIV-Genom, ein Dimer aus positiven Einzelstrang-Ribonukleinsäuren und die daran gebundenen Enzyme Reverse Transkriptase, Integrase und Protease sowie das Nukleokapsidprotein, das die RNA (Ribonukleinsäure) umgibt, ist in seinem Aufbau ähnlich dem anderer Lentiviren organisiert. Die genetische Information ist auf drei Strukturgenen gespeichert. Diese Gene, die in der Reihenfolge 5'-gag-env-pol-3' angeordnet sind, kodieren für unterschiedliche Polypeptide, die mit p (für „protein"), pp (für „precursor protein", Vorläuferprotein) oder gp (für „glycoprotein") und einer Zahl (Angabe des Molekulargewichts in Kilo-dalton, kDa) benannt werden. Gag (für „group specific antigen") kodiert für die Strukturproteine, pol (für „polymerase") für die viralen Enzyme und env (für „envelope") für die Proteine der Virushülle.

Wie alle Retroviren folgt FIV einem Replikationszyklus, der dem klassischer, zytolytischer RNA-Viren ähnelt. Der Unterschied zu den anderen Viren ist durch die reverse Transkription und Integration in das zelluläre Genom gegeben, die zur Bildung und zum Einbau der proviralen DNA in das zelluläre Genom führen. FIV infiziert wie HIV *in vivo* vorwiegend Zellen, die einen CD4+-Rezeptor tragen, wie Lymphozyten und Makrophagen. Für den Viruseintritt sind die Chemokinrezeptoren CXCR4 und CCR5 auf den CD4+-positiven Zellen wichtig.

FIV ist weltweit verbreitet. In Deutschland liegt die Prävalenz zwischen 2 und 3 %. In Europa ist die Prävalenz in Italien am höchsten (an manchen Orten über 30 %). In einigen Regionen, wie z. B. auf dem Forum Romanum oder in Venedig, sind mehr als 50 % der Katzen FIV-infiziert. Die Unterschiede in den Infektionsraten zwischen den verschiedenen Ländern beruhen vorwiegend auf den Haltungsbedingungen. Die Prävalenz ist höher, wenn der Anteil an freilaufenden, streunenden Katzen größer ist. Ist FIV in einer Population verbreitet, stellt sich ein relativ stabiler Zustand zwischen der Anzahl der empfänglichen und infizierten Katzen ein, d. h., die Prävalenz bleibt über

Jahre konstant. Eine FIV-Infektion dezimiert die Bestandsdichte einer Population nicht. FIV-infizierte Katzen haben also keine reduzierte Überlebenszeit.

Pathogenese: Wie fast alle Lentiviren tritt auch FIV vorwiegend zellassoziiert auf und ist nur extrem kurz (Sekunden) in der Außenwelt infektiös. Die Übertragung erfolgt durch parenterale Inokulation von virushaltigen Zellen in die Blutbahn einer gesunden Katze. Eine Übertragung findet daher vor allem durch den Biss eines infizierten Tiers statt. Allein die gemeinsame Benutzung von Schlaf- und Futterplätzen durch infizierte und nicht-infizierte Katzen oder gegenseitiges Putzen und Belecken führen nicht zu einer Übertragung. Beim Deckakt kann das Virus jedoch übertragen werden. Die transplazentare, die perinatale Übertragung und die Infektion neugeborener Katzenwelpen durch die Muttermilch infizierter Kätzinnen ist möglich, jedoch unter natürlichen Bedingungen sehr selten. Katzen, die in Gebieten mit hoher Katzenpopulationsdichte freien Auslauf haben, haben das größte Infektionsrisiko. Zur Risikogruppe gehören vor allem unkastrierte, freilaufende Kater mit ausgeprägtem Territorialverhalten. FIV ist unter reinen Wohnungskatzen sowie bei Zucht- und Rassekatzen ohne Auslauf selten.

Bei der FIV-Infektion kommt es trotz zellulärer Immunantwort und Bildung von Antikörpern immer zu einer persistierenden Infektion. Neutralisierende Antikörper bieten keinen Schutz. Die Antikörperbildung beginnt nach frühestens zwei Wochen. Provirale DNA kann mittels PCR nach fünf Tagen in Blutlymphozyten, nach zehn Tagen in Organen nachgewiesen werden. Eine Virusisolierung kann erstmals zehn bis 14 Tage nach Infektion aus Lymphozyten erfolgen. Die Virämie nimmt bis zum 21. Tag zu, hat in der siebten bis achten Woche einen Peak und fällt dann ab, bleibt aber (in geringer Menge) lebenslang bestehen. Ist eine Katze mit FIV infiziert, kann sie etwa ab der dritten Woche *post infectionem* das Virus übertragen. Ab diesem Zeitpunkt ist eine Übertragung lebenslang möglich.

Symptome: Wie bei der erworbenen Immunschwäche des Menschen werden die klinischen Symptome meist nicht durch das Virus selbst, sondern durch Sekundärinfektionen verursacht. Zudem kann die FIV-Infektion an einer Stomatitis beteiligt sein sowie sehr selten neurologische Symptome hervorrufen. Außerdem ist die Inzidenz von Tumoren bei FIV-infizierten Katzen höher als bei nicht-infizierten Katzen. Die allermeisten FIV-infizierten Katzen sind gesund, nur manche Tiere entwickeln eine Immunschwäche. Es kommt zu einem selektiven Abfall und Funktionsverlust der CD4+-Zellen, welcher vor allem zur Störung der zellulären Immunität führt, sodass vorwiegend Virusinfektionen, parasitäre Infektionen und Pilzinfektionen begünstigt werden. Ein gemeinsames Auftreten einer FIV- und einer FeLV-Infektion beschleunigt den Krankheitsverlauf der FIV-Infektion.

Das häufigste Syndrom, das bei natürlich FIV-infizierten Katzen auftritt, ist eine feline chronische Gingivostomatitis (FCGS) (Abb. 2.2). Eine FCGS wird auch bei nicht FIV-infizierten Katzen gefunden; FIV scheint ihr Auftreten aber zu begünstigen.

Die Läsionen sind oft schmerzhaft und Zahnverluste sind möglich. Die Folge können Anorexie und Abmagerung sein. Die Ätiologie der FCGS ist vielschichtig; histologische

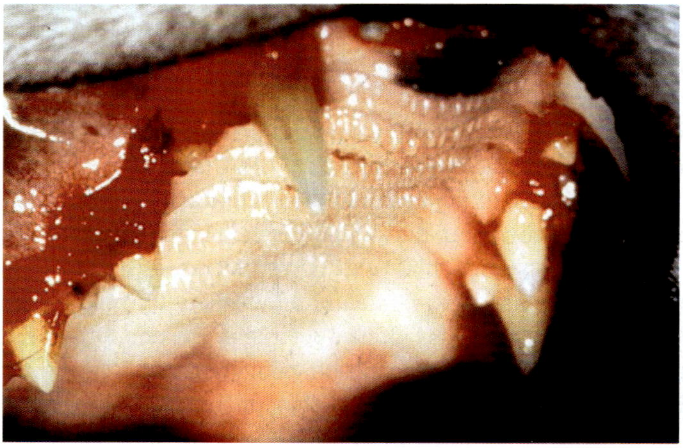

Abb. 2.2 Hochgradige Gingivostomatitis bei einer FIV-infizierten Katze.

Untersuchungen lassen auf eine überschießende Immunreaktion, auf eine chronische Antigen-Stimulation oder auf eine immune Dysregulation schließen. Caliciviren werden häufig in der Maulhöhle von Katzen mit FIV-assoziierter FCGS nachgewiesen und stellen wahrscheinlich einen wichtigen Kofaktor dar. Andere (bakterielle) Besiedelungen in der Maulhöhle werden ebenfalls als Koinfektionen diskutiert.

Bei etwa 5 % der klinisch kranken FIV-infizierten Katzen sind neurologische Symptome der vorherrschende Vorstellungsgrund. Obwohl die Mehrzahl der FIV-infizierten Katzen keine klinisch sichtbaren neurologischen Symptome aufweist, können bei einem höheren Anteil der Katzen mikroskopische Läsionen im ZNS vorkommen. Bei manchen Katzen werden die neurologischen Symptome durch opportunistische Infektionskrankheiten, wie Toxoplasmose, Kryptokokkose oder FIP, hervorgerufen. Manchmal sind die neurologischen Ausfälle aber eine direkte Folge der Einwirkung des Virus auf die Zellen des ZNS. Infektionen des Gehirns und virusinduzierte Läsionen entstehen teilweise bereits innerhalb von zwei Monaten nach experimenteller Infektion. Die Katzen zeigen Verhaltensänderungen, zuckende Bewegungen des Gesichts und der Zunge, Unruhe, Demenz, Verlust der Sphinkterkontrolle (Blase und Anus) und unruhige Schlafphasen. Ebenfalls beschrieben sind Nystagmus, Ataxie, Anfälle und Tremor (Abb. 2.3). Das Virus infiziert keine Neurone, obwohl das Absterben von Neuronen mit der FIV-Infektion assoziiert und für die Großhirnsymptome maßgeblich verantwortlich ist. Der Mechanismus der Schädigung der Neurone durch FIV ist unklar; mögliche Ursachen sind neuronale Apoptose, Einflussnahme auf neuronale Transportfunktionen der Astrozyten und von der infizierten Mikroglia produzierte Toxine oder Zytokine. *In-vitro*-Studien unterstützen die Hypothese, dass FIV-Infektionen den normalen Metabolismus in Zellen des ZNS, vor allem in den Astrozyten, beeinträchtigen. Eine FIV-Infektion von felinen Astrozyten kann die Glutamat-Steuerung signifikant stören; dies hat eine neuronale Schädigung zur Folge.

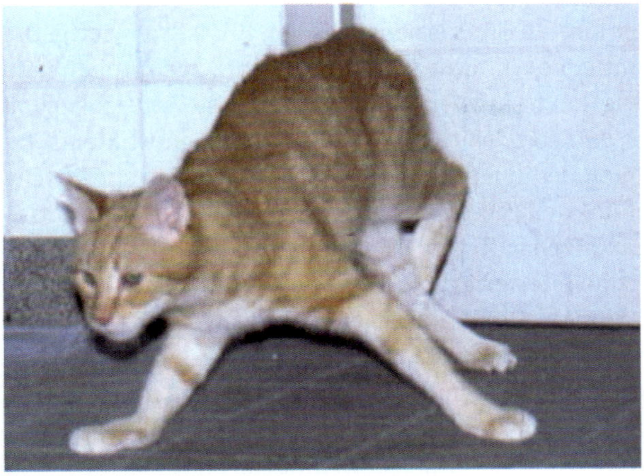

Abb. 2.3 Neurologische Symptome (Hypermetrie, Inkoordination) bei einer FIV-infizierten Katze.

FIV-infizierte Katzen entwickeln etwa fünfmal häufiger Lymphome und Leukämien als nicht-infizierte Katzen (verglichen mit der etwa 60-mal höheren Wahrscheinlichkeit bei Katzen mit einer FeLV-Infektion). Im Gegensatz zu den Lymphomen bei FeLV-infizierten Katzen, die vorwiegend T-Zell-Lymphome sind, sind FIV-assoziierte Lymphome meist B-Zell-assoziiert. Andere, bei FIV-infizierten Katzen beschriebene Neoplasien sind Plattenepithelkarzinome, Fibrosarkome, Mastzelltumore und myeloische Tumore. Es gibt zahlreiche Theorien über die Rolle des FIV in der Tumorentstehung. FIV könnte die Tumorinzidenz durch Hemmung „tumorüberwachender" Mechanismen erhöhen, sodass dass entstehende maligne Zellklone nicht von Immunzellen unschädliche gemacht werden. FIV könnte die Tumorentwicklung auch durch immunstimulatorische Effekte auf die Replikation von Lymphozyten fördern.

Durch selektive Infektion und Zerstörung der CD4+-Lymphozyten kann eine Lymphopenie auftreten. Weitere seltenere Blutbildveränderungen, wie Anämie, Neutropenie und Thrombozytopenie, können durch Myelosuppression entstehen. Anämien sind meist aregenerativ, selten hämolytisch (dann meist durch immunmediierte Vorgänge). Als Veränderungen klinisch-chemischer Laborwerte können eine polyklonale Hypergammaglobulinämie als Zeichen der chronischpersistierenden intrazellulären Infektion nachgewiesen werden. Manchmal tritt Glomerulonephritis durch Immunkomplexablagerungen mit Proteinurie auf.

Diagnose: Der FIV-Status jeder Katze sollte bekannt sein. Ein FIV-Antikörpertest sollte möglichst routinemäßig (bei Freiläufern jährlich) durchgeführt werden, da eine FIV-Infektion besonderes Management und Haltungsbedingungen erfordert. In Mehrkatzenhaushalten sollte vor Zukauf/Aufnahme einer neuen Katze getestet werden. Bei jeder kranken Katze (v. a. Katzen mit unklaren oder therapieresistenten Krankheitsbildern) ist ein Antikörpernachweis zu empfehlen, da eine FIV-Infektion Prognose und Therapie-maßnahmen beeinflusst. Anhand klinischer Merkmale kann eine FIV-Infektion nicht diagnostiziert werden.

Direkter Erregernachweis: Der direkte Erregernachweis von FIV ist schwierig. Die Konzentration viraler Proteine (Antigene) im Blut ist, im Gegensatz zur Antigenämie bei der Infektion mit FeLV, zu niedrig, um nachgewiesen zu werden. Die Virusisolierung ist schwierig, zeitaufwändig, teuer und somit nicht für die Routinediagnostik einsetzbar. Die PCR ist unter experimentellen Bedingungen eine sehr sensitive und spezifische Methode. Durch die große Variabilität der FIV-Stämme können jedoch falsch-negative Ergebnisse bei natürlich infizierten Katzen auftreten. Die in Australien, Neuseeland und Asien kommerziell erhältliche Vakzine interferiert nicht mit der PCR.

Indirekter Erregernachweis: Für den indirekten Erregernachweis (Antikörpernachweis), der routinemäßig durchgeführt wird, stehen verschiedene Tests zur Verfügung. Die meisten FIV-infizierten Katzen bilden hohe Konzentrationen an spezifischen, gegen FIV gerichteten Antikörpern. Da es bisher keine Heilung gibt und in Europa kein Impfstoff erhältlich ist, der die Bildung von FIV-Antikörpern induziert und so eine Infektion vortäuscht, kann eine FIV-Infektion bei einer erwachsenen Katze mittels Antikörpertest sicher nachgewiesen werden. Bei Jungtieren bis zum Alter von sechs Monaten muss ein positiver Antikörpertest vorsichtig interpretiert werden, da FIV-Antikörper über das Kolostrum von infizierten (oder geimpften) Muttertieren auf die Jungtiere übertragen werden und diese bis zu sechs Monate lang nachweisbar sind.

Für die Routinediagnostik werden zahlreiche Schnelltests, sog. Point-of-Care-Tests (POC-Tests), auf der Basis eines ELISA oder eines ähnlichen Prinzips (Immunochromatographie), zum Nachweis von Antikörpern gegen das FIV-Innenkörperprotein p24 und/oder das FIV-Hüllglykoprotein gp40 angeboten. Die meisten von ihnen sind in ihrer Sensitivität und Spezifität vergleichbar und stehen auch den Labortests in ihrer Aussagekraft in nichts nach. Der Western Blot ist spezifischer; er gilt als „Goldstandard" für den Nachweis von FIV-Antikörpern.

Vor allem in Gegenden mit niedriger Prävalenz der FIV-Infektion (z. B. Deutschland) ist der positive prädiktive Wert (PPW, Anzahl der krank getesteten Katzen, die tatsächlich krank sind) eines einmaligen Schnelltests nicht ausreichend (zwischen 50 und 80 %). Ein positives Ergebnis sollte daher immer mit einem zweiten Test (z. B. mit einem Schnelltest einer anderen Firma oder durch einen Antikörpernachweis mittels Western Blot im Großlabor) verifiziert werden. Ein (einmaliges) negatives Ergebnis hingegen schließt eine FIV-Infektion weitgehend aus, da der negative prädiktive Wert (NPW, Anzahl der gesund getesteten Katzen, die tatsächlich gesund sind) der Schnelltests in Deutschland mit 94–97 % sehr hoch ist.

Therapie: Bei entsprechendem Management können FIV-infizierte Katzen noch viele Jahre leben. Sie sterben teilweise erst im hohen Alter durch Ursachen, die nichts mit ihrer FIV-Infektion zu tun haben. Ein positiver FIV-Test ist daher niemals ein Grund für eine Euthanasie. FIV-infizierte Katzen sollten ausschließlich im Haus gehalten werden, um eine Übertragung auf andere Katzen zu vermeiden und um die potenziell immunsupprimierte Katze vor Infektionen zu schützen. Es hat sich gezeigt, dass eine konsequente Wohnungshaltung und Isolation von Katzen mit FIV die Lebenserwartung und die symptomfreien Phasen signifikant verlängert. Sekundäre Infektionen können nicht nur gravierende klinische Symptome bei FIV-infizierten Katzen verursachen, sondern auch eine Rolle in der Progression der FIV-Infektion spielen.

Schwerpunkt der Therapie ist die Behandlung von Sekundärinfektionen. Sind FIV-infizierte Katzen krank, ist eine frühzeitige Diagnose der entsprechenden Sekundärinfektionen essenziell für eine erfolgreiche Therapie. Viele FIV-infizierte Katzen reagieren genauso gut auf Medikamente wie nicht-infizierte, oft ist aber eine längere und/oder aggressivere Therapie erforderlich. Glukokortikoide und andere immunsuppressive Medikamente sollten vermieden werden. Die FCGS bei FIV-Infektion kann eine therapeutische Herausforderung sein. Zur Reduktion der antigenen Stimulation sollte in diesen Fällen zunächst eine Zahnextraktion (in der Regel aller Zähne) durchgeführt werden; Glukokortikoide sollten nur als Mittel der letzten Wahl verwendet werden. Griseofulvin kann bei FIV-infizierten Katzen knochenmarksuppressiv wirken und sollte daher nicht verwendet werden.

Zur Therapie von Symptomen, die durch FIV selbst verursacht werden, können antivirale Medikamente eingesetzt werden; der Gebrauch ist aber nur selten indiziert. Es gibt keine Heilung einer FIV-Infektion. Eine einmal infizierte Katze bleibt lebenslang infiziert.

Viele antivirale Medikamente wurden für die Behandlung von Infektionen mit HIV entwickelt und einige von ihnen können auch zur Therapie von FIV-Infektionen verwendet werden, da die meisten Enzyme von FIV und HIV ähnlich sensibel auf bestimmte Inhibitoren reagieren. Die Erfolge der antiviralen Chemotherapie bei FIV-infizierten Katzen sind jedoch nicht mit denen bei HIV-infizierten Patienten vergleichbar.

Zu Zidovudin (3`-Azido-2`,3`-Dideoxythymidin, AZT), im Handel als Retrovir® (GlaxoWellcome, Burgwedel, Deutschland), gibt es die meisten Studien. Es ist ein Nukleosidanalogon (Thymidinderivat), das die reverse Transkriptase von Retroviren hemmt. Es wird in den sich entwickelnden DNA-Strang eingebaut und hemmt so die Neuinfektion von Zellen. AZT reduziert den Plasma-Virus-Load, verbessert den immunologischen Status bei FIV-infizierten Katzen und hat einen positiven Einfluss auf die klinischen Symptome. In einer placebokontrollierten Studie verbesserte AZT die FCGS bei natürlich infizierten Katzen signifikant. Es wird in einer Dosis von 5–10 mg/kg KM 2 × tägl. p. o. oder s. c. verabreicht. Am einfachsten wird es als kommerziell erhältlicher Sirup p. o. verabreicht. Während der Therapie sollte das Blutbild regelmäßig kontrolliert werden, da besonders bei hoher Dosierung aregenerative Anämien als Nebenwirkung auftreten können. Viele Katzen entwickeln einen milden Hämatokrit-Abfall in den ersten drei Wochen der Behandlung, erholen sich dann jedoch, selbst wenn die Therapie fortgesetzt wird. Fällt der Hämatokrit unter 20 %, sollte die Therapie unterbrochen werden. Meist verschwindet die Anämie nach Beendigung der Therapie innerhalb weniger Tage. Leider können bereits nach sechs Monaten resistente FIV-Stämme entstehen. AZT ist vorwiegend bei FIV-infizierten Katzen mit FCGS oder neurologischen Symptomen indiziert. Bei gesunden FIV-infizierten Katzen wird eine AZT-Therapie nicht empfohlen.

Felines Interferon-ω (IFN-ω) ist ein rekombinantes Produkt, hergestellt in Baculoviren. IFN-ω ist unter anderem in einigen Ländern in Europa, inklusive Deutschland, zugelassen. Da Katzen gegen felines IFN-ω keine Antikörper bilden, kann es auch über längere Zeit angewendet werden. In einer placebokontrollierten Feldstudie, in der natürlich FIV-infizierte Katzen mit felinem IFN-ω (10^6 IU/kg KM 1 × tägl. s. c.) an fünf aufeinanderfolgenden Tagen mit dreimaliger Wiederholung des Zyklus im Abstand von mehreren Wochen behandelt wurden, gab es keinen signifikanten Unterschied in der Überlebensrate der behandelten FIV-infizierten Katzen gegenüber der unbehandelten Kontrollgruppe. Virusload oder CD4+-Zellen wurden nicht gemessen. Unkontrollierte Studien zeigten eine gewisse Wirksamkeit. Kontrollierte Studien zum Einsatz von felinem IFN-ω bei FIV-infizierten Katzenwären wären dringend notwendig.

Immunstimulierende Substanzen (z. B. Paraimmunitätsinducer, Acemannan, *Staphylococcus* Protein A, *Propionibacterium acnes*) werden häufig bei FIV-infizierten Katzen verwendet; eine unspezifische Stimulation des Immunsystems ist jedoch bei FIV-infizierten Katzen nicht sinnvoll. Die Immunstimulation von FIV-infizierten Lymphozyten in Zellkulturen führt zu einem Anstieg des Virusloads. Die Folge könnte eine Progression der FIV-Infektion sein.

Gesundheitschecks mit klinischer Untersuchung sollten bei FIV-infizierten Katzen halbjährlich durchgeführt werden, um Veränderungen im Gesundheitsstatus rechtzeitig zu erkennen. Besondere Aufmerksamkeit sollte auf Lymphknoten, Maulhöhle (FCGS), Augen (Entzündungen) und Haut (Parasiten und Pilze) gelegt werden. Ein komplettes Blutbild, ein klinisch-chemisches Profil und eine Urinuntersuchung sollten jährlich (bei geriatrischen Patienten mindestens halbjährlich) erfolgen. Die Meinungen über Impfungen bei FIV-infizierten Katzen gehen etwas auseinander. FIV-infizierte Katzen sind empfänglicher für Sekundärinfektionen, sodass ein guter Schutz, insbesondere vor Parvoviren, essenziell ist. Studien haben gezeigt, dass FIV-infizierte Katzen (mit Ausnahme von Katzen im Endstadium der Infektion) in der Lage sind, einen ausreichenden Schutz nach Impfung auszubilden. Auf der anderen Seite könnte eine Immunstimulation (durch Impfung) zu einer Progression der FIV-Infektion führen. Die Stimulation von FIV-infizierten Lymphozyten *in vitro* führt zu einer vermehrten FIV-Produktion. In einer *in-vivo*-Studie führte die Impfung mit einem synthetischen Peptid bei chronisch FIV-infizierten Katzen zu einem Abfall des CD4-/CD8-Quotienten. Es besteht also ein potenzieller Konflikt zwischen dem gewünschten Infektionsschutz durch Impfung und der Gefahr der Progression der FIV-Infektion durch die Immunstimulation der Impfung. Daher sollte eine Impfung nur dann in Betracht gezogen werden, wenn eine potenzielle Exposition zu Parvo-, Herpes- und/oder Caliciviren nicht ausgeschlossen werden kann (beispielsweise wegen anderer Tiere im Haushalt). Um über die Notwendigkeit einer Wiederholungsimpfung gegen Panleukopenie zu entscheiden, sollte auf Panleukopenie-Antikörper getestet werden und nur bei Bedarf (Fehlen von Antikörpern) geimpft werden. Die Annahme, eine Impfung mit modifizierten Lebendvakzinen (MLV) könnte bei FIV-infizierten Katzen mit einem erhöhten Risiko für unerwünschte Wirkungen verbunden sein, konnte in einer Studie mit natürlich infizierten Katzen (zumindest in der asymptomatischen Phase der FIV-Infektion) nach Impfung mit einer MLV gegen Panleukopenie nicht bestätigt werden; es konnten keine signifikanten Unterschiede in Bezug auf die Immunreaktion auf Impfung zwischen infizierten und nicht-infizierten Katzen festgestellt werden.

Prognose: Eine FIV-Infektion verkürzt das Leben der Katzen nicht. Werden FIV-infizierte Katzen zum Schutz vor Sekundärinfektionen ausschließlich im Haus ohne Kontakt zu anderen Katzen gehalten, können sie viele Jahre völlig ohne Symptome leben. Ein positiver FIV-Test ist daher niemals ein Grund für eine Euthanasie.

Prophylaxe: Bis heute gibt es keine Vakzine, die sicher gegen Infektionen mit allen FIV-Subtypen schützt. Ein großes Problem bei der Entwicklung eines effektiven Impfstoffes sind die großen genetischen Unterschiede zwischen den einzelnen Virusisolaten. In Europa sind keine Impfstoffe gegen FIV erhältlich. Die in Australien, Neuseeland und Asien erhältliche Vakzine ist eine Dualsubtyp-Vakzine, die inaktivierte FIV-Subtypen (A und D) und Adjuvans enthält. Studien geben je nach Versuchsaufbau eine Wirksamkeit der Vakzine von 50 bis 80 % gegen Subtyp FIV-A an. Der Schutz gegen den auch in Deutschland häufig vorkommenden Subtyp B ist unsicher.

Die einzige sichere Vorbeugung ist die Vermeidung von Freilauf und Kontakt zu anderen Katzen. Da vor allem aggressive Kater als Überträger infrage kommen (Abb. 2.4), sollten alle freilaufenden Katzen kastriert werden. Vor dem Einsetzen neuer Katzen in FIV-freie Bestände sollten diese getestet werden. Ob eine Katze mit einer FIV-Infektion von anderen Katzen getrennt werden muss, sollte individuell mit dem Besitzer diskutiert werden. Wird beispielsweise ein kastriertes FIV-infiziertes Tier seit längerer Zeit mit gesunden Katzen gemeinsam gehalten, ist eine Trennung nicht unbedingt erforderlich, da Rangkämpfe nicht zu erwarten sind. Viele Mehrkatzenbestände mit ein oder zwei FIV-infizierten Katzen bestehen jahrelang, ohne dass eine weitere Katze infiziert wird, wenn ein stabiles soziales Gefüge vorhanden ist. Die Aufnahme einer neuen Katze in einen solchen Haushalt sollte unbedingt vermieden werden, da damit Rangkämpfe, auch zwischen jahrelang friedlich miteinander lebenden Katzen, auftreten können. Idealerweise wird eine FIV-infizierte Katze allein oder gemeinsam mit einer anderen FIV-infizierten Katze ausschließlich im Haus gehalten. FIV spielt in Zuchtbeständen kaum eine Rolle, da infizierte Katzen meist im Haus gehalten werden und eine Ansteckung auf Ausstellungen unwahrscheinlich ist. Mit FIV infizierte Katzen sollten aus der Zucht genommen werden. Alle Neuzugänge in Tierheimen sollten vor dem Kontakt zu Katzen auf FIV getestet werden, und FIV-infizierte Katzen sollten getrennt von anderen

Abb. 2.4 Kater nach Kampf, FIV infiziert.

gehalten werden. Bei Abgabe aus dem Tierheim sollten sie nur an Haushalte mit reiner Wohnungshaltung (ohne andere nicht-infizierte Katzen) vermittelt werden, und der Besitzer sollte auf die besonderen Bedürfnisse der Katze hingewiesen werden. Tierpensionen sollten nur Katzen mit aktuellem negativen FIV-Test aufnehmen.

Bedeutung für den Hund

FIV-Infektionen haben bei Hunden keine Bedeutung.

Bedeutung für den Menschen und andere Tiere

Infektionen mit FIV wurden bislang nur bei Feliden nachgewiesen. Lentiviren, die mit FIV kreuzreagieren, wurden bei Großkatzen, wie Geparden, Löwen, Leoparden und Jaguaren, nachgewiesen. Diese (FIV-verwandten) Lentiviren scheinen jedoch wenig pathogen zu sein. Für eine mögliche Übertragung von FIV auf Menschen oder andere Nicht-Feliden gibt es keine Hinweise.

2.2.2 Feline Leukämievirus-Infektion

Definition: Das feline Leukämievirus (FeLV) verursacht die unter Feliden weit verbreitete FeLV-Infektion (feline leukemia virus infection). Da FeLV manchmal zu Tumoren der weißen Blutzellen führen kann, wird die FeLV-Infektion oft irreführend als „feline Leukose“ bezeichnet. „Leukose“ ist jedoch ein Sammelbegriff für Tumoren der weißen Blutzellen. Daher ist dieser Name irreführend und sollte nicht als Synonym für die FeLV-Infektion verwendet werden.

Ätiologie: FeLV gehört zur Familie der *Retroviridae*, Unterfamilie *Onkovirinae* des Genus Mammalian Typ-C-Virus. Außen wird das Virus von einer Hüllmembran aus Glykoproteinen umgeben, die den hexagonalen, etwa 45 nm großen Innenkörper (Core) umschließt. Im Core befindet sich das Genom des Virus, das als lineare, einsträngige RNA vorliegt. Die Genfolge der viralen RNA ist 5’-LTR-*gag*-pol-*env*-lr-3’. Die LTR-Sequenzen (für „long terminal repeats“) sind für die Transkription viraler Elemente von Bedeutung. Das *gag*-Gen exprimiert Proteine des Innenkörpers (p15G, p12, p27, p10). Die Bezeichnung der Proteine erfolgt nach ihrem Aufbau und ihrem Molekulargewicht in Kilodalton. Das Protein p27 wird von virusinfizierten Zellen in Relation zu den übrigen viralen „Bausteinen“ im Überschuss gebildet, sodass überflüssiges p27 aus der Zelle abgegeben wird. Dieses Protein findet sich daher meist in hohen Konzentrationen im Serum und kann zum Antigennachweis in der Routinediagnostik genutzt werden. Die Reverse-Transkriptase (RT) wird vom pol-Gen kodiert, die Hüllproteine gp70 und p15E vom *env*-Gen. Das Glykoprotein gp70 der Hülle dient dem Virus als Bindungsstelle, um an die Rezeptoren auf der Wirtszelle anzudocken. Durch das Transmembranprotein p15E wird die Fusion mit der Wirtszelle gewährleistet. Ist das Virus eingeschleust, erfolgt die Umschreibung der RNA, die Virusreproduktion und die Freisetzung von neuen Viren.

Es gibt verschiedene FeLV-Subtypen mit Unterschieden in Pathogenität und Zelltropismus. Die wichtigsten sind FeLV-A, FeLV-B, FeLV-C. Die Subtypen FeLV-B und FeLV-C entstehen aus FeLV-A durch Mutationen oder Rekombinationen der genetischen Information des FeLV-Subtyps-A mit zellulärer Wirts-DNA in einer individuellen Katze. Diese neu entstehenden Varianten sind replikationsdefekt und brauchen für ihre Vermehrung replikationskompetentes FeLV-A als „Helfervirus". FeLV-A ist daher an jeder FeLV-Infektion beteiligt und unter natürlichen Bedingungen als einziger Subtyp infektiös. Je nach Beteiligung der verschiedenen FeLV-Subtypen können unterschiedliche Krankheitsbilder hervorgerufen werden. So treten bei Beteiligung von FeLV-B häufiger Tumoren auf, bei der von FeLV-C eher aregenerative Anämien. Auch das feline Sarkomvirus (FeSV), das Fibrosarkome verursachen kann, entsteht in einer mit FeLV-A infizierten Katze durch Rekombination des FeLV-A-Genoms mit katzenzelleigenen Onkogenen und wird unter natürlichen Bedingungen nicht übertragen.

Sowohl exogene (fremde, „pathogene") als auch endogene (ererbte, *per se* nich pathogene) Retroviren sind in Katzen vorhanden. Pathogene exogene Retroviren, wie FeLV, FIV, felines synzytienbildendes Virus (feline foamy virus, FFV; weit verbreitet, aber mit niedriger Pathogenität), können horizontal von Katze zu Katze übertragen werden, während endogene Retroviren von der Mutter an die Welpen im Genom „vererbt" werden. Endogene, nicht pathogene Retroviren (z. B. RD-114-Virus, enFeLV, MAC-1-Virus) sind (generell) im Genom der Katzenpopulation vorhanden und werden bei der Zellteilung von Müttern auf die Welpen übertragen. Diese endogenen Fraktionen proviraler DNA können nicht zur Produktion infektiöser Viren führen, können aber potenziell mit FeLV-A-Genom bei einer FeLV-A-Infektion rekombiniert werden und so die Pathogenität von FeLV-A steigern.

Die FeLV-Infektion ist auf der ganzen Welt mit variierenden Prävalenzen zu finden. Etwa 1–9 % der Katzen in Europa sind progressiv FeLV-infiziert. Durch Testung und das anschließende Separieren von FeLV-infizierten Katzen sowie Impfungen in vielen Ländern konnte die Prävalenz über die vergangenen Jahrzehnte deutlich gesenkt werden. Epidemiologische Studien zeigen, dass Testungs- und Eradikationsprogramme einen größeren Einfluss auf den Rückgang der Prävalenz haben als die Impfung. Die Prävalenz der FeLV-Infektion hängt nach wie vor stark von der Haltungsform ab. Vor allem Katzen in nicht kontrollierten Mehrkatzenhaushalten und Katzen mit freiem Auslauf gehören den Risikogruppen an. Junge Katzen sind empfänglicher als ältere Katzen und entwickeln häufiger eine persistierende Virämie. Alte Katzen lassen sich experimentell kaum infizieren, außer bei gleichzeitiger massiver Immunsuppression. Eine Altersresistenz gegen FeLV existiert vermutlich auf zellulärer Ebene.

Pathogenese: Die Ausscheidung des FeLV erfolgt vor allem mit dem Speichel einer infizierten Katze. Geringe Mengen sind auch im Urin nachweisbar. Neue Untersuchungen ergaben, dass offensichtlich auch der Kot virämischer Katzen Virus enthält und potenziell infektiös sein kann. In der Außenwelt ist FeLV nur kurz (für Minuten) überlebensfähig. Die Übertragung erfolgt daher nur durch engen Kontakt zu infizierten Tieren. Das Virus wird meist oronasal aufgenommen. Eine Übertragung kann bei gegenseitigem

Beschnuppern, bei Benutzung gemeinsamer Futter- und Kotplätze, bei gegenseitiger Fellpflege und durch Biss- und Kratzwunden erfolgen. Eine Infektion von Welpen durch das Muttertier kann diaplazentar, über die Muttermilch oder bei der Pflege stattfinden. Eine intrauterine Infektion ist häufig. Eine Virusübertragung durch Bluttransfusion ist ebenfalls wahrscheinlich. Auch Flöhe werden als potenzielle Übertragungsquelle diskutiert, da FeLV-RNA in Flöhen und in Flohkot nachgewiesen werden konnte; die Bedeutung von Flöhen als Überträger ist aber noch nicht geklärt. Eine indirekte Übertragung (ohne Vektor) kann, wegen der kurzen Überlebenszeit des Erregers in der Außenwelt, weitgehend ausgeschlossen werden.

Bei einer FeLV-Infektion müssen verschiedene Verlaufsformen unterschieden werden. Sie werden vom Immunstatus und dem Alter der infizierten Katze, der Virulenz des Virus und der Infektionsdosis bestimmt. Nach einer Infektion, die meist oronasal erfolgt, kommt es zunächst zu einer Virusvermehrung in lymphatischen Geweben in der Nähe der Eintrittspforte. Vielen (30–50 %) Katzen (sog. abortiv infizierte Katzen) gelingt eine Elimination des FeLV schon vor Entstehung einer Virämie durch zelluläre und humorale Immunmechanismen. Diese abortiv infizierten Katzen (Antigen-negativ, DNA-negativ, neutralisierende Antikörper hoch) kontrollieren die Infektion effektiv. Die Infektion kann bei diesen Katzen zu keinem Zeitpunkt mit Routine-Antigentests nachgewiesen werden. Abortiv infizierte Katzen besitzen meist große Mengen neutralisierende Antikörper und sind daher vor einer Neuinfektion geschützt.

Ist das Immunsystem nicht in der Lage, die Ausbreitung der Infektion zu verhindern, entwickeln infizierte Katzen eine Virämie, in der die Viren mit Lymphozyten und Monozyten in die Blutbahn gelangt (Antigen-positiv, DNA-positiv, neutralisierende Antikörper nicht oder in geringen Mengen nachweisbar). Während dieser Zeit scheiden die Katzen das Virus auch aus (v. a. mit dem Speichel). Gewinnt das Virus den ersten „Entscheidungskampf" gegen das Immunsystem, wird nach etwa drei Wochen das Knochenmark infiziert. Ist das Knochenmark infiziert, werden auch FeLV-infizierte Granulozyten und Thrombozyten im Blut gefunden. Sind die Katzen in der Lage, eine effektive Immunantwort aufzubauen und die Virämie zu beenden, geht die Infektion in eine regressive Infektion über. Bei der regressiven Infektion ist Virus-DNA als sogenanntes „Provirus" in die chromosomale, zelluläre DNA des Wirtes integriert. Virusneutralisierende Antikörper halten das Virus von einer Replikation ab. Die Katzen sind im Antigennachweis negativ, damit in der Routinediagnostik nicht zu erfassen, sind aber PCR-positiv und haben meist hohe Antikörpertiter. In den ersten Jahren nach Infektion (je später nach der Infektion, desto unwahrscheinlicher) können regressiv infizierte Katzen wieder zu „Virämikern" werden und dann im Antigennachweis positiv reagieren und Virus ausscheiden. Bei den meisten der regressiv infizierten Katzen geht jedoch die virale Information nach und nach verloren. Bei manchen Katzen erfolgt die Reaktivierung erst nach vielen Jahren. Das sind z. B. reine Wohnungskatzen, die plötzlich FeLV-positiv werden.

Ist die Immunantwort ungenügend und reicht nicht aus, um die Virämie zu beenden, handelt es sich um eine progressive FeLV-Infektion (Antigen-positiv, PCR-positiv, neutralisierende Antikörper nicht oder in geringen Mengen nachweisbar). Als Folge der Infektion des Epithels von Speicheldrüsen, Pharynx, Harnblase, Darm und Gesäuge kann das Virus vor allem mit dem Speichel, aber auch mit Kot, Urin oder über die Muttermilch ausgeschieden werden. Die Lebenserwartung progressiv infizierter Katzen ist wesentlich kürzer als die gesunder (oder abortiv oder regressiv infizierter) Katzen. Sie sterben meist innerhalb von drei bis fünf Jahren an FeLV-assoziierten Krankheiten. Junge und immunsupprimierte Katzen entwickeln häufiger eine progressive Infektion. Bei einer jungen Katze ist das Risiko einer progressiven Infektion bei einmaligem Erstkontakt bei etwa 3 %, bei älteren Katzen noch geringer. Die Situation ändert sich, wenn Katzen mit progressiv infizierten Tieren zusammengehalten werden; dann steigt das Infektionsrisiko deutlich an (bis zu 30 %). In seltenen Fällen wird FeLV durch die Immunantwort der Katze zurückgedrängt und kann sich nur in bestimmten Organen vermehren (z. B. in der Harnblase, Milchdrüse oder im Auge, ohne Beteiligung des Knochenmarks). Diese atypische Form wird als fokale FeLV-Infektion bezeichnet. Durch die Abwesenheit infizierter Zellen im peripheren Blut ist bei fokal infizierten Katzen keine oder nur eine sehr geringe Menge Provirus-DNA mittels PCR im Blut nachweisbar. Die lokal infizierten Zellen können allerdings p27-Antigen bilden, weshalb der p27-Antigennachweis (ELISA) positiv ausfallen kann. Kätzinnen mit einer fokalen Infektion in der Milchdrüse können Virus über die Milch ausscheiden und ihre Welpen infizieren, ohne selbst im Antigentest positiv zu sein.

Die Unterscheidung einer transienten (vorübergehende) von einer persistierenden Virämie (und somit die Aussage über die mögliche Beendigung einer Virämie), ist nur durch Wiederholungsuntersuchungen möglich. Ist eine Katze nach zwölf Wochen immer noch Antigen-positiv, handelt es sich mit hoher Wahrscheinlichkeit um eine progressive Infektion mit persistierender Virämie. Letzlich hängt der Verlauf einer FeLV-Infektion vom Erfolg im Kampf zwischen dem Immunsystem der Katze und dem Virus ab.

Symptome: Das klinische Bild der FeLV-Infektion ist vielfältig. Eine FeLV-Infektion kann lange Zeit ohne Symptome verlaufen. Später können FeLV-assoziierte Krankheiten auftreten. Die klinischen Symptome sind abhängig von den begleitenden Krankheiten. Nicht neoplastische FeLV-assoziierte Manifestationen (Immunsuppression, Knochenmarkssuppression, immunmediierte Krankheiten, Fortpflanzungsstörungen, Neuropathien, etc.) sind häufiger als Tumore.

FeLV besitzt kein eigenes Onkogen und hat selbst kein onkogenes Potential, kann aber über verschiedene Mechanismen eine Tumorentstehung auslösen. Durch Einbau des Virusgenoms an verschiedenen Stellen des Wirtsgenoms ist eine Aktivierung der in jeder Zelle vorhandenen Protoonkogene möglich. Durch Rekombination können ebenfalls neue Varianten mit onkogenem Potential (z. B. FeLV-B, FeSV) entstehen. So kann FeLV Lymphome oder Leukämien verursachen. Lymphome entstehen heute meist nicht mehr im Zusammenhang mit FeLV, und der überwiegende Anteil der Katzen mit Lymphomen ist nicht FeLV-infiziert. Wenn FeLV ursächlich beteiligt ist, handelt es sich meist um T-Zell-Lymphome. FeLV transformiert sowohl reife T-Zellen als auch unreife Zellen oder Prothymozyten und möglicherweise T-Helfer-Zellen und Monozyten, während eine Transformation von B-Zellen nicht stattzufinden scheint. Früher waren die meisten Lymphome FeLV-assoziiert, heute ist dies nicht mehr der Fall. Ein Grund hierfür ist

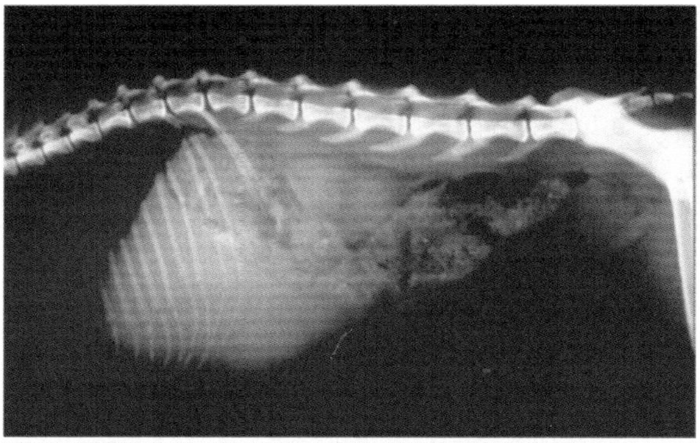

Abb. 2.5 Lymphom der Leber bei einer FeLV-infizierten Katze.

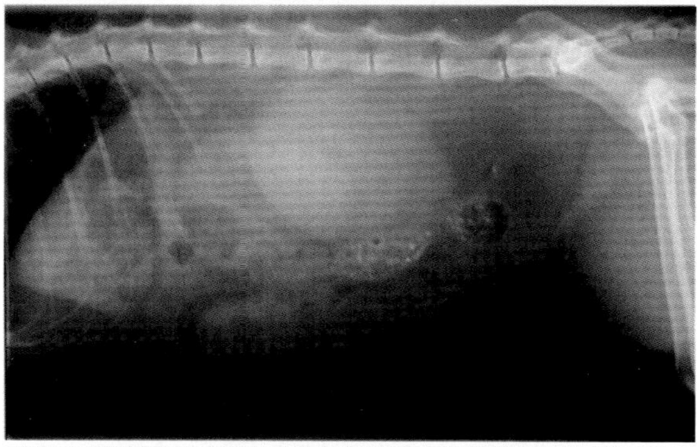

Abb. 2.6 Lymphom der Nieren bei einer FeLV-infizierten Katze.

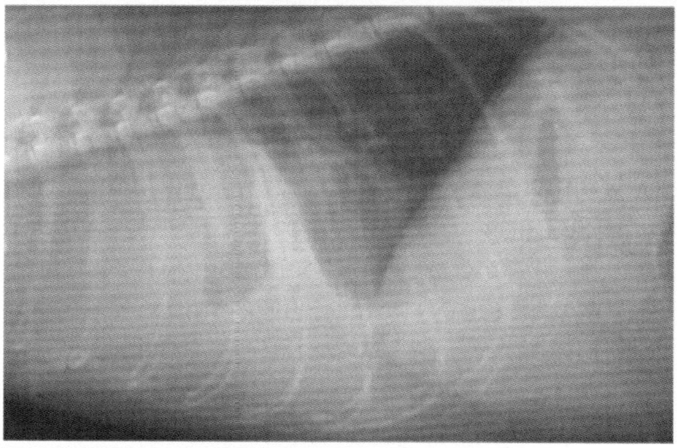

Abb. 2.7 Thymuslymphom bei einer FeLV-infizierten Katze.

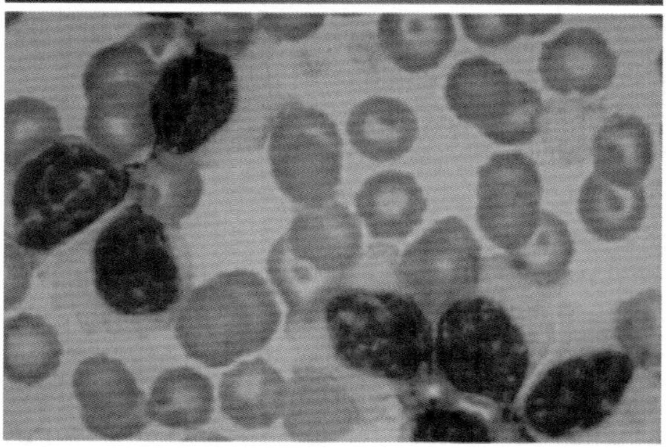

Abb. 2.8 Lymphatische Leukämie bei einer FeLV-infizierten Katze.

vor allem die abnehmende FeLV-Prävalenz und möglicherweise die Zunahme von anderen Faktoren, die Tumore potenziell induzieren können. Thymuslymphome und lymphatische Leukämien treten nach wie vor häufig FeLV-assoziiert auf. Thymuslymphome (mediastinale Lymphome) entstehen hauptsächlich bei jungen Katzen (unter drei Jahren). Dagegen sind Katzen mit einem alimentären Lymphom (intestinalen Lymphom), bei dem es sich um einen Tumor im Gastrointestinaltrakt (hauptsächlich im Bereich von Duodenum und Kolon, seltener Magen oder Rektum) handelt, meist älter. Die meisten der alimentären Lymphome sind B-Zell-Lymphome, die fast nie mit einer FeLV-Infektion assoziiert sind. Andere Lymphome, wie multizentrische Lymphome oder Organlymphome, z. B. in Haut, Augen, Nieren, Leber oder Nervensystem, sind manchmal FeLV-induziert. Dasselbe gilt für Leukämien (Abb. 2.5.–2.8.).

Fibrosarkome können durch das FeSV, einer aus Rekombination entstehenden FeLV-Variante, verursacht werden. FeSV-bedingte Fibrosarkome sind meist multizentrisch lokalisiert. Im Gegensatz dazu entstehen die solitär an Injektionsstellen auftretende Sarkome, sogenannte FISS (feline injection-site sarcomas), aus Entzündungsreaktionen an einer Injektionsstelle. Auch andere Tumore, wie Osteochrondromatosen (multiple Knorpelwucherungen bevorzugt an flachen Knochen), Hauthörner (gutartige Neoplasien von Keratozyten) und olfaktorische Neuroblastome (aggressive, metastasierende, histologisch sehr inhomogene Tumore des Riech- und Geschmackepithels der Nase und des Rachens) sind bei FeLV-infizierten Katzen beschrieben. Pathogenese und Zusammenhang mit FeLV sind aber unklar.

Die wichtigste Folge der FeLV-Infektion ist eine Immunsuppression, die FeLV-infizierte Katzen für sekundäre Infektionen prädisponiert und meist schwerer ist als bei FIV-infizierten Katzen. Zu den sekundären Infektionskrankheiten, die häufig mit FeLV assoziiert sind, gehören FIP, Hämoplasmose und Infektionen des oberen Respirationstrakts. Der exakte Mechanismus, wie FeLV das Immunsystem schädigt, ist nicht geklärt. Die Immunsuppression wird manchmal mit nicht integrierter, viraler DNA von replikationsdefekten Virusvarianten in Verbindung gebracht. Thymusatrophie und Abnahme von parakortikalen Zonen der Lymphknoten können Folge der Infektion und Ursache der Immunsuppression sein. Lymphopenie und Neutropenie sind häufig. Außerdem haben neutrophile Granulozyten von infizierten Katzen eine verminderte chemotaktische und phagozytische Funktion im Vergleich zu nicht-infizierten Katzen. Oft tritt ein Verlust von T-Helferzellen (CD4+-Zellen) und zytotoxischen Suppressorzellen (CD8+-Zellen) auf. Sowohl primäre als auch sekundäre Antikörperreaktionen auf spezifische Antigene sind bei FeLV-infizierten Katzen verzögert und vermindert. In Impfstudien wurde gezeigt, dass FeLV-infizierte Katzen nicht (immer) in der Lage sind, eine adäquate Immunantwort auf Impfung, z. B. gegen Tollwut, zu zeigen. Daher ist der Schutz bei einer FeLV-infizierten Katze nach Impfung nicht mit dem bei einer gesunden Katze zu vergleichen, sodass häufigere (z. B. jährliche) Impfungen in Betracht gezogen werden sollten. Antikörpermessungen vor Impfung sollten vorgenommen werden, um über die Notwendigkeit eine Wiederholungsimpfung gegen Panleukopenie zu entscheiden (Impfung nur bei Fehlen von Antikörpern).

Eine Knochenmarkssuppression kann direkt durch FeLV-Replikation im Knochenmark oder Integration des Provirus in Knochenmarks-Vorläuferzellen hervorgerufen werden. Außerdem kann die Knochenmarkssuppression Folge von Leukämien oder Lymphomen, mit Verdrängung von blutbildenden Vorläuferzellen im Knochenmark, sein. Neben einer Anämie kann eine Thrombozytopenie und/oder Neutropenie auftreten.

FeLV-assoziierte, immunmediierte Krankheiten werden durch zirkulierende Antigen-Antikörper-Komplexe oder sekundäre Auto-Antikörperbildung verursacht. Als Antigene, die zur Entstehung von Antigen-Antikörper-Komplexen beitragen, können ganze Viruspartikel, aber auch einzelne Proteine, wie gp70, p27 und p15E, dienen. Autoimmunhämolytische Anämien bei FeLV-infizierten Katzen entstehen durch Antikörperbildung gegen körpereigene Erythrozyten. Glomerulonephritiden werden durch Ablagerung von Immunkomplexen in den Nierenglomeruli verursacht. Ablagerungen von Immunkomplexen in Iris und Ziliarkörper können zu Uveitiden führen. FeLV kann auch bei der Entstehung von chronisch, progressiven Polyarthritiden beteiligt sein. Fortpflanzungsstörungen können Folge einer FeLV-Infektion sein. Bei etwa 80 % experimentell infizierter, trächtiger Kätzinnen treten Fruchtresorption (dritte bis fünfte Trächtigkeitswoche), Aborte, Totgeburten oder Tod der Jungtiere (kurz nach Geburt) auf. Der Mechanismus der Fruchtbarkeitsstörungen ist nicht genau bekannt; möglicherweise interferiert das FeLV-Provirus mit der Kollagensynthese des Embryos. Überleben die Welpen, kommt es zum „Fading-Kitten-Syndrom". Als „Fading-Kitten-Syndrom" wird das Kümmern von (persistierend) infizierten, lebensschwachen Welpen bezeichnet. Die Welpen trinken schlecht und zeigen Hypothermie und Dehydratation und haben eine Thymusatrophie mit massiver Immunsuppression, die in der Regel nach acht bis zwölf Wochen zum Tod führt.

Neuropathien bei FeLV-infizierten Katzen sind beschrieben. In manchen Fällen sind neurologische Symptome bei FeLV-infizierten Katzen auf Kompressionen durch Lymphome im Gehirn oder Rückenmark zurückzuführen. Vermutlich durch die Neurotoxizität des FeLV selbst ausgelöste Symptome sind Anisochorie, Mydriasis, zentrale Blindheit und Horner-Syndrom. Eine neurologisch induzierte Inkontinenz bei FeLV-infizierten Katzen ist beschrieben. Als pathogenetische Mechanismen werden direkte neurotoxische Effekte von FeLV diskutiert. Ein Polypetid der FeLV-Hülle verursacht nachweislich dosisabhängig Neurotoxizität, verbunden mit Veränderungen der intrazellulären Kalziumkonzentration, der neuronalen Überlebenszeit und des Neuritenwachstums. Ein spezielles „neurologisches Syndrom" wurde bei 16 FeLV-infizierten Katzen beschrieben. Symptome, die sich progressiv verschlechterten, waren atypische Vokalisation, Hyperästhesie und Parese mit Übergang zu Paralyse. Mikroskopisch wurden Degenerationen der weißen Substanz mit Dilatation der Myelinscheiden und Schwellung der Axone in Gehirn und Rückenmark der infizierten Katzen, mit Nachweis des FeLV-p27-Antigens in Neuronen, Endothelzellen und Gliazellen, festgestellt.

Die häufigste labordiagnostische Veränderung bei FeLV-infizierten Katzen ist eine Anämie. Die Angaben über das Auftreten von Anämien bei progressiv FeLV-infizierten Katzen variieren von 5–45 %. Die möglichen Ursachen der Anämie bei FeLV-Infektionen sind vielfältig. Etwa 10 % der FeLV-assoziierten Anämien werden durch FeLV-induzierte immunmediierte Hämolyse, sekundäre *Mycoplasma-hemofelis*-Infektionen (Hämoplasmose) oder Blutungen, sekundär bedingt durch FeLV-induzierte Thrombozytopenien, hervorgerufen. Die meisten FeLV-assoziierten Anämien sind jedoch aregenerativ. Sie können auf die knochenmarksupprimierenden Eigenschaften der Viren zurückgeführt werden, die aus primärem Einfluss auf die hämatopoetischen Stammzellen und aus Infektion von Stromazellen resultieren. *In vitro* führt die FeLV-Exposition von Knochenmarkszellkulturen gesunder Katzen zu einer Suppression der Erythropoese. Eine durch FeLV-C ausgelöste Form der FeLV-induzierten Anämie (Hämatikrit oft unter 15 %) ist durch Makrozytose der roten Blutzellen ohne Anstieg der Retikulozytenzahlen gekennzeichnet. Das Knochenmark ist üblicherweise hyperzellulär mit vorwiegend unreifen Zellen in einem frühen Stadium. Die Makrozytose ist durch einen FeLV-induzierten Defekt bei der Zellteilung während der Erythropoese bedingt. FeLV-C verursacht diesen Erythrozytenreifungsstopp durch Interaktion mit Zelloberflächenrezeptoren. Panzytopenie (sogenannte „aplastische Anämie“) kann ebenfalls bei einigen FeLV-infizierten Katzen vorkommen. Betroffen sind alle Zelllinien. Das Virus befällt in diesem Fall meist Vorläufer nahe den Stammzellen. Bei manchen Katzen wird auch eine zyklische Hämatopoese mit periodischer Abnahme von Erythrozyten, neutrophilen Granulozyten und Thrombozyten verzeichnet. Wahrscheinlich kann FeLV die Lebensfähigkeit und das Wachstum der Zellen sowie die Produktion der wachstumsregulierenden Substanzen der hämatopoetischen Vorläuferzellen durch Änderungen der Zytokin-mRNA-Level beeinflussen. Neben dem direkten Einfluss der Viren auf die Erythropoese gibt es auch andere Gründe für aregenerative Anämien bei FeLV-infizierten Katzen. Lymphome und Leukämien, ebenso wie sekundäre Infektionskrankheiten (z. B. systemische Mykosen und Mykobakteriosen), können ein „crowding-out“ von Knochenmarkszellen bewirken. Eine weitere Möglichkeit ist die Entstehung einer Anämie der chronischen Krankheiten (Hämatokrit 20–30 %), bedingt durch chronische systemische Infektionen oder Tumoren. Hierbei spielen vermutlich Zytokine eine Rolle, z. B. ein Anstieg von Tumornekrosefaktor α (TNF-α), der den Einbau von Eisen in Hämoglobin durch Interaktion mit dem Transportprotein Coeruloplasmin beeinflusst. Thrombozytopenien können sekundär durch abfallende Thrombozyten-Produktion bei Knochenmarksuppression oder Infiltrationen auftreten. Thrombozyten-Abnormalitäten bei FeLV-infizierten Katzen umfassen Änderungen in der Anzahl, aber auch in der Größe, Form und Funktion. Zudem können die Megakaryozyten, die Knochenmarksvorläufer der Thrombozyten, direkt mit FeLV infiziert werden. Immunmediierte Thrombozytopenien bei infizierten Katzen sind oft mit immunmediierter, hämolytischer Anämie vergesellschaftet. FeLV-infizierte Katzen können auch reduzierte Leukozytenzahlen aufweisen. Lymphopenie kann auf die direkte FeLV-Vermehrung in den Lymphozyten zurückgeführt werden. Neutropenie tritt allein oder in Kombination mit anderen Zytopenien auf. Bei manchen neutropenischen FeLV-infizierten Katzen liegt ein Entwicklungsstillstand im Knochenmark auf Ebenen der Myelozyten und Metamyelozyten vor. In anderen Fällen, in denen die Zahlen der neutrophilen Granulozyten durch Glukokortikoidgabe wieder ansteigen, werden immunmediierte Mechanismen vermutet. Katzen mit Neutropenie fallen durch wiederholte oder persistierende bakterielle Infektionen auf. Eine Krankheit, bekannt als „Panleukopenie-ähnliches Syndrom" (FeLV-assoziierte Enteritis, panleukopenia-like enteritis), geht mit schwerer Leukopenie und Enteritis mit Zerstörung intestinaler Kryptenepithelien einher. Früher nahm man an, dass FeLV selbst die Veränderungen hervorruft. Heute aber geht man eher davon aus, dass die Veränderungen wahrscheinlich durch sekundäre Parvovirus-Infektionen verursacht werden.

Diagnose: Der FeLV-Status sollte bei jeder Katze bekannt sein, da eine FeLV-Infektion besonderes Management und besondere Haltungsbedingungen erfordert. In Mehrkatzenhaushalten sollte grundsätzlich vor Aufnahme einer neuen Katze getestet werden. Bei jeder kranken Katze ist ein FeLV-Test unbedingt zu empfehlen, da eine FeLV-Infektion die Prognose und Therapiemaßnahmen beeinflusst.

Das Krankheitsbild der FeLV-Infektion ist vielfältig. Eine Diagnosestellung aufgrund des klinischen Bilds ist nicht möglich. Deshalb sollte bei allen unklaren, vor allem chronischen oder therapieresistenten Krankheiten immer eine FeLV-Infektion als Primärursache in Betracht gezogen werden.

Direkter Erregernachweis: Zahlreiche Firmen bieten Antigen-POC-Tests auf der Basis eines ELISA oder eines ähnlichen Prinzips (Immunochromatographie), meist kombiniert mit einem FIV-Antikörpertest, für die Praxis an. Diese Tests weisen freies FeLV-Protein (p27-Antigen) im Blut (Vollblut, Plasma oder Serum) nach. Bezüglich ihrer Aussagekraft sind die Tests relativ gut vergleichbar. Die Aussagekraft eines negativen Testergebnisses ist, in einem Land wie Deutschland mit einer niedrigen Prävalenz, sehr hoch (NPW: 95–99 %). Es kann von einer nicht-infizierten Katze, von einer abortiv infizierten Katze, von einer regressiv infizierten Katze oder von einer Katze in den ersten Wochen (meist etwa drei Wochen) einer FeLV-Infektion stammen. Ein einmaliges positives FeLV-Ergebnis ist wegen des niedrigen positiven prädiktiven Werts nicht ausreichend aussagekräftig. Daher sollte bei einem positiven Testergebnis immer ein zweiter Test (z. B. ein Schnelltest einer anderen Firma oder der Nachweis von Provirus mittels PCR oder viraler RNA mittels Reverse-Transkriptase-PCR (RT-PCR) im Blut oder Speichel im Großlabor) durchgeführt werden. Bestätigt sich das positive Ergebnis, sollte nach sechs Wochen erneut auf freies p27-Antigen getestet werden. Im positiven Fall sollte der Test nach (weiteren) sechs Wochen wiederholt werden, um zu differenzieren, ob die Infektion progressiv oder regressiv verläuft. Ist die Katze nach dieser Zeit immer noch p27-Antigen-positiv, handelt es sich mit sehr hoher Wahrscheinlichkeit um eine progressive Infektion; ein negatives Ergebnis auf p27-Antigen bei wiederholter Untersuchung macht dagegen eine regressive Infektion sehr wahrscheinlich. Die FeLV-Impfung führt zu keiner Antigenämie und interferiert daher nicht mit der Testung. Tests zum Antigennachweis in Speichel oder Tränenflüssigkeit sind nicht zu empfehlen, da virales Antigen nicht konstant ausgeschieden wird und die Tests so oft falsch-negativ ausfallen.

Ein weiteres, nicht in der Routine eingesetztes Spezialverfahren ist die RT-PCR, mit deren Hilfe virale RNA innerhalb einer Woche nach Infektion im Speichel oder ein bis zwei Wochen nach Infektion im Blut nachgewiesen werden kann. Die RT-PCR aus Speichel hat eine hohe Sensitivität und Spezifität (98,1 und 99,2 %) und ist somit eine zuverlässliche Methode, um eine Virämie, und damit verbundene Virusschausscheidung, nachzuweisen. Sie kann also als Alternative zu p27 herangezogen werden oder als Bestätigungstest, um ein positives oder fragliches p27 zu bestätigen. Diese Testmethode aus Speichel eignet sich besonders für Streuner oder Tierheimkatzen, wenn eine Blutentnahme schwierig ist; außerdem besteht die Möglichkeit, Proben zu poolen und gleichzeitig zu analysieren. Sollte eine gepoolte Speichelprobe positiv ausfallen, ist es notwendig, die Katzen einzeln zu testen (mittels RT-PCR oder p27-Antigentest). Die PCR eignet sich zum Nachweis von proviraler DNA nicht nur bei progressiv, sondern auch bei regressiv infizierten Katzen. Die Methode sollte bei Blutspenderkatzen zum Einsatz kommen, da auch regressiv infizierte Katzen FeLV über die Bluttransfusion übertragen können. Prinzipiell ist es wichtig, dass für die Durchführung der (RT-)PCR ein qualifiziertes Labor gewählt wird und entsprechende Kontrollen mitgetestet werden.

Indirekter Erregernachweis: Katzen mit abortiver oder regressiver Infektion haben meist hohe virusneutralisierende Antikörperkonzentrationen. Bei Katzen mit progressiver Infektion hingegen sind solche Antikörper in der Regel nicht nachweisbar (unzureichende Immunantwort). Virusneutralisiernde Antikörper sind u. a. gegen das Oberflächenglykoprotein gp70 gerichtet; sie leisten einen vermutlich bedeutenden Beitrag für die Immunabwehr. Ein anderes Protein, das Transmembranprotein p15E, hat immunsuppressive Eigenschaften und hemmt die Funktion von T-Zellen. Studien konnten nachweisen, dass FeLV-infizierte Katzen Antikörper gegen p15E entwickeln. Katzen, die nach einer FeLV-Infektion immun oder virämisch wurden, hatten hohe Antikörpertiter gegen p15E. Vor kurzem wurde ein POC-Test zum Nachweis von Antikörpern gegen p15E entwickelt; der Nutzen dieses Tests ist jedoch noch unklar.

Therapie: In den meisten Fällen können Sekundärerkrankungen bei FeLV-infizierten Katzen genauso behandelt werden wie bei nicht-infizierten Katzen. Bei FeLV-infizierten Katzen sollte frühzeitig intensive Diagnostik durchgeführt werden. Einige Sekundärinfektionen bedürfen einer intensiveren und längeren Therapie als bei nicht-FeLV-infizierten Katzen. Verschiedene Medikamente sollten bei FeLV-infizierten Katzen nicht eingesetzt werden. Glukokortikoide und andere immunsuppressive Medikamente sollten, wenn möglich, vermieden werden, es sei denn, sie sind unbedingt indiziert (z. B. bei Lymphomen). Bei FeLV-negativen Katzen, die gemeinsam in einem Haushalt mit FeLV-infizierten Katzen leben, sollten Glukokortikoide ebenfalls vermieden werden, da sie das Risiko der Reaktivierung einer regressiven Infektion mit sich bringen. Auch knochenmarkssuppressive Medikamente sollten vermieden werden.

In der Literatur sind viele Versuche mit antiviralen Medikamenten dokumentiert. Eine Therapie mit wirklich überzeugender Wirkung wurde jedoch bislang nicht gefunden. Zidovudin (3'-Azido-2',3'-Dideoxythymidin, AZT) ist *in vitro* gegen FeLV wirksam. Es wurde in experimentellen und klinischen Studien bei FeLV-infizierten Katzen getestet. AZT hat bei FeLV-infizierten Katzen in experimentellen Studien eine gewisse Wirksamkeit, wenn es innerhalb der ersten drei Wochen der Infektion verabreicht wird. In einer Studie, in der natürlich infizierte Katzen behandelt wurden, führte es jedoch nicht zu einer statistisch signifikanten Verbesserung der klinischen, labordiagnostischen, immunologischen und virologischen Parameter. Generell scheint die Effektivität von AZT bei FeLV-infizierten Katzen weniger gut zu sein als bei FIV-infizierten Katzen. AZT sollte bei FeLV-infizierten Katzen wegen der möglichen Knochenmarkssuppression nur in niedrigen Dosen (5 mg/kg KM 2 × tägl. p. o. oder s. c.) verabreicht werden.

Immunmodulatoren und Interferone gehören zu den bei FeLV-infizierten Katzen sehr häufig eingesetzten Medikamenten. Zahlreiche Versuche, die Immunantwort zu stimulieren und FeLV zu kontrollieren, verliefen bisher jedoch ohne Erfolg.
Felines IFN-ω hemmt die FeLV-Replikation *in vitro*. In einer placebokontrollierten Studie in Frankreich wurden 48 Katzen mit einer FeLV-Infektion mit IFN-ω mit 10^6 IU/kg KM 1 × tägl. s. c. an fünf aufeinanderfolgenden Tagen (mit dreimaliger Wiederholung des Zyklus im Abstand von mehreren Wochen) behandelt. Es ergab sich ein statistisch signifikanter Unterschied bezüglich der Überlebenszeit zwischen den behandelten und den unbehandelten Katzen. Virologische Parameter wurden während der Studie allerdings nicht gemessen. Nebenwirkungen von IFN-ω bei Katzen sind bei diesem Behandlungsregime bisher nicht beschrieben. Paraimmunitätsinducer zeigten in kontrollierten Studien keine Wirkung.

Obwohl die Prognose bei FeLV-induzierten Lymphomen schlechter ist als bei nicht-FeLV-bedingten Lymphomen, profitieren einige FeLV-infizierte Katzen von einer Tumortherapie. Kombinationen von Chemotherapeutika bieten die besten Chancen für eine komplette Remission. Da das Tumor-induzierende Virus weiter in der Katze vorhanden ist, sind regelmäßige Kontrolluntersuchungen wichtig.

Wichtigste Maßnahme bei einer FeLV-infizierten Katze muss es sein, die Katze vor Sekundärinfektionen zu schützen. FeLV-infizierte Katzen sollten möglichst ohne Kontakt zu anderen Katzen ausschließlich im Haus gehalten werden, nicht nur um eine Ansteckung von anderen Katzen in der Nachbarschaft zu verhindern, sondern auch, um die potenziell immunsupprimierte Katze selbst vor anderen Infektionen zu schützen. Gesundheitschecks mit klinischer Untersuchung sollten halbjährlich durchgeführt werden. Ein komplettes Blutbild, ein klinisch-chemisches Profil und eine Urinanalyse sollten (halb-)jährlich (bei geriatrischen Patienten mindestens halbjährlich) durchgeführt werden. Die Annahme, eine Impfung mit MLV könnte bei FeLV-infizierten Katzen mit einem erhöhten Risiko für unerwünschte Wirkungen verbunden sein, konnte in einer Studie mit natürlich infizierten Katzen (zumindest in der asymptomatischen Phase der FeLV-Infektion) nach Impfung mit einer MLV gegen feline Panleukopenie nicht bestätigt werden; es konnten keine signifikanten Unterschiede in Bezug auf die Immunreaktion auf Impfung zwischen infizierten und nicht-infizierten Katzen festgestellt werden. Andere Impfstudien zeigten, dass FeLV-infizierte Katzen nicht immer in der Lage sind, eine adäquate Immunreaktion auf Impfungen, z. B. gegen Tollwut, zu zeigen, sodass häufigere Impfungen (z. B. jährlich) sinnvoll sein könnten. Um die Immunreaktion nach Impfung bei FeLV-infizierten Katzen besser beurteilen zu können, sind weitere Studien nötig.

Die Frage der Trennung einer FeLV-infizierten Katze von anderen Katzen ist umstritten. Werden die Katzen bereits über lange Zeit gemeinsam gehalten, sind die Begleitkatzen entweder selbst progressiv, regressiv oder abortiv infiziert und daher nicht mehr empfänglich. Es gibt jedoch Beobachtungen, dass Antigen-negative Katzen, die über Jahre zusammen mit progressiv infizierten Katzen zusammengehalten wurden, auch noch nach Jahren Antigen-positiv werden können. Dabei kann es sich aber auch um Reaktivierungen von regressiven Infektionen handeln. Katzen, die bislang keinen Kontakt zu FeLV hatten, sollten in keinem Fall hinzugenommen werden.

Prognose: Eine Heilung mit vollständiger Eliminierung des Virus ist bei einer bestehenden progressiven FeLV-Infektion unmöglich. Nichtsdestotrotz leben einige progressiv infizierte Katzen noch viele Jahre. Ein positives FeLV-Ergebnis ist also kein Todesurteil. Mit symptomatischer Therapie der Sekundärinfektionen kann eine Besserung des Allgemeinbefindens, auch über Jahre, erzielt werden. Vorraussetzung hierfür ist vor allem eine erregerarme Umgebung. Die Prognose bei regressiv infizierten Katzen ist viel besser, bei abortiv infizierten Katzen nicht anders als bei nicht-infizierten Katzen.

Prophylaxe: Durch routinemäßige Durchführung von Tests, kombiniert mit dem Separieren FeLV-infizierter Katzen aus Beständen, und durch Impfprogramme ist es gelungen, die FeLV-Infektion aus vielen Beständen und Zuchten weitgehend zu eliminieren und die Prävalenz der Infektion in vielen Ländern deutlich zu reduzieren. Ein Kontakt zwischen Katzen verschiedener Zuchten sollte nur statfinden, wenn die jeweiligen Züchter einheitliche Untersuchungs- und Prophylaxemaßnahmen durchführen. Wenn junge und adulte Katzen Zugang ins Freie und/oder Kontakt zu Katzen mit unbekanntem FeLV-Status haben, sollten diese geimpft werden. Impfstoffe gegen FeLV sind seit 1985 auf dem Markt. Die Impfung interferiert nicht mit der FeLV-Antigen-Testung. In Studien in Mehrkatzenhaushalten, einer Umgebung mit sehr hohem Infektionsdruck, war keiner der zugelassenen Impfstoffe ausreichend wirksam. Somit ist es nicht „sicher", eine FeLV-negative Katze in einen Haushalt mit einer FeLV-ausscheidenden Katze zu bringen, auch wenn die negative Katze geimpft ist.

Vor jeder Impfung gegen FeLV sollte der FeLV-Status der Katze bestimmt werden. Katzen sollten nur so oft wie nötig und so selten wie möglich geimpft werden. Bei Katzen mit Freigang ist die Bestimmung des FeLV-Status in jährlichen Abständen (z. B. im Rahmen der Gesundheitsvorsorge) oder nach einer potenziellen FeLV-Exposition sinnvoll. Die Bestimmung des FeLV-Status bei reinen Wohnungskatzen sollte zumindest einmalig erfolgen. Einzeln gehaltene Wohnungskatzen ohne Kontakt zu anderen Katzen sollten wegen des Risikos von FISS nicht geimpft werden. In geschlossenen Mehrkatzenhaushalten oder Zuchten sollten neue Katzen zuvor getestet und nur FeLV-Antigen-negative Katzen aufgenommen werden, sodass auch hier eine Impfung nicht erforderlich ist. Die FeLV-Impfung progressiv infizierten Katzen ist überflüssig. Die Impfung einer regressiv infizierten Katze schützt nicht vor einer Reaktivierung (fördert diese aber auch nicht) und ist daher unnötig. Erwachsene Katzen bilden eine Altersresistenz aus und haben so ein sehr geringes Risiko für eine progressive Infektion. Das Risiko, ein FISS zu entwickeln, ist daher vermutlich größer als das Risiko einer progressiven Infektion. Genaue Angaben darüber, ab welchem Alter die FeLV-Impfung nicht mehr durchgeführt werden sollte, gibt es nicht. Sinnvoll ist die Impfung bei jungen Katzen mit Freilauf, da bei ihnen das Risiko, eine progressive FeLV-Infektion zu entwickeln, immer noch höher ist (selbst bei einer niedrigen Prävalenz, wie in Deutschland), als das Risiko, ein FISS zu entwickeln. Bei Einzelkatzen mit Freilauf, die nur gelegentlich Kontakt zu FeLV haben, schützt die Impfung gut; Expertengremien, wie das Advisory Board on Cat Diseases (ABCD) und die American Association of Feline Practioners (AAFP) empfehlen Wiederholungsimpfungen gegen FeLV im Abstand von bis zu drei Jahren. FeLV-Infektionen stellen heute in Zuchtbeständen kaum noch ein Problem dar. In allen Mehrkatzenhaushalten sollte das Ziel sein, nur Katzen desselben Infektionsstatus gemeinsam zu halten. Im Idealfall sind in einem Mehrkatzenhaushalt keine Virusträger, d. h. weder progressiv noch regressiv infizierte Katzen. Um das sicherzustellen, ist es nötig, alle Katzen mittels PCR auf Provirus-DNA zu testen, um auch regressiv infizierte Katzen zu erkennen. Soll eine Katze mit unbekanntem FeLV-Status (z. B. Fundkatze) in eine Gruppe von nicht-infizierten Katzen integriert werden, ist es wichtig, die Katze vor der Zusammenführung auf Virusausscheidung, also Antigen, oder besser Provirus zu testen. Kann eine kürzlich stattgefundene Virusexposition nicht ausgeschlossen werden, sollte zusätzlich eine Quarantänezeit von mindestens drei, besser sechs Wochen (je nach Prävalenz), eingehalten und wiederholt auf Virusausscheidung getestet werden. FeLV-Antigen-positive Katzen müssen getrennt von FeLV-Antigen-negativen Katzen gehalten werden. Progressiv infizierte, gesunde Katzen sollten so schnell wie möglich in ein geeignetes Zuhause vermittelt werden. Es muss sichergestellt sein, dass solche Katzen kein Infektionsrisiko für andere Katzen darstellen und getrennt von FeLV-negativen Katzen in reiner Wohnungshaltung gehalten werden können. Idealerweise sollten auch regressiv infizierte Katzen getrennt von nicht FeLV-infizierten Katzen gehalten werden, da eine regressive Infektion bei Immunsuppression oder Stress reaktiviert werden kann und die Katze dann wieder Virus ausscheidet.

Bedeutung für den Hund

FeLV infiziert Hunde nicht.

Bedeutung für den Menschen und andere Tiere

Wenige andere Feliden (z. B. Wildkatzen) können infiziert werden, Nicht-Feliden meist nicht. FeLV kann sich in Zellkulturen von Menschen vermehren, es gibt aber keine Hinweise für eine Übertragung auf den Menschen.

2.2.3 Feline Panleukopenie

Definition: Die feline Panleukopenie (Katzenseuche, feline Parvovirose) ist eine hochinfektiöse, weltweit verbreitete Infektionskrankheit bei Feliden (u. a. Hauskatze, Tiger, Panther, Leopard), Musteliden (z. B. Nerz), Procyoniden (z. B. Waschbär, Nasenbär) und Viveriden (z. B. Schleichkatze). Die Krankheit ist charakterisiert durch einen massiven Abfall der zirkulierenden weißen Blutzellen (Panleukopenie) und Enteritis mit Zerstörung der Darmschleimhaut.

Ätiologie: Die feline Panleukopenie war die erste Krankheit bei Katzen, bei der eine virale Genese nachgewiesen wurde. Sie wird durch ein kleines, unbehülltes, einsträngiges DNA-Virus, das feline Panleukopenievirus (FPV), hervorgerufen. Das FPV ist nahe verwandt mit dem caninen Parvovirus (CPV-2) und unterscheidet sich von ihm nur durch wenige Nukleotidsequenzen im Strukturprotein. CPV-2 ist aus FPV durch Überschreiten von Speziesbarrieren entstanden. Aus dem ursprünglich aufgetretenen CPV-2 entwickelten sich die heute vorkommenden Virustypen CPV-2a, CPV-2b und CPV-2c. Diese caninen Viren vermehren sich in Katzen und können klinische Symptome hervorrufen, die nicht von denen einer durch FPV verursachten Panleukopenie unterschieden werden können. Panleukopenie wird jedoch nach wie vor überwiegend durch Infektionen mit FPV, nur in seltenen Fällen durch Infektionen mit CPV-2a, -2b oder -2c, hervorgerufen. In Deutschland werden bei ca. 5 % der an Panleukopenie erkrankten Katzen CPV-2a, -2b oder -2c isoliert.

Pathogenese: Die Infektion erfolgt oral oder intranasal, durch direkten oder indirekten Erregerkontakt. Parvoviren werden vor allem mit dem Kot, aber auch mit allen anderen Se- und Exkreten (z. B. Blut, Urin, Speichel, Nasenausfluss, Erbrochenem) ausgeschieden. Da sie nur durch wenige Desinfektionsmittel (z. B. Hypochlorit, Glutaraldehyd, Formalin) zerstört werden und in der Außenwelt lange (bis zu einem Jahr) überleben können, infiziert sich eine Katze oft indirekt über kontaminierte Gegenstände (z. B. Decken, Spielzeug, Kratzbäume), Oberflächen oder Personen; eine Übertragung durch kontaminierte Insekten, wie Fliegen oder Flöhe, wird ebenfalls in Betracht gezogen. Nicht selten wird der Erreger vom Besitzer selbst mit in die Wohnung getragen. Eine intrauterine Infektion von Feten findet statt, wenn die Mutter während der Trächtigkeit infiziert wurde. Ein besonders hohes Risiko für Panleukopenie haben Katzenwelpen, deren maternale Antikörper gerade unter den protektiven Titer abfallen, die aber noch nicht geimpft sind oder noch keinen Schutz nach Impfung aufbauen konnten. Wegen der saisonalen Geburten von Katzenwelpen treten Krankheitsfälle gehäuft im Sommer und Herbst auf. Da die Impfung gegen FPV seit über 20 Jahren zu den Core-Komponenten der Katzenimpfung gehört und viele Katzen geimpft sind, erkranken adulte Katzen nur noch selten an Panleukopenie. Nichtsdestotrotz können auch adulte, ausschließlich in der Wohnung gehaltene Katzen erkranken, wenn kein (vollständiger) Impfschutz vorhanden ist.

Nach Virusaufnahme kommt es innerhalb von 18–24 Stunden zur Replikation in den Lymphgeweben des Oropharynx. Anschließend kommt es zu einer zwei bis sieben Tage andauernden Virämie. Pathologische Veränderungen entstehen primär in Geweben mit hoher mitotischer Aktivität. Bevorzugte Zielzellen der Parvoviren sind daher die sich schnell teilenden Zellen des lymphatischen Gewebes, des Knochenmarks und die Kryptenepithelzellen der Darmmukosa. Im Lymphgewebe kommt es zu Nekrosen. Im Knochenmark kommt es zu einer generellen Depression der myeloischen Aktivität und dadurch zu einer Panleukopenie mit ausgeprägter Abnahme der neutrophilen Granulozyten. Die Vorläuferzellen der Erythrozyten werden seltener befallen. In der Darmmukosa werden vor allem Replikationszellen tief in den Krypten zerstört. Durch die

Zerstörung der Kryptenzellen, die normalerweise als Ersatz für die absorptiven Zellen zu den Darmzotten „nach oben" wandern, kommt es zum „Abrasieren" der Darmzotten und dadurch zu einer durch Malabsorption und erhöhte Permeabilität verursachten Diarrhoe. Aufgrund der langsameren epithelialen Mitoserate im Kolon kommt es hier, im Gegensatz zum Dünndarm, zu geringeren Läsionen.

Parvoviren werden vorwiegend mit dem Kot ausgeschieden. Die Ausscheidung beginnt bereits kurz nach der Infektion, noch innerhalb der Inkubationszeit von vier bis zehn (durchschnittlich fünf bis sieben) Tagen und kann bei genesenen und klinisch inapparent infizierten Tieren noch bis zu sechs Wochen (in Einzelfällen bis zu einem Jahr) andauern.

Symptome: Die klinische Symptomatik variiert stark und ist unter anderem abhängig vom Alter und Immunstatus des Tieres. Die perakute Verlaufsform der Panleukopenie betrifft vor allem Katzenwelpen unter zwei Monaten. Sie ist die schwerwiegendste Form und mit plötzlichen Todesfällen verbunden. Betroffene Tiere werden häufig hypotherm oder komatös im terminalen Stadium eines septischen Schocks aufgefunden nach nur leichten (eventuell Vomitus) oder keinen initialen klinischen Symptomen. Die akute Verlaufsform geht mit hohem Fieber (bis zu 40 °C), Apathie und Anorexie einher. Erbrechen, Hypersalivation und/oder Durchfall treten gelegentlich, hämorrhagischer Durchfall im Vergleich zur Parvovirose der Hunde nur selten (bei bis zu 15 % der Katzen) auf. Das Haarkleid wird struppig und stumpf und die Elastizität der Haut lässt durch Dehydratation nach. Meist sind die Darmschlingen verdickt und die mesenterialen Lymphknoten vergrößert. Die subakute Verlaufsform geht mit nur milden klinischen Symptomen (erhöhte Körpertemperatur, geringgradige Lethargie, Anorexie und in manchen Fällen Durchfall) einher, die ca. ein bis drei Tage andauern.

Eine Sonderform der felinen Panleukopenie stellt das feline Ataxie-Syndrom (zerebelläre Ataxie) dar. Bei Infektionen trächtiger Kätzinnen werden die Feten meist auch infiziert. Eine intrauterine Infektion im ersten Drittel der Trächtigkeit kann zu fötalem Tod und Fruchtresorption oder Geburt mumifizierter Föten führen. Infektionen im mittleren Teil der Trächtigkeit haben Aborte zur Folge. Tritt die Infektion später in der Trächtigkeit auf, kommt es zur Geburt von lebenden Welpen mit unterschiedlichen Schädigungsgraden des sich entwickelnden neuralen Gewebes. Die Welpen zeigen Schädigungen des zentralen Nervensystems (v. a. des Zerebellums). Die Virusreplikation in den Purkinjezellen des fetalen Kleinhirns führt zur Kleinhirnhypoplasie und daraus resultierend felinen Ataxie-Syndrom. Die Katzenwelpen zeigen nach der Geburt Hypermetrie, generalisierte Ataxie und Intentionstremor. Die Störungen fallen oft erst zwei bis drei Wochen nach der Geburt auf, wenn die Welpen zu laufen beginnen. Die Symptome bleiben bestehen, die Tiere können sie aber teilweise kompensieren und trotzdem heranwachsen. Bei einer seltener auftretenden Schädigung des Großhirns überwiegen Symptome wie Anfälle und Verhaltensänderungen. Bei bis zu 30 % der Welpen mit neurologischen Störungen und gelegentlich auch bei klinisch unauffälligen Welpen werden Schädigungen der Retina festgestellt. Die Zerstörung der Zellen der Retina führt zu einer Retinadysplasie ohne Verlust der Sehschärfe. Neben dem Nervengewebe sind häufig auch Lymphgewebe (v. a. Thymus) und Knochenmark beeinträchtigt.

Laboruntersuchungen bei Katzen mit feliner Panleukopenie zeigen typischerweise vier bis sechs Tage nach Infektion eine Leukopenie mit Neutropenie und Lymphopenie. Bei Leukozytenzahlen unter 1×10^9/l muss die Prognose vorsichtig gestellt werden. Die neutrophilen Granulozyten sind von allen Leukozyten am stärksten betroffen, da neben der Zerstörung der mitotischen Vorläuferzellen (die sich am schnellsten teilen) vor allem bei bakterieller Sepsis und/oder Endotoxämie noch ein erhöhter Verbrauch besteht. Als Folge der Neutropenie kommt es zu einer gestörten Immunreaktion mit verminderter Phagozytosekapazität; dadurch können sekundäre Infektionen nicht ausreichend abgewehrt werden. Eine Lymphopenie entsteht durch die Zerstörung der mitotisch aktiven Vorläuferzellen der zirkulierenden Lymphozyten und wird infolge der nur kurzen Halbwertzeit dieser Zellen ebenfalls meist schnell manifest. Eine ausgeprägte Anämie wird bei feliner Panleukopenie selten und erst im späteren Stadium beobachtet, da die erythrozytären Vorläuferzellen ein weniger bevorzugtes Ziel der Parvoviren sind. Zudem tritt eine Anämie, wegen der langen Überlebenszeit der Erythrozyten (bis zu 120 Tage), erst bei länger andauernder Krankheit und/oder bei intestinalen Blutungen in Erscheinung. Eine Thrombozytopenie wird bei der Katze häufiger beobachtet als beim Hund. Sie ist sowohl auf die Virusvermehrung in Megakaryozyten als auch auf eine disseminierte intravasale Gerinnung (DIC) zurückzuführen. Schwere Dehydratation und Elektrolytverschiebungen können bei Erbrechen und starken Durchfällen auftreten. Bei hämatogener Einwanderung von Bakterien in die Leber werden gelegentlich Aktivitätsanstiege der ALT (Alaninaminotransferase), seltener AP (Alkalische Phosphatase) oder anderer Leberenzyme und leichte Hyperbilirubinämie (v. a. bei sekundärer Sepsis) beobachtet. Tritt Azotämie auf, ist sie meist prärenal als Folge der Dehydratation.

Komplikationen können häufig auftreten und sind abhängig von der Art der vorherrschenden Symptome. Akute Komplikationen bei Durchfall und Erbrechen sind Dehydratation, Azidose und Kaliumverlust. Schwere Dehydratation kann zu progressiver Schwäche, Bewusstseinstrübung und Schock führen. Bei anhaltendem Durchfall, Vomitus und direkter Schädigung des Darmepithels durch das Virus mit Blutaustritt in das Darmlumen kommt es zu einem Verlust von Gesamteiweiß. Bei vielen Katzen wird eine Hypoproteinämie zu Beginn der Infektion wegen der bestehenden Dehydratation übersehen. Eine Hypalbuminämie (unter 18 g/l) kann durch den Abfall des onkotischen Drucks im Plasma zur Ödembildung führen. Das Auftreten von Ödemen ist ein prognostisch ungünstiges Zeichen. Eine weitere wichtige Komplikation ist eine Sepsis durch Übertritt von Darmbakterien und Vermehrung in der Blutbahn. Diese wird durch die Neutropenie, und damit der Unfähigkeit, bakterielle Infektionen abzuwehren, begünstigt und entsteht, wenn durch Zerstörung der Darmzotten die natürliche Barriere fehlt. Eine weitere häufige Komplikation der felinen Panleukopenie ist eine DIC mit einer daraus resultierenden Verbrauchskoagulopathie. Die DIC wird ausgelöst durch eine intravasale Aktivierung des Gerinnungssystems, die auf die primäre Viruseinwirkung, die Freisetzung prokoagulatorischer Substanzen aus virusgeschädigten Zellen und die sekundäre Sepsis zurückzuführen ist. Es entstehen Mikrothromben, die die Endstrombahn zahlreicher Organe verlegen und zu Hypoxie, Azidose und schließlich Organnekrosen führen können. Im Gegensatz zum Hund tritt eine Pankreatitis als Komplikation eher seltener auf. Bei einem

Wurf Katzenwelpen mit Panleukopenie und bestätigtem klinisch manifestem Diabetes mellitus wurde FPV jedoch in insulinproduzierenden B-Zellen des Pankreas nachgewiesen. Auch Darminvaginationen kommen bei Katzen, im Gegensatz zum Hund, nur selten vor und wenn, dann bei Tieren mit schweren, therapieresistenten Durchfällen.

Diagnose: Bei Kombination von typischen klinischen und labordiagnostischen Symptomen kann eine Verdachtsdiagnose gestellt werden.

Direkter Erregernachweis: Auf dem Markt sind mehrere POC-Tests zum Nachweis von Parvovirus-Antigen im Kot von Katzen (und Hunden) auf der Basis eines ELISA oder Immunchromatographieverfahrens erhältlich. Die Tests sind, auch wenn sie teils nur für den Hund zugelassen sind, auch bei der Katze gut für die Routinediagnostik zum Einsatz vor Ort in der Praxis geeignet. Die Tests sind sehr spezifisch, sodass ein positives Ergebnis beweisend für eine Parvovirus-Infektion ist. Allerdings ist die Sensitivität nicht sehr hoch. Tatsächlich infizierte Tiere können wegen (noch) negativer Ergebnisse übersehen werden, die vor allem dann auftreten, wenn die Viruslast noch niedrig ist. Bei einem negativen Ergebnis sollte der Test im Verdachtsfall also wiederholt werden. Alternativ kann eine PCR aus Kot, Vollblut, Knochenmark (oder anderen Gewebeproben) durchgeführt werden. Sie gilt als besonders sensitiv. Die PCR aus Blut ist besonders geeignet, wenn Katzen (noch) keinen Durchfall haben oder keinen Kot absetzen.

Indirekter Erregernachweis: Ein Antikörpernachweis (meist mittels Hämagglutinationshemmtests) im Serum ist zur Diagnose der Panleukopenie nicht sinnvoll, da auch geimpfte und (zuvor) klinisch inapparent infizierte Katzen Antikörper besitzen. Zudem sind Antikörper bei natürlicher Infektion frühesten nach sechs Tagen nachweisbar und steigen erst im Verlauf, sodass der Antikörpernachweis bei Auftreten erster Symptome meist noch negativ ist. Sinnvoll ist ein Antikörpernachweis jedoch zur Aussage über einen bestehenden Schutz, z. B. zur Bestimmung des optimalen Impfzeitpunkts bei Katzenwelpen und/oder zur Entscheidung über die Notwendigkeit einer Wiederholungsimpfung bei adulten Katzen.

Therapie: Katzen mit Panleukopenie sollten unbedingt eine Intensivtherapie erhalten. Wichtig sind symptomatische Therapiemaßnahmen sowie gute Hygiene und (zum Schutz vor Übertragungen) strenge Quarantänemaßnahmen. Es gibt wenige Ansätze zur kausalen Therapie. Die therapeutische Wirksamkeit von Antikörpern gegen FPV (Hyperimmunserum, kommerziell erhältlich als Feliserin® PLUS, Selectavet, Deutschland) wurde bisher lediglich in einer retrospektiven Studie bei 73 Katzen mit Panleukopenie untersucht. Insgesamt wurde knapp ein Viertel der Katzen mit Panleukopenie mit Hyperimmunserum behandelt, wovon die Mehrheit (68,0 %; 13/19) überlebte. Allerdings gab es in dieser Studie keine Kontrollgruppe. Gegenteilige Ergebnisse findet man in einer prospektiven placebokontrollierten Studie bei Hunden mit Parvovirose, in welcher kein signifikanter positiver Effekt mit der Verabreichung von Hyperimmunserum festgestellt werden konnte. Um die therapeutische Wirksamkeit von Hyperimmunserum bei Katzen mit Panleukopenie besser beurteilen zu können, wäre eine prospektive, placebokontrollierte Studie notwendig.

Felines IFN-ω hemmt die Vermehrung von FPV *in vitro*. Eine *In-vivo*-Studie, die eine prophylaktische Wirksamkeit bei Katzen in einem Tierheim untersuchte, konnte jedoch keine positiven Effekte auf die klinischen Symptome und die Überlebensrate zwischen mit felinem IFN-ω behandelten Katzen und Katzen der Kontrollgruppe feststellen. Bei Hunden mit Parvovirose ist die therapeutische Wirksamkeit allerdings bewiesen.

Wichtig ist eine intensive Flüssigkeitstherapie. Sie dient dem Ausgleich von Dehydratation und der Wiederherstellung des Elektrolytverlusts (v. a. Kalium) und Säure-Base-Haushalts (metabolische Azidose). Bei Hypalbuminämie ist die Aufrechterhaltung des onkotischen Drucks mittels enteraler Ernährung, kolloidaler Lösungen, humanem Albumin und/oder totaler parenteraler Ernährung (TPN) notwendig. Besteht eine Anämie ist eine Transfusion mit Vollblut empfehlenswert (nach vorheriger Blutgruppentestung).

Da die Darmbarriere bei Panleukopenie häufig zerstört ist, können Bakterien aus dem Darm in den Blutkreislauf eindringen. Eine Bakteriämie kann, v. a. bei Neutropenie, zu einer Sepsis führen, welche eine der Haupttodesursachen der felinen Panleukopenie ist. Um einer Sepsis vorzubeugen, ist eine antibiotische Therapie essenziell. Eine weitere Wirkung von Antibiotika besteht in der Reduktion der mitotischen Aktivität des Darmepithels durch Verringerung der Darmflora. Bei Abwesenheit von Bakterien teilen sich die Mukosazellen des Dünndarms langsamer und bieten den Viren somit keine ausreichende Möglichkeit zur Vermehrung. Die Gabe sollte, wegen der bestehenden Schädigung des Darms, möglichst i. v. und nicht p. o. erfolgen. Das Antibiotikum sollte ein breites Spektrum aufweisen und besonders das gramnegative und anaerobe Keimspektrum abdecken, da gerade diese Darmbakterien aus dem Darm übertreten und eine Sepsis hervorrufen können. Gut geeignet gegen gramnegative Keime ist Pradofloxacin. Enrofloxacin sollte wegen potenziell auftretender Retinadegenerationen bei Katzen nicht eingesetzt werden. Die Verwendung von Aminoglykosiden, wie Gentamycin, ist wegen des guten gramnegativen Spektrums möglich, wegen der möglichen Nephrotoxizität sollte aber bei dehydrierten Tieren von der Gabe abgesehen und auf ein anderes Antibiotikum zurückgegriffen werden. Eine gute Alternative bieten Cephalosporine der dritten Generation, wie Cefotaxim. In Kombination mit einem Aminopenicillin, wie Amoxicillin/Clavulansäure, kann so ein breites Keimspektrum abgedeckt werden. Da es kein für die Veterinärmedizin zugelassenes Präparat für die i.-v.-Applikation gibt, muss bei intravenöser Gabe ein Antibiogramm erstellt werden (gemäß den Auflagen der tierärztlichen Hausapothekenverordnung; TÄHAV). Da eine antibiotische Therapie bei Katzen mit Panleukopenie bereits vor einer Bakteriämie erfolgen muss, kann von einem Antibiogramm unter genauer Dokumentation der Gründe abgesehen werden. Bei Anzeichen einer Sepsis muss von einem lebensbedrohlichen Zustand ausgegangen werden, was eine zusätzliche intravenöse Gabe von Cephalosporinen der dritten Generation rechtfertigen würde (§12 und §13 TÄHAV). Studien haben gezeigt, dass der Einsatz von Cephalosporinen zur Freisetzung besonders vieler Endotoxine führt. Endotoxine sind Zerfallsprodukte vorwiegend gramnegativer Bakterien, die zum Endotoxinschock führen können. Inwiefern Endotoxin-bindende Stoffe von Vorteil sind, ist nicht endgültig geklärt. Es gibt viele Studien mit unterschiedlichen Substanzen ohne nachweisbare

Wirksamkeit. Die Wirksamkeit von Lipiden, die z. B. in der TPN verabreicht werden, ist zumindest bei Ratten bewiesen.

Bei massiver Neutropenie (< 1000 × 10^6/l) wird von manchen Autoren die Gabe von Filgrastim (Neupogen®), einem humanen, rekombinanten, methionylierten, granulozytenstimulierenden Faktor (r-metHuG-CSF), bis zur Normalisierung der Leukozytenzahl empfohlen. Der Effekt bei feliner Panleukopenie wird kontrovers diskutiert. Es ist möglich, dass durch die Stimulierung eventuell auch die Virusvermehrung im Knochenmark angeregt wird und der Einsatz damit eher negative Folgen haben könnte. Die Gefahr der Antikörperbildung, die nach drei Wochen auftritt, wird bei kurzzeitiger Anwendung nicht beobachtet.

Bei Erbrechen können Antiemetika, wie Maropitant, Metoclopramid und/oder Ondansetron, verabreicht werden. Eine frühzeitige enterale Ernährung ist sinnvoll, sobald das Erbrechen abgeklungen ist. Leicht verdauliches Futter ist vorzuziehen; sollte dieses verweigert werden, ist jedes andere Futtermittel einer Nahrungskarenz vorzuziehen. Bei anhaltendem Erbrechen, hochgradigem Durchfall über mehrere Tage (sodass davon auszugehen ist, dass keine Nährstoffe mehr resorbiert werden können) und/oder bei Abfall des Albuminspiegels (< 15 g/l) sollte eine parenterale Ernährung erfolgen. Bei starken Abdominalschmerzen können Analgetika, wie Buprenorphin oder Fentanyl, gegeben werden. Metamizol kann als fiebersenkendes Medikament eingesetzt werden. Vitamine werden empirisch eingesetzt, da es durch die verminderte Resorption schnell zu einem Mangel an Vitamin B und zusätzlich, verstärkt durch einen erhöhten Verbrauch der Gerinnungsfaktoren bei DIC, auch an Vitamin K kommen kann. Die Gabe von Vitamin A könnte mit einem positiven Effekt auf die Regeneration der geschädigten Darmmukosa verbunden sein.

Prognose: Bei klinisch inapparenten oder subakuten Verläufen ist die Prognose gut. Bei akutem Verlauf liegt die Letalität ohne intensive Therapie zwischen 25 und 90 %. Tiere, die die ersten fünf Tage der Infektion ohne Komplikationen überstehen, erholen sich für gewöhnlich. Bei perakutem Verlauf (oft bei Welpen) liegt die Letalität bei nahezu 100 %. Bei frühzeitiger Intensivtherapie kann die Letalität deutlich gesenkt werden. Je frühzeitiger der Therapiebeginn und je weniger stark die Neutropenie, umso günstiger ist die Prognose. Bei bereits bestehender Untertemperatur, DIC, Neutrophilenzahlen unter 500 × 10^6/l und/oder Sepsis ist die Prognose ungünstig. Nach Abklingen der akuten Symptome ist die Prognose jedoch sehr gut. Langzeitschädigungen treten meist nicht auf. Nach überstandener Infektion sind die Katzen lebenslang gegen eine Neuinfektion geschützt.

Prophylaxe: Da Parvoviren ubiquitär vorhanden sind, kann eine Infektion bei keinem Tier verhindert werden. Die Impfung gegen FPV gilt als Core-Vakzine. Sie schützt Katzen auch vor klinischen Symptomen hervorgerufen durch CPV-2a, CPV-2b und -2c. In Deutschland gibt es nur MLV und keine inaktivierten Vakzinen. MLV induzieren einen besseren und schnelleren Schutz mit höheren und länger bestehenden Antikörpertitern als inaktivierte Vakzine. Die Impfung sollte bei allen Katzen, auch reinen Wohnungskatzen, durchgeführt werden, da das Virus nachweislich auch durch Menschen und andere Tiere in die Wohnung gelangen kann. Am wichtigsten für einen guten, langanhaltenden Schutz ist eine korrekte Grundimmunisierung. Da maternale Antikörper individuell unterschiedlich lange bei Welpen bestehen und mit der Impfung interferieren können, wird bei niedrigem Infektionsrisiko empfohlen, im Alter von acht Wochen (bei höherem Infektionsrisiko bereits im Alter von sechs Wochen) mit der Impfung zu beginnen und die Impfung anschließend alle vier (bei hohem Infektionsdruck zwei) Wochen zu wiederholen; manche Experten empfehlen diese Wiederholungsimpfung bis zu einem Alter von 20 Wochen, da in Einzelfällen eine Interferenz mit maternalen Antikörpern auch noch im Alter von 16 Wochen nachgewiesen werden konnte. Die letzte Impfung im Rahmen der Grundimmunisierung erfolgt im Anschluss an die Welpenimpfungen nach (sechs bis) zwölf Monaten. Bei Katzen, die in einem höheren Alter zur Grundimmunisierung vorgestellt werden (ab der 16. bis 20. Lebenswoche), ist für die Grundimmunisierung gegen FPV mit MLV eine Impfung, gefolgt von einer weiteren Impfung nach einem Jahr, ausreichend. Nach der Grundimmunisierung sind größere Impfintervalle (frühestens alle drei Jahre) ausreichend. Untersuchungen zeigten, dass die Schutzwirkung nach Grundimmunisierung mit MLV über viele Jahre anhält. Eine praktische Methode, einen Schutz zu bestimmen, ist die Messung von Antikörpern. Bei adulten Katzen, die bereits geimpft sind oder eine Infektion überstanden haben, kann der Nachweis von Antikörpern gegen Parvoviren in jeglicher Höhe mit dem Schutz vor der Erkrankung gleichgesetzt werden, sodass mittlerweile Antikörperbestimmungen empfohlen werden, um über die Notwendigkeit einer Wiederholungsimpfung zu entscheiden. Im Idealfall wird die Wiederholungsimpfung dann nur bei Bedarf (Fehlen von Antikörpern) durchgeführt. Neben der Bestimmung des individuellen Schutzes beim adulten Tier können Antikörpertiter-Bestimmungen auch zur Wahl des optimalen Impfzeitpunkts beim Welpen oder zur Ermittlung des Impferfolgs, z. B. während oder nach der Grundimmunisierung, eingesetzt werden.

Neben der aktiven Immunisierung gibt es die Möglichkeit der passiven Immunisierung mit spezifischen Antikörpern gegen FPV (Feliserin® PLUS). Sie soll einen kurzfristigen Schutz von bis zu drei Wochen bieten (in dieser Zeit ist eine aktive Immunisierung nicht sinnvoll) und kann besonders bei Welpen, die kein Kolostrum und somit keine maternalen Antikörper erhalten haben, sowie bei akut kranken Tieren, bei denen von einer aktiven Immunisierung grundsätzlich bis zur Genesung abgesehen werden sollte, sinnvoll sein. Eine durch Feliserin® PLUS hervorgerufene Schutzwirkung konnte bei Panleukopenie-Ausbrüchen in einer in deutschen Tierheimen durchgeführten Studie jedoch nicht bestätigt werden. Trotz Verabreichung des Hyperimmunserums erkrankten über die Hälfte der behandelten Katzen an Panleukopenie. Dabei muss jedoch in Betracht gezogen werden, dass sich die behandelten Katzen bereits vor oder während der Aufnahme in das Tierheim infiziert haben könnten und das Hyperimmunserum somit zu spät (bereits während der Inkubationszeit, aber noch vor dem Auftreten von klinischen Symptomen) verabreicht wurde. Nebenwirkungen des Hyperimmunserums sind selten. Allerdings kann es bei einem zweiten Behandlungszyklus mit Feliserin® PLUS nach drei Wochen (Dauer des Schutzes eines abgeschlossenen Behandlungszyklus) zu anaphylaktischen Schockreaktionen kommen, da das Serum in Pferden gewonnen wird. Alternativ kann eine passive Immunisierung auch mit Serum einer genesenen oder kürzlich geimpften Katze erfolgen.

Wird in einem Haushalt, in dem eine Katze an Panleukopenie erkrankt oder verstorben ist, eine neue Katze aufgenommen, sollten alle Utensilien, die mit Ausscheidungen der verstorbenen Katze in Berührung gekommen sind, entfernt werden und es sollte sichergestellt sein, dass die neue Katze korrekt geimpft und gut geschützt ist (Nachweis von Antikörpern).

Bedeutung für den Hund

Feline Parvoviren können sich nicht in Hunden vermehren. Sie spielen beim Hund also keine Rolle.

Bedeutung für den Menschen und andere Tiere

Für den Menschen haben feline (und canine) Parvoviren keine Bedeutung als Infektionserreger. FPV kann aber verschiedene andere Spezies (andere Feliden, Musteliden, Kleinbären und Schleichkatzen) infizieren.

2.2.4 Canine Parvovirose

Definition: Die Parvovirose (Hundeparvovirose, canine Parvovirusenteritis, infektiöse Gastroenteritis des Hundes, Katzenseuche des Hundes, Hundeseuche), verursacht durch das canine Parvovirus (CPV), ist eine hochinfektiöse ubiquitäre Krankheit mit großer Bedeutung in der Hundepopulation. Parvovirose trat bei Hunden erstmals 1978 fast gleichzeitig in Europa, Nordamerika und Australien auf. Die Parvovirose ist demnach eine „junge" Krankheit; sie wird als die häufigste infektiöse Todesursache bei Hunden angesehen. Das weitere Vorkommen der Infektion wird heutzutage vor allem durch den Import ungeimpfter (oder nicht vollständig geimpfter) junger Hunde aus dem Ausland, vor allem aus Osteuropa, gefördert.

Ätiologie: CPV ist ein unbehülltes DNA-Virus aus der Familie der *Parvoviridae*, das zur Replikation auf Zellen mit einer hohen Mitoserate angewiesen ist. Es befällt daher bevorzugt die sich rasch teilenden Darmkryptenzellen, Jugendstadien von Granulozyten, lymphopoetisches Gewebe (Peyer-Platten, Lymphknoten, Thymus und Milz) und, solange sie sich noch in Teilung befinden, die Myokardzellen. Dabei ruft es Nekrosen in den befallenen Geweben hervor. CPV ist sehr nah verwandt mit dem FPV und stammt von ihm ab (siehe 2.2.3.). Es wurde erstmals 1978 isoliert und CPV-2 genannt, um es von dem damals fälschlicherweise als „canines Parvovirus-1" (CPV-1) bezeichneten „Minute virus of canines" (MVC) zu unterscheiden. Das MCV wurde damals im Kot von Hunden mit leichter Diarrhoe nachgewiesen. Heute weiß man jedoch, dass es keine Pathogenität für den Hund besitzt. Innerhalb eines Jahres nach Entdeckung des CPV-2 wurden zwei neue Virustypen, CPV-2a und CPV-2b, nachgewiesen, die CPV-2 inzwischen völlig verdrängt haben. 1996 wurde ein weiterer antigener Typ des caninen Parvovirus, CPV-2c (in Vietnam und Taiwan) isoliert. Heute kommen CPV-2a, -2b und -2c weltweit vor. Hunde lassen sich unter experimentellen Bedingungen auch mit FPV infizieren, erkranken jedoch nicht. Intravenös und intranasal injiziertes FPV repliziert zwar im Thymus, Knochenmark und der Milz von Hunden, in Dünndarm und mesenterialen Lymphknoten werden aber keine Viren gefunden. Auch unter natürlichen Bedingungen sind Hunde für FPV nicht empfänglich. Alle CPV-2a, -2b und -2c sind jedoch für Katzen infektiös.

Pathogenese: Hauptinfektionsquelle ist der Kot infizierter Hunde. Der bevorzugte natürliche Infektionsweg ist die orale Aufnahme. Die Ansteckung erfolgt meist über Virus-enthaltende Kotpartikel, die an Futter, Fell, Händen oder Kleidung anhaften. Auch eine transplazentare Übertragung kann stattfinden. Nach Aufnahme vermehrt sich CPV zunächst in lymphatischen Geweben (vorwiegend Tonsillen und retropharyngealen Lymphknoten). Ab dem dritten Tag nach Infektion kommt es zur Virämie und Parvoviren werden, vorwiegend mit dem Kot, ausgeschieden. Andere Se- und Exkrete können ebenfalls infektiös sein, spielen aber epidemiologisch keine große Rolle. Große Virusmengen werden meist über zwei Wochen mit dem Kot ausgeschieden. Danach nimmt die Virusausscheidung ab, kann jedoch bei manchen Tieren noch über Wochen nach der vollständigen Genesung anhalten. Aber auch gesunde Hund können Virusausscheider sein, wenn sie subklinisch infiziert sind.

Zur Replikation benötigt CPV sich aktiv teilende Zellen. Bevorzugte Ziele sind Zellen des Lymphsystems, Knochenmarks und Kryptenepithels des Intestinaltrakts. Im Lymphgewebe kommt es zu Nekrosen. Im Knochenmark kommt es zu einer generellen Depression der myeloischen Aktivität und dadurch zu einer Panleukopenie mit ausgeprägter Abnahme der neutrophilen Granulozyten. Die Vorläuferzellen der Erythrozyten werden seltener befallen. In der Darmmukosa werden vor allem Replikationszellen tief in den Krypten zerstört. Durch die Zerstörung der Kryptenzellen, die normalerweise als Ersatz für die absorptiven Zellen zu den Darmzotten „nach oben" wandern, kommt es zum „Abrasieren" der Darmzotten und dadurch zu einer durch Malabsorption und erhöhter Permeabilität verursachten Diarrhoe. Aufgrund der langsameren epithelialen Mitoserate im Kolon, im Gegensatz zum Dünndarm, kommt es hier zu geringeren Läsionen. Die Infektion von Lymphgewebe, Knochenmark und Darmepithelien führt ab dem vierten Tag nach Infektion zu klinischen Symptomen. Bei Welpen unter vier Wochen können außerdem die Herzmuskelzellen befallen werde.

Symptome: Die Krankheit verläuft sehr unterschiedlich. Viele natürliche Infektionen verlaufen klinisch inapparent. Es erkranken nur etwa 10 % einer spontan dem Virus ausgesetzten Hundepopulation, die anderen infizieren sich (werden immun, falls sie es nicht schon sind) und scheiden das Virus aus, ohne zu erkranken. Die Morbidität ist besonders hoch bei ungeimpften oder ungenügend geimpften Welpen bis zu einem Alter von circa sechs Monaten. Eine erhöhte Anfälligkeit für Parvovirose wird für Dobermänner, Rottweiler und auch Deutsche Schäferhunde diskutiert. Beim Schäferhund wird evtl. ein Zusammenhang zum genetisch bedingten IgA-Defekt im Magen-Darm-Trakt vermutet.

Die Inkubationszeit dauert vier bis sieben Tage. Meist ist der Krankheitsverlauf akut mit plötzlichem Erbrechen, gefolgt von wässrigem, oft hämorrhagischen Durchfall. Die häufigsten Symptome sind Durchfall (fast 100 %), Erbrechen (80 %), Fieber oder Untertemperatur (50 %), Anorexie, Apathie, massive Dehydratation (50 %) und abdominaler Palpationsschmerz (20 %). Der Schweregrad der Symptome wird mitbestimmt vom Vorhandensein weiterer Erreger. Wichtig für den Krankheitsverlauf ist auch die Teilungsrate der Darmzellen (je höher die Teilungsrate, desto höher die Virusvermehrungsrate). Die Teilung der Darmepithelzellen wird beeinflusst von der bakteriellen Darmflora, die einen Reiz zur Teilung der Epithelzellen bewirkt. Hunde, deren Magen-Darm-Trakt experimentell durch Antibiotika keimfrei war, entwickelten keine klinischen Symptome nach experimenteller Parvovirus-Infektion.

Histologische Veränderungen treten meist im gesamten Dünndarm auf. Sie entstehen durch Zerstörung der Kryptenepithelzellen und Unfähigkeit, die Darmzellen der Zottenspitzen zu ersetzen. Die Zerstörung der Zottenstruktur ist charakterisiert durch Abrundung und Verklumpung der Zotten mit abrasiertem flachem Epithel. Eine Thymusatrophie kann vorliegen. Der Tod kann innerhalb von 72 Stunden nach Krankheitsbeginn eintreten. Die meisten Tiere sterben zwischen dem zweiten und vierten Krankheitstag. Bei Patienten, die den fünften Tag überleben, steigen die Heilungschancen deutlich. Die Krankheitsdauer beträgt meist ein bis zwei Wochen. Ein milderer Verlauf ist möglich. Er ist mit einer frühzeitig einsetzenden Antikörperproduktion verbunden. So werden oft Fälle von Parvovirose mit mildem Verlauf (leichte Durchfälle, keine oder nur geringe Neutropenie) übersehen. Es wird diskutiert, ob diese milden Verläufe eventuell durch neue Parvovirusstämme verursacht werden.

Eine relativ häufige, schwere Komplikation, vor allem bei Welpen, ist die Darminvagination. Sie tritt vorwiegend bei Welpen großwüchsiger Hunderassen auf und entsteht meist infolge einer Hypoperistaltik im Darm. Sie lässt sich oft palpatorisch nachweisen, diagnostisch ist meist eine Ultraschalluntersuchung (typisches „Zwiebelschalenmuster" der Darmwand). In den meisten Fällen kommt es nicht zu einer spontanen Reposition; eine operative Therapie ist daher meistens unumgänglich und sollte möglichst frühzeitig durchgeführt werden. Die Rezidivgefahr nach Operation ist groß. Häufig kommt es auch bei Hunden mit Parvovirose zu einer begleitenden Pankreatitis, die den Verlauf kompliziert. Die Pankreatitis entsteht einerseits durch das Parvovirus selbst (eine Vermehrung der Parvoviren im Pankreas), andererseits auch durch die Nähe des Pankreas zu massiv entzündlich veränderten Darmabschnitten.

Bei anhaltendem Durchfall, Vomitus und direkter Schädigung des Darmepithels durch das Virus mit Blutaustritt in das Darmlumen kommt es zu einem Verlust von Gesamteiweiß. Eine Hypalbuminämie (unter 15 g/l) kann durch den Abfall des onkotischen Drucks im Plasma zur Ödembildung führen. Das Auftreten von Ödemen ist ein prognostisch ungünstiges Zeichen. Eine weitere wichtige Komplikation ist eine Sepsis durch Übertritt von Darmbakterien und Vermehrung in der Blutbahn. Diese wird durch die Neutropenie, und damit Unfähigkeit, bakterielle Infektionen abzuwehren, begünstigt und entsteht, wenn durch Zerstörung der Darmzotten die natürliche Barriere fehlt. Eine weitere mögliche Komplikation der caninen Parvovirose (seltener jedoch als bei der felinen Panleukopenie) ist die DIC mit einer daraus resultierenden Verbrauchskoagulopathie. Vereinzelt können Welpen aufgrund sekundärer Komplikationen, wie Sepsis, plötzlich sterben, ohne dass vorher Symptome bemerkt werden.

Laboruntersuchungen bei Hunden mit caniner Parvovirose zeigen typischerweise eine Leukopenie mit absoluter Neutropenie, vier bis sechs Tage nach Infektion. Bei Leukozytenzahlen unter $1 \times 10^9/l$ muss die Prognose vorsichtig gestellt werden. Die neutrophilen Granulozyten sind von allen Leukozyten am stärksten betroffen, da neben der Zerstörung der mitotischen Vorläuferzellen (die sich am schnellsten teilen) vor allem bei bakterieller Sepsis auch ein erhöhter Bedarf besteht.

Zur Zeit des ersten epidemieartigen Auftretens der Parvovirose beim Hund (1978) wurden häufig bei vier bis zehn Wochen alten Welpen meist tödlich verlaufende Myokarderkrankungen beobachtet. Bis zu 70 % der an dieser Myokarditis erkrankten Welpen starben vor einem Alter von acht Wochen. Von den verbleibenden 30 % starben viele Tiere Monate oder Jahre später an Herzversagen. Ursächlich waren perinatale Infektionen (intrauterin bis vier Wochen nach der Geburt) von Welpen von Hündinnen ohne Antikörper. Dieses Krankheitsbild kommt jedoch fast nicht mehr vor, da die meisten Muttertiere Antikörper haben und somit auch die Welpen während der ersten Lebenswochen durch maternale Antikörper geschützt sind. In manchen Untersuchungen wurden auch bei älteren, an Parvovirose erkrankten Hunden geringgradige Herzveränderungen, wie milde Herzmuskeldilatation und Reizbildungs- und Reizleitungsstörungen, nachgewiesen, die möglicherweise in Zusammenhang mit der Parovirusinfektion stehen.

Diagnose: Bei Kombination von typischen klinischen und labordiagnostischen Symptomen wird meist eine Verdachtsdiagnose gestellt.

Direkter Erregernachweis: Mehrere POC-Tests sind auf dem Markt zum Nachweis von Parvovirus-Antigen im Kot von Hunden auf der Basis eines ELISA oder Immunchromatographieverfahrens erhältlich. Diese Tests sind sehr spezifisch, allerdings sehr oft falsch-negativ, vor allem, wenn die Viruslast (noch) niedrig ist. Falsch-negative Resultate können auch durch blutigen Durchfall bedingt sein, weil Antikörper aus dem Blut ins Darmlumen gelangen und an Virusantigen binden. Bei einem negativen Ergebnis sollte der Test im Verdachtsfall also wiederholt oder eine PCR durchgeführt werden. Die PCR gilt als sensitivstes Verfahren.

Indirekter Erregernachweis: Ein Antikörpernachweis (meist mittels Hämagglutinationshemmtest) im Serum ist zur Diagnose der Parvovirosee nicht sinnvoll, da auch geimpfte und einmal infizierte (also praktisch alle) Hunde Antikörper besitzen. Außerdem steigen Antikörper erst im Verlauf einer Infektion an, sodass der Antikörpernachweis bei Auftreten erster Symptome meist noch negativ ist. Sinnvoll ist ein Antikörpernachweis nur zur Aussage über einen bestehenden Schutz, z. B. zur Entscheidung über die Notwendigkeit einer Wiederholungsimpfung bei adulten Hunden.

Therapie: Bei Parvovirose sollte unbedingt eine Intensivtherapie durchgeführt werden, die die Behandlung der akuten gastrointestinalen Symptome und die Prävention und/oder Behandlung einer sekundären Sepsis beinhaltet. Zum Schutz vor Übertragungen sind strenge Quarantänemaßnahmen notwendig. Es gibt einige Ansätze zur kausalen Therapie. Frühere Studien zur therapeutischen Wirksamkeit von spezifischen Antikörpern gegen CPV (Hyperimmunserum, in der Vergangenheit kommerziell erhältlich als Stagloban®, IDT Biologika, Deutschland) lieferten unterschiedliche Ergebnisse. In einer prospektiven placebokontrollierten Studie, die die Wirksamkeit eines zur Therapie (und Prophylaxe) der caninen Parvovirose zugelassenen Hyperimmunserums, das Antikörper gegen FPV enthält (Feliserin Plus®) als zusätzliche Therapie zu einer symptomatischen Standardtherapie untersuchte, konnte kein Unterschied in Heilungsverlauf und Mortalitätsrate zwischen der Therapie- und der Placebogruppe festgestellt werden. Eine antivirale Therapie mit dem rekombinanten felinen IFN-ω führte dagegen in mehreren Studien zu einer signifikanten Besserung der klinischen Symptome und einer signifikant höheren Überlebensrate.

Die symptomatische Behandlung mit Infusionstherapie, antibiotischer Therapie und Antiemesis ist nach wie vor die wichtigste Basis für einen erfolgreichen Heilungsverlauf bei Parvovirose. Die Infusionstherapie dient dem Ausgleich von Dehydratation und der Wiederherstellung des Elektrolytverlusts (v. a. Kalium) und Säure-Base-Haushalts (metabolische Azidose). Bei Hypalbuminämie ist die Aufrechterhaltung des onkotischen Drucks mittels enteraler Ernährung, kolloidaler Lösungen, humanem Albumin und/oder TPN notwendig.

Aufgrund der möglichen Translokation von Darmbakterien in den Blutkreislauf und der (besonders bei Neutropenie) drohenden Gefahr einer Sepsis ist eine antibiotische Therapie unumgänglich. Eine weitere Wirkung der Antibiotika-Therapie besteht in der Reduktion der mitotischen Aktivität des Darmepithels durch Reduktion der Darmflora. Bei Abwesenheit von Bakterien teilen sich die Mukosazellen des Dünndarms langsamer und bieten den Viren somit keine ausreichende Möglichkeit zur Vermehrung. Die Gabe sollte, wegen der bestehenden Schädigung des Darms, möglichst i. v. und nicht p. o. erfolgen. Das Antibiotikum sollte ein möglichst breites Spektrum aufweisen und besonders das gramnegative und anaerobe Keimspektrum abdecken, da gerade diese Darmbakterien aus dem Darm übertreten und eine Sepsis hervorrufen können. Gut geeignet gegen gramnegative Keime ist Enrofloxacin, sollte aber aufgrund der beschriebenen Chondrotoxizität bei Hunden erst ab einem Alter von einem Jahr eingesetzt werden (5 mg/kg KM 1 × tägl., optimalerweise i. v.). Die Verwendung von Aminoglykosiden, wie Gentamycin, ist wegen des guten gramnegativen Spektrums möglich, wegen der möglichen Nephrotoxizität sollte aber von der Gabe bei dehydrierten Tieren abgesehen und auf ein anderes Antibiotikum zurückgegriffen werden. Eine gute Alternative bieten Cephalosporine der dritten Generation, wie Cefotaxim. In Kombination mit einem Aminopenicillin, wie Amoxicillin/Clavulansäure, kann so ein breites Keimspektrum abgedeckt werde. Da es kein für die Veterinärmedizin zugelassenes Präparat für die i.-v.-Applikation gibt, muss bei intravenöser Gabe ein Antibiogramm erstellt werden (gemäß den Auflagen der tierärztlichen Hausapothekenverordnung; TÄHAV). Da bei Parvovirose aber eine antibiotische Therapie bereits vor einer Bakteriämie erfolgen muss, kann von einem Antibiogramm unter genauer Dokumentation der Gründe abgesehen werden. Bei Anzeichen einer Sepsis muss von einem lebensbedrohlichen Zustand ausgegangen werden, was eine zusätzliche intravenöse Gabe von Cephalosporinen der dritten Generation rechtfertigt (§12 und §13 TÄHAV). Studien haben gezeigt, dass der Einsatz von Cephalosporinen zur Freisetzung besonders vieler Endotoxine führt. Endotoxine sind Zerfallsprodukte vorwiegend gramnegativer Bakterien, die zum Endotoxinschock führen können. Inwiefern Endotoxin-bindende Stoffe von Vorteil sind, ist jedoch nicht endgültig geklärt. Es gibt viele Studien mit unterschiedlichen Substanzen ohne nachgewiesene Wirksamkeit. Die Wirksamkeit von Lipiden, die z. B. in der TPN verabreicht werden, ist zumindest bei Ratten bewiesen.

Bei massiver Neutropenie ($< 1000 \times 10^6$/l) wird von manchen Autoren die Gabe von Filgrastim (Neupogen®), eines humanen, rekombinanten, methionylierten, granulozytenstimulierenden Faktor (r-metHuG-CSF) empfohlen; es ist jedoch möglich, dass durch die Stimulierung eventuell auch die Virusvermehrung im Knochenmark angeregt wird und der Einsatz damit eher negative Folgen haben könnte.

Bei Erbrechen können Antiemetika, wie Maropitant, Metoclopramid und/oder Ondansetron, verabreicht werden. Sobald kein Erbrechen mehr vorliegt, sollte möglichst schnell wieder Futter angeboten werden, vor allem zur Versorgung der Enterozyten. Die früher empfohlene Nahrungskarenz bei blutigem Durchfall ist obsolet. Eine möglichst frühzeitige enterale Ernährung fördert bei Hunden den Heilungsverlauf. Auch in Anbetracht einer bestehenden Hypoalbuminämie ist eine frühe enterale Ernährung anzustreben. Die Fütterung einer oralen Rekonvaleszenz-Lösung, die Präbiotika, Omega 3- und 6-Fettsäuren, sowie die Aminosäuren Glutamin, Arginin und Taurin enthält, hatte eine positive Wirkung. Hunde mit Parvovirose, die die Lösung erhielten, zeigten früher eine freiwillige Futteraufnahme als Hunde, die nur Wasser aufgenommen hatten. Auch die Kalorienaufnahme in den ersten 24 Stunden nach Beginn der festen Futteraufnahme war höher bei den Hunden, die die Rekonvaleszenz-Lösung erhielten. Bei anhaltendem Erbrechen, hochgradigem Durchfall über mehrere Tage (wenn also davon auszugehen ist, dass keine Nährstoffe mehr resorbiert werden können) und/oder Abfall des Albuminspiegels sollte die Ernährung parenteral (TPN) möglichst über einen zentralen Venenkatheter erfolgen. Für abdominale Schmerzen kann eine analgetische Behandlung mit Opioiden, wie Buprenorphin oder Fentanyl, erforderlich sein (unter Kontrolle der Darmmotilität). Alternativ kann Metamizol allein oder in Kombination mit Opioiden verabreicht werden. Der Einsatz von nicht-steroidalen Antiphlogistika (NSAID) wird bei Tieren mit Parvovirose aufgrund der Gefahr der Entstehung von Ulzerationen im Magen-Darm-Trakt und der möglichen Nephrotoxizität durch Minderperfusion bei Dehydratation nicht empfohlen. Spasmolytika sind zu vermeiden, da sie die Gefahr von Darminvaginationen erhöhen.

Prognose: Unter intensiver Therapie ist die Prognose relativ günstig. Bei rechtzeitiger Intensivtherapie überleben etwa 90 % der erkrankten Hunde. Die Überlebensrate hängt vom Alter der Tiere und von Koinfektionen ab. Anhand der Leukozytenzahlen lässt sich eine Auskunft über die Prognose geben. Bei Leukozytenzahlen unter 2×10^9/l muss die Prognose vorsichtig gestellt werden. Während des Heilungsprozesses liegt typischerweise eine regenerative Neutrophilie mit Linksverschiebung (bis zu 80×10^9/l) vor; diese ist als Zeichen der Regeneration zu werten.

Prophylaxe: Da Parvoviren ubiquitär vorhanden sind, kann eine Infektion nicht verhindert werden. Der einzige wirksame Schutz gegen die Krankheit ist die Impfung. Daher gehört die Impfung gegen CPV zu den Core-Komponenten. Obwohl viele Hunde geimpft sind, tritt Parvovirose nach wie vor auf, meistens bei Welpen, wenn maternale Antikörper soweit abgefallen sind, dass sie nicht mehr vor einer Feldinfektion schützen, aber noch hoch genug sind, dass sie mit der Impfung interferieren. Die meisten Welpen sind im Alter zwischen acht und zwölf Wochen für eine Feldinfektion empfänglich. Einige Welpen können sich jedoch auch früher infizieren, andere haben noch mit zwölf Wochen hohe maternale Antikörpertiter. MLV induzieren einen besseren und schnelleren Schutz mit höheren und länger bestehenden Antikörpertitern als inaktivierte Vakzine. Am wichtigsten für einen guten, langanhaltenden Schutz ist eine korrekte Grundimmunisierung. Da maternale Antikörper individuell unterschiedlich lange bei Welpen bestehen und mit der Impfung interferieren können, wird bei niedrigem Infektionsrisiko empfohlen, im Alter von acht Wochen (bei höherem Infektionsrisiko bereits im Alter von sechs Wochen) mit der Impfung zu beginnen und die Impfung anschließend alle vier (bei hohem Infektionsdruck zwei) Wochen zu wiederholen. Die letzte Impfung im Rahmen der Grundimmunisierung erfolgt im Anschluss an die Welpenimpfungen nach (sechs bis) zwölf Monaten. Bei Hunden, die in einem höheren Alter zur Grundimmunisierung vorgestellt werden (ab der 16. Lebenswoche), ist für die Grundimmunisierung gegen Parvovirose mit MLV eine Impfung, gefolgt von einer weiteren Impfung nach einem Jahr, ausreichend. Nach der Grundimmunisierung sind größere Impfintervalle (frühestens alle drei Jahre) ausreichend. Viele Studien zeigten, dass die Schutzwirkung nach Grundimmunisierung mit MLV über viele Jahre anhält. Eine praktische Methode, einen Schutz zu bestimmen, ist die Messung von Antikörpern. Bei adulten Hunden, die bereits geimpft wurden (oder eine Infektion überstanden haben), kann der Nachweis von Parvovirus-Antikörpern in jeglicher Höhe mit dem Schutz vor der Erkrankung gleichgesetzt werden, sodass mittlerweile Antikörperbestimmungen empfohlen werden, um über die Notwendigkeit einer Wiederholungsimpfung zu entscheiden. Im Idealfall wird die Wiederholungsimpfung dann nur bei Bedarf (Fehlen von Antikörpern) durchgeführt. Neben der Bestimmung des individuellen Schutzes beim adulten Tier können Antikörpertiter auch zur Wahl des optimalen Impfzeitpunkts beim Welpen oder zur Ermittlung des Impferfolgs, z. B. während oder nach der Grundimmunisierung, herangezogen werden.

Neben der aktiven Immunisierung gibt es die Möglichkeit der passiven Immunisierung mit spezifischen Antikörpern z. B. gegen FPV (Feliserin® PLUS). Sie soll einen kurzfristigen Schutz von bis zu drei Wochen bieten (in dieser Zeit ist eine aktive Immunisierung nicht sinnvoll) und kann besonders bei Welpen, die kein Kolostrum und somit keine maternalen Antikörper erhalten haben sowie bei akut kranken Tieren, bei denen von einer aktiven Immunisierung grundsätzlich bis zur Genesung abgesehen werden sollte, sinnvoll sein. Ein prophylaktischer Nutzen der passiven Immunisierung zum Schutz vor Parvovirose wurde bisher beim Hund jedoch noch nicht in klinischen Studien nachgewiesen.

Wird in einem Haushalt, in dem ein Hund an Parvovirose erkrankt oder verstorben ist, ein neuer Hund (oder eine neue Katze) aufgenommen, sollten alle Utensilien, die mit Ausscheidungen des verstorbenen Hundes in Berührung gekommen sind, entfernt werden und es sollte sichergestellt sein, dass das neue Tier korrekt geimpft und gut geschützt ist (Nachweis von Antikörpern).

2.2.5 Feline infektiöse Peritonitis

Definition: Die feline infektiöse Peritonitis (FIP) ist eine weltweit unter allen Feliden verbreitete, unbehandelt tödlich verlaufende Infektionskrankheit. Sie war bis vor kurzem eine der häufigsten Todesursachen bei Katzen.

Ätiologie: In den frühen sechziger Jahren wurde zum ersten Mal ein Krankheitsbild bei Hauskatzen beschrieben, das durch immunmediierte Vaskulitis und pyogranulomatöse Entzündungsherde charakterisiert war. 1978 gelang der erste Nachweis des Virus; 1979 wurde das Virus als Coronavirus klassifiziert. Coronaviren können bei der Katze eine harmlose, oft klinisch inapparente Darminfektion oder aber FIP verursachen. Das feline Coronavirus (FCoV) kommt in zwei Biotypen vor, die manchmal auch als felines enterales Coronavirus (FECV) und als FIP-verursachendes Virus (FIPV) bezeichnet werden. Das FIP-verursachende FCoV entsteht in einer infizierten Katze aus Mutationen des wenig pathogenen FCoV. Coronaviren haben eine relativ geringe Speziesspezifität. Das canine Coronavirus (CCoV), das bei Hunden Durchfall verursachen kann, ist eng mit dem FCoV verwandt. Katzen können Antikörper entwickeln, nachdem sie Kontakt mit CCoV-haltigem Hundekot hatten.

FCoV ist ein einzelsträngiges RNA-Virus und gehört zum Genus Coronavirus der Familie *Coronaviridae*. Es ist kugelförmig bis pleomorph mit einem Durchmesser von 60–120 nm. Das Virus setzt sich aus verschiedenen Strukturproteinen zusammen, einem großen Membranprotein und einem kleinen Membranprotein, das ein Nukleokapsid aus Polypeptiden und eine einsträngige, lineare, nicht segmentierte RNA positiver Polarität umhüllt, sowie aus den keulenförmigen Spike-Glycoproteinen oder Peplomeren (12–24 nm Länge), die aus der Lipidhülle des Virus hervorragen, und aus einem Hüllprotein. Die Peplomere lassen das Virus unter dem Elektronenmikroskop einer Krone ähneln; dies hat ihm zu dem Namen „Coronavirus“ verholfen. Die Oberfläche der Peplomere der FCoV ist so gestaltet, dass sie bevorzugt an apikale Enterozyten binden können. Die Replikation von FCoV bleibt so meist auf Zellen des Darmepithels begrenzt.

FCoV kommt weltweit bei Haus- und Wildfeliden vor. Häufig ist das Virus vor allem dort, wo viele Tiere auf engem Raum zusammengehalten werden (z. B. Zucht, Tierheim, Tierpension, Tierhandlung). In einer Stude wurde gezeigt, dass in Deutschland alle untersuchten Katzenzuchten mit FCoV infiziert waren. Über die Hälfte aller Katzen in Deutschland haben Antikörper gegen FCoV. In einer Studie schieden 3/4 aller Zuchtkatzen FCoV mit dem Kot aus. Die Prävalenz bei Katzen mit Durchfall betrug sogar 87,0 %, bei Katzen ohne Durchfall 58,8 %; eine FCoV-Infektion war signifikant mit Durchfall assoziiert. In Mehrkatzenhaushalten entwickeln aber nur etwa 5–12 % aller mit FCoV infizierten Katzen FIP, in Einzelkatzenhaushalten noch weniger. FCoV kommen bei freilebenden Katzen relativ selten vor, da diese meist als Einzelgänger leben und nie gemeinsame Kotplätze benutzen. Studien haben gezeigt, dass bei Aufnahme in Tierheime Antikörper gegen FCoV besaßen, bereits nach kurzem Aufenthalt (wenige Wochen) in den Tierheimen der Anteil aber auf ca. 90 % stieg.

Pathogenese: Katzen infizieren sich oronasal mit dem wenig pathogenen FCoV, das von FCoV-infizierten Katzen (mit oder ohne FIP) ausgeschieden wird. FIP-verursachende FCoV können in der Regel nicht aus Se- oder Exkreten von Katzen mit FIP isoliert werden, sodass eine Übertragung dieser mutierten Viren höchstwahrscheinlich nicht stattfindet. Die Ausscheidung des wenig pathogenen FCoV erfolgt vor allem über den Kot, in viel geringerem Maße aber auch über andere Se- und Exkrete. Transplazentare Übertragungen scheinen unter natürlichen Bedingungen keine große Rolle zu spielen. Coronaviren haben eine relativ geringe Haltbarkeit außerhalb des Wirtsorganismus und sind chloroform-, hitze- und ätherlabil. FCoV können jedoch auf Oberflächen mehrere Wochen bei Raumtemperatur infektiös bleiben und deshalb indirekt über Kleidung und Gegenstände übertragen werden. Auch wenn FIP-verursachende FCoV unter natürlichen Umständen nicht ausgeschieden und übertragen werden, können sie doch iatrogen, z. B. durch Übertragung von Aszitesflüssigkeit, weitergeben werden.

Besonders viele Katzen sind in Haushalten infiziert, in denen viele Tiere auf engem Raum gehalten werden und sich mehrere Tiere Katzentoiletten teilen. In Katzengruppen infizieren sich Welpen meist im Alter von vier bis sechs Wochen direkt bei der Mutter oder bei anderen FCoV-ausscheidenden Katzen. Nimmt eine Katze das wenig pathogene FCoV oronasal auf, setzt sich dieses im Dünndarm an der Oberfläche der Enterozyten fest, dringt in die Zellen ein, vermehrt sich im Zytoplasma und führt so zu einer Zerstörung der Zellen. Freiwerdende Viren befallen neue Zellen. Entsprechend der Anzahl der befallenen Darmzellen kann es selten zu leichten bis mittelgradigen Enteritiden kommen, die manchmal mit Fieber einhergehen. Eine FCoV-Infektion kann im Magen-Darm-Trakt der Tiere persistieren. Meist zeigen die Katzen keine klinischen Symptome, scheiden den Erreger aber für Wochen bis Monate und manchmal lebenslang (Dauerausscheider) aus und dienen so als Infektionsquelle für andere Katzen.

FIP selbst ist im engeren Sinn keine Infektion, sondern eine sporadisch auftretende Krankheit, die *de novo* aus Mutationen des weniger pathogenen FCoV in FCoV-infizierten Katzen ensteht. Nur etwa 5–12 % aller Katzen in Mehrkatzenhaushalten mit endemischer FCoV-Infektion entwickeln FIP. FIP entsteht, wenn es durch Mutationen zu Veränderungen in bestimmten Genen kommt und das hochpathogene FCoV entsteht. Mutationen, die häufig in Zusammenhang mit FIP nachgeweisen werden, sind Punktmutationen im Spike-Gen an zwei Nukleotidpositionen (23531 und 23537), die zu einer Aminosäurensubstitution an Position 1058 (Leucin statt Methionin; M1058L) oder Position 1060 (Alanin statt Serin; S1060A) führen. Die Mutationen führen zu Veränderungen der Spikes des FCoV. Alle Faktoren, die eine vermehrte Virusreplikation begünstigen, erhöhen die Wahrscheinlichkeit einer Mutation, also Dosis und Virulenz des

Virusstamms, Alter und Immunsuppression des Tieres (Stress, Glukokortikoide, Infektionen mit FeLV oder FIV), sowie vor allem Reinfektionen in Mehrkatzenhaushalten. Bei jungen und immunsupprimierten Katzen ist das Risiko, eine Mutation und somit FIP zu entwickeln, wegen der höheren Vermehrungsrate der FCoV, größer. Mehr als die Hälfte aller Katzen mit FIP sind unter zwölf Monaten, etwa 70 % unter vier Jahre alt.

Innerhalb von zwei bis drei Wochen nach Mutation sind die mutierten Viren in Zäkum, Kolon, Darmlymphknoten, Milz und Leber nachweisbar und werden mit Fortschreiten der Krankheit durch Makrophagen im gesamten Organismus, einschließlich ZNS, verteilt. Nicht nur die Viren werden aus abgestorbenen Makrophagen freigesetzt, sondern auch chemotaktische Komplementfaktoren und andere Entzündungsmediatoren. Diese aktivieren proteolytische Enzyme, die weitere Gewebsschäden verursachen. Eine massive überschießende Immunreaktion mit lokaler Immunkomplexbildung führt an serösen Häuten zur Exsudation und in Organen zu Herdnekrosen. Nicht das Virus selbst führt somit zur Schädigung, sondern die Immunreaktion des Körpers auf das Virus und die damit verbundenen immunmediierten Reaktionen. Immunkomplexe spielen eine wichtige Rolle in der Pathogenese. Symptome treten wenige Wochen bis zu Monaten später auf.

Symptome: Das klinische Erscheinungsbild der FIP ist vielfältig, da viele Organe, vor allem Leber, Nieren, Darm, Pankreas, ZNS und Augen, entzündlich verändert sein können. Bei allen Katzen mit unspezifischen Symptomen, antibiotikaresistentem, rezidivierendem Fieber, unklaren Organveränderungen, chronischem Gewichtsverlust und bei allen Katzen mit Erguss sollte FIP in Betracht gezogen werden. Früher ging man davon aus, dass die klinisch manifeste FIP in drei unterschiedlichen Formen auftritt, der sogenannten „feuchten" („exsudativen", „effusiven" oder „nassen") FIP, der „trockenen" („granulomatösen", „parenchymatösen", „nicht exsudativen" oder „nicht effussiven") FIP und einer „gemischten" Form. Heute weiß man, dass es nicht sinnvoll ist, zwischen diesen Formen zu unterscheiden. Bei Katzen mit FIP sind immer mehr oder weniger Erguss und immer ähnliche histologische Organveränderungen vorhanden. FIP kann lediglich „mehr exsudativ" oder „mehr granulomatös" ausgeprägt sein.

Hat sich Aszites gebildet, lässt sich eine Umfangsvermehrung des Abdomens erkennen und bei Palpation des Abdomens ist, je nach Grad des Aszites, eine Fluktuation spürbar (Abb. 2.9.). Bei manchen Katzen tritt zusätzlich oder ausschließlich ein Thoraxerguss auf (Abb. 2.10). Ein Thoraxerguss manifestiert sich klinisch in Atembeschwerden, die von leichter Dyspnoe bis hin zu Maulatmung und Zyanose reichen. Seltener wird zusätzlich (oder nur) Perikarderguss festgestellt. Bei vorhandenem Perikard- und/oder Thoraxerguss sind die Herztöne nur gedämpft auskultierbar. Manchmal zeigt sich oder ein Erguss nur in Form einer Hydronephrose oder im Skrotum. Gelegentlich tritt Ikterus auf. Bei dem Ikterus handelt es sich meistens um einen intrahepatischen Ikterus ohne Zerstörung von Leberzellen. Ursache ist die hohe INF-α-Konzentration, die (ähnlich wie bei Sepsis) mit dem Bilirubin-Transport in und aus der Leberzelle interferiert. ZNS-Symptome (z. B. Nystagmus, Kopfzittern, Bewusstseinsstörungen, Anfälle, Anisochorie) aufgrund einer Enzephalomyelitis kommen bei etwa einem Viertel der Katzen mit FIP vor. Am Auge kann eine Uveitis auftreten (Abb. 2.11.). Sie kann mit Blepharospasmus, vermehrtem Tränenfluss, Irisveränderungen, Miosis, Ödembildung der Iris oder gestauten Gefäßen einhergehen.

Die Abweichungen in der hämatologischen und klinisch-chemischen Blutuntersuchung fallen je nach Ausmaß und Lokalisation der Organveränderungen unterschiedlich aus und sind nicht pathognomonisch für FIP. Die am häufigsten vorkommende Veränderung im Labor bei Katzen mit FIP ist ein Anstieg des Serum-Gesamteiweißes; dieser wird durch einen Anstieg der Globuline, hauptsächlich der Gammaglobuline, ver-

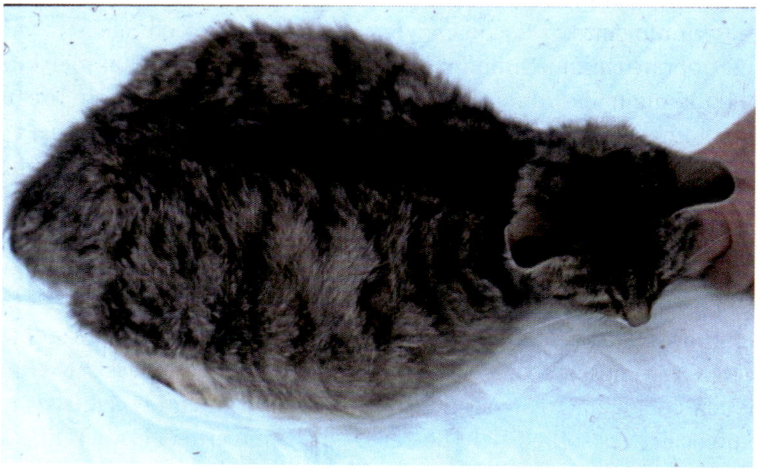

Abb. 2.9 Katze mit Aszites durch exsudative Feline infektiöse Peritonitis (FIP).

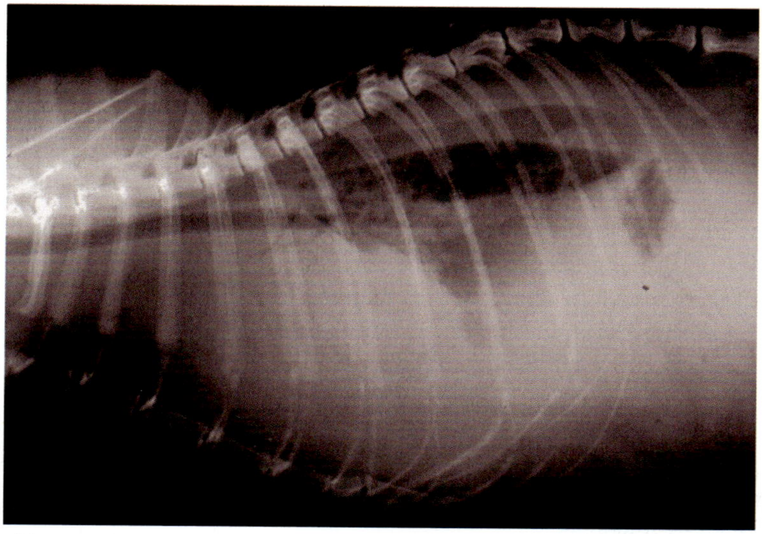

Abb. 2.10 Röntgenaufnahme des Thorax (rechte Seitenlage, latero-lateraler Strahlengang) einer Katze mit Thoraxerguss durch exsudative Feline infektiöse Peritonitis (FIP).

ursacht. Bei Infektion bilden die Katzen große Mengen an Antikörpern, die aber nicht protektiv sind und die Viren nicht neutralisieren können. Gleichzeitig kommt es zu einer Abnahme des Albumins. Ursache hierfür ist das durch die Hypergammaglobulinämie verursachte negative Feedback auf die Albuminproduktion in der Leber, weiterhin die bei Leberbeteiligung verminderte Albuminsynthese, der Austritt eiweißreicher Flüssigkeiten bei Vaskulitis und letztendlich der Albuminverlust über die Nieren bei Vorliegen einer Glomerulonephritis. Dies führt zu einer charakteristischen Abnahme des Albumin-Globulin-Quotienten. Antikörper und Hypergammaglobulinämie zeigen eine lineare Korrelation, aber die große Bandbreite von FCoV-Antikörpertitern bei einer festen Konzentration von Gammaglobulinen legt nahe, dass zusätzliche (autoimmune) Reaktionen mit Auto-Antikörperbildung in der Pathogenese der FIP eine wichtige Rolle spielen. Sehr hohe Gesamteiweißkonzentrationen (über 100 g/l) und Hypergamma globulinämien können aber auch bei Katzen mit anderen chronischen Entzündungen, wie z. B. FCGS, chronischem Katzenschnupfen oder Dirofilariose, auftreten. Differenzialdiagnostisch kommt auch ein Plasmozytom oder multiples Myelom infrage. Bis zu 65 % der Katzen mit FIP zeigen eine meist geringgradige Anämie. Hauptursachen dafür sind vor allem eine aregenerative Anämie der chronischen Krankheit oder eine sekundäre autoimmunhämolytische Anämie. Oft kommt es auch zu einer Lymphopenie. Thrombozytopenie als Folge einer DIC ist möglich. Erhöhte Kreatinin-, Harnstoff- und Bilirubinkonzentrationen sowie erhöhte Leberenzymaktivitäten werden je nach Organbeteiligung gemessen. Akute-Phase-Proteine, wie Serum Amyloid A (SAA) oder α1-Acid-Glycoprotein, können bei FIP erhöht sein und auf eine schwere Entzündungsreaktion hinweisen.

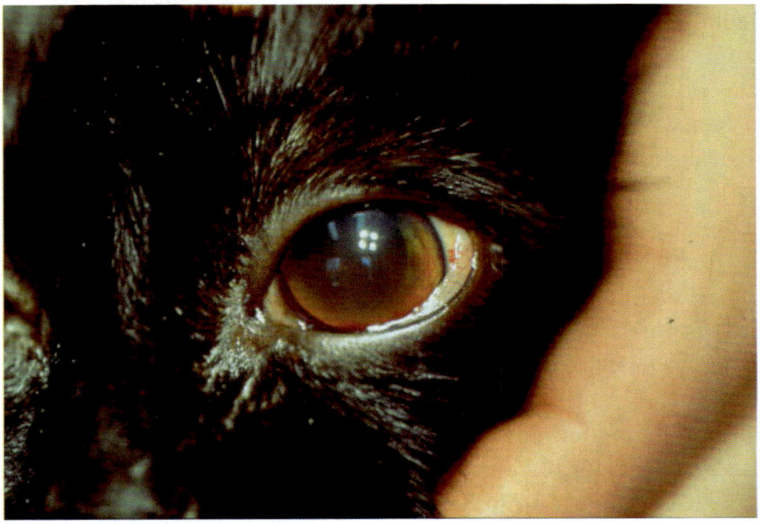

Abb. 2.11 Auge einer Katze mit Uveitis durch Feline infektiöse Peritonitis (FIP).

Die charakteristischen histologischen Befunde der FIP sind eine Vaskulitis und eine Perivaskulitis, die fast alle Organe betreffen können. Neutrophile Granulozyten, Lymphozyten, Plasmazellen und Makrophagen finden sich gehäuft um die Gefäße. Das Endothel ist ödematös verdickt und teilweise nekrotisch. Durch diese Läsionen kommt es zum Austritt von serofibrinösem Exsudat ins Gewebe und zur Bildung von sichtbaren Knötchen. Die generalisierte Perivaskulitis mit lympho-plasmazellulären Infiltraten kann in fast allen Organen auftreten. Der histologische Befund einer Perivaskulitis unter bevorzugter Beteiligung von Plasmazellen sowie das konstante Vorkommen von Plasmazellen im Bereich von Fibrinablagerungen und proliferativen Veränderungen sprechen für eine permanente Immunstimulation, teilweise mit lokaler Immunkomplexbildung und Permeabilitätsstörungen, die an serösen Häuten zur Exsudation und in Organen zu Herdnekrosen führen. Die histologischen Veränderungen in den Organen sind stark hinweisend für eine FIP.

Diagnose: Die definitive Diagnose einer FIP ist oft nicht einfach, vor allem, wenn die Krankheit nicht von Ergüssen begleitet ist, einerseits durch die unspezifischen klinischen Symptome und den Mangel an pathognomonischen hämatologischen und klinisch-chemischen Veränderungen, andererseits durch die geringe Spezifität der Tests, die routinemäßig in der Praxis Anwendung finden. In vielen Fällen kann eine eindeutige Diagnose *ante mortem* extrem schwierig sein.

Untersuchung eines Punktats. Besteht Verdacht auf FIP, sollte immer die erste Fragestellung sein, ob Erguss vorhanden ist oder nicht. Falls Erguss vorhanden ist, sollte dieser zunächst punktiert und untersucht werden. Untersuchungen, die aus dem Punktat durchgeführt werden können, sind in ihrer Sensitivität und Spezifität wesentlich besser als aus dem Blut. Allein die Tatsache, dass Erguss vorhanden ist, ist nicht beweisend für FIP. Nur etwa ein Drittel aller Katzen mit Erguss haben FIP und selbst bei „FIP-typischem" Punktat kommen auch andere Ursachen, wie Lymphome oder bakterielle Serositis, infrage. Das gewonnene Punktat bei FIP ist (charakteristischerweise) proteinreich (35–120 g/l), zellarm (<5 x10^9/l), variiert in der Farbe von strohgelb bis bernsteinfarben, enthält oft Fibrinflocken und gerinnt häufig bei Luftzutritt. Das Punktat kann aber auch makroskopisch untypisch erscheinen, z. B. klar oder blutig; auch Chylothorax ist beschrieben. Bei der zytologischen Untersuchung des Punktats findet man gemischte Entzündungszellpopulationen mit vielen phagozytierenden Makrophagen und neutrophilen Granulozyten, weniger Lymphozyten, polymorphkernigen Zellen und Mesothelzellen. Dieses Bild einer pyogranulomatösen Entzündung kann neben FIP bei bakteriellen Infektionen oder Tumoren vorkommen. Bei FIP sind im Punktat aber meist keine Bakterien, Pilze oder maligne Zellen zu sehen, und die bakteriologische Untersuchung ist negativ.

Aus Erguss sollte immer eine Rivalta-Probe durchgeführt werden. Die Rivalta-Probe hat in der Diagnose der FIP eine gute Aussagkraft. Sie erfordert weder aufwändige Geräte noch teure Reagenzien. Ein Reagenzglas wird zu drei Vierteln mit destilliertem Wasser gefüllt, mit einem Tropfen Eisessig versetzt und vorsichtig gemischt. Dann gibt man einen Tropfen Punktat in die Lösung. Löst sich der Tropfen auf, ist die Probe negativ. Bleibt der Tropfen bestehen und schwebt langsam nach unten oder bleibt an der Oberfläche hängen, ist die Probe positiv. Die Tropfenbildung beruht auf dem hohen Gehalt des Ergusses an Eiweiß, Fibrin und Entzündungsmediatoren. Bei einem negativen Ergebnis ist FIP als Ursache des Ergusses extrem unwahrscheinlich, bei einer positiven Rivalta-Probe handelt es sich mit hoher Wahrscheinlichkeit um FIP. Bei Katzen mit bakteriell bedingter Peritonitis oder Tumoren kann es allerdings ebenfalls zu positiven Ergebnissen kommen. Diese Ergüsse lassen sich jedoch in der Regel unterscheiden (durch makroskopische Untersuchung, Zytologie, bakteriologische Untersuchung).

Direkter Erregernachweis: Die RT-PCR kann extrem kleine Mengen viraler RNA in Gewebe (einschließlich Feinnadelaspirat (FNA)) und Körperflüssigkeiten (Blut, Erguss, Liquor, Kammerwasser) nachweisen. Allerdings zeigten viele verschiedene Studien, dass eine Virämie nicht nur bei Katzen mit FIP, sondern auch bei gesunden Katzen mit FCoV-Infektion vorkommen kann. FCoV-RNA konnte im Blut gesunder Katzen nachgewiesen werden, die über 70 Monate beobachtet wurden und keine FIP entwickelten. Es wurde auch gezeigt, dass in Haushalten, in denen FCoV endemisch sind, auch gesunde Katzen virämisch sein können. Seit einigen Jahren ist eine RT-PCR zum Nachweis von S-Gen-Mutationen kommerziell erhältlich; diese erwies sich in Studien (aufgrund positiver Ergebnisse bei Katzen ohne FIP) als nicht spezifisch und sollte daher (zumindest in der derzeitigen Form) nicht zur Diagnose herangezogen werden. Besser geeignet ist eine quantitative (q) RT-PCR; ein Virusnachweis (in hohen Mengen) kann auf FIP hinweisen, ein negatives Ergebnis schließt FIP aber nicht zwingend aus. Ein Antigennachweis in infizierten Zellen aus Gewebe mittels Immunhistochemie (IHC) gilt als Goldstandard. Ist Erguss vorhanden, kann eine Immunzytologie (ICC) durchgeführt werden, die jedoch weniger spezifisch ist als die RT-PCR.

Der direkte Erregernachweis aus Kot kann eingesetzt werden, um FCoV-Ausscheider zu identifizieren. Durch den Nachweis viraler RNA mittels RT-PCR aus Kot können Katzen identifiziert werden, die FCoV ausscheiden und auch die Menge an ausgeschiedenem Virus bestimmt werden. Diese Untersuchung spielt eine wichtige Rolle für das Management von Katzenbeständen (aber nicht für die Diagnose FIP). Um Ausscheider zu identifizieren, werden Untersuchungen von mindestens drei Kotproben in mindestens wöchentlichen Abständen empfohlen.

Indirekter Erregernachweis: Der Nachweis von FCoV-Antikörpern im Serum ist zur Diagnose der FIP nicht geeignet, da hierdurch FIP weder diagnostiziert noch ausgeschlossen werden kann. Auch der Nachweis von Antikörpern aus Erguss, Liquor oder Kammerwasser ist nicht sinnvoll.

Es gibt jedoch bestimmte Situationen, in denen die Bestimmung von FCoV-Antikörpern sinnvoll sein kann, da die Höhe des Antikörpertiters in gewisser Weise mit der Menge der mit dem Kot ausgeschiedenen FCoV korreliert. Besser ist jedoch eine quantitative RT-PCR aus Kot.

Therapie: Unbehandelt verläuft FIP immer tödlich. Katzen lebten nach definitiver Diagnose im Median nur neun Tage. Lange Zeit wurden viele Therapiestudien durchgeführt, bis vor wenigen Jahren ohne jeglichen Erfolg. Seit kurzer Zeit konnte die Effektivität (neuer) antiviraler Medikamente, besonders Nukleosid-Analoga, nachgewiesen werden. Mit einer entsprechenden antiviralen Behandlung kombiniert mit intensiver symptomatischer Therapie haben Katzen mit FIP gute Überlebenschancen.

In der Vergangenheit wurden Glukokortikoide, z. B. Dexamethason (1 mg/kg KM 1 × tägl. intrathorakal oder intraperitoneal bis kein Erguss mehr vorhanden; max. sieben Tage) oder Prednisolon (2–4 mg/kg KM 1 × tägl. p. o.) eingesetzt, um immunmediierte Entzündungsvorgänge zu unterdrücken. In einer placebokontrollierten Doppelblindstudie wurden Katzen mit eindeutig bestätigter FIP mit felinem IFN-ω (10^6 IU/kg KM 1 × tägl. s. c. über sieben Tage) und Glukokortikoiden (bei Erguss mit Dexamethason (1 mg/kg KM intrathorakal oder intraperitoneal 1 × tägl. bis kein Erguss mehr vorhanden; max. sieben Tage)) oder ohne Erguss mit Prednisolon (2 mg/kg KM 1 × tägl. p. o.) behandelt. Felines IFN-ω hatte keinen Einfluss auf die Überlebenszeit von Katzen mit FIP. Auch Immunmodulatoren wurden bei Katzen mit FIP in der Vergangenheit eingesetzt, jedoch ohne Wirkung.

Antivirale Medikamente greifen in den viralen Replikationszyklus ein und hemmen so die Virusvermehrung. Das antivirale Medikament Ribavirin (1-ß-D-Ribofuranosyl-1H-1,2,4-Triazol-3-Carboxamid, RTCA) ist ein Breitspektrum-Triazol-Nukleosid, das *in vitro* gut gegen FCoV wirkt. Bei Katzen wirkt es jedoch toxisch und sollte daher nicht eingesetzt werden.

Mefloquin ist ein Nukleosid-Analogon, das den zytopathischen Effekt von FCoV reduziert. Es wird in der Humanmedizin bei Malaria eingesetzt. Mefloquin erwies sich *in vitro* gegen FCoV als wirksam und zeigte keinen zytotoxischen Effekt. In einer Studie zur Pharmakokinetik, wurde Mefloquin klinisch gesunden Katzen verabreicht; als Nebenwirkungen wurde Erbrechen und ein Anstieg der Konzentration von symmetrischem Dimethyl-Arginin (SDMA) beobachtet. Obwohl noch keine klinischen Studien zur Effektivität vorliegen, wird Mefloquin in Australien bereits zur FIP-Therapie eingesetzt (20–25 mg/Katze 1 × tägl. p. o. mit Futter) über 84 Tage.

Das Antimykotikum Itraconazol, Inhibitor der Cholestermetabolismus, führt zur Anreicherung von Cholesterin in den Zellen und dadurch zur Hemmung der FCoV-Replikation. *In vitro* konnte eine synergistische antivirale Wirkung auf die FCoV-Replikation durch Kombination mit GS-441524 (siehe unten) festgestellt werden. Itraconazol (50 mg/Katze 1 × tägl. p. o. für 30 Tage) wurde auch zusammen mit Adalimumab (einem monoklonalen Antikörper gegen den humanen TNF-α, 10 mg/Katze 2 × tägl. i. v. für vier Tage) bei drei Katzen mit experimentell induzierter FIP eingesetzt. Zwei Katzen zeigten eine Verbesserung der klinischen Symptome und labordiagnostischen Parameter. Die dritte Katze wurde aufgrund ausbleibender Besserung euthanasiert. In einem Fallbericht wurde Itraconazol (10 mg/kg KM 2 × tägl. p. o. für 38 Tage) in Kombination mit Prednisolon (1 mg/kg KM 1 × tägl. p. o. für 18 Tage) eingesetzt. Um die Wirksamkeit und Verträglichkeit von Itrakonazol allein und in Kombination bei Katzen mit FIP besser beurteilen zu können, sind weitere Studien erforderlich.

Molnupiravir (EIDD-2801), ein Prodrug des Nukleosid-Analogons B-D-N4-Hydroxycytidin, ist *in vitro* gegen FCoV wirksam. In einer retrospektiven Studie erwies es sich bei Katzen mit FIP-Verdacht (in Dosierungen zwischen 12,8–14,7 mg/kg KM 2 × tägl. p. o. über einen Zeitraum von 84 Tagen) als erfolgsversprechend. In höheren Dosierungen (>23 mg/kg KM 2 × tägl. p. o.) wurden Faltohren, abgebrochene Schnurrhaare, sowie eine hochgradige Leukopenie als Nebenwirkungen beobachtet. Kontrollierte Studien sind dringend nötig.

Während der Replikation der Coronaviren wird eine virale 3C- oder 3C-like-Protease benötigt, weshalb Proteaseinhibitoren zur Therapie der FIP eingesetzt werden. *In vitro* konnte die Wirksamkeit des Proteaseinhibitors GC376 gegen FCoV bestätigt werden. Bei spezifisch pathogenfreien Katzen mit experimentell induzierter FIP bewirkte GC376 (5–10 mg/kg KM 1 × tägl. s. c. für 14–20 Tage) eine rasche Verbesserung der Symptome und Abnahme der Viruslast in Erguss. In einer Feldstudie an 20 Katzen konnte GC376 (15 mg/kg KM 2 × tägl. s. c.) ebenfalls eine rasche Besserung der klinischen Symptome bei Katzen mit und ohne Erguss (Diagnosestellung: Signalement, Historie, klinische und labordiagnostische Veränderungen, Bestätigung der FIP mittels qRT-PCR aus Erguss oder veränderten Organen) bewirken; 24–48 Stunden nach Beginn der Therapie waren die Katzen fieberfrei bei gleichzeitig verbessertem Appetit, verbesserter Aktivität und Gewichtszunahme. Aszites war bereits zwei Wochen nach Therapiestart nicht mehr vorhanden. Auch okuläre Symptome verbesserten sich innerhalb von 48 Stunden und waren nach einer Woche verschwunden. 13/20 Katzen hatten einen Rückfall (innerhalb von ein bis sieben Wochen der Erst- oder Wiederholungsbehandlung/en); acht dieser Katzen wurden aufgrund schwerer neurologischer Symptome und fünf aufgrund anderer (nicht neurologischer) Symptome euthanasiert. Zum Zeitpunkt der Veröffentlichung befanden sich sieben Katzen in Remission. Als Nebenwirkungen der antiviralen Therapie traten vor allem Irritationen durch die subkutanen Injektionen (Schwellungen und Alopezie) auf. Bei Katzenwelpen trat ein verzögerter Zahnwechsel auf. Mittlerweile konnte bei einer FCoV-Mutante eine Resistenzentwicklung gegen GC376 nachgewiesen werden.

Das Nukleosid-Analogon Remdesivir (GS-5734), ein Prodrug, das nach Verabreichung zu GS-441524 metabolisiert wird, muss im Gegensatz zu seiner aktiven Form (GS-441524) als Injektion verabreicht werden, da es oral nicht wirksam ist. Remdesivir ist in der Humanmedizin zugelassen und wird zur Therapie von COVID-19 eingesetzt. Bei Katzen mit FIP wurde Remdesivir bereits erfolgreich eingesetzt. Nachteil von Remdesivir ist, dass das Medikament nach Anmischen nur für kurze Zeit haltbar ist und große Mengen verworfen werden müssen, wenn nicht mehrere Katzen gleichzeitig therapiert werden; dies macht eine Umwidmung von Remdesivir für die Katze sehr teuer.

Einig Studien wurden mit GS-441524, der aktiven Substanz von Remdesivir durchgeführt; es dient als alternatives Substrat und RNA-Ketten-Terminator und führt zum Kettenabruch und somit zur Hemmung der viralen Replikation. *In vitro* und *in vivo* konnte bereits eine hervorragende Wirksamkeit nachgewiesen werden. Allerdings ist GS-441524 in Deutschland (noch) nicht zugelassen. Ein Import aus Ländern, in denen GS-441524 derzeit legal (in Apotheken) hergestellt werden kann (UK, Australien), ist nicht möglich.

GS-441524 konnte bereits das Leben vieler Katzen retten und ist sehr erfolgsversprechend. Die Therapiedauer der meisten bisherigen Studien ging über 84 Tage. In den frühen Studien wurde die Wirksamkeit ausschließlich bei subkutaner Verabreichung (in unterschiedlichen Dosierungen zwischen 2–10 mg/kg KM 1 × tägl. s. c.) nachgewiesen. Allerdings traten bei behandelten Katzen sehr häufig lokale, schmerzhafte Entzündungsreaktionen an der Injektionsstelle auf. Die Effektivität der oralen Behandlung mit GS-441524 (5–10 mg/kg KM 1 × tägl. p. o. für 84 Tage) konnte in einer kontrollierten Studie bei 18 Katzen mit FIP (Diagnosestellung: Vorbericht, typische klinische und labordiagnostische Parameter und positive Mutations-PCR und/oder IHC) nachgewiesen werden. Klinische und labordiagnostische Veränderungen verbesserten sich schnell (je Parameter bereits ab dem ersten Tag nach Therapiebeginn). Die Ergussmenge und Viruslast im Erguss nahmen stetig ab. Alle Katzen schlossen den Behandlungszyklus über 84 Tage erfolgreich ab und waren ein Jahr später nach wie vor gesund. Im Gegensatz zur Injektionstherapie verursachte die orale Therapie mit GS-441524 nur milde vorübergehende Nebenwirkungen, wie beispielsweise gelegentlich Aktivitätsanstiege von ALT (Alaninaminotransferase), seltener AP (Alkalische Phosphatase); betroffene Katzen wurden mit Silymarin, einem Mariendistel-Extrakt, therapiert und die Leberenzymaktivitäten normalisierten sich. 14/18 Katzen zeigten eine Lymphozytose (möglicherweise als Regeneration der oftmals bei Katzen mit FIP auftretenden Lymphopenie) und Eosinophilie (vermutlich als Anzeichen einer Heilung). Zwei Katzen zeigten nach Ende der Therapie milde neurologische Symptome (vereinbar mit denen eines felinen Hyperästhesie-Syndroms). Ob es sich hierbei um Nebenwirkung der GS-441524-Therapie oder ein Spätfolgen der FIP (long FIP syndrome) handelt, muss weiter untersucht werden. Postmortale Untersuchungen (Obduktion, Histopathologie, IHC, qRT-PCR) einer Katze mit tödlichem Autounfall, die sich nach Abschluss der oralen GS-441524-Therapiestudie in anhaltender Remission befand, zeigten, dass die orale Behandlung mit GS-441524 mit einer vollständigen Heilung der FIP-assoziierten Veränderungen und vollständigen Elimination von FCoV (mittels IHC und qRT-PCR) aus allen Geweben verbunden war. Allerdings gibt es auch Berichte von Rückfällen nach (oraler und subkutaner) GS-441524-Therapie. Weitere Studien sind erforderlich, um die Wirksamkeit von GS-441524 an einer großen Zahl von Katzen mit FIP unter definierten Bedingungen (Diagnosestellung, Behandlungsdauer, Medikamentenverabreichung u. a.) sowie potenzielle Nebenwirkungen der Therapie über einen langen Zeitraum beurteilen und prognostische und diagnostische Parameter für den Heilungsverlauf bestimmen zu können.

Prognose: Ohne antivirale Therapie ist die Prognose bei FIP infaust. Mit antiviraler Therapie ist die Prognose gut. So überleben inzwischen 80–100 % der mit GS-441524 behandelten Katzen.

Prophylaxe: FIP ist vor allem ein Problem in Katzenzuchten und Tierheimen sowie in allen Beständen, in denen viele Tiere zusammengehalten werden. Katzen, die zirkulierende Antikörper gegen FCoV haben, sind nicht etwa geschützt, sondern unter experimentellen Bedingungen empfänglicher für FIP, zeigen nach Infektion ausgeprägtere klinische Symptome und sterben schneller. Die Ursache liegt in einer Verstärkung der Krankheit durch Antikörper, der sogenannten „Antikörper-abhängigen Immunverstärkung“ (antibody-dependent enhancement, ADE). Durch Bildung von Antigen-Antikörper-Komplexen und/oder Opsonierung werden Makrophagen effizienter infiziert. Frühere konventionelle Immunisierungsansätze erreichten daher das Gegenteil. Zumeist starben die geimpften Katzen schneller als die der Kontrollgruppen, da die Immunreaktion ADE auslöste und die Katzen für FIP „empfänglicher" machte.

Seit 1993 steht in Deutschland ein lokaler, intranasaler Impfstoff zur Verfügung. Das attenuierte, temperatursensitive Impfvirus kann sich nur bei einer Temperatur von 31° C (die im oberen Respirationstrakt herrscht), nicht aber bei 39° C im übrigen Körper vermehren. Es werden zwar geringe Mengen an systemischen IgG gebildet, die bei einem Antikörpernachweis eine positive Reaktion verursachen können, diese führen aber nicht zu ADE. Experimentelle Studien zur Wirksamkeit der Impfung brachten sehr unterschiedliche Ergebnisse (Wirksamkeit zwischen 0–80 %). So ist der Impfstoff bei Katzen, die irgendwann bereits Kontakt zu FCoV hatten, unwirksam. Die Effektivität der Impfung gilt als fraglich. Es ist nicht sinnvoll, Katzen in einem Haushalt zu impfen, in dem FCoV endemisch ist oder in dem kurz vorher ein Tier an FIP erkrankt ist.

Hauptübertragungsquelle von FCoV ist der Katzenkot. Coronaviren können auch indirekt über kontaminierte Gegenstände und Kleidungsstücke übertragen werden. Die Wahrscheinlichkeit, dass sich eine Hauskatze in Einzelhaltung mit FCoV infiziert, ist zwar gering, aber eine Infektion indirekt über den Besitzer ist nicht auszuschließen. Ganz anders ist die Situation in Mehrkatzenhaushalten, vor allem, wenn die Tiere auf engem Raum gehalten werden. Hier findet eine permanente Ausscheidung von FCoV und Reinfektion statt. Durch die hohe Virusbelastung steigt wiederum das Risiko einer Mutation. In Mehrkatzenhaushalten sollte prinzipiell jede Katze ihre Katzentoilette haben und nicht mehr als drei Katzen pro Gruppe gehalten werden. Die Katzentoiletten sollten möglichst mehrmals täglich gereinigt werden und in Räumen stehen, die leicht sauber zu halten und zu desinfizieren sind. Fressnäpfe sollten nicht im gleichen Raum mit Katzentoiletten stehen. Bei Freigang, im Gegensatz zur Wohnungshaltung, setzt eine Katze selten zweimal am selben Ort Kot ab; das Risiko von Reinfektionen ist daher geringer. Unter natürlichen Lebensumständen gehen Katzen nach draußen, um Kot abzusetzen und verscharren ihren Kot. Wohnungskatzen sind jedoch an Katzentoiletten gewöhnt, in denen FCoV mehrere Tage bis Wochen in getrocknetem Kot überleben können.

Vielen einzeln gehaltenen Katzen gelingt es, im Verlauf von Monaten bis Jahren, eine FCoV-Infektion zu eliminieren. Ist eine Katze mit FIP in Einzelhaltung verstorben, sollte zunächst eine gründliche Reinigung und Desinfektion der Gegenstände erfolgen, mit denen die Katze in enge Berührung kam. Vor Anschaffung einer neuen Katze soll eine dreimonatige Wartefrist eingehalten werden, um das Risiko der Ansteckung zu minimieren. Sind noch andere Katzen im Haushalt, so scheiden sie höchstwahrscheinlich FCoV aus. Um eine Übertragung vollständig auszuschließen, sollte der Besitzer daher warten, bis keine der Katzen mehr ausscheidet, bevor eine neue Katze angeschafft wird.

Es ist theoretisch möglich, FCoV aus einer Katzenzucht zu eliminieren, dies ist aber ein sehr langwieriger, aufwändiger und teurer Prozess. Ein Haushalt mit weniger als zehn Katzen kann unter Umständen spontan und ohne Intervention FCoV-frei werden, wenn keine Zucht betrieben wird. In Haushalten mit mehr als zehn Katzen ist dies nahezu unmöglich, da das Virus kontinuierlich von einer Katze zur nächsten weitergegeben wird, und die Infektion daher im Bestand endemisch bleibt. Eine Eliminierung der Coronaviren aus einer Katzenzucht kann durch ein Sanierungsprogramm versucht werden. Zunächst müssen chronische Virusausscheider durch wiederholte Kotuntersuchung mittels RT-PCR identifiziert und abgesondert werden. Es sollte nicht gezüchtet werden, und die Katzen sollten in kleinen Gruppen (maximal drei Katzen pro Gruppe) gehalten werden. Es sollten nur Kot-RT-PCR-negative Katzen in den Bestand aufgenommen werden. Auch zum Decken dürfen nur negative Kater verwendet werden. In Tierheimen ist eine Verhinderung der Ausbreitung von FCoV extrem schwierig. FCoV-infizierte Katzen sollten getrennt von anderen (und einzeln) gehalten werden.

Bedeutung für den Hund

FCoV haben keine Bedeutung für Hunde.

Bedeutung für den Menschen und andere Tiere

FCoV-Infektionen und FIP kommen nicht nur bei Hauskatzen, auch bei vielen anderen Feliden vor. Manche Wildfeliden sind sogar empfänglicher als Hauskatzen. Es gibt Berichte über den Ausbruch von FIP bei Geparden in Gefangenschaft. Für den Menschen spielt FCoV keine Rolle.

2.2.6 Coronavirus-Infektionen

Canine Coronavirus-Infektionen

Definition: Es gibt zwei verschiedene canine Coronaviren (CCoV), das canine enterale Coronavirus (CECoV) und das canine respiratorische Coronavirus (CRCoV). Ein hochvirulenter CECoV-Stamm (pantropisches CCoV) war für einen Ausbruch einer tödlichen systemischen Erkrankung bei Welpen verantwortlich.

Ätiologie: CECoV wurde das erste Mal 1971 bei Hunden mit akuter Enteritis in einer Hunde-Militäreinheit in Deutschland isoliert. Seitdem wurden weltweit mehrere CECoV-Ausbrüche gemeldet. CECoV kann als Enteropathogen bei Hunden Symptome hervorrufen. Die tatsächliche Bedeutung von CECoV als Enteropathogen ist jedoch nicht genau geklärt; viele klinisch gesunde Hunde scheiden CECoV mit dem Kot aus. Antikörper- und RNA-Prävalenzstudien haben gezeigt, dass CECoV in der Hundepopulation weit verbreitet ist, vor allem in Zwingern und Tierheimen.

CRCoV ist sehr eng mit dem bovinen Coronavirus verwandt, und es wird vermutet, dass das Virus ursprünglich von Rindern auf Hunde übertragen wurde. CRCoV wurde erstmals 2003 bei Hunden in England nachgewiesen; diese Hunde wurden in einem Zwinger gehalten, in dem endemisch Atemwegserkrankungen auftraten. CRCoV ist weit verbreitet. Die Antikörper-Prävalenz liegt in den USA, Kanada, England, Irland, Italien, Griechenland, Neuseeland, Japan und Korea zwischen 12–59 %. CRCoV-RNA wurde bei Hunden mit Atemwegserkrankungen in 1–27 % der Fälle aus den unteren Atemwegen isoliert. Die tatsächliche Rolle von CRCoV als primäres Pathogen ist abschließend noch nicht geklärt.

Pathogenese: Zur Pathogenese der Infektionen mit CCoV ist wenig bekannt. Infektionen mit CECoV sind in der Regel auf den Verdauungstrakt beschränkt. Die Pathogenität steht höchstwahrscheinlich mit der Virulenz und dem Gewebstropismus in Zusammenhang, die durch genetische Variationen in strukturellen und/oder nichtstrukturellen Proteinen variieren können. Im Weiteren können Mutationen zu einer systemischen Ausbreitung führen. So wurde im Jahr 2005 in Italien eine hochvirulente Variante (CB/05) entdeckt, die durch genetische Mutationen aus CECoV entstanden ist und als „pantropisches CCoV“ benannt wurde. Nach experimenteller Infektion mit dem Stamm CB/05 kam es zu schweren Krankheitsverläufen; *post mortem* wurden bei den betroffenen Hunden unter anderem Läsionen im Lungen-, Leber- und Nierengewebe festgestellt.

CRCoV kann durch Replikation im Atemwegsepithel die mukoziliäre Clearance beeinträchtigen und so zu (schwereren) Verläufen von Atemwegserkrankungen, ausgelöst durch andere Erreger, beitragen.

Symptome: Wann klinische Symptome durch Infektionen mit CECoV hervorgerufen werden, ist nicht genau geklärt. Symptome, wie Anorexie, Erbrechen und Durchfall, wurden bei infizierten Hunden beschrieben; in seltenen Fällen wurde, vermutlich infolge von Mischinfektionen (mit dem caninen Parvovirus oder dem caninen Staupevirus), auch von Todesfällen berichtet. Schwere Ausbrüche durch mutierte hochvirulente Stämme wurden in den USA, England, Schweden und Australien gemeldet. Neben gastrointestinalen Symptomen hatten betroffene Hunde neurologische Symptome (Ataxie, Krampfanfälle), schwere Leukopenien und verstarben innerhalb von zwei Tagen.

CRCoV kann leichte respiratorische Symptome hervorrufen und ist neben anderen viralen (u. a. canines Adenovirus Typ 2, canines Parainfluenzavirus, canines Herpesvirus, canines Staupevirus, canines Influenzavirus) und bakteriellen Erregern (u. a. *Bordetella bronchiseptica*, Mykoplasmen) einer der Erreger des CIRD-Komplexes (canine infectious respiratory disease complex) des Hundes.

Diagnose:

Direkter Erregernachweis: Mittlerweise hat sich die Reverse-Transkriptase-PCR (RT-PCR) für den Nachweis von CCoV etabliert. Aufgrund der Kreuzreaktivität mit anderen verwandten Coronaviren in der PCR gilt die Sequenzierung als eine der effektivsten Techniken für die Identifizierung des von CCoV. Zudem steht auch ein Test zum Antigen-Nachweis zur Verfügung.

Indirekter Erregernachweis: Da viele Hunde CCoV-Antikörper haben, sind Antikörpertests von geringer diagnostischer Aussagekraft. Sie eignen sich höchstens für den nachträglichen Nachweis einer CCoV-Bestandesinfektion.

Therapie und Prognose: Eine kausale Therapie gibt es aktuell nicht. Die Behandlung von CCoV-Infektionen erfolgt symptomatisch.

Prophylaxe: In den USA sind inaktivierte und modifizierte Lebendimpfstoffe gegen CECoV verfügbar. Die Notwendigkeit der Impfung wird jedoch infrage gestellt, da CECoV in der Regel keine oder nur leichte klinische Symptome verursacht und die Impfung keinen vollständigen Schutz bietet (und auch nicht vor hochvirulenten Stämmen schützt). Impfstoffe gegen CRCoV sind nicht verfügbar.

Bedeutung für den Menschen und andere Tiere

CCoV ist auch für Katzen und Schweine infektiös, seine Bedeutung als Pathogen bei diesen Tierarten ist jedoch ungeklärt. Katzen können Antikörper gegen CCoV entwickeln, die zu Kreuzreaktionen mit FCoV-Antikörpern führen können.

Feline und canine SARS-Coronavirus-2-Infektionen

Definition: Die Coronavirus-Krankheit 2019 (COVID-19) ist ein schweres akutes Atemwegssyndrom (SARS) beim Menschen. Sie wird durch ein hochansteckendes Coronavirus (CoV), SARS-CoV-2, verursacht, das eng mit SARS-CoV verwandt ist und im Jahr 2020 eine Pandemie verursachte. SARS-CoV-2-Infektionen wurden bei zahlreichen Tierarten (unter anderem bei Katzen und Hunden) beschrieben. Eine Infektion tritt bei Katzen selten, bei Hunden noch seltener auf.

Ätiologie: SARS-CoV-2 wurde erstmals im Jahr 2019 beschrieben. Es ist nur entfernt mit dem bei Katzen häufig vorkommenden FCoV verwandt. Mehrere SARS-CoV-2-Varianten wurden bei Katzen in verschiedenen Ländern gemeldet. Zwischen 2020 und 2022 lag die SARS-CoV-2-Antikörper-Prävalenz bei Katzen in Deutschland zwischen 1,9–4,2 %, in UK zwischen 3,2–5,3 %, in Italien bei 4,2 %, in Spanien bei 6,4 % und in Brasilien (im ersten Jahr der Pandemie) bei 7,3 %. Korrelationen zwischen den Fallzahlen beim Menschen und der Antikörper-Prävalenz bei Hauskatzen konnten nachgewiesen werden. Wie alle anderen behüllten Viren ist SARS-CoV-2 sehr empfindlich gegenüber gängigen chemischen Desinfektionsmitteln und kann leicht inaktiviert werden.

Pathogenese: Katzen sind empfänglicher als Hunde. In experimentellen Studien entwickelten Katzen eine aktive Infektion, bildeten Antikörper und schieden das Virus auch aus. Natürlich auftretende SARS-CoV-2-Infektionen bei Hauskatzen, die in einem Haushalt mit an COVID-19 erkrankten Personen zusammenlebten, wurden in zahlreichen Ländern (u. a. Deutschland, Frankreich, USA, Thailand, UK) beschrieben. Eine Übertragung von SARS-CoV-2 von Menschen auf Katzen sowie von Nerzen auf Katzen ist möglich. Außerdem ist eine Übertragung von SARS-CoV-2 von Katze zu Katze möglich (durch Aerosole und direkten Kontakt).

Nach experimenteller Infektion von acht Monate alten Katzen konnte virale RNA in den oberen Atemwegen, im Dünndarm und im Kot nachgewiesen werden. Infektiöses Virus wurde bislang in den oberen Atemwegen, in der Lunge, im Dünndarm und in Nasenspülproben nachgewiesen. Histopathologische Veränderungen konnten in der

Lunge junger Katzen beobachtet werden. Experimentell infizierte Katzen schieden drei bis fünf Tage nach Infektion Virus nasal aus. In einer Studie konnten Katzen, die bereits mit SARS-CoV-2 infiziert worden waren, drei Wochen nach Erstinfektion experimentell reinfiziert werden. Die vorherige Infektion führte aber zu einem teilweisen Immunschutz gegen eine erneute Infektion und nur geringe Virusmengen wurden ausgeschieden, die für eine Übertragung auf native Katzen nicht ausreichte.

Symptome: Nach experimenteller Infektion mit SARS-CoV-2 traten bei Katzen selten und wenn, dann eher leichte klinische Symptome auf. Bei natürlich infizierten Katzen aus COVID-19-Haushalten wurden sowohl respiratorische als auch gastrointestinale Symptome beschrieben. Einer in den USA durchgeführten Studie zufolge zeigten 50 % der mit SARS-CoV-2 infizierten Katzen (n=55) klinische Symptome, wobei Niesen und Lethargie am häufigsten waren.

Diagnose: Aus veterinärmedizinischer Sicht sollte ein Erregernachweis bei Katzen mit Anzeichen einer Atemwegserkrankung, die negativ auf häufig vorkommende feline Atemwegsinfektionen getestet wurden und mit COVID-19-Patienten in Kontakt gekommen waren, in Betracht gezogen werden.

Direkter Erregernachweis: Eine Infektion kann durch den Nachweis viraler RNA aus Tupferproben mittels RT-PCR erfolgen.

Indirekter Erregernachweis: Der Antikörpernachweis mittels ELISA oder Virusneutralisationstest eignet sich nicht zur Diagnose einer akuten (klinisch manifesten) Infektion.

Therapie: Bei klinischer Manifestation sollte eine symptomatische Behandlung erfolgen. Es gibt keine Studien zur kausalen Therapie von mit SARS-CoV-2-infizierten Katzen (oder Hunden).

Prognose: Bei erwachsenen immunkompetenten Katzen ist die Prognose gut. Bei sehr jungen Katzen sind Todesfälle nach experimenteller Infektion beschrieben.

Prophylaxe: Wenn Besitzer mit einer SARS-CoV-2-Infektion ihr Haustier betreuen, während sie krank sind, sollten sie Hygienemaßnahmen einhalten, z. B. Umgang mit Katzen nur mit Mundschutz, Händewaschen mit Wasser und Seife für mindestens 20 Sekunden vor (und nach) dem Umgang mit dem Tier und dessen Futter. Enger Kontakt, Teilen von Nahrungsmitteln und die gemeinsame Nutzung von Handtüchern und Betten sollten vermieden werden.

Bedeutung für den Hund

Eine SARS-Cov-2-Infektion ist bei Hunden (noch) seltener als bei Katzen und wird insbesondere im Zusammenhang mit einer bestätigten Diagnose der Besitzer beschrieben. Die Diagnosestellung entspricht derjenigen der Katze; Antikörper konnten bei Hunden 14 Tage nach Infektion nachgewiesen werden. Das Zusammenleben mit infizierten Besitzern gilt als Risikofaktor für Infektionen, das Leben auf begrenztem Raum (z. B. in Tierheimen), sowie Geschlecht, Alter und Rasse werden als solche diskutiert. Ob und wann Infektionen bei Hunden zu klinischen Symptomen führen, ist nicht abschließend geklärt.

Bedeutung für den Menschen und andere Tiere
Katzen und Hunde scheinen epidemiologisch keine Rolle bei der Verbreitung von SARS-CoV-2 zu spielen; dennoch sollten Katzen und Hunde aus einem COVID-19-Haushalt nicht in einen anderen Haushalt gebracht werden.

Katzen, die nur im Haus leben, insbesondere solche, die in den Betten ihrer Besitzer schlafen, werden eher von ihren Besitzern angesteckt als Katzen mit Freigang oder Katzen, die Zugang zu Außenbereichen haben. Daher wird empfohlen, dass Katzen aus COVID-19-Haushalten, die normalerweise Freilgang haben, weiterhin nach draußen gelassen werden sollten, auch wenn die Besitzer sich selbst isolieren. Auf diese Weise wird Stress sowohl für den Besitzer als auch für die Katze vermieden und die Wahrscheinlichkeit einer Übertragung von Mensch zu Katze verringert. Selbst wenn eine Katze aus einem COVID-19-Haushalt infiziert ist, ist das Risiko einer Übertragung auf andere Katzen oder auf Menschen außerhalb des Haushalts vernachlässigbar, da für die Übertragung ein enger Kontakt erforderlich ist. Es wurde ein experimenteller SARS-CoV-2-Impfstoff auf Spike-Protein-Basis entwickelt, der bei Versuchskatzen nach zwei Impfungen im Abstand von drei Wochen eine robuste Immunreaktion gegen das SARS-CoV-2-Spike-Protein auslöste. Ein veterinärmedizinischer SARS-CoV-2-Impfstoff wurde in Zoos in den USA zur Notimpfung von gefährdeten Großkatzen eingesetzt. Derzeit gibt es jedoch keine ausreichenden Hinweise für die Notwendigkeit einer SARS-CoV-2-Impfung von Haustieren, sodass diese aktuell nicht empfohlen wird.

2.2.7 Feline Herpesvirus-Infektion

Definition: Das feline Herpesvirus (FHV) ist ein Haupterreger des Katzenschnupfens. Katzenschnupfen (Rhinotracheitis infectiosa felis, infektiöse Katzenrhinitis, Katzenpneumonie, cat flu, feline upper respiratory tract disease, FURTD) ist eine Entzündung der Schleimhäute des Kopfes und der Atemwege der Katze, an der verschiedene Erreger beteiligt sind. Zu den fünf Primärerregern gehören FHV, FCV, *Chlamydia felis*, *Bordetella bronchiseptica* und Mykoplasmen. Viele Bakterien spielen zudem als Sekundärerreger eine Rolle.

80 % der Infektionen des oberen Respirationstrakts der Katze werden primär durch eines von zwei Viren (FHV, FCV) verursacht. In einer Studie in Deutschland wurde FHV bei 12 % der Katzen in Mehrkatzenhaushalten ohne Krankheitssymptome und bei 18 % der Katzen mit Krankheitssymptomen nachgewiesen (FCV im Vergleich dazu bei 49 % der Katzen in Beständen ohne Krankheitssymptome und bei 58 % aller Katzen mit Krankheitssymptomen). Grund für die unterschiedliche Prävalenz sind zum einen weitläufig durchgeführte Impfungen, die gut gegen FHV, nicht aber gegen alle FCV-Stämme

schützen. Zum anderen scheiden FCV-Carrier Virus permanent aus und werden daher eher entdeckt, während FHV-Carrier Virus nur periodisch ausscheiden.

Ätiologie: FHV, früher auch als „felines Rhinotracheitisvirus" bezeichnet, ist ein behülltes Virus mit linearer, doppelsträngiger DNA. Es wird der Familie der *Herpesviridae*, Subfamilie *Alphaherpesvirinae* zugeordnet. Herpesviren gibt es beim Menschen und bei vielen Tierarten. Sie sind meist streng speziesspezifisch; FHV konnte bisher fast ausschließlich bei Katzen isoliert werden. Der Lipidanteil der Virushülle ermöglicht die Inaktivierung des Virus durch herkömmliche Reinigungsmittel sowie Hypochlorit und Ammoniumverbindungen. FHV ist in der Außenwelt maximal 24 Stunden überlebensfähig. Zwischen 40–90 % der Katzen sind FHV-Antikörper-positiv; dabei handelt es sich u. a. um Impfantikörper. Eine Anzüchtung von FHV gelingt bei 1–8 %, ein Erregernachweis mittels PCR oder IFA bei bis zu 12 % gesunder Katzen. Bei Katzen mit Krankheiten des Atmungstrakts und der Augen wurde FHV mittels Virusisolierung bei bis zu 36 % und mittels PCR bei bis zu 54 % der Fälle nachgewiesen.

Ein sogenanntes felines Herpesvirus-2 (FHV-2) wurde bei Katzen mit Harnwegsentzündungen isoliert. Dieser Stamm war nicht Antikörper-kreuzreagierend mit FHV und ist mit dem amerikanischen bovinen Herpesvirus-4 (BHV-4) identisch. Vermutlich handelte es sich um eine Kontamination.

Pathogenese: FHV wird über Sekrete direkt oder auch indirekt übertragen und nasal, oral oder konjunktival aufgenommen. Die Inkubationszeit nach Erstinfektion beträgt meist zwei bis sechs Tage. Die Ausbreitung von FHV im Organismus findet entlang der Nervenbahnen statt. Das Virus repliziert vorwiegend in den kalten Schleimhäuten der Nasensepten, der Nasenmuscheln, des Nasopharynxs und der Tonsillen. Durch Vermehrung in den Epithelzellen kommt es zu entzündlichen Veränderungen und fokalen Nekrosen im oberen Respirationstrakt. Zu einer Virämie kommt es selten, nur z. B. bei Katzenwelpen mit Untertemperatur, da die Vermehrung bei über 37 °C sistiert. Bereits 24 Stunden nach Infektion beginnt die Ausscheidung mit Augen-, Nasensekret und Speichel (Dauer ein bis drei Wochen). Da sich FHV intrazellulär vermehrt und nach der Reifung direkt in die benachbarten Epithelzellen gelangt, ist die Wirtsabwehr durch zirkulierende Antikörper relativ unwirksam. So können Katzen auch trotz maternaler Antikörper oder regelmäßiger Impfungen Virusträger werden. Eine Latenz des Erregers ist charakteristisch für alle Herpesviren. Vermutlich bleiben alle infizierten Katzen nach Erstinfektion latent infiziert (Rückzug in die Trigeminusganglienzellen), auch wenn sie keine klinischen Symptome zeigen. Eine Neuausscheidung kann spontan auftreten (30 %), wird aber meist durch Stress (Umgebungsänderung, Geburt, Laktation) oder Immunsuppression (Glukokortikoide), mit einer Zeitverzögerung von etwa einer Woche, ausgelöst und dauert ein bis zwei Wochen. Etwa die Hälfte der Virusträger zeigt während der Ausscheidungsperiode leichte klinische Symptome. Nach einer Ausscheidungsperiode erfolgt eine Refraktärzeit von einigen Wochen, in denen eine Ausscheidung unwahrscheinlich ist. Danach ist wieder eine Reaktivierung möglich.

Symptome: FHV verursacht unterschiedlich schwere Entzündungen des oberen Respirationstrakts und der Augen. Die Katzen zeigen meist Niesen, Salivation, Inappetenz und Fieber (Abb. 2.12 und Abb. 2.13). Bei Fortschreiten der Krankheit entwickeln sie ausgeprägten Augen- und Nasenausfluss, Entzündungen der Konjunktiven und manchmal Husten und Dyspnoe. Ulzera auf der Zunge treten seltener auf und sind meist eher klein. Starke Nekrose der Schleimhäute oder Nasenmuscheln mit morphologischen Veränderungen prädisponieren für eine sekundäre chronische bakterielle Rhinitis und Sinusitis. Meist tritt jedoch nach spätestens drei Wochen eine Heilung ein. Bei jungen und immunsupprimierten Katzen können auch Ulzera und Nekrosen an Schleimhäuten von Pharynx und Trachea auftreten, die zu hochgradiger Störung des Allgemeinbefindens führen können. Untertemperatur begünstigt das Auftreten lebensbedrohlicher Virämien, da sich FHV dann systemisch ausbreiten kann.
Durch FHV hervorgerufene Infektionen an den Augen können zu ulzerativen Keratokonjunktivitiden führen. Die infizierten Katzen zeigen Epiphora und Blepharospasmus. Hornhautläsionen entstehen durch Zelluntergang und Ulzerationen von Hornhautepithelzellen bei der viralen Replikation. Die Zellen der Basalmembran sind zuerst befallen und zeigen histologisch bullöse Degenerationen und intrazelluläre Einschlusskörper-

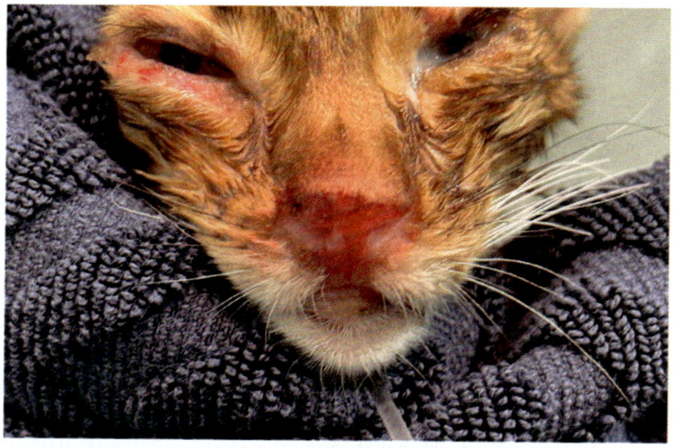

Abb. 2.12 Katze mit feliner Herpesvirus-Infektion.

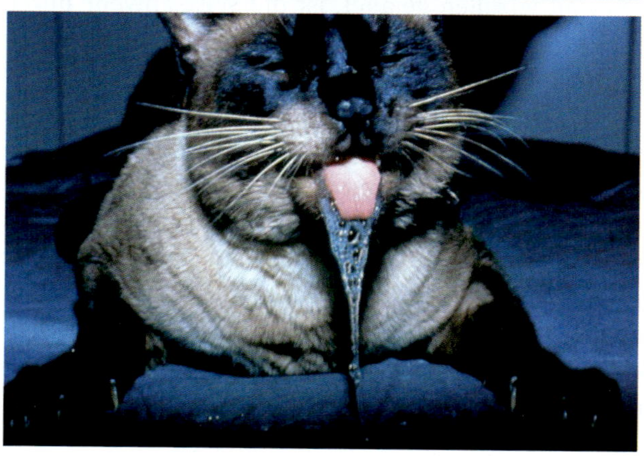

Abb. 2.13 Katze mit Hypersalivation durch feline Herpesvirus-Infektion.

chen. Durch Befall des kornealen Stromas entstehen Korneaödeme. Vaskularisation und Einwanderung von polymorphkernigen Leukozyten und Lymphozyten folgen. Korneaperforationen und Hornhautvernarbungen können zu bakterieller Sekundärbesiedlung und zum Verlust der Sehkraft führen. Beschrieben ist auch eine Keratoconjunktivitis sicca. Ursache hierfür sind verminderte Tränenproduktion durch entzündliche Verlegung des Tränenausführungsgangs oder direkte Schädigung der Tränendrüsen.

Experimentell vaginal infizierte Kätzinnen zeigen Vaginitiden. Nach vaginaler oder systemischer Infektion gebären sie kongenital infizierte Welpen. Aborte sind auch möglich. Hautmanifestationen von Herpesvirus-Infektionen sind selten beschrieben. Sie sind durch großflächige Entzündungen mit Vesikeln, Ulzerationen und Krusten im Gesicht und an der Nase charakterisiert.

Diagnose: Ein Nachweis der jeweils am Katzenschnupfen beteiligten Erreger ist sinnvoll, um gezielt eine (kausale) Therapie durchführen zu können.

Direkter Erregernachweis: Der direkte Nachweis von FHV kann mittels Virusisolierung, Antigennachweis (IFA) oder, heutzutage üblich, als DNA-Nachweis mittels PCR erfolgen. Die PCR ist besonders gut geeignet und hat von allen Verfahren die höchste Sensitivität und Spezifität. Latente FHV-Träger sind schwer zu identifizieren, da das Virus nur während der intermittierenden Ausscheidungsphasen nachweisbar ist. Der Abstrich für die PCR sollte idealerweise mithilfe eines trockenen Baumwolltupfers durchgeführt werden. Als Probenmaterial empfehlen sich Tupfer von Auge, Nase und Rachen. Eine Beprobung mehrerer Lokalisationen erhöht die Wahrscheinlichkeit eines positiven Virusnachweises signifikant. Die PCR kann jedoch auch nach Impfung durch den Nachweis von ausgeschiedenem Impfvirus (bei Verwendung von MLV) positiv ausfallen.

Indirekter Erregernachweis: Als diagnostisches Mittel ist der Nachweis von Antikörpern mittels Virusneutralisationstest oder ELISA gegen FHV nicht hilfreich. Antikörper können auch nach vorangegangener klinisch inapparenter FHV-Infektion, bei latenten Infektionen und nach Impfung lange Zeit nachgewiesen werden.

Therapie: Die Therapie eines akuten Katzenschnupfens erfordert intensive Behandlung und Betreuung sowie strenge Hygiene. Die Katzen sollten in einer sauberen, warmen und gut belüfteten Umgebung gehalten werden. Antibiotika sollten bei Katzen mit schweren klinischen Symptomen (Nasenausfluss, Lethargie, Anorexie, Fieber) zur Vermeidung bakterieller Sekundärinfektionen oder bei bereits vorhandenen Sekundärinfektionen gegeben werden. Aktuellen Empfehlungen der International Society for Companion Animal Infectious Diseases (ISCAID) zufolge ist Doxycyclin (5 mg/kg KM 2 × tägl. oder 10 mg/kg 1 × tägl. p. o. für sieben bis zehn Tage) das Antibiotikum der Wahl. Doxycyclin sollte möglichst immer mit Futter eingegeben und mit Wasser nachgespült werden, um Ösophagusreizungen und -strikturen zu vermeiden. Vitaminpräparate (Vitamin A, Vitamin C und Vitamin B_{12}) können unterstützend vor allem bei Schleimhautulzera oder -nekrosen eingesetzt werden. Es gibt hierzu allerdings keine kontrollierten Studien. Die Nase kann mit physiologischer Kochsalzlösung mehrmals täglich gespült werden (Nasenspülung); vorhandene Sekrete können entfernt und eine reizlose Salbe (z. B. Vaseline) aufgetragen werden, um Exkoriationen zu verhindern. Eine Inhalationstherapie (Dampfinhalation) kann zum Befeuchten der Schleimhäute des oberen Respirationstrakts und Lösen nasaler Kongestion hilfreich sein. Hierfür können Verneblungsapparate mit Kochsalzlösung zur Inhalation (alle vier bis sechs Stunden, für je 15 Minuten) verwendet werden. Sehr leise arbeitende Apparate (z. B. von Flexineb®) sind für Katzen von Vorteil. Ist ein Vernebler nicht verfügbar, können die Besitzer eine „Dampftherapie" zuhause durchführen, indem sie sich mit ihrer Katze in ein geschlossenes Badezimmer mit fließendem Warmwasser setzen. Eine angemessene Luftfeuchtigkeit ist erreicht, wenn der Badezimmerspiegel beschlägt. Sekretolytika (z. B. Bromhexin) können zur Lösung zähen Schleims von Nutzen sein. Bei Inappetenz und erhöhter Speichelproduktion muss Flüssigkeit, möglichst durch Dauertropfinfusion je nach Hydratationsstatus, mittels balancierter Vollelektrolytlösung über zwölf bis 24 Stunden ersetzt werden. Zusätzliche Verluste, wie Kaliumdefizite Azidosen (durch Speicheln), sollten ausgeglichen werden. Die angebotene Nahrung sollte aromatisch und geschmacksintensiv sein und kann zur Geruchsverstärkung angewärmt werden. Ist die Nahrungsaufnahme infolge von Ulzerationen in der Maulhöhle schmerzhaft, kann die Nahrung püriert werden oder fertige Flüssignahrung angeboten werden. Appetitanregung kann zusätzlich mit Mirtazapin transdermal erfolgen. Bei Anorexie über mehr als drei Tage ist eine Sondenernährung (z. B. Nasenschlund- oder besser Ösophagussonde) indiziert. Wärmelampen und -kissen zur Aufrechterhaltung der Körpertemperatur verhindern die systemische Ausbreitung von Herpesviren. Zur systemischen Schmerzmedikation (z. B. bei massiven Maulhöhlenulzerationen) eignet sich Buprenorphin parenteral oder per os (transmukosal). Alternativ ist Metamizol geeignet; zu beachten ist, dass es bei einigen Tieren zu starkem Speicheln kommen kann. Fiebersenkende nicht steroidale Antiphlogistika sind wegen ihrer Nebenwirkungen, vor allem bei anorektischen und dehydrierten Katzen, weniger gut geeignet. Sie sollten nur gegeben werden, wenn die Katze nicht (mehr) dehydriert ist und selbstständig frisst.

Systemische antivirale Therapie

Aciclovir (ACV) ist gut wirksam gegen humane Herpesviren, nicht jedoch gegen FHV, da bei der Katze die Umwandlung von ACV in seine aktive Form sehr uneffektiv ist. Zwar zeigte ACV in sehr frühen Studien in Kombination mit rekombinantem humanem IFN-α eine synergistische Wirkung gegen FHV in der Zellkultur und wurde deshalb früher oft lokal am Auge und in Kombination mit lokalem rekombinantem humanem IFN-α verabreicht, aber inzwischen wird von einer Anwendung bei Katzen abgeraten. Mittlerweile stehen wesentlich wirksamere Medikamente zur Verfügung.

Valaciclovir (VACV, 2-[(2-Amino-1,6-(dihydr-6-oxo-9H-purin-9-yl)methoxy]ethyl-L-valinat-hydrochlorid) ist ein ACV-Derivat. Es ist der L-Valanin-Ester von ACV und hat das gleiche antivirale Spektrum, aber eine wesentlich höhere orale Bioverfügbarkeit (3- bis 5-fach) im Vergleich zu ACV. VACV, jedoch ist nicht geeignet, da es zu toxisch für Katzen ist.

Famciclovir (90 mg/kg KM 2 × tägl. p. o. bis zur klinischen Besserung) ist im Gegensatz zu ACV sehr effektiv und sehr gut verträglich (auch beim Einsatz über einen längeren Zeitraum). Mit dieser Dosierung können bei oraler Gabe auch hohe Konzentrationen am Auge erreicht werden, sodass keine zusätzliche lokale antivirale Behandlung am Auge mehr nötig ist. Famciclovir ist ein in Deutschland in der Humanmedizin zugelassener Wirkstoff, der für die Anwendung bei der Katze umgewidmet werden kann. Die Gabe führt in der Regel nach einer Woche zu einer Besserung klinischer Symptome, sowohl bei akuten als auch bei chronischen FHV-Infektionen. Bei akuten Infektionen sollte die Therapie nach Abklingen der klinischen Symptome über einen Zeitraum von einer Woche, bei chronischen Infektionen über einen Zeitraum von einem Monat fortgesetzt werden.

Die Aminosäure L-Lysin wird ebenfalls als Medikament gegen FHV eingesetzt. Der Wirkungsmechanismus beruht auf der Reduktion der Virusreplikation durch Antagonisierung von Arginin durch hohe Konzentrationen von Lysin. Zusammenfassend besteht bezüglich der klinischen Wirksamkeit von L-Lysin Uneinigkeit. Eine umfangreiche Meta-Analyse zeigte, dass L-Lysin bei FHV-Infektionen keine Wirksamkeit haben kann, aber möglicherweise mit Nebenwirkungen einhergeht (Argininmangel) und daher weder präventiv noch therapeutisch eingesetzt werden sollte.

Rekombinantes felines IFN-ω ist das erste kommerziell erhältliche veterinärmedizinische Interferon. Da Katzen nach parenteraler Gabe von IFN-ω keine Antikörper entwickeln, kann es im Gegensatz zu humanem IFN-α über einen langen Zeitraum gegeben werden. Bezüglich der Wirksamkeit gegen FHV (und FCV) gibt es einige Studien, die allerdings widersprüchliche Ergebnisse erbrachten. IFN-ω hat *in vitro* einen sehr guten antiviralen Effekt gegen FHV. In einer experimentellen *in-vivo*-Studie war es allerdings weniger wirksam als IFN-α und erhöhte sogar den Konjunktivitis-Score erkrankter Katzen. In einer prospektiven, randomisierten, placebokontrollierten Doppelblindstudie erhielten 18 von 37 Katzen mit natürlicher FHV-Infektion und akuten Symptomen einer Erkrankung der oberen Atemwege einmalig IFN-ω in einer Dosierung von $2{,}5 \times 10^6$ IU/kg KM s. c., gefolgt von einer lokalen (konjunktivalen, intranasalen und oralen) Behandlung mit $0{,}5 \times 10^6$ IU/kg KM 3 × tägl. über 21 Tage. Klinisch konnte kein Unterschied zwischen der Therapie- und der Kontrollgruppe festgestellt werden.

Die therapeutische Wirksamkeit von spezifischen Antikörpern gegen FHV (Feliserin®) wurde in einer placebokontrollierten Doppelblindstudie an 22 FHV- und/oder FCV-infizierten Katzen mit akutem Katzenschnupfen nachgewiesen. Die Behandlung an drei aufeinanderfolgenden Tagen 1 × tägl. s. c. und 3 × tägl. lokal (in Augen, Nase und Maulhöhle) zusätzlich zur symptomatischen Therapie führte bereits an Tag drei zu einer signifikanten klinischen Verbesserung. An Tag sieben konnte zwischen Katzen der Therapie- und Kontrollgruppe kein Unterschied mehr festgestellt werden; die klinischen Symptome hatten sich in beiden Gruppen gleich stark gebessert. Immunglobuline bewirken also eine schnelle Besserung, weshalb ihr Einsatz empfohlen wird. Nebenwirkungen sind selten. Allerdings darf ein Therapiezyklus nur einmal erfolgen. Bei wiederholter Gabe (nach mehr als einer Woche) kann es zu anaphylaktischen Schockreaktionen kommen, da das Serum in Pferden gewonnen wird.

Lokale antivirale Therapie am Auge

Gegen FHV können verschiedene antivirale Medikamente topisch eingesetzt werden. Allerdings gibt es hierzu nicht viele kontrollierte Studien. Zudem können Reizungen am Auge auftreten.

Trifluridin (TFT, 5-Trifluoromethyl-2'-desoxyuridin, Trifluorothymidin) ist ein halogeniertes Thymidin-Analog, das *in vitro* effektiv gegen FHV ist und topisch bei Katzen mit okulären FHV-Infektionen eingesetzt wird (1 % Trifluridin (Triflumann®-Augentropfen); eine häufige Applikation (alle vier Stunden) ist wichtig. Da auch nicht-infizierte Zellen in ihrer DNA-Synthese gehemmt werden, treten bei systemischer Gabe Nebenwirkungen (v. a. gastrointestinale Symptome, Knochenmarkssuppression) auf. Derzeit ist TFT in Deutschland jedoch nicht erhältlich.

Idoxuridin (IDU, 5-Iodo-2'-desoxyuridin) ist *in vitro* ebenfalls wirksam gegen FHV. Wie bei TFT ist eine häufige Applikation (alle vier Stunden) nötig (1 Tropfen Idoxuridin 0,1 % (Virexen®-Lösung). Die Anwendung über einen längeren Zeitraum kann zu Irritationen oder schlecht heilenden Hornhautulzera führen. IDU ist wie TFT in Deutschland derzeit nicht erhältlich.

Ganciclovir ist wirksam gegen FHV in Zellkultur. Bislang existieren keine *in-vivo*-Studien zur Wirksamkeit und Sicherheit. Bei einer Anwendung des Medikaments ist daher ein strenges Monitoring indiziert. Eine Gabe muss alle drei bis vier Stunden erfolgen. Ganciclovir ist in Deutschland kommerziell erhältlich (Virgan®-Augengel, Thea Pharma GmbH Berlin).

ACV besitzt eine schlechte Wirksamkeit *in vitro*. In einer Studie (allerdings nicht verblindet und nicht placebokontrolliert) bei 30 Katzen führte die Gabe von ACV 0,5 % alle fünf Stunden (in Deutschland erhältlich als 3 %ige Augensalbe, z. B. Acic-Ophtal®, AciVision®) nach zwölf Tagen zum Abklingen FHV-bedingter Augenveränderungen; Katzen, die im Abstand von acht Stunden mit Aciclovir behandelt wurden, zeigten erst deutlich später eine Besserung. Da Ganciclovir *in vitro* wesentlich wirksamer ist, wird von einer lokalen Therapie mit Aciclovir abgeraten.

Cidofovir ist wirksam gegen FHV in Zellkultur. Im Gegensatz zu allen anderen topischen Medikamenten muss es nur zweimal täglich angewendet werden. In einer placebokontrollierten, experimentellen Studie erhielten sechs von zwölf Katzen mit okulärer Manifestation einer FHV-Infektion Cidofovir (1 Tropfen Cidofovir 0,5 % (Cidofovir ophthalmic solution) 2 × tägl. über zehn Tage). Cidofovir bewirkte eine signifikante Besserung der klinischen Symptome und eine Reduktion der okulären FHV-Ausscheidung. Cidofovir ist jedoch derzeit in Deutschland (und generell in Europa) nicht verfügbar.

Die lokale Behandlung mit humanem IFN-α und felinem IFN-ω führte in einer placebokontrollierten Studie bei natürlich FHV-infizierten Katzen weder zur Besserung der klinischen Symptome noch zur Reduktion der Virusausscheidung.

Prognose: Bei akuter FHV-Infektion ist eine Heilung der Symptome bei intensiver Behandlung in den meisten Fällen möglich, eine vollständige Erregerelimination wird aber nicht erreicht und FHV-infizierte Katzen werden zu latenten Carriern. Die Infektionen können bei diesen Katzen spontan oder nach Stress und Immunsuppression reaktiviert werden. In seltenen Fällen entwickeln Katzen (mit systemischer FHV-Ausbreitung) schwere Symptome; Todesfälle sind möglich. Bei Nekrosen der Nasenmuscheln ist die Prognose ebenfalls schlecht, da sie oft sekundären chronischen bakteriellen, therapieresistenten Rhinitiden den Weg bereiten.

Prophylaxe: Durch die zur Verfügung stehenden Impfungen können FHV-Infektionen im Allgemeinen erfolgreich kontrolliert werden. Alle gesunden (auch ausschließlich im Haus gehaltene Katzen) sollten gegen FHV geimpft werden. Probleme treten jedoch immer noch in Beständen mit vielen jungen Katzen, in Tierheimen und Katzenpensionen auf. (FHV ist neben FPV und FCV eine Core-Komponente der Katzenimpfung). Welpen, die ohne Kolostrum aufgezogen werden und Tiere, bei denen akute Infektionsgefahr besteht, können passiv immunisiert werden. Spezifische Antikörper gegen FHV (Feliserin®) sollen einen prophylaktischen Schutz über ca. drei Wochen bieten. Nach einem Behandlungszyklus sollte Feliserin® aufgrund der Gefahr eines anaphylaktischen Schocks nicht erneut gegeben werden.

Nach Impfung mit subkutanen MLV kann es manchmal zu leichten Schnupfensymptomen kommen, vor allem, wenn der Impfstoff eingeatmet wird oder auf die Schleimhaut des Oropharynx (Ablecken) gelangt. Intranasale Impfstoffe sind derzeit nicht in Deutschland erhältlich. Diese Imfpstoffe schützen schnell und erzielen einen guten Schutz (ohne Gefahr von FISS).

Impfungen gegen FHV können die Schwere der Symptome nach Infektion reduzieren, sie eliminieren das Virus aber nicht und schützen nicht vor Entstehung eines Carrier-Status. Auch geimpfte Katzen können so zu Virusträgern werden. Bei geimpften Katzen lässt sich jedoch signifikant seltener FHV isolieren als bei ungeimpften Katzen. Am wichtigsten für einen guten, langanhaltenden Schutz ist eine vollständige Grundimmunisierung. Da maternale Antikörper individuell unterschiedlich lange bei den Welpen bestehen und mit der Impfung interferieren können, sollte eine Impfung im Alter von acht Wochen und danach alle drei bis vier Wochen bis zu einem Alter von 16 Wochen erfolgen. Die letzte Impfung im Rahmen der Grundimmunisierung erfolgt im Anschluss an die Welpenimpfungen nach (sechs bis) zwölf Monaten. Bei Katzen, die in einem höheren Alter zur Grundimmunisierung vorgestellt werden (ab der 16. Lebenswoche), ist für die Grundimmunisierung gegen FHV mit MLV eine Impfung, gefolgt von einer weiteren Impfung nach einem Jahr, ausreichend. Nach der Grundimmunisierung sind i. d. R. größere Impfintervalle (alle drei Jahre) ausreichend.

Da FHV (trotz umfangreicher Impfmaßnahmen) ein häufiges Problem in Katzenpensionen, Katzenzuchten, Tierheimen und bei streunenden Katzen ist, sollten neue Katzen vor Umgebungswechsel zunächst getestet werden (Ausbruch klinischer Symptome häufig nach Umgebungswechsel). Carrier werden jedoch auch bei Testung nicht regelmäßig identifiziert und können so immer wieder Infektionen einschleppen. In Problembeständen kann bei Welpen unter sechs Wochen auch zunächst eine passive Immunisierung (Feliserin®) eingesetzt werden. Die Grundimmunisierung beginnt dann drei Wochen später. Wenn möglich, sollten alle Tiere geimpft werden, bevor sie in einen Bestand gesetzt werden.

Eine einmalige prophylaktische Gabe von Famciclovir (125 oder 500 mg pro Katze) konnte Infektionen bei Katzen, die in Tierheimen aufgenommen wurden, nicht verhindern.

Bedeutung für den Hund
Die Isolierung von FHV bei einem Hund ist beschrieben; die Bedeutung dieses Befundes ist aber nicht geklärt.

Bedeutung für den Menschen und andere Tiere
FHV ist speziesspezifisch und konnte bisher fast nur bei Hauskatzen isoliert werden. Für eine Übertragung auf den Menschen gibt es keine Hinweise.

2.2.8 Canine Herpesvirus-Infektion

Definition: Das canine Herpesvirus (CHV) ist ein für Hunde spezifisches Virus, das das sogenannte Welpensterben verursachen kann; meist verläuft die Infektion asymptomatisch. Bei erwachsenen Tieren kann CHV (als einer von mehreren Erregern des CIRD-Komplexes) respiratorische sowie okuläre Symptome hervorrufen. In seltenen Fällen kann eine Infektion zu Aborten oder Totgeburten führen.

Ätiologie: CHV ist ein für Hunde spezifisches Virus, das weltweit verbreitet ist. Zwischen 15–100 % der Hunde in Zwingerhaltung haben Antikörper. Infektionen bei Hunden in Einzelhaltung treten weitaus seltener auf. Das Virus ist gegen die üblichen Virusdesinfektionsmittel und Hitze empfindlich, kann aber bei Kälte lange infektiös bleiben.

Pathogenese: Adulte Hunde stecken sich oronasal oder beim Deckakt an. Ähnlich den Herpesviren von anderen Tierarten führt CHV zur Ausbildung einer latenten Infektion (Rückzug in die Trigeminusganglienzellen sowie in lymphatische Gewebe des Oropharynx und Genitaltrakts) mit Reaktivierung (bei Stress, Umgebungsänderung, Geburt, Laktation, Trächtigkeit oder immunsuppressiver Therapie) und Virusausscheidung in Sekreten. Welpen von nicht immunen Hündinnen (ohne Antikörper) werden intrauterin, in den Geburtswegen oder horizontal durch andere Welpen angesteckt. Eine Erkrankung von Welpen kommt vor, wenn das Muttertier keine Antikörper hat (keine vorangegange Infektion oder Impfung) und selbst während der Trächtigkeit oder die Welpen kurz nach der Geburt infiziert werden. Nach Infektion kommt es zur Virämie und Virusreplikation, besonders in den Bereichen der „kalten" Schleimhäute (Oropharynx und Genitaltrakt) sowie im ZNS. Das Risiko einer schweren Allgemeinerkrankung ist bei sehr jungen Welpen (unter drei Wochen), die ihre Temperatur noch nicht selbst regulieren können, am höchsten.

Symptome: Die Inkubationszeit liegt zwischen sechs und zehn Tagen. Klinische Symptome treten bei Welpen daher oft sehr früh nach Geburt (innerhalb der ersten zehn Tage) auf; die meisten Welpen (im Alter unter drei Wochen) sterben innerhalb der ersten zwei Tage nach Auftreten klinischer Symptome, darunter Anorexie, Diarrhoe, Vomitus, schmerzhaftes Abdomen, Dyspnoe und/oder Salivation. Welpen, die älter als drei Wochen sind, zeigen selten einen schweren Krankheitsverlauf, können jedoch respiratorische Symptome entwickeln. Vereinzelt treten zentralnervöse Störungen auf, es kann zu Kleinhirn- und Augenmissbildungen kommen. Als Spätfolgen einer überstandenen Infektion im Welpenalter sind Erblindung und Taubheit beschrieben.

Bei adulten Hunden verläuft die Infektion oft klinisch inapparent; respiratorische und/oder okuläre Manifestationen (Keratitis) kommen vor. Selten kann CHV genitale Veränderungen hervorrufen. Bei adulten Hündinnen äußert sich eine frische lokale vaginale Infektion in Form von Bläschen und lymphofollikulärer Hyperplasie. Embryonaler Fruchttod, Aborte und Totgeburten werden nur bei Erstinfektion des Muttertiers beobachtet. Rüden können Entzündungen der Penisschleimhaut und des Präputiums aufweisen. Labordiagnostisch liegen meist keine Veränderungen vor, bei betroffenen Welpen kann manchmal eine Thrombozytopenie (durch DIC) bestehen.

Diagnose: Anhand der Art der Symptome und bestimmter anamnestischer Faktoren (Alter, Welpenverluste im Bestand) kann eine Verdachtsdiagnose gestellt werden.

Direkter Erregernachweis: Bei Welpen wird die Diagnose der CHV-Infektion meist in der Sektion durch Virusisolierung aus (zahlreichen) parenchymalen Geweben gestellt. Der Nachweis am lebenden Welpen ist oft schwierig, da CHV nur gelegentlich und oft in geringer Menge ausgeschieden wird. Für die Diagnose okulärer, respiratorischer und/oder reproduktiver Infektionen bei adulten Tieren können Tupferproben mittels PCR untersucht werden.

Indirekter Erregernachweis: Ein Antikörper-Nachweis (z. B. mittels Virusneutralisationstest) ist zum Nachweis der klinisch manifesten Infektion nicht geeigent.

Therapie: Es gibt wenige Ansätze zur kausalen Therapie. Therapieversuche mit dem antiviralen Medikament 5-Jod-2-desoxyuridin waren nicht erfolgreich. In einem Fallbericht wurde die erfolgreiche Anwendung von Vidarabin bei einem Wurf Welpen, von denen zwei Welpen bereits an einer CHV-Infektion verstorben sind, nachgewiesen. Die fünf 15 Tage alten Geschwisterwelpen, die mit Vidarabin behandelt wurden, überlebten und wiesen zwei Monate später hohe Titer neutralisierender Antikörper auf, was den Verdacht einer zurückliegenden Infektion nahelegte. Auch Aciclovir wurde an vier Wurfgeschwistern zweier Welpen, die im Alter von 25 Tagen an einer CHV-Infektion verstorben waren, erfolgreich eingesetzt. Studien zur Bewertung der Effektivität von Famciclovir bei Hunden mit CHV-Infektion sind notwendig.

Bei Welpen sind Infusions- und Ernährungsmanagment, Maßnahmen zur Sepsisprophylaxe (Hygiene, Antibiotika-Therapie) und das Warmhalten der Welpen, da sich die Herpesviren bei physiologischer Körpertemperatur im Körper nicht vermehren, essenziell. Bei adulten Tieren muss die symptomatische Behandlung auf die auftretenden Symptome abgestimmt werden.

Experimentelle Studien an Hunden mit CHV-bedingten Augenveränderungen konnten die Wirksamkeit der antiviralen Medikamente Trifluridin (topisch 6 × tägl. über zwei Tage und anschließend 4 × tägl. über zwölf Tage) und Gangciclovir (0,15 %iges Gel, topisch 5 × tägl. für sieben Tage und anschließend 3 × tägl. für sieben Tage) nachweisen; der Einsatz von Trifluridin bewirkte neben der Besserung der klinischen Symptome auch eine Reduktion der ausgeschiedenen Viruslast.

Prognose: Für adulte Hunde ist die Prognose günstig; für erkrankte Welpen hingegen ungünstig. Eine Reaktivierung mit Ausscheidung durch Stress oder nach Glukokortikoid-Verabreichung ist zeitlebens möglich.

Prophylaxe: Die wirkungsvollste Prophylaxe bei Welpen ist, diese generell in warmer Umgebung zu halten, damit ihre Körpertemperatur nicht unter 38,5 °C absinkt. Außerdem ist eine adäquate Aufnahme von Kolostrum direkt nach der Geburt essenziell, damit Welpen immunkompetenter Muttertiere maternale Antikörper in ausreichender Konzentration aufnehmen können. Trächtige Hündinnen, die noch keinen Schutz (durch Impfung oder Infektion) aufbauen konnten, sollten bis zur Geburt isoliert und anschließend sechs Wochen lang mit den Welpen gesondert untergebracht werden. Es gibt eine Vakzine auf dem Markt. Ihr Einsatz ist in Zuchten, v. a. in Problembeständen, zu empfehlen.

Bedeutung für Katzen

CHV hat für Katzen keine Bedeutung.

Bedeutung für den Menschen und andere Tiere

CHV ist streng speziesspezifisch und hat keine Bedeutung für den Menschen oder andere Tiere.

2.2.9 Feline Calicivirus-Infektion

Definition: Das feline Calicivirus (FCV) ist ebenfalls ein Haupterreger des Katzenschnupfens (Abb. 2.14). Zudem ist es für die Entstehung einer virulenten systemischen Erkrankung (virulent systemic feline calicivirus disease, VS-FCD) und der FCGS (mit-) verantwortlich.

Ätiologie: FCV ist ein kleines, unbehülltes RNA-Virus (einsträngig) mit typischen kelchförmigen Einbuchtungen auf der Oberfläche, die ihm den Namen geben. Es gehört zur Familie der *Caliciviridae*, Genus Vesivirus. Es gibt einen Hauptsubtyp, der in zahlreichen Antigenvarianten mit unterschiedlicher Pathogenität und Gewebstropismus vorkommt. Eine Ansteckung erfolgt meist durch direkten Kontakt, jedoch ist durch die relativ hohe Widerstandsfähigkeit von FCV in der äußeren Umgebung auch eine indirekte Übertragung (z. B. über Personen oder Gegenstände) möglich. FCV ist in der Umwelt einige Wochen, bei Raumtemperatur bis zu einem Monat, infektiös. Das Virus ist gegenüber vielen Desinfektionsmitteln resistent; nur Desinfektionsmittel auf der Basis von Natriumhypochlorit, Kaliumperoximonosulfat und Chlordioxid sind wirksam. Infektionen mit FCV sind

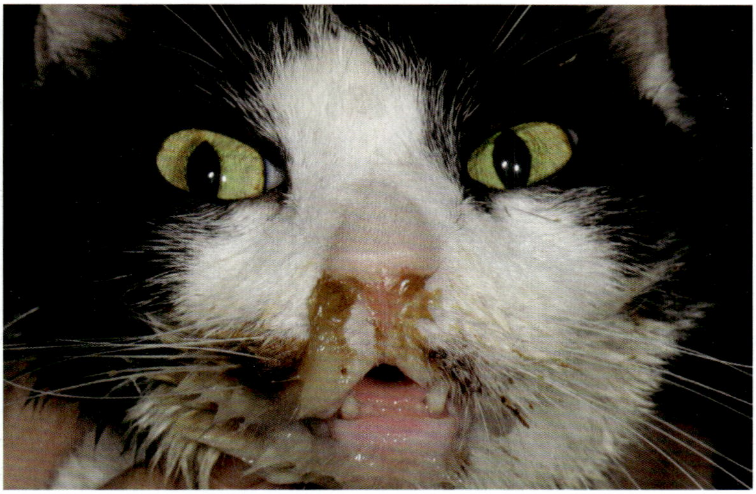

Abb. 2.14 Katze mit hochgradigem Katzenschnupfen (Abbildung R.Mischke).

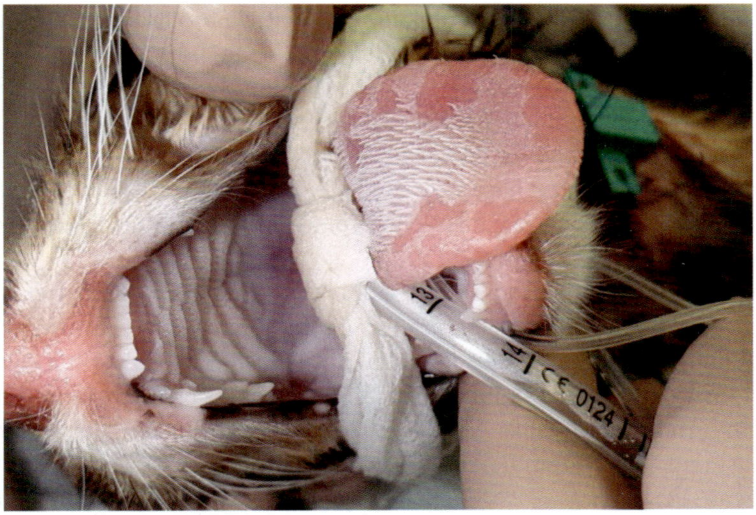

Abb. 2.15 Katze mit großflächigem Zungenulkus durch FCV-Infektion.

weit verbreitet. Die Prävalenz steigt mit der Anzahl der Katzen im Haushalt. Bei klinisch gesunden Katzen in Kleingruppen (unter vier Katzen) wurde eine Virusausscheidung (mittels PCR und Virusisolation) bei 3 %, in Großgruppen (ab vier Katzen) bei 32 % der Katzen nachgewiesen. Bei Katzen mit Symptomen einer oberen Atemwegserkrankung lag die Prävalenz zwischen 33–47 %. Ausbrüche einer durch FCV-Stämme ausgelösten, hochkontagiösen, systemischen Krankheit (VS-FCD) sind weltweit beschrieben. Die FCGS ist eine chronisch proliferative Entzündung der Maulhöhle mit erosiver und/oder proliferativer Entzündung der Mukosa und/oder des palatoglossalen Bereichs, deren Ätiologie multifaktoriell ist. FCV wird bei diesen betroffenen Katzen signifikant häufiger in der Maulhöhle gefunden als bei Katzen ohne FCGS (Abb. 2.15).

Pathogenese: In den meisten Fällen erfolgt die Infektion durch direkten Kontakt zu oronasalen Sekreten (selten auch Kot, Blut und Urin) von akut infizierten Katzen oder Virusträgern (Carriern). Die Inkubationszeit beträgt ein bis zehn Tage. Im Gegensatz zu FHV-infizierten Katzen scheiden FCV-Träger kontinuierlich Virus mit dem Speichel aus. FCV vermehrt sich vor allem lokal in Schleimhäuten von Maulhöhle, oberem Respirationstrakt und Konjunktiven; einige FCV-Stämme besiedeln auch Gelenke oder die Lunge. Nach überstandener Krankheit scheiden viele Katzen Virus, meist in geringen Mengen für mindestens einen Monat nach Infektion (in Einzelfällen auch länger), aus. Eine Koinfektion mit FIV kann die FCV-Ausscheidungsdauer verlängern. In einer einzelnen Katze treten häufig mehrere, in einem Bestand sehr viele FCV-Virusvarianten auf.

Symptome: Die klassische FCV-Infektion verläuft mit geringgradig gestörtem Allgemeinbefinden, vorübergehendem Fieber, leichtem Niesen und Konjunktivitis. Typischerweise treten großflächige Ulzerationen auf der Zunge, dem harten und weichen Gaumen, den Lippen und den Nasenöffnungen auf. Die Schwere der Erkrankung variiert je nach Virulenz des infizierenden FCV und individuellen Faktoren, wie Alter und Immunstatus. Manche Virusstämme verhalten sich relativ harmlos, andere dagegen können (selten) schwere Pneumonien (v. a. bei jungen Katzen) oder Durchfall hervorrufen. Transiente Lahmheiten, teilweise verbunden mit Fieber, hervorgerufen durch bestimmte Virusstämme, treten vor allem bei Katzenwelpen zwischen sechs und zwölf Wochen auf und sind selbstlimitierend (Limping kitten syndrome). Möglicherweise spielen auch Immunkomplexe oder Akute-Phase-Proteine, wie das α1-Acid-Glykoprotein, eine Rolle in der Pathogenese. Das „Limping kitten syndrome" ist auch nach Impfung mit MLV gegen FCV beschrieben.

Nach Abheilung der Symptome einer akuten FCV-Infektion gehen viele Katzen in ein Virusträgerstadium (Carrier) über und sind symptomfrei oder sie entwickeln FCGS, eine ernstzunehmende Entzündung der Maulhöhle, die die Lebensqualität von betroffenen Katzen stark einschränken kann. Sie ist mit oft hochgradigen Schmerzen im Bereich der Maulhöhle, Halitosis, Ptyalismus, einem verminderten Putzverhalten, Anorexie, Gewichtsverlust und einer verminderten Aktivität verbunden.

Die schwere Verlaufsform (VS-FCD) einer systemischen Infektion durch hochpathogene FCV ist mit hoher Mortalität und Morbidität verbunden; ihren Ausgang nimmt sie häufig in Mehrkatzenhaushalten oder in Tierarztpraxen. Der Krankheitsverlauf beginnt mit Fieber, Ulzerationen auf der Zunge und (danach) an den Ballen; nach kurzer Zeit folgen systemische Endothelschäden und Ödembildung an Kopf und Gliedmaßen, Ikterus und/oder Hämorrhagien. Obwohl viele der erkrankten Katzen sterben und sich die Krankheit epidemieartig ausbreiten kann, sind Ausbrüche (mithilfe von strengen Quarantänemaßnahmen) selbstlimitierend.

Diagnose:

Direkter Erregernachweis: Für den direkten Erregernachweis eignen sich Tupfer aus dem Oropharynx oder aus Konjunktiva und Oropharynx. Die RT-PCR ist inzwischen weit verbreitet und hat eine gute Sensitivität und Spezifität. Das Ergebnis ist verlässlich und eignet sich auch zum Nachweis von Trägertieren, da diese (auch ohne klinische Symptome) konstant FCV ausscheiden. Die Verdachtsdiagnose VS-FCD wird anhand des klinischen Verlaufs verbunden mit einer hohen Letalität (und hoher Kontagiosität) gestellt. Die Diagnose erfolgt i. d. R. *post mortem* anhand des Virusnachweis aus Blut und/oder Organen.

Indirekter Erregernachweis: Als diagnostisches Mittel ist der Nachweis von Antikörpern mittels Virusneutralisationstest oder ELISA nicht hilfreich.

Therapie:

Akuter Katzenschnupfen

Die Therapie eines akuten Katzenschnupfens erfordert intensive Behandlung und Betreuung sowie strenge Hygiene (wie unter 2.2.7 beschrieben). Zur lokalen Schmerzmedikation der Maulschleimhaut wird empirisch Lidocain 2 % ige Injektionslösung (ohne Adrenalin) verwendet. Chlorhexidin-Gel oder -Mundspüllösung kann zur Reduktion der lokalen Bakterienlast auf die Läsionen aufgetragen werden.

Die Möglichkeiten einer antiviralen Therapie sind limitiert. Ribavirin ist *in vitro* wirksam gegen FCV, führt aber bei Katzen bereits in sehr geringen Dosen zu Nebenwirkungen (u. a. Knochenmarkssuppression und Hepatopathien) und kann daher nicht eingesetzt werden.

In vitro wurde die antivirale Wirksamkeit von felinem IFN-ω gegen FCV nachgewiesen. Bei Katzen mit Symptomen einer akuten FCV-Infektion konnte nach drei intravenösen Gaben von IFN-ω ($2{,}5 \times 10^6$ IU/kg KM alle 48 Stunden) eine klinische Besserung beobachtet werden. Da in die Studie aber keine Kontrollgruppe eingeschlossen wurde und die Symptome einer aktuen FCV-Infektion selbstlimitierend sind, ist ein potenziell positiver Einfluss der Therapie nicht gesichert. In einer prospektiven, randomisierten, placebokontrollierten Doppelblindstudie erhielten 18 von 37 Katzen mit natürlicher FCV- und/oder FHV-Infektion und akuten Symptomen einer Erkrankung der oberen Atemwege einmalig IFN-ω in einer Dosierung von $2{,}5 \times 10^6$ IU/kg KM s. c., gefolgt von einer lokalen (konjunktivalen, intranasalen und oralen) Behandlung mit $0{,}5 \times 10^6$ IU/kg KM alle acht Stunden über 21 Tage. Klinisch konnte aber kein Unterschied zwischen der Therapie- und der Kontrollgruppe festgestellt werden.

Equine Immunglobulinfragmente (anti-FCV-spezifische $F(ab')_2$-Fragmente), von mit inaktiviertem FCV immunisierten Pferden, zeigten eine FCV-neutralisierende Aktivität *in vitro*. Auch bei experimentell infizierten Katzen konnte eine therapeutische (ein bis drei Tage nach Infektion) und eine prophylaktische (einen Tag vor Infektion) Wirksamkeit belegt werden; Untersuchungen im Feld gibt es bislang noch nicht. Es gibt jedoch eine placebokontrollierte Doppelblindstudie an 22 FHV- und/oder FCV-infizierte Katzen mit akutem Katzenschnupfen im Feld, die mit equinen Immunglobulinen (Feliserin®) an drei aufeinanderfolgenden Tagen 1 × tägl. s. c. und 3 × tägl. lokal (in Augen, Nase und Maulhöhle) behandelt wurden. Zusätzlich erhielten die Katzen symptomatische Therapie. Bereits ab Tag drei konnten signifikante klinische Verbesserungen erzielt werden, während die ausschließlich symptomatisch behandelten Kontrollkatzen (n = 20) erst an Tag sieben eine signifikante Besserung zeigten. An Tag sieben konnte zwischen den beiden Gruppen kein Unterschied mehr festgestellt werden; die klinischen Symptome hatten sich in beiden Gruppen gleich stark gebessert. Immunglobuline bewirken also eine schnelle Besserung, weshalb ihr Einsatz empfohlen wird. Nebenwirkungen sind selten. Allerdings darf ein Therapiezyklus nur einmal erfolgen. Bei wiederholter Gabe (nach mehr als einer Woche) kann es zu anaphylaktischen Schockreaktionen kommen, da das Serum in Pferden gewonnen wird.

Für das Management bei FCV-infizierten Katzen könnten sich Gesichtspheromone (Feliway®, Ceva, Deutschland) positiv (Stressvermeidung) auf den Krankheitsverlauf auswirken; jedoch wurden in Studien keine signifikanten Effekte festgestellt. Bei einer Neuaufnahme von Katzen in einen Bestand sollten hinzukommende Katzen für drei Wochen in Quarantäne gehalten und auf FCV getestet werden, insbesondere wenn der Bestand bisher FCV-frei war.

FCV-VSD

Bei vergangenen FCV-VSD-Ausbrüchen besserten sich Katzen (manchmal) mit intensivmedizinischer Versorgung, der Gabe von felinem IFN-ω und spezifischen Antikörperpräparaten. Kontrollierte klinische Studien gibt es nicht, sodass es derzeit keine spezifischen kausalen Behandlungempfehlungen gibt.

FCGS

Für die Behandlung der FCGS gibt es verschiedene Ansätze. Eine vollständige Zahnextraktion („full-mouth extraction") unter dentaler Röntgenkontrolle, welche den Goldstandard darstellt, kann bei Katzen in 28–60 % der Fälle eine Heilung erzielen. Einige Katzen zeigen eine substantielle Verbesserung, andere aber anhaltende Symptome und benötigten weiterhin medizinische Versorgung z. B. mit Analgetika und Immunstimulantien (felinem IFN-ω). In einer randomisierten Doppelblindstudie mit 39 FCV-infizierten Katzen mit FCGS wurde die Behandlung mit felinem IFN-ω in einer Dosierung von 10^5 IE/Katze 1 × tägl. p. o. für 90 Tage mit einer Behandlung mit Prednisolon (1 mg/kg KM 1 × tägl. p. o. für sieben Tage, gefolgt von 1 mg/kg KM alle zwei Tage p. o. für sieben Tage und schließlich 0,5 mg/kg KM alle zwei Tage p. o. für sieben Tage) verglichen. Bei den meisten Parametern gab es keinen signifikanten Unterschied zwischen den beiden Gruppen, mit Ausnahme des Schmerz-Scores, der bei den mit felinem IFN-ω behandelten Katzen nach zwei und drei Monaten signifikant niedriger war. In einer anderen Studie wurden 17 FCV-infizierte Katzen mit FCGS entweder mit felinem IFN-ω s. c. (n = 13) oder mit Prednisolon 1 mg/kg KM 1 × tägl. s. c. (n = 4) an den Tagen 1, 2, 3, 7, 8, 14 und 21 behandelt. Es gab eine signifikante Verbesserung der klinischen Parameter und des Speichelfluss-Scores der mit felinem IFN-ω behandelten Katzen. In einer anderen Untersuchung führte die orale Verabreichung von felinem IFN-ω bei zwei Katzen mit FCGS und Diabetes mellitus Typ II zu einer klinischen Verbesserung der Läsionen, und die erforderliche Insulindosis konnte ebenfalls verringert werden. Somit könnte felines IFN-ω eine Alternative zur immunusppressiven Therapie mit Glukokortikoiden darstellen, insbesondere bei Katzen, bei denen eine vollständige Zahnextraktion nicht infrage kommt oder bei denen eine Glukokortikoidbehandlung kontraindiziert ist, wie z. B. bei

Katzen mit Diabetes. Eine (dauerhafte) Therapie mit immunsupprimierenden Medikamenten (wie Glukokortikoiden) ist u. a. aufgrund der auftretenden Nebenwirkungen nicht sinnvoll. Studien untersuchten die Behandlung von FCGS mit intravenösen Injektionen frischer aus autologem Fettgewebe gewonnener mesenchymaler Stammzellen (AD-MSC) im Abstand von einem Monat. In einer Studie sprachen fünf von sieben Katzen auf die Behandlung an (vollständige klinische Remission (n = 3), partielle Remission (n = 2)). In einer weiteren Studie mit 18 Katzen zeigten 13 Katzen (72 %) ein Ansprechen auf die Behandlung, wobei bei fünf Katzen eine vollständige Heilung und bei acht Katzen eine wesentliche Verbesserung erzielt werden konnte. Bislang ist diese Therapieform nicht kommerziell erhältlich.

Prognose: Bei FCV-Infektionen ist eine Heilung der Symptome bei intensiver Behandlung in den meisten Fällen möglich, eine vollständige Erregerelimination wird aber oft nicht erreicht. Viele FCV-infizierte Katzen werden zu latenten Carriern und noch häufiger zu Dauerausscheidern. Die Prognose bei FCV ist abhängig vom Stamm. Bei 50 % der mit FCV infizierten Katzen kann der Erreger erfolgreich eliminiert werden (Spontanheilung nach spätestens zwei bis drei Wochen). Bei den übrigen Katzen persistiert die Infektion, teilweise lebenslang. Die Folge eines chronischen Carrierstadiums ist häufig eine FCGS, für deren komplette Heilung die Prognose vorsichtig gestellt werden muss. Bei Infektionen mit hochvirulenten Stämmen (VS-FCD) ist die Prognose schlecht und die Todesrate sehr hoch.

Prophylaxe: Durch die zur Verfügung stehenden Impfungen kann FCV im Allgemeinen erfolgreich kontrolliert werden; sie sind allerdings nur gegen einen Teil der im Feld kursierenden Stämme wirksam. Alle gesunden (auch ausschließlich im Haus gehaltene) Katzen sollten gegen FCV geimpft werden (FCV ist neben FPV und FHV eine Core-Komponente der Katzenimpfung). Probleme treten jedoch immer noch in Beständen mit vielen jungen Katzen, in Tierheimen und in Katzenpensionen auf. Welpen, die ohne Kolostrum aufgezogen werden, und Tiere, bei denen akute Infektionsgefahr besteht, können passiv immunisiert werden. Spezifische Antikörper gegen FCV (Feliserin®) sollen einen prophylaktischen Schutz über ca. drei Wochen bieten. Nach einem Behandlungszyklus sollte Feliserin® aufgrund der Gefahr eines anaphlyaktischen Schocks nicht erneut gegeben werden.

Nach Impfung mit MLV kann es manchmal zu leichten Schnupfensymptomen kommen, vor allem, wenn der Impfstoff eingeatmet wird oder auf die Schleimhaut des Oropharynx (Abschlecken) gelangt. Intranasale Impfstoffe (i. d. R. MLV) sind derzeit nicht in Deutschland erhältlich. Nachteilig bei intranasalen Impfstoffen ist das gelegentliche Auftreten von klinischen Symptomen, wie Augen- und Nasenausfluss oder oralen Ulzerationen. Zur subkutanen Impfung stehen in Deutschland MLV und inaktivierte Vakzine zur Verfügung, die einen oder zwei unterschiedliche FCV-Stämme enthalten. Ältere Impfstoffe, die nur gegen einen Stamm gerichtet sind, werden wegen der hohen Mutationsrate von FCV als weniger wirksam diskutiert. In einer Studie war die nach Impfung mit einem älteren Impfstamm (F9) gerichtete Schutzwirkung gegen Feldstämme aus sechs verschiedenen europäischen Ländern jedoch sehr hoch (97 %). Umfassende Vergleichsstudien zur Wirksamkeit gegen aktuell im Feld zirkulierende Calicivirus-Stämme gibt es nicht. Die FCV-Impfung kann nur in Kombination mit der FHV-Impfung durchgeführt werden, da es aktuell auf dem Markt lediglich Kombinations- und keine Einzelimpfstoffe gibt.

Da Impfungen die Chance auf einen Schutz gegen möglichst mehrere Feldstämme bieten, sollten auch Katzen, die sich von einer FCV-assoziierten Erkrankung erholt haben, (weiterhin) geimpft werden. Die Impfung schützt jedoch nicht vor allen Stämmen. Die erhältlichen FCV-Impfstoffe führen zu keiner Elimination des Virus, schützen nicht vor einem Trägerstatus und auch nicht vor der Entstehung von FCGS oder „VS-FCD". Zudem unterbinden sie nicht die Virus-Ausscheidung, führen jedoch zu einer gewissen Reduktion der Ausscheidung und schützen vor schweren, akuten klinischen Symptomen. Am wichtigsten für einen guten, langanhaltenden Schutz ist eine ausreichend wirksame Grundimmunisierung gegen FCV. Da maternale Antikörper individuell unterschiedlich lange bei Welpen bestehen und mit der Impfung interferieren können, sollten Welpen-Impfungen im Alter von acht Wochen gestartet werden und danach alle drei bis vier Wochen bis zur 16. Woche erfolgen, gefolgt von einer weiteren Impfung nach (sechs bis) zwölf Monaten. Bei Katzen, die in einem höheren Alter vorgestellt werden (ab der 16. Lebenswoche), wird in Abhängigkeit vom verwendeten Impfstoff eine einmalige (für MLV) oder zweimalige Impfung (im Abstand von drei bis vier Wochen) gefolgt von einer weiteren Impfung nach einem Jahr als ausreichend angegeben. Nach dieser Grundimmunisierung sind i. d. R. längere Impfintervalle (Wiederholungsimpfungen alle drei Jahre) möglich. FCV-Antikörpermessungen sind nicht geeignet, um die Notwendigkeit und den voraussichtlichen Nutzen einer Impfung individuell zu überprüfen.

FCV ist trotz umfangreicher Impfmaßnahmen ein häufiges und teils gravierendes Problem in Katzenpensionen, Katzenzuchten, Tierheimen und bei streunenden Katzen. Neue Katzen in einem Zuchtbestand sollten zunächst getestet, separat gehalten und ggf. therapiert werden (Ausbruch klinischer Symptome häufig nach Umgebungswechsel). Kätzinnen mit nicht aktuellem Impfstatus oder einer vorberichtlichen Infektion mit FCV sollten vor der Trächtigkeit geboostert werden, um eine Übertragung ausreichender Mengen an Antikörpern auf die Welpen zu ermöglichen. In Problembeständen können bei Welpen unter acht Wochen auch zunächst Antikörper gegen FCV (Feliserin®) eingesetzt werden. Die Grundimmunisierung beginnt dann drei Wochen später.

Bedeutung für den Hund

Caliciviren mit ähnlichen antigenetischen Eigenschaften (wie FCV) wurden auch bei Hunden gefunden; die pathogenetische Bedeutung ist bisher jedoch nicht geklärt.

Bedeutung für den Menschen und andere Tiere

FCV scheint ausschließlich Feliden zu befallen. Eine Übertragung auf den Menschen oder andere Tierarten ist unwahrscheinlich.

2.2.10 Canine Parainfluenzainfektion

Definition: Das canine Parainfluenzavirus (CPIV) ist einer von mehreren Erregern des CIRD-Komplexes. CIRD wird vorwiegend durch Viren hervorgerufen. Bakterien treten gelegentlich als Primärerreger auf, sind aber häufiger als Sekundärerreger beteiligt. Die Viren schädigen die Epithelien des Respirationstrakts und bereiten damit den Weg für bakterielle Sekundärinfektionen. Häufig sind mehrere Erreger beteiligt. CIRD verläuft meist unkompliziert und heilt innerhalb von zwei Wochen von selbst. Beteiligte Viren sind von Land zu Land und von Ausbruch zu Ausbruch verschieden.

Bei einzeln als Haustier gehaltenen Hunden ist die Prävalenz von Antikörpern gegen CPIV relativ niedrig. In Hundezwingern lassen sich dagegen bei einem hohen Prozentsatz (40–90 %) der Hunde Antikörper nachweisen.

Ätiologie: CPIV gehört zur Familie der *Paramyxoviridae* und zum Genus Paramyxovirus. Paramyxoviren sind pleomorph und besitzen eine geringe Tenazität in der Außenwelt.

Pathogenese: Durch CPIV ausgelöste Monoinfektionen verlaufen nur sehr leicht oder klinisch inapparent. Im Feld tritt die CPIV-Infektion aber oft in Kombination mit anderen Viren und/oder Bakterien auf und verursacht die für CIRD typischen Symptome.

Symptome: CPIV spielt eine wichtige Rolle bei akuten Erkrankungen des Respirationstrakts des Hundes. Schwere Symptome treten in der Regel bei Ko-/Sekundärinfektionen auf. Die CPIV-Infektion ist charakterisiert durch akuten intermittierenden trockenen Husten, der oft bei Aufregung und Anstrengung einsetzt und durch Druck auf die Trachea auslösbar ist. Meist haben die Tiere ein gutes Allgemeinbefinden und nehmen weiter Nahrung auf. Einige Hunde haben serösen oder mukopurulenten Nasenausfluss, manchmal Konjunktivitis und Fieber. Röntgenaufnahmen zeigen meist keine Veränderungen. Gewöhnlich klingen die Symptome innerhalb von ein bis zwei Wochen von selbst ab. Nur gelegentlich kommt es zur Bronchopneumonie. Diese ist dann meist auf eine Beteiligung bakterieller Erreger zurückzuführen. Oft bestehen dann Fieber, reduzierte Futteraufnahme, feuchter Husten und Bewegungsunlust. Dabei kann eine Leukozytose mit Neutrophilie auftreten. Sonst sind die labordiagnostischen Parameter meist unauffällig. In solchen Fällen sollten Röntgenaufnahmen des Thorax angefertigt werden. Oft bestehen dann Fieber, reduzierte Futteraufnahme, feuchter Husten und Bewegungsunlust. Für einen komplizierten Verlauf prädisponieren Herkunft aus Beständen mit ständig wechselndem Tierbesatz, ein junges Alter, Immunsuppression durch andere Krankheiten (z. B. Parasitenbefall), keine oder unzureichende Impfung(en) sowie Anomalien des Respirationstrakts (z. B. hypoplastische Trachea, Ziliendyskinesie).

Diagnose: Die Diagnose CIRD kann meist aus der Anamnese hergeleitet werden. Gewöhnlich liegt eine kurz zurückliegende Exposition vor.

Direkter Erregernachweis: Viele kommerzielle Labore bieten ein respiratorisches Panel zum Nachweis verschiedener an CIRD beteiligter Erreger mittels Multiplex-PCR an. In der Praxis ist der Nachweis des beteiligten viralen Erregers unüblich.

Indirekter Erregernachweis: Ein Nachweis von Antikörpern gegen CPIV ist diagnostisch nicht verwertbar.

Therapie: Bestehen nur leichte klinische Symptome, muss nicht unbedingt eine Therapie erfolgen. Wenn behandelt wird, dann symptomatisch. Die symptomatische Therapie sollte sich auf die Vermeidung von Komplikationen konzentrieren. Zwei bis drei Wochen Ruhe sind ratsam. Hundekontakte und Zustände, die Husten auslösen (z. B. Anstrengung, Aufregung), sollten vermieden werden. Brustgeschirre anstatt Halsbänder sind empfehlenswert. Bei kompliziertem Krankheitsverlauf sollte zum Nachweis sekundär beteiligter Bakterien eine bakteriologische Untersuchung mit Antibiogramm angefertigt werden. Am besten eignet sich die Anzüchtung aus Proben einer Tracheal- oder einer bronchioalveolären Lavage. Die antimikrobielle Therapie sollte am besten nach Antibiogramm erfolgen. Da die Ausbreitung *via* Tröpfcheninfektion erfolgt, müssen Hygienemaßnahmen eingehalten werden.

Prognose: Die Prognose ist bei unkompliziertem Verlauf sehr gut. Meist tritt Selbstheilung nach ein bis zwei Wochen ein. Bei geschwächten Junghunden mit kompliziertem Kranhkheitsverlauf sind vereinzelt bleibende Schäden (Bronchiektasen, Abszesse, Pleuraempyem, Emphysem) und sogar Todesfälle möglich.

Prophylaxe: CPIV gehört zu den Non-Core-Komponenten der Hunde-Impfung. Eine Impfung ist bei Hunden mit (erhöhtem) Expositionsrisiko (viel Kontakt zu Artgenossen, z. B. in Welpengruppen, Tierheimen, -pensionen) sinnvoll. Sie schützt zwar nicht vor Infektion, reduziert aber die Schwere der klinischen Symptome und die Virusausscheidung nach Exposition. Es gibt Impfstoffe, die subkutan appliziert werden und Impfstoffe, die intranasal verabreicht werden und zusätzlich auch gegen *Bordetella bronchiseptica* gerichtet sind. Intranasale Impfstoffe enthalten einen avirulenten CPIV-Stamm, sind aber wirksam und sicher; nach intranasaler Applikation können Hunde den Impfstamm über einige Tage ausscheiden. Eine Impfung sollte spätestens vier Wochen vor erwarteter Exposition erfolgen. Welpen können bereits sehr früh (je nach Impstoff und Zulassung) geimpft werden. Abhängig vom Expositionsrisiko werden Wiederholungsimpfungen jährlich (intranasale Vakzine) bis dreijährlich (parenterale Vakzine) empfohlen.

Bedeutung für die Katze

CPIV hat für der Katze keine Bedeutung.

Bedeutung für den Menschen und andere Tiere

CPIV ist nicht auf den Menschen oder andere Tierarten übertragbar. Humane Influenzaviren kommen als begleitende Erreger des CIRD-Komplexes infrage. Die Rolle des Hundes bei der Verbreitung menschlicher Influenzaviren ist ungeklärt; vermutlich überträgt der Mensch seine Viren auf den Hund und nicht umgekehrt.

2.2.11 Hepatitis contagiosa canis

Definition: Die Hepatitis contagiosa canis (HCC, infectious canine hepatitis, ICH, ansteckende Leberentzündung, Rubarth'sche Krankheit, Fuchsenzephalitis) ist eine durch das canine Adenovirus-1 (CAV-1) hervorgerufene Infektionskrankheit des Hundes, die heutzutage nur noch sehr selten vorkommt.

Ätiologie: Die HCC wird durch CAV-1 verursacht. CAV-1 besitzt eine große Affinität zu den Kupffer'schen Sternzellen der Leber und den Gefäßendothelien. Es ist genetisch und antigenetisch eng verwandt mit dem caninen Adenovirus-2 (CAV-2), einem von mehreren Erregern des CIRD-Komplexes, das (im Gegensatz zu CAV-1) eine Affinität zu Epithelzellen des Respirationstrakts hat. CAV-1 tritt weltweit auf und kann die meisten Caniden sowie Stinktiere, Waschbären und einige Bären infizieren. Hunde sind empfänglicher als andere Spezies. CAV-1 ist sehr stabil; bei Zimmertemperatur kann es einige Wochen überleben. Zur Desinfektion eignen sich Präparate auf der Basis von Natriumhypochlorid und Chlordioxid.

Konsequente Impfmaßnahmen haben dazu geführt, dass die HCC in der westeuropäischen Hundepopulation nur noch sehr selten beobachtet wird. Gelegentlich kommt es jedoch noch zu Krankheitsausbrüchen. Untersuchungen aus Italien zeigten, dass CAV-1 bei Hunden in Privatbesitz nach wie vor zirkuliert, (wenn) aber nur milde klinische Symptome verursacht, vermutlich, weil die Hunde in der Vergangenheit gegen CAV geimpft worden waren. In einer in Deutschland durchgeführten Studie konnten bei nahezu 100 % der Hunde, die zur regulären, jährlichen Gesundheitsvorsorge vorgestellt wurden, Antikörper gegen CAV-1 nachgewiesen werden. Aufgrund der engen antigenetischen Verwandtschaft der Viren schützen CAV-1-Antikörper auch vor CAV-2.

Pathogenese: Die Infektion erfolgt oronasal. CAV-1 wird über lange Zeit mit allen Se- und Exkreten von kranken, aber auch von klinisch inapparent infizierten Tieren ausgeschieden. Nach oronasaler Virusaufnahme vermehrt sich das Virus zunächst in den Tonsillen und regionären Lymphknoten. Ab dem vierten Tag tritt eine vier bis acht Tage dauernde Virämie auf, meist mit Fieber. Im Anschluss an die Virämie vermehrt sich CAV-1 im Endothel der Blutgefäße vieler Organe, in Hepatozyten, im Endothel der Nierenglomerula sowie in Kornea und Uvea und führt so zur Zellzerstörung. Bildung und Ablagerung von Immunkomplexen können zu Glomerulonephritis und Uveitis mit Trübung der Kornea („blue eye") führen.

Die Virusausscheidung beginnt mit der Organbesiedlung ab dem fünften Tag über Speichel, Harn und Kot und kann, nachdem sich das Virus in den Nieren „zurückgezogen" hat, im Urin über mehr als sechs Monate ausgeschieden werden.

Symptome: Die klinischen Symptome der HCC können in ihrem Schweregrad sehr stark variieren. Die HCC kann klinisch inapparent, chronisch, subakut, akut oder perakut verlaufen. Viele Hunde bilden nach inapparenter Infektion Antikörper gegen CAV-1, ohne je zu erkranken. Meist erkranken junge Hunde (unter einem Jahr), aber auch ungeimpfte adulte Hunde können Symptome entwickeln.

Symptome treten meist innnerhalb von sechs Tagen nach Infektion auf. Im Vordergrund stehen Symptome einer akuten Hepatitis, sowie Vaskulitis. Beim perakuten Verlauf, der vorwiegend bei jungen Hunden vorkommt, kann es innerhalb kurzer Zeit (ein bis zwei Tage) zum Tod kommen. Beim akuten Verlauf treten Fieber, Apathie, Erbrechen, Durchfall, abdominaler Palpationsschmerz sowie Lymphadeno-, Spleno- und Hepatomegalie auf. Infolge Vaskulitis können Ödeme an Kopf, Hals und Unterbrust auftreten. Haut und Schleimhäute können Petechien und Ekchymosen aufweisen. Blutungen in der Maulhöhle, in die vordere Augenkammer und in Körperhöhlen sind möglich. Beim subakuten Verlauf bestehen ebenfalls oft Fieber, Durchfall und Erbrechen, abdominaler Palpationsschmerz sowie Uveitis. Bei einem Teil der Patienten (20 %) entsteht im Verlauf der ersten zwei bis drei Wochen nach Infektion ein Hornhautödem, das die Hornhaut blaugrau und getrübt erscheinen lässt. Der Zustand bessert sich meist nach ein bis zwei Wochen. Beim chronischen Verlauf, bei dem die Hunde Antikörper haben oder bilden, kommt es zur Persistenz des Virus in der Leber. Obwohl das Virus selbst nicht mehr nachweisbar ist, kann die Entzündung durch immun-mediierte Mechanismen weiter unterhalten werden. Spätfolge dieser chronischen Hepatitis ist häufig eine Leberfibrose und später -zirrhose mit Leberfunktionsstörung, Ikterus, Aszites und ein erworbener portosystemischer Shunt (infolge portaler Hypertension) mit einem hepatoenzephalen Syndrom. Im Blutbild findet man (v. a. bei perakutem und akutem Verlauf) ab dem zweiten Tag nach der Infektion meist eine Leukopenie und Thrombozytopenie (durch DIC). Die Aktivität von Leberenzymen ist oft stark erhöht, es tritt aber nur selten Hyperbilirubinämie auf. Proteinure, Hämaturie und Bilirubinurie sind ebenfalls möglich.

Diagnose: Oft wird die Diagnsoe erst *post mortem* in der Sektion gestellt.

Direkter Erregernachweis: Die Diagnose basiert auf dem Nachweis von CAV-1 mittels PCR, bspw. aus Nasensekret, Blut oder Urin, oder auf der histologischen Untersuchung einer Leberbiopsie, wenn in der Leber Läsionen mit einem charakteristischen Muster und infizierte Hepatozyten mit Einschlusskörperchen gefunden werden. Azeton-fixierte Schnitte oder Abklatschpräparate erlauben eine sehr schnelle Diagnose mittels Immunfluoreszenzmarkierung.

Indirekter Erregernachweis: Der Nachweis von Antikörpern ist nicht aussagekräftig, da viele Hunde geimpft sind oder klinisch inapparente Infektionen durchgemacht haben. Zudem sind zum Zeitpunkt des Auftretens der Symptome beim (per)akutem Verlauf meist noch keine Antikörper nachweisbar.

Therapie: Eine kausale Therapie ist nicht bekannt. Die symptomatische Behandlung muss auf die auftretenden Symptome abgestimmt werden. Wichtig ist eine ausreichende parenterale Flüssigkeitsversorgung mit Vollelektrolytlösung und Kaliumsupplementierung. Die Vollelektrolytlösungen sollten kein Laktat enthalten, da dieses in der Leber nicht verstoffwechselt werden kann. Glukokortikoide fördern die Replikation von CAV-1 und sind daher kontraindiziert. Hunde mit okulären Symptomen können Glukokortikoide jedoch topisch erhalten.

Prognose: Die Prognose ist vom klinischen Verlauf abhängig. Je akuter die Krankheit verläuft, desto ungünstiger ist die Prognose. In perakuten Fällen liegt die Letalität bei fast 100 %, in akuten Fällen bei ca. 30 %.

Prophylaxe: Die Kontrolle der CAV-1-Infektion basiert weitgehend auf der Impfung, die sehr erfolgreich eingesetzt wird. Durch umfassende Impfmaßnahmen in den vergangenen Jahrzehnten kommt HCC in Deutschland nicht mehr vor; deshalb wird die Impfung hierzulande mittlerweile zu den Non-Core-Komponenten gezählt. Da der Erreger allerdings sporadisch in umliegenden Ländern nachgewiesen wird, sollte nicht generell auf eine Impfung verzichtet werden.

Die auf dem Markt verfügbaren Impfstoffe enthalten als Impfvirus CAV-2, welches aufgrund seiner antigenetischen Verwandtschaft eine Kreuzimmunität gegenüber CAV-1 induziert und gleichzeitig Schutz vor dem Beitrag des CAV-2 zum CIRD-Komplex bietet. Untersuchungen zeigten, dass die Schutzwirkung nach Grundimmunisierung mit MLV über viele Jahre anhält. Eine sinnvolle Methode, einen Schutz vor Virusinfektionen zu bestimmen, ist die Messung von Antikörpern. Bei adulten Hunden (und Katzen), die bereits geimpft sind oder eine Infektion überstanden haben, kann der Nachweis von CAV-Antikörpern in jeglicher Höhe mit dem Schutz vor der Erkrankung gleichgesetzt werden, sodass mittlerweile Antikörperbestimmungen empfohlen werden, um über die Notwendigkeit einer Wiederholungsimpfung zu entscheiden. Im Idealfall wird die Wiederholungsimpfung dann nur bei Bedarf (Fehlen von Antikörpern) durchgeführt.
Alternativ können reguläre Wiederholungsimpfungen im Abstand von drei Jahren durchgeführt werden, wenn Hunde gegen HCC geschützt sein sollen z. B., weil sie aus Deutschland in Gebiete reisen, in denen CAV-1 noch vorkommt.

Bedeutung für die Katze

Es gibt nur wenige Fallberichte über klinisch manifeste Adenovirus-Infektionen bei der Katze. Wahrscheinlich handelt es sich dabei um speziesspezifische feline Adenoviren. Epidemiologische Untersuchungen bei Katzen in Dänemark, Ungarn und Schottland zeigten eine Antikörper-Prävalenz von 10–26 %. Obwohl offenbar viele Katzen infiziert sind, scheinen Adenoviren nur bei wenigen Katzen Krankheitssymptome zu verursachen.

Bedeutung für den Menschen und andere Tiere

HCC spielt bei anderen Tieren keine besondere Rolle. Beim Menschen werden inapparente Infektionen mit CAV-1 diskutiert, da Antikörper, die mit dem CAV-1 reagieren, bei Menschen nachgewiesen wurden. Hierbei handelte es sich jedoch wahrscheinlich um Kreuzreaktionen mit anderen Adenoviren.

2.2.12 Staupe

Definition: Die Staupe (canine distemper, Carré'sche Krankheit) ist eine hochkontagiöse Infektionskrankheit der Hunde und anderer Carnivoren. Die Krankheit kann akut oder chronisch verlaufen. Durch umfassende Impfmaßnahmen gelang es, die Zahl der Krankheitsfälle in Deutschland weitgehend zu dezimieren. In den letzten Jahren ist aber wieder eine Zunahme der Staupe zu verzeichnen. Das Virus wird in der Wildtierpopulation gefunden. Mutationen eines Staupe-Feldstamms mit Virulenzsteigerung, Mutationen eines attenuierten Staupe-Impfvirus mit Rückgewinnung der Virulenz, unzureichende Herdenimmunität und/oder eine unzureichende Wirksamkeit der Impfung wurden als mögliche Gründe diskutiert, aber wieder verworfen. Wahrscheinlich spielt der Import von Hunden aus dem Ausland ohne ausreichenden Impfschutz die entscheidenste Rolle.

Ätiologie: Das canines Staupevirus (canine distemper virus, CDV) ist ein Paramyxovirus (RNA-Virus) und gehört zum Genus Morbillivirus. Es ist eng verwandt mit dem Rinderpest- und Masernvirus. Die Subtypen des CDV unterscheiden sich bezüglich Organtropismus und Pathogenität. In der Außenwelt ist CDV labil; es überlebt in der Umwelt nur wenige Stunden. Es kann im Sonnenlicht bis zu 14 Stunden, in Räumen und an Kleid und maximal einige Tage überleben. CDV wird durch Hitze rasch inaktiviert, nicht jedoch durch Kälte. Es wird durch die meisten Desinfektionsmittel vollständig zerstört.

Pathogenese: Die Ansteckung erfolgt meist oral oder aerogen über Se- und Exkrete kranker Hunde oder klinisch gesunder Ausscheider. Eine indirekte Übertragung (Kleidung, Futternäpfe) ist möglich, aber von geringerer Bedeutung. Eine intrauterine Infektion kann stattfinden.

Die Ausscheidung des Virus bei infizierten Tieren erfolgt über alle Se- und Exkrete in etwa ab dem fünften bis achten Tag nach Infektion und kann über einen Zeitraum von drei bis vier Monaten anhalten. CDV kann in Nervengewebe, Haut und Augen persistieren, dort nachgewiesen werden und Jahre später klinische Symptome hervorrufen. Die Virusvermehrung findet zunächst in Tonsillen und Lymphknoten des Respirationstrakts, später auch in anderen lymphoretikulären Geweben statt. Etwa acht bis neun Tage nach der Infektion kommt es zu einer Virämie. Der weitere Verlauf der Infektion ist abhängig vom Immunstatus. Kann der Hund eine gute humorale und zelluläre Immunantwort aufbauen, so kann er das Virus nach etwa 14 Tagen eliminieren, ohne klinische Symptome zu entwickeln. In seltenen Fällen können aus dieser zunächst klinisch inapparenten Infektion später neurologische Symptome oder die sogenannte „hard pad disease" entstehen. Ist der Hund nicht in der Lage, mit einer guten Immunantwort zu reagieren, dann kommt es im Anschluss an die Virämie zu einer Ausbreitung in epithelialen Geweben oder im ZNS. Durch Lymphozyten und Makrophagen wird das Virus dabei ins übrige Lymphgewebe sowie ins Knochenmark und anschließend in die Schleimhäute des Respirations-, Verdauungs- und Urogenitalapparates sowie der Augen verbreitet. CDV zerstört bei seiner Vermehrung lymphatische Zellen und kann eine Lymphknotendepletion sowie Thymusatrophie mit Immunsuppression verursachen. Aus den Blutgefäßen des ZNS gelangt CDV in die perivaskulären Räume, wird dort aus Lymphozyten freigesetzt und besiedelt ab dem neunten Tag das Nervengewebe. Bei Hunden mit einem sehr schlechten Immunstatus ohne Antikörperproduktion findet nach etwa neun bis 14 Tagen eine massive Virusvermehrung in diesen Geweben statt. Diese Tiere entwickeln schwere Symptome, die sogenannte „klassische Form" der Staupe, die mit respiratorischen, gastrointestinalen Symptomen („katarrhalische Staupe") und/oder ZNS-Symptomen („nervöse Staupe") einhergeht. Hunde, die zwar Antikörper produzieren, jedoch nicht in ausreichender Menge, um das Virus zu eliminieren, erkranken milder und entwickeln nur selten ZNS-Symptome.

Symptome: Die klinischen Symptome können je nach Organtropismus und Virulenz des CDV, Immunkompetenz des Patienten, Vorkommen und Art von Sekundärerregern sowie dem gleichzeitigen Vorhandensein anderer primärer Pathogene (z. B. Parvoviren) stark variieren. Am schwersten verläuft die Staupe bei nicht (vollständig) geimpften Junghunden im Alter von drei bis sechs Monaten. Gelegentlich erkranken auch alte Hunde mit Immunschwäche. CDV besitzt eine besonders hohe Affinität zum Respirations-, Gastrointestinal- und Nervensystem sowie zu epithelialen Geweben. In einigen Fällen sind die klinischen Symptome milder als beim sogenannten „klassischen Verlauf", und die Krankheit betrifft hauptsächlich ein Organsystem, z. B. nur den Respirationstrakt. Augen und Nervensystem erkranken als letzte, entweder im direkten Anschluss an die übrigen Organsysteme oder, nicht selten, Tage oder Wochen nachdem die respiratorischen oder gastrointestinalen Symptome abgeklungen sind. Neurologische Symptome treten vereinzelt auch isoliert auf.

Beim „klassischen Verlauf" der Staupe dauert die Inkubationszeit drei bis sechs Tage. Häufig tritt erst ein biphasischer Fieberschub auf, der unbemerkt verlaufen oder mit leichten Allgemeinstörungen, wie Anorexie und Apathie, verbunden sein kann. Der klassische Verlauf zeigt sich als „katarrhalische Form", oft zusammen mit einer eitrigen Konjunktivitis (Abb. 2.16), und/oder einer Tonsillitis, begleitet von anhaltendem Fieber. Am häufigsten sind respiratorische Symptome mit eitriger Rhinitis, trockenem, später feuchtem Husten und Atembeschwerden infolge Bronchopneumonie. Letztere kann, durch bakterielle Sekundärinfektionen kompliziert, zu hochgradiger Atemnot führen. Vielfach werden die respiratorischen Symptome von unterschiedlich schwer verlaufenden gastrointestinalen Symptomen, wie Anorexie, Erbrechen und Durchfall, begleitet. Dies schwächt die Patienten zusätzlich und führt zu Dehydratation und Gewichtsverlust. Nach zwei bis vier Wochen kann sich der Hund vollständig erholen. Es können sich jedoch auch neurologische Symptome entwickeln.

Die „nervale Form" der Staupe kann, zusammen mit den katarrhalischen Symptomen, direkt danach oder aber erst später (auch noch nach Jahren) auftreten und hat eine ungünstige Prognose. Ob und wann ein Hund neurologische Symptome entwickelt, kann nicht vorhergesagt werden. Die durch eine nicht-eitrige Meningoenzephalomyelitis und/oder Neuritis hervorgerufenen Symptome zeichnen sich durch eine, infolge ihrer unterschiedlichen Lokalisation bedingte Symptomenvielfalt aus, wie Myoklonien (sog. „Staupe-Ticks"), Anfälle, Ataxien, Paresen, Paralysen, Schluckstörungen, Manegebewegungen, psychische Störungen, Demenz, Tremor sowie Sensibilitätsstörungen. Auch bei Hunden, die genesen, kann Jahre später eine persistierende Infektion des ZNS zur „old dog encephalitis" führen.

Auch die Augensymptome treten kombiniert mit den vorhergehend erwähnten Symptomen oder separat, erst nach dem Abklingen der katarrhalischen Symptome, auf. Bei den Augenveränderungen, die mit Lichtscheu einhergehen können, handelt es sich um eitrige Keratitis oder Keratitis sicca, Uveitis, Hornhautulzerationen, evtl. kompliziert durch Hornhautperforation und Retinadegeneration mit nachfolgender Erblindung. Weitere seltene, ebenfalls eher später auftretende Veränderung sind Hyperkeratosen von Ballen („hard pad disease") und evtl. Nasenspiegel. Hunde mit diesen Veränderungen entwickeln meist auch ZNS-Symptome. Zahnschmelzdefekte oder das sogenannte „Staupegebiss" sind Spätfolgen einer wenige Wochen vor dem Zahnwechsel durchgemachten schweren, die Zahnschmelzanlage schädigenden Krankheit. Dieses „Staupegebiss" kann also auch auf andere schwere Krankheiten zurückzuführen sein. Intrauterine Infektionen können zu Aborten, Totgeburten, „fading puppy syndrome" oder ZNS-Störungen der Neugeborenen führen.

Als Folge der zellulären Depletion des lymphatischen Systems und der damit einhergehenden Immunschwäche, sind bakterielle Sekundärinfektionen häufig. Auch eine Infektion mit Neosporen oder Toxoplasmen kann durch die Immunsuppression klinisch manifest werden. Eine Demodikose kann sich sekundär entwickeln. Bei einigen Hunden mit Staupe findet man am Unterbauch sowie an den Schenkel- und Ohrinnenflächen

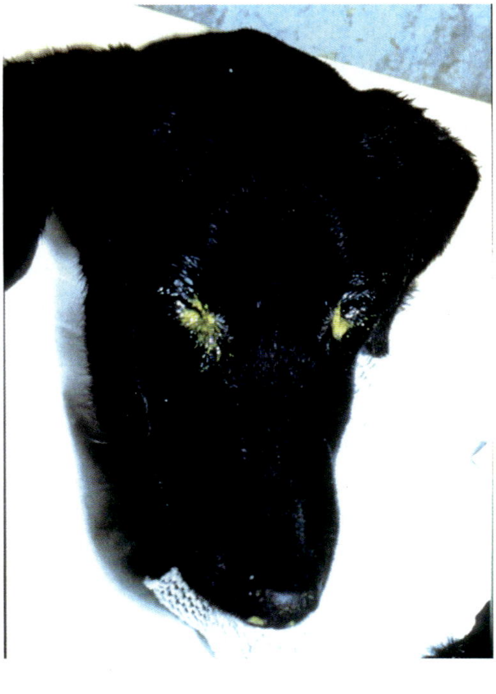

Abb. 2.16 Mukopurulenter Augenausfluss bei einem Hund mit Staupe.

Hautveränderungen (Rötungen, Vesikel und/oder Pusteln). Diese früher als „Staupedermatitis" bezeichneten Veränderungen werden jedoch nicht durch das Virus selbst verursacht, sondern durch Sekundärinfektionen. Es gibt Hinweise, dass die CDV-Infektion auch in der Pathogenese der hypertrophen Osteodystrophie (HOD) eine Rolle spielt, da Staupeviren in veränderten Läsionen betroffener Hunde gefunden wurden. Es ist jedoch bislang nicht gelungen, HOD durch experimentelle CDV-Infektion hervorzurufen.

Labordiagnostisch gibt es keine typischen Veränderungen. Hunde mit Staupe können infolge der viralen Schädigung der Lymphgewebe eine ausgeprägte und evtl. anhaltende Lymphopenie aufweisen. Im Fall von bakteriellen Sekundärinfektionen kann eine Leukozytose mit Neutrophilie und Linksverschiebung beobachtet werden.

Diagnose: Anhand bestimmter anamnestischer Faktoren (Junghund, ungeimpft, aus dem Ausland) und der typischen Kombination aus gastrointestinalen, respiratorischen Symptomen, Augenausfluss und/oder ZNS-Störungen kann eine Verdachtsdiagnose gestellt werden.

Direkter Erregernachweis: Ein direkter Erregernachweis wird mittels RT-PCR durchgeführt. Als Untersuchungsmaterial können bspw. Abstriche aus Konjunktiva, Nase, Oropharynx, Proben einer Tracheallavage, Urin, Blut (Vollblut oder Buffy Coat), Hautbioptate oder Liquor entnommen werden. Bei Hunden mit Staupe-Infektion konnte in einer Studie die höchste Viruslast im Blut, gefolgt von Konjunktivaltupfern nachgewiesen werden; in Urin war die Viruslast am niedrigsten. Nach Impfung mit MLV gegen Staupe ist eine Ausscheidung von Impfvirus, das mit dem direkten Erregernachweis interferieren kann, möglich.

Indirekter Erregernachweis: Die Bestimmung von Antikörpern hilft nicht zur Diagnose, da viele gesunde Hunde Antikörper haben (Impfung, vorangegangene Infektion).

Therapie: Bei der Therapie von Hunden mit Staupe steht nach wie vor die symptomatische Behandlung im Vordergrund. Zur Linderung respiratorischer Symptome können Brustwickel, Inhalationstherapie und häufige Säuberung der Nasenöffnungen hilfreich sein. Eine Therapie bakterieller Sekundärinfektionen mit Antibiotika, die sich gut im Gewebe des Respirationstrakts anreichern, über mindestens drei Wochen ist sinnvoll. Bei Durchfall und Erbrechen ist eine ausreichende Flüssigkeitstherapie (Infusionen) und ein Elektrolytausgleich (vor allem Kalium) nötig. ZNS-Symptome können ebenfalls nur symptomatisch behandelt werden. In einem Fallbericht konnte bei einem Hund mit Staupe und Myoklonie ein positiver Effekt durch Botulinumtoxin erzielt werden. Eine Therapie mit Glukokortikoiden bei chronisch entzündlichen Formen von Enzephalitis, zur Reduktion von Entzündung oder Ödemen im ZNS und zur Kontrolle von Folgen einer Sehnervenentzündung, wird kontrovers diskutiert. Hinsichtlich der Neuropathogenese könnten Sauerstoff-Radikalfänger vorteilhaft sein. Eine Behandlung von Augenveränderungen ist wichtig (Gefahr von Ulzera). Unterstützend können Multivitaminpräparate verabreicht werden, v. a. Vitamin B-Komplex und Vitamin C, um die Schleimhautregeneration zu fördern. Wichtig sind Hygienemaßnahmen und die sorgfältige, intensive Pflege der Tiere. In-vivo-Studien hierzu gibt es allerdings nicht. In einer placebokontrollierten Doppelblindstudie konnten positive Effekte von Silber-Nanopartikeln (Argovit-C™, Research and Production Center "Vector-Vita", Russia; in Deutschland aktuell nicht kommerziell erhältlich) zusätzlich zur symptomatischen Behandlung bei Hunden mit neurologischer und nicht neurologischer Staupe nachgewiesen werden. *In-vitro*-Studien zeigten, dass Ribavirin, 5-Ethinyl-1-beta-D-ribofuranosylimidazol-4-carboxamid (EICAR), 6-Methylmercaptopurin-Ribosid, Kaffeesäure, verschiedene Flavonoide sowie Typ-1-Interferone anti-CDV-Aktivität besitzen. Die Wirksamkeit der früher gängigen Behandlung mit Hyperimmunserum konnte erstmals bei Welpen mit natürlicher CDV-Infektion, die mit porcinen CDV-Antikörpern behandelt wurden, nachgewiesen werden. Der therapeutische Nutzen ist jedoch begrenzt, da CDV intrazellulär persistiert und Immunglobuline die Blut-Hirn-Schranke nicht überwinden können. Ein in der Vergangenheit kommerziell erhältliches Hyperimmunserum (Stagloban®, IDT Biologika, Deutschland) gibt es aktuell nicht mehr auf dem Markt. Zur Wirksamkeit von felinem IFN-ω bei Staupe gibt es keine Studien.

Prognose: Bei milden Verlaufsformen ist die Prognose günstig. Bei schwereren katarrhalischen Verlaufsformen, vor allem bei jungen Hunden, ist die Prognose weniger gut. Zu keiner Zeit kann vorausgesagt werden, ob und wann eine „nervöse Staupe“ auftritt. Die „hard pad disease“ tritt meist bei Hunden auf, die auch neurologische Symptome entwickeln, und ist daher ein prognostisch ungünstiges Zeichen. Hunde mit schweren (persistierenden) ZNS-Symptomen haben eine infauste Prognose und müssen meist euthanasiert werden. Manche Hunde, die nur einen leichten „Staupe-Tick“ haben, können gut und relativ lang damit leben.

Prophylaxe: CDV gehört zu den Core-Komponenten der Hundeimpfung. Alle in Deutschland verfügbaren Impfstoffe sind MLV, da inaktivierte Impfstoffe keinen guten Schutz erzielen. Die enthaltenen Impfstämme unterscheiden sich durch ihre Adaptation an verschiedene Zellkulturen und Virulenz. Um das Risiko des Auftretens von Impfkomplikationen (z. B. Enzephalitis) zu reduzieren, enthalten Impfstoffe in Deutschland (und vielen anderen Ländern) Impfstämme mit reduzierten virulenten Eigenschaften (sog. Onderstepoort- und Lederle-Stämme). Diese bieten meist einen ausreichenden Schutz vor im Feld relevanten Virusvarianten.

Maternale Antikörper können bei Welpen bis zur zwölften Lebenswoche (und noch länger) persistieren und mit Impfung interferieren. Daher sollten Welpenimpfungen ab der achten Lebenswoche alle drei bis vier Wochen bis zur 16. Lebenswoche, gefolgt von einer Impfung (sechs bis) zwölf Monate später erfolgen. Bei Hunden, die in einem höheren Alter vorgestellt werden (ab der 16. Lebenswoche), ist als Grundimmunisierung eine einmalige Impfung, gefolgt von einer weiteren Impfung nach zwölf Monaten, ausreichend. Nach der Grundimmunisierung sind größere Impfintervalle (frühestens alle drei Jahre) ausreichend. Untersuchungen zeigten, dass die Schutzwirkung nach Grundimmunisierung mit MLV über viele Jahre anhält. Eine praktische Methode, einen Schutz vor Virusinfektionen zu bestimmen, ist die Messung von Antikörpern. Bei adulten Hunden, die bereits geimpft sind oder eine Infektion überstanden haben, kann der

Nachweis von CDV-Antikörpern in jeglicher Höhe mit dem Schutz vor der Erkrankung gleichgesetzt werden, sodass mittlerweile Antikörperbestimmungen empfohlen werden, um über die Notwendigkeit einer Wiederholungsimpfung zu entscheiden. Im Idealfall wird die Wiederholungsimpfung dann nur bei Bedarf (Fehlen von Antikörpern) durchgeführt. Neben der Bestimmung des individuellen Schutzes beim adulten Tier können Antikörpertiter-Bestimmungen auch zur Wahl des optimalen Impfzeitpunkts beim Welpen oder zur Ermittlung des Impferfolgs, z. B. während oder nach der Grundimmunisierung, eingesetzt werden.

Bedeutung für die Katze

Viren der Subfamilie *Paramyxovirinae* können selten Krankheiten bei Hauskatzen und anderen Feliden auslösen. Bei Katzen verläuft die Infektion mit dem caninen Staupevirus gewöhnlich symptomlos; Großkatzen können schwerwiegende Symptome entwickeln.

Bedeutung für den Menschen und andere Tiere

Ein Zusammenhang zwischen CDV und Morbus Paget beim Menschen wurde diskutiert, aber nie bewiesen. CDV kann verschiedene Wildhundspezies und Musteliden, besonders Frettchen, infizieren. Die Krankheit manifestiert sich bei diesen Tieren in gastrointestinalen und/oder respiratorischen Symptomen, gefolgt von ZNS-Symptomen. Es gibt auch Berichte über CDV als Ursache von Enzephalitiden bei Primaten in Gefangenschaft. Die sogenannten „Staupeviren" der Robben und verschiedener Wale, die in der Vergangenheit zu massivem Robbensterben geführt haben, sind eng verwandte Morbilliviren.

2.2.13 Pockenviren

Definition: Pockenviren sind Krankheitserreger, die bei Säugern und Vögeln (Subfamilie *Chordopoxvirinae*) sowie Insekten (Subfamilie *Entomopoxvirinae*) mit über 40 Spezies vorkommen. Pockenvirusinfektionen kommen gelegentlich bei Katzen vor. Bei Hunden sind sie sehr selten. Die bei der Katze relevanten Orthopox-Infektionen („Säugerpocken") und Parapox-Infektionen („Ecthyma contagiosa", „Euterpocken des Rindes", „Stomatitis papulosa des Rindes") sind meldepflichtige Krankheiten. Ihr Auftreten muss an die nach Landesrecht zuständige Behörde gemeldet werden.

Ätiologie: Viren, die bei der Katze Pocken (altenglisch: poc = Hautbläschen) verursachen, gehören zur Familie der *Poxviridae*, Subfamilie *Chordopoxvirinae*. Feline Pockenviren gibt es nicht, Katzen sind aber empfänglich für sogenannte „Kuhpockenviren", Orthopoxvirus (OPV) bovis und ganz selten evtl. auch für „Pseudopocken-Viren", Parapoxvirus (PPV) ovis und bovis.

Das OPV ist ein Zoonoseerreger mit sehr breitem Wirtsspektrum bei Säugetieren. Früher wurde das Virus in erster Linie bei Rindern isoliert, heute eher bei Feliden. Infektionen wurden auch bei Menschen, Hunden, Kängurus und Delphinen nachgewiesen. Virusreservoir sind wilde Nager.

In Deutschland sind Pocken bei Katzen selten. Allerdings konnten in einer Tierklinik bei fünf Katzen, die alle innerhalb von vier Wochen vorgestellt wurden, Kuhpocken (bei vier der Katzen mit identischen Gensequenzen) nachgewiesen werden, was eine Klinik-assozierte Übertragung vermuten lässt. Die behüllten Viren sind gegen physikalische Einflüsse sehr resistent und können in der Umwelt lange persistieren, durch chemische Einflüsse (mit nahezu allen gängigen Desinfektionsmitteln) können sie jedoch leicht inaktiviert werden.

Pathogenese: Eintrittspforte für OPV sind Hautverletzungen, seltener der Magen-Darm-Trakt. Die meisten infizierten Katzen sind Freigänger in ländlicher Umgebung. Sie infizieren sich wahrscheinlich beim Jagen und nehmen das Virus beim Fressen von infizierten Nagetieren, wenn sie von Nagern gebissen werden oder über Hautverletzungen auf. Auch eine Übertragung über Insekten ist denkbar. Infektionen bei Katzen wurden auch mit Kontakt zu Rinderhaut (örtliche Nähe zu Leder verarbeitenden Betrieben) in Zusammenhang gebracht. Eine Übertragung von Katze zu Katze kann vorkommen, verursacht aber meist nur eine klinisch inapparente Infektion.

Nach Eintritt von OPV über Haut- oder Schleimhautverletzungen kommt es zunächst zur lokalen Virusreplikation mit Bildung eines Primärdefekts. Die Inkubationszeit beträgt drei bis sechs Tage. Abhängig vom Immunstatus des Tieres bleibt es bei einer Primärläsion oder es folgt eine Virämie und Vermehrung in lymphatischen Organen. Bei generalisiertem Verlauf ist die Entstehung von Exanthemen der äußeren Haut mit sekundären Hautläsionen möglich. Selten (bei Immunsuppression) kann die Virämie zu einer Infektion innerer Organe, z. B. Leber oder Lunge, mit teilweise tödlichem Ausgang führen.

Der Verlauf der PPV-Infektion ist dem der OPV-Infektion sehr ähnlich. Die Inkubationszeit beträgt drei bis acht Tage. Die Virämie führt bei der Katze aber nur sehr selten zur Vermehrung des Virus in inneren Organen. Die hervorgerufenen Pocken sind bis zur Abheilung (meist nach drei bis vier Wochen) infektiös. Eine Übertragung durch inapparent infizierte Katzen ist unwahrscheinlich, aber nicht sicher auszuschließen.

Symptome: Die „klassischen" Symptome einer Pockenvirusinfektion beginnen im Bereich des Kopfs, am Nacken oder an den Vorderbeinen mit der Bildung von geröteten Makula (primäre Hautveränderungen) an der Eintrittsstelle. Sie entwickeln sich innerhalb einiger Tage zu erhabenen Papeln und über ein kurzes Bläschenstadium zu charakteristischen Pockenpusteln, mit typischem Pockennabel und -hof. Die Pockenpustel trocknet in Folge ein, verschorft oder verkrustet. Typische labordiagnostische Veränderungen sind nicht beschrieben.

Neben der „klassischen Verlaufsform" kommen auch subklinische Infektionen sowie „seltene Verlaufsformen" vor. Zu den „seltenen Verlaufsformen" zählen z. B. virämische Verlaufsformen ohne Hautläsionen, reine Schleimhaut- und Lungenformen und tumorartige Wucherungen. Bei OPV-Infektionen zeigen gesunde und immunkompetente Tiere meist nur Hautveränderungen und keine Anzeichen einer systemischen Krankheit. Junge oder immunsupprimierte Tiere können Fieber und ein gestörtes Allgemeinbefinden entwickeln. Treten nach Virämie sekundäre Hautläsionen auf, so entwickeln sich diese in der Regel ein bis drei Wochen später. Zunächst entstehen kleine epidermale Knoten, die zunehmend wachsen und sich in gut abgegrenzte Ulzera verwandeln. Diese verkrusten und blättern nach vier bis fünf Wochen ab. Juckreiz entsteht meist erst durch Sekundärinfektion der Läsionen. Bei Katzen, die durch eine FIV- oder FeLV-Infektion immunsupprimiert oder über einen längeren Zeitraum mit Glukokortikoiden behandelt worden sind, kann eine OPV-Infektion tödlich verlaufen.

Diagnose: Die Verdachtsdiagnose einer Pockeninfektion lässt sich anhand des klinischen Bilds und der Anamnese stellen. Im histologischen Bild einer Hautbiopsie sieht man bei Pockenvirus-Infektionen epitheliale Hyperplasie und Hypertrophie mit Ballonierung, retikulärer Degeneration, Mikrovesikelbildung und Nekrose mit intrazytoplasmatischen, eosinophilen Einschlusskörperchen. Die Veränderungen sind typisch für Pocken-Infektionen, nicht aber für eine bestimmte Virusspezies.

Direkter Erregernachweis: Da Pockenviren zu den Zoonoseerregern zählen, sollte eine Verdachtsdiagnose immer durch einen direkten Erregernachweis bestätigt werden. Zur Untersuchung eignet sich Biopsiematerial aus Hautveränderungen in jedem Stadium oder Schorf. Die Biopsien sollten am Übergang zur gesunden Haut entnommen und das Probenmaterial sollte trocken (ohne Medium) eingeschickt werden. Fixiertes Biopsiematerial kann mikroskopisch nach charakteristischen eosinophilen intraplasmatischen viralen Einschlusskörperchen untersucht werden, die jedoch nicht immer leicht zu finden sind. Bei Katzen mit Pneumonien kann ein direkter Erregernachweis auch aus Exsudat, Proben einer bronchioalveolären Lavage, oropharyngealen Tupfer oder Pleuralflüssigkeit erfolgen. Zur Diagnose einer Pockenvirus-Infektion wird eine PCR verwendet.

Indirekter Erregernachweis: Ein Anstieg von OPV-Antikörpern in zwei zeitlich versetzten Serumproben weist bei Tieren mit charakteristischen Läsionen auf eine kürzlich erfolgte Infektion hin.

Therapie: Es gibt keine kausale Therapie gegen Pockenviren. Die Behandlung richtet sich gegen Sekundärinfektionen und konzentriert sich auf die lokale Versorgung. In schweren Fällen oder bei bereits bestehenden Sekundärinfektionen sollten Antibiotika mit guter Hautpenetration eingesetzt werden. Falls Juckreiz vorhanden ist, können adstringierende und juckreizstillende Puder bei Papeln und Lotionen bei Vesikeln und Pusteln verwendet werden. Da die Pockenpusteln so schnell wie möglich trocknen sollen, sollte von Salben oder luftundurchlässigen Verbänden abgesehen werden. Glukokortkoide sind kontraindiziert. In einem Fallbericht wurde ein positiver Effekt von IFN-ω bei zwei Katzen mit Pneumonie beschrieben.

Prognose: Die durch OPV hervorgerufenen Pocken heilen meist nach vier bis fünf Wochen ab und hinterlassen nur selten haarlose Stellen. Bei immungeschwächten Katzen, Katzenwelpen und Katzen, bei denen (bereits) eine Lungenmanifestation vorliegt, ist die Prognose schlecht.

Prophylaxe: Eine Impfung gegen Pockenviren für Katzen gibt es nicht. Zur Vorbeugung von Infektionen sollten Kontakte v. a. zu Nagetieren vermieden werden. Eine isolierte Haltung erkrankter Katzen (getrennt von gesunden Katzen) ist ratsam.

Bedeutung für den Hund

Infektionen mit Pockenviren sind bei Hunden extrem selten.

Bedeutung für den Menschen und andere Tiere

Infektionen mit OPV gelten als Zoonose und zählen zu den meldepflichtigen Krankheiten. In seltenen Fällen, in denen Infektionen beim Menschen aufgetreteten sind, wurden Hautläsionen mit umgebenden Erythemen und Ödemen und lokale Lymphadenopathie nachgewiesen. Bei immunsupprimierten Personen wurden tödliche Verläufe beschrieben. Prinzipiell kann sich der Mensch durch Kontakt zu infizierten Katzen, Rindern und Nagetieren anstecken. Bei exotischen, in Gefangenschaft gehaltenen Wildfeliden können schwere Verläufe mit teilweise progressiver Pneumonie vorkommen. Inwiefern Hauskatzen als Überträger für eine Infektion von Großkatzen oder anderen Zoo- und Zirkustieren infrage kommen, oder ob hier eher Nagetiere als Hauptüberträger fungieren, ist nicht geklärt. Besitzer infizierter Katzen müssen über das zoonotische Potential aufgeklärt werden und allgemeine Hygienemaßnahmen sollten (auch von Personal in Tierkliniken und -praxen) beim Umgang mit (potenziell) infizierten Katzen berücksichtigt werden.

2.2.14 Zentraleuropäische Zeckenenzephalitis

Definition: Die zentraleuropäische Zeckenenzephalitis, auch Frühsommermeningoenzephalitis (FSME), zur Gruppe der tick-borne encephalitis (TBE) gehörend, ist eine durch Zecken übertragene endemische Flavivirusinfektion des Menschen, die sporadisch beim Hund auftritt. Das Vorkommen der FSME beschränkt sich auf Endemiegebiete, in denen die Zecke *Ixodes ricinus* (gemeiner Holzbock) vorkommt, die das Virus überträgt. Hunde werden öfter infiziert als Menschen, erkranken aber wesentlich seltener. FSME-Fälle bei Hunden wurden in der Schweiz, in Österreich und im deutschen Raum beschrieben. Bei einer Untersuchung mit Hunden aus endemischen Regionen in der Schweiz lag die Antikörper-Prävalenz bei bis zu 5 %; in Österreich lag der Prozentsatz noch höher. Beim Menschen kommt die FSME in Deutschland vor allem in östlichen Regionen Bayerns und in Baden-Württemberg vor. Untersuchungen an Zecken zeigen, dass jede 25. bis 100. Zecke in Süddeutschland mit dem Erreger infiziert ist.

Ätiologie: Das FSME-Virus (Genus *Flavivirus)* gehört zu den Erregern des Tick-Borne-Enzephalitis-Komplexes. Wirtsorganismen können alle Säugetiere, einschließlich Menschen, und Vögel sein.

Pathogenese: Die Infektion wird durch Zecken (*Ixodes ricinus)* übertragen; eine Übertragung erfolgt direkt nach dem Stich, da die Erreger in den Speicheldrüsen der Zecken sitzen.

Symptome: Hunde sind weniger empfänglich und entwickeln seltener eine Krankheit als der Mensch. Die Infektion führt beim Hund (wie auch beim Menschen) zu einer Meningoenzephalitis. Beim Hund verläuft eine klinisch manifeste Infektion meist progressiv mit oft tödlichem Ausgang. Wenn Hunde klinisch erkranken, zeigen sie Fieber, Lethargie, Anorexie und neurologische Symptome, die auf eine multifokale Beteiligung von Großhirn (Hirnnervendefizite, Tetraparese, Tetraplegie, Bewusstseinseintrübung), Kleinhirn (Hypermetrie, Tremor), Meningen (zervikale Schmerzen, Hyperästhesie) und Rückenmark (Ataxie, Parese, Paralyse, Hyporeflexie) hinweisen.

Labordiagnostische Veränderungen fehlen meist; selten kann eine milde Anämie, Leukopenie (mit Lymphopenie) oder Leukozytose auftreten. Im Liquor werden eine Pleozytose mit überwiegend Lymphozyten, Monozyten, Plasmazellen und ein erhöhter Proteingehalt gefunden.

Diagnose: Die klinischen Symptome führen höchstens zu einer Verdachtsdiagnose. Histologische Befunde (*post mortem*) sind pathognomonisch und gut von denen anderer neurologischer Erkrankungen abgrenzbar.

Direkter Erregernachweis: Eine PCR ist im positiven Fall beweisend. In der Sektion lässt sich das Virus immunzytochemisch mit spezifischen Antikörpern im ZNS nachweisen.

Indirekter Erregernachweis: Die Bestimmung von Antikörpern ist nur begrenzt sinnvoll, da viele gesunde Hunde Antikörper haben. Hohe Antikörpertiter im Liquor lassen auf eine intrathekale Produktion schließen und sind somit hinweisend. FSME-Antikörper in Blut oder Liquor können mittels ELISA nachgewiesen werden. Da beim ELISA allerdings Kreuzreaktionen innerhalb der Familie der *Flaviviridae* möglich sind, sind zur Bestätigung weitere Antikörpertests (Virusneutralisationstest, Hämagglutinationshemmtest oder Western Blot) empfehlenswert.

Therapie: Es gibt keine kausale Therapie. Die symptomatische Therapie ist oft über lange Zeit nötig, da die Tiere über Wochen gelähmt sein können. Wichtig sind eine intensive Überwachung und Betreuung des Patienten einschließlich Dekubitus- und Pneumonieprophylaxe sowie Physiotherapie. Falls nötig, sollte eine antikonvulsive Behandlung sowie Flüssigkeitstherapie und eventuell parenterale Ernährung duchgeführt werden. Ein liquorgängiges Antibiotikum kann zur Verhinderung von Sekundärinfektionen verabreicht werden. Glukokortikoide sollten nicht gegeben werden.

Prognose: Auch bei intensiver Therapie ist die Prognose ungünstig. Mild verlaufende Fälle mit Genesung kommen vor. In vielen Fällen ist eine sehr zeit- und arbeitsintensive Betreuung notwendig. Hunde mit schweren Verlaufsformen müssen meist euthanasiert werden.

Prophylaxe: In endemischen Gebieten sollte regelmäßig eine Zeckenprophylaxe durchgeführt werden. Eine Impfung mit dem beim Menschen verwendeten Impfstoff beim Hund ist (nach Umwidmung) theoretisch möglich. Da Krankheitsfälle beim Hund selten sind, wird die Impfung nicht routinemäßig empfohlen.

Bedeutung für die Katze
Die Erkrankung hat bei Katzen keine Bedeutung.

Bedeutung für den Menschen und andere Tiere
Die Krankheit tritt beim Menschen viel häufiger auf als beim Hund. Menschen werden ebenfalls durch Zecken infiziert.

2.2.15 Tollwut

Definition: Die Tollwut (rabies) ist eine nach dem Tiergesundheitsgesetz anzeigepflichtige Tierseuche und eine fast immer tödlich verlaufende, neurotrope Krankheit der Säugetiere, einschließlich Menschen, und Vögel. Es handelt sich um eine der am längsten (seit der Antike) bekannte, durch Tiere verbreitete Anthropozoonose. Sie hat bei Hunden und Katzen ähnliche Bedeutung. Obwohl alle Säugetiere empfänglich für Tollwut sind, tritt die Krankheit natürlicherweise überwiegend bei Carnivoren auf. In Europa ist der Rotfuchs der wichtigste Reservoirwirt und Überträger der sogenannten klassischen terrestrischen Tollwut. Daher wurden Füchse in der Vergangenheit durch Köder geimpft. Durch diese Impfaktion konnte ein deutlicher Rückgang der Wildtollwut verzeichnet werden. Die Kontrolle der Wildtollwut und Routineimpfung von Haustieren führte in Deutschland zu einem deutlichen Abfall der Krankheitsfälle, auch bei Hunden und Katzen. Deutschland ist seit 2008 gemäß den Kriterien der Weltorganisation für Tiergesundheit (Office Internationale des Epizooties [OIE]) offiziell frei von der terrestrischen Tollwut, der letzte Fall eines infizierten Fuchses datiert aus dem Jahr 2006. Die seitdem in Deutschland wenigen dokumentierten Fälle von Tollwut bei Hunden beruhen alle auf Importen von Tieren aus südlichen Ländern (z. B. Marokko). In Ländern außerhalb Europas ist die Tollwut noch wesentlich häufiger.

Die World Health Organisation (WHO) berichtet jährlich über mehrere tausende Tollwutfälle beim Menschen, davon mehr als zwei Drittel in Indien. In den USA ist die Tollwut bei der Katze häufiger als beim Hund. Auch die Ansteckungshäufigkeit von Menschen durch tollwütige Katzen übertrifft heute dort die Anzahl der Infektionen durch tollwütige Hunde.

Ätiologie: Das Tollwutvirus ist ein behülltes, lipidhaltiges Virus mit einsträngiger RNA. Es gehört zum Genus Lyssavirus (griechisch „lyssa“ = „Wahnsinn“), der Familie der Rhabdoviren (griechisch „rhabdos“ = „Stab“). Die Tollwut kommt weltweit vor. Einige Länder, wie Deutschland und die meisten Länder Europas sind heute tollwutfrei. Durch monoklonale Antikörper können einzelne Stämme nach ihrer Ursprungsspezies und der geographischen Verbreitung unterschieden werden, im Hinblick auf die Immunität spielen Virusstämme aber keine Rolle. Das Tollwutvirus ist in der Umwelt nur wenige Tage überlebensfähig. Tierkadaver allerdings können je nach äußeren Bedingungen bis zu 90 Tage infektiöses Virus enthalten. Tollwutviren lassen sich durch gängige, viruzide Desinfektionsmittel gut inaktivieren.

Aus dem Genus Lyssavirus gibt es neben dem klassischen Tollwutvirus weitere Virusspezies, die in Europa häufig endemisch in Fledermauspopulationen vorkommen, wie das European Bat Lyssavirus 1 und 2, das Bokeloh Bat Lyssavirus, das Westcaucasian Bat Lyssavirus sowie das Lleida Bat Lyssavirus. Epidemiologisch besteht nahezu keine Verbindung zur terrestrischen Tollwut. Vereinzelt wurde in Europa von einer Übertragung der Fledermaustollwut auf Menschen und Katzen, Schafe und Steinmarder berichtet; das Risiko einer Übertragung wird als extrem gering eingestuft. Berichte über eine Weiterübertragung existieren nicht. Mit der regulären Tollwutimpfung sind Katzen und Hunde auch vor der in Deutschland vorkommenden Fledermaustollwut, geschützt.

Pathogenese: Das Tollwutvirus wird mit dem Speichel infizierter Tiere ausgeschieden und übertragen. Der Speichel kann schon Tage vor dem Auftreten klinischer Symptome virushaltig sein. Die Übertragung erfolgt meist durch Bisse, gelegentlich durch Speichelkontamination von Schleimhäuten, oberflächlichen Wunden und Mikroläsionen. Es gibt Fallberichte über eine aerogene Übertragung bei Menschen, Hunden oder Füchsen nach Aufenthalt in Höhlen, die von infizierten Fledermäusen bewohnt wurden. Eine orale Infektion durch Aufnahme von Fleisch toter, tollwütiger Füchse ist selten, aber möglich. Transplazentare Infektionen sind bei Stinktieren, Fledermäusen und bei einer Kuh beschrieben. Manche Rhabdoviren vermehren sich auch in Arthropoden, werden aber nicht durch diese übertragen.

Die Empfänglichkeit von Tieren für Tollwut variiert stark und hängt von Faktoren, wie genetischer Prädisposition, Alter, Virusstamm, Virusdosis und Expositionsstelle ab. Das Virus vermehrt sich im Zytoplasma der Zellen. Es repliziert zunächst lokal an der Eintrittsstelle und tritt, nach einer unterschiedlich langen Phase von Tagen, Wochen oder Monaten, in die neuromuskulären Endplatten über. Von dort erfolgt die Virusausbreitung retrograd intraaxonal zum ZNS und von dort zu den Speicheldrüsen. Unter natürlichen Bedingungen beträgt die Inkubationszeit bis zum Auftreten neurologischer Symptome (je nach Eintrittspforte, also für gewöhnlich Lokalisation der Bisswunde) zwei bis acht (selten bis zu 24) Wochen.

Symptome: Der klassische Verlauf der Tollwut umfasst drei sich häufig überlappende Phasen, das Prodromalstadium, das Exzitationsstadium und das Paralysestadium. Nicht alle Tiere durchlaufen alle Phasen. Das Erscheinungsbild kann sehr variabel sein und ist von unterschiedlich stark ausgeprägten Verhaltensänderungen und anderen neurologischen Symptomen geprägt. Bei der klassisch verlaufenden Tollwut dauert das Prodromalstadium meist einige Tage und ist vor allem durch Verhaltensänderungen charakterisiert. Die Tiere können unausgeglichen wirken (erregbar, aggressiv oder ängstlich) und/oder sich zurückziehen (v. a. an dunkle Plätze); erhöhte Sensibilität gegenüber Licht und Lärm ist möglich. Die Tiere können sich an der Bissstelle selbst verstümmeln. Dilatation der Pupillen kann vorhanden sein. Manche Tiere haben Fieber. Im Exzitationsstadium („rasende Wut") werden die Tiere hyperaktiv und leicht erregbar. Sie neigen zu Angriffen und zum Beißen oder sind desorientiert und starren ins Leere. Muskeltremor, Spasmen und schlaffe Lähmung können auftreten. Paralysen der Schlundmuskulatur können zu Schwierigkeiten beim Schlucken und zu starkem Speicheln führen. Erste Lähmungserscheinungen sind durch Leerkauen und hohe Laute bzw. heiseres Bellen gekennzeichnet. Die Exzitationsphase kann bis zu einer Woche dauern. Im Paralysestadium („stille Wut") gehen die Krämpfe in generalisierte Paralyse, Koma und Tod über. Bei manchen Tieren (z. B. bei Hunden) kann das Prodromalstadium direkt ins Paralysestadium übergehen. Auch atypische Verläufe mit gastrointestinalen Symptomen sind beschrieben. Die Krankheit endet in aller Regel tödlich, meist wenige (ein bis sieben) Tage nach dem Auftreten der ersten klinischen Symptome.

Diagnose: Bei ungeimpften Tieren oder Tieren, bei denen die Tollwutimpfung (noch) nicht gültig ist (z. B. bei einer Impfung vor der zwölften Lebenswoche sowie in Fällen, bei denen der zeitliche Abstand zur Tollwutimpfung unter 21 Tage beträgt und/oder bei abgelaufener Frist der letzten Tollwutimpfung), die unklare neurologische Symptome zeigen, ohne ersichtlichen Grund speicheln und im Ausland (endemische Regionen) waren oder Kontakt zu (potenziell) infizierten Fledermäusen hatten, besteht Tollwutverdacht. Pathognomonische labordiagnostische Veränderungen treten nicht auf. In der Exzitationsphase können die Muskelenzymaktivitäten entsprechend erhöht sein. Kein *in-vivo*-Test erlaubt einen eindeutigen Ausschluss der Tollwut. Zur Diagnose der Tollwut am toten Tier wird meist eine Kombination aus verschiedenen diagnostischen Untersuchungsmethoden herangezogen.

In der Sektion haben Tiere mit Tollwut eine diffuse Enzephalitis mit perivaskulären Ansammlungen von mononukleären Zellen und eine fokale Gliose. Die Entzündungsreaktion ist typisch für eine nicht-eitrige Infektion des ZNS. Beschrieben sind auch spongiforme Läsionen im Gehirn. Neben den Veränderungen im ZNS sind Ganglioneuritiden in den paravertebralen Ganglien und degenerative Veränderungen in der Speicheldrüse möglich. Die Neuronen enthalten intrazytoplasmatische Einschlüsse, die sogenannten „Negri-Körperchen". Sie treten vor allem im Hippocampus auf, kommen aber auch in anderen Gehirnarealen vor.

Direkter Erregernachweis: Eine schnelle und genaue Diagnose kann beim toten Tier durch Nachweis von viralem Antigen (Immunfluoreszenztest), Virus (Virusisolierung) oder viraler RNA (Reverse-Transkriptase-PCR) aus Gehirnmaterial erfolgen.

Indirekter Erregernachweis: Ein Antikörpernachweis im Blut eignet sich nicht zur Diagnose der Krankheit, wird aber eingesetzt zum Nachweis eines Impfschutzes. Einige Länder fordern einen Antikörpertiter in einer bestimmten Höhe vor der Einreise eines Tieres. Aber auch ein geimpftes Tier ohne nachweisbare Antikörper kann durchaus gegen Tollwut geschützt sein, da die zelluläre Immunität eine entscheidende Rolle spielt. Je nach Impfschema und verwendeten Impfstoffen sind bei einem gewissen Prozentsatz der Hunde und Katzen keine Antikörper nachweisbar. Trotzdem sind diese Tiere wahrscheinlich geschützt.

Therapie: Es gibt keine Therapie in der Tiermedizin. Therapieversuche sind verboten. Tollwut ist eine anzeigepflichtige Tierseuche, d. h. alle Maßnahmen, die das verdächtige Tier betreffen, müssen nach Tollwut-Verordnung von der zuständigen Behörde angeordnet oder genehmigt werden. Liegt bei einem Hund oder einer Katze ein Tollwutverdacht vor, ist sofort der zuständige Amtstierarzt (Veterinäramt) zu verständigen. Unabhängig vom aktuellen Impfschutz muss das verdächtigte Tier, vor amtlicher Feststellung durch den Amtstierarzt, so an seinem jeweiligen Standort isoliert werden, dass es nicht mit anderen Tieren oder Menschen in Berührung kommen kann. In Deutschland dürfen Sektionen bei Tollwutverdacht nur in den jeweiligen Landesuntersuchungsanstalten durchgeführt werden. Bei seuchenverdächtigen Tieren ohne gültige Tollwutimpfung kann die zuständige Behörde eine Euthanasie oder Quarantäne anordnen.

Prognose: Die Prognose ist für Tiere und auch für Menschen nach Ausbruch der Krankheit nahezu infaust. Es gibt wenige Fallberichte von Menschen, die Tollwut überlebten.

Prophylaxe: Bei Hunden, Katzen und Frettchen, die aus dem Ausland kommen, muss kontrolliert werden, ob die Einreise mit einer offiziell gültigen Tollwutimpfung erfolgt ist (in EU-Ländern gekennzeichnet im EU-Heimtierausweis). Einreisende ohne gültige Tollwutimpfung müssen beim Amtstierarzt gemeldet werden.

Da die terrestrische Tollwut in Deutschland (und den meisten angrenzenden Ländern) nicht mehr vorkommt und die Übertragung der Fledermaustollwut extrem unwahrscheinlich ist, gehört die Impfung hierzulande zu den Non-Core-Komponenten. Allerdings sind Hunde und Katzen mit gültiger Impfung bei Kontakt mit einem ansteckungsverdächtigen Tier gemäß der derzeitigen Tollwutverordnung bessergestellt. Zudem ist eine gültige Impfung eine gesetzlich vorgeschriebene Voraussetzung für Auslandsreisen. In Deutschland sind nur inaktivierte Vakzine zugelassen. Diese bieten einen sehr guten Schutz. Die Impfung kann ab einem Alter von zwölf Wochen durchgeführt werden. Eine einmalige Impfung ist zur Grundimmunisierung ausreichend und gewährleistet nach 21 Tagen eine ausreichende Immunität. Die Wiederholungsimpfung richtet sich nach den Herstellerangaben. In Deutschland gibt es Impfstoffe, die für (maximal) dreijährige Wiederholungsimpfungen zugelassen sind und gegenüber Impstoffen mit kürzeren Impfintervallen zu bervorzugen sind. Katzen sollten nur mit Adjuvants-freien Impfstoffen geimpft werden, da das Risiko der Entstehung eines FISS Sarkoms so minimiert werden kann.

Bedeutung für den Menschen und andere Tiere

Eine Übertragung auf andere Säugetiere, inklusive Menschen, durch Biss ist möglich. Trotz der hohen Anzahl von Tollwutfällen in manchen Ländern, v. a. in Asien und Afrika, ist die Tollwut in Europa beim Menschen auch in endemischen Ländern selten. Die Tollwut ist auch für den Menschen meist tödlich. Hat ein Mensch Kontakt zu einem tollwutverdächtigen Tier, muss er sofort eine postexpositionelle Impfung nach einem besonderen Impfschema erhalten.

2.2.16 Aujeszky'sche Krankheit

Definition: Die Aujeszky'sche Krankheit (Morbus Aujeszky, Pseudowut, Pseudorabies, infektiöse Bulbärparese, Juckseuche, Juckpest, mad itch) kommt (außer in Australien) weltweit vor. Reservoir- und Hauptwirte sind Haus- und Wildschweine, bei denen sich eine Infektion sowohl akut manifestieren (v. a. ZNS-Symptome) als auch subklinisch verlaufen kann und in der Regel in eine latente Infektion übergeht. Infektionen treten auch bei anderen Säugetieren auf, u. a. bei Rindern, Schafen, Hunden und Katzen (und anderen Carnivoren), und enden in der Regel tödlich. Lediglich Primaten, einschließlich des Menschen, sowie Einhufer scheinen für den Erreger nicht (oder nur wenig) empfänglich zu sein. In Deutschland ist die Aujeszky'sche Krankheit eine anzeigepflichtige Tierseuche und tritt in Schweinebeständen nur noch sporadisch auf; bei Wildschweinen kommt das Virus jedoch immer noch vor und stellt v. a. für Jagdhunde eine Bedrohung dar.

Ätiologie: Die Aujeszky'sche Krankheit wird durch das Pseudorabiesvirus (PrV; auch Suid Alphaherpesvirus-1, SuHV-1 oder *Aujeszky*'s disease virus) aus der Familie *Herpesviridae* verursacht. SuHV-1-Stämme haben unterschiedliche Virulenz und biologische Eigenschaften. Das behüllte Virus ist nicht sehr widerstandsfähig in der Außenwelt und kann mit viruziden Wirkstoffen abgetötet werden. Die Stabilität in der Außenwelt hängt von der Temperatur (in etwa 10 Tage bei 37 °C, 40 Tage bei 25 °C) und dem pH-Wert (Optimum 7) ab; UV-Licht führt zur raschen Inaktivierung.

Pathogenese: Die Infektion bei Hunden und Katzen findet fast immer durch Aufnahme von rohem oder unzureichend erhitztem, infizierten Schweinefleisch statt. Von einer Übertragung auf den Hund nach Biss eines infizierten Schweins wurde ebenfalls berichtet. Eine aerogene Infektion durch Staub, der mit Nasen-, Augen- oder Lungensekreten von kranken Schweinen kontaminiert wurde, ist umstritten. Eine direkte Übertragung von Hund zu Hund wurde nicht nachgewiesen.

Nach oraler Aufnahme gelangt das Virus aus dem Magen-Darm-Trakt in die lokalen Nervenendigungen und wandert retrograd intraaxonal zum Gehirn. Die neurologischen Symptome sind vorwiegend auf eine morphologische Zerstörung des ZNS-Gewebes durch Entzündungsvorgänge zurückzuführen.

Symptome: Die Inkubationszeit beträgt zwei bis neun Tage. Zu den ersten Anzeichen bei Hunden und Katzen gehören häufig Verhaltensänderungen, z. B. Inaktivität, Ruhelosigkeit, Aggressivität und/oder Hypersalivation und unspezifische Symptome, wie Lethargie und Anorexie. Viele Tiere entwickeln starken Juckreiz (vor allem im Kopfbereich); damit verbunden kann es zu Selbstmutilation kommen. Des Weiteren können Anisochorie, Durchfall, Erbrechen, Dyspnoe, Fieber und Herzarrhythmien auftreten.
Es gibt keine typischen hämatologischen oder biochemischen Veränderungen. Im Liquor ist ein erhöhter Proteingehalt und eine mononukleäre Pleozytose vorhanden.

Der Tod tritt meist innerhalb von 24 bis 48 Stunden ein. Plötzliche Todesfälle ohne vorherige neurologische Symptome sind möglich. Katzen erkranken im Vergleich zu Hunden seltener. Aber auch bei Katzen verlaufen Infektionen immer tödlich.

Diagnose: Manchmal gibt die Anamnese (z. B. Exposition zu Schweinen) Hinweise, oder die klinischen Symptome sind verdächtig (hochgradiger Juckreiz, progressiver Krankheitsverlauf).

Direkter Erregernachweis: Eine sichere Diagnose wird meist erst in der Sektion mittels PCR oder Virusisolation gestellt.

Indirekter Erregernachweis: Beim Schwein wird die Diagnose meist durch den Antikörpernachweis gestellt; Impf-Antikörper (Marker-Vakzine) können von den Antikörpern, die nach natürlicher Infektion gebildet werden, unterschieden werden. Bei Hunden und Katzen schreitet die Krankheit so schnell fort, dass zum Zeitpunkt des Todes noch keine Antikörper vorhanden sind.

Therapie: Eine gezielte Therapie gibt es nicht. Ist ein Tier erkrankt, muss es ruhiggestellt werden (z. B. mittels Sedation oder Anästhesie). Da die Aujeszky`sche Krankheit anzeigepflichtig ist, muss ein Verdachtsfall unverzüglich bei der zuständigen Behörde zur Anzeige gebracht werden und die verdächtigen und/oder erkrankten Tiere von Orten, an denen die Gefahr der Ansteckung anderer Tiere besteht, ferngehalten werden. Dies gilt auch für Hunde und Katzen.

Prognose: Bei Hunden und Katzen ist die Prognose praktisch immer infaust.

Prophylaxe: Die Aujeszky'sche Krankheit ist heute bei Hunden und Katzen extrem selten. Prophylaktisch sollte kein rohes Schweinefleisch gefüttert und der Kontakt zu Wildschweinen vermieden werden.

Bedeutung für den Menschen und andere Tiere

Eine Übertragung von Hund oder Katze auf andere Tiere oder den Menschen scheint nicht stattzufinden. Lange Zeit galt das Virus als unbedenklich für den Menschen. In China wurden jedoch Fälle von Enzephalitis und Endophthalmitis mit Aujeszky'scher Krankheit in Zusammenhang gebracht. Ob und welche Rolle Infektionen beim Menschen spielen, ist abschließend noch nicht geklärt.

2.2.17 Seltene Virusinfektionen

2.2.17.1 Influenza

Influenzaviren, also „Grippeviren", verursachen Allgemeininfektionen mit Fieber und vorwiegender Manifestation im oberen Respirationstrakt. Sie gehören zur Familie der *Orthomyxoviridae* und sind nach Anzahl der RNA-Segmente und Strukturproteine in die Genera Influenzavirus A, B, C und D aufgeteilt. Influenza-A-Viren, die sowohl in der Human- als auch in der Veterinärmedizin die wichtigste Rolle spielen, können Erkrankungen beim Menschen und verschiedenen anderen Säugetieren, wie Pferden, Schweinen, Nerzen, Frettchen, Fledermäusen und Meeressäugetieren, auslösen. Auch Katzen und Hunde können betroffen sein. Influenza-A-Viren besitzen eine hohe Variabilität; neue Subtypen (Antigenshift) und neue Varianten innerhalb eines Subtyps (Antigendrift) schaffen es, der Immunabwehr des Wirtes zu entgehen. Reservoirwirte sind Wasservögel, die hohe Virusmengen mit dem Kot ausscheiden.

Subtyp H5N1. Das hochpathogene aviäre Influenza-A-Virus vom Subtyp H5N1 („Vogelgrippe") kann Speziesbarrieren überwinden und bei verschiedenen Säugetierspezies inklusive Menschen Erkrankungen verursachen. Bei Katzen scheint eine noch uncharakterisierte Rezeptorspezifität dafür verantwortlich zu sein, dass sie empfänglicher sind für H5N1 als andere Säugetierspezies. Bei Hunden spielt H5N1 nur eine untergeordnete Rolle. Sie sind zwar experimentell infizierbar, erkranken aber nicht und scheiden das Virus auch nicht aus.

Natürliche Infektionen bei der Katze sind entweder auf eine Aufnahme von infiziertem Geflügelfleisch (Fütterung) oder verendeten Vögeln (Katzen mit Freilauf) zurückzuführen. Nach oronasaler Infektion beginnt die Virusreplikation im Magen-Darm-Trakt und/oder in den oberen Atemwegen und anschließend in der Lunge, wo das Virus bevorzugt Pneumozyten und Alveolarmakrophagen infiziert und dadurch zu alveolären Schäden führt. Im Anschluss werden weitere Organe, wie Leber, Herz, Gehirn, Nieren, Nebennieren, Milz, Bauchspeicheldrüse und Dickdarm, befallen. Die Inkubationszeit beträgt ein bis zwei Tage. Infizierte Katzen können das Virus (ab dem dritten Tag nach Infektion) vor allem über den Respirationstrakt über einen Zeitraum von mindestens vier Tagen ausscheiden. Der Verdacht auf eine H5N1-Infektion sollte gestellt werden, wenn Freigängerkatzen in einem Gebiet, in dem Fälle von aviärer Influenza vorkommen, respiratorische oder neurologische Symptome entwickeln. Mit dem Nachweis viraler RNA mittels RT-PCR kann die Diagnose „Influenza" bei einer Katze schnell bestätigt werden; hierfür sind Abstriche (Tupferproben) aus Rachen, Nase, Trachea, Rektum und/oder Pleuraerguss sowie Organhomogenate (*post mortem*) geeignet. Ein Nachweis von Antikörpern ist beweisend für eine Infektion, nicht aber für eine klinisch manifeste feline Influenza. Ein 4-facher Anstieg des Antikörpertiters innerhalb von 14 Tagen weist auf eine kürzlich erfolgte Infektion hin. Über die Wirksamkeit des in der Humanmedizin eingesetzten Oseltamivirs (Tamiflu®) ist bei Hauskatzen bisher nichts bekannt. Die Prognose ist abhängig von der Schwere der klinischen Symptome. Isolationsmaßnahmen sind erforderlich, um eine Übertragung auf andere Katzen zu vermeiden.

Aktuell konnten H5N1-Infektionen bei mehreren Katzen (Freigängern und Nicht-Freigängern) in Polen nachgewiesen werden. Die Katzen zeigten Symptome einer Pneumonie und ZNS-Störungen; einige Todesfälle wurden verzeichnet. Auch in Frankreich und Italien traten (vereinzelt) Infektionen bei Katzen auf.

Das Risiko einer Übertragung von der Katze auf den Menschen ist gering, trotzdem sollten Schutzmaßnahmen (Handschuhe, Maske und Schutzbrille) durchgeführt und der Kontakt auf ein Minimum reduziert werden. Eine symptomatische Therapie und (prophylaktische) Behandlung bakterieller Sekundärinfektionen stehen im Vordergrund. Obwohl gezeigt wurde, dass ein heterologer aviärer H5N6-Influenza-A-Impfstoff Katzen vor einer tödlichen Infektion mit einem hochpathogenen H5N1 Subtyp schützen kann, gibt es bisher keine zugelassenen Impfstoffe für Katzen.

Subtyp H1N1. Das ebenfalls hochpathogene Influenza-A-Virus vom Subtyp H1N1 („Schweinegrippe“) infiziert Menschen und Schweine (Spanische Grippe von 1918), sowie Pferde und Vögel. Infektionen bei Hunden und Katzen kommen in Europa nur selten vor; in sehr seltenen Fällen scheinen sie mit respiratorischen Symptomen verbunden zu sein.

Subtyp H3N8. Das ebenfalls hochpathogene Influenza-A-Virus vom Subtyp H3N8 („Pferdegrippe“) führt bei Pferden zu Influenza. Eine Übertragung von Pferden auf Hunde ist möglich. So wurde H3N8 erstmals bei Greyhounds 1999 in den USA nachgewiesen, die auf Rennbahnen in Kontakt zu Pferden kamen. Auch in England wurden Ausbrüche verzeichnet. Die canine Influenzavirusinfektion führt beim Hund zu Infektionen des Respirationstrakts mit hoher Kontagiosität. In Deutschland ist die Prävalenz von Hunden mit Antikörpern gering (zwischen 0–1,2 %), weshalb das Risiko einer Infektion als sehr gering eingestuft wird. Bei Hunden, die aus endemischen Gebieten importiert wurden oder Kontakt zu Pferden hatten, sollte die Möglichkeit einer Influenzavirusinfektion (im Fall von Atemwegserkrankungen) in Erwägung gezogen werden.

Subtyp H3N2. Infektionen mit H3N2 wurden 2006 in Asien bei Hunden im Rahmen eines Ausbruchs in drei Tierkliniken und einem Zwinger bei Hunden nachgewiesen. Fast alle infizierten Hunde verstarben. Die Hunde zeigten Fieber, Niesen mit Nasenausfluss, Husten und Anorexie. Seither wurde von einem weiteren Ausbruch in den USA berichtet. Infektionen in Europa sind bisang nicht beschrieben. Unter experimentellen Bedingungen lassen sich auch Katzen infizieren, scheiden Virus aus und bilden Antikörper, erkranken jedoch nicht.

2.2.17.2 Felines Morbillivirus

Die Gattung der Morbilliviren (Familie *Paramyxoviridae*) umfasst virale RNA-Erreger, die Infektionen beim Menschen (Masernvirus) und Tieren (CDV, Rinderpestvirus (2011 weltweit ausgerottet), das Virus der Pest der kleinen Wiederkäuer, das Seehund-Staupevirus und Delfin-Morbilivirus) hervorrufen.

Das feline Morbillivirus (FeMV) gehört (wie CDV) zur Subfamilie *Paramyxovirinae*. Es wurde bei streunenden Katzen mit chronischer Nierenerkrankung (CNE) in Hongkong aus tubulären Nierenzellen und Lymphknoten isoliert und in Zusammenhang mit

CNE gebracht. In den folgenden Jahren wurde FeMV bei Katzen weltweit (Europa, Amerika und Asien) nachgeweisen. Der Nachweis erfolgte vorwiegend mittels RT-PCR aus Urin oder Nierengewebe sowohl bei gesunden als auch bei kranken Katzen; die Pathogenese und Bedeutung ist bislang nicht genau geklärt. Die Prävalenz von Antikörpern bei Katzen liegt zwischen 8–54 %. Eine Studie aus UK zeigte eine höhere Antikörper-Prävalenz (64 %) bei geriatrischen Katzen.

Es gibt bisher keine genauen Informationen zu Übertragung und Verlauf einer natürlichen FeMV-Infektion. Eine Studie untersuchte das Vorhandensein von FeMV mittels RT-PCR in Blut und Urin sowie in nasalen und rektalen Abstrichen von Katzen. Der Nachweis von FeMV in Blut gelingt selten, was auf eine kurzzeitige Virämie hindeutet. Die höhere Prävalenz in Mehrkatzenhaushalt sowie bei streunenden Katzen in Kolonien lässt mutmaßen, dass ein enger Kontakt zwischen Katzen bei der Übertragung eine Rolle spielen könnte. Männliche Tiere scheinen sich häufiger zu infizieren. Es gibt Katzen, die dem Virus ausgesetzt waren, Antikörper entwickelten und das Virus nicht (mehr) über den Urin ausschieden (RT-PCR-negativ und Antikörper-positiv), Katzen, die sich wahrscheinlich im Frühstadium der Infektion befinden (RT-PCR-positiv, aber noch Antikörper-negativ) und Katzen, die sowohl RT-PCR- als auch Antikörper-positiv sind, was darauf hindeutet, dass das Virus aktiv über den Urin ausgeschieden wird und zeitgleich Antikörper vorhanden sind. Letztgenannte Katzen scheinen chronisch infiziert zu sein. Ergebnisse bezüglich eines Zusammenhangs zwischen FeMV-Infektion und CNE sind widersprüchlich. FeMV konnte in renalen Tubulusepithelzellen bei Katzen mit tubulointerstitieller Nephritis, dem am häufigsten mit CNE assoziierten Befund, immunhistochemisch nachgewiesen werden. Studien zur Pathogenese sind dringend erforderlich. Darüber hinaus sind Morbilliviren lympho- und epitheliotrop. FeMV kann *in vitro* Gliazellen infizieren; Fallberichte über einen Nachweis von FeMV mittels RT-PCR in Gehirngewebe deuten ebenfalls darauf hin, dass das Virus neurotrop ist.

Morbilliviren sind bei einer Vielzahl von Wirtsarten bedeutende Krankheitserreger und somit ist denkbar, dass FeMV bei Katzen ebenfalls klinische Symptome verursachen kann. Ein direkter Erregernachweis bei Katzen wird nicht routinemäßig empfohlen und ist aktuell auf Forschungslabore beschränkt. Urin und Nierengewebe sind geeignete Proben für den RNA-Nachweis mittels qRT-PCR. Eine weitere Möglichkeit besteht in der Durchführung histopathologischer Untersuchungen von Nierenläsionen mittels IHC. Antikörper können mittels Western-Blot, IFA, ELISA oder Virusneutralisationstest nachgewiesen werden.

Die Prognose ist (vermutlich) gut. Eine Behandlung erfolgt bei Katzen, bei denen FeMV im Urin nachgewiesen wird, je nach Symptomen. Infizierter Urin ist wahrscheinlich die Hauptinfektionsquelle zwischen Katzen, insbesondere in Mehrkatzenhaushalten, in denen Katzentoiletten gemeinsam genutzt werden. FeMV scheinen keine Bedeutung für den Menschen und andere Tiere zu haben.

2.2.17.3 Papillomatose

Papillomatose wird hervorgerufen durch Papillomaviren (PV). Diese kleinen epitheliotropen DNA-Viren sind in der Regel speziesspezifisch und kommen bei verschiedenen Tierarten und dem Menschen vor. In Deutschland kommt die Papillomatose selten vor. Hunde sind grundsätzlich häufiger betroffen als Katzen. Die meisten PV verursachen asymptomatische oder harmlose Infektionen, aber einige PV-Typen können Neoplasien hervorrufen. Das canine orale Papillomavirus (COPV, canine oral papillomavirus) führt vor allem bei Welpen und Junghunden zur Bildung von Papillomen in der Maulhöhle (vor allem bukkale Mukosa, Zunge), seltener an den Augen (Konjunktiva, Kornea, Augenränder). Primär entstehen glatte, blasse oder rosa Papeln, die später zu größeren, unregelmäßigen, blumenkohlartigen Läsionen werden. Die Läsionen sind gutartig und heilen meist nach ein bis fünf Monaten von selbst ab. Nach experimenteller Infektion von Katzen, Mäusen, Ratten, Meerschweinchen, Kaninchen und Primaten verursachte COPV bei diesen Tierarten keine Symptome.

Papillome bei der Katze können durch eine Vielzahl unterschiedlicher PV hervorgerufen werden. Derzeit wurden sieben verschiedene PV-Typen bei Katzen nachgewiesen, sechs feline PV (PV 1–6) und ein rinderspezifisches bovines PV (P 14), das in Verbindung mit Sarkoiden auftritt. Infektionen bei Katzen sind selten und treten wenn, v. a. bei älteren und/oder immunsupprimierten Tieren auf. Eine Infektion erfolgt über Läsionen oder Abrasion der Haut. Verglichen mit den Papillomen anderer Tierarten, sehen sie makroskopisch nicht „typisch warzenförmig" aus, sondern stellen sich als leicht erhabene kutane hyperkeratotische Plaques dar, die unterschiedlich pigmentiert sein können. Die meisten Läsionen sind an Kopf, Hals, Thorax und Abdomen lokalisiert. Veränderungen in der Maulhöhle treten bei der Katze, im Gegensatz zum Hund, nur selten auf. Bei der Katze werden PV eine pathogenetische Rolle bei der Entstehung bestimmter maligner Hauttumoren zugesprochen, wie z. B. Bowenoider Karzinome *in situ* (krustige, hyperpigmentierte, kreisförmige Läsionen häufig in Bereichen mit pigmentierter, behaarter Haut), Plattenepithel- und Basalzellkarzinome.

Die klinische Verdachtsdiagnose kann durch histopathologische Untersuchung und immunhistochemische Färbung der PV-gruppenspezifischen Antigene oder mittels PCR gesichert werden. Das Vorhandensein von Papillomaviren in intakter Haut erschwert jedoch die Interpretation positiver PCR-Ergebnisse von Hautläsionen bei Katzen (und Hunden). Eine Behandlung (Exzision) ist bei Hunden meist unnötig. Bei immunkompetenten Katzen kann eine spontane Rückbildung, wie sie auch bei Hunden beobachtet wird, eintreten (aber bis zu mehreren Monaten andauern); die Prognose hängt wesentlich von der Anzahl, der Lage und der Invasivität der Läsionen ab. Bei Katzen können, trotz erfolgreicher Exzision, neue Läsionen auftreten, weshalb betroffene Tiere sorgfältig überwacht werden sollten. Impfung gegen Papillomatose werden in der Humanmedizin erfolgreich eingesetzt, stehen aber für Katzen (derzeit) nicht zur Verfügung.

2.2.17.4 Affenpocken

Affenpocken werden durch das Affenpockenvirus *Orthopoxvirus simiae* (MPXV, monkeypox virus) ausgelöst. Affenpocken kommen in West- und Zentralafrika bei verschiedenen Nagetieren (u. a. Eichhörnchen, Ratten, Bilchen) vor, die sehr warscheinlich als Reservoirwirte dienen. Darüber hinaus wurden Infektionen auch bei Fehlwirten, wie Menschen und Affen sowie bei als Haustier gehaltenen Präriehunden, beschrieben. In Europa wurden Affenpocken bislang noch nicht bei Hunden und Katzen nachgewiesen. Die Möglichkeit einer Ansteckung kann jedoch nicht ausgeschlossen werden. Eine Übertragung erfolgt direkt durch Kontakt zu Reservoirwirten (z. B. durch Bisse, Se- und Exkrete), infektiösem Material (z. B. Krusten), den Verzehr von nicht ausreichend erhitztem Fleisch infizierter Tiere oder über Tröpfcheninfektion. Reservoirwirte erkranken nur selten und zeigen dann nur sehr milde klinische Symptome. Bei Fehlwirten sind in der Anfangsphase grippeähnliche Symptome beschrieben, gefolgt von Hautveränderungen (Makula, Papeln, Vesikeln, Pusteln und Krusten). In seltenen Fällen ist der Verlauf schwer bis tödlich. Affenpocken gehören zu den Zoonosen. Eine Übertragung von Mensch zu Mensch ist möglich.

2.2.17.5 Staggering Disease

Staggering Disease („Taumelkrankheit") ist eine neurologische Erkrankung bei Katzen, die durch Gangstörungen, Ataxie bis hin zur Lähmung, Schmerzen im unteren Rückenbereich und Verhaltensänderungen gekennzeichnet ist. Früher wurden Infektionen mit dem borna disease virus 1 (BoDV-1) als Auslöser angenommen. Erst vor kurzer Zeit konnte das Rustrela-Virus (RusV, umhülltes RNA-Virus) als Erreger der Staggering Disease identifiziert werden. Eine Übertragung findet anscheinend durch Kontakt zu Nagetieren, sog. Langschwanzmäusen, statt, die selbst scheinbar nicht erkranken. RusV kann Katzen sowie andere Säugetierspezies (z. B. Schafe, Pferde, Otter, Nasenbären, Fledermäuse) infizieren und Gehirnentzündungen hervorrufen. RusV-RNA und -Antigen können mittels RT-PCR und Immunhistochemie im Gewebe infizierter Tiere nachgewiesen werden. Risikofaktor für eine Infektion bei Katzen ist der Zugang zu Waldgebieten. Welche Bedeutung RusV-Infektionen für den Menschen haben, ist nicht bekannt.

2.2.17.6 Feline synzytienbildende Virus-Infektion

Feline synzytienbildende Viren (feline syncytium-forming virus oder feline foamy virus) sind behüllte Viren der Familie der *Retroviridae*, Genus Spumavirus. Spumaviren persistieren in infizierten Wirtsorganismen meist über lange Zeit, ohne klinische Symptome zu verursachen.

Die Infektion ist bei Katzen weltweit verbreitet, bei Hunden tritt sie nicht auf. Der Übertragungsweg ist bisher unbekannt, jedoch wird eine vertikale Übertragung (*in ute-*

ro und/oder laktogen) und eine Übertragung über Speichel vermutet. Die Antikörper-Prävalenz variiert zwischen 25–50 % abhängig vom Alter der Katze, geographischer Lage und Haltung. FeSFV wurde bisher nicht eindeutig mit einer Erkrankung in Verbindung gebracht. Experimentell infizierte Katzen entwickelten keine klinischen Symptome. Bei Katzen mit chronisch progressiver Polyarthritis konnten jedoch Koinfektionen mit FeSFV und FeLV nachgewiesen werden. Daher wird eine immunmediierte Polyarthritis als mögliche Folge der Infektion(en) durch Antigenstimulation diskutiert. Da das Virus lebenslang im Organismus persistiert und keine Impfung existiert, ist ein Nachweis von Antikörpern beweisend für eine Infektion. Der direkte Erregernachweis kann mittels PCR, Virusanzucht und/oder Immunhistochemie erfolgen. Therapiemaßnahmen sind nicht nötig. Eine Übertragung von Katzen auf den Menschen ist nicht bekannt.

2.2.17.7 Hantavirus-Infektion

Hantaviren sind sphärisch bis ovale, behüllte, einsträngige RNA-Viren der Familie *Bunyaviridae*, Genus Hantavirus. Hantaviren kommen weltweit bei Nagetieren vor und haben zoonotisches Potential. Beim Menschen sind Infektionen beschrieben, die mit Lungenerkrankungen (Amerika), akutem Nierenversagen oder schweren hämorrhagischen Krankheitsverläufen (Asien, Afrika) verbunden waren. Milde oder subklinische Infektionsverläufe wurden in Europa beobachtet.

Bei Hunden und Katzen kommen Hantavirus-Infektionen ebenfalls vor. Eine Übertragung erfolgt, wie auch auf den Menschen, über infizierte Nagetiere (v. a. durch Bisse oder Kontakt zu Exkreten). Die Antikörper-Prävalenz bei Katzen liegt weltweit zwischen ca. 3–17 % und ist bei Freigängern am höchsten. Bei Hunden liegt die Antikörper-Prävalenz zwischen 0–5 %. Bisher konnten keine spezifischen Symptome bei Katzen oder Hunden auf eine Hantavirus-Infektion zurückgeführt werden, die allermeisten (bei Katzen) oder alle Infektionen (bei Hunden) verlaufen subklinisch. Die klinische Relevanz der Hantavirus-Infektion ist noch nicht abschließend geklärt; ebenso ist unklar, ob Katzen Hantaviren ausscheiden und ob eine Übertragung auf andere Tiere oder den Menschen möglich ist. Hunde übertragen das Virus nicht.

2.2.17.8 Reovirus-Infektion

Reoviren sind unbehüllte Viren mit linearer, doppelsträngiger RNA, die zur Familie der *Reoviridae* gehören. Reoviren kommen bei fast allen Säugetieren sowohl im Respirations- als auch im Verdauungstrakt vor.

Das „african horse sickness virus", Genus Orbivirus, das über Mücken (*Culicoides* spp.) übertragen wird, ist vermutlich das wichtigste Reovirus für Hunde und Katzen. Eine Infektion kann u. a. über den Verzehr von infiziertem Pferdefleisch stattfinden. Die Inkubationszeit beträgt ein bis zwei Wochen. Das Virus scheint im Lymphgewebe infizierter Hunde und Katzen zu persistieren; es könnte einen immunsuppressiven Effekt haben und infizierte Tiere für Infektionen mit anderen Pathogenen prädisponieren. Die meisten Monoinfektionen bei Hunden und Katzen verlaufen klinisch inapparent. Beim Hund wurden Infektionen in Zusammenhang mit Fieber, Lethargie, respiratorischen und gastrointestinalen Symptomen sowie Krämpfen beschrieben. Die Diagnose kann durch Virusnachweis mittels RT-PCR (oder Elektronenmikroskopie) in Kot oder Speichel gestellt werden. Eine spezielle Therapie oder Impfung gibt es nicht

2.2.17.9 Rotavirus-Infektion

Rotaviren sind unbehüllte, doppelsträngige RNA-Viren der Familie der *Reoviridae*. Rotaviren haben eine besondere Affinität für die Epithelzellen des Dünndarms und zählen zu den wichtigsten enteralen Infektionserregern bei Nutztieren (v. a. Kälbern). Die Viren können auch den Menschen und andere Sägetierspezies (inklusive Hunde und Katzen) und Vögel infizieren.

Die meisten Infektionen verlaufen klinisch inapparent. In seltenen Fällen (bei jungen Hunden und Katzen) werden Rotaviren mit gastrointestinalen Symptomen, wie mildem Durchfall, in Zusammenhang gebracht. Der Nachweis von Rotaviren kann mittels RT-PCR im Kot durchgeführt werden. Die Behandlung der Rotavirus-Infektion beschränkt sich auf die symptomatische Therapie des Durchfalls. Mehrere Studien haben eine enge phylogenetische Verwandtschaft zwischen Rotavirus-Stämmen von Katzen und Menschen gezeigt, was auf Kreuzinfektionen und Rekombinationen schließen lässt.

2.2.17.10 Torovirus-Infektion

Toroviren („corona-like viruses") sind behüllte, einzelsträngige RNA-Viren der Familie der *Coronaviridae*, Genus Torovirus. Toroviren haben eine gewisse morphologische Ähnlichkeit, aber keine antigenetische Verwandtschaft zu Viren des Genus Coronavirus. Toroviren wurden bei unterschiedlichen Tierarten (u. a. Rindern und Pferden) und dem Menschen nachgewiesen und mit Enteritis assoziiert.

Torovirus-ähnliche Viruspartikel wurden auch bei Hunden und Katzen (bei der Katze teils assoziiert mit Durchfall und Nickhautvorfall) elektronenmikroskopisch im Kot nachgewiesen, jedoch ohne einen Beweis für einen Krankheitszusammenhang, da die Viren auch im Kot gesunder Tiere gefunden wurden. Der Erreger scheint ubiquitär vorhanden zu sein.

2.2.17.11 Astrovirus-Infektion

Astroviren sind unbehüllte Viren mit einsträngiger RNA der Familie der *Astroviridae*. Astroviren können bei Katzen und Hunden mit und ohne gastrointestinalen Symptomen im Kot gefunden werden.

Über die klinische Relevanz der Astrovirusinfektion ist nur wenig bekannt. Die Viren scheinen eine gewisse Pathogenität bei Katzen zu besitzen und können Durchfall verursachen. Über natürliche Infektionen von Katzen mit Astroviren liegen bisher nur Fallberichte vor. Das klinische Erscheinungsbild ist geprägt durch wässrigen Durchfall (für vier bis 14 Tage), Dehydratation und Anorexie; außerdem wurden Vomitus, Fieber und Apathie beschrieben. Monoinfektionen mit Astroviren verlaufen in der Regel asymptomatisch. Der Nachweis von Astrovirusinfektionen erfolgt durch RT-PCR aus Kot. Es gibt weder eine Impfung noch eine spezielle Therapie. Da Antikörper gegen feline Astroviren auch in humanen Serumproben gefunden wurden, kann eine mögliche Übertragung von der Katze auf den Menschen nicht ausgeschlossen werden. Auch bei Hunden mit Durchfall und bei gesunden Hunden wurden Astrovirus-ähnliche Erreger gefunden. Die Bedeutung dieser Befunde ist unklar.

2.2.17.12 Feline spongiforme Enzephalopathie

Die feline spongiforme Enzephalopathie (FSE) gehört, wie u. a. Creutzfeldt-Jakob und Kuru beim Menschen und die bovine spongiforme Enzephalopathie (BSE) bei Rindern, zu den transmissiblen spongiformen Enzephalopathien (TSE), die durch eine lange Inkubationszeit und eine Degeneration des ZNS mit Vakuolisierung des Nervengewebes gekennzeichnet sind. FSE ist keine virale Krankheit. Sie wird durch den Erreger der BSE hervorgerufen. Das Prion-Protein (PrP), das auch bei gesunden Tieren in Nervenzellen vorhanden ist, trägt zur Entwicklung und Funktion von Nervenzellen bei. Der Mechanismus der TSE beruht auf einer Fehlfaltung des normalen Prionproteins. In seiner neuen Form ist das PrP bei Tieren mit spongiformer Enzephalopathie resistent gegen Proteasen und akkumuliert so in Form amyloider Fibrillen im Nervengewebe.

Bei Katzen mit FSE wurde akkumuliertes PrP in Nervengewebe, aber auch in nichtnervalen, v. a. lymphatischen Geweben gefunden. Die Anhäufung von PrP führt zur Proliferation von Astrozyten, zur Aktivierung von Mikrogliazellen, zum Untergang von Synapsen und schließlich zum Tod von Nervenzellen durch Apoptose. Die Infektion mit FSE erfolgt über BSE-Erreger-kontaminiertes Futter und äußert sich bei der Katze mit langsam fortschreitenden neurologischen Symptomen. Aufgrund der langen Inkubationszeit treten Symptome erst bei adulten Katzen (ab fünf Jahre) auf. Die neurologischen Symptome entwickeln sich progressiv über mehrere Wochen bis Monate und sind charakterisiert durch Verhaltensveränderungen, wie Aggressivität und Angst, Bewegungsstörungen, wie Ataxie, sowie von Hypersensitivität bei Berührung. Die Krankheit verläuft immer tödlich. Beweisend sind die typischen Sektionsbefunde im ZNS mit einer Vakuolisierung der Neuronen; ein Nachweis der amyloiden Fibrillen mittels Elektronenmikroskopie oder der modifizierten Proteine durch Immunhistochemie oder Western Blot ist möglich. Es gibt weder eine Therapie, noch eine für die Katze zugelassene Impfung. Wildfeliden können ebenfalls erkranken. Es ist aber sehr unwahrscheinlich, dass erkrankte Haus- und Wildkatzen für den Menschen ein Risiko darstellen können. Krankheitsfälle werden, wie auch die BSE, immer seltener. Bei Hunden ist die Krankheit nicht beschrieben.

2.3 Infektionskrankheiten durch Pilze und Algen

2.3.1 Kryptokokkose

Definition: Die Kryptokokkose (Cryptococcosis) ist eine weltweit sporadisch auftretende, meist chronisch, seltener akut verlaufende Mykose der Säugetiere, die v. a. bei der Katze (als häufigste Systemmykose) von Bedeutung ist und seltener beim Hund auftritt. Sie kommt auch bei Menschen, Frettchen, Pferden, Ziegen, Schafen, Rindern, Meeressäugern, Koalas und anderen Beuteltiere sowie Vögeln, Reptilien, Amphibien und Fischen vor. Der Erreger ist weltweit verbreitet.

Ätiologie: Die meisten Kryptokokken-Infektionen bei Katzen, Hunden und Menschen werden durch Erreger der Spezieskomplexe *Cryptococcus (C.) neoformans* und *C. gatii* verursacht. Die Isolate dieser Komplexe umfassen acht Genotypen und einige Subtypen (Stämme) mit unterschiedlicher geographischer Verteilung, Pathogenität und Empfindlichkeit gegenüber antimikrobiellen Wirkstoffen. Die Erreger sind ubiquitär verbreitet (u. a. Boden, Pflanzen, Gewässern) und in der Außenwelt bis zu zwei Jahre infektiös.

C. neoformans wird in der Regel mit Vogelkot, insbesondere Taubenkot, in Verbindung gebracht, der günstige Bedingungen für die mitotische Vermehrung und Reproduktion des Erregers bietet. Vögel beherbergen den Erreger im Darm, erkranken selbst aber nicht. Bei gesunden Säugetieren kann der Erreger auf Oropharynx, Gastrointestinaltrakt und Haut isoliert werden. Im Gegensatz zu anderen Tierarten, bei denen sich in der Regel junge (ausgewachsene) Tiere infizieren, sind Katzen jeden Alters betroffen; auch Katzen, die nur in der Wohnung gehalten werden, können sich infizieren.

Pathogenese: Die Infektion erfolgt vorwiegend durch Inhalation, seltener durch Ingesta oder über Verletzungen der Haut. Von den oberen Atemwegen aus kann sich die Infektion über das Siebbein lokal auf das ZNS und selten auch auf die unteren Atemwege oder systemisch ausbreiten. Bei oraler Aufnahme können gastrointestinale Läsionen enstehen, die manchmal bei Krypotokokkose beobachtet werden. Bei einer Infektion über die Schleimhäute kommt es zu einer lokalen und/oder systemischen Infektion. Die Inkubationszeit schwankt zwischen Monaten und Jahren, und die Infektionsquelle bleibt oft unbekannt.

Symptome: Die klinischen Symptome sind abhängig vom jeweils befallenen Organsystem. Die meisten Katzen und Hunde mit Kryptokokkose haben keine zugrunde liegende immunsuppressive Erkrankung. Bei Katzen tritt die Kryptokokkose hauptsächlich mit Beteiligung des oberen Respirationstrakts, seltener des ZNS, der Augen und/oder Haut und Schleimhaut auf. Es kommt zu granulomatösen Veränderungen im Bereich der Atemwege und Augen oder (seltener) im Verdauungstrakt (bei oraler Aufnahme; sog. „Kryptokokkengranulome").

Eine Manifestation im oberen Respirationstrakt äußert sich bei Katzen meist mit langanhaltendem ein- oder beidseitigem Nasenausfluss (serös bis mukopurulent oder hämorrhagisch, z. T. mit granulomartigen Beimengungen); weiterhin sind Schwellungen in der Nasenregion (Granulationsgewebe in den Nasenhöhlen, meist einseitige Gesichtsschwellung), ulzerative Läsionen auf dem Nasenspiegel (selten in der Maulhöhle) und submandibuläre Lymphadenopathie beschrieben. Bei Ausbreitung auf die Nasennebenhöhlen kann es zur Einschmelzung von Knochensubstanz, Durchbruch nach außen und/oder ins ZNS kommen. Bei Befall des ZNS (meist direkt von den Nasenhöhlen ausgehende diffuse oder fokale Meningoenzephalitis) können Anzeichen eines zentralen Vestibularsyndroms, Ausfälle der Gehirnnerven und Bewegungsstörungen (Ataxie, Parese, Kreislaufen) auftreten. Bei Ausbreitung auf die Augen sind Blepharospasmus, Chorioretinitis, Panophtalmitis, Hornhauttrübung, Netzhautablösung und Erblindung möglich. Wird der untere Respirationstrakt einbezogen (selten, bekapselte Erreger sind zu groß). Multifokale papulös bis knotige, teilweise ulzerative Hautläsionen (mit regionärer Lymphadenopathie) sind beschrieben. Disseminierung und Generalisierung der Krankheit sowie Manifestation im Skelett oder in den Nieren werden bei Katzen (im Gegensatz zum Hund) nur selten beobachtet. Unspezifische Symptome, wie Anorexie, Gewichtsverlust und Fieber, treten unregelmäßig auf. Todesfälle sind möglich.

Die am häufigsten auftretende hämatologische Veränderung ist eine aregenerative Anämie (chronische Krankheit). Bei Beteiligung des ZNS können die Proteinkonzentration und die Zellzahl (v. a. neutrophile Granulozyten und Monozyten) im Liquor erhöht sein.

Diagnose: Röntgenologisch sowie mittels Computer- oder Kernspintomographie stellen sich Veränderungen im oberen Respirationstrakt als Verdichtungen in den Nasenhöhlen bis hin zu Knochendeformationen und -lyse dar. Ist der untere Respirationstrakt einbezogen, kann die Lunge diffus bis miliär verschattet, thorakale Lymphknoten vergrößert sein. Bei zytologischer/histologischer Untersuchung der Läsionen (Feinnadel-apsirat/Biopsie) stellt sich die Kryptokokkose als (pyo)granulomatöse Entzündung dar. In der Diff-Quick Färbung zeigen sich violette, runde oder aufkeimende Hefen in unterschiedlicher Größen (4–15 µm), welche typischerweise von einem farblosen Vorhof umgeben sind.

Direkter Erregernachweis. Die Diagnose der Kryptokokkose wird üblicherweise durch zytologische, kulturelle oder histologische Untersuchung repräsentativer Gewebeproben, mit oder ohne Nachweis von Kryptokokken-Antigen in Körperflüssigkeiten gestellt. Oft kann der Erreger bereits in der Zytologie (Nasensekret, Biopsieabklatsch) gefunden werden. Eine kulturelle Anzüchtung erfolgt aus Exsudat (bronchioalveoläre Lavage), Gewebeproben (Läsionen, Lymphknotenaspirate), Liquor oder Urin. Nach zwei Tagen bis sechs Wochen entstehen cremige, weiße Kolonien.

Der Latex-Agglutinations-Test aus Serum, Liquor oder Urin dient als quantitativer Nachweis (Titerbestimmung) von Kapsel-Antigen aller Serotypen und wird häufig zur Diagnose eingesetzt. Bei Katzen korrelieren die Antigen-Titer meist mit dem Grad der klinischen Symptome. Ein direkter Erregernachweis ist auch mittels ELISA, Immunchromatographie oder PCR möglich.

Indirekter Erregernachweis. Die Bestimmung von Antikörpern gegen *Cryptococcus* spp. ist möglich, jedoch wenig sinnvoll, da auch bei gesunden Tieren Antikörper nachgewiesen werden können.

Therapie: Die Therapie der Kryptokokkose muss in vielen Fällen über lange Zeit (Monate bis Jahre) erfolgen. Mittel der Wahl ist Fluconazol (50 mg/Katze oder 10 mg/kg KM, 2 × tägl. p. o.). Bei erfolgreicher Therapie sollten die klinischen Symptome innerhalb von zwei bis zwölf Monaten deutlich zurückgehen.

Itraconazol (50–100 mg/Katze oder 5–10 mg/kg KM, 1 × tägl. p. o.) hat eine vergleichsweise geringe ZNS-Gängigkeit, kann aber als Alternative bei Tieren (mit mildem Verlauf), die auf eine Therapie mit Fluconazol nicht ansprechen, angewendet werden. Itraconazol-Lösungen scheinen aufgrund ihrer Bioverfügbarkeit besser zu wirken als Kapseln.

Für Katzen mit ZNS-Kryptokokken-Infektion ist (wie auch bei Menschen) eine Kombinationstherapie aus 5-Flucytosin, das sehr gut ZNS gängig ist, (250 mg/Katze, 3 × tägl. p. o.; alternativ 25–50 mg/kg KM, 4 × tägl. p. o.) und Amphotericin B (0,25 mg/kg KM, alle 2 Tage i. v. bis zu einer Gesamtdosis von 4–16 mg/kg KM) über zwei bis vier Wochen mit anschließender Azol-Monotherapie (Fluconazol oder Itraconazol) beschrieben. Bei Auftreten von Nebenwirkungen durch Amphotericin B (Nephrotoxizität) sollte die Therapie sofort abgebrochen werden. Auch 5-Flucytosin kann mit verschiedenen Nebenwirkungen (Erbrechen, Durchfall, Hepatotoxizität, Hautreaktionen, Knochenmarkssuppression) verbunden sein. Ketokonazol alleine ist weniger wirksam; Nebenwirkungen (Anorexie, Erbrechen, Durchfall, Gewichtsverlust und Hepatotoxizität) sind ebenfalls beschrieben. Als Kontrolle einer erfolgreichen Therapie kann der quantitative Antigennachweis dienen.

Prognose: Nasale und Haut-Kryptokokkosen heilen unter Therapie meist gut ab. Bei Augen und/oder ZNS-Beteiligung ist die Prognose vorsichtig. Als prognostischer Parameter dient der Verlauf der Antigenkonzentrationen nach Therapiebeginn. Bei deutlichem Abfall innerhalb der ersten Therapiewochen ist die Prognose günstig. Die Therapie sollte immer bis zu einem zweimalig negativen Antigennachweis (sowie zwei bis vier Monate über die klinische Genesung hinaus) fortgesetzt werden.

Prophylaxe: Eine gezielte Prophylaxe ist wegen des ubiquitären Vorkommens und der hohen Resistenz des Erregers kaum möglich. Eine Vakzine gibt es nicht. Katzen und Hunde sollten von Orten ferngehalten werden, die mit viel Vogelkot belastet sind (z. B. Taubenschläge).

Bedeutung für den Hund

Bei Hunden ist die Krankheit seltener als bei Katzen. Generalisierte Infektionen werden häufiger beobachtet, ebenso Verläufe mit ZNS-Störungen (Ataxien, Faszialislähmung, epileptische Anfälle, Aggressivität, Paresen und Paralysen). Einige Hunde erblinden oder entwickeln Abszesse, Fisteln, Nasen-, Maulhöhlen- und/oder Zungenulzera. Befunde von Blut-, Röntgen-, CT- und MRT-Untersuchungen entsprechen denen der Katze.

Bedeutung für den Menschen und andere Tiere

Prinzipiell sind alle Säugetiere, inklusive Menschen, empfänglich für Kryptokokken. Eine direkte Übertragung von Katze oder Hund auf den Menschen ist sehr unwahrscheinlich. Beim Menschen wird die Infektion vorrangig bei Immunsuppression als Meningitis klinisch manifest.

2.3.2 Aspergillose

Definition: Die Aspergillose ist eine Mykose bei Säugetieren und Vögeln. Sie hat v. a. beim Hund Bedeutung und tritt seltener bei der Katze auf. Sie gehört zu den „intermediären Mykosen", die v. a. Infektionen der Schleimhäute, manchmal auch der Haut und Unterhaut hervorrufen.

Ätiologie: Die Aspergillose wird hervorgerufen durch Schimmelpilze der Gattung *Aspergillus*. Aspergillen sind ubiquitär verbreitet und werden auch bei gesunden Tieren isoliert. Als Krankheitserreger bei Hunden wird v. a. *Aspergillus (A.) fumigatus* nachgewiesen. *A. fumigatus* befällt vorwiegend die Atmungsorgane. Selten treten auch andere Erreger auf (z. B. *A. terreus*), die eher systemische Infektionen hervorrufen.

Pathogenese: Aspergillus-Arten kommen weltweit im Boden und in verrottender Vegetation vor. Eine Infektion erfolgt durch Inhalation von Pilzsporen aus der Umgebung. Eine direkte Übertragung zwischen Tieren findet nicht statt. Eine systemische Infektion tritt selten auf; Fallberichte bei Deutschen Schäferhunden lassen auf eine Prädisposition dieser Rasse für systemische Verläufe schließen.

Symptome: Die Aspergillose manifestiert sich meist als chronische Rhinitis und Sinusitis mit anfangs meist einseitigem, später in einigen Fällen auch beidseitigem Nasenausfluss. Der Nasenausfluss ist meist mukopurulent, zum Teil blutig. Niesen, Rückwärtsniesen und Nasenbluten sowie Depigmentation, Krustenbildung oder Ulzeration des Nasenspiegels können aufteten. Es kann zur Zerstörung der Nasenmuscheln und selten der *Lamina cribriformis*, und infolge zur Invasion des Gehirns und neurologischen Symptomen kommen. Bei systemischen Aspergillosen können Fieber und (je nach Organbeteiligung) respiratorische oder gastrointestinale Symptome, Schmerzen im Bewegungsapparat, Lahmheit, periphere Lymphadenopathie, okuläre und/oder ZNS-Symptome auftreten.

Bei systemischer Aspergillose werden manchmal Neutrophilie, evtl. Eosinophilie und Monozytose beobachtet, ebenso wie Hypergammaglobulinämie.

Diagnose: Die Diagnose basiert auf dem Nachweis von Pilzhyphen durch Zytologie oder Histologie und/oder Bestätigung durch eine Pilzkultur oder PCR. Der Nachweis von Antigen oder Antikörpern kann in Kombination mit anderen diagnostischen Methoden hilfreich sein. Die diagnostische Bildgebung kann auf eine Pilzbeteiligung hinweisen. Bei starkem Befall der Nasenhöhle kann ein massiver Verlust der Struktur der *Concha nasalis* im CT oder MRT sichtbar werden. Im unteren Respirationstrakt können Verschattungen, die für eine granulomatöse Pneumonie typisch sind, auftreten. Bei der

Rhinoskopie sind charakteristische gelblich-weiße Knötchen und Plaques sichtbar. Im Gewebe stellen sich die Erreger mit reich verzweigten, radiär angeordneten, septierten Hyphen in mehrzelligem Granulationsgewebe, zusammen mit neutrophilen Granulozyten, dar.

Direkter Erregernachweis. Die Diagnose der Aspergillose erfolgt meist durch histologische Gewebeuntersuchung und Erregernachweis aus Biopsieproben (Rhinoskopie). Wichtig ist eine Probenentnahme unmittelbar aus den veränderten Bereichen, da sonst falsch-negative Ergebnisse auftreten können. Eine Erregeranzüchtung aus Nasenausfluss ist nicht sinnvoll, da die Sensitivität gering ist. Bei Verdacht auf eine systemische Aspergillose bietet sich die Untersuchung von steril entnommenem Urin (Nachweis von Hyphen) an.

Indirekter Erregernachweis. Kommerzielle Labortests zum Nachweis von *Aspergillus*-Antikörpern auf Basis von Agar-Gel-Immundiffusion (AGID), Latexagglutination, Immunelektrophorese oder ELISA haben eine gute Aussagekraft. Wegen falsch-positiver Ergebnisse sollten die Tests aber immer gemeinsam mit dem klinischen Bild und dem Ergebnis der histopathologischen Untersuchung beurteilt werden. Auch negative Ergebnisse sollten mit Vorsicht interpretiert werden, da einige Tiere nur geringe Mengen Antikörper (gerade gegen *A. fumigatus*) bilden und diese möglicherweise nicht erfasst werden.

Therapie: Bei sinunasaler Aspergillose (SNA) wird ein Debridement der Plaques in Narkose mit lokalen Nasenspülungen mit Enilconazol oder Clotrimazol oder Eingabe von Clotrimazol-Creme in den Sinus und/oder die Nasenhöhle durchgeführt. Bei systemischer Aspergillose werden Antimykotika systemisch (z. B. Itraconazol 10 mg/kg KM, 1 × tägl. p. o.) angewendet; andere Antimykotika (wie Amphotericin B, Ketoconazol) sind deutlich schlechter verträglich.

Prognose: Bei systemischer Aspergillose ist die Prognose generell ungünstig. Eine Heilung ist trotz Therapie unwahrscheinlich. Die Prognose bei lokaler, nasaler Aspergillose hängt vom Schweregrad der Infektion ab. Bei intensiver, wiederholter Therapie ist eine vollständige Heilung möglich. Endoskopische Kontrollen sind zum Ausschluss von Rezidiven angeraten.

Prophylaxe: Wegen der ubiquitären Verbreitung von *Aspergillus* spp. in der Umwelt ist eine gezielte Prophylaxe nicht möglich. Prophylaktische Maßnahmen, v. a. bei immungeschwächten Tieren, bestehen darin, die Exposition zu verringern (kein Zugang zu potenziell kontaminierter Umgebung, wie z. B. Kompost).

Bedeutung für die Katze

Aspergillose bei Katzen tritt weltweit auf. Die meisten Fälle wurden in Australien gemeldet. Eine Alters- oder Geschlechtsprädisposition ist nicht bekannt, aber brachyzephale Rassen, insbesondere Perser- und Himalayakatzen, sind häufiger betroffen. Ein verminderter Abfluss von Sekreten der oberen Atemwege wird als prädisponierender Faktor bei diesen Rassen vermutet. Als Krankheitserreger bei der Katze werden, wie beim Hund, v. a. *A. fumigatus* nachgewiesen; im Weiteren sind Infektionen mit *A. lentu-*

lus, A. fischeri, A. thermomutatus, A. felis, A. udagawae, A. wyomingensis, A. niger und *A. flavus* beschrieben.

Die sinunasale Aspergillose ist gekennzeichnet durch lokale Anzeichen einer chronischen Naseninfektion, wie Niesen, ein- oder beidseitigen serösen bis mukösen Nasenausfluss und selten Epistaxis. Katzen mit einer invasiven sinuorbitalen Aspergillose (SOA) weisen häufig einen Exophthalmus, verursacht durch ein orbitales Pilzgranulom, auf. Die generalisierte Form tritt bei Katzen nur selten auf.

Die Diagnose erfolgt (wie beim Hund) durch Zytologie oder Histologie und der endgültigen Bestätigung durch eine Pilzkultur oder PCR.

Auch bei Katzen kann eine lokale Therapie in Narkose mit Debridement gefolgt von Enilconazol oder Clotrimazol-Spülung oder Instillation von Clotrimazol-Creme zur Therapie durchgeführt werden. In Fällen, in denen eine lokale Behandlung fehlschlägt oder nicht im vollen Umfang möglich ist, sollte eine systemische (Langzeit-)Behandlung mit Itraconazol, Posaconazol, Terbinafin oder Amphotericin B durchgeführt werden. Itraconazol (3 mg/kg KM als Suspension, 5 mg/kg KM als Kapsel 2 × tägl. p. o.) ist bei Katzen mit Aspergillose mit den wenigsten Nebenwirkungen (Hepatotoxizität, gastrointestinale Symptome) verbunden.

Bei lokaler, sinunasaler Aspergillose ist auch bei der Katze eine vollständige Heilung möglich. Bei systemischer Aspergillose ist die Prognose generell ungünstig.

Bedeutung für den Menschen und andere Tiere

Aspergillus spp. können prinzipiell alle Säugetiere und Vögel befallen. Auch der Mensch kann (vorrangig bei Immunsuppression) an Aspergillose erkranken. Eine Infektion anderer Spezies durch infizierte Hunde (oder Katzen) ist unwahrscheinlich.

2.3.3 Seltene Pilz- und Algeninfektionen

2.3.3.1 Kandidose

Die Kandidose (Candidosis) ist eine meist akut verlaufende Mykose, verursacht durch physiologischerweise auf der Haut und den Schleimhäuten (u. a. auch im Gastrointestinal- und Urogenitaltrakt) vorkommende Hefearten. Ein gesunder Organismus ist zwar mit *Candida (C.)* spp. infiziert, erkrankt aber nicht. Bei beeinträchtigter Abwehrlage kann eine klinische Manifestation aus der physiologischen Besiedlung heraus entstehen. Prinzipiell können alle Säugetiere (inkl. Menschen) und Vögel an Kandidose erkranken. Verantwortlich für die Entstehung einer Kandidose sind dimorphe Sprosspilze (*Blastomycetes*) der Gattung *Candida*, Familie *Cryptococcacae*. In den meisten Fällen wird *Candida (C.) albicans* nachgewiesen.

Bei gesunden Hunden und Katzen wird *C. albicans* häufig aus Ohren, Nase, Maulhöhle und Anus isoliert. Der Erreger kann bei Hunden und (seltener) Katzen eine Rolle spielen, v. a. bei Immunsuppression oder (seltener) als Sekundärerreger, z. B. bei chronischen, ulzerierenden Läsionen, nach Operationen und/oder Katheterisierung. Die klinischen Symptome bei systemischer Ausbreitung variieren in Abhängigkeit von den betroffenen Organsystemen, darunter u. a. Haut, Auge, Ohr, Harntrakt, Gastrointestinaltrakt, Peritoneum (Abb. 2.17). Der Erregernachweis kann mit molekularbiologischen Analysen erfolgen oder zytologisch/histologisch aus Se- und Exkreten (Blastosporen), Feinnadelaspiraten oder Gewebeproben (Pseudomycel). Die Diagnose einer systemischen Kandidose erfolgt oft erst *post mortem*. Die Behandlung einer zugrunde liegenden Krankheit ist Vorraussetzung für die erfolgreiche Therapie der Kandidose. Bei Hautmanifestation wird eine lokale fungizide und gleichzeitig systemische Behandlug empfohlen. Fluconazol (über vier bis sechs Wochen) ist effektiv. Bei lokalen Veränderungen sind die Heilungsaussichten gut. Bei systemischer Ausbreitung ist die Prognose vorsichtig. Eine gezielte Prophylaxe ist nicht möglich.

2.3.3.2 Sporotrichose

Die Sporotrichose ist eine chronische, bei Generalisierung auch akut verlaufende, granulomatöse Systemmykose und Zoonose. Die Krankheit tritt v. a. bei Katzen auf, die den Erreger auf den Menschen übertragen können. Bei Hunden ist die Krankheit selten. Der Erreger ist *Sporothrix schenkii*, ein dimorpher Hyphomycet, der in Erde, Holz, Pflanzen und verottetem Pflanzenmaterial vorkommt. Sporotrichose ist weltweit verbreitet, tritt aber nur sporadisch, insbesondere in Regionen mit hoher Luftfeuchtigkeit und Temperatur, auf. Häufig ist die Krankheit v. a. in Südamerika. In Deutschland ist die Sporotrichose kaum von Bedeutung.

Die Infektion erfolgt in erster Linie über Verletzungen der Haut, Kratz- oder Bisswunden. Selten wird der Erreger auch durch Inhalation oder Ingestion der Sporen mit Staub aufgenommen. Die Infektion manifestiert sich meist mit Knötchen und Abszessen im Bereich der Eintrittsstelle, die später ulzerieren. Eine weitere Ausbreitung in das Lymphsystem ist möglich, gekennzeichnet durch Knötchenbildung entlang der Lymph-

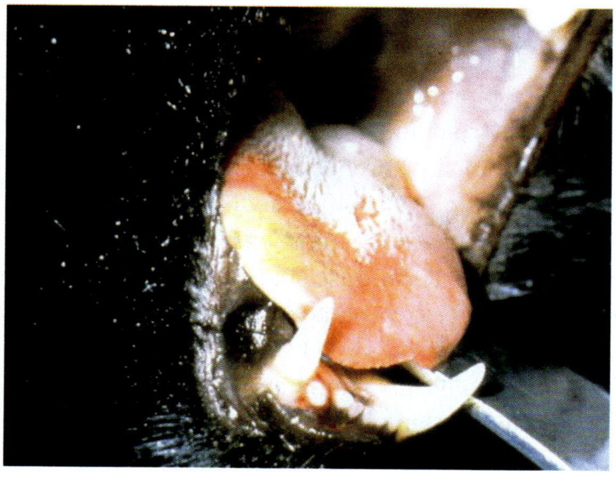

Abb. 2.17 Zungenmykose

bahnen, regionäre Lymphadenopathie und eventuell Fieber. In seltenen Fällen kann sich die Infektion hämatogen verbreiten und systemisch auf verschiedene Organe, wie Leber, Lunge, Knochen, ZNS, übergehen und Läsionen verursachen mit den entsprechenden Symptomen. Die Diagnose basiert auf der zytologischen Untersuchung von Exsudat, der histologischen Gewebeuntersuchung und/oder dem Nachweis mittels Pilzkultur. Die sicherste Methode der Identifizierung ist die kulturelle Anzüchtung. Über erfolgreiche Therapieoptionen bei der Katze ist wenig bekannt. Itraconazol ist Mittel der Wahl. Die Behandlung sollte einen Monat über die klinische Besserung hinaus fortgeführt werden. Ketoconazol ist ebenfalls wirksam, aber weniger gut verträglich. Bei sekundären bakteriellen Infektionen sollte zusätzlich eine hautwirksame antimikrobielle Therapie verabreicht werden. Der Einsatz von Glukokortikoiden ist kontraindiziert. Weiterhin können Hautveränderungen chirurgisch entfernt werden. Bei generalisierter Infektion ist die Prognose ungünstig.

Die direkte Übertragung von Hunden auf andere Tiere oder den Menschen ist unwahrscheinlich, da die ausgeschiedenen Erregermengen nur äußerst gering sind. Bei infizierten Katzen dagegen können häufig große Erregermengen in Geweben, Exsudaten und Kot gefunden werden. Infizierte Katzen stellen somit ein erhebliches Zoonoserisiko dar. In den letzten Jahren wurde eine steigende Anzahl von Fällen beim Menschen beschrieben, die nach Kontakt mit kranken infizierten und gesunden Trägerkatzen in endemischen Ländern, wie Brasilien oder Indien, auftraten. Die meisten aus Brasilien gemeldeten Fälle bei Katzen werden durch *Sporothrix brasiliensis* verursacht. Entsprechende Vorsichtsmaßnahmen sind beim Umgang mit infizierten Katzen zu beachten.

2.3.3.3 Histoplasmose

Die Histoplasmose ist eine nicht direkt übertragbare Systemmykose. Histoplasmose spielt bei Hunden und Katzen gleichermaßen eine Rolle. Der Erreger ist *Histoplasma (H.) capsulatum*, ein dimorpher Hyphomycet, der normalerweise in Hyphenform in stickstoffreichen Böden, aber auch als Hefeform parasitisch lebt. Er parasitiert bevorzugt intrazellulär im retikuloendothelialen System von Hunden, Katzen, Rindern, Pferden, wildlebenden Nagern und Menschen. Katzen scheinen für Histoplasmose etwas anfälliger zu sein als Hunde. Der Erreger gilt als obligat pathogen. Endemiegebiete sind v. a. Zentralamerika und Afrika. In Europa tritt die Krankheit nur sehr sporadisch auf. Histoplasmen vermehren sich besonders in stickstoffreichen Böden und finden sich so besonders an Kotplätzen von Vögeln und Fledermäusen. Fledermäuse stellen das Hauptreservoir von *H. capsulatum* dar. Die Verbreitung der infektiösen Mikro- und Makrokonidien erfolgt mit Staub. Der Erreger kommt zudem in Hausstaub und Pflanzenerde vor, weshalb auch ausschließlich in der Wohnung gehaltene Katzen erkranken können.

Die Infektion erfolgt aerogen durch Inhalation von Mikrokonidien oder (gelegentlich) durch Eindringen der Erreger über kleine Hautwunden. Eine orale Infektion wird diskutiert. Die Inkubationszeit beträgt zwei bis drei Wochen. Das Auftreten von klinisch manifesten Infektionen scheint von der Infektionsdosis und der Immunkompetenz des Wirts abhängig zu sein. Die Krankheit verläuft häufig klinisch inapparent. Manche Hunde und Katzen entwickeln eine Lungenform, die durch eine granulomatöse Pneumonie mit Dyspnoe und chronischem Husten einhergeht und sich später systemisch ausbreiten kann. Okuläre Symptome (z. B. reduziertes Sehvermögen, Blindheit) und neurologische Symptome (z. B. Ataxie, Bewusstseinsstörungen, Nystagmus, Strabismus, Kopfschiefhaltung) sind beschrieben, aber selten. Bei systemischer Ausbreitung (häufiger bei Hunden) kann eine aregenerative Anämie vorliegen. Manche Hunde und Katzen entwickeln eine Thrombozytopenie infolge einer DIC. Bei Infektion des Knochenmarks kann eine Panzytopenie auftreten. Hypalbuminämie und ansteigende Leberenzymaktivitäten werden gelegentlich beobachtet. Röntgenologische Untersuchungen bei Tieren mit pulmonaler Histoplasmose zeigen meist eine lineare oder diffuse interstitielle Verschattung der Lunge mit granulomatösen Elementen. Bei ossärer Histoplasmose treten Osteolyse und (sub)periostale Knochenproliferationen auf. Die Diagnose erfolgt je nach Lokalisation durch zytologische und histologische Untersuchung von Gewebeproben. Antikörper-Testverfahren sind in den USA auf dem Markt, haben aber eine geringe Sensitivität und Spezifität. Für die Diagnose bei Hund und Katze kann ein humaner Antigen-ELISA eingesetzt werden. Therapie der Wahl ist Itraconazol mindestens einen Monat über die klinische Heilung hinaus, in der Regel sechs Monate. Alternativ, besonders bei Beteiligung von ZNS und Augen, kann Fluconazol (oder Ketoconazol) eingesetzt werden. Die Bildung von Resistenzen gegen Fluconazol ist bei der Katze beschrieben. Amphotericin B sollte wegen seiner Nephrotoxizität vermieden werden, ist aber sehr effektiv und wird gelegentlich bei schweren Lungenmanifestationen und systemischen Verläufen oder bei ZNS-Symptomen initial (vor der Behandlung mit Itraconazol) verabreicht. Rezidive sind trotz Therapie möglich. Die Prognose bei pulmonaler Histoplasmose ist relativ günstig, bei systemischer Manifestation im fortgeschrittenen Stadium eher ungünstig.

Eine direkte Übertragung von Tier zu Tier oder Menschen ist unwahrscheinlich. Eine Gefahr geht v. a. von staubigen Kotplätzen von Vögeln und Fledermäusen aus.

2.3.3.4 Blastomykose

Die Blastomykose (nordamerikanische Blastomykose) ist eine Systemmykose, die durch chronisch-eitrige, exsudative und granulomatöse Entzündungen in verschiedenen Geweben (kutan, pulmonal und/oder disseminiert) charakterisiert ist. In erster Linie infizieren sich Hunde und Menschen, aber auch von Katzen und anderen Säugetieren (z. B. Pferden, Frettchen, Großkatzen, Wölfen, Polarbären und Seelöwen) liegen Fallberichte vor. Bedeutung hat die Erkrankung v. a. in den USA, in Europa bisher nicht. Erreger der Blastomykose ist *Blastomyces (B.) dermatitidis*, ein primär pathogener, dimorpher Pilz, der im Boden, aber auch im Körper infizierter Tiere vorkommt. Untersuchungen an Hunden aus endemischen Gebieten ergaben eine niedrige Antikörper-Prävalenz (von bis zu 2 %). Katzen scheinen für Blastomykose weniger anfällig zu sein als Hunde.

Die Infektion erfolgt meist aerogen über Sporen der infektiösen Mycel-Form aus dem Boden. Auch eine direkte Inokulation über Hautwunden ist möglich, jedoch seltener. Von der Lunge breitet sich die Infektion hämatogen und lymphogen auf andere Organe aus. Haut, Lymphknoten, Leber, Milz, Verdauungstrakt, Nieren, ZNS, Augen und Skelettsystem können befallen werden. Eine systemische Ausbreitung endet oft tödlich. Klinische Symptome sind abhängig von den geschädigten Organen. Meist dominieren Infektionen des Respirationstrakts, aber auch Augenveränderungen und (seltener) Veränderungen von ZNS, Lymphknoten, Haut, Verdauungs- und Urogenitaltrakt können beobachtet werden. Blastomykose kann über Monate oder Jahre andauern. Verdacht besteht bei Aufenthalten in endemischen Gebieten und bei Kombination von Symptomen, die auf Blastomykose hinweisen (Veränderungen an Lunge, Augen und/oder Haut). Die Blastomykose kann durch zytologische, histologische oder kulturelle Untersuchung diagnostiziert werden. Der Nachweis von Antikörpern ist wenig aussagekräftig. Die Therapie mit Antimykotika ist schwierig, zumal die Tiere häufig erst in moribundem Zustand vorgestellt werden. Mittel der Wahl ist Itraconazol. Alternativ oder in schweren Fällen, in denen Itraconazol allein nicht ausreichend wirksam ist, kann zusätzlich Amphotericin B verwendet werden. In schweren Fällen (Lungen- und/oder disseminierte Veränderungen) kann es auch initial (vor der Behandlung mit Itraconazol) gegeben werden. Bei okulärer und neurologischer Manifestation ist Voriconazol besser; die Behandlungsdauer beträgt drei bis sechs Monate, in manchen Fällen über ein Jahr. Plötzliche Todesfälle durch abgetötete Erreger in der Lunge sind (gerade zu Beginn der Therapie) möglich. Bei neurologischen oder schweren pulmonalen Formen ist die Prognose ungünstig. Ist die erste Phase nach Therapiebeginn überwunden, ist die Prognose besser.

Eine direkte Übertragung von Tier zu Tier oder zu Menschen wurde in Einzelfällen (z. B. nach Bissverletzung von Klinikpersonal durch einen infizierten Hund) beschrieben.

2.3.3.5 Kokzidioidomykose

Die Kokzidioidomykose wird durch *Coccidioides (C.) posadasii* und *C. immitis* hervorgerufen und ist eine Erkrankung, die den Respirationstrakt oder bei systemischer Ausbreitung den gesamten Organismus betreffen kann. Die Kokzidioidomykose ist v. a. bei Hunden in Gebieten mit trocken-heißem Klima (Südwesten der USA, Zentral- und Südamerika) von Bedeutung; bei Katzen tritt sie nur sehr selten auf. In Europa spielt die Kokzidioidomykose (außer bei Import) keine Rolle. Haustiere (Hunde, Katzen, Rinder, Pferde, Hühner, Schafe), einige wildlebende Tierarten (Affen, Nagetiere) und unter Umständen auch Menschen können erkranken.

Die Infektion erfolgt zumeist durch Inhalation infektiöser Sporen, seltener durch Wundkontamination. Hunde erkranken selten schwer. Die Inkubationszeit beträgt ein bis drei Wochen. In der Lunge entwickeln sich die Sporen zu großen Sporenbehältern (Sphärulen) mit zahlreichen Endosporen. Die freigesetzten Endosporen wiederum entwickeln sich zu neuen Sphärulen. Die Folge sind Lungenveränderungen mit neutrophilen Entzündungen mit unterschiedlich schwerem Verlauf. Je nach Infektionsdosis und Immunstatus des Wirts verlaufen die meisten Infektionen klinisch inapparent, heilen spontan aus, oder es kommt zur systemischen Ausbreitung über Blut und Lymphe, mit Befall verschiedener Organe (z. B. ZNS, Haut, periphere Lymphknoten, Augen, Reproduktionstrakt, Gelenke, Perikard). Bei Beteiligung von ZNS und Knochen endet die Krankheit meist tödlich. Chronisch-latente Infektionen, die nach einer Therapie mit immunsuppressiven Medikamenten wieder reaktiviert werden können, sind beschrieben. Verdacht besteht bei Aufenthalt in einem Endemiegebiet. Die Diagnose basiert auf Zytologie von Körperflüssigkeiten, Histologie, kultureller Anzüchtung oder dem Nachweis von Antikörpern. Betroffene Tiere sprechen häufig gut auf eine Therapie mit Itraconazol oder Fluconazol an. Ketoconazol wird nicht mehr zur Therapie eingesetzt. Bei ZNS-Symptomen wird Fluconazol, bei einer Beteiligung des Skeletts und bei Tieren, die auf eine Therapie mit Fluconazol nicht ansprechen, wird Itraconazol empfohlen. Bei schweren Infektionen kann Desoxycholsäure oder Amphotericin B zur Therapie eingesetzt werden. Voriconazol und Posaconazol sind gut wirksam, aber sehr teuer. Die Prognose ist vorsichtig bis ungünstig, auch wegen der hohen Rezidivgefahr.

Eine direkte Übertragung von Tier zu Tier oder auf Menschen ist nicht beschrieben.

2.3.3.6 Trichosporonose

Erreger der Trichosporonose, *Trichosporon* spp., Familie *Trichosporonaceae*, sind weltweit vorkommende, filamentöse, saprophytische Hefen, die im Erdboden, in Gewässern, in Lebensmitteln und als Bestandteil der physiologischen Haut- und Schleimhautflora vieler Tiere vorkommen. Die Krankheit kommt selten beim Hund vor und ist bei der Katze noch seltener. Man nimmt an, dass die Trichosporonose überwiegend sekundär bei Immunsuppression (v. a. nach Chemotherapie oder Transplantation) oder bei massiven Haut- oder Schleimhautläsionen auftritt. Die Trichosporonose ist durch eitrige oder granulomatöse Läsionen in Schleimhäuten und der Subkutis gekennzeichnet. Klinisch manifeste Krankheiten betreffen in erster Linie Menschen, Affen, Pferde und Kühe.

Hunde und Katzen werden mit nasalen Granulomen mit Ausfluss, regionaler Lymphadenopathie, Fieber, kutanen Knoten und/oder disseminierten Infektionen vorgestellt. Die Diagnose basiert auf Identifikation der Erreger in tieferen Gewebeschichten. Untersuchungen von oberflächlichen Schichten können bei positiven Ergebnissen zu Fehlinterpretationen führen, da der Erreger auch physiologischerweise in oberflächlichen Geweben nachgewiesen werden kann. Die Prognose bei Hunden und Katzen ist ungünstig bis infaust. Infizierte Gewebe sollten zunächst chirurgisch entfernt werden. Obwohl *Trichosporon* spp. *in vitro* empfindlich auf Azole reagieren, scheint die Wirksamkeit *in vivo* unzureichend. Die Wirkung von Itraconazol ist abhängig von der Dosis und Therapiedauer. Eine direkte Übertragung von Tier zu Mensch oder umgekehrt ist unwahrscheinlich.

2.3.3.7 Pneumozystose

Bei der Pneumozystose handelt es sich um eine Zoonose, die weltweit bei verschiedenen Säugetieren (Hund, Schwein, Pferd, Ziege, Affe, Mensch) vorkommt. Der Erreger, *Pneumozystis carinii* (Stamm *Sarcomastigophora*), ist ein Saprophyt und von besonderer Bedeutung als opportunistischer Erreger bei HIV-infizierten Menschen. Er kann auch bei (vorrangig immunsupprimierten) Hunden Pneumonien hervorrufen. Rassespezifische Immundefekte werden bei Hunden (Cavalier King Charles Spaniel, Zwergdackel, Shih Tzu, Zwergspitz) als prädisponierende Faktoren diskutiert. Die Infektion erfolgt aerogen über kontaminierten Staub oder über Tröpfcheninfektion. Die Erreger siedeln sich in den alveolären Zwischenräumen an, wo sie ihren Entwicklungszyklus durchlaufen. Immunkompetente Individuen sind in der Lage, die Infektion zu eliminieren. Bei immunsupprimierten Patienten kann es zu Symptomen und einer lymphatischen und hämatogenen Ausbreitung in andere Gewebe (u. a. Lymphknoten, Milz, Leber, Knochemark, Gastrointestinaltrakt, Nieren, Nebennieren, Herz) kommen. Symptome der caninen Pneumozystose sind u. a. Gewichtsverlust, Durchfall, Erbrechen, verschärfte Atmung, gelegentlich Husten, Dyspnoe und teilweise Fieber. Die Erreger können aus Trachealsekret, bronchioalveolärer Lavage-Flüssigkeit oder Lungenbiopsien isoliert werden. Für den Nachweis mittels PCR eignet sich am ehesten Flüssgkeit einer bronchioalveolären Lavage. Ein eindeutiger Nachweis einer aktiven Pneumozystose gelingt mit der histopathologischen Untersuchung von Lungenbiopsien. Mit frühzeitiger Therapie ist die Prognose gut. Beim Hund ist Trimethoprim-Sulfonamid über drei Wochen Mittel der Wahl. Fallberichten zufolge scheint auch die Behandlung mit Clindamycin und Primaquin in Kombination oder die alleinige Behandlung mit Pentamidin (weniger gut verträglich) wirksam zu sein. Wichtig ist eine unterstützende symptomatische Behandlung. Immunusppressive Medikamente sind kontraindiziert. Experimentell erkranken auch immunsupprimierte Katzen. Fälle von natürlich infizierten, klinisch kranken Katzen wurden bislang nicht beschrieben. Subklinische und latente Infektionen sind möglich (auch bei Mäusen, Ratten, Meerschweinchen, Hasen, Schafen und Wildtieren). Eine direkte Übertragung von Hunden (und Katzen) auf den Menschen kann nicht ausgeschlossen werden.

2.3.3.8 Phäohyphomykose

Als Phäohyphomykose werden kutane und systemische Infektionen mit sogenannten „Schwärzepilzen" (*Dematiaceae*) bezeichnet. Schwärzepilze werden gelegentlich auf der Haut klinisch gesunder Säugetiere isoliert. Die Krankheit ist bei Hunden und Katzen sehr selten. Bei Menschen und Tieren werden weltweit über 100 verschiedene Spezies mehrerer Gattungen unterschieden.

Die Infektion erfolgt üblicherweise durch Kontamination von Wunden, z. B. durch Holzsplitter. Bei Katzen manifestiert sich die Krankheit (häufiger als bei Hunden) in Form von (sub)kutanen Läsionen (Knötchen, Umfangsvermehrungen und/oder Plaques), v. a. an den Zehen, den Ohrmuscheln, dem Nasenplanum und/oder der Nasenhöhle. Die Läsionen können pigmentiert erscheinen und daher mit Melanomen verwechselt werden. Bei Hunden sind manchmal Knochenstrukturen betroffen (Osteomyelitis). In Einzelfällen tritt die Phäohyphomykose mit zerebraler Beteiligung und/oder systemisch auf. Klinische Symptome bei systemischen Infektionen variieren je nach befallenen Organsystemen (Haut, Respirations-, Gastrointestinal- und/oder Urogenitaltrakt). Auf welchem Weg die Infektion sich im Körper ausbreitet, welche Vorraussetzungen dafür vorliegen müssen und ob nur spezielle z. B. neurotrope Pilze systemische Infektionen hervorrufen können, ist noch weitgehend unklar. Die Diagnose erfolgt durch zytologische oder histologische Untersuchung von Aspirations- oder Biopsiematerial, mit Nachweis von pigmentierten Pilzstrukturen im Zentrum eines pyogranulomatösen Entzündungsmusters. Die endgültige Diagnose basiert auf molekularbiologischen Analysen einer Pilzkultur. Bei kutaner, gut umschriebener Phäohyphomykose im frühen Stadium ist die chirurgische Exzision die Therapie der Wahl. Im Anschluss wird eine postoperative Behandlung über drei bis sechs Monate mit Itraconazol empfohlen. Ist eine chirurgische Exzision nicht oder nicht im Gesunden möglich, sollte Itraconazol über einen Zeitraum von neun bis zwölf Monaten gegeben werden. Bei einer systemischen Infektion ist die Prognose ungünstig. Eine direkte Übertragung ist nicht belegt.

2.3.3.9 Hyalohyphomykosen

Bei Hyalohyphomykosen handelt es sich um seltene Infektionen mit opportunistischen Erregern, die in Geweben Hyphen bilden. Hyalohyphomykosen treten häufiger bei Hunden als bei Katzen auf. Als mögliche Erreger bei Hunden und Katzen gelten Spezies unterschiedlicher Gattungen, darunter *Paecilomyces, Fusarium, Geotrichum, Acremonium, Chrysosporium, Rasamsonia, Lomentospora, Oxyporus, Purpureocillium, Scedosporium, Talaromyces, Sagenomella, Geomyces, Schizophyllum, Scopulariopsis, Lecythophora* und *Westerdykella.*

Paecilomyces spp., die „typischen" Erreger bei Katzen, sind ubiquitäre, saprophytäre Bodenbewohner, werden aber nur sehr selten nachgewiesen. Die Paecilomykose führt meist zu kutanen Granulomen und kann später disseminieren und unterschiedliche Organe infizieren. *Geotrichum* spp. (sog. „Milchschimmel") sind saprophytische Pilze, die im Boden und auf zerfallenem organischen Material leben und gelegentlich auch in der Mund- und Gastrointestinalflora bei gesunden Menschen und Tieren nachgewiesen werden. *Geotrichum candidum* wird bei Katzen vereinzelt bei kutanen Knoten und oberflächlichen Dermatitiden nach Bissverletzungen isoliert. Bei Hunden sind *Geotrichum* spp. auch im Zusammenhang mit Pneumonien beschrieben. *Fusarium* spp. werden bei Katzen und Hunden in Einzelfällen als Erreger von kutanen und seltener bei generalisierten Krankheitsverläufen beschrieben. Es ist nicht bekannt, welche Faktoren das Auftreten von Infektionen bei Katzen und Hunden begünstigen. Man geht davon aus, dass die Erreger der Hyalohyphomykose über Hautwunden in den Körper gelangen und dort kutane Infektionen verursachen. Eine Verbreitung über den Blutweg tritt nur gelegentlich auf (bei Tieren mit anderen Grunderkrankungen und/oder Immunsuppression). Durch das ubiquitäre Vorkommen der Erreger ist die Diagnose der Hyalohyphomykose schwierig. Nur bei Übereinstimmung von klinischen Symptomen, histopathologischem Bild und Nachweis der Erreger aus tieferen Gewebeschichten kann die Diagnose gestellt werden. Zuverlässige Berichte über einen Therapieerfolg (u. a. mit Amphotericin B, Itraconazol, Triazol, Voriconazol, Posaconazol, Caspofungin) liegen nicht vor. Die chirurgische Exzision lokaler Läsionen wird nur in Ausnahmefällen in Betracht gezogen, wenn die Läsion auf die Haut beschränkt ist und eine Beteiligung anderer Organe ausgeschlossen ist. Bei generalisierten Infektionen ist die Prognose ungünstig.

Die Gefahr einer direkten Übertragung von Katzen oder Hunden auf andere Tiere oder Menschen ist gegenüber der indirekten Infektiongefahr dieser ubiquitären Erreger gering.

2.3.3.10 Entomophthoromykosen und Mukormykosen

Entomophthoromykosen (Syn.: Entomophthoramykosen) und Mukormykosen sind die Sammelbegriffe für früher als Zygomykosen bezeichnete Krankheiten bei Menschen und Tieren. Sie treten bei Hunden und Katzen sehr selten auf. Die „typischen" Erreger caniner und feliner Infektionen, *Conidiobolus* spp. und *Basidiobolus* spp. (Ordnung *Entomophthorales*), sind saprophytische Pilze, die im Boden und auf zerfallenem organischen Material in tropischen und subtropischen Regionen vorkommen. Als Eintrittspforte werden der Gastrointestinal-, Respirationstrakt und Hautwunden diskutiert. Klinische Symptome sind variabel, abhängig von der Eintrittspforte und den befallenen Organsystemen. Meist sind Haut (Schwellungen, Knoten und Ulzera v. a. im nasopharyngealen und retrobulbären Bereich), Gastrointestinaltrakt (hämorrhagisch-nekrotisierende Enteritis, Umfangsvermehrungen) und Respirationstrakt (Pneumonie) betroffen. Informationen zu Mukormykosen bei Hunden und Katzen durch Infektionen mit *Rhizopus, Absidia, Mucor* spp., beschränken sich auf wenige Fallberichte. Meist wird die Diagnose histologisch und erst *post mortem* gestellt. Am lebenden Tier kann nach kultureller Anzüchtung aus frischem Gewebe oder mittels RNA erfolgen. Antikörpertests und immunhistochemische Verfahren sind für Hunde und Katzen bisher nicht etabliert. Berichte über erfolgreiche Therapien fehlen; in endemischen Regionen wird empirisch Itraconazol über zwölf Monate und länger eingesetzt. Falls möglich sollte eine chirurgische Exzision erfolgen. Die Prognose ist in jedem Fall sehr vorsichtig zu stellen.

Hinweise auf eine Übertragung von Katzen oder Hunden auf den Menschen oder andere Tiere existieren nicht.

2.3.3.11 Pythiose

Pythiose ist eine Algeninfektion, die bei Tieren (v. a. Hunde und Pferde, seltener Katzen und Rinder) und Menschen, vorwiegend in den Sommermonaten in feuchten, tropischen und subtropischen Regionen (Asien, Australien, USA), auftritt. In Europa spielt die Krankheit kaum eine Rolle.

Beschriebene Fälle betreffen in erster Linie junge Hunde großwüchsiger Rassen und nur selten Katzen. Der Erreger ist eine Alge, *Pythium insidiosum*, ein saprophytischer Bodenbewohner, der im Wasser bewegliche Zoosporen produziert, die chemotaktisch Pflanzen oder Tierfell befallen. Die Aufnahme erfolgt meist oral oder über Hautwunden. Man unterscheidet eine kutane (ulzerative Wucherungen) und eine gastrointestinale Pythiose. In sehr seltenen Fällen ist der Respirationstrakt (mit)betroffen. Die klinischen Symptome sind abhängig von der Lokalisation der Läsionen. Zu potentienllen labordiagnostischen Auffälligkeiten zählen Eosinophilie, Anämie, Hyperglobulinämie, Hypalbuminämie, Hypokalzämie. Die Diagnose kann durch zytologischen (Exsudate, Feinnadelaspirate) und/oder histologischen Nachweis der Erreger gestellt werden. Antikörper-Nachweisverfahren werden von einigen Speziallabors in endemischen Gebieten angeboten. Wenn möglich sollte eine großflächige chirurgische Exzision (bis zur Amputation) erfolgen. Durch das Fehlen von Ergosterol spricht der Erreger nur begrenzt auf klassische Antimykotika, wie Azole, an. Bei Hunden mit gatrointestinaler Pythiose hat sich der Einstz von Glukokortikoiden (zusätzlich zur (Teil-)Exzision in inoperablen Fällen) als erfolgsversprechend herausgestellt, nicht jedoch bei Hunden mit kutaner Form, die häufig mit Rezidiven verbunden ist. Daher wird die kutane Form (auch bei vollständiger Resektion) postoperativ immer mit Itraconazol und Terbinafin über zwei bis sechs Monate behandelt. Ein Abfall des Antikörpertiters um mind. 50 % innerhalb von drei Monaten deutet auf einen Behandlungerfolg hin. Die Prognose ist ungünstig.

Hinweise auf eine Übertragung von Katzen oder Hunden auf den Menschen oder andere Tiere existieren nicht.

2.3.3.12 Protothekose

Die Protothekose ist eine seltene, zumeist auf die Haut beschränkte Algeninfektion der Säugetiere. Sie kommt bei Hunden vor, seltener bei Katzen. Erreger sind *Prototheca (P.)* spp., einzellige farblose Algen mit saprophytischer, Pilz-ähnlicher Ernährungsweise und Reproduktion durch Endosporulation. Zu den für Säugetiere pathogenen Spezies zählen *P. wickerhamii* und *P. zopfii*; beim Hund wurden Erkrankungen auch durch Infektion mit *P. ciferii* und *P. bovis* beobachtet. Prototheken kommen weltweit besonders in feuchten, tropischen und subtropischen Regionen vor. Die Protothekose ist in Europa, Asien, Amerika und Australien und inzwischen auch in Deutschland (Fallberichte) beschrieben. In endemischen Gebieten besitzen Tiere eine hohe natürliche Resistenz gegen die Erreger. Anfällig sind besonders Säugetiere mit verminderter zellvermittelter Immunität.

Es werden drei Formen unterschieden, die kutane, systemische (inneres Organsystem betroffen) und die disseminierte Form (hämatogene oder lymphatische Disseminierung). Bei Katzen scheint fast nur die kutane Form aufzutreten, die meist durch *P. wickerhamii* verursacht wird. Sichtbar sind zumeist auf die Haut und Unterhaut beschränkte, granulomatöse Entzündungen mit gut umschriebenen Umfangsvermehrungen. Bei Hunden und Menschen tritt die Krankheit fast immer systemisch (v. a. im

Gastrointestinaltrakt) auf, wobei überwiegend *P. zopfii* isoliert wird. Neben dem Gastrointestinaltrakt können auch andere Gewebe (u. a. Augen, ZNS, Niere, Knochen) betroffen sein; Hunde zeigen unspezifische Symptome, wie Inappetenz, Gewichtsverlust, und abhängig von den betroffenen Organen Durchfall, Polyurie, Polydypsie, Sehstörungen und/oder neurologische Symptome. Labordiagnostische Befunde sind unspezifisch und ebenfalls abhängig von den betroffenen Organen. Die Diagnose basiert auf dem zytologischen oder histologischen Erregernachweis aus Fennadelaspiraten oder Biopsieproben (u. a. Lymphknoten, Hautläsionen, Gastrointestinaltrakt, Knochen), aus Glaskörperflüssigkeit, Kammerwasser, Liquor und/oder eventuell Harnsediment. Die Anzüchtung des Erregers dauert in etwa sieben Tage. Die Behandlung konzentriert sich darauf, betroffenene Bereiche mittels chirurgischer Exzision zu entfernen. Eine effektive Therapie der generalisierten Infektion ist schwierig, und die Prognose schlecht. Die Behandlung von Hunden mit Amphotericin B allein war in einigen (wenigen) Fällen und in Kombination mit Itraconazol in einem Fall mit einer kurzzeitigen Besserung der Symptome verbunden, die sich jedoch kurz nach Behandlungsende wieder verschlechterten. Die meisten Hunde zeigten überhaupt keine Verbesserung. Die Prognose bei der Katze ist besser als beim Hund, bei dem die Krankheit oft tödlich verläuft.

Eine direkte Übertragung vom Hund oder der Katze auf den Menschen ist bei Einhaltung adäquater Hygienemaßnahmen unwahrscheinlich.

Literatur

2.1 Bakterielle Infektionskrankheiten

1 Leptospirose

European advisory board on cat diseases (ABCD). Guideline for Leptospira spp. infection in cats. 2022: https://www.abcdcatsvets.org/guideline-for-leptospira-spp-infection-in-cats/. März 13, 2024.

Schuller S et al. (2023): Leptospirosis. In: Greene's infectious diseases of the dog and cat. 5. Auflage. Sykes JE (Hrsg), St. Louis, Missouri, USA: Elsevier, 802–823.

Sykes JE et al. (2023): Updated ACVIM consensus statement on leptospirosis in dogs. J Vet Intern Med. 37(6): 1966–1982.

2 Borreliose

Littmann MP et al. Borreliosis (2023): In: Greene's infectious diseases of the dog and cat. 5. Auflage. Sykes JE (Hrsg), St. Louis, Missouri, USA: Elsevier, 824–852.

3 Anaplasmose

European advisory board on cat diseases (ABCD). Guideline for Anaplasma, Ehrlichia, Rickettsia infections. 2022: https://www.abcdcatsvets.org/guideline-for-anaplasma-ehrlichia-rickettsia-infections/. März 13, 2024.

Granick J et al. (2023): Anaplasmosis. In: Greene's infectious diseases of the dog and cat. 5. Auflage. Sykes JE (Hrsg), St. Louis, Missouri, USA: Elsevier, 542–554.

4 Ehrlichiose

European advisory board on cat diseases (ABCD). Guideline for Anaplasma, Ehrlichia, Rickettsia infections. 2022: https://www.abcdcatsvets.org/guideline-for-anaplasma-ehrlichia-rickettsia-infections/. März 13, 2024.

Harrus S et al. (2023): Ehrlichiosis. In: Greene's infectious diseases of the dog and cat. 5. Auflage. Sykes JE (Hrsg), St. Louis, Missouri, USA: Elsevier, 522–541.

5 Chlamydien-Infektion

European advisory board on cat diseases (ABCD). Guideline for Chlamydia felis. 2023: https://www.abcdcatsvets.org/guideline-for-chlamydia-felis/. März 13, 2024.

Sykes JE (2023): Chlamydial Infections. In: Greene's infectious diseases of the dog and cat. 5. Auflage. Sykes JE (Hrsg), St. Louis, Missouri, USA: Elsevier, 589–596.

6 Bordetellen-Infektion

European advisory board on cat diseases (ABCD). Guideline for Bordetella bronchiseptica infection in cats. 2024: https://www.abcdcatsvets.org/guideline-for-bordetella-bronchiseptica-infection-in-cats/. März 13, 2024.

Regan KL (2023): Bordetellosis. In: Greene's infectious diseases of the dog and cat. 5. Auflage. Sykes JE (Hrsg), St. Louis, Missouri, USA: Elsevier, 669–678.

7 Mykoplasmen-Infektion

European advisory board on cat diseases (ABCD). Guideline for Feline respiratory Mycoplasma infections. 2024: https://www.abcdcatsvets.org/guideline-for-feline-respiratory-mycoplasma-infections/. März 13, 2024.

Chalker VJ et al. (2023): Mycoplasma Infections. In: Greene's infectious diseases of the dog and cat. 5. Auflage. Sykes JE (Hrsg), St. Louis, Missouri, USA: Elsevier, 682–689.

8 Hämoplasmose

European advisory board on cat diseases (ABCD). Guideline for Haemoplasmosis in cats. 2024: https://www.abcdcatsvets.org/guideline-for-haemoplasmosis-in-cats/. März 13, 2024.

Barker EN et al. (2023): Hemotropic Mycoplasma Infections. In: Greene's infectious diseases of the dog and cat. 5. Auflage. Sykes JE (Hrsg), St. Louis, Missouri, USA: Elsevier, 690–703.

9 Bartonellose

European advisory board on cat diseases (ABCD). Guideline for Feline bartonellosis. 2023: https://www.abcdcatsvets.org/guideline-for-feline-bartonellosis/. März 13, 2024.

Diniz PPVP et al. (2023) Bartonellosis. In: Greene's infectious diseases of the dog and cat. 5. Auflage. Sykes JE (Hrsg), St. Louis, Missouri, USA: Elsevier, 853–875.

10 Tetanus

Sykes JE et al (2023): Tetanus and Botulism. In: Greene's infectious diseases of the dog and cat. 5. Auflage. Sykes JE (Hrsg), St. Louis, Missouri, USA: Elsevier, 853–875.

11 Botulismus

Sykes JE et al. (2023): Tetanus and Botulism. In: Greene's infectious diseases of the dog and cat. 5. Auflage. Sykes JE (Hrsg), St. Louis, Missouri, USA: Elsevier, 853–875.

12 Seltene bakterielle Infektionskrankheiten

12.1 Tuberkulose

European advisory board on cat diseases (ABCD). Guideline for Mycobacterioses in cats. 2021: https://www.abcdcatsvets.org/guideline-for-mycobacterioses-in-cats/. März 13, 2024.

O'Brien CR et al. (2023): Mycobacterial Infections. In: Greene's infectious diseases of the dog and cat. 5. Auflage. Sykes JE (Hrsg), St. Louis, Missouri, USA: Elsevier, 723–749.

12.2 Lepra

European advisory board on cat diseases (ABCD). Guideline for Mycobacterioses in cats. 2021: https://www.abcdcatsvets.org/guideline-for-mycobacterioses-in-cats/. März 13, 2024.

O'Brien CR et al. (2023): Mycobacterial Infections. In: Greene's infectious diseases of the dog and cat. 5. Auflage. Sykes JE (Hrsg), St. Louis, Missouri, USA: Elsevier, 723–749.

12.3 Atypische Mykobakteriosen (nontuberculous mycobacteria (NTM) group)

European advisory board on cat diseases (ABCD). Guideline for Mycobacterioses in cats. 2021: https://www.abcdcatsvets.org/guideline-for-mycobacterioses-in-cats/. März 13, 2024.

O'Brien CR et al. (2023): Mycobacterial Infections. In: Greene's infectious diseases of the dog and cat. 5. Auflage. Sykes JE (Hrsg), St. Louis, Missouri, USA: Elsevier, 2023: 723–749.

12.4 Brucellose

Davidson AP et al. (2023): Canine Brucellosis. In: Greene's infectious diseases of the dog and cat. 5. Auflage. Sykes JE (Hrsg), St. Louis, Missouri, USA: Elsevier, 876–892.

12.5 Nokardiose

Sykes JE (2023): Nocardiosis. In: Greene's infectious diseases of the dog and cat. 5. Auflage. Sykes JE (Hrsg), St. Louis, Missouri, USA: Elsevier, 714–722.

12.6 Aktinomykose

Sykes JE (2023): Actinomycosis. In: Greene's infectious diseases of the dog and cat. 5. Auflage. Sykes JE (Hrsg), St. Louis, Missouri, USA: Elsevier, 704–713.

12.7 Salmonellose

Sykes JE et al. (2023): Salmonellosis. In: Greene's infectious diseases of the dog and cat. 5. Auflage. Sykes JE (Hrsg), St. Louis, Missouri, USA: Elsevier, 750–758.

12.8 Yersiniose

Chomel BB et al. (2023): Yersinia pestis (Plague) and Other Yersinioses. In: Greene's infectious diseases of the dog and cat. 5. Auflage. Sykes JE (Hrsg), St. Louis, Missouri, USA: Elsevier, 750–758.

12.9 Listeriose

Daniels JB et al. (2023): Miscellaneous Gram-Positive Bacterial Infections. In: Greene's infectious diseases of the dog and cat. 5. Auflage. Sykes JE (Hrsg), St. Louis, Missouri, USA: Elsevier, 627–642.

12.10 Tularämie

European advisory board on cat diseases (ABCD). Guideline for Francisella tularensis infection. 2024: https://www.abcdcatsvets.org/guideline-for-francisella-tularensis-infection/. März 13, 2024.

Sykes JE et al. (2023): Tularemia. In: Greene's infectious diseases of the dog and cat. 5. Auflage. Sykes JE (Hrsg), St. Louis, Missouri, USA: Elsevier, 916–924.

12.11 Pest

European advisory board on cat diseases (ABCD). Guideline for Plague due to Yersinia pestis. 2024: https://www.abcdcatsvets.org/guideline-for-plague-due-to-yersinia-pestis/. März 13, 2024.

Chomel BB et al. (2023): Yersinia pestis (Plague) and Other Yersinioses. In: Greene's infectious diseases of the dog and cat. 5. Auflage. Sykes JE (Hrsg), St. Louis, Missouri, USA: Elsevier, 750–758.

12.12 Milzbrand

Daniels JB. et al. (2023): Miscellaneous Gram-Positive Bacterial Infections. In: Greene's infectious diseases of the dog and cat. 5. Auflage. Sykes JE (Hrsg), St. Louis, Missouri, USA: Elsevier, 627–642.

12.13 Pararauschbrand

Diaz-Campos D et al. (2023): Anaerobic Bacterial Infections. In: Greene's infectious diseases of the dog and cat. 5. Auflage. Sykes JE (Hrsg), St. Louis, Missouri, USA: Elsevier, 655–689.

12.14 Tyzzer'sche Krankheit

Sykes JE (2023): Miscellaneous Enteric Bacterial Infections. In: Greene's infectious diseases of the dog and cat. 5. Auflage. Sykes JE (Hrsg), St. Louis, Missouri, USA: Elsevier, 797–801.

12.15 Q-Fieber

European advisory board on cat diseases (ABCD). Guideline for for Coxiellosis – Q fever in cats. 2024: https://www.abcdcatsvets.org/guideline-for-coxiellosis-q-fever-in-cats/. März 13, 2024.

Sykes JE et al. (2023): Coxiellosis and Q fever. In: Greene's infectious diseases of the dog and cat. 5. Auflage. Sykes JE (Hrsg), St. Louis, Missouri, USA: Elsevier, 582–588.

12.16 Seltene Rickettsiosen

European advisory board on cat diseases (ABCD). Guideline for Anaplasma, Ehrlichia, Rickettsia infections. 2022: https://www.abcdcatsvets.org/guideline-for-anaplasma-ehrlichia-rickettsia-infections/. März 13, 2024.

Kidd L et al. (2023): Spotted Fever Rickettsioses, Flea-Borne Rickettsioses, and Typhus. In: Greene's infectious diseases of the dog and cat. 5. Auflage. Sykes JE (Hrsg), St. Louis, Missouri, USA: Elsevier, 555–570.

Sykes JE (2023): Neorickettsiosis. In: Greene's infectious diseases of the dog and cat. 5. Auflage. Sykes JE (Hrsg), St. Louis, Missouri, USA: Elsevier, 571–581.

2.2 Virale Infektionskrankheiten

1 Feline Immunschwächevirus-Infektion

European advisory board on cat diseases (ABCD). Guideline for for Feline immunodeficiency virus. 2017: https://www.abcdcatsvets.org/guideline-for-feline-immunodeficiency-virus/. März 13, 2024.

Beatty JA et al. (2023): Feline Immunodeficiency Virus Infection. In: Greene's infectious diseases of the dog and cat. 5. Auflage. Sykes JE (Hrsg), St. Louis, Missouri, USA: Elsevier, 414–428.

2 Feline Leukämievirus-Infektion

European advisory board on cat diseases (ABCD). Guideline for Feline Leukaemia virus infection. 2021: https://www.abcdcatsvets.org/guideline-for-feline-leukaemia-virus-infection/. März 13, 2024.

Hartmann K et al. (2023): Feline Leukemia Virus Infection. In: Greene's infectious diseases of the dog and cat. 5. Auflage. Sykes JE (Hrsg), St. Louis, Missouri, USA: Elsevier, 382–413.

3 Feline Panleukopenie

European advisory board on cat diseases (ABCD). Guideline for Feline Panleukopenia. 2022: https://www.abcdcatsvets.org/guideline-for-feline-panleukopenia/. März 13, 2024.

Sykes JE et al. (2023): Feline Panleukopenia Virus Infection and Other Feline Viral Enteritides. In: Greene's infectious diseases of the dog and cat. 5. Auflage. Sykes JE (Hrsg), St. Louis, Missouri, USA: Elsevier, 352–359.

4 Canine Parvovirose

Parrish CRet al. (2023): Canine Parvovirus Infections and Other Viral Enteritides. In: Greene's infectious diseases of the dog and cat. 5. Auflage. Sykes JE (Hrsg), St. Louis, Missouri, USA: Elsevier, 341–351.

5 Feline infektiöse Peritonitis

European advisory board on cat diseases (ABCD). Guideline for Feline Infectious Peritonitis. 2022: https://www.abcdcatsvets.org/guideline-for-feline-infectious-peritonitis/. März 13, 2024.

Zwicklbauer K et al. (2023): Long-term follow-up of cats in complete remission after treatment of feline infectious peritonitis with oral GS-441524. J Feline Med Surg 25: 1098612x231183250.

Pedersen NC et al. (2023): Feline Coronavirus Infections. In: Greene's infectious diseases of the dog and cat. 5. Auflage. Sykes JE (Hrsg), St. Louis, Missouri, USA: Elsevier, 360–381.

Krentz D et al. (2021): Curing cats with feline infectious peritonitis with an oral multi-component drug containing GS-441524. Viruses 13(11):2228.

6 Canine Coronavirus-Infektionen

Buonavoglia C et al. (2023): Canine Respiratory Coronavirus Infection. In: Greene's infectious diseases of the dog and cat. 5. Auflage. Sykes JE (Hrsg), St. Louis, Missouri, USA: Elsevier, 325–331.

7 Feline Herpesvirus-Infektion

European advisory board on cat diseases (ABCD). Guideline for Feline Herpesvirus infection. 2022: https://www.abcdcatsvets.org/guideline-for-feline-calicivirus-infection/. März 13, 2024.

Sykes JE et al. (2023): Feline Herpesvirus Infections. In: Greene's infectious diseases of the dog and cat. 5. Auflage. Sykes JE (Hrsg), St. Louis, Missouri, USA: Elsevier, 429–442.

8 Canine Herpesvirus-Infektion

Davidson AP et al. (2023): Canine Herpesvirus Infection. In: Greene's infectious diseases of the dog and cat. 5. Auflage. Sykes JE (Hrsg), St. Louis, Missouri, USA: Elsevier, 301–309.

9 Feline Calicivirus-Infektion

European advisory board on cat diseases (ABCD). Guideline for Feline calicivirus infection. 2023: https://www.abcdcatsvets.org/guideline-for-feline-herpesvirus-infection/. März 13, 2024.

Radford A et al. (2023): Feline Calicivirus Infections. In: Greene's infectious diseases of the dog and cat. 5. Auflage. Sykes JE (Hrsg), St. Louis, Missouri, USA: Elsevier, 44 –454.

10 Canine Parainfluenzainfektion

Ellis JA (2023): Canine Parainfluenza Virus Infection. In: Greene's infectious diseases of the dog and cat. 5. Auflage. Sykes JE (Hrsg), St. Louis, Missouri, USA: Elsevier, 321–324.

11 Hepatitis Contagiosa Canis

Decaro N (2023): Infectious Canine Hepatitis and Feline Adenovirus Infection. In: Greene's infectious diseases of the dog and cat. 5. Auflage. Sykes JE (Hrsg), St. Louis, Missouri, USA: Elsevier, 289–300.

12 Staupe

Sykes JE et al. (2023): Canine Distemper Virus Infection. In: Greene's infectious diseases of the dog and cat. 5. Auflage. Sykes JE (Hrsg), St. Louis, Missouri, USA: Elsevier, 271–288.

13 Pockenviren

European advisory board on cat diseases (ABCD). Guideline for Poxvirus infections in cats. 2024: https://www.abcdcatsvets.org/guideline-for-poxvirus-infections-in-cats/. März 13, 2024.

O'Halloran C (2023): Feline Poxvirus Infections. In: Greene's infectious diseases of the dog and cat. 5. Auflage. Sykes JE (Hrsg), St. Louis, Missouri, USA: Elsevier, 466–469.

14 Zentraleuropäische Zeckenenzephalitis

Sykes JE et al. (2023): Athropod-Borne Viral Infections. In: Greene's infectious diseases of the dog and cat. 5. Auflage. Sykes JE (Hrsg), St. Louis, Missouri, USA: Elsevier, 489–500.

15 Tollwut

European advisory board on cat diseases (ABCD). Guideline for Feline rabies. 2023: https://www.abcdcatsvets.org/guideline-for-feline-rabies/. März 13, 2024.

Chomel BB et al. (2023): Rabies. In: Greene's infectious diseases of the dog and cat. 5. Auflage. Sykes JE (Hrsg), St. Louis, Missouri, USA: Elsevier, 260–270.

16 Aujeszky'sche Krankheit

European advisory board on cat diseases (ABCD). Guideline for Aujeszky's Disease – Pseudorabies in cats. 2024: https://www.abcdcatsvets.org/guideline-for-aujeszkys-disease-pseudorabies-in-cats/. März 13, 2024.

Henke D et al. (2023): Pseudorabies. In: Greene's infectious diseases of the dog and cat. 5. Auflage. Sykes JE (Hrsg), St. Louis, Missouri, USA: Elsevier, 470–476.

17 Seltene Virusinfektionen

17.1 Influenza

European advisory board on cat diseases (ABCD). Guideline for Influenza virus infections in cats. 2024: https://www.abcdcatsvets.org/guideline-for-influenza-virus-infections-in-cats/. März 13, 2024.

Vahlenkamp TW et al. (2023): Influenza Virus Infections. In: Greene's infectious diseases of the dog and cat. 5. Auflage. Sykes JE (Hrsg), St. Louis, Missouri, USA: Elsevier, 310–320.

17.2 Felines Morbillivirus

European advisory board on cat diseases (ABCD). Guideline for Feline Morbillivirus infection. 2024: https://www.abcdcatsvets.org/guideline-for-feline-morbillivirus-infection/. März 13, 2024.

Lutz H et al. (2023): Paramyxovirus Infections In: Greene's infectious diseases of the dog and cat. 5. Auflage. Sykes JE (Hrsg), St. Louis, Missouri, USA: Elsevier, 459–465.

17.3 Papillomatose

European advisory board on cat diseases (ABCD). Guideline for Feline viral papillomatosis. 2015: https://www.abcdcatsvets.org/guideline-for-feline-viral-papillomatosis/. März 13, 2024.

Luff JA et al. (2023): Papillomavirus Infections In: Greene's infectious diseases of the dog and cat. 5. Auflage. Sykes JE (Hrsg), St. Louis, Missouri, USA: Elsevier 477–488.

17.4 Affenpocken

European advisory board on cat diseases (ABCD). Guideline for Poxvirus infections in cats. 2024: https://www.abcdcatsvets.org/guideline-for-poxvirus-infections-in-cats/. März 13, 2024.

O'Halloran C (2023): Feline Poxvirus Infections. In: Greene's infectious diseases of the dog and cat. 5. Auflage. Sykes JE (Hrsg), St. Louis, Missouri, USA: Elsevier, 466–469.

17.5 Staggering Disease

European advisory board on cat diseases (ABCD). Guideline for Staggering Disease. 2024: https://www.abcdcatsvets.org/guideline-for-staggering-disease/. März 13, 2024.

17.6 Feline synzytienbildende Virus-Infektion

Eckstrand C (2023): Feline Foamy (Syncytium-Forming) Virus Infection. In: Greene's infectious diseases of the dog and cat. 5. Auflage. Sykes JE (Hrsg), St. Louis, Missouri, USA: Elsevier, 455–458.

17.7 Hantavirus-Infektion

Sykes JE (2023): Emerging and Miscellaneous Viral Infections. In: Greene's infectious diseases of the dog and cat. 5. Auflage. Sykes JE (Hrsg), St. Louis, Missouri, USA: Elsevier, 507–520.

17.8 Flavivirus-Infektion

European advisory board on cat diseases (ABCD). Guideline for West Nile virus infection. 2024: https://www.abcdcatsvets.org/guideline-for-west-nile-virus-infection/. März 13, 2024.

Sykes JE et al. (2023): Athropod-Borne Viral Infections. In: Greene's infectious diseases of the dog and cat. 5. Auflage. Sykes JE (Hrsg), St. Louis, Missouri, USA: Elsevier, 489–500.

17.9 Reovirus-Infektion

Sykes JE et al. (2023): Arthropod-Borne Viral Infections. In: Greene's infectious diseases of the dog and cat. 5. Auflage. Sykes JE (Hrsg), St. Louis, Missouri, USA: Elsevier, 489–500.

17.10 Rotavirus-Infektion

Greene CE (2012): Feline Enteric Viral Infections. In: Greene infectious diseases of the dog and cat. 4. Auflage. Greene CE (Hrsg), St. Louis, Missouri, USA: Elsevier, 80–91.

17.11 Torovirus-Infektion

Greene CE (2012): Feline Enteric Viral Infections. In: Greene infectious diseases of the dog and cat. 4. Auflage. Greene CE (Hrsg), St. Louis, Missouri, USA: Elsevier, 80–91.

17.12 Astrovirus-Infektion

Greene CE (2012): Feline Enteric Viral Infections. In: Greene infectious diseases of the dog and cat. 4. Auflage. Greene CE (Hrsg), St. Louis, Missouri, USA: Elsevier, 80–91.

17.13 Feline spongiforme Enzephalopathie

Tipold A et al. (2023): Miscellaneous Infections and Inflammatory Disorders of the Central Nervous System. In: Greene's infectious diseases of the dog and cat. 5. Auflage. Sykes JE (Hrsg), St. Louis, Missouri, USA: Elsevier, 1710–1727.

2.3 Infektionskrankheiten durch Pilze und Algen

1 Kryptokokkose

European advisory board on cat diseases (ABCD). Guideline for Cryptococcosis in cats. 2023: https://www.abcdcatsvets.org/guideline-for-cryptococcosis-in-cats/. März 13, 2024.

Reagan KL et al. (2023): Cryptococcosis. In: Greene's infectious diseases of the dog and cat. 5. Auflage. Sykes JE (Hrsg), St. Louis, Missouri, USA: Elsevier, 1014–1029.

2 Aspergillose

European advisory board on cat diseases (ABCD). Guideline for Aspergillosis. 2017: https://www.abcdcatsvets.org/guideline-for-aspergillosis/. März 13, 2024.

Barrs VR et al. (2023): Aspergillosis and Penicilliosis. In: Greene's infectious diseases of the dog and cat. 5. Auflage. Sykes JE (Hrsg), St. Louis, Missouri, USA: Elsevier, 1069–1093.

3 Seltene Pilz- und Algeninfektionen

3.1 Kandidose

Sykes JE et al. (2023): Candidiasis and Rhodotorulosis. In: Greene's infectious diseases of the dog and cat. 5. Auflage. Sykes JE (Hrsg), St. Louis, Missouri, USA: Elsevier, 1061–1068.

3.2 Sporotrichose

Miranda LHM et al. (2023): Sporotrichosis. In: Greene's infectious diseases of the dog and cat. 5. Auflage. Sykes JE (Hrsg), St. Louis, Missouri, USA: Elsevier, 1014–1029.

3.3 Histoplasmose

Reagan KLet al. (2023): Histoplasmosis. In: Greene's infectious diseases of the dog and cat. 5. Auflage. Sykes JE (Hrsg), St. Louis, Missouri, USA: Elsevier, 1003–1013.

3.4 Blastomykose

Mouring AC et al. (2023): Blastomycosis. In: Greene's infectious diseases of the dog and cat. 5. Auflage. Sykes JE (Hrsg), St. Louis, Missouri, USA: Elsevier, 987–1002.

3.5 Kokzidioidomykose

Vishkautsan P et al. (2023): Coccidiodomycosis and Paracoccidioidomycosis. In: Greene's infectious diseases of the dog and cat. 5. Auflage. Sykes JE (Hrsg), St. Louis, Missouri, USA: Elsevier, 1030–1042.

3.6 Trichosporonose

Greene CE (2012): Trichosporonosis. In: Greene infectious diseases of the dog and cat. 4. Auflage. Greene CE (Hrsg), St. Louis, Missouri, USA: Elsevier, 672–675.

3.7 Pneumozystose

Lobetti R et al. (2023): Pneumocystosis. In: Greene's infectious diseases of the dog and cat. 5. Auflage. Sykes JE (Hrsg), St. Louis, Missouri, USA: Elsevier, 1118–1126.

3.8 Phäohyphomykose

Grooters AM (2023): Miscellaneous Fungal Diseases. In: Greene's infectious diseases of the dog and cat. 5. Auflage. Sykes JE (Hrsg), St. Louis, Missouri, USA: Elsevier, 1094–1104.

3.9 Hyalohyphomykosen

Grooters AM (2023): Miscellaneous Fungal Diseases. In: Greene's infectious diseases of the dog and cat. 5. Auflage. Sykes JE (Hrsg), St. Louis, Missouri, USA: Elsevier, 1094–1104.

3.10 Entomophthoromykosen und Mukormykosen

Grooters AM (2023): Phytiosis, Lagenidiosis, Paralagenidiosis, Entomophthoromycosis, and Mucormycosis. In: Greene's infectious diseases of the dog and cat. 5. Auflage. Sykes JE (Hrsg), St. Louis, Missouri, USA: Elsevier, 1105–1117.

3.11 Pythiose

Grooters AM (2023): Phytiosis, Lagenidiosis, Paralagenidiosis, Entomophthoromycosis, and Mucormycosis. In: Greene's infectious diseases of the dog and cat. 5. Auflage. Sykes JE (Hrsg), St. Louis, Missouri, USA: Elsevier, 1105–1117.

3.12 Protothekose

Sykes JE (2023): Protothecosis and Chlorellosis. In: Greene's infectious diseases of the dog and cat. 5. Auflage. Sykes JE (Hrsg), St. Louis, Missouri, USA: Elsevier, 1126–1134.

Geisen V et al. (2020): Ulzerative granulomatöse Kolitis durch Prototheca spp. bei einem Rhodesian Ridgeback in Deutschland. Tierärztliche Praxis Ausgabe K: Kleintiere / Heimtiere; 48(05): 369–375. doi:10.1055/a-1238-1554

Kurt Pfister

2.4 Parasitosen von Hund und Katze

Veterinärmedizinische Überlegungen vor der Einleitung einer Behandlung gegen Endoparasiten

Das Parasitenspektrum bei Hund und Katze hat sich in den letzten Jahrzehnten nur unwesentlich verändert. Hingegen hat der aktuelle Trend, die heutige Verbrauchergesellschaft möglichst vor parasitären Erregern zu schützen und diesen Schutz zu überwachen, in den letzen Jahren zu einer drastischen Veränderung in der Parasitenbekämpfung geführt. Obwohl derzeit dank langjähriger guter und angemessener Vorgehensweisen in der Bekämpfung die Prävalenz der meisten bei Hund und Katze in unseren Regionen relevanten Helminthen niedrig bis sehr niedrig ist, werden heutzutage insbesondere für Hunde weiterhin sehr oft anthelminthische Pauschalbekämpfungsprogramme propagiert. Letzteres ist auch deshalb fragwürdig, weil insbesondere in den USA bereits Anthelminthika-Resistenzen bei Hunden nachgewiesen und publiziert wurden. Es steht außer Frage, dass derartige Programme deutlich höhere Behandlungsfrequenzen gegen den potenziellen Helminthenbefall zur Folge haben. Dabei wird weitgehend außer Acht gelassen, dass heutzutage mindestens die Hälfte der nachgewiesenen Endoparasiteninfektionen bei Hund und Katze durch Protozoen hervorgerufen werden und somit durch anthelminthische Behandlungen gar nicht erfasst werden. Aus einer kürzlich publizierten Untersuchung geht hervor, dass bei über 90 % der deutschlandweit untersuchten Hunde keine intestinalen Helminthen festgestellt wurden. Eine Feldstudie ergab zudem - aufgrund von positiven Ei-Nachweisen in Kotproben zwischen den Entwurmungszeitpunkten, dass selbst bei einer Entwurmung im Dreimonatsintervall ein Infektionsrisiko für die Umgebung mit potenziell für den Menschen gefährlichen Helminthen weiter besteht bzw. nicht ausgeschlossen werden kann. Dies weil sich – entsprechend den jeweiligen Präpatenzperioden – zwischen den Behandlungszeitpunkten neue Infektionen etablieren und zur Eiausscheidung kommen können.

Hinzu kommt, dass die derzeit verfügbaren Substanzen gegen Endoparasiten mit wenigen Ausnahmen (makrozyklische Laktone gegen *Dirofilaria immitis*) bei Hund und Katze keine prophylaktische Wirkung zeigen. Pauschalempfehlungen, wie z. B. eine 2- oder 4-malige Entwurmung pro Jahr, können daher die Tierbesitzer in falscher Sicherheit wiegen. Ein Anthelminthika-Einsatz im Sinne einer verhinderten Umgebungskontamination würde aufgrund der Entwicklungszyklen von zoonotisch relevanten Helminthen eine 4-wöchige Behandlungsfrequenz erfordern.

Eine zwingende Voraussetzung für eine veterinärmedizinisch adäquate, nachhaltige und gezielte Endoparasitenbekämpfung bei Hund und Katze bildet die korrekt durchgeführte Diagnostik. Da heutzutage in unseren Breitengraden nur noch relativ selten akute, klinisch relevante Helminthen-bedingte Parasitosen auftreten, sondern vorwiegend subklinische Fälle, ist es umso wichtiger, der korrekten vorgängigen Diagnostik oberste Priorität beizumessen. Letzteres gilt auch hinsichtlich der Problematik der Resistenzausbildung.

Allgemein bedeutungsvoll sind die Protozoeninfektionen. Einige von ihnen sind zusätzlich zur schwierigen klinischen und parasitologischen Erfassung auch schwer oder kaum nachhaltig therapierbar. Aus veterinärmedizinischer Sicht relativ einfach anzugehen sind – mit Ausnahme der Demodikose – die Ektoparasiten, da bei entsprechender Diagnostik eine breite Palette von hoch wirksamen Substanzen zur Verfügung steht. Die diversen Behandlungsempfehlungen und Therapieschemata entsprechen den Literaturangaben sowie dem Stand bei Vetidata zum Zeitpunkt der Abgabe des Manuskripts. Änderungen und/oder Neuentwicklungen sind fortlaufend möglich und dementsprechend zu berücksichtigen.

Angesichts des sehr breiten Parasitenspektrums müssen die nachfolgenden Ausführungen auf die wichtigsten und häufigsten Arten beschränkt werden. Besondere Aufmerksamkeit wird den sogenannten Reise- oder Importparasitosen geschenkt. Außerdem wird jeweils parasitenspezifisch auf das Zoonosepotenzial hingewiesen. Für darüberhinausgehende parasitologische Fragestellungen sei auf die einschlägige Spezialliteratur verwiesen. Die im Text angegebenen Antiparasitika sind stets in alphabetischer Reihenfolge gelistet.

2.4.1 Endo- und Ektoparasiten bei Hund und Katze

2.4.1.1 Protozoen

Intestinale Protozoen

Giardia-Infektionen (Hund, Katze)

Der bei Hunden und Katzen parasitierende Erreger heißt *Giardia duodenalis* (syn. *G. lamblia, G. intestinalis*) und kommt in mindestens 7 morphologisch nicht unterscheidbaren Genotypen vor (Tab. 2.1).

Tabelle 2.1: **Parasitenauflistung Hund Katze**

	Hund/ Katze	Organsystem	Größe
Protozoen			
Babesia canis, B. gibsoni	H	Blut, Blutgefäße	Merozoiten: 4–5 µm
Cryptosporidium canis, C. felis, C. parvum	H	Dünndarm	Oocysten: 4,8 × 4,2 µm
Giardia intestinalis, G. duodenalis	H/K	Dünndarm	Cysten: 8–15 × 7–10 µm
Hammondia spp.	H/K	Dünndarm	Oocysten: 10–15 × 9-13µm
Hepatozoon canis	H/K	Unterhaut, Muskulatur	Oocysten: 100 µm
Cystoisospora canis, C. ohioensis, C. burrowsi	H	Dünndarm	Oocysten: 39 × 32 µm
Cystoisospora felis, C. rivolta	K	Dünndarm	Oocysten: 45 × 33 µm
Leishmania infantum	H/(K selten)	Haut, Multiple innere Organe	2–4 µm
Neospora caninum, Toxoplasma gondii	H/K	Unterhaut, Muskulatur, Dünndarm, Nervensystem	Cysten: 30–100 µm Oocysten (nicht bei H): 9–14 µm
Sarcocystis spp.	H/K	Dünndarm	Sporocysten(ca. 8–16 × 7–12 µm
Tritrichomonas foetus	K	Dünndarm	Körper: 10–25 × 3–15 µm
Trematoden			
Alaria alata	H/K	Dünndarm	
Eurytrema procyonis	H/K	Leber, Pankreas	
Metorchis bilis	H/K	Leber, Pankreas	
Opisthorchis felineus	H/K	Gallengänge, Gallenblase	Eier: 26–30 × 11–15 µm
Pseudamphistomum truncatum	H/K	Leber, Pankreas	
Nematoden			
Acanthocheilonema reconditum	H/K	Unterhaut	
Aelurostrongylus abstrusus	K	Atmungsorgane	L1: 360–400 µm
Ancylostoma caninum	H	Dünndarm	Eier: 52–79 × 28–58 µm
Ancylostoma tubaeforme	K	Dünndarm	Eier: 45–78 × 34–57 µm
Angiostrongylus vasorum	H	Blut, Blutgefäße	L1: 310–350 µm

	Hund/ Katze	Organsystem	Größe
Capillaria aerophila	H/K	Atmungsorgane	Eier: 62–73 × 35–40 µm
Capillaria plica	H/K	Harnblase	Eier: 55–67 × 26–29 µm
Crenosoma vulpis	H	Atmungsorgane	L1: 250–310 µm
Dirofilaria immitis	H/K	Blut, Blutgefäße	Mikrofilarien: 220–340 µm
Dirofilaria repens	H/K	Unterhaut, Muskulatur	Mikrofilarien: 205–360 µm
Filaroides spp.	H	Atmungsorgane	F. osleri: L1: 220–280 µm
Ollulanus tricuspis	H/K	Ösophagus, Magen	
Thelazia callipaeda	H/K	Auge	adulte Filarien u/o L1 in Tränenspülfl. L1: 180–220 µm
Toxascaris leonina	H/K	Dünndarm	Eier: 70–85 µm
Toxocara canis, T. cati	H	Dünndarm	Eier: 75–90 / 65 × 75 µm
Trichuris vulpis	H	Dickdarm	Eier: 70–85 × 36–40 µm
Uncinaria stenocephala	H/K	Dünndarm	Eier: 71–92 × 35–58 µm
Zestoden			
Diphyllobothrium latum	H/K	Dünndarm	Eier: 70 × 50 µm
Diplopylidium spp.	H/K	Dünndarm	Eipaket mit 1 Ei (30–50 µm)
Dipylidium caninum	H/K	Dünndarm	Eier: 30–50 µm
Echinococcus granulosus	H	Dünndarm	Eier: 30–40 µm
Echinococcus multilocularis	H/K	Dünndarm, Leber (larval)	Eier: 30–40 µm
Joyeuxiella spp.	H/K	Dünndarm	
Mesocestoides spp.	H/K	Dünndarm	Eier: 25–45 × 29–34 µm
Spirometra spp.	H/K	Dünndarm	
Taenia hydatigena, T. pisiformis	H/K	Dünndarm	Eier: 30–40 µm
Taenia taeniaeformis	K	Dünndarm	Eier: 30–40 µm
Arthropoden			
Archaeopsylla erinacei	H/K	Haut	
Ceratophyllus gallinae	H/K	Haut	
Cheyletiella yasguri, C. blakei	H/K	Haut	
Ctenocephalides felis, C. canis	H/K	Haut	
Demodex canis, D. cati, D. gatoi	H/K	Haut	
Felicola subrostratus	K	Haut	
Ixodes ricinus, Dermacentor reticulatus, Rhipicephalus sanguineus	H	Haut	

	Hund/ Katze	Organsystem	Größe
Ixodes ricinus, I. hexagonus, I. canisuga	K	Haut	
Linognathus setosus	H	Haut	
Lutzomyia spp.	H	Haut	
Notoedres cati	K/(H)	Haut	
Otodectes cynotis	H/K	Ohren	
Lucilia sericata	H/K	Unterhaut (Larven)	
Phlebotomus spp.	H	Haut	
Pneumonyssoides caninum	H	Nase	
Pulex irritans	H/K	Haut	
Sarcoptes canis	H	Haut	
Trichodectes canis	H	Haut	
Trombicula spp.	H/K	Haut	

Die Infektion erfolgt durch Aufnahme von infektiösen Zysten aus der Umwelt, der Lebenszyklus ist direkt. Nach Aufnahme von infektiösen Zysten werden im Duodenum die Trophozoiten (9–20 × 5–12 µm) frei, diese vermehren sich durch Zweiteilung und besiedeln die Schleimhaut des Duodenums und proximalen Jejunums. Bei der Katze kommt es auch zur Besiedelung des distalen Jejunums und des Ileums. Nach der Enzystierung im distalen Dünndarm und teilweise auch im Dickdarm werden die 4 Kerne enthaltenden Zysten (Abb. 2.18 und Abb. 2.19) mit dem Kot ausgeschieden. Stark infizierte Tiere scheiden teilweise auch Trophozoiten aus.

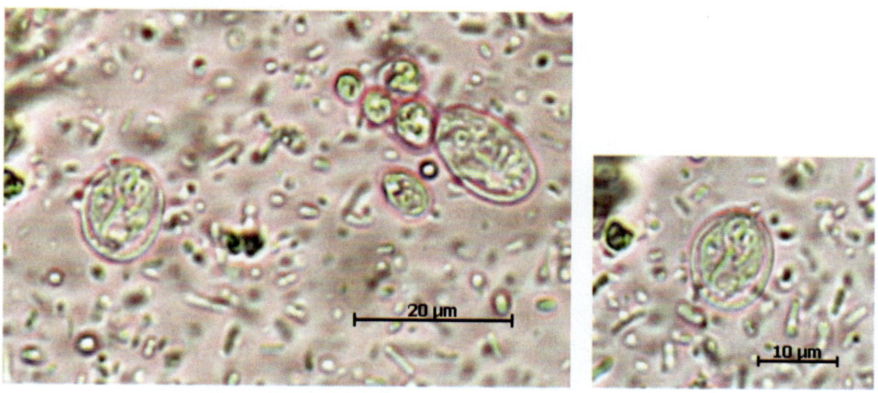

Abb. 2.18 und Abb. 2.19 Giardia intestinalis-Zysten

Pathogenese und Klinik: *Giardia*-Infektionen verlaufen oft symptomlos. Je nach Befallsintensität können durch das Anheften der typischen Haftscheibe auf die Zelloberfläche mehr oder weniger deutliche Epithelläsionen inkl. Villusatrophie, Epitheldesquamation und erhöhter Epithelzellersatz mit entzündlichen Veränderungen oder aber auch nur pathophysiologische Störungen bezüglich Absorption und Digestion entstehen. Die v. a. bei Jungtieren oder bei Haltung von mehreren Hunden und/oder Katzen auftretenden Erkrankungen äußern sich mehrheitlich in chronisch-katarrhalischem, intermittierendem Durchfall mit meist wässrigem, teils schleimigem Kot, gelegentlich auch mit Blutbeimengungen. Immunkompetente Tiere entwickeln eine Immunabwehr, die zu einer Reduktion der im Darm vorhandenen Erreger führt und auch gegen Reinfektionen wirksam ist. Bei älteren Tieren sind daher die Prävalenzen in der Regel niedriger.

Diagnose: Der direkte Nachweis von Zysten im Kot – sofern vorhanden auch von Trophozoiten – erfolgt am besten mittels der MIFC/SAFC-Methode, im Flotationsverfahren werden die Zysten nicht selten deformiert (Abb. 2.20). Es sollten stets mindestens 3 Kotproben von 3 aufeinanderfolgenden Tagen untersucht werden.

Aussagekräftiger ist heutzutage meistens der Nachweis von Koproantigenen mittels ELISA – es besteht ein breites Angebot von Testverfahren – oder mittels PCR. Bei der Verwendung von Praxis-Schnelltests ist wegen falsch-positiven bzw. falsch-negativen Ergebnissen die Interpretation der Ergebnisse überaus vorsichtig und unbedingt im Einklang mit den klinischen Symptomen vorzunehmen. In klinisch zweifelhaften oder unklaren Fällen sollte unbedingt eine Untersuchung im parasitologischen Speziallabor durchgeführt werden.

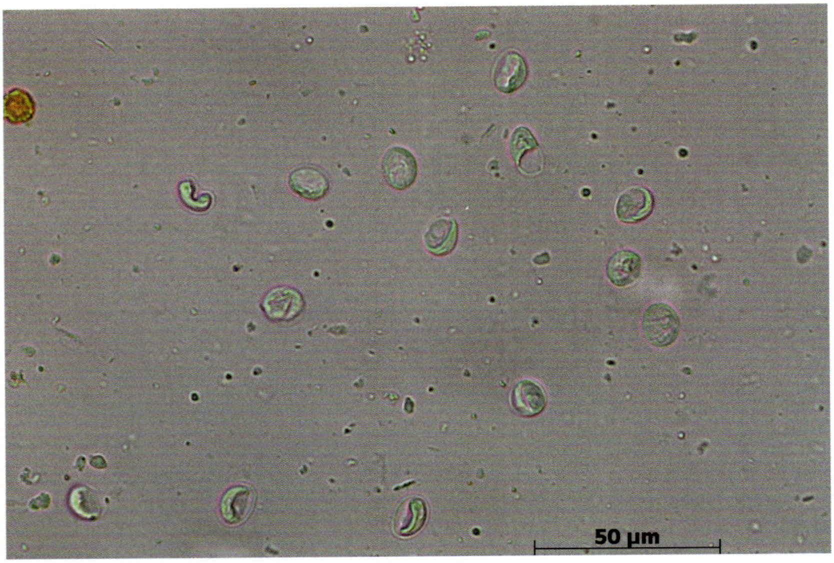

Abb. 2.20 Giardia-Zysten in Flotationslösung

Epidemiologie und Verbreitung: Epidemiologisch bedeutsam sind die oft über Wochen bis Monate persistierende Zysten-Ausscheidung mit dem Kot sowie die in feuchter Umgebung ebenso Wochen bis Monate dauernde Überlebensfähigkeit von Zysten. *Giardia*-Infektionen kommen weltweit vor, in einer neueren Studie aus Deutschland betrug die Prävalenz beim Hund (alle Altersklassen) mittels Koproantigen-ELISA zwischen 20–30 %, wobei die höchsten Prävalenzen bei Hunden in den ersten 12 Lebensmonaten festgestellt wurden. Die entsprechenden Werte für Katzen in den ersten 12 Lebensmonaten lagen zwischen 50–60 %, bei älteren Tieren zwischen 30–40 %, also durchschnittlich knapp höher als bei Hunden.

Therapie: Metronidazol: 12,5–22 mg/kg KM 2 × tägl. p. o. während mindestens 7 Tagen oder Fenbendazol: 50 mg/kg KM, 1 × tägl. p. o. (als Mono- oder Kombinationspräparat) während mindestens 7 Tagen, danach ist eine erneute koprologische Analyse zwingend. Sehr oft (hartnäckige Fälle bzw. erneuter koprologischer Nachweis) sind eine oder mehrere Wiederholungen dieses Behandlungsschemas zwingend. Auch die Kombination Febantel, Praziquantel und Pyrantel-Embonat an 3 aufeinanderfolgenden Tagen hat zu einer signifikanten Reduktion der Zystenausscheidung oder bei einem Teil der getesteten Hunde zur Sistierung der Zystenausscheidung geführt. Zu empfehlen ist jedoch in sämtlichen Fällen eine mindestens 7-tägige Behandlung. Andere für den Hund zugelassene Benzimidazolderivate haben nach verschiedenen Autoren auch zur Elimination der Giardien geführt. Die erfolgreiche Elimination des *Giardia*-Befalles ist stets schwieriger und aufwendiger bei mehreren Hunden/Katzen im selben Haushalt. Jede Erfolg versprechende *Giardia*-Therapie ist zwingend mit drastischen hygienischen Maßnahmen und einer symptomatischen Behandlung zu verbinden. Klinisch gesunde Tiere mit persistierender *Giardia*-Ausscheidung sollten nicht behandelt, jedoch periodisch parasitologisch untersucht werden, um den Infektionsverlauf zu verfolgen.

Prognose: Da die erfolgreiche Bekämpfung sehr stark an gleichzeitige bzw. zwingend und konsequent durchzuführende Reinigungs-, Hygiene- und Desinfektionsmaßnahmen gebunden ist, hängt die Prognose vor allem von letzterem ab. Sie ist grundsätzlich gut.

Prophylaxe: Oberstes Prinzip ist eine lückenlose und konsequente Durchführung der hygienischen Maßnahmen in allen Aufenthaltsbereichen der Hunde und Katzen, insbesondere bei Haltung von mehreren Tieren sowie in Zwingern und bei Zuchten.

Bedeutung für den Menschen: *Giardia*-Infektionen sind auf den Menschen übertragbar und können auch beim Menschen, vor allem bei Kindern, bedeutsame Durchfallerkrankungen auslösen. Innerhalb der großen genetischen Variabilität gelten die Genotypen A und B als diejenigen mit dem größten zoonotischen Risiko, während die Genotypen C und D vor allem bei Hunden bzw. F und G vermehrt bei Katzen nachweisbar sind. In einer kürzlichen Studie an urbanen Hunden in Süddeutschland erwiesen sich 60 % der nachgewiesenen *Giardia*-Infektionen bei individuell bzw. 43 % bei in Gruppen gehaltenen Hunden als zum Genotyp A zugehörig. Der Genotyp A kann auch bei Katzen nachgewiesen werden, allerdings liegen für europäische Verhältnisse keine Ergebnisse vor. Daraus lässt sich schließen, dass zumindest eine beträchtliche Anzahl von Hunden in Süddeutschland mit *Giardia* spp. infiziert sind. Es muss allerdings darauf hingewiesen werden, dass menschliche Infektionen in sehr vielen Fällen durch kontaminiertes Trinkwasser und Nahrungsmittel hervorgerufen werden.

Tritrichomonas-foetus-Infektionen (Katze)

Tritrichomonas foetus ist ein anaerob im Darmtrakt lebender birnenförmiger Einzeller (5–25 µm lang) mit einer undulierenden Membran und drei Geißeln am Vorderende sowie einer nach kaudal gerichteten Schleppgeißel. *Tritrichomonas foetus* war früher vor allem als Erreger der Deckseuche bei Rindern bekannt. Inzwischen gilt *T. foetus* bei Katzen als Erreger von Colitiden. Die Infektion der Katze erfolgt auf dem fäkal-oralen Weg über Urin oder Abortmaterial der Rinder und Kot anderer betroffener Katzen.

Pathogenese und Klinik: *Tritrichomonas foetus* parasitiert vorwiegend auf der Mukosaoberfläche, lässt sich jedoch auch im Darmlumen sowie teilweise in der Mukosa nachweisen. Der enge Kontakt mit der Darmoberfläche führt zu entzündlichen Läsionen, die sich vorwiegend als lympho-plasmazelluläre oder teilweise auch als polymorphkernige Zellinfiltrationen manifestieren. Die genaue Pathogenese ist jedoch noch nicht abschließend geklärt. Es ensteht das klinische Bild einer Colitis mit je nach Befallsgrad schleimigem bis blutigem Durchfall. Entsprechende Untersuchungen lassen vermuten, dass der Durchfall nach einer initialen Phase zwar abheilt, die Erreger jedoch persistieren und weiterhin ausgeschieden werden können. In vielen Fällen sind vermehrt Katzen unter einem Jahr betroffen, auch scheinen Rassekatzen in diversen Studien deutlich überrepräsentiert. Infizierte Katzen sind oft jedoch auch symptomlos.

Diagnose: *Tritrichomonas foetus* wird aus dem Kot nach dessen Anreicherung in einem speziellen Kulturmedium (InPouch TF™) oder direkt durch PCR nachgewiesen. Als Probe eignet sich am besten eine mit einem Rektaltupfer entnommene ca. reiskorngroße Kotmenge (0,5 g) und einige abgeschilferte Epithelzellen aus der Darmschleimhaut. Der Kot soll vor der Untersuchung nicht im Kühlschrank lagern. Nicht empfehlenswert wegen deutlich geringerer Sensitivität ist der Direktnachweis im Kotausstrich. Verdachtsfälle sollten in Zweifelsfällen in einem parasitologischen Speziallabor abgeklärt werden.

Epidemiologie und Verbreitung: Trichomonaden sind weltweit verbreitet, allerdings wurden die dem hier beschriebenen Krankheitsbild entsprechenden Fälle von Colitis bei der Katze dem Erreger *Pentatrichomonas hominis* zugeordnet. Erst Anfang der 2000er Jahre wurde aufgrund eines Vergleichs der ribosomalen DNA aus Katzenisolaten mit Durchfallanamnese erkannt, dass letztere genetisch mit derjenigen von *T. foetus* übereinstimmt. Diverse Berichte aus dem europäischen, insbesondere auch aus dem deutschsprachigen Raum, belegen das Vorkommen dieser Parasitose, allerdings sind wegen der bislang vermehrt auf klinische Fallbeschreibungen ausgerichteten Untersuchungen kaum verlässliche Prävalenzwerte verfügbar.

Therapie: Zur Therapie wird Ronidazol (30 mg/kg KM 1 × tägl.) über 14 Tage empfohlen (keine Zulassung in Deutschland, nach Umwidmung).

Prognose: Die Prognose ist vorsichtig, da die vollständige Elimination des Erregers sehr schwierig ist und Rezidive deshalb jederzeit möglich sind.

Kokzidien-Infektionen (Apicomplexa) durch Cystoisospora-Arten (Hund, Katze)
Cystoisospora-Arten (syn. *Isospora*) sind Kokzidien mit einem fakultativ heteroxenen Lebenszyklus, die Infektion erfolgt peroral entweder durch Aufnahme von infektiösen, d. h. sporulierten Oozysten aus der Umwelt oder durch Verzehr von paratenischen Wirten (z. B. Vögel, Kleinnager), die mit sog. Dormozoiten (hypobiotische Sporozoiten) befallen sind. Beim Hund kommen die folgenden *Cystoisospora*-Arten vor: *C. canis, C. ohioensis* und *C. burrowsi*, bei der Katze *C. felis* und *C. rivolta* (Tab. 2.1). Nach der oralen Aufnahme kommt es zunächst zur asexuellen, danach zur sexuellen Vermehrung. Je nach Spezies finden diese vermehrt in den Epithelzellen oder in Zellen der Lamina propria des Dünn- oder des Dickdarms statt; die daraus entstehenden Oozysten werden unsporuliert mit dem Kot ausgeschieden. Die Sporulation erfolgt in der Außenwelt.

Pathogenese und Klinik: Das pathogenetische Prinzip beruht darauf, dass durch die Parasitenvermehrung in den Epithelzellen und der Lamina propria oberflächliche Schleimhautläsionen mit Epitheldesquamation und entzündlichen Infiltrationen entstehen, die je nach Befallsintensität bzw. Ausmaß der Läsionen zu akuten, katarrhalischen bis hämorrhagischen Enteritiden führen können. Klinisch sind vorwiegend Hundewelpen im Alter von 2–4 Wochen betroffen, bei Aufnahme einer hohen Infektionsdosis gelegentlich auch ältere Tiere. Dabei erscheint *C. canis* stärker pathogen als die beiden anderen Arten. Auffällig sind dünnbreiiger, wässriger, teilweise auch blutiger Kot, Fieber, Inappetenz mit Apathie, Erbrechen und rasche Abmagerung sowie Exsikkose.

Im Allgemeinen verläuft die Cystoisosporose bei Katzen deutlich milder, allerdings können auch *C. felis*-Infektionen mit schleimigen bis blutigen Diarrhöen einhergehen und zu massiver Exsikkose bis hin zum Tod führen.

Eine gewisse, jedoch unstabile Immunität bildet sich nach einer Primoinfektion aus, Reinfektionen sind allerdings möglich.

Diagnose: Der direkte Nachweis von Oozysten im Kot (Abb. 2.21 und Abb. 2.22) erfolgt mittels Flotationsverfahren. Die Differenzierung erfolgt anhand der Größenverhältnisse und Morphologie, ebenso die Abgrenzung gegenüber anderen Vertretern der Apicomplexa. Obwohl *Cystoisospora*-Arten relativ leicht nachweisbar sind, sollten stets mindestens 3 Kotproben von 3 aufeinanderfolgenden Tagen sowie bei Welpen in Zuchtbeständen verschiedene Wurfgeschwister untersucht werden.

Epidemiologie und Verbreitung: *Cystoisospora*-Arten sind ubiquitär und die Oozysten bleiben bei entsprechender Feuchtigkeit in der Außenwelt wochen- bis monatelang infektiös. Die Prävalenzen (alle Altersklassen) betragen bei Hunden und Katzen

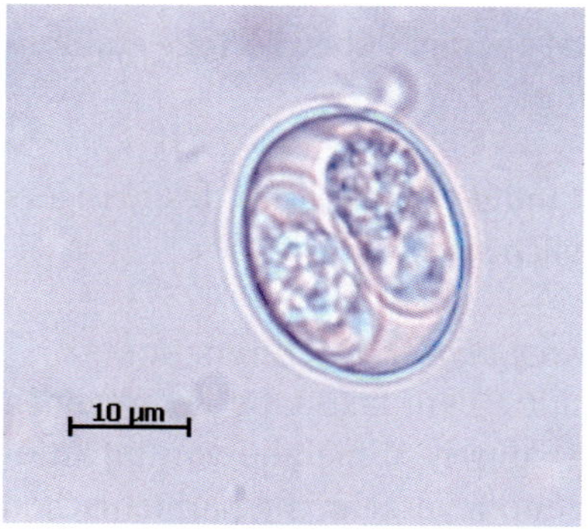

Abb. 2.21 Cystoisospora canis Zyste 1

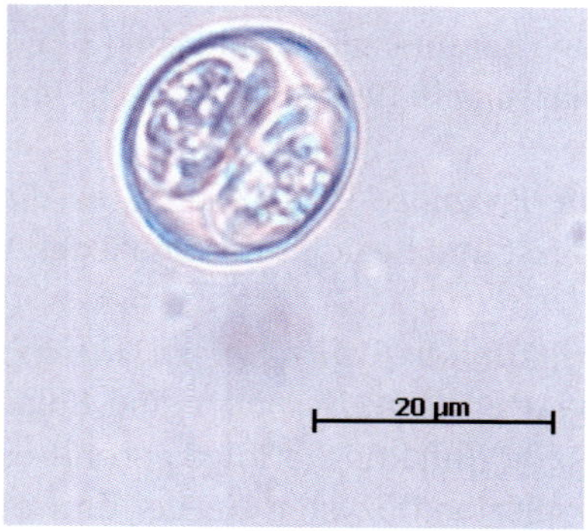

Abb. 2.22 Cystoisospora canis Zyste 2

in Deutschland je nach untersuchtem Kollektiv bis ca. 10 %, bei Welpen oder -gruppen sind diese jedoch oft höher.

Therapie: Toltrazuril: 10 mg/kg KM 1 × tägl. p. o. während 4–5 Tagen, als Kombinationspräparat mit Emodepsid in Deutschland für Hunde zugelassen. Wirksam nur gegen Vermehrung der Kokzidien, nicht gegen klinische Symptome bei bereits infizierten Tieren. Diclazuril: 2,5–5 mg/kg KM 1 × p. o. Keine Zulassung in Deutschland.

Die Dosierungsempfehlungen für Sulfonamide lauten wie folgt:
Hund: Sulfadoxin plus Trimethoprim (15–20 mg/kg KM Gesamtwirkstoff) oder Sulfadimethoxin plus Trimethoprim (24 mg/kg KM Gesamtwirkstoff)
Katze: Sulfadiazin plus Trimethoprim (15–30 mg/kg KM Gesamtwirkstoff, 2 × tägl. p. o.) oder Sulfadimethoxin plus Trimethoprim (32 mg/kg KM Gesamtwirkstoff). Der Einsatz von Sulfonamidpräparaten ist oft unbefriedigend, je nach Ausmaß der Erkrankung sind zusätzliche symptomatische Behandlungen unerläßlich.

Prognose: Bei frühzeitiger Diagnosestellung grundsätzlich gut, jedoch vom Stadium der Durchfallerkrankung abhängig.

Prophylaxe: Oberstes Prinzip ist eine einwandfreie und konsequente Durchführung der hygienischen Maßnahmen (regelmäßige Kotentfernung, Reinigung mit Dampfstrahlgerät und anschl. Desinfektion etc.), insbesondere bei Haltung von mehreren Hunden sowie vor allem in Hundezuchten gut zu reinigende Böden. Katzentoiletten sind täglich zu reinigen.

Kryptosporidiose (Hund, Katze)

Beim Hund und bei der Katze können nach derzeitigem Wissensstand mind. je zwei verschiedene *Cryptosporidium*-Arten (Tab. 2.1) parasitieren. Am häufigsten scheint bei beiden Wirtstieren *Cryptosporidium parvum* vorzukommen (Oozysten: 4,8–5,6 × 4,2–4,8 µm), der Erreger kann zudem in verschiedenen Genotypen auftreten. Außerdem kommen gelegentlich auch *C. canis* beim Hund bzw. *C. felis* bei der Katze vor; die Oozysten von *C. felis* sind kleiner (3,2–5,1 × 3,0–4,5 µm). Die Infektion erfolgt durch Aufnahme von infektiösen, sporulierten Oozysten von Tier zu Tier oder aber durch kontaminiertes Futter oder Wasser, da die Tenazität der Oozysten außerordentlich hoch ist. Der Entwicklungszyklus dieser Parasitenspezies ist direkt, findet im Dünndarm statt und führt zur Bildung von zwei verschiedenen Typen von sporulierten Oozysten: sog. dickwandige, die sporuliert mit dem Kot ausgeschieden werden und sog. dünnwandige Oozysten, deren Hülle bereits im Darmtrakt lysiert und bei der die freigesetzten Sporozoiten zu endogenen Autoinfektionen führen können.

Pathogenese und Klinik: Die Entwicklung der Parasiten im Mikrovillisaum kann abhängig von der Befallsstärke zur Zerstörung desselben und sogar der Epithelzellen führen. Folgen sind u. a. gestörte Absorption und Digestion sowie Dysbakterie, die zu dünnbreiigen und profusen Durchfällen mit Anorexie, Erbrechen, rascher Exsikkose und gelegentlich sogar Fieber führen, die sich unter Umständen über Wochen erstrecken können. Todesfälle sind nicht selten. Die Erkrankung tritt vorwiegend bei Welpen oder aber bei Patienten mit reduzierter Immunkompetenz auf, die Präpatenz variiert von 2–11 Tagen. Bei immunkompetenten Tieren verläuft die Infektion i. d. R. selbstlimitierend bzw. symptomlos, da sich eine belastbare Immunität entwickelt.

Diagnose: Der Kryptosporidienbefall kann koprologisch nachgewiesen werden: Methoden der Wahl sind die Ziehl-Neelsen-Färbung oder die sog. Ausschlussfärbung mit Karbolfuchsin nach Heine im getrockneten Kotausstrich auf dem Objektträger. Mittels dieser beiden Testverfahren sind die Oozysten sehr deutlich und unverwechselbar nachweisbar. Heutzutage werden vermehrt kommerzielle Tests zum Nachweis von Koproantigen eingesetzt, insbesondere weil damit geringe Antigenmengen nachweisbar sind und zudem mithilfe von Kottupfern gearbeitet werden kann. Bei der Verwendung von Praxis-Schnelltests ist wegen falsch-positiven bzw. falsch-negativen Ergebnissen die Interpretation der Ergebnisse vorsichtig und unbedingt im Einklang mit den klinischen Symptomen vorzunehmen. Eine Untersuchung im parasitologischen Speziallabor ist in fraglichen Fällen stets anzustreben. Gute Ergebnisse ergibt der PCR-Nachweis. Bei klinischem Verdacht, aber negativem Nachweis, sollten unbedingt wiederholt Kotproben untersucht werden.

Epidemiologie und Verbreitung: Kryptosporidien sind ubiquitär, spielen jedoch nach bisherigen Kenntnissen vor allem bei wenige Tage alten Wiederkäuern die größte Rolle. In der Außenwelt bleiben die Oozysten bei adäquaten Bedingungen (Feuchtigkeit, Temperaturen < 10 °C) während Monaten infektiös. Untersuchungen von Hunden und Katzen mithilfe des Koproantigen-Tests ergaben in Deutschland Prävalenzen von bis zu 10 %, je nach Gegend werden jedoch weit höhere Prävalenzen angegeben.

Therapie: Zur Behandlung der Kryptosporidiose stehen keine spezifischen bzw. zugelassenen Medikamente zur Verfügung. Jederzeit angebracht ist die Verabreichung von

Immunglobulinpräparaten. Priorität hat die adäquate symptomatische Durchfallbehandlung.

Prognose: Bei frühzeitiger Diagnosestellung und korrekter symptomatischer Therapie meist günstig, vorsichtig bis ungünstig bei protrahierten Fällen, vor allem als Folge der Exsikkose.

Prophylaxe: Oberstes Prinzip ist eine einwandfreie und konsequente Durchführung der hygienischen Maßnahmen, insbesondere in Zuchten. Nach Ausbruch einer Kryptosporidiose sollten die übrigen Welpen unbedingt mit einem Immunglobulinpräparat versorgt werden.

Bedeutung für den Menschen: Kryptosporidien können bei immungeschwächten Patienten, Kleinkindern und älteren Personen zu teilweise massiven Durchfallproblemen führen.

Neosporose (Hund)

Endwirt von *Neospora caninum* (Tab. 2.1) ist primär der Hund, während für die zweite beschriebene *Neospora*-Art (*N. hughesi*) nur der Zwischenwirt (Pferd) bekannt ist. Der Hund infiziert sich durch Verzehr von zystenhaltigem Gewebe von Zwischenwirten. Ca. 5 Tage p. i. beginnt die Ausscheidung von unsporulierten Oozysten mit dem Kot, der endogene Zyklus ist jedoch noch ungeklärt. Klinisch relevant sind intrauterine Infektionen der Welpen.

Pathogenese und Klinik: Während die sog. Endwirt-Entwicklung symptomlos verläuft und der Parasit im Kot nachweisbar wird, kann es nach intrauteriner Infektion bei Welpen zu einem Polyradikulitis-Myositis-Syndrom mit Schwäche und Lähmungen der Hinterhand kommen. Auch anderweitig generalisierte Formen mit Entzündungsherden in diversen Organen können auftreten. Außerdem können ältere Hunde an einer Encephalitis oder Encephalomyelitis mit oder ohne Myositis erkranken. Die Pathogenese ist noch unbekannt.

Diagnose: Bei der Kotuntersuchung mittels Flotationsverfahren können sehr selten neosporaähnliche Oozysten nachgewiesen werden, die jedoch morphologisch nicht von *Hammondia heydorni* abgrenzbar sind und daher meistens als neosporaähnliche Oozysten bezeichnet werden. Bei positivem Nachweis sollte eine PCR-Differenzierung vorgenommen werden. Weitere Nachweismethoden sind Serologie oder PCR direkt aus Kot.

Epidemiologie und Vorkommen: Die Verbreitung von *N. caninum* beim Hund ist bislang nur lückenhaft bekannt und daher sehr schwer abzuschätzen. Während koprologische Untersuchungen beim Hund meistens Prävalenzen von < 1 % ergeben, werden je nach Untersuchungskollektiv und Region Seroprävalenzen von bis zu > 10 % festgestellt.

Therapie: Bisher ist keine sicher wirksame Therapiemöglichkeit gegeben. Aufgrund von Erfahrungen und Behandlungsansätzen in den USA wird heutzutage verbreitet das nachfolgende Schema empfohlen: Kombinationstherapie mit Clindamycin (20 mg/kg KM 3 × tägl.) und Sulfodiazin/Trimethoprim (15 mg/kg KM 2 × tägl. p. o.) während mindestens 4 Wochen.

Prognose: Für Welpen mit dem Polyradikulitis-Myositis-Syndrom ist die Prognose sehr ungünstig, sie hängt eventuell auch vom Zeitpunkt des Einsatzes der Therapie ab.

Prophylaxe: Vermeiden, dass Hunde Zugang zu abortierten Foeten oder Nachgeburten von Rindern oder von anderen potenziellen Zwischenwirten haben!

Gewebeprotozoen

Toxoplasma gondii (Hund, Katze)

Dieser Erreger gehört zu den sog. Zysten-bildenden Kokzidien (Tab. 2.1) und ist fakultativ heteroxen. Endwirte bzw. Ausscheider auf natürlichem Wege über den Kot sind ausschließlich Katzen und Katzenartige. Zwischenwirte sind praktisch alle Säuger- und Vogelarten, der Hund ist wie der Mensch auch empfänglich und kann an Toxoplasmose erkranken, ist jedoch weder für den Menschen noch für Katzen oder andere Tiere infektiös.

Hinsichtlich des Ablaufes des Entwicklungszyklus und folglich auch der Pathogenese ist zwischen den Vorgängen bei Katze und Hund klar zu differenzieren.

Von zentraler Bedeutung zum Verständnis der *T. gondii*-Infektionen und des komplexen biologischen Zyklus sind Katzen bzw. Katzenartige, da sie zugleich als End- und Zwischenwirt fungieren können: Nach Aufnahme von zystenhaltigem Gewebe (in der Regel durch Verzehr von Zwischenwirten: Kleinnager oder Vögel mit anschließender Freisetzung von Bradyzoiten, d. h. im Rahmen der sog. carnivoren Nahrungskette) kommt es bei der Katze rasch zu einer ungeschlechtlichen Vermehrung in den Epithelzellen des Dünndarms, die nach mehreren Generationsfolgen in die geschlechtliche Entwicklung (Gamogonie) mit anschließender Bildung und Ausscheidung von unsporulierten Oozysten (noch nicht infektiös) übergeht. Es handelt sich hier um die „eigentliche" Endwirtfunktion der Katze. Die Oozysten werden erst durch die frühestens nach 24–36 Stunden erfolgende Sporulation infektiös. Die Präpatenzzeit dauert bei diesem Infektionsvorgang ca. 3–10 Tage. Während der bei intaktem Immunsystem ca. 3 Wochen andauernden Patenz werden Millionen von Oozysten ausgeschieden.

Nimmt die Katze hingegen infektiöse Oozysten aus der Umwelt auf, kommt es zunächst – analog zum Infektionsgeschehen bei den „eigentlichen" Zwischenwirten – zu einer asexuellen extraintestinalen Vermehrung und hämatogenen Aussaat in verschiedene innere Organe einschließlich Darm. Ausgehend von dieser hämatogenen Ausschwemmung kann es auch bei Katzen in verschiedenen Organen zu einer Zystenbildung kommen. Die im Darm angesiedelten Stadien entwickeln sich weiter, es kommt zur sexuellen Vermehrung (Gamogonie) und in der Folge zur Bildung und Ausscheidung von Oozysten. Dieser verlängerte Entwicklungsweg führt zu einer im Vergleich längeren Präpatenzperiode von ca. 3–5 Wochen.

Der Hund infiziert sich entweder durch Aufnahme von zystenhaltigem Gewebe (Freisetzung von Bradyzoiten) von anderen Zwischenwirten (carnivore Nahrungskette) oder zufällig durch sporulierte Oozysten aus Katzenkot(resten) in der Außenwelt. Nach der Infektion kommt es beim Hund zu einer extraintestinalen, parasitämischen Phase mit zunächst rascher systemischer Parasitenvermehrung. Diese geht dann über in eine langsam ablaufende Zystenbildung in diversen Organen, insbesondere jedoch in Gehirn und Rückenmark sowie Herz- und Skelettmuskulatur. Zysten persistieren in Zwischenwirten bei intaktem Immunsystem lebenslang. Gelegentlich kommt es auch zu vertikalen, diaplazentaren Übertragungen.

Pathogenese und Klinik: Die weitaus meisten *T. gondi*-Infektionen bei der Katze und beim Hund verlaufen subklinisch und symptomlos, insbesondere treten bei Katzen kaum je klinische Fälle einer intestinalen Toxoplasmose auf. Falls solche Fälle bei Katzen überhaupt diagnostiziert werden, ist dem Immunstatus und/oder differenzialdiagnostisch dem gleichzeitigen Vorkommen von felinen Virusinfektionen besondere Beachtung zu schenken. Klinisch relevante feline Toxoplasmose-Fälle werden in erster Linie im Rahmen der sog. Zwischenwirtfunktion beobachtet: Im Zuge der intrazellulären Vermehrung von Tachyzoiten in diversen Organen oder nach Reaktivierung von Zysten kann es infolge des Absterbens von infizierten Zellen zu multiplen, teilweise deutlichen Nekroseherden kommen. Betroffen sind am häufigsten Leber, Lymphknoten, Lunge, Pankreas sowie Retina und Chorioidea und das Zentralnervensystem. Die dazugehörigen Symptome sind die einer klinischen Allgemeinerkrankung wie Apathie, Anorexie und Fieber. Pränatale bzw. intrauterine *T. gondii*-Infektionen können zu Aborten oder aber akuten Erkrankungen der neu geborenen Welpen führen.

Beim Hund kann es durch die extraintestinale, intrazelluläre Parasitenvermehrung in verschiedenen Organen zu kleinherdförmigen Zellnekrosen mit entzündlichen Veränderungen oder selten sogar zu septikämieähnlichen Läsionen mit akutem Krankheitsverlauf kommen. Dominierend dabei ist das Bild einer fieberhaften Allgemeinerkrankung mit Anorexie, Apathie, Fieber, Lymphadenopathie, pneumonischen Symptomen sowie diversen Organmanifestationen. Dieses Krankheitsbild tritt am ehesten bei Welpen meist in Verbindung mit einer anderen immunsupprimierenden Erkrankung auf. Obwohl meist symptomlos kann es bei chronischem Verlauf als Folge der Zystenbildung bzw. der kontinuierlichen Parasitenpräsenz in den betroffenen Organen, vor allem im ZNS, gelegentlich zu entzündlichen Veränderungen kommen. Diverse zentralnervöse oder/und pneumonieähnliche Symptome sind am auffälligsten. Je nach Anamnese ist deshalb bei Hunden mit ZNS-Symptomen eine *T. gondii*-Infektion differenzialdiagnostisch in Betracht zu ziehen. Anders sind die klinischen Folgen bei intrauteriner Infektion: Es kann zu Aborten oder Missbildungen bzw. post-partalen Entwicklungsstörungen wie Muskelschwäche, Muskeldystrophie, Radikulitis-Symptome etc. kommen, die jedoch differenzialdiagnostisch gegenüber einer Neosporose abgegrenzt werden müssen.

Diagnose: Während der maximal ca. 3 Wochen dauernden Patenz von *T. gondii*-Infektionen können im Katzenkot mittels Flotation Oozysten (ca. 12,5 × 10,5 μm) nachgewiesen werden. Differenzialdiagnostisch bzw. morphologisch sind diese jedoch nicht von *Hammondia hammondi* zu unterscheiden. Da der koprologische Nachweis sehr oft negativ verläuft, erfolgt die Diagnostik mittels PCR oder durch eine zuverlässige serologische Analyse (IFAT, ELISA etc.). Für eine korrekte Interpretation und Sicherung der Diagnose ist die Untersuchung von gepaarten Blutproben (im Abstand von mindestens 2 Wochen zur Feststellung eines eventuellen Titer-Anstiegs, insbesondere der IgM-Antikörper) unerlässlich. Erschwerend ist stets, dass die *T. gondii*-Antikörper über Monate persistieren können.

Die Diagnose am lebenden Hund ist aufgrund einer klinischen Verdachtsdiagnose in erster Linie serologisch durch den spezifischen Antikörpernachweis (IFAT, ELISA) zu stellen (2-malige Untersuchung im Abstand von 2–3 Wochen).

In der Toxoplasmose-Diagnostik sind im Weiteren die Liquoruntersuchung sowie der Antigen-(ELISA) oder der PCR-Nachweis aus Vollblut oder besser aus biopsiertem Gewebe beschrieben, bei sezierten Tieren ist auch der histologische Nachweis möglich.

Epidemiologie und Verbreitung: Die Toxoplasmose kommt ubiquitär vor, Infektionen bei Hund und Katze sind direkt vom Nahrungsverhalten abhängig, klinisch relevante Toxoplasmose-Fälle sind bei beiden Tierarten eher seltene Einzelfälle.

Therapie: Die Behandlung der Toxoplasmose ist schwierig, für Katzen wird empfohlen: 5–10 mg/kg KM Toltrazuril p. o. 1-mal täglich während 2 Tagen (enteraler Zyklus), als Kombinationspräparat mit Emodepsid in Deutschland für den Hund zugelassen. Die Applikation von Spiramycin oder Clindamycin wird auch als Erfolg versprechend angegeben.

Prognose: Bei klinischen Fällen mit intaktem Immunsystem und frühzeitiger Diagnostik ziemlich gut, insgesamt aber infolge schwieriger Therapierbarkeit vorsichtig zu stellen.

Prophylaxe: Die Toxoplasmose ist ubiquitär; gezielte Prophylaxemaßnahmen bei Hund und Katze sind nicht oder kaum realistisch und scheinen übertrieben, da eine deswegen erzwungene, prinzipielle Änderung des Ernährungs- und Jagdverhaltens von Hund und Katze nicht angemessen erscheint.

Hingegen ist eine strike Einhaltung von Hygiene- und Desinfektionsmaßnahmen oberste Priorität, vor allem die tägliche Reinigung der Katzentoilette.

Bedeutung für den Menschen: Der Hund spielt für die Übertragung der Toxoplasmose auf den Menschen keine Rolle, da er wie der Mensch eine parasitologische „Sackgasse“ darstellt.

Die Toxoplasmose ist eine relevante Zoonose des Menschen, was sich u. a. in einer relativ hohen Seroprävalenz von ca. 30 % der menschlichen Bevölkerung widerspiegelt. Die meisten Infektionen verlaufen subklinisch. Der Mensch infiziert sich durch Aufnahme von sporulierten Oozysten (Katzenkot-kontaminierte Umwelt) oder von zystenhaltigem Fleisch.

Bei *T. gondii*-Erkrankungen ist grundsätzlich zwischen der sog. „erworbenen" und der „kongenitalen" Toxoplasmose zu unterscheiden: Die erworbene Toxoplasmose betrifft vemehrt Kinder und Jugendliche sowie immunsupprimierte oder -deprimierte Patienten. Bei Erstinfektionen von immunkompetenten Patienten kommt es zu einer akuten Infektion mit grippeähnlichen Symptomen. Gefährlich sind *T. gondii*-Infektionen vor allem für immungeschädigte Patienten, bei denen sich eine generalisierte oder zerebrale Toxoplasmose entwickeln kann.

In sehr seltenen Fällen kann es während der Schwangerschaft in der Folge einer diaplazentar übertragenen Infektion zu einer kongenitalen Toxoplasmose des Fetus kommen. Gegen *T. gondii* nicht immune Schwangere sollten deshalb den Kontakt mit Katzen während der Schwangerschaft meiden.

Leishmaniose (Reise- oder Importkrankheit; Hund, Katze in endemischen Regionen)
Die Leishmaniose des Hundes ist eine in der Regel langsam, aber protrahiert verlaufende systemische Erkrankung. Da sie bei Katzen sehr selten und nördlich der Alpen bedeutungslos ist, wird in erster Linie auf die Leishmaniose des Hundes eingegangen.

Im europäischen Raum sind die nachgewiesenen Fälle von Leishmaniose beim Hund in der Regel durch *Leishmania infantum* verursacht (Tab. 2.1). Die in vielen Regionen des Mittelmeerraums endemisch vorkommende, in West- und Mitteleuropa bei Hunden meist als Import- oder Reisekrankheit aus südlicheren Regionen auftretende Infektion wird durch dämmerungs- oder nachtaktive Schmetterlingsmücken (*Phlebotomus*-Arten) beim Stechakt übertragen. Eine direkte Übertragung von Hund zu Hund ist theoretisch (Biss) möglich, jedoch kaum vorkommend und in der tierärztlichen Praxis bedeutungslos. Hingegen sind wiederholt Fälle von intrauteriner Übertragung beschrieben. Leishmanien (*L. infantum*) sind rundlich-ovale, 2–4 µm große Parasiten mit deutlichem Kern und einem Kinetoplasten, die im Wirtstier in der amastigoten Form in Zellen der retikulo-endothelialen Reihe parasitieren. Sie verwandeln sich nach der Aufnahme beim Blutsaugakt in den Schmetterlingsmücken in promastigote (begeißelte) Formen. Der Hund gilt als wichtiger Reservoirwirt und ist in endemischen Gegenden sehr oft symptomlos, die Leishmanien können jedoch jahrelang persistieren. Speziell zu beachten ist hingegen die über Monate bis mehrere Jahre dauernde Inkubationsphase, die die genaue Erfassung der Herkunft der *Leishmania*-Infektion in vielen Fällen unklar oder sogar unmöglich macht. Diese lange bzw. schwer abschätzbare Inkubationszeit dürfte auch dafür verantwortlich sein, dass gelegentlich Leishmaniose-Fälle als autochthon bezeichnet werden, ohne dass ein absolut sicherer Nachweis erbracht wurde.

Pathogenese und Klinik: Obwohl nach den Phlebotomenstichen bzw. der Inokulation der Parasiten die Eintrittstellen meist unbemerkt bleiben, kommt es bereits lokal zur Proliferation von infizierten Zielzellen (Makrophagen, Monozyten) und von reaktiven Plasmazellen. Da Hunde meist sehr oft gestochen werden, hängt das Ausmaß der sich entwickelnden Läsionen vermutlich ebenfalls von der Infektionsdosis ab. Die Hautläsionen, insbesondere am Kopf (Nasenspiegel, um Augen und Ohren) sind in der Regel klinisch vordergründig. Die befallenen, proliferierenden Zellen des retikulo-endothelialen Systems disseminieren progredient in andere, vorwiegend lymphatische Organe wie Lymphknoten und Milz, aber auch Leber, Knochenmark, Lunge, Darm etc. Lokal entstehen je nach Intensität der Antigenstimulation teilweise massive Plasmazellproliferationen und ausgedehnte granulomatöse Entzündungen, z. T. mit Organschädigungen. Durch übermäßige Immunglobulinproduktion und Bildung von Immunkomplexen können im Verlaufe der sich meistens sehr langsam entwickelnden Leishmaniose auch Schädigungen des Gefäßendothels und vor allem immunkomplexbedingte Glomerulonephritiden entstehen.

Die primären Symptome sind in den meisten Fällen Hautveränderungen in Form von Alopezie, z. T. auch Brillenbildung am Kopf, vermehrte Schuppung mit kleieartiger Desquamation, Pusteln und Ulzerationen vor allem an Ohrrändern sowie meistens generalisierte Lymphknotenschwellungen. Nicht selten sind Krallenhypertrophie und -deformationen. Im Laufe der progredient verlaufenden Erkrankung können je nachdem individuell sehr verschiedenartige Symptome auftreten: Anämie, Apathie, Inappetenz, Fieber, Abmagerung. Besonders auffällig und in die Beurteilung einzubeziehen ist eine Hypergammaglobulinämie, assoziiert mit einer Hypoalbuminämie und einer Proteinurie. Nicht selten sind im fortgeschrittenen Infektionsverlauf Niereninsuffizienzen, gelegentlich auch Augenveränderungen wie Keratokonjunktivitis und Uveitis. In der protrahierten Form entwickelt sich oft das Bild einer viszeralen Leishmaniose mit unterschiedlich ausgeprägter Hepato- und Splenomegalie.

Diagnose: Ein wichtiger Hinweis für die Verdachtsdiagnose einer Leishmaniose ist ein anamnestisch genau erfasster Aufenthalt (Region, Jahreszeit, Aufenthaltsdauer etc.) in einem potenziell endemischen Gebiet – in Europa in der Regel im Mittelmeergebiet und den nördlich daran angrenzenden Regionen, jedoch südlich der Alpen.

Von großer Bedeutung für die Diagnose ist nach wie vor der serologische Nachweis (IFAT, ELISA: 2-mal Proben im Abstand von 2–3 Wochen). Eine meist bessere und zielführende Leishmaniose-Diagnostik erfolgt jedoch vorzugsweise mittels PCR aus verändertem Hautgewebe oder – je nach klinischen Befunden - Blut. Sofern möglich – immer erstrebenswert – kann auch ein direkter Erregernachweis aus Lymphknoten- oder Knochenmarkspunktat (direkt im Giemsa gefärbten LK- oder KM-Ausstrich oder aber durch kulturelle Anzucht oder PCR) durchgeführt werden. Ein Nachweis ist je nach Befall auch durch die histologische Untersuchung von Hautbiopsien möglich. Nicht angebracht ist jedoch ein sog. Direktnachweis mittels eines Hautabklatsches von veränderten Hautstellen.

Epidemiologie und Vorkommen: Die für den deutschsprachigen Raum wichtigste Verbreitung von *L. infantum* umfasst den Mittelmeerraum sowie die unmittelbar nördlich daran angrenzenden Gebiete; im Weiteren die Iberische Halbinsel, die Kanarischen Inseln sowie den Balkan und den Nahen Osten. Dort bilden Hunde das eigentliche Reservoir und diese Regionen in sehr vielen Fällen die Herkunftsgebiete für die in Form von Reise- oder Importkrankheiten auftretenden Fälle von caniner Leishmaniose. Verdachtsfälle von autochthoner Leishmaniose nördlich der Alpen sind stets kritisch zu hinterfragen, denn nach bisherigen Untersuchungen sind nördlich der Alpen noch keine autochthon vorkommenden, *Leishmania*-übertragende Vektoren nachgewiesen worden. Solche Fälle sollten angesichts der oft schwierig zu erhebenden Anamnese und der teilweise jahrelangen Inkubationszeit auch bezüglich möglicher Verwandtschaften mit *Leishmania*-positiven Hunden abgeklärt werden.

Therapie: Die Behandlung der Leishmaniose ist oft schwierig und ernüchternd. Wenn auch in vielen Fällen eine klinische Besserung erreicht werden kann, so führt doch keine Therapiemaßnahme zu einer sicheren Erregerelimination. Rezidive sind deshalb nicht selten, ein klinisches Monitoring einmal positiv getesteter, aber behandelter Hunde mit Bestimmung der Gammaglobulin- und Nierenwerte ist daher zwingend. Etwas weniger aussagekräftig scheint der Antikörpertiter zu sein. Die Behandlungsmethoden werden im internat. Expertenteam „Leishvet" fortlaufend aktualisiert und können unter www.leishvet.org jederzeit eingesehen werden.

Nach unseren Erfahrungen haben sich auch die untenstehenden Therapieschemata bewährt, jedoch sind unbedingt die Zulassungsbedingungen für das entsprechende Land zu beachten:

- Serologisch oder parasitologisch diagnostizierte Leishmaniose ohne klinische Symptome: Allopurinol (Zyloric®) 20–30 mg/kg KM p. o. 2 × tägl. während Monaten oder Jahren. Falls durch Besitzer keine Therapie erwünscht, klinisches Monitoring bis zum Auftreten von Symptomen, danach wie klinische Symptome (s. unten).
- Serologisch oder parasitologisch diagnostizierte Leishmaniose mit klinischen Symptomen:
  - Guter Allgemeinzustand: Allopurinol 20–30 mg/kg KM 2 × tägl. p. o. während Monaten bzw. Jahren oder Meglumin-Antimonat (Glucantim®) 100 mg/kg KM 1 × tägl., langsam i. v., während 3–4 Wochen.
  - Reduzierter Allgemeinzustand: Glucantim® in Kombination mit Allopurinol nach obiger Dosierung.
  - In verschiedenen, v. a. mediterranen EU-Ländern zugelassen ist das Phosphocholin-Derivat Miltefosin (Milteforan®). Kombinationsbehandlung: Allopurinol 20–30 mg/kg KM p. o. 2 × tägl. plus Miltefosin 2 mg/kg KM 1 × tägl. p. o. während 4 Wochen. Die klinische Wirksamkeit war in einer Studie vergleichbar zur Kombinationstherapie Allopurinol plus Meglumin-Antimonat. Allerdings traten bei einigen Hunden deutliche gastrointestinale Nebenwirkungen auf.

Aus einer entsprechenden Studie geht hervor, dass die Leishmaniosebehandlung auch bei symptomlosen Hunden sinnvoll ist und bei diesen zu einer deutlich verlängerten Überlebenswahrscheinlichkeit von mehreren Jahren führen kann.

Prognose: Insgesamt infolge schwieriger Therapierbarkeit schwierig zu stellen. Günstiger, solange nur Haut betroffen. Die im Allgemeinen sehr gute Allopurinol-Verträglichkeit über lange Zeit trägt zu einer deutlich verlängerten Überlebenszeit bei.

Prophylaxe: *Es gilt folgende Maxime:* In endemische Gebiete (Mittelmeerraum) grundsätzlich keine Hunde mit in den Urlaub oder auf Reisen mitnehmen, importierte Hunde vor endgültiger Übernahme bzw. Rückkehr aus endemischen Gebieten gezielt untersuchen lassen.

Bei Reisen mit Hunden in endemische Gebiete bzw. längeren Aufenthalten in solchen Regionen sind diese vor der Abreise mit Pyrethroid enthaltenden Substanzen gegen Phlebotomenbefall zu behandeln bzw. in den empfohlenen Intervallen nachzubehandeln. Für den Langzeitschutz während Monaten werden die Deltamethrin- oder Flumethrin enthaltenden Halsbänder empfohlen. Die einmalige Behandlung mittels Permethrinhaltigen Präparaten im Spot-on Verfahren bietet einen nachweisbaren Schutz von bis zu 3 Wochen. Es gilt jedoch unbedingt zu beachten, dass weder gegen die Phlebotomen noch die Leishmaniose eine absolute Schutzwirkung möglich ist!

In verschiedenen europäischen Ländern ist eine Vakzine gegen *L. infantum* zugelassen. Die Expertengruppe „LeishVet" (www.leishvet.org) empfiehlt zur Prophylaxe der Leishmaniose stets einen integrierten Ansatz, bestehend aus wirksamen Langzeit-Insektiziden und der Applikation einer *L. infantum*-Vakzine.

Bedeutung für den Menschen: Die Leishmaniose ist eine Zoonose. Der Hund spielt für die direkte Übertragung der Leishmaniose auf den Menschen keine Rolle, hingegen ist er im Mittelmeerraum der wichtigste Reservoirwirt für die Phlebotomen-übertragene menschliche Leishmaniose.

Babesiose (in D, A, CH gebietsweise autochthon; Reisekrankheit; Hund)

Im west- und mitteleuropäischen Raum sind vor allem *Babesia canis* und *B. vogeli* von Bedeutung (Tab. 2.1). Diese beiden Arten werden jedoch durch zwei verschiedene Zeckenarten übertragen (*B. canis* durch *Dermacentor reticulatus* und *B. vogeli* durch *Rhipicephalus sanguineus*). Sehr selten wird – vor allem mit Hunden aus Südostasien oder Überseeregionen eingeschleppt – eine durch *B. gibsoni* („Kleine Babesie") hervorgerufene Babesiose beobachtet.

Die früher vorwiegend in mediterranen und daran angrenzenden Regionen beobachtete *B. canis*-Babesiose kann heutzutage in zunehmendem Maß in verschiedenen Regionen Deutschlands, Österreichs und der Schweiz sowie in den anderen nördlicheren Regionen Europas mit endemischem Vorkommen von *D. reticulatus* als autochthone Infektion nachgewiesen werden. Es handelt sich um eine typische, vektorübertragene Infektion, bei der eine direkte Hund-Hund-Übertragung – außer durch Blutransfusion – nicht vorkommt.

Die *B. vogeli*-Babesiose ist – entsprechend dem Vorkommen ihrer Vektorzecke *R. sanguineus* – nach wie vor mehrheitlich im mediterranen Raum oder aber in nördlicheren Regionen in der Regel als Importerkrankung nachweisbar.

Die *B. canis*- bzw. *B. vogeli*-Merozoiten in den Erythrozyten sind birnenförmig, 4–5 µm lang und liegen meist paarweise mit spitzem Teilungswinkel in den Erythrozyten, diejenigen von *B. gibsoni* sind rundlich oder ovoid und deutlich kleiner (1–2 µm lang). Die Übertragung erfolgt durch den Blutsaugakt der Zecke.

Klinisch ist relevant, dass sich *B. canis* und *B. vogeli* bezüglich pathologischer Auswirkungen und klinischer Manifestation deutlich unterscheiden.

Ähnlich wie bei der Leishmaniose geben die Babesieninfektionen oft Anlass zu Spekulationen bezüglich der tatsächlichen Herkunft der Infektion. Außerhalb der bekannten endemischen Gebiete im deutschsprachigen Raum (s. Epidemiologie) sind weiterhin diverse nachgewiesene Babesiose-Fälle reise- oder importbedingt. In derartigen Fällen sollten – sofern verfügbar – hinsichtlich der Herkunft der Babesiose auch die auf dem Hund festgestellten Zecken in einem parasitologischen Speziallabor genauer identifiziert werden.

Im südlichen Afrika kommt außerdem *B. rossi* vor, eine durch *Haemaphysalis leachi* übertragene Babesiose des Hundes.

Die Babesiose der Katze kommt in Mitteleuropa nicht vor und wird deshalb in diesem Rahmen nicht behandelt.

Pathogenese und Klinik: Nach der beim Zeckenbiss erfolgten Inokulation durch Zeckenspeichel befallen die Sporozoiten die Erythrozyten und setzen in diesen die ungeschlechtliche Vermehrung in Gang, die u. a. durch Erythrozytenzerstörung zu Hämolyse führt. Allerdings werden auch diverse andere Mechanismen wie Autosensibilisierung der Ec-Membran mit anschließender Lyse, komplementvermittelte Ec-Lyse, Produktion von hämolytischen Faktoren etc. aktiviert und für die teilweise ausgeprägte Hämolyse verantwortlich gemacht. Bei gewissen hochpathogenen *Babesia*-Arten anderer Tierarten kommt es außerdem zu einer Aktivierung des Kallikreinsystems im Plasma mit Freisetzung vasoaktiver Substanzen und den Folgen von erhöhter Gefäßpermeabilität, Vasodilatation und Blutdruckabfall mit intravasaler Gerinnung. Solche Fälle können infolge Hypoxie und schockähnlichem Verlauf rasch letal enden. Ob unterschiedliche Ausprägungen solcher Mechanismen für die deutlichen pathologischen und klinischen Unterschiede zwischen der stark pathogenen *B. canis*- und der sehr milde verlaufenden *B. vogeli*-Infektion verantwortlich sind, bleibt derzeit Spekulation.

Die *B. vogeli*-Infektionen verlaufen in der Regel klinisch inapparent oder mit geringgradigen Symptomen wie leichtgradiges Fieber, leichtgradige Anämie und raschere Ermüdung. Die Parasitämie ist meistens sehr niedrig, die Infektion kann über Monate oder Jahre persistieren.

Die *B. canis*-Infektion verläuft normalerweise nach einer Inkubationszeit von 1–3 Wochen akut. Die dominierenden Symptome sind hohes Fieber, Apathie, Anorexie, Lethargie mit raschem Konditionsverlust und Anämie, hämolytischer Ikterus sowie als Kardinalsymptom Hämoglobinurie. Hämatologisch fallen eine Anämie und hochgradige Thrombozytopenie auf. Weitere Symptome, v. a. im fortgeschrittenen Stadium, können je nach Organschädigung Ikterus, Oedeme, petechiale Blutungen, Dyspnoe, Stomatitis, Gastritis, ZNS-Störungen (disseminierte intravasale Koagulopathie), Hepato- und Splenomegalie, hämorrhagische Enteritis und Nephritiden umfassen.

In chronischen *B.-canis*-Fällen sind die Symptome ähnlich wie bei akuten Fällen, jedoch in deutlich abgeschwächter Ausprägung. In endemischen Gebieten kommt es bei Welpen infolge Schutzwirkung durch maternale Antikörper meist nur zu milden klinischen Symptomen. Eine Immunreaktion, die sich als Prämunität manifestiert und in Regionen mit endemischem Vorkommen durch kontinuierliche Reinfektionen aufrechterhalten wird (enzootische Stabilität) und auch belastungsfähig ist, bildet sich jedoch erst später, d. h. nach überstandener Infektion, aus.

Diagnose: Eine Verdachtsdiagnose wird in der Regel aufgrund der klinischen Symptome, der Jahreszeit sowie der Anamnese (Aufenthalt in bekannt endemischem Gebiet, akute Erkrankung nach Zeckenbefall, reise- oder importassoziierter Vorbericht; vgl. Epidemiologie) gestellt.

Für die Diagnostik sollte zwischen akuter und chronischer Babesiose unterschieden werden:

- Akute Babesiose – nur Direktnachweis (Blutausstrich, oder PCR (Vollblut):
  Giemsa gefärbter Blutausstrich, mind. 30 Min. untersuchen! Differenzierung morphologisch (Abb. 2.23).
- Chronische Babesiose:
  - Direktnachweis:
    PCR.
  - Indirekter Nachweis:
    Die serologische Untersuchung (IFAT, ELISA) erlaubt keine Aussage über den Zeitpunkt oder den Ort einer Infektion und kann auch nicht gegenüber einem eventuellen Vakzinetiter abgrenzen.

Epidemiologie und Verbreitung: Verbreitungsgebiete der *B. vogeli*-Babesiose sind aufgrund ihrer Übertragung durch *R. sanguineus* in erster Linie subtropische (mediterrane) und tropische Regionen. Die durch *D. reticulatus* übertragene *B. canis*-Babesiose kommt heutzutage in verschiedenen Regionen West- und Mitteleuropas (Frankreich, Deutschland, Schweiz, Österreich, Ungarn u. a.) bereits weit verbreitet vor. In Deutschland sind die oberrheinische Tiefebene (Breisgau und angrenzende Gebiete), Saarland, Rheinland-Pfalz, Berlin und Umgebung, Brandenburg, Leipzig und Umgebung sowie die Region München – Regensburg besonders betroffen. In Österreich gelten die Region Neusiedlersee

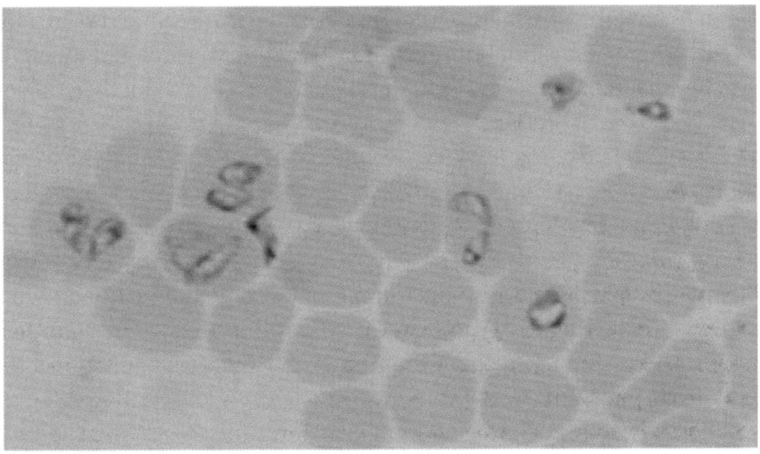

Abb. 2.23 Babesia canis

sowie die südlich gelegenen Bundesländer als besonders gefährdet. Aus der Schweiz stammen die meisten Fälle aus der Westschweiz und dem Mittelland. Neuere epidemiologische Studien lassen erkennen, dass sich aufgrund der sich zurzeit stark verändernden Landschaftsstruktur und Landnutzung die Zecke *D. reticulatus* weiter ausbreitet und dadurch zu einer kontinuierlichen Weiterverbreitung der *B. canis*-Babesiose führt.

Trotz diesen genannten Gebieten mit autochthonem Vorkommen sind sehr viele der in Mitteleuropa diagnostizierten caninen Babesiosefälle sog. Reise- oder Importkrankheiten, die aus südlichen Ländern eingeführt werden.

B. gibsoni tritt in Mitteleleuropa bislang nachweislich vor allem als Importkrankheit aus tropischen Gegenden (v. a. Südostasien, aber auch aus den USA) auf, während eine *B. gibsoni*-ähnliche Babesienart mit *I. hexagonus* als Vektor auf der Iberischen Halbinsel beschrieben wurde.

Therapie: Die Behandlung einer klinisch manifesten Babesiose sollte im Hinblick auf die Vermeidung von Folgeschäden so rasch wie möglich erfolgen. Substanz der Wahl ist Imidocarb-dipropionat (3–6 mg/kg KM s. c.). In den meisten Fällen genügt eine einmalige Applikation, je nach Krankheitsverlauf und gesicherter Diagnose kann dieselbe Behandlung nach 2 Wochen wiederholt werden. Es gilt zu beachten, dass diese Wirksubstanz in vielen Ländern inkl. Deutschland nicht zugelassen ist. Bei der Applikation von Imidocarb-dipropionat muss stets auf die erhöhte Gefahr von Nebenwirkungen hingewiesen werden. Eine unterstützende symptomatische Behandlung ist zwingend.

Ausschließlich serologisch diagnostizierte *B. canis*-Infektionen, die symptomlos sind oder als Zufallsbefund ohne entsprechende Krankheitserscheinungen diagnostiziert werden, sollten im Hinblick auf die Aufrechterhaltung der Immunität (Prämunität) nicht therapiert werden.

Die Therapie der *B. gibsoni*-Infektionen ist schwierig, es gibt vereinzelt Berichte über den Einsatz von Buparvaquone, einer Kombination aus Atovaquone und Azithromycin, sowie von Clindamycin während mindestens 14 Tagen.

Prognose: Bei frühzeitiger Diagnosestellung und entsprechend rasch einsetzender Therapie ist die Prognose für Infektionen mit *B. canis* günstig. Entscheidend ist der Therapiebeginn vor einsetzenden Organschädigungen.

Prophylaxe: Zur Babesiose-Prophylaxe bestehen derzeit verschiedene Möglichkeiten: Voraussetzung für eine wirksame Prophylaxe ist jedoch stets eine konsequente Durchführung entsprechend den epidemiologischen Gegebenheiten und gemäß Vorgaben der Hersteller.

- Prophylaxe der Wahl ist derzeit die sehr effiziente, prophylaktisch wirkende Bekämpfung des Zeckenbefalls mithilfe von Isoxazoline-Derivaten! Sämtliche verfügbaren Wirkstoffe und Wirkstoffkombinationen für die Zeckenprophylaxe sowie deren Applikation siehe Tab. 2.3.
  Grundsätzlich gilt aber auch für die Babesiose: *B. canis* – endemische Gebiete möglichst meiden bzw. importierte Hunde vor Übernahme gezielt untersuchen lassen.

- Sog. Chemoprophylaxe mit Imidocarb-dipropionat (3–6 mg/kg KM s. c.) schützt Hunde ca. 2–4 Wochen vor *B. canis/B. vogeli*-Erkrankung. Möglichst nur gesunde, d. h. vorher klinisch untersuchte Hunde behandeln (cave Nebenwirkungen!)
- In diversen Ländern ist eine Vakzinierung gegen die canine Babesiose (wirksam gegen *B. canis* und *B. vogeli*) möglich, in Deutschland jedoch nicht zugelassen.
- Eine korrekt durchgeführte Zeckenprophylaxe mit dem Wirkstoff Isoxazoline bietet eine sehr gute *B. gibsoni*-Prophylaxe.

Hepatozoonose (Reise- oder Importkrankheit; Hund)

Der zu den Kokzidien gehörende Erreger *Hepatozoon canis* (Tab. 2.1) wird nach derzeitigem Wissensstand vorwiegend durch die Zecke *Rhipicephalus sanguineus* übertragen, allerdings gelten auch die Igelzecke *Ixodes hexagonus* und diverse *Haemaphysalis*-Arten als mögliche Vektoren.

H. canis ist ein Parasit von Hunden und anderen Caniden und wird in erster Linie in seiner charakteristischen Backsteinform (Gamonten) in neutrophilen Granulozyten und Monozyten festgestellt. Neben *H. canis* gibt es noch *H. americanum*, eine vor allem in den USA sich ausbreitende, durch *Amblyomma*-Zecken übertragene Infektion.

Als Besonderheit gilt es zu beachten, dass die Übertragung von *H. canis* auf den Hund nicht über den Blutsaugakt, sondern durch orale Aufnahme (Zerbeißen) der *H. canis*-infizierten Zecke durch den Hund erfolgt, z. B. bei der Fellreinigung oder infolge Juckreiz aufgenommener adulter Zecken, die infektiöse Oozysten enthalten. Die Weiterentwicklung im Wirtstier erfolgt über eine erste Merogonie in der Muskulatur, gefolgt von einer zweiten, aus der sich dann nach hämatogener Aussaat (Parasitämie) in den Leukozyten des Blutes die später von Zeckennymphen aufgenommenen Gamonten bilden. Nach der Häutung ins adulte Stadium sind die Zecken infektiös.

Hepatozoon-Infektionen bei Katzen sind in Mitteleuropa bedeutungslos.

Pathogenese und Klinik: Pathogenetisch bedeutsam ist die Freisetzung von Merogoniestadien und deren Ansiedlung in verschiedenen Organen: Es enstehen multiple Läsionen, teilweise mit fokalen Nekrosen und entzündlichen Reaktionen, z. T. mit Granulombildung in diversen Organen wie Milz, Leber, Lunge, Muskulatur, Nieren, Knochenmark, Lymphknoten. Zusätzlich bestehende immunsuppressive Prozesse können die durch *H. canis* hervorgerufenen Läsionen verstärken oder eine latente Hepatozoonose reaktivieren.

In sehr vielen Fällen verläuft die Hepatozoonose subklinisch oder sehr mild und mit sehr geringer Parasitämie (< 5 % der Neutrophilen infiziert). Bei klinischen Erkrankungen dominieren die Symptome einer Allgemeinerkrankung mit Apathie, Anorexie, Lymphadenopathie, Fieber, Anämie, Abmagerung, Muskelproblemen und respiratorischen Symptomen. Je nach Infektionsgrad können auch ausgedehnte muskuläre Symptome mit starken Schmerzen auftreten. Hämatologisch fallen Eosinophilie, Leukozytose, Neutrophilie, Monozytose und Anämie sowie Erhöhung der CK, Hypergammaglobulinämie und Hypoalbuminämie auf. Allerdings sind auch viele andere Symptome möglich.

Nicht selten sind aufgrund der Herkunft bzw. epidemiologischen Verhältnisse *H. canis*-Infektionen mit Leishmaniosen, Babesiosen oder anderen Reisekrankheiten vergesellschaftet.

Diagnose: Der Direktnachweis des parasitämischen Stadiums im Hund mittels Blutausstrich oder Leukozytensediment (Giemsa gefärbt) erlaubt den Nachweis der Backsteinförmigen Gamonten in den Neutrophilen (s. Abb. 2.24). Die Diagnose erfolgt jedoch i. d. R. mittels PCR aus Vollblut oder aus dem Leukozytensediment. In seltenen Fällen dürften auch Muskelbiopsien einen Nachweis erlauben.

Epidemiologie und Verbreitung: Das Verbreitungsgebiet von *H. canis* liegt primär in tropischen und subtropischen Regionen und deckt sich weitgehend mit dem Vorkommen von *R. sanguineus*. Die Hepatozoonose kommt in mitteleuropäischen Regionen gelegentlich als Einzelfall vor und gilt in Mittel- und Westeuropa meist als Reise- oder Importkrankheit!

Therapie: Es ist keine spezifische Wirksubstanz verfügbar und die Therapie beschränkt sich daher auf die Konsolidierung des klinischen Zustandes: Die 2-malige Applikation von Imidocarb-dipropionat (6 mg/kg KM s. c., in Deutschland nicht zugelassen) im zweiwöchigen Abstand zusammen mit Doxycyclin (5 mg/kg KM 2 × tägl. während 7 Tagen) kann zu klinischer Heilung führen, Rezidive sind aber möglich. In einem Fallbericht wurde nach einer initialen Imidocarb-dipropionat-Applikation gefolgt von einer 5 Tage Toltrazuril-Gabe eine klinische Besserung beschrieben.

Prognose: Da keine spezifische Therapie durchgeführt werden kann, ist die Prognose eher vorsichtig zu stellen. Sie hängt u. a. auch von eventuellen weiteren Infektionen (Ko-infektionen) ab.

Prophylaxe: Die Prophylaxe ist auf eine korrekt durchgeführte Zeckenprophylaxe zu fokussieren. Grundsätzlich gilt auch für die Hepatozoonose: Importierte Hunde vor Übernahme gezielt untersuchen lassen.

2.4.1.2 Trematoden

Aus (veterinär)medizinischer Sicht ist bezüglich Trematoden (Saugwürmer) bei Hund und Katze nur die Klasse der Digenea bedeutsam. Es handelt sich i. d. R. um dorsoventral abgeplattete, vorwiegend blatt- oder lanzettförmige, meist zwittrige Würmer, die mit zwei Saugnäpfen ausgestattet sind. Der Entwicklungszyklus ist heteroxen mit Vertebraten als Endwirt und einem oder zwei Zwischenwirten. Erste Zwischenwirte sind sehr oft Mollusken, während als zweite Zwischenwirte Vertebraten (oft Fische) oder Avertebraten auftreten. Aufgrund dieses Lebenszyklus ist bei den meisten Arten die Entwicklung an Feuchtbiotope oder Gewässer gebunden. Gelegentlich werden bei Hunden und Katzen Eier von *Dicrocoelium dendriticum* (Kleiner Leberegel der Wiederkäuer) nachgewiesen; es handelt sich hierbei i. d. R. um peroral aufgenommene Eier (Leber von Wiederkäuern in der Fleischnahrung), die nach direkter Darmpassage nachweisbar sind. Im deutschsprachigen Raum sind nur die Trematoden von Leber und Pankreas von gewisser Bedeutung.

Trematoden von Leber- und Pankreas *(Tab. 2.1)*

Opisthorchis felineus, Metorchis bilis, Pseudamphistomum truncatum und Eurytrema procyonis (Hund, Katze)

Bei Katzen und Hunden können – regional sehr unterschiedlich und im Allgemeinen selten – diverse Trematodenarten, v. a. von der Familie Opisthorchiidae, parasitieren. Im Vordergrund steht der sog. Katzenleberegel, *Opisthorchis felineus*, der sich vorwiegend in den Gallengängen und in der Gallenblase, gelegentlich auch in den Pankreasgängen ansiedelt (adulte *O. felineus* sind ca. 0,7–1,2 cm × 0,3 cm groß). Es handelt sich um lanzettförmige dorso-ventral abgeplattete Würmer mit je einem gleich großen Bauch- und Mundsaugnapf. Die mit dem Kot ausgeschiedenen Eier entwickeln sich unter entsprechenden Umweltbedingungen über Süßwasserschnecken (*Bithynia*-Arten) als erste und Karpfenartige als zweite Zwischenwirte. Nach Eindringen in den Fisch entwickeln sie sich in der Subkutis oder in der Muskulatur zum Dauerstadium (Metazerkarie). Die Infektion von Hunden oder Katzen erfolgt peroral durch Aufnahme von rohem Fisch.

Pathogenese und Klinik: Der Befall der Gallen- und/oder Pankreasausführgänge mit diesen einige mm bis max. 1,2 cm langen Trematoden führt in Abhängigkeit der Befallsintensität und dank kontinuierlicher Anwesenheit und Antigenfreisetzung zu Irritationen der Mukosa mit Desquamation von Epithelzellen. Es resultieren entzündliche, durch Eosinophile geprägte Infiltrationen und adenomartige Wucherungen des Gallengangepithels und Verdickungen der Gallengänge sowie eventuell auch der Pankreasausführgänge. Die Folgen sind Cholangitis, Pericholangitis und interstitielle Hepatitis oder Proliferationen der Pankreasausführgänge und Pankreatitis.

Der Verlauf kann subklinisch und symptomlos sein. Bei stärkerem Befall kann es auch zu Inappetenz, Vomitus, Indigestion und chronischer Diarrhoe, Ikterus und sogar zu Ödemen kommen. In solchen Fällen sind zudem eine Erhöhung der GLDH sowie veränderte Leber- und Pankreasenzyme, Eosinophilie, gelegentlich Anämie und Hypoproteinämie nachweisbar.

Diagnose: Am lebenden Tier: koprologischer Nachweis der typischen Trematodeneier im Sedimentationsverfahren (*O. felineus*-Eier: ca. 26–30 × 11–15 µm, andere Spezies z. T. ähnliche Größenordnungen). Da keine regelmäßige Eiausscheidung mindestens 3 Kotproben (von 3 aufeinanderfolgenden Tagen) untersuchen. Ein serologischer Nachweis ist möglich, es sind jedoch keine kommerziellen Tests verfügbar, der molekularbiologische Nachweis mittels PCR ist im Speziallabor möglich. Diagnosestellung oft erst post-mortal bei der Sektion als Zufallsbefund.

Epidemiologie und Verbreitung: Der Trematodenbefall bei Hund und Katze ist im Allgemeinen selten oder bleibt – wenn symptomlos – unerkannt, kommt aber regional sehr unterschiedlich vor. Wichtige Verbreitungsgebiete sind Binnenseegebiete, im deutschsprachigen Raum sind dies v. a. nord- und nordostdeutsche Gebiete. In einer Untersuchung in Brandenburg waren 16 % der Katzen mit *O. felineus* infiziert und Füchse in dieser Region sind oft mit *M. bilis* und/oder *O. felineus* bzw. gelegentlich auch anderen Trematoden befallen.

Therapie: Praziquantel ist die Substanz der Wahl für alle Trematoden-Spezies. Leber- und Pankreas-Arten: 1 × 100 mg/kg KM p. o.; Darmtrematoden: 5 mg/kg KM p. o.; Lungen- und Gefäßtrematoden: 50 mg/kg KM p. o. 1 × tägl. während 3 Tagen.

Prognose: Die Prognose ist nach erfolgter Diagnosestellung günstig, hierbei zeigt sich mit aller Deutlichkeit die Bedeutung der korrekten und sorgfältig durchgeführten Diagnostik!

Prophylaxe: Eine wirksame Prophylaxe besteht darin, in endemischen Gebieten Süßwasserfische (oft zweiter Zwischenwirt) nur nach Kochen oder Tiefgefrieren (5 Tage bei -10 °C; 3 Std. bei -28 °C) an Hunde und Katzen zu verfüttern. Kaum eine wirksame bzw. realistische Prophylaxe ist möglich für den Fall eines Verzehrs von paratenischen Wirten (Amphibien, Reptilien, Vögel, Säugetiere) durch Hunde und Katzen.

Bedeutung für den Menschen: Von den beim Hund und Katze vorkommenden Trematoden sind *O. felineus* sporadisch auch bei Menschen nachweisbar, insbesondere in der Region Nordostdeutschland (v. a. Mecklenburg-Vorpommern). Infizierte Hunde und Katzen bilden jedoch keine Infektionsgefahr für den Menschen.

2.4.1.3 Zestoden

Eine Vielzahl von Zestoden (Bandwürmer) der Unterklasse Eucestoda sind in der Adultform im Verdauungstrakt von Hunden und Katzen klinisch relevant, während Larvenstadien verschiedener Gattungen beim Menschen als Fehlwirt zu bedeutenden medizinischen Problemen führen können. Die meist zwittrigen Bandwürmer bestehen aus einer bandförmigen, aus dorsoventral abgeplatteten Gliedern (Proglottiden) und einem Kopf (Scolex) zusammengesetzten Gliederkette (Strobila) und können je nach Spezies bis über 10 m lang werden. Der Kopfbereich ist entweder mit Sauggruben oder Saugnäpfen ausgestattet, einzelne Arten tragen einen verschiebbaren rundlichen Fortsatz (Rostellum), der je nach Spezies mit einem Hakenkranz bewaffnet ist. Die Entwicklung der hier relevanten Arten verläuft stets über einen oder zwei Zwischenwirte, die adulten Stadien parasitieren praktisch ausnahmslos im Verdauungstrakt, während die Larvenstadien in den Zwischenwirten sehr unterschiedliche, meist an die Nahrungsketten adaptierte Lokalisationen aufweisen. Der Bandwurmbefall ist mit Ausnahmen (z. B. *Echinococcus multilocularis*) ziemlich ubiquitär, seine Verbreitung ist nicht an spezielle klimatische oder geographische Gegebenheiten gebunden. Beim Hund ist der Befall in den letzten Jahren bei gewissen Spezies infolge vermehrter Aufklärung und veterinärmedizinischer Betreuung deutlich bis sehr deutlich zurückgegangen. Bei den Katzen ist das Vorkommen von *Taenia taeniaeformis* sehr stark vom Jagdverhalten auf Kleinsäuger abhängig. Die Prävalenzwerte von *E. multilocularis* sind beim Hund wie auch bei der

Katze – wenn auch regional unterschiedlich – insgesamt sehr niedrig. Allerdings ist es empfehlenswert, Nagerjagende Hunde und Freilaufkatzen mindestens 1x jährlich koprologisch auf *E. multilocularis* untersuchen zu lassen.
Bei Hund und Katze kommen 4 Familien von Zestoden mit verschiedenen Gattungen vor.

Familie Taeniidae (Taenia, Echinococcus)

Gattung Taenia (Hund, Katze)

In Mittel- und Westeuropa kommen bei Hund und Katze verschiedene Taenien-Arten vor. Die wichtigsten bzw. häufigsten beim Hund sind: *Taenia hydatigena, T. ovis, T. cervi, T. pisiformis, T. multiceps, T. crassiceps;* bei der Katze: *T. taeniaeformis* und sehr selten *T. crassiceps.*

Je nach Spezies einige mm bis mehr als 10 m lange Bandwürmer mit entsprechend großer Anzahl von Proglottiden (gegen das Bandwurmende hin meist länger als breit), die im Dünndarm der Endwirte leben und für ihre Weiterentwicklung einen Zwischenwirt (Finnen bzw. Metazestoden je nach Spezies in Wiederkäuern, Schweinen, Hasen, Kaninchen, Kleinsäugern und Wildwiederkäuern) benötigen.

Pathogenese: Durch die Festsetzung der Taenien mit ihrem „bewaffneten", d. h. mit Haken ausgestattetem Scolex und den Saugnäpfen auf der Darmmukosa sind neben einer teilweise deutlich vermehrten Schleimbildung lokale Epitheldesquamationen mit Nekrosen und entzündlichen Infiltrationen der Mukosa und Submukosa mit Epithelproliferationen möglich.

Klinisches Bild (s. u.: intestinale Bandwürmer)

Gattung Echinococcus (Hund, Katze)

In Europa treten beim Hund zwei relevante Spezies auf: *Echinococcus granulosus* und *E. multilocularis.* Die im Dünndarm lebenden adulten Bandwürmer sind sehr klein, bis max. ca. 7 mm (*E. granulosus*) bzw. bis max. ca. 4 mm (*E. multilocularis*) mit typischerweise 2–6 Proglottiden. Die Entwicklung verläuft über Zwischenwirte (Metazestoden vorwiegend in Kleinsäugern, der Mensch kann als Fehlwirt infiziert werden (alveoläre Echinokokkose beim Menschen!).

Pathogenese: Die sehr kleinen, adulten Bandwürmer beider *Echinococcus*-Arten setzen sich mit dem Scolex mit seinen vier Saugnäpfen und dem Rostellum mit doppeltem Hakenkranz zwischen den Darmzotten fest, vorwiegend im Bereich der Lieberkühn'schen Drüsen, ohne die Mukosa – auch bei Massenbefall – zu schädigen.

In letzter Zeit werden vermehrt (Fehlwirt)-Infektionen von Hunden mit *E. multilocularis*-Metazestoden beobachtet. In den meisten Fällen ist die Leber betroffen, viel seltener andere Organsysteme oder die Unterhaut. In solchen Fällen manifestiert sich das parasitär infiltrierte Gewebe teils als käsig-nekrotisierend, teils als mit galertiger Masse gefüllte Zysten mit deutlicher Umfangsvermehrung. Aus Beobachtungen geht hervor, dass das Wachstum dieses parasitären Gewebes beim Hund vergleichsweise schneller ist als beim Menschen und die Infektion in den meisten Fällen beim Hund letal verläuft.

Klinisches Bild (s. u.: intestinale Bandwürmer)

Familie Dipylidiidae (Dipylidium, Joyeuxiella, Diplopylidium) (Hund, Katze)
Von Relevanz ist vor allem der durch Flöhe übertragene, im Dünndarm lebende, meist bis ca. 15 cm lange Gurkenkernbandwurm *Dipylidium caninum*. Die übrigen beiden Gattungen (*Joyeuxiella, Diplopylidium*) scheinen viel seltener vorzukommen.

Familie Diphyllobothriidae (Diphyllobothrium, Spirometra) (Hund, Katze)
In der Umgebung von Binnenseen treten insbesondere bei Hunden nach Verfütterung von Fischen oder Fischabfällen immer wieder sporadisch Fälle von *Diphyllobothrium latum* auf. Er ist wegen seiner beeindruckenden Entwicklung über obligate Zwischenwirte und der möglichen Einschaltung diverser paratenischer Wirte vor allem biologisch sehr interessant. Der adulte Bandwurm lebt im Dünndarm des Menschen (sporadisch bei Hund, Katze und Fuchs) und wird mehrere m lang. Ausgesprochen selten und am ehesten bei Katzen ist ein Befall mit *Spirometra*-Arten.

Familie Mesocestoididae (Hund, Katze)
Gattung *Mesocestoides*: *Mesocestoides*-Arten leben als adulte Bandwürmer im Dünndarm von Fleischfressern und sporadisch auch beim Menschen. Beim Hund wird gelegentlich der bis ca. 80 cm lange *Mesocestoides lineatus* nachgewiesen. Charakteristisch für diese Gattung ist, dass sich die Würmer über 2 Zwischenwirte entwickeln (Erster Zwischenwirt: unbekannt, zweiter ZW: Amphibien, Reptilien, Vögel, Säugetiere).

Pathogenese von *Dipylidium caninum*, *Diphyllobothrium latum*, *Mesocestoides lineatus*:
Aufgrund ihrer oberflächlichen Lokalisation kommt es selbst bei Arten mit Rostellumhaken (z. B. *D. caninum*) nur zu unbedeutenden oberflächlichen Schleimhautschädigungen an den Anheftungsstellen mit Desquamation von Epithelzellen und leichtgradigen entzündlichen Infiltrationen der Mukosa und Submukosa.

Klinisches Bild (alle Bandwurmarten):
Intestinale (adulte) Stadien:
Aufgrund der sehr oberflächlichen Lokalisation auf der Mukosa und den entsprechend geringen Mukosa-Läsionen sind – wenn überhaupt – die klinischen Erscheinungen ausgesprochen leichtgradig. Am ehesten treten wechselnder Appetit bis hin zu Inappetenz, schleimiger Kot, anfallsweise Durchfälle und Obstipationen auf. Durch *Taenia*-spp.- oder *Dipylidium*-spp.-Befall verursachter Ileus wird kaum oder sehr selten beobachtet, bei *Echinococcus multilocularis* blieb selbst ein Befall von mehr als 80.000 adulten Würmern symptomlos. Inwieweit „Schlittenfahren" auf der Hinterhand als Symptom eines Bandwurmbefalls zu interpretieren ist, lässt sich nur durch eine entsprechende, adäquate Diagnostik erhärten.

Metazestodenstadien von E. multilocularis beim Hund als Fehlwirt:
Appetitstörungen, z. T. intermittierend mit Vomitus, Durchfall sowie abdominale Schmerzen und Umfangsvermehrung. Blutchemisch können je nach Lokalisation erhöhte Leberenzyme, Eosinophilie sowie Hypoalbuminämie und z. T. Hyperglobulinämie nachgewiesen werden.

Diagnose:
Intestinaler Befall (alle Bandwurmarten):
Da die Eier von *Echinococcus*- und *Taenia*-Arten mikroskopisch nicht unterschieden werden können, sind bei koprologisch nachgewiesenem Befall von Eiern dieser Gattungen wegen der Infektionsgefahr für den Menschen durch *Echinococcus* spp. erhöhte Sicherheitsvorkehrungen unerlässlich. Daher sollten solche Eier enthaltende Proben zwecks definitiver Artbestimmung unbedingt in einem parasitologischen Speziallabor nachuntersucht werden.

Nachweis der Proglottiden im Kot:
Im abgesetzten Kot können gravide Proglottiden (Abb. 2.24 und Abb. 2.25) von *Taenia-*, *Dipylidium*-und *Mesocestoides*-Arten (gelegentlich auch *D. latum*) dank ihrer Größe gut auf der Kotoberfläche bzw. an der Perianalhaut, diejenigen von *Echinococcus* spp. (0,6–3 mm) kaum oder nur nach sehr gründlicher Inspektion bzw. zufällig festgestellt werden. In der Analgegend oder im Fell, gelegentlich auch im Ruhelager der Hunde feststellbare, eingetrocknete Proglottiden von *D. caninum* oder von *Taenia*-Arten ähneln Reiskörnern und sollten für die Diagnostik unbedingt herangezogen werden. Der Nachweis inkl. Differenzierung nach Spezies kann auch direkt mittels PCR erfolgen.

Nachweis von Eiern durch koprologische Untersuchung (Abb. 2.26 und Abb. 2.27):
- Sedimentationsverfahren: *Diphyllobothrium latum* und *Spirometra* spp.
- Flotationsverfahren: *Taenia* spp., *Echinococcus* spp., *Dipylidium caninum* (Dichte 1,3)
- Auffallend sind die Eipakete von *D. caninum*. (Abb. 2.28)

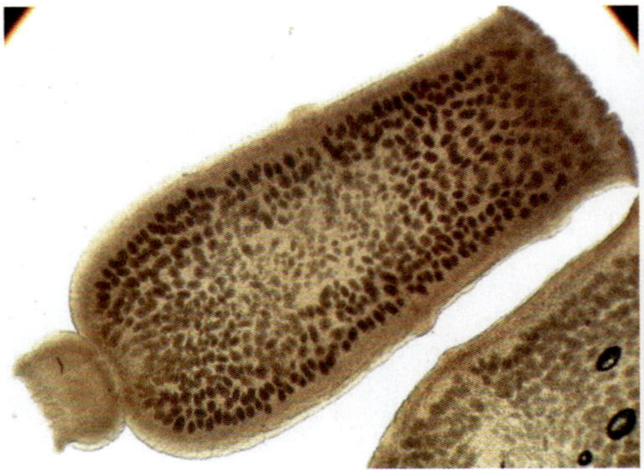

Abb. 2.24 Dipylidium caninum

Abb. 2.25 Dipylidium caninum - Proglottiden aus dem Kot

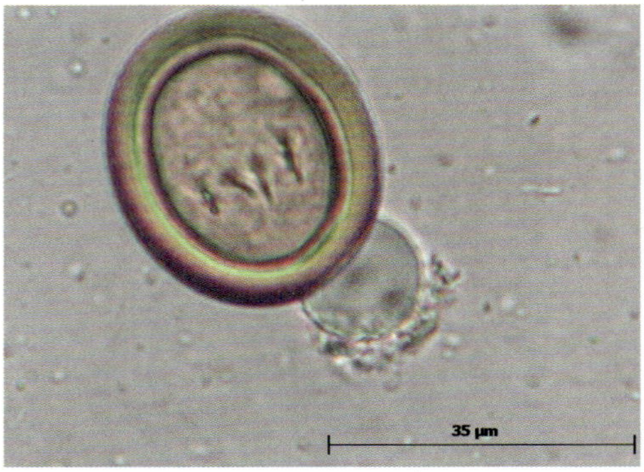

Abb. 2.26 Bandwurm Hund

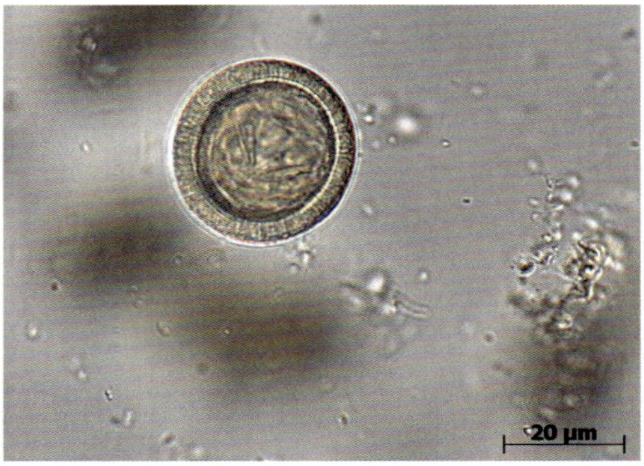

Abb. 2.27 Taenia sp.

- Da Eier von Taenien (Abb. 2.27) nicht von denjenigen von Echinokokken unterschieden werden können, bedarf es in solchen Fällen einer Differenzierung mittels Kopro-Antigentest oder PCR-Methode (nur im Speziallabor möglich).
- *Taenia*-Eier lassen sich ebenfalls gut mittels Klebestreifenmethode an der Schwanzunterseite oder in der Perinealgegend nachweisen.
- Metazestoden von *Echinococcus multilocularis*: Bei Verdacht Untersuchung durch bildgebende Verfahren kombiniert mit Nachweis von spezifischen Antikörpern.

Epidemiologie und Verbreitung: Die genannten *Taenia*-Arten (Abb. 2.29) kommen in Mitteleuropa vor, aber in sehr unterschiedlichen und im Allgemeinen niedrigen Prävalenzen. In einer kürzlich publizierten Studie aus Deutschland wurde koprologisch eine Prävalenz von ca. 0,3 % ermittelt.

Echinococcus granulosus ist vor allem in ost-, süd- und südosteuropäischen Regionen verbreitet und in Mitteleuropa nur sehr selten, in der Regel als Importparasitose aus den o. g. Regionen. Die wichtigsten Verbreitungsgebiete von *Echinococcus multilocularis* in Europa umfassen Ostfrankreich, Schweiz, südliches und östliches Deutschland, Österreich und nördliches Italien. Allerdings geht aus Untersuchungen von Füchsen

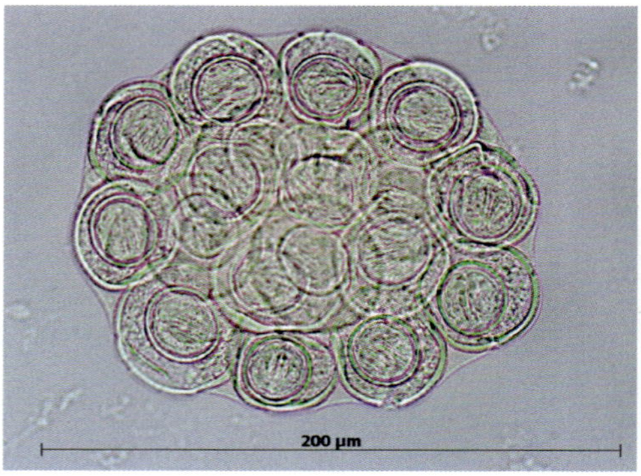

Abb. 2.28 Eipaket Dipylidium caninum

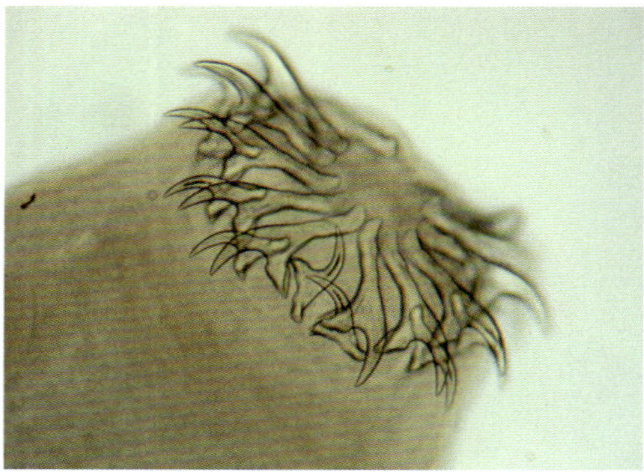

Abb. 2.29 Taenia taeniaeformis, Vorderende mit Hakenkranz, Katze

hervor, dass *E. multilocularis* auch in vielen anderen europäischen Ländern verbreitet ist. Die Inzidenz der *E. multilocularis*-Infektionen beim Menschen ist allerdings in den sog. endemischen Gebieten gering und über viele Jahre weitgehend stabil oder nur sehr leichtgradig zunehmend.

Es ist angesichts der intensiv durchgeführten Flohbekämpfung und dem vermehrten Einsatz von Kombinations-Anthelminthika fraglich, ob *Dipylidium caninum* nach wie vor der häufigste Bandwurm des Hundes ist? Es gibt derzeit keine verlässlichen Angaben zur Prävalenz, sein Vorkommen ist aber ubiquitär.

Der sog. Fischfinnenbandwurm *Diphyllobothrium latum* ist sehr selten, scheint jedoch in letzter Zeit etwas vermehrt feststellbar zu sein. Seine Verbreitung liegt v. a. in Binnensee- und Flussgebieten. In Mitteleuropa bekannte *D. latum*-Gebiete sind die Bodensee- und Genferseeregion sowie die oberitalienische Seengegend.

Während Füchse je nach Region relativ oft Träger von *Mesocestoides*-Arten sind, ist diese Infektion bei Hunden ausgesprochen selten und eher ein Zufallsbefund.

Therapie: Für alle bei Fleischfressern relevanten Bandwürmer (siehe Tabelle 2.2)

- *Taenia* spp., *Echinococcus* spp., *Dipylidium caninum* und *Mesocestoides:*
  - Praziquantel: 5 mg/kg KM p. o. oder 5,7 mg/kg KM i. m oder s. c. (Hund, Katze)
  - Sämtliche Praziquantel enthaltenden, zugelassenen Kombinationspräparate (bei Hund, Katze)
  - Epsiprantel: 5,5 mg/kg KM p. o. (nur Hund)
- *Diphyllobothrium latum* und *Spirometra*- Arten:
  - Praziquantel 1 × 40 mg/kg KM p. o. (Hund, Katze)
  - Sämtliche Praziquantel enthaltenden, zugelassenen Kombinationspräparate (Hund, Katze), entsprechend dosiert.

Tabelle 2.2: **Therapie von intestinalen Helminthen bei Hund und Katze**

Wirkstoffe	**Applikation** H: Hund, K: Katze (empfohlene Behandlungsfrequenz/Tage)	**Grad und Spektrum der Wirkung** ●●●: hochwirksam, ●●: wirksam oder erhöhte Dosis/längere Applikation wirksam, o: nicht wirksam, nd: nicht dokumentiert					
		Dipylidium	*Taenia*	*Echinococcus*	*Ancylostoma/ Uncinaria*	*Toxocara, Toxascaris*	*Trichuris (H)*
Fenbendazol	H/K: p. o. (BW: 3 aufeinanderfolgende Tage)	o	●●	o	●●	●●	●●
Fenbendazol + Praziquantel	H/K: p. o. (BW: 3 aufeinanderfolgende Tage)	●●●	●●●	●●●	●●	●●	●●
Flubendazol	H/K: p. o. (BW: 3 aufeinanderfolgende Tage)	o	●●	o	●●	●●	●●
Pyrantelpamoat	H/K: p. o. (2x innerhalb von 10 Tagen)	nd	nd	nd	●●	●●	●●

Wirkstoffe	**Applikation** H: Hund, K: Katze (empfohlene Behandlungsfrequenz/Tage)	**Grad und Spektrum der Wirkung** ●●●: hochwirksam, ●●: wirksam oder erhöhte Dosis/längere Applikation wirksam, o: nicht wirksam, nd: nicht dokumentiert					
Febantel + Praziquantel + Pyrantelpamoat	H: p.o. (BW: 3 aufeinanderfolgende Tage)	●●●	●●●	●●●	●●●	●●●	●●●
Febantel + Pyrantelpamoat	H: p. o. (2x innerhalb von 10 Tagen)	o	o	o	●●●	●●●	●●
Fenbendazoll + Pyrantelpamoat + Praziquantel	H: p. o. (BW: 3 aufeinanderfolgende Tage)	●●●	●●●	nd	●●●	●●●	●●●
Pyrantelpamoat + Epsiprantel	H: p. o.	●●●	●●●	●●●	●●	●●	nd
Pyrantelpamoat + Moxidectin + Sarolaner	H: p. o. (1 × monatlich gegen Zecken/Flöhe)	o	o	o	●●●	●●●	nd
Pyrantelpamoat + Oxantel + Praziquantel	H: p. o. (BW: 3 aufeinanderfolgende Tage)	●●●	●●●	●●●	●●●	●●●	●●●
Pyrantelpamoat + Praziquantel	K: p. o. (BW: 3 aufeinanderfolgende Tage)	●●●	●●●	●●●*	●●	●●	nd
Sarolaner + Selamectin	K: Spot On, (1 × monatlich gegen /Flöhe)	o	o	o	●●●	●●●	o
Selamectin	H/K: Spot-on, (1 × monatlich gegen /Flöhe)	o	o	o	●●● (H,K)	●●● (H)	o
Milbemycinoxim + Praziquantel	H/K: p. o. (BW: 3 aufeinanderfolgende Tage)	●●●	●●●	●●●*	●●●	●●●	●●●
Eprinomectin + Esafoxolaner + Praziquantel	K: Spot-on, (1 × monatlich gegen Zecken/ Flöhe)	●●●	●●●	●●●	●●●	●●●	●●●
Moxidectin + Imidacloprid	H/K: Spot-on, (1 × monatlich gegen Flöhe)	o	o	o	●●●	●●●	●●●
Praziquantel	H/K: p. o/ Spot-on	●●●	●●●	●●●*	o	o	o
Fluralaner + Moxidectin	K: Spot On (3 Monate wirksam gegen Zecken/ Flöhe	nicht wirksam	nicht wirksam	nicht wirksam	●●●	●●●	●●●
Milbemycinoxim + Afoxolaner	H: p. o, (1 × monatlich gegen Zecken/Flöhe)	nicht wirksam	nicht wirksam	nicht wirksam	●●●	●●●	●●●
Emodepsid + Praziquantel	H: p. o., K: Spot-on	●●●	●●●	●●●*	●●●	●●●	●●
Emodepsid + Praziquantel + Tigolaner	K: Spot On (13 Wochen gegen Zecken/Flöhe)	●●●	●●●	nd	●●●	●●●	●●●
Lotilaner + Milbemycinoxim	H: p.o. (1 × monatlich gegen Zecken/Flöhe)	nicht wirksam	nicht wirksam	nicht wirksam	●●●	●●●	●●●

Kombinationspräparate möglichst nur bei nachgewiesenen Mehrfachinfektionen oder gleichzeitig indizierter Ektoparasitenprophylaxe einsetzen. Trotz guter Wirksamkeit dieser Substanzen werden unbedingt mindestens eine, besser zwei Wiederholungsbehandlungen nach je 10–14 Tagen empfohlen. Danach sollte eine koprologische Kontrolluntersuchung (s. Diagnostik) durchgeführt werden.

Da ein intestinaler *E. multilocularis*-Befall beim Hund sehr gut und hochwirksam therapierbar ist, gibt es keinen Grund, eine solche Behandlung aus Gründen einer erhöhten Gefahr für die Umgebung nicht durchzuführen und den Hund zu euthanasieren. Dies umso mehr, als auch unbekannt bleibt, seit wann und wo überall der Hund bereits *E. multilocularis*-Eier ausgeschieden und somit die Umgebung kontaminiert hat.

Mit *Echinococcus* spp. befallene Tiere sollten jedoch nach der Diagnose während mindestens 5 Tagen in Isolation gehalten und an 3 aufeinanderfolgenden Tagen behandelt werden. Eine Gesamtkörperwaschung des Patienten sowie eine sichere Entsorgung des Kotes in den ersten 5 Tagen nach Therapie sind unbedingt durchzuführen. Der Aufenthalts- und Lebensraum von infizierten Wirtstieren muss gründlich gereinigt und danach desinfiziert werden.

Prognose: Dank hochwirksamer Anthelminthika kann der Bandwurmbefall (adulte Stadien) problemlos behandelt und eliminiert werden. Die Prognose ist für alle intestinalen Stadien sehr günstig. Infektionen mit Metazestoden von *E. multilocularis* sind aufgrund ihrer Organlokalisation und Ausdehnung sowie der chirurgischen Interventionsmöglichkeiten (oft in der Leber) zu beurteilen, sie sind prognostisch nicht selten ungünstig.

Prophylaxe: Keine sichere Maßnahme ist die nach wie vor oft propagierte 1 bis 2-mal oder sogar 4-mal pro Jahr durchzuführende Entwurmung der hierzulande gehaltenen Hunde ungeachtet von Alter, Haltungsform, Parasitenstatus etc. Diesbezügliche Untersuchungen haben ergeben, dass es – aufgrund des Entwicklungszyklus möglich – trotz 4-maliger Entwurmung pro Jahr zu einer Eiausscheidung von potenziell für den Menschen gefährlichen Helminthen und damit zu einem Infektionsrisiko für das Umfeld kommen kann. Dies bestätigt, dass selbst Therapieintervalle von 3 Monaten (d. h. 4 Entwurmungen pro Jahr) aufgrund der Präpatenzperioden einzelner Bandwurmarten (z. B. *E. multilocularis*) keine Wurmfreiheit und somit auch keine vollständige Prophylaxe-Wirkung garantieren.

Eine Entwurmung bei Hund und Katze wirkt nicht prophylaktisch und deshalb ist sie ohne vorherige Diagnostik oder genaue Kenntnis der Anamnese im Einzelfall nicht indiziert. Anders ist die Ausgangslage z. B. bei wiederholtem Bandwurmbefall, einem nachweislichen Mäusejäger bzw. in einem endemischen Gebiet etc.)

Die Maßnahmen zur Verhütung einer Infektion mit *Taenia* spp. und *D. latum* sind relativ einfach: Kochen oder Tiefgefrieren (mindestens 3 Tage bei -18 °C) von inneren Organen und Muskulatur von Nutz- und Wildtieren bzw. Fischen vor der Verfütterung sowie kein Zutritt für Hunde zu Schlachtabfällen/Wildaufbrüchen/Fischereiabfällen.

Die wirksamste Prophylaxe gegen *D. caninum* besteht wegen der Übertragung (Flöhe, Haarlinge) in einer konsequenten und nachhaltigen Ektoparasitenbekämpfung am Tier und in der Umgebung.

Gegen die durch Kleinnager (*E. multilocularis*), Reptilien, Amphibien, Vögel u. a. übertragenen Bandwurmarten ist eine wirksame Prophylaxe aufgrund des Jagd- und Fressverhaltens gewisser Hunde kaum realistisch. Freilaufende, Mäuse jagende Katzen sollten infolge der permanenten Reinfektionsgefahr monatlich entwurmt werden.

Bedeutung für den Menschen: Der Mensch kann sich grundsätzlich durch orale Aufnahme von *Echinococcus*-spp.-Eiern infizieren, deshalb sind bei *Echinococcus*-spp.-infizierten Patienten sämtliche Sicherheitsmaßnahmen durchzuführen. Die Folgen können für betroffene Menschen insbesondere im Falle von *E. multilocularis* sehr gravierend sein, da es sich bei den Menschen um eine vorwiegend in der Leber angesiedelte, infiltrativ wachsende Parasitenerkrankung mit Metastasierungstendenz handelt. Unbehandelt weist sie eine hohe Letalitätsrate auf, und deren Behandlung ist nicht nur sehr schwierig und langdauernd, sondern auch sehr kostenintensiv.

Die im engen Kontakt mit einem befallenen Patienten lebenden Personen sollten sich vorsorglicherweise mit ihrem Hausarzt in Verbindung setzen, damit er im Hinblick auf eine eventuell später indizierte Untersuchung eine Blutprobe (Null-Probe) ziehen und analysieren kann.

2.4.1.4 Nematoden

Die Nematoden sind langgestreckte, spindel- oder fadenförmige, ungegliederte Würmer von unterschiedlicher Länge (mm bis zu cm), die sich je nach Spezies im Verdauungstrakt, im Respirationsapparat oder in anderen Organen ansiedeln und wichtige Krankheiten hervorrufen können. Die von einer Cuticula umgebenen Nematoden sind geschlechtlich differenziert. Der Entwicklungszyklus ist bei sehr vielen Arten direkt, jedoch mit Weiterentwicklung in der Außenwelt. Diese führt in der Regel und bei entsprechenden Bedingungen zur Bildung der sog. infektiösen Larve (meistens L3). Larvenstadien gewisser Spezies führen im Wirtstier teilweise ausgedehnte Körperwanderungen durch oder können in ein hypobiotisches Stadium übergehen (z. B. *Toxocara* spp., *Ancylostoma* spp.). Das Spektrum von Nematoden ist außerordentlich groß, viele Arten sind ubiquitär und die Verbreitung ist nicht an spezielle klimatische oder geographische Bedingungen gebunden. In den letzten Jahren ist der Nematodenbefall allgemein infolge intensiver Aufklärung und veterinärmedizinischer Betreuung sehr stark zurückgegangen. Pauschalempfehlungen für eine regelmäßige Verabreichung von Anthelminthika an adulte Hunde und Wohnungskatzen sind deshalb heutzutage nicht mehr angemessen. Es geht vielmehr darum, die Helmintheneier ausscheidenden Tiere gezielt zu erfassen und individuell zu behandeln. Aus einer kürzlich publizierten deutschlandweiten Studie geht hervor, dass bei über 90 % der untersuchten Hunde keine intestinalen Helminthen festgestellt wurden, während eine entsprechend durchgeführte Untersuchung von Hunden ergab, dass trotz 4-maliger Entwurmung/Jahr in den Kotproben Helmintheneier nachgewiesen werden konnten. Dies bedeutet, dass sich aufgrund der Dauer des Entwicklungszyklus auch zwischen den Behandlungen neue Infektionen etablieren konnten. Fazit ist, Entwurmungen sind gezielt aufgrund vorgängiger diagnostischer Untersuchungen durchzuführen. Es ist außerdem wichtig, darauf hinzuweisen, dass durch wiederkehrende diagnostische Kotuntersuchungen die Sensitivität bzw. die Sicherheit des Nachweises signifikant erhöht wird.

Grundsätzlich ist festzuhalten, dass die klinischen Erscheinungen fast ausnahmslos von der Intensität des Wurmbefalls bzw. der Anzahl von Entwicklungsstadien abhängig sind, und zwar bei intestinalen wie auch bei Gewebestadien.

Die bei Hund und Katze vorkommenden Nematoden können in intestinale und Gewebenematoden unterteilt werden.

Intestinale Nematoden

Im Folgenden sind die wichtigsten intestinalen Nematoden aufgeführt.

Ascariden (Hund, Katze)

Toxocara canis ist der Spulwurm des Hundes und *T. cati (syn. mystax)* derjenige der Katze, während *Toxascaris leonina* bei Hund und Katze parasitieren kann (Askariden: Tab. 2.1): Es handelt sich um bis max. ca. 18 cm lange weißlich-gelbliche Dünndarmnematoden mit deutlichen Zervikalflügeln, ubiquitärem Vorkommen und direktem Entwicklungszyklus. Hunde infizieren sich mit *T. canis* entweder via den peroralen Infektionsweg durch larvenhaltige Eier in der Außenwelt oder aber durch die pränatale und laktogene Übertragung von somatischen (hypobiotischen) Larven, welche die wichtigste Infektionsquelle für Welpen darstellen.

Die Infektion bei Katzen verläuft durch Aufnahme infektiöser Larven im Ei, entweder aus der Umwelt oder via paratenische Wirte (Kleinnager, Vögel) sowie laktogen bei Katzenwelpen. Nach diversen Angaben sollen jedoch nur akute Infektionen während der letzten Phase der Trächtigkeit zu laktogenen Infektionen führen. Im Unterschied zu *T. canis* kommt es jedoch bei *T. cati* zu keinen pränatalen Infektionen.

Bei *T. leonina* erfolgt die Infektion ausschließlich durch Aufnahme von larvenhaltigen Eiern in der Außenwelt. Dieser Dünndarmnematode unternimmt keine Körperwanderung, sondern durchläuft lediglich eine Larvenreifung in der Darmwand und kehrt danach in das Darmlumen zurück, wo er sich zum geschlechtsreifen Wurm entwickelt.

Pathogenese und Klinik: *Toxocara canis:* Angesichts der ausgedehnten Körperwanderung der peroral aufgenommenen Larven und der erst später folgenden Etablierung im Dünndarm erscheint die Pathogenese als zweistufiger Prozess:

- Körperwanderung: Die durch die Wanderlarven in Leber und Lunge verursachten Gewebeläsionen können je nach Befallsintensität beträchtlich sein und zu deutlichen Nekrosen und Hämorrhagien mit akuten entzündlichen Veränderungen im Leber- und Lungenparenchym sowie den Bronchiolen führen.
- Die Präsenz von adulten Würmern im Darmlumen bzw. auf der Darmschleimhaut führt je nach Befallsintensität zu massiven Irritationen der Mukosa mit Epitheldes-

quamationen, lokalen Nekrosen und Hämorrhagien sowie entzündlichen Infiltrationen, bei Jungtieren mit Massenbefall kommt es gelegentlich auch zu Ileus.

Für die klinische Beurteilung muss zwischen den verschiedenen Stadien der Spulwurmentwicklung differenziert werden:

- Welpen (Präpatenz): Bei intensivem Befall kann es infolge der Larvenmigrationen zu parasitären Hepatitiden und Pneumonien mit Husten, Dyspnoe, Nasenausfluss und schwerwiegenden Allgemeinerkrankungen mit Fieber, Anorexie und Erbrechen kommen.
- Welpen (Patenz): Gastroenteritisches Bild mit Koliken, alternierend mit Obstipation und Durchfall, teils schleimiger, teils blutiger Kot, bei Massenbefall aufgeblähtes Abdomen, Anorexie, Erbrechen, intermittierendes Fieber, gestörter Allgemeinzustand und rascher Gewichtsverlust mit verzögerter Entwicklung, struppiges, glanzloses Fell, gelegentlich auch nervöse Erscheinungen. Abhängig vom Befallsgrad sind Anämie, Eosinophilie sowie Hypoproteinämie und Hypoalbuminämie auffällig. Todesfälle sind möglich, meist in den ersten 2–3 Lebenswochen. Darmperforationen oder -rupturen können vorkommen, sind heutzutage jedoch sehr selten.
- Jungtiere und erwachsene Hunde (Patenz): Bei starkem Befall kommt es zu Erbrechen, alternierendem Durchfall mit Obstipation, schleimigem Kot und Abmagerung.

Toxocara cati: Die im Rahmen der Körperwanderung entstehenden Organschädigungen scheinen im Falle von *T. cati* weitgehend bedeutungslos zu sein, hingegen kann die Präsenz einer großen Anzahl von adulten Spulwürmern im Darmlumen bzw. auf der Darmschleimhaut zu ähnlichen Läsionen führen wie durch *T. canis* beim Hund. Klinisch kann sich das dementsprechend vor allem durch Erbrechen, Dehydratation, Anämie, struppiges Haarkleid bis hin zu Abmagerung äußern.

Bei *Toxascaris-leonina*-Infektionen beschränken sich die Läsionen auf die Entwicklung in der Darmwand und die darauffolgende Präsenz der Würmer im Darmtrakt, die Symptome entsprechen denjenigen für patente *T. canis*-Infektionen. Beide Wurmarten kommen gelegentlich gemeinsam vor.

Immunität: Die Ausbildung der Immunabwehr bei *T. canis*-Infektionen ist außerordentlich komplex und manifestiert sich je nach Entwicklungsstadium und Infektionsdosis unterschiedlich. Während immunkompetente Hunde in der Lage sind, nach einer ausreichenden Infektion rasch eine Immunität auszubilden und anstelle der Lungenwanderung die Entwicklung von somatischen Larven zu fördern, wird das Immunsystem bei geringen Infektionsdosen offensichtlich nicht oder nicht ausreichend stimuliert. Des Weiteren gelten Larven IV, unreife adulte sowie adulte Exemplare von *T. canis* im Darm als nicht immunogen. Solche immunbiologischen Phänomene werden u. a. dafür verantwortlich gemacht, dass unter adulten Hunden stets eine gewisse – wenn auch geringe – Anzahl Eiausscheider sind. Bezüglich Immunreaktionen gegen *T. cati* bei der Katze ist praktisch nichts bekannt, aus klinischen Rückschlüssen gibt es jedoch Anhaltspunkte, die dafür sprechen, dass das Reaktionsmuster ähnlich ist wie bei *T. canis*.

Diagnose: *Toxocara canis, T. cati, Toxascaris leonina:*
- Flotationsverfahren für den Nachweis/die Identifikation von Eiern
- Morphologische Differenzierung der Eier (Abb. 2.30 und Abb. 2.31)
- PCR-Methode zur Differenzierung von Eiern diverser Spezies
- Askariden v. a. bei Welpen nicht selten im Kot oder im Erbrochenen

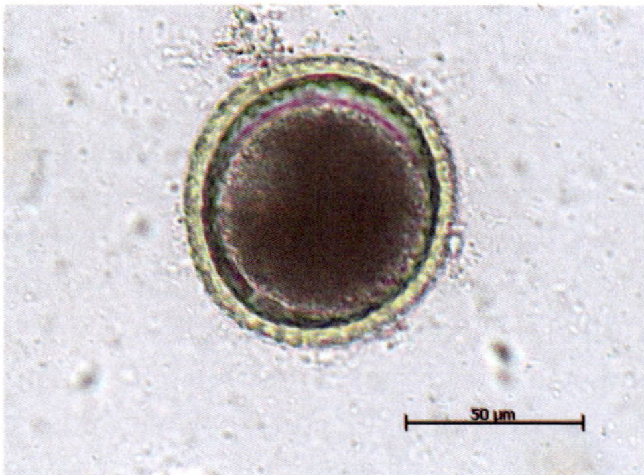

Abb. 2.30 Toxocara canis

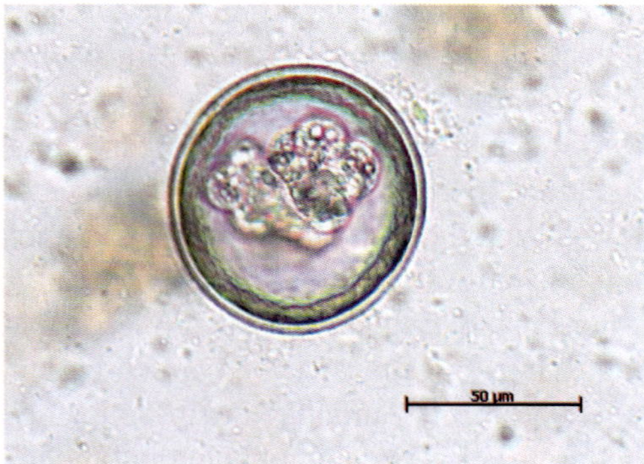

Abb. 2.31 Toxascaris leonina

Epidemiologie und Verbreitung: Askariden kommen überall vor, die Prävalenzen sind jedoch sehr niedrig und liegen aufgrund einer neueren landesweiten Studie in Deutschland bei Hunden und Katzen aller Alterskategorien bei < 5 %. Im Allgemeinen sind Welpen häufiger befallen, bei bis zu 3 Monate alten Hunden belaufen sich die Prävalenzwerte auf ca. 15 %, entsprechend bei Katzen auf 20–25 %.

Therapie: Angaben zur Therapie von intestinalen Nematoden siehe Tabelle 2.2.
Therapeutische Besonderheiten:
- Bei Welpen ist betreffend *T. canis* wegen der pränatalen Übertragungsmöglichkeit darauf zu achten, dass sie vor Beginn der Eiausscheidung (ca. 21. Lebenstag) erstmals behandelt werden. Danach hängt das anzuwendende Behandlungsintervall vom Infektionsdruck im Bestand ab, in der Regel sind 2 weitere Behandlungen in den ersten 12 Lebenswochen absolut ausreichend.
- Bei *T. cati* ist wegen der galaktogenen Infektion die erste Entwurmung ca. 3 Wochen p. p. vorzunehmen.
- Die je nach Haltung (z. B. in Zuchten) und Umgebung hohe Reinfektionsgefahr ist unbedingt in die Entwurmungsstrategie einzubeziehen.

Prognose: Die Prognose ist sehr günstig dank hochwirksamer Anthelminthika.

Prophylaxe: Eine medikamentöse Prophylaxe ist nicht möglich bzw. nicht realistisch, da die verfügbaren Anthelminthika gegen intestinale Helminthen keine persistierende Wirkung im Wirtstier entfalten.

Aus diversen Studien geht hervor, dass eine Langzeitbehandlung mit Fenbendazol ab dem 40. Tag oder der 2-malige Einsatz von makrozyklischen Laktonen am 40. und 55. Tag der Trächtigkeit zu einer starken Reduktion oder sogar Verhütung des *T. canis*-Befalls von Welpen führen kann. Es gibt keine analogen Angaben für Katzen.

Da Hündinnen im peripartalen Zeitraum sowie die Welpen die wichtigsten Eiausscheider darstellen, bildet die gründliche Reinigung mit kochendem Wasserdampf mit anschließender Desinfektion von Zwingern, Tierstallungen und bevorzugten Aufenthaltsräumen, ebenso bei Katzen, die wichtigste Prophylaxemaßnahme.

Bedeutung für den Menschen: Larvenhaltige Eier von *T. canis* sind für den Menschen infektiös, bedeutungslos scheinen hingegen Eier von *T. cati* zu sein. Nach einer peroralen (akzidentellen) Aufnahme sind somatische Larvenwanderungen in diverse Organe mit lokaler Granulombildung möglich; die meisten bleiben klinisch unauffällig. Seroprävalenz in menschlichen Populationen je nach Kollektiv bis zu 8 %. Gelegentlich kommen klinisch manifeste Fälle von Larva migrans und ocularis vor, am häufigsten bei Kindern unter 5 Jahren. Auffällige Symptome sind u. a. Eosinophilie, Leukozytose, veränderte Leberenzymwerte, Lymphadenopathie sowie vor allem Augenveränderungen infolge okulärer Larva migrans, die zu Chorioretinitis und anderen okulären Läsionen führen können.

Hakenwürmer (Hund, Katze)

Beim Hund kommen in Europa die beiden Hakenwurmarten *Ancylostoma caninum* und *Uncinaria stenocephala*, bei der Katze der speziesspezifische Hakenwurm *A. tubaeforme* vor (Tab. 2.1). Die Hakenwürmer sind je nach Spezies max. ca. 20 mm lange, in der Regel blutsaugende Nematoden des Dünndarms mit deutlicher Mundkapsel und prominenten Schneideplatten. *A. caninum* ist stärker pathogen und kommt vor allem im südlichen Europa sowie in den Subtropen und Tropen vor. Sämtliche Spezies haben einen direkten Entwicklungszyklus. Die Hakenwurminfektionen erfolgen entweder perkutan (mit anschließender Körperwanderung) oder aber peroral durch freilebende L3 (mit direkter Ansiedelung im Darm) sowie, im Falle von *A. caninum*, direkt laktogen durch das Muttertier nach Reaktivierung von somatischen Larven (für die beiden anderen Spezies nicht bekannt bzw. bislang nicht nachgewiesen).

Pathogenese und Klinik: Bei den Hakenwürmern ist im Prinzip eine zweistufige Pathogenese zu beachten.

Die perkutan in die Haut (beim Hund vorwiegend in den Interdigitalspalten, Gliedmaßen und ventralen Körperpartien) eindringenden infektiösen Larven (L3) von *A. caninum* können bei Reinfektionen zu allergischen Hautreaktionen mit Juckreiz, Erythem, Urtikaria und entzündlichen Veränderungen führen. Diese als feuchtes Sommerekzem (*moist summer eczema*) bezeichneten Läsionen treten vorwiegend bei Hunden in südlichen Ländern auf und scheinen bei Katzen bedeutungslos zu sein.

Adulte and präadulte Hakenwürmer heften sich an die Mukosa und saugen entweder Gewebepfröpfe in die Mundkapsel (*U. stenocephala*) oder zusammen mit der Wirkung histolytischer Enzyme direkt Blut (*Ancylostoma*-Arten), was letztere als stärker pathogen erscheinen lässt. Durch das öftere Wechseln der Lokalisation können abhängig von Befallsgrad und Immunitätslage ausgeprägte Darmläsionen und fokale Hämorrhagien in das Darmlumen entstehen. Da die Blutaufnahme von *Ancylostoma*-Arten pro adultem Exemplar bis zu 200 µl pro Tag beträgt, kann ein beträchtlicher Blutverlust resultieren. Es kommt zu teils schleimigem, teils blutigem chronischem Durchfall mit wechselhaftem Appetit und Abmagerung sowie struppigem Haarkleid bzw. verzögertem Wachstum bei Jungtieren; der Befall kann aber auch symptomfrei bleiben. Der teilweise beträchtliche Verlust von Blut und Plasmaproteinen aufgrund der ihre Ansaugstellen wechselnden Würmer führt recht häufig zu normozytärer, normochromer Anämie und Hypoproteinämie. Die Symptome sind i. d. R. bei *A. caninum* stärker ausgeprägt. Unbehandelt können Todesfälle vorkommen.

Nach wiederholten Infektionen mit *A. caninum* entwickelt sich bei normal entwickeltem Immunsystem eine Immunität, die vor Reinfektionen im Darm schützt oder eine Ansiedelung daselbst erschwert, hingegen keinen Effekt auf die somatischen Larven hat.

Diagnose: *Ancylostoma caninum, A. tubaeforme, Uncinaria stenocephala:*
- Flotationsverfahren für den Nachweis/die Identifikation von Eiern
- Differenzierung der Eier (Abb. 2.32 und Abb. 2.33)

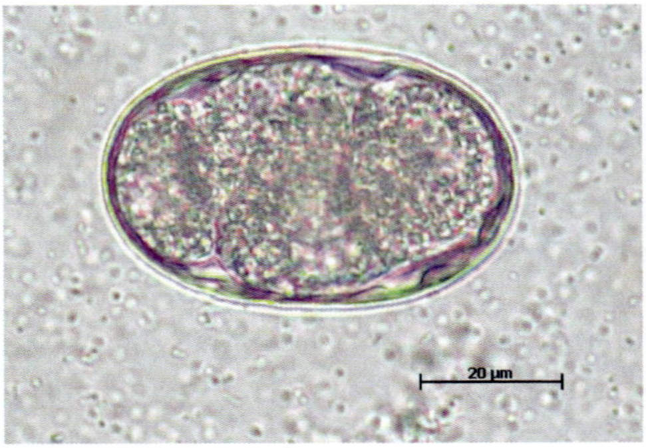

Abb. 2.32 Ancylostoma spp.

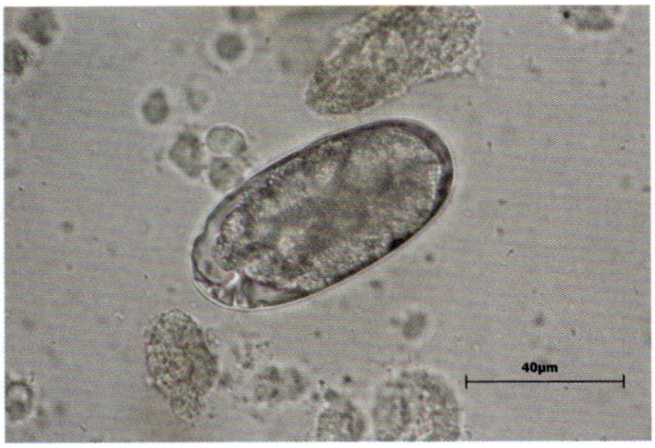

Abb. 2.33 Uncinaria stenocephala Hund

Epidemiologie und Verbreitung: Hakenwürmer können überall vorkommen, scheinen allerdings in letzter Zeit in Mitteleuropa ziemlich selten geworden zu sein. Neuere Untersuchungen bei Hunden in Deutschland haben Prävalenzwerte von < 2 % bzw. bei Katzen von < 1 % ergeben. Während bei Hunden *A. caninum* vorwiegend in südlichen Regionen verbreitet ist (bei Nachweis nördlich der Alpen nicht selten importierte Infektion), werden nördlich der Alpen vermehrt *U. stenocephala*-Infektionen nachgewiesen.

Therapie: Angaben zur Therapie siehe Tabelle 2.2.

Therapeutische Besonderheiten beim Hakenwurmbefall:

- Bei Hundewelpen ist betreffend *A. caninum* (galaktogene Übertragung) darauf zu achten, dass sie vor Beginn der Eiausscheidung (ca. 21. Lebenstag) erstmals entwurmt werden. Danach hängt das anzuwendende Behandlungsintervall vom Infektionsdruck im Bestand ab, in der Regel sind 2 weitere Behandlungen in den ersten 12 Lebenswochen absolut ausreichend.
- Die hohe Reinfektionsgefahr in einem betroffenen Bestand ist zu beachten.

Prognose: Die Prognose ist dank hochwirksamer Anthelmintika sehr günstig.

Prophylaxe: vgl. Bemerkungen zur Prophylaxe von *Toxocara*-spp.-Infektionen.

Aus Versuchen ist bekannt, dass die einmalige Behandlung der Hündin mit makrozyklischen Laktonen im Spätstadium der Trächtigkeit zu einer starken Reduktion oder sogar Verhütung des Hakenwurmbefalls von Welpen führen kann.

Da Muttertiere im peripartalen Zeitraum sowie die Welpen die wichtigsten Eiausscheider darstellen, bilden die gründliche Reinigung mit kochendem Wasserdampf mit anschließender Desinfektion von Zwingern, Stallungen, Hygiene- und anderen Haltungseinrichtungen die wichtigste Prophylaxemaßnahme.

Bedeutung für den Menschen: Perkutan eindringende Hakenwurmlarven können bei exponierten Menschen (z. B. Badeaufenthalt in südlichen Ländern) das Bild der kutanen Larva migrans hervorrufen.

Trichuris-Befall (Hund)

Trichuris vulpis: Peitschenwurm der Caniden (Tab. 2.1), bis ca. 8 cm langer Dickdarmnematode mit dünnem Vorderende und dickerem Hinterteil, ubiquitär verbreitet, mit direktem Lebenszyklus. Katzen haben keine Trichuren.

Pathogenese und Klinik: Pathogenetisch bedeutsam ist die der initial ablaufenen histotropen Phase folgende tunnelartige Einbettung der Vorderenden der Würmer in die Lamina propria mucosae, wodurch diese syncytiumartig verändert wird. Je nach Befallsintensität kommt es dadurch zu vermehrter Exsudation, petechialen Blutungen, fokalen Nekrosen und entzündlichen Infiltrationen sowie Ödemen in der Submukosa. Klinisch fallen katarrhalische bis hämorrhagische Typhlitiden/Colitiden mit Resorptions- und Entwicklungsstörungen, Abmagerung, Anämie und Hypoalbuminämie auf. Nicht selten sind ältere, immungeschwächte Hunde betroffen.

Immunität: Für *T. vulpis* gibt es keine Angaben. Aus experimentellen Untersuchungen mit anderen *Trichuris*-Arten ist bekannt, dass sich eine protektive Immunität entwickelt.

Diagnostik: *Trichuris vulpis:*

- Flotationsverfahren für den Nachweis von Eiern (Dichte Flotationslösung 1,3)
- Differenzierung der Eier (Abb. 2.34)

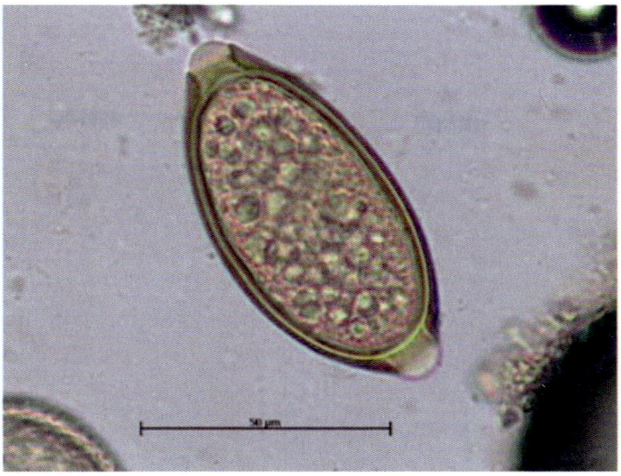

Abb. 2.34 Trichuris vulpis

Epidemiologie und Verbreitung: *Trichuris*-Befall kommt weltweit vor, ist jedoch im mitteleuropäischen Raum heutzutage im Allgemeinen eher selten feststellbar. In einer kürzlich publizierten Prävalenzstudie für Deutschland waren < 1 % der Hunde Eiausscheider von *T. vulpis*. Nicht selten sind ältere Hunde mit reduzierter Immunabwehr befallen. Der Befall ist auch regional unterschiedlich. Insbesondere importierte Hunde aus südlichen und südosteuropäischen Ländern sollten entsprechend untersucht werden, da die Prävalenz in diesen Regionen meist etwas höher ist.

Therapie: Angaben zur Therapie siehe Tabelle 2.2.
Therapeutische Besonderheiten:
Für *T. vulpis* ist je nach Wirksubstanz eine erhöhte Dosierung anzuwenden.

Prognose: Dank gut wirksamer Anthelmintika und bei adäquater Behandlung ist die Prognose sehr günstig. Allerdings sind Reinfektionen jederzeit möglich.

Prophylaxe: vgl. Bemerkungen zur Prophylaxe von *Toxocara* spp.

Ollulanus-Befall (Katze)

Ollulanus tricuspis: Magenwurm der Katze und anderer Feliden, kommt gelegentlich auch bei Hund, Fuchs und Schwein vor (Tab. 2.1). Bis ca. 0,8–1,0 cm langer Nematode (Fam. Trichostrongyliden). Die Infektion wird durch den Vomitus, d. h. die darin enthaltenen infektiösen Stadien, übertragen.

Pathogenese und Klinik: Aufgrund der Lokalisation der adulten Würmer auf der Magen-Mukosa kann es zu chronischer, katarrhalischer Gastritis mit Epithelhyperplasie einschließlich vermehrter Schleimbildung, Erosionen und Ulzerationen sowie entzündlichen Reaktionen kommen. Klinisch fallen vor allem Inappetenz, wiederholtes Erbrechen und Abmagerung auf.

Diagnostik: *Ollulanus tricuspis:*
- Intravital-Diagnose durch Untersuchung von Erbrochenem (künstlich ausgelöst bei Verdacht) oder der Magen-Spülflüssigkeit: Identifizierung der Würmer
- Mikroskopische Untersuchung des zentrifugierten Magenschleims
- Verdauung des Schleimhautgeschabsels (anschließend modifiziertes Baermann-Verfahren)

Epidemiologie und Verbreitung: *Ollulanus-tricuspis*-Befall kommt weltweit vor, etwas zurückliegende Untersuchungen in Deutschland ergaben regional Häufigkeiten von bis zu > 20 % der untersuchten Katzen mit Freilauf, neuere Untersuchungen liegen nicht vor.

Therapie: Es liegen bislang nur lückenhafte Angaben über die Therapie dieser Parasitose vor. Als wirksam erwiesen sich Levamisol in der Dosierung 1-mal 5 mg/kg KM s. c. über 5 Tage oder Oxfendazol 10 mg/kg KM 2 × tägl. p. o. über 5 Tage (beide in Deutschland für diese Indikation nicht zugelassen). Es ist davon auszugehen, dass Milbemycinoxim oder Moxidectin wirksam sind, da selten nachgewiesen liegen keine Angaben vor.

Gewebenematoden

Im Folgenden sind die wichtigsten Gewebenematoden aufgeführt.

Lungenwürmer (Hund, Katze)

Crenosoma vulpis, Capillaria aerophila, Filaroides-Arten (alle Hund) sowie bei der Katze *Aelurostrongylus abstrusus* (Tab. 2.1). Je nach Spezies bis zu ca. 20 mm lange Lungenwürmer, die in Trachea, Bronchien und/oder Alveolen angesiedelt sind und die für ihre Entwicklung Landschnecken (Gehäuse- oder Nacktschnecken) als Zwischenwirte benötigen. Die Infektion erfolgt in der Regel durch Aufnahme von Schnecken verzehrenden Stapelwirten (Nager, Vögel, Reptilien etc.); selten vorkommende Parasitose.

Pathogenese und Klinik: Die wichtigsten Schadwirkungen infolge *C. vulpis*-Infektionen entstehen vorwiegend als Folge der langdauernden Präsenz der adulten Würmer in den Bronchiolen und Bronchien und der sich durch die kontinuierliche Reizung entwickelnden Bronchiolitis und Bronchitis. Es kann jedoch nach Aufnahme von infektiösen Larven und der anschließenden Larvenmigration auch zur Bildung von Granulomen und herdförmig interstitieller Pneumonie kommen. Sowohl *Capillaria aerophila* wie auch die *Filaroides*-Arten sind i. d. R. wenig und nur in Verbindung mit einer anderen Erkrankung pathogen.

Durch die Eiablage von *A. abstrusus* in die Alveolen entstehen dort multiple, entzündliche, oft rundliche, konfluierende Granulome, die mehrere Millimeter Durchmesser erreichen können. Die Granulome können sich auch über mehrere Lungenabschnitte erstrecken. Pathologisch-anatomisch sind diese Herde meistens kompakt, von fester Konsistenz und oft die Pleura überragend. Gleichzeitig sind viele Lungenarterien (Media) massiv verdickt.

Klinisch können sporadisch auftretender, chronischer - persistierender Husten und broncho-pneumonische Erscheinungen auftreten. Chronischer Husten sollte insbesondere bei Katzen bis zum Beweis des Gegenteils differenzialdiagnostisch stets auch parasitologisch abgeklärt werden. Sehr oft jedoch sind die Infektionen symptomlos.

Immunität: Nach wiederholten Infektionen soll sich eine Immunität ausbilden.

Diagnose: *C. vulpis, C. aerophila, A. abstrusus, Filaroides*-Arten:
- Bei klinischem Verdacht aufgrund von Anamnese, Röntgen, Sonographie, Baermann-Auswanderverfahren zum Nachweis von L1 (mindestens 3 Kotproben von 3 aufeinanderfolgenden Tagen), möglichst im Speziallabor untersuchen lassen
- Eventuell Untersuchung von Spülflüssigkeit von Tracheal- bzw. Bronchiallavage
- Der Nachweis von *Filaroides* spp. ist sehr schwierig, bei Verdacht eventuell Bronchoskopie
- Differenzierung der L1 (Hinterende)
- Flotationsverfahren für *C. aerophila* (Abb. 2.35)c

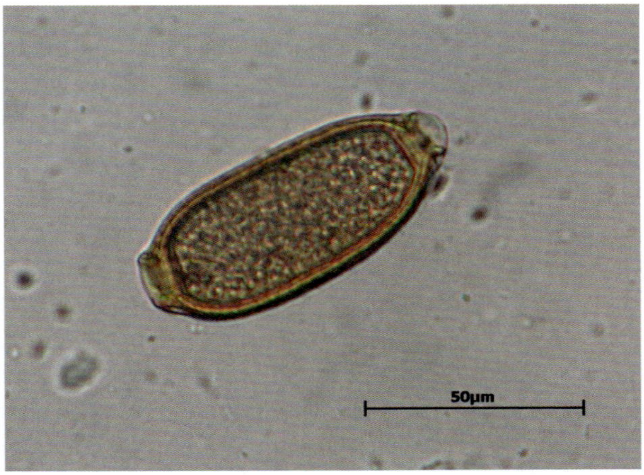

Abb. 2.35 Capillaria spp.

Epidemiologie und Verbreitung: *Crenosoma vulpis* kommt überall in Europa vor, neuere Untersuchungen aus Deutschland zeigen Befallszahlen bei Hunden mit respiratorischen Symptomen von bis zu 6 %. Viel häufiger sind Füchse, mit Prävalenzen bis zu >30 %, befallen.

Aelurostrongylus abstrusus ist weltweit verbreitet; frühere Sektionsanalysen von streunenden Katzen in Brandenburg ergaben Prävalenzwerte von bis zu 16 %, während neuere Untersuchungen aufgrund einer entsprechenden Indikation in verschiedenen Gebieten Deutschlands eine Prävalenz von < 3 % (allerdings koprologisch) ergaben.

Therapie:
Crenosoma vulpis:
- Fenbendazol: 50–100 mg/kg KM 1 × tägl. während 7 Tagen
- Milbemycinoxim (0,5 mg/kg KM) und sämtliche Milbemycinoxim enthaltenden Kombinationspräparate, je nach Befund wiederholen
- Moxidectin (2,5 mg/kg KM) und sämtliche Moxidectin enthaltenden Kombinationspräparate, je nach Befund wiederholen

Aelurostrongylus abstrusus:
- Moxidectin + Imidacloprid (1 mg + 10 mg/kg KM) gegen L3- und L4-Larven + Adulte und sämtliche Moxidectin enthaltenden Kombinationspräparate

Caillaria aerophila (syn. Eucoleus aerophilus):
- Fenbendazol: 25–50 mg/kg KM p. o. 1 × tägl. während 14 Tagen
- Moxidectin (2,5 mg/kg KM) und sämtliche Moxidectin enthaltenden Kombinationspräparate

Prognose: Die Prognose ist aufgrund der geringen Pathogenität im Allgemeinen günstig.

Angiostrongylose (Hund)

Angiostrongylus vasorum (Tab. 2.1) parasitiert beim Hund und anderen Caniden. Bis 21 mm lange Nematoden (in den Lungenarterien und im rechten Ventrikel), deren Weiterentwicklung über Nacktschnecken als Zwischenwirte erfolgt. Infektion durch Aufnahme von Schnecken oder von Larven nach Tod und Zerfall der Schnecken. Die Präpatenzperiode kann bis zu > 100 Tage dauern.

Pathogenese und Klinik: Die Anwesenheit von adulten Würmern sowie der produzierten Eier und den sich entwickelnden Larven in den Lungenarterien und -arteriolen führen zu teils massiven Gefäßwandläsionen, Thrombosierungen inkl. Gefäßobliterationen und zur Bildung von Granulomen. Durch die im Rahmen ihrer weiteren Entwicklung durch die Lungenkapillaren/Alveolen penetrierenden Larven entstehen petechiale Lungenblutungen und eine beträchtliche Larvenansammlung im Lungenparenchym. Es kommt zu einer granulomatösen interstitiellen Pneumonie.

Ein schwacher Befall kann auch symptomlos verlaufen. Während in vielen Fällen aufgrund von zunehmenden alveolären Läsionen die respiratorischen Manifestationen dominieren, kommt es bei massiven Infektionen zusätzlich zu Blutungsstörungen und Koagulopathie mit sehr schwerem Verlauf.

Experimentelle Infektionen mit 200 infektiösen Larven haben zu ausgeprägten klinischen und pathologischen Läsionen geführt. Die klinischen Symptome, die erst Wochen *post infectionem* manifest werden, sind vorwiegend Folgen der pulmonalen Gefäßläsionen und der dadurch entstandenen Rechtsdilatation mit Rückstau in die Organe. Im Vordergrund stehen Husten, Dyspnoe, Nasenausfluss, im weiteren Verlauf kommen Kreislaufstörungen inkl. Hydropericard, Hydrothorax, Leberstauung und Aszites dazu. Dies kann mit Inappetenz, Erbrechen, Fieber, Schwäche, Anämie mit Leukozytose und Eosinophilie sowie Verbrauchskoagulopathie mit Blutungsneigung in diversen Organen (Petechien, Nasenbluten, Hämaturie, postoperative Blutungen etc.) einhergehen. In fortgeschrittenen Fällen können gelegentlich, infolge von Infarkten, auch zentralnervöse Symptome auftreten. Ein akuter Krankheitsverlauf ist eher selten. Zu Todesfällen kommt es infolge der Koagulopathie, die Mortalitätsrate liegt bei 10–15 %.

Immunität: Derzeit sind nur spärliche Angaben zur Immunabwehr verfügbar.

Diagnose:
- Baermann-Auswanderverfahren (Kot) zum Nachweis von L1
- Tracheal- oder Bronchiallavage mit Larvennachweis
- PCR aus Blut und Kot
- Antigen-ELISA (nicht kommerziell)

Epidemiologie und Verbreitung: *Angiostrongylus vasorum* ist ubiquitär, bei Füchsen mit teilweise hohen Prävalenzen und beim Hund in praktisch allen westeuropäischen Ländern nachgewiesen. Neuere Studien ergaben, dass in Deutschland Hunde mit respiratorischen Symptomen bis zu > 7 % Ausscheider von *A. vasorum* sind, die Prävalenz scheint in Zunahme begriffen. Aus bisherigen Untersuchungen geht auch hervor, dass Hunde aller Alterskategorien befallen sein können.

Therapie:
- Milbemycinoxim plus Praziquantel: 0,5 mg/kg KM + 5 mg/kg KM) p. o., je nach Befund wiederholen
- Moxidectin 2,5 % plus Imidacloprid 10 %: 2,5–6,5 mg MOX/kg KM Spot-on, je nach Befund wiederholen
- Milbemycin- oder Moxidectin-enthaltende Kombinationspräparate

Prognose: Die Prognose bei milden oder moderaten Infektionen ist diversen Studien zufolge günstig, hingegen ist sie in schwerwiegenden Fällen mit Koagulopathie vorsichtig zu stellen. Die Prognose hängt vermutlich von der Dauer und der Intensität der Infektion ab, Hunde sterben infolge der Koagulopathie.

Prophylaxe: Aus experimentellen Untersuchungen geht hervor, dass die einmalige Behandlung von Hunden 4 Tage *post infectionem* mit Imidacloprid 10 %/Moxidectin 2,5 %, 0,1 ml/kg KM Spot-on die sich entwickelnden Larven 4 sowie die präadulten Würmer eliminiert und somit eine patente Infektion verhindert hat.

Dirofilariose Herzwurmerkrankung des Hundes

Dirofilaria immitis: Herzwurm (Tab. 2.1), bis 30 cm lange Filarie (Hauptsitz: Lungenarterien, rechter Ventrikel), die infektiösen Stadien (Larve 3) werden durch diverse Stechmückenarten (Culicidae) übertragen. Die Präpatenz im Hund ist ziemlich variabel, mindestens jedoch 6 Monate, bei der Katze mindestens 8 Monate. Die Dirofilariose ist in erster Linie eine Erkrankung der Hunde, allerdings sind in den endemischen Gebieten auch Katzen recht oft betroffen. Es handelt sich im deutschsprachigen Raum um eine typische Reise- oder Importkrankheit.

Pathogenese und Klinik: In den meisten Fällen manifestieren sich die ersten Läsionen in den Lungenarterien erst 3–4 Monate *post infectionem*. Die nach ihrer Reifungsphase (im Wirtstier) in den Lungenarterien etablierten adulten Dirofilarien verursachen zunächst eine subendotheliale Ödematisierung und Vakuolisierung mit entzündlicher Infiltration der Gefäßwand, aus der sich stufenweise eine villös-proliferative, obliterierende Endarteriitis mit graduell unterschiedlicher Intima- und Mediafibrosierung und zunehmender Gefäßstenose entwickelt. Die andauernde Präsenz der Dirofilarien zusammen mit ihren potenziell toxischen Ausscheidungsprodukten sowie die durch Antigenfreisetzung entstehenden Immunkomplexe mit Affinität zu Endothelzellen tragen vermutlich zu den sich progredient verstärkenden vaskulären Schädigungen bei. Die Folgen sind ausgedehnte partielle bis totale Gefäßobstruktionen und eine sich entwickelnde Pneumonie. Abhängig vom Ausmaß der Läsionen und Gefäßstenosen entstehen früher oder später Lungenhochdruck und Rechtshypertrophie mit den dazugehörigen zirkulatorischen Folgeerscheinungen wie Rechtsdilatation und Dekompensation. Die bis zu 7 Jahre im Organismus persistierenden adulten Würmer können auch zu mechanischen Schädigungen und funktionellen Störungen der Herzklappen führen.

Ähnlich wie bei der pulmonalen Angiostrongylose sind auch bei *Dirofilaria-immitis*-Infektionen die festgestellten Symptome Folgen einer progressiven Endarteriitis in den Lungen mit den sich daraus entwickelnden Kreislaufproblemen. Je nach Befallsintensität kann eine *D. immitis*-Infektion durchaus symptomlos verlaufen, in den USA soll sogar die Mehrheit der diagnostizierten Fälle in endemischen Gebieten asymptomatisch sein. Diverse Autoren teilen die klinischen Erscheinungen in 3 Entwicklungsstadien ein:

- Im Stadium I sind keine oder nur unbedeutende Symptome erkennbar.
- Im Stadium II dominieren die pulmonalen Erscheinungen: Chronischer Husten und Dyspnoe, Erbrechen, rasche Ermüdbarkeit, Mattigkeit und gelegentlich auch Anämie.
- Im chronischen (fortgeschrittenen) Stadium III treten zusätzlich die durch den Pulmonalhochdruck induzierten Symptome in Erscheinung. Das Bild ist gekennzeichnet durch Tachykardie, Tachypnoe, Rechtshypertrophie mit -dilatation, Hydropericard, Hydrothorax, Aszites, Dekompensation, Stauungsleber und Ödeme; es können – als Folge von abgelagerten Immunkomplexen – auch Glomerulonephritiden entstehen. Gelegentlich kommt es bei stark befallenen Hunden infolge Stenosierung der Vena cava caudalis und des rechten Vorhofes zu einer Hämolyse und in der Folge zum Schock (Vena-Cava-Syndrom).

Bei der Katze werden die wichtigen pathologisch-anatomischen Läsionen mehrheitlich durch Entwicklungsstadien (präadulte Filarien) hervorgerufen. Dabei sind eher die Lungenarterien als das Herz betroffen und es kommt zu ziemlich unspezifischen klinischen Erscheinungen wie Inappetenz, Erbrechen, Husten und Atemproblemen. Katzen scheinen nicht geeignete Wirtstiere (evolutionsmäßig wenig adaptiert) für *D. immitis* zu sein und beherbergen daher meistens nur eine geringe Anzahl Filarien.

Immunität: Die bei *D. immitis* entstehenden Immunreaktionen sind außerordentlich komplex und geprägt von einer nach Parasitämiebeginn eintretenden T-Zell-Suppression, einer stadienspezifischen Immunität sowie von Immunkomplexreaktionen, die u. a. zu Endothelschädigungen, Vaskulitis und perivaskulären Entzündungen in den Lungen und zu Glomerulonephritiden führen können. Die stadienspezifische Immunreaktion gegen Mikrofilarien hat keine Wirkung auf die im Tier vorhandenen Makrofilarien, scheint jedoch bei bestehender Wurmbürde im Wirtstier die Zahl von sich neu heranbildenden Würmern zu begrenzen, nicht aber zu verhindern. Die Immunreaktionen der Katze gegen *D. immitis* sind aufgrund der geringen Anzahl sich entwickelnder adulter Würmer vermutlich ausgeprägter als beim Hund.

Diagnose:

- Direktnachweis von Mikrofilarien (Knott, Difil®-Test)
- Alle Ag-Tests: Adult-Antigen-Nachweise (Makrofilarien)
- PCR, v. a. auch zur Differenzierung gegenüber *Dirofilaria repens* (Speziallabor)
- Bei der Katze ist der Nachweis schwieriger, da meist weder Mikrofilarien noch zirkulierende Antigene im Blut sind. Am besten ist die Kombination verschiedener Tests, da bei der Katze – im Unterschied zum Hund – auch der Antikörpernachweis wichtige Hinweise geben kann.

Epidemiologie und Verbreitung: Die *D. immitis*-Dirofilariose ist in tropischen und subtropischen Gebieten verbreitet und kommt im gesamten Mittelmeerraum in vielen Feuchtgebieten oder Deltaregionen mit den für die Überträger aus der Familie Culicidae (Gattungen: *Culex, Aedes, Anopheles, Psorophora*) günstigen Entwicklungsbedingungen mehr oder weniger häufig vor. Das größte Endemiegebiet Europas ist die Poebene, Italien, wo die Prävalenz bei einheimischen Hunden bis zu 80 % beträgt und von wo aus sich kontaminierte Gebiete in die angrenzenden Regionen, gegen Norden sogar bis an den Alpenrand, erstrecken.

Da die Entwicklung von infektiösen Larven in den Culiciden auch bei Temperaturen von nur 18 °C möglich ist und tiefere Außentemperaturen nur zu einer Sistierung der Entwicklung führen, ist eine Weiterentwicklung des Zyklus, z. B. nach erfolgreicher Überwinterung von *D. immitis* in Mückenpopulationen in gewissen gemäßigteren Zonen theoretisch möglich.

In endemischen Gebieten sind Katzen recht oft befallen, so waren z. B. in einer Untersuchung in Oberitalien bis zu > 20 % seropositiv.

Die nördlich der Alpen festgestellten *D. immitis*-Fälle gehen jedoch bislang ausschließlich auf Import- oder Reiseinfektionen zurück.

Therapie: Makrofilarien (Hund): Melarsomin (Sicherheitsindex = 2). Empfehlung der American Heartworm Society (www.heartwormsociety.org):

- Initial makrozyklische Laktone (Präventivdosis: 4-mal im 30-Tage-Abstand) plus Doxyzyklin (10 mg/kg KM p. o. 1 × tägl.) für 4 Wochen, zur Behandlung der (noch) nicht Melarsomin-empfänglichen Dirofilarien (unter 4 Monate alt)
- Tag 60: zusätzlich Melarsomin 1-mal 2,5 mg/kg KM i. m.
- Tag 90/91: zusätzlich 2 × 2,5 mg/kg KM i. m. innerhalb von 24 h (verzögert Absterbevorgang, komplikationsfreier und eliminiert bis zu 98 % der Würmer; für symptomatische und asymptomatische Hunde)
- Die ausschliessliche Langzeit-Gabe von Makrozyklischen Laktonen als Langsam-Adultizid wird nicht empfohlen.
- Die Therapie von Makrofilarien sollte, wenn möglich, stationär und unter klinischer Beobachtung erfolgen.
- Boxenruhe ist oberste Priorität; zusätzlich Gabe von Prednisolon, Kortikosteroiden, Antihistaminika; Aspirin hat sich nicht bewährt.

oder alternativ nach Grandi et al. (2010):

- Kombination von Doxyzyklin 10 mg/kg KM während 30 Tagen plus Ivermectin-Pyrantel (6 µg/kg KM plus 14 mg/ kg KM alle 15 Tage) über 180 Tage. Dieses Therapieschema basiert auf der Erkenntnis, dass infolge Elimination der bakteriellen Endosymbionten *Wohlbachia* (in den Filarien) durch Doxyzyklin-Gabe die Makrofilarien geschädigt und abgetötet werden.

Mikrofilarien (Hund): Makrozyklische Laktone gemäß zugelassener Dosierung wie bei Prophylaxe beschrieben. Normalerweise genügt eine Einzeldosis, eine 1–2-malige Wiederholung nach jeweils 10 Tagen ist jedoch indiziert:

- Milbemycinoxim: 0,5–1,0 mg/kg KM p. o.
- Moxidectin plus Imidacloprid : 0,5 mg/kg KM plus 10 mg/kg KM
- Selamectin: 6–12 mg/kg KM Spot-on, sowie
- sämtliche Moxidectin- oder Milbemycin-enthaltende Kombinationspräparate

Die **Therapie von mit *D. immitis* infizierten Katzen** ist riskant und sollte nur unter intensivmedizinischer Betreuung (Klinik) vorgenommen werden. Eventuell reicht die Applikation von entzündungshemmenden Substanzen bis zur Spontanabtötung der Filarien, anderenfalls muss ein Makrofilarizid eingesetzt werden.

Prognose: Allgemein sehr vorsichtig bis kritisch. Problematisch ist stets die Therapie der Makrofilarien.

Prophylaxe: Grundsätzlich gilt auch hier: Hunde möglichst nicht in endemische Gebiete mitnehmen!

Für den Hund stehen für eine Chemoprophylaxe (Urlaub bzw. Reisen oder längere Aufenthalte in endemischen Gebieten) derzeit gut wirksame Präparate aus der Gruppe der makrozyklischen Laktone zur Verfügung. Vor einer prophylaktischen Intervention ist sicherzustellen, dass zum Zeitpunkt der Applikation wegen eventueller adverser Reaktionen nicht bereits eine patente *D. immitis*-Infektion vorliegt. Die Applikation erfolgt 1-mal pro Monat, mit Beginn mindestens 3 Tage vor der Exposition. Wiederholung der Behandlung (gleiche Dosis) alle 30 Tage während des Aufenthaltes im endemischen Gebiet. Letzte Dosis innerhalb von 30 Tagen nach letzter Exposition. Die Dosierungen sind wie folgt (alphabetische Reihenfolge der Substanzen):

- Milbemycinoxim: 0,5–1,0 mg/kg KM p. o. , 1 × monatl.
- Moxidectin plus Imidacloprid : 0,5 mg/kg KM plus 10 mg/kg KM Spot-on, 1 × monatl.
- Selamectin: 6 mg/kg KM Spot-on, 1 × monatl.
- sämtliche Moxidectin- oder Milbemycin-enthaltende Kombinationspräparate

Im Rahmen einer Feldstudie in Italien führte eine Moxidectin-sustained-release-Formulierung (1-malige Injektion) zu einer Saison-langen Schutzwirkung.

Bei Katzen prinzipiell gleiches Vorgehen wie bei Hunden, allerdings muss die Dosierung der Katze angepasst sein.

Bedeutung von D. immitis für den Menschen: In mediterranen Ländern sind vereinzelt autochthone Fälle einer Übertragung von *D. immitis* (und auch von *D. repens*) auf den Menschen beschrieben. Entsprechend siedeln sich die Larvenstadien in der Lunge, sog. „coin lesions" (DD Lungentumor), oder Subcutis an und führen zu einer Granulombildung.

Kutane Filariosen

Dirofilaria repens, Acanthocheilonema reconditum (Hund, Katze) (Tab. 2.1)

Dirofilaria repens sind bis zu ca. 17 cm lange Filarien (Mikrofilarien ca. 360 × 12 µm); die infektiösen Stadien werden durch dieselben Mückenspezies übertragen wie *D. immitis.* Die adulten *D. repens* leben in subkutanen Knoten, die Mikrofilarien in Blut und Lymphe. *Acanthocheilonema reconditum* ist maximal ca. 2,5 cm lang und lebt ebenfalls im subkutanen Gewebe, während die Mikrofilarien (ca. 270 × 5 µm) in Blut und Lymphe nachweisbar sind. Der Befall mit dieser Filarienart bleibt jedoch in der Regel klinisch unerkannt.

Pathogenese und Klinik: Diese Erreger können durch ihre Präsenz bzw. Entwicklung in Knoten in der Subcutis und/oder im intermuskulären Gewebe zu entzündlichen Infiltrationen inkl. Granulom- und Abszessbildung führen. Sie gelten als wenig bis apathogen, *D. repens* hat in den letzten Jahren dank einer zunehmenden Anzahl von Fällen in gewissen Gebieten an Bedeutung gewonnen. Durch die Lokalisation in der Subcutis kann es zu leichtgradigen entzündlichen Veränderungen, Knoten- und sporadischer Abszessbildung und dadurch bedingtem lokalem Juckreiz und Haarausfall kommen.

Diagnose: *Dirofilaria repens, Acanthocheilonema reconditum:*
- Mikrofilariennachweis; modifizierter Knott-Test; Difil®-Test
- PCR zur Differenzierung gegenüber *D. immitis* im parasitologischen Speziallabor

Epidemiologie und Verbreitung: Das Verbreitungsgebiet deckt sich weitgehend mit demjenigen für *D. immitis*, aufgrund von Berichten aus Ungarn und südlichen Voralpenregionen scheint sich auch für *D. repens* eine Ausbreitung nach Norden einzustellen.

Therapie: *Dirofilaria repens:*
- Keine kausale Therapie; Protokoll wie bei *D. immitis*
- Falls erforderlich: chirurgische Entfernung der Makrofilarien
- Mikrofilarientherapie und Prophylaxe: s. *D. immitis* (jedoch Gefahr von Reinfektionen groß!

Acanthocheilonema reconditum: grundsätzlich nicht notwendig
Prognose: günstig

Prophylaxe: Die Prophylaxemaßnahmen gegen *D. immitis* für Aufenthalte in endemischen Gebieten dürften auch gegen *D. repens* wirksam sein. Wegen der beschränkten klinischen Bedeutung sind Prophylaxemaßnahmen jedoch kaum weitergehend evaluiert.

Bedeutung von D. repens für den Menschen: vgl. *D. immitis*

Okuläre Thelaziose (Hund, selten Katze)

Thelazia spp (Tab. 2.1) sind ca 1–2 cm lange Augenwürmer mit Sitz im Konjunktivalsack und den Drüsenausführgängen; Fliegen (Musca- und Fruchtfliegen-Arten) dienen als Zwischenwirte. Untersuchungen in verschiedenen europäischen Ländern haben gezeigt, dass es sich bei der in diesen Regionen bei Hund und Katze vorkommenden Art in der Regel um *Thelazia callipaeda* handelt.

Pathogenese und Klinik: Die Präsenz von adulten Thelazien im Konjunktivalsack und den Ausführgängen der Nickhaut- und Tränendrüsen kann je nach Befallsintensität durch Reizungen zu follikulärer Konjunktivitis und vermehrtem Tränenfluss sowie Photophobie führen.

Diagnose: Direktnachweis von adulten Würmern, Sediment der Spülflüssigkeit zentrifugieren (Würmer/Larven nachweisbar).

Epidemiologie und Verbreitung: *Thelazia callipaeda* ist in Europa vorwiegend in südlichen Ländern nachgewiesen worden. Einzelne Fälle traten auch in nördlicheren Ländern meistens nach einem Aufenthalt in Südeuropa auf. Die Thelaziose gehört ebenfalls zu den Import- oder Reisekrankheiten, mit dieser Symptomatik vorgestellte Patienten sollten entsprechend untersucht werden.

Therapie: Mechanische Parasitenentfernung nur falls Durchführung unbedenklich, besser jedoch:

- Milbemycinoxim: 0,5 mg/kg KM p. o. 2 × im Abstand von 7 Tagen
- Moxidectin : 1-mal lokal max. 2 Tropfen 1 % wässrige Lösung (6 µg MOX)
- Moxidectin in Kombination mit Imidacloprid 10 %: 2,5 mg MOX/kg KM Spot-on: 2,5 mg/kg KM Spot-on, 1-malige Applikation sowie
- Moxidectin- oder Milbemycin enthaltenden Kombinationspräparate.

Prognose: Die Prognose ist nach der gezielten Therapie günstig.

Prophylaxe: Da es sich derzeit um eher seltene, oftmals importierte Einzelfälle handelt, sind gezielte Chemoprophylaxemaßnahmen sowie das medikamentöse Fernhalten der übertragenden Fliegen eher wenig realistisch.

Bedeutung von Thelazia spp. für den Menschen: Sehr selten wird eine Übertragung von *Thelazia*-Arten auf den Menschen nachgewiesen.

Capillariose der Harnblase (Hund, Katze)

Capillaria plica (Tab. 2.1): Erreger der Capillariose der Harnblase, sehr seltener, bis zu 50 mm langer, ubiquitär verbreiteter Nematode, der in der Harnblase parasitiert.

Pathogenese und Klinik: Durch das Eindringen und die Einbettung der Würmer in die Falten des Harnblasenepithels entstehen oberflächliche Epithelläsionen, fokale Nekrosen, Hämorrhagien und entzündliche Infiltrationen mit Epithelproliferationen. Am auffälligsten ist eine klinisch bzw. labordiagnostisch nachweisbare Hämaturie unterschiedlichen Ausmaßes.

Diagnose: Ei-Nachweis im Harnsediment

Epidemiologie und Verbreitung: Bedingt durch die Übertragung durch Regenwürmer sind *C. plica*-Fälle bei Hunden und Katzen als seltene Einzelfälle zu betrachten. Hingegen ist aufgrund des Nahrungsverhaltens diese Infektion bei Füchsen sehr häufig.

Therapie:

- Fenbendazol: 50 mg/kg KM p. o. während 5–10 Tagen
- Milbemycinoxim und/oder Moxidectin sowie diese Substanzen enthaltenden Kombinationspräparate gelten als wirksam.

Prognose: Wegen schwieriger Therapie vorsichtig zu stellen.

2.4.1.5 Arthropoden

Die Arthropoden (Gliederfüssler), zu denen sämtliche Ektoparasiten gehören, bestehen aus einem segmentierten chitinösen Außenskelett mit gegliederten Extremitäten und sind meistens getrenntgeschlechtlich. Weitere Charakteristika sind ein offenes Blutgefäßsystem, meistens markante Mundwerkzeuge sowie ein aus Vorder-, Mittel- und Enddarm bestehender Verdauungstrakt und verschiedenartige Drüsen, insbesondere die für die parasitäre Lebensweise sehr wichtigen Speicheldrüsen.

Sehr viele Hunde sind aufgrund ihres Jagdverhaltens für Zecken einerseits, teilweise aber auch wegen ihrer „zivilisierten" Lebensweise in der häuslichen Umgebung z. B. für einen Flohbefall prädisponiert. Dazu kommt, dass im Zuge der globalen Erwärmung bzw. den damit einhergehenden Klimaveränderungen verschiedene Arthropodenpopulationen in größerer Dichte vorkommen, sich regional stärker ausdehnen oder durch äußere Einflüsse (Handel und Tierverkehr, Reisen, Urlaub etc.) in neue Gebiete importiert werden. Ebenso werden für gewisse Ektoparasiten wie z. B. Zecken im Rahmen der sich stark verändernden Landschaft und Landnutzung neue und günstige Lebensräume geschaffen.

Die wohl größte Bedeutung als Ektoparasiten kommt den Schildzecken und Räudemilben (Acari) sowie den Flöhen (Insecta) zu. Medien und Marketing geprägte Strategien tragen außerdem dazu bei, die Aufmerksamkeit für verschiedene Ektoparasiten noch zu verstärken. Es wird sich zeigen, ob die derzeitigen Bekämpfungskampagnen gegen die wichtigsten Ektoparasiten längerfristig erfolgreich und somit nachhaltig sein werden. Beispielsweise haben frühere Studien zum Flohbefall bei Hunden und Katzen in Deutschland ergeben, dass die Prävalenz des Flohbefalls in den untersuchten Kollektiven mit bzw. ohne vorherige Flohbekämpfung innerhalb von 4 Wochen vor der Untersuchung statistisch nicht voneinander verschieden war.

Allerdings hat die prophylaktische Ektoparasitenbekämpfung bei Hund und Katze in den letzten Jahren dank der Entwicklung der Isoxazoline einen Paradigmenwechsel durchlaufen: Diese Wirkstoffgruppe eröffnet neue, sehr effiziente Bekämpfungsmöglichkeiten: Entscheidend dabei ist, dass die durch diese Wirkstoffgruppe zu bekämpfenden Ektoparasiten am Wirtstier anheften bzw. mit ihm in Kontakt treten und mit der Nahrungsaufnahme beginnen müssen, um den Wirkstoff aufzunehmen und umzusetzen. Diese initiale Aufnahme der Wirksubstanz führt sodann zu einer raschen Abtötung der Parasiten und damit zur Verhinderung ihrer Fortpflanzungsaktivität und ebenso der Übertragung von pathogenen Erregern. Diese sehr effiziente Wirkungsweise zeigt sich klinisch besonders augenfällig bei der Zecken- und Flohbekämpfung.

Es gilt jedoch auch hinsichtlich des Einsatzes von Ektoparasitika zu bedenken, dass die kontinuierliche systematische Ektoparasitenbekämpfung zukünftig – anders als beispielsweise Vakzineprogramme – nicht voraussehbare epidemiologische Auswirkungen (z. B. die potenzielle Selektion von resistenten Stämmen) haben kann.

Es werden nachfolgend nur Ektoparasiten präsentiert, die für West- bzw. Mitteleuropa von klinischer Relevanz sind.

Acari: Adulte Zecken und Milben sowie die Nymphenstadien (je nach Gattung unterschiedliche Anzahl) besitzen vier, die Larvenstadien je drei Beinpaare. Charakeristisch ist der Kopfteil (Gnathostoma) mit den meist arttypischen, auf der Basis capituli verankerten Mundwerkzeugen (Chelizeren, Pedipalpen und Hypostom mit Widerhaken), die bei den Zecken (Stechvorgang und Blutaufnahme) sehr ausgeprägt entwickelt sind, und der dorsal gelegene Schild (Scutum), der bei Männchen die ganze Körperoberfläche, bei Weibchen nur das vordere Körperteil bedeckt.

Insecta: Insekten sind 3-gliedrig (Kopf, Thorax, Abdomen) mit 3 Beinpaaren und einem Paar mehrgliedriger Antennen. Die Entwicklung verläuft entweder hemimetabol (ohne Puppenstadium) oder holometabol (mit Puppenstadium).

Die folgenden Zecken- und Milbenarten sind bei Hund und Katze als wichtige Ektoparasiten relevant.

Zecken (3-wirtig)

Ixodes ricinus (Hund, Katze)

Holzbock (Tab. 2.1): 2,5 bis ca. 4 mm, voll gesaugt mehr als 1 cm lang (Abb. 2.36 und Abb. 2.37), getrennt geschlechtlich. Die weibliche Adultzecke, die nach einer Blutmahlzeit (Dauer bis zu 14 Tagen) das Wirtstier spontan verlässt, legt auf dem Boden bis zu 3000 Eier, aus denen Larven schlüpfen. Diese entwickeln sich nach einer Blutmahlzeit auf einem Wirtstier (oft Kleinsäuger) via Häutung zu Nymphen, die für die Blutmahlzeit wieder einen Wirt benötigen, um sich danach zur adulten Zecke zu häuten. Larven und Nymphen sind entsprechend kleiner. Der Lebenszyklus erstreckt sich wegen der drei-

Abb. 2.36 Ixodes ricinus, weiblich

Abb. 2.37 Ixodes ricinus weiblich, gesogen

maligen Wirtssuche in der Regel über 3 Jahre, kann aber auch bis 6 Jahre dauern, denn ungesaugte Zecken können ohne Weiteres mehr als 2 Jahre überleben.

Der Holzbock ist insbesondere wegen seiner Vektorenrolle sehr wichtig, kann er doch diverse Infektionserreger (*Babesia divergens, B. microti, Anaplasma phagocytophilum,* div. *Borrelia*-Arten, FSME-Virus, diverse pathogene und apathogene Rickettsien, *Bartonella* spp. etc.) übertragen.

Ixodes hexagonus (v. a. Katze, selten Hund)

Igelzecke (Tab. 2.1), ca. 3–4 mm, vollgesaugt bis ca. 13 mm lang. *Ixodes hexagonus* ist rotbraun-grau, ähnelt sehr *I. ricinus* und ist dadurch leicht mit dieser verwechselbar, auch die Entwicklung ist ähnlich. Gilt regional als häufigste Zecke bei Katzen. *Ixodes hexagonus* ist Vektor für diverse Borrelienarten, *Babesia microti*, *Rickettsia conorii*, etc..

Ixodes canisuga (v. a. Fuchs, Dachs, gelegentlich Hund und Katze)

Hunde- oder Fuchszecke (Tab. 2.1), ca. 2–3 mm, vollgesaugt bis ca. 8 mm lang, befällt vorwiegend in Höhlen lebende Wirtstiere (Fuchs, Dachs) oder deren temporäre Besucher. Die Entwicklung ist ähnlich derjenigen von *I. ricinus*. Bislang identifiziert als Vektor für Lyme-Borreliose.

Dermacentor reticulatus (Hund)

Buntzecke (Tab. 2.1), (Abb. 2.38 und Abb. 2.39), ca. 3–5 mm, vollgesaugt bis zu 10 mm, getrennt geschlechtlich. Der Lebenszyklus mit den Entwicklungsstadien ist mit *I. ricinus* vergleichbar. *D. reticulatus* ist als Vektor für *Babesia canis*, diverse *Borrelia*-Arten, FSME sowie *Rickettsia conorii* (Erreger des Mittelmeerfleckfiebers) relevant. Die Blutmahlzeit dauert bis zu 2 Wochen, in der Folge legen die Weibchen ca. 4000 Eier.

Abb. 2.38 Dermacentor

Abb. 2.39 Dermacentor gesogen

***Rhipicephalus sanguineus* (Hund)**

Braune Hundezecke (Tab. 2.1), (Abb. 2.40), ca. 3–4 mm groß, vollgesaugt bis zu 10 mm. Lebenszyklus analog zu den o. g. Arten. Die Blutmahlzeit dauert in der Regel ca. 1 Woche, die weibliche Zecke legt danach bis zu 5000 Eier. *R. sanguineus* ist eine Zecke Afrikas und der Mittelmeerländer, die meistens im Rahmen des Reise- und Urlaubsverkehrs nach Mitteleuropa gelangt. Sie konnte sich bislang in nördlich der Alpen gelegenen Regionen noch nicht dauerhaft ansiedeln, sie kann sich jedoch leicht in Wohnungen, Tierheimen, Tierarztpraxen etc. etablieren und bei Vorhandensein von Wirtstieren entsprechend auch vermehren oder als Vektor in Erscheinung treten. Ihre Vektoreigenschaften umfassen *Babesia canis, B. vogeli, Ehrlichia* canis, *Hepatozoon canis* sowie *Rickettsia* spp.

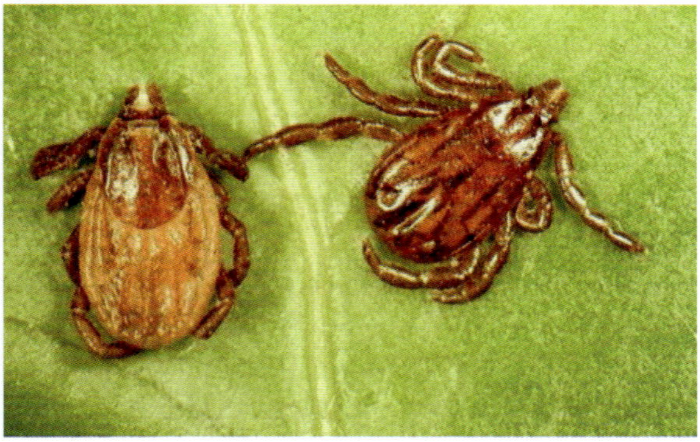

Abb. 2.40 Rhipicephalus

Pathogenese und klinisches Bild: Der Zeckenbefall führt – mit Ausnahme eines Massenbefalls – im Allgemeinen zu wenigen oder nur geringgradigen, klinisch relevanten Veränderungen. Im Vordergrund stehen die Zeckenstiche, die gelegentlich aufgrund von Sekundärinfektionen zu lokalen Schwellungen und entzündlichen Folgeerscheinungen mit nachfolgender Granulombildung führen können. Bei gewissen Hunden kommt es jedoch aufgrund von individuellen Unterschieden in der Empfindlichkeit bereits nach einzelnen Zeckenstichen zu massiven Entzündungen, Erythemen und oberflächlichen, fokalen Dermatitiden. Diese werden meist durch die juckreizbedingte Selbsttraumatisierung hervorgerufen oder deutlich potenziert. Gelegentlich können nach Zeckenbefall auch sog. „hot spots" entstehen. Bei unsachgemäßer Entfernung der Zecken durch den Besitzer bzw. Selbstentfernung (Zerbeißen) durch den Hund entstehen nicht selten Granulome durch die in der Haut zurückbleibenden Zeckenbestandteile. Zecken bevorzugen für ihre Stichstelle meist weiche Körperhautbezirke. Sie sind oft im Kopfbereich (Ohren, Nasenspiegel) sowie im Zwischenzehenspalt, im Allgemeinen jedoch auf der gesamten Körperoberfläche zu finden. Bedingt durch den mehrere Tage dauernden Saugakt wird der Zeckenbefall in der Regel durch den Besitzer festgestellt.

Der Zeckenbefall ist jedoch viel bedeutsamer wegen seines Potenzials als Vektor von übertragenen Infektionen.

Diagnose: Ein Zeckenbefall ist leicht zu erkennen und wird in den meisten Fällen durch den Besitzer festgestellt. In den meisten Fällen werden die adulten Zecken erkannt, schwieriger ist es, Nymphen oder Larven festzustellen. Im Hinblick auf die Vektorfunktion ist es bei einer gleichzeitigen Erkrankung des Hundes wichtig, nach sorgfältiger Entfernung der Zecke (kontinuierliches Drehen in einer Richtung bis sie loslässt) eine Artbestimmung durchzuführen bzw. im Speziallabor durchführen zu lassen.

Epidemiologie und Verbreitung: Der Holzbock *I. ricinus* ist in Mitteleuropa ubiquitär und ist die beim Hund am häufigsten vorkommende Zeckenart. Neuere Untersuchungen zeigen u. a., dass insbesondere auch Stadtparks und Grünanlagen sehr große *I. ricinus*-Populationen aufweisen.

Die Verbreitung von *Dermacentor reticulatus* erstreckt sich über einen Großteil Europas, die Häufigkeit ihres Auftretens ist jedoch regional sehr unterschiedlich: Praktisch ganz Frankreich, die oberrheinische Tiefebene zwischen Basel und Karlsruhe, das Saarland und diverse Gebiete von Rheinland-Pfalz und Nordrhein-Westfalen, Teile der Westschweiz, Norditalien und das südliche bis östliche Österreich sowie Ungarn gelten als endemische Vorkommensgebiete. In Deutschland ist in den Regionen Berlin/ Brandenburg, Leipzig und Umgebung sowie München/Regensburg in letzter Zeit eine deutliche Zunahme der *D. reticulatus*-Verbreitung feststellbar.

Die braune Hundezecke *R. sanguineus* hat ihren Ursprung in tropischen und subtropischen Gebieten und ist aufgrund der klimatischen Bedingungen sehr verbreitet im Mittelmeerraum. Im Zusammenhang mit Urlaub oder Import von Hunden nach Mitteleuropa gelingt es einzelnen Zecken immer wieder, sich in geschützten oder klimatisierten Hundezwingern, Kliniken, Tierheimen, Praxen oder Wohnungen mit Hundehaltung zu etablieren, lokale Populationen aufzubauen und dort ganzjährig aktiv zu sein. Die Aktivitätsperiode ist im Freien im Mittelmeergebiet von März bis Oktober.

Die Arten *I. hexagonus* und *I. canisuga* sind ubiquitär, die Gefahr eines Befalls ist in erster Linie unter dem Gesichtspunkt des Jagdverhaltens von Hunden und Katzen zu bewerten.

Therapie: Es gibt ein breites Angebot von zugelassenen, gut wirksamen Wirksubstanzen (Mono- oder Kombinationssubstanzen) (Tab. 2.3). Wirksubstanzen der Wahl für die therapeutische und prophylaktische Zeckenbekämpfung sind heutzutage die verschiedenen, neu entwickelten Isoxazoline-Derivate (s. Prophylaxe).

Makrozyklische Laktone sind für die Zeckenbehandlung bei Hund und Katze nicht indiziert und nicht alle Wirksubstanzen sind für sämtliche Zeckenspezies zugelassen.

Wirksamkeiten unterschiedlichen Grades (bis zu 2 Wochen, gelegentlich auch länger) zeigen bestimmte pflanzliche Alternativprodukte (Biozidwirkstoffe, wie z. B. Margosa).

Vereinzelte auf Hunden oder Katzen festgestellte Zecken können und sollten prinzipiell und so rasch wie möglich manuell entfernt werden, möglichst ohne Bestandteile von Zecken in der Haut zurückzulassen. Dies erfolgt am besten mit geeigneten, z. T. speziell angefertigten Pinzetten oder Zeckenzangen.

Tabelle 2.4.3: **Ektoparasitika**

Wirksubstanz/ en	Tierart	Zecken – Wirkdauer pro Applika-tion	Flöhe – Wirk-dauer pro Appli-kation	*Sar-coptes canis*	*Noto-edres cati*	*Oto-dectes cynotis*	*Demo-dex* spp.	Appli-kation	Weitere Parasiten-Indikatio-nen
Afoxolaner	Hund	*** 1 Monat	*** 5 Wo	***		***	***	p.o.	
Afoxolaner + Milbemycin-oxim	Hund	*** 4 Wo	*** 5 Wo	***		***	***	p.o.	GIN + 30 Tage Pro-phylaxe *D. immitis/ A. vasorum/ T. callipaeda*
Esafoxolaner + Eprinomectin + Praziquantel	Katze	*** 5 Wo (I.ricinus)	*** 1 Monat		***	***		Spot On	GIN +Zes-toden + *A. abstrusus/ T. brevior* + 30 Tage Prophylaxe *D. immitis*
Selamectin	Hund/ Katze		*** 1 Mo-nat	***		***		Spot On	*Toxocara* spp. / *Ancylosto-ma* spp. + Haarlinge + 30 Tage Prophylaxe *D. immitis*
Fluralaner	Hund/ Katze	*** mind. 12 Wo (R. sangui-neus 8 Wo)	*** mind. 12 Wo	***		***	***	p.o./ Spot On	12 Wo Prophylaxe gegen *B. canis*
Fluralaner + Moxidectin	Katze	*** 12 Wo	*** 12 Wo			***		Spot On	GIN, 12 Wo Prophylaxe *D. immitis* + Prophy-laxe. *A. abstrusus*
Lotilaner	Hund/ Katze	*** 1 Monat	*** 1 Monat				***	p.o.	
Lotilaner + Milbemycin-oxim	Hund	*** 1 Monat	*** 1 Monat				***	p. o.	GIN + 30 Tage Pro-phylaxe *D. immitis/ A. vasorum*
Sarolaner	Hund	*** mind. 5 Wo	*** mind. 5 Wo	***		***	***	p.o.	

Wirksubstanz/en	Tierart	Zecken – Wirkdauer pro Applikation	Flöhe – Wirkdauer pro Applikation	*Sarcoptes canis*	*Notoedres cati*	*Otodectes cynotis*	*Demodex* spp.	Applikation	Weitere Parasiten-Indikationen
Sarolaner + Selamectin	Katze	*** 5 Wo (I. ricinus, I. hexagonus/ 4 Wo D. reticulatus/ R. sanguineus	*** 5 Wo			***		Spot On	GIN + Haarlinge 30 Tage Prophylaxe *D. immitis*
Sarolaner + Moxidectin + Pyrantelpamoat	Hund	5 Wo (I. ricinus, I. hexagonus/ 4 Wo D. reticulatus/ R. sanguineus	*** 5 Wo	***			***	p.o.	GIN + 30 Tage Prophylaxe *D. immitis/ A. vasorum/T. callipaeda*
Tigolaner + Emodepsid + Praziquantel	Katzen	*** 13 Wo	*** 13 Wo		***	***		Spot On	GIN+ Zestoden + *A. abstrusus/ T. brevior*
Moxidectin + Imidacloprid	Hund/ Katze		*** 4 Wo	***	***	***	**	Spot On	GIN + Lungenwürmer + 30 Tage Prophylaxe *D. immitis/ A. vasorum/T. callipaeda* u. a.
Deltamethrin	Hund	*** 6 Monate						Halsband	6–12 Monate (repell.) *P. perniciosus*, 6 Mt. *C. pipiens*
Fipronil	Hund/ Katze	** bis zu 4 Wo	** bis 8 Wo					Spot On	*** Haarlinge
Fipronil + Permethrin	Hund (repellent)	*** 4 Wo	*** 4 Wo					Spot On	4 Wo repell. gegen *P. perniciosus/ C. pipiens*
Fipronil + S-Methopren	Hund/ Katze	** 4 Wo	** bis 8 Wo					Spot On	*** Haarlinge
Fipronil + Pyriproxifen	Hund/ Katze	*** 2–4 Wo	*** 7 Wo					Spot On	*** Haarlinge

Wirksubstanz/en	Tierart	Zecken – Wirkdauer pro Applikation	Flöhe – Wirkdauer pro Applikation	*Sarcoptes canis*	*Notoedres cati*	*Otodectes cynotis*	*Demodex* spp.	Applikation	Weitere Parasiten-Indikationen
Flumethrin + Imidacloprid	Hund/ Katze	** bis 8 Monate	** bis 8 Monate					Halsband	Haarlinge Prophylaxe gegen *P. perniciosus*
Flumethrin + Propoxur	Hund	** bis 6 Monate	** bis 6 Monate					Halsband	
Permethrin	Hund	**	**					Spot On	Repellentwi auf *P. perniciosus*
Permethrin + Imidacloprid	Hund	** 3–4 Wo	4 Wo					Spot On	Haarlinge, 2–3 Wo Repellentwirkung auf *P. perniciosus*
Permethrin + Dinotefuran + Pyriproxifen	Hund (repellent)	1 Monat	1 Monat					Spot On	1 Monat Repellentwirkung auf *P. perniciosus* u. a. Insekten
Imidacloprid	Hund/ Katze		*** 4 Wo					Spot On	*** Haarlinge

Prophylaxe: Tab. 2.3: Die kürzliche Neuentwicklung der Wirkstoffgruppe Isoxazoline (Afoxolaner, Fluralaner, Lotilaner. Sarolaner, Tigolaner) hat zu einem Paradigmenwechsel in der Zecken- und der Ektoparasitenbekämpfung allgemein geführt: Das Wirkungsprinzip besteht darin, dass der Wirkstoff zuerst von der Zecke durch die Blutmahlzeit auf dem Wirtstier aufgenommen werden muss, um in der Folge die Zecke möglichst rasch nach ihrem Eintreffen auf der Haut abzutöten bzw. zu eliminieren und dadurch eine Übertragung von pathogenen Erregern zu verhindern. Diese neuartige Wirkungsweise erwies sich rasch als sehr effizient und insbesondere auch dank ihrer persistierenden Wirkung ist die auf dem Wirkungsprinzip der Isoxazoline beruhende Prophylaxe heutzutage die bevorzugte Methode für die prophylaktische Zeckenbekämpfung.

Die früheren Bekämpfungsmethoden, mit entsprechenden Akariziden (Pyrethroide, Fipronil u. a.) ein Festsetzen der Zecken auf dem Tier zu verhindern oder diese möglichst vor dem Saugakt abzustoßen (Repellent-Effekt) bzw. die Zecken rasch nach Eintreffen abzutöten, werden jedoch weiterhin empfohlen und auch entsprechend eingesetzt: Dazu gibt es eine Vielzahl von sehr gut wirksamen Produkten, die aufgrund ihrer teilweise verlängerten Wirkungsdauer ebenfalls – je nach Wunsch der Besitzer – für eine kürzer oder länger dauernde Prophylaxe eingesetzt werden können.

Eine gewisse prophylaktische Wirksamkeit (je nach Substanz bis zu 2 Wochen) ist auch für bestimmte pflanzliche Alternativprodukte (Biozide wie z. B. Margosa) dokumentiert.

Bedeutung für den Menschen: Die Zecken, insbesondere *I. ricinus* und *R. sanguineus*, können bei entsprechender Verfügbarkeit oder intensivem Kontakt mit dem Hund auch Menschen befallen, allerdings nur diejenigen, die als nüchterne Zecken im Fell wandern und sich beim Hund noch nicht festgesaugt haben. Dabei ist in der Regel nicht der Zeckenstich, sondern vielmehr die Gefahr der Übertragung eines infektiösen Erregers von medizinischer Bedeutung.

Milben

Sarcoptes-Räude (Hund)

Sarcoptes canis: Grabmilbe (Tab. 2.1), ca. 200–400 × 140–240 µm groß mit je einem Haftlappen auf den langen, ungegliederten Prätarsen der ersten beiden Beinpaare. Lebt vorwiegend in Bohrgängen in der Epidermis.

Pathogenese und klinisches Bild: Infolge der Bohraktivitäten von *S. canis* kommt es zu Erythemen sowie zu papulösen und makulösen Effloreszenzen mit meist starker Krusten- und Schuppenbildung, verbunden mit ausgeprägtem Juckreiz, der infolge der meist deutlichen, zusätzlich kratzbedingten Selbsttraumatisierung zu Alopezie, ausgeprägten Exkoriationen und zu einer Verstärkung der Läsionen führen kann. Daraus können auch sekundäre Pyodermien entstehen und falls unbehandelt – aufgrund des meist chronischen Verlaufes – deutliche Hautverdickungen mit Hyperkeratose, Hautfaltenbildung, Hyperpigmentierung oder Lichenifikation.

Die *Sarcoptes*-Räude beginnt meist am Kopf, breitet sich aber meistens über die Brustregion auf Beine und Unterbauch aus und wird zu einer ausgedehnten Körperräude. Besonders deutlich sind die Ohren betroffen, infolge von Juckreiz und Kratzen entstehen gelegentlich auch Othämatome. Das klinische Bild kann einer allergiebedingten Erkrankung ähnlich sein. Die *Sarcoptes*-Räude gilt auch als eine immunvermittelte Erkrankung, da die Symptome mehrheitlich durch allergische Reaktionen auf Milbenantigene verursacht werden. Es kann sich eine Immunität entwickeln. Eine Abmagerung gehört wegen des chronisch-zehrenden Prozesses meistens dazu.

Diagnose: Der direkte Nachweis kann mittels Hautgeschabsel erfolgen, ist jedoch wegen der sich tief in der Epidermis befindlichen Milben oft schwierig. Es sollten stets mehrere, sehr tiefgehende Hautgeschabsel (bis zum Austritt von Kapillarblut) an den Übergängen zum gesunden Gewebe entnommen und nach Zugabe von 10 %iger KOH-Lösung mikroskopisch untersucht werden. Die Sensitivität ist jedoch sehr gering. Deutlich bessere Sensitivitäten bieten die kommerziell verfügbaren ELISA-Tests (Nachweis von Anti-*Sarcoptes-canis*-IgG). Je nach Hersteller werden Sensitivitäten und Spezifitäten bis über 90 % angegeben, allerdings variieren die Werte teilweise stark. Wegen der relativ spät einsetzenden Serokonversion sollte unbedingt immer eine Zweituntersuchung nach 2–3 Wochen durchgeführt werden. Wenn auch nicht üblich, ist prinzipiell auch ein PCR-Nachweis möglich.

Gelegentlich wird die Diagnose bei der histologischen Untersuchung von Hautbiopsien gestellt.

Epidemiologie und Verbreitung: Die *Sarcoptes*-Räude ist weltweit verbreitet und gilt als hochkontagiös. Sie kommt jedoch beim Hund i. d. R. als Einzelfall vor. Da isolierte *Sarcoptes*-Milben bei entsprechenden Bedingungen bis zu 3 Wochen überleben können, gelten insbesondere *S. canis*-befallene Füchse für die Kontamination der Umgebung als bedeutsam. Dadurch kommen durch den Fuchs übertragene Fälle von *Sarcoptes*-Räude beim Hund gelegentlich vor.

Therapie: Es ist vorteilhaft, mit systemisch wirkenden Akariziden zu therapieren. Verfügbar sind (Tab. 2.3):

- Moxidectin plus Imidacloprid 10 %: 2,5 mg MOX/kg KM, Spot-on, 2-mal im 4-Wochen-Intervall
- Selamectin: 6–12 mg/kg KM Spot-on, 2-mal im 4-Wochen-Intervall
- Isoxazoline-Derivate enthaltende Kombinationsprodukte.

Prophylaxe: Alle mit einem *Sarcoptes*-befallenen Hund in Kontakt stehenden Hunde müssen zwingend nach demselben Schema behandelt und Liegeplätze, Bürsten, Kämme etc. wirksam gereinigt und desinfiziert werden.

Bedeutung für den Menschen: Ausgehend vom Hund ist ein Befall der Tierbesitzer durch *Sarcoptes-canis*-Milben bei engem Kontakt mit dem Tier sehr leicht möglich. Es kann dabei zur Bildung von Erythemen, Papeln und Effloreszenzen sowie von Urtikaria-ähnlichen Hautläsionen und leichtgradigen Dermatitiden mit starkem Juckreiz kommen. Die Behandlung ist jedoch einfach und sehr gut wirksam.

Notoedres-Räude (Katze)

Notoedres cati: Grabmilben, Erreger der „Kopfräude" bei Katzen und anderen Feliden (Tab. 2.1), ca. 150–300 × 120–250 µm groß, die Weibchen tragen je einen kleinen Haftlappen auf den ungegliederten Prätarsen der ersten beiden, den Körper überragenden Beinpaare. Die *Notoedres*-Milben leben vorwiegend in Bohrgängen in der Epidermis.

Pathogenese und klinisches Bild: Durch die Bohraktivitäten von *N. cati* entstehen mechanische Hautschädigungen, die zu deutlicher Papelbildung und infolge der entzündlichen Läsionen zu teilweise ausgeprägter Hautverdickung mit Faltenbildung führt. Aufgrund dieser entzündlichen Veränderungen sowie möglicherweise durch Milbenspeichel induzierte Hypersensibilitätsreaktionen kommt es zu Exsudationen mit anschließender Krusten- und Borkenbildung, die mit hochgradigem Juckreiz einhergehen. Als Folge der kratzbedingten Selbsttraumatisierung entstehen Exkoriationen, gelegentlich Blutungen und je nachdem auch bakterielle Sekundärinfektionen und Alopezie. Die Läsionen beginnen typischerweise an den Ohren, von wo aus sie sich über den ganzen Kopf (Gesicht, Nase, Augenlider) und Richtung Hals ausbreiten. Je nach Reinigungsverhalten der Katze manifestiert sich der Befall mit fortschreitender Erkrankung auch an den Beinen und in der Perinealregion. Unbehandelt neigt die Kopfräude zur Generalisation und führt v. a. bei sehr jungen und älteren Katzen zu Apathie, ungepflegtem Verhalten und Abmagerung. Aufgrund der feststellbaren Symptomatik ist vermutlich auch die *Notoedres*-Räude – ähnlich wie die *Sarcoptes*-Räude – eine durch allergische Reaktionen auf Milbenantigene verursachte Erkrankung.

Diagnose: Die Hautveränderungen am Kopf sind sehr typisch und für einen *Notoedres*-Befall verdächtig. Der direkte Nachweis erfolgt mittels Hautgeschabsel, die Milben sind bei *N. cati*-Befall im Allgemeinen gut zu finden, bei negativem Nachweis sollten wiederholt Hautgeschabsel untersucht werden. In seltenen Fällen wird die Diagnose im Rahmen einer histologischen Untersuchung von Hautbiopsien gestellt. Prinzipiell ist auch ein PCR-Nachweis möglich.

Epidemiologie und Verbreitung: Die Kopfräude der Katze ist bei der heute vorherrschenden Katzenhaltung sehr selten feststellbar. Sie wird in erster Linie bei streunenden Katzen oder anderen Feliden beobachtet.

Therapie:
- Moxidectin plus Imidacloprid 10 %: 2,5 mg MOX/kg KM Spot-on, je nach klinischem Befund eventuell wiederholen
- Isoxazoline oder Isoxazoline-Derivate - enthaltende Kombinationsprodukte.

Prophylaxe: Alle mit einer mit *N. cati* befallenen Katze in Kontakt stehenden Katzen sollten unbedingt nach demselben Schema behandelt und die wichtigsten Aufenthaltsorte wirksam gereinigt und desinfiziert werden.

Bedeutung für den Menschen: Ähnlich wie bei der *Sarcoptes*-Räude ist auch bei *Notoedres*-Befall bei engem Kontakt ein Befall der Tierbesitzer möglich. Dieser ist jedoch harmlos und gut behandelbar.

Ohrräude (Hund, Katze)

Otodectes cynotis: Ohrmilbe (Tab. 2.1), ca. 320–500 × 210–300 µm groß, ubiquitär vorkommend, häufige Ursache von Otitiden.

Pathogenese und klinisches Bild: Die *Otodectes-cynotis*-Milben stechen zur Nahrungsaufnahme die oberflächliche Haut im äußeren Gehörgang an und verursachen dadurch zusätzlich zu serösen Ausschwitzungen lokale entzündliche Läsionen, die zu einer Ansammlung von Cerumen, Blut- und Plasmabestandteilen führen. Diese Hautschädigungen gehen i. d. R. mit starkem Juckreiz einher. Bei Katzen können jedoch die klinischen Symptome sehr stark variieren. Insbesondere bei Hunden können intensives Kopfschütteln und ständiges Kratzen den Entzündungsprozess verstärken, es kann zu Exkoriationen und sogar zu nässenden Ekzemen und Othämatomen kommen. Bei massivem Befall ist eine Ausbreitung der Ohrmilben auf andere Körperstellen (vor allem Stirn-, Nacken- und Rumpfregion) möglich. Sehr selten kommt es bei schweren Verlaufsformen zu einem Durchbruch ins Innenohr mit entsprechenden ZNS-Symptomen.

Diagnose: Sehr oft sind die Milben (lichtscheu!) mit dem Otoskop bei aufgesetzter Lupe bei der Untersuchung direkt feststell- und identifizierbar (Abb. 2.41 und Abb. 2.42). Der Nachweis erfolgt im Übrigen durch die mikroskopische Untersuchung (KOH-Methode) von Sekretmassen aus dem Gehörgang.

Epidemiologie und Verbreitung: Ohrmilben sind ubiquitär und zeigen geringe Wirtsspezifität (Caniden, Feliden, Musteliden).

Therapie: Nach mechanischer Beseitigung und Reinigung mit milden Antiseptika, Behandlung mit:
- Moxidectin plus Imidacloprid 10 %: 2,5 mg MOX/kg KM Spot-on, je nach klinischem Befund nach 4 Wochen wiederholen
- Selamectin: 6 mg/kg KM Spot-on, wiederholte Applikation nach 4 Wochen
- Isoxazoline oder Isoxazoline-Derivate enthaltenden Kombinationsprodukten.

Prophylaxe: Regelmäßige Ohrenkontrolle zur frühzeitigen Erkennung.

Demodikose (Hund)

Demodex canis: Haarbalgmilbe (Tab. 2.1), ca. 250–300 µm lange, zigarrenförmige Milbe, die in den Haarbälgen lebt und auch bei gesunden Hunden weit verbreitet ist. Die Über-

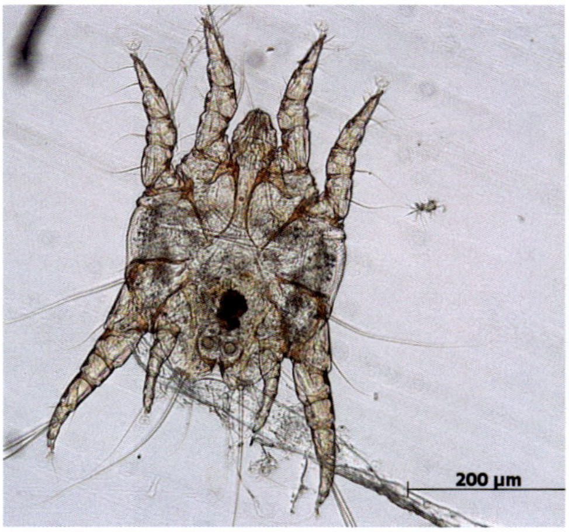

Abb. 2.41 Otodectes cynotis

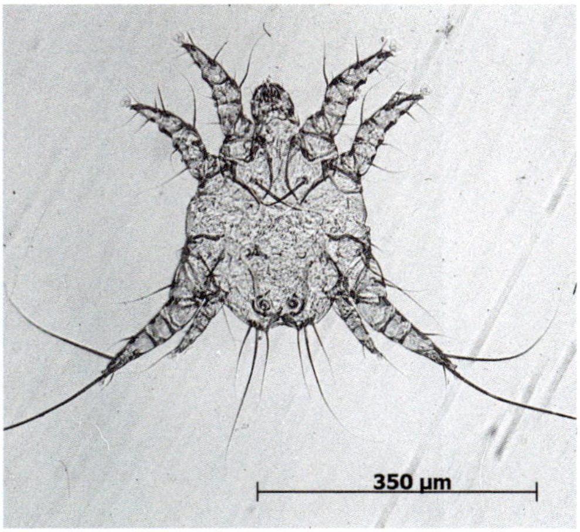

Abb. 2.42 Otodectes männl.

tragung erfolgt vom Muttertier auf die Welpen in den ersten Lebenstagen, bei immunkompetenten Tieren kommt es überhaupt nicht oder nur zu vorübergehenden, spontan abheilenden klinischen Erscheinungen.

Pathogenese und klinisches Bild: Die Demodikose tritt in verschiedenen Formen in Erscheinung: Es muss zwischen lokalisierter und generalisierter Demodikose unterschieden werden. Aufgrund der Übertragung in den ersten Lebenstagen von der säugenden Hündin treten die ersten Läsionen bei Welpen in der Regel am Kopf (Nasenrücken, Stirn, Ohren, Augenlider) auf. Nach Definition des American College of Veterinary Dermatology gelten bis zu 6 lokale Läsionen als lokalisierte Demodikose, während das Auftreten von mehr als 6 Läsionen als generalisierte Demodikose eingestuft wird.

Lokalisierte Demodikose: Meistens sind bei der lokalisierten Form weniger als 6 Monate alte Hunde betroffen: Die Läsionen fallen auf als umschriebene, teils gerötete, in der Regel haarlose, mit Schuppen bedeckte Stellen im Gesichtsbereich, an den Ohren (Abb. 2.43) und gelegentlich an den Vorderbeinen. Nicht selten kommt es durch die Manifestation im Bereich der Augenlider und des damit einhergehenden Haarausfalls zur sog. „Brillenbildung".

Klinisch viel auffälliger ist die *generalisierte Demodikose*, die bei Junghunden – die Pathogenese ist für diese Form nicht bekannt, vermutlich aber auch immunologisch bedingt – und bei erwachsenen Hunden als eine der schwerwiegendsten Hauterkrankungen überhaupt gilt. Auslöser sind nicht selten internistische Leiden wie Hypothyreose, persistierende Immunsuppression, Neoplasmen, zehrende chronische Erkrankungen, die aufgrund der reduzierten Abwehrbereitschaft zu einer massiven Milbenvermeh-

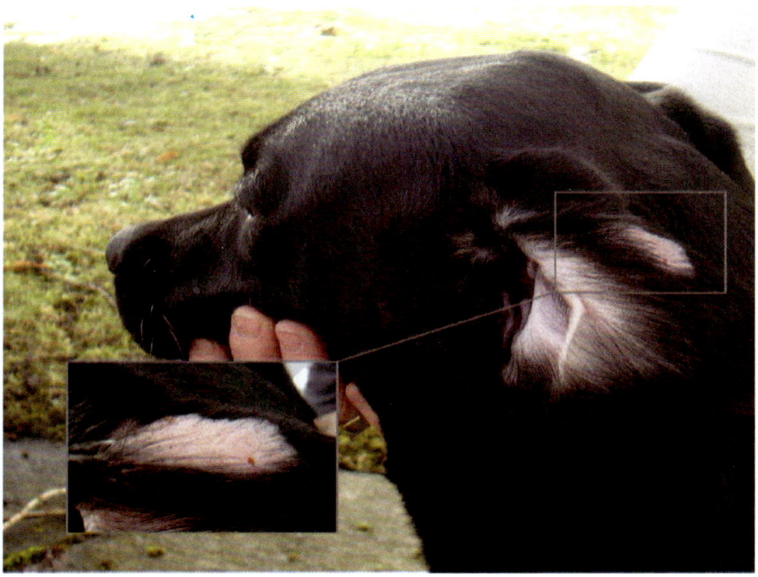

Abb. 2.43 Demodikose

rung und in der Folge zu generalisierten Läsionen führen. Genetische Untersuchungen bei reinrassigen Hunden bzw. bei einzelnen Rassen oder Familien deuten zudem auf eine genetische Prädisposition mit autosomal-rezessivem Erbgang hin: Hunde mit chronischer generalisierter Demodikose manifestieren eine reduzierte Th-1-Zell-Aktivität, welche möglicherweise zur Aktivierung von zytotoxischen T-Zellen führt und dadurch für den Defekt verantwortlich sein könnte.

Die Erkrankung beginnt i. d. R. mit multiplen, schlecht begrenzten Hautläsionen (vgl. lokalisierte Demodikose) an Kopf, Rumpf und Gliedmaßen, die an Größe zunehmen, stellenweise konfluieren und keine Abheilungstendenzen zeigen. Auffällig ist eine deutliche Lymphknotenvergrößerung und bei Komplikationen (bakterielle Sekundärinfektionen) kann es zu Ödemen und starken entzündlichen Reaktionen mit Exsudationen und tiefer Follikulitis sowie Krustenbildung kommen. In diesem chronischen Infektionsverlauf können lokal auch noduläre Veränderungen entstehen und die Hautoberfläche wird zusehends von teils eitrig-hämorrhagischen, teils follikulären bis furunkulösen Prozessen bedeckt.

Diagnose: Der Milbennachweis (Abb. 2.44 und Abb. 2.45) erfolgt durch tief entnommene Hautgeschabsel (bis zum Austritt von Kapillarblut) am Übergang zu den nicht betroffenen Hautstellen. Sehr hilfreich ist es, eine Hautfalte zusammenzupressen, damit die Milben rascher aus den Haarfollikeln austreten und mittels Hautgeschabsel besser erfasst werden können. Es ist auch möglich, durch Auszupfen von Haaren an Milben für eine mikroskopische Untersuchung zu kommen.

Die Diagnose einer Demodikose beruht auf dem Nachweis einer sehr großen Zahl adulter Milben oder einem im Verhältnis zu den adulten Milben massiv erhöhten Anteil von Entwicklungsstadien von Milben. Demgegenüber gilt das Auftreten von einzelnen Demodex-Milben im Hautgeschabsel als normale Hautbesiedelung. In solchen Fällen sollten allerdings bei bestehenden Hautläsionen weitere Hautbezirke entsprechend untersucht werden.

Epidemiologie und Verbreitung: Demodexmilben sind ubiquitär und gelten als reguläre Hautbewohner (Kommensale), die i. d. R. von der Hündin auf die Welpen übertragen werden und nur unter bestimmten Umständen pathogene Eigenschaften entwickeln.

Therapie: Lokalisierte Form: In der Regel nach 6–8 Wochen Spontanheilung, allerdings wird sehr oft eine Therapie vom Besitzer verlangt.

Generalisierte Form: Diese Form ist dank den verfügbaren Isoxazoline-Derivaten relativ gut therapierbar. Die therapeutischen Maßnahmen sollten eventuell bestehende Grunderkrankungen mit einschließen sowie, wenn möglich, von einem „Milben-Monitoring“ begleitet sein. Dies bedeutet, dass jeweils 4 Wochen nach Behandlung auf der Basis von erneut entnommenen Hautgeschabseln die quantitative Entwicklung der Milbenpopulation beurteilt wird. Eine im Vergleich zur Initialuntersuchung zahlenmäßige Reduktion der Milben (insbesondere der immaturen) oder vermehrt tote Milben gelten

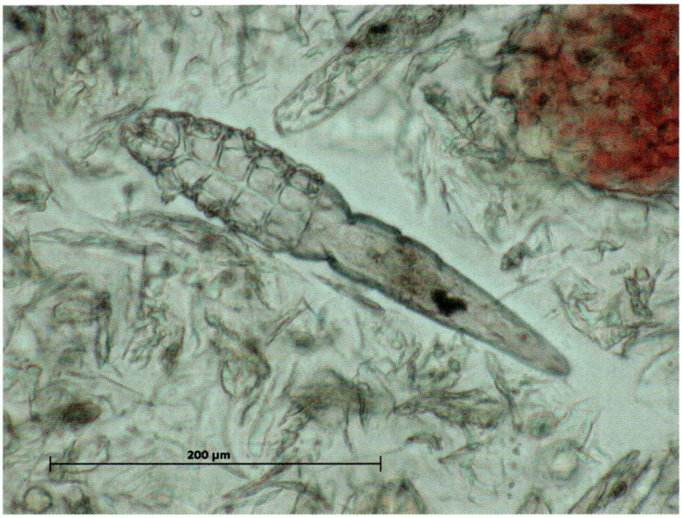

Abb. 2.44 Demodex (Hund)

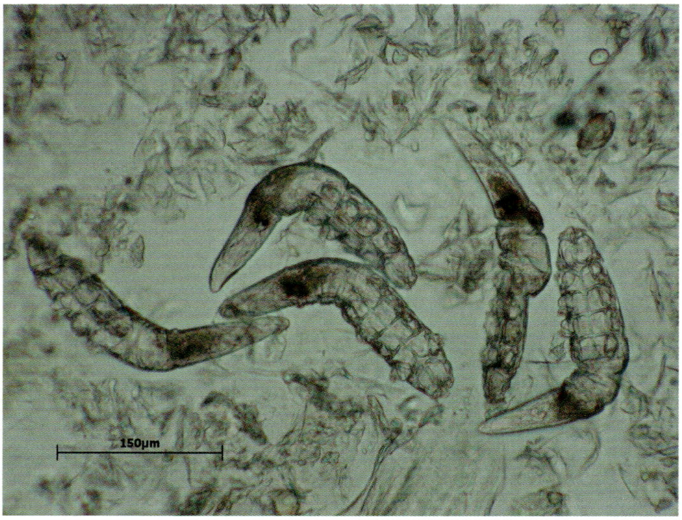

Abb. 2.45 Demodex (Hund)

als günstig für den Heilungsverlauf, während weiterhin hohe Milbenzahlen oder eine im Vergleich zu den adulten Milben steigende Zahl von immaturen Milben als Zeichen schlechter Wirksamkeit bzw. Abheilung gilt.

- Isoxazoline und Isoxazoline-Derivate enthaltende Kombinationsprodukte gelten aufgrund ihrer nachweislich guten Wirksamkeit als Therapieempfehlung der Wahl.
- Moxidectin 2,5 % plus Imidacloprid 10 % (2,5 mg MOX/kg/KM) Spot-on, 2–4-mal im 4-Wochen-Intervall bis zur klinischen Besserung

Prophylaxe: Hunde aus Zuchtlinien, in denen generalisierte Demodikoseerkrankungen auftreten, sollten strikt von der Zucht ausgeschlossen werden.

Demodikose (Katze)

Demodex cati, D. gatoi (Tab. 2.1): Während *D. cati* der *Demodex*-Milbe des Hundes ziemlich ähnelt, ist *D. gatoi* deutlich kürzer und hat einen gedrungeneren, abgerundeten Rumpf. Sie lebt vor allem im Stratum corneum. Bei der Katze wird vereinzelt noch eine weitere, taxonomisch bisher nicht zugeordnete *Demodex*-Art mit anderen morphologischen Merkmalen nachgewiesen.

Pathogenese und Klinik: Obwohl die feline Demodikose allgemein selten auftritt, kann nach verschiedenen Autoren ebenfalls zwischen lokalisierter und generalisierter Demodikose unterschieden werden.

Bei der **lokalisierten Form** infolge *Demodex-cati-* oder *Demodex-gatoi*-Befall kommt es vorwiegend zu einer „Kopfform" mit Befall von Augenlidern und Periorbitalregion mit Ausbreitung auf den gesamten Kopf. Durch die Schadwirkung entstehen Erytheme sowie Papeln und Pusteln mit vermehrter Schuppen- und Krustenbildung. Es kommt auch zu oberflächlichen Erosionen und Haarausfall. Bei *D. gatoi*-Befall scheinen die Läsionen ausgeprägter zu sein. Juckreiz ist nicht obligat, kann aber beträchtlich sein. Die lokalisierte Form ist ähnlich wie beim Hund in der Regel selbstlimitierend.

Die **generalisierte Form** verläuft bei der Katze i. d. R. milder als beim Hund: Sie tritt meist an Kopf, Nacken, Rumpf und Gliedmaßen auf und äußert sich an den betroffenen Stellen als fleckenförmige, mehr oder weniger umschriebene Hautläsion mit Erythemen, vermehrter Schuppen- und Krustenbildung, Alopezie und Hyperpigmentierung. Juckreiz kann stark variieren. Die generalisierte *D. cati*-Form wird meistens im Zusammenhang mit systemischen Erkrankungen wie Diabetes mellitus, Tumorerkrankungen, Virusinfektionen oder anderen immunsuppressiven Krankheiten festgestellt. Es ist daher stets indiziert, diese Erkrankungen zuerst anzugehen. Die durch *D. gatoi* hervorgerufene generalisierte Demodikose zeigt einen ähnlichen Verlauf, äußert sich jedoch durch eine im Vergleich ausgeprägtere Symptomatik.

Diagnose: Der Milbennachweis erfolgt durch Hautgeschabsel, dabei können Milben auch in den oberflächlichen Hautschichten oder sogar im Ohrkanal festgestellt werden.

Bei der Katze ist die Anzahl der Milben oft vergleichsweise gering. Vorsicht: Falls bei starkem Juckreiz keine Milben gefunden werden, ist es durchaus möglich, dass diese von der Katze fortlaufend abgeleckt werden. Bei fortbestehendem Verdacht trotz negativen Geschabseln sollten zusätzlich Hautbiopsien entnommen werden.

Epidemiologie und Verbreitung: Die Verbreitung der felinen Demodikose ist nicht eigentlich bekannt und es werden mehrheitlich Fallberichte veröffentlicht.

Therapie: Für die Behandlung der Demodikose der Katze werden Isoxazoline oder Isoxazoline-Derivate - enthaltende Kombinationsprodukte empfohlen.

Cheyletiellose (Hund. Katze)

Cheyletiella yasguri (Hund), *C. blakei* (Katze): Raubmilbe (Tab. 2.1), schuppenähnliches Aussehen, ca. 170–340 × 270–540 µm groß mit kräftigen, in Klauen endenden Pedipalpen, lebt auf der Hautoberfläche.

Pathogenese und Klinik: Aufgrund der teilweise massiven oberflächlichen Hautreizungen und in Abhängigkeit der Anzahl der sich auf der Haut bewegenden Milben kann es zu Hautabschilferungen, Haarausfall, starker Schuppenbildung sowie papulösen und krustenartigen Läsionen und lokalen Dermatitiden kommen. Die Symptome sind nicht spezifisch, oft verläuft die Cheyletiellose subklinisch. *Cheyletiella*-Milben können am gesamten Körper festgestellt werden, bei der Katze sind die Cheyletiellen jedoch oft vermehrt an Kopf und Rumpf zu finden.

Diagnose: Eventuell sind die wandernden „schuppenähnlichen" Milben (Abb. 2.46) im Fell direkt feststellbar. Nach Transfer von ausgebürstetem Haar- und Hautmaterial auf eine dunkle Unterlage fallen im positiven Falle sich bewegende, schuppenähnliche Gebilde („walking dandruff") auf. Als sehr günstige Nachweismethode bei Hunden hat sich der Einsatz des Staubsaugers und die anschließende Untersuchung des Inhaltes erwiesen. Für die Diagnostik eignet sich außerdem sehr gut der Einsatz der Klebestreifenmethode oder die Entnahme eines Hautgeschabsels an den veränderten Hautstellen.

Epidemiologie und Verbreitung: *Cheyletiella* ist weit verbreitet, tritt aber oft als klinischer Einzelfall in Erscheinung.

Therapie:
- Fipronil: 6,7 mg/kg KM Spot-on einmalig, eventuell nach 7 Tagen wiederholen
- Selamectin: 6 mg/kg KM Spot-on einmalig, eventuell nach 7 Tagen wiederholen

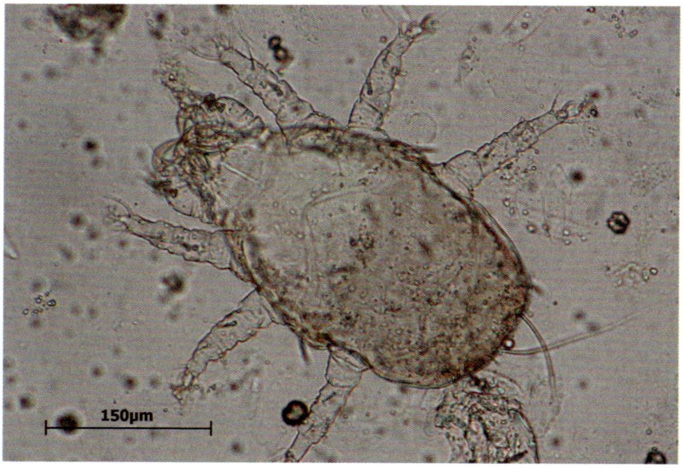

Abb. 2.46 Cheyletiella yasguri

Die Cheyletiellose ist einfach zu behandeln: Wirksam sind auch die anderen als Akarizide zugelassenen Substanzen wie Pyrethroide und Carbamate (Einzel- oder Kombinationspräparate), z. T. wiederholte Applikation im 7-Tage-Abstand. Kontaminierte Umgebung in Bekämpfung einbeziehen.

Prophylaxe: Durch die verbreitet durchgeführte Ektoparasitenprophylaxe werden die *Cheyletiella*-Milben i.d.R wirksam erfasst. Bei Auftreten eines Falles sollten ebenfalls alle mit den betroffenen Tieren in Kontakt stehenden Haustiere untersucht und behandelt werden.

Bedeutung für den Menschen: Bei Kontakt mit befallenen Tieren können sich Milben temporär auf den Kontaktstellen beim Menschen ansiedeln und zu Juckreiz, erythematösen und papulösen Läsionen führen. Diese Läsionen sind leicht zu behandeln, das Problem löst sich durch Entfernung der Ursache.

Befall mit Herbstgrasmilbenlarven (Hund, Katze)

Neotrombicula autumnalis (Tab. 2.1): Von der im Boden lebenden Herbstgrasmilbe *N. autumnalis* sind nur die orange-roten, dreibeinigen Larven (ca. 200 µm) parasitisch. Sie leben auf der Hautoberfläche und verursachen mechanische Hautschädigungen.

Pathogenese und klinisches Bild: Die Larven der Herbstgrasmilben befallen mit Vorliebe Regionen mit dünner Haut (distale Gliedmaßen, Zwischenzehenspalt, Augen- und Lippenregion, Nasenrücken und Ohrmuscheln). Bei Katzen bevorzugen sie die Ohrfalte und Schwanzspitze. Die Larven treten meistens in orange-rot erscheinenden Konglomeraten oder sogar flächenhaft in Erscheinung. Ihre Schadwirkungen entstehen in erster Linie durch die mechanischen Hautschädigungen, die einen starken Juckreiz provozieren. Es kann in der Folge – möglicherweise aufgrund von Hypersensibilitätsreaktionen – zur Bildung von Erythemen, Ödemen, Papeln, Erosionen und Krusten mit Exkoriationen mit Haarausfall kommen.

Diagnose: Die sechsbeinigen, gelb-orangefarbenen Larven sind bei der Untersuchung der Hautveränderungen mit einer Lupe oder unter dem Mikroskop sehr gut identifizierbar. Hautgeschabsel sind grundsätzlich zur Diagnosestellung nicht nötig, würden allerdings zumindest in positiven Fällen eventuell Milbenreste aufzeigen. Vorsicht bei negativem Befund bei Katzen, da die Parasiten durch intensives Belecken entfernt werden können.

Epidemiologie und Verbreitung: Herbstgrasmilben kommen überall vor, die bevorzugten Habitate sind schlecht gepflegte Parks und Gärten sowie trockene Wiesen.

Therapie:

- Fipronil: 6,7 mg/kg KM Spot-on einmalig, eventuell nach 7 Tagen wiederholen
- Selamectin: 6 mg/kg KM Spot-on einmalig, eventuell nach 7 Tagen wiederholen

Der Befall mit Herbstgrasmilben ist einfach zu behandeln: Wirksam sind auch die anderen als Akarizide zugelassenen Substanzen wie Pyrethroide und Carbamate (Einzel- oder Kombinationspräparate), z. T. wiederholte Applikation im 7-Tage-Abstand.

Hauptproblem bei einer Behandlung ist die fortlaufende Reinfestation der Tiere. Weitere, topisch applizierte Akarizide, wie Pyrethroide und Carbamate als Mono- oder Kombinationspräparate und diese Substanzen enthaltende Shampoos, sind ebenfalls gut wirksam, eventuell im Abstand von 7 Tagen wiederholen.

Prophylaxe: Durch die verbreitet durchgeführte Ektoparasitenprophylaxe werden auch die Herbstgrasmilben sehr wirksam erfasst.

Nasenmilbenbefall (Hund)

Pneumonyssoides caninum: Nasenmilbe, maximal ca. 80–130 µm groß, ist ubiquitär, jedoch vor allem in Skandinavien nachgewiesen.

Pathogenese und Klinik: Bei stärkerem Befall auf der Nasenschleimhaut kommt es zu lokalen Reizungen der Mukosa mit daraus entstehenden entzündlichen Läsionen, die je nach Grad der Läsionen durch bakterielle Sekundärinfektionen kompliziert werden können.

Falls überhaupt klinische Symptome auftreten, werden vor allem die Folgen der entzündlichen Schleimhautläsionen, wie seröser Nasenausfluss, chronisches Niesen, Ruhelosigkeit, Kopfschüttlen und „reversed sneezing", beobachtet.

Diagnose: Der Nachweis ist außerordentlich schwierig und beruht häufig auf einer Verdachtsdiagnose. Naso-pharyngeale Lavagen sind wenig erfolgreich. In Skandinavien ist ein ELISA-Test verfügbar.

Epidemiologie und Verbreitung: Nasenmilbenbefall wurde bislang vor allem in Skandinavien vermehrt festgestellt. Gelegentlich können jedoch seltene Einzelfälle auch in anderen Regionen auftreten.

Therapie:

- Selamectin: 6–24 mg/kg KM Spot-on im 2-Wochen-Intervall nach Bedarf

Insecta

Flohbefall (Hund, Katze) (Tab. 2.1)

Die wichtigsten Vertreter sind *Ctenocephalides felis, C. canis* (Abb. 2.47 und Abb. 2.48), gelegentlich wird auch der Vogelfloh *Ceratophyllus gallinae*, der Igelfloh *Archaeopsylla erinacei* sowie der meistens vom Menschen auf Hund oder Katze übertragene *Pulex irritans* nachgewiesen. Adulte Flöhe sind bis zu 6 mm lang, seitlich abgeflacht und besitzen ein markantes, als Sprungbein ausgebildetes 3. Beinpaar sowie je nach Spezies die

Abb. 2.47 Ctenocehalides felis

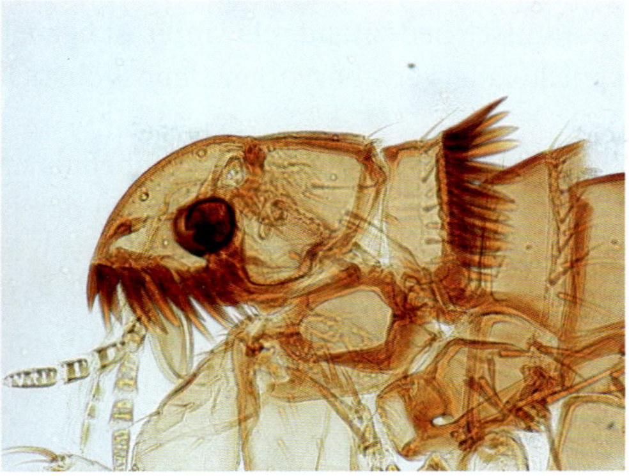

Abb. 2.48 Ctenocephalides canis

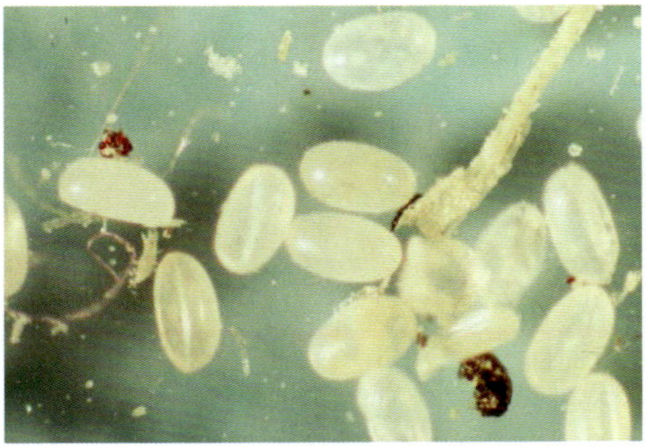

Abb. 2.49 Floheier

arttypischen Stachelkämme. *Ctenocephalides*-Arten sind permanent auf dem Wirtstier, hingegen fallen die kontinuierlich gelegten Eier (Abb. 2.49) nach dem Abtrocknen auf den Boden, was zwingend zu einer Kumulation im Bereiche der Liegeplätze und Hundebetten und deren Umgebung führt.

Pathogenese und Klinik: Pathogenetisch und klinisch muss zwischen den durch den Flohbefall verursachten Hautläsionen und der allergischen Flohstichdermatitis unterschieden werden.

Flohstiche verursachen vor allem lokale Hautreaktionen mit unterschiedlich wahrnehmbarem Juckreiz, bei stärkeren Reaktionen treten jedoch Papeln und Pusteln auf und es kann zu Krustenbildung und Exkoriationen kommen. Durch Juckreiz initiierte Selbsttraumatisierung kann zu Haarausfall, nässenden Ekzemen und in schweren Fällen sogar zu purulenten Dermatitiden führen.

Prädilektionsstellen für den Flohbefall sind der Ohren- und Kruppenbereich, die Schenkelfalten sowie der Schwanzansatz. Flohbefall äußert sich bei Hunden i. d. R. durch deutliche Reaktionen, kann aber auch völlig reaktionslos verlaufen. Im Unterschied dazu dominiert bei Katzen nicht selten der subklinische Befall, allerdings fällt bei Flohbefall eine überaus intensive Fellpflege auf.

Klinisch bedeutend relevanter ist bezüglich des Flohbefalls vor allem die durch Flohspeichelallergene hervorgerufene Flohstichallergie.

Diagnose: Die Diagnose des Flohbefalls erfolgt in der Regel durch den Nachweis von adulten Flöhen beim Durchkämmen des Fells bei der klinischen Untersuchung (Abb. 2.50) oder aber durch den Nachweis von Flohkot (Abb. 2.51) in Form von einigen mm langen rot-schwarzen, eingetrockneten Krümeln. Letztere können mithilfe eines feuchten Zellstofftuches einwandfrei identifiziert werden. Dies erfolgt vorzugsweise auf einer weißen Unterlage, damit die Flöhe bzw. der Flohkot besser sichtbar werden.

Abb. 2.50 Floh im Haarkleid

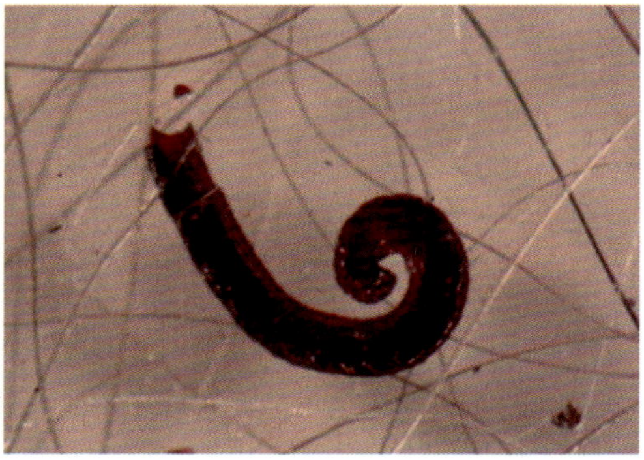

Abb. 2.51 Flohkot

Bei Nachweis von Flöhen sollte immer auch und sehr intensiv die häusliche Umgebung des Wirtstieres in die diagnostischen Abklärungen einbezogen werden: Dazu gehört die genaue Untersuchung sämtlicher Liege- und Schlafplätze auf Flöhe, Flohlarven und -puppen (Abb. 2.52 und Abb. 2.53).

Abb. 2.52 Flohpuppe

Abb. 2.53 Flohlarve

Epidemiologie und Verbreitung: Trotz derzeit enormen Anstrengungen zur Bekämpfung und Prophylaxe des Flohbefalls sind die festgestellten Befallszahlen nach wie vor beträchtlich. Aus einer umfangreichen Studie in mehreren Agglomerationen Deutschlands ging hervor, dass in unterschiedlichen Regionen bzw. Kollektiven bis zu > 10 % der Hunde bzw. > 20 % der Katzen von Flöhen befallen sind. Neben den zahlenmäßig meist überwiegenden Katzen- und Hundeflöhen (*C. felis* bzw. *C. canis*) wurden auch beachtliche Befallszahlen mit dem Igelfloh *Archaeopsylla erinacei* sowie dem meistens vom Menschen auf die Haustiere übertragenen *Pulex irritans* nachgewiesen.

Therapie: Bezüglich des Flohbefalls muss zwischen der Behandlung einer klinisch manifesten Infestation und sämtlicher mit diesem Tier in der häuslichen Umgebung im Kontakt stehenden Tieren sowie der Flohprophylaxe bei diesen Tieren und in deren Umgebung unterschieden werden.

Die Therapie hat möglichst rasch nach Diagnose durch adultizid wirkende Substanzen zu erfolgen. Die dazu verfügbaren Substanzen (Tab. 2.3) sind strikt nach den Angaben der Hersteller und genauer Berücksichtigung von Dosierung, Applikationsart (Spot-on auf die Haut auftragen, nicht auf das Fell!), Vorsichtsmaßnahmen etc. zu verabreichen.

Die therapeutische Elimination des Flohbefalls am Tier ist sehr leicht, doch kommt es i. d. R. rasch zu Reinfestationen, die in sehr vielen Fällen aus der eigenen häuslichen Umgebung der Wirtstiere stammen. Der häusliche Lebensraum des Hundes und/oder der Katze bildet aufgrund der langen Überlebensdauer der Entwicklungsstadien meistens ein wichtiges Reservoir für die Reinfestationen. Um die Hunde und Katzen – sowohl einzeln wie auch in Gruppen oder mit anderen Haustieren gehaltene – vor ständigen Reinfestationen zu schützen, muss jede Behandlung eines akuten Flohbefalls auch sämtliche übrigen in dieser Umgebung lebenden Tiere einschließen. Außerdem muss ab dem Behandlungszeitpunkt bei allen diesen Tieren eine systematische Flohprophylaxe eingeleitet werden, damit bei einer eventuellen Neuinfestation eine Flohvermehrung am Wirtstier und deren Etablierung in der häuslichen Umgebung verhindert werden kann. Dies ist heutzutage dank der ausgezeichneten Residualwirkung diverser Präparate sehr leicht realisierbar. Voraussetzung ist eine strikte Einhaltung der angegebenen Dosierungen und Behandlungsintervalle.

Prophylaxe: Die für die Prophylaxe einsetzbaren Wirkstoffe und deren Wirkungsdauer sind in Tab. 2.3 aufgelistet.

Ähnlich wie für Zecken sind heutzutage für die Flohbekämpfung diverse hochwirksame insektizide Substanzen (als Monosubstanzen oder Kombinationspräparate) verfügbar, die zusätzlich zur therapeutischen Wirkung dank ihrer verlängerten Wirkungsweise und -dauer ebenfalls erfolgreich – je nach Wunsch der Besitzer – für eine kürzer oder länger dauernde Prophylaxe eingesetzt werden können.

Flohinfestationen können sehr einfach und rasch eliminiert werden, jedoch kommt es oft sehr rasch wieder zu Reinfestationen, die nicht selten aus der häuslichen Umgebung der betroffenen Hunde und Katzen stammen. Die Lebensräume der Haustiere, insbesondere die Liege- und Schlafplätze, bilden oft das Reservoir für die Entwicklungsstadien der Flöhe. Jede Erfolg versprechende prophylaktische, tierärztlich angeordnete Maßnahme gegen den Flohbefall muss daher zusätzlich zum behandelten Tier oder Tiergruppe zwingend auch dessen Umgebung einbeziehen.

Bedeutung für den Menschen: Bei Fehlen von adäquaten Wirtstieren sowie nach Wiedereinzug in eine über längere Zeit (auch während mehreren Monaten) leer gestandene Wohnung, in der vorher Haustiere mit Flohbefall lebten, kann es insbesondere aufgrund der Wirtsnähe und der geringen Wirtsspezifität von *C. felis* zu einer Aktivierung von verpuppten Flohstadien kommen, die mangels entsprechender Wirtstiere ohne weiteres den Menschen befallen.

Läuse- und Haarlingsbefall (Hund, Katze nur Haarlinge)

Haarlinge (engl. Biting oder chewing louse) (Tab. 2.1): *Trichodectes canis* (Hund) (Abb. 2.54), *Felicola subrostratus* (Katze) (Abb. 2.55), ca. 1–2 mm lang, Kopf breiter als 1. Thoraxsegment.
Läuse (engl. Sucking louse) (Tab. 2.1): *Linognathus setosus* (Abb. 2.56), ca. 1,5–1,8 mm lang, Kopf schmaler als 1. Thorakalsegment.

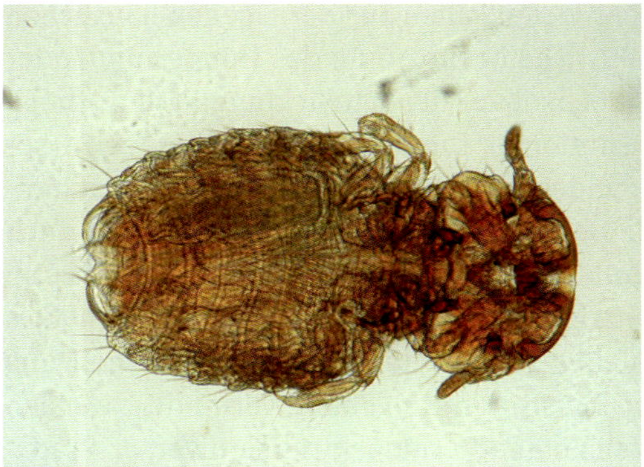

Abb. 2.54 Trichodectes canis

Abb. 2.55 Felicola subrostratus

Abb. 2.56 Linognathus setosus

Pathogenese und Klinik: Durch das ständige Herumkriechen der Haarlinge einerseits und das Blutsaugen der Läuse (nur beim Hund) andererseits können lokale Hautirritationen, Erytheme bis zu urtikariaähnlichen Läsionen entstehen, die durch das Kratzen der Tiere deutlich verstärkt werden und in der Folge vor allem bei intensivem Befall zu Unruhe, glanzlosem Fell, Alopezie und entzündlichen Hautläsionen, Exkoriationen und selten sogar zu bakteriellen Sekundärinfektionen führen können. Ein schwerwiegender Läusebefall kann gelegentlich zu einer Anämie führen. Prädilektionsstellen für Haarlinge und Läuse sind Kopf, Hals, Rücken und Schwanzregion. Die klinischen Veränderungen sind meist leichtgradig.

Diagnose: Mittels Klebestreifenmethode oder Hautgeschabsel entnommene Proben werden mikroskopisch untersucht, die Differenzierung zwischen Haarlingen und Läusen ist einfach: Haarlinge: Kopf breiter als 1. Thoraxsegment; Läuse: Kopf schmaler als 1. Thoraxsegment.

Epidemiologie und Verbreitung: Läuse beim Hund und Haarlinge bei Hund und Katze sind heuzutage selten anzutreffen, der Haarlingsbefall bei Katzen am ehesten bei ungepflegtem, verfilztem Fell.

Therapie: Fipronil, Selamectin, Propoxur und Isoxazoline sowie Kombinationsprodukte, die Isoxazoline enthalten, sind in den angegebenen Dosierungen gut wirksam. Die häusliche Umgebung der betroffenen Hunde sowie eventueller Artgenossen sind zwingend in die Bekämpfung einzuschließen.

Prophylaxe: Durch eine angemessene Ektoparasitenprophylaxe gegen Zecken und Flöhe werden Läuse und Haarlinge in der Regel sehr wirksam erfasst.

Phlebotomenbefall (Hund)

Phlebotomen (Schmetterlingsmücken): verschiedene *Phlebotomus*- und *Lutzomyia*-Arten, ca. 2–5 mm lange, stark behaarte Mücken, die v. a. im Mittelmeergebiet sehr weit verbreitet sind. Eine ganze Reihe von Phlebotomenspezies ist wichtig als Überträger der Leishmaniose.

Pathogenese und Klinik: Ein exponierter Hund kann in einer Nacht weit mehr als 100-mal durch Phlebotomen gestochen werden, ohne dass klinisch auffallende Hautveränderungen entstehen. Bedeutsam ist vor allem, dass die Stiche sehr schmerzhaft sind.

Diagnose: Ein Phlebotomenbefall wird wegen des tageszeitlichen Auftretens (dämmerungsaktiv) kaum je festgestellt, sondern wird meistens erst bei Auftreten einer Leishmaniose realisiert.

Epidemiologie und Verbreitung: Das Verbreitungsgebiet ist der gesamte Mittelmeerraum und die nördlich angrenzenden Gebiete bis in die südlichen Alpentäler. Bisher gibt es in Deutschland keine Anhaltspunkte für das Vorkommen von Phlebotomen-Arten, die Leishmaniose übertragen.

Prophylaxe: Grundsätzlich ist zu empfehlen, Hunde nicht in Phlebotomen-endemische Gebiete mitzunehmen. Falls dies nicht möglich ist, ist während der saisonalen Aktivitätsperiode der Phlebotomen (frühes Frühjahr – Spätherbst) eine Prophylaxe im Interesse des Hundes zwingend.

Für die Prophylaxe beim Hund stehen diverse Pyrethroide in den Darreichungsformen von Halsbändern (Deltamethrin, Flumethrin) oder als Spot-on-Produkte (Permethrin bzw. Permethrin-Kombinationen) zur Verfügung. Diese Wirkstoffe zeigen eine stark repellierende Wirkung.

Bei Reisen mit Hunden in endemische Gebiete bzw. längeren Aufenthalten in solchen Regionen sind diese vor der Abreise mit Pyrethroid enthaltenden Substanzen gegen Phlebotomenbefall zu behandeln bzw. in den empfohlenen Intervallen nachzubehandeln. Für den Langzeitschutz während Monaten werden bevorzugt die Deltamethrin oder Flumethrin enthaltenden Halsbänder empfohlen. Die einmalige Behandlung mittels permethrinhaltigen Präparaten im Spot-on Verfahren bietet einen nachweisbaren Schutz von bis zu 3 Wochen. Es gilt jedoch unbedingt zu beachten, dass weder gegen die Phlebotomen noch die Leishmaniose eine absolute Schutzwirkung möglich ist!

Schmeißfliegenbefall (Hund, Katze)

Myiasen: Gelegentlich führen Larven von *Lucilia sericata* oder von anderen Schmeißfliegenarten zu Myiasis.

Pathogenese und klinisches Bild: Massenhaft schlüpfende Larven von Schmeißfliegen können im subkutanen Gewebe rasch zu ausgedehnten nekrotischen Veränderungen und Hautzerstörung führen.

Die schlüpfenden Larven dringen – sehr oft in der Folge einer vorbestehenden Läsion oder bei stark verschmutzten Körperöffnungen – in die Subkutis vor und zerstören das vitale Gewebe. Meistens verläuft die Myiasis initial schleichend und wird oft erst festgestellt, wenn bereits subkutane Nekrosen bestehen.

Diagnose: Aus dem nekrotischen Gewebe entnommene Maden können i. d. R. im parasitologischen Speziallabor differenziert werden.

Epidemiologie und Verbreitung: Wegen des ubiquitären Vorkommens von Schmeißfliegen sind solche Krankheitsbilder überall möglich, sie sind jedoch sehr selten. Am ehesten sind derartige Erkrankungen bei ungepflegten und unhygienisch gehaltenen Tieren.

Therapie: Zunächst ist anzustreben, den nekrotisierenden Prozess zu unterbrechen: Durch Waschungen mit warmen Seifenlösungen oder milden Antiseptika sowie mithilfe einer Pinzette möglichst alle Maden entfernen, danach mit Kamillen- oder anderen

Heilpflanzenlösungen die betroffenen Areale zur Milderung bestreichen und mit symptomatischer Therapie ergänzen. Oft sind diese Fälle Hinweise auf Hygieneprobleme oder anderweitig fehlerhafte Haltung.

Prophylaxe: Vermeidung von verschmutzten oder schlecht gepflegten, offenen Wunden oder des Analbereichs, insbesondere in der feuchtwarmen Jahreszeit.

Literatur

2.4 Parasitosen von Hund und Katze

Barutzki D, Schaper R (2003): Endoparasites in dogs and cats in Germany 1999–2002. Parasitol Res 90, 148–150.

Barutzki D, Schaper R (2009): Natural Infections of Angiostrongylus vasorum and Crenosoma vulpis in Dogs in Germany (2007–2009). Parasitol Res 105, 39–48.

Bauer C (2010): Helminthenbekämpfung bei Hund und Katze – warum es sich lohnt, darüber nachzudenken. In: Vervuert I, Aschenbach JR, Gäbel G, Daugschies A (eds.): Proceedings 5. Leipziger Tierärzte – Kongress-Band 1. Leipziger Blaue Hefte Nr. 10, 386–390.

Epe C, Coati N, Schnieder T (2004): Results of parasitological examinations of faceal samples from horses, ruminants, pigs, dogs, cats, hedgehogs and rabbits between 1998 and 2002. Dtsch Tierarztl Wschr. 111, 243–247.

Sager H (2006): Coprological study on intestinal helminths in Swiss dogs: temporal aspects of anthelminthic treatment. Parasitol Res 98, 333–338.

www.vetidata.de

Pfister K, Armstrong R (2016): Systemically and cutaneously distributed ectoparasiticides: a review of the efficacy against ticks and fleas on dogs. Parasites and Vectors 9:436

LeishVet – guidelines for the practical management of canine leishmaniosis, 4th Ed. (2018) www.leishvet.org

Giannelli A et al. (2017): "Lungworms and gastrointestinal parasites of domestic cats: a European perspective." Int. J. Parasitol 47, 517–528.

Fuehrer HP et al. (2021): Dirofilaria spp. and Angiostrongylus vasorum: Current Risk of Spreading in Central and Northern Europe.. https://doi.org/10.3390/pathogens10101268von

Von Samson-Himmelstjerna G et al. (2021): Spread of anthelmintic resistance in intestinal helminths of dogs and cats is currently less pronounced than in ruminants and horses – Yet it is of major concern. Int. J. Parasitol: Drugs Drug Resistance 17, 36–45. https://doi.org/10.1016/j.ijpddr.2021.07.003

Deplazes P et al. (2020): Parasitologie für die Tiermedizin, 4. Auflage, Thieme Verlag.

Schnyder M et al. (2010): Clinical, laboratory and pathological findings in dogs experimentally infected with Angiostrongylus vasorum. Parasitol Res 107, 1471–1480.

Taylor M, Coop RL, Wall RL (2016): Veterinary Parasitology. 4th Ed. Wiley Blackwell.

American Heartworm Society (2018): Guidelines for diagnosis and management of heartworm (Dirofilaria immitis) infection. https://www.heartwormsociety.org › images

Taenzler J et al. (2015): Prevention of transmission of Babesia canis by Dermacentor reticulatus ticks to dogs treated orally with fluralaner chewable tablets (Bravecto™). Parasites & Vectors 8:305

Wengenmayer C et al. (2014): The speed of kill of fluralaner (BravectoTM) against Ixodes ricinus ticks on dogs. Parasites & Vectors 7:525.

Dumont P et al. (2015): Acaricidal efficacy of a new combination of fipronil and permethrin against Ixodes ricinus and Rhipicephalus sanguineus ticks. Parasites & Vectors 8:51. doi:10.1186/s13071-015-0681-0

Varloud M, Hodgkins E (2015): Five-month comparative efficacy evaluation of three ectoparasiticides against adult cat fleas (Ctenocephalides felis), flea egg hatch and emergence, and adult brown dog ticks (Rhipicephalus sanguineus sensu lato) on dogs housed outdoors. Parasitol Res 114: 965–973. doi:10.1007/s00436-014-4262-5

Wengenmayer C et al. (2014): The speed of kill of fluralaner (BravectoTM) against Ixodes ricinus ticks on dogs. Parasites & Vectors 7: 525. doi:10.1186/s13071-014-0525-3

Beugnet F, Liebenberg J, Halos L (2015): Comparative speed of efficacy against Ctenocephalides felis of two oral treatments for dogs containing either afoxolaner or fluralaner. Vet Parasitol. 207: 297–301. doi: 10.1016/j.vetpar.2014.12.007

Beugnet F, Liebenberg J, Halos L (2015): Comparative efficacy of two oral treatments for dogs containing either afoxolaner or fluralaner against Rhipicephalus sanguineus sensu lato and Dermacentor reticulatus. Vet Parasitol. 209: 142–145. doi: 10.1016/j.vetpar.2015.02.002

Six R et al. (2016): Comparative speed of kill of sarolaner (Simparica ™) and fluralaner (Bravecto®) against induced infestations of Ctenocephalides felis on dogs. Parasites & Vectors 9 :92

Six R et al. (2016): Comparative speed of kill of sarolaner (Simparica™) and afoxolaner (NexGard®) against induced infestations of Rhipicephalus sanguineus s.l. on dogs. Parasites & Vectors 9 :91

Becskei C, Cuppens O, Mahabir SP (2018): Efficacy and safety of sarolaner against generalized demodicosis in dogs in European countries: a non-inferiority study. Vet. Dermatology 29, 203–e72.

Cvejić D et al. (2022): Multicenter randomized, and blinded European field study evaluating the efficacy and safety of Felpreva®, a novel spot-on formulation containing emodepside, praziquantel and tigolaner, in treating cats naturally infested with fleas and/or ticks. Curr. Res. Parasitology & Vector-Borne Diseases, 2,100099 https://doi.org/10.1016/j.crpvbd.2022.100099

3 Haut

Reinhard Mischke

3.1 Anatomische Grundlagen

Die Haut besteht aus der Kutis, ihrerseits bestehend aus Epidermis (Oberhaut) und Dermis (Korium, Lederhaut) und der Subkutis (Unterhaut) (Abb. 3.1). Eingelagert sind die Hautanhangsorgane (Haare, Nägel, Schweiß-, Talg- und Duftdrüsen), Blutgefäße, Nervenfasern, Thermo- und Berührungsrezeptoren.

Epidermis

Die mehrschichtigen Lagen der Epithelzellen sind dicker in den haarlosen und stark belasteten Bereichen (Ballen, Nasenspiegel). Ausgehend von dem auf der Basalmembran sitzenden Stratum basale (Basalzellschicht) mit kubischen bis zylindrischen Zellen verläuft die Teilung, Entwicklung und Differenzierung zur Hautoberfläche über das Stra-

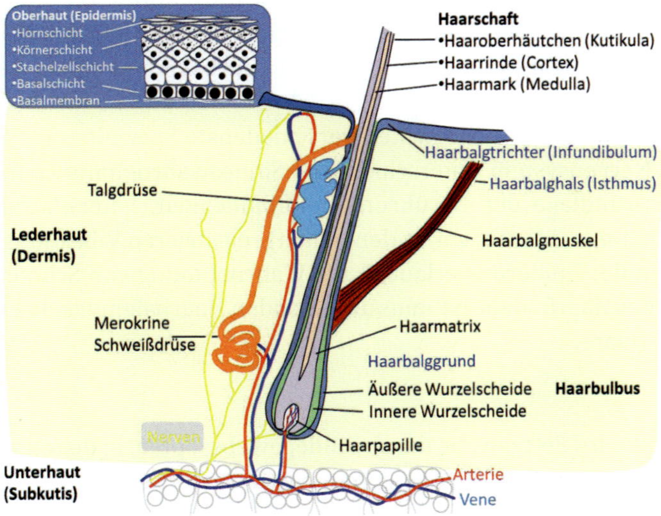

Abb. 3.1 Aufbau von Haut und Haaren.

tum spinosum (Stachelzellschicht), Stratum granulosum (Körnerschicht) und ggf. das nur regional (Sohlenballen, Nasenspiegel) ausgeprägte Stratum lucidum (Glanzschicht) bis zum Stratum corneum (Hornschicht). Letzteres besteht aus kernlosen Hornschuppen (Korneozyten), die hauptsächlich aus den von ihnen synthetisierten Keratinen bestehen und kontinuierlich abgestoßen werden.

Zum wasserfesten **Keratinschutzmantel**, der u. a. das Eindringen von Bakterien verhindert, tragen interzelluläre Lipide als „Mörtel" zwischen den Korneozyten bei, die im Stratum granulosum synthetisiert werden. Auf dem Stratum corneum bildet sich eine Emulsion aus Sebum und Schweiß, die Abwehrfaktoren (z. B. Immunglobuline, Transferrin) enthält.

Die komplex aufgebaute **Basalmembran** zwischen Epidermis und Dermis sorgt für die Verbindung beider Schichten und filtert die aus den Kapillaren der Dermis zugeführten Nährstoffe, während die Epidermis selbst keine Gefäße enthält. Sie stellt zudem eine Barriere für ggf. eindringende Bakterien und Makromoleküle dar.

Auch **Melanozyten** sitzen der Basalmembran in tierartlich und von der Region abhängigem Ausmaß auf und dringen mit ihren zytoplasmatischen Fortsätzen (Dendriten) zwischen die Keratinozyten vor. Sie synthetisieren aus Tyrosin das schwarz-braune Eumelanin als Grundlage für die Schwarzfärbung sowie für Blau-, Braun- und Isabellfärbung und das rote Pheomelanin in Form von Granula (Melanosomen) und geben es über die dendritischen Enden an Keratinozyten der Umgebung ab. Der Typ des Pigmentes ist wie seine Verteilung genetisch determiniert.

Dermis

Die Histologie der Dermis reflektiert ihre Hauptaufgaben, die Verankerung und Ernährung der Epidermis. Sie besteht aus Fibrozyten und Fibroblasten, eingebettet in die von ihnen produzierten kollagenen und elastischen Fasern sowie eine Grundsubstanz aus Mukopolysacchariden. Sie wird von reichlich Blut- und Lymphgefäßen durchzogen und in ihr liegen Hautdrüsen, Haarwurzeln und Sinnesrezeptoren. Die Blutversorgung ist komplex, mit einem oberflächlichen Netzwerk für die Ernährung der Epidermis, einem mittleren Plexus für Haarfollikel-Isthmus und Talgdrüsen und einem tiefen Plexus für Haarpapille und Schweißdrüsen.

Körperregionsabhängig ermöglichen verschiedenste Spezialorgane im Zusammenspiel mit dem Nervensystem unterschiedliche Sinneswahrnehmungen: Tasthaare (Vibrissen) sind Grundlage der Berührungsempfindlichkeit, Vater-Pacini-Lamellenkörperchen (Mechanorezeptoren, v. a. in den Ballen) registrieren Vibrationsreize und freie Nervenenden in der Epidermis erlauben die Wahrnehmung von Schmerzen und Juckreiz. Die distal des Haarfollikel-Isthmus ansetzenden Haarbalgmuskeln ermöglichen ein Aufrichten der Haare.

Subkutis

In der Unterhaut wird Fettgewebe durch Bindegewebssepten, in denen viele Blutgefäße und Nervenfasern verlaufen, durchzogen und läppchenartig strukturiert. Haltebänder aus Kollagenfasern sorgen für eine Verbindung mit der darunterliegenden Faszie und der darüberliegenden Dermis. Für die Sinneswahrnehmung sorgen feine Nervenäste und Vater-Pacini-Körperchen (s. o.). Der Aufbau reflektiert die verschiedensten Aufgaben wie Bindeglied und Verschiebeschicht zwischen Haut und Körperfaszie, Erhalt der Körperform, Stoßabsorption, Isolation (Wärmehaushalt) und Energiespeicher.

Hautadnexe

Haarfollikel und Haare

Die Haarfollikel (-bälge) umgeben die Haarwurzel und stützen und verankern die Haare in der Haut. Sie bestehen aus der Wurzelscheide und an ihrem Grund der Haarpapille (Papilla pili) als kegelförmiges Gebilde aus blutgefäßreichem Bindegewebe, das den sie umschließenden Haarbulbus ernährt (s. Abb. 3.1).

Der Haarbalgtrichter (Infundibulum) entspricht Invaginationen der Epidermis und ist wie diese aufgebaut. Danach folgt im mittleren Teil der Haarbalghals, in den Schweiß- und Talgdrüsen einmünden. Hier setzt auch der Haarbalgmuskel (Musculus arrector pili) an. Der innere Teil (Haarbalggrund) besteht aus Matrix-Epithelzellen und Melanozyten. Hier wird das Haar gebildet und pigmentiert. Im proximalen Bulbusbereich zeigt sich neben der äußeren noch eine ausgeprägte innere Wurzelscheide, die verhornt und sich im Bereich des Isthmus auflöst. Für den nun bereits ausreichend stabilen Haarschaft reicht die äußere Wurzelscheide, die diesen bis zum Ostium begleitet, wo sie in die Epidermis übergeht.

Bei adulten Hunden und Katzen sind **Haarbälge** gruppenförmig angeordnet, sodass aus einem Haarbalgtrichter jeweils ein kleines Haarbündel entspringt. Dieses enthält i. d. R. ein dickeres, gerades Leithaar (**Primärhaar**), das mit einer Talg- und Schweißdrüse assoziiert ist. Primärhaare sind die Grundlage des Deckfells, z. B. als Schutz vor Regen, und prägen das äußere Erscheinungsbild. Die restlichen Haare (**Sekundärhaare**, Wollhaare) sind dünner, oft gewellt bzw. gekräuselt und besitzen eine Talgdrüse, aber i. d. R. keine Schweißdrüsen und keinen Haarbalgmuskel; sie bilden mit den eingeschlossenen kleinen Luftpolstern (und Luft im Haarmark) das wärmeisolierende Unterfell.

Die die Papille umringenden, sich vermehrenden Matrixzellen der **Wurzeln** von Haaren in der Wachstumsphase bilden den Haarschaft. Im **Haarschaft** zeigt sich zentral das **Haarmark** (Medulla) aus teilweise keratinisierten Zellen mit amorpher Struktur. Es enthält beim Leithaar Glykogenvakuolen und beim Wollhaar Lufteinschlüsse. Das Haarmark wird umgeben von der **Haarrinde** (Kortex, Faserschicht), die den größten Teil des Haares ausmacht, und für die mechanischen Eigenschaften des Haares verantwortlich ist, dem Haar u. a. Stabilität, aber auch Elastizität verleiht. Die Haarrinde besteht aus langgestreckten Kortexzellen, die sich um die Haarachse reihen und durch Zellmembrankomplexe als Kittsubstanz spindelförmig verbunden sind. Die Kortexzellen enthalten Bündel feinster Keratinfasern (Fibrillen) und Melaningranula. Außen wird das Haar noch von einem dünnen Oberhäutchen (**Kutikula**, Schuppenschicht) umgeben, das aus mehreren Lagen fischschuppenartig überlappender, keratinisierter flacher Zellen besteht.

Haarzyklus, Einfluss auf Anatomie des Haarbulbus

Wurzeln von Haaren in der **Wachstumsphase** (**anagene Phase**) sind pigmentiert und enden mit einem kolbenförmig verdickten Haarbulbus mit zahlreichen, sich aktiv teilenden Matrixzellen, der die ihn mit Nährstoffen versorgende Haarpapille (als innerster Bestandteil der Haarfollikel) fingerhutartig umschließt.

Nach Erreichen der Länge und Beendigung des Wachstums löst sich die Wurzel von der Papille (katagene Phase, Umbauphase), ihre Pigmentierung nimmt ab und sie wird lanzettenförmig (**telogene Phase**, Ruhephase). Verankerung im Haarbalg erfährt das Haar in der Ruhephase, dann ggf. für mehrere Monate über das trichilemmale Keratin. Beim nächsten vegetativen Zyklus bildet sich um die Papille eine neue Wurzel, die zur Bildung eines neuen Haares und Abstoßung des alten Haares führt.

Talg- und Schweißdrüsen

Talgdrüsen sind einfache holokrine Drüsen, deren Drüsenzellen sich mit Sebum füllen und sich für die Sekretion auflösen. Die ebenfalls weit verbreiteten **apokrinen Schweißdrüsen** besitzen als tubuläre Drüsen ein einschichtiges sekretorisches Epithel aus kubischen bis zylindrischen Zellen, die ein eiweißreiches, wässriges Sekret bilden, das Abwehrstoffe (Antikörper), enthält und unterliegen einem Einfluss des Sympathikus. Beide Drüsen entleeren ihr Sekret in den Haarbalgtrichter. Das fettige Sekret der Talgdrüsen hält das Haarkleid geschmeidig und glänzend. Eine Mischung des Sekretes beider Drüsen liefert die Grundlage für den hydrolipiden Schutzfilm auf der Hautoberfläche.

Merokrine (früher: ekkrine) **Schweißdrüsen** geben ihr – analog zum Menschen – wässriges Sekret unter minimalem Substanzverlust der Drüsenzellen direkt an der Hautoberfläche unbehaarter Regionen ab. Das Sekret der vorwiegend an den Ballen vorkommenden Drüsen erhöht die Rutschfestigkeit auf glatten Flächen.

In besonderen Lokalisationen erfahren Talg- und Schweißdrüsen **Spezialisierungen** für Sonderaufgaben. So entsprechen Zirkumanaldrüsen, das dorsale Schwanzorgan (Violsche Drüse des Hundes, Suprakaudalorgan der Katze), die Meibomschen Drüsen der Lider und Zirkumoraldrüsen der Katze modifizierten Talgdrüsen. Hingegen handelt es sich bei den Milchdrüsen und Ohrschmalzdrüsen um spezialisierte Schweißdrüsen. Das Analbeutelsekret wird durch hineinmündende Schweißdrüsen und apokrine Talgdrüsen produziert.

3.2 Funktion des Haarkleids und der Haut

Als Barriere aber auch Schnittstelle zwischen dem Gesamtorganismus und seiner Umwelt besitzt die Haut, auch aufgrund ihrer großen Ausdehnung, die zahlreichsten Funktionen aller Körperorgane mit erheblicher Relevanz für die Homöostase und das Überleben:

- Schutz vor äußeren Umwelteinflüssen
  - Physikalische (Wärme, Kälte, Nässe, mechanische Traumata, UV-Strahlung)
  - Chemische (Umwelttoxine)
  - Biologische (Krankheitserreger)
- Temperaturerhaltung und -regulation (s. u.)

- Flexible Stützfunktion (Beitrag zum Erhalt der Körperform, Herstellung körperlicher Integrität)
- Schutz vor Wasser- und Elektrolytverlust
- Immunabwehr (s. u.)
- Speicherfunktion
  - Wasser und Elektrolyte in den dermalen Mukopolysacchariden
  - Fett als Energiereserve und Vitamine in der Subkutis
- Sinnesfunktion (z. B. Temperatur, taktil: Druck/Berührung, Schmerz, Juckreiz)
- Kommunikation, Sozialfunktion (s. u.)
- Produktion
  - Sexualhormone (Aromatisierung von östrogenen und androgenen Hormonen)
  - Vitamin-D-Synthese (v. a. Mensch)
  - Haare, Krallen, Drüsensekrete
- Transdermale Aufnahme von Substanzen (z. B. Morphium)

Zur Erfüllung dieser Aufgaben dienen verschiedene Strukturen und eine Reihe von physiologischen Vorgängen in der Haut.

Schutzfunktion: Zu der Barriere als äußerstes Bollwerk des Organismus gegenüber potenziellen „Eindringlingen“ (u. a. Mikroorganismen, Wasser) und Verletzungen oder Prellungen tragen bei:

- Haarkleid (ggf. Komplikationen durch züchterische deutliche Veränderungen von Form, Länge und Färbung)
- Kompaktes Stratum corneum, Kollagen und elastische Fasern (Schutz vor Risswunden durch Zug, Wiederherstellung der Form)
- Kontinuierliche Abschilferung der äußeren (toten) Hornschichten des Stratum corneum (entfernt auch ggf. anhaftende Mikroorganismen und Substanzen)
- Wasserundurchlässiger Lipidfilm von den Talgdrüsen (beschädigt u. a. bei Sebadenitis; häufiges Baden mit entfettenden Shampoos)
- Melaninpigmente und Keratin (Schutz vor UV-Strahlung, v. a. unbehaarter Körperregionen)
- Physiologische Mikroflora (s. u.)
- Antimikrobielle Eigenschaften im Fettfilm (bakterizide Fettsäuren, Immunglobuline A, G, E und M, Komplement, Zytokine)
- Wimpern (Schutz der Augen vor Sonnenstrahlen und Wind)
- Rasche Wundheilung (Wiederherstellung der Integrität der Hautoberfläche oft in wenigen Tagen)

Physiologische Mikroflora der Haut: Eine im Gleichgewicht mit dem Makroorganismus stehende stabile physiologische Mikroflora der Haut ist durch die hiervon gebildeten Stoffwechselprodukte und Enzyme mit teilweise bakterizider Wirkung ein wichtiger Gesichtspunkt zur Verhinderung der Besiedlung der Haut mit opportunistischen (*Staphylococcus pseudintermedius*) und pathogenen Keimen. Das Ökosystem auf der Hautoberfläche wird durch physikalische und chemische Faktoren (pH-Wert, Wasser,

Salze, Abwehrfaktoren in Sebum/Schweiß) und Mikroorganismen (Bakterien, Hefen, Parasiten) beeinflusst. Normalerweise finden sich als Dauerbesiedler (sog. Kommensalen) v. a. areobe, grampositive Mikroorganismen, besonders Staphylokokken.

Beim Hund finden sich Koagulase-negative Staphylokokken (u. a. *S. epidermidis*), α-hämolysierende Streptokokken, *Micrococcus* spp., *Acinetobacter* spp., *Propionibacterium* spp., *Clostridium* spp., bei der gesunden Katze u. a. Koagulase-negative Staphylokokken (v. a. *S stimulans*), *Micrococcus* spp., α-hämolysierende Streptokokken und *Acinetobacter* spp. Hinzu kommt ggf. eine **Durchgangsflora**, die in Einzelfällen vorübergehend auf der Haut lebt (z. B. beim Hund: *E. coli*, *Proteus mirabilis, Bacillis* spp., Corynebacterium spp.) und unter bestimmten Umweltbedingungen pathogen werden kann.

Zur physiologischen Mikroflora tragen eine moderate Besiedlung mit Hefen (*Malassezia pachydermatis*) an ausgewählten Lokalisationen (Kinn, Unterlippe, Ohr, Zwischenzehenbereich, perianal, Analbeutel) und vereinzelte *Demodex-canis*-Milben in den Haarbälgen bei.

Immunabwehr: Dringen Mikroorganismen oder Moleküle doch in Epidermis und Dermis ein, so beherbergt die Haut verschiedene spezifische und unspezifische Abwehrmechanismen für eine effektive Infektabwehr. Hierzu zählen Langerhans-Zellen in der Epidermis, die Fremdmoleküle wie Allergene abfangen und den Lymphozyten präsentieren als Grundlage einer spezifischen Immunantwort. Weiterhin finden sich Lymphozyten (einschließlich Gedächtniszellen) in Epidermis und Dermis. Mastzellen bewirken durch die bei Degranulation freigesetzten Entzündungsmediatoren u. a. eine Vasodilatation und den Austritt von Entzündungszellen aus dem Gefäßsystem ins Gewebe.

Thermoregulation: Zur Konstanterhaltung der Körpertemperatur tragen neben dem Haarkleid (wärmeisolierende Luftkissen durch Sträuben der Haare) und dem subkutanen Fettgewebe wesentlich Weitstellungen und Verengungen im umfangreichen Gefäßnetz der Dermis bei. Letzteres dient somit nicht nur der Ernährung, Sauerstoffversorgung und dem Abtransport von Stoffwechselprodukten. Katzen können nach Lecken (Auftragen von Speichel auf das Fell) die Verdunstungskälte zur Abkühlung nutzen. Hingegen kommt den Schweißdrüsen bei Hund und Katze – anders als beim Menschen – keine Thermoregulationsfunktion zu.

Kommunikation, Sozialfunktion: Die graubraune Färbung des Fells ermöglichte eine Tarnung der wildlebenden Vorfahren und unterlag vielfältigen züchterischen Einflüssen. Auch bei der Mimik als wichtigem Kommunikationsmittel spielt die Haut eine wichtige Rolle. Ein Aufstellen der Nackenhaare signalisiert Angst und das generalisierte Sträuben der Haare dient der Vergrößerung der Silhouette und Abschreckung möglicher Aggressoren. Pheromone ermöglichen eine Informationsübertragung zwischen Individuen und beeinflussen das Verhalten. Sekrete von Analdrüsen dienen zum Markieren von Territorien. Sekrete der Zirkumanaldrüsen und des Suprakaudalorgans, die sensitiv auf Sexualhormone reagieren, wird eine Relevanz beim Paarungsverhalten zugeschrieben.

3.3 Hautuntersuchung und -diagnostik

Vor der Hautuntersuchung ist insbesondere bei Erstvorstellung oder auch bei Kontrollen nach Anwendung von Medikamenten wie Kortikosteroiden eine klinische Allgemeinuntersuchung (einschließlich einer allgemeinmedizinischen Anamnese) unumgänglich. Bei der Allgemeinuntersuchung können Hinweise auf eine ggf. für die Hautveränderungen ursächliche Primärerkrankung (z. B. Hepatomegalie bei Hepatopathie, Lymphadenopathie bei Neoplasie oder infektiösen Erkrankungen, Stammfettsucht bei Hyperadrenokortizismus) und den Pflegezustand gewonnen werden.

3.3.1 Signalement

Das Signalement kann besonders beim Hautpatienten wichtige Hinweise zur Diagnosefindung liefern, zumindest die Liste der Differenzialdiagnosen einschränken. Vor allem das Alter bei erstem Auftreten der Veränderungen und die Rasse bestimmen die Liste an Differenzialdiagnosen.

Alter:
- **Welpen und junge Tiere (< 1 Jahr)** leiden häufiger an kongenitalen Hauterkrankungen (z. B. Zwergwuchs) und Ektoparasitosen (Demodex, Räude, Läuse). Bei der Juvenilen Zellulitis (Jungtierpyodermie) verrät der Name die Altersprädisposition. Umgekehrt sind Atopie, Endokrinopathien, Autoimmunerkrankungen und Neoplasien bei Jungtieren unwahrscheinlich.
- **Junge, adulte Tiere:** Die ersten Symptome der Atopie zeigen sich üblicherweise im Alter von 1 bis maximal 3 Jahren. Eine Futtermittelallergie kann sich in jedem Alter manifestieren. Im jungen Erwachsenenalter manifestiert sich gehäuft auch die primäre idiopathische Seborrhö und Alopezie der Farbmutanten.
- **Ältere Tiere** werden gehäuft mit Autoimmunerkrankungen, Endokrinopathien (Hyperadrenokortizismus, Feminisierung beim Sertolizelltumor) und Neoplasien diagnostiziert. Unwahrscheinlich ist hingegen eine Atopie. Insgesamt ist die Haut beim alten Hund dünner und weniger elastisch.

Rasse: Ein Blick in eine der Rasselisten mit Rasseprädospositionen (z. B. Standardwerke, Internet) kann bei Hauterkrankungen lohnend sein. So treten z. B. beim Pudel gehäuft Hypothyreose, Hyperadrenokortizismus und Sebadenitis, beim West Highland White Terrier Atopie, Demodikose, Ichthyose, *Malassezien*-Dermatitis und primäre Seborrhö auf. Bei Perserkatzen finden sich überproportional Dermatophytosen, Cheyletiellose, Fellverfilzungen, Intertrigo im Bereich der Gesichtsfalten und primäre Seborrhö. Bei den Rassedispositionen sind durch Bezug zu Zuchtlinien regionale Unterschiede zu beachten.

Geschlecht: Ein Beispiel für geschlechtsassoziierte Hauterkrankungen ist die Feminisierung von intakten Rüden durch hormonell aktive Sertolizelltumoren und Adenome der

Zirkumanaldrüsen. Bei weiteren Erkrankungen (Abszesse bei kämpfenden Katern) liegt der erhöhten Inzidenz ein geschlechtsspezifisches Verhalten zugrunde.

Farbe: Es besteht eine Neigung zur Solardermatitis und zu Sonnen-assoziierten Tumoren wie Plattenepithelkarzinom (Nase und Ohrmuschel bei Katzen mit weißen Ohren) oder Hämangiomen und Hämangiosarkomen in dünnbehaarten Regionen mit heller/weißer Haut (z. B. weiße Bullterrier, Dalmatiner). Bei der Katze, wo der intradermale Allergietest ohnehin in seiner Aussage limitiert ist, wird dessen Ergebnis von der Hautfarbe beeinflusst.

Wie die Hautfarbe kann die Fellfarbe die Differenzialdiagnose beeinflussen. Die Farbverdünnungsalopezie, am häufigsten beim Dobermann beschrieben, kann bei jeder Rasse mit verdünnten (aufgehellten) Fellfarben einschließlich Schecken auftreten. Bei einer Perserkatze mit depigmentiertem Fell und gelben Augen ist an ein Chédiak-Higashi-Syndrom zu denken.

3.3.2 Spezielle Anamnese

Oft kann der Tierbesitzer detaillierte Informationen über Art und Entwicklung der einer Betrachtung gut zugänglichen Hautläsionen liefern. Die initiale Erfragung des „Hauptvorstellungsgrundes" reduziert die Anspannung des Tierhalters und trägt damit zur Beruhigung der Situation bei. Eine systematische Befragung ist wichtig, da Tierhaltern mitunter medizinisch wichtige Gesichtspunkte nicht mitteilenswert erscheinen (z. B. die Anwendung von „Hausmitteln"). Generell steigt die Qualität der Antworten mit der Verständlichkeit der möglichst neutral gestellten Fragen, wobei allgemeinverständliche Begriffe medizinischen Fachbegriffen vorzuziehen sind (z. B. Haarverlust anstelle von Alopezie, Juckreiz anstelle von Pruritus).

Wichtig ist die Erarbeitung des Vertrauens der Tierhalter als Basis einer meist längeren Behandlungs- und Kontrollperiode, die Einschätzung ihrer Verlässlichkeit und ganz generell ihrer Möglichkeiten, insbesondere eine intensive Shampoo-Therapie durchzuführen. Bei chronischen Erkrankungen mit intermittierendem Verlauf ist es wichtig, den Tierhalter für relevante Symptome zu sensibilisieren.

Die Anamnese gibt oft schon wichtige Hinweise für die Differenzialdiagnose und ist daher eine Leitlinie für den Schwerpunkt der Untersuchung. Bei dem oft im Vordergund stehenden Juckreiz ist v. a. an Atopie, Futtermittelallergie und *Sarcoptes*-Räude zu denken, bei Haarverlust ohne sonstige Beschwerden an eine Endokrinopathie.

3.3.3 Spezielle klinische dermatologische Untersuchung und Diagnosefindung

Ein gut beleuchteter Raum ist wichtig für die Hautuntersuchung. Die spezielle Hautuntersuchung erfordert die detaillierte Adspektion der gesamten Hautoberfläche einschließlich Ohren (ggf. Otoskopie), ventraler Brust- und Bauchregion, Achsel- und

Inguinalregion, Pfoten (Zwischenzehenräume, Pfotenballen) und der mukokutanen Übergänge (Maul-, Vaginal- bzw. Präputial-, Analschleimhaut). Widersetzliche Tiere müssen eventuell sediert werden. Zur visuellen Untersuchung der Haut muss das Haarkleid gescheitelt werden. Zur Untersuchung der Haut im Rücken- und seitlichen Rumpfbereich stellt man sich am besten hinter das Tier und streicht die Haare entgegen der Strichrichtung. Bei langhaarigen Hunderassen kann zur präzisen Beurteilung der Haut ggf. sogar eine Rasur des Felles erforderlich werden.

Haarkleid: Wichtig ist dessen generelle Beurteilung (Deckhaar und rasse- und jahreszeitgemäße Ausbildung der Unterwolle) hinsichtlich Haarfarbe und Beschaffenheit (trocken oder fettig), Schuppen (Seborrhö), Dichtheit, Primärhaarverlust, Sitz/Epilierbarkeit, Länge, Talgabschilferungen am Haarschaft oder den Follikelöffnungen, ein ungewöhnliches Erscheinungsbild sowie Ektoparasiten oder deren Produkte. Bei alopezischen Arealen ist zwischen Haarausfall und abgebrochenen bzw. an den Spitzen lädierten Haaren durch Selbsttrauma (Kratzen u. a.) zu differenzieren. Leicht ausziehbare Haare deuten auf endokrine Störungen oder Haarwurzelentzündungen. Verfärbungen weisen z. B. auf Lecken bzw. starkes Speicheln hin.

Der **Geruch** kann wertvolle Hinweise liefern, insbesondere Hefenbefall ist mit einem charakteristischen süßlichen Geruch verbunden.

Es gilt, die **Hautbeschaffenheit** einzuschätzen, wie die Hautdicke (z. B. atrophische/unelastische Haut bei Hyperadrenokortizismus), die Farbe (Blässe, Erythem, Hyper- oder Hypopigmentierung) sowie krankhafte Hautläsionen (sogenannte Primär- und Sekundäreffloreszenzen, s. Kap. 3.3.4) zu suchen.

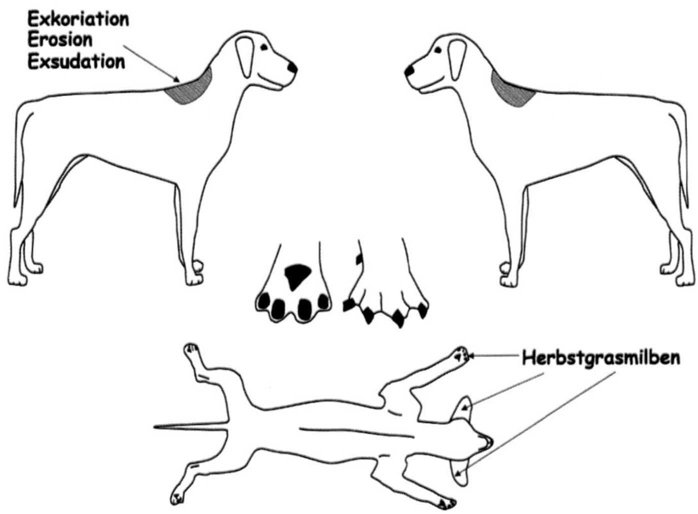

Abb. 3.2 Schematische Darstellung eines Hundes mit eingezeichneten Effloreszenzen.

Effloreszenzen: Läsionen sind im Detail zu beschreiben, am besten durch Abfragen einzelner Effloreszenzen nach einer Checkliste und Markieren von deren Verteilung in einem Schema (Abb. 3.2). Das Verteilungsmuster kann – besonders bei primären Läsionen – wertvolle Hinweise auf die Ätiologie der Hauterkrankung liefern. So sind z. B. bei einer *Sarcoptes*-Räude v. a. Pinnae, Ellbogen, Sprunggelenk und Abdomen betroffen, bei einer Flohdermatitis der Rücken und bei einer Kontaktdermatitis die ventralen Körperteile, die mit dem Boden in Berührung kommen. Symmetrische Veränderungen weisen auf eine systemische Ursache hin.

Problemliste

Die bei der Anamnese und klinischen Untersuchung festgestellten Auffälligkeiten (Verteilungsmuster und Art der Effloreszenzen, Juckreiz!) werden in einer „Problemliste" zusammengefasst.

Differenzialdiagnosenliste und Diagnose

Die Problemliste erleichtert, unter Berücksichtigung des Signalements, die Erstellung einer Liste mit den infrage kommenden Differenzialdiagnosen aufgereiht nach ihrer Wahrscheinlichkeit. Bei ausgeprägtem Juckreiz konzentriert sich die Differenzialdiagnose auf wenige Krankheiten (*Sarcoptes*-Befall, allergische Erkrankungen wie Atopie, Futtermittelallergie), die insgesamt aber eine erhebliche Bedeutung besitzen. Die Differenzialdiagnosenliste vereinfacht die rationelle Auswahl der geeignetsten **initialen** und **weiterführenden diagnostischen Tests** (s. Kap. 3.3.5, 3.3.6), ggf. ergänzt durch diagnostische Therapien (s. Kap. 3.3.6.6), um Differenzialdiagnosen auszuschließen oder zu bestätigen und effektiv zur Diagnose zu gelangen.

Oft sind über die Untersuchung der Haut hinausgehende Tests als **weiterführende Untersuchungen allgemeiner Art** erforderlich, wenn die Ursache der Hautveränderung in einer Erkrankung eines anderen Organs vermutet wird (z. B. Hepatopathie, Endokrinopathien, s. Tab. 3.1).

Der Prozess der **definitiven Diagnosefindung** und des Ausschlusses von Differenzialdiagnosen durch stufenweises, systematisches Vorgehen gestaltet sich oft als langwierig, worüber der Tierhalter frühzeitig aufgeklärt werden sollte, um Frustrationen zu vermeiden.

3.3.4 Effloreszenzen

Primäre Effloreszenzen entsprechen den ersten Manifestationen der Erkrankung auf der Haut. Durch äußere Einwirkungen (z. B. Reiben, Kratzen) können sekundäre, unspezifische oder sogar atypische Läsionen entstehen (z. B. aus einer Pustel eine Erosion, eine Exkoriation, eine Kruste und schließliche eine epidermale Collarette), deren Dominanz sowie Vorbehandlung die Diagnose erschweren.

3.3.4.1 Primäre Effloreszenzen

- **Fleck, Makula**: Scharf umschriebenes, farblich verändertes Hautareal ohne Schwellung: erythematöse Makula (Vaskulopathien oder Gerinnungsstörungen), hyperpigmentierte Makula (Lentigo, endokrine Erkrankungen, post-inflammatorisches Phänomen) und hypopigmentierte Makula (mukokutane Pyodermie, Vitiligo, kutaner Lupus, erythematodes, uveodermatologisches Syndrom).
- **Papel**: Solide Erhebung von bis zu 1 cm Durchmesser durch epidermale Hyperplasie, entzündliche oder neoplastische Infiltration. Ursachen: Pyodermie, Demodikose, *Sarcoptes*-Räude, Flohbefall, Insektenstichallergie, Kontaktdermatitis, Medikamentenunverträglichkeit, Autoimmunerkrankungen, atopische Dermatitis.
- **Plaque**: Abgeflachte Erhabenheit von über 1 cm Durchmesser durch Hyperplasie der Epidermis, entzündliche oder neoplastische Infiltration.
- **Pustel**: Kleiner, scharf begrenzter, entzündliches Sekret (Neutrophile, oft auch Makrophagen, ggf. Eosinophile) enthaltender Hohlraum in der Epidermis. Ursachen: Pyodermie, Demodikose, Dermatophytose, Autoimmunerkrankungen, Insektenstichallergie, Kontaktdermatitis, parasitäre Infestationen.
- **Knoten (Tumor)**: Umschriebene Umfangsvermehrung von mehr als 1 cm Durchmesser durch Hyperplasie der Epidermis und deren entzündliche oder neoplastische Infiltration. Ursachen: sterile granulomatöse Erkrankungen, bakterielle oder Pilzinfektionen, Neoplasie, Calcinosis cutis.
- **Quaddel**: Kleine, scharf begrenzte, palpierbare, ödematöse und juckende Erhebung in der Haut infolge Erhöhung der Kapillarpermeabilität. Sie kann innerhalb von Minuten entstehen, aber auch wieder verschwinden. Ursachen: Insektenstich, Futtermittelunverträglichkeit, atopische Dermatitis, Arzneimittel, Blut- bzw. Plasmatransfusionen, Hyperimmunseren, physikalische Einwirkungen (Kälte, Hitze, Druck).
- **Vesikel** (Bläschen bis 1 cm Durchmesser; Blase: > 1 cm): Scharf umschriebener Hohlraum in oder unter der Epidermis, gefüllt mit einer klaren, zellarmen Flüssigkeit. Selten gefunden, da assoziiert mit seltenen Erkrankungen und leicht zerstörbar. Ihr Platzen führt zu einer Erosion. Ursachen: kongenitale Erkrankungen, virale Hauterkrankungen, Hautreizung, immunvermittelte Erkrankungen.
- **Zyste:** Nicht neoplastisches, mit Epithel ausgekleidetes, sackförmiges Gebilde der Haut, ausgehend von Haarfollikeln (häufig beim Hund: gefüllt mit gelblich-braunem, verhorntem Material und Detritus) oder Hautanhangsdrüsen (Drüsensekret enthaltende Retentionszysten der apokrinen Schweißdrüsen und Talgdrüsen). Dermoidzysten entsprechen entwicklungsbedingten Fehlbildungen.

3.3.4.2 Primär oder sekundär bedingte Effloreszenzen

- **Alopezie**: Teilweiser oder kompletter, reversibler oder irreversibler Haarverlust. Ursachen: Primäre Alopezie als kongenitale Erkrankung (Nackthunde, Sphinx-Katzen), daneben bei endokrinen Krankheiten, follikulären Dysplasien, telogenem

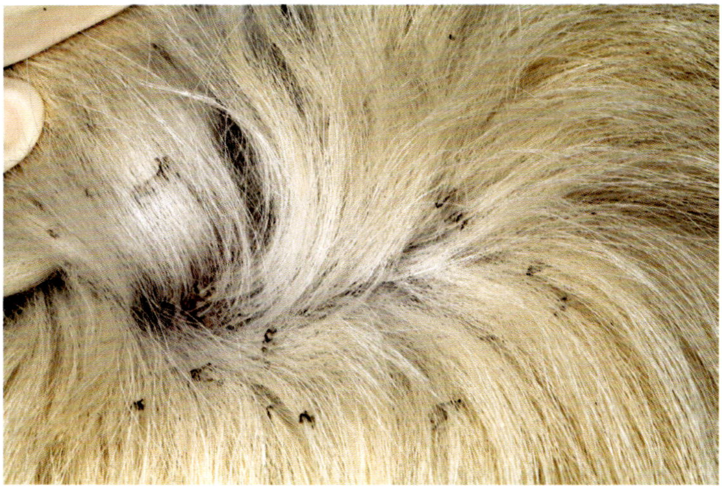

Abb. 3.3 Hochgradige Schuppenbildung, in diesem Fall als primäre Effloreszenz bei einem 12 Jahre alten Retriever-Rüden mit Ichthyose.

Effluvium. Sekundäre Alopezie durch Trauma (juckende Erkrankungen), Pyodermien, Dermatophytose und Demodikose.

- **Effluvium**: Gesteigerter Haarausfall.
- **Schuppen**: Loses Agglomerat von Keratinozyten durch vermehrte Produktion von Hautzellen (oft mit Reifungsdefekt der Korneozyten) oder beschleunigte Abstoßung. Ursachen: Primäre Läsion bei idiopathischer primärer Seborrhö, follikulären Dysplasien und kongenitaler Ichthyose, sekundär bei allen chronischen entzündlichen Hautkrankheiten (Abb. 3.3).
- **Krusten**: Ansammlung von getrocknetem Eiter, Blut, Serum, Exsudat, ggf. auch topischen Medikamenten, vermischt mit Hautzellen aus einer Läsion. Primäres Symptom bei idiopathischer primärer Seborrhö, auf Zink-ansprechender Dermatitis, metabolischer epidermaler Nekrolyse; sekundär bei vielen verschiedenen Erkrankungen, z. B. Pyodermie, *Malassezien*-Dermatitis, Pemphigus foliaceus.
- **Follikuläre Casts (Keratinmanschetten)**: Am Haarschaft angesammelter Hauttalg, Keratin und Keratinozyten. Primäre Ursachen: auf Vitamin A ansprechende Dermatose, idiopathische primäre Seborrhö und Sebadenitis, sekundär bei Dermatophyse und Demodikose.
- **Hyperkeratose**: Verdickung des Stratum corneum durch mangelnde Abschilferung oder vermehrten Hornhautnachschub. Ursachen: genetisch, Stoffwechselerkrankungen, mechanische Belastung, UV-Strahlung.
- **Hyperpigmentation**: Vermehrt Melaninpigment in der Epidermis oder Dermis durch vermehrte Produktion. Primär: bei endokrinen Erkrankungen; meist sekundär post-inflammatorisch, bei vielen chronischen Hauterkrankungen.
- **Komedonen**: Erweiterte, mit Keratinozyten und Talgdrüsensekret gefüllte Haarfollikel infolge entzündlicher Veränderung oder Keratinisierungsdefekt. Primär bei

feliner Akne, Komedonen-Syndrom beim Schnauzer, endokrinen Erkrankungen und idiopathischen primären Seborrhöen, als sekundäre Läsion: häufig bei Demodikose und seltener bei Dermatophytosen.

- **Atrophie:** Rückgang der Dicke der Epidermis einschließlich der Anhangsorgane von Epidermis und Dermis. Ursachen: normale Alterung, Hyperadrenokortizismus, Langzeitbehandlung mit Glukokortikoiden, Hypothyreose.

3.3.4.3 Sekundäre Effloreszenzen

- **Erosion**: Defekt der oberflächlichen Schichten der Epidermis, d. h. Verlust von Keratinozyten, bei intakter Basalmembran. Ursachen: Trauma, Platzen von Bläschen oder Pusteln, entzündliche Prozesse (oft bei Infektionen, Allergien). Abheilung ohne Narbenbildung.
- **Exkoriation**: Bis in das Stratum papillare der Dermis reichender kutaner Substanzverlust. Ursache: v. a. mechanisches Einwirken (Kratzen bei starkem Juckreiz).
- **Ulkus**: Tiefliegender Substanzverlust von Haut oder Schleimhaut nicht traumatischer Ätiologie. Ursache: tiefe Entzündung (Infektionen oder Autoimmunerkrankungen) und ischämische Prozesse.
- **Epidermale Collarette** (Seborrhoische Plaque, Schuppenkranz): Kreisförmige Anordnung von Schuppen mit einem Durchmesser von ca. 0,5 bis einigen cm, Entwicklung aus einer Pustel. Ursache: meist bakterielle Pyodermien, andere pustulöse Erkrankungen (z. B. Pemphigus foliaceus, Pemphigus erythematosus, Dermatophytose, Insektenstichallergien, eosinophile pustulöse Dermatitis).
- **Lichenifikation**: Vermehrung der natürlichen Hautzeichnung durch Verdickung und Verhärtung der Haut (oft hyperpigmentiert und haarlos oder schütter behaart). Ursache: chronische Entzündung in Verbindung mit chronischer mechanischer oder andersartiger Irritation (z. B. bei Juckreiz).
- **Sonstige: Rhagade** (Riss, Spalt): in krankhaft verändertem Gewebe (Mundwinkel, Zwischenzehenbereich bei Fußpilz), **Fissur** (Schrunde), **Narbe** (bindegewebige Reparation).

3.3.5 Initiale diagnostische Tests

Die meisten Tests sind technisch ohne großen Aufwand durchführbar (Tab. 3.1). Allerdings ist auch für die Dermatologie ein gutes Mikroskop fast unersetzlich. Basierend auf den Ergebnissen der initialen Untersuchungen wird ggf. eine Auswahl an weiterführenden diagnostischen Tests einschließlich Laboruntersuchungen und bildgebenden Untersuchungen zur Diagnosefindung erforderlich.

Tabelle 3.1: **Diagnostische Untersuchungen bei Hautpatienten (Mischke et al., 2004)**

Initiale Tests	
Flohkammuntersuchung	• Direkter Parasitennachweis • Nasspapiertest
Klebefilmpräparat	
Hautgeschabsel	• Oberflächlich • Tief
Zytologische Diagnostik (inkl. Ohrtupfer)	• Abklatschpräparat • Klebestreifenpräparat • Tupferpräparat • Feinnadelbioptat • Trockenes Geschabsel
Trichogramm	
Diaskopie	
Untersuchung mit Wood-Lampe	
Weitere diagnostische Untersuchungen (speziell)	
Kultur	• Bakterien • Pilze • Hefepilze
Serologischer *Sarcoptes*-Test	
Biopsie	
Allergietest	
Therapieversuch	
Weitere diagnostische Untersuchungen (allgemein)	
Blutuntersuchung	• Hämatologie • Klinische Chemie • Endokrinologische Untersuchungen
Hormonelle Funktionstests	• Dexamethasonsuppressionstest • ACTH-Stimulationstest • TSH-/TRH-Stimulationstest
Ultraschall	• Nebenniere • Leber
Röntgen (Calcinosis cutis, Knochenveränderung bei der akralen Leckdermatitis)	
Elektrokardiogramm (bei Hyperthyreose)	
Elektromyogramm (abnormale Aktivitätsmuster bei Dermatomyositis, endokrinen Erkrankungen)	

3.3.5.1 Flohkammuntersuchung

Diese ist ratsam bei jeder dermatologischen Untersuchung und unabdingbar bei Verdacht auf Ektoparasiten (d. h. bei Juckreiz, Alopezie im Rückenbereich, Schuppen oder Partikeln im Fell) zum raschen, nicht invasiven und preiswerten Nachweis von Ektoparasiten bzw. deren Faeces. Fellpartien betroffener Stellen (meist Rücken) und/oder großer Körperteile werden intensiv mit einem Flohkamm (oder einer Zahnbürste) durchstreift und die gewonnenen Schuppen und Partikel z. B. in einer Petrischale gesammelt. Verdächtige (dunkle) Partikel werden auf einen feuchten Tupfer oder Wattebausch überführt, wobei eine Rotfärbung nach Auflösen des Materials den Verdacht auf Flohkot unterstützt. Zum möglichen Nachweis von großen Parasiten, wie *Cheyletiella* spp. oder Läusen, wird das gesammelte Material sofort mit der Lupe oder dem Lupenobjektiv mikroskopisch untersucht. Ansonsten können auch Präparate für die mikroskopische Untersuchung bei geringer Vergrößerung hergestellt werden: Partikel können mit einem Stück Klebefilm aufgesammelt werden, das anschließend zur Untersuchung auf einen Objektträger aufgeklebt wird. Alternativ wird die Probe auf einen Objektträger übertragen, auf den zuvor ein Tropfen Paraffinöl aufgebracht worden ist, und mit einem Deckgläschen bedeckt.

3.3.5.2 Klebefilmpräparat

Durch mehrmaliges Aufpressen eines transparenten Klebefilms auf das Fell können Parasiten (oder ihre Eier) wie Läuse, Cheyletiella, Herbstgrasmilben aufgesammelt werden. Bei hypotrichoten oder rasierten Arealen können in analoger Weise von der Epidermis *Malassezia*-Organismen, Bakterien und Zellen gesammelt werden. Zum Transport ins Labor wird der Klebefilm auf einen Objektträger aufgeklebt. Für die mikroskopische Untersuchung von Zellen, Bakterien und Hefen wird der Klebefilm zwischenzeitlich abgenommen, gefärbt und anschließend zum Mikroskopieren wieder auf die Probenauftragsfläche des Objektträgers geklebt.

3.3.5.3 Oberflächliches Hautgeschabsel

Es dient zum Nachweis von Parasiten, die auf der Hautoberfläche und im oberflächlichen Stratum corneum leben (z. B. *Cheyletiella* spp., *Sarcoptes* spp. etc.) und zur Gewinnung von Material zur mikroskopischen (wenig sensitiv) und kulturellen Untersuchung auf Dermatophyten. Vor allem der positive Befund ist aussagekräftig. Das mikroskopische Auffinden von Pilzstrukturen (wie auch Hefen und Milben) kann bei Vorhandensein eines Fluoreszenzmikroskopes durch Anfärben mit fluoreszierenden Farbstoffen vereinfacht werden.

Vorzugsweise erfolgt die großzügige Beprobung von Arealen mit typischen Läsionen (z. B. mit vielen Schuppen für *Cheyletiella* spp.) oder bei Verdachtsdiagnose typischerweise betroffener Regionen (z. B. Ohrmuschel, Ellbogen oder Sprunggelenk bei Verdacht auf *Sarcoptes*-Räude). Außer für den Dermatophytennachweis sollten die Haare gekürzt werden.

Das Aufbringen eines Tropfens Paraffinöl vor dem Schaben erleichtert das Aufsammeln des Materials (oberflächliche Hautschichten, Haare) und Auftragen auf einen Objektträger. Alternativ wird die Skalpellklinge vor dem Schaben in Paraffinöl oder – besonders zum Nachweis von Hautpilzen – in 10(–20) %ige Kaliumhydroxidlösung getaucht. Die Kalilauge daut Haarschäfte an und hellt die Haare auf, sodass Pilzsporen und -hyphen besser darstellbar sind. Es ist im Hinblick auf die Beurteilbarkeit auf ausreichend dünne Präparate zu achten, ggf. ist Probenmaterial auf verschiedene Objektträger zu verteilen, bevor diese für die mikroskopische Untersuchung mit geringer Vergrößerung mit Deckgläschen bedeckt werden.

3.3.5.4 Tiefes Hautgeschabsel

Dieses wird zum Nachweis einer Demodikose bei entsprechendem Verdacht von verschiedenen charakteristischen Lokalisationen mit Läsionen (nicht pruritische Alopezie, Pododermatitis, Papeln, Pusteln, Komedonen) genommen. Falls nicht alopezisch, werden die Hautstellen geschoren, eine Hautfalte aufgezogen und leicht zwischen den Fingern gequetscht, um die tief sitzenden Milben möglichst etwas aus den Follikeln herauszudrücken. Mit der mit Paraffinöl benetzten Skalpellklinge wird geschabt, bis eine leichte kapilläre Blutung zu sehen ist. Wie o. a. wird das gewonnene Material auf einen Objektträger verbracht. Da vereinzelte Milben auch bei gesunden Hunden nachweisbar sein können, liefert erst ein deutlicher Befall (mehrere Milben im Gesichtsfeld, Nachweis verschiedener Stadien wie Larven, Nymphen und oft Eiern) eine sichere Diagnose.

3.3.5.5 Zytologische Diagnostik von Hautproben und Zerumen

Die einfach und schnell durchführbare zytologische Diagnostik hilft bei der Differenzierung von entzündlichen und neoplastischen Veränderungen, erlaubt im letzteren Fall teilweise sogar eine spezifische Tumordiagnose und informiert über das Vorhandensein von *Malassezia*-Organismen, Bakterien und/oder anderen Erregern. Für die Entnahme von zytologischen Proben von der veränderten Hautoberfläche oder aus Pusteln, Vesikeln, Knoten etc. ist aus der Vielzahl von Methoden die jeweils geeignetste auszuwählen: direktes Abklatschpräparat (v. a. bei oberflächlichen, nässenden Läsionen oder von Krustenunterseiten), Klebestreifenpräparat, Tupferpräparat (von Ohrsekret oder Fistelgängen), Geschabsel oder Feinnadelpunktat (insbesondere von Knoten und Plaques) (Abb. 3.4, 3.5). Nach Färbung (hämatologische Färbung, in der Praxis oft Diff Quik) erfolgt die Untersuchung, wobei für Zellen die 100- und 200-fache Vergrößerung reicht; für Bakterien ist ggf. ergänzend bei 1000-facher Vergrößerung zu mikroskopieren.

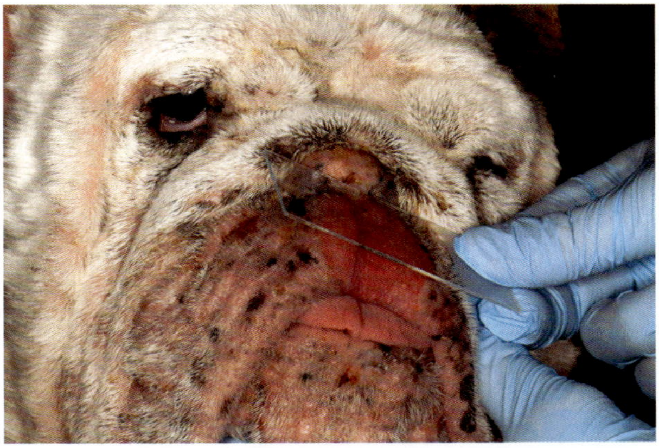

Abb. 3.4 Entnahme eines Abklatschpräparates von einer nässenden Läsion des Nasenspiegels bei einer 8 Jahre alten Englischen Bulldogge (s. auch Abb. 3.5).

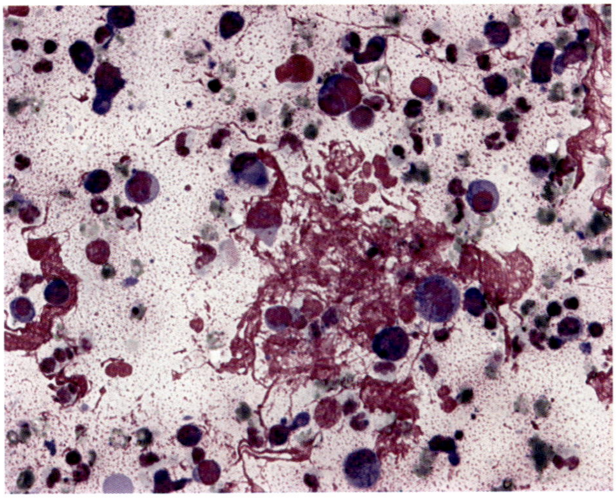

Abb. 3.5 Mikroskopisches Bild des zytologischen Abklatschpräparates des Patienten aus Abb. 3.4 mit kutanem Lymphom: Neben einem moderaten Gehalt an blastären Tumorzellen liegt eine deutliche eitrig-nekrotisierende Entzündung als Zeichen der Ulzeration vor (Pappenheim-Färbung, Originalvergrößerung 400 ×).

3.3.5.6 Haaruntersuchung, Trichogramm

Ein Trichogramm ist bei allen alopezischen Patienten angezeigt und kann beim Nachweis von *Demodex*-Milben und Dermatophyten helfen. Die Haare werden bei Alopezie z. B. vom Läsionsrand, ansonsten nach Scheiteln gewonnen, mittels Mosquitoklemme (am besten gummibeschichtete, ggf. auch mit einem Stück Infusions-/Silikonschlauch ummantelte Klemmflächen) gefasst und ruckartig in Wuchsrichtung ausgezupft. Für eine quantitative mikroskopische Haarwurzelstatusanalyse (klassisches Trichogramm) werden die Haare in Reihe mit Klebefilm auf einen Objektträger geklebt und die Spitzen abgeschnitten. Zur vollständigen mikroskopischen Untersuchung werden die Haare auf einen Objektträger überführt. Auf die Probe wird Paraffinöl (oder für den Dermatophytennachweis: 10–20 %iges Kaliumhydroxid [s. o.] oder aber ein Farbstoff wie Lactophenolblau oder Methylenblau) gegeben und mit einem Deckgläschen bedeckt. Alternativ kann zunächst ein Transport der Haarprobe ins Labor in Petrischalen, anderen Kunststoffgefäßen oder speziellen Umschlägen erfolgen.

Eine **Beurteilung** von Haarwurzel und Haarschaft erfolgt bei geringer Vergrößerung (Lupe und 10-fach-Objektiv). Beim **klassischen Trichogramm** wird der Haarwurzelstatus untersucht (am aussagekräftigsten bei akutem Haarverlust), d. h. das Verhältnis anagener, im Wachstum befindlicher Haare (abgerundete Wurzel, glatte Oberfläche, leicht opaleszierend) zu dem telogenen Haarwurzeltyp (verkürzt abgerundet) von Kolbenhaaren in der Ruhephase, während sich normalerweise nur einzelne Haare in der Übergangsphase befinden (katagene Phase, raue Oberfläche). Vermehrt telogenes Haar findet sich bei Endokrinopathien bzw. Stoffwechselstörungen (Hypothyreose, Hyperadrenokortizismus). Bei Tieren ist die Interpretation der Zusammensetzung der Haare bezüglich Haarphasen wegen der Abhängigkeit von Rasse, Geschlechtszyklus und Jahreszeit (Haarwechsel) insgesamt weniger sicher als beim Menschen.

Weiterhin können bei der mikroskopischen Untersuchung beurteilt werden:

- Strukturveränderungen der Haarwurzeln (Missbildungen bei Follikeldystrophien) und -schaft (mit Medulla, Kortex und Kutikula mit spezies- und haartypabhängiger Schichtdicke)
- Pigmentveränderungen in Haarschaft (und -wurzel): Normalerweise liegen Melaninpigmente in feinen Granula vor, während große Klumpen (Makromelanosomen) eine Farbverdünnung (Farbmutantenalopezie) zum Ausdruck bringen können. Makromelanosomen können die Kutikula betroffener Haare vorwölben und dadurch zu Haarbruch führen.
- Manschettenartige Akkumulation von keratinhaltigem, bräunlichem Debris um den Haarschaft („follicular casts") als Anzeichen einer gestörten follikulären Keratinisierung (v. a. bei idiopathischer Seborrhö und Sebadenitis; teilweise bei Demodikose, Dermatophyten).
- Haarspitzen: Normalerweise laufen die distalen Haarenden spitz aus. Abgebrochene bzw. wie abgeschnitten erscheinende und/oder aufgespleißte Spitzen deuten auf eine Selbsttraumatisierung und/oder vermehrte Putzaktivität und damit Juckreiz, insbesondere bei der Katze eventuell auch auf eine psychogene Alopezie hin.
- Dermatophyten: Bei Verdacht auf eine Dermatophytose (Aufquellen der Haare durch keratolytische Enzyme und undeutliche Trennung in Mark und Rinde, Haarbruch mit ausgefransten Bruchstellen, unsaubere Stellen im Haarschaft) ist mit hoher Vergrößerung nach Pilzsporen zu suchen. Mittels Färbung (z. B. mit Lactophenolblau) oder – bei Vorhandensein eines Fluoreszenzmikroskopes – fluoreszierenden Farbstoffen kann der direkte Nachweis einer Hautpilzinfektion erleichtert werden, ohne zumindest im negativen Fall eine kulturelle Untersuchung zu ersetzen (Abb. 3.6).
- Ektoparasiten: Ggf. finden sich in den Haarschäften *Cheyletiella*-Milben oder ihre Eier oder auch Nissen von Haarlingen und Läusen. Gegebenenfalls können sich *Demodex*-Milben nachweisen lassen, wobei aber hierdurch ein tiefes Hautgeschabsel i. d. R. nicht ersetzt wird (ggf. Ausnahme: epiliertes Haar der Pfoten bei Verdacht auf Pododemodikose, da hier Geschabsel schmerzhaft).

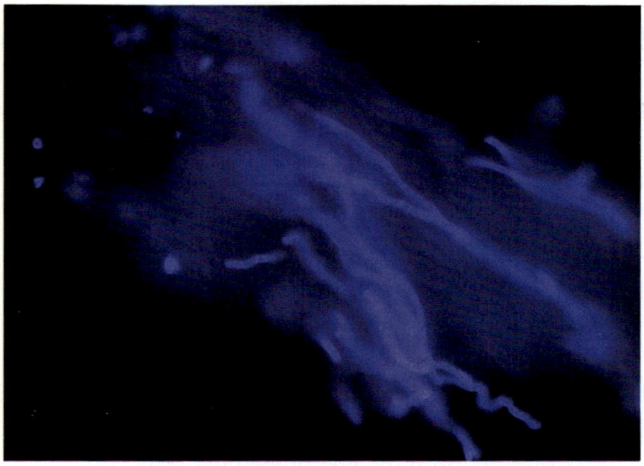

Abb. 3.6 Der Dermatophytennachweis wird bei Vorhandensein eines Fluoreszenzmikroskopes durch Zugabe eines textilen Bleichmittels (Blankophor®) erleichtert: Hyphen im Geschabsel eines Pilzgranuloms (Originalvergrößerung 100 ×).

3.3.5.7 Diaskopie

Durch Aufdrücken eines Objektträgers auf gerötete Hautpartien können Blutungen, d. h. Austritt von Erythrozyten aus Blutgefäßen (Rötung bleibt bestehen) von hyperämischen Arealen („Ausbleichen“ durch Verminderung des Blutgehaltes in den dilatierten Gefäßen) differenziert werden.

3.3.5.8 Untersuchung mit der Wood-Lampe

Die Wood-Lampe dient der schnellen und kostengünstigen Untermauerung eines Dermatophytenverdachtes bei Patienten mit entsprechenden Symptomen (z. B. Haarbruch, Alopezie). Das durch eine Wood-Lampe emittierte langwellige UVA-Licht (340–450 nm, Maximum 365 nm) führt bei 50–70 % der *Microsporum-canis*-Stämme, die bei Befall der Haare fluoreszierende Tryptophan-Metaboliten bilden, zu einer gelbgrünen Fluoreszenz am Haarschaft. Allerdings ist die Methode nicht nur insensitiv (nur der positive Befund ist aussagekräftig), sondern auch unspezifisch. Falsch positive Befunde können durch leicht fluoreszierende Haarschuppen, bestimmte Bakterien (v. a. *Pseudomonas aeruginosa*) oder topische Medikamente ausgelöst werden. Empfehlenswert ist in Zweifelsfällen die Entnahme fluoreszierender Haare für weitere Untersuchungen (direkte Mikroskopie und Dermatophytenkultur). Beim Menschen wird die Wood-Lampe auch zur Differenzierung pigmentierter Areale eingesetzt, d. h. zur Unterscheidung von Melanomen oder melanozytären Hyperplasien und Hämatomen.

3.3.6 Weiterführende dermatologische Untersuchungen

3.3.6.1 Bakteriologische Untersuchung

Eine bakteriologische Keimdifferenzierung mit Resistenztest (Antibiogramm) ist in Fällen angezeigt, in denen im zytologischen Präparat zumindest geringgradig Kokken nachgewiesen werden und die nicht ausreichend auf eine hinreichend lange empirische Antibiotikatherapie gegen *Staphylococcus pseudintermedius* ansprechen. Auch beim Nachweis von Stäbchen ist eine bakteriologische Untersuchung angezeigt.

Als Ausgangsmaterial eignet sich Pustelinhalt (auch zur Verifizierung einer sterilen, immunvermittelten pustulösen Erkrankung), wobei Pusteln nach Abtupfen mit Alkohol mit einer sterilen Injektionskanüle geöffnet und der Inhalt mit einem sterilen Tupfer aufgenommen wird, bevor er in ein Transportmedium gegeben wird. Zur Aufnahme mittels Tupfer eignen sich auch Exsudat aus Fisteln (besser nach äußerlicher Reinigung und Auspressen neuen Exsudats, da sekundärinfiziert) und ulzerierte Läsionen nach Abnahme von Krusten bzw. die Krustenunterseite.

Bei tiefen Läsionen, die häufig mit Fistelgängen assoziiert sind, kann chirurgisch entnommenes Biopsiematerial (nach oberflächlicher Desinfektion!) in einen, in steriler Kochsalzlösung getränkten, Tupfer eingewickelt und in einem sterilen Gefäß für eine Gewebekultur eingesandt werden. Auch Feinnadelaspirate, die anschließend auf einen sterilen Tupfer ausgeblasen werden, ermöglichen mikrobiologische Untersuchungen tieferer Läsionen. Bei tieferen Läsionen sollte auch auf Anaerobier untersucht werden und in Abhängigkeit vom Befund und bei einem entsprechenden Verdacht die Untersuchung auf spezielle Mikroorganismen (z. B. Nocardien/Actinomyceten, Mykobakterien, Pilze) angefordert werden. Neben dem entsprechenden Verdacht, der die Wahl geeigneter Kultur- und Nachweisverfahren ermöglicht, sollte auf dem Einsendungsformular die Entnahmestelle vermerkt werden.

3.3.6.2 Mykologische Untersuchung

Da andere Methoden (Wood-Lampe und direkte Mikroskopie) eine Dermatophytose nicht sicher diagnostizieren, aber insbesondere nicht eindeutig ausschließen können, sollte bei entsprechendem Verdacht eine Pilzkultur angelegt werden. Auch wenn der mikroskopische Nachweis von Pilzsporen gelungen ist, kann die kulturelle Bestimmung der Pilzspezies wesentliche Informationen (u. a. über die Herkunft der Infektion) liefern, ist allerdings mit dem Nachteil der oft langen Dauer von bis zu 14 Tagen verknüpft.

Die bevorzugte Probenentnahmetechnik ist die McKenzie-Methode, wobei der Patient großflächig und abschließend an typischen Läsionen mit einer sterilen Bürste abgebürstet wird. Der Bürstenkopf, an dem einige Haare anhaften sollten, wird in einem sterilen Gefäß an das Labor geschickt. Alternativ können Hautgeschabsel und vom Rand einer Läsion entnommene Haare für die Kultur verwendet werden, bei Verdacht auf Krallenmykose auch abgeschnittene Krallenteile.

Im Gegensatz zum histologischen Pilznachweis in typischen Veränderungen, der einen ätiologischen Zusammenhang nahelegt, kann ein positiver kultureller Befund auch durch eine oberflächliche Kontamination mit Pilzsporen zustande kommen. Seit einigen Jahren steht zum Nachweis von *Microsporum* spp. und *Trichophyton* spp.auch eine Dermatophyten-Realtime-PCR zur Verfügung.

3.3.6.3 Serologische Sarcoptes-Diagnostik

Bei Verdacht auf *Sarcoptes* spp. (z. B. starker Juckreiz; Läsionen an den Ohren, Ellbogen, Sprunggelenken und Sternum; Kontakt mit einem Fuchs) ist bei negativem Hautgeschabsel ein Serumbluttest auf *Sarcoptes*-spezifisches Immunglobulin G sinnvoll. Der Test weist eine sehr hohe Spezifität und Sensitivität auf. Allerdings kann der Titer negativ sein, wenn die Infestation erst vor Kurzem stattgefunden hat. Ist der Titer positiv, sollte auf jeden Fall behandelt werden, bei fraglichem Titer wird entweder behandelt oder es erfolgt eine Kontrolluntersuchung.

3.3.6.4 Hautbiopsie

Biopsien von Primäreffloreszenzen (s. Kap. 3.3.4) mit anschließender histopathologischer Untersuchung sind eine wichtige diagnostische Säule der Dermatologie, besonders für Patienten mit ungewöhnlichen Hautläsionen, mit Neoplasieverdacht sowie Läsionen, die auf eine vermeintlich adäquate Therapie nicht ansprechen. Einige Erkrankungen (z. B. Pemphigus foliaceus) können nur mittels Biopsie diagnostiziert werden. Insbesondere vor Beginn einer oft langwierigen und mit signifikanten Nebenwirkungen verbundenen immunsuppressiven Therapie sollte eine Absicherung der Diagnose mittels Biopsie erfolgen. In Fällen von tiefer Infektion oder Verdacht auf ungewöhnliche Erreger (z. B. Mykobakterien) kann aus einer Biopsieprobe auch eine bakteriologische Kultur angelegt werden (s. o.).

Verschiedene Medikamente wie Kortikosteroide und Immunsuppressiva können, auch topisch, Befunde verändern und die histopathologische Diagnose erschweren oder unmöglich machen, sodass deren Anwendung vor der Biopsieentnahme ausgesetzt werden sollte (möglichst 2 Wochen nach Wirkungsende). Vor der Biopsieentnahme ist andererseits, bei bakterieller Sekundärinfektion, die Gabe eines Antibiotikums angezeigt, um die sekundären entzündlichen Veränderungen zu reduzieren (Ausnahme: Probenentnahme für bakteriologische Gewebekultur). Vorteilhaft ist ein frühes Stadium im Krankheitsverlauf, bei dem, z. B. bei bestimmten Autoimmunerkrankungen, noch entsprechende pustulöse oder bullöse Veränderungen anwesend sind.

Für das Bioptieren der Nase und der Fußballen sollte im Hinblick auf Schmerzhaftigkeit und hohe Blutungsneigung eine Vollnarkose verabreicht werden. Ansonsten reicht oft eine Lokalanästhesie, ggf. beim sedierten Patienten. In den meisten Fällen sollten mehrere (mindestens zwei bis drei, besser vier bis fünf) Biopsien von charakteristischen Primärläsionen (Auswahl verschiedener Veränderungen aus verschiedenen Lokalisationen) und ergänzend, sofern vorhanden, unverändert erscheinender Haut genommen werden (z. B. bei Alopezie: Proben von Stellen mit komplettem Haarverlust, mit spärlichem Haarwuchs und „normale Stelle"; bei Pigmentstörungen: Gebiete aktiver Depigmentierung). Bei größeren Läsionen sind Übergänge veränderter zu unveränderter Haut von besonderem Interesse. Kleine Knoten, Papeln, Pusteln oder Vesikel sind in toto zu entnehmen.

Gegebenenfalls sind die Haare einzukürzen. Die Haut sollte nicht anderweitig präpariert (z. B. desinfiziert) werden. Die zu bioptierenden Stellen werden mit einem wasserunlöslichen Markerstift umrandet und mit Lokalanästetikum um- ggf. auch unterspritzt. Für Biopsien von empfindlichen Stellen wie Nase, Lippen und Sohlenflächen der Ballen wird eine 4-mm-Stanze bevorzugt, ansonsten sind Durchmesser $\geq$ 6 mm angemessen. Die im rechten Winkel zur Gewebefläche aufgesetzte Biopsiestanze wird mit leichtem Druck in eine Richtung gedreht, um Scherkräfte und damit Artefakte zu vermeiden. Wenn der Widerstand nachlässt, ist i. d. R. eine ausreichende Tiefe erreicht und das Hautstück kann vorsichtig (Quetschen ist zu vermeiden!) mit einer Pinzette im Bereich der Subkutis gefasst und eventuell mit einer feinen Schere gelöst und entnommen werden. Die entstandene Hautläsion wird mit ein bis drei Hautheften verschlossen.

Das Bioptat wird dann mit einem Tupfer von Blutresten gesäubert und optimalerweise auf ein kleines Stück Karton gelegt; auf diesem wird die Haarwuchsrichtung markiert, bevor Bioptat und Karton gemeinsam ins Formalingefäß gegeben werden. Die Zuverlässigkeit der Interpretation hängt von ausreichenden Begleitinformationen zum Vorbericht und klinischen Befunden ab (z. B. Pustel oder Vesikel, die ggf. bei der Probengewinnung zerstört sind, Rötungen).

3.3.6.5 Allergologische Tests

Allergietests haben v. a. die Aufgabe, bei einer „atopischen Dermatitis" die die Krankheit hervorrufenden Allergene zu identifizieren. Dies kann bei der Allergenvermeidung helfen und ist für die Herstellung einer Antigenlösung zur Hyposensibilisierung unerlässlich. Medikamente, die eine Testreaktion unterdrücken können, sind rechtzeitig abzusetzen (z. B. kurz wirksame, systemisch oder topisch applizierte Glukokortikoide und Ciclosporin: 14 Tage).
Es stehen zwei verschiedene Testverfahren zur Verfügung:

1. der intradermale Allergietest und
2. ein Allergen-spezifischer Serum-IgE-Test.

Zu einer Hemmung der Reaktion beim **Intradermaltest** und damit falsch negativen Ergebnissen kann es ferner bei läufigen Hündinnen (durch Sexualhormone) und Stressreaktionen (z. B. beim Transport, durch Katecholamine) kommen.

Es empfiehlt sich die Durchführung in einer spezialisierten Praxis, da dort die nötige Routine für die Durchführung und die Auswertung vorliegt und die begrenzte Haltbarkeit der Allergene aus Rentabilitätsgründen einen hohen Testdurchsatz verlangt.

Wenn der Patient sediert wird, dann mit einem Mittel (z. B. Medetomidin, Domitor®; ggf. Diazepam, Ketamin, Xylazin, Propofol), das nicht wie Opiode zur Mastzelldegranulation führen kann (Gefahr von falsch positiven Ergebnissen) oder wie Acepromazin einen Antihistamin-Effekt (Gefahr von falsch negativen Ergebnissen) besitzt. Eine Sedierung ist bei der Testung einer größeren Zahl von Allergenen ratsam, da ansonsten das durch Stress ausgeschüttete Kortisol ggf. die Reaktion unterdrücken kann.

Für die intradermalen Injektionen wird eine ca. 15 × 25 cm große Fläche an der seitlichen Brustwand geschoren und mit einem wasserunlöslichen Markerstift werden Punkte angebracht, um die Injektionsstellen zu markieren. Die von verschiedenen Herstellern verfügbaren Allergenlösungen (am besten Einzelallergene u. a. Hausstaubmilben, Vorrats- und Futtermilben, Schimmelpilze, Pflanzenallergene wie verschiedene Baumpollen und Gräsermischung bei Saisonalität, Epithelien verschiedener Spezies in Abhängigkeit von deren Kontaktmöglichkeit, ggf. Flohextrakt) müssen ordnungsgemäß im Kühlschrank gelagert werden und dürfen keinesfalls das Haltbarkeitsdatum überschreiten, da sie bei Lagerung deutlich an Aktivität verlieren. Sie werden vorher in Insulinspritzen aufgezogen, die selbst nummeriert sind oder in einen Ständer mit Nummern (gemäß einer nummerierten Allergenliste) stehen, um die Zuordnung zu den Allergenen zu gewährleisten. Bei häufiger Anwendung kann pro Spritze die Allergenmenge für mehrere Injektionen (0,05 ml/Injektion) vorgelegt werden (maximal für die Verwendung innerhalb von 14 Tagen, da sonst zu großer Aktivitätsverlust), wobei selbstredend die Kanülen zwischen den verschiedenen Patienten auszuwechseln sind. Jeweils 0,05 ml der Positivkontrolle (Histamin) und Negativkontrolle (0,9 %ige Kochsalzlösung) sowie der Allergenlösungen werden mit englumigen Kanülen streng intradermal injiziert.

Die Test-Interpretation erfordert Erfahrung. Die Injektionsstellen werden nach 15 (ggf. bis zu 30) Minuten auf Quaddelbildung und Rötungen untersucht (Anm: ggf. Nachkontrolle auf zellvermittelte Spätreaktionen nach 24–48 Stunden v. a. bei Flohallergenen). Befinden sich in der Dermis Mastzellen mit spezifischen Oberflächen-IgE-Antikörpern, degranulieren sie nach Bindung des Allergens an die Antikörper innerhalb von Minuten, wodurch es zur Bildung einer Quaddel kommt. Im Vergleich mit der Positivkontrolle (Histamin) erfolgt eine Graduierung der geröteten verdickten Quaddel nach Ausmessen mit Schablone z. B. von – (Durchmesser der Negativkontroll-Quaddel) bis +++ (Durchmesser der Histamin-Quaddel) (Abb. 3.7). Bei der Katze ist die zuverlässige Anwendung nicht gesichert.

Allergen-spezifische Serum-IgE-Tests, die spezifische IgE-Antikörper erkennen, bevor sie an Mastzellen binden, sind in der Praxis wesentlich einfacher durchzuführen (u. a. kein Scheren, keine Sedierung), produzieren – wenn mit modernen Techniken durchgeführt – ein objektives Ergebnis und haben insbesondere den Vorteil, dass juckreizlindernde Therapien nicht unterbrochen werden müssen und sie auch bei läufigen Hündinnen durchgeführt werden können. Dies wird allerdings mit dem Nachteil erkauft, dass im Vergleich zum Intradermaltest die Sensitivität und Spezifität reduziert sind.

Zum Nachweis von Allergenen, die für eine allergische Kontaktdermatitis (Allergietyp IV) verantwortlich sind, kann man versuchen, mit Testsubstanzen präparierte

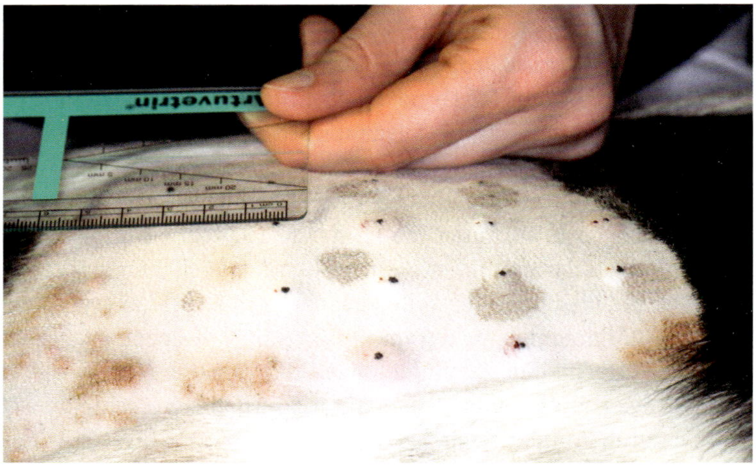

Abb. 3.7 Das Ablesen des Ergebnisses eines intradermalen Allergietests erfolgt am besten bei seitlichem Lichteinfall: Neben der Vermessung der Breite der Quaddel zum anschließenden Vergleich mit Negativ- und Positivkontrolle werden auch Reaktionen, z. B. ein Erythem, notiert.

Testpflaster (oder imprägnierte Testlappen) auf die rasierte Haut aufzutragen und mit Verband für 12–48 Stunden auf der Haut zu fixieren (**Patchtest**). Im positiven Fall zeigt sich dann eine Rötung.

3.3.6.6 Therapieversuche

Bei nach eingehender Untersuchung unklaren Fällen kann ein Therapieversuch zur Eingenzung von Differenzialdiagnosen sinnvoll sein. Hierzu gehört im erweiterten Sinne auch die Ausschlussdiät.

Antiparasitika (Ektoparasiten-spezifisch): Da *Sarcoptes*-Milben und Flöhe nicht immer sicher nachzuweisen sind, ist bei entsprechendem Verdacht (*Sarcoptes*-Räude oder Flohstichallergie) auch bei negativen Labortests (Hautgeschabsel etc.) eine Versuchsbehandlung zu erwägen, um diesen ggf. definitiv auszuschließen.

Antibiotika können ggf. helfen, um bei parallelem Auftreten von Juckreiz und Pyodermie abzugrenzen, ob der Pruritus primär oder sekundär vorliegt. Ist die Behandlung nicht ausreichend, um den Juckreiz zu stoppen, so spricht dies gegen eine Pyodermie als alleinige Ursache der Erkrankung und es müssen andere Ursachen (v. a. Allergie, Parasitosen) in Betracht gezogen werden. Zur Abgrenzung infektiöser von sterilen pustulösen Hauterkrankungen sollte hingegen besser eine zytologische Untersuchung erfolgen.

Medikamentenentzug: Zur Diagnose eines Arzneimittelexanthems ist der Entzug des in Verdacht stehenden Medikamentes sinnvoll.

Ausschlussdiät und „Nahrungsmittelprovokation" (s. Kap. 3.4.7.2): Eine Eliminationsdiät ist die einzige Möglichkeit zur Diagnose einer Futtermittelallergie oder -unverträglichkeit. Sie ist bei allen Allergieverdachtsfällen angezeigt, um eine Futtermittelallergie oder deren Beteiligung aufzudecken, und zeigt ggf. auch, welche Protein- bzw. Kohlenhydratquelle die Reaktion auslöst. Es gibt drei verschiedene Formen der Ausschlussdiät:

1. Hausgekochte Diät mit einer Protein- und Kohlenhydratquelle
2. Kommerzielle Diät mit neuer Protein- und Kohlenhydratquelle und wenigen limitierten Zutaten
3. Hydrolysiertes Futter

Die Diäten Nr. 1 und 2 sollten idealerweise möglichst eine einzige bisher nicht gefütterte Protein- und eine einzige neue Kohlenhydratquelle enthalten, ohne weitere Zusätze. Dies ist mit der hausgekochten Diät am zuverlässigsten möglich, überfordert in Abhängigkeit von der Tiergröße jedoch teilweise den Tierbesitzer. Beim Hund bietet sich hier oft eine Diät mit den Hauptkomponenten Pferdefleisch (oder Wild, Kaninchen, Truthahn, etc.) und Kartoffeln (oder Gerste) an, und als Ergänzung Gemüse (Möhren) und Maiskeimöl oder Sonnenblumenöl. Hingegen wird von Katzen eine ausschließlich aus einer bestimmten Fleischsorte bestehende Diät i. d. R. besser angenommen und kann für den Versuchszeitraum (s. u.) problemlos gefüttert werden.

In kommerziell verfügbaren **hydrolysierten Diäten** sind Proteine und Kohlenhydrate chemisch bis auf ein Molekulargewicht (< 10 kD) zerkleinert, sodass sie nicht mehr an zwei IgE-Rezeptoren sensibilisierter Mastzellen binden können. Allerdings ist eine Sensibilisierung über andere Reaktionen nicht gleich sicher ausgeschlossen und eventuell die Hydrolyse teilweise inkomplett. Andererseits entfällt das Risiko, dass der Organismus gerade gegen die in einer konventionellen Eliminationsdiät enthaltenen Komponenten reagiert und damit erscheinen die Diäten zur initialen Überprüfung des Futtermitteleinflusses effektiver. Die Diäten sind allerdings hochpreisig, was insbesondere bei großen Hunden ein Problem sein kann, und die Akzeptanz ist nicht bei allen Tieren gegeben.

Die Eliminationsdiät wird dem Patienten mindestens 6 Wochen lang ausschließlich gefüttert, wobei innerhalb von 2 Wochen eine erste Verbesserung eintreten sollte. Eine strikte Unterweisung der Tierhalter ist essenziell, dass auch keinerlei Leckerlis mit anderen Inhaltsstoffen etc. gefüttert werden dürfen. Möglichst zu vermeiden sind auch Medikamente mit Zusätzen tierischer Herkunft. Hunden, die unterwegs Dinge aufnehmen, ist sicherheitshalber beim Spaziergang ein Maulkorb aufzusetzen. Bei Katzen mit Freilauf ist eine geordnete Eliminationsdiät nicht möglich. Bei weiteren Tieren im Haushalt muss eine getrennte Fütterung erfolgen oder alle müssen Diätfutter erhalten. Gewichtskontrollen und Kontrolluntersuchungen (u. a. Sekundärinfektionen) sind empfehlenswert.

Gegebenenfalls kann bei ausbleibendem Erfolg eine weitere Eliminationsdiät versucht werden. Da eine Verbesserung der Symptome nach Eliminationsdiät zufällig sein kann, gehört zum sicheren Nachweis eine Provokation, d. h. eine erneute Verschlechterung mit dem herkömmlichen Futter bzw. der verdächtigen Nahrungskomponente und anschließende Wiederverbesserung mit der Ausschlussdiät. Diese Absicherung unterbleibt aber i. d. R. in der Praxis.

3.4 Ausgewählte Hauterkrankungen

Im Rahmen dieses Buches müssen die Abhandlungen einzelner Hauterkrankungen auf eine Auswahl beschränkt bleiben. Ausgespart bleiben u. a. Erkrankungen des Ohres, um Überlappungen mit dem Kapitel 7.2 zu vermeiden.

Überaus hilfreich ist ein Vorgehen nach sogenannten „**Leitsymptomen**" (z. B. Juckreiz beim Hund, Pigmentstörungen beim Hund, symmetrische Alopezie bei der Katze). Hierfür wird auf die Spezialliteratur verwiesen (s. Literaturverzeichnis, allgemein).

3.4.1 Hereditäre Hauterkrankungen

Angeborene Erkrankungen des Haarkleides schließen Hypotrichosen und kongenitale Alopezien, Anomalien der follikulären Melanozyten (u. a. Farbmutantenalopezie) und Follikeldysplasien beim Dobermann und anderen Hunderassen ein. Hereditäre Erkrankungen der Epidermis betreffen die Ichthyose und Darier-Erkrankung sowie jene des demoepidermalen Übergangs, die Epidermolyis bullosa junctionalis und Epidermolysis bullosa dystrophica. Angeborene Erkrankungen der Dermis umfassen erbliche Kollagenopathien (Ehlers-Danlos-Syndrom, Kollagenopathie der Ballen des Deutschen Schäferhundes), die Muzinose beim Shar-Pei und familiäre Vaskulopathie des Deutschen Schäferhundes. Hereditäre Erkrankungen der Hautadnexe schließen die primäre Seborrhö und das Komedonen-Syndrom der Zwergschnauzer ein. Angeborene Hauterkrankungen sind meistens selten und betroffene Tiere sollten von der Zucht ausgeschlossen werden.

3.4.1.1 Kongenitale Hypotrichosen und Alopezien

Definition: Hierunter sind Erkrankungen mit bereits bei der Geburt oder postnatal verminderten oder fehlenden Haaren zusammengefasst.

Epidemiologie, Ätiologie: Es handelt sich entweder um ein Zuchtziel als Rassestandard (Mexikanischer Nackthund, Chinese Crested Dog, Sphynx- und Rex-Katzen) mit autosomal dominantem Erbgang beim Hund (Katze: autosomal dominant oder rezessiv) oder um eine pathologische Veränderung bei verschiedenen Rassehunden wie Deutscher Schäferhund, Pudel, Rottweiler, Yorkshire Terrier, American Cocker Spaniel und Rassekatzen wie Siam, Birma, Burma und Devon Rex.

Pathogenese: Die Haarbälge fehlen entweder komplett oder sind unterentwickelt (Follikelatresie oder follikuläre Hypoplasie), ggf. bestehen assoziiert andere ektodermale Defekte.

Klinisches Bild: Tiere sind bei Geburt haarlos (u. a. Vertreter der o. a. Rassen mit entsprechendem Standard, Abb. 3.8) oder weisen nur einen leichten Flaum (Rassekatzen) oder ein schütteres Haarkleid auf, das sich in den ersten Lebensmonaten weiter aus-

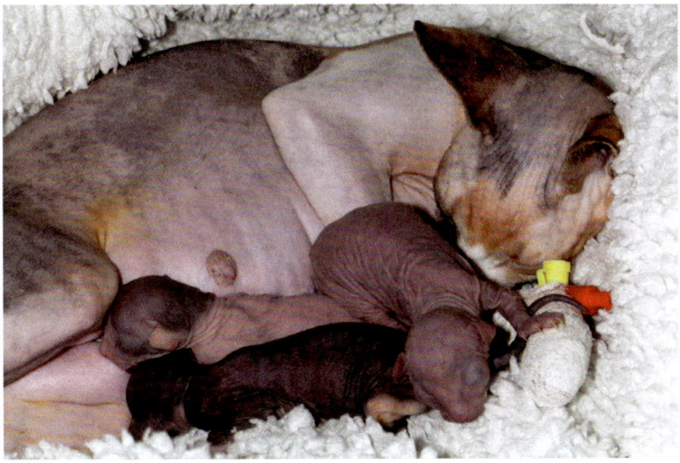

Abb. 3.8 Sphynx-Katzen werden bereits nackt geboren.

dünnt, oder sie werden mit einem normalen Fell geboren, das sich fortschreitend ausdünnt. Besonders ausgeprägt ist der Haarverlust an Schläfen, Ohrmuscheln, Unterbrust und -bauch. Bei X-chromosomalem Erbgang (Deutscher Schäferhund) sind v. a. Rüden betroffen. Bei Burma-Katzen wurden Fälle beschrieben, bei denen neben der Hypotrichose bei der Geburt auch Sinushaare, Krallen und Zungenpapillen fehlten.

Die nackte Haut weist – insbesondere beim Hund – Veränderungen auf wie Hyperpigmentation, Komedonen, Follikelzysten, Schuppen und oft bakterielle Infektionen.

Diagnose: Sie wird anhand der Klinik gestellt, ggf. bestätigt durch histologische Untersuchung (fehlende Haarfollikel).

Differenzialdiagnose: Hormonelle Hypotrichosen (Hypothyreose, Hyperadrenokortizismus) scheiden i. d. R. als Differenzialdiagnose aufgrund des Tieralters aus.

Therapie: Eine Therapie ist unbekannt.

3.4.1.2 Farbmutantenalopezien und andere Anomalien der follikulären Melanozyten

Definition: Es besteht eine abnormale Verteilung von Melanozyten im Haarbulbus mit entsprechenden Folgen.

Epidemiologie: Erkrankung eines Teils der Hunde (Weimaraner) und Katzen (Karthäuser) mit blauem oder lehmfarbenem Farbschlag als Mutation der braunen oder schwarzen Farbe. Oft betroffen sind Dobermänner, aber auch Individuen zahlreicher anderer Rassen (u. a. Deutsche Dogge, Pudel, Irish Setter, Chow-Chow, Dackel, Whippet, Yorkshire Terrier, Italienisches Windspiel, Chihuahua). Es besteht keine Geschlechtsprädisposition.

Ätiologie: Wahrscheinlich polyalleler oder polygenetischer Charakter unter Beteiligung von Genen im Locus D, insbesondere dem für die Verdünnung der Fellfarbe verantwortlichen Allel d unter Beteiligung anderer Faktoren.

Pathogenese: Vermutlich infolge eines gestörten Melanintransfers von abnorm verteilten Melanozyten im Haarbulbus an Keratinozyten kommt es zur Ansammlung von Melanin im Zytoplasma von Keratinozyten. Melaninaggregate bzw. -verklumpungen bewirken Schäden an Papillarkörper und Haarmatrix. Ihre Anreicherung in Haarmark und -rinde führt zu Kutikulamissbildungen sowie zu Verformungen und einer erhöhten Verletzlichkeit des Haarschaftes. Bei schweren Formen kommt es zu dystrophischen Veränderungen bei fehlender Haarbildung. Bei nicht alopezischen Hunden mit verdünnter Fellfarbe sind die mikroskopischen Veränderungen dezenter, d. h. es liegen kleinere, gleichmäßig verteilte Melaninaggregate vor, die zu keinen Veränderungen von Haarrinde und Kutikula führen.

Klinisches Bild: Erste Veränderungen treten im Alter von einem halben bis zu zwei Jahren auf. Die variable Schwere der Erkrankung steht in Beziehung zur Verdünnung der Fellfarbe. Es kommt zur unterschiedlich starken Ausdünnung des Haarkleides ausschließlich an Bezirken mit gräulicher Färbung an Rücken und Rumpf bis zu dessen vollständigem Verlust. Die Haare werden trocken und verlieren ihren Glanz. Es kann zu trockener Seborrhö, Papeln sowie Follikelzysten und Komedonen durch eingekapselte oder abgebrochene Haare kommen. Juckreiz entsteht ggf. durch assoziierte, teils rezidivierende bakterielle Infektionen.

Diagnostik: Im Trichogramm sind Melaninklumpen auffällig.

Diagnose: Die phänotypische Diagnose wird anhand einer Biopsie gestellt (atrophische Haarfollikel mit Melaninaggregaten enthaltenden Zysten, Melaninmassen auch in Haarmatrix, -schaft und in Melanophagen in der Umgebung der Follikel). Ein Gentest ist in kommerziellen Labors verfügbar.

Differenzialdiagnose: Differenzialdiagnostisch sind Demodikose, Dermatophyten, bakterielle Follikulitis, ggf. auch Hypothyreose und Flankenalopezie zu berücksichtigen.

Therapie: Es gibt keine wirksame Therapie. Shampoo-Behandlungen (u. a. Benzoylperoxid, Ethyllactat) wirken Sekundärinfektionen entgegen und reduzieren follikulären Detritus. Nötigenfalls werden auch Antibiotika angewandt.

3.4.1.3 Hereditäre Follikeldysplasien

Epidemiologie, Ätiologie: Angeborene progressive Fehlbildungen von Haarfollikelstruktur und Haaren wurden bei verschiedenen Hunderassen beschrieben. Beim Dobermann sind sie am besten definiert.

Klinisches Bild: Beim Dobermann kommt es bei 1–4 Jahre alten Tieren mit braunen oder schwarzen Haaren zur Alopezie zunächst an Flanken, später auch in der dorsalen Lumbalregion. Juckreiz bildet sich erst bei Sekundärinfektionen aus.

Labordiagnostik: Im Trichogramm zeigen sich Melaninaggregate in der Haarrinde. Der Keratindetritus im Bereich der Follikelöffnungen weist einen hohen Melaningehalt auf.

Diagnose: Sie wird histologisch gestellt.

Differenzialdiagnostisch sind Endokrinopathien, saisonale Flankenalopezie, infektiöse, bakterielle, mykologische und parasitäre Follikulitiden zu bedenken.

Therapie: Bei der genetisch determinierten Form ist keine erfolgreiche Therapie möglich.

3.4.1.4 Ichthyose

Definition, Epidemiologie, Ätiologie: Ichthyose ist eine seltene hereditäre schwere diffuse Verhornungsstörung mit resultierender Hautverdickung, die bei verschiedenen Hunderassen beschrieben wurde, u. a. West Highland White Terrier, Jack Russell Terrier, Amerikanische Bulldogge, Golden und Labrador Retriever, Cavalier King Charles Spaniel und Deutsche Dogge. Zumeist besteht ein autosomal rezessiver Erbgang. Bei betroffenen Deutschen Doggen wurde unlängst eine „*SLC27A4*-Splice-Acceptor-Site"-Mutation als Ursache definiert (Abb. 3.9).

Pathogenese: Bei Ichthyosen ist das natürliche Abschilfern der Keratinozyten gestört, sodass sich größere sichtbare Hautschuppen bilden. Teilweise trägt auch eine verstärkte Proliferation der Epidermis (Hyperkeratose) zur vermehrten Schuppenbildung bei.

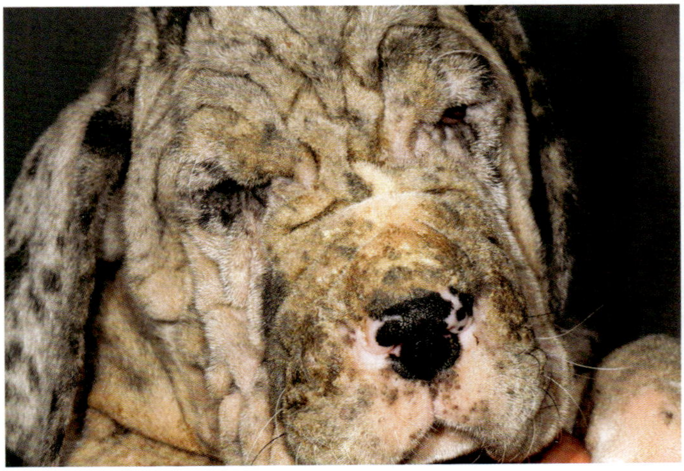

Abb. 3.9 Deutliche Faltenbildung und vermehrte Hautdicke sowie hochgradiger Gehalt an fest anhaftenden Plaques bzw. Schuppen als Zeichen einer trockenen Exfoliation bei einem Doggenwelpen mit Ichthyose.

Nach ultrastrukturellen Untersuchungsbefunden bestehen zudem Veränderungen der Trichohyalingranula und der Tonofilamente der Keratinozyten.

Klinisches Bild: Es besteht eine frühe Manifestation von Geburt an, die Hautoberfläche wirkt rau durch trockene Exfoliation und trägt erhabene, fest anhaftende, gräuliche Plaques bzw. Schuppen (s. Abb. 3.9). Die Hyperkeratose schließt das Stratum corneum von Ballen und Nasenspiegel ein. Weiterhin können eine Rötung der Haut und Alopezie vorliegen.

Diagnose: Die klinische Verdachtsdiagnose unter Berücksichtigung von Symptomen und Tieralter (Welpen) kann ggf. durch histopathologische Untersuchung bestätigt werden.

Therapie, Prognose: Erforderlich ist eine intensive Pflege mit Keratolytika und Feuchtigkeitsspendern. Eventuell können Retinoide (s. Kap. 3.4.1.8) versucht werden. Teilweise müssen die Patienten euthanasiert werden.

Nicht epidermolytische Ichthyose beim Golden Retriever

Diese realtiv häufige, weniger schwere Form tritt bei wenige Wochen bis zwei Jahre alten Retrievern beiderlei Geschlechts mit autosomal-rezessivem Erbgang auf. Pathogenetisch liegt eine Persistenz der Korneodesmosomen zugrunde infolge einer fehlerhaften enzymatischen Lyse. Erstere kann elektronenmikroskopisch illustriert werden.

Die generalisierte Exfoliation äußert sich in variablem Ausmaß anhand von kleinen Schuppen, die sich zu großen, weißlichen und schließlich dunklen Schuppen entwickeln. Die wenig behaarte Bauchhaut ist hyperpigmentiert und rau. Histologisch zeigt sich eine lamelläre oder kompakte Hyperkeratose. Es existiert ein kommerzieller Gentest.

3.4.1.5 Epidermolysis bullosa junctionalis

Definition, Epidemiologie: Es handelt sich um eine seltene, hereditäre Bläschen bildende Erkrankung. Fallbeschreibungen existieren für Deutschen Schäferhund, Beauceron, Pointer und Siamkatzen.

Ätiologie: Ursächlich liegt eine angeborene Strukturanomalie der dermo-epidermalen Verankerung, insbesondere von Laminin-332, vor.

Klinisches Bild: Als „Welpenerkrankung" bestehen erste Symptome bereits kurze Zeit nach der Geburt bzw. zeigen sich erstmals bis zur sechsten Lebenswoche. Charakteristisch sind Bläschen und Blasen auf den Ballen, Druckpunkten und Ohrmuscheln. Nagelbettentzündungen führen zu dystrophischen Krallen und Ablösung der Krallen. Läsionen finden sich auch in der Mundhöhle einschließlich der Zunge, mitunter ist der Zahnschmelz hypoplastisch. Häufig liegen auch Sekundärinfektionen vor.

Diagnose: Sie beruht auf Signalement (Welpen), Klinik und histopathologischer Untersuchung (dermoepidermale Ablösung ohne Entzündung).

Differenzialdiagnose: Neben dem Alter kann ggf. auch die Immunhistologie bei der Differenzierung von anderen bullösen subepidermalen Erkrankungen helfen.

Therapie, Prognose: Die Therapie ist symptomatisch, die Lebenserwartung hängt von der Schwere der Erkrankung ab.

3.4.1.6 Muzinose beim Shar-Pei

Definition, Epidemiologie: Eine exzessive Muzinproduktion der Haut wurde ausschließlich beim Shar-Pei beobachtet und tritt v. a. im jungen Alter auf.

Pathogenese: Eine gesteigerte Produktion von Hyaluronsäure durch die Fibroblasten führt zur Muzinansammlung in der Dermis.

Klinisches Bild: Bei schwerem Verlauf entstehen, vorwiegend an den Gliedmaßen, aber auch im Kopfbereich und an der Rute teigige Hautschwellungen und/oder kleine dunkle Vesikel, deren visköser, schleimiger Inhalt sich bei Ruptur (oder Anstechen mit Kanüle) wegen seines Gehaltes an Hyaluronsäure transparent und fadenziehend darstellt. Haare lassen sich in den betroffenen Regionen leicht ausziehen, sodass sich diese hypotrichot darstellen. Es bestehen kaum allgemeine Beeinträchtigungen. Sekundärinfektionen der Vesikel sind selten, allerdings können sich diese öfter zwischen den deutlicher ausgeprägten Hautfalten bilden.

Diagnose: Sie basiert auf der typischen Klinik unterstützt durch die Beschaffenheit des Inhalts möglicher Vesikel.

Therapie: Bei schweren Verläufen kann durch Langzeitapplikation von Prednisolon die Symptomatik verbessert werden. Pyodermischen Läsionen muss durch eine lokale antiseptische Therapie begegnet werden.

3.4.1.7 Ehlers-Danlos-Syndrom

Definition: Die kutane Asthenie (Synonym) fasst verschiedene hereditäre Störungen des Bindegewebes zusammen, die sich im Bereich der Haut anhand einer erhöhten Dehnbarkeit, Abziehbarkeit und Verletzlichkeit manifestieren.

Epidemiologie: Sehr seltene Erkrankung bei verschiedenen Hunderassen (u. a. Chihuahua, Pudel) und der Katze.

Ätiologie: Bei der Katze ist ein autosomal-rezessiver Erbgang definiert, der wahrscheinlich auch beim Hund existiert. Bei betroffenen Tieren wurden in jüngster Zeit verschiedene Genmutationen nachgewiesen.

Pathogenese: Infolge einer gestörten Bildung von Kollagenfasern (Kollagenpathie) ist das Unterhautbindegewebe inadäquat ausgebildet, sodass der Zugwiderstand um den Faktor 40 (Hund) bzw. 10 (Katze) vermindert ist. Einzelne Patienten entwickeln nach 2–3 Jahren eine Amyloidose.

Klinisches Bild: Durch die erheblich gesteigerte Dehnbarkeit der überdimensioniert erscheinenden Haut zeigen manche Tiere vermehrt Hautfalten. In der leicht abziehbaren Haut entstehen durch Traumata häufig Wunden, die kaum bluten. Das sich zur raschen Abheilung ausbildende Narbengewebe ist dünn und wenig robust.

Diagnose: Die feingewebliche Diagnose erfordert eine Elektronenmikroskopie, wobei sich bänderförmige, ungeordnete anstelle der normalerweise zylindrischen, gut geordneten Kollagenfibrillen zeigen. Zur Verifizierung der Dehnbarkeit der Haut dient ein erhöhter Hautdehnbarkeitsindex (Höhe der zu bildenden Hautfalte/Körperlänge × 100 %), der bei gesunden Hunden bis 14,5 % und bei gesunden Katzen bis 19 % beträgt beträgt.

Differenzialdiagnose: Infrage kommt eventuell eine Glukokortikoid-induzierte Hautatrophie (z. B. durch Hyperadrenokortizismus, lange topische Glukokortikoidapplikation), die durch Signalement (Alter bei Erstsymptomatik), Anamnese und Klinik abzugrenzen ist.

Prophylaxe, Therapie: Die Erkrankung ist unheilbar. Wesentliche Bedeutung hat die Vermeidung von Verletzungen, insbesondere durch Vermeidung von Freilauf und Kontakt zu Artgenossen. Zur Verhinderung von Selbsttraumatisierungen wird teilweise sogar zur chirurgischen Entfernung der dritten Phalangen aller Extremitäten geraten. Eine diesbezüglich weniger invasive Maßnahme wäre das Anbringen von Krallenüberziehern (Soft-Claws®). Bei der Behandlung von Verletzungen sollte nach Möglichkeit der konservativen Therapie gegenüber einer chirurgischen Versorgung der Vorzug gegeben werden.

3.4.1.8 Primäre Seborrhö

Definition: Sie entspricht der genetisch bedingten idiopathischen Seborrhö bei Hund und Katze, d. h. einer übermäßigen Talgproduktion in Verbindung mit gestörter Verhornung und damit Schuppenbildung.

Epidemiologie, Ätiologie: Am häufigsten betroffen sind Cocker Spaniel (besonders American Cocker Spaniel) und West Highland White Terrier, ferner u. a. English Springer Spaniel, Basset, English Setter, Dobermann, Labrador Retriever, Deutscher Schäferhund, Dackel und Shar-Pei. Beim West Highland White Terrier wurde ein autosomal-rezessiver Erbgang nachgewiesen. Bei Katzen tritt die Erkrankung bei Persern (autosomal-rezessiver Erbgang), Himalaya und exotischen Rassen beiderlei Geschlechts auf.

Pathogenese: Betroffen sein können Epidermis, Follikelepithel, Haarkutikulas und Krallen. Beim Cocker Spaniel liegt offensichtlich ein Strukturdefekt der Epithelzellen vor. Durch hyperproliferative Infundibulae der Haarfollikel und Talgdrüsen verläuft die Zellmauserung von Epidermis und Talgdrüsen um ein Vielfaches schneller als normalerweise.

Klinisches Bild: Als Ausdruck des genetischen Charakters treten erste Symptome schon im Welpenalter (erste Lebenstage bis wenige Wochen) auf, die sich später durch Sekundärinfektionen (v. a. Hautfalten wie z. B. Lefzenfalten) verschlimmern. Betroffene Cocker Spaniels besitzen fettige Haut und Haare, juckende seborrhoische Plaques, v. a. am ventralen Hals und Rumpf, und eine Otitis externa. Bei West Highland White Terriern mit idiopathischer Seborrhö finden sich ein stumpfes Fell und Schuppung, daneben (besonders in faltenreichen Bezirken) auch Keratinmanschetten und fettiges Fell, teils konfluierende, krustige und juckende Plaques, eine Otitis externa ceruminosa und trockene, spröde Krallen. Beim Irish Setter und Dobermann liegt eine trockene Seborrhö mit trockenen Schuppen und mattem, trockenem Fell vor. Betroffene Katzen besitzen ein fettiges Fell und im Ohrkanal und in den Hautfalten befindet sich wachsartiges Material. Ein signifikanter Juckreiz entsteht erst durch Sekundärinfektionen mit Bakterien und Hefen.

Diagnostik, Diagnose: Die klinische Verdachtsdiagnose wird durch Ausschluss von möglichen Ursachen einer sekundären Seborrhö und Biopsie (nach Behandlung möglicher Sekundärinfektionen) bestätigt. Sekundärinfektionen können durch zytologische Untersuchung erkannt werden.

Differenzialdiagnose: Sie umfasst viele Erkrankungen, die eine sekundäre Seborrhö auslösen können (u. a. Allergien, Ektoparasitosen, ernährungsbedingte Hauterkrankungen).

Therapie, Prognose: Ziel ist die Kontrolle der Erkrankung zur Verbesserung der Lebensqualität, da die Erkrankung unheilbar ist. Sekundärinfektionen mit Bakterien und Hefen sollten systemisch und/oder topisch behandelt werden und durch kontinuierliche Shampoo-Behandlung kontrolliert werden.

Grundsätzlich ist es sinnvoll, aus der Auswahl an antiseborrhoischen Shampoos zunächst mit den wenig irritierenden und sichersten Präparaten (mit 2 % Schwefel und 2 % Salizylsäure) anzufangen, da Benzoylperoxid und teerhaltige Formulierungen ausgeprägtere unerwünschte Wirkungen besitzen. Anfänglich erfolgen zwei bis drei Shampoonierungen pro Woche, zur Erhaltung eines zufriedenstellenden Zustands reichen oft größere Intervalle. Keratolytika verringern die Kohäsion zwischen Korneozyten, erleichtern das Ablösen der Schuppen und machen die Hornschicht geschmeidiger. Keratoplastika wirken zytostatisch auf das Stratum basale, wodurch die beschleunigte epidermale Zellerneuerung und Verhornung normalisiert werden.

Azetylsalizylsäure (2 %ig) und **Schwefel (2 %ig)** wirken beide keratolytisch, keratoplastisch, juckreizstillend und antibakteriell (Schwefel zudem antifungal) und sind in Kombinationspräparaten sinnvoll synergistisch.

Teerhaltige Produkte besitzen keratolytische, keratoplastische, juckreizstillende und entfettende Wirkung und sind damit besonders für die Seborrhoea oleosa geeignet. Sie sind wirkungsvoller als Azetylsalizylsäure/Schwefel, aber reizender, riechen unangenehm und führen zur gelblichen Verfärbung der Haare. Vorsicht ist besonders bei Katzen geboten.

Benzoylperoxid dringt in Haarfollikel ein und wirkt keratolytisch, entfettend (u. a. durch Hemmung der Talgdrüsenfunktion) und antibakteriell. Es kann zu Aufhellungen und Verfärbungen des Fells kommen. Vorsicht ist bei Katzen geboten.

Bei Anwendung stark entfettender Substanzen (z. B. Benzoylperoxid) oder bei der trockenen Seborrhö sind ergänzend Formulierungen mit **Emollientien** oder **rehydrierenden Substanzen,** die in das Stratum corneum eindringen und hygroskopisch wirken (z. B. Propylglykol, Glyzerin, Urea, kolloidaler Hafer), aufzutragen. Am besten geschieht dies direkt nach Badebehandlungen, wenn die Hornschicht mit Wasser gesättigt ist.

Systemische Dauertherapien erfolgen mit Vitamin A (600–800 IE/kg KM, 1 × tägl. p. o.), Retinoiden (s. u.), ungesättigten Omega-3- und Omega-6-Fettsäuren (bei Seborrhoea sicca), Vitamin D_3 (10 µg/kg KM, 1 × tägl.) und Glukokortikoiden. **Retinoide** wirken modulierend auf die Keratinisierung, wobei der Effekt verzögert eintritt, besitzen aber eine Reihe unerwünschter Wirkungen, u. a. Keratoconjunctivitis sicca, Hepatopathie, Fettstoffwechselstörungen, Blutbildveränderungen, teratogene Effekte und Fruchtbarkeitsstörungen. Das Retinoid Acitretin (initial 1–2 mg/kg KM, 1 × tägl. für 2–3 Monate, dann Erhaltung z. B. 5 Tage Therapie, 10 Tage Pause), ist u. a. bei der idiopathischen Seborrhö des Cocker Spaniels erfolgreich eingesetzt worden (Cave: nicht bei Zuchthündinnen anwenden!). Wegen der potenziellen unerwünschten Wirkungen sollten regelmäßige Kontrollen u. a. von Blutbild und Leberparametern und der Produktion von Tränenflüssigkeit erfolgen. Bei einer Vitamin-D_3-Behandlung, die die Proliferation in der Basalschicht verlangsamt, sind die Elektrolyte regelmäßig zu kontrollieren. Vor allem bei nur leicht betroffenen Patienten kann mit intensiver Shampoo-und weiterer supportiver Behandlung eine adäquate Lebensqualität erreicht werden, während schwere Fälle ggf. euthanasiert werden müssen.

3.4.1.9 Komedonen-Syndrom der Zwergschnauzer

Epidemiologie, Ätiologie: Es handelt sich vermutlich um eine genetisch determinierte Dysplasie der Haarfollikel bei Zwergschnauzern. Bei mexikanischen und chinesischen Nackthunden zeigen sich analoge Läsionen in besonders spärlich behaarten Regionen.

Klinisches Bild: Typischerweise zeigen sich multiple Komedonen entlang der gesamten Rückenmedianen. Nach bakterieller Sekundärbesiedelung können die Läsionen jucken und schmerzhaft werden.

Diagnose: Die klinische Verdachtsdiagnose wird histologisch bestätigt.

Therapie, Prognose: Durch dauerhafte Anwendung von Benzoylperoxid oder Salizylsäure-/Schwefel-enthaltenden Shampoos lassen sich die Symptome i. d. R. kontrollieren, bei unzureichendem Erfolg kann Acitretin (initial 1–2 mg/kg KM, 1 × tägl. p. o.) versucht werden. Bei Sekundärinfektionen sind Antibiotika anzuwenden.

3.4.2 Bakteriell bedingte Hauterkrankungen

3.4.2.1 Pyodermien

Definition, Kassifikation: Bakteriell bedingte Hautentzündungen werden, in Abhängigkeit von den betroffenen Hautschichten, eingeteilt in:

- **Oberflächenpyodermien** (oberste Schichten der Epidermis): pyotraumatische Dermatitis („Hot spots"), Intertrigo (Hautfaltenpyodermie)
- **Oberflächliche Pyodermien** (inkl. tiefere Schichten der Epidermis und Follikel): Impetigo, mukokutane Pyodermie, (oberflächliche) bakterielle Follikulitis
- **Tiefe Pyodermien** (bis in tiefe Dermis, mitunter Subkutis, Zerstörung der Follikel, Heilung mit Narbenbildung): pyotraumatische Follikulitis und Furunkulose, nasale Follikulitis und Furunkulose, Kinnfollikulitis und -furunkulose, interdigitale Furunkulose, Follikulitis, Furunkulose und Zellulitis des Deutschen Schäferhundes

Epidemiologie: Zur Pyodermieneigung von Hund und Katze tragen ganz allgemein bei: die dünne und kompakte Hornschicht, die geringere Menge an Hydrolipidfilm im Vergleich z. B. zum Menschen und die hohe Dichte an Haarbalgmündungen mit potenziellen Lücken im Hydrolipidfilm. Oft besteht eine jahreszeitliche Häufung im Sommer durch ein feucht-warmes Environment.

Von **Hautfaltenpyodermie** sind naturgegeben besonders Rassen wie Mops, Bulldogge und Pekinese sowie Perserkatzen und verwandte Rassen betroffen. Zur Manifestation an den Lefzenfalten sind prädisponiert u. a. Bernhardiner, Setter und Spanielrassen. Auch bei einigen anderen Pyodermieformen gibt es Rasseprädispositionen, die aus Gründen der Übersichtlichkeit gemeinsam mit dem klinischen Bild aufgeführt werden.

Ätiologie: Verantwortlich zeichnen v. a. Staphylokokken, beim Hund *Staphylococcus pseudintermedius* als wichtigster Erreger, daneben auch *Proteus* spp., bei der Impetigo bullosa *Pseudomonas* spp. und *E. coli*. Bei Katzen werden neben *S. pseudintermedius* zudem *S. aureus, S. simulans,* bei verschiedenen Pyodermieformen der Katzenwelpen (u. a. Impetigo) auch *Pasteurella multocida* und β-hämolysierende Streptokokken isoliert, die wahrscheinlich bei der Pflege durch die Muttertiere auf die Welpen übertragen werden. Von Pyodermien isolierte Staphylokokkenstämme zeigen eine größere Adhärenz an extrazelluläre Matrixproteine als von gesunden Tieren isolierte Stämme. In Phlegmonen und subkutanen Abszessen finden sich neben *Pasteurella multocida* oft *Corynebacterium* spp., *Bacteroides* spp. und *Actinomyces* spp.

Pathogenese: Auf einer gesunden Haut mit ihren zahlreichen Abwehrmechanismen können potenziell pathogene Keime keine Pyodermie auslösen. Somit liegen i. d. R. eine Schwächung von Abwehrmechanismen und/oder prädisponierende Faktoren vor (sekundäre Pyodermie). Hierzu zählen ungünstige anatomische Gegebenheiten (z. B. Hautfalten), Immundefekte, immunsuppressive Therapien, andere Hauterkrankungen (durch Parasiten, Pilze, Allergien, metabolische Störungen, Keratinisierungsstörungen, Trauma) und Umweltfaktoren (warme, feuchte Umgebung). Zum Ausbruch einer Pyodermie bei Schäferhunden ist offensichtlich neben einem Defekt der T-Zell-vermittelten Immunität auch eine weitere, meist allergische Erkrankung erforderlich. Selten lässt sich keine Ursache finden (primäre Pyodermie).

Bei der Entstehung der **Intertrigo** spielen das feuchtwarme Mikroklima und Sekretansammlungen wie die Traumatisierungen durch Reibung der Innenseiten der Hautfalten eine wichtige Rolle. Der Entstehung der **Impetigo** bei erwachsenen Tieren liegt eine Immunschwäche oder hormonelle Imbalanz (Hyperadrenokortizismus, Diabetes mellitus, Hypothyreose) zugrunde. Zur Entstehung einer **Follikulitis** tragen neben chronischen Traumata Verstopfungen und Entzündungen der Haarbälge bei. Solche Verschlüsse der Haarbalgmündungen können bei seborrhöischer Dermatitis, follikulären Dysplasien und Demodikose bestehen. Zur Entstehung von Follikulitis können beitragen: Shampoos mit irritierenden Wirkstoffen, Pilzinfektionen, Allergien und hormonelle/metabolische Störungen.

Eine **tiefe Pyodermie** entsteht, wenn pathogene Bakterien in tiefere Hautschichten gelangen, unter bestimmten Bedingungen (u. a. Trauma, Immunschwäche) als Komplikation einer oberflächlichen Pyodermie oder nach einer hochgradigen Follikelentzündung. Bei der Entstehung von **Follikulitis und Furunkulose des Kinns** und der **interdigitalen Furunkulose** spielt eine fortgesetzte Traumatisierung eine Rolle. Beim Hund treten tiefe Pyodermien auch assoziiert zu Dermatomykosen und Demodikose (v. a. Zwischenzehengranulome, Gesichtsfurunkulose) auf. Bei der Katze liegen oft Abszesse und Phlegmonen und diese auch als Folge von Traumatisierungen (Bisse, Kratzer) vor. Furunkulose wird durch primäre Keratinisierungsstörungen begünstigt (u. a. Kinnakne bei der Katze).

Klinisches Bild: Die **pyotraumatische Dermatitis** entsteht infolge Automutilation bei lokalisiertem hochgradigem Juckreiz (Flohbiss- und andere Allergien) oder nach topischer Applikation reizender Substanzen bei Hunden mit langem Fell im Sommer (feuchtes Mikroklima begünstigt ausufernden Bakterienbefall). Klassischerweise entsteht initial eine scharf begrenzte, schmerzhafte, rote, haarlose, exsudative Läsion, die sich unbehandelt rasch ausbreitet.

Bevorzugte Stellen für eine **Hautfaltenpyodermie** (nässende, gerötete, ggf. ulzerierte Hautoberfläche mit schmierigem, riechendem Material) schließen Gesichtsfaltendermatitis, Scheidenfaltendermatitis (v. a. bei älteren, übergewichtigen und frühkastrierten Hündinnen), Schwanzfaltendermatitis (v. a. bei Ringelschwänzen, z. B. bei Boston Terrier, Mops und Englischer Bulldogge oder kupierten Ruten) und Zwischenzehenbereiche (Kurzhaarrassen wie Englische Bulldogge, Labrador) ein.

Die **Impetigo** tritt bevorzugt bei Welpen („Welpenpyodermie") auf und ist durch subkorneale Pusteln (Follikel nicht betroffen) oder ihre Folgen (Kolaretten, Krusten) in haararmen Hautbereichen (Unterbauch, axillär, inguinal) gekennzeichnet, bei Katzenwelpen sind meist dorsale Bereiche betroffen. Bei der **Impetigo bullosa** erwachsener Tiere entstehen größere Pusteln.

Die **mukokutane Pyodermie** äußert sich an Lippen angrenzender Haut (Beginn: Mundwinkel) sowie anderen mukokutanen Übergängen (Nasenspiegel, Augenlider, Scheide/Präputium, perianal), v. a. beim Deutschen Schäferhund, mit erythematöser, ödematöser Schwellung; später können Fissuren, Krusten und eventuell Depigmentierungen auftreten.

Bei der **oberflächlichen bakteriellen Follikulitis** zeigen sich typischerweise Papeln und follikuläre Pusteln, aus denen rasch Krusten, epidermale Collaretten, Hyperpigmentierung und Alopezie werden (Abb. 3.10). Typisch sind seborrhoische Plaques mit einem hyperpigmentiertem Zentrum mit erythematösem, krustigem Rand, die insbesondere in schwach behaarten Bereichen sichtbar werden. Bei kurzem Fell deuten anfänglich lokal abstehende Haarbüschel die Läsionen (darunterliegende Papeln) an, woraus sich schließlich lokalisierte Alopezien entwicklen. Bei langhaarigen Patienten sind allenfalls dezente Veränderungen (Verlust des Fells oder seines Glanzes) festzustellen. Die Effloreszenzen werden erst nach Rasur augenscheinlich.

Bei **tiefen Pyodermien** hängt das klinische Bild v. a. von der Region (s. o.), Ausbreitung und Tiefe der Läsionen ab. Es zeigen sich Pusteln, rötliche Papeln, die sich zu hämorrhagischen Blasen entwickeln, die schließlich zu Ulzera und Krusten werden.

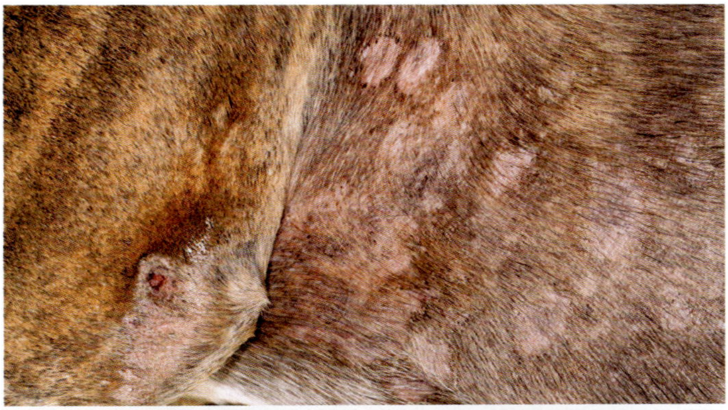

Abb. 3.10 Pyodermie bei einem 11 Jahre alten, kastrierten Alano Español Rüden: deutliche Veränderungen an Unterbrust in Form von epidermalen Schuppenkränzen und Alopezie, Fistelung aus einer Liegebeule am Ellbogen. Die Läsionen rezidivierten, bis auch die zugrunde liegende Hypothyreose behandelt wurde.

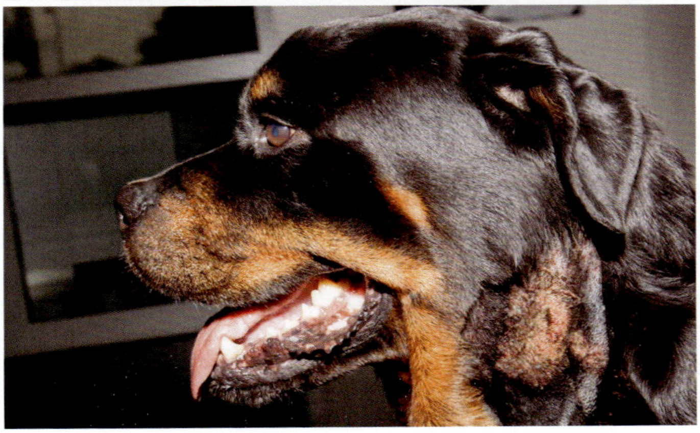

Abb. 3.11 Nach Rasur zeigte sich eine stark juckende, plaqueartige, unscharf begrenzte, exsudative Läsion mit Krusten im Halsbereich eines 9 Jahre alten Rottweiler-Rüden (pyotraumatische Follikulitis und Furunkulose).

Violette, ödematöse und schmerzhafte Veränderungen mit großflächiger Ausbreitung sprechen für schwerere Verläufe. Besonders an exponierten Stellen zeigen sich Fisteln mit eitrig-blutigem Sekret. Juckreiz ist variabel, es können Allgemeinsymptome (u. a. Fieber, Inappetenz) vorliegen.

Bei der **pyotraumatischen Follikulitis und Furunkulose** (tiefer „**Hot spot**"), die bevorzugt bei Bernhardiner, Rottweiler und Golden Retriever an Wangen und Hals auftritt, zeigen sich exsudative Plaques umrandet von Papeln und Pusteln mit starkem Juckreiz (Abb. 3.11).

Die **Follikulitis und Furunkulose des Kinns („Kinnakne")** kann chronisch bei Jungtieren von Kurzhaarrassen auftreten, wobei sich aus follikulären Papeln Knötchen entwickeln, aus denen sich nach Ulzeration ein blutig-eitriges Exsudat entleert.

Die **interdigitale Furunkulose** stellt sich oft als rezidivierend und sehr hartnäckig heraus und kann zu Lahmheiten führen.

Bei von **Follikulitis, Furunkulose und Zellulitis** betroffenen Deutschen Schäferhunden zeigen sich bei erwachsenen Vertretern beiderlei Geschlechts typische schmerzhafte Läsionen oft beginnend an Kruppe, kaudalem Rumpf, Oberschenkel, Inguinal- und Perianalregion. Die regionären Lymphknoten können vergrößert sein.

Abszesse der Unterhaut, die v. a. bei der Katze (v. a. männliche Tiere durch Kämpfe) auftreten, zeigen sich als schmerzhafte Umfangsvermehrungen, die später fluktuieren und ggf. fisteln mit Austritt von blutig-eitrigem Sekret.

Diagnostik: Eine **bakteriologische Untersuchung** ist angezeigt bei tiefer Pyodermie und Antibiotika-resistenter oder nach Antibiotikatherapie wiederkehrender oberflächlicher Pyodermie sowie bei zytologischem Nachweis von Stäbchen oder pyogranulomatöser Entzündung. Bei oberflächlichen Pyodermien erfolgt die Probenentnahme mit einem sterilen Tupfer mit Transportmedium z. B. aus Pusteln (nach Anritzen mit Kanüle), leicht nässenden Schuppenkränzen und von Krustenunterseiten. Bei tiefer Pyodermie wird die Hautoberfläche zunächst desinfiziert. Anschließend wird Fistelsekret ausgepresst und mit dem Tupfer aufgenommen oder dieser in den Fistelkanal eingeführt. Aus nicht fistelnden tiefen Läsionen können Feinnadelaspirate gewonnen und das Aspirat auf den Tupfer gespritzt werden; es kann auch Biopsiematerial verwendet werden (Stanzprobe nach chirurgischer Vorbereitung oder chirurgisch entnommenes Material).

Bei rezidivierender oberflächlicher oder tiefer Pyodermie bei erwachsenen Tieren sind mögliche Primärerkrankungen endokrinologisch-metabolischer Art (Hypothyreose, Hyperadrenokortizismus) oder solche, die zu einer Immunschwäche führen können (Leishmaniose, Ehrlichiose, Neoplasien), und bei Juckreiz zusätzlich allergische Erkrankungen auszuschließen.

Zur Abgrenzung einer bakteriellen Pyodermie von Dermatophytosen und Demodikose sind bei alopezischen, schuppigen Läsionen und follikulären Papeln Hautgeschabsel (auch tief für Demodikose!) und Pilzkultur angezeigt. Bei rezidivierenden „Hot spots" ist bei Patienten mit Polyarthritis differenzialdiagnostisch eine Borreliose abzuklären.

Bei persistierender Pyodermie empfiehlt sich auch eine feingewebliche Diagnostik mittels Zytologie und/oder Histopathologie nach Biopsieentnahme, u. a. zur Abklärung von Keratinisierungsstörungen.

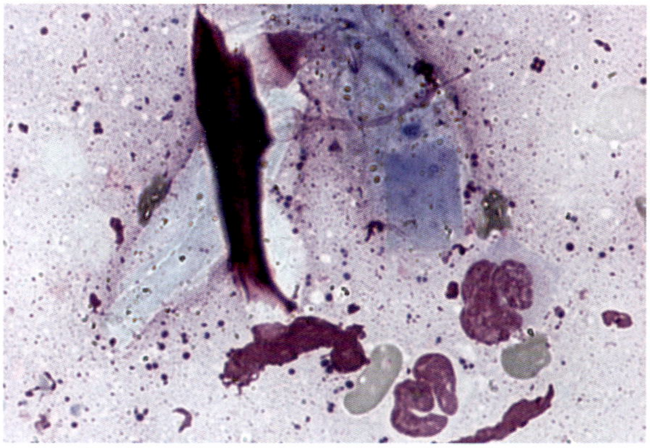

Abb. 3.12 Zytologisches Präparat eines Hautgeschabsels des Patienten aus Abb. 3.10: Neutrophile Granulozyten (unten) und Kokken neben Keratinozyten (oben) kennzeichnen eine Pyodermie (Pappenheim-Färbung, Originalvergrößerung 1000 ×).

Diagnose: Die Diagnose basiert auf typischen klinischen Symptomen (z. B. hämorrhagische Blasen, Fisteln und Ulzera bei tiefer Pyodermie) unter Berücksichtigung von Verteilung und Signalement des Patienten (Rasseprädispositionen; Welpen bei der Impetigo) und dem Nachweis der bakteriellen Infektion in der zytologischen Diagnostik (am sichersten Bakterien phagozytiert in Neutrophilen, z. B. im Pustelinhalt) (Abb. 3.12). Wegen der oft sekundären Natur ist dem Aufspüren der möglichen Primärerkrankung Bedeutung beizumessen (s. Diagnostik).

Differenzialdiagnose: Von der Oberflächenpyodermie ist ggf. eine „**bakterielle Überwucherung**" abzugrenzen. Hier bestehen ein diffuses Erythem, später Hyperpigmentation, Hyperkeratose und Lichenifikation, eine feucht-fettige Hautoberfläche und Geruch am ventralen Körper und den Innenseiten der Gliedmaßen. Prädisponierend wirken bestimmte Rassen (Deutscher Schäferhund, West Highland White Terrier, Dackel, Pit Bull Terrier) und Grunderkrankungen (Hypothyreose, Allergien). In Abklatschpräparaten finden sich viele Bakterien, ggf. kombiniert mit Malassezien, auf den Keratinozyten ohne wesentlichen Gehalt an Entzündungszellen.

Im Hinblick auf Primär- (Pusteln, Papeln) und Sekundäreffloreszenzen (Schuppen, Collaretten, Alopezie) **oberflächlicher Pyodermien** sind v. a. immunvermittelte Erkrankungen (u. a. Pemphigus foliaceus, [sterile] eosinophile pustulöse Follikulitis; bei mukokutaner Pyodermie und Intertrigo der Lefze: diskoider Lupus erythematodes, Pemphigus erythematodes, bullöses Pemphigoid) und allergische Erkrankungen (Futtermittelallergie) zu berücksichtigen. Gegebenenfalls schafft eine Biopsie Klärung, dafür sollte aber eine Antibiotikavorbehandlung erfolgen.

Bei **tiefen Pyodermien** sind u. a. Mykosen, immunvermittelte Erkankungen (Lupuskomplex, sterile Pyogranulome und Arzneimittelexanthem) sowie Neoplasien Differenzialdiagnosen, wobei Erstgenannte komplizierenderweise auch Auslöser sein können. Bei der interdigitalen Furunkulose sind differenzialdiagnostisch, insbesondere bei Bulldogge, Dogge, Boxer und Basset, sterile Pyogranulome zu bedenken, die sich sekundär infiziert haben.

Therapie: Wichtige Komponenten sind: Definition und Behandlung der i. d. R. vorliegenden **Primärerkrankung**. Eine **topische Therapie** erfolgt v. a. mit **antibakteriellen**

Shampoos, entsprechenden Pflegesprays, ggf. auch antibiotischen Salben/Lotionen und Feuchttüchern. Sie reicht bei Oberflächenpyodermien als alleinige Therapie aus und kann ansonsten unterstützend angewandt werden und die Heilung beschleunigen. Durch zweimalige wöchentliche ordnungsgemäße Shampoo-Behandlung werden abgestorbenes Gewebe und Bakterien entfernt und die Entleerung und damit Sanierung von Fisteln unterstützt. Hierbei ist individuell das Shampoo mit dem jeweils am besten geeigneten Wirkstoff zu wählen, ggf. auch eine Kombination.

Chlorhexidin z. B. hat eine sehr gute antibakterielle Wirkung, eine moderate Hemmwirkung gegen Malassezien uind ist weniger reizend und besser verträglich als Benzoylperoxid, hat aber einen geringeren Reinigungseffekt auf die Follikel. Es ist für einen längeren Einsatz bei gemischten Infektionen mit Bakterien und Hefen geeignet.

Benzoylperoxid ist über seine oxidativen Eigenschaften antibakteriell wirksam sowie keratolytisch, juckreizlindernd, reinigt Follikel und wirkt entfettend, aber auch stark dehydrierend und reizend. Es ist besonders bei Hunden mit stark exsudativen Veränderungen, bei tiefen Pyodermien und bei Demodikosebeteiligung indiziert, nicht hingegen bei deutlich veränderter, sehr trockener und empfindlicher Haut. Bei der Katze ist dieser Wirkstoff kontraindiziert.

Ethyllaktat (Milchsäureethylester) ist ebenfalls sehr gut bakterizid wirksam, aber weniger austrocknend und reizend als Benzoylperoxid und damit ideal für oberflächliche, wenig exsudative Pyodermien.

Schwefel- und **Azetylsalizylsäure-**haltige Shampoos besitzen antibakterielle, juckreizmildernde und keratoplastische Eigenschaften und sind ideal für Pyodermien mit trockener Seborrhö und ausgeprägter Schuppenbildung.

Dichlorfen in Shampoos und Lotionen wirkt gegen Bakterien und Hefen und stark entfettend und ist damit bei gemischten Infektionen assoziiert mit öliger Seborrhö geeignet.

Eine systemische **Antibiotikatherapie** ist ggf. bei oberflächlicher und i. d. R. bei tiefer Pyodermie angezeigt in Kombination mit lokaler Behandlung. Bei Rezidiven von oberflächlichen Pyodermien und generell bei tiefen Pyodermien empfiehlt sich die Entnahme von Probenmaterial für eine Bakterienkultur und einen Resistenztest. Grundsätzlich geeignet, u. a. im Hinblick auf die bakterizide Wirksamkeit gegenüber *Staphylococcus pseudintermedius*, Hautpenetrationsfähigkeit und unerwünschte Wirkungen sind v. a. Cephalosporine der ersten Generation (Cefalexin 15–30 mg/kg KM, 2 × tägl. p. o.), Amoxicillin/Clavulansäure (20–25 mg/kg KM, 2 × tägl. p. o.) und Clindamycin (11 mg/kg KM, 2 × tägl. p. o.). Bei vorliegendem Antibiogramm und entsprechender Wirksamkeit sind für die Haut auch Fluorchinolone und Trimethroprim/Sulfonamid gut geeignet, bei multiresistenten Keimen eventuell auch Chloramphenicol und Gentamycin (Cave: Nephrotoxizität erfordert regelmäßige Nierenwertkontrollen!).

Es wird eine mindestens dreiwöchige Behandlung empfohlen (Anm.: beachte besondere Vorschriften für einzelne Antibiotika, insbesondere Gentamycin maximal 5 Tage). Diese sollte bei einer oberflächlichen Pyodermie mindestens eine, bei einer tiefen Pyodermie zwei Wochen über die klinische Remission hinausreichen. Hierzu sind Kontrolluntersuchungen unumgänglich. Unterstützend für die Darmflora ist die Gabe von Probiotika sinnvoll. Bei rezidivierenden Pyodermien ohne definier-/abstellbare

Primärursache können Antibiotika (v. a. Cefalexin und Amoxicillin/Clavulansäure) als Pulstherapie verabreicht werden (z. B. 1 Woche Therapie, 1 Woche Pause).

Immunstimulation: Vor allem bei wiederkehrenden Pyodermien unklarer Ursache oder bei Immundefekten kann unterstützend eine immunstimulierende Therapie angezeigt sein, z. B. durch Herstellen einer autologen Vakzine nach Isolierung und Anzüchtung des Erregers oder ein kommerzielles *S.-aureus*-Phagenlysat (Staphage Lysate), die jeweils ca. 1–2-mal wöchtlich s. c. injiziert werden.

Sonstiges: Ein Freischeren betroffener Bereiche ist sinnvoll (Verbesserung Mikroklima, Zugänglichkeit für topische Wirkstoffe). Bei Vulvafaltendermatitis kann eine Gewichtsreduktion zur dauerhaften Besserung der Symptomatik beitragen. Bei Automutilation ist ein Leckschutz wichtig. Bei Zwischenzehengranulomen können desinfizierende Pfotenbäder (z. B. mit Polyhexanid-Wundspüllösungen, Benzoylperoxid, Rivanol) und bei schwerwiegenden Veränderungen initial Pfotenverbände und das Tragen von Schutzschuhen angezeigt sein. Teilweise kommen zur Juckreizlinderung bei Oberflächenpyodermie Glukokortikoide zur Anwendung. Unterstützend können essenzielle Fettsäuren gegeben werden. Bei schwerer Intertrigo (insbesondere Lippenfaltendermatitis oder Vulvafaltendermatitis) kann eine plastische Chirurgie angezeigt sein.

Prognose: Die Prognose hängt von der Art, Ausdehnung und Schwere der Pyodermie ab.

3.4.2.2 Spezielle (atypische) bakterielle Infektionen

3.4.2.2.1 Bakterielles Pseudomyzetom

Definition, Ätiologie: Tiefe, chronische pyogranulomatöse Entzündung durch diverse Bakterien (v. a. Staphylokokken, ferner *Pseudomonas* spp., *Proteus* spp., *Streptococcus* spp., *Actinobacillus* spp.).

Pathogenese: In der Regel gelangen die Erreger durch Bissverletzungen in die Tiefe, selten sind infizierte Gewebe in der Tiefe Ausgangspunkt (z. B. Osteomyelitis).

Klinisches Bild: Es zeigen sich fistelnde knotige Läsionen, aus denen sich eitriges Exsudat entleert, das „Körnchen" aus Bakterienkolonien und polysaccharidhaltiger Matrix und/oder Antigen-Antikörper-Komplexen enthält.

Diagnose: Klinisches Bild und zytologische Präparate von Feinnadelaspiraten und Exsudat ermöglichen eine Verdachtsdiagnose. Eine bakteriologische Untersuchung mit Antibiogramm ist empfehlenswert, ggf. auch eine histologische Untersuchung (ggf. mit Pilzfärbung).

Differenzialdiagnose: Sie umfasst das mykotische Myzetom, das Pseudomyzetom durch Dermatophyten und eine Nokardiose/Actinomykose (s. u.).

Therapie: Eine chirurgische Therapie und Antibiotika nach Resistenztest sind angezeigt.

3.4.2.2.2 Atypische Mykobakteriose

Epidemiologie: Seltene Infektionskrankheit v. a. bei Katzen.

Ätiologie, Pathogenese: Fakultativ pathogene Mykobakterien (*M. fortuitum, M. phlei, M. thermosensible, M. smegmatis*) dringen über tiefe Wunden und Bissverletzungen in tiefere Hautschichten und die Unterhaut des Patienten ein. Wahrscheinlich kommt es dann nur bei entsprechender Immunschwäche, d. h. bei Katzen mit Retrovirusinfektion, zu einer Infektion.

Klinisches Bild: Langsam entwickeln sich haarlose, erythematöse Knoten in Haut und Unterhaut, die im weiteren Verlauf ulzerieren und Fisteln mit blutig-eitrigem oder fettigem Sekret bilden.

Diagnostik: Ein FIV- und FeLV-Test sind ratsam.
Diagnose: Sie basiert bei entsprechender Klinik auf dem Nachweis von Mykobakterien (säurefeste Stäbchen) im zytologischen Ausstrichpräparat und in der Bakterienkultur.

Differenzialdiagnose: Es sind v. a. Pilzgranulome und sterile Pyogranulome zu bedenken.

Therapie: Eine unterstützende chirurgische Sanierung ist komplikationsträchtig und macht nur bei knotigen, begrenzten Veränderungen Sinn. Die Antibiotikatherapie ist langwierig (mehrmonatig, ggf. kombiniert). Empfehlenswert ist auch hier ein Antibiogramm, wirksam sind i. d. R. u. a. Marbofloxacin, Doxycyclin und Rifampicin.

Prognose: Sie ist vorsichtig bis schlecht besonders bei retrovirusinfizierten Katzen. Ansonsten kann es vereinzelt zu Spontanheilungen kommen.

3.4.2.2.3 Nokardiose und Aktinomykose

Ätiologie: Nokardien leben als Saphrophyten im Erdreich, die Aktinomyzeten kommen neben der Umwelt auch als Opportunisten bzw. Kommensalen in der Mundhöhle vor.

Pathogenese: Infektionen mit beiden Erregeren kommen v. a. als Wundkontamination, insbesondere als Sekundärinfektionen nach Bissverletzungen, zustande.

Klinik: Die Erreger führen zu tiefen Infektionen, Phlegmonen und Pyogranulomen, die ulzerieren und fisteln können. Bei der Nokardiose kann es zu Allgemeinsymptomen kommen (u. a. generalisierte Lymphadenitis, Fieber).

Diagnostik: Bezüglich der Suche nach möglichen Immundefekten ist v. a. bei der Katze eine Testung auf FeLV und FIV wichtig.

Diagnose: Die filamentösen, myzelartig wachsenden Erreger werden im Wund- und Fistel-Sekret nachgewiesen, wo besonders die körnchenartigen Partikel viele Erreger enthalten. Als Differenzialdiagnose ist insbesondere bei der Katze die atypische Mykobakteriose zu bedenken.

Therapie: Neben einer chirurgischen Sanierung (Abszessspaltung, Wunddebridement) steht eine Antibiotikabehandlung nach Antibiogramm im Vordergrund. Gegebenenfalls kann eine Nokardiose empirisch mit Amoxicillin/Clavulansäure oder Sulfonamiden, die Aktinomykose empirisch mit Penicillin oder Tetrazyklin, behandelt werden.

3.4.3 Viral bedingte Hauterkrankungen

Um Redundanzen zum Kapitel „Virusinfektionen" zu reduzieren, werden hier v. a. die dermatologisch wichtigen Aspekte bei verschiedenen Viruserkrankungen angerissen; bezüglich Grundlagen, Diagnostik und Therapie der Erkrankungen wird überwiegend auf das Kapitel 2.2 verwiesen.

3.4.3.1 Papillomaviren (s. auch Kap. 2.2.17.3)

Canine und feline Papillomaviren infizieren epidermale und mesenchymale Zellen, in denen sie teilweise nukleäre Einschlusskörperchen bilden. Indem sie zur Expression potenziell onkogener Proteine führen, können sie zur Entstehung von Plattenepithelkarzinomen beitragen.

Ätiologie, klinisches Bild: Am häufigsten ist beim Hund (v. a. Junghund) die **orale Papillomatose (durch canines Papillomavirus Typ 1, CPV-1)**, die sich von der Mundhöhlenschleimhaut auf mukokutane Übergänge sowie beleckte Areale ausdehnen kann. Die gestielten, weißlichen, warzenförmigen, schmerzhaften Zubildungen variabler Größe (bis mehrere Zentimeter), können ggf. bei der Futteraufnahme und beim Kauen stören. Die Diagnose basiert auf der typischen Klinik und Histologie.

Durch **CPV-2 induzierte kutane Papillome** treten ggf. multipel mit einem Durchmesser bis 2 cm bei Hunden aller Altersstufen an Kopf, Lefzen, Augenlidern und distalen Extremitäten, ggf. assoziiert mit Lahmheiten, auf. Die typische Klinik erlaubt eine Verdachtsdiagnose, die nach Entfernung histologisch bestätigt werden kann. Als endophytische Spielart kommt das **inverse Papillom** in kutanen Einstülpungen, v. a. am ventralen Abdomen und Kinn als harter, intradermaler, wenig exophytischer Knoten (Durchmesser 1–2 cm, gerötete Ränder) vor. **Multiple pigmentierte papillomatöse Plaques (pigmentierte Papillome, pigmentierte epidermale Naevi) (durch CPV-3)** sind eine seltene, vorwiegend beim Mops (CPV-4) und unter Immunsuppression beschriebene Verlaufsform. Die rauen, teils krustigen und verhornten Plaques gehen nach Absetzen der Immunsuppression spontan in Remission oder entwickeln sich ggf. zu malignen Veränderungen.

Bei der **kutanen Papillomatose der Katze** (squamöses Papillom) zeigen sich ähnliche multiple, flache, raue, teils pigmentierte schuppige Plaques zumeist am Rumpf. Aus den Plaques können sich v. a. im Gesicht Plattenepithelkarzinome in situ entwickeln, die sich in Form von hyperkeratotischen, hyperpigmentierten Plaques, Papeln und Knoten äußern, die teilweise ulzerieren (s. Kap. 3.4.15). Durch Infektion von mesenchymalen Zellen durch bovine Papillomaviren kann es v. a. bei Jungkatzen aus urbanen Gebieten zu Sarkoiden bzw. felinen Fibropapillomen an Nasenspiegel, Kopf, Ohrmuscheln, Hals und ventralem Abdomen kommen.

Therapie, Prognose: Bei der Katze steht die chirurgische Entfernung mittels konventioneller Exzision, Kryo- oder Laserchirurgie im Vordergrund, wobei Rezidive häufig sind. Auch kutane Papillome beim Hund, die nicht spontan heilen, können chirurgisch angegangen werden, während es bei der caninen oralen Papillomatose zu Spontanheilungen kommt und eine chirurgische Entfernung nur bei funktionellen Einschränkungen zu erwägen ist.

Bei Infektionen mit caninen Papillomaviren (u. a. orale und kutane Form) wurde das antiviral wirksame Makrolid-Antibiotikum Azithromycin (10 mg/kg KM, 1 × tägl. p. o. über 10 Tage) erfolgreich eingesetzt. Unterstützend kann auch eine Interferontherapie angewandt werden. Topisch kann beim Hund und der Katze ggf. Imiquimod-Creme (5 %ig, 2 × wöchtl.) bis zur Rückbildung eingesetzt werden. Nach Einsendung von nativem caninen Warzenmaterial (Versand in steriler physiologischer NaCl-Lösung) kann man sich in diversen virologischen Instituten (u. a. Justis Liebig Universität Gießen) eine Autovakzine herstellen lassen, deren Wirksamkeit jedoch umstritten ist.

3.4.3.2 Staupe/Paramyxovirusinfektion (s. auch Kap. 2.2.12)

Klinische Symptome: Die neben respiratorischen, gastrointestinalen und neurologischen Symptomen möglichen kutanen Läsionen betreffen in der akuten Phase (v. a. Jungtier) eine Impetigo (s. Kap. 3.4.2.1), später (ältere Hunde) bilden sich Hyperkeratosen an Nasenspiegel und Ballen (Hartballenkrankheit, „Hard pad disease"), die ggf. zu Lahmheiten führen können. Pathogenetisch induziert das Virus eine Hyperproliferation der Keratinozyten als auch eine Keratinisierungsstörung mit gesteigerter Expression von abnormen Keratinen im Stratum spinosum und Stratum granulosum.

Diagnose: Der Virusnachweis in der akuten Phase wird in Kap. 2.2.12 beschrieben. Histopathologisch können neben einer unspezifischen Hyperkeratose nur in der akuten Phase azidophile Einschlusskörperchen in Keratinozyten und eine Vakuolisierung im Stratum spinosum nachgewiesen werden.

Differenzialdiagnose: Sie wird durch das kombinierte Vorliegen von Symptomen der anderen betroffenen Organe eingeschränkt. Gegebenenfalls sind in der akuten Phase Infektionen mit Bakterien, Hautpilzen und Demodex-Milben zu berücksichtigen; bei chronischen hyperkeratotischen Ballenveränderungen Pemphigus foliaceus, Zink-responsive Dermatose, hepatokutanes Syndrom, Keratinisierungsstörungen und die idiopathische Hyperkeratose an Nasenspiegel und Pfotenballen.

Therapie: Hautveränderungen werden symptomatisch behandelt; für die Hyperkeratose eignen sich topisch keratolytische und keratoplastische (s. Kap. 3.4.1.8) und aufweichende Präparate (z. B. auf Harnstoffbasis).

3.4.3.3 Kuhpockeninfektion (s. auch Kap. 2.2.13)

Epidemiologie, Ätiologie: Katzen können sich über kontaminierte Wunden (Biss von Nagern, infiziertes Material von Rindern) mit Orthopoxviren infizieren, was die Prädisposition für die ländliche Umgebung erklärt. Von infizierten Katzen kann das Virus leicht direkt oder indirekt über Vektoren auf andere Katzen übertragen werden; auch Übertragungen auf Menschen oder Hunde sind möglich. Beim Hund sind durch Poxviren ausgelöste Hauterkrankungen eine Rarität.

Pathogenese, klinisches Bild: Bei der Katze kommt es nach erster Virusreplikation an der Infektionsstelle zur virämischen Phase mit entsprechender Ausbreitung. An der Eintrittsstelle an Gliedmaßen oder Kopf zeigt sich ggf. ein rötlicher Fleck oder kleines Ulkus. Im eigenen Patientengut entstanden anschließend oft gangränöse Veränderungen an der betroffenen Gliedmaße (Abb. 3.13a). Die Virämiephase geht mit reduziertem Allgemeinverhalten und Fieber einher. Danach können sich fokale Hautläsionen (Makulae, Papeln, Pusteln, später auch Krusten und Ulzerationen) an verschiedensten Körperstellen ausbilden (Abb. 3.13b). Seltener zeigen sich Ulzera auch in der Mundhöhle.

Diagnostik: Zytologische Präparate können Eosinophile enthalten, was ggf. an eine Veränderung des eosinophilen Granulom-Komplexes denken lässt, wobei eine Therapie mit Glukokortikoiden hier fatale Folgen hätte.

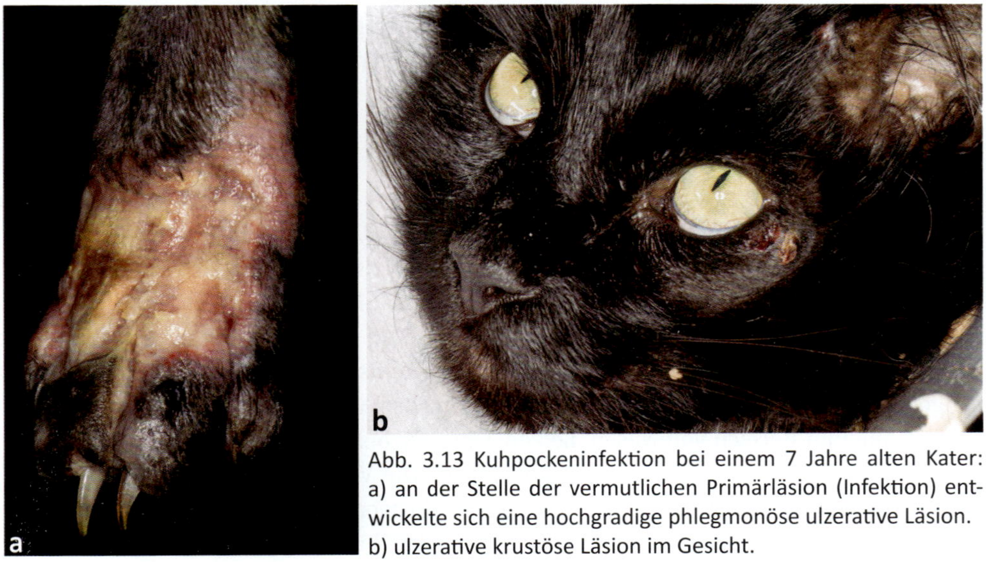

Abb. 3.13 Kuhpockeninfektion bei einem 7 Jahre alten Kater: a) an der Stelle der vermutlichen Primärläsion (Infektion) entwickelte sich eine hochgradige phlegmonöse ulzerative Läsion. b) ulzerative krustöse Läsion im Gesicht.

Diagnose: Die histologische Untersuchung zeigt pathognomonische Veränderungen u. a. in Form von einer ballonierenden Degeneration der Keratinozyten, epidermalen Nekrose und eosinophilen intrazytoplasmatischen Einschlusskörperchen. Gegebenenfalls kann eine Immunhistologie und/oder PCR-Untersuchung zur Typisierung des Virusstammes angeschlossen werden.

Prophylaxe: Wegen der Ansteckungsgefahr sind Katzen mit entsprechendem Verdacht streng zu isolieren und strenge Hygienemaßnahmen einzuhalten.

Therapie, Prognose: Neben einer antiviralen Therapie mit Interferon, Schmerzmitteln, ggf. auch juckreizstillenden Medikamenten sind lokale Wundbehandlungen (v. a. bei eitrig-nekrotisierenden Entzündungen mit Sekundärinfektionen) bis hin zum Debridement und ggf. eine systemische Antibiotikagabe angezeigt. Spontanheilungen nach einigen Wochen kommen vor. Nicht nur bei immunsupprimierten Tieren (v. a. FIV-infizierte Katzen) kann die Erkrankung auch tödlich verlaufen.

3.4.3.4 Feline Herpesvirus-1-Infektion (s. auch Kap. 2.2.7)

Felines Herpesvirus 1, das in der akuten Phase feline Rhinotracheitis (Stomatitis, Konjunktivitis, Keratitis und Rhinotracheitis auslöst, s. Kap. 2.2.7), kann nach Reaktivierung in Phasen von Immunsuppression (z. B. Stress) zu kutanen Ulzerationen mit Krusten im Gesicht (v. a. Nasenspiegel, Nasenrücken, periokulär) und auf der Maulschleimhaut führen. Vorsicht ist bei der Interpretation von zytologischen Präparaten geboten, da auch diese Läsionen eine eosinophile Dermatitis enthalten (s. Kap. 3.4.3.3). In histologischen Präparaten zeigen sich typische Veränderungen, u. a. große vielkernige Keratinozyten mit intranukleären Einschlusskörperchen. Der Virusnachweis erfolgt mittels PCR. Therapeutisch kommen Interferon, Famciclovir (125 mg/Katze 1 × tägl. p. o.) und ggf. Lysin (250 mg/Katze 1 × tägl. p. o.) zum Einsatz und ggf. Antibiotika gegen die Sekundärinfektionen (s. Kap. 3.4.2.1).

3.4.3.5 Sonstige Virusinfektionen

Vereinzelt kann es bei **Parvovirus-Infektion** (s. Kap. 2.2.4) zum Erythema multiforme kommen. Hochgradiger akuter systemischer Juckreiz ist selten die Folge einer rasch tödlich verlaufenden **Aujeszky-Krankheit** (s. Kap. 2.2.16).

Hochvirulte Stämme des **felinen Calicivirus** (s. Kap. 2.2.9) können neben Mundhöhlenulzera, Symptomen allgemeiner Art (Fieber), Atemsymptomen und Bewegungsstörungen (Polyarthritis) auch zu Hautsymptomen in Form von einem Erythem, Krusten und Ulzerationen im Bereich von Nasen, Lefzen, Ohrmuscheln und Ballen sowie subkutanen Ödemen des Kopfes und der Gliedmaßen führen. Die Virusdiagnose erfolgt durch PCR oder elektronenmikroskopischen Nachweis von Viruspartikeln. Therapeutisch erfolgen die Gabe von Hyperimmunserum (Feliserin Plus/PRC®) und supportive Maßnahmen.

Hautsymptome bei Katzen mit **Retrovirus-Infektionen (FeLV, FIV)** (s. Kap. 2.2.1, 2.2.2) können unspezifische Folgen der Immundefizienz (bakterielle oder mykotische Sekundärinfektionen, Demodikose) sein. Es wird auch über eine Beteiligung bei der Entstehung der felinen plasmazellulären Pododermatitis spekuliert. Weiterhin besteht bei Retrovirus-Infektionen ein erhöhtes Tumorrisiko, v. a. für ein Fibrosarkom. Selten kommt es zu spezifischeren virusinduzierten kutanen Veränderungen. Bei der FeLV-Infektion kann es zu Dermatitis-Anzeichen (Exfoliationen, Krusten, Erosionen) in verschiedenen Körperregionen (u. a. Gesicht, Anogenitalregion, Gliedmaßen, Ballen) durch Ansammlungen von Riesenzellen in der Epidermis kommen. Auch können hörnchenartige Proliferationen der Keratinozyten an den Ballen und im Gesicht sowie Ohrspitzen- und Schwanznekrosen durch eine Immunkomplexvaskulitis entstehen. Bei FIV-Infektionen können nach der Virämiephase spontan abheilende Effloreszenzen mit Papeln, Pusteln und Krusten gefunden werden.

Extrem selten werden im Rahmen der **Felinen Infektiösen Peritonitis** durch Immunkomplexvaskulitis Erosionen und Ulzera an den Ohrmuscheln gesehen.

3.4.4 Pilzerkrankungen

Es werden oberflächliche Mykosen (Dermatophytose, *Malassezien*-Dermatitis und Candida-Dermatitis), d. h. Pilzinfektionen von keratinhaltigen Strukturen von Haut, Haar und Krallen, von seltenen tiefen Mykosen durch Saprophyten aus dem Erdreich (subkutane Mykosen, Sporotrichose) und Beteiligungen an Systemmykosen unterschieden (s. auch Kap. 2.3).

Unter den pathogenen Pilzen befinden sich Hefen und Schimmelpilze. Letztere entsprechen fadenförmigen, verzweigten, einheitlichen (Hyphen) oder durch Trennwände septierte Pilzzellen (Zygomyzeten). Auf Nährböden bilden Pilzfäden ein Geflecht, ein sogenanntes Myzel. Hefen sind einzellig und pflanzen sich durch Knospung fort, auf Nährböden bilden sie feuchte, ggf. glänzende Kolonien. *Candida albicans* ist ein Beispiel für einen dimorphen Pilz; die Spezies formt im Wirtstier längliche, aneinandergereihte Zellen als „Pseudohyphen" und nimmt in der Umwelt Schimmelpilzform an.

3.4.4.1 Dermatophytose

Definition: Infektion mit Pilzen, die das Keratin von Epidermis und Haaren befallen.

Epidemiologie: Bei der Katze sind Mykosen häufig, beim Hund seltener mit einer Prädisposition für den Yorkshire Terrier.

Ätiologie: Die ca. 40 Spezies der bei Mensch und Tier pathogenen Dermatophyten gehören zu den Gattungen *Microsporum*, *Trichophyton* und *Epidermophyton*. *Microsporum canis* ist für die Mehrzahl der Hautpilzinfektionen beim Hund und nahezu alle Dermatophytosen der Katze verantwortlich, die auch das wichtigste Reservoir des Erregers darstellt. Allerdings ist *M. canis* kein ständiger Bewohner der Katzenhaut, d. h. ein Nachweis in der Pilzkultur bedeutet, dass der Pilz entweder eine aktuelle Bedeutung als Erreger hat oder die Katze ein asymptomatischer Träger ist. Je nach Gegend und Länge des Haarkleids sind bis zu einem Drittel der Katzen positiv. Freigang und Kontakt zu anderen Katzen/Tieren erhöhen das Infektionsrisiko. Sehr selten lassen sich bei Katzen – nach Kontakt mit Nagern, Rindern und Pferden – Infektionen mit *Trichophyton* spp. nachweisen. Infektionen mit dem geophilen *Trichophyton mentagrophytes* kommen bei Hunden ebenfalls bevorzugt in ländlicher Umgebung vor. Rasseprädispositionen bestehen u. a. für den Yorkshire Terrier (*M. canis*) und Jack Russel Terrier (*Trichophyton* spp.).

Pathogenese: Die Übertragung von Sporen oder infizierten Haaren erfolgt durch direkten Kontakt oder über Vektoren (Kämme, Bürsten, Käfige, Decken). Die widerstandsfähigen Sporen bleiben bis zu 18 Monaten ansteckungsfähig und können v. a. bei der Katze durch Fellpflege entfernt werden. Eine Infektion setzt ein Eindringen in die Epidermis bzw. Haarfollikel voraus, was durch das Stratum corneum und die physiologische Hautflora verhindert wird. Kratzen (Juckreiz u. a. durch Parasitenbefall) begünstigt Pilzinfektionen durch Beschädigung der Hautbarriere und erhöht die Umgebungskontamination, weil dadurch viele infizierte Haare in die Umgebung gelangen.

Aus den Pilzsporen keimen Hyphen. Diese wachsen im Haarkeratin Richtung Haarbulbus. Pilze benötigen die Substrate Kohlenhydrate und Keratin, die sie bei Haaren in der anagenen Phase vorfinden, wo ein Gleichgewicht zwischen Keratinbildung (und damit Haarwachstum) und dem Pilzwachstum besteht. Keratin wird durch das Enzym Keratinase nutzbar gemacht, was an einer Auflockerung der Keratinschicht erkennbar ist. Die resultierende Verarmung an Haarkeratin führt zu Follikulitis und lokalisierter Alopezie. Mit dem Beginn der telogenen Phase ist die Infektion des entsprechenden Haarfollikels terminiert, sodass sich die alopezischen Läsionen bei konzentrischer Ausbreitung ringförmig darstellen.

Neben der Produktion von Immunglobulinen (IgM, IgG) ist die zelluläre Immunantwort des Wirtes entscheidend, um die Infektion eventuell komplett zu verhindern oder diese zu terminieren. Eine erhöhte Infektionsanfälligkeit besteht damit für Jungtiere mit noch nicht vollständig funktionierendem Immunsystem oder erworbenen Immunschwächen (Trächtigkeit, Laktation, Retrovirus-Infektionen, allgemeine Schwäche/auszehrende Erkrankungen, Stress). Neben der Immunsuppression können beim Hund v. a. unhygienische Lebensumstände oder infizierte Katzen im Haushalt zur Entstehung von Dermatophytosen führen. Von den Hautpilzen gebildete Toxine können Hautentzündungen bewirken.

Klinisches Bild: Insbesondere bei Katzen kann sich das klinische Bild sehr unterschiedlich darstellen einschließlich der Intensität des Juckreizes. Vor allem Perserkatzen bleiben bei positiver Pilzkultur oft **asymptomatisch**. **Lokale Alopezien** mit zentraler Schuppung und in der Peripherie abgebrochenen, leicht epilierbaren Haaren ohne kutane entzündliche Läsionen zeigen sich u. a. bei Katzenwelpen an Körperteilen, die beim Säugen intensiven Kontakt mit der Mutter haben (Gesicht, Ohren, Pfoten). Durch Konfluieren von ringförmigen, sich konzentrisch ausdehnenden Läsionen mit zentraler Abheilung (ggf.

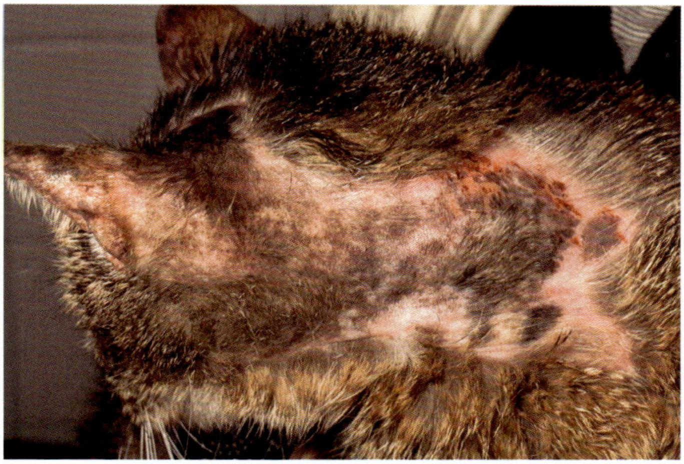

Abb. 3.14 Dermatophytose bei einer 8 Jahre alten Europäisch Kurzhaar Katze: recht scharf begrenzte alopezische Region mit Haarbruch im Randbereich.

beginnendes Haarwachstum) (Abb. 3.14) können ausgedehnte landkartenartige Muster entstehen. Dermatophytose-assoziiert können auch **lokalisiert Krusten und Schuppen** infolge Traumata bei einer zu aggressiven Fellpflege auftreten. Diese Form kann mit Pruritus assoziiert sein und stellt eine Differenzialdiagnose zur miliaren Dermatitis dar. Eine **generalisierte, diffuse Alopezie**, ggf. assoziiert mit Schuppen, Entzündung, Krusten und Juckreiz, betrifft neben immungeschwächten Tieren auch verstärkt Perserkatzen.

Das **Pseudomyzetom** ist durch exsudate knotige Läsionen v. a. am Rumpf und an der Schwanzbasis gekennzeichnet. Es entspricht einer granulomatösen Entzündung der tiefen Gewebe und tritt v. a. bei der Perserkatze und als Rarität beim Hund auf, teilweise kombiniert mit der generalisierten Form. Eine weitere Sonderform ist das **Kerion,** einzelne oder multiple, haarlose Knötchen mit kleinen Fistelgängen (blutig-eitriges Exsudat) durch Sekundärinfektionen mit Furunkulose. Diese Form manifestiert sich v. a. bei jungen Hunden an Kopf oder Pfoten. Infektionen mit ***Trichophyton mentagrophytes*** beim Hund äußern sich als stark juckende, langsam ausbreitende Alopezie, Abschilferungen und Krusten v. a. im Gesicht und an den Gliedmaßen (verstärkte Exposition zum Erdreich).

Seltene **Infektionen von Krallenbett und Krallenhorn (Onychomykose)** gehen meistens auf geophile Pilzarten zurück (*T. gypseum*, *T. mentagrophytes*) und zeigen sich anhand von Missbildungen der Krallen und Exsudatbildung im Krallenfalz infolge Sekundärinfektionen.

Diagnostik, Diagnose: Verdächtige Läsionen sind stets abzuklären. Hierzu stehen verschiedene Verfahren zur Verfügung:

- Wood-Lampe (insensitiv und ggf. falsch positive Befunde; s. Kap. 3.3.5.8)
- Zytologische Untersuchung (insensitiv, nur positiv aussagekräftig; s. Kap. 3.3.5.5, 3.3.6.2)
- Trichogramm (s. Kap. 3.3.5.6), ggf. Untersuchung mit Fluoreszenzmikroskop
- Pilzkultur, PCR (sensitive Verfahren; s. Kap. 3.3.6.2)
- Biopsie (belegt ätiologischen Zusammenhang zur Läsion, s. Kap. 3.3.6.2)

Differenzialdiagnose: Bezüglich Alopezie und Follikulitis sind beim Hund v. a. bakterielle Follikulitis und Demodikose zu bedenken. Die Form mit lokalen Krusten und Schuppen kann mit dem Symptombild der miliaren Dermatitis verwechselt werden (s. Kap. 3.4.7.7). Bei der generalisierten Form ist an hormonelle Imbalanzen und oberflächliche Pyodermien zu denken. Differenzialdiagnosen zum Kerion sind andere granulomatöse Läsionen (u. a. Fremdkörper), Leckdermatitis und kutanes Histiozytom, ggf. auch andere Neoplasien. Gesichtsformen (*T. mentagrophytes*) können eventuell mit einem Pemphigus foliaceus verwechselt werden. Bei Juckreiz kommen zudem allergische Erkrankungen in Betracht. Bei der Onychodystrophie sind differenzialdiagnostisch bakterielle Infektionen des Krallenbettes, dystrophische Krallenerkrankungen und die lupoide Onychodystrophie zu bedenken.

Therapie, Prognose: Dermatophytosen sind bei intaktem Immunsystem selbstlimitierend und heilen spontan. Bei Nachweis von Dermatophyten wie *M. canis*, die nicht zur normalen Hautflora von Katzen gehören, sollte wegen des Infektionsrisikos für andere Tiere und des Zoonoserisikos behandelt werden. Zwei Drittel der in Haushalten mit Tieren mit Dermatophytose lebenden Personen infizieren sich, was insbesondere bei Kindern und immungeschwächten Personen gefährliche Konsequenzen haben kann.

Es sollte stets eine lokale Therapie mit einer systemischen Therapie kombiniert werden. Letztere ist auch bei lokalisierten Veränderungen ratsam, da auch in den übrigen Bereichen Pilze nachweisbar sind und eine systemische Therapie die Heilung deutlich beschleunigt. Die lokale Behandlung ist wichtig, um Hyphen und Sporen aus dem Haarkleid zu entfernen, die von der systemischen Therapie nicht erfasst werden, sodass das Risiko einer Kontamination und Infektion reduziert und die Therapiedauer verkürzt werden. Bei der Behandlung des Pseudomyzetoms bei Katzen ist i. d. R. zusätzlich eine chirurgische Entfernung angezeigt, da die dicke Granulomkapsel die Effektivität einer medikamentösen Therapie reduziert. Trotzdem kann eine präoperative systemische Behandlung (v. a. mit Itraconazol) zur Verkleinerung des Granuloms versucht werden, in jedem Fall empfiehlt sich eine mehrwöchige Nachbehandlung.

Als Basis für eine erfolgreiche **topische Therapie** müssen zunächst die **Haare geschoren** werden, bei lokalen Veränderungen ggf. lokal mit einigen Zentimetern Sicherheitsabstand. Bei ausgedehnten Läsionen muss insbesondere bei langhaarigen Tieren eine vorsichtige Ganzkörperschur erfolgen (Cave: Verletzungen als Entrittspforten vermeiden!). In etwa monatlichem Abstand ist eine Nachschur empfehlenswert.

Für die **lokale Behandlung** werden Shampoos, Schäume oder Lotionen mit Chlorhexidin oder Imidazolen (Miconazol, Econazol, Enilconazol) 2 × wöchentlich bis zur Heilung und negativer Pilzkultur angewandt. Präparate, die nicht ausgewaschen werden, sind effektiver, hierbei müssen die Patienten zum Leckschutz einen Halskragen tragen. Chlorhexidin (0,5–2 %ig) muss i. d. R. länger angewandt werden als Enilconazol, bis ein negativer Pilznachweis erzielt wird, ist aber sicherer für die Katze. Antimykotische Salben und Cremes können v. a. bei lokalisierten Formen angewandt werden und bei Saugwelpen, bei denen noch keine systemische Therapie durchgeführt werden darf; sie sollten aber ebenfalls nicht abgeleckt werden.

Die **systemische Behandlung** erfolgt grundsätzlich für mindestens 6 Wochen. Wirkstoff der Wahl ist meistens Itraconazol (Itrafungol®, für die Katze zugelassen). Es ist potenter als Ketoconazol und besitzt weniger Nebenwirkungen (v. a. gastrointestinale Beschwerden, plasmakonzentrationabhängiger ALT-Anstieg, ggf. Knochenmarksuppression bei Rassekatzen), darf aber nicht bei tragenden oder laktierenden Katzen eingesetzt werden. Die Lösung wird am besten mit dem Futter in einer Dosierung von 5 mg/kg KM, (1–)2 × tägl. p. o. über jeweils eine Woche gegeben, dann eine Woche ausgesetzt, gefolgt von einer Behandlungswoche bis zur Erlangung einer negativen Kultur (bei vorherigem Absetzen einer begleitenden topischen Therapie). Bei mangelndem Therapieerfolg trotz ggf. Verlängerung der systemischen Therapie ist die Umgebungsbehandlung (s. u.) kritisch zu hinterfragen und eventuell auf ein alternatives Therapeutikum umzustellen. Hierzu gehören: Griseofulvin (25 mg/kg KM, 2 × tägl. p. o., nicht in den ersten zwei Trächtigkeitsdritteln und nicht bei Saugwelpen), Ketoconazol (5–10 mg/kg KM, 2 × tägl. p. o.; nicht bei tragenden und laktierenden Hündinnen oder bei Saugwelpen), Terbinafin (Katze: 30–40 mg/kg KM, 1 × jeden 2. Tag oder tägl. jede 2. Woche; besonders bei Onychomykosen) und Lufenuron.

Um auch eine wirksame **Umgebungsbehandlung** zu gewährleisten, muss der Lebensbereich des Patienten und die Anzahl an Kontaktpersonen während der Therapie eingeschränkt werden. Zur Entfernung der resistenten Sporen, aber auch Hyphen aus dessen Umgebung sind abwaschbare Oberflächen 1–2 × wöchentlich mit 2–4 %igem Chlorhexidin oder mit Bleichlauge (Verdünnung 1 : 10 mit Wasser) zu desinfizieren. Teppiche (sofern nicht entsorgt) werden mit einem Dampfreiniger bei 100 °C unter Zusatz der o. a. Desinfektionsmittel gereinigt. Gerätschaften und Zubehörteile wie Transportbehälter können durch ein 10-minütiges Bad in verdünnter Bleichlaugenlösung dekontaminiert werden, bei empfindlichen Oberflächen ggf. auch in Chlorhexidin-Lösung oder verdünntem Enilconazol. Gegenstände, die sich nicht sicher dekontaminieren lassen (Bürsten, Kämme, Körbchen), müssen beseitigt werden. Räume werden zunächst durch Staubsaugen gereinigt und die Staubsaugerbeutel schadlos beseitigt (z. B. Eintauchen in Desinfektionsmittel, ggf. verbrennen). Käfige müssen täglich gereinigt werden. Auch Transportkäfige und -fahrzeuge dürfen bei der Reinigung nicht vergessen werden ebenso wie Klimaanlagen (Spezialfirma, regelmäßiger Austausch der Filter).

Bei einer **Bestandssanierung** (Zucht, Tierheim) ist es wichtig, dass hier eine Quarantäne durchlaufen wird (keine neuen Tiere oder Deckkater zur Zucht, keine Tiere zu Ausstellungen etc.). Alle Tiere müssen einer Pilzkulturuntersuchung unterzogen werden, die positiven Tiere isoliert und auch die negativen Tiere regelmäßig (ca. alle 2 Wochen) erneut untersucht und ggf. ebenfalls isoliert und behandelt werden. Alle positiven Tiere (Kranke und asymptomatische Träger!) müssen geschoren (auch regelmäßig nachgeschoren) werden und das geschorene Fell sicher entsorgt (verbrannt, desinfiziert) werden. Alle diese Tiere werden systemisch (Ausnahme: tragende, laktierende Katzen und Welpen bis 12 Wochen) 2 × wöchtl. lokal behandelt (s. o.) für zunächst 4 Wochen und bei positivem Kontrolluntersuchungsbefund für weitere 4 Wochen. Die Sanierung ist abgeschlossen, wenn bei allen Tieren zwei negative Tests im Abstand von 2 Wochen vorliegen. Wesentliche Relevanz besitzt auch die Reinigung von Räumen und Geräten (s. o. „Umgebungsbehandlung“).

3.4.4.2 Malassezien-Dermatitis

Epidemiologie: Kommt bei adulten Hunden jeden Alters und Geschlechts vor mit Rasseprädisposition v. a. für West Highland White Terrier, Cocker Spaniel, Pudel, Basset Hound, Shih Tzu, Pekinese, Labrador, Deutscher Schäferhund und Jack Russel Terrier. Bei der Katze besteht eine deutliche Prädisposition für Rassen mit angeborenen Fellanomalien (Sphynx Katzen, Devon Rex Katzen).

Ätiologie, Pathogenese: Unter den verschiedenen Spezies der Gattung *Malassezia* kommt in erster Linie *Malassezia pachydermatis* Relevanz zu. Hierbei handelt es sich um eine rein zoophile Spezies, die sich im Gehörgang und auf der Haut (Analbeutel, Vulva, Maul, Pfoten) zahlreicher Tierspezies als Kommensale findet, der der Infektion mit pathogenen Pilzen entgegenwirkt. *Malassezia*-Hefen besitzen überwiegend eine ellipsenförmige, selten sphärische Gestalt (Dicke bis ca. 7 μm). Die Vermehrung durch Knospung reflektiert sich in zytologischen Präparaten in Erdnuss- oder Schuhsohlen-ähnlichen Formen.

Physiologischerweise wird die *Malassezia*-Population durch verschiedene Mechanismen wie Abschilferung der obersten Hornschichten, fungistatischen Effekt des Lipidfilms und IgA kontrolliert. Bei Störungen des Ökosystems Haut kann es jedoch zur unkontrollierten Vermehrung mit pathologischer Konsequenz führen, was besonders oft im äußeren Gehörgang vorkommt. Diese Prädispositionen können angeboren (Hautfalten mit Stau von Feuchtigkeit und Talg, primäre idiopathische Seborrhö, Rasseprädisposition, hereditäre Immundefekte) oder erworben sein. Letztere schließen ein: Allergien, die mit einer gesteigerten Adhäsionsfähigkeit der Erreger an Korneozyten verbunden sind, erworbene Immunschwächen (hormonelle Imbalanzen, immunsuppressive Therapie, FIV-, FeLV- und Herpesvirusinfektion der Katze, besonders Devon Rex und Sphynx Katzen).

Bei den durch hochgradigen *Malassezia*-Befall ausgelösten Hautentzündungen kommt zwei von den Hefen gebildeten Enzymen Bedeutung zu: Lipase (Störung des Lipidfilms) und Zymogen (aktiviert das Komplementsystem). Regelmäßig kommen kombiniert bakterielle Follikulitiden durch *Staphylococcus pseudintermedius* vor.

Klinisches Bild: Eine *Malassezien*-Dermatitis äußert sich am häufigsten in Form einer beidseitigen, erythematösen, zeruminösen Otitis externa. Sie kann sich auch als stark juckende Dermatitis äußern mit Erythem, Seborrhö, Krusten, Hyperkeratose und Hyperpigmentierung, bei fortgeschrittenem Verlauf zudem in Alopezie und Lichenifikation. Gewöhnlich besteht ein typischer muffiger, „hefiger" Geruch. Die Veränderungen sind im Frühjahr und Sommer besonders ausgeprägt, beginnend am Abdomen mit Ausbreitungstendenz zu Leiste, Achseln und Hals. Mitunter treten eine erythematöse Pododermatitis auf, wobei die Braunfärbung der Krallenbasis auf eine Krallenbettbeteiligung deutet, oder Entzündungen im Bereich der Unterlippe.

Auch bei der Katze zeigen sich hochgradiger Juckreiz, Alopezie und trockene bzw. fettige Seborrhö, ggf. auch Paronychia und eine Otitis ceruminosa und als Besonderheit ein generalisiertes Erythem mit Abschuppungen (Erythroderma exfoliativum).

Diagnostik, Diagnose: Die am besten geeignete Methode ist der Nachweis eines erhöhten Befalls mit *Malassezia*-Hefen in zytologischen Präparaten der Haut (Normalbefund im Gesichtsfeld bei 400-facher Vergrößerung: bis 2 Hefen bei Hautabklatschpräparaten, bis 10 Hefen bei Ohrsekretproben). Wegen des saprophytischen Charakters ist der kulturelle Nachweis (z. B. Direktabklatsch auf Sabouraud-Dextrose-Agar oder von Schuppenmaterial) nur sehr limitiert geeignet, allenfalls ist eine hohe Koloniezahl als Hinweis auf eine klinische Relevanz zu werten. Gänzlich ungeeignet ist die histopathologische Untersuchung.

Differenzialdiagnose: Zu ähnlichen Befundmustern (Juckreiz, Erythem, Seborrhö, Lichenifikation, Hyperpigmentation) führen Allergien (sind ihrerseits auch Auslöser für eine *Malassezien*-Dermatitis), Pyodermien und Keratinisierungsstörungen.

Therapie: Als Sekundärinfektion müssen, sofern möglich, die Auswirkungen prädisponierender Faktoren reduziert und das physiologische Gleichgewicht des Ökosystems Haut wiederhergestellt werden.

Nur bei akuten, lokalisierten Veränderungen reicht eine topische Anwendung Imidazol-haltiger Präparate. In ausgeprägten hochgradigen Fällen sind Imidazole (Itraconazol 5 mg/kg KM, 1 × tägl. p. o. oder Ketokonazol über ca. 3 Wochen bzw. eine Woche nach Abheilung) mit einer Shampoo-Behandlung (z. B. Dichlorfen, Chlorhexidin, 2 × wöchtl.; s. Kap. 3.4.4.1) zu kombinieren. Bei rezidivierender Erkrankung empfiehlt sich eine zyklische Anwendung entsprechender Shampoos gefolgt von Enilconazol-Waschungen.

3.4.4.3 Candida-Dermatitis

Epidemiologie: Beim Hund seltene, bei der Katze sehr seltene Erkrankung.

Ätiologie, Pathogenese: *Candida* spp. sind Bestandteil der physiologischen Flora von Verdauungsapparat, oberen Atemwegen und Schleimhäuten des Genitaltraktes. Bei Störungen der Mikroflora (u. a. lange Antibiotikatherapie), immunsuppressiver Therapie oder Verletzungen der Hautoberfläche können sich Candida-Hefen vermehren und zu opportunistischen Erregern werden. Ideale Bedingungen liegen hierfür in feuchten Hautgegenden vor (Hautfaltenzwischenräume, mukokutane Übergänge, Gehörgänge, Zwischenzehenbereich). Nach Penetration in das Stratum corneum hängt es von der Potenz der Abwehrmechanismen (v. a. zellvermittelte Immunität, Neutrophile) ab, ob sich eine Krankheit entwickelt.

Klinisches Bild (Symptome): Die juckenden Papeln und Pusteln bis hin zu erythematösen und exsudativen Plaques in Gehörgängen, Hautfalten, Zwischenzehenbereichen und Krallenbetten, die an mukokutanen Übergängen ggf. ulzerieren, können von einem unangenehmen, hefigen Geruch begleitet werden. Bei der Katze finden sich Erytheme, Erosionen, Ulzera und Exsudat v. a. an Reibungsflächen einschließlich der Zwischenzehenbereiche.

Diagnose: In zytologischen Abklatschpräparaten können Candida-Hefen (Knospen mit enger Basis der Mutterzelle aufsitzend, ggf. Pseudohyphen) zwischen Entzündungszellen nachgewiesen werden. Candida-Hefen können auf Sabouraud-Dextrose-Agar bei 25–30 °C angezüchtet werden.

Differenzialdiagnose: Diese schließt pyotraumatische Dermatitis, Intertrigo und Pyodermie, bei Involvierung der mukokutanen Übergänge auch Autoimmunerkrankungen und mukokutane Pyodermie ein.

Therapie: Prädisponierende Faktoren sollten nach Möglichkeit beseitigt oder zumindest in ihrer Wirkung reduziert werden. Lokalisierte Formen können topisch (3 ×tägl.) mit Imidazol-Präparaten (Enilconazol, Miconazol, Clotrimazol) oder Nystatin behandelt werden. Ausgedehnte Läsionen und solche an Schleimhäuten und mukokutanen Übergängen sollten oral mit Itraconazol (oder Ketoconazol) behandelt werden (Dosierungen s. Kap. 3.4.4.1).

3.4.4.4 Subkutane Mykosen (mykotisches Myzetom)

Definition: Myzetom beschreibt eine subkutane Granulombildung infolge Pilzen oder Bakterien der Gattungen *Actinomyces* und *Nocardia* (s. Kap. 3.4.2.2.3; Pseudomyzetom, s. Kap. 3.4.2.2.1).

Epidemiologie, Ätiologie: In Mitteleuropa ist das Myzetom eine seltenere Form von Pilzinfektionen der Haut. Es werden verschiedene Pilzspezies (u. a. *Curvularia, Madurella, Pseudoallescheria boydii*) isoliert. Etwas häufiger ist bei Hund und Katze die **Phäohyphomykose** durch saprophytäre Pilze (z. B. *Alternaria, Cladorium, Bipoloris*).

Pathogenese: Die im Erdreich vorhandenen Erreger dringen über tiefe und offene Verletzungen ein, bei der Phäohyphomykose oft an den distalen Extremitäten.

Klinisches Bild: Es kommt zu Granulombildungen mit Fistelungen und Entleerung hämorrhagisch-eitrigen Exsudats, beim Myzetom zudem von den Pilzen gebildeten dunklen bzw. schwarzen oder schmutzig-weißen Körnchen. Nur extrem selten sind tiefere Gewebe wie Knochen betroffen.

Diagnostik: Im Hinblick auf die Prognose sollte bei Katzen eine FIV- und FeLV-Testung erfolgen.

Diagnose: Gegebenenfalls gelingt in Feinnadelaspiraten oder Abklatschpräparaten (Ulzeration, ggf. Sekret) neben einer pyogranulomatösen Entzündung der Nachweis von Pilzstrukturen wie Hyphen. Diese werden durch eine PAS-Färbung akzentuiert, während sie sich in Routinefärbungen oft nur undeutlich darstellen. Bei Verdacht empfiehlt sich daher bei negativem Befund eine Pilzkultur.

Differenzialdiagnose: Sie umfasst Granulome anderer Genese (steril, bakteriell, Fremdkörper) und Neoplasien.

Therapie, Prognose: Einzelne Läsionen sollten chirurgisch entfernt werden, wobei Rezidive häufig sind. Eine systemische antimykotische Behandlung empfiehlt sich daher nicht nur bei inoperablen oder disseminierten Veränderungen, sondern auch zur Vor- und Nachbehandlung einer Operation. Hierzu wird Itraconazol (5 mg/kg KM, 2 × tägl. p. o.) eingesetzt, ggf. bei der Katze in Kombination mit Flucytosin (50–60 mg/kg KM, 3 × tägl. p. o.). Die Wirkung ist individuell unterschiedlich, teilweise nur passager und die Prognose daher vorsichtig. Es wird empfohlen, 3 Monate über den Zeitpunkt einer möglichen Remission hinaus zu behandeln.

3.4.4.5 Sporotrichose

Diese seltene tiefe Mykose mit eventueller systemischer Komplikation durch den Pilz *Sporothrix schenckii* ist eine Zoonose, die selten bei der Katze (v. a. bei immungeschwächten Patienten) und als Rarität beim Hund auftritt. Am häufigsten findet sich die **kutane Form** mit multiplen, oft ulzerierten Plaques, Knötchen, Abszessen und Phlegmonen. Beginnend in der Nähe der Eintrittspforten von Fremdkörpern oder Verletzungen kommt es durch das Pflegeverhalten der Katze zum Eindringen des Erregers an anderen Stellen und Ausbreitung der Läsionen. Seltener besteht eine **kutan-lymphatische Form** mit Primärläsionen an einem distalen Extremitätenende. Von dort kommt es zur Ausdehnung entlang der Lymphbahnen und Bildung von ulzerierten Knötchen mit rotbräunlicher Exsudation; dazu besteht eine regionale Lymphadenopathie. Extrem selten ist die **disseminierte Form** mit gestörtem Allgemeinbefinden (Lethargie, Fieber) (zur Diagnose und Therapie: s. Kap. 2.3.3.2).

3.4.4.6 Systemmykosen (Kryptokokkose)

Hier handelt es sich um Pilzinfektionen innerer Organe, die über eine hämatogene Streuung die Haut infizieren. In unseren Breiten besitzt v. a. die Kryptokokkose Bedeutung. Bei etwa 20 % der betroffenen Hunde sind Hautveränderungen in Form von Knötchen und Ulzera, v. a. im Bereich von Nase, Lippe und Krallenbett, beschrieben worden. Auch bei vielen Katzen, bei denen v. a. der Respirationstrakt einschließlich der Nase betroffen ist, finden sich Knötchen und Fisteln im Gesicht, aber auch am Rumpf und den Pfoten (zur Ätiologie, Klinik, Diagnose und Therapie: s. Kap. 2.3.1).

3.4.5 Protozoen bedingte Hauterkrankungen

3.4.5.1 Leishmaniose

An eine Leishmaniose muss bei Auftreten folgender **kutaner Symptome** gedacht werden: Am häufigsten (60 % der kutanen Symptome) zeigen sich – als Zeichen der dermalen Entzündungszellinfiltration v. a. mit Parasiten-enthaltenden Makrophagen – symmetrische Alopezie und silbrige Schuppen typischerweise beginnend an den Ohren und im Gesicht mit Ausbreitungstendenz über den Körper. Weniger häufig können Ulzerationen besonders an den mukokutanen Übergängen und Extremitäten beobachtet werden, als Folge einer nekrotisierenden Vaskulitis mit Immunkomplexablagerungen. Selten zeigen sich Papeln und Knoten variabler Größe. Gelegentlich finden sich am Rumpf sterile Pusteln, eventuell als Ausdruck eines begleitenden Pemphigus foliaceus. Weiterhin können Hyperkeratose von Nasenspiegel und Ballen, Nagelbettentzündungen, Verformungen der Krallen und Depigmentierung von Nasenspiegel und Mundhöhlenschleimhaut vorliegen. Als Ausdruck der beim Hund typischerweise viszerokutanen Erkrankung sind neben den Hautsymptomen i. d. R. Anzeichen sonstiger Erkrankungen (Epistaxis, Lymphadenopathie) und Allgemeinsymptome (Schwäche, Gewichtsverlust) anzutreffen.

Entsprechend der Vielzahl möglicher Veränderungen ist die **Differenzialdiagnose** vielschichtig: Bezüglich Haarverlust und Schuppenbildung sind u. a. Demodikose, Keratinisierungsstörungen, Sebadenitis, epitheliotropes Lymphom und Pyodermie zu bedenken. Ulzerationen können ggf. auch durch Lupus erythematodes, Vaskulitis, tiefe Mykosen und Neoplasien entstehen. Bei Knoten sind v. a. Hauttumoren und sterile Granulome zu berücksichtigen. Bei Pusteln sind v. a. Pyodermien und Pemphigus foliaceus zu bedenken. Die Kombination der Symptome Augenläsionen mit Erosionen und Depigmentierung der Haut tritt auch beim uveodermatologischen Syndrom auf.

Auf Pathogenese, sonstige Symptome, Diagnose und Therapie wird ausführlich in Kap. 2.4.1.1 eingegangen.

3.4.5.2 Sonstige

Bei Katzen kann es selten im Rahmen einer **Toxoplasmose** (s. Kap. 2.4.1.1) zu nodulären, teils ulzerierten Hautläsionen kommen, in denen sich im zytologischen Präparat typische spindelförmige Protozoen nachweisen lassen.

Bei Hunden mit **Babesia-canis-Infektion** (s. Kap. 2.4.1.1) können Hautsymptome einerseits in Form von Blutungen (Petechien, Ekchymosen, flächige Blutungen) durch Thrombozytopenie, DIC und Vaskulitis auftreten. Vaskulitis und Gefäßwandnekrosen können zudem zu Ödemen, Ulzera und Hautnekrosen führen. Besonders betroffen sind Gliedmaßen, Ohrmuscheln, Achseln, Leisten und Skrotum.

3.4.6 Parasitär bedingte Hauterkrankungen

3.4.6.1 Demodikose

Ätiologie, Pathogenese, Symptome, Diagnose und Therapie der lokalisierten und generalisierten Demodikose des Hundes, ausgelöst durch *Demodex canis*, *D. injai* und *D. cornei* und der durch *D. cati* oder *D. gatoi* ausgelösten Demodikose der Katze werden in Kap. 2.4.1.5 abgehandelt.

Die beim **Hund** durch *D. canis* ausgelöste Follikulitis äußert sich als fokale oder multifokale Alopezie, schiefergraue Hyperpigmentation der Haut, Komedonen, ggf. deutliche Rötung der Epidermis, später (hochgradiger Milbenbefall und bakterielle Sekundärinfektion) in Papeln, Pusteln, Schuppen und Krusten. Bei Ruptur von Follikelwänden entsteht eine Furunkulose (Knoten, hämorrhagische Bullae, Fisteln mit blutig-eitrigem Sekret). In chronischen Fällen treten Lichenifikation, Plaques, Granulome und Fibrosierungen der Haut hinzu. Bei der Pododemodikose bestehen zudem Gliedmaßenödeme und Lymphadenopathie. Selten entsteht eine Otitis externa. Junge Hunde zeigen die Symptome v. a. am Kopf (um Augen, Lippen, an Stirn und Kinn) und an den Vordergliedmaßen. Die generalisierte Form beim immungeschwächten erwachsenen Hund betrifft auch Rumpf, Hinterextremitäten und den Kruppenbereich. Die die Talgdrüsen bewohnende *D. injai* löst multifokale seborrhoische Areale, insbesondere am Rücken, aus.

Bei der **Katze** zeigt sich die durch *D. cati* ausgelöste Demodikose i. d. R. anhand von Rötung, Haarausfall, Schuppen, Papeln, Pusteln und ggf. Komedonen (ohne wesentliche Entzündung), aber zumeist ohne Juckreiz. Die Veränderungen bestehen meist lokal v. a. im Gesicht, am Hals und an den Vordergliedmaßen, bisweilen besteht eine Otitis externa. Bei adulten Tieren kommt eine generalisierte Ausbreitung nur assoziiert zu anderen, das Immunsystem schwächenden Systemerkrankungen vor (z. B. FIV-/FeLV-Infektion, Diabetes mellitus). *D. gatoi* führt v. a. zu Juckreiz und stellt damit eine Differenzialdiagnose bei erhöhter Putzaktivität mit Haarausfall dar.

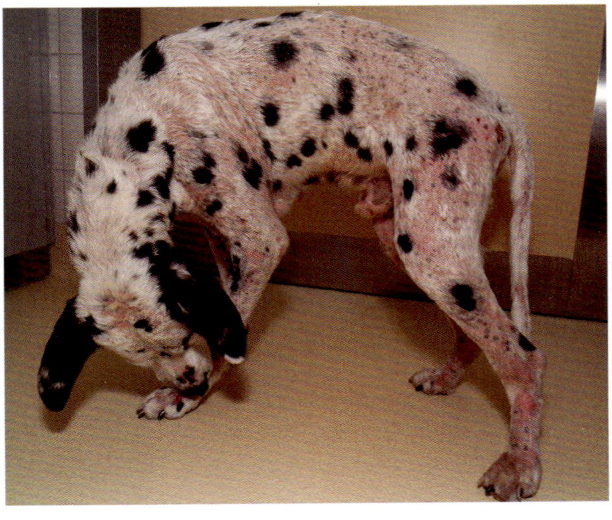

Abb. 3.15 Hochgradiger Juckreiz (selbst in der Tierklinik!) und umfangreiche Läsionen durch Selbsttrauma bei einem 8 Jahre alten Dalmatiner-Rüden mit Sarcoptes-Räude.

3.4.6.2 Sarcoptes-Räude

Eine durch *Sarcoptes scabiei* var. *canis* (Grabmilbe) ausgelöste Räude muss stets bei Hunden mit hochgradigem Juckreiz abgeklärt und ggf. behandelt werden (Abb. 3.15) (s. Kap. 2.4.1.5), da eine immunmodulierende Therapie für die differenzialdiagnostisch zu bedenkenden Allergien zur Verschlimmerung der Erkrankung führt. Anfänglich fallen ggf. kleine Papeln und Pusteln am Ohrrand, periokulär, an ventralen Körperregionen und an Knochenvorsprüngen (z. B. Ellbogen) auf. Die Haut an Ohrrändern und Ellbogen wird schuppig und schließlich bilden sich Krusten. Sekundäreffloreszenzen wie Exkoriationen und Ulzera entstehen durch Selbsttrauma und werden sekundär infiziert.

3.4.6.3 Notoedres-Räude

Regional gehäuft, v. a. in Kolonien freilebender Katzen, finden sich von der kontagiösen *Notoedres-cati*-Milbe, die der *Sarcoptes*-Milbe ähnelt, ausgelöste Veränderungen. Eine Notoedresräude ist differenzialdiagnostisch bei Katzen zu berücksichtigen, die gerötete Papeln und Juckreiz beginnend am Kopf einschließlich der Ohrmuscheln zeigen, welche sich später über den ganzen Körper ausbreiten und durch Selbsttrauma bedingte Sekundärläsionen und Sekundärinfektionen kompliziert werden (s. Kap. 2.4.1.5). Schließlich kommt es zur Hyperkeratose und dicken Krusten, die v. a. am Ohrrand typisch für die Erkrankung sind.

3.4.6.4 Otodectes-Ohrräude

Ein Befall mit den sehr ansteckenden Ohrmilben (*Otodectes cynotis*) muss bei Hunden und Katzen, v. a. Welpen, mit stark juckender Otitis externa mit typischerweise braun-schwarzem Cerumen abgeklärt werden (Pathogenese, Diagnose, Therapie und Prophylaxe s. Kap. 2.4.1.5).

3.4.6.5 Cheyletiellose

Der Verdacht auf einen Befall mit Raubmilben (*Cheyletie1lla* spp.) kommt bei Tieren auf, die kleine, trockene Schuppen, ggf. ein Erythem und – durch den variablen Juckreiz – mögliche Selbsttrauma-assoziierte Sekundärläsionen auf dem Rücken, am Bauch und an den Hintergliedmaßen aufweisen (Pathogenese, Diagnose, Therapie und Prophylaxe s. Kap. 2.4.1.5).

3.4.6.6 Trombikulose

Durch Herbstgrasmilben *(Neotrombicula autumnalis)* ausgelöste Veränderungen (Exkoriationen und Alopezie im Zwischenzehenbereich, am Kopf und an den Ohrmuscheln) sind v. a. Folge von Selbsttrauma und Juckreiz. Teilweise erkennt man die Kolonien als orangefarbene Punkte (s. Kap. 2.4.1.5).

3.4.6.7 Flohbefall

Bezüglich Ätiologie, Pathogenese, klinischem Bild, Diagnose und Therapie eines Flohbefalls sei auf die Kap. 2.4.1.5 und 3.4.7.3 verwiesen.

3.4.6.8 Befall mit Läusen oder Haarlingen (Pedikulose)

Ein stärkerer Befall mit Läusen (*Linognathus setosus*) beim Hund oder Haarlingen (Hund: *Trichodectes canis*; Katze: *Felicola subrostratus*), die mit bloßem Auge an Kopf und Rumpf nachweisbar sind, erzeugt kutane Läsionen durch Selbsttrauma (juckende Bissstellen der Läuse, Irritationen durch Bewegung bei Haarlingen); in chronischen Fällen bestehen Papeln und Schuppen und eine schlechte Fellqualität (s. Kap. 2.4.1.5).

3.4.6.9 Zeckenbefall

An der Bisstelle des Holzbocks *(Ixodes ricinus)* oder anderer Zecken kommt es i. d. R. zur Bildung einer Papel oder eines Knötchens durch eine granulomatöse Reaktion; diese können über Wochen nachweisbar sein. Relevanz besitzt auch die dadurch mögliche Übertragung von Zecken-assoziierten Erkrankungen (s. Kap. 2.4.1.5).

3.4.6.10 Myiasis

Der makroskopisch gut erkennbare Befall mit Larven verschiedener Schmeißfliegenarten nach Eiablage auf sezernierende Wunden führt durch Freisetzung proteolytischer Substanzen und Eindringen in das Gewebe zu Fisteln, Eiterbildung, Ulzerationen und Nekrosen sowie gestörtem Allgemeinbefinden des Patienten (s. Kap. 2.4.1.5).

3.4.7 Allergische Hauterkrankungen

3.4.7.1 Atopische Dermatitis

Definition: Es handelt sich um eine erbliche, primär an der Haut manifestierte, chronische und komplexe Hypersensibilitätsreaktion auf Umgebungsallergene, mit Defekt der kutanen Barriere und meist hohen IgE-Antikörperspiegeln. Sie ist beim Hund sehr gut, bei der Katze dagegen weniger exakt definiert.

Epidemiologie: Sehr häufige Erkrankung des Hundes (10–20 % der Gesamtpopulation), die ohne Geschlechtsprädisposition meist im Alter von 6 Monaten bis 3 Jahren mit einem Peak von 1–2 Jahren auftritt. Sehr selten zeigen sich die ersten Symptome erst im höheren Alter, wobei ggf. der Kontakt mit dem Allergen erst sehr spät stattfindet. Die Erkrankung ist gehäuft bei Hunden, die viel im Haus und/oder in der Stadt leben.

Ätiologie: Es besteht eine genetisch fixierte Veranlagung zur IgE-Bildung auf Umgebungsallergene mit Bindung an Hautmastzellen. Durch die erbliche Komponente sind eher Rassehunde mit engem Genpool bzw. enger Verwandtschaftsbeziehung betroffen. Zu den prädisponierten Rassen gehören u. a. Deutscher Schäferhund, Pit Bull Terrier, American Staffordshire Terrier, West Highland White Terrier, Yorkshire Terrier, Labrador Retriever, Golden Retriever, Dalmatiner, Boxer, französische und englische Bulldogge, Shar-Pei und Shih Tzu. Allerdings sind die prädisponierten Rassen abhängig vom lokalen Genpool, d. h. Untersuchungsort bzw. -region. Zum Beispiel wird die in Europa und Australien bestehende Prädisposition beim Deutschen Schäferhund nicht in den USA beobachtet. Eine Rasseprädisposition ist bei der Katze nicht bekannt.

Ursächliche Allergene sind bei Hund und Katze neben Flohallergenen häufig Hausstaub, Hausstaubmilben und Vorratsmilben, seltener sind Pilzsporen, Unkraut-, Gräser- und Baumpollen sowie Epithelzellen verschiedener Spezies verantwortlich.

Pathogenese: Für längere Zeit wurde als Pathogenese eine allergische Reaktion vom Soforttyp I (Frühtyp) angenommen, jedoch besitzen etwa 10 % der atopischen Hunde niedrige IgE-Spiegel. Aktuell wird eine multifaktorielle Pathogenese zugrunde gelegt, wobei neben allergischen Reaktionen vom Typ I und IV auch andere Faktoren Berücksichtigung finden (gestörte Hautbarriere, genetische Prädisposition, Umwelteinflüsse, Mikroorganismen).

Die **gestörte Hautbarriere** lässt sich an verschiedenen Faktoren ablesen und besitzt wahrscheinlich sogar primäre Relevanz. Keratinozyten weisen bei Atopikern morphologische und funktionelle Abweichungen auf, u. a. eine erhöhte Tendenz zur Produktion von Entzündungsmediatoren, woraus eine reduzierte „immunologische Toleranzschwelle" resultiert. Die Interzellularräume zwischen Keratinozyten sind erweitert und interzelluläre Lipide (Ceramide, Fettsäuren) als wichtige Kittsubstanzen sind reduziert, sodass die Epidermis verstärkt permeabel ist. Auch Filaggrine werden vermindert exprimiert; sie werden beim Verhornungsprozess der Haut in den Keratinozyten gebildet und sind wichtig für die Vernetzung von Keratin-Filamenten und damit für die Struktur der Epidermis. Zudem liegt eine verminderte Konzentration von antibakteriellen Proteinen (Defensinen) vor.

Schließlich spielen Umweltbedingungen (v. a. Hygienestatus) und dadurch die Prägung des Immunsystems durch Antigenkontakt in der ersten Lebensphase eine wichtige Rolle.

Bei der i. d. R. mehrmonatigen **Sensibilisierungsphase** dringen zunächst Allergene (Proteine mit 20–200 kD verschiedener Herkunft, z. B. Milben, Epithelzellen, Pollen) über Haut und Schleimhaut ein. Sie werden von Langerhans-Zellen in der Epidermis phagozytiert und T-Lymphozyten präsentiert, die bei Plasmazellen die Bildung Allergen-spezifischer IgE-Antikörper induzieren. Nach Verteilung im Organismus binden Letztere an die Oberfläche von Mastzellen, welche beim Hund u. a. in der Haut angereichert vorliegen. Bei erneutem Kontakt wird das Allergen in der akuten Phase nach Phagozytose durch die Langerhans-Zellen direkt den sensibilisierten Mastzellen mit dem entsprechenden IgE präsentiert. Die dadurch ausgelöste Degranulation der Mastzellen führt zur Freisetzung biogener Amine (u. a. Histamin, Serotonin) mit vasoaktiver und proinflammatorischer Wirkung. Hieraus resultieren besonders an prädisponierten Stellen Vasodilatation, erhöhte Gefäßpermeabilität, Flüssigkeitsaustritt, Erythem und Chemotaxis für andere Immun- und Entzündungszellen (Lymphozyten, Makrophagen, Eosinophile), die ihrerseits Zytokine produzieren. Unter anderem durch Wirkung auf freie Nervenenden in der Haut resultiert Juckreiz. In der chronischen Phase spielt Histamin keine wesentliche Rolle, die Reaktion entspricht dann mehr dem Allergietyp IV (zellvermittelte Immuntät Typ IV) allerdings mit Einfluss von spezifischen IgE. Klinisch zeigen sich kleine erythematöse Papeln und hochgradiger Juckreiz.

Der Schwellenwert für den **Juckreizstimulus**, ab dem letztlich über einen Reflex ein Kratzverhalten ausgelöst wird, ist individuell unterschiedlich und wird durch verschiedene physiologische, pathologische und Umweltbedingungen beeinflusst. Zum Beispiel wird der Schwellenwert durch Stress, Angstzustände, Trockenheit der Haut und erhöhte Umgebungstemperatur gesenkt. Auch gibt es additive oder sogar synergistische Effekte zwischen mehreren Reizen, die einzeln unter einem bestimmten Schwellenwert liegen können, z. B. saisonale Allergie, Sekundärinfektionen (Bakterien, Hefen), Flohbefall und gleichzeitige Futtermittelallergie.

Die häufigen **Sekundärinfektionen** mit Bakterien und Malassezien besitzen Relevanz bezüglich einer Verschlimmerung der Klinik (Juckreiz, Läsionen). Die generell deutlich höhere Zahl von Bakterien reflektiert deren gesteigerte Haftung an Korneozyten als Folge einer möglicherweise geringeren Produktion von Defensinen und erhöhter Exposition von Rezeptoren auf der Zelloberfläche. Bakterielle Toxine können als „Superantigene" unspezifisch T-Lymphozyten aktivieren, wodurch die immunologische Reaktion gegen Umweltallergene und Bakterienantigene verstärkt wird. Das Eindringen von Bakterien in die Haut kann direkt eine Hypersensitivität auslösen, durch Produktion von antibakteriellen IgE-Antikörpern und eine Mastzelldegranulation. Auch *Malassezia*-Organismen, die bei atopischen Hunden ebenfalls vermehrt vorliegen, verstärken die allergische Reaktion über verschiedene Pathomechanismen (hohe IgE-Serumspiegel, Induktion von *Malassezia*-spezifischen Th_2-Klonen, Induktion von Histaminfreisetzung).

Klinisches Bild: Das Kardinalsymptom ist initial alleiniger und sehr intensiver Juckreiz, ggf. assoziiert mit einem Erythem. Das typische Verteilungsmuster umfasst Gesicht (v. a. Periokulärbereich, Lefzen), Pinnae, ventraler Hals und ventrales Abdomen, insbesondere Axillar- und Inguinalregion, Perianalregion, Ellbogenbeuge, dorsale Vorderpfoten und ggf. später dorsale Hinterpfoten sowie Zwischenzehenbereiche (Abb. 3.16a). Die Regionen können unterschiedlich betroffen sein, eine Otitis externa kann einziges Symptom sein. Bei Hunden mit hellem Fell zeigen rotbraune Fellverfärbungen durch Speichel ein übermäßiges Lecken an. Durch Selbsttrauma (Belecken, Reiben, Kratzen, Beißen) entstehen sekundär hyperplastische und hyperpigmentierte Hautläsionen. Oft kommt es zu Sekundärinfektionen mit Bakterien und/oder Malassezien. Dann zeigen sich klassische Pyodermiesymptome wie Papeln, Pusteln, Kollaretten, Schuppen, Krusten und multifokale, mottenfraßähnliche Alopezie und die Anzeichen einer Malassezien-Dermatitis (Erythem, ölige Seborrhö, Hyperplasie, Hyperpigmentation, Lichenifikation), insbesondere in ventralen Körperzonen (Abb. 3.16b). Aus den häufigen chronischen rezidivierenden erythematösen Otitiden (solange ohne Sekundärinfektion) entwickeln sich oft Malassezien-Otitiden (mit dunklem Ohrschmalz) oder nach bakterieller Infektion purulente Otitiden. Allgemeinsymptome sind allenfalls bei sekundärer tiefer Pyodermie zu erwarten. Allerdings kann bei Vorliegen von extremem Juckreiz die Lebensqualität deutlich eingeschränkt sein.

Bei der Minderzahl der Patienten sind die Symptome saisonabhängig ausgeprägt (Frühjahr bei Pollenallergie, Herbst und Winter bei Hausstaubmilbenallergie, Winter bei Reaktion auf Pilzsporen), wobei die Erstsymptome öfter zur warmen Jahreszeit auftreten können. „Heuschnupfensymptome" (Rhinitis, Asthma) sind extrem selten.

Bei der Katze zeigt sich die Verteilung der Veränderungen weniger definiert; klinische Symptome durch Lecken und Ausreißen von Haaren liegen v. a. an Kopf und Hals, Pfoten, inguinal und am Rücken vor. Seltener zeigen sich eosinophile Reaktionsmuster u. a. in Form einer miliaren Dermatitis (s. Kap. 3.4.7.7).

Diagnostik: Ergebnisse allergologischer Tests (Intrakutantest, allergenspezifischer IgE-Antikörper) (s. Kap. 3.3.6.5) wurden in älteren Diagnostik-Scores für die atopische Dermatitis zumindest als Nebenkriterien verwendet. In aktuellen Diagnosekriterienaufstellungen finden sie keine Berücksichtigung, da auch viele Nicht-Allergiker positive Reaktionen zeigen. Hiernach spielen Allergietests v. a. eine Rolle zur Definition der auslösenden Allergene im Hinblick auf die „Allergenvermeidung" und Vakzinenherstellung

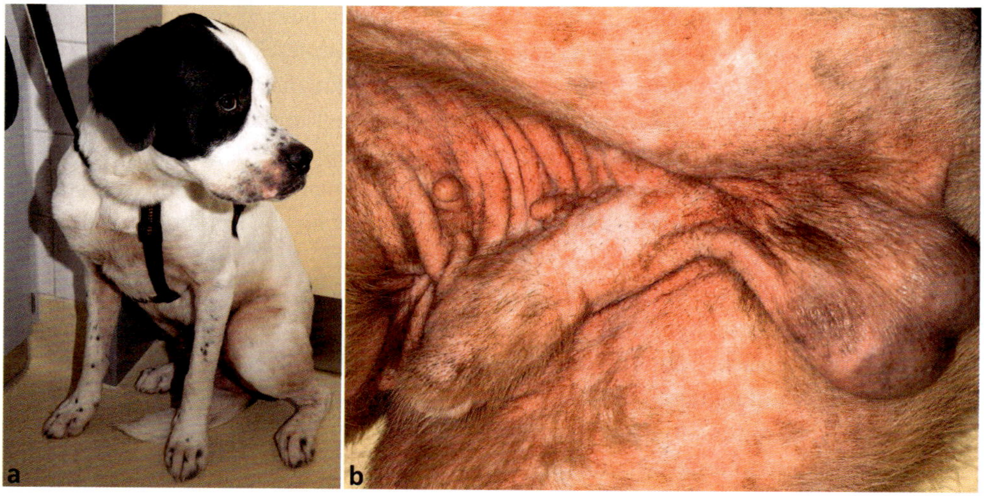

Abb. 3.16 1,5 Jahre alter Mischlingsrüde als typischer Vertreter mit Atopie: a) Läsionen zeigen sich an den Prädilektionsstellen Gesicht, ventrales Abdomen (besonders Achseln und Leistenregion) und Pfoten infolge Juckreiz-bedingter Selbsttraumatisierung. b) Detailaufnahme der Inguinalregion zeigt die hochgradige Dermatitis u. a. mit Pusteln durch Sekundärinfektionen mit Kokken und Hefen.

für die gezielte allergenspezifische Immuntherapie (Hyposensibilisierung). Bei negativem Testausfall trotz strengen klinischen Verdachts ist daran zu denken, dass eventuell die auslösenden Allergene nicht in der Testpalette enthalten sind.

Wesentlich bei der Diagnostik von Atopikern ist eine zytologische Untersuchung von Haut und Ohrsekreten zur Erfassung von Sekundärinfektionen mit Hefen oder Bakterien. Eine ausgeprägte Sekundärinfektion kann eine primär allergische Erkrankung maskieren.

Diagnose: Die Diagnose wird v. a. anhand von Anamnese, typischer klinischer Symptome und des Ausschlusses anderer juckender Hauterkrankungen (s. Differenzialdiagnose) gestellt. Unter verschiedenen existierenden Diagnosescores für die canine Atopie basiert die Diagnose nach Favrot (2010) neben dem Ausschluss einer Futtermittelallergie auf der Anwesenheit von mindestens fünf der folgenden Kriterien:

- Erste Symptome spätestens im Alter von 3 Jahren
- Vorwiegendes Leben in der Wohnung
- Glukokortikoid-responsiver Juckreiz
- Initial Juckreiz ohne Hautläsionen
- Chronische oder rezidivierende *Malassezien*-Dermatitis
- Beteiligung von Vorderpfoten
- Beteiligung von Ohrmuscheln
- Fehlen von Ohrrandläsionen
- Fehlen von Läsionen am hinteren Rücken

Differenzialdiagnose: Differenzialdiagnostisch sind v. a. andere stark juckende Hauterkrankungen wie Allergien, v. a. Futtermittelallergien (bei asaisonalem Verlauf) und *Sarcoptes*-Räude sowie eventuell eine Cheyletiellose zu berücksichtigen. Bezüglich der Sekundärinfektionen sind bakterielle Pyodermie und *Malassezien*-Dermatitis differenzialdiagnostisch zu bedenken. Bei Verdacht auf *Sarcoptes*-Räude kann eventuell eine diagnostische Therapie mittels wirksamer Antiparasitika erfolgen (s. Kap. 2.4.1.5). Nach Ausschluss entsprechender Infektionen und fortbestehendem Juckreiz liegt eine allergische Ursache nahe. Sofern nicht eine Saisonalität eine Futtermittelallergie von vornherein unwahrscheinlich macht, ist eine Eliminationsdiät empfehlenswert. Wenn auch dieser Versuch negativ ausfällt, kann als Ausschlussdiagnose eine „atopische Dermatitis" festgestellt werden.

Therapie: Frühzeitig ist der Tierhalter darauf vorzubereiten, dass die Atopie nicht heilbar und i. d. R. eine lebenslange Medikation erforderlich ist, die mit erheblichen Kosten verbunden ist. Aus der multifaktoriellen Pathogenese ergibt sich ein Therapieplan mit folgenden Hauptkomponenten:

- Allergenvermeidung
- Wiederherstellung der kutanen Barriere
- Hyposensibilisierung
- Symptomatische Juckreiz-lindernde und entzündungshemmende Therapie
- Therapie und Prophylaxe von Sekundärinfektionen

Bei chronischem Verlauf sollte zunächst der Effekt von Therapiemaßnahmen bezüglich der beiden zuerst genannten Angriffspunkte abgewartet werden.

Eine komplette **Allergenvermeidung** ist i. d. R. unmöglich. Ausnahmen sind z. B. Allergien gegen Epithelien bestimmter Spezies (z. B. Meerschweinchen, Pferd). Je nach Art des Allergens sind verschiedene Aspekte zur Reduktion der Allergenexposition zu bedenken: Bei Reaktion auf Pollen kann diese durch Reduktion der Spaziergänge in der entsprechenden Pollenflugsaison (Zeit der Beschwerden, Kalender) und anschließendes Abwaschen des Körpers mit einem feuchten Tuch erreicht werden. Bei Flohspeichelallergie führen entsprechende Repellenzien zur Allergenvermeidung. Bei Hausstaubmilbenallergie ist möglichst eine Vermeidung des Aufenthaltes im Schlafzimmer wesentlich, sowie – falls möglich – der Ersatz oder die Entfernung schwer reinigbarer Bodenbeläge (Parkett und Fliesen sind besser als Teppichböden) oder Unterlagen (Sofas, Kissen) als beliebte Aufenthaltsräume von Milben (ggf. Bezug des Lagers mit Spezialüberzügen). Bei der ebenfalls häufigen Allergie auf Futter- und Vorratsmilben sollten bevorzugt Feuchtfuttermittel oder selbst zubereitete Diäten verwendet werden, da eine erhöhte Milbenbelastung in Trockenfutter (v. a. wenn nach Öffnung länger gelagert) vermutet wird. Es ist oft ratsam, eine Eliminationsdiät zu füttern, im Hinblick auf eine mögliche kombinierte Nahrungsmittel- und Umweltallergie.

Bei der **Hyposensibiliserung („allergenspezifische Immuntherapie")** wird durch Injektion steigender Mengen an Allergenen die Toleranz des Organismus gegen die Allergene erhöht. Früher wurde vermutet, dass dies hauptsächlich durch Produktion blockierender IgG bewirkt wird. Heute wird ein komplexer Mechanismus angenommen, wobei eine zentrale Bedeutung der Modifizierung der T-Zell-Reaktion zukommt, durch Hemmung der Th_2-Zellfunktion (vermehrte Ausschüttung des immuninhibitorischen Zytokins IL-10) und der Induktion gegenregulatorischer Th_1-Zellen mit entsprechendem Zytokinmuster, woraus insgesamt eine verminderte IgE-Produktion resultiert.

Die Methode ist bei Hunden und eventuell Katzen v. a. dann angezeigt, wenn der Allergietest eine erhöhte Reaktivität gegenüber einer geringen Zahl von Allergenen offenlegt, wobei es auch klinische Gesichtspunkte zu berücksichtigen gilt. Die Allergenlösung für die Immuntherapie wird vom Hersteller der Testallergene für den Intrakutantest zusammen mit einem Behandlungsplan geliefert. Bei der konventionellen Hyposensibilisierung erfolgen Injektionen mit steigendem Volumen in zunächst wöchentlichem Abstand. Die Therapie führt bei etwa zwei Drittel der Fälle innerhalb von 10 Monaten zu einer Verbesserung. Ist dies der Fall, wird die Therapie i. d. R. lebenslang, ggf. mit individuell angepassten Dosierungsschemata fortgesetzt. Alternativ kommt die „Rush-Immunotherapie" zur Anwendung, wobei steigende Allergenmengen im Tagesabstand, ggf. auch in Stundenabständen, an einem Tag appliziert werden (s. Literaturverzeichnis).

Vereinzelt auftretende unerwünschte Wirkungen wie Juckreiz können durch vorherige Gabe eines Antihistaminikums reduziert werden. Extrem seltene anaphylaktische Reaktionen werden mit Glukokortikoiden behandelt. Sicherheitshalber ist die Therapie anschließend abzubrechen, vereinzelt wird die Therapie mit verminderter Dosis fortgesetzt.

Bei atopischen Hunden ist die Zusammensetzung und Konzentration der Fettsäuren als wesentliche Komponente des Lipidfilms verändert und damit die „kutane Barriere" gestört. Zur **Wiederherstellung der kutanen Barriere** können die Fütterung von Präparaten mit mehrfach ungesättigten Fettsäuren (als Öl, in Kapseln oder Spezialfutter) und eine örtliche Applikation von Ceramiden, Fettsäuren, Hafermehl und Phytosphingosin enthaltende Formulierungen als Shampoo, Lotion und/oder Spot-on beitragen.

Vor allem bei schweren Verläufen, in denen mit den übrigen Maßnahmen kein zufriedenstellender Effekt erzielt werden kann, kommen zur **Reduktion von Juckreiz und Entzündung** mehr oder weniger spezifisch wirkende Substanzen zur Anwendung. Neben den klassischen Stoffgruppen Glukokortikoide, Antihistaminika und Calcineurin-Inhibitoren stehen seit einigen Jahren mit Oclacitinib und Lokivetmab für den Hund zwei effektive Alternativen zur Verfügung, die die Möglichkeiten des Managements der caninen Atopie erheblich verbessert haben.

Oclacitinib (Apoquel®) ist ein Januskinase(JAK)-Hemmer und führt zur Herunterregulierung der Expression einer Vielzahl von entzündungsfördernden Zytokinen, die bei Allergien und Pruritus Relevanz besitzen. Limitierte unerwünschte Wirkungen können durch Hemmungen von Zytokinen entstehen, die bei der Immunabwehr oder Hämatopoese beteiligt sind. Bei Katzen mit Verdacht auf Atopie kann der Wirkstoff ebenfalls versucht werden, zeigt aber nur in weniger als der Hälfte der Fälle mit nicht durch Flöhe oder Futter ausgelöster Hypersensitivität eine gute Effektivität. Oclacitinib wird bei Hund und Katze initial in einer Dosierung von 0,4(–0,6) mg/kg KM, 2 × tägl. p. o. gegeben und kann bei guter Wirkung danach (ca. 2 Wochen) auf 1 × tägl. reduziert werden.

Lokivetmab (*Cytopoint®)* ist ein caninisierter monoklonaler Antikörper, der spezifisch Interleukin(IL)-31 blockiert, wodurch Juckreiz und die Entzündung bei Atopikern gelindert werden. Aufgrund der langen Halbwertszeit erfolgen subkutane Injektionen (Dosierungsstärke in Abhängigkeit vom Körpergewicht laut Herstellerangaben) i. d. R. alle 4 Wochen, indivuell ggf. in längeren Intervallen.

Antihistaminika kommen oft ergänzend zum Einsatz, haben aber bei der caninen Atopie nur einen limitierten Effekt, da die Wirkung von Histamin zeitlich begrenzt ist und es bei der Vermittlung des Juckreizes eine geringere Rolle spielt. Besonders als Begleittherapie einer Immuntherapie ist ihr Einsatz sinnvoll. Generell ist ihre Effektivität in Verbindung mit Fettsäure-Präparaten und Glukokortikoiden erhöht. Individuen sprechen unterschiedlich auf einzelne Wirkstoffe an, sodass bei Unwirksamkeit eines Präparates (über ca. 14 Tage) der Versuch mit einem anderen Wirkstoff sinnvoll ist; auch ist der Effekt oft verzögert. Mögliche Präparate sind u. a. Diphenhydraminchlorhydrat in einer Dosierung von 2(–4) mg/kg KM, 3 × tägl. p. o., Ceterizin (0,5–1 mg/kg KM, 1 × tägl. p. o.) und Clemastin (0,5 mg für Hunde mit < 10 kg oder Katzen, 1 mg für Hunde mit 10–25 kg KM oder 1,5 mg für Hunde mit > 25 kg KM, jeweils 2 × tägl. p. o.).

Kortikosteroide erlauben eine kosteneffektive entzündungshemmende und immunsuppressive Therapie. Wegen ihrer Nebenwirkungen eignen sie sich beim Hund v. a. für temporäre saisonale Allergien und als Notfallmedikament. Nachteilig ist u. a. die hierdurch verursachte Hautverdünnung und Atrophie der Adnexe mit einer verminderten Talgproduktion. Für die systemische Anwendung eignet sich z. B. Prednisolon (0,5–1 mg/kg KM, 1 × tägl. p. o. für ca. 1 Woche, dann Dosisreduktion und ggf. Intervallerweiterung bis zur minimalen effektiven Dosis). Bei der Katze ist die Anwendung weniger limitiert, wegen geringerer Nebenwirkungen und im Hinblick auf die geringere Auswahl an wirksamen Alternativen. Hier können eventuell auch Langzeitkortikosteroide eingesetzt werden (z. B. Methylprednisolonacetat 5 mg/kg KM s. c. alle 3–6 Wochen nach Bedarf oder Triamcinolonacetonid 0,5–1,0 mg/kg KM s. c.). Für die topische Anwendung sind Hydrocortisonaceponat-Formulierungen effektiver als Hydrocortison-Präparate.

Aus der Wirkstoffgruppe der **Calcineurin-Inhibitoren**, die v. a. in die Lymphozytenfunktion eingreifen und die Bildung zahlreicher proinflammatorischer Zytokine inhibieren, wird systemisch das nach wie vor recht teure Ciclosporin (Standarddosis: 5 mg/kg KM, 1 × tägl. p. o. auf nüchternen Magen, nach zufriedenstellender Wirkung Versuch mit Anwendung an jedem 2. Tag) eingesetzt. In dieser Dosierung sind unerwünschte Wirkungen selten (s. Kap. 3.4.8.1). Lokal wird aufgrund seiner die Epidermis penetrierenden Eigenschaften Tacrolimus (0,1 %ige Creme) für kleinere betroffene Areale, auch unterstützend, angewandt.

Die Therapie und Prophylaxe von **Sekundärinfektionen** der vorgeschädigten Haut durch Bakterien und Hefen ist wesentlich, da die hierdurch ausgelöste Stimulation des Immunsystems und Verstärkung des Juckreizes den Circulus vitiosus mit Schädigung der Haut durch Selbsttrauma verstärkt. Zur Behandlung mit antibakteriellen und antimykotischen Shampoos (ca. 2 × wöchtl.), Lotionen und Sprays: s. Kap. 3.4.2.1 und 3.4.4.2.

3.4.7.2 Futtermittelüberempfindlichkeit, -allergie

Synonym: Nahrungsmittelhypersensitivität.

Definition, Systematik: Hier werden nur die mit Juckreiz assoziierten kutanen Erkrankungen, die auf immunologischen Reaktionen (Allergien) gegen Futtermittelinhaltsstoffe (Allergene) beruhen, abgehandelt. Nicht besprochen werden nicht immunologische Futtermittelintoleranzen durch Stoffwechselerkrankungen, Intoxikationen, Mikroorganismen und deren Stoffwechselprodukte bzw. Toxine oder Idiosynkrasie (z. B. Anaphylaxie nach Histaminaufnahme bei Hunden mit Histaminintoleranz).

Epidemiologie: Reine Futtermittelallergien betreffen nur ca. 10 % der nicht saisonalen Allergien und 1–2 % der juckenden caninen Hauterkrankungen. Bei Katzen sind sie sehr selten. Weder beim Hund noch bei der Katze besteht eine Geschlechtsabhängigkeit. Tiere aller Alterstufen sind betroffen, wobei Tiere unter einem halben Jahr und alte Tiere überrepräsentiert erscheinen.

Ätiologie: Praktisch kann fast jedes Nahrungsmittel zum Allergen werden, wobei Glykoproteine besonders als Nahrungsmittelallergene verdächtigt werden. Beim Kleintier zählen zu den häufigsten Auslösern Rind-, Schweine-, Lamm- und Geflügelfleisch, Milchprodukte, Eier, Fisch, Getreide, Reis und Soja. Bei vermuteter Reaktion auf Dosenfutter können u. a. auch die Konservierungs- und Farbstoffe verantwortlich sein oder durch die Verarbeitung veränderte Substanzen. Unter Umständen können auch durch den

Verabeitungsprozess bei selbst gekochtem Futter neue Substanzen mit allergischem Potenzial entstehen.

Pathogenese: Die Immunreaktion gegenüber Nahrungsbestandteilen beruht auf einer Dysregulation des Immunsystems, insbesondere auf einer Störung der Immuntoleranz für unschädliche, oral aufgenommene Allergene. Eine Immuntoleranz des gastrointestinalen Immunsystems gegenüber Antigenen durch Suppression entsprechender T- und B-Lymphozyten-Klone entwickelt sich individuell, beginnend in der Perinatalphase, aber insbesondere nach Exposition zunehmender Mengen von Nahrungsbestandteilen bei der Entwöhnung.

Die der Futtermittelallergie zugrunde liegende immunologische Reaktion kann IgE- oder nicht IgE-abhängig sein. Bei Ersterer kommt es bei fehlender „oraler Immuntoleranz“ im Zuge einer direkten Hypersensibilität auf Nahrungsbestandteile zur Bildung von Antigen-spezifischem IgE und dessen Bindung an die Zellmembranen von Mastzellen in der Darmmukosa. Bei erneutem Antigenkontakt und dessen Bindung an zwei IgE-Rezeptoren sensibilisierter Mastzellen degranulieren diese und setzen Histamin und weitere vasoaktive Substanzen und Entzündungsmediatoren frei. Im Bereich des Darms führt dies teilweise zur verstärkten Flüssigkeits- und Schleimproduktion, erhöhten Peristaltik und Infiltration von weiteren Entzündungszellen und eventuell Vomitus und Diarrhö. Hautsymptome können zustande kommen, wenn Allergene durch erhöhte Darmwandpermeabilität über das Blut mit sensibilisierten Hautmastzellen in Kontakt geraten oder über systemisch zirkulierende Entzündungsmediatoren aus degranulierenden Darmmastzellen. Nicht IgE-vermittelt kann eine um 1–3 Tage verzögerte Hypersensibilität auf Nahrungsmittel T-Zell-vermittelt (Typ IV), ggf. auch eine Immunkomplexreaktion von zirkulierenden Antigenen (Typ III) vorliegen.

Eventuell führen erhöhte Inzidenzen von Parasitosen und Viruserkrankungen bei sehr jungen oder Neoplasien bei alten Tieren und damit assoziierte immunologische Imbalanzen bzw. Störungen der Darm-Blut-Schranke zu der erhöhten Inzidenz in diesen Altersgruppen. Nahrungsmittelallergien können sich sekundär bei Patienten mit atopischer Dermatitis oder anderen Allergikern ausbilden, wobei dann die Reaktion auf Nahrungsmittelallergene die Symptome der Umweltallergie verstärkt.

Klinisches Bild: Typischerweise liegt saisonunabhängiger, konstanter Juckreiz vor. Beim Hund besteht teilweise ein Erythem und selten eine papulöse Dermatitis entweder generalisiert oder betont an den typischen Prädilektionsstellen der Atopie (Ohren, Pfoten, inguinal) und perianal, aber nur selten Urtikaria. Durch Selbsttrauma entsteht häufig das Bild einer bakteriellen Follikulitis und/oder *Malassezien*-Dermatitis u. a. mit Papeln und Pusteln, v. a. am Unterbauch und inguinal. Fast immer besteht eine Otitis externa.

Bei der Katze tritt der Juckreiz häufig im Kopf- und Halsbereich auf, kann aber auch generalisiert bestehen. Typischerweise liegen Veränderungen des eosinophilen Granulom-Komplexes (s. Kap. 3.4.7.7) und eine Alopezie durch Selbsttrauma vor. Nur selten (10–15 %) äußern sich bei beiden Spezies Futtermittelallergien, dann meist kombiniert mit Hautbeschwerden, auch in meist milden gastrointestinalen Beschwerden (u. a. Vomitus, Gewichtsverlust, weicher Kot bis Diarrhö, Abdominalschmerzen und erhöhte Kotabsatzfrequenz).

Diagnostik: Futtermittelallergien lassen sich weder mit Bluttests (IgE gegen Trophoallergene sind auch bei gesunden Tieren vorhanden) zuverlässig diagnostizieren, noch sind Intradermaltests (u. a. keine standardisierten Nahrungsmittelallergene verfügbar) durchführbar. Die histologische Untersuchung von Haut und Magen- und Darm-Schleimhaut liefert ebenso keine spezifischen Hinweise. Die Aussagekraft anderer In-vivo- oder In-vitro-Testverfahren (z. B. Basophilen-Degranulationstest, zellulärer Antigen-Stimulationstest, Bioresonanz) ist nicht nachgewiesen.

Diagnose: Sie erfolgt durch Abnahme des Juckreizes unter einer **Eliminationsdiät** und streng genommen erfordert die Diagnosesicherung einen Provokationstest, d. h. das Auslösen einer Verschlechterung der Symptomatik durch Fütterung des zuvor verabreichten Futters (s. Kap. 3.3.6.6). Vor Beginn der Eliminationsdiät sollten möglichst parasitäre Erkrankungen ausgeschlossen und Sekundärinfektionen behandelt werden, um den isolierten Effekt der Nahrungsumstellung zu dokumentieren. Bei fehlendem Effekt auf den Juckreiz (und Ausschluss von Flohbefall, Sekundärinfektionen etc.) kann eine Futtermittelallergie ausgeschlossen werden; i. d. R. liegt dann eine atopische Dermatitis vor. Bei deutlichem Rückgang von Juckreiz und dessen Wiederverschlechterung bei Füttern der ursprünglichen Ration (ggf. verzögert um bis zu 10 Tage) ist eine Nahrungsmittelallergie bewiesen. Falls die Provokation jedoch negativ ausfällt, bleibt diese unklar; hier können eventuell andere Faktoren (Verbesserung von Sekundärinfektionen, Flohelimination, Ende des Pollenfluges) für die klinische Verbesserung verantwortlich zeichnen. Nach einer positiven Provokationsfütterung ist selbstverständlich wiederum die Eliminationsdiät zu füttern. Bei längerer Fütterung selbst zubereiteter Diäten sind diesen, insbesondere bei Junghunden, ergänzend Vitamine und Mineralstoffe zuzusetzen. Eventuell kann durch Gabe einzelner Komponenten (v. a. Proteinquellen definierter Spezies) über bis zu einer Woche ausgetestet werden, wogegen der Organismus reagiert. Bei einer nur teilweisen Verbesserung des Juckreizes unter Eliminationsdiät und Wiederverschlechterung bei einem Provokationstest liegt wahrscheinlich eine komplexe allergische Erkrankung vor.

Differenzialdiagnose: Die wesentlichsten Differenzialdiagnosen sind die atopische Dermatitis und beim Hund zudem die *Sarcoptes*-Räude (v. a. bei Hunden mit starkem Juckreiz in den ersten Lebensmonaten) bzw. bei der Katze v. a. die Flohspeichelallergie.

Therapie, Prognose: In der Regel kann durch Beibehalten der Ausschlussdiät und Vermeidung der Fütterung der für den Patienten allergenen Substanzen eine weitgehende Symptomfreiheit erzielt werden, sodass die Prognose bei Ausbleiben sonstiger Allergien und Komplikationen als günstig zu beurteilen ist. Kortikosteroide wirken auch bei akuter Symptomatik nur unzuverlässig (bei akuter Symptomatik etwa bei der Hälfte der Fälle). Erforderlichenfalls kann Ciclosporin versucht werden. Antihistaminika sind bei Urtikaria (Typ-I-Hypersensibilität) einzusetzen, eventuell auch zur Prävention.

3.4.7.3 Flohspeichelallergie, Flohbissallergie

Definition: Sie entspricht einer allergischen Reaktion (mit Juckreiz) auf kleinste Mengen an Flohspeichel, unabhängig von der Intensität des Flohbefalls.

Epidemiologie: Es handelt sich um die häufigste allergische Erkrankung bei Hund und Katze in gemäßigten Klimazonen, wobei die Inzidenz durch den verbreiteten Einsatz von Ektoparasitika abnimmt. Weder beim Hund noch bei der Katze besteht eine Geschlechts- und Rasseprädisposition. Die Symptome treten eher bei mittelalten bis alten Tieren auf, da i. d. R. ein längerer Kontakt (ca. ein halbes Jahr) zum Allergen vorausgehen muss.

Ätiologie: Als Allergene wirken verschiedene Proteine im Flohspeichel.

Pathogenese: Beim Biss zur Entnahme der Blutnahrung injiziert der Floh mit seinem Speichel kleine Allergenmengen. Die Allergene des Flohspeichels lösen Hypersensibilisierungsreaktionen vom Typ I (innerhalb weniger Minuten), Typ IV (verzögert, nach 24–48 Stunden) oder intermediär (3–8 Stunden) aus. Offensichtlich sind Hunde, die regelmäßig von Flöhen gebissen werden, immuntoleranter im Sinne einer „natürlichen Desensibilisierung". Hingegen zeigen sich bei Katzen häufiger allergische Reaktionen, wenn sie konstant Flohbisse erleiden müssen. Wahrscheinlich liegt bei betroffenen Tieren eine generelle Prädisposition für allergische Erkrankungen vor, da oft kombiniert eine Atopie besteht und positive Reaktionen gegen Flohspeichel im Intradermaltest meist mit positiven Reaktionen gegen andere Allergene kombiniert auftreten.

Klinisches Bild: Es besteht starker Juckreiz, öfter saisonal. Ablesbar an entsprechenden Sekundärläsionen durch Trauma (Erythem, Hyperpigmentation, Alopezie) besteht dieser beim Hund v. a. auf dem hinteren Rücken und am Schwanzansatz ggf. bis hin zu Perineum, kaudalen Oberschenkeln und Bauch. Häufige Sekundärinfektionen äußern sich als Pusteln, Krusten, Follikulitis, Furunkulose und Zellulitis (pyotraumatische Dermatitis). Mitunter bilden sich multiple kleine entzündliche Knoten.

Bei der Katze sind neben Dorsolumbalregion und Bauch oft Kopf und Hals betroffen, hier zeigen sich Erythem und Papeln sowie durch Selbsttrauma Alopezie, Erosionen und oft auch Anzeichen von Sekundärinfektionen. Assoziiert zur Flohspeichelallergie kann das Bild einer miliaren Dermatitis, bei einigen Patienten auch eosinophile Plaques vorliegen (s. Kap. 3.4.7.7).

Diagnostik, Diagnose: Sie stützt sich v. a. auf Anamnese und klinisches Erscheinungsbild. Bei der Anamnese sind z. B. saisonaler Juckreiz (Sommer, Herbst), inädaquate Flohprophylaxe (Patient und andere Tiere im Haushalt) und/oder mögliches Ansprechen der Läsionen auf bereits erfolgte Behandlungen gegen Ektoparasitika zu beachten. Selten lässt sich bei Vorstellung von Tieren mit Flohspeichelallergie tatsächlich ein Flohbefall nachweisen. Der Nachweis von Proglottiden im Perianalbereich kann ggf. als indirekter Hinweis hierfür dienen. Zusätzliche Hinweise können serologische und intradermale Allergietests (Cave: teilweise verzögerte Reaktion!) liefern.

Differenzialdiagnose: Beim Hund sind differenzialdiagnostisch v. a. andere Parasitosen (*Sarcoptes*-Räude, Demodikose, Cheyletiellose) in Betracht zu ziehen, bei der Katze neben Parasitosen andere allergische Erkrankungen.

Therapie: Die kombinierte Strategie umfasst (s. auch Kap. 2.4.1.5):

Therapie und Prophylaxe adulter Flöhe auf dem Patienten: Hierbei sollten Präparate verwendet werden, die als Repellenz wirken, d. h. bereits den Flohbiss verhindern. Beim Hund sind hierzu Permethrin > 2 % und Amitraz geeignet, die beide toxisch für Katzen sind. Für Katzen ist ein kommerzielles Halsband, das Imidacloprid und Flumethrin enthält, geeignet. Bei Tieren, die Shampoo-Behandlungen erhalten, sollten topische Antiparasitika frühestens 2 Tage nach der letzten Waschung appliziert werden und ggf. häufiger eingesetzt werden.

Kontrolle der Larvenstadien in der Umgebung: Zur sehr wichtigen Umgebungsbehandlung tragen mechanische Reinigung (Staubsaugen, Waschen von Körbchen und aller Textilien bei hoher Temperatur) und das Versprühen oder Vernebeln von Antiparasitika in den vom Tier aufgesuchten Räumen (und ggf. Fahrzeugen) bei. Vorteilhaft, da weniger toxisch als z. B. Pyrethroide, sind Wirkstoffe wie z. B. Pyriproxyfen, die auf hormoneller Basis in den Entwicklungszyklus des Parasiten eingreifen.

Behandlung der Folgen (Juckreiz, eventuell Sekundärinfektionen): Bei fehlenden Sekundärinfektionen können kurzzeitig (bis zur Wirkung der Ektoparasitentherapie) Kortikosteroide als Spray oder möglicherweise auch systemisch angewandt werden. Hyposensibilisierungen sind uneffektiv.

3.4.7.4 Kontaktallergie

Epidemiologie: Kontaktallergien werden selten beim Hund und sehr selten bei der Katze beobachtet.

Ätiologie: Als Auslöser kommen Bestandteile aus Kunststoffen (u. a. Spielzeug und Näpfe), Metalle, Reinigungsmittelkomponenten und verschiedene Pflanzen infrage.

Pathogenese: Es besteht eine allergische Reaktion vom verzögerten zellvermittelten Typ (IV) gegenüber Umweltallergenen oder Partikeln, die oft als Hapten wirken, d. h. kleinen Molekülen, die erst nach Bindung an körpereigene Peptide zu vollen Allergenen werden und eine Immunantwort auslösen. Die Sensibilisierung erfolgt über einen längeren Zeitraum. Nach erneutem Kontakt mit dem Hapten/Allergen proliferieren hierfür spezifische T-Lymphozyten klonal und setzen Zytokine (u. a. IL-1) frei, wodurch Entzündungszellen angelockt werden.

Klinisches Bild: Typische Primäreffloreszenzen sind erythematöse Papeln, die konfluieren und sich zu Pusteln oder kleinen Erosionen entwickeln können.

Das Verteilungsmuster betont spärlich behaarte Hautbezirke und richtet sich nach der Exposition, d. h. Kontakt mit Boden, Unterlage etc. Betroffen sind v. a. Schnauze, Ohrmuschelinnenseiten, Ventralseiten der Pfoten (Interdigitalbereiche), Karpus und Tarsus, Perianalregion, Abdomen, Leisten und Skrotum. Immer besteht Juckreiz, teilweise hochgradig.

Diagnose, Diagnostik: Meist basiert die Diagnose auf der Klinik (Typ und Verteilungsmuster der Läsionen). Eine Verbesserung der Symptome nach Elimination und eventuell Rückkehr nach Provokation bestätigt den Verdacht. Zur Diagnosesicherung kann bei bekanntem Allergen ein sogenannter Patch-Test durchgeführt werden. Weniger Relevanz haben Zytologie (Lymphozyten, Neutrophile, Keratinozyten und Bakterien bei Sekundärinfektionen in Abklatschpräparaten) und Histopathologie.

Differenzialdiagnose: Hier sind eventuell Atopie, Futtermittelallergie, *Sarcoptes*-Räude, Pyodermie und *Malassezien*-Dermatitis zu bedenken.

Therapie: Wesentlich ist die Elimination des vermuteten ursächlichen Agens. Zum Beispiel sollten Plastik- durch Edelstahlnäpfe ersetzt werden, Liegeplätze (Körbchen, Decke) sind mit neuen Materialien auszustatten oder abzudecken, Reinigungsmittel sind zu ersetzen, eventuell vorhandene Zimmerpflanzen zu entfernen. Gegebenenfalls können Tiere auch mit allergenundurchlässigen Anzügen bekleidet werden.

Bei akutem Auftreten können Glukokortikoide systemisch und/oder topisch verabreicht werden. Zur medikamentösen Langzeittherapie ist Pentoxifyllin geeignet, das besser verträglich, aber auch weniger wirksam ist (s. Hinweise in Kap. 3.4.8.4).

3.4.7.5 Urtikaria, Angioödem

Definition, Epidemiologie: Beim Hund seltene (Rasseprädisposition für Boxer), bei der Katze extrem seltene Ödembildungen in Dermis und Subkutis durch Freisetzung von vasoaktiven Substanzen aus Mastzellen.

Ätiologie: Ursächlich kommen variable Stimuli infrage, u. a. Medikamente, Impfungen, Hyposensibilisierungen, Insektenstiche und selten Futtermittelkomponenten.

Pathogenese: Pathogenetisch liegt den Veränderungen eine anaphylaktische Reaktion, d. h. eine echte Hypersensibilisierungsreaktion vom Typ I oder eine anaphylaktoide Reaktion zugrunde. Erstere entspricht einer Degranulation sensibilisierter Mastzellen nach der Bindung von Allergenen an auf der Mastzelloberfläche gebundenem IgE (IgE-Produktion durch Plasmazellen nach Erstkontakt). Die anaphylaktoide Reaktion entspricht einer IgE-unabhängigen Degranulation durch chemische, physikalische und osmotische Stimuli. Ein Angioödem repräsentiert eine schwerwiegendere Symptomatik, von der größere Körperflächen als auch tiefere Gewebeschichten betroffen sind.

Klinisches Bild: Urtikaria ist durch ein plötzliches Auftreten von erythematösen Makulae und Quaddeln gekennzeichnet, die an behaarten Stellen an umschriebenen Arealen mit aufgestelltem Fell ablesbar sind. Der ausgeprägte Juckreiz führt rasch zu Sekundäreffloreszenzen (Erosionen, Krusten) durch Selbsttrauma. Ein Angioödem ist an bilateralsymmetrischen Schwellungen von Gesicht (Augenregion, Lefzen, Wangen), distalen Gliedmaßen und eventuell Skrotum ablesbar.

Diagnose: Die klinischen Symptome sind pathognomonisch. Außer bei Medikamentenreaktionen lässt sich das ursächliche Agens nur selten definieren.

Therapie: Bei milderem Erscheinungsbild können Antihistaminika versucht werden, bei rezidierendem Verlauf ggf. dauerhaft. Bei schwerem akuten Verlauf sind hohe Dosierungen an Glukokortikoiden zu applizieren, erforderlichenfalls parenteral.

3.4.7.6 Eosinophile Follikulitis/Furunkulose des Hundes

Epidemiologie: Seltene Erkrankungen v. a. junger Hunde und Hunde mit langer Nase. Ansonsten besteht keine Rasse- und Geschlechtsprädisposition, jedoch eine saisonale Abhängigkeit für die Sommermonate.

Ätiologie, Pathogenese: Diese sind nicht genau bekannt. Diskutiert werden Überempfindlichkeitsreaktionen gegenüber Insektenstichen (Bienen, Wespen) und Bisse durch bzw. Kontakt mit Spinnentieren, da bevorzugt Hunde betroffen sind, die zur Jagd gehen und Löcher graben.

Klinisches Bild: Die Symptomatik verläuft fulminant und bleibt i. d. R. auf Nasenrücken, Lefzen und die periokuläre Region beschränkt. Es zeigen sich Papeln und Pusteln, die ulzerieren und konfluieren, sowie Krusten (Abb. 3.17). Durch ausgeprägten Juckreiz besteht eine starke Selbsttraumatisierung.

Diagnose: Das klinische Bild (inkl. perakutem Verlauf) ist charakteristisch. Gegebenenfalls kann zusätzlich eine zytologische Diagnostik (Dominanz an Eosinophilen, einige Makrophagen) erfolgen, eine Biopsieentnahme ist nicht notwendig.

Therapie: Initial sollten sofort immunsuppressive Prednisolondosierungen bis zur Remission angewandt werden, die dann über ca. 2–3 Wochen ausgeschlichen werden. Unterstützend können lokal entzündungshemmende und antibakterielle Kombinationspräparate (zur Metaphylaxe von Sekundärinfektionen) aufgetragen werden.

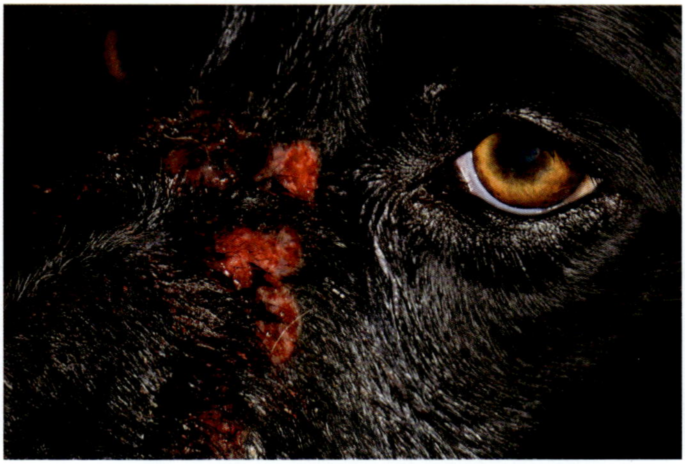

Abb. 3.17 Akut entstandene, ausgedehnte, erhabene, teils von Krusten bedeckte Hautläsionen auf der Nase einer 4 Jahre alten kastrierten Mischlingshündin – typisches Erscheinungsbild einer eosinophilen Gesichtsfurunkulose.

Prognose: Die Läsionen sprechen gut auf die Therapie an und heilen innerhalb von 10–14 Tagen ab, ohne dass Rezidive auftrten. Die Prognose ist somit gut.

3.4.7.7 Eosinophiler Granulom-Komplex der Katze (s. auch Kap. 8.2.4)

Definition: Beschreibende Bezeichnung einer Gruppe verschiedener klinischer Erkrankungsbilder mit eosinophiler Infiltration der Haut, Schleimhaut und mukokutaner Übergänge der Katze, oft allergischer Natur, die einzeln oder kombiniert auftreten können.

Epidemiologie: Die Läsionen kommen regelmäßig bei Katzen jeden Alters und jeder Rasse vor.

Ätiologie, Pathogenese: Wie o. a. werden die Veränderungen oft allergisch verusacht (Umwelt, Futtermittel, Flohspeichel). Die Erkrankungsform miliare Dermatitis kann zudem durch Ektoparasiten und Dermatophyten ausgelöst werden. Eosinophile Plaques sind eventuell nur die Folge von Selbsttrauma nach initialem Juckreiz.

Klinisches Bild: Eosinophile Granulome treten als konfluierende, gelblich-rötliche bis rote, papulöse, ulzerative Veränderungen am häufigsten an folgenden Lokalisationen auf: Kinn, Maulhöhle (Zunge, Kieferwinkel, Gaumen), Lippen, Zwischenzehenbereich und kaudale Bereiche der Hintergliedmaßen (längliche Läsionen, „lineares Granulom“). Sie sind oft sekundär infiziert und durch Selbsttrauma besteht Alopezie. Sie können unterschiedlich verlaufen, auch mit spontanen Remissionen und Rezidiven. Ausgeprägte Läsionen in der Mundhöhle können zu Anorexie führen. Bei der **miliaren Dermatitis** entstehen multiple rötliche, krustöse, wenige Millimeter große Läsionen an Kopf und Rumpf, oft assoziiert mit Juckreiz und daher Sekundärläsionen durch Selbsttrauma (Alopezie, Exkoriationen). Das **indolente Ulkus** liegt meist einseitig, manchmal auch beidseitig, als scharf von einem roten Wall umgrenzte ulzerative, wenig schmerzhafte Veränderung an der Oberlippe vor. **Eosinophile Plaques** treten solitär oder multipel auf als stark juckende, scharf begrenzte, rundliche bis ovale, gerötete, oft leicht ulzerierte und exsudative Erhabenheiten v. a. am Bauch oder an der Oberschenkelinnenfläche. Wie beim eosinophilen Granulom können die regionalen Lymphknoten reaktiv vergrößert sein.

Labordignostik: Die Veränderungen sind oft nicht mit einer Bluteosinophilie assoziiert.

Diagnostik, Diagnose: Das klinische Erscheinungsbild ist oft charakteristisch. Zur Abgrenzung möglicher Differenzialdiagnosen (u. a. Lymphom, Mastzelltumor) empfiehlt sich eine zytologische Diagnostik. In Abklatschpräparaten, Geschabseln und Feinnadelpunktaten (Methodenwahl in Abhängigkeit von der Art der Läsion) findet sich i. d. R. ein deutlicher Anteil an Eosinophilen, obgleich Neutrophile meist dominieren (v. a. bei oberflächlicher Probengewinnung mit Abklatsch oder Geschabsel). Gegebenenfalls sind auch Bakterien als Zeichen der Sekundärinfektion enthalten. Eventuell sind Allergietests durchzuführen. Bei der miliaren Dermatitis sind zudem die Untersuchung eines Hautgeschabsels auf Parasiten und (vor einer Glukokortikoidtherapie!) eine Pilzkultur sinnvoll.

Therapie, Prognose: Nach Möglichkeit sind Grunderkrankungen (Allergien, Parasitosen) zu therapieren. Sinnvoll sind eine antiparasitäre Therapie (auch bei negativem Geschabsel), eine Eliminiationsdiät und eventuell ein Leckschutz (u. a. Halskragen). Zur raschen Reduktion des Juckreizes kann symptomatisch systemisch mit Glukokortikoiden behandelt werden, bei unklarer oder nicht abstellbarer Ursache eventuell längerfristig oder sogar lebenslang. Hierzu kommen Prednisolon (initial 1–2 mg/kg KM, 1 × tägl. p. o.) oder ggf. Langzeitpräparate (Methylpredniolonacetat 20 mg/Katze, alle 2–4 Wochen s. c.; Triamcinolonacetonid 0,5–0,8 mg/kg KM, alle 3–4 Wochen s. c.) infrage. Abhängig von der Lokalisation können zusätzlich lokal glukokortikoidhaltige Salben aufgetragen werden. Alternativ zur Steroidbehandlung kann Ciclosporin (5–7 mg/kg KM, 1 × tägl. p. o., nach Abheilung ggf. alle 2 Tage) ggf. in Kombination mit lokaler Applikation von Tacrolimus angewandt werden. Auch Palmitoylethanolamid kommt bei eosinophilem Granulom und eosinophilen Plaques zur Anwendung. Bei Nachweis einer bakteriellen Sekundärinfektion sind Antiseptika (lokal, ggf. systemisch) angezeigt.

3.4.7.8 Insektenstichüberempfindlichkeit bei der Katze

Epidemiologie, klinisches Bild: Bei Katzen mit Freigang zeigen sich ohne weitere Rasse-, Geschlechts- und Altersprädisposition vorwiegend im Sommer im Kopfbereich (v. a. an Ohrmuscheln, Schläfen, Lidern und auf dem Nasenrücken), eventuell auch an den Pfoten, erythematöse und ödematöse Papeln, später Krusten sowie durch den Juckreiz Selbsttrauma-induzierte Exkoriationen.

Diagnostik: In zytologischen Präparaten finden sich Eosinophile und Neutrophile, bei Sekundärinfektion auch Bakterien.

Diagnose: Sie basiert auf dem Vorbericht (sofern Insektenstich beobachtet), den Symptomen und dem Verlauf (Abheilung bei Ausbleiben weiterer Mückenstiche).

Differenzialdiagnose: Sie schließt neben den verschiedenen Allergien (Atopie, Flohspeichel, Nahrung) auch einen Ohrmilbenbefall und ggf. eine Herpesvirus-Dermatitis ein.

Therapie: Nur bei schweren Verläufen (mit starkem Juckreiz und Allgemeinsymptomen wie Fieber) ist ein kurzzeitiger Einsatz von Kortikosteroiden indiziert.

Prophylaxe: Einschränkung des nächtlichen Freiganges und Applikation von Repellenzien.

3.4.8 Immunvermittelte Hauterkrankungen

Bei Autoimmunkrankheiten werden Antikörper gegen körpereigene Substanzen (Autoantikörper) durch Störung der normalerweise vorhandenen Immuntoleranz gegen körpereigenes Gewebe gebildet. Ursächlich liegen oft Infektionen, Medikamente, Tumoren, Verletzungen oder Entzündungen zugrunde.

3.4.8.1 Pemphigus-Komplex

Definition: Der Pemphigus-Komplex umfasst eine Gruppe von Autoimmunerkrankungen der Haut, wobei es durch Ablösung von Epidermiszellen zur Bildung von Vesikeln und Pusteln (pemphix = Bläschen, Pustel) in der Epidermis kommt. Eine weitere Klassifikation (s. u.) erfolgt nach klinischem und mikroskopischem Erscheinungsbild und Zielantigenen.

Epidemiologie, Ätiologie: Pemphigus foliaceus ist die häufigste Autoimmunerkrankung beim Kleintier (3–5 % der Patienten) vorwiegend mittleren Alters ohne Geschlechtsdisposition. Beim Hund sind Rassen wie Neufundländer, Dobermann, Bearded Collie, Chow-Chow, Spitz, Akita Inu und Dackel überrepräsentiert. Eine seltenere Variante stellt der **Pemphigus erythematosus** dar. Er tritt gehäuft bei Vertretern von Rassen mit wenig oder unpigmentiertem Nasenrücken auf, v. a. Collies, Shelties und Deutscher Schäferhund. Exposition gegenüber Sonneneinstrahlung verstärkt jeweils die Symptome. Die schwere Form **Pemphigus vulgaris** wird bei Hund und Katze im Gegensatz zum Menschen nur selten und ohne Altersdisposition diagnostiziert. Eine Rassedisposition besteht für den Deutschen Schäferhund und Collie.

Die Erkrankung ist meist ohne definierbare Ursache, d. h. idiopathisch. Als Ursache für Pemphigus foliaceus und Pemphigus vulgaris kommen Medikamente infrage (z. B.

Penicilline inklusive Ampicillin, Amoxicillin/Clavulansäure und andere Antibiotika wie potenzierte Sulfonamide und Oxytetrazyklin, Cimetidin, Carprofen, Polymyxin B, Sulfasalazin sowie ein Spot-on-Kombinationspräparat mit Metaflumizon und Amitraz), chronische Hauterkrankungen/-irritationen und sehr selten Tumoren (u. a. mediastinales Lymphom, sogenannter „paraneoplastischer Pemphigus").

Pathogenese: Es kommt zur Antikörperbildung gegen Desmoglein, einem wichtigen Desmosomenbestandteil und essenziell für die Bindung zwischen den Zellen. Der betroffene Isotyp der vier Isoformen des Desmogleins bestimmt die klinische Form. Desmoglein-1, das in der Haut v. a. in oberflächlichen Epidermisschichten exprimiert wird, ist beim Menschen als Hauptantigen des Pemphigus foliaceus definiert. Beim Hund und ggf. bei der Katze fungiert vermutlich Desmocollin als Partner des Desmogleins. Das Zielantigen beim Pemphigus erythematosus ist bei Hund und Katze nicht definiert. Das für die Zellverbindung wesentliche Desmoglein-3, v. a. im Stratum basale und suprabasale der Epidermis exprimiert und in hoher Konzentration in der Schleimhaut vorliegend, ist als wichtigstes Zielantigen bei Hunden und Menschen mit Pemphigus vulgaris definiert. Es spielt vermutlich auch beim paraneoplastischen Pemphigus eine wichtige Rolle, der initial vermutlich durch eine Immunreaktion gegen die Tumorzellen getriggert wird. Durch Reaktion der Antikörper mit den Proteinen der Desmosomen werden Letztere geschädigt und damit der Keratinozytenzellverband im Stratum spinosum mit Spalt- oder Blasenbildung aufgelöst. Einzelne Keratinozyten („akantholytische Zellen") werden unter Verlust der Zellform herausgelöst („Akantholyse").

Bei **medikamenteninduzierten Veränderungen** wird zwischen „Pemphigus-ähnlicher Arzneimittelreaktion" (spontanes Abklingen nach Absetzen der Medikamente) und „medikamenteninduziertem Pemphigus" (keine Spontanremission, Notwendigkeit der andauernden immunsuppressiven Therapie) differenziert.

Klinisches Bild: Beim **Pemphigus foliaceus** entwickeln sich als typische Primäreffloreszenz oberflächliche Pusteln, die größer als bei einer Pyodermie sind, konfluieren und mehrere Haarfollikel einschließen. Nach deren Erosion zeigen sich später gelbliche Krusten auf der Haut von Periokularregionen, Nasenrücken, der Innen- und Außenseite der Ohrmuschel, ggf. an den Ballen (v. a. Krusten und Hyperkeratose) und oft Krallenbettentzündungen. Es besteht sehr variabel Juckreiz. Bei Katzen äußert sich die Erkrankung oft anhand von käsigem Material am Krallenbett und erythematösen, krustigen Läsionen im Zitzenbereich. Es kann Alopezie bestehen. Oft liegen bakterielle Sekundärinfektionen vor. Selten bestehen Allgemeinsymptome (Lethargie, Hyperthermie, Lymphadenopathie).

Der **Pemphigus erythematosus** wird als milde Variante des Pemphigus foliaceus betrachtet und äußert sich in Erythem, Depigmentierung, Erosionen und Ulzera am Nasenspiegel und -rücken sowie Pusteln, Erosionen und Krusten in Gesicht und Ohren. Beim **Pemphigus vulgaris** als schwerster Form treten flache („diskoide") Vesikel auf, die sich nach Ruptur zu Ulzera weiterentwickeln. Oft in der Mundhöhle beginnend, kommt es zur Ausbreitung unter Betonung mukokutaner Übergänge (Lefzen, Nase, periokulär, Anal- und Genitalregion) und der exponierten Haut an Knochenvorsprüngen

(Ellbogen, Knie, Brustbein). In der Regel bestehen Allgemeinsymptome (Lethargie, Fieber), teilweise als Folge der Mundhöhlenveränderungen (Anorexie, Gewichtsverlust). Beim **paraneoplastischen Pemphigus** kommt es an behaarter Haut und Schleimhäuten zu flachen Bläschen, Erosionen und Ulzera.

Diagnose: Das klinische Bild ist in vielen Fällen eindeutig. Typischerweise ist das **Nikolski-Phänomen** als Ausdruck der verminderten Zellkohäsion positiv, d. h. es lassen sich auf scheinbar unveränderter Haut durch Schiebedruck Blasen induzieren, die Haut verschieben, bereits bestehende Blasen durch seitlichen Druck verschieben oder der Zug auf die Haut nahe einem Vesikel oder Ulkus führt zum Abreißen der Epidermis. Die klinische Verdachtsdiagnose kann durch zytologische und histologische Diagnostik untermauert werden. Der Nachweis von „akantholytischen Zellen" (polygonale bis rundliche Plattenepithelien mit zentralem Kern) in zytologischen Präparaten des Inhaltes intakter Pusteln (oder histopathologischen Schnitten) gilt als pathognomonisch. Dominiert wird das zytologische Bild beim Pemphigus foliaceus jedoch von nicht degenerierten Neutrophilen, ggf. finden sich auch einige Eosinophile. Bakterien fehlen hingegen im Inhalt intakter Pusteln als Abgrenzung zur Pyodermie; dies kann durch eine bakteriologische Untersuchung bestätigt werden.

Die **histologische Untersuchung** sichert die Diagnose, wozu, sofern möglich, am besten komplette Pusteln exzidiert werden sollten. Dies erfordert ggf. eine stationäre Aufnahme und regelmäßige Beobachtung der Patienten bis zum Vorliegen charakteristischer Läsionen. Eine antibiotische Vorbehandlung möglicher bakterieller Sekundärläsionen kann – sofern vertretbar (Pemphigus foliaceus) – die Diagnostik verbessern. Beim Pemphigus foliaceus zeigen sich Pusteln in den oberflächlichen Schichten der Epidermis, beim Pemphigus erythematosus zudem eine lymphoplasmazelluläre Entzündung am dermoepidermalen Übergang. Beim Pemphigus vulgaris findet sich eine Spaltbildung zwischen Stratum basale und suprabasale und im weiteren Verlauf meist „leere" Blasen (ohne Entzündungszellen) oder eine Füllung mit akantholytischen Zellen.

Differenzialdiagnose: Hier kommen u. a. andere Autoimmunerkrankungen infrage, wie Hautformen des Lupus erythematodes, bullöses Pemphigoid, Erythema-multiforme-Komplex, daneben ulzeröse Stomatitiden, ggf. auch das kutane Lymphom. Im Hinblick auf die Akantholyse sind differenzialdiagnostisch zu bedenken: Gendefekte, die Desmosomenproteine verändern, bakterielle Infektionen/Pyodermien (*S. pseudintermedius*) und Pilzinfektionen (*Trichophyton* spp.), bei denen entsprechende Proteasen produziert werden, die Desmosomenproteine lysieren können.

Therapie: Beim Pemphigus erythematosus kann durch die begrenzte Ausdehnung eine **lokale Therapie** mit Kortikoidsalben (z. B. Betamethason, Fluocinolon) oder Tacrolimus-Salben (0,1 %ig) versucht werden, womit man die Symptome v. a. in den Wintermonaten gut kontrollieren kann. **Tacrolimus** gehört zu den Makroliden, ist wie Ciclosporin ein Calcineurin-Inhibitor, wird aber gut lokal resorbiert und ist gut verträglich. Die topische Anwendung erfolgt zunächst 2 × tägl. (mit Handschuhen!), später in schrittweiser reduzierter Frequenz, z. B. jeden 2. Tag. Bei Verwendung von Kortikoidsalben kann ggf. nach 2 Wochen auch auf weniger potente Glukokortikoide (Hydrocortison) umgestellt werden. Gut bewährt hat sich auch der Einsatz eines Hydrocortisonaceponat-Sprays.

Bei Nichtbesserung kann zunächst zusätzlich eine systemische **entzündungshemmende Therapie** z. B. mit Tetrazyklin/Nicotinamid (Hunde bis 10 kg KM: 250 mg Tetrazyklin + 250 mg Nicotinamid/Tier, 3 × tägl. p. o., Hunde über 10 kg KM jeweils 500 mg/Tier, 3 × tägl. p. o.) gestartet werden. Diese wirkt bei etwa der Hälfte der Patienten gut. Tetrazykline besitzen immunmodulierende Eigenschaften durch Interaktion mit Ribosomen und Hemmung der Zytokinsynthese. Nicotinamid hemmt die Proliferation und Transformation von Lymphozyten, die Neutrophilenfunktion und Mastzelldegranulation. Mögliche unerwünschte Wirkungen der Kombination sind gastrointestinale Symptome bis hin zur Kolitis, Photosensibilisierung, Hepato- und Nephrotoxizität sowie Zahnverfärbungen. Ergänzend kommt auch das Antioxidans Vitamin E zur Anwendung.

Andere Pemphigus-Formen erfordern eine **systemische immunsuppressive Therapie**, oft lebenslang mit reduzierter Erhaltungsdosis, außer wenn die Erkrankung durch Medikamente induziert ist und diese abgesetzt werden. Hierzu sind systemisch Kortikosteroide in immunsuppressiver Dosis kombiniert mit Ciclosporin oder Azathioprin (Hund) bzw. Chlorambucil (Katze) einzusetzen.

Glukokortikoide besitzen vielfältige immunmodulierende Wirkungen, u. a. eine reduzierte Produktion, Freisetzung und/oder Funktion von Lymphozyten und Makrophagen und dadurch verminderte Differenzierung von Lymphozytensubpopulationen, reduzierte Antikörper- und Zytokinbildung, reduzierte Synthese und Freisetzung von Histamin aus Mastzellen sowie reduzierte Auswanderung der Neutrophilen aus den Blutgefäßen. Initial hohe Dosierungen, insbesondere von Prednisolon oder Methylprednisolon, d. h. 2 mg/kg KM, 1(–2) × tägl. p. o., ggf. auch Dexamethason (Hund: 0,1–0,3 mg/kg KM, Katze: bis 0,4 mg/kg KM, jeweils 1 × tägl.) sollten durch eine Magenschutzbehandlung (Omeprazol oder Cimetidin, Sucralfat) flankiert und i. d. R. nicht länger als 14 Tage verabreicht werden. Anschließend erfolgen Dosisreduktionen z. B. auf 1 mg/kg KM Prednisolon, später ggf. auf jeden 2. Tag reduzierte Gaben und dann wiederum weitere Dosisreduktionen (Faustregel: Reduktion um etwa ein Viertel der aktuellen Dosis alle 14 Tage bis zur minimal effektiven Dosis). Bei der Geschwindigkeit des Ausschleichens muss eine Balance zwischen klinischer Effektivität und möglichen unerwünschten Wirkungen (insbesondere gastrointestinale Störungen, Pankreatitis, Infektionsneigung der Haut und Blase, Muskelatrophie etc.) gefunden werden. Um die Wirkung zu verbessern, ein rascheres Ausschleichen zu ermöglichen und Rückfälle zu vermeiden, empfiehlt sich die Kombination mit spezifischen Immunsuppressiva.

Azathioprin in einer Dosierung von (1–)2 mg/kg KM 1 × tägl. p. o. (nach 4 Wochen ggf. jeden 2. Tag) ist beim Hund gut geeignet und wirkt hemmend auf die Proliferation von Lymphozyten. Da dieser Wirkstoff bei der Katze extrem toxisch ist, wird dort alternativ erfolgreich **Chlorambucil** eingesetzt (0,1–0,2 mg/kg KM, 1 × tägl. p. o., entspricht einer 2 mg Tablette Leukeran® alle 2–4 Tage). Beide Medikamente benötigen i. d. R. mindestens 14 Tage bis zum Wirkungseintritt und sind myelosuppressiv, sodass regelmäßig Blutbildkontrollen erfolgen müssen.

Ciclosporin wirkt als Calcineurin-Inhibitor immunmodulierend v. a. über eine verminderte Zytokinsynthese und -sekretion (Il-2, Il-4, Interferon-γ) und wird in einer Dosierung von 5(–7) mg/kg KM, 1(–2) × tägl. p. o. auf nüchternen Magen (ggf. im Verlauf Reduktion auf jeden 2. Tag) gegeben. Vorübergehende, dosisabhängige Nebenwirkungen (Cave: erhebliche individuelle Unterschiede bezüglich Pharmakokinetik) sind v. a. gastrointestinaler Art (Anorexie, Vomitus, Diarrhö, Nausea), Gingivahyperplasie, Papillomatose und Hypertrichose, neben möglichen Folgen der Immunsuppression (insbesondere erhöhte Infektionsanfälligkeit).

Humane Immunglobuline können in einer Dosierung von ca. 1 g (0,5–3 g)/kg KM bei schweren Verläufen, die nicht adäquat auf eine immunsuppressive Therapie ansprechen, infundiert werden. Die genauen Mechanismen ihrer immunmodulierenden Wirkung sind im Einzelnen nicht genau geklärt. Postuliert werden eine Hochregulation inhibitorischer Fc-Rezeptoren, eine reduzierte Halbwertszeit von Autoantikörpern durch Verdrängung aus protektiven Rezeptorbindungen, die Neutralisierung körpereigener Antikörper durch antiidiotypische Antikörper sowie eine Hemmung der Komplementkaskade.

Bei **bakterieller Sekundärinfektion** (Zytologie) sind insbesondere bei geplanter immunsuppressiver Therapie, falls möglich vorher, sonst begleitend, **Antibiotika** (z. B. Amoxicillin/Clavulansäure, Cefalexin; s. Kap. 3.4.2.1) einzusetzen.

Prognose: Der Pemphigus vulgaris resultiert in einer Todesrate (spontan u. a. durch Sepsis oder Euthanasie) von ca. 40 %. Die milderen Formen haben eine bessere, der Pemphigus erythematosus eine gute Prognose.

3.4.8.2 Lupus erythematodes

Definition, Klassifikation: Die klinisch heterogene Erkrankungsgruppe besitzt ähnliche Pathogenese und histopathologische Charakteristika. Unterschieden werden systemischer Lupus (Multiorganerkrankung, ggf. einschließlich der Haut) und Lupus-assoziierte Dermatitis (isolierte Hautläsionen oder als Teil systemischer Symptome)(Tab. 3.2).

Epidemiologie, Ätologie: Die Prävalenz des systemischen Lupus erythematodes (SLE) beträgt beim Hund ca. 0,03 %. Die deutliche Geschlechtsdiposition des SLE beim Menschen für die Frau (10-mal häufiger als Männer) wird beim Hund nicht gesehen. Prädisponierte Rassen sind v. a. Collie, Sheltie, Deutscher Schäferhund, Afghane, Irish Setter, Bobtail und Pudel. Ab einem halben Jahr können alle Altersstufen betroffen sein mit einem Maximum bei 3 Jahren. Auch für die Katze existieren Beschreibungen.

Von den Autoimmunerkrankungen kommt der **photosensible (UV-Licht induzierte) nasale Lupus** nach dem Pemphigus foliaceus am zweithäufigsten vor, bei der Katze aber nur selten. Bevorzugte Rassen sind Collies (Erscheinungsbild der sogenannten „Collie nose"), Deutsche und Belgische Schäferhunde, Shelties, Sibirische Huskys, Deutsch Kurzhaar und Bretonischer Vorstehhund. Es besteht keine Alters- oder Geschlechtsprädisposition, aufgrund der Sensibilität für UV-Licht aber eine regionale und saisonale Abhängigkeit. Die **ulzerative Dermatitis der Collies und Shelties** betrifft meist Tiere über 4 Jahren. Der **exfoliative Lupus beim Deutsch Kurzhaar** ist hereditär und betrifft v. a. junge adulte Hunde der Rasse mit familiärer Häufung. Die **lupoide Onychodystrophie** kommt bei Hunden mittleren und fortgeschrittenen Alters vor. Die Lupus-Pannikulitis ist sehr selten.

Tabelle 3.2: **Klassifikation des Lupus erythematodes**

Systemischer Lupus erythematodes (SLE) • Ohne Hautläsion • Mit Hautläsion (Lupus-assoziierte Dermatitis)
Lupus-assoziierte Dermatitis (ohne oder mit systemischen Symptomen) • Typische Lupusläsionen (kutaner Lupus erythematodes) • Photosensibler nasaler Lupus • (Nasaler diskoidaler Lupus eythematodes, DLE) • Oraler und mukokutaner Lupus • Ulzerative Dermatitis bei Collie und Sheltie • Exfoliativer Lupus beim Deutsch Kurzhaar • Lupoide Onychodystrophie (symmetrische Onychomadesis) • Lupus-Pannikulitis (Lupus profundus) • Unspezifische kutane Läsionen • Vaskulitis • Bullöse Erkrankungen

Pathogenese: Es kommt zur Produktion von Auto-Antikörpern als:

- Nicht organspezifische Antikörper gegen verschiedene Kernbestandteile (DNA, Nukleoproteine wie kleine ribonukleäre Proteine, Histone), sogenannte „antinukleäre Antikörper“ (ANA) und
- Organspezifische Antikörper gegen verschiedene Oberflächenmoleküle (Eigenantigene) u. a. von Blutzellen (u. a. Neutrophile, Erythrozyten, Thrombozyten), Blutgefäßen und Keratinozyten.

Für die Entwicklung der Autoimmunität können mitverantwortlich sein: genetische Prädisposition (räumliche Anordnung der Histokompatibilitätsmoleküle), Immundefekte bezüglich der Erkennung der Selbstantigene, gesteigerte Apoptoserate und/oder gestörte Elimination apoptotischer Bestandteile, Autoantigene-imitierende Mikroorganismen, hormonelle Imbalanzen, Medikamente, Impfungen, Sonneneinstrahlung, Ernährung und Stress. Auto-Antikörper bewirken eine Hypersensibilisierungsreaktion vom Typ II (zytotoxisch) und/oder Typ III (Immunkomplexbildung) (s. Kap. 3.4.8.9). Immunkomplexe können sich u. a. in Blutgefäßen sowie den epidermalen und glomerulären Basalmembranen ablagern. Das Komplementsystem wird aktiviert und diverse Entzündungszellen angelockt. Durch Bildung von Sauerstoffradikalen und Arachidonsäurederivaten entstehen Gewebeschäden in Form von Hautläsionen, Vaskulitis, Glomerulonephritis und Polyarthritis. Als Folge der organspezifischen Antikörper gegen Blutzellen entstehen Zytopenien (u. a. eine Leukopenie durch eine Typ-II-Reaktion).

Klinisches Bild: Beim **photosensiblen nasalen Lupus** besteht im Bereich des Nasenspiegels und oft auch der Umgebung zunächst eine Depigmentierung, ein Ödem (mit Verlust der rauen Oberflächenstruktur der Nase) und Erythem, woraus sich leicht blutende Läsionen mit Erosionen, Ulzera und Krusten entwickeln können (Abb. 3.18). Es besteht eine erhöhte Verletzungsanfälligkeit. In schweren Fällen reicht dies bis zu Substanzverlust, Narbenbildung und Formveränderung des Nasenknorpels. Beim sehr seltenen **oralen Lupus** liegen Ulzerationen des Gaumens und der Maulschleimhaut vor, ggf. mit anderen kutanen Symptomen. Beim **mukokutanen Lupus** sind periokuläre und perilabiale Haut, Pinnae, distale Gliedmaßen, Skrotum und andere Genitalien betroffen in Form von erythematösen, schuppigen Makulae, Krusten, Erosionen, Ulzerationen, De- und Hyperpigmentierung sowie Alopezie. In einigen Fällen besteht zudem eine Hyperkeratose des Nasenspiegels und der Ballen. Bei der Katze manifestiert sich diese Form des Lupus durch Erythem, Krusten, Ulzera und Abschuppungen besonders an den Ohrmuscheln.

Die **ulzerative Dermatitis der Collies und Shelties** äußert sich in Form von ausgeprägten erythematösen, exsudativen, erosiven und ulzerativen Läsionen mit ringförmigem, polyzyklischem oder geschlängeltem Erscheinungsbild im Bereich von Achseln, inguinal und medialer Oberschenkel, Innenseite der Ohrmuschel, mukokutaner Übergänge und Maulhöhle. Auch hier besteht eine saisonale Abhängigkeit durch die Photosensibilität.

Beim **exfoliativen Lupus beim Deutsch Kurzhaar** zeigt sich progressiv eine ausgeprägte Exfoliation, zunächst den Fang, die Ohrmuscheln und den Rücken, später den ganzen Körper betreffend. Oft ensteht Alopezie. Weitere klinische Symptome schließen Gelenkschmerzen, Lahmheiten, Fieber und Lymphadenopathie ein, dazu können Zytopenien (Anämie und Thrombozytopenie) bestehen.

Bei der **lupoiden Onychodystrophie** sind das Krallenbett und dessen Epithel als Wachstumszone der Kralle betroffen. Innerhalb von Wochen kann sich die Erkrankung

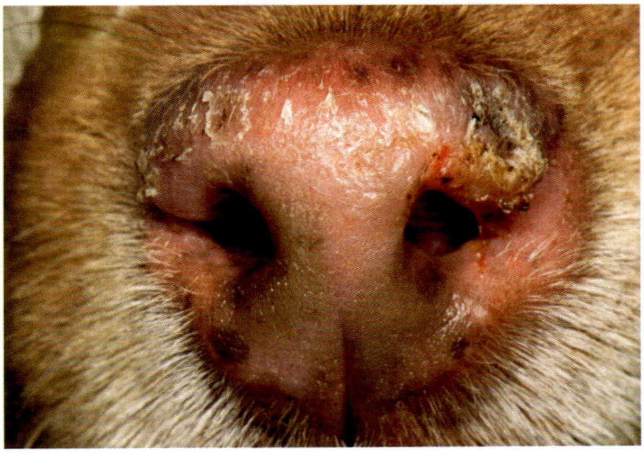

Abb. 3.18 Bei einer 9 Jahre alten Mischlingshündin zeigen sich auf Nasenspiegel und dessen Umgebung begrenzte, leicht blutende, erosive, ulzerative und krustöse Läsionen als typische Klinik eines photosensiblen nasalen Lupus.

von zunächst einzelnen Krallen auf alle Krallen ausdehnen. Das Krallenhorn löst sich vom Krallenbett, es kommt zum Krallenverlust, die nachwachsenden Krallen sind brüchig und verkürzt mit Pigmentveränderungen. Sekundärinfektionen können zu Krallenbettentzündungen führen. Die veränderten Krallen sind berührungsempfindlich bis schmerzhaft und können beim Patienten zu Lahmheiten führen.

Die dermatologischen Symptome beim **SLE** entsprechen denen des kutanen Lupus erythematodes mit Erosionen und Ulzera v. a. am Fang und den Gliedmaßen. Weiterhin können variabel zu beobachten sein: Haarlosigkeit, Schuppen, Krusten, Schleimhaut- und Ballenläsionen, Urtikaria, Purpura, makulopapulöse oder vesikulobullöse Eruptionen sowie noduläre Pannikulitis. Die Vielfalt der betroffenen Organe beim SLE widerspiegelnd, treten zudem systemische Symptome (Schwäche, Gewichtsverlust und Fieberschübe) und variable Symptome diverser beteiligter Organe auf. Hierzu zählen Lahmheiten durch nicht erosive Arthritiden bzw. Polyarthritis, Bewegungsstörungen durch Entzündungen der Zwischenwirbelgelenke, gestörte Nahrungsaufnahme durch Kiefergelenkentzündungen, Lymphadenopathie, Anzeichen einer Niereninsuffizienz/ Glomerulopathie (Polyurie, Polydipsie, ggf. Hämaturie, Hypoalbuminämie), seltener auch Myositis (Polymyositis, Myokarditis), Epilepsie, Neuropathien, Lungenentzündungen und Pleuritis, Perikarditis. Weiterhin können sich Symptome der Blutbildveränderungen wie Anämie (Blässe der Schleimhaut, Schwäche etc.), Thrombozytopenie (u. a. petechiale Blutungen) und Leukopenie (v. a. Fieber) zeigen.

Labordiagnostik: Insbesondere zur Diagnose eines SLE ist eine Labordiagnostik sinnvoll, nicht nur um Zytopenien zu erfassen. Eine Anämie ist typischerweise im Coombs-Test positiv und als Folge einer Hämolyse kann eine Bilirubinämie entstehen. Als Zeichen der Glomerulonephropathie können Harnstoff und Kreatinin erhöht sein und eine Hypoalbuminämie und Proteinurie vorliegen. Als Folge von Myositis kann die Kreatinkinase erhöht sein.

Bei Patienten mit Zytopenien sollte eine Knochenmarkaspiration erfolgen und dazu eine weitere Abklärung von Differenzialdiagnosen, v. a. eine Infektionsdiagnostik. Bei (Poly-)Arthritis ist eine Arthrozentese mit zytologischer Untersuchung der Synovia angezeigt, wobei sich typischerweise eine sterile eitrige bis pyogranulomatöse Entzündung darstellt. Bei 90 % der caninen SLE-Patienten sind ANA nachweisbar. Bei der Katze sind die Antikörperspiegel niedriger. Allerdings ist der Test sehr unspezifisch. Recht spezifisch, aber wenig sensitiv, ist hingegen der Test auf „LE-Zellen" (Neutrophile mit phagozytiertem Kernmaterial anderer Zellen, die durch Autoantikörper opsonisiert wurden) in Blut und Synovia. Die Tests können nach Verabreichung von Glukokortikoiden und Immunsuppressiva falsch negativ werden.

Im Gegensatz zum SLE sind beim kutanen Lupus erythematodes die ANA meist negativ und es sind kaum labordiagnostische Veränderungen vorhanden.

Diagnose: Oft besteht eine klinische Verdachtsdiagnose. Die Diagnose erfordert aber i. d. R. eine histopathologische Untersuchung. Hautbiopsien sind möglichst aus erythematösen bzw. depigmentierten Arealen, nicht hingegen aus ulzerierten oder krustösen

Bereichen zu entnehmen. Zur Diagnose der lupoiden Onychodystrophie muss das Krallenbett bioptiert werden, am besten durch Amputation des Zehenendgliedes, sofern nicht – wie vom Autor vielfach – die recht pathognomonische Klinik als ausreichend sicher betrachtet wird. Grundsätzlich zeigt sich in histologischen Präparaten von Patienten mit Lupus erythematodes eine epidermale Hyperplasie, Hyperkeratose, verdickte Basalmembran, hydropische Degeneration des Stratum basale mit Apoptose einzelner Keratinozyten sowie bandförmige subepidermale meist lymphoplasmazelluläre Infiltrationen (*Interface*-Dermatitis). Einzelne Lupusformen weisen darüber hinaus histologische Besonderheiten auf, z. B. besteht beim photosensiblen nasalen Lupus eine besonders ausgeprägte Pigmentinkontinenz.

Ein SLE ist zu bedenken, wenn Symptome an mehreren Organsystemen auftreten; u. a. sind entsprechende Blutuntersuchungen (s. Diagnostik) einzuleiten. Diagnostisch sind zwei positive diagnostische Kriterien und ein positiver ANA-Test (bei fehlender Medikation, Infektion, Neoplasie) oder drei positive Kriterien bei fehlendem ANA-Test. Die weiteren diagnostischen Kriterien außerhalb des ANA-Tests umfassen: typische kutane Läsionen, orale Ulzera, nicht septische Arthritis, persistierende Glomerulonephropathie, Anämie und Thrombozytopenie, Leukopenie, Polymyositis und Myokarditis, Serositis (nicht septische Ergüsse der Körperhöhlen), neurologische Symptome, Antiphospholipid-Antikörper (isolierte Verlängerung der APTT mit Antiphospholipid-Antikörper-sensitiven Reagenzien).

Differenzialdiagnose: Für die Formen des kutanen Lupus erythematodes sind differenzialdiagnostisch zu bedenken: andere Autoimmunerkrankungen (vesikulobullöse Erkrankungen, Pemphigus erythematodes und vulgaris, bullöses Pemphigoid, Dermatomyositis, uveodermatologisches Syndrom, Erythema-multiforme-Komplex), hepatokutanes Syndrom, (mukokutane) Pyodermie, Dermatomykosen, Demodikose, aktinische Dermatose des Nasenspiegels, Vitiligo und epitheliotropes Lymphom.

Für den **SLE** müssen zudem Erkrankungen der jeweils betroffenen Organe (z. B. Glomerulopathie und Arthritis) und andere Ursachen für Zytopenien wie z. B. Ehrlichiose und andere Infektionserkrankungen differenzialdiagnostisch berücksichtigt werden. Wegen ihrer ähnlichen Pathogenese (Ablagerung von Immunkomplexen an Filtrationsmembranen) stellt die Leishmaniose eine wichtige Differenzialdiagnose dar, insbesondere weil dort auch ANA auftreten können.

Therapie, Prognose: Bei den meisten Patienten mit **photosensiblem nasalen Lupus** reicht eine lokale Tacrolimus-Therapie oder systemisch Tetrazyklin/Nicotinamid in Verbindung mit Sonnencreme mit hohem Lichtschutzfaktor (besonders depigmentierte Stellen) (s. Kap. 3.4.8.1). Nur besonders schwere Fälle erfordern systemisch Immunsuppressiva. Die Prognose ist damit recht günstig. Bei der **ulzerativen Dermatitis** kommt Ciclosporin (5–7 mg/kg KM, 1 × tägl. p. o., s. Kap. 3.4.8.1) zur Anwendung, daneben ist der Schutz vor UV-Strahlen wichtig. Der **exfoliative Lupus beim Deutsch Kurzhaar** spricht schlecht auf eine immunsuppressive Therapie an, sodass es selten zur Remission kommt und die meisten Patienten schließlich euthanasiert werden. Unterstützend können keratolytische Shampoos eingesetzt werden. Bei der **lupoiden Onychodystrophie** kann meist eine zufriedenstellende Situation erzielt werden: Doxycyclin (gegen Sekundärinfektionen und immunmodulierend) über mehrere Wochen, dauerhaft Omega-3- und Omega-6-Fettsäurepräparate, und/oder Tetrazyklin/Nicotinamid, Prednisolon oder Immunsuppressiva (Ciclosporin, Azathioprin) können eingesetzt werden. Krallenamputationen einschließlich des Krallenbetts sind kaum erforderlich. Beim **SLE** hängt die Prognose einer systemischen immunsuppressiven Therapie von Schwere und Ausdehnung der Veränderungen ab. Als ungünstig werden die Anwesenheit einer hämolytischen Anämie und/oder Thrombozytopenie angesehen. Unterstützend können bei verschiedenen Lupusformen kontinuierlich Antioxidanzien (v. a. Vitamin E) verabreicht werden.

3.4.8.3 Bullöses Pemphigoid und Autoimmunerkrankungen des dermo-epidermalen Übergangs

Definition: Diese Erkrankungsgruppe zeichnet sich durch Antikörperbildung gegen Eigen-Antigene der Basalmembran aus.

Ätiologie, Epidemiologie: Insgesamt sind es sehr seltene Erkrankungen, wovon beim Hund ca. 50 % auf das Schleimhautpemphigoid („vernarbendes Pemphigoid"), ca. 20 % auf die Epidermolyse und ca. 15 % auf das bullöse Pemphigoid entfallen. Das **Schleimhautpemphigoid** tritt vorwiegend beim Deutschen Schäferhund auf. Die **Epidermolysis bullosa acquisita** wurde nur beim Hund beschrieben mit einer deutlichen Prädisposition für Doggen. Das bullöse Pemphigoid kann durch Medikamente oder UV-Strahlen induziert sein oder idiopathisch. Für diese Erkrankung sind weder für den Hund noch die Katze eine Alters- oder Rasseprädisposition beschrieben worden.

Pathogenese: Als Hauptantigene fungieren u. a. Laminin-332 (Schleimhautpemphigoid) und verschiedene Kollagentypen (bullöses Pemphigoid, Epidermolysis bullosa acquisita). Nach Antikörper-Bindung an diese Proteine, die die Epidermis an der Dermis verankern, kommt es zur epidermalen Ablösung. Dadurch entstehen Bläschen und Bullae, nach deren Ruptur sich Erosionen und Ulzera bilden.

Klinisches Bild: Oft ist der Verlauf perakut. Das Schleimhautpemphigoid äußert sich durch Pigmentverlust, Erythem, Vesikel und Erosionen der Schleimhaut und ihrer Übergänge. Bei der Epidermolysis bullosa acquisita zeigen sich in Maulhöhle, an mukokutanen Übergängen, haarlosen Regionen (Nasenspiegel, Ballen) und schwach behaarten Arealen (Pinnae, axillar, inguinal) Makulae, aus denen Vesikel, Erosionen und Ulzera entstehen. Beim bullösen Pemphigoid bestehen Vesikel und Bullae, die sich zu schmerzhaften Ulzera und Krusten entwickeln. Neben mukokutanen Übergängen (etwa die Hälfte der Fälle: Maulhöhle) sind v. a. Kopf, Ohrmuschelinnenseiten, Abdomen und Achseln betroffen. Oft kommt es zu Sekundärinfektionen.

Diagnose: Die verschiedenen vesikobullösen Erkrankungen sind klinisch und selbst histopathologisch (möglichst Gewinnung intakter Vesikel/Blasen) oft kaum zu unterschieden. Mittels Immunhistochemie oder -fluoreszenz können die Zielantigene erfasst werden.

Differenzialdiagnose: Für das bullöse Pemphigoid kommt der Pemphigus vulgaris infrage.

Therapie, Prognose: Das Schleimhautpemphigoid spricht i. d. R. gut auf die Kombination Tetrazyklin/Nicotinamid an, die Prognose ist günstig. Die übrigen Läsionen sprechen nur teilweise auf eine Immunsuppression (s. Kap. 3.4.8.1) an, die Prognose ist i. d. R. ungünstig bis infaust (besonders für die Epidermolysis bullosa acquisita).

3.4.8.4 Vaskulitis/Vaskulopathie

Definition: Entzündung der Gefäßwände der Haut (v. a. dermale Venen), ggf. mit Obstruktion und daraus resultierend Extravasation von Blut, Ischämie und Gewebsnekrosen.

Ätiologie: Als Auslöser kommen infrage: Infektionserreger (insbesondere Anaplasmen und Ehrlichien als endotheliotrope Erreger, Babesien, Leishmanien, Dirofilarien, Herpesviren), Medikamente (Antibiotika, u. a. Penicilline, Sulfonamide, Metronidazol; Itraconazol, Ivermectin, Furosemid, Metoclopramid, Phenobarbital) und Toxine (z. B. Bienengift, Schlangengift), Impfungen (Tollwutimpfung, v. a. beim Pudel), immunologische Reaktionen, genetische Prädisposition, dadurch besteht eine Rasseprädisposition (u. a. Greyhound, Deutscher Schäferhund, Jack Russel Terrier); die Ätiologie bleibt oft idiopathisch.

Pathogenese: Oft liegt eine Hypersensibilisierungsreaktion vom Typ III vor. Es kommt zur abnormen Präzipitation von Immunkomplexen an der Basalmembran des Endothels. In der Folge werden das Komplementsystem aktiviert und Entzündungszellen angelockt mit entsprechenden zytotoxischen Effekten. Das klinische Bild ist die Folge von Gefäßwanddefekten (Blutungen) und von Ischämien nach Gefäßverschlüssen. Das gehäufte Auftreten von Ulzerationen und Gewebsnekrose an den Akren spiegelt die Tendenz zur verstärkten Ablagerung von Immunkomplexen in den Endstromgebieten mit langsamem Blutfluss wider.

Klinisches Bild: Im Bereich der Haut wird eine Vaskulitis anhand von Blutungen (Petechien, Ekchymosen) sichtbar. Nach der initialen Purpura (Rotverfärbung bei Diaskopie bestehenbleibend), treten die Folgen der Ischämien des Gewebes durch Gefäßthrombosierung (Infarzierung) in Erscheinung: Quaddeln, hämorrhagische Bullae, Ödem, Papeln und nachfolgend kraterförmige Ulzera (bei Verschluss größerer Gefäße), Krusten und vernarbende Alopezie (Follikelatrophie). Von Gewebsnekrosen besonders betroffen sind die Akren (Ohrspitzen, Rutenspitze, Knochenvorsprünge der Gliedmaßen, Ballen und Krallen). Eventuell ist auch der Nasenspiegel involviert (Bernhardiner, Riesenschnauzer, Scotch Terrier).

Diagnose: Klinisches Bild (u. a. Erythem bei negativer Diaskopie) unter Berücksichtigung von Anamnese (möglicher Auslöser s. o.), Rasse- und familiärer Disposition reichen für eine Verdachtsdiagnose, die durch eine histopathologische Untersuchung bestätigt werden kann. In jedem Fall sollte nach dem potenziellen Auslöser (z. B. Infektion, Medikamente) gefahndet werden.

Therapie: Nach Möglichkeit ist die Grundursache zu eliminieren. Das Mittel der Wahl ist **Pentoxifyllin** in einer Dosierung von 10(–25) mg/kg KM, initial 3 × tägl. p. o. (auf vollen Magen). Das Methylxanthin-Derivat hemmt unselektiv die Phosphodiesterase mit verzögernd einsetzender durchblutungsfördernder (erhöhte Flexibilität der Erythroyztenmembran, verminderte Blutviskosität) und immunmodulierender Wirkung (Hemmung der TNF-α-Synthese als wesentlichem Signalstoff von Entzündungsreaktionen und von Il-1). Weiterhin hemmt es die Narbenbildung, u. a. durch Hemmung der Fibroblastenproliferation und der Synthese von Kollagen. Erforderlichenfalls kann es bei unklarer oder nicht beeinflussbarer Grunderkrankung als Dauertherapie in reduzierter Frequenz (1–)2 × tägl. gegeben werden. Alternativ, in der Initialphase ggf. auch zusätzlich, kommen Kortikosteroide wie Prednisolon (1–2 mg/kg, 1 × tägl. bis Besserung, dann ausschleichend) zur Anwendung.

3.4.8.5 Dermatomyositis

Epidemiologie: Von der entzündlichen Erkrankung von Muskeln und Haut sind vorwiegend Collies, Shelties, aber auch Australian Shepherds und ihre Mischlinge betroffen.

Ätiologie, Pathogenese: Aufgrund einer genetischen Prädisposition (autosomal-dominanter Erbgang) kommt es – in Verbindung mit entsprechenden Stimuli (Medikamente, Toxine, Impfungen, Infektionen) – zu Hypersensibilisierungsreaktionen vom Typ III (Immunkomplexbildung) gegen nicht eindeutig definierte Antigene von Haut, Muskulatur und Blutgefäßen. Die Menge an zirkulierenden Immunkomplexen ist mit der Schwere der Erkrankung assoziiert.

Klinisches Bild: Die kutanen Symptome in Form von Erythemen, Vesikeln, Pusteln, Ulzera und Krusten starten zwischen der vierten und 20. Lebenswoche, sie können teilweise anfänglich sehr mild sein und übersehen werden. Ähnlich der Vaskulitis resultiert eine vernarbende fleckige Hautatrophie mit Alopezie. Bevorzugte Lokalisationen sind Lefzen, Ohrmuscheln, Rutenspitze, Knochenvorsprünge der Extremitäten und das Sternum. In einigen Fällen sind Maulhöhle oder die Krallen mit Aufsplitterung betroffen.

Myositissymptome treten oft erst deutlich später auf; beim Sheltie sind sie selten. Veränderungen der Kau- und Speiseröhrenmuskulatur führen zu deren Atrophie und Beschwerden bei der Nahrungsaufnahme und beim Abschlucken, Entzündungen der Gliedmaßenmuskulatur zu Lahmheiten. Die Beschwerden können von variabler Intensität sein und einen intermittierenden Verlauf aufweisen.

Diagnose: Die Verdachtsdiagnose entsteht, wenn charakteristische Läsionen bei einem jungen Collie oder Sheltie vorliegen. Die Histologie bestätigt die Diagnose.

Differenzialdiagnose: Hier sind v. a. kutaner und systemischer Lupus erythematodes, andere Formen der Vaskulitis und die Leishmaniose zu bedenken.

Therapie: In milden Fällen reichen Traumavermeidung, Sonnenschutz und systemisch Vitamin E (200–800 IE/Hund tägl.) sowie Fettsäurepräparate zur Kontrolle der Erkrankung aus. In schweren Fällen wird mit Pentoxifyllin (s. Kap. 3.4.8.4) oder/und Prednisolon ggf. kombiniert mit Azathioprin therapiert.

Prognose: Sie ist in milden Fällen günstig, in schwereren Fällen fraglich bis ungünstig; bei erheblichen, nicht auf die Therapie ansprechenden Beschwerden muss eine Euthanasie in Erwägung gezogen werden.

3.4.8.6 Sebadenitis

Definition: Die Erkrankung wird durch Entzündung, Destruktion und Funktionsverlust der Talgdrüsen verursacht.

Epidemiologie: Sebadenitis tritt beim Hund selten und bei der Katze sehr selten auf. Sie beginnt v. a. im jungen und mittleren Alter und besitzt keine Geschlechtsprädisposition. Prädisponiert sind Akita Inu, Magyar Vizsla, Samojede und Pudel.

Ätiologie: Neben der idiopathischen, immunvermittelten Form kann eine Sebadenitis auch assoziiert zu Parasitosen (Demodikose) und Infektionserkrankungen wie Leishmaniose vorliegen.

Pathogenese: Infiltrationen mit verschiedenen Entzündungszellen um die Talgdrüsen führen zu deren Destruktion und schließlich kompletten Verlust. Es lassen sich keine gegen Talgdrüsen gerichteten Antikörper nachweisen.

Klinisches Bild: Die Erkrankung äußert sich klinisch variabel. Beim Akita Inu und verschiedenen anderen Rassen liegt eine generalisierte seborrhoische Dermatitis und Hypotrichiose vor; nur das Primärhaar bleibt, Sekundärhaare fehlen. Bei nordischen Rassen kommt es zu Haarverlust an Hals und Rute. Der Magyar Vizsla entwickelt an Kopf und Rumpf multifokal ringförmige und polyzyklische, teils plaqueartige schuppige und alopezische Hautareale. Beim Pudel zeigen sich diffuse Alopezien mit Keratinmanschetten um Haarbüschel. Generell zeigen sich asbestartige, dunkle, festsitzende Schuppen zwischen den Haarfollikeln. Durch Keratinmanschetten verklebte Haare lassen sich oft büschelweise ausziehen. Juckreiz tritt erst bei Sekundärinfektionen auf.

Diagnose: Die histologische Untersuchung sichert die Diagnose: Im akuten Stadium findet sich ein granulomatöses oder lymphatisches Infiltrat um die Talgdrüsen, eine epidermale Hyperplasie und Hyperkeratose einschließlich der Follikel, während bei chronischen Fällen atrophische Talgdrüsen und Follikeldysplasie vorliegen.

Differenzialdiagnose: Demodikose und Leishmaniose führen auch zu entsprechenden Talgdrüsenveränderungen. Weitere Differenzialdiagnosen sind Dermatomykose, bakterielle Follikulitis, primäre Seborrhö, Ichthyose und Keratinisierungsstörungen (z. B. Vitamin-A-responsive Dermatose).

Therapie: In leichteren Fällen können Shampoo-Behandlungen (keratolytische Shampoos mit Schwefel oder Salizylsäure; Feuchtigkeitsspender mit Phytosphingosin; zunächst tägl., später 1[–2] × wöchtl.) oder Spot-on-Präparate mit Fettsäuren, Ceramiden und Phytospingosin angewandt werden.

In schweren und generalisierten Fällen sollte systemisch mit Retinoiden (Acitretin, s. Kap. 3.4.1.8) oder Ciclosporin (initial 5 mg/kg KM, 1 × tägl. p. o.), eventuell auch mit Fettsäurepräparaten therapiert werden. Glukokortikoide sind nicht effektiv.

Prognose: Die Prognose für die Patienten ist günstig, wobei eine Regeneration verloren gegangener Talgdrüsen kaum eintritt und sich damit die klinische Situation nur limitiert bessert. Mit betroffenen Tieren sollte nicht weiter gezüchtet werden.

3.4.8.7 Alopecia areata

Definition, Epidemiologie, Ätiologie: Die Alopecia areata ist eine seltene Autoimmunerkrankung gegenüber der anagenen Haarzwiebel mit Follikel beim jungen Hund, bevorzugt Dackel und Pinscher, aber ohne Geschlechtsprädisposition.

Pathogenese: Um die Haarfollikel zeigt sich ein entzündliches Infiltrat mit vorwiegend Lymphozyten ($CD8^+$- und $CD4^+$-T-Lymphozyten) und einigen Makrophagen. Insbesondere $CD8^+$-T-Lymphozyten (Suppressorzellen) infiltrieren den Bulbus und bewirken einen zytotoxischen Angriff auf Epithelzellen und Melanoyzten, der zur Apoptose und hydropischen Degeneration führt. Weiterhin werden IgG gegen Strukturproteine der Haarpapille, innerer und äußerer Wurzelscheide und verschiedener Bestandteile des Haares gebildet. Vom Menschen sind genetische, hormonelle und psychische Faktoren bekannt.

Klinisches Bild: Die Erkrankung manifestiert sich beim Hund in Form von multifokaler, nicht entzündlicher symmetrischer Alopezie v. a. am Kopf, daneben am Hals, am Rumpf und an den Gliedmaßen. Durch die Zerstörung der Melanozyten wachsen manchmal weiße Haare nach. Bei mehrfarbigem Fell ist meistens nur eine Haarfarbe betroffen.

Diagnostik, Diagnose: Die Diagnose wird histologisch gestellt, wo sich peribulbär Lymphozyten, Plasmazellen und Histiozyten sowie Apoptosen der Keratinozyten des Bulbus, Dysplasie des Haarschafts und Pigmentinkontinenz finden lassen.

Differenzialdiagnose: Hier sind andere Ursachen für Follikulitis (Demodikose, Dermatophytose, Pyodermie), Follikeldysplasie, Traktionsalopezie und Schablonenkrankheit zu bedenken.

Therapie, Prognose: Effektiv kann bei der Alopecia areata Ciclosporin in Standarddosierung (5 mg/kg KM, 1 × tägl. p. o.) angewandt werden, was aber im Hinblick auf den kosmetischen Charakter der Erkrankung mit den unerwünschten Wirkungen und Risiken abzuwägen ist (s. Kap. 3.4.8.1). Die Prognose ist günstig im Hinblick auf das mögliche Nachwachsen der Haare innerhalb von einem halben Jahr bis zu 2 Jahren.

3.4.8.8 Uveodermatologisches Syndrom

Epidemiologie, Ätiologie: Die Erkrankung tritt v. a. beim Akita Inu auf (80 % der Patienten), daneben beim Chow-Chow, Samojeden, Sibirischen Husky, Irish Setter, Dackel, Foxterrier und Bernhardiner. Vor allem beim Akita Inu scheint ein genetischer Hintergrund zu bestehen. Auch Virusantigen wird teilweise als Trigger postuliert, eventuell besteht auch ein Einfluss durch UV-Licht. Erste Symptome entstehen im jungen Alter, d. h. von einem halben Jahr bis zum 6. Lebensjahr, ohne Geschlechtsdisposition.

Pathogenese: Es besteht eine Autoimmunreaktion gegen Melanozyten, Melanin, Photorezeptoren und Ganglioside, woraus entsprechende Organschäden resultieren.

Klinisches Bild: Meist tritt zunächst eine bilaterale Uveitis auf, ggf. auch unilateral im dunkleren, braunen Auge bei Hunden mit unterschiedlicher Augenfarbe. Unbehandelt schreitet die Erkrankung schnell fort, neben Photophobie kommt es zu hinteren Synechien, einem Glaukom und schließlich Blindheit.

Hautsymptome treten meist im weiteren Verlauf, eventuell auch gleichzeitig auf. Initial besteht eine progressive Depigmentierung der mukokutanen Übergänge und des Nasenspiegels, im späteren Verlauf zeigen sich Erosionen und Ulzera sowie Krusten. In einigen Fällen sind Skrotum und Ballen betroffen. Am Rand behaarter Körperstellen kann Alopezie und Leukotrichie bestehen. Allgemeinsymptome (Fieber, Apathie), Vomitus und neurologische Symptome durch Meningoenzephalitis sind selten.

Diagnose: Sie erfolgt klinisch durch charakteristische Augenbefunde. Hautbiopsien zeigen eine oberflächliche, bandförmige histiozytäre Dermatitis mit hochgradiger Pigmentinkontinenz und hydropischer Degeneration der Basalzellen.

Prognose, Therapie: Unmittelbar muss mit der Applikation von Glukokortikoiden in immunsuppressiver Dosierung und Immunsuppressiva begonnen werden (s. Kap. 3.4.8.1). Ohne Therapie führt die Erkrankung zur Erblindung.

3.4.8.9 Arzneimittelreaktion

Definition, Systematik: Hierunter sind unerwünschte Wirkungen von Präparaten zu diagnostischen, therapeutischen und präventiven Maßnamen zusammengefasst. Bei den **systemischen Reaktionen** wird unterschieden zwischen **pharmakologischen,** d. h. in Grenzen vorhersehbaren (z. B. Polyurie/Polydipsie bei Glukokortikoiden), und **idiosynkratischen Reaktionen** (nicht vorhersehbar und dosisunabhängig). Hinzu kommen (hier nicht weiter besprochen) **lokale Reaktionen** in Form von Kontaktdermatitis (z. B. Gehörgang nach Ohrpräparaten) und Injektionsreaktionen nach Impfungen und Injektionen von Medikamenten. Dies betrifft z. B. lokale Alopezien nach Glukokortikoidinjektionen oder Tollwutimpfungen (durch Vaskulitis), Granulome, Krusten, Ulzerationen, Nekrosen und im Extremfall das impfassoziierte Fibrosarkom bei der Katze.

Epidemiologie: Idiosynkratische Reaktionen als nicht vorhersehbare, dosisunabhängige Wirkungen besitzen keine Rasse-, Geschlechts- oder Altersprädisposition. Eine Ausnahme stellt das gehäufte Auftreten von Vaskulitis nach Tollwutimpfung besonders beim Pudel dar.

Ätiologie: Grundsätzlich kann jedes Medikament unerwünschte Wirkungen besitzen, wobei ausgewählte Medikamente besonders oft zu entsprechenden Komplikationen führen (z. B. durch Itraconazol induzierte Vaskulitis).

Pathogenese: Pharmakologische Nebenwirkungen sind dosisabhängig (v. a. Überdosierungen, ggf. auch Interaktionen mit anderen Medikamenten) und oft nicht schwerwiegend. Die idiosynkratischen Reaktionen sind nicht mit pharmakologischen Wirkungen des Moleküls assoziiert, dosisunabhängig und nicht vorhersehbar. Sie sind immunvermittelt oder nicht immunvermittelt (metabolisch-toxisch, enzymatisch). Erst ab einer bestimmten Größe und bei bestimmter Konformation besitzen Moleküle antigene Wirkung; für freie Moleküle (Haptene) ist daher i. d. R. eine stabile Bindung zu Proteinen, Lipiden oder Nukleinsäuren notwendig. Für Sensibilisierungsreaktionen können auch Zusatzstoffe und Kontaminationen der Präparate oder aus den Wirkstoffen (z. B. Sulfonamide) nach Konvertierung entstandene reaktivere Metaboliten verantwortlich sein. Bedeutung für die Entstehung von Medikamentenreaktionen kommt auch der Entgiftungsfunktion des Makroorganismus zu, was für die erhöhte Empfindlichkeit für Medikamentenreaktionen bei Dobermännern verantwortlich gemacht wird.
Immunvermittelte Arzneimittelreaktionen können Hypersensibilisierungsreaktionen vom Typ I, II, III oder IV entsprechen:

- Typ I (IgE-abhängig): Sofortreaktionen durch Freisetzung von Histamin und anderen Inhaltsstoffen aus sensibilisierten Mastzellen äußern sich in Form von Juckreiz,

Urtikaria, Angioödem, gastrointestinalen Beschwerden (Erbrechen/Durchfall) und anaphylaktischem Schock.
- Typ II (zytotoxisch): Der Zelllyse durch zytotoxische T-Zellen und dem das Komplementsystem geht deren Aktivierung durch Immunkomplexe zwischen zellständigen Antigenen (wie Medikamente) und zirkulierenden IgG- und IgM-Antikörpern voraus. Sie ist Grundlage für das Erythema multiforme und den medikamenteninduzierten Pemphigus.
- Typ III (Immunkomplextyp): Bei diesem Reaktionstyp entstehen Immunkomplexe aus präzipitierenden IgG- und IgM-Antikörpern und Allergenen, die sich an Membranen ablagern und Teile des Komplementsystems aktivieren. Hieraus resultiert eine Phagozytose der Immunkomplexe durch Granulozyten und Freisetzung gewebeschädigender Enzyme (z. B. Elastase, Kollagenase). Die Reaktion tritt nach 6–12 Stunden (bzw. einige Tage nach erster Exposition) auf und ist pathogenetischer Hauptfaktor für Vaskulitis und den medikamenteninduzierten Lupus erythematodes. Die Symptome umfassen auch Fieber, Ödem und urtikariaähnliche papulöse Läsionen.
- Typ-IV-(zellvermittelte)-Reaktionen mit Freisetzung von Lymphokinen aus sensibilisierten T-Lymphozyten, die eine mononukleäre Entzündungszellinfiltration am Ort der Allergenexposition bewirken, treten verzögert auf und sind Grundlage von Kontaktallergien.

Klinisches Bild: Grundsätzlich sind idiosynkratische Reaktionen eher plötzlich und schwer verlaufend, teilweise treten sie aber erst als Hypersensibilisierungsreaktion nach mehrmaliger Gabe eines bestimmten Wirkstoffs auf.

Toxische Hautsymptome können sich äußern in Form von:
- Urtikaria und Angioödem (s. Kap. 3.4.7.5)
- Erythrodermie (diffuse Hautrötung) oder landkartenmusterartige Rötungen (dermale Vasodilatation durch vasoaktive Substanzen; positive Diaskopie, s. Kap. 3.3.5.7)
- Makulopapulöse Dermatitis (auch kombiniert mit Erythrodermie)
- Exfoliative Dermatitis (Haare mit anhaftenden Schuppen leicht epilierbar, keine Epidermisläsionen)
- Vaskulitis (s. Kap. 3.4.8.4)
- Vesikulo-pustulöse (-bullöse) Reaktionsmuster (Lupus, Pemphigus, Autoimmunerkrankungen des dermo-epidermalen Übergangs, s. Kap. 3.4.8.1, 3.4.8.2, 3.4.8.3)
- Erythema-multiforme-Komplex, Stevens-Johnson-Syndrom, toxische epidermale Nekrolyse (s. Kap. 3.4.8.10)

Diagnostik, Diagnose: Im Einzelfall kann es schwierig sein, bestimmte klinische Symptome u. a. der Haut eindeutig der Verabreichung eines bestimmten Medikamentes zuzuordnen. Hierfür sprechen:
- Anamnestischer Zeitbezug zur Verabreichung eines Präparates
- „Typische“ Symptome
- Charakteristische bzw. passende histologische Veränderungen

- Remission nach Absetzen des Medikamentes
- Wiederauftreten der Symptome nach erneuter Verabreichung des Präparates (wird selten durchgeführt)
- Bei Applikation mehrerer Präparate: negativer Provokationstest bei den anderen, nicht in Verdacht stehenden Medikamenten

Eine toxische/idiosynkratische Medikamentenreaktion liegt nahe, wenn:

- Vermutlich medikamentenassoziierte Symptome ohne Bezug zu pharmakologischen Wirkungsweisen bestehen
- Symptome bei geringer (normaler) Dosierung auftreten
- Symptome sich frühestens 5 Tage nach erster Verabreichung (immunologische Reaktion) manifestieren
- Symptome allergischer Natur sind
- Präparate derselben Wirkstoffgruppe Reaktionen auslösen

Eine Biopsieentnahme kann zusätzliche diagnostische Hinweise geben, wobei die Differenzierung von Veränderungen wie Erythema multiforme (apoptotische Keratinozyten mit umgebenden Lymphozyten), toxischer epidermalen Nekrolyse und Stevens-Johnson-Syndrom (s. Kap. 3.4.8.10) nicht in allen Fällen zweifelsfrei möglich ist. Laboruntersuchungen bringen keine hilfreichen Hinweise.

Prophylaxe: Es ist naheliegend, dass Patienten, die bereits zuvor deutliche Reaktionen (z. B. Urtikaria) auf bestimmte Medikamente gezeigt haben, diese nicht wieder erhalten sollten.

Therapie: Sie besteht im Absetzen des verdächtigten Medikamentes. Erhält der Patient mehrere Medikamente und werden diese in der akuten Phase gleichzeitig abgesetzt, kann eventuell (nicht bei schwerem Verlauf!) nach einer erwarteten Remission durch sukzessive Wiederaufnahme der Therapie das verantwortliche Medikament herausgefunden werden. Schwere Verläufe erfordern eine stationäre intensivmedizinische Therapie. Glukokortikoide sind v. a. bei Urtikaria, Angioödem, medikamenteninduzierten Autoimmunerkrankungen mit vesikulo-pustulösem Reaktionsmuster und Formen des Erythema multiforme angezeigt, die trotz Absetzen des Wirkstoffes persisitieren können. Auch Infusionen mit humanem Immunglobulin (s. Kap. 3.4.8.1) wurden erfolgreich eingesetzt.

Prognose: In der Regel heilen die Symptome nach Absetzen der verantwortlichen Medikation spontan ab. Schwere Verläufe (Stevens-Johnson-Syndrom, toxische epidermale Nekrolyse) haben eine schlechte Prognose.

3.4.8.10 Erythema-multiforme-Komplex (inklusive Stevens-Johnson-Syndrom, toxische Epithelnekrose)

Synonyma: Toxische-epidermale Nekrolyse-Komplex, toxische epidermale Nekrolyse.

Definition, Epidemiologie: Es handelt sich um seltene bis sehr seltene akute Autoimmunerkrankungen der Haut und teilweise auch der Schleimhäute von Hund und Katze mit recht charakteristischen klinischen und histopathologischen Anzeichen. Der Komplex wird für ca. 0,4 % der caninen Hautpatienten einer Universitätsklinik verantwortlich gemacht, gehört damit aber zu den häufigeren Arzneimittelreaktionen (s. Kap. 3.4.8.9).

Ätiologie: Diese immunvermittelten Erkrankungen entstehen als Reaktion auf verschiedene Antigen-Stimuli wie Infektionserreger (Bakterien, Viren), Neoplasien, Nahrungsmittel und Medikamente. Bakterielle Infektionen entsprechen z. B. Analbeutelentzündung, Pseudomonas-Otitis und Staphylokokken-Dermatitis. Virusinfektionen schließen Herpesvirusinfektion (Katze), Staupe- und Parvovirusinfektion ein. Medikamente, die v. a. das Stevens-Johnson-Syndrom oder eine toxische Epithelnekrose auslösen, sind u. a. Amoxicillin, Cephalosporine, Enrofloxacin, Gentamycin, Tetrazykline, Trimetoprim-Sulfonamid, Diethylcarbamazin, Ivermectin, L-Thyroxin und Pentoxifyllin. Der Krankheitskomplex kann auch idiopathisch entstehen.

Pathogenese: Es wird angenommen, dass der Erkrankungskomplex eine wirtsspezifische Reaktion zytotoxischer T-Zellen gegen Keratinozyten darstellt, die Fremdantigene exprimieren. Bei schweren Verläufen mit ausgedehnten Nekrosen kann der Verlust von Körperflüssigkeit, Plasmaproteinen, Elektrolytimbalanzen und bakteriellen Sekundärinfektionen zum Tod führen.

Klinisches Bild: Verschiedene Formen sind nicht sicher histologisch, sondern nur klinisch zu differenzieren. Die variable Klinik manifestiert sich im Namensteil „multiforme". Typischerweise betroffene Regionen sind ventraler Rumpf (v. a. Achsel- und Leistengegend), mukokutane Übergänge, Mundhöhle, Ohrmuscheln und Pfotenballen. Charakteristisch sind akut beginnende, mehr oder weniger symmetrisch auftretende, ringförmige (teilweise auch bogenförmige oder geschlängelte), erhabene erythematöse Läsionen verschiedener Größe mit zentraler, oft schuppiger Aufhellungszone („Target lesion", Zielscheiben-Läsion), die landkartenartige Muster kreieren können. Sonstige Läsionen schließen erythematöse Flecken, Collaretten, Urtikaria-ähnliche Plaques und Bläschen/Blasen ein. Im weiteren Verlauf entstehen Erosionen durch Epithelverlust. Die Veränderungen können schmerzhaft sein, es besteht aber nur selten Juckreiz. Beim **Erythema multiforme minor** ist weniger als die Hälfte der Körperoberfläche betroffen und maximal eine Schleimhautregion; das schwerer verlaufende **Erythema multiforme major** ist mit Läsionen an mehreren Schleimhautregionen assoziiert und i. d. R. mit Allgemeinsymptomen (Fieber, Inappetenz, Lethargie).

Die toxische Epithelnekrose verläuft perakut und schwerwiegend mit erheblichen Allgemeinsymptomen. Es bestehen generalisierte erythematöse Hautsymptome mit Epidermisablösung (leicht rupturierende Bullae, Erosionen, Ulzerationen) und positiven Nikolski-Zeichen (s. Kap. 3.4.8.1) auf > 30 % der gesamten Körperoberfläche (Stevens-Johnson-Syndrom: bis 10 %; Übergangsform: 10–30 %). Dabei ist mehr als eine Schleimhautregion betroffen.

Diagnose: Das klinische Bild mit seinem plötzlichen, häufig generalisierten Beginn ist – nach Ausschluss der unter Differenzialdiagnose genannten Krankheiten – recht typisch. Eine histologische Untersuchung (apoptotische Keratinozyten mit umgebenden Lymphozyten, lymphozytäre Interface-Dermatitis, nekrotische Epidermis bei allenfalls geringgradigem dermalen Gehalt an Entzündungszellen im fortgeschrittenen Stadium der toxischen epidermalen Nekrolyse) bestätigt das Vorliegen des Erkrankungskomplexes. Die histologische Abgrenzung ist oft nicht zweifelsfrei möglich.

Differenzialdiagnose: Es sind v. a. Urtikaria anderer Genese und andere Autoimmunerkrankungen, daneben bakteriell oder durch Demodikose ausgelöste Follikulitis, Dermatomykosen, Verbrennungen und Neoplasien (v. a. epitheliotropes Lymphom, histiozytäre Hauttumoren) zu bedenken.

Therapie:
1. Eliminierung der Ursache (s. o., z. B. Staphylokokkeninfektion), möglichst Absetzen jeder Arzneimitteltherapie
2. Bei Allgemeinsymptomen ggf. Intensivtherapie sowie kreislaufunterstützende Therapie mit Infusionen
3. Antibiotikum als Schutz vor Sekundärinfektionen bei ulzerierten Läsionen: Da verschiedene Antibiotika auch Auslöser sind, sollte der Patient den Wirkstoff noch nicht erhalten haben.
4. Systemisch Kortikosteroide in immunsuppressiver Dosierung: Prednisolon (Hund 2 mg/kg KM, Katze 2–4 mg/kg KM, jeweils anfänglich 2 × tägl.)
5. Immunmodulation und Immunsuppression (in hartnäckigen Fällen): Pentoxifyllin (Hund, s. Kap. 3.4.8.4), Azathioprin (Hund [1–]2 mg/kg KM, 1 × tägl. p. o.), Ciclosporin (5 mg/kg KM, 1 × tägl. p. o.), intravenöse Infusion von humanen Immunglobulinen (v. a. bei toxischer epidermaler Nekrolyse) (s. Kap. 3.4.8.1). Auch hierbei ist zu bedenken, dass Pentoxifyllin und Immunsuppressiva selbst auch Auslöser eines Erythema multiforme sein können:

Prognose: Das Erythema multiforme heilt nach Elimination der Ursache (und unterstützender symptomatischer Therapie beim Erythema multiforme major) spontan ab und hat eine gute Prognose. Die schwereren Formen, v. a. die toxische epidermale Nekrolyse und die Übergangsform, besitzen eine vorsichtige bis sogar infauste Prognose. Die Letalität beträgt bei der toxischen epidermalen Nekrolyse ca. 50 %.

3.4.8.11 Juvenile Zellulitis

Synonyma: Jungtierzellulitis, Jungtierpyodermie, juvenile sterile Pyodermie.

Definition, Epidemiologie: Es handelt sich um eine seltene Erkrankung von Welpen und sehr jungen Hunden (3 Wochen bis 5 Monate) mit pyogranulomatöser Entzündung vorwiegend im Kopfbereich.

Ätiologie: Sie ist nicht genau definiert. Da teilweise mehrere Welpen eines Wurfes betroffen sind, besteht vermutlich eine hereditäre Komponente oder ein noch nicht definiertes Pathogen.

Pathogenese: Wahrscheinlich ist die Erkrankung immunvermittelt, da sie gut auf eine Glukokortikoidtherapie anspricht, nicht hingegen auf eine alleinige Antibiotikatherapie. Bei der teilweise bestehenden Staphylokokkeninfektion handelt es sich wahrscheinlich um ein Sekundärphänomen.

Klinisches Bild: Es zeigt sich eine akute hochgradige ödematöse Schwellung des Gesichtes mit Erythem, pustulöser Dermatitis und Furunkulose, v. a. an Lefzen, Kinn, Nase, Augenlidern und periokulär, und den Innenseiten der Ohrmuscheln inklusive einer Otitis externa (Abb. 3.19). Oft sind die regionären Lymphknoten (besonders Lnn. mandibulares) entzündlich-reaktiv verändert. Selten sind auch die mukokutanen Übergänge im Genitalbereich und sehr selten andere Körperregionen (Hals, Rumpf), vereinzelt auch Fettgewebe (sterile Pannikulitis) und Gelenke (immunvermittelte Arthropathie) betroffen. Im weiteren Verlauf können sich Abszesse (vereinzelt auch von Lymphknoten) und Fistelgänge in der Subkutis (mit serohämorrhagischem oder purulentem Sekret) sowie Alopezie entwickeln. Die Patienten haben oft ein gestörtes Allgemeinbefinden, sind febril, anorektisch und schmerzhaft bei Berührung.

Diagnose: Alter und klinisches Bild sind recht charakteristisch. Zytologien von Feinnadelpunktaten bzw. Sekreten aus Fistelgängen zeigen eine pyogranulomatöse Entzündung, initial ohne Bakterien. Eine histopathologische Bestätigung des pyogranulomatösen Infiltrats in Dermis und Subkutis, ggf. unter Verlust der Adnexe, ist i. d. R. nicht erforderlich.

Therapie:

1. Mittel der Wahl sind Kortikosteroide: Prednisolon in immunsuppressiver Dosis (2 mg/kg KM) 1(–)2 × tägl., bis zum weitgehenden Abheilen der Krankheit (ca. 8–14

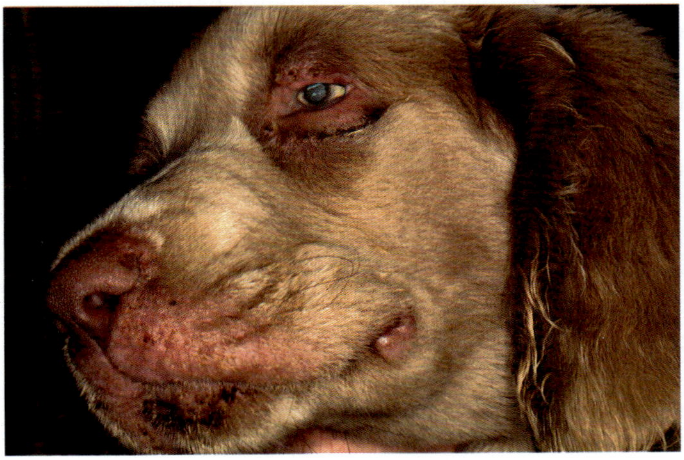

Abb. 3.19 Ausgeprägtes Gesichtsödem, Erythem, pustulöse Dermatitis und Furunkulose, v. a. im Bereich von Lefzen, Kinn, Nase, Augenlidern und der Augenumgebung, bei einer 2 Monate alten Weimaraner-Hündin kennzeichnen das klassische Bild einer juvenilen Zellulitis.

Tage), dann Reduktion („Ausschleichen") über ca. weitere 2 Wochen, wobei einige hartnäckige Fälle eine längere Therapie erfordern. Vereinzelt wird kombiniert Ciclosporin verabreicht. Zu berücksichtigen ist, dass durch die rasche Gewichtszunahme der i. d. R. sehr jungen Patienten eine automatische Dosisreduktion erfolgt.
2. Bei bakteriellen Sekundärinfektionen: Antibiotika (ggf. nach Antibiogramm) mit Dosisanpassung an die Gewichtsentwicklung (siehe 1.).
3. Lokale antimikrobielle Therapie: Pyodermien und tiefe Ulzera können zusätzlich örtlich mit desinfizierenden Lösungen (u. a. Polyhexanid, Wasserstoffperoxid oder Jodkomplexlösungen) und Shampoos behandelt werden (s. Kap. 3.4.2.1), oft wird dies wegen Schmerzhaftigkeit aber nicht gut toleriert.

Prognose: Sie ist gut, eventuell bleiben Narben zurück.

3.4.8.12 Sterile Pyogranulome, sterile noduläre Pannikulitis

Definition: Sterile Pyogranulome entsprechen entzündlichen Infiltraten in Subkutis und Dermis, die sterile noduläre Pannikulitis einer Entzündung mit Knotenbildung des subkutanen Fettgewebes, jeweils ohne nachweisbare Mikroorganismen.

Epidemiologie: Sterile Pyogranulome sind selten beim Hund und eine Rarität bei der Katze und können in jedem Alter auftreten. Es besteht wahrscheinlich eine Geschlechtsdisposition zugunsten von männlichen Tieren, aber keine Rasseprädisposition. Für die ebenfalls seltene sterile noduläre Pannikulitis scheinen Dackel prädisponiert zu sein, während weder eine Geschlechts- noch Altersprädisposition bekannt ist.

Ätiologie: Sterile Pyogranulome werden durch unbekannte exogene und endogene Antigenstimuli ausgelöst. Auch die sterile noduläre Pannikulitis ist idiopathisch, tritt aber oft assoziiert mit anderen Erkrankungen (v. a. Leber und Pankreas) auf, woraus ein Antigenstimulus entstehen könnte. Eventuell führt auch eine erhöhte Aktivität pankreatischer Lipasen zur Lipolyse und Nekrose von subkutanem Fettgewebe.

Pathogenese: Der fehlende Erregernachweis mittels verschiedener Techniken (Kultur, Immunhistochemie, PCR) und das Ansprechen auf eine immunsuppressive Therapie sprechen für eine immunvermittelte Genese.

Klinisches Bild: Sterile Pyogranulome entstehen als multiple derbe, nicht schmerzhafte subkutane Knötchen und Knoten mit einem Durchmesser von wenigen Millimetern bis Zentimetern besonders im Gesicht und an den Gliedmaßen, seltener an Ohrmuschel, am Rumpf und Abdomen. Später kann sich die initial unveränderte Haut über den Läsionen verdicken, alopezisch werden und ulzerieren. Es kann dann zu Sekundärinfektionen kommen, v. a. bei Zwischenzehengranulomen aufgrund ihrer exponierten Lage. Bei der sterilen nodulären Pannikulitis bestehen Knoten variabler Konsistenz, die fluktuieren können, an Kopf, ventralem Hals, Rumpf, inguinal, distalen Gliedmaßen und perineal. Es kann zu Ulzerationen kommen und sich öliges oder sero-hämorrhagisches Exsudat entleeren.

Diagnose: Die Diagnose basiert auf dem zytologischen und/oder histologischen Nachweis einer sterilen pyogranulomatösen Entzündung, bei steriler nodulärer Pannikulitis ggf. auch einer fokal neutrophilen oder granulomatösen Entzündung. Zur zytologischen Untersuchung eignen sich v. a. Feinnadelaspirate der Knoten, weniger gut auch Exsudat aus Fisteln. Gegebenenfalls kann sicherheitshalber ein Ausschluss von Infektionserregern durch eine Bakterien- und Pilzkultur und eventuell Leishmanien-PCR erfolgen.

Differenzialdiagnose: Für die sterilen Pyogranulome sind Granulome durch Bakterien, Mykobakterien, Pilze, Protozoen (Leishmanien), Fremdkörper und Neoplasien zu bedenken. Für die sterile noduläre Pannikulitis kommen neben den angeführten Entitäten (außer Leishmaniose) und sterilen Pyogranulomen auch Injektionsreaktionen, Insektenstiche und Arzneimittelreaktionen infrage.

Therapie: Sie erfolgt immunmodulierend und/oder immunsupprimierend mit Tetrazyklin/Nicotinamid oder Prednisolon kombiniert mit Ciclopsorin oder Azathioprin (s. Kap. 3.4.8.1).

Prognose: Die Prognose ist günstig, da die Veränderungen gut auf eine Behandlung ansprechen; es kommt jedoch oft zu Rezidiven.

3.4.8.13 Metatarsalfisteln (Deutscher Schäferhund)

Epidemiologie: Die seltene Erkrankung tritt beim jungen und adulten Deutschen Schäferhund und seinen Mischlingen auf, tendenziell scheinen Rüden überproportional betroffen zu sein.

Ätiologie, Pathogenese: Die Erkrankung ist idiopathisch, vermutlich immunvermittelt.

Klinisches Bild (Symptome): Am Anfang bestehen wenig auffällige, bilateral symmetrische, warme, gerötete und fluktuierende Schwellungen plantar an den Metatarsalia und Metacarpalia, die später fisteln mit Austritt blutig-serösen Sekretes. Nach Sekundärinfektion kann das Sekret eitrig werden und Juckreiz auftreten. Die Läsionen treten gelegentlich zusammen mit Perianalfisteln (s. Kap. 3.4.8.14) und Schäferhundpyodermie auf.

Diagnose, Differenzialdiagnose: Die Läsionen sind i. d. R. charakteristisch, differenzialdiagnostisch kommen möglicherweise bakterielle und mykotische Infektionen sowie Fremdkörpergranulome infrage.

Therapie: Angezeigt ist eine immunsuppressive Therapie (Prednisolon, Ciclosporin) oder der Einsatz von Tetrazyklin/Nicotinamid (s. Kap. 3.4.8.1) und eventuell Antibiotika gegen bakterielle Sekundärinfektionen. Adjuvant kann Vitamin E appliziert und ggf. eine lokale Immunmodulation mit 0,1 %iger Tacrolimus-Creme durchgeführt werden.

3.4.8.14 Perianalfissuren

Definition: Perianalfissuren entsprechen chronischen idiopathischen Entzündungen von Haut und Adnexe um den Anus mit Bildung von multiplen ulzerierenden Fisteln und/oder Sinus.

Epidemiologie, Ätiologie: Sie werden v. a. beim Deutschen Schäferhund regelmäßig beobachtet, seltener beim Irish Setter und vereinzelt bei anderen Rassen. Gehäuft sind mittelalte, intakte Rüden betroffen. Die genaue Ursache ist unbekannt, es wird eine genetische Prädisposition vermutet.

Pathogenese: Wahrscheinlich liegt der Erkrankung ein immunvermittelter Prozess zugrunde, wozu u. a. die Beteiligung von Eosinophilen an der Entzündung, das Ansprechen auf eine immunsuppressive Therapie und die Assoziation zu chronisch-entzündlichen Dickdarmerkrankungen passt. Hierbei zeigt vermutlich das angeborene Immunsystem eine Überreaktion auf kommensale Bakterien. Begünstigend sollen sich z. B. eine breite Rutenbasis, eine große Zahl von Perianaldrüsen, Einklemmen der Rute und häufiges Belecken der Perianalregion auswirken. Schmerzen beim Kotabsatz und, im fortgeschrittenen Stadium, Narbenbildungen können zu Kotabsatzstörungen (Koprostase) führen.

Klinisches Bild: Im fortgeschritten Stadium, in dem die Tiere präsentiert werden, zeigen sich perianal tiefe, kraterförmige Defekte der Haut und teilweise tieferer Gewebsschichten, teils mit Granulationsgewebe ausgekleidet, oft mit blutig-eitriger Sekretion und von einem unangenehmen Geruch begleitet. In ausgeprägten Fällen können Tenesmen, schmerzbedingte Koprostase und als Konsequenz eventuell auch Inappetenz bestehen.

Diagnose, Differenzialdiagnose: Das klinische Bild ist recht eindeutig. Eine bakteriologische Untersuchung des Fistelsekretes kann sinnvoll sein. Teilweise wird auch wegen möglicher assoziierter Kolitis vor Behandlungsbeginn eine Koloskopie und Biopsieentnahme empfohlen. Bei entsprechender Lage der Veränderung kann mitunter die Abgrenzung von Fisteln zu entzündeten Analbeuteln bzw. rupturierten Analbeutelabszessen schwierig sein, sodass in diesen Fällen sicherheitshalber die Ausführungsgänge der Analbeutel sondiert und die Analbeutel gespült werden sollten. Weiterhin kommen differenzialdiagnostisch eventuell abszedierte Perianaltumoren infrage.

Therapie: Wesentliche Komponenten sind in der Akutphase ein Ausrasieren des gesamten Perianalbereiches, was die regelmäßige Reinigung (nach jedem Kotabsatz) erleichtert. Diese geschieht am besten durch Abduschen (was die Tiere nach einigen Tagen oft als Erleichterung empfinden) und anschließendes Auftragen antiseptischer

Präparate (z. B. Wundgel mit Polyhexanid und Betain). Essenziell ist auch ein sicherer Leckschutz (Halskragen). Bei ausgeprägten Veränderungen kann eine Schmerztherapie angezeigt sein. Im Hinblick auf den immunvermittelten Charakter und das Rezidivrisiko ist eine dauerhafte immunsuppressive Therapie (s. Kap. 3.4.8.1), vorzugsweise mit Ciclosporin (5 mg/kg KM, 1 × tägl. p. o., ggf. Versuch nach Abheilung jeden 2. Tag) erforderlich. Glukokortikoide sind weniger effektiv (Verbesserung bei einem Drittel bis der Hälfte der Patienten), können aber v. a. in der Initialphase ergänzend eingesetzt werden, um die Entzündung schneller zu reduzieren und die Lebensqualität der Patienten zu verbessern. Auch Tacrolimus (0,1 %ige Creme) wird in leichten Fällen alleinig, zum Teil auch ergänzend lokal angewandt (zunächst 2 × tägl., dann 1 × tägl.). Nach Auffassung des Autors sollten die Veränderungen nur in besonderen Situationen chirurgisch angegangen werden, eventuell durch Débridement von Nekrosen, da erhebliche Wundkomplikationen entstehen und die Situation oft erheblich verschlechtert wird. Sinnvoll ist hingegen, v. a. bei begleitender Kolitis, das Füttern einer Eliminationsdiät. Bei Kotabsatzstörungen können, bis zur Besserung der Symptomatik, Laxantien (Latulose) die Funktion verbessern.

Prognose: Mit einer kontinuierlichen, meist lebenslangen immunmodulierenden Therapie kann eine komplette Remission erreicht werden.

3.4.8.15 Plasmazelluläre Pododermatitis

Epidemiologie, Ätiologie: Hierbei handelt es sich um eine seltene Erkrankung der Ballen bei der Katze mit unbekannter Ursache.

Pathogenese: Da betroffene Katzen auch polyklonale Hypergammaglobulinämie, immunvermittelte Glomerulonephritis und renale Amyloidose entwickeln können, besteht offensichtlich eine Assoziation zu einer chronischen Antigenstimulation.

Klinisches Bild: Vor allem die palmaren und plantaren, aber nur selten die digitalen Ballen sind deutlich geschwollen, von weicher Konsistenz und teilweise violett verfärbt. In schweren Fällen kann es zur Ulzeration und zum Austritt subkutanen Gewebes und zu Sekundärinfektion kommen. Typischerweise sind mehrere bis alle Pfoten betroffen.

Diagnostik: Die Klinik ist recht pathognomonisch. Zur Bestätigung kann eventuell eine Feinnadelaspiration entnommen werden, um Plasmazellen und Lymphozyten nachzuweisen.

Therapie, Prognose: Zumeist wird Doxycyclin in einer Dosierung von 10 mg/kg KM tägl. p. o. (z. T. kombiniert mit Nicotinamid) über mehrere Wochen angewandt, wodurch es – wahrscheinlich v. a. durch den immunmodulierenden Effekt – innerhalb von Wochen bis Monaten zur Besserung oder teilweisen Heilung kommt. Der Autor hat auch erfolgreich Prednisolon und Ciclosporin eingesetzt. Auch Chlorambucil wird mitunter empfohlen. Die Prognose ist insgesamt günstig. In einigen Fällen treten jedoch Rezidive auf. Bei den seltenen Ulzerationen ist eine chirurgische Versorgung notwendig.

3.4.9 Hormonell bedingte Hauterkrankungen

Patienten mit hormonellen Imbalanzen entwickeln neben systemischen Symptomen oft auch Veränderungen von Haut und Haarkleid. Die Veränderungen sind i. d. R. bilateral symmetrisch und betreffen oft Alopezien und Qualitätsveränderungen (u. a. Farbveränderungen) von Haaren. Auch Seborrhö, Otitis ceruminosa und rezidivierende Infektionen mit Bakterien und/oder Hefen werden beobachtet. Um Redundanzen, v. a. mit dem Kapitel 13 (Endokrinologie), zu vermeiden, werden hier bei verschiedenen Erkrankungen nur dermatologische Leitbilder angerissen; ansonsten erfolgen entsprechende Querverweise.

3.4.9.1 Hyperadrenokortizismus (s. Kap. 13.2.1)

Bei älteren **Hunden** mit Hautsymptomen wie bilateral symmetrischer Alopezie am Rumpf, Komedonen am Bauch, Hautverdünnung, dünnem, trockenem, stumpfem, leicht epilierbarem Haarkleid, Calcinosis cutis, Neigung zu Pyodermien und Wundheilungsstörungen, insbesondere in Verbindung mit typischen Allgemeinsymptomen wie Polyurie, Polydipsie, Polyphagie, Hängebauch und Hecheln ist an Hyperadrenokortizismus zu denken. Nur bei etwa der Hälfte der **Katzen** mit seltenem spontanem Hyperadrenokortizismus und bei dieser Spezies nur als Rarität bei iatrogenem Hyperadrenokortizismus werden Hautsymptome beobachtet. Diese schließen multifokale Alopezie, trockene Seborrhö, Hautverdünnung und hierdurch erhöhte Fragilität und rezidivierende Sekundärinfektionen ein; gelegentlich kommt es auch zum Abknicken der Ohrmuschelspitzen.

3.4.9.2 Hypothyreose (s. Kap. 13.3.1)

Eine Hypothyreose muss bei Hunden (v. a. mittelalte Hunde größerer Rassen) differenzialdiagnostisch berücksichtigt werden, die symmetrische Hypotricheose bzw. Alopezie am Rumpf und besonders an exponierten Stellen für mechanische Traumata aufweisen (v. a. Nasenrücken, Hals durch Halsband, Knochenvorsprünge, Perineum, Rute). Dies gilt insbesondere bei Vorliegen von einem stumpfen, leicht epilierbaren, nach Rasur nicht nachwachsenden Haarkleid, Hautverdickung, reduzierter Hauttemperatur, Hyperpigmentierung, Infektionsneigung (Bakterien, Malassezien, Demodex), rezidivierenden Otitiden und typischen Allgemeinsymptomen (Lethargie, Hypothermie, Gewichtszunahme, Konditionsverlust, Myxödem, periphere Neuropathien).

3.4.9.3 Hypophysärer Zwergwuchs (s. Kap. 13.1.3.1.1)

Bei Hunden mit hypophysärem Zwergwuchs (hereditärem Hyposomatotropismus) zeigen sich ab dem Alter von 3–6 Monaten neben dem proportionalen Zwergwuchs und Brachygnathie auch Fell- und zunehmend Hautveränderungen (Hyperpigmentierung, Verdünnung, Papeln und Komedonen als Anzeichen einer oberflächlichen Pyodermie). Das Haarkleid am Rumpf ist kurz, wegen fehlender Primärhaare weich und wollig (Welpenfell) und leicht epilierbar, während die Haare an Kopf, Gliedmaßen und Rute weitestgehend normal sind.

3.4.9.4 Hyperöstrogenismus

Definition: Hierunter sind Pathologien durch Übersekretion oder exogene Zufuhr von Östrogenen zusammengefasst.

Epidemiologie, Ätiologie: Seltene hormonelle Imbalanz bei der Hündin (bei Katze als Rarität) durch Ovarialzysten oder seltener Östrogen-sezernierende Eierstocktumoren (s. auch Kap. 12.1.3.1), beim Rüden durch Sertolizelltumoren (s. auch Kap. 12.2.2.4). Hodentumoren kommen fast nur bei älteren Hunden ohne Rasseprädisposition vor. Gehäuft, v. a. mit Feminisierungssyndrom, bei abdominalen Hodentumoren.

Pathogenese: Östrogene besitzen zahlreiche direkte und indirekte Wirkungen (u. a. über die Beeinflussung anderer Hormone wie Schilddrüsenhormone, Steroidhormone) auf die Haut und das Haarkleid. So wirken sie anabol auf die Epidermis, stimulierend auf den Melaningehalt der Melanozyten, antioxidativ sowie stimulierend auf die Kollagen- und Hyaluronsäuresynthese. Im Hinblick auf die Haare wird generell davon ausgegangen, dass Östrogen (z. B. erhöhte Östrogenspiegel bei schwangeren Frauen) die Haarwurzeln stimuliert und die Haare verlängert in der anagenen Phase verbleiben, was bilateral symmetrische Alopezien bei kastrierten Hündinnen durch Hypoöstrogenismus erklärt, aber den Haarausfall bei Hunden mit Hyperöstrogenismus schwer erklärbar macht. Der regionalen Symptomatik kann eine variable Verteilung der kutanen Östrogenrezeptoren zugrunde liegen.

Klinisches Bild: Beim Hyperöstrogenismus wie auch gelegentlich beim Hypoöstrogenismus wird typischerweise eine bilateral symmetrische Alopezie im Bereich von Flanken, Leisten und Perineum beobachtet. Bei der Hündin mit Hyperöstrogenismus dehnt sie sich später auf Stellen mechanischer Beanspruchung (Hals) und eventuell den kompletten Rumpf aus. Zudem zeigen sich Komedonen am Abdomen und an der Vulva. Das übrige Haarkleid ist trocken, stumpf und teilweise wollig. Die Haut ist meistens hyperpigmentiert und kann kalt erscheinen. Teilweise verfärbt sich Fell von schwarz nach rötlich. Beim Rüden ist ein lineares Erythem an der medianen Raphe von Präputium und Skrotum pathognomonisch.

Assoziiert zeigen sich Symptome des Reproduktionsapparates, bei der Hündin in Form von Zyklusstörungen, Schwellung von Zitzen und Vulva und Endometritis/Pyometra, beim Rüden eine Vergrößerung der Zitzen, ein hängendes Präputium und Prostataveränderungen. Bei betroffenen Rüden gehören zum Feminisierungssyndrom auch Zytopenien und eine Verhaltensauffälligkeit, d. h. Desinteresse an läufigen Hündinnen, dafür Interesse anderer Rüden am Patienten.

Diagnose: Sie erfolgt bei der Hündin durch Anamnese, Klinik und Ausschluss anderer hormoneller Erkrankungen und ggf. eine Hautbiopsie zum Ausschluss von Follikeldysplasien. Mittels Sonographie können Zysten und Tumoren des Ovars diagnostiziert werden. Hodentumoren werden je nach Lage palpatorisch oder sonographisch erfasst und die Diagnose histologisch gesichert. Gegebenenfalls kann ein erhöhtes Östradiol-/Testosteron-Verhältnis gemessen werden.

Differenzialdiagnose: Bei Fehlen von Zyklusanomalien bei der Hündin sind andere Endokrinopathien (Hypothyreose, Hyperadrenokortizismus) und Follikeldysplasie (Alopezia X) zu bedenken.

Therapie, Prognose: Nach Kastration des Rüden bzw. Ovariohysterektomie der Hündin bilden sich die kutanen Veränderungen innerhalb von 3 bzw. 3–6 Monaten vollständig zurück. Die Blutbildveränderungen können v. a. beim Sertolizelltumor irreversibel sein.

3.4.10 Metabolisch bedingte Hauterkrankungen

3.4.10.1 Zink-responsive Dermatose

Epidemiologie, Ätiologie: Ausschließlich beim Hund kommt es zu klinisch relevanten Zinkmangelzuständen durch einen Resorptionsdefekt bei nordischen Rassen (Husky, Malamute) und Bullterrier oder Unterversorgung v. a. bei Vertretern großer Rassen, bei größeren Welpen oder jungen adulten Individuen durch nicht bedarfsgerechten Zinkgehalt der Nahrung oder durch Substanzen, die die Zink-Resorption behindern (Kalzium, Kupfer, Phytate: pflanzliche Proteine in Cerealien und Soja). Vereinzelt kann das Krankheitsbild auch bei adulten Hunden bei erhöhtem Bedarf (Trächtigkeit, Laktation, Stress) auftreten.

Pathogenese: Als Bestandteil zahlreicher Enzyme und Proteine ist Zink wichtig für Wachstum von Knochen und Muskulatur, Verdauung, Reproduktion, Produktion und Regulation von Hormonen, Granulopoese, Immunmodulation, Geruchs- und Geschmackssinn. In der Haut ist Zink an der Keratogenese und Wundheilung beteiligt. Es ist eine kontinuierliche Aufnahme erforderlich, da kein Speicher existiert. In der Wachstumsphase besteht erhöhter Bedarf.

Klinisches Bild: Typische Lokalisationen für die Läsionen sind Lefzen, Kinn, Augenlider und Ohrmuscheln, daneben exponierte Stellen (Ellbogen, Geschlechtsorgane): Es liegen Erytheme, Alopezie, hyperkeratotische Plaques bzw. fest haftende Schuppen, Seborrhö und ein stumpfes Haarkleid vor. Eine Ballenhyperkeratose tritt beim Bullterrier typischerweise in Verbindung mit Krallendeformationen auf. Oft bestehen Sekundärinfektionen mit Bakterien und Malassezien, die mit Juckreiz einhergehen können. Selten finden sich Allgemeinsymptome (Apathie, Anorexie, generalisierte Lymphadenopathie).

Diagnostik, Diagnose: Die Diagnose basiert auf Signalement (Rasse), Anamnese (Fütterung, v. a. wenn selbst zubereitet, Richtwert: > 70 mg Zink pro Kilogramm Trockensubstanz), Klinik und Histopathologie. Auf Sekundärinfektionen sollte durch zytologische Diagnostik (ggf. nach Entfernung von Krusten) untersucht und bei deren Nachweis vor einer eventuellen Biopsie behandelt werden. Histologisch zeigen sich hochgradige epidermale Hyperplasie sowie ortho- und parakeratotische Hyperkeratose bis in die Haarfollikel, bei Sekundärinfektionen auch Entzündungszellinfiltrationen.

Differenzialdiagnose: Sie umfasst u. a. Autoimmunerkrankungen, metabolische epidermale Nekrolyse, Leishmaniose, Dermatophytose, Demodikose und mukokutane Pyodermie.

Therapie, Prognose: Zinksulfat (10 mg/kg KM tägl. p. o.) oder Zinkmethionin (1,7 mg/kg KM tägl. p. o.) müssen lebenslang (bei betroffenen Welpen in der Wachstumsphase für einige Wochen) über das Futter und ggf. auf 2 Gaben verteilt (Cave: Magenirritation!) supplementiert werden. Kalziumreiche Milchprodukte sollten nicht gleichzeitig gegeben werden. Eine Besserung stellt sich frühestens nach einem Monat ein. Bei Nichtbesserung und Patienten mit enteraler Verwertungsstörung wie Bullterrier ist Zink intravenös zu applizieren (10–15 mg/kg KM, 1 × wöchtl., nach Besserung in größeren Abständen). Unterstützend entfalten lokal antiseborrhoische Shampoos und hydrierende Sprays sowie Propylenglykol lindernde Wirkung auf hyperkeratotischen Plaques und Krusten. Bei hereditären Formen sind erkrankte Individuen von der Zucht auszuschließen.

3.4.10.2 Telogenes Effluvium

Nach schweren Erkrankungen oder anderen Stressphasen kann es im Abstand von 1–2 Monaten zu einem diffusen Haarverlust mit Schwerpunkt am Rumpf kommen. Pathogenetisch wird eine stressbedingte Synchronisierung der Haarfollikel in der telogenen Phase mit nachfolgendem Haarverlust verantwortlich gemacht. Die Diagnose beruht auf der Symptomatik in Verbindung mit der Anamnese und erforderlichenfalls Ausschluss von anderen Ursachen einer Alopezie ohne primäre Entzündung. Mit dem anschließend beginnenden neuen Haarfollikelzyklus ist der Haarverlust selbstlimitierend.

3.4.10.3 Kutane Xanthomatose

Definition: Es handelt sich um eine Erkrankung aufgrund kutaner Lipidablagerungen durch Störungen des Fettstoffwechsels.

Epidemiologie, Ätiologie: Die Veränderung tritt v. a. bei der Katze auf. Mögliche Ursachen sind hereditäre Hyperlipoproteinämien, Megestrolacetat-induzierter Diabetes mellitus oder Nahrung mit hohem Fettgehalt.

Klinisches Bild: Es finden sich juckende, seltener schmerzhafte Läsionen mit gerötetem Hof in Form von Papeln, Plaques und weißlich-gelben, oft ulzerierten Knötchen an Kopf, distalen Extremitäten und Knochenvorsprüngen.

Diagnose: Zur Diagnose können Blutuntersuchungen (erhöhte Triglyzerid- und Cholesterinkonzentration) und histologische Untersuchungen beitragen, bei denen sich weißliche, fettige Areale in der Dermis, umgeben von schaumigen Makrophagen, zeigen.

Differenzialdiagnose: Sie umfasst u. a. miliare Dermatitis, eosinophiles Granulom, Calcinosis cutis und Mastzelltumoren.

Therapie, Prognose: Kann der auslösende Mechanismus abgestellt werden, z. B. durch Absetzen von Megestrolacetat bei Katzen bei hierdurch induziertem Diabetes mellitus, kommt es zur Heilung. Bei hereditären Hyperlipoproteinämien kann mit fettarmen Diäten langsam eine Verbesserung erzielt werden.

3.4.11 Keratinisierungsstörungen

Die primäre idiopathische Seborrhö (s. Kap. 3.4.1.8) und das Komedonen-Syndrom beim Zwergschnauzer (s. Kap. 3.4.1.9) werden bei den hereditären Hauterkrankungen abgehandelt.

3.4.11.1 Nasodigitale Hyperkeratose

Epidemiologie, Ätiologie: Betroffen von der idiopathischen Form des Nasenspiegels und/oder der Ballen sind v. a. ältere Hunde; insbesondere brachyzephale Rassen und Deutsche Schäferhunde leiden an Hyperkeratosen des Nasenspiegels. Kongenitale Formen mit vermutlich autosomal-rezessivem Erbgang wurden u. a. bei Bordeauxdoggen und Irish Terriern beschrieben. Bei der Katze gibt es eine idiopathische Ballenhyperkeratose.

Klinisches Bild: Im Rahmen der Hyperkeratose am Nasenspiegel trocknet dieser ein, es entstehen Zerklüftungen des Stratum corneum und Fissuren. Die Hyperkeratose der

Ballen manifestiert sich besonders an deren Rand bis zur Bildung von Hörnchen und kann zu Lahmheiten führen, während die Hornüberschüsse an den Tragflächen abgenutzt werden.

Diagnose: Typische Läsionen bei unveränderter umgebender Haut erlauben eine Verdachtsdiagnose, die durch histopathologische Untersuchung verifiziert werden kann.

Differenzialdiagnose: Hier sind neben angeborenen Keratinisierungsstörungen auch Staupe, Leishmaniose, Autoimmunerkrankungen (Pemphigus foliaceus, Lupus erythematodes), Arzneimittelexantheme, Zink-responsive Dermatose, hepatokutanes Syndrom und Neoplasien (epitheliotropes Lymphom) zu bedenken.

Therapie: Nach Entfernung des überschüssigen Materials werden zur Hydratation des Startum corneums und für die Ballenpflege dauerhaft harnstoffhaltige Cremes (10 %ig), Propylglykol (70–100 %ig) oder Vaseline eingesetzt, was einer Fissurenbildung vorbeugt.

3.4.11.2 Katzenakne

Ätiologie, Pathogenese: Idiopathische, vermutlich multifaktorielle Keratinisierungsstörung, die durch verschiedene Faktoren begünstigt wird: Disposition für Seborrhö, veränderte Sebumproduktion und Immunsuppression (Retrovirusinfektionen, Stress).

Klinisches Bild: Die Läsionen zeigen sich am Kinn und um die Unterlippe in Form von Komedonen. Hieraus können sich Papeln und Krusten sowie eine Lippenentzündung entwickeln. Schwere Verläufe äußern sich als Furunkulose und Zellulitis. Bei einem Teil der Patienten treten die Läsionen zyklisch auf.

Diagnostik: Häufig sind Staphylokokken, α- und β-hämolysierende Streptokokken und *Pasteurella multocida* zu isolieren, neben Malassezien und Hautpilzen.

Diagnose: Die klinische Verdachtsdiagnose kann histologisch bestätigt werden.

Differenzialdiagnose: Im Frühstadium bzw. bei unkomplizierten Fällen sind Demodikose, Dermatophytose und *Malassezien*-Dermatitis zu bedenken. Bei ausgeprägten Läsionen (tiefe Infektionen mit Ödem) sind differenzialdiagnostisch eine primäre Pyodermie, tiefe Mykosen und ein eosinophiles Granulom auszuschließen.

Therapie: Bei unkomplizierten Fällen (Komedonen) ist das Auftragen von reinigenden und keratolytischen Substanzen (v. a. Pflegelotion mit Schwefel und Salizylsäure, eventuell Benzoylperoxid) angemessen, auch Vitamin-A- oder Tretinoin-haltige Gele können versucht werden. Bei sekundär infizierten Prozessen ist ein Antibiogramm empfehlenswert und die Behandlung mit antibiotischen Salben und/oder eine systemische Antibiotikabehandlung. Einen positiven Einfluss können auch ungesättigte Fettsäuren und die systemische Verabreichung von Retinoiden (Acitretin, s. Kap. 3.4.1.8) über mindestens 4 Wochen haben.

3.4.11.3 Hyperplasie des dorsalen Schwanzorgans

Epidemiologie: Die Erkrankung tritt v. a. bei unkastrierten Rüden und Katern, seltener bei kastrierten männlichen und weiblichen Tieren auf.

Ätiologie, Pathogenese: Vermutlich unter Einfluss von Sexualhormonen proliferiert die sonst unauffällige Drüse (Violsche Drüse des Hundes, Suprakaudalorgan der Katze), eine modifizierte, mit der Zirkumanaldrüse verwandte Talgdrüse, hochgradig.

Klinisches Bild: Es fällt eine hypotrichote oder alopezische Erhabenheit am oberen Rutendrittel auf, teilweise mit seborrhoischem Material. Häufige Sekundärinfektionen können zu Furunkulose mit Austritt von blutig-eitriger Flüssigkeit führen.

Diagnose: Sie wird klinisch gestellt und kann – insbesondere hinsichtlich einer Sekundärinfektion –zytologisch verifiziert werden.

Therapie: Bei unkastrierten männlichen Tieren ist eine Kastration zu erwägen. Waschungen mit keratolytischen Wirkstoffen (u. a. Kombination mit Salizylsäure und Schwefel) zweimal wöchentlich führen zur Verbesserung, selten sind systemisch Antibiotika einzusetzen.

3.4.11.4 Ohrrand-Seborrhö

Epidemiologie, Ätiologie: Die idiopathische Hyperkeratose des Ohrmuschelrandes betrifft Rassen mit großen Hängeohren, v. a. kurzhaarige Vertreter (Dackel, Basset, Dobermann), aber auch Spanielrassen.

Pathogenese: Im weiteren Verlauf kommt es zu Ansammlungen von Debris, Bildung von Fissuren und Ulzerationen in der darunterliegenden Haut und Sekundärinfektionen.

Klinisches Bild: Am Ohrrand bestehen Hyperkeratose und Hypertrichose, durch Keratinmanschetten verklebte Haarbüschel lassen sich leicht auszupfen, die Haut ist hyperpigmentiert.

Diagnose: Die Verdachtsdiagnose erfolgt anhand des klinischen Bildes und muss durch Ausschluss von Differenzialdiagnosen (u. a. Vaskulitis, Kälteagglutinin-Erkrankungen, Parasitosen) und ggf. eine histopathologische Untersuchung bestätigt werden.

Therapie: In der Regel ist eine Dauerbehandlung erforderlich mit antiseborrhoischen Shampoos (Benzoylperoxid, Salicylsäure), vorzugsweise nach Vorbehandlung mit 50 %igem Propylenglykol oder Ohrreiniger. Bei Dermatitis können Kortikoidsalben, ggf. in DMSO, angewendet werden.

3.4.12 Psychogen bedingte Hauterkrankungen

Psychodermatosen sind Folge von Verhaltensanomalien (Zwangsstörungen) in Form von wiederkehrenden, unangemessenen Aktivitäten wie exzessives Belecken oder Ausreißen des Felles. Hierbei spielen v. a. Langeweile, das Erlangen von Aufmerksamkeit und Angstzustände eine wichtige Rolle.

3.4.12.1 Akrale Leckdermatitis

Epidemiologie: Die akrale Leckdermatitis (Synonym: Leckgranulom) ist die häufigste psychogene Hauterkrankung des Hundes. Gehäuft tritt sie bei Rüden großrahmiger, üblicherweise recht aktiver Hunde wie Doggen, Schäferhunden, Jagdhunden, Dobermänner, Boxer und Labradore ab dem mittleren Lebensalter auf.

Ätiologie: Auslöser sind irritierende oder juckende Läsionen z. B. durch Fremdkörper, Infektionen, allergische Reaktionen oder Schmerzreaktionen. Zusätzlich müssen begünstigende Faktoren vorliegen, wie Langeweile (nicht ausgelastete, aktive Hunde, langes Alleinlassen) und Trennungsängste durch Einsamkeit oder Isolation, teilweise auch Veränderungen in der Umgebung und bestimmte Charaktereigenschaften.

Pathogenese: Der Circulus vitiosus aus zwanghaftem Lecken und Irritationen (Juckreiz und Schmerzen durch Erosionen und Ulzera) wird aufrechterhalten durch Ausschüttung eines endogenen Opioids mit euphorisierendem und analgetischem Effekt. Möglicherweise liegt auch eine sensorische Dysfunktion am Ort der Läsion vor.

Klinisches Bild: Das Leckgranulom zeigt sich als einzelne Stelle meist an der Vorderseite von Vorderpfoten, Metakarpus und Karpus oder seltener an den entsprechenden distalen Regionen der Hintergliedmaßen (Abb. 3.20). Zunächst kommt es durch das Belecken zum Haarverlust, später zum Erythem und durch andauernde Traumatisierung zur Hautverdickung, erodierten, verhärteten Plaques mit Krusten und Knoten (Granulome). Unbehandelt kann sich die entzündliche Läsion auch auf tiefere Strukturen wie Sehnen ausdehnen. Die Haut in der Umgebung ist oft hyperpigmentiert. Assoziiert mit dem Krankheitsbild liegen Verhaltensstörungen vor mit zwanghaftem, nervösem Belecken und Benagen der entsprechenden Lokalisation und teilweise auch generell von distalen Pfotenbereichen. Regionale Lymphknoten können beteiligt sein. Spontanremissionen und Rezidive sind möglich.

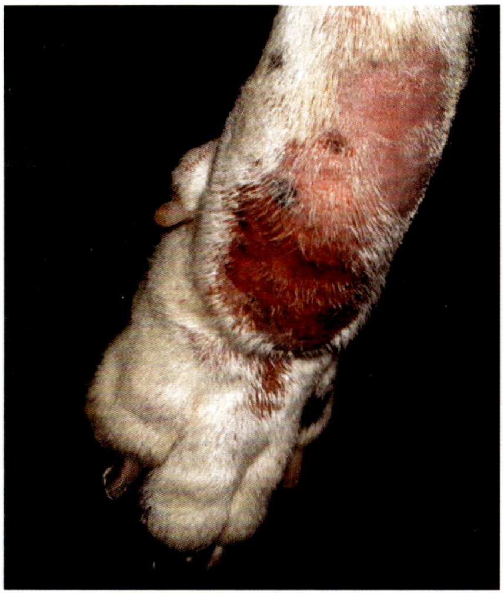

Abb. 3.20 Typische Lokalisation und Erscheinungsbild einer akralen Leckdermatitis („Leckgranulom“) bei einem 10 Jahre alten kastrierten Dalmatiner-Rüden: An der Vorderseite von Karpus und Metakarpus zeigt sich durch dauerhaftes Lecken ein hypotrichotes, erythematöses Areal mit Erosionen und Ulzerationen.

Diagnostik, Diagnose: Das klinische Bild ist recht charakteristisch. Im Rahmen von Anamnese und Diagnostik sollte nach möglichen ursächlichen Krankheitsprozessen (u. a. Demodikose) und Verhaltensstörungen gefahndet werden, ggf. durch Besuch einer verhaltenstherapeutischen Sprechstunde. Bei der Zytologie liegen wenig spezifische Veränderungen vor (diverse Entzündungszellen, oft mesenchymale Proliferation, ggf. Bakterien). Proben für eine bakteriologische Untersuchung sollten nicht von der Oberfläche entnommen werden. Eventuell kann zur Bestätigung eine Biopsie durchgeführt werden, womit sich u. a. Neoplasien und tiefe Infektionen ausschließen lassen.

Therapie: Lokal empfiehlt sich eine entzündungshemmende und, wenn angezeigt, antiseptische Therapie. Bei tiefen bakteriellen Infektionen ist i. d. R. eine systemische antibiotische Behandlung erforderlich. Das Konzept der übrigen Therapie hängt von den ursächlichen und begünstigenden Faktoren ab. Wichtig ist, im Hinblick auf psychogene Faktoren, auf eine Verbesserung der Lebensumstände hinzuarbeiten (vermehrte Beschäftigung, Spazierengehen und Zuwendung, Spielgefährten) und, falls möglich, eine spezifische Verhaltenstherapie, eventuell inklusive einer pharmakologischen Therapie (Pheromone; Anxiolytika und Antidepressiva z. B. Clomipramin 1–4 mg/kg KM, 1–2 × tägl. p. o.; Fluoxetin 1–2 mg/kg KM, 1 × tägl. p. o.). Allerdings kann auch durch eine erfolgreiche Therapie ursächlicher Faktoren der Circulus vitiosus nicht effektiv unterbrochen werden. Daher ist ein Leckschutz (Halskragen, Verband) ein wichtiger Punkt. Gegebenenfalls kann Prednisolon in entzündungshemmender Dosierung (1 mg/kg KM, 1 × tägl. p. o.) für 10–14 Tage u. a. durch Reduktion des Juckreizes zur Unterbrechung des Circulus vitiosus beitragen. Der Autor wendet anstelle dessen mit gutem Erfolg temporär Oclacitinib an. Die Therapie muss ausreichend lang erfolgen, d. h. deutlich über die komplette Abheilung hinaus. Im Einzelfall kann eine chirurgische Versorgung (Exstirpation) sinnvoll oder sogar erforderlich sein.

3.4.12.2 Psychogene Dermatitis und Alopezie der Katze

Definition: Das Krankheitsbild kennzeichnet meist symmetrische Haarverluste durch zwanghaftes exzessives Belecken.
Epidemiologie: Tiere jeden Alters und Geschlechts sind betroffen, mit einer Prädisposition für verschiedene Rassekatzen (Siam, Burma, Himalaya, Abessinier).

Ätiologie: Oft geht der Erkrankung ein Kontrollverlust über das eigene Territorium voraus (z. B. Umzug, neues Partnertier, Trennung von einer Bezugsperson, bei Jungtieren frühe Entwöhnung und Trennung vom Muttertier). Hiernach ist bei der Anamnese gezielt zu fragen. Andere auslösende oder prädisponierende Faktoren sind lokale schmerzhafte Traumata (Stürze, Unfälle), Harnwegsinfektionen, Disko- und Spondylopathien.

Pathogenese: Das Krankheitsbild entspricht den Konsequenzen des chronischen Beleckens (übermäßige Pflege) von Hautarealen variablen Ausmaßes ohne erkennbare physische Ursache. Wie beim Leckgranulom des Hundes (s. Kap. 3.4.12.1) hat die Endorphinausschüttung durch die chronische Traumatisierung und die Gewöhnung daran eine Relevanz bezüglich des dadurch verstärkten stereotypischen Verhaltens. Ebenso wie beim Leckgranulom kann sich dieser Teufelskreis auch nach Abstellen des Auslösers selbst unterhalten.

Klinisches Bild: In Abhängigkeit von der Intensität der abnormen Putztätigkeit liegt eine variable Klinik vor, die oft nur eine Alopezie betrifft. Infolge Traumatisierung von den Spitzen sind teilweise noch kurze Haarstummel vorhanden. Durch andauerndes bzw. intensiveres Lecken entstehen ausgedehntere und gravierendere Hautläsionen wie Abrasionen und Ulzera, exsudative plaqueförmige Läsionen, ggf. mit eosinophiler Entzündungskomponente. Derartige eosinophile Plaques könnten möglicherweise auch primär durch bestimmte Ursachen ausgelöst worden sein (s. Kap. 3.4.7.7), bevor sie durch das verstärkte Belecken augenfällig wurden. Einzelne Patienten reißen sich die Haare mit den Zähnen oder scharfen Zungenpapillen aus mit der Konsequenz einer Hyperästhesie der Haut im dorsolumbalen Bereich. Das Verteilungsmuster der felinen psychogenen Dermatitis schließt multiple und ausgedehnte Veränderungen am ventralen Abdomen, das die Tiere gut auf den Hinterpfoten sitzend belecken können, sowie Flanken, Perineum und mediale Hintergliedmaßen ein. Einige Patienten zeigen nur lokalisiertes Lecken und entsprechende Veränderungen wie ulzerierte Plaques (z. B. an Pfoten, Bauch, Flanke).

Diagnose, Differenzialdiagnose: Die Diagnose ergibt sich aus dem klinischen Bild in Verbindung mit der Anamnese. Zu bedenken ist, dass eine fehlende Beobachtung eines vermehrten Beleckens nicht gegen eine psychogene Alopezie spricht, da dieses teilweise nur unbeobachtet erfolgt. Eine psychogene Störung liegt nahe, wenn parasitäre und allergische Erkrankungen ausgeschlossen wurden und eine entzündungshemmende

Prednisolondosis keinen Effekt zeigt. Gegebenenfalls sind auch eine Hyperthyreose und andere endokrinologisch bedingte Alopezien sowie Dermatomykosen differenzialdiagnostisch zu bedenken. Bei plaqueförmigen Veränderungen ist eine histopathologische Untersuchung sinnvoll.

Therapie: Wesentlich sind das Aufspüren und Ausmerzen der Ursache des chronischen Stresses und die Verbesserung der Lebensqualität (z. B. weniger Katzen im Haushalt, Gewährung von Freilauf, intensiveres Beschäftigen mit dem Tier, Anbieten von Spielzeug und Katzengras) und das Unterlassen der Belohnung von abnormalem Verhalten. Erforderlichenfalls können Psychopharmaka gegeben werden (z. B. Pheromone als Vernebler, Clomipramin 0,3–0,8 mg/kg KM, 1–2 × tägl. p. o.; Fluoxetin 1–2 mg/kg KM, 1 × tägl. p. o.). Der Besuch eines auf Verhaltenstherapie spezialisierten Kollegen ist empfehlenswert.

3.4.13 Umwelt-bedingte Erkrankungen

3.4.13.1 Solarinduzierte Dermatitis

Epidemiologie: Katzen und Hunde mit weißem Fell und hoher Sonnenexposition sind prädisponiert.

Ätiologie, Pathogenese: UV-Strahlen induzieren eine Hyperpigmentierung (Bräunung) als Schutzmechanismus durch eine erhöhte Produktion von Melaningranula, deren Gehalt in den Keratinozyten erhöht ist und die sich um die Zellkerne gruppieren. Hochgradige oder chronische Exposition von UV-Strahlen kann insbesondere bei Fehlen des schützenden Hautpigmentes zu Schäden führen:

- Direkte Zellschädigung infolge phototoxischer Reaktionen (Hyperthermie, oxidative Schäden) durch kurzwellige UVB-Strahlen in Abhängigkeit von der Expositionsdauer und -intensität. Klassischerweise liegt zunächst ein Erythem („Sonnenbrand") vor, durch Schäden am Follikelepithel entsteht Alopezie.
- Photosensibilisierung durch tiefer eindringende UVA-Strahlen ohne Dosisabhängigkeit, ggf. potenziert durch exogene photodynamische Substanzen in der Haut (Medikamente, Toxine, Futtermittelbestandteile).

Klinisches Bild: Besonders an schwach behaarten Hautarealen (Ohrmuschel, Nasenrücken, Augenlider, distale Extremitäten, Abdomen) oder an Bezirken mit vorgeschädigter Haut wie Narben treten zunächst schmerzhafte Läsionen in Form von einem Erythem und Exfoliationen, später eventuell Alopezie, Ödeme, epidermale Hyperplasie, Erosionen und Ulzera auf („aktinische Dermatitis"). Es kann zu Follikulitis, Zysten, Komedonenbildung und Sekundärinfektionen kommen. Weiterhin besteht bei chronischer Exposition ein hohes Risiko für eine neoplastische Transformation zum Plattenepithelkarzinom.

Diagnose: Diese basiert auf dem Ausschluss möglicher Differenzialdiagnosen und ggf. typischer Histologie (u. a. apoptotische, vakuolisierte Keratinozyten, Hautnekrose, erweiterte Gefäße, teilweise Dysplasie).

Differenzialdiagnose: Unter Umständen kommen hier Hautpilzerkrankungen und *Sarcoptes*-Räude (initial, leichte Verläufe), Pyodermien und Autoimmunerkrankungen (fortgeschrittene Stadien) infrage.

Prophylaxe: Es stehen die Vermeidung von Freigang zu Tageszeiten mit hoher Sonnenexposition und das Auftragen von Zinkoxid- oder Aluminiumhydroxid-haltigen Sonnencremes mit hohem Lichtschutzfaktor im Vordergrund.

Therapie: Bei akuten ausgeprägten Läsionen können, neben kühlenden Umschlägen und Pflegelotionen, topisch kortisonhaltige Präparate, ggf. auch Prednisolon systemisch (0,5–1 mg/kg KM) angewandt werden. Bei möglichen präkanzerösen Veränderungen (aktinische Keratose) oder als Ergänzung zur Chirurgie wird vereinzelt Imiquimod (5 %ige Salbe) angewandt. Der Wirkstoff führt zur Immunstimulation gegen Zellen mit modifizierter Antigenität, kann aber selbst deutliche Hautirritationen auslösen.

3.4.13.2 Verbrennung, Erfrierung

Epidemiologie, Ätiologie: Oft entstehen Verbrennungen leider iatrogen durch perioperativen Einsatz von Heizkissen, ggf. auch durch einen zu heißen oder zu nah am Körper gehaltenen Föhn. Verbrennungen durch elektrischen Strom entstehen durch Kauen an Kabeln.

Pathogenese: Infolge eines Kontaktes der Haut mit heißen oder extrem kalten Gegenständen oder im weiteren Sinne elektrischem Strom entsteht eine epidermale, seltener dermale Nekrose mit hochgradiger Entzündungsreaktion. Bei großflächigen Verbrennungen besteht die Gefahr von Dehydratation und Elektrolytimbalanzen, eventuell auch DIC und Nierenschädigung. Oft unterliegt das geschädigte Gewebe einer Sekundärinfektion.

Klinisches Bild: Abhängig vom Grad der Verbrennung entstehen Erythem, Ödem, Bläschen und Blasen, erosive und ulzerative Veränderungen bis zur Nekrose der Epidermis und dicke Krusten.

Diagnose: Die Klinik in Verbindung mit der Anamnese, z. B. rechteckige bzw. scharf umschriebene Läsionen am seitlichen Rumpf oder am Rücken einige Tage nach operativer Versorgung unter Verwendung von Heizkissen, führt zur Verdachtsdiagnose oder Diagnose.

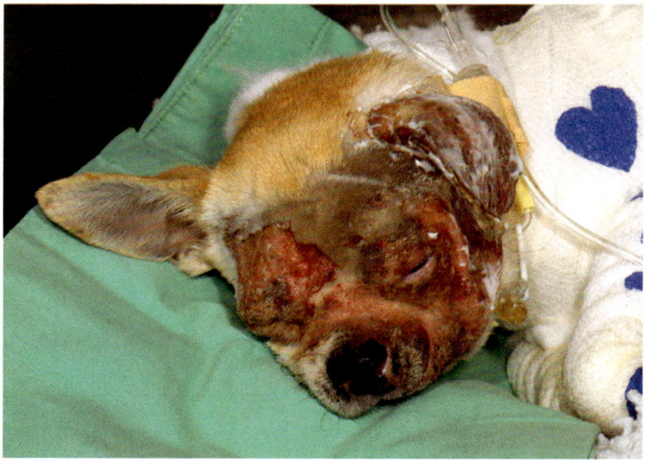

Abb. 3.21 Hochgradige Verbrühungen bei einem 1 Jahr alten männlichen Chihuahua nach versehentlichem Übergießen mit kochendem Wasser. Leider hat das Tier die ausgedehnten Hautverletzungen trotz intensivmedizinischer Versorgung nicht überlebt.

Therapie: Der Tierhalter sollte über den langwierigen Krankheitsprozess (bei größeren Flächen viele Wochen) und die Konsequenzen der Wundheilung mit Vernarbung unter Verlust der Hautadnexe aufgeklärt werden. Tiere mit großflächigen Verbennungen sind in der Akutphase Intensivpatienten, die u. a. Infusions- und Schmerztherapie, eventuell auch parenterale Ernährung benötigen (Abb. 3.21). Die Haut sollte um die betroffenen Areale großzügig rasiert werden. Wegen der Neigung zu Sekundärinfektionen ist topisch, u. a. mit Brandsalben mit Silbersulfadiazin, und Verbänden sowie ggf. systemisch antibakteriell zu behandeln.

Prognose: Die Mortalität hängt umgekehrt proportional von der betroffenen Hautoberfläche ab. Bei ausgedehnten Schäden kann die Prognose infaust sein.

3.4.13.3 Kontaktdermatitis

Definition: Es handelt sich um eine Hautentzündung durch direkten Kontakt mit einer reizenden Substanz.

Ätiologie: Vielerlei Auslöser mit unterschiedlicher Potenz (teilweise erst schädigend nach mehrfachem Kontakt) schließen u. a. konzentrierte Säuren und Laugen, Desinfektions- und Konservierungsmittel (Formaldehyd), Alkohole, Seifen, aromatische Verbindungen und Insektizide ein.

Pathogenese: Es kommt zur direkten Schädigung durch Proteinpräzipitation, Oxidation von Fettsäuren und/oder Dehydratation der Epithelzellen. Das Ausmaß der Schädigung ist abhängig von den Eigenschaften und der Konzentration der irritierenden Substanz und der Dauer des Kontaktes.

Klinisches Bild: Akut entstehen ein Erythem, Papeln, Vesikel und Bullae, später hieraus Krusten, Exkoriationen und Ulzera, eventuell auch Hautnekrosen. Vermehrt sind schwach bis unbehaarte Stellen betroffen (distale Gliedmaßen und Ballen, Bauch).

Diagnose: Da Klinik und selbst Histopathologie nicht charakteristisch sind, ist eine Diagnose v. a. bei typischem Vorbericht zu stellen. Nur bei weniger irritierenden Substanzen kann ein Provokationstest erwogen werden.

Differenzialdiagnose: Sie umfasst verschiedene entzündliche Hautläsionen, je nach Lokalisation kann im Einzelfall die Abgrenzung von allergischen und immunvermittelten Erkrankungen schwierig sein.

Therapie: Unverzüglich sollten mögliche Reste der irritierenden Substanz mit Wasser (bei bekannten lipophilen Substanzen mit Neutralseife) entfernt werden. Bei schweren Veränderungen können Prednisolon (1 mg/kg KM, 1 × tägl.) und/oder Schmerzmittel die Symptome lindern.

3.4.13.4 Liegeschwiele (Kallus)

Definition: Diese entspricht einer Dermatitis durch Druck und/oder Trauma.

Epidemiologie, Ätiologie: Ursächlich besteht exzessiver und/oder chronischer Druck auf die Haut an Knochenvorsprüngen, womit besonders große Hunde betroffen sind, die auf harten Unterlagen liegen.

Pathogenese: Durch Sekundärinfektionen können sich die primär harmlosen Liegeschwielen zu hartnäckigen, tiefen Pyodermien entwickeln.

Klinisches Bild: An exponierten Stellen (Ellbogen, Sprunggelenk, Sitzbein- und Schambeinhöcker) bestehen runde bis ovale, gräuliche, alopezische Läsionen mit hochgradig verdickter Haut, Hyperkeratose und Komedonen. Gegebenenfalls entwickeln sich dilatierte, entzündliche Follikel bis Furunkel mit Austritt blutig-eitrigen Sekrets.

Diagnose: Die Klinik, insbesondere unter Berücksichtigung der Lokalisation, führt zur Diagnose.

Therapie: Wichtig ist das Abstellen der Ursachen (v. a. Auspolstern der Liegeplätze). Bis zum Abheilen ist Leckschutz essenziell. Lokal sind feuchtigkeitsspendende und fettende Hautpflegemittel anzuwenden. Bei Sekundärinfektionen werden lokal antiseptische Präparate und/oder systemisch Antibiotika eingesetzt.

3.4.13.5 Alopezie nach Schur

Epidemiologie, Ätiologie: Vor allem bei nordischen Rassen unterbleibt mitunter das Nachwachsen des Fells nach dem Scheren, insbesondere wenn dieses für einen chirurgischen Eingriff erfolgt.
Pathogenese: Zugrunde liegt dem Phänomen eine extrem lange telogene Phase des Haarfollikelzyklus. Der Temperaturabfall an der Hautoberfläche infolge der Rasur kann zu einer örtlichen Durchblutungsstörung der Haarfollikel führen mit Auswirkungen auf das Haarwachstum.

Diagnose: Zur Absicherung der Diagnose sind eventuell Hypothyreose, Cushing-Syndrom und Hodentumoren auszuschließen.

Therapie, Prognose: Eine spezifische Therapie steht nicht zur Verfügung, das Fell wächst i. d. R. deutlich verzögert (bis zu 2 Jahre) nach.

3.4.14 Sonstige Erkrankungen

3.4.14.1 Alopezie X

Synonyma: Kastrations-responsive Alopezie, Testosteron-responsive Alopezie, atypisches Cushing-Syndrom, Pseudo-Cushing.

Epidemiologie: Es besteht eine Rasseprädisposition für nordische Rassen, Chow-Chow, Wolfsspitz, Zwergspitze und Zwergpudel.

Ätiologie, Pathogenese: Es handelt sich um eine polygenetisch determinierte Follikelwachstumsstörung durch einen Defekt der Hormonrezeptoren an den Haarfollikeln, besonders bei Vertretern von Rassen, in denen auf plüschiges Fell bzw. einen juvenilen Phänotyp gezüchtet wird.

Klinisches Bild: Wie bei anderen hormonellen Erkrankungen besteht bilateral symmetrischer Haarausfall durch Verlust der Primärhaare, ohne entzündliche Veränderungen, v. a. an Rumpf, Hals und kaudalen Oberschenkeln. Zunächst kommt es zu einem Verlust der Primärhaare, dadurch entsteht eine Dominanz des Unterfells („Welpenfell"), im weiteren Verlauf durch Verlust auch der Sekundärhaare eine Alopezie. Nach Rasur wachsen die Haare nicht nach, an traumatisierten Stellen können einzelne Haarbüschel wachsen. Die Tiere zeigen ein ungestörtes Allgemeinbefinden.

Diagnostik: Es lässt sich ein leicht erhöhtes Basalkortisol messen mit einer normalen Antwort auf ACTH sowie ein erhöhtes Kortisol-Kreatinin-Verhältnis im Urin.

Diagnose, Differenzialdiagnose: Vor allem ein Hyperadrenokortizismus, dem das Syndrom sehr ähnelt, ist auszuschließen. Weitere Differenzialdiagnosen sind Hypothyreose, saisonale Flankenalopezie und eventuell hypophysärer Zwergwuchs (besonders beim Zwergspitz). Zur Bestätigung kann eine histopathologische Untersuchung erfolgen, wo sich u. a. eine trichilemmale Keratinisierung der Haarfollikel zeigt.

Therapie, Prognose: Bei unkastrierten Individuen ist die Kastration die Therapie der Wahl, wonach die Haare i. d. R. wieder nachwachsen, nach einigen Jahren aber erneut ausfallen können. Daneben bestehen medikamentöse Alternativen. Auf Melatonin (3–6 mg/kg KM, 1–3 × tägl.; Kontraindikation: Diabetes mellitus) spricht ein Drittel bis die Hälfte der Patienten an. Trilostan erweist sich sogar bei fast allen Patienten als effektiv, muss aber mittels ACTH-Tests überwacht werden (s. Kap. 13.2.1).

3.4.14.2 Saisonale Flankenalopezie

Synonym: Zyklische Alopezie.

Epidemiologie: Die Erkrankung tritt bei Individuen beiderlei Geschlechts, unabhängig davon ob intakt oder kastriert, im Alter von 3–5 Jahren auf. Zu den bevorzugten Rassen zählen Airedale Terrier, Boxer, Labrador, Pinscher, Bulldoggen und Zwergschnauzer.

Ätiologie: Die Ursache ist nicht genau bekannt, ein Melatoninmangel könnte eine Rolle spielen, jedoch ließen sich keine hormonellen Imbalanzen messen.

Klinisches Bild: Es zeigt sich jährlich wiederkehrend (mit Beginn im Frühjahr oder teilweise auch schon im Winter) ein umschriebener, scharf abgegrenzter, ein- oder beidseitiger (bilateral symmetrischer) Haarverlust in der Flankenregion, der in Einzelfällen dorsal konfluieren kann. Im Sommer wachsen die Haare dann spontan nach, teilweise in einer anderen Farbe (z. B. beim Boxer dunkler, beim Schnauzer heller). Die Alopezie kann von Jahr zu Jahr fortschreiten und auch permanent werden. Die Haut kann unverändert oder – besonders bei wiederholtem Auftreten – hyperpigmentiert sein.

Diagnose: Sie basiert auf Vorbericht, Klinik, Ausschluss von Differenzialdiagnosen und histologischem Befund, wobei eine infundibuläre Hyperkeratose und Atrophie der sekundären Haarfollikel auffällt.

Differenzialdiagnose: Hier sind Demodikose, Dermatophytose, bakterielle Follikulitis und Endokrinopathien zu berücksichtigen.

Prophylaxe, Therapie: Melatonin (3–6 mg/kg KM, 1–2 × tägl. p. o.) führt zur Besserung und kann auch prophylaktisch mindestens 4 Wochen vor der nächsten erwarteten Episode eingesetzt werden.

3.4.14.3 Schablonenkrankheit

Definition, Systematik: Sie entspricht einer bilateral symmetrischen, nicht entzündlichen Alopezie an definierten Körperstellen. Neben der „klassischen Schablonenkrankheit" sind die „Schablonenkrankheit der Ohrmuschel" und „Schablonenkrankheit bei Windhunden" definiert.

Epidemiologie: Die klassische Schablonenkrankheit als häufigste Form betrifft männliche Dackel, Chihuahuas, Boston Terrier und Whippets. Die Ohrmuschelform wird bei jungen Rüden der Rassen Dackel, Chihuahua, Yorkshire Terrier und Boston Terrier beobachtet. Von der seltenen Windhundform sind v. a. körperlich beanspruchte Hunde betroffen.

Pathogenese: Diese idiopathische Erkrankung steht klinisch und histopathologisch in Analogie zur androgenetischen Alopezie des Menschen.

Klinisches Bild: Bei der klassischen Schablonenkrankheit zeigen sich erste Alopezien um den 6. Lebensmonat an Schläfen, Basis der Ohrmuscheln, ventralem Hals, Bauch und Oberschenkeln. Bei der Ohrmuschelform sind – beginnend zwischen dem 6.–9. Lebensmonat – die Außenseiten der Ohrmuscheln komplett alopezisch und hyperpigmentiert, oft ist auch der Nasenrücken betroffen. Bei der Windhundform zeigen sich die Haarverluste beginnend ab dem 2. Lebensjahr an den kaudalen Oberschenkeln und am Bauch. Nach Beendigung der „Rennkarriere" wachsen die Haare nach.

Diagnose: Sie wird klinisch unter Berücksichtigung der Rasse gestellt und ggf. histopathologisch verifiziert, wo sich eine atrophische Dermatose und/oder kleine Haarfollikel zeigen.

Therapie, Prognose: Eine effektive Therapie ist nicht bekannt. Melatonin (3–6 mg/kg KM 1–2 × tägl.) kann versucht werden. Ein mögliches Nachwachsen der Haare kann nur partiell und temporär sein.

3.4.14.4 Gesichtsdermatitis der Perserkatze

Epidemiologie, Ätiologie: Es handelt sich um eine idiopathische Erkrankung bei adulten Katzen beiderlei Geschlechts.

Klinisches Bild: Besonders in den Gesichtsfalten kommt es um die Augen, Lippen und am Kinn zu Ansammlungen rotbraunen Exsudats, das distal die Haarschäfte verklebt. Die Haut ist alopezisch, erythematös und exsudativ. Nach Sekundärinfektionen können Follikulitis und Papeln entstehen. Meist besteht Juckreiz, sodass sich durch Selbsttrauma Erosionen entwickeln. Typischerweise liegt auch eine Malassezien-Otitis vor, selten hingegen eine Beteiligung regionärer Lymphknoten.

Diagnostik: Die Zytologie zeigt neben Keratinozyten fettiges Material und ggf. Mikroorganismen als Zeichen der Sekundärinfektion.

Diagnose, Differenzialdiagnose: Bei Vorliegen einer recht charakteristischen Klinik sollten zur Diagnosesicherung mögliche Differenzialdiagnosen wie Pyodermie, Dermatophytose und Demodikose abgeklärt werden.

Prophylaxe: Durch tägliche Reinigung, insbesondere der Zwischenfaltenbereiche, kann die Ausprägung der Veränderungen kontrolliert werden.

Therapie: Hier stehen die Entfernung des exsudativen Materials und die Therapie der Sekundärinfektionen im Vordergrund. Eine Heilung ist aber nicht zuverlässig möglich. Ciclosporin in einer Dosierung von 7 mg/kg KM, 1 × tägl. p. o. kann bei der Hälfte der Katzen die Symptome deutlich reduzieren, Glukokortikoide wirken weniger gut.

3.4.15 Hauttumoren und paraneoplastische Syndrome

Durch die hohe Inzidenz von Umfangsvermehrungen der Haut und ihre leichte Zugänglichkeit, die auch eine frühe Erkennung durch den Tierhalter fördert, nehmen Hauttumoren einen wesentlichen Teil im Patientengut einer Kleintierpraxis ein.

Epidemiologie, Ätiologie: Hauttumoren machen etwa ein Viertel der Tumoren der Hunde und 15 % der Tumorerkrankungen bei Katzen aus. Prinzipiell können in der Haut neben klassischen Hauttumoren fast alle Arten von Tumoren als Metastasen auftreten. Beim Hund ist mit Abstand der häufigste Hauttumor der Mastzelltumor (ca. 17 %), gefolgt von Lipom, Histiozytom und Adenom der Zirkumanaldrüsen (je ca. 8 %), Talgdrüsenadenom, Plattenepithelkarzinom, Melanom, Fibrosarkom und Basalzelltumor. Bei der Katze sind am häufigsten Basalzelltumoren, Plattenepithelkarzinome, Fibrosarkome und Mastzelltumoren.

Für verschiedene Tumoren existieren variable Geschlechts-, Alters- und Rasseprädispositionen. Am Plattenepitelkarzinom, der Neoplasie des Stratum spinosum von Epidermis oder Mukosa, erkranken v. a. weißhaarige und sonnenhungrige Hunde und Katzen, was einen wesentlichen Entstehungsmechanismus (Solarinduktion an unpigmentierten Körperstellen) widerspiegelt, neben Papillomaviren und chronischen Hautentzündungen. Letztere werden neben Viren auch als mögliche Ursachen für die Entstehung eines epitheliotropen Lymphoms vermutet, einer seltenen Erkrankung des vorwiegend älteren Hundes (1 % der Hauttumoren, 0,02 % der Patienten mit Hautläsionen).

Bei den „histiozytären" Proliferationen, die verschiedene Herkunftszellen umfassen (Monozyten, Makrophagen, dendritische Zellen), müssen tumoröse Prozesse (canines kutanes Histiozytom: eventuell auch vorwiegend eher Hyperplasie der Langerhans-Zellen, histiozytäres Sarkom, systemisches/disseminiertes histiozytäres Sarkom) von reaktiven Formen (kutane und systemische Histiozytose) abgegrenzt werden. Letztere sind offensichtlich Folge einer überschießenden immunologischen Reaktion nach intensiver Entzündung oder chronischem Antigenstimulus, besitzen einen wechselhaften Verlauf und sprechen auf immunsuppressive Therapie an. Verschiedene histiozytäre Proliferationen werden v. a. beim Berner Sennenhund, aber auch beim Flat Coated Retriever und Rottweiler gehäuft beobachtet.

Pathogenese (s. Kap. 15): Vielfältige Pathomechanismen liegen den „paraneoplastischen Phänomenen" (s. Kap. 15.7) zugrunde, u. a. Wachstumsfaktoren, immunvermittelte Phänome und metabolisch-hormonelle Imbalanzen.

Klinisches Bild: Das klinische Bild ist tumorabhängig variabel, wobei einige Hauttumoren (u. a. Talgdrüsenadenom, canines kutanes Histiozytom, Plattenepithelkarzinom) recht typische, wenn auch nicht pathognomonische Bilder zeigen können.

Mastzelltumoren der Haut manifestieren sich beim Hund plaqueförmig oder als Knoten mit variabler Konsistenz (weich bis derb) und teilweise ulzeriert, eventuell geröteter Oberfläche und eventuell mit Juckreiz. Bei einem Teil der Fälle (ca. 10 %) bestehen initial bereits mehrere Knoten, regelmäßig sind die regionären Lymphknoten infiltriert.

Das **Plattenepithelkarzinom** tritt beim Hund in zwei Drittel der Fälle an den Zehen auf. Solarinduzierte Formen zeigen sich bei der Katze an den Ohrspitzen, am Nasenspiegel, auf dem Nasenrücken und am unteren Augenlid, beim Hund auch am Rumpf. Bei solarinduzierten Formen besteht zunächst ein Erythem, gefolgt von erosiven bis ulzerativen, mit blutigen Krusten bedeckten Veränderungen und Proliferationen (Abb. 3.22). Plattenepithelkarzinome in situ entsprechen begrenzten Arealen mit rein epidermaler Proliferation (nicht invasiv, Basalmembran intakt), Hyperkeratose und ggf. Erosion in nicht exponierten, behaarten Körperarealen. Auch bei anderen Formen, die lokal eine

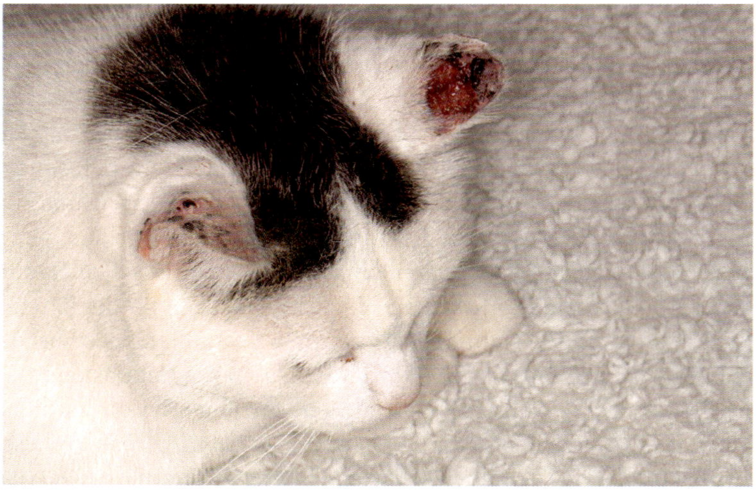

Abb. 3.22 Plattenepithelkarzinom an den Ohrrändern einer 15 Jahre alten, überwiegend weißhaarigen Europäisch Kurzhaar Katze.

hohe Invasionsneigung (z. B. in Ohr- und Nasenknorpel) besitzen, treten Metastasen meist spät, v. a. in Lymphknoten und Lunge, auf.

Die variablen Erscheinungsbilder des **epitheliotropen Lymphoms** mit T-Zell-Infiltrationen in Epidermis und/oder Mukosa macht es zur Differenzialdiagnose vieler entzündlicher Hauterkrankungen. Als Frühstadium kann eine Depigmentierung von Nasenspiegel und Lefzen, eventuell später auch von Augenlidern und Genitalschleimhäuten auftreten. Typisch ist eine ausgedehnte exfoliative Erythrodermie (Erythem, diffuse oder konfluierende Makulae, weiße, große, fest haftende Schuppen mit Juckreiz). Im weiteren Verlauf bilden sich Erosionen und Ulzerationen mit Krusten, ulzerative Plaques, Knoten und teilweise Alopezie (s. Abb. 3.4). Oft bestehen Juckreiz und Schmerzen. In der Mundhöhle zeigen sich v. a. Rötungen und Gingivahyperplasie.

Das **canine kutane Histiozytom,** ein häufiger Tumor vorwiegend beim jungen Hund, entspricht solitären rötlichen, unbehaarten, ggf. ulzerierten Hautknoten v. a. an Gliedmaßen, Kopf, Ohren und Nacken. Als Differenzialdiagnose sind Kerion (Junghund), Plasmozytom, Mastzelltumor und Lymphom zu berücksichtigen. Die malignen Varianten (histiozytäre Sarkome) gibt es als solitäre Hautform v. a. in der Subkutis der distalen Gliedmaßen (mit früher Metastasierung u. a. in Lymphknoten und Lunge) und in Form des systemischen histiozytären Sarkoms.

Bei der **reaktiven kutanen Histiozytose** zeigen sich bei wechselhaftem Verlauf (temporäre Spontanremissionen) solitäre bis multiple Knoten und Plaques, insbesondere am Kopf (Nasenrücken), Hals, den distalen Gliedmaßen und der Perinealregion ohne Lymphknotenbeteiligung. Bei der **systemischen Histiozytose** sind seitens der Haut auch Skrotum, Augenlider und Skleren beteiligt, dazu Lymphknoten und innere Organe (Lunge, Milz, Leber, Knochenmark). Bezüglich des wechselhaften Verlaufes und Ansprechen auf eine immunsuppressive Therapie handelt es sich eher um eine überschießende immunologische Reaktion nach intensiver Entzündung oder chronischem Antigenstimulus.

Paraneoplastische Phänomene (s. Kap. 15.7) der Haut betreffen u. a.:

- Paraneoplastische Alopezie bei älteren Katzen mit Karzinom von Pankreas oder Gallengängen
- Feline Thymom-assoziierte exfoliative Dermatitis
- Noduläre Dermatofibrose: multiple derb-elastische Knoten assoziiert mit polyzystischen Nieren und Nierentumoren sowie Leiomyomen des Uterus bei der Hündin
- Paraneoplastischer Pemphigus (s. Kap. 3.4.8.1)
- Hepatokutanes Syndrom (metabolische epidermale Nekrolyse) (s. Kap. 9.6.7), metabolische epidermale Nekrolyse bei tumorösen und nicht neoplastischen Lebererkrankungen (bei Hunden) und Glukagonom (Hund und Katze).
- Cushing-Syndrom (s. Kap. 13.2.1)
- Feminisierungssyndrom (s. Kap. 3.4.9.4)

Diagnostik, Diagnose: Bereits die Anamnese kann anhand des klinischen Verlaufs (Dauer der Symptome, Wachstumsrate) Hinweise darauf liefern, ob es sich um einen benignen oder malignen Prozess handelt. Entscheidend ist aber eine frühzeitige feingewebliche Diagnostik, um eine detaillierte Prognose stellen zu können und eine optimale Therapie zu gewährleisten. In der Regel ist es empfehlenswert, zunächst zu versuchen, über die zytologische Untersuchung einer Feinnadelaspirationsprobe zur Diagnose zu kommen. Begrenzt, aber oft weniger sicher wegen entzündlicher Läsionen durch Sekundärinfektionen, können von ulzerierten Läsionen nach Reinigung auch Abklatschpräparate (z. B. zur Diagnose von Hautlymphomen) verwendet werden (s. Abb. 3.4, 3.5).

Gelingt die Diagnose nicht mittels Zytologie, so muss entschieden werden, ob für eine histopathologische Untersuchung eine Inzisionsbiopsie (Entfernung eines kleinen Teils der Gewebeläsion) oder eine Exzisionsbiopsie (Entfernung der kompletten sichtbaren Läsion) durchgeführt wird. Letztere sollte nur bei sehr kleinen Läsionen erwogen werden, da grundsätzlich nur bei Kenntnis der Art der Läsion eine adäquate Operationsplanung (insbesondere Sicherheitsabstand, ggf. neoadjuvante Therapie) erfolgen kann. Im Fall einer Inzisionsbiopsie sollte der „Zugangsweg" mit einer möglichen Deposition von Tumorzellen bei der späteren operativen Versorgung mit entfernt werden.

Die minimal invasive, recht kostengünstige **Feinnadelaspirationszytologie** erlaubt – gute Präparate und einen erfahren Zytologen vorausgesetzt – die sichere Diagnose einer großen Zahl an nicht neoplastischen (Einschlusszyste, Abszess, Pyogranulom, Fettgewebsnekrose/Steatitis, Hämatom und Serom) und neoplastischen Hautläsionen (u. a. Lymphom, Mastzelltumor, histiozytäre Tumoren, Plasmozytom, Sticker-Sarkom, Melanom, Talgdrüsenadenom, Talgdrüsenepitheliom, Adenom der Zirkumanaldrüsen, Analbeutelkarzinom, Plattenepithelkarzinom, Lipom, Fibrosarkom, Hämangioperizytom und Hämangiosarkom).

Nur die **Histopathologie** liefert allerdings auch wertvolle Informationen für die Gradeinteilung oder Hinweise auf malignes Verhalten anhand von architektonischen Merkmalen (z. B. Invasion in Blut- und Lymphgefäße). In unklaren Fällen können ergänzend immunhistochemische und/oder molekularbiologische Methoden (PARR-Analyse) zum Nachweis von Monoklonalität (beim Lymphom) erfolgen.

Staging (s. Kap. 15.5)**:** Situationsabhängig empfiehlt sich ein Staging, d. h. die Feststellung der Ausdehnung der Erkrankung (lokal, regional, fern). Das Staging erfolgt v. a.

Tabelle 3.3: **Klinische Stadien (TNM) caniner und feliner Tumoren epidermalen und dermalen Ursprungs***

T0	Kein Hinweis auf Tumor
Tis	Carcinoma in situ
T1	Tumordurchmesser < 2 cm, oberflächlich, exophytisch
T2	Tumordurchmesser 2–5 cm oder minimale Invasion
T3	Tumordurchmesser > 5 cm oder Invasion in Subcutis
T4	Tumorinvasion in andere Strukturen (z. B. Faszien, Muskeln, Knochen, Knorpel)

*Bei gleichzeitigem Vorliegen mehrerer Tumoren: höchste T-Kategorie und Anzahl in Klammern, z. B. T2 (3); aufeinanderfolgende Tumoren: unabhängige Klassifikation bei feingeweblich nachgewiesenen malignen Prozessen. Die Festlegung des klinischen Stadiums (Tab. 3.3) ist dabei wesentlich für die Prognose und Therapie.

Im Rahmen des Stagings wird einerseits die Ausdehnung des Primärtumors erfasst; bei großen, infiltrativen oder an die Umgebung adhärierten Massen eventuell mittels Ultraschall, Computertomographie (CT) und/oder Magnetresonanztomographie (MRT). Hierbei erhöht die weiterführende Bildgebung mit CT und MRT oft das Tumorstadium. Weiterhin sollte bei malignen Tumoren zumindest der regionale Lymphknoten, in dessen tributärem Gebiet sich der Tumor befindet, für eine zytologische Untersuchung punktiert werden. Schließlich wird bei ausgewählten Tumoren (z. B. Mastzelltumoren) mittels Bildgebung (v. a. Lungenröntgen in zwei oder drei Ebenen, Abdomenultraschall unter besonderer Berücksichtigung von Leber, Milz und Lymphknoten) und ggf. zytologischer Diagnostik (z. B. Feinnadelpunktion von Leber und Milz) auch nach Fernmetastasen gefahndet. Durch den Nachweis von Fernmetastasen wird eine operative Entfernung von Hautknoten eventuell obsolet oder eine adjuvante Therapie (v. a. Chemotherapie) notwendig.

Die Bildgebung wird ergänzt durch ein hämatologisches und klinisch-chemisches Profil und ggf. eine gezielte Tumorzellsuche im Buffy coat (v. a. bei Mastzelltumoren). Über den möglichen Organbefall durch Metastasen hinaus können hierdurch paraneoplastische Phänomene (z. B. Hyperkalzämie, Anämie) oder eventuelle tumorunabhängige Organdysfunktionen aufgedeckt werden. Diese können die Gesamtprognose und Therapieempfehlung (z. B. Verzicht auf eine Tumorentfernung in Narkose bei Niereninsuffizienz) deutlich beeinflussen.

Prophylaxe: Diese ist v. a. bezüglich des solarinduzierten Plattenepithelkarzinoms in Form von Vermeidung hoher Sonnenexposition und Auftragen von Sonnenschutz auf exponierte Stellen effektiv durchführbar. Im Hinblick auf die impfassoziierten Fibrosarkome bei der Katze ist eine limitierte Impffrequenz und das Impfen in notfalls amputierbare Regionen (Schwanz, Extremitäten) zu erwägen.

Prognose, Therapie (zur Therapie einzelner Tumoren: s. Kap. 15.6.2, Tab. 15.20):
Chirurgische Resektion: Bei vielen lokalisierten Hauttumoren ist sie Mittel der Wahl. Die vorherige feingewebliche Abklärung hilft bei der adäquaten Operationsplanung, d. h. einer aggressiveren oder weniger aggressiveren Entfernung. Eine großzügige Resektion erfordern z. B. Mastzelltumoren (mindestens 2 cm im tumorfreien Bereich), Plattenepithelkarzinome (z. B. Resektion der Pinna beim Plattenepithelkarzinom am Ohrrand) (Abb. 3.23), lokale histiozytäre Sarkome (sofern operiert, ggf. Gliedmaßenamputation) und das Fibrosarkom der Katze (mit Resektion der tiefen Rumpffaszie oder sogar der Brust- und Bauchwand). Das Aufpinnen oder Aufnähen des exzidierten Tumors auf einen Karton mit Beschriftung der Lage im Tier vor Verbringen in Formalinlösung erleichtert die ggf. erforderliche Nachversorgung (z. B. Nach-Operation oder Bestrahlung) bei möglicherweise fehlender lokaler Tumorzellfreiheit der Exzisionsränder.

Bei caninen kutanen Histiozytomen kann zunächst eine häufige (v. a. beim Junghund) spontane Remission innerhalb von 2–3 Monaten abgewartet werden. Bei Adenomen der Zirkumanaldrüsen steht bei unkastrierten Rüden wegen der Abhängigkeit von Se-

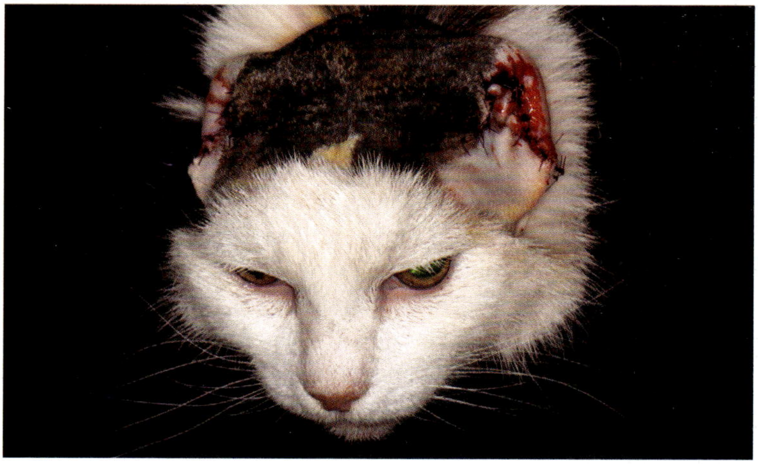

Abb. 3.23 Zustand der Patientin aus Abb. 3-22 nach Amputation der Pinnae.

xualhormonen die Kastration im Vordergrund. Eine chirurgische Versorgung des Tumors selbst ist nur bei erheblicher Größe und Beeinträchtigung des Kotabsatzes und/oder Ulzerationen angezeigt. Die Prognose ist bei beiden Tumorarten gut.

Chemotherapie: Beim epitheliotropen Lymphom wird beim Hund mit Erfolg das Alkylanz Lomustin (60–70 mg/m^2 Körperoberfläche alle 3 Wochen p. o.; Überwachung von Blutbild und Leberparametern) eingesetzt, das bei 70–80 % der Patienten zur temporären klinischen Verbesserung für einige Monate bis zu 2 Jahren führt. Flankierend müssen Sekundärinfektionen, Schmerzen und Juckreiz behandelt werden. Die Erkrankung ist unheilbar. Zytostatika können neben systemischen Tumoren (Lymphome) auch palliativ bei inoperablen und bereits metastasierten Tumoren (z. B. Tyrosinkinaseinhibitoren bei Mastzelltumoren) und adjuvant zur Operation bei aggressiveren Tumoren mit frühzeitiger Neigung zu Metastasen (z. B. histiozytäres Sarkom) eingesetzt werden.

Eine **Radiotherapie** kann ebenfalls ggf. palliativ bei inoperablen Tumoren oder zur Nachbehandlung nach chirurgischer Entfernung bei unklarer Tumorzellfreiheit der Randbereiche (z. B. Plattenepithelkarzinom, mesenchymale Tumoren) oder eventuell auch präoperativ zur Tumorvolumenreduktion erfolgen.

Weitere Therapieansätze kommen v. a. beim Plattenepithelkarzinom zum Einsatz und umfassen Retinoide (bei präkanzerogenen Läsionen), Imiquimod (s. Kap. 3.4.13.1), Piroxicam, Kryotherapie, Laserbehandlung, Hyperthermie. Beim epitheliotropen Lymphom wurde mit Prednisolon (initial 2 mg/kg KM, 1 × tägl.) kombiniert mit Retinoiden eine temporäre Verbesserung erzielt. Gegebenenfalls können auch Retinoide alleine versucht werden. Bei reaktiven histiozytären Erkrankungen kommen u. a. Glukokortikoide und Ciclosporin in immunsuppressiven Dosierungen, vereinzelt auch Tetrazyklin/Nicotinamid zur Anwendung (s. Kap. 3.4.8.1).

Literaturverzeichnis/-empfehlungen zu ausgewählten Teilaspekten

Allgemein

Coatesworth J (2019): Small animal dermatology: What's your diagnosis? Wiley Blackwell, Hoboken, New Jersey, USA.

Coyner KS (2019): Clinical atlas of canine and feline dermatology. Wiley Blackwell, Hoboken, New Jersey, USA.

Hnilica KA, Patterson AP (2016): Small animal dermatology: A color atlas and therapeutic guide. 4. Aufl. Elsevier, St. Louis, Missouri, USA.

Jackson H, Marsella R (2012): BSAVA Manual of canine and feline dermatology. 3. Aufl. British Small Animal Veterinary Association, Quedgeley, England.

Medleau L, Hnilica KA (2007): Dermatologie in der Kleintierpraxis: Atlas und Therapiehandbuch. Elsevier Urban & Fischer Verlag, München.

Miller Jr WH, Griffin CE, Campbell KL (2012): Muller and Kirk's Small animal dermatology. 7. Aufl. Elsevier Mosby, St. Louis, Missouri, USA.

Neuber A, Nuttall T (2017): Diagnostic techniques in veterinary dermatology. Wiley Blackwell, Hoboken, New Jersey, USA.

Noli C, Scarampella F, Toma S (2014): Praktische Dermatologie bei Hund und Katze: Klinik, Diagnose, Therapie. (Ins Deutsche übertragen und bearbeitet von: Thelen A, Colcuc M, Wagner R) 3. Aufl. Schlütersche Verlagsgesellschaft, Hannover.

Nuttall T, Harvey RG, McKeever PJ (2011): Handbuch der Hautkrankheiten bei Hund und Katze. (Deutsche Übersetzung und Bearbeitung von: Peters S). Schattauer Verlag, Stuttgart.

Peters S (2015): DermaSkills (MemoVet): Dermatologie in der Kleintierpraxis – Diagnostik mit System. Schattauer Verlag, Stuttgart.

Peters S (2016): Dermatologie-Atlas Katze: Krankheitsbilder und typische Verteilungsmuster. Ferdinand Enke Verlag, Stuttgart.

Peters S, Koch H-J (2014): Dermatologie-Atlas Hund: Krankheitsbilder und typische Verteilungsmuster. Ferdinand Enke Verlag, Stuttgart.

Rhides KH, Werner AH (2018): Blackwell's five-minute veterinary consult clinical companion: Small animal dermatology. 3. Aufl. John Wiley and Sons, Hoboken, New Jersey, USA.

Dermatologische Untersuchung

Mischke R, Neuber A, Van den Broek A, Hill PB, Thoday K (2004a): Die dermatolologische Untersuchung Teil 1 - Signalement und Anamnese. Prakt Tierarzt 85: 400–406.

Mischke R, Neuber A, Van den Broek A, Thoday K, Hill PB (2004b): Dermatologische Untersuchung Teil 2 - Klinische Untersuchung, diagnostische Tests. Prakt Tierarzt 85: 730–740.

Müntener T, Doherr MG, Guscetti F, Suter MM, Welle MM (2011): The canine hair cycle - a guide for the assessment of morphological and immunohistochemical criteria. Vet Dermatol 22: 383–395.

Neuber A, Mischke R (2004): Zytologische Diagnostik in der Veterinärdermatologie. Prakt Tierarzt 85: 310–327.

Hereditäre Hauterkrankungen

Bauer A, de Lucia M, Leuthard F, Jagannathan V, Leeb T (2019): Compound heterozygosity for TNXB genetic variants in a mixed-breed dog with Ehlers-Danlos syndrome. Anim Genet 50: 546–549. doi: 10.1111/age.12830

Bircher AJ, Lang-Muritano M, Pfaltz M, Bruckner-Tuderman L (1993): Epidermolysis bullosa junctionalis progressiva in three siblings. Br J Dermatol 128: 429–435. doi: 10.1111/j.1365-2133.1993.tb00204.x

Docampo MJ, Zanna G, Fondevila D, Cabrera J, López-Iglesias C, Carvalho A, Cerrato S, Ferrer L, Bassols A (2011): Increased HAS2-driven hyaluronic acid synthesis in shar-pei dogs with hereditary cutaneous hyaluronosis (mucinosis). Vet Dermatol 22: 535–545.

Drögemüller C, Philipp U, Haase B, Günzel-Apel AR, Leeb T (2007): A noncoding melanophilin gene (MLPH) SNP at the splice donor of exon 1 represents a candidate causal mutation for coat color dilution in dogs. J Hered 98: 468–473. doi: 10.1093/jhered/esm021

Hansen N, Foster SF, Burrows AK, Mackie J, Malik R (2015): Cutaneous asthenia (Ehlers-Danlos-like syndrome) of Burmese cats. J Feline Med Surg 17: 954–963.
Hoffmann A, Metzger J, Wöhlke A, Peters M, Junginger J, Mischke R, Distl O, Hewicker-Trautwein M (2016): Congenital ichthyosis in 14 Great Dane puppies with a new presentation. Vet Pathol 53: 614–620.
Jaffey JA, Bullock G, Teplin E, Guo J, Villani NA, Mhlanga-Mutangadura T, Schnabel RD, Cohn LA, Johnson GS (2019): A homozygous ADAMTS2 nonsense mutation in a Doberman Pinscher dog with Ehlers Danlos syndrome and extreme skin fragility. Anim Genet 50: 543–545. doi: 10.1111/age.12825
Kim JH, Kang KI, Sohn HJ, Woo GH, Jean YH, Hwang EK (2005): Color-dilution alopecia in dogs. J Vet Sci 6: 259–261.
Leeb T, Roosje P, Welle M (2022): Genetics of inherited skin disorders in dogs. Vet J 279: 105782. doi: 10.1016/j.tvjl.2021.105782
Mauldin EA (2013): Canine ichthyosis and related disorders of cornification. Vet Clin North Am Small Anim Pract 43: 89–97.
Mauldin EA, Elias PM (2021): Ichthyosis and hereditary cornification disorders in dogs. Vet Dermatol 32: 567-e154. doi: 10.1111/vde.13033
McElroy A, Gray-Edwards H, Coghill LM, Lyons LA (2013): Precision medicine using whole genome sequencing in a cat identifies a novel COL5A1 variant for classical Ehlers-Danlos syndrome. J Vet Intern Med 37: 1716–1724. doi: 10.1111/jvim.16805
Paciello O, Lamagna F, Lamagna B, S. Papparella S (2003): Ehlers-Danlos–like syndrome in 2 dogs: Clinical, histologic, and ultrastructural findings. Vet Clin Pathol 32: 13–18.
Scott DW, Miller WH (1996): Primary seborrhoea in English springer spaniels: a retrospective study of 14 cases. J Small Anim Pract 37: 173–178.
Simon R, Kiener S, Thom N, Schäfer L, Müller J, Schlohsarczyk EK, Gärtner U, Herden C, Leeb T, Lühken G (2023): Identification of an ADAMTS2 frameshift variant in a cat family with Ehlers-Danlos syndrome. G3 (Bethesda) 13: jkad152. doi: 10.1093/g3journal/jkad152
Spycher M, Bauer A, Jagannathan V, Frizzi M, De Lucia M, Leeb T (2018): A frameshift variant in the COL5A1 gene in a cat with Ehlers-Danlos syndrome. Anim Genet 49: 641–644.
Thoday KL (1991): Canine primary (idiopathic) seborrhoea. Vet Rec 128: 216. doi: 10.1136/vr.128.9.216-b
Weingart C, Haußer I, Kershaw O, Kohn B (2014): Ehlers-Danlos-like-Syndrom bei einer Katze. Arch Tierheilkd 156: 543–548.
Wiener DJ, Gurtner C, Panakova L, Mausberg TB, Müller EJ, Drögemüller C, Leeb T, Welle MM (2013): Clinical and histological characterization of hair coat and glandular tissue of Chinese crested dogs. Vet Dermatol 24: 274–e62. doi: 10.1111/vde.12008
Zanna G, Docampo MJ, Fondevila D, Bardagí M, Bassols A, Ferrer L (2009): Hereditary cutaneous mucinosis in shar pei dogs is associated with increased hyaluronan synthase-2 mRNA transcription by cultured dermal fibroblasts. Vet Dermatol 20: 377–382.

Bakteriell bedingte Hauterkrankungen

Bajwa J (2016): Canine superficial pyoderma and therapeutic considerations. Can Vet J 57: 204–206.
Banovic F, Linder K, Olivry T (2017): Clinical, microscopic and microbial characterization of exfoliative superficial pyoderma-associated epidermal collarettes in dogs. Vet Dermatol 28: 107-e23. doi: 10.1111/vde.12352
Bloom P (2014): Canine superficial bacterial folliculitis: current understanding of its etiology, diagnosis and treatment. Vet J 199: 217–222.
Gortel K (2013): Recognizing pyoderma: more difficult than it may seem. Vet Clin North Am Small Anim Pract. 43: 1–18. doi: 10.1016/j.cvsm.2012.09.004
Jeffers JG (2013): Topical therapy for drug-resistant pyoderma in small animals. Vet Clin North Am Small Anim Pract 43: 41–50.
Löwenstein C (2011): Pyodermie beim Hund. Tierarztl Prax Ausg K Kleintiere Heimtiere 39: 405–417; quiz 418.
Loeffler A, Lloyd DH (2014): Pyoderma, the march of the staphylococci. Vet Dermatol 25: 285–286.
Loeffler A, Lloyd DH (2018): What has changed in canine pyoderma? A narrative review. Vet J 235: 73–82.

Santoro D (2023): Topical therapy for canine pyoderma: what is new? J Am Vet Med Assoc 261(S1): S140-S148. doi: 10.2460/javma.23.01.0001

Seckerdieck F, Mueller RS (2018): Recurrent pyoderma and its underlying primary diseases: a retrospective evaluation of 157 dogs. Vet Rec 182: 434. doi: 10.1136/vr.104420

Viral bedingte Hauterkrankungen

Jungwirth N, Puff C, Köster K, Mischke R, Meyer H, Stark A, Thoma B, Zöller G, Seehusen F, Hewicker-Trautwein M, Beineke A, Baumgärtner W, Wohlsein P (2018): Atypical cowpox virus infection in a series of cats. J Comp Pathol 158: 71–76.

Levy BJ, Sample SJ, Yuan H (2018): Multimodal treatment of a dog with disseminated cutaneous viral papillomatosis. Vet Dermatol 29:78-e31. doi: 10.1111/vde.12490

Medeiros-Fonseca B, Faustino-Rocha AI, Medeiros R, Oliveira PA, Gil da Costa RM (2023): Canine and feline papillomaviruses: an update. Front Vet Sci 10: 1174673. doi: 10.3389/fvets.2023.1174673

Möstl K, Addie D, Belák S, Boucraut-Baralon C, Egberink H, Frymus T, Gruffydd-Jones T, Hartmann K, Hosie MJ, Lloret A, Lutz H, Marsilio F, Pennisi MG, Radford AD, Thiry E, Truyen U, Horzinek MC (2013): Cowpox virus infection in cats: ABCD guidelines on prevention and management. J Feline Med Surg 15: 557–559.

Noleto de Paiva F, Silva Gomes de Souza M, Correia Fernandes Junior L, Souza Costa T, Sampaio Martins Land Manier B, Caicó Collares Araujo D, Bazaga Botelho C, Israel Fernandes J (2022): Efficacy of cryotherapy in the treatment of cutaneous horn associated with papillomatosis in a dog. Vet Dermatol 33: 243–246. doi: 10.1111/vde.13057

Yağci BB, Ural K, Ocal N, Haydardedeoğlu AE (2008): Azithromycin therapy of papillomatosis in dogs: a prospective, randomized, double-blinded, placebo-controlled clinical trial. Vet Dermatol 19: 194–198. doi: 10.1111/j.1365-3164.2008.00674.x

Hautpilzerkrankungen

Bajwa J (2017): Canine Malassezia dermatitis. Can Vet J 58: 1119–1121.

Boehm TMSA, Mueller RS (2019): Dermatophytosis in dogs and cats - an update. Tierarztl Prax Ausg K Kleintiere Heimtiere 47: 257–268.

Bond R, Morris DO, Guillot J, Bensignor EJ, Robson D, Mason KV, Kano R, Hill PB (2020): Biology, diagnosis and treatment of Malassezia dermatitis in dogs and cats Clinical consensus guidelines of the World Association for Veterinary Dermatology. Vet Dermatol 31: 28–74.

Frymus T, Gruffydd-Jones T, Pennisi MG, Addie D, Belák S, Boucraut-Baralon C, Egberink H, Hartmann K, Hosie MJ, Lloret A, Lutz H, Marsilio F, Möstl K, Radford AD, Thiry E, Truyen U, Horzinek MC (2013): Dermatophytosis in cats: ABCD guidelines on prevention and management. J Feline Med Surg 15: 598–604.

Jacobson LS, McIntyre L, Mykusz J (2018): Comparison of real-time PCR with fungal culture for the diagnosis of Microsporum canis dermatophytosis in shelter cats: a field study. J Feline Med Surg 20: 103–107.

Moriello K (2014): Feline dermatophytosis: aspects pertinent to disease management in single and multiple cat situations. J Feline Med Surg 16: 419–431.

Moriello KA, Coyner K, Paterson S, Mignon B (2017): Diagnosis and treatment of dermatophytosis in dogs and cats.: Clinical consensus guidelines of the World Association for Veterinary Dermatology. Vet Dermatol 28:266–e68. doi: 10.1111/vde.12440

Pin D (2017): Non-dermatophyte dermatoses mimicking dermatophytoses in animals. Mycopathologia 182: 113–126. doi: 10.1007/s11046-016-0090-8

Raval HS, Nayak JB, Patel BM, Bhadesiya CM (2015): Zoonotic importance of canine scabies and dermatophytosis in relation to knowledge level of dog owners. Vet World 8: 763–767. doi: 10.14202/vetworld.2015.763-767

Protozoen bedingte Hauterkrankungen (Leishmaniose) (s. auch Kap. 2.4.1.1)

Baneth G, Solano-Gallego L (2022): Leishmaniasis. Vet Clin North Am Small Anim Pract 52: 1359–1375.

Pennisi MG, Persichetti MF (2018): Feline leishmaniosis: Is the cat a small dog? Vet Parasitol 251: 131–137.

Saridomichelakis MN, Koutinas AF (2014): Cutaneous involvement in canine leishmaniosis due to Leishmania infantum (syn. L. chagasi). Vet Dermatol 25: 61–71, e22. doi: 10.1111/vde.12105

Parasitär bedingte Hauterkrankungen (s. auch Kap. 2.4.1.5)

Bowden DG, Outerbridge CA, Kissel MB, Baron JN, White SD (2018): Canine demodicosis: a retrospective study of a veterinary hospital population in California, USA (2000–2016). Vet Dermatol 29: 19–e10. doi: 10.1111/vde.12484

Fourie JJ, Meyer L, Thomas E (2019): Efficacy of topically administered fluralaner or imidacloprid/moxidectin on dogs with generalised demodicosis. Parasit Vectors 12: 59. doi: 10.1186/s13071-018-3230-9

Moroni B, Rossi L, Bernigaud C, Guillot J (2022): Zoonotic episodes of scabies: A global overview. Pathogens 11: 213. doi: 10.3390/pathogens11020213

Mueller RS, Rosenkrantz W, Bensignor E, Karaś-Tęcza J, Paterson T, Shipstone MA (2020): Diagnosis and treatment of demodicosis in dogs and cats: Clinical consensus guidelines of the World Association for Veterinary Dermatology. Vet Dermatol 31: 5–27.

Allergische Hauterkrankungen

Bajwa J (2018): Atopic dermatitis in cats. Can Vet J 59: 311–313.

Baumann SA, Fritz C, Mueller RS (2020): Food antigen-specific IgE in dogs with suspected food hypersensitivity. Tierarztl Prax Ausg K Kleintiere Heimtiere 48: 395–402.

Buckley L, Nuttall T (2012): Feline eosinophilic granuloma complex(ities): some clinical clarification. J Feline Med Surg 14: 471–481.

Favrot C, Steffan J, Seewald W, Picco F (2010): A prospective study on the clinical features of chronic canine atopic dermatitis and its diagnosis. Vet Dermatol 21: 23–31.

Favrot C, Rostaher A, Fischer N (2014): Klinische Merkmale, Diagnose und Therapie des felinen Atopie Syndroms. Schweiz Arch Tierheilkd 156: 327–335.

Gedon NKY, Mueller RS (2018): Atopic dermatitis in cats and dogs: a difficult disease for animals and owners. Clin Transl Allergy 8: 41. doi: 10.1186/s13601-018-0228-5

Gonzales AJ, Bowman JW, Fici GJ, Zhang M, Mann DW, Mitton-Fry M (2014): Oclacitinib (APOQUEL(®)) is a novel Janus kinase inhibitor with activity against cytokines involved in allergy. J Vet Pharmacol Ther 37: 317–324.

Griffin JS, Scott DW, Miller WH, Jr., Tranchina MM (2012): An open clinical trial on the efficacy of cetiri`-zine hydrochloride in the management of allergic pruritus in cats. Can Vet J 53: 47–50.

Hensel P, Santoro D, Favrot C, Hill P, Griffin C (2015): Canine atopic dermatitis: detailed guidelines for diagnosis and allergen identification. BMC Vet Res 11: 196. doi: 10.1186/s12917-015-0515-5

Ishimaru H, Okamoto N, Fujimura M, Miyaji K, Shimakura H, Takase Y, Mizukami K, Uchiyama J, DeBoer DJ, Sakaguchi M (2020): IgE sensitivity to Malassezia pachydermatis and mite allergens in dogs with atopic dermatitis. Vet Immunol Immunopathol 226: 110070. doi: 10.1016/j.vetimm.2020.110070

Jackson HA (2023): Food allergy in dogs and cats; current perspectives on etiology, diagnosis, and management. J Am Vet Med Assoc. 261(S1): S23-S29. doi: 10.2460/javma.22.12.0548

Lam A, Yu A (2009): Overview of flea allergy dermatitis. Compend Contin Educ Vet 31: E1–10

Marsella R (2021): Advances in our understanding of canine atopic dermatitis. Vet Dermatol 32: 547–e151. doi: 10.1111/vde.12965

Marsella R, Doerr K, Gonzales A, Rosenkrantz W, Schissler J, White A (2023): Oclacitinib 10 years later: lessons learned and directions for the future. J Am Vet Med Assoc 261(S1): S36-S47. doi: 10.2460/javma.22.12.0570

Mueller RS (2023): A systematic review of allergen immunotherapy, a successful therapy for canine atopic dermatitis and feline atopic skin syndrome. J Am Vet Med Assoc 261(S1): S30–S35. doi: 10.2460/javma.22.12.0576

Noli C (2015): Atopische Dermatitis beim Hund – aktuelle Therapieansätze. Prakt Tierarzt 96: 996–1007.

Nuttall T, Reece D, Roberts E (2014): Life-long diseases need life-long treatment: long-term safety of ciclosporin in canine atopic dermatitis. Vet Rec 174 (Suppl 2): 3–12.

Olivry T, DeBoer DJ, Favrot C, Jackson HA, Mueller RS, Nuttall T, Prélaud P (2015): International Committee on Allergic Diseases of Animals (2015): Treatment of canine atopic dermatitis: 2015 updated guidelines from the International Committee on Allergic Diseases of Animals (ICADA). BMC Vet Res 11: 210. doi: 10.1186/s12917-015-0514-6

Ortalda C, Noli C, Colombo S, Borio S (2015): Oclacitinib in feline nonflea-, nonfood-induced hypersensitivity dermatitis: results of a small prospective pilot study of client-owned cats. Vet Dermatol 26: 235–e52. doi: 10.1111/vde.12218

Palmeiro BS (2013): Cyclosporine in veterinary dermatology. Vet Clin North Am Small Anim Pract 43: 153–171.

Ravens PA, Xu BJ, Vogelnest LJ (2014): Feline atopic dermatitis: a retrospective study of 45 cases (2001–2012). Vet Dermatol 25: 95-102, e27–28.

Santoro D (2019): Therapies in canine atopic dermatitis: An update. Vet Clin North Am Small Anim Pract. 49: 9–26.

Santoro D, Pucheu-Haston CM, Prost C, Mueller RS, Jackson H (2021): Clinical signs and diagnosis of feline atopic syndrome: detailed guidelines for a correct diagnosis. Vet Dermatol 32: 26-e6. doi: 10.1111/vde.12935

Saridomichelakis MN, Olivry T (2016): An update on the treatment of canine atopic dermatitis. Vet J 207: 29–37.

Schröer S, Mueller R (2016): Diagnose von Futtermittelunverträglichkeit bei Hund und Katze. Prakt Tierarzt 97: 496–500.

Souza CP, Rosychuk RAW, Contreras ET, Schissler JR, Simpson AC (2018): A retrospective analysis of the use of lokivetmab in the management of allergic pruritus in a referral population of 135 dogs in the western USA. Vet Dermatol 29: 489–e164. doi: 10.1111/vde.12682

Verlinden A, Hesta M, Millet S, Janssens GP (2006): Food allergy in dogs and cats: a review. Crit Rev Food Sci Nutr 46: 259–273.

Walder EJ, Conroy JD (1994): Contact dermatitis in dogs and cats: Pathogenesis, histopathology, experimental induction and case reports. Vet Dermatol 5: 149–162.

Autoimmunerkrankungen

Bajwa J (2022): Juvenile cellulitis (juvenile sterile granulomatous dermatitis and lymphadenitis) in a 9-week-old puppy treated with prednisolone-cyclosporine combination therapy. Can Vet J 63: 313–316.

Banovic F, Linder KE, Uri M, Rossi MA, Olivry T (2016): Clinical and microscopic features of generalized discoid lupus erythematosus in dogs (10 cases). Vet Dermatol 27: 488–e131.

Bizikova P, Burrows A (2019): Feline pemphigus foliaceus: original case series and a comprehensive literature review. BMC Vet Res 15: 22. doi: 10.1186/s12917-018-1739-y

Boehm TMSA, Klinger CJ, Udraite L, Mueller RS (2017): Die Haut als Zielscheibe – Erythema multiforme bei Hund und Katze. Tierarztl Prax Ausg K Kleintiere Heimtiere 45: 352–356.

Byrne KP, Giger U (2002): Use of human immunoglobulin for treatment of severe erythema multiforme in a cat. J Am Vet Med Assoc 220: 197.

Dias Pereira P, Faustino AM (2003): Feline plasma cell pododermatitis: a study of 8 cases. Vet Dermatol 14: 333–337.

Egbeto IA, Garelli CJ, Piedra-Mora C, Wong NB, David CN, Robinson NA, Richmond JM (2020): Case series: gene expression analysis in canine Vogt-Koyanagi-Harada/uveodermatologic syndrome and vitiligo reveals conserved immunopathogenesis pathways between dog and human autoimmune pigmentary disorders. Front Immunol 11: 590558. doi: 10.3389/fimmu.2020.590558

Goodale E (2019): Pemphigus foliaceous. Can Vet J 60: 311–313.

Inga A, Griffeth GC, Drobatz KJ, Goldschmidt KH, Mauldin EA (2020): Sterile granulomatous dermatitis and lymphadenitis (juvenile cellulitis) in adult dogs: a retrospective analysis of 90 cases (2004–2018). Vet Dermatol 31: 219-e47. doi: 10.1111/vde.12820

Izydorczyk V, Pye C (2024): Pemphigus foliaceus in cats. Can Vet J 65: 297–300.

Jackson HA, Olivry T (2001): Ulcerative dermatosis of the Shetland sheepdog and rough collie dog may represent a novel vesicular variant of cutaneous lupus erythematosus. Vet Dermatol 12, 19–27.

Morris DO (2013): Ischemic dermatopathies. Vet Clin North Am Small Anim Pract 43: 99–111.
Müller RS, Carr AP, Hollingsworth S (1992): Das uveodermatologische Syndrom beim Hund. Tierarztl Prax 20: 632–636.
Mueller RS, Krebs I, Power HT, Fieseler KV (2006): Pemphigus foliaceus in 91 dogs. J Am Anim Hosp Assoc 42: 189–196.
Nuttall JJ, Malham T (2004): Successful intravenous human immunoglobulin treatment of drug-induced Stevens-Johnson syndrome in a dog. J Small Anim Pract 45: 357.
Olivry T, Linder KE, Banovic F (2018): Cutaneous lupus erythematosus in dogs: a comprehensive review. BMC Vet Res 14(1): 132. doi: 10.1186/s12917-018-1446-8
Olivry T, Rossi MA, Banovic F, Linder KE (2015): Mucocutaneous lupus erythematosus in dogs (21 cases). Vet Dermatol 26: 256–e55.
Peterson A, McKay L (2010): Crusty cats: feline pemphigus foliaceus. Compend Contin Educ Vet 32: E1–4.
Pye CC (2009): Uveodermatologic syndrome in an Akita. Can Vet J 50: 861–864.
Preziosi DE (2019): Feline pemphigus foliaceus. Vet Clin North Am Small Anim Pract 49: 95–104.
Röthig A, Rüfenacht S, Welle MM, Thom N (2015): Familiäres Auftreten der Dermatomyositis bei Working Kelpies. Tierarztl Prax Ausg K Kleintiere Heimtiere 43: 331–336.
Simpson DL, Burton GG (2013): Use of prednisolone as monotherapy in the treatment of feline pemphigus foliaceus: a retrospective study of 37 cats. Vet Dermatol 24: 598–601.
Vaughan DF, Clay Hodgin E, Hosgood GL, Bernstein JA (2010): Clinical and histopathological features of pemphigus foliaceus with and without eosinophilic infiltrates: a retrospective evaluation of 40 dogs. Vet Dermatol 21: 166–174.
White SD, Rosychuk RA, Stewart LJ, Cape L, Hughes BJ (1989): Juvenile cellulitis in dogs: 15 cases (1979-1988). J Am Vet Med Assoc 195: 1609–1611.
Yager JA (2014): Erythema multiforme, Stevens-Johnson syndrome and toxic epidermal necrolysis: a comparative review. Vet Dermatol 25: 406-e64. doi: 10.1111/vde.12142
Yun T, Koo Y, Chae Y, Lee D, Kim H, Yang MP, Kang BT (2023): Successful treatment with prednisolone and mycophenolate mofetil in a dog with recurrent erythema multiforme minor. Top Companion Anim Med 52: 100755. doi: 10.1016/j.tcam.2022.100755

Hormonell bedingte Hauterkrankungen (s. auch Kap. 13)

Frank LA (2006): Comparative dermatology – canine endocrine dermatoses. Clin Dermatol 24: 317–325.
Outerbridge CA (2013): Cutaneous manifestations of internal diseases. Vet Clin North Am Small Anim Pract 43: 135–152.
Rhodes KH (1990): Cutaneous manifestations of canine and feline endocrinopathies. Probl Vet Med 2: 617–626.

Metabolisch bedingte Hauterkrankungen

Campbell GA, Crow D (2010): Severe zinc responsive dermatosis in a litter of Pharaoh Hounds. J Vet Diagn Invest 22: 663–666.
Colombini S (1999): Canine zinc-responsive dermatosis. Vet Clin North Am Small Anim 29: 1373–1383.
Romanucci M, Bongiovanni L, Russo A, Capuccini S, Mechelli L, Ordeix L, Della Salda L (2011): Oxidative stress in the pathogenesis of canine zinc-responsive dermatosis. Vet Dermatol 22: 31–38.
White SD, Bourdeau P, Rosychuk RA, Cohen B, Bonenberger T, Fieseler KV, Ihrke P, Chapman PL, Schultheiss P, Zur G, Cannon A, Outerbridge C (2001): Zinc-responsive dermatosis in dogs: 41 cases and literature review. Vet Dermatol 12: 101–109.

Psychogen bedingte Hauterkrankungen

Shumaker AK (2019): Diagnosis and treatment of canine acral lick dermatitis. Vet Clin North Am Small Anim Pract 49: 105–123.
Shumaker AK, Angus JC, Coyner KS, Loeffler DG, Rankin SC, Lewis TP (2008): Microbiological and histopathological features of canine acral lick dermatitis. Vet Dermatol 19: 288–298.

Virga V (2003): Behavioral dermatology. Vet Clin North Am Small Anim Pract 33(2): 231–251.

Umwelt-bedingte Hauterkrankungen

Ho KK, Campbell KL, Lavergne SN (2015): Contact dermatitis: a comparative and translational review of the literature. Vet Dermatol 26: 314–327, e66-7. doi: 10.1111/vde.12229

McHale B, Banovic F (2022): Topical imiquimod therapy for localized solar dermatitis in a dog. Top Companion Anim Med. 50: 100673. doi: 10.1016/j.tcam.2022.100673

Schwartz SL, Schick AE, Lewis TP, Loeffler D (2018): Dorsal thermal necrosis in dogs: a retrospective analysis of 16 cases in the southwestern USA (2009-2016). Vet Dermatol 29: 139–e55. doi: 10.1111/vde.12519

Sumner JP, Pucheu-Haston CM, Fowlkes N, Merchant S (2016): Dorsal skin necrosis secondary to a solar-induced thermal burn in a brown-coated dachshund. Can Vet J 57: 305–308.

Walder EJ, Conroy JD (1994): Contact dermatitis in dogs and cats: Pathogenesis, histopathology, experimental induction and case reports. Vet Dermatol 5: 149–162.

White PD (1991): Contact dermatitis in the dog and cat. Semin Vet Med Surg (Small Anim) 6: 303–315.

Sonstige nicht-neoplastische Hauterkrankungen

Brunner MAT, Jagannathan V, Waluk DP, Roosje P, Linek M, Panakova L, Leeb T, Wiener DJ, Welle MM (2017): Novel insights into the pathways regulating the canine hair cycle and their deregulation in alopecia X. PLoS One 12: e0186469. doi: 10.1371/journal.pone.0186469

Chung TH, Ryu MH, Kim DY, Yoon HY, Hwang CY (2009): Topical tacrolimus (FK506) for the treatment of feline idiopathic facial dermatitis. Aust Vet J 87: 417–420.

Frank LA, Watson JB (2013): Treatment of alopecia X with medroxyprogesterone acetate. Vet Dermatol 24: 624 –627, e153-4. doi: 10.1111/vde.12073

Lemetayer J, Blois S (2018): Update on the use of trilostane in dogs. Can Vet J 59: 397–407.

Müntener T, Schuepbach-Regula G, Frank L, Rüfenacht S, Welle MM (2012): Canine noninflammatory alopecia: a comprehensive evaluation of common and distinguishing histological characteristics. Vet Dermatol 23: 206-e44. doi: 10.1111/j.1365-3164.2012.01049.x

Titeux E, Gilbert C, Briand A, Cochet-Faivre N (2018): From feline idiopathic ulcerative dermatitis to feline behavioral ulcerative dermatitis: Grooming repetitive behaviors indicators of poor welfare in cats. Front Vet Sci 5: 81. doi: 10.3389/fvets.2018.00081

Welle MM (2023): Canine noninflammatory alopecia: An approach to its classification and a diagnostic aid. Vet Pathol 60: 748–769.

Hauttumoren

Azuma K, Ohmi A, Goto-Koshino Y, Tomiyasu H, Ohno K, Chambers JK, Uchida K, Namba H, Nagata M, Nagamine E, Nibe K, Irie M, Tsujimoto H (2022): Outcomes and prognostic factors in canine epitheliotropic and nonepitheliotropic cutaneous T-cell lymphomas. Vet Comp Oncol 20: 118–126.

Chan CM, Frimberger AE, Moore AS (2018): Clinical outcome and prognosis of dogs with histopathological features consistent with epitheliotropic lymphoma: a retrospective study of 148 cases (2003-2015). Vet Dermatol 29: 154–e59. doi: 10.1111/vde.12504

de Nardi AB, Dos Santos Horta R, Fonseca-Alves CE, de Paiva FN, Linhares LCM, Firmo BF, Ruiz Sueiro FA, de Oliveira KD, Lourenço SV, De Francisco Strefezzi R, Brunner CHM, Rangel MMM, Jark PC, Castro JLC, Ubukata R, Batschinski K, Sobral RA, da Cruz NO, Nishiya AT, Fernandes SC, Dos Santos Cunha SC, Gerardi DG, Challoub GSG, Biondi LR, Laufer-Amorim R, de Oliveira Paes PR, Lavalle GE, Huppes RR, Grandi F, de Carvalho Vasconcellos CH, Dos Anjos DS, Luzo ÂCM, Matera JM, Vozdova M, Dagli MLZ (2022): Diagnosis, prognosis and treatment of canine cutaneous and subcutaneous mast cell tumors. Cells 11: 618. doi: 10.3390/cells11040618

Fontaine J, Bovens C, Bettenay S, Mueller RS (2009): Canine cutaneous epitheliotropic T-cell lymphoma: a review. Vet Comp Oncol 7: 1–14.

Henry C, Herrera C (2013): Mast cell tumors in cats: clinical update and possible new treatment avenues. J Feline Med Surg 15: 41–47.

Martin PD, Argyle DJ (2013): Advances in the management of skin cancer. Vet Dermatol 24: 173–80. e38. doi: 10.1111/j.1365-3164.2012.01107.x

Moore PF (2023): Histiocytic Diseases. Vet Clin North Am Small Anim Pract 53: 121–140.

Oliveira MT, Campos M, Lamego L, Magalhães D, Menezes R, Oliveira R, Patanita F, Ferreira DA (2020): Canine and feline cutaneous mast cell tumor: A comprehensive review of treatments and outcomes. Top Companion Anim Med 41: 100472. doi: 10.1016/j.tcam.2020.100472

Ramos SC, Macfarlane MJ, Polton G (2022): Isotretinoin treatment of 12 dogs with epitheliotropic lymphoma. Vet Dermatol 33: 345-e80. doi: 10.1111/vde.13079

Rook KA (2019): Canine and feline cutaneous epitheliotropic lymphoma and cutaneous lymphocytosis. Vet Clin North Am Small Anim Pract 49: 67–81.

Schwens Ch, Thom N, Moritz A (2011): Reaktive und neoplastische histiozytäre Erkrankungen beim Hund. Tierarztl Prax Ausg K Kleintiere Heimtiere 39: 176–190.

Sledge DG, Webster J, Kiupel M (2016): Canine cutaneous mast cell tumors: A combined clinical and pathologic approach to diagnosis, prognosis, and treatment selection. Vet J 215: 43–54.

Turek MM (2003): Cutaneous paraneoplastic syndromes in dogs and cats: a review of the literature. Vet Dermatol 14: 279–296.

4 Blut und blutbildende Organe

Reinhard Mischke

4.1 Rotes Blutbild

4.1.1 Physiologie

Bildung, Lebenszeit und Abbau: Die Erythrozyten werden im Fetus in Leber und Milz, im erwachsenen Organismus v. a. im Knochenmark gebildet. Allerdings findet bei gestörter Bildung im Knochenmark und bestimmten pathophysiologischen Bedingungen die extramedulläre Hämatopoese statt. Aus pluripotenten Stammzellen entstehen in einem 4–6-tägigen Teilungs- und Reifungsprozess über determinierte Stammzellen, Proerythroblasten und verschiedene Normoblastenstadien die oxyphilen Normoblasten. Erst nach Ausstoßung des Kerns besitzen die Zellen die nötige Beweglichkeit, um durch die Schlitze der Knochenmarksinus ins Blut zu gelangen. Im Blut verlieren sie innerhalb eines Tages ihre restlichen Mitochondrien und Ribosomen (Stadium des Retikulozyten), sodass sie anschließend nur noch Hämoglobin enthalten. Die Lebenszeit der Erythrozyten beträgt ca. 120 Tage beim Hund und 70 Tage bei der Katze. Die alternden roten Blutzellen werden, begünstigt durch die Abnahme ihrer Verformbarkeit, durch das Monozyten-Makrophagen-System (v. a. in Knochenmark, Milz und Leber) aus dem Blut eliminiert.

Regulation der Erythropoese: erfolgt in erster Linie über Erythropoetin. Dieses Glykoprotein wird bei Sauerstoffmangel vorwiegend in den Nieren, in geringerem Ausmaß in der Leber gebildet. Auch Testosteron, Schilddrüsenhormone, Somatotropine und Kortisol steigern die Erythropoese.

Funktion: Die Hauptaufgabe der Erythrozyten besteht im Transport von Sauerstoff, den sie in Bruchteilen von Sekunden in den Lungenkapillaren aus den **Alveolen** aufnehmen und an Hämoglobin binden, um ihn in die Kapillaren der Körperperipherie zu transportieren und an die Gewebezellen abzugeben. Zudem spielen die Erythrozyten eine Rolle beim Abtransport des im Zellstoffwechsel zur Energiegewinnung gebildeten

CO_2, das zu > 90 % in die roten Blutzellen diffundiert. Dort wird es zu einem geringen Teil als Carbaminoverbindung an die beta-Ketten des Hämoglobins gebunden, zum größten Teil aber zu Kohlensäure/Bicarbonat umgewandelt, das überwiegend wieder in das Blutplasma abgegeben wird. Durch die CO_2-Bindung an Hämoglobin nimmt dessen Affinität zum Sauerstoff ab, was die O_2-Abgabe ins Gewebe erleichtert. In den Lungenkapillaren laufen die Vorgänge umgekehrt, bevor CO_2 zusammen mit dem im Blut physikalisch gelösten Anteil abgeatmet wird.

4.1.2 Anämien

4.1.2.1 Definition

Eine Anämie kennzeichnet eine Verminderung der Erythrozytenmasse, die bei ausgeglichenem Volumenhaushalt (Normovolämie), d. h. nicht unmittelbar nach akuter Blutung (s. Kap. 4.1.2.14), einer Verminderung des Hämatokrits bzw. der Hämoglobinkonzentration entspricht und eine Störung des Gleichgewichtes zwischen der Bildung und dem Verlust oder Verbrauch von roten Blutkörperchen zum Ausdruck bringt.

4.1.2.2 Klassifikation, Systematik

Die Klassifikation der Anämie kann nach **Pathophysiologie** (z. B. Bildungsstörung, Blutverlust, Hämolyse, Abb. 4.1), Zellgröße (normo-, mikro-, makrozytär), Hämoglobingehalt der Erythrozyten (hypo-, normo-, hyperchrom) und/oder Schweregrad erfolgen (Tab. 4.1, s. Kap. 4.1.2.3). Zwar repräsentiert eine mikrozytäre Anämie oft eine Eisenmangelsituation und eine makrozytäre Anämie zeigt i. d. R. eine regenerative Anämie an, aber eine klare ätiologische Zuordnung ist über die Zellgröße oft nicht eindeutig möglich.

4.1.2.3 Klinik, Schweregrade

Klinische Symptome: Neben dem Kardinalsymptom „Blässe der Schleimhaut" können bei ausgeprägter Anämie verschiedene unspezifische Symptome der verminderten Sauerstoffversorgung des Gewebes bestehen (Apathie, Müdigkeit, Leistungsschwäche/Belastungsintoleranz bis zum Schock), wie auch kompensatorische respiratorische Symptome (Tachykardie, Tachypnoe) und ggf. Folgen der hämodynamischen Veränderungen im Herzen (systolische Turbulenzgeräusche) (Abb. 4.2).

Weitere Symptome sind bei spezifischen Anämieformen anzutreffen (Fieber, Hämoglobinurie und Ikterus bei hämolytischer Anämie; Blutungen bei akuter Blutungsanämie) oder bestehen im Rahmen der Anämie-verursachenden Grunderkrankung (z. B. Polyurie/Polydipsie bei Niereninsuffizienz).

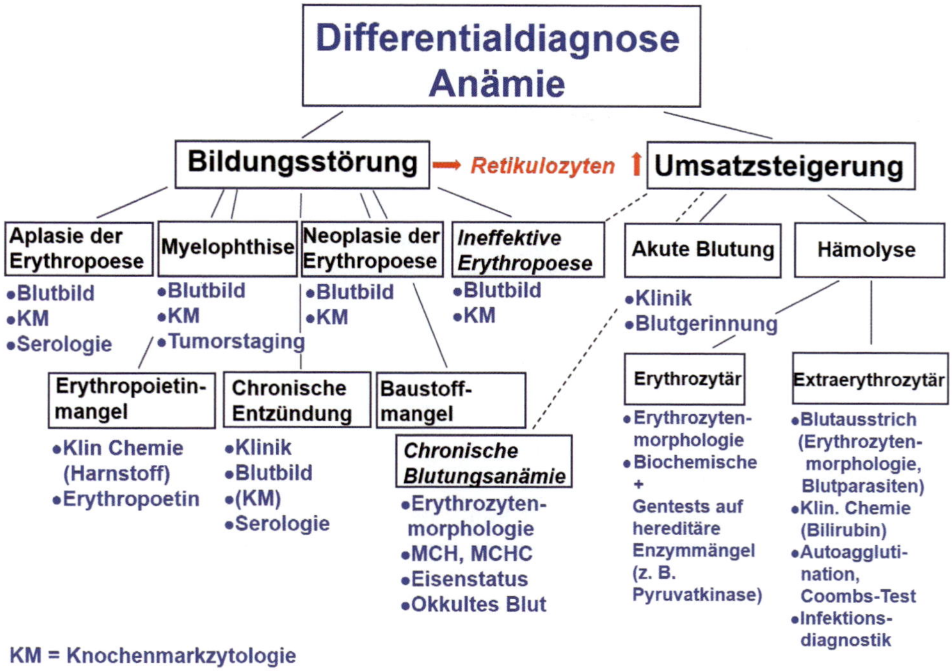

Abb. 4.1 Gliederung der Anämieursachen nach pathogenetischen Gesichtspunkten mit Illustrierung der für die Diagnose der Anämieform jeweils wichtigen diagnostischen Verfahren.

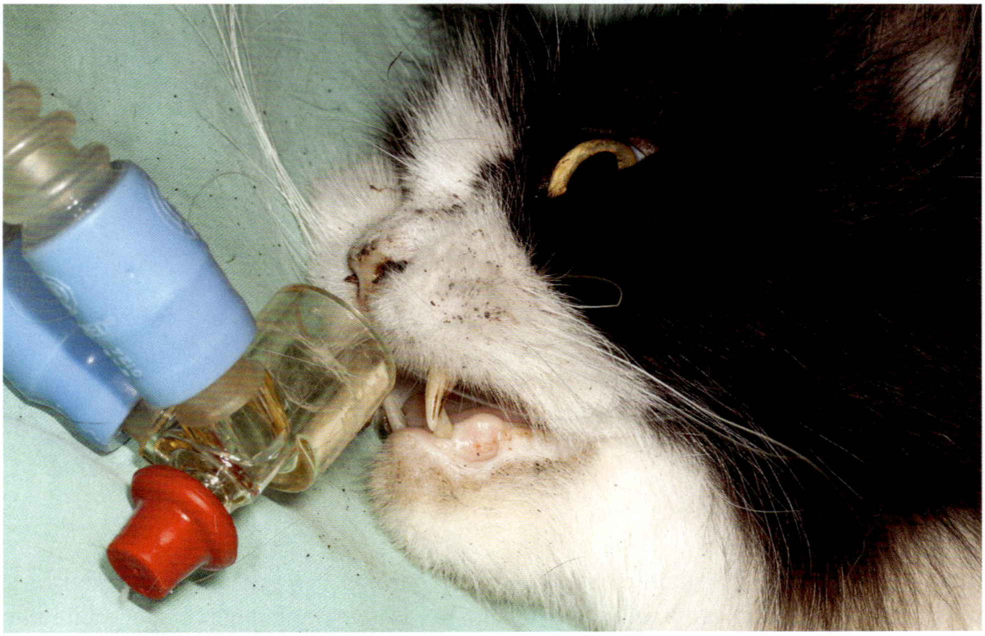

Abb. 4.2 Hochgradige Blässe der Schleimhaut bei einer Katze mit hochgradiger Anämie (Hämatokrit 6 %!) durch höchstgradigen Flohbefall (beachte den Flohkot in Form von dunklen Partikeln).

Schweregrade, Interpretation: Eine Orientierung für Schweregrade der Anämie liefert Tabelle 4.1. Wichtig ist, sich zu vergegenwärtigen, dass bei normaler Funktion der übrigen Organe und Normovolämie der Hämatokrit i. d. R. beim Hund unter 15 % und bei der Katze unter 12 % sinken muss, um ein reduziertes Allgemeinbefinden und deutliche klinische Symptome auszulösen. Umgekehrt können Tiere auch bei Unterschreiten dieser Werte, insbesondere bei chronischen Anämien, weitestgehend symptomfrei sein. Liegt also eine deutliche Störung des Allgemeinbefindens bei weniger schweren Anämien vor, dann muss primär nach der Grunderkrankung (z. B. Infektionserkrankung, Tumor) gesucht werden.

Generell führt ein langsameres Absinken auf einen bestimmten Hämatokritwert zu weniger ausgeprägten klinischen Symptomen als ein akuter Krankheitsverlauf. Mitunter können hier ganz erstaunliche „Phänomene" beobachtet werden, z. B. einzelne chronisch anämische Katzen, die trotz Hämatokritwerten von teilweise deutlich unter 10 % noch ein lebhaftes Verhalten aufweisen.

Daneben wird die Ausprägung der klinischen Störung bei einem definierten Anämiegrad von der Herz-Kreislauf-Funktion, Lungenfunktion und dem Alter des Patienten mitbestimmt. Bei einem akuten Blutverlust sind deutliche Schocksymptome bei Verlust von > 30 % des Blutvolumens zu erwarten (Hund > 30 ml/kg KM; Katze > 20 ml/kg KM).

Tabelle 4.1: **Schweregrade: Richtlinien für den Umgang mit anämischen Kleintierpatienten in Abhängigkeit vom Schweregrad***

Hämatokrit		Schweregrad	Konsequenz
Hund	Katze		
38–55	28–45	Normaler Hämatokrit	Keine
30–37	20–27	Geringgradig	Kontrolluntersuchung (ggf. Anämiediagnostik)
20–29	16–19	Moderat	Anämiediagnostik
15–19	12–15	Schwer	Funktionelle Relevanz
13–14	11–12	Sehr schwer	Intensivüberwachung, ggf. Transfusion
≤ 12	≤ 10	Höchstgradig	Lebensgefahr!, Bluttransfusion

*Normovolämischer Patient (nach Ausgleich von Flüssigkeitsimbalanzen)

4.1.2.4 Diagnostisches Vorgehen

Anämien sind häufige Begleiterscheinungen von chronischen entzündlichen oder neoplastischen Erkrankungen und Teil verschiedener Bluterkrankungen. Daher stellt eine „Anämie" oft nicht die eigentliche Diagnose dar, von entscheidender Bedeutung ist die nähere Definition der Form der Anämie bzw. deren Ursache/Pathogenese oder zumindest deren Eingrenzung unter Einbeziehung von Vorbericht, klinischer Untersuchung und Labordiagnostik. Nur dann kann eine Prognose gestellt und effizient behandelt werden. Bedauerlicherweise kann in vielen Fällen, mitunter trotz umfangreicher Diagnostik, die Ursache nicht genau definiert werden.

Anamnese: Zur Abklärung der Ursache einer Anämie muss zunächst ein sorgfältiger Vorbericht erhoben werden. Hier spielen z. B. zurückliegende Impfungen als mögliche Trigger einer immunvermittelten Anämie, aber auch bezüglich des Schutzes vor Infektionserkrankungen eine Rolle.

Zudem sind bei anämischen Patienten stets folgende Punkte bei der Anamnese zu bedenken:

- Medikation (sekundäre immunvermittelte Hämolyse, Knochenmarkschäden u. a. durch Zytostatika, Blutungen durch Antikoagulanzien, gastrointestinale Ulzera mit Schleimhautblutungen u. a. bei Glukokortikoiden und nicht-steroidalen Antiphlogistika [NSAID])
- Zwiebel- oder Knoblauchaufnahme (oxidative Schäden)
- Hinweis auf Blutungen (incl. Kotfarbe [Teerstuhl])
- Ekto- und Endoparasitosen
- Auslandsanamnese (Blutparasiten)
- Nidationsverhütung (bei Hündinnen)

Klinische Untersuchung: Die Vielschichtigkeit der Anämieursachen erfordert eine sorgfältige klinische Untersuchung (einschließlich Abdomenpalpation), erweitert durch bildgebende Verfahren (u. a. zur Tumorsuche) und Laboruntersuchungen.

Bildgebende Diagnostik: Sie umfasst das Röntgen des Thorax sowie die Sonographie von Thorax und Abdomen und dient in erster Linie zur Diagnose und zum Ausschluss von Tumorerkrankungen, die oft mit Anämie assoziiert sind. Allerdings können eine Hepatomegalie und Splenomegalie oft auch aus nicht neoplastischen Ursachen (v. a. verstärkter Abbau von Blutzellen, extramedulläre Hämatopoese) vorliegen.

Weitere Diagnostik: Die **Blutentnahme** für weiterführende Untersuchungen muss vor Einleiten einer Therapie mit Glukokortikoiden oder einer Bluttransfusion erfolgen: jeweils ca. 1 ml EDTA-Blut (Coombs-Test, PCR auf Infektionserkrankungen, Blutgruppenbestimmung), Blut zur Serumgewinnung für die serologische Diagnostik (beim anämischen Hund) und Citratblut für Blutgerinnungstests. Hierbei ist das zu entnehmende Blutvolumen auf ein Minimum zu begrenzen. Insbesondere bei hochgradig anämischen Katzen und kleinen Hunden sollte hiermit bis unmittelbar vor einer Bluttransfusion gewartet werden, um nicht durch die Blutentnahme den kritischen Zustand weiter zu verschlechtern und den Patienten ggf. in eine lebensbedrohliche Situation zu bringen.

4.1.2.5 Labordiagnostische Verfahren

Tabelle 4.2 fasst labordiagnostische Verfahren zur Diagnose von Anämien zusammen, wobei oft schon die Basisdiagnostik die entscheidenden Hinweise gibt. In Abb. 4.1 wird differenziert, welche Tests jeweils zur Diagnose welcher Anämieform von Bedeutung sind.

Tabelle 4.2: **Labordiagnostische Verfahren zur Diagnose von Anämien**

Basisdiagnostik	Weiterführende Diagnostik (Standard)	Weiterführende Diagnostik (erweitert)
- Blutbild • Erythrozytenzahl, Hämoglobin, Hämatokrit • Erythrozytenindizes MCV, MCH, MCHC • Erythrozytenmorphologie (Blutausstrich) • Retikulozytenzahl • Leukozytenzahl • Thrombozytenzahl - Klinisch-chemisches Profil (Bilirubin, Harnstoff)	- Blutgerinnungsdiagnostik - Nachweis erythrozytengebundener Antikörper • Spontanagglutination • Coombs-Test - Diagnostik von Infektionserkrankungen • Hund: *Babesia canis, Babesia gibsoni,* Leptospiren • Katze: FeLV, FIV, *Mycoplasma haemofelis* - Knochenmarkuntersuchung - Zytologische Untersuchung hämolymphatischer Organe	- Okkultes Blut - Eisenstatus (Serumeisen, Transferrinsättigung) - Erythropoietinkonzentration - Gentests und ggf. funktionelle Tests auf hereditäre Enzymdefekte (z. B. Pyruvatkinase-Mangel)

Erythrozytenzahl, Hämoglobin, Hämatokrit: Als „Leitparameter" des roten Blutbildes wird in der Tiermedizin meist der Hämatokritwert verwendet. Dieser lässt sich mittels Mikrohämatokritzentrifuge auch im kleinsten Praxislabor bestimmen und hat daneben den Vorteil, weniger störanfällig zu sein als die Hämoglobinmessung, die bei Lipämie oder hoher Konzentration an freiem Hämoglobin falsch hohe Werte ergibt. Die Hämoglobinkonzentration erfasst hingegen Eisenmangelsituationen sensitiver. Bei einer akuten Blutung ist zu bedenken, dass deren volles Ausmaß am Hämatokrit (durch kompensatorischen Einstrom von extravasaler Flüssigkeit) erst nach 24–48 Stunden ablesbar ist, sofern nicht bereits vorher durch intravenöse Flüssigkeitszufuhr ein Äquilibrium hergestellt wurde.

Erythrozytenindizes: Ein vermindertes mittleres **Erythrozytenvolumen (MCV**, Mikrozytose) ist zumeist Folge und Indiz eines Eisenmangels. Weiterhin tritt es bei portosystemischen Shunts und asiatischen Hunderassen auf. Ein erhöhtes mittleres Erythrozytenvolumen (Makrozytose) ist zumeist Indikator einer Retikulozytose (Retikulozyten sind etwas größer als ältere Erythrozyten). Eine Makrozytose kann auch auftreten bei seltenen Störungen der Nukleinsäuresynthese (Cobalaminmangel [Riesenschnauzer], Folsäuremangel), FeLV-Infektion, bestimmten Rassen (Greyhounds, Pudel [hereditäre Makrozytose], Alaskan Malamute und Zwergschnauzer [hereditäre Stomatozytose mit Makrozytose]) oder als Messartefakt bei Erythrozytenagglutination.

Eine verminderte **mittlere korpuskuläre Hämoglobinkonzentration (MCHC)**, entsprechend der Hämoglobinkonzentration bezogen auf den Hämatokrit, kommt bei Eisenmangel (unsicher bei der Katze) und Retikulozytose vor. Eine Erhöhung der MCHC stellt i. d. R. einen „messtechnischen Artefakt" dar (*In-vitro-* oder *In-vivo-*Hämolyse, Oxyglobinbehandlung), da in Erythrozyten keine erhöhten Hämoglobinwerte produziert werden können.

Der **mittlere Hämoglobingehalt des Einzelerythrozyten (MCH)**, d. h. die Hämoglobinkonzentration bezogen auf die Erythrozytenzahl, zeigt prinzipiell analoge Veränderungen wie die MCHC an. Da der MCH durch das MCV beeinflusst wird (kleinere Erythrozyten enthalten weniger Hämoglobin), ist die MCHC verlässlicher.

Die **Erythrozytenverteilungsbreite (*red blood cell distribution width*, RDW)** ist Indikator des Grades an Anisozytose. Erhöhte Werte zeigen sich bei Anämien mit deutlicher Mikro- und Makrozytose (d. h. u. a. bei Retikulozytose).

Erythrozytenmorphologie: Bei jedem anämischen Patienten sollte die Untersuchung eines Blutausstriches Pflicht sein, da die Erythrozytenmorphologie wichtige Indikatorfunktion für die Art der Anämie besitzt und weitere Informationen (u. a. Blutparasiten) zu erhalten sind. Zum Beispiel wird eine chronische Blutungsanämie durch Anulozyten (Erythrozyten mit schmalem Randsaum) und Mikrozyten charakterisiert. Mikrosphärozyten (kleine kompakte Erythrozyten) und Verklumpungen der Erythrozyten weisen auf einen immunvermittelten Abbau hin. Auch die Leukozyten (u. a. reaktive Veränderungen der Leukozyten als Hinweis auf chronische Entzündung, leukämisches Blutbild, Blutparasiten), die kernhaltigen Erythrozytenvorläufer (Normoblasten bei extramedullärer Hämatopoese, abnorme Erythrozytenvorläufer bei Erythroleukämie) und ggf. Thrombozyten bergen interessante Aspekte für die Anämiediagnostik.

Retikulozytenzahl: Die Retikulozyten entsprechen jungen Erythrozyten, die sich den ersten Tag (bei deutlicher Anämie durch verfrühte Freisetzung eventuell bis zu 3 Tage) im Blut befinden. Sie lassen sich in der Supravitalfärbung (1 Teil Brillantkresylblaulösung + 1 Teil Blut vermischen, einige Minuten inkubieren und ausstreichen) darstellen, wobei der Farbstoff mit dem Rest an Nukleinsäure ein knäuelförmiges Gebilde ergibt. Im mit hämatologischer Färbung gefärbten Blutausstrich stellen sich Retikulozyten größer und blauer dar. Ein erhöhter Gehalt führt zur „Polychromasie" und zeigt eine aktive Nachproduktion an. Bei Relativangaben in Promille ist bei deutlicher Anämie die verminderte Erythrozytenzahl zu berücksichtigen (10 ‰ bei normaler Erythrozytenzahl entsprechen beim Hund 40–50 ‰ bei einem Hämatokrit von 10 %).

Bei der Katze lassen sich mit der Supravitalfärbung zudem Erythrozyten mit punktiertem Inhalt („punktierte Formen") nachweisen, die 2–14 Tage alten Erythrozyten entsprechen. Sie dürfen bei der visuellen Retikulozytenzählung nicht mitgezählt werden, eine erhöhte Anzahl informiert aber über eine im angegebenen Zeitraum erhöhte Freisetzung von Erythrozyten aus dem Knochenmark.

Klinisch-chemisches Profil: Im Hinblick auf die Eingrenzung der Anämieursache und/oder Diagnose der Grunderkrankung liefern verschiedene klinisch-chemische Messgrößen Hinweise: Harnstoff/Kreatinin (Niereninsuffizienz-assoziierte Anämie [EPO-Mangel]), Gesamteiweiß und Albumin (Verminderung bei akuter Blutungsanämie), Bilirubin (erhöhtes Bilirubin I/indirektes Bilirubin bei Hämolyse, moderate Erhöhung auch durch Resorption innerer Blutungen), ggf. Hypercholesterinämie als Indikator einer Hypothyreose. Bestimmte Veränderungen des klinisch-chemischen Profils sind auch regelmäßig sekundär mit Anämie assoziiert, insbesondere eine Erhöhung der Leberenzymaktivität durch hypoxische Leberschäden bei schwerer Anämie.

Weiterführende Diagnostik

Blutgerinnungsdiagnostik: Bei Anzeichen einer Hämostasestörung, bei verdächtigem Vorbericht und bei allen Anämien unklarer Genese ist eine Blutgerinnungsuntersuchung indiziert (s. Kap. 4.3.2).

Spontanagglutination (Autoagglutination)**:** Eine makroskopisch sichtbare Verklumpung deutet auf eine hohe Antikörperbeladung der Erythrozyten hin (Abb. 4.3).

Coombs-Test: Ein direkter Coombs-Test ist bei jeder unklaren Anämie angezeigt, sodass das erforderliche Probenmaterial (EDTA-Blut) vor einer Behandlung, v. a. mit Glukokortikoiden, Immunsuppressiva und Bluttransfusionen zu entnehmen ist. Ist dies unterlassen worden, kann ggf. bei Verdacht auf anhaltende Hämolyse auch unter Therapie mit Glukokortikoiden ein Coombs-Test angezeigt sein, wobei ein negatives Ergeb-

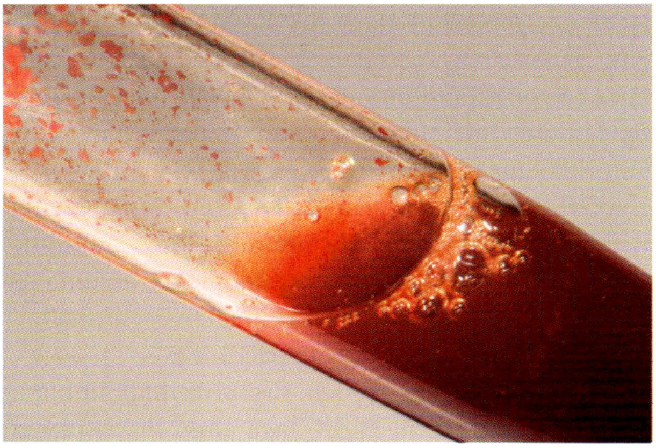

Abb. 4.3 Autoagglutination (Spontanagglutination) der Erythrozyten in einer Blutprobe als Indikator einer hohen Antikörperbeladung von Erythrozyten und damit einer immunvermittelten Pathogenese.

nis mit Einschränkung zu interpretieren ist. Der Coombs-Test weist auf den Erythrozyten gebundene Immunglobuline (IgG, IgM) und/oder Komplement nach. Ein positiver Coombs-Test zeigt eine immunvermittelte Pathogenese auf, aber nicht zwingend ein primär autoimmunes Geschehen. Letzteres kann erst nach Ausschluss möglicher Ursachen einer sekundär immunvermittelten Anämie (insbesondere Infektionen, Tumoren) angenommen werden.

Infektionsserologie und direkter Erregernachweis: Bei Hunden sind bei Anämie unklarer Genese mit geeigneten Tests (direkter Erregernachweis, Infektionsserologie, PCR) besonders bei hämolytischer Anämie auf *Babesia canis*, *Babesia gibsoni* und Leptospirose zu untersuchen, weiterhin auch auf *Anaplasma phagocytophilum* und *Ehrlichia canis*.

Bei anämischen Katzen sind stets ein FeLV- und FIV-Test sowie die Untersuchung des Blutausstriches auf Mycoplasma haemofelis und im negativen oder fraglichen Fall einer Blutprobe mittels PCR auf diesen Erreger angezeigt.

Knochenmarkuntersuchung: Sie ist v. a. bei nicht regenerativer Anämie angezeigt und bei gleichzeitiger Verminderung anderer Zellarten (Leukozytopenie, Thrombozytopenie) unabdingbar. Oft ist bereits eine Aspirationszytologie zielführend. Es zeigt sich z. B. ein zellarmes Knochenmark (A-/Hypoplasie)(s. Kap. 4.1.2.7), eine Hämophagozytose (s. Kap. 4.1.2.10) oder eine Infiltration mit Tumorzellen der Hämatopoese (akute Leukämie)(s. Kap. 4.2.4.3).

Zytologische Untersuchung hämolymphatischer Organe: Anämien sind oft mit Vergrößerungen der Milz und der Leber assoziiert. Eine Feinnadelaspiration und zytologische Untersuchung liefert wertvolle Hinweise auf die Ursache der Vergrößerung und trägt damit oft zur Abklärung der Anämieursache bei (z. B. extramedulläre Hämatopoese bei Hämolyse oder Knochenmarkschädigung, Hämophagozytose bei immunvermittelter Hämolyse; Infiltration mit Tumorzellen bei Hämoblastosen).

Okkultes Blut: Die Untersuchung ist angezeigt bei Verdacht auf subklinischen gastrointestinalen Blutverlust (Eisenmangelanämie/hypochrome Anämie). Sie ist damit hilfreich, um bei erhöhtem Erythrozytenumsatz unter immunsuppressiver Therapie (Retikulozytose) mögliche Mikroblutungen durch behandlungsbedingte Schleimhautirritationen aufzudecken. Falsch positive Ergebnisse durch Myoglobin (Fleischfütterung, nicht hingegen Dosenfutter) oder durch Pflanzenperoxidasen sind möglich.

Serumeisen, Transferrinsättigung: Ein vermindertes Serumeisen und eine verminderte Transferrinsättigung weisen auf einen Eisenmangel hin. Allerdings erübrigen sich diese Messungen i. d. R. bei charakteristischen Veränderungen der Erythrozytenmorphologie und Erythrozytenindizes (s. o.).

Erythropoetinkonzentration: Eine Messung kann v. a. bei unklarer nicht regenerativer Anämie angezeigt sein.

Untersuchung auf intraerythrozytäre Enzymdefekte (z. B. Pyruvatkinase-Defizienz): Bei rezidivierenden hämolytischen Anämien kann insbesondere bei von entsprechenden Erbdefekten betroffenen Rassen (z. B. Pyruvatkinase-Mangel bei Basenji, West Highland White Terrier, Cairn Terrier, Beagle, Abessinierkatzen) ein Gentest und/oder die Messung der intraerythrozytären Enzymaktivität indiziert sein.

4.1.2.6 Allgemeine Therapiestrategien

Grundsätzliche Therapiestrategien schließen eine erhöhte Sauerstoffversorgung ein (z. B. über Maske [6–10 Liter/Minute] oder Nasensonde [1–5 Liter/Minute])(Abb. 4.4). Der Blutverlust ist zu minimieren (z. B. Absetzen ulzerativer Medikamente, Magenulkusprophylaxe, Optimierung der Blutentnahme, Endo- und Ektoparasitenbehandlung) wie auch die Eisenversorgung.

Transfusion von Blut oder Erythrozytenkonzentrat: Als Richtwert für die Indikation zur Zufuhr von Erythrozyten kann das Unterschreiten eines Hämatokrits von 15 % (Hund) oder 12 % (Katze) dienen. Eine Richtdosis für die Erythrozytentransfusion beim Hund sind 20 ml/kg KM Blut oder 10 ml/kg KM Erythrozytenkonzentrat, bei der Katze 15 ml/kg KM Blut, womit sich jeweils eine Hämatokriterhöhung um ca. 10 % erzielen lässt.

Die weitere Therapie der Anämie richtet sich nach ihrer Pathophysiologie.

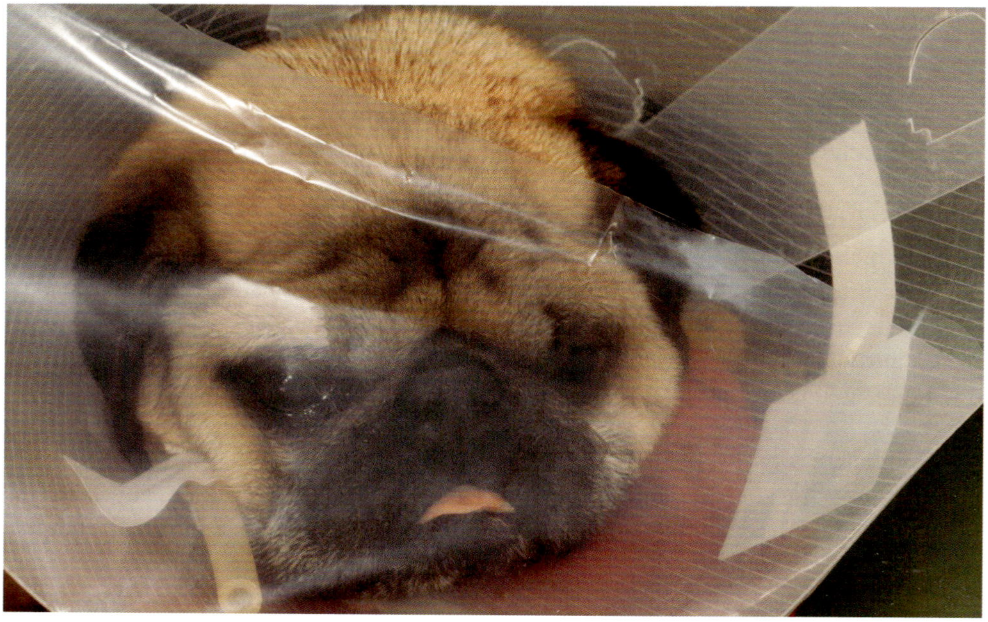

Abb. 4.4 Sauerstofftherapie über ein improvisiertes Sauerstoffzelt. Der Sauerstoff wird in einen unten abgeklebten Kragen geleitet; eine mögliche Alternative für Tiere, die eine Nasensonde nicht tolerieren.

4.1.2.7 Aplasie (Hypoplasie) der Erythropoese

Definition: Eine Aplasie (Hypoplasie) der Erythropoese kann auftreten (1) als Teil einer generellen Aplasie des Knochenmarks (Panmyelophthise, Panmyelopathie), die etwas verwirrend als „aplastische Anämie" bezeichnet wird und in Verbindung mit der Verminderung anderer Blutzellen im Blut einhergeht (Bi- oder Trizytopenie/Panzytopenie) oder (2) als „selektive Aplasie der Erythropoese" (Syn.: Erythroblastophthise, Erythroblastopenie, isolierte aplastische Anämie, aplastische Anämie im engeren Sinn) (v. a. Katze, oft FeLV-assoziiert).

Ätiologie: Die selektive Aplasie der Erythropoese kann idiopathisch, durch Tumoren, bei der Katze auch durch FeLV (v. a. Subgruppe C) ausgelöst werden, das zur gestörten Reifung der roten Vorläuferzellen führen kann. Auch bei chronischer Niereninsuffizienz (s. Kap. 4.1.2.11) und verschiedenen Endokrinopathien liegt häufig eine Hypoplasie der Erythropoese vor. Eine Knochenmarkaplasie (aplastische Anämie) kann primär (idiopathisch, eventuell durch Immunrekation gegen Stammzellen) oder sekundär durch eine definierte Noxe verursacht sein. Solche Noxen, die bekanntlich fakultativ oder obligatorisch Knochenmarkhypo- oder -aplasie auslösen, sind z. B.:

- Toxine/Chemikalien (z. B. Benzol, Schwermetalle, DDT, Trichloräthylen, zyklische Kohlenwasserstoffe)
- Medikamente (z. B. Zytostatika, Sulfonamide, Chloramphenicol, Gold, Phenylbutazon, Thyreostatika)
- Hormone (Östrogen, v. a. beim Hund)
- Infektionen (FeLV, Panleukopenie, chronische Ehrlichiose)
- Ionisierende Strahlen

Pathogenese: Die selektive Aplasie der Erythropoese wird typischerweise durch eine Lymphokin-vermittelte Suppression der Erythropoese durch physiologische T-Lymphozyten verursacht, ggf. auch im Rahmen von lymphoproliferativen Erkrankungen granulierter T-Lymphozyten. Der aplastischen Anämie liegen Schädigungen der Stammzellen der Erythropoese durch oben aufgeführte, i. d. R. toxische oder virale Noxen zugrunde.

Klinisches Bild: Abgesehen von den Anzeichen der ggf. zugrunde liegenden Erkrankung bestehen die Allgemeinsymptome der Anämie (insbesondere Blässe der Schleimhaut, Leistungsschwäche; s. Kap. 4.1.2.3), bei aplastischer Anämie auch Symptome der Neutropenie (s. Kap. 4.2.2.5) und Thrombozytopenie (s. Kap. 4.3.3.1).

Labordiagnostik: Es liegt eine normochrome, nicht regenerative Anämie vor, ggf. trotz stark erhöhter Erythropoetinkonzentration. Knochenmarkzytologien zeigen sich mit isoliertem Fehlen oder einer deutlichen Reduktion der Zellen der Erythropoese oder – bei aplastischer Anämie – insgesamt sehr zellarm (Abb. 4.5).

Diagnose: Hinweisend ist eine isoliert bestehende normochrome Anämie ohne Regeneration (kein vermehrter Gehalt an Retikulozyten), ggf. in Verbindung mit Leukozytopenie und Thrombozytopenie. Die Diagnosestellung erfordert eine Knochenmarkzytologie und/oder -histologie.

Differenzialdiagnose: Differenzialdiagnostisch kommen bei normochromer, nicht regenerativer Anämie v. a. Anämien durch Erythropoetinmangel und ineffektive Erythropoese infrage. Eine Panzytopenie kann auch Folge eines immunvermittelten Abbaus oder einer Myelophthise sein.

Prognose: Bei selektiver Aplasie der Erythropoese ohne definierbare Ursache (z. B. FeLV-Infektion) vorsichtig, bei aplastischer Anämie (Knochenmarkaplasie) ungünstig bis infaust.

Therapie: Bei einer selektiven Aplasie der Erythropoese kann besonders bei FeLV-negativen Katzen eine Ciclosporin-Therapie (initial 7 mg/kg KM, 2 × tägl. p. o. [Spiegelkontrolle und ggf. Dosisanpassung nach ca. 7 Tagen!]) versucht werden.

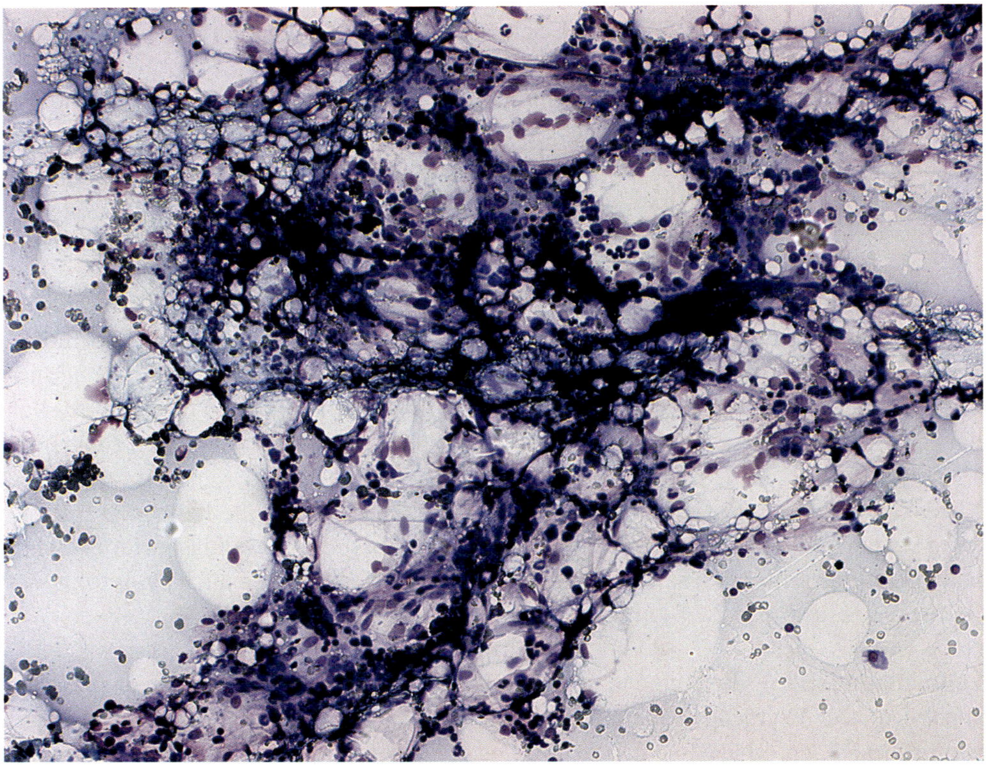

Abb. 4.5 Zellarmes Präparat eines Knochenmarkaspirats bei einem Hund mit Knochenmarkaplasie infolge chronischer Ehrlichiose (Pappenheim-Färbung, Originalvergrößerung 100 x).

Bei einer Knochenmarkaplasie ist, sofern möglich, die Beseitigung der Ursache (z. B. Medikament, Infektion) Ziel der Behandlung. Vorübergehende Besserung kann mit Bluttransfusionen oder der Behandlung mit Erythrozytenkonzentrat (bei isolierter Verminderung der Erythropoese) erzielt werden; diese sind daher oft zur Überbrückung notwendig. Bei hochgradiger Leukozytopenie sind Isolationsmaßnahmen, regelmäßige Kontrollen und ggf. Antibiotika angezeigt (s. Kap. 4.2.2.5). Unterstützend können zur unspezifischen Stimulation des Knochenmarks mit fraglichem Erfolg (einzelne Fallbeispiele) Gaben von Anabolika wie Nandrolon (1–1,5 mg/kg KM, i. m.) alle 1–4 Wochen, Glukokortikoiden und Lithiumpräparaten (z. B. beim Hund: Lithiumcarbonat initial 11 mg/kg KM, 2 × tägl. p. o.; wöchentliche Blutspiegelkontrollen; Ziel: 0,5–1,8 mmol/l; regelmäßige Überprüfungen der Nierenfunktion) erfolgen.

4.1.2.8 Myelophthise

Definition: Verdrängung der physiologischen Hämatopoese im Knochenmark.

Ätiologie: Akute Leukämien (s. Kap. 4.2.4.3), seltener bei anderen hämatologischen Neoplasien (z. B. multiples Myelom) und metastasierenden nicht hämatopoetischen Tumoren (Karzinomen), Myelofibrose.

Pathogenese: Verminderung der physiologischen Hämatopoese durch raumfordernde Prozesse im Markraum (Bildung großer Mengen von Tumorzellen oder von Bindegewebe [Myelofibrose]).

Klinisches Bild: Neben den Anzeichen einer Panzytopenie (Thrombopenie: hämorrhagische Diathese, Neutropenie: Infektionsneigung; Anämie: Schwäche, Blässe der Schleimhaut) teilweise überlappende Symptome der Grunderkrankung, z. B. akute Leukämie (u. a. Hepato- und Splenomegalie, moderate Lymphknotenschwellung etc.; s. Kap. 4.2.4.3).

Labordiagnostik, Diagnose: Hinweisend auf eine Knochenmarkerkrankung sind Panzytopenie (Trizytopenie, Panmyelophthise) oder Bizytopenie (Neutropenie, Thrombozytopenie). Auf eine akute Leukämie weist in den meisten Fällen ein leukämisches Blubild hin. Die Diagnose erfolgt durch zytologische, ggf. auch histologische Knochenmarkuntersuchung.

Prognose: Sie ist in Abhängigkeit von der Grunderkrankung schlecht bis infaust.

Therapie: Bei der akuten Leukämie und Karzinomen mit Knochenmarkmetastasen besteht für die tierärztliche Praxis keine realistische Therapieoption. Bei einer Myelofibrose sind erforderlichenfalls v. a. eine Therapie der Anämie mit Bluttransfusion, ggf. auch Prednisolon, Androgenen, Erythropoetin und supportive Maßnahmen (Antibiotika bei hochgradiger Neutropenie; s. Kap. 4.2.2.5) angezeigt. Die einzige potenziell kurative Therapie beim Menschen, eine allogene Stammzelltransplantation (oder Knochenmarktransplantation) mit lebensbedrohenden Nebeneffekten, ist für die klinische Veterinärmedizin nicht praktikabel.

4.1.2.9 Erythroleukämie, Myelodysplasie mit Dominanz der Erythropoese

Definition, Klassifikation: Zu den akuten myeloischen Leukämien (s. Kap. 4.2.4.3) gehörende Neoplasie der roten Blutzellreihe (≥ 50 % der Knochenmarkzellen sind kernhaltige erythroide Zellen), ggf. assoziiert mit einer Neoplasie der Granulopoese. In der FAB-Klassifikation (s. Tab. 4.5) entspricht die Erythroleukämie der Klassifikation „M6", wobei bei der Katze der Subtyp mit Prädominanz der Erythropoese (M6-Er) dominiert. Als Vorstadium wird das myelodysplastische Syndrom mit Dominanz der Erythropoese (bei < 30 % Blasten der roten Reihe im Knochenmark) abgegrenzt.

Epidemiologie: Bei der Katze seltene Ursache einer nicht regenerativen Anämie; beim Hund Rarität.

Ätiologie: Bei der Katze i. d. R. FeLV-assoziiert.

Pathogenese: Durch begrenzte Ausreifungstendenz der Vorläuferzellen der Erythropoese entsteht eine schwere nicht regenerative Anämie. Durch Blastenausschwemmung aus dem Knochenmark zeigen sich teilweise morphologisch abnorme rote Vorläuferzellen im Blut sowie in Organinfiltraten (u. a. Leber, Milz). Es besteht eine kontinuierliche Entwicklung aus einem myelodysplastischem Syndrom (Typ mit überwiegend erythroiden Zellen). Die mögliche Progression zur akuten myeloischen Leukämie spiegelt wider, dass Erythropoese und Granulopoese gemeinsame Vorläuferzellen besitzen, die betroffen sein können.

Klinisches Bild: Neben den allgemeinen Anämiesymptomen liegen eine deutliche Schwellung von Leber und Milz sowie regelmäßig Fieber vor.

Labordiagnostik: Tiere mit Erythroleukämie werden meist mit schwerer, nicht regenerativer Anämie bei hohem Gehalt an kernhaltigen Erythrozytenvorläufern im Blut und Knochenmark (> 30 % Erythroblasten) vorstellig. Oft finden sich im Blutausstrich frühe Stufen der Erythropoese (basophile Normoblasten, Proerythroblasten), die zudem morphologische Atypien aufweisen können (Abb. 4.6). Morphologische Atypien finden sich auch bei den myeloischen Vorläuferzellen im Knochenmark und den Granulozyten im Blut (Riesenformen, Hypersegmentierung und andere Kernatypien).

Diagnose: Die Diagnose basiert v. a. auf einem signifikanten Gehalt an roten Vorläuferzellen im Blut eines anämischen Patienten bei persistierendem Ausbleiben von Anzeichen einer Regeneration. Die Diagnose wird unterstützt durch morphologische Atypien der roten Zellen und ggf. weißen Blutzellen und einen positiven FeLV-Test. Die Dominanz früher Vorläufer der Erythropoese im Knochenmark kann hingegen auch bei frühen Reaktionsphasen vorliegen und muss vorsichtig interpretiert werden. Die Diagnose einer Myelodysplasie (mit Dominanz der Erythropoese) basiert auf denselben Kriterien, wobei aber weniger als 30 % der kernhaltigen Zellen des Knochenmarks Blasten der roten Zellreihe ausmachen.

Differenzialdiagnose: Andere nicht regenerative Anämien, insbesondere ineffektive Erythropoese (s. Kap. 4.1.2.10) mit ausgeprägter reaktiver extramedulärer Hämatopoese. Bei Letzterer sind die Normoblasten ohne wesentliche morphologische Atypien und es liegen vorwiegend späte (reifere) Vorläufer der Erythropoese vor. Weiterhin sollte – im Hinblick auf die Normoblasten im Blut und Dominanz der Erythropoese im Knochenmark – ein frühes Stadium einer hochgradig regenerativen Anämie ausgeschlossen werden. Hierbei hilft das bei der Erythroleukämie auch nach einigen Tagen anhaltende Fehlen von Regenerationsanzeichen (Reifungsstopp), d. h. von Retikulozytose und Polychromasie, neben morphologischen Abnormalitäten.

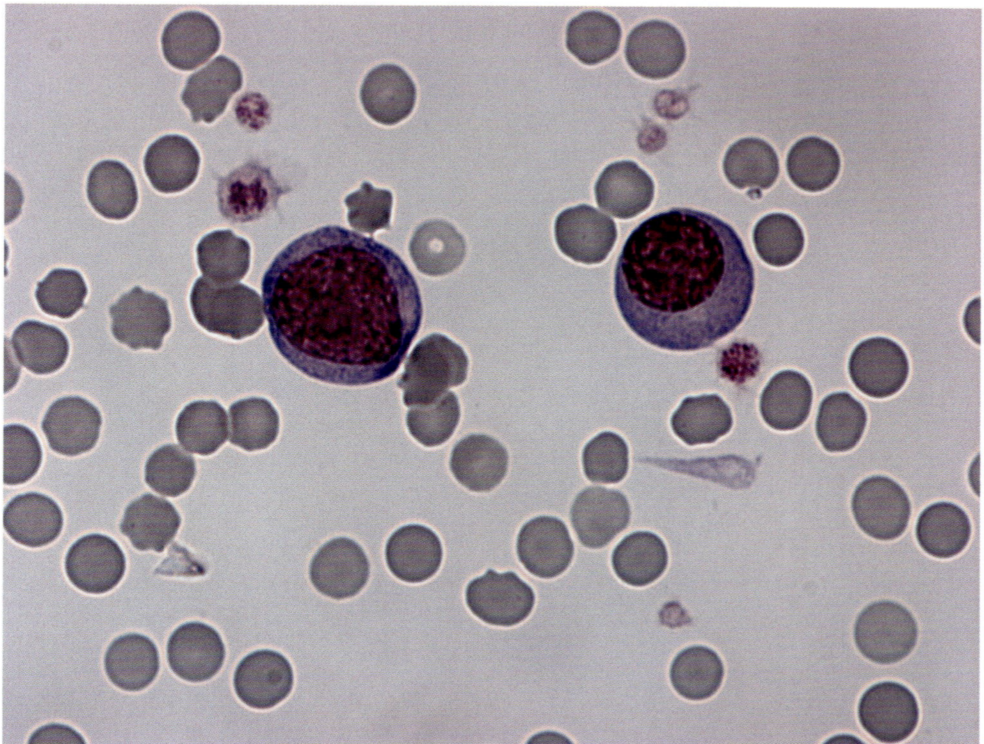

Abb. 4.6 Zwei frühe Vorläuferzellen im Blut einer anämischen Katze infolge Erythroleukämie. Beachte das Fehlen von Anzeichen einer Regeneration wie Anisozytose und Polychromasie bei den Erythrozyten.

Therapie, Prognose: Eine Erythroleukämie lässt sich beim Kleintier nicht Erfolg versprechend therapieren, damit ist die Prognose infaust. Wenige beschriebene Katzen, in denen Chemotherapieprotokolle u. a. mit Cytosin-Arabinosid und Thioguanin eingesetzt wurden, kamen nur teilweise in Remission und überlebten meist nur wenige Wochen, maximal wenige Monate.

4.1.2.10 Ineffektive Erythropoese, Hämophagozytose

Definition: Bei der ineffektiven Erythropoese geht ein Teil der gebildeten Erythrozyten oder ihrer Vorläufer bereits im Knochenmark zugrunde.

Ätiologie, Pathogenese: Primäre oder sekundäre immunvermittelte Reaktion (insbesondere infolge Infektionen, Tumorerkrankungen).

Labordiagnostik, Diagnose: Die Diagnose basiert auf der Kombination einer nicht regenerativen, teilweise hochgradigen Anämie und dem Nachweis einer ausgeprägten Erythropoeseaktivität und erhöhten Erythrophagozytose im Knochenmark (Abb. 4.7).

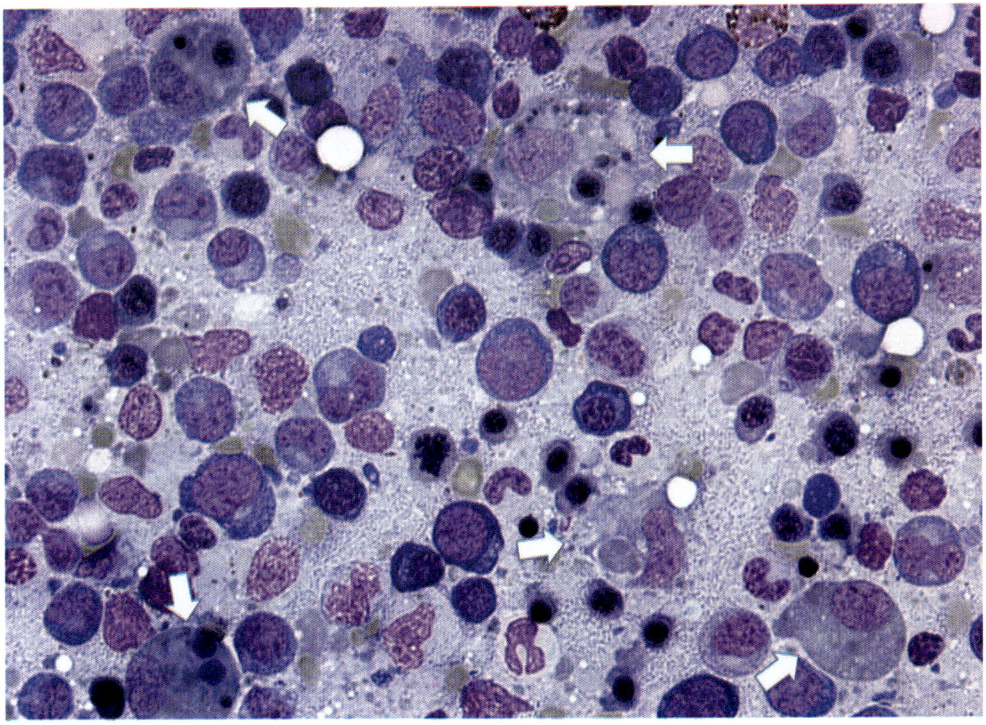

Abb. 4.7 Deutliche Hämophagozytose (Pfeile) im Knochenmarkaspirat eines 6-jährigen Mischlingsrüden mit nicht regenerativer Anämie (Retikulozytenzahl 15.500/µl) (Pappenheim-Färbung, Originalvergrößerung 400 x). Eine immunsuppressive Therapie mit Ciclosporin verlief erfolgreich.

Differenzialdiagnose: Im Blutbild zeigt sich das Bild wie bei einer aplastischen (nicht regenerativen, normozytären, normochromen) Anämie, das durch Knochenmarkuntersuchung abzugrenzen ist. Bei hochgradiger Hämophagozytose im Knochenmark oder in der Milz muss differenzialdiagnostisch, v. a. bei entsprechenden Rassen (Berner Sennenhund, Flat Coated Retriever), an ein systemisches histiozytäres Sarkom mit Dominanz der Hämophagozytose gedacht werden.

Prognose: Bei therapierbarer Gunderkrankung gut, als primäres Syndrom wie bei anderen Autoimmunerkrankungen vorsichtig.

Therapie: Nach Ausschluss von Primärerkrankungen immunsuppressive Therapie, v. a. mit Ciclosporin oder (beim Hund) Azathioprin (s. Kap. 4.1.2.15)

4.1.2.11 Anämie durch Erythropoetin-Mangel, Anämie bei chronischer Niereninsuffizienz

Epidemiologie: Bedeutsame Anämieform besonders bei der Katze wegen der hohen Inzidenz chronischer Niereninsuffizienzen.

Ätiologie: Die wesentlichste Ursache eines Erythropoetinmangels ist die chronische Niereninsuffizienz, er kann aber auch bei Endokrinopathien (Hypothyreose, Hyperöstrogenismus, Hypoadrenokortizismus, Hypophysenunterfunktion) vorkommen.

Pathogenese: Umgekehrt ist die verminderte Erythropoetinsekretion in der Niere und nachfolgend dessen fehlende Wirkung auf Proliferation und Differenzierung der Erythropoese die wesentlichste Ursache für die (nicht regenerative) Anämie bei chronischer Niereninsuffizienz. Zur Anämie tragen auch Knochenmarkinsuffizienz, Blutverluste (v. a. über den Gastronintestinaltrakt durch Ulzera) und Hämolyse bei.

Klinisches Bild: Bei einer mit chronischer Niereninsuffizienz assoziierten Anämie stehen i. d. R. die Symptome der Niereninsuffizienz im Vordergrund.

Diagnose: Nicht regenerative Anämie in Verbindung mit typischer Grunderkrankung, i. d. R. erübrigt sich eine Erythropoetinmessung.

Differenzialdiagnose: Andere nicht regenerative Anämien.

Prognose: Abhängig von der Ursache, bei chronischer Niereninsuffizienz im Hinblick auf die nur limitiert beeinflussbare Grunderkrankung ungünstig.

Therapie: Eine Erythropoetin-Therapie wird selbst bei chronischer Niereninsuffizienz selten durchgeführt. Sie sollte auf schwere Anämien begrenzt bleiben, da Erythropoetin zum Blutdruckanstieg führt. Auch ist die Wirkungsdauer ggf. limitiert, da es zur Antikörperbildung gegen das heterologe Erythropoetin kommt. Die Injektion kann s. c. oder i. v. erfolgen. Dosierungen variieren je nach Erythropoetin-Analog: Epoetin zeta (Silapo®) wird initial mit 100 U/kg KM 3 × wöchtl. dosiert, wobei ein Hämatokritanstieg um ca. 0,5–1 %/Tag erwartet wird. Darbepoetin alfa (Aranesp®) wird in einer Dosierung von ca. 0,5 µg/kg 1 × wöchtl. (über ca. 4 Wochen) appliziert. Eine Dosisreduktion bzw. Therapieunterbrechung erfolgt nach Normalisierung des roten Blutbildes.

4.1.2.12 Anämie der chronischen Erkrankung (Entzündung)

Definition, Epidemiologie: Häufigste erworbene Anämieform beim Kleintier, durch regulatorische Vorgänge als Reaktion auf länger bestehende entzündliche Grunderkrankungen.

Ätiologie: Chronische, entzündliche, lokale und systemische Erkrankungen (z. B. Pyometra, Polyarthritis, chronische Enteritis), daneben Autoimmun- und Tumorerkrankungen.

Pathogenese: Ein zentraler Punkt ist die verminderte Verfügbarkeit von Eisen für die Erythropoese. Hepcidin, das im Rahmen von Entzündungsreaktionen vermehrt in der Leber gebildet wird, hemmt das Ferroportin, welches für die Ausschleusung von Eisen aus der Zelle verantwortlich ist und vermindert die Eisenresorption aus dem Darm. Zudem ist Eisen durch Bindung an die Akute-Phase-Proteine Haptoglobin und Lactoferrin für die Erythropoese weniger verfügbar, obwohl i. d. R. genügend Speichereisen vorhanden ist. Zudem regulieren die für die Akute-Phase-Reaktion verantwortlichen Zytokine (u. a. Tumornekrosefaktor, Interleukin-1), die aus aktivierten Makrophagen freigesetzt werden, die Erythropoetinrezeptoren an den erythropoetischen Progenitorzellen herunter. Zusätzlich können andere Mechanismen vorliegen, z. B. Effekte der erkrankten Niere, Eisenmangel, Myelophthise und Zytostatika-induzierte Myelosuppression bei Tumorpatienten.

Klinisches Bild: Neben Anämiesymptomen Symptome der Grunderkrankung.

Labordiagnostik: Die Anämie bei chronischer Erkrankung ist normozytär, normochrom oder mikrozytär, hypochrom, wenn der funktionelle Eisenmangel überwiegt. Serum-Eisen und Transferrinsättigung sind vermindert, das Serum-Ferritin ist normal oder erhöht. Mögliche Indikatoren der entzündlichen Grunderkrankung sind ggf. eine Leukozytose, abnorme Entzündungsmarker wie ein erhöhtes C-reaktives Protein und eine beschleunigte Blutsenkungsgeschwindigkeit.

Diagnose: Normochrome, normozytäre oder mikrozytäre, nicht regenerative Anämie in Verbindung mit einer entsprechenden entzündlichen Reaktion und Grunderkrankung (klinische Diagnose).

Therapie: Die Therapie der Grunderkrankung steht im Vordergrund. Allerdings besteht oft auch nach erfolgreicher Behandlung der Grunderkrankung eine Latenzzeit (bis mehrere Wochen) bis zum Wiederansprechen der Erythropoese, jedoch sind nur in Ausnahmefällen Bluttransfusionen erforderlich.

4.1.2.13 Chronische Blutungsanämie (Eisenmangelanämie), Mangelanämien

Definition: Durch Eisenmangel induzierte Anämie infolge anhaltenden, kontinuierlichen Eisenverlustes, oft über geringe Blutvolumina.

Ätiologie: Meist chronischer Blutverlust, v. a. über den Magen-Darm-Trakt, z. B. durch Magenulkus, blutende Darmerkrankungen (chronische hämorrhagische Enteritiden, Tumor, blutsaugende Darmparasiten), oder durch Ektoparasiten (hochgradiger Flohbefall), seltener Hämaturie (blutende Erkrankungen der Nieren oder Harnwege), Hämostasestörungen und bei Dauerblutspendern (nur wenn zu kurzes Intervall und/oder inadäquate Fütterung). Weitere Ursachen umfassen Hämoglobinurie und Hämosiderinurie (bei hämolytischer Anämie), Trächtigkeit und Erythropoetintherapie. Durch den hohen Eisengehalt von Fleisch spielt die Ernährung als Ursache für einen Eisenmangel bei adäquater Fütterung bei Hund und Katze keine Rolle; auch die Welpenmilch enthält z. B. sehr viel mehr Eisen als Kuhmilch.

Pathogenese: Anhaltende Eisenverluste von selbst relativ geringen Volumina (wenige Milliliter/Tag) von Blut, das zwei Drittel des Körpereisens enthält, können durch Resorption (spezifischer Transportmechanismus im Dünndarm) nicht ausreichend kompensiert werden. Nach Aufzehren der Eisenspeicher werden schließlich nur noch kleine und hämoglobinarme Erythrozyten gebildet. Grundlage der Mikrozytose ist, dass es durch den Eisenmangel und nachfolgende unzureichende Hämoglobinisierung zu zusätzlichen Zellteilungen der Normoblasten kommt, da die „kritische Hämoglobinkonzentration", die zum Stopp der DNA-Synthese und Zellteilung führt, nicht erreicht wird.

Klinisches Bild: Neben den generellen Anämiesymptomen wie Leistungsschwäche und Blässe der Schleimhaut (s. Kap. 4.1.2.3) zeigen sich ggf. Symptome der ursächlichen Erkrankung (z. B. Meläna oder Hämatochezie bei gastrointestinalen Blutungen, hochgradiger Ektoparasitenbefall etc.).

Labordiagnostik, Diagnose: Eine ausgeprägte Eisenmangelanämie ist labordiagnostisch unschwer zu erkennen. Die hypochrome, mikrozytäre Anämie wird bei den Erythrozytenindizes sensitiver und zuverlässiger durch die verminderte MCHC als den verminderten MCH angezeigt, daneben kann ein vermindertes MCV vorliegen. Die Histogramme der Erythrozytenvolumenverteilung zeigen eine typische zweigipflige Größenverteilung (Mikrozyten und Anulozyten). Im Blutausstrich finden sich hämoglobinarme, rote Blutzellen als Anulozyten (dünner Randsaum an Hämoglobin), kleine Erythrozyten

(Mikrozyten), daneben auch gehäuft Erythrozytenfragmente und Dakrozyten (Abb. 4.8). Damit erübrigt sich zur Diagnosestellung bei manifester Anämie i. d. R. die Messung von Parametern des Eisenstoffwechsels, bei dem eine Verminderung vorliegt von:

- Serumeisen (Referenzwerte: Hund 80–180 µg/dl, Katze 70–220 µg/dl),
- Transferrinsättigung (normal ca. 30 [20–60] %)
- Serumferritin und Speichereisen im Knochenmark

Die Anämie ist – anders als beim Menschen – i. d. R. regenerativ (moderat erhöhte Retikulozytenzahl, Polychromasie), dazu besteht oft eine Thrombozytose.

Bei der Suche nach einer eventuell anfänglich noch unklaren Ursache sollte bei fehlendem Ektoparasitenbefall, entsprechend der ätiologischen Bedeutung von Darmulcera und -tumoren, der sonographischen und ggf. endoskopischen Diagnostik des Gastrointestinaltraktes besonderes Augenmerk geschenkt werden.

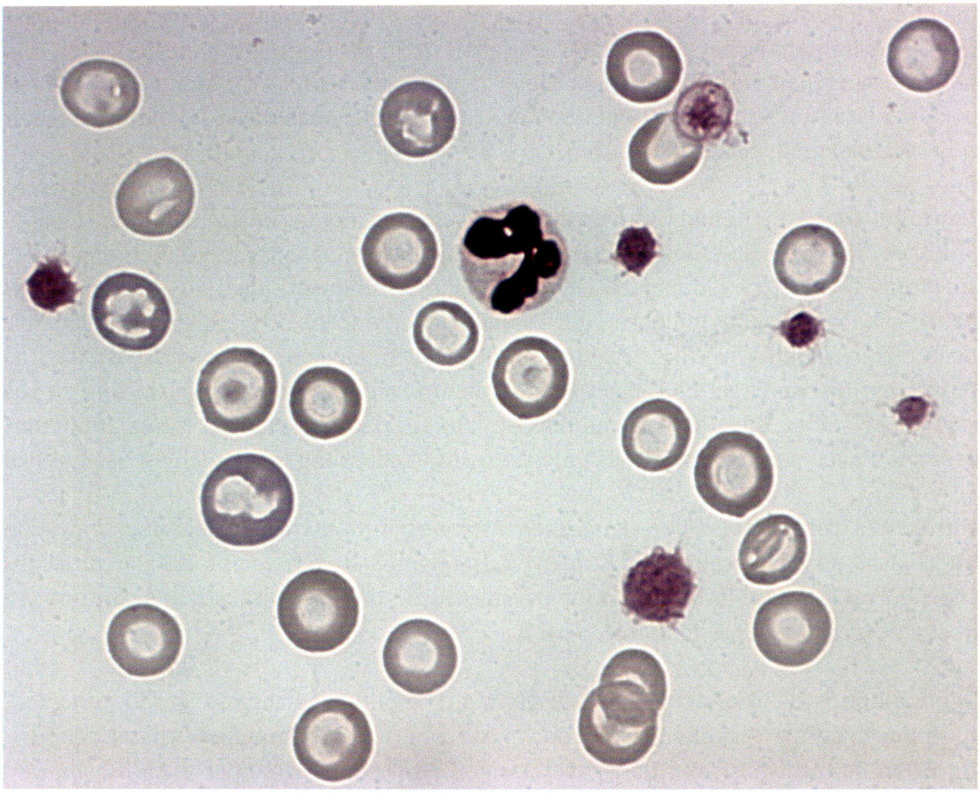

Abb. 4.8 Blutausstrich eines 9 Jahre alten Huskies mit Eisenmangelanämie infolge chronischer intestinaler Blutung: Deutlich zu sehen sind die hämoglobinarmen Erythrozyten mit vergrößerter zentraler Aufhellung (sogenannte Anulozyten), teilweise mit vermindertem Durchmesser (Mikrozyten) (Pappenheim-Färbung, Originalvergrößerung 1000 x).

Prognose: Bei Behandelbarkeit der Grunderkrankung bzw. Ursache und adäquater Therapie günstig.

Therapie: Im Vordergrund stehen (1) das Abstellen der oft gastrointestinalen Blutungsursache (z. B. Ulkusbehandlung, chirurgische und/oder chemotherapeutische Tumorbehandlung) und (2) die parenterale Eisenzufuhr (Bluttransfusion, Injektion von Eisen-Dextran-Komplex: Handelspräparat Belfer® 10 mg/kg KM s. c. / i. m. [Cave: schmerzhafte Injektion]). Bluttransfusionen sind in schweren Fällen und/oder zur zeitnahen präoperativen Stabilisierung bei notwendigen Operationen angezeigt.

Hingegen kann eine orale Eisengabe (2–4 mg/kg KM, 1 × tägl. Eisen-II-chlorid oder -sulfat) einem andauernden Verlust nicht wirksam entgegenwirken. Sie wirkt zudem reizend auf die Magenschleimhaut und ist beim Fleischfresser nur in Ausnahmefällen angezeigt (z. B. bei rein vegetarischer Ernährung).

4.1.2.14 Akute Blutungsanämie

Definition: Verminderung der Erythrozytenmasse und Hypovolämie infolge akuten Verlustes größerer Blutmengen.

Ätiologie: Traumatische Verletzung (Unfall, Operation) größerer Gefäße oder parenchymatöser Organe, Spontanruptur von tumorös veränderten Organen (insbesondere Hämangiosarkom, Hämangiom, Hepatom), akute hämorrhagische Enteritis, Hämostasestörungen (z. B. Cumarinvergiftung, Hämophilie, Thrombozytopenie).

Pathogenese: Bei akutem Blutverlust ist für den Patienten der Volumenverlust zunächst gravierender als der Verlust von Erythrozyten, da ein ansonsten organgesunder Organismus den Verlust von 70 % seiner Erythrozyten, aber nur von maximal 40 % seines Blutvolumens sicher überlebt. Es dominieren die Auswirkungen der Hypovolämie in Form von Zentralisation, verminderter Blutdruckamplitude, Herzfrequenzsteigerung, schließlich Blutdruckabfall und Schock, Niereninsuffizienz, disseminierter intravasaler Gerinnung („disseminated intravascular coagulation", DIC), anaerobem Stoffwechsel, Azidose, Ischämie der peripheren Gewebe mit ggf. Nekrosen (Magen-Darm-Schleimhaut, Leber, Nebenniere). Erst bei über Stunden bis Tagen andauerndem oder rezidivierendem Blutverlust (mit Möglichkeiten des zwischenzeitlichen Volumenausgleichs oder bei Volumensubstitution) können Erythrozytenzahl, Hämoglobin und Hämatokrit im Sinne einer mittelschweren oder gar schweren Anämie vermindert sein.

In den ersten Stunden erfährt das prozentuale Verhältnis des Blutes keine Veränderung (normaler Hämatokrit!); erst nach einigen Stunden entwickelt sich durch Flüssigkeitseinstrom aus dem Interstitium eine normochrome Anämie mit Hypoproteinämie. Dieser Vorgang kann, ohne Flüssigkeitstherapie, bis zum Äqulibrium 2 Tage dauern. Bei inneren Blutungen in die Körperhöhlen startet bereits zeitgleich die Resorption von roten Blutzellen, die innerhalb weniger Tage wieder in die Zirkulation gelangen. Ab dem dritten Tag gelangen zudem die ersten neuen Erythrozyten aus der reaktiv gesteigerten Erythropoese ins Blut.

Bei Blutungen ins Gewebe kann es zu weiteren spezifischen funktionellen Einschränkungen und Störungen kommen, z. B. der Atmung bei internen oder externen Verlegungen des oberen Atemtraktes, Lungenblutungen, ggf. auch bei Hämothorax, oder neurologischen Symptomen bei Blutungen im Bereich des Zentralnervensystems (ZNS) oder Kreislaufinsuffizienz bei Hämoperikard.

Klinisches Bild: Das klinische Bild wird dominiert durch (1) die Blutung selbst (Hämorrhagie, Schwellungen, Umfangszunahme des Abdomens bei Hämoabdomen u. a. m.) (2), ggf. lebensbedrohliche Folgesymptome bei Blutungen an kritischen Lokalisationen (z. B. Atemnot, neurologische Symptome) und (3) Symptome des hypovolämischen Schocks (u. a. Schwäche, kalte Akren, verlängerte kapilläre Rückfüllungszeit, schwacher Puls, Tachykardie und Tachypnoe). Im weiteren Verlauf können (4) ggf. Folgen prärenaler Niereninsuffizienz (Hypo- oder Anurie) und von Gewebsnekrosen der Leber und Darmschleimhaut (blutig-schleimiger Kot) oder (5) bei anhaltendem oder rezidivierendem Blutverlust mit Absinken der Erythrozytenzahl in einen kritischen Bereich eventuell auch eine Anämiesymptomatik.

Labordiagnostik: Entsprechend der Pathogenese sind Hämatokrit und andere Kenngrößen des roten Blutbildes unmittelbar nach dem Blutungsereignis unverändert. Mit dem Einstrom von Wasser aus dem Extravasalraum (und/oder durch intravenöse Flüssigkeitszufuhr) sinken Erythrozytenzahl, Hämoglobin und Hämatokrit wie auch Gesamteiweiß- und Albuminkonzentration bis zum Erreichen des Äquilibriums ab. Erst ab dem dritten Tag beginnen i. d. R. die Retikulozyten zu steigen, als Zeichen der einsetzenden Regeneration. Ist die Blutungsursache entzündlicher Natur, z. B. Ulkus oder ulzerierter Magen-/Darmtumor, kann die Erythropoese auch länger refraktär sein. Weiterhin können labordiagnostische Veränderungen durch Stoffwechselkomplikationen wie Niereninsuffizienz (erhöhte Harnstoff- und Kreatininkonzentration), Hämostasestörung (Thrombopenie, verlängerte Gerinnungszeiten) und metabolische Azidose etc. vorliegen.

Diagnose: Diese ergibt sich i. d. R. aus Vorbericht und der klinischen Untersuchung durch Feststellung äußeren Blutungen und/oder von Blutansammlungen in Körperhöhlen (Palpation, Perkussion, Röntgen, Sonographie, Punktion) oder in Blase oder Darm (Sonographie mit Zystozentese oder Katheterisieren, rektale Untersuchung) sowie entsprechenden Veränderungen von Messgrößen des Kreislaufs (s. o.). Erst einige Stunden nach Eintritt des Ereignisses zeigen sich erste hämatologische Befunde.

Differenzialdiagnose: Aufgrund der eindeutigen Klinik kommen differenzialdiagnostisch allenfalls – bei inneren, nicht eindeutig feststellbaren Blutungen – andere Schockformen in Betracht.

Prognose: Die LD_{50} eines akuten Blutverlustes bei einem ansonsten gesunden Hund liegt bei einem Verlust von 41–45 %. Geht ein geringeres Blutvolumen verloren, ist die Prognose günstig, insbesondere wenn eine frühzeitige Therapie einsetzt und durch die Blutung keine lebenswichtigen Organe (Atemwege, ZNS) beeinträchtigt werden.

Therapie: Die Therapie beinhaltet folgende Gesichtspunkte:

1. Behandlung der Blutungsursache: (1) lokale Blutstillung: z. B. Ligatur eines Gefäßdefektes, Anbringen hämostyptischer Wundauflagen, Entfernung eines rupturierten Organs oder Tumors; (2) systemisch: Behandlung einer Hämostasestörung (s. Kap. 4.3).
2. Schockbehandlung: Hier ist die Volumensubstitution mit Vollelekrolytlösung und ggf. Plasmaexpandern i. d. R. entscheidender als die Erythrozytenzufuhr. Beim Hund kann initial kurzzeitig mit einer Geschwindigkeit bis 100 ml/kg KM × h infundiert werden. Bei der Katze muss hingegen vorsichtig infundiert werden, da die hohe Inzidenz für subklinische Kardiomyopathien bei unklarem Herzbefund das Risiko für ein Lungenödem birgt.
3. Eine Bluttransfusion nach Verträglichkeitsprüfung ist angezeigt, wenn sich der Patient ansonsten nicht stabilisieren lässt oder der Hämatokrit oben angeführte kritische Werte unterschreitet (s. Kap. 4.1.2.6). Richtdosis: 20 ml/kg KM (Hund) oder 15 ml/kg KM (Katze). Die genaue Berechnung der Transfusionsmenge in Abhängigkeit von Spender- und Empfänger-Hämatokrit kann ggf. nach folgender Formel erfolgen:
   $$\text{Transfusionsmenge (ml/kg KM)} = \text{Hkt[Spender]} - \frac{\text{Hkt[Empfänger]}}{\text{Hkt[Spender]}} \times 80$$
4. Weitere Maßnahmen (z. B. Tracheotubus) sind erforderlich, wenn durch die Blutung lebenswichtige Organe in ihrer Funktion beeinträchtigt werden.

4.1.2.15 Hämolytische Anämien

Definition: Hämolyse kann als vermehrter (intra- oder extravasaler) Abbau oder einfach als verkürzte Lebensdauer der Erythrozyten verstanden werden.

Ätiologie: Selten liegen hereditäre Membran- oder Enzymdefekte der Erythrozyten vor (insbesondere Pyruvatkinase-Mangel z. B. bei Basenji, West Highland Terrier, Cairn Terrier); i. d. R. bestehen extraerythrozytäre Ursachen:

1. Antikörper: primär/idiopathisch; sekundär durch Medikamente, Infektionserreger, Neoplasien, Immunopathien, Stimulation des Immunsystems z. B. als Transfusionsreaktion, nach Impfung
2. Biochemische Veränderungen: Heinz-Körper durch oxidative Schäden, (z. B. Zwiebelvergiftung), Hypophosphatämie, Bleivergiftung

3. Chemische Hämolysine: Schwermetalle, zyklische Kohlenwasserstoffe, Kupfervergiftung (Bedlington Terrier)
4. Bakterielle Infektionen: Leptospiren (*L. icterohaemorrhagiae*), hämolysierende Bakterien (*Clostridium haemolyticum*)
5. Parasiteninfektionen: *Mycoplasma haemofelis, Mycoplasma haemocanis, Babesia canis, Babesia gibsoni*
6. Lysine tierischer Herkunft: Schlangen- und Spinnengifte
7. Lysine pflanzlicher Herkunft: Rizin
8. Splenomegalie
9. Mechanische Schädigung: DIC, Zytostatika, Gefäßläsionen, Hämangiosarkome, Hypertension
10. Osmotische Schädigung: Hypoosmolarität durch orale oder rektale Wasserintoxikation (Klysma), Hyperosmolarität durch Kochsalzintoxikation, z. B. Aufnahme großer Mengen Salzwassers
11. Thermisch: Überhitzung

Pathogenese: Antikörper können gegen Erythrozytenstrukturen gerichtet sein. Häufiger sind sekundäre immunvermittelte Anämien, wobei z. B. Medikamente oder Antigene von Infektionserregern als Halbantigene fungieren und gemeinsam mit Halbantigenen der Erythrozyten eine Immunreaktion auslösen. Auch kann es durch Infektionserreger und Tumorerkrankungen zur Exprimierung von normalerweise verborgenen Antigenen (Kryptantigenen) kommen. Parasiten können auch durch eine verminderte Verformbarkeit der infizierten Erythrozyten zu mechanischen Schäden und einer vermehrten Elimination führen. Verschiedene Toxine und toxische Stoffwechselprodukte wirken meistens direkt auf die Zellmembran, ggf. auch auf Enzymsysteme. Bei Splenomegalie liegt neben einem erhöhten Abbau von Erythrozyten eine vermehrte Sequestrierung von roten Blutzellen in der Milz vor.

Große Mengen freien Hämoglobins und von Zelltrümmern führen direkt und indirekt durch die hierdurch ausgelöste DIC oft zu Niereninsuffizienz als gefürchteter Komplikation.

Klinisches Bild: Die Schleimhäute können in akuten Fällen mehr oder weniger gelblich erscheinen. Bei deutlicher intravasaler Hämolyse kann eine Rotfärbung des Urins durch Hämoglobinurie vorliegen. In akuten Fällen kann Fieber bestehen; allgemeine Anämiesymptome sind oft ausgeprägt bis hin zum Schock.

Labordiagnostik: Oft liegen deutliche Regenerationsanzeichen (hohe Retikulozytenzahl, Polychromasie) vor. Eine akute Hämolyse löst auch regelmäßig eine ausgeprägte Leukozytose (Neutrophilie mit Kernlinksverschiebung, Monozytose) aus. Im Blutausstrich ist Wert auf die Beurteilung der Erythrozytenmorphologie und das Aufsuchen möglicher Parasiten (Babesien) zu legen. Sphärozyten (Syn.: Mikrosphärozyten) und Agglutinate deuten auf eine immunvermittelte Genese hin (Abb. 4.9), Heinz-Körper auf oxidative Schäden, Fragmentozyten auf eine DIC oder Gefäßtumoren. Es finden sich meist viele Normoblasten als Ausdruck der unterstützenden extramedullären Hämatopoese. Eine positive Autoagglutination und ein positiver Coombs-Test sind Indikatoren einer primär oder sekundär immunvermittelten Anämie.

Im Blutplasma/-serum wird eine erhöhte Konzentration von primärem (indirektem) Bilirubin nachgewiesen. Der Test auf Urin-Hämoglobin kann positiv sein. Als Ausdruck einer komplizierenden Niereninsuffizienz können Harnstoff und Kreatinin im Blutplasma erhöht sein. Viele Patienten zeigen Gerinnungsveränderungen im Sinne einer DIC.

Diagnose: Regenerative Anämie mit erhöhtem Bilirubin I und/oder freiem Hämoglobin im Blutplasma (-serum). Das Auffinden der Ätiologie mittels Anamnese, klinischer Untersuchung und labordiagnostischer Verfahren (einschließlich Infektionsdiagnostik) kann eine Herausforderung darstellen; dies gilt insbesondere für die Abgrenzung einer primär von einer sekundär immunvermittelten Anämie.

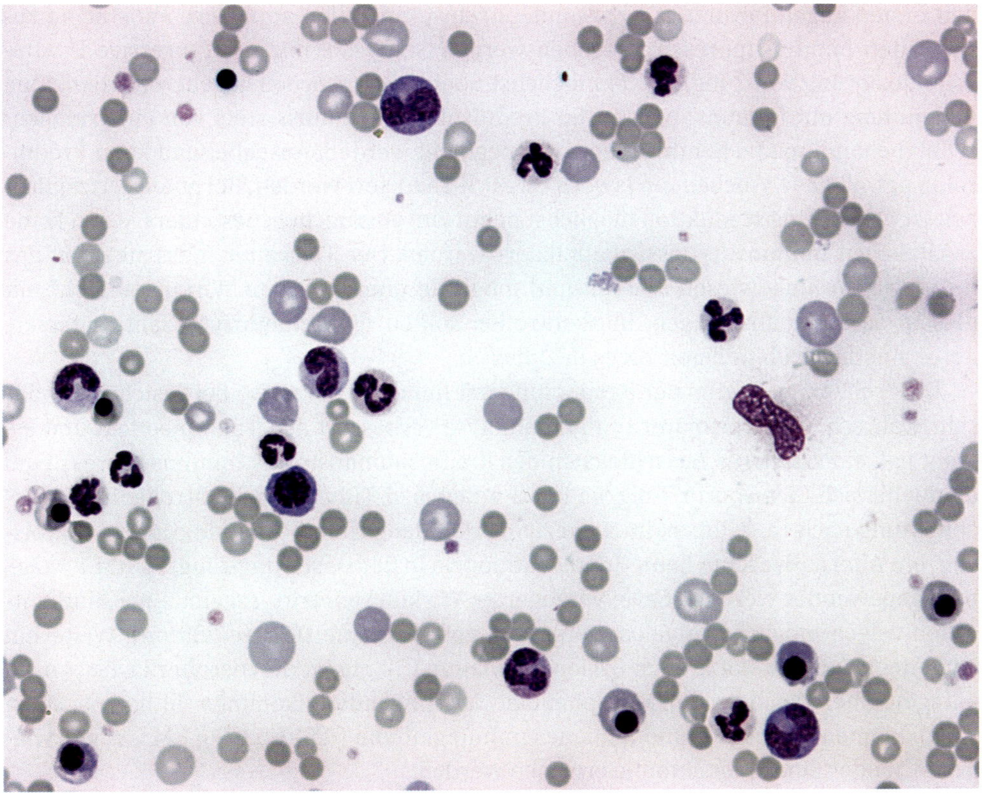

Abb. 4.9 Blutausstrich eines Hundes mit immunvermittelter Anämie: Mikrosphärozyten (kleine, kompakte Erythrozyten), Polychromasie als Zeichen einer hohen Zahl an Retikulozyten (Regeneration), viele Normoblasten, deutliche Neutrophilie und Monozytose (Pappenheim-Färbung, Originalvergrößerung 400 x).

Differenzialdiagnose: Andere Anämieformen, insbesondere regenerativer Art (Blutungsanämie).

Therapie: Die Therapie richtet sich nach der Grunderkrankung (z. B. Antiinfektiva bei infektionsbedingter Anämie; Immunsuppression bei primärer immunvermittelter Anämie). Bei schwerer akuter immunhämolytischer Anämie sind supportive Maßnahmen wie Infusionsbehandlung und Antikoagulation (niedrig dosiertes Heparin, z. B. 75 IE/kg KM 3 × tägl. s. c.) indiziert, um wichtigen Komplikationen wie DIC und Nierenversagen entgegenzuwirken.

Antiinfektiva umfassen Amoxicillin und Doxycyclin bei Leptospiroseverdacht, Doxycyclin (oder Marbofloxacin) bei *Mycoplasma haemofelis*-Infektion. Bei zunächst unklarem Infektionsstatus ist die generelle Gabe von Doxycyclin zu erwägen. *Babesia canis* wird mit Imidocarb behandelt (5 mg/kg KM s. c., ggf. Wiederholung nach 10–14 Tagen).

Bei eventuell initial vermuteter, primärer immunhämolytischer Anämie ist mit Glukokortikoiden (v. a. Prednisolon: initial 2 mg/kg KM 1–2 × tägl. i. v., später oral) und spezifischen Immunsuppressiva zu behandeln. Zweimal täglich wird Prednisolon an den ersten Tagen bevorzugt in besonders schweren Fällen appliziert. Falls keine zusätzlichen Immunsuppressiva gegeben werden, sollte die immunsuppressive Prednisolondosierung von 2 mg/kg KM möglichst über einige Wochen gegeben werden. Eine Behandlung mit immunsuppressiven Prednisolondosen muss stets von einer Magenschutzbehandlung (z. B. mit Omeprazol) begleitet werden. Anschließend kann Prednisolon ggf. alle 2–4 Wochen um jeweils ca. 20 % reduziert werden. Bei guter Verträglichkeit ist bei der Dosisreduktion möglichst behutsam vorzugehen, besonders, wenn keine zusätzlichen Immunsuppressiva appliziert werden. Der Tierhalter muss stets auf das Rezidivrisiko hingewiesen werden und mögliche unerwünschte Wirkungen sind mit diesem Szenario abzuwägen. Blutkontrollen sollten die Retikulozytenzahl umfassen, deren Anstieg Frühindikator eines Rezidivs ist.

Der frühzeitige Beginn der Behandlung mit Immunsuppressiva bei gesicherter oder sehr wahrscheinlich primärer Immunhämolyse verbessert den Therapieeffekt und erlaubt ggf. ein rascheres Ausschleichen der Prednisolondosis. Als Immunsuppressivum empfiehlt sich Ciclosporin 7 mg/kg KM 2 × tägl. p. o. (Blutspiegelkontrolle und Dosisanpassung nach ca. 7 Tagen, im weiteren Verlauf langsame Dosisreduktion). Als preiswertere Alternative kann beim Hund Azathioprin in der Dosierung 2 mg/kg KM 1 × tägl. p. o. angewendet werden (Cave: verzögerter Wirkungseintritt, regelmäßige Blutkontrollen wegen möglicher Myelosuppression, ggf. langsame Dosisreduktion). Weiterhin kann bei Hund und Katze auch Cyclophosphamid (50 mg/m^2 Körperoberfläche p. o. an 4 Tagen einer Woche) oder Mycophenolat zur Anwendung kommen. In hartnäckigen Fällen können v. a. beim Hund humanes Immunglobulin (0,5–1,5 g/kg KM i. v., ggf. wiederholt) oder eine Splenektomie erwogen werden.

4.1.3 Polyglobulie, Erythrozytose

4.1.3.1 Systematik und diagnostisches Vorgehen

Eine Polyglobulie (Syn.: Erythrozytose, Polyzythämie) beschreibt eine Erhöhung von Hämatokrit, Erythrozytenzahl und Hämoglobinkonzentration. Der Begriff „Polyzythämie" bringt zum Ausdruck, dass beim Menschen oft assoziiert auch die Leukozyten- und Thrombozytenzahl erhöht sind.

Die Erythrozytose ist oft nur relativ infolge eines verminderten Plasmavolumens und ggf. und in geringem Ausmaß auch bei Entleerung des Milzspeichers. Eine absolute Polyglobulie kann selten eine myeloproliferative Erkrankung (primäre Polyglobulie, Polycythaemia vera) darstellen oder öfter das Ergebnis eines erhöhten Erythropoetinspiegels sein (sekundäre Polyglobulie) (Abb. 4.10). Letztere kann eine Reaktion auf eine systemische Hypoxie darstellen (kompensatorische sekundäre Polyglobulie) oder in Abwesenheit einer systemischen Hypoxie v. a. durch vermehrte Erythropoetin-Produktion bei Nierenerkrankungen oder durch Tumorzellen entstehen (nicht kompensatorische sekundäre Polyglobulie).

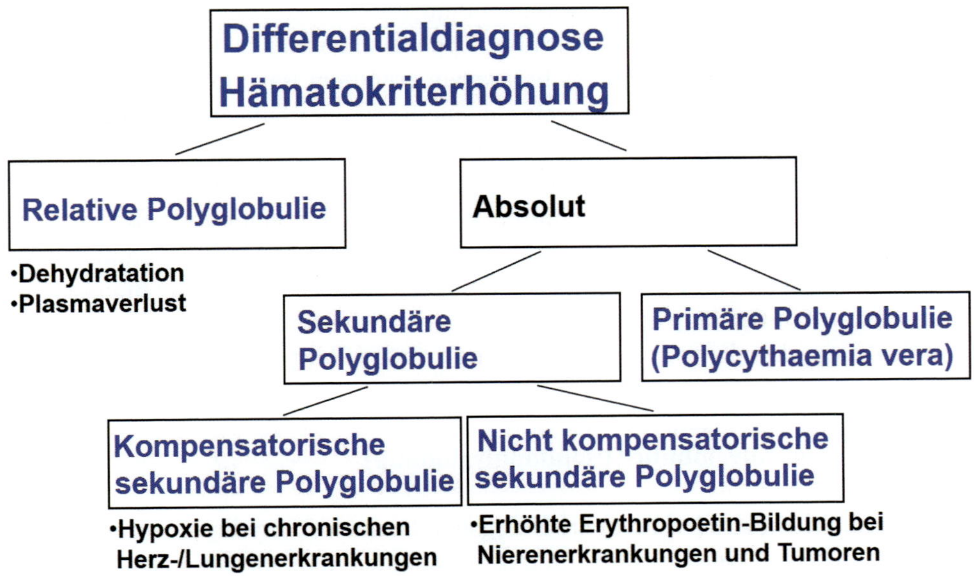

Abb. 4.10 Schema zur Systematik der Polyglobulie.

Diagnostische Aufarbeitung: Vor Beginn der diagnostischen Abklärung ist zunächst auszuschließen, dass es sich um einen rassespezifisch hohen Hämatokrit (Windhundrassen) handelt. Weiterhin ist in Betracht zu ziehen, dass beim erregten oder ängstlichen Hund eine milde Erythrozytose durch Milzkontraktion zustande kommen kann, sodass ggf. eine Wiederholung der Blutentnahme in ruhiger Umgebung zu erwägen ist. Das Ausmaß der Erythrozytose hilft wenig bei der weiteren Abklärung.

Es ist zunächst im Hinblick auf die höhere Wahrscheinlichkeit für das Vorliegen einer relativen Polyglobulie auf Anzeichen einer zu Flüssigkeitsverlust führenden Grunderkrankung (z. B. Vomitus, Diarrhoe, Polyurie) und direkte klinische (z. B. reduzierte Hautspannung, trockene Schleimhaut, eingesunkene Augäpfel) und labordiagnostische Anzeichen (Hyperproteinämie, insbesondere Hyperalbuminämie, prärenale Azotämie) der Dehydratation zu achten. Eine Normalisierung des Hämatokrits und anderer Veränderungen nach Rehydrierung mittels parenteraler Flüssigkeitszufuhr bestätigt das Vorliegen einer relativen Polyglobulie.

Zur ätiologischen Abklärung einer absoluten Polyglobulie, die für eine zielgerichtete Behandlung essenziell ist, ist auf Symptome von Erkrankungen des Respirationstraktes (Husten, Dyspnoe) oder einer Herzerkrankung (Herzgeräusch, Arrhythmie, Zyanose) zu achten, die für eine kompensatorische sekundäre Polyglobulie (nach Hypoxie) sprechen. Zur Abklärung von Lungen- und Herzerkrankungen sind Röntgen des Thorax, EKG, Herzultraschall, ggf. auch Angiographie und Angio-CT lohnend. Gegebenenfalls sind ergänzende Messungen der arteriellen Blutgase und/oder der Sauerstoffsättigung zur Bestätigung oder zum Ausschluss der Hypoxie angezeigt (s. Kap. 4.1.3.3), wobei sich eine Gewebehypoxie allerdings bei extrem erhöhtem Hämatokrit auch sekundär einstellen kann. Falls sich kein Hinweis auf eine Herz- oder Lungenerkrankung ergibt, ist vorwiegend der Niere diagnostische Aufmerksamkeit zu schenken. Nierenerkrankungen, die mit einer vermehrten Erythropoetinproduktion assoziiert sind und „nichtkompensatorisch“ zur Polyglobulie führen, gehen i. d. R. mit einer Vergrößerung einer oder beider Nieren einher. Diese Vergrößerung lässt sich schon im Röntgenbild erkennen; i. d. R. reicht ein Ultraschall, ergänzt durch eine Ultraschall-gestützte Biopsie (Feinnadelaspirat, Tru-Cut-Biopsie), zur Diagnose. Lässt sich kein Hinweis auf eine entsprechende Grunderkrankung finden, so liegt eine primäre Polyglobulie nahe.

4.1.3.2 Relative Polyglobulie (Pseudopolyglobulie)

Definition: Scheinbare (relative) Erhöhung von Hämatokrit, Erythrozytenzahl und Hämoglobin durch ein vermindertes Blutplasmavolumen, d. h. die Gesamtzahl an roten Blutzellen ist normal.

Epidemiologie: Häufigste Form der Erythrozytose.

Ätiologie: Mögliche Ursachen für Flüssigkeitsverlust (Dehydratation) sind akutes Erbrechen und Diarrhoe, Polyurie, Diuretika, Hitzschlag und ausgedehnte Verbrennungen ohne adäquate Wasseraufnahme oder auch Wasserentzug. Selten kann eine milde relative Erythrozytose von einer Erythrozytenfreisetzung durch Milzkontraktion nach Stress (z. B. Schmerzen) oder Aufregung/Angst herrühren.

Pathogenese: Der erhöhte Hämatokrit ist nicht mit einer erhöhten Erythrozytenmasse assoziiert. Vielmehr führt Flüssigkeitsverlust zu (1) Hämokonzentration und somit erhöhter Blutviskosität und verminderter Fließfähigkeit (Erythrozytensludge in der Endstrombahn) und (2) verringertem Herzzeitvolumen und Katecholaminfreisetzung mit Kontraktion der peripheren Blutgefäße zur Aufrechterhaltung des Blutdrucks (Zentralisation). Die durch (1) und (2) ausgelöste Minderdurchblutung resultiert in einer Hypoxie in peripheren Geweben und Organen, dem Umschalten vom aeroben zum anaeroben Stoffwechsel und zur Freisetzung von biogenen Aminen, insbesondere Histamin, das zur generalisierten Gefäßerweiterung und nachfolgend zum Blutdruckabfall führt.

Eine Katecholamin-vermittelte Freisetzung gespeicherter Erythrozyten aus der Milz bewirkt ggf. vorübergehend eine leichte Erythrozytose ohne klinische Symptome. Die relative Polyglobulie verschwindet nach Rehydratation bzw. Beseitigung der Ursache der Milzkontraktion.

Klinisches Bild: Die Symptome der Grundkrankheit stehen meist im Vordergrund. Daneben bestehen Symptome der Dehydratation (Exsikkose: verminderter Hautturgor, eingesunkene Augäpfel, klebrige, dann trockene Schleimhäute; Kreislaufinsuffizienz bis hypovolämischer Schock: u. a. verlängerte Kapillarfüllungszeit, schwacher Puls, Tachykardie, ggf. verminderter Blutdruck) und Hämokonzentration (eventuell zentralnervöse Störungen).

Labordiagnostik, Diagnose: Sie basiert auf (1) Symptomen der Grunderkrankung (s. Kap. 4.1.3.1), (2) klinischen Befunden einer Exsikkose und Hypovolämie (s. o.) in Verbindung mit (3) labordiagnostischen Blutbefunden: Polyglobulie (Hämatokritwerte bis > 80 % beim Hund, bei der Katze meist mildere Veränderungen) in Verbindung mit parallel erhöhtem Gesamteiweiß und Albumin (Ausnahme: Erkrankungen mit parallelem Verlust von Plasmaprotein, z. B. Brandverletzungen, exsudative Enteritis, Glomerulonephritis).

Eine relative Polyglobulie wird auch durch das deutliche Absinken des Hämatokrits nach entsprechender Volumenzufuhr und in der Regel niedriger Retikulozytenzahl erkennbar.

Differenzialdiagnose: Sekundäre Polyglobulie, Polycythaemia vera, Methämoglobinämie.

Therapie:

1. Volumensubstitution mit Vollelektrolytlösung: Volumen berechnet sich aus dem Ausgleich bestehender Verluste (in Abhängigkeit vom Dehydratationsgrad) + anhaltender Verluste (durch anhaltendes Erbrechen, Durchfall, Polyurie): Richtwert: initial ca. 50(–100) ml/kg KM /Tag. Hierzu kommt bei fehlender oraler Flüssigkeitsaufnahme der Erhaltungsbedarf mittels kaliumreicher und natriumarmer „Erhal-

tungslösung“ (Hund, abhängig von der Körpermasse: ca. 40 [großer Hund]–80 ml [kleiner Hund]/kg KM/Tag, Katze: 40 ml/kg KM/Tag). Messung von Elektrolyten und des Basenüberschusses sind wichtig für eine individuelle Supplementierung.
2. Behandlung der Grundkrankheit, d. h. der Ursache für den Volumenverlust.

4.1.3.3 Sekundäre absolute Polyglobulie

Definition: Absolute Vermehrung der Sauerstoffträger durch Steigerung der Erythropoetinproduktion. Diese kann zustande kommen durch:
1. systemisch verminderte Sauerstoffversorgung („kompensatorisch“ oder „angemessen“) oder
2. exzessive Produktion ohne systemische Hypoxie („nichtkompensatorisch“ oder „nicht angemessen“).

Epidemiologie, Ätiologie: Ursächlich kommen in Betracht:
Systemisch verminderte Sauerstoffversorgung entsteht meistens durch chronische Lungenerkrankungen (z. B. allergische Bronchitis der Katze, Lungenfibrose) und kardiovaskuläre Erkrankungen, v. a. mit Rechts-links-Shunt unter Umgehung der Lunge, wodurch schlecht oxygeniertes Blut in die Zirkulation gelangt (z. B. Ductus arteriosus, atrialer oder Ventrikelseptumdefekt mit gleichzeitiger Pulmonalstenose) sowie schwere Herzinsuffizienz, führt aber nur selten zu einer deutlichen Erythrozytose. Extrem selten tritt eine milde Erythrozytose durch chronische Methämoglobinämie auf (z. B. bei dem bei Katze und Hund beschriebenen Methämoglobin-Reduktase-Mangel). Regional kommt auch Sauerstoffmangel bei in großer Höhe lebenden Tieren als Ursache infrage.

Exzessive Erythropoetinsekretion ist selten Folge von Erythropoetin-sezernierenden Tumoren, insbesondere Nierenkarzinom, eventuell auch anderer Organe (Leberzellkarzinom beim Menschen). Meistens führen neoplastische (z. B. Nierenlymphom, Fibrosarkom) oder selten nicht neoplastische Nierenerkrankungen (z. B. Nierenzysten, Hydronephrose) durch lokale Hypoxie zur erhöhten Erythropoetinproduktion. Trotz der bei der Katze relativ häufigen infiltrativen Nierenerkrankungen kommen assoziierte Polyzythämien relativ selten vor.

Endokrinopathie-assoziierte Erythrozytose (z. B. Hyperthyreose, Katzen mit Akromegalie; Hyperadrenokortizismus beim Hund) ist i. d. R. geringgradig.

Pathogenese: Bei systemischer oder lokaler Gewebehypoxie (ggf. lokale Zirkulationsstörung durch raumfordernden Prozess der Niere) registrieren die Sauerstoffsensoren im Nierenkortex einen verminderten Sauerstoffpartialdruck. Dadurch wird vermehrt ein Hypoxie-induzierter Faktor als Transkriptionsfaktor gebildet, der die Erythropoetin-Gentranskription erhöht. Erythropoetin stimuliert die Erythropoese im Knochenmark und erhöht damit die Sauerstofftransportkapazität im Blut. Bei der kompensatorischen („physiologisch angemessenen“) Erythrozytose dient dies dem Ausgleich einer mangelhaften Oxygenierung des Hämoglobins.

Ein deutlich erhöhter Gehalt an Erythrozyten äußert sich in einer erhöhten **Blutviskosität**, die überproportional zum Hämatokrit ansteigt, und einem erhöhten Blutvolumen. Eine deutliche Hyperviskosität führt zur Sludgebildung der Erythroyzten in den kleinen Gefäßen und reduzierter Blutflussgeschwindigkeit, was hinsichtlich der Sauerstoffversorgung negativ ist. Somit kann sich ein initial sinnvoller kompensatorischer Effekt letztlich nachteilig auf den Organismus auswirken, indem die Gewebehypoxie verstärkt wird. Diese macht sich besonders im ZNS, den Nieren und am Herzen bemerkbar. Die erhöhte vaskuläre Resistenz erfordert eine erhöhte Herzleistung, die eine Hypertrophie des Myokards auslösen kann und sich zu einer leichten hypertrophen Kardiomyopathie entwickeln kann. Die Blutkapillaren und kleinere venöse Gefäße sind erweitert, um das erhöhte Blutvolumen fassen zu können. Dadurch steigt das Risiko für Rupturen der Kapillaren durch Überdehnung, woraus Blutungen resultieren. Andererseits besteht durch den gestörten Blutfluss eine gesteigerte Thromboseneigung. Eine durch Hyperviskosität und vermehrtes Blutvolumen gestörte Vasopressin-Freisetzung wird für die Polyurie/Polydipsie verantwortlich gemacht.

Der Endokrinopathie-assoziierten Erythrozytose liegt zugrunde, dass zahlreiche Hormone wie Kortisol, Thyroxin, Androgen und Wachstumshormon die Erythropoese direkt oder indirekt über eine vermehrte Erythropoetinbildung oder andere Pathomechanismen stimulieren, sodass entsprechende Patienten (z. B. Katzen mit Hyperthyreose oder Akromegalie) eine leichte, asymptomatische Erythrozytose aufweisen können.

Klinisches Bild: Im Vordergrund stehen oft die Symptome der Grunderkrankung, insbesondere bei verminderter Sauerstoffversorgung durch Lungen- oder Herz-Kreislauf-Erkrankungen (z. B. Dyspnoe) und deren Folge (Zyanose), aber auch z. B. der Niereninsuffizienz (Polyurie/Polydipsie).

Die **Symptome der Erythrozytose per se** treten erst bei deutlich erhöhtem Hämatokrit (Hund > 65 %) zutage und sind überwiegend Folgen der Hyperviskosität: Rötung/Hyperämie (ggf. ziegelrote Farbe) bis Zyanose der Schleimhäute (Abb. 4.11), neurologische Symptome (Verhaltensauffälligkeiten, Desorientiertheit, Schwäche, Depression, Stupor, Koma, Ataxie, Anfälle, Blindheit), Blutungssymptome (Epistaxis, Hämatemesis, Hämaturie, Meläna, Hämatochezie), Polyurie/Polydipsie, paroxysmales Niesen (ausgelöst durch erhöhte Blutviskosität in der Nasenschleimhaut). Gefäßveränderungen in Form von dilatierten und geschlängelten Gefäßen lassen sich am besten bei der ophthalmoskopischen Untersuchung im Bereich der Retina und Sklera darstellen, wo sich ggf. auch Netzhautblutungen zeigen. Daneben können Hepato- und Splenomegalie vorliegen.

Labordiagnostik: Bei der Interpretation von automatisch gemessenen Hämatokritwerten ist zu bedenken, dass ein deutlich erhöhter Hämatokrit von Countern oft überschätzt wird. Zudem können hohe Hämatokritwerte zu artifiziellen Veränderungen von Laboruntersuchungsergebnissen führen. Zum Beispiel liegt ein erhöhter Glukoseverbrauch vor, sodass eine zeitnahe Plasma-/Serum-Gewinnung essenziell ist, sofern keine Fluoridröhrchen Verwendung finden. Auch können bei der Gewinnung von Citratplasma ohne gezielte Überfüllung der Probengefäße mit Blut die Gerinungszeiten leicht verlängert sein.

Die beim klassischen „Workup" zur Differenzierung verwendete **Erythropoetin**-Konzentration (niedrig/normal bei primärer, hoch bei sekundärer Form) ist unzuverlässig; tatsächlich besteht eine deutliche Überlappung der Blutspiegel bei gesunden Tieren und Patienten mit primärer und sekundärer Erythrozytose. Ursächlich können eine Rolle spielen: (1) Schwankungen bei der Erythropoetinsekretion, (2) eine mögliche Relevanz von anderen, nicht mit dem Test erfassten, Wachstumsfaktoren sowie (3) eine sekundär (Hypoxie-bedingt) vermehrte Erythropoetinbildung bei ausgeprägter primärer Polyzythämie. Teilweise werden daher wiederholte Messungen auch im Verlauf empfohlen, jedoch muss die Messung der Erythropoetinkonzentration eher als ergänzender Test betrachtet werden. Auch die sowohl bei primärer wie sekundärer Erythrozytose zugrunde liegende aktive (hyperplastische) Erythropoese im Knochenmark ist differenzialdiagnostisch nicht verwendbar, sodass eine Knochenmarkuntersuchung kaum indiziert ist.

Mittels arterieller Blutgasanalyse und/oder durch nicht invasive Pulsoxymeterie kann geprüft werden, ob Hinweise auf eine unzureichende Oxygenierung und damit Gewebehypoxie bestehen (Sauerstoffsättigung des Hämoglobins < 95 %, Sauerstoffpartialdruck < 80 mmHg). Letzteres würde zu einer sekundären kompensatorischen Erythrozytose passen. Möglicherweise können aber auch bei extremer primärer und ggf. nicht kompensatorischer sekundärer Erythrozytose hyperviskositätsbedingt entsprechende Veränderungen bestehen.

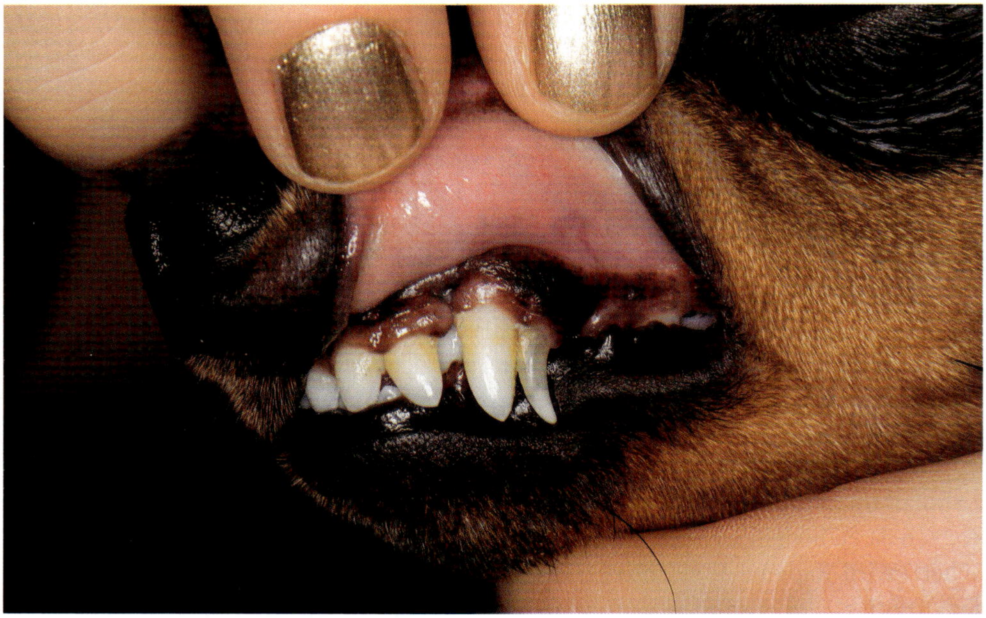

Abb. 4.11 Auffällige Rötung und Gefäßfüllung der Gingiva bei einer 2-jährigen Zwergpinscherhündin mit primärer Polyglobulie (Hämatokrit am Tag des Fotos 66 %).

Diagnose: Polyglobulie in Verbindung mit einer der o. a. Grunderkrankungen (z. B. Rechts-links-Shunt, Nierentumor) machen eine sekundäre Polyglobulie wahrscheinlich. Die Diagnose der Art der Nierenläsion oder eventuell anderer Organerkrankungen kann i. d. R. mittels ultraschallgesteuerter Feinnadelpunktion erzielt werden. Auf körperliches Training oder Aufenthalt in großer Höhe als Ursache eines Hämatokritanstiegs deutet die Anamnese hin.

Differenzialdiagnose: s. Kap. 14.1.3.1

Therapie: Im Vordergrund steht die Therapie der Grundkrankheit. Je nach Art des Nierentumors sind dessen chirurgische Entfernung (Karzinom) oder Chemotherapie (Nierenlymphom) angezeigt. Zusätzlich ist initial zur schnellen Senkung des Hämatokrits ein Aderlass (s. Kap. 4.1.3.4) angezeigt, auch zur Verbesserung der Narkosefähigkeit vor der Nephrektomie beim Nierenkarzinom.

Zur Behandlung von Herz- und Lungenerkrankungen: s. Kap. 5 und Kap. 6. Bei fehlender oder inadäquater Therapiemöglichkeit können bei einer hierbei allerdings selten ausgeprägten Erythrozytose zur Verminderung der Hyperviskosität regelmäßige vorsichtige Aderlässe (5–10 ml/kg KM) oder eine Hydroxyharnstoff-Behandlung (s. Kap. 4.1.3.4) angezeigt sein. Hierbei sollte der Hämatokrit ruhig leicht hypernormal bleiben (z. B. beim Hund bei 55–60 %), im Hinblick auf eine kompensatorische Erhöhung der Sauerstofftransportkapazität ohne erhebliche Erhöhung der Blutviskosität zur Verminderung der Gewebehypoxie.

Bei dauerhaft erhöhtem Hämatokrit sollte wegen der erhöhten Thromboseneigung antikoagulatorisch oder mit plättchenhemmenden Medikamenten (Clopidogrel: Hund 2[–4] mg/kg KM, Katze ¼ 75-mg-Tablette, jeweils 1 × tägl. p. o.) behandelt werden.

4.1.3.4 Primäre absolute Polyzythämie (Polycythaemia vera)

Definition: Polycythaemia vera (rubra), primäre Polyzythämie oder Erythrozytose entspricht einer unkontrollierten (nicht Erythropoetin-abhängigen) Vermehrung reifer Erythrozyten im peripheren Blut, d. h. einer chronischen myeloproliferativen Erkrankung. Eine Polycythaemia vera hat beim Menschen ein abweichendes Erscheinungsbild, wo sie mit Splenomegalie, Leukozytose und Thrombozytose assoziiert ist und in einer Myelofibrose und Leukämie münden kann. Beim Kleintier handelt es sich daher eher um eine Variante der Erkrankung.

Epidemiologie: Beim Hund ist eine primäre Polyzythämie seltener als die sekundäre, bei der Katze sind primäre Formen häufiger. Bevorzugt erkranken Hunde und Katzen mittleren Alters. Beim Hund besteht keine deutliche Geschlechts- oder Rasseprädisposition, bei der Katze sind vorwiegend Kater betroffen.

Ätiologie: Eine autonome (neoplastische), d. h. nicht primär durch Erythopoetin gesteuerte und nicht auf negative Feedbackmechanismen reagierende klonale Proliferation von Vorläuferzellen der Erythropoese, die zu funktionell und morphologisch intakten Erythroyzten ausreifen. Deren Ursache ist bei Hund und Katze i. d. R. unbekannt. Nur einzelne Fälle bei der Katze sind FeLV-positiv. Mitunter wird für die Erkrankung eine erhöhte Sensitivität gegenüber Erythropoetin und/oder eine pathologische Wirkung von Wachstumsfaktoren (Interleukin-3, G-CSF) verantwortlich gemacht.

Pathogenese: Der erhöhte Zellanteil des Blutes erhöht die Blutviskosität, wodurch eine Durchblutungsstörung peripherer Organe auftritt. Dadurch kann sekundär auch bei primärer Erythrozytose Hypoxie-induziert ein erhöhter Erythropoetinspiegel vorliegen.

Klinische Symptome s. Kap. 4.1.3.3 („Symptome der Erythrozytose per se"):
Als Grundlage für die Differenzierung der verschiedenen Polyglobulieformen, einschließlich der primären Polyglobulie als Ausschlussdiagnose, ist bei der klinischen Untersuchung auf Symptome ursächlicher Primärerkrankungen einer relativen Polyglobulie (z. B. Vomitus, Diarrhoe, Polyurie) und auf Anzeichen der Dehydratation selbst (z. B. verminderte Hautspannung, trockene Schleimhaut, eingesunkene Augäpfel) zu achten. Weiterhin sind Symptome möglicher ursächlicher Erkrankungen einer reaktiven Polyglobulie (z. B. Dyspnoe, Zyanose, Nierenvergrößerung) zu beachten.

Labordiagnostik: s. Kap. 4.1.3.3

Diagnose: Die Diagnose basiert wesentlich auf dem Ausschluss einer relativen und sekundären Polyglobulie, v. a. durch klinische und bildgebende Untersuchung. Anders als beim Menschen besteht bei Hund und Katze ausschließlich eine Proliferation der roten Blutzellen ohne begleitende Vermehrung von Leukozyten und Thrombozyten. Eine Erythropoetinmessung ist nur teilweise hilfreich, zwar unterstützt ein niedriger Wert die Diagnose, aber oft liegen auch bei Polycythaemia vera erhöhte Werte vor (s. Kap. 4.1.3.3).

Differenzialdiagnose: s. Kap. 4.1.3.1

Prognose: Die Erkrankung ist nicht heilbar, jedoch lässt sich i. d. R. mit Therapie und gewissenhafter Überwachung auch über mehrere Jahre ein zufriedenstellender Zustand erreichen.

Therapie: Ziel ist die Verminderung des Hämatokrits in den Referenzbereich (oder knapp darüber) und damit Reduzierung der klinischen Beschwerden und potenzieller Thrombose- oder Blutungskomplikationen. In der Literatur finden sich neben dem klassischen Aderlass verschiedene Therapieoptionen wie regelmäßige Blutegelbehandlungen und Chemotherapien mit Hydroxyharnstoff, Doxorubicin, Cyclophosphamid oder Busulfan (z. B. Myleran). Vorzugsweise besteht die initiale Therapie aus Aderlässen, ggf. auch wiederholt nach einigen Tagen, bis der Hämatokrit im oberen Referenzbereich oder leicht darüber liegt.

1. **Aderlass:** Volumen bis ca. 10(–15) ml/kg KM (Katze) und 15(–20) ml/kg KM (Hund). Initial durch hohe Blutviskosität schwierig. Zur Verminderung der Blutviskosität und zum Volumenausgleich ist eine parallele Infusionstherapie ratsam. Faustregel: Reicht ein Aderlass pro Monat (ein engeres Intervall kann zur Verarmung des Organismus führen, u. a. an Eisen, ggf. Protein) nicht aus, um den Hämatokrit im gewünschten Bereich zu halten, müssen ergänzende Maßnahmen erfolgen oder eine komplette Umstellung auf eine Chemotherapie.

2. **Zytostatische Therapie:** am häufigsten findet Hydroxyharnstoff Anwendung nach initialem Aderlass, um den Hämatokrit rasch zu reduzieren, ggf. auch längerfristig in Kombination mit Aderlässen. Nebenwirkungen dieses Zytostatikums schließen gastrointestinale Beschwerden (Anorexie, Vomitus, Konstipation), Knochenmarkhypoplasie, milde Alopezie und Verlust von Krallen ein, bei der Katze ggf. Heinz-Körper-Anämie bei hoher Dosis. Die Anfangsdosis beträgt bei Hunden und Katzen 30 mg/kg KM, 1 × tägl. p. o. über 7–10 Tage, dann 15 mg/kg KM, 1 × tägl. p. o. Für kleine Hunde und Katzen empfiehlt sich die Herstellung von Kapseln mit geeigneter Dosis in dafür spezialisierten Apotheken. Gegebenenfalls kann auch das Applikationsintervall verlängert werden (z. B. Anfangsdosis bei einem 5 kg schweren Hund 150 mg, entsprechend eine 500 mg Kapsel jeden 3. Tag). Bei der Katze können solche erhöhten Dosierungen selten zur hämolytischen Anämie (Methämoglobinämie, Heinz-Körper) führen. Blutbildkontrollen erfolgen zunächst 1–2 × wöchtl., nach Normalisierung des Hämatokrits monatlich bis mehrmonatlich. Bei Auftreten von Zytopenien ist die Dosis zu reduzieren oder das Dosierungsintervall zu verlängern; teilweise wird sogar ein zwischenzeitliches Absetzen empfohlen, bis sich die Zytopenien normalisiert haben, um dann die Therapie mit reduzierter Dosis oder verlängertem Intervall fortzuführen.

Zur ergänzenden Antiplättchen- oder antithrombotischen Therapie s. Kap. 4.1.3.3.

4.2 Weißes Blutbild

Durch vielfältige Funktionen der weißen Blutzellen bei der unspezifischen (Monozyten als Vorstufen der Makrophagen, natürliche Killerzellen) und spezifischen Antigenabwehr (T- und B-Zellen) spiegeln sich physiologische Reaktionen und pathologische Prozesse oft in Veränderungen des weißen Blutbildes wider. Das Differenzialblutbild ergänzt und/oder objektiviert daher als wichtiger Laborparameter die klinische Untersuchung hinsichtlich der Allgemeingesundheit eines Patienten oder Bestätigung eines Krankheitsverdachtes. Wichtig ist aber, sich zu vergegenwärtigen, dass ein unverändertes Blutbild einen entzündlichen Prozess nicht ausschließt, da z. B. ein mehrere Tage anhaltender erhöhter Umsatz durch eine vermehrte Produktion der entsprechenden Entzündungszellen kompensiert werden kann.

Die ergänzende visuelle Durchmusterung eines Blutausstriches hilft bei der Verifizierung automatischer Zellzähl- und -differenzierungsergebnisse und ermöglicht die Erfassung qualitativer Veränderungen einschließlich ggf. einem direkten Erregernachweis. Nur selten liefert das weiße Blutbild konkrete Hinweise auf die definitive Erkrankung. Ausnahmen bestehen v. a. bei hämatologischen Neoplasien wie Leukämien und ggf. Blutparasitosen. Die Bedeutung des Leukogramms besteht vielmehr in der generellen Indikatorfunktion für entzündliche Prozesse, der Einschätzung von deren Schweregrad und bei der Erkennung von positiven oder negativen Tendenzen im Krankheitsverlauf. Aussagekräftiger als die Momentaufnahme anlässlich einer einmaligen Blutentnahme ist eine Verlaufskontrolle, die das dynamische Gleichgewicht aus Knochenmarkaktivität, Freisetzungsrate der Zellen aus dem Knochenmark, Verteilung der Zellen zwischen marginalem und zirkulierendem Pool und der Dynamik der Zellmigration aus dem Blut ins Gewebe widerspiegelt. Dies liefert auch prognostische Anhaltspunkte (Patientenantwort auf eine Behandlung, Risikoabschätzung z. B. vor chirurgischen oder medikamentösen Behandlungen).

Die Interpretation sollte stets basierend auf **Absolutzahlen** erfolgen. Bei der Interpretation von Veränderungen sind zu berücksichtigen:

1. Krankengeschichte (z. B. verabreichte Medikamente wie Glukokortikoide, akuter oder chronischer Prozess)
2. Klinische Untersuchungsbefunde
3. Umstände der Blutentnahme (z. B. Aufregung des Patienten)
4. Übrige Komponenten des Blutbildes (rotes Blutbild, Thrombozyten) und Ergebnisse klinisch-chemischer Messungen
5. Dynamik der Veränderung bei vorzugsweise wiederholten Blutentnahmen

Die Einordnung der Befunde erfordert Kenntnisse über die Leukozytenkinetik, die Pathophysiologie der Erkrankungen und deren Auswirkungen auf das Blutbild, die normale Zellmorphologie sowie mögliche Einflussfaktoren auf die verschiedenen Leukozytenmessgrößen.

4.2.1 Physiologie

4.2.1.1 Neutrophile Granulopoese und Funktionen der Neutrophilen

In ihrer Entwicklung durchlaufen die weißen Blutzellen 3 Phasen. Auf die Teilungs- und Reifungsphase im Knochenmark (Stammzellen, determinierte Vorläuferzellen/Progenitorzellen, Vorläuferzellen/Precursorzellen) folgen der Transport im peripheren Blutstrom und schließlich die Auswanderung ins Gewebe. Proliferation und Wachstum der Stamm- und Vorläuferzellen werden durch Wachstums- und Differenzierungsfaktoren (u. a. Interleukine, Granulozyten-Kolonie-stimulierender Faktor, G-CSF [engl.: *colony stimulating factor*]) gesteuert. Ihnen stehen Interferone und der Tumornekrosefaktor gegenüber, die einen myelosuppressiven Effekt besitzen. Die Bildung dieser Stoffe erfolgt sowohl in den Stromazellen als auch in den Zellen der Hämatopoese.

Knochenmark: Von den in ihrer Reifungsabfolge im Knochenmark lichtmikroskopisch differenzierbaren Reifungsstadien der Granulopoese umfassen die teilungsfähigen Stadien Myeloblast, Promyelozyt und Myelozyt (proliferierender oder Mitosepool), wonach ohne weitere Teilung eine Ausdifferenzierung über Metamyelozyt, stab- und segmentkernigen Granulozyten (Reifungs- und Speicher- oder Reservepool) erfolgt. Von den reifen Neutrophilen wird im Knochenmark etwa die 10-fache Zahl der zirkulierenden Neutrophilen (entsprechend dem 5-fachen physiologischen Tagesumsatz) als Reservepool (Speicherpool) zurückgehalten. Letzterer überbrückt bei akut gesteigertem Bedarf eine mögliche Lücke bis zur vermehrten Bereitstellung von Neutrophilen aus dem Knochenmark nach 3–4 Tagen. Physiologischerweise werden fast ausschließlich segmentkernige Granulozyten in das Blut abgegeben.

Blutpool: Die Blutphase der Neutrophilen beträgt schon physiologischerweise nur wenige Stunden und ist bei akuten Entzündungen durch verstärkte Gewebeemigration weiter verkürzt. Ein Teil befindet sich im Randstrom des Blutes bzw. adhäriert an die Wände kleiner Gefäße besonders in Milz, Lunge und Splanchnikusregion. Dieser „marginale Granulozytenpool" ist bei der Katze besonders ausgeprägt. Mit ansteigendem Blutdruck und damit einhergehender ansteigender Fließgeschwindigkeit werden diese Zellen zunehmend in den „zirkulierenden Pool" mobilisiert.

Gewebephase: Im gesunden Organismus werden nur wenige Neutrophile benötigt, v. a. in Lunge, Speichel, Urin und Gastrointestinaltrakt. Vermittelt durch Adhäsionsmoleküle und Chemokine wandern Neutrophile vermehrt aus dem Kapillarblut in entzündete Gewebe oder Körperhöhlen aus, um bei einer maximalen Überlebenszeit von 2–4 Tagen ihre Abwehrfunktionen wahrzunehmen.

Funktion: Die wesentlichste Funktion der neutrophilen Granulozyten ist die Bekämpfung von Bakterien nach Phagozytose mittels bakterizider Stoffe in ihren Granula, deren

Exozytose oder mittels einer fibrillären Matrix aus Granula-Proteinen und Neutrophilen-Chromatin (sogenannte „neutrophile extrazelluläre Fallen"). Auch bei der Abwehr von Protozoen, virusinfizierten Zellen und Tumorzellen sind Neutrophile beteiligt.

4.2.1.2 Eosinophile Granulopoese, Funktionen der Eosinophilen

Die Eosinopoese erfolgt unter dem Einfluss von Interleukin-5. Der Knochenmarkspeicherpool ist unbedeutend. Wie Neutrophile halten sich Eosinophile nur maximal wenige Stunden im zirkulierenden Blut auf. Eosinophile Granulozyten werden durch Komplementspaltprodukte (C5a) und verschiedene chemotaktische Moleküle u. a. aus degranulierten Mastzellen (nach Kontakt von gebundenem IgE mit Antigen) und T-Helfer-Zellen vom Typ 2 in entzündete Gewebe gelockt, wo sie mehrere Tage funktionsfähig bleiben, bis sie durch das Monozyten-Makrophagen-System abgebaut werden oder durch epitheliale Transmigration verloren gehen. Wahrscheinlich wegen der kontinuierlichen Antigenexposition und hohen Mastzelldichte werden besonders viele Eosinophile subepithelial in Haut, Atem-, Gastrointestinal- und Urogenitaltrakt gefunden. Daher werden Erkrankungen dieser Organe öfter von Gewebeeosinophilie und ggf. Bluteosinophilie begleitet.

Funktion: Eosinophile sind wichtige Regulatoren von Überempfindlichkeitsreaktionen, insbesondere der IgE-vermittelten Reaktion vom Soforttyp (Typ I) und der zellvermittelten Überempfindlichkeitsreaktion vom verzögerten Typ (Typ IV). Ihre parasitiziden Eigenschaften entfalten sie nach Bindung an auf Parasitenoberflächen gebundenem IgE, durch Freisetzung für Parasiten toxischer Inhaltsstoffe. Wegen aggressiver Granulainhaltsstoffe ist eine eosinophile Entzündung oft mit einer starken Gewebeschädigung verbunden. Eosinophile Granulozyten können jedoch auch Histamin, Bradykinin und Serotonin, das aus den Mastzellgranula freigesetzt wird, inaktivieren.

4.2.1.3 Monozytopoese, Monozyten-Makrophagen-System

Monozyten entstehen mit den Granulozyten aus einer gemeinsamen myeloischen Stammzelle. Die Ausreifung aus Monoblasten über Promonozyten erfolgt unter der Kontrolle von zahlreichen Wachstumsfaktoren wie dem Granulozyten-Monozyten-Kolonie-stimulierenden Faktor (GM-CSF), Monozyten-Kolonie-stimulierenden Faktor (M-CSF) und Interleukin-6. Reife Monozyten werden unmittelbar ins periphere Blut freigesetzt, wo sie 1–2 Tage im zirkulierenden oder Marginalpool verbringen, bis sie nach Übertritt ins Gewebe zu Makrophagen differenzieren. Einen wesentlichen Teil des Monozyten-Makrophagen-Systems machen gewebespezifische Makrophagen aus (z. B. Kupffer-Sternzellen, Osteoklasten, Mikrogliazellen, Histiozyten und Alveolarmakrophagen), die bis mehrere Monate oder sogar Jahre im Gewebe leben.

Funktion: Die Makrophagen repräsentieren zusammen mit den Granulozyten und natürlichen Killerzellen die zellulären Vermittler des unspezifischen Abwehrsystems. Ihre Hauptfunktion besteht in der aktiven Phagozytose und ggf. Abtötung u. a. von geschädigten, überalterten oder toten Zellen einschließlich Tumorzellen, Fremdpartikeln und Mikroorganismen (u. a. Pilze, *Actinomyces* spp., *Nocardia* spp.). Die Aufnahme von Mikroorganismen kann durch Bindung von Komplementkomponenten (C3b) unterstützt werden. Bei der intrazellulären Abtötung von Mikroorganismen mithilfe des oxidativen Metabolismus wirken die in den Lysosomen enthaltenen sauren Hydrolasen und Peroxidasen mit. Makrophagen besitzen Rezeptoren für Immunglobuline und Komplement und können daher Antikörper- und/oder Komplement-beladene Erythrozyten und Thrombozyten phagozytieren. Mithilfe des MHC-II-Komplexes können sie die phagozytierten Antigene anschließend auf ihrer Oberfläche T-Zellen präsentieren.

Makrophagen sezernieren eine große Zahl biologisch aktiver Substanzen (Interleukin-1, Interleukin-6, Tumornekrosefaktor, Komplementkomponenten, proteolytische Enzyme z. B. Elastase, Lysozym und Kollagenase sowie Prostaglandine) nach Stimulation durch Stoffwechselprodukte von Mikroorganismen sowie von Lymphozyten sezernierten Zytokinen und Lymphokinen. Eine wichtige weitere Funktion ist die Eisenspeicherung.

4.2.1.4 Lymphozytopoese und Funktionen der Lymphozyten

Bildung, Differenzierung: Lymphozyten werden im Knochenmark aus lymphoiden Stammzellen gebildet und reifen anschließend im Knochenmark (B-Zellen) oder im Thymus (T-Zellen), den primären lymphatischen Organen, zu immunkompetenten Zellen mit Bildung von Immunglobulinen bzw. Oberflächenrezeptoren, sodass sie spezifisch auf Antigene reagieren können. Nach dem Auswandern in die sekundären lymphatischen Organe (Lymphknoten, Milz, Tonsillen und Peyer-Plaques) entwickeln sich – als Antwort auf eine Antigenstimulation – Untergruppen von B- und T-Zellen, es erfolgen Reaktionen der Lymphozyten mit den Antigenen und Kontakte mit Phagozyten.

In den sekundären lymphatischen Organen befindet sich auch der größte Teil der Lymphozyten (ca. 70 %), ca. 10 % im Knochenmark und nur 4 % zirkulieren in den Blutgefäßen. T-Zellen dominieren in Thymus, Lymphknoten und Ductus thoracicus, während in Milz und Knochenmark die B-Zellen überwiegen. Von den zirkulierenden Lymphozyten sind ca. 70 % T-Zellen, 20 % B-Zellen und 10 % Null-Zellen (s. u.). B- und T-Zellen rezirkulieren zwischen lymphatischen und nicht lymphatischen Geweben des Körpers über den Blut- und Lymphweg.

Klassifikation und Funktion: Die funktionell äußerst variablen Lymphozyten lassen sich morphologisch nur limitiert differenzieren, aber mithilfe monoklonaler Antikörper gegen CD-Oberflächenantigene in Subpopulationen (z. B. $CD8^+$/$CD4^+$) einteilen:

T-Zellen spielen eine wichtige Rolle in der spezifischen zellvermittelten Immunität. Zusätzlich modulieren sie die humorale Immunantwort. Die **$CD8^+$-Zellen**, die den wesentlichsten Teil der T-Zellen im Knochenmark ausmachen, repräsentieren überwiegend Suppressorzellen und zytotoxische Zellen. Eine Dysfunktion von T-Suppressorzellen, die die Immunantwort auf ein spezifisches Antigen unterdrücken, spielt eine Rolle bei der Entstehung von Autoimmunerkrankungen. Die **T-Helferzellen ($CD4^+$-Zellen)**, die im Blut dominieren, reagieren mit ihrem Oberflächenrezeptor mit Antigenen, die Makrophagen zusammen mit dem Klasse-II-MHC auf ihrer Oberfläche präsentieren. Aktivierte T-Helferzellen stimulieren B-Zellen, die einen Oberflächenrezeptor für das Antigen tragen, zur Transformation in Plasmazellen und aktivieren zytotoxische T-Zellen, wodurch auch verschiedene für die Regulation von Entzündungs- und Immunreaktionen wichtige Interleukine gebildet werden.

B-Lymphozyten tragen auf ihrer Oberfläche Immunglobuline als Rezeptoren zur Erkennung spezifischer Antigene. Diese Zellmembran-gebundenen Immunglobuline sind für jeden B-Zellklon spezifisch und identisch mit den von B-Zellen und Plasmazellen sezernierten Antikörpern. Nach Stimulierung durch Kontakt mit definierten Antigenen entwickeln sich B-Zellen über eine klonale blastäre Transformation zu Antikörper-produzierenden Plasmazellen bzw. zu funktionell ruhenden, immunkompetenten, bis Jahre überlebende Gedächtniszellen. Letztere führen bei erneutem Kontakt mit dem spezifischen Antigen über eine sogenannte Keimzentrumsreaktion rasch zur Bildung von Plasmazellen. **Plasmazellen** finden sich physiologischerweise v. a. in den sekundären lymphatischen Organen, wo sie Immunglobuline synthetisieren, speichern und freisetzen.

Die **natürlichen Killerzellen**, die als Teil der angeborenen Immunität keine Rezeptoren gegen spezifische Antigene besitzen, machen den größten Teil der Lymphozyten aus, die weder T- noch B-Zellmarker exprimieren („Null-Zellen"). Sie sind – im Gegensatz zu zytotoxischen T-Zellen – zur MHC-unabhängigen Lyse von Zielzellen befähigt. Zytotoxische T-Zellen benötigen die Anwesenheit von Klasse-I-Molekülen des MHC-Systems, um neoplastische und virusinfizierte Zellen zu elimieren.

4.2.2 Nicht neoplastische (reaktive) Veränderungen

4.2.2.1 Leukozytose, Leukozytenkurve nach Schilling

Definition: Eine Leukozytose kennzeichnet beim erwachsenen Tier eine Erhöhung der Zahl der weißen Blutkörperchen über die obere Referenzbereichsgrenze von 12 000/11 000 (ruhiger Hund/Katze) bis 16 000/µl (erregter Patient). Im Alter von 1–3 Monaten können physiologischerweise höhere Leukozytenzahlen vorliegen, die v. a. auf einer erhöhten Lymphozytenzahl beruhen. Im engeren Sinne ist eine Leukozytose ein reaktiver Zustand, der durch die auslösenden Ursachen und Reversibilität charakterisiert und damit von einer neoplastischen Vermehrung der weißen Blutzellen abzugrenzen ist.

Eine Leukozytose muss im Hinblick auf die Gruppe bzw. Untergruppe der Leukozyten, die vermehrt ist, präzisiert werden. Meistens ist eine Leukozytose auf eine erhöhte Zahl der neutrophilen Granulozyten zurückzuführen. Von der Verteilung der verschiedenen Zellformen im Differenzialblutbild lässt sich ggf. das Stadium einer Leukozytenreaktion auf Infektionen, Entzündungen und toxische Schädigungen ablesen. Hierzu hat der Humanhämatologe Schilling drei Phasen definiert:

1. **Neutrophile Kampfphase:** Unmittelbar nach der Noxe kann es zu einem kurzzeitigen und daher oft nicht erfassten Abfall der Neutrophilenzahl und damit Leukozytenzahl kommen. Daran schließt sich eine durch Neutrophile geprägte Leukozytose mit Kernlinksverschiebung an. Gleichzeitig sinkt die Zahl der Eosinophilen, Lymphozyten und Monozyten.
2. **Monozytäre Abwehr- oder Überwindungsphase:** Die deutliche Neutrophilie geht langsam zurück und wird zunehmend von einem absoluten Anstieg der Zahl der Monozyten, Eosinophilen und Lymphozyten abgelöst.
3. **Lymphozytär-eosinophile Heilphase:** Es kommt zur Normalisierung der Leukozytengesamt- und Neutrophilenzahl, während eine leichte Lymphozytose und Eosinophilie bestehen bleiben.

Dieses klassische Verlaufsschema lässt sich allerdings auf eine Reihe von Krankheitszuständen nicht oder nur teilweise anwenden, insbesondere chronische Infektionen, Infektionen mit myelosuppressiven Viren (v. a. Parvovirose), Infektionen mit hohem Leukozytenverbrauch (z. B. Peritonitis) und parasitäre Infektionen mit starker allergischer Komponente.

Klinisches Bild: Es wird bestimmt von der auslösenden Grundkrankheit.

Therapie: Die Leukozytose an sich wird nicht therapiert, sondern die entsprechende Grundkrankheit, außer es liegen spezifische Erkrankungen der Leukozyten vor, die mit einer Zellzahlerhöhung assoziiert sind (z. B. Hypereosinophilie-Syndrom [s. Kap. 4.2.2.6] und Hämoblastosen [s. Kap. 4.2.4]).

4.2.2.2 Neutrophilie

Definition: Anstieg der Neutrophilenzahl auf > 10 000/µl (Hund) bzw. > 9 000/µl (Katze). Eine **leukämoide Reaktion**, d. h. eine nicht neoplastische, ausgeprägte Leukozytose auf ≥ 50 000/µl, basiert i. d. R. auf einer extremen Neutrophilie (Abb. 4.12).

Ätiologie: Häufige physiologische Reaktion auf körperliche Belastung (Training), Aufregung oder Angst („physiologische Neutrophilie“, i. d. R. begleitet von Lymphozytose) bzw. auf Stress oder Glukokortikoidtherapie (Stressleukogramm). Die Blutentnahme ist daher möglichst stressfrei zu gestalten und andernfalls die Aufregung eines Tieres bei der Laborwertinterpretation zu berücksichtigen. In der zweiten Trächtigkeitshälfte zeigen Hündinnen physiologischerweise oft eine massive Leukozytose mit bis zu 30 000 Neutrophilen/µl.

Die Neutrophilie ist auch ein regelmäßiger Begleitbefund der meisten akuten oder chronischen Entzündungsprozesse, infektiöser (Bakterien, Viren, Pilze, Parasiten) als auch nicht infektiöser Natur (u. a. Trauma, Hämolyse, immunvermittelte Erkrankungen, Tumoren, Gewebenekrosen, Infarkte). Weiterhin kommen Medikamente (Glukokortikoide, Anabolika) und Toxine (z. B. Kohlenmonoxid) als Ursache infrage. Stoffwechsel- und endokrine Störungen, die eine Neutrophilie auslösen können, umfassen Urämie, Azidose, Diabetes mellitus (v. a. Ketoazidose), Eklampsie, Cushing-Syndrom und Hyperthyreose. Seltene Ursachen sind u. a. Funktionsstörungen der Neutrophilen und die chronische myeloische Leukämie (s. Kap. 4.2.4.6).

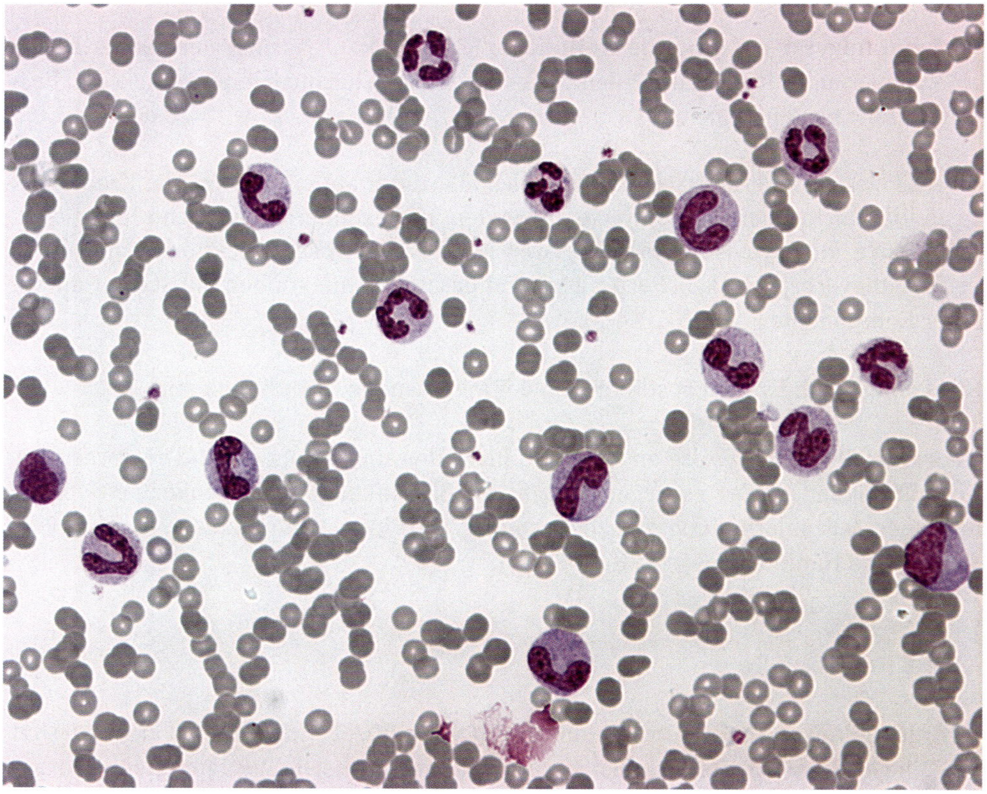

Abb. 4.12 Blutausstrich einer Katze mit leukämoider Reaktion (Leukozytenzahl 59 000/µl; deutliche Neutrophilie mit ausgeprägter reaktiver Kernlinksverschiebung) assoziiert mit einem Pyothorax (Pappenheim-Färbung, Originalvergrößerung 400 x).

Ursachen für leukämoide Reaktionen sind Tumoren (Fibrosarkom, Lungen- und Nierenkarzinome, Lymphome), bakterielle Infektionen (Abszess, Pyometra v. a. nach chirurgischer Sanierung, Pyothorax, Peritonitis u. a.), Gewebenekrosen, Toxämie und Immunopathien (immunvermittelte Anämie).

Pathogenese: Grundsätzlich gehen akute Entzündungen mit höheren Neutrophilenzahlen einher als chronische Entzündungen oder physiologische Reaktionen. Der Neutrophilie können verschiedene physiologische und pathophysiologische Mechanismen zugrunde liegen:

1. **Mobilisierung von Neutrophilen** (und Lymphozyten) aus dem Marginal- in den zirkulierenden Pool bei körperlicher Anstrengung, Aufregung und Angst durch Adrenalinfreisetzung und Blutdrucksteigerung bei erhöhtem Blutfluss innerhalb von Sekunden (physiologische Leukozytose/Neutrophilie). Der Effekt hält nur kurz an (30 Minuten nach Ende des Pathomechanismus) und tritt v. a. bei Jungtieren auf. In gleicher Weise wirken pathologische Stimuli (Verletzung, Schmerz, Temperaturveränderung, Infektion, systemisches inflammatorisches Response-Syndrom).
2. **Erhöhte Freisetzung** (Zytokin-gesteuert) **von neutrophilen Granulozyten aus dem Speicherpool** in die Zirkulation kann kurzzeitig eine milde Neutrophilie auslösen. Eine anhaltende Kompensation eines erhöhten Bedarfs erfordert eine synchron einsetzende Steigerung der Granulozytopoese, die aber erst nach 2–3 Tagen im Blut effektiv wird.
3. **Verminderte Migration der Granulozyten aus den Blutgefäßen ins Gewebe**, z. B. bei verminderter Permeabilität der Kapillaren durch Glukokortikoidwirkung.
4. **Reduktion eines zuvor gesteigerten Neutrophilenverbrauchs** im Gewebe, z. B. nach Abszessversorgung oder Pyometra-Operation, da bis zum Herunterregulieren der gesteigerten Knochenmarkproduktion einige Tage vergehen.
5. Klonale Proliferation der Myelopoese (myeloische Leukämie)

Häufig liegen Kombinationen der Pathomechanismen vor, z. B. liegen dem durch Erhöhung endogenen Kortisols (z. B. bei Trauma, Operation, Sepsis, spätes Schwangerschaftsstadium) oder exogene Glukokortikoide (Therapie) induzierten **Stressleukogramm** die Mechanismen 1–3 zugrunde. Das Stressleukogramm beinhaltet eine moderate Neutrophilie ohne Kernlinksverschiebung, beim Hund ggf. auch eine Monozytose, neben einer Eosinopenie und Lymphopenie. Es entsteht binnen Stunden, ist damit träger als der Adrenalineffekt (physiologische Leukozytose, siehe 1.) und bleibt bestehen, solange ein erhöhter Glukokortikoid-Blutspiegel vorliegt.

Leukämoide Reaktionen sind Ausdruck von frustranen, da wirkungslosen Abwehrreaktionen (u. a. Tumoren) und überschießender Knochenmarkreaktion (v. a. nach chirurgischer Sanierung).

Diagnostische Aspekte, Interpretation: Bei einer Neutrophilie ohne definierbare Ursache sind nach Ausschluss einer physiologischen Neutrophilie (typisches Differenzialblutbild: Kombination mit milder Lymphozytose, Berücksichtigung der Verhältnisse bei der Blutentnahme) und von Fehlern bei der Präanalytik (überlanges Stauen) und Analytik (Messfehlern), ggf. die Analyse zu wiederholen und Krankengeschichte und klinische Untersuchung zu reevaluieren.

Bei der Anamnese sind z. B. vorausgegangene Traumata, Operationen, Möglichkeiten für Infektionen, Glukokortikoidbehandlungen oder Läufigkeitsstörungen bei unkastrierten Hündinnen (Pyometra, Trächtigkeit) zu erfragen. Bei einer deutlichen Neutrophilie mit Kernlinksverschiebung muss bei der klinischen Untersuchung in erster Linie nach Entzündungsherden (z. B. Zystitis, Endokarditits, Tonsillitis, Abszess, Pyometra) und immunbedingten Erkrankungen gesucht werden. Im Hinblick auf die Diagnose einer möglichen myeloischen Leukämie bei pathologischer Kernlinksverschiebung bzw. gehäuftem Auftreten von Blasten ist eine Knochenmarkpunktion ratsam.

Die Erkennung von Endokrinopathien (insbesondere des Cushing-Syndroms) oder Stoffwechselstörungen als Ursache einer Neutrophilie erfolgt mittels Hormontests, blutchemischer Messungen und Spezialuntersuchungen (s. Kap. 12 und Kap. 13). Bei einer leukämoiden Reaktion finden sich im Gegensatz zu der differenzialdiagnostisch abzugrenzenden, deutlich selteneren chronischen myeloischen Leukämie allenfalls ganz vereinzelte Myeloblasten, Promyelozyten und Myelozyten und auch eine Entzündungsursache.

4.2.2.3 Kernlinksverschiebung

Definition: Die Kernlinksverschiebung ist eine wesentliche qualitative Verschiebung innerhalb der neutrophilen Granulozyten mit vermehrtem Auftreten von jugendlichen Kernformen wie Stabkernigen (> 3 % bzw. > 300/µl) und unreiferen Vorstufen (Metamyelozyten, Myelozyten usw.) im peripheren Blut.

Hierbei bleibt im Rahmen einer reaktiven Kernlinksverschiebung der gestiegene Prozentsatz an Vorläuferzellen im Blut auf stabkernige Granulozten und Metamyelozyten, eventuell auch wenige Myelozyten beschränkt (Abb. 4.12), während das vermehrte Auftreten von Promyelozyten und Myeloblasten eine pathologische Kernlinksverschiebung anzeigt (Abb. 4.13). Eine Kernlinksverschiebung bei verminderter oder niedrignormaler Neutrophilenzahl kennzeichnet eine degenerative Kernlinksverschiebung.

Ätiologie: Regelmäßige Ursachen sind Infektionen (ggf. mit Toxämie), immunvermittelte Erkrankungen und massiver Zellabbau. Myeloproliferative Erkrankungen, insbesondere akute und chronische myeloische Leukämien sind Ursachen einer pathologischen Kernlinksverschiebung.

Pathogenese: Eine degenerative Kernlinksverschiebung bringt zum Ausdruck, dass der gegenwärtige Bedarf an Neutrophilen die Kapazität des Reservepools und/oder die Bildungskapazität des Knochenmarks übertrifft – trotz Freisetzung noch nicht voll funktionsfähiger Neutrophiler (relative oder temporäre Knochenmarkinsuffizienz). Reagiert das Knochenmark adäquat mit gesteigerter Produktion, so kommt es bei einem parallel abnehmenden Bedarf im weiteren Verlauf zu erhöhten Neutrophilenzahlen. Oft wird hierbei auch ein gewisser Anteil unreiferer Zellen aus dem Knochenmark ausgeschleust („regenerative Kernlinksverschiebung"). Eine pathologische Kernlinksverschiebung reflektiert eine abnorme Zellbildung im Knochenmark.

Interpretation: Eine deutliche Kernlinksverschiebung ist auch bei normaler oder sogar verminderter Leukozytenzahl, genau genommen sogar insbesondere dann, ein Indikator für eine schwerwiegende Erkrankung. Eine solche degenerative Kernlinksverschiebung ist ebenso wie eine pathologische Kernlinksverschiebung (als Indikator einer myeloischen Leukämie, s. Kap. 4.2.4.3 und 4.2.4.6) prognostisch schlecht.

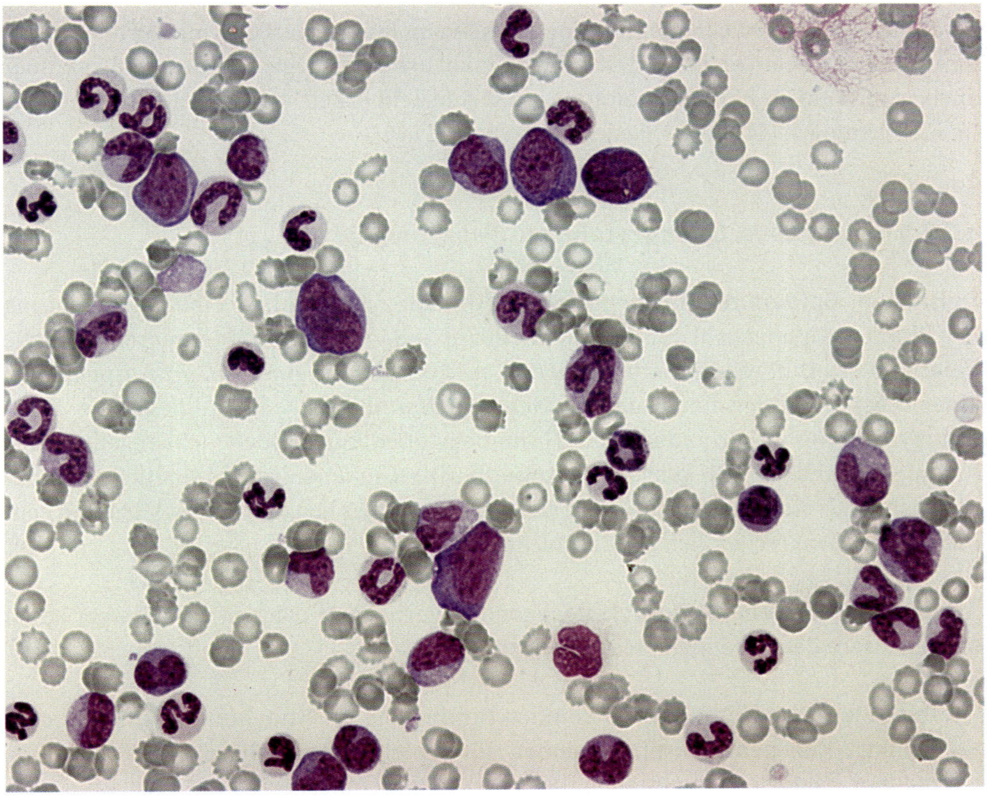

Abb. 4.13 Frühe Vorläuferzellen der Granulopoese (Myeloblasten) neben Segmentkernigen, Stabkernigen und Metamyelozyten als Kennzeichen einer pathologischen Kernlinksverschiebung im Blutausstrich eines Hundes mit myeloischer Leukämie (Gesamtleukozytenzahl 220 000/µl; Pappenheim-Färbung, Originalvergrößerung 400 x).

4.2.2.4 Erworbene Veränderungen der Granulozytenmorphologie

Neben quantitativen können auch reversible qualitative (morphologische) Granulozytenveränderungen auftreten, die diagnostische Hinweise liefern können. So findet sich z. B. bei schweren Infektionen oder Intoxikationen (u. a. Zytostatika) im Zytoplasma als unspezifisches Zeichen einer Zellschädigung bzw. Reifungsstörung **toxische Veränderungen**, v. a. eine diffuse Zytoplasmabasophilie, mittelgrobe, meist dunkelviolett angefärbte Granula (sogenannte „toxische Granulation") und/oder eine Vakuolenbildung.

Eine Hyposegmentierung der Granulozyten (Pseudo-Pelger-Huët-Anomalie) kann vorübergehend ebenfalls bei schweren Erkrankungen (bakterielle Infektionen mit toxischen Schäden) und nach Einnahme von Medikamenten wie Sulfonamiden auftreten sowie im Rahmen einer Myelodysplasie (vergleiche hierzu: Pelger-Huët-Anomalie, s. Kap. 4.2.3.2).

Kernhypersegmentierung der Neutrophilen (6 und mehr Kernfragmente) deutet auf eine verlängerte Verweildauer der Neutrophilen im Blut hin (z. B. verminderte Auswanderung bei erhöhten endo- und exogenen Glukokortikoidspiegeln); selten kann sie aber auch, insbesondere bei gleichzeitig vergrößerten Zellen, Zeichen einer Reifungsstörung im Knochenmark (Myelodysplasie) sein.

4.2.2.5 Neutropenie, Leuko(zyto)penie, Panzytopenie

Definition, Epidemiologie: Neutropenie (Granulozytopenie) ist eine Verminderung der Blutneutrophilenzahl auf Werte < 3 000/µl und wegen ihrer dominierenden Rolle innerhalb des Differenzialblutbildes i. d. R. die Ursache für eine Leuko(zyto)penie. Bei einer drastischen Verminderung der Neutrophilenzahl auf < 500/µl liegt eine **Agranulozytose** vor. In Verbindung mit Thrombozytopenie und/oder nicht regenerativer Anämie besteht eine **Bi-** oder **Panzytopenie**. Die Leukopenie wird deutlich seltener beobachtet als eine Leukozytose, eine temporär vor einer Leukozytose bestehende Leukozytopenie wahrscheinlich aber oft nicht erfasst.

Ätiologie, Pathogenese: Die verschiedenen erworbenen Ursachen wirken über einen oder mehrere der folgenden Mechanismen:

1. **Reduzierte bzw. ineffektive Leukozytenbildung im Knochenmark:** infektionsbedingte Knochenmarksuppressionen (Virusinfektionen [insbesondere Parvovirus, Staupe], bakterielle Infektionen [besonders Septikämie, Peritonitis, Pleuritis, Pneumonie], chronische Ehrlichiose, Systemmykosen), arzneimittelinduzierte dosisabhängige Knochenmarkschädigung (Cyclophosphamid, Adriamycin, Phenylbutazon, Fenbendazol), Toxine (Endo- und Exotoxine incl. Östrogen [Ovar-, Sertolizelltumoren, iatrogen]), Vitamin-B_{12}-Defizienz beim Riesenschnauzer, Myelodysplasie, Myelophthise (Verdrängung der physiologischen Hämatopoese durch Tumorzellen, insbesondere bei akuter Leukämie, ggf. paraneoplastisch bei Lymphom, Myelom, metastatischen Karzinomen und Mastzelltumoren, s. Kap. 4.1.2.8), Myelofibrose,

Autoimmunopathien gegen Knochenmarkstammzellen und Vorläuferzellen der Neutrophilen, großflächige ionisierende Strahlung und selten als hereditäres Syndrom der zyklischen Neutropenie (s. Kap. 4.2.3.5) oder infolge G-CSF-Mangel.
2. Verteilungsstörungen durch **Sequestrierung** der Leukozyten **im Kapillargebiet** bei vermindertem Blutdruck und Blutfluss mit Verschiebung der Neutrophilen vom Zirkulations- zum Marginalpool (anaphylaktischer Schock, Endotoxämie, tiefe Sedation oder Narkose).
3. **Immunvermittelter Abbau**: Lupus erythematodes und idiosynkratisch. Häufiger als über eine toxische Schädigung führen Medikamente (u. a. Antibiotika, z. B. Cephalosporine, Sulfonamid, Metronidazol; Phenobarbital; ACE-Hemmer) und Chemikalien über allergische Reaktionen (idiosynkratische, nicht dosisabhängige Wirkung) zu oft schweren Neutropenien (Agranulozytosen).
4. **Massiver Verbrauch im Entzündungsgebiet**: insbesondere bei großflächigen oder systemischen entzündlichen Prozessen wie Peritonitis (insbesondere bei Darmruptur), Pleuritis, Septikämie/Endotoxämie mit gramnegativen Bakterien. Bei Parvovirusenteritis und Zytostatikatherapie trägt zur Schwere der Leukopenie neben dem erhöhten Bedarf an Leukozyten im Gewebe (Gewebeschädigung) eine verminderte Granulo- (und Lympho)poese bei. Gegebenenfalls kann es auch durch erheblichen Verlust bei schwerer akuter Blutung zur milden Leukopenie kommen. Der Mechanismus für hereditäre Neutropenien bei bestimmten Rassen (u. a. beim Belgian Tervueren) ist unklar, spekuliert wird über eine gestörte Freisetzung aus dem Speicherpool des Knochenmarks.

Klinische Symptome: Bei schwerer Neutropenie stehen neben rezidivierenden, besonders bakteriellen Infektionen mit häufig schwerem Verlauf v. a. die Symptome einer ggf. bestehenden Grunderkrankung im Vordergrund (z. B. Dyspnoe bei Pneumonie oder Pleuritis). Anzeichen für eine Infektion bei neutropenischen Patienten sind hohes Fieber sowie ggf. Abgeschlagenheit, Inappetenz und Tachykardie. Eine lebensbedrohliche Septikämie kann sich u. a. durch Erbrechen bzw. Durchfall, ggf. auch Schocksymptome äußern. Zu berücksichtigen ist, dass bei deutlicher Neutropenie lokale Entzündungsreaktionen nur schwach ausgeprägt sein können.

Labordiagnostik, Diagnose: Sie erfolgt durch automatische oder manuelle Leukozytenzählung und -differenzierung, wobei die absoluten Zellzahlen im Differenzialblutbild essenziell sind. Zur Abklärung der Ursache einer Leukozytopenie (meist Neutropenie) ist zunächst eine ausführliche Anamnese wichtig, u. a. Auslandsaufenthalt (Risiko für bestimmte Infektionen, z. B. mit *Ehrlichia canis*), Medikamente, Impfung (u. a. Schutz vor Infektionen), zeitlicher Verlauf (akut eher durch Verbrauch bei Infektion), ggf. auch Unregelmäßigkeiten bei der Läufigkeit (Ovarialzysten, schwere Endometritis) oder bei Rüden eine Attraktivität für andere Rüden (Hyperöstrogenismus bei Sertolizelltumor). Die sorgfältige klinische Untersuchung (v. a. Lunge, Körperhöhlen) wird durch angemessene bildgebende Diagnostikverfahren und Laboruntersuchungen (einschließlich serologischer Tests) begleitet.

Essenziell bei anhaltender Neutropenie (v. a. bei Bizytopenie oder Panzytopenie) ist die Knochenmarkuntersuchung, um zu definieren, ob eine Bildungsstörung oder eine Umsatzsteigerung vorliegt und im ersteren Fall, um einen Hinweis auf deren Ursache (z. B. Leukämie, aplastische Anämie) zu erhalten. Oft ist eine Aspirationszytologie ausreichend. Hierbei ist zu bedenken, dass auch bei isolierter Neutropenie eine Knochenmarkaplasie (aplastische Anämie) vorliegen kann, da Neutrophile die kürzeste Lebenszeit aller Blutzellen besitzen. Eine Panzytopenie deutet auf ein chronisches Geschehen hin. In der frühen Phase von Virusinfektionen liegt oft zusätzlich eine Lymphozytopenie vor. Je nach klinischen und sonstigen Laborbefunden ist oft eine weitere Infektionsdiagnostik indiziert (z. B. ELISA auf Parvovirose, PCR und/oder serologischer Test auf *Anaplasma phagocytophilum*).

Therapie: Die Therapieprinzipien der Neutropenie sind:

1. Abstellen der Ursache (Behandlung einer möglichen Grunderkrankung, Absetzen/ Umstellen von Medikationen)
2. Isolation, Hygiene (insbesondere in einer Klinik oder Praxis)
3. Antibiotikatherapie
4. Rekombinanter humaner G-CSF (rhG-CSF)
5. Chirurgische Sanierung von infiziertem Gewebe
6. (Granulozytentransfusion)

Zu 1.: Bei neutropenischen Patienten, die unter **Dauermedikation** stehen, sollte diese abgesetzt, ggf. ausgeschlichen oder durch Alternativmedikamente ersetzt werden. Da die idiosynkratische Reaktion dosisunabhängig ist, ist eine Dosisreduktion bei entsprechendem Verdacht i. d. R. nicht sinnvoll. Bei Zytostatika-induzierter Neutropenie führen die ggf. notwendige Dosisreduktion und/oder Verlängerung des Dosierungsintervalls leider zur drastischen Verschlechterung der Prognose.

Zu 3.: Bei Tieren mit schwerer Neutropenie (< 500 Neutrophile/µl), die noch keine Symptome aufweisen, sollte eine mehrmalige tägliche Kontrolle von Allgemeinbefinden, Appetit und Körpertemperatur durchgeführt werden. Alternativ kann eine **prophylaktische Antibiotikatherapie** indiziert sein, v. a. wenn die Leukopenie länger besteht.

Eine Antibiotikatherapie bei neutropenischen Patienten mit vermuteter Infektion erfolgt vorzugsweise intravenös und oft zunächst empirisch mit bakteriziden Breitspektrumantibiotika (z. B. Aminopenicillin plus Aminoglykosid; Cave: Nephropathie). Stellt sich nicht binnen 2–3 Tagen ein Rückgang des Fiebers und eine Besserung des Allgemeinbefindens ein, ist die Antibiotikatherapie zu ändern bzw. zu ergänzen. Spätestens zu diesem Zeitpunkt empfiehlt sich eine bakteriologische Untersuchung von Material aus dem vermuteten Entzündungsherd, z. B. Urin, Bronchialsekret (tracheobronchiale Lavage), ggf. auch eine Blutkultur, und eine gezielte Antibiotikawahl nach Antibiogramm (v. a. Cephalosporine, Gyrasehemmer). Bei klinischer Besserung kann bei fortbestehender Neutropenie ggf. auf eine orale Antibiotikatherapie umgestellt werden. Die Antibiotikatherapie sollte noch mindestens einige Tage nach Anstieg der Neutrophilenzahl über den kritischen Wert (1 000–2 000/µl) und Entfieberung fortgeführt werden, bei Organkomplikationen (z. B. Pneumonie oder Harnwegsinfekt) für mindestens 7 Tage.

Solche Patienten erfordern u. a. kreislaufunterstützende (Infusionstherapie einschließlich Plasmaexpander) und antikoagulatorische Behandlungen (niedrig dosiertes Heparin) sowie regelmäßige Laborkontrollen zur frühzeitigen Erkennung eines möglichen Organversagens von Nieren oder Leber.

Zu 4.: **RhG-CSF** (Neupogen®, 5–10 µg/kg KM, 1 × tägl. s. c. über 1–3 Tage) findet beim Hund wegen der fehlenden kommerziellen Verfügbarkeit entsprechender caniner Zytokine Anwendung. RhG-CSF aktiviert die Granulopoese, beschleunigt die Reifung und Freisetzung von Neutrophilen aus dem Knochenmark und stimuliert ihre Funktion. Die beste Wirkung wird prophylaktisch erzielt, während sie bei manifester Neutropenie und deutlich geschädigtem Knochenmark (z. B. Zytostatikatherapie, Östrogenintoxikation, ggf. Sepsis) limitiert ist, aber z. B. bei der Zytostatikatherapie die ggf. erforderliche Verlängerung des Dosierungsintervalls begrenzen kann. RhG-CSF sollte hierbei nicht innerhalb von 24 Stunden vor oder nach einer Zytostatikatherapie gegeben werden, da dies die Schädigung der physiologischen Vorläuferzellen der Hämatopoese erhöht. Bei der Parvovirose-assoziierten Neutropenie ist die rhG-CSF-Therapie hingegen wirkungslos.

Zu 5.: Eine ggf. mögliche **chirurgische Sanierung** von infiziertem Gewebe kann bei neutropenischen Tieren den Neutrophilenverbrauch reduzieren.

Zu 6.: Die **Transfusion von Granulozyten** bei septischen neutropenischen Patienten ist allenfalls in Einzelfällen in Spezialkliniken möglich, z. B. um septische Hundewelpen zu retten. Wenig effektiv ist hier eine Frischbluttransfusion als einzige realistische Möglichkeit unter Praxisbedingungen.

Prognose: Das Infektionsrisiko und ggf. dessen Schweregrad (sowie die Heilungschancen) werden vom Grad und der Dauer der Neutropenie und weiteren Faktoren bestimmt. Grundsätzlich wird ein hohes Infektions- und Sepsisrisiko erst bei Neutrophilenzahlen < 500/µl gesehen. Prognostisch schlecht ist insbesondere, wenn eine derart schwere Neutropenie länger (über eine Woche) besteht, wobei sich Infektionen selbst mit bakteriziden Antibiotika kaum beherrschen lassen. Weitere Einflussfaktoren auf das Infektionsrisiko sind (1) Unversehrtheit natürlicher Barrieren (Schädigung der Darmschleimhaut [Darm-Blut-Schranke] bei Parvovirusenteritis oder Zytostatikatherapie), (2) Suppression der humoralen und zellgebundenen Immunität, (3) Art, Virulenz und Anzahl der Infektionserreger und (4) Ort der Infektion.

4.2.2.6 Eosinophilie, Hypereosinophilie-Syndrom

Definition: Eine Eosinophilie entspricht dem Ansteigen der Bluteosinophilenzahl auf über 600/µl. Das Hypereosinophilie-Syndrom wird durch eine über längere Zeit persistierende, deutliche Eosinophilie und Ansammlung reifer eosinophiler Granulozyten in hämolymphatischen Organen bei unbekannter Ursache geprägt.

Ätiologie, Epidemiologie: Eine Eosinophilie tritt oft im Zusammenhang mit **entzündlichen Erkrankungen und Hypersensitivitäten,** u. a. von Atemtrakt (u. a. allergische Bronchitis, Fremdkörper-, eosinophile und septische Pneumonie) und der Haut (Flohspeichelallergie, Urtikaria, ggf. sterile eosinophile pustulöse Follikulitis), aber auch des Verdauungsapparates (eosinophile Gastritis, Enteritis, Colitis, Futtermittelallergie) und ggf. anderen Organen (z. B. eosinophile Myositis, Panostitis, Fremdkörperabszesse, eosinophile Meningoencephalitis, Pemphigus foliaceus) auf. Im Gegensatz zum eosinophilen Granulomkomplex der Katze, der unsicher mit einer erhöhten Eosinophilenzahl im Blut einhergeht, kommen bei den sehr seltenen gastrointestinalen eosinophilen Granulomen des Hundes (Prädisposition beim Husky) auch erhebliche Eosinophilien vor.

Parasitosen: Helminthenbefall führt insbesondere bei Larvenwanderungen durch Gewebe zur Eosinophilie (z. B. Askariden, *Ancylostoma* spp., *Toxocara* spp., *Crenosoma vulpis*, *Strongyloides* spp., *Dirofilaria immitis*) oder wenn ein länger dauernder enger Kontakt zu ggf. geschädigten Schleimhautoberflächen besteht. Auch starker Ektoparasitenbefall (Flöhe, Milben, Zecken) und Protozoeninfektionen (z. B. Kokzidien, Giardien, Toxoplasmen, Neospora) kommen als Ursache infrage.

Hypoadrenokortizismus beim Hund wird häufig von einer Eosinophilie begleitet.

Ausgeprägte **paraneoplastische Eosinophilien** kommen bei disseminierten und gastrointestinalen Mastzelltumoren (kaum bei kutanen Mastzelltumoren), T-Zell-Lymphomen, Mammatumoren und Fibrosarkomen vor. Extreme Eosinophilien werden beim Hypereosinophilie-Syndrom und bei den seltenen Eosinophilenleukämien und chronischen myeloischen Leukämien gesehen. Das Hypereosinophilie-Syndrom kommt bei der Katze öfter vor als beim Hund.

Bei **Rassen** wie Deutscher Schäferhund und Rottweiler werden häufig höhere Eosinophilenzahlen gesehen, ggf. als Rassecharakteristikum oder als Folge der höheren Inzidenz von subklinischen Erkrankungen unter Beteiligung von Eosinophilen (Enteritis, Myositis, Panostitis). Auch nach Impfung und bei einigen Hündinnen im Östrus können erhöhte Eosinophilenzahlen vorliegen.

Pathogenese: Einer Eosinophilie liegt meist eine erhöhte Produktion von Eosinophilen zugrunde, seltener eine Freisetzung aus dem Marginalpool oder erhöhte intravasale Überlebenszeit. Wegen der kurzen Verweildauer im Blut und raschen Veränderungen sind v. a. persistierende (reproduzierbare) Bluteosinophilien relevant. Lokale Prozesse mit deutlicher Gewebseosinophilie gehen oft ohne Bluteosinophilie einher (z. B. eosinophile Granulome bei der Katze, eosinophile Lungeninfiltrate beim Hund).

Diagnostische Aspekte: Falls Signalement (v. a. Rasse), Krankengeschichte (inklusive Ansprechen auf mögliche antiparasitäre Therapie, Eliminationsdiät, Glukokortikoide) und klinische Untersuchung keine ausreichenden Hinweise auf die Ursache der Eosinophilie liefern, sollte gezielt entsprechend den **Hauptursachen** gefahndet werden, d. h. nach allergischen und parasitären Erkrankungen der Haut, des Gastrointestinal- und Atemtraktes. Die Abklärung der Behandlung mit Glukokortikoiden ist nicht nur im Hinblick auf die diagnostische Bedeutung des Ansprechens auf die Therapie, sondern wegen einer möglichen Unterdrückung der Eosinophilen im Blut wichtig. Glukokortikoide führen innerhalb weniger Stunden zur Suppression der Eosinopoese und können eine Eosinophilie maskieren. Innerhalb von 24 Stunden wird meist der Ausgangswert wieder erreicht. Nach Absetzen einer Langzeitbehandlung mit Glukokortikoiden ist jedoch erst nach 2–3 Tagen mit einer Normalisierung der Eosinophilenwerte zu rechnen. Analog kann sich Stress maskierend auf eine Eosinophilie auswirken. Eine milde Eosinophilie kann in Verbindung mit Lymphozytose Indikator des Beginns der Heilphase einer Infektion oder toxischen Schädigung sein, ggf. auch eines Hypoadrenokortizismus.

Als **weiterführende diagnostische Verfahren** sind bei ausgeprägter, anhaltender Eosinophilie indiziert: genaue Untersuchung des Blutausstrichs, zytologische oder histologische Untersuchungen von Hautknoten, parasitologische Kotuntersuchungen, Sonographie des Abdomens inklusive Organpunktionen (Lymphknoten, Leber, Milz), Biopsien des Gastrointestinaltrakts, Röntgenuntersuchung der Lunge, Endoskopie inklusive Entnahme von Bronchialschleimproben oder tracheobronchiale bzw. bronchoalveoläre Lavage und computertomographische Untersuchung der Lunge, ggf. auch eine zytologische Knochenmarkuntersuchung. Hiermit lassen sich auch seltene Krankheiten wie Hypereosinophilie-Syndrom oder eosinophile Leukämie diagnostizieren bzw. ausschließen. Bei der Eosinophilenleukämie treten im Blut und in solitären Geweben auch unreifere Formen der Eosinophilen auf, die Unterscheidung zum Hypereosinophilie-Syndrom kann aber schwierig sein.

Therapie: Die Therapie richtet sich nach der Grunderkrankung. Beim Hypereosinophilie-Syndrom kann mit Prednisolon behandelt werden (2 mg/kg KM, 1 × tägl. über 1 Woche oder bis zur klinischen Besserung, dann stufenweise Dosisreduktion, z. B. 1 mg/kg KM, 1 × tägl. über 1 Woche, 1 mg/kg KM, jeden 2. Tag für eine weitere Woche), ggf. in Kombination mit Hydroxyharnstoff.

4.2.2.7 Monozytose

Definition: Ansteigen der Monozyten über einen Wert von 500/µl.

Ursachen: Infektionen mit Bakterien (Abszess, Pyothorax, Pyoabdomen), u. a. mit myzelartig wachsenden Bakterien (Nokardiose, Aktinomykose), Pilzen, Mykobakterien und intrazellulären Erregern (z. B. Ehrlichia canis) , immunvermittelte Erkrankungen (Anämie, Polyarthritis, Lupus erythematodes), Neoplasien (als Reaktion auf große Tumoren, Lymphome; als Teil von myeloproliferativen Erkrankungen wie Monozytenleukämie, chronische myelomonozytäre Leukämie); Gewebenekrosen (z. B. nach Trauma) oder nach Blutungen (Hämatom, Körperhöhlenblutung). Beim Hund ist die Monozytose auch Teil des Stressblutbildes (zusammen mit Neutrophilie ohne Kernlinksverschiebung, Lymphopenie und Eosinopenie) durch Glukokortikoidtherapie, Hyperadrenokortizismus oder akuten Stress.

Pathogenese: Eine Monzytose reflektiert i. d. R. einen gesteigerten Monozytentransport zu einer infektiösen oder nichtinfektiösen, granulomatösen oder pyogranulomatösen Entzündung unter Beteiligung von Makrophagen und somit tendenziell eher subakute bis chronische, ggf. aber auch akute Entzündungsstadien.

Diagnostische Aspekte: Die breitgefächerten Ursachen deuten an, dass die reaktive Monozytose ein recht unspezifischer Befund ist. Eine Interpretation in Verbindung mit den sonstigen Blutbildveränderungen kann eventuell gezieltere Hinweise geben (z. B. Stressleukogramm). Analog zu den toxischen Veränderungen der Neutrophilen können Monozyten bei bakteriellen Infektionen und Endotoxämien reaktive Veränderungen in Form von stärker lobulierten und gebogenen Kernen sowie reichlicherem Zytoplasma mit pinkfarbenen Granula aufweisen.

Bei persistierender, ausgeprägter Monozytose muss, besonders beim Hund, auch an eine Leukämie gedacht werden, insbesondere wenn neben den Monozyten auch unreifzellige Monozytenvorläufer bzw. Blasten im Blut angetroffen werden und/oder eine verminderte Zahl anderer Blutzelltypen vorliegt.

4.2.2.8 Lymphozytose

Definition: Vermehrung der Lymphozytenzahl beim adulten Tier auf über 4 000/µl.

Ursachen: Jungtiere während der ersten 3 Lebensmonate haben generell höhere Lymphozytenwerte. Eine leichte absolute Erhöhung der Zahl zirkulierender Lymphozyten kann bei Erregung oder Training als „physiologische Lymphozytose“ gemeinsam mit physiologischer Neutrophilie auftreten. Sie tritt regelmäßig in der Heilphase akuter oder chronischer, insbesondere viraler Infektionen auf und kann auch bei Immunkrankheiten und Nebennierenrindeninsuffizienz (zusammen mit Eosinophilie) bestehen. Nach Vakzination kommt es oft zum passageren Anstieg der Lymphozytenzahl. Schließlich können lymphoproliferative Erkrankungen (v. a. chronische lymphatische Leukämie beim Hund) Ursache oft extremer Lymphozytosen sein (s. Kap. 4.2.4.4).

Pathogenese: Die Lymphozytenzahl im Blut hängt neben deren Produktionsrate in den lymphatischen Organen sowie im Knochenmark auch von ihrer Verteilung, Verwendung und Zerstörung (Lympholyse, Apoptose) ab. Meist liegt einer Lymphozytose eine chronische Antigenstimulation zugrunde. Die höhere Zahl lymphatischer Zellen während der ersten Lebensmonate spiegelt die Aktivierung des Immunsystems des Jungtieres infolge der Auseinandersetzung mit einer Vielzahl von Antigenen wider. Die „physiologische Lymphozytose" entspricht einer Freisetzung des Marginalpools nach adrenalininduziertem Blutdruckanstieg. Beim Hypoadrenokortizismus kann die verminderte Kortisolkonzentration im Blut und damit dessen verminderte lymphosuppressive Wirkung zur Lymphozytose führen.

Diagnostische Aspekte: Bei persistierender deutlicher Lymphozytose, ohne erkennbare infektiöse oder entzündliche Ursache, muss beim Hund differenzialdiagnostisch an eine chronische lymphatische Leukämie gedacht werden (s. Kap. 4.2.4.4).

Anders als viele andere Lymphozytensubpopulationen lassen sich lichtmikroskopisch „große granulierte Lymphozyten" (*large granular lymphocytes*, LGL), die im weiten Zytoplasmasaum auffällige rote bzw. purpurfarbene Granula enthalten, eindeutig identifizieren. Es handelt sich um zytotoxische T-Zellen oder natürliche Killerzellen (s. Kap. 4.2.1.4), die normalerweise nur zu einem geringen Prozentsatz auftreten. Ein moderat erhöhter Anteil kann reaktiv verursacht sein (z. B. bei Infektionserkrankungen wie Babesiose), während eine Dominanz auf eine Neoplasie des Zelltyps hinweist (s. Kap. 4.2.4.4).

4.2.2.9 Lymphozytopenie, Lymphopenie

Definition: Absinken der Lymphozytenzahl auf < 1 000/µl.

Ätiologie, Pathogenese: Wesentliche Ursachen einer Lymphozytopenie über folgende Pathomechanismen sind:

- **Verminderte Produktion:** aplastische Anämie, maligens Lymphom (zwei Fünftel der caninen Fälle), myelodysplastisches Syndrom, Virusinfektionen (Parvovirose, Staupe), systemische Entzündung lymphatischer Organe
- **Vermehrte Destruktion:** Zytostatika- und immunsuppressive Therapie, Glukokortikoidtherapie, Cushing-Syndrom, Strahlentherapie, Akutphase bakterieller und viraler Infektionen
- **Verlust oder Verteilungsstörungen:** hochgradige kongestive Rechtsherzinsuffizienz (Sequestrierung in Peripherie), Lymphangiektasie, Ruptur des Ductus thoracicus (Verlust in den Chylothorax)
- **Sonstiges:** Stress, großflächige Traumata (erhöhter Verbrauch), chronisches Nierenversagen (Urämie), Immundefizienzsyndrome (angeboren oder erworben), systemischer Lupus erythematodes, rheumatoide Arthritis

Diagnostische Aspekte: Da Lymphozyten kontinuierlich von den lymphatischen Organen über Lymph- und Blutgefäße ins Gewebe und wieder zurück zu den lymphatischen Organen rezirkulieren und sich nur ein geringer Anteil (ca. 4 %) der Gesamtlymphozytenzahl im Blut befindet, muss eine verminderte (oder auch erhöhte) Zahl im Blut nicht notwendigerweise eine gestörte Lymphopoese oder vermehrte Destruktion bedeuten. Die Lymphopenie ist Teilbefund des Stressleukogramms (hervorgerufen durch Stress oder Glukokortikoidtherapie), das durch Neutrophilie, Monozytose (Hund) und Eosinopenie komplettiert wird.

4.2.3 Leukozytenfunktionsstörungen, Immundefizienzen

Immundefizienzen können selten angeboren sein, häufiger sind Leukozytenfunktionsstörungen erworben. Die limitierte Verfügbarkeit von spezifischen Testverfahren, z. B. Funktionstests der neutrophilen Granulozyten (u. a. Chemotaxis, Phagozytose), Makrophagen und Lymphozyten (z. B. Proliferationsaktivität nach Stimulation mit Mitogenen), schränkt ihre Diagnostik ein. Leukozytenfunktionsstörungen müssen differenzialdiagnostisch in Betracht gezogen werden bei persistierenden oder rezidivierenden infektionsbedingten Erkrankungen (u. a. von Haut, Harn- und Respirationstrakt), auch wenn diese unzureichend auf Antibiotika ansprechen oder nach deren Absetzen rasch rezidivieren.

4.2.3.1 Leukozytenadhäsionsdefekt

Die bereits früher (1975) beschriebene Granulozytopathie des Irish Setters, bei der verminderte bakterizide Eigenschaften der Neutrophilen nachgewiesen wurden, weist ähnliche Charakteristika (u. a. einen autosomal rezessiven Erbgang, klinische Manifestation beim Welpen) auf, sodass unklar ist, ob es sich um ein eigenständiges Syndrom handelt.

Definition, Epidemiologie: Seltener, autosomal rezessiv übertragener Defekt der Leukozytenadhäsionsproteine.

Ätiologie: Der Immundefizienz liegt eine Mutation eines Gens zugrunde, das die beta-2-Untereinheit der heterodimeren Leukozyten-Integrine kodiert. Sie wurde v. a. beim Irish Setter weltweit beobachtet.

Pathogenese: Die Mutation resultiert in einem Defekt der angeführten Leukozyten-Integrin-Untereinheit (CD18) mit funktioneller Auswirkung auf die Leukozytenadhäsionsproteine, wodurch die Leukozytenadhäsion und Migration durch das Endothel gestört sind.

Klinische Symptome: Heterozygot betroffene Tiere sind symptomlose Überträger. Homozygot betroffene Welpen können bereits an Omphalitis leiden, gefolgt von Lymphadenopathie, Infektionsneigung und einer verminderten Gewichtsentwicklung.

Labordiagnostik, Diagnose: Typisch ist eine Neutrophilie mit Hypersegmentierung der Neutrophilenkerne und dem weitestgehenden Fehlen von Neutrophilen im Gewebe. Ein DNA-Test ist verfügbar, mit dem sich auch die Träger des Erbdefektes erkennen lassen.

Prognose, Therapie: Eine Antibiotikatherapie ist limitiert wirksam und kann die Lebenserwartung von wenigen Wochen lediglich geringfügig auf einige Monate verlängern. Experimentell wurde der Defekt erfolgreich mittels Stammzelltransplantation und Gentherapie mit CD18-cDNA behandelt.

4.2.3.2 Pelger-Huët-Kernanomalie

Definition: Erbliche, mit verminderter Segmentierung der Granulozytenkerne einhergehende Anomalie.

Epidemiologie, Ätiologie: Seltene, autosomal dominant (mit inkompletter Penetranz) übertragene Anomalie der Granulozyten u. a. beim Australian Shepherd (recht weit verbreitet), American Foxhound, Basenji, Cocker Spaniel, Boston Terrier, Border Collie und bei Katzen. Ursächlich besteht eine Mutation des den Lamin-B-Rezeptor kodierenden Gens (Kernlamine sind an der Segmentierung der Granulozytenkerne beteiligt).

Pathogenese: Es besteht ein Unvermögen der reifen Granulozyten zur Kernlobulierung, auch die Megakaryozyten sind betroffen. Interessanterweise besitzen aber die Neutrophilen heterozygot betroffener Individuen keine wesentlichen *in vitro* nachweisbaren funktionellen Einschränkungen.

Labordiagnostik: Im Blutausstrich zeigt sich eine Hyposegmentierung der Kerne v. a. der Neutrophilen mit einem rauhen bis klumpigen Chromatin. Die Zellen ähneln ggf. Metamyelozyten und Stabkernigen.

Klinisches Bild: Die i. d. R. heterozygot betroffenen Tiere sind, im Gegensatz zu homozygoten Patienten, gewöhnlich symptomlos. Homozygote Individuen sind vermutlich nicht lebensfähig.

Diagnose: Sie erfolgt mittels Blutausstrich.

Differenzialdiagnose: Hier sind eine extreme Kernlinksverschiebung und eine Pseudo-Pelger-Huët-Anomalie (s. Kap. 4.2.2.4) zu bedenken, wobei jeweils i. d. R. durch die

Grunderkrankung deutliche klinische Symptome vorliegen, die bei der Pelger-Huët-Kernanomalie fehlen.

Therapie: Nicht erforderlich.

4.2.3.3 Chédiak-Higashi-Syndrom

Definition, Epidemiologie: Die Anomalie entspricht einer seltenen Erbkrankheit, die mit wiederkehrender Neutropenie, Neutrophilenfunktionsstörung, Plättchenfunktionsstörung, partiellem okulokutanem Albinismus und peripherer Neuropathie einhergehen kann.

Ätiologie: Autosomal-rezessiv vererbter Gendefekt bei Perserkatzen (und bei anderen Tierspezies sowie beim Menschen), der zu abnormal fusionierten Granula in verschiedenen Blutzellen führt.

Pathogenese: Die neutrophilen und eosinophilen Granulozyten und andere Blutzellen sowie Melanozyten weisen abnorm vergrößerte Granula auf. Dies korrespondiert mit in vitro nachweisbaren Funktionsdefiziten der Neutrophilen (z. B. Chemotaxis, Degranulation, bakterizide Aktivität), einer klinischen Immunschwäche und einer reduzierten Thrombozytenfunktion.

Klinisches Bild: Das klinische Bild wird durch rezidivierende Infektionen, eine blaugraue getippte („blue-smoke") Fellfarbe, Veränderungen der Funduspigmentierung und selten eine verstärkte Blutungsneigung geprägt.

Labordiagnostik, Diagnose: Die großen Granula im Zytoplasma der Neutrophilen sind im Blutausstrich deutlich zu erkennen.

Differenzialdiagnose: Abnorme Zytoplasmagranula der Neutrophilen bei der Granulationsanomalie der Birmakatze, toxische Granulation der Neutrophilen, Mukopolysaccharidose.

Therapie: Bei einzelnen Katzen wurden erfolgreich Knochenmarktransplantationen durchgeführt. Eine G-CSF Behandlung (s. Kap. 4.2.2.5) war mit einer partiellen Korrektur des Funktionsdefizits der Neutrophilen assoziiert, ablesbar in einer reduzierten Infektionsanfälligkeit. Ansonsten bleibt erforderlichenfalls nur eine symptomatische Therapie mit Antibiotika, chirurgischer Abszessversorgung etc.

4.2.3.4 X-chromosomal gebundene schwere kombinierte Immunschwäche

Definition, Ätiologie: Es bestehen Mutationen im Gen, das für die γ-Kette des Interleukin-2-Rezeptors kodiert. Der geschlechtsgebunden auf dem X-Chromosom vererbte Defekt wurde beim Welsh Corgi Cardigan, Basset Hound und Menschen beschrieben.

Pathogenese: Beim Hund ist vorwiegend die Entwicklung von CD4- und CD8-doppelt positiven Thymozyten betroffen. Im Blut liegen wenige T-Lymphozyten und vermehrt B-Lymphozyten vor. Die Lymphozyten weisen in Ex-vivo-Tests Funktionsstörungen auf. Der Thymus ist hypoplastisch und es besteht eine generalisierte Hypo- oder Aplasie der lymphatischen Gewebe.

Klinisches Bild: Betroffene Welpen kümmern und besitzen eine Neigung zu persistierenden und wiederkehrenden bakteriellen und viralen Infektionen, besonders nach Verschwinden der maternalen Antikörper. Selten überleben sie länger als 4 Monate.

4.2.3.5 Zyklische Neutropenie

Synonyme: Zyklische Hämatopoese, Grey-Collie-Syndrom.

Definition, Ätiologie: Autosomal-rezessive Erbkrankheit basierend auf einer Insertionsmutation im AP3B1-Gen, die mit einer zyklischen Verminderung der Hämatopoese und veränderter Fellfarbe assoziiert ist. Die Krankheit kommt nur beim silbergrauen Collie vor.

Pathogenese: Die Mutation bewirkt einen Transportdefekt lysosomaler Membranproteine. Dadurch kommt es zur zyklischen Verminderung aller hämatopoetischen Zellen im Knochenmark, die rund alle 2 Wochen stattfindet. Durch die kurze Halbwertszeit der neutrophilen Granulozyten geht die Krankheit mit einer messbaren Abnahme v. a. dieses Zelltyps einher, während die Abnahme anderer Blutzellen, besonders der Monozyten, Retikulozyten und Blutplättchen weniger deutlich ausfällt. Der Defekt äußert sich bei den Melanozyten in der abnormen Fellfarbe.

Durch die regelmäßige Abnahme der Bakterien phagozytierenden Blutzellen (neutrophile Granulozyten, Monozyten) und die, wenn auch geringgradige, Herabsetzung ihrer Phagozytosefähigkeit (Neutrophile betroffener Hunde haben einen Mangel an Neutrophilenelastase und Myeloperoxidase) werden bakterielle Infektionen klinisch manifest. Dies betrifft auch die Darmbakterien, die sich vermehren und die Darmschranke durchbrechen können.

Klinisches Bild: Die klinischen Symptome der bakteriellen Infektionskrankheiten beginnen schon im frühen Welpenalter. Betroffen sind vorwiegend Lunge, Haut, Magen-Darm-Trakt und Harnwege. In ihrer Schwere sind die Symptome abhängig von der absoluten Zahl der neutrophilen Granulozyten. Durch die wiederkehrenden Krankheiten wird der Organismus geschwächt, das Körperwachstum ist behindert, sodass eine Verzögerung der körperlichen und sexuellen Reife mit Kümmern resultiert. Viele Patienten sterben in den ersten 6 Lebensmonaten.

Diagnose: Wiederkehrende Infektionen bei silbergrauen Collies lenken den Verdacht auf die Krankheit. Im Blutbild findet man im Verlauf eine zyklische Abnahme der neutrophilen Granulozyten, auch der Monozyten, die knapp alle 2 Wochen (11–12 Tage) angetroffen wird und wenige Tage andauert, wonach eine Neutrophilie auftritt. Gleichzeitig kann eine Abnahme der Retikulozyten festgestellt werden. In der Blutkultur lassen sich Bakterien finden, welche die klinischen Symptome hervorrufen.

Therapie, Prognose: Die Tiere haben keine hohe Lebenserwartung. Insbesondere sollte man nicht mit ihnen züchten. Folgende Maßnahmen werden ergriffen:

1. Antibiotika systemisch je nach Antibiogramm, bis zu dessen Erhalt Breitspektrumantibiotika
2. Symptomatische Therapie je nach betroffenem Organsystem, insbesondere Volumensubstitution bei Flüssigkeitsverlusten
3. RhG-CSF 5–10 mg/kg KM 1 × tägl. s. c., an 2–3 Tagen, führt zur raschen Erholung der neutrophilen Granulozyten (s. Kap. 4.2.2.5). Die häufig durchzuführende Behandlung wird jedoch bei Wiederholungen – offenbar durch Antikörperbildung – in vielen Fällen unwirksam.
4. Lithiumkarbonat, 20–25 mg/kg KM 1 × tägl. p. o., führt zu einer Besserung der Neutrophilenzahl.

4.2.3.6 Sonstige hereditäre Immunschwächesyndrome

„Trapped Neutrophil Syndrome“: Autosomal rezessiv vererbter Defekt beim Border Collie, charakterisiert durch das Unvermögen, in einem Knochenmark mit myeloischer Hyperplasie produzierte Neutrophile an das periphere Blut abzugeben. Im Blut besteht daher eine Neutropenie, degenerative Kernlinksverschiebung und Monozytose. Bei schwer betroffenen Individuen können sich Gesichtsschädelanomalien entwickeln. Bei betroffenen Welpen bestehen wiederkehrende Infektionen, Kümmern und ggf. unerwünschte Reaktionen auf Impfungen. Die Diagnose kann durch einen Gentest gesichert werden. Meistens werden die Patienten nicht älter als 4 Monate, in Einzelfällen kann mit supportiver Therapie (Antibiotika, Glukokortikoide) ein Langzeitüberleben ermöglicht werden.

Immundefizienz des Weimaraners: Klinisch zeigen sich wiederkehrende Infektionen (Gastrointestinaltrakt, Gelenke und Knochen, Lymphadenopathie, Harntrakt, Pyodermie) und deutliche Allgemeinsymptome bereits bei wenige Monate alten Hunden. Labortests zeigen Funktionsstörungen der Neutrophilen und auch verminderte Konzentrationen von IgG, IgM und IgA, Letztere möglicherweise als sekundäres Phänomen. Ein Teil der Patienten kann sich vollständig erholen.

Neutrophilendefekt des Dobermanns: Klinisch zeigt sich v. a. eine Neigung zu Rhinitiden und Pneumonien. In vitro lässt sich eine reduzierte bakterizide Funktion der Neutrophilen nachweisen.

Autosomal rezessiv vererbte schwere kombinierte Immundefizienz: Sie ist charakterisiert durch gestörte Rekombinationsereignisse bei der T- und B-Lymphozytenreifung. Beim Jack Russel Terrier wurde eine Punktmutation im Gen gefunden, das für die katalytische Untereinheit der DNA-abhängigen Proteinkinase kodiert. Bei betroffenen Welpen zeigt sich eine Lymphopenie, Hypogammaglobulinämie und lymphoide Hypoplasie. Die Tiere sterben an Infektionen, ggf. auch nach Vakzinationen mit Lebendimpfstoffen.

Lysosomale Speicherkrankheiten: Sie führen v. a. zu neurologischen Symptomen, gelegentlich aber auch zu Veränderungen der Leukozyten (z. B. abnormale zytoplasmatische Granula in Neutrophilen, Monozyten und Lymphozyten bei Patienten mit Mukopolysaccharidose Typ VI und VII; abnormale Vakuolisierung im Zytoplasma von Leukozyten von Patienten mit GM2-Gangliosidose).

4.2.3.7 Erworbene Leukozytenfunktionsstörungen

Die Funktion der Neutrophilen (z. B. Chemotaxis) und anderer weißer Blutzellen (besonders Lymphozyten) wird durch Faktoren wie Alter, Tageszeit, Diät und Hormone (endogene Kortikosteroide, Schwangerschaftshormone), Medikamente (v. a. Glukokortikoide, Immunsuppressiva) und chronische Erkrankungen (Infektionen, Neoplasien) beeinflusst. Zum Beispiel wurde bei Hunden mit Demodikose und Pyometra eine verminderte Chemotaxis der Neutrophilen und bei Deutschen Schäferhunden mit disseminierter Aspergillose eine verminderte Bildung reaktiver Sauerstoffformen nach Phagozytose nachgewiesen.

4.2.4 Maligne Proliferationen der Blutzellen und der blutbildenden Organe

Hämatopoetische Neoplasien werden entsprechend der jeweils proliferierenden Zellart in lymphoproliferative, myeloproliferative (u. a. granulozytäre, monozytäre) und histiozytäre Erkrankungen eingeteilt. Lymphoide Neoplasien können aus lymphatischen Organen entspringen (z. B. Lymphknoten, Gastrointestinaltrakt, Thymus, Leber, Milz, Haut) oder aus dem Knochenmark.

4.2.4.1 Übersicht, Systematik

Eine vereinfachte Systematik der hämatopoetischen Neoplasien kann Tab. 4.3 entnommen werden. Besonders wichtig ist die Abgrenzung eines fortgeschrittenen hochmalignen Lymphoms mit Blasten im Blutbild von einer akuten Leukämie, da Letztere kaum behandelt werden kann. Diese Abgrenzung kann v. a. über eine zytologische Knochenmarkuntersuchung verlässlich erfolgen. Bei den Leukämien werden – in Abhängigkeit von dem Grad der Ausreifung der Tumorzellen und dem damit assoziierten klinischen Verlauf – akute Leukämien mit blastären Tumorzellen von „reifzelligen" chronischen Leukämien unterschieden. Erstere führen, unabhängig ob lymphatisch oder myeloisch, durch das Fehlen einer adäquaten Therapieoption innerhalb weniger Wochen zum Tod und werden daher hier zusammen besprochen. Chronische Leukämien weisen oft einen schubweisen, bei lymphatischen Leukämien über Jahre andauernden Krankheitsverlauf auf.

Tabelle 4.3: **Systematik von hämatologischen Neoplasien**

Lymphoproliferative Erkrankungen	Myeloproliferative Erkrankungen

- Lymphom
- Akute lymphatische Leukämie
- Chronische lymphatische Leukämie
  • T-Zell-Leukämie mit großen granulierten Lymphozyten
- Plasmazelltumoren
  • Multiples Myelom
  • Solitäre Plasmozytome
  • Plasmazell-Leukämie
	- Akute myeloische Leukämie
	- Chronische myeloproliferative Erkrankungen
	  • Chronische myeloische Leukämie (CML)
	  • Eosinophile CML
	  • Basophile CML
	  • Chronische monozytäre Leukämie
	  • Chronische myelomonozytäre Leukämie

4.2.4.2 Malignes Lymphom

Definition, Systematik: Neoplasie von Lymphknoten und anderen peripheren lymphatischen Organen und Geweben wie Gastrointestinaltrakt, Thymus, Niere oder Haut. Es werden verschiedene anatomische Formen differenziert (multizentrisch, Thymus/mediastinal, alimentär/gastrointestinal, kutan, solitär/sonstige [ZNS, Niere], leukämisch), weiterhin gibt es eine Stadieneinteilung nach der WHO (s. Tab. 15.2).

Ätiologie: Bei der Katze sind insbesondere die mediastinale und die multizentrische Form oft durch FeLV induziert, während die alimentäre Form vorwiegend FeLV-negativ ist. Beim Hund ist eine Virusgenese spekulativ. Beim Hund besteht eine Rassedisposition u. a. für Boxer, Bulldogge, Rottweiler, Airedale Terrier, Golden und Labrador Retriever. Expositionsfaktoren in der Umgebung spielen auch eine Rolle.

Epidemiologie: Häufigste hämatopoetische und somit auch lymphoide Neoplasie bei Hund (ca. 20 Neuerkrankungen/Jahr/100 000 Tiere) und Katze (ca. 160 Neuerkrankungen/Jahr/100 000 Tiere). Beim Hund ist das multizentrische (periphere) Lymphom mit Lymphknoten- und ggf. Milz- und Leberbeteiligung am häufigsten (> 80 %), bei der jungen Katze das mediastinale, bei älteren Katzen das alimentäre Lymphom.

Pathogenese: Eine Tendenz zur Ausbreitung mit Infiltration einer Vielzahl von Geweben, oft unter Beteiligung von Lymphknoten, Milz und Leber (beim Hund), spiegelt den Charakter einer Systemerkrankung wider. Wie bei anderen Blutkrebserkrankungen können verschiedene Mechanismen (Tumormassen bzw. Organinfiltrationen, paraneoplastische Syndrome wie Polyneuropathie, Hyperviskosität, Hyperkalzämie, eingeschränkt auch Myelophthise-induzierte Zytopenien) zu einer Vielzahl von Organdysfunktionen und reduziertem Allgemeinbefinden (Abgeschlagenheit, Leistungsinsuffizienz) führen. Eine paraneoplastische Hyperkalzämie ist oft erheblich und fast ausschließlich mit dem mediastinalen Lymphom vom T-Zelltyp assoziiert. Sie geht auf die vermehrte Produktion eines Parathormon-ähnlichen Polypeptids zurück.

Klinische Befunde: Die Symptome bei Lymphomen umfassen wie bei anderen hämatologischen Neoplasien (Tab. 4.4):

1. Unspezifische Allgemeinsymptome (u. a. Apathie, Leistungsinsuffizienz, Anorexie, Gewichtsverlust)
2. Direkte Symptome der Organinfiltrationen (Lymphknotenvergrößerung, Hepatosplenomegalie)
3. Symptome als Folgen der hämatologischen Veränderungen (z. B. Blässe der Schleimhaut durch Anämie, Blutungen durch Thrombozytopenie) und andere Folgen von Organinfiltrationen in Abhängigkeit von deren Ort (Magen-Darm-Trakt: Vomitus/Diarrhoe, Niere: Polyurie/Polydipsie, Lunge: Dyspnoe)
4. Paraneoplastische Phänomene (z. B. Fieber, Inappetenz und renale Symptome bei Hyperkalzämie)

Die äußeren Körperlymphknoten sind beim Hund meistens (hohe Inzidenz des peripheren oder multizentrischen Lymphoms) (Abb. 4.14), bei der Katze selten betroffen. Bei der Katze dominieren aufgrund der Häufigkeit der entsprechenden Formen gastointestinale, Atem- (mediastinales Lymphom) und renale Symptome.

Labordiagnostik, Diagnose: Die Diagnose des Lymphoms basiert oft auf der zytologischen Untersuchung von Feinnadelpunktaten veränderter hämolymphatischer Organe (Lymphknoten, Leber, Milz), in fraglichen Fällen auf der histopathologischen Untersuchung entsprechender Biopsien. Die oft vorkommenden hochmalignen (blastären) Lymphome sind durch einen hohen Anteil an Blasten in Lymphknoten (oft > 80 %, Abb. 4.15) oder anderen betroffenen Organen charakterisiert. Weitere Untersuchungen umfassen:

- **Laboruntersuchungen** (Blutbild, klinisch-chemisches Profil: Harnstoff, Kreatinin, Leberenzyme, Glukose, Elektrolyte: Na, K, Ca) zur Erfasssung von Organdysfunktionen und paraneoplastischen Veränderungen.
  Oft ist das Blutbild unauffällig. Nur bei etwa 30 % der Hunde mit multizentrischem Lymphom lassen sich Lymphomzellen im Blutausstrich finden. Weitere Veränderungen sind Leukozytose, v. a. durch Neutrophilie (30 %), Lymphozytopenie (40 %) ist deutlich häufiger als eine Lymphozytose (10 %), Anämie (40 %) und Thrombozytopenie (50 %).
- **Bildgebende Verfahren** (Thorax- und Abdomen-Röntgen, Sonographie des Abdomens: Leber, Milz, abdominale Lymphknoten, Niere) zum Staging (Abb. 4.16)
- **Immunphänotypisierung** zur näheren Charakterisierung des Lymphoms (B-/T-Zellen)
- **Knochenmarkuntersuchung** (Zytologie/Histologie): Hiermit gelingt am zuverlässigsten die Abgrenzung eines fortgeschrittenen hochmalignen Lymphoms (< 30 % lymphatische Blasten) von einer akuten Leukämie.
- Bei der Katze Tests auf häufig assoziierte **Infektionserkrankungen** (FeLV/FIV)

Tabelle 4.4: **Klinisches Bild des Lymphoms und hämatologischer Neoplasien**

- Reduziertes Allgemeinverhalten (geringere Lebhaftigkeit, Lethargie, Anorexie, Leistungsschwäche)
- Gewichtsverlust (bis Kachexie)
- Fieber
- Lymphknotenvergrößerung
- Hepato-, Splenomegalie
- Hautknoten, Dermatitis (kutanes Lymphom; selten bei Leukämie)
- Schleimhautblässe
- Blutungsneigung
- Infektionsanfälligkeit
- Aszites, Thoraxerguss
- Dyspnoe
- Gastroenterologische Symptome (Erbrechen, Regurgitieren, Diarrhoe, Meläna)
- Renale Symptome (Polyurie/Polydipsie)
- Neurologische Symptome (Paralysen, Paresen, Ataxie, Hyperästhesie)
- Augensymptome (leukotische Infiltration von Iris/Sehnervenpapille, Hypopyon, Hyphaema, hintere Synechie)
- Orthopädische Symptome (v. a. multiples Myelom: Lahmheiten, Knochenschmerzen, pathologische Frakturen)

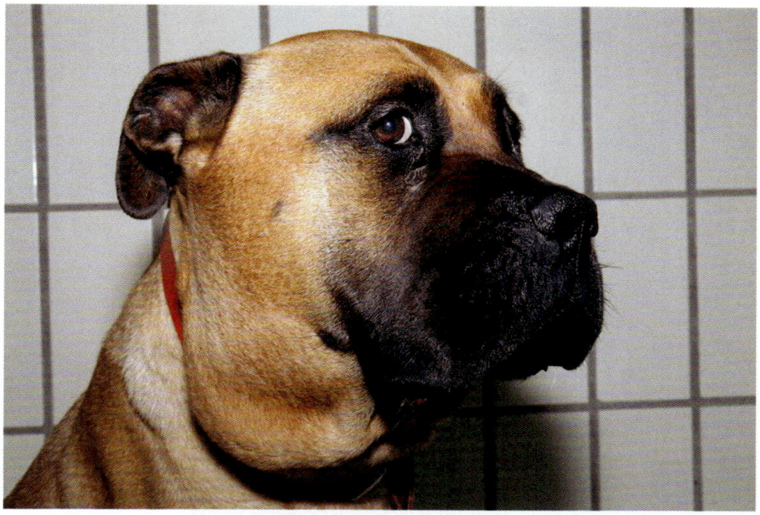

Abb. 4.14 Hochgradige Lymphknotenvergrößerung und Kehlgangsödem bei einer 11-jährigen Bullmastiff-Hündin mit hochmalignem multizentrischen Lymphom.

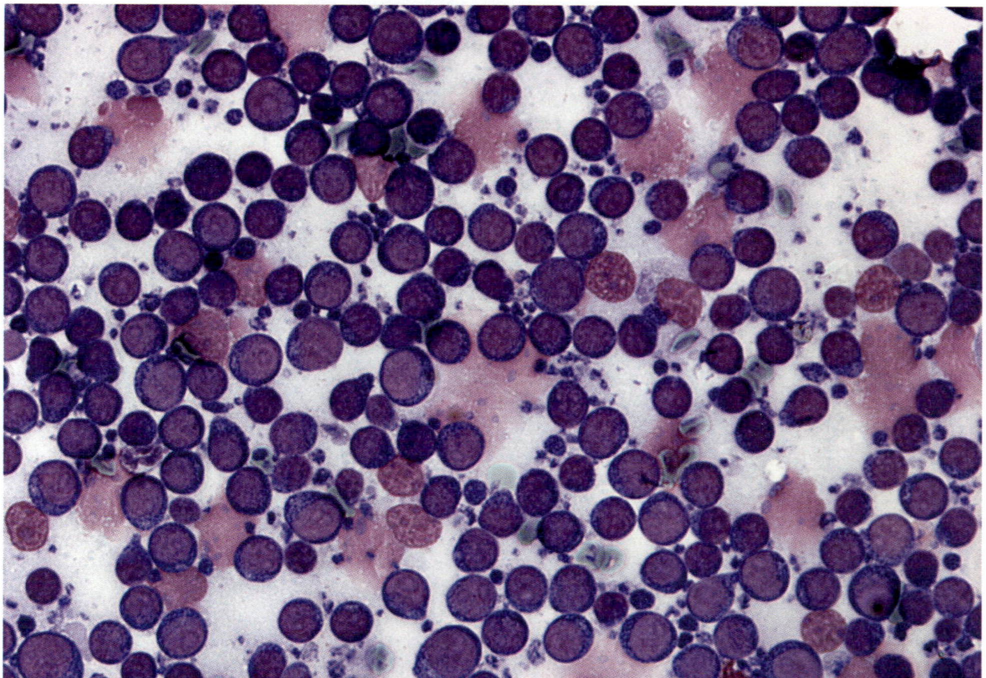

Abb. 4.15 Feinnadelaspirat des vergrößerten Ln. cerv. supf. bei einem 8 Jahre alten Schweizer Sennenhund: Dominanz von Blasten kennzeichnen ein „High-grade"-Lymphom (B-Zell-Lymphom gemäß des Ergebnisses der Immunphänoytpisierung) (Pappenheim-Färbung, Originalvergrößerung 400 x).

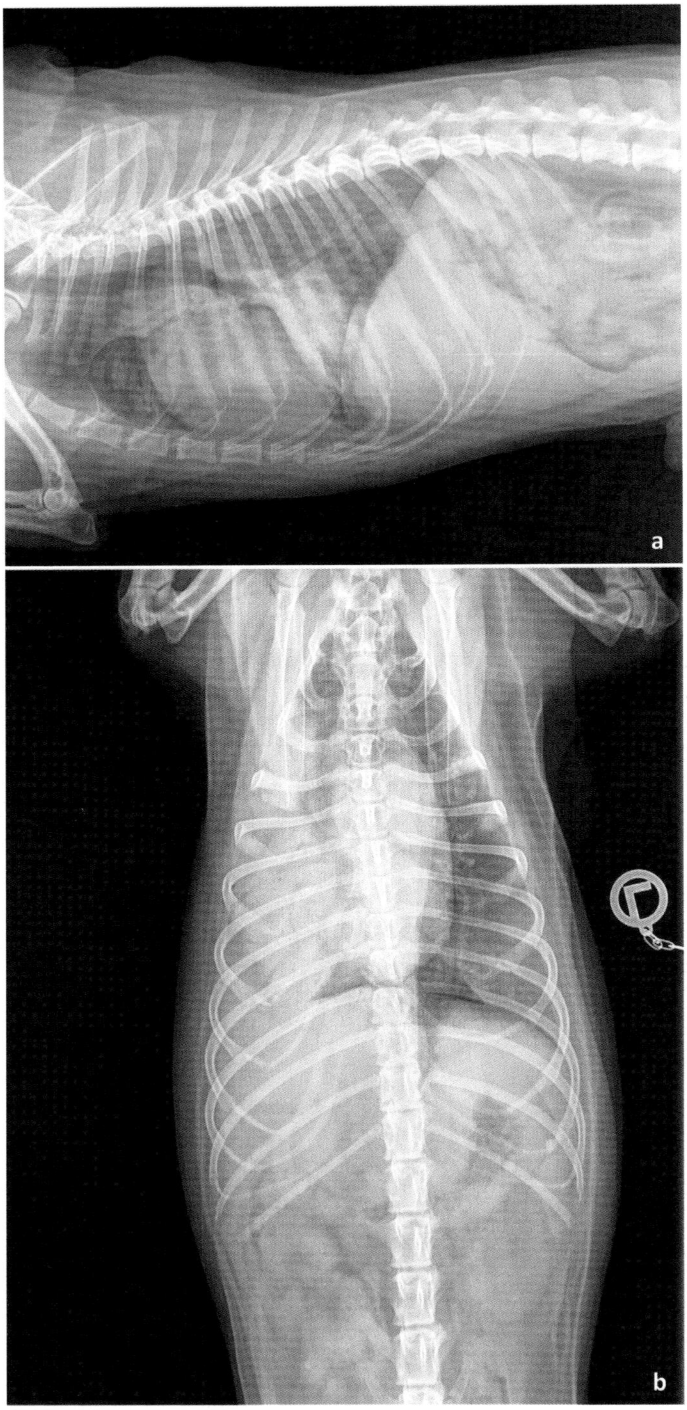

Abb. 4.16 Röntgenbilder, a) laterolateral und b) ventrodorsal, von Thorax und kranialem Abdomen bei einem Hund mit malignem Lymphom unter Beteiligung von Lunge und Leber.

Prognose, Therapie: Beim Lymphom des Hundes lassen sich mit modernen Kombinationschemotherapie-Protokollen Remissionsraten von 80 % und bei meistens guter Lebensqualität mediane Überlebenszeiten von etwa einem Jahr erzielen (s. Kap. 15). Diese Therapieprotokolle beruhen oft auf dem Madison-Wisconsin-Protokoll und binden hochpotente Chemotherapeutika wie Doxorubicin ein. In der Regel schließt sich an eine sehr intensive Induktionsbehandlung eine Erhaltungstherapie mit größeren Behandlungsintervallen an, auf die eventuell verzichtet werden kann. Bei der Katze werden aufgrund der überwiegenden Manifestation im Mediastinum, Gastrointestinaltrakt oder anderen inneren Organen sowie der regelmäßigen FeLV-Infektion im Hinblick auf Remissionsrate, Remissionsdauer und Überlebenszeit meistens etwas schlechtere Werte als beim Hund gefunden. Eine Langzeitremission von mehreren Jahren (Heilung) lässt sich bei Hund und Katze nur bei 10–20 % der Patienten erzielen. Eine Variante mit relativ geringen unerwünschten Wirkungen beim Patienten, leicht applizierbaren und vergleichsweise günstigen Medikamenten bietet das einfachere, ältere COP-Protokoll (Cyclophosphamid, Vincristin und Prednisolon), mit dem bei der Katze komplette Remissionen von 75 % bei einer medianen Remissionszeit von 250 Tagen erreicht werden können. Bei dem v. a. bei der alimentären Form der Katze häufigen kleinzelligen Lymphom werden gute Erfolge mit weniger aggressiven Protokollen unter Verwendung von Chlorambucil und Prednisolon erzielt (s. Tab. 15.13).

Aufgrund des Wesens des malignen Lymphoms als Systemerkrankung ist eine chirurgische Entfernung einzelner betroffener Organe (insbesondere von Lymphknoten) sicherlich von zweifelhaftem Wert. Eine chirurgische Therapie ist v. a. indiziert zur Resektion von solitären Hautlymphomen und ggf. von betroffenen Darmabschnitten (mit anschließender Chemotherapie), wenn eine Obstruktion besteht oder die Gefahr eines Darmdurchbruchs. Eine Splenektomie kann auch bei isoliertem Milzlymphom eine gute Option sein; bei multizentrischem Lymphom wird sie hingegen auch bei extremer Splenomegalie kritisch gesehen, nicht zuletzt, weil bei den immundefizienten und mit Gerinnungsstörungen behafteten Patienten der Eingriff selbst ein erhebliches Risiko darstellt. Die erhebliche Radiosensitivität lymphatischer Neoplasien kann man sich v. a. bei lokaler Anwendung beim solitären Hautlymphom zunutze machen.

4.2.4.3 Akute Leukämien

Definition, Systematik: Akute Leukämien entsprechen unkontrollierten, autonomen Proliferationen undifferenzierter hämatopoetischer Zellen einer oder mehrerer Zelllinien im Knochenmark mit im weiteren Verlauf leukämischem Blutbild und Blasteninfiltration in Organe wie Lymphknoten, Leber und Milz. Die akuten Leukämien umfassen alle Leukämien, die auf undifferenzierten Tumorzellen basieren. Es werden akute lymphatische Leukämien (ALL) von akuten myeloischen Leukämien (AML) unterschieden, die alle nicht lymphatischen Blutzelllinien umfassen (Granulo-, Mono-, Megakaryo- und Erythropoese). Myeloische Leukämien können angelehnt an die FAB-Klassifikation entsprechend dem (oder den) beteiligten Zelltyp(en) näher eingeordnet werden (Tab. 4.5).

Tabelle 4.5: **Klassifikation der akuten myeloischen Leukämien gemäß der French-American-British (FAB)-Klassifikation (Jain et al., 1991)**

Leukämietyp	FAB-Klassifikation	
Akute undifferenzierte Leukämie	AUL	
Myeloisch (granulozytär) mit minimaler Ausreifung	MO	
Myeloisch (granulozytär) mit geringer Ausreifung	M1	
Myeloisch (granulozytär) mit Ausreifung	M2	
	M2-B	basophile Differenzierung
	M2-Eo	eosinophile Differenzierung
Promyeloische Leukämie	M3	
Myelomonozytäre Leukämie	M4	
	M4-Eo	M4 mit Eosinophilie
Monoblastenleukämie	M5a	
Monozytenleukämie	M5b	
Erythroleukämie	M6	
Erythroleukämie mit Prädominanz der Erythropoese	M6-Er	
Megakaryoblastische Leukämie	M7	

Ätiologie: Während zahlreiche Fälle (bis zu 90 %) von ALL und AML wie anderer hämatopoetischer Tumoren der Katze FeLV-assoziiert sind, ist die Ätiologie beim Hund, aber auch in Fällen bei der Katze, in denen kein Virus nachzuweisen ist, unklar. Im Gegensatz zum FeLV ist die Rolle des FIV in der Ätiologie der akuten Leukämie noch nicht völlig geklärt. Potenzielle Auslöser oder prädisponierend sind Exposition gegenüber ionisierender Strahlen (v. a. AML), erbliche Prädisposition (u. a. Rassen, z. B. Boxer), Chemikalien einschließlich therapeutischer Maßnahmen und Umweltfaktoren.

Epidemiologie: Nach dem Lymphom sind akute Leukämien die zweithäufigste Blutkrebserkrankung (ca. 10–20 %). Es liegen offensichtlich weltweit unterschiedliche Inzidenzen einzelner Leukämiearten vor: Bei uns dominiert beim Hund die ALL, während z. B. in den USA ein hoher Anteil von Hunden mit AML gefunden wird. Bei Hund und Katze wurden schon alle „Haupttypen" der AML gemäß FAB-Klassifikation (M1 bis M7) beschrieben mit der Ausnahme der akuten Promyelozytenleukämie (M3). Akute myeloische, myelomonozytäre and monozytäre Leukämien sind am häufigsten. Bei der Katze tritt auch die Erythroleukämie regelmäßig auf, besonders als Subtyp M6-Er, wobei im Knochenmark eine Dominanz (> 30 %) von Blasten der erythroiden Komponente vorliegt (s. Kap. 4.1.2.9).

Von akuten Leukämien sind vorwiegend Tiere mittleren Alters betroffen, ohne eindeutige Geschlechts- oder Rassedisposition bei Hund und Katze.

Pathogenese: Die „akute" Natur der Erkrankung bringt zum Ausdruck, dass eine rasch fortschreitende Tumorzellausbreitung mit massiven Organbeteiligungen und Verschlimmerung der klinischen Zeichen über eine kurze Zeit vorliegt. Die Tumorzellen besitzen ein geringes Differenzierungsvermögen. Entsprechend ihrem Ursprung vermehren sie sich zunächst im Knochenmark, das durch einen hohen Blastengehalt (> 30 %, nicht selten > 90 %) charakterisiert ist. Zunächst führt die weitestgehende Verdrängung der physiologischen Hämatopoese, vor dem Ausschwemmen von Blasten in das Blut (aleukämisches Stadium), zu einer Neutropenie, später auch Thrombozytopenie, ggf. auch Panzytopenie. Mit dem Übertritt von Blasten in das periphere Blut zeigt sich ein leukämisches Blutbild mit einem zunehmenden Gehalt an Blasten, die alle hämolymphatischen Organe infiltrieren (Lymphknoten, Milz, Leber).

Eine Erythroleukämie (AML-Typen M6 und M6-Er) spiegelt wider, dass Erythropoese und Granulopoese eine gemeinsame Vorläuferzelle besitzen und somit bei einer Neoplasie der roten Reihe auch oft eine Dysplasie der Granulopoese vorliegt. Hämatopoetische Neoplasien können ihren Charakter verändern; so kann sich eine Erythroleukämie einerseits aus einem myelodysplastischen Syndrom (mit Dominanz der Erythropoese) entwickeln und sich andererseits zu einer akuten Myeloblastenleukämie fortentwickeln.

Zur Organomegalie können neben einer Blasteninfiltration auch extramedulläre Hämatopoese und Hyperplasie des Monozyten-Makrophagen-Systems beitragen. Für die Entstehung der meist moderaten, nicht regenerativen Anämie werden neben der Verdrängung der Erythropoese durch Blasten, einer abnormen und insuffizienten Hämatopoese (Erythroleukämie) teilweise auch immunvermittelte Prozesse und Verluste durch Blutungen verantwortlich gemacht. Blutungen sind v. a. Folge der Thrombozytopenie, ggf. besteht auch eine DIC.

Klinisches Bild: Die Symptome ähneln sich bei hämatopoetischen Neoplasien einschließlich der verschiedenen Typen von akuten Leukämien (Tab. 4.4) und entsprechen grundsätzlich den beim malignen Lymphom angeführten Gesichtspunkten, d. h. (1) unspezifischen Allgemeinsymptomen, (2) direkten Symptomen der Organinfiltration, (3) Folgesymptomen der Organinfiltration und (4) paraneoplastischen Phänomenen (s. Kap. 4.2.4.2). Allerdings ist die Akuität der Ereignisse besonders hoch und tendenziell höher als beim hochmalignen Lymphom; die Tiere besitzen i. d. R. eine noch kürzere Krankengeschichte von wenigen Tagen bis maximal Wochen und eine rasche Progression der Symptome. Auch kommen den Symptomen der Myelophthise-bedingten hämatologischen Veränderungen besondere Bedeutung zu (insbesondere Blutungen durch Thrombozytopenie, Fieber und Infektionsneigung durch Neutropenie). Regelmäßig sind das ZNS bzw. die Meningen betroffen; neurologische Symptome umfassen z. B. Ataxie und Ausfälle der Hirnnerven (reduzierter Pupillarreflex, Horner-Syndrom, Lähmung von Mandibel und/oder Zunge) (Abb. 4.17).

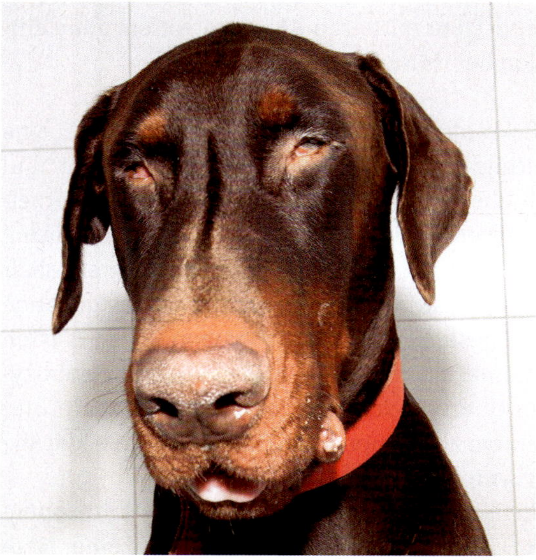

Abb. 4.17 Trigeminusneuropathie bei einem 4 Jahre und 8 Monate alten Dobermannrüden mit akuter Leukämie.

Labordiagnostik: Bei der Mehrzahl der Patienten findet sich – zum Zeitpunkt der Vorstellung beim Tierarzt – eine deutlich erhöhte Gesamtleukozytenzahl und nur bei wenigen Patienten eine normale oder sogar verminderte Leukozytenzahl. Letzteres betrifft etwa 20 % der Hunde mit ALL, bei denen zum Zeitpunkt der Erstvorstellung noch keine Leukämiezellen in das periphere Blut ausgeschwemmt sind („aleukämische Leukämie"). Je höher die Leukozytenzahl, desto höher ist gewöhnlich der Blastenanteil (Abb. 4.18). Daneben können sich Normoblasten zeigen, als Indikatoren einer extramedullären Hämatopoese.

Ein wesentliches diagnostisches Kriterium ist der Gehalt an lymphatischen oder myeloischen Blasten im Knochenmark von ≥ 30 % (Abb. 4.19), während beim myelodysplatischen Syndrom und Lymphomen < 30 % Blasten vorliegen. Zum Zeitpunkt der Diagnosestellung sind die rasch progredienten akuten Leukämien i. d. R. bereits weit fortgeschritten und weisen – in einem im Allgemeinen hyperzellulären Knochenmark – bereits einen hohen Grad an Knochenmarkinfiltration mit > 90 % Blasten auf zu Lasten der physiologischen Hämatopoese. Entsprechende Blasten lassen sich dann auch in großer Zahl in Feinnadelaspiraten (oder ggf. in histopathologischen Präparaten) verschiedenster anderer Organe finden. Bei ZNS-Beteiligung lassen sie sich auch im Liquor nachweisen.

Die der akuten Leukämie zugrunde liegende Zelllinie lässt sich nur selten eindeutig zytomorphologisch definieren (z. B. fingerförmige Ausstülpungen und multinukleäre Zellen bei Megakaryoblasten). Gegebenenfalls gelingt dies mittels Immunphänotypisierung (z. B. Faktor VIII und Plättchenglykoprotein IIIa bei Megakaryoblastenleukämien) und/oder Zytochemie (z. B. Peroxidase und Sudanschwarz bei AML). Hunde mit ALL und AML zeigen regelmäßig zytogenetische Veränderungen, denen im Hinblick auf die Charakterisierung der Erkrankung und Prognose jedoch derzeit in der Tiermedizin noch keine Bedeutung zukommt.

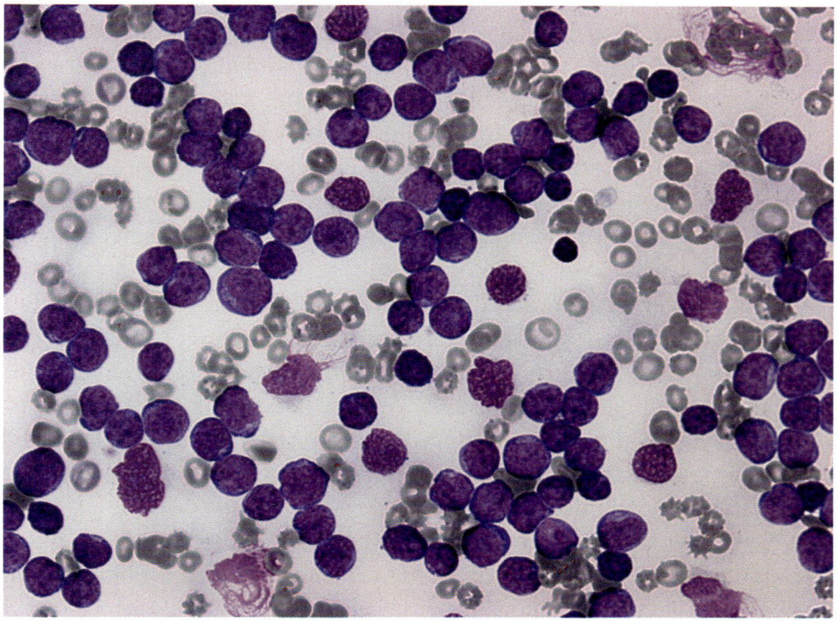

Abb. 4.18 Blutausstrich einer 5-jährigen Mischlingshündin: Nahezu ausschließlich Blasten kennzeichnen eine akute Leukämie (Leukozytenzahl 595 000/µl; Pappenheim-Färbung, Originalvergrößerung 400 x).

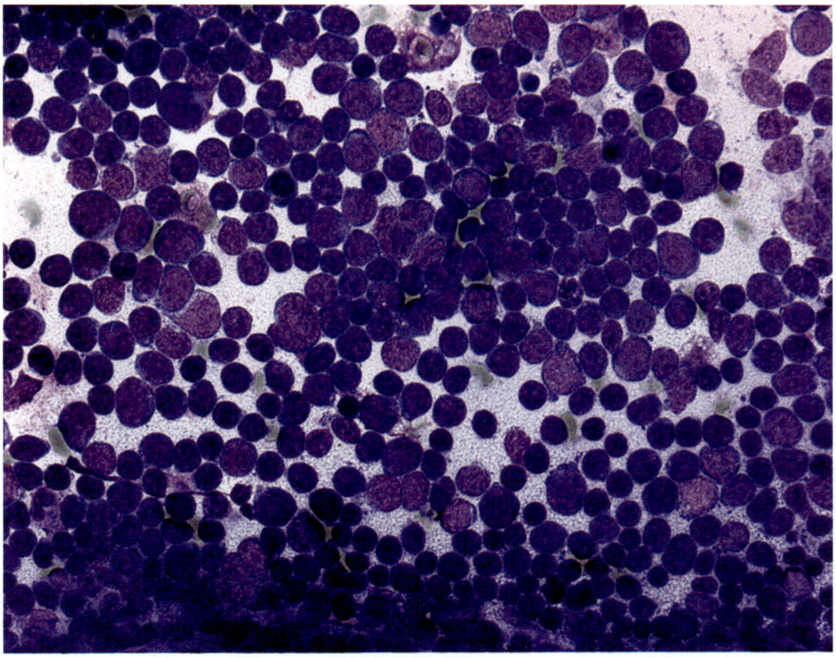

Abb. 4.19 Knochenmarkzytologie der Patientin aus Abb. 4-18: Das zellreiche Knochenmark zeigt ein einheitliches Bild von blastären Zellen bei nahezu kompletter Verdrängung der physiologischen Hämatopoese (Pappenheim-Färbung, Originalvergrößerung 400 x).

Da die ausgeprägte Verdrängung der Hämatopoese akut abläuft, ist zwar oft eine deutliche Neutropenie und Thrombozytopenie vorhanden, die nicht regenerative, normochrome Anämie aber überwiegend nur moderat, sofern keine akuten Blutungen bestehen. Als Indikatoren von Organinfiltrationen können sich ggf. entsprechende klinisch-chemische Veränderungen zeigen (z. B. Erhöhung von Leberenzymaktivitäten und/oder Nierenwerten). Bei Katzen sollte insbesondere in Fällen mit Verdacht auf Erythroleukämie eine Untersuchung auf zirkulierendes FeLV-p27-Antigen erfolgen.

Diagnose: Teilweise erlaubt bereits das Counterergebnis und/oder der Blutausstrich bei ausgeprägter Blastenausschwemmung die Diagnosestellung (Abb. 4.18). Im Frühstadium (aleukämisches Stadium, meist Bi- oder Panzytopenie) kann die Diagnose nur durch Knochenmarkuntersuchung gestellt werden. Letztere ist auch bei mittelgradig erhöhter Leukozytenzahl mit moderatem Blastenanteil im Differenzialblutbild hilfreich, um die akute Leukämie eindeutig von einem fortgeschrittenen multizentrischen Lymphom (Stadium V) zu unterscheiden.

Für die Erythroleukämie ist die Anwesenheit von kernhaltigen Erythrozytenvorläufern einschließlich sehr früher, ggf. abnormer Formen (Proerythroblasten, basophile Normoblasten) bei Fehlen von Regenerationsanzeichen (Retikulozyten, Polychromasie) der verlässlichste Indikator (s. Kap. 4.1.2.9, s. Abb. 4.6). Zudem ist der FeLV-Test i. d. R. positiv.

Die exakte Charakterisierung des Zelltyps durch zytochemische Färbungen und Immunphänotypisierung (von zytologischen Präparaten oder mittels durchflusszytometrischer Untersuchungen) hat aufgrund der generell schlechten Prognose kaum praktische Konsequenzen.

Differenzialdiagnose: Im Hinblick auf abnorme Blutzellen kommen andere Hämoblastosen (v. a. ein fortgeschrittenes Lymphom) in Betracht, im Hinblick auf Lymphknotenschwellung andere Ursachen systemischer Lymphadenopathien, im Hinblick auf die Akuität in Verbindung mit erhöhter Leukozytenzahl: akute Infektionen. Bei der Erythroleukämie muss differenzialdiagnostisch eine reaktive Normoblastose in Verbindung mit einer nicht regenerativen Anämie anderer Ursache berücksichtigt werden (insbesondere bei FeLV-negativen Katzen!)(s. Kap. 4.1.2.9).

Prognose, Therapie: Selbst bei Anwendung spezifischer Protokolle (z. B. mit Cytosin-Arabinosid und 6-Thioguanin bei AML) sprechen ALL und AML unzureichend auf eine Chemotherapie an, es werden allenfalls partielle Remissionen erzielt. Hinzu kommt, dass das Knochenmark durch die Grunderkrankung schon erheblich vorgeschädigt ist, sodass sich der myelotoxische Effekt der Zytostatikatherapie erheblich stärker auswirkt und bestehende Zytopenien verstärkt werden. Neutropenie und Thrombozytopenie gehen mit einer deutlichen Infektionsanfälligkeit und gesteigerter Blutungsbereitschaft einher und erfordern eine intensive Substitutionstherapie mit Blut und Blutprodukten. Dies führt letztlich dazu, dass auch unter Chemotherapie die Patienten im Mittel nur Wochen bis Monate (d. h. wenig mehr als unbehandelt, maximal wenige Wochen) überleben und von einem Therapieversuch abgeraten werden muss. Knochenmarktransplantationen wurden in der klinischen Veterinärmedizin bei Tieren mit akuter Leukämie erst vereinzelt mit unterschiedlichem Erfolg beschrieben. Eine Abtötung aller Knochenmarkzellen durch hochdosierte Zytostatikatherapie oder Ganzkörperbestrahlung mit anschließender Knochenmark- oder Stammzelltransplantation ist nicht zuletzt wegen der immensen intensivmedizinischen Erfordernisse in der klinischen Veterinärmedizin auch in Zukunft kaum praktikabel. Auch ein weiterer Ansatz, die Immuntherapie, findet trotz vielversprechender experimenteller Daten bislang keine wesentliche Anwendung in der klinischen Veterinärmedizin.

4.2.4.4 Chronische lymphatische Leukämie (inkl. LGL-Leukämie)

Definition: Die chronische lymphatische Leukämie (CLL) entspricht einer neoplastischen monoklonalen Vermehrung überwiegend kleiner, morphologisch unauffälliger Lymphozyten, die i. d. R. langsam aber stetig fortschreitet. Da sich die Leukämie von LGL (s. Kap. 4.2.1.4 und Kap. 4.2.2.8), wenn diese zytotoxischen T-Zellen entsprechen, ähnlich verhalten, werden diese in diesem Abschnitt mitbesprochen.

Ätiologie: Unbekannt.

Epidemiologie: Beim Hund macht die CLL etwa 3 % der lymphoproliferativen Erkrankungen aus. Wie beim Menschen sind nahezu ausschließlich ältere Hunde (mittleres Alter ca. 10 Jahre) betroffen. Möglicherweise sind Rüden überrepräsentiert. Bei der Katze ist die CLL eine Rarität.

Pathogenese: Die Tumorzellen besitzen eine Tendenz zur Ausdifferenzierung und infiltrieren hämatopoetische, lymphatische und ggf. andere Organe, jedoch meist in geringerem Ausmaß als akute Leukämien. Daher sind die hämatologischen (i. d. R. adäquate Resthämatopoese im Knochenmark) und entsprechenden klinischen Konsequenzen geringer. Bei extremer Lymphozytose führt die Leukozytostase zu Durchblutungsstörungen mit entsprechenden Folgen (v. a. neurologischen Ausfällen). Wegen der überwiegenden T-Zell-Herkunft der Zellen spielen hingegen monoklonale Gammopathien und hieraus ggf. resultierende Hyperviskositätssyndrome beim Hund eine geringe Rolle. Durch mögliche funktionelle Störungen der Lymphozyten und ggf. verminderte Kapazität zur reaktiven Steigerung der Granulopoeseaktivität bei zunehmender Knochenmarkinfiltration kann das Infektionsrisiko erhöht sein und es liegt ggf. auch ein erhöhtes Risiko für die sekundäre Ausbildung solider Tumoren vor.

Klinisches Bild: Oft wird die CLL als Zufallsbefund bei Routineuntersuchungen festgestellt, ansonsten entwickeln sich mögliche klinische Symptome meist über Monate bis Jahre und sind schwächer ausgeprägt als bei einer akuten Leukämie. Unspezifische Allgemeinsymptome können Lethargie, Anorexie etc. umfassen, gelegentlich kommen auch Vomitus und/oder Diarrhoe, Polyurie/Polydipsie, Fieber und Lahmheiten vor.

Daneben liegen im fortgeschrittenen Stadium eine milde systemische Lymphknotenvergrößerung und oft deutliche Vergrößerungen von Milz und seltener der Leber vor, die im abdominalen Röntgenbild auffällig werden. Abdominalschmerzen durch die deutliche Splenomegalie können Ursache von Inappetenz und Erbrechen sein. Entsprechend den moderaten Blutbildveränderungen werden nur ausnahmsweise Symptome einer deutlichen Anämie (blasse Schleimhäute) oder einer Thrombozytopenie (Blutungen) gesehen. Ebenfalls keine wesentliche Rolle spielen spezifische Anzeichen eines Hyperviskositätssyndroms (z. B. Retinaveränderungen, Blutungen), das selten für die Allgemeinsymptome mitverantwortlich sein kann. In Einzelfällen werden als Folge ungewöhnlicher Organbeteiligungen okuläre Symptome, Prostatavergrößerung oder Hautveränderungen entsprechend einer Pyodermie beobachtet. Bei einer ggf. erhöhten Infektionsneigung im fortgeschrittenen Stadium können entsprechende Symptome, z. B. einer Bronchiopneumonie oder Urogenitaltraktinfektion, hinzukommen. In erhöhter Inzidenz liegen Tumoren vor.

Labordiagnostik, Diagnose: Die CLL ist durch eine auffällige Lymphozytose (nicht selten > 100 000/µl) gekennzeichnet (Abb. 4.20). Neben dem einheitlichen Bild an kleinen Lymphozten sind, als Ausdruck einer erhöhten Zellfragilität, im Blutausstrich typischerweise viele beim Anfertigen des Ausstrichs beschädigte Zellen (sogenannte „Gumprechtsche Kernschatten") anzutreffen. Die Chromatinstruktur der Lymphozyten kann etwas gröber sein und es kann ein geringer Anteil unreiferer Zellen vorliegen. Bei unerfahrenen Untersuchern kann es daher eventuell zu einer Fehldiagnose einer akuten Leukämie kommen. Bei noch moderater Lymphozytose kann die Diagnose neben dem Ausschluss anderer Ursachen einer Lymphozytose durch wiederholte Blutentnahmen gesichert werden; i. d. R. steigt die Lymphozytenzahl stetig, im Einzelfall ist aber auch bei der CLL ein zwischenzeitliches Absinken möglich. Die ergänzende Knochenmarkzytologie demonstriert ein charakteristisches Bild mit ca. 50 % kleinen Lymphozyten und 50 % Resthämatopoese, das in Zweifelsfällen bei der Abgrenzung von einer akuten Leukämie helfen kann. Hierzu passend sind Anämie und Thrombozytopenie typischerweise nur moderat ausgeprägt.

Bei einer LGL-Leukämie ist es ratsam, den Zelltyp mittels Immunphänotypisierung zu charakterisieren, wobei zytotoxische Zellen (CD-3 positive Zellen) sich ähnlich wie eine CLL verhalten, während „Nullzellen" (CD-3 negative Zellen) natürlichen Killerzellen entsprechen, deren Neoplasien deutlich aggressiver sind.

Differenzialdiagnose: Im Initialstadium sind andere Ursachen einer Lymphozytose zu bedenken (s. Kap. 4.2.2.8). Erhebliche reaktive Lymphozytosen bis ca. 40 000/µl wurden vereinzelt nach Impfungen beschrieben. Eine erhöhte Zahl von LGL kann auch bei Infektionen (z. B. *Babesia canis*) vorliegen.

Prognose: Die CLL besitzt unter den Leukämien wohl die beste Prognose mit einer medianen Überlebenszeit von über einem Jahr (mit oder ggf. auch ohne Chemotherapie). Die sehr seltenen LGL-Leukämien vom natürlichen Killerzellen-Typ haben eine schlechte Prognose.

Therapie: Chemotherapieprotokolle sind wenig aggressiv und können als Tablettenbehandlung vom Besitzer selbst durchgeführt werden. Eine antineoplastische Chemotherapie ist – in Anlehnung an die Vorgehensweise beim Menschen – insbesondere dann angezeigt, wenn eine sehr hohe Lymphozytenzahl, eine deutliche Organbeteiligung (Leber- und/oder Milzvergrößerung) und/oder Zytopenien oder eine Hyperviskosität des Blutplasmas gefunden wird bzw. ausgeprägte klinische Symptome vorliegen. Chlorambucil (0,1 mg/kg KM bzw. 2 mg/m^2 Körperoberfläche, 1 × tägl. oder jeden zweiten Tag p. o.; oder: 0,2 mg/kg KM über 7 Tage, dann 0,1 mg/kg KM) wird kombiniert mit Prednisolon (1 mg/kg KM, alternierend jeden 2. Tag oder 2 mg/kg KM bzw. 40 mg/m^2 Körperoberfläche, zunächst 1 × tägl. über 7 Tage und dann in der halben Dosierung jeden 2. Tag). Ergänzend können in den ersten 3 Wochen Injektionen von Vincristin (0,025 mg/kg KM, 1 × wöchtl. streng i. v.) erfolgen und damit die Reduktion der Lymphozytose beschleunigt werden.

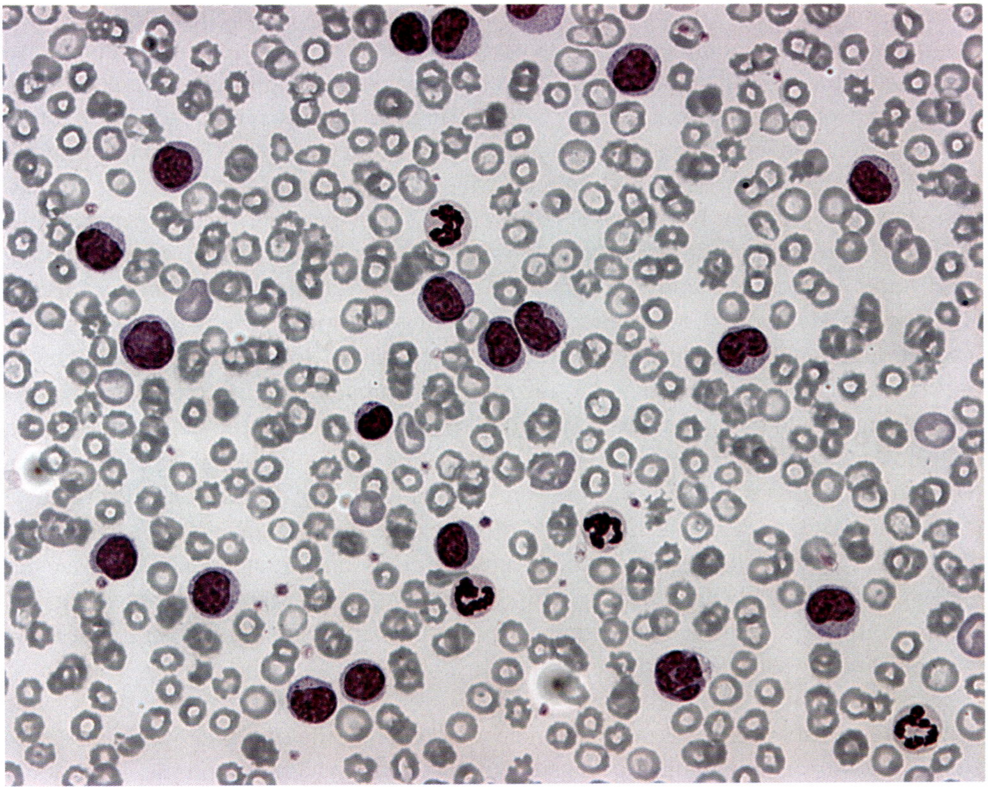

Abb. 4.20 Blutausstrich einer 11-jährigen Mischlingshündin mit chronischer lymphozytärer Leukämie basierend auf großen granulierten Lymphozyten (LGL-Leukämie: Gesamtleukozytenzahl 135 200/µl; Lymphozyten 100 200/µl): Die CD3-Positivität in der Durchflusszytometrie verrät die zytotoxischen T-Zellen als Ursprungszellen (Pappenheim-Färbung, Originalvergrößerung 400 x). Die Patientin sprach gut auf eine Therapie mit Chlorambucil und Prednisolon an.

4.2.4.5 Multiples Myelom

Definition: Maligne, i. d. R. monoklonale (selten biklonale) Proliferation der Plasmazellen mit Infiltration des Knochenmarks.

Epidemiologie: Beim Hund selten, < 1 % aller Tumoren, etwa 8 % aller Neoplasien der Hämatopoese, bei der Katze eine Rarität. Betroffen sind nahezu ausschließlich ältere Tiere, Geschlechts- oder Rassedispositionen sind nicht bekannt.

Ätiologie: Sie ist nicht genau bekannt, ggf. genetische Prädisposition, chronische Immunstimulation, Kontakt mit Karzinogenen. Bei Katzen spielen FeLV- und FIV-Infektion offensichtlich keine Rolle.

Pathogenese: Klinische Symptome sind Folge der Organinfiltration mit Tumorzellen (v. a. Knochen) und/oder hiervon ausgelösten Stoffwechselstörungen (Hyperkalzämie, Hyperviskosität durch Paraproteine, Niereninsuffizienz). Durch reduzierte Blutspiegel „normaler" Immunglobuline und teilweise Neutropenie durch Knochenmarkinfiltration besteht eine Immunsuppression. Zur Anämie tragen Myelophthise, Blutverlust, Anämie der chronischen Erkrankung und eine vermehrte Erythrozytendestruktion durch Hyperviskosität bei. Blutungen werden durch Thrombozytopenie, Thrombozytopathie (Interferenzen mit dem abnormen Immunglobulin) und ggf. DIC gefördert. Die Produktion von osteolytischen Faktoren führt bei ca. 20 % der Patienten zur Hyperkalzämie, die durch eine begleitende Nephropathie verstärkt werden kann. Ein Hyperviskositätssyndrom mit deutlich erhöhter Serum-/Plasmaviskosität findet sich bei jedem 5. Hund (v. a. bei IgM-Myelomen). Mikrozirkulationsstörungen (Sludgebildung des Blutes, Rouleauxbildung der Erythrozyten) mit gestörter Versorgung des Gewebes mit Sauerstoff und Nährstoffen führen klinisch zu Gerinnungsstörungen und Blutungen, neurologischen Symptomen (s. u.), okulären Symptomen (s. u.) und erhöhter Herzbelastung. Zu neurologischen Symptomen kann – sofern vorhanden – die Hyperkalzämie beitragen. Nierenerkrankungen (30–50 %) werden begünstigt durch Bence-Jones-Proteinurie (freie Leichtketten), Tumorinfiltration der Nieren, Perfusionsstörungen durch Hyperviskosität, Hyperkalzämie, Amyloidose, Dehydratation, und aufsteigende Harnwegsinfektionen. Eine mögliche Kardiomyopathie entsteht durch Überbeanspruchung des Herzens, Hypoxie des Myokards durch Hyperviskosität, Anämie und eventuelle Amyloidablagerung.

Klinisches Bild: Unspezifische Allgemeinsymptome schließen ein: Apathie, Anorexie, Blässe der Schleimhaut, Blutungsneigung, zentralnervöse Symptome, Infektionsneigung und Fieber. Knochenläsionen betreffen v. a. Röhrenknochen und Wirbel und führen besonders beim Hund zu Knochenschmerzen, Bewegungsunlust, Lahmheiten, aber selten zu Spontanfrakturen. Paresen entstehen durch extradurale Rückenmarkkompressionen (Abb. 4.21). Anzeichen der hämorrhagischen Diathese (bei einem Drittel der Hunde) sind u. a. Epistaxis, Retina- oder Gingivablutung. Die bei ca. 25 % der

Hunde bestehende Nephropathie äußert sich in Form von Polyurie, Polydipsie und ggf. Dehydratation. Ebenfalls bei einem Drittel der Hunde bestehen Retinabefunde (Netzhautblutungen, Venendilatation mit Aussackung und Schlängelung, Netzhautablösung bis hin zu Blindheit), sodass eine Funduskopie lohnend ist. Mögliche zentralnervöse Symptome schließen Depression, Demenz, Anfallsleiden und Ausfälle von im Mittelhirn und Hirnstamm lokalisierten Reflexen bis hin zu Koma ein. Eine Vergrößerung von Leber und Milz (Organomegalie) durch extramedulläre Plasmazellinfiltration wird gelegentlich beim Hund beobachtet (v. a. bei IgM-Myelomen).

Labordiagnostik: Bei der Labordiagnostik sind neben Blutbild und klinisch-chemischem Profil (Proteine, Nierenwerte, Kalzium) auch Knochenmarkuntersuchung, Urinuntersuchung und Hämostasediagnostik wichtig. Die mit Hyperviskosität (ggf. Viskositätsmessung) assoziierte Hyperproteinämie entsteht durch Hyperimmunglobulinämie. Die Serumelektrophorese zeigt eine monoklonale oder biklonale Gammopathie, die Art des abnormen Immunoglobins („M-Komponente") wird mit ELISA und/oder Immunblot definiert. Bei zwei Drittel der Patienten besteht eine normozytäre, normochrome (nicht regenerative) Anämie. Bei einem Viertel bis einem Drittel der Patienten liegen Neutropenie

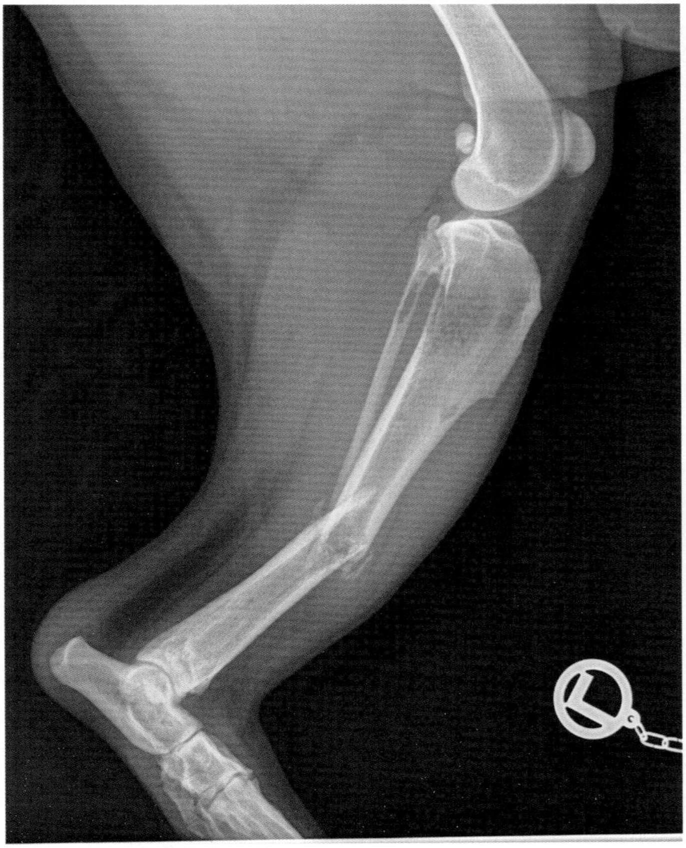

Abb. 4.21 Seitliches Röntgenbild der linken Tibia einer 10-jährigen Golden Retriever Hündin mit pathologischer Fraktur infolge multiplen Myeloms (beachte die osteolytischen Herde in der Tibia). Die Patientin wurde euthanasiert, da die rechte Tibia bei analogen Veränderungen ebenfalls eine pathologische Fraktur aufwies.

und Thrombopenie vor. Eine Bence-Jones-Proteinurie kann bei jedem dritten Patienten mittels Hitzepräzipitation und/oder SDS-Gelelektrophorese nachgewiesen werden.

Diagnose: Die Diagnose wird durch das Vorliegen von 2 der folgenden 4 Kriterien gesichert:

1. Ein deutlich erhöhter Anteil an Plasmazellen im Knochenmark (> 15 %), die typischerweise in Nestern liegen und/oder eine abnorme Struktur besitzen (Abb. 4.22)
2. Eine Hypergammaglobulinämie, zumeist wegen monoklonaler (selten biklonaler) Gammopathie (als Folge der Bildung abnormer Immunglobuline, meist IgG und IgA durch Tumorzellen)
3. Osteolytische Knochenveränderungen als Folge der Knochenmarkinfiltration mit einer Osteoklastenaktivierung oder röntgenologischer Nachweis einer generalisierten Osteoporose
4. Bence-Jones-Proteinurie

Therapie, Prognose: Die Therapie der Wahl ist eine orale Kombinationstherapie aus Prednisolon (1 mg/kg KM, 1 × tägl. p. o., über 10 Tage, dann jeden 2. Tag) und Melphalan (0,1 mg/kg KM, 1 × tägl. über 10 Tage, dann jeden 2. Tag im Wechsel mit Prednisolon).

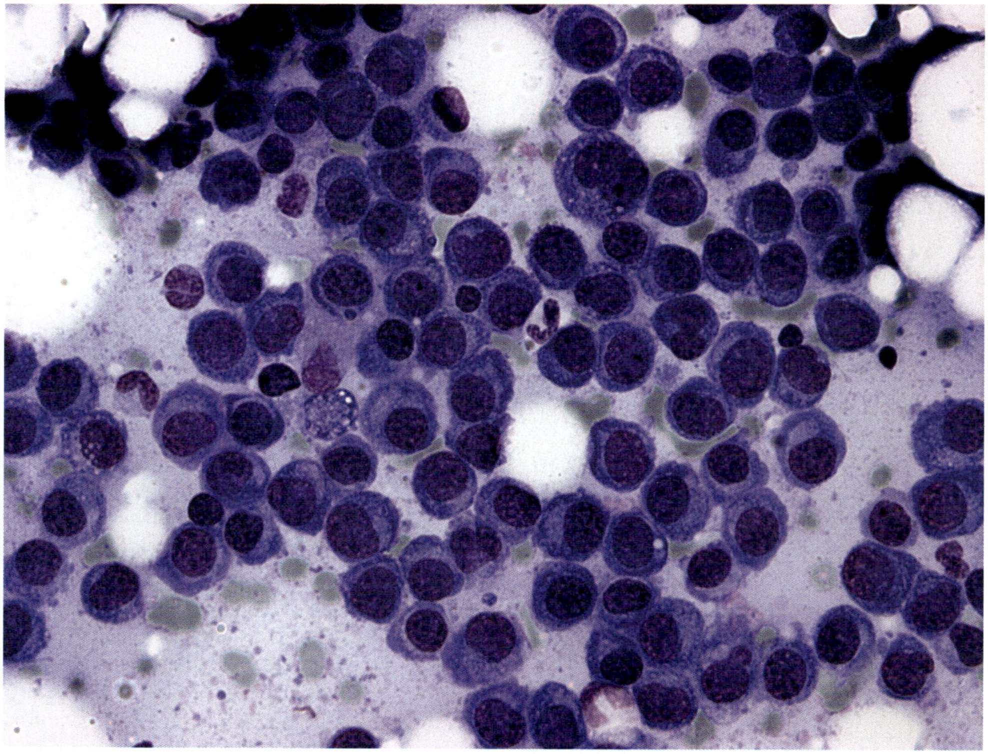

Abb. 4.22 Knochenmarkzytologie bei einem 10 Jahre alten Beagle-Rüden mit multiplem Myelom: typische nestförmige Ansammlungen von Plasmazellen (Pappenheim-Färbung, Originalvergrößerung 400 x).

Die mittlere Überlebenszeit von Patienten mit Chemotherapie wird mit 540 Tagen, von Patienten mit alleiniger Prednisolontherapie mit 220 Tagen angegeben.

4.2.4.6 Chronische myeloische Leukämien, (chronische) myeloproliferative Erkrankungen

Definition, Systematik: Klonale chronische Proliferation myeloischer Zellen. Laut WHO gehören neben der chronischen myeloischen Leukämie (CML) zu den „chronischen myeloproliferativen Erkrankungen" auch die Polyzythämia vera (s. Kap. 4.1.3.4), essenzielle Thrombozythämie (s. Kap. 4.3.3.3), primäre Myelofibrose (s. Kap. 4.1.2.8), chronische Eosinophilenleukämie und Mastozytose.

Ätiologie: Sie ist unklar. Das *Philadelphia-Chromosom*, ein verkürztes Chromosom 22, das bei menschlichen CML-Patienten als diagnostisches Charakteristikum zu finden ist, fehlt bei Hund und Katze.

Epidemiologie: Sehr seltene Erkrankung beim Hund, Rarität bei der Katze.

Pathogenese: Die CML verläuft in 3 Phasen: (1) chronisch, (2) akzeleriert (vermehrte Ausschwemmung von unreifen Zellen), (3) Blastenkrise (drastische Ausschwemmung unreifer Zellen und deutliche Verdrängung der physiologischen Hämatopoese im Knochenmark).

Klinisches Bild: Das klinische Bild variiert nach der Phase, von weitestgehend symptomlos (in der chronischen Phase), ggf. als Zufallsbefund, bis hin zu zunehmenden Symp tomen einer hämatopoetischen Neoplasie (u. a. Apathie, Gewichtsverlust, Fieber, Infektionsneigung, Blutungsneigung, Vergrößerung von Lymphknoten, Milz und Leber).

Labordiagnostik: Das weiße Blutbild wird geprägt durch eine auffällige Neutrophilie mit pathologischer Kernlinksverschiebung (s. Abb. 4.13) im Differenzialblutbild, d. h. einen hohen Anteil an unreifen Zellen (Metamyelozyten, Myelozyten, ggf. Myeloblasten), und auch das Knochenmark wird von der Granulozytopoese dominiert.

Diagnose: Wesentliche Gesichtspunkte sind der Ausschluss einer Infektion bzw. Entzündung und eine pathologische Kernlinksverschiebung (s. Kap. 4.2.2.3).

Differenzialdiagnose: Hochgradige reaktive Leukozytose (leukämoide Reaktion).

Therapie: Der Wert einer Chemotherapie mit Hydroxyharnstoff (20–25 mg/kg KM, 2 × tägl. p. o. über 1 Woche, dann Blutbildkontrollen und Dosisreduktion) ist umstritten, vermutlich in der frühesten Phase am effektivsten.

Prognose: Die mittlere Überlebenszeit beim Hund beträgt ca. 100 Tage.

4.3 Hämostasestörungen

4.3.1 Physiologie des Hämostasesystems

Das physiologische Hämostasesystem gewährleistet einerseits, dass bei einer Schädigung der Gefäßwand durch schnellstmögliche Abdichtung der Blutverlust minimiert wird. Andererseits wird das Blut bei intakten Gefäßen flüssig gehalten. Hierzu tragen in einem komplexen Zusammenspiel Gefäßwände, Zellen (Thrombozyten, Gewebefaktor-tragende Zellen), Blutgerinnungssystem und das Fibrinolysesystem bei, deren Funktionen eng miteinander verknüpft sind.

Die **Gefäßwände** unterstützen die Blutstillung durch Kontraktion der Arteriolen- und Arterienwände im Zustromgebiet einer Verletzung, was in einem verminderten Blutfluss resultiert. Zudem besitzt intaktes Endothel verschiedene thrombophobe Eigenschaften.

Thrombozyten adhärieren nach Kontakt mit freiliegendem, subendothelialem Kollagen (vermittelt durch den Von-Willebrand-Faktor), werden aktiviert, setzen weitere aktivierende Granulainhaltsstoffe frei und aggregieren (Vermittlung über Bindung des Von-Willebrand-Faktors an Plättchenrezeptor Glykoprotein IIb/IIIa). Der schnell wachsende, plättchenreiche Thrombus führt zum primären, labilen Verschluss des Defektes („Plättchenpropf“).

Das **Blutgerinnungssystem** mündet in der Bildung eines Fibrinnetzes, das den Plättchenpropf stabilisiert. Gerinnungsfaktoren liegen vorwiegend als inaktive Vorstufen vor. Eine initiale Aktivierung erfolgt in vivo v. a. durch Kontakt von Spuren an aktiviertem Faktor VII (Faktor VIIa), die auch physiologischerweise zirkulieren, mit Gewebefaktor auf subendothelialen Fibroblasten bei Gefäßwandschäden. Hingegen ist die Kontaktaktivierung (von Faktor XII an negativ geladenen Fremdoberflächen) als Startreaktion des Intrinsic-Systems in vivo kaum relevant. Wichtiger ist eine direkte Aktivierung von Faktor IX durch größere Mengen von Faktor VIIa über die sogenannte **Josso-Schleife** zur späteren Unterhaltung der Faktor-X-Aktivierung und damit der Gerinnung. Weitere Aktivierungsschritte bis zur Thrombinbildung unter Beteiligung verschiedener Gerinnungsfaktoren, die meist proteolytische, teils auch katalysatorische Funktion (Faktoren Va und VIIIa) in definierten Komplexen besitzen, erfolgen v. a. auf den Membranen aktivierter Thrombozyten. Thrombin spaltet von dem löslichen **Fibrinogen** die Fibrinopeptide A und B ab. Die hierduch entstehenden Fibrinmonomere polymerisieren spontan zu Fibrinsträngen und schließlich zu einem Netz, das durch die aktivierte Transglutaminase Faktor XIII eine kovalente Quervernetzung und Stabiliserung erfährt. Regulierend wirken Inhibitoren (u. a. Antithrombin, Protein C und Protein S). Sie sorgen für eine Limitierung der Thrombusbildung auf den Ort des Bedarfs.

Zur Retraktion des Thrombus, die dessen Strömungshindernis minimiert, trägt neben dem Fibrin die Kontraktion Aktomyosin-ähnlicher Proteine (Thrombosthenin) der

Thrombozyten bei. Mit Einsprossung von Fibroblasten erfährt der Gefäßwanddefekt anschließend einen dauerhaften Verschluss.

Fibrinolysesystem: Als Gegenspieler der Blutgerinnung sorgt die Fibrinolyse für die Wiederauflösung von Blutgerinnseln. Das zentrale Enzym der Fibrinolyse, das **Plasmin**, spaltet Fibrin zu löslichen Spaltprodukten. Der aus dem Endothel freigesetzte gewebeständige Plasminogenaktivator (Tissue-Plasminogenaktivator, t-PA) aktiviert Plasminogen zu Plasmin. Auch das fibrinolytische System wird durch entsprechende Inhibitoren reguliert (Plasmininhibitor, Plasminogenaktivatorinhibitor, PAI-1).

4.3.2 Diagnostik

Störungen der Blutstillung können entstehen durch: (1) Thrombozytopenien, -pathien, (2) Koagulopathien (eigentliche Gerinnungsstörungen), (3) Vasopathien, (4) Kombinationen von 1–3.

Das Blutungsmuster gibt oft Hinweise auf die Art der Hämostasestörung. Petechien und Ekchymosen der Schleimhaut und Haut sind charakteristische Befunde von Störungen der primären Hämostase (Thrombozytopenie, Thrombozytopathie) und von Vasopathien. Im Gegensatz dazu sind Störungen der sekundären Hämostase wie Hämophilie und Cumarinvergiftung mit großflächigeren Blutungen assoziiert, z. B. subkutanen und intramuskulären Hämatomen oder Blutungen in Körperhöhlen und Gelenke. Blutungen von Schleimhautoberflächen (z. B. Epistaxis, Mundhöhlenblutungen, Hämatemesis, Hämaturie, Hämatochezie, Meläna) können sowohl bei Störungen der primären als auch der sekundären Hämostase auftreten.

Für die Blutgerinnungsdiagnostik ist eine sorgfältige Probenaufbereitung essenziell (z. B. schonende Venenpunktion ohne wesentliches Stauen, Einhalten des Mischungsverhältnisses bei Citratblut: 9 Teile Blut, 1 Teil Citratlösung). Zur Durchführung von Routineuntersuchungen kann Probenmaterial auch über Nacht in ein Einsendungslabor verschickt werden.

Bereits ein Grundprogramm aus wenigen Tests – Thrombozytenzahl, Thromboplastinzeit (TPZ, Syn.: Prothrombinzeit), aktivierte partielle Thromboplastinzeit (APTT), eventuell kapilläre Blutungszeit (Abb. 4.23) und Thrombinzeit – ermöglicht die rationelle Überprüfung nahezu des gesamten Hämostasesystems und oft bereits eine Diagnose oder zumindest Verdachtsdiagnose (Tab. 4.6). Das Grundprogramm ermöglicht weiterhin den gezielten Einsatz von Spezialtests. Diese sind z. B. für die spezifische Diagnose von hereditären Gerinnungsstörungen notwendig, wie Faktor-VIII- bzw. Faktor-IX-Messungen für die Hämophilie A und B oder des Von-Willebrand-Faktors für die Diagnose der Von-Willebrand-Erkrankung. Die kapilläre Blutungszeit als Screeningtest der primären Hämostase wird durch Plättchenzahl, -funktion und die Von-Willebrand-Faktor-Aktivität beeinflusst. Zur Verifizierung von Thrombozytenfunktionsstörungen stehen in ausgewählten Speziallabors verschiedendste Plättchenfunktionstests zur Verfügung (u. a. Plättchenfunktionsanalysegerät PFA 100/200, Plättchenaggregometer), wobei ihre Standardisierung oft limitiert ist.

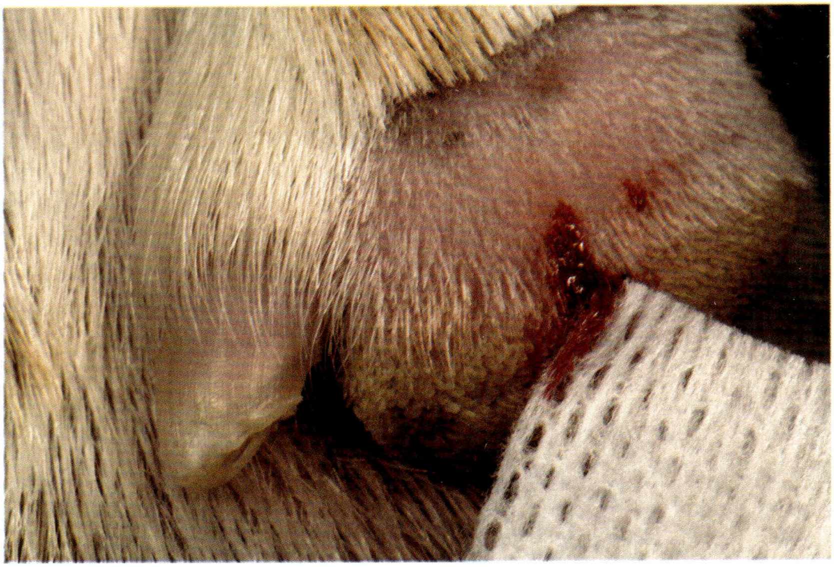

Abb. 4.23 Messung der kapillären Blutungszeit an der Zehe eines Hundes (Nolte et al., 1997).

Tabelle 4.6: **Kombinierte Interpretation von Testergebnissen von Routinetests der Hämostasefunktion und empfohlene Spezialtests zur weiteren Verifizierung der Differenzialdiagnosen (nach Mischke 2012)**

Plättchenzahl	↓ – ↓↓↓	→	→ / ↓	↓↓	→ / ↓	→
Blutungszeit	↑ – ↑↑ / →	↑ – ↑↑↑	→	↑	→	→
TPZ	→	→	↑↑↑	↑↑	↑	→
APTT	→	→	↑↑	↑↑↑	↑	↑ – ↑↑
Thrombinzeit	→ / ⇣	→	⇣ / →	↑↑	→ / ⇣	→ / ⇣
Diagnose / Differential-diagnose	Thrombo-zytopenie	•vWE •Thrombo-zytendys-funktion	Cumarin-intoxi-kation	•DIC (End-stadium) •Hyper-fibrinolyse	•DIC •Protein-synthese-störung •Vitamin K-abhängig	•Hämophilie •Kontakt-faktoren-Defizienz •Inhibitoren
Empfohlene weiterführende Tests	—	•vWF •Kollagenbin-dungsassay •Plättchen-funktionstest	Kontrolle des therapeutischen Effektes von Vitamin K_1	—	•Einzelne Gerinnngs-faktoren •Ggf. Aktivie-rungsmarker	Einzelne Gerinnungs-faktoren

TPZ – Thromboplastinzeit; APTT – Aktivierte partielle Thromboplastinzeit;
vWE – von Willebrand-Erkrankung; vWF – von Willebrand-Faktor;
DIC – Disseminierte intravasale Gerinnung
↓ – ↓↓↓ Ggr.–hgr. Verminderung/Verkürzung; ↑ – ↑↑↑ Ggr.–hgr. Verlängerung
→ Normalbefund; ⇣ Reaktive Verkürzung; / oder (Alternativbefund)

4.3.3 Thrombozyten

4.3.3.1 Thrombozytopenien

Definition: Verminderung der Thrombozytenzahl im peripheren Blut, i. d. R. unter einen Wert von 100 000 Thrombozyten/µl.

Epidemiologie: Insbesondere beim Hund gemeinsam mit der DIC die häufigste Hämostasestörung.

Ätiologie, Pathogenese: Ursächlich kommen infrage:

1. Bildungsstörungen im Knochenmark, u. a. Hypoplasie/Aplasie der Thrombopoese oder des gesamten Knochenmarks durch toxische Einflüsse (z. B. Zytostatika, Östrogen, Chloramphenicol, Benzol, Phenol), ionisierende Strahlen oder Infektionen (Sepsis, feline Panleukopenie, FeLV, Ehrlichiose); Myelophthise bei Leukämie, Myelofibrose; hereditär (Cavalier King-Charles-Spaniel)
2. Erhöhter Umsatz durch immunvermittelten Abbau (idiopathische thrombozytopenische Purpura; Lupus erythematodes; idiosynkratische Reaktion auf Medikamente), intravasalen Verbrauch (Inkorporation in Gerinnsel, z. B. FIP) oder mechanische Zerstörung (z. B. infolge extrakorporaler Zirkulation, z. B. Hämodialyse)
3. Größerer Blutverlust infolge Trauma oder Hämostasestörung (insbesondere Vergiftung mit Cumarinderivaten)
4. Verteilungsstörungen durch Sequestrierung in der Milz bei Splenomegalie oder im peripheren Kapillargebiet bei Verlangsamung des Blutflusses (tiefe Sedierung, Sepsis, Herzinsuffizienz)

Bei einer kompensierten Umsatzsteigerung, d. h. guter Regeneration, befinden sich vermehrt junge, größere Plättchen im Blut, die eine geringe Zahl durch höhere Aktivität ausgleichen können.

Blutplättchenmembranen tragen oft Partikel von Medikamenten und Infektionserregern und sind daher oft Ziel von vorwiegend sekundären Immunreaktionen (Bindung plättchenassoziierter [IgG]-Antikörper, Phagozytose v. a. in der Milz). Letztere können sich auch bereits gegen die Vorläuferzellen (Megakaryozyten) richten.

Klinisches Bild: Der Schweregrad der Blutungsneigung ist bei der Thrombozytopenie nicht eng mit der Plättchenzahl korreliert, wahrscheinlich durch Unterschiede bei der Funktionalität und bei anderen Hämostasekomponenten (v. a. Gefäßwand). Meist muss die Thrombozytenzahl unter 60 000/µl sinken, bevor eine erheblich gesteigerte Blutungsneigung besteht, unter 20 000 (bis 30 000)/µl können lebensbedrohliche Blutungen auftreten.

Typisch für schwere Thrombozytopenien (und für die seltenen Thrombozytopathien) sind Petechien und Ekchymosen in den Schleimhäuten, bisweilen auch in und unter die Haut (besonders am Unterbauch, an der Unterbrust und den Innenseiten der Ohren) einschließlich langem Nachbluten aus Venenpunktionsstellen (Abb. 4.24). Schleimhautblutungen äußern sich als Epistaxis und Blutungen aus den Zahnfächern bzw. am Zahnfleischrand. Wenn Blutungen in innere Organe stattfinden, kommen entsprechende Symptome hinzu. Sie sind besonders gefährlich bei Blutungen in das ZNS. Bei umfangreichen Blutungen in Hohlräume oder Hohlorgane (Brust-, Bauchhöhle, Magen-Darm-Trakt, Harnblase) oder nach außen können akute oder chronische Blutungsanämien auftreten.

Labordiagnostik: Bei der Katze sind die Schwierigkeiten der automatisierten Plättchenzählung zu beachten und die Plättchenzahl im Zweifelsfall in der Zählkammer, ggf. auch mittels Untersuchung eines Blutausstriches, visuell zu überprüfen. Wichtige Labormessgrößen und weitere Tests zur Abklärung der Ursache der Thrombozytopenie sind:

- Mittleres Plättchenvolumen (MPV): erhöht bei erhöhter Regeneration, hereditärer Makrothrombozytose (Cavalier King Charles Spaniel) (Abb. 4.25), artifiziell durch Plättchenaggregate; vermindert oft bei primärer immunvermittelter Thrombozytopenie
- Untersuchung eines Blutausstrichs (v. a. Plättchenmorphologie, aber auch andere Kriterien, z. B. abnorme Zellen, Blutparasiten)
- Tests auf Infektionserkrankungen (u. a. FeLV bei der Katze, Ehrlichiose und Anaplasmose beim Hund)
- Blutgerinnungstests (zum Ausschluss einer DIC)
- Durchflusszytometrische Messung plättchenassoziierter Antikörper (vor Verabreichung von Glukokortikoiden!)
- Zytologische Untersuchung eines Knochenmarkpunktates (v. a. Zahl der Megakaryozyten)

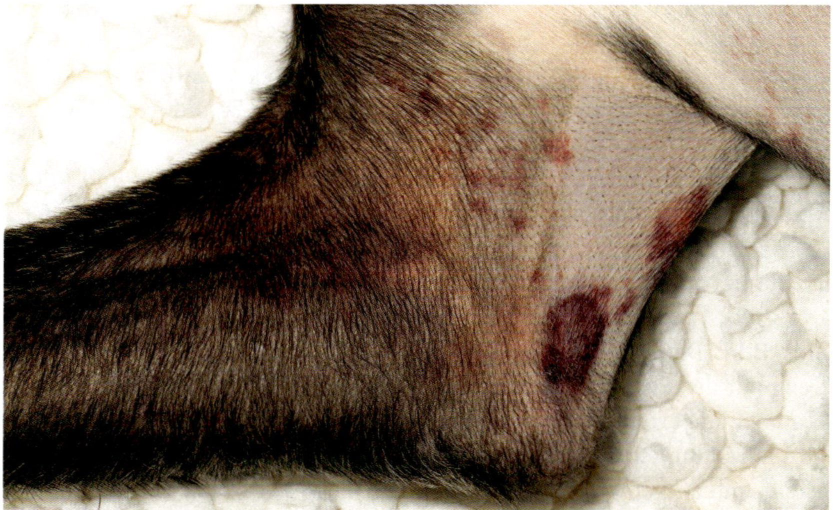

Abb. 4.24 Petechiale Blutungen und Ekchymosen an der Innenseite des Ellbogens eines Galgo Español mit hochgradiger Thrombozytopenie.

Diagnose: Die Bestimmung der Thrombozytenzahl in Verbindung mit dem Ausschluss einer DIC führt zur Diagnose. Zur Abklärung der Ursache der Thrombozytopenie sind eine genaue Anamnese (u. a. Medikationen), klinische Untersuchung einschließlich bildgebender Verfahren zum Screening auf Tumoren und/oder Splenomegalie und ggf. Herzinsuffizienz und eine Grundauswahl an Labortests unabdingbar (s. o.).

Prognose: Die Prognose einer Thrombozytopenie hängt ab von deren Ursache, ihrer Schwere, der klinischen Blutungsneigung und dem Vorhandensein von Blutungen mit lebensbedrohlichen Konsequenzen (v. a. ZNS, Respirationsapparat).

Therapie: Die Behandlung der Thrombozytopenie hängt von der zugrunde liegenden Ursache ab. Da oft Medikamente die Ursache darstellen, sind Medikationen nach Möglichkeit abzusetzen oder umzustellen. Zur Notfallmedikation bei thrombopenischen Blutungen und/oder extrem niedrigen Plättchenzahlen ist das Mittel der Wahl Prednisolon (z. B. 1 mg/kg KM, 2 × tägl., begleitende Magenschutzbehandlung!), das über verschiedene Mechanismen die Thrombozytenzahl und -funktion günstig beeinflusst.

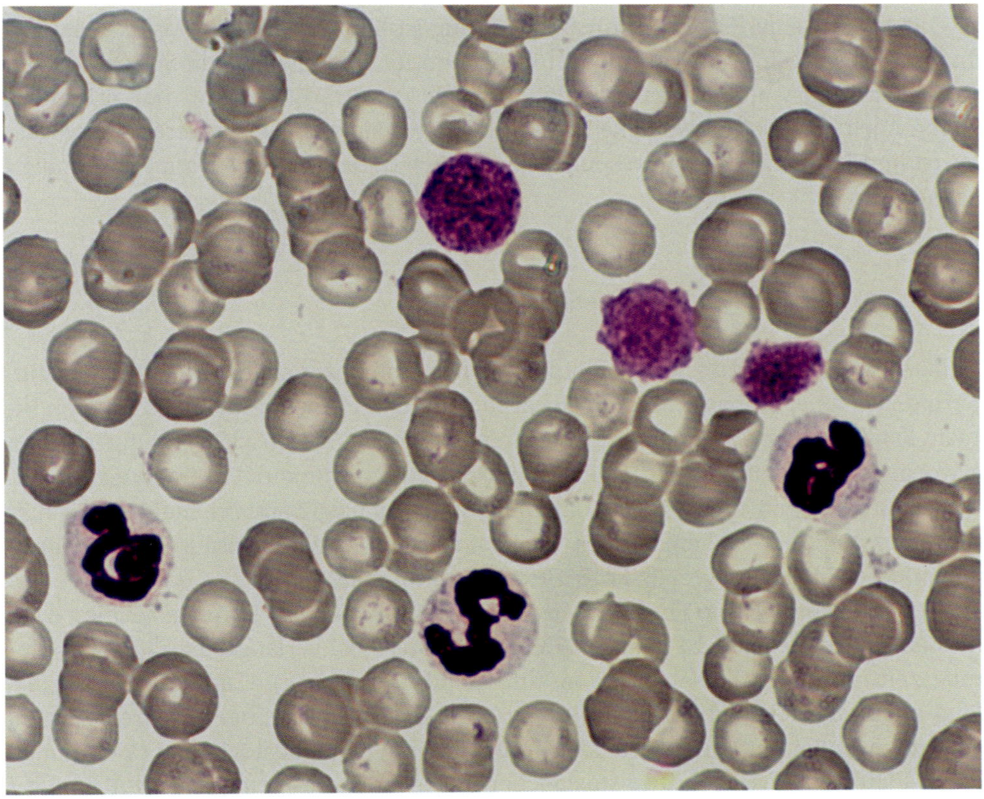

Abb. 4.25 Blutausstrich eines Cavalier King Charles Spaniels mit Makrothrombozytose (Pappenheim-Färbung, Originalvergrößerung 1000 x).

Bei vermuteter primärer immunvermittelter Thrombozytopenie ist es angezeigt, mit spezifischen Immunsuppressiva zu behandeln, da Kortikosteroide allein oft nicht ausreichend sind und ihre längerfristige Gabe in immunsuppressiver Dosis nicht verträglich ist. Beim Hund werden hierzu meist Azathioprin (initial: 2 mg/kg KM, 1 × tägl. p. o.) oder Ciclosporin (initial: 7 mg/kg KM, 2 × tägl. p. o.) eingesetzt. Eine alternative Medikation stellt das Chemotherapeutikum Vincristin dar, das streng intravenös in Dosierungen von 0,01–0,025 mg/kg KM, 1 × wöchtl. (bis zu 4 ×) gegeben wird und oft zum rascheren Anstieg der Plättchenzahl führt. Bei der Katze können zur Therapie der extrem seltenen primär immunvermittelten Thrombozytopenien neben Ciclosporin Alkylanzien verwendet werden (Chlorambucil 0,1–0,2 mg/kg KM 1 × tägl. p. o. [ggf. eine 2 mg Tablette pro Katze jeden 2. Tag]; Cyclophosphamid, 1–1,5 mg/kg KM 1 × tägl. an 4 Tagen einer Woche, dann 3 Tage Pause). Unumgänglich ist dabei jedoch die wöchentliche Blutuntersuchung (Leukozytenzahl). Weitere Therapieoptionen v. a. beim Hund sind in zweiter Linie humanes Immunglobulin (1–2 g/kg KM, 1 × tägl. i. v., ggf. wiederholt bis zu 5 × an aufeinanderfolgenden Tagen) und eine Splenektomie. Eine Herausforderung stellt im späteren Verlauf die Entscheidung für das Ausschleichen oder Absetzen der immunsuppressiven Therapie dar (s. Kap. 4.1.2.15).

Die Effektivität einer **Substitutionsbehandlung** ist limitiert und diese ist v. a. bei Bildungsstörungen sinnvoll. Thrombozytenkonzentrate sind allenfalls in Spezialkliniken verfügbar, sodass als Substrat für eine Thrombozytentransfusion oft nur Frischblut bleibt. Auch bei der Notwendigkeit einer Bluttransfusion wegen schweren Blutverlustes ist im Hinblick auf die Anwesenheit funktionierender Thrombozyten Frischblut zu bevorzugen.

4.3.3.2 Thrombozytenfunktionsstörungen

Primäre Funktionsstörungen der Blutplättchen (Thrombozytopathien, z. B. Glanzmann-Thrombasthenie, Signaldefekte, Speicherpool- und Freisetzungsdefekte, Chediak-Higashi-Syndrom) sind sehr selten beim Kleintier wie beim Menschen. Häufiger treten erworbene Plättchendysfunktionen auf, assoziiert mit bestimmten Erkrankungen (z. B. Lebererkrankungen, monoklonale Gammopathie) und nach Verabreichung von primär thrombozytenfunktionshemmenden Medikamenten (Acetylsalicylsäure, Clopidogrel) und anderen Medikamenten (NSAID, Dextran, Antibiotika).

Der Verdacht auf eine Thrombozytopathie besteht bei einer Blutungsneigung trotz normaler Plättchenzahl, TPZ und APTT, insbesondere bei verlängerter kapillärer Blutungszeit (und Ausschluss einer Von-Willebrand-Erkrankung). Eine Verifizierung erfolgt mit speziellen Testverfahren (s. Kap. 4.3.2). Die Therapie bei primären Formen erfolgt i. d. R. bei Blutungskrisen oder prophylaktisch bei obligatorischen Operationen durch Plättchen-/Frischbluttransfusion, bei den sekundären Formen durch Abstellen/Behandlung der Ursache.

4.3.3.3 Thrombozytose, Thrombozythämie

Definition: Thrombozytose: vorübergehende reaktive Vermehrung der Thrombozyten im Blut (Hund: > 500 000/µl, Katze: > 800 000/µl) als Abgrenzung zur Thrombozythämie, einer dauerhaften Erhöhung der Thrombozytenzahl infolge myeloproliferativer Erkrankung.

Ätiologie, Epidemiologie: Thrombozytose kommt v. a. beim Hund regelmäßig vor durch Überproduktion von Thrombozyten als Begleitsymptom einer Eisenmangelanämie und/oder gastrointestinalen Blutung, Reboundeffekt nach Thrombozytopenie, nach Splenomegalie sowie durch endogene (Hyperadrenokortizismus) und exogen zugeführte Glukokortikoide.

Eine Thrombozythämie kann bei der Katze selten durch eine FeLV-Infektion ausgelöst werden, beim Hund ist die Ursache unbekannt (idiopathisch).

Pathogenese: Aktivierung der Megakaryopoese und Freisetzung der Thrombozyten aus dem Knochenmark, ggf. auch aus dem Milzspeicher, durch verschiedene Stimuli (s. o.). Essenzielle Thrombozythämie gehört zu den chronischen myeloproliferativen Erkrankungen, d. h. es liegt eine Entartung der Vorläuferzellen vor.

Klinisches Bild: Erhöhungen der Thrombozytenzahl an sich verlaufen meistens symptomlos. Deutliche Erhöhungen (> 1 000 000/µl) sind mit Mikrozirkulationsstörungen und einem erhöhten Risiko für thromboembolische Erkrankungen assoziiert.

Diagnose: Sie erfolgt durch automatische oder visuelle Zählung der Thrombozyten (s. Kap. 4.3.3.1).

Therapie: Bei temporärer und/oder moderater Thrombozytose ist, v. a. wenn diese nur kurzzeitig besteht (z. B. Reboundeffekt), keine Therapie erforderlich. Bei länger andauernder, deutlicher Thrombozytose sollte eine orale Antiplättchentherapie mit Clopidogrel (Hund: 2 mg/kg KM, 1 × tägl. p. o., Katze: 10 mg oder ¼ 75-mg-Tablette pro Katze 1 × tägl. p. o.) erwogen werden, beim Hund alternativ mit Acetylsalicylsäure (0,5–1 mg/kg KM, 1 × tägl. p. o.).

4.3.4 Von-Willebrand-Erkrankung

Definition, Klassifizierung: Verminderung des Von-Willebrand-Faktors (Typ 1), Funktionsstörung durch Fehlen der großmolekularen Multimere (Typ 2) oder komplettes Fehlen des Von-Willebrand-Faktors (Typ 3).

Epidemiologie, Ätiologie: Häufigste hereditäre Hämostasestörung beim Hund, in den USA hohe Inzidenzen bei bestimmten Rassen (v. a. Dobermann mit Typ 1), im deutschsprachigen Raum weniger gut untersucht. Der Erbgang ist autosomal (d. h. männliche und weibliche Tiere sind betroffen), je nach Typ dominant (ggf. mit variabler Penetration) oder rezessiv. Meistens liegen milde Formen vor, die insbesondere bei spontanen oder operativen Traumata klinisch auffällig werden.

Pathogenese: Gemäß seiner Funktion kommt es bei Verminderung und/oder Funktionsstörung des Von-Willebrand-Faktors zu Plättchenfunktionsstörungen. Da die Faktor-VIII-stabilisierende Wirkung des Von-Willebrand-Faktors beim Hund – im Gegensatz zum Menschen – keine wesentliche Relevanz besitzt, ist die plasmatische Gerinnung nicht betroffen. Grundsätzlich ist erst bei einer Verminderung der Von-Willebrand-Faktorkonzentration unter den Bereich von 25–30 % von einer klinischen Relevanz auszugehen; dies schließt eine deutlich gesteigerte Blutungsneigung bei Operationen ein.

Klinisches Bild: Klinische Symptome werden durch Schleimhautblutungen (z. B. Epistaxis, Hämaturie, Meläna) (Abb. 4.26) und verstärkte Blutungen nach Verletzungen und Operationen (z. B. Kastration, Zahnwechsel) dominiert. Daneben können u. a. Hämatome, Blutungen in Körperhöhlen, Lahmheiten und neonatale Todesfälle bestehen.

Labordiagnostik, Diagnose: Mit der kapillären Blutungszeit als praxistauglichem Screeningtest können schwere Fälle (Mängel und/oder Funktionsstörungen des Von-Willebrand-Faktors) erkannt werden. Der lagerungsstabile Von-Willebrand-Faktor kann mit kreuzreagierenden humanen Assays gemessen werden. Die Charakterisierung des seltenen Typs 2 (z. B. beim Deutsch Kurzhaar) durch Erfassung des Mangels an

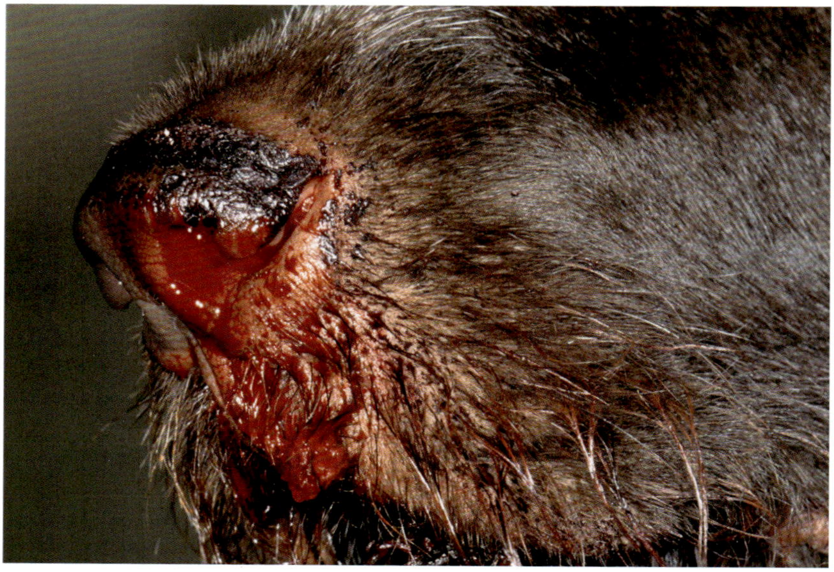

Abb. 4.26 Nasenbluten bei einer 2-jährigen kastrierten Deutsch-Drahthaar-Hündin mit Von-Willebrand-Erkrankung (Faktoraktivität: 6 %).

hochmolekularen Multimeren kann ggf. in ausgewählten Speziallabors mittels Kollagenbindungskapazität und/oder Multimerenanalyse erfolgen.

Prognose: Tiere mit leichten Formen (Von-Willebrand-Faktor-Aktivität > 25 %) haben eine nahezu normale Lebenserwartung. Bei Tieren mit mittelschweren oder schweren Formen können, insbesondere nach Traumata, seltener spontan, Blutungen auftreten, die v. a. innerlich lebensbedrohlich werden können.

Therapie: Bei Hunden mit schwer verlaufender Von-Willebrand-Erkrankung erfordern Blutungskrisen neben pflegerischen und lokalen blutstillenden Maßnahmen oft eine Substitutionsbehandlung mit caninem Frischplasma oder Frischgefrierplasma (s. Kap. 4.3.5.1) Bei Hunden mit Von-Willebrand-Erkrankung vom Typ 1 kann zudem eine Injektion des Vasopressin-Analogons Desmopressin (0,4–1 µg/kg KM s. c./i. v.) transient die Von-Willebrand-Faktor-Aktivität im Blutplasma auf etwa das 1,5-Fache des Ausgangswertes erhöhen.

Prophylaxe: s. Kap. 4.3.5.1

4.3.5 Koagulopathien, Störungen der sekundären Hämostase

Angeborene Koagulopathien basieren auf genetischen Mutationen und betreffen i. d. R. einzelne Gerinnungsfaktoren, seltener mehrere Faktoren. Erworbene Störungen der Gerinnung schließen meist mehrere Gerinnungsfaktoren ein, teilweise in Verbindung mit Störungen der Blutplättchen. Der Vorbericht kann bereits bei der Einschätzung helfen, ob eine angeborene oder erworbene Hämostasestörung vorliegt. Auf eine angeborene Gerinnungsstörung weisen das Auftreten der ersten Symptome beim Jungtier und vorhergehende Blutungsepisoden hin. Bei einem älteren Tier, bei dem erstmalig eine hämorrhagische Diathese beobachtet wurde, ist hingegen eine angeborene Gerinnungsstörung unwahrscheinlich. Es ist aber nicht ausgeschlossen, dass eine milde Gerinnungsstörung, z. B. bei einem schweren Trauma, erstmalig im fortgeschrittenen Alter klinisch apparent wird. Weitere wichtige Gesichtspunkte der Krankengeschichte betreffen z. B. Fragen, inwieweit eine Exposition zu Rattengiften bestand oder nach möglicherweise zugrunde liegenden Nieren- oder Lebererkrankungen. Das Blutungsmuster von Tieren mit Gerinnungsfaktormängeln (s. Kap. 4.3.5.1) ist insgesamt ähnlich, unabhängig von dem verminderten Faktor, aber deutlich unterschiedlich von demjenigen von Plättchen-assoziierten Hämostasestörungen.

4.3.5.1 Hämophilie A und B

Definition: Angeborene Aktivitätsverminderung der Gerinnungsfaktoren VIII (Hämophilie A) oder IX (Hämophilie B).

Epidemiologie: Die Hämophilie A ist, als Folge der hohen Mutationsrate des großen Faktor-VIII-Gens, der häufigste Gerinnungsfaktormangel beim Hund, während die Hämophilie B wie beim Menschen deutlich seltener beobachtet wird. Zur Hämophilie A und B bei der Katze liegen einzelne Beschreibungen vor.

Ätiologie, Vererbung: Der Defekt des Faktor-VIII- oder -IX-Gens auf dem X-Chromosom wurde bereits für verschiedene Hunderassen nachgewiesen. In Deutschland sind von der Hämophilie A u. a. Deutscher Schäferhund, Deutsche Dogge, Weimaraner, Magyar Vizsla, Boxer, Dackel, Havaneser, Shi Tzu und Jack Russel Terrier, von der Hämophilie B Rhodesian Ridgeback, Bernhardiner, Deutsch Drahthaar und Fila Brasileiro betroffen. Bei der Katze liegen Beschreibungen u. a. zur Hämophilie B für die Rasse British Kurzhaar vor. Für zahlreiche Hunderassen und vereinzelt für Katzen wurden die zugrunde liegenden Defekte auf molekularer Ebene definiert.

Durch die geschlechtsgebundene Vererbung der Hämophilie A und B sind phänotypisch betroffene Individuen, abgesehen von experimentellen Zuchten, fast ausschließlich männlich. Sie sind i. d. R. Nachkommen von Trägerhündinnen, deren männliche und weibliche Nachkommen jeweils mit einer 50 %-igen Wahrscheinlichkeit den Defekt tragen und damit Bluter oder Trägerhündinnen sind. Hingegen sind alle Töchter eines betroffenen Rüden obligate Träger der Erkrankung, aber die Söhne sind normal.

Pathogenese: Die Faktoren VIII und IX sind Teil des Tenasekomplexes des Gerinnungssystems und durch ihre funktionelle Nähe führen sie zu einer identischen klinischen Manifestation. Die verzögerte und verminderte Faktor-X-Aktivierung resultiert in einer verminderten Geschwindigkeit der Fibrinbildung und Thrombusstabilität. Damit sistiert die Blutung möglicherweise initial durch die Bildung eines (instabilen) Plättchenpfropfs, aber danach kann eine lang anhaltende, schwere Blutung auftreten.

Klinisches Bild: Typisch sind subkutane oder intramuskuläre (tiefe Weichteil-)Hämatome und Gelenkblutungen. Sie entstehen oft ohne ein bekanntes Trauma („Spontanblutungen") oder nach einem inadäquaten (minimalen) Trauma. Nabelschnurblutungen werden teilweise vom Züchter übersehen. Ansonsten wird der Defekt oft erstmals augenscheinlich bei exzessiven Blutungen während des Zahnwechsels oder nach tierärztlichen Maßnahmen (Impfen, Chippen). Gelenkblutungen und nachfolgende Hämarthrosen und Kompression von Rückenmark oder Nerven durch subdurale oder organisierte Weichteilhämatome können in Lahmheiten und Paresen/Paralysen resultieren. Nach Gefäßpunktionen kommt es, typischerweise verzögert, zu langanhaltenden Blutungen; auch während und nach Operationen (inkl. Zahnextraktionen) können erhebliche Blutungen auftreten.

Seltener werden Schleimhautblutungen (d. h. Epistaxis, Blutungen aus der Mundhöhle, Hämatemesis, Hämaturie, Hämatochezie, Meläna) und Blutungen in Körperhöhlen gesehen. Hämothorax und Hämomediastinum kann in Dyspnoe und Dämpfung bei der Thoraxperkussion resultieren. Selten kommt es zu Dyspnoe durch erhebliche Blutungen, die die oberen Atemwege einengen. Intraperitoneale und viszerale Blutungen können mit Abdominalschmerz und Schwäche assoziiert sein. Schwere Blutungen in die Körperhöhlen können gelegentlich auch zum plötzlichen Tod führen.

Bei der Hämophilie hängt der Schweregrad der klinischen Symptome ab von (1) der Restaktivität des betroffenen Faktors, (2) der Art der Hämophilie (Hämophilie A schwerer als Hämophilie B), (3) der Größe des Tieres (je größer, desto schwerer) und (4) der Haltung sowie dem Gebrauch des Tieres (ungünstig sind z. B. Zwingerhaltung, jagdliche Nutzung etc.).

Labordiagnostik, Diagnose: Klinisch hämophilieverdächtig sind junge Rüden betroffener Rassen mit auffälliger Blutungsneigung. Hinweisend sind isolierte Verlängerungen von Screeningtests des Intrinsic-Systems (APTT; activated clotting time, ACT). Die APTT-Verlängerung beträgt bei der Hämophilie A üblicherweise etwa das 1,5–2,5-Fache der Norm, bei der Hämophilie B ist die Verlängerung deutlicher. Bei Trägerhündinnen sind die Screeningtests allenfalls marginal verlängert oder normal.

Die Diagnose wird durch Aktivitätsbestimmung der Faktoren VIII und IX i. d. R. mit koagulometrischen Tests unter Verwendung humaner Mangelplasmen gestellt. Bluter mit deutlicher Klinik besitzen meist eine Faktor VIII- oder Faktor IX-Aktivität < 10 %, bei Trägerhündinnen liegt diese i. d. R. nur leicht subnormal im Bereich von 40–60 %. Sofern für eine bestimmte Rasse/Familie der Defekt auf molekularer Ebene definiert ist, kann mittels PCR-Untersuchung neben dem Phänotyp der Genotyp definiert werden, der aber keine Aussage über die Schwere der Erkrankung zulässt. Gentests sind insbesondere zur sicheren Identifikation heterozygoter Trägerhündinnen wichtig.

Prognose: Hämophile Patienten besitzen generell eine geringere Lebenserwartung als gesunde Tiere, da sie oft während der ersten Lebensjahre wegen Lähmungen und Lahmheiten euthanasiert werden müssen oder bei schweren Blutungsereignissen sterben. Besonders problematisch sind dabei Blutungen im Bereich des ZNS und solche, die zur Verlegung oder Einengung der oberen Atemwege durch direktes Einbluten oder Kompression führen. Die individuelle Prognose wird von der Art der Hämophilie (B besser als A), von ihrem Schweregrad und der klinischen Blutungsneigung (s. o.) bestimmt und sollte mit dem Tierbesitzer vor dem Beginn von aufwändigen therapeutischen Maßnahmen diskutiert werden.

Therapie: Die Therapie von Blutungskrisen beinhaltet (1) unterstützende (Sedierung, weiches Lager) und lokale blutstillende Maßnahmen (Bandagen, Kompressen, Wundauflagen mit hämostyptischer Wirkung, Elektrokoagulation, Gefäßligatur, Gewebekleber) einschließlich dem Absetzen von Medikamenten, die die Hämostase negativ beeinflussen (z. B. Plättchenaggregationshemmer, NSAID), (2) eine Substitutionsbehandlung und (3) zusätzliche medikamentöse Therapien.

Zu (2): Eine Substitutionsbehandlung zur vorübergehenden, kurzzeitigen Erhöhung des antihämophilen Globulins ist bei schweren inneren Blutungen, Blutungen mit lebensbedrohlichen Konsequenzen (ZNS, Atemwegsobstruktion) oder essenziellen Operationen indiziert. Anzustreben ist eine Erhöhung der Aktivität des fehlenden Faktors auf

25–30 %. Zwar wäre der alleinige Ausgleich des Faktormangels ideal, in der Tiermedizin wird hierzu allerdings v. a. Frischplasma (oder Frischgefrierplasma) eingesetzt. Dessen Infusion (15–20 ml/kg, abhängig von der Restaktivität) führt zur kurzzeitigen Erhöhung der Blutaktivität des betreffenden Gerinnungsfaktors, was in weniger schweren Fällen bereits ausreichen kann. Sofern möglich, sind wegen der kurzen Halbwertszeit der Faktoren VIII und IX ggf. wiederholte Plasmatransfusionen (1[–2] × tägl.) durchzuführen, um den fehlenden Faktor für eine ausreichende Periode auf ein wirksames Niveau anzuheben. Allerdings wird dies i. d. R. durch die Verfügbarkeit von Blutprodukten limitiert.

Notfalls oder bei deutlicher Anämie kommt auch Frischblut zum Einsatz, besitzt aber eine geringere Effektivität wegen der Volumenbegrenzung (nur bei Hypovolämie > 20 ml/kg KM) und ein höheres Risiko für Unverträglichkeitsreaktionen, da oft wiederholte Behandlungen erforderlich sind. Grundsätzlich sind auch kommerzielle humane Einzelfaktorkonzentrate effektiv, aber i. d. R. zu teuer und sie können verstärkt eine Antikörperbildung auslösen. Dies schließt den extrem teuren rekombinanten humanen Faktor VIIa ein, der bei Hemmkörperhämophilie (s. Kap. 4.3.5.6), als unspezifisches Prokoagulans und bei Faktor-VII-Mangel angewendet werden könnte.

Zu (3): Antifibrinolytika (z. B. Tranexamsäure: 15–20 mg/kg KM, 2–4 × tägl. p. o. / i. v.; Cave: gastrointestinale Nebenwirkungen bei einzelnen Patienten) können zusätzlich oder als potenzielle prophylaktische Maßnahme eingesetzt werden. Auch Etamsylat (5–10 mg/kg KM) kann – auch kombiniert zur Tranexamsäure – als Antihämorrhagikum prohylaktisch (2 × tägl. p. o.) oder therapeutisch (4 × tägl. i. v./p. o.) angewendet werden. Bei hämophilen Hunden hat Desmopressin hingegen – im Gegensatz zum Menschen – keinen Effekt auf die Faktor VIII-Aktivität.

Gentherapie steht für die tierärztliche Praxis nicht zur Verfügung.

Prophylaxe: Zuchthygiene. Bei der Blutungsprophylaxe bei Tieren mit hereditären Hämostasestörungen stehen die Vermeidung von Traumata und eine perioperative Substitutionsbehandlung bei unumgänglichen Operationen im Vordergrund. Selbstredend sind Medikamente, die bekanntermaßen die Hämostasefunktion stören (z. B. Plättchenaggregationshemmer) kontraindiziert.

4.3.5.2 Faktor-XII-Mangel (Katze)

Definition: Angeborene Verminderung des Hageman-Faktors (Gerinnungsfaktors XII).

Epidemiologie: Im Gegensatz zum Hund, wo der hereditäre Faktor-XII-Mangel als Rarität bei verschiedenen Rassen beschrieben wurde, ist er bei Katzen der häufigste angeborene Gerinnungsfaktormangel.

Ätiologie: Wie beim Menschen autosomal rezessiv vererbter Gendefekt.

Pathogenese: Die limitierte Relevanz von Faktor XII bei der In-vivo-Gerinnung widerspiegelnd, ist sein Defekt wie beim Menschen nicht mit einer klinisch relevanten Blutungsneigung assoziiert.

Labordiagnostik, Diagnose: Die Relevanz besteht auch im Hinblick auf die hohe Prävalenz vorwiegend bei der differenzialdiagnostischen Berücksichtigung bei Katzen mit unklarer, isolierter APTT- und/oder ACT-Verlängerung. Die Verlängerung der Gerinnungszeiten dieser Tests ist bei deutlicher Faktor-XII-Verminderung erheblich. Die Diagnose erfordert eine Einzelfaktormessung, wobei homozygot betroffene Individuen einen hochgradigen Mangel aufweisen, während heterozygot betroffene Tiere etwa eine Faktor-XII-Aktivität um 50 % besitzen.

Therapie: Nicht erforderlich.

4.3.5.3 Sonstige angeborene Einzelfaktormängel

Die im Vergleich zur Hämophilie und dem Faktor-XII-Mangel (bei der Katze) selteneren und/oder weniger relevanten sonstigen angeborenen Einzelfaktormängel sollen nur kurz dargestellt werden. Ihre Diagnose erfolgt bei entsprechendem Verdacht und abnormen Ergebnissen der Gruppentests (z. B. isolierte Verlängerung der TPZ bei Faktor-VII-Mangel; Verlängerung von TPZ und APTT bei schwerem Fibrinogen-, Prothrombin- oder Faktor-X-Mangel) durch gezielte Einzelfaktormessung in Speziallabors. Hauptsächliches Therapieprinzip, neben allgemeinen hämostyptischen Maßnahmen, ist die Substitutionstherapie bei Blutungskrisen (s. Kap. 4.3.5.1).

Hypo-/Afibrinogenämie: Für Fibrinogenmängel wurden autosomal rezessive und inkomplett dominante Vererbungsmuster dokumentiert. Eine Afibrinogenämie ist i. d. R. mit dem Leben nicht vereinbar, eine Hypofibrinogenämie (verschiedene Hunderassen, u. a. Berner Sennenhund, Lhasa Apso, Vizsla, Collie, Cocker Spaniel, Barsoi, Zwergdackel) ist – je nach Schweregrad – mit einer mehr oder weniger gesteigerten Blutungsneigung bei Traumata oder Operationen assoziiert. Neben Substitutionen bei Blutungskrisen kommt eine prophylaktische antifibrinolytische Dauertherapie mit Tranexamsäure (s. Kap. 4.3.5.1) infrage. Auch eine angeborene Dysfibrinogenämie wurde bei Hunden (u. a. Barsoi) beschrieben.

Faktor-II-(Prothrombin)-Mangel: Selten bei verschiedenen Hunderassen (Boxer, Otterhund, English Cocker Spaniel), autosomal rezessiv vererbt; milde bis mittelschwere Blutungsepisoden, u. a. Nabelschnurblutungen bei Neugeborenen und Epistaxis.

Faktor-VII-Mangel: Weit verbreitet beim Beagle, aber auch beim Alaskan Malamute, Alaskan Klee Kai und Zwergschnauzer; autosomal rezessiv vererbt. Gewöhnlich milde Blutungsneigung, aber einzelne Patienten mit lebensbedrohlichen Blutungen und der Erfordernis zur Substitutionsbehandlung bei notwendigen Operationen.

Faktor-X-Mangel: Sehr seltene Koagulopathie, die bei einer Familie von American Cocker Spaniels und beim Jack Russell Terrier sowie einer Katze beschrieben wurde. Beim American Cocker Spaniel wurde ein autosomal dominanter Erbgang mit variabler Penetranz gefunden. Hochgradig betroffene Tiere mit einer Faktor-X-Restaktivität von wenigen Prozent werden i. d. R. totgeboren oder sterben als Neugeborene an inneren Blutungen. Weniger schwer betroffene Tiere können mit deutlich erhöhter Blutungsneigung (spontan und insbesondere nach Trauma) erwachsen werden.

Faktor-XI-Mangel: Der sehr seltene Mangel des einzigen Kontaktfaktors mit Bedeutung für die In-vivo-Gerinnung wird autosomal rezessiv vererbt und geht bei homozygot betroffenen Tieren mit milden klinischen Symptomen einher. Nach Operation und schwerem Trauma können allerdings typischerweise verzögert auch schwere Blutungen auftreten. Berichte liegen für Springer Spaniels, Pyrenäenberghunde, Kerry Blue Terrier und Europäisch Kurzhaarkatzen vor. Bei Maine Coon Katzen in Großbritannien wurde zudem ein kombinierter Faktor-XI- und Fibrinogenmangel beschrieben.

Vitamin-K-abhängige Koagulopathie: Sie wurde bei Devon-Rex-Katzen in Großbritannien und Australien beschrieben, wobei die Prävalenz unklar ist. Vertreter beider Geschlechter sind betroffen und können – individuell sehr variabel – längeres Nachbluten nach operativen oder spontanen Traumen aufweisen. Der vermutlich autosomal rezessiv vererbte Mangel an Vitamin-K-abhängigen Faktoren II, VII, IX und X lässt sich auf einen gestörten hepatischen Vitamin-K-Metabolismus zurückführen und durch orale Vitamin-K_1-Behandlung (ca. 5 mg/Katze) vollständig korrigieren. Die Verminderung der Faktoren II, IX und X < 20 % und von Faktor VII < 50 % ist mit einer deutlichen Verlängerung (2–3-fach) von TPZ und APTT assoziiert.

4.3.5.4 Erworbener Mangel an Vitamin-K-abhängigen Faktoren, Vergiftung mit oralen Antikoagulanzien (Cumarinderivaten)

Definition: Erworbener Mangel an funktionsfähigen, Vitamin-K-abhängigen Faktoren II, VII, IX und X durch Mangel an Vitamin K oder Vergiftung mit Vitamin-K-Antagonisten.

Ätiologie: Wesentliche Ursache schwerster Koagulopathien dieses Typs ist die Aufnahme von Rodentiziden basierend auf Cumarinderivaten, die die Vitamin-K-Wirkung blockieren. Ein direkter Mangel an Vitamin K kann sich bei Cholestase durch das Fehlen der Gallensäuren und die somit reduzierte Resorption des fettlöslichen Vitamins K einstellen, ggf. auch bei Maldigestion und -absorption bei exokriner Pankreasinsuffizienz und schwerer infiltrativer Enteritis.

Pathogenese: Vitamin K sorgt für eine finale Gamma-Carboxylierung der Vitamin-K-abhängigen Gerinnungsfaktoren II, VII, IX und X (sowie von Protein C und Protein S), die für die Bindung dieser Faktoren über Kalzium an Phospholipidmembranen essenziell ist. Bei Vitamin-K-Mangel oder -Antagonisierung werden die ansonsten fertig synthetisierten, aber noch nicht funktionstüchtigen Gerinnungsfaktoren zunächst in der Leber gespeichert. Die Blutspiegel der Aktivität dieser Gerinnungsfaktoren sinken entsprechend ihrer Halbwertszeit ab und schließlich werden auch funktionell inaktive Gerinnungsproteine ("proteins induced by vitamin K absence", PIVKAs) ins Blut abgegeben. Die rasche Freisetzung der nur noch eine Gamma-Carboxylierung benötigenden Faktoren aus dem Leberspeicher nach Behandlung mit Vitamin K_1 erklärt den schnellen Anstieg der Gerinnungsfaktoren im Blut.

Klinisches Bild: Die klinische Manifestation der Cumarinvergiftung ist, in Abhängigkeit von der Blutungslokalisation, äußerst variabel und der Vorbericht kann fehlleiten. Besonders oft kommen Hämatome im Bereich der Mundhöhle, Dyspnoe und ggf. Husten von Blut durch Hämothorax und Lungenblutung sowie Zeichen von Magen-/Darmblutungen (blutiges Erbrechen, Meläna, ggf. auch blutige Diarrhoe) vor. Daher ist eine Röntgenuntersuchung des Thorax essenziell zur Erfassung des Ausmaßes von Hämothorax und Lungenblutungen. Auch subkutane und/oder intramuskuläre Hämatome werden beobachtet, seltener Hämaturie, okkuläre Blutungen oder Blutungen im Bereich des ZNS. Zuvor unerkannte Cumarinvergiftungen führen regelmäßig zu Blutungskomplikationen nach tierärztlichen Eingriffen (Abb. 4.27). Bei starkem Blutverlust liegen Symptome eines hypovolämischen Schocks vor. Bei der Vergiftung mit Cumarinderivaten bestehen zudem uncharakteristische Allgemeinsymptome (Erbrechen, Apathie). Ein Vitamin-K-Mangel führt selten zu einer klinisch apparenten Blutungsneigung.

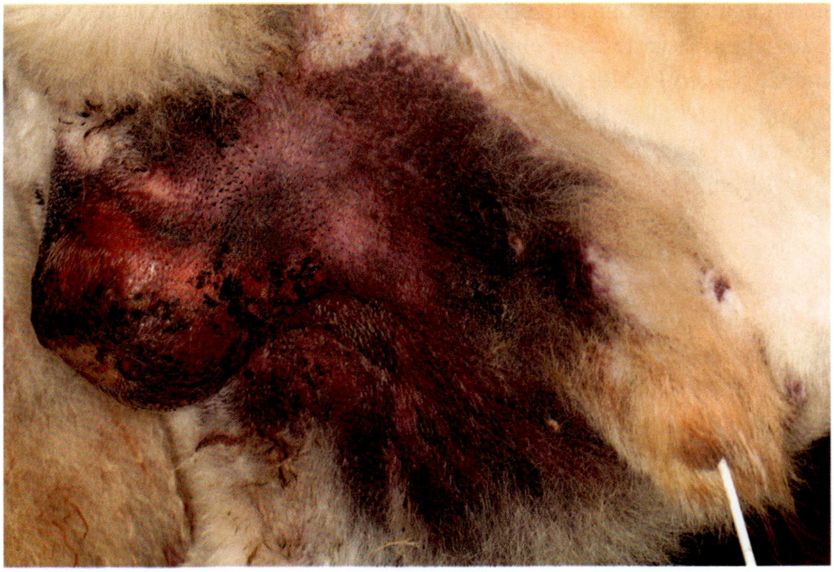

Abb. 4.27 Hochgradige postoperative Blutung nach Kastration eines 10 Jahre alten Hovawarts: Beim Patienten lag eine zuvor nicht erkannte Vergiftung mit Cumarinderivaten vor.

Labordiagnostik, Diagnose: Die charakteristische Befundkombination der Gerinnungstests (hochgradige TPZ- und APTT-Verlängerung bei normaler Thrombinzeit; s. Tab. 4.6) macht eine Vergiftung mit Cumarinderivaten sehr wahrscheinlich. Bei einem Teil der Patienten mit akuten Blutungen liegt verlustbedingt zudem eine verminderte Thrombozytenzahl vor. Steht in einer Tierarztpraxis ggf. keine Gerinnungsmessung zur Verfügung, empfiehlt sich im Verdachtsfall die Entnahme einer Citratblutprobe vor Beginn der Behandlung mit Vitamin K_1 sowie einer Kontrollblutprobe 2–4 Stunden nach Therapiebeginn, die dann vergleichend zeitnah im Einsendungslabor zu untersuchen sind. Ein deutliches Ansprechen (Normalisierung) bei initial erheblich veränderten Gerinnungswerten ist als Indiz für eine Vitamin-K-abhängige Gerinnungsstörung zu werten.

Prognose: Patienten mit Cumarinvergiftung haben bei adäquater Therapie und Überwachung eine gute Prognose, sofern keine Blutungen in Lokalisationen mit lebensbedrohlichen Folgen (u. a. ZNS, Atemwege) vorliegen.

Therapie: Erfolgte die Giftaufnahme während der letzten Stunden, so steht die Gabe von Emetika und eventuell zusätzlich eine Dekontamination (Magenspülung, Abführmittel) im Vordergrund. Durch Messung der TPZ wird dann am Folgetag zunächst geprüft, ob eine wirksame Giftmenge resorbiert wurde. Es empfiehlt sich, mit der Vitamin-K_1-Gabe bis zu diesem Zeitpunkt zu warten. Bei zeitlicher Verzögerung bis zum Vorliegen des Laborergebnisses (Einsendungslabor, ggf. Wochenende) kann, nach der Kontrollblutentnahme, zur Sicherheit überbrückend oral Vitamin K_1 verabreicht werden.

Patienten mit bereits bestehender Gerinnungsstörung durch Cumarinvergiftung werden zunächst mit Vitamin K_1 in hoher Dosierung (initial 10 mg/kg KM, 1-malig i. v. als Infusion) behandelt. Bei Blutverlust ist eine Infusionsbehandlung zur Volumensubstitution zu geben. Es ist ratsam, eine orale Vitamin-K_1-Behandlung für mindestens 2–3 Wochen anzuschließen. Meistens reicht eine Dosis von initial 2 mg/kg KM, 2 × (später 1 ×) tägl., im Einzelfall sind bei hoher Giftmenge an den ersten Tagen höhere Dosierungen (5 mg/kg KM, 2 × tägl.) oder sogar eine erneute intravenöse Gabe erforderlich, um die Gerinnung stabil zu halten. Regelmäßige Gerinnungskontrollen sind in diesem Zeitraum wichtig. Etwa 2 Tage nach dem Absetzen sind in jedem Fall Gerinnungskontrollen durchzuführen, da moderne Cumarinderivate bis zu Monaten wirksam sein können und oft ein längeres Gegensteuern mit Vitamin K_1verlangen. Wegen des schnellen Wirkungseintritts bei adäquater Dosierung von Vitamin K_1 sind Blut bzw. Blutprodukte (Erythrozytenkonzentrat) fast nur zur Zufuhr von Erythrozyten bei seltenen Fällen von transfusionspflichtiger Anämie infolge erheblichen Blutverlustes angezeigt. Bei vermutetem Vitamin-K_1-Mangel, z. B. durch Cholestase, ist eine deutlich geringere Dosierung (0,5–1 mg/kg KM, 1-malig i. v. oder s. c., ggf. wiederholt) ausreichend.

4.3.5.5 Hepatogen-induzierte Koagulopathien

Ätiologie: Schwere degenerative, entzündliche und neoplastische Hepatopathien, die mit einer erheblichen Verminderung des funktionellen Lebergewebes, einer Leberzellschädigung und/oder einem Gallestau einhergehen.

Pathogenese: Die bei Lebererkrankungen häufigen (komplexen) Hämostasestörungen sind auf verschiedene Mechanismen zurückzuführen:

1. Verminderte Synthese von Gerinnungsproteinen: Nahezu alle Gerinnungsfaktoren und ihre Inhibitoren werden in der Leber gebildet. Eine Schädigung von über 70–80 % des Leberparenchyms kann in einer verminderten Synthese von Gerinnungsfaktoren und anderen Proteinen resultieren.
2. Verbrauch von Hämostasekomponenten: Lebererkrankungen sind oft mit chronischer DIC assoziiert, wobei eine vermehrte Freisetzung von Gewebefaktor und/oder die gestörte Clearancefunktion aktivierter Gerinnungsfaktoren durch das Monozyten-Makrophagen-System der Leber eine Rolle spielen können.
3. Gestörte Vitamin-K-abhängige Carboxylierung von Gerinnungsfaktoren II, VII, IX und X (und von Protein C und Protein S) durch Vitamin-K-Mangel. Bei Vitamin-K-Mangel (in Verbindung mit Hepatopathie v. a. bei Cholestase) werden die funktionell inaktiven Proteine in der Leber zurückgehalten und ihre Blutspiegel sinken entsprechend der Halbwertszeit ab (s. Kap. 4.3.5.4).
4. Quantitative und qualitative Thrombozytenveränderungen durch hemmende Effekte der Hyperammonämie und abnormale Phospholipid- und Fettsäurezusammensetzung resultierend in einer erhöhten Cholesterin-/Phospholipid-Ratio der Plättchenmembran und einem verminderten Arachidonsäuregehalt.

Klinisches Bild: Weil Synthese und Verbrauch zu einer ausgeglichenen Verminderung von Gerinnungsfaktoren und Inhibitoren der Gerinnung führen, stellt sich ein neues hämostaseologisches Gleichgewicht auf niedrigerem Niveau ein und klinisch relevante hämorrhagische Diathesen sind relativ selten. Letztere sind v. a. mit akuten Hepatopathien assoziiert.

Diagnose: Durch die Verminderung verschiedener Gerinnungsfaktoren weist ein großer Teil der Hunde und Katzen mit Lebererkrankungen eine Verlängerung von TPZ und/oder APTT auf. Als Zeichen der Verbrauchskoagulopathie können Aktivierungsmarker wie D-Dimere erhöht sein (s. Kap. 4.3.6). Die Einordnung der Gerinnungsstörung als hepatogen bedingt, ergibt sich durch gleichzeitig vorliegende labordiagnostische Hinweise auf Leberzellschädigung und -funktionsstörung. Gerinnungsuntersuchungen bei Leberpatienten sind zur Abschätzung des Schweregrades möglicher Veränderungen, besonders vor invasiven Maßnahmen (z. B. Biopsieentnahme einschließlich Feinadelaspiration, s. Kap. 9.4.3), und zur Verlaufskontrolle bzw. als prognostischer Parameter angezeigt. Wegen der komplexen Pathogenese der Gerinnungsfaktorverminderung (teilweise auch durch Verbrauch, s. o.) besitzen Gerinnungsfaktoren hingegen, trotz ihrer kurzen Halbwertszeit, keine wesentliche Bedeutung als Proteinsynthesemessgröße bei der Leberdiagnostik.

Prognose: Abhängig von der Art der Lebererkrankung und ihrer Reversibilität.

Behandlung: Neben der Behandlung der Lebererkrankung kann bei ausgeprägten Blutungen oder zur Vorbereitung invasiver Eingriffe (Operation, Biopsieentahme) eine spezifische Behandlung der Hämostasestörung mittels Plasmatransfusionen und/oder Antikoagulanzien (s. Kap. 4.3.6) erfolgen. Bei Gallestau ist die i. v. (oder s. c.) Gabe von Vitamin K_1 (0,5–1 mg/kg KM, 1 × tägl.) angezeigt (s. Kap. 4.3.5.4).

4.3.5.6 Zirkulierende Inhibitoren gegen Gerinnungsfaktoren

Lupusantikoagulanzien, die Autoantikörpern gegen Phospholipide entsprechen, wurden vereinzelt bei Hunden und Katzen nachgewiesen und können für ansonsten unerklärliche APTT- und ACT-Verlängerungen verantwortlich sein, ohne dass diese Tiere eine verstärkte Blutungsbereitschaft aufweisen. Zum Nachweis dienen spezielle APTT-Reagenzien mit hoher Sensitivität gegenüber Lupusantikoagulanzien.

Antikörper können auch gegen einzelne Gerinnungsfaktoren gerichtet sein und selten Ursache für unklare APTT-Verlängerungen und hämorrhagische Diathesen sein. Am bekanntesten sind hierbei Antikörper gegen den Faktor VIII bei Hunden mit Hämophilie A, die sich v. a. nach wiederholten Transfusionen von caninem (z. B. Plasmatransfusionen) und heterologem (humanem, porzinem) Faktor VIII entwickeln können. Letztere sind dann auch kreuzreaktiv gegen den caninen Faktor wirksam. Solche Autoantikörper verschlimmern die Schwere der Hämophilie und machen sie therapeutisch schwer beeinflussbar. Bei einer Katze wurde eine erworbene Koagulopathie durch Antikörper gegen den Gerinnungsfaktor XI beschrieben.

4.3.6 Verbrauchskoagulopathie, disseminierte intravasale Gerinnung

Definition: Die Verbrauchskoagulopathie entspricht dem klinischen und labordiagnostischen Korrelat der DIC. Das Syndrom ist gekennzeichnet durch (1) eine Mikrothrombenbildung im Kapillarsystem und hierdurch (2) einen Verbrauch von Thrombozyten, Gerinnungsfaktoren und Inhibitoren der Gerinnung sowie (3) eine sekundäre Hyperfibrinolyse. Es wird eine akute DIC von einer chronisch verlaufenden DIC unterschieden.

Ätiologie: Erkrankungen, die eine akute DIC auslösen, umfassen akute systemische bakterielle Infektionen (besonders mit gramnegativen Erregern) bis hin zur Sepsis, Virusinfektionen (Parvovirose bzw. Panleukopenie, Staupe), Schock (Hypovolämie, schwere allergische Reaktionen), Traumata (Polytrauma, größere Operationen, Hirntrauma), Hämolyse, disseminierte Tumoren, Fettembolie, Hitzschlag, Hypothermie, Schlangenbisse und akutes Leberversagen. Eher zu einer chronischen DIC führen solide Tumoren, Gefäßtumoren (Hämangiosarkome), Leukämien, Leberzirrhose und Vaskulitis.

Pathogenese: Grunderkrankungen, die mit einer Gerinnungsaktivierung einhergehen, führen zur Bildung von löslichem Fibrin und ab einer bestimmten Fibrinmenge zur systemischen intravasalen Gerinnung in der Mikrozirkulation. Die Mikrothromben können einerseits zum Versagen lebenswichtiger Organe wie Niere, Leber und Lunge führen und/oder sie werden durch die Fibrinolyse aufgelöst und es entstehen Fibrin(ogen)spaltprodukte. Der Verbrauch von Thrombozyten und Gerinnungsfaktoren in den Mikrothromben vermindert die Blutspiegel dieser hämostaseologischen Substrate und löst eine erhöhte systemische Blutungsneigung aus („Verbrauchskoagulopathie"). Diese wird u. a. verstärkt durch die erhöhte Konzentration an zirkulierenden Fibrin(ogen)spaltprodukten, die ihrerseits gerinnungshemmend wirken, und die systemische Aktivierung der Fibrinolyse. Letzteres zeigt sich daran, dass vorwiegend Tiere mit ausgeprägter Hyperfibrinolyse (und damit oft Hypofibrinogenämie) eine auffällige Blutungsbereitschaft zeigen. Im Gegensatz zur akuten Verbrauchskoagulopathie ist die chronische Verbrauchskoagulopathie i. d. R. kompensiert, d. h. der Verbrauch von Gerinnungssubstrat wird durch verstärkte Neusynthese von Gerinnungsfaktoren und Thrombozyten ausgeglichen, wodurch keine deutlich gesteigerte Blutungsneigung vorliegt.

Klinisches Bild: Nur ein geringer Teil der Tiere mit labordiagnostisch nachweisbarer DIC zeigt klinische Symptome („Eisbergphänomen"). Klinisch besonders charakteristisch sind landkartenartig begrenzte Haut- und Schleimhautblutungen. Gegebenenfalls zeigen sich in schweren Fällen Anzeichen eines Funktionsversagens der Niere (Oligurie, Anurie), Leber (Ikterus) und Lunge (Tachypnoe, Dyspnoe, Zyanose).

Labordiagnostik, Diagnose: Für die tierärztliche Praxis ist es oft ausreichend, eine Kombination von veränderten Routinetests (z. B. zwei abnormale Ergebnisse bei drei der Routineparameter Thrombozytenzahl, TPZ, APTT) bei einem Patienten mit der entsprechenden Grunderkrankung zu haben. DIC-Diagnostik-Scores schließen oft auch Aktivierungsmarker (D-Dimere) ein. Da Fibrinogen als Akute-Phase-Protein eine erheblich steigerbare Syntheserate besitzt, ist seine Konzentration nur bei erheblicher sekundärer Hyperfibrinolyse vermindert. Insbesondere bei chronischer kompensierter DIC können völlig unveränderte Werte vorliegen, die somit eine milde Gerinnungsaktivierung nicht ausschließen.

Prognose: Da die Verbrauchskoagulopathie ein Syndrom als Folge von Grunderkrankungen darstellt, wird die Prognose von der zugrunde liegenden Erkrankung bestimmt. Schwere akute Formen mit ausgeprägter Hyperfibrinolyse sind i. d. R. mit schwerwiegenden Grunderkrankungen assoziiert, sodass hier die Prognose eher ungünstig ist.

Therapie: Bei der Behandlung der Verbrauchskoagulopathie stehen die erfolgreiche Behandlung der ursächlichen Erkrankung und eine kreislaufunterstützende Infusionsbehandlung zur Verbesserung der Mikrozirkulation im Vordergrund – bevorzugt einschließlich der Anwendung von Plasmaexpandern (Gelafundinlösung 4 %ig 10–20 ml/kg KM tägl.).

Kurzfristig ist bei akuten Verläufen, bei denen die Grunderkrankung zunächst unklar ist oder wenn deren Therapie längere Zeit in Anspruch nimmt (z. B. Infektionserkrankung, immunvermittelte Anämie), ergänzend eine Antikoagulanzienbehandlung indiziert, ggf. in Verbindung mit einer Substitutionsbehandlung. Als Kompromiss für die veterinärmedizinische Praxis kann hierbei eine niedrig dosierte Heparinisierung (z. B. Standardheparin 75 I.E./kg KM 3 × tägl. s. c.) versucht werden. Eine hoch dosierte Heparinbehandlung (s. Kap. 4.3.8) ist risikoreicher und sollte labordiagnostisch überwacht werden. Sie erfordert zudem eine zusätzliche Substitutionsbehandlung mit Frisch- oder Frischgefrierplasma (ca. 20 ml/kg KM, 1 × tägl.), da das für die Heparinwirkung wesentliche Antithrombin bei DIC-Patienten ohnehin vermindert ist und der Antithrombinverbrauch durch die Heparinisierung weiter verstärkt wird. Einige Autoren bevorzugen insbesondere bei einer akuten DIC eine Substitutionsbehandlung mit den im Plasma vorhandenen Inhibitoren und Gerinnungsfaktoren gegenüber der Heparintherapie.

4.3.7 Vasopathien

Auch Vasopathien können Ursache für klinisch relevante Blutungen (spontan und nach Trauma) sein. Gefäßerkrankungen sind selten angeboren (z. B. als Teil von Bindegewebeerkrankungen wie Ehlers-Danlos-Syndrom oder Stoffwechselerkrankungen wie Homozystinurie), sondern häufiger erworben. Als auslösende Faktoren und Erkrankungen kommen Diabetes mellitus, Cushing-Syndrom, Langzeitbehandlung mit Kortikosteroiden, Dys- und Paraproteinämien, Amyloidose, Infektionen (besonders Sepsis) und Medikamenten-induzierte Vaskulitis infrage. Die Verdachtsdiagnose ergibt sich basierend auf der Klinik (Petechien und/oder Ekchymosen bei fehlendem Hinweis auf Störung der primären Hämostase) in Verbindung mit einer entspechenden Grunderkrankung. Letztere bestimmt auch Prognose und Therapie.

4.3.8 Thrombose (s. auch Kap. 5.7.4 Aortenthromboembolie bei der Katze)

Definition: Thromboembolismus ist eine kardiovaskuläre Erkrankung mit Bildung eines intravaskulären Gerinnsels.

Epidemiologie: Beim Hund seltener klinisch auffällig als bei der Katze (s. Kap. 5.7.4).

Ätiologie: Beim Hund liegt i. d. R. eine Primärursache vor, v. a. pulmonale Hypertension, persisitierender Ductus arteriosus, Herzerkrankungen (u. a. hypertrophe Kardiomyopathie, Ventrikelseptumdefekt, Vorhofflimmern, ventrikuläre Extrasystolie), DIC, Medikationen (Kortikosteroide, Vincristin), immunvermittelte Erkrankungen (Anämie), chronische Nierenerkrankungen/nephrotisches Syndrom, Proteinverlustenteropathie, Neoplasien, Herzwurmerkrankung (besonders nach Therapie der adulten

Würmer), bakterielle und Virusinfektionen, Venenverweilkatheter, Splenektomie, Eisenmangel.

Pathogenese: Grundlage für die Entstehung ist eine systemische Verschiebung des Gleichgewichtes der Hämostase zugunsten von fördernden Faktoren mit Aktivierung der Blutplättchen und/oder Fibrinbildung (Hyperkoagulabilität), eine lokale Stase des Blutflusses, Endothelschäden (z. B. Operationen, Dirofilariose) und neurohumorale Faktoren (v. a. vasokonstriktorisch wirksame Stoffe: Angiotensin und Katecholamine).

Häufige Lokalisationen sind die Aorta, Nieren und Lunge.

Klinische Symptome: Abhängig von der Lokalisation des Thrombus: Fieber, Lethargie, auskultierbares Herzgeräusch, Parese der Hintergliedmaßen, Dyspnoe (Lungenödem, Pneumothorax), selten Schmerzen in der Lendengegend (akute Nephritis)

Labordiagnostik: Es lassen sich erhöhte D-Dimer-Konzentrationen finden neben ggf. erhöhten Werten von Harnstoff, Kreatinin, Kreatinkinase, kardialem Troponin I und NT-proBNP. Bedeutsamer erscheint der hohe Vorhersagewert eines normalen D-Dimer-Wertes zum Ausschluss einer Thrombose.

Diagnose: Die definitive Diagnose wird klinisch durch Darstellung des Thrombus mittels Sonographie gestellt (Abb. 4.28).

Prognose: Die Prognose ist generell vorsichtig und hängt im Einzelfall von der Therapierbarkeit der Grunderkrankung und dem Ansprechen auf die antithrombotische und thrombolytische Therapie ab. Letztere ist umso effektiver, je frühzeitiger nach dem Ereignis mit der Therapie begonnen wird.

Therapie: Neben der Therapie der Grunderkrankung und kreislaufunterstützender Behandlung mit Infusionstherapie ist der frühzeitige Beginn einer effektiven antithrombotischen Therapie essenziell. Fakultativ kann bei frischer Thrombose zudem eine Thrombolysetherapie versucht werden.

Zur Antikoagulation ist bei venösen thromboembolischen Ereignissen v. a. Heparin (unfraktioniertes Standardheparin oder niedermolekulares Heparin) in therapeutischer Dosierung geeignet. Anzustrebende (maximale) Blutplasmaspiegel sind 0,3–0,7 I.E./ml (Standardheparin) oder 0,5–1,0 Anti-Xa I.E./ml (niedermolekulares Heparin). Da selten die Möglichkeit für eine Heparinspiegelmessung mit chromogenen Spezialtests besteht, sind niedermolekulare Heparine von Vorteil, da diese wegen ihrer hohen Bioverfügbarkeit zuverlässigere Blutspiegel erzeugen und ihre Anwendung nicht notwendigerweise überwacht werden muss. Ein mögliches Dosierungsschema für Dalteparin beim Hund ist initial 150 Anti-Xa I.E./kg KM, dann 120 Anti-Xa I.E./kg KM, 3 × tägl. Eine hoch dosierte Therapie mit Standardheparin muss in jedem Fall im Labor überwacht werden; hierzu wird überwiegend eine 1,5–2-fache Verlängerung der APTT zum Zeitpunkt der maximalen Aktivität empfohlen. Allerdings weisen APTT-Reagenzien eine unterschiedliche Heparinempfindlichkeit auf. Für die ambulante antikoagulatorische Dauertherapie und Thromboseprophylaxe spielen direkte Faktor-Xa-Inhibitoren (Apixaban, Rivaroxaban) eine zunehmende Rolle (z. B. Eliquis® 2,5 mg: orientierend: Hund: 1 Tablette/30 kg 2 × tägl. (Prophylaxe), 1 Tablette/15 kg 2 × tägl. (Therapie), Katze ¼ Tablette 2 × tägl.). Hingegen ist die Anwendung von Warfarin als Thromboseprophylaxe wegen der recht aufwändigen Therapieüberwachung und -steuerung limitiert. Bei arterieller Thrombose sind alternativ oder auch zusätzlich Plättchenfunktionshemmer (Clopidogrel 2[–4] mg/kg KM, 1 × tägl. p. o., ggf. beim Hund Acetylsalicylsäure) anzuwenden. Bei akuter Lungenthromboembolie kann Doxycyclin als unspezifischer Metallproteinaseninhibitor wegen deren Relevanz beim Krankheitsprozess vorteilhaft sein.

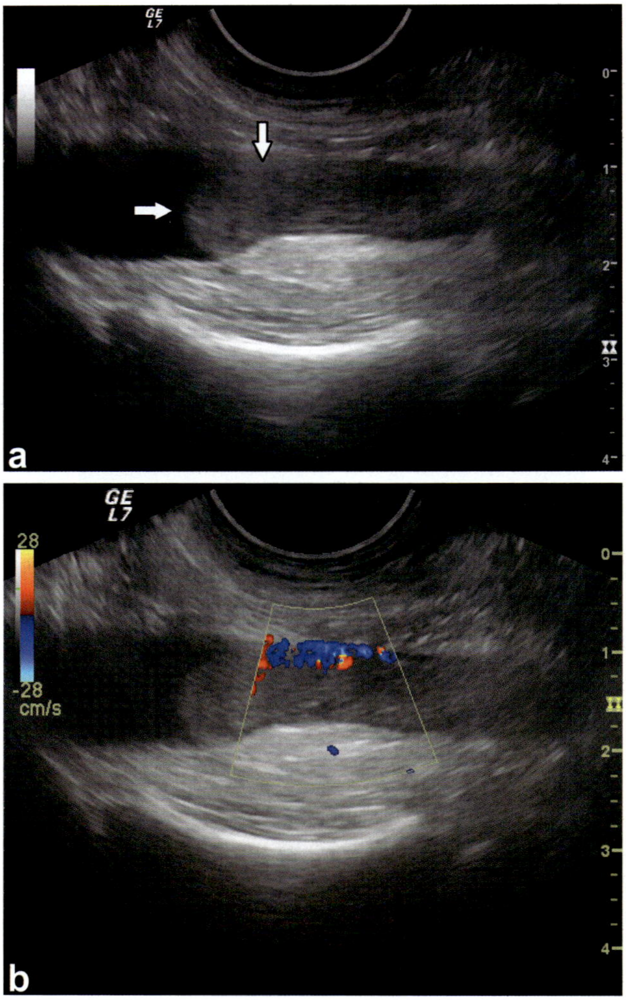

Abb. 4.28 a) Sonographische Darstellung eines hyperechogenen Aortenthrombus (Pfeile) bei einem 14-jährigen Border Collie, der wegen einer immunvermittelten Hauterkrankung über längere Zeit mit Glukokortikoiden behandelt worden war: Der Thrombus begann ca. 1 cm vor der Aortenaufzweigung und zog bis in die A. iliaca externa, wo er links in etwa bis zur Mitte des Femurs darstellbar und rechts nur über ca. 1 cm verfolgbar war. b) Im Farbdoppler war nur noch randständige Restperfusion darstellbar.

Literatur

(inklusive weiterführender Literatur)

Allgemein

Brooks MB, Harr KE, Seelig DM, Wardrop KJ, Weiss DJ (2022): Schalm's Veterinary Hematology. 7. Aufl. Wiley-Blackwell, Ames.

Day MJ, Kohn B (2012): BSAVA Manual of Canine and Feline Haematology and Transfusion Medicine. 2. Aufl. British Small Animal Association, Gloucester.

Harvey JW (2012): Veterinary Hematology. A Diagnostic Guide and Color Atlas. Elsevier/Saunders, St. Louis.

Keller P, Freudiger U (1983): Atlas zur Hämatologie von Hund und Katze. Paul Parey, Berlin, Hamburg.

Latimer KS (2011): Duncan & Prasse`s Veterinary laboratory medicine: Clinical Pathology. 5. Aufl. Wiley-Blackwell, Ames.

Mischke R (2003): Praktische Hämatologie bei Hund und Katze. Schlütersche, Hannover.

Moritz A (2014): Klinische Labordiagnostik in der Tiermedizin. 7. Aufl. Schattauer, Stuttgart.

Thrall MA, Weiser G, Allison RW, Campbell TW (2022): Veterinary Hematology, Clinical Chemistry, and Cytology. 3. Aufl. Wiley-Blackwell, Ames.

Willard MD, Tvedten H (2012): Small Animal Clinical Diagnosis by Laboratory Methods. 5. Aufl. Elsevier Saunders, St. Louis.

Anämie

Archer TM, Boothe DM, Langston VC, Fellmann CL, Lunsford KV, Mackin AJ (2014): Oral cyclosporine treatment in dogs: a review of the literature. J Vet Intern Med 28: 1–20.

Assenmacher TD, Jutkowitz LA, Koenigshof AM, de A Lucidi C, Scott MA (2019): Clinical features of precursor-targeted immune-mediated anemia in dogs: 66 cases (2004–2013). J Am Vet Med Assoc 255: 366–376.

Bestwick JP, Skelly BJ, Swann JW, Glanemann B, Bexfield N, Gkoka Z, Walker DJ, Silvestrini P, Adamantos S, Seth M, Warland J (2022): Splenectomy in the management of primary immune-mediated hemolytic anemia and primary immune-mediated thrombocytopenia in dogs. J Vet Intern Med 36: 1267–1280.

Black V, Adamantos S, Barfield D, Tasker S (2016): Feline non-regenerative immune-mediated anaemia: features and outcome in 15 cases. J Feline Med Surg 18: 597–602.

Chalhoub S1, Langston CE, Farrelly J (2012): The use of darbepoetin to stimulate erythropoiesis in anemia of chronic kidney disease in cats: 25 cases. J Vet Intern Med 26: 363–369.

Chikazawa S, Dunning MD (2016): A review of anaemia of inflammatory disease in dogs and cats. J Small Anim Pract 57: 348–353.

Fiocchi EH, Cowgill LD, Brown DC, Markovich JE, Tucker S, Labato MA, Callan MB (2017): The use of darbepoetin to stimulate erythropoiesis in the treatment of anemia of chronic kidney disease in dogs. J Vet Intern Med 31: 476–485.

Fleischman W (2012): Anemia: determining the cause. Compend Contin Educ Vet 34 (6): E1.

Fuchs J, Moritz A, Grußendorf E, Lechner J, Neuerer F, Nickel R, Rieker T, Schwedes C, DeNicola DB, Russell J, Bauer N (2017): Canine reticulocyte hemoglobin content (RET-He) in different types of iron-deficient erythropoiesis. Vet Clin Pathol. 46: 422–429.

Garden OA, Kidd L, Mexas AM, Chang YM, Jeffery U, Blois SL, Fogle JE, MacNeill AL, Lubas G, Birkenheuer A, Buoncompagni S, Dandrieux JRS, Di Loria A, Fellman CL, Glanemann B, Goggs R, Granick JL, LeVine DN, Sharp CR, Smith-Carr S, Swann JW, Szladovits B (2019): ACVIM consensus statement on the diagnosis of immune-mediated hemolytic anemia in dogs and cats. J Vet Intern Med 33: 313–334.

Gerber B, Steger A, Hässig M, Glaus TM (2002): Anwendung von humanem Immunglobulin bei Hunden mit primärer immunbedingter hämolytischer Anämie. Schweiz Arch Tierheilkd. 144: 180–185.

Goggs R, Dennis SG, Di Bella A, Humm KR, McLauchlan G, Mooney C, Ridyard A, Tappin S, Walker D, Warman S, Whitley NT, Brodbelt DC, Chan DL (2015): Predicting outcome in dogs with primary immune-mediated hemolytic anemia: Results of a multicenter case registry. J Vet Intern Med 29: 1603–1610.

Griebsch C, Arndt G, Kohn B (2010): Untersuchung verschiedener prognostischer Marker bei Hunden mit primärer immunhämolytischer Anämie. Berl Munch Tierarztl Wochenschr 123: 160–168.

Horgan JE, Roberts BK, Schermerhorn T (2009): Splenectomy as an adjunctive treatment for dogs with immune-mediated hemolytic anemia: ten cases (2003–2006). J Vet Emerg Crit Care (San Antonio) 19: 254–261.

Kohn B, Weingart C, Eckmann V, Ottenjann M, Leibold W (2006): Primary immune-mediated hemolytic anemia in 19 cats: diagnosis, therapy, and outcome (1998–2004). J Vet Intern Med 20: 159–166.

Lucidi CA, de Rezende CLE, Jutkowitz LA, Scott MA (2017): Histologic and cytologic bone marrow findings in dogs with suspected precursor-targeted immune-mediated anemia and associated phagocytosis of erythroid precursors. Vet Clin Pathol 46: 401–415.

Members of the Veterinary and Comparative Clinical Immunology Society Diagnostic Task Force; MacNeill AL, Dandrieux J, Lubas G, Seelig D, Szladovits B (2019): The utility of diagnostic tests for immune-mediated hemolytic anemia. Vet Clin Pathol 48 Suppl 1: 7–16.

Morassi A, Bianco D, Park E, Nakamura RK, White GA (2016): Evaluation of the safety and tolerability of rivaroxaban in dogs with presumed primary immune-mediated hemolytic anemia. J Vet Emerg Crit Care (San Antonio) 26: 488–494.

Naigamwalla DZ, Webb JA, Giger U (2012): Iron deficiency anemia. Can Vet J 53: 250 –256.

Owen JL, Harvey JW (2012): Hemolytic anemia in dogs and cats due to erythrocyte enzyme deficiencies. Vet Clin North Am Small Anim Pract 42: 73–84.

Owen JL, Harvey JW (2012): Hemolytic anemia in dogs and cats due to erythrocyte enzyme deficiencies. Vet Clin North Am Small Anim Pract 42: 73–84.

Paltrinieri S, Rossi G, Manca M, Scarpa P, Vitiello T, Giordano A (2016): Sensitivity and specificity of manual and automated measurements of reticulocyte parameters for classification of anemia in dogs: 174 cases (1993–2013). J Am Vet Med Assoc 249: 776–786.

Piek CJ, Junius G, Dekker A, Schrauwen E, Slappendel RJ, Teske E (2008): Idiopathic immune-media-ted hemolytic anemia: treatment outcome and prognostic factors in 149 dogs. J Vet Intern Med 22: 366–373.

Rieder J, Mischke R (2018): Immunsuppressive Therapie bei Hunden und Katzen. Eigenschaften von Wirkstoffen und ihre Anwendung bei verschiedenen immunvermittelten Erkrankungen. Tierarztl Prax Ausg K 46: 105–118.

Schaefer DM, Stokol T (2015): The utility of reticulocyte indices in distinguishing iron deficiency anemia from anemia of inflammatory disease, portosystemic shunting, and breed-associated microcytosis in dogs. Vet Clin Pathol 44: 109–119.

Stanley E, Appleman E, Schlag A, Siegel A (2019) Relationship between cobalamin and folate deficiencies and anemia in dogs. J Vet Intern Med 33: 106–113.

Swann JW, Garden OA (2016): Novel immunotherapies for immune-mediated haemolytic anaemia in dogs and people. Vet J 207: 13–19.

Swann JW, Skelly BJ (2015): Systematic review of prognostic factors for mortality in dogs with immune-mediated hemolytic anemia. J Vet Intern Med 29: 7–13.

Tritschler C, Mizukami K, Raj K, Giger U (2016): Increased erythrocytic osmotic fragility in anemic domestic shorthair and purebred cats. J Feline Med Surg 18: 462–470.

West LD, Hart JR (2014): Treatment of idiopathic immune-mediated hemolytic anemia with mycophenolate mofetil in five dogs. J Vet Emerg Crit Care (San Antonio) 24: 226–231.

Winzelberg Olson S, Hohenhaus AE (2019): Feline non-regenerative anemia: Diagnostic and treatment recommendations. J Feline Med Surg 21: 615–631.

Polyglobulie

Cook SM, Lothrop CD Jr (1994): Serum erythropoietin concentration measured by radioimmunoassay in normal, polycythemic, and anemic dogs and cats. J Vet Intern Med 8: 18–25.

Hasler AH, Giger U (1996): Serum erythropoietin values in polycythemic cats. J Am Anim Hosp Assoc 32: 294–301.

Holopainen S, Laurila HP, Lappalainen AK, Rajamäki MM, Viitanen SJ (2022): Polycythemia in dogs with chronic hypoxic pulmonary disease. J Vet Intern Med. 36: 1202–1210.

Moore KW, Stepien RL (2001): Hydroxyurea for treatment of polycythemia secondary to right-to-left shunting patent ductus arteriosus in 4 dogs. J Vet Intern Med 15: 418–421.

Nett CS, Arnold P, Glaus TM (2001): Leeching as initial treatment in a cat with polycythaemia vera. J Small Anim Pract 42: 554–556.

Peterson ME, Randolph JF (1982): Diagnosis of canine primary polycythemia and management with hydroxyurea. J Am Vet Med Assoc 180: 415–418.

Nicht-neoplastische Veränderungen des weißen Blutbildes

Aroch I, Klement E, Segev (2005): Clinical, biochemical, and hematological characteristics, disease prevalence, and prognosis of dogs presenting with neutrophil cytoplasmic toxicity. J Vet Intern Med 19: 64–73.

Bersan E., Volk HA, Ros C, De Risio L (2014): Phenobarbitone-induced haematological abnormalities in idiopathic epileptic dogs: prevalence, risk factors, clinical presentation and outcome. Vet Rec 175: 247.

Brown CD, Parnell NK, Schulman RL, Brown CG, Glickman NW, Glickman L (2006): Evaluation of clinicopathologic features, response to treatment, and risk factors associated with idiopathic neutropenia in dogs: 11 cases (1990–2002). J Am Vet Med Assoc 229: 87–91.

Brown MR, Rogers KS (2001): Neutropenia in dogs and cats: A retrospective study of 261 cases. J Am Anim Hosp Assoc 37: 131–139.

Burton A, Harris L, Owens S, Jandrey K (2013): The prognostic utility of degenerative left shifts in dogs. J Vet Intern Med 27: 1517–1522.

Cook AM, Bauer N, Neiger R, Peppler C, Moritz A (2016): Neutropenie beim Hund: Ätiologie und prognostische Faktoren. Tierärztl Prax Ausg K 44, 307–315.

Deubelbeiss KA, Dancey JT, Harker LA, Finch CA (1975): Neutrophil kinetics in the dog. J Clin Invest 55: 833–839.

Foale RD, Herrtage ME, Day MJ (2003): Retrospective study of 25 young Weimaraners with low serum immunoglobulin concentrations and inflammatory disease. Vet Rec 153: 553–558.

Gianopoulos A, Mylonakis ME, Theodorou K, Christopher MM (2016): Quantitative and qualitative leukocyte abnormalities in dogs with experimental and naturally occurring acute canine monocytic ehrlichiosis. Vet Clin Pathol 45: 281–290.

Gommeren K, Duchateau L, Paepe D, Vanholen L, Vandenberghe A, Daminet S (2006): Investigation of physiologic leukopenia in Belgian Tervuren dogs. J Vet Int Med 20: 1340–1343.

Gossett KA, MacWilliams PS, Cleghorn B (1985): Sequential morphological and quantitative changes in blood and bone marrow neutrophils in dogs with acute inflammation. Can J Comp Med 49: 291–297.

Greenfield CL, Messick JB, Solter PF, Schaeffer DJ (2000): Results of hematologic analyses and prevalence of physiologic leukopenia in Belgian Tervuren. J Am Vet Med Assoc 216: 866–871.

Guija-de-Arespacochaga A, Kremer L, Künzel F, Schwendenwein I (2022): Peripheral blood eosinophilia in dogs: Prevalence and associated diseases. Vet Med Sci 8: 1458–1465.

Henry CJ, Buss MS, Lothrop CD (1998): Veterinary uses of recombinant human granulocyte colony-stimulating factor. Part I Oncology. Comp Contin Educ Pract Vet 20: 728–734.

Huibregtse BA, Turner JL. (1994): Hypereosinophilic syndrome and eosinophilic leukemia: a comparison of 22 hypereosinophilic cats. J Am Anim Hosp Assoc 30: 591–599.

Latimer KS, Rakich PM (1989): Clinical interpretation of leukocyte responses. Vet Clin North Am (Small Anim Pract) 19: 637–668.

Latimer KS, Campagnoli RP, Danilenko DM (2000): Pelger-Huët anomaly in Australian shepherds: 87 cases (1991–1997). Comp Haematol Int 10: 9–13.
Lilliehöök I, Gunnarsson L, Zakrisson G, Tvedten H (2000): Diseases associated with pronounced eosinophilia: a study of 105 dogs in Sweden. J Small Anim Pract 41: 248–253.
McEwen BJ (1992): Eosinophils: a review. Vet Res Commun 16: 11–44.
Mischke R, Barth T, Wohlsein P, Rohn K, Nolte I. (2001): Effect of recombinant human granulocyte colony-stimulating factor (rhG-CSF) on leukocyte count and survival rate of dogs with parvoviral enteritis. Res Vet Sci 70: 221–225.
Mischke R, Lund C, Kuhl S, Beyerbach M, Günzel-Apel A-R (2003): Referenzwerte der Leukozytenzahl und des Differentialblutbildes bei Hundesaugwelpen verschiedener Rassen. Prakt Tierarzt 84: 14–20.
Perkins MC, Canfield P, Churcher RK, Malik R (2004): Immune-mediated neutropenia suspected in five dogs. Aust Vet J 82: 52–57.
Rinkardt NE, Kruth SA (1996): Azathioprine-induced bone marrow toxicity in four dogs. Can Vet J 37: 612–613.
Schnelle AN, Barger AM (2012): Neutropenia in dogs and cats: causes and consequences. Vet Clin North Am Small Anim Pract 42: 111–122.
Sykes JE, Weiss DJ, Buoen LC, Blauvelt MM, Hayden DW (2001): Idiopathic hypereosinophilic syndrome in 3 Rottweilers. J Vet Intern Med 15: 162–166.
Trepanier LA (2013): Idiosyncratic drug toxicity affecting the liver, skin, and bone marrow in dogs and cats. Vet Clin North Am Small Anim Pract 43: 1055–1066.
Weiss DJ (2007): Evaluation of antineutrophil IgG antibodies in persistently neutropenic dogs. J Vet Intern Med 21: 440–444.

Leukozytenfunktion und –funktionsstörungen, qualitative Veränderungen

Bauer TR Jr, Gu YC, Creevy KE, Tuschong LM, Embree L, Holland SM, Sokolic RA, Hickstein DD (2004): Leukocyte adhesion deficiency in children and Irish setter dogs. Pediatr Res. 55: 363–367.
Breitschwerdt EB, Brown TT, De Buysscher EV, Andersen BR, Thrall DE, Hager E, Ananaba G, Degen MA, Ward MD (1987) Rhinitis, pneumonia, and defective neutrophil function in the Doberman pinscher. Am J Vet Res 48: 1054 –1062.
Couto CG, Krakowka S, Johnson G, Ciekot P, Hill R, Lafrado L, Kociba G (1989): In vitro immunologic features of Weimaraner dogs with neutrophil abnormalities and recurrent infections. Vet Immunol Immunopathol 23: 103–112.
Guelfi JF, Courdouhji MK, Alvinerie M, Toutain PL (1985): In vivo and in vitro effects of three glucocorticoids on blood leukocyte chemotaxis in the dog. Vet Immunol Immunopathol 10: 245–252.
Hostetter SJ (2012): Neutrophil function in small animals. Vet Clin North Am Small Anim Pract 42: 157–171.
Webb, McCord K, Dow S (2007): Neutrophil function in septic dogs. J Vet Intern Med 21: 982–989.

Maligne Proliferationen der Blutzellen

Argyle DJ, Pecceu E (2016): Canine and feline lymphoma: challenges and opportunities for creating a paradigm shift. Vet Comp Oncol 14 Suppl 1: 1–7.
Avery AC, Avery PR (2007): Determining the significance of persistent lymphocytosis. Vet Clin North Am Small Anim Pract 37: 267–28.
Barrs VR, Beatty JA (2012): Feline alimentary lymphoma: 2. Further diagnostics, therapy and prognosis. J Feline Med Surg 14: 191–201.
Bennett AL, Williams LE, Ferguson MW, Hauck ML, Suter SE, Lanier CB, Hess PR (2017): Canine acute leukaemia: 50 cases (1989–2014). Vet Comp Oncol 15: 1101–1114.
Bromberek JL, Rout ED, Agnew MR, Yoshimoto J, Morley PS, Avery AC (2016): Breed distribution and clinical characteristics of B cell chronic lymphocytic leukemia in dogs. J Vet Intern Med 30: 215–222.

Campbell MW, Hess PR, Williams LE (2013): Chronic lymphocytic leukaemia in the cat: 18 cases (2000–2010). Vet Comp Oncol 11: 256–264.

Davis LL, Hume KR, Stokol T (2018): A retrospective review of acute myeloid leukaemia in 35 dogs diagnosed by a combination of morphologic findings, flow cytometric immunophenotyping and cytochemical staining results (2007–2015). Vet Comp Oncol 16: 268–275.

Evans SJM (2023): Flow cytometry in veterinary practice. Vet Clin North Am Small Anim Pract 53: 89–100.

Fernández R, Chon E (2018): Comparison of two melphalan protocols and evaluation of outcome and prognostic factors in multiple myeloma in dogs. J Vet Intern Med 32: 1060–1069.

Finotello R, Vasconi ME, Sabattini S, Agnoli C, Giacoboni C, Annoni M, Dentini A, Bettini G, Guazzi P, Stefanello D, Bottero E, Mesto P, Marinelli R, De Feo C, Marconato L (2018): Feline large granular lymphocyte lymphoma: An Italian Society of Veterinary Oncology (SIONCOV) retrospective study. Vet Comp Oncol 16: 159–166.

Hanna F (2005): Multiple myelomas in cats. J Feline Med Surg 7: 275–287.

Jain NC, Blue JT, Grindem CB, Harvey JW, Kociba GJ, Krehbiel JD, Latimer KS, Raskin RE, Thrall MA, Zinkl JG (1991): Proposed criteria for classification of acute myeloid leukemia in dogs and cats. Vet Clin Pathol 20: 63–82.

Kiselow MA, Rassnick KM, McDonough SP, Goldstein RE, Simpson KW, Weinkle TK, Erb HN (2008): Outcome of cats with low-grade lymphocytic lymphoma: 41 cases (1995–2005). J Am Vet Med Assoc 232: 405–410.

Mischke R, Hungerbühler S, Höinghaus R (2003): Chronische lymphozytäre Leukämie beim Hund. Prakt Tierarzt 84: 86–96.

Mochizuki H, Seki T, Nakahara Y, Tomita A, Takahashi M, Fuijino Y, Ohno K, Tsujimoto H (2014): Chronic myelogenous leukaemia with persistent neutrophilia, eosinophilia and basophilia in a cat. J Feline Med Surg 16: 517–521.

Marsilio S (2021): Differentiating inflammatory bowel disease from alimentary lymphoma in cats: Does it matter? Vet Clin North Am Small Anim Pract 51: 93–109. doi: 10.1016/j.cvsm.2020.09.009

Moore A (2013): Extranodal lymphoma in the cat: prognostic factors and treatment options. J Feline Med Surg 15: 379–390.

Moore AS (2016): Treatment of T cell lymphoma in dogs. Vet Rec 179: 277.

O'Connor CM, Wilson-Robles H (2014): Developing T cell cancer immunotherapy in the dog with lymphoma. ILAR J 55: 169–181.

Rau SE, Burgess KE (2017): A retrospective evaluation of lomustine (CeeNU) in 32 treatment naïve cats with intermediate to large cell gastrointestinal lymphoma (2006–2013). Vet Comp Oncol 15: 1019–1028.

Rook KA (2019): Canine and feline cutaneous epitheliotropic lymphoma and cutaneous lymphocytosis. Vet Clin North Am Small Anim Pract 49: 67–81.

Rout ED, Labadie JD, Yoshimoto JA, Avery PR, Curran KM, Avery AC (2021): Clinical outcome and prognostic factors in dogs with B-cell chronic lymphocytic leukemia: A retrospective study. J Vet Intern Med 35: 1918–1928.

Smallwood K, Harper A, Blackwood L (2021): Lomustine, methotrexate and cytarabine chemotherapy as a rescue treatment for feline lymphoma. J Feline Med Surg 23: 722–729.

Teske E, van Straten G, van Noort R, Rutteman GR (2002): Chemotherapy with cyclophosphamide, vincristine, and prednisolone (COP) in cats with malignant lymphoma: new results with an old protocol. J Vet Intern Med 16: 179–186.

Thamm DH (2019): Novel treatments for lymphoma. Vet Clin North Am Small Anim Pract 49: 903–915.

Tomiyasu H, Doi A, Chambers JK, Goto-Koshino Y, Ohmi A, Ohno K, Tsujimoto H (2018): Clinical and clinicopathological characteristics of acute lymphoblastic leukaemia in six cats. J Small Anim Pract 59: 742–746.

Weiss DJ, Smith SA (2002): A retrospective study of 19 cases of canine myelofibrosis. J Vet Intern Med 16: 174–178.

Williams AG, Hohenhaus AE, Lamb KE (2021): Incidence and treatment of feline renal lymphoma: 27 cases. J Feline Med Surg 23: 936–944.

Wolfesberger B, Skor O, Hammer SE, Flickinger I, Kleiter M, Rütgen BC, Schwendenwein I, Tichy A, Hittmair KM, Degasperi B, Fuchs-Baumgartinger A (2017): Does categorisation of lymphoma subtypes according to the World Health Organization classification predict clinical outcome in cats. J Feline Med Surg 19: 897–906.

Zandvliet M (2016): Canine lymphoma: a review. Vet Q 36:76–104.

Hämostasestörungen

Andreasen EB, Nielsen OL, Tranholm M, Knudsen T, Kristensen AT (2016): Expression of tissue factor in canine mammary tumours and correlation with grade, stage and markers of haemostasis and inflammation. Vet Comp Oncol 14: 191–201.

Badylak SF (1988): Coagulation disorders and liver disease. Vet Clin North Am Small Anim Pract 18: 87–93.

Barr JW, McMichael M (2012): Inherited disorders of hemostasis in dogs and cats. Top Companion Anim Med 27: 53–58.

Birkbeck R, Humm K, Cortellini S (2019): A review of hyperfibrinolysis in cats and dogs. J Small Anim Pract 60: 641–655.

Brooks M (1999): Hereditary bleeding disorders in dogs and cats. Vet Med 94: 555–564.

Burton AG, Jandrey KE (2020): Use of thromboelastography in clinical practice. Vet Clin North Am Small Anim Pract 50: 1397–1409.

Couto CG (1999): Clinical approach to the bleeding dog or cat. Vet Med 94: 450–459.

Fogh JM and Fogh IT (1988): Inherited coagulation disorders. Vet Clin North Am Small Anim Pract 18: 231–244.

Fry W, Lester C, Etedali NM, Shaw S, DeLaforcade A, Webster CR (2017): Thromboelastography in dogs with chronic hepatopathies. J Vet Intern Med. 31: 419–426.

Herring J, McMichael M (2012): Diagnostic approach to small animal bleeding disorders. Top Companion Anim Med 27: 73–80.

Hogan DF (2017): Feline cardiogenic arterial thromboembolism: Prevention and therapy. Vet Clin North Am Small Anim Pract 47: 1065–1082.

Johnstone IB (1988): Clinical and laboratory diagnosis of bleeding disorders. Vet Clin North Am Small Anim Pract 18: 21–33.

Kier AB, Bresnaham JF, White FJ, Wagner JE (1980): The inheritance pattern of factor XII deficiency in domestic cats. Can J Comp Med 44: 309–314.

Kristiansen PS, Nielsen LN (2021): Immunomodulatory and immunosuppressive drug protocols in the treatment of canine primary immune thrombocytopenia, a scoping review. Acta Vet Scand 63: 54.

Littlewood JD (1989): Inherited bleeding disorders of dogs and cats. J Small Anim Pract 30: 140–143.

Littlewood JD (1992): Differential diagnosis of haemorrhagic disorders in dogs. In Practice 14: 172–180.

Martin-Ambrosio Francés M, Seth M, Sharman M, Pollard D, Ortiz AL, Miller R, Natsiopoulos T, Walker D, Jones B, Hardwick J, Glanemann B, Salas Garcia A, Bacon J, Gómez Selgas A (2023): Causes of thrombocytopenia in dogs in the United Kingdom: A retrospective study of 762 cases. Vet Med Sci 9: 1495–1507.

Mischke R (1999): Hämostasediagnostik beim Hund. 2. Prinzip, Technik und Referenzbereich verschiedener Untersuchungsverfahren. Prakt Tierarzt 80: 836–855.

Mischke R (2000): Hämostasediagnostik beim Hund: 3. Ergebnisinterpretation und Differentialdiagnose. Prakt Tierarzt 81: 25–32.

Mischke R (2012): Hämophilie A und B beim Hund. Tierarztl Prax Ausg K Kleintiere Heimtiere 40: 44–53.

Nagahara T, Ohno K, Nagao I, Nakagawa T, Yokoyama N, Ohmi A, Goto-Koshino Y, Chambers JK, Uchida K, Tomiyasu H, Tsujimoto H (2021): Changes in the coagulation parameters in dogs with protein-losing enteropathy between before and after treatment. J Vet Med Sci 83: 1295–1302.

Parry BW (1989): Laboratory evaluation of hemorrhagic coagulopathies in small animal practice. Vet Clin North Am Small Anim Pract 19: 729–742.

Peterson JL, Couto CG and Wellman ML (1995): Hemostatic disorders in cats: a retrospective study and review of the literature. J Vet Intern Med 9: 298–303.

Prins M, Schellens CJ, van Leeuwen MW, Rothuizen J, Teske E (2010): Coagulation disorders in dogs with hepatic disease. Vet J 185: 163–168.

Ralph AG, Brainard BM (2012): Update on disseminated intravascular coagulation: when to consider it, when to expect it, when to treat it. Top Companion Anim Med 27: 65–72.

Simpson K, Chapman P, Klag A (2018): Long-term outcome of primary immune-mediated thrombocytopenia in dogs. J Small Anim Pract 59: 674–680.

Spurling NW (1980): Hereditary disorders of haemostasis in dogs: a critical review of the literature. Vet Bull 50: 151–173.

Thomason J, Lunsford K, Mackin A (2016): Anti-platelet therapy in small animal medicine. J Vet Pharmacol Ther 39: 318–335.

Vilar Saavedra P, Lara García A, Zaldívar López S, Couto G (2011): Hemostatic abnormalities in dogs with carcinoma: a thromboelastographic characterization of hypercoagulability. Vet J 190: e78–83.

5 Kardiologie

Michael Deinert

5.1 Klinische Untersuchung des Zirkulationsapparates

5.1.1 Einleitung und Definitionen

Der Untersuchung des Zirkulationsapparates geht die Feststellung der Indikation oder eine direkte Auftragsstellung voraus. Anlass für eine weiterführende kardiologische Untersuchung können bestimmte Symptome (Dyspnoe, Synkopen, Leistungsschwäche) oder Befunde (Herzgeräusch, Arrhythmie) sein. Darüber hinaus stellen Screening-Untersuchungen von anamnestisch und klinisch unauffälligen Tieren, beispielsweise zur Feststellung der Zuchttauglichkeit oder aufgrund einer Familienanamnese von Herzkrankheiten, einen häufigen Vorstellungsgrund dar.

Chronische Herzinsuffizienz: Unabhängig von der zugrunde liegenden Herzkrankheit bedeutet dies, dass das Herz seine Aufgabe, die peripheren Gewebe mit Blut zu versorgen, nur mithilfe erhöhter Füllungsdrücke erfüllen kann. Aufgrund der dazu notwendigen weitreichenden Änderungen in der Steuerung von Wasser- und Natriumhaushalt, Blutvolumen, Blutdruck- und Gefäßregulation handelt es sich bei einer chronischen Herzinsuffizienz um ein multi-endokrines Syndrom. Greifen die anfänglichen Kompensationsmechanismen nicht mehr, kommt es zum Herzversagen (sog. dekompensierte Herzinsuffizienz). Der Patient befindet sich dann im symptomatischen oder klinisch apparenten Stadium einer Herzkrankheit. Man unterscheidet u. a. Rechtsherz-, Linksherzinsuffizienz, Globalinsuffizienz, Vorwärts-, Rückwärtsversagen.

Klappeninsuffizienz: Undichte Herzklappe mit der Folge von Blutrückfluss (Regurgitation) während der Schlussphase der Klappe. Der Begriff beinhaltet keine Aussage über Ursache oder Schweregrad.

Kardiomyopathie: Überbegriff für Krankheiten des Herzmuskels (Myokardium) ohne Aussage über Ursache oder Schweregrad. Es sind systolische, diastolische, aber auch rein elektrokardiographische Einschränkungen der Funktion möglich. Von einer okkulten Kardiomyopathie spricht man, wenn noch keine klinischen Symptome bestehen, die Krankheit aber durch spezielle Untersuchungen (Echokardiographie, EKG) nachweisbar ist.

Kongestion: Ist ganz allgemein die Zunahme der Blutmenge in einem bestimmten Gebiet. Sie tritt als venöse Stauung infolge einer Herzinsuffizienz auf (Rückwärtsversagen). Die kongestive Herzinsuffizienz ist die häufigste Form der Herzinsuffizienz beim Kleintier.

Synkope: Kreislaufbedingte, meist kurze Phase von Bewusstlosigkeit.

Ruheatemfrequenz: Atemfrequenz des ruhenden, aber wachen Tieres. Dient zur Früherkennung einer kongestiven Linksherzinsuffizienz.

5.1.2 Anamnese

Allgemeine Anzeichen einer Herzinsuffizienz sind Leistungsschwäche, respiratorische Symptome und Synkopen. Chronische, fortgeschrittene Herzinsuffizienz führt zu einer kardialen Kachexie. Symptome einer Herzinsuffizienz sind nicht spezifisch, sie treten auch bei anderen Krankheiten auf.

Linksherz- und **Rechtsherzinsuffizienz** können oftmals schon anhand des Vorberichts unterschieden werden, aber auch Kombinationen beider sind möglich. Die **Linksherzinsuffizienz** führt zu einer Stauung in den kleinen Kreislauf. Der Druck im venösen System der Lunge steigt. Kapillarflüssigkeit tritt zunächst ins Interstitium, dann in den Alveolarraum aus und führt zu einem interstitiellen bzw. alveolären **Lungenödem**. Der Tierhalter beobachtet zunächst Polypnoe, dann Dyspnoe mit Leistungsschwäche. Bei einem hochgradigen Lungenödem kann Stauungssekret hochgehustet werden. Ein Thoraxerguss (Ansammlung von Stauungsflüssigkeit im Pleuraspalt) führt zu einer erschwerten Atmung mit verstärkten Atembewegungen. **Rechtsherzinsuffizienzen** bewirken einen Anstieg des zentralen Venendruckes. Bei kurzhaarigen Hunden sind gestaute Jugularvenen leicht zu erkennen. Die Kongestion der Lebervenen führt zu Hepatomegalie und **Aszites**. Aszites fällt dem Besitzer als Umfangsvermehrung des Bauches auf. Die Folge ist ein Zwerchfellhochstand, der Atembeschwerden und Anorexie verursacht. Die Stauung im Splanchnikusgebiet beeinträchtigt die enterale Resorption und lässt zudem eiweißhaltige lymphatische Flüssigkeit in den Intestinaltrakt austreten. **Gewichtsverlust** durch enterale Proteinverluste sowie **Flatulenz** und **Diarrhö** können auftreten. Die Hypalbuminämie fördert dann zusätzlich die Entstehung von Aszites.

Eine gesteigerte Flüssigkeitsaufnahme – **Polydipsie** – wird vielfach bemerkt. Einer drohenden Kreislaufinsuffizienz wird mit einer Steigerung des Zirkulationsvolumens gegengesteuert (Renin-Angiotensin-Mechanismus). Selten wird vom Tierhalter eine **Tachykardie** registriert. Mit einer Steigerung der Herzfrequenz versucht der Organismus, die Herzleistung aufrechtzuerhalten.

Periphere Ödeme (Gliedmaßen) kommen bei Hunden und Katzen mit Herzinsuffizienz praktisch nicht vor. Diese weisen eher auf eine lymphatische Stauung, erhöhte Gefäßwandpermeabilität oder eine Hypoproteinämie hin.

Die Kenntnis zurückliegender oder akuter Krankheiten (Fieber, Sepsis) sowie von Auslandsaufenthalten (Dirofilariose) kann von Bedeutung sein. Weitere anamnestische Auffälligkeiten, wie beispielsweise **Synkopen** oder **Zyanose** unter Belastung, werden bei den speziellen Herzkrankheiten besprochen.

5.1.3 Untersuchungsgang

Gefäße

Der Kreislauf besteht aus vier Systemen: Arterien, Kapillaren, Venen und Herz. Diese vier Systeme werden separat beurteilt und die Befunde zusammen interpretiert.

Arterien: Die Beurteilung der Arterien erfolgt beim „Pulsfühlen". Folgende Punkte sind zu beachten: Intensität, Regelmäßigkeit, Gleichmäßigkeit, Amplitude, Form, Frequenz, Symmetrie, Pulsdefizit. Sie stehen in Abhängigkeit vom Vorwärtsschlagvolumen des linken Ventrikels, der Pulsfrequenz, der Ejektionsgeschwindigkeit, der Elastizität der arteriellen Gefäßwände, dem peripheren Widerstand, der Reizbildung und -leitung.

Physiologische **Pulsfrequenz:**

- Hund: 60–120/min
- Katze: 120–180/min

Die genannten Werte beziehen sich auf den Ruhepuls. Durch Aufregung und Angst kann insbesondere bei Katzen die Pulsfrequenz über 200/min hinausgehen. Der Tierarzt sollte gegebenenfalls bei Verdacht auf eine stressbedingt hohe Pulsfrequenz den Tierhalter zuhause die Pulsfrequenz oder Herzfrequenz bestimmen lassen.

Unter einer **respiratorischen Sinusarrhythmie** versteht man einen vom Atemzyklus abhängigen periodischen Wechsel der Herzfrequenz, die häufig beim Hund festgestellt wird. Beim Hecheln und bei hoher Herzfrequenz ist keine respiratorische Sinusarrhythmie festzustellen. Der genaue Mechanismus der respiratorischen Sinusarrhythmie ist nicht gänzlich geklärt. Es kommt zu einer Abnahme des Vagotonus während der Inspiration und damit zu einer Steigerung der Herzfrequenz. Das Schlagvolumen des Herzens nimmt dann mit steigender Herzfrequenz ab. Zudem wird während der Inspiration mehr Blut im kleinen Kreislauf gesammelt, was zu einer Verminderung des Schlagvolumens beiträgt. In der Exspirationsphase sinkt die Herzfrequenz durch Zunahme der Vagusaktivität. Gleichzeitig wird das Schlagvolumen durch das während der Exspiration aus dem Lungenkreislauf dem Herzen vermehrt zufließende Blut entsprechend erhöht. Die respiratorische Sinusarrhythmie ist grundsätzlich Zeichen eines funktionell gesunden Herzens mit erhaltener vegetativer Zügelung. Ihr Vorliegen schließt eine dekompensierte Herzkrankheit praktisch aus. Sie kann jedoch bei Krankheiten der Atemwege durch tiefe Atemzüge verstärkt sein.

Das Auftreten eines ungleichen und unregelmäßigen Pulses oder gar eines **Pulsdefizits** – d. h. der festgestellten Herzaktion folgt kein Pulsschlag – weist auf Herzrhythmusstörungen hin. Zur Erkennung eines Pulsdefizits muss deshalb gleichzeitig zum Pulsfühlen eine Auskultation erfolgen. Zur weiteren Charakterisierung von Herzrhythmusstörungen ist ein EKG anzufertigen.

Kapillaren: Die Kapillaren werden an den peripheren Schleimhäuten beurteilt – Maulschleimhaut, Konjunktiven und Skleren. Die Genitalschleimhäute sind weniger geeignet, da oberflächliche Entzündungsprozesse eine vermehrte Rötung bewirken können. Sie müssen aber bei Hinterhandschwäche durch Hypoxämie in der Aorta descendens aufgrund eines reversen Ductus Botalli persistens in die Untersuchung miteinbezogen werden.

Die relativ dünne Lamina propria der Schleimhäute lässt darunteriegende Blutgefäße besser durchscheinen als die oberen Schichten der äußeren Haut. Eine leicht bläuliche Verfärbung des Blutes bei mangelnder Sauerstoffbeladung ist an den Schleimhäuten als Zyanose zu erkennen.

Das Maß der peripheren Durchblutung kann anhand der **kapillären Füllungszeit** (KFZ) abgeschätzt werden. Die physiologische kapilläre Füllungszeit liegt zwischen ein und zwei Sekunden. Sie lässt sich am zuverlässigsten an der Schleimhaut der Oberlippe bestimmen. Die KFZ kann infolge einer Vasokonstriktion bei niedrigem Blutdruck verlängert sein. Eine prompte Füllung der Kapillaren kann dagegen auf eine periphere Hyperämie mit weitgestellten Gefäßen hinweisen, was beispielsweise bei einem septischen Schock vorkommt.

Venen: Eine Kongestion in den großen Kreislauf führt zu einer Steigerung des zentralen Venendrucks (ZVD). Der ZVD ist ein Maß für die Vorlast des Herzens und entspricht dem Druck im rechten Atrium. Anzeichen eines erhöhten ZVD sind Stauungen peripherer Venen. Die Episkleralgefäße können umfangsvermehrt und geschlängelt erscheinen. Eine Kongestion der V. jugularis ist bei angehobenem Kopf des Patienten zu erkennen – bei langhaarigen Hunde- und Katzenrassen bei gescheiteltem oder mit Flüssigkeit benetztem Fell. Die V. jugularis nimmt an den Druck- und Volumenschwankungen des rechten Atriums während des Herzzyklus teil. Dadurch ensteht ein physiologischer, sichtbarer Jugularvenenpuls, der sich invers zum arteriellen Puls verhält (sog. negativer Venenpuls). Ein positiver Venenpuls tritt dagegen synchron zum arteriellen Puls bei einer Trikuspidalinsuffizienz auf und ist pathologisch. Die V. saphena ist beim Hund in stehender Position physiologischerweise deutlich gefüllt. Zur Beurteilung ist der Patient in Seitenlage zu verbringen und die Hintergliedmaße auf mittlere Körperhöhe (Herzhöhe) plus fünf Zentimeter anzuheben. Die V. saphena sollte in dieser Position kollabieren. Anderenfalls liegt ein erhöhter ZVD vor.

Eine Steigerung des ZVD bewirkt auch eine Kongestion der Lebervenen mit der Folge einer Hepatomegalie, die u. U. deutlich palpabel oder aber per Bildgebung festzustellen ist. Nach dem Einsetzen einer Rechtsherzinsuffizienz (akut infolge eines Hydroperikards) kann zeitnah Aszites auftreten. Der ZVD kann durch Einführen eines zentralen Venenkatheters in die V. jugularis und das Verbinden mit einer kommunizierenden, senkrechten Flüssigkeitssäule an einem Zentimetermaß abgelesen werden. Der physiologische ZVD liegt zwischen +2 und +10 cm H_2O und kann bei einer Herzinsuffizienz bis 30 cm H_2O ansteigen. Negative Werte treten bei Volumenmangel auf.

Blutdruck: Der arterielle **Blutdruck** ist eine resultierende Größe aus Herzleistung (Herzminutenvolumen) und Gefäßwiderstand. Das Herzminutenvolumen ergibt sich aus Schlagvolumen und Herzfrequenz. Der (systolische) Blutdruck wird mit Doppler- oder oszillometrischen Methoden oder invasiv gemessen: Bei der Doppler-Methode wird mit einer Blutdruckmanschette an den Gliedmaßen (proximal oder distal des Tarsus, proximal des Carpus) oder an der Schwanzwurzel der Blutfluss durch Aufblasen der Manschette unterbunden. Der Puls wird distal der Manschette mit einer Doppler-Sonde akustisch dargestellt. Die Messung des dazu notwendigen Manschettendruckes erfolgt über ein Manometer. Die Manschettenbreite sollte etwa 40 % des Beinumfangs an der Messstelle betragen. Zu breite Manschetten liefern falsch niedrige, zu schmale Manschetten falsch hohe Messwerte. Die Doppler-Methode erlaubt nur die Messung des systolischen Blutdrucks. Daneben gibt es noch eine Reihe von oszillometrischen Messgeräten und die invasive Blutdruckmessung mittels arterieller Punktion.

Bei der Messung des Blutdrucks sollten immer Methode, Manschettengröße, Lokalisation, Herzfrequenz und untersuchende Person dokumentiert werden, um die Variablen für zukünfige Kontrolluntersuchungen konstant zu halten. Unter klinischen Bedingungen wird bei Hunden und Katzen folgender Blutdruck als physiologisch angesehen:

- systolisch: 110–160 mmHg
- diastolisch: 70–90 mmHg
- mittlerer: 80–110 mmHg

Eine Hypertonie ist definiert als eine dauerhafte Erhöhung des systolischen Blutdruckes über den Referenzbereich. Mit dem Grad der Hypertonie steigt die Wahrscheinlichkeit von Endorganschäden (Herz, Niere, Auge, ZNS) an. Eine arterielle Hypertonie wird beim Kleintier durch Niereninsuffizienz, Hyperthyreose, Hyperadrenokortizismus, Diabetes mellitus, seltener durch Phäochromozytom, Hyperaldosteronismus oder Polyzythämie hervorgerufen. Die Ursache der Hypertonie lässt sich beim Tier (sekundäre Hypertonie) im Gegensatz zu den Verhältnissen beim Menschen (essenzielle Hypertonie) meist, aber nicht immer finden. Zudem existiert ein Graubereich für eine aufregungsbedingte Hypertonie durch den Einfluss der Praxisumgebung.

Eine Hypotonie kann bei einem Volumenmangel, während einer Anästhesie oder bei Herzkrankheiten mit Vorwärtsversagen auftreten (Perikarderguss, Kardiomyopathien mit systolischem Versagen, Arrhythmien).

Herz

Adspektion

Adspektorisch ist der Herzschlag nur bei kurzhaarigen und tiefbrüstigen Hunden zu erkennen. Dieser Untersuchung kommt in Bezug auf das Herz keine Bedeutung zu. Es ist aber manchmal ein Vorstellungsgrund, da der Besitzer dabei Auffälligkeiten bemerkt.

Palpation
Der Herzstoß, Ictus cordis, ist links zwischen dem 4.–6. Interkostalraum und rechts zwischen dem 3.–5. Interkostalraum zu palpieren. Die Größe des Palpationsfeldes hängt von der Herzgröße, dem Schlagvolumen (Anstrengung, Aufregung), der Stärke der Thoraxwand und vom dazwischenliegenden Lungengewebe ab. Beim gesunden Tier ist der Herzstoß immer zu palpieren (links stärker als rechts). Ausnahmen sind hochgradige Adipositas und krankhafte Prozesse, die das Herz von der Thoraxwand drängen (Pneumo-, Hydrothorax, Perikarderguss). Bestimmte Herzkrankheiten führen zu einem palpierbaren Schwirren, einer fühlbaren Vibration über dem Punctum maximum des Herzgeräusches.

Auskultation
Herztöne: Beim gesunden Tier können erster und zweiter Herzton regelmäßig auskultiert werden. Der dritte und vierte Herzton sind nur selten zu hören und können meist nur phonokardiographisch korrekt zugeordnet werden. Ein häufiges Beispiel ist der Galopprhythmus (exakter: Galoppherztöne) bei der Katze durch einen dritten Herzton.

Entstehung der Herztöne:

1. Herzton: Ventrikelkontraktion, Schluss der Atrio-Ventrikularklappen
2. Herzton: Schluss der Semilunarklappen
3. Herzton: diastolischer Füllungston
4. Herzton: Vorhofkontraktion

Herzgeräusche: Herzgeräusche können kardial oder selten extrakardial (dann als Nebengeräusche bezeichnet) auftreten. Die Grenze zwischen dem Entstehungsort von Herzgeräuschen und Nebengeräuschen ist das Perikard. Herzgeräusche entstehen durch Störungen des physiologischen Blutflusses im Herzen. Die Ursache ist der Übergang einer laminaren in eine turbulente Strömung durch eine Beschleunigung des Blutflusses. Ursache können Herzklappen-, Herzwand- oder Gefäßveränderungen, aber auch Änderungen der Fließeigenschaften des Blutes sein (sog. „funktionelle“ Herzgeräusche bei Anämie und/oder Hypoproteinämie durch Abnahme der Blutviskosität). Das Punctum maximum eines Herzgeräusches liefert Hinweise auf die anatomische Lokalisation der Geräuschentstehung im Herzen (rechts – links, Herzbasis – Herzspitze) (Abb. 5.1, 5.2, 5.3). Bei kleinen Tieren (Katzen) ist die Festlegung der Puncta maxima schwieriger. Die Intensität der Herzgeräusche kann typische Schwankungen und akustische Charakteristika aufweisen. Ein An- oder Abschwellen der Intensität wird als „crescendo“ bzw. „decrescendo“ bezeichnet. Weiterhin gibt es „bandförmige“ Geräusche mit gleichbleibender Intensität. Der Zeitpunkt und die Zeitdauer des Geräusches werden der Herzaktion zugeordnet. Systolische und diastolische Geräusche werden je nach Zeitpunkt in früh-, holo- oder endsystolisch bzw. -diastolisch unterschieden. Isolierte

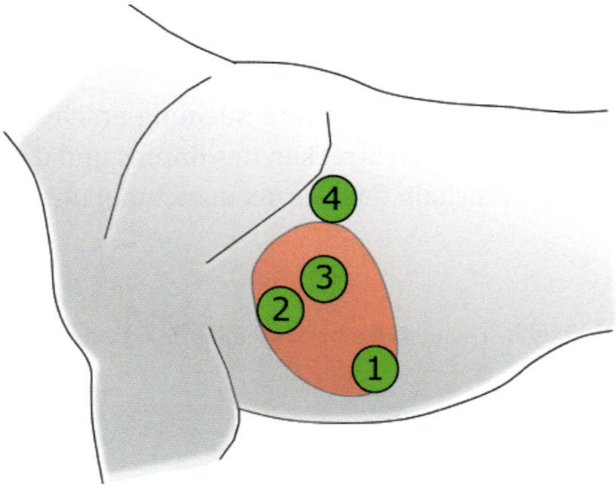

Abb. 5.1 Linksseitige Puncta maxima (PM) bei der Auskultation des Hundes: Das PM einer Mitralinsuffizienz ist als systolisches, bandförmiges oder decrescendo-artiges Geräusch sternumnah zu hören (1). Geräusche der Ausstrombahnen liegen herzbasiswärts auf Höhe der Klappenebene. Das PM einer Pulmonalstenose (2) liegt weiter kranial als das einer Aortenstenose (3). Sie treten als systolische Geräusche mit crescendo-decrescendo-Charakter auf. Das PM eines persistierenden Ductus arteriosus liegt noch weiter dorsal am kaudalen Scapularand. Es ist ein kontinuierliches Geräusch mit systolisch lauter und diastolisch leiser Komponente, deshalb wird es auch als Maschinengeräusch bezeichnet (4).

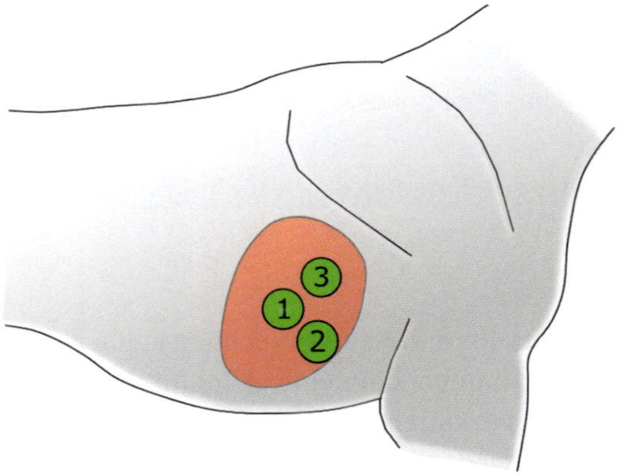

Abb. 5.2 Rechtsseitige Puncta maxima (PM) des Hundes (alle systolisch): Das PM einer Trikuspidalinsuffizienz liegt zentral (1), kranioventral davon ist weit ausstrahlend ein Ventrikelseptumdefekt zu hören (2). Eine Aortenstenose (3) liegt herzbasiswärts und ist durch ihre zentrale Lage rechts und links nahezu gleichlaut hörbar und strahlt auch in die Apertura thoracis.

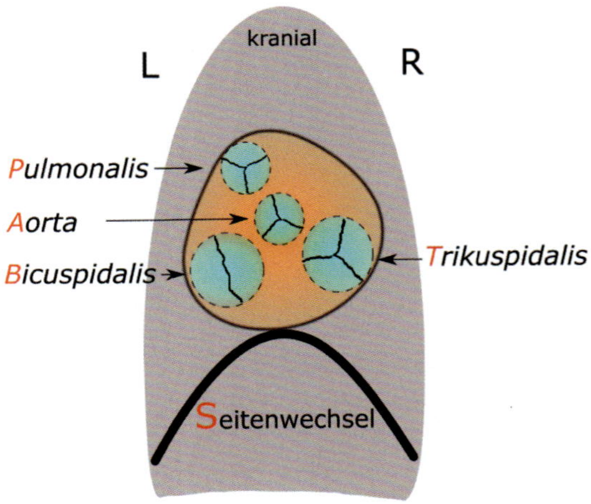

Abb. 5.3 Schematische Darstellung der Klappenebene von dorsal zum Verständnis der „PABST"-Regel. Die Puncta maxima (PM) von Pulmonalklappe (P), Aorta (A) und Mitralklappe (Bikuspidalklappe, B) liegen von kranial kommend nacheinander linksseitig, nach einem Seitenwechsel (S) gelangt man rechts zum PM der Trikuspidalklappe (T). Zu beachten sind dabei auch die unterschiedlichen Lagen der PM bezüglich Herzbasis und Herzspitze (s. Abb. 5.1 und 5.2).

diastolische Herzgeräusche sind beim Kleintier jedoch selten. „Kontinuierliche Geräusche“ treten über den gesamten Herzzyklus (Systole und Diastole) auf.

Das Schnurren mancher Katzen kann eine kardiologische Untersuchung erschweren. Während der Auskultation kann das Schnurren durch Strecken des Kopfes und das Ausüben eines leichten Drucks auf die Trachea unterhalb des Larynx manchmal unterbunden werden.

Tabelle 5.1: **Übersicht über die auskultatorische Herzgeräuschlautstärke beim Kleintier in 6 Lautstärkegraden**

Intensität eines Herzgeräusches	
Grad	**Beschreibung**
1	sehr leise, mit Verzug zu hören, nur bei absolut ruhiger Umgebung
2	leiser als Herzton, jedoch sofort und kontinuierlich zu hören
3	mittellaut (etwa Herztonlautstärke)
4	lauter als Herzton, aber kein Schwirren palpierbar
5	überlaut, sofort zu hören, wenn das Phonendoskop die Thoraxwand berührt, Schwirren palpierbar
6	extrem laut, hörbar ohne Kontakt des Phonendoskops zur Thoraxwand

Perkussion

Die Perkussion hat beim Kleintier für die unmittelbare Herzuntersuchung keine besondere Bedeutung. Bei mittelgroßen und großen Hunden kann eine absolute Herzdämpfung links 4 cm und rechts 3 cm vom Sternum perkutiert werden. Die Perkussion der sternumnahen Thoraxwand kann bei Dämpfung jedoch Hinweise auf das Bestehen eines Hydrothorax, eines hochgradigen Hydroperikards, Atelektasen oder vergleichbaren Veränderungen geben.

5.2 Röntgendarstellung des Herzens

Die radiologische Darstellung des Herzens und der thorakalen Strukturen (Gefäße, Lungenparenchym, Bronchien, Mediastinum, Pleuraräume, Zwerchfell) und ggf. auch abdominaler Veränderungen (Hepato-, Splenomegalie, Aszites) stellt in der Kardiologie eine zentrale Untersuchungstechnik dar, weil sie eine Vielzahl von Informationen liefert. Sie ist als erste weiterführende Untersuchungstechnik insbesondere dann indiziert, wenn respiratorische Symptome bestehen. Bei schwerer Dyspnoe muss zuvor beurteilt werden, ob die Untersuchung dem Patienten zugemutet werden kann. Die apparative Ausstattung soll an die Erfordernisse bei einem großen Hund und der atmungsbedingt möglichst kurzen Belichtungszeit von ca. 1/100 Sekunde angepasst sein. Das Führen einer Belichtungstabelle mit der Angabe von Thoraxdurchmesser und erprobten Belichtungswerten ist anzuraten.

Zur Beurteilung müssen Röntgenaufnahmen in Inspiration in mindestens zwei Ebenen angefertigt werden, d. h. in laterolateraler (LL) und dorsoventraler (DV-) Projektion. Die laterolaterale Projektion kann in rechts oder links anliegender Position erfolgen. Die Patienten müssen dabei möglichst exakt gelagert werden.

Lagerung:

- Laterolaterale Projektion
  - Rechts oder links anliegend
  - Vordergliedmaßen nach vorne ziehen
  - Exakt waagerecht lagern
- Dorsoventrale oder ventrodorsale (VD-) Projektion
  - Exakte symmetrische Lagerung (Brustbein und Dornfortsätze zentral)

Die Lagerung des Patienten in DV-Ausrichtung hat für kardiologische Fragestellungen gegenüber der VD-Ausrichtung u. a. den Vorteil einer besseren Zentrierung der Herzlage und damit einer besseren Interpretierbarkeit von Form und Größe des Herzens.

Vorteile der DV-Projektion:

- Bessere Beurteilung der Herzgröße
- Weniger abhängig von Thoraxform
- Dorsale Lungenfelder voll entfaltet
- Gefäße und Knoten durch Projektion aus Distanz vergrößert
- Gefäße und Infiltrate in luftgefüllter Lunge mehr kontrastiert
- In Notfällen mit Dyspnoe besser geeignet

Vorteile der VD-Projektion:

- Leichter symmetrisch zu lagern
- Teilweise größere Akzeptanz durch Patienten
- Lunge insgesamt besser entfaltet
- Hydrothorax verdeckt Herz weniger

5.2.1 Röntgenanatomie des Herzens

Die schematisierte Röntgenanatomie des normalen Herzens eines Hundes ist in **LL-Projektion** in Abb. 5.4 dargestellt. Der kaudale Rand des Herzens wird vom linken Ventrikel gebildet, der kaudodorsale vom linken Vorhof und der kraniosternale vom rechten Ventrikel und dem rechten Herzohr. Kraniodorsal liegt der Abgang des Aortenbogens.

Herzgröße

Die Größe des Herzens wird mit der **Herzwirbelsumme** („**vertebral heart size**", VHS) ausgedrückt. Voraussetzung hierfür sind technisch einwandfreie Thoraxröntgenaufnahmen. Das physiologische Herz weist in der LL-Projektion folgende Abmessungen auf:

- Messung der langen Herzachse: Strecke von der Herzbasis (untere Kante der trachealen Bifurkation oder des linken Stammbronchus, wenn er durch ein vergrößertes linkes Atrium angehoben ist) bis zur Herzspitze
- Messung der kurzen Herzachse: maximale Breite der Herzsilhouette im mittleren Drittel (ventraler Rand der Vena cava caudalis) senkrecht zur obigen Längsachse

Beide Strecken werden separat ab der vorderen Kante des vierten Brustwirbelkörpers nach kaudalwärts an die Brustwirbelsäule angelegt. Der kaudal gelegene Intervertebralspalt wird dabei dem kranial gelegenen Wirbelkörper jeweils hinzugerechnet und die Gesamtstrecke auf eine Stelle nach dem Komma (Zahl der vollständen Wirbelkörper plus die Zehntel des letzten Wirbelkörpers mit seinem kaudalen Intervertebralspalt) addiert (Abb. 5.4).

Referenzwerte VHS (LL-Projektion):

- Hund < 10,7 Wirbel (9,7 ± 0,5; MW ± 2x SD)
- Katze < 8,1 Wirbel (7,5 ± 0,3; MW ± 2x SD)

Es ist zu beachten, dass auch bei dieser Technik Rasseunterschiede bestehen; besonders bei Hunden mit kurzem Thorax und kleineren Brustwirbeln liegen signifikant höhere Referenzwerte vor (bestimmte brachyzephale Rassen bis 12,7). Es sollte auch auf Keilwirbel oder fusionierte Wirbel geachtet werden. Die Messwerte sind für individuelle Verlaufskontrollen der Herzgröße trotzdem verwendbar.

Messung des linken Atriums in der lateralen Thoraxröntgenaufnahme anhand der **linksatrialen Wirbelsumme** („**vertebral left atrial size**", VLAS). Die Messung beginnt wie beim VHS am ventralen Rand der Trachea aus Höhe der trachealen Bifurkation und reicht zum kaudalen Rand des linken Atriums auf Höhe der dorsalen Konturlinie der Vena cava caudalis (Abb. 5.6). Bei der Katze erfolgt die Bestimmung des VLAS nach einer anderen Methode. Hier wird eine senkrechte Linie von der Linie der Längsmessung des VHS ausgehend zum kaudalen Rand des linken Atriums auf Höhe der dorsalen Konturlinie der Vena cava caudalis gezogen und ebenfalls ab dem 4. Brustwirbel in Wirbelkörpern gemessen (Abb. 5.7). Die Bestimmung der Referenzwerte erfolgte sowohl bei

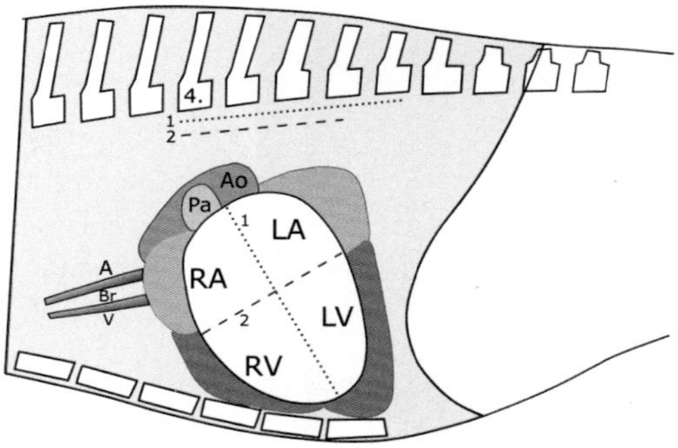

Abb. 5.4 Schema des Herzens in der laterolateralen Projektion mit Darstellung der Vorwölbung von vergrößerten Vor- und Hauptkammern. Ao = Aortenbogen, Pa = Pulmonalarterie, LA = linkes Atrium, RA = rechtes Atrium, LV = linker Ventrikel, RV = rechter Ventrikel, Br = Bronchus, A = bronchienbegleitende Lungenarterie, V = bronchienbegleitende Lungenvene. Die Linien 1 (gepunktet) und 2 (gestrichelt) stellen die Längs- bzw. Quermaße der Herzsilhouette zur Messung der Herzwirbelsumme dar. Sie werden ab dem kranialen Rand des 4. Brustwirbelkörpers nach kaudal gemessen und addiert (Weiteres s. Text).

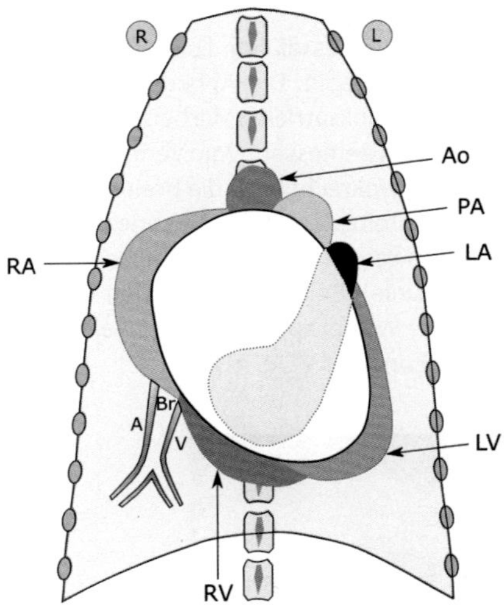

Abb. 5.5 Schema des Herzens in der dorsoventralen Projektion mit Darstellung der Vorwölbung von vergrößerten Vor- und Hauptkammern. Der Anatomie des Herzens in der DV-Projektion entsprechen im Uhrzeigersinn:

11–1 Uhr	Aortenbogen (Ao)
1–2 Uhr	Pulmonalarterienstamm (PA)
2–3 Uhr	Hund: linkes Herzohr Katze: linker Vorhof (LA)
2–6 Uhr	linker Ventrikel (LV)
7–11 Uhr	rechter Ventrikel (RV)
9–11 Uhr	rechter Vorhof (RA)

Bronchus (Br), bronchienbegleitende Lungenarterie (A), bronchienbegleitende Lungenvene (V) (beispielhaft für den rechten Hauptlappen eingezeichnet).

den Hunden als auch bei den Katzen an kleinen Fallzahlen, sodass diese Ergebnisse als vorläufig angesehen werden müssen.

Referenzwerte VLAS LL-Projektion:

- Hund < 2,3 Wirbel (Median 2,1; Interquartilsabstand 1,8–2,3)
- Katze < 1,3 Wirbel (Median: 1,1; 2,5/97,5 % Perzentil: 0,75–1,3)

Der Befund „Kardiomegalie“ ist keine Diagnose, sondern erfordert weitere Diagnostik, z. B. Herzultraschall. Bei bestimmten Herzkrankheiten (konzentrische Hypertrophie) kann die Herzwirbelsumme im Referenzbereich liegen. Zur Messung eines vergrößerten linken Atriums wurden zusätzliche Messmethoden beschrieben (VLAS), jedoch besitzt die subjektive Beurteilung von Herzgröße und -form auch weiterhin eine große Bedeutung.

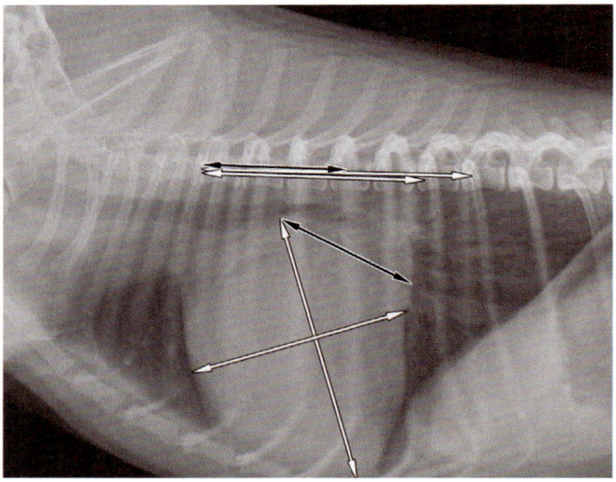

Abb. 5.6 Laterale Thoraxröntgenaufnahme eines Hundes, Zustand nach kardialem Lungenödem aufgrund einer Mitralendokardiose und Stabilisierung mit Furosemidtherapie. Die Abbildung zeigt die Messungen der Herzwirbelsumme (vertebral heart size, VHS) und der linksatrialen Wirbelsumme (vertebral left atrial size, VLAS). Der VHS wird durch zwei summierte Linien gemessen: Vom ventralen Rand der Trachea auf Höhe der trachealen Bifurkation zur Herzspitze und senkrecht dazu die breiteste Stelle zum ventralen Rand der Vene cava caudalis, was in der Regel der breitesten Stelle entspricht (weiße Linien). Der VLAS wird ebenfalls von der trachealen Bifurkation zum kaudalen Rand des linken Atriums auf Höhe der dorsalen Grenze der Vena cava caudalis (schwarze Linie). Beide Maße werden von der vorderen Endplatte des vierten Brustwirbels ausgehend als Zahl der Wirbel ausgedrückt (angefangene Wirbel in Zehnteln). In diesem Beispiel ist der VHS 6,3 + 5,2 = 11,5 und der VLAS = 3,4.

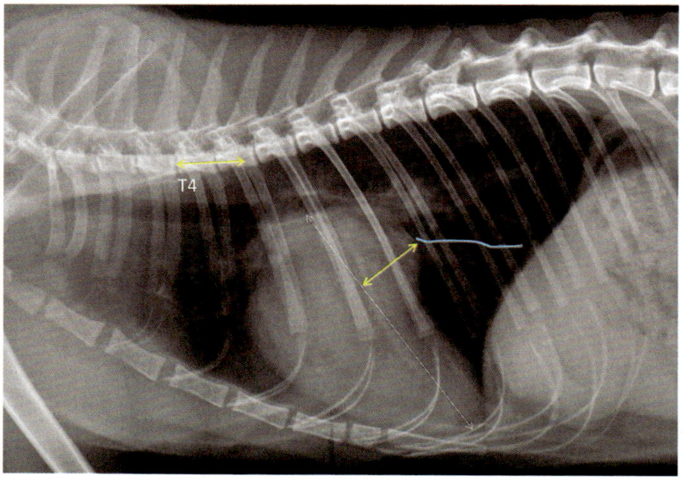

Abb. 5.7 Laterale Thoraxröntgenaufnahmen einer Katze mit linksatrialer Vergrößerung aufgrund einer Kardiomyopathie. Die Abbildung zeigt die Messung der linksatrialen Wirbelsumme (vertebral left atrial size, VLAS). Messung erfolgt von der Längsmessung des VHS (weiße Linie) in einer dazu senkrechten Linie (gelbe Linie) zum kaudalen Rand des linken Atriums auf Höhe der dorsalen Grenze der Vena cava caudalis (blaue Linie). Dieses Maß wird von der vorderen Endplatte des vierten Brustwirbels (T 4) ausgehend als Zahl der Wirbel ausgedrückt (angefangene Wirbel in Zehnteln). In diesem Beispiel ist der VLAS 1,6 (Referenz bis 1,3).

In der **DV-Projektion** (Abb. 5.5) werden die kaudalen Herzgrenzen links und rechts der Medianen vom linken bzw. rechten Ventrikel begrenzt. Die rechte kraniale Kontur wird vom rechten Vorhof und die linke kraniale vom Pulmonalarterienstamm und dem linken Herzohr gebildet. Diese Projektion ist vor allem bei der Katze hilfreich, weil eine atriale Vergrößerung hier deutlicher erkennbar sein kann als in der lateralen Ebene und sich deshalb auch in einer erhöhten Wirbelsumme (in der Querachse) niederschlägt. Physiologische Position und die Größenverhältnisse sind wie folgt:

Position: Die Achse von der Herzbasis zur Spitze liegt
- Beim Hund: 30° links der Medianen
- Bei der Katze: auf der Medianen (Messung der kardialen Längsachse deshalb schwierig)

Größe: transversaler Herzdurchmesser bei Inspiration (!)
- Beim Hund: 60–65 % der Thoraxweite
- Bei der Katze: 50 % der Thoraxweite

Herzwirbelsumme (DV):
- Beim Hund < 11,8 (10,2 ± 0,8)
- Bei der Katze (nur Querachse sinnvoll): < 4 (3,4 ±- 0,25)

Die Wirbelzählung erfolgt dabei auf der lateralen Aufnahme. Die Längenmessung in der DV-Ebene erfolgt von Herzspitze zu Herzbasis, die hier etwa auf 5.00 Uhr bzw. 11.00 Uhr liegen. Die Querachse ist ebenfalls die breiteste Strecke senkrecht zur Längsachse. Die VD-Projektion führt beim Hund zu um 5 % größeren Ergebnissen in der Längsachse und um 7 % größeren in der Querachse. Weitere Bemerkungen dazu siehe unter LL-Projektion.

Perikardiales Fett kann eine vergrößerte Herzkontur vortäuschen Es besitzt aber eine geringere Röntgendichte als das Herz, sodass es davon differenzierbar ist. Bei **tiefbrüstigen Rassen** steht das Herz steil im Thorax und erscheint in der DV-Projektion als rundes Herz. In einem **fassförmigen Thorax** wirkt das Herz relativ breit.

Blutgefäße

In der **LL-Projektion** liegt die Pulmonalarterie dorsal und die Pulmonalvene ventral des Bronchus. Beide haben physiologischerweise die gleiche Größe. Sie entspricht an der Stelle der Kreuzung mit der vierten Rippe der Rippenhalsweite nahe dem Rippenkopf. Im kranialen Thorax liegen die Gefäße der rechten Lungenlappen in der rechten Seitenlage und die der linken Lungenlappen in der linken Seitenlage weiter kranial.

Der Aortenstamm überlagert das Herz in der **DV-Projektion**. Der Aortenrand liegt links der Medianen, die V. cava caud. rechts der Medianen. Die Pulmonalvenen verlaufen medial der Bronchien, die Pulmonalarterien lateral. Die Pulmonalvenen münden von kaudal in den linken Vorhof.

5.2.2 Interpretation von Röntgenbildern

Zur vollständigen Interpretation von Thoraxaufnahmen ist auch im Rahmen einer kardiologischen Röntgenuntersuchung eine standardisierte Vorgehensweise zu empfehlen. Sie beginnt mit der Beurteilung der technischen Qualität der Aufnahme in Hinsicht auf Lagerung, Atmungsphase (Ziel: Inspiration) und Belichtung. Dann sind zunächst extrakardiale und extrapulmonale Strukturen (Wirbelsäule, Sternum, Rippen, Zwerchfell, kraniales Abdomen, Pleurahöhle, Mediastinum) zu begutachten. Die spezielle Befundung von Herz und Lunge beginnt mit der Betrachtung von Trachea und Stammbronchien, der Gefäße (Pulmonalarterien und -venen, Aorta , Vena cava caudalis), des Lungenparenchyms und letztendlich des Herzens selbst. Im Uhrzeigersinn (Abb. 5.4 und 5.5) wird die Herzkontur gemustert sowie Größe und Lage des Herzens sowie der herznahen großen Gefäße festgestellt.

Extrakardiale Ursachen abnormer Herzprojektionen können in Bezug auf die Lage des Herzens in Lungenatelektasen und -verdichtungen, mediastinalen Tumoren, Pneumothorax (Herz zentralisiert, Lungengefäße und -schatten reichen nicht bis in Peripherie der Pleurahöhle) sowie Sternumfrakturen und -fehlbildungen bestehen. Die Herzkontur kann durch die Atemphase (Exspiration statt Inspiration) oder durch die Addition eines anderen Schattens (Tumor, Herzbeutelerguss, peritoneo-perikardiale Hernie) scheinbar vergrößert sein.

Röntgenologische Darstellung von Herzkammer- und Herzvorkammervergrößerung

Der häufigste pathologische Befund bei Hunden ist die Vergrößerung des **linken Vorhofs** infolge einer Mitralinsuffizienz. In der LL-Projektion sind Trachea und Bifurkation angehoben. Der linke Stammbronchus liegt dann weiter dorsal als der rechte. Die Taillierung des Herzens ist aufgehoben und die Herzkontur nach kaudodorsal zu einem Dreieck ausgezogen („Mitralisdreieck", s. Abb. 5.6). Beim Hund ist in der DV-Darstellung an der Position 2–3 Uhr das vergrößerte linke Herzohr ersichtlich, bei der Katze kommt es zu eine Verbreiterung der gesamten kranialen Herzsilhouette (s. **Abb. 5.28**).

Eine Vergrößerung des **linken Ventrikels** zeigt sich in der LL-Darstellung in einem parallelen Verlauf der Trachea zur Wirbelsäule. Trachea und Bifurkation sind angehoben. Die Herztaille ist verstrichen. Das Herz erscheint links etwas dysproportional vergrößert. Der linke Ventrikelrand und die Herzspitze stellen sich in der DV-Projektion vergrößert dar. Die Herzspitze kann nach rechts verschoben sein.

Die Vergrößerung des **rechten Vorhofes** ist im LL-Röntgenbild nicht sehr charakteristisch. Die Herzsilhouette ist dorsokranial vergrößert und kann dort durch die Überlagerung des Vorhof- und des Kammerschattens eine verstärkte Weichteilzeichnung aufweisen. Verlängert man den Verlauf der Vena cava caudalis kranialwärts, so zeigt dieser durch eine Anhebung in Richtung der Apertura thoraxis statt auf die ersten Sternebrae. Die Trachea wird über dem rechten Vorhof angehoben. In der DV-Projektion ist der Herzschatten im Bereich 9–11 Uhr vergrößert.

Eine Rundung des Herzens und eine breite Sternumauflage werden in der LL-Projektion bei einer Vergrößerung des **rechten Ventrikels** gesehen. Kaudal kann die

Herzspitze vom Sternum abgehoben erscheinen. Der kraniokaudale Herzdurchmesser ist verbreitert. Die V. cava caud. kann angehoben sein. Die DV-Darstellung zeigt eine Vergrößerung des Herzschattens zwischen 6–11 Uhr. Die Herzsilhouette ist nach rechts gerundet und hat die Form eines umgekehrten ‚Ds'. Die Herzspitze liegt weiter links der Medianen (Abb. 5.4 und 5.5).

Röntgendiagnose einer kongestiven Herzinsuffizienz

Ein verminderter Auswurf oder eine verminderte Aufnahme von Blut durch das Herz mit der Folge einer Minderversorgung der peripheren Gewebe bzw. Stauungszeichen (Kongestion) stellen eine Herzinsuffizienz dar. Bei den erworbenen Herzkrankheiten der Kleintiere kommt es vorherrschend zu einer kongestiven Herzinsuffizienz. Dieser Rückstau in den kleinen oder großen Kreislauf ist charakteristisch für die betroffene Herzseite.

Eine kongestive Linksherzinsuffizienz führt zu einem Rückstau in den kleinen, den Lungenkreislauf, mit der Folge von vergrößerten Lungenvenen und schließlich einem interstitiellen oder alveolären Lungenödem (kongestives Linksherzversagen, vgl. Abb 5.24 und 5.29). Eine Rechtsherzinsuffizienz bewirkt einen Rückstau in den großen, den Körperkreislauf, mit der Folge einer vergrößerten Hohlvene und der Entstehung von Aszites. Ein Thoraxerguss entsteht dagegen durch Stauung der viszeralen und parietalen Pleuravenen. Er kann sowohl bei kongestivem Linksherzversagen (v. a. bei der hypertrophen Kardiomyopathie der Katze), begleitend zu Aszites bei Rechtsherzversagen und häufig bei biventrikulärem Versagen (z. B. bei der dilatativen Kardiomyopathie des Hundes) auftreten.

Perikarderguss

Ein Perikarderguss verursacht eine globale, rundliche Vergrößerung der Herzsilhouette ohne Hervortreten bestimmter Anteile. Die Trachea ist in Richtung Wirbelsäule angehoben. Die Herzkonturen verstreichen. Der kaudale Herzschatten weist keine Taille mehr auf, sondern ist konvex. Die Herzsilhouette liegt dem Sternum breit auf. Das Maß der Veränderungen entspricht der Flüssigkeitsmenge in der Perikardhöhle. Ein akuter mittelgradiger Perikarderguss kann dabei stärkere hämodynamische Folgen (Rechtsherzinsuffizienz) haben als ein hochgradiger, aber langsam zunehmender, chronischer Perikarderguss. Bei den Symptomen einer Rechtsherzinsuffizienz (Aszites) sollte immer an einen Perikarderguss gedacht werden. Sonographisch kann ein Hydroperikard jedoch wesentlich sensitiver und spezifischer erkannt werden als röntgenologisch.

5.3 Elektrokardiographie (EKG)

Das Myokard besitzt zahlreiche membranphysiologische Besonderheiten gegenüber dem Skelettmuskel. Alle Zellen sind über sog. Gap-Junctions miteinander verbunden und bilden ein elektrophysiologisches Synzytium. Es ist unterteilt in das Erregungsbildungs- und -leitungssystem und das Arbeitsmyokard. Die Schrittmacherzellen besitzen kein konstantes Ruhepotenzial, sondern depolarisieren ständig langsam, bis es zum Aktionspotenzial kommt. Danach besteht eine Refraktärphase, innerhalb derer Myokardzellen nicht erregbar sind. Die Geschwindigkeit dieser spontanen Depolarisation ist hierarchisch angelegt. Der Sinusknoten besitzt die höchste Frequenz, es folgen der AV-Knoten und dann das Arbeitsmyokard. Das Erregungsleitungssystem steuert die Erregungswelle zeitlich und anatomisch auf ihrem Weg zum Arbeitsmyokard. Rhythmusstörungen entstehen hauptsächlich durch pathologische Autonomien einzelner Zentren, Blockierungen von Leitungsbahnen oder auch durch zusätzlich angelegte Leitungsbahnen sowie Läsionen im Arbeitsmyokard.

Indikationen zur Erstellung eines EKG:

- Rhythmusstörung oder Pulsdefizit
- Tachy- und Bradykardie
- Krampfanfälle, Synkopen
- Dyspnoe
- Zyanose
- Schock
- Narkoseüberwachung
- Perikardpunktion
- Elektrolytverschiebungen (Kalium, Kalzium)
- Kontrolle der Wirkung von Medikamenten und Elektrolyten
- Gefahr einer Herzschädigung (Magendrehung, Hitzschlag)
- Herzgeräusch
- Röntgenologische Kardiomegalie
- Nicht auskultierbare Herztöne (lautes Hecheln, Schnurren, Hydrothorax)

Aussagemöglichkeiten eines EKG:

- Erregungsleitungs- und Bildungsstörungen (Rhythmusstörungen)
- Verlaufskontrolle einer Myokardnoxe (Magendrehung)

Im EKG werden die Erregungsbildung der verschiedenen Schrittmacher und die Erregungsausbreitung registriert. Rhythmusstörungen umfassen Veränderungen von Erregungsbildung und -ausbreitung.

Gewebliche Veränderungen des Myokards können Einfluss auf die Amplitudenhöhe, -breite und -form nehmen. Eine Zunahme von Myokardgewebe wirkt sich generell verstärkend auf die Amplitudenhöhe und verlängernd auf die Amplitudendauer aus.

Flüssigkeit in der Umgebung des Herzens (Perikarderguss, Hydrothorax) wirkt sich dagegen mindernd auf die Amplitudenhöhe aus.

Das EKG ist das geeignete Instrument, um jede Form von Rhythmusstörungen zu diagnostizieren. Es kann keine verlässlichen Informationen für das Vorliegen von Herzklappen- und Gefäßveränderungen oder zur Myokardfunktion liefern. Strukturelle Abweichungen und funktionelle Störungen können **mit der Echokardiographie** wesentlich zuverlässiger erfasst werden.

5.3.1 Entstehung des Oberflächen-EKG

Die Ausbreitung der elektrischen Erregung zur positiven Elektrode hin wird als positiver Ausschlag dargestellt. Bei der Betrachtung des Herzens als Dipol und einer Erregungsausbreitung von der Herzbasis (negative EKG-Elektrode) zur Herzspitze (positive EKG-Elektrode) hin wird dann ein positiver Ausschlag registriert. Verlagert sich die Richtung des Depolarisationsstroms seitlich und verläuft nicht mehr direkt auf die positive Elektrode zu, so wird ein kleinerer positiver Ausschlag aufgezeichnet. Kehrt sich der Depolarisationsstrom um, entsteht eine negative Amplitude. Ein Nullvektor liegt vor, wenn die Richtung der Erregungsausbreitung und die Elektroden im senkrechten Winkel zueinander stehen.

Das physiologische EKG spiegelt die Erregungsbildung mit ihrer wellenartigen Ausbreitung in der rechten und linken Vorkammer, die Überleitung im Atrioventrikularknoten (AV-Knoten), die Ausbreitung im Kammerseptum und in der seitlichen Kammerwand als auch die anschließende Repolarisation wider (Abb. 5.8). Vom Sinusknoten ausgehend, breitet sich die Erregungswelle durch den rechten Vorhof in gerader

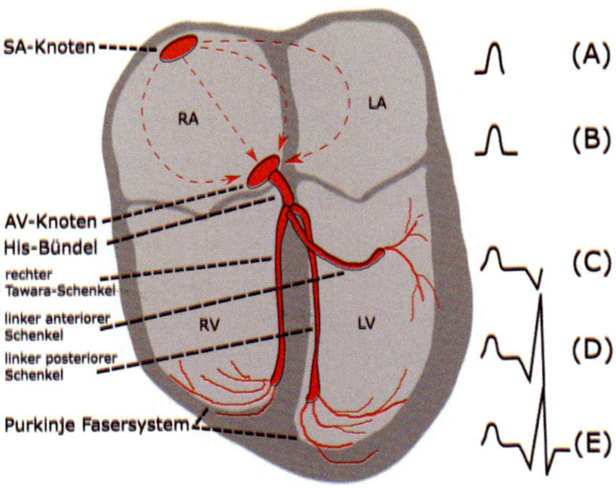

Abb. 5.8 Entstehung und Ausbreitung der Erregungswelle über das Reizbildungs- und -leitungssystem des Herzens: Sinusknoten, Vorkammern, Atrioventrikularknoten, Kammerseptum (His-Bündel, Tawaraschenkel) und Myokard (Purkinjefasersystem). Rechtsseitig das phasenzugehörige EKG. Genaue Erläuterung im Text.

Richtung auf die positive Elektrode aus. Die erste Zacke des EKG, die positive **P-Welle**, erscheint (A). Die Erregung des linken Vorhofs verläuft quer zur Ausrichtung der Elektroden. Die P-Welle flacht daher wieder ab. Die Erregungsausbreitung im rechten Vorhof ist für den ersten Anteil, die im linken Vorhof für den späteren Anteil der P-Welle verantwortlich. Bei der Vergrößerung einer der beiden Vorhöfe kann dies deutlich werden. Während die Erregungsausbreitung physiologischerweise im AV-Knoten sistiert, verläuft die EKG-Linie zwischen P und Q auf der Grundlinie (B). Der anschließende QRS-Komplex entsteht durch die Kammererregung. Die **Q-Zacke** markiert den Beginn der Kammererregung und ist definiert als erster negativer, die R-Zacke als erster positiver und die S-Zacke als zweiter negativer Ausschlag. Der negative Verlauf der Q-Zacke beruht auf der seitwärts und rückläufig gerichteten Bewegung der Erregungswelle im Kammerseptum (C). Die Summe der elektrischen Wellen läuft dabei von der positiven Elektrode weg und ruft einen negativen Ausschlag im EKG hervor. Die **R-Zacke** wird durch die zeitgleiche Erregung der linken und rechten Kammermuskulatur bewirkt (D). Die Erregungsausbreitung verläuft entlang des Purkinjefaser-Systems vom Endokard aus in Richtung Epikard. Infolge der Dominanz der Muskelmasse des linken Ventrikels weist der resultierende Vektor nach links auf die positive Elektrode an der Herzspitze. Im letzten Schritt der Kammererregung breitet sie sich in den Kammerwänden und im Kammerseptum zur Herzbasis hin aus (E), entgegengesetzt zur positiven Elektrode, und erzeugt einen negativen Ausschlag, die **S-Zacke**. Nach Abschluss des Kammerkomplexes erscheint eine kurze isoelektrische Gerade, nach der die Repolarisation mit Ausbildung der **T-Welle** beginnt.

Die zwischen den Ausschlägen liegenden Strecken werden nach ihren Endpunkten als PQ-Strecke und ST-Strecke bezeichnet. Die PQ-Dauer ist dagegen die Zeit von Beginn der P-Welle bis Begin der Q-Zacke (oder R-Zacke, wenn Q nicht vorhanden), also die zeitliche Summation aus P-Welle und PQ-Strecke. Die QT-Dauer bezeichnet dagegen die Zeit von Anfang der Q-Zacke bis Ende der T-Welle, also die zeitliche Summation aus QRS-Dauer, ST-Strecke und T-Welle.

Das Standard-EKG in der tierärztlichen Praxis ist das 6-Kanal-EKG. Um eine räumliche Vorstellung von den elektrischen Abläufen im Herzen zu bekommen, werden bipolare (nach Einthoven, I, II, III) und unipolare (nach Goldberg, aVR, aVL, aVF) Standardableitungen zur Darstellung der **Frontalebene** und Brustwandableitungen **(V)** zur Darstellung der **Transversalebene** angelegt. Die drei Ableitungen in der Frontalebene können wechselnd miteinander verschaltet werden, sodass sechs verschiedene Summenvektoren die elektrische Herzachse beschreiben – hexaaxiales Ableitungssystem (Abb. 5.9). Zur längeren Überwachung, beispielsweise während einer Narkose, ist dagegen ein 1-Kanal-EKG ausreichend. Für spezielle Fragestellungen (Abklärung von Synkopen, Indikationsstellung bzw. Kontrolle einer antiarrhythmischen Therapie, Erkennung okkulter Kardiomyopathien) wird ein 24-h-EKG (auch Holter-EKG genannt) empfohlen.

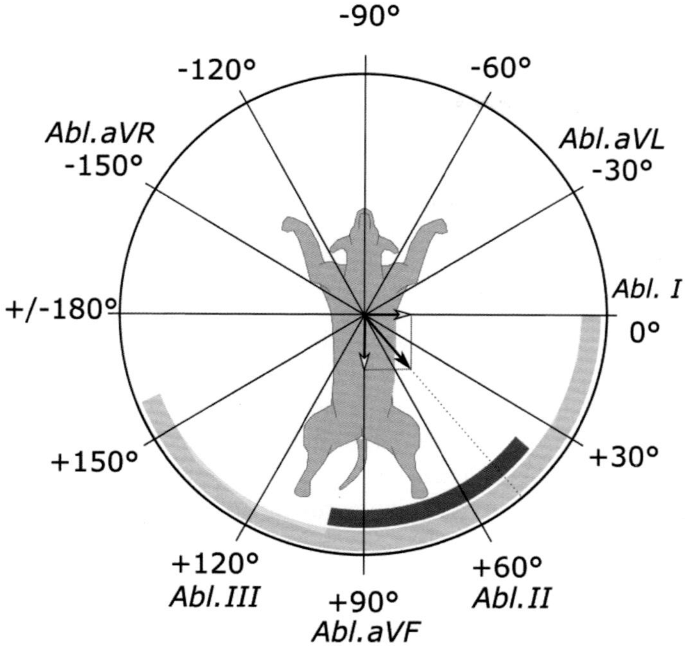

Abb. 5.9 Die bipolaren Ableitungen nach Einthoven (I, II, III) und die unipolaren nach Goldberg (aVR, aVL, aVF) sind in der Frontalebene als hexaaxiales Ableitungssystem eingezeichnet. Die mittlere elektrische Herzachse (MEA) beträgt beim Hund 40–100° (dunkelgrauer Sektor) und bei der Katze 0–160° (hellgrauer Sektor). Die Messung der MEA kann über die Konstruktion eines Parallelogramms der Summenvektoren der Ableitungen I und aVF erfolgen (weiße Pfeile). Der resultierende Vektor (schwarzer Pfeil) entspricht der MEA von etwa 50°.

Lagerung des Patienten:

- Unterlage nichtleitend
- Rechte Seitenlage
- Gliedmaßen senkrecht zur Körperachse
- Gliedmaßen ohne gegenseitige Berührung
- Beruhigung durch Tierhalter am Kopfende
- Keine Sedativa
- Alleinige Rhythmuskontrolle auch im Stehen oder in Brustlage möglich (bei Panik oder Dyspnoe), aber keine Aussage über mittlere elektrische Herzachse

5.3.2 EKG-Auswertung

Bei der systematischen Befundung eines EKG sollte eine Reihe von Punkten beachtet werden – Herzfrequenz, Herzrhythmus, Ausschläge und mittlere elektrische Herzachse (MEA) (Abb. 5.9 und 5.10, Tabelle 5.2). Weiterhin sollte darauf geachtet werden, ob im EKG-Gerät elektrische Filter aktiviert sind (Netzfilter, Muskelfilter). Die Referenzwerte für Amplituden sind ohne Filter definiert.

Herzfrequenz
Bei Kleintieren wird zur Auswertung ein EKG mit einer Papiergeschwindigkeit von 50 mm/s geschrieben. In drei Sekunden (1/20 Minute) werden 150 mm geschrieben. Die Anzahl der QRS-Komplexe in dieser Strecke multipliziert mit 20 ergibt die Herzfrequenz in Schlägen pro Minute. Die Herzfrequenz lässt sich sehr einfach auch mittels eines speziellen EKG-Lineals ablesen. Ergänzend wird zusätzlich noch ein sog. Rhythmusstreifen mit einer niedrigeren Papiergeschwindigkeit von 25 mm/s aufgezeichnet.

Herzrhythmus
Der normale Herzrhythmus (Sinusrhythmus) bedeutet einerseits, dass jede Erregungswelle vom Sinusknoten ausgehend in einer physiologischen Frequenz störungsfrei bis zur Repolarisation abläuft und andererseits, dass dabei keine zusätzlichen Erregungen, wie etwa Extrasystolen, auftreten. Ein Sinusrhythmus kann arrhythmisch sein (respiratorische Sinusarrhythmie), zu schnell (Sinustachykardie) oder zu langsam (Sinusbradykardie). Dem können physiologische oder pathologische Ursachen zugrundeliegen. Die Zeitabstände zwischen den Ausschlägen (PQ-Dauer, RR-Intervalle) werden auf Regelmäßigkeit und Größe untersucht. Mit steigender Herzfrequenz nimmt auch die PQ-Dauer ab. Unregelmäßige Intervalle können Anzeichen einer Arrhythmie sein. Form und Gleichförmigkeit der Ausschläge werden auf Abweichungen hin betrachtet. Bei der Form der QRS-Komplexe unterscheidet man schmale, physiologisch aussehende und verbreiterte, deformierte Komplexe („breite QRS“). Neben der QRS-Form muss zusätzlich auch das zeitliche Auftreten und der Bezug zur P-Welle in die Interpretation einbezogen werden, um Extrasystolen, Ersatzrhythmen und Schenkelblockaden voneinander unterscheiden zu können.

Breite, deformierte QRS-Komplexe entstehen, wenn die Erregungswelle auf dem „langsamen“ Weg von Zelle zu Zelle durch das Arbeitsmyokard läuft, bei schmalen QRS-Komplexen wird dagegen das ventrikuläre Reizleitungssystem genutzt. Ein verfrüht auftretender schmaler QRS-Komplex mit normaler vorgeschalteter P-Welle kennzeichnet eine atriale oder Vorhofextrasystole. Schmale QRS-Komplexe können aber auch – je nach zeitlichem Auftreten – als Extrasystole oder als Ersatzrhythmus aus dem Bereich des AV-Knotens stammen. Es fehlt dann die vorgeschaltete P-Welle, manchmal ist eine negative P-Welle durch retrograde Vorhoferregung vorhanden. Verfrüht auftrende breite QRS-Komplexe ohne vorgeschaltete P-Wellen werden normalerweise als Kammerextrasystolen angesehen. Der Erregungsimpuls stammt dann aus dem ventrikulären Myokard. Dies ist auch der Fall, wenn breite QRS-Komplexe nach einer längeren

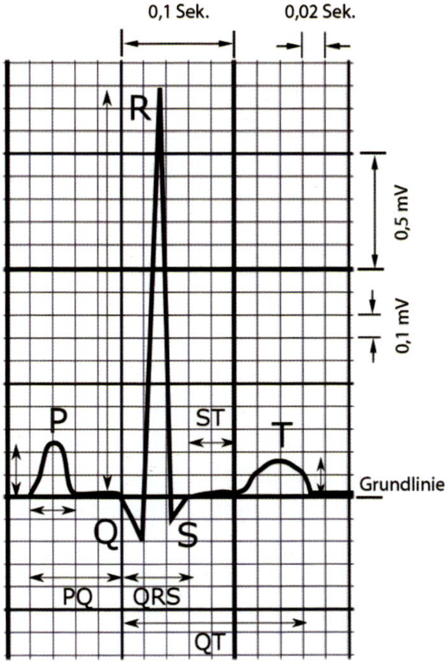

Abb. 5.10 Idealisierte Abbildung eines Herzzyklus im EKG (II. Ableitung). P-Welle, QRS-Komplex, T-Welle. Die Ausschlaghöhe ist kalibriert: 1 cm = 1 mV. Die Papiergeschwindigkeit beträgt 50 mm/s. Ein kleines Quadrat entspricht 0,02 s.

Tabelle 5.2: **Referenzwerte zur Vermessung eines EKG für Hund und Katze basierend auf der Darstellung in Abb. 5.10 (definiert ohne elektrische Filter), MEA = mittlere elektrische Herzachse**

	Hund	Katze
Herzfrequenz/min	70–160 Zwergrassen bis 180 Welpen bis 220	160–240
P-Welle	0,4 mV 0,04 s*	0,2 mV 0,04 s
PQ-Dauer	0,06–0,13 s	0,05–0,09 s
R-Zacke	2,5–3,0 mV*	0,9 mV
QRS-Komplex	0,05–0,06 s*	0,04 s
ST-Senkung	< 0,2 mV	keine
ST-Hebung	< 0,15 mV	keine
QT-Dauer	0,15–0,25 s**	0,12–0,18 s**
T-Wellen	Polarität variiert < ¼ R-Zacke	positiv, < 0,3 mV
MEA	40–100°	0–160°

Amplituden und Dauer gelten für Ableitung II ohne aktivierte elektronische Filter
* abhängig von der Größe des Hundes
** bei physiologischer Herzfrequenz

Pause auftreten. Dann handelt es sich jedoch um einen Kammerersatzschlag, der eine physiologische „Rettungsaktion" des untergeordneten Zentrums darstellt. Breite QRS-Komplexe im Verbund eines Sinusrhythmus (normofrequent, vor jedem QRS-Komplex eine P-Welle) sind Kennzeichen einer (Tawara-)Schenkelblockade. Je nach elektrischer Ausrichtung des QRS-Komplexes unterscheidet man Rechts- und Linksschenkelblöcke.

Als Sonderfälle anzusehen sind schließlich Vorhofextrasystolen oder -tachykardien mit einer Schenkelblockade, weil diese bei nicht sicher identifizierbaren P-Wellen aufgrund der breiten QRS-Form mit Kammerextrasystolien verwechselt werden können.

Mittlere elektrische Achse (MEA)

Die Lage der MEA wird in erster Linie vom Ventrikelmyokard bestimmt. Sie liegt beim Hund im Bereich von 40–100°, bei der Katze 0–160°. Eine Vergrößerung des betreffenden Ventrikels führt zu einem Abweichen der MEA zur entsprechenden Seite hin (Vergrößerung der MEA bei Rechtsherz-, Verkleinerung bei Linksherzvergrößerung oder Zunahme der Muskelmasse). Des Weiteren beeinflusst eine Störung der Erregungsleitung die MEA. Gestörte Leitungsbahnen ziehen eine Dominanz des betroffenen Ventrikels nach sich. Die Erregungswelle wandert auf „langsamem" Wege zur geblockten Region und bewirkt eine entsprechende Änderung des Summenvektors in diese Richtung.

Zur Bestimmung der MEA werden zunächst die positiven und die negativen Ausschläge bestimmter QRS-Komplexe addiert. Diese Summe aller negativen und positiven Ausschläge wird als Nettoamplitude bezeichnet. Heben sich positive und negative Ausschläge auf, wird von einer isoelektrischen Ableitung gesprochen.

Die MEA kann zunächst grob abgeschätzt werden: Die Nettoamplitude der Goldberg-Ableitungen aVR sollte bei physiologischer Herzachse negativ sein, aVL negativ oder isoelektrisch, die aVF dagegen positiv. Unter den Einthoven-Ableitungen sollte die Ableitung II die größte positive Nettoamplitude besitzen.

Zur genauen Berechnung kann die MEA der Frontalebene als Summe zweier Nettoamplituden im Cabrera-Kreis geometrisch konstruiert werden. Für die Berechnung bieten sich dazu die Nettoamplituden der senkrecht zueinanderstehenden Ableitungen I und aVF an (Abb. 5.9).

Bestimmung der MEA (s. Abb. 5.9):

1. Nettoamplitude Ableitungen I und aVF bestimmen
2. Ergebnis maßstabsgerecht oder absolut in mm als Linien entlang der Ableitungsrichtung (bei I und aVF rechtwinklig) vom Nullpunkt aus eintragen
3. Ein vollständiges Rechteck (bei Ableitung I und aVF) oder Parallelogramm (bei Ableitung I und III) bilden
4. Der Winkel der Diagonalen (von Rechteck oder Parallelogramm) gegenüber der 0°-Linie entspricht der MEA.

Zusammenfassende Vorgehensweise bei EKG-Auswertung

Der Untersucher hat sich bei der Auswertung eines EKG folgende Fragen zu stellen:

1. Sinusrhythmus?
   Ein Sinusrhythmus ist an den regelmäßigen und gleichmäßigen P-Wellen, die jedem QRS-Komplex vorgeschaltet sind, zu erkennen, d. h. jede P-Welle führt zu einem QRS-Komplex, jeder QRS-Komplex hat „seine" P-Welle. Die Herzfrequenz ist zu ermitteln.
2. P-Wellen?
   Die P-Wellen können überhöht oder verbreitert und m-förmig zweigipfelig sein.
3. QRS-Komplexe?
   Der QRS-Komplex sollte physiologisch geformt und schmal sein. Verbreiterungen, Formveränderungen oder Abweichungen des Nettovektors treten bei myokardialen Veränderungen oder bei Reizbildungs- und Reizleitungsstörungen auf, weil dann nicht das schnelle Reizleitungssystem genutzt wird, sondern die Erregung langsam von Zelle zu Zelle verläuft. Breite QRS-Komplexe können unter 3 Umständen auftreten: a) verfrüht als Extrasystole (engl. „premature beat"), b) spät als physiologischer Ersatzrhythmus, wenn höherliegende Zentren ausgefallen sind (engl. „escape beat") oder c) zeitlich korrekt mit P-Welle bei einem Schenkelblock.
4. T-Wellen?
   Die T-Welle sollte nicht höher als ca. ein Viertel der R-Zacke sein. Sie kann positiv, negativ oder biphasisch sein. Veränderung bei Repolarisationsstörung.
5. Intervalle?
   Die Intervalle sollten im Referenzbereich liegen. PQ-Dauer steht dabei in einer Abhängigkeit zur Herzfrequenz. Sehr kurze PQ-Dauer bei akzessorischen Leitungsbahnen, verlängerte PQ-Dauer bei AV-Block I. Grades. Absenkungen der ST-Strecke treten bei Myokardschäden auf.

5.3.3 Häufige Arrhythmien

5.3.3.1 Sinusrhythmus

- Sinustachykardie
  - Erhöhte Herzfrequenz (physiologische Herzfrequenz s. Kap. 5.1.3)
  - Ursache: Aufregung, Anstrengung, Schock, Anämie, Fieber, Infektionskrankheiten, Hypoxie, Herzinsuffizienz
- Sinusbradykardie
  - Unphysiologisch langsame Herzfrequenz (physiologische Herzfrequenz s. Kap. 5.1.3)
  - Ursache: Vagotonus, ZNS-Störung, Vagusreizung, Antiarrhythmika, Anästhetika, Hyperkaliämie, Sinusknotenerkrankung
  - Differenzierung einer vagusbedingten Bradykardie oder Bradyarrhythmie von anderen Ursachen erfolgt durch einen Atropintest: 0,04 mg/kg KM Atropin i. v., nach spätestens 15 Minuten sollte die Herzfrequenz > 140/Minute sein

- Sinusarrhythmie
  - „Wandernder Schrittmacher", Ort der Erregung wechselt innerhalb des Sinusknotens oder ins Vorhofmyokard; PQ-Dauer kürzer und P-Welle negativer, je weiter Erregung vom Sinusknoten entfernt stattfindet
  - Ursache: häufig beim Hund, ohne pathologische Bedeutung
  - Physiologische respiratorische Arrhythmie beim Hund (schneller bei Inspiration, langsamer bei Exspiration)

5.3.3.2 Erregungsleitungsstörungen

- **Sinuatrialer Block** (Sinusknotenimpuls wird nicht weitergeleitet, Pausen durch Wegfall einer ganzen Herzaktion)
  - Ursache: Vagotonus bei Inspiration (brachyzephale Rassen), Vagusreizung (Tumoren, chirurgische Eingriffe), Elektrolytimbalanzen, Digitalis, Chinidin, Atenolol, Propranolol
- **AV-Block I. Grades**
  - Verlängerte PQ-Dauer
  - Ursache: Vagotonus, Digitalis, Atenolol, Propranolol, Chinidin, Hyper- und Hypokaliämie
- **AV-Block II. Grades**
  - Regelmäßige P-Wellen, jedoch Ausfall einzelner QRS-Komplexe, Reiz wird am AV-Knoten nicht übergeleitet
  - Mobitz Typ I, Wenckebachsche Periodik (stetige Verlängerung der PQ-Dauer bis zum Ausfall des QRS-Komplexes und Wiederkehr des Prozesses)
    Ursache: Vagotonus, Anästhesie, Digitalis
  - Mobitz Typ II, Block unterhalb des His'schen Bündels mit fixem Überleitungsverhältnis (teilweise Verbreiterung des QRS-Komplexes)
    Ursache: Fibrose, Hypertrophie, Neoplasie
- **AV-Block III. Grades**
  - Dissoziation aller P-Wellen von QRS-Komplexen, nur Kammerkomplexe, keine übergeleiteten QRS-Komplexe
  - Ursache: degenerative, entzündliche oder tumoröse Veränderung der Reizleitung (Fibrose, Myokarditis, Kardiomyopathie)

5.3.3.3 Erregungsbildungsstörungen

Supraventrikuläre Impulsbildungsstörung
- **Sinusstillstand** fehlender Sinusknotenimpuls, im Oberflächen-EKG nicht unterscheidbar vom sinuatrialen Block, kann länger andauern als dieser, z. B. beim „Sick-Sinus"-Syndrom
- **Vorhofextrasystolen**
  - Zu früh auftretende Herzaktionen mit P-Wellen, Ursprung oberhalb des His-Bündels

- Nicht-kompensatorische Pause: der Sinusknoten wird durch die Extrasystole zurückgesetzt, der Abstand zwischen den beiden Sinusaktionen vor und nach der Extrasystole ist daher kürzer als der reguläre RR-Abstand
- Ursache: Vorhofvergrößerung, Digitalisintoxikation, Anästhesie, Tumor im rechten Vorhof (Hämangioendotheliom), Aufregung, Schmerzen

• **Vorhoftachykardie/supraventrikuläre Tachykardie**
  - Ursache: Vorhofvergrößerung, Digitalisintoxikation, akzessorische Leitungsbahnen (Wolff-Parkinson-White-Syndrom o. a.)
• **Vorhofflattern** (300–500/min) grobe zählbare Flatterwellen
• **Vorhofflimmern**
  - Keine P-Wellen, stattdessen feines Flimmern (undulierende Grundlinie mit sog. F-Wellen), ungleiche RR-Intervalle, ungleich hohe R-Zacken
  - Ursache: Vorhofvergrößerung (dilatative Kardiomyopathie), Digitalisintoxikation, Anästhesie, Trauma, primäres Vorhofflimmern bei Riesenrassen

Impulsbildungsstörung im AV-Knoten

• **Extrasystolen aus AV-Knoten**
  - P-Welle negativ, weil Erregung retrograd in Vorhöfe und anterograd in Ventrikel weitergeleitet
  - Ursache: Digitalis, Vorhofvergrößerung
• **Tachykardie aus AV-Knoten**
  - Schneller als AV-Ersatzrhythmus (s. u.), d. h. > 60/min beim Hund infolge eines ektopen Impulsbildungszentrums im Bereich des AV-Knotens
• **Ersatzrhythmus** (physiologischer Rhythmus eines untergeordneten Schrittmachzentrums)
  - AV-Knoten-Ersatzrhythmus für fehlenden Sinusrhythmus oder fehlende Überleitung, RR-Frequenz 40–60/min beim Hund, 80–120/min bei der Katze, QRS-Komplex behält seine Form, wenn die Erregung über beide Tawara-Schenkel läuft. Durch retrograde Erregung können negative P-Welle auftreten

Impulsbildungsstörung im Ventrikel

• **Extrasystolen, ventrikuläre Extrasystolen (VES)**
  - Entstehung unterhalb des His-Bündels
  - Deformierter QRS-Komplex, plump und breit
  - Kompensatorische Pause: überlange Pause nach VES. Die folgende, reguläre Sinusaktion trifft auf refraktäres Myokard und fällt aus. Die Zeitspanne zwischen den beiden Sinusaktionen vor und nach der VES entspricht daher genau dem doppeltem RR-Abstand. Monomorphe VES: gleiche Morphologie und meist gleicher Abstand zum vorhergehenden QRS-Komplex, Entstehung in einem Focus; Polymorphe VES: vielgestaltige Form und variabler Abstand zum vorhergehenden QRS-Komplex, Entstehung in mehr als einem Focus, bei R-auf-T-Phänomen (R-Zacke der VES folgt unmittelbar auf vorhergehende T-Welle) Gefahr von Kammerflimmern
  - VES können in Mustern auftreten: Couplet: 2 VES nacheinander, Triplet: 3 VES

nacheinander, Bigeminus: eine VES immer im Wechsel mit einem Normalschlag, Trigeminus: 1 Nomalaktion, dann 2 VES, z. T. aber auch definiert als 2 Normalschläge und dann immer 1 VES
  - Negativer Ausschlag in Abl. II = Focus im linken Ventrikel
  - Positiver Ausschlag in Abl. II = Focus im rechten Ventrikel
  - Ursache: Myokardläsionen jeder kardialen oder extrakardialen Genese (Entzündung, Tumor, Dilatation, Kardiomyopathien); sekundär nach Pyometra, Magendrehung, Pankreatitis, Sepsis; Medikamenten-induziert nach Digitalis, Adrenalin, Anästhetika, Tumoren (besonders Milz)
- **Kammertachykardie, ventrikuläre Tachykardie** (regelmäßige, schnelle Abfolge von mind. 3 VES, dann auch als Salve bezeichnet)
  - Ursache: siehe Extrasystolen, häufiger kardiale Ursachen
- **Kammerflimmern**
  - Unregelmäßige, bizarre Flimmerwellen, terminaler Prozess
  - Ursache: Myokardschaden durch Schock, Anoxie, Sepsis, Hypokaliämie, Hypokalzämie, Azidose, Alkalose, Halothan, Barbiturate, Digitalis
- **Asystolie**
  - Fehlen von P-Wellen und QRS-Komplexen (Nulllinie)
  - Ursache: agonal (Azidose, Hyperkaliämie), (s. 5.3.3.5)
- **Ersatzrhythmus** (sekundäre Arrhythmie, idioventrikulärer Rhythmus)
  - Falls weder Sinus- noch AV-Rhythmus vorhanden
  - Frequenz des idioventrikulären Rhythmus < 40 pro Minute beim Hund, etwa 100 Schläge pro Minute bei der Katze
- **Akzelerierter idioventrikulärer Rhythmus**
  - Ektoper Kammerrhythmus ähnlich der Vorhoffrequenz (schneller als ein Kammerersatzrhythmus, aber langsamer als eine ventrikuläre Tachykardie), häufig isorhythmische Dissoziation (Koexistenz) von sinusgetriggerten und ventrikulären Komplexen, daher Fusionsschläge möglich. Häufig selbstlimitierend, durch höhere Sinusfrequenz terminierbar
  - Ursache: siehe Extraystolen, häufiger durch extrakardiale Ursachen verursacht

5.3.3.4 Kombination von Erregungsleitungs- und -bildungsstörung

- **Sinusknotenerkrankung („Sick-Sinus"-Syndrom)**
  - Sinusbradykardie, sinuatrialer Block/Stillstand und rezidivierende supraventrikuläre Tachykardie
  - Ursache: degenerative Erkrankung von Sinus- und AV-Knoten
  - „Bradykardie-Tachykardie-Syndrom"
  - „Syndrom des gestörten Ersatzrhythmus", nach Sinuspausen fehlen auch die AV-Ersatzschläge
  - Betroffen sind häufig weibliche Zwergschnauzer, West-Highland White-Terrier,
- **Atrioventrikuläre-, AV-junktionale Tachykardien, Präexzitationssyndrom**

- Z. B. Wolff-Parkinson-White (WPW)-Syndrom (= ventrikuläres Präexzitationssyndrom mit paroxysmaler Tachykardie durch akzessorische Leitungsbahnen)
- Ursache: angeboren, Tachykardie durch „Re-entry"-Mechanismus

5.3.3.5 Weitere EKG-Befunde

- **Linksschenkelblock, linker Tawara-Schenkel**
  - Breiter QRS-Komplex, positive Ableitungen I, II und III
  - Differenzialdiagnose: linksventrikuläre Hypertrophie (Abklärung durch Röntgen oder Echokardiographie)
  - Ursache: dilatative Kardiomyopathie, kongenitale Vitin, ausgedehnte degenerative Veränderungen
- **Rechtsschenkelblock, rechter Tawara-Schenkel**
  - Breiter QRS-Komplex, MEA nach rechts; tiefe, breite, M-förmige S-Zacke in den Ableitungen I, II, III und aVF
  - Ursache: kann physiologisch sein, Kardiomyopathie, kongenitale Vitin
- **Niedervoltage**
  - Niedrige Amplituden
  - Ursache: Perikarderguss, Adipositas, Lungenemphysem, Pneumothorax, Hypothyreose, hohe Hautimpedanz (Bernhardiner)
  - Perikarderguss: kleine Q-, R- und S-Zacken bei normaler P-Welle, alternierende QRS-Amplituden (elektrischer Alternans)
- **Elektrischer Alternans**
  - Sinusrhythmus mit alternierend wechselnder R-Zacken-Amplitudenhöhe
  - Ursache: Perikarderguss (Abb 5.33) und bei supraventrikulären Tachykardien (z. B. Wolff-Parkinson-White (WPW)-Syndrom)
- **ST-Strecke und QT-Dauer**
  - ST-Strecken-Absenkung oder -Anhebung, große physiologische Schwankungsbreite
  - Ursache: Myokardiale Ischämie, Hypoxie, Digitalisintoxikation, Hyper- und Hypokaliämie, Trauma
  - Verlängerung der QT-Dauer (Hypokalzämie und Hypokaliämie)
  - Verkürzung der QT-Dauer (Hyperkalzämie, Hyperkaliämie, Digitalis)
- **T-Wellen-Erhöhung**
  - Größer als ein Viertel der R-Zacke
  - Vergleich mit früheren EKG des Patienten
  - Ursache: Hyperkaliämie, Hypoxie, intraventrikuläre Leitungsstörungen, Ventrikelvergrößerung
- **Hyperkaliämie**
  - **K^+ = 5,6–8,5 mmol/l:**
  - P-Welle: kleiner, breiter
  - PQ-Dauer: länger

- R-Zacke: kleiner
- QRS-Komplex: länger
- QT-Dauer: länger
- ST-Strecke: Senkung
- T-Welle höher
- **K^+ > 8,5 mmol/l:**
- P-Welle: fehlt
- Herzfrequenz: ca. 40/min sinuventrikulärer Rhythmus (funktioneller Vorhofstillstand, aber Weiterleitung des Impulses auf den Ventrikel)
- QRS-Komplex: extrem breit
- Kammerflattern, -flimmern, Asystolie
- Ursache: M. Addison, oligurische oder postrenale Niereninsuffizienz, diabetische Ketoazidose

5.4 Antiarrhythmische Therapie

Allgemeine Therapiehinweise

- Exakte Arrhythmiediagnose
- Nicht kardiale Ursachen erkennen und behandeln: Säure-Basen-Haushalt, Elektrolythaushalt, Hypo-, Hyperthermie, Hypovolämie, Anämie, Sepsis, Pyrexie, Hypoxämie, Tumoren, intrakranielle Ursachen
- Potenziell arrhythmogene Medikamente absetzen
- Therapie einer kongestiven Herzinsuffizienz immer vor antiarrhythmischer Therapie, weitere Behandlungsindikation ergibt sich aus Ursache und hämodynamischer Relevanz
  - Antiarrhythmikum wählen
  - Bei Bradykardien: Atropin, Ipratropiumbromid, Theophyllin, Terbutalin
  - Bei Vorhoftachykardien: Digitalis, Diltiazem, Atenolol, Verpamil
  - Bei ventrikulären Tachykardien: Lidocain, Mexiletine, Sotalol, Propafenon, Amiodaron, Atenolol, Flecainid
  - Bei Digitalis-induzierter Arrhythmie: Phenytoin
  - Bei der Katze sind ß-Blocker (Atenolol, Propranolol) und Diltiazem zur Behandlung von Tachyarrhythmien anwendbar, mit Einschränkungen auch Digitalis
- Synergistische Effekte: Digitalis mit Diltiazem oder Atenolol verlängert additiv AV-Überleitung; Atropin und Theophyllin bei Bradykardien
- Antagonistische Effekte: ß-Blocker mindern die Wirkung von Epinephrin
- Kombinationen von Antiarrhythmika bei refraktären Arrhythmien
- Herzschrittmacher und Antiarrhythmikum
  - „Sick-Sinus"-Syndrom: Schrittmacher wegen Bradykardie und Antiarrhythmikum wegen Tachykardie

Spezielle Therapiehinweise

- **Sinustachykardie**
  - Ursachen finden und behandeln (z. B. Anämie, Hypovolämie, Hypoxämie, Schmerzen)
  - Propranolol bei unbehandelter Hyperthyreose/Thyreotoxikose (da hier auch ß2-Blockade notwendig)
  - Diltiazem oder Atenolol bei hypertropher Kardiomyopathie (Katze)
  - Bei kongestiver Herzinsuffizienz: Diuretika, Pimobendan, ACE-Hemmer/Spironolacton
- **Sinusbradykardie**
  - Atropin, Glykopyrrolat, Theophyllin, Terbutalin
  - Im Notfall: Epinephrin, Dopamin, Dobutamin
- **Sinusstillstand, -block**
  - Keine Therapie, wenn symptomfrei
  - Atropin bei Schwäche oder Synkopen, meist schrittmacherpflichtig
- **AV-Extrasystolen**
  - Digitalis, Therapie kongestive Herzinsuffizienz
- **Vorhoftachykardie/supraventrikuläre Tachykardie**
  - Sauerstoff, Ruhe
  - Vagusreiz: Druck auf Augen oder Carotissinus
  - Diltiazem, Atenolol, Verapamil, Digitalis
  - Ablation akzessorischer Leitungsbahnen
- **Vorhofflimmern**
  - Digitalis, Therapie kongestive Herzinsuffizienz
  - Zusätzlich Diltiazem → Senkung der Herzfrequenz
  - Bei primärem Vorhofflimmern elektrische Kardioversion
- **Ventrikuläre Extrasystolen (VES)**
  - Keine bei einzelnen VES, Ursachensuche
  - Therapie kongestive Herzinsuffizienz
  - Antiarrhythmika bei mehr als 20 VES/min, multifokalen VES, häufigen Couplets, R-auf-T-Phänomen: Lidocain, Mexiletine, Propafenon, Sotalol, Amiodaron, Atenolol, Flecainid
  - Phenytoin bei Digitalisintoxikation
- **Ventrikuläre Tachykardie**
  - Ursache finden, strenge Therapieindikation
  - Medikamente wie bei ventrikulärer Extrasystolie
- **Kammerflimmern**
  - Kardiopulmonale Wiederbelebung
  - Elektrische Defibrillation
  - Herzmassage am offenen Thorax
- **Ventrikuläre Asystolie**
  - Kardiopulmonale Wiederbelebung
  - Epinephrin
  - Elektrische Defibrillation

- **Vorhofstillstand**
  - Ursache finden (Hyperkaliämie behandeln), sonst siehe „Sick-Sinus"-Syndrom
  - *AV-Block I. und II. Grades*
    - Mobitz Typ I (Vagotonus, Anästhesie, Digitalis): keine Therapie
    - Mobitz Typ II (Fibrose, Hypertrophie, Neoplasie): Atropin, Theophyllin, Terbutalin, Schrittmacher bei Bradykardie mit Schwäche oder Synkopen
  - *AV-Block III. Grades*
    - Versuch Atropin, Theophyllin oder Terbutalin
    - Schrittmacher
  - *Sinusknotenerkrankung („Sick-Sinus"-Syndrom)*
    - Schrittmacher wegen Bradykardie
    - Digitalis oder Diltiazem wegen Tachyarrhythmie
  - *Atrioventrikuläre, AV-junktionale Tachykardien, Präexzitationssyndrom*
    - Wolff-Parkinson-White-Syndrom = ventrikuläres Präexzitationssyndrom und paroxysmale Tachykardie
    - Vagusreiz (Druck auf Augen oder Carotissinus)
    - Diltiazem, Lidocain, Atenolol, Verapamil
    - Ablation der akzessorischen Leitungsbahnen

5.5 Echokardiographische Untersuchungstechniken (2-D-Mode, M-Mode, Doppler-Verfahren)

Die sonographische Untersuchung erlaubt die zwei- und inzwischen auch dreidimensionale Darstellung der Binnenstruktur von Organen (2-D- oder B-Mode, 3-D-Mode). Es können die **Binnenräume des Herzens** und die herznahen Gefäße in ihren Dimensionen und Verhältnissen zueinander im Echtzeit-Modus („Real-time-Mode") in der Bewegung dargestellt werden. Darüber hinaus besteht mit der Doppler-Echokardiographie die Möglichkeit, Geschwindigkeit, Richtung, Strömungscharakter und zeitliches Auftreten der Blutflüsse im Herzen zu bestimmen. Die echokardiographische Untersuchung hat damit für nahezu alle kardiologischen Fragestellungen eine zentrale Bedeutung im klinischen Alltag.

Material

Die Echokardiographie unterscheidet sich von der abdominalen Sonographie in der Abstimmung der Graustufen (Kontrastierung) und der höheren Bildrate. Im Kardio-Modus sollten die M-Mode-Darstellung, Doppler-Module und dazugehörige Messprogramme sowie die Möglichkeit zur synchronen EKG-Aufzeichnung vorhanden sein.

Zur Untersuchung kann das Herz nur durch die Interkostalräume eingesehen werden. Deshalb kommen **Sektorschallköpfe** wegen ihrer kleinen Auflagefläche zum Einsatz. Je höherfrequent der Schallkopf, desto besser ist die Auflösung des Bildes, aber umso geringer ist die maximale Eindringtiefe. Katzen sollten daher mit einem 7,5 MHz-Schallkopf untersucht werden. Für fast alle Hunderassen kann eine 5 MHz-Sonde eingesetzt werden. Bei Vertretern der Riesenrassen oder bei subkostaler Anlotung ist vorzugsweise ein Schallkopf um 2,5 MHz zu verwenden.

Methode

Lufthaltige Gewebe, wie etwa die Lunge, stören im Gegensatz zu anderen Weichteilgeweben (Parenchyme, Hohlorgane) oder Flüssigkeiten bei der Untersuchung des Herzens. Um das von Lungengewebe umschlossene Herz besser für die Ultraschalluntersuchung zugänglich zu machen, werden die Patienten häufig in Seitenlage auf einem Lochtisch von unten her untersucht. Dadurch wird ein größeres Schallfenster geschaffen, da die umliegende Lunge durch das nach lateral fallende Herz etwas verdrängt wird.

Von den verschiedenen **sonographischen Standardschnittebenen** durch das Herz, die die Grundlage für die Messungen der kardialen Strukturen darstellen, werden routinemäßig im echokardiographischen Untersuchungsgang dargestellt:

- Rechts parasternal:
  - Längsschnitt, Vierkammerblick (Abb. 5.11) und Fünfkammerblick (Abb. 5.12, d. h. mit LVOT/Aorta, diese wird als „fünfte" Kammer angesprochen)

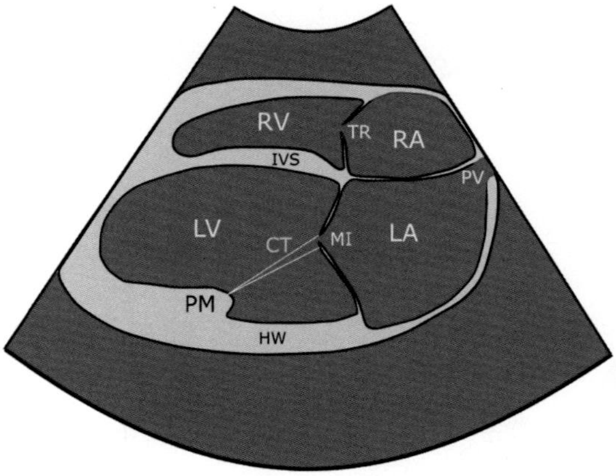

Abb. 5.11 Vierkammerblick, Längsachse bei parasternaler Schallkopfposition von rechts. Schallkopfnah liegt das rechte Herz: rechter Ventrikel (RV), rechtes Atrium (RA), Trikuspidalklappe (TR). Schallkopffern liegen die linken Herzanteile: linker Ventrikel (LV), linkes Atrium (LA); Mitralklappe (MI). Weitere Strukturen: ventrikuläres Septum (IVS), Chordae tendinae (CT), Papillarmuskeln (PM), linksventrikuläre freie Wand (HW) (modifiziert nach Thomas 1984).

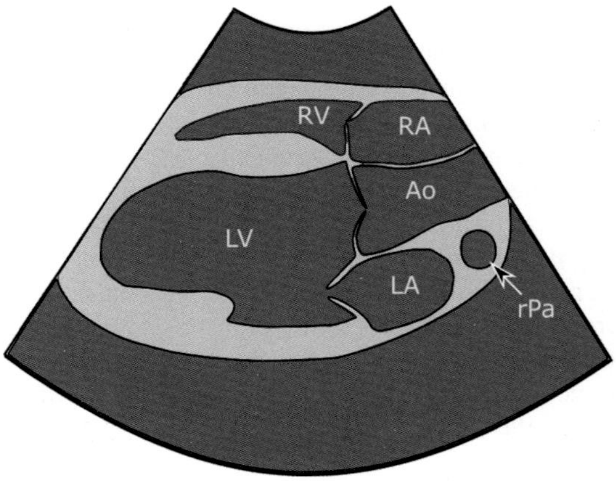

Abb. 5.12 Längsachse bei parasternaler Schallkopfposition rechts mit Darstellung des linken Ausflusstraktes und der Aorta (Ao), auch Fünfkammerblick genannt. Neben der Aorta stellt sich in dieser Schnittebene die rechte Pulmonalarterie dar (rPA). Weitere Abkürzungen s. Abb. 5.11 (modifiziert nach Thomas 1984).

– Querschnitt, Ebenen A–E (von der Herzspitze zur Basis gekippt, Abb. 5.13)

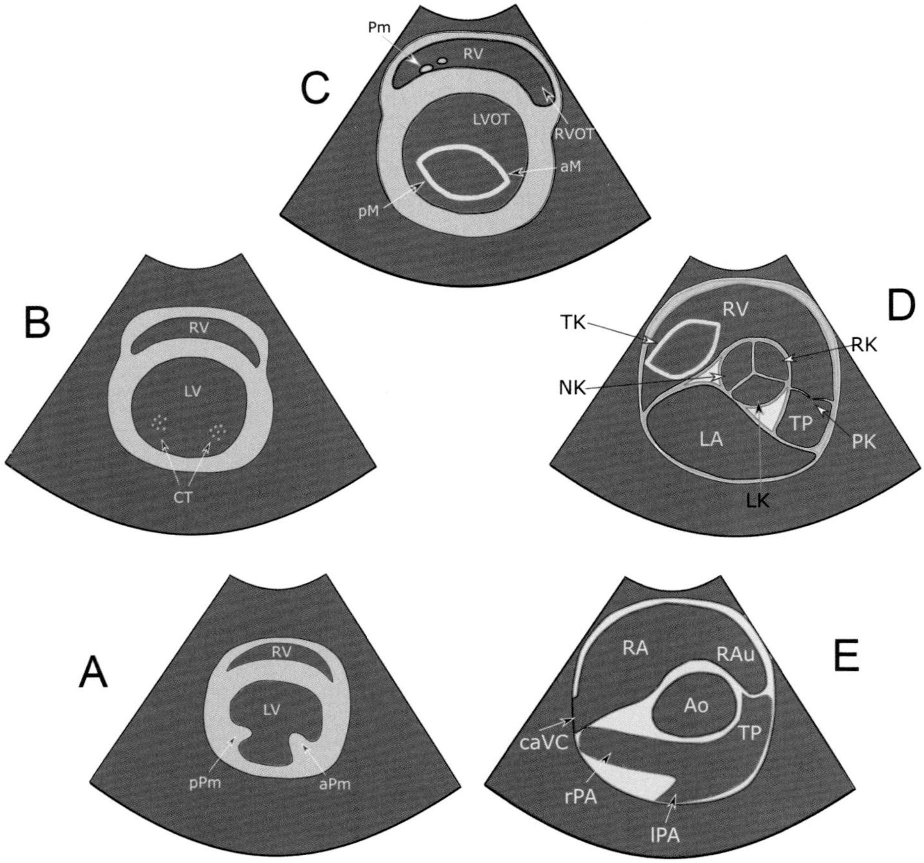

Abb. 5.13 Kurzachsenschnitte von rechts parasternal. Der Schallkopf ist im Vergleich zu den Längsachsenschnitten Abb. 5.11 und 5.12 um 90° gedreht, dadurch entsteht ein Schnittbild in der Querebene. Die Ebenen A bis E werden durch ein Kippen des Schallkopfes von der Herzspitze zur Herzbasis erzeugt. Ebene A, Papillarmuskelebene: anterolateraler Papillarmuskel (aPm), posteromedialer Papillarmuskel (pPm), linker Ventrikel (LV), rechter Ventrikel (RV). Ebene B, Ebene der Chordae tendinae: Chordae tendinae (CT). Ebene C, Mitralklappenebene: anteriores (septales) Mitralsegel (aM), posteriores (hinteres) Mitralsegel (pM), linker Ausflusstrakt (LVOT), rechter Ausflusstrakt (RVOT), Papillarmuskeln (Pm) (im rechten Ventrikel, RV). Ebene D, Aortenklappenebene: Pulmonalklappe (PK), Trikuspidalklappe (TK), Semilunarsegel der Aortenklappe (nichtkoronare, linkskoronare, rechtskoronare Klappentasche; NK, LK, RK), linkes Atrium (LA). Ebene E, Aufzweigung der Pulmonalarterie: rechtes Atrium (RA), rechtes Herzohr (Rau), caudale Vena cava (caVC), Truncus pulmonalis (TP), rechte Pulmonalarterie (rPA), linke Pulmonalarterie (lPA) (modifiziert nach Thomas 1984).

- Links apikal:
  - Vierkammerblick (Schallrichtung parallel zu atrioventrikulären Einflussbahnen) und Fünfkammerblick (mit LVOT/Aorta) von der Herzspitze aus (Abb. 5.14)

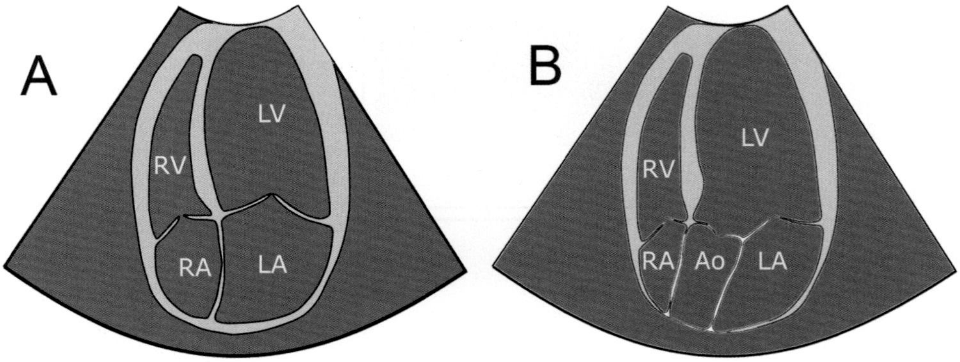

Abb. 5.14 Darstellung von links apikal (A, Vierkammerblick; B, Fünfkammerblick). Hier wird das Herz von der Herzspitze aus dargestellt, wordurch die Einstrombahnen und der linke Ausflusstrakt parallel zur Schallrichtung liegen und damit für Doppler-Untersuchungen geeignet ausgerichtet sind (modifiziert nach Thomas 1984).

Mit diesen Schnittebenen können die wichtigsten 2-D-, M-Mode-, und Doppler-Messungen durchgeführt werden. Für spezifische Fragestellungen existieren noch weitere Schnittebenen (siehe Spezialliteratur).

5.5.1 M-Mode-Technik (Motion-Mode)

Bei dieser Technik wird ein Achsenausschnitt aus dem 2-D-Bild in seinem **zeitlichen Verlauf** dargestellt. Die Messachse kann dabei vom Untersucher in die gewünschte Lage innerhalb des 2-D-Bildes gebracht werden. Auf dem Monitor erscheint dann neben dem 2-D-Bild das zeitabhängige Bewegungsmuster des gewählten Ausschnittes kontinuierlich als M-Mode-Bild. Beispielsweise erzeugt eine M-Mode-Achse, die im 2-D-Bild durch die Mitte des linken Ventrikelquerschnittes gelegt wird, im M-Mode-Bild aufgrund der diastolischen und systolischen Herzphasen eine Wellenlinie (Abb. 5.15). Dadurch wird die Identifizierung und Messung der maximalen diastolischen und systolischen Positionen vereinfacht und sie können dem parallel laufenden EKG zeitlich exakt zugeordnet werden. Auch zur Beurteilung der Größenverhältnisse von Aorta und linkem Vorhof (LA/Ao), der systolischen Zeitintervalle Präejektionsperiode und linksventrikuläre Ejektionszeit (PEP/LVET) oder der Mitralklappenbewegung (Abstand des offenen, vorderen Mitralsegels, sog. E-Punkt, zum interventrikulären Septum, EPSS-Wert) kann ein M-Mode-Echogramm der jeweiligen Strukturen aufgezeichnet werden (Abb 5.16).

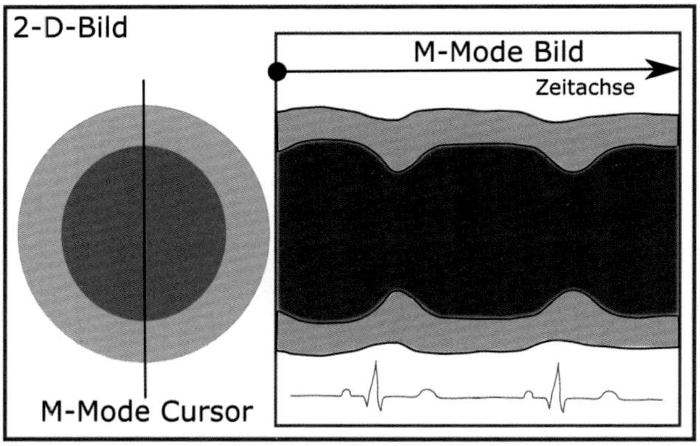

Abb. 5.15 Prinzip des M-Mode: Schematisches 2-D- und M-Mode-Bild des linken Ventrikels. Im linken Bildteil eine 2-D-Kurzachsenansicht (auch Querachse genannt) des linken Ventrikels mit mittig positionierter Messachse (M-Mode-Cursor). Der rechte Bildteil zeigt als resultierender M-Mode die Bewegungen des Ventrikels am M-Mode-Cursor entlang der Zeitachse. Durch das mitlaufende EKG können die Bewegungen im M-Mode zeitlich dem Herzzyklus zugeordnet werden.

5.5.2 Doppler-Verfahren

Grundlage für den Gefäß-Doppler ist der physikalische Doppler-Effekt: Wird ein bewegtes Teilchen (hier: Erythrozyt) von einer Schallwelle getroffen, so wird die ausgesandte Welle abhängig von der relativen Bewegungsrichtung des Teilchens mit einer höheren oder niedrigeren Frequenz reflektiert. Aus dem Frequenzunterschied von ausgesandter und reflektierter Welle (sog. Doppler-Shift) errechnen sich die Bewegungsrichtung und die Geschwindigkeit des Teilchens.

Mit den **Schwarz-Weiß- oder auch Spektraldoppler-Verfahren** können Fragestellungen nach der Strömungsgeschwindigkeit des Blutes an bestimmten Lokalisationen im Herz beantwortet werden. Man unterscheidet zwischen dem „Pulsed-wave"-Doppler (PW-Doppler), der die Flussgeschwindigkeit an einer bestimmten Stelle, z. B einer Herzklappe, messen kann und dem „Continous-wave"-Doppler (CW-Doppler), mit dessen Hilfe die Messung sehr hoher Flussgeschwindigkeiten möglich ist, allerdings entlang des gesamten Messstrahls ohne eine genaue räumliche Zuordnung (kein Messfenster). Die Flussgeschwindigkeiten im gesunden Herzen liegen unterhalb von 2 m/s und weisen ein laminares Strömungsprofil auf.

Die **Farbdoppler-Technik** stellt den Blutfluss zweidimensional flächenhaft in einem definierbaren Messfenster (sog. „Box") dar. Die Richtung des Flusses ist farbkodiert, üblicherweise blau vom Schallkopf weg und rot auf den Schallkopf zu (engl.: „blue–away", „red–towards", Merkwort: BART). Die Geschwindkeit kann semiquantitativ anhand der Farbhelligkeit geschätzt werden. Laminare Strömungen werden einfarbig kodiert, turbulente Strömungen durch ein Mosaikmuster mit einer weiteren Farbe, meist gelb oder grün. Diese Technik bietet in bestimmten Fällen, beispielsweise bei der Suche nach Shuntflüssen, aufgrund ihrer übersichtlichen Darstellungsweise Vorteile gegenüber dem Spektraldoppler.

Beim sogenannten **Gewebedoppler** (Tissuedoppler), der auf den gleichen Verfahren beruht, werden statt Blutflüssen die vergleichsweise langsameren Bewegungen des Myokards gemessen. Durch definierte regionale Messungen ergeben sich Hinweise auf die globale oder regionale Myokardfunktion.

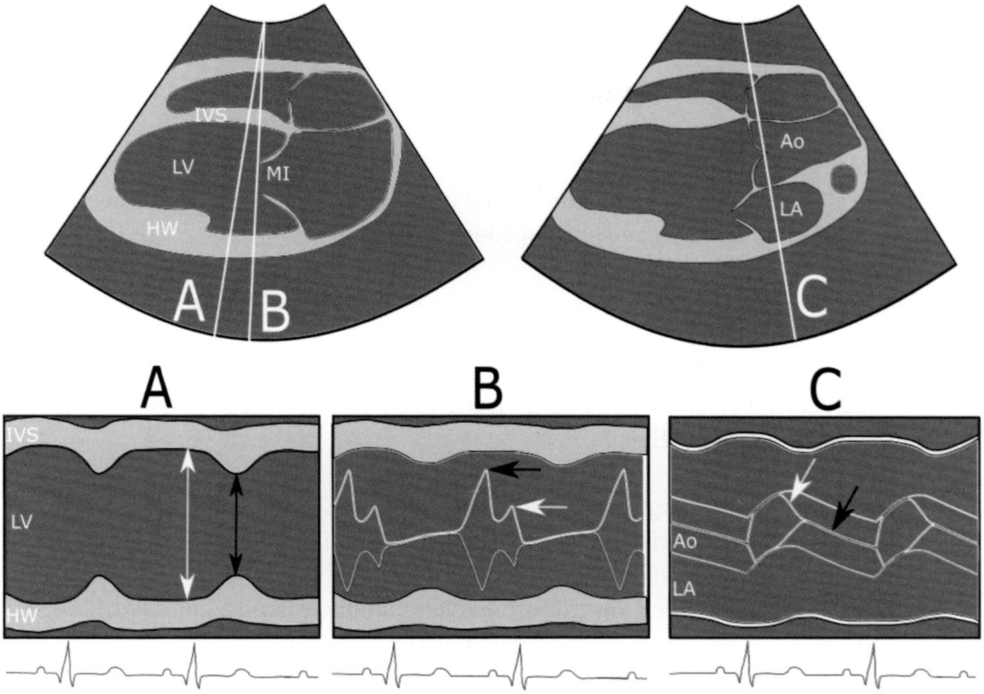

Abb. 5.16 Die drei wichtigsten M-Mode-Messungen (A, B, C) aus der rechtsparasternalen Längsachse: Bildteil A zeigt unten das M-Mode-Bild des linken Ventrikels (entspricht den Bewegungen auf der M-Mode-Cursorlinie A). Das erzeugte M-Mode-Bild ist das gleiche wie im Schema Abb. 5.15, es wurde dort aber aus der ventrikulären Kurzachsenansicht erzeugt. Der weiße Doppelpfeil zeigt die Messung des linksventrikulären Durchmessers in Diastole, der schwarze Doppelpfeil in Systole. Weiterhin werden auch die Dicken des interventrikulären Septums (IVS) und der linksventrikulären Hinterwand (HW) in Diastole und Systole gemessen (ohne Pfeile).

Bildteil B zeigt das M-Mode-Bild der Bewegung der Mitralklappenränder (entspricht M-Mode-Cursorlinie B). Zu erkennen ist die zweiphasige Öffnungsbewegung der Mitralsegel. Der schwarze Pfeil zeigt die frühdiastolische Füllung (sog. E-Welle, maximale Öffnung = E-Punkt), der weiße Pfeil die anschließende Öffnungsbewegung nach atrialer Kontraktion (sog. A-Welle, maximale Öffnung = A-Punkt). Der Abstand vom E-Punkt zum interventrikulären Septum wird EPSS genannt (E-Point Septal Separation) und ist ein indirektes Maß für die Bewegungsdynamik der Mitralklappe und das linksventrikuläre Volumen.

Bildteil C zeigt den M-Mode von Aorta und linkem Atrium aus dem 5-Kammerblick (enstpricht M-Mode-Cursorlinie C). Der M-Mode-Cursor schneidet die Aorta senkrecht auf Höhe des Mittelechos der Taschenklappen. Im M-Mode-Bild ist die Bewegung der Klappen erkennbar (weißer Pfeil: geöffnete Aortenklappe, Ejektionsphase; schwarzer Pfeil: geschlossene Aortenklappe).

5.5.3 Mögliche Befunde bei der echokardiographischen Untersuchung

2-D-Mode:

- Befunde im Thorax:
  - Thoraxerguss
  - Herz- oder pleuranahe, mediastinale und intrapulmonale Massen (sofern sie nicht von lufthaltigem Lungengewebe abgedeckt werden)
  - Atelektatische Lungenlappen
  - Zwerchfellshernie (Lebergewebe oder andere abdominale Strukturen im Thorax)
- Befunde am Perikard:
  - Perikarderguss
  - Herznah gelegene Masse (besonders Herzbasis Aortenwurzel, rechter Vorhof)
  - Peritoneoperikardiale Hernie
- Kardiale Befunde:
  - Morphologie und Bewegungsmuster des Myokards, Größe der Herzkammern
  - (Exzentrische/konzentrische Hypertrophie, Volumenüberlastung, systolische Funktionsstörung, Septumdefekte)
  - Größe der Herzvorhöfe (Vergrößerung/Volumenüberlastung eines Vorhofes ist ein Hinweis auf Stauung), Morphologie der Herzklappen (degenerative oder entzündliche Veränderungen, Stenosen, Dysplasien)
  - Darstellung der herznahen Gefäße (Stenosen, Shunts, Thromben, Aneurysmen)
- Endokardiale/Intraluminale Befunde:
  - Intraluminale Massen in Herzkammern oder herznahen Gefäßen (Neoplasie/Thrombus), adulte Herzwümer (Dirofilaria immitis)
  - Vegetationen an Herzklappen oder am Kammerendokard (Hinweise auf Endokarditis)
  - Endokardfibrose
- Befunde im M-Mode:
  - Bewegungsmuster des Myokards (Hyper-, Hypokinesie), Klappenringe und der Mitralklappensegel
- Befunde bei der Dopplerechokardiographie:
  - Strömungsgeschwindigkeit und Flussprofil der Ausstrombahn (Stenosen), Maximalgeschwindigkeit durch CW-Doppler
  - Darstellung von Klappeninsuffizienzen, Flussprofil der Einstrombahn
- Speziell mit Farbdoppler:
  - Semiquantitative Aussage über das Ausmaß einer Klappeninsuffizienz
  - Auffinden von Shuntflüssen (persistierender Ductus arteriosus Botalli, Septumdefekte)
  - Charakter einer Strömung (turbulent/laminär) mit örtlicher Zuordnung
  - Räumliche Verteilung einer Strömung
- Ultraschall im Notfall
  - Aus der Notfall- und Traumamedizin stammende fokussierte Ultraschallprotokolle
  - wird am stehenden oder liegenden Tier durchgeführt
  - Ziel ist ein schnelles Erkennen von cavitären Ergüssen, atrialer Vergößerung und myokardialen Veränderungen, meist subjektiv ohne Messungen
  - Wird auch in der Kardiologie bei instabilen Patienten angewendet

5.6 Labordiagnostik

Zur Erkennung von Herzkrankheiten haben sich zwei Biomarker etabliert: kardiale Troponine und natriuretische Peptide. Die Bestimmung kann bei symptomatischen Patienten zur Unterscheidung von Atemnot kardialer vs. nicht kardialer Genese, bei asymptomatischen Patienten zum Screening auf okkulte Herzkrankheiten hilfreich sein. Weiterhin sind sinkende Werte nach Therapie mit einer günstigeren Prognose verbunden. Präanalytik und Nachweisverfahren unterscheiden sich in einzelnen Studien, sodass die Übertragbarkeit der Absolutwerte mit Vorsicht erfolgen muss. Bei der Interpretation der Testergebnisse muss bedacht werden, dass häufig eine Überlappung zwischen den untersuchten Gruppen besteht. Beispielsweise unterscheiden sich die Biomarker in verschiedenen Stadien einer Herzkrankheit zwar statistisch signifikant voneinander, überlappen aber zu stark für eine sinnvolle Differenzierung in der Praxis. Weiterhin sind auch Fallkonstellationen mit falsch positiven und falsch negativen Biomarker-Ergebnissen möglich. Daher kann die klassische kardiologische Untersuchung durch Biomarker nicht ersetzt, aber sinnvoll ergänzt werden.

Troponine sind intrazelluläre Proteinanteile der kontraktilen Filamente. *Kardiales Troponin I* (cTnI) ist herzmuskelspezifisch und wird bei einer Zellmembranschädigung aus den Kardiomyozyten ins Blut freigesetzt. Es ist daher im Gegensatz zu den natriuretischen Peptiden kein Funktionsparameter, sondern zeigt unspezifisch Herzmuskelschäden an, wie sie beispielsweise bei Myokarditis, Hypoxie, Trauma, Hitzschlag, Tachyarrythmie oder einer Kardiomyopathie vorkommen. Inzwischen werden ultrasensitive Assays eingesetzt, um bereits geringgradige Erhöhungen zu erkennen, die bei (okkulten) Kardiomyopathien auftreten.

Natriuretische Peptide sind körpereigene Antagonisten des Renin-Angiotensin-Systems. Deren Freisetzung steigt mit dem Grad des myokardialen Wandstresses an und korreliert daher mit dem Schweregrad einer Herzinsuffizienz. Jedoch kommt es auch bei einer systemischen oder pulmonalen Hypertonie zu erhöhten Werten, ein Perikarderguss führt dagegen nicht zu einem Anstieg. Kommerziell wird der Nachweis von *NT-proBNP* angeboten. Dabei handelt es sich um einen stabilen Metaboliten des natriuretischen Peptids BNP. Für Hund und Katze sind unterschiedliche Testkits notwendig. Für die Katze steht ein semiquantitativer Schnelltest zur Anwendung in der Praxis zur Verfügung (SNAP Feline proBNP, Fa. Idexx).

5.7 Spezielle Herzkrankheiten

5.7.1 Kongenitale Herzkrankheiten

Der Verdacht auf eine kongenitale Herzkrankheit wird meist durch die Auskultation eines Herzgeräusches bei der Vorstellung eines Jungtieres zur Erstimpfung begründet. Bei schweren Veränderungen sind die betroffenen Tiere bereits klinisch auffällig. Leichte oder mittelgradige Vitia führen dagegen nicht oder erst nach mehreren Jahren zu klinischen Symptomen. Die Prävalenz wird mit etwa 1 % angegeben.

Das Signalement (Rassedispositionen) und die klinische Untersuchung (Pulscharakter, Punctum maximum und Charakter des Herzgeräusches) lassen häufig schon eine Verdachtsdiagnose zu. Ergänzende Hinweise geben das Röntgenbild und ein EKG. Bei herzgesunden Welpen können auch klinisch unbedeutende, funktionelle Strömungsgeräusche entstehen, die später wieder verschwinden. Um beweisende Befunde und quantitative Aussagen zu erhalten, wird die Echokardiographie, insbesondere die Doppler-Echokardiographie, angewendet. Mit dieser Untersuchungstechnik können auch Kombinationsdefekte diagnostiziert werden. Da für kongenitale Herzkrankheiten eine hereditäre Genese angenommen wird, sollte mit den betroffenen Tieren unabhängig vom Schweregrad der Befunde nicht gezüchtet werden.

Im folgenden Abschnitt werden die häufigsten kongenitalen Herzkrankheiten beim Kleintier aufgeführt. Dabei werden zwei hämodynamisch unterschiedliche Grundtypen von Vitia unterschieden, nämlich **Verbindungen (Shunts)** zwischen den Herzkammern oder Gefäßen und **Einengungen (Stenosen)** der Ausstrombahnen.

Shuntverbindungen führen bei erhaltenen Druckverhältnissen zu einem Blutfluss vom Hochdrucksystem (linkes Herz oder großer Kreislauf) zum Niederdrucksystem (rechtes Herz oder kleiner Kreislauf) und werden deshalb als Links-rechts-Shunts bezeichnet. Sie führen zu einer zusätzlich zirkulierenden Volumenfraktion im kleinen Kreislauf und bewirken daher eine Volumenüberlastung der betroffenen Kompartimente.

Stenosen der ventrikulären Ausstrombahnen bewirken eine schweregradabhängige Drucküberlastung des betroffenen Ventrikelmyokards, da eine erhöhte Nachlast überwunden werden muss. Hierbei kann eine Verdickung (Hypertrophie) des Myokards entstehen.

Zu den häufigeren Fehlentwicklungen zählen außerdem noch Dysplasien der Atrioventrikularklappen (AV-Klappen), was zu einer AV-Klappeninsuffizienz, manchmal auch einer AV-Klappenstenose führt. Die hämodynamischen Folgen gleichen im Wesentlichen denen einer erworbenen Klappenendokardiose.

5.7.1.1 Ductus arteriosus Botalli persistens, persistierender oder patenter Ductus arteriosus, PDA

Definition: Offene Verbindung zwischen der Aorta (großer Kreislauf) und der Pulmonalarterie (kleiner Kreislauf) über den nach der Geburt nicht oder unvollständig verschlossenen Ductus arteriosus.

Epidemiologie, Ätiologie: Der PDA zählt zu den häufigen kardialen Fehlbildungen beim Hund und ist selten bei der Katze. Weibliche Hunde sind dabei häufiger betroffen als männliche (2 : 1 bis 3 : 1). Als Ursache für den unvollständigen Verschluss des Gefäßes wird ein erblicher Defekt angenommen.

Pathogenese: Beim Fetus dient der Ductus arteriosus Botalli als physiologische Direktverbindung zwischen kleinem und großem Kreislauf. Der Großteil des vom rechten Ventrikel in den Truncus pulmonalis gepumpten Blutes umgeht damit die noch funktionslose Lunge aufgrund des großen Gefäßwiderstandes und gelangt in die Aorta descendens. Wenige Stunden nach der Geburt kommt es durch eine Reihe von Steuerungsmechanismen zu einem Verschluss des Gefäßes durch Kontraktion, dann erfolgt der zelluläre Umbau zum Ligamentum arteriosum. Beim PDA liegt eine variable muskuläre Hypoplasie der Ductuswand vor. Diese ist auf der aortalen Seite stärker ausgeprägt, weshalb der unvollständig verschlossene Ductus häufig eine Trichterform annimmt (zur Aorta hin größer), es sind aber auch weitere anatomische Varianten beschrieben. Verschließt sich die pulmonale Seite, so bleibt ein Divertikel der Aorta, welches zwar keine klinische Bedeutung besitzt, aber theoretisch zur Erkennung von Anlageträgern dient.

Ein PDA führt unter physiologischen Druckverhältnissen zu einem kontinuierlichen (d. h. systolischen und diastolischen), turbulenten Blutfluss aus dem Hochdrucksystem des großen Kreislaufs in das Niederdrucksystem des Lungenkreislaufs (**Links-rechts-Shunt**).

Die Folge ist eine dem Shuntvolumen entsprechende Hyperperfusion der Lunge, sowie eine Volumenüberlastung des linken Ventrikels mit einer exzentrischen Hypertrophie. Je nach Schweregrad kommt es zu einer sekundären Mitralinsuffizienz. Das Endstadium ist eine kongestive Linksherzinsuffizienz. Der Verlauf und der Grad der klinisch erkennbaren Veränderungen sind abhängig vom Ductuslumen und damit dem Volumen der Shuntfraktion.

Bei einem großen Shuntvolumen kann auch ein **Rechts-links-Shunt** bestehen. Vermutlich bleibt die fetale Hypertrophie der Pulmonalarterien bestehen mit der Folge eines bleibenden hohen pulmonalen Widerstands. Alternativ kommt es durch das große Shuntvolumen allmählich zu einer adaptiven Mediahypertrophie der Pulmonalarterienwand (Eisenmenger-Reaktion) mit der Folge einer pulmonalen Hypertonie. Durch die Angleichung des Druckniveaus im kleinen und großen Kreislauf verringert sich das Shuntvolumen schließlich, wodurch auch die Turbulenz verschwinden kann (kein Auskultationsbefund!). Die Shuntumkehr entsteht während körperlicher Belastung durch ein relatives Absinken des Widerstandes im großen Kreislauf bei steigendem Druck im Lungenkreislauf. Es tritt venöses, nicht oxygeniertes Blut in die Aorta descendens über mit der Folge einer Hypoxämie und Zyanose ausschließlich der kaudalen Körperhälfte (sog. Differenzialzyanose).

Klinisches Bild: Pathognomonisch ist ein kontinuierliches Herzgeräusch, das systolisch lauter und diastolisch leiser wird (sog. Maschinengeräusch). Das Punctum maximum des Herzgeräusches liegt linksseitig weit dorsal (am kaudalen Rand der Skapula) und kann deshalb leicht überhört werden. An der Herzspitze ist oftmals nur noch die systolische Komponente leise hörbar und kann beim jungen Hund für ein funktionelles Geräusch gehalten werden. Häufig lässt sich auch ein kontinuierliches Schwirren dorsal der linken Herzbasis palpieren. Da der diastolische Blutdruck durch das „Shuntleck" niedriger ist als beim Gesunden, resultiert eine erhöhte diastolisch-systolische Druckdifferenz. Infolgedessen ist eine harte Pulswelle tastbar.

Klinische Symptome einer kongestiven Linksherzinsuffizienz (Polypnoe, Dyspnoe durch ein Lungenödem) treten abhängig vom Ductuslumen bereits früh, erst nach einigen Jahren oder gar nicht auf. Patienten mit Rechts-links-Shunt und Differenzialzyanose zeigen vor allem unter Belastung eine Hinterhandschwäche.

Bildgebende Diagnostik:
Röntgen: Typische röntgenologische Veränderungen sind eine Vergrößerung der linken Herzanteile und eine vermehrte Füllung der Lungengefäße (Hyperperfusion). Auch ein hervortretender Truncus pulmonalis kann in der dorsoventralen Projektion auffallen. In dekompensierten Fällen ist ein Lungenödem vorhanden.

EKG: Auch hier sind die Zeichen einer linksatrialen und linksventrikulären Vergrößerung erkennbar: verbreiterte P-Welle, verbreiterter QRS-Komplex und vergrößerter R-Zacke. Seltener und meist in fortgeschrittenen Fällen sind Rhythmusstörungen wie Extrasystolen oder Vorhofflimmern möglich.

Echokardiographie: Abhängig von der Größe des Shuntvolumens ist auch bei der echokardiographischen Untersuchung die linksventrikuläre Volumenüberlastung und ein vergrößerter Truncus pulmonalis auffällig. Die systolische Funktion des Myokards ist dabei in der Regel erhalten.

Dopplerechokardiographisch ist eine kontinuierliche, turbulente Strömung im Truncus pulmonalis darstellbar, die entsprechend dem Auskultationsbefund diastolisch an Intensität verliert. Mit dem CW-Doppler kann die kontinuierliche Turbulenz im Truncus pulmonalis dagestellt werden, der Farb-Doppler zeigt ein entsprechendes Signal (Abb. 5.17, 5.18). Die Ductusampulle selbst ist unter parasternaler Anschallung von links kranial oder im herzbasisnahen Querschnitt von rechts (s. Abb. 5.13, Ebene E) darstellbar. Dabei wird die Aufzweigung der Pulmonalarterie dargestellt und mithilfe des Farb-Dopplers in dieser Gegend das Shuntgefäß aufgesucht (Abb. 5.19). Weiterhin führt die linksventrikuläre Volumenüberlastung zu einer sekundären Mitralinsuffizienz und einer relativen Aortenstenose.

Labordiagnostik: Bei Links-rechts-Shunts mit Volumenüberlastung sind erhöhte NT-proBNP-Konzentrationen zu erwarten. Bei einer Shuntumkehr zum Rechts-links-Shunt können zusätzlich ein verminderter arterieller Sauerstoffpartialdruck (zirkulatorische Hypoxämie) mit kompensatorisch erhöhtem Hämatokritwert (Polyzythämie) auftreten.

Diagnose: Die Diagnose kann anhand der pathognomonischen Untersuchungsbefunde „kontinuierliches Herzgeräusch dorsal der linken Herzbasis“ und „hämmernde Pulswelle“ gestellt werden. Die übrigen Untersuchungstechniken dienen zur Erfassung des Schweregrades, von Kombinationsdefekten und möglichen Sekundärveränderungen. Beweisend ist die dopplerechokardiographische oder (bes. bei Rechts-links-Shunts) die angiographische oder kontrastechokardiographische Darstellung. Letzteres gelingt beim Rechts-links-PDA durch den Nachweis von Echokontrastmitteln in der Bauchaorta nach intravenöser Gabe.

Differenzialdiagnose: Shunts zwischen dem großen und kleinen Kreislauf treten selten auch in anderen Lokalisationen auf. Zu nennen sind hier das aorto-pulmonale Fenster,

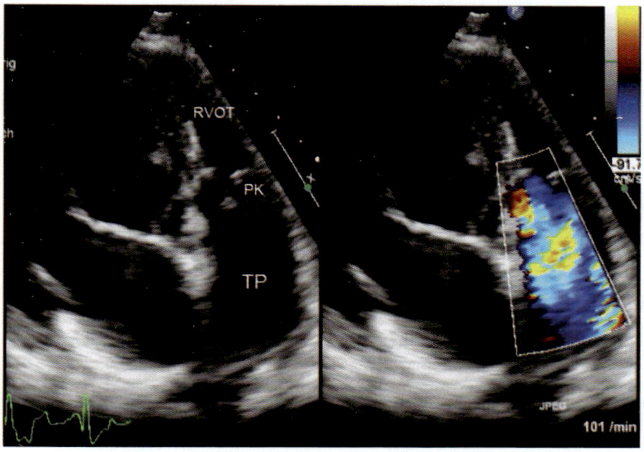

Abb. 5.17 Farbdoppler-Befund bei einer 2-jährigen Berner Sennenhündin mit großem PDA. Das rechte Bild zeigt den turbulenten Blutfluss im Truncus pulmonalis (TP), der bis an die Pulmonalklappe reicht (PK). Das linke Bild läuft dabei synchron zum rechten, jedoch ohne das Farb-Overlay. Die Aufnahme zeigt einen diastolischen Frame. Zu diesem Zeitpunkt sollte physiologischerweise kein Fluss im Truncus pulmonalis vorhanden sein sollte. Beim PDA besteht dagegen ein kontinuierlicher turbulenter Fluss (vgl. Abb 5.18). RVOT, rechter Ausflusstrakt.

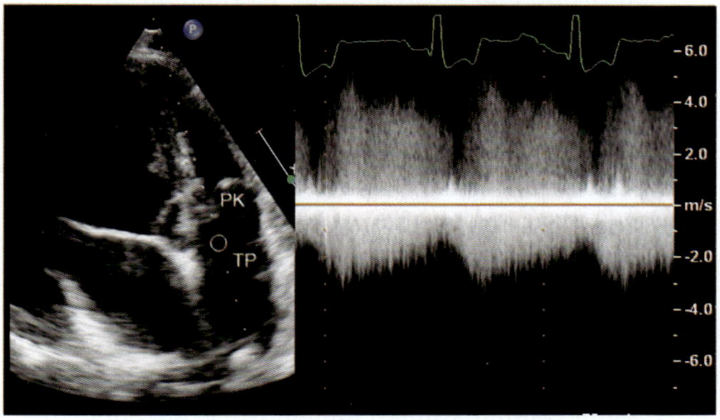

Abb. 5.18 Der gleiche Patient in gleicher Anlotung wie Abb. 5.17, nun mit CW-Doppler-Darstellung. Der CW-Doppler zeigt die kontinuierliche Turbulenz im Truncus pulmonalis, die ein systolisch-diastolisches An- und Abschwellen aufweist (rechter Bildteil). Auskultatorisch ist dies als kontinuierliches hörbares Maschinengeräusch hörbar (TP, Truncus pulmonalis; PK, Pulmonalklappe).

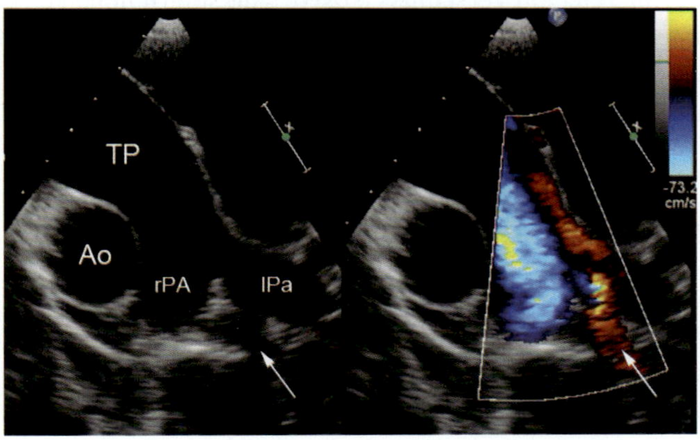

Abb. 5.19 Darstellung der Ductus-Ampulle (Pfeil) von links kranial bei einer 8 Monate alten Mischlingshündin mit großem PDA. Das linke Bild läuft synchron zum rechten, jedoch ohne das Farb-Overlay. Das rote Farbsignal stellt den Blutfluss durch die Ductus-Ampulle (auf den Schallkopf zu) dar. Die Mündung liegt auf Höhe der Pulmonalarterienbifurkation (TP, Truncus pulmonalis; rPA, rechte Pulmonalarterie; lPa, linke Pulmonalarterie; Ao, Aorta).

arterio-venöse Fisteln im Thorax oder Koronararterienshunts. Die Differenzierung geschieht durch Echokardiographie und Angiographie.

Kontinuierliche Herzgeräusche sind theoretisch auch bei gleichzeitig vorliegender Klappenstenose und -insuffizienz auskultierbar. Jedoch ist beim Kleintier die diastolische Komponente dann üblicherweise wesentlich leiser als beim PDA und es besteht ein anderes Punctum maximum.

Der echokardiographische Befund eines volumenüberlasteten Herzens mit sekundärer Mitralinsuffizienz und einem Lungenödem findet sich auch bei der dilatativen Kardiomyopathie. Bei dieser Krankheit ist die systolische Funktion aber deutlicher vermindert als beim PDA und es lässt sich kein Shunt nachweisen.

Therapie: Als eine der wenigen vollständig heilbaren kardialen Fehlbildungen bietet der PDA die Möglichkeit zum Verschluss. Diese Maßnahme sollte möglichst früh vorgenommen werden. Der Verschluss des Ductus durch das kathetergeführte Einbringen eines Gefäßverschluss-Systems ist inzwischen als Standardmethode anzusehen. Welches System gewählt wird, hängt von Größe und Form der Ductus-Ampulle ab. Insbesondere für sehr junge Patienten mit kleinem Ductus kann der chirurgische Verschluss per Thorakotomie eine Alternative darstellen. Die Komplikationsgefahr einer Ductus-Ruptur steigt bei dieser Methode jedoch mit dem Alter des Patienten und der Größe der Ductus-Ampulle. Die chirurgische Ligatur mit anschließender Durchtrennung ist auch beim gleichzeitigen Vorliegen einer Rechtsaorta die Methode der Wahl. Der Verschluss durch einen thorakoskopischen Zugang oder eine Video-unterstützte Minimalthorakotomie wurde ebenfalls beschrieben. Sehr kleine PDA ohne Volumenüberlastung müssen nicht verschlossen werden.

Eine kongestive Linksherzsinsuffizienz kann durch Pimobendan, Diuretika und ACE-Hemmer/Spironolacton behandelt werden. Bei Vorhofflimmern ist zusätzlich Metildigoxin indiziert. Bei einem Rechts-links-Shunt können lungendrucksenkende Medikamente, z. B. Sildenafil (1–3 mg/kg KM 2–3 × tägl. p. o.) versucht werden.

Prognose: Die Prognose nach erfolgreichem Verschluss ist sehr gut, sofern noch keine irreversiblen Folgeveränderungen vorliegen. Die Prognose ohne Therapie verschlechtert sich mit der Größe des Shuntvolumens. Rechts-links-Shunts können in der Regel nicht verschlossen werden und haben eine schlechte Prognose.

5.7.1.2 Ventrikelseptumdefekt, VSD

Definition, Epidemiologie: Meist im membranösen, basisnahen Teil des Kammerseptums lokalisierter Defekt, isoliert oder kombiniert vorkommend, z. B. als Teil der Fallotschen Tetralogie und Pentalogie. Der VSD ist eine häufige kardiale Fehlbildung der Katze. Ursächlich kann es sich um eine individuelle Entwicklungsstörung handeln, bei bestimmten Hunderassen ist auch eine genetische Ursache beschrieben.

Pathogenese: Bei physiologischen Druckverhältnissen fließt das Blut durch den Defekt vom linken in den rechten Ventrikel, also vom Hoch- ins Niederdrucksystem (Links-rechts-Shunt). Die Größe des Defektes ist dabei proportional zum Shuntvolumen. Große Shuntvolumina führen zu einer erheblichen Volumenüberlastung und moderaten Drucküberlastung des pulmonalen Gefäßbetts und des linken (!) Herzens (linkes Atrium und vor allem linker Ventrikel) durch die Rückführung der Shuntfraktion über den kleinen Kreislauf ins linke Herz. Der rechte Ventrikel ist dabei nur wenig verändert, da das Volumen beim Übertritt in der Systole direkt in die pulmonalen Gefäße übertragen wird.

Bei sehr großen VSD kommt es frühzeitig zu einer Hypertonie im kleinen Kreislauf, da große Defekte nicht mehr flusslimitierend (restriktiv) wirken. Die Folge ist eine Hypertrophie des rechten Ventrikels. Bei fortschreitender Steigerung des Widerstands entsteht eine Druckangleichung zwischen den Ventrikeln, wodurch ein gekreuzter Shunt entsteht (bidirektionaler Blutfluss). Unter Belastung oder bei dauerhaft erhöhtem Lungenwiderstand kann sich der Shunt dann zum Rechts-links-Shunt umkehren (Eisenmenger-Reaktion, s. Kap. 5.7.1.1). Der Rechts-links-Shunt zählt zu den zyanotischen Herzvitia, da die Folge der Shuntumkehr eine zentrale Zyanose durch den Übertritt von nicht oxygeniertem Blut in den großen Kreislauf ist.

Klinisches Bild: Die Symptomatik korreliert mit der Größe des Shunts. Große Shunts führen zu Linksherzversagen mit Lungenödem. Bei Shuntumkehr tritt besonders bei körperlicher Aktivität eine ausgeprägte Zyanose der gesamten Schleimhäute ein.

Diagnostik: Ein Links-rechts-Shunt führt zu einem prägnanten systolischen Herzgeräusch mit einem Punctum maximum auf der rechten Seite. Kleine Defekte führen oftmals zu lauteren Herzgeräuschen als große Defekte. Ein Kreuzshunt ist leise oder stumm.

Röntgen: Die Veränderungen variieren mit dem Grad des Defekts. Typischerweise ist eine Vergrößerung der linken Herzanteile zu finden, bei großen Shunts auch des rechten Herzens. Weiterhin fällt eine vermehrte Füllung der Pulmonalgefäße auf. Kleine VSD sind radiologisch unauffällig.

EKG: Die EKG-Befunde sind sehr variabel und reichen von einem unveränderten EKG bei kleinen VSD bis hin zu den Zeichen einer rechtsventrikulären Hypertrophie oder linksventrikulären Dilatation. Dabei sind sowohl Schenkel- und Überleitungsblockierungen als auch Extrasystolien beschrieben.

Echokardiographie: Mittelgroße bis große Defekte sind echokardiographisch bereits im 2-D-Bild leicht zu identifizieren. Kleine Defekte können im 2-D-Bild übersehen werden. Mithilfe des Farbdopplers kann das Vorliegen des Shuntflusses dagegen meist sicher dargestellt werden (Abb. 5.20). Selten ist der Defekt durch eine dünne Membran verschlossen (Septumaneurysma), was keine klinische, aber züchterische Bedeutung besitzen kann.

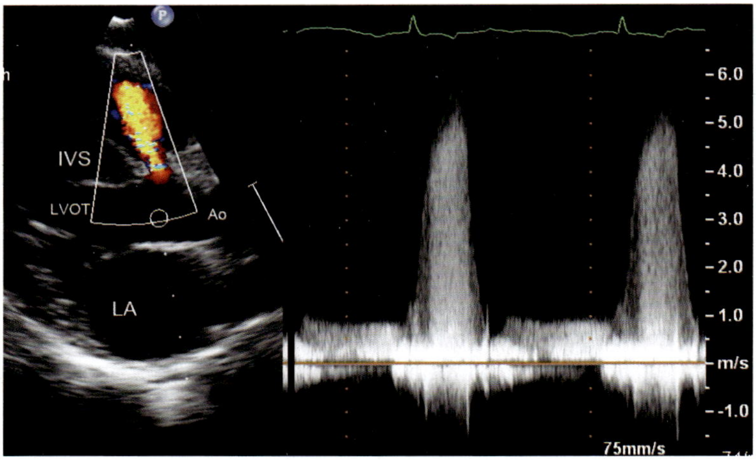

Abb. 5.20 Ventrikelseptumdefekt bei einer 2-jährigen Mittelschnauzerhündin, Darstellung von rechts (s. Abb 5.12). Das linke Bild zeigt die Farbdoppler-Darstellung mit dem systolischen Blutfluss durch den Defekt vom linken in den rechten Ventrikel. Der Defekt liegt im membranösen Teil des ventrikulären Septums (IVS) unterhalb der Aortenklappe. Aus dieser Anlotung heraus kann die Maximalgeschwindigkeit des Shuntflusses per CW-Doppler gemessen werden (rechtes Bild, hier etwa 5,5 m/s), wodurch eine Aussage über die Druckverhältnisse zwischen linkem und rechtem Ventrikel möglich ist. Weiteres s. Text. (LVOT, linker Ausflusstrakt; Ao, Aorta; LA, linkes Atrium).

Die Messung der Flussgeschwindigkeit mithilfe des CW- oder PW-Dopplers dient zur Berechnung der Druckverhältnisse zwischen den Ventrikeln nach der modifizierten Bernoulli-Gleichung (Näheres dazu siehe bei Pulmonalstenose, Kap. 5.7.1.4). Im linken Ventrikel besteht während der Systole ein Spitzendruck von etwa 120 mmHg, während im rechten Ventrikel nur ein Druck von etwa 20 mmHg aufgebaut wird. Dies entspricht einer Druckdifferenz (ΔP) von ca. 100 mmHg zwischen den beiden Ventrikeln. Nach der modifizierten Bernoulli-Gleichung ($\Delta P = 4v^2$) liegt die Shuntflussgeschwindigkeit v unter physiologischen Druckverhältnissen folglich bei etwa 5 m/s (Abb. 5.20). Bei großen Defekten mit Angleichung der systolischen Ventrikeldrücke besteht eine entsprechende Verlangsamung des Shuntflusses. Dasselbe gilt bei gleichzeitiger bestehender Pulmonalstenose oder einer pulmonalen Hypertonie (Fallotsche Tetralogie bzw. Eisenmenger-Komplex).

Die ventrikulären Veränderungen korrelieren mit der Größe des Defekts. Bei erhaltenen Druckverhältnissen sind das linke Atrium und vor allem der linke Ventrikel und die Lungengefäße volumenüberlastet, die Pulmonalflussgeschwindigkeit ist erhöht. Große, nicht-restriktive VSD mit pulmonaler Hypertonie führen zu einem exzentrisch hypertrophierten rechten Ventrikel, der dann etwa die gleichen Dimensionen wie der linke Ventrikel aufweist, sodass ein spiegelsymmetrisches Bild besteht. Das interventrikuläre Septum verläuft dabei abgeflacht und gerade, bedingt durch die rechtsventrikuläre Hypertonie (Bild eines spiegelbildlichen Doppel-D, s. Abb. 5.22).

Labordiagnostik: siehe Kap. 5.7.1.1

Diagnose: Bei der klinischen Untersuchung ensteht der Verdacht durch das prägnante, rauhe systolische Herzgeräusch mit Punctum maximum auf der rechten Seite. EKG und Röntgen liefern Hinweise auf die jeweiligen ventrikulären Vergrößerungen bzw. die pulmonale Hyperperfusion. Große Defekte können echokardiographisch bereits im 2-D-Bild erkannt werden, zur Darstellung kleinerer Defekte empfiehlt sich die Doppler- und Farbdoppler-Echokardiographie. In unklaren Fällen (bidirektionaler Shunt) kann die Diagnose möglicherweise durch eine Kontrastechokardiographie oder Angiographie gestellt werden. Ein verminderter arterieller Sauerstoffpartialdruck (zirkulatorische Hypoxämie) und ein erhöhter Hämatokritwert (Polyzythämie) unterstützen den Verdacht auf einen Rechts-links-Shunt.

Differenzialdiagnose: Ein rechtsseitiges systolisches Herzgeräusch ensteht auch bei der Trikuspidaldysplasie. Diese lässt sich echokardiographisch von einem VSD unterscheiden. Der rechte Ventrikel und das rechte Atrium zeigen bei einer Trikuspidaldysplasie im 2-D-Bild eine ausgeprägte Volumenüberlastung, dabei fehlen die VSD-typischen Linksherzbefunde.

Therapie: Therapeutisches Ziel bei einem Links-rechts-Shunt ist eine Verkleinerung der Shuntfraktion. Beschrieben ist eine chirurgische Teilligatur der Pulmonalarterie, um durch die künstliche Nachlasterhöhung die Shuntfraktion zu vermindern. Chirurgie am offenen Herzen mit einem Verschluss des VSD wird routinemäßig nicht durchgeführt und scheitert meist am technischen Aufwand. In Einzelfällen gelang ein VSD-Verschluss abhängig von Größe und Lokalisation interventionell durch Einsetzen kathetergeführter Verschlusssysteme (sog. Okkluder).

Die medikamentöse Senkung des systemischen Blutdrucks mit Vasodilatatoren, wie etwa Amlodipin (Norvasc, 0,1–0,2 (–0,3) mg/kg KM, 1 × tägl. p. o.) oder Dihydralazin (z. B. Nepresol, 0,5–2 mg/kg KM, 2 × tägl. p. o., einschleichend) bewirkt ebenfalls eine Verkleinerung der Shuntfraktion. Da diese Medikamente das Renin-Angiotensin-Aldosteron-System (RAAS) aktivieren, sollten sie unter Blutdruckkontrolle mit ACE-Hemmern/Spironolacton kombiniert werden. Diese Therapie empfiehlt sich nur bei hämodynamisch stabilen Links-rechts-Shunts. Bei bidirektionalen Shunts kann dadurch eine Shuntumkehr gefördert werden. Bei einem Rechts-links-Shunt können lungendrucksenkende Medikamente, z. B. Sildenafil (1–3 mg/kg KM, 2–3x tägl. p. o.) versucht werden. Eine kongestive Linksherzinsuffizienz kann mit Pimobendan, Diuretika und ACE-Hemmer/Spironolacton behandelt werden.

Prognose: Die Prognose für kleine Defekte ist gut. Große Defekte können zu kongestivem Herzversagen führen, was entsprechend behandelt werden kann. Patienten mit einer Tendenz zur Shuntumkehr haben eine schlechte Prognose. Besteht eine deutliche Zyanose bereits in Ruhe oder leichter Belastung, sollte die Euthanasie erwogen werden.

5.7.1.3 Atrialer Septumdefekt, ASD

Definition, Systematik: Eine Verbindung zwischen den Vorhöfen durch einen Defekt im Vorhofseptum. Man unterscheidet den unvollständigen Verschluss des embryonal zuerst angelegten Septum primum (Ostium-primum-Defekt im ventralen Teil des atrialen Septums) und die unvollständige Ausbildung des eigentlichen Foramen ovale durch das Septum secundum im zentralen Teil des Vorhofseptums (Ostium-secundum-Defekt, häufigere Form). Beiden Defektvarianten liegt eine unvollständige embryonale Entwicklung der atrialen septalen Wandanteile zugrunde. Davon unterschieden werden muss das Foramen ovale persistens. Hierbei sind alle Wandanteile anatomisch korrekt angelegt. Es fehlt jedoch die postnatale Fusion der überlappenden atrialen Wandanteile und somit der Verschluss des physiologisch angelegten Foramen ovale. Selten ist auch eine Pulmonalvene oder die Hohlvene an dem Defekt beteiligt (sog. Sinus-venosus-Defekte, dorsal gelegen). Die hämodynamischen Folgen sind bei allen Varianten ähnlich.

Epidemiologie: Der ASD ist ein selten diagnostizierter Defekt des Hundes und der Katze, möglicherweise auch deshalb, weil er leicht übersehen wird.

Pathogenese: Unter physiologischen Druckverhältnissen bewirkt der ASD einen Links-rechts-Shunt. Das Blut fließt (aufgrund der leichteren Dehnbarkeit des rechten Herzens) vom linken Vorhof in den rechten Vorhof. Kleine Defekte spielen hämodynamisch keine Rolle. Die Folge bei größeren Defekten ist eine Volumenüberlastung des rechten Vorhofes, des rechten Ventrikels, des Pulmonalkreislaufs und des linken Vorhofes, nicht aber des linken Ventrikels. Dieser weist eine verminderte Füllung auf. Der dabei zwei- bis zu dreifach erhöhte Pulmonalfluss führt zu einer relativen Pulmonalstenose. Ein ASD mit Rechts-links-Shunt wird bei gleichzeitig vorliegenden Rechtsherzanomalien gesehen: Pulmonalstenose, Trikuspidalinsuffizienz, Fallotsche Trilogie (mit Pulmonalstenose), pulmonaler Hypertonus.

Klinisches Bild: Kleine Defekte sind meist stumm und es bestehen auch keine klinischen Symptome. Bei älteren Hunden kann ein bislang kompensierter ASD durch eine erworbene Mitralendokardiose jedoch hämodynamisch auffällig werden. Größere Defekte fallen durch ein leises bis mittellautes Strömungsgeräusch über der linken Herzbasis aufgrund des erhöhten Pulmonalflusses (relative Pulmonalstenose) auf. Dabei kann auch ein gespaltener zweiter Herzton vorkommen, da die Pulmonalklappe zeitlich versetzt zur Aortenklappe schließt. Die Volumenüberlastung des rechten Herzens bewirkt eine sekundäre Trikuspidalinsuffizienz und schließlich Rechtsherzversagen mit Aszites. Durch die verminderte linksventrikuläre Füllung und die pulmonale Hyperperfusion kommt es zu Leistungsschwäche bzw. Dyspnoe. Rechts-links-Shunts führen zu einer Zyanose durch Übertritt nicht oxygenierten Blutes in den großen Kreislauf.

Diagnostik:
Röntgen und *EKG* zeigen bei großen Defekten die typischen Veränderungen einer rechtsventrikulären und biatrialen Dilatation. Im Röntgen ist die erhöhte pulmonale Perfusion durch eine verstärkte Gefäßzeichnung erkennbar.
Echokardiographie: Wie beim VSD ist der Shuntfluss am besten Doppler-echokardiographisch darzustellen. Bei alleiniger Auswertung des 2-D-Bildes führen Ausdünnungen und Artefakte („Echo-Dropouts") im Bereich des atrialen Septums zu einem falsch positiven Befund. Andererseits sind vorhandene Defekte trotz Farbdopplerechokardiographie nicht immer sicher darstellbar. Weitere Hinweise sind eine exzentrische Hypertrophie des rechten Ventrikels und eine erhöhte Pulmonalflussgeschwindigkeit ohne anatomische Hinweise auf eine Stenose. Im Gegensatz zum VSD ist beim ASD der linke Ventrikel nicht volumenüberlastet, sondern eher noch verkleinert durch die verminderte Füllung.

Diagnose: Eine sichere Diagnose ist nur dopplerechokardiographisch möglich, im Zweifelsfalle auch erst nach einer Kontrastmitteluntersuchung.

Therapie: In einzelnen Fällen ist ein chirurgischer Verschluss beschrieben worden. Diese Maßnahme steht routinemäßig aber nicht zur Verfügung und sollte auch nur bei großen Defekten in Betracht gezogen werden. Beim Menschen werden auch beim ASD kathetergeführt Verschluss-Systeme (Okkluder) eingesetzt, für die inzwischen auch Erfahrungen beim Tier bestehen.

Zur Behandlung einer Rechtsherzinsuffizienz und der pulmonalen Hyperperfusion können Pimobendan, Diuretika und die Kombination ACE-Hemmer/Spironolacton eingesetzt werden. Therapie eines erhöhten Pulmonaldrucks s. VSD (Kap. 5.7.1.2).

Prognose: Kleine Defekte besitzen eine gute Prognose, auch mittelgroße bis große Defekte können unter medikamentöser Therapie lange kompensiert bleiben. Bei Rechts-links-Shunts mit Zyanose ist die Prognose schlecht.

5.7.1.4 Stenosen der ventrikulären Ausflussbahnen

Pulmonalstenose

Definition: Meist valvulär, seltener supra- oder subvalvulär gelegene Einengung der Pulmonalarterie bzw. des rechten Ausflusstraktes.

Epidemiologie: Die valvuläre Pulmonalstenose gehört zu den häufigsten kardialen Fehlbildungen beim Hund und wird nur selten bei der Katze gefunden.

Ätiologie: Deformierte, verdickte und fusionierte Pulmonalklappenanteile, teilweise mit zusätzlich verengtem Gefäßdurchmesser, repräsentieren die häufigste morphologische Veränderung für die fixe, valvuläre Stenoseform. Seltener besteht eine fixe, subvalvuläre Stenose durch bindegewebige Einziehungen oder eine dynamische, subvalvuläre Form durch muskuläre Zubildungen oder hypertrophische Veränderungen im rechten Ausflusstrakt. Mit großer Wahrscheinlichkeit besteht beim Hund eine polygenetische Grundlage.

Bei **brachyzephalen Rassen** (Englische Bulldogge, Boxer) existiert eine **Sonderform** der Pulmonalstenose, die durch einen veränderten Koronararterienverlauf um den Ursprung der Pulmonalarterie verursacht wird.

Pathogenese: Die Einengung führt zu einer Beschleunigung und hörbaren Turbulenz des Blutflusses. Diese Turbulenzen führen zu einer poststenotischen Dilatation des Truncus pulmonalis. Der rechte Ventrikel arbeitet gegen einen erhöhten Widerstand und zeigt daher eine vom Druckgradienten abhängige konzentrische Hypertrophie. Die rechtsventrikulären Veränderungen führen zusätzlich zu einer sekundären, dynamischen, infundibulären Ausflusstraktstenose und zu einer verminderten diastolischen Füllung. Durch die Drucküberlastung entsteht häufig auch eine Trikuspidalinsuffizienz mit der Folge von Aszites. Gleichzeitig kommt es durch den verminderten Blutausstoß zu Leistungsschwäche, verminderter Belastbarkeit und Synkopen.

Die erhöhte myokardiale Masse begünstigt Rhythmusstörungen. Der erhöhte Druck in der Systole führt zu einer Ischämie der subendokardialen Zone. Die entstehenden subendokardialen Infarkte und Nekrosen führen schließlich zu schweren ventrikulären Rhythmusstörungen.

Klinisches Bild: Die klinische Symptomatik korreliert mit dem Grad der Einengung. Je nach Schweregrad bestehen Aszites, Hepatomegalie und die Zeichen eines Vorwärtsversagens, wie verminderte Belastbarkeit und Synkopen. Bei gering- bis mittelgradigen Stenosen zeigen die betroffenen Tiere meist keine Leistungseinschränkung.

Diagnostik: Es besteht ein lautes, systolisches Strömungsgeräusch vom crescendo-decrescendo-Typ mit einem Punctum maximum an der linken kranialen Herzbasis. Bei gleichzeitig vorliegender Trikuspidalinsuffizienz ist auch rechts ein lautes systolisches Herzgeräusch auskultierbar. Aufgrund der Hypertrophie des rechten Herzens ist der Herzspitzenstoß häufig rechts stärker palpierbar.

Röntgen: Auffallend ist die rechtsventrikuläre Vergrößerung. Auf der lateralen Aufnahme zeigt die kraniale Herzsilhouette eine deutliche Erweiterung nach kranioventral, das Herz liegt dadurch breit auf dem Sternum auf. In der dorsoventralen Projektion kann die Pulmonalarterie in der 1-Uhr-Position deutlich hervortreten, bedingt durch die poststenotische Dilatation des Gefäßes. Die Lungenzeichnung ist üblicherweise unverändert oder zeigt eine Minderperfusion an.

EKG: Bei gering- und mittelgradigen Stenosen kann das EKG unauffällig sein. In höhergradigen Fällen zeigen sich die typischen Veränderungen einer Rechtshypertrophie. Die MEA ist nach rechts verschoben (> 100° beim Hund, tiefe S-Zacken bestehen in Ableitung I, II, III, aVf; positiver Summenvektor in Ableitung aVr). Eventuell besteht ein Rechtsschenkelblock. Einzelne ventrikuläre Extrasystolen bis hin zu einer ventrikulären Tachykardie deuten auf Myokardschäden hin.

Echokardiographie: Bereits im zweidimensionalen Bild fällt die rechtsventrikuläre Hypertrophie auf, die mit dem Grad der Stenose korreliert. Das linke Herz kann eine Minderfüllung aufweisen.

Die veränderte Morphologie der Pulmonalklappen ist ebenfalls gut darstellbar. Dabei erscheinen die Klappensegel meist verkürzt, verdickt und sind kaum beweglich. Zusätzlich können sich Einziehungen und echoreiche Zubildungen im Bereich der Stenose finden (Abb. 5.21). Eine unauffällige Morphologie schließt jedoch eine Stenose nicht aus, weshalb die Doppler-Messungen beweisend sind. Selten bestehen reine supra- oder subvalvuläre Stenosen.

Ein häufiger Befund bei fortgeschrittener rechtsventrikulärer Hypertrophie ist eine paradoxe Septumbewegung, die im M-Mode deutlich sichtbar ist. Das interventrikuläre Septum bewegt sich dann nicht entgegengesetzt, sondern parallel zur Hinterwand des linken Ventrikels. Zusätzlich ist das Septum durch die Drucküberlastung abgeflacht, wodurch der linke Ventrikel seine runde Form verliert und stattdessen einem „D" gleicht (Abb. 5.22).

Die Bestimmung des Schweregrades erfolgt ebenfalls echokardiographisch (Abb. 5.21). Die Messung der maximalen Blutflussgeschwindigkeit V im Bereich der Einengung mit dem CW-Doppler (in m/s) dient zur Errechnung des Druckgradienten ΔP (in mmHg) mithilfe der modifizierten Bernoulli-Gleichung:
$\Delta P \text{ (mmHg)} = 4v^2$

Die Einteilung erfolgt in leichte, mittlere und schwere Stenose je nach errechnetem Wert. Die meisten Autoren sehen eine Stenose mit einem Gradienten zwischen 50–80 mmHg als mittelgradig an, größere oder kleinere Werte als schwere bzw. leichte Stenose. Bei einem systolischen Versagen des rechten Ventrikels oder einer hochgradigen Trikuspidalinsuffizienz kann der Schweregrad der Stenose nicht mehr über die maximale Fluss-

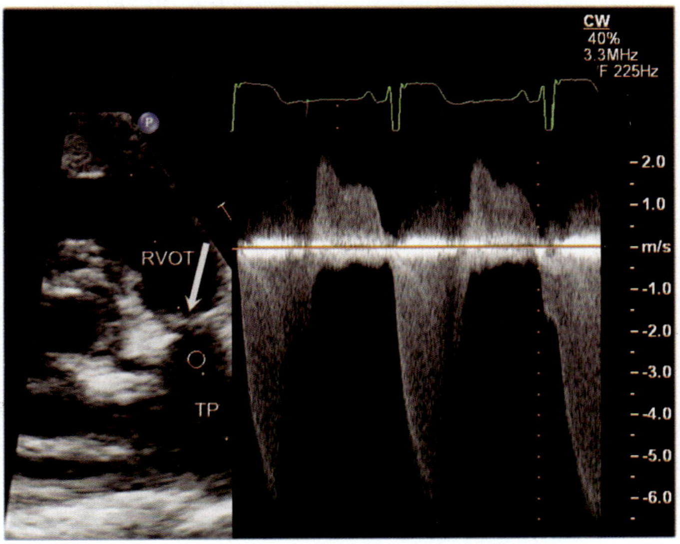

Abb. 5.21 Hochgradige valvuläre Pulmonalstenose bei einem 8 Monate alten Tibet-Terrier. Die Pulmonaklappe (Pfeil) stellt sich verdickt und fusioniert dar. Der CW-Doppler zeigt eine V_{max} von > 6 m/s (Gradient > 144 mmHg) (RVOT, rechter Ausflusstrakt; TP, Truncus pulmonalis). Die Anlotung entspricht in etwa der Schnittebene D in Abb. 5.13 (optimiert auf rechten Ausflusstrakt und Truncus pulmonalis).

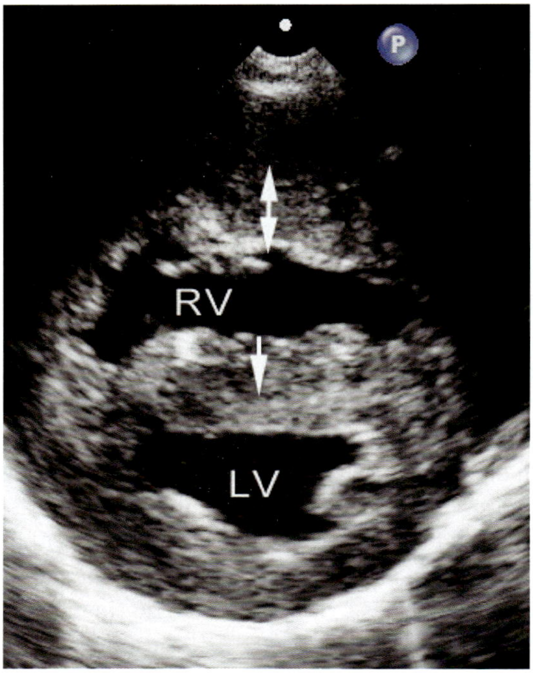

Abb. 5.22 Echokardiographischer Querschnitt („kurze Achse") auf Ventrikelebene bei einem 7 Monate alten Dholi-Apso-Rüden mit schwerer Pulmonalstenose. Die Drucküberlastung führt zu einer Hypertrophie des rechtsventrikulären Myokards (Pfeil mit 2 Spitzen) und zu einer Abflachung des interventrikulären Septums (Pfeil mit 1 Spitze). Rechter (RV) und linker Ventrikel (LV) nehmen dadurch ein spiegelbildliches Aussehen an. Ein ähnliches Bild wäre bei einem nicht restriktiven Ventrikelseptumdefekt mit pulmonaler Hypertonie zu erwarten; zusätzlich ist dann auch der große septale Defekt im Ultraschall erkennbar.
Die Anlotung entspricht der Schnittebene A in Abb. 5.13. In dieser schematischen Abbildung ist zum Vergleich auch die physiologische Form und Größenrelation der Ventrikel erkennbar (runde Form des linken, halbmondförmige Form des rechten Ventrikels).

geschwindigkeit diagnostiziert werden, da er unterschätzt wird. Idealerweise muss zur Graduierung daher die Öffnungsfläche der Stenose errechnet werden. Der Schweregrad kann grob auch anhand der rechtsventrikulären Hypertrophie abgeschätzt werden.

Diagnose: Die Befunde von klinischer Untersuchung, Röntgen und EKG und das Signalement (prädisponierte Rassen s. o.) lassen eine Verdachtsdiagnose zu, beweisend ist letztlich die echokardiographische Untersuchung.

Differenzialdiagnose: Ein systolisches Geräusch mit Punctum maximum an der linken Herzbasis ist auch bei der Aortenstenose auskultierbar. Das Geräuschmaximum liegt dann allerdings etwas weiter kaudal und strahlt stärker nach rechts aus. Die röntgenologische Untersuchung und das EKG zeigen bei der Aortenstenose die Zeichen einer linksventrikulären Hypertrophie.

Ein Rückstau in den großen Kreislauf besteht auch bei einer Trikuspidalinsuffizienz, z. B. durch eine Klappendysplasie. Das dazugehörige Herzgeräusch hat sein Punctum maximum rechtsseitig und besitzt einen anderen Klangchararkter (Insuffizienzgeräusch). Es fehlt in diesem Fall die konzentrische Hypertrophie des rechten Ventrikels.

Bei einem großen ventrikulären Septumdefekt kommt es ebenfalls zu einer Überlastung des rechten Ventrikels mit der Folge einer Rechtshypertrophie. Im Thoraxröntgen fallen dann vergrößerte Pulmonalarterien auf, während bei der Pulmonalstenose eine verminderte Füllung besteht.

Therapie: Bei mittel- und hochgradigen valvulären Stenosen sollte eine Ballondilatation (auch Ballonvalvuloplastie) zur Erweiterung der Stenose erwogen werden. Da bei der valvulären Stenose fusionierte Pulmonalklappen vorliegen, sind die Erfolgsaussichten zur Senkung des Druckgradienten besser als bei den bindegewebigen oder muskulären subvalvulären Formen.

Vorsicht ist bei der Sonderform der brachyzephalen Rassen geboten, da eine Dilatation der Stenose zur Ruptur der Koronararterie führen kann.

Besteht eine kongestive Rechtsherzinsuffizienz, kann versucht werden, mit Diuretika (Furosemid in Kombination mit Spironolacton, Dosierungen s. bei Kap. 5.7.2.1) eine Verbesserung zu bewirken. In schweren Fällen sind regelmäßig Abdominozentesen notwendig. Bei ventrikulärer Extrasystolie können Antiarrhythmika (β-Blocker, z. B. Atenolol, 0,25–1 mg/kg KM, 2 × tägl. p. o., Sotalol, 1–2 mg/kg KM 2 × tägl. p. o. oder auch Propafenon, 2–3 mg/kg KM, 2–3 × tägl. p. o.) eingesetzt werden. ß-Blocker können den Schweregrad des sekundären, infundibulären Stenose-Anteils vermindern und besitzen theoretisch eine protektive Wirkung für das Myokard. Daher wird Atenolol bei kompensierten Patienten als Dauertherapie empfohlen.

Prognose: Die Prognose hängt vom Schweregrad der Stenose und von den Sekundärveränderungen ab. Geringgradige Stenosen besitzen auch ohne Therapie eine gute Prognose, bei hochgradigen Stenosen werden klinische Beschwerden und die Prognose durch eine Ballondilatation deutlich verbessert.

Aortenstenose; Subaortenstenose (SAS)

Definition, Systematik: Meist subvalvulär, selten valvulär oder supravalvulär gelegene Einengung der linken Ausflussbahn bzw. der Aorta. Die Stenosen werden zusätzlich nach der Morphologie (Ring-, Tunnelstenose), nach dem Gewebetyp (muskuläre, fibröse) und ihrer Funktionalität (fixe, dynamische Stenose) eingeteilt. Auch eine Hypoplasie der Aorta ohne konkret lokalisierte Stenose ist möglich. Die Bestimmung und Einteilung nach Schweregrad erfolgt wie bei der Pulmonalstenose (s. dort).

Epidemiologie, Ätiologie: Dies ist eine häufige kongenitale Herzkrankheit beim Hund, bei der Katze ist sie als angeborene Form selten. Meist liegt beim Hund eine fixe Subaortenstenose (SAS) vor, verursacht durch einen fibrösen Ring. Auch für die Aortenstenose wird eine erbliche Grundlage angenommen. Häufig betroffen sind Boxer, Golden Retriever, Deutsche Schäferhunde, Neufundländer und Rottweiler.

Bei der Katze existieren dynamische Ausflusstraktstenosen im Zusammenhang mit Kardiomyopathien (sog. hypertrophisch-obstruktive Kardiomyopathie, s. Kap. 5.7.3.3).

Pathogenese: Die Stenose führt zu einer Drucküberlastung und konzentrischen Hypertrophie des linken Ventrikels, das ausgeworfene Volumen kann vermindert sein. Die Einengung führt zu einer Flussbeschleunigung und Turbulenz des Blutflusses. Die linksventrikuläre Hypertrophie und der erhöhte Druck im Ventrikel begünstigen die Entstehung von Myokardischämien und damit von Arrhythmien.

Klinisches Bild: Klinische Symptome sind abhängig vom Schweregrad und treten bei gering- bis mittelgradigen Stenosen selten auf. Symptomatische Tiere fallen meist durch ein Vorwärtsversagen des Herzens und Arrhythmien auf. Dies äußert sich in verminderter Belastbarkeit und Synkopen. Im weiteren Verlauf kann sich auch eine kongestive Linksherzinsuffizienz mit einer Rückstauung in den kleinen Kreislauf entwickeln. Die betroffenen Tiere zeigen dann eine respiratorische Symptomatik mit Polypnoe und Dyspnoe.

Diagnostik: Charakteristisch ist ein systolisches Herzgeräusch linksseitig an der Herzbasis, das auch weit nach rechts, kraniodorsal und zur Herzspitze hin ausstrahlen kann. Kombinierte Vitia sind auskultatorisch daher schlecht differenzierbar. Besteht auch eine höhergradige Aortenklappeninsuffizienz kann linksseitig ein leises diastolisches Geräusch hörbar sein. Bei hochgradigen Stenosen kann ein systolisches Schwirren und eine kleine Pulswelle tastbar sein. Geringgradige Stenosen oder Übergangsbefunde führen dagegen zu sehr leisen Herzgeräuschen und können auskultatorisch nur unter optimalen Bedingungen erkannt werden. In einigen Fällen verändert sich die Stenosierung noch im Laufe des Wachstums und manifestiert sich erst innerhalb der ersten 10 Lebensmonate, sodass beim Welpen noch kein Auskultationsbefund vorhanden ist. Ein sicherer Ausschluss der Krankheit ist daher erst im Alter von einem Jahr möglich.

Röntgen: Die Thoraxröntgenaufnahme kann unauffällig sein oder abhängig vom Grad der Stenose eine variable linksventrikuläre Vergrößerung zeigen. Die poststenotische Dilatation der Aorta führt zu einem prominenten Aortenbogen und zu einer Verschattung in der 12-Uhr-Position bei der dorsoventralen Projektion. Eine kongestive Linksherzinsuffizienz mit Mitralinsuffizienz führt zu gestauten Pulmonalvenen und schließlich zu einem Lungenödem.

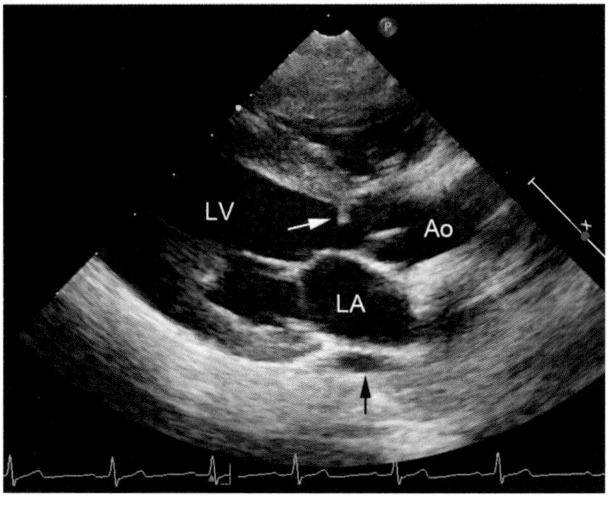

Abb. 5.23 Echokardiographischer Befund (Fünfkammerblick rechts parasternal) bei einem Entlebucher Sennenhund mit hochgradiger, fixer Subaortenstenose. Im subvalvulären Bereich der Aorta (Ao) ist eine fibröse Leiste erkennbar (weißer Pfeil). Der Gradient betrug 100 mmHg (V_{max} 5 m/s). Nebenbefund ist eine persistierende linke kraniale Hohlvene (schwarzer Pfeil) (LV, linker Ventrikel; LA, linkes Atrium).

EKG: Bei geringgradigen Stenosen ist ein unverändertes EKG zu erwarten, in schweren Fällen bestehen die Zeichen einer linksventrikulären Hypertrophie bis hin zu ventrikulären Extrasystolen und Tachyarrhythmien. Schwere Rhythmusstörungen führen vermutlich zum plötzlichen Herztod bei dieser Krankheit.

Der typische EKG-Befund ist eine Hypervoltage der R-Zacke in Ableitung II (> 2,5 mV bei kleinen Rassen, > 3 mV bei großen Rassen) und in weiteren Ableitungen (I, III, aVl). Auch eine Verbreiterung des QRS-Komplexes (> 0,06 s) ist möglich. Die ST-Strecke zeigt Anhebungen oder Senkungen, was auf eine Myokardhypoxie hindeutet. Die elektrische Herzachse bewegt sich im Referenzbereich, selten ist sie linksbetont (um 40°).

Echokardiographie: Die Befunde hängen von der Schwere und dem Typ der Stenose ab. Geringgradige Stenosen bewirken in der Regel keine linksventrikuläre Hypertrophie und sind auch morphologisch kaum erkennbar. Höhergradige Stenosen fallen dagegen durch eine Einengung des subvalvulären Bereiches in der linken Ausflussbahn auf. Es können echogene (fibröse) Zubildungen vorhanden sein, die leistenartig, ringförmig bis tunnelartig angelegt sind (Abb. 5.23). Muskuläre Stenosen gehen vom ventrikulären Septum aus und besitzen eine ähnliche Echogenität wie das Myokard.

Die Hypertrophie des linksventrikulären Myokards ist variabel. Bei schweren Stenosen ist sie beim Welpen bereits hochgradig ausgeprägt. Begleitend liegt meist eine Aorteninsuffizienz und manchmal eine Mitralinsuffizienz vor. Eine Mitralinsuffizienz ist bei einer höhergradigen Aortenstenose ein prognostisch ungünstiger Faktor, da die Mi-tralregurgitation wegen des erhöhten systolischen Drucks schwerwiegender ist als bei Patienten ohne Aortenstenose. Wie für die Pulmonalstenose beschrieben, ist zur Quantifizierung der Stenose die dopplerechokardiographische Messung der maximalen Blutflussgeschwindigkeit über der Stenose notwendig. Die Einteilung des Schweregrades nach errechnetem Druckgradienten erfolgt in vergleichbarer Weise. Auch bestehen dieselben Limitierungen der Graduierung bei verminderter systolischer Funktion oder gleichzeitiger Mitralinsuffizienz.

Diagnose: Ein systolisches linksseitiges Herzgeräusch an der Herzbasis mit den Zeichen einer linksventrikulären Hypertrophie und dem entsprechenden Signalement lassen die Verdachtsdiagnose Aortenstenose zu. Beweisend ist die echokardiographische Untersuchung. Da die Stenose erst im Laufe des Wachstums manifest werden kann, sollte bei Welpen mit geringgradigen Stenosen oder einem entsprechenden Verdacht oder Rassedisposition eine Nachuntersuchung im Alter von 12 Monaten erfolgen. Um therapiebedürftige Arrhythmien zu erkennen, wird ein 24-h-EKG empfohlen.

Differenzialdiagnose: Systolische, funktionelle Strömungsgeräusche sind beim Jungtier transienter Natur. Auch bei Anämie, Eiweißmangel und Verminderungen der Blutviskosität anderer Genese kommt es zu ähnlichen Strömungsgeräuschen. Zur Differenzierung ist eine gründliche klinische und labordiagnostische Untersuchung notwendig. Funktionelle Herzgeräusche werden echokardiographisch durch Ausschlussdiagnostik abgeklärt.

Erhöhte Aortenflussgeschwindigkeiten entstehen auch durch Shuntverbindungen, die zu einer linksventrikulären Volumenüberlastung führen (z. B. bei einem PDA oder pulmonalen arteriovenösen Fisteln). Es handelt sich dann um eine relative Aortenstenose; die Flussbeschleunigung basiert auf dem erhöhten Schlagvolumen und nicht auf einer Einengung.

Verdickte oder fusionierte Aortenklappen können auch bei einer Endokarditis auftreten. Meist sind dann echokardiographisch auch Vegetationen erkennbar und es gibt vorberichtlich oder klinisch Hinweise auf eine Sepsis.

Therapie: Eine Ballonkatheterdilatation ist nur bei hochgradigen Stenosen mit klinischen Symptomen und geeigneter Stenosemorphologie indiziert. Dazu zählen schmale, ringförmige Stenosen oder diskrete Membranstenosen. Häufig kommt es abhängig vom Stenosetyp nach der Dilatation im Verlauf von einigen Monaten wieder zu einer Restenosierung mit Werten, die zwischen dem Ausgangswert und dem Wert unmittelbar nach der Dilatation liegen. Chirurgische Techniken sind kompliziert, teuer und stehen nicht routinemäßig zur Verfügung.

Eine medikamentöse Behandlung der Folgeerscheinungen der Stenose wie kongestives Herzversagen und Arrhythmien ist nicht systematisch untersucht, sie ist empirisch und variiert von Fall zu Fall. Wie bei der Pulmonalstenose werden β-Blocker empfohlen, da sowohl die linksventrikuläre Hypertrophie als auch Tachyarrhythmien günstig beeinflusst werden (Atenolol, 0,25–1 mg/kg KM, 2 × tägl. p. o.). Bei der valvulären Pulmonalstenose beruht ein wichtiger Teil der ß-Blocker-Wirkung auf einer Verbesserung der dynamischen, infundibulären Stenosekomponente. Eine solche liegt bei der Subaortenstenose durch den anatomisch sehr kurzen linksventrikulären Ausflusstrakt jedoch nicht vor. Zur Behandlung der meist ventrikulären Arrhythmien stehen noch andere Antiarrhythmika zur Verfügung (s. Kapitel 5.7.3.1).

Prognose: Die Prognose ist bei leichten und mittelgradigen Stenosen zunächst gut. Hochgradige Stenosen mit klinischer Sypmtomatik haben eine schlechte Prognose. Meist sterben die Tiere an Arrhythmien innerhalb der ersten Lebensjahre. Ebenfalls ungünstig ist die Prognose bei begleitender Mitralinsuffizienz mit kongestiver Herzinsuffizienz oder wenn ein Myokardversagen eintritt. Durch eine Ballondilatation hochgradiger Stenosen können klinische Beschwerden verbessert werden, die Maßnahme führt vermutlich nicht zu höheren Überlebenszeiten.

5.7.1.5 Kombinationsdefekt Fallotsche Tetralogie

Definition, Epidemiologie: Die Kombination eines großen VSD, einer Pulmonalstenose, einer rechtsventrikulären Hypertrophie und einer „reitenden" rechtsliegenden Aorta (sog. Dextroposition der Aorta). Eine selten vorkommende Fehlbildung beim Hund, noch seltener bei der Katze. Bei der noch selteneren Pentalogie besteht zusätzlich noch ein ASD.

Ätiologie: Ursächlich liegt der Anomalie eine embryonale Fehlentwicklung des Ursprungs der Pulmonalarterie, der Aorta und von basalen Septumanteilen zugrunde, die anatomisch eng benachbart liegen.

Pathogenese: Die pathogenetisch bedeutenden Komponenten sind der große VSD und die Pulmonalstenose. Das Blut im rechten Ventrikel fließt größtenteils unter Umgehung des stenosierten Pulmonalkreislaufes direkt über den VSD in die Aorta, zusätzlich begünstigt durch deren rechtsverschobene Lage. Diese Kombination führt zu einem Rechts-links-Shunt mit Hypoxämie und zentraler Zyanose. Die rechtsventrikuläre Hypertrophie entsteht sekundär zur Drucküberlastung durch.

Klinisches Bild: Auffallend ist eine Zyanose bereits in Ruhe oder unter Belastung.

Diagnostik: Bei der Auskultation steht das Geräusch der Pulmonalstenose an der kranialen, linken Herzbasis im Vordergund, das allerdings leise sein kann, da der Fluss durch die Stenose bei der Fallotschen Tetralogie geringer ist als bei einer alleinigen Pulmonalstenose. Die Pulsqualität ist dabei nicht verändert. Labordiagnostisch sind eine Polyzythämie und eine Hypoxämie feststellbar.

Röntgen und *EKG:* Diese Untersuchungen zeigen die Veränderungen einer Rechtsherzhypertrophie (s. bei Pulmonalstenose).

Echokardiographie: Im 2-D-Bild ist der große Ventrikelseptumdefekt, die Hypertrophie des rechten Ventrikels und der nach rechts kranial verlagerte Aortenursprung zu erkennen, der damit über dem rechten Ventrikel zu liegen kommt. Die Morphologie der Pulmonalstenose kann sich analog den Veränderungen einer isolierten Pulmonalstenose darstellen. Auch subvalvuläre, dynamische Stenosekomponenten sind dabei möglich.

Diagnose: Die Diagnose kann aufgrund der echokardiographischen Befunde gestellt werden. Die Dextroposition der Aorta kann variabel ausgeprägt sein, was im Einzelfall die Erkennung erschwert.

Therapie: Das therapeutische Ziel ist die Verbesserung der Zirkulation im kleinen Kreislauf, d. h. eine Verminderung des Rechts-links-Shuntvolumens. Die Erfolg versprechendste Maßnahme ist die Aufweitung der Pulmonalstenose durch eine kathetergeführte Ballondilatation, was gleichzeitig die praktikabelste unter den invasiven Methoden darstellt. Ebenfalls beschrieben ist eine chirurgisch gelegte Gefäßanastomose zwischen der Aorta oder einem aortennahen Gefäß des großen Kreislaufes mit der Pulmonalarterie (künstlicher Ductus Botalli).

Bei einer ausgeprägten Polyzythämie (Hämatokrit > 70 %) ist ein schonender Aderlass indiziert (s. Kap. 4.1.3.3). Das entnommene Blut muss dabei gleichzeitig durch kristalloide Infusionlösungen ersetzt werden. Jedoch darf der Hämatokrit nicht wesentlich unter einen Wert von 60 % fallen wegen der meist parallel bestehenden Hypoxämie.

Prognose: Die Prognose ist insgesamt schlecht. Sie ist bei nicht zyanotischen Fällen besser als bei Tieren, die bereits in Ruhe eine Zyanose zeigen. Die beschriebenen therapeutischen Maßnahmen wurden nur in Einzelfällen mit unterschiedlichem Erfolg angewendet.

5.7.1.6 Rechtsaorta (Gefäßringanomalie)

Definition, Epidemiologie: Bei dieser angeborenen Fehlbildung entwickelt sich die Aorta aus einer rechten Kiemenbogenarterie und verläuft dann rechts vom Ösophagus. Die Rechtsaorta ist die häufigste Form der sogenannten Ringanomalien.

Pathogenese: Das Ligamentum arteriosum zieht von der rechts gelegenen Aorta zur Pulmonalarterie und verursacht dadurch ein ringförmiges Abschnüren der dazwischenliegenden Speiseröhre, was eine irreversible Dilatation des oral gelegenen Teilstückes zur Folge hat. Es besteht dabei keine Einschränkung der kardialen Funktion.

Klinisches Bild: Die betroffenen Tiere fallen bereits im Welpenalter durch die Regurgitation von unverdautem Futter auf; die Symptomatik entspricht derjenigen eines Megaösophagus.

Diagnostik: Röntgenologisch zeigt sich kranial des Herzens ein hochgradig dilatierter und mit Futterbrei gefüllter Ösophagusabschnitt. Die kardiale Röntgenanatomie, Echokardiographie und EKG sind unauffällig.

Diagnose: Der Verdacht entsteht durch das klinische Bild, die Diagnose lässt sich röntgenologisch, evtl. mithilfe eines Kontrastmittelschluckes, stellen.

Therapie: Die Therapie besteht aus einer möglichst frühzeitigen chirurgischen Durchtrennung des Ligamentum arteriosum (s. Lehrbücher der Chirurgie). Komplikationen entstehen bei einem patenten Ductus Botalli oder einem Ductusdivertikel, das dabei versehentlich geöffnet wird und zu einer arteriellen Blutung führt. Weiterhin leiden die Tiere häufig unter einer Aspirationspneumonie (Behandlung s. Kap. 6.4.6.3).

Prognose: Die Prognose bezüglich einer Verbesserung der Regurgitation nach Durchtrennung des Ligamentum arteriosum ist uneinheitlich in der Literatur. Die höchste Erfolgsrate einer Studie waren 23 von 25 Patienten (92 %), die 6 Monate postoperativ keine Regurgitation mehr zeigten.

5.7.2 Krankheiten der Herzklappen

5.7.2.1 Primäre (degenerative) AV-Klappeninsuffizienz beim Hund

Definition, Epidemiologie: Es handelt sich um die häufigste Herzkrankheit des Hundes, die hauptsächlich bei älteren Vertretern der kleinen Rassen vorkommt. Häufiger sind Mitral- oder beide AV-Klappen, seltener die Trikuspidalklappe alleine betroffen. Synonym verwendet werden die Begriffe Mitralklappendokard(i)ose oder -fibrose und myxomatös-degenerative AV-Klappenkrankheit. Bei der Katze ist die Krankheit selten, dieses Kapitel bezieht sich daher auf den Hund.

Ätiologie, Pathogenese: Es handelt sich um eine erworbene Krankheit, als Ätiologie wird eine genetische Disposition insbesondere bei kleinen Hunderassen vermutet, die zu chronischen, degenerativen Umbauprozessen der bindegewebigen Matrix der Herzklappen und Sehnenfäden führt. Besonders im Randbereich der Klappensegel entstehen fibrotische Verdickungen und Verhärtungen. Es kommt zu einem ungenügenden Klappenschluss (Insuffizienz) mit der Folge eines Blutflusses zurück in den linken Vorhof (Regurgitation) während der Systole. Das retrograd fließende Blut bewirkt eine schweregradabhängige Volumenüberlastung des linken Vorhofes und eine Stauung der Pulmonalvenen. Eine adaptive Vergrößerung des linken Vorhofes verhindert vorerst eine pulmonale Kongestion und damit die Bildung eines Lungenödems. Der Verlust der Regurgitationsfraktion wird durch eine Steigerung der Herzleistung kompensiert (erhöhtes Schlagvolumen durch exzentrische Hypertrophie des linken Ventrikels). Der langsame Verlauf erlaubt diesen Kompensationsmechanismen, die Herzfunktion nicht selten über Jahre hinweg aufrecht zu erhalten. Nur etwa ein Drittel der Hunde erreicht das symptomatische Stadium. Unter einer Dekompensation oder Herzversagen versteht man bei dieser Krankheit schließlich das Auftreten eines Lungenödems. Aus der anfänglichen Klappeninsuffizienz ist damit eine kongestive Herzinsuffizienz geworden.

Daneben können bestimmte kardiale und extrakardiale Mechanismen zu einer zusätzlichen, manchmal auch plötzlichen Zunahme der Regurgitation führen:

Ereignisse am Klappenapparat: Der Abriss einer oder mehrerer Sehnenfasern bewirkt eine Zunahme der Regurgitation. Vollständige Papillarmuskelabrisse sind ebenfalls möglich und häufig fatale Ereignisse. Der Mitralklappenring (Verankerungsstruktur für die Herzklappen) wird durch die atriale und ventrikuläre Volumenüberlastung gedehnt, was eine zusätzliche, sekundäre Komponente der Klappeninsuffizienz zur Folge hat.

Das Auftreten von Rhythmusstörungen (meist Vorhofflimmern) beeinträchtigt ebenfalls die Herzfunktion und kann zu einer klinischen Verschlechterung führen.

Die Linksherzinsuffizienz kann zu einer postkapillären pulmonalen Hypertonie führen, wodurch Rechtsherzversagen mit Aszites sowie Synkopen auftreten können. Die Kombination einer Mitral- mit einer Trikuspidalendokardiose führt daher häufiger zu Aszites als eine alleinige Trikuspidalinsuffizienz.

Eine seltene Verlaufsform ist die Ruptur des dilatierten linken Atriums mit der Folge einer meist fatalen Herzbeuteltamponade.

Innere Krankheiten, wie Nierenversagen oder Hyperadreokortizismus, aber auch *externe Ursachen*, wie die Aufnahme stark salzhaltigen Futters oder die Verabreichung von Kortikosteroiden (Na^+-Retention) führen zu einer Hypertonie und Volumenretention mit der Folge einer Zunahme der Mitralregurgitation.

Klinisches Bild: Die Klappeninsuffizienz ist meist langsam fortschreitend mit über Jahre hinweg kompensierter Herzfunktion. Die Symptomatik ist abhängig vom Stadium, der Übergang in das Herzversagen tritt als ein akutes oder subakutes Ereignis ein.

Im Falle einer Dekompensation sind bei der Mitralendokardiose respiratorische Symptome in folgender Abfolge zu erwarten. Zunächst kommt es zu einem interstitiellen Lungenödem, welches sich durch eine erhöhte Ruheatemfrequenz > 40/min (kompensatorische Polypnoe) und Leistungsschwäche bei Belastung bemerkbar macht. Im weiteren Verlauf entsteht ein alveoläres Lungenödem, wordurch zusätzlich zur Polypnoe auch ein wiederkehrender, schwacher, räusperartigen Husten auftreten kann. Die Polypnoe wird zur Dyspnoe, es kommt zu einer Zyanose, die Patienten sind dann bereits in Ruhe klinisch auffällig und werden als Notfall mit Atemfrequenzen von 100/min und höher vorgestellt.

Davon unterschieden werden muss Husten, der durch die Kombination aus vergrößertem linken Vorhof und gleichzeitiger Bronchomalazie entsteht. Dieser Husten unterscheidet sich klinisch vom Husten durch Lungenödem. Er ist fremdkörperartig laut, mit Würgen am Ende und tritt anfallsweise mit längeren beschwerdefreien Intervallen auf. Diese Patienten sind nicht dekompensiert und haben eine physiologische Ruheatemfrequenz (< 40/min).

Diagnostik: Bei der **Auskultation** fällt das charakteristische systolische Mitralregurgitationsgeräusch mit einem Punctum maximum an der linken Herzspitze auf. Ein solches erworbenes Herzgeräusch ist bei entsprechendem Signalement praktisch pathognomonisch für eine Mitralendokardiose. Der Geräuschcharakter ändert sich von einem leiseren, höherfrequenten zu einem lauteren, tieferfrequenten Geräusch bei höheren Schweregraden. Das Mitralgeräusch „verschluckt“ dabei den 2. Herzton, sodass nur ein einziges, lang gezogenes, bandförmiges Geräusch zu hören ist. In frühen Stadien kann manchmal ein melodisches oder quietschendes Geräusch („Möwenschrei“) bestehen. Einen Sonderfall stellt ein systolisches Klickgeräusch dar, das vermutlich durch einen Mitralklappenprolaps hervorgerufen wird, ohne dass bereits eine Regurgitation besteht. Eine respiratorische Arrhythmie deutet auf eine intakte vagotonische Regulation der Herztätigkeit hin und spricht gegen ein symptomatisches Stadium.

In fortgeschrittenen Krankheitsstadien ist ein dritter Herzton auskultierbar, der Ausdruck einer vermehrten ventrikulären Füllung ist. Bei der Palpation des Herzens kann dann auch ein systolisches Schwirren festzustellen sein. Bei einem alveolären Lungenödem kann in manchen Fällen auskultatorisch ein knisterndes Atemgeräusch auffallen. Die weitere, insbesondere bildgebende Diagnostik dient hauptsächlich zur Erkennung des Stadiums.

Röntgen: Bei einer Mitralendokardiose dient die Thoraxröntgenstudie zur Beurteilung der Herzgröße, der Gefäße und der Lungenzeichnung. Anhand der Bildgebung teilt man eine Mitralendokardiose in die Stadien B1 (ohne Herzvergrößerung), B2 (mit Herzvergrößerung) und C/D (kongestives Herzversagen gekennzeichnet durch ein Lungenödem) ein. Zur Unterscheidung des Stadiums B1 von B2 ist die Echokardiographie jedoch die genauere und damit notwendige Technik, um die Indikation zu einer Therapie im Stadium B2 zu stellen. Die röntgenologische Herzgröße wird global durch die Messung der Herzwirbelsumme (vertrebral heartsize, VHS, Referenz bis 10,7 Wirbelkörper, s. Abb. 5.4 und Abb. 5.6 und Kap. 5.2.1) bestimmt. Es ist zu beachten, dass insbesondere bei brachyzephalen Rassen VHS-Werte bis 12,7 Wirbelkörper physiologisch sein können. Ein Grund dafür sind fehlgebildete Brustwirbel. Sie können trotzdem zur individuellen Verlaufskontrolle bei asymptomatischen Patienten hilfreich sein (Stadien B1/B2). Bei einem sechs- bis neunmonatigem Kontrollintervall ist eine Zunahme der Herzgröße um einen Wirbelkörper oder mehr Hinweis auf eine baldige Dekompensation. Auch bei vergrößerten Lungenvenen sollten die Patienten in kürzeren Intervallen kontrolliert werden.

Die Größe des linken Vorhofes kann subjektiv beurteilt oder über die linksatriale Herzwirbelsumme (VLAS „vertebral left atrial size", s. Abb. 5.6 in Kap. 5.2.1) objektiviert werden. Der vergrößerte linke Vorhof imponiert in der lateralen Aufnahmeebene als typische Erweiterung der Herzsilhouette an deren kaudodorsalem Rand. Zur Erkennung einer linksatrialen Vergrößerung ist die Echokardiographie jedoch ebenfalls die geeignetere Technik Die VHS- und VLAS-Werte in den einzelnen Stadien sind in Tabelle 5.3 zusammengestellt. Im Stadium C liegt dann ein Lungenödem vor, das sich beim Hund als alveoläre Verschattung im Bereich des Lungenhilus und Hauptlappens mit den typischen Luftbronchogrammen darstellt. In der ventrodorsalen Ebene erkennt man in der Regel eine vermehrte Beteiligung des rechten Hauptlappens. In schweren Fällen kann das gesamte Lungenfeld betroffen sein, die Randbereiche der Lunge bleiben beim kardialen Ödem gewöhnlich frei (Abb. 5.24).

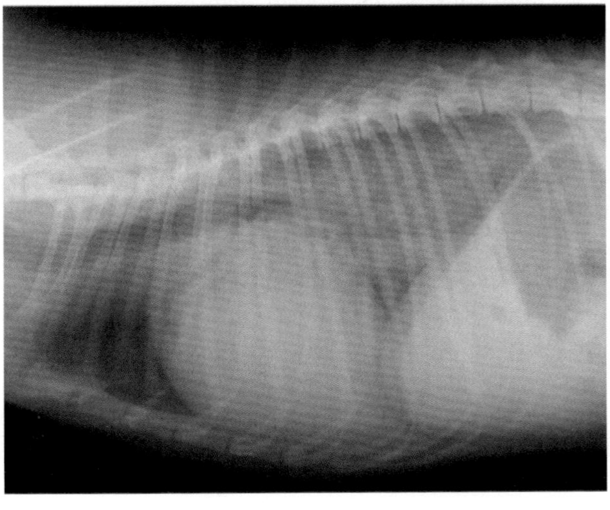

Abb. 5.24 Seitliche Thoraxröntgenaufnahme eines 11-jährigen Pudelrüden mit alveolärem Lungenödem aufgund einer Mitralendokardiose. Charakteristisch ist die zentrale Verschattung der Hauptlappen und das alveoläre Muster mit Luftbronchogrammen. Es besteht eine Kardiomegalie mit einer Herzwirbelsumme von 12,8 und auch eine Vergrößerung des rechten Herzens aufgrund einer Trikuspidalinsuffizienz.

Tabelle 5.3: **Übersicht über die röntgenologische Herzgröße (Herzwirbelsumme, vertebral heart size, VHS) und die linksatriale Größe (vertebral left atrial size, VLAS) in verschiedenen Stadien der Mitralendokardiose. Die Werte wurden aus verschiedenen Publikationen zusammengestellt und verstehen sich als grobe Richtlinie. Beispielsweise haben rassebedingte Unterschiede oder die Therapie mit Diuretika einen großen Einfluß auf den VHS bzw. VLAS-Wert. Weiterhin bestehen Überlappungen zwischen den verschiedenen Stadien.**

Stadium Mitralendokardiose	VHS	VLAS
Kein Herzbefund	9,7 ± 0,5 (bis 10,7)[A]	2,1 (1,8–2,3)[C]
B1	per definition wie oben	2,1 (2,0–2,4)[C]
B2	11,3 (10,9–12)[B]	2,6 (2,3–2,99[C]
C/D	12,5 (11,5–13,5)[D]	3,0 (2,7–3,6)[C]

Quellen

A Buchanan, 1995	Mittelwert ± SD (obere Referenzgrenze); Rassebesonderheiten beachten
B EPIC-Studie (Boswod, 2016)	median IQR, Pimobendangruppe
C Malcolm, 2018	median IQR
D quest-Studie (Haggström, 2008)	median IQR, Gruppen kombiniert)

EKG: Selbst fortgeschrittene Mitralinsuffizienzen zeigen nicht zwingend EKG-Veränderungen. Häufig ist als Ausdruck der Vorhofvergrößerung eine verbreiterte oder vergrößerte P-Welle (> 0,04 ms, > 0,4 mV) zu finden. Erhöhte R-Zacken (> 2,5 mV bei kleinen Rassen) deuten auf eine linksventrikuläre Vergrößerung hin. Häufige atriale Extrasystolen und Vorhofflimmern stellen therapiebedürftige Komplikationen in fortgeschrittenen Krankheitsstadien dar.

Labordiagnostik: Die Bestimmung des NT-proBNP-Wertes kann hilfreich sein, um bei symptomatischen Patienten mit Dyspnoe eine kardiale Ursache zu erkennen. Dies betrifft insbesondere Fälle mit unklaren radiologischen Befunden oder wenn bildgebende Verfahren nicht möglich sind. Von Nachteil sind jedoch der ggf. erforderliche Versand der Probe und die damit verbundene Wartezeit.

Echokardiographie: Hiermit können zunächst die Ursache des Herzgeräusches verifiziert und begleitende Herzkrankheiten ausgeschlossen werden.

Wie bei der Röntgenaufnahme ist auch in der Echokardiographie die Bestimmung der Herzgröße, insbesondere des linken Ventrikels und des linken Atriums, von Bedeutung. Dazu wird der atriale Durchmesser (LA) ins Verhältnis zum Aortendurchmesser (Ao) auf Höhe der Aortenklappe gesetzt. Der Quotient LA/Ao kann dadurch unabhängig von der Körpermasse interpretiert werden. Am häufigsten wird dazu der Quotient LA/Ao in der kurzen Achse verwendet (Referenzwert bis 1,5). Gleichzeitig nimmt auch der diastolische linksventrikuläre Durchmesser zu und liefert einen weiteren Hinweis auf das Stadium der Krankheit. Zur objektiven Größenbeurteilung des linken Ventrikels wird dieser anhand einer allometrischen Formel gewichtsnormiert (diastolischer Kammerdurchmesser [cm]/Körpergewicht [kg]^{0,294}). Das präklinische Stadium mit Kardiomegalie (B2) wurde definiert als Quotient LA/Ao > 1,6 und normierter Ventrikeldurchmesser in Diastole > 1,7. Eine Hyperkinesie des interventrikulären Septums und der linksventrikulären Wand und eine Vergrößerung des systolischen linksventrikulären Durchmessers sind Zeichen eines fortgeschrittenen Stadiums.

Bei einem akuten Sehnenfaserabriss korreliert die atriale Größe nicht unbedingt mit dem tatsächlichen Stadium, da noch keine Erweiterung des Atriums stattgefunden hat. Es besteht dann eher eine Druck- als Volumenüberlastung. Das atriale Septum ist dann zur rechten Seite hin deviiert. Abgerissene Sehnenfäden sind häufig auch echokardiographisch erkennbar.

Klappenveränderungen betreffen i. d. R. deren Randbereich. Sie sind vermehrt echogen und kolbenartig oder wulstig aufgetrieben. Ein Prolaps der Mitralklappe äußert sich durch ein Vorwölben der Klappensegelmitte in den linken Vorhof hinein (fallschirmartige Form in Systole). Sehenfaserabrisse führen dagegen zu einem Vorfallen des Mitralklappenrandes in Richtung des Vorhofes in Systole (sogenanntes „flail leaflet", Abb. 5.25).

Mithilfe der Doppleruntersuchung kann der Grad der Mitralregurgitation semiquantitativ beurteilt werden. Der Farbdoppler stellt den Regurgitations-Jet in seinen zweidimensionalen Abmessungen und seinem zeitlichen Auftreten dar. Die Jetrichtung ist in der Mehrzahl der Fälle schräg (exzentrisch) in das Atrium gerichtet, im Gegensatz zu den geraden Jets bei sekundären Insuffizienzen durch Mitralringdehnung. Die Einteilung erfolgt meist in drei Grade (gering-, mittel-, hochgradige Regurgitation). Weiterhin ist der Nachweis einer pulmonalen Hypertonie durch die dopplerechokardiographische Messung der Geschwindigkeit einer Trikuspidal- oder Pulmonalinsuffizienz möglich. Werte > 3,1 bzw. 2,0 m/s werden als Hinweis auf eine pulmonale Hypertonie angesehen. Liegen keine entsprechenden Klappeninsuffizienzen vor, liefert der Pulmonalarteriendurchmesser Hinweise auf das Vorliegen einer pulmonalen Hypertonie (s. Spezialliteratur).

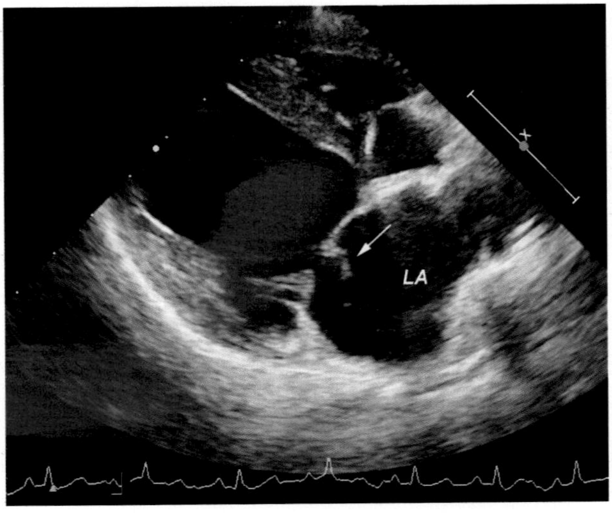

Abb. 5.25 Echokardiographischer Befund (Vierkammerblick, rechts parasternal) eines Hundes mit Mitralendokardiose und einem „flail leaflet" des vorderen Mitralsegels (Pfeil). Durch Sehnenfaserabrisse kommt es zu einem systolischen Vorfallen des Klappenrandes in Richtung des linken Atriums (LA), was zu einer plötzlichen Zunahme der Klappeninsuffizienz führen kann.

Diagnose: Der Auskultationsbefund eines (erworbenen) Mitralgeräusches ist bei entsprechendem Signalement i. d. R. ausreichend zur Diagnose. Eine respiratorische Arrhythmie spricht für ein kompensiertes Stadium, ein dritter Herzton kann dagegen als Hinweis auf ein fortgeschrittenes Stadium angesehen werden. Um eine Kardiomegalie oder ein kongestives Herzversagen nachzuweisen, sind Röntgenaufnahmen notwendig. Echokardiographisch kann die Diagnose verifiziert und das Herz sehr genau vermessen werden, was insbesondere zur Differenzierung der Stadien B1 und B2 von Bedeutung ist. Darüber hinaus kann der linskatriale Druck durch spezielle Messungen echokardiographisch abgeschätzt werden, was bei symptomatischen Patienten mit unklaren Röntgenbefunden oder im fortgeschrittenen Stadium B2 hilfreich sein kann, um die Wahrscheinlichkeit eines Lungenödems zu beurteilen (s. Spezialliteratur).

Differenzialdiagnose: Es kommen alle sekundären Formen von AV-Klappeninsuffizienzen infrage. Bei einer Endokarditis valvularis tritt das Geräusch meist plötzlich im Verlauf einer Septikämie auf. Eine angeborene Mitralklappendysplasie ist bereits beim Welpen oder Junghund auskultierbar. Herzgeräusche anderer Genese, wie etwa eine Ausflusstraktstenose oder ein Strömungsgeräusch bei Anämie, besitzen einen anderen Geräuschcharakter. Zur genauen Abklärung eines Herzgeräusches muss im Zweifelsfall eine echokardiographische Untersuchung durchgeführt werden.

Als Ursache für das Symptom Husten kommt bei den kleinen Hunderassen ein Trachealkollaps, eine Bronchomalazie oder eine chronische Bronchitis infrage. Bei diesen Ursachen besteht ein anderer Hustentyp als bei einem Lungenödem und nur selten eine Poly- oder Dyspnoe.

Lungenödeme können auch infektiöser, toxischer oder neurogener Genese sein. Häufige Ursachen hierfür sind ein Stromschlag oder ein Schädel-Hirn-Trauma. Vorbericht und klinische Untersuchung liefern meist Hinweise auf die Ursache. Röntgenologisch zeigen diese nicht kardialen Ödeme ein anderes Verteilungsmuster. Sie reichen bis in die Peripherie und betreffen beide Hauptlappen gleichermaßen (s. Kap. 6.4.5.3, Abb. 6.17).

Therapie: Indikation und Art der Therapie hängen vom Stadium ab. Es wurden mehrere Systematiken zur Einteilung in Stadien vorgeschlagen (Übersicht s. Tabelle 5.4). Für therapeutische Entscheidungen lässt sich der Verlauf einer Mitralendokardiose vereinfacht in drei Stadien einteilen: die präklinischen Stadien 1.) ohne Herzvergrößerung, B1 2.) mit Herzvergrößerung, B2 3.) dekompensiertes, symptomatisches, klinisches Stadium (kongestive Herzinsuffizienz mit Lungenödem, zusammengefasst je nach Schweregrad C oder D).

Im *erstgenannten Stadium* (B1) herrscht Konsens darüber, dass keine Therapie indiziert ist, da für kein Medikament eine Wirksamkeit nachgewiesen werden konnte. Die Patienten sollten alle 9 Monate echokardiographisch untersucht werden. Im *zweiten Stadium* (B2) ist das Therapieziel, die Zeit bis zum Erreichen des dritten Stadiums (Dekompensation) zu verlängern. Die Wirksamkeit von Pimobendan in diesem Stadium wurde in der EPIC-Studie nachgewiesen. In diesem asymptomatischen Stadium mit Kardiomegalie verlängert eine Therapie mit Pimobendan die Zeit bis Dekompensation gegenüber Plazebo signifikant um etwa das 1,6-Dache.

Tabelle 5.4: **Übersicht über die beim Kleintier angewendeten Systematiken ISACHC, ACVIM und CHIEF zur Einteilung einer Herzinsuffizienz in Schweregrade oder Stadien. Angewendet werden diese hauptsächlich bei den erworbenen Herzkrankheiten mit kongestivem Versagen.**

ISACHC (International Small Animal Health Council System)	ACVIM (American College of Veterinary Internal Medicine)	CHIEF (Canine Heart Failure International Expert Forum)	Befunde	Zustand des Patienten
n. v.	A	A	Erhöhtes Risiko für eine Herzkrankheit aufgrund Rasse oder Familienanamnese	Kein Herzbefund
Ia	B1	B	Kein Hinweis auf Kompensation der zugrunde liegenden Herzkrankheit (d. h. keine Kardiomegalie durch Volumen-/Drucküberlastung vorhanden)	Asymptomatisch
Ib	B2	B	Kompensation der zugrunde liegenden Herzkrankheit (Kardiomegalie ist nachweisbar in Röntgen oder Echo)	Asymptomatisch
n. v.	n. v. (evtl. Cc, Dc, s. u.)	C1	Herzversagen ist durch Therapie stabilisiert	Stabilisiert (asymptomatisch)
II	Ca (akut, stationär), Cc (chronisch, ambulant)	C2	Mildes bis mittelschweres Herzversagen (Lungenödem, Thoraxerguss)	Symptomatisch
IIIa (ambulant)	Ca (akut, stationär), Cc (chronisch, ambulant)	C3	Mittelschweres bis schweres Herzversagen (Lungenödem, Thoraxerguss)	Symptomatisch
IIIb (stationär)	Da (akut, stationär), Dc (chronisch, ambulant)	D	Schweres Herzversagen (Lungenödem, Thoraxerguss, pulmonale Hypertension, Aszites, Arrhythmien), refraktär gegenüber Standardtherapie	Symptomatisch

n. v. = nicht vorhanden

Im *dritten Stadium* ist eine Erweiterung der Therapie zwingend notwendig. Es handelt sich nun um Patienten mit den Symptomen eines kongestiven Herzversagens. Primäres Therapieziel ist die Beseitigung des Lungenödems durch eine Therapie mit Schleifendiuretika. Anschließend ist die Therapie darauf ausgerichtet, ein Rezidiv zu verhindern und eine möglichst lange Überlebenszeit bei guter Lebensqualität zu erreichen.

Im Stadium der kongestiven Herzinsuffizienz besteht die Standardtherapie aus der Kombination von Furosemid oder Torasemid mit Pimobendan. Eine medikamentöse Blockade des Renin-Angiotensin-Aldosteron-Sytems (RAAS) führte in einigen Studien zu Verminderung des Komplikationsrisikos oder zu einer Verbesserung von Echokardiographie- oder Biomarkerwerten, jedoch nicht zu längeren Überlebenszeiten. Eine RAAS-Blockade ist beim Hund deutlich weniger wirksam als die Therapie mit Pimobendan. Zusammenfassend wird diese zusätzliche Therapie in diesem Stadium jedoch trotzdem empfohlen. Zu beachten ist, dass bei 20–30 % aller Hunde unter ACE-Hemmertherapie ein sogenannter Aldosteron-„Escape" nachweisbar ist. Das bedeutet, dass es trotz Therapie mit ACE-Hemmern zu einer Aldosteronproduktion kommt, dessen unerwünschte Wirkung durch eine Therapie mit Spironolacton geblockt werden kann. Daher lautet die aktuelle Empfehlung, in diesem Stadium mit allen vier Wirkstoffen zu behandeln (sog. Quadrupeltherapie mit Diuretika und Pimobendan als Standardtherapie und ACE-Hemmer/Spironolacton als ergänzende Therapie).

Diuretikatherapie: Zur Behandlung des kardialen Lungenödems werden die Schleifendiuretika **Furosemid** und **Torasemid** angewendet, der Therapieerfolg lässt sich klinisch anhand der Besserung der Atemfrequenz sowie röntgenologisch durch den Rückgang des Lungenödems kontrollieren. Die Dosis variiert je nach Schweregrad des Lungenödems und Therapieziel. Zur **Notfalltherapie** wird Furosemid intermittierend parenteral als Bolus in einer Dosierung von bis zu 5 mg/kg KM stündlich wiederholt, idealerweise i. v., notfalls auch i. m. appliziert, bis eine Besserung der Dyspnoe eintritt. Eine subkutane Applikation wird nicht empfohlen. Alternativ kann es nach dem ersten Bolus mit einer Spritzenpumpe kontinuierlich gegeben werden. Bei hochgradigem Lungenödem (Atemfrequenz > 100/min) kann mit einer Infusionsrate von 2–4 mg/kg KM/h begonnen werden und diese je nach Ansprechen allmählich gesenkt werden. Während der Notfalltherapie wird befeuchteter Sauerstoff am besten über eine Nasensonde insuffliert oder der Patient wird in eine Sauerstoffbox verbracht. Eine Überwachung muss nach intensivmedizinischen Standards erfolgen. Dazu zählen Kontrolle von Blutdruck, Urinproduktion, Temperatur, Vitalparametern und labordiagnostische Untersuchungen, insbesondere Elektrolyte und Nierenwerte.

Nach der Notfalltherapie ist beim stabilisierten Patienten zur Vermeidung eines Rezidivs eine dauerhafte orale Diuretika-Therapie notwendig. Dazu sind erfahrungsgemäß 1–2 mg/kg KM Furosemid, 2 × tägl. p. o. notwendig. Alternativ kann die Therapie mit Torasemid fortgesetzt werden. Es bietet den Vorteil, dass es enteral besser resorbiert wird und sowohl länger als auch stärker wirkt als Furosemid. Torasemid muss nur einmal täglich in einem Zwanzigstel bis maximal einem Zehntel der Furosemidgesamttagesdosis gegeben werden (Torasemiddosis 0,1–0,6 mg/kg KM 1 × tägl. p. o., Umrechnungsbeispiel: 2 × tägl. 20 mg Furosemid p. o. entsprechen 1 × tägl. 2 mg Torasemid p. o.). Ziel ist es, die mindestwirksame Dosis anhand der häuslichen Messung der Ruheatemfrequenz zu ermitteln. Diese liegt physiologischerweise unter 30/min, steigt sie über 40/min, sollte das Furosemid schrittweise in Dosis (in Schritten von ca. 1 mg/kg KM) und auch in der Häufigkeit (auf bis zu 3 × tägl.) erhöht werden. Torasemid kann in Schritten von 0,05–0,1 mg/kg KM erhöht werden.

Der Wechsel zu Torasemid sollte auch bei Hunden erfolgen, die dreimal täglich hohe Dosen Furosemid zur Kontrolle des Lungenödems benötigen (4 mg/kg KM, 3 × tägl. p. o. oder höher). Torasemid kann bei diesen refraktären Patienten auch 2 × tägl. jeweils in einem Zwanzigstel bis maximal einem Zehntel der zuvor angewendeten Furosemidgesamttagesdosis gegeben werden (Torasemiddosis 0,1–0,6 mg/kg KM 1–2 × tägl. p. o.). Die Kombination mit Thiaziddiuretika (Hydrochlorothiazid, 2–4 mg/kg KM, 2 × tägl. p. o.) ist möglich, wenn Furosemid oder Torasemid ausdosiert sind. *Aszites* muss meist durch wiederholte Abdominozentesen therapiert werden, da Diuretika hier weniger gut wirksam sind als beim Lungenödem. Die Indikation dazu besteht bei Anorexie oder Dyspnoe durch Zwerchfellhochstand.

Für **Pimobendan** wurde in der QUEST-Studie eine lebensverlängernde Wirkung im dekompensierten Stadium nachgewiesen. Die Dosierung ist 0,25 mg/kg KM, 2 × tägl. verteilt p. o. Für die Notfalltherapie kann die parenterale Formulierung in einer Dosierung von 0,15 mg/kg KM, 2 × tägl. i. v. angewendet werden.

RAAS-Blockade: Die für den Hund zugelassenen **ACE-Hemmer** (Benazepril, Enalapril, Imidapril) werden in einer Dosierung von 0,25–0,5 mg/kg KM 1 × tägl. p. o. verabreicht (Ausnahme Ramipril: 0,125–0,25 mg/kg KM, 1 × tägl. p. o.). **Spironolacton** (Prilactone, 2 mg/kg KM, 1 × tägl. p. o.) besitzt eine antifibrotische Wirkung und kann den sogenannten Aldosteron-„Escape“ bei ACE-Hemmer-Therapie antagonisieren, weshalb es beim kongestiven Herzversagen als viertes Präparat indiziert ist. Darüber hinaus wird es als kaliumsparendes Diuretikum u. a. bei Aszites in der Kombination mit Furosemid empfohlen. Die Wirkstoffe Spironolacton und Benazepril sind als Kombinationspräparat erhältlich (Cardalis®).

Sollte weiterer Bedarf einer Nachlastsenkung bestehen, werden **arterielle Vasodilatatoren** empfohlen. Dies kann der Fall sein, wenn eine Hypertonie besteht oder die Therapie mit Diuretika keine ausreichende Wirkung zeigt. Es eignen sich Amlodipin, 0,1–0,4 mg/kg KM, 1–2 × tägl. p. o. oder Dihydralazin, 0,5–3 mg/kg KM, 2 × tägl. p. o. Es wird mit der niedrigen Dosis begonnen und unter Blutdruckkontrolle langsam hochtitriert.

Bei häufigen Vorhofextrasystolen oder Vorhofflimmern ist eine Digitalisgabe indiziert. Die empfohlene Dosierung für **Metil-Digoxin** ist 0,005 mg/kg KM, auf 2 × tägl. verteilt p. o. Von Bedeutung ist die Kontrolle des Serum-Digoxinspiegels etwa 10–14 Tage nach Beginn der Therapie, 8 h nach Tabletteneingabe. Der Digoxin-Spiegel sollte im unteren Bereich des Wirkspiegels liegen, der von 0,8–2 ng/ml reicht. Es ist empfehlenswert, die Nieren- und Elektrolytwerte einige Tage nach Therapiebeginn und später in mehrmonatigen Abständen zu überwachen.

Diät: Es existieren keine Studien, in denen für Diäten höhere Überlebenszeiten nachgewiesen wurden. Für bestimmte Maßnahmen wurde jedoch ein positiver Einfluss gefunden. Dazu zählen milde Natriumreduktion, Zusatz von Omega-3-Fettsäuren und ausreichende kalorische Versorgung, um einer kardialen Kachexie entgegenzuwirken. Das Verfüttern salziger Lebensmittel sollte vermieden werden.

Die Ätiologie des Hustens bei Patienten mit Mitralendokardiose ist häufig durch einen Bronchialkollaps bedingt. In diesen Fällen sind Antitussiva Erfolg versprechend (**Codein-Präparate**, z. B. Dihydrocodein, 0,25–0,5 mg/kg KM, 2–4 × tägl. p. o.). Bei schwerem Hustenreiz kann Butorphanol parenteral angewendet werden (0,02–0,06 mg/kg KM, 2 × tägl. s. c.). Auch Maropitant (1–2 mg/kg KM, 1 × tägl. bis jeden 2. Tag p. o.) kann in dieser Indikation versucht werden.

Eine chirurgische Rekonstruktion der Mitralklappe bzw. ein Klappenersatz wird beim Hund in Einzelfällen bereits erfolgreich durchgeführt, scheitert als Standardtherapie jedoch bislang aus mehreren Gründen: Eine chirurgische Klappenrekonstruktion am offenen Herzen erfordert ein Spezialisten-Team und eine Bypass-Zirkulation während des Eingriffes, was nur mit hohem Aufwand in weltweit wenigen Zentren zu realisieren ist. Beim Klappenersatz zeigen Hunde trotz antikoagulativer Therapie eine ausgeprägte Thrombenbildung auf Fremdmaterial mit entsprechenden Komplikationen nach der Implantation. Zudem können finanzielle Limitierungen bei dieser Therapieform eine Rolle spielen.

5.7.2.2 Sekundäre Klappeninsuffizienzen

Klappenendokarditis (Endocarditis valvularis)

Epidemiologie: Eine bakterielle Endokarditis ist beim Hund eine seltene und bei der Katze noch seltenere Ursache für eine Herzklappeninsuffizienz. Beim Hund sind größere Hunderassen im mittleren bis hohen Alter am häufigsten betroffen.

Ätiologie, Pathogenese: Folgende Faktoren begünstigen die Entstehung einer Endokarditis: Schädigung des Endokards (bei kongenitalen Herzkrankheiten, insbesondere Subaortenstenose), passagere Bakteriämie, Adhäsion der Bakterien am Endokard. Eine Mitralendokardiose stellt dafür jedoch keinen Risikofaktor dar. Als häufige Eintrittspforten für bakterielle Erreger gelten die Maulhöhle, der Urogenitaltrakt und die Haut. Zentral liegende Katheter oder Herzschrittmacher können die Entstehung einer Endokarditis ebenfalls begünstigen. Die Infektion des Endokards mit Bakterien führt schließlich zu Vegetationen durch Fibrin- und Thrombozytenanlagerung (vegetative Endokarditis). Im weiteren Verlauf kommt es zur Beteiligung tiefer gelegener Gewebeschichten (Destruktion der Herzklappe, Myokarditis). Eine Klappenendokarditis kann rasch zu einem kongestivem Herzversagen durch eine Klappeninsuffizienz oder sogar zu dem Verlust der Herzklappe führen.

Diagnose: Ein plötzlich auftretendes Herzgeräusch bei einer bakteriellen Infektionskrankheit, Polyarthritis, Immunsuppression, Diskospondylitis, einem Abszess, Fieber oder Sepsis ist hinweisend auf eine Klappenendokarditis. Patienten mit diesen Krankheiten sollten deshalb häufig auskultiert werden. Durch das Anlegen einer Blutkultur kann in etwa 50 % der Fälle ein mikrobiologischer Erregernachweis erfolgen. Häufig beteiligt sind

Streptokokken, Staphylokokken, *E. coli*, aber auch *Bartonella* spp. Als Zeichen einer systemischen Inflammationsreaktion sind erhöhte C-reaktives Protein-Werte zu erwarten.

Bei der echokardiographischen Untersuchung sind unregelmäßige, flotierende, watteartige Vegetationen und thrombotische Auflagerungen am Endokard zu erkennen. Mitral- und Aortenklappe sind häufiger betroffen als Trikuspidal-, Pulmonalklappe oder das murale Endokard. In bis zu 75 % der Fälle bestehen Arrhythmien (AV-Blockierung, ventrikuläre Arrhythmien) und erhöhte kardiale Troponin-I-Werte als Zeichen einer Myokarditis.

Therapie: Patienten mit einer solchen Verdachtsdiagnose sollten zunächst mit einer parenteralen Antibiotikakombination aus einem Gyrasehemmer (Enrofloxacin, Marbofloxacin) und einem Penicillin (Amoxicillin) therapiert werden. Bei positivem Erregernachweis sollte die Therapie nach Antibiogramm angepasst werden. Bei Besserung des Allgemeinbefindens kann die Therapie oral fortgeführt werden. Bei einer vegetativen Endokarditis ist eine echokardiographische Verlaufskontrolle möglich: Die Vegetationen werden kleiner und können als knötchenartige Auflagerungen ausheilen.

Mitralinsuffizienz durch Klappenringdehnung

Bei Herzkrankheiten, die mit einer Volumenüberlastung oder exzentrischen Hypertrophie einhergehen (dilatative Kardiomyopathie, PDA, VSD, fortgeschrittene Mitralendokardiose, schwere Aorteninsuffizienz) kommt es zu einer Dehnung des fibrösen AV-Klappenringes. Die Klappensegel verlieren dadurch ihre Koaptation und werden insuffizient. Echokardiographisch kann dann eine Lücke in der Systole sichtbar sein, der Insuffizienzjet ist zentral und nicht exzentrisch ausgerichtet. Hämodynamische Folgen und Therapie entsprechen derjenigen der primären Mitralinsuffizienz.

Semilunarklappeninsuffizienz

Eine Insuffizienz der Semilunarklappen (Aortenklappe, Pulmonalklappe) mit klinischer Relevanz kommt beim Kleintier insgesamt selten vor. Am häufigsten wird eine Semilunarklappeninsuffizienz bei einer gleichzeitigen Stenose dieser Klappen, seltener aufgrund einer Endokarditis diagnostiziert. Der Grad der Insuffizienz ist meist gering und spielt bei der Pulmonalklappe hämodynamisch keine bedeutende Rolle. Höhergradige Aortenklappeninsuffizienzen können aber zu einer linksventrikulären Volumenüberlastung führen. Selten ist dann ein diastolisches Herzgeräusch auskultierbar. Therapeutisch ist eine (diastolische) Bludrucksenkung hilfreich.

Bei der Farbdoppler-Untersuchung lassen sich häufig bei herzgesunden Tieren geringgradige Pulmonalklappeninsuffizienzen (physiologische Insuffizienzen) nachweisen.

5.7.2.3 Kongenitale Klappeninsuffizienzen

Mitral- und Trikuspidaldysplasie

Seltene angeborene Fehlbildung des Mitral- oder Trikuspidalklappenapparates beim Hund und bei der Katze. Die Trikuspidaldysplasie kommt häufig bei großen Hunderassen vor, insbesondere beim Labrador Retriever. Bei der Katze ist häufiger die Mitralklappe betroffen. Die Klappensegel können fehlen, verkürzt, verwachsen oder verdickt sein oder auch verkürzte Sehnenfäden aufweisen. Bei der Trikuspidalklappendysplasie können die Klappensegel auch ventrikelwärts verlagert sein. Die Folge ist eine Klappeninsuffizienz, gelegentlich besteht begleitend eine Stenose.

Bei der klinischen Untersuchung fällt ein entsprechendes Herzgeräusch auf. In höheren Schweregraden kommt es zu einer kongestiven Herzinsuffizienz (Aszites oder Lungenödem/Thoraxerguss). Die Therapie ist wie bei den degenerativen AV-Klappeninsuffizienzen (s. Kap. 5.7.2.1).

AV-Klappenstenose

Epidemiologie. Ätiologie: Mitral- und Trikuspidalklappenstenosen sind selten diagnostizierte Veränderungen bei Hund und Katze. Meist ist eine angeborene Dysplasie die zugrunde liegende Ursache.

Pathogenese: Die ungenügend öffnende Herzklappe obstruiert den diastolischen Bluteinstrom vom Atrium in den Ventrikel. Die Einstromstenose führt zu einer verminderten Ventrikelfüllung und zu einer Volumen- und Drucküberlastung des entsprechenden Vorhofes. Die Folge ist kongestives Herzversagen.

Diagnose: Durch die Obstruktion des Bluteinstroms kann ein leises, diastolisches Herzgeräusch auftreten. Da die Stenose meist mit einer Klappeninsuffizienz vergesellschaftet ist, besteht auch ein lauteres systolisches Geräusch.

Die Diagnose wird echokardiographisch gestellt. Dabei sind die Klappensegel verdickt, geknickt und weisen eine eingeschränkte Beweglichkeit auf. Das vorgeschaltete Atrium ist vergrößert. Es sind erhöhte Einstromgeschwindigkeiten mit turbulentem Flussmuster messbar (von 1,1 bis > 2 m/s) und die Zeitdauer des Einstroms ist verlängert.

Therapie: Die kongestive Herzinsuffizienz wird medikamentös wie die degenerative AV-Klappeninsuffizienz behandelt. Zur Behandlung der Stenose ist ein interventionelles Vorgehen mit Ballonkatheter beschrieben.

5.7.3 Kardiomyopathien

5.7.3.1 Dilatative Kardiomyopathie des Hundes (DKMP, DCM)

Definition: Primäre (idiopathische oder genetische) Krankheit des Myokards des Hundes. Charakteristisch ist das systolische Versagen durch einen allmählichen Verlust der Kontraktilität. Besteht eine Ursache (z. B. Futtermittel-, carnitin- oder taurinresponsive Kardiomyopathie, Tachykardie-induzierte Kardiomyopathie, Doxorubicin-Kardiomyopathie) handelt es sich um eine sekundäre Form.

Epidemiologie: Die Krankheit kommt v. a. bei großen Rassehunden vor, wie Dobermann, Deutsche Dogge, Irischer Wolfshund, Neufundländer, aber auch beim Irish und Gordon Setter, Boxer und Cocker Spaniel. Es sind bei bestimmnten Rassen juvenile Formen mit einem Erstdiagnosealter unter einem Jahr beschrieben, in der Regel tritt die Krankheit jedoch in mittlerem Alter auf. Gewöhnlich sind männliche Tiere stärker betroffen als weibliche. Die Krankheit ist beim Dobermann am ausführlichsten untersucht, die Übertragbarkeit auf andere Rassen ist jedoch limitiert.

Ätiologie, Pathogenese: Das gehäufte Auftreten bei bestimmten Rassen oder innerhalb bestimmter Familien ist Hinweis auf eine genetische Ursache. Keine der bislang identifizierten Mutationen konnte das Auftreten der Krankheit zuverlässig voraussagen. Der phänotypische Nachweis der Krankheit beim Individuum kann nur anhand von klinischen Untersuchungen erfolgen, zumal auch Hunde ohne diese Mutationen an DCM erkranken können.

Durch eine erhöhte Vordehnung der Myofibrillen (Frank-Starling-Mechanismus), Volumenretention und Sympathikusaktivierung kann der Verlust an Kontraktionskraft kompensiert werden (okkulte Phase). Die Folge ist eine exzentrische Hypertrophie („Dilatation“) der Ventrikel, oftmals auch nur des linken Ventrikels. Diese Mechanismen erreichen aber eine Grenze, deren Überschreiten schließlich zu einer Dekompensation führt. Es können Anzeichen für Vorwärtsversagen bestehen, wie etwa Hypothermie und ein schwacher Puls, bestimmend für das klinische Bild ist jedoch das Rückwärtsversagen mit stauungsbedingten Körperhöhlenergüssen und einem Lungenödem (symptomatisches Stadium). Neben dieser kongestiven Verlaufsform können auch alleinige EKG-Auffälligkeiten bestehen (VES, ventrikuläre Tacharrhythmien). Bei dieser Form kommt es zu Synkopen und plötzlichem Herztod und das kongestive Stadium wird nicht erreicht. Pathohistologisch lässt sich neben der Form mit Fett- und bindegewebigen Myokardinfiltrationen, die eher zu ventrikulären Arrhythmien führt, auch eine Form mit ausgedünnten, welligen Myofibrillen nachweisen (sog. „attenuated wavy fibers“).

Der Verlauf der Krankheit ist rassebedingt unterschiedlich. Während beim Dobermann oder der deutschen Dogge im symptomatischen Stadium ein rasches Fortschreiten beobachtet werden kann, dauert dieses Stadium beim Irischen Wolfshund, Neufundländer oder Cocker Spaniel länger an.

Sekundäre Kardiomyopathien werden nach verschiedenen Noxen beobachtet, z. B. nach einer Sepsis, Myokarditis, Chemotherapie mit Doxorubicin oder längerdauernden tachykarden Rhythmusstörungen. Auch die seltenen carnitin- und taurinresponsiven Formen werden als sekundär angesehen.

Klinisches Bild, Diagnostik: In der okkulten oder präklinischen Phase sind die Hunde definitionsgemäß asymptomatisch und die klinische Untersuchung ist nicht selten unauffällig. Es bestehen aber bereits echo- oder elektrokardiographische Veränderungen. Klinische Hinweise auf das okkulte Stadium können eine kleine und schwache Pulswelle oder vereinzelte VES sein. Für das symptomatische Stadium sind Stauungszeichen

(Lungenödem, Thoraxerguss, Aszites) mit Leistungsschwäche, Polypnoe, Dyspnoe und Husten kennzeichnend. Weiterhin können ein Mitralgeräusch leiser bis mittlerer Lautstärke durch eine sekundäre Mitralinsuffizienz oder Tachyarrhythmien (Vorhofflimmern) vorliegen. Vorhofflimmern fällt bei der Palpation des Herzspitzenschlages oder des Pulses und bei der Auskultation durch eine dauerhaft unregelmäßige und ungleichmäßige Herztätigkeit auf, gleichzeitig besteht ein Pulsdefizit.

Die Patienten dekompensieren in der Regel akut, ohne dass vorher Hinweise auf eine Herzkrankheit bestanden haben. Bei einem Drittel aller Dobermänner kommt es zum plötzlichen Herztod durch Arrhythmien ohne vorherige kongestive Krankheitszeichen.

Biventrikuläres Versagen führt häufig zu Thoraxerguss und Aszites. Die Herztöne sind dann leise und bei der Thoraxperkussion ist eine Schalldämpfung vernehmbar. Bei der Palpation des Abdomens ist Aszites feststellbar, bei der Adspektion des Halses fallen gestaute Jugularvenen auf. Chronisch herzinsuffiziente Patienten werden allmählich kachektisch.

Röntgen: Je nach Krankheitsstadium ist eine Kardiomegalie erkennbar. Es kann nur das linke Herz oder auch beide Seiten vergrößert sein. Die Pulmonalvenen sind stauungsbedingt vergrößert. Bei einem Lungenödem besteht eine alveoläre Lungenzeichnung mit Luftbronchogrammen. Bei einer Rechtsherzbeteiligung sind ein Thoraxerguss und eine Hepatomegalie und Aszites zu erkennen. Für Screeningzwecke bei asymptomatischen Tieren besitzen Thoraxröntgenaufnahmen keine ausreichende Sensitivität.

EKG: Bei der dilatativen Kardiomyopathie kann das EKG unauffällig sein, die Wahrscheinlichkeit für Auffälligkeiten ist aber höher als bei anderen Herzkrankheiten. In der okkulten Phase der Krankheit können beispielsweise beim Dobermann vereinzelte VES der einzige Hinweis auf die Krankheit sein. Bereits eine einzelne ventrikuläre Extraystole im Kurz-EKG stellt daher eine Indikation zu weiterer Diagnostik dar. Das EKG sollte deshalb über längere Zeit aufgezeichnet werden (10–20 Minuten) oder besser gleich ein 24-h-EKG angefertigt werden. Auch bei gesunden Hunden treten bis zu 50 ventrikuläre Extrasysstolen/24 h auf. Mehr als 100 VES/24 h oder komplexe Konfigurationen wie Couplets/Triplets werden als hochverdächtig für eine Kardiomyopathie angesehen. Beim Dobermann sprechen einmalig mehr als 300 VES/24 h oder wiederholt zwischen 50 und 300 VES/24 h mit großer Sicherheit für das Vorliegen einer DCM. Die VES können im weiteren Verlauf dann an Häufigkeit zunehmen, es kommt zu Couplets, Triplets und multiformen Extrasystolen. Schließlich kann sich eine ventrikuläre Tachykardie etablieren, was zu Synkopen oder plötzlichem Herztod aufgrund von Kammerflimmern führt.

Eine Volumenüberlastung der Ventrikel kann sich in einem verlängerten QRS-Komplex (> 0,06 s) äußern. ST-Strecken-Senkung oder -Anhebung sind Hinweis auf eine Myokardhypoxie oder Myokardschädigung. In einigen Fällen ist auch ein Rechts- oder Linksschenkelblock zu beobachten.

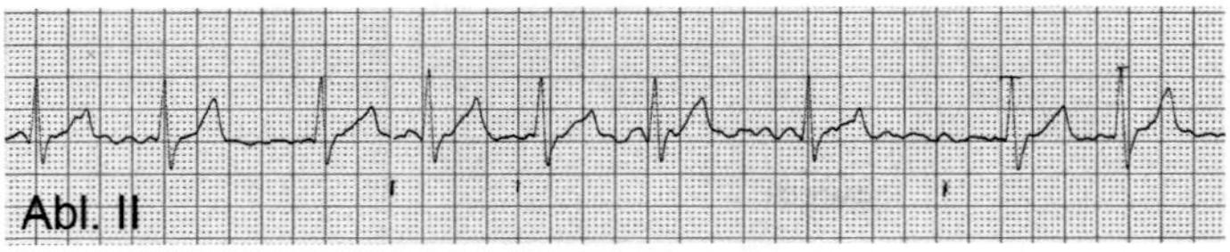

Abb. 5.26 EKG (Abl. II, 50 mm/s) eines Hundes mit Vorhofflimmern. Charakteristisch für Vorhofflimmern sind ungleich hohe R-Zacken, unregelmäßig wechselnde RR-Intervalle und fehlende P-Wellen bei einer undulierenden Grundlinie.

Bei vergrößerten Atrien tritt häufig Vorhofflimmern auf. Kennzeichnend für Vorhofflimmern ist die Kombination aus fehlenden P-Wellen, ungleich großen R-Zacken und ständig wechselnden RR-Intervallen (Abb. 5.26). Es entfällt der atriale Beitrag zur Kammerfüllung, was die Herzleistung vermindert. Das Auftreten von tachykardem Vorhofflimmern führt daher bei vielen Patienten zur Dekompensation. Hunde mit Vorhofflimmern haben auch ein erhöhtes Risiko für plötzlichen Herztod und weisen geringere Überlebenszeiten auf.

Echokardiographie: Erster Hinweis auf die Krankheit sind grenzwertige linksventrikuläre Parameter (Ventrikeldurchmesser, Ventrikelvolumen, EPSS-Wert jeweils vergrößert; Verkürzungsfraktion vermindert). Sofern rassespezifische Referenzbereiche verfügbar sind, kann bei deren Überschreiten mit großer Sicherheit die Diagnose okkulte dilatative Kardiomyopathie gestellt werden, sofern keine sekundären Ursachen gefunden werden können.

Typischerweise liegen erhöhte endsystolische, später auch enddiastolische ventrikuläre Durchmesser vor, die Kontraktilität („fractional shortening", FS) kann noch im Referenzbereich oder an dessen unterer Grenze liegen. Ein EPSS-Wert größer 6,5 mm spricht beim Dobermann für eine okkulte Kardiomyopathie, bei größeren oder Riesenrassen ist dieser Wert dann meist auf 8–12 mm erhöht. Zusätzliche Messungen (Volumenmessungen nach Simpson, Ejektionsfraktion) oder echokardiographische Techniken (Gewebedoppler) können weiteren Aufschluss geben (siehe Spezialliteratur).

Je fortgeschrittener die Veränderungen sind, desto eindeutiger können die echokardiographischen Befunde interpretiert werden. Im symptomatischen Stadium besteht gewöhnlich eine hochgradige Volumenüberlastung bei gleichzeitig stark verminderter Verkürzungsfraktion. FS-Werte um 10 %, enddiastolische linksventrikuläre Durchmesser von 70–80 mm und EPSS-Werte um 20 mm sind typische Messwerte bei dekompensierten Patienten (Abb. 5.27). Oftmals sind dann Ventrikel und Atrien beider Seiten betroffen.

Labordiagnostik: Bei einer DCM kommt es zum Anstieg der kardialen Biomarker natriuretisches Peptid (NT-proBNP) und kardiales Troponin I (cTnI). Zur Erkennung des okkulten Stadiums werden niedrigere Cut-off-Werte angewendet als bei syptomatischen Patienten, also beispielsweise zur Differenzierung einer primär-respiratorischen Dys-

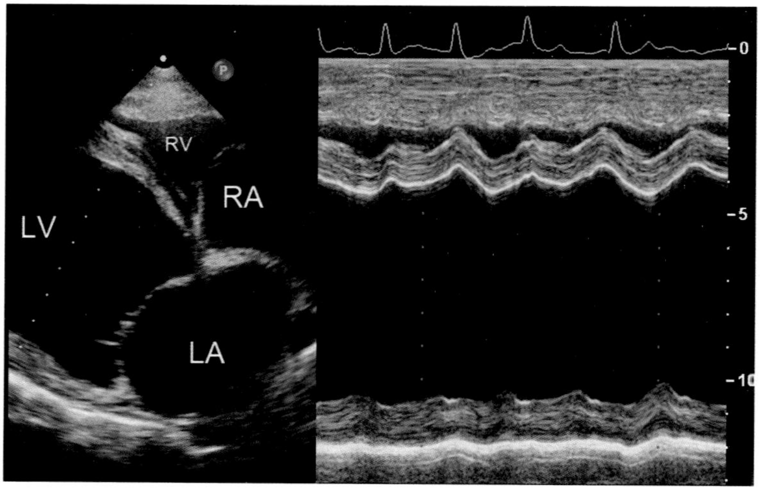

Abb. 5.27 Echokardiographischer Befund (Vierkammerblick und linksventrikulärer M-Mode) bei einem 11-jährigen Griffonrüden mit DCM und Vorhofflimmern. Auffallend sind die linksventrikuläre und linksatriale Volumenüberlastung und die reduzierte Myokardfunktion. Die Kontraktionen sind durch das Vorhofflimmern unregelmäßig, sodass die Verkürzungsfraktion je nach gemessener Herzaktion zwischen 8 und 21 % liegt. Die absoluten Kammerdurchmesser liegen entsprechend zwischen 71/56 und 68/62 mm (diastolisch/systolisch) (LV, linker Ventrikel; LA, linkes Atrium; RA, rechtes Atrium; RV, rechter Ventrikel).

pnoe von einer kongestiven Herzinsuffizienz. Beim Screening auf okkulte DCM sollte bei einem NT-proBNP-Wert > 500 pmol/l und einem cTnI-Wert > 0,22 ng/ml weitere Diagnostik (Echokardiographie, 24-h-EKG) betrieben werden. Im symptomatischen Stadium sind dagegen NT-proBNP-Werte >> 1500 pmol/l zu erwarten (basierend auf der IDEXX-Analytik). Eine Limitierung stellen hierbei die verwendeten Testkits dar, die sich seit der Publikation dieser Ergebnisse geändert haben können oder von Labor zu Labor variieren. Im Zweifelsfall sollte mit dem beauftragten Labor entsprechende Rücksprache gehalten werden.

Diagnose: Im okkulten Stadium kann die Diagnose schwierig sein, wenn grenzwertige Befunde bestehen. Sie kann durch echokardiographische Verlaufskontrollen verifiziert werden, da im Falle einer DCM eine Progredienz zu erwarten ist. Bei bestimmten Rassen (Dobermann, Deutsche Dogge, Boxer) liefert das 24-h-EKG Hinweise, wenn eine bestimmte Zahl an VES überschritten wird (siehe unter EKG). Zur echokardiographischen Diagnose präklinischer Stadien wurden 2003 allgemeine Guidelines publiziert, die ein Punktesystem nach Haupt- und Nebenkriterien vorschlagen. Dazu gehören im Wesentlichen eine linksventrikuläre Vergrößerung, verminderte systolische Funktion und eine Kugelform des linken Ventrikels, basierend auf der Messung der langen und kurzen Ventrikelachse. Rassespezifische Referenzwerte sind jedoch die zuverlässigste Grundlage zur Interpretation der echokardiographischen Messungen. Entsprechend sind für den Dobermann, der als Modellrasse für die dilatative Kardiomyopathie angesehen werden kann, eigene Guidelines publiziert. Besteht bereits eine kongestive Herzinsuffizienz, sind hochgradige echokardiographische Veränderungen zu erwarten, was die Diagnosstellung erheblich vereinfacht. DCM ist jedoch letztlich eine Ausschlussdiagnose, da sekundäre Kardiomyopathien zu ähnlichen Befunden führen. Screeninguntersuchungen werden jährlich ab dem zweiten bis dritten Lebensjahr empfohlen.

Differenzialdiagnose: Herzgeräusche können bei großen Hunderassen auch durch angeborene Vitia, degenerative Klappenveränderungen und selten durch eine Endokarditis bedingt sein. Die Ursache des Herzgeräusches sollte echokardiographisch untersucht werden. Eine wichtige Differenzialdiagnose für volumenüberlastete Ventrikel und Atrien sind Shuntvitia (ASD, VSD, PDA), welche dopplerechokardiographisch ausgeschlossen werden müssen. Auch bei primären Tachyarrhythmien, v. a. supraventrikulären Tachykardien, kann es sekundär zu systolischem Versagen mit echokardiographischen Veränderungen wie bei einer DCM kommen.

Bei einer Kardiomegalie mit Thoraxerguss und Aszites kann auch ein Perikarderguss vorliegen.

Bei Leistungsschwäche sollten hormonelle Dysfunktionen, wie etwa eine Hypothyreose, ein Hypo- oder ein Hyperadrenokortizismus ausgeschlossen werden oder auch Neuro- und Myopathien in Betracht gezogen werden. Eine manifeste Hypothyreose kann auch zu echokardiographischen Veränderungen führen, die einer DCM ähneln. Hecheln und Dyspnoe treten bei größeren Hunderassen häufig aufgrund einer Kehlkopflähmung auf.

Gehäuft auftretende VES sind nicht spezifisch für eine DCM. Zahlreiche extrakardiale Ursachen, wie etwa Infektionskrankheiten, Magendrehung, Sepsis, Pankreatitis oder Milztumoren können ebenfalls zu VES führen. Hinweise darauf müssen bei der Anamnese und klinischen Untersuchung berücksichtigt werden.

Therapie: Die Therapie richtet sich nach dem Krankheitsstadium und den EKG-Befunden. Vergleichbar zur Mitralendokardiose sind die Stadien C und D durch kongestives Herzversagen und das okkulte oder präklinische Stadium B2 durch den echokardiographischen Nachweis einer Kardiomegalie sowie einer verminderten systolischen Funktion definiert. Das Stadium B1 wird bei der DCM dagegen als das Stadium definiert, in dem alleinige elektrokardiographische Befunde in Form von VES oder ventrikulären Tachyarrhythmien, aber noch keine echokardiographischen Veränderungen nachweisbar sind.

Im *symptomatischen Stadium* der kongestiven Herzinsuffizienz wird mit **Pimobendan, Furosemid oder Torasemid und** RAAS-Blockern (**ACE-Hemmern und Spironolacton)** behandelt (alle Dosierungen s. bei Therapie der Mitralinsuffizienz, Kap. 5.7.2.1). Auch die Behandlung des Lungenödems entspricht der Vorgehensweise wie bei der primären Mitralinsuffizienz. Ein Thoraxerguss muss dagegen per Thorakozentese entfernt werden.

Bei gleichzeitigem *Vorhofflimmern* mit hoher Überleitungsrate (hohe resultierende Ventrikelfrequenz) ist eine **Digitalisierung** mit Metildigoxin indiziert. Der Blutspiegel sollte im unteren Bereich des Wirkbereiches liegen: Wirkbereich 0,8–2,4 ng/ml, erwünschter Zielbereich 0,8–1,2 ng/ml. Erfahrungsgemäß muss das Präparat dazu mit 0,003 mg/kg KM, 2 × tägl. p. o. etwas niedriger als in früheren Empfehlungen dosiert werden. Der Blutspiegel sollte frühestens 1 Woche nach Therapiebeginn 6–8 h nach Tablettengabe bestimmt werden. Der Versuch einer Kardioversion des Vorhofflimmerns (Rückführung in einen Sinusrhythmus) ist bei einem vergrößerten Atrium nicht indiziert. Das therapeutische Ziel bei Vorhofflimmern ist eine Senkung der Herzfrequenz, mindestens auf unter 160/min in Ruhe oder niedriger. Niedrige Herzfrequenzen sind dabei mit einer besseren Prognose verbunden. Zur Kontrolle des therapeutischen Erfolges muss die Ruheherzfrequenz im Alltag des Hundes bestimmt werden, was bei Vorhofflimmern für den Besitzer schwierig sein kann. Idealerweise erfolgt die Therapiekontrolle daher mit einem Holter-EKG. Alternativ bietet sich dazu die Verwendung eines ambulanten Kurzzeit-EKG an, mit dem über den Zeitraum einer Woche täglich mehrere Messungen durchgeführt werden. Für die Tiermedizin wird der AliveCor Vet-Monitor angeboten. Es handelt sich um ein kabelloses, einfaches EKG-Gerät mit Hautkontaktflächen, das zur häuslichen Überwachung und Dokumentation mit einem Smartphone (aktuell ausschließlich iPhone) gekoppelt werden kann. Besteht trotz Digitalisgabe eine hohe Herzfrequenz, kann zusätzlich **Diltiazem** (0,5–1,5 mg/kg KM, 3 × tägl. p. o. einschleichend gegeben werden.

Die Behandlung von *VES* richtet sich nach deren Häufigkeit und Morphologie. Grundsätzlich sollte zuerst die Herzinsuffizienz behandelt und erst dann die Notwendigkeit zur Behandlung verbleibender Arrhythmien beurteilt werden. Vereinzelte VES sind nicht zwingend behandlungsbedürftig, sollten aber regelmäßig durch eine (24-h-) EKG-Untersuchung kontrolliert werden. Bei hämodynamisch relevantem Auftreten der VES ist eine Therapie indiziert, zudem steigt das Risiko für plötzlichen Herztod. Dazu zählen ventrikuläre Tachykardie, R-auf-T-Phänomen (hohe momentane Herzfrequenz der VES > 260/min), eine bigeminale Rhythmik oder auch zahlreiche Couplets oder Triplets. Die Therapie ist als palliativ anzusehen. Ziel ist es, Synkopen oder einen plötzlichen Herztod möglichst lange zu verhindern. Die zugrunde liegende myokardiale Krankheit wird nicht beeinflusst. Zur intravenösen Behandlung wird **Lidocain** 2 mg/kg KM als Bolus langsam i. v. angewandt. Die Bolusbehandlung kann 4 × im Abstand von 15–30 min wiederholt werden. Bei gutem Ansprechen kann Lidocain in einer Dosierung von 50–80 µg/kg KM/min über eine Spritzenpumpe kontinuierlich i. v. gegeben werden. Folgende Wirkstoffe können beim Hund zur oralen Fortführung der Behandlung eingesetzt werden: **Sotalol**, 1–2 mg/kg KM, 2 × tägl. p. o., **Mexiletin**, 2–3 mg/kg KM, 2–3 × tägl. p. o., **Propafenon**, 2–3 mg/kg KM, 2–3 × tägl. p. o. Ein Dosierungsschema für **Amiodaron** lautet 10 mg/kg KM, 2 × tägl. p. o. für 7 Tage, dann 8 mg/kg KM, 1 × tägl. p. o. Je nach Wirksamkeit kann die Dosis dann auf 5 mg/kg KM, 1 × tägl. p. o. reduziert werden. Notwendig ist die monatliche Überwachung der Leberenzyme (ALT, AP), weil bis zu 45 % aller Hunde unter Amiodarontherapie eine reversible, dosisabhängige Hepatitis entwickeln können. In diesem Fall muss die Dosis reduziert oder das Medikament abgesetzt werden. Wegen seiner möglichen Nebenwirkungen sollte es nur im Falle einer Wirkungslosigkeit der erstgenannten Päparate angewandt werden. Ein weiteres mögliches Medikament ist **Flecainid**, 1–2(–6) mg/kg KM, 2–3 × tägl. p. o., mit dem tiermedizinisch jedoch noch wenige Erfahrungen bestehen. Limitierend bei der antiarrhythmischen Therapie ist, dass viele humanmedizinische Antiarrhythmika allmählich vom deutschen Markt genommen werden.

Therapeutisches Ziel ist eine Verminderung der Häufigkeit der VES um mindestens 80 %, was idealerweise durch ein 24-h-EKG verifiziert wird. Da Antiarrhythmika eine kardiodepressive Wirkung besitzen, muss der erwünschte Nutzen gegen die möglichen Nebenwirkungen abgewogen werden. Bradykarde Rhythmusstörungen und AV-Blockierungen stellen Kontraindikationen für alle genannten Antiarrhythmika dar.

In schwer dekompensierten Fällen ist die Behandlung mit **Dopamin oder Dobutamin** zur Verbesserung der systolischen Funktion indiziert. Die Applikation erfolgt als kontinuierliche Infusion über eine Spritzenpumpe. Neben einer Steigerung der Kontraktionskraft am Herzen bewirkt Dopamin auch eine bessere Durchblutung des Splanchnikus-Gebietes bei gleichzeitiger Vasokonstriktion im Bereich peripherer Organe (Haut, Muskulatur). Die Dosierung für das Dopamin (3–5 µg/kg KM/min kontinuierlich i. v.) sollte nicht überschritten werden, da bei höheren Dosierungen eine Vasokonstriktion die Folge ist. Dobutamin hat weniger arrhythmogene und chronotrope Nebenwirkungen als Dopamin. Es wird in einer Dosierung von 5–10(–20) µg/kg KM/min kontinuierlich i. v. gegeben.

Therapie im okkulten Stadium: In der PROTECT-Studie konnte bei Dobermännern für Pimobendan eine signifikant verlängerte Überlebenszeit sowie eine Verlängerung der Zeit bis zum Erreichen der kombinierten Endpunkte kongestives Herzversagen und plötzlicher Herztod nachgewiesen werden. In einer retrospektiven Untersuchung, ebenfalls ausschließlich mit Dobermännern, konnte durch eine Monotherapie mit ACE-Hemmer eine verlängerte Zeit bis zur Dekompensation ermittelt werden. Beim Irischen Wolfshund ließ sich eine vergleichbare Wirkung für eine Monotherapie mit Pimobendan nachweisen. Zusammenfassend wird daher eine Therapie mit Pimobendan und ACE-Hemmern bereits im okkulten Stadium der DCM für alle Rassen empfohlen. Da für Spironolacton in experimentellen Studien und in einer klinischen Studie mit Dobermännern im symptomatischen Stadium Hinweise auf eine protektive Wirkung gegen das Auftreten von Vorhofflimmern vorlagen, wäre dies ein Argument für die Kombinationstherapie mit einem ACE-Hemmer (Cardalis®) bereits im okkulten Stadium.

L-Carnitin-/Taurin-Substitution: Diese beiden Aminosäuren sind für den Stoffwechsel von Muskelzellen und Mitochondrien bedeutsam. Bei amerikanischen Cocker Spaniels mit dilatativer Kardiomyopathie wurde eine Verbesserung der myokardialen Funktion nach Taurin- und Carnitin-Substitution beobachetet. Taurin wurde in einer Dosierung von 1 g/Tier/Tag verabreicht und L-Carnitin in einer Dosierung von 2 g/Tier/Tag, beide Dosen wurden auf 2 × verteilt gegeben. Das klinische Bild besserte sich nach vier- bis sechswöchiger Therapiedauer, sodass die begleitende medikamentöse Herztherapie ausgeschlichen werden konnte. Im weiteren Verlauf zeigte sich, dass das Taurin bei dieser Rasse die für die Verbesserung der Herzfunktion entscheidende Aminosäure ist. Bei Boxern wurde eine familiäre carnitinresponsive Kardiomyopathie nachgewiesen. Inwieweit diese Erfahrungen auf deutsche Zuchtlinien übertragbar sind, ist unklar. Die beschriebenen Rassen bzw. Familien scheinen eine Sonderstellung einzunehmen, was den hohen Prozentsatz an responsiven Tieren betrifft. Andere Rassen mit verminderter systolischer Funktion reagieren nur in Ausnahmefällen auf die Substitution mit Carnitin und/oder Taurin. Bei ungewöhnlicher Fütterungsanamnese (vegetarische, getreidefreie oder proteinreduzierte Diäten, nur eine Proteinquelle etc.) oder einem für DCM ungewöhnlichen Rassetyp sollte jedoch an eine sekundäre, alimentär bedingte Kardiomyopathieform gedacht werden. Häufig genügt schon der Wechsel zu einem Standardfuttermittel. Da der Carnitin-Plasmaspiegel bei Hunden mit Carnitin-responsiver DCM nicht zwingend vermindert sein muss, kann auch nicht vorausgesagt werden, ob der gewünschte Therapieerfolg eintreten wird. Deshalb sollte eine Versuchstherapie zumindest für die ersten zwei bis drei Monate erwogen werden, um ein Ansprechen zu erkennen. L-Carnitin wird in einer Dosierung von 200 mg/kg KM auf 2–3 × tägl. p. o. verteilt gegeben. Eine Taurinsubstitution ist bei erniedrigten Vollblut- oder Plasmaspiegeln in einer Dosierung von 30–50 mg/kg KM, 2–3 × tägl. p. o. indiziert.

Prognose: Die Prognose ist abhängig von der Rasse, dem Stadium der Krankheit und dem Lebensalter zum Zeitpunkt der Erstdiagnose. Nach einer Untersuchung von Tidholm et al. (1996) an 189 Hunden mit DCM beliebiger Krankheitsstadien lebten ein Jahr nach Erstdiagnose noch 17,5 % der Tiere, nach zwei Jahren noch 7,5 %. Ungünstige prognostische Faktoren waren vor allem ein Erstdiagnosealter unter 5 Jahren und das Vorliegen von Kongestionszeichen (Körperhöhlenergüsse und Lungenödeme).

Nach einer Untersuchung an 66 Dobermann-Pinschern im symptomatischen Stadium in den USA ergab sich eine mittlere Überlebenszeit von 9,7 Wochen. Dabei lebten 5 Hunde (8 %) länger als 6 Monate und 2 Hunde (3 %) länger als 1 Jahr.

5.7.3.2 Hypertrophe Kardiomyopathie beim Hund

Eine primäre hypertrophe Kardiomyopathie ist beim Hund sehr selten. Die Diagnose erfordert den Ausschluss zugrunde liegender Ursachen. Grundsätzlich bewirken alle kardialen und extrakardialen Ursachen, die zu einer Drucküberlastung der Ventrikel führen, eine sekundäre konzentrische Hypertrophie des Myokards (Aortenstenose, Pulmonalstenose, chronischer pulmonaler oder systemischer Hypertonus). Häufige Ursachen für eine Hypertonie sind chronische Niereninsuffizienz, Hyperadrenokortizismus und Diabetes mellitus, seltener kommen auch ein Hyperaldosteronismus oder ein Phäochromozytom dafür infrage. Dabei sind auch Veränderungen des Augenhintergrundes (Retinablutungen, Ablatio retinae) möglich und Epistaxis kann auftreten. Therapeutisches Ziel bei Hypertonie ist die Senkung des systolischen Blutdruckes auf Werte < 160 mmHg. Neben der Behandlung der Grundkrankheit sind, abhängig von dieser, verschiedene Blutdrucksenker indiziert. Bei Niereninsuffizienz mit Proteinurie ACE-Hemmer (s. Kapitel 11.1), bei Hyperaldosteronismus Spironolakton (s. Kapitel 13.2.2), bei Phäochromozytom Alphablocker (s. Kapitel 13.2.4). In der Regel sind dann auch

Kombinationen mit Kalziumkanalblockern (Amlodipin) und Betablockern notwendig, um eine ausreichende Blutdrucksenkung zu erzielen. Die Therapie erfolgt schrittweise unter Kontrolle des Blutdruckes und der Nierenfunktion.

5.7.3.3 Hypertrophe Kardiomyopathie und andere Kardiomyopathieformen der Katze

Systematik: Unter einer primären Kardiomyopathie versteht man eine irreversible und häufig progrediente Krankheit des Myokards ohne bekannte Ursache. Die heterogenen primären Kardiomyopathieformen werden echokardiographisch nach morphologischen und funktionellen Kriterien mit teilweise unterschiedlichen therapeutischen Konsequenzen unterschieden. Davon abzugrenzen sind sekundäre Myokardveränderungen aufgrund anderer kardialer Ursachen (Ausflusstraktstenosen, infiltrative Myokardkrankheiten, Myokarditis) oder systemischer Krankheiten (Hyperthyreose, Hypertonie, Akromegalie, Taurinmangel).

Definitionen, Ätiologie: Für die hypertrophe Kardiomyopathie (HCM) ist eine generalisierte oder lokalisierte Verdickung des linksventrikulären Myokards größer 5,5–6 mm (diastolisch), teilweise mit einer Einengung des linksventrikulären Lumens (konzentrische Hypertrophie) kennzeichnend. Auch eine alleinige oder begleitende Vergrößerung der Papillarmuskeln ist möglich. Die systolische Funktion ist dabei meist erhalten.

In manchen Fällen kann eine linksventrikuläre Ausflusstraktobstruktion nachgewiesen werden, die auch als *hypertrophisch-obstruktive Kardiomyopathie* (HOCM) bezeichnet wird. Eine häufige Ursache dafür ist die systolische Vorwärtsbewegung des vorderen Mitralsegels (sog. „systolic anterior motion", SAM), was zu einer herzfrequenzabhängigen, dynamischen Ausflusstraktobstruktion mit spätsystolischer Flussbeschleunigung führt. Begünstigende Ursachen für SAM sind eine fokale Hypertrophie des interventrikulären Septums, verlängerte Sehnenfäden und Herzklappensegel und dislozierte Papillarmuskeln.

Der Begriff hypertrophe Kardiomyopathie steht für die primäre Form, während mit Myokardhypertrophie deskriptiv eine Verdickung ungeachtet der Ursache bezeichnet wird. Rassekatzen, insbesondere Maine Coon und Ragdoll, besitzen eine Prädisposition für HCM, die Krankheit kann aber bei jeder Katze auftreten. Bei amerikanischen Maine-Coon- und Ragdoll-Katzen wurden jeweils Mutationen im Gen für das Myosinbindungsprotein C3 gefunden (A31P bzw. R820W). Bei deren Vorliegen steigt die Wahrscheinlichkeit, eine HCM zu exprimieren, an, auch abhängig davon, ob die Katze hetero- oder homozygoter Träger der Mutation ist Für beide Mutationen wird ein Gentest angeboten. Jedoch entwicklen nicht alle Katzen mit dieser Mutation eine HCM. Vermutlich existieren weitere Mutationen, Wechselwirkungen mit anderen Genen oder Penetranz und Expression sind unvollständig bzw. spät.

Die *restriktive Kardiomyopathie* (RCM) ist funktionell definiert durch eine restriktive diastolische Füllung aufgrund einer verminderten Compliance oder gestörten Relaxation des Myokards, jedoch ohne dass dabei eine Hypertrophie oder ein systolisches Versagen vorliegt. Folglich stellt sich das Myokard echokardiographisch nicht oder nur wenig verändert dar, gleichzeitig besteht aber eine atriale Vergrößerung. Histologisch werden Fälle mit myokardialer und endomyokardialer Fibrose unterschieden. Kennzeichnend sind u. a. ausgedehnte Ersatzfibrosen. Bei der endomyokardialen Fibrose besteht auch eine erhebliche Verdickung des Endokards, wodurch es zu fusionierten Papillarmuskeln oder sogar zu einer bindegewebigen Spangenbildung im linksventrikulären Lumen kommen kann. Die Ursache ist unbekannt (idiopathisch).

Mit dem Begriff *unspezifische* oder *unklassifizierte Kardiomyopathie* (früher UCM) werden Formen beschrieben, die sich phänotypisch nicht einer HCM, DCM oder RCM zuordnen lassen. Davon unterschieden werden muss noch eine sog. „End-stage HCM“: Eine ursprüngliche HCM kann durch einen Infarkt mit Wandausdünnung oder den allmählichen Verlust der systolischen Funktion ihr eigentlich charakteristisches (echokardiographisches) Erscheinungsbild verändern. Häufig ist deshalb nur eine deskriptive Klassifizierung basierend auf dem echokardiographischen Phänotyp möglich.

Bei der arrhythmogenen rechtsventrikulären Kardiomyopathie (ARVC) der Katze kommt es zu einer fett- und bindegewebigen Infiltration des rechtsventrikulären Myokards mit der Folge von ventrikulären Arrhythmien und einem Verlust der systolischen Funktion mit Rechtsherzversagen.

Die dilatative Kardiomyopathie der Katze (DCM) wird im folgenden Kapitel besprochen.

Pathogenese: Die myokardialen Veränderungen führen entweder durch eine gestörte Relaxation oder eine verminderte Compliance zu einer Störung der diastolischen Füllung des linken oder beider Ventrikel. Die Folgen sind vergrößerte Atrien und schließlich kongestives Herzversagen mit Lungenödem, Thoraxerguss oder Aszites. Die Vergrößerung des linken Atriums mit einer Stase des Blutflusses in Kombination mit Endothelschäden und Thrombozytenaktivierung bilden bei der Katze auch die Grundlage für die Entstehung von Thromben mit der Folge einer arteriellen Thrombembolie.

Synkopen treten bei einer verminderten Herzauswurfleistung aufgrund von Brady- oder Tachyarrhythmien oder durch höhergradige Ausflusstraktobstruktion bei HOCM/SAM auf.

Klinisches Bild: Kardiomyopathien bleiben im asymptomatischen Stadium meist unerkannt, da die Katzen vorberichtlich und klinisch unauffällig sind. Anorexie, Apathie, Maulatmung unter Belastung oder Synkopen können ein Hinweis auf die Krankheit sein. Anzeichen einer kongestiven Herzinsuffizienz sind eine erhöhte Ruheatemfrequenz, im weiteren Verlauf dann Dyspnoe. Von Bedeutung ist, dass Husten als Zeichen einer Kardiomegalie oder Herzinsuffizienz bei der Katze nur selten auftritt.

Die Vorstellung erfolgt häufig als Notfall mit Dyspnoe durch ein Lungenödem und/oder einen Thoraxerguss, bei Rechtsherzbeteiligung auch aufgrund von Aszites. Auch ein plötzlicher Herztod ohne vorherige Krankheitszeichen ist möglich. Eine weitere Verlaufsform ist eine Embolie durch die Abschwemmung eines kardialen Thrombus, der in der Mehrzahl der Fälle zu einem thromboembolischen Verschluss der Bauchaorta auf Höhe der Aufzweigung führt. Seltener können auch die Vordergliedmaßen betroffen sein. Die Folge ist eine ischämische Neuromyopathie mit Lähmung, Schmerzen bis hin zu Akrennekrosen. Klinisch fallen kalte, blasse, pulslose Gliedmaßen auf.

Diagnostik: Bei der klinischen Untersuchung können auskultatorisch entweder ein Galopprhythmus (3. Herzton), ein Herzgeräusch oder eine Arrhythmie auffallen. Derartige Auskultationsbefunde stellen auch bei asymptomatischen Katzen eine Indikation zu einer echokardiographischen Untersuchung dar. Galopprythmus und Arrhythmie besitzen dabei eine höhere Vorhersagekraft für eine Kardiomyopathie als ein Herzgeräusch. Herztöne und Atemgeräusch sind bei einem Thoraxerguss gedämpft, bei einem Lungenödem kann ein feuchtes oder knisterndes Atemgeräusch bestehen.

Röntgen: Eine konzentrische HCM kann röntgenologisch unauffällig sein, da es dabei zu keiner Vergrößerung der Herzsilhouette kommt. Vergrößerte Atrien sind röntgenologisch jedoch erkennbar, in der dorsoventralen Ebene durch eine Verbreiterung im kranialen Bereich und in der lateralen Ebene durch eine Ausbuchtung im kaudodorsalen Teil (s. Abb 5.28 bzw. Abb. 5.7). Röntgenaufnahmen sind gut geeignet, um einen Thoraxerguss oder ein Lungenödem im Stadium der kongestiven Herzinsuffizienz zu erkennen. Ein Thoraxerguss stellt sich als eine weichteildichte Verschattung zwischen den einzelnen Lungenlappen mit retrahierten Lungenrändern dar. Bei hochgradigen Ergüssen überlagert der Flüssigkeitsschatten dann annähernd das gesamte periphere Lungenfeld. Das Lungenödem der Katze zeigt anders als beim Hund ein unregelmäßiges, fleckförmiges Verteilungsmuster, in vielen Fällen sind jedoch Spitzenlappen und ventrale Anteile der Hauptlappen beteiligt (Abb. 5.29).

EKG: Typische Veränderungen sind eine Hypervoltage (R-Zacke > 0,9 mV), eine Linksachsenabweichung und ventrikuläre Extrasystolen. Auch ein linksanteriorer Faszikelblock oder ein AV-Block III. Grades kann ein Hinweis auf eine Kardiomyopathie sein. Vorhofflimmern tritt bei der Katze nur selten auf. Ein unverändertes EKG schließt eine Kardiomyopathie nicht aus.

Labordiagnostik: Bei symptomatischen Katzen lässt sich anhand des NT-proBNP-Wertes zwischen Dyspnoe kardialer und primär respiratorischer Genese unterscheiden. Ab einem Cut-off-Wert von 270 pmol/l ist eine kardiale Genese mit einer Sensitivität und Spezifität um jeweils 90 % möglich (IDEXX Cardiopet proBNP). Ergebnisse zwischen 100 und 270 pmol/l deuten bei asymptomatischen Tieren auf eine okkulte Kardiomyopathie hin. Neben der Bestimmung aus dem Blut ist auch die Bestimmung aus Thoraxergussflüssigkeit möglich. Das ist insofern sinnvoll, als dass diese aus therapeutischen Gründen ohnehin punktiert werden muss. Als Cut-off-Wert zur Erkennung einer kardialen Genese aus Pleuraflüssigkeit werden 322 pmol/l empfohlen. Dieser kardiale Biomarker kann mithilfe eines Schnelltests auch direkt in der Praxis bestimmt werden (SNAP, Feline proBNP-Test, Fa. Idexx). Der Test beginnt in einem Bereich von 200–270 pmol/l ein positives Ergebnis anzuzeigen. Durch eine 1:1 Verdünnung der Thoraxergussflüssigkeit kann der o. g. Cut-off-Wert in den Umschlagbereich des SNAP-Tests gebracht werden.

Echokardiographie: Die Diagnose einer Kardiomyopathie erfolgt echokardiographisch und durch Ausschluss sekundärer Ursachen. Daher sollten Katzen mit entsprechenden Auffälligkeiten in der klinischen, labordiagnostischen, röntgenologischen oder EKG-Untersuchung echokardiographisch untersucht werden. Auch bei einer Familienanamne-

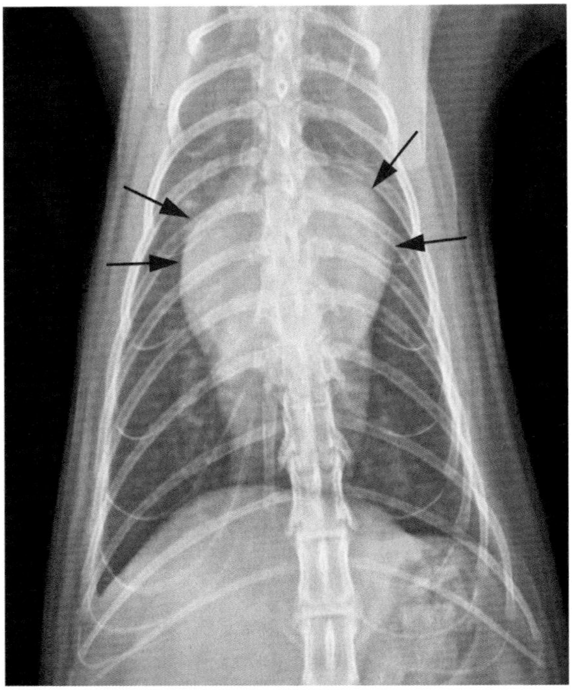

Abb. 5.28 Dorsoventrale Thoraxröntgenaufnahme einer Katze mit hypertropher Kardiomyopathie und linksatrialer Vergrößerung. Die atriale Vergrößerung zeigt sich in dieser Projektion durch eine Verbreiterung der gesamten kranialen Herzsilhouette (Pfeile). Diese Veränderung ähnelt einem stilisierten Herzen und wird deshalb im englischen auch als „valentine-heart"-Befund bezeichnet

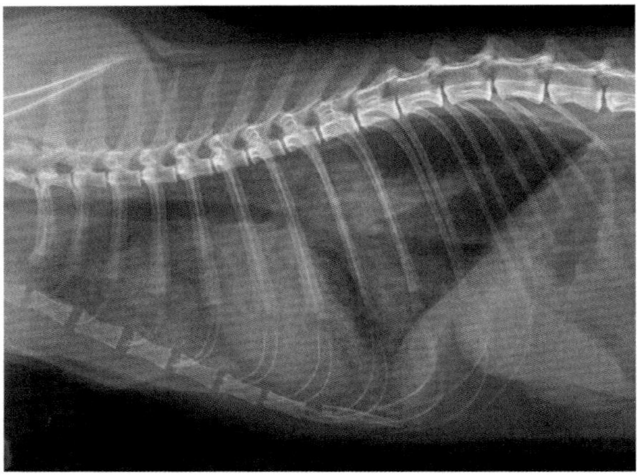

Abb. 5.29 Seitliche Röntgenaufnahme einer 1-jährigen Hauskatze mit kardialem Lungenödem aufgrund einer hypertrophen Kardiomyopathie. Auffällig ist die unregelmäßig, fleckförmig verteilte alveoläre Verschattung ventral im Bereich der Spitzenlappen und Hauptlappen sowie im Lungenhilusbereich.

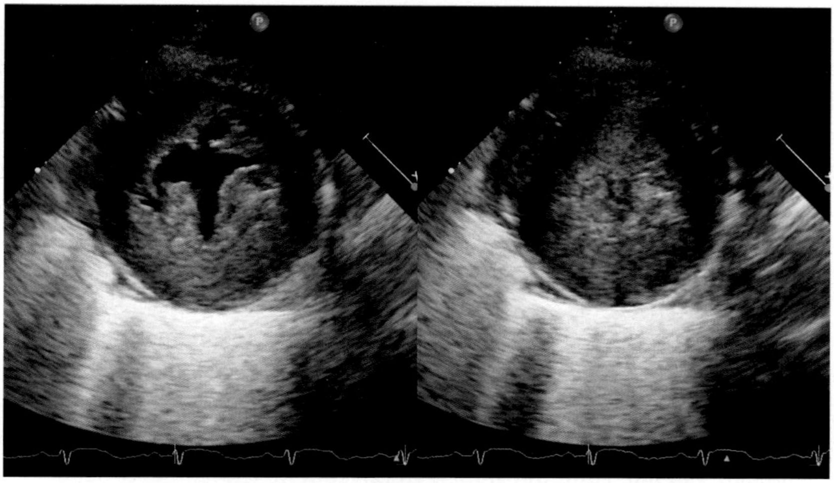

Abb. 5.30 Echokardiographischer Befund bei einem 5-jährigen EKH-Kater mit dekompensierter, generaliserter HCM. Die Bilder zeigen den linken Ventrikel im Kurzachsenschnitt in Diastole (links) und Systole (rechts). Das Myokard ist generalisiert hypertrophiert mit einer Myokarddicke bis zu 9 mm. Weiterhin besteht eine systolische Kammerobliteration.

se oder einer Rasseprädisposition für eine Kardiomyopathie ist diese Untersuchung zu Screeningzwecken zu empfehlen.

Allen Kardiomyopathieformen gemeinsam ist eine diastolische Funktionsstörung des linken Ventrikels. Der erhöhte Füllungsdruck bewirkt eine Stauung, wodurch der Vorhof an Größe zunimmt, was ein Maß für den Schweregrad darstellt.

Die echokardiographische Untersuchung des linken Ventrikels beinhaltet die Messung der Wanddicke (interventrikuläres Septum, Hinterwand) und des Kammerdurchmessers. Bestimmend für eine Hypertrophie ist die diastolische Myokarddicke.

Die klassische konzentrische hypertrophe Kardiomyopathie ist gekennzeichnet durch eine generalisierte Zunahme der Myokarddicke und hypertrophierte Papillarmuskeln. Eine diastolische Myokarddicke > 5,5 mm in der Echokardiographie ist verdächtig für die Krankheit. Bei schwer betroffenen Tieren liegen Werte > 8 mm vor. Gleichzeitig kann es durch die konzentrische Hypertrophie tendenziell zu einer Verkleinerung des diastolischen linksventrikulären Durchmessers und in der Systole zu einem Verschwinden des Kammerlumens kommen (sog. systolische Kammerobliteration, Abb. 5.30). Die Verkürzungsfraktion ist unverändert oder erhöht.

Der Rand des septumständigen Mitralsegels kann während der Systole in den linken Ausflusstrakt hineingezogen werden. Dadurch entsteht eine sogenannte systolische anterior (septumwärts) gerichtete Bewegung des vorderen Mitralklappensegels (sog. SAM). SAM führt somit zu einer Obstruktion des linken Ausflusstraktes bei gleichzeitiger Mitralinsuffizienz. Der Nachweis ist durch das Bewegungsmuster des septumständigen Mitralsegels im M-Mode möglich. Dopplerechokardiographisch fallen die Mitralinsuffizienz und die dynamische Subaortenstenose mit spätsystolischer Flussbeschleunigung auf. Der Nachweis von SAM per se stellt zunächst keine Therapieindikation dar, da es bei vielen Patienten nur bei hohen Herzfrequenzen (> 160/min) während der Untersuchung auftritt, nicht jedoch wenn sich die Katze im häuslichen Umfeld befindet. Mögliche Kriterien für eine Therapie stellen ein hoher Gradient (Flussbeschleunigung > 4 m/s), ein vergrößertes linkes Atrium oder SAM-assoziierte Synkopen (beispielsweise unter Belastung) dar. Das Auftreten von SAM stellt per se keinen prognostisch ungünstigen Befund dar, bestimmend ist vielmehr der Schweregrad der HCM.

Die **restriktive Kardiomyopathie** ist phänotypisch gekennzeichnet durch eine deutliche links- oder biatriale Vergrößerung bei einem echokardiographisch nicht oder kaum veränderten ventrikulären Myokard (Myokarddicke < 6 mm). Zum genaueren Nachweis der restriktiven diastolischen Funktionsstörung dienen bestimmte echokardiographische Messungen, die aufgrund der hohen Herzfrequenz jedoch nicht bei allen Katzen möglich sind. Diese Messungen beinhalten u. a. das linksventrikuläre Einstrommuster (E- und A-Wellen), die isovolumetrische Relaxationszeit (IVRT) und auch Gewebedoppleruntersuchungen. Der Quotient von E- und A-Welle ist dann größer als 2 und die IVRT kurz (< 37 ms). Als Untergruppe der RCM kommen auch echokardiographisch auffällige bindegewebige Endokardveränderungen vor, hauptsächlich im mittleren Abschnitt des linken Ventrikels. Dadurch kann es bis zu einer sanduhrförmigen Deformierung des linken Ventrikels kommen (Obliteration). Auch hier ist die Folge eine eingeschränkte diastolische Funktion mit einem restriktiven Füllungsmuster.

Diagnose: Auskultationsbefunde wie Galopprhythmus, Arrhythmie oder Herzgeräusch in Kombination mit einer röntgenologischen Kardiomegalie ergeben den hochgradigen Verdacht auf eine Kardiomyopathie. Im symptomatischen Stadium besteht ein Thoraxerguss oder ein Lungenödem. Ein Lungenödem ist dabei spezifischer für eine kardiale Genese als ein Thoraxerguss. NT-proBNP-Werte im Blut > 100 pmol/l sind bereits im asymptomatischen Stadium hinweisend, im symptomatischen Stadium sind Werte > 270 pmol/l zu erwarten. Beweisend ist letztlich nur die echokardiographische Untersuchung unter Ausschluss sekundärer Ursachen.

Differenzialdiagnose: Bei Poly- oder Dyspnoe muss differenzialdiagnostisch an Atemwegs- oder andere thorakale Krankheiten gedacht werden. Infrage kommen vor allem das feline Asthma und ein nicht kardialer Thoraxerguss. Die häufigsten Ursachen hierfür sind entzündlich (FIP, Pyothorax) oder neoplastisch (malignes Lymphom, Karzinome). Bei freilaufenden Katzen muss ein Pneumothorax oder eine Lungenkontussion ausgeschlossen werden. Durch Echokardiographie, Untersuchung des Ergusspunktates und mithilfe kardialer Biomarker kann zwischen Dyspnoe primär-respiratorischer und kardialer Genese unterschieden werden. Bei einem NT-proBNP-Wert im Blut > 270 pmol/l liegt sehr wahrscheinlich eine kardiale Genese zugrunde.

Um sekundäre Formen einer Myokardhypertrophie zu erkennen, sind weiterführende Untersuchungen zum Ausschluss einer Hypertonie, Hyperthyreose und Akromegalie notwendig. Dies betrifft besonders ältere Katzen über 8 Jahre. Bei einer behandelbaren Ursache kann die Myokardhypertrophie reversibel sein. Selten treten bei Katzen transiente Myokardhypertrophien nach stressbehafteten Ereignissen oder Therapie mit Kortikosteroiden auf. Diese können sich nach einigen Monaten wieder normalisieren. Die Ursache dafür ist nicht sicher geklärt.

Eine Hypovolämie mit verminderter kardialer Füllung, beispielsweise durch eine Dehydratation, kann echokardiographisch ebenfalls einer HCM ähneln, was dann als Pseudohypertrophie bezeichnet wird. Selten führen auch infiltrative Krankheiten, wie etwa ein malignes Lymphom, zu einer regionalen, inhomogenen Verdickung des Myokards.

Therapie: Vergleichbar zur Mitralendokardiose des Hundes wird das asymptomatische oder präklinische Stadium der Katze unterteilt in ein Stadium B1 (Kardiomyopathie ohne Vorhofvergrößerung) und B2 (Kardiomyopathie mit Vorhofvergrößerung). Für keines der untersuchten Medikamente (Atenolol, Diltiazem, ACE-Hemmer) konnte in keinem der beiden präklinischen Substadien (B1, B2) eine signifikante Verzögerung des Krankheitsverlaufes nachgewiesen werden. Ab einer mittelgradigen Vergrößerung des linken Atriums (Verhältnis linkes Atrium/Aorta > 1,8) wird jedoch eine Behandlung mit dem Thrombozytenaggregationshemmer **Clopidogrel** empfohlen (s. Kapitel 5.7.4). Darüber hinaus wird auch der echokardiographische Befund einer Spontanagglutination des Blutes im linken Atrium (sog. „smoke"), einer verminderten Vorhoffunktion oder eines besonders vergrößerten Herzohrs als Indikation zu einer Thrombembolie-Prophylaxe angesehen.

Asymptomatische Tiere sollten daher durch häusliche Messung der Ruheatemfrequenz sowie röntgenologisch oder echokardiographisch beobachtet werden, um eine Progredienz zu erkennen.

Die Notfallbehandlung des kongestiven Herzversagens erfolgt durch Sauerstoffgabe, Thorakozentese und **Furosemid** in einer Dosierung von 2–4 mg/kg KM i. v., notfalls auch i. m., wiederholbar nach 1 h, je nach Ansprechen und Atemfrequenz. Bei Atemnot durch einen Thoraxerguss ist die sofortige Thorakozentese die wirkungsvollste Maßnahme zur Verbesserung der Atmung. Das Punktionsmaterial besteht aus einer 20G-Kanüle (0,9 mm Aussendurchmesser), einer Verlängerung sowie einer 20-ml- oder besser 50-ml-Spritze, alternativ kann eine Butterfly-Kanüle mit Schlauch verwendet werden. Die Punktion des Thorax findet idealerweise unter sonographischer Kontrolle statt. Eine geeignete Punktionsstelle ist der Bereich zwischen Herz und Zwerchfell oder kranial des Herzens.

Die Vorgehensweise zur Ermittlung der notwendigen Erhaltungsdosis für Furosemid geschieht anhand der Messung der Ruheatemfrequenz und ist bei der Mitralendokardiose des Hundes genauer beschrieben (Kap. 5.7.2.1). Es sollte beachtet werden, dass Furosemid bei der Katze niedriger als beim Hund dosiert werden kann. Erfahrungsgemäß genügt zur Erhaltungstherapie eine Dosis von 2 mg/kg KM Furosemid 2 × tägl..

Die Standardtherapie im symptomatischen Stadium besteht daher aus Diuretika und Clopidogrel. Darüber hinaus sollte jedes weitere Medikament hinsichtlich Indikation, Wirksamkeit und Compliance mit den Tierbesitzern kritisch diskutiert werden.

Eine Multimedikamententherapie, die hinsichtlich ihrer Wirksamkeit oder Indikation unbewiesen oder unbegründet ist, sollte vermieden werden, um Patient und Tierbesitzer nicht lebenslang mit einer ggf. schwierigen Tabletteneingabe zu belasten.

RAAS-Blocker sind keine Notfallmedikamente, sondern sollten erst beim stabilisierten Patienten eingesetzt werden. Bei der Katze existieren jedoch keine belastbaren Studien zur Wirksamkeit einer RAAS-Blockade. Die Kombination mit einem **ACE-Hemmer** kann bei der Weiterbehandlung sinnvoll sein, da Furosemid das RAAS aktiviert. Auch die Kombination mit **Spironolacton** ist bei der Katze möglich und aus rein pathophysiologischer Sicht sinnvoll, auch wenn bei dieser Spezies kein Aldosteron-„Escape" bekannt ist. Spironolacton besitzt milde diuretische und gleichzeitig kaliumretinierende Eigenschaften, was bei Katzen, die bereits hohe Furosemiddosen benötigen, erwünscht sein kann. In einer Studie mit Maine-Coon-Katzen zeigten jedoch mehr als die Hälfte der Tiere Nebenwirkungen in Form einer Dermatitis im Gesichtsbereich, was beachtet werden sollte. Diese Medikamentengruppe, inclusive der Sartane (Angiotensin II Rezeptorblocker), ist vor allem auch dann indiziert, wenn begleitend eine renale Hypertonie mit Proteinurie besteht.

Speziell bei der obstruktiven HCM-Form mit dynamischer Ausflusstraktstenose durch SAM wurde lange Zeit diskutiert, ob eine β-Blocker-Gabe eine Verbesserung der dynamischen Ausflusstraktobstruktion durch die Herzfrequenzsenkung bewirkt. Letztlich konnte durch eine Therapie mit Atenolol bei diesen Patienten jedoch kein Vorteil bezüglich der Lebensqualität oder der Überlebenszeit nachgewiesen werden. Aus diesem Grund wird die Therapie mit Atenolol nur bei Katzen mit sehr hohen Stenosegradienten (V_{max} > 4 m/s) oder stenosebedingten Synkopen in Betracht gezogen.

Diltiazem wird kaum noch angewandt, da in Studien keine Wirksamkeit reproduziert werden konnte und beim kurzwirksamen Produkt eine dreimal tägliche Gabe notwendig wäre. Es ist neben Atenolol jedoch ein wichtiges und wirksames Medikament zur Therapie von Tachyarrhythmien, insbesondere von supraventrikulären Tachykardien und Vorhofflimmern.

Wenn echokardiographisch Hinweise auf eine systolische Funktionsstörung bestehen, kann **Pimobendan** in einer Dosierung von 0,25 mg/kg KM, 2 × tägl. p. o. verabreicht werden. Pimobendan kann auch die atriale Funktion verbessern. Da eine verminderte linksatriale Funktion das Thrombenrisiko erhöht, kann sich daraus eine weitere Indikation für Pimobendan ergeben. Bei einzelnen Katzen mit HOCM führte eine Therapie mit Pimobendan zu einer Zunahme des Stenosegradienten, weiterhin ergaben sich in der bislang einzigen prospektiven klinischen Studie eher Vorteile für die HCM-Gruppe, nicht aber für die HOCM-Gruppe. Zusammenfassend ist Pimobendan nach momentanem Kenntnistand am ehesten bei Katzen mit verminderter ventrikulärer oder atrialer Funktion ohne schwere Ausflusstraktobstruktion hilfreich.

Sind Rhythmusstörungen festzustellen, muss entschieden werden, ob eine Therapieindikation mit einem spezifischen Antiarrhythmikum besteht. Häufig verschwinden Rhythmusstörungen nach Behandlung der Kongestion. Bei schwerwiegenden oder progredienten tachykarden Rhythmusstörungen wie ventrikuläre Tachykardie oder Vorhofflimmern können bei der Katze Atenolol (6,25–12,5 mg/Katze, 2 × tägl. p. o.) oder

Sotalol (1–2,5 mg/kg, 2 × tägl. p. o.) bzw. Diltiazem (7,5 mg/Katze, 3 × tägl. p. o.; Retardformulierung: 30–45 mg/Katze, 2 × tägl. p. o.) angewendet werden.

In seltenen Fällen sind auch bradykarde Rhythmusstörungen zu beobachten. Es handelt es sich dann meist um einen AV-Block II oder III. Diese AV-Blockierungen führen bei der Katze jedoch selten zu klinischen Symptomen, manchmal tritt Schwanken oder Schwindel auf. Bei deutlicher Symptomatik besteht die Indikation zu einem Herzschrittmacher. Zuvor kann eine vagolytische Therapie (z. B. mit oralem Atropin, 0,02–0,04 mg/kg, 3 × tägl. p. o.) und/oder sympathomimetische Behandlung (z. B. mit Terbutalin, 1,25 mg/Katze, 2-mal täglich p. o. oder Theophyllin retardiert, 15–25 mg/kg KM oder 100–125 mg/Katze, alle 1–2 Tage p. o.) versucht werden.

Prognose: Patienten im präklinischen Stadium zeigen auch ohne Therapie nicht zwingend eine Progredienz ins symptomatische Stadium. Die Behandlung im symptomatischen Stadium führt in manchen Fällen zu einer lang dauernden Stabilisierung. Bei Patienten mit schwerer Kongestion (hochgradigem Thoraxerguss), Bradykardie, Hypothermie und schlechtem Ansprechen auf die Therapie oder Rezidiven ist die Prognose schlecht. Eine vorsichtige Prognose besteht auch bei Katzen mit hochgradig dilatierten Atrien wegen der Gefahr einer Thrombembolie. Sekundäre Kardiomyopathien haben bei entsprechender Therapiemöglichkeit der Grundkrankheit, beispielsweise einer Hyperthyreose, eine gute Prognose. Bei einer transienten Myokardhypertrophie ist eine vollständige Normalisierung möglich.

5.7.3.4 Dilatative Kardiomyopathie der Katze (DKMP, DCM)

Epidemiologie, Ätiologie: Die DCM kommt bei der Katze nur noch selten vor. Die Prävalenz hat stark abgenommen, nachdem 1986 ein erhöhter Bedarf der Katze (und damit ein Mangelangebot in den handelsüblichen Futtermitteln) an der Aminosäure Taurin als Ursache erkannt worden war (sekundäre Kardiomyopathie). Taurin liegt in hoher Konzentration im Zytosol von Muskelzellen vor und spielt für den Muskelstoffwechsel eine bedeutende Rolle. Es wird bei der Katze als essenzielle Aminosäure angesehen. Die seitdem selten auftretenden Fälle einer DCM sind überwiegend primärer Genese. Eine Fütterungsanamnese und Taurin-Messung sind trotzdem zu empfehlen.

Diagnose: Die echokardiographischen Befunde bei der DCM der Katze entsprechen im Wesentlichen denen des Hundes (s. Kap. 5.7.1.4). Röntgenologisch fällt bei dieser Kardiomyopathieform im fortgeschrittenen Stadium eine Kardiomegalie auf. Wie bei anderen Kardiomyopathieformen ist das kongestive Stadium durch ein Lungenödem oder einen Thoraxerguss charakterisiert, auch Aszites ist begleitend möglich. Die Bestimmung der Blutkonzentration kann hilfreich sein, um einen Taurinmangelzustand zu erkennen. Taurin wird üblicherweise aus dem Plasma bestimmt, im Vollblut sind die Werte deutlich höher. Taurinkonzentrationen < 30 nmol/ml im Plasma und < 100 nmol/ml im Vollblut gelten als verdächtig für einen Mangel. Die Plasmakonzentration kann jedoch durch Anorexie erniedrigt sein, die Vollblut-Konzentration ist dagegen weniger abhängig von der Futteraufnahme.

Differenzialdiagnose: Selten können auch restriktive oder hypertrophe Kardiomyopathien in Endstadien oder nach Infarkten einer DCM ähneln. Auch Shunts (PDA, VSD) führen zu einer linksventrikulären Volumenüberlastung und sollten echokardiographisch ausgeschlossen werden. Daneben können Tachyarrhythmien zu einer sekundären systolischen Funktionsstörung führen.

Therapie: Die Therapie im präklinischen Stadium B2 besteht aus der Gabe von Pimobendan und Clopidogrel, im klinischen Stadium zusätzlich Furosemid (Dosierungen s. Kap. 5.7.3.3 bzw. 5.7.4). Im Falle von Vorhofflimmern kann Metil-Digoxin, ggf. in Kombination mit Diltiazem zur Frequenzsenkung angewendet werden. Die Digitalisdosierung muss bei der Katze im Vergleich zum Hund auf 0,007 mg/kg KM 1 × tägl. p. o. oder sogar nur jeden 2. Tag p. o. reduziert werden. ß-Blocker (Atenolol, Sotalol) sollten bei dieser Krankheit wegen der negativ inotropen Wirkung nicht angewendet werden. Die Substitution mit Taurin erfolgt in einer Dosierung von 250–500 mg/Katze, 1–2 × tägl. p. o. Eine Verbesserung der systolischen Funktion bei Taurinmangel ist nach einigen Wochen zu erwarten.

5.7.4 Aortenthrombembolie bei der Katze

Definition: Durch kongestive Herzkrankheiten verursachte atriale Thrombusbildung und anschließende Abschwemmung des Thrombus bis an die abdominale Aortenaufzweigung mit der Folge einer akuten Hinterhandischämie mit Parese oder Paralyse.

Ätiologie, Pathogenese: Grundlage für die Thrombusentstehung stellt das stark dilatierte linke Atrium dar, wie es bei allen fortgeschrittenen Formen der felinen Kardiomyopathie vorkommt. Die Verlangsamung und Stase des Blutflusses im vergrößerten Vorhof (insbesondere im Herzohr), Endokardläsionen und aktivierte Thrombozyten werden als die begünstigenden Faktoren angesehen. Etwa 25 % aller Katzen mit einer Kardiomyopathie entwicklen im Laufe ihres Lebens eine arterielle Thrombembolie. Der Thrombus wird mit dem Blutstrom abgeschwemmt und obstruiert als reitender, durch Gerinnungsprozesse zunächst wachsender Thrombus die Aorta vor der Aufzweigung bis in die Aa. iliacae internae hinein. Die Folgen sind Schmerzen und akute Lähmungserscheinungen der Hintergliedmaßen durch eine ischämische Neuromyopathie. Weiter distal gelegene Verschlüsse in den Gliedmaßen führen zu milderen Beschwerden. Durch Kollateralenbildung und Rekanalisierung des Thrombus kann sich die Symptomatik im Verlauf von Tagen bis Wochen langsam wieder bessern. Selten kommt es auch zu Thrombembolien in den Vordergliedmaßen oder aber zu Nieren- oder Mesenterialinfarkten mit fatalem Ausgang.

Klinisches Bild: Das klinische Bild ist variabel und abhängig vom betroffenden Gefäß. In schweren Fällen besteht eine akute Hinterhandlähmung; in etwa 75 % der Fälle sind beide Hintergliedmaßen betroffen. Die Gliedmaßen fühlen sich kalt an und weisen bläuliche Pfotenballen auf. Der Femoralispuls ist nicht oder nur ganz schwach zu tasten. Die Muskulatur ist verhärtet und spastisch, die Tiere zeigen Schmerzreaktionen in Form von Unruhe und spontanen Lautäußerungen.

Diagnostik: Mögliche Hinweise auf eine zugrunde liegende Kardiomyopathie bei der Auskultation sind ein Herzgeräusch, ein Galopprhythmus oder Arrhythmien. Ein unauffälliger Auskultationsbefund schließt die Krankheit nicht aus. Die Folgen der Embolie, v. a. der Schmerz, lösen in etwa 60 % der Fälle eine Dekompensation der Kardiomyopathie mit Lungenödem oder Thoraxerguss aus. Bei der klinischen Untersuchung fallen dann Dyspnoe und ein gedämpftes oder knisterndes Atemgeräusch auf.

Röntgen: Das vergrößerte linke Atrium ist röntgenologisch anhand der entsprechenden Veränderungen der Herzsilhouette erkennbar. Besonders in der dorsoventralen Projektionsrichtung fällt ein vergrößertes Atrium auf. Bei einer kongestiven Herzinsuffizienz liegt zudem ein Lungenödem oder ein Thoraxerguss vor.

EKG: Das EKG kann die bei Kardiomyopathien vorkommenden Veränderungen zeigen (s. Kap. 5.7. 3.3).

Echokardiographie: In der Regel ist eine mittel- bis hochgradige Vergrößerung des linken Atriums feststellbar. Das bedeutet, der Maximaldurchmesser des linken Atriums in der Quer- oder Längsachse ist > 20 mm. In einigen Fällen sind noch Thromben in Vorhof oder Kammer darstellbar, die sich frei im Lumen bewegen oder an endokardiale Strukturen angeheftet sind. Das Risiko für eine Thrombenbildung ist erhöht, wenn spontaner Echokontrast in Form von echogenen Wirbeln im Blutfluss des linken Atriums erkennbar sind (sog. „smoke“, Abb. 5.31), oder die Fließgeschwindigkeit im linken Herzohr

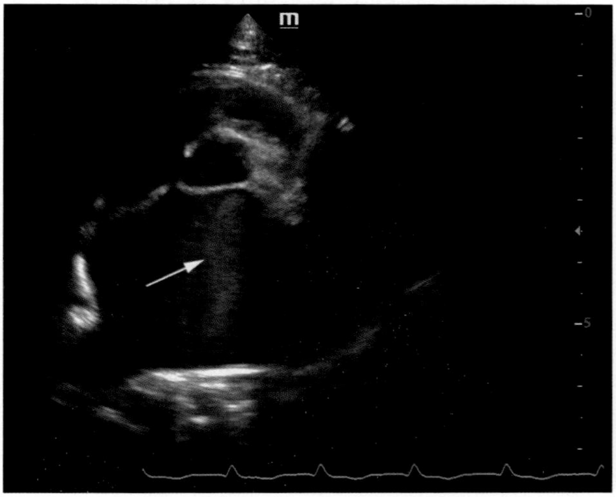

Abb. 5.31 Echokardiographischer Kurzachsenschnitt auf Höhe des linken Atriums und der Aorta bei einer Katze mit hochgradiger linksatrialer Vergrößerung durch eine Kardiomyopathie. Im linken Atrium sind amorphe, schlierenhaften Verwirbelungen erkennbar (sogenannter spontaner Echokontrast oder „smoke“, Pfeil). Bei diesem Befund wird von einem erhöhten Thrombembolierisiko durch Blutstase ausgegangen.

vermindert (< 0,2 m/s) ist. Thoraxsonographisch können ein Thoraxerguß oder bei einem Lungenödem anhand von B-Lines erkennbar sein (Abb. 5.32).

Diagnose: Die Diagnose lässt sich im Falle der akuten Hinterhandlähmung leicht anhand des klinischen Bildes stellen. Typisch sind der akute Verlauf mit Schmerzäußerungen, der fehlende Femoralispuls und die kühlen, bläulichen Gliedmaßen in Kombination mit einem vergrößerten linken Atrium. In unklaren Fällen kann versucht werden, den Femoralispuls mit einem Gefäßdoppler nachzuweisen oder auch den Thrombus auf Höhe der Aortenaufzweigung sonographisch darzustellen.

Schwieriger gestaltet sich die Diagnose bei Nieren- oder Mesenterialinfarkten oder wenn kleinere Gliedmaßenarterien verlegt werden.

Differenzialdiagnose: Akut verlaufende Krankheiten des Rückenmarks oder Traumen der Wirbelsäule oder des Beckens kommen differenzialdiagnostisch infrage. Dabei ist aber der Femoralispuls gut tastbar, und die Gliedmaßen haben eine physiologische Temperatur.

Therapie: Die Therapie richtet sich nach dem Schmerz, dem thrombembolischen Geschehen und ggf. der Herzinsuffizienz. Die Ischämie der Gliedmaßen ist sehr schmerzhaft, weshalb eine Analgesie immer als erste Maßnahme indiziert ist: Fentanyl, 1–3 µg/kg KM i. v., dann weiter mit 1–4 µg/kg KM/h per Spritzenpumpe i. v. Anschließend kann zur Langzeitanalgesie alternativ auch ein 12- oder 25-µg/h-Fentanyl-Pflaster angewendet werden. Die Wirksamkeit variiert individuell. Die Wirkung des Pflasters tritt nach 6–24 h ein, die Spritzenpumpen-Dosis kann nach Applikation des Pflasters über diesen Zeitraum langsam ausgeschlichen werden. Die Wirkdauer eines Pflasters beträgt bei der Katze 3 bis 5 Tage. Alternativ zu Fentanyl können Methadon oder Buprenorphin

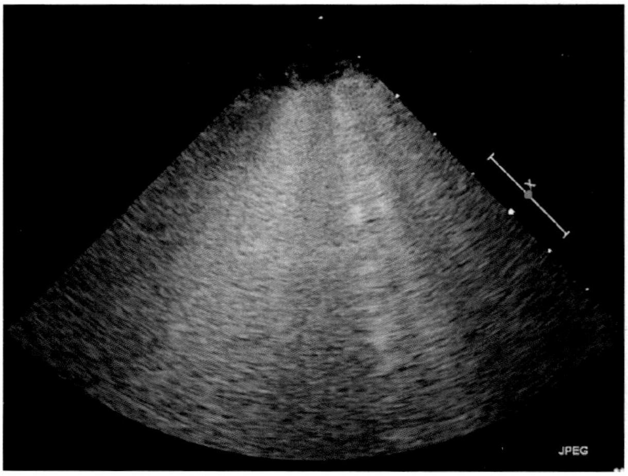

Abb. 5.32 Lungenultraschallbild einer Katze mit Lungenödem. Erkennbar sind konfluierende B-Lines. Dabei handelt es sich um kometenschweif-ähnliche Streifen, die in der Ultraschallrichtung verlaufen. Dieser Befund tritt auf, wenn sich extravasale Flüssigkeit subpleural im Lungenparenchym befindet. Der Befund ist nicht spezifisch für ein kardiales Lungenödem, kann aber als ein Baustein für die Abklärung von Dyspnoe verwendet werden. Die gesunde Lunge zeigt beim Ultraschall dagegen quer zur Schallrichtung verlaufende Reverbationslinien (sog. A-Lines).

angewendet werden. Die Wirkung von Buprenorphin tritt jedoch erst nach 45 Minuten ein: Initial 0,03 mg/kg KM i. v., dann 0,01–0,03 mg/kg KM, 3–4 × tägl. s. c. in vordere Körperhälfte. Methadon wirkt bei intramuskulärer Applikation nach 15 Minuten für etwa 4 Stunden, Dosierung 0,3–0,6 mg/kg KM. Sind die Tiere trotz Analgesie noch immer sehr unruhig oder aufgeregt, kann Azepromazin (0,01–0,05 mg/kg KM 2–3 × tägl. s. c. oder i. m.) gegeben werden. Um einer Automutilation vorzubeugen, können die Gliedmaßen bandagiert oder ein Halskragen angelegt werden. Weiterhin sind physiotherapeutische Maßnahmen und eine Dekubitusprohylaxe angezeigt.

Ein weiteres Thrombuswachstum kann durch Heparingaben minimiert werden: unfraktioniertes Heparin, 200–300 IE/kg KM, 3–4 × tägl. s. c. oder niedermolekulares Heparin (Dalteparin, 100 IE/kg KM 3 × tägl. s. c. oder Enoxaparin, 0,75–1 mg/kg, 2–4 × tägl. s. c.), jeweils in die vordere Körperhälfte, solange stationärer Aufenthalt währt.

Bei schweren, innerhalb weniger Stunden vorgestellten Fällen kann eine aktive Thrombolyse in Betracht gezogen werden. Die Thrombolytika, für die Dosierungen bei der Katze publiziert sind (Streptokinase, Alteplase, Reteplase), sind nicht oder nur sehr schwierig verfügbar. Es fehlt darüber hinaus der Nachweis, dass eine Thrombolysetherapie der herkömmlichen Therapie mit Heparin überlegen ist. Bei einem länger bestehenden Thrombus kann eine Thrombolysetherapie ohnehin nicht empfohlen werden, da die Prognose dann nicht besser als bei einer ausschließlich antikoagulatotischen Behandlung ist. Es steigt die Gefahr eines Reperfusionssyndroms, das durch Azidose und Hyperkaliämie gekennzeichnet ist. Darüber hinaus ist eine höhere Wahrscheinlichkeit von Blutungen zu berücksichtigen. Die Überwachung einer Thrombolysetherapie muss daher aufgrund der möglichen Komplikationen unter instensivmedizinischen Bedingungen stattfinden.

Zur Prophylaxe wird Clopidogrel in einer Dosierung von 18,75 mg/Katze 1 × tägl. p. o. (entsprechend ¼ Tablette Clopidogrel 75 mg) lebenslang angewandt. Liegen echokardiographisch Kriterien für ein hohes Thrombembolierisiko vor oder hat ein solches Event bereits einmal stattgefunden, kann Clopidogrel mit dem Faktor-Xa-Antagonisten Rivaroxaban (2,5 mg/Katze, 1–2 × tägl. p. o.) kombiniert werden. Unter dieser Kombinationstherapie können Blutgerinnungsstörungen auftreten, die sich in Form von Epistaxis oder Hämaturie äußern. Tritt eine Embolie unter Therapie mit Thrombozytenaggregationshemmern auf, dann soll es zu einer besseren Kollateralenbildung und schnelleren Reperfusion der Gliedmaßen kommen als ohne diese Prophylaxe.

Prognose: Die Prognose hängt vom Schweregrad des Gefäßverschlusses ab. Ein partieller oder unilateraler Femoralartertienverschluss besitzt grundsätzlich eine bessere Prognose als vollständig, bilateral betroffene Gliedmaßen. Eine Hypothermie deutet auf eine schlechte Prognose hin und die Rektaltemperatur korreliert mit der Überlebensrate: Bei einer Rektaltemperatur von 37,2 °C liegt die Wahrscheinlichkeit zu überleben bei 50 %, dagegen ist eine schnelle Reperfusion (unter Heparin-Therapie) innerhalb von Stunden oder wenigen Tagen ein prognostisch günstiges Zeichen. Es können jedoch dauerhafte neurologische Ausfälle, Muskelkontrakturen oder Akrennekrosen bestehen bleiben. Weiterhin ist die Rezidivrate mit etwa 50 % außerordentlich hoch, sodass die Langzeitprognose schlecht ist.

Die 1-Jahres-Überlebensrate lag in einer Untersuchung bei nur 2 %. Bei ungenügender Besserung der Ischämie oder Rezidiven sollte daher die Euthanasie erwogen werden.

5.7.5 Krankheiten des Perikards

5.7.5.1 Perikarderguss

Definition: Eine Ansammlung von Flüssigkeit in der serösen Perikardhöhle wird als Perikarderguss bezeichnet. Eine Perikardtamponade liegt vor, wenn es durch die Flüssigkeit zu einer verminderten Rechtsherzfüllung kommt.

Epidemiologie, Ätiologie: Physiologischerweise befinden sich beim Hund je nach Körpergröße etwa 0,5–15 ml Flüssigkeit im Perikard. Ursachen für einen Perikarderguss sind in etwa der Hälfte der Fälle idiopathische sterile entzündliche Reaktionen der serösen Häute, bei den anderen 50 % sind Tumoren die Ursache. Rupturierte Gefäße von herznahen Tumoren (Hämangiosarkome) oder deren Metastasen führen beim Hund zu akuten Blutungen in den Perikardraum mit der Folge eines Kreislaufkollapses, während andere Tumoren (Mesotheliome, Chemodektome) und die entzündlich-idiopathischen Perikarditiden i. d. R. langsamer entstehen und die Rechtsherzfunktion chronisch beeinträchtigen mit der Folge von Aszites. Idiopathische Perikardergüsse treten überwiegend bei mittelalten Hunden der mittleren und großen Rassen auf. Sehr seltene Ursachen sind die Ruptur des linken Atriums bei chronischer Mitralinsuffizienz oder Blutgerinnungsstörungen, die sich in dieser Lokalisation manifestieren. Bei der Katze sind geringgradige Perikardergüsse v. a. bei viralen Infektionskrankheiten, aber auch bei Tumoren zu finden (feline infektiöse Peritonitis, maligne Lymphome); nur selten kommt es bei der Katze dabei zu einer Tamponade. Auch beim Hund können geringgradige, hämodynamisch nicht relevante Perikardergüsse im Rahmen von systemischen entzündlichen Krankheiten entstehen. Weiterhin sammeln sich bei kongestiven Herzkrankheiten manchmal stauungsbedingt kleine Flüssigkeitsmengen im Perikardraum an. Septische Perikarditiden sind beim Kleintier selten.

Pathogenese: Ist die Dehnbarkeit des Herzbeutels erschöpft, behindert die Flüssigkeit zunächst die diastolische Füllung des rechten Herzens mit der Folge von Aszites und Thoraxerguss (Herzbeuteltamponade). Mit weiterer Zunahme der Flüssigkeitsmenge verschlechtern sich auch die Linksherzfüllung und damit die Auswurfleistung, was zu einem kardiogenem Schock und Kreislaufkollaps führt. Das kritische Volumen, das zu einem Druckanstieg und damit zu einer Tamponade führt, ist sehr variabel, da sich das Perikard bei chronischen Ergüssen durch Dehnung langsam anpassen kann. Andererseits verliert der Herzbeutel bei chronisch-entzündlichen Perikarditiden seine Dehnbarkeit durch Fibrosierung, sodass dann schon bei geringen Flüssigkeitsmengen eine Tamponade eintritt (konstriktive Perikarditis, teilweise auch Epikarditis).

Klinisches Bild, Diagnostik: Geringgradige Perikardergüsse sind oft Nebenbefunde bei der echokardiographischen Untersuchung und können durch die klinische oder röntgenologische Untersuchung nicht erkannt werden. Im Falle einer Herzbeuteltamponade fallen gestaute Jugularvenen auf; häufig lässt sich ein Aszites palpieren. Die Pulswelle wird klein und schwach, die Herztöne sind leise und gedämpft.

Bei hochgradigen und akuten Ergüssen dominiert die verminderte linksventrikuläre Füllung das klinische Bild. Es kommt zu einem Kreislaufkollaps mit schwachem, kleinem Puls, blassen Schleimhäuten, kalten Gliedmaßen und hochgradiger Leistungsschwäche. Patienten mit diesen Symptomen können an einem kardiogenen Schock akut versterben.

Röntgen: Die Herzsilhouette vergrößert sich mit zunehmendem Ergussvolumen mit der Folge einer globalen Kardiomegalie mit runder Herzsilhouette. Dabei treten keine gestauten Pulmonalvenen und kein Lungenödem auf. Werden die thorakalen Strukturen durch einen Hydrothorax überlagert, so ist die Interpretation jedoch erschwert. Der angehobene Verlauf der Trachea kann dann einen Hinweis auf die Kardiomegalie geben.

EKG: Folgende Hinweise auf einen Perikarderguss können im EKG bestehen: Der Ergussmantel erhöht die elektrische Impedanz, wodurch es zu einer Hypovoltage im EKG kommen kann. Herzschlagbedingte Pendelbewegungen des Herzens im Erguss führen alternierend zu einer wechselnden Höhe der R-Zacken (sog. elektrischer Alternans, Abb. 5.33b).

Echokardiographie: Mittels der Ultraschalluntersuchung kann ein Perikarderguss auch am stehenden Notfallpatienten schnell und zuverlässig diagnostiziert werden. Das Herz wird von einem echoarmen Flüssigkeitssaum umgeben. Bei einer Tamponade kollabiert der rechte Vorhof während der Diastole. Eine Ausnahme stellen Perikardergüsse durch kongestives Herzversagen dar: Hier sind die Atrien stauungsbedingt vergrößert, es liegt dann keine Tamponade vor. Bei gleichzeitig bestehendem Hydrothorax ist das beidseits von Flüssigkeit umgebene Perikard als echogene Linie im Erguss sichtbar.

Die Echokardiographie kann die Möglichkeit einer ätiologischen Diagnose bieten. Umfangsvermehrungen im Bereich des rechten Atriums (meist Hämangiosarkome) oder der Herzbasis an der Aortenwand (meist Chemodektome) lassen sich sonographisch darstellen, sofern sie nicht von Lungengewebe verdeckt werden. Charakteristisch für Tumoren ist eine inhomogene-kavernöse Innenstruktur (Hämangiosarkome) oder ein solide-homogenes Erscheinungsbild (Chemodektome), meist mit einer kapselähnlichen Begrenzung (Abb. 5.33). Davon unterschieden werden müssen Fibrinauflagerungen auf dem Epikard und Perikard. Diese weisen eine homogenere Echogenität ohne besondere Innenstruktur oder äußere Kapsel auf. Schwierig darstellbar sind Mesotheliome, da sie eher flächig auf Epi- und Perikard wachsen.

Diagnose: Die klinische Untersuchung liefert Hinweise auf eine schlechte Kreislaufsituation; dabei sind v. a. leise und gedämpfte Herztöne, Aszites und schwacher Puls verdächtig für einen Perikarderguss. Auf einer Röntgenaufnahme können die globale Kardiomegalie ohne vergrößerte Pulmonalvenen den Hinweis liefern; ein Hydrothorax

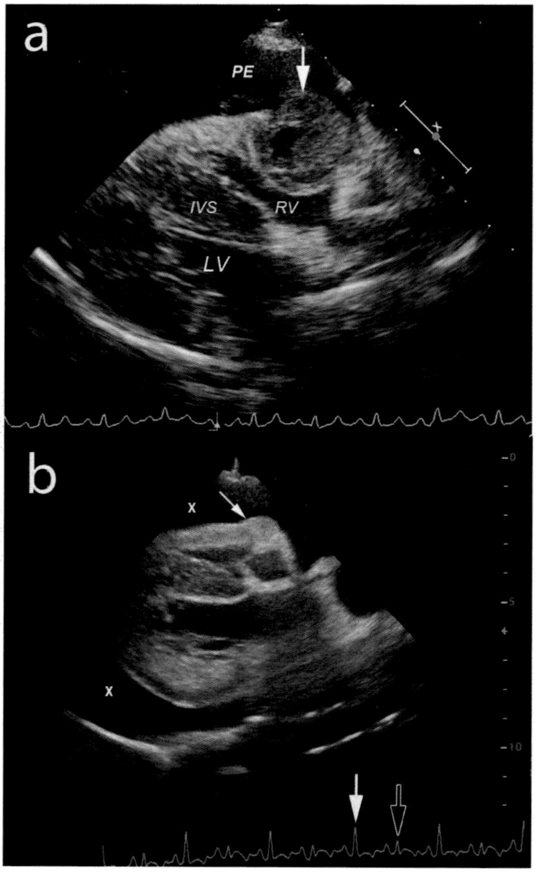

Abb. 5.33
a: Echokardiographischer Befund (Vierkammerblick) bei einem 12-jährigen Mischling mit Perikarderguss (PE) und einer etwa 3 cm großen kavernösen Umfangsvermehrung an der freien Wand des rechten Herzens im Übergang vom rechten Ventrikel (RV) zum rechten Atrium (Pfeil) (LV, linker Ventrikel; IVS, ventrikuläres Septum).

b: Echokardiographischer Befund (Vierkammerblick) bei einem Hund mit Perikarderguß (x). Im EKG fällt ein elektrischer Alternans auf. Die R-Zacken sind alternierend groß (weißer Pfeil) und klein (schwarzer Pfeil). Es besteht am Übergang vom rechtsventrikulären Myokard zum rechten Atrium Verdacht auf eine gewebliche Masse (Pfeil oben im B-Bild).

ist dagegen weniger spezifisch. Die sonographische Untersuchung ist die Methode der Wahl zur Erkennung eines Perikardergusses, einer Tamponade und in vielen Fällen auch zum Nachweis eines herznahen Tumors.

Durch eine sonographisch kontrollierte Punktion des Ergusses (Perikardiozentese) kann dieser labordiagnostisch (incl. Zytologie) untersucht werden. Die Zytologie kann jedoch irreführend sein, da bei idiopathischen Ergüssen das Zellbild einer gemischten, chronisch-entzündlichen Reaktion mit blutiger Komponente gefunden wird. Aktivierte Mesothelzellen können dann eine maligne Ursache vortäuschen, während bei rupturierten Hämangiosarkomen zytologisch meist keine Tumorzellen zu finden sind. Trotzdem sollte der Erguss zytologisch untersucht werden. Insbesondere bei Rezidiven sind weiterführende Untersuchungen indiziert, wenn sonographisch oder zytologisch keine Diagnose möglich ist. Dazu zählen CT, Thorakoskopie oder Thorakotomie mit Perikardbiopsie. Die idiopathische Perikarditis ist letzlich eine Ausschlussdiagnose.

Differenzialdiagnose: Der klinische Befund von leisen, gedämpften Herztönen besteht auch bei einem Hydrothorax beliebiger Genese. Ein schwacher Puls und eine röntgenologische Kardiomegalie sind ebenfalls bei einer DCM zu finden. Ein Perikarderguss führt aber im Gegensatz zur DCM nicht zu gestauten Lungenvenen oder einem Lungenödem. Die Unterscheidung ist am sichersten durch eine sonographische Untersuchung möglich.

Therapie, Prognose: Geringgradige Perikardergüsse sind hämodynamisch nicht relevant und sollten aus diagnostischen Gründen nur punktiert werden, wenn dies gefahrlos möglich ist und andere Untersuchungen keinen Hinweis auf die Ursache ergeben haben. Es empfiehlt sich eine Kontrolle des Ergusses und die Therapie der Grundkrankheit. Dazu sollten labordiagnostische Untersuchungen auf das Vorliegen der wichtigsten Infektionskrankheiten unternommen werden.

Eine Herzbeuteltamponade, die eher beim Hund vorkommt, stellt eine Notfallsituation dar und muss sofort durch eine Perikardiozentese entlastet werden. Diese sollte möglichst unter Ultraschallkontrolle erfolgen. Eine vollständige Drainage der Ergussflüssigkeit gelingt durch das Legen eines Perikardkatheters. Im klinischen Alltag ist das mehrfache Anpunktieren mit einer großlumigen Nadel meist praktikabler, der Perikarderguss läuft dann von selbst in die Brusthöhle ab und die Kreislaufsituation bessert sich rasch. Im Falle einer idiopathischen Perikarditis ist die Punktion nicht selten nur einmalig notwendig, da der größere Teil der Fälle nicht rezidiviert. Bei rezidivierenden, idiopathischen Perikardergüssen sollte eine dauerhafte Lösung angestrebt werden. Dazu besteht die Möglichkeit einer minimalinvasiven Perikardfenestration per Thorakoskopie oder einer thoraxchirurgischen partiellen Perikardresektion. Bei einer konstriktiven Perikarditis kann eine vollständige Perikardentfernung indiziert sein.

Die häufigste nicht idiopathische Ergussätiologie beim Hund sind herznahe Neoplasien. Hier sind besonders Hämangiosarkome zu nennen, die bevorzugt am rechten Atrium lokalisiert sind. Möglich ist die palliative Therapie durch eine chirurgische Entfernung des Tumors in Kombination mit Chemotherapie. Insbesondere gestielt wachsende Tumoren lassen sich nahezu vollständig entfernen, sonst muss eine Amputation des Herzohrs oder von Anteilen des rechten Atriums vorgenommen werden. Dadurch ist eine längere Überlebenszeit möglich, da die Gefahr der Tumorblutung durch Ruptur zunächst beseitigt ist. Aufgrund der hohen Rezidiv- und Metastasierungsrate dieser Tumorart bleibt die Prognose langfristig trotzdem schlecht. Weitere Neoplasien in herznaher Lokalisation sind neben Chemodektomen Schilddrüsentumoren, Mesotheliome und maligne Lymphome.

5.7.5.2 Peritoneoperikardiale Hernie

Definition, Ätiologie: Angeborener Defekt, bei dem die Perikardhöhle mit der Peritonealhöhle kommuniziert. Eine erworbene Form, bei der die offene Verbindung erst durch die Ruptur einer Membran entsteht, wird diskutiert. Eine Prädisposition wird bei langhaarigen Katzen, bestimmten Rassekatzen (Perser, Maine Coon) und beim Weimaraner vermutet. Der Defekt tritt auch in Kombination mit sternalen Malformationen (Pectus excavatum) auf.

Klinisches Bild: Art und Umfang der vorgefallenen Bauchorgane bestimmen das klinische Bild. Die Symptome betreffen den Verdauungsapparat und das Herz-Kreislauf-System. Am häufigsten vorgefallen ist ein Teil der Leber, manchmal zusammen mit Magen, Dünndarmschlingen, Milz oder Fettgewebe. Die vorgefallenen Bauchorgane führen zu gastrointestinalen Beschwerden wie Anorexie, Vomitus und Diarrhoe. Durch inkarzeriertes Lebergewebe steigt die Transaminasenaktivität im Blut an. Seltener kann es durch die Kompression des Herzens zu systolischen Strömungsgeräuschen, Leistungsinsuffizienz, Ergüssen, Dyspnoe und Husten kommen. Gewöhnlich treten Symptome bei jungen Tieren unter einem Jahr auf, jedoch gibt es auch Zufallsbefunde bei symptomfreien, älteren Tieren, die aus anderen Gründen untersucht werden.

Diagnose: Einen diagnostischen Hinweis liefert die *Thoraxröntgenaufnahme*: Die Herzsilhouette ist vergrößert und erscheint deformiert (Abb. 5.34). Verdächtig ist eine von der Herzsilhouette zum Zwerchfell reichende Verschattung, wodurch die Zwerchfellkontur in diesem Bereich nicht mehr erkennbar ist. Aufhellungen im Bereich des vergrößerten Herzschattens sind ein Hinweis auf vorgefallene, luftgefüllte Darmschlingen.

Die röntgenologische Verdachtsdiagnose sollte *sonographisch* gesichert werden. Bei transthorakaler Untersuchung sind in unmittelbarer Nachbarschaft zum Herzen Leber-, Fettgewebe oder Darmschlingen darstellbar, die auch bis vor das Herz reichen können. In Zweifelsfällen kann eine Röntgen-Kontrastmittel-Passage vorgenommen werden, die bei vorgefallenen Darmanteilen positiv verläuft. Eine zweite Möglichkeit stellt die Positiv-Kontrastuntersuchung der Peritonealhöhle dar. Hierbei tritt bei offenem Zwerchfell Kontrastmedium in die Brusthöhle über.

Differenzialdiagnose: Atelektasen oder Neoplasien der Lunge im kaudalen Bereich können röntgenologisch und thoraxsonographisch vorgefallenen Leberanteilen äh-

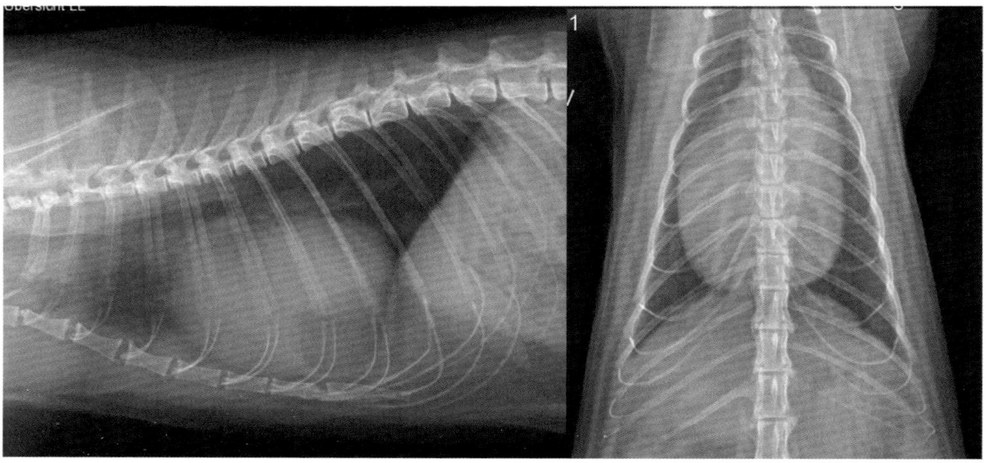

Abb. 5.34 Laterolaterale und dorsoventrale Röntgenaufnahmen eines 5-jährigen Perserkaters mit peritoneo-perikardialer Hernie (Zufallsbefund). Auffallend ist die vergrößerte und zum Zwerchfell hin ausgedehnte Herzsilhouette.

neln. Sie liegen aber meist paramedian in einem Hemithorax und nicht mediastinal. Die Bauchorgane sind dann in situ darstellbar. Bei erworbenen Zwerchfellshernien, beispielsweise nach Traumen, besteht die Verbindung zwischen Thorax- und Bauchhöhle und die vorgefallenen Bauchorgane liegen meist in einer der beiden Thoraxhälften.

Therapie, Prognose: Die chirurgische Versorgung ist bei symptomatischen Tieren die Therapie der Wahl. Die Prognose ist gut. Wird die Herniation als ein Nebenbefund angesehen und sind keine Magen- oder Darmteile herniiert, ist gerade bei älteren Tieren nicht unbedingt eine Operation indiziert. Doch auch bereits langjährig bestehende Hernien können zu Beschwerden führen, sodass im Einzelfall je nach klinischer Symptomatik entschieden werden muss.

5.7.6 Dirofilariose (Herzwurmkrankheit) (s. Kap. 2.4.1.4)

Definition, Ätiologie: Durch Stechmücken übertragene Filariose des Hundes mit der Filarienart *Dirofilaria immitis*. Die etwa 12–30 cm langen Adultwürmer (Makrofilarien) leben vorrangig in den Lungenarterien; deren Mikrofilarien zirkulieren im peripheren Blut und werden durch Stechmücken aufgenommen und wieder auf ein Wirtstier übertragen. Selten kommt die Krankheit auch bei der Katze, beim Frettchen und anderen Tierarten vor.

Epidemiologie: Endemisch ist *Dirofilaria immitis* praktisch weltweit in wärmeren Gegenden, da die Vektormücke auf milde Winter angewiesen ist. In Deutschland wird die Krankheit nur bei Tieren diagnostiziert, die in die endemischen Gebiete mitgenommen wurden oder von dort stammen. Praxisrelevant sind v. a. die Länder Italien und Spanien (mit Kanarischen Inseln), jedoch auch südosteuropäische Länder, wie Ungarn, Rumänien und Serbien. Es sind jedoch auch Fälle bekannt geworden, bei denen die Hunde Deutschland nicht verlassen haben.

Pathogenese: Nach Aufnahme der Mikrofilarien durch Stechmücken aus dem peripheren Blut infizierter Tiere kommt es zur Entwicklung der infektiösen Form (Larve 3) in der Mücke. Diese Form wird durch den Saugakt auf ein Wirtstier übertragen, in welchem die Entwicklung zur Larve 4 und eine Wanderung zum rechten Ventrikel und den Lungenarterien innerhalb von etwa 4 Monaten erfolgt. Nach weiteren 3 Monaten erreichen die männlichen und weiblichen Würmer schließlich Geschlechtsreife, und es sind wieder Mikrofilarien im peripheren Blut nachweisbar (Präpatenz etwa 190–270 Tage). Auch die Möglichkeit des transplazentaren Übertritts von Mikrofilarien ist beschrieben. Pathogenetisch bedeutsam sind hauptsächlich die adulten Würmer, die durch ihre Anheftung an der Gefäßwand der Pulmonalarterien Endothel- und Gefäßwandschäden verursachen. Die Folgen sind pulmonale Thromboembolien, perivaskuläre Entzündungen mit Beteiligung des Lungenparenchyms, Gefäßwandfibrose, pulmonaler Hochdruck und Minderperfusion der Lunge.

Ein Massenbefall führt zu einer Blockierung großer Lungenarterienstämme durch die Würmer selbst. Dann werden auch der rechte Ventrikel und sogar die Vena cava caudalis besiedelt, was eine Stauung der Bauchorgane zur Folge hat. Ausnahmsweise kommt es durch aberrante Larven zu untypischen Besiedelungslokalisationen, wie den Arterien des großen Kreislaufs oder dem Auge. Die Patenz beträgt beim Hund etwa 5–7 Jahre.

Klinisches Bild: Neben der Anzahl von Adultwürmern hat auch die individuelle Reaktion des Wirtes auf den Parasit und der Grad der körperlichen Aktivität einen Einfluss auf das klinische Bild und das Thrombembolierisiko nach Adultizidtherapie. Körperlich sehr aktive Tiere entwickeln schwerere Symptome als weniger aktive Hunde. Die Mehrzahl der befallenen Tiere ist jedoch asymptomatisch oder es besteht nur ein leichter Husten. Die übrigen Patienten zeigen i. d. R. starken Husten, Dyspnoe, Gewichtsverlust, Leistungsinsuffizienz und Synkopen. Vielfach treten die Symptome erst während verstärkter körperlicher Belastung auf. In schweren Fällen können Dyspnoe und Hämoptyse bereits in Ruhe bestehen.

Diagnostik: Selten kann bei der klinischen Untersuchung ein Trikuspidalinsuffizienzgeräusch oder, sofern eine pulmonale Hypertonie vorliegt, ein betonter (oder gespaltener) zweiter Herzton auskultiert werden. Die Rektaltemperatur kann leicht erhöht sein, labordiagnostisch besteht häufig eine Eosinophilie, eine milde, aregenerative Anämie, geringgradig erhöhte Leberenzyme und eine Proteinurie oder Hämoglobinurie. Ein Massenbefall führt wegen der Stauung der Hohlvene zu Leververgrößerung und Aszites. Nur bei schweren Krankheitsverläufen wird ein Rechtsherzversagen beobachtet.

Röntgen: Das Röntgenbild liefert bei dieser Krankheit diagnostische Hinweise: Typische Veränderungen sind verbreiterte, teilweise auch gewundene und manchmal abrupt endende Pulmonalarterien. Das Lungenparenchym zeigt einen interstitiellen Verschattungstyp in meist perivaskulären Lokalisationen oder mit fleckförmiger Verteilung. Die Silhouette des rechten Herzens ist in schweren Fällen als Ausdruck eines Cor pulmonale vergrößert. Die röntgenologischen Veränderungen von Lunge und Gefäßen korrelieren i. d. R. gut mit der klinischen Symptomatik. Sie sind reversibel nach Therapie und können deshalb auch zur Kontrolle des Therapieerfolges herangezogen werden. Eine unauffällige Thoraxröntgenstudie schließt die Krankheit nicht aus.

EKG: Es ist meist unauffällig, selten findet man die Zeichen einer rechtsventrikulären Hypertrophie. Die MEA ist dann nach rechts verschoben (> 100° beim Hund, tiefe S-Zacken in Ableitung I, II, III, aVf; positiver Summenvektor in Ableitung aVr).

Echokardiographie: Die Adultwürmer können sonographisch nur dargestellt werden, wenn sie in den echokardiographisch einsehbaren Anteilen des Gefäßsystems lokalisiert sind (Vena-cava-Mündungen, rechtes Atrium, rechter Ventrikel, Truncus pulmonalis). Eine Besiedelung des rechten Ventrikels bis zurück in die Vena cava caudalis tritt aber erst bei einem Massenbefall ein, sodass mit dieser Untersuchungstechnik eine Dirofilariose nicht ausgeschlossen werden kann. Die Würmer geben als typisches Echobild zwei kurze, parallele, echogene Linien, welche durch die Schallreflexionen der Wurmkutis entstehen (Abb. 5.35).

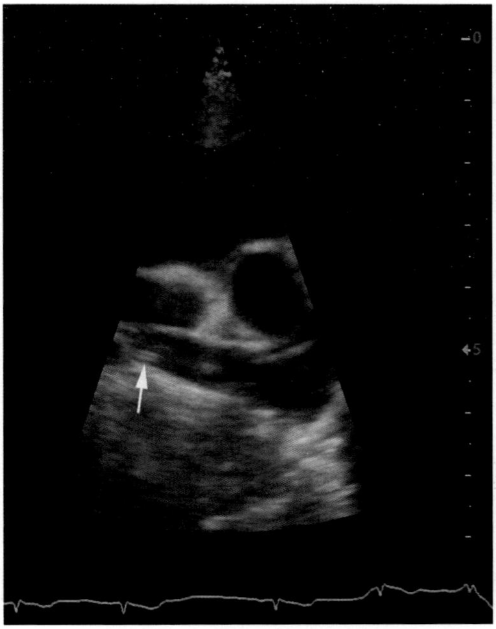

Abb. 5.35 Echokardiographischer Kurzachsenschnitt auf Höhe der pulmonalen Bifurkation bei einem Hund mit positivem Dirofilaria immitis Antigentest. In der rechten Pulmonalarterie ist eine echogene Doppellinie erkennbar (Pfeil), die durch die Cuticula eines Herzwurms (Dirofilaria immitis) entsteht.

Sofern ein pulmonaler Hypertonus besteht, fallen bei der echokardiographischen Untersuchung zudem eine rechtsventrikuläre Vergrößerung und veränderte Flussprofile auf (s. Kapitel 6.4.5.1).

Diagnose: Hinweise auf das Vorliegen einer Dirofilariose geben der Vorbericht (Auslandsanamnese), das klinische Bild und besonders die Thoraxröntgenaufnahme. In vielen Fällen handelt es sich jedoch um einen Zufallsbefund beim Laborscreening vor oder nach Verbringung nach Deutschland. Die echokardiographische Untersuchung ist nur im positiven Fall beweisend. Die Diagnose wird durch den Nachweis von Mikrofilarien und Adultwurm-Antigen (per ELISA- oder IDEXX Snap 4Dx-Test) im Blut gestellt. Bereits die Antigen-Schnelltests zum Adultwurmnachweis in der Praxis besitzen eine hohe Sensitivität und nahezu 100 % Spezifität für ein Antigen, das hauptsächlich von geschlechtsreifen, weiblichen Würmern gebildet wird, sodass bereits der Befall mit nur wenigen (weiblichen) Würmern zu einem positiven Ergebnis führt. Es existiert jedoch keine labordiagnostische Methode zur genauen Ermittlung der Befallsstärke mit Adultwürmern, eventuell kann über die Intensität der Farbreaktion eine semiquantitative Aussage getroffen werden. Bei der Diagnostik nach Auslandsaufenthalt muss die Präpatenzzeit beachtet werden. Ein positiver Adultwürmerantigenbefund und Mikrofilarien sind erst nach 6–9 Monaten zu erwarten.

Mikrofilarien können im ausgestrichenen Nativblut direkt mikroskopisch oder verlässlicher durch ein Anreicherungsverfahren (sog. modifizierter Knott-Test) nachgewiesen werden. Deren Dichte (Zahl/ml Blut) korreliert mit der Wahrscheinlichkeit, anaphylaktische Reaktionen auf eine mikrofilarizide Therapie zu zeigen und liefert indirekt einen

Hinweis auf den Befallsgrad mit Adultwürmern. Die Sensitivität wird verbessert, wenn die Blutentnahme am Nachmittag oder Abend erfolgt. Die Artbestimmung der Mikrofilarien erfolgt morphologisch oder besser durch deren Färbeverhalten, was v. a. bei negativem Antigen-Test von Bedeutung ist. Bei einem Verdacht auf Herzwurmbefall sollten immer beide Tests (ELISA für Adultwurmantigen und Knott für Mikrofilarien) eingeleitet werden.

Als Sonderfall ist ein Befall mit wenigen, ausschließlich männlichen Würmern anzusehen. Dabei sind weder Mikrofilarien im Ausstrich zu finden, noch ist ein positives Antigen-Testergebnis zu erwarten. Die Sensitivität des Antigen-Tests kann im Verdachtsfall durch Erhitzen der Probe erhöht werden, was die Labore auf Anfrage durchführen. Dies ist jedoch nur dann indiziert, wenn trotz negativem Testergebnis ein hoher klinischer Verdacht auf eine Infektion besteht. Umgekehrt ist es möglich, dass nach dem altersbedingten Absterben der Adultwürmer noch Mikrofilarien zirkulieren, ohne dass der Antigen-Test positiv ausfällt.

Entsprechend den klinischen, labordiagnostischen, röntgenologischen und ggf. echokardiographischen Befunden erfolgt eine Einteilung in vier Schweregrade, die auch einen unmittelbaren Einfluss auf die Therapiestrategie und mögliche Komplikationen besitzen: Grad 1 definiert subklinische Fälle oder Tiere mit leichter Symptomatik (Husten), Grad 2 Tiere mit mittelgradiger Symptomatik und röntgenologischen Veränderungen und Grad 3 Fälle mit deutlichen Symptomen bereits in Ruhe. Grad 4 umfasst Hunde mit herzwurmbedingtem Vena-cava-Syndrom mit Aszites, Ruhedyspnoe, Kollaps sowie Hämolyse und Makrohämoglobinurie. Dieses Stadium endet binnen weniger Tage fatal, wenn es unbehandelt bleibt.

Differenzialdiagnose: Bei chronischem Husten, insbesondere bei Anstrengung, müssen tracheale und bronchiale Krankheiten sowie andere Lungenparasiten, insbesondere Angiostrongylus vasorum (s. Kap. 6.4.4 und 6.4.6.5) ausgeschlossen werden.

Eine Lungenembolie anderer Genese kann ähnliche röntgenologische Befunde wie bei einer Dirofilariose ergeben. Zugrunde liegende Ursachen für eine Lungenembolie sind Hyperkoagulabilität, Gefäßwandschäden oder eine Blutstase (Virchow-Trias). Häufige Krankheiten hierfür sind Hyperkortizismus, Pankreatitis, Sepsis, Neoplasien, immunmediierte hämolytische Anämien und Proteinverlust, beispielweise durch Glomerulopathien.

Bei einer rechtsventrikulären Hypertrophie kommen eine Pulmonalstenose, großer VSD, PDA oder auch ein angeborener pulmonaler Hypertonus infrage.

Werden in einem Blutausstrich Mikrofilarien gefunden, so sollten differenzialdiagnostisch die Mikrofilarien anderer Filarienarten (*Dirofilaria repens* oder *Acanthocheilonema*, früher *Dipetalonema reconditum* bezeichnet) in Betracht gezogen werden, besonders wenn der Adultwurmtest für *Diroflaria immitis* negativ ausfällt.

Therapie: Ziel der Therapie ist die Abtötung oder Entfernung der Adultwürmer und der Mikrofilarien mit dem geringstmöglichen Risiko für den Patienten. Man unterscheidet hierbei adultizid und mikrofilarizid wirksame Präparate sowie eine Begleittherapie mit Doxycylin und Prednisolon. Das Therapieschema basiert auf den aktuellen Guidelines der American Heartworm Society (AHS, Stand 2020) und beinhaltet folgende Elemente:

1.) Tag 0: Vermeidung jeder schweren körperlichen Aktivität, sobald die Diagnose gesichert ist
2.) Tag 1: Begleittherapie mit Prednisolon/Antihistaminikum, wenn fallbezogen als notwendig erachtet (vorbereitend zur mikrofilariziden Therapie)
3.) Tag 1: Therapie der Mikrofilarien mit einem makrozyklischen Lakton-Präparat (Moxidectin), Wiederholung alle 30 Tage
4.) Tag 1–28: Therapie mit Doxycyclin, danach ca. 30-tägige Wartezeit
5.) Tag 60, 90 und 91: Therapie der Adultwürmer durch drei Melarsamin-Injektionen und vor erster Injektion (ab Tag 60) begleitende Prednisolontherapie
6.) strengste Bewegungseinschränkung
7.) Therapieerfolgskontrolle frühestens nach 6 Monaten

Daneben existieren viele weitere, individuell modifizierte Therapieschemata, die aufgrund persönlicher Erfahrungen oder Präferenzen einzelner Spezialisten entstanden sind.

Zur Abtötung der Mikrofilarien werden Medikamente aus der Gruppe der makrozyklischen Laktone eingesetzt (**Milbemycin-Oxim, Selamectin, Moxidectin, früher auch Ivermectin**), die, abgesehen von Ivermectin, in Deutschland eine Zulassung für die Prophylaxe (Larve 3 und 4) besitzen (siehe unten). Eine Zulassung zur Behandlung der Mikrofilarien (mikrofilarizide Therapie) besitzt dagegen nur Moxidectin (Advocate). Bei schwerer Mikrofilariämie kann durch die Masse absterbender Mikrofilarien eine anaphylaktische Reaktion ausgelöst werden, die Wahrscheinlichkeit steigt bei mehr als 500 Mikrofilarien/ml Blut. Dies ist insbesondere dann möglich, wenn die Mikrofilarien besonders schnell abgetötet werden. In den Zulassungsstudien für Moxidectin traten solche Nebenwirkungen nicht auf. Trotzdem sollten die Patienten nach der Therapie einige Stunden beobachtet werden und im Einzelfall sollte bereits eine Vorbehandlung mit Prednisolon und Antihistaminika stattfinden. Das empfohlene vierwöchige Prednisolondosierungsschema zu Beginn der mikrofilariziden Therapie und während der Doxycyclingabe entspricht dem weiter unten angegegeben Schema, das während der adultiziden Therapie angewandt wird.

Anschließend wird von der AHS eine 4-wöchige Therapie mit **Doxycyclin** in einer Dosierung von 10 mg/kg KM, 2 × tägl. p. o. empfohlen, andere Quellen geben nur 1 × tägl. 10 mg/kg KM p. o. an. Hintergrund dieser Behandlung ist die Eliminierung eines Symbionten in den Adultwürmern aus der Gruppe der Rickettsien (*Wolbachia* sp.). Die Abtötung von Wolbachia bewirkt eine Schwächung und Infertilität der Adultwürmer sowie eine Abnahme von Komplikationen nach Adultizid-Therapie. Es gibt jedoch noch keine prospektiven Studien zu diesem Therapieansatz.

Das Adultizid der Wahl ist **Melarsamin** (Immiticide, Merial). Das Präparat ist nicht auf dem deutschen Markt erhältlich und muss aus dem Ausland (z. B. Italien oder Frankreich) importiert werden. Die Applikation erfolgt intramuskulär in den langen Rückenmuskel zwischen L3 und L5, wobei es zu lokalen Schwellungen und Schmerzreaktionen kommen kann. Es ist die begleitende Gabe eines NSAID sinvoll. Grundsätzlich wird das Protokoll mit drei (statt zwei) Injektionen in einer Dosierung von jeweils 2,5 mg/kg KM

i. m. empfohlen, weil damit eine langsamere und gleichzeitig auch höhere Abtötungsrate erzielt werden kann. Die erste Injektion erfolgt 4 Wochen vor den beiden Folgeinjektionen, die dann im Abstand von 24 h gegeben werden.

Nach Abtötung der Adultwürmer kommt es zu Lungenembolien, die klinisch meist inapparent sind, je nach Befallsstärke und Krankheitsgrad aber auch schwer verlaufen können. Von entscheidender Bedeutung ist die strenge Minimierung jeder körperlichen Aktivität über einen Zeitraum von 4 Wochen nach Applikation des Medikaments. Insbesondere bei den Graden 2 und 3 mit höherer Befallstärke oder Wirtsreaktionen wird ab der ersten Melarsamin-Injektion die begleitende Behandlung mit **Prednisolon** nach folgendem Schema empfohlen: 1. Woche: 0,5 mg/kg KM 2 × tägl. p. o., 2. Woche 0,5 mg/kg KM 1 × tägl. p. o. und dann 0,5 mg/kg KM jeden zweiten Tag p. o. für weitere 2 Wochen. Die Gabe von Acetylsalicylsäure wird in dieser Indikation nicht mehr empfohlen. Etwa 6 Monate nach der letzten Adultizid-Gabe wird der Therapieerfolg mit einem ELISA-Antigen-Test und zur Sicherheit auch mit einem modifizierten Knott-Test kontrolliert.

Eine häufig diskutierte Alternative zur Melarsamin-Therapie stellen sogenannte „slow-kill" Methoden dar, also die langdauernde, repetitive Behandlung mit makrozyklischen Laktonen in Kombination mit initialer Doxycyclin-Gabe. In kleinen, prospektiven Studien kamen verschiedene Protokolle zur Anwendung (Kombination aus einer 15–30-tägigen Doxycyclintherapie in einer Dosierung von 10 mg/kg KM 1–2-x tägl., p. o. in Kombination mit Advocate® Spot-On (Moxidectin/Imidacloprid) alle 15–30 Tage. In diesen Studien reagierten etwa 3/4 der Hunde nach einem knappen Jahr negativ im Antigen-Test. Dabei bleibt unklar, inwieweit die längere Zeitdauer im Vergleich zur Melarsamin-Therapie zu irreveversiblen Schäden an den Lungenarterien führt. Darüber hinaus besteht die Gefahr einer Resistenzbildung. Melarsamin bleibt das Mittel der Wahl, weil es die schneller und besser wirksame Therapieform darstellt. Wenn es jedoch nicht zur Verfügung steht oder finanzielle Limitierungen bestehen, kann obiges Protokoll eine Alternative darstellen.

Bei Massenbefall mit Besiedelung der Hohlvene wird von einer medikamentösen Therapie abgeraten (V. cava Syndrom oder Schwergrad 3), da mit einer fatalen Embolie zu rechnen ist. Stattdessen ist dann die instrumentelle Entfernung möglichst vieler Würmer mit entsprechenden Zangen durch die Vena jugularis unter Durchleuchtung indiziert. Anschließend erfolgt dann die medikamentöse Therapie.

Behandlung der Lungenembolie: Thrombembolien der Lungenarterien können spontan bei unbehandelten Patienten sowie auch iatrogen durch die adultizide Therapie auftreten. Die AHS gibt keine Empfehlungen zur Behandlung von Embolien ab. Die Therapie bei Embolien aufgrund eines Herzwurmbefalls besteht aus Boxenruhe, Sauerstoffgabe und Prednisolontherapie (Dosierung s. o. unter Begleitbehandlung). Zusätzlich können Heparin (150 IE/kg KM alle 8 h s. c.) und Clopidogrel verabreicht werden. Eine relative Kontraindikation für Antikoagulantien ist Hämoptysis.

Prophylaxe: Die Prophylaxe besteht aus einer Abtötung der Larvenstadien 3 oder 4 nach Infektion. Bei Auslandsreisen ist dies bis zu 30 Tage nach Exposition möglich. Bei einem längeren Intervall wird die Larve 4 zunehmend unempfindlich gegen die Chemoprophylaktika und es steigt die Wahrscheinlichkeit einer Entwicklung zum juvenilen Herzwurm. Zugelassen dafür sind **Milbemycin** (Milbemax) in Tablettenform sowie **Selamectin** (Stronghold) und **Moxidectin** (Advocate) als Spot-on-Präparat, Dosierung jeweils nach Herstellerangabe. Vor Erscheinen und Zulassung dieser Präparate wurde **Ivermectin** in einer Dosierung von 0,006–0,0012 mg/kg KM s. c. (oder p. o.) angewandt. Dauert der Aufenthalt in einem endemischen Gebiet länger als 30 Tage, muss die jeweilige Behandlung dort alle 30 Tage wiederholt werden. Die Prophylaxe kann durch Repellentien ergänzt werden.

5.7.6.1 Dirofilariose bei der Katze

Epidemiologie, Ätiologie: Die Katze ist als Fehlwirt weniger empfänglich für eine Infektion und die Patenz der Adultwürmer ist mit 2–3 Jahren kürzer als beim Hund. Der Befallsgrad ist meist gering (nur 1–2 Würmer); nicht selten sind die Adultwürmer gleichgeschlechtlich.

Klinisches Bild: Trotz des geringen Befallsgrades können einzelne Tiere eine starke respiratorische Symptomatik mit Husten und Dyspnoe, zum Teil aber auch Erbrechen zeigen, wenn die juvenilen Würmer erstmals die Lungengefäße besiedeln, was sich im weiteren Verlauf wieder bessern kann. Ein zweiter Krankheitsschub ist beim Absterben der Adultwürmer möglich. Nicht selten verläuft die Krankheit bei der Katze dann aufgrund plötzlicher, schwerer Lungenembolien oder einem anaphylaktischen Schock tödlich. Auch ektopische Manifestationsorte in systemischen Arterien, ZNS oder Körperhöhlen sind häufiger als beim Hund.

Diagnose: Die Diagnose ist deshalb schwierig, weil der Antigen-Test aufgrund der niedrigen Adultwurmzahl negativ ausfallen kann und nur in etwa einem Fünftel der Fälle eine Mikrofilariämie nachweisbar ist, die zudem noch transient sein kann. Das Erhitzen der Probe kann auch bei der Katze die Sensitivität erhöhen. Es existieren auch Antikörper-Tests zum Nachweis von Antikörpern gegen die Larvenstadien. Ein positives Testergebnis zeigt dabei lediglich eine zurückliegende Infektion mit Larven an, die aber speziell bei der Katze nicht zwingend das adulte Stadium erreicht haben müssen. Sensitivität und Spezifität erwiesen sich in Studien mit Feldpopulationen als nicht verlässlich, sodass das Antikörper-Ergebnis letztlich nur als hinweisend interpretiert werden kann. Bei symptomatischen Katzen ist die Wahrscheinlichkeit, Antikörper nachzuweisen, jedoch höher als bei asymptomatischen Katzen. Thoraxröntgenologische Veränderungen sind vergleichbar mit denen des Hundes (vergrößerte, gewundene oder abrupt endende Pulmonalarterien, perivaskuläre Infiltrate), können aber auch transient nur zu Beginn der Besiedelung auftreten. Die Wahrscheinlichkeit einer echokardiographischen Darstellung eines Adultwurmes ist bei der Katze dagegen höher als beim Hund und kann als spezifisch angesehen werden.

Therapie: Die symptomatische Behandlung steht im Vordergrund. Bei Verdacht auf einen Herzwurmbefall und bei Symptomen wie Husten, Dyspnoe und entsprechenden radiologischen Veränderungen kann über 4 Wochen ausschleichend mit Prednisolon therapiert werden. Anschließend besteht die Möglichkeit einer Selbstlimitierung der Reaktionen. Eine adultizide Therapie ist nur in Ausnahmefällen indiziert, da ein Absterben der Adultwürmer aufgrund der Größenverhältnisse und anaphylaktoider Reaktionen für die Katze wesentlich belastender ist als für den Hund. Zudem sind die Erfahrungen mit Melarsamin bei der Katze begrenzt. Sind Würmer echokardiographisch darstellbar, stellt die instrumentelle Extraktion über die Vena jugularis eine Option dar.

Zur **Prophylaxe** sind wie beim Hund Milbemycin (Milbemax) in Tablettenform oder auch Selamectin (Stronghold) und Moxidectin (Advocate) als Spot on zugelassen.

Literatur

Bonagura JD, O´Grady MR, Herring DS (1985): Echocardiography. Principles of interpretation. Vet Clin North Am Small Anim Pract 15 (6): 1177–1194.

Chetboul V, Bussadori C, de Madron E (2015): Clinical Echocardiography of the Dog and Cat. Elsevier Masson.

Killich M (Hrsg) (2018): Kleintierkardiologie: Diagnose und Therapie von Herzerkrankungen bei Hund, Katze und Heimtieren. Thieme.

Kresken J-G, Wendt RT, Modler P (2019): Praxis der Kardiologie Hund und Katze. 2. Auflage, Thieme.

Santilli R, Moïse S, Pariaut R, Perego M (2018): Electrocardiography of the dog and cat. Diagnosis of arrhythmias. II Edition. Edizioni Edra.

Smith FW jr, Tilley LP, Oyama MA, Sleeper, MM (2015): Manual of canine and feline cardiology (5. Auflage). Elsevier, St. Louis.

Weiterführende Literatur

Herzuntersuchung

Buchanan JW, Bücheler J (1995): Vertebral scale systems to measure canine heart size in radiographs. J Am Vet Med Assoc (206): 194–99.

Jepsen-Grant K, Pollard RE, Johnson LR (2013): Vertebral heart scores in eight dog breeds. Vet Radiol Ultrasound (54): 3–8.

Lamb CR, Wikeley H, Boswood A, Pfeiffer DU (2001): Use of breed-specific ranges for the vertebral heart scale as an aid to the radiographic diagnosis of cardiac disease in dogs. Vet Rec 148 (23): 707–11.

Thomas WP (1984). Two-dimensional real-time echocardiography in the dog. Vet Radiol 25: 50–64.

Herzklappenerkrankungen/Hund

Borgarelli M, Savarino P, Crosara S, Santilli RA, Chiavegato D, Poggi M, Bellino C, La Rosa G, Zanatta R, Haggstrom J, Tarducci A (2008): Survival characteristics and prognostic variables of dogs with mitral regurgitation attributable to myxomatous valve disease. J Vet Intern Med 22(1): 120–128.

Boswood A, Häggström J, Gordon SG, Wess G, Stepien RL, Oyama MA, Keene BW, Bonagura J, MacDonald KA, Patteson M, Smith S, Fox PR, Sanderson K, Woolley R, Szatmári V, Menaut P, Church

WM, O'Sullivan ML, Jaudon JP, Kresken J-G, Rush J, Barrett KA, Rosenthal SL, Saunders AB, Ljungvall I, Deinert M, Bomassi E, Estrada AH, Fernandez Del Palacio MJ, Moise NS, Abbott JA, Fujii Y, Spier A, Luethy MW, Santilli RA, Uechi M, Tidholm A, Watson P (2016): Effect of pimobendan in dogs with preclinical myxomatous mitral valve disease and cardiomegaly: The EPIC study – A randomized clinical trial. J Vet Intern Med (Online Version of Record published before inclusion in an issue).

Häggström J, Boswood A, O'Grady M, Jöns O, Smith S, Swift S, Borgarelli M, Gavaghan B, Kresken J–G, Patteson M, Ablad B, Bussadori CM, Glaus T, Kovacević A, Rapp M, Santilli RA, Tidholm A, Eriksson A, Belanger MC, Deinert M, Little CJL, Kvart C, French A, Rønn-Landbo M, Wess G, Eggertsdottir AV, O'Sullivan ML, Schneider M, Lombard CW, Dukes-McEwan J, Willis R, Louvet A, DiFruscia R (2008): Effect of pimobendan or benazepril hydrochloride on survival times in dogs with congestive heart failure caused by naturally occurring myxomatous mitral valve disease: the QUEST study. J Vet Intern Med 22(5): 1124–1135.

Keene BW, Atkins CE, Bonagura JD, Fox PR, Häggström J, Luis Fuentes V, Oyama MA, Rush JW, Stepien R, Uechi M (2019): ACVIM consensus guidelines for the diagnosis and treatment of myxomatous mitral valve disease in dogs. J Vet Intern Med 33(3): 1127–1140.

Serfass P, Chetboul V, Sampedrano CC, Nicolle A, Benalloul T, Laforge H, Gau C, Hébert C, Pouchelon JL, Tissier R (2006): Retrospective study of 942 small-sized dogs: Prevalence of left apical systolic heart murmur and left-sided heart failure, critical effects of breed and sex. J Vet Cardiol 8(1): 11–18.

Dilatative Kardiomyopathie/Hund

Dukes-McEwan J, Borgarelli M, Tidholm A, Vollmar AC, Häggström J (2003): The ESVC Taskforce for Canine Dilated Cardiomyopathy: Proposed Guidelines for the Diagnosis of Canine Idiopathic Dilated Cardiomyopathy J Vet Cardiol 5(2): 7–19.

Summerfield NJ, Boswood A, O'Grady MR, Gordon SG, Dukes-McEwan J, Oyama MA, Smith S, Patteson M, French AT, Culshaw GJ, Braz-Ruivo L, Estrada A, O'Sullivan ML, Loureiro J, Willis R, Watson P (2012): Efficacy of pimobendan in the prevention of congestive heart failure or sudden death in Doberman Pinschers with preclinical dilated cardiomyopathy (the PROTECT Study). J Vet Intern Med 26(6): 1337–1349.

Wess G, Domenech O, Dukes-McEwan J, Häggström J, Gordon S (2017) European Society of Veterinary Cardiology screening guidelines for dilated cardiomyopathy in Doberman Pinschers. J Vet Cardiol 19(5): 405–415.

Wess G (2022): Screening for dilated cardiomyopathy in dogs. J Vet Cardiol 40: 51–68.

(Hypertrophe) Kardiomyopathie/Katze

Fox PR (2004): Endomyocardial fibrosis and restrictive cardiomyopathy: Pathologic and clinical features. J Vet Cardiol 6(1): 25–31.

Fox PR (2003): Hypertrophic cardiomyopathy. Clinical and pathologic correlates. J Vet Cardiol 5(2): 39–45.

Gordon SG, Côté E (2015): Pharmacotherapy of feline cardiomyopathy: Chronic management of heart failure. J Vet Cardiol 17: Suppl 1(0): 159–7.

Luis Fuentes V, Abbott J, Chetboul V, Côté E, Fox PR, Häggström J, Kittleson MD, Schober K, Stern JA (2020): ACVIM consensus statement guidelines for the classification, diagnosis, and management of cardiomyopathies in cats. J Vet Intern Med 34: 1–16.

Aortenthrombembolie

Hogan DF, Fox PR, Jacob K, Keene B, Laste NJ, Rosenthal S, Sederquist K, Weng HY (2015): Secondary prevention of cardiogenic arterial thromboembolism in the cat: The double-blind, randomized, positive-controlled feline arterial thromboembolism; clopidogrel vs. aspirin trial (FAT CAT). J Vet Cardiol 17 Suppl 1: 306–317.

Smith SA, Tobias AH, Jakob KA, Fine DM, Grumbles PL (2003): Arterial thromboembolism in cats: acute crisis in 127 cases (1992–2001) and long-term management with low dose aspirin in 24 cases. J Vet Intern Med 17(1): 73–83.

Dirofilariose
www.heartwormsociety.org/veterinary-resources/american-heartworm-society-guidelines
Grandi G, Quintavalla C, Mavropoulou A, Genchi M, Gnudi G, Bertoni G, Kramer L (2010): A combination of doxycycline and ivermectin is adulticidal in dogs with naturally acquired heartworm disease (Dirofilaria immitis). Vet Parasitol 169(3–4): 347–351.

6 Atmungsorgane

Michael Deinert

6.1 Physiologie

Unter äußerer **Atmung** (Respiration) versteht man ganz allgemein den Gasaustausch des Körpers über die Atemwege und die Lunge. Sie gehört neben Puls, Blutdruck und Körpertemperatur zu den Vitalzeichen. Dabei erfolgt zunächst ein mechanisches Bewegen der Luft mithilfe der Atemmuskulatur, des Zwerchfells und der Thoraxwand in den und aus dem Körper. Inhalation und Exhalation werden zusammenfassend als Ventilation bezeichnet. Sie erfolgt durch die luftführenden Wege Nase, Rachen, Kehlkopf, Trachea und den Bronchialbaum. Diese rein luftleitenden Strukturen besitzen noch weitere Funktionen, wie Befeuchtung und Erwärmung der Luft oder die Abwehr von Fremdkörpern und Infektionserregern. Das zweite Element der Atmung ist der Gasaustausch, also der Übertritt von Sauerstoff aus der Atemluft in das Blut über eine Diffusionsstrecke von der Alveole in die Kapillare, in Gegenrichtung wird dagegen Kohlendioxid aus dem Blut abgegeben. Die „Oxygenierung" entspricht der Bindung von Sauerstoff an das Hämoglobin. Das letzte Glied ist die innere Atmung („Zellatmung"), also der sauerstoffverbrauchende Energiemetabolismus der Körperzellen.

Teilchen bis zu einer Größe von > 10 µm werden, vor allem beim Hund, in der Nase gebunden. Diesen Umstand gilt es bei der Inhalationstherapie (Vernebler oder Aerosol) zu bedenken, die bei Krankheiten der Nase wirkungsvoller ist als bei tiefen Lungenkrankheiten. Kleinere Teilchen erreichen die tieferen Atemwege und werden über die mukoziliare Reinigungsfunktion des respiratorischen Flimmer-Epithels wieder hinausbefördert. Sehr kleine Teilchen < 0,5 µm gelangen noch tiefer und werden dann hauptsächlich von Makrophagen phagozytiert.

Die Spirometrie dient der Messung der Lungenfunktion über die Ventilationsgrößen Atemzugvolumen, Totraumvolumen etc. Ein anderes Verfahren dafür ist die Lungenventilationsszintigraphie. Diese Messgrößen stehen uns in der Kleintiermedizin zwar i. d. R. nicht zur Verfügung, deren Kenntnis ist aber für das Verständnis der Pathophysiologie sinnvoll (Abb. 6.1).

Hunde und Katzen unterscheiden sich wesentlich in der funktionellen Auslegung der Atemwege. Während der Hund als Hetzjäger über ausgesprochen große, weite und damit leistungsfähige Atemwege verfügt, sind diejenigen der Katze, die von Natur aus ein Sprintjäger ist, relativ klein und eng. Daraus folgen sowohl Unterschiede bei den jeweiligen Krankheiten (z. B. bei den Folgen einer bronchialen Obstruktion, die beim Hund weniger bedrohlich sind als bei der Katze) als auch bei der weiterführenden Diagnostik, z. B. bei der Bronchoskopie.

Hecheln ist eine besondere Atemform des Hundes, die entweder zur Thermoregulation dient oder im weiteren Sinne Ausdruck psychischer Erregung sein kann (sowohl Freude als auch Unwohlsein). Damit kann Hecheln praktisch bei allen möglichen Krankheiten auftreten, wie z. B. auch bei orthopädischen Schmerzen oder endokrinologischen Krankheiten. Es stellt aber keine Kompensation für Atemwegskrankheiten dar, da beim Hecheln hauptsächlich Totraum ventiliert wird. Jedoch können Krankheiten der oberen Atemwege, beispielsweise eine Kehlkopflähmung, zu einer verminderten Fähigkeit der Thermoregulation führen, was ein vermehrtes Hecheln zur Folge hat. Auch die Katze hechelt zur Thermoregulation. Sie zeigt eine ähnlich aussehende Maulatmung jedoch auch bei Atemnot. Ein derartiger Atemtyp stellt bei der Katze daher eher eine Indikation zur Untersuchung des Herzkreislaufsystems dar als beim Hund.

Die Steuerung der Atmung (Atemtiefe, Frequenz, Rhythmik) erfolgt in den Atemzentren des ZNS. Stellgrößen sind hauptsächlich O_2- und CO_2-Gehalt des Blutes. Damit ist die Lunge durch Abatmung oder Retention von CO_2 auch ein Teil des Säure-Basen-regulierenden Systems. Eine verminderte Abatmung von CO_2 (Hyperkapnie) führt zu einer Azidose, eine Hyperventilation zu einer Alkalose. Azidosen und Alkalosen können also respiratorisch verursacht, aber auch kompensiert werden. Über die Parameter Bikarbonatgehalt, pCO_2- und pH-Wert des Blutes kann die Ursache einer Säure-Basen-Störung mithilfe eines Nomogramms ermittelt werden.

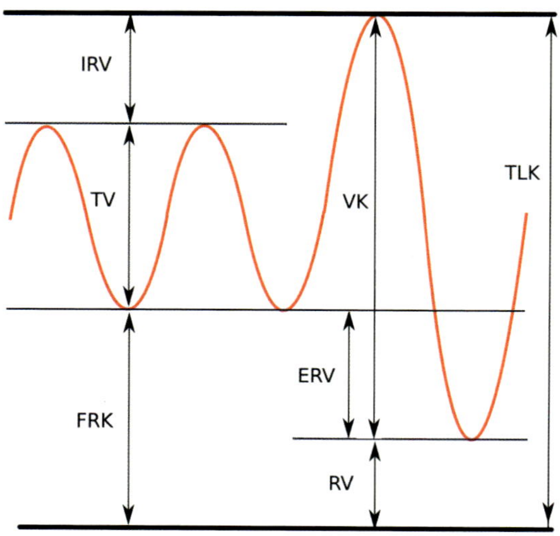

Abb. 6.1 Verschiedene Lungenvolumina bei normaler und tiefer Atmung: IRV: inspiratorisches Reservevolumen, TV: Tidalvolumen (Atemzugvolumen), FRK: funktionelle Residualkapazität, VK: Vitalkapazität, ERV: exspiratorisches Reservevolumen, RV: Residualvolumen, TLK: totale Lungenkapazität (Definitionen: siehe Text).

6.2 Pathophysiologie

6.2.1 Definitionen

Dyspnoe (pnoe = Atem, Hauch; dys = Un-, Miss- [Wortteil])
Dyspnoe bedeutet Atemnot. Die beim Menschen subjektiv empfundene Dyspnoe kann beim Tier nur in höheren Graden als Steigerung der Atemarbeit objektiviert werden. Man unterscheidet inspiratorische Dyspnoe (Inspirium verlängert, bei Krankheiten der oberen Atemwege), gemischte Dyspnoe (beide Phasen der Atmung betroffen) und exspiratorische Dyspnoe (Exspirium verlängert, bei Krankheiten der Bronchien). Eine rein exspiratorische Dyspnoe ist beim Kleintier selten. Am häufigsten ist die gemischte Dyspnoe.
Hyperpnoe ist die physiologische, adäquate Steigerung der Tiefe der Atemtätigkeit z. B. bei Bewegung. Die Steigerung der Atemtätigkeit korreliert dabei mit dem gesteigerten Bedarf an Gasaustausch.
Apnoe: Atemstillstand.
Tachypnoe (tachys = schnell; Synonym: Polypnoe): Beschleunigte Atmung, tritt bei erhöhtem Sauerstoffbedarf und -verbrauch (Fieber, Leistung, Erregung) oder vermindertem Sauerstoffangebot auf.
Hyperventilation ist die gesteigerte Atemtätigkeit, die über den Bedarf hinausgeht, also nicht angepasst (inadäquat) ist.
Hypoventilation ist die unangepasste Verminderung der Ventilation, wodurch der Bedarf an Gasaustausch nicht gedeckt wird.
Alveoläre Hypo- bzw. **Hyperventilation** ist die Verminderung bzw. Erhöhung der Belüftung speziell der Alveolen; die Folgen sind Hyper- bzw. Hypokapnie.
Hypo-, Hyperkapnie ist die Senkung bzw. Erhöhung des Kohlendioxidgehaltes im Blut.
Hyp-, Hyperoxämie ist die Senkung bzw. Erhöhung der Sauerstoffspannung im arteriellen Blut.
Hypoxie ist die verminderte Sauerstoffversorgung des Gewebes.
Zyanose ist die Blaufärbung der Schleimhäute durch Zunahme des desoxygenierten Hämoglobinanteils bei einer Hypoxämie. Eine deutliche Zyanose wird dann erkennbar, wenn der Anteil über 5 g/dl ansteigt. Man unterscheidet eine zentrale Zyanose (starke Blaufärbung), z. B. durch einen Rechts-links-Shunt im Herzen, und eine periphere Zyanose durch erhöhte Sauerstoffnutzung der peripheren Gewebe auf Ebene des Kapillarbetts, meist bedingt durch einen ungenügenden Blutfluss bei Herz- oder Gefäßkrankheiten.
Diffusionsstörungen treten auf durch Vergrößerung der Diffusionswiderstände in der Gaspenetrationsstrecke (z. B. durch ein interstitielles Lungenödem) oder Verminderung der Diffusionsoberfläche. Die Folge ist Hypoxämie des Pulmonalvenenblutes.
Obstruktion nennt man die Erhöhung der Strömungswiderstände in den Atemwegen z. B. durch eine Stenose.
Compliance beschreibt die Volumen-Druck-Eigenschaften, also die Dehnbarkeit der Lunge.

Lungenrestriktion ist eine reduzierte Expansionsfähigkeit der Lunge mit einer Verminderung der totalen Lungenkapazität, z. B. durch Krankheiten des Lungenparenchyms (Fibrosierung) oder extrapulmonale Einengung (Pleuraerguss). Die Folge ist ein restriktives Atemmuster mit schnellen, flachen Atemzügen und eine asynchrone Atmung (inspiratorische Einwärtsbewegung des Abdomens).
Inverse Atmung: Bei der Inspiration zieht sich der Thorax nach innen zusammen, während das Abdomen eine Auswärtsbewegung zeigt. Ursache ist eine hochgradige Obstruktion der oberen Atemwege (Fremdkörper, Laryngospamus).
Obere und untere Atemwege sind in der Literatur nicht einheitlich definiert. Sinnvoll wäre die Apertura thoracis als Grenze zu definieren, da sich hier die Druckverhältnisse während der Atmung umkehren.
Stridor ist ein Geräusch der oberen Luftwege beim Atmen durch eine Obstruktion. Man unterscheidet nasalen, pharyngealen, laryngealen und trachealen Stridor
Stertor ist Schnarchen oder auch röchelnde Atmung durch Sekretansammlungen oder Vibrationen von geweblichen Strukturen (Gaumensegel).
Atemzugvolumen (Tidalvolumen) ist die Gasmenge, die pro Atemzug in Ruhe ein- und ausgeatmet wird. Die dazu benötigte Zeit und letztlich auch Arbeit errechnet sich aus dem Strömungswiderstand und der Compliance der beteiligten Strukturen. Das Atemzugvolumen beträgt ca. 10–20 ml/kg (Lungenvolumina s. Abb. 6.1).
Reservevolumina: Inspiratorisches und exspiratorisches Volumen, das über das normale Atemzugvolumen hinaus willentlich noch ausgeschöpft werden kann.
Vitalkapazität ist das Atemzugvolumen plus die Reservevolumina.
Totraumvolumen ist das Volumen, das nicht aktiv am Gasaustausch teilnimmt (Volumen zwischen Naseneingang und Alveolen, anatomischer Totraum). Es wird beim Kleintier zum Wärmeaustausch genutzt (Hecheln).
Residualvolumen: Nach maximaler Exspiration verbliebenes Volumen, das nicht mehr weiter ausgeatmet werden kann.
Funktionelle Residualkapazität setzt sich zusammen aus dem exspiratorischen Reservevolumen und dem Residualvolumen. Sie entspricht der Menge Luft, die nach einer normalen Exspiration noch vorhanden ist.
Totale Lungenkapazität ist das Volumen, das sich nach maximaler Inspiration in der Lunge befindet (Vitalkapazität plus Residualvolumen).
Funktioneller Totraum ist der anatomische Totraum plus überventilierter oder unterperfundierter (d. h. funktionsloser) Alveolen; er ist bei einem Emphysem erhöht.

Tabelle 6.1 listet die 8 Ursachenbereiche für Dyspnoe mit den wichtigsten Beispielen und diagnostischen Hilfen auf.

Tabelle 6.1: **Ursachen für Dyspnoe**

Lokalisation	Beispiele/Ursachen	Zusätzliche Leitsymptome oder diagnostische Hilfen
Obere Atemwege	• Kehlkopflähmung • Larynxkollaps • Stenosierende Wirkung von Tumoren, Sekreten • nasopharyngeale Stenose durch Adhäsionen • Nasale Polypen • Retropharyngeale Raumforderungen	Stridor
Untere Atemwege	• Obstruktion von Trachea/Bronchien (Kollaps, Tumoren, Sekrete, Fremdkörper) • Bronchospasmus	Giemen, Husten
Lungenparenchym	• Alveoläre Krankheiten (Lungenödem, Pneumonie) • Interstitielle Lungenkrankheiten (Lungenfibrose) • Lungenblutung	• Auskultation (Knistern, feuchtes Atemgeräusch) • Röntgenologische Veränderungen der Lunge
Lungengefäße	• Thrombembolie: intravasale Parasiten (Herzwurm), Eiweißmangelkrankheiten (Darm, Niere, Leber) • Hyperkortizismus • Hämolytische Anämie • Shunts (kongenitale Herzkranheiten)	• Echokardiographie (Nachweis pulmonaler Hypertonie) • Angio-CT für Gefäßdarstellung
Pleuraspalt (Expansion der Lunge behindert)	• Pleuraerguss • Pneumothorax • Mediastinale Raumforderung • Zwerchfellhernie	• Gedämpfte Geräusche bei Auskultation • Restriktives Atemmuster (flache, schnelle Atmung) • Asynchrone Atmung
Brustwand (mechanische Ventilation gestört)	• Rippenfrakturen (instabile Brustwand) • Lähmung der Atemmuskulatur • Zwerchfellsläsionen	Traumaanamnese
abdominale Raumforderung (Expansion der Lunge behindert)	• Aszites • Große abdominale Tumoren • Magendrehung	Untersuchung des Abdomens
Krankheiten, die bei erhaltener Funktion des respiratorischen Systems zu Dyspnoe-ähnlichen Beschwerden führen („Look-alikes")	• Schmerzen • Azidose • Anämie • Thyreotoxikose • Hyperthermie	Hinweise auf Krankheiten außerhalb des respiratorischen Systems

6.2.2 Allgemeine Pathophysiologie

Obstruktionen oder Stenosen der Atemwege entstehen durch Strömungshindernisse in den Lumina der Atemwege. Die Stenosewirkung kann durch die wechselnden Druckverhältnisse während des Atemzyklus noch verstärkt werden. Obstruktionen in den oberen Atemwegen gehen mit einem von außen hörbaren Stridorgeräusch, in den unteren Atemwegen dagegen eher mit Husten einher. Die Ursachen sind vielfältig und es sind weiterführende Untersuchungen, meist eine Endoskopie, notwendig. Grundsätzlich unterschieden werden:

- Inspiratorische Stenosen: Das Hindernis befindet sich oberhalb (oralwärts) der Apertura thoracis, z. B. in der Nase, dem Kehlkopf oder dem oberen Teil der Trachea. Das Hindernis zeigt seine Wirkung nur inspiratorisch (Beispiele: Kehlkopflähmung, oberer Trachealkollaps).
- Exspiratorische Stenosen: Das Hindernis befindet sich in den großen Atemwegen im Brustkorb und behindert den Luftstrom exspiratorisch (Beispiele: unterer Tracheal- oder Bronchialkollaps, Bronchialspasmus [Asthmakomplex]). Eine anhaltende Behinderung der Exspiration führt zu einer Überblähung der Lunge („air-trapping"). Daraus resultiert schließlich auch eine erschwerte Inspiration, sodass eine alleinige exspiratorische Dyspnoe selten vorkommt. In- und exspiratorische Stenose tritt bei fixen Hindernissen auf, wie Fremdkörpern oder Tumoren in den großen Atemwegen.

Der Begriff „chronisch-obstruktive Lungenerkrankung" („chronic obstructive pulmonary disease", COPD) beschreibt Krankheiten der unteren Atemwege, bei denen es durch bronchiale Sekretion und Entzündung zu den weiter unten aufgeführten Pathomechanismen kommt. Im Gegensatz zum Asthma besteht dabei keine reversible Bronchokonstriktion, sondern eine dauerhafte Obstruktion durch entzündliche Schwellung und Sekrete. Beim Kleintierpatienten fällt am ehesten die chronische Bronchitis des Hundes unter diese Definition. Der Begriff wird in der Kleintiermedizin jedoch nicht verwendet.

Das **Lungenemphysem** ist durch einen erhöhten Luftgehalt der unteren Atemwege charakterisiert, der jedoch als funktioneller Totraum wirkt. Die Pathogenese erklärt sich durch Stenosen in den Bronchien (z. B. durch Sekretansammlungen), wodurch das eingeatmete Volumen nicht mehr vollständig und nur mit höherem Druck ausgeatmet werden kann („air trapping"). Durch die chronische Überblähung kommt es zunächst zur reversiblen Überdehnung und schließlich zum irreversiblen Zerreißen der Alveolen und Bronchioli, wodurch sich das Residualvolumen und damit auch der Totraum dauerhaft erhöhen. Große Luftkavernen charakterisieren schließlich das bullöse Emphysem, eine Art Endstadium der chronisch-obstruktiven Lungenkrankheiten. Die mukoziliare Clearance der betroffenen Bereiche ist eingeschränkt, was zu weiterer Sekretansammlung, Keimbesiedelung und Entzündung führen kann. Schwere emphysematöse Veränderungen finden sich bei Kleintieren im Gegensatz zum Pferd oder dem Menschen nur selten. Schwach ausgeprägte Grade kommen bei Katzen vor, die unter dem felinen Asthmakomplex leiden. Beim Hund sind kongenitale lobäre Emphyseme beschrieben.

Eine Sonderform ist das **vikariierende Emphysem**, bei dem sich intakte Lungenlappen vergrößern, um den Ausfall von atelektatischen oder resezierten Bereichen zu kompensieren. Hierbei handelt es sich zunächst um eine physiologische Kompensationsreaktion. Dieses Phänomen ist beispielsweise zu beobachten, wenn von einem Patienten nach längerer Narkose in Seitenlagerung eine Thoraxröntgenaufnahme angefertigt wird. Die oben liegende Lungenhälfte ist vermehrt, die untere dagegen vermindert luftgefüllt. Die oben liegenden Lungenanteile schieben sich unter das Herz, was in der seitlichen Röntgenprojektion zu einer zentralisierten Herzsilhouette führt. Dieser Vorgang ist durch Umlagerung des Patienten vollständig reversibel und sollte radiologisch nicht als Pneumothorax interpretiert werden.

Atelektasen entstehen, wenn ein Lungenlappen unzureichend belüftet ist und schließlich gar keine Luft mehr enthält. Zusätzliche entzündliche Prozesse, Luftresorption und Adhäsionen führen zu einer Hepatisation der Lunge. Das Lungegewebe erscheint dann makroskopisch und in den bildgebenden Verfahren leberartig. Angeborene, primäre Atelektasen finden sich bei ungenügender Entfaltung der fetalen Lunge durch Fruchtwasseraspirationen oder Fehlbildungen. Erworbene, sekundäre Formen werden ätiologisch unterteilt in:

- Resorptionsatelektasen: Verschluss eines Bronchus durch extraluminale Kompression (Raumforderungen) oder intraluminale Prozesse (Sekret, Fremdkörper, Tumoren) und anschließende distale Luftresorption im anhängenden Lungenteil.
- Kompressionsatelektase: vorwiegende periphere Lungenteile werden durch mediastinale, pleurale oder thorakale Raumforderungen oder auch Flüssigkeitsansammlungen komprimiert.
- Atelelektasen durch Pneumothorax: Zusammenfallen der Lunge durch Verlust des Vakuums im Pleuraspalt.

Atelektasen sind abhängig von Zeitdauer und Grad der Kompression reversibel, eine Fibrosierung oder Hepatisation ist dagegen häufig irreversibel.

Hypoxische pulmonale Vasokonstriktion (Euler-Liljestrand-Mechanismus) beschreibt eine physiologische reflektorische Konstriktion von regionalen arteriellen Lungengefäßen, sobald der zugehörige Lungenabschnitt ungenügend belüftet und hypoxisch wird. Dadurch wird der Blutstrom zu den intakten Lungenanteilen gelenkt und einer unzureichenden Oxygenierung des Blutes entgegengewirkt. Dieser Mechanismus beugt einem intrapulmonalen Rechts-links-Shunt vor, kann aber andererseits zu einer pulmonalen Hypertonie führen,

Die Überlastungskrankheit des rechten Herzens durch den Druckanstieg im kleinen Kreislauf bezeichnet man in diesem Zusammenhang als Cor pulmonale. Der Druckanstieg korreliert mit dem Grad der hypoxischen Bezirke der Lunge. Er fällt am stärksten aus, wenn die gesamte Lunge betroffen ist (z. B. Asthma, Larynxparalyse, Lungenfibrose).

6.3 Untersuchungen

6.3.1 Anamnese

Eine ausführliche und genaue Anamnese ist beim respiratorisch auffälligen Patienten von großer Bedeutung. Mithilfe der Anamnese sollte es möglich sein, die anatomische Region zu bestimmen, innerhalb derer die Erkrankung anzusiedeln ist. Erst dann kann entschieden werden, ob eine Untersuchung der oberen Atemwege (Nase, Rachen, Kehlkopf) oder der unteren Atemwege (Trachea, Bronchien, Lungenparenchym oder Pleura) notwendig ist. In einigen Fällen betrifft die Krankheit auch beide Regionen (z. B. Kombination von Pneumonie und Rhinitis oder einer Aspiration durch Kehlkopflähmung). Die Beschreibungen und Beobachtungen des Besitzers können dabei irreführend sein und bedürfen ggf. einer detaillierten Nachfrage. Im Zweifelsfall bietet sich das Anfertigen eines Videofilms mit Ton an, um die Beschwerden zu dokumentieren, besonders wenn sie anfallsweise auftreten.

Auch die Kenntnis bisheriger Therapiemaßnahmen und das Ansprechen darauf sind wichtige Informationen im Rahmen der Anamnese. Im Folgenden werden die häufigsten Gründe für eine Vorstellung zur Untersuchung der Atemwege besprochen.

6.3.1.1 Nasenausfluss

Zu erfragen sind die Qualität, ob er ein- oder beidseitig besteht, die Zeitdauer, die Art und Weise des Beginns (allmählich oder plötzlich), ob zuerst ein- dann beidseitiger Ausfluss bestand. Weiterhin ist zu klären, ob auch Augenausfluss vorliegt, ob sich die Kopfform verändert hat oder ob der Kau- oder Schluckvorgang gestört ist. Vermehrtes Niesen kann mit oder ohne Nasenausfluss bestehen. Ein akutes Auftreten von Niesen und anschließender Nasenausfluss können Hinweis auf einen Fremdkörper sein, sind jedoch genauso bei einer allergischen, idiopathischen oder infektiösen Rhinitis möglich.

Einseitiger eitriger Nasenausfluss tritt bei einer Zahnwurzelvereiterung oder einer Mykose auf, ein akutes Auftreten mit starkem Niesen ist dagegen Hinweis auf einen Fremdkörper. Einseitiger Nasenausfluss bei einem älteren Patienten mit blutiger Beimengung lässt an einen Tumor denken. Initial einseitiger, im weiteren Verlauf beidseitiger Ausfluss kann ebenfalls auf eine Neoplasie mit Zerstörung des nasalen Septums hindeuten.

Idiopathische oder infektiöse Rhinitiden zeigen, von wenigen Ausnahmen abgesehen, bereits von Beginn an beidseitigen Ausfluss, der von wechselnder Qualität sein kann. Diese kann von klar-serös über seromukös bis hin zu purulent sein und auch Blutbeimengungen enthalten.

Ein gutes Ansprechen auf eine Vorbehandlung mit Kortikosteroiden deutet auf eine idiopathische oder allergische Rhinitis hin. Ändert sich die Qualität des Ausflusses von purulent zu serös oder bessert sich der Ausfluss nach der Gabe von Antibiotika, wurden häufig nur Sekundärkeime behandelt, nicht aber die Ursache. Bei chronischem Nasenausfluss ist immer eine weiterführende Diagnostik angezeigt. Epistaxis beim Hund nach Auslandsaufenthalt erfordert den Ausschluss einer Leishmaniose und Ehrlichiose/Anaplasmose.

Rückwärtsniesen („Reverse Sneezing") ist häufig Anlass für Fehlinterpretationen oder Missverständnisse bei der Anamneseerhebung. Der Verdacht auf Rückwärtniesen sollte immer dann entstehen, wenn ein Hundebesitzer von anfallsweiser Atemnot, Asthmaanfällen, Atemkrämpfen o. Ä. berichtet. Gerade beim Rückwärtsniesen bietet es sich an, mit Videoaufnahmen zu arbeiten, wobei dem Besitzer entweder eine vorhandene Aufnahme vorgeführt wird oder von ihm selbst eine angefertigt wird.

Rückwärtsniesen kann bei allen Krankheiten der Nasenhöhle und des Nasenrachens auftreten, deshalb sollte sich die weitere Abklärung auf diese Region konzentrieren. Die Bandbreite reicht von allergischen oder entzündlichen Veränderungen über Nasenmilbenbefall, Fremdkörper bis hin zu Tumoren der Nasenhöhle.

Stridor: Auch Stridorgeräusche werden vom Besitzer häufig als Atemnot, Luftnot oder Asthma beschrieben. Grundsätzlich entstehen Stridorgeräusche durch eine lokale Beschleunigung der Luftsäule in den oberen Atemwegen durch eine Stenose (Nase, Rachen, Kehlkopf oder Trachea). Auf diese Regionen sollte sich die weitere Untersuchung konzentrieren. Strömungshindernisse in tieferen Abschnitten führen normalerweise nicht mehr zu einem laut nach außen hin hörbaren Geräusch, sind aber bei der Auskultation hörbar. Von Bedeutung sind die Umstände, unter denen der Stridor auftritt: Inspiratorischer Stridor oder Stridorzunahme unter Belastung deutet auf eine laryngeale Ursache (Kehlkopflähmung) hin, Geräusche im Schlaf oder Ruhe auf den Rachen oder das Gaumensegel, permanenter Stridor am ehesten auf die Nase, den Nasenrachen oder die Trachea. Gleichzeitige Veränderungen der Stimme beim Lautgeben (heiseres, dünnes Bellen, Stimmverlust) deuten auf eine laryngeale Ursache hin.

Hecheln: Wie bereits einleitend beschrieben, ist Hecheln beim Hund, seltener bei der Katze, ein physiologisches Atemmuster, das der Thermoregulation dient. Es hat jedoch praktisch keinen Einfluss auf den Gaswechsel. Starkes Hecheln bei heißer Witterung tritt bei hitzeintoleranten Hunden ohne organische Ursachen auf, was durch eine Adipositas noch verstärkt wird. Dabei wird auch die Durchblutung der Zunge verstärkt, wodurch diese eine dunklere oder sogar bläuliche Farbe annehmen kann. Anamnestisch wird es deshalb gerne als Atemnot, Schweratmigkeit, Maulatmung oder Luftmangel beschrieben.

Bestimmte Atemwegskrankheiten, wie etwa eine Kehlkopflähmung, können die Thermoregulation beeinträchtigen und deshalb neben anderen Symptomen auch zu vermehrtem Hecheln führen. Hecheln ist jedoch selten das alleinige Zeichen einer respiratorischen Krankheit.

Beim Hund zeigt Hecheln im weiteren Sinne auch eine psychische Erregung an und damit kommt auch jede Form von Unwohlsein ursächlich infrage. Spontanes oder nächtliches Hecheln und Unruhe können hinweisend auf Harndrang, Schmerzen, intestinale Spasmen, Arrhythmien oder aber Demenz sein. Hecheln erfordert daher breitgefächerte weitere Untersuchungen, wie etwa eine orthopädische oder abdominale Untersuchung oder den Ausschluss eines Hyperadrenokortizismus.

Bei der Katze stellt Hecheln eher eine Indikation zu einer eingehenden Untersuchung des kardiorespiratorischen Systems dar. Bei jungen Katzen ist nach ausgelassenem Spielen (z. B. mit dem Laserpointer) manchmal Hecheln zu beobachten. Es liegt dann jedoch nicht in jedem Fall eine organische Ursache zugrunde.

Husten: Unter den respiratorischen Symptomen ist Husten besonders beim Hund ein häufiger Vorstellungsgrund. Wie beim Nasenausfluss sollten die Umstände anamnestisch genauer erfragt werden: Besteht der Husten anfallsweise mit längeren beschwerdefreien Intervallen oder ist es eher ein ständiges Hüsteln? Klingt der Husten trocken oder produktiv? Bestehen Auslöser für den Husten, wie etwa Freude, Aufregung oder Belastung?

Tritt der Husten eher nachts oder als morgendliches Freihusten auf? Bestehen begleitende Symptome, wie Leistungsschwäche oder Polypnoe? Die Qualität des Sputums ist dem Tierhalter i. d. R. nicht bekannt, da es abgeschluckt wird. Husten und Erbrechen werden nicht selten verwechselt, Erbrochenes kann für Sputum gehalten werden. Beim Hund (nicht bei der Katze) kann ein trocken klingender Husten trotzdem produktiv sein, da die Atemwege großlumiger sind und das Sekret keine Obstruktion mit einem feuchten Geräusch beim Husten verursacht.

Beim Hund tritt trockener Husten bei Freude oder Aufregung mit beschwerdefreien Intervallen meist aufgrund eines Tracheal- oder Bronchialkollapses auf. Permanentes leichtes Hüsteln mit gleichzeitiger Polypnoe deutet dagegen auf ein Lungenödem hin. Nächtlicher Husten, morgendliches Freihusten oder Husten bei Lageveränderungen oder Belastung ist beim Hund ein Hinweis auf eine chronische Bronchitis oder Bronchiektasen, dabei kann auch Leistungsschwäche bestehen. Bei der Katze ist anfallsweiser feuchter Husten oder Dyspnoe (mit beschwerdefreien Intervallen) ein Hinweis auf eine chronische Entzündung der unteren Atemwege (chronische Bronchitis, felines Asthma).

Chronischer Husten (Dauer mehr als 2 Monate) erfordert immer eine weiterführende Diagnostik, die initial eine Kotuntersuchung auf Lungenparasiten, Thoraxröntgenaufnahmen und dann eine Bronchoskopie und auch ein CT umfasst.

Polypnoe: Die Ursachen für eine erhöhte Atemfrequenz können inner- oder außerhalb des respiratorischen Systems liegen. Respiratorische Gründe für Polypnoe betreffen entweder die Ventilation (obstruktive, restriktive Lungenkrankheiten, Pleuraerguss) oder den Gaswechsel (alveoläre, interstitielle Lungenkrankheiten, Lungenembolie). Außerhalb der Atmungsorgane können beispielsweise eine Anämie, aber auch Schmerzen zu einer Polypnoe führen. Die Atemfrequenz steigt auch an, wenn eine Azidose respiratorisch kompensiert wird, z. B. bei einer diabetischen Ketoazidose (s. Tabelle 6.1).

Zyanose: Vorstellung wegen bläulicher Schleimhäute erfordert neben einer Untersuchung des Atmungsapparates auch eine kardiologische und labordiagnostische Untersuchung. Eine ausgeprägte tiefblaue Verfärbung unter Belastung deutet auf einen Rechts-Links-Shunt im Herzen hin. Wenn bei einer Zyanose gleichzeitig ein Stridorgeräusch vorliegt, sollte an eine Kehlkopflähmung oder andere Obstruktionen der oberen Atemwege gedacht werden. Leicht zyanotische Schleimhäute in Kombination mit Husten und Polypnoe (bereits in Ruhe) kommen bei Krankheiten der unteren Atemwege, wie Lungenfibrose, einem Lungenödem oder auch einer chronischen Bronchitis vor. Bei violett bis bläulichen Schleimhäuten kann es sich auch um Veränderungen des Hämoglobins handeln (Methämoglobinämie). Es sollte bedacht werden, dass auch gesunde Hunde bei starkem Hecheln eine leicht bläulich-graue Farbe der Zunge zeigen können.

Leistungsschwäche ist ein unspezifisches Symptom, weshalb zunächst mithilfe der Anamnese versucht werden sollte, organspezifischere Beschwerden herauszuarbeiten. Bei Hunden, die unter Anstrengung zum Hecheln neigen und den Spaziergang bereits nach kurzer Wegstrecke abbrechen, sollten auch andere Ursachen als kardiorespiratorische Krankheiten in Betracht gezogen werden. Leistungsschwäche kann bei orthopädischen Schmerzen, Neuro- oder Myopathien, Hyperadrenokortizismus, Anämie, Adipositas usw. auftreten. Eine verminderte Belastbarkeit sollte anamnestisch von Antriebslosigkeit oder Bewegungsunlust unterschieden werden, wie sie z. B. bei einer Hypothyreose auftritt. Bei Hunden mit, aber zunehmend auch bei Tieren ohne Auslandsanamnese, müssen auch Infektionskrankheiten (Leishmaniose, Anaplasmose, Ehrlichiose, Dirofilariose) in Betracht gezogen werden.

6.3.2 Klinische Untersuchung

Da sich Krankheiten über den Respirationstrakt äußern können, ohne dass dieser den primären Ort der Krankheit darstellt, ist eine systematische klinische Untersuchung essenziell.

Die Untersuchung beginnt damit, wie sich der Patient beim Hereinführen verhält und in welchem Allgemeinzustand er sich befindet. Während der Anamnese kann auf sein Verhalten, den Atemtyp, die Zungenfarbe, spontanes Husten etc. geachtet werden.

Die Beachtung des Signalements ist hilfreich, um eine Liste wahrscheinlicher Krankheiten zu erstellen. Junge Tiere leiden eher unter Fehlbildungen, Infektionen, Parasitosen oder Traumata. Bei älteren Patienten sind Tumoren oder chronisch-degenerative Krankheiten wahrscheinlicher. Eine brachyzephale Kopfform ist prädisponierend für eine ganze Reihe von Veränderungen in den Atemwegen. Unabhängig davon muss jeder Patient individuell und unvoreingenommen untersucht werden. Eine zu frühe Festlegung auf eine bestimmte Problematik führt dazu, dass ungeeignete weiterführende Untersuchungen gewählt werden.

6.3.2.1 Allgemeinuntersuchung

Die Allgemeinuntersuchung umfasst die Vitalparameter Atem-, Pulsfrequenz, Körpertemperatur sowie Körperhaltung, Ernährungs- und Pflegezustand.

Bei Patienten mit Leistungsschwäche und Hecheln sollte auf die Bemuskelung und den Gang geachtet werden, um orthopädische Ursachen miteinzubeziehen. Veränderungen von Haut, Unterhaut und Haarkleid deuten auf endokrinologische Krankheiten, wie Hyperadrenokortizismus oder Hypothyreose, hin. Die Schleimhäute geben einen Hinweis auf Sauerstoffmangel (Zyanose) und Entzündung bis Sepsis (Rötung). Blasse Schleimhäute treten bei einer Anämie oder peripheren Vasokonstriktion (Schock) auf. Generalisiert vergrößerte Körperlymphknoten erforden eine zytologische Untersuchung und ggf. weitere Tests, z. B. auf Infektionskrankheiten oder eine Sepsis.

6.3.2.2 Spezielle Untersuchung der Atemwege

Die spezielle Untersuchung der Atemwege beginnt mit der Feststellung des **Atemtyps**, der beim Kleintier normalerweise kostoabdominal oder abdominal betont ist. Eine auffällig sichtbare Atembewegung der Thoraxwand, besonders bei der Inspiration, kann bereits Zeichen einer vermehrten Atemarbeit sein. Eine verlängerte Exspirationsphase mit Zuhilfenahme der Bauchwand („Bauchpresse") deutet auf eine Lungenfibrose oder ein felines Asthma hin. Tiere mit Atemnot zeigen Desinteresse an ihrer Umgebung und „beschäftigen" sich nur noch mit dem Atmen. Nach einem Thoraxtrauma kann die Atmung schmerzbedingt sehr flach und vorsichtig sein, während die Atemzüge bei einer Azidose häufig unangepasst tief erscheinen (respiratorische Kompensation). Bei einer erhöhten Atemarbeit zeigen die Patienten begleitend ein Öffnen des Fangs (ohne Hecheln) und eine deutliche atemsynchrone Bewegung der Nasenflügel und der Lefzen („Backenblasen"). Ängstliche Tiere können bereits auf die Untersuchung mit einer Erhöhung der Atemfrequenz, aber auch einem veränderten Atemtyp reagieren.

Nase

Anschließend wird die Nase untersucht. Es wird auf Ausfluss, Depigmentation, Verformungen des Gesichtsschädels (vor allem im Bereich der Stirnhöhlen), Exophthalmus und Augenausfluss geachtet. Zur Untersuchung der Nase gehört weiterhin die Untersuchung der Maulhöhle auf eine Gaumenspalte, erworbene oronasale Fisteln (z. B. durch Zahnverluste), eitrige Zähne, Tonsillenveränderungen oder dolente Bereiche am Kiefer. Der Geruch der Atemluft wird geprüft (kariös, faulig) sowie jede Seite der Nase durch Zuhalten eines Nasenloches auf Durchlässigkeit geprüft. Tumoren oder Fremdkörper können nach Entfernung von Sekret aus dem Nasenloch bereits von außen sichtbar sein. Bestimmte Hautkrankheiten (Pemphigus, kutaner Lupus) äußern sich an der Nase oder am mukokutanen Umschlagrand. Die Beschwerden können einer Rhinitis mit Nasenausfluss ähneln. Eine Depigmentation der Nasenöffnung und der Sekretstrecke deuten dagegen auf eine Aspergillose hin.

Hals
Die Untersuchung des Halsteils der Atemwege beginnt mit der Palpation des Kehlkopfes und der Trachea. Neben abnormen Tastbefunden, wie etwa Tumoren, Schwellungen, Unterhautemphysemen oder Dolenzen, sollte darauf geachtet werden, in welcher Region und unter welchem Palpationsdruck Husten ausgelöst werden kann. Das Auslösen von Husten klärt oft anamnestische Unsicherheiten, weil der Besitzer sich dann festlegen kann, ob es sich dabei um die beschriebenen Beschwerden handelt. Dieser Bereich sollte zudem gesondert auskultiert und dabei auf ein laryngeales oder tracheales Stridorgeräusch geachtet werden.

Thorax
Am Thorax lassen sich Symmetrie, Stabilität, Dolenzen, offene Verletzungen und Zubildungen adspektorisch und palpatorisch erfassen. Asymmetrie und Instabilität können bei einem Pneumothorax bzw. Rippenfrakturen auftreten. Eine Instabilität der Thoraxwand führt zu einer paradoxen Atmung, bei der sich ein Teil der Thoraxwand invers bewegt. Vor allem bei langhaarigen Hunden sollte der Thorax eingehend palpiert werden. Dabei fallen auch höhergradige Herzgeräusche durch ihr Schwirren auf. Ein schwacher Herzstoß deutet auf einen Perikard- oder Pleuraerguss hin, bei einer thorakalen Raumforderung kann der Herzstoß auf einer Seite auch fehlen.

Mithilfe der **Perkussion** (Finger-Finger-Technik) können zumindest tympanische Zustände (Pneumothorax) von starken Dämpfungen (Flüssigkeit, gewebliche Massen) unterschieden werden.

Auskultation
Zur Auskultation sind ruhige Verhältnisse notwendig, sowohl von Seiten des Patienten als auch der Umgebung. Zittern, Hecheln, Schnurren und motorische Unruhe erschweren die Auskultation erheblich. Da Atemgeräusche leiser als Herztöne sind, sollten sie aus akustischen Gründen zuerst auskultiert werden. Ein verstärktes bronchiales Atemgeräusch kann bei entsprechender Synchronität leicht für ein Herzgeräusch gehalten werden. Die Untersuchung sollte im Zweifelsfall nach einigen Minuten wiederholt oder die Atmung durch Zuhalten von Maul oder Nase kurz unterbunden werden. Wie bereits erwähnt, umfasst die Auskultation der Atemwege auch Larnyx und Trachea. Stridorgeräusche der oberen Atemwege projizieren sich nach unten und umgekehrt, deshalb muss die lauteste Stelle gesucht werden. Der Thorax wird rechts- und linksseitig über dem gesamten Lungenfeld auskultiert. Das normale Atemgeräusch von großen Hunden ist feinvesikulär. Je kleiner das Tier ist, umso mehr treten die rauhen bronchialen Geräusche in den Vordergrund. Bei der Katze ist dies das vorherrschende Atemgeräusch. Hechelnde Hunde zeigen auch ein bronchiales Atemgeräusch, was diagnostisch verwertbar sein kann. Anschließend sollte das Hecheln unterbunden werden, um das eher vesikuläre Atemgeräusch der normalen Atmung zu beurteilen. Rasselgeräusche entstehen, wenn Sekrete beteiligt sind. Bei großen Hunden (mit entsprechend großen Atemwegen) schließt das Fehlen von Rasselgeräuschen das Vorhandensein von Sekreten nicht aus. Verengungen in den kleinen Bronchien führen zu einem Giemen, also

einem pfeifenden Atemgeräusch. Ein Knistern bei Inspiration tritt bei einem Lungenödem, aber auch bei einer Lungenfibrose auf. Rasseln, Giemen, Brummen oder Knistern beruhen praktisch immer auf pathologischen Veränderungen im luftführenden Teil der Atemwege und erforden weitere Diagnostik.
Ein Sonderfall sind Reibe- oder Schabegeräusche bei Krankheiten der Pleura, die jedoch nur selten vorkommen.

Röntgen
Röntgenaufnahmen der Lunge stellen eine wichtige und zugleich wenig invasive weiterführende Untersuchungstechnik dar. Thoraxröntgenaufnahmen bieten Informationen über das Lungengewebe, die luftführenden Wege, Gefäße, Pleura, Mediastinum, Zwerchfell, Herz und den knöchernen Thorax. Das negative Kontrastmedium Luft erlaubt dabei eine gute Differenzierung der thorakalen Weichteile und Gefäße. Patienten mit Dyspnoe müssen vor belastenden Maßnahmen stabilisiert werden. Röntgenaufnahmen sollten erst danach, mit Vorsicht und ohne Zwangsmaßnahmen durchgeführt werden. Bei Notfällen kann orientierend auch eine dorsoventrale Aufnahme in Brustlage durchgeführt und auf die laterale Projektion verzichtet werden.

Patienten mit chronischem Husten oder Beschwerden, die auf eine intrathorakale Krankheit hindeuten, sollten mindestens in zwei Ebenen geröntgt werden. Kleine Hunde und Katzen werden am besten im laterolateralen (rechts- oder linksanliegend) und ventrodorsalen Strahlengang geröntgt. Bei höhergradiger Dyspnoe ist jedoch die dorsoventrale Lagerung geeigneter. Große Hunde oder Hunde, deren Thoraxform eine ventrodorsale Lagerung erschwert, können auch links- und rechtsanliegend laterolateral geröntgt werden. Die Lungenarterien liegen bei der seitlichen Aufnahme dorsal, im ventrodorsalen Strahlengang lateral der Bronchien, die Venen ventral bzw. medial der Bronchien (**Merksatz: Venen liegen ventral und zentral**). Der Verlauf der Trachea ist auch bei einem Pleuraerguss noch gut zu erkennen. Sie endet etwa auf Höhe der fünften Rippe mit der Bifurkation und verläuft bis dahin in einem Winkel von etwa 10–15° zur Wirbelsäule nach ventral. Eine Kardiomegalie, aber auch herznahe Raumforderungen können die Trachea anheben. Tumoren im Bereich des Mediastinums, aber auch eine gebeugte Kopfhaltung während der Aufnahme, können einen gebogenen oder gewundenen Trachealverlauf verursachen. Pleuraergüsse, ein Pneumothorax, große thorakale Tumoren, schwere Pneumonien oder kongestive Herzkrankheiten im symptomatischen Stadium werden röntgenologisch gut erkannt. Andere Krankheiten, wie etwa chronische Bronchitis, Fremdkörper oder felines Asthma können dagegen auch bei unveränderten Thoraxröntgenaufnahmen vorliegen. Bei bestimmten Fragestellungen (röntgendichte Fremdkörper, Speiseröhrenlähmung im Halsteil, retropharyngeale Tumoren, Emphysem im Weichteilgewebe des Halses) ist es sinnvoll, den Bereich von Larynx bis Brusteingang zu röntgen.

Auch zur weiteren Abklärung von Krankheiten der Nase haben sich seit Langem Röntgenaufnahmen des Kiefers und der Nasenhöhle etabliert. Das CT hat diese inzwischen berechtigterweise ersetzt, jedoch sind Planfilmröntgen oder digitales Röntgen zur Darstellung von Zahnwurzeln wegen der höheren Auflösung noch immer besser geeignet.

Das Lungenparenchym, das Mediastinum, die Bronchien, Bronchioli und Gefäße liefern charakteristische physiologische oder pathologische Verschattungsmuster, deren Interpretation Übung erfordert. Zudem treten die verschiedenen Muster nicht immer isoliert voneinander, sondern kombiniert auf.

Eine korrekte Lagerung sowie Aufnahme- und Entwicklungs- oder Scantechnik sind Voraussetzungen für eine gute Darstellung des Lungenparenchyms. Außerdem muss die Atemlage, die für die meisten Fragestellungen eine maximale Inspiration sein sollte, in die Interpretation miteinbezogen werden, da sich das Lungenparenchym in Exspiration verdichtet abbildet. Zur röntgenologischen Darstellung einer Bronchomalazie oder eines Trachealkollapses sind Aufnahmen in beiden Atemlagen (in- und exspiratorisch) notwendig. Alternativ können dynamische Lumenveränderungen der großen Atemwege auch mit einer Durchleuchtung (Fluoroskopie) oder besser endoskopisch nachgewiesen werden.

Bronchiales Muster: Bronchiale Muster können physiologisch sein, wenn z. B. bei älteren Hunden die Bronchialwand eine Kalzifizierung aufweist. Das bronchiale Muster ist entweder durch parallele Linien (Eisenbahnschienen) oder Kreise (Donuts) charakterisiert, je nachdem wie der Bronchus getroffen wurde. Bei pathologischen Mustern ist die Bronchialwand dagegen verdickt, läuft unscharf aus, ist bis weit in die Peripherie zu verfolgen und es können begleitend peribronchiale Verschattungen bestehen. Bronchiektasen fallen durch unregelmäßige Erweiterungen des bronchialen Lumens auf. Typische Krankheiten, bei denen ein bronchiales Muster gefunden werden kann, sind chronische Bronchitis oder felines Asthma. Bei beiden Krankheiten kann aber auch ein unverändertes Röntgenbild bestehen.

Alveoläres Muster: Charakteristisch für ein alveoläres Muster sind Aerobronchogramme, also luftmarkierte Bronchien, die aus einer weichteildichten, verschatteten Umgebung hervortreten. Dabei handelt es sich um Alveolen, die mit Flüssigkeit oder Sekret gefüllt sind. Das alveoläre Lungenödem ist eine typische Krankheit, die zu einem alveolären Verschattungsmuster führt.

Interstitielles Muster (unstrukturiert): Das Interstitium besteht aus Alveolar- und interlobulären Septen und mikroskopischen Blutgefäßen. Es ist röntgenologisch normalerweise kaum sichtbar, entsprechend uncharakteristisch kann dessen Hervortreten sein. Dies ist inbesondere beim unstrukturierten interstitiellen Muster der Fall, das fokal oder diffus verteilt sein kann. Hierbei führt ein erhöhter Flüssigkeits- oder Zellgehalt (Ödem, Blutung, Bindegewebe) im Gerüst der Lunge zu der Verschattung. Diese kann dann als vermehrte Hintergrundzeichnung, milchglasähnlich bis wabignetzartig fokal, lobär oder generalisiert verteilt hervortreten. Es kommt zu einem Detailverlust, wodurch Gefäße und Bronchien in der Lungenperipherie schlechter erkennbar sind. Der Nachweis einer interstitiellen Verschattung erfordert im Besonderen eine gute Aufnahmetechnik, denn unterbelichtete oder endexspiratorische Aufnahmen bieten Potenzial zur Fehlinterpretation.

Eine typische Krankheit mit einem unstrukturierten interstitiellen Muster ist die Lungenfibrose. Begleitend ist bei der Lungenfibrose häufig auch ein verkleinertes Lungenfeld erkennbar (s. Abb. 6.14).

Interstitielles Muster (nodulär-strukturiert): Eine weitere Form der interstitiellen Verschattung stellt das noduläre Muster dar, charakerisiert durch einen oder mehrere meist gut erkennbare weichteildichte Verschattungen, die auf gewebliche Knoten oder eine lokale Verdichtung des Lungengewebes ab einem Durchmesser von etwa 5 mm zurückzuführen sind. Meist handelt es sich dabei um primäre oder metastatische neoplastische Prozesse, seltener um Zysten, Granulome oder Abszesse, wie sie bei Lungentuberkulose, Parasitosen oder der eosinophilen Bronchopneumopathie vorkommen. Diese geweblichen Verschattungen laufen meist unscharf aus und sollten daher nicht mit deutlich schärfer begrenzten Schatten von Blutgefäßen oder disseminierten Mineralisationen verwechselt werden. Sind die Knoten dagegen sehr klein, zahlreich und konfluierend diffus verteilt, wird das Muster als miliar oder retikulonodulär angesprochen. Neben den bereits beim nodulären Muster genannten Ursachen sind hierfür auch infiltrative neoplastische Prozesse und Mykosen zu nennen.

Gefäßzeichnung: Eine Vergrößerung der Lungenvenen entsteht bei einer kardialen Kongestion. Der Durchmesser der Venen sollte den der Arterien nicht übersteigen. Eine generalisierte Gefäßzeichnung deutet auf eine Hyperperfusion der Lunge hin, wie sie bei Links-Rechts-Shunts vorkommt (Ventrikelseptumdefekt [VSD], persistierender Ductus arteriosus [PDA]). Zu einer verminderten Gefäßfüllung kommt es dagegen bei Pumonalstenosen, Rechts-Links-Shunts oder einer Hypovolämie. Abrupt endende oder vergrößerte und gewundene Arterien sind Hinweise auf eine Lungenembolie. In den genannten Fällen ist zur weiteren Diagnostik eine Echokardiographie bzw. eine Abklärung von Ursachen für eine Lungenembolie indiziert.

6.3.3 Weiterführende Untersuchungen

6.3.3.1 Computertomographie, Magnetresonanztomographie

Beim Planfilmröntgen handelt es sich im Gegensatz zum **CT** um ein Summationsbild aller Schichten und Ebenen, was die Detektion und räumliche Zuordnung von Läsionen erschwert. Eine Indikation für ein CT besteht, wenn das Röntgenbild keinen oder keinen aussagekräftigen Befund liefert. Unter CT-Kontrolle können thorakale Läsionen gezielt punktiert werden. Mithilfe einer CT-Angiographie sind Lungenembolien gut erkennbar. Zur Darstellung von Nasen- und Stirnhöhle ist das CT ebenfalls eine gut geeignete Technik.

Das **MRT** wird wegen der besseren Darstellung der Weichteile ebenfalls zur Untersuchung der Nasenhöhle eingesetzt. Der Nachteil gegenüber dem CT ist die längere Untersuchungsdauer. Die Niederfeld-MRT-Geräte, welche in der Tiermedizin meist eingesetzt werden, eignen sich wegen der längeren Erfassungszeiten weniger gut zur Darstellung thorakaler Strukturen, da Bewegungsartefakte entstehen. Mit einer atemgetriggerten Aufnahmesteuerung können jedoch passable Resultate erzielt werden.

Es muss im Einzelfall entschieden werden, welche Technik für welchen Patienten geeigneter ist. Für Thorax und Lunge ist das CT derzeit die Technik der ersten Wahl. Die Aussagekraft des CT ist aber auch je nach Befund für die Nasenhöhle ausreichend. Ideal ist es, wenn an die CT-Untersuchung ein MRT angeschlossen werden kann, sofern es notwendig erscheint. Ergibt die CT-Untersuchung beispielsweise eine vollständig verlegte Nasenhöhle, ist das MRT besser geeignet, um Gewebe von Sekreten oder Hämatomen zu differenzieren und erlaubt aufgrund dieser Informationen die gezieltere und Erfolg versprechendere Entnahme einer Biopsieprobe. Das MRT ist auch die besser geeignete Technik, um eine entzündliche Veränderung der Nasenschleimhaut oder eine Beteiligung des Gehirns darzustellen (Weiteres dazu: s. Kap. 6.4.1 und radiologische Fachliteratur).

6.3.3.2 Laboruntersuchungen

Blutuntersuchungen: Sie sind meist unspezifisch für Krankheiten der Atemwege, trotzdem sind sie von differenzialdiagnostischer Bedeutung. Insbesondere sollte das Vorliegen von Anämie, Azotämie, Eiweißmangel, Gerinnungsstörungen, Hyperkalzämie etc. ausgeschlossen werden. Diese Untersuchungen sind auch vorbereitend vor einer Rhinoskopie oder Bronchoskopie zu empfehlen. Eine Bluteosinophilie kann – in Verbindung mit einer Atemwegsproblematik – auf einen Befall mit Parasiten (z. B. Lungenwürmer) oder eine allergische bzw. Überempfindlichkeitsreaktion der Atemwege hinweisen (z. B. eosinophile Lungeninfiltrationen, eosinophile Bronchitis oder Rhinitis). Beim Katzenschnupfenkomplex sollten Infektionen mit FIV und FeLV ausgeschlossen werden. Ein positiver Aspergillose-Titer unterstützt den Verdacht auf eine Mykose in der Nasenhöhle. Falsch-negative Befunde sind je nach Methode in 30 % der Fälle möglich. Nach erfolgreicher Behandlung einer Mykose persistieren die Titer noch lange und besitzen keine Aussagekraft zur Kontrolle des Behandlungserfolges.

Eine arterielle Blutgasuntersuchung dient zum Nachweis einer Hypoxämie. Die Entnahme erfordert jedoch Übung, besonders bei kleinen Patienten. Eine chronische Hypoxämie kann zudem zu einer Polyzythämie führen. Anhand einer venösen Blutgasuntersuchung kann der Säure-Basen-Status (und damit eine Hyperkapnie und respiratorische Azidose) bestimmt werden.

Die kardialen Biomarker (NT-proBNP, kardiales Troponin I) können hilfreich sein, um eine primär-respiratorische von einer kardialen Insuffizienz zu unterscheiden. NT-proBNP kann jedoch auch bei einer pulmonalen Hypertonie aufgrund einer primären Lungenkrankheit ansteigen. Biomarker ersetzen daher nicht die weiterführenden Untersuchungen.

Der Befall mit *Angiostrongylus vasorum* führt zur Bildung von Antikörpern, die serologisch nach 2–5 Wochen nachweisbar sind, jedoch nach einer erfolgreichen Behandlung noch etwa 3 Monate persistieren. Daneben wurde auch ein Antigen-Test entwickelt, mit dem eine Infektion frühestens ab der 9. Woche nachgewiesen werden kann, der nach erfolgreicher Therapie jedoch nur etwa 4 Wochen lang positiv bleibt. Für diesen Test wird eine Sensitivität von 84 % bei 100 % Spezifität angegeben. Basierend auf diesem Test wird ein Antigen-Schnelltest für die Praxis angeboten (Angio Detect, Fa. Idexx). Für andere Lungenparasiten oder bei negativem Testergebnis bleibt die Kotuntersuchung (s. u.) Methode der Wahl. Bei einer Auslandsanamnese sollte auf Dirofilarien-Antigen getestet werden.

Kotuntersuchung: Eine Kotuntersuchung auf Parasiten besitzt bei jedem Patienten mit chronischem Husten, Dyspnoe oder Leistungsschwäche und unklaren röngtenologischen Veränderungen der Lunge eine große Bedeutung. Das Ergebnis sollte routinemäßig vor aufwändigeren oder invasiven Untersuchungen wie Bronchoskopie oder CT vorliegen. Eine alleinige Flotation ist dabei nicht ausreichend. Die Untersuchung muss für Lungenwurmlarven zusätzlich auch das Auswander-Verfahren nach Baermann-Wetzel beinhalten. Aber auch der Befall mit intestinalen Parasiten kann zu Husten führen (Spulwürmer, Hakenwürmer), da deren Larven durch die Lunge wandern. Die Sensitivität wird durch eine Sammelprobe (drei verschiedene Kotproben) erhöht.

6.3.3.3 Endoskopie

Die endoskopische Untersuchung der Atemwege besitzt unter den weiterführenden Untersuchungen eine zentrale Bedeutung. Es ist die einzige Technik, mit deren Hilfe Schleimhaut und Lumina der Atemwege visuell beurteilt werden können (Sekrete, Fremdkörper, Tumoren, Bronchiektasen). Daneben besteht die Möglichkeit zur Probengewinnung (Lavage, Bioptate), zur Fremdkörperentfernung und zur Beurteilung der dynamischen Funktion und Stabilität (Kehlkopflähmung, Trachealkollaps, Bronchomalazie).

Die Endoskopie der Atemwege ist grundsätzlich eine komplikationsarme Untersuchungstechnik. Kontraindikationen können bei Tieren mit einem erhöhten Narkoserisiko bestehen. Das Nutzen-Risiko-Verhältnis muss daher individuell beurteilt werden. Die erforderliche Narkosetiefe variiert: Zur Dokumentation der Kehlkopffunktion darf der Patient nur leicht sediert sein, der Schluckreflex sollte erhalten sein. Bei einer Bronchoskopie oder Rhinoskopie müssen die Abwehrreflexe dagegen unterdrückt sein. Bei der Rhinoskopie kann dazu zusätzlich Lokalanästhetikum in den Nasenöffnungen hilfreich sein. Zu klären ist die Abfolge der Untersuchungen, da nach einer Rhinoskopie oder Bronchoskopie mit Lavage kein artefaktfreies CT oder MRT mehr möglich ist. Die Schnittbildverfahren müssen der Endoskopie daher vorangestellt werden. Zudem ermöglichen zuvor gewonnene Schnittbild-Befunde ein gezielteres Vorgehen bei der Endoskopie.

Für eine vollständige bronchoskopische Untersuchung ist ein flexibles Instrument mit 3 oder 5–6 mm Durchmesser notwendig. Für die meisten Hunde ist ein 5–6 mm dickes Bronchoskop gut geeignet. Bei Katzen bietet die dünnere Variante den Vorteil, dass tiefer und mit weniger Obstruktion endoskopiert werden kann. Untersucht werden abschnittweise von oben nach unten Maulhöhle, Rachen, Kehlkopf, zervikaler und intrathorakaler Teil der Trachea, Stamm- und Lappenbronchien. Bei großen Hunden können auch die segmentalen Bronchien eingesehen werden. Die rechte Lungenhälfte besteht bei Hund und Katze aus einem Spitzenlappen, einem Mittellappen und dem Hauptlappen mit einem akzessorischen Lappen. Linksseitig befinden sich nur ein großer, in einen kranialen und kaudalen Abschnitt geteilter Spitzenlappen und der linke Hauptlappen.

Für die Rhinoskopie werden sowohl starre als auch flexible Endoskope mit 1,9–2,7 mm Durchmesser verwendet. Ein Arbeitskanal für die Probennahme sowie für eine Saug-Spüleinrichtung erleichtern die Rhinoskopie. Es werden die drei Nasengänge adspektorisch untersucht und dabei auf Schleimhautbeschaffenheit, Sekrete, Fremdkörper, gewebliche Zubildungen und Intaktheit der Nasenmuscheln geachtet. Bei chronischen Rhinitiden, insbesondere bei Mykosen, kommt es zu einem erheblichen destruierenden Conchenschwund, sodass sogar der Zugang zum Sinus frontalis endoskopisch erreicht werden kann. Jegliche Instrumente sollten aber keinesfalls weiter als bis zum medialen Augenkanthus eingeführt werden, sonst drohen Siebbein- und Gehirnverletzungen. Der Nasenrachen kann am besten mit einem um 180° abgewinkelten flexiblen Endoskop eingesehen werden. Eine einfachere Lösung ist ein Kastrationshaken, um den freien Rand des weichen Gaumens rostralwärts zu ziehen und ein Zahnarztspiegel für den Blick in den Nasenrachen. Bei einer Rhinoskopie sollte tracheal intubiert und der Rachen wegen möglicher Blutungen austamponiert werden.

6.3.3.4 Lavagetechniken

Bei dieser Technik werden mithilfe von körperwarmer, physiologischer Kochsalzlösung Spülproben aus den tieferen Atemwegen gewonnen. Man unterscheidet nicht endoskopische (transtracheale, endotracheale) von endoskopischen Techniken. Es wird ein der Tiergröße angepasstes Volumen isotoner Kochsalzlösung eingegeben. Das sind etwa 5 ml bei Katzen oder kleinen Hunden und bis zu 20 ml bei großen Hunden pro Spülvorgang (0,5–1 ml/kg KM). Eine Kontamination aus der bakteriell besiedelten Maulhöhle und dem Rachen ist dabei zu vermeiden. Der Spülvorgang kann nach kurzen Pausen von einigen Minuten mehrmals wiederholt werden. Ein Teil des Inhalts wird steril in ein Probengefäß zur mikrobiologischen Untersuchung überführt, der Rest wird für die zytologische Untersuchung verwendet. Die Probe kann nativ ausgestrichen werden (i. d. R. sehr zellarme Präparate) oder besser als Zytospinpräparat (mit Zytozentrifuge) untersucht werden. Eine Lagerung oder ein Versand der Spülflüssigkeit zur zytologischen Untersuchung ist nicht sinnvoll, da die Zellen degenerieren.

Trachealllavage

Die Instillation und Wiedergewinnung der Kochsalzlösung findet beim Tracheobronchialsekret (TBS) ungezielt statt. Das bedeutet, es besteht keine Kontrolle darüber, wo sich der Spülschlauch genau befindet. Indikationen sind chronischer Husten oder Pneumonien, insbesondere, wenn Sekretion besteht und eine infektiöse Genese vermutet wird. Am besten gelingt die transtracheale Entnahme bei großen Hunden, da sich die Punktion der Trachea hier am einfachsten gestaltet. Die Punktion erfolgt unter leichter Sedation, bei ruhigen Tieren ist sie auch ohne diese möglich. Diese Technik kommt daher besonders für kranke Tiere infrage, bei denen eine Narkose vermieden werden soll. Eine Lokalanästhesie an der Einstichstelle kann hilfreich sein.

Beim Hund kann ein Zentralvenenkatheter verwendet werden. Die Kanüle wird unterhalb des Schildknorpels auf Höhe der ersten Trachealringe genau in der Medianen transtracheal platziert und nach ventral zeigend etwa einen viertel bis halben trachealen Durchmesser weit ins Lumen vorgeschoben. Nun wird der flexible Venenkatheter über die Kanüle bis zur trachealen Bifurkation vorgeschoben (Länge vorher abmessen), anschließend wird die Kanüle zurückgezogen, sodass nur noch der Katheter im Stichkanal liegt.

Die Eingabe der Kochsalzlösung löst ein (Hoch-)Husten aus und das Material kann wieder über den Katheter in eine Spritze aspiriert werden. Eine begleitende Coupage des Thorax und die Verwendung einer Sekretfalle können hilfreich sein.

Eine verwandte Technik ist die **endotracheale Gewinnung der Proben** über einen sterilen Trachealtubus statt durch tracheale Punktion. Diese Form der Entnahme bietet sich hauptsächlich bei Katzen oder kleinen Hunden an, da die tracheale Punktion hier an ihre Grenzen stößt. Der Nachteil ist die dazu notwendige Narkose, die eine relative Kontraindikation darstellen kann. Der Patient sollte präoxygeniert und gut überwacht werden. Bei Sauerstoffdesaturierung muss zwischen den Entnahmen eine Zeit lang beatmet werden.

Bei Katzen mit Dyspnoe ist zudem eine Vorbehandlung mit einem Bronchospasmolytikum indiziert (z. B. Salbutamol, ein 100 µg-Dosieraerosol-Pumpstoß über den Tubus oder Terbutalin 0,01 mg/kg KM s. c., 15–30 Minuten vor der Spülung).

Über den sterilen Tubus wird der Spülschlauch eingeführt. Die Spülung erfolgt dann nach dem gleichen Prinzip wie oben beschrieben. Alternativ kann der Spülschlauch auch tiefer eingeführt werden, um eine Bronchoalveolarlavage zu erhalten. Dabei kann die zu untersuchende Seite nach unten gelagert werden, um eine gezieltere Probennahme zu erreichen.

Bronchoalveolarlavage (BAL)

Spülung und Entnahme erfolgen hierbei unter Sicht über das Bronchoskop, das peripher in bestimmte Bronchien platziert wird. Der Bronchus wird dabei mit der Endoskopspitze geblockt. Die Zuführung und anschließende Absaugung der Spülflüssigkeit erfolgt über den Arbeitskanal des Instruments. Alternativ kann auch mit einem sterilen Spülschlauch gearbeitet werden. Sofern aufgrund von Voruntersuchungen kein bestimmter Lungenlappen untersucht werden muss, werden Spülproben aus zwei Lokalisationen gewonnen. Dazu bieten sich der Mittellappen oder der akzessorische Lappen des rechten kaudalen Lappens und der kaudale Anteil des linken Spitzenlappens an. Es sollten jedesmal 30–50 % des instillierten Volumens wiedergewonnen werden. Eine gute Lavageprobe sieht makroskopisch leicht trübe bis flockig aus und hat eine Schaumkrone. Die Spülflüssigkeit stammt aus den kleinen Bronchien und den Alveolen, sodass sich das zytologische Bild von der tracheo-bronchialen Probengewinnung unterscheidet. Die BAL enthält physiologische Zellen des Respirationstraktes (hauptsächlich Makrophagen und Bronchialepithelzellen). Daneben können je nach zugrunde liegender Krankheit variable Anteile von neutrophilen und eosinophilen Granulozyten sowie Bakterien oder auch Tumorzellen gefunden werden. Der Nachweis von Bakterien in einer BAL ist als schwerwiegender als bei der Trachealavage zu interpretieren, da beim Gesunden in den tiefen Atemwegen weitaus geringere Keimzahlen vorhanden sind. Zudem besitzt die BAL eine höhere Sensitivität für Neoplasien als das TBS.

6.3.3.5 Lungenbiopsie

Alle Biopsietechniken im Thorax bergen die Gefahr eines Pneumothorax und von thorakalen Blutungen. Die Indikation sollte streng gestellt werden, eine entsprechende Nachsorge ist unerlässlich. Eine transthorakale Gewebeentnahme der Lunge kann aus mehreren Gründen indiziert sein. Entweder es soll eine herdförmige oder noduläre Struktur bioptiert werden, oder es soll Lungengewebe bei einer diffusen Krankheit, z. B. einer Lungenfibrose, gewonnen werden.

Im ersten Fall sollte vorab geprüft werden, ob die Struktur sonographisch darstellbar ist. Das ist immer dann der Fall, wenn das Gewebe keine Luft enthält und thoraxwandständig oder herznah liegt, sodass ein akustisches Fenster für den Schallkopf vorhanden ist. Die Sonographie erlaubt die Kontrolle der Nadelführung in Echtzeit und kann darüber hinaus die Vaskularisation der Zielregion per Farb-Doppler darstellen. Die Feinnadelaspiration und auch Trucut-Biopsie solider Strukturen im Thorax unter sonographischer Kontrolle ist eine weitgehend sichere und komplikationsarme Technik. Wenn die Läsion sonographisch nicht darstellbar ist, wird das CT genutzt, um die Koordinaten (Ort, Tiefe und Winkel) für die Biopsie zu erhalten. Auch diese Technik erfordert Übung und besitzt darüber hinaus den Nachteil der fehlenden Echtzeitkontrolle.

Soll Lungengewebe bei einer diffusen Parenchymkrankheit gewonnen werden, wird i. d. R. der Hauptlappen im 8.–9. Interkostalraum auf Höhe seiner größten Ausdehnung blind bioptiert. Diese kann abhängig von der Thoraxform variieren, liegt aber meist mittig bis etwas dorsal davon. Die Indikation sollte streng gestellt werden, insbesondere hinsichtlich der therapeutischen Konsequenz und der Aussagekraft einer Blindprobe. Im Falle einer vermuteten Lungenfibrose genügen meist andere Kriterien (Signalement, Anamnese, Auskultationsbefund, Röntgen- oder CT-Bild), um die Diagnose hinreichend sicher zu stellen.

Eine Alternative dazu stellt ein minimal-chirurgisches Vorgehen („Schlüsselloch-Technik“) und die thorakoskopische Lungenbiopsie dar (s. Kap. 6.3.3.6).

6.3.3.6 Thorakoskopie

Minimalinvasive Zugänge zum Thorax bieten sowohl diagnostische als auch therapeutische Optionen. Die Methode bietet sich an, wenn ohnehin schon eine entsprechende Videoendoskopie- oder Arthroskopieausrüstung vorhanden ist. Bei einem thorakalen Zugang muss die Möglichkeit zur mechanischen oder manuellen Beatmung, zum Narkosemonitoring, zur Blutgasüberwachung und bei einem seitlichen Zugang auch der einseitigen Intubation vorhanden sein. Die Untersuchung erlaubt die Adspektion der Pleura, der Lungenoberfläche, des Herzbeutels und der großen Gefäße. Die Sicht kann derjenigen eines konventionell-chirurgischen Zuganges überlegen sein, da Randbereiche der Pleurahöhle besser zugänglich sind. Der Zugang wird abhängig von der Fragestellung gewählt. Ein xiphoidaler Zugang erfordert keine einseitige Intubation, erlaubt aber auch nicht den Blick in den dorsalen und kranialen Bereich. Der seitliche Zugang wird durch die alleinige Beatmung der gegenüberliegenden Lungenhälfte erleichtert (einseitiger Pneumothorax) und erlaubt den Blick in den gesamten Hemithorax und den Lungenhilus. Schließlich gibt es noch den kranialen Zugang zu den kranialen Lungenlappen und dem Mediastinum durch die Apertura thoracis.

Diagnostische Indikationen sind unklare Thoraxergüsse, gewebliche Massen oder diffuse Lungenkrankheiten unklarer Genese mit dem Ziel einer Pleura-, Tumor- und/ oder Lungenbiopsie unter Sicht. Insbesondere zum Nachweis von Mesotheliomen ist diese Technik geeignet. Als therapeutische Anwendungen sind die Perikardfenestration bei einem chronischen Perikarderguss, die Ligatur des Ductus thoracicus bei einem Chylothorax, der PDA-Verschluss und die Lobektomie bei Lungentumoren oder aufgrund eines Pneumothorax durch Bullae beschrieben.

Die Vorteile für den Patienten bestehen aus einem weniger schmerzhaften Zugang zum Thorax im Vergleich zur konventionellen interkostalen oder sternalen Thorakotomie. Nachteile sind der höhere apparative Aufwand, notwendige Übung und mögliche Verletzungen durch das Instrumentarium.

6.4 Spezielle Krankheiten der Atmungsorgane

Die hier angewandte Systematik folgt den anatomischen Regionen. Lediglich Katzenschnupfen, Zwingerhusten und Lungenparasiten wurden entsprechend der Ätiologie zusammengefasst.

Um dem Informationsbedarf des praktisch tätigen Tierarztes gerecht zu werden, wurde bei der Auflistung Wert auf die Bedeutung und das Vorkommen im klinischen Alltag gelegt. Die selteneren Krankheiten besitzen dabei eher eine differenzialdiagnostische Bedeutung. Dies ist vor allem dann der Fall, wenn die Therapie auf die wahrscheinlichste Ursache nicht wirksam ist oder die Beschwerden rezidivieren.

6.4.1 Nase, Nasennebenhöhlen

Krankheiten der Nase äußern sich durch Niesen, Rückwärtsniesen, nasalen Stridor, Schnarchen und verschiedene Formen von Nasenausfluss sowie ipsilateralen Augenausfluss. Selten kommt es auch zu Dolenzen, Schwellungen bis hin zu Deformationen des Schädels im Bereich der Nasenbeine, Stirnhöhlen oder am harten Gaumen.

Nasenausfluss kann Zeichen einer systemischen Krankheit sein, z. B. Nasenbluten bei Gerinnungsstörungen, Bluthochdruck, Vaskulitis, Leishmaniose. Eitriger Nasenausfluss kann ein Begleitsymptom bei Pneumonie, Staupe, Megaösophagus, Immunsuppression, Zahnwurzelentzündungen, Gaumenspalten oder erworbenen oronasalen Fisteln sein.

Verlegung oder mechanischer Verschluss eines oder mehrerer Nasengänge oder der Stirnhöhle führen durch Sekretstau und bakterieller Sekundärbesiedelung zu den Symptomen einer Rhinitis. Zu den Ursachen zählen Fehlbildungen, Traumen, Granulome, Polypen und Neoplasien.

Die häufigsten **Krankheiten** der Nase selbst sind Mykosen, Tumoren, Fremdkörper und der Formenkreis der chronischen idiopathischen entzündlichen (lymphoplasmazellulären, eosinophilen, allergischen) Rhinitis. Chronischer Nasenausfluss besitzt nur selten eine primäre bakterielle Ätiologie und sollte deshalb weiterführend mit CT und Endoskopie mit Beprobung untersucht werden.

6.4.1.1 Rhinitis (s. auch Kap. 7.1.10)

Definition: Entzündliche und meist katarrhalische Reaktion der Nasenschleimhaut unterschiedlicher Ätiologie

Akute (infektiöse) Rhinitis

Virale und bakterielle Rhinitis: siehe unter Katzenschnupfenkomplex (Kap. 6.4.6.1) und Zwingerhusten (Kap. 6.4.6.2) sowie Kap. 7.1.10.

Chronische Rhinitis

Ätiologien, klinisches Bild und Therapie:

Parasiten: *Pneumonyssus caninum*: Die Nasenmilbe des Hundes bleibt klinisch häufig inapparent, kann aber Rückwärtniesen und Niesen auslösen. Die Milben sind bei der Endoskopie als etwa 1 mm große, weiße Tierchen sichtbar. Da sie mobil sind, ziehen sie sich bei Lichteinfall in tiefere Nasenregionen zurück. Zur Behandlung eignet sich Milbemycin (Milbemax®, 0,5–1 mg/kg KM, 3 × im Intervall von 7–10 Tagen p. o.) oder Selamectin Spot-on (Stronghold®). Bei Niesen/Rückwärtsniesen unklarer Genese ist eine Versuchstherapie damit sinnvoll. Nasenmilben werden in Schweden und Norwegen häufig diagnostiziert, sodass eine Auslandsanamnese hinweisend sein kann.

Linguatula serrata: Ein bis zu 12 cm großer Pentastomide, der in der Nasenhöhle zahlreicher Tierarten sowie auch des Menschen vorkommen kann. Die Symptome beim Hund sind ebenfalls Niesen oder Rückwärtsniesen und Nasenausfluss. Die Diagnose erfolgt auch durch (endoskopische) Sichtung oder durch den Nachweis von Eiern in Nasenausfluss oder Kot. Die Entfernung muss mechanisch erfolgen.

Eucoleus (Capillaria) boehmi, Rhipicephalus sanguineus, Echinococcus granulosus, Ancylostoma caninum und Dirofilarien sind auch als gelegentliche Parasiten im nasopharyngealen Bereich gefunden worden.

Fremdkörper: Die Mehrzahl der Fremdkörper in der Nase sind Pflanzenteile (Grashalme, Fruchtstände). Der Eintritt erfolgt beim Hund über die Nasenlöcher beim Stöbern, bei der Katze dagegen auch retrograd über die Maulhöhle in den Nasenrachen (z. B. durch Aufnahme von Gras). Fremdkörper provozieren initial einen plötzlichen starken Niesreiz, dem ein einseitiger seromuköser bis eitriger, selten auch leicht blutiger Nasenausfluss folgt. Im weiteren Verlauf vermindert sich der Niesreiz meist, der Ausfluss bleibt bestehen. Bei Katzen mit Pflanzenteilen im Nasenrachen besteht eher Leerkauen oder Leerschlucken oder sogar ein anfallartiges Verhalten mit Kopfschütteln, Würgen, Speicheln und Schreien.

Eine Behandlung mit Antibiotika oder Kortikosteroiden kann die Beschwerden zeitweise mildern. Der Verdacht auf einen Fremdkörper rechtfertigt eine Rhinoskopie ohne vorheriges CT. Der Blick in beide Nasenöffnungen und den Nasenrachen sollte so vorsichtig wie möglich durchgeführt werden, da jede Blutung sowohl die Sicht als auch Befundung eines anschließend durchgeführten CT erschwert. Wird ein Fremdkörper gesichtet, kann dieser meist mit einer Fasszange extrahiert werden. Sofern dies nicht gelingt, kann versucht werden, den Fremdkörper durch Spülen mit Kochsalzlösungen in eine günstigere Lage zu bringen oder ganz herauszuspülen.

Zahnwurzelabszesse: Eitrige Entzündungen der Zahnwurzeln können in die Nasenhöhle fisteln. Es besteht dann ein gleichseitiger eitriger Nasenausfluss. Das CT/MRT zeigt Sekretansammlungen oder Granulome am Boden der Nasenhöhle in der Region der betroffenen Zahnwurzel. Röntgenaufnahmen des Oberkiefers lassen Veränderungen um die Zahnwurzel erkennen (Wurzelgranulome, Knochenlyse). Die Therapie besteht in der Zahnextraktion. Nach ausgiebiger Spülung und Versorgung der Entzündung sollte der Fistelkanal chirurgisch verschlossen werden.

Chronische idiopathische Rhinitis

Definition: Unter dem Überbegriff chronische idiopathische Rhinitis (Rhinosinusitis) werden Fälle mit meist beidseitigem chronischen mukopurulenten Nasenausfluss unklarer Genese zusammengefasst.

Ätiologie und Pathogenese: Als auslösende Ursachen werden chronische Virusinfektionen (eher bei der Katze) oder immunologische Reaktionen auf Substanzen in der Umwelt (eher beim Hund) diskutiert. Im weiteren Verlauf nimmt die Entzündung einen eigenständigen, selbstunterhaltenden Charakter an. Histologisch besteht häufig eine mehr oder weniger ausgeprägte lymphoplasmazelluläre, eosinophile oder auch gemischte Entzündung der Nasenschleimhaut. Je nach Chronizität und Reaktivität kann es zu einer hyperplastischen Rhinitis kommen.

Klinisches Bild: Die Symptome variieren mit dem Schweregrad. Die Beschwerden können von gelegentlichem Niesen und leichtem serösem Ausfluss bis hin zu einer vollkommen stenosierten Nasenhöhle durch eitrige Sekretmassen reichen. Bei manchen Patienten ist ein saisonales Auftreten möglich (im Frühjahr durch Pollenflug, im Winter durch Staub, Schimmelpilzsporen und Heizungsklima in der Wohnung). Im Regelfall besteht der Ausfluss beidseits. Ein einseitiger Nasenausfluss schließt diese Krankheit jedoch nicht aus.

Bei einer chronischen, über Jahre andauernden Rhinitis kann es durch Knochenlyse beispielsweise im Bereich der Stirnhöhle zu Fistelkanälen in die Unterhaut kommen (Abb. 6.2).

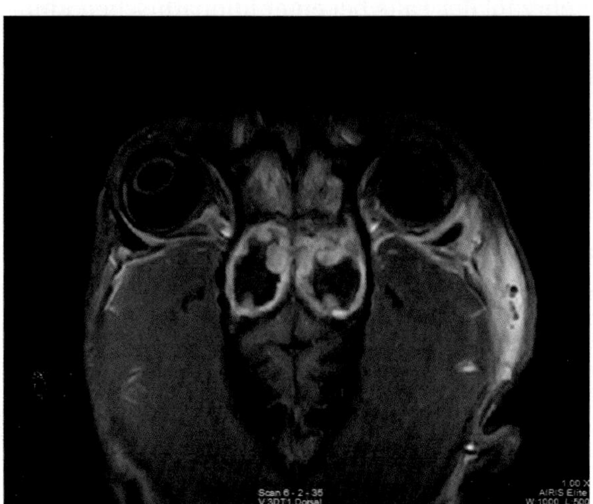

Abb. 6.2 MRT-Dorsalschnitt (T1) des Kopfes eines Huskies mit schwerer chronischer Rhinitis. In den Stirnhöhlen ist die verdickte, hyperplastisch-polypöse Schleimhaut zu erkennen. Rechts im Bild ist eine Phlegmone (hyperintenses Signal in der Subkutis) durch einen Fistelgang aus der Stirnhöhle sichtbar.

Diagnose: Die Diagnose wird über den Weg des Ausschlusses anderer Ursachen gestellt. Im CT/MRT finden sich Schleimhautschwellung, Hyperplasie der Schleimhaut, Sekretansammlungen bis in die Stirnhöhlen hinein, in sehr chronischen Fällen (über mehrere Monate bis Jahre) auch Conchenlyse und -verluste sowie Knochenlysen. Rhinoskopisch dominiert ebenfalls zähes mukopurulentes Sekret und eine geschwollene, entzündete, vulnerable Nasenschleimhaut.

Beim Nachweis von Infektionserregern per Nasentupferprobe kann die Frage, ob diese ursächlich oder in Folge beteiligt sind, häufig nicht beantwortet werden. Viele der isolierten Erreger finden sich auch bei gesunden Tieren in der Nase oder den Atemwegen und sind als sekundär anzusehen (*Pseudomonas aeruginosa*, Mykoplasmen, *Bordetella bronchiseptica*, felines Calicivirus, felines Herpesvirus etc.). Zudem reflektiert die Keimflora aus dem Sekret, welches von der Nasenöffnung abgestrichen wird, nicht die Verhältnisse in der Tiefe der Nasenhöhle. Es ist in jedem Fall eine diagnostische Aufarbeitung per CT/MRT, Rhinoskopie mit Schleimhautbiopsie sowie eine strukturierte diagnostische Therapie zur (Ausschluss-)Diagnose einer chronischen idiopathischen Rhinitis erforderlich. Histologisch zu erwarten ist ein lymphoplasmazellulärer Entzündungstyp, bei Anwesenheit pathogener Bakterien auch mit einer neutrophilen Komponente. Das Epithel kann in chronischen Fällen hyperplastisch oder metaplastisch bis hin zu ulzerativ-hämorrhagisch verändert sein.

Therapie: Das Ansprechen auf die diversen Therapiemöglichkeiten ist individuell sehr variabel, Rezidive nach deren Absetzen sind die Regel. Die Krankheit ist selten heilbar. Die meisten Patienten benötigen daher eine lebenslange Therapie, welche auf eine Verbesserung der Lebensqualität ausgerichtet ist. Dies geschieht durch Spülung, Mukolyse, antientzündliche, immunmodulierende und antimikrobielle Maßnahmen. In manchen Fällen führen Antibiotika alleine oder in Kombination mit Meloxicam zu einer Besserung der Symptome, häufig sind jedoch Kortikosteroide notwendig.

Liste von Therapieformen, die in der Mehrzahl der Fälle bei einer idiopathischen Rhinitis erfolgreich sind:

- Spülung und Reinigung der Nasenhöhle mit körperwarmer physiologischer Kochsalzlösung (in Narkose nach Rhinoskopie und Beprobung)
- Antibiotika zur Behandlung der sekundären bakteriellen Komponente: Amoxicillin, Amoxicillin-Clavulansäure, Cephalexin.
- Antibiotika mit immunmodulierender Wirkung: Doxycyclin, 5 mg/kg KM, 2 × tägl. p. o., oder Azithromycin, 5 mg/kg KM, 1 × tägl. p. o.

  Bei einem Ansprechen auf die Therapie kann die Antibiotikadosis nach 2 Wochen reduziert werden (Doxycyclin auf 1 × tägl., Azithromycin auf 2 × wöchtl.), Therapiedauer mehrere Monate bis lebenslang.
- Meloxicam (Metacam®) (NSAID, nicht in Kombination mit Prednisolon geben)
- Prednisolon/Prednison: 1–2 mg/kg KM, für eine bis zwei Wochen p. o. Langsam ausschleichen bis zur mindestwirksamen Dosis oder beenden, wenn initial keine Besserung eingetreten ist. Bei Ansprechen kann die orale Therapie ausgeschlichen

und überlappend mit einem Fluticason-125µg-Dosieraerosol fortgeführt werden (1 Pumpstoß, 2 × tägl.).

- Ciclosporin oder Chlorambucil: (0,25 mg/kg KM alle 72 Stunden, ggf. auf alle 48 Stunden erhöhen) oder *Fluticasone* als Dosieraerosol können für das Langzeitmanagement eingesetzt werden.

Weitere begleitende Therapieformen allgemeiner und spezieller Art, die in einzelnen Fällen als wirksam beschrieben wurden:

- Beseitigung möglicher Allergene oder reizender Substanzen aus der Umgebung: Zigarettenrauch, Schimmelpilze (Haustier als Indikator), Teppiche, andere Tierarten (Katzen, Vögel).
- Direkte Eingabe von antibiotika- und glukokortikoidhaltigen Augentropfen (Gentamycin/Neomycin/Polymyxin + Dexamethason) in die Nase
- Glukokortikoidhaltige Nasentropfen (Mometason, z. B. Nasonex®, 1 × tägl. eingeben)
- Omega-3-Fettsäuren (Fischöl)
- Abschwellende Nasentropfen (Nasivin® [Oxymetazolin] etc.), aber Rebound-Effekt möglich
- Befeuchtung/Mukolyse durch (Meer-)Salzlösungen oder Sprays, Vernebler-Therapie
- Hypoallergene Futtermittel
- Lysin-Supplementation bei vermuteter Herpes-Ätiologie, 250–500 mg 2 × tägl. p. o.
- Montelukast (Singulair®), Leukotrienantagonist, 0,25–0,5 mg/kg KM, 1 x tägl. p. o. (Katze)
- Cyproheptadin (Peritol®, Periactin®), Serotoninantagonist
- Cetirizin. Antihistaminikum
- Itraconazol, 5 mg/kg KM, 2 × tägl. p. o. über mindestens 3 Monate
- Wiederholte Bestrahlung mit niedrigen Dosen
- Trepanation bei Stirnhöhlenempyem
- Rhinotomie und Turbinektomie werden als Ultima ratio angesehen.

Mykose (s. Kap. 7.1.10.3)

Definition und Ätiologie: Eine sinonasale Aspergillose ist ein meist lokal konzentriertes, rasenbildendes Wachstum opportunistischer Pilzkeime (*Aspergillus* spp., insbesondere *A. fumigatus*), die in geringer Zahl auch in der gesunden Nase vorkommen können. Faktoren wie Inokulation großer Keimzahlen durch Pflanzenteile, Antibiotikatherapie, Immunschwäche, veränderte Nasenanatomie (z. B. nach Traumen) oder Tumoren begünstigen deren Wachstum. Bei der Mehrzahl der Patienten lässt sich jedoch keine solche Ursache für die Aspergillose finden.

Die Kryptokokkose, hauptsächlich eine in USA/Australien vorkommende Systemmykose der Katze, seltener des Hundes, durch den Sprosspilz *Cryptococcus neoformans*, ist in Einzelfällen auch in Mitteleuropa beschrieben und kann u. a. auch in Form einer Rhinomykose vorkommen.

Klinisches Bild, Diagnose: Bei einer Aspergillose besteht chronischer unilateraler, später auch bilateraler mukopurulenter bis blutiger Nasenausfluss. Der Nasenbereich kann dolent und berührungsempfindlich sein. In chronischen Fällen kommt es häufig zur Depigmentation einer Nasenöffnung und der Sekretbahn (Abb. 6.3). Diese Trias ist nahezu pathognomonisch.

In frühen Stadien mit kleinen lokalisierten Pilzabsiedelungen ist die Diagnose schwierig. Zum Nachweis von Hyphen oder Konidien empfiehlt sich eine zytologische oder kulturelle Untersuchung des Nasensekrets, falsch negative Ergebnisse sind jedoch genauso möglich wie positive Befunde bei einer anderen Grundkrankheit (z. B. Neoplasie). Ein positiver Aspergillus-Titer kann die Diagnose unterstützen. Die Sensitivität wird je nach Methode mit bis zu 70 % angegeben, die Spezifität mit 98 %. Im Falle eines Hyphennachweises oder positiven Titers sollte trotzdem weitere Diagnostik (CT/MRT, Rhinoskopie) angeschlossen werden.

Die typische Veränderung in der Bildgebung ist ein rascher, lokalisierter Verlust von Conchen oder Turbinalia. Dieser Befund ist nicht spezifisch für eine Mykose, er tritt dabei aber besonders ausgedehnt und schnell auf. Im Röntgenbild sind dann Aufhellungen erkennbar. Im CT/MRT ist der Verlust der Nasenmuscheln noch deutlicher zu erkennen. Gleichzeitig kann es zur Bildung von Pilzgranulomen kommen, die sich daneben wie eine Masse darstellen.

Die Rhinoskopie gestaltet sich bei einer fortgeschrittenen Aspergillose einfach, weil durch die Gewebedestruktion sehr viel freier Raum in der Nasenhöhle entsteht. Nicht selten ist sogar der Zugang zur Stirnhöhle einsehbar und Pilzplaques, -rasen oder -granulome sind direkt sichtbar. Der sicherste Weg zur Diagnose ist daher die endoskopische Sichtung mit Biopsie des Pilzrasens oder des Granuloms (Abb. 6.4).

Abb. 6.3 Depigmentierte Nasenöffnung eines Rhodesian Ridgeback mit linksseitiger Aspergillose.

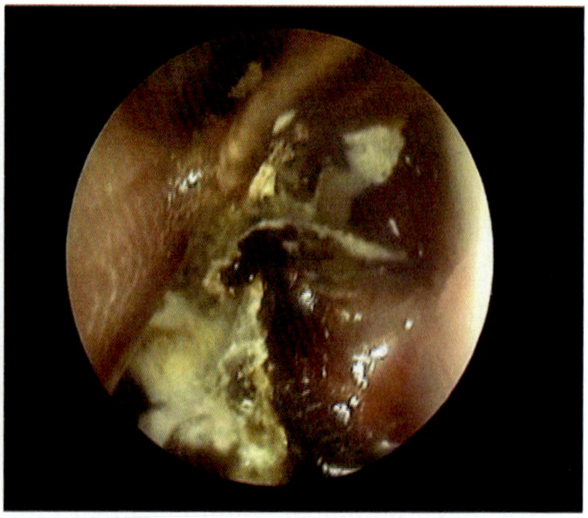

Abb. 6.4 Rhinoskopisches Bild einer Aspergillose (Pilzplaques) mit Conchenschwund bei einem 7 Monate alten Jack Russell Terrier.

Mittelgroße bis große dolicho- und mesozephale Hunderassen sind überrepräsentiert. Bei der Katze ist die Krankheit seltener. Der Pilz wächst bei der Katze jedoch häufig invasiver als beim Hund, sodass es zu einer Beteiligung der Orbita mit Exophthalmus kommt.

Cryptococcus neoformans kann zytologisch im Nasenausfluss oder in Schleimhautbioptaten nachgewiesen werden. Der Sprosspilz zeigt mikroskopisch ein charakteristisches eiformiges Aussehen mit einer dicken, nur mit Spezialfärbungen darstellbaren Polysaccharidkapsel (Abb. 6.5).

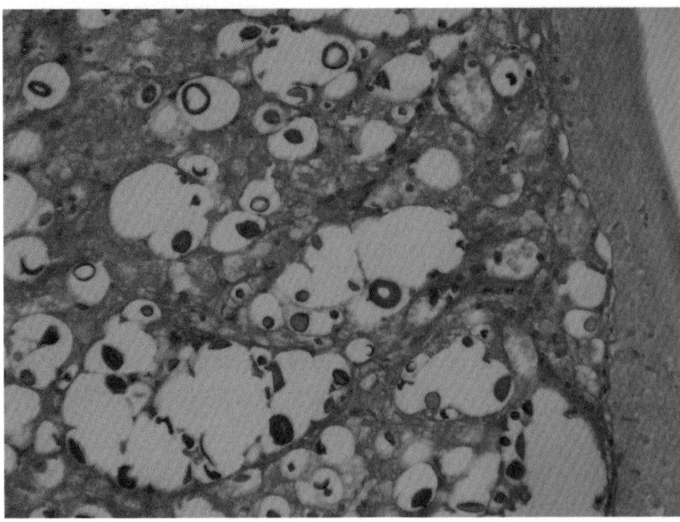

Abb. 6.5 Histologischer Schnitt der Nasenschleimhaut einer Katze mit zahlreichen rundlichen Cryptococcus-neoformans-Organismen, erkenntlich an der dicken Polysaccharidkapsel (Bild: Veterinärpathologie, Dr. A. Kirchhoff, Gelsenkirchen; mit freundlicher Genehmigung).

Therapie: Es sind mehrere Varianten für die Therapie der nasalen Aspergillose beschrieben. Häufig angewandt wird die topische Gabe von 1 %iger Clotrimazol- oder 2 %iger Enilconazol-Lösung mit einstündiger Einwirkzeit in Narkose. Dazu wird die Lösung in Rückenlage mithilfe eines Katheters über die Nasenöffnungen eingegeben. Gleichzeitig werden beide Nasenöffnungen und die Choanen mit jeweils einem Foley-Ballonkatheter abgedichtet. Um Stirn- und Kieferhöhlen zu füllen, wird der Patient nach 15 Minuten in Rückenlage für jeweils weitere 15 Minuten einmal um 90° nach links und nach rechts gedreht und zum Schluss noch einmal 15 Minuten in Rückenlage gelagert. Die Heilungsrate nach der ersten Behandlung wird mit 70–80 % angegeben, Folgebehandlungen erhöhen die Heilungsrate.

In der Praxis hat sich die Behandlung mit 2 %iger Clotrimazol-Creme (Canifug®-Vaginalcreme) durchgesetzt. Diese Clotrimazol-Creme kann auch durch eine Minimaltrepanation (3 mm Bohrloch) in jeden Sinus frontalis eingegeben werden. Vorteile dieser Methode sind die kürzere Narkosedauer bei gleichzeitig längerer Einwirkzeit des Antimykotikums (die Creme fließt während der nächsten Tage langsam zu den Nasenöffnungen). Ist der Eingang zum Sinus frontalis endoskopisch zugänglich, kann das Medikament auch auf diesem Wege eingebracht werden. Die Heilungsrate wird mit

> 90 % angegeben. Es sind auch kombinierte Techniken beschrieben (zuerst die Lösung instillieren, im Anschluss die Creme).

Unbedingt notwendig ist bei beiden Methoden jedoch die vorherige mechanische Entfernung der Kolonien mithilfe von Biopsiezange und Saugspülung unter rhinoskopischer Kontrolle (Debridement). Bei ausgedehnten Granulomen in den Stirnhöhlen kann der direkte Zugang per Trepanation zum Debridement des Granuloms die Erfolgsrate verbessern (Abb. 6.6, 6.7). Eine Besserung der Symptome ist bei erfolreicher Therapie frühestens nach 14 Tagen zu erwarten.

Eine systemische Gabe von Antimykotika ist nur in schwereren Fällen, z. B. mit Knocheninfiltration oder Befall der umgebenden Weichteilgewebe indiziert. Besteht eine Erosion der Lamina cribrosa, ist die topische Therapie kontraindiziert und es wird eine alleinige systemische Therapie durchgeführt.

Die Kryptokokkose kann systemisch mit Fluconazol (50 mg/Katze, 2 × tägl. p. o.), Itraconazol 50–100 mg/Katze, 1 × tägl. p. o.) oder Ketokonazol (10 mg/kg KM, 2 × tägl. p. o.) behandelt werden. Die Therapie ist meist über mehrere Monate und vier Wochen über das Abklingen der Symptome hinaus notwendig. Bei systemischer Ausbreitung ist die Prognose schlecht.

Für schwer kranke Tiere mit systemischer Beteiligung ist liposomales Amphotericin B geeignet (0,5 mg/kg KM i. v. als Testdosis, dann 1 mg/kg KM 3–5 x wöchtl. i. v., dabei für einen ausgeglichenen Flüssigkeitshaushalt sorgen und Nierenfunktion überwachen). Die Hygiene sollte beachtet werden, da diese Krankheit als Zoonose betrachtet wird. Eine besondere Vorsicht ist bei einer Immunschwäche geboten.

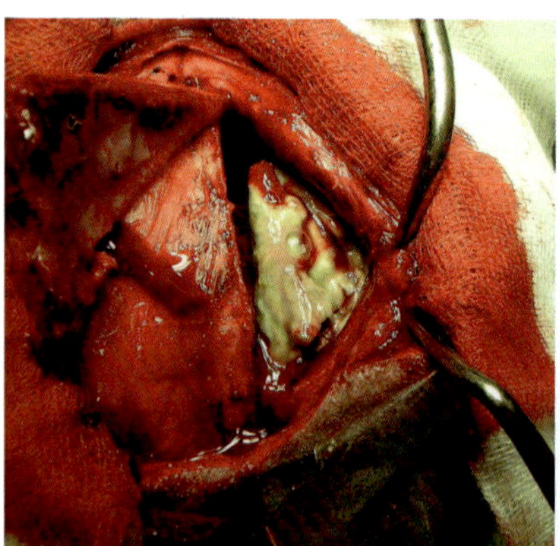

Abb. 6.6 Großes Pilzgranulom in der Stirnhöhle des Hundes aus Abb. 6.3, das auf konservative Therapie mit Clotrimazol-Creme keine Besserung zeigte, sodass eine Trepanation durchgeführt wurde.

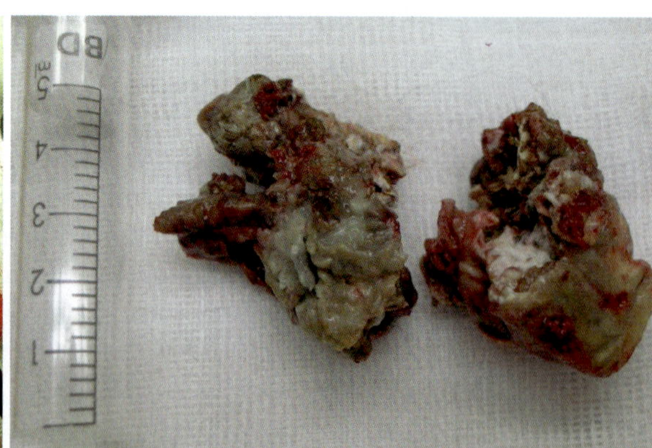

Abb. 6.7 Das Granulom aus Abb. 6.6 nach chirurgischer Entfernung.

6.4.1.2 Tumoren der Nase (s. auch Kap. 7.1.11)

Ätiologie, Epidemiologie: Tumoren der Nasenhöhle sind bei Hund und Katze meist maligne. Beim Hund finden sich in der Nasenhöhle am häufigsten Karzinome (Adeno-, Plattenepithel-, undifferenzierte Karzinome), bei der Katze dagegen vermehrt maligne Lymphome, wobei Tumoren in der Lokalisation Nase generell eher selten auftreten (< 2 % aller Tumoren). Bei dolichozephalen Hunden treten Nasentumoren häufiger auf als bei brachyzephalen Rassen, was vermutlich an der besseren Filterwirkung liegt. Das mittlere Alter der Tiere liegt um die 10 Jahre. Am Nasenspiegel treten Plattenepithelkarzinome und selten auch transmissible venerische Tumoren auf.

Klinisches Bild: Vorstellungsgrund sind meist nasaler Stridor und unilateraler blutiger oder eitriger Ausfluss. Bei Erstvorstellung kann der Tumor schon eine beachtliche Größe erreicht haben. In fortgeschrittenen Stadien sind die kontralaterale Seite und/oder die ipsilaterale Orbita betroffen, wodurch beidseitiger Ausfluss bzw. ein Exophthalmus oder eine Protrusion am Gesichtsschädel entstehen kann. Metastasen sind möglich und treten in den regionalen Lymphknoten und in der Lunge auf. Bestimmend für die klinischen Beschwerden ist i. d. R. aber der Primärtumor in der Nase.

Diagnose: In den Schnittbildverfahren stellen sich Tumoren als gewebliche Masse dar, deren Lage und Ausdehnung sehr gut bestimmt werden kann. Darüber hinaus ist eine Destruktion der umliegenden Schädelknochen durch den Tumor erkennbar. Das MRT ermöglicht eine bessere Unterscheidung des Tumorgewebes von umliegendem Sekret, Blutungen oder Nekrosen als das CT, was die diagnostische Qualität der Bioptate erhöht (Abb. 6.8).

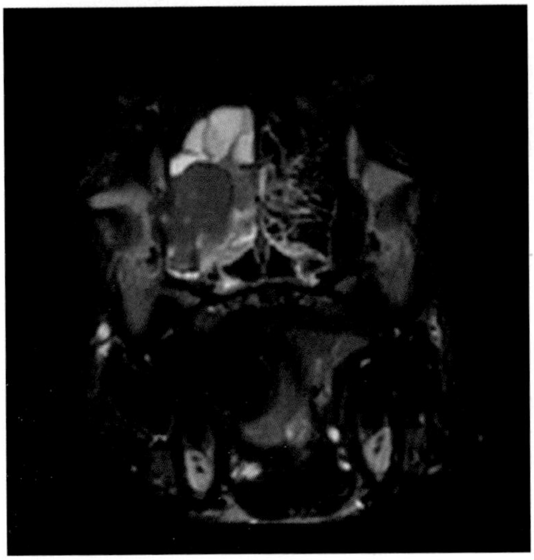

Abb. 6.8 MRT-Transversalschnitt (T2, nativ) unmittelbar kranial der Orbita durch die Nase eines Hundes mit einem Adenokarzinom. Es ist deutlich die scharfe Trennung zwischen Tumorgewebe (grau) und Sekreten (hell, hyperintens) erkennbar. Für die Biopsie ist es von Bedeutung, „vitales" Tumorgewebe zu treffen.

Biopsietechniken:

1. Blind gewonnene „Massenbiopsie" durch die Nasenöffnung, z. B. mit einem schräg abgeschnittenen starren Rüdenkatheter oder einer Stanze. Die Technik ist geeignet für große, rostral gelegene Tumoren. Das Instrument darf maximal bis zum medialen Augenkanthus eingeführt werden.
2. Endoskopische Zangenbiopsie unter Sicht; setzt voraus, dass der Tumor endoskopisch sichtbar ist und ein Instrument mit Arbeitskanal eingeführt werden kann.
3. Seitlicher" Zugang zum Tumor, z. B. durch lytische Knochenplatten des Schädels oder des harten Gaumens oder durch ein eigens dafür gebohrtes kleines Loch, das dem Durchmesser der Stanze entspricht. Die Technik setzt zwingend die im Schnittbildverfahren gewonnene Kenntnis der Tumorlage voraus.

Die gewonnene Probe sollte visuell geprüft werden (meist solides, weißliches, „speckiges" Material, kein Mukus oder Blutkoagel) und kann nach Entnahme durch eine Abklatschzytologie sofort auf ihre diagnostische Qualität hin geprüft werden. In jedem Fall muss mit Blutungen gerechnet werden, weshalb der Patient intubiert und der Nasenrachen austamponiert sein sollte.

Therapie: Die Therapie der Wahl für maligne Nasentumoren ist die Bestrahlung. Ein chirurgisches Vorgehen wird nicht empfohlen. Es kann die Prognose sogar verschlechtern. Man unterscheidet je nach Stadium kurative und palliative Bestrahlungen. Vor allem bei der kurativen Bestrahlung kann es zu passageren Nebenwirkungen im Strahlungsfeld in Form von Haut-, Schleimhaut- und Augenveränderungen kommen. Bei beiden Bestrahlungsformen sind Überlebenszeiten von 2 Jahren und länger möglich. Bei Katzen mit malignem Lymphom kann neben der Bestrahlung auch eine Chemotherapie indiziert sein, insbesondere, wenn Hinweise auf eine systemische Ausbreitung bestehen.

6.4.1.3 Epistaxis

Definition: Nasenbluten verschiedener Ursache (systemisch oder lokal).

Ätiologie: Blutige Beimengungen können bei jeder Form von Rhinitis, Nasentumoren oder Fremdkörpern auftreten. Eine Epistaxis im engeren Sinne, also ausschließliches Nasenbluten, deutet auf eine Hämostasestörung, Gefäßkrankheit, Verletzung oder Hypertonie hin.

Klinisches Bild: Blutung und Ausfluss bestehen unabhängig von der Ursache meist einseitig, seltener beidseitig. Bei der Untersuchung sollte nach Hinweisen auf eine Hämostasestörung gesucht werden, wie etwa Hämatome, Petechien oder Hämaturie. Blut kann auch abgeschluckt werden, sodass Zeichen wie bei einer gastrointestinalen Blutung (Bluterbrechen, Meläna) bestehen.

Diagnose: Vor einer weiterführenden Untersuchung der Nasenhöhle in Narkose sollten die labordiagnostischen Möglichkeiten ausgeschöpft werden (Hämostasestörung, Blutparasiten, Polyzythämie). Zum Ausschluss einer Hypertonie ist eine Blutdruckmessung indiziert. Liegen keine Hinweise auf eine systemische Ursache vor, ist die Untersuchung der Nase selbst per CT/MRT und Rhinoskopie notwendig.

Differenzialdiagnose: Die Differenzialdialdiagnose ergibt sich aus der Ätiologie. Lokale Gefäßerosionen oder ulzerierende Rhinitiden, beispielsweise durch Mykosen, Tumoren, Lupus, Pemphigus oder eine Vaskulitis (bei Leishmaniose oder Ehrlichiose) können zu Nasenbluten führen. Als rein systemische Ursachen sind Gerinnungsstörungen und Hypertonie anzusehen.

Therapie: Die Therapie richtet sich nach der Ursache. Nasenbluten als Notfall kann durch folgende Maßnahmen behandelt werden: leichte Sedation und Blutdrucksenkung mit Acepromazin (Cave: Schluckreflex muss erhalten bleiben!), Tamponade der Nasenöffnungen, Vermeidung von Jugularvenenstauung (enges Halsband etc. entfernen), wenn möglich Lagerung oder Haltung des Kopfes so, dass die Blutung nach rostralwärts fließen kann. Die Instillation von Epinephrin (Adrenalin) oder Epinephrin-getränkten Tupfern in die Nasenlöcher können die Blutung stoppen. Auch gekühlte Gelkissen auf dem Nasenrücken können hilfreich sein. Bei lebensbedrohlichen Blutungen können Bluttransfusionen notwendig werden. Bei Hämostasestörungen sind ggf. zusätzliche Maßnahmen erforderlich (z. B. Vitamin-K-Therapie bei Cumarinvergiftung; neben Frischblut auch Plasmatransfusionen bei Hämophilie A und B, s. Kap. 4.3).

6.4.1.4 Nasale Polypen (s. auch Kap. 7.2.6)

Definition: Wachstum eines benignen, schleimhautüberzogenen Polypen in der Nasenhöhle oder dem Nasenrachen.

Epidemiologie, Ätiologie: Die eigenständigen Polypen im Nasenrachen kommen vor allem bei jungen Katzen vor und haben ihren Ursprung im Mittelohr oder der Tuba auditiva. Sie wachsen als gestieltes Gebilde aus dem Mittelohr durch die Tuba in den Nasenrachen ein und können dort eine beachtliche Größe erreichen. Die Folge ist eine Stenose des Nasenrachens. Polypen oder Schleimhauthyperplasien treten als Begleiterscheinungen auch bei chronisch-entzündlicher Rhinitis auf.

Klinisches Bild: Die betroffenen Tiere zeigen einen dauerhaften nasalen Stridor, Sekretakkumulation und Nasenausfluss. Obstruiert der Polyp den Nasenrachen, besteht Maulatmung, Leerschlucken und auch Würgen.

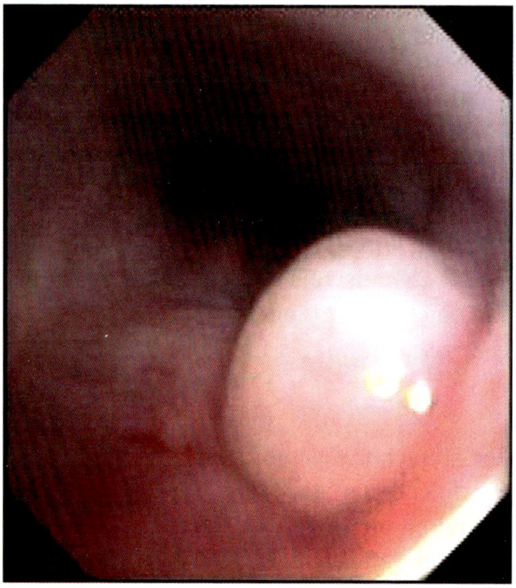

Abb. 6.9 Endoskopisches Bild eines Polypen im Nasenrachen einer Katze (retrograder Blick).

Diagnose: Bei der Untersuchung des Nasenrachens über die Maulhöhle fällt das glatte, schleimhautüberzogene Gebilde meist schon auf. In anderen Lokalisationen sind ein Schnittbildverfahren und Rhinoskopie notwendig (Abb. 6.9).

Differenzialdiagnose: Differenzialdiagnostisch kommen maligne Tumoren (insbesondere maligne Lymphome) infrage.

Therapie: Die gestielten oronasalen Polypen lassen sich durch vorsichtige Zieh- und Drehbewegungen lösen und extrahieren. Als Nebenwirkung kann ein passageres Horner-Syndrom oder eine Fazialisnervlähmung auftreten. Bei Rezidiven ist eine Bullaosteotomie indiziert.

6.4.2 Kehlkopf

6.4.2.1 Larynxparalyse (s. auch Kap. 7.1.2)

Definition: Verlust der aktiven medio-lateralwärts gerichteten Bewegung beim Schlucken bzw. Atmen eines oder beider Arytenoid-Knorpel durch eine Innervationstörung der beteiligten Muskulatur.

Epidemiologie: Die Krankheit kommt hauptsächlich beim Hund vor und selten bei der Katze. Es sind überwiegend große Rassen im mittleren bis hohen Alter betroffen (Hovawart, Golden Retriever, Labrador, Setter) mit einem Verhältnis männlich zu weiblich von 2–3 : 1.

Ätiologie, Pathophysiologie: Der Larynx ist eine Art Flaschenhals im gesamten Atmungstrakt, dessen Fehlfunktion oder Verlegung zu deutlichen Symptomen wie Stridor, Schluckbeschwerden, Husten, Belastungsdyspnoe und Kollaps führt. Der zur Weitstellung der Stimmritze notwendige M. cricoarytaenoideus dorsalis wird über Äste des N. vagus motorisch innerviert. Diese verlassen den N. vagus beidseits als N. recurrens im kranialen Teil des Thorax. Sie schlagen sich rechts und links um die A. subclavia bzw. die Aorta und laufen im Hals kranialwärts, um den Kehlkopf zu innervieren. Beim überwiegenden Teil der Patienten bleibt die Ursache der Innervationsstörung unbekannt (idiopathische Larynxparalyse). Selten sind Traumata, Bissverletzungen, Tumoren oder chirurgische Eingriffe im Halsbereich die Ursache. Darüber hinaus gibt es eine seltene kongenitale Form (Bouvier de Flandres, Sibirischer Husky).

Die fehlende aktive Öffnungsbewegung bei Inspiration führt zu einem erhöhten Strömungswiderstand mit einem Stridorgeräusch, in schweren Fällen sogar zu einem inspiratorischen Verschluss der Stimmritze (paradoxe Bewegung). Die fehlende Medialbewegung führt dagegen zu einem ungenügenden Schluss beim Schluckvorgang mit der Folge einer Aspiration.

Klinisches Bild: Es besteht ein laryngealer Stridor unter Belastung und vermehrtes Hecheln. In Ruhe oder im Schlaf ist das Geräusch dagegen nicht vorhanden oder deutlich leiser. Die Anamnese ergibt zudem in etwa der Hälfte der Fälle eine veränderte Stimme und etwas seltener auch Husten nach Futter- oder Wasseraufnahme. Eine Kehlkopflähmung ist als Teilaspekt einer generalisierten Neuromyopathie anzusehen, die auch die Skelettmuskulatur betrifft und eine weitere Ursache für Leistungsschwäche darstellt.
Vor allem bei heißer Witterung können die Patienten als Notfall vorgestellt werden. Vermehrtes Hecheln führt zu einem zusätzlichen Anschwellen der Schleimhaut, die Atemnot nimmt zu, was zu einer noch stärkeren Inspiration führt, die wiederum durch den Sog die Stimmritze noch enger werden lässt. Nicht selten kollabieren die Hunde und sind hyperthermisch durch die vermehrte Atemarbeit und verminderte Fähigkeit zur Thermoregulation.

Diagnose: Signalement und klinisches Bild sind bereits hochverdächtig für die Krankheit. Die Diagnose erfolgt durch den adspektorischen Nachweis der fehlenden Kehlkopfbewegung in leichter Sedation (der Schluckreflex sollte erhalten sein). Die Untersuchung sollte vorzugsweise endoskopisch erfolgen, da einerseits der Befund dokumentiert werden kann und andererseits auch die tieferen Atemwege mituntersucht werden können. Eine paradoxe Bewegung bei Kehlkopflähmung (inspiratorisches Schließen der Stimmritze) sollte nicht mit der physiologischen Bewegung (inspiratorisches Öffnen) verwechselt werden. Mithilfe des Atemstimulans Doxapram (1–2 mg/kg KM i. v.) kann die Atemtiefe und damit die Kehlkopfbewegung stimuliert werden, was in unsicheren Fällen, beispielsweise bei einer einseitigen Lähmung, hilfreich ist. Die Wirkung setzt nach wenigen Sekunden ein und dauert ein bis zwei Minuten an. In tiefer Narkose ist die Krankheit nicht nachweisbar, da dann auch beim Gesunden keine Bewegung mehr vorhanden ist.

Therapie: Eine restitutio ad integrum ist bei der idiopathischen Form nicht möglich. In leichteren Fällen sollte körperliche Belastung bei heißer Witterung vermieden werden. Bei adipösen Hunden ist eine Gewichtsreduktion notwendig. Die Besitzer müssen über die Möglichkeit einer lebensbedrohlichen Verschlechterung aufgeklärt werden und auf frühe Anzeichen achten. Die Hunde sollten dann ins Kühle verbracht und ruhig gehalten werden.

Wenn das nicht ausreicht, muss die Hyperthermie mit kalten Dauertropfinfusionen (Ringer-Lösung) und kalten Einläufen behandelt werden. Gleichzeitig sind Sauerstoffgabe und leichte Sedation hilfreich. Zur Sedation eignet sich niedrig dosiertes Azepromazin (0,02–0,05 mg/kg KM i. v.). Bei Kollaps und Zyanose ist die Intubation lebensrettend.

Die dauerhafte Therapie erfolgt chirurgisch durch eine (einseitige) Lateralisierung des Arytaenoid-Knorpels. Damit wird eine ausreichende Luftversorgung wiederhergestellt. Die Symptome der fehlenden Verschlussbewegung, wie etwa eine Aspiration, bleiben natürlich bestehen. Eine neuere Langzeit-Alternative stellen endoluminale Larynxstents dar. Hierbei handelt es sich entweder um einen röhrenförmigen Silikonstent oder um ein anatomisch angepasstes Drahtgebilde, die endoskopisch platziert werden, um die Glottis offen zu halten. Studien mit kleinen Fallzahlen zeigen, dass es mit diesen Stent-Systemen bei etwa 30 bzw. 50 % der Hunde zu Komplikationen kommt, sodass ein chirurgisches Vorgehen notwendig wird. Die Systeme befinden sich jedoch noch in der Entwicklung, sodass zukünftig möglicherweise bessere Resultate zu erwarten sind.

6.4.2.2. Weitere Krankheiten des Kehlkopfes

Laryngitis: Entzündungen des Kehlkopfes kommen im Rahmen von Infektionskrankheiten der oberen Atemwege vor (Katzenschnupfen, Zwingerhusten). Eine spezifische Therapie des Kehlkopfes ist dabei meist nicht notwendig. Weiterhin tritt ein entzündeter Kehlkopf bei jeder Form von Überbeanspruchung auf wie ständigem Bellen oder Miauen. Als Sonderformen einer Laryngitis sind das Kehlkopfödem und die chronisch obstruktive Laryngitis zu nennen.

Kehlkopfödem: Vor allem bei Katzen sind der Larynx und dessen Schleimhaut sehr reaktiv. Bereits durch eine Intubation oder andere Reize kann ein lebensbedrohliches Kehlkopfödem verursacht werden. Die Therapie besteht aus abschwellenden Maßnahmen durch Touchieren mit Epinephrin (Adrenalin) oder Oxymetazolin, systemisch mit Kortikosteroiden in anti-entzündlicher Dosis (z. B. Prednisolon 0,5–1 mg/kg KM i. v. oder s. c.) und Intubation. Vor einer Intubation sollte der Kehlkopf lokal anästhesiert werden (Spray).

Die **chronisch obstruktive Laryngitis** ist ein seltener, ätiologisch ungeklärter entzündlicher Zustand des Larynx bei Hund und Katze, bei dem Schwellungen und Granulome am Larynx auftreten, die einem Tumor ähneln können. Eine Therapie mit Kortikosteroiden kann versucht werden. Die Prognose ist jedoch ungünstig.

Der **Larynxkollaps** tritt im Rahmen des Brachyzephalensyndroms auf und kann in höheren Graden zu einer schweren Atemwegsstenose führen. Er entsteht durch eine Kombination aus Knorpelschwäche und Malformation unter dem Einfluss des inspiratorischen Unterdrucks. Die chirurgischen Korrekturmaßnahmen in den Luftwegen, wie unter dem brachyzephalen Atemwegssyndrom beschrieben, können das Auftreten eines vollständigen Larynxkollapses verhindern oder zumindest abschwächen (s. auch Kap. 6.4.3.).

Tumoren des Larynx sind selten. Bei der Katze handelt es sich häufig um maligne Lymphome, beim Hund eher um bösartige epitheliale Neoplasien, wie Plattenepithel- oder Adenokarzinome. Selten kommen Tumoren des laryngealen Muskel- oder Knorpelgewebes vor. Die klinischen Symptome ähneln denen einer Kehlkopflähmung. Tumoren sind damit eine wichtige Differenzialdiagnose der Larynxparalyse.

6.4.3 Das brachyzephale Atemwegsyndrom (s. auch Kap. 7.1.1)

Definition: Anatomische Malformation und damit funktionelle Veränderung der oberen Atemwege bei rassebedingter brachyzephaler Kopfform.

Epidemiologie: Betroffen sind praktisch alle kurzköpfigen Hunde- und auch Katzenrassen (Mops, französische Bulldogge, Boston Terrier, Shih Tzu, Englische Bulldogge, Bullmastiff, Boxer, Perserkatzen).

Pathophysiologie: Bereits die Nasenlöcher sind erheblich verengt. Die kurze Nase bietet nicht genügend Raum für die Nasenmuscheln, was zu engeren Nasengängen und einem ausweichenden Conchen-Wachstum in den Nasenrachen hinein führt. Der Rachen ist verengt, die Zunge sehr groß, das Gaumensegel ist verdickt und verlängert und weist eine verminderte Spannung auf. Diese Konstellation bewirkt einen Strömungswiderstand mit einem Unterdruck bei Inspiration. Diese Verhältnisse bestehen permanent, also auch in Ruhe und Schlaf. Es kommt zu einem Stimmtaschenprolaps oder sogar Larynxkollaps und dadurch zu einem weiteren Strömungshindernis im Larynx. Zuletzt liegt häufig noch eine hypoplastische Trachea vor und auch ein Bronchialkollaps ist beschrieben.

Klinisches Bild: Es besteht schon im Welpenalter ein andauernder inspiratorischer Stridor aus dem Nasen- und Rachenraum. Bei der Untersuchung fallen adspektorisch die engen Nasenlöcher auf. Die Patienten können bereits als Jungtier belastungs- und hitzeintolerant sein und längere Erholungszeiten nach Belastung benötigen. Eine zusätzliche Verlegung der Atemwege durch Sekrete oder ein Schleimhautödem führen mangels Raum nicht selten zu Zyanose und Kollaps. Es bestehen Schlafstörungen, wie etwa Schlafapnoe, oder die Atmung im Schlaf ist nur mit geöffnetem Fang und hochliegendem Kopf möglich. Mit zunehmendem Alter erschweren Sekundärveränderungen wie Stimmtaschenprolaps (entspricht einem Larynxkollaps Grad 1) bis hin zum vollständigen Larynxkollaps (Grad 3) und ein lockeres Gaumensegel die Atmung noch zusätzlich. Ein Larynxkollaps kann bereits im Alter von 4–6 Monaten auftreten.

Diagnose: Bei entsprechendem Signalement ist das klinische Bild beweisend für die Krankheit. Die Veränderungen in den Atemwegen lassen sich mit CT und Endoskopie darstellen. Eine tracheale Hypoplasie liegt vor, wenn die Trachea am Kreuzungspunkt mit der dritten Rippe weniger als den dreifachen Durchmesser der Rippe an dieser Stelle aufweist.

Differenzialdiagnose: Im Einzelfall kann das Beschwerdebild durch Entzündungen, Tumoren, Polypen, Fremdkörper, seltener durch eine Akromegalie verschlimmert werden. Deshalb sollte jeder symptomatische Patient zumindest endoskopisch und wenn möglich auch per CT/MRT untersucht werden. Bei unkastrierten Hündinnen ist ein erworbenes, verlängertes Gaumensegel durch den Progesteron-STH-Exzess möglich.

Bei einem Trachealkollaps kann es ebenfalls zu einem verminderten Tracheallumen kommen. Im Gegensatz zu einer trachealen Hypoplasie ist die Einengung dabei nur auf einen Teil der Trachea beschränkt, besteht abhängig von der Atemlage und es ist eine redundante Membran erkennbar.

Therapie: Die nachhaltigste Form der Krankheitsbekämpfung wäre die züchterische Verhinderung der Krankheit durch eine Anerkennung der Problematik und Änderung der Rassestandards durch die Zuchtverantwortlichen.

Die Therapie besteht aus mehreren chirurgischen Maßnahmen mit dem Ziel, den Strömungswiderstand im Nasen- und Rachenraum zu vermindern. Dazu zählen die Vergrößerung der Nasenöffnungen, Kürzung und Straffung des Gaumensegels und Resektion des Stimmtaschenprolapses und die laserchirurgische Entfernung der Conchen. Im Falle eines höhergradigen Larynxkollapses kann versucht werden, diesen ebenfalls chirurgisch zu korrigieren. Die Prognose bei Grad 3 ist jedoch vorsichtig zu stellen. Die hypoplastische Trachea ist dagegen nicht behandelbar.

Es müssen die Narkosebesonderheiten bei diesen Rassen beachtet werden: Besitzeraufklärung über erhöhtes Risiko, ruhiges, zügiges Vorgehen, evtl. Präoxygenierung mit Maske, eine Intubationsmöglichkeit mit Laryngoskop und Möglichkeit zur Sauerstoffgabe sind unbedingt erforderlich. Der Tubus sollte beim Aufwachen so lange wie möglich belassen werden. Wegen der erhöhten Vomitusneigung dieser Rassen sollte mit Antiemetika (z. B. Maropitant) prämediziert werden.

Brachyzephale Tiere sind wie auch Patienten mit Larynxparalyse hitzeintolerant und sollten ins Kühle verbracht und ruhig gehalten werden. Im Notfall helfen die bei der Larynxparalyse genannten Maßnahmen. In manchen Fällen ist ein temporäres oder als Ultima ratio permanentes Tracheostoma indiziert.

6.4.4. Krankheiten der Trachea und der Bronchien

6.4.4.1. Tracheitis

Definition: Physikalische, chemische, infektiöse, mechanisch-traumatische Reizung der Trachealschleimhaut.

Ätiologie: Reizende Gase oder Partikel in der Atemluft (Rauch, Pilzsporen, trockene Luft), Aspiration von Futter oder Flüssigkeit (Megaösophagus, Larynxparalyse), primäre Tracheitis bei Zwingerhusten- oder Katzenschnupfenkomplex, sekundäre Tracheitis bei Krankheiten der tieferen Atemwege, tracheale Parasiten (*Filaroides* spp.), Irritationen und Verletzungen nach Intubation, Bissverletzungen, mechanische Belastung durch Zug am Halsband, Reizung durch ständiges Hecheln oder Lautäußerungen.

Pathophysiologie: Die Trachea ist nach Nase, Rachen und Kehlkopf ein weiterer Abschnitt der Atemwege zur Abwehr von Fremdkörpern oder Infektionserregern. Zudem leitet sie über eine längere Strecke die gesamte Atemluft weiter. Durch diese zentrale Stellung, ihre Nachbarschaft zum Larynx und ihre exponierte Lage am Hals existieren zahlreiche Ursachen für tracheale Entzündungen.

Klinisches Bild: Bestimmendes Symptom einer Tracheitis ist starker Husten. Bei der klinischen Untersuchung ist dieser durch Druck auf die Trachea leicht auslösbar. Vomitus und Regurgitieren deuten auf eine ursächliche Aspiration hin, ein Stridorgeräusch auf eine Verlegung der Trachea, ein Unterhautemphysem im Halsbereich auf eine perforierende Verletzung.

Diagnose: Die Diagnose erfolgt durch das klinische Bild: Insbesondere das Auslösen von starkem Husten bei geringgradigem Palaptionsdruck ist hinweisend. Endoskopisch können Rötung, Sekretbildung, Fremdkörper, gewebliche Zubildungen, Verletzungen und Beteiligung anderer Abschnitte der Atemwege festgestellt werden. Durch die mikrobiologische Untersuchung des Tracheobronchialsekrets lassen sich verursachende Erreger nachweisen (z. B. *Bordetella bronchiseptica*).

Differenzialdiagnose: Sekundäre Ursachen für eine Tracheitis, wie etwa eine Aspiration, müssen durch Untersuchung des Larynx und des Ösophagus ausgeschlossen werden. Weitere Ursachen für Husten sind Krankheiten der Bronchien oder der Lunge. Auskultatorisch sind bei tiefergelegenen Ursachen häufig Giemen und Knistern hörbar. Bei Krankheiten der Lunge besteht im Gegensatz zu trachealen oder bronchialen Ursachen eher ein tiefer, aber schwacher Husten. Bei einem Trachealkollaps besteht häufig ein charakteristischer tutender Laut beim Husten und Dyspnoe.

Therapie: Ein chronischer, rein tracheal bedingter Husten ist selten. Akuter trachealer Husten ist meist selbstlimitierend. Er wird mit Antitussiva behandelt, z. B. Dihydrocodein (Paracodin®), 0,25–0,5 mg/kg KM, alle 4–6 Stunden p. o. Zug am Halsband muss vermieden werden, das Tragen eines Brustgeschirrs ist sinnvoll. Sonst erfolgt die Therapie gemäß der Ätiologie. Bei bakterieller Genese oder Aspiration sind Antibiotika indiziert (s. dazu Kap. 6.4.6).

6.4.4.2 Trachealkollaps (s. auch Kap. 7.1.3)

Definition: Verlust der Stützfunktion der trachealen Knorpelringe mit der Folge einer dorsoventralen Abflachung der Trachea variablen Grades.

Ätiologie, Epidemiologie: Die Ursache ist unbekannt. Die Krankheit kommt hauptsächlich bei kleinen und Zwerghunderassen (< 15 kg) mittleren und höheren Alters vor, sodass eine genetische Ursache wahrscheinlich ist. Bei dieser Patientengruppe werden häufig auch Mitralendokardiose und Diskusprolaps beobachtet. Eine genetische Ursache für diese Stützgewebeschwäche ist wahrscheinlich. Die Krankheit tritt nur selten bei großen Hunden oder der Katze auf.

Pathophysiologie: Die Trachea wird von C-förmigen, nach dorsal offenen Trachealringen gestützt. Der dorsale Verschluss erfolgt durch eine muskuläre Membran. Die Trachealringe klappen bei Verlust der Stützfunktion seitlich weg, die dorsale Membran erschlafft und ragt nach ventral ins Tracheallumen. Dies stellt ein Strömungshindernis dar, weiterhin wirkt die Verformung wie ein Fremdkörper, was starke Hustenanfälle auslöst. Die dynamischen Sogeffekte und entzündliche Prozesse in den Atemwegen verstärken diesen Prozess noch (multifaktorielle Genese). Die Veränderungen können die gesamte Luftröhre oder nur einen Teil davon betreffen.

Bei der Atmung entsteht im Halsteil der Trachea ein inspiratorischer Unterdruck, im Brustteil dagegen bei der Exspiration, was zu einer jeweiligen Verstärkung der Einengung führt. Durch den chronischen Husten und die Sogeffekte bei der Atmung kommt es zu einer entzündeten, hyperämischen, gereizten Schleimhaut. Die Folgen sind noch stärkerer Husten (Teufelskreis) und schließlich Dyspnoe und Kollaps.

Klinisches Bild, Diagnostik: Das Leitsymptom ist chronisch-rezidivierender trockener, anfallsartiger, fremdkörperartiger Husten, der bereits bei leichter trachealer Palpation auslösbar ist. Der Husten ist i. d. R. durch Freude oder Aufregung triggerbar. Im Gegensatz zu anderen Hustenursachen können tage- bis wochenlange beschwerdefreie Intervalle bestehen. Die betroffenen Tiere sind in dieser Zeit klinisch unauffällig. Neben Husten tritt bei einigen Patienten auch ein phonetisches (tutendes), brummendes oder auch klackendes Atemgeräusch auf, das am lautesten über der Trachea auskultiert werden kann. Hochgradiger Trachealkollaps führt zu Dyspnoe, Zyanose und Kollaps.

Diagnose: Anamnese und Signalement geben bereits Hinweise auf die Krankheit. Die röntgenologische Darstellung erfordert Aufnahmen in beiden Atemlagen (inspiratorisch für den Halsteil, exspiratorisch für den Brustteil), um den dynamischen Charakter der Einengung darzustellen. Der Nachweis erfolgt am besten endoskopisch (Abb. 6.10), dabei kann auch das dynamische Verhalten der Trachea und ggf. auch ein Bronchialkollaps dokumentiert werden. Man unterscheidet 4 Schweregrade, die durch eine zunehmende querovale Verformung und Lumenverlust gekennzeichnet sind (Grad 1: 25 %iger, Grad 2: 50 %iger, Grad 3: 75 %iger, Grad 4: 90–100 %iger Lumenverlust). Bei Grad 4 spricht man deshalb auch von einer Säbelscheidentrachea.

Das erhöhte Narkoserisiko und eine iatrogene Perforation der Dorsalmembran bei einer möglicherweise notwendigen Intubation müssen beachtet werden.

Differenzialdiagnose: Ein nahezu identisches klinisches Bild zeigen Hunde mit einem Bronchialkollaps. Auch eine Tracheitis kann ein ähnliches Beschwerdebild aufweisen. Tracheale Strikturen, Fremdkörper oder Engstellen anderer Genese werden ebenfalls am besten bronchoskopisch, evtl. auch radiologisch ausgeschlossen. Überlagerungen mit dem Ösophagus oder anderem Weichteilgewebe können röntgenologisch einem Trachealkollaps ähneln.

Therapie: Man unterscheidet neben der konservativen Therapie die extraluminale Prothese, die chirurgisch platziert wird, von der intraluminalen minimalinvasiven Stentimplantation. Bei einem Kollaps des intrathorakalen Abschnittes der Trachea kann nur die intraluminale Prothesentechnik angewandt werden. Die Indikation für eine mechanisch-stützende Therapie ist das Versagen der konservativen Therapie bei Patienten mit mehr als 50 %igem Lumenverlust, die Zyanose und Kollapsepisoden zeigen. Zur Indikationsstellung gehört daneben auch der Ausschluss anderer Ursachen für Dyspnoe,

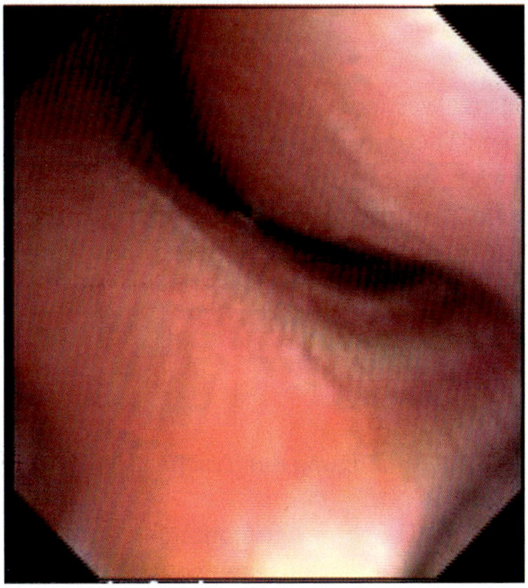

Abb. 6.10 Endoskopiebefund bei einer 10-jährigen Yorkshire-Terrier-Hündin mit hochgradigem Trachealkollaps (Grad III–IV).

wie Bronchomalazie, Larynxparalyse oder kongestives Herzversagen. Komplikationen einer Stentimplantation sind (transient) verstärkter Husten, Bruch oder Verlagerung des Implantats, überschießende Bildung von Granulationsgewebe und Taschenbildung mit Keimbesiedelung. Die hauptsächliche Komplikation der extraluminalen Prothese ist eine Kehlkopflähmung.

Konservative Therapie: Ziel der konservativen Therapie ist, die Reizbarkeit und Entzündung der Trachea zu vermindern. Der Verlust der Stützfunktion der Trachealringe ist irreversibel und konservativ nicht behandelbar.

Folgende Maßnahmen können hilfreich sein:
- Reduktion des Körpergewichts bei adipösen Patienten
- Reizarmes Klima (Verwendung von Luftreinigungsgeräten, keine Haltung in Raucherhaushalten, staubigen oder schimmelpilzbelasteten Umgebungen, etc.)
- Anlegen von Brustgeschirr statt Halsband
- Vermeidung von Trigger-Situationen mit heftiger Freude oder Aufregung soweit möglich (z. B. Türklingel abstellen bei entsprechend konditionierten Hunden)
- Impfstatus gegen Bordetellen/Parainfluenza herstellen

Medikamentöse Therapie:
- Antitussiva: Codeinpräparate nach Bedarf: Das bedeutet, das Medikament einige Tage geben und bei Besserung des Hustens wieder absetzen, oder nur zu den Tageszeiten geben, an denen der Husten gewöhnlich auftritt: Paracodin, 0,25–0,5 mg/kg KM, 2–4 x tägl. p. o., wenn unwirksam, dann Butorphanol, 0,02 mg/kg KM, 2–4 x tägl. s. c., evtl. schrittweise höher dosieren bis zu einer Dosis von 1 mg/kg KM, mit einer sedativen Wirkung muss dann gerechnet werden.
- Fünftägige Stoßtherapie mit Antibiotika (z. B. Amoxicillin-Clavulansäure), wenn Antitussiva nicht wirken.

Versuchsweise können darüber hinaus eingesetzt werden:
- Bronchodilatatoren, vor allem bei Synkopen: Theophyllin, 10 mg/kg KM, 2–3 x tägl. p. o., Terbutalin 1,25–5 mg/Hund, 2–3 x tägl. p. o.
- Maropitant: 2 mg/kg KM, alle 24–48 Stunden p. o.
- Furosemid: 1–2 mg/kg KM p. o. bei nächtlichem Husten, abends 30–60 Minuten vor dem letzten Spaziergang

6.4.4.3 Trachealstenose

Definition: Lokalisierte, ringförmige oder wulstige Einengung der Trachea.

Ätiologie, Epidemiologie: Tracheale Stenosen sind selten. Sie kommen primär als angeborene Fehlbildung vor und sekundär durch Granulationsgewebe nach Bissverletzungen, trachealem An- oder Abriss, Intubationsverletzungen, Fremdkörpern oder durch Tumoren. Häufig bleibt die Ätiologie auch unbekannt.

Klinisches Bild, Diagnose: Tracheale Stenosen fallen durch ein Stridorgeräusch und eine in- und exspiratorische Dyspnoe vor allem unter Belastung auf. Der Ort der Stenose lässt sich durch tracheale Auskultation erfassen. Die Beschwerden können je nach Ursache akut oder langsam progredient verlaufen. Die lokale Einengung ist röntgenologisch meist gut darstellbar. Eine endoskopische Untersuchung bietet eine bessere Visualisierung der stenosierenden Ursache und die Möglichkeit zu Bioptaten.

Therapie: Die Therapie besteht i. d. R aus einer chirurgischen Resektion des stenosierenden Gewebes. Es sind auch interventionelle endoskopische Techniken beschrieben (Kryotherapie, intraluminale Stents, Ballonkatheterdilatation, Laserablation). Ein Problem stellt die Restenosierung durch Granulationsgewebe dar. Ein permanentes Tracheostoma ist möglich, wenn die Stenose weit genug kranial liegt. Fremdkörper können endoskopisch geborgen werden.

6.4.4.4 Bronchomalazie

Definition: Verlust der Stützfunktion der bronchialen Knorpelspangen mit der Folge einer lokalen oder generalisierten statischen oder dynamischen Instabilität der Bronchien.

Ätiologie, Pathophysiologie und Signalement sind mit derjenigen des Trachealkollapses vergleichbar. Die Krankheiten können auch gemeinsam auftreten (Tracheobronchomalazie-Komplex). Es wird vermutet, dass die Krankheit neben einer genetischen Prädisposition durch weitere Faktoren begünstigt wird. Dazu zählen entzündliche und infektiöse Krankheiten der Atemwege oder reizende Faktoren aus der Umwelt. Eine Kardiomegalie mit linksatrialer Vergrößerung kann die instabilen Hauptbronchien zusätzlich mechanisch irritieren.

Klinisches Bild: Die Krankheit betrifft hauptsächlich Vertreter der kleinen Rassen im mittleren bis hohen Alter. Sie tritt nur selten bei großen Hunden oder der Katze auf. Das Kollabieren der Stammbronchien führt zu einem anfallsweisen, starken, fremdkörperartigen Hustenreiz, meist durch Bewegung oder Aufregung ausgelöst. Dabei treten auch Synkopen auf. Längere beschwerdefreie Intervalle sind möglich. Die klinische Untersuchung kann unauffällig sein, ein Stridor besteht normalerweise nicht.

Diagnose: Die Diagnose erfolgt durch den Nachweis des um mindestens 50 % verminderten Bronchiallumens. Kollabierte Bronchien können röntgenologisch erkannt werden, die Technik ist aber nicht besonders sensitiv. Die Diagnosestellung erfolgt besser bronchoskopisch. Dabei ist es auch möglich, die dynamische Stabilität der Bronchien zu dokumentieren. Zudem können weitere strukturelle Veränderungen, wie etwa Bronchiektasen diagnostiziert werden sowie eine Bronchoalveolarlavage zum Nachweis entzündlicher Veränderungen (chronische Bronchitis, eosinophile Bronchitis, bakteriologische Untersuchung) gewonnen werden.

Differenzialdiagnostisch kommen alle trachealen und bronchialen Krankheiten infrage, die zu starkem und chronischem Husten führen (Tumoren, chronische Bronchitis, Bronchiektasen, Parasiten). Bei akutem Husten sollte ein Fremdkörper ausgeschlossen werden.

Therapie: Ein unkomplizierter Bronchialkollaps mit seltenen Hustenanfällen kann unbehandelt bleiben. Bestehen dagegen tägliche Hustenanfälle, welche die Lebensqualität beeinflussen oder führen die Hustenanfälle zu Synkopen, so eignen sich die Maßnahmen zur Behandlung des Trachealkollaps (s. Kap. 6.4.4.2). Wenn gleichzeitig entzündliche Veränderungen (chronische Bronchitis) oder Bronchiektasien bestehen, ist eine entsprechende Therapie notwendig (Medikamente und Dosierungen: s. Kap. 6.4.4.5). Eine Stentimplantation ist auf bronchialer Ebene wegen der Aufzweigungen bislang nicht erfolgreich.

6.4.4.5 Chronische Bronchitis beim Hund

Definition, Ätiologie: Primäre, chronische, vorherrschend neutrophile Entzündung des Bronchialsystems mit Hypersekretion meist unbekannter Ursache. Dauer der Beschwerden (täglicher Husten) für mindestens zwei Monate.

Epidemiologie: Häufiger betroffen sind kleine Hunderassen im mittleren bis hohen Alter. Die Krankheit tritt aber auch bei großen Hunderassen auf.

Pathophysiologie: Vermutlich bewirken genetische und immunologische Ursachen eine Hypersensitivität gegenüber umweltbedingten und infektiösen Faktoren. Die Bronchialschleimhaut ist hyperämisch, verdickt und reagiert mit einer überschießenden Sekretproduktion. Die Folgen sind eine Verlegung der Bronchien und Sekundärbesiedelung mit Bakterien, was die Entzündungsreaktionen und Reizbarkeit des Bronchialsystems noch verstärkt. Bei entsprechender Chronizität kann es sekundär zu strukturellen Veränderungen der Bronchien kommen, wie etwa Bronchiektasen, Bronchomalazie, und selten auch zu emphysematösen Veränderungen des Lungenparenchyms.

Klinisches Bild, Diagnostik: Klinisches Leitsymptom ist chronisch-progredienter, schließlich täglich auftretender Husten. Der Husten kann in Ruhe oder aber auch nur bei Anstrengung auftreten. Häufig ist auch ein morgendliches Freihusten zu beobachten, was durch nächtliche Sekretansammlungen zu erklären ist. Daneben können Leistungsschwäche, Zyanose oder Kollaps beim Husten bestehen. Bei der Auskultation kann Giemen oder Knistern und eine ausgeprägte respiratorische Arrhythmie auffallen. Viele Patienten mit chronischer Bronchitis sind jedoch – abgesehen vom Husten – klinisch und anamnestisch unauffällig.

Röntgenaufnahmen sind nicht sehr sensitiv für entzündliche bronchiale Veränderungen. Sie können je nach Schweregrad entweder unauffällig sein oder aber eine bronchiale Zeichnung verschiedenen Grades, bronchiale Wandverdickung, peribronchiale Reaktionen, Bronchiektasen und selten ein Emphysem oder Atelektasen zeigen.

Diagnose: Die Diagnose erfordert den Nachweis der entzündlichen bronchialen Veränderungen, was am besten durch eine Bronchoskopie mit BAL oder bronchialer Bürstenprobe gelingt. Alternativ kann die weniger aufwändige, aber auch weniger aussagekräftige Tracheallavage am wachen oder leicht sedierten Tier vorgenommen werden.

Kennzeichnend für die chronische Bronchitis ist der zytologische Nachweis einer dominierend steril-neutrophilen, manchmal auch eosinophilen Entzündung in der BAL. Ein Gehalt an nicht degenerierten neutrophilen Granulozyten von > 5 (–ca. 10) % (bezogen auf alle Zellen in der Spülprobe) deutet auf eine chronische Bronchitis hin.

Beim Nachweis von Bakterien in Kultur und Zytologie besteht einerseits die Möglichkeit einer sekundären Besiedelung, aber andererseits auch die einer primär bakteriellen Bronchitis. Zur weiteren Differenzierung bietet sich eine Wiederholung der Spülprobenuntersuchung nach entsprechender Antibiotikatherapie an, aber auch das morphologische Erscheinungsbild der Entzündungzellen im Sekret ist hilfreich: Primär bakterielle Bronchitiden zeigen eher toxisch-degenerierte neutrophile Granulozyten mit intrazellulären Bakterien, während bei der chronischen Bronchitis überwiegend intakte neutrophile Granulozyten vorhanden sind.

Differenzialdiagnose: Alle Krankheiten, die zu chronischem Husten führen, wie (Aspirations-)Pneumonien, Lungen- oder Herzwurmbefall, Bronchiektasen, Tracheobronchomalazie, bronchiale Kompression durch Tumoren oder Kardiomegalie.

In der Regel liefern Thoraxröntgenaufnahmen und die Bronchoskopie die notwendigen Befunde zur Differenzierung der Ursachen. Lungenwürmer sollten vor einer Bronchoskopie durch eine Kot- oder serologische Untersuchung ausgeschlossen werden. Patienten mit Tracheal- oder Bronchialkollaps zeigen einen anderen Hustentyp als jene mit chronischer Bronchitis. Der Husten bei Atemwegskollaps ist durch Freude oder Aufregung anfallsartig auslösbar, beinhaltet aber auch längere (über Tage) symptomfreie Intervalle. Chronische Bronchitis führt dagegen eher zu dauernden kleinen Hustenstößen, eine Häufung ist nachts oder morgens zu verzeichnen. Eine virale oder bakterielle Tracheobronchitis ist meist selbstlimitierend, persistiert nicht über mehrere Wochen. Kombinierte Ursachen können im Einzelfall jedoch Schwierigkeiten bei der Diagnose bereiten. Dazu zählen eine chronische Bronchitis mit bakterieller Sekundärinfektion oder gleichzeitiger Bronchomalazie.

Therapie: Chronische Bronchitis ist nicht heilbar. Therapeutisches Ziel ist in erster Linie die Bekämpfung der Entzündung mit Kortikosteroiden. Damit kann ein Voranschreiten der bronchialen Veränderungen verlangsamt oder zum Stillstand gebracht werden. Prednisolon kann oral in einer Dosierung von 1 mg/kg KM, 1 x tägl. gegeben werden. In den meisten Fällen bessert sich der Husten daraufhin rasch. Die klinische Besserung reflektiert aber nicht zwingend eine ausreichende Entzündungshemmung auf der bronchialen Ebene. Dafür wären wiederholte Spülprobenuntersuchungen notwendig. Für das Langzeitmanagement sollte auf die niedrigst wirksame orale Dosis ausgeschlichen werden. Alternativ bietet sich dafür der Einsatz eines Dosieraersolsystems (Aero-Dawg, Hersteller Trudell Medical International, in Deutschland über WDT) zur Fluticason-Applikation an. Die Zahl der Pumpstöße (Dosierung 125 µg/Pumpstoß) richtet sich nach der Patientengröße und Compliance, i. d. R. werden 1–3 Pumpstöße 2 × tägl. benötigt. Initial kann diese Therapieform mit einer bronchodilatatorischen Therapie kombiniert werden (Terbutalin, 1,25–5 mg/Hund, 2–3 x tägl. p. o. oder 0,2 mg/kg KM, 2–3 x tägl. s. c.), um höhere Aerosolwirkspiegel in den Bronchien zu erzielen.

Eine bronchodilatatorische Therapie mit Terbutalin oder auch Theophyllin (10 mg/kg KM, 3 × tägl. p. o.) ist auch bei Hunden hilfreich, die beim Husten eine Zyanose oder einen Kollaps zeigen. Bei Verwendung von Aminophyllin muss die Dosis etwa um Faktor 1,25 gegenüber Theophyllin erhöht werden. Einige Medikamente, u. a. Gyrasehemmer, führen zu einer Erhöhung des Wirkspiegels der Methylxanthine Amino- oder Theophyllin, weshalb die Dosis dann um 30 % reduziert werden sollte.

Eine begleitende oder wiederkehrende bakterielle Besiedelung wird nach Antibiogramm behandelt. Kann dieses nicht angefertigt werden, ist häufig eine fünftägige Therapie mit einem Amoxicillin-Clavulansäure-Präparat ausreichend, z. B. Synulox, 12,5 mg/kg KM, 2 x tägl. p. o.

Antitussiva sind bei sekundärer bakterieller Bronchitis grundsätzlich kontraindiziert. Sie können aber im Einzelfall bei quälendem unproduktivem Husten nach Ausschöpfung aller therapeutischen Maßnahmen und abgesicherter Diagnose durchaus hilfreich sein, um den Teufelskreis aus Husten und Hustenreiz zu durchbrechen. Der Autor verwendet dazu intervallweise eine dreitätige Therapie mit Paracodin, 0,25–0,5 mg/kg KM, 4 x tägl. p. o. Sollte auch das nicht zu einer Besserung führen, wirkt meist das synthetische Opioid Butorphanol hustenstillend, was aber subkutan appliziert werden muss (0,02 mg/kg KM, 2–4 × tägl. s. c., evtl. schrittweise höher dosieren bis zu einer Dosis von 1 mg/kg KM, mit einer sedativen Wirkung muss dann gerechnet werden).

Weitere Maßnahmen sind Gewichtsreduktion bei adipösen Patienten, Zahnsanierung, Sekretmobilisierung durch thorakale Coupage, Bewegung und medikamentöse Mukolyse.

6.4.4.6. Eosinophile Bronchitis/Bronchopneumopathie

Definition: Die Krankheit ist charakterisiert durch eosinophile Infiltrate im Lungenparenchym und/oder der Bronchialschleimhaut. Der Überbegriff lautet eosinophile Lungenerkrankungen, zu denen auch seltenere Formen, wie das eosinophile Granulom (intraluminale eosinophile Zubildungen der Bronchialschleimhaut) und die eosinophile pulmonale Granulomatose (multifokale pulmonale Noduli) zählen. Es ist unklar, ob es sich um eigenständige Krankheiten oder zunehmende Schweregrade derselben Krankheit handelt.

Epidemiologie, Pathophysiologie: Die Krankheit kommt vornehmlich bei jungen Hunden vor, dabei sind Huskies und Malamutes überrepräsentiert. Vermutet wird eine Hypersensitivität auf Aeroallergene, welche die gesamten Atemwege, nicht nur die Bronchien, betreffen kann. Die Beschwerden können deshalb auch saisonal stärker werden.

Klinisches Bild: Leitsymptom ist chronischer, produktiver Husten. Durch den generalisierten Charakter der Krankheit können in etwa der Hälfte der Fälle auch eitriger Nasenausfluss und eine Bluteosinophilie bestehen. Röntgenologisch fallen broncho-interstitielle Verschattungsmuster auf. Die Patienten zeigen überwiegend ein ungestörtes Allgemeinbefinden, in manchen Fällen bestehen Dyspnoe und Leistungsschwäche.

Diagnose: Sehr verdächtig für die Krankheit ist eine generalisierte, mukopurulente Sekretion der Atemwege bei einem jungen Patienten, insbesondere bei einer nordischen Hunderasse. Die Diagnose erfolgt durch den zytologischen oder histologischen Nachweis einer vorherrschend eosinophilen Entzündung in der BAL bzw. der Schleimhautbiopsie (Abb. 6.11). In manchen Fällen besteht auch eine Bluteosinophilie.

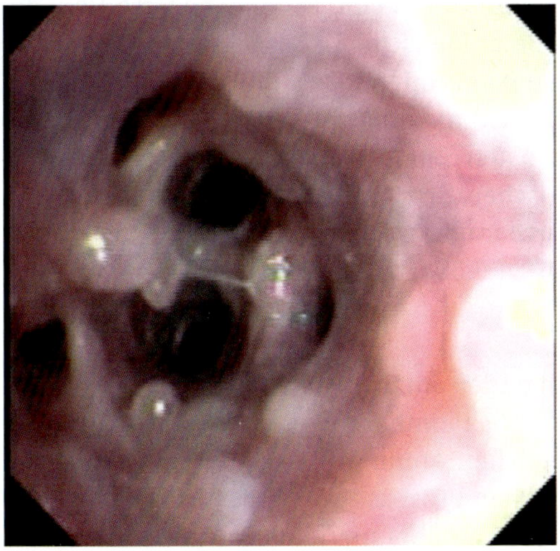

Abb. 6.11 Bronchoskopischer Befund bei einer 12-jährigen West-Highland-White-Terrier-Hündin mit polypoider eosinophiler Bronchitis (eosinophile Granulome). Die Bronchialschleimhaut zeigte zahlreiche gewebliche Zubildungen, histologisch bestand hauptsächlich eine eosinophile Entzündung.

Differenzialdiagnose: Alle Krankheiten, die zu chronischem Husten führen, insbesondere eine chronische Bronchitis (s. Kap. 6.4.4.5). Hunde mit chronischer Bronchitis sind jedoch meist älter und in der BAL findet sich nur selten eine dominierend eosinophile Entzündung. Bei chronischem bilateral-eitrigem Nasenausfluss kommt eine idiopathische Rhinitis infrage, bei der jedoch meist keine bronchopulmonale Beteiligung und nicht in allen Fällen eine eosinophile Entzündung besteht. Bei chronischem Husten und einer Eosinophilie in der BAL oder im Blut stellen Parasiten eine wichtige Differenzialdiagnose dar (*Angiostrongylus vasorum*, *Crenosoma vulpis*, *Dirofilaria immitis*). Eine bakterielle oder virale infektiöse Rhinitis ist meist selbstlimitierend und verläuft nicht chronisch, es sei denn, es bestehen prädisponierende Faktoren (Bronchiektasen, Aspiration durch Megaösophagus).

Das Rhinitis-Bronchopneumonie-Syndrom, das beim Irischen Wolfshund und auch beim Dobermann beschrieben wurde, zeigt ein ähnliches klinisches Bild. Ursächlich wird eine Abwehrschwäche vermutet, die zu einer chronischen bakteriellen Infektion der Atemwege mit Fieber führt. Dabei ist jedoch keine eosinophile Entzündung bei der Schleimhaut- oder Sekretuntersuchung nachweisbar. Radiologisch bestehen lobäre, alveoläre Verschattungen im kranioventralen Lungenbereich als Zeichen der Pneumonie.

Therapie: Die Patienten sprechen gut auf eine Therapie mit Prednisolon an und bleiben auch unter niedrigen Erhaltungsdosen (0,125–0,5 mg/kg KM, jeden 2. Tag p. o.) rezidivfrei. Nach einigen Wochen kann die Therapie versuchsweise beendet werden, meist ist jedoch eine lebenslange Therapie in mindestwirksamer Dosis notwendig. Bei einer bakteriellen Sekundärinfektion sind zu Beginn begleitend Breitspektrumantibiotika, z. B. Amoxicillin-Clavulansäure, für eine Woche indiziert.

6.4.4.7 Felines Asthma

Definition: Unter Asthma versteht man Atemnot durch eine Bronchokonstriktion, die spontan oder durch Therapie reversibel ist. Beim Menschen ist das Asthma bronchiale durch einen spezifischen Entzündungsmechanismus mit dauerhaft bestehender Hyperreaktivität definiert. Bei der Katze entspricht Asthma einer Atemnot durch bronchiale Konstriktion mit eosinophiler Entzündung, Husten durch bronchiale Sekretion mit neutrophiler Entzündung dagegen einer chronischen Bronchitis. Diese Krankheiten sind jedoch nicht immer klar voneinander abgrenzbar und werden beide mit Glukokortikoiden therapiert, deshalb wird auch der Begriff „glukokortikoid-responsive Atemnot oder Husten“ verwendet.

Pathophysiologie: Folgende Veränderungen finden am Bronchus statt: Muskuläre Konstriktion, Hypersekretion und Dyskrinie sowie Schleimhautödem. Dies führt einerseits zu Husten, aber auch zu einer lebensbedrohlichen Atemnot. Die Bronchokonstriktion ist als ein Teil der chronischen inflammatorischen Prozesse am Bronchus anzusehen.

Mit großer Wahrscheinlichkeit handelt es sich dabei um eine allergische Reaktion vom Soforttyp (Typ 1). Als Auslöser kommen vermutlich inhalierte ubiquitäre Allergene, wie etwa Hautschuppen, Pflanzenteile oder Hausstaubmilben infrage.

Klinisches Bild: Asthma und chronische Bronchitis sind ein häufiges Krankheitsbild bei der Katze. Zur Vorstellung kommen entweder Notfälle mit schwerer Atemnot oder aber Katzen mit chronischem Husten bei sonst ungestörtem Allgemeinbefinden. Diese beiden Leitsymptome werden durch die Bronchokonstriktion (Atemnot) bzw. die bronchiale Entzündung und Sekretion (Husten) verursacht und können auch gemeinsam auftreten. Bei der Auskultation fällt ein pfeifendes Atemgeräusch oder Giemen auf, je nach sekretorischer Komponente auch feuchte Geräusche wie Rasseln und Knistern.

Die Thoraxröntgenaufnahme kann unauffällig sein. Typische Veränderungen beim felinen Asthma umfassen je nach Chronizität und Schwere milde bis hochgradige bronchiale Verschattungsmuster bis hin zu bronchialen Verkalkungen (selten) sowie ein erweitertes Lungenfeld (Überblähung der Lunge durch die exspiratorische Dyspnoe) (Abb. 6.12). Selten wurden auch ein spontaner Pneumothorax oder Atelektasen, hauptsächlich des Mittellappens, beschrieben.

Bei einigen Patienten wird eine Bluteosinophilie nachgewiesen. Dieser Befund ist nicht besonders spezifisch oder sensitiv für felines Asthma, kann aber unterstützend verwendet werden.

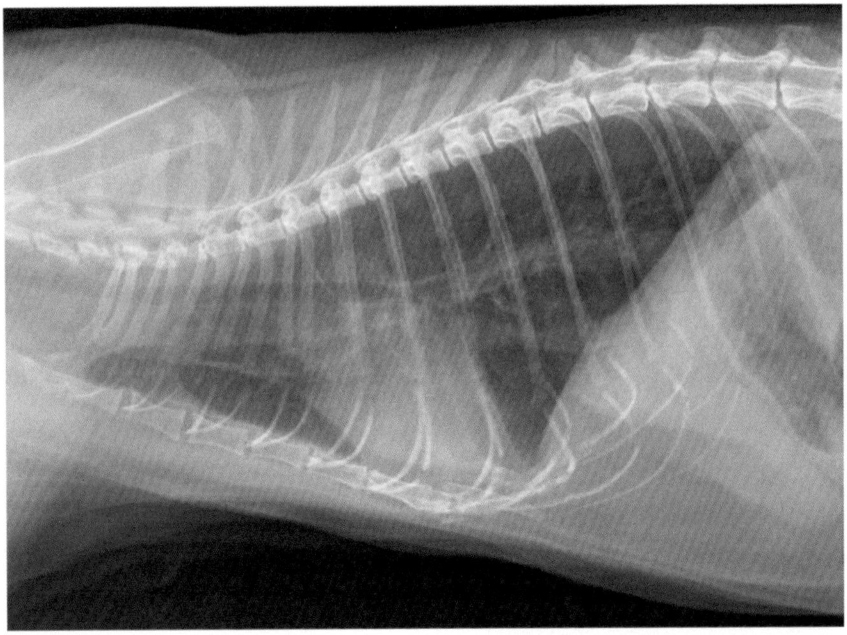

Abb. 6.12 Laterale Thoraxröntgenaufnahme eines 8-jährigen Perser-Katers mit chronischem, feuchtem, glukokortikoid-responsivem Husten (felines Asthma). Die Aufnahme zeigt ein vergrößertes Lungenfeld (Abstand Herz zu Zwerchfell vergrößert, Zwerchfell abgeflacht) und eine milde bronchiale Zeichnung.

Diagnose: Felines Asthma ist eine Ausschlussdiagnose. Bei der Katze lassen Anamnese, klinisches Bild und radiologischer Befund die Verdachtsdiagnose zu. Ein Ansprechen auf Glukokortikoide und Bronchodilatatoren oder eine rezidivierende selbstlimitierende Atemnot sind weitere Hinweise auf die Krankheit. Der Nachweis der eosinophilen Entzündung in der BAL gilt als hochverdächtig für Asthma, es handelt sich jedoch um keinen spezifischen Befund.

In Forschungseinrichtungen kann die bronchiale Hyperreaktivität und Konstriktion mithilfe von Lungenfunktionstests nachgewiesen werden. Im Modell (experimentelle Sensibilisierung der Katzen) korrelierte die bronchiale Reaktivität dabei mit dem Grad der eosinophilen oder neutrophilen Entzündung der Bronchien.

Differenzialdiagnose: Bei chronischem Husten sollten infektiöse Ursachen, Fremdkörper, Tumoren und bei Eosinophilie vor allem Parasiten ausgeschlossen werden.

Therapie: Man unterscheidet die Notfallbehandlung der akuten Bronchokonstriktion mit Bronchodilatatoren von der dauerhaften, antientzündlichen Erhaltungstherapie mit Glukokortikoiden. Die Bronchokonstriktion wird mit Sauerstoffgabe und beta-Mimetika behandelt (Terbutalin, 0,01 mg/kg KM, i. v., i. m. oder s. c.; zur Fortführung ggf.

Abb. 6.13 Anwendung eines Aero-Kat-Systems mit aufgesetztem Dosier-Aerosol-Behälter zur Behandlung des felinen Asthmas. Das System kann auch bei Hunden mit idiopathischer Rhinitis oder chronischer Bronchitis angewandt werden (Trudell Medical, mit freundlicher Genehmigung).

0,625–1,25 mg/Katze, 2–3x tägl. p. o. für einige Tage). Alternativ kann auch Salbutamol, 100 µg/Pumpstoß als Dosier-Aerosol (mit Aero-Kat®, s. u.) angewendet werden. Eine Wiederholung ist nach 30 Minuten möglich. Kortikosteroide alleine sind zur Notfalltherapie der Atemnot nicht geeignet. Sie werden aber trotzdem bei bislang unbehandelten Patienten zum Zeitpunkt des ersten Atemnotanfalls verabreicht.

Die dauerhafte Behandlung der entzündlichen bronchialen Veränderungen besteht aus Prednisolon (initial 2 mg/kg KM, 1 × tägl. p. o., dann langsam ausschleichend auf mindestwirksame Dosis, nicht selten reichen 0,2 mg/kg KM jeden 2. Tag p. o. aus). Bei gutem Ansprechen auf Prednisolon treten nicht nur der Husten, sondern auch die Bronchokonstriktion bedeutend seltener und schwächer auf.

Die ideale Langzeittherapie stellt die Inhalationstherapie mit einem Fluticason-Dosier-Aerosol unter Anwendung des Aero-Kat®-Systems dar (Trudell Medical Int., in Deutschland über WDT vertrieben, Abb. 6.13). Für eine bessere Wirksamkeit der Dosier-Aerosol-Therapie sollten die Bronchien von Sekreten und Spasmen bereits befreit sein, was durch eine orale Therapie mit Prednisolon über mehrere Wochen erreicht wird. Im Anschluss kann die Dosier-Aerosol-Therapie überlappend mit der oralen Therapie begonnen werden. Ziel dieser Therapie ist es, ohne oder mit einer geringeren Dosis an oralem Prednisolon auszukommen. Fluticason wirkt kaum systemisch, sodass Hyperkortisolismus-Symptome bei Dauertherapie weniger wahrscheinlich sind. Die Dosierung sind 2 × tägl 1–2 Pumpstöße Fluticason 125 µg. In schweren Fällen kann auch Fluticason 250 µg/Pumpstoß angewendet werden. Die Katze sollte das Aerosol aus dem Luftreservoir des Aero-Kat®-Systems über 3–4 Atemzüge einatmen. In seltenen Fällen kann der lokale Reiz des Aerosols Husten auslösen. Eine weitere mögliche Nebenwirkung ist eine Pilzbesiedelung des Rachens (Soor). Sollten Kortikosteroide kontraindiziert sein (Diabetes mellitus, Kardiomyopathien), kann stattdessen Ciclosporin versucht werden (initial 2,5–4 mg/kg 2 × tägl. p. o.).

Die Therapie muss dauerhaft weitergeführt werden, auch wenn keine klinischen Beschwerden mehr bestehen. Die chronische Entzündung kann sonst zu Metaplasien und einem irreversiblen Remodeling der Bronchien führen.

Wenn möglich, sollte eine reiz- und allergenarme Umgebung geschaffen werden. Die größte Belastung mit Hautschuppen und Hausstaubmilben besteht beispielsweise im Schlafzimmer der Besitzer. Es sind Fälle bekannt, in denen eine Hyposensibilisierung nach Intrakutantest erfolgreich gewesen ist, sodass dieser Therapieansatz bei Patienten in Betracht gezogen werden sollte, bei denen eine medikamentöse Therapie nicht möglich oder nicht erfolgreich ist.

6.4.5 Krankheiten des Lungenparenchyms

6.4.5.1 Idiopathische Lungenfibrose

Definition: Idiopathische entzündlich-fibrosierende, nicht infektiöse Veränderung des Lungeninterstitiums und der Alveolen. Das Lungeninterstitium umfasst den Raum zwischen Alveolen und Kapillaren. Das histologische Bild ist gekennzeichnet durch die Anwesenheit von Fibroblasten, Myofibroblasten, Hyperplasie der glatten Muskulatur und Metaplasie des Alveolarepithels. Die Krankheit gehört damit nicht zu den bronchialobstruktiven, sondern zu den interstitiell-restriktiven Lungenkrankheiten. Synonym: idiopathische pulmonale Fibrose.

Epidemiologie: Die Erkrankung wird eher beim Hund beobachtet, ist aber auch bei der Katze beschrieben. Sie ist insgesamt selten, tritt aber bei bestimmten Rassen gehäuft auf. Betroffen sind West Highland White Terrier (WHWT) und andere Terrierrassen, weiterhin auch Shih Tzu und Zwergschnauzer. Das Auftreten bei bestimmten Rassen kann jedoch regional verschieden sein. Die Tiere sind beim Auftreten der ersten Symptome meist mittelalt bis alt.

Ätiologie, Pathophysiologie: Das auslösende Agens beim Hund ist unbekannt. Die Häufung bei bestimmten Hunderassen lässt an eine genetische Disposition in Kombination mit Umweltfaktoren denken. Beim Mensch sind über 100 Stoffe, meist Feinstäube, beschrieben, die eine vergleichbare Pneumonieform auslösen können (exogen-allergische Alveolitiden, Hypersensitivitäts-Pneumonitiden, z. B. Farmerlunge, Vogelhalterlunge etc.). Daneben wird eine autoimmune Grundlage oder eine inadäquate immunologische Reaktion auf das Agens vermutet.

Die Veränderungen im Interstitium beeinträchtigen die Lunge zunehmend in der Atemmechanik und beim Gaswechsel. Das Lungengerüst und das Bronchialsystem verlieren ihre Elastizität, die Compliance vermindert sich, es entsteht eine restriktive Ventilationsstörung. Die Gasdiffusionsstrecke in den Alveolen vergrößert sich und die entstehende Hypoxämie führt zu einer Hypertonie im kleinen Kreislauf mit der Folge einer Rechtsherzbelastung (Cor pulmonale). Durch eine peribronchiale Entzündung kann im späteren Verlauf der Krankheit schließlich auch eine bronchiale Obstruktion entstehen.

Klinisches Bild: Beim Vollbild dieser chronisch-progredienten Krankheit ist bereits in Ruhe eine Dys- und Tachypnoe auffällig. Die Schleimhäute können je nach Schweregrad zyanotisch sein, dann sind auch Leistungsschwäche und vermehrtes Hecheln auffällig.

Zusätzlich besteht chronischer, täglich auftretender Husten. Nahezu pathognomisch für die Krankheit ist ein auskultatorisch hörbares inspiratorisches Entfaltungsknistern der Alveolen. Das Geräusch ist vergleichbar mit dem Knistern von Pergamentpapier.

Radiologisch (Planfilmröntgen oder CT) zeigen sich unstrukturierte interstitielle, broncho-interstitielle und alveoläre Lungenverschattungen, gekennzeichnet durch Detailverlust, verstärkte Hintergrundzeichnung mit unregelmäßig-fleckigem Verteilungsmuster. Weiterhin finden sich Traktionsbronchiektasen und ein verkleinertes Lungenfeld durch verminderten Luftgehalt als Ausdruck der pulmonalen Restriktion (Abb. 6.14).

Bei pulmonaler Hypertonie bestehen echokardiographisch eine Rechtsherzvergrößerung und veränderte Doppler-Messwerte als Zeichen eines Cor pulmonale (Trikuspidalregurgitationsgeschwindigkeit > 3,1 m/sec, enddiastolische Pulmonalinsuffizienzgeschwindigkeit > 2,2 m/sec, verkleinerter Akzelerations- zu Ejektionszeitquotient des Pulmonalarterienflusses ≤ 0,3) sowie eine verminderte Pulmonalarteriendistensibilität < 30 %. Auskultatorisch fällt dann häufig ein lauter S2-Ton auf.

Der Verlauf ist individuell verschieden und kann einige Wochen bis viele Monate betragen. In einer Studie betrug die mediane Überlebenszeit beim WHWT 15,5 Monate (3–41 Monate).

Bei Katzen wird die Krankheit gehäuft in Kombination mit pulmonalen Neoplasien diagnostiziert.

Diagnose: Zur Diagnosesicherung wäre ein Lungenbioptat mit aussagekräftiger histologischer Untersuchung notwendig. Beim Menschen ist die Diagnose auch über hoch-

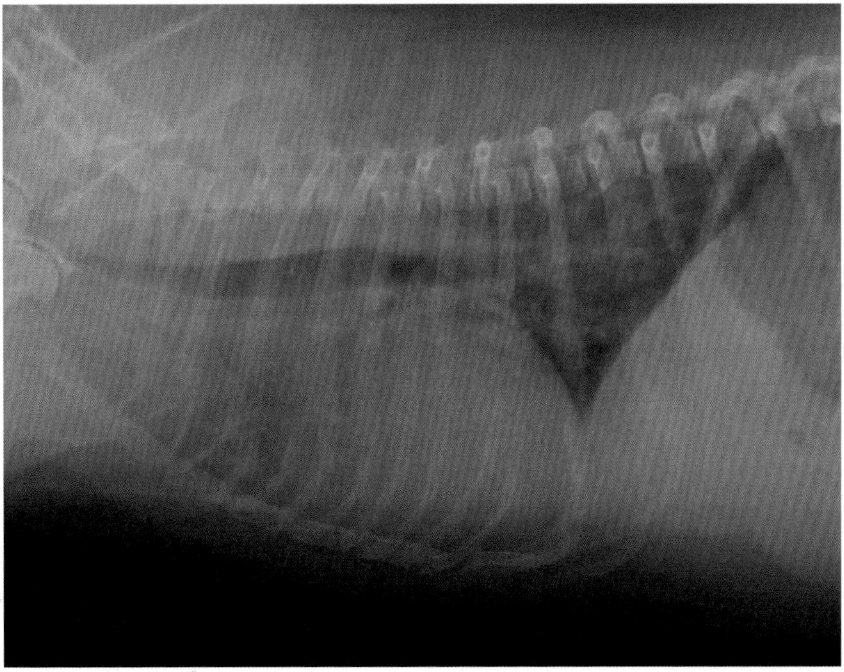

Abb. 6.14 Röntgenaufnahme der Lunge eines 15-jährigen West-Highland-White-Terrier-Rüden mit symptomatischer Lungenfibrose. Auffallend sind das verkleinerte Lungenfeld und die gemischte, fleckige Verschattung der Lunge.

auflösendes CT möglich. In der Veterinärmedizin wird die Diagnose meist anhand der Kombination aus Signalement (WHWT), Dyspnoe, Husten, Knistern bei Auskultation, radiologischen Veränderungen und dem Ausschluss anderer Ursachen gestellt.

Differenzialdiagnose: Das Knistern bei der Auskultation ist auch bei einem alveolären Lungenödem zu hören, insofern muss bei einem solchen Auskultationsbefund eine kongestive Herzkrankheit ausgeschlossen werden. Die beiden Krankheiten unterscheiden sich bereits radiologisch voneinander: alveoläre Lungenzeichnung beim Ödem gegenüber der diffus bis fokalen unstrukturiert-interstitiellen Zeichnung bei der Fibrose. Weiterhin ist die Echokardiographie hilfreich zur Differenzierung einer Linksherzinsuffizienz von einem Cor pulmonale.

Lungenödeme anderer Genese (toxisch, neurologisch) zeigen meist einen akuten Verlauf im Gegensatz zur chronisch-progredienten Lungenfibrose.

Bei einer chronischen Bronchitis steht der Husten im Vordergrund. Dyspnoe und Zyanose sind geringer ausgeprägt oder gar nicht vorhanden. Zudem bestehen bei dieser Krankheit röntgenologisch bronchiale Verschattungsmuster. Die Unterscheidung per Lungenspülprobe kann schwierig sein, da auch bei der Lungenfibrose eine sterile Bronchitis begleitend auftreten kann.

Lungenparasiten können radiologisch zu ähnlichen herd- und fleckförmigen Verschattungsmustern führen und müssen serologisch und per Kotuntersuchung ausgeschlossen werden. Neoplasien zeigen überwiegend noduläre Verschattungsmuster und können meist per Feinnadelspiration oder Trucut-Biopsie diagnostiziert werden.

Therapie: Die Krankheit ist nicht heilbar, auch eine verzögernde Therapie ist nicht bekannt. Therapeutisches Ziel ist eine Verbesserung der Lebensqualiät durch Erleichterung der Atmung und Unterdrückung des Hustens. Bei schwerer Dyspnoe und Zyanose sollte zur Euthanasie geraten werden.

Es wird eine Kombinationstherapie von Prednisolon und/oder immunsupressiven Medikamenten (Cyclophosphamid, Azathioprin), Antitussiva (Dihydrocodein) und Bronchodilatatoren (z. B. Terbutalin oder Theophyllin; Dosierungen: s. Kap. 6.4.6.4) empfohlen. Die pulmonale Hypertonie kann mit Sildenafil (1–3 mg/kg KM, 2–3 × tägl. p. o.) oder Tadalafil (1 mg/kg, 1x tägl. p. o.) therapiert werden.

6.4.5.2 Funktionelle und strukturelle Malformationen der Luftwege

Von den verschiedenen anatomisch oder mikroanatomisch definierten Fehlbildungen der Atemwege, die zu klinischen Symptomen führen können, werden Bronchiektasen, Bullae und die ziliare Dyskinesie besprochen.

Bronchiektasen

Definition, Ätiologie: Permanenter, irreversibler Verlust des elastischen und muskulären Gewebes der Bronchialwand mit der Folge einer lokalen oder röhrenförmigen Weitung und Aussackung des Bronchus. Die Veränderungen können lokalisiert oder disseminiert in den Bronchien verteilt sein, dazwischen können septenartige Einziehungen bestehen. Die Krankheit ist als primäre, kongenitale Form beschrieben, u. a. auch kombiniert mit der ziliaren Dyskinesie. Die sekundäre Form tritt als Folge chronisch-entzündlicher Bronchialerkrankungen auf (chronische Bronchitis, eosinophile Bronchitis).
Diagnose: Die Diagnose kann röntgenologisch gestellt werden, die Technik ist aber nicht besonders sensitiv. Besser eignet sich eine Kombination aus CT und Bronchoskopie.

Das CT bietet eine gute Darstellung der kleinen Luftwege in der Peripherie, die endoskopisch nicht erreichbar sind. Eine Bronchiektasie liegt ab einem bronchialen Lumendurchmesser vor, der größer als das Zweifache der begleitenden Arterie ist. Weiterhin zeigen diese Bronchien eine irreguläre, wellige Wandbeschaffenheit und peripheriewärts keine Abnahme des Durchmessers. Bei der Bronchoskopie können die großen Luftwege eingesehen werden und – basierend auf den Befunden des CT – gezielte Spülproben aus den veränderten Lungenlappen gewonnen werden (Abb. 6.15 u. 6.16).

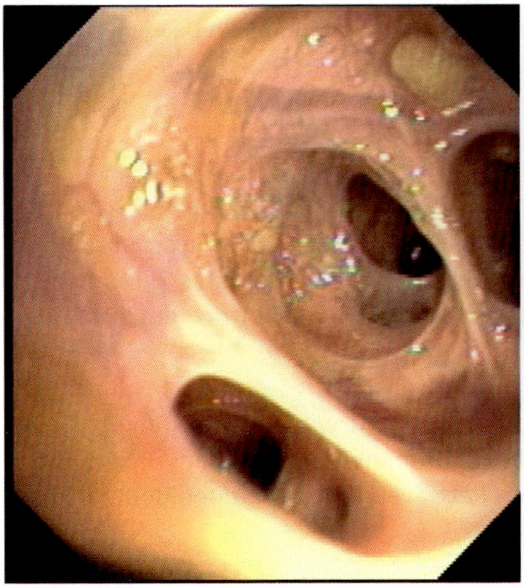

Abb. 6.15 Endoskopisches Bild von höchstgradigen Bronchiektasen im kranialen Lungenlappen eines vierjährigen Jack Russel Terriers. Zu erkennen ist auch verfestigtes gelbliches Sekret im oberen Bildteil, das einen Bronchus obstruiert.

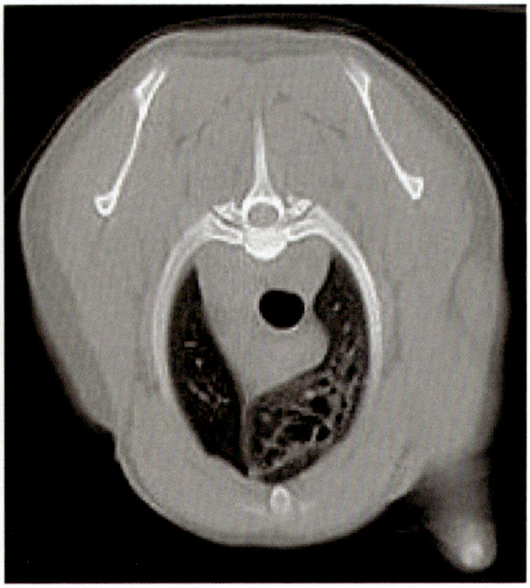

Abb. 6.16 CT-Transversalschnitt durch den kranialen Thorax des Patienten aus Abb. 6.15. Im rechten Spitzenlappen sind die erweiterten Bronchien deutlich zu erkennen.

Therapie: Bronchiektasen sind nicht heilbar. Sie wirken wie bronchiale Sekretfallen. Therapieziele sind die Behandlung der Grundkrankheit, Sekretmobilisierung, Mukolyse und die Bekämpfung von Sekundärinfektionen. Ein Abhusten ist notwendig und sollte nicht unterdrückt werden. Bei einer lobär begrenzten Bronchiektase ist eine Lungenlappenresektion möglich.

Bullae

Definition, Ätiologie: Bullae oder „Blebs" sind scharf abgegrenzte, luftgefüllte, epithelisierte Blasen im Lungenparenchym bzw. der pleuralen Oberfläche. Sie treten häufig als Fehlbildungen oder bei einer Gewebeschwäche auf. Sie können selten auch sekundär bei chronischen Lungenkankheiten mit Emphysembildung, z. B. als bullöses Emphysem, entstehen.

Klinisches Bild, Diagnose: Bullae sind meist Zufallsbefunde beim Lungenröntgen und bleiben klinisch inapparent. Sie können aber Ursache für einen Spontanpneumothorax sein. Eine Häufung besteht hier bei mittelalten Hunden der großen Rassen. Im Falle eines Pneumothorax ist die röntgenologische Identifizierung einer Bulla erschwert, besser geeignet ist das CT.

Therapie: Zur dauerhaften Abdichtung eines durch eine Bulla ausgelösten Pneumothorax ist die Identifizierung und Resektion des betroffenen Lungengewebes erforderlich (vgl. Abb. 6.25 u. 6.26).

Primäre ziliare Dyskinesie

Definition, Ätiologie: Angeborener Motilitätsdefekt der Zilienstrukturen im Körper. Dies umfasst die Funktionseinschränkung des mukoziliaren Apparates (Flimmerepithel), der Spermienmotilität mit der Folge Infertilität sowie der intrazellulären Zilien (Mikrotubuli).

Epidemiologie: Die Krankheit ist beim Hund selten und wird noch seltener bei der Katze beobachtet. Für folgende Rassen wurde die Krankheit beschrieben: Bichon Frisé, Border Collie, Dobermann, Chihuahua, Golden Retriever, Neufundländer, Bobtail, Shar-Pei, Irischer Wolfshund.

Pathogenese: Der Funktionsverlust der Mikrotubuli führt bereits bei der Embryogenese zu einem Verlust der Steuerung der Seitenzugehörigkeit von Organen, sodass dies zufällig geschieht und 50 % der betroffenen Tiere einen Situs inversus aufweisen. Die Trias aus Flimmerepithelfehlfunktion, Infertilität und Situs inversus nennt man Kartagener-Syndrom.

Klinisches Bild: Die Tiere fallen bereits als Welpen durch chronisch-eitrigen Nasenausfluss und produktiven Husten auf. Die Symptome können mit dem Alter zunehmen. Sie sind Antibiotika-responsiv, rezidivieren aber nach dem Absetzen sofort wieder. Als Komplikation sind schwere bakterielle Bronchopneumonien möglich.

Diagnose: Die Diagnose ist beim Vorliegen eines Situs inversus in Kombination mit den beschriebenen respiratorischen Symptomen ausreichend sicher zu stellen. Ohne Situs inversus ist sie bei männlichen Tieren durch den Nachweis der veränderten Spermienmotilität möglich. Sonst bleibt nur die elektronenmikroskopische Untersuchung der Zilienstruktur aus einer in Glutaraldehyd fixierten Schleimhautbiopsie oder der Nachweis der verminderten Flimmerepithelfunktion durch szintigraphische Methoden. Dabei muss jedoch bedacht werden, dass die Zilienfunktion durch chronische Entzündung auch sekundär geschädigt sein kann.

Differenzialdiagnose: Bei jungen Tieren mit chronisch-eitriger Bronchitis und Rhinitis kommen eine eosinophile Bronchopneumopathie, Aspirationen durch eine Gaumenspalte oder laryngeale/ösophageale Krankheiten, broncho-ösophageale Fisteln oder rezidivierende Pneumonien durch eine hypoplastische Trachea infrage. Beim Irischen Wolfhund führt das Rhinitis-Bronchopneumonie-Syndrom zu einem vergleichbaren klinischen Bild.

Therapie, Prognose: Es ist eine lebenslange unterstützende Therapie mit Antibiotika, Mukolytika, Coupage etc. notwendig, um die Atemwege freizuhalten. Der Husten sollte nicht unterdrückt werden. Unter entsprechend intensiver Betreuung können die Patienten mehrere Jahre alt werden. Rezidivierende Pneumonien stellen meist den Grund für eine Euthanasie dar.

6.4.5.3 Lungenödem

Definition: Erhöhter Flüssigkeitsgehalt der Lunge durch Extravasation von Flüssigkeit aus den Kapillaren zunächst ins Lungeninterstitium, dann auch in die Alveolen (interstitielles bzw. alveoläres Lungenödem).

Ätiologie und Pathophysiologie: Man unterscheidet das kardiale vom nichtkardialen Lungenödem. Das **kardiale Lungenödem** entsteht hydrostatisch durch eine kardiovaskulär bedingte Stauung der Lungenvenen (kongestive Linksherzinsuffizienz). Die zellarme Flüssigkeit gelangt zuerst ins Interstitium, dann in die Alveolen und verschlechtert dadurch den Gaswechsel (Veränderung der kapillär-alveolären Diffusionstrecke bzw. alveoläre Hypoxie). Eine Sonderform des hydrostatischen Ödems entsteht iatrogen durch Überwässerung bei großen Infusionsmengen. In beiden Fällen (kongestiv, iatrogen) sind Diuretika wirksam.

Nichtkardiale Ödeme der Lunge sind dagegen die Folge einer Zunahme der Gefäßpermeabilität durch toxische, infektiöse oder neurogene Ursachen. Zu Letzteren zählen Schädelhirntraumen oder Elektroschock durch Stromkabelverbiss. Eine Sonderform des nichtkardialen Lungenödem ist das „Acute Respiratory Distress Syndrome" (ARDS, auch „Acute Lung Injury", ALI), das als Komplikation bei Traumen, Sepsis oder Organversagen vorkommt. Beim Hund stellt die Leptospirose eine bedeutende Ätiologie dar, hierbei kommt es auch zu Lungenblutungen.

Lungenödeme können darüber hinaus bei der Höhenkrankheit durch herabgesetzten atmosphärischen Druck oder unter länger andauerndem negativen Druck in der Lunge, z. B. als Folge einer Kehlkopflähmung, entstehen.

Beim neurogenen Lungenödem kann eine gemischte Ätiologie (hydrostatisch und Permeabilitätszunahme) bestehen, während ARDS/ALI ohne eine hydrostatische Beteiligung definiert ist. Das bedeutet, dass Schleifendiuretika bei einem neurogenen Lungenödem therapeutisch wirksam sein können, beim ARDS dagegen nicht.

Klinisches Bild, Diagnostik: Die **interstitielle Phase** des Lungenödems ist klinisch schwieriger zu erkennen als die alveoläre, da noch keine feuchten Atemgeräusche bei der Auskultation und in geringerem Maße Dyspnoe bestehen. Auch das röntgenologische Verschattungsmuster ist weniger charakteristisch als beim alveolären Ödem. Das früheste Anzeichen eines Lungenödems ist eine erhöhte Atemfrequenz als Zeichen des erschwerten Gaswechsels.

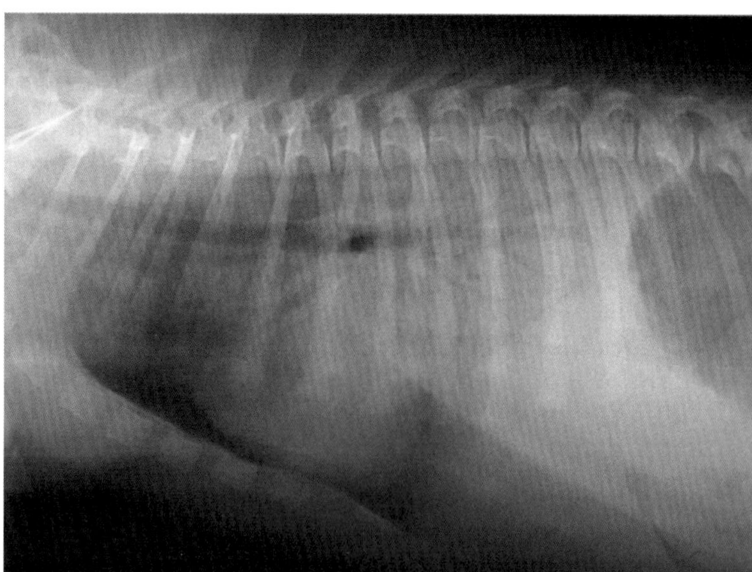

Abb. 6.17 Nicht-kardiales Lungenödem in den Hauptlappen bei einem Hundewelpen nach Elektroschock durch Stromkabelverbiss. Die alveoläre Zeichnung ist anhand der Luftbronchogramme deutlich zu erkennen, die Verteilung des Ödems reicht bis in die Peripherie der Lunge.

Das **alveoläre Lungenödem** mit Flüssigkeit in den Alveolen ist dagegen durch ein prägnanteres klinisches Bild gekennzeichnet. Dabei wird Flüssigkeit in das Bronchialsystem heraufgeflimmert, wodurch die Patienten neben Dyspnoe und Zyanose ein regelmäßiges, flaches Hüsteln zeigen. Auskultatorisch kann ein feuchtes, knisterndes oder knackendes Atemgeräusch auffallen. Bei einem schweren Lungenödem läuft schließlich rosafarbene, schaumige Flüssigkeit aus dem Maul.

Bei einem **kardialen Lungenödem** gibt es beim Hund i. d. R. Hinweise auf eine Herzkrankheit, wie Herzgeräusch oder Arrhythmie. Dagegen kann bei der Katze die Auskultation des Herzens auch im symptomatischen Stadium unauffällig sein.

Bei Patienten mit einem nichtkardialen Lungenödem liegt meist ein prädisponierendes Ereignis zugrunde, beispielsweise Trauma, Narkose, Infektionskrankheit, GIT-Krankheit (insbesondere Pankreatitis), Sepsis, Medikamentenreaktion.

Diagnose: Das klinische Bild (Polypnoe, zum Teil rasselnder Auskultationsbefund, Hochhusten von schaumiger Flüssigkeit) lässt bereits eine Verdachtsdiagnose zu. Zur weiteren Bestätigung dienen Röntgenaufnahmen. Das Röntgenbild bei kardialem Lungenödem zeigt beim Hund eine Linksherzvergrößerung und eine um den Lungenhilus zentralisierte alveoläre Verschattung, die Lungenperipherie bleibt frei. Die ventrodorsale Aufnahme zeigt eine stärkere Beteiligung des rechten Hauptlappens. Beim nichtkardialen Ödem ist beim Hund dagegen auch die Lungenperipherie infiltriert oder es kommt zu einer Absenkung nach peripher und ventral. Die Katze zeigt bei beiden Ätiologien ein unregelmäßig-fleckiges Verteilungsmuster der alveolären Verschattung, häufig sind aber die ventralen Anteile der Haupt- und Spitzenlappen infiltriert (Abb. 6.17 sowie Abb. 5.21 u. 5.25).

Differenzialdiagnose: Ein knisterndes Atemgeräusch mit Husten und Dyspnoe besteht auch bei der Lungenfibrose. Der Röntgenbefund unterscheidet sich dabei vom alveolären Lungenödem. Es liegt eher eine diffuse bis fokale unstrukturierte interstitielle Zeichung ohne vorherrschende alveoläre Komponente sowie im Falle eines Cor pulmonale eine Rechtsherzvergrößerung vor. Zudem ist bei der Lungenfibrose das Lungenfeld meist verkleinert. Das kardiale kann vom nichtkardialen Lungenödem durch eine echokardiographische Untersuchung unterschieden werden. Beim Hund ist auch der Verteilungstyp beider Ödemformen in der Lunge unterschiedlich, das Ödem reicht beim nichtkardialen Ödem bis in die Peripherie.

Therapie: Das kardiale Lungenödem wird beim Notfallpatienten durch Sauerstoffgabe und mit intravenöser Furosemidgabe therapiert (s. Kap. 5.7.2.1 und 5.7.3.3).

Bei nichtkardialen Ödemen gilt es, die zugrunde liegende Krankheit zu erkennen und zu behandeln. Die Patienten sind meist nur intensivmedizinisch therapierbar. O_2-Gabe über Nasensonde, Absaugung oder sogar maschinelle Beatmung sind dann notwendig. Bei toxischen oder anaphylaktischen Reaktionen können Kortikosteroide hilfreich sein.

Prognose: Bei Patienten mit Polytrauma, Multiorganversagen oder einer Sepsis ist das Auftreten eines Lungenödems prognostisch ein ungünstiger Faktor. Welpen mit Lungenödem aufgrund von Elektroschock durch Stromkabelverbiss haben eine deutlich günstigere Prognose.

6.4.5.4 Lungentumoren

Definition, Epidemiologie: Primär oder als Metastasen vorkommende, i. d. R. maligne Tumoren der Lunge. Bei den primären Lungentumoren handelt es sich bei Hund und Katze meist um Karzinome des Epithels von Bronchien und Alveolen sowie der Bronchialdrüsen (v. a. Adenokarzinome). Lungentumoren finden sich häufiger bei brachyzephalen Rassen, möglicherweise durch die schlechtere Filterwirkung der Nase. Mammakarzinome metastasieren häufig in die Lunge und sind dann disseminiert verteilt. Die meisten Tiere mit Lungentumoren sind älter als 9 Jahre.

Klinisches Bild: Das klinische Bild ist uneinheitlich. Symptome der Atemwege, wie Husten oder blutiger Auswurf (Hämoptyse), treten bei Lungentumoren je nach Kontakt zu den luftführenden Wegen früh oder erst in fortgeschrittenen Stadien, manchmal auch gar nicht auf. In etwa 25 % der Fälle von primären Lungentumoren bei Kleintieren handelt es sich um einen röntgenologischen Zufallsbefund.
Einige Patienten entwickeln einen Pleuraerguss mit Dyspnoe als Folge. Es überwiegen jedoch meist die unspezifischen Symptome einer Tumorkrankheit wie Anorexie, Vomitus, Leistungsschwäche, Gewichtsverlust und Kachexie. Die Verlegung eines großen Bronchus durch Tumorgewebe führt zu einer Resorptionsatelektase des anhängenden Lungenlappens.

Besonders bei der Katze metastasieren primäre Lungentumoren ihrerseits nicht selten in die Zehenknochen und führen zu Lahmheiten, sodass eine Untersuchung der Pfoten und Zehen bei einem solchen Lungenbefund indiziert ist (Akrometastasierung). Selten kommt es auch zu einer Akropachie mit periostalen Reaktionen an den Gliedmaßen. Bei Katzen wurde begleitend zu einer Lungenfibrose eine erhöhte Inzidenz von Lungentumoren gefunden. Der Zusammenhang ist ungeklärt.

Diagnose: Die Verdachtsdiagnose entsteht durch Befunde des Thoraxröntgens. Es kann sich um einen Rundherd oder ein noduläres Muster handeln, bei infiltrativ wachsenden Tumoren jedoch auch um gemischte Muster. Das Erkennen von Noduli im Röntgenbild besitzt im Vergleich zum CT jedoch eine geringere Sensitivität, besondes, wenn kleine Metastasen identifiziert werden sollen (Abb. 6.18–6.20).

Tumoren der Zehen oder eine Akropachie unterstützen den radiologischen Verdacht auf eine Neoplasie. Zur endgültigen Diagnosestellung ist die Entnahme einer Gewebeprobe unter sonographischer oder CT-Kontrolle notwendig (s. Kap. 6.3.3.5). Liegt ein Pleuraerguss vor, kann die zytologische Untersuchung der Flüssigkeit im positiven Falle bereits diagnostisch sein. Wenn Tumoren mit den luftführenden Wegen kommunizie-

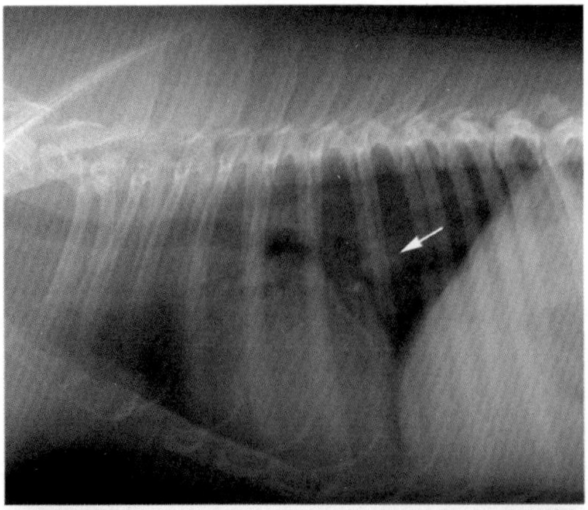

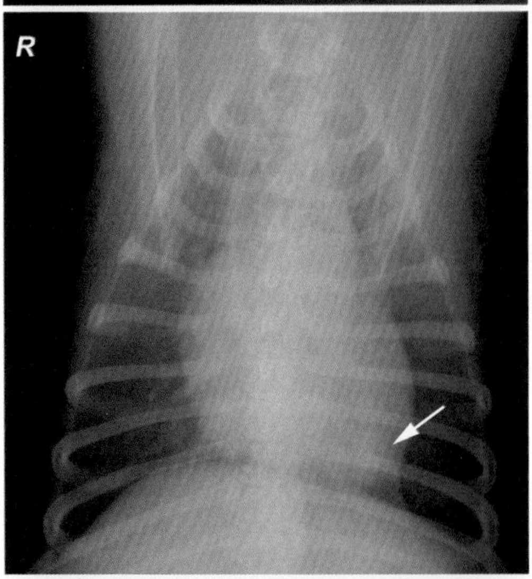

Abb. 6.18 (oben) und 6.19 (Mitte) Röntgenaufnahmen eines 14-jährigen Deutschen Jagdterriers mit einem primären Bronchialkarzinom im linken Hauptlappen (Pfeile).

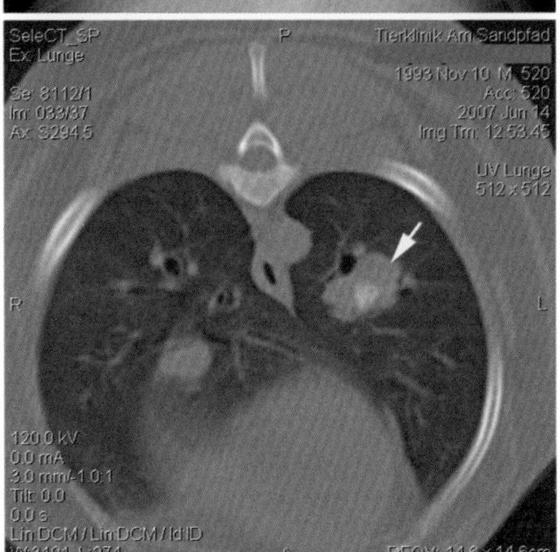

Abb. 6.20 CT-Transversalschnitt des gleichen Patienten aus den Abbildungen 6.18 und 6.19. Der Tumor (Pfeil) ist gegenüber dem Lungengewebe wesentlich besser differenzierbar als in den Planfilmaufnahmen.

ren, können maligne Zellen in der BAL vorhanden sein. Sofern bei hinreichendem Verdacht nur ein Lungenlappen verändert und deshalb ohnehin eine Lobektomie geplant ist, kann im Einzelfall auch auf eine vorherige Biopsie verzichtet werden. Zuvor sollten Metastasen des Lungentumors in andere Lungenlappen oder Organe ausgeschlossen werden.

Differenzialdiagnose: Bei einem nodulären Verschattungsmuster der Lunge kommen auch granulomatöse, herdförmige Entzündungen infrage, wie sie bei einer Lungenmykose, Tuberkulose oder Abszessen auftreten. Auch allergisch-entzündlich bedingte herdförmige eosinophile Infiltrate können die Ursache sein. Weiterhin können thorakale Zysten oder Lymphadenopathien zu weichteildichten Rundschatten führen. Bei gemischten Verschattungsmustern können differenzialdiagnostisch auch Lungenparasiten, Lungenkontusionen oder eine Lungenfibrose vorliegen. Eine lobär begrenzte Konsolidierung mit Husten tritt bei einer Lungenlappentorsion auf. Zur weiteren Differenzierung sind daher Kot- und Blutuntersuchungen, Thoraxsonographie, Thorax-CT mit Feinnadelaspiration oder Biopsie, Bronchoskopie mit BAL und ggf. eine Thorakoskopie notwendig.

Therapie, Prognose: Die Resektion des Lungenlappens kann bei solitären Tumoren kurativ sein, insbesondere bei gut differenzierten Adenokarzinomen. Es empfiehlt sich bei der Operation die Biopsie oder Entnahme der tracheabronchialen Lymphknoten, um eine Metastasierung zu erkennen. Liegen bereits Metastasen vor, ist die Prognose vorsichtig zu stellen und eine ergänzende Chemotherapie zu erwägen (s. Kap. 15, s. Tab. 15.7, 15.20).

6.4.5.5 Lungenlappentorsion

Definition: Drehung eines Lungenlappens um seine Achse.

Epidemiologie: Es existiert eine Prädisposition bei bestimmten Rassen oder Rassetypen: tiefbrüstige Vertreter der großen Rassen und Toy- oder Zwergrassen. Ein gehäuftes Vorkommen ist auch beim Mops beschrieben. Bei Katzen tritt die Krankheit deutlich seltener auf.

Ätiologie und Pathogenese: Die genaue Ursache ist meist nicht bekannt. Lungenlappendrehungen können als Folge von Atelektasen, Traumen, nach Lungenlappenresektion oder bei einem Pleuraerguss auftreten, in der Mehrzahl der Fälle ist jedoch keine vorbestehende Lungenkrankheit bekannt.

Durch die Drehung im Hilusbereich kommt es zu einer venösen Stauung mit einer Exsudation von blutiger Flüssigkeit. Der Lungenlappen wird nicht mehr belüftet und schließlich atelektatisch. Bei großen Hunderassen ist häufiger der rechte Mittellappen,

bei den kleinen Rassen dagegen eher der linke kraniale Lungenlappen betroffen.
Klinisches Bild: Die Patienten werden wegen plötzlichem Würgen, Husten und Tachypnoe vorgestellt. Das Allgemeinbefinden ist gestört und es kann Fieber bestehen. Auskultatorisch fallen gedämpfte oder feuchte, rasselnde Atemgeräusche auf.

Diagnose: Der gedrehte Lungenlappen fällt radiologisch als weichteildichte Masse auf, darin können sich Lufteinschlüsse befinden. Der betroffene Hauptbronchus verläuft häufig in einem Bogen in eine atypische Richtung und endet plötzlich. Die Veränderungen hängen auch davon ab, wie lange die Torsion zurückliegt. Es besteht in praktisch allen Fällen zumindest ein ggrd. Pleuraerguss. Bei der Bronchoskopie ist ein verschlossener, verdrehter Bronchus mit blutigem Sekret zu finden. Thoraxsonographisch ist ein gedrehter Lungenlappen durch eine leberartige Textur mit dilatierten Gefäßen ohne Blutfluss in der Dopplersonographie charakterisiert. Zur Diagnosesicherung und Therapie ist eine Thorakotomie oder Thorakoskopie notwendig.

Differenzialdiagnose: Alle Krankheiten, die zu einer lobären Verdichtung oder Atelektase führen. Dazu zählen vor allem eine (Aspirations-)Pneumonie oder ein verlegter Hauptbronchus durch Tumoren oder Fremdkörper.
Therapie: Die Therapie besteht aus einer Lobektomie des gedrehten Lungenlappens. Ein lungenlappenerhaltendes Vorgehen wird nicht empfohlen. Das Vorliegen einer begünstigenden Grundkrankheit (z. B. Pleuraerguss) muss beachtet werden.

6.4.6 Bakterielle und virale Krankheiten der Atemwege

Die Atemwege stellen eine Eintrittspforte für zahlreiche Krankheitserreger dar. Daraus folgende Infektionskrankheiten der Atemwege sind das Resultat aus Erregervirulenz, Infektionsdruck und Abwehrlage des Wirtes. Das klinische Bild kann daher sehr variieren. Es reicht von einer lebensbedrohlichen Pneumonie über rezidivierend chronisch kranke Tiere bis hin zu klinisch gesunden Keimträgern und -ausscheidern.

6.4.6.1 Katzenschnupfenkomplex

Definition: Katarrhalische oder ulzerierende Entzündung überwiegend der oberen Atemwege der Katze (Nase, Rachen, Larynx, Trachea, Bronchien, aber auch Konjunktiven, Augen und Maulhöhle) durch primär pathogene Infektionserreger. Selten können auch die tieferen Atemwege in Form einer Pneumonie betroffen sein.

Ätiologie und Pathophysiologie: Als primäre virale Erreger gelten das feline Calici- und Herpesvirus (auch Rhinotracheitisvirus genannt). Als bakterielle Erreger Mykoplasmen, *Chlamydophila felis* und *Bordetella bronchiseptica*. Die genannten Erreger lassen sich auch bei klinisch inapparenten, also gesund erscheinenden Katzen isolieren, die dann als Reservoir gelten. Die Übertragung erfolgt direkt von Tier zu Tier, aber auch indirekt, beispielweise durch kontaminierte Käfige. Die Viren vermehren sich im Schleimhautepithel oder den Lymphgeweben des Rachens (Waldeyerscher Rachenring). Als sekundäre bakterielle Erreger gelten Staphylo-, Streptokokken und Pasteurellen.

Besonders in größeren Katzenpopulationen, nach Reisestress, bei Erstkontakt oder einer Immunsuppression (z. B. durch FIV, FeLV) kommt es zum Ausbruch der Krankheit. Die einzelnen Erreger zeigen dabei eine Affinität für bestimmte Schleimhautregionen.

Klinisches Bild: Die Schnupfensymptomatik fällt initial durch Niesen mit zunächst serösem, später eitrigem Nasen- und auch Augenausfluss auf. Im weiteren Verlauf können Lidödeme, Blepharospasmus bis hin zu Läsionen der Cornea, Stridor, Schluckbeschwerden, Maulschleimhautulzera oder -bläschen, weiterhin Husten durch Tracheitis, Bronchitis oder sogar eine Pneumonie hinzukommen. Dann bestehen i. d. R. auch Fieber und ein gestörtes Allgemeinbefinden mit Lethargie und Anorexie. Junge Tiere sind häufiger betroffen, bei Welpen kann es auch zu Todesfällen kommen. Bei einem unkomplizierten Verlauf tritt meist nach etwa einer Woche eine Besserung ein.

Je nach Erreger lassen sich folgende charakteristische Manifestationsmuster anhand ihrer Lokalisation unterscheiden:

- Calicivirus: Ulzerationen der Maulschleimhaut
- Herpesvirus: ulzerative Keratitis, Dermatitis im Gesichtsbereich
- *Chlamydophila felis:* Konjunktivitis
- *Bordetella bronchiseptica:* Tracheitis, Bronchitis, als Komplikation auch Pneumonie
- Mykoplasmen: Bronchitis, Pneumonie

Sekundärerreger können das klinische Bild zusätzlich beeinflussen.

Diagnose: Die oberen Atemwege sind auch beim gesunden Tier von zahlreichen Mikroorganismen besiedelt, deren Dichte von oben nach unten in Trachea und Bronchialsystem abnimmt. Pathogene Mikroorganismen werden beim erkrankten Tier mit höherer Wahrscheinlichkeit und in höheren Keimzahlen als beim gesunden nachgewiesen. Ein positiver Erregernachweis ist daher immer im Zusammenhang mit dessen Pathogenität, Keimzahl, Lokalisation und dem klinischen Bild zu interpretieren. Der Nachweis von bakteriellen Sekundärkeimen aus Tupferproben oder Sekreten der oberen Atemwege ist dabei als physiologischer Befund anzusehen.

Die genannten Viren und Bakterien können durch eine PCR nachgewiesen werden. Der Nachweis dieser Primärerreger besitzt beim Einzeltier mit dem klinischen Bild eines Katzenschnupfens jedoch keine große Bedeutung. Er ist vielmehr indiziert in größeren Beständen oder Mehrkatzenhaushalten, um das zugrunde liegende Agens und die stillen Ausscheider zu identifizieren. Beim chronisch kranken Einzeltier ist stattdessen die Suche nach prädisponierenden Ursachen sinnvoll.

Differenzialdiagnose: Bei Einzeltieren, die einen protrahierten oder rezidivierenden Krankheitsverlauf zeigen, sollten zugrunde liegende Ursachen für eine Immunsuppression (FIV-, FeLV-Infektion) ausgeschlossen werden. Anatomische Veränderungen wie Fehlbildungen oder Brachyzephalie können eine chronische Rhinitis begünstigen. Weitere häufige Ursachen für chronischen Nasenausfluss sind Tumoren, Polypen, Fremdkörper, Zahnwurzelvereiterungen und Mykosen, die aber alle meist unilateral beginnen. Ein beidseitiger Nasenausfluss besteht dagegen in nahezu jedem Fall von idiopathischer, allergischer oder immunvermittelter Rhinitis. Die Abgrenzung zu dieser Rhinitisform stellt eine große Herausforderung dar, da hierbei immer Sekundärkeime beteiligt sind und auch primär pathogene Keime vorkommen können. Das Allgemeinbefinden ist bei einer allergischen Rhinitis weniger stark gestört. Es bestehen auch keine Ulzerationen, kein Fieber und keine Beteiligung der Konjunktiven. Die weiterführende Abklärung von chronischem Nasenausfluss erfolgt daher idealerweise durch CT, Endoskopie (incl. Nasenrachen) und Biopsie.

Therapie: Die Therapie von Katzenschnupfen ist hauptsächlich unterstützend. Die Patienten müssen gepflegt, Augen und Nasenöffnungen gereinigt und freigehalten werden. Dazu bietet sich auch ein Ultraschall-Vernebler an (z. B. Pari Boy Junior®). Bei unkompliziertem Katzenschnupfen, d. h. die Tiere fressen noch, haben kein Fieber und erscheinen nicht krank, ist der Verlauf meist kurz und selbstlimitierend.

In schwereren Fällen muss eine Dehydratation durch Infusionen behandelt werden. Bakterielle (Sekundär-)Erreger, erkennbar durch eitrigen Nasen- oder Augenausfluss, erfordern eine Antibiotikagabe: Als erste Wahl wird Doxycylin, 10 mg/kg KM, 1 × tägl. p. o. empfohlen; bei Chlamydien-Konjunktivitis Tetracyclin-Augentropfen. Weiterhin können Amoxicillin-Clavulansäure, Clindamycin, Azithromycin, Cephalosporin, Gyrasehemmer und Metronidazol angewendet werden. Die Therapie sollte mindestens 2 Wochen dauern und bis 6 Wochen bei (Verdacht auf) Mykoplasmen-Pneumonie. Ein kultureller Bakteriennachweis mit Antibiogramm ist in chronischen Fällen mit schlechtem Ansprechen auf antibiotische Therapie indiziert.

Eine entzündungshemmende Behandlung kann mit NSAID, beispielsweise Meloxicam, durchgeführt werden. Die Patienten sollten dazu ausreichend hydriert sein und nicht an einer vorbestehenden Nierenkrankheit leiden.

Die Abwehr viraler Erreger kann durch Interferongabe oder Lysin bei Herpesviren verbessert werden, die Wirksamkeit ist jedoch nicht sicher nachgewiesen. Für Famciclovir wurde in Studien dagegen eine Wirksamkeit gegen Herpesviren nachgewiesen. Für erwachsene Katzen ist die Dosis 125 mg/Katze, 2–3 × tägl. p. o., bei Welpen 30–50 mg/kg KM, 2 × tägl. p. o. über jeweils 2–3 Wochen. Zur lokalen Behandlung einer Herpes-Keratitis: siehe Fachbücher der Ophthalmologie.

Bei länger andauerndem Krankheitsverlauf mit Anorexie sollte das Legen einer Ösophagusssonde zur Ernährung erwogen werden. Die Betreuung von Zuchtbeständen oder Tierheimen erfordert eine profunde Kenntnis der Haltungsbedingungen und der beteiligten Erregerbiologie (s. Kap. 2 „Infektionskrankheiten“ und Fachbücher der Infektionskrankheiten).

Prophylaxe: Impfungen gegen felines Calici- und Herpesvirus sowie *Chlamydophila felis* bieten keinen sicheren Schutz gegen eine Infektion oder eine Infektionskrankheit. Die Krankheit kann weniger schwer verlaufen. Auch geimpfte Katzen können einen Status als stille Ausscheider einnehmen.

6.4.6.2 Infektiöse Tracheobronchitis beim Hund, Zwingerhusten

Definition: akute, hochansteckende Infektionskrankheit der Atemwege, an der mehrere Erreger beteiligt sein können.

Ätiologie und Pathophysiologie: Die wichtigsten Erreger sind das canine Parainfluenzavirus Typ II (CPIV-2) und *Bordetella bronchiseptica* (s. Kap. 2.1.6), weiterhin auch das canine Adenovirus Typ II (CAV-2). Die Übertragung erfolgt durch direkten Kontakt, ist aber auch indirekt möglich. Unter bestimmten Haltungsbedingungen (viele Hunde in Zwingern) kann die Krankheit epidemieartig auftreten. Die Inkubationszeit beträgt 3–10 Tage.

Zielorgane sind die Epithelien der oberen Atemwege. Bordetella heftet sich dabei an das Epithel an und bewirkt eine Dysfunktion des Zilienapparates (Ziliostase). Die Folge ist eine Entzündung mit eitriger Sekretbildung. Dadurch begünstige Misch- und Sekundärinfektionen mit *Pasteurella* spp., *Pseudomonas* spp., *E. coli*, *Mykoplasma* spp., Staphylo- und Strepotokokken können das klinische Bild verschlimmern.

Klinisches Bild: Häufig erkranken junge oder in Gruppen gehaltene Tiere im Frühling und Herbst. Grundsätzlich kann jedoch jeder Hund zu jeder Jahreszeit erkranken. Klinisches Leitsymptom ist ein plötzlicher, heftiger, trockener Husten, der im weiteren Verlauf produktiv werden kann. Durch eine Laryngitis kann die Stimme heiser klingen. Weiterhin kann mukopurulenter Nasenausfluss auftreten. In vielen Fällen sind die Tiere bei ungestörtem Allgemeinbefinden und die Symptome klingen nach ein bis zwei Wochen wieder ab. Der Husten kann aber auch (bei gutem Allgemeinbefinden) wochenlang bestehen bleiben.

Zu einer schweren Verlaufsform mit reduziertem Allgemeinbefinden, Fieber und Anorexie durch eine eitrige Bronchopneumonie kann es bei Welpen, immunsupprimierten Patienten oder solchen mit vorbestehenden prädisponierenden Krankheiten der Atemwege kommen (hypoplastische Trachea beim Brachyzephalensyndrom, Bronchiektasen) (Abb. 6.21).

Diagnose: Signalement, Anamnese und klinisches Bild lassen eine Verdachtsdiagnose zu. Thoraxröntgenaufnahmen sind i. d. R. unauffällig. Sie sind bei Patienten mit chronischem Husten oder gestörtem Allgemeinbefinden jedoch indiziert, um eine Pneumonie zu erkennen.

Zum Nachweis einer Bordetellen-Infektion ist die Gewinnung von Tracheal- oder Bronchialsekret für Kultur und Antibiogramm erforderlich. Bereits in der zytologischen

Untersuchung können Bakterien erkennbar sein, daneben besteht ein vorherrschend eitriges Entzündungsbild mit degenerierten neutrophilen Granulozyten. Als Entnahmetechniken stehen die tracheale Punktion, die Gewinnung über einen Endotrachealtubus oder die gezielte bronchoskopische BAL zur Verfügung. Letztgenannte Technik bietet zudem die Möglichkeit, die Atemwege einzusehen, sodass Fremdkörper oder bronchiale Veränderungen erkannt werden können. In chronischen Fällen empfiehlt es sich zudem, der Bronchoskopie eine CT-Untersuchung voranzustellen.

Differenzialdiagnose: Weitere Ursachen für Husten sind Fremdkörper, Lungenparasiten, Bronchiektasen, Herzkrankheiten oder Aspiration, z. B. durch Megaösophagus. Ein eitriger Katarrh der Atemwege kann bei Jungtieren auf Staupe oder eine ziliare Dyskinesie hinweisen.

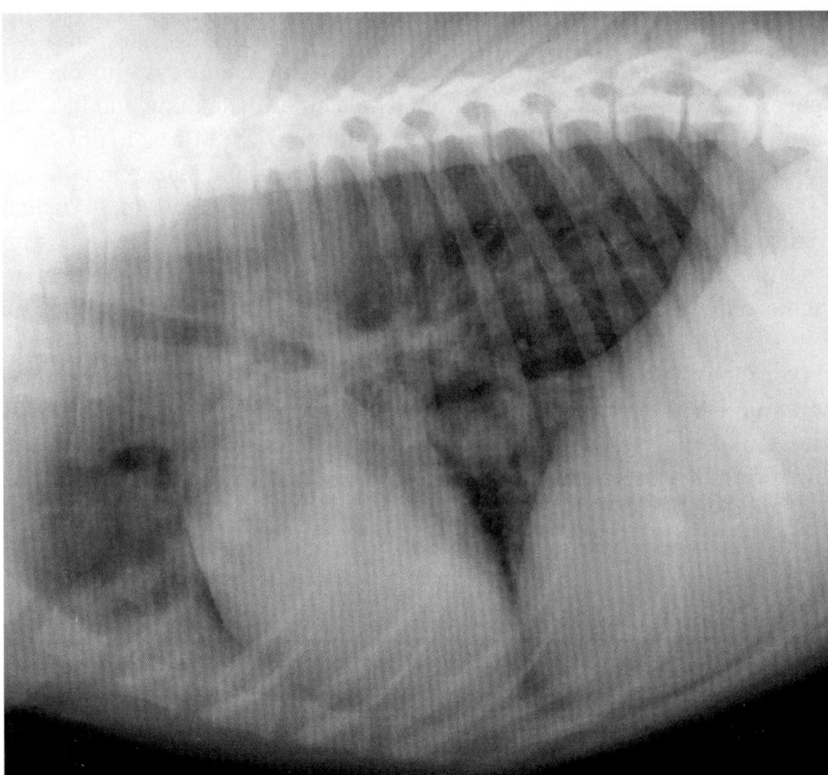

Abb. 6.21 Eitrige Bronchopneumonie bei einem 9 Monate alten Boxerrüden durch Bordetella bronchiseptica. Im Röntgenbild der Lunge besteht ein bronchiales Verschattungsmuster sowie herdförmige Verdichtungen des Parenchyms vor allem ventral in Spitzen- und Mittellappen (kranioventrale Verteilung).

Therapie: Bei der unkomplizierten Verlaufsform ist hauptsächlich der trockene Husten für den Patienten störend, sodass Antitussiva indiziert sind. Die Hunde sollten geschont und von anderen isoliert werden. Eine begleitende Antibiotikatherapie ist lediglich bei einer produktiven oder eitrigen Komponente sinnvoll oder wenn die Beschwerden nicht von selbst langsam abklingen.

Im Falle einer Bronchopneumonie sollten keine Antitussiva gegeben werden. Stattdessen ist eine intensive Therapie mit einem Antibiotikum oder mehreren (parenteralen) Antibiotika notwendig. Dies erfolgt idealerweise nach Gewinnung von Tracheal- oder Bronchialsekret für Kultur und Antibiogramm. Die unterstützende Therapie besteht aus Infusionen, Mukolytika, Bronchodilatatoren (Theophyllin, Terbutalin), Coupage, regelmäßiger leichter Bewegung mit Brustgeschirr, Luftbefeuchtung und reizarmer Umgebung.

Wirksame Antibiotika sind Doxycyclin, Amoxicillin-Clavulansäure, Gyrasehemmer, Azithromycin, Trimethoprim/Sulfonamid. Der Einsatz von Doxycyclin und Gyrasehemmern wird beim Jungtier vor dem Zahnwechsel bzw. unter einem Jahr nicht empfohlen (s. auch Kap. 6.4.6.4).

Bei einer Infektion mit *Bordetella bronchiseptica* wird der Erreger durch seine Lokalisation an der Schleimhautoberfläche häufig nicht durch eine systemische Antibiotikatherapie erreicht. In diesen Fällen empfiehlt sich eine Verneblung und Inhalation des Antibiotikums. Dafür bietet sich Gentamycin an: 4–8 mg/kg KM 1 : 2 in physiologischer Kochsalzlösung verdünnt, 1–2 × tägl. 5–10 Minuten über eine Maske inhalieren lassen für eine Dauer von 3–5 Tagen. Es sind auch Therapieprotokolle bis zu 4 Wochen publiziert, letztlich hängt die Dauer vom Ansprechen auf die Therapie ab. Die Lösung sollte eine Konzentration von 25 mg/ml Gentamycin nicht überschreiten, die Partikelgröße des Verneblers sollte 1–5 µm, die Flussrate 3–5 l/min betragen (z. B. Pari Boy Junior®).

Prophylaxe: Viele Mehrkomponentenimpfstoffe enthalten attenuierte canine Parainfluenzaviren und Adenoviren und immunisieren aktiv gegen diese viralen Erreger des Zwingerhustenkomplexes; Parainfluenza ist auch als Einzelimpfstoff (Nobivac® Pi) oder in Kombination mit Leptospirose erhältlich. Darüber hinaus gibt es intranasal zu applizierende Impfstoffe (Nobivac® BbPi), die *Bordetella bronchiseptica* und Parainfluenzaviren enthalten. Diese intranasale Impfung bietet sich besonders bei Hunden an, die regelmäßig auf Ausstellungen, zu Wettkämpfen oder in Hundepensionen gebracht werden sollen. Die Impfung kann eine Infektionskrankheit jedoch nicht sicher verhindern, aber der Verlauf kann milder und kürzer sein.

6.4.6.3 Pneumonie

Definition: Entzündlicher Prozess des Lungenparenchyms oder der tiefen Atemwege (interstitielle bzw. alveoläre Pneumonie). Meistens besteht Beteilung der Bronchien und Bronchioli (bronchoalveolärer Übergang, Bronchopneumonie). Nach der Verteilung werden unterschieden: lobuläre oder Herdpneumonie, lobäre Pneumonie (gesamter Lungenlappen betroffen), granulomatöse Pneumonie (disseminiert verteilte Herde, z. B. bei parasitärer Genese, Mykosen oder bestimmten Bakterien).

Ätiologie und Pathophysiologie: Die häufigste Ursache sind Bakterien, worauf der Schwerpunkt dieses Abschnitts gelegt wird. Bei dieser Genese müssen prädisponierende Grundkrankheiten oder Umstände gesucht werden, welche die Infektion maßgeblich begünstigen können. Dabei handelt es sich entweder um die Aufnahme ungewöhnlich hoher Keimzahlen oder besonders pathogener Organismen über die Atemwege und/oder eine verminderte Abwehrlage oder mukoziliare Clearance. Letzteres kann verursacht werden durch: Immunsuppression (FIV/FeLV, medikamentös), schlechte Haltungsbedingungen, hohen Infektionsdruck in der Umgebung, Brachyzephalensyndrom mit trachealer Hypoplasie, Bronchiektasen, Unterkühlung, längere Reisen, hohes Alter, Hospitalismus (begünstigt durch multiresistente Erreger). Eine Aspiration ist eine häufige Ursache einer Pneumonie, beispielsweise bei Megaösophagus, Larnyxparalyse, Fremdkörperinhalation, nach Zwangseingabe von Futter, Paraffinöl als Laxans oder Kontrastmitteln (oral, aber auch mit Sonde), nach Narkosen und bei einer bronchoösophagealen Fistel. Immobilität, also ein Festliegen, kann bei großen Hunden eine Rolle spielen. Bei mehr als der Hälfte aller Hunde mit bakterieller Pneumonie lässt sich dafür eine begünstigende Ursache finden.

Im Fall einer septisch-embolischen Pneumonie geschieht die Keimbesiedelung auf hämatogenem oder lymphogenem Weg. In diesem Fall muss nach einer Eintrittspforte gesucht werden. **Bakterielle Bronchopneumonien** werden häufig durch Mischbesiedelung verursacht (*Pasteurella* spp., Pseudomonas, Bordetella, *E. coli*, *Mykoplasma* spp., Staphylo-, Strepotokokken).

Unter den seltenen **viralen Ursachen** ist beim Hund vor allem die Staupe zu nennen (Paramyxoviren)(s. Kap. 2.2.12). Die übrigen viralen Erreger entsprechen im Wesentlichen denen des Zwingerhustenkomplexes (s. Kap. 6.4.6.2). Bei der Katze können die Erreger des Katzenschnupfenkomplexes zu Pneumonien führen. Bakterielle Pneumonien treten bei der Katze jedoch deutlich seltener auf als beim Hund.

Pilzinfektionen der Lunge mit *Aspergillus* spp. sind sehr selten und eher als sekundäre, opportunistische Besiedelung anzusehen, z. B. bei einer Aspirationspneumonie. Unter den systemischen Mykosen sind bei der Katze, seltener beim Hund, vereinzelt Pneumonien durch *Cryptocoocus neoformans* beschrieben (Weiteres dazu s. Kap. 6.4.1.1.2).

Fremdkörper werden i. d. R. über die Maulhöhle inhaliert, beispielsweise beim Rennen durch ein Getreidefeld unter Hechelatmung. Ähren, Fruchtstände oder andere lineare pflanzliche Fremdkörper finden sich dann in den Bronchien oder wandern tiefer, teilweise auch durch das Lungenparenchym in andere Körperregionen und erscheinen in der Sublumbalmuskulatur.

Zuletzt kommen auch **sterile Pneumonien** vor, die Charakteristika eines ARDS aufweisen (s. Kap. 6.4.5.3) und bei einer Pankreatitis oder durch einen Schockzustand auftreten können.

Ungeachtet der Ätiologie kommt es bei allen Pneumonieformen zu einer Füllung der Alveolen mit entzündlicher Flüssigkeit und Sekreten mit der Folge einer alveolären Hypoventilation. Dies führt je nach Ausdehnung zu einer Hypoxämie und je nach Ursache zu Fieber und Sepsis.

Klinisches Bild, Diagnostik: Das klinische Bild ist variabel. Es kann bei einer begrenzten herdförmigen Pneumonie nahezu unauffällig sein. In schweren ausgedehnten Fällen bestehen dagegen Fieber bis hin zu Hypoxie mit lebensbedrohlicher Atemnot und Sepsis. Bei der Auskultation fällt dann ein rasselndes, brodelndes Atemgeräusch auf. Schwer erkrankte Tiere sind nicht selten bereits zu geschwächt, um zu husten.

Auch das radiologische Bild kann je nach Verteilungstyp sehr variieren. Das klassische Bild einer bakteriellen Pneumonie ist eine lobär begrenzte, alveoläre Verschattung in der kranioventralen Lungenregion (Spitzenlappen, Mittellappen, ventraler Hauptlappen). In chronischen Fällen können Atelektasen und Mineralisationen und auch ein Pleuraerguss auftreten.

Diagnose: Klinisches Bild und Röntgenbefunde erlauben i. d. R. eine hinreichend sichere Diagnose. Der Nachweis eines septischen Sekrets mit hohen Keimzahlen in den Atemwegen ist beweisend für eine bakterielle Bronchopneumonie. Dazu sind eine BAL oder ein TBS geeignet. Die zytologische Untersuchung des Bronchialsekrets ergibt Entzündungszellen in hoher Zahl (degenerierte neutrophile Granuloytzen, aktivierte Makrophagen). Ein mikroskopischer Bakteriennachweis ist i. d. R. möglich und gibt bereits wertvolle Hinweise ehe das Ergebnis der Kultur vorliegt. Phagozytierte Bakterien sprechen dabei gegen eine Kontamination aus den oberen Atemwegen. Sind Curschmann-Spiralen zu finden (Schleimausgüsse der Bronchioli), deutet dies auf eine Beteiligung der kleinen Bronchien hin. Die Abklärung einer prädisponierenden Ursache erfordert weiterführende Untersuchungen. Sie lässt sich aber nicht in jedem Fall eruieren.

Fremdkörper können einfach diagnostiziert werden, solange sie bronchoskopisch oder radiologisch identifizierbar sind. Sie stellen aber in Einzelfällen eine diagnostische Herausforderung dar, wenn sie perforierend eingedrungen sind und durch das Gewebe wandern.

Differenzialdiagnose: Husten, Dyspnoe und reduziertes Allgemeinbefinden in Kombination mit radiologischen Befunden treten bei zahlreichen nicht bakteriell bedingten Lungenerkrankungen auf. Dazu zählen Tumoren, Parasitosen, Lungenfibrose, Lungenlappendrehung, Kontusion, Traumen und Blutungen.

Bei diesen Krankheiten befindet sich kein Sekret mit hohen Erregerzahlen in den tiefen Atemwegen. Bei Katzen in Mitteleuropa kann die Kryptokokkose eine seltene Ursache einer mykotischen Pneumonie sein (s. Kap. 6.4.1.1.2). Bei akutem Husten und lokal umschriebenen Lungenveränderungen sollte insbesondere bei jungen Tieren an einen Fremdkörper gedacht werden. Kongestives Herzversagen führt beim Hund ebenfalls zu Dyspnoe und räusperartigem Husten. Bei der Katze tritt bei dieser Ätiologie dagegen praktisch kein Husten auf. Herzinsuffiziente Patienten sind meist normo- oder sogar hypotherm. Radiologisch ist ein kardiales Lungenödem von einer Pneumonie unterscheidbar.

Therapie: Die Therapie einer bakteriellen Bronchopneumonie sollte nach Antibiogramm erfolgen. Bei Mischinfektion werden ein oder mehrere Breitspektrumantibiotika eingesetzt, z. B. Amoxicillin-Clavulansäure mit Gyrasehemmern (s. Kap. 6.4.6.4). Nach Besserung der klinischen und radiologischen Anzeichen der Pneumonie sollte die antibiotische Therapie noch eine Woche lang weitergeführt werden.

Unterstützend wird der Flüssigkeitshaushalt durch Infusionen ausgeglichen und das Sekret in den Atemwegen mobilisiert. Neben Mukolytika sind dazu auch Kochsalz-Verneblung, Coupage und leichte körperliche Bewegung gut geeignet.

Schwer kranke Patienten müssen intensivmedizinisch behandelt werden. Dies sollte spätestens unter einem paO_2 von 60 mmHg oder einer Sauerstoffsättigung < 90 % in Betracht gezogen werden. Wenn die arterielle Analyse nicht möglich ist, kann ein pvO_2 < 30 mmHg als Richtwert genommen werden. Zu den Maßnahmen zählen dauerhafte O_2-Gabe und bei anorektischen Patienten auch die Ernährung per Sonde. In sehr schweren Fällen ist eine maschinelle Beatmung indiziert.

Zugrunde liegende Ursachen, z. B. ein Megaösophagus, erfordern entsprechende Maßnahmen. Fremdkörper können bronchoskopisch geborgen werden, solange sie sich noch in den einsehbaren Bronchien befinden. Bei lobär begrenzten Pneumonien kann eine Lobektomie indiziert sein, wenn durch die konservative Therapie keine Besserung eintritt (s. auch Kap. 6.4.6.4).

6.4.6.4 Allgemeines zur Therapie von Krankheiten der tiefen Atemwege beim Hund

Krankheiten der tiefen Atemwege führen häufig zu einer Verlegung mit entzündlichen Sekreten; zusätzlich kann das Lumen durch ein Bronchialödem, Bronchialspasmus oder peribronchiale Veränderungen verengt sein.

Durch die unspezifische Therapie soll eine Lösung und Verflüssigung der Sekrete (Mukolyse, Expektoranzien) erreicht werden, um ein erfolgreiches Abhusten sicherzustellen. Folgende Strategien haben sich etabliert:

Medikamentöse Therapie:

- Mukolyse: Acetylcystein, 5 mg/kg KM, 3 × tägl. p. o., auch i. v. und als Vernebler-Zusatz möglich
- Bronchodilatatoren: beta-Mimetika (Terbutalin, 0,03–0,05 mg/kg KM, 3 x tägl. s. c. oder 1,25–5 mg/Hund, 2–3 x tägl. p. o.; 0,625–1,25 mg/Katze, 2–3 x tägl. p. o.), Methylxanthine (Theophyllin, 10 mg/kg KM, 2–3 x tägl. p. o.; die Aminophyllindosierung entspricht der 1,25-fachen Theophyllindosis). Diuretika und Antitussiva sind nicht indiziert.

Mechanische und begleitende Therapie:

- Nasale O_2-Sonde für länger dauerne Sauerstoffinsufflation (Sauerstoff muss befeuchtet werden)
- Adäquate Flüssigkeitszufuhr: Infusionen unterstützen die Sekretolyse (Kochsalzlösung oder Ringer-Lösung, 100 ml/kg KM/24 h). Vorsicht, da eine eingeschränkte Herzfunktion durch Hypoxie und erhöhte Kapillarpermeabilität bei Pneumonien zu einem Lungenödem führen können.
- Coupage (Beklopfen beider Thoraxseiten mit der hohlen Handfläche): sollte 5–10 Minuten lang und 3–4 × tägl. durchgeführt werden.
- Regelmäßige leichte Bewegung zur Mobilisation und als Atemtherapie
- Kochsalz-Inhalation mit Ultraschall-Vernebler (Pari-Boy®)
- Prießnitz-Umschläge
- Verbringen in ein anderes Klima (Seeklima) oder zumindest Vermeidung
- eines reizenden Umgebungsklimas (Zigarettenrauch, Staub, Pilzsporen, Heu etc.)
- Adäquate Ernährung ggf. per Oesophagussonde

Therapie einer primären bakteriellen Pneumonie oder von Sekundärinfektionen: Antibiotika nach Antibiogramm, geeignet sind meist Amoxicillin-Clavulansäure, 12,5–20 mg/kg KM, 2 × tägl. p. o.; Sulfonamid-Trimethoprim, 15–30 mg/kg KM, 2 × tägl. p. o.; Cephalexin, 20 mg/kg KM, 3 × tägl. p. o., Clindamycin, 10–12,5 mg/kg KM, 2 × tägl. p. o.; Azithromycin, 5–10 mg/kg KM, 1 x tägl. p. o., Enrofloxacin, 5–10 mg/kg KM, 1 x tägl. p. o., Doxycyclin, 5 mg/kg KM, 2 × tägl p. o. (die beiden letztgenannten Antibiotika bei Tieren unter einem Jahr bzw. vor dem Zahnwechsel möglichst vermeiden, bei Katzen besser Marbofloxacin statt Enrofloxacin).

Dauer der Antibiotikatherapie: Bei rezidivierenden Sekundärinfektionen (z. B. Aspirationen bei Megaösophagus, Sekundärinfektion bei chonischer Bronchitis) in Form einer mehrtägigen Stoßtherapie. Sonst bis zu mehreren Wochen abhängig vom klinischen Verlauf.

Wenn als Ursache eine primäre bronchiale Hyperreaktivität vorliegt (eosinophile Bronchitis, chronische Bronchitis), ist eine entzündungshemmende Therapie notwendig. Prednisolon, initial 1–2 mg/kg KM, 1 x tägl. p. o., dann mindestwirksame Dosis durch langsames Ausschleichen über mehrere Wochen finden. Bei saisonalem Auftreten der Beschwerden kann eine entsprechend gestaltete zeitliche begrenzte Therapie durchgeführt werden. Versuchsweise können zum Langzeitmanagement Ciclosporin oder Azathioprin eingesetzt werden.

Bei quälendem trockenem Husten (z. B. die ganze Nacht hindurch) ohne infektiöse Genese sind Antitussiva zur Verbesserung der Lebensqualität hilfreich:

- Paracodin (Dihydrocodein) beim Hund: 0,25–0,5 (bis maximal 2) mg/kg KM, alle 4–6 Stunden p. o.
- Butorphanol (Hund und Katze): 0,02 (bis maximal 0,2) mg/kg KM, 2 x tägl. s. c.

6.4.6.5 Parasiten (s. auch Kap. 2.4.1.4)

Parasiten des Respirationstraktes sind bei Hund und Katze von zunehmender Bedeutung. Infestationsorte sind die Atemwege (Nase, Trachea, Bronchien) oder die Blutgefäße (Lungenarterien). Bei respiratorischen Symptomen, Leistungsschwäche in Kombination mit einer Bluteosinophilie, röntgenologischen Lungenveränderungen (Abb. 6.22) und fehlendem Ansprechen auf die bisherige Therapie sollte an eine Parasitose gedacht werden. Weiterführende Untersuchungen bestehen aus der parasitologischen Untersuchung einer Sammelkotprobe (3 Defäkationen) inklusive dem Auswanderverfahren nach Baermann-Wetzel (Abb. 6.23) (serologische Nachweisverfahren s. Kap. 6.3.3.2). Therapiemöglichkeiten und Prognose sind bei Lungenparasitenbefall grundsätzlich gut, solange sie differenzialdiagnostisch bedacht und rechtzeitig erkannt werden.

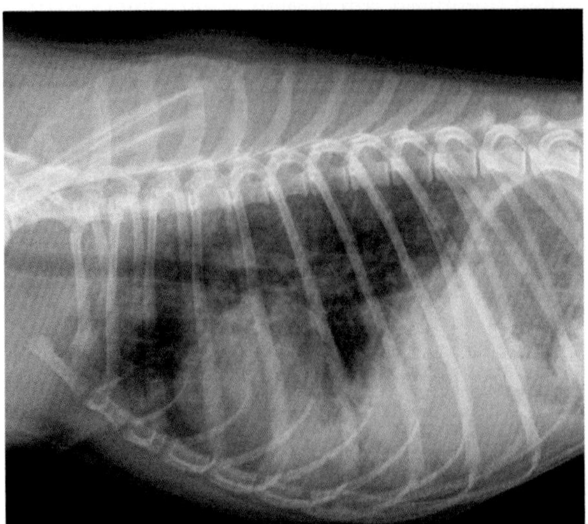

Abb. 6.22 Thoraxröntgenaufnahme eines Hundes mit Angiostrongylus-vasorum-Befall. Vor allem in der Peripherie ist ein herdförmiges interstitielles, teilweise auch alveoläres Verschattungsmuster erkennbar.

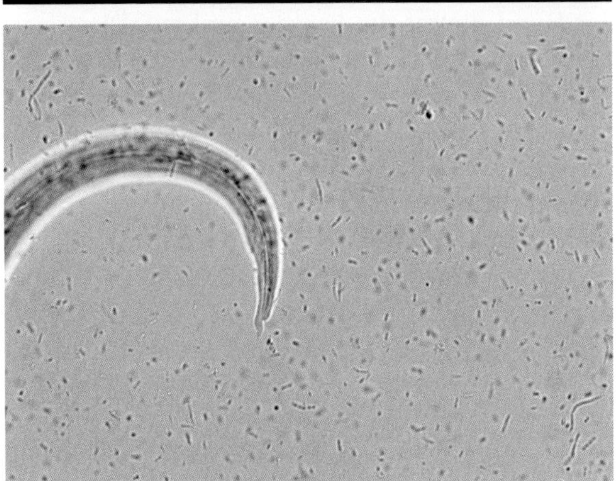

Abb. 6.23 Larve (Kopfende) von Angiostrongylus vasorum aus dem Kot eines Hundes nach dem Auswanderverfahren (PD Dr. Dr. habil. Dieter Barutzki, ehem. Tierärztliches Labor Freiburg, mit freundlicher Genehmigung).

Bei aus dem Ausland eingeführten Tieren muss das Spektrum möglicher Parasiten erweitert werden. So kommt z. B. die amerikanische Egelart *Paragonimus kellicoti* bei uns nicht vor. Paragonimus verursacht bei Hunden und Katzen radiologisch erkennbare zystische Lungenveränderungen mit Beschwerden wie Husten, Dyspnoe bis hin zu einem Pneumothorax. Zum Nachweis der Eier im Kot sollte auch das Sedimentationsverfahren angewendet werden. ***Dirofilaria immitis*** wird in einem eigenen Kapitel besprochen (s. Kap. 5.7.6). Nicht zuletzt können auch die Larven von Darmnematoden (Hakenwürmern oder Spulwürmern) während ihrer Wanderung durch die Lunge respiratorische Symptome verursachen.

Aelurostrongylus abstrusus: Parasitiert im Lungengewebe der Katze. Die Eier gelangen in die Alveolen, werden hochgehustet, abgeschluckt und als Larven ausgeschieden. Zwischenwirte sind Schnecken, die Larven können jedoch auch in schneckenfressenden Tieren (sog. Transportwirten) weiterleben (Reptilien, Amphibien, Kleinsäuger). Erbeutet die Katze den Zwischen- oder Transportwirt, wandert die Larve vom Darm wieder in die Lunge.

Klinische Symptome sind variabel. Die Infektion kann klinisch inapparent verlaufen oder es bestehen Husten und erhöhte Atemfrequenz. Auch ein unspezifisches Bild mit reduziertem Allgemeinbefinden, Anorexie und Abmagerung ist möglich. Röntgenologisch kann eine bronchiale oder bronchoalveoläre Zeichnung bestehen. Es besteht die Möglichkeit einer unerkannten Mischinfektion mit *Troglostrongylus* spp., da deren Larven denen von *A. abstrusus* sehr ähneln.

***Angiostrongylus vasorum* („französischer Herzwurm"):** Der Metastrongylide siedelt beim Hund in in den Lungenarterien, selten auch im rechten Ventrikel. Die Infestationsorte sind also mit denen von *Dirofilaria immitis* vergleichbar. Weitere Gemeinsamkeiten mit der Dirofilariose bestehen auch hinsichtlich möglicher Reaktionen und Komplikationen nach Therapie. Es ist daher empfehlenswert, sich mit der Literatur über Dirofilariose vertraut zu machen (s. Kap. 5.7.6).

Zwischenwirte sind Schnecken, der Hund nimmt die Larve 3 oral auf. Diese verlässt den Darm und wandert durch den Körper zur Lungenarterie. Die klinischen Beschwerden Dyspnoe, Husten und Leistungsschwäche beruhen auf einer interstitiellen Pneumonie und einer thrombosierenden Arteritis. In einigen Fällen sind Lungenembolien und pulmonale Hypertonie beschrieben. Selten kommt es zu einer systemischen inflammatorischen Reaktion oder einer disseminierten intravasalen Koagulopathie. *Angiostrongylus vasorum* wurde in den letzten 15 Jahren mit zunehmender Häufigkeit diagnostiziert. Die Diagnose ist neben dem mikroskopischen Nachweis der L1-Larve aus dem Kot per Auswanderungsverfahren (nach Baerann-Wetzel) auch serologisch mit einem Antigen-Schnelltest (Angio Detect, Fa. Idexx) und einem PCR-Test aus EDTA-Blut oder Lungenlavageflüssigkeit möglich.

Crenosoma vulpis: Auch *Crenosoma vulpis* nutzt Schnecken als Zwischenwirte und siedelt beim Hund in der Trachea und den Bronchien. Das Leitsymptom ist daher Husten.

Die bis zu 16 mm großen adulten Würmer sind bronchoskopisch leicht zu erkennen. Die Diagnosestellung sollte jedoch über eine Kotuntersuchung nach dem Auswanderverfahren erfolgen.

***Filaroides* spp.**: Filaroides lebt vor allem in der Trachea und verursacht dort Granulomknötchen. Der Parasit ist sehr selten und es liegen praktisch nur einzelne Fallstudien vor. Klinisch fallen die Patienten durch Husten auf. Die Diagnose erfolgt tracheoskopisch, ggf. durch eine Biopsie der Granulome. In manchen Fällen sind die Würmer auch direkt sichtbar oder deren Larven werden im *Tracheal Wash* bei der Zytologie gefunden.

Die Diagnose per Kotuntersuchung ist bei diesem Parasiten weniger sicher. Zum Nachweis der Larven aus dem Kot ist außerdem die Flotation per Zinksulfat-Zentrifugation der Auswandermethode vorzuziehen. Der Reproduktionszyklus ist direkt, d. h. es ist kein Zwischenwirt notwendig.

Capillaria aerophila: Der Lungenhaarwurm parasitiert weltweit in der Mukosa von Trachea und Bronchien, aber auch in der Stirnhöhle und Nase von Wildtieren. Die Eier werden hochgehustet und auch als solche mit dem Kot ausgeschieden. Die Larve 1 ist direkt infektiös, möglicherweise dienen Regenwürmer als Transportwirte. Der Nachweis der Eier erfolgt aus dem Kot durch Flotation oder aus der BAL. Die Verbreitung bei Hund und Katze ist insgesamt gering, es gibt aber Berichte über regional hohes Vorkommen (bis 10 %). Hauptsymptome sind Husten durch Bronchitis sowie Niesen und Nasenausfluss. Der Befall kann aber auch klinisch inapparent bleiben.

Therapie der Lungenwürmer: Zur Behandlung der Angiostrongylose sind beim Hund zwei Medikamente aus der Gruppe der makrozyklinischen Laktone zugelassen: 10 % Imidacloprid + 2,5 % Moxidectin (Advocate®), 1 × 0,1 ml/kg KM topisch verabreicht. Eine Wiederholung ist nach 30 Tagen zu empfehlen. Alternativ: Milbemycin Oxim (Milbemax®, Milpro® und weitere), 0,5 mg/kg KM p. o., 1 x pro Woche für vier Wochen. Eine weitere Alternative ist Fenbendazol (nicht zugelassen), 25–50 mg/kg KM p. o., 1 × tägl. für 20 Tage. Diese Präparate werden auch zur Behandlung der anderen genannten Lungenparasiten des Hundes empfohlen. Zur Prophylaxe kann unter entsprechenden Bedingungen (Vorliebe für Schnecken, endemisches Gebiet, Außentemperatur über 10 °Celsius) eine monatliche Behandlung mit einem makrozyklischen Lakton erfolgen.

Zur Behandlung der Aelurostrongylose haben sich bei der Katze Moxidectin (Advocate®), 1 mg/kg Spot-on, Emodepsid (in Kombination mit Praziquantel als Profender®, mindestens 0,14 ml/kg oder 3 mg/kg KM Spot-on, 1 oder 2 × und Selamectin (Stronghold®, 45 mg/Katze Spot-on, 2 × im Abstand von 23 Tagen) als wirksam erwiesen. Weiterhin wurde auch Fenbendazol in sehr unterschiedlichen Dosierungen erfolgreich angewendet (20 mg/kg, 1 × tägl. p. o. über 5 Tage; 50 mg/kg KM, 1 × tägl. p. o. über 3 oder 15 Tage). Auch Milbemycin Oxime (Milbemax®) war in Einzelfällen wirksam.

Der Therapieerfolg sollte durch eine Kotuntersuchung 30 Tage nach Therapieende kontrolliert werden (Tabelle 6.2). Bei Infektion mit *A. vasorum* kann der Therapieerfolg auch durch einen negativen Antigen-Test 4 Wochen nach Therapieende kontrolliert werden.

Tabelle 6.2: **Die wichtigsten Parasiten der Atemwege von Hund und Katze mit Therapiemöglichkeiten**

Parasit	Tierart	Zwischenwirt	Besiedelungsort	Hauptsymptom	Diagnose	Therapiemöglichkeiten
Aerulostrongylus abstrusus	Katze	Schnecken, Transportwirte möglich	Kleine Bronchien, Alveolen, Lungenparenchym	Husten, Tachypnoe, Abmagerung; aber auch klinisch in-apparent	Larvennachweis Kot (Auswanderverfahren)	Moxidectin (Advocate), mind. 1 mg/kg Spot on; Emodepsid (Profender), mind. 3 mg/kg Spot on; Selamectin (Stronghold), 45 mg/Katze Spot on; Fenbendazol 20 mg/kg, 1 × tägl. für 5 Tage oder 50 mg/kg 1 ×
Angiostrongylus vasorum	Hund	Schnecken	Lungenarterie	Leistungsschwäche, Husten; systemisch inflammatorische Reaktionen, Koagulopathien, Lungenembolien	Larvennachweis Kot (Auswanderverfahren), serologisch (AG, AK)	Moxidectin (Advocate), 2,5 mg/kg, Spot on, Wdh. nach 30 Tagen; Milbemycin Oxim (Milbemax), 0,5 mg/kg 1 × wöchtl. p. o. für vier Wochen; Selamectin Spot on (Stronghold); Fenbendazol 25–50 mg/kg, 10–20 Tage.
Crenosoma vulpis	Hund, Fuchs, selten Katze	Schnecken	Bronchien, Trachea	Husten	Larvennachweis Kot (Auswanderverfahren)	Einmalig Moxidectin 2,5 mg/kg (mit Imidacloprid in Advocate), einmalig Milbemycin Oxim 0,5 mg/kg p. o.; 50 mg/kg Fenbendazol, 1 × tägl. über 6 Tage
Filaroides spp.	Hund, Fuchs	Direkt	Trachea, Stammbronchien (Knötchen)	Husten	Bonchoskopisch (Granulome), Larvennachweis Kot mit Zinksulfat-Flotation oder aus der BAL	Wie Angiostrongylose; Fenbendazol 25–50 mg/kg, 1 × tägl. über 10–15 Tage
Capillaria aerophila (syn. Eucoleus aerophilus)	Hund, Fuchs, Igel, selten Katze	Direkt; Regenwurm als Transportwirt	Bronchien, Trachea, Nase	Husten, Nasenausfluss	Einachweis Kot (Flotation)	Wie Angiostrongylose; Fenbendazol 50 mg/kg, 1 × tägl. für 14 Tage, Ivermectin 2,2 mg/kg s. c.
Pneumonyssus caninum (Milbe)	Hund	Direkt	Nase	Niesen, Rückwärtsniesen	Sichtbefund Endoskopie	Milbemycin (Milbemax), 0,5–1 mg/kg, dreimal alle 7–10 Tage p.o; Selamectin Spot on (Stronghold)

***Toxoplasma gondii* (s. auch Kap. 2.4.1.1):** Toxoplasmen können bei Welpen, Jungtieren oder immunsupprimierten Patienten fieberhafte Infektionskrankheiten auslösen. Dabei kann sowohl beim Hund als auch bei der Katze die Lunge das Zielorgan sein, wodurch pyogranulomatöse Pneumonien verursacht werden. Röntgenologisch weisen diese ein unspezifisches interstitiell-alveoläres Verschattungsmuster auf. Die Diagnosestellung ist schwierig, eventuell kann der Erreger direkt in der BAL nachgewiesen werden, ein erhöhter IgM-Titer ist ein guter Hinweis.

Zur Therapie eignen sich Clindamycin, 12,5 mg/kg KM, 2 × tägl. oder Trimethoprim-Sulfonamid, 15 mg/kg KM, 2 × tägl., jeweils über vier Wochen p. o.

6.4.6.6 Lungenembolie

Definition: Verschluss eines arteriellen Lungengefäßes durch einen lokal entstandenen (rechtes Herz, Lungenarterien) oder aus dem venösen System eingeschwemmten Thrombus (Thromboembolie).

Ätiologie: Thromben entstehen auf dem Boden der sog. Virchow-Trias. Das sind Endothelschäden, Hyperkoagulabilität oder Verlust antikoagulatorischer Substanzen (insbesondere Antithrombin [AT]) und Blutstase. Ursächlich sind beim Hund nephrotisches Syndrom, Eiweißverlustenteritis, Sepsis, Endokarditis, hämolytische Anämie, intravasale Parasiten (Dirofilariose, Angiostrongylose), Hyperadrenokortizismus und Pankreatitis zu nennen. Auch Tumorkrankheiten können zu einer Thrombusbildung führen. Bei der Katze sind dagegen arterielle Thrombembolien des großen Kreislaufs häufiger (hauptsächlich als kardiogene Aortenembolie bei Linksherzkrankheiten).

Eine erniedrigte AT-Aktivität kann Hinweis auf ein erhöhtes Embolierisiko sein. Das individuelle Risiko eines Patienten für eine Lungenembolie kann jedoch nicht beziffert werden. Die Ursachen sind kumulativ oder multi-ätiologisch. So stellen beispielsweise Sepsis und Immobilität zwei Risikofaktoren dar, die i. d. R. gemeinsam auftreten. In etwa 50 % der Fälle lässt sich keine Ursache für die Lungenembolie finden.

Klinisches Bild, Diagnostik: Kleine Embolien werden gut kompensiert und führen nicht unbedingt zu klinischen Beschwerden. Je nach Größe des verschlossenen Gefäßes besteht eine mehr oder weniger starke Atemnot mit Zyanose, Husten, reflektorischer Bronchokonstriktion und Angstzuständen. Auskultatorisch kann der zweite Herzton durch die pulmonale Hypertonie laut oder gespalten sein oder es ist ein systolisches Herzgeräusch durch eine Trikuspidalinsuffizienz hörbar. Die obstruierte Arterie kann sich auf der Lungenröntgenaufnahme gestaut, gewunden und plötzlich endend darstellen und ein Lungenlappen kann minderperfundiert sein. Eine unauffällige Thoraxaufnahme schließt eine Lungenembolie nicht aus. Bereits nach einem Tag können eine Atelektase und ein Ödem im okkludierten Lungenlappen auftreten, im Röntgenbild fällt dann eine gemischte interstitiell-alveoläre Verschattung auf. Die Rechtsherzüberlastung zeigt sich durch eine entsprechende Vergrößerung der rechten Herzsilhouette.

Im EKG kann eine Rechtsachsenabweichung vorliegen. Die Blutgasanalyse ergibt einen verminderten paO_2.

Diagnose: Die Diagnosestellung kann schwierig sein. Echokardiographisch ist schweregradabhängig eine erhebliche exzentrische Rechtsherzvergrößerung als Zeichen der akuten Drucküberlastung erkennbar (akutes Cor pulmonale), die pulmonale Hypertonie kann anhand von Doppler-Untersuchungen nachgewiesen werden. Kennzeichnend sind ein dilatierter rechter Ventrikel (Abb. 6.24), erweiterter rechter Ausflusstrakt und Truncus pulmonalis bzw. ein verändertes Strömungsprofil in der Lungenarterie, erhöhte V_{max} einer Trikuspidalinsuffizienz > 3,2 m/s oder eine erhöhte enddiastolische Flussgeschwindigkeit einer Pulmonalinsuffizienz (> 2,2 m/s). Im Falle einer eingeschränkten systolischen Rechtsherzfunktion sind diese Flussmessungen jedoch nicht immer verlässlich.

Angiographisch können Embolien i. d. R. gut erkannt werden. Dazu bietet sich das Angio-CT mit einer guten Sensitivität und Spezifität an. Diese Möglichkeit scheidet bei schwer dyspnoeischen Tieren wegen des erhöhten Narkoserisikos jedoch oftmals aus.

Differenzialdiagnose: Alle Ursachen für eine akute Atemnot wie Pneumothorax, Lungenkontussion, akute Pneumonie, Fremdkörper und kongestive Herzkrankheiten kom-

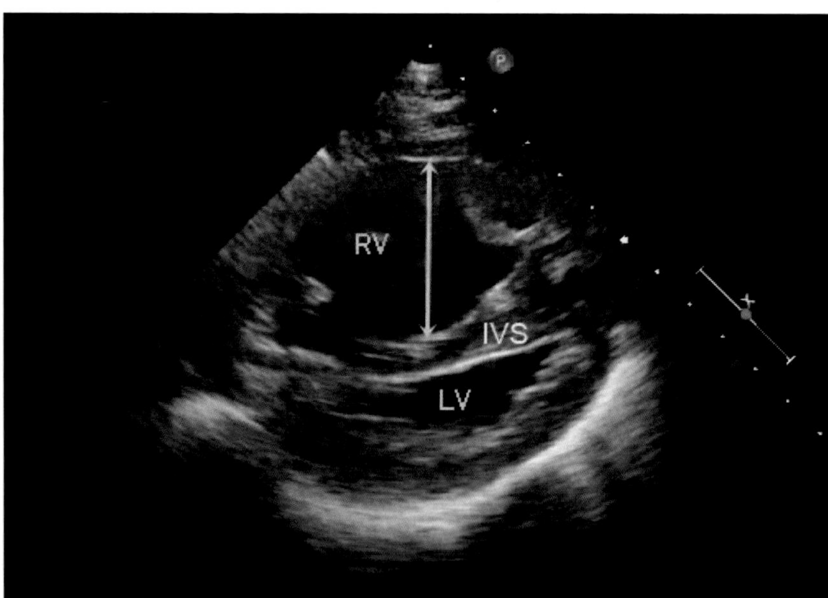

Abb. 6.24 Echokardiographischer Befund (Querschitt Ventrikelebene) bei einer 10-jährigen Labradorhündin mit plötzlicher Atemnot. Die erhebliche rechtsventrikuläre Dilatation (RV, Pfeil), das abgeflachte interventrikuläre Septum (IVS) sowie die verminderte Füllung des linken Ventrikels (LV) sprechen für eine plötzliche Druckerhöhung im kleinen Kreislauf durch eine Lungenembolie.

men infrage. Dabei ergeben sich andere radiologische und echokardiographische Befunde als bei der Lungenembolie.

Therapie, Prognose: Zunächst muss geklärt werden, ob eine behandelbare Ätiologie vorliegt, um eine weitere Thrombenbildung zu minimieren. Therapeutische Ziele sind 1.) die Unterstützung des Herz-Kreislauf-Systems und der Atmung, 2.) Verhindung einer Größenzunahme des Thrombus durch Antikoagulanzien oder Entstehung weiterer Thromben durch Behandlung der Grundkrankheit und 3.) in schweren akuten Fällen die aktive thrombolytische Therapie. Es besteht die Möglichkeit einer spontanen Thrombolyse nach einigen Stunden, sodass vor allem während der initalen Phase eine intensive Therapie notwendig ist. Es existieren jedoch keine systematischen Therapiestudien für diese Krankheit.

Die unterstützende Therapie besteht aus Sauerstoffinsufflation und adäquater Flüssigkeitszufuhr durch Infusionen, weiterhin können Bronchodilatatoren (Theophyllin) hilfreich sein. Die Rechtsherzfunktion kann durch Pimobendan und zusätzliche Lungendrucksenkung mit Sildenafil oder Tadalafil (Dosierungen: s. Kap. 6.4.6) verbessert werden. Körperliche Belastung sollte auf ein Minimum reduziert werden. Einer Vergrößerung des Thrombus oder der Bildung weiterer Thromben sollte mit einer Heparingabe entgegengewirkt werden. Initial soll ein schneller Wirkeintritt durch höhere Dosen erreicht werden, im weiteren Verlauf wird eine niedrigere Erhaltungsdosis gegeben. Ein schneller Wirkeintritt des Heparins kann durch die intravenöse Gabe erreicht werden. Die notwendige Heparindosis variiert allerdings individuell sehr. Die Wirksamkeit von unfraktioniertem Heparin kann ansatzweise über die plasmatische Gerinnung überwacht werden. Ziel ist eine 1,5 bis 2,5fach verlängerte APTT (bei s. c.-Gabe zum Zeitpunkt des maximalen Spiegels nach ca. 3–4 Stunden; Cave: unterschiedliche Heparinempfindlichkeit verschiedener APTT-Reagenzien). Die Dosierung bei s. c.-Gabe sind initial 200–500 U/kg KM, dann 50–250 U/kg KM, 2–4 × tägl. s. c. Intravenös werden 80–100 U/kg KM als Bolus und anschließend 5–20(–50) U/kg KM/Stunde über einen Perfusor gegeben. Der Therapieerfolg kann anhand der Atemfrequenz und der Bestimmung des paO_2 kontrolliert werden. Heparin benötigt zur Wirksamkeit Antithrombin, sodass im Falle niedriger Spiegel eine Plasmatransfusion zur Substitution notwendig ist.

Fraktioniertes, niedermolekulares Heparin bietet den Vorteil einer voraussagbaren Wirkung und längeren Halbwertszeit. Die empfohlene Dosis für Dalteparin (Fragmin®) beim Hund ist 150 U/kg KM, 2–3 × tägl s. c. und für Enoxaparin (Clexane®) 0,8–1 mg/kg KM, 2–4 × tägl. s. c. Eine dauerhafte Thromboembolieprophylaxe kann dann durch Clopidogrel, 1–3 mg/kg KM, 1 × tägl. p. o. erfolgen.

Schließlich gibt es noch die Möglichkeit einer thrombolytischen Therapie (gewebeständiger Plasminogenaktivator [z. B. Alteplase: 0,25–1 mg/kg/Stunde als i. v.-Dauerinfusion, Gesamtdosis 1–10 mg/kg KM]).

Mit Blutungen als Nebenwirkung muss bei Heparin- und Lysetherapie gerechnet werden. Patienten mit schwerer Atemnot und Zyanose sind Intensivpatienten. Die Dyspnoe kann erheblich sein und die Krankheit kann fatal verlaufen, weshalb bei fehlendem Ansprechen auf eine Therapie die Euthanasie diskutiert werden muss.

6.4.6.7 Pulmonale Hypertonie

Definition: Dauerhafte Erhöhung des Blutdrucks im kleinen Kreislauf auf systolische/ diastolische Werte über 30/20 mmHg oder einem Mitteldruck größer 25 mmHg. Physiologischerweise beträgt der Blutdruck etwa 25/10 mmHg. Zeitweilige Erhöhungen bis etwa 35 mmHg systolisch können bei Tieren aufregungsbedingt während der Untersuchung auftreten.

Ätiologie und Pathophysiologie: Jede Krankheit, die zu einem erhöhten Gefäßwiderstand, -verschluss oder einer Stauung im Lungenkreislauf führt. Man unterscheidet präkapilläre (arterielle) und postkapilläre (venöse) Ursachen. Zu einer pulmonal-arteriellen Hypertonie kommt es entweder durch strukturelle Veränderungen der Arterienwand oder durch eine Vasokonstriktion, meist aufgrund einer Hypoxie (Euler-Liljestrand-Mechanismus). Eine pulmonale Hypertonie durch arterielle Vasokonstriktion tritt bei chronisch-hypoxischen Atemwegskrankheiten wie Stenosen der oberen Atemwege (Kehlkopf, Trachea) und Lungenparenchymkrankheiten (Lungenfibrose) auf. Angeborene arterielle Gefäßwandveränderungen (Media-Verdickung, Fibrose) sind das Kennzeichen der primären idiopathischen pulmonalen Hypertonie (selten beim Kleintier). Daneben gibt es erworbene, sekundäre Ursachen. Letztere entstehen durch eine Hyperperfusion der Lungenstrombahn bei großen Links-Rechts-Shunts (Ventrikelseptumdefekt und Ductus arteriosus Botalli). Hierbei kommt es im Laufe der ersten Lebensmonate zu einer irreversiblen Veränderung der Lungenarterienwand als Reaktion auf das erhöhte Volumen. Dieser Mechanismus wird auch als Eisenmenger-Reaktion bezeichnet. Die Folge ist eine Shuntumkehr durch den Druckanstieg im kleinen Kreislauf.

Post-kapilläre Ursachen führen zu einer venösen Stauung des Lungenkreislaufs. Die häufigste zugrunde liegende Krankheit hierfür ist die kongestive Linksherzinsuffizienz (Mitralinsuffizienz, Kardiomyopathien), seltener ein Cor triatriatum sinister, Mitral- oder Pulmonalvenenstenosen. Aus einer venösen Kongestion resultiert zunächst nur eine milde pulmonale Hypertonie, da es ab einem diastolischen Druck > 30–40 mmHg bereits zu einem Lungenödem kommt. Bei manchen Patienten führt die chronische venöse Stauung jedoch zu einer reaktiven Vasokonstriktion der Arteriolen mit der Folge einer höhergradigen (dann arteriellen) pulmonalen Hypertonie.

Thromboembolien können Ursache einer akuten pulmonalen Hypertonie sein (s. Kap. 6.4.6.6). Dann reagiert der rechte Ventrikel durch die akute Drucküberlastung mit einer hochgradigen Dilatation, während bei einer chronischen Hypertonie eine graduelle Anpassung möglich ist und das Bild einer exzentrischen rechtsventrikulären Hypertrophie besteht. Derartigen Veränderungen des rechten Herzens, ausgelöst durch eine pulmonale Hypertonie, entsprechen einem Cor pulmonale. Kurzfristige hypoxische Zustände, wie etwa bei einem Trachealkollaps, verursachen i. d. R. kein Cor pulmonale.

Klinisches Bild, Diagnostik: Abhängig vom Schweregrad der Hypertonie sinkt die Auswurfleistung des rechten Herzens und es bestehen Leistungsschwäche, Dyspnoe oder

Synkopen. Weiterhin kann kongestives Rechtsherzversagen mit Hepatomegalie, Aszites und gestauten Jugularvenen auftreten. Der zweite Herzton kann laut oder gespalten sein. Da eine pulmonale Hypertonie beim Kleintier meist sekundär ist, hängen weitere klinische Befunde überwiegend von der Grundkrankheit ab. Bei einer Lungenfibrose bestehen bestimmte radiologische Veränderungen und Knistern bei der Auskultation (s. Kap. 6.4.5.1). Kongestive Linksherzkrankheiten sowie kongenitale Vitien fallen bei der Auskultation i. d. R. durch ein Herzgeräusch auf. Bestimmte Herzkrankheiten (Kardiomyopathien, bidirektionale Shunts, Cor triatriatum sinister, Mitralstenosen) können auskultatorisch jedoch leise oder stumm sein.

Diagnose: Der Goldstandard zur Diagnose ist die invasive Druckmessung. In den meisten Fällen lässt sich die Krankheit durch echokardiographische Messungen hinreichend sicher diagnostizieren. Es bestehen dann morphologische Veränderungen des rechten Herzens, veränderte Flussprofile in der Pulmonalarterie sowie erhöhte Flussgeschwindigkeiten bei einer Trikuspidal- und Pulmonalinsuffizienz. Zur Abklärung der möglichen Ursachen sind weitere labordiagnostische und radiologische Untersuchungen notwendig. Dazu zählen der Ausschluss von Lungenparasiten (Dirofilariose, Angiostrongylose), Bestimmung der D-Dimere (als Thrombosemarker) und ggf. ein Angio-CT.

Therapie: Sildenafil (1–3 mg/kg KM, 1–3 × tägl. p. o.) oder Tadalafil (Cialis, 1 mg/kg KM, 1 × tägl. p. o.) besitzen eine spezifische vasodilatatorische Wirkung im kleinen Kreislauf. Systemische Vasodilatatoren (ACE-Hemmer, Kalziumkanalblocker, Hydralazin) besitzen nur eine schwache Wirkung im kleinen Kreislauf, können aber zu einer systemischen Hypotension führen.

Die weitere Therapie hängt von der zugrunde liegenden Ursache ab (s. Kap. 6.4.6.6). Bei einer hypoxischen Ursache ist Sauerstoff hilfreich und die Beseitigung der oberen Atemwegsstenose. Im Falle einer Lungenfibrose können Bronchodilatatoren helfen (Theophyllin, Terbutalin). Bei kongestiver Herzinsuffizienz kann die drucksenkende Wirkung von Pimobendan im kleinen Kreislauf von zusätzlichem therapeutischem Nutzen sein. Cor triatriatum sinister, Pulmonalvenen- und Mitralstenosen können durch interventionelle Maßnahmen behandelt werden.

6.4.7 Krankheiten der Pleura und des Mediastinums

Krankheiten im Pleuraraum sind entweder durch Flüssigkeitsansammlungen (Thoraxerguss, Pyo-, Hämatothorax) oder Luft (Pneumothorax) gekennzeichnet oder der Pleuralspalt beherbergt gewebliche Massen (Tumoren, abdominale Organe bei Zwerchfellshernie oder Hiatushernie).

6.4.7.1 Mediastinale Tumoren

Tumoren liegen häufig im kranialen Mediastinum (meist malignes Lymphom oder Thymom) und führen zu Symptomen wie Dyspnoe, Husten, Regurgitieren oder zu einem Ödem im Hals- und Kopfbereich oder der Vordergliedmaßen. Thymome können vor allem beim Hund mit einer Myasthenia gravis vergesellschaftet sein. Junge Katzen mit einem mediastinalen malignen Lymphom sind häufig FeLV-positiv. Mediastinale Lymphome werden mit Chemotherapie behandelt. Thymome erfordern Chirurgie oder Bestrahlung.

Seltenere Ursachen für mediastinale Massen sind ektopisches Schilddrüsengewebe, Chemodektome, Lymphadenopathien, Zysten oder Metastasen anderer Tumoren.

6.4.7.2 Pleuraerguss

Ätiologie: Die Ursachen umfassen zahlreiche Krankheitsgebiete. Häufig ist eine Einordnung bereits durch die makroskopische Beurteilung der Flüssigkeit möglich. Infektiöse oder septische Ursachen führen zu einem eitrig-trüben, zellreichen Exsudat; Tumoren oder kongestive Herzkrankheiten zu einem rötlich-serösen, modifizierten Transsudat. Bei Albuminmangel besteht ein zellarmes, wasserklares Transsudat. Weiterhin sind bei Gerinnungsstörungen oder Traumen, aber auch bei Tumoren Blutungen in den Pleuralspalt möglich. Eine Sonderform ist der Chylothorax, der beim Hund durch einen idiopathischen, seltener traumabedingten Austritt von Lymphe aus dem Ductus thoracicus entsteht (s. Kap. 6.4.7.2.1). Die Katze zeigt dagegen auch bei kongestivem Herzversagen einen chylösen Erguss.

Pathophysiologie: Im Pleuralspalt befindet sich physiologischerweise eine kleine Menge Flüssigkeit, deren Menge durch eine Homöostase geregelt wird. Eine Zunahme dieser Flüssigkeit ist das Ergebnis einer übermäßigen Bildung/Freisetzung oder ungenügenden Resorption. Infektiöse oder septische Prozesse führen zu einer Serositis mit der Folge einer entzündlichen Exsudation (übermäßige Produktion, aber auch erhöhter onkotischer Druck des Exsudats selbst). Modifizierte Transsudate entstehen meist durch eine Stauung der pleuralen Gefäße. Es kommt dann zu einer ungenügenden Resorption bei gleichzeitig erhöhter Extravasation von Flüssigkeit. Reine Transsudate beruhen auf einer Verminderung des intravasalen onkotischen Drucks mit der Folge erhöhter Extravasation und ungenügender Resorption von freiem Wasser.

In allen Fällen kommt es ab einer bestimmten Flüssigkeitsmenge zu einer restriktiven Einschränkung der Atemfunktion durch die raumfordernde Wirkung der Flüssigkeit. Intravasal kann je nach Ursache entweder ein Volumenmangel oder eine venöse Kongestion bestehen. Durst, Leistungsschwäche oder Atemnot sind die Folge.

Klinisches Bild: Kleinere Ansammlungen von Flüssigkeit sind klinisch meist inapparent und werden gut toleriert. Eine Zunahme der Flüssigkeit führt zu Leistungsschwäche, schließlich zu einer erhöhten Ruheatemfrequenz und letztlich zu manifester Atemnot mit Maulatmung und sitzender Schonhaltung bei der Katze oder stehender Schonhaltung beim Hund. Es besteht dann ein restriktives Muster mit erhöhter Atemarbeit. Patienten in diesem Stadium sind als Notfälle anzusehen, die sofort behandelt werden müssen.

Diagnostik: Die Auskultation ergibt ein- oder beidseitig gedämpfte Herztöne und Atemgeräusche. Anamnese und klinische Untersuchung können Hinweise auf die Grundkrankheit geben. Längere Anorexie und Gewichtsverlust deuten vor allem bei der Katze auf eine neoplastische Ursache hin. Besteht zusätzlich Fieber, kommen entzündliche Ursachen wie etwa FIP oder ein Empyem infrage. Hypo- oder Normothermie und Befunde wie Herzgeräusch oder Arrhythmien sind bei einer kardialen Ursache zu erwarten.

Bei plötzlicher Dyspnoe ohne vorherige Auffälligkeiten kann eine thorakale Blutung durch eine Gerinnungsstörung (Kumarinvergiftung) oder einen rupturierten Tumor die Ursache sein. Bei einem Thoraxerguss durch Albuminmangel ergibt die Anamnese häufig Diarrhoe (Eiweißverlustenteritis) oder **PU/PD** (nephrotisches Syndrom) und Gewichtsverlust. Zudem besteht in diesen Fällen meist auch ein Aszites (bikavitärer Erguss).

Diagnose: Mithilfe der Perkussion lässt sich ein Pneumothorax von einem Liquidothorax unterscheiden. Per Thoraxröntgen kann die Diagnose gesichert werden. Die Aufnahme sollte bei Patienten mit Atemnot vorzugsweise in dorsoventralem Strahlengang in Brustlage angefertigt werden. Eine ätiologische Diagnose ist bei einem höhergradigen Thoraxerguss röntgenologisch meist nicht möglich, da die thorakalen Strukturen (Herz, Lunge, Gefäße, Mediastinum, Zwerchfell) nicht mehr differenzierbar sind. Eine angehobene Trachea ist Hinweis auf eine Kardiomegalie oder eine herznahe (mediastinale) Raumforderung. Dies erfordert allerdings eine seitliche Röntgenaufnahme. Durch einen fokussierten Thoraxultraschall kann ein mediastinaler Tumor meist erkannt werden, weiterhin auch eine kardiale Genese anhand der atrialen Vergrößerung.

Die labordiagnostische und zytologische Untersuchung der thorakalen Flüssigkeit kann weiteren Aufschluss über die Ursache geben. Zellreiche Ergüsse (> 10.000 Zellen/µl) können nativ ausgestrichen und zytologisch beurteilt werden. Zellarme Flüssigkeiten unter 2000 kernhaltigen Zellen/µl sollten per Zytozentrifugation konzentriert werden, zwischen 2000 und 10.000 Zellen/µl ist eine normale Zentrifugation ausreichend. Für eine zytologische Untersuchung ist die Einsendung luftgetrockneter Ausstriche besser geeignet als von Flüssigkeit.

Therapie: Die Behandlung des Notfallpatienten besteht aus einer sofortigen Thorakozentese. Geschieht diese unter sonographischer Kontrolle, so lassen sich dabei Herzkrankheiten oder große thorakale Massen als Ursache erkennen. Die weitere Therapie richtet sich dann nach der Ursache.

6.4.7.2.1 Chylothorax

Ätiologie: Tumoren, die zu Stauungen und Abflussstörungen des Ductis thoracicus führen, sind meist im kranialen Mediastinum lokalisiert. Bei der Katze, aber nur selten beim Hund, treten chylöse Flüssigkeiten im Thorax auch bei kongestiven (Rechts-)Herzkrankheiten auf. Bei Traumen kommt es zu Rupturen mit anschließender Heilung, was einen passageren Chylothorax über 1 bis 2 Wochen zur Folge hat. Bei einem Großteil der Hunde mit Chylothorax lässt sich jedoch keine Ursache identifizieren. Man geht daher von einer idiopathisch-entzündlichen Leckage des Brustlymphganges aus.

Pathogenese: Der Chylus führt zu einer Serositis, was eine weitere Zunahme des Ergusses bewirkt. Ein chronischer Chylothorax führt zu einer fibrosierenden Pleuritis und Perikarditis. Durch das fibrosierte Perikard kommt es dann zusätzlich zu einer Stauung des Ductus thoracicus.

Diagnostik, Diagnose: Die fettreiche Lymph-Flüssigkeit des Ductus thoracicus sieht makroskopisch rötlich-milchig aus. Labordiagnostisch bestätigt dies eine hohe Triglyzeridkonzentration (> als Cholesterinkonzentration im Erguss und > als Triglyzeridkonzentrationen im Blut).

Therapie: Die Therapie richtet sich nach der Ursache. Stauungen und Abflusstörungen des Ductus thoracicus durch Tumoren oder kongestive Rechtsherzkrankheiten bedürfen einer Abklärung und wenn möglich Behandlung dieser Ursache.

Konservative Therapie: Der Lymphfluss im Brustlymphgang wird von der Fettmenge im aufgenommenen Futter bestimmt. Die Therapie besteht daher aus der Fütterung einer Diät mit niedrigem Fettgehalt (z. B. Royal Canin Low-fat). Bei Patienten mit Atemnot müssen wiederholte Thorakozentesen durchgeführt werden. In einigen Fällen wurde eine Verbesserung durch die Gabe von Rutin beobachtet. Dieses, erstmals aus der Gartenraute extrahierte Flavonoid, soll die Gefäßintegrität verbessern. Dosis: 50–100 mg/kg KM, 3 x tägl. p. o. Ergänzend kann auch Prednisolon langsam ausschleichend in einer initialen Dosierung von 0,5–1 mg/kg KM, 1 × tägl. p. o. versucht werden

Chirurgische Therapie: Ein chirurgisches Vorgehen ist bei einem idiopathischen Chylothorax und erfolgloser konservativer Therapie indiziert. Zur Behandlung sind zahlreiche chirurgische Verfahren oder Kombinationen beschrieben. Dazu zählen die Ligatur des Ductus, Drainage der Brusthöhle über pleuro-peritoneale Omentalisierung oder pleuro-venöse Shuntverbindungen bis hin zu einer Pleurodese. Die Erfolgsrate dieser Methoden wird mit etwa 50 % angegeben. Eine höhere Heilungschance wird dagegen für die Kombination aus Ligatur des Ductus thoracicus und Perikardektomie angegeben.

6.4.7.3 Pneumothorax

Definition, Ätiologie: Kennzeichen des Pneumothorax ist der Lufteintritt in den Pleuralspalt durch ein Leck im Lungengewebe oder der Thoraxwand, i. d. R. durch Traumen (Autounfälle, Sturz), seltener kommt es zu einem Spontanpneumothorax durch strukturelle Lungenveränderungen, wie etwa einer Bulla.

Bei einem Spannungspneumothorax übersteigt der Druck im Pleuralspalt den atmosphärischen Druck durch Luftakkumulation, welche durch die Atembewegungen und eine ventilartige Läsion in den Pleuraspalt gepumpt wird.

Pathogenese: Durch die Luft im Pleuralspalt kommt es zur restriktiven Einschränkung der Atemfunktion.

Klinisches Bild, Diagnose: Je nach Schweregrad bestehen Dyspnoe, gedämpfte Atemgeräusche bei der Auskultation und – im Gegensatz zum Pleuraerguss – ein tympanischer Perkussionsbefund. Der Luftsaum und die kollabierte Lunge sind radiologisch meist gut erkennbar. Zudem kommt es in der seitlichen Projektionsebene zu einer Zentralisation des Herzens mit Verlust des sternalen Kontakts. Differenzialdiagnostisch kommt dafür ein vikarierendes Emphysem infrage.

Therapie: Therapeutisches Ziel ist die Wiederherstellung des Vakuums im Pleuraspalt und die Behandlung der Ursache. Ein traumatischer Pneumothorax ohne Atemnot und ohne Zeichen von Progredienz kann zunächst beobachtet werden, da es bei gesundem Lungengewebe von selbst zu einer Abdichtung der Läsion und allmählichen Luftresorption kommt. Begleitend ist Boxenruhe hilfreich.

Patienten mit Atemnot müssen sofort versorgt werden. Vor allem ein Spannungspneumothorax erfordert sofortige Entlastung durch Thorakozentese. Als Erstmaßnahme kann die Luft wie bei einem Thoraxerguss mit einer Kanüle abgesaugt werden. Zuvor sollte sichergestellt werden, dass kein Pneumomediastinum vorliegt oder der Pneumothorax nicht einseitig ist. Ein pleurokutaner (offener) Pneumothorax erfordert eine Versorgung und einen Verschluss der Wunde.

Bei einem progredienten oder rezidivierenden Pneumothorax mit Atemnot ist unabhängig von der Ätiologie das Legen einer Thoraxdrainage notwendig. Das Abziehen der Luft sollte in jedem Fall so lange erfolgen, bis ein Unterdruck erreicht ist und keine weitere Luft mehr gefördert wird. Regelmäßige Nachkontrollen alle 30–60 Minuten, je nach Atemnot auch häufiger, zeigen an, ob und in welchem Grad das Leck noch besteht. Wenn sich kein Unterdruck herstellen lässt oder der Pneumothorax immer wieder rezidiviert, stellt das eine Indikation zur Thoraxchirurgie dar.

Bei einem spontanen primären Pneumothorax muss die Bulla oder die strukturelle Schwachstelle, welche das Leck im Lungenparenchym verursacht, gefunden werden, z. B. durch das Befüllen des Thorax mit isotoner Kochsalzlösung. In der Regel ist dann eine Lungenlappen- oder Lungenlappenteilresektion indiziert (Abb. 6.25 u. 6.26). Ein sekundärer Spontanpneumothorax erfordert zudem eine weitere Abklärung und Behandlung der zugrunde liegenden Lungenkrankheit.

Wenn nach einem Trauma keine spontane Heilung des Pneumothorax eintritt, kann die Läsion (Ruptur, Riss) auch Lungenlappen-erhaltend chirurgisch verschlossen werden.

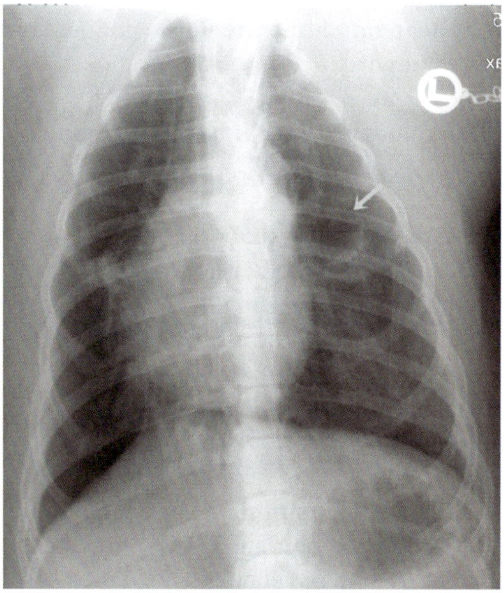

Abb. 6.25 DV-Thoraxröntgenaufnahmen eines 9-jährigen Berner Sennenhundes mit rezidivierendem Spontanpneumothorax (im Bild versorgt mit Thoraxdrainagen) durch eine rupturierte Bulla im linken kranialen Lungenlappen (Pfeil).

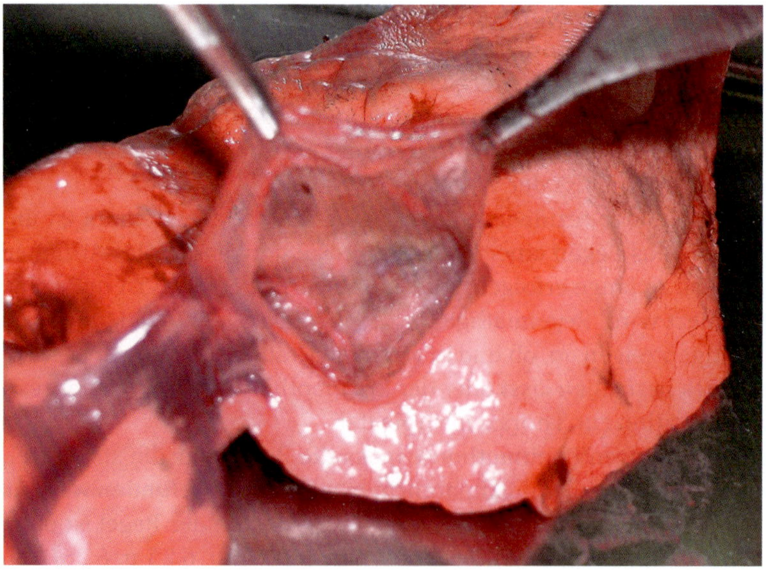

Abb 6.26 Exzidierter linker Lungenlappen des Patienten aus Abb. 6.25 mit der oberflächlichen Bulla.

Das folgende Schema liefert abschließend eine Orientierung für das therapeutische Vorgehen je nach Ursache.

• **Spontan (pleuropulmonaler Luftaustritt):**
– Primär
  • Ursache strukturelle Gewebeschwäche (Bulla): meist Chirurgie notwendig
– Sekundär
  • Ursache Lungenkrankheit (Pneumonie, Abszesse, parasitäre Läsionen, Tumoren, felines Asthma): meist Chirurgie und Therapie der Grundkrankheit notwendig

• **Traumatisch (Ursache meist Sturz oder Autounfall):**
– Offen
  • Pleurokutaner Lufteintritt: Perforierende Thoraxwunde muss versorgt werden.
– Geschlossen
  • Pleuropulmonaler Luftaustritt: Beobachten, je nach Verlauf: → Thorakozentese ð Thoraxdrainage → Chirurgie

Weiterführende Literatur

Untersuchung

Kovak JR, Ludwig LL, Bergman PJ et al. (2002): Use of thoracoscopy to determine the etiology of pleural effusion in dogs and cats: 18 cases (1998–2001). J Am Vet Med Assoc 221: 990–994.

Nitzl D (2009): Lungenröntgen – Technik, Anatomie und Lungenmuster. Kleintierpraxis 54: 101–116.

Nase

Henderson SM, Bradley K, Day MJ et al. (2004): Investigation of nasal disease in the cat – a retrospective study of 77 cases. J Feline Med Surg 6: 245–257.

Rösch S, v Bomhard W, Hellmann RM, Oechtering GU (2019): Nasenausfluss beim Hund – Wie sinnvoll sind bakteriologische und histopathologische Untersuchungen? Tierarztl Prax Ausg K Kleintiere Heimtiere 2019; 47(02): 84-96.

Saunders JH, Zonderland JL, Clercx C et al. (2002): Computed tomographic findings in 35 dogs with nasal aspergillosis. Vet Radiol Ultrasound 43: 5–9.

Strasser JL, Hawkins EC (2005): Clinical features of epistaxis in dogs: a retrospective study of 35 cases (1999–2002). J Am Anim Hosp Assoc 41: 179–184.

Windsor RC, Johnson LR, Herrgesell EJ et al. (2004): Idiopathic lymphoplasmacytic rhinitis in dogs: 37 cases (1997–2002). J Am Vet Med Assoc 224: 1952–1957.

Larynx, Trachea

Koch DA, Arnold S, Hubler M et al. (2003): Brachycephalic Syndrome in Dogs. Compend Contin Educ Pract Vet 25: 48–55.

Pink JJ, Doyle RS, Hughes JM, Tobin E et al. (2006): Laryngeal collapse in seven brachycephalic puppies. J Small Anim Pract 47: 131–135.

Chylothorax

Fossum TW, Mertens MM, Miller MW et al. (2004): Thoracic duct ligation and pericardectomy for treatment of idiopathic chylothorax. J Vet Intern Med 18: 307–310.

Lunge und Bronchien

Bach JF, Rozanski EA, MacGregor J et al. (2006): Retrospective Evaluation of sildenafil citrate as a therapy for pulmonary hypertension in dogs. J Vet Intern Med 20: 1132–1135.

D'Anjou MA, Tidwell AS, Hecht S (2005): Radiographic diagnosis of lung lobe torsion. Vet Radiol Ultrasound 46: 478–484.

De Simoi V, Schulz B (2018): Eosinophile Bronchopneumopathie des Hundes. Kleintierpraxis 63: 475–488.

Grotheer M, Hirschberger J, Hartmann K, et al. (2020): Comparison of signalment, clinical, laboratory and radiographic parameters in cats with feline asthma and chronic bronchitis. J Feline Med Surg 22(7): 649–655.

Kellum HB, Stepien RL (2007): Sildenafil citrate therapy in 22 dogs with pulmonary hypertension. J Vet Intern Med 21: 1258–1264.

Lobetti RG, Mulner R, Lane E (2001): Chronic idiopathic pulmonary fibrosis in five dogs. J Am Anim Hosp Assoc 37: 119–127.

Morgane Canonne A, Roels E, Menard M, et al (2020): Clinical response to 2 protocols of aerosolized gentamicin in 46 dogs with Bordetella bronchiseptica infection (2012–2018). J Vet Intern Med 34(5): 2078–2085.

Murphy KA, Brisson BA (2006): Evaluation of lung lobe torsion in pugs: 7 cases (1991–2004). J Am Vet Med Assoc 228: 86–90.

7 Hals-Nasen-Ohren Erkrankungen

Thomas C. Häußler, Martin Kramer

Hals-Nasen-Ohrenerkrankungen sind bei Hund und Katze nicht selten und können mit erheblichen Einschränkungen des Wohlbefindens einhergehen (u. a. Dyspnoe, Schmerzen, gestörtes Allgemeinbefinden) und mitunter lebensbedrohlich sein (z. B. Larynxkollaps, Trachealkollaps, Otitis interna)

7.1 Erkrankungen des Hals-Nasen-Rachenraums

7.1.1 Brachyzephalensyndrom (s. auch Kap. 6.4.3)

Die Popularität brachyzephaler Hunderassen nimmt weltweit seit Jahren zu. Hierzu zählen beispielsweise der Mops, französische und englische Bulldoggen, Boston Terrier, Cavalier King Charles Spaniels, Pekingese und Shih Tzu. Auch Katzenrassen wie Perser oder Exotische Kurzhaarkatzen weisen eine brachyzephale Kopfkonformation auf. Jahrzehntelange Zucht führte zu einer Verkürzung der Gesichtsschädel, ohne adäquate Zurückbildung endonasalen, palatinalen und pharyngealen Weichteilgewebes Weitere Probleme, die infolge des Brachyzephalensyndroms (engl.: *brachycephalic obstructive airway syndrome*, BOAS) auftreten, sind Vorfall der Stimmtaschen, Larynxkollaps und pharyngeale Ödeme. Zudem leiden die Tiere häufig unter einer Hypoplasie der Trachea, Bronchialkollaps, Makroglossie und nasopharyngeale aberrante Conchen. Die Behandlung des Brachyzephalensyndroms umfasst derzeit verschiedene operative Techniken, welche versuchen, das Leiden der Tiere zu lindern. Hierzu zählen die chirurgische Erweiterung der Nasenlöcher, die nasale Vestibuloplastik, die Kürzung des Gaumensegels, *Folded-Flap* Palatoplastik, die Stimmtaschenexzision, sowie die Laser-assistierte Turbinektomie aberranter Conchen.

7.1.1.1 Diagnostik und Graduierung des Brachyzephalensyndroms

Im Allgemeinen wird zur Diagnostik des Brachyzephalensyndroms die Vorgeschichte des Patienten in der Anamnese erfragt. Viele Patientenbesitzer berichten von Schnarchen, Wärme- und Belastungsintoleranz, Atemnot und bei hochgradigen Fällen auch Zyanose oder Synkopen. Ebenso fällt hin und wieder Schlafapnoe auf. Regelmäßig werden gastrointestinale Problematiken werden beobachtet. Hierzu zählen Erbrechen und Regurgitieren. Betroffene Tiere zeigen einen deutlich kürzeren und dafür breiteren Schädel. Dies führt zu einer Kompression der Nasengänge und vollkommen veränderten pharyngealen anatomischen Verhältnissen. Möpse weisen zudem eine Rotation der Maxilla nach dorsal auf und haben äußerst kleine bis abwesende Sinus frontales. Diese Veränderungen werden auch als mögliche Ursache, für die bei dieser Rasse häufiger auftretenden aberranten Conchen diskutiert. Zu den Veränderungen des Weichteilgewebes zählen verengte Nasenlöcher (Nares), bei denen sich häufig nur noch einen vertikaler Schlitz darstellen lässt. Das Gaumensegel ist meist zu lang für den verkürzten Pharynx und zudem hyperplastisch. Diese Verdickung des Gaumensegels könnte eine wichtigere Rolle bei der Verlegung des Nasopharynx spielen als dessen Länge.

Weitere Probleme sind die Hyperplasie der nasopharyngealen Mucosa und evertierte und geschwollene Tonsillen. Eine im Verhältnis zu den knöchernen Gegebenheiten überlange und verdickte Zunge (Makroglossie) führt zur weiteren Verengung des pharyngealen Raums. Durch die veränderten Druckverhältnisse bei der Atmung brachyzephaler Hunde kommt es sekundär zu laryngealen, trachealen und bronchialen Pathologien. Hierzu zählen Schleimhautödeme, hervorgetretene Stimmtaschen und/ oder Larynxkollaps in verschiedenen Schweregraden. Zudem zeigen viele Patienten eine Hypoplasie der Trachea. Häufig korreliert das Auftreten eines Bronchialkollaps mit dem Grad des Larynxkollapses. Spezielle Atemgeräusche lassen bereits Rückschlüsse auf anatomische Veränderungen zu. Schnarchende Geräusche werden meist durch Luftstromturbulenzen im oropharyngealen Bereich verursacht. Dies ist häufig mit einem zu langen und flatternden bzw. vibrierenden Gaumensegel vergesellschaftet. Hoch klingende und quietschende Töne entstehen bei hochgradiger inspiratorischer Anstrengung infolge von Problematiken mit dem Luftstrom im Kehlkopfbereich, wie sie bei Kollaps von Larynx und Nasopharynx zu beobachten sind. Zur weiteren Evaluation des Schweregrads des Brachyzephalensyndroms gehört die weiterführende bildgebende Diagnostik. Hierzu zählen Röntgenaufnahmen des Thorax, um Herz- und Lungenpathologien zu evaluieren und die Trachea oder gastrointestinale Probleme wie eine mögliche Hiatushernie zu detektieren. Mittels CT lassen sich die Nares, das Vestibulum nasi, die Nasenhöhle, der Nasopharynx und Oropharynx sehr gut untersuchen. Zudem ist eine Endoskopie nützlich, um die Dynamik im Bereich der oberen Atemwege darzustellen. Eine anterograde und retrograde Rhinoskopie ermöglicht die Diagnose nasopharyngealer Hyperplasien und aberranten Conchen. Die Graduierung des Larynxkollapses und laryngeale Funktion sowie der Grad des Kollapses von Trachea und Bronchien lassen sich beurteilen. Die Ausprägung des Trachealkollapses wird nach in 4 Grade eingeteilt. Es gibt zudem verschiedene Klassifikationschemata, um die klinische Ausprägung des Brachyzephalensyndroms zu beschreiben. Poncet et al. (2005) teilen die Patienten nach Häufigkeit des Auftretens von Symptomen der oberen Atemwege ein. Hierzu zählen Schnarchen, inspiratorische Anstrengung, Belastungs- und Stressintoleranz, sowie Synkopen. Liu et al. (2005) untersuchen die respiratorische Leistung der Patienten im Zusammenhang mit dem Ganzkörper-Plethysmographen (*Whole-body plethysmography*). Das Schema basiert auf einer klinischen allgemeinen Untersuchung vor und nach einem Belastungstest.

Ein wichtiger weiterer klinischer Faktor ist eine vorhandene Adipositas, die analog zum Schlaf-Apnoe-Syndrom des Menschen eine wichtige Rolle in der Pathogenese des Brachyzephalensyndroms spielt. Der Effekt des *Body Condition Scores* (BCS) auf die Ausprägung des Brachyzephalensyndroms Französischer Bulldoggen ist nachgewiesen.

7.1.1.2 Stenotische Nasenlöcher

Ätiologie: Bei zu engen Nasenlöchern handelt es sich um eine kongenitale Malformation des nasalen Knorpels. Dieser zeigt einen Verlust an physiologischer Rigidität und kollabiert nach medial. Die Folge ist eine Verengung der Nasenöffnungen und damit ein erschwerter Lufteinstrom, was zu einer gering- bis hochgradigen Dyspnoe führen kann. Prädisponiert sind brachyzephale Rassen wie Französische und Englische Bulldogge, Mops, aber auch Perserkatzen oder exotische Kurzhaarkatzen (Abb. 7.1).

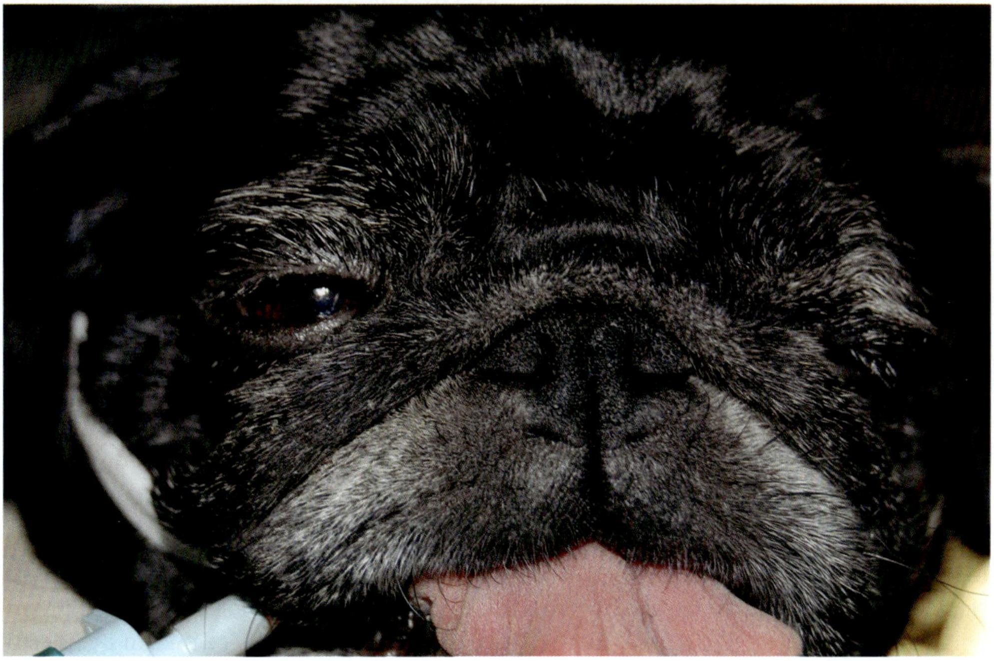

Abb. 7.1 Siebenjähriger Mops mit Brachyzephalensyndrom. Enge, schlitzförmige Nares und dorsale, überlappende Nasenfalte.

Klinisches Bild: Atemgeräusche, Stridor nasalis, geringe Belastbarkeit, Atemnot, nächtliche Unruhe (Schlafapnoe) bis hin zum Kollaps sind beschriebene Symptome. Freude, Anstrengung oder Hitze können die Symptome verstärken. Bei der klinischen Untersuchung fallen die verengten Nasenlöcher und die erschwerte Inspiration auf. Hunde sind v. a. beim Schlafen obligate Nasenatmer, was bedeutet, dass auch hierbei die Probleme zunehmen.

Differenzialdiagnosen: Zusätzliche Veränderungen (verlängertes und verdicktes Gaumensegel u. a.) sind i. d. R. vorhanden und müssen ebenfalls therapeutisch angegangen werden. Differenzialdiagnostisch sind Neoplasien von Nase, Nasenvorhof und Nasenhöhle abzuklären. Ebenso können Fremdkörper zu einer Verlegung des Nasenraums führen.

Therapie: Die chirurgische Therapie besteht i. d. R. aus einer Keilexzision im Bereich des horizontalen oder lateralen Knorpelgewebes (Alaplastik). Auch eine Nasenflügelamputation mit Entfernung des Gewebes cranioventral des dorsolateralen Nasenknorpels (Traders Technik) ist beschrieben. In der modernen Multilevel-Therapie wird die Ala-Vestibuloplastik empfohlen, um den Luftstrom zu maximieren. Hierbei wird der dorsomediale und kaudale Anteil der Ala nasi und deren Übergang in die Plica alaris reseziert, was in einem weiten und offenen Vestibulum nasi resultiert.

Prognose: Sind alle Veränderungen des Brachyzephalensyndroms therapierbar, ist die Prognose gut. Ein zusätzlich auftretender Larynx-, Tracheal- oder Bronchialkollaps oder eine Tracheahypoplasie verschlechtern die Prognose deutlich.

7.1.1.3 Intranasale Obstruktion

Ätiologie: In der Nasenhöhle brachyzephaler Hunde zeigen sich nicht selten abnormale Formationen der Conchae nasales. Es können aberrante rostrale und kaudale Conchen vorkommen. Ebenso ist das Auftreten und die Anzahl von mukosalen Kontaktflächen der Conchen entscheidend. Diese treten v. a. bei französischen Bulldoggen auf. Ebenso können Septumdeviationen den Luftstrom beeinträchtigen. Die Schleimhaut der Conchen wächst v. a. nach der Geburt. Bei normaler Entwicklung stoppt das Wachstum automatisch, bevor die Schleimhautoberflächen sich berühren. Dieser Mechanismus funktioniert bei brachyzephalen Rassen nicht.

Klinisches Bild: Bei vorliegender intranasaler Obstruktion ist die Atmung deutlich beeinträchtigt und ein Stridor nasalis hörbar. Teilweise ist kaum Luftstrom durch die Nase möglich. Schlafen kann für betroffene Tiere schwierig werden, da der Hund hierbei ein obligater Nasenatmer ist. Schlafapnoe kann beobachtet werden. Um besser atmen zu können, wird der Kopf häufig in erhöhter Position verkeilt. Das klinische Bild verschlechtert sich bei Vorhandensein anderer Pathologien im Rahmen des Brachyzephalensyndroms.

Therapie: Eine mögliche Therapie ist die Turbinektomie und darunter zu nennen die von Oechtering et al. (2007) beschriebene Laser-assistierte Turbinektomie (LATE). Hierbei sollen v. a. malformierte Anteile der Concha nasalis ventralis (ggf. media) und aberrante Conchen entfernt werden.

Prognose: Studien zeigen einen deutlichen Rückgang des intranasalen Luftwiderstands postoperativ. Langzeiteffekte auf den Luftwiderstand und Thermoregulation sind nicht bekannt. Schünemann et al. (2017) konnte zeigen, dass resezierte aberrante Conchen nach 6 Monaten nicht nachgewachsen sind.

Komplikationen: Während und nach dem Eingriff sind gut kontrollierbare Blutungen beschrieben. Nach Resektion von Conchen kommt es sehr häufig zu einem erneuten Wachsen der Turbinalia. Nach Resektion der Concha nasalis ventralis hypertrophiert meist die Concha nasalis media. Der beschriebene Anteil an Reobstruktionen 6 Monate postoperativ liegt bei 15,8 % (v. a. bei französischen Bulldoggen).

7.1.1.4 Verlängertes Gaumensegel

Ätiologie, Pathogenese: Das Gaumensegel reicht bei dieser Erkrankung weit über die Spitze der Epiglottis hinaus. Physiologisch endet es etwa auf Höhe des kaudalen Bereiches der Tonsillentaschen. Diese Erkrankung wird am häufigsten beim Brachyzephalensyndrom diagnostiziert. Auch hierbei handelt es sich um eine kongenitale Erkrankung, wobei das eigentliche Gaumensegel nicht zu lang ist, sondern die anatomischen Strukturen des Larynx/Pharynx zu kurz sind. So wird das relativ zu lange Gaumensegel bei der Inspiration nach kaudal gezogen und verlegt den dorsalen Teil der Glottis. In manchen Fällen wird es zwischen die Procc. corniculati des Aryknorpels gesaugt und erschwert so die Inspiration. Die Mukosa das Naso- und Oropharynx ist häufig entzündet und schwillt an. Dies wird unter anderem durch Magensäure im Rahmen von Reflux aus dem Magen und Ösophagus verursacht. Eine chronische Entzündung (Pharyngitis) führt zu einer zusätzlichen Verdickung (Hyperplasie) des weichen Gaumens.

Klinisches Bild: Betroffene Tiere zeigen Stridor pharyngealis, Würgen, Husten, Schluckbeschwerden, Atemnot, Zyanose und Leistungsschwäche. Die Symptome verstärken sich bei Stress, Hitze und körperlicher Belastung. Bei hochgradiger Atemnot wird der Kopf vorgestreckt, die Ellbogen ausgestellt und eine betont abdominale Atmung gezeigt. Manche Tiere entwickeln eine Hyperthermie.

Diagnose: Die Beurteilung des Gaumensegels erfolgt in Narkose.

Differenzialdiagnose: Differenzialdiagnostisch müssen andere Erkrankungen des oberen Respirationstraktes (hypoplastische Trachea, Larynxkollaps, Trachealkollaps, Larynxparalyse und Neoplasien) ausgeschlossen werden.

Therapie: Eine Gewichtsreduktion ist bei vielen Tieren angezeigt. Stressvermeidung sowie Reduzierung der Belastung sind ebenfalls notwendig. In Notfällen helfen Sauerstoffzufuhr, Kühlung, Kortikosteroide und Sedation. Die Teilresektion des zu langen Gaumensegels (Staphylektomie) kann nach Vorverlagerung mit Haltezügeln oder Allis-Klemmen mittels Laser (Dioden, CO2), Skalpell, Schere oder elektro- oder radiochirurgisch erfolgen. Präoperativ werden Kortikosteroide (z. B. 0,5–1 mg/kg KM Prednisolon) zur Prophylaxe von postoperativen Schwellungen verabreicht. Die alleinige Kürzung ist bei verlängertem Gaumensegel ohne Hyperplasie indiziert.

Bei hochgradig verdicktem Gaumensegel (Hyperplasie) sind weitere Techniken beschrieben. Hierzu zählen eine deutlichere Kürzung sowie die von Findji & Dupré (2008, 2009) beschriebene Folded-Flap Palatoplastik. Bei dieser Technik wird das Gaumensegel ausgedünnt, indem Anteile der oropharyngealen Mukosa und des darunterliegenden hyperplastischen Weichteilgewebes reseziert werden. Nach Ausdünnung wird die nasopharyngeale Mukosa nach kranial gefaltet und an der dorsalen Schnittkante vernäht. Als dorsale Orientierung der Schnittführung gilt hierbei die kraniale Kommissur der Tonsillentasche. Von Carabalona et al. (2022) wird die H-Pharyngoplastik beschrieben, bei der es sich um eine stärkere Kürzung des Gaumensegels als üblich handelt. Gleichzeitig werden die Tonsillen beidseits entfernt und die Tonsillentaschen vertikal vernäht.

Komplikationen: Das zu starke Kürzen eines zu langen Gaumensegels kann zu nasalem Regurgitieren, Rhinitis und Sinusitis führen. Zu geringes Kürzen dagegen beseitigt die Symptome nicht. Die alleinige Kürzung eines hyperplastischen Gaumensegels kann zu einer persistierenden Obstruktion des Nasopharynx führen. Postoperativ muss auf Schwellungen und daraus resultierender Atemnot geachtet werden.

Prognose: Bei jungen Patienten ohne Sekundärveränderungen im Hals-Rachenraum ist nach Kürzung des Gaumensegels die Prognose gut. Ältere Tiere zeigen manchmal keine positive Entwicklung postoperativ, da die Begleiterscheinungen (Larynxkollaps etc.) bereits zu weit fortgeschritten sind. Auch können klinische Beschwerden mit zunehmendem Alter wiederkehren.

7.1.1.5 Larynxkollaps

Ätiologie, Pathogenese: Der Grad 1 Larynxkollaps wird definiert durch evertierte laryngeale Ventrikel (oft als Stimmtaschen bezeichnet). Wenn die Processus cuneiformes des Arytenoids ihre Steifigkeit verlieren und sich medial verlagern, spricht man von einem Larynxkollaps Grad 2. Bei einem Grad 3 Larynxkollaps kollabieren die Processus corniculati, was zu einem Verlust des dorsalen Bogens der Rima glottidis und sekundärer Obstruktion der Luftwege führt. Ein Grad 1 Larynxkollaps zeigt sich häufig bei der endoskopischen Evaluation des Nasen-Rachenraums bei Patienten mit Brachyzephalensyndrom. Höhere Grade treten mitunter infolge längerer Obstruktionen des oberen Respirationstraktes und fortgeschrittenen Alters des Patienten auf. Es kommt zu einer

Ermüdung oder Degeneration des Knorpelgewebes. Die Mukosa wird kontinuierlich gereizt, was zu einer Entzündung und damit einhergehenden Schwellung führt. Hierdurch wird die Obstruktion verstärkt und die Symptomatik nimmt weiter zu.

Klinisches Bild: Klinisch zeigen betroffene Tiere je nach Schweregrad einen inspiratorischen Stridor laryngealis, abdominal betonte Atmung, Husten, ausgestellte Ellbogen, bis hin zur Atemnot, Zyanose und Kollaps.

Diagnose: Zum Ausschluss anderer angeborener Erkrankungen sollten Röntgenbilder von Hals/Thorax angefertigt werden. Der Larynx wird endoskopisch untersucht.

Differenzialdiagnosen: Neoplasien des Larynx oder Neoplasien der umliegenden Organe mit sekundärer Obstruktion, Trachealkollaps, Larynxparalyse.

Therapie: Die konservative Therapie dient der Erleichterung der Symptome (Gewichtsreduktion, Stressvermeidung etc.). Anschließend sollten zusätzliche Veränderungen wie stenotische Nares, intranasale Obstruktionen, verlängertes Gaumensegel etc. chirurgisch behandelt werden. Bei einem Larynxkollaps Grad 1 werden die vorgefallenen Ventrikel chirurgisch entfernt. Bei höheren Graden sind die Lateralisation des Arytenoids und Thyroids sowie partielle Resektionen des Larynx (Cuneiformektomie) beschrieben. Temporär kann ein Tracheostoma mit Tracheotubus hilfreich sein. Ein permanentes Tracheostoma kann als Ultima Ratio bei Therapieresistenz in Erwägung gezogen werden.

Prognose: Die Prognose ist abhängig vom Schweregrad des Larynxkollapses. Für einen Kollaps Grad 1 und chirurgischer Korrektur weiterer Erkrankungen des Brachyzephalensyndroms ist die Prognose gut. Bei hohen Graden ist die Prognose vorsichtig bis schlecht.

7.1.1.6 Tracheahypoplasie

Bei brachyzephalen Rassen kann ebenfalls eine Tracheahypoplasie vorkommen, die auf Röntgenaufnahmen des Thorax, im latero-lateralen Strahlengang angefertigt, diagnostiziert werden kann. Definiert wird eine Hypoplasie der Trachea anhand des Verhältnisses zwischen dem Durchmesser der Trachea und der Apertura thoracis. Als hypoplastisch gilt ein Verhältnis von weniger als 0,2 bei meso- und dolichozephalen Rassen und von weniger als 0,16 bei brachyzephalen Rassen. Am häufigsten tritt die Tracheahypoplasie bei Englischen Bulldoggen auf. Hier wird diese erst ab einem Verhältnis von weniger als 0,12 definiert (Abb. 7.2). Je nach Ausprägung reichen die klinischen Symptome bis hin zur hochgradigen Dyspnoe und Kollaps des Tieres. Eine Therapie gibt es nicht. In ausgeprägten Fällen ist die Prognose schlecht.

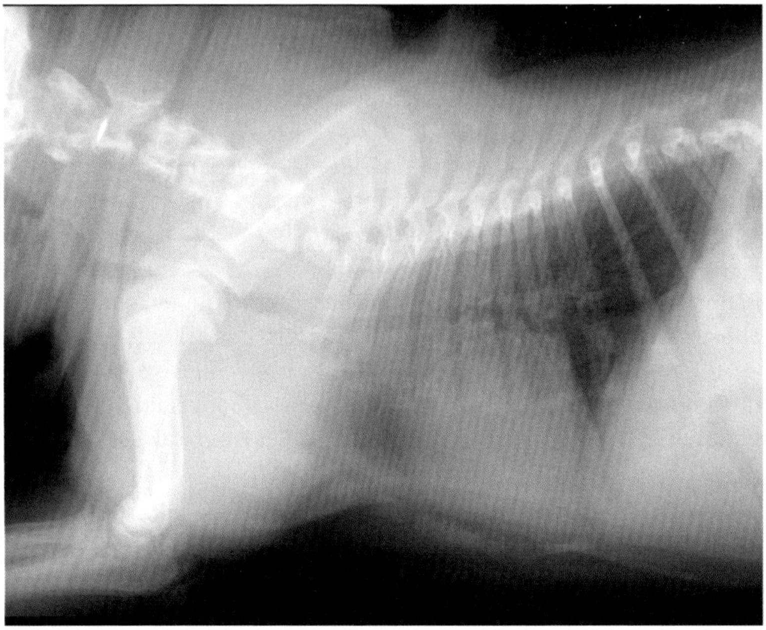

Abb. 7.2 Röntgenbild Thorax latero-lateral: 6 Monate alter Mops mit deutlicher Hypoplasie der Trachea.

7.1.2 Larynxparalyse (s. auch Kap. 6.4.2.1)

Definition: Bei einer Larynxparalyse besteht ein uni- oder bilateraler, partieller oder kompletter Verlust der Fähigkeit des Aryknorpels zur Abduktion während der Inspiration. Die Exspirationsphase wird nicht beeinträchtigt, da hierbei die Bewegung der Aryknorpel passiv ist.

Ätiologie: Die Aryknorpel tragen zur Regulation des Luftstroms, der Stimmbildung sowie zur Verhinderung der Aspiration von Futter bei. Der Musculus cricoarytenoideus dorsalis bewirkt die Abduktion der beiden Kehlkopfknorpel. Dieser wird durch den Nervus laryngeus recurrens innerviert. Ursächlich liegt der Erkrankung eine Dysfunktion der Larynxmuskulatur, des Nervus laryngeus recurrens oder des Nervus vagus zugrunde. Eine kongenitale, erbliche Larynxparalyse wird beim Bouvier des Flandres, Husky, Rottweiler und Dalmatiner als Folge der Degeneration des Nucleus ambiguus und Wallerischen Degeneration des N. laryngeus recurrens beschrieben. Die erworbene Larynxparalyse ist in vielen Fällen idiopathisch. Dennoch wird angenommen, dass endokrine, infektiöse oder immunmediierte Polyneuropathien ursächlich infrage kommen könnten. Häufig können weitere neurologische Dysfunktionen im Krankheitsverlauf beobachtet werden. Hierzu zählen der Megaösophagus, Ataxien, verminderte Propriozeption, Schwäche und Muskelatrophien. Vor allem große, ältere Hunde sind betroffen. Aber auch Traumen, Tumoren und Myopathien können zur Paralyse des Larynx führen, die nicht zuletzt auch iatrogen durch Operationen am Hals entstehen kann. Die idiopathische, erworbene Larynxparalyse tritt häufiger bei älteren Labradoren, Irischen Settern und Afghanen auf. Bei Katzen ist die Larynxparalyse selten. Männliche Tiere großer Hunderassen sind häufiger betroffen.

Pathogenese: Eine zunehmende Atrophie des Musculus cricoarytaenoideus dorsalis führt dazu, dass bei Inspiration der Knorpel nicht nach lateral abduziert wird, sondern paramedian verbleibt. Durch den Luftstrom kommt es entsprechend dem Bernoulli'schen Gesetz zu einem verminderten statischen Druck im Bereich des Larynx. Aufgrund des Funktionsverlusts des M. cricoarytenoideus dorsalis erfolgt keine Gegenregulation und die Aryknorpel kollabieren. Die Folge ist ein erschwerter Lufteinstrom während der Inspiration und damit ein erhöhter Luftwiderstand. Es kommt zu Turbulenzen des Luftstromes und damit zu Stridorgeräuschen. Um dieselbe Menge Luft einatmen zu können wie bei einem normalen Larynx muss die Luftgeschwindigkeit erhöht werden. Dadurch kommt es zu einem weiteren Absinken des statischen Drucks im Kehlkopfbereich und der Knorpel sowie die Ventrikel werden nach median gesogen und resultieren in einem Kehlkopfkollaps. Durch die ineffektive Adduktion des Larynx und Verschluss beim Schluckakt kommt es zur Gefahr des Verschluckens und damit zur Aspirationspneumonie.

Klinisches Bild: Die Tiere zeigen zunehmend einen inspiratorischen Stridor laryngealis, Stimmlagenveränderungen, Leistungsschwäche, Dyspnoe, Zyanose, Husten, Würgen, Erbrechen, Unruhe und Ängstlichkeit. Fettleibigkeit, Stress, Belastung und hohe Temperaturen verstärken das Krankheitsbild. Eventuell haben die Tiere Anzeichen einer Aspirationspneumonie. Bei gleichzeitigem Vorliegen einer Polyneuropathie zeigen sich Ataxien, propriozeptive Ausfälle und Muskelatrophien.

Diagnose: Die Diagnose wird v. a. klinisch gestellt. Eine klinisch-neurologische Untersuchung muss in allen Fällen komplett durchgeführt werden. Zur weiteren Abklärung gehören eine Blutuntersuchung (Hämatologie, klinische Chemie) inklusive Schilddrüsenparametern, Röntgenuntersuchung des Brustkorbs (zum Ausschluss von u. a. Megaösophagus, Pneumonie, Neoplasien) und eine sonographische Untersuchung des Bauchraums (Neoplasien). Die Adspektion des Larynx wird in Narkose ohne Endotrachealtubus durchgeführt. Um die Funktion des Larynx nicht zu beeinträchtigen, sollten zur Evaluation keine Medikamente eingesetzt werden, die stark atemdepressiv wirken (Opioide). Die Narkosetiefe sollte allgemein oberflächlich gehalten werden. Bei betroffenen Tieren bleibt der Gießkannenknorpel in paramedianer Position und zeigt keine Anzeichen der Abduktion. Von einem funktionsfähigen Larynx muss das „Flattern" des Knorpels bei Luftein- und ausstrom abgegrenzt werden. Bei unklaren Fällen können auch Atemstimulantien (Doxapram) verabreicht werden. Nervenleitungsuntersuchungen können generalisierte neuromuskuläre Erkrankungen ausschließen und Elektromyographien Denervationen der laryngealen Muskeln erkennen lassen.

Differenzialdiagnosen: Als Differenzialdiagnosen kommen andere Erkrankungen des oberen Respirationstraktes (u. a. Brachyzephalensyndrom, Larynxkollaps, Trachealkollaps, Tracheahypoplasie, Zubildungen wie Granulome oder Neoplasien) infrage.

Therapie: Die konservative Therapie mit Ruhe, stressfreier Umgebung, Gewichtsreduktion etc. kann bei geringgradig ausgeprägten Symptomen versucht werden.

Hinsichtlich der chirurgischen Therapie werden in der Literatur verschiedene Methoden wie Arytenoidlateralisation, partielle Laryngektomie, die sogenannte „kastellierte Laryngofissur", die Ventrikelexzision oder ein permanentes Tracheostoma mit unterschiedlicher Prognose und Komplikationen angegeben. Das Ziel ist es, den Bereich der Glottis zu erweitern, ohne die Gefahr einer Aspiration beim Schluckakt zu erzielen. Meist wird die sogenannte Arytenoidlateralisation als Methode der Wahl angesehen und ist daher auch die am häufigsten durchgeführte Operation. Die Operation wird immer zunächst nur einseitig durchgeführt, um das Risiko einer postoperativen Aspirationspneumonie so niedrig wie möglich zu halten. Bei der Operation wird der M. cricoarytenoideus dorsalis durchtrennt und ein permanentes Halteheft zwischen dem dorsolateralen Cricoid und dem Processus muscularis des Arytenoids angelegt. Dieses Halteheft übernimmt unter Spannung die Funktion des kontrahierenden M. cricoarytenoideus dorsalis.

Komplikationen: Postoperativ ist auf Anzeichen von Atemnot (Schwellung) zu achten. Husten und Würgen sind in der frühen postoperativen Phase normal. Nach ca. 24 Stunden kann weiches Futter gefüttert werden. Als weitere Komplikationen werden Husten über längere Zeit, die Fraktur des Arytenoids (v. a. bei alten Tieren mit „mineralisiertem" und sprödem Knorpel) beim Festziehen der Naht oder Durchstechen, Aspirationspneumonie und Tod beschrieben.

Prognose: Die Prognose ist abhängig von der zugrunde liegenden Erkrankung. Bei korrekt ausgeführter Operation kann in bis zu > 90 % der Fälle eine Besserung der Symptomatik erreicht werden. Aspirationspneumonien treten bei 10–21 % der Hunde auf. 70 % der Hunde sind 5 Jahre nach der Operation noch am Leben. Negativ prognostische Faktoren sind das Vorhandensein einer Aspirationspneumonie präoperativ, Auftreten eines Megaösophagus postoperativ und ein nötiges temporäres Tracheostoma.

7.1.3 Trachealkollaps (s. auch Kap. 6.4.4.2)

Definition: Ein Trachealkollaps wird als tracheale Obstruktion durch Knorpelerschlaffung und deren Abflachen definiert.

Epidemiologie: In der Regel sind Miniatur- und Toy-Rassen betroffen (Yorkshire Terrier, Malteser, Chihuahua etc.). Bei Auftreten der klinischen Probleme sind die Patienten meist im mittleren Lebensalter.

Ätiologie: Die Ursache des Trachealkollapses ist unklar und wird als multifaktoriell angesehen. Eventuell spielen genetische Faktoren, Ernährungsursachen, Allergene, neurologische Defizite, andere Erkrankungen der Atemwege und Knorpeldegeneration eine Rolle.

Pathogenese: Pathohistologische Untersuchungen zeigen einen verminderten Zellgehalt bei Knorpelspangen betroffener Tiere. Der Gehalt an Chrondroitinsulfat und Glukosaminoglykanen ist vermindert. Hyaliner Knorpel wird teilweise zu Faserknorpel umgebaut, sodass man in diesen Fällen von einer Chrondromalazie sprechen kann. Der Knorpel verliert seine Rigidität und kollabiert in dorsoventraler Richtung. Die zervikale Trachea kollabiert während der Inspiration, der thorakale Anteil dagegen während der Exspiration. Dadurch kommt es zu einer Verringerung des Lumens, einer Beeinträchtigung des Luftstromes und damit zu chronischen Entzündungen der Mukosa. Dies verstärkt wiederum den Husten. Um eine adäquate Atmung zu gewährleisten, muss aufgrund des verminderten Tracheallumens die Luftstromrate deutlich erhöht werden, was den statischen Druck in der Trachea verringert und so den Kollaps verschlimmert. Je nach Verkleinerung des Tracheallumens werden 4 Grade unterschieden.

Klinisches Bild: Die Patienten zeigen einen meist trockenen, lauten, teils bellenden Husten, Stridor trachealis, Dyspnoe, Leistungsschwäche, Zyanose, Synkopen oder Husten mit oder ohne Würgen. Fettleibigkeit verstärkt auch hier die Symptome. Der Husten verstärkt sich durch auslösende Noxen (Allergene), Stress, Anstrengung oder Aufregung. Bei Druck auf die Trachea ist Husten auslösbar. Die Trachea lässt sich im Bereich der Apertura thoracis manuell meist vollständig manuell zusammendrücken. Zusätzliche Herzpathologien können auskultatorisch erkennbar sein.

Diagnose: Röntgenologisch kann die Einengung der Trachea verifiziert werden. Laterolaterale Röntgenbilder des Hals/Thorax sollten sowohl in Inspiration als auch in Exspiration durchgeführt werden. Die endoskopische Untersuchung der Trachea erfolgt in Narkose mit geringer Narkosetiefe (Abb. 7.3). Gleichzeitig sollte eine Bronchoskopie erfolgen und gegebenenfalls eine bronchoalveoläre Lavage (BAL) durchgeführt werden. Nicht selten zeigen Patienten mit Trachealkollaps eine Bronchopneumonie und einen zusätzlichen Bronchialkollaps. Das Ausmaß des Trachealkollapses wird von Grad 1–4 beurteilt. Grad 1 zeigt eine relativ normale Knorpelanatomie mit redundanter dorsaler Trachealmembran. Das Lumen ist bis zu 25 % eingeengt. Grad 2 zeigt eine gering- bis mittelgradige Einengung des Tracheallumens um bis zu 50 %. Grad 3 weist eine hochgradige Abflachung der Knorpelspangen auf mit 75 % Einengung des Lumens. Ein fünfter Grad wurde eingeführt, um einen latero-lateralen Kollaps der Trachea zu beschreiben.

Differenzialdiagnosen: Differenzialdiagnostisch sind das Brachyzephalensyndrom, Larynxkollaps, Larynxparalyse, Bronchitis, Allergien, Lungenerkrankungen, hypoplastische Trachea und Zubildungen in der Trachea zu beachten.

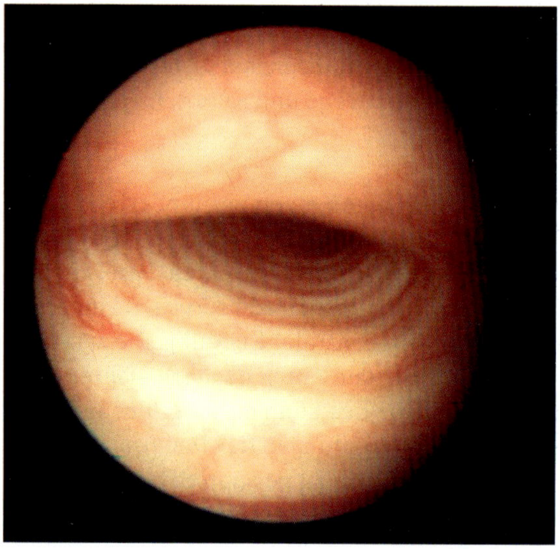

Abb. 7.3 Endoskopie der Trachea bei einem 10-jährigen Yorkshire Terrier. Deutlich ist der Kollaps der Trachea erkennbar. (mit freundlicher Genehmigung Prof. Moritz, Klinik für Kleintiere der JLU-Gießen)

Therapie: Die konservative Therapie zeigt bei fast allen Tieren eine Verbesserung der Symptomatik. Bei adipösen Tieren wird die Gewichtsreduktion als Grundvoraussetzung angesehen, damit die konservative Therapie überhaupt erfolgreich ist. Halsbänder werden durch Brustgeschirre ersetzt. Die Inhalation von irritierenden Substanzen muss unterbunden werden (Rauch, Staub, Aerosole). Medikamentös kommen Antitussiva, Bronchodilatatoren und/oder Kortikosteroide zum Einsatz. Antibiotika sind umstritten, werden aber von manchen Autoren in der Anfangsphase verabreicht. Eine transtracheale oder bronchoalveoläre Lavage wird für eine bakteriologische Untersuchung mit Resistenztest empfohlen. Bei hochgradig dyspnoeischen Patienten kann die Sedation und Versorgung mit Sauerstoff notwendig sein. Sollten konservative Maßnahmen keinen Erfolg bringen, müssen chirurgische Interventionen diskutiert werden. Diese sind nur indiziert, solange die Patienten keinen Kollaps des Hauptbronchus oder zusätzliche Erkrankungen des Larynx und Herzkreislaufsystems aufweisen. Als chirurgische Therapie wird in der Literatur das Anlegen von extraluminalen Ringprothesen oder das Legen von intraluminalen Stents beschrieben. Extraluminale Trachealringe oder Spiralprothesen können nur am zervikalen und maximal bis zum proximalen Anteil des thorakalen Anteils der Trachea angebracht werden. Hierbei ist mit äußerster Sorgfalt darauf zu achten, dass versorgende Nerven und Gefäße nicht verletzt werden. Beschriebene Komplikationen sind Larynxparalysen oder Trachealspangennekrosen. Eine prophylaktische Lateralisation des Arytenoids wird von manchen Autoren empfohlen. Alternativ wird das individuelle Anpassen von intraluminalen Stents durchgeführt (Abb. 7.4). Diese finden auch bei einem Kollaps des intrathorakalen Anteils der Trachea Anwendung. Stents werden unter endoskopischer oder fluoroskopischer Kontrolle gesetzt. Neuere Stents bestehen aus Nitinol (Nickel-Titanium-Legierung). Postoperativ ist mit einem Hustenreiz zu rechnen. Es werden medikamentös Kortikosteroide, Sedativa und Antitussiva eingesetzt.

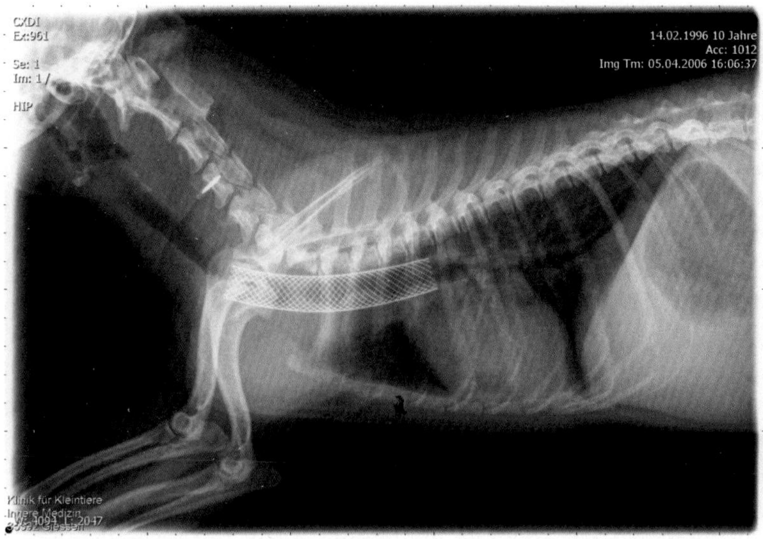

Abb. 7.4 Endoskopie der Trachea bei einem 10-jährigen Yorkshire Terrier nach Stent-Implantation. (mit freundlicher Genehmigung Prof. Moritz, Klinik für Kleintiere der JLU-Gießen)

Prognose: Die Prognose ist abhängig von zusätzlich bestehenden Erkrankungen und dem Schweregrad des Trachealkollapses. Patienten mit zusätzlichen laryngealen und bronchialen Veränderungen sprechen auf eine Therapie schlechter an als Tiere mit alleinigem Trachealkollaps. Nach dem Setzen eines intraluminalen Stents zeigen über 95 % der Tiere eine sofortige Verbesserung ihrer Symptome. Dennoch gibt es sowohl bei extraluminalen Prothesen als auch bei intraluminalen Stents eine hohe Anzahl von größeren Komplikationen (bis zu 43 % in einer Studie). Aufgrund dessen ist Vorsicht geboten bei der Prognosestellung. Insofern keine Komplikationen auftreten, ist diese gut.

7.1.4 Tracheale Obstruktionen

7.1.4.1 Neoplasien der Trachea

Definition: Intratracheale Obstruktionen sind selten. Sollten sie dennoch auftreten, zählen Neoplasien der Trachea mit intraluminaler Ausdehnung zu den häufigen Gründen.

Ätiologie: Ursächlich kommen bei Jungtieren in seltenen Fällen gutartige Osteochondrome infrage. Andere in der Literatur beschriebene Neoplasien bei älteren Tieren sind Adenokarzinome, Adenome, Lymphome, Fibrosarkome, Plattenepithelkarzinome, Mastzelltumoren, Osteosarkome, Rhabdomyosarkome, Chondrosarkome und Fibrosarkome.

Klinisches Bild: Betroffene Tiere werden häufig mit einem trachealen Atemgeräusch (Stridor) sowie einer gemischten Dyspnoe vorgestellt. Erst bei einer Obstruktion von über 50 % des Tracheallumens kommt es i. d. R. zu klinischen Symptomen.

Differenzialdiagnosen: Differenzialdiagnostisch müssen andere lumeneinengende Krankheitsprozesse in Betracht gezogen werden. Dazu zählen tracheale Fremdkörper, Trachealkollaps, traumatische extraluminale Einengung der Trachea, intraluminale entzündliche Veränderungen der Trachea, Strikturen oder auch extraluminale tumoröse Prozesse mit trachealer Kompression (Abb. 7.5).

Therapie: Therapeutisch gilt die partielle Trachearesektion mit einer End-zu-End-Anastomose als Methode der Wahl (Abb. 7.6). Die einzige Ausnahme bilden Lymphome, die chemotherapeutisch angegangen werden sollten.

Prognose: Die Prognose ist abhängig von der Art des Tumors und den Resektionsgrenzen. Bei vollständiger Entfernung ist die Prognose gut. Gutartige Veränderungen wie Osteochondrome haben bei erfolgreicher Resektion und ausbleibenden Komplikationen (Larynxparalyse, Dehiszenz, Trachealwandnekrose, hyperplastisches Granulationsgewebe oder Strikturen) eine gute Prognose.

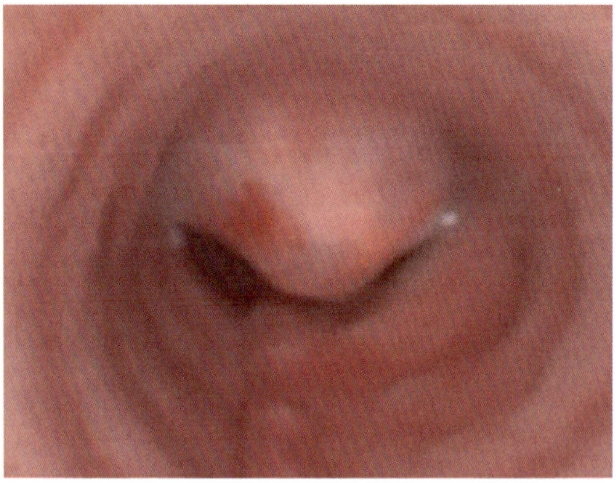

Abb. 7.5 (oben) Endoskopisches Bild einer Masse im Tracheallumen. Fünfmonatiger Rhodesian Ridgeback Rüde mit einem trachealen Osteochondrom.

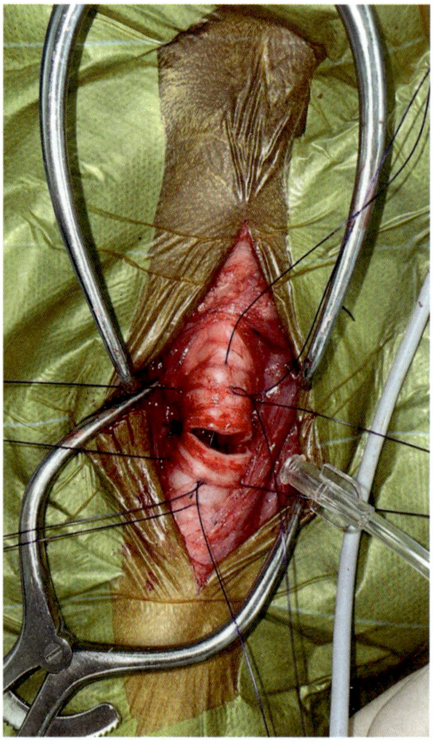

Abb. 7.6 (rechts) OP-Situs Trachearesektion. Haltefäden fixieren die Trachea. Fäden zur End-zu-End-Anastomose werden vorgelegt.

7.1.4.2 Tracheale Fremdkörper

Ätiologie: Die Inhalation von Fremdkörpern ist selten. Tracheale Fremdkörper scheinen bei Katzen häufiger aufzutreten. Bei Hunden sind bronchiale Fremdkörper häufiger.

Klinisches Bild: Betroffene Tiere werden mit einer Dyspnoe unterschiedlichen Ausmaßes vorgestellt.

Differenzialdiagnosen: Differenzialdiagnostisch müssen andere Lumen einengende Krankheitsprozesse in Betracht gezogen werden. Hierzu zählen der Trachealkollaps, traumatische extraluminale Einengung der Trachea, intraluminale entzündliche Veränderungen der Trachea, Strikturen, extraluminale tumoröse Prozesse mit trachealer Kompression.

Therapie: Zur Diagnose sind meist seitliche Röntgenaufnahmen des Halses sowie des kranialen Thorax und/oder eine endoskopische Untersuchung ausreichend. Die meisten Fremdkörper lassen sich endoskopisch entfernen. Auch der Einsatz eines Foley Katheters ist beschrieben. Dieser wird mit dem Cuff kaudal des Fremdkörpers platziert und der Cuff im Anschluss „geblockt". Durch vorsichtigen Zug lassen sich stumpfe Fremdkörper nach kranial bewegen. Auch die Entfernung trachealer röntgendichter Fremdkörper unter fluoroskopischer Kontrolle ist beschrieben, wobei ohne direkte visuelle Kontrolle die Verletzungsgefahr erhöht ist. Sind diese Methoden nicht erfolgreich, ist eine Tracheotomie erforderlich. Für den intrathorakalen Anteil wird eine laterale Thorakotomie zwischen dem dritten und fünften Interkostalraum durchgeführt. Zervikale tracheale Fremdkörper werden über einen ventralen medianen Zugang zum Hals entfernt.

Prognose: Die Prognose ist gut. Komplikationen ergeben sich aus sekundär auftretenden Schäden der Trachea aufgrund des Fremdkörpers oder iatrogen aufgrund des chirurgischen Eingriffs.

7.1.4.3 Tracheaverletzungen

Definition: Es werden externe und interne Verletzungen unterschieden.

Ätiologie: Externe Verletzungen umfassen stumpfe sowie penetrierende Traumata der Trachea. Obwohl die Trachea vom umliegenden Weichteilgewebe gut geschützt ist, kann es durch Hyperextensionen oder Überdehnung zu Rissverletzungen kommen. Penetrierende Verletzungen treten im Rahmen von Hundebissen oder Pfählungsverletzungen (Stöckchenverletzung) auf. Seltener sind Schussverletzungen. Interne Verletzungen resultieren bei Katzen unter Umständen infolge einer überblockten Tubusmanschette (Cuff). Hierbei kommt es zu mechanischen Rissen oder lokalen Trachealnekrosen aufgrund verminderter Blutversorgung durch den Überdruck.

Klinisches Bild: Betroffene Tiere zeigen häufig ein subkutanes Emphysem entlang des Halses und nicht selten bis über die Flanke und den Rücken reichend. Weiterhin kann die Luft entlang der Faszien bis ins Mediastinum (Pneumomediastinum) wandern. Einige Patienten entwickeln zudem einen Pneumothorax und dadurch sekundär eine Dyspnoe.
Diagnose: Die Diagnose kann klinisch (Emphysem) sowie radiologisch (Hals, Thorax) gestellt werden. Freie Luft im Bereich des Halses und intrathorakal (Mediastinum, Pleuralspalt) sind auf Röntgenaufnahmen deutlich erkennbar.

Differenzialdiagnosen: Bei Vorliegen eines Pneumothorax müssen primäre oder sekundäre Läsionen der Lunge oder des Thorax ausgeschlossen werden. Bei Vorliegen eines subkutanen Emphysems ist nach Hautwunden zu suchen. Freie Luft im Bereich der Trachea oder des Mediastinums ohne Verletzung der Haut sprechen für eine Undichtigkeit der Trachea. Auch eine Verletzung des Ösophagus muss differenzialdiagnostisch in Betracht gezogen werden.

Therapie: Perforierende (externe) Verletzungen werden chirurgisch behandelt. Bei ausgedehnten Verletzungen können eine Teilresektion und End-zu-End-Anastomose der Trachea nötig sein. Häufig ist eine primäre Adaption des Risses ausreichend. Kleinere Verletzungen der Trachea nach Intubation können mitunter konservativ behandelt werden. Bei ausbleibender Besserung oder Verschlechterung ist auch hier eine chirurgische Exploration indiziert.

Prognose: Die Prognose ist i. d. R. gut.

7.1.5 Tumoren der Mundhöhle

Epidemiologie: Die Mundhöhle stellt die vierthäufigste Lokalisation für Neoplasien bei Hund und Katze dar. Die häufigsten malignen Tumoren beim Hund sind das *maligne Melanom*, das *Plattenepithelkarzinom* und das *Fibrosarkom*, wobei das *Plattenepithelkarzinom* der häufigste Tumor bei der Katze ist (70–80 % aller oraler Tumore), gefolgt vom Fibrosarkom. Benigne orale Tumoren sind bei der Katze selten, beim Hund kommen dagegen Epuliden regelmäßig vor.

Für orale Tumoren prädisponierte Rassen scheinen Boxer und Deutsche Schäferhunde zu sein, aber auch Golden Retriever, Chow Chow, Cocker Spaniel, Miniaturpudel, Samoyede, Shar Pei und Labrador sind häufiger betroffen. Generell finden sich orale Tumoren eher bei mittelalten bis alten Tieren. Eine Ausnahme bilden die Papillome, die bei Tieren von 1 Jahr und jünger zu finden sind.

Pathogenese: Orale Tumoren können ausgehen von der Wangen- oder Lippenschleimhaut, der Zunge, der Gingiva, dem Periodontium, den odontogenen Geweben, der Mandibel, der Maxilla und den Tonsillen. Sie dehnen sich aus und wachsen invasiv und destruktiv in angrenzendes Knochen- oder Knorpelgewebe. Die Metastasierung erfolgt lympho- oder hämatogen in die regionären Lymphknoten und in die Lunge.

Klinisches Bild: Orale Tumoren werden durch den Besitzer oft erst entdeckt, wenn sie bereits relativ groß sind. Die Patienten werden aufgrund sichtbarer Zubildungen in der Mundhöhle vorgestellt, wegen Blutungen aus dem Maul, Problemen bei der Futteraufnahme, Halitosis, Anorexie, Gewichtsverlust, gelockerter oder dislozierter Zähne, vermehrter Salivation, Gesichtsdeformitäten oder sie zeigen Nasenausfluss.

Hunde mit Tonsillenkarzinom zeigen oft Symptome, die in Zusammenhang mit der oropharyngealen Obstruktion stehen (Dyspnoe, Anorexie, Husten, Speicheln oder Schluckbeschwerden. Es kann auch als Folge von Metastasierung in die regionären Lymphknoten (Lymphonodi retropharyngeales et mandibulares) zu ausgeprägten Schwellungen des Halsbereiches kommen.

Einzelne Tumorarten: *Maligne Melanome* sind schnell wachsende Tumoren, die weißgräulich bis braun-schwarz erscheinen, sie sind derb und vaskularisiert. Sie treten häufig an der Gingiva auf und sind gekennzeichnet durch frühzeitige lokale Gewebeinvasion. In bis zu 60 % der Fälle kommt es zur Metastasierung in regionäre Lymphknoten. Melanome treten v. a. bei männlichen Tieren auf, im Durchschnitt zwischen dem 9. und 11. Lebensjahr. Rassen mit pigmentierter Schleimhaut scheinen häufiger betroffen.

Plattenepithelkarzinome sind die häufigsten oralen Tumoren der Katze und die zweithäufigsten beim Hund. Sie finden sich auf Gingiva, Lippe, Zunge oder Tonsillen. Sie erscheinen als rote Neoplasien, von brüchiger Konsistenz, vaskularisiert und manchmal ulzerierend. Die meisten Tumoren des rostralen Oropharynx wachsen lokal invasiv und zeigen eine geringe Metastasierungsneigung, wohingegen die Tumoren des kaudalen Oropharynx stärker invasiv wachsen und eine höhere Metastasierungsrate aufweisen. Plattenepithelkarzinome des Hundes neigen zu lokal invasivem und osteolytischem Wachstum bei geringer Metastasierungsrate. Feline Plattenepithelkarzinome haben eine deutlich schlechtere Prognose als canine. Plattenepithelkarzinome finden sich häufig bei Katzen beiderlei Geschlechts, die älter als 10 Jahre sind. Über 60 % aller lingualen Neoplasien bei Katzen sind Plattenepithelkarzinome. Die häufigste Stelle ist der ventrale Zungengrund im Bereich des Frenulums.

Fibrosarkome kommen hauptsächlich beim Hund vor. Fibrosarkome beim Hund sind meist trotz histologisch niedrigen Grades biologisch hochgradig invasiv. Sie sind häufig an Maxilla, Gingiva und dem harten Gaumen lokalisiert. Sie stellen sich rosa dar, fest, weich und haften als häufig gelappte Zubildung der Unterlage fest an. Lokal invasives Wachstum mit Knochenbeteiligung ist häufig trotz histologisch niedrigen Grades, Fernmetastasen treten jedoch selten auf. Fibrosarkome treten v. a. bei großen Hunderassen auf (Golden Retriever), hierbei sind männliche Tiere häufiger betroffen als weibliche. Der Altersdurchschnitt liegt bei 4 bis 5 Jahren bei großen, über 8 Jahren bei kleineren Rassen.

Osteosarkome machen bei Hunden etwa 10 % der oralen Tumoren an Ober- und Unterkiefer aus. Sie wachsen lokal aggressiv und haben eine hohe Metastasierungsneigung.

Epuliden stellen mit 30 % den häufigsten Typ benigner oraler Tumoren beim Hund dar. Bei der Katze kommen sie selten vor. Epuliden sind feste, gingivale Zubildungen, die sich aus dem periodontalen Gewebe entwickeln. Ein Konsensus über die Einteilung von Epuliden beim Hund fehlt bisweilen. Man unterscheidet fokal fibröse Hyperplasien, die lediglich auf dem Zahnfleischrand aufsitzen von peripheren odontogenen Fibromen (früher: fibromatöse Epuliden). Diese Läsionen können in sämtlichen Bereichen der Gingiva auftreten. Ihre Erscheinung ist vielfältig, sie zeigen sich von glatter Oberfläche aber auch ulzeriert. Histologisch finden sich mesenchymale Zellen mit odontogenem Epithel und Zahnzement-ossärer Matrix. Sie wachsen nicht lokal invasiv im Gegensatz zum *akanthomatösen Ameloblastom*, welches v. a. am rostralen Unterkieferbereich auftritt. Häufig zeigt sich dieses von einem blumenkohlartigen, roten und ulzerierten Erscheinungsbild. Diese Form der Epulis wächst zwar lokal invasiv, eine Metastasenbildung ist jedoch nicht bekannt.

Orale Papillome stellen gutartige Tumoren dar, die bei jungen Hunden durch Papilloma- oder Papovavirus hervorgerufen werden. Sie treten v. a. auf der bukkalen und gingivalen Schleimhaut auf und stellen sich als multiple, grau-weißliche, gestielte Läsionen dar. Papillome treten innerhalb von 2 Monaten in Spontanregression, da das Immunsystem im Zuge der Entwicklung an Kompetenz gewinnt (Abb. 7.7).

Diagnose: Neoplasien im rostralen Bereich der Mundhöhle sind gut bei oraler Adspektion einsehbar. Die gründliche Untersuchung der Mundhöhle inklusive Tonsillen und Oropharynx ist jedoch i. d. R. nur in Narkose möglich. Regionäre Lymphknoten sollten auf Hinweise auf Vergrößerung, Strukturveränderungen und Verwachsung mit dem

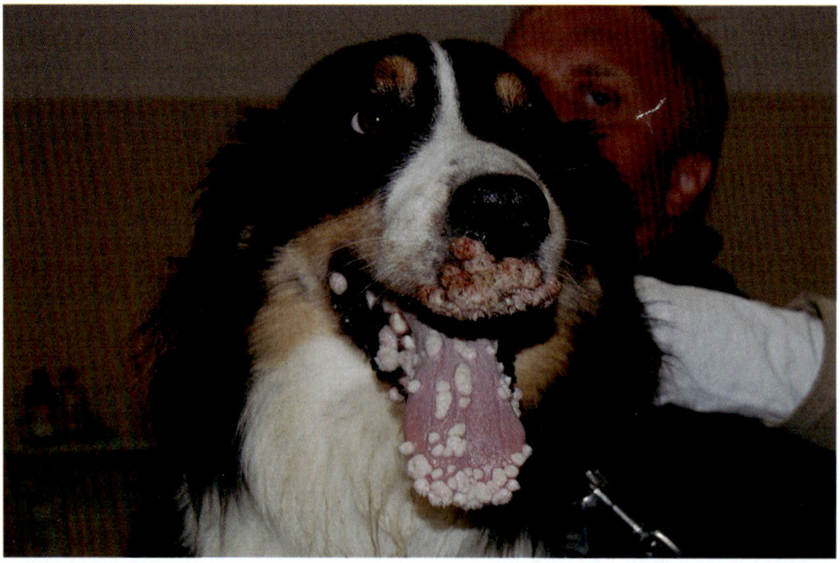

Abb. 7.7 Einjähriger Sennenhund-Mischling mit oraler Papillomatose.

umliegenden Gewebe hin untersucht und in jedem Fall müssen Feinnadelaspirationen der regionären Lymphknoten durchgeführt werden. Im Rahmen der Metastasensuche werden Röntgenaufnahmen des Thorax in mindestens 2 Ebenen angefertigt.

Eine CT-Untersuchung zur Auffindung der Tumorgrenzen im Knochen ist der Goldstandard und sollte vor jeder Operation durchgeführt werden. Bei Erweiterung auf die Brusthöhle im Hinblick auf das Staging ist das Thoraxröntgen entbehrlich. Die Diagnose und Abgrenzung von entzündlichen Veränderungen erfolgen durch zytologische bzw. histologische Untersuchung des Tumors, die auch zum Feststellen möglicher Metastasen in regionären Lymphknoten essenziell ist. Grimes et al. (2019) konnten zeigen, dass im Zuge einer lokalen Metastasierung zumeist multiple Halslymphknoten betroffen sind.

Differenzialdiagnosen: Die primären Differenzialdiagnosen zu einer Neoplasie der Mundhöhle sind Granulationsgewebe (infolge von Fremdkörpern, Trauma oder Infektion), eosinophiler Granulomkomplex und Gingiva-Hyperplasie. Fluktuierende Schwellungen sublingual und parapharyngeal können durch Mukozelen oder kongenitale Zysten verursacht sein. Als weitere Differenzialdiagnosen finden sich nasopharyngeale Polypen, Osteomyelitis und die feline plasmazelluläre Gingivitis-Stomatitis.

Therapie (allgemein): Nach Diagnose der Zubildung und klinischem Staging zur Abklärung der Prognose wird die geeignete Behandlung gewählt. Die Chirurgie bildet, sofern vertretbar, die Grundlage der Therapie bei allen soliden Neoplasien. Zudem stehen mehrere nicht-chirurgische Behandlungsmöglichkeiten zur Verfügung: Radiotherapie, Hyperthermie, Chemotherapie, Immuntherapie und photodynamische Therapie. Plattenepithelkarzinome sind bei Hunden strahlungsempfindlich. Bei Katzen scheint die Strahlentherapie die Prognose nicht wesentlich zu verbessern. Fibrosarkome sprechen schlecht auf eine Bestrahlung an. Melanome reagieren zwar auf Bestrahlung, aber eine frühzeitige Metastasenbildung ist hier zumeist der limitierende Faktor.

Die Wahl des chirurgischen Vorgehens muss sich am Tumortyp orientieren, wie auch an der Lokalisation, der Ausdehnung, dem Alter und Gesundheitszustand des Patienten und Behandlungseinschränkungen. Ein frühzeitiges, aggressives Vorgehen führt zu einer höheren Erfolgsquote bei der Behandlung bösartiger oraler Tumoren. Als wichtigstes prognostisches Kriterium zeigen sich in vielen Studien tumorfreie Resektionsgrenzen. Techniken wie Maxillektomie und Mandibulektomie können bei gingivalen Tumoren kurativ sein, wenn die Resektion vollständig erfolgt und noch keine Metastasierung stattgefunden hat. Da die meisten gingivalen Tumoren knocheninvasiv wachsen, sind diese Techniken notwendig. Das Abtragen des Tumors nur bis auf das Knochenniveau führt generell zum Rezidiv. Kaudal lokalisierte Tumoren in der Mundhöhle und solche, die die Mittellinie überschreiten, sind gegebenenfalls nicht resezierbar oder es ist schwierig, nach Resektion den Defekt mit Flaps wieder zu rekonstruieren. Mandibulektomien werden durch die Ausdehnung des Tumors nach medial und kaudal limitiert. Tumoren, die in die sublinguale Muskulatur oder den kaudalen Pharynx infiltrieren, sind oft inoperabel. Im Falle des Vorliegens eines nekrotischen und infizierten Tumors ist die perioperative Gabe eines Antibiotikums indiziert. Bei Katzen sind ausgedehnte Mandibulektomien nur in Ausnahmefällen durchzuführen. Maxillektomien werden selten gemacht, da Oberkiefertumoren häufig bereits die Augenhöhle betreffen. Postoperativ verweigern viele Katzen die Nahrungsaufnahme und müssen über einen längeren Zeitraum mittels Sonde (Ösophagussonde, PEG-Tube) gefüttert werden. Die Resektion lingualer Tumoren ist bei Katzen kaum möglich. Da es sich hierbei meist um Plattenepithelkarzinome handelt, ist eine weite Resektion nötig. Bei Ligatur der Arteriae linguales kommt es zur Nekrose der Zungenbasis, was unter allen Umständen vermieden werden muss.

Prognose: Die Prognose oraler Tumoren hängt von der Tumorart, dem biologischen Verhalten und dem Stadium der Erkrankung ab. Die Prognose ist gut bei benignen Zubildungen. Die größte Chance auf einen kurativen Erfolg bei gut- und bösartigen Tumoren besteht bei der vollständigen chirurgischen Resektion. Freie Tumorränder sind von höchstem positiven prognostischen Wert. Maligne Melanome zeigen die kürzeste mediane Überlebenszeiten (206 Tage; deutlich abhängig von der Therapie, s. u.) sowie den höchsten Anteil an Fernmetastasen (30 %), gefolgt von Osteosarkomen mit einer medianen Überlebenszeit von 209 Tagen und 22 % Fernmetastasen. Fibrosarkome weisen mit 54 % die höchste Rezidivgefahr auf, gefolgt von Osteosarkomen mit 30 %.

Tumoren, die rostral in der Maulhöhle lokalisiert sind, sollen eine bessere Prognose haben als weiter kaudal gelegene. Dies liegt vermutlich daran, dass diese frühzeitiger erkannt werden und leichter chirurgisch entfernt werden können. Ein maligneres Verhalten und/oder erhöhte Metastasierungsneigung weiter kaudal auftretender Tumore konnte bisher nicht nachgewiesen werden.

Therapie und Prognose ausgewählter Tumoren: Beim *malignen Melanom* ist therapeutisch eine besonders weit gefasste chirurgische Exzision nötig; hierbei kommen die Techniken der Maxillektomie, Mandibulektomie, Tonsillektomie oder Glossektomie zum Einsatz. Bestrahlungstherapie kann eingesetzt werden (v. a., wenn der Tumor nicht oder nur teilweise chirurgisch zu entfernen ist). Melanome sind wenig Chemotherapie-sensitive Tumoren. Dennoch gibt es Studien, die Erfolge beschreiben. Aufgrund der beschriebenen hohen Metastasierungsrate sollte eine Chemotherapie nicht grundsätzlich ausgeschlossen werden. Die Immuntherapie birgt Potenzial. In den USA wurde ein Vakzin zugelassen mit vielversprechenden medianen Überlebenszeiten. Das Immunsystem wird hierbei auf die Melanomzellen sensibilisiert. In Deutschland ist dieses Vakzin derzeit nicht zugelassen. Maligne Melanome haben unter den oralen Neoplasien die schlechteste Prognose, da sie sehr früh metastasieren. Ohne Therapie liegt die mediane Überlebenszeit bei ca. 2 Monaten. Unter Therapie (Chirurgie, Bestrahlung, ggf. Chemotherapie) kann diese deutlich verlängert werden (bis > 2 Jahre berichtet).

Plattenepithelkarzinome sprechen am besten auf die chirurgische Therapie an, da sie lokalisiert vorkommen und spät metastasieren. Aufgrund des invasiven Verhaltens ist eine weite Exzision des Tumors indiziert. Sie sind empfindlich gegen Bestrahlung (allein oder als adjuvante Therapie bei inkompletter Resektion). Chemotherapie wird bei Hunden mit Fernmetastasen oder bei inoperablen Tumoren empfohlen. Plattenepithelkarzinome der Tonsillen beim Hund sind von den anderen Lokalisationen in der Mundhöhle zu unterscheiden. Sie sind schnellwachsend und weisen eine frühzeitige lokale Gewebsinvasion und eine hohe Rate von Metastasierung in lokale Lymphknoten und die Lunge auf. Kaudal in der Maulhöhle gelegenen Tumoren wird in der Literatur eine schlechtere Prognose zugeschrieben, was sicherlich für Tonsillenkarzinome zutreffend ist. Plattenepithelkarzinome anderen Ursprungs in der kaudalen Maulhöhle werden vermutlich erst spät erkannt (s. o.). Die Prognose ist abhängig von der Lokalisation, dem biologischen Verhalten und somit von der Resezierbarkeit des Tumors, sowie dem Vorhandensein von lokalen Metastasen und Fernmetastasen.

Bei oralen *Sarkomen* ist eine frühzeitige Diagnosestellung und chirurgische Resektion (Mandibulektomie, Maxillektomie) mit einer Marge von mindestens 3 cm im Gesunden die Behandlung der Wahl. Trotz aggressiver chirurgischer Resektion weisen *Fibrosarkome* die höchste Rezidivrate aller oraler Tumoren auf. Hohe Strahlendosen vermögen die Überlebenszeit zu verlängern. Die meisten Fibrosarkome sprechen nur schlecht auf Chemotherapie an.

Osteosarkome des Kiefers weisen eine niedrigere Metastasierungsrate auf als Osteosarkome der langen Röhrenknochen. Somit ist die chirurgische Resektion die Therapie der Wahl. Die Prognose ist somit auch etwas besser.

Normale *Epuliden* im eigentlichen Sinn (Epulis fibromatosa, peripheres odontogenes Fibrom) werden, wenn sie größer werden, chirurgisch entfernt. Invasives Wachstum oder Metastasen treten nicht auf. Werden sie nur oberflächlich abgetragen, kann es zu Rezidiven kommen.

Akanthomatöse Ameloblastome sind benigne epitheliale odontogene Tumoren (früher: akanthomatöse Epulis). Wenn histologisch Osteoid nachgewiesen werden kann, erhalten sie häufig den Zusatz „ossifizierend". Meist wächst es invasiv und destruierend (85 %) Die Therapie der Wahl ist die chirurgische Resektion mit 0,5–1 cm Marge (Mandibulektomie, Maxillektomie) (Abb. 7.8a & Abb. 7.8b). Hierbei kann eine Heilung erreicht werden. Ohne Marge kommt es meist zum Rezidiv. Akanthomatöse Ameloblastome sprechen gut auf eine Strahlentherapie an.

Eine chirurgische Entfernung bei *Papillomen* ist nur indiziert als Biopsie im Rahmen der Diagnosesicherung oder falls der Patient Dysphagie aufgrund der Größe von Papillomen zeigt. In einigen Fällen wird mit autogenen Vakzinen gearbeitet.

7.1.6 Gaumenspalte und Gaumendefekte

Definition: Man unterscheidet den primären Gaumen, bestehend aus Lippe und Praemaxilla, vom sekundären Gaumen, bestehend aus dem harten und dem weichen Gaumen. Eine Gaumenspalte ist eine orofaziale Spalte. Die häufigste Variante ist eine Verbindung zwischen Mund- und Nasenhöhle. Es gibt prinzipiell angeborene und erworbene Gaumenspalten.

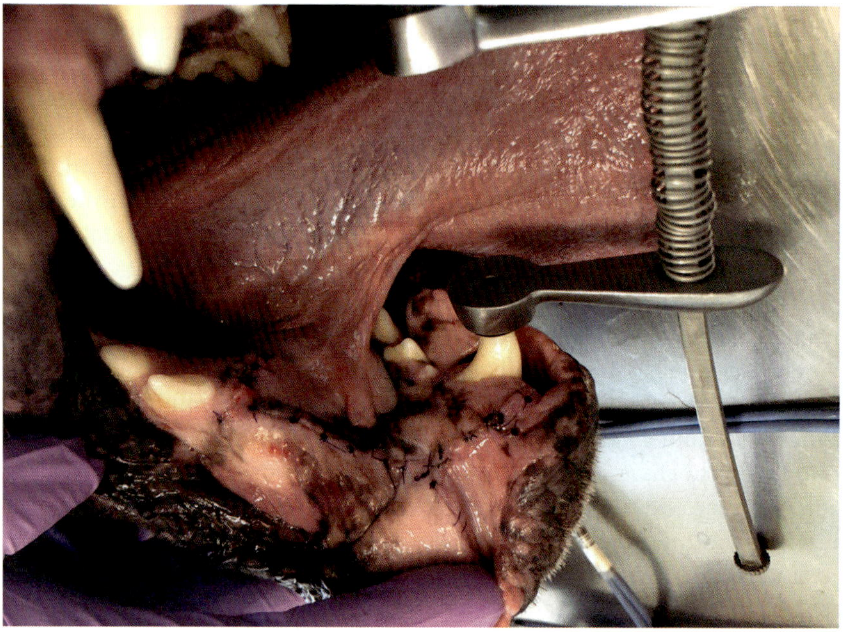

7.8a Postoperativer Zustand nach partieller Mandibulektomie aufgrund eines akanthomatösen Ameloblastoms.

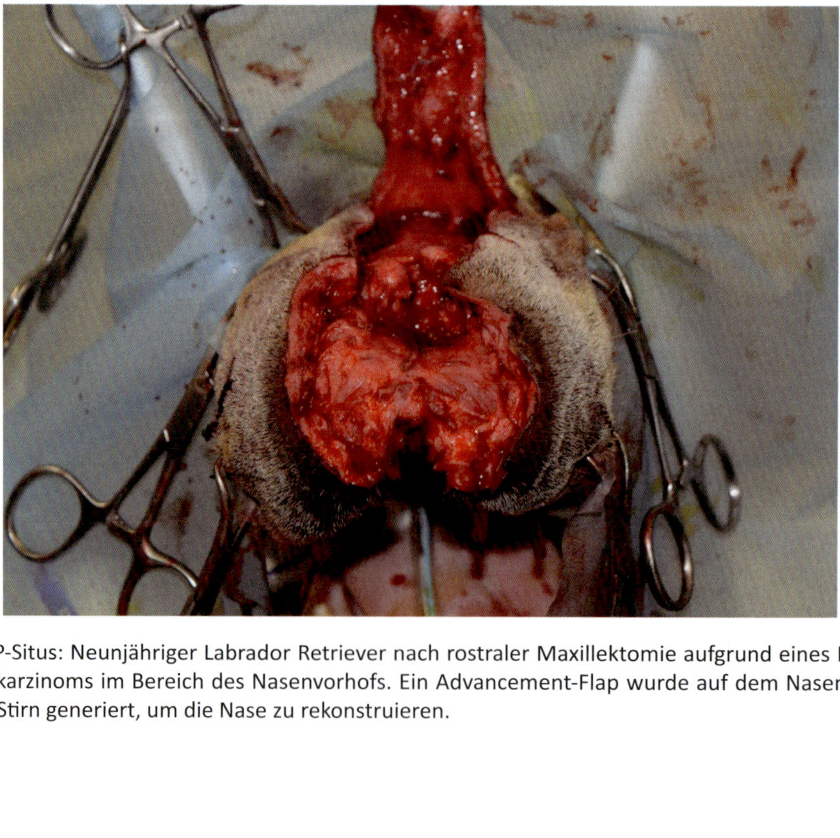

7.8b OP-Situs: Neunjähriger Labrador Retriever nach rostraler Maxillektomie aufgrund eines Plattenepithelkarzinoms im Bereich des Nasenvorhofs. Ein Advancement-Flap wurde auf dem Nasenrücken bis zur Stirn generiert, um die Nase zu rekonstruieren.

7.1.6.1 Angeborene Gaumendefekte

Definition: Ein unvollständiger Verschluss im Bereich des primären Gaumens entspricht einer „primären Gaumenspalte" oder „Hasenscharte", ein unvollständiger Verschluss im Bereich des sekundären Gaumens einer „sekundären Gaumenspalte".

Epidemiologie: Die angeborene Gaumenspalte findet sich bei Hunden häufiger als bei Katzen. Reinrassige Hunde zeigen eine höhere Inzidenz als Mischlinge. Gerade kleinere Rassen sind überrepräsentiert. Auch brachyzephale Rassen (Bulldoggen) werden neben dem Pekinesen, Boston Terrier, Beagle, Cocker Spaniel, Dackel, Zwergpudel und Shih Tzu beschrieben. Bei Katzen sind v. a. Abessinier, Siam, Perser aber auch Europäisch Kurzhaar Katzen zu nennen. Weibliche Tiere zeigen diese Missbildung häufiger als männliche Tiere. Man unterscheidet Lippenspalten von Lippenspalten mit Gaumenspalten und isolierten Gaumenspalten. Spalten des primären Gaumens sind entsprechend Lippenspalten oder Lippenspalten mit Gaumenspalten (Alveolarkamm und Os incisivum). Spalten des sekundären Gaumens sind Spalten des harten und/oder des weichen Gaumens.

Ätiologie, Pathogenese: Angeborene Defekte resultieren aus einer unvollständigen Verschmelzung der plattenförmigen Gaumenfortsätze (Procc. palatini laterales) während der fetalen Entwicklung. Der kritische Zeitraum für die Entwicklung und den Verschluss des Gaumens liegt zwischen dem 25. und 28. Tag nach der Gestation. Ein unvollständiger Verschluss des primären und sekundären Gaumens wird bedingt durch erbliche (rezessiv, irregulär dominant, polygenetisch), ernährungsbedingte (Unterversorgung mit Folsäure), hormonelle (Steroide), mechanische (Trauma in utero) oder toxische (inklusive viralen Noxen) Faktoren. Die sekundäre Gaumenspalte tritt allein oder in Kombination mit der primären Form auf, die primäre Gaumenspalte ohne Kombination ist dagegen sehr selten.

Klinisches Bild: Klinisch zeigen betroffene Welpen Schwierigkeiten beim Saugen, Regurgitation durch die Nase, Verschlucken, Husten, Nasenausfluss und eine verzögerte Entwicklung des Tieres. Anzeichen für eine unvollständige Trennung zwischen Nasen- und Mundhöhle sind z. B. Milchausfluss durch die Nase während oder nach dem Säugen, Würgen, Husten oder Niesen (oder alles zusammen) während der Futteraufnahme, verzögertes Wachstum und Infektionen des Atmungsapparates (wie Rhinitis und Aspirationspneumonie). Betroffene Tiere sind im Vergleich zu Wurfgeschwistern in der Entwicklung häufig zurückgeblieben.

Diagnose: Die Diagnose wird durch Adspektion gestellt. Ein unvollständiger Verschluss der Lippe ist bei der Erstuntersuchung leicht zu erkennen. Um einen unvollständigen Verschluss der Praemaxilla oder des harten und weichen Gaumens zu bemerken, ist jedoch eine gründliche Untersuchung der Mundhöhle nötig, bei unruhigen Tieren unter Umständen in Narkose (Abb. 7.9). Eine sekundäre Gaumenspalte kann ohne eine primäre Gaumenspalte vorliegen. Beim Vorliegen einer Aspirationspneumonie sind bei

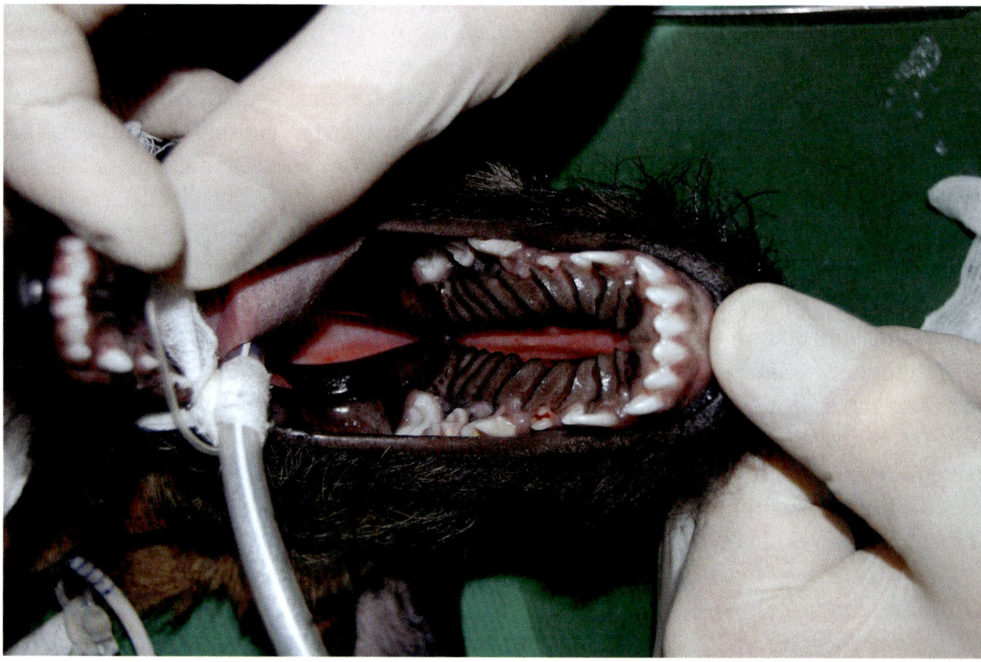

7.9 Sechsmonatiger Terrier mit angeborener Gaumenspalte.

der Lungenauskultation abnorme respiratorische Geräusche vorhanden. Röntgenaufnahmen des Kopfes sind nicht nötig, Röntgen des Thorax kann bei der Beurteilung des Ausmaßes einer Aspirationspneumonie nützlich sein.

Therapie: Betroffene Patienten sollten Sondenfütterung erhalten, um einen adäquaten Ernährungsstatus zu gewährleisten und die Gefahr der Aspirationspneumonie zu mindern, bis sie alt genug für eine Operation sind. Tiere mit einer ausschließlichen Lippenspalte haben häufig nur Probleme beim Saugen, sodass diese mittels Flasche gepäppelt werden können. Die Aufnahme fester Nahrung ist meist problemlos möglich, allerdings können Aspirationspneumonien auftreten. Bei hochgradig eitrigen Rhinitiden ist eine antibiotische Behandlung vor dem chirurgischen Verschluss des Defektes sinnvoll. In Narkose werden dazu Tupferproben aus der Nasenhöhle entnommen und die Nasenhöhle wird gründlich von Entzündungsprodukten und Futterresten frei gespült. Um eine Rekontamination zu verhindern, erfolgt die Fütterung über 10–14 Tage nicht über die Mundhöhle, sondern über eine Ösophagus- oder Magensonde. Es können zudem palatinale Obturatoren eingesetzt werden, um Defekte temporär zu verschließen. Problematisch ist die Ansammlung von Verschmutzungen entlang der Ränder, was zu einer hochgradigen Stomatitis führen kann. Eine chirurgische Behandlung erfolgt im Allgemeinen nicht vor einem Alter von 6 bis 12 Wochen. Bei älteren Patienten ist aufgrund des fortgeschrittenen Wachstums ein besserer Zugang zum Gaumen möglich und die Weichgewebe erscheinen weniger brüchig, sodass Nähte besser halten. Wird eine Gaumenplastik vor der 16. Lebenswoche durchgeführt, kann das, wenn auch selten, zu einer Behinderung des Wachstums von Oberkiefer und Gesichtsschädel führen (z. B. maxilläre Engstände und Okklusionsprobleme). Manche Autoren empfehlen eine chirurgische Behandlung erst ab dem 8. Lebensmonat. Das primäre Ziel bei der chirurgischen Behandlung ist die Rekonstruktion des Nasenbodens, wobei v. a. sogenannte mucoperiostale Flap-Techniken verwendet werden. Die häufigsten Techniken sind die von Langenbeck-Technik (mukoperiostaler Brückenlappen) und die Inversionslappenplastik (*Overlapping Flap*-Technik) (Abb. 7.10). Letztere ist bei kongenitalen Spalten des harten Gaumens überlegen. Unter Umständen sind mehrere Eingriffe nötig, bis die Gaumenspalte definitiv verschlossen ist. Häufige Komplikationen sind Dehiszenzen und Wundinfektionen. Im Allgemeinen sollten Patienten kastriert werden, da angeborene Gaumenspalten hereditäre Defekte darstellen.

Prognose: Bei angeborenen Gaumenspalten ist der Verschluss oft nur im Rahmen mehrerer Operationen möglich. Die Prognose ist günstig, insofern sich der Defekt verschließen lässt

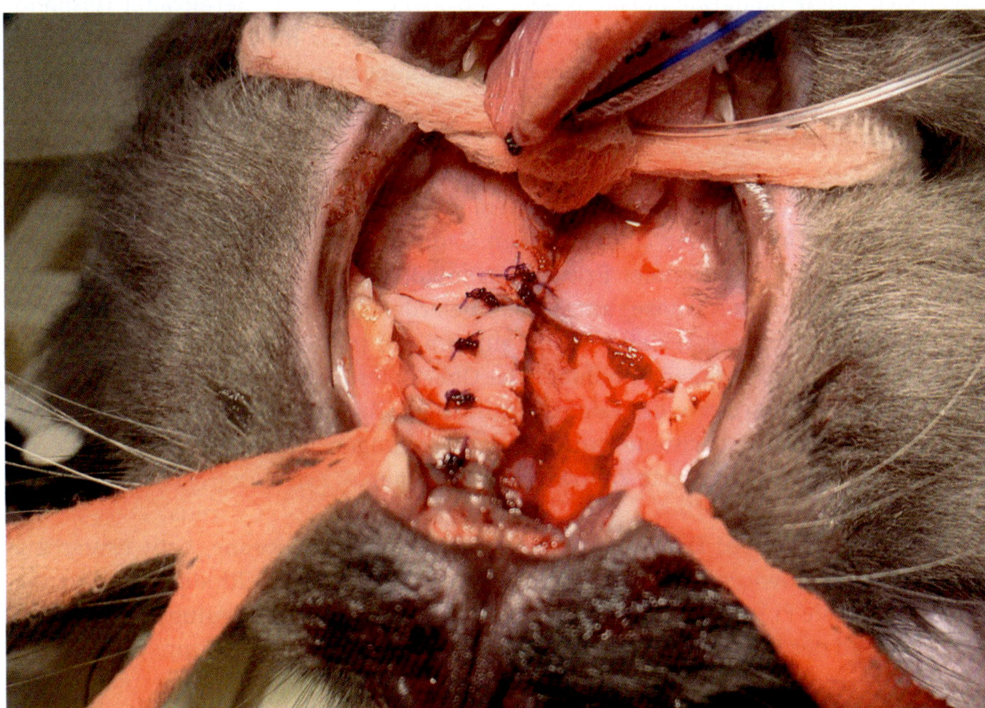

7.10 OP-Situs einer Overlapping Flap-Technik zur Versorgung einer angeborenen Gaumenspalte bei einem sechsmonatigen Maine Coon Kater. Der harte Gaumen wird auf einer Seite der Spalte unter Schonung der Arteria palatina major von der knöchernen Unterlage abgehoben, über den Defekt geklappt und in einer geschaffenen Tasche auf der kontralateralen Seite fixiert.

7.1.6.2 Erworbene Gaumendefekte

Ätiologie: Traumen (Bisswunden, Schusswunden, stumpfes Trauma im Kopfbereich, elektrische Verbrennungen), Tumoren oder Entzündungen können zur Ausbildung einer Gaumenspalte bzw. oronasalen Fistel führen. Zahnerkrankungen sind die häufigste Ursache für eine palatinale Fistel. Sie entsteht, wenn im Zuge einer parodontalen Entzündung durch osteolytische Prozesse der Knochen zwischen Alveole und Nasenhöhle bzw. Sinus maxillaris zerstört wird, aber auch infolge Komplikationen nach operativen Eingriffen (chirurgische Versorgung einer Gaumenspalte, Massenexzision von Zähnen, ventrale Rhinotomie), Bestrahlung oder hyperthermische Behandlung von oralen Läsionen. Fremdkörper, die zwischen den Oberkiefer-Zahnreihen eingeklemmt sind, können eine Drucknekrose des harten Gaumens und in der Folge die Entwicklung einer oronasalen Fistel bedingen. Traumatische Gaumenspalten (i. d. R. palatinal) entstehen infolge von Sturzverletzungen aus großer Höhe oder Autounfällen.

Klinisches Bild: Typische klinische Anzeichen sind Niesen, chronischer, einseitiger, seröser oder mukopurulenter Nasenausfluss. Bei traumatisch bedingten Gaumenspalten zeigen sich häufig bilaterale Epistaxis oder getrocknetes Blut im Bereich der Nasenöffnungen. Zudem kann sich im Bereich der Inzisivi eine Stufe im Bereich der Mittellinie des Oberkiefers zeigen. Nach Sturzverletzungen findet man bei oraler Adspektion der Maulhöhle betroffener Katzen nicht selten einen medianen Riss im Mukoperiosteum des harten Gaumens.

Diagnose: Bei Patienten mit entsprechendem Vorbericht ist eine Adspektion der Maulhöhle zum Ausschluss einer traumatischen Gaumenspalte wichtig. Kleine oronasale Fisteln im Rahmen parodontaler Erkrankungen können oft nur durch Sondierung parodontaler Taschen (in Narkose) aufgefunden werden. Sie treten entlang der palatinalen Wurzelflächen der Oberkiefer-Canini auf. Um die Ursachen oronasaler Fisteln zu diagnostizieren, sind Röntgenaufnahmen der Oberkieferquadranten (idealerweise aller vier Kieferquadranten), bzw. des Kopfes anzufertigen. Auf diese Weise lassen sich periapikale Abszesse, fortgeschrittene Parodontalerkrankungen, Neoplasien des Oberkiefers und frakturierte oder retinierte Zahnwurzeln erkennen.

Differenzialdiagnosen: Differenziert werden müssen angeborene, bzw. erworbene Gaumenspalten sowie alle Erkrankungen, die eine chronische Rhinitis hervorrufen (Mykosen, nasale Fremdkörper, invasive orale Neoplasien). Die endgültige Diagnose erfolgt aufgrund der klinischen und der histopathologischen Untersuchung.

Therapie: Hinsichtlich der konservativen Therapie siehe Kapitel 7.1.5.1. In den meisten Fällen müssen erworbene oronasale Fisteln chirurgisch verschlossen werden. Gleiches gilt für erworbene Spalten des harten beziehungsweise weichen Gaumens. Die Techniken werden im Kapitel 7.1.5.1 beleuchtet.

Prognose: Die Prognose für Patienten mit oronasalen Fisteln ist gut, sofern der Verschluss der Fistel möglich ist. Andere erworbene oronasale Fisteln, z. B. odontogene Fisteln, neigen oft zur Rezidivierung, sodass eine sorgfältige chirurgische Versorgung und postoperative Kontrollen erfolgen müssen. Im Falle von traumatisch bedingten Gaumenspalten ist oft sogar eine Spontanheilung möglich, falls das Trauma nicht zu ausgeprägt ist. Größere Defekte machen einen chirurgischen Eingriff notwendig.

7.1.7 Speicheldrüsen

7.1.7.1 Speicheldrüsenzysten

Definition: Als Synonyme werden die Begriffe Sialozele, Mukozele, Meliceris (Honiggeschwulst) oder Ranula (Sublinguale Mukozele, Froschgeschwulst) verwendet. Dieser Abschnitt bezieht sich v. a. auf „Extravasationszysten", da „Retentionszysten", mit Erweiterung des intakt bleibenden Speichelgangsystems beim Kleintier selten vorkommen. Eine Speicheldrüsenzyste entspricht i. d. R. einer Ansammlung von Speichel infolge einer beschädigten Speicheldrüse oder eines Speicheldrüsenganges in das umliegende Gewebe mit umgebendem Granulationsgewebe. Am häufigsten sind die Glandula (Gl.) mandibularis und Gl. sublingualis beteiligt. Es werden drei Haupttypen von Mukozelen unterschieden:

Eine *zervikale Mukozele* (Meliceris) ist die Ansammlung von Speichel im Bereich Kieferwinkel, intermandibulärem Bereich oder seitlichem Halsbereich.

Als *sublinguale Mukozele* (Ranula) bezeichnet man die Ansammlung von Speichel im sublingualen Gewebe kaudal der Gangöffnungen in der Caruncula sublingualis des Ductus mandibularis und Ductus sublingualis major, welche nebeneinander verlaufen.

Eine *pharyngeale Mukozele* ist die Ansammlung von Speichel im Pharynxbereich. Diese ist deutlich seltener und präsentiert sich als fluktuierende Schwellung im Bereich der lateralen Pharynxwand und kann zu hochgradiger Dyspnoe führen.

Die *Zyste der Gl. zygomatica* stellt die Ansammlung von Speichel ventral des Augapfels dar, wodurch ein Exophthalmus entstehen kann. Eine Zyste ausgehend von der Gl. parotis kommt nur sehr selten vor.

Anatomie: Hunde und Katzen haben vier Hauptspeicheldrüsen, die von Bedeutung sind: Gl. parotis, Gl. mandibularis, Gl. sublingualis monostomatica/polystomatica, Gl. zygomatica. Die Gl. parotis liegt ventral des horizontalen Gehörkanals. Ihr Gang mündet im Backenbereich des 4. Oberkieferprämolaren. Die Gl. mandibularis liegt ventral der Parotis kaudomedial des Angulus mandibulae und medial der Verbindung der Vena linguofacialis und Vena maxillaris. Der Gang der Gl. mandibularis verläuft mit jenem der Gl. sublingualis zur kraniolateralen Grenze des Frenulums, mündet aber in manchen Fällen auch auf einer separaten Papille. Die Gl. sublingualis besteht aus zwei Anteilen, der Gl. sublingualis monostomatica und der Gl. sublingualis polystomatica. Der kaudale

Anteil der Gl. sublingualis monostomatica teilt sich eine gemeinsame Kapsel mit der Gl. mandibularis. Das Gewebe der Gl. sublingualis kaudal des Nervus lingualis drainiert in den Ductus sublingualis major. Die rostralen polystomatischen Anteile der Drüse bestehen aus Ansammlungen von Drüsengewebe, die mit multiplen Öffnungen direkt in die Mundhöhle münden. Die Gl. zygomatica befindet sich auf dem Boden der Orbita, ventrokaudal zum Augapfel. Ihr Gang mündet in Höhe des letzten Oberkiefermolaren, etwa 1 cm kaudal der Öffnung des Parotisganges.

Epidemiologie: Eine Speicheldrüsenzyste ist v. a. beim Hund, selten bei der Katze zu beobachten. Sie ist die häufigste Erkrankung der Speicheldrüsen bei Hund und Katze. Alle Rassen und Altersgruppen sind betroffen.

Ätiologie: Die Verletzung einer Speicheldrüse oder ihres Ganges führt zur Leckage und Ansammlung von Speichel in das umgebende Gewebe. Mukozelen sind keine Zysten im eigentlichen Sinne, da ihnen eine Epithelauskleidung fehlt. Mukozelen sind von Granulationsgewebe umgeben, welches als Reaktion auf den das Gewebe reizenden Speichel entsteht. Die eigentliche Ursache solcher Speicheldrüsenzysten kann häufig nicht mehr eruiert werden. Es kommen stumpfe Traumen, Fremdkörperverletzungen, Bissverletzungen oder das Vorliegen von Speicheldrüsensteinen (Sialolithen), die den Speichelgang verlegen und verletzen können, infrage. Am häufigsten sind die Gl. sublingualis monostomatica (zervikale Mukozele) und Gl. polystomatica (pharyngeale Mukozele und Ranula) betroffen. Eine Abgrenzung zur Gl. mandibularis und deren Gang und somit eine Differenzierung der Speichelherkunft ist schwer möglich.

Klinisches Bild: Die klinischen Symptome sind zunächst eine eventuell im Anfangsstadium schmerzhafte (falls traumatisch), derbe bis weich-fluktuierende Schwellung der intermandibulären Region und/oder des kranioventralen Halsbereichs. Im Falle einer Mukozele der Gl. zygomatica zeigen Tiere einen ipsilateralen Exophthalmus. Eine erschwerte Atmung bis Dyspnoe kann bei pharyngealen Mukozelen auftreten. Dysphagie ist das Leitsymptom bei sublingualen Mukozelen (Ranula).

Diagnose: Die klinische Untersuchung ist bei der Diagnostik von entscheidender Bedeutung (Achtung: Blick unter die Zunge!). Die Seitenzuordnung kann dagegen manchmal Schwierigkeiten bereiten. Der Besitzer ist zu befragen, auf welcher Seite er die Schwellung zuerst bemerkt hat. Weiterhin kann bei einer zervikalen Mukozele der narkotisierte Patient auf den Rücken gelegt werden. In der Regel weicht die Mukozele zu der Seite aus, von der sie auch ausgeht.

Eine Punktion der Speichelzyste sollte nur unter sterilen Bedingungen durchgeführt werden, um eine sekundäre Infizierung zu vermeiden. Typischerweise gewinnt man honigfarbene, fadenziehende Flüssigkeit (deshalb auch der Begriff „Honigzyste"), welche bereits pathognomonisch ist. Durch Spezialfärbungen (PAS) kann Muzin in dem Punktat nachgewiesen werden.

Röntgenaufnahmen des Halses sind anzufertigen, um Neoplasien (z. B. Destruktion des Unterkiefers), röntgendichte Fremdkörper oder Sialolithen nachzuweisen. Das sonographische Erscheinungsbild zeigt einen flüssigkeitsgefüllten Hohlraum, eventuell mit septenartigen reflexreichen Gebilden im Lumen. In manchen Fällen lässt sich die Zyste bis zur betroffenen Speicheldrüse verfolgen.

Differenzialdiagnosen: Von den sogenannten Speicheldrüsenzysten müssen je nach Lage und Konsistenz Neoplasien, Abszesse, Sialoadentitis, Granulome, Lymphadenopathien und Fremdkörperreaktionen unterschieden werden.

Therapie: Eine konservative Therapie ist nicht empfohlen, da Rezidive die Regel sind. Therapie der Wahl ist die vollständige Entfernung der betroffenen Speicheldrüsen-Speichelgang-Komplexe und anschließende Drainage der Speichelzyste (Abb. 7.11). Bei pharyngealen und zervikalen Mukozelen ist die chirurgische Entfernung der Gl. mandibularis mit dem Ductus mandibularis sowie der Gl. sublingualis mit dem Ductus sublingualis major (Gewebe kaudal des Nervus lingualis) durchzuführen. Bei der Mukozele der Gl. zygomatica wird die entsprechende Drüse und der Speicheldrüsengang entfernt. Hierbei kann eine Ostektomie des Arcus zygomaticus zur besseren Darstellung nötig sein. Bei einer Sialocele der Gl. parotis (sehr selten) ist ebenfalls die Entfernung der betroffenen Speicheldrüse (Parotidektomie) die Therapie der Wahl. Hierbei sind intra- und postoperative Komplikationen jedoch deutlich häufiger.

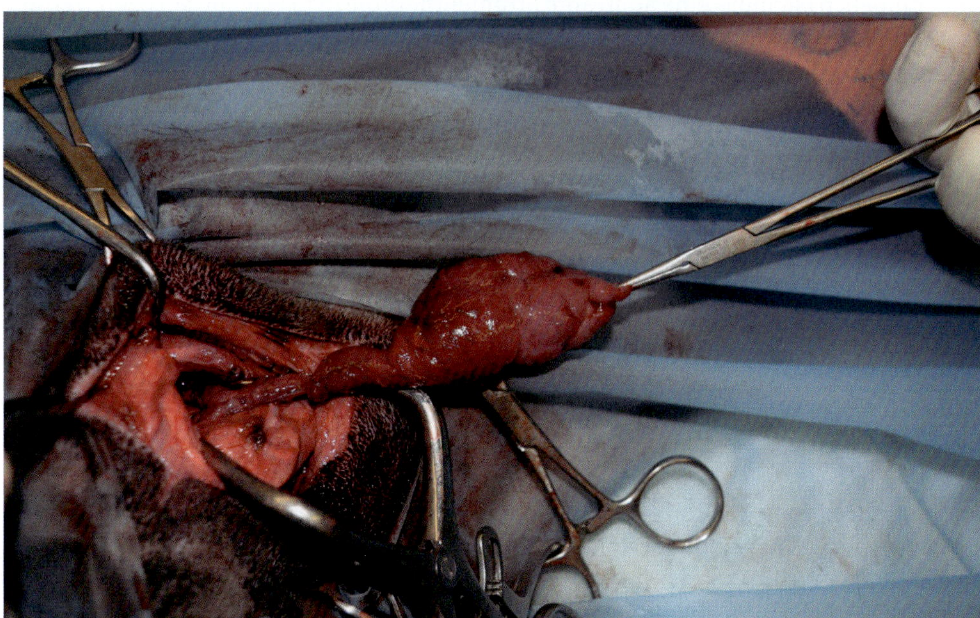

Abb. 7.11 OP-Situs: Achtjähriger Cocker Spaniel mit einer Meliceris (zervikale Speicheldrüsenzyste) am ventralen proximalen Hals. Die Glandula mandibula und angrenzende Glandula sublinguales sind bereits freipräpariert und mittels Klemme fixiert.

Komplikationen und Prognose: Zu den postoperativen Komplikationen zählen Serombildung, Persistieren der Mukozele bei Operation der falschen Seite oder Rezidivierung durch unvollständige Entfernung des Drüsengewebes, Wundinfektionen, Blutung sowie sublinguale Schwellungen und Nervenschädigungen (N. lingualis). Bei der Parotidektomie kann zudem eine Fazialisparese oder -paralyse auftreten. Die Prognose ist sehr gut.

7.1.7.2 Neoplasien der Speicheldrüsen

Ätiologie: Neoplasien der Speicheldrüsen sind selten. Am häufigsten treten Adenokarzinome auf. Hierbei sind v. a. die Gl. mandibularis und Gl. parotis betroffen. Seltener treten Plattenepithelkarzinome, Basalzelladenokarzinome und Mastzelltumore auf.

Diagnostik: Zur Diagnosesicherung können Feinnadelaspirationen oder eine Biopsie entnommen werden. Die lokalen Lymphknoten müssen mittels Feinnadelaspiration evaluiert werden. Mittels weiterführender bildgebender Diagnostik können Fernmetastasen ausgeschlossen werden. Die CT bietet hierzu das in der Tiermedizin derzeit sensitivste Verfahren.

Therapie: Die Therapie der Wahl ist die radikale chirurgische Entfernung. Da dies nicht immer möglich ist, muss eine adjuvante Strahlentherapie in Erwägung gezogen werden. **Prognose:** Die Prognose ist vorsichtig. Dennoch liegt die berichtete mediane Überlebenszeit bei über 500 Tagen.

7.1.7.3 Sialolithen

Ätiologie: Sialolithen treten selten auf. In der Regel kommen sie im Ductus paroticus vor. Jedoch gibt es auch Berichte von Steinen im Ductus mandibularis und sublingualis major.

Symptome: Betroffene Tiere zeigen eine Schwellung der lateralen Gesichtshälfte. Diese kann palpatorisch schmerzhaft sein. Manchmal kann die Schwellung zurückgehen und wiederkommen.

Diagnostik: Bereits auf Röntgenaufnahmen können Sialolithen gesehen werden. Dennoch wird die CT aufgrund der höheren Spezifität empfohlen.

Therapie: Falls sich der Stein nahe der Papille befindet, kann die Mukosa über dem Stein inzidiert und dieser somit entfernt werden. Die Inzision heilt sekundär. Falls der Gang stark dilatiert ist, kann eine Resektion und Anastomose versucht werden. Weiterhin ist eine Marsupialisation des drüsennahen Anteils des Ganges in die Maulhöhle beschrieben. Sollte der Stein nicht erreichbar sein, kann auch eine chirurgische Entfernung der gesamten Speicheldrüse erfolgen.

Prognose: Die Prognose ist gut.

7.1.8 Thyroidea und Parathyroidea

In diesem Kapitel soll nur auf Erkrankungen der Schilddrüse und Nebenschilddrüse eingegangen werden, die in dem Sinne Einfluss auf die Halsregion des Tieres haben, da sie zu einer Schwellung führen und es dadurch zu Symptomen wie Dyspnoe kommen kann. Die organspezifischen Erkrankungen werden im Kapitel 13. Endokrinologie besprochen.

Anatomie: Die Schilddrüse besteht aus zwei getrennt voneinander liegenden Lappen, die links und rechts, lateral und leicht ventral des 5. bis 8. Trachealringes liegen. In seltenen Fällen ist eine Brücke zwischen beiden Anteilen ventral der Trachea beschrieben (Isthmus glandularis). Jede Thyroidea ist dunkelrot und beim erwachsenen Hund ca. 50 mm lang und 15 mm breit Bei der Katze hat sie eine Größe von 10 × 3–5 mm. Jede Schilddrüse hat ein Paar Nebenschilddrüsen. Eine Gl. parathyroidea externa sowie eine Gl. parathyroidea interna. Die externe Parathyroidea ist i. d. R. weiter kranial gelegen und befindet sich subkapsulär. Die interne Parathyroidea befindet sich meist am kaudalen Pol der Schilddrüse und ist im Gewebe eingebettet. Ektopisches Schilddrüsengewebe kann von der Zungenbasis bis zur Herzbasis vorkommen, ist bei Hunden mit 3–6 % aber selten. Bei Katzen soll es deutlich häufiger vorkommen.

Ätiologie, Epidemiologie: Die häufigste Erkrankung, die zu einer Schwellung der Schilddrüse bei der Katze führt, ist der feline Hyperthyroidismus (siehe Kap. 13.3.2) durch adenomatöses bzw. hypertrophisches Gewebe (> 70 % bilateral). 95 % der betroffenen Katzen sind älter als 10 Jahre. Deutlich seltener besteht ein Thyroidkarzinom (1–4 % der Katzen mit Hyperthyroidismus). Bei Katzen beträgt im Falle eines Karzinoms die Metastasierungsrate 71 %. Ektopes funktionales Schilddrüsengewebe kann bei 9–23 % der Katzen gefunden werden, v. a. intrathorakal.

Bei Hunden sind 30–50 % der Schilddrüsentumoren benigne Adenome. Diese sind i. d. R. klein, nicht-invasiv wachsend und funktionslos. Klinisch palpatorisch feststellbare Tumoren sind meistens maligne (90 %) und 25–47 % der Schilddrüsenkarzinome treten bilateral auf. Die initiale Metastasierungsrate bei Karzinomen beim Hund beträgt bis zu 40 % und ca. 80 % der Patienten entwickeln Metastasen während des Behandlungsverlaufs. Am häufigsten finden sich Metastasen in den regionären Lymphknoten und der Lunge.

Klinisches Bild, Diagnose: Zubildungen der Schilddrüse stellen sich als Schwellungen ventral am Hals, meist derb und verschieblich oder nicht verschieblich zum darunter gelegenen Gewebe dar. Bei der Katze sind solche Zubildungen oft im Bereich des Brusteinganges zu palpieren. Die beim Hund häufig nur einseitige Neubildung kann die Trachea und den Ösophagus so zur Gegenseite drücken, dass es möglicherweise zu Dyspnoe und Dysphagie führt. Weitere Symptome sind Polyurie, Polydipsie oder Polyphagie (v. a. bei Katzen) sowie Gewichtsverlust, Ruhelosigkeit oder Aggressivität. Katzen haben zudem häufig eine Nierenerkrankung und eine Kardiomyopathie. Mittels Sonographie lassen sich Schilddrüse und Nebenschilddrüse hervorragend untersuchen. Die Szintigraphie hat gerade in der Schilddrüsendiagnostik ihren festen Platz eingenommen. Verwendung findet hier v. a. Technetium-99m Pertechnetat (Tc-99m). Dieses reichert sich in Schilddrüse, Speicheldrüse sowie Magenschleimhaut an. Da normales Schilddrüsengewebe bei einer hyperthyreoten Katze komplett atrophiert sein muss, zeigt jede szintigraphische Aktivität aktives Drüsengewebe bzw. neoplastisches Gewebe an. Eine Differenzierung zwischen Hyperplasie und Karzinom ist jedoch nicht möglich.

Therapie: Beim felinen Hyperthyroidismus ist die Behandlung mit radioaktivem Iod ^{131}I mittlerweile die Therapie der Wahl. Dennoch wird die chirurgische Therapie immer noch häufig durchgeführt. Beim Hund sind viele Schilddrüsenneoplasien nicht endokrin aktiv. Somit sprechen Sie schlecht auf eine Radio-Jod-Therapie an. Bei chirurgischer Entfernung sollte versucht werden, zumindest eine Parathyroidea zu erhalten. Beim Hund wird das einseitig vorkommende Adenokarzinom komplett, also mit anliegenden Nebenschilddrüsen, entfernt. Bei bilateral auftretenden Karzinomen wird eine chirurgische Entfernung beider Anteile der Schilddrüse im Abstand von 3–4 Wochen angestrebt. In der Regel können die Nebenschilddrüsen bei einem Karzinom nicht erhalten werden. Dennoch ist eine Autotransplantation möglich, indem Nebenschilddrüsengewebe in eine Muskeltasche des M. sternohyoideus oder sternothyroideus gelegt wird. Meist wird dieses Transplantat nach 7–21 Tagen endokrin aktiv. Postoperativ sollten die Blut-Kalziumwerte engmaschig über 4–7 Tage kontrolliert werden.

Konservativ kann bei Katzen mittels Methimazol oder Carbimazol ein euthyreoter Zustand erreicht werden (s. Kap. 13.3.2). Bei bereits bekannten Nieren- und Herzerkrankungen ist diese Form der Therapie der Chirurgie vorzuziehen. Hyperthyreote Katzen sollten präoperativ medikamentös euthyreot eingestellt werden.

Komplikationen und Prognose: Verschiedene postoperative Komplikationen (Blutungen, Dyspnoe, Larynxparalyse, Horner Syndrom, Hypothyroidismus und Hyperparathyroidismus) können auftreten. Eine adjuvante Chemotherapie sollte bei den Tieren durchgeführt werden, bei denen der maligne Tumor nicht vollständig entfernt werden konnte (z. B. mit Doxorubicin). Viele Schilddrüsentumoren sprechen auch gut auf eine Bestrahlungstherapie an. Trotz aller therapeutischen Maßnahmen ist die Prognose bei einem Karzinom vorsichtig. Nach erfolgreicher chirurgischer Resektion oder durchgeführter Radio-Jod-Therapie ist die Prognose für Katzen ohne Nieren- oder Herzerkrankung gut.

7.1.9 Abszess oder Fremdkörperreaktion (Holzstöckchen) im Bereich des Hals- und Rachenraums

Epidemiologie: Ätiologie: In der tierärztlichen Praxis werden regelmäßig Hunde vorgestellt, die nach Spielen und Apportieren von Stöckchen oder nach Stöbern im Unterholz Verletzungen durch hölzerne Fremdkörper aufweisen. Es werden v. a. penetrierende Verletzungen im Mundhöhlen-, Rachen- und Halsbereich gesehen. Auch Grassamen mit Grannen können sich in das Weichteilgewebe des Oropharynx einspießen und im Gewebe wandern sowie zu Fremdkörperreaktionen und Abszessen führen.

Pathogenese: Die Folgen einer Penetrationswunde können verheerend sein. Infektionen, Fistelbildungen oder Abszesse durch verbliebene oder gewanderte Holzstücke, Grassamen oder Grannen können kurz- oder langfristig (Monate bis Jahre nach Trauma) auftreten. Todesfälle entstehen durch Perforation des Thorax, der Lunge, des Ösophagus oder von Gefäßen. Auch Speicheldrüsenzysten oder Kiefersperren treten infolge der Fremdkörperreaktion auf.

Klinisches Bild: Häufig sehen die vorhandenen Wunden zunächst eher unbedeutend aus und werden deshalb vom Besitzer und vom behandelnden Tierarzt unterschätzt bzw. vollständig übersehen. Klinische Symptome (Speicheln, Husten, Blutung oder Schwellung im Halsbereich) begründen den Verdacht auf eine Verletzung oder einen bereits formierten Fremdkörperabszess und machen eine ausführliche Maulhöhlenuntersuchung und gegebenenfalls endoskopische Untersuchung des oberen und unteren Respirationstrakts in Narkose erforderlich.

Diagnose: Die exakte Adspektion der Maulhöhle erfordert eine Narkose des Hundes. Die Diagnostik solcher Verletzungen kann sich gerade in chronischen Fällen als sehr schwierig gestalten. Die radiologische Untersuchung ergibt in vielen Fällen falsch negative Befunde. Gaseinschlüsse im Bereich des Halses können Hinweise auf eine Perforation der (Schleim-) Haut, des Ösophagus oder der Trachea geben, ebenso hinweisend und deutlicher erkennbar wäre ein Pneumothorax. Die Sonographie ist ein sehr gutes bildgebendes Verfahren zur Darstellung von pflanzlichen Fremdkörpern (z. B.: Holzstücke, Grassamen mit Grannen) und zum Auffinden von Abszesshöhlen. Ein hölzerner Fremdkörper, oft im Zentrum des entzündlichen Reaktionsraumes, stellt sich als hyperechogene Struktur mit typischer, distaler Schallauslöschung dar. Auch die CT kann sehr hilfreich sein, um das Ausmaß einzuschätzen, v. a. wenn die Zugänglichkeit mit dem Ultraschall beispielsweise durch knöcherne Strukturen eingeschränkt ist. Viele Fremdkörper (z. B. kleinere Holzstücke, Grassamen mit Granne) sind jedoch auch mittels computertomographischer Untersuchung nicht darstellbar. Auch hier kann die sonographische Untersuchung in gut zugänglichen Arealen überlegen sein.

Die endoskopische Exploration von Rachenhöhle, Trachea, Ösophagus oder Einstichkanälen ermöglicht häufig die Abschätzung des Verletzungsumfanges, die Unversehrtheit der entsprechenden benachbarten Organe (z. B. Ösophagus, Trachea, Tonsillen) sowie die Darstellung von Fremdmaterial.

Therapie: Damit ein Fremdkörperabszess im Bereich des Halses geheilt werden kann, müssen alle Holzanteile gefunden und entfernt werden. Eine offene Abszessbehandlung mit Drainagen ist in den meisten Fällen notwendig. Selbst kleinste verbliebene Anteile eines Fremdkörpers können zu einem Rezidiv führen. Sind auf dem Röntgenbild des Halses Gaseinschlüsse sichtbar, sollte die Halsregion chirurgisch exploriert werden. Eine Perforation von Trachea oder Ösophagus gilt es auszuschließen.

Prognose: Wenn alle Fremdkörper entfernt werden können und die Abszessbehandlung lege artis durchgeführt wird, ist die Prognose gut. Bei Verletzung lebenswichtiger Organe (z. B. Ösophagus, Trachea, Lunge, große Gefäße) kann die Prognose vorsichtig bis schlecht sein, besonders wenn die Verletzung nicht rechtzeitig erkannt wird.

7.1.10 Rhinitis und Sinusitis (s. auch Kap. 6.4.1.1)

Die häufigsten Ursachen für eine Entzündung der Nase und der Nasennebenhöhlen sind primäre oder sekundäre virale, bakterielle und mykotische Infektionen.

7.1.10.1 Virale Rhinitis (s. auch Kap. 6.4.6.1)

Ätiologie: Virale Erkrankungen des oberen Respirationstraktes bei der Katze sind häufig. Vor allem Welpen unter 10 Wochen sind betroffen. Das feline Herpesvirus (FHV) und das feline Calicivirus (FCV) werden in bis zu 90 % aller Rhinitiden bei der Katze nachgewiesen. Die Impfung hat sowohl die Morbidität als auch die Mortalität deutlich gesenkt, sie schützt jedoch nicht vor einer Infektion. Der häufigste Infektionsweg ist der direkte Kontakt von Tier zu Tier.

Beim Hund spielt das canine Staupevirus (Morbillivirus) eine Rolle als virale Ursache für eine Rhinitis. Weitere Viren, die bei Infektionen des oberen Respirationstraktes beteiligt sind, sind das canine Parainfluenzavirus (CPIV), canine Adenovirus-2 (CAV-2), canine Herpesvirus (CHV) und canine Reovirus (Zwingerhusten). Viruserkrankungen schädigen i. d. R. das respiratorische Epithel und bereiten den Weg für bakterielle Sekundärinfektionen (z. B.: Bordetella bronchiseptica). Bei Katzen spielen noch Chlamydophila felis und Mycoplasma-Spezies eine Rolle.

Klinisches Bild: Beim Katzenschnupfen nehmen die klinischen Symptome bei betroffenen Tieren nach 2–3 Wochen ab, jedoch ist die Erkrankung latent vorhanden und persistiert und kann zum Beispiel bei Stress wieder ausbrechen. Häufige Symptome sind Niesen, Konjunktivitis, seröser bis mukopurulenter Augen- und Nasenausfluss. Bei bakterieller Sekundärinfektion (Bordetella bronchiseptica) kann der Verlauf schwer sein und sogar zum Tod führen.

Diagnose: Sie wird aufgrund der Anamnese und des klinischen Bildes gestellt. Hundewelpen können bei Infektionen mit Herpesviren einen profusen, mukopurulenten Ausfluss zeigen.

Therapie: Die therapeutischen Maßnahmen sind hauptsächlich allgemein unterstützend und beinhalten die ausreichende Versorgung der Tiere mit Flüssigkeit und Nahrung.

7.1.10.2 Bakterielle Rhinitis

Ätiologie: Eine primäre bakterielle Rhinitis ist bei Hund und Katze selten, häufiger ist sie sekundär z. B. nach einer viralen Infektion oder durch einen Fremdkörper. Als Erreger kommen Bordetella bronchiseptica, Chlamydophila felis, Mycoplasma-Spezies und Bartonellen infrage.

Klinisches Bild: Klinisch zeigen die Tiere meist einen einseitigen mukopurulenten Nasenausfluss, Schmerzen, Schwellungen und ggf. Krustenbildungen auf dem Nasenspiegel. Niesen, Kopfschütteln, Stridor nasalis und Manipulation an der Nase können Anzeichen einer Rhinitis sein. Rhinoskopisch wird eine Entzündung diagnostiziert. Mucopurulenter Nasenausfluss ist typisch für eine chronische Rhinitis mit sekundärer bakterieller Beteiligung.

Diagnose: Zunächst werden Röntgenaufnahmen des Thorax in 2 Ebenen durchgeführt. Um knöcherne Veränderungen bei chronischen Rhinitiden auszuschließen, kann eine computertomographische Untersuchung des Schädels erfolgen. Eine Endoskopie des oberen und unteren Respirationstrakts ist zur Beurteilung und Probenentnahme (Biopsie, bronchoalveoläre Lavage, Zytologie, bakteriologische Untersuchung, Erreger-PCR) wichtig.

Therapie: Die Behandlung erfolgt je nach Diagnosestellung mit einem geeigneten Antibiotikum nach Antibiogramm. Nasenspülungen sowie Spülungen des Tränen-Nasen-Kanals können unterstützend wirken.

7. 1.10.3 Mykotische Rhinitis

Ätiologie: Mykotische Rhinitiden werden beim Hund v. a. durch *Aspergillus* spp. und bei der Katze durch *Cryptococcus neoformans* verursacht. Pilze der Gattung Aspergillus sind opportunistische Erreger, die insbesondere dann eine Infektion verursachen, wenn das Tier geschwächt ist. Dolichozephale und mesozephale Hunde sind aufgrund ihrer längeren Nase deutlich häufiger betroffen als brachyzephale Hunderassen.

Pathogenese: Die nasale Aspergillose ist gekennzeichnet durch die Ansiedlung von großen Pilzkolonien intranasal und kommt v. a. bei großen Hunderassen vor. Bei Katzen ist sie, ebenso wie die Besiedelung mit *Penicillium subsp.* selten. Deren Toxine führen zu einer Atrophie der Nasenmuscheln, Zerstörung der Schleimhaut und der darunterliegenden knöchernen Strukturen. Es zeigt sich ein ähnliches klinisches und radiologisches Bild wie bei einem Nasentumor. Die nasale Form der Aspergillose bleibt i. d. R. auf die Nase beschränkt, und ist somit von der systemischen Aspergillose abzugrenzen, die in vielen Fällen tödlich verläuft.

Klinisches Bild: Die Patienten werden aufgrund chronischen Nasenausflusses vorgestellt. Dieser kann uni- oder bilateral, mukopurulent oder blutig sein. Der Ausfluss ist meist profus.

Diagnose: Radiologisch erkennt man bei hochgradigen Fällen in gehaltenen Aufnahmen des Kopfes die Destruktion der Nasenconchen, der Nase oder Stirnhöhle. Es lässt sich eine Verschattung der Nasennebenhöhlen nachweisen, die auch auf einen Tumorbefund hindeuten könnte. Die CT kann die exakte Ausdehnung und den Zerstörungsgrad der knöchernen Strukturen korrekt wiedergeben. Wichtig für die weitere Therapie ist auch die sichere Abgrenzung der kribriformen Platte.

In der Rhinokopie sieht man kavernöse Bezirke, die durch die starke Destruktion der Nasenmuscheln ausgelöst werden. Eventuell sieht man Pilzplaques unterschiedlichen Ausmaßes. Eine zytologische Untersuchung sowie Kultur sind angezeigt. Zur Diagnose Aspergillose sollten mindestens zwei der folgenden Kriterien vorhanden sein: radiologisch typische Veränderungen, Pilzhyphen auf der nasalen Mukosa, der positive kulturelle oder zytologische Nachweis oder die positive serologische Untersuchung.

Differenzialdiagnosen: Hier müssen Tumor, Rhinitis anderer Ursache, Fremdkörper, Gerinnungsstörungen (bei Epistaxis) bzw. oronasale Fisteln ausgeschlossen werden.

Therapie: Die medikamentöse Therapie umfasst die Gabe von antifungalen Mitteln (siehe Kap. 2.3.1 und 2.3.2). Die Therapie kann langwierig sein. Ist die Stirnhöhle betroffen, erfolgt eine Trepanation des Sinus frontalis. Hierüber wird die Stirnhöhle sowie die Nasenhöhle ausgiebig gespült und bei intakter kribriformer Platte lokal Clotrimazol oder Enilkonazol verabreicht. Eine weitere beschriebene Methode nutzt Foleykatheter nach Intubation des Patienten. Der Katheter wird in die Mundhöhle, retrograd um den weichen Gaumen herum in den Nasopharynx eingelegt. Weitere zwei Foleykatheter werden jeweils in jede Nasenöffnung eingelegt. Über die Katheter erfolgt nun die Flutung des Nasenrachenraumes des Patienten mit einem antifungalen Mittel (zum Beispiel Enilkonazol). Die Manschetten (Cuffs) der Foleykatheter werden währenddessen geblockt und der Nasenrachenraum auf diese Weise abgedichtet, sodass die Spülflüssigkeit nicht abfließen kann. Der Patient wird dann jeweils 15 Minuten in jede Körperlage (linke und rechte Seitenlage, Rückenlage, Bauchlage) verbracht und so ein gleichmäßiges Verteilen der Spülflüssigkeit im gesamten Nasenrachenraum erreicht. Der Endotrachealtubus ist während der gesamten Prozedur gut geblockt und der Rachen wird mit Kompressen abgedichtet, damit keine Spülflüssigkeit aspiriert werden kann. Bei vorhandenen Pilz-Plaques ist ein vorheriges Debridement für den Erfolg der Therapie unerlässlich. In bis zu 65 % der Fälle ist die einmalige Spülung bereits kurativ, bei manchen Tieren muss eine Wiederholung erfolgen. Insgesamt bis zu 4 Behandlungen waren in einer Studie nötig, um 87 % der Gesamtgruppe zu heilen.

Prognose: Die meisten Hunde zeigen nach Spülung sehr schnell eine Besserung der Symptome. Geringgradiger Nasenausfluss kann jedoch auch nach erfolgreicher Therapie durch die bereits stattgefundene Zerstörung nasaler Strukturen bestehen bleiben. Auch eine sekundäre bakterielle Besiedlung kann auftreten, die aber mit Antibiotika erfolgreich behandelt werden kann. Rezidive sind nicht selten. (Siehe auch Kapitel 6.4.1.1)

7.1.11 Tumoren im Bereich der Nase (s. auch Kap. 6.4.1.2)

7.1.11.1 Tumoren des Nasenspiegels

Epidemiologie, Ätiologie: Tumoren des Nasenspiegels kommen sowohl bei Hunden als auch bei Katzen vor. Die häufigste maligne Neoplasie am Planum nasale ist sowohl beim Hund als auch bei der Katze das Plattenepithelkarzinom. Prädisponiert für ein Plattenepithelkarzinom an der Nase und an den Ohrrändern sind weiße Katzen.

Klinisches Bild: Die Tiere haben i. d. R. im Bereich des Nasenspiegels eine Schwellung oder Erosionen, die durch Exkoriationen und Blutungen charakterisiert sind. Die regionären Lymphknoten können vergrößert sein.

Diagnose: Die Diagnosestellung erfolgt mithilfe einer Biopsie oder zytologischen Untersuchung sowie Beprobung der regionären Lymphknoten.

Therapie: Im Bereich des Nasenspiegels wird v. a. die Strahlentherapie oder photodynamische Therapie durchgeführt, da hierbei die vollständige chirurgische Exzision nur in sehr frühen Krankheitssstadien möglich ist. Alternativ bietet sich die Strahlentherapie und die photodynamische Therapie an, wobei die erstere im Bereich des Auges zu Begleitschäden führen kann. Die photodynamische Therapie ist nur für frühe Erkrankungsstadien geeignet. Die Kryotherapie ist für kleine Läsionen geeignet. Wichtig ist es hierbei, die umliegenden Strukturen vor dem applizierten flüssigen Stickstoff ausreichend zu schützen. Die entstehende Kryonekrose demarkiert sich langsam. Dieser Vorgang muss zuvor ausführlich mit den Besitzern besprochen werden.

7.1.11.2 Tumoren der Nasenhöhle

Epidemiologie, Ätiologie: Neoplasien der Nasenhöhle sind bei Hund und Katze selten. Treten sie dennoch auf, so sind sie meistens maligne. Beim Hund kommen v. a. Adenokarzinome, seltener Übergangsepithel- und Plattenepithelkarzinome, Osteosarkome, Fibrosarkome oder Chondrosarkome vor. Bei der Katze ist die häufigste Neoplasie der Nasenhöhle das Lymphom.

Klinisches Bild: Klinisch zeigen die Patienten Symptome wie bei einer chronischen Rhinitis (ggf. ist ein einseitiger Nasenausfluss häufiger) sowie Deformierungen und Zubildungen im Bereich des Nasenrückens und Os frontale. Häufig sind größere Teile der knöchernen Strukturen der Nase betroffen. Neoplasien der Nasenhöhle sind häufig lokal destruktiv, ein mögliches Metastasierungsrisiko ist eher gering. Sollten Metastasen auftreten, sind v. a. die regionären Lymphknoten und die Lungen betroffen. Eine Gehirnbeteiligung ist bei lokaler Knochendestruktion mit Infiltration des Neurocraniums möglich, sodass auch neurologische Symptome auftreten können.

Diagnose: Um die Ausdehnung eines Tumors der Nase und den Grad der knöchernen Destruktion exakt bestimmen zu können, ist die CT der Goldstandard. Mithilfe der rhinoskopischen Untersuchung werden Biopsien für die histopathologische und/oder zytologische Untersuchung entnommen.

Therapie: Die Bestrahlung scheint im Moment die einzige Behandlungsform zu sein, die sowohl die Lebensqualität als auch die Lebensdauer positiv beeinflusst und wird somit als Therapie der Wahl angesehen. Hierfür existieren beim Hund sogenannte kurative und palliative Bestrahlungsprotokolle, die sowohl mit als auch ohne adjuvante Chemotherapie beschrieben sind. Zur chirurgischen Therapie (Rhinotomie und Tumorexzision) wird aufgrund der erhöhten Komplikationsraten selten geraten, auch wenn verbesserte Überlebenszeiten beschrieben sind.

Prognose: Ohne Bestrahlung wird von einer Überlebenszeit von 3–5 Monaten berichtet. Unter Bestrahlungstherapie sind mediane Überlebenszeiten von 8–19 Monaten beschrieben. Sollte die kribriforme Platte nicht mehr intakt sein, verkürzt sich die Überlebenszeit erheblich. Die Prognose ist abhängig von der Tumorart, Lokalisation, Ausdehnung, sowie dem Ansprechen auf die Strahlentherapie. Bei intrakranieller Tumorausbreitung ist die Prognose deutlich schlechter.

7.1.12 Verletzungen von Nase und Stirnhöhle

Ätiologie: Traumen bei Nase und Stirnhöhle kommen v. a. durch Autounfälle, Beißereien und durch Schläge mit harten Gegenständen auf den Kopf vor.

Klinisches Bild: Betroffene Tiere können eine Deformation oder Schwellung des Gesichtsschädels zeigen. Weitere Symptome sind Schmerzen und Epistaxis. Auch neurologische Defizite (Paresen, Paralysen, Krampfanfälle, Nystagmus, Ausfälle von Kopfnerven, etc.) können im Rahmen von Schädelverletzungen vorkommen und sind am häufigsten, wenn das Neurocranium betroffen ist.

Therapie: Ob eine chirurgische Therapie mit Rekonstruktion der knöchernen Strukturen erfolgen muss, kann mithilfe einer CT entschieden werden. In den meisten Fällen heilen Frakturen des Gesichtsschädels auch konservativ. Impressionsfrakturen müssen gegebenenfalls korrigiert werden. Dies gilt auch, sollten Ober- oder Unterkiefer beteiligt sein. Bei neurologischen Defiziten muss an einen erhöhten Hirndruck gedacht werden. Die spezielle neurologische Untersuchung sowie eine MRT-Untersuchung kann Hinweise auf einen erhöhten Hirndruck mit subtentorieller Herniation oder Kleinhirnherniation geben. Medikamentös kann bei gut hydrierten Patienten Mannitol eingesetzt werden, um den intrakraniellen Druck zu senken. Insofern keine Hypernatriämie vorliegt, kann ebenfalls hypertone NaCl-Lösung genutzt werden. Gegebenenfalls muss zur Druckentlastung eine Craniotomie in Betracht gezogen werden. Patienten mit dislozierten Fragmenten, die das Neurocranium (Gehirnschädel) beeinträchtigen, scheinen eine schlechtere Prognose zu haben.

7.1.13 Choanalatresie

Ätiologie: Die Choanalatresie tritt kongenital auf. Hierbei persistiert die oronasale Membran. Sie kann partiell oder vollständig, uni- oder bilateral auftreten. Weiterhin wird sie in knöchern oder membranös unterteilt. Die Atresie der Choanen bewirkt, dass keine Luft aus dem Nasengang in den Nasopharynx gelangen kann. Die Nasenatmung ist hiermit nicht möglich.

Klinisches Bild: In der Regel werden Jungtiere vorgestellt, die kontinuierlich über den geöffneten Fang atmen. Sie können bei Anstrengung auch Dyspnoe zeigen. Mukopurulenter Nasenausfluss ist beschrieben.

Therapie: Die Eröffnung der Choanen muss angestrebt werden. Dies kann mittels Ballondilatation oder durch offene Chirurgie erfolgen.

Prognose: Eine nasopharyngeale Stenose kann sich postoperativ entwickeln, was einen erneuten Eingriff nötig macht.

7.1.14 Nasopharyngeale Stenose

Ätiologie: Sie kann angeboren oder erworben vorkommen und ist deutlich häufiger als die Choanalatresie. Nicht selten wird die Diagnose einer Choanalatresie fälschlicherweise gestellt, obwohl es sich um eine nasopharyngeale Stenose (NPS) handelt. Eine NPS manifestiert sich durch eine Verengung innerhalb des Nasopharynx, kaudal der Choanen, dorsal vom weichen und harten Gaumen. Die erworbene NPS kann sekundär nach chronischer Rhinitis, postoperativ, Trauma oder Neoplasien auftreten. Die am häufigsten beschriebene Ursache beim Hund ist die Aspiration von Reflux während der Anästhesie. Bei Katzen stehen ursächlich vermutlich chronische Herpesinfektionen im Vordergrund.

Klinisches Bild: Es zeigt sich ein inspiratorischer und exspiratorischer nasopharyngealer Stertor, v. a bei geschlossenem Fang. Nasenausfluss, Würgen, Husten und häufiges Schlucken sind weitere mögliche Anzeichen.

Diagnosestellung: Mittels CT und Endoskopie lässt sich i. d. R. eine Diagnose stellen. Häufig sind auch die Mittelohren mit Flüssigkeit gefüllt, da die Drainage über die Eustachische Röhre nicht mehr gewährleistet ist. In der retrograden Rhiniskopie kann man entweder eine patente Membran (Membran mit kleiner zentraler Perforation) oder eine imperforierte Membran (durchgängiges Häutchen mit vollständigem Verschluss) an der eigentlichen Öffnung der Choanen feststellen.

Therapie: Für sehr dünne Membranen, wie sie meist bei Katzen vorkommen, wird eine Ballondilatation empfohlen. Bei dickeren Membranen wird die Eröffnung mit anschließendem Stent empfohlen (Metallstents, beschichtete Stents), um die Öffnung zu erhalten.

Komplikationen: Komplikationen sind häufig, egal welche Therapie gewählt wird. Bei alleiniger Ballondilatation kommt es häufig zum Rezidiv. Selbst bei dünnen Membranen war diese bei Hunden nur in 30 % und bei Katzen in 50 % der Fälle erfolgreich. Stents neigen dazu, zu verrutschen. Gewebe kann einwachsen und chronische Infektionen können sich einstellen. Weiterhin können Stents brechen. Auch oro-nasale Fisteln sind beschrieben.

Prognose: Die Prognose ist vorsichtig. Rezidive und Komplikationen sind häufig.

7.2 Erkrankungen der Ohren

7.2.1 Anatomie

Das Ohr von Hund und Katze setzt sich aus dem äußeren, dem mittleren und dem inneren Teil zusammen. Der äußere (externe) Anteil des Ohres besteht aus der Ohrmuschel (Pinna) und dem Gehörgang (mit einem senkrechten und einem waagerechten Teil). Der externe Anteil und das Mittelohr sind durch das Trommelfell (Membrana tympanica) voneinander getrennt. Im Zentrum ist das Trommelfell dünner als in der Peripherie. Der etwas schmalere obere Anteil wird als Pars flaccida und der große untere Anteil als Pars tensa bezeichnet. Die Pars flaccida ist dünn und gut vaskularisiert. Dieser Anteil kann bei Verletzungen sehr gut abheilen. Die Pars tensa ist deutlich derber und glänzend. In der Regel zeigt sie sich gräulich und durchscheinend und hat eine deutlich langsamere Heilungstendenz. Histologisch besteht die Membrana tympanica aus vier Schichten. Die äußere Epidermis (mehrschichtiges Plattenepithel), gefolgt von zwei Schichten fibrösen Gewebes und einer inneren Schleimhautschicht (einschichtiges respiratorisches Epithel). Die drei Gehörknöchelchen Hammer (Malleus), Amboss (Incus) und Steigbügel (Stapes) verbinden das Trommelfell mit dem Innenohr. Die Knöchelchen sind untereinander gelenkig verbunden. Vibrationen des Trommelfells werden somit bis zum Vestibularapparat übertragen. Das Mittelohr besteht aus der Bulla tympanica und ist über die Eustachische Röhre (Tuba auditiva) mit dem Nasopharynx verbunden. Die Bulla tympanica ist ein luftgefüllter Hohlraum und liegt im temporalen Knochen. Ausgekleidet wird das Mittelohr durch ein respiratorisches Epithel. Es lassen sich drei Mittelohrkompartimente unterscheiden. Das Epitympanon, wo der Amboss und der Hammerkopf zu finden sind. Das Mesotympanon, welches direkt medial des Trommelfells liegt, die restlichen Gehörknöchelchen beherbergt und medial vom Promontorium mit der Cochlea begrenzt ist. Und das Hypotympanon, welches den gesamten Anteil der Mittelohrhöhle ventral des Trommelfells ausmacht und von der knöchernen Bulla tympanica umgeben ist. Bei der Katze ist die Bulla unterteilt in eine größere kaudomediale (Hypotympanon) und in eine kleinere rostrolaterale Höhle (Epitympanon und Mesotympanon), die durch ein Septum vollständig getrennt sind. Im rostrolateralen Kompartiment findet man die Gehörknöchelchen, die Öffnung der Tuba auditiva und das Trommelfell.

Im kaudomedialen Anteil des knöchernen Septums verlaufen postganglionäre sympathische Nervenfasern (Plexus tympanicus) oberflächlich unterhalb des respiratorischen Epithels im Bereich des Promontoriums. Diese sollten beim operativen Eingriff und bei der Eröffnung des Septums geschont werden, um die Entstehung eines Horner-Syndroms zu vermeiden. Kaudal des Meatus acusticus externus verlässt der N. facialis durch das Foramen stylomastoideum den knöchernen Schädel und verläuft ventral des horizontalen Anteils des Gehörkanals nach rostral. Das Innenohr, bestehend aus membranösem und knöchernem Labyrinth, dient dem Hören und dem Erhalten des Gleichgewichts.

7.2.2 Klinische Untersuchung

Bei der Untersuchung des Ohres muss bedacht werden, dass eine Manipulation und Otoskopie äußerst schmerzhaft sein können (v. a. bei vorliegender Otitis externa), sodass entsprechend vorsichtig vorzugehen ist und die vollständige Untersuchung i. d. R. nur in Sedation oder gar Narkose des Tieres möglich ist.

Nach der **allgemeinen klinischen Untersuchung** (Allgemeinbefinden, Körperinnentemperatur etc.) folgt eine spezielle klinisch-neurologische Untersuchung, sofern sich Hinweise auf eine Gleichgewichtsstörung ergeben, um ein peripheres von einem zentralen Vestibularsyndrom zu unterscheiden. Es ist zunächst auf Veränderungen im Bereich der Ohrstellung, Symmetrie, eventuelle Exsudationen, Geruch, Zubildungen, Fistelöffnungen, Hautveränderungen etc. zu achten. Bei der **otoskopischen Untersuchung** muss auf Exsudation, Zubildungen, Weite des Gehörganges, Rötung und Blutungen, Fremdkörper etc. geachtet werden. Beim Trommelfell sind Intaktheit, mögliche Rötung, Trübung oder Vorwölbung abzuklären. Erforderlichenfalls sind Tupferproben zur zytologischen, bakteriologischen und mykologischen Untersuchung mit Durchführung eines Resistenztestes einzuleiten. Bei Zubildungen im Bereich des Gehörapparates können Gewebeproben mittels Feinnadelaspiration, Stanze oder Saugbiopsie entnommen werden und zytologisch bzw. histologisch untersucht werden. Der Gehörkanal wird anschließend vorsichtig mit körperwarmer Spüllösung gespült und so Cerumen und Detritus entfernt. Die Spülung wird unter vorsichtigem Druck und anschließendem Absaugen durchgeführt, um das Trommelfell dabei nicht zu beschädigen. Fremdkörper oder nicht herauszuspülender Detritus und Haare können mithilfe einer Fremdkörperzange vorsichtig entfernt werden, um dann anschließend eine otoskopische Untersuchung mithilfe eines Otoskops oder Endoskops durchführen zu können.

7.2.3 Bildgebende Diagnostik

Als **bildgebende Diagnostik** ist das Röntgen in den meisten Fällen von Erkrankungen des Gehörapparates unerlässlich, um die Ausdehnung eines krankhaften Prozesses in den knöchernen Bereich des Gehörapparates abzuklären. Die Röntgenbilder werden ausschließlich am sedierten/narkotisierten Patienten durchgeführt, um exakt gelagerte, aussagekräftige Röntgenbilder zu erhalten. Für die ventro-dorsale Röntgenaufnahme des Kopfes befindet sich das Tier in Rückenlage mit lang gestrecktem Kopf/Hals. Die sagittale Ebene ist vertikal und im rechten Winkel zur Platte anzulegen. Ein unter dem Hals befindliches Kissen erleichtert die korrekte Position des Kopfes. Durch Anlegen einer Binde kaudal der Oberkiefercanini kann die gestreckte Position des Kopfes fixiert werden. Der Zentralstrahl sollte auf die Mitte einer Verbindungslinie zwischen beiden Augen liegen.

Die rostro-kaudale Aufnahme mit geöffnetem Fang („rostroventral-caudodorsal open-mouth view“) ist zur überlagerungsfreien Darstellung der Paukenhöhlen wichtig. Der Patient befindet sich in Rückenlage. Der Schädel wird so platziert, dass der harte Gaumen und die Sagittalebene im rechten Winkel zur Platte liegen. Der Fang ist weit geöffnet. Die Zunge wird nach kranial verlagert und am Unterkiefer fixiert. Während der radiologischen Untersuchung sollte, wenn möglich, kein endotrachealer Tubus eingeführt sein, da es sonst zu Überlagerungen kommen kann. Der Zentralstrahl wird vertikal parallel zum harten Gaumen gelegt. Bei manchen Tieren (z. B. brachyzephale Rassen) kann es notwendig sein, den harten Gaumen vom Zentralstrahl weg zu kippen, um die Bullae ohne Überlagerung durch die Atlasflügel darzustellen. Der Winkel des Röntgenstrahles zur Bulla beträgt dabei zwischen 10 und 20 Grad.

Zur Anfertigung der ventro-dorsalen Schrägaufnahmen befindet sich der Patient in Seitenlage, die zu untersuchende Seite nach unten. Der Kopf wird dann entlang der Längsachse rotiert, bis die Sagittalebene ca. 20 Grad zur Horizontalebene beträgt. Dadurch wird die ventrale Oberfläche des Schädels herausprojiziert und die untenliegende Bulla tympanica dargestellt. Der Zentralstrahl wird auf die Schädelbasis gelegt.

Die CT ist heute der Goldstandard bei der bildgebenden Diagnostik im Bereich des Ohres mit ihren knöchernen Strukturen (v. a. zur Beurteilung des Mittelohrs). Die MRT kann in speziellen Fällen zusätzliche Informationen liefern. Beispielsweise zur Abklärung des Innenohrs oder sonstiger intrakranieller Beteiligung.

7.2.4 Erkrankungen der Pinna

7.2.4.1 Othämatom (Hematoma auriculare, Ohrmuschelbluterguss)

Ätiologie: Die Pinna besteht im Zentrum aus einer Knorpelplatte, an welche das Perichondrium angrenzt. Zur Ohrinnenseite folgt direkt Haut und zur Ohraußenseite zunächst die Unterhaut, gefolgt von der äußeren Hautschicht. In der Unterhaut befindet sich die arterielle und venöse Blutversorgung des Ohres, wovon kleine Gefäße abgehen und den Knorpel in Richtung Ohrinnenseite penetrieren. Bei einem Trauma, beim Hund meist eine explosive Krafteinwirkung durch exzessives Kopfschütteln oder Kratzen der Ohren im Rahmen einer Otitis externa, kann es zu Knorpelfrakturen oder -fissuren kommen. Des Weiteren werden durch wiederholte Scherbewegungen der Haut in Relation zum Knorpel und Perichondrium die den Ohrknorpel penetrierenden Gefäße abgeschert und es kommt zu subperichondralen (häufiger) oder intrachondralen (bei Knorpelfissur) Blutungen. Klinisch entsteht eine fluktuierende Zubildung auf der konkaven Seite der Pinna.

Klinisches Bild: Betroffene Tiere kratzen sich häufig an den Ohren oder schütteln mit dem Kopf. Tastbar sind weich-fluktuierende Zubildungen unterschiedlicher Größe und Lokalisation (Abb. 7.12). Während die Manipulationen am Ohr i. d. R. schmerzhaft sind, ist das Othämatom selbst nicht schmerzhaft.

Therapie: Kleinere Othämatome können konservativ ausheilen, wenn die Grunderkrankung erkannt und behandelt werden kann. In diesem Fall ist eine aseptisch durchgeführ-

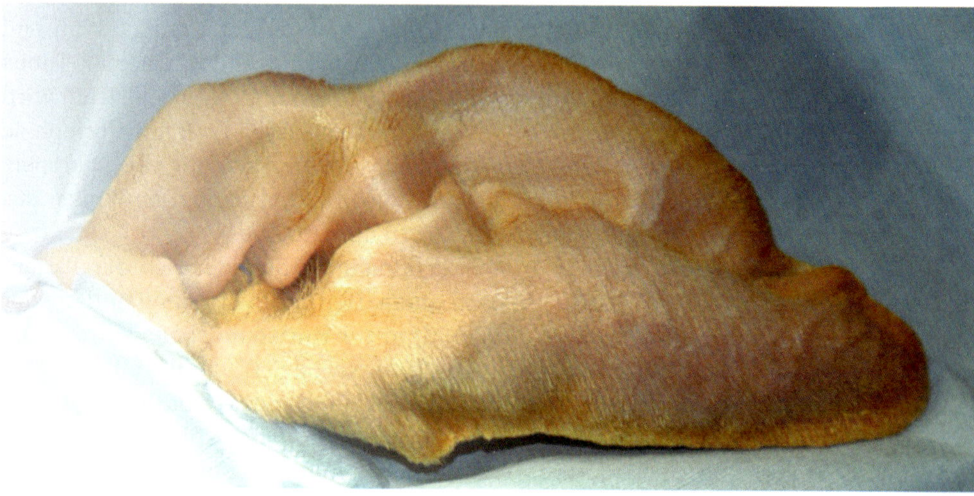

Abb. 7.12 Geringgradig ausgeprägtes Othämatom der rechten Pinna bei einem siebenjährigen Beagle.

te Parazentese angeraten, da ein verbleibendes Hämatom nach 4–5 Tagen beginnt, sich zu organisieren. Die einsetzende Fibrose und Chrondrogenese führt zur Verformung der Pinna. Häufig wird die Punktion des Hämatoms mit der Injektion eines Kortisonpräparats kombiniert. Ebenfalls ist die Drainage des Ohres mittels aktiver Saugdrainage beschrieben. Eine große britische Studie zeigte, dass jedoch eine chirurgische Therapie am ehesten ein Rezidiv verhindert. Der Erfolg nach initialer Therapie lag nach Chirurgie bei 91 %. Bei Parazentese mit Kortisoninstillation bei 50 % und bei alleiniger Drainage bei 38 %. Sollte ein Rezidiv auftreten, wird definitiv zur chirurgischen Therapie geraten.

Die Ziele jedes chirurgischen Eingriffs sind das Hämatom zu entfernen und die natürliche Form des Ohres zu erhalten. Der Eingriff wird üblicherweise 4–5 Tage nach der Entstehung des Othämatoms ausgeführt, um die Blutstillung abzuwarten und die Verformung der Pinna durch Fibrose und Chrondrogenese zu verhindern. Hierbei wird die konkave Seite der Pinna bogen- oder s-förmig eingeschnitten, um das Blutkoagel zu entfernen. Der Situs wird gespült. Im Anschluss werden Matratzenhefte angelegt, die die Pinna vollständig penetrieren. Wichtig ist, darauf zu achten, die Matratzenhefte parallel zur Richtung der Blutgefäße anzulegen, um ischämische Nekrosen der Pinna zu vermeiden. Ein Kopfverband kann die OP-Stelle im Anschluss schützen. Die Fäden werden erst nach 14 Tagen gezogen. Am wichtigsten ist es, die Grundursache, welche zur Entstehung des Othämatoms geführt hat, zu therapieren. Häufig ist ein allergisches Geschehen (Futtermittelallergie, Atopie) verantwortlich für die zugrunde liegende Otitis externa.

7.2.4.2 Verletzungen der Pinna

Ätiologie: Verletzungen der Pinna treten v. a. beim Kämpfen mit anderen Tieren (Biss- bzw. Kratzverletzungen) und anderen Traumen auf.

Klinisches Bild: Sie können oberflächlich sein oder aber den Knorpel mit perforieren. Abhängig vom Schweregrad können die Verletzungen sekundär heilen oder müssen chirurgisch versorgt werden.

Therapie: Selten muss ein Teil der Pinna amputiert werden. Zunächst muss die Wunde gereinigt, Blutungen müssen gestoppt und die Wundränder ggf. aufgefrischt werden (dabei wird alles nekrotische Gewebe und freiliegender Knorpel entfernt). Die Wunde wird anschließend mit Einzelheften genäht. Damit das Tier danach die versorgte Wunde nicht aufkratzt oder sich schüttelt, wird postoperativ ein Kopfverband angelegt.

7.2.4.3 Neoplasien der Pinna

Epidemiologie, Ätiologie: Jeder Hauttumor kann im Prinzip auch die Ohrmuschel betreffen. Der am häufigste bei Katzen vorkommende maligne Tumor ist das Plattenepithelkarzinom an der Pinnaspitze (72 %), das wie jenes am Nasenspiegel (15 %) oder an den Augenlidern (8 %) v. a. ältere, weiße Katzen betrifft und durch UV-Strahlen ausgelöst wird. Auch wenn diese Tumoren sehr invasiv wachsen, sind Metastasierungen selten.

Klinisches Bild: Krustöse oder chronisch entzündliche Veränderungen an der Pinnarändern, teils ulzerierend und blutend.

Therapie: Sofern möglich, ist die vollständige chirurgische Entfernung der Läsion die Therapie der Wahl. Sie bietet die günstigste Prognose.

7.2.5 Erkrankungen des äußeren Gehörganges

7.2.5.1 Otitis externa

Definition, Epidemiologie: Die häufigste Erkrankung des äußeren Gehörganges ist die Entzündung des vertikalen und/oder horizontalen Gehörgangs und des umgebenden Gewebes. Die Prävalenz beträgt beim Hund 5–20 % und bei der Katze 5–7 %. Häufig sind mittelalte bis alte Tiere betroffen.

Ätiologie: Ursächlich kommen prädisponierende (z. B. Ohrkanalform, hängende Ohren), primäre (z. B. atopische Dermatitis, Futtermittelunverträglichkeit, Keratinisierungsstörungen, Parasiten, Fremdkörper, ektopische Haare, hormonelle Faktoren [Hypothyreose], Verletzungen des Ohres sowie Neoplasien) und unterhaltende Faktoren (z. B. Bakterien, Pilze, Stenosen, unzureichende Therapie, Überbehandlung, Otitis media) infrage.

Pathogenese: In chronischen Fällen kommt es zur Hyperplasie der Dermis und Epidermis, die letztendlich zur vollständigen Stenose des Gehörganges führen kann. Das Trommelfell ulzeriert und kann rupturieren und so die Grundlage für eine Otitis media bieten

Klinisches Bild: Betroffene Tiere zeigen Juckreiz, Kratzen, Kopfschütteln, Rutschen mit dem Kopf über den Boden. Das Ohr ist meist gerötet, die Haut der Pinna verdickt und schmerzhaft (Abb. 7.13). Einige Tiere reagieren panisch beim Versuch, die Ohren zu berühren. Es kann sich Exsudation aus dem Gehörgang zeigen, kombiniert mit einem oft üblen Geruch. Auch der Verlust des Hörvermögens durch die Stenose des Gehörganges, der Verlust des Trommelfelles oder die Zerstörung der Gehörknöchelchen wird beobachtet. Bei weiterer Ausbreitung von Infektionen oder Abszessen in das umgebende Gewebe kann es zu Schmerzhaftigkeit beim Öffnen des Fanges oder zur Bildung periauraler Abszesse oder Fistelbildung kommen. Neurologische Störungen (z. B. Kopfschiefhaltung, Kreisbewegung, Nystagmus, vestibuläre Ataxie, N. facialis-Defizite und Horner Syndrom) treten bei Mittel- und Innenohrbeteiligung auf.

Diagnose: Zur Diagnostik gehört eine ausführliche Anamnese auch im Hinblick auf weitere dermatologische Erkrankungen (Allergie) sowie eine allgemeine klinische Untersuchung sowie Otoskopie mit Probenentnahme. Diese ist bei hochgradiger Ausprägung der Otitis externa häufig nur in Narkose möglich. Entnommene Proben werden zytologisch, bakteriologisch und mykologisch untersucht. Die Intaktheit des Trommelfells wird überprüft, sofern dies einsehbar ist. Bei periauralen Schwellungen, Fistelbildungen oder neurologischen Auffälligkeiten ist eine computertomographische Untersuchung des Kopfes indiziert.

Therapie: Eine chirurgische Therapie ist indiziert, wenn eine konservative, medikamentöse und Spültherapie ohne Erfolg bleibt, der Gehörgang vollständig stenosiert ist, sich periaurale Abszesse, Fistelbildungen oder neurologische Ausfälle zeigen. Hierzu wird i. d. R. eine Ablation des gesamten Gehörganges mit lateraler Bullaosteotomie und vollständiger Entfernung des respiratorischen Epithels des Mittelohrs durchgeführt (Abb. 7.14).

7.2.5.2 Traumen des äußeren Gehörganges

Sie können durch stumpfe Gewalteinwirkung (Autounfall) oder durch Bissverletzungen entstehen. Es werden Zerreißungen des Ohrknorpels und Blutungen mit anschließender Stenosierung des Gehörganges und Pseudomembranbildung gesehen. Am häufigsten treten diese am Übergang vom vertikalen zum horizontalen Anteil (Cartilago auricularis und Cartilago anulare) des Gehörgangs auf. Chirurgisch kann eine Anastomose der Knorpelanteile erfolgen. Bei hochgradigen Verletzungen eines oder beider Anteile des Gehörgangs kann eine partielle oder totale Ablation des Gehörgangs erfolgen. Bei totaler Ablation ist zusätzlich eine laterale Bullaosteotomie mit Entfernung des respiratorischen Epithels durchzuführen.

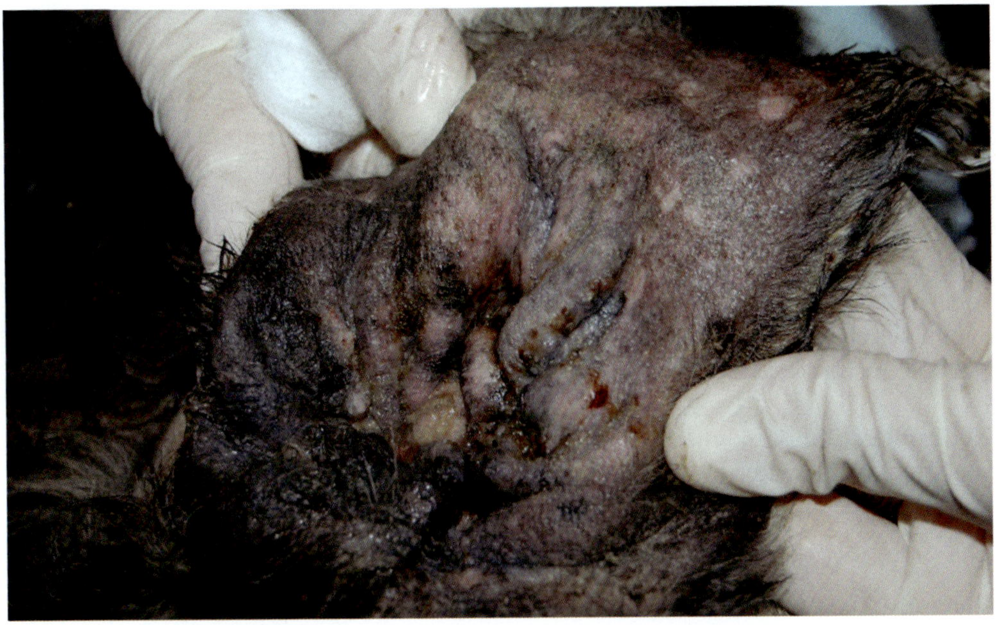

Abb. 7.13 Achtjähriger Mischling mit hochgradiger chronischer Otitis externa.

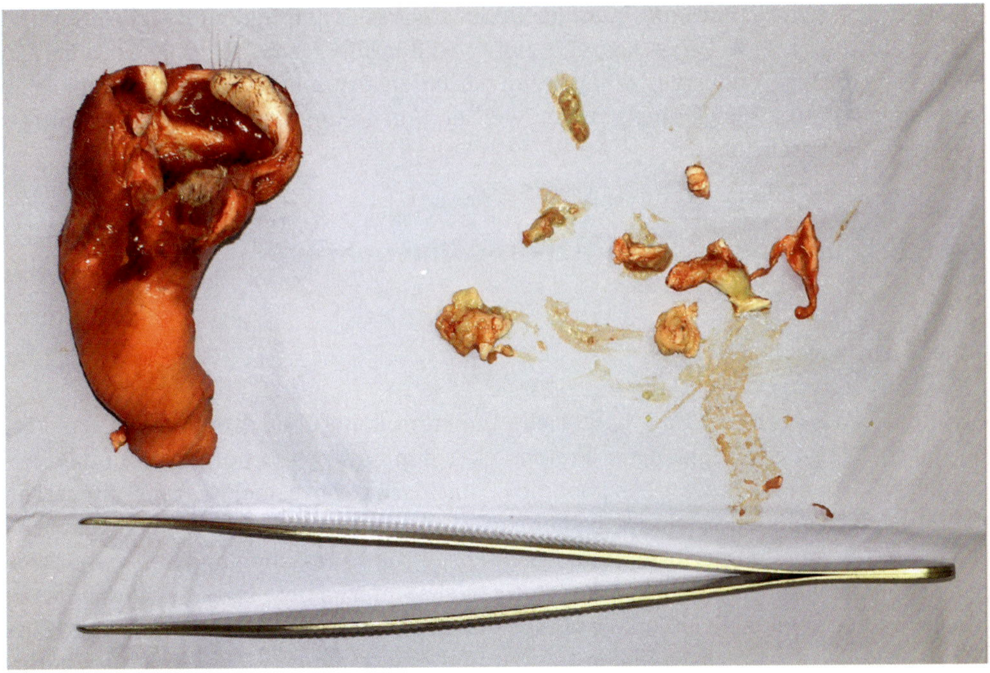

Abb. 7.14 Abgesetzter Gehörgang und aus dem Mittelohr entfernte Anteile des entzündlich veränderten respiratorischen Epithels nach totaler Ohrkanalablation und lateraler Bullaosteotomie bei einem Hund.

7.2.5.3 Tumoren des äußeren Gehörganges

Ätiologie: Neoplasien des externen Gehörgangs sind relativ selten. Die allermeisten entstehen aus den Zeruminaldrüsen (Adenom und Adenokarzinom). Das Zeruminaldrüsenkarzinom macht bei Hunden ca. 33 % der Gehörgangstumore aus und bei Katzen ca. 66 %. Andere Tumoren sind Plattenepithelkarzinome, Basalzellentumoren und Mastzelltumoren (seltener: Melanom, Fibrosarkom). Sie sind häufig assoziiert mit einer sekundären Otitis externa. Vor allem bei der Katze ist die feline zeruminöse Zystomatose nicht mit einer neoplastischen Erkrankung des Ohrkanals zu verwechseln. Hierbei handelt es sich um eine senile Veränderung degenerativer Natur. Vor allem Perserkatzen und Abessinierkatzen scheinen prädisponiert.

Klinisches Bild: Das klinische Bild gleicht dem einer Otitis externa. Bei der zeruminösen Zystomatose findet man im Gehörgang und an der Basis der Pinnainnenseite kleine rundliche dunkle zystische Gebilde. Bei Eröffnung ergießt sich eine bräunliche Flüssigkeit.

Diagnose: Die Diagnose wird otoskopisch und mittels Biopsie gestellt. Um das Ausmaß des Tumors richtig einschätzen zu können, wird eine CT des Kopfes empfohlen.

Therapie: Bei malignen Neoplasien des äußeren Gehörganges wird i. d. R. eine totale Ablation des Gehörganges mit lateraler Bullaosteotomie empfohlen. Bei zeruminösen Zystomatose ist i. d. R. keine Therapie nötig. Sollten die Zysten zu groß werden, den Gehörgang verlegen oder zur einer rezidivierenden Otitis externa führen, kann eine Ohrkanalablation in Erwägung gezogen werden. Auch die Ablation der Zysten mittels CO_2-Laser ist beschrieben.

7.2.6 Erkrankungen des Mittel- und Innenohres

7.2.6.1 Otitis media/interna

Ätiologie, Pathogenese: Eine bakterielle Infektion kann über drei Wege in das Mittel- und/oder Innenohr gelangen. Erstens über den äußeren Gehörgang und das (beschädigte) Trommelfell, zweitens über die Eustachische Röhre oder drittens hämatogen (selten). Das Trommelfell kann bei einer chronischen Otitis externa bereits defekt sein. Auch das Trommelfell perforierende Fremdkörper oder Traumen am äußeren Gehörgang können an der Entstehung einer Otitis media/interna beteiligt sein. Vor allem bei jungen Katzen spielen die inflammatorischen Polypen bei diesem Erkrankungsbild eine wichtige Rolle. Bei brachyzephalen Rassen und hier v. a. beim Cavalier King Charles Spaniel ist die sekretorische Otitis media beschrieben. Hierbei wird von einer Abflussstörung durch die Eustachische Röhre aufgrund der brachyzephalen Kopfkonformation ausgegangen. Auch eine Veränderung der Glykoproteinzusammensetzung mit Zunahme der Viskosität des Mittelohrsekrets wird diskutiert (Mukotympanon).

Klinisches Bild: Klinisch können die betroffenen Tiere Kopfschütteln, Schmerzen bei Palpation im Ohrbereich oder beim Öffnen des Fanges, Verhaltensänderungen, Kopfschiefhaltung oder eine vestibuläre Ataxie zeigen. Auf Ausfälle der Kopfnervenfunktionen ist zu achten (z. B. Horner Syndrom oder Fazialisparese). Das Ausmaß der klinischen Symptome ist abhängig vom Ausmaß der Zerstörung im Mittel- und Innenohr. Auch Hunde mit sekretorischer Otitis media können neurologische Ausfälle zeigen (25 %). Zumeist zeigen sie jedoch Kopfschmerzen und vermehrtes Vokalisieren (64 %). Katzen, die mit einer Otitis externa vorgestellt werden, sollten hinsichtlich einer vorliegenden Otitis media untersucht werden. Diese tritt bei Katzen meist zuerst auf und die Otitis externa als Folge nach Ruptur des Trommelfells.

Diagnose: Sie wird heutzutage i. d. R. mit den modernen Schnittbildverfahren (CT/MRT) gestellt. Eine Myringotomie ermöglicht eine Probenentnahme zur bakteriologischen und mykologischen Untersuchung und erlaubt die Spülung des Mittelohrs in derselben Narkose.

Therapie: Um eine Otitis media zu therapieren, muss zunächst der äußere Gehörgang gereinigt und inspiziert werden. Ist das Trommelfell noch intakt (eher selten), kann dieses durch eine Inzision (Myringotomie) in den kaudalen Teil perforiert werden, um Proben zu nehmen und eine Spülung mit warmer isotoner Kochsalzlösung unter nur geringem Druck durchzuführen. Eine medikamentöse Therapie besteht i. d. R. aus der Kombination von Kortikosteroiden (lokal und/oder systemisch) mit einem Antibiotikum bzw. Antimykotikum nach Antibiogramm. Ein chirurgischer Eingriff am Mittelohr ist indiziert, wenn die medikamentöse Therapie erfolglos ist, neurologische Ausfälle vorliegen (Otitis interna) oder in der computertomographischen Untersuchung knöcherne Veränderungen im Bereich der Bulla tympanica vorliegen. Bei Hunden besteht meist auch eine Otitis externa, daher wird hier eine totale Ohrkanalablation mit lateraler Bullaosteotomie durchgeführt. Bei Katzen liegt meist keine Otitis externa vor. Hier ist somit eine ventrale Bullaosteotomie mit Eröffnung beider Kompartimente des Mittelohrs (kaudomedial und rostrolateral) ausreichend. Proben werden zur bakteriologischen und mykologischen Untersuchung geschickt. Vorliegende entzündliche Polypen werden histopathologisch untersucht. Wichtig ist in jedem Fall die Entfernung des gesamten respiratorischen Epithels, das das Mittelohr auskleidet.

Komplikationen: Eine Fistelbildung nach erfolgter totaler Ohrkanalablation mit lateraler Bullaosteotomie ist meist ursächlich auf im Mittelohr verbliebenes respiratorisches Epithel zurückzuführen. Weitere Komplikationen sind das Horner-Syndrom (meist reversibel) sowie die Fazialisparese. Auch ein iatrogen verursachtes Vestibularsyndrom ist beschrieben.

7.2.6.2 Neoplasien des Mittelohres

Entzündliche Polypen der Katze sind am häufigsten. Diese gehen vom respiratorischen Epithel des Mittelohrs aus und können in den Gehörgang oder entlang der Eustachischen Röhre in Richtung Nasopharynx wachsen. Andere Neoplasien sind selten. Eher kommt es bei Tumoren des äußeren Gehörganges zu einer Mitbeteiligung der Bulla. Die Therapie der felinen entzündlichen Polypen ist unter 7.2.6.3 beschrieben.

7.2.6.3 Nasopharyngeale Polypen bei der Katze

Epidemiologie, Ätiologie: Nasopharyneale Polypen treten i. d. R. bei jungen Katzen im Alter zwischen 3 Monaten und wenigen Jahren auf. Eine kongenitale Ätiologie wird vermutet. Ebenso werden chronische Entzündungen der oberen Atemwege oder eine chronische Otitis media als mögliche Ursachen genannt. Caliciviren und Felines Herpesvirus-1 konnten in einigen Fällen mittels PCR nachgewiesen werden. Es handelt sich um benigne, entzündliche Zubildungen, die vom respiratorischen Epithel des Mittelohrs ausgehen und über die Eustachische Röhre in den Nasopharynx oder durch das Trommelfell in den Gehörgang wachsen können. Sie können uni- oder bilateral vorhanden sein.

Klinisches Bild: Die Symptome variieren je nach Lokalisation. Im nasopharyngealen Bereich sind die Symptome v. a. Atemgeräusche (Schnarchen), Anorexie, Dysphagie, Husten, Dyspnoe. Bei Polypen im Mittelohr kann es zu Kopfschiefhaltung, Nystagmus oder Horner-Syndrom kommen. Sitzen die Zubildungen im äußeren Gehörgang können sie zu einer sekundären Otitis externa führen.

Diagnose: Sehr große Polypen können bereits durch otoskopische Untersuchung des äußeren Gehörganges und Adspektion des Nasopharynx/Pharynx diagnostiziert werden (Abb. 7.15). Kleinere nasopharyngeale Polypen können mittels Dentalspiegel, Endoskop dargestellt werden. Bei Verwendung des flexiblen Endoskops besteht direkt die Möglichkeit über den Arbeitskanal Proben zur weiteren histologischen Untersuchung zu entnehmen. Für die Darstellung der Bullae tympanica ist eine CT empfohlen.

Therapie: Pharyngeal gelegene Polypen können von oral und Polypen, die im Gehörgang liegen, mittels Traktionsmethode entfernt werden. Die Rezidivrate nach alleiniger Entfernung des Polypen mittels Traktionsmethode ist jedoch mit 40–>50 % sehr hoch. Es empfiehlt sich stets eine ventrale Bullaosteotomie durchzuführen, um Polypenreste und die respiratorische Epithelauskleidung des Mittelohrs zu entfernen. Zur Rezidivprophylaxe ist weiterhin eine Therapie mit Prednisolon über 4 Wochen (inklusive 2 Wochen zum Ausschleichen der Therapie) empfohlen.

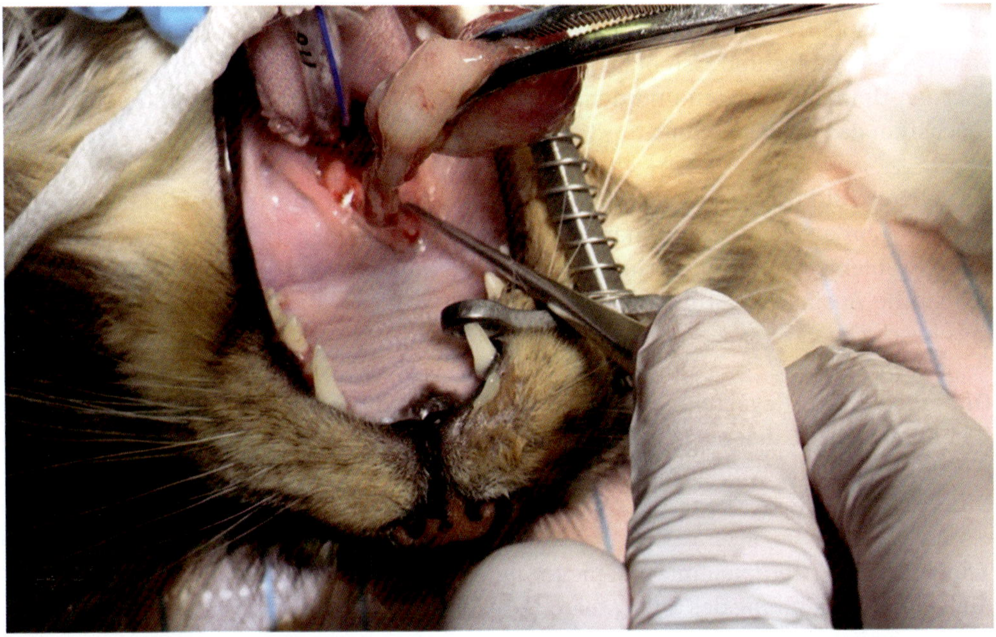

Abb. 7.15 Nasopharyngeler Polyp bei einer Katze, entfernt mittels Traktionsmethode. Eine ventrale Bullaosteotomie muss angeschlossen werden, um Epithelreste zu entfernen und damit das Rezidivrisiko zu senken.

7.2.6.4 Cholesteatom

Ätiologie: Ätiologisch handelt es sich bei einem Cholesteatom um ektopes verhornendes Plattenepithel im Mittelohr. Histologisch findet man Keratindebris mit umgebenen keratinisierendem Plattenepithel. Dies kann kongenital vorkommen (embryonale Entwicklungsstörung) oder erworben. Für das erworbene Cholesteatom gibt es verschiedene Entstehungstheorien. Plattenepithel kann durch Trommelfellverletzungen in das Mittelohr gelangen und die Entstehung des Cholesteatoms durch einen entzündlichen Stimulus vorangetrieben werden. Dies kann auch iatrogen im Rahmen einer Operation am Ohr oder Perforation des Trommelfells geschehen (Immigrationstheorie). Eine weitere Theorie ist die Bildung einer Retraktionstasche im Bereich der Pars flaccida des Trommelfells. Hierbei stülpt sich die Tasche, angefüllt mit Plattenepithelanteilen ein und löst sich vom Trommelfell ab, um so in das Mittelohr zu gelangen. Eine Belüftungsstörung mit Unterdruck im Mittelohr wird als Ursache diskutiert (Retraktionstaschen-Theorie). Auch eine mögliche Metaplasie des Stratum mucosum zu verhornendem Epithel kann ursächlich infrage kommen. Im Zentrum des Cholesteatoms befindet sich abgeschilfertes Plattenepithel. Darum bildet sich eine Cholesteatommatrix, die durch weitere Epithelabschilferung nach innen in die Retraktionstasche ein expansives Wachstum zeigt. Außen umgibt das Gebilde die bindegewebige Cholesteatomperimatix, welche sehr aktiv Wachstumsfaktoren und Matrixmetalloproteinasen sezerniert und somit Angiogenese und Osteoklasenaktivität vorantreibt. Dadurch kommt es zu knöchernen Umbauvorgängen und dem tumorartigen, lokal destruktiven und expansiven Wachstum des Cholesteatoms.

Klinisches Bild: Das klinische Bild entspricht dem einer Otitis media. Zusätzlich kann es zu von außen sichtbaren Umfangsvermehrungen kommen. Häufig zeigen betroffene Tiere Probleme bei der Futteraufnahme und Schmerzen beim Öffnen des Fanges. Neurologische Ausfälle (Vestibularsyndrom, Fazialisparese, Horner-Syndrom) sind ebenfalls beschrieben.

Diagnose: In der Regel wird die Diagnose computertomographisch gestellt (Abb. 7.16) Eine Biopsie kann den hochgradigen Verdacht bestätigen. Bei jeder Vergrößerung (Expansion) der Bulla tympanica und Ausdünnung der knöchernen Strukturen sollte die Differenzialdiagnose eines frühen Cholesteatoms in Erwägung gezogen werden.

Therapie: Die Therapie umfasst eine totale Ohrkanalablation mit lateraler Bullaosteotomie mit Ausräumung des Cholesteatoms. In einigen Fällen ist aufgrund des Ausmaßes eine zusätzliche ventrale Bullaosteotomie indiziert.

Prognose: Die Prognose ist vorsichtig und abhängig vom Ausmaß der Läsion. Bei großen Cholesteatomen, die nicht vollständig entfernt werden können, ist mit einem Rezidiv zu rechnen.

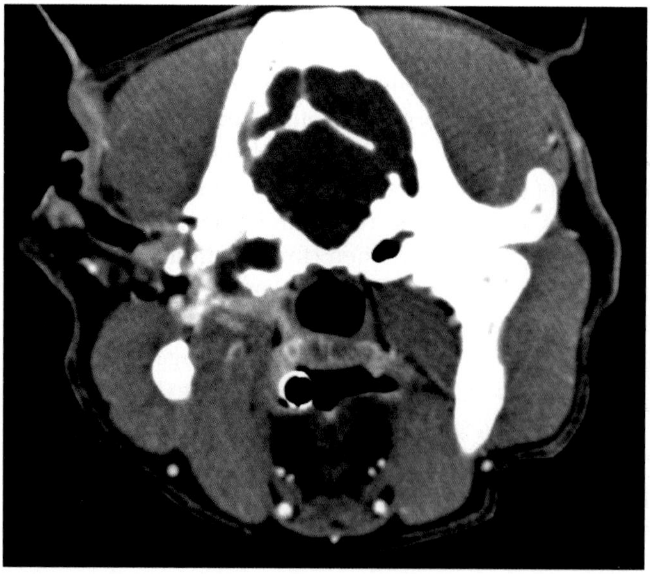

Abb. 7.16 CT Schnitt durch das Mittelohr (Bulla tympanica) eines achtjährigen Hundes mit Cholesteatom rechts. Auffällig ist (hier im Weichteilfenster, nach Kontrastmittelgabe) die expansive Läsion mit Knochendestruktion und peripherer Kontrastmittelaufnahme. Aggressive Neoplasien des Mittelohrs sind selten, sodass bei dieser Erscheinung ein Cholesteatom sehr wahrscheinlich ist.

Literatur/Quellen

7.1. Erkrankungen des Hals-Nasen-Rachenraums

7.1.1 Brachyzephalensyndrom

Bright RM, White RAS (1997): Brachycephalic airway obstruction syndrome. A review of 118 cases. Canine Pract 22: 18–21.

Carabalona JPR, Le Boedec K, Poncet CM (2022): Complications, prognostic factors, and long-term outcomes for dogs with brachycephalic obstructive airway syndrome that underwent H-pharyngoplasty and ala-vestibuloplasty: 423 cases (2011-2017). J Am Vet Med Assoc 260: S65-S73.

Coyne BE, Fingland RB (1992): Hypoplasia of the trachea in dogs: 103 cases (1974–1990). J Am Vet Med Assoc 201: 768–772.

Findji L, Dupré G (2009): Folded flap palatoplasty for treatment of elongated soft palates in 55 dogs. Eur J Companion Anim Pract 19: 125–132.

Ginn JA, Kumar MSA, McKiernan BC, Powers BE (2008): Nasopharyngeal turbinates in brachycephalic dogs and cats. J Am Anim Hosp Assoc 44: 243–249.

Grand JG, Bureau S (2011): Structural characteristics of the soft palate and meatus nasopharyngeus in brachycephalic and nonbrachycephalic dogs analysed by CT. J Small Anim Pract 52: 232–239.

Haimel G, Dupré G (2015): Brachycephalic airway syndrome: a comparative study between pugs and French bulldogs. J Small Anim Pract 56: 714–719.

Huck JL, Stanley BJ, Hauptman JG (2008): Technique and outcome of nares amputation (trader's technique) in immature shih tzus. J Am Anim Hosp Assoc 44: 82–85.

Kaye BM, Rutherford L, Perridge DJ, Ter Haar G (2018): Relationship between brachycephalic airway syndrome and gastrointestinal signs in three breeds of dog. J Small Anim Pract 59: 670–673.

Koch DA, Arnold S, Hubler M, Montavon PM (2003): Brachycephalic syndrome in dogs. Comp Contin Educ Pract Vet 25: 48–55.

Liu NC, Oechtering GU, Adams VJ, Kalmar L, Sargan DR, Ladlow JF (2017): Outcomes and prognostic factors of surgical treatments for brachycephalic obstructive airway syndrome in 3 breeds. Vet Sug 46: 271–280.

Liu NC, Genain MA, Kalmar L, Sargan DR, Ladlow JF (2019): Objective effectiveness of and indications for laser-assisted turbinectomy in brachycephalic obstructive airway syndrome. Vet Surg 48: 79–87.

Oechtering TH, Oechtering GU, Nöller C (2007): Strukturelle Besonderheiten der Nase brachyzephaler Hunderassen in der Computertomographie. Tierarztl Prax Ausg K, Kleintiere Heimtiere 35: 177–187.

Oechtering GU, Pohl S, Schlueter C, Lippert JP, Kiefer I, Ludewig E, Schuenemann R (2016): A Novel Approach to Brachycephalic Syndrome. 1. Evaluation of Anatomical Intranasal Airway Obstruction. Vet Surg 45: 165–172.

Oechtering GU, Pohl S, Schlueter C, Schuenemann R (2016): A Novel Approach to Brachycephalic Syndrome. 2. Laser-Assisted Turbinectomy (LATE). Vet Surg 45: 173–181.

Poncet CM, Dupr. GP, Freiche VG, Estrada MM, Poubanne YA, Bouvy BM (2005): Prevalence of gastrointestinal tract lesions in 73 brachycephalic dogs with upper respiratory syndrome. J Small Anim Pract 46: 273–279.

Riggs J, Liu NC, Sutton DR, Sargan D, Ladlow JF (2019): Validation of exercise testing and laryngeal auscultation for grading brachycephalic obstructive airway syndrome in pugs, French bulldogs, and English bulldogs by using wholebody barometric plethysmography. Vet Surg 48: 488–496.

Schuenemann R, Pohl S, Oechtering GU (2017): A novel approach to brachycephalic syndrome. 3. Isolated laser-assisted turbinectomy of caudal aberrant turbinates (CAT LATE). Vet Surg 46: 32–38.

Villedieu E, Rutherford L, Ter Haar G (2019): Brachycephalic obstructive airway surgery outcome assessment using the 6-minute walk test: a pilot study. J Small Anim Pract 60: 132–135.

7.1.2 Larynxparalyse

Bookbinder LC, Flanders J, Bookbinder PF, Harvey HJ, Barry JS, Cheetham J (2016): Idiopathic canine laryngeal paralysis as one sign of a diffuse polyneuropathy: An observational study of 90 cases (2007-2013). Vet Surg 45: 254–260.
Burbidge HM (1995): A review of laryngeal paralysis in dogs. Br Vet J 151: 71–82.
Bureau S, Monnet E (2002): Effects of suture tension and surgical approach during unilateral arytenoid lateralization on the rima glottidis in the canine larynx. Vet Surg 31: 589–595.
Gourley IM, Paul H, Gregory C (1983): Castellated laryngofissure and vocal fold resection for the treatment of laryngeal paralysis in the dog. J Am Vet Med Assoc 182: 1084–1086.
Greenfield CL (1987): Canine laryngeal paralysis. Comp Contin Educ Pract Vet 9: 1011–1017.
Hammel SP, Hottinger HA, Novo RE (2006): Postoperative results of unilateral arytenoid lateralization for treatment of idiopathic laryngeal paralysis in dogs: 39 cases (1996–2002). J Am Vet Med Assoc 228: 1215–1220.
MacPhail CM, Monnet E (2001): Outcome of and postoperative complications in dogs undergoing surgical treatment of laryngeal paralysis: 140 cases (1985–1998). J Am Vet Med Assoc 218: 1949–1956.
Wilson D, Monnet E (2016): Risk factors for the development of aspiration pneumonia after unilateral arytenoid lateralization in dogs with laryngeal paralysis: 232 cases (1987-2012). J Am Vet Med Assoc 248: 188–194.

7.1.3 Trachealkollaps

Moritz A, Schneider M, Bauer N (2004): Management of advanced tracheal collapse in dogs using intraluminal self-expanding biliary wallstents. J Vet Int Med 18: 31–42.
Suematsu M, Suematsu H, Minamoto T, Macchida N, Hirao D, Fujiki M (2019): Long-term outcomes of 54 dogs with tracheal collapse treated with a continuous extraluminal tracheal prosthesis. Vet Surg 48: 825–834.
Sura PA, Krahwinkel DJ (2008): Self-expanding nitinol stents for the treatment of tracheal collapse in dogs: 12 cases (2001–2004). J Am Vet Med Assoc 232: 228–236.
Tappin SW (2016): Canine tracheal collapse. J Small Anim Pract 57: 1–17.
Weisse C, Berent A, Violette N, McDougall R, Lamb K (2019): Short-, intermediate-, and long-term results for endoluminal stent placement in dogs with tracheal collapse. J Am Vet Med Assoc 254: 380–392.

7.1.4 Tracheale Obstruktionen

Brown RM (2003): Primary tracheal tumors in dogs and cats. Comp Vet Educ Pract Vet 25: 854–859.
White RN, Burton CA (2000): Surgical management of intrathoracic tracheal avulsion in cats: long-term results in 9 consecutive cases. Vet Surg 29: 430–435.

7.1.5 Tumoren der Mundhöhle

Bonfanti U, Bertazzolo W, Gracis M, Roccabianca P, Romanelli G, Palermo G, Zini E (2015): Diagnostic value of cytological analysis of tumours and tumour-like lesions of the oral cavity in dogs and cats: A prospective study on 114 cases. Vet J 205: 322–327.
Brockley LK, Cooper MA, Bennett PF (2013): Malignant melanoma in 63 dogs (2001-2011): the effect of carboplatin chemotherapy on survival. N Z Vet J 61: 25–31.
Culp WT, Erhart SJ, Withrow SJ, Rebhun RB, Boston S, Buracco P, Reiter AM, Schallberger SP, Aldridge CF, Kent MS, Mayhew PD, Brown DC (2013): Results of surgical excision and evaluation of factors associated with survival time in dogs with lingual neoplasia: 97 cases (1995-2008) J Am Vet Med Assoc 242: 1392–1397.
Grimes JA, Mestrinho LA, Berg J, Cass S, Oblak ML, Murphy S, Amsellem PM, Brown P, Hamaide A, Matz BM (2019): Histologic evaluation of mandibular and medial retropharyngeal lymph nodes during staging of oral malignant melanoma and squamous cell carcinoma in dogs. J Am Vet Med Assoc 254: 938–943.
Martano M, Iussich S, Morello E, Buracco P (2018): Canine oral fibrosarcoma: Changes in prognosis over the last 30 years? Vet J 241: 1–7.

Mas A, Blackwood L, Cripps P, Murphy S, De Vos J, Dervisis N, Martano M, Polton GA (2011): Canine tonsillar squamous cell carcinoma – a multi-centre retrospective review of 44 clinical cases. J Small Anim Pract 52: 359–364.

Stebbins KE, Morse CC, Goldschmidt MH (1989): Feline oral neoplasia: a ten-year survey. Vet Pathol 26: 121–128.

Syrcle JA, Bonczynski JJ, Monette S, Bergman PJ (2008): Retrospective evaluation of lingual tumors in 42 dogs: 1999–2005. J Am Anim Hosp Assoc 44: 308–319.

Tuohy JL, Selmic LE; Worley DR, Ehrhart N, Withrow SJ (2014): Outcome following curative-intent surgery for oral melanoma in dogs: 70 cases (1998-2011). J Am Vet Med Assoc 245: 1266–1273.

7.1.6 Gaumenspalte und Gaumendefekte

Griffiths LG, Sullivan M (2001): Bilateral overlapping mucosal singlepedicle flaps for correction of soft palate defects. J Am Anim Hosp Assoc 37: 183–186.

Harvey CE (1987): Palate defects in dogs and cats. Comp Cont Educ Pract Vet 9: 404.

Howard DR, Davis DG, Merkley DF, Krahwinkel DJ, Schirmer RG, Brinker WO (1974): Mucoperiosteal flap technique for cleft palate repair in dogs. J Am Vet Med Assoc 165: 352–354.

Marretta SM, Grove TK, Grillo JF (1991): Split palatal U-flap: a new technique for repair of caudal hard palate defects. J Vet Dent 8: 5–8.

Marretta SM, Smith MM (2005): Single mucoperiosteal flap for oronasal fistula repair. J Vet Dent 22: 200–205.

Peralta S, Campbell RDN, Fiani N, Kan-Rohrer KH, Verstraete FJM (2018): Outcomes of surgical repair of congenital palatal defects in dogs. J Am Vet Med Assoc 253: 1445–1451.

7.1.7 Speicheldrüsen

Bellenger CR, Simpson DJ (1992): Canine sialocoeles - 60 clinical cases. J Small Anim Pract 33: 376–380.

Proot JLJ, Nelissen P, Ladlow JF, Bowlt Blacklock K, Kulendra N, de la Puerta B, Sheahan DE (2016): Parotidectomy for the treatment of parotid sialocoele in 14 dogs. J Small Anim Pract 57: 79–83.

Ritter MJ, von Pfeil DJF, Stanley BJ, Hauptman JG, Walshaw R (2006): Mandibular and sublingual sialocoeles in the dog: a retrospective evaluation of 41 cases, using the ventral approach for treatment. N Z Vet J. 54: 333–337.

Sidaway BK, McLaughlin RM, Hughes J (2004): Cervical masses in dogs: diagnosis and treatment. Compend Contin Educ Pract Vet 5: 390–402.

Smith MM (1985): Surgery of the canine salivary system. Comp Contin Educ Pract Vet 7: 457–464.

Spangler WL, Culbertson MR (1991): Salivary gland disease in dogs and cats: 245 cases (1985-1988). J Am Vet Med Assoc 198: 465–469.

7.1.8 Thyroidea und Parathyroidea

Berger B, Feldman EC (1987): Primary hyperparathyroidism in dogs: 21 cases (1976–1986). J Am Vet Med Assoc 191: 350–356.

Campos M, Ducatelle R, Rutteman G, Kooistra HS, Duchateau L, de Rooster H, Peremans K, Daminet S (2014): Clinical, pathologic, and immunohistochemical prognostic factors in dogs with thyroid carcinoma. J Vet Intern Med 28: 1805–1813.

Feldman EC, Hoar B, Pollard R, Nelson RW (2005): Pretreatment clinical and laboratory findings in dogs with primary hyperparathyroidism: 210 cases (1987-2004). J Am Vet Med Assoc 227: 756–761.

Flanders JA (1999): Surgical options for the treatment of hyperthyroidism in the cat. J Feline Med Surg 1: 127–134.

Gear RN, Neiger R, Skelly BJ, Hertage ME (2005): Primary hyperparathyroidism in 29 dogs: Diagnosis, treatment, outcome and associated renal failure. J Small Anim Pract 46: 10–16.

Harvey AM, Hibbert A, Barrett EL, Day MJ, Quiggin AV, Brannan RM, Caney SMA (2009): Scintigraphic findings in 120 hyperthyroid cats. J Feline Med Surg 11: 96–106.

Padgett S, Tobias KM, Leathers CW, Wardrop KJ (1998): Efficacy of parathyroid gland autotransplantation in maintaining serum calcium concentration after bilateral thyroparathyroidectomy in cats. J Am Anim Hosp Assoc 34: 219–224.

Padgett S (2002): Feline thyroid surgery. Vet Clin North Am Small Anim Pract 32: 851–859.

Wucherer KL, Wilke V (2010): Thyroid cancer in dogs: an update based on 638 cases (1995-2005). J Am Anim Hosp Assoc 46: 249–254.

7.1.9 Abszess oder Fremdkörperreaktion (Holzstöckchen) im Bereich des Hals- und Rachenraums

Doran IP, Wright CA, Moore AH (2008): Acute oropharyngeal and esophageal stick injury in forty-one dogs. Vet Surg 37: 781–785.

Griffiths LG, Tiruneh R, Sullivan M, Reid SW (2000): Oropharyngeal penetrating injuries in 50 dogs: a retrospective study. Vet Surg 29: 383–388.

7.1.10 Rhinitis und Sinusitis

Cohn LA (2020): Canine nasal disease: An update. Vet Clin North Am Small Anim Pract 50: 359–374.

Johnson LR, Drazenovich TL, Herrera MA, Wisner ER (2006): Results of rhinoscopy alone or in conjunction with sinuscopy in dogs with aspergillosis: 46 cases (2001-2004). J Am Vet Med Assoc 228: 738–742.

Reed N (2020): Chronic rhinitis in the cat: an update. Vet Clin North Am Small Anim Pract 50: 311–329.

Reed N, Gunn-Moore D (2012): Nasopharyngeal disease in the cats: 2. Specific conditions and their management. J Fel Med Surg 14: 317–326.

Thiry E, Addie D, Belák S, Boucrout-Baralon C, Egberink H, Frymus T, Gruffydd-Jones T, Hartmann K, Hosie MJ, Lloret A, Lutz H, Marsilio F, Pennisi MG, Radford AD, Truyen U, Horzinek MC (2009): Feline herpesvirus infection. ABCD guidelines on prevention and management. J Feline Med Surg 11: 547–555.

Van Pelt DR, Lappin MR (1994): Pathogenesis and treatment of feline rhinitis. Vet Clin North Am Small Anim Pract 24: 807–823.

Van Pelt DR, McKiernan BC (1994): Pathogenesis and treatment of canine rhinitis. Vet Clin North Am Small Anim Pract. 24: 789–806.

7.1.11 Tumoren im Bereich der Nase

Adams WM, Kleiter MM, Thrall DE, Klauer JM, Forrest LJ, La Due TA, Havighurst TC (2009): Prognostic significance of tumor histology and computed tomographic staging for radiation treatment response of canine nasal tumors. Vet Radiol Ultrasound 50: 330–335.

Allen HS, Broussard J, Noone K (1999): Nasopharyngeal diseases in cats: a retrospective study of 53 cases (1991–1998). J Am Anim Hosp Assoc 35: 457–461.

Beck ER, Withrow SJ (1985): Tumors of the canine nasal cavity. Vet Clin North Am Small Anim Pract 15: 521–533.

Evans SM, Goldschmidt M, McKee LJ, Harvey CE (1989): Prognostic factors and survival after radiotherapy for intranasal neoplasms in dogs: 70 cases (1974–1985). J Am Vet Med Assoc 194: 1460–1463.

Gieger T, Rassnick K, Siegel S, Proulx D, Bergman P, Anderson C, LaDue T, Smith A, Northrup N, Roberts R (2008): Palliation of clinical signs in 48 dogs with nasal carcinomas treated with coarse-fraction radiation therapy. J Am Anim Hosp Assoc 44: 116–123.

Mukaratirwa S, van der Linde-Sipman JS, Gruys E (2001): Feline nasal and paranasal sinus tumors: Clinicopathological study, histomorphological description and diagnostic immunohistochemistry of 123 cases. J Feline Med Surg 3: 235–245.

Petite AF, Dennis R (2006): Comparison of radiography and magnetic resonance imaging for evaluating the extent of nasal neoplasia in dogs. J Small Anim Pract 47: 529–536.

Rassnick KM, Goldkamp CE, Erb HN, Scrivani PV, Njaa BL, Gieger TL, Turek MM, McNiel EA, Proulx DR, Chun R, Mauldin GE, Phillips BS, Kristal O (2006): Evaluation of factors associated with survival in dogs with untreated nasal carcinomas: 139 cases (1993–2003). J Am Vet Med Assoc 229: 401–406.

Schoenborn WC, Wisner ER, Kass PP, Dale M (2003): Retrospective assessment of computed tomographic imaging of feline sinonasal disease in 62 cats. Vet Radiol Ultrasound 44: 185–195.

7.1.12 Verletzungen von Nase und Stirnhöhle

Amengual-Batle P, José-López R, Durand A, Czopowicz M, Beltran E, Guevar J, Lazzerini K, De Decker S, Munana K, Early P, Mariani C, Olby N, Petrovitch N, Gutierrez-Quintana R (2020): Traumatic skull fractures in dogs and cats: A comparative analysis of neurological and computed tomographic features. J Vet Int Med 34: 1975–1985.

Wunderlin N, Amort K, Wigger A, Klumpp S, Biel M, Eichner G, Kramer M (2012): Computertomographische Untersuchung des Schädels von Katzen mit kraniofazialem Trauma im Hinblick auf Maxilla- und Orbitafrakturen. Tierarztl Prax (K) 40: 341–349.

7.1.13 Choanalatresie

Jiménez DA, Berry CR, Ferrell EA, Graham JP (2007): Imaging diagnosis–choanal atresia in a dog. Vet Radiol Ultrasound 48: 135–137.

7.1.14 Nasopharyngeale Stenose

Berent AC (2016): Diagnosis and management of nasopharyngeal stenosis. Vet Clin North Am Small Anim Pract 46: 677–689.

7.2 Erkrankungen der Ohren

7.2.1 Anatomie

Cole LK (2009): Anatomy and physiology of the canine ear. Vet Derm 21: 221–231.

7.2.2 Klinische Untersuchung

O'Neill DG, Volk AV, Soares T, Church DB, Brodbelt DC, Pegram C (2021): Frequency and predisposing factors for canine otitis externa in the UK - a primary veterinary care epidemiological view. Canine Med Genet 8: 7.

Zur G, Lifshitz B, Bdolah-Abram T (2011): The association between the signalment, common causes of canine otitis externa and pathogens. J Small Anim Pract 52: 254–258.

7.2.3 Bildgebende Diagnostik

Allgoewer I, Lucas S, Schmitz SA (2000): Magnetic resonance imaging of the normal and diseased feline middle ear. Vet Radiol & Ultrasound 41: 413–418.

Bischoff MG, Kneller SK (2004): Diagnostic imaging of the canine and feline ear. Veterinary Clinics of North America. J Small Anim Pract 34: 437–458.

Rohleder JJ, Jones JC, Duncan RB, Larson MM, Waldron DL, Tromblee T (2006): Comparative performance of radiography and computed tomography in the diagnosis of middle ear disease in 31 dogs. Vet Radiol & Ultrasound 47: 45–52.

Travetti O, Guidice C, Greci V, Lombardo R, Mortellaro CM, Di Giancamillo M (2010): Computed tomography features of middle ear cholesteatoma in dogs. Vet Radiol & Ultrasound 51: 374–379.

7.2.4 Erkrankungen der Pinna

Berger D (2015): Feline ceruminous cystomatosis. Clinician's brief 25

Dubielzig RR, Wilson JW, Seireg AA (1984): Pathogenesis of canine aural hematomas. J Am Vet Med Assoc 185: 873–875.

Hall J, Weir S, Ladlow J (2016): Treatment of canine aural hematoma by UK veterinarians. J Small Anim Pract 57: 360–364.

Joyce JA (1994): Treatment of canine aural haematoma using an indwelling drain and corticosteroids. J Small Anim Pract 35: 341–344.

Joyce JA, Day MJ (1997): Immunopathogenesis of canine aural hematoma. J Small Anim Pract 38: 152–158.

Lanz OI, Wood BC (2004): Surgery of the ear and pinna. Vet Clin North Am Small Anim Pract 34: 567–599.

Pavletic MM (2015): Use of laterally placed vacuum drains for management of aural hematomas in five dogs. J Am Vet Med Assoc 246: 112–117.

7.2.5 Erkrankungen des äußeren Gehörganges

Bacon NJ, Gilbert RL, Bostock DE, White RA (2003): Total ear canal ablation in the cat: indications, morbidity and long-term survival. J Small Anim Pract 44: 430–444.

Coleman KA, Smeak DD (2016): Complication rates after bilateral versus unilateral total ear canal ablation with lateral bulla osteotomy for end-stage inflammatory ear disease in dogs: 79 ears. Vet Surg 45: 659–663.

Fan TM, de Lorimier LP (2004): Inflammatory polyps and aural neoplasia. Vet Clin North Am Small Anim Pract 34: 489–509.

Lanz OI, Wood BC (2004): Surgery of the ear and pinna. Vet Clin North Am Small Anim Pract 34: 567–599.

London CA, Dubilzeig PR, Vail DM, Ogilvie GK, Hahn KA, Brewer WG, Hammer AS, O'Keefe DA, Chun R, McEntee MC, McCaw DL, Fox LE, Norris AM, Klausner JS (1996): Evaluation of dogs and cats with tumors of the ear canal: 145 cases (1978–1992). J Am Vet Med Assoc 208: 1413–1418.

Moisan PG, Watson GL (1996): Ceruminous gland tumors in dogs and cats: a review of 124 cases. J Am Anim Hosp Assoc 32: 449–443.

7.2.6 Erkrankungen des Mittel- und Innenohres

Bacon NJ, Gilbert RL, Bostock DE, White RA (2003): Total ear canal ablation in the cat: indications, morbidity and long-term survival. J Small Anim Pract 44: 430–444.

Donnelly KE, Tillson MD (2004): Feline inflammatory polyps and ventral bulla osteotomy. Comp Contin Educ Pract Vet 26: 446–453.

Engert M, Klumpp S, Tacke S, Kramer M (2008): Otitis externa und media bei Hund und Katze aus chirurgischer Sicht: Diagnose, Therapie, Ergebnisse und Komplikationen, Kleintierprax 53: 620–628.

Koltai PJ, Nelson M, Castellon RJ et al. (2002): The natural history of congenital cholesteatoma. Arch Otolaryngol Head Neck Surg 128: 804–809.

Lanz OI, Wood BC (2004): Surgery of the ear and pinna. Vet Clin North Am Small Anim Pract 34: 567–599.

Schuenemann RM, Oechtering G (2012): Cholesteatoma after lateral bulla osteotomy in two brachycephalic dogs. J Am Anim Hosp Assoc 48: 261–268.

Veir JK, Lappin MR, Foley JE et al. (2002): Feline inflammatory polyps: historical, clinical, and PCR findings for feline calici virus and feline herpes virus-1 in 28 cases. J Feline Med Surg 4: 195–199.

White RAS, Pomeroy CJ (1990): Total ear canal ablation and lateral bulla osteotomy in the dog. J Small Anim Pract 31: 547–553.

8 Digestionsapparat

Iwan A. Burgener

Patienten mit Verdauungsproblemen werden in der tierärztlichen Praxis nicht mit organzentrierten Problemen vorgestellt, sondern meist mit klinischen Symptomen wie Erbrechen (Vomitus vs. Regurgitieren) oder Durchfall. Deshalb wird zuerst auf die häufig bei Krankheiten des Magendarmtraktes (MDT) vorkommenden Leitsymptome eingegangen.

8.1 Allgemeine Leitsymptome

8.1.1 Inappetenz und Anorexie

Definition: Unter Inappetenz versteht man einen fehlenden Appetit bzw. ein nicht vorhandenes Verlangen nach Nahrung, was mit reduzierter bis abwesender Futteraufnahme oder Aufnahme von nur besonders schmackhafter Nahrung einhergeht. Hieraus folgt die Nahrungsverweigerung, die Anorexie, welche in der Veterinärmedizin synonym mit vollständigem Fehlen der Futteraufnahme gebraucht wird. Fast jede systemische Erkrankung kann mit Anorexie einhergehen, weshalb auch viele Ursachen außerhalb des MDT liegen. Die echte Anorexie muss dabei von einer Pseudoanorexie (schmerzhafte oder dysfunktionelle Nahrungsaufnahme) unterschieden werden. Im Bereich des MDT muss hierbei v. a. an Zahnprobleme, Schluckbeschwerden sowie Schmerzen im Bereich der Maulhöhle und des Kehlkopfes gedacht werden.

Hunger entsteht durch Kontraktionen des leeren Magens, das Absinken der Plasmakonzentration von Glukose und Fettsäuren in der postabsorptiven Phase sowie durch eine Änderung im Thermo- und Lipidstoffwechsel. In dieser Phase muss Energie durch die Mobilisation von körpereigenen Reserven wie Glykogen, Triglyzeriden und Proteinen zur Produktion von Glukose, Fettsäuren und Aminosäuren gewonnen werden. Bei entzündlichen und auch neoplastischen Erkrankungen kommt es durch die Ausschüttung von **Zytokinen** wie Interleukin-1, Tumor-Nekrose-Faktor oder Interferon häufig zur Anorexie. Zusätzlich kann bei einer Tumorerkrankung die katabole Stoffwechsellage und der damit erhöhte Energiebedarf nicht ausreichend über Kompensationsmechanismen ausgeglichen werden.

Ätiologie, Pathogenese: Die Gründe, warum ein Tier das **Futter verweigert**, können vielfältig sein. Da sich manche Ursachen der klinischen Untersuchung entziehen, ist die sorgfältige Aufnahme der Anamnese von besonderer Bedeutung. Hierbei sollte man den Besitzer fragen, ob der Patient zwar zum Futternapf geht, dann aber – oft nach dem Versuch der Futteraufnahme – wieder weggeht, ob er etwa einen Bissen aufzunehmen versucht und ihn dann wieder fallen lässt. In den meisten Fällen sind dafür krankhafte Vorgänge im Bereich der Maulhöhle verantwortlich. Kaustörungen infolge von Zahnerkrankungen oder schmerzhaften Zahnfleischentzündungen sind besonders bei der Katze häufig Auslöser von Anorexie. Bei Nervenlähmungen im Trigeminusbereich fällt das aufgenommene Futter aus der Maulhöhle heraus; außerdem besteht meist einseitig Salivation, die Lippen hängen herab, bei beidseitiger Lähmung hängt der Kiefer herunter und ist nicht aktiv zu schließen. Dagegen zeigen Tiere ohne Appetit kein Interesse am Futter, gehen nicht zum Futternapf, lassen sich auch nicht füttern, sondern wenden sich vom Futter ab.

Die wichtigsten **Erkrankungen des MDT**, welche zu Anorexie führen können, sind Motilitätsprobleme, entzündliche Erkrankungen (z. B. inflammatory bowel disease = IBD) und Tumoren. Magenentleerungsstörungen, die wiederum durch lokale Veränderungen im Magen (wie z. B. Neoplasien), Fremdkörper oder durch systemische Veränderungen wie metabolische (u. a. Niere, Leber) und endokrine Erkrankungen oder Elektrolytstörungen ausgelöst werden können, führen durch unterschiedliche Mechanismen zu Anorexie. Der häufigste Tumor des Magens beim Hund ist das Adenokarzinom, gefolgt vom Lymphom, dem häufigsten Magentumor der Katze. Die häufigste entzündliche Erkrankung des MDT mit Anorexie und Gewichtsverlust ist die IBD (in der neueren Literatur auch chronisch-inflammatorische Enteropathie (= CIE) genannt). Bei dieser Erkrankung, welche mit unterschiedlichen entzündlichen Infiltraten der Magendarmschleimhaut einhergeht, kann oft zusätzlich chronisch-rezidivierend Erbrechen und/oder Durchfall auftreten.

Klinische Untersuchung: Um die Ursache bei Anorexie zu finden und ggf. abzustellen, muss i. d. R. eine vollständige klinische Untersuchung durchgeführt werden. Wichtig ist eine genaue Untersuchung des Kopfbereichs durch Adspektion und, sofern sich hierbei Auffälligkeiten ergeben, durch eine Untersuchung der Kopfnerven und der Schluckfähigkeit, um von einer Pseudoanorexie unterscheiden zu können. Danach werden die Nase und die Maulhöhle untersucht. Man achte auf Nasenausfluss, Atembeschwerden, Mundschleimhautentzündung, Umfangsvermehrungen in der Mund- und Nasenhöhle, Zahnkrankheiten sowie Krankheiten des Pharynx einschließlich der Tonsillen. Wenn alle diese Ursachen ausscheiden, muss eine Gesamtuntersuchung durchgeführt werden, die praktisch alle inneren Organe umfasst und daher auch **Laboruntersuchungen** einschließt.

Begreiflicherweise sind Tiere, die längere Zeit die Nahrung verweigern, häufig abgemagert bis kachektisch. Allgemeinstörungen können durch die Nahrungsverweigerung auch hinzukommen. Oft entsteht zusätzlich eine Dehydratation. Neben der mangelhaften Energieversorgung und Abmagerung kann Anorexie zu schwerwiegenden Folgen führen. Dies gilt insbesondere für übergewichtige Katzen, bei denen unter Anorexie die Fettdepots mobilisiert und Lipide in die Blutbahn gelangen, welche dann in der Leber abgelagert werden (s. Kap. 9.6.4).

8.1.2 Polyphagie

Definition: Polyphagie (polys = viel; phagein = essen) beschreibt die krankhaft gesteigerte Nahrungsaufnahme in Mengen oberhalb des normalen Kalorienbedarfs. Polyphagie sollte von Pica (Allotriophagie) unterschieden werden, welche das Bedürfnis beschreibt, eigentlich nicht essbare Substanzen aufzunehmen. Polyphagie kann psychische, physiologische oder pathologische Ursachen haben. Zudem kann Polyphagie als primär oder sekundär klassifiziert werden.

Ätiologie, Pathogenese: Bei **Polyphagie ohne Gewichtszunahme** liegt bei guter Futterqualität meist eine primäre Organerkrankung zugrunde. Die Anamnese und die klinischen Untersuchungsergebnisse geben oft einen Hinweis auf die zugrunde liegende Erkrankung.

Bei der **primären Polyphagie** handelt es sich um eine Erkrankung des zentralen Nervensystems (ZNS), wo die Gefühle Hunger und Sättigung gesteuert werden. Innerhalb des ZNS ist der Hypothalamus wesentlich an der Regulation der Futteraufnahme beteiligt, da hier eine Vielzahl von Signalen integriert wird. Es kann hierbei zu einer gesteigerten Aktivität des Hungerzentrums im lateralen Hypothalamus oder zu einer Hemmung des Sättigungszentrums im ventromedialen Hypothalamus kommen. Hypothalamische Tumoren sind jedoch selten bei Hund und Katze. **Überfütterung** ist die häufigste Form von primärer Polyphagie und ist mit Gewichtszunahme vergesellschaftet. Die Überfütterung kann hierbei als eine psychische Ursache angesehen werden. Die normale Rückkoppelung eines positiven kalorischen Zustandes auf das Sättigungszentrum ist bei fettleibigen, überfütterten Tieren gestört, sodass die Tiere unabhängig vom Anstieg des Fettanteils ihres Körpers weiterfressen. Da zwischen verschiedenen Rassen deutliche Unterschiede der Störung des negativen Feedbacks auf das Hungerzentrum bestehen, wird eine genetische Prädisposition vermutet. Zudem kann Stress innerhalb einer Gruppe von Tieren zu Futterneid und übermäßiger Futteraufnahme führen.

Bei einer **sekundären Polyphagie** beeinflussen Erkrankungen anderer Organe (wie z. B. Hyperadrenokortizismus oder exokrine Pankreasinsuffizienz) sekundär das ZNS. Sekundäre Polyphagie tritt wesentlich häufiger auf als primäre Polyphagie und ist meistens auch mit den klinischen Symptomen der zugrunde liegenden Organerkrankung vergesellschaftet. Zu einem physiologischen Anstieg der Futteraufnahme kommt es während Trächtigkeit, Laktation, starker körperlicher Beanspruchung und kalter

Umgebungstemperatur. Zudem können iatrogene Ursachen wie appetitstimulierende Medikamente zu Polyphagie führen (Glukokortikoide, Progestagene, Diazepam, Antikonvulsiva sowie die als Appetitstimulanzien gebrauchten Mirtazapin, Cyproheptadin oder Capromorelin). Erkrankungen wie Megaösophagus, Maldigestion (z. B. exokrine Pankreasinsuffizienz), Malabsorption oder endokrine Störungen (Diabetes mellitus, Insulinom) können zu einer negativen kalorischen Bilanz führen, wodurch sekundär Polyphagie entsteht. Ebenso können Erkrankungen wie Hyperthyreose, Akromegalie oder Hyperadrenokortizismus zu Polyphagie führen, wenn der allgemeine Grundumsatz gesteigert ist. In diesen Fällen handelt es sich bei der Polyphagie um einen Kompensationsmechanismus mit dem Bestreben, das Körpergewicht zu halten. Da die angestrebte Kompensation jedoch meistens ungenügend ist, wird die Polyphagie von Gewichtsverlust und Muskelabbau begleitet.

Diagnostik: Bei der Abklärung der **Ursache** der Polyphagie ist eine detaillierte Fütterungsanamnese sehr wichtig. Diagnostisch geht man daher so vor, dass man nach der Anamnese zunächst das Körpergewicht feststellt, die Futteranalyse durchführt und dann je nach Befund die weiteren Ursachen abzuklären versucht. Bei Gewichtszunahme kommen besonders Hyperadrenokortizismus und Medikamente wie Kortikosteroide und Antikonvulsiva infrage. Exokrine Pankreasinsuffizienz, Hyperthyreose, Diabetes mellitus und Insulinom führen dagegen meistens zu Gewichtsverlust. Wenn keine Gewichtszunahme besteht, könnte ein vermehrter physiologischer Verbrauch durch Aufenthalt in Kälte oder verstärkte Leistung vorliegen.

8.1.3 Dysphagie

Definition: Dysphagie bezeichnet die Schwierigkeiten beim Schlucken und kann mit Würgen, Fallenlassen von Futter aus dem Maul während des Fressaktes sowie Gewichtsverlust und Wachstumsstörungen bei Jungtieren einhergehen. Dysphagien werden klinisch in orale, pharyngeale und ösophageale Dysphagien eingeteilt und müssen von folgenden Symptomen unterschieden werden:

- Hypersalivation/Ptyalismus (s. Kap. 8.1.4)
- Regurgitieren (s. Kap. 8.1.5)
- Husten
- Dyspnoe

Klinisch ist es wichtig, eine orale Dysphagie (Schwierigkeiten, die Nahrung aufzunehmen und/oder einen Futterbolus am Zungengrund zu bilden) von einer pharyngealen Dysphagie zu unterscheiden (Schwierigkeiten, den Futterbolus vom Zungengrund in den Ösophagus zu befördern). Die klinische Untersuchung und das Beobachten des Tieres beim Fressen und Trinken geben erste Anhaltspunkte dafür, ob eine orale oder pharyngeale Dysphagie vorliegt.

Ätiologie, Pathogenese: Orale Dysphagien gehen mit Schwierigkeiten bei der Futteraufnahme einher. Durch Lähmungen oder schmerzhafte Zustände ist der Patient nicht in der Lage, den Bissen ordnungsgemäß aufzunehmen, zu kauen und in der Maulhöhle zu halten. Typische Symptome sind das Fallenlassen von Futter aus dem Maul, das Verspritzen von Wasser beim Wassertrinken, exzessive Kaubewegungen, übertriebene Kopfbewegungen beim Fressen und vermehrter Speichelfluss.

Pharyngeale Dysphagien gehen mit normaler oraler Futteraufnahme einher, hingegen versuchen die Tiere typischerweise wiederholt und ohne Erfolg, den Futterbolus zu schlucken. Somit werden zwar Futter und Wasser in die Maulhöhle aufgenommen, können aber nicht abgeschluckt werden. Dies gilt besonders für festes Futter, während Wasser oft noch passiv abfließt oder durch die Nase zurückläuft. Schmerzen, Raumforderungen oder Lähmungen führen zur Unfähigkeit, den Bissen abzuschlucken, sodass er im Pharynx liegen bleibt. Mögliche Folgen sind Aspiration mit Husten und Aspirationspneumonie, Regurgitation und Fallenlassen des Bissens. Übertriebene Kopfbewegungen beim Fressen, Würgen und Regurgitieren sind häufig.

Auch wenn keine systemischen Krankheiten vorliegen, magern Tiere mit Dysphagie über längere Zeit trotzdem ab, eventuell besteht auch Dehydratation. Bei systemischen Krankheiten kommen deren Symptome hinzu. Auch wenn Tollwut zurzeit in unseren Gegenden bei Haustieren sehr selten auftritt, sollte man bei solchen Symptomen auch hieran denken. Sichtbare Störungen (z. B. Fremdkörper, Gingivitis/Stomatitis, Zahnerkrankungen, Neoplasie) können meist durch eine gründliche Untersuchung der Maulhöhle diagnostiziert werden. **Funktionelle Dysphagien** (z. B. eosinophile Myositis, Myasthenia gravis, Kopfnervenausfälle, ZNS-Störungen, cricopharyngeale Inkoordination/Achalasie) können muskuläre oder neurologische Ursachen haben und werden meist durch eine neurologische Untersuchung und Schluckstudien (Fluoroskopie) diagnostiziert. Zur Bestätigung eines Verdachtes gibt man festes, mit Kontrastmittel gemischtes Futter ein und durchleuchtet oder röntgt. Dabei kann festgestellt werden, wo der Bissen genau liegen bleibt.

8.1.4 Ptyalismus

Definition: Unter Ptyalismus (Synonym Hypersalivation) versteht man die exzessive Produktion und Sekretion von Speichel. Es ist wichtig, hiervon Pseudoptyalismus abzugrenzen, der durch das Unvermögen entsteht, den in normalen Mengen produzierten Speichel abzuschlucken. Eine Hypersalivation kann mit Dysphagie, Erbrechen, Übelkeit, Regurgitieren und Anorexie einhergehen.

Ätiologie, Pathogenese: Ursachen für Hypersalivation können in orale oder pharyngeale Erkrankungen, metabolische Ursachen, neurologische Störungen, ösophageale und gastrointestinale Erkrankungen, Erkrankungen der Speicheldrüse und medikamentöse Ursachen sowie Intoxikation eingeteilt werden. Durch diese Ursachen wird das Speichelzentrum im Stammhirn aktiviert. Die Folge ist vermehrter Speichelfluss. Davon zu unterscheiden sind anatomische Veränderungen oder nervale Störungen (Lähmungen), bei denen es trotz nicht vermehrter Speichelsekretion zum Abfließen des Speichels infolge Unfähigkeit des Lippenschlusses oder Abschluckens kommt. Dem Patienten fließt vermehrt Speichel aus der Maulhöhle ab. Im Falle von Lähmungen des N. trigeminus besteht gleichzeitig Herabhängen der Lippen und Gefühlslosigkeit.

Diagnose: Die häufigsten Ursachen für eine Hypersalivation sind in der **Maulhöhle** zu finden. Hypersalivation kann sich klinisch auch durch vermehrtes Schlucken äußern. Eine erste Untersuchung der Maulhöhle sollte am wachen Tier erfolgen, um mögliche Schmerzen lokalisieren zu können. Eine genauere Untersuchung in Narkose sollte beim Verdacht einer oralen Veränderung unbedingt durchgeführt werden. Bei ungeimpften Tieren sind immer Handschuhe zu tragen (Tollwutgefahr!). Man sollte auf Lähmungserscheinungen (N. trigeminus) achten und, wenn diese nicht vorhanden sind, die Mund- und Rachenhöhle auf Entzündungen, Neubildungen, Zahnanomalien, Verletzungen und Fremdkörper untersuchen. Bestehen hier keine Veränderungen, palpiert man die Speicheldrüsen (bei krankhaftem Befund: Röntgen, Ultraschalluntersuchung, Feinnadelaspiration, Biopsie, eventuell Computertomographie [CT]/Magnetresonanztomographie [MRT]), untersucht den Ösophagus (Röntgenleeraufnahme, ggf. auch mit Kontrastaufnahme oder Ösophagoskopie) und ggf. Magen, Leber und Nieren.

8.1.5 Erbrechen und Regurgitation

Definition: Erbrechen (Synonyme: Vomitus, Emesis) ist ein komplexer Reflex, welcher als Folge von unwillkürlichen Kontraktionen von Magen-, Zwerchfell- und Abdominalmuskulatur zu einer retrograden Entleerung des oberen MDT führt. Dabei kann Schleim, wässrige Flüssigkeit, Galle, Blut sowie frisches oder verdautes Futter ausgeworfen werden. Die Ursache von Erbrechen ist zumeist gastrointestinaler oder metabolischer Natur. Davon abzugrenzen ist das Regurgitieren, welches zu einer passiven retrograden Evakuation von unverdautem Futter oder Flüssigkeit aus dem Pharynx oder dem Ösophagus in die Maulhöhle führt (Tab. 8.1).

Erbrechen ist beim Kleintier ein **häufiges klinisches Symptom** infolge gastrointestinaler Störungen oder sekundär zu metabolischen, toxischen, neurologischen oder infektiösen Krankheiten sowie abdominalen Erkrankungen oder Medikamententoxizität. In seiner Entstehung war Erbrechen ein primitiver Schutzmechanismus zum Entfernen von aufgenommenen Toxinen oder anderen Noxen. Später entwickelte sich daraus ein höherer Reflex im zentralen Nervensystem, welcher es einem Tier erlaubte, seinen Nachwuchs mit zuvor aufgenommener Beute zu füttern. Erbrechen ist der Mechanismus, mit welchem sich der obere MDT seines Inhaltes entledigen kann, wenn gewisse Teile davon stark irritiert, überladen oder überempfindlich sind. Übermäßige Füllung oder Entzündung des Duodenums erweisen sich hierbei als besonders starke Stimuli. Auch die Reizung von anderen abdominalen Organen oder des Peritoneums kann durch vagal-afferente Impulse direkt Erbrechen auslösen. Rezeptoren in den Nieren, im Uterus und in der Harnblase

Tabelle 8.1: **Unterscheidung von Regurgitation und Vomitus**

	Regurgitation	Vomitus
Warnzeichen	Keine	Würgen, Übelkeit, Speicheln
Bauchpresse	Nein	Ja
Futter	Unverdaut Gut geformt Eingespeichelt	Variabel verdaut Schleim-/Galle-/Blutbeimengungen möglich
Zeitpunkt nach Futteraufnahme	Sofort oder später	Meistens später (bis Stunden)
Geruch, Säuregehalt, Galle	Neutral bis säuerlich Keine Galle	pH variiert stark +/- Galle
Lokalisation/Ursache	Ösophagus	Gastrointestinal, metabolisch, neurologisch

hingegen senden sympathisch-afferente Impulse. Der Pharynx und die Tonsillengrube können über den N. glossopharyngeus Erbrechen auslösen. Alle Afferenzen werden zum bilateralen **Brechzentrum in der Medulla oblongata** geleitet, welches automatisch motorische Reaktionen auslöst, die schließlich zum Erbrechen führen. Hierbei werden die efferenten Impulse via Kopfnerven (V, VII, IX, X, XII) zum oberen MDT geleitet. Das Zwerchfell und die abdominalen Muskeln werden hingegen durch spinale Impulse stimuliert. Eine Zusammenfassung der einzelnen Auslöser des Brechreflexes ist in Abb. 8.1 zu finden.

Übelkeit wird häufig als Vorzeichen von Erbrechen empfunden, wobei es sich dabei um das bewusste Wahrnehmen einer nicht bewussten Stimulation des Brechzentrums oder dessen Umfeld handelt. Die Übelkeit kann durch irritierende Impulse aus dem MDT, Impulse aus den tieferen Hirnzentren (z. B. Reisekrankheit) oder Impulse von der Großhirnrinde ausgelöst werden. Als äußere Zeichen der Übelkeit können Depressionen, Zittern, Verstecken, Gähnen und Lecken der Lippen beobachtet werden. Vermehrtes Speicheln und Schlucken führt dazu, dass der Ösophagus mit bikarbonatreichem Speichel bedeckt wird, welcher die Magensäure bei ihrer Passage durch den Ösophagus neutralisiert.

Im frühen Stadium starker gastrointestinaler Reizung oder Überladung beginnt die **Antiperistaltik** oft mehrere Minuten vor dem eigentlichen Erbrechen. Antiperistaltische Wellen können mit einer Geschwindigkeit von 2–3 cm/s Ingesta aus dem ganzen Dünndarm innerhalb von wenigen Minuten bis ins Duodenum oder den Magen bringen. Dies führt zu einer Überdehnung des oberen MDT, wobei v. a. die Dehnung des Duodenums den eigentlichen Brechakt auslöst.

Zu Beginn des Erbrechens entstehen **starke intrinsische Kontraktionen** von Duodenum und Magen zusammen mit einer partiellen Relaxation des unteren Ösophagussphinkters. Dadurch kann der Magen-Darm-Inhalt in den Ösophagus eintreten. Sobald das Brechzentrum genügend stimuliert wurde, kommt es in der Folge zu einem tiefen Einatmen, zum Anstieg des Hyoids und des Larynx, um den oberen Ösophagussphinkter zu öffnen, zum Schluss der Glottis, zum Anheben des weichen Gaumens, um die posterioren Nares zu schließen, und schließlich zu einer starken Kontraktion des Zwerchfells und der Abdominalmuskulatur. Diese Kontraktionen erzeugen einen negativen intrathorakalen und einen positiven intraabdominalen Druck, was zusammen mit dem endgültigen Erschlaffen des unteren Ösophagussphinkters dazu führt, dass der Mageninhalt in den Ösophagus gelangt und ausgeworfen wird.

Neben dem Erbrechen infolge von irritierenden Stimuli im MDT kann Erbrechen auch durch nervale Signale aus dem Hirn ausgelöst werden. Dies trifft besonders für die **Chemorezeptor-Trigger-Zone (CRTZ)** zu, welche bilateral auf dem Boden des vierten Ventrikels neben der Area postrema zu finden ist. Die Blut-Hirn-Schranke ist in dieser Region weniger effektiv, was zur Exposition der CRTZ gegenüber im Blut vorkommenden chemischen Stimuli führt. In der CRTZ können somit endogene (z. B. Zytokine, Kreatinin, Ammoniak) sowie exogene (z. B. Digoxin, Zytostatika, Toxine) emetische Substanzen Erbrechen auslösen. Die CRTZ kann auch durch das Vestibulärsystem und das Kleinhirn stimuliert werden, wie dies bei der Reisekrankheit, Entzündungen des Labyrinths oder Kleinhirnläsionen der Fall sein kann. Unabhängig von der Ursache löst die Stimulation der CRTZ einen Impuls aus, welcher seinerseits das Brechzentrum erregt (Abb. 8.1).

Diagnostik: Klinisch gesehen entsteht Erbrechen in der Folge zahlreicher gastrointestinaler Störungen oder sekundär zu metabolischen, toxischen, neurologischen oder infektiösen Krankheiten sowie abdominalen Erkrankungen oder Medikamententoxizität. Eine Unterscheidung von gastrointestinalen und nicht gastrointestinalen Ursachen ist dabei sinnvoll. Die wichtigsten Ursachen sind in Tabelle 8.2 zusammengefasst. Detaillierte Angaben zum diagnostischen Aufarbeiten von Fällen mit Erbrechen und Regurgitieren sind bei den einzelnen Organen zu finden oder bei Burgener (2020).

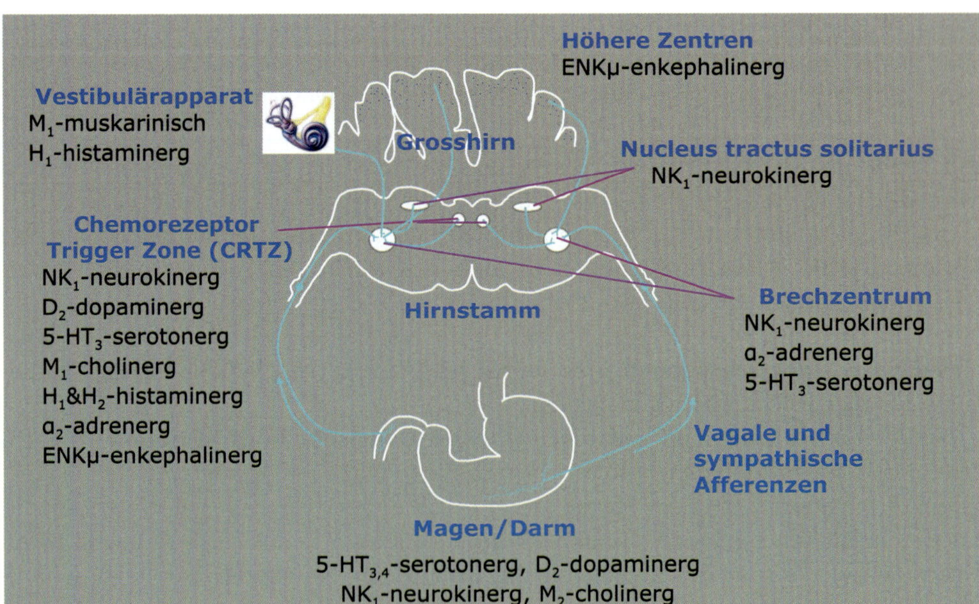

Abb. 8.1 Schema der Auslösung des Brechreflexes und beteiligte Rezeptoren.

Tabelle 8.2: **Die wichtigsten Ursachen von Erbrechen und Durchfall**

Gastrointestinale Ursachen		
Magen	Gastritis (meist unklarer Genese)	Hund > Katze
	Ulzeration (z. B. nach NSAID, Glukokortikoiden)	Hund >> Katze
	Obstruktionen • Fremdkörper • Pylorusstenose • Polypen • Neoplasie	
	Dilatation, Magendrehung	Hund
	Hiatushernie	Hund + Katze
	Helicobacter (?), Parasiten (*Physaloptera rara, Ollulanus tricuspis*)	Hund + Katze
	Motilitätsproblem (Atonie u. a.)	Hund + Katze
Dünndarm	IBD/CE/CIE (siehe auch Kapitel 8.6.4.8)	Hund + Katze
	Obstruktionen • Fremdkörper • Polypen • Neoplasie	Hund > Katze
	Intestinales Lymphom	Katze > Hund
	Ileus, Volvulus	Hund > Katze
	Lymphangiektasie	Hund
	Parasiten	Hund + Katze
	Infektionen, u. a. • Parvovirose (Hund) • Panleukopenie (Katze) • Staupe (Hund) • Coronaviren (Hund und Katze) • Feline infektiöse Peritonitis (Katze) • FeLV-Infektion (Katze) • Campylobacteriose (Hund ?) • Salmonellose, Clostridiose (?) • Mykosen	Hund + Katze
	Dysbiose	Hund > Katze
Dickdarm	Kolitis	Hund > Katze
	Obstipation	Katze > Hund
	Colon irritabile, Reizdarm	Hund
	Neoplasie	Hund + Katze
	Histiozytäre ulzerative Kolitis (v. a. Boxer, Französische Bulldogge)	Hund

Gastrointestinale Ursachen		
Diätetisch	Verdorbenes Futter, Fremdmaterial	Hund >> Katze
	Abrupter Futterwechsel	Hund > Katze
	Futtermittel-responsive Enteropathie (FRE); Futtermittelhypersensitivität, -Intoleranz, -Allergie	Hund + Katze
Nicht gastrointestinale Ursachen		
Metabolisch	Urämie	Hund + Katze
	Lebererkrankungen Hepatische Enzephalopathie	Hund + Katze
	Elektrolytstörungen, Säure-Base-Störungen	Hund + Katze
	Endotoxämie, Septikämie	Hund + Katze
Endokrinologisch	Hypoadrenokortizismus	Hund
	Diabetes mellitus, diabetische Ketoazidose	Hund + Katze
	Hyperthyreose	Katze
Intoxikation	Ethylenglykol	Hund > Katze
	Herbizide, Schwermetalle, Putzmittel	Hund > Katze
	Blei, Zink, Strychnin u. a. m.	Hund > Katze
Medikamente	Nichtsteroidale Entzündungshemmer	Hund > Katze
	Chemotherapeutika	Hund + Katze
	Apomorphin, Xylazin, Medetomidin	Hund + Katze
	Glykoside	Hund > Katze
	Glukokortikoide	Hund + Katze
	Antibiotika (Erythromycin, Penicilline, Tetrazyklin, ...) u. a. m.	Hund + Katze
Intra-abdominale Erkrankungen	Peritonitis (inkl. feline infektiöse Peritonitis)	Hund + Katze
	Pankreatitis (v. a. akut)	Hund > Katze
	Prostatitis, Pyelonephritis	Hund + Katze
	Pyometra	Hund + Katze
	Gastrinom (Zollinger-Ellison-Syndrom)	Hund >> Katze
	Neoplasien u. a. m.	Hund + Katze
Neurologisch	Vestibuläre Erkrankungen (Entzündung, Reisekrankheit, ...)	Hund > Katze
	Kopftrauma, Hirnödem	Hund + Katze
	Psychogen (Stress, Angst, Schmerzen)	Hund + Katze
	Neoplasien (Hirnstamm, Chemorezeptor-Trigger-Zone)	Hund + Katze
	Epilepsie u. a. m.	Hund + Katze

Therapie: Die Therapie des Erbrechens ist sehr vielschichtig und wird durch die Ursache bestimmt. Die symptomatische Anwendung von Antiemetika (Tab. 8.3) kann einen wichtigen Beurteilungspunkt der Therapie – das Erbrechen selbst – verschleiern.

Tabelle 8.3: **Die wichtigsten antiemetischen Medikamente beim Kleintier**

Wirkgruppe (Mechanismus)	Beispiele	Dosierung
Neurokinin-1-Rezeptorantagonisten (Antagonisten NK-1; CRTZ + Brechzentrum + peripher)	Maropitant	1 mg/kg KM, 1 × tägl. s. c./i. v. 1–2 mg/kg KM, 1 × tägl. p. o.
Serotoninrezeptorantagonisten (Antagonisten 5-HT_3; CRTZ + vagale Darmafferenzen)	Ondansetron	0,1–1 mg/kg KM, 2–3 × tägl. p. o. 0,1–0,5 mg/kg KM, 2–4 × tägl. i. v.
Dopaminrezeptorantagonisten (Antagonisten D_2, α_2, β_2; CRTZ + peripher, prokinetisch)	Metoclopramid	0,2–0,5 mg/kg KM, 3–4 × tägl. p. o./s. c./i. v. 1–2 mg/kg KM/24 h Dauertropf

(CRTZ = Chemorezeptor-Trigger-Zone, D2 = dopaminerg, α2 = adrenerg, β2 = adrenerg, H1/H2 = histaminerg, M1 = cholinerg, 5-$HT_3/_4$ = 5-Hydroxytryptamin = serotoninerg, NK-1 = neurokinerg)

8.1.6 Durchfall

Definition: Durchfall ist eines der häufigsten Symptome, weshalb Hunde und Katzen beim Tierarzt vorgestellt werden. Durchfall (Diarrhö = gr. dia = durch; rhein = Fluss) entspricht dem Absatz von Kot mit einem erhöhten Wassergehalt und/oder eine erhöhte Frequenz des Kotabsatzes. Dabei kann der Kot breiig bis wässrig sein. Pathophysiologisch unterscheidet man v. a. sekretorisch, osmotisch, abnormale Permeabilität oder Motilität. Physiologischerweise betragen die in den verschiedenen Abschnitten des Verdauungsapparates täglich sezernierten Flüssigkeitsmengen z. B. bei einem 20 kg schweren Hund 300 ml (Speicheldrüsen), 600 ml (Magen), 300 ml (Galle), 600 ml (Pankreas) und 300 ml (Dünndarm), also insgesamt 2,1 Liter. Von der endogenen Sekretion und der zusätzlichen Wasseraufnahme werden etwa 50 % im Duodenum und Jejunum reabsorbiert (d. h. z. B. 500 ml von einem Liter), weitere 37,5 % im Ileum (75 % Effizienz: weitere Reduktion von 500 ml auf 125 ml) und ca. 11 % im Kolon (90 % Effizienz: Reduktion von 125 ml auf 12,5 ml). Damit enden von 1000 ml Wasser nur 12,5 ml im Kot (1,25 %) entsprechend einer Absorption von insgesamt > 98 %.

Klinisches Bild: Klinisch muss Durchfall von Tenesmus, Dyschezie und Kotinkontinenz unterschieden werden. Die wichtigste Einteilung erfolgt allerdings anhand der Dauer in **akuten** (< 1 Woche) und **chronischen** Durchfall (> 3 Wochen). Akuter Durchfall kann zu systemischen Komplikationen wie Dehydratation, Elektrolyt- und Säure-Basen-Verschiebungen führen, die aggressiv behandelt werden müssen. Chronischer Durchfall wird anhand der Anamnese und klinischen Untersuchung in **Dünndarm- oder Dickdarmdurchfall** oder eine Kombination von beiden eingeteilt (Tab. 8.4).

Akuter Durchfall ist meist nahrungs- oder infektionsbedingt. Einzelne Episoden von Durchfall sind deshalb oft selbstlimitierend. Bei milden Formen ist eine symptomatische Therapie (z. B. Entwurmen, Rehydratation) oft genügend. Akuter und perakuter Durchfall ist beim Hund deutlich häufiger als bei der Katze, nicht zuletzt wegen der Aufnahme von verdorbenem Futter, Müll oder Dingen, welche nicht zum Verzehr geeignet sind. Ein zu rascher Futterwechsel kann ebenfalls zu akutem Durchfall führen. Es gilt in erster Linie die Ursache zu beheben und Komplikationen zu verhindern.

Tabelle 8.4: **Typische Veränderungen zur Unterscheidung von Dünndarm- und Dickdarmdurchfall**

Parameter	Dünndarm	Dickdarm
Gewichtsverlust	Häufig	Selten
Frequenz	Normal bis leicht erhöht (≈ 2–4-mal pro Tag)	Stark erhöht (≈ 4–12-mal pro Tag)
Menge pro Absatz	Normal bis erhöht	Meist reduziert
Vomitus	Häufig	Möglich (≈ 35 % bei Kolitis)
Appetit	Meist normal bis gesteigert	Normal bis vermindert
Hämatochezie (frisches Blut)	Selten	Häufig
Meläna (Teerstuhl)	Möglich	Abwesend
Schleim	Sehr selten	Häufig
Futter	Teils unverdaut	Immer verdaut
Mögliche Begleiterscheinungen	Borborygmus, Flatulenz, Steatorrhoe (Fettstuhl)	Tenesmus, Dyschezie, Kotinkontinenz

Weitere Abklärungen sind immer angezeigt bei zusätzlichem Vorliegen von:

- Palpierbarer Masse/Verdickung/Invagination
- Fieber
- Abdominalschmerzen
- Deutlich reduziertem Allgemeinzustand
- Dehydratation, Brady-/Tachykardie
- Meläna, Hämatochezie
- Häufigem Erbrechen
- Systemischen Erkrankungen/Veränderungen (z. B. Proteinverlust)

Ätiologie: Die Liste der möglichen **Ursachen** bei Durchfall ist sehr vielfältig (s. auch Tab. 8.2), weshalb der systematische Ausschluss von extra-gastrointestinalen Erkrankungen als Ursache äußerst wichtig ist. Einige der wichtigsten Ursachen sind in der Tabelle 8.5 zusammengefasst.

Tabelle 8.5: **Eine Auswahl wichtiger Ursachen von Durchfall bei Hund und Katze**

Gastrointestinale Ursachen	Metabolische Ursachen
• Parasiten (inkl. *Giardien*, *Tritrichomonas foetus*, *Physaloptera rara*, *Ollulanus tricuspis*)	• Nierenerkrankungen • Lebererkrankungen
• Viren (v. a. Parvo-, Coronaviren, FeLV, FIV) • Bakterien (teils umstritten; Campylobacter, *Cl. perfringens*, Salmonella, *E. coli*; Helicobacter?)	• Pankreatitis, EPI • Elektrolyt-, Säure-Basen-Störungen
• Dysbiose (früher SIBO, ARE, TRE) • Akutes hämorrhagisches Diarrhöe-Syndrom (AHDS)	• Systemische Infektionen: – Hund: Parvo, Staupe, Lepto, HCC u. a. m. – Katze: Parvo, FIP, FeLV/FIV u. a. m.
• Futtermittel-responsive Enteropathie (FRE)	• Entzündungen (Prostatitis, Pyometra, Peritonitis, Pyelonephritis, ...)
• *Inflammatory bowel disease* (IBD) oder chronisch (entzündliche) Enteropathie (C(I)E)	• Endokrinopathien – Hypoadrenokortizismus – Hyperthyreose – Diabetes mellitus, DKA – Gastrinom
• Histiozytäre ulzerative Colitis (HUC)	• Medikamente (Antibiotika, NSAIDs, Chemotherapeutika, ...)
• Proteinverlustenteropathie (PLE) • Lymphangiektasie • Neoplasien (Lymphom, Adenokarzinom, Leiomyosarkom, gastrointestinale Stromatumoren [GIST]...) • Fremdkörper, Ileus • Motilitätsstörungen u. a. m.	• Toxine (Ethylenglykol, ...) • Neurologisch u. a. m.

Diagnose: Bei **chronischem Durchfall** kann es schwierig sein, eine definitive Diagnose zu stellen. Oft wird dabei eine Verdachtsdiagnose auch durch eine empirische Therapie gestellt: Diät für Futtermittel-responsive Enteropathie (FRE), Antiparasitika bei chronischen Parasitosen, Diät und Probiotika bei Dysbiose (Antibiotika für „Antibiotika-responsive Enteropathie" gelten nicht mehr als zeitgemäß!), Glukokortikoide oder Ciclosporin und Eliminations- oder hydrolysierte Diät bei IBD/CIE. Eine **systematische und vollständige Aufarbeitung** ist aber oft unumgänglich (Abb. 8.2).

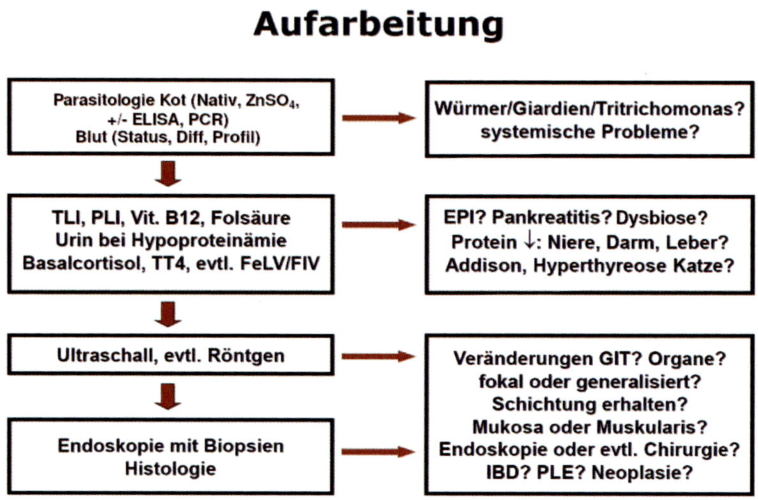

Abb. 8.2 Systematische Aufarbeitung von Durchfall ($ZnSO_4$ = Zinksulfat; TLI = *Trypsin-like-Immunoreactivity*; TT4 = Gesamt-T4 (Schilddrüsenhormon); FeLV = felines Leukämievirus; FIV = felines Immunodefizienzvirus; EPI = exokrine Pankreasinsuffizienz; GIT = Gastrointestinaltrakt; IBD = *Inflammatory Bowel Disease*; PLE = *Protein-losing Enteropathy* = Proteinverlustenteropathie)

8.1.7 Meläna, Hämatochezie

Definition: Beim Auftreten von Blutbeimengungen im Kot ist zwischen Meläna (schwarzer Kot oder Teerstuhl) und Hämatochezie (frisches Blut im Kot) zu unterscheiden.

Meläna (melanos = schwarz; Teerstuhl) entsteht durch die schwärzliche Verfärbung des Kotes durch Beimengung von denaturiertem Blut. Zusätzlich kann der Kot einen fauligen Geruch aufweisen. Meläna ist ein Hinweis auf Blutungen im oberen Verdauungstrakt (Maulhöhle, Pharynx, Ösophagus, Magen, Dünndarm) oder Atmungsapparat (Lungenblutungen, Epistaxis, Hämoptysis u. a. m.). Nebst lokalisierten Veränderungen des MDT (Entzündung, Tumor, Ischämie) können auch systemische Veränderungen (Blutungstendenz) oder Erkrankungen anderer Organe (Leber, Pankreas, Niere) zu Meläna führen. Erst ein Gehalt von 350–500 mg Hämoglobin/kg Körpergewicht führt zu makroskopisch sichtbarer Meläna. Das Fehlen makroskopisch sichtbarer Farbveränderungen des Kotes schließt klinisch relevante okkulte gastrointestinale Blutungen somit nicht aus.

Meläna ist anamnestisch von **Pseudomeläna** abzugrenzen. Pseudomeläna entsteht durch Kotverfärbungen durch pflanzliche Farbstoffe, Medikamente oder Oxidation fäkaler Pigmente infolge längerer Einwirkzeit von Luft. Die wichtigsten Ursachen von Pseudomeläna und Meläna sind in Tabelle 8.6 zusammengefasst.

Hämatochezie (aima = Blut, chezein = Kot absetzen) entspricht einer Beimengung von frischem (rotem) Blut im Kot bei Hämorrhagien aus dem unteren bzw. starken Blutungen aus den höheren Darmabschnitten. Die Blutungen treten meistens im Kolon-,

Tabelle 8.6: **Die wichtigsten Ursachen von Pseudomeläna und Meläna**

Pseudomeläna		
Orale Aufnahme färbender Substanzen	Medikamente mit färbenden Eigenschaften	Aktivkohle Eisenpräparate Metronidazol Salizylate Wismut-haltige Präparate
Meläna		
Blutungen oberer Verdauungs- und Respirationstrakt	Blutungslokalisation • Oral • Nasopharyngeal • Lunge	Ursachen • Trauma, Ulkus, Neoplasie • Trauma, Entzündung, Neoplasie • Neoplasie, *Angiostrongylus vasorum*
Primär gastrointestinale Blutungen	Ulzerogene Medikamente	NSAID, Glukokortikoide
	Entzündung	Ösophagitis, Gastritis, akutes hämorrhagisches Diarrhoesyndrom (AHDS), Magen- oder Duodenalulkus, Hakenwürmer (Ancylostoma, Uncinaria), IBD/CIE mit Ulzerationen
	Fremdkörper (scharfkantig)	
	Ischämie	Hypovolämischer Schock, Invagination, Volvulus, Abriss Mesenterialgefäße
	Neoplasie	Adenokarzinom, Lymphom, Leiomyom oder -myosarkom, Gastrointestinale Stromatumoren (GIST), Mastzelltumor
Systemische Erkrankungen	Blutungstendenz	Rodentizidvergiftung, disseminierte intravaskuläre Gerinnung (DIG), Leberinsuffizienz, Faktorenmangel (angeboren)
	Endokrinopathie	Hypoadrenokortizismus, Gastrinom
Organerkrankungen	Hepatopathie	Portale Hypertension u. a.
	Pankreatopathie	Pankreatitis, Pankreastumor
	Niereninsuffizienz	Urämie
	Blutgefäßanomalie	Arteriovenöse Fisteln

Rektum- und Analbereich auf, weshalb eine gewissenhafte rektale Untersuchung immer dazugehört. Die wichtigsten Ursachen von Hämatochezie sind in Tabelle 8.7 zusammengefasst.

Ätiologie, klinisches Bild: Eine genaue **Anamnese** kann bei Meläna und Hämatochezie sehr wichtig sein. Bei schwarz verfärbtem Kot sollte zuerst ausgeschlossen werden, dass Substanzen aufgenommen wurden, welche Pseudomeläna auslösen können. Zusätzlich

Tabelle 8.7: **Die wichtigsten Ursachen von Hämatochezie**

Analbereich	
• Perianale Fisteln	
• Analbeutelentzündung oder -abszess	
• Analstriktur	
• Neoplasie	• Analdrüsenadenokarzinom
• Trauma	• Bisswunden, Sadismus
• Perianalhernie	
• Fremdkörper	
Rektum, Kolon und Ileozäkalbereich	
• Proktitis	
• Rektumprolaps	
• Trauma der Mukosa	• Unverdauliches Fremdmaterial (Knochenkot, Trichobezoare), iatrogen (Thermometer, rektale Untersuchung, Klistiere, ...)
• Kolitis	• Futtermittel-responsive Enteropathie, IBD/CIE, Stress – Colon irritabile • Infektiös: ◦ *Campylobacter jejuni (?)* ◦ *Clostridium-perfringens*-Enterotoxine (?) ◦ Endoparasiten (*Trichuris vulpis*, Giardia, Isospora, *Tritrichomonas foetus* [Katze])
• Neoplasie	• Rektaler Polyp, Adenokarzinom, Lymphom
• Invagination ileozäkal	

sollte abgeklärt werden, ob NSAID, Glukokortikoide oder Toxine aufgenommen wurden. Epistaxis, Husten oder Würgereiz können Hinweise auf Blutungen aus dem Respirationstrakt geben. Zusätzliche neurologische Symptome können auf ein hepatoenzephales Syndrom hinweisen und somit auf Blutungen sekundär zu einer Leberinsuffizienz. Bei einer urämischen Gastroenteritis werden zudem oft Ursachen und Symptome eines akuten Nierenversagens gefunden (Unfall, Schock, Oligurie, Anurie). Bei **Hämatochezie** sollte geklärt werden, ob es sich um ein akutes oder rezidivierendes Problem handelt. Hinweise auf den Durchmischungsgrad von Fäzes und Blut sowie das Vorhandensein von Dyschezie und Tenesmus können ebenfalls hilfreich sein. Frisches Blut auf dem Kot weist auf ein Problem weiter hinten (Kolon descendens/Rektum/Anus) hin. Pressen und Schmerzen beim Absatz weisen auf eine Entzündung oder benigne oder maligne Obstruktion im Anorektalbereich hin. Fragen zu Futterwechsel, Entwurmungsstatus, Auslands- oder Tierheimaufenthalt und Impfstatus können ebenfalls Hinweise auf die Ursache geben. Stressinduzierte Kolitis ist besonders bei Sport- und Gebrauchshunden in Betracht zu ziehen.

Diagnostik: Bei Blutbeimengungen im Kot ist es wichtig, dass durch eine **klinische Untersuchung** der Schweregrad des Blutverlustes und der systemischen Auswirkungen bestimmt wird (z. B. Anämie, Dehydratation, Schock, Bewusstseinsstörungen, Herzfunktion). Zudem ist eine rektale Untersuchung (inkl. makroskopische Kotbeurteilung), eine genaue Adspektion des Oropharyngealbereiches sowie von Prädilektionsstellen für Blutungen infolge von Gerinnungsstörungen angezeigt. Blutungen in den MDT kommen sowohl bei Störungen der primären als auch der sekundären Hämostase vor. Eine genaue Auskultation der Lunge und eine abdominale Palpation sind ebenfalls wichtig. Bei der **Palpation des Rektums** sind die Beschaffenheit der Schleimhaut (Rauigkeit, Striktur, Polyp, Neoplasie) sowie Hinweise auf eine Perianalhernie (v. a. seitlich) und knöcherne Veränderungen des Beckens (v. a. dorsal) von großer Wichtigkeit. Bei Rüden muss auch die Prostata genau untersucht werden, welche zu Schmerzen und räumlichen Einengungen im Beckenbereich führen kann.

Mittels **Labordiagnostik** sind **Störungen der Gerinnung** (s. Kap. 4.3) mit systemischen Auswirkungen von lokalen Blutungen zu differenzieren. **Koprologische Untersuchungen** können Hinweise auf infektiöse Ursachen geben (v. a. Parasiten, eventuell Parvoviren oder bestimmte Bakterien). Wenn immer möglich sollte eine **Endoskopie** zur Feststellung der Ursache der Blutung ins Auge gefasst werden: Ösophagogastroduodenoskopie, Rhinoskopie und Tracheobronchoskopie bei Meläna, Koloskopie bei Hämatochezie. Die Endoskopie erlaubt die direkte visuelle Darstellung von benignen oder malignen Blutungsquellen und ist somit die beste Untersuchungsmethode zur Abklärung von Blutungen in endoskopisch erreichbaren Darmabschnitten (Magen, Duodenum, Kolon, eventuell proximales Jejunum und Ileum). Die diagnostische Laparotomie mit gastrointestinalen Vollschichtbiopsien wird als letzter diagnostischer Schritt nur noch selten empfohlen.

Bei **Meläna** ist v. a. wichtig:

- Blutbild (Anämie, Retikulozyten, Thrombozyten, ...)
- Klinisch-chemisches Profil (Proteine, Leber, Niere, Pankreas, Elektrolyte, ...)
- Gerinnungstests (Prothrombinzeit, aPTT, Thromboelastographie,...) (s. Kap. 4.3.2)
- Bildgebende Verfahren (v. a. Ultraschall, eventuell Übersichtsröntgen, Kontrast, CT, MRT)
- Gastroduodenoskopie mit Biopsieentnahme

Bei **Hämatochezie** ist v. a. wichtig:

- Koprologie (Haken-/Peitschenwürmer, *Giardia*, eventuell Mykosen (Histoplasmose), Algen [Protothekose], *Tritrichomonas foetus*, ...)
- Koloskopie

8.1.8 Flatulenz, Borborygmus

Definition: Flatulenz (flatus = Wind, Blähung) bezeichnet Blähungen im Gastrointestinaltrakt durch übermäßige Gasbildung. Unter Borborygmus (borborygmos = Bauchknurren) werden brummende und knurrende Darmgeräusche zusammengefasst, welche oft mit Gasbildung und Flatulenz einhergehen.

Pathogenese: Gasproduktion im MDT ist ein normaler physiologischer Vorgang. Eine übermäßige Gasproduktion muss deshalb nicht zwingend pathologisch sein, aber gewisse intestinale Erkrankungen können mit Flatulenz und Borborygmus einhergehen. Gase im MDT bestehen aus verschluckter Luft (bei Aerophagie), bakteriellen Fermentationsprodukten, Diffusion von Gasen aus dem Blut in den Darm und der Reaktion von Säuren und Basen. Flatus enthält meist Stickstoff, Wasserstoff, Kohlendioxid, Sauerstoff und Methan (bei Hund und Katze ein eher kleiner Teil). Der unangenehme Geruch von Flatus kommt durch Ammonium, Sulfate, Indole, Amine und kurzkettige Fettsäuen zustande.

Ätiologie: Falls die klinische Untersuchung unauffällig ist und **keine gastrointestinale Ursache** gefunden wird, sollte das Futter auf gasbildende Inhaltsstoffe untersucht werden. Klassische Beispiele hierzu sind schlecht verdauliche Kohlenhydrate (z. B. zu hoher Laktoseanteil im [Welpen-] Futter), ein hoher Faseranteil im Futter (können über eine schlechte Verdaulichkeit von Kohlenhydraten zu deren bakterieller Fermentation im Kolon führen) oder ein hoher Sojabohnenanteil im Futter (v. a. beim Hund).

Sind zusätzlich zu Flatus und Borborygmus **gastrointestinale Symptome** wie Erbrechen, Durchfall oder Gewichtsverlust vorhanden, so ist eine Malabsorption oder Maldigestion (z. B. exokrine Pankreasinsuffizienz) wahrscheinlich. Futtermittel-responsive Enteropathie, IBD/CIE, Dysbiose (+/- Antibiotika-responsive Enteropathie) und infektiöse Ursachen wie Würmer oder *Giardia* sind wohl die häufigsten gastrointestinalen Ursachen für Borborygmus und Flatulenz, wohingegen auf der metabolischen Seite v. a. an Leber- und Niereninsuffizienz, Hypoadrenokortizismus, exokrine Pankreasinsuffizienz oder chronische Pankreatitis gedacht werden sollte.

Therapie: Ein Diätwechsel und vermehrte Bewegung können helfen, die Symptome zu mindern. Eine symptomatische pharmakologische Therapie von Flatus und Borborygmus ist je nach Ursache möglich, aber nicht in allen Fällen effektiv.

8.1.9 Obstipation

Definition: Die Hauptfunktionen des Kolons sind Wasserabsorption, Regulation des Elektrolythaushaltes und Speicherung der Fäzes. Obstipation, Konstipation und Verstopfung sind Synonyme und definiert durch erschwerten Kotabsatz, erniedrigte Kotabsatzfrequenz und eine Anschoppung von verhärteten, trockenen Kotmassen im Kolon/Rektum. Im englischen Sprachraum wird Obstipation als schwerere Form angesehen als Konstipation. Ein **Megakolon** entspricht einem generalisiert dilatierten und hypomotilen Kolon. Unter **Tenesmus** (teneismos = erfolgloser Absatz) versteht man den schmerzhaften Drang zum Kotabsatz, unter **Dyschezie** (chezein = Kot absetzen) den gestörten Kotabsatz.

Obstipation ist ein Symptom zahlreicher krankhafter Vorgänge. Durch längeres Liegenbleiben des Chymus im Kolon wird vermehrt Wasser resorbiert, der Kot wird trockener und fester und der Absatz dadurch immer mehr behindert. Durch die Anschoppung der Kotmassen wird der Darm passiv gedehnt und reagiert anfangs mit verstärkter Peristaltik. Im weiteren Verlauf versiegt die Peristaltik, es kommt zur Darmlähmung und zur Dilatation. Dabei kann es vorkommen, dass in diesem Stadium Durchfall in geringeren Mengen abgesetzt wird. Dies kommt zustande, weil zwischen den harten Kotmassen und der maximal dilatierten Kolonwand flüssiger Chymus vorbeifließt oder weil infolge der vermehrten Sekretion wegen einer sekundären Entzündung vermehrt Wasser in den Darm ausgeschieden wird und den Durchfall vortäuscht. Durch langdauernde Obstipation wird neben der sekundären Kolitis eine Schädigung der glatten Muskulatur hervorgerufen, was zu einem Dauerschaden führen kann.

Ätiologie: Die häufigsten Ursachen einer Obstipation sind bei der Katze das idiopathische Megakolon und beim Hund Perianalhernien oder Prostataerkrankungen. Infrage kommen aber auch:

- Fremdmaterial bei der Katze (Haare, besonders bei Langhaarkatzen)
- Fremdkörper (Knochen, Sand, Steine, Holz, Textilien u. a. m.)
- Fehlernährung (Mangel an Ballaststoffen)
- Bewegungsarmut
- Keine Gelegenheit zum Kotabsatz (auch schmutziges Katzenkistchen)
- Intraluminale, intramurale oder extramurale Verlegung des Kolons (Fremdmaterial, Strikturen, Entzündung, Tumoren, Beckenbrüche, Hernien, Divertikel, Verlegung des Anus durch kotverklebte Haare)
- Neuromuskuläre Störungen (Rückenmarksverletzungen, Lähmung des N. pelvicus, Key-Gaskell-Syndrom)
- Schmerzhafte Entleerung
- Dehydratation, Hypokaliämie, Hyperkalzämie
- Hypothyreose, Hyperparathyreoidismus
- Zahlreiche Medikamente

Diagnose: Klinisch muss eine Obstipation immer von **Kolitis und Harnabsatzproblemen** (z. B. FLUTD oder Pollakisurie) differenziert werden. Bei der Palpation des Abdomens fühlt man oft harte Kotmassen, die man über die ganze Länge des Kolons verfolgen kann. Die rektale Untersuchung ist eine wichtige klinische Untersuchung, wobei bei einigen Patienten eine Sedation notwendig ist. Ein **Abdomenröntgen** sollte bei jedem Tier mit Verstopfung angefertigt werden, um obstipierte Darmschlingen sichtbar zu machen. Bei Beckenbrüchen, Fremdkörpern, Tumoren oder Prostatavergrößerung kann manchmal auch gleich die Ursache gefunden werden. Blut- und Urinuntersuchungen sind v. a. bei reduziertem Allgemeinbefinden angezeigt. Dabei können Zeichen einer Dehydratation (Hämokonzentration, Hyperproteinämie), bisweilen allerdings auch Hypokaliämie, Hyperkalzämie oder eine Hypothyreose entdeckt werden. Falls die Ursache immer noch nicht gefunden wurde, so kann ein Abdominalultraschall und v. a. eine **Koloskopie** hilfreich sein.

Therapie: Hier steht falls möglich die Behebung der Grundkrankheit im Vordergrund. Sie sollte jedoch immer ein Klistier beinhalten und eine vollständige Leerung des Kolons als Ziel haben. Nach erfolgreicher Behandlung der Obstipation muss häufig die Ernährung angepasst werden, wobei v. a. ein erhöhter Faseranteil und/oder Laktulose hilfreich sein kann (s. Kap. 8.6.5.5).

8.2 Krankheiten der Maulhöhle

8.2.1 Anamnese und klinische Untersuchung

Veränderungen im Bereich der Maulhöhle gehen häufig mit Foetor ex ore (= Halitosis = abnormer, übler Geruch aus dem Maul), Dysphagie (s. Kap. 8.1.3), Ptyalismus (s. Kap. 8.1.4) oder Pseudoptyalismus (s. Kap. 8.1.4) einher. Foetor ex ore kann durch verschiedene Ursachen wie Zahnstein, Abszesse, Urämie, Schleimhauterosionen oder Ulzera bedingt sein. Mögliche Ursachen von Schluckbeschwerden (Dysphagie) sind Schmerzen, Fremdkörper, Trauma oder raumfordernde Prozesse wie Polypen, Neoplasien oder Granulome. Hypersalivation (Ptyalismus) muss nicht unbedingt auf ein Problem der Maulhöhle zurückzuführen sein und kann u. a. durch Schmerzen, Übelkeit (= Nausea), Dysphagie, Urämie, Erosionen/Ulzerationen der Maulschleimhaut, Epilepsie, Megaösophagus und chemische Irritation ausgelöst werden. Schlussendlich kann Pseudoptyalismus physiologisch (z. B. bei Hängelefzen bei Bernhardiner oder Boxer) oder pathologisch sein (z. B. Fazialislähmung oder Dysphagie, Speichel kann nicht abgeschluckt werden).

Anamnese: Mögliche Symptome bei Maulhöhlenerkrankungen:

- Probleme bei Futter-/Wasseraufnahme, eventuell Verweigerung derselben
- Fallenlassen von Futter oder Wasser (aktiv oder passiv)
- Hypersalivation, Ptyalismus
- Foetor ex ore
- Abnormale Bewegung von Kiefer, Zunge oder Lippen
- Abnormale Geräusche/Kopfhaltung/Bewegungen beim Fressen/Schlucken
- Asymmetrien im Bereich des Kopfes, der Schnauze oder der Maulhöhle
- Zungenveränderungen, Zähneknirschen
- Würgen, Husten
- Schwellung oder Atrophie der Kopfmuskulatur (Masseter, Temporalis)

Diagnostik: Die Maulhöhle sollte gut klinisch untersucht werden und der Kau- und Schluckakt genau beobachtet werden. Zudem ist eine detaillierte Adspektion und Palpation unerlässlich. Vorhandene Veränderungen sollten möglichst genau den dazugehörigen anatomischen Strukturen zugeordnet werden (kutan/subkutan/mukös/submukös; von Haut, Schleimhaut, Knochen, Muskulatur oder Speicheldrüsen ausgehend?). Die Charakterisierung der Läsion (weich/derb/fluktuierend; warm? dolent?), die Oberflächenstruktur, Verschieblichkeit und Abgrenzung können ebenfalls sehr hilfreich für die Diagnosestellung sein. Bei den Tonsillen muss darauf geachtet werden, ob sie in den Taschen liegen (= normal) oder hervortreten; zusätzlich ist Farbe, Glanz, Oberfläche und Symmetrie zu beurteilen.

Für weitere Abklärungen können folgende diagnostische Schritte nötig sein:
- Feinnadelaspiration für Zytologie, eventuell Bakteriologie
  - Raumforderungen/Umfangsvermehrungen
  - Zugehörige Lymphknoten
- Biopsien (häufig Stanzbiopsien) mit entsprechender Histologie
- Endoskopie: Pharyngo-/Laryngoskopie in Narkose/starker Sedation
- Neurologische Untersuchung; eventuell EMG und Nervenleitgeschwindigkeit
- Röntgen/Ultraschall/MRT, selten Fluoroskopie oder Bariumschluckstudien

8.2.2 Angeborene Anomalien

Angeborene Anomalien kommen v. a. in Form von Lippen- und **Gaumenspalten** vor (s. auch Kap. 7.1.6), selten auch als Hasenscharten und Wolfsrachen. Brachyzephale Rassen zeigen ungleich häufiger Lippen-, Kiefer- und Gaumenspalten als andere Hunde. Diese Missbildungen werden meist schon beim Welpen entdeckt, welchem oft die Milch, später der Futterbrei aus der Nase läuft. Falls die Missbildungen nicht offensichtlich sind, werden die Patienten oft mit Rhinitiden, Beschwerden bei der Futteraufnahme, insbesondere aber bei Gaumenspalten mit Regurgitieren vorgestellt. Dadurch kann Husten, Niesen oder sogar eine Aspirationspneumonie ausgelöst werden. Zur Behandlung von Gaumenspalten wird eine chirurgische Vereinigung oder Deckung des Spalts angestrebt (s. Kap. 7.1.6). Grundsätzlich sollte mit diesen Tieren sicher nicht gezüchtet werden. Inwieweit man Zahnfehlstellungen, Makroglossie oder Hyperplasie des weichen Gaumens den Anomalien oder aber den „rassespezifischen Eigenheiten“ zuordnen will, bleibt wohl umstritten.

8.2.3 Gingivitis, Stomatitis, Faucitis

Definition: Bei Entzündungen der Maulschleimhaut kann prinzipiell zwischen Gingivitis, Stomatitis und Faucitis unterschieden werden:
- Gingivitis = Entzündung der Gingiva (umgibt die Basis der Zähne)
- Stomatitis = Entzündung der oralen Mukosa
- Faucitis = Entzündung der Faux („Rachenring“; Bereich hinten im Maul, begrenzt vom weichen Gaumen, dem Zungenansatz und dem Pharynx)

Ätiologie, Pathogenese: Stomatits und orale Ulzerationen kommen **häufig bei Infektionskrankheiten** vor. Bei der Katze muss hierbei v. a. an felines Leukämievirus (FeLV), felines Immundefizienzvirus (FIV), Caliciviren, Herpesviren, Synzythialviren und feline infektiöse Peritonitis (FIP) gedacht werden, wohingegen beim Hund v. a. Staupe infrage kommt. Zudem können auch Pilzinfektionen wie *Candida albicans* Stomatitis verursachen, welche i. d. R. als Sekundärinfektionen nach anderweitigen Schädigungen zustande kommen. Es werden weißliche Auflagerungen, weißlich-trüber Ausfluss sowie Ulzera bemerkt. Bei Katzen muss neben immunsuppressiven Erkrankungen (FeLV, FIV) an Systemerkrankungen (z. B. Nierenversagen mit urämischer Stomatitis) oder chronische immunsuppressive Therapien gedacht werden.

Zudem gibt es viele **immunvermittelte Erkrankungen**, welche zu Stomatitis und Ulzerationen führen können, wie etwa systemischer Lupus erythematosus (SLE), bullöser Pemphigus, idiopathische Vaskulitis und toxische epidermale Nekrose. Pemphigus vulgaris kann mit einigen wenigen, nicht sehr in die Tiefe gehenden Ulzera an Lippen und Mundschleimhaut bis zu umfangreichen, tiefen Ulzera im gesamten Maulhöhlenbereich auftreten. Besonders an der Schleimhaut des harten Gaumens und der Zunge werden bisweilen erhebliche Läsionen beobachtet. Ganz ähnlich sehen die Veränderungen beim bullösen Pemphigus aus. SLE fällt durch Depigmentierung und Geschwürbildung des Nasenspiegels, der mukokutanen Übergänge (Lippen) und besonders in Mundwinkeln und Backenschleimhaut auf. Weniger häufig sind die Gingiva und die Zunge betroffen. Die toxische epidermale Nekrose kann Teile oder die gesamte Mundschleimhaut erfassen und entsteht zumeist perakut als nekrotisierende, zu tiefen Ulzera führende Erkrankung.

Weitere mögliche Ursachen für Stomatitis sind Trauma, Fremdkörper (z. B. Pflanzengrannen, Glaswolle u. ä.), Futtermittelallergien, Kontaktallergien, Verätzungen, Verbrennungen (selten, v. a. Zunge), Biss in Elektrokabel, Urämie, Diabetes mellitus oder Intoxikationen (Blei, Thallium, Quecksilber). Bei **Urämie** wird Harnstoff über die Schleimhaut des Digestionstrakts ausgeschieden. Er wird durch Urease-enthaltende Bakterien zu Ammoniak metabolisiert, der als Zellgift die Mundschleimhaut schädigt. Durch die allgemeine Immunsuppression können sich Bakterien vermehren und zu Entzündungen führen. Die Reparationsleistung der Schleimhaut ist herabgesetzt, die sonst sehr effektiv ist. Hinzu kommen können die bei Urämie vorkommenden Thrombozytopathien, sodass vermehrt Schleimhautblutungen auftreten. Diabetes mellitus verursacht außer der allgemeinen Stoffwechselstörung auch durch die Ausscheidung von Glukose mit dem Speichel und die Bereitung eines optimalen Nährbodens eine starke Bakterienvermehrung. Besonders Jungtiere spielen häufig mit elektrischen Leitungen und beißen hinein. Die Folge ist neben dem elektrischen Schlag oft eine schwere örtliche Verbrennung. Eine besondere Bedeutung in der Auslösung von Gingivitiden spielt der **Zahnstein**, der gerade bei älteren Tieren sehr häufig vorkommt. Die Ablagerungen wachsen über das Zahnfleisch, führen zur Drucknekrose und durch die starke Bakterienbesiedlung zu Gingivitis. Oft wächst der Zahnstein auch unter das Zahnfleisch, sodass sich zwischen Zahnhals und Zahnfleisch Taschen bilden. Die Folge ist eine Stomatitis – zunächst Proliferation, Ulkusbildung und schließlich Atrophie, sodass der Zahnhals freiliegt (Parodontose).

Die **Katze** leidet sehr häufig an einer chronischen rezidivierenden bis persistierenden Gingivitis, die v. a bei älteren Katzen weit verbreitet ist. Im entzündeten Gewebe kann man regelmäßig Caliciviren nachweisen. Bei der **felinen Gingivitis/Stomatitis/ Pharyngitis** kann ein graduelles Fortschreiten bis hin zu Zahnwurzelresorption und Knochensequestration beobachtet werden. Histologisch handelt es sich zumeist um eine lymphoplasmazelluläre Entzündung, welche auch auf eine (auto-)immune Ursache hinweisen könnte.

Klinisches Bild, Diagnostik: Die **häufigsten klinischen Symptome** sind Speicheln, Foetor ex ore, Dolenz, Anorexie (v. a. bei Lockerung der Zähne) sowie Dysphagie. Sofern eine Allgemeinkrankheit vorliegt, stehen deren Symptome im Vordergrund. Hunde können selbst schwerere und ausgebreitete Stomatitiden oft erstaunlich lange ohne sichtbare Ausfallserscheinungen ertragen. Katzen dagegen verweigern schon eher die Nahrungsaufnahme, zeigen zwar Appetit, gehen zum Futternapf, lassen aber den ersten Bissen fallen und laufen davon. Bei beiden Tierarten kommt häufig eine Hypersalivation vor. Der Speichel kann klar sein, ist aber meistens blutig oder missfarben. Besonders bei Katzen führen Futteraufnahme und besonders Kauversuche zu Blutungen aus der Maulhöhle. Durch die verringerte Futteraufnahme kommt es schließlich zur Abmagerung und auch zur Dehydratation.

In diesem Zusammenhang ist stets eine **gründliche Adspektion der Maulhöhle** durchzuführen, welche häufig eine Sedation resp. kurze Anästhesie voraussetzt (Vorsicht bei systemischen Problemen wie Niereninsuffizienz!). Dabei ist zu Beginn oft nur ein feiner roter Gingivasaum sichtbar (= Gingivitis), welcher mit der Zeit proliferative bis erosiv-ulzerative und/oder granulomatöse Entzündungen entlang der Gingiva, der bukkalen Maulschleimhaut und im Bereich des Kieferwinkels nach sich zieht (= Stomatitis), welche schlussendlich in den weichen und harten Gaumen übergehen (= Faucitis). Die Veränderungen in der Maulschleimhaut sind dabei oft an Stellen, wo die Schleimhaut Kontakt mit dem Zahnstein hat. Zu sehen sind weißliche bis gräuliche, fibrinartige Beläge (Abb. 8.3), manchmal Vesikel oder Bullae. Mit dem zunehmenden Zahnstein

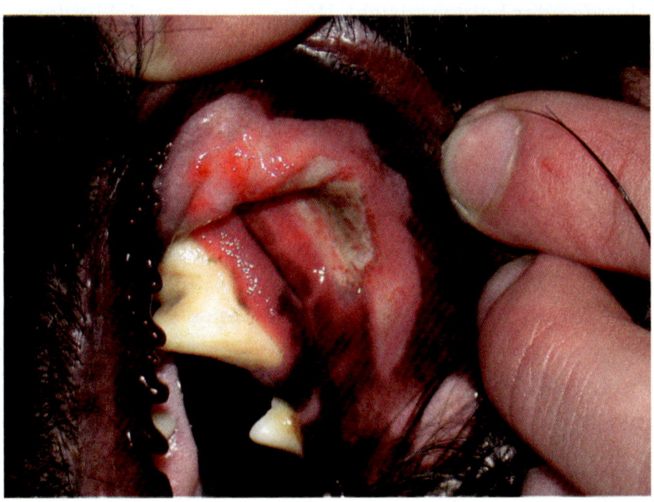

Abb. 8.3 Chronische Veränderungen in der Maulschleimhaut (Stomatitis) bei einem Scottish Terrier. Die Veränderungen sind v. a. an der Kontaktfläche der Zähne mit der bukkalen Schleimhaut zu sehen.

entstehen auch Zahnfleischschwund sowie Gingivataschen, in welchen Futterreste und Haare stecken bleiben und zum Unterhalt der Entzündung beitragen.

Therapie: Da die Ursache jedoch sehr oft unbekannt bleibt, ist zumeist die Therapie nur symptomatisch mit professioneller Zahnbehandlung und Antibiotikatherapie und lokalen Antiseptika. Bei der felinen Gingivitis/Stomatitis können Steroide und Immunsuppressiva Anwendung finden und eventuell eine Eliminationsdiät. Zum Teil ist eine Zahnextraktion im Bereiche der Molaren und Prämolaren bis hin zu einer kompletten Extraktion aller Zähne nötig. Es besteht ohne Behandlung keine Heilungstendenz.

8.2.4 Eosinophiler Granulom-Komplex (s. Kap. 3.4.7.7)

Definition: Der eosinophile Granulom-Komplex ist ein Komplex von ulzerösen und granulomatösen Veränderungen der Schleimhaut der Maulhöhle, der mukokutanen Übergänge (Lippen) und der Haut bei der Katze. Dabei werden die Formen **indolentes Ulkus, eosinophiles Granulom** sowie **eosinophile Plaque** unterschieden.

Epidemiologie: Eosinophile Granulome treten regelmäßig bei der Katze und nur sehr selten bei Hunden auf, wobei v. a. Junghunde (< 3 Jahre), Rüden und Siberian Huskies prädisponiert sind.

Ätiologie: Die Ursachen dieser Erkrankung sind unklar, wobei bakterielle und virale Infektionen oder allergische und immunvermittelte Erkrankungen vermutet werden. Daher müssen diese Fälle anhand des Alters, der Saisonalität und der weiteren klinischen Symptome systematisch aufgearbeitet werden. Eine Erkrankung des eosinophilen Granulomkomplexes bei einer jungen Katze ohne Saisonalität erhöht die Wahrscheinlichkeit einer Futtermittelallergie, während ein saisonales Auftreten eher für eine Flohspeichelallergie, eine Umweltallergie oder beides spricht. Wenn es aber zu Sekundärinfektionen kommt, geht jegliche Saisonalität verloren und der Juckreiz besteht über die eigentliche Saison hinaus.

Klinisches Bild: Die oralen Läsionen sind zumeist eosinophile Granulome oder eosinophile Ulzera, wobei das **indolente Ulkus** etwa zu 80 % an den maxillären Lippen vorkommt (Abb. 8.4). Die Läsionen haben häufig aufgeworfene Ränder, sind derb, orange-rötlich, nicht dolent und selten juckend, zudem langsam progressiv. **Eosinophile Granulome** kommen häufig in der Mundhöhle vor, sowohl dorsal als auch ventral auf der Zunge oder dem Gaumen. Sie erscheinen als Schwellung oder Knoten, rötlich, manchmal von stippchenförmigen weißen Herdchen durchsetzt an Unterlippe (Abb. 8.5) und Kinn wie auch an weiteren Körperstellen häufig als **lineare eosinophile Granulome** oder **eosinophile Plaques** (s. Kap. 3.7.7). Mehrere Formen können gleichzeitig oder nacheinander am gleichen Tier auftreten.

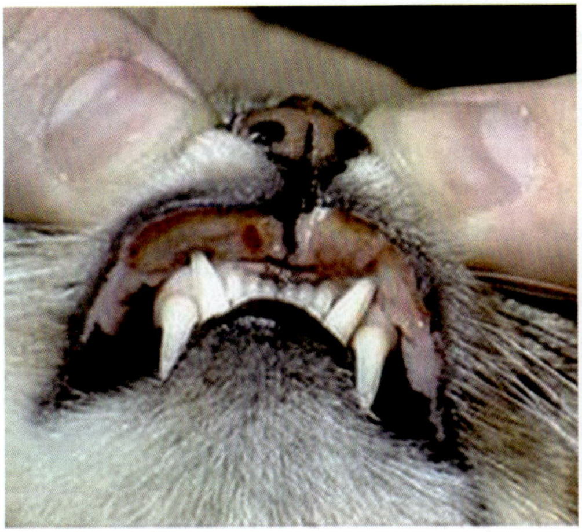

Abb. 8.4 Indolentes (eosinophiles) Ulkus an der Oberlippe einer Katze

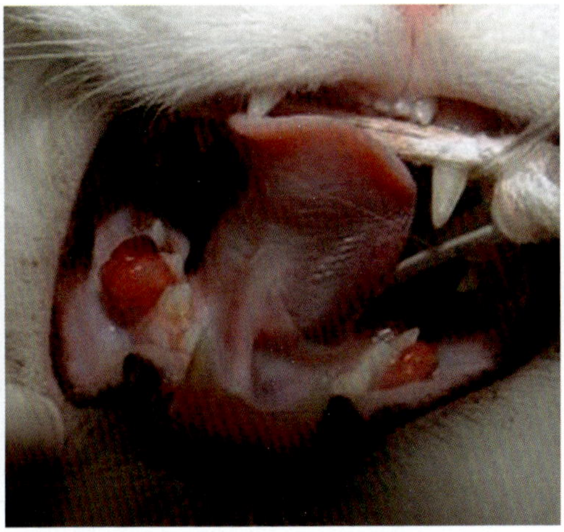

Abb. 8.5 Eosinophiles Granulom bei einer Katze

Diagnostik: Biopsien dieser Läsionen sind immer angezeigt, speziell um sie gegenüber Tumoren oder Fremdkörper-Reaktionen abzugrenzen. In der dazugehörenden Blutuntersuchung kann zudem eine systemische Eosinophilie auftreten.

Therapie: Die Therapie besteht darin, mögliche ursächliche Allergene auszuschalten und beinhaltet deshalb oft eine **Eliminationsdiät**. Häufig werden jedoch v. a. **Glukokortikoide** gebraucht, wobei entweder orales Prednisolon (1–2 mg/kg KM, 2 × tägl.), intraläsionales Triamcinolon oder subkutanes Methylprednisolonacetat zum Einsatz kommen, bis die Läsionen verschwinden. Der Gebrauch von Gestagenen, Progesteron oder Medroxyprogesteron ist nicht empfehlenswert, da deren Nutzen umstritten ist und die Nebenwirkungen beträchtlich sein können (adrenokortikale Suppression, Polyurie/Polydypsie/Polyphagie, Reproduktionsprobleme, Mammahypertrophie, Neoplasien und Diabetes mellitus). Ein **Therapieversagen** ist zumeist auf eine ungenügende Dosierung oder ein zu frühes Abbrechen der Therapie zurückzuführen. Patienten, bei denen keine Verbesserung eintritt, sind Kandidaten für aggressivere Therapien wie Bestrahlung, Kryochirurgie, Lasertherapie oder Immuntherapie.

8.2.5 Zahnfleischblutungen

Definition: Zahnfleischblutungen sind zumeist Blutungen aus den Zahnfächern oder petechiale Blutungen. Die **wichtigsten Ursachen** sind Störungen der primären Hämostase (Thrombozytopenien u. a. durch Infektionen wie Ehrlichiose, Anaplasmose, paraneoplastisch oder autoimmun, s. Kap. 4.3.3), Störungen der sekundären Hämostase (v. a. Hepatopathien oder disseminierte intravaskuläre Gerinnung = DIC; s. Kap. 4.3.5, 4.3.6), Trauma, Urämie (inkl. möglicher Thrombozytopathie), Bissverletzungen, Tumoren oder Epulitiden.

Klinisches Bild: Zahnfleischblutungen werden vom Besitzer oft nicht bemerkt. Sie fallen jedoch auf, wenn das Tier **Hämatemesis** (blutiges Erbrechen) oder **Meläna** (Teerstuhl, s. Kap. 8.1.7) zeigt. Bisweilen tropft Blut aus der Maulhöhle. Die der Blutung benachbarten Zähne können mit einer schmierig-braunen Schicht bedeckt sein. In schweren Fällen kommen die Symptome der chronischen Blutungsanämie hinzu: anfangs regenerative, später hypochrome (Eisenmangel-)Anämie, Schwäche, selten auch Kreislaufinsuffizienz.

Ätiologie: Petechiale Blutungen treten hauptsächlich bei Thrombozytopenien und -pathien auf. Die petechialen Blutungen werden häufig in der Schleimhaut der Backen gesehen. Falls Petechien oder andere ätiologisch unklaren Blutungen vorhanden sind, sollte eine Thrombozytenzählung und eine Blutgerinnungsanalyse durchgeführt werden. Bei petechialen Blutungen muss immer an eine Thrombozytopenie (v. a. primär immunvermittelt oder infektionsbedingt: Hund v. a. bei Ehrlichiose, Anaplasmose und Babesiose, Katze v. a. bei FeLV- oder FIV-Infektion) gedacht werden. Eine Thrombozytopathie kann bei normaler Thrombozytenzahl und Gerinnung mittels einer verlängerten Schleimhautblutungszeit nachgewiesen werden. Eine verlängerte Schleimhautblutungszeit kann aber auch ein Hinweis auf einen Von-Willebrand-Faktorenmangel (s. Kap. 4.3.4) sein.

Therapie: Sie richtet sich nach der Ursache. Bei größeren örtlichen Blutungen können Tamponaden angebracht werden. Eine Transfusion kann von unterschiedlichem Nutzen sein: Während Plasma mit Gerinnungsfaktoren die Notfalltherapie der Wahl bei einer Hämophilie ist, kann mit einer Transfusion von frischem Vollblut die Plättchenzahl bei einer Thrombozytopenie nur kurzfristig und ungenügend positiv beeinflusst werden. Nähere Angaben zur Diagnostik und Therapie von Hämostasestörungen sind unter Kap. 4.3 zu finden.

8.2.6 Erkrankungen der Tonsillen

Epidemiologie, Ätiologie: Am häufigsten sind die Tonsillen entzündlich verändert **(Tonsillitis)**. Ätiologisch ist v. a. an eine **virale Infektion** (Hund: Staupe, Zwingerhusten, Hepatitis contagiosa canis; Katze: Katzenschnupfen, Panleukopenie) oder eventuell eine mechanische **Reizung** (u. a. Fremdkörper, brachyzephales Syndrom) zu denken. Bei brachyzephalen Hunderassen ist das Problem häufiger zu beobachten (s. Kap. 6.4.3, 7.1.1; oft Tonsillektomie nötig).

Pathogenese: Oral oder nasal aufgenommene Viren oder Bakterien treffen im Waldeyerschen Rachenring auf die ersten Abwehrorgane des Wirtes. Hier kann eine Infektion bereits abgefangen werden, sodass keine Symptome auftreten. Andererseits kann je nach Virulenz des Erregers und lokaler Antikörpersituation eine akute Entzündung oder auch eine Generalisierung der Infektion erfolgen.

Klinisches Bild: Bei einer Tonsillitis treten abnormale Schluckbewegungen, übermäßiges Speicheln und häufiges Lecken (= Pica) auf, seltener Gras fressen, Würgen oder Allotriophagie. Chronisch-infizierte Tonsillen können Herdinfekte sein und streuen bis hin zu einer Endokarditis.

Abgesehen von **Symptomen der Grundkrankheit** treten mehr oder weniger stark gestörtes Allgemeinbefinden mit oder ohne Fieber auf, Futterverweigerung wegen Schmerzen, Räuspern/Würgen, Hypersalivation, Kratzen am Kopf/Hals und eventuell Erbrechen. Die **Tonsillen** sind vergrößert. Beim Hund treten die Mandeln mandarinenscheibenförmig aus der Tasche hervor (ein- oder beidseitig). Im akuten Stadium erscheinen sie zumeist hochrot, glänzend, glatt bis leicht granuliert, im chronischen Stadium eher matt rot bis gräulich, granuliert bis lobuliert, eventuell mit Eiterbelägen. Bei der Katze bleiben sie meist verborgen, sie können aber durch digitale Massage in Sedation/Narkose freigelegt werden.

Häufig ist auch das umgebende Gewebe gerötet (Entzündung des weichen Gaumens, Pharyngitis). Im Rachen wird klarer bis schaumiger oder eitriger Schleim gesehen. Seltener sind beim Hund missfarbene, übelriechende Auflagerungen, nach deren Entfernung das zerklüftete, zerfallende, ebenfalls missfarbene Gewebe der Mandel zum Vorschein kommt (Tonsillennekrose). In diesen Fällen ist das Allgemeinbefinden hochgradig gestört bis hin zu einem septischen Schock. Erbrechen, Durchfall, Kreislaufprobleme und Atembeschwerden gehören zu diesem Krankheitsbild.

Diagnose, Differenzialdiagnose: Die Diagnose wird zytologisch oder histologisch nach Entnahme von Feinnadelpunktaten, Biopsien oder Tonsillektomie gestellt. Differenzialdiagnostisch zur Tonsillitis ist immer an eine **Neoplasie** zu denken, welche jedoch selten ist und zumeist einseitig und infiltrativ wächst. Es treten v. a. **Plattenepithelkarzinome** und Lymphome auf. Bei Hunden mit Plattenepithelkarzinom bestehen die Symptome der chronischen Tonsillitis, die nicht selten übersehen werden. Die Tumoren metastasieren aber frühzeitig in die örtlichen Lymphknoten, wo sie zu großen Tochtergeschwülsten führen können. Diese fallen dem Besitzer häufig als erstes auf. Die Tonsillen selbst sind knotig verändert, was v. a. bei ihrer Palpation auffällt. Es besteht eine Tendenz zur Ulzeration.

Therapie, Prognose: Bei einer hochgradigen Tonsillitis ist oft eine Antibiotikatherapie, ggf. nach Antibiogramm indiziert. Eventuelle zusätzliche Maßnahmen und Prognose hängen von einer möglichen Grunderkrankung ab. Eine Behandlung von Plattenepithelkarzinomen käme allenfalls bei frühzeitiger Entdeckung infrage und besteht v. a. aus der Tonsillektomie. Die Prognose ist ungünstig.

8.2.7 Neoplasien (s. auch Kap. 7.1.5)

Orale und pharyngeale Neoplasien treten beim Hund etwas häufiger auf als bei der Katze, wo sie aber fast immer bösartig sind. Beim **Hund** kommen **v. a. maligne Melanome**

und Plattenepithelkarzinome vor und bei der **Katze v. a. Plattenepithelkarzinome und Fibrosarkome, seltener Lymphome**. Es besteht hierbei generell eine Prädisposition bei älteren Tieren (Ausnahme Fibrosarkom) und Tieren mit stark pigmentierten Schleimhäuten. Allen Tumoren gemeinsam ist, dass ihr Beginn oft nicht erkannt wird. Später führen sie je nach Größe, Sitz und Dignität zu Hypersalivation (Ptyalismus), Blutungen, Ausfluss von blutigem bis bräunlichem Sekret aus der Maulhöhle, Kaustörungen und üblem Mundgeruch durch die Nekrose.

Definition, Epidemiologie, Ätiologie und Pathogenese ausgewählter Tumoren: Bei den **gutartigen Neoplasien** werden entsprechend dem vorkommenden Gewebe Papillome, Fibrome, Lipome, Chondrome, Osteome, Hämangiome, Hämangioperizytome, Histiozytome und Epulitiden beschrieben, wobei Papillome und Epulitiden beim Hund relativ häufig vorkommen. Bei der **caninen oralen Papillomatose** (v. a. Junghunde, übertragbar) handelt es sich um eine virale Erkrankung mit multiplen, weichen Veränderungen mit rauer Oberfläche. Die Papillome können vereinzelt oder zahlreich auftreten, sind meist hell, sitzen breit auf oder sind gestielt. Die Inkubationszeit beträgt ca. einen Monat. Nach zwei bis drei Monaten hat sich eine Immunität entwickelt, die zur Spontanheilung mit lebenslanger Immunität führt. Eine Behandlung ist deshalb in den meisten Fällen nicht nötig. Größere Papillome können chirurgisch entfernt werden. Auch die Behandlung mit Autovakzinen wird beschrieben.

Epulis ist ein relativ unspezifischer Ausdruck, welcher für Tumoren und tumorähnliche Massen der Gingiva gebraucht wird. Epulitiden entstehen vom periodontalen Stroma aus und sind oft in der Nähe der Schneidezähne zu finden. Gutartige Epulitiden befallen besonders den Unter-, weniger den Oberkiefer und sind i. d. R. um die Zahnfächer lokalisiert. Sie können oft erhebliche Ausmaße annehmen und Zähne nahezu vollständig einbacken. In der Regel sind sie derb bis hart, die Oberfläche ist höckerig, die Farbe entspricht derjenigen der Umgebung oder ist stärker gerötet. Durch Kauverletzungen können Entzündungen und Ulzera entstehen.

Epulis ist beim Hund der am häufigsten vorkommende gutartige Tumor in der Maulhöhle und wird in drei Typen unterteilt: fibromatös, ossifizierend und squamös resp. akanthomatös, wobei die ersten zwei gestielt und nicht ulzerierend sind und sich auf die Gingiva beschränken. Fibromatöse Epulitiden zeigen sich als harte Umfangsvermehrungen, die durch ihr oft blumenkohlartiges Aussehen einen bösartigen Tumor vortäuschen können. Sie können so groß werden, dass sie Zähne überwuchern und bei der Futteraufnahme stören können. Beim Zubeißen entstehen häufig Verletzungen, sodass Blutungen und Infektionen die Folgen sind. Auch osteoides Gewebe kann in den Epulitiden auftreten, sodass eine knochenharte Konsistenz entsteht. Die **akanthomatöse Epulis**, auch Adamantinom oder peripheres **Ameloblastom** genannt, hat trotz Gutartigkeit auch maligne Charakterzüge wie lokale Invasivität und Knochendestruktion, jedoch gibt es keine Metastasen. Ameloblastom bezieht sich hierbei auf die Herkunftszellen des Tumors, den odontogenen Epithelialzellen, welche normalerweise Schmelz produzieren. Akanthomatös hingegen bezieht sich auf die zylindrische Form dieser Epithelialzellen im Tumor. Epulitiden müssen entfernt werden, wenn sie zur Behinderung des Kauens oder des Maulschlusses führen oder wenn sich nicht heilende Ulzera entwickeln (Abb. 8.6a, b). Diese werden dann vollständig abgetragen, Rezidive können jedoch vorkommen.

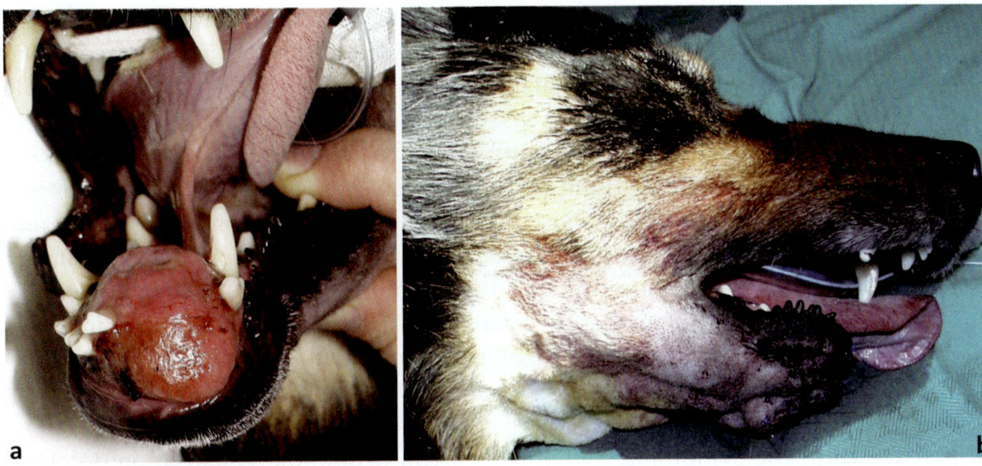

Abb. 8.6 Akanthomatöse Epulis (Ameloblastom) bei einem erwachsenen Hund vor (a) und nach (b) der operativen Entfernung.

Bei jungen Katzen muss immer an nasopharyngeale **Polypen** gedacht werden, welche häufig auch durch die Eustachische Röhre wachsen können. Deshalb müssen hier immer Nase und Ohren untersucht werden, da sonst die Rezidivgefahr bei zurückgelassenem Restmaterial recht hoch ist. Empfehlenswert ist, diese Katzen im Vorfeld einer chirurgischen Behandlung mit einem Kopf-MRT oder -CT genauer zu untersuchen, um spätere Rezidive möglichst zu verhindern.

Maligne Melanome werden zumeist bei älteren Hunden mit oraler Pigmentation diagnostiziert – bei Katzen sind sie sehr selten. Sie wachsen schnell und infiltrieren früh in Gingiva und Knochen. Während die Hautmelanome meist gutartig sind, besteht in der Maulhöhle eine hohe Tendenz zur Malignität. Es können alle Gegenden der Mundschleimhaut betroffen sein, jedoch selten die Zunge und die Mandeln. Melanome metastasieren früh in die regionalen Lymphknoten, die Lungen sind der häufigste Ort für viszerale Metastasen. Sie sind zumeist stark pigmentiert und dementsprechend braunschwarz, können jedoch auch nicht pigmentiert sein.

Plattenepithelkarzinome kommen von allen Malignomen im Bereich der Mundhöhle bei der Katze am häufigsten, beim Hund am zweithäufigsten vor. Bei der Katze sind sie meistens am Zungenrand, beim Hund an den Gingiven lokalisiert. Besonders bösartig sind sie jedoch, wenn sie von den Tonsillen ausgehen (s. Kap. 8.2.6). Plattenepithelkarzinome können von der Gingiva ausgehen oder von der bukkalen oder labialen Schleimhaut, vom harten Gaumen oder der Zunge; bei der Katze treten sie oft unter der Zunge auf. Als mögliche Ursachen werden chronische Entzündungen und mechanische

Störungen diskutiert, wobei Flohhalsbänder, Büchsenfutter und Zigarettenrauch als Risikofaktoren bei der Katze identifiziert wurden. Es handelt sich zumeist um erosive bis ulzerative Läsionen. Plattenepithelkarzinome wachsen zwar langsam, haben aber eine Tendenz zur Infiltration und Destruktion des umgebenden Gewebes einschließlich der Alveolen und Kieferknochen. Sie sind meistens lokal invasiv in Mukosa, Submukosa, Muskeln und Knochen, Letzteres v. a. beim Hund. Eine Infiltration in die Nasen-, Nasenneben- und Augenhöhle kann ebenfalls vorkommen. Regionale Metastasen in die Lymphknoten sind häufig, wohingegen viszerale Metastasen (v. a. Lunge) selten sind und zumeist erst spät in der Krankheit auftreten.

Fibrosarkome kommen bei Hund und Katze recht häufig vor. Ihr bevorzugter Sitz ist die Gingiva. Sie werden vorzugsweise bei Hunden größerer Rassen beobachtet und können schon in jungen Jahren auftreten, wohingegen sie bei kleineren Hunden zumeist erst im fortgeschrittenen Alter auftreten. Fibrosarkome treten an denselben Orten wie Plattenepithelkarzinome auf, wobei sie gehäuft zwischen Canini und Prämolaren vorkommen. Sie sind zumeist glatt, hart, lokal invasiv mit hoher Rezidivrate nach Entfernung und nur selten metastasierend.

Klinisches Bild: Die Symptome sind abhängig von Größe und Lokalisation der Massen. Häufig sind Kau- und Schluckbeschwerden, Schmerzäußerungen und übermäßiger Speichelfluss. Bei Ulzerationen kann es zusätzlich zu Blutbeimengungen kommen. Zudem werden oft Entlastungen/Nichtgebrauch von den betroffenen Gebissteilen beschrieben oder Fehlstellungen von (verdrängten) Zähnen bemerkt.

Diagnose: Nötig ist zumeist eine histopathologische Beurteilung des veränderten Gewebes, manchmal kann jedoch auch die Zytologie schon diagnostisch sein. Für die Gewebeprobenentnahme zur histopathologischen Untersuchung werden häufig Stanzbiopsien (4–8 mm) eingesetzt, welche möglichst nicht inmitten der größten Entzündung und Ulzeration entnommen werden sollten, sondern am Übergang von normalem zu pathologischem Gewebe. Bei bösartigen Tumoren sollten auch die örtlichen Lymphknoten aspiriert (Zytologie) oder biopsiert werden (Histologie), bevor man das weitere Vorgehen plant. Ein **Staging nach dem WHO-Schema (T**umor, **N**odes, **M**etastases; T, N, M**)** ist vor Besprechung der Therapie angezeigt. Bei malignen Tumoren ist hierzu auch ein Thoraxröntgen empfehlenswert, eventuell auch zusätzliche Schädel-/Kieferröntgen zur Beurteilung von Knochenläsionen/-lyse oder ein CT/MRT. Leider werden orale Tumoren häufig erst spät bemerkt und weisen zu diesem Zeitpunkt schon Metastasen in den regionalen Lymphknoten auf.

Therapie, Prognose: Sie sind entsprechend dem Ursprung der Neoplasie recht unterschiedlich. Die gutartigen Neoplasien sind selbstlimitierend (Papillom) oder werden mit einer chirurgischen Exzision behandelt (Epulis). Bei malignen Tumoren hängt die Prognose und die Therapie vom Ergebnis des Stagings ab. Falls Metastasen in Lymphknoten und/oder Lunge gefunden werden, so kann allenfalls eine aggressive Therapie mit chirurgischer Resektion und zusätzlicher Chemotherapie oder Bestrahlung (vorübergehend) Hilfe bringen. Sowohl bei der Chirurgie als auch bei der Bestrahlung kann jeweils zwischen einem **palliativen** (= lindernden) und einem **kurativen** (= heilenden) Ansatz unterschieden werden, wobei kurativ nicht immer möglich oder sinnvoll ist. Ein Plattenepithelkarzinom wird v. a. mit Bestrahlung behandelt. Bei malignen Melanomen, Fibrosarkomen und Osteosarkomen wird eine (eventuell kurative) chirurgische Resektion mit ggf. zusätzlicher Bestrahlung oder Chemotherapie bevorzugt, je nachdem wie gut die Ränder des Tumors entfernt werden konnten.

8.2.8 Fremdkörper

Epidemiologie, Ätiologie: Fremdkörper wie Holz- und Metallstücke oder Spielzeuge werden besonders bei jüngeren Hunden gesehen. Bei Hunden und teils auch bei Katzen können aber auch eingeklemmte Knochenstücke, die Zunge einschnürende lineare Fremdkörper oder Angelhaken mit Nylonfaden und Nähnadeln gefunden werden.

Klinisches Bild: Auffällig sind Abwehrbewegungen mit den Vorderpfoten, nicht behebbarer unvollständiger Kieferschluss, Schmerzhaftigkeit, Salivation und (je nach Lokalisation) Atemprobleme. Bindfäden und Angelhaken mit Nylonschnur um den Zungengrund werden erfahrungsgemäß oft übersehen. Bei oberflächlicher Untersuchung der Maulhöhle oder fehlender Symptomatik gibt manchmal leider erst die Laparotomie Aufschluss, wobei der Darm über dem geschluckten linearen Fremdkörper aufgereiht ist und bei Zug am Faden der Patient plötzlich mit dem Kopf nickt. Zunge abschnürende Fremdkörper lassen den apikalen Teil unförmig anschwellen und schließlich nekrotisch werden. **Differenzialdiagnostisch** sollte je nach klinischem Bild an Tollwut (Salivation, unvollständiger Kieferschluss infolge Lähmung) oder eine Lähmung anderer Genese, Kieferbruch, Arthritis des Kiefergelenks oder Insektenstich gedacht werden.

Diagnose und Therapie: Eine **genaue Inspektion der Maulhöhle** ist sehr wichtig und meist zur Diagnosestellung genügend. Falls nötig, kann die Bildgebung (Röntgen oder eventuell CT oder MRT) unterstützen. Die Endoskopie kann v. a. für retropharyngeale Fremdkörper (z. B. Grashalm bei der Katze) hilfreich sein. Durch die Entfernung des Fremdkörpers kann zumeist auch die Therapie im selben Ansatz vollzogen werden.

8.2.9 Retropharyngeale Abszesse

Diese bei Hund und Katze nicht seltene Krankheit geht meist auf eingespießte **Fremdkörper** zurück. Die Patienten zeigen Anorexie, Schluckbeschwerden, bisweilen äußerlich sichtbare Umfangsvermehrung über dem Kehlkopf verbunden mit Palpationsschmerz. Fieber und Leukozytose können ebenfalls bestehen. Auf dem Röntgenbild (alternativ Ultraschall oder CT/MRT) kann dorsal, zuweilen ventral des Kehlkopfes eine Weichteilverschattung gesehen werden, eventuell mit einem schattengebenden Fremdkörper. Zur Behandlung sind zumeist chirurgische Maßnahmen erforderlich.

8.2.10 Andere mögliche Erkrankungen im Bereich der Maulhöhle

- Zahnerkrankungen (Abb. 8.7)
- Fisteln, Granulome
- Bissverletzungen
- Stockverletzungen
- Trauma, Frakturen
- Verätzungen, Verbrennungen, (Kontakt-)Allergien
- Zungennekrose infolge Kontakt mit Raupen von Prozessionsspinnern (Abb. 8.8a, b)
- Schlangenbisse (ödematös-hämorrhagische, dolente Schwellung, kann im Verlauf nekrotisieren; zusätzlich eventuell Schock, DIG, Sepsis usw.)
- Neurologische Erkrankungen (s. Kap. 14):
  - Fazialislähmung (herabhängende Lefzen)
  - Myositis Kaumuskulatur
  - Trismus, Risus sardonicus (v. a. Tetanus)

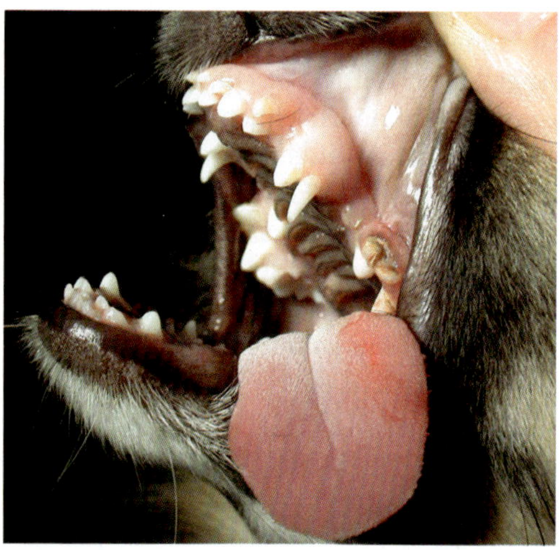

Abb. 8.7 (oben) Junger Chihuahua mit massiven Zahnfehlstellungen infolge persistierender Milchzähne. Praktisch alle Zahnreihen sind doppelt vorhanden.

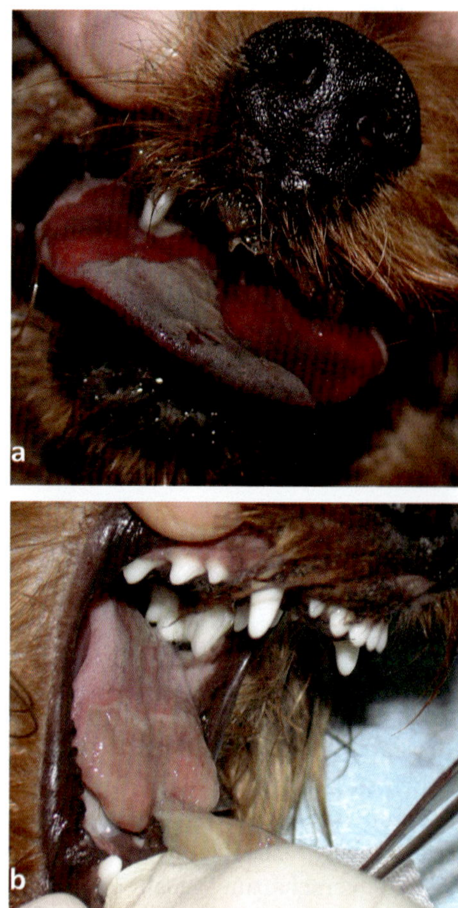

Abb. 8.8 (rechts) Zunge eines Yorkshire Terriers ein paar Stunden (a) und ein paar Tage (b) nach Kontakt mit Raupen von Prozessionsspinnern. In der Abbildung 8b sieht man ein Stück nekrotisches Zungengewebe, welches gerade entfernt wird.

8.3 Krankheiten der Speicheldrüsen

(siehe auch Kap. 7.1.7, u. a. zu anatomischen und physiologischen Grundlagen).

8.3.1 Pathologische Grundlagen

Aufgrund der histologischen Untersuchung können Veränderungen der Speicheldrüsen in folgende Hauptkategorien unterteilt werden: Sialadenitis, Sialozele, Sialadenose, bösartige Tumoren und Speicheldrüseninfarkt. Zudem werden verschiedene degenerative oder fibrotische Läsionen, duktale Ektasie, Sialolithiasis, Ödem, benigne Neoplasien und sekundäre Beschädigung der Speicheldrüse durch ein systemisches oder zervikales Lymphom oder Fibrosarkom in Kopf und Nacken beschrieben. Im Folgenden werden die häufigsten Erkrankungen der Speicheldrüse dargestellt. Dazu gehören auch die **Speicheldrüsenzysten (Sialozele, Mukozele).** Dieses Krankheitsbild wird detailliert in Kap. 7.1.7.1 beschrieben.

8.3.2 Sialadenitis

Definition: Eine Sialadenitis entspricht einer Entzündung der Glandula parotis oder der übrigen Speicheldrüsen.

Ätiologie: Die bei Hund und besonders Katze seltene Krankheit kann durch Paramyxoviren, Staupeviren oder im Verlauf der Tollwut durch Rhabdoviren ausgelöst werden. Auch Fremdkörper, Trauma und perforierende Verletzungen mit bakterieller Infektion (u. a. Bissverletzungen) sind seltene Ursachen einer Sialadenitis. Ebenso kann im Verlauf einer Sialozele sekundär eine Entzündung auftreten. Andere mögliche zugrunde liegende Erkrankungen sind eine Infektion mit *Spirocerca lupi*, Megaösophagus, Ösophagitis und ösophageale Divertikel, wobei viele assoziierte Läsionen den Ösophagus betreffen.

Klinisches Bild: Die betroffene Speicheldrüse schwillt an und wird derb. Bei Palpation (und vermutlich auch spontan) ist sie vermehrt schmerzhaft und warm. Bisweilen wird erhöhter Speichelfluss beobachtet (Hypersalivation). Fieber und Leukozytose (Neutrophilie) werden ebenfalls gefunden. Durch eine Ruptur einer abszedierenden Speicheldrüse kann es zum Ausscheiden von Eiter in die Maulhöhle oder das umgebende Gewebe kommen, Fistelkanäle sind ebenfalls möglich. Eine Schwellung der Parotis ist zumeist am besten unter dem Ohr zu sehen, jene der Mandibularspeicheldrüse im Kieferwinkel und die Schwellung der Zygomatika kaudal beim Auge. Die Schwellung der Zygomatika kann zudem zu retrobulbärer Schwellung mit divergierendem Strabismus des betroffenen Auges, Exophthalmus, übermäßiger Tränenproduktion und Problemen bei der Maulöffnung sowie beim Fressen führen. Die starke Schwellung kann sehr schmerzhaft sein und zu versteifter Kopfhaltung und Abneigung gegenüber einer Manipulation von Kopf und Nacken führen.

Diagnose: Das klinische Bild ist so typisch, dass es kaum verwechselt werden kann. Man kann einen Erregernachweis über den Speichel versuchen. Bei Tollwut kommen besonders die nervalen Symptome hinzu. Röntgen und/oder Ultraschall können helfen, um einen Abszess zu finden. Zytologisch oder histopathologisch können Zeichen von akuter oder chronischer Entzündung mit Nekrose vorherrschen.

Differenzialdiagnose: infrage kommen Tumoren, Mukozelen (Sialozelen), Abszesse und Fremdkörper.

Therapie: Bei Vorliegen einer auslösenden Grunderkrankung ist deren effektive Behandlung i. d. R. ausreichend. Eine milde Sialadenitis braucht oft kein Antibiotikum, wohingegen ein sich entwickelnder Abszess drainiert werden und mit einem Antibiotikum nach Antibiogramm weiterbehandelt werden sollte. Die Heilung von perforierenden Verletzungen oder Abszessen ist oft stark verzögert, da sich häufig Fisteln bilden. Nekrotisches Gewebe, insbesondere eine nekrotische Speicheldrüse, ist zu entfernen.

8.3.3 Sialadenose

Definition: Bei der Sialadenose handelt es sich im Gegensatz zur Sialadenitis um eine nicht entzündliche Erkrankung des Drüsenparenchyms der Speicheldrüsen. Zumeist geht sie mit einer Vergrößerung der Speicheldrüsen und Ptyalismus (s. Kap. 8.1.4) einher.

Pathogenese, Klinisches Bild: Beim Hund hat in den letzten Jahren v. a. die **Phenobarbital-responsive Sialadenose** von sich reden gemacht, welche auch nach Entfernung von einem Ösophagusfremdkörper auftreten kann. Dabei kann Ptyalismus, Dysphagie, Regurgitation und manchmal auch Vomitus über mehrere Wochen beobachtet werden. Die teils spürbar vergrößerten Speicheldrüsen sind ohne histologische Zeichen einer Entzündung. Fluoroskopisch kann manchmal auch ein Ösophagusspasmus dargestellt werden. Die Pathogenese dieses Syndroms ist nicht bekannt. Man vermutet eine Form von limbischer Epilepsie oder peripherer Dysfunktion des autonomen Nervensystems, welche auf antiepileptische Dosierungen von Phenobarbital ansprechen.

8.3.4 Tumoren der Speicheldrüsen (s. auch Kap. 7.1.7.2)

Epidemiologie, Ätiologie: Neoplasien der Speicheldrüsen kommen selten vor, jedoch gehäuft bei Spaniel, Pudel und Siamkatze. Parotis und Mandibularis sind am meisten betroffen, v. a. bei alten Hunden. Es werden mukoepidermoide Tumoren, Plattenepithelkarzinome, Adenokarzinome und Sarkome beschrieben, wobei **Adenokarzinome** sowohl bei Hunden als auch bei Katzen am häufigsten vorkommen. Diese sind zumeist lokal infiltrativ und metastasieren relativ schnell in die regionalen Lymphknoten und in die Lunge.

Klinisches Bild: Es fallen die Vergrößerung der betroffenen Drüse und deren derbe Konsistenz auf.

Diagnose: Eine Zytologie nach Feinnadelaspiration kann hilfreich sein, oft ist jedoch für die genaue histologische Bestimmung eine Biopsie erforderlich.

Therapie: Die Therapie besteht in der Entfernung der befallenen Drüse. Eine vollständige chirurgische Entfernung ist wegen der starken Invasivität und frühen Metastasierung nicht immer möglich, weshalb häufig eine Radiotherapie nach vorheriger chirurgischer (Teil-)Resektion („debulking") angewendet wird.

8.3.5 Speichelsteine (Sialolithen) (s. auch Kap. 7.1.7.3)

Speichelsteine sind oft weiche Konkremente im Ausführungsgang der Parotis, welche wahrscheinlich infolge chronischer Sialadenitiden gebildet werden. Möglich ist aber auch eine idiopathische Entstehung. Die aus Zellmaterial, Magnesium- und Kalziumkarbonat, zum Teil auch aus Kalziumphosphat bestehenden Steine verlegen den Ausführungsgang und führen so zur Obstruktion der Drüse mit starker Schwellung. Die betroffene Drüse ist schmerzhaft bei Palpation, jedoch nicht vermehrt warm. Eventuell kann das Konkrement palpiert oder bisweilen auch auf dem Röntgenbild dargestellt werden. Differenzialdiagnostisch muss an Sialadentitis, Tumoren oder Fremdkörper gedacht werden. Das Konkrement wird durch einen kleinen Einschnitt entfernt, wobei der Gang nicht vernäht werden sollte (Heilung per secundam).

8.4 Krankheiten des Ösophagus

8.4.1 Anatomische und physiologische Grundlagen

Der Ösophagus (= Speiseröhre) stellt die Verbindung zwischen Rachen und Magen her. Er besitzt die Form eines muskulösen Schlauches und lässt sich in einen Hals-, Brust- und Bauchabschnitt unterteilen. Am Anfang des Halsteils liegt er dorsal der Luftröhre, im distalen Halsteil an der linken Halsseite. Im Brustteil verläuft der Ösophagus wieder dorsal auf der Luftröhre. Kranial der Bifurkation der Trachea liegt normalerweise links neben dem Ösophagus der Aortenbogen. Postkardial verläuft der Ösophagus ventral der Aorta und vom Vagus begleitet in Richtung Zwerchfell. Im Zwerchfell verlässt er die Brusthöhle und erreicht im Bereich der Kardia im kurzen Bauchteil den Magen.

Die Wand der Speiseröhre ist dreischichtig: Außen liegt die Bindegewebsschicht (Serosa), in der Mitte die Muskelschicht (Muskularis) und innen die Schleimhaut (Mukosa). Die **Muskelschicht** weist insofern tierartliche Besonderheiten auf, als sie beim Hund durchgehend quergestreift ist, während bei der Katze (und beim Mensch) die untersten 30–50 % der Speiseröhre schon glatte Muskulatur aufweisen. Diese Beschaffenheit beeinflusst auch mögliche Erkrankungen, wie z. B. die fokale Form der Myasthenia gravis, welche beim Hund vorkommen kann (s. unten). Die aus der Pharynxmuskulatur hervorgehende Ösophagusmuskulatur weist zunächst einzelne selbstständige Züge auf, die dann elliptische und im Mittelteil Spirallagen annehmen. Magenwärts besteht eine äußere Längs- und innere Kreisschicht.

Der Schlund geht aus dem Rachen mit dem engen, aber dehnungsfähigen Vestibulum oesophagi hervor. Der Übergang wird als Limen pharyngooesophageum bezeichnet. Diese Grenze ist in der Endoskopie beim Hund deutlich, bei der Katze weniger gut erkennbar. Der obere **Sphinkter** wird hauptsächlich vom Musculus cricopharyngeus gebildet. Kopfwärts ist die Schleimhaut blass, drüsenlos und engfaltig, während sie im Ösophagus selbst dunkel, drüsenhaltig und grobfaltig ist. Die Kardia bildet den Eingang zum Magen. Hier befindet sich der untere Ösophagussphinkter oder auch Kardiasphinkter, der normalerweise den Rückfluss von Mageninhalt verhindert. Bei der Katze ist die Schleimhaut des distalen Teils des Ösophagus in Falten angeordnet, die endoskopisch gut zu erkennen sind und dem Röntgenkontrastbild ein typisches Fischgrätenmuster verleihen.

Die Aufgabe der Speiseröhre ist die Beförderung der Nahrung oder Flüssigkeit von der Rachenhöhle in den Magen, gelegentlich auch umgekehrt. Sie ist bei Hund und Katze sehr dehnungsfähig. Der **Schluckakt** wird zunächst willkürlich ausgelöst, läuft dann aber nach Ankommen des Bissens in der Rachenenge unwillkürlich ab. Nach willkürlicher Beförderung des Bissens in den Pharynx kontrahiert sich dieser reflektorisch in Richtung Schlund und befördert so den Bissen in aboraler Richtung. In diesem Stadium sind Naso-, Oropharynx und Kehlkopf geschlossen. Gleichzeitig öffnet sich das Vestibulum oesophagi durch Erschlaffen des M. cricopharyngeus. Es erfolgen nun wellenförmig nach aboral gerichtete unwillkürliche Kontraktionen der Ösophagusmuskulatur, die den Bissen weiter magenwärts befördern. Diese Vorgänge lassen sich anhand von **Kontrastmitteldarstellungen mittels Durchleuchtung** verfolgen. Nicht selten bleibt ein Rest vorübergehend im Schlund liegen. Er wird dann beim nächsten Abschlucken mitgenommen oder dieser löst selbst noch einmal einen sekundären Kontraktionsreflex aus. Diese Peristaltik lässt sich mit einer Röntgendarstellung gut erkennen und auch anhand der Endoskopie bei nicht zu tief narkotisierten Tieren auslösen. Das Eintreten in den Magen wird durch Lösen des Kardiasphinkters erreicht.

Diese Abläufe werden durch ein kompliziertes Zusammenspiel neuraler, mechanischer und hormoneller Systeme gesteuert. Über die afferenten Bahnen der Nn. glossopharyngeus und vagus wird das Schluckzentrum in der Medulla oblongata erreicht, wo die Umschaltung auf efferente Bahnen der Nn. trigeminus, facialis, hypoglossus und cervicales erfolgt. Die Peristaltik kann auch unmittelbar durch einen mechanischen Dehnungsreiz im Ösophagus selbst ausgelöst werden (sog. „sekundäre Kontraktion").

Die Schleimhaut des Ösophagus besitzt im Normalfall einen sehr guten Schutz durch:
- Verhorntes Plattenepithel
- „Tight junctions“
- Mukus
- Bikarbonationen

Falls dieser Schutz durch mechanische (z. B. Fremdkörper), chemische oder funktionelle Probleme beeinträchtig wird, kann es in der Folge zu einer (Reflux-) Ösophagitis kommen, welche ihrerseits wiederum bis hin zum Megaösophagus führen kann.

8.4.2 Anamnese und klinische Untersuchung

Regurgitieren ist oft das einzige klinische Symptom, mit welchem Hunde und Katzen mit Ösophaguserkrankungen vorgestellt werden. Da Regurgitieren ein sehr wichtiger Hinweis auf die Lokalisation „Ösophagus“ darstellt, ist es von besonderer Bedeutung, es als solches zu erkennen. Hierbei muss die Regurgitation von Dysphagie (Schluckbeschwerden, s. Kap. 8.1.3) und Erbrechen (s. Kap. 8.1.5) unterschieden werden. Zur genauen Unterscheidung von Regurgitation und Vomitus siehe auch Kap. 8.1.5 und Tabelle 8.1.

Anamnese: Die Anamnese ist hierbei von entscheidender Bedeutung. Berücksichtigt und erfragt werden müssen Abnormitäten der Futter- und Wasseraufnahme, eventuell Regurgitation (die vom Besitzer als „Erbrechen“ bezeichnet wird), Zeit des „Erbrechens“ und Aussehen des „Erbrochenen“ (Verdauungsgrad, Geruch, Schleimbeimengung oder -überzug, Blutbeimengungen), Schmerzäußerung beim Abschlucken, mögliche Abmagerung. Besonders das Fehlen von Würgen, Übelkeit und Bauchpresse beim vermeintlichen „Erbrechen“ lassen dies mit großer Wahrscheinlichkeit als Regurgitieren erscheinen. Folgende Symptome/Kriterien müssen abgeklärt werden:
- Vomitus oder Regurgitation (siehe Kap. 8.1.5 und Tab. 8.1)
  - Bauchpresse
  - Würgen
  - Übelkeit
  - Beimengungen (Schleim/Galle/Blut)
  - Verdauungszustand
  - Zeitpunkt nach Futteraufnahme
- Verlauf: progressiv oder nicht
- Allgemeinzustand
- Atemprobleme
- Andere Symptome

Diagnostik: Die klinische Untersuchung des Ösophagus sollte mit der **Adspektion** beginnen und bei kurzhaarigen Rassen besonders die linke Halsseite berücksichtigen. Hier können bisweilen Futteranschoppungen festgestellt werden. Wichtig ist auch die

Beobachtung des Abschluckens. Vom Boden aus bietet man dem Patienten feste und flüssige Nahrung an und achtet auf das Abschlucken und eventuell Regurgitation oder Nasenausfluss. Tiere mit Lähmung des Schlundkopfes und/oder Schlundes versuchen ständig, Wasser zu trinken; dabei läuft auch Speichel in das Trinkgefäß. Sind hier auffällige Befunde zu beobachten, so sollte dieselbe Prozedur noch einmal versucht werden, wobei das Futter auf einem erhöhten Platz angeboten wird. Hierbei muss sich der Patient aufrichten und die Schwerkraft hilft ihm beim Abschlucken. Schmerzhafte Zustände im Bereich der Maulhöhle führen zum Versuch, das in die Maulhöhle gelangte Futter wieder loszuwerden. Dies darf aber nicht mit Schluckstörungen verwechselt werden. Schlussendlich können durch die **Palpation** teils größere Fremdkörper im Halsteil des Ösophagus ertastet werden. Druck im Pharynxbereich führt zum Auslösen des Schluckreflexes.

Ablauf der klinischen Untersuchung:
- Eingehende orale Untersuchung
- Adspektion und Palpation von Pharynx/Larynx/Halsbereich
- Verlauf des Ösophagus ertasten
- Kompression des Thorax (Ausbuchtung am Hals sichtbar)
- Auskultation Lunge (Zeichen für Aspiration)
- Sorgfältige neurologische Untersuchung

8.4.3 Diagnostisches Vorgehen zur weiteren Abklärung

Die **Radiologie** kann für die Beurteilung der Funktion des Ösophagus sehr hilfreich sein, womit schwerere Bewegungsstörungen und Erweiterungen – i. d. R. mittels Kontrastmittel – sichtbar gemacht werden. Zur Beurteilung der dynamischen Bewegungen des Schlundes ist die Beobachtung mittels Durchleuchtung das Mittel der Wahl. Der funktionsfähige Ösophagus kann ohne Inhalt röntgenologisch nicht dargestellt werden. Er wird sichtbar bei Luftfüllung (z. B. bei Megaösophagus, Aerophagie) oder bei einem Pneumomediastinum. Ebenso wird er bei Obturation durch schattengebende Fremdkörper oder Futter sichtbar. Zur Darstellung mit Kontrastmitteln sind jodhaltige Kontrastmittel besser geeignet als Barium. Dies ist v. a. dann wichtig, wenn der Ösophagus eventuell perforiert ist (Barium reizt viel stärker im Thorax als Jod) oder wenn anschließend eine Ösophagoskopie geplant ist (Barium verstopft den Arbeitskanal und verschlechtert die Sicht). Eine dickbreiige Konsistenz der Futter-Kontrastmittel-Mischung ermöglicht eine bessere Beobachtung des Funktionsablaufs. Dilatationen und ihre Lokalisation lassen sich leicht anhand einer Lateralaufnahme feststellen. Bei Strikturen sind jedoch mehrere Aufnahmen in Minutenabständen erforderlich, noch besser wäre eine Durchleuchtung oder im Idealfall eine Endoskopie.

Die Röntgenuntersuchung ergibt bei Erkrankungen der Mukosa i. d. R. keine anormalen Befunde. Hier ist die **Ösophagoskopie** klar überlegen. Sie hat zwar den Nachteil, dass sie nur unter Narkose durchgeführt werden kann, jedoch kann gleichzeitig auch der Magen und der Dünndarm angesehen und falls nötig biopsiert werden. Durch Luftinsufflation über den Arbeitskanal wird der Ösophagus erweitert und das Endoskop langsam unter Sichtkontrolle vorgeschoben. Die normale Ösophagusschleimhaut ist hell rosa, feucht, glatt und glänzend. Nach Entweichen der Luft verengt sich das Lumen, sodass Längsfalten entstehen. Die Atembewegungen übertragen sich auf den Ösophagus, ebenso die Herzaktionen und Aortenpulsation. Deutlich zu sehen ist der Sphinkter der Kardia an der Stelle, wo sich die hellere Ösophagusschleimhaut von der dunkleren Magenschleimhaut scharf absetzt. Die Endoskopie hat den Vorteil, dass neben genauer Adspektion der Schleimhaut und möglicher Biopsieentnahmen bei Fremdkörper und Strikturen gleich die **Therapie** (Entfernen resp. Ballondilatation, s. Kap. 8.4.5 u. 8.4.7) angeschlossen werden kann.

Das **diagnostische Vorgehen** kann wie folgt zusammengefasst werden:
- Detaillierte Anamnese
- Klinische Untersuchung
- Thoraxröntgen
- Blutuntersuchungen
- Eventuell Ösophagoskopie
- Eventuell Kontraströntgen/Schluckstudie
- Eventuell Ultraschall Mediastinum

Ein mögliches Flussdiagramm zur Abklärung von Ösophagusveränderungen ist in Abb. 8.9 zu sehen. Bei **Megaösophagus** sollten eine Reihe zusätzlicher Tests durchgeführt werden (s. Kap. 8.4.12).

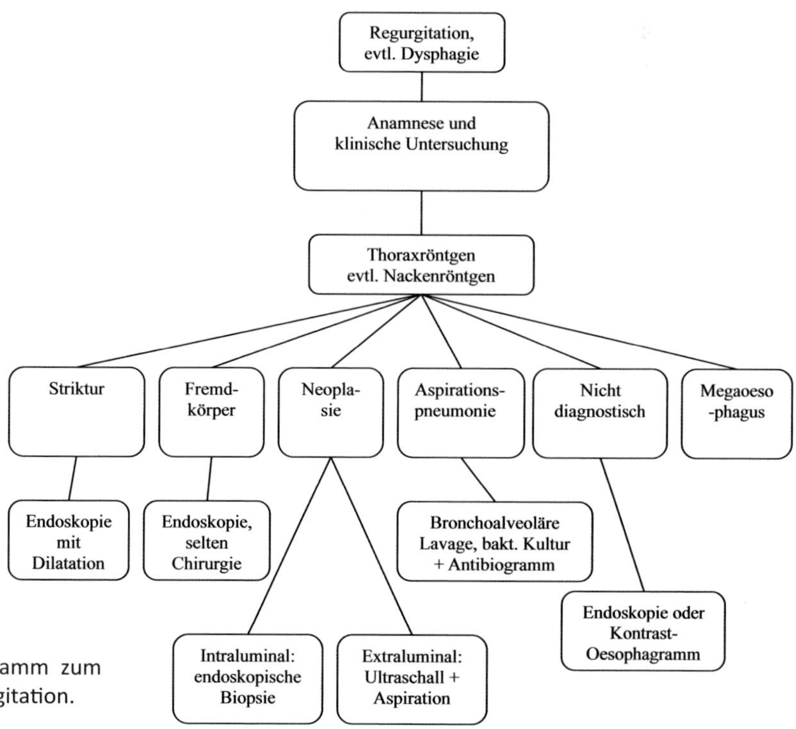

Abb. 8.9 Flussdiagramm zum Abklären von Regurgitation.

8.4.4 Mögliche Ursachen von Ösophaguserkrankungen

Ösophagusveränderungen können generell in morphologische und funktionelle Veränderungen unterteilt werden, wobei bei funktionellen Störungen fast immer ein Megaösophagus entsteht. Die wichtigsten Probleme werden in den folgenden Abschnitten genauer besprochen.

Ursachen morphologischer Veränderungen:
- Fremdkörper (s. Kap. 8.4.5)
- Ösophagitis (s. Kap. 8.4.6)
- Strikturen/Divertikel (s. Kap. 8.4.7)
- Vaskuläre Ringanomalie (s. Kap. 8.4.8)
- Neoplasien (s. Kap. 8.4.9)
- Intraluminal
- Intrathorakal
- Hiatushernie (s. Kap. 8.4.10)
- Granulome (Fremdkörper, Spirocerca lupi)

Ursachen funktioneller Veränderungen:
- Cricopharyngeale Dysphagie (s. Kap. 8.4.11)
- Kongenitaler Megaösophagus (s. Kap. 8.4.12)
- Erworbener Megaösophagus (s. Kap. 8.4.12)
  - Myasthenia gravis (fokal oder generalisiert)
  - Sekundär zu Ösophagitis
  - Hypothyreose
  - Hypoadrenokortizismus
  - Systemischer Lupus erythematosus
  - Thymom
  - Neuromuskuläre Probleme
  - Dysautonomie
  - Blei-/Organophosphatvergiftung
  - Botulismus, Tetanus, Tollwut
  - Idiopathisch u. a. m.

8.4.5 Fremdkörper

Epidemiologie, Ätiologie: Fremdkörper kommen beim Hund wesentlich häufiger vor als bei der Katze. In einer Studie (Gianella et al., 2009) lag die Prävalenz von endoskopisch entfernten Fremdkörpern in einer Überweisungsklinik bei 0,67 %. Von 102 Fremdkörpern waren 57 im Ösophagus, 36 im Magen und 9 in beiden Lokalisationen zu finden. Es wurden v. a. **Knochen** (50/102) (Abb. 8.10a, b), gefolgt von Plastik (17), scharfen Objekten wie Angelhaken und Nadeln (9), Kauknochen (8) und in einzelnen

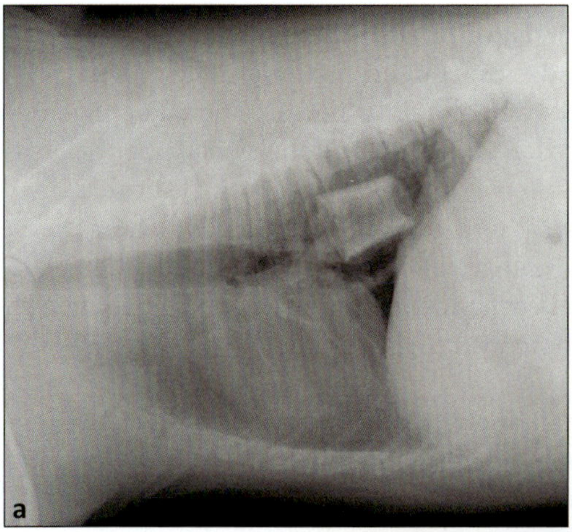

Abb. 8.10 Ösophageale Fremdkörper beim Hund. a: Fremdkörper (Stück eines Röhrenknochens) im distalen Ösophagus eines Hundes. Der Fremdkörper wurde erst vor einer Stunde verschluckt, weshalb man den Knochen so scharf begrenzt und ohne lokale Reaktionen in der Umgebung sieht.
b (u. links): Endoskopisches Bild eines Fremdkörpers (Knochenstück) mit zusätzlichem Futter. Die Ösophagusschleimhaut sieht soweit beurteilbar normal aus.
c (u. rechts): Distaler Ösophagus eines Hundes nach Fremdkörperentfernung. Der Fremdkörper, eine Skapula eines Nagetieres, war etwa 10 Tage im Ösophagus, weshalb die Ösophagusschleimhaut hier sehr stark verändert ist. Links im Bild sieht man eine wulstartige Aussackung, welche glücklicherweise nicht durchgebrochen ist.

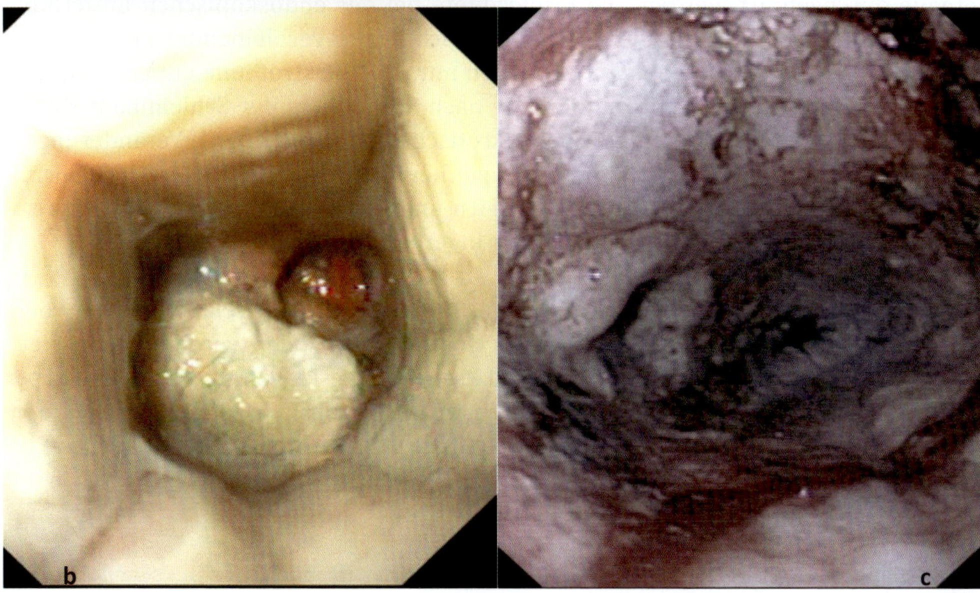

Fällen Stoffreste, Holz, Steine u. a. m. gefunden. Je nach Größe, Form und Material werden einige Fremdkörper entweder regurgitiert oder passieren ohne Probleme den MDT. Die Prädilektionsstellen für das Hängenbleiben von Fremdkörpern sind der Brusteingang, die Herzbasis und die Kardia. Bestimmte Hunderassen (v. a. Terrier) sind überrepräsentiert, wobei in der besagten Studie – verglichen zur Spitalpopulation – West Highland White Terrier und Yorkshire Terrier zusammen mit Berner Sennenhunden deutlich überrepräsentiert waren.

Diagnose: Die Hunde werden oft schon mit einer entsprechenden Vorgeschichte (Knochen oder Abfall gefressen, Spielzeug fehlt) vorgestellt. Die Fremdkörper können zum

Teil extrathorakal palpiert, müssen jedoch meist durch **Röntgen** bestätigt werden. Die meisten Fremdkörper sind kontrastreich, sodass sie gut erkannt werden können (Abb. 8.10a). Nicht röntgendichte Fremdkörper werden allenfalls mittels Endoskopie gefunden, wobei sie dabei auch gleich entfernt werden können. Das Röntgen hat aber bei ösophagealen Fremdkörpern eine sehr große Trefferquote (100 % bei Gianella et al., 2009), wohingegen Magen-Fremdkörper teils verpasst und erst im Ultraschall oder sogar erst in der Endoskopie gefunden werden. Falls Kontrastmittel zum Einsatz kommen, sollten jodhaltige benutzt werden, da Barium bei vorhandenen Perforationen eine Pleuritis auslösen kann und ggf. notwendige Endoskopien verzögert werden.

Therapie: In den allermeisten Fällen gelingt die Entfernung unter endoskopischer Kontrolle. Bisweilen ist es jedoch nötig, den Fremdkörper in den Magen zu befördern und von dort über eine Gastrotomie zu entfernen. In sehr seltenen Fällen muss eine Ösophagotomie durchgeführt werden. Die Erfolgsquote bei der endoskopischen Entfernung war bei Gianella et al. (2009) mit 92/102 sehr hoch. Die 10 verbleibenden Fremdkörper mussten teils nach Vorschieben in den Magen mit einer Gastrotomie entfernt werden. Eine Ösophagotomie war aber nie nötig. Je nach Schädigung der Schleimhaut sollten die Tiere 12–48 Stunden fasten (v. a. bei nekrotischen oder ulzerativen Veränderungen, Abb. 8.10c). Säureblocker wie Protonenpumpenhemmer oder H_2-Blocker sowie Sucralfat über mehrere Tage sind sicherlich hilfreich und können Komplikationen wie Ösophagitis oder Strikturen wahrscheinlich verringern.

Prognose: Die Komplikationsrate war in o. a. Studie mit 13/102 relativ niedrig, wobei es insgesamt zu 8 Perforationen kam. Sechs Hunde starben oder wurden euthanasiert, wobei Knochen, Körpergewicht < 10 kg und Fremdkörper länger als 3 Tage im Körper als deutliche Risikofaktoren für Komplikationen und Todesfälle identifiziert wurden. Entgegen der älteren Literatur scheinen Ösophagusstrikturen nach Fremdkörper-Entfernung aber nur noch sehr selten aufzutreten. Die Langzeitprognose der Hunde in der besagten Studie war durchweg sehr gut.

8.4.6 Ösophagitis

Ätiologie: Ösophagitis ist zumeist eine Konsequenz von erhöhtem gastroduodenalen Reflux infolge verschiedener Primärerkrankungen. Eine Ausnahme dazu ist die eosinophile Ösophagitis als primäre entzündliche Erkrankung des Ösophagus mit vermutlich allergischer Ätiologie. Die wichtigsten Ursachen für eine Ösophagitis sind somit Fremdkörper (Abb. 8.10c), gastroösophagealer Reflux, chemische Substanzen (Säuren und Laugen), Hiatushernien, zu heißes Futter sowie Doxycyclin (v. a. bei der Katze bis hin zu Strikturen). Eine Ösophagitis kann ebenfalls als Komplikation nach einer Anästhesie auftreten. Eine mittel- bis hochgradige Ösophagitis bei Fremdkörper-Entfernung geht dabei mit längerer Klinik, vermehrtem Regurgitieren und langsamerer Erholung einher. Eine mittel- bis hochgradige Ösophagitis erhöht zudem das Risiko signifikant, dass

Strikturen, Perforationen, Nekrosen, Divertikel, Aspirationspneumonie, Pneumothorax, eine Tracheakompression oder Todesfälle auftreten.

Pathophysiologie: Die Mukosa des Ösophagus ist normalerweise durch ein verhorntes Plattenepithel, „tight junctions", Mukus und Bikarbonationen gegen äußere Schädigungen geschützt. Bei einer Ösophagitis kommt es aber zu einer akuten oder chronischen Entzündung, welche über die Mukosa hinaus bis in die Tunica muscularis hineinreichen und auch erosive Veränderungen aufweisen kann. Bei starker Schädigung dieser Mukosa kann dies zu starker Entzündung, Ulzerationen und eventuell einer Striktur führen, wohingegen eine Perforation sehr selten vorkommt.

Klinisches Bild: Es ist fraglich, ob geringgradige Ösophagitiden klinische Symptome auslösen. Schwerere Fälle führen jedenfalls zu Hypersalivation, Anorexie und Regurgitation. Da in vielen Fällen auch die Wasseraufnahme eingeschränkt ist, kann eine Dehydratation auftreten. Die Tiere zeigen beim Abschlucken Schmerzreaktionen und verweigern nach dem ersten Abschlucken die weitere Futter- oder Wasseraufnahme. Aspiration von regurgitiertem Futter kann eine Aspirationspneumonie nach sich ziehen.

Diagnostik: Wichtig ist der Vorbericht, aus dem häufig schon hervorgeht, dass der Patient anästhesiert wurde oder ätzende Stoffe aufgenommen haben könnte. Die sorgfältige Untersuchung der Maulschleimhaut kann dabei möglicherweise Entzündung und Erosionen zeigen. Auch bei gehäuftem Regurgitieren/Erbrechen muss an eine Ösophagitis als Folge von gastroösophagealem Reflux gedacht werden. Die Palpation des Halsteils des Ösophagus ist oft schmerzhaft und kann bisweilen krampfartige Kontraktionen und Schluckbewegungen auslösen. Häufig besteht Ptyalismus.

Diagnose: Die definitive Diagnose wird endoskopisch gestellt, wobei streifenförmige Rötung der Schleimhaut über die gesamte Länge des Ösophagus, Rötung besonders im Kardiabereich (nicht zu verwechseln mit der physiologischen, scharf begrenzten Rotfärbung beim Schleimhautübergang zur Kardia), häufig herabgesetzter Sphinktertonus oder sogar eine Perforation festgestellt werden können. Differenzialdiagnostisch sind die meisten morphologischen Ösophagusveränderungen wie Ösophagusdilatation, Striktur, Fremdkörper u. a. m. auszuschließen.

Therapie: Die Therapie einer etwaig unterliegenden Primärerkrankung ist zentral. Dazu kommen neben einer adäquaten Flüssigkeitstherapie je nach Schweregrad auch 1–3 Tage Futterentzug (nicht bei Welpen oder Zwergrassen), Magensäurereduktion (Protonenpumpenblocker 1 mg/kg KM, 2 × tägl., eventuell H_2-Blocker) und Sucralfat. Bei Alkaliverätzung wird die orale Eingabe von 1 %iger Essigsäurelösung empfohlen, bei Säureverätzung wird Milch, Magnesiumhydroxid (20–40 mg/kg KM) oder Natriumbikarbonat (50 mg/kg KM) p. o. eingegeben.

8.4.7 Ösophagusstrikturen, Ösophagusdivertikel

Ösophagusstriktur

Epidemiologie, Ätiologie: Ösophagusstrikturen haben zumeist die gleichen Ursachen wie eine Ösophagitis (Fremdkörper, Reflux, Anästhesien, chemische Substanzen u. a. m.). Sie sind häufiger bei adulten Tieren zu finden. Bei der Katze scheinen Ösophagusstrikturen gehäuft nach Doxycyclingaben aufzutreten. Die Pathogenese ist jedoch unklar, weshalb Doxycyclingaben bei der Katze immer mit Wasser oder Fütterung erfolgen sollten.

Diagnose: Ösophagusstrikturen werden endoskopisch oder mit Kontraströntgen diagnostiziert und müssen von extraluminalen Kompressionen unterschieden werden.

Therapie: Strikturen sollten endoskopisch mittels mehrfacher Ballonierung im Abstand von mehreren Tagen bis zu einer Woche mit aufsteigendem Durchmesser oder mit Bougierung unter fluoroskopischer Kontrolle behandelt werden. Chirurgische Ansätze sind oft durch Narbenbildung und Fibrosierungen zum Scheitern verurteilt. Neben Sucralfat und Säureblockern werden manchmal, um eine starke Fibrosierung der Narben nach Ballonierung zu verhindern, entzündungshemmende Dosierungen von Prednisolon eingesetzt. Intraläsionale Injektionen von Triamcinolon in Kombination mit Ballonierungen können bei „therapieresistenten" Strikturen erfolgreich sein.

Ösophagusdivertikel

Definition, Epidemiologie: Ösophagusdivertikel sind sackförmige Ausstülpungen des Ösophagus, welche bei Hunden und Katzen ziemlich selten vorkommen (häufiger noch beim Hund, nur ausnahmsweise bei der Katze).

Ätiologie: Klar umschriebene Aussackungen können kongenital oder erworben sein. Die Ursache eines Divertikels ist nicht immer ganz klar ersichtlich. Divertikel können nach Mukosadefekten, starker Entzündung, Fibrosierung oder erhöhtem intraluminalen Druck (Fremdkörper, örtliche Motilitätsstörung, extramurale Druckausübung) entstehen oder als Folge von Grashalmabszessen, unbehandelten lang bestehenden Ringanomalien (s. Kap. 8.4.8) oder örtlicher Gewebsschwäche beobachtet werden. Durch die intraluminale, intra- oder extramurale Druckerhöhung kommt es zum Anschoppen von Futter kranial der Obstruktionsstelle. Dies führt zur Erweiterung des Schlundes mit vermehrter Anschoppung von Futter. Die Futtermassen in Verbindung mit der mechanischen Störung können Ösophagitiden (Divertikulitiden) nach sich ziehen und in seltenen Fällen zum Durchbruch mit Fistelbildung und Mediastinitis führen.

Klinisches Bild: Die Hauptsymptome sind Würgen und Regurgitation, Speichelfluss, Anorexie und Unruhe. Bei Mediastinitis kommen hohes Fieber, gestörtes Allgemeinbefinden und hochgradige Leukozytose mit Linksverschiebung sowie Kreislaufschock dazu. Ebenso können die Symptome einer Aspirationspneumonie beobachtet werden (feuchter Husten, Rasselgeräusche, übler Atemgeruch neben Allgemeinstörungen).

Diagnose: Die Diagnose wird zumeist mittels Röntgenuntersuchung gestellt. Bereits die Leeraufnahme lässt in den meisten Fällen eine deutliche Füllung und Erweiterung des Schlundes kranial der Obstruktionsstelle erkennen (Abb. 8.11a). Bei Mediastinitis fallen die Verbreiterung und stärkere Verschattung auf, bei Aspirationspneumonie die bronchoalveoläre Verschattung. Ganz sicher kann man das Divertikel nach **Kontraströntgen** erkennen (Abb. 8.11b). Eine endoskopische Untersuchung ist i. d. R. nicht erforderlich.

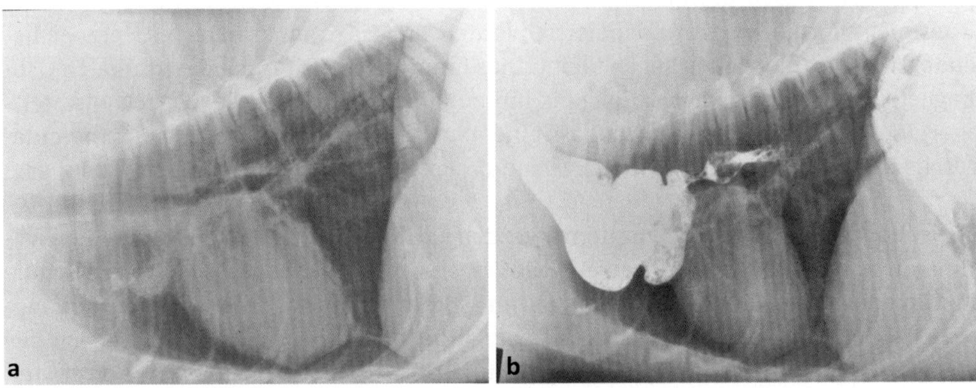

Abb. 8.11 Kontraströntgen eines 8 Monate alten Hundes mit einem persistierenden rechten Aortenbogen. Durch die hochgradige, langanhaltende Einengung des Ösophagus auf Höhe der Herzbasis ist eine große Aussackung entstanden, welche sowohl auf dem Leerröntgen (a, links) als auch in der Kontrastaufnahme (b, rechts) zu sehen ist. Dieser Ösophagus wird auch mit einer Chirurgie wohl kaum je wieder funktionell sein.

Differenzialdiagnose: Fremdkörper, Tumoren, Abszesse und Hiatushernie können ähnliche Symptome hervorbringen, andererseits aber auch wiederum Auslöser für ein Divertikel sein.

Therapie: Bei großen Divertikeln kann die Resektion und Rekonstruktion der Ösophaguswand versucht werden (Cave: Narbengewebe, welches wiederum eine Striktur auslösen kann!). Problematisch wird die Behandlung einer Mediastinitis bei gleichzeitigem Divertikel. Man sollte eine bakteriologische Untersuchung mit Anfertigung eines Antibiogramms durchführen, dann aber sofort – also noch vor Erhalt des Ergebnisses – eine Breitbandantibiose einleiten. Ähnliches gilt für die Aspirationspneumonie. Bei geringgradigen Divertikeln kann die diätetische Behandlung versucht werden mit Füttern von einem erhöhten Platz. Die am besten geeignete Konsistenz des Futters muss hierbei individuell ermittelt werden.

8.4.8 Vaskuläre Ringanomalien

Epidemiologie, Ätiologie: Vaskuläre Anomalien, wie persistierender rechter Aortenbogen/Ductus arteriosus, aberrante rechte A. subclavia oder doppelter Aortenbogen, sind angeborene Entwicklungsanomalien. Der **persistierende rechte Aortenbogen** ist dabei wohl die häufigste und am besten beschriebene Anomalie. Hierbei wird durch das Persistieren des rechten Aortenbogens der Ösophagus zwischen Herzbasis, rechtem Aortenbogen, linker Pulmonalarterie und dem Ligamentum arteriosum Botalli eingeschnürt.

Pathogenese: Durch die Einschnürung über der Herzbasis kann das abgeschluckte Futter nicht normal weitertransportiert werden, sodass es im kranial des Herzens liegenden Teil des Ösophagus liegen bleibt. Dies führt zur Erweiterung des kranialen Ösophagusteiles (Ösophagusdilatation) bis hin zu einem Divertikel. Das Futter wird teils regurgitiert und dann aspiriert, sodass eine Aspirationspneumonie folgen kann. Andererseits kann bei längerem Bestehen sekundär eine Ösophagitis entstehen.

Klinisches Bild: Die ersten Symptome werden i. d. R. nach dem ersten Aufnehmen festeren Futters, d. h. oft nach Absetzen des Welpens gesehen. Sie bestehen in der Regurgitation von gerade aufgenommenem Futter; später, wenn es bereits zu einer umfangreichen Dilatation gekommen ist, wird das Futter auch erst einige Stunden nach der Aufnahme regurgitiert. Der Appetit ist nicht gestört. Trotzdem bleiben die erkrankten Welpen in der Entwicklung zurück. Bei Aspiration von Futter können schwere Aspirationspneumonien mit sehr feuchtem Husten, Dyspnoe, Fieber, Leukozytose und stark gestörtem Allgemeinbefinden auftreten.

Diagnostik, Diagnose: Die Diagnose einer Ringanomalie wird aufgrund der Vorgeschichte (typischerweise ca. 3–6 Monate alte Hunde großer Rassen) und einer **Kontrastschluckstudie** mit einer Dilatation des Ösophaguskörpers vor der Herzbasis gestellt. Die Diagnose lässt sich teils schon durch ein Leerröntgen stellen, wobei der Schlund kranial des Herzens stark erweitert und mit Futter gefüllt ist (Abb. 8.11a). In Zweifelsfällen gibt man mit Kontrastmittel vermischtes Futter zu fressen und röntgt dann erneut (Abb. 8.11b). Der kontrasthaltige Futterbrei sammelt sich kranial der Herzbasis im erweiterten Ösophagus, während kaudal allenfalls ein schmaler Streifen zu erkennen ist. Bei sekundärer Aspirationspneumonie werden alveoläre Verschattungen um die Herzbasis und in den tiefer gelegenen Lungenanteilen festgestellt. Bei einer Endoskopie kann eine extraluminale Kompression vor der Herzbasis festgestellt werden, welche von einer Striktur unterschieden werden muss.

Therapie, Prognose: Die meisten vaskulären Anomalien (persistierender rechter Ductus arteriosus, aberrante rechte A. subclavia, doppelter Aortenbogen) werden mit einer rechtsseitigen **Thorakotomie** oder Thorakoskopie behoben. Der persistierende rechte Aortenbogen wird mit einem links-interkostalen Ansatz angegangen. Das Ligamentum arteriosum Botalli wird nach beidseitiger Ligatur durchtrennt. Danach erholt sich der Ösophagus in den meisten Fällen, welche früh erkannt wurden, sodass eine vollständige Heilung erfolgt. Die Rechtsaorta gibt keinen Anlass für weitere Probleme.

8.4.9 Neoplasien

Epidemiologie, Ätiologie: Ösophageale Neoplasien sind sehr selten und für weniger als 0,5 % der Tumoren von Hund und Katze verantwortlich. Sie können primär **ösophagealen** (v. a. Sarkome, Plattenepithelkarzinome), **periösophagealen** (Lymphom, Thyroideakarzinom, Thymom) oder **metastatischen Ursprungs** (Thyroidea, Lunge, Magen) sein. Bei der Katze ist wie so oft das Lymphom der am häufigsten auftretende Tumor. Metaplastische oder neoplastische Transformationen zu Fibrosarkomen oder osteogenen Sarkomen treten gehäuft v. a. in Gegenden mit *Spirocerca lupi* auf.

Pathogenese, klinisches Bild: Die Tumoren hemmen zunächst beim Abschlucken den Futtertransport und führen zur Dysphagie. In fortgeschrittenen Fällen kommen Motilitätsstörungen des Schlundes mit der Folge von Regurgitation und Abmagerung hinzu. In sehr weit fortgeschrittenen Fällen intrathorakaler Massenzunahme kann eine Kompression der Vena cava cranialis eintreten.

Diagnostik, Diagnose: Bei Ungewissheit über die Lokalisation einer Masse ist eine Endoskopie empfehlenswert. Intraluminale Massen können bei dieser Gelegenheit auch biopsiert werden, obwohl normales Ösophagusgewebe relativ hart und schwierig zu biopsieren ist.

Therapie, Prognose: Bei Malignomen besteht kaum eine Aussicht auf Heilung. Allenfalls kann eine Exstirpation des Tumors mit dem Schlundsegment durchgeführt werden, wenn der Tumor noch auf den Schlund beschränkt ist. Bei Lymphomen bietet sich die Chemotherapie an. Benigne Tumoren können dagegen mit guter Aussicht auf Heilung exstirpiert werden.

8.4.10 Hiatushernie

Definition, Ätiologie: Eine Hiatushernie entspricht einer Dislokation des Magens durch den Hiatus oesophageus (Abb. 8.12). Die Hernie kann angeboren oder erworben sein. Diverse Formen von Hiatushernien werden bei Hund und Katze wie folgt beschrieben (s. dazu: Hedlund und Fossum 2007):

- Axiale Hiatushernie („sliding")
- Paraösophageale Hiatushernie („rolling")
- Mischformen von axial und paraösophageal
- Gastroösophageale Invagination

Bei **paraösophagealen Hernien** bleibt die Kardia an ihrem Ort, und Teile des Magens fallen durch den Hiatus in den Brustraum vor (Abb. 8.12a, b). Bei **axialen Hernien** oder Hiatusgleithernien wird der kaudale Ösophagusabschnitt mit der Kardia nach kranial verlagert. Die Einstülpung der Magenwand in den Ösophagus hinein (**gastroösopha-**

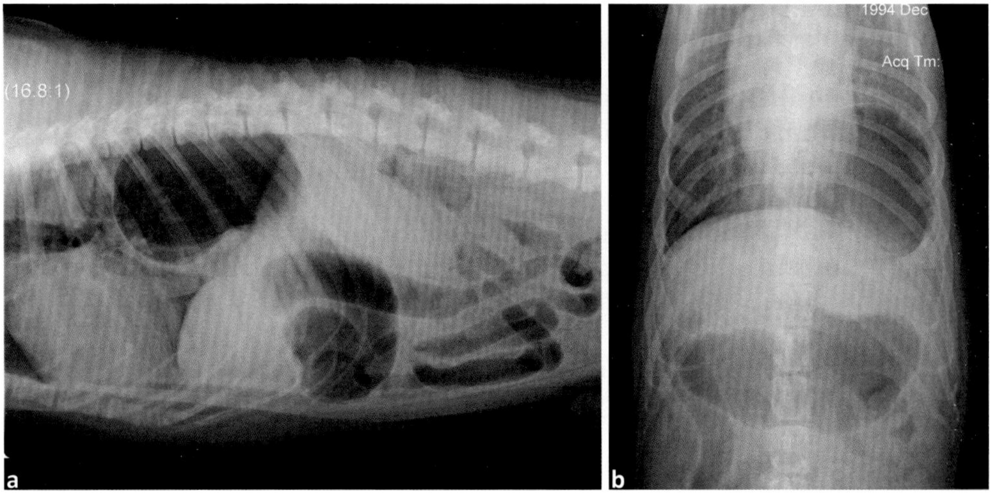

Abb. 8.12 Laterolaterale (a, links) und ventrodorsale (b, rechts) Röntgenaufnahme einer Hiatushernie. Auffallend ist v. a. die luftgefüllte Blase im Thorax, welche mit dem Magen in einer sanduhrähnlichen Form verbunden ist. Es handelt sich höchstwahrscheinlich um eine paraösophageale Hiatushernie, wobei ein Teil des Magens neben den Ösophagus in den Thorax vorgelagert wird.

geale Invagination) kann als Endform einer axialen Hernie gesehen werden. Sowohl bei paraösophagealen Hernien, seltener auch bei gastroösophagealen Invaginationen, können Inkarzerationen auftreten.

Pathogenese: Die Pathogenese ist nur unvollständig geklärt. Mögliche Ursachen von erworbenen Hiatushernien sind erhöhter intraabdominaler Druck nach chronischem Erbrechen oder negativer, intrathorakaler Druck bei Tieren mit intermittierenden Luftwegsobstruktionen.

Klinisches Bild: Die Krankheit führt zu Störungen der Futteraufnahme mit offensichtlicher Übelkeit, Salivation, Erbrechen (bisweilen mit Blut vermischt), Atembeschwerden und bei längerem Bestehen auch zu Abmagerung.

Diagnose: Die Röntgenaufnahme zeigt in einem Teil der Fälle einen gasgefüllten Kaudalabschnitt des Schlundes. Eventuell kann der eingestülpte Teil des Magens hinter dem gasgefüllten Ösophagus als weichteildichter Schatten gesehen werden. Die Röntgenkontrastaufnahme kann die Diagnose wesentlich erleichtern. Allerdings ist der Magenvorfall zeitweise nicht zu sehen. Der Rückfluss von saurem Mageninhalt führt i. d. R. zu einer Refluxösophagitis.

Therapie: Die Behandlung von Hiatushernien ist chirurgisch und besteht in der Reposition des Magens und der Verengung des Hiatus.

Prognose: Prognostisch sind Gleithernien im Allgemeinen weniger problematisch. Periösophageale Hernien können zur Inkarzeration mit Nekrose und tödlichem Ausgang führen. Gastroösophageale Invaginationen größeren Ausmaßes können die Atemtätigkeit stark beeinträchtigen.

8.4.11 Cricopharyngeale Dysphagie

Definition, Epidemiologie: Unter Chalasie versteht man die Erschlaffung (griechisch chalao = ich erschlaffe), unter Achalasie den Spasmus des oberen oder unteren Ösophagussphinkters. Die cricopharyngeale Achalasie oder Dysphagie resultiert aus der fehlenden Erschlaffung des pharyngoösophagealen Sphinkters (= oberer Ösophagussphinkter) während der ersten Phase des Schluckaktes. Dieses Problem ist jedoch klinisch fast nicht von der sogenannten Asynchronie, einer fehlenden Koordination des oberen Ösophagussphinkters und der pharyngealen Kontraktion, zu unterscheiden. Die Erkrankung wurde bisher bei mehreren Hunderassen beschrieben.

Ätiologie, Pathogenese: unklar

Klinisches Bild: Die meisten betroffenen Hunde zeigen klinische Zeichen von Geburt an, jedoch kann Achalasie auch spontan bei älteren Hunden auftreten. Ältere Hunde zeigen dabei zusätzlich oft weitere erworbene Probleme wie Myasthenia gravis, Larynxparalyse oder Ösophagusstrikturen. Bei den betroffenen Tieren kommt es zu Schwierigkeiten beim Schluckakt mit mehreren erfolglosen Versuchen, das Futter abzuschlucken und dem Herausfallen von Futter aus dem Maul. Zusätzlich kann Regurgitation, nasopharyngealer Reflux von Ingesta, Ptyalismus, Husten, Würgen und Gewichtsverlust beobachtet werden und es können Aspirationspneumonien entstehen.

Diagnose: Sie wird mittels Kontrastvideofluoroskopie gestellt, wobei mehrere unproduktive Abschluckversuche beobachtet werden. Der Bolus wird zwar geformt, gelangt aber auch in mehreren Versuchen nicht (oder nur in kleinen Teilen) in den Ösophagus.

Therapie, Prognose: Die meisten Patienten, welche mit dieser Erkrankung diagnostiziert werden, werden mit mäßigem bis gutem Erfolg mit einer cricopharyngealen Myotomie oder Myektomie behandelt. Eine weniger invasive vorübergehende Lösung ist die Injektion von Botulinum Toxin A in denselben Muskel, was eine Besserung für ein paar Monate bringen kann und auch ein Test ist, ob eine Myektomie sinnhaft wäre. Die Patienten erleben oft eine deutliche Besserung unmittelbar nach der Operation, wobei v. a. präoperative Aspirationspneumonien und Unterernährung schlechte prognostische Faktoren sind.

8.4.12 Megaösophagus

Definition, Ätiologie: Megaösophagus beschreibt eine Hypomotilität und Erweiterung des Ösophagus meist auf seiner ganzen Länge. Dabei handelt es sich um eine funktionelle Störung des Ösophagus. Diese Störung kann angeboren oder erworben sein. Offensichtlich besteht auch beim erworbenen Megaösophagus eine erbliche Komponente, da einige Rassen wie Deutscher Schäferhund, Deutsche Dogge, Irish Setter und Labrador Retriever besonders oft betroffen sind (Tab. 8.8). Insgesamt wird die Krankheit beim Hund wesentlich häufiger diagnostiziert als bei der Katze.

Tabelle 8.8: **Vermutete oder bewiesene Rasseprädispositionen für gastrointestinale Erkrankungen bei Hund und Katze (modifiziert nach Dossin, 2008)**

Rasse	Krankheitsprädisposition
Hund	
Alaskan Malamute	Histiozytäre ulzerative Colitis
Australian Cattle Dog	Portosystemischer Shunt
Basenji	Immunproliferative lymphoplasmazelluläre Gastritis und Enteritis
Bedlington Terrier	Kupfer-assoziierte chronische Hepatitis
Belgischer Schäferhund	Magenkarzinom, muzinöses Adenokarzinom der kleinen Kurvatur
Border Collie	Selektive Cobalaminmalabsorption
Boston Terrier	Pylorische muskuläre Stenose, vaskuläre Ringanomalie
Bouvier des Flandres	Muskuläre Dystrophie-assoziierte Dysphagie
Boxer	Histiozytäre ulzerative Colitis, eosinophile Enteritis, lymphoplasmazelluläre Colitis, pylorische muskuläre Stenose
Brachyzephale Rassen	Hiatushernie, Pylorusstenose
Cairn Terrier	Portosystemischer Shunt
Chow Chow	Magenkarzinom
Cocker Spaniel	Chronische Hepatitis und Zirrhose
Dalmatiner	Kupfer-assoziierte chronische Hepatitis
Deutsche Dogge	Magendilatation/-drehung, Megaösophagus
Deutscher Schäferhund	Exokrine Pankreasinsuffizienz, Megaösophagus, Parvovirose, lymphoplasmazelluläre Enteritis, eosinophile Enteritis, idiopathische Leberfibrose, vaskuläre Ringanomalie, Perianalfisteln, small intestinal bacterial overgrowth
Dobermann	Parvovirose, eosinophile Enteritis, chronische Hepatitis, histiozytäre ulzerative Colitis
Drentse Patrijshond	Chronische Gastritis
Englische Bulldogge	Vaskuläre Ringanomalie, Konstipation, fäkale Inkontinenz

Rasse	Krankheitsprädisposition
Hund	
Französische Bulldogge	Histiozytäre ulzerative Colitis
Irish Setter	Megaösophagus, Magendilatation/-drehung, Glutenüberempfindlichkeit, vaskuläre Ringanomalie
Irischer Wolfshund	Portosystemischer Shunt (intrahepatischer Shunt)
Labrador Retriever	Megaösophagus, portosystemischer Shunt, chronische Hepatitis
Lhasa Apso	Hypertrophe pylorische Gastropathie
Malteser	Hypertrophe pylorische Gastropathie, portosystemischer Shunt
Mastiff	Histiozytäre ulzerative Colitis
Norwegischer Lundehund	Proteinverlustenteropathie, Lymphangiektasie, chronische Gastritis
Pekingese	Hypertrophe pylorische Gastropathie
Pudel	Lobuläre dissezierende Hepatitis
Rauhhaarcollie	Exokrine Pankreasinsuffizienz, Magenkarzinom
Riesenschnauzer	Selektive Cobalaminmalabsorption
Rottweiler	Parvovirose, eosinophile Enteritis
Shar-Pei	Hepatische Amyloidose, Hiatushernie, Proteinverlustenteropathie, lymphoplasmazelluläre Enteritis, eosinophile Enteritis, Cobalaminmangel
Shih Tzu	Hypertrophe pylorische Gastropathie
Skye Terrier	Kupfer-assozierte chronische Hepatitis
Soft-Coated Wheaten Terrier	Proteinverlustenteropathie und -nephropathie
Staffordshire Bullterrier	Magenkarzinom
West Highland White Terrier	Kupfer-assoziierte chronische Hepatitis
Yorkshire Terrier	Akute Pankreatitis, portosystemischer Shunt, intestinale Lymphangiektasie, hypertrophe pylorische Gastropathie, Yorkshire Enteropathy
Zwergschnauzer	Pankreatitis, portosystemischer Shunt
Katze	
Abessinier	Hepatische Amyloidose
Manx	Fäkale Inkontinenz, Konstipation
Orientalisch Kurzhaar	Hepatische Amyloidose
Perser	Portosystemischer Shunt
Siamese	Megaösophagus, hepatische Amyloidose, Pylorusstenose, intestinale Tumoren, Megakolon

Eine ganze Reihe von Ursachen können als Auslöser eines Megaösophagus genannt werden:

- Kongenitaler Megaösophagus
- Erworbener Megaösophagus
  - Myasthenia gravis (fokal oder generalisiert)
  - Ösophagitis
  - Hypothyreose
  - Hypoadrenokortizismus (Morbus Addison)
  - Systemischer Lupus erythematosus
  - Thymom
  - Neuromuskuläre Probleme z. B. (Poly-)Radiculoneuritis, Polymyositis
  - Dysautonomie
  - Vergiftungen z. B. Blei, Organophosphate, Thallium
  - Infektionen z. B. Botulismus, Tetanus, Tollwut, Staupe
  - Idiopathisch u. a. m.

Der Sonderfall Hund mit seiner quergestreiften Muskulatur bis hinunter zum distalen Ösophagussphinkter ist besonders anfällig für einen Megaösophagus, da dieser auch mit **Krankheiten der quergestreiften Muskulatur** zusammen auftreten kann (z. B. Myasthenia gravis). Fokale oder generalisierte Myasthenie, Ösophagitis, Hypothyreose oder Thymom sind wahrscheinlich die häufigsten Ursachen eines Megaösophagus.

Myasthenia gravis ist eine Autoimmunerkrankung der motorischen Endplatte der quergestreiften Muskulatur (s. auch Kap. 14.4.8.2). Im Verlauf der Erkrankung kommt es zur Bildung von polyklonalen IgG-Antikörpern, welche an den nikotinischen Acetylcholinrezeptoren binden und so die Weiterleitung des Aktionspotenzials auf die Muskelzelle blockieren. Die Hemmung der Impulsübertragung an der neuromuskulären Endplatte der quergestreiften Muskulatur führt somit zur Schwächung der Muskulatur (von griechisch *mys* „Muskel", *asthenie* „Schwäche", lat. *gravis* „schwer").

Bei der **Hypothyreose** kommt es als Folge des Hormonmangels zu nervalen Störungen, welche zu einem Megaösophagus führen können (s. auch Kap. 13.3.1). Zudem gibt es viele **neurologische Erkrankungen** wie Enzephalitiden, Meningitiden, neuronale Speicherkrankheiten, autonome Polygangliopathie, Hydrozephalus, Polyneuropathie und Polymyositis, welche zu einem Megaösophagus führen können. In vielen Fällen ist die Ursache jedoch nicht zu ermitteln (idiopathischer Megaösophagus).

Pathogenese: Die Dilatation des Ösophagus führt zu einem verzögerten Vorwärtstransport des abgeschluckten Futters. Durch das Fehlen oder die gestörte Peristaltik bleibt das Futter im Ösophagus liegen, wodurch sich dieser zusätzlich erweitert. Die Folgen sind Erschlaffung des Ösophagus, Ansammlung von Futter in dem sackförmig erweiterten Organ, Versagen der Vorwärtsperistaltik, Vermehrung von Bakterien im Futterbrei und sekundäre Entzündung der Schleimhaut einschließlich der tieferen Schichten des Schlundes. Es kommt zur Regurgitation von Futter, welches abhängig von der Zeitdauer unverändert, stark schleimig oder bakteriell angegärt sein und entsprechend im Geruch variieren kann. Durch Aspiration des „überlaufenden" Futters besteht zudem die Gefahr einer Aspirationspneumonie.

Klinische Symptome: Im Vordergrund steht die Regurgitation von unverdautem bis schleimigem, teils auch bakteriell zersetztem Futter. Auch Wasser wird häufig regurgitiert. Dem Besitzer fällt die gestörte Futteraufnahme, die Regurgitation („Erbrechen") bisweilen sofort, oft aber verzögert nach Futteraufnahme auf. Das Futter ist unverdaut und zumeist stark mit Speichel vermischt. Bei verzögerter Regurgitation kann durch bakterielle Zersetzung ein stechender Geruch zustandekommen. Eine Vermischung mit frischem Blut (Zeichen einer Ösophagitis) ist selten. Folgen der erschwerten Futteraufnahme sind Anorexie, Gewichtsverlust und oft Dehydratation. Bei der kongenitalen Form sind die Tiere i. d. R. in der Entwicklung gestört. Bei einer sekundären Aspirationspneumonie können die Symptome Husten, Tachypnoe/Dyspnoe, Fieber und Allgemeinstörung zusätzlich zu den Symptomen einer ggf. vorhandenen Grundkrankheit hinzukommen.

Diagnostik, Diagnose: Die Diagnose Megaösophagus lässt sich zumeist leicht anhand eines Röntgenbildes stellen: Der normalerweise nicht sichtbare Ösophagus kann an der dorsalen und ventralen, weit voneinander entfernt im Mediastinum liegenden Wand erkannt werden, wenn er luft- oder futtergefüllt ist (Abb. 8.13a). Besonders im postkardialen Bereich ist er häufig gut erkennbar. In Zweifelsfällen hilft eine Kontrastmittelaufnahme.

Endoskopische Untersuchungen sind i. d. R. nicht erforderlich. Sie sind jedoch dann von Nutzen, wenn eine Entzündung, ein Fremdkörper, eine Hiatushernie oder ein Tumor als Ursache ausgeschlossen werden müssen. Wenn eine **Achalasie** vermutet wird (Engstellung des Ösophagus im Bereich des kaudalen Sphinkters), kann eine Druckmessung durchgeführt werden: Bei Achalasie ist der Druck erhöht, bei Chalasie (chalasis = Nachlassen) erniedrigt.

Neben einem vollständigen Blutbild gibt es zusätzliche Tests, welche bei einem Megaösophagus immer gemacht werden sollten, bevor man überhaupt an einen idiopathischen Megaösophagus denkt:

- Acetylcholinrezeptor-Antikörper (Myasthenia gravis)
- T_4, cTSH, eventuell cTSH-Stimulationstest (Hypothyreose)
- Basales Cortisol +/- ACTH-Stimulationstest (Hypoadrenokortizismus)
- Antinukleäre Antikörper (ANA; systemischer Lupus erythymatodes, SLE)

Diese vier Tests sind auch deshalb sinnvoll, weil die damit diagnostizierten Krankheiten behandelt werden können und eine gute Chance besteht, dass der Megaösophagus reversibel ist (Abb. 8.13a, b). Weitere mögliche zusätzliche Untersuchungen bei Megaösophagus sind Messungen des Bleigehalts oder von Botulinumtoxin im Blut resp. Nervenleitgeschwindigkeit sowie Nerv-/Muskelbiopsien bei Verdacht auf neurologische Störungen. Zusätzlich können ggf. CT/MRT hilfreich sein zur Identifizierung von neurologischen Ursachen.

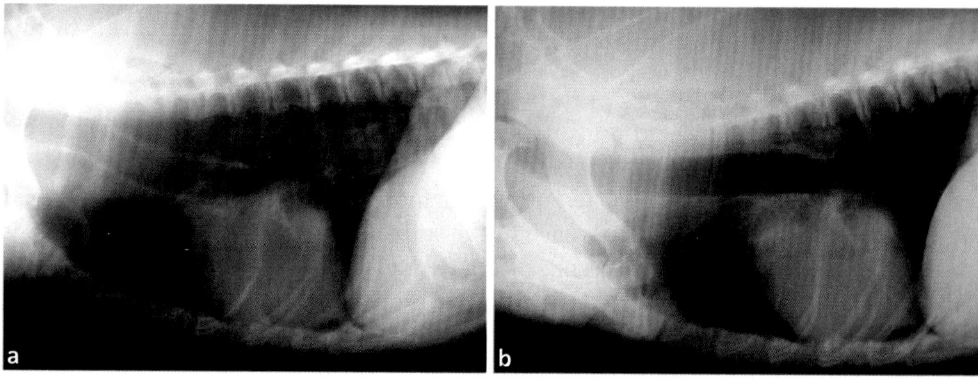

Abb. 8.13 Seitliches Thoraxröntgen einer 4-jährigen Bassethündin mit einem Hypoadrenokortizismus (Morbus Addison) vor (a, links) und eine Woche nach (b, rechts) Beginn der Therapie für den Hypoadrenokortizismus. Der Megaösophagus (a, links), welcher zu Regurgitieren geführt hat, ist eine Woche nach Beginn der Therapie verschwunden (b, rechts).

Therapie: Die Therapie richtet sich nach der Ursache, sofern diese bekannt ist:

- Acetylcholinesterasehemmer (bei Myasthenia gravis, eventuell auch symptomatisch)
- Säurehemmer, Sucralfat (bei Ösophagitis)
- Schilddrüsenhormone (bei Hypothyreose)
- DOCP + Prednisolon (bei Hypoadrenokortizismus)
- Immunsuppressiva wie Glukokortikoide und Ciclosporin (SLE)
- Thorakotomie (Thymom)

Häufig ist die Ursache jedoch nicht bekannt und es muss v. a. symptomatisch therapiert werden. Das wichtigste Ziel hierbei ist die Verhinderung einer Aspirationspneumonie. Dazu ist das Fütterungsmanagement besonders wichtig: die erkrankten Tiere sollten in einer erhöhten Position gefüttert werden (z. B. Treppe, spezielle Futternäpfe, *Bailey Chair*), damit das Futter nicht zuletzt mithilfe der Schwerkraft besser nach unten in den Magen gelangen kann. Dabei muss ausgetestet werden, welche Futterkonsistenz – suppig, breiig, fest – am besten abgeschluckt werden kann. Im Idealfall sollten die Tiere nach dem Fressen während 20–60 Minuten in aufrechter Körperhaltung verweilen, was bei kleinen Hunden und Katzen gut zu machen ist (z. B. aufrecht halten an der Brust), bei großen Hunden jedoch sehr schwierig zu vollziehen ist (am ehesten im *Bailey Chair*). Eine Pilotstudie beim kongenitalen Megaösophagus hat Hoffnungen geweckt, dass Sildenafilcitrat (ein selektiver Phosphodiesterase Typ 5 (PDE-5)-Hemmer; 1 mg/kg KM, 2 × tägl. über 2 Wochen) durch Reduktion des Tonus des unteren Ösophagussphinkters die Entleerung der Speiseröhre erleichtert und dadurch sowohl klinische als auch radiologische Zeichen verbessert (Quintavalla et al., 2017). Beim erworbenen idiopathischen Megaösophagus sind die Erfahrungen mit Sildenafil zwar noch nicht sehr zahlreich, aber teils durchaus vielversprechend.

Sofern eine **Aspirationspneumonie** eingetreten ist, müssen Breitspektrumantibiotika, Infusionen und Expektorantien gegeben werden. Zur Verhinderung einer Aspirationspneumonie kann allenfalls ein PEG-Tubus (PEG = perkutane endoskopische Gastrostomie) gesetzt werden, wodurch der Ösophagus umgangen wird und somit kein Regurgitieren mehr stattfinden sollte.

Prokinetische Medikamente sind allenfalls bei der Katze im Bereich der glatten Muskulatur hilfreich (Cisaprid falls erhältlich), jedoch beim Hund nur von geringem Nutzen. Falls die Ursache nicht erkannt wird und gezielt behandelt werden kann, ist die Prognose auf lange Sicht zumeist schlecht.

8.5 Krankheiten des Magens

8.5.1 Anatomische und physiologische Grundlagen

8.5.1.1 Anatomie

Der Ösophagus geht mit der **Kardia**, welche den Schließmuskel enthält, in den Magen über. Die **große Kurvatur** liegt v. a. im Bereich der linken Thoraxwand. Die **kleine Kurvatur** mit der für die Endoskopie wichtigen **Incisura angularis** befindet sich rechts davon. Der Magen liegt bei Hund und Katze im hintersten Thorakalbereich der Bauchhöhle kaudal der Leber an deren Viszeralseite an.

Links und dorsal der Kardia befindet sich der **Magenfundus**, dem sich nach ventral der Magenkörper (**Corpus**) anschließt. Dieser sehr dehnbare Magenabschnitt füllt sich als erstes mit Nahrung, dehnt sich zunächst in kaudodorsaler, schließlich auch in ventraler Richtung aus und kann bei sehr starker Füllung über den hinteren Rippenrand hervortreten und palpatorisch erfasst werden. Dies trifft ganz besonders bei hochgradigem Meteorismus zu, wie er z. B. bei einer Magendrehung auftreten kann. Es folgt nach ventral das **Antrum**, welches unterhalb der Incisura angularis liegt und nach rechts in Richtung Pylorus weist. Der **Pylorus** stellt den Übergang des Magens in das Duodenum dar. Fundus und das erste Drittel des Corpus zeigen keine große Muskelaktivität und werden in erster Linie als Speicher gebraucht. Die distalen zwei Drittel des Corpus und das Antrum zeigen spontane Aktivität und eine langsame Peristaltik, welche zum Zurückhalten und Zerkleinern fester Bestandteile gebraucht wird.

An der Curvatura major ist der Magen über sein Gekröse mit dem Netz verbunden. Er wird von Serosa umkleidet, die, von der großen Kurvatur kommend, den Magen beidseitig umschließt und sich an der kleinen Kurvatur vereinigt. Von hier aus gehen Verbindungen zu den benachbarten Organen über die Ligg. hepatogastricum, hepatoduodenale und gastrophrenicum.

Die **Blutversorgung** des Magens erfolgt über die Arteria coeliaca, besonders deren als A. gastrica sinistra bekannten Teil, die venöse Versorgung über die Vena portae. Der

Magen wird von Nervus vagus und vom Sympathikus innerviert und enthält Anteile des Meissner'schen und Auerbach'schen Plexus. Die **Muskelschicht** des Magens besteht aus einer äußeren Längs- und einer inneren Ringmuskellage sowie einer Schrägmuskelschicht. Die Ringmuskelschicht ist am Magenausgang besonders kräftig und bildet hier den Schließmuskel des Pylorus. Die **Magenschleimhaut** kann auch bei Hund und Katze in die schmale Kardia-, die Fundus- und die Pylorusdrüsenschleimhaut unterteilt werden. Die ringförmige Kardiadrüsenschicht enthält seröse Drüsen und ist reich an lymphoretikulärem Gewebe. Den größten Anteil hat die Fundusdrüsenschicht, in der v. a. Pepsinogen und Salzsäure gebildet werden.

Im Magen können die folgenden **Zelltypen** unterschieden werden: Hauptzellen, Belegzellen und Nebenzellen. Die Hauptzellen sind am Grund der Drüsenschläuche am zahlreichsten und produzieren verschiedene Isoformen von Pepsinogen, welches als Vorläufer des proteolytischen Enzyms Pepsin für die Proteinverdauung wichtig ist. Die Belegzellen (Parietalzellen) liegen im mittleren Teil der Drüsenschläuche und sezernieren Salzsäure (Magensäure), R-Proteine und *intrinsic factor* beim Hund (nicht bei der Katze). Die Nebenzellen sind schleimproduzierende Zellen und befinden sich v. a. am Ausgang der Drüsenschläuche, jedoch verteilen sie sich auch zwischen den Hauptzellen und den Belegzellen. Beim Hund produzieren sie auch die gastrische Lipase. Die Histamin-enthaltenden Enterochromaffin-ähnlichen Zellen im Magenfundus werden durch Acetylcholin und Gastrin stimuliert und setzen daraufhin Histamin frei, welches die Magensäureproduktion potenziert.

8.5.1.2 Physiologie

Der Magen hat verschiedene Funktionen wie Nahrungsspeicherung, Vermischung mit dem Magensaft, Vorverdauung sowie fraktionierte Weitergabe des Chymus an den Darm. Der Magen des Hundes kann 100 bis 250 ml pro kg KM fassen.

Der **Magensaft** hat die Aufgabe, die mit der Nahrung aufgenommenen Bakterien zu dezimieren, die Eiweißverdauung einzuleiten und die Resorption von Eisen, Kalzium und Vitamin B_{12} im Darm vorzubereiten. Er enthält Pepsinogen, welches in den Hauptzellen gebildet und durch die Salzsäure in aktives Pepsin überführt wird. In der Folge aktiviert Pepsin weiteres Pepsinogen autokatalytisch. Pepsin spaltet Proteine in Polypeptide. Sein Wirkungsoptimum befindet sich bei einem pH-Wert von 2. Sobald der Mageninhalt in das Duodenum weiter fließt, wird Pepsin durch den steigenden pH-Wert inaktiviert.

Von den Parietalzellen wird **Salzsäure** gegen einen sehr großen Konzentrationsgradienten sezerniert. Hierfür werden erhebliche Energien benötigt. Durch die zelluläre Carboanhydrase wird H_2CO_3 synthetisiert (zu geringerem Teil auch ohne Enzymeinwirkung). Durch Dissoziation werden aus Kohlensäure Wasserstoff- und Bikarbonationen abgespalten. Während die Säureionen ins Magenlumen gelangen, werden die Bikarbonationen ans Blut abgegeben, wodurch dessen pH-Wert während der Magensaftsekretion ansteigt. Der pH-Wert des Mageninhalts steigt nach der Futteraufnahme an, erreicht aber nach wenigen Stunden Werte um 1 und darunter. Die Salzsäureproduktion wird von Histamin, Acetylcholin und Gastrin angeregt, wohingegen Prostaglandin E hemmend wirkt.

Die Sekretion von Magensaft tritt in **drei Phasen** auf: die cephalische, die gastrische und die intestinale Phase. Die erste Phase entspricht einer reflektorischen Erregung, die durch Erwartung, Geruch, Geschmack und Großhirnareale an den N. vagus weitergeleitet und dem Magen übermittelt wird. Auf diese Weise werden die Gastrin-sezernierenden Zellen, die Haupt- und die Parietalzellen aktiviert. Dies führt zu einer parasympathisch gesteuerten Sekretion von Gastrin, Salzsäure und Pepsin. Die Pepsinogen-Freisetzung wird v. a. durch Acetylcholin und Cholecystokinin stimuliert, indirekt auch durch Gastrin und vagale Stimuli. Die Dehnung von Corpus und Antrum nach Nahrungsaufnahme sowie die Freisetzung von Peptiden und Aminosäuren aus teilweise verdautem Futter leiten die gastrische Phase ein. Dabei wird von der Schleimhaut im Antrum und Duodenum Gastrin freigesetzt. Der Beginn der Magenentleerung führt zum Absinken des pH-Wertes im Duodenum und leitet die intestinale Phase mit der Freisetzung von Sekretin von der Dünndarmmukosa ein. Sekretin stimuliert die Freisetzung von Bikarbonat aus dem Pankreas.

Ein tiefer pH-Wert im Antrum führt zudem zur Freisetzung von Somatostatin aus den D-Zellen, was zu einem negativen Feedback auf Gastrin und dadurch auf die Magensäureproduktion führt. Die Freisetzung von Cholecystokinin (CCK) wird durch Fettsäuren und die Präsenz von Oligopeptiden und Aminosäuren im Duodenum stimuliert. CCK führt zu einer Hemmung der Magensäureproduktion und einer Anregung der Sekretion aus dem exokrinen Pankreas.

8.5.1.3 Wichtige Hormone und ihre Funktion

Gastrin wird bei Hund und Katze in den G-Zellen des Antrums sowie in einem Teil des Duodenums produziert. Wie oben erwähnt, unterliegt seine Sekretion einem Rückkopplungsmechanismus: Fütterung – Dehnung des Antrums – Gastrinsekretion – Säuresekretion – Senkung des pH-Wertes – Hemmung der Gastrinsekretion. Gastrin erreicht nach der Fütterung die höchsten Werte und erhöht in dieser Konzentration die Durchblutung der Magenschleimhaut sowie die Sekretion von Magensäure, Pepsinogen, Pankreasenzymen, Insulin und Calcitonin. Zudem stimuliert Gastrin die glatte Muskulatur in Kardia, Magen, Dünndarm und Gallenblase, hemmt sie aber im Pylorus. Das Hormon wird hauptsächlich über die Niere ausgeschieden (Hypergastrinämie bei Niereninsuffizienz), zu geringerem Teil auch in der Leber metabolisiert.

Cholecystokinin (CCK) wird in höchster Konzentration in der Schleimhaut des Dünndarms, besonders des Jejunums, gefunden. Es hemmt die Magensäureproduktion und -motilität. Im Pankreas wird die Sekretion (inkl. Verdauungsenzyme) gesteigert, ebenso die Insulinsekretion. In der Leber erhöht es, wie der Name schon sagt, den Gallenfluss und die Kontraktion der Gallenblase.

Sekretin ist ein dem Glukagon verwandtes Polypeptid, das in der Dünndarmschleimhaut gebildet wird und Auswirkungen auf den Magen hat. Es steigert die Trypsin-, Wasser- und Bikarbonatsekretion des exokrinen Pankreas sowie die Insulinsekretion der Langerhans-Inseln. Außerdem werden die Pepsinogen- und Gallesekretion erhöht und der Tonus des Pylorussphinkters bei gleichzeitiger Reduktion der Magenmotilität gesteigert. Dies führt zu einer langsameren Entleerung des Magens. Während beim Hund die Gastrin-induzierte Magensäuresekretion gehemmt wird, scheint dies bei der Katze nicht der Fall zu sein.

Die Epithelzellen, welche den Fundus auskleiden, produzieren auch **Ghrelin**. Ghrelin ist ein Peptidhormon, welches die Freisetzung von Wachstumshormonen aus dem Hypophysenvorderlappen stimuliert. Es hat einen stimulierenden Effekt auf den Appetit und die Energiebalance, was dazu geführt hat, dass Capromorelin – ein selektiver Ghrelin-Rezeptoragonist – als Appetit-stimulierendes Medikament für Hunde erhältlich ist (z. Zt. leider nur in den USA).

Die von den Belegzellen produzierten ***intrinsic factor*** **und R-Proteine** sind essenziell für die Aufnahme von Cobalamin (Vitamin B_{12}) im Dünndarm. Der *intrinsic factor* wird jedoch zu einem großen Teil (Hund) resp. fast ausschließlich (Katze) durch das exokrine Pankreas produziert.

Trefoil factors 1 und 2 (TFF 1 und 2) sind Peptide, welche von den Nebenzellen im Fundus und Antrum und von den Pylorusdrüsen produziert werden. Diese spielen eine wichtige Rolle beim Wiederaufbau nach einem Mukosaschaden und während der Entzündung. Eine verminderte Expression von TFF kann zur Entwicklung von Magentumoren führen.

Eine Übersicht der Hormone des MDT und ihre Funktion gibt Tab. 8.9.

Tabelle 8.9: **Wichtige Hormone des Magendarmtrakts und ihre Funktion**

Hormon	Quelle	Funktion
Cholezystokinin (CCK)	I-Zellen Mukosa Duodenum und Jejunum	Stimulation von: • Kontraktion Gallenblase • Sekretion Pankreasenzyme • Sekretion Insulin Hemmung von: • Magensäureproduktion
Enteroglukagon	Enteroendokrine L-Zellen Ileum und Kolon	Verstärkt Insulinfreisetzung als Antwort auf Glukose über die Freisetzung von *Glucagon-like Peptides* (GLP-1 und -2)
Gastrin	G-Zellen Magenantrum und Duodenum	Stimulation von: • Sekretion Magensäure • Sekretion Pepsinogen • Sekretion Pankreasenzyme • Motilität Dünndarm und Gallenblase

Hormon	**Quelle**	**Funktion**
Ghrelin	Enteroendokrine Zellen MDT, v. a. Magen	Stimulation von: • Appetit • Freisetzung von Wachstumshormonen
Glucagon-like Peptide 1 (GLP-1)	Enteroendokrine L-Zellen Ileum und Kolon	• Inkretin-Effekt (erhöhte Insulinausschüttung bei enteraler Glukosezufuhr) • Verbesserung der Insulinsensitivität • Verzögerung der Magenentleerung • Hemmung der Magensaftsekretion
Glucagon-like Peptide 2 (GLP-2)	Enteroendokrine L-Zellen Ileum und Kolon	• Fördert intestinales Wachstum und Funktion • Hemmung der Magensaftsekretion • Verknüpft intestinales Wachstum mit verbesserter Nahrungsaufnahme
Glukoseabhängiges insulinotropes Peptid (GIP; früher Gastrointestinales inhibitorisches Peptid)	K-Zellen proximaler Dünndarm und Jejunum	Verstärkt Insulinfreisetzung als Antwort auf Glukose, Fett und Aminosäuren
Intrinsic Factor (IF)	Belegzellen (Hd), exokrines Pankreas (Hd + Kz)	Cobalaminaufnahme Ileum
Motilin	Proximaler Dünndarm	Stimuliert *migrating motor complexes* (MMC)
Pankreatisches Polypeptid (PP)	Azinuszellen Pankreas	beeinflusst: • Pankreassekretion • Komplexe Effekte Motilität
Sekretin	S-Zellen Mukosa Duodenum und Jejunum	Stimulation von: • Produktion Bikarbonat Pankreas, Gallengänge und Dünndarm • Insulinausschüttung • Pepsinogenausschüttung • Kontraktion Gallenblase Hemmung von: • Gastrinsekretion • Magensäureproduktion
Somatostatin	Pankreas, enterisches Nervensystem, Magendarmepithel, D-Zellen	Verhindert die Sekretion von vielen anderen GI-Hormonen
Trefoil factors 1 + 2 (TFF 1 + 2)	Nebenzellen Fundus und Antrum, Pylorusdrüsen	Wiederaufbau Mukosa

8.5.1.4 Die mukosale Barriere zum Schutz des Magens

Die Mukosa des Magens ist ständig potenziell schädlichen Einflüssen wie tiefer pH-Wert, mechanische Irritationen und Verdauungsenzymen ausgesetzt. Aus diesem Grund hat die Magenschleimhaut verschiedene Schutzmechanismen auf verschiedenen Ebenen entwickelt:

- Präepithelial: Schleim, Bikarbonat (für jedes H^+ wird ein HCO_3^- gebildet)
- Epithelial: dichter Zellverband, rasche Zellerneuerung, apikal hydrophobe Phospholipide, intrazellulär hohe Bikarbonatkonzentration
- Postepithelial: gute Blutversorgung in dichtem Kapillarnetz
- Zellerneuerung: erhöhte Mengen an *epidermal growth factor* und TFFs
- Prostaglandinsynthese: v. a. PGE_2 und Prostacyclin fördern Integrität der Schleimhaut, Mukus und Bikarbonatproduktion sowie Blutfluss

8.5.2 Anamnese und klinische Untersuchung

8.5.2.1 Anamnese

Die Symptome bei Magenveränderungen sind in den meisten Fällen sehr unspezifisch, d. h. sie können bei einer Vielzahl von anderen Krankheiten in ähnlicher Form auftreten. Die häufigsten Symptome sind Erbrechen (s. Kap. 8.1.5), Hämatemesis, Magenblähung, Tympanie, Abdominalschmerzen und Meläna (z. B. bei Magenulkus und Tumoren; s. Kap. 8.1.7). Zusätzlich können Symptome anderer Primärerkrankungen auftreten (z. B. der Leber oder Nieren) oder andere unspezifische Symptome wie Anorexie (s. Kap 8.1.1), Hypersalivation (s. Kap. 8.1.4) oder Dehydratation.

Wichtig ist die Frage nach der Dauer der bestehenden Symptome, da in der Veterinärmedizin bei einer Gastritis aufgrund der Dauer der Symptome und nicht der Histologie entschieden wird, ob sie akut oder chronisch ist. Bei **Anorexie** ist es wichtig zu unterscheiden, ob die Futteraufnahme unterbleibt, weil schmerzhafte Zustände zugrunde liegen (Unterbrechung der Futteraufnahme bei offenbar vorhandenem Appetit: Erkrankung der proximalen Teile des Verdauungstrakts) oder weil Appetitmangel besteht (keine Anstalten zur Futteraufnahme).

Erbrechen ist ein häufiges, aber ebenfalls keineswegs pathognomonisches Zeichen einer Magenerkrankung. Wichtig ist die Unterscheidung von Regurgitation und Erbrechen (s. Kap. 8.1.5) sowie der Zeitpunkt des Erbrechens im Tagesverlauf und in Abhängigkeit von der Nahrungs- oder Wasseraufnahme. Der Besitzer ist außerdem nach Farbe und Beschaffenheit des Erbrochenen zu befragen. Von besonderer Bedeutung ist die Häufigkeit des Vomitus, ferner ob sich das Allgemeinbefinden verändert hat, ob gesteigerter Durst beobachtet worden und ob Gewichtsverlust (Abmagerung, Dehydratation) eingetreten ist. Zudem sollte abgeklärt werden, ob auch Durchfall oder Borborygmus vorkommen. Nicht vergessen werden sollte die Frage nach den Fütterungsgewohnheiten: Wann, wie oft und was verfüttert wird, ob kürzlich Änderungen in der Fütterung eingetreten sind, ferner ob der Patient Gelegenheit hatte, Fremdkörper, Abfall oder Giftstoffe aufzunehmen. Beachtet werden müssen **medikamentöse Behandlungen**, besonders solche, die über längere Zeit durchgeführt worden sind mit Wirkstoffen, die bekanntermaßen zu Schleimhautreizungen führen können wie z. B. Glukokortikoide oder nichtsteroidale Entzündungshemmer.

8.5.2.2 Klinische Untersuchung

Patienten, bei denen Magenprobleme vermutet werden, müssen einer gründlichen klinischen Untersuchung unterzogen werden – zu unspezifisch sind die Symptome, als dass sie von vornherein dem Magen zugeordnet werden könnten. Bei einer Behandlung auf Verdacht, oft noch mit wenig wirksamen Medikamenten, könnten sonst wichtige Erkrankungen anderer Organe oder Stoffwechselkrankheiten übersehen werden. Die Allgemeinuntersuchung muss das Verhalten, den Ernährungszustand, die körperliche Entwicklung und Bemuskelung sowie Atmung, Temperatur und Pulsfrequenz berücksichtigen. Von besonderer Bedeutung ist der Hydratationsgrad. Die Untersuchung muss nahezu alle Organsysteme umfassen. Speziell beim Gastrointestinaltrakt soll man sich nicht nur auf die Bauchorgane beschränken, sondern bereits mit der Untersuchung der Maulhöhle beginnen. Die Füllung des Abdomens ist zu beachten, ferner ob eventuell Vorwölbungen im hinteren Thorax-/vorderen Bauchbereich bestehen, da ein normal gefüllter Magen vollständig innerhalb des Thorax liegt. Erst eine sehr starke Magenfüllung mit Futter, Flüssigkeit oder besonders Gas (etwa bei einer Magendrehung) lässt den Magen hinter dem Rippenbogen hervortreten. Schmerzhaftigkeit bei der Palpation ist selten mit Sicherheit dem Magen zuzuordnen (s. auch Kap. 8.6.2.2). Eine rektale Untersuchung darf nicht unterbleiben, ferner muss der Kot auf Meläna untersucht werden (eventuell Magen- oder Dünndarmblutungen).

8.5.3 Diagnostisches Vorgehen zur weiteren Abklärung

Erbrechen (s. auch Kap. 8.1.5) ist wohl das wichtigste Symptom bei Magenerkrankungen. Detaillierte Angaben zum diagnostischen Aufarbeiten von Fällen mit Erbrechen und Regurgitieren sind auch bei anderen Organen zu finden. Ein mögliches Flussdiagramm zur Abklärung von Erbrechen ist bei Burgener (2020) zu finden.

8.5.3.1 Labordiagnostik

Blutuntersuchungen sind hauptsächlich erforderlich, um anderweitige Ursachen einer Magendarmerkrankung oder deren Folgen zu erkennen und zu behandeln. Die

Leukozytenzahl kann Hinweise auf das Vorliegen einer viralen Infektion (Leukopenie bei Parvovirose des Hundes und der Katze) oder einer starken Entzündung/Infektion geben (Leukozytose +/- Linksverschiebung v. a. bei bakteriellen Infektionen oder starker Entzündung wie Pankreatitis oder Peritonitis). Eosinophilie im akuten oder chronischen Zustand einer Gastroenteropathie kann auf Endoparasiten, eine Futtermittel-responsive Enteropathie (FRE), eine eosinophile IBD/CIE, eine feline gastrointestinale eosinophile sklerosierende Fibroplasie (FGESF) oder in Verbindung mit einer Lymphozytose und Hyperkaliämie sowie Hyponatriämie auf eine Nebennierenrindeninsuffizienz (M. Addison) hinweisen. Die Abwesenheit dieser Veränderungen im Blutbild schließt aber einen Hypoadrenokortizismus nicht aus, dies kann erst durch ein basales Cortisol > 2 µg/dl oder einen normalen ACTH-Stimulationstest geschehen. Hämatokrit und Totalprotein können recht empfindlich den Dehydratationsgrad des Patienten anzeigen und können bei größeren Verlusten von Flüssigkeit und damit auch Elektrolyten infolge starken Erbrechens und Durchfalls erhöht sein. Gastroenteropathien können auch mit erheblichen Blutverlusten einhergehen. Chronische Blutungsanämien ziehen durch Eisenverlust eine mikrozytäre hypochrome Anämie nach sich.

Ob weitere labordiagnostische Maßnahmen ergriffen werden müssen, entscheidet nicht zuletzt die klinische Untersuchung. Insbesondere wenn der Verdacht auf **weitere Organkrankheiten** nicht anderweitig ausgeschlossen werden kann, müssen weitergehende Untersuchungen erfolgen. Diese umfassen ein Leberprofil (ALT, AST, AP, GGT, Bilirubin, Gallensäuren, Ammoniak, Albumin, Harnstoff, Glukose und Cholesterin), Harnstoff/Kreatinin und eine Harnanalyse inkl. spezifischem Gewicht für die Niere oder PLI (eventuell TLI) für das Pankreas (s. Kap. 10). Wertvolle Hilfe kann auch die Bestimmung der Serumelektrolyte einschließlich der Blutgasanalyse leisten. Häufiges Erbrechen führt zum Verlust von Natrium, Kalium und Chlorid bei gleichzeitiger metabolischer Alkalose. Die Alkalose tritt besonders dann auf, wenn nur Magensaft, jedoch keine nennenswerten Mengen von Dünndarminhalt verloren gehen. Dies kommt besonders bei funktionellen oder anatomischen Pylorusverschlüssen vor. Geht dagegen Dünndarmsaft in größeren Mengen mit dem Erbrochenen oder auch mit Durchfall verloren, kommt es sowohl zum Verlust von Säure- als auch von Basen-Ionen, sodass beide im Blut erniedrigt sind, der Basenüberschuss (BE) jedoch ausgeglichen erscheint. Außerdem geht häufig gleichzeitig eine große Menge von Bikarbonat mit Gallen- und Pankreasflüssigkeit verloren, sodass die Pufferkapazität im Blut vermindert sein kann.

Wertvolle Hilfe kann auch eine **Kotuntersuchung** auf Endoparasiten leisten (bei Magenproblemen v. a. *Physaloptera rara* und *Ollulanus tricuspis*). Im Falle von Gastropathien in Verbindung mit Durchfällen sollten diese besonders bei Jungtieren zu den ersten Untersuchungsmaßnahmen gehören. Sofern nicht schon die grobsinnliche Untersuchung Aufschluss gibt (Meläna), kann eine Untersuchung auf okkultes Blut vorgenommen werden (Voraussetzung: mindestens 3 Tage keine Frischfleischfütterung). Die Untersuchung des Magensaftes bei Hund und Katze inkl. pH-Messung ist nur sehr selten hilfreich.

8.5.3.2 Röntgen und Ultraschall

Die **Röntgenuntersuchung** des Magens wie auch der übrigen Bauchorgane erfolgt zumeist mit zwei Übersichtsaufnahmen (z. B. linkslateral und ventrodorsal). Wenn möglich, sollte der Patient hierzu nüchtern sein. Der Magen wird nach Größe, Form, Inhalt und Lokalisation beurteilt. Lokalisation und Form sind auch von extragastralen Veränderungen abhängig. Der normale Magen liegt im intrathorakalen Teil der Bauchhöhle annähernd senkrecht mit leichter Richtungsänderung nach kaudoventral. Besonders die vergrößerte Leber lässt die ventral liegenden Anteile des Magens – Antrum und Pylorus – nach kaudal ausweichen, sodass der Magen in ventrokaudale Schräglage gerät. Auch intramurale raumfordernde Prozesse verändern die Lage und die Größe des Magens. Röntgenbilder in Rechtsseitenlage zeigen bei Hunden und Katzen häufig eine Gasblase im Corpus (Aufhellung) und Flüssigkeit im Antrum (Verschattung), Linksseitenlage dagegen lässt das Gas ins Antrum aufsteigen. Der Pylorus erscheint häufig als kreisrunde Verschattung und darf nicht mit einem Fremdkörper oder Tumor verwechselt werden. Röntgendichte Fremdkörper werden meist schon in der Leeraufnahme gesehen (Abb. 8.14), während kontrastarme Fremdkörper manchmal der Entdeckung entgehen. Vermehrte Flüssigkeits- oder Gasfüllung lassen sich leicht erkennen. Die in der Leeraufnahme oft deutlich sichtbare Schleimhautfaltenbildung ist nicht immer ein krankhaftes Zeichen.

Um die Schleimhaut exakt darstellen zu können, sind **Kontrastuntersuchungen** hilfreich. Man unterscheidet zwischen Negativ- (Luft), Positiv- (Bariumsulfat oder jodhaltige Kontrastmittel) und Doppelkontrastdarstellungen (Luft und Kontrast). Mit negativem Kontrast stellen sich intraluminale Fremdkörper leichter dar. Außerdem lässt sich die Magenwand mit ihrer Dicke und Struktur besser beurteilen. Die positive Kontrastdarstellung gewährleistet eine gute Schleimhautdarstellung, sollte allerdings nicht verwendet werden, wenn Perforationen erwartet werden (v. a. Barium reizt stark beim Austreten in die Bauchhöhle). Normalerweise füllt sich das Duodenum etwa 5–15 Minuten nach der Kontrastmittelgabe. Die Entleerung des Magens sollte nach 1–4 Stunden beendet sein; durch Aufregung wie auch durch Anticholinergika kann die Entleerung aber verzögert sein. Eine verzögerte Entleerung (keinerlei Weitergabe des Inhalts länger als 30–45 Minuten) spricht für Motilitätsstörungen oder, bei völlig sistierender Weitergabe des Inhalts in das Duodenum, für Obstruktionen des Pylorus oder Rückstauung aus dem Darm (Ileus). Diese Probleme werden heutzutage aber häufig mit einer **Ultraschalluntersuchung** diagnostiziert (Abb. 8.15). Die normale Magenwand eines gefasteten Tieres hat eine Dicke von 3–5 mm. Der normale Magen kontrahiert sich 4–5-mal pro Minute. CT oder MRT sind für die Diagnostik von Magenerkrankungen sehr selten nötig, da diese meistens mit der Kombination Röntgen, Ultraschall und Endoskopie gut dargestellt und diagnostiziert werden können. Weitere Informationen zur Sonographie des MDT siehe auch Kap. 8.6.3.2.

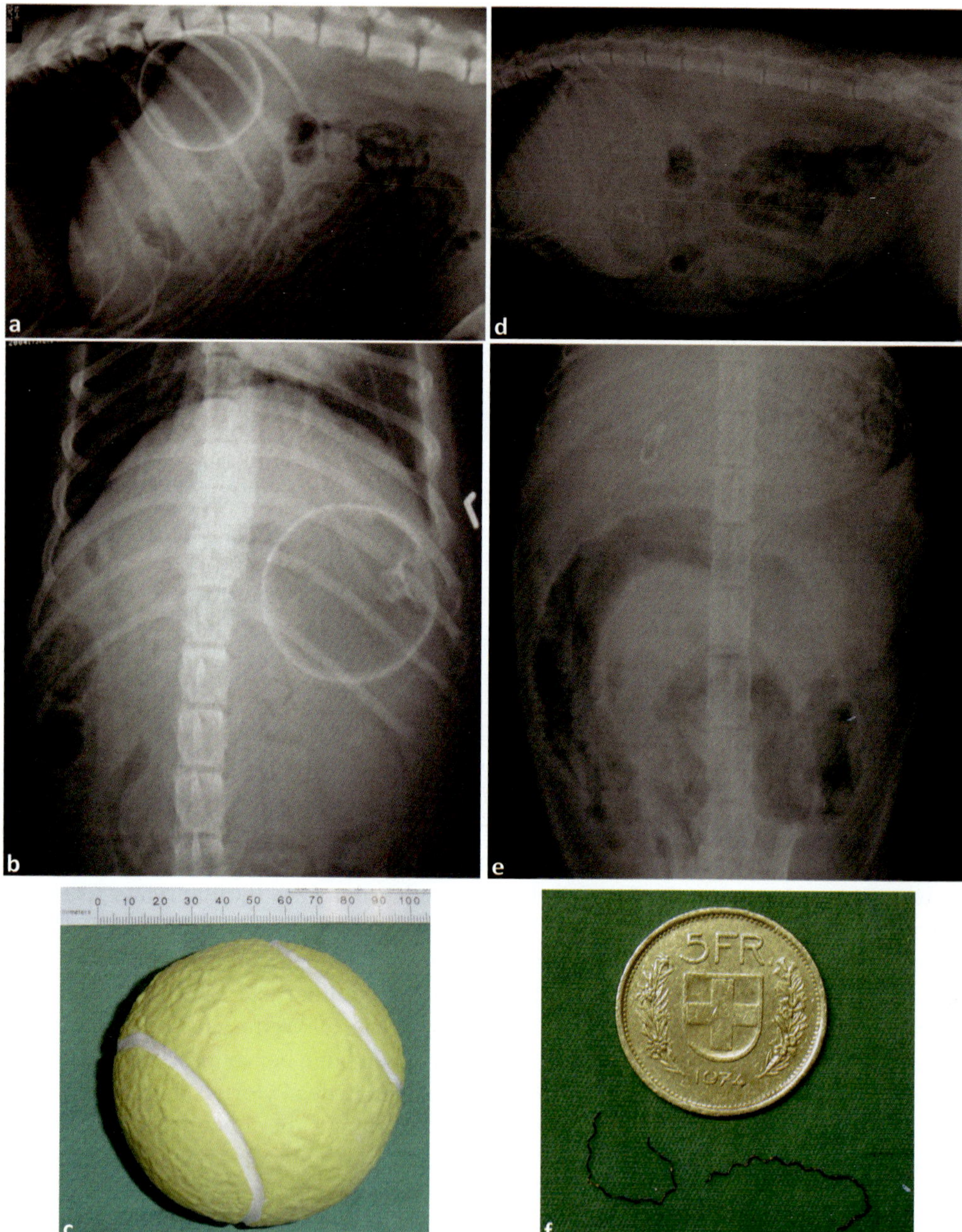

Abb. 8.14 Röntgendarstellung (jeweils laterolateraler und ventrodorsaler Stahlengang) gastraler Fremdkörper: Beim Hund (a–c, links) wurde das Verschlucken des Spielballes mit Ventil beobachtet, die Katze (d–e, rechts) zeigte seit 2 Wochen Hämatemesis, wahrscheinlich durch die Kupferdrähte im Magen ausgelöst (zum Größenvergleich: 1 Fünffrankenstück: Durchmesser: 31,45 mm).

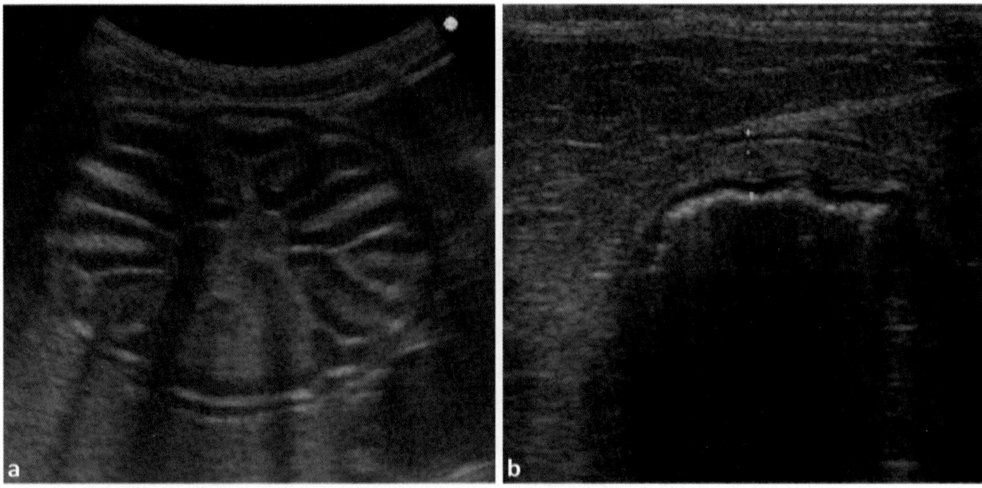

Abb. 8.15 Ultraschalluntersuchungen der Magenschleimhaut:
a, links: normaler Magenfundus
b, rechts: Magenwandverdickung in der Submukosa
(Bilder freundlicherweise zur Verfügung gestellt von Daniela Schweizer-Gorgas, Universität Bern)

8.5.3.3 Endoskopie

Die **Gastroskopie** stellt eine wertvolle Bereicherung der Diagnostik von Magenkrankheiten dar, wobei neben der Adspektion teils auch gleich die Therapie (z. B. Fremdkörperentfernung) oder Biopsieentnahmen erfolgen können. Zur Endoskopie müssen die Tiere grundsätzlich narkotisiert werden.

Eine Gastroduodenoskopie führt man klassischerweise in linker Seitenlage durch, damit Antrum und Pylorus obenauf liegen und somit der Übergang durch den Pylorus ins Duodenum leichter möglich ist. Man führt das Endoskop unter Luftinsufflation in den Magen ein, dessen Lumen leicht aufgeblasen wird. Man folgt danach der großen Kurvatur und erkennt mit der Geradeausoptik bald das Antrum an der stärkeren Faltenbildung in Richtung auf den Pylorus. Bei der Retroflexion dreht man das Endoskop um 180° und schaut so zurück auf die Kardia mit dem eigenen Endoskop im Zentrum. In den weitaus meisten Fällen erscheint die Magenschleimhaut unauffällig. Zahl und Größe der Schleimhautfalten hängen wesentlich vom Füllungszustand des Magens ab. Beim Verdacht auf verstärkte Faltenbildung kann man den Magen etwas stärker aufblasen, wobei normale Falten dann weitgehend verschwinden. **Erosionen und Ulzerationen** lassen sich endoskopisch gut erkennen. Auch Wandverdickungen infolge tumoröser Infiltration können gut diagnostiziert werden. Fremdkörper liegen häufig im Antrum vor dem Pylorus, wo sie festgehalten werden. Es ist daher bei Verdacht erforderlich, bis vor den Pylorus vorzudringen. Umfangsvermehrungen des Pylorus und der Kardia können besonders gut während der peristaltischen Kontraktionen beobachtet werden.

Mithilfe der Gastroskopie lassen sich sehr gut **Biopsien** entnehmen, wobei bei guter Qualität 6–8 Biopsien entnommen werden sollten. Bei Ulzera, die malignomverdächtig sind, nimmt man die Proben vom Rand der Veränderung, keineswegs aber aus dem wesentlich dramatischer veränderten Zentrum, da hier neben dem erhöhten Perforationsrisiko v. a. Zelltrümmer und Nekrose zu finden sind. Die Biopsien sollten in entsprechenden Behältern direkt in Formalin eingelegt werden und zur histopathologischen Untersuchung geschickt werden.

Für die Entfernung von **Fremdkörpern** werden nicht Biopsiezangen, sondern spezielle Fasszangen, Netze oder Körbchen verwendet, welche zum Endoskop passen müssen. Bei größeren Fremdkörpern (z. B. Knochen) können auch starre lange Zangen gebraucht werden, welche neben dem Endoskop liegen. Dabei ist es empfehlenswert, das Endoskop nach einer ersten Inspektion herauszuziehen und die starre Zange einzuführen, welche nachher unter Sichtkontrolle mit dem Endoskop an dem Fremdkörper platziert wird. Mit dieser Technik (Endoskop hinter Zangenkopf) können größere und zumeist recht teure Schäden durch den Zangenkopf am Endoskop verhindert werden.

8.5.4 Akute Gastritis

Definition, Ätiologie: Die akute Gastritis entspricht einer kurzzeitig bestehenden Entzündung der Magenschleimhaut. Sie kann per se im Magen selbst ihren Ursprung nehmen (primäre Gastritis) oder Folge einer Reihe extragastraler Primärkrankheiten sein (sekundäre Gastritis).

Obwohl sehr viele **Ursachen** für die **primäre Gastritis** bekannt sind, wird sie am häufigsten durch Futtermittelunverträglichkeit oder -allergie verursacht. Vor allem beim Hund sind verdorbenes Futter, Fremdkörper, Abfall und Giftstoffe (inkl. Endotoxine, Enterotoxine, Mykotoxine) sehr häufige Auslöser einer Gastritis. Andere Möglichkeiten sind Medikamente (z. B. nicht steroidale [NSAID] und steroidale [Glukokortikoide] Entzündungshemmer, Zytostatika), Chemikalien (Dünger, Herbizide u. a.), Schwermetalle (z. B. Blei und Zink) oder die orale Aufnahme von Schnee, zu heißer Nahrung, Säuren oder Laugen. Bei Infektionen muss v. a. an virale (Parvovirose, Staupe, Hepatitis contagiosa canis) und parasitäre Erreger (z. B. *Ollulanus* spp. oder *Physaloptera* spp.) gedacht werden. Die wichtigsten Ursachen sind in Tabelle 8.2 aufgelistet. Im Gegensatz zur Humanmedizin ist in der Veterinärmedizin die Rolle von *Helicobacter* spp. bei der Gastritis umstritten (s. Kap. 8.5.6).

Sekundäre Gastritiden sind häufig in Zusammenhang mit Nierenversagen (Urämie), Hepatopathien oder Pankreasveränderungen zu sehen, wobei auch Hyperadrenokortizismus, Kreislaufversagen, Stress, Dünndarmobstruktion oder eine DIC beteiligt sein können. Auch andersartige ständige Stimulation der Säureproduktion (Hyperazidität), wie sie bei hohem Histaminspiegel (Mastzelltumoren) oder Gastrinüberschuss (Gastrinom; Zollinger-Ellison-Syndrom) vorkommt, kann zu Gastritiden führen. Durch Reflux von Duodenalinhalt, in dem die Gallensäuren als Detergenzien am aktivsten sind, werden ebenfalls Gastritiden ausgelöst.

Pathogenese: Wenn die Mukosa geschädigt wird, fällt die Diffusionssperre für die Säureionen weg. Damit kann die Salzsäure in die Zellen penetrieren, sodass diese sehr rasch zerstört werden. Es folgt die Degranulation der in Lamina propria und Submukosa enthaltenen Mastzellen, sodass deren biogene Amine, besonders Histamin, freigesetzt werden. Dies führt zur Hyperämie und Permeabilitätssteigerung der Blutgefäße mit nachfolgendem Ödem und einer manifesten Gastritis. Die Arrosion von Blutgefäßen durch den Magensaft lässt Blut ins Magenlumen austreten, sodass Hämatemesis und Meläna auftreten können. Schwere Blutungen können einen hämorrhagischen Kreislaufschock nach sich ziehen, der zu einer Schleimhautischämie des MDT führt und eine weitere Selbstschädigung der Schleimhaut verursacht. Weiter werden durch die ins Gewebe gelangte Säure Nerven erregt, wodurch spastische Kontraktionen der Magenmuskulatur ausgelöst werden (Magenspasmen, Magenkrämpfe).

Klinisches Bild: Primäres Symptom der akuten Gastritis ist das **Erbrechen** (s. auch Kap. 8.1.5), welches durch Futter- oder Wasseraufnahme ausgelöst werden kann. Oft wird jedes Futter, nicht aber Wasser, verweigert. In diesen Fällen treten Würgebewegungen seltener auf; dabei wird Schleim mit Duodenalinhalt, nicht selten mit Blutspuren, ausgewürgt. Das Allgemeinbefinden ist nur in schweren Fällen gestört. Oft werden Speicheln, Zittern, Polydipsie und selten Fieber beobachtet. Als Folge treten Hämokonzentration mit Elektrolytverschiebungen auf inkl. metabolischer Alkalose. Durch die intravasalen Volumenverluste kommen Dehydratationen unterschiedlicher Grade zustande, die selbst zu Kreislaufinsuffizienz führen können. Bei Magenblutungen ist das Erbrochene häufig, wenn es auf nüchternen Magen erfolgt, blutig (= Hämatemesis), nach Futteraufnahme dagegen oft „kaffeesatzartig" mit denaturiertem Blut.

Diagnostik, Diagnose: Die klinischen Symptome allein reichen i. d. R. nicht für eine sichere Diagnose aus. Allerdings ist eine endgültige Sicherung in leichten Fällen auch nicht immer erforderlich. Die Palpation des Magens ist wegen dessen intrathorakaler Lage nur unvollkommen möglich. Röntgenologisch lassen sich Fremdkörper, mit Kontrastmitteln bisweilen Ulzera, darstellen, wobei hierfür Ultraschall oder Endoskopie mehr Informationen liefern können. Labordiagnostisch werden andere Organkrankheiten (Leber, Niere, Pankreas) ausgeschlossen. Für die Folgen dauernden Erbrechens sind Hämatokrit, Leukozytenzahl, Elektrolythaushalt und Blutgasanalyse von Bedeutung. Wertvolle Dienste kann in Zweifelsfällen die Gastroskopie mit Biopsien leisten. Ansonsten muss man sich mit der Verdachtsdiagnose begnügen.

Therapie: Falls die Klinik und das Erbrechen mit keinem gestörten Allgemeinbefinden einhergehen, reicht meist eine **unterstützende und symptomatische Therapie** (Infusionen +/- Kaliumsubstitution, eventuell Magensäurereduktion mit Protonenpumpenblocker, Sucralfat). Ein Futterentzug von 12–24 Stunden ist häufig hilfreich (nicht bei Welpen und Zwergrassen wegen fehlender Reserven), wobei anschließend ein leichtverdauliches Futter (kommerzielle Futter mit geringem Fettgehalt, eventuell selbstgekochtes Geflügel und Reis oder Hüttenkäse) gegeben werden sollte. Dieses Futter wird meistens für 3–5 Tage verabreicht und dann langsam mit einem steigenden Anteil an Standardfutter, auf welches wieder zurückgewechselt wird, gemischt. Bei der Gabe von **Antiemetika** (s. auch

Kap. 8.1.5 und Tab. 8.3) muss man sich immer bewusst sein, dass damit die klinischen Symptome ausgeblendet werden und der Verlauf der Krankheit schwerer zu beurteilen ist.

8.5.5 Chronische Gastritis

Ätiologie, Pathogenese: Ätiologie und Pathogenese der chronischen Gastritis bei Hunden und Katzen sind nicht vollständig geklärt. In manchen Fällen kann eine Ursache, wie z. B. Parasiten (*Physaloptera* [Hund und Katze] oder *Ollulans tricuspis* [v. a. Katze]), Urämie, Hepatopathie, Pankreatopathie oder eine paraneoplastisch erhöhte Magensäureproduktion (v. a. Gastrinom oder Mastzelltumor) identifiziert werden. Zudem gibt es Rassen wie Basenji, Drentse Patrijshond und Norwegischer Lundehund, welche für chronische Gastritiden prädisponiert scheinen (s. auch Tab. 8.9). In den meisten Fällen jedoch findet man keine Ursache und sie werden als idiopathisch mit vermuteter immunvermittelter Pathogenese bezeichnet. Die chronische idiopathische Gastritis gehört jedoch wahrscheinlich zur **IBD/CIE** und kann ein Resultat von futtermittelresponsiver Enteropathie (FRE) oder Immunreaktionen auf bakterielle oder andere Antigene sein (s. Kap. 8.6.4.8). Die Präsenz von *Helicobacter* spp. im Hundemagen verursacht ziemlich sicher keine chronische Gastritis, wohingegen die Situation bei der Katze weniger klar ist (s. Kap. 8.5.6).

Klinisches Bild: Die klinischen Zeichen bei Hunden und Katzen mit chronischer Gastritis sind geprägt durch chronisch-persistierendes oder intermittierendes **Erbrechen** von unterschiedlicher Frequenz und Stärke. Zusätzlich treten Anorexie/Inappetenz (s. Kap. 8.1.1), Gewichtsverlust, Dehydratation, schlechte Verdauung oder auch Anämien auf. Hämatemesis wird selten gesehen, häufiger schon Meläna bei Magenblutungen (z. B. bei Magenulkus, s. Kap. 8.5.7). Die Entzündung verändert die gastrische Motilität und verlängert die Magenentleerung, weshalb diese Tiere das Futter deutlich länger im Magen behalten können als gesunde Tiere.

Diagnose: Die Krankheit wird klinisch – wie auch die akute Gastritis – häufig vermutet, jedoch selten exakt diagnostiziert. Eine Untersuchung auf Leber-, Pankreas- und Nierenkrankheiten kann v. a. sekundäre Gastritiden aufdecken. Die definitive Diagnose einer chronischen Gastritis kann nur mit (zumeist endoskopisch entnommenen) Biopsien gestellt werden, wobei Neoplasien ausgeschlossen werden können und folgende histologischen Befunde möglich sind:

- Lymphoplasmazelluläre Gastritis (häufigste Form, zumeist zusammen mit lymphoplasmazellulärer IBD/CIE; Differenzialdiagnose Lymphom)
- Eosinophile Gastritis (zumeist mit eosinophiler IBD/CIE; eventuell Parasiten oder Futtermittel-responsive Enteropathie (FRE))
- Hypertrophe Gastritis (mukosale Hypertrophie lokal (v. a. Antrum) oder generalisiert; sekundär zu Entzündung, Fremdkörper, Protonenpumpenblocker, Hypergastrinämie usw.; s. auch Rasseprädispositionen Tab. 8.9)
- Atrophische Gastritis (v. a. ältere (Lunde-)Hunde, eventuell mit Achlorhydrie)

Therapie: In erster Linie sollte die Ursache eliminiert werden, falls diese bekannt ist (z. B. Fremdkörper entfernen, Medikamente absetzen, Parasiten therapieren). Da aber die meisten Gastritiden idiopathischer Natur sind, ist eine ursächliche Therapie oft unmöglich. Bei diesen Fällen sind Futtermittelanpassungen (Eliminationsdiät mit einer neuen Proteinquelle oder hydrolisierte Diät), Magensäurereduktion (Protonenpumpenblocker 1 mg/kg KM, 2 × tägl., eventuell Sucralfat) und ggf. immunsuppressive Therapie wie bei IBD/CIE (s. Kap. 8.6.4.8) sinnvoll. Wie bereits oben angeführt, maskiert die Gabe von **Antiemetika** (Tab. 8.3) die klinischen Symptome, sodass der Verlauf der Krankheit schwerer zu beurteilen ist.

8.5.6 *Helicobacter* spp.

Definition: *Helicobacter spp.* sind gramnegative, mikroaerophile, spiralförmige bewegliche Bakterien. Ihre Hauptlokalisation ist im Magen, wobei sie auch im Darm und der Leber gefunden werden können. In der Zwischenzeit sind schon über 30 verschiedene Organismen beschrieben worden, wobei v. a. *Helicobacter pylori* beim Mensch als Auslöser von Gastritis, Magenulzera und möglicherweise Magenkarzinomen bekannt geworden ist. Die meisten bei Hund und Katze vorkommenden **„gastric *Helicobacter*-like organisms" (GHLO)** sind große spiralförmige Organismen (0,5 × 5–10 µm), welche durch Lichtmikroskopie nicht unterschieden werden können. *H. felis, H. bizzozeronii, H. salmonis, Flexispira rappini, H. bilis* und *H. heilmannii* wurden alle schon im Hundemagen nachgewiesen, wohingegen bei der Katze *H. felis* (Abb. 8.16), *H. pametensis, H. pylori, H. bizzozeronii, H. salmonis* und *H. heilmannii* beschrieben wurden. Gemischte Infektionen mit zwei oder mehr *Helicobacter* spp. scheinen bei Hund und Katze häufig zu sein.

Abb. 8.16 *Helicobacter* (hier *Helicobacter felis*) sind gramnegative, spiralförmige Bakterien, welche sich in Magen, Darm und Leber ansiedeln können. Die Keime sind etwa 0.5 × 5–10 µm groß. (Elektronenmikroskopisches Bild freundlicherweise zur Verfügung gestellt von Prof. M. Stoffel, Universität Bern)

Epidemiologie: In mehreren Studien bei Hunden und Katzen zeigten GHLO eine hohe Prävalenz mit bis zu 100 % Infektionen in experimentellen Haltungssystemen, 41–100 % Prävalenz bei gesunden Katzen, 86–100 % Prävalenz bei gesunden Hunden und 57–100 % bei Tieren mit Erbrechen (Neiger 2008).

Pathogenese: Da sehr viele gesunde Hunde und Katzen *Helicobacter*-positiv sind, überrascht es nicht weiter, dass die meisten Infektionen ohne klinisch ersichtliche Probleme verlaufen. In Einzelfällen kann es jedoch zu einer Magenentzündung kommen, welche sich durch chronisches Erbrechen und ggf. Gewichtsverlust und Durchfall bemerkbar machen kann.

In der Humanmedizin ist *H. pylori* einer der wichtigsten, wenn nicht der wichtigste Umweltfaktor als Auslöser von Magentumoren. Dabei geht man bei einem mit *Helicobacter*-infizierten Menschen davon aus, dass ein 3–6-mal größeres Risiko besteht für Magentumoren als bei Menschen ohne *Helicobacter*. Im Gegensatz zur Humanmedizin ist in der Veterinärmedizin die Rolle von *Helicobacter* spp. bei der Gastritis umstritten und bei Magentumoren unwahrscheinlich. Möglicherweise besteht eine Assoziation zwischen *H. heilmannii* und gastrischen Lymphomen (sogenannten MALT-Lymphomen) bei der Katze (Bridgeford et al., 2008).

Diagnostik, Diagnose: Für den Nachweis von *H. pylori* stehen beim Menschen verschiedene Tests zur Verfügung, wovon jedoch nur wenige beim Hund regelmäßig gebraucht werden. Meistens wird der Befund einer *Helicobacter*-Infektion beim Hund mit der Histologie oder Zytologie erhoben, wobei das Vorhandensein von *Helicobacter* nicht automatisch die Ursache des Problems sein muss. Dabei werden Biopsien, welche bei einer Magendarmendoskopie entnommen wurden, häufig zusätzlich mit einer Spezialfärbung behandelt (Warthin-Starry-Silberfärbung oder Giemsa). Mit denselben Biopsien kann auch ein Urease-Schnelltest gemacht werden, bei welchem von *Helicobacter* produzierte Urease innerhalb weniger Stunden Harnstoff abbaut und dadurch zu einem Farbumschlag im Nährmedium führt. Die Kultivierung der Biopsien macht keinen Sinn, da *Helicobacter* sehr schlecht kultiviert werden kann und die Kultur deshalb oft fälschlicherweise negativ ist. Wenn man eine genaue Typisierung des Erregers machen will, so kann dies mit PCR aus Biopsien gemacht werden oder mithilfe der Elektronenmikroskopie (Abb. 8.16). Beide Tests sind nur in spezialisierten Instituten vorhanden und werden deshalb nur selten gemacht.

Wie bereits erklärt, weiß man heute, dass *Helicobacter* höchstwahrscheinlich beim Hund keine Magentumoren verursacht und sehr oft auch bei gesunden Hunden und Katzen gefunden werden kann. Falls jedoch *Helicobacter* zusammen mit Entzündungszellen in Magenbiopsien gefunden wird und sonst keine Ursache ersichtlich ist, sollte in Betracht gezogen werden, ob eine durch *Helicobacter* ausgelöste Entzündung die Ursache für die klinischen Symptome des Patienten sein könnte.

Therapie: Geeignet sind diverse Antibiotika (Metronidazol, Amoxicillin, Doxycyclin, Azithromycin, Clarithromycin) sowie Medikamente zur Reduktion der Magensäureproduktion (Protonenpumpenblocker, Bismut, H_2-Antagonisten). Die sogenannte Dreifachtherapie (Amoxicillin (20 mg/kg KM, 2–3 × tägl. p. o.), Metronidazol (15–20 mg/kg KM 2–3-mal tägl. p. o.) und Omeprazol (1 mg/kg KM, 2 × tägl. p. o.) oder Bismuth oder Famotidin wurde beim Hund oft erfolgreich eingesetzt. In den letzten Jahren wurden jedoch auch zunehmend andere Kombinationen oder neuere Antibiotika wie Azithromycin oder Clarithromycin eingesetzt.

Bezüglich einer **potenziellen Zoonosegefahr** für den Menschen gilt es zu bedenken, dass beim Hund v. a. *H. heilmannii* und *bizzozeronii* festgestellt werden und nicht *H. pylori* wie meistens beim Menschen. Es sind wenige Fälle beschrieben, bei denen diese Hundeisolate beim Besitzer gefunden wurden. Das Risiko scheint somit recht klein und v. a. nur für Kleinkinder und immunsupprimierte Menschen zu bestehen. Zumindest konnte kein erhöhtes Risiko für einen *Helicobacter*-Befall bei Tierärzten festgestellt werden.

8.5.7 Magenulkus

Definition, Epidemiologie: Ein Magenulkus entspricht einer Beschädigung der Magenmukosa bis mindestens hinunter auf das Niveau der Lamina muscularis mucosae (Abb. 8.17a), während oberflächlichere Läsionen als Erosionen bezeichnet werden. Beim Einbezug der Muskularis besteht die Gefahr des Durchbruchs durch die Serosa in die Bauchhöhle. Magenulzera kommen beim Hund deutlich häufiger vor als bei der Katze.

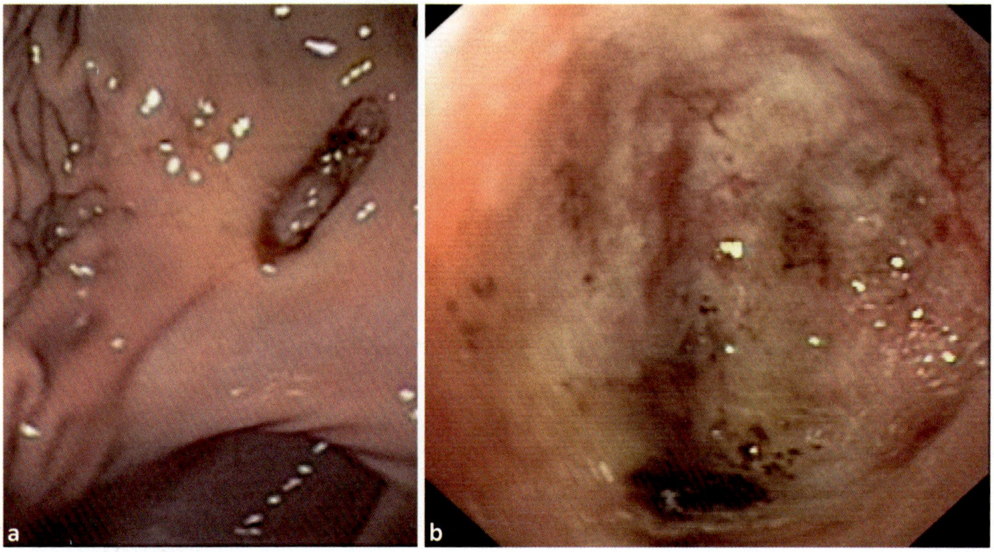

Abb. 8.17 Endoskopische Bilder von einem frischen Magenulkus (a) und einem großflächigen Magenulkus in Abheilung (b) bei zwei verschiedenen Hunden infolge nichtsteroidaler Entzündungshemmer (NSAIDs)

Ätiologie, Pathogenese: Als Auslöser von Magenulzerationen gelten aggressive Kräfte (z. B. Säuren, Pepsin, mechanischer Schaden, NSAIDs, Glukokortikoide, Stress, Trauma, ...), welche stärker sind als die protektiven Kräfte (mukosale Mikrozirkulation, epitheliale Zellerneuerung, Schleim, Bikarbonat und Prostaglandine). Die Epithelialzellen werden in den Krypten produziert und wandern zum Magenlumen, wobei die gesamte Magenoberfläche innerhalb von 2–3 Tagen ersetzt wird. Der Magen wird durch den Schleim geschützt (5 % Glykoproteine und 95 % Wasser) und die darin ausgeschiedene Menge an Bikarbonat. Zudem werden durch die Cyclooxygenase (COX) Prostaglandine produziert, welche ebenfalls eine protektive Wirkung auf die Mukosa haben.

Die **wichtigsten Ursachen** für Magenulzerationen bei Hund und Katze sind in Tabelle 8.10 zusammengefasst. NSAIDs, Hepatopathien, Glukokortikoide sowie auch Stress (z. B. bei Schlittenhunden oft beschrieben) haben sich als wichtigste Ursachen von Magenulzera beim Hund etabliert, wohingegen bei der Katze Tumoren die wichtigste Ursache zu sein scheinen. Alle Auslöser, welche zu einer akuten oder chronischen Gastritis führen, kommen potenziell als Ulzerogene infrage. Ebenfalls können Magengeschwüre

Tabelle 8.10: **Die wichtigsten Ursachen von Magenulzera bei Hund und Katze**

Übermäßige Säureproduktion	• Gastrinom • Mastzelltumor
Medikamente	• Nicht steroidale Entzündungshemmer (NSAIDs) • Glukokortikoide
Metabolische Krankheiten	• Lebererkrankungen • Nierenerkrankungen • Hypoadrenokortizismus
Infiltrative Krankheiten	• Magentumoren • IBD/CIE • Pythium in endemischen Regionen (z. B. Südstaaten der USA)
Andere Ursachen	• Säuren und Basen • Chemikalien • Fremdkörper • Disseminierte intravaskuläre Gerinnung (DIC) • Pankreatitis • Hypovolämischer oder septischer Schock • Stress (z. B. Schlittenhunde) • Gallereflux • Pylorusstenose

durch sämtliche Zustände, die eine vermehrte Sekretion von Magensaft bewirken, ausgelöst werden. Dies sind insbesondere Mastzelltumoren, Gastrinome oder chronische Fremdkörper im Magen. Durchblutungsstörungen infolge von Kreislaufschock, Hypotension oder Sepsis sowie duodenogastraler Reflux oder Niereninsuffizienz (Urämie) gehören ebenfalls zu den potenziellen Auslösern von Magenulzerationen. Unspezifische **NSAIDs** auf Niveau von COX-Inhibitoren reduzieren zwar die Entzündung und den Schmerz in der Mukosa (v. a. COX-2 abhängig), hemmen aber leider auch COX-1, wodurch die hilfreiche Prostaglandinsynthese gestört wird. NSAIDs sind deshalb wahrscheinlich immer noch der häufigste Auslöser von Magenulzera, auch wenn die spezifischen COX-2-Inhibitoren weniger gefährlich sind. Vor allem Überdosierungen und die Kombination mit Glukokortikoiden führen jedoch auch bei neueren COX-2-Inhibitoren regelmäßig zu Magenulzerationen.

Klinisches Bild: Dies ist nicht immer klar definiert. **Vomitus und Anämie** treten fast bei jedem Tier mit einem Magenulkus auf, wohingegen Inappetenz, Gewichtsverlust und Abdominalschmerzen seltener sind. Dabei ist die Anämie im akuten Fall nicht regenerativ, wird aber nach 2–3 Tagen zumeist schon regenerativ und ist bei einem chronischen Geschehen hypochrom und mikrozytär (Eisenmangelanämie). Auch **Meläna und Hämatemesis** scheinen nicht so häufig beobachtet zu werden, wie man es vermuten könnte. Beide werden sowohl beim Hund als auch bei der Katze in weniger als der Hälfte der Fälle beschrieben, wobei etwa ⅔ der Ulzerationen im Bereich Antrum/Pylorus und etwa ⅓ im proximalen Duodenum zu finden sind. Der Durchbruch eines Magenulkus führt häufig zu lebensbedrohlichen Schockzuständen und zu Peritonitiden.

Diagnose: Meistens besteht eine Verdachtsdiagnose aufgrund der oft passenden Anamnese und der klinischen Symptome. Eine definitive Diagnose kann nur mit einer **Endoskopie** (oder ggf. einer Laparotomie) des Magens (v. a. Antrum und Pylorus; Abb. 8.17a, b) sowie des Duodenums und entsprechender Biopsieentnahme gestellt werden. Ulzera sind bisweilen auch in zerfallenden, nekrotischen Tumoren zu finden. Es sollten daher immer mehrere Biopsien für eine histologische Untersuchung entnommen werden. Man entnimmt die Proben von den Rändern, nicht aus dem oft nekrotischen Zentrum. Manchmal kann es zudem helfen, mehrmals an derselben Stelle Proben zu entnehmen, um in der Tiefe des Gewebes eventuell neoplastische Veränderungen feststellen zu können (Vorsicht wegen Perforationen!).

Therapie: Sie hängt davon ab, ob die Ulzeration durchgebrochen ist oder nicht. Im Falle eines Durchbruchs ist eine Chirurgie unausweichlich. Neben einer akuten Perforation gelten auch unkontrollierte Blutungen sowie ein obstruierter Magenausfluss als Indikationen für eine **Chirurgie**. Glücklicherweise ist aber zum Zeitpunkt der Diagnose die kleinere Zahl der Magenulzera durchgebrochen. Nach Möglichkeit sollte als erstes die Ursache abgestellt werden (v. a. Medikamente oder metabolische Probleme). Zudem sind oft Infusionen, manchmal sogar Bluttransfusionen nötig. Ein zentraler Teil der Therapie ist die Reduktion der Magensäureproduktion, was am effizientesten durch

Gabe von **Protonenpumpenblocker** (z. B. (Es-)Omeprazol oder Pantoprazol 1 mg/kg KM, 2 × tägl. p. o., auch i. v. oder s. c. möglich) über mehrere Wochen erreicht wird, wobei diese nach ≥ 4 Wochen wahrscheinlich langsam reduziert und ausgeschlichen werden sollten. H_2-Blocker, Gastrinantagonisten oder Anticholinergika sind weitaus weniger effektiv (Marks et al., 2018), da sie jeweils nur einen möglichen Stimulationsweg für die Protonenpumpe blocken und nicht alle wie bei den Protonenpumpenblockern. Misoprostol (synthetisches Prostaglandinanaloga PGE_1: 3–5 µg/kg KM, 2–3 × tägl. p. o. beim Hund) ist potenziell sicher hilfreich, wobei nicht alle Studien eine deutliche Verbesserung feststellen konnten. Schleimhautschutz, z. B. mit Sucralfat, und Antiemetika (Tab. 8.3) können bei Bedarf ebenfalls dazugegeben werden. Zudem werden die Tiere initial meist nüchtern gehalten zur Reduktion der Magensäureproduktion.

8.5.8 Motilitätsstörungen

Die Magenentleerung wird in erster Linie durch das Vorhandensein von Futter im Magen gesteuert. Hierbei wirkt der Magen wie ein Sieb, welches Flüssigkeiten viel leichter passieren lässt als verdaubare Futterbestandteile oder gar unverdaubare Bestandteile wie einen Fremdkörper. Folgende Faktoren beeinflussen die Magenentleerung:

- Temperatur (am schnellsten bei Körpertemperatur)
- Volumen (je mehr Flüssigkeit, desto schneller)
- Futterzusammensetzung (Kohlenhydrate > Proteine > Fett)
- Osmolarität (je größer, desto langsamer)

Verdaubare Bestandteile müssen zerkleinert werden in eine Größe von < 2 mm, damit sie aus dem Magen austreten können. Größere Bestandteile können nur in der interdigestiven Phase durch die sogenannten „migrating motor complexes" (auch als „housekeeper contractions" bezeichnet) ins Duodenum eintreten. Die kräftige Motorik im distalen Magen kann so auch größere Partikel und Fremdmaterial aus dem Magen ins Duodenum drücken.

Ätiologie, Pathogenese: Normalerweise ist der Magen des Hundes und der Katze vier bis sechs Stunden nach Futteraufnahme entleert. Wenn nach acht Stunden immer noch Futter (oder Kontrastmittel) im Magen enthalten ist, spricht man von Retention, die auf eine anatomische Stenose oder aber auf eine Motilitätsstörung hindeutet.

Jeglicher **Sympathikotonus** führt zu einer **Hypomotilität** des Magens und des Darms. Dies gilt insbesondere für Stresssituationen und Bauchtraumen einschließlich Operationen im Bauchraum. Gleiches gilt für Lähmungen des Parasympathikus, seien sie traumatischer oder medikamentöser Art, oder bei schmerzhaften Zuständen im Magen selbst. Hypokaliämien und Hypokalzämien führen durch verminderte Kontraktionsfähigkeit der glatten Muskulatur zu Hypoperistaltik. Durch die Motilitätsstörungen wird eine Futterretention hervorgerufen. Sie ist einerseits Anlass zu vermehrter Gastrin- und damit Magensaftsekretion mit der potenziellen Folge einer Hypertrophie, führt andererseits aber auch zu gehäuftem Erbrechen, wodurch ein Verlust von Mageninhalt einschließlich Natrium, Kalium, Chlorid, Säureionen und Wasser resultiert.

Die **verzögerte Magenentleerung** ist mit Abstand die wichtigste Motilitätsstörung. Sie tritt normalerweise als Folge von Erkrankungen des MDTs oder anderer zumeist abdominaler Organe auf. Funktionsstörungen werden durch Ausschluss von mechanischen Behinderungen diagnostiziert. Die häufigsten **mechanischen Ursachen** sind Pylorusstenose, Polypen, Fremdkörper, chronische hypertrophe pylorische Gastropathie, Abszesse, Neoplasien im Pylorus und Duodenum oder auch intraabdominale Massen, welche von außen Kompression erzeugen. Wahrscheinlich wird die Hypertrophie der glatten Muskulatur des Magens durch Gastrin ausgelöst. Die Hypergastrinämie kann einerseits durch Gastrinome hervorgerufen werden, andererseits kann eine verzögerte Entleerung des Antrums oder ein Fremdkörper zu einer vermehrten Sekretion Anlass geben. Auf diese Weise kann ein Circulus vitiosus entstehen. Bei **funktionellen Ursachen** von Motilitätsstörungen muss an entzündliche (z. B. Gastritis, Pankreatitis, Peritonitis) oder infiltrative Läsionen, Magenulzera, Magenüberdehnung, IBD/CIE, Elektrolyt- oder Säure-Basen-Störungen, Diabetes mellitus, Urämie, Hepatopathien, Stress, Schmerz, Trauma, abdominale Chirurgien oder auch diverse Medikamente (z. B. Opiate, Anticholinergika, β-Blocker) gedacht werden. Postoperativer (paralytischer) Ileus ist hierbei eine häufige Komplikation bei Bauchoperationen, zudem treten Motilitätsstörungen auch gehäuft bei Patienten auf der Intensivstation auf.

Klinisches Bild: Die klinischen Symptome der Hypomotilität sind Anorexie, Erbrechen und bei längerer Dauer auch Abmagerung. Zudem kann es in der Folge zu Dehydratation, Alkalose mit allgemeiner Schwäche und einer Darmatonie kommen. Die Pylorusstenose kann schon bei Jungtieren auftreten (angeborene Stenose); hierbei sind offenbar brachyzephale Hunde (z. B. Boxer) und Siamkatzen prädisponiert.

Diagnostik, Diagnose: Die Untersuchung einer mechanischen Obstruktion ist meistens keine große Herausforderung und kann mit Röntgen, Ultraschall oder Endoskopie gemacht werden. Bei Motilitätsstörungen kann das Problem mit Ultraschall, Bariumstudien (inkl. „barium impregnated polyethylene spheres" = BIPS), Kontraströntgen, Szintigraphie oder ^{13}C-Atemtesten festgestellt werden. Flüssigkeiten wie Bariumsuspensionen werden relativ schnell den Magen verlassen (Katze ca. 1 Stunde, Hund bis 3 Stunden), wohingegen Barium-Futter-Mischungen je nach Konsistenz zwischen 4–16 Stunden brauchen. Somit können mit einer Barium-Futter-Mischung nur sehr starke Verzögerungen der Magenentleerung festgestellt werden. BIPS (Durchmesser 1,5 oder 5 mm) sind sicher sehr gut zur Darstellung einer Obstruktion, bei der Beurteilung der Magenentleerung wurde jedoch ein signifikanter Unterschied zwischen den 1,5 mm kleinen BIPS und der Szintigraphie festgestellt.

Die Radionuklidszintigraphie gilt als Goldstandardtechnik bei Hunden und Katzen, wobei der klinische Nutzen durch den Bedarf an Spezialgeräten zumeist auf große (Uni-)Kliniken begrenzt ist. Ähnliches gilt auch für modernere drahtlose Motilitäts- und Endoskopiekapseln wie z. B. SmartPill (Medtronic) oder Videokapselendoskopie (Alicam, Infiniti Medical; Pillcam, Medtronic). Obwohl die Magenentleerung (Smartpill) sowie Transitzeiten durch Dünndarm und Dickdarm (beide Systeme) etabliert sind, haben sich beide Technologien wegen Kosten und eingeschränkter Einsetzbarkeit (Smartpill nur bei Hunden > 15 kg KM) bzw. fraglicher klinischer Relevanz (Videokapseln werden ohne Futter gegeben) bisher nicht wirklich durchgesetzt.

Therapie: Wie immer sollte die Behandlung im Idealfall darauf abzielen, die Ursache zu beheben. Zusätzlich kann eine Futterumstellung auf eine fettarme, leichtverdauliche Diät oder eine Flüssignahrung in mehreren kleinen Portionen hilfreich sein. Prokinetika sollten nur dann zum Einsatz kommen, wenn keine Ausflussstörungen vorhanden sind. Hierbei kommt v. a. Metoclopramid zum Einsatz (am besten als Dauertropfinfusion; s. Tab. 8.3). Cisaprid wurde in der Humanmedizin wegen (teils fatalen) Herzrhythmusstörungen vom Markt genommen[1], weshalb Prucaloprid (0,05–0,5 mg/kg KM, 1–2 × tägl. p. o.; 0,05 mg/kg KM, 2–3x tägl. rektal) eine der wenigen Alternativen zu Metoclopramid darstellt. Das Antibiotikum Erythromycin kann als Motilinanalog theoretisch auch eingesetzt werden, wobei die prokinetische Dosierung (1 mg/kg KM, 2–3 × tägl. p. o.) deutlich tiefer liegt als die antibiotisch wirksame Dosis. Bei der Pylorushypertrophie hilft nur die Chirurgie mit einer Pyloroplastik. Diese Tiere sollten zusätzlich aus der Zucht ausgeschlossen werden.

8.5.9 Magendilatation und Magendrehung

Epidemiologie, Ätiologie: Magendilatation/Magendrehung (MD) oder Torsio ventriculi ist eine plötzlich auftretende und potenziell tödliche Erkrankung, welche v. a. große, rassenreine tiefbrüstige Hunde betrifft. Verschiedene Risikofaktoren zur Auslösung von MD wurden untersucht, wobei zudem v. a. folgende Faktoren wichtig sind:

- Männlich
- Geschwister mit MD
- Trockenfutter nur 1 × tägl. gefüttert
- Große Mahlzeiten
- Aktivität und Spielen nach Fütterung
- Stress
- Vorangegangene abdominale Eingriffe
- Unvorsichtiges Wälzen über den Rücken

Pathogenese: Dabei kommt es zu einer pathologischen Drehung des Magens, welche zu einer Vielzahl von lebensbedrohlichen Zuständen führen kann. Häufig geht der eigentlichen Torsion eine Dilatation des Magens voraus, sei es infolge vermehrter Futteraufnahme oder weil eine Funktionsstörung mit Hypomotilität oder Atonie durch Gasbildung oder Aerophagie zu einer vermehrten Gasfüllung geführt hat.

[1] Cisaprid ist in Deutschland als Cisaral® Drops für Heimtiere verfügbar

Bei der Torsion erfolgt die Drehung im Uhrzeigersinn, wenn man von unten auf das Tier schaut. Dabei werden der Pylorus und das Duodenum nach ventral und links verlagert, die Milz gerät nach rechts und ventral, bisweilen zwischen Magen und Leber, dreht sich ebenfalls und erfährt eine Vergrößerung infolge der passiven Hyperämie. Der Magen selbst gast zunehmend auf, sodass die Dilatation wesentlich verstärkt wird und der Magen weit über den Rippenbogen nach kaudal reicht.

Eine massive MD bewirkt transmurale **Hypoxie und Ischämie der Magenwand**. Zusätzlich kann die Regurgitation von abgeschlucktem Speichel zu einer Aspiration führen. Während der MD kann es zur Ruptur der kurzen gastrischen Gefäße kommen, welche eine starke Hämorrhagie auslösen können. Die Obstruktion der kaudalen Vena cava führt zu einem verminderten venösen Rückfluss und entsprechend verminderter Herzauswurfleistung, aber auch zu Störungen der Mikrozirkulation und zu einem ungleichmäßigen Blutfluss im Splanchnikusgebiet und im urogenitalen Bereich. Myokardiale Arrhythmien und verminderte Herzauswurfleistung können durch Elektrolytstörungen, Säure-Basen-Abnormalitäten und Ausschüttung des *myocard depressant factors* entstehen. Zytokine werden aus dem traumatisierten und ischämischen Gewebe ausgeschüttet, dies kann zu einer systemischen entzündlichen Reaktion führen. Die Ischämie der Magenmukosa führt zu zellulären Schäden und Zerstörung der gastrointestinalen Barriere. Flüssigkeits- und Proteinverschiebung vom intravaskulären Raum in das Magenlumen sind möglich. Dadurch kann eine signifikante Hypovolämie und Hypoperfusion entstehen. Die Zerstörung der intestinalen Barriere kann zur Translokation von Bakterien und Endotoxinen in die Zirkulation führen. Die Leber wird aufgrund der venösen Stauung schlecht durchblutet und kann die normalerweise vorhandenen portalen Bakterien nicht aus der Zirkulation entfernen, was wiederum zu Septikämie führen kann.

Diagnostik, Diagnose: Falls die Magensonde nicht eingeführt werden kann, ist eine diagnostische Röntgenaufnahme nicht mehr notwendig. Andernfalls sollte ein abdominales Röntgenbild zur Differenzierung einer Torsion von einer Dilatation durchgeführt werden. Thoraxaufnahmen zur Diagnose von Megaösophagus oder von Massen sind andere Indikationen für präoperative Röntgenbilder.

Therapie: Die Grundlage einer Erfolg versprechenden Therapie einer MD ist die frühzeitige Erkennung der sekundären Veränderungen und dadurch die Möglichkeit, diese durch präventive Maßnahmen zu umgehen oder durch gezielte Therapie frühzeitig zu bekämpfen. Eine Sondierung des Magens sollte, wenn möglich, präoperativ versucht werden. Eine nicht zu große Sonde vergrößert die Chance einer oralen Dekompression. Aufgrund einer möglichen Magenruptur an einer schon nekrotischen Stelle sollte die Magensonde nie kraftvoll eingeführt werden. Falls nötig kann auch durch Punktion mit einer großlumigen Kanüle Gas aus dem Magen entfernt werden. Sofortige und **aggressive intravenöse Flüssigkeitstherapie** mithilfe von zwei großlumigen Zugängen an beiden Vordergliedmaßen ist essenziell. Kristalloide Lösungen und Kolloide können verwendet werden. Bei einem perakuten kardiovaskulären Zusammenbruch sind Kolloide (oder eventuell hypertone Kochsalzlösungen) angezeigt, um das intravaskuläre Volumen rasch wieder aufzufüllen. Hypotension ist eines der häufigsten Probleme bei der MD. Durch eine Überwachung des mittleren arteriellen Blutdrucks (MAP) wird die Flüssigkeitsmenge in ein Optimum titriert. Ein MAP von 80 mmHG sollte angestrebt werden. Lebenswichtige Organe werden bei diesem Blutdruck normal perfundiert. Während und nach der chirurgischen Behebung der MD kann mit einer großzügigen Volumentherapie weitergefahren werden. Gerinnungsstörungen im Sinne einer DIC sind häufige Komplikationen.

Arrhythmien und EKG-Veränderungen sollten initial mit Sauerstoff behandelt werden. Elektrolytabnormalitäten (Kalium, Kalzium und Magnesium) sollten wenn möglich korrigiert werden. Wenn trotz verbesserter Perfusion und Sauerstoffgabe die Arrhythmien nicht verschwinden, sollten sie mit antiarrhythmischen Medikamenten (Mexiletin, Lidocain, andere) behandelt werden. Eine konstante EKG-Überwachung ist hilfreich.

Prognose: Die Mortalität bei MD ist immer noch bei etwa 15–20 %, wobei die Zeit bis zur Vorstellung beim Tierarzt mitentscheidend ist und die Anzahl der arrhythmischen Herzschläge postoperativ mit einem negativen Outcome korreliert.

8.5.10 Magentumoren

Epidemiologie, Systematik: Magentumoren sind selten beim Hund (< 1 % aller Tumoren) und sehr selten bei der Katze. Die meisten Hunde mit Magentumoren sind älter als 5 Jahre, der Median liegt bei 10 Jahren. Beim Hund sind 60–70 % der Tumoren Adenokarzinome und die meisten Tumoren bösartig (Hugen et al., 2016). Zudem sind einige Rassenprädispositionen mit Magenkarzinomen bekannt (Tab. 8.8). Das Gastrinom (Zollinger-Ellison-Syndrom) kommt sehr selten vor. Bei der Katze ist das Lymphom der häufigste Magentumor. Bei den benignen Proliferationen können bei Hund und Katze Leiomyome, adenomatöse Polypen oder eosinophile Granulome auftreten.

Klinisches Bild: Prägende Symptome sind Vomitus, Hämatemesis, Meläna und blasse Schleimhäute sekundär zur Anämie. Das Erbrechen wird oft durch eine Magenausflussobstruktion verursacht. Mehr als 50 % der Magenkarzinome weisen Ulzerationen auf. Zusätzliche Übelkeit kann zu Anorexie, Gewichtsverlust, Kachexie und Ptyalismus führen. Die Symptome werden oft erst im fortgeschrittenen Stadium bemerkt, wobei die meisten Magentumoren zuerst in die regionalen Lymphknoten metastasieren, danach in die Leber und erst zum Schluss in die Lunge.

Diagnose: Sie wird meistens durch ein Zusammenspiel von bildgebenden Maßnahmen (v. a. Ultraschall) und Biopsieentnahme gestellt. Die Röntgenleeraufnahme führt i. d. R. nicht weiter, es sei denn man sucht nach Metastasen. Die Kontraststudie – am geeignetsten ist die Doppelkontrastuntersuchung – kann die verzögerte Passage, verminderte Peristaltik und die örtliche Verdünnung des Kontrastmediums durch Blutung oder vermehrte Sekretion darstellen. Deutlich aussagekräftiger ist die Ultraschalluntersuchung, bei der Verdickungen der Magenwand zusammen mit Verlust der normalen Schichtung (Abb. 8.18a, b) sowie Motilitätsreduktion beobachtet werden. Bei einer CT-Untersuchung können neben dem eigentlichen Tumor zusätzlich die lokalen Lymphknoten und die umliegenden Organe (v. a. die Leber) auf mögliche Metastasen untersucht werden. Die beste Untersuchungsmöglichkeit bietet die **Gastroskopie**, die den soliden Tumor, die Induration der Wand mit verminderter Peristaltik, Starrheit der Wand oder den ulzerösen Zerfall erkennen lässt (Abb. 8.18c, d). Dabei sollten unbedingt an mehreren Stellen tiefe Biopsien für die histologische Untersuchung entnommen werden. Aufgrund der zentralen Nekrose sollte am Rande und nicht im Zentrum der Masse biopsiert werden.

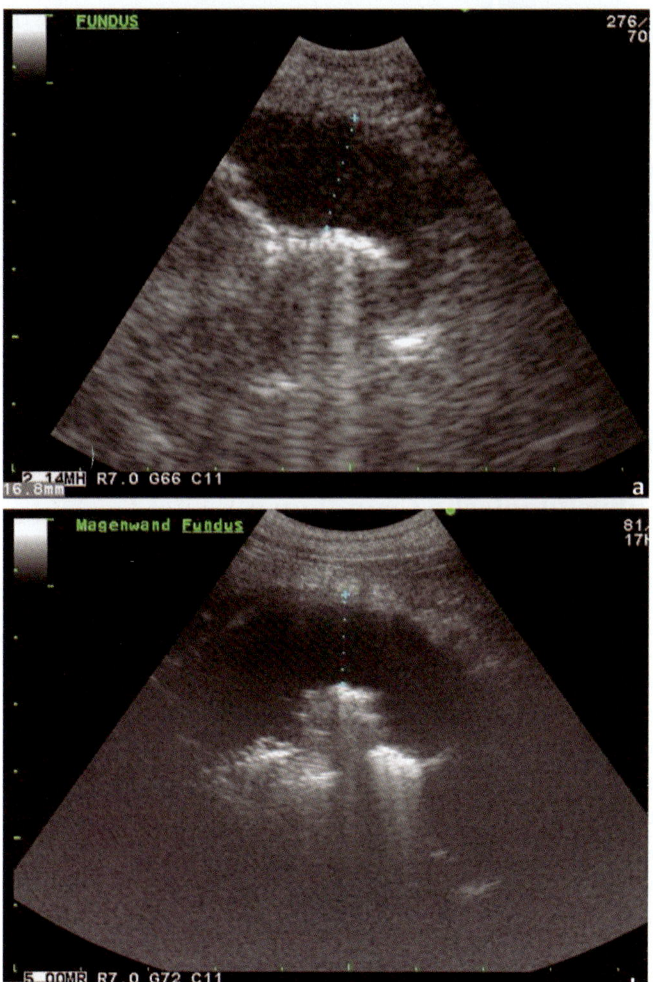

Abb. 8.18 Bildgebung bei Magentumoren beim Hund: a (oben), b (unten): Ultraschallbilder von 2 Massen im Magenfundus eines 5-jährigen weißen Schweizer Schäferhundes.

s. Abb. 8.18 c/d

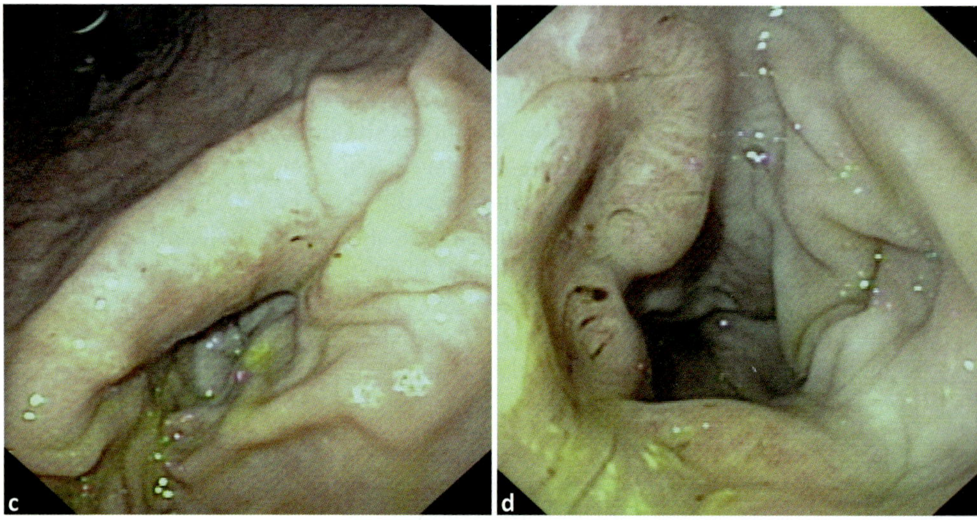

Abb. 8.18 Bildgebung bei Magentumoren beim Hund:
c (links): Masse im Bereich der Incisura angularis; d (rechts): Masse im Bereich des Antrums.

Therapie: Da Magentumoren selten und zumeist bösartig sind, beschränken sich die beschriebenen Therapien zumeist auf einzelne Fallbeschreibungen. Dabei ist die Chirurgie oft die bevorzugte Modalität, wohingegen die Chemotherapie v. a. beim Lymphom zum Einsatz kommt. Die Prognose für Magentumoren ist zumeist schlecht und die wenigen Fallserien in der Literatur weisen nur mediane Überlebenszeiten von wenigen Tagen auf (Bandbreite 0 Tage bis 10 Monate).

8.6 Krankheiten des Darms

8.6.1 Anatomische und physiologische Grundlagen

8.6.1.1 Anatomie

Der Darm von Hunden und Katzen ist, verglichen mit anderen Tieren, relativ kurz und einfach, was die fleischlastige Nahrung reflektiert. Die Länge des Darmes entspricht beim Hund ungefähr dem Fünffachen der Körperlänge (rassespezifisch somit ca. 1,5–5 m), bei der Katze ist der Darm ca. 1–1,8 m lang. Das **Duodenum** verläuft bei Hund und Katze in Höhe des neunten Brustwirbels nach rechts dorsal und geht in die Pars descendens duodeni über, die mit dem rechten Schenkel der Bauchspeicheldrüse verbunden ist. In Höhe des 5.–6. Lendenwirbels hinter der rechten Niere erfolgt eine Biegung nach links um das Caecum und die kraniale Gekrösewurzel. Die wieder nach kranial führende Pars ascendens duodeni geht in das **Jejunum** über, das an der vorderen Gekrösewurzel befestigt ist. Aus dem sehr langen Jejunum geht das kurze **Ileum** hervor, das in

Höhe des 1.–2. Lendenwirbels in den Dickdarm mündet. Das **Caecum** liegt rechts von der Wirbelsäule in Höhe des 4.–6. Lendenwirbels. Das **Kolon** ascendens verlässt das Caecum in Höhe des 2. Lendenwirbels. Es liegt der dorsalen Bauchwand an und wird lateral von der Pars descendens duodeni begleitet. In Höhe des 12. Brustwirbels geht es in das Kolon transversum über, das zwischen Magen und vorderer Gekrösewurzel nach links verläuft und in das Kolon descendens übergeht. Dieses verläuft zunächst links, dann sich langsam der Medianen annähernd nach kaudal und mündet in Höhe des 7. Lendenwirbels in das kurze **Rektum**, das wiederum im sehr kurzen **Anus** mit dem mukokutanen Übergang endet.

Der Darm besteht aus 4 Schichten, welche auch im Ultraschall gut darstellbar sind. Zudem ist zumeist ein dünnes, hyperechogenes Band in der Mitte des Darms zu sehen, welches den Übergang der Mukosa zum Lumen darstellt. Die Schichten vom Lumen her sind:

- Mukosa (leicht hypoechogen im Ultraschall)
- Submukosa (hyperechogen)
- Muskularis (hypoechogen)
- Serosa (deutlich hyperechogen)

Es gibt mehrere Mechanismen, mit welchen der Darm seine Oberfläche vergrößert: Der Faltenwurf (Rugae) der Schleimhaut vergrößert die Fläche etwa 3-mal, die fingerähnlichen Villi im Dünndarm etwa 10-mal. Zudem weisen die Enterozyten an der luminalen Oberfläche einen Bürstensaum auf, welcher die für Verdauung und Absorption zur Verfügung stehende Oberfläche etwa 20-mal vergrößert. Somit ist die Oberfläche insgesamt etwa 600-mal vergrößert verglichen mit einer glatten Röhre mit gleichem Durchmesser. Die Tunica muscularis weist eine innere Ring- und äußere Längsschicht auf. Außerdem besitzt die Schleimhaut selbst noch eine eigene Schicht glatter Muskulatur, welche die Schleimhautzotten bewegt und damit die Resorption fördert.

Für die Darmtätigkeit von entscheidender Bedeutung ist das autonome Nervensystem, das in seinem parasympathischen Anteil die Motilität fördert, im sympathischen hemmt. Der Parasympathikus wird hauptsächlich vom X. Gehirnnerv, dem N. vagus, versorgt, ferner vom sakralen Anteil des Parasympathikus.

Die **Enterozyten** entstehen durch Zellteilung aus den Stammzellen in den Lieberkühnschen Krypten. Sie reifen und wachsen entlang des Villus bis zu dessen Spitze, wo sie ins Lumen abgestoßen werden. Bei dieser Wanderung ändert sich auch die Funktion: Während in den Krypten v. a. die Sekretion im Vordergrund steht, sind die Enterozyten an der Villusspitze v. a. absorptiv tätig. Die schleimsezernierenden **Becherzellen** treten vermehrt im Dickdarm auf.

Wichtig für die **Immunabwehr** ist der Lymphapparat, der im Darm sehr ausgeprägt ist. Neben zahlreichen Einzellymphknötchen kommen in der dem Ansatz des Aufhängeapparates gegenüberliegenden Seite des Darms die Peyerschen Platten vor. Das **gastrointestinal assoziierte lymphatische Gewebe** (**GALT** = gastrointestinal associated lymphatic tissue) ist das größte immunologische Organ des Körpers, welches entscheiden muss, ob eine Immunantwort ausgelöst oder Toleranz ausgeübt werden soll gegen Partikel, welche den MDT passieren.

8.6.1.2 Physiologie

Der Darm hat verschiedene Funktionen, welche alle für eine normale Verdauung wichtig sind. Die 5 Hauptfunktionen sind:

- **Motilität** (Transport der Ingesta vom Magen zum Rektum inkl. Kotabsatz)
- **Sekretion** von Flüssigkeit, Enzymen und Elektrolyten in das Darmlumen
- **Digestion** (Abbau v. a. im kranialen Dünndarm durch Pankreasenzyme, auch Bürstensaummembran beteiligt)
- **Absorption** (Assimilation und Überführung in die Zirkulation; Reabsorption von Flüssigkeit und Elektrolyten im Kolon)
- **Barrierefunktion** (Prävention der Translokation von Bakterien und Verdauungsenzymen in die Zirkulation und von Plasmaproteinen in den Kot)

Eine normale Darmfunktion benötigt die Produktion und Sekretion von Verdauungsenzymen, Pankreassaft, Gallensäuren, normale Darmmotilität, Mischen und Kompartimentierung der Ingesta, Feedbackregulation von Magen und Pankreas sowie die Regulation der Futtereinnahme. Wichtige Angaben zur Physiologie können auch beim Magen gefunden werden (s. Kap. 8.5.1.2). Die 3 Regionen des Dünndarms haben unterschiedliche Funktionen: Während das Duodenum in erster Linie für die Verdauung zuständig ist, weist das Jejunum eine gemischte Funktion von Transport und Absorption auf. Das Ileum hat fast ausschließlich eine absorptive Funktion. Dabei werden die Villi vom Duodenum zum Ileum zunehmend länger und dünner. Eine weitere sehr wesentliche Aufgabe des Darms ist die Wasserresorption. Das Kolon hat eine recht große Resorptionsreservekapazität und kann bis zum Dreifachen der normalen Flüssigkeitsmenge resorbieren. Es hat neben der Rückresorption von Wasser und Elektrolyten noch eine weitere wichtige Funktion: die Speicherung des Kots bis zum Ausscheiden.

Zusätzlich ist der Darm mitverantwortlich für eine normale **Immunfunktion** inkl. Antigenverarbeitung und –präsentation. Schlussendlich ist der MDT das größte **endokrine Organ** des Körpers, da es eine große Anzahl von Hormonen für die Steuerung und die Verdauung braucht. Die wichtigsten Hormone sind in Tab. 8.9 und im Kap. 8.5.1.3 mit ihrer Funktion zusammengefasst.

8.6.2 Anamnese und klinische Untersuchung

8.6.2.1 Anamnese

Durchfall und **Erbrechen** sind die zwei wichtigsten Symptome bei Veränderungen im MDT und werden bei den allgemeinen Leitsymptomen ausführlich besprochen (s. Kap. 8.1.5 u. 8.1.6). Die wichtigsten Ursachen hierfür sind in Tabelle 8.2 zusammengefasst. Aus der Vorgeschichte sollte immer hervorgehen, ob es sich um ein (per-)akutes oder chronisches Geschehen (> 3 Wochen) handelt. Zudem kann durch gezieltes Fragen oft herausgefunden werden, ob es sich in erster Linie um ein Dünndarm- oder Dickdarmproblem handelt (Tab. 8.4). Weiterhin hilfreich für die Definition der Lokalisation können Blutbeimengungen wie Meläna und Hämatochezie (s. Kap. 8.1.7) sowie mögliche Begleiterscheinungen wie Flatulenz und Borborygmus sein (s. Kap. 8.1.8). Neben den klassischen Leitsymptomen sollte auch die Fütterungsanamnese sowie die Futteraufnahme gezielt erfragt werden und ob eine Störung des Allgemeinbefindens mit oder ohne Leistungsabfall besteht. Impfstatus, Entwurmungen und andere mögliche Vorbehandlungen sind ebenfalls zu erheben.

8.6.2.2 Klinische Untersuchung

Die klinische Untersuchung muss speziell dann intensiv durchgeführt werden, wenn das Allgemeinbefinden stark gestört ist, eine deutliche Dehydratation besteht, ein akutes Abdomen oder ein Verdacht auf einen Ileus vorliegen oder wenn die Krankheit chronisch ist. Kürzer bestehende Durchfälle ohne Störung des Allgemeinbefindens, Fieber, Dehydratation, Erbrechen und pathologische Palpationsbefunde erfordern nicht zwingend eine intensive und eventuell auch kostspielige Untersuchung.

Die Untersuchung erstreckt sich auf den **gesamten MDT**, beginnend mit der Adspektion der Maulhöhle über Rachen und Ösophagus zum Abdomen bis hin zum Anus. Bei der Palpation der Bauchhöhle sollte auf Lage, Größe und Konsistenz der Organe sowie auf abnorme Umfangsvermehrungen und ihre Lage, Beweglichkeit, Form, Konsistenz, Schmerzhaftigkeit und Beziehung zu anderen Organen geachtet werden. Dazu sollte man sich ein festes Schema aneignen, um sich einerseits durch ständige Übung die physiologischen Verhältnisse einzuprägen, andererseits um nichts zu vergessen.

Im Gegensatz zu den meisten abdominalen Organen ist der Darm nur deutlich zu palpieren, wenn er verändert ist. Er liegt zwischen den anderen Organen und stellt sich palpatorisch wie ein leerer Fahrradschlauch dar. Stark gespannte Darmschlingen können an ihrer Rigidität erkannt werden. Invaginationen erscheinen als strangartige, fleischige, bisweilen schmerzhafte Wülste. Die Auskultation ergibt bei gesunden Hunden und Katzen kaum Magendarmgeräusche; deutliche Geräusche deuten somit auf Hyperperistaltik hin. Zur vollständigen Untersuchung gehört auch die rektale Exploration.

8.6.3 Diagnostisches Vorgehen zur weiteren Abklärung

Die Liste der möglichen Ursachen bei Durchfall und Erbrechen ist sehr lang (s. Tab. 8.2; Auswahl wichtiger Diarrhöursachen: s. Tab. 8.5), weshalb der systematische Ausschluss von extragastrointestinalen Erkrankungen als Ursache äußerst wichtig ist.

Bei chronischem Durchfall kann es schwierig sein, eine definitive Diagnose zu stellen. Oft wird dabei eine Verdachtsdiagnose durch Ansprechen auf eine empirische Therapie (Diät für futtermittelresponsive Enteropathie, Anthelmintika bei chronischen Parasitosen, Glukokortikoide und/oder Ciclosporin und Eliminations- oder hydrolysierte Diät bei IBD/CIE, eventuell [umstritten] Antibiotika für „Antibiotika-responsive Enteropathien") gestellt. Eine systematische und vollständige Aufarbeitung ist aber oft unumgänglich (s. Abb. 8.2).

8.6.3.1 Labordiagnostik

Der Darm als solches bietet aus Sicht der Laboranalyse nicht sehr viele sensitive und spezifische Tests an, abgesehen von parasitologischen Kotuntersuchungen. Oft werden nur unspezifische Veränderungen wie leicht veränderte Leber-, Protein- und allenfalls Pankreaswerte beobachtet. Bei klinischen Magendarmerkrankungen gilt es als erstes herauszufinden, ob es sich tatsächlich um ein primäres Problem des Verdauungstraktes handelt oder ob die Ursache der Symptome extragastrointestinal zu suchen ist.

Die wichtigsten extragastrointestinalen **Differenzialdiagnosen** mit möglichen Tests (in Klammern) und Klinik sind:

- **Exokrine Pankreasinsuffizienz** (TLI)
  - Eher Jungtiere, Deutscher Schäferhund, Rauhhaar-Collie, Chow Chow, Cavalier King Charles Spaniel, Jack Russell Terrier u. a. m.
  - Bei Katzen v. a. nach chronischer Pankreatitis
  - Fit und mager trotz Polyphagie
  - (Probe-)Therapie mit Pankreasenzymen +/- Cobalamin
- **Pankreatitis** (Ultraschall, PLI, DGGR-Lipase u. a. m.)
  - V. a. akutes Abdomen, Vomitus (Hund)
  - Eher unspezifisches Bild (Katze)
- **Hepatopathien** (Blutchemie, Gallensäuren, Gerinnung u. a. m.)
  - Oft Leberenzyme, Bilirubin, Gallensäuren, Ammoniak ↑
  - Manchmal Albumin, Cholesterin, Glukose, Harnstoff ↓
- **Nephropathien** (Kreatinin, Harnstoff, SDMA, Harnstatus, spezifisches Gewicht Urin)
- **Systemische Infektionen** (Serologien, PCR)
  - Hund: v. a. Leptospirose, Staupe, Hepatitis contagiosa canis
  - Katze: v. a. feline Leukämievirus-Infektion (FeLV), felines Immundefizienzvirus (FIV), feline infektiöse Peritonitis (FIP)
- **Endokrinopathien** (basales Cortisol, ACTH-Stimulationstest, Schilddrüsenhormone, Na^+/K^+ u. a. m.)
  - Hypoadrenokortizismus (M. Addison)
  - Hyperthyreose Katze
  - Gastrinom, Insulinom u. a. m.

Im Bereich der Labordiagnostik für Magendarmerkrankungen hat sich in den letzten Jahren viel getan und es gibt eine Vielzahl von potenziellen neuen **Biomarkern** (siehe auch Heilmann und Steiner, 2018). Leider ist die klinische Relevanz noch nicht bei allen Biomarkern klar definiert und es haben bisher nur wenige den direkten Weg in den klinischen Alltag gefunden. Die wichtigsten Biomarker sind in der Folge kurz beschrieben, eine Zusammenfassung ist in Tabelle 8.11 zu finden.

C-reaktives Protein (CRP) ist ein Akut-Phasen-Protein, welches bei bestimmten humanen IBD-Formen mit der klinischen Aktivität der Erkrankung korreliert. Bei IBD/CIE des Hundes sind die Studienresultate bezüglich einer Korrelation zum *canine IBD activity index* (CIBDAI) widersprüchlich. CRP ist signifikant höher bei Proteinverlustenteropathien verglichen mit FRE (Equilino et al., 2015) – es ist und bleibt jedoch ein nichtspezifischer Entzündungsmarker und kommt somit nicht zwingend aus dem MDT.

Calprotectin gehört zu den Kalzium bindenden S100-Proteinen und befindet sich größtenteils im löslichen Zytosol neutrophiler Granulozyten, in geringeren Mengen auch in Monozyten und reaktiven Makrophagen. Bei Entzündungen und tumorösen Veränderungen des Darmgewebes gelangen durch die Störung der Barrierefunktion der Schleimhaut vermehrt Granulozyten in das Darmlumen. In der Folge wird Calprotectin aus den Granulozyten freigesetzt und somit messbar. Calprotectin ist weitgehend resistent gegen Proteolyse und damit über längere Zeit im Stuhl stabil und messbar.

Verschiedene **Zuckerabsorptionstests** zur Bestimmung der Darmpermeabilität existieren, wobei die Resultate recht unterschiedlich sind: Während die früheren Publikationen deutliche Veränderungen im Zusammenhang mit bakterieller Überwucherung des Dünndarms (SIBO) oder Gluten-sensitiver Enteropathie beim Irish Setter zeigten, konnten neuere Studien keine Korrelation mit dem CIBDAI bei Hunden mit chronischer Enteropathie finden.

Auf **Cobalamin** und Folat wird beim Thema Veränderungen der Darmflora und Dysbiose näher eingegangen (s. Kap. 8.6.4.6), auf **Alpha$_1$-Proteinaseinhibitor** beim Thema Proteinverlustenteropathie (s. Kap. 8.6.4.10).

8.6.3.2 Röntgen und Ultraschall

Das diagnostische Vorgehen bei Erkrankungen im Abdominalbereich hat sich während des letzten Jahrzehnts auch in der Veterinärmedizin sehr stark gewandelt und ist die Folge der Entwicklung diagnostischer Methoden wie Sonographie, Endoskopie und Laparoskopie. Sie alle erlauben eine kontrollierte Feinnadelaspiration und/oder Biopsieentnahme. CT und MRT stehen wegen ihrer hohen Kosten bisher nur begrenzt zur Verfügung, sind aber auch nur bei wenigen Darmveränderungen wirklich nötig.

Noch vor wenigen Jahren gehörten **Röntgenkontrastuntersuchungen** zu den gängigen Untersuchungsmethoden bei Erkrankungen des MDT. Mit der Einführung der Endoskopie verschwanden zuerst Methoden wie die Doppelkontrastgastrographie, mit der Verfeinerung der sonographischen Techniken auch Bariumpassagen fast völlig aus dem diagnostischen Repertoire. Da morphologische Veränderungen wie Tumoren, Fremdkörper, Invaginationen, aber auch Magenulzera und Pylorusobstruktionen sowie funktionelle Störungen recht zuverlässig mit Sonographie erfasst werden können, sind Bariumkontraststudien als invasive, zeitraubende und teure Untersuchungen auf wenige unklare Fälle begrenzt. Die Wahl des Verfahrens, welches jeweils eingesetzt wird, hängt jedoch von verschiedenen Faktoren wie Kosten, Risiko, Nutzen, Verfügbarkeit und persönlicher Erfahrung ab.

Tabelle 8.11: **Die wichtigsten Biomarker im Magendarmtrakt und mögliche Einsatzgebiete**

Funktionelle Biomarker	**Cobalamin** (Vit. B12; Serum)	• Absorption im Ileum mit intrinischem Faktor (IF) • Häufig zu tief bei IBD/CIE und bei Dysbiose • Kann auch zu hoch sein bei IBD/CIE, Lebertumoren, Hypoadrenokortizismus, Pankreatitis, Lymphom, ... • Assoziert mit Hypoalbuminämie • Negativer prognostischer Faktor bei IBD/CIE • Auch tief bei exokriner Pankreasinsuffizienz (EPI, zu wenig IF aus dem Pankreas) • Substitution s. c. oder p. o.
	Methylmalonsäure (MMA; Serum, Urin)	• Akkumuliert sich bei tiefem intrazell. Cobalamin
	Folat (Vit. B9; Serum)	• Absorption im proximalen Dünndarm • Manchmal zu tief bei CIE und erhöht bei Dysbiose
	α1-Proteinaseinhibitor (α1-PI; α1-Antitrypsin; Kot und Serum)	• Größe ähnlich wie Albumin, proteolyseresistent • Marker für Proteinverlust im Kot (3 Proben) • Bei chronischem Verlust verringert im Serum • Auch bei AHDS initial im Kot erhöht
	IgA (Kot)	• Erniedrigt beim Deutschen Schäferhund?
	Absorptions- und Permeabilitätsmarker (Serum und Urin)	• 51Cr-EDTA • Lohexol • Lactulose/Rhamnose, Xylose/Methylglukose
Biochemische Biomarker	**C-reaktives Protein** (CRP; Serum)	• Nichtspezifischer Entzündungsmarker • Positives Akutphasenprotein Typ II aus Leber • Folge von Entzündung, Infektion, Neoplasie • Potenziell höher in PLE und IBD/CIE
	Calprotectin (S100A8/A9 Komplex; Serum und Kot)	• Gehört zu S100/Calgranulin Familie • Akkumuliert in Entzündungsregionen, von aktivierten Makrophagen und Neutrophilen • Aufreguliert in Mukosa bei IBD/CIE • Im Serum erhöht bei IBD/CIE, aber nicht spezifisch für Gastrointestinaltrakt • Im Kot brauchbarer Marker für CIE-Aktivität • Auch bei AHDS initial im Kot erhöht
	S100A12 (Calgranulin C; Serum und Kot)	• Gehört zu S100/Calgranulin Familie • Stimuliert u. a. RAGE (receptor for advanced glycation end products) • Sehr sensitiver und spezifischer Marker für lokale Entzündung bei IBD/CIE • Stabil im Kot • Auch bei AHDS initial im Kot erhöht

	pANCA (perinuclear anti-neutrophilic cyto-plasmic antibodies)	• Serum-Antikörper gegen neutrophile Granula • Höher in FRE als IBD/CIE • Höher bei Soft Coated Wheaten Terrier • Indirekte Immunfloureszenz, nicht kommerziell erhältlich…
	3-Bromotyrosin (3-BrY; Serum)	• Stabiler Metabolit der eosinophilen Peroxidase (nach Aktivierung der Eosinophilen) • Biomarker für eosinophile Entzündung • Noch nicht praxisreif…
	N-Methylhistamin (Serum, Urin, Kot)	• Stabiler Metabolit der Mastzellen nach Degranulation • Klinische Relevanz, Sensitivität und Spezifität unklar…
Bakterielle Toxine	**Alpha-Toxin** (CPA) **Enterotoxin** (CPE) (C. perfringens)	• Kein signifikanter Unterschied zwischen ◦ Akuter Durchfall: Rückfall oder nicht ◦ AHDS vs. Parvovirose vs. gesund
	netE und **netF** (C. perfringens)	• erhöht in AHDS vs. gesund und Parvovirose

Röntgenuntersuchungen haben klare Nachteile wie z. B. Strahlenbelastung, technischer Aufwand für funktionelle Untersuchungen oder ungenügende Sensitivität und Spezifität. Allerdings hat Röntgen auch ganz klare Vorteile wie hohe Verfügbarkeit und einfache und schnelle Durchführung. Im Gegensatz zur Sonographie liefern Röntgenbilder des Abdomens eine breite Übersicht und können jederzeit von Drittpersonen interpretiert werden. Die **Sonographie** als Schnittbildverfahren liefert dagegen Einsichten in Strukturen und Organe, ist als nicht invasives Verfahren jederzeit wiederholbar und erlaubt als Echtzeituntersuchung die Beobachtung und Analyse von Funktionen. Allerdings ist eine Ultraschalluntersuchung zeitraubend und durch Drittpersonen nur mit ausführlicher Dokumentation interpretierbar.

Röntgenübersichtsaufnahmen des Abdomens in zwei Ebenen dienen bei Erkrankungen des Darms dazu, obstruktive und mit Einschränkungen auch funktionelle Erkrankungen zu erfassen und zu differenzieren. Schattengebende oder lineare Fremdkörper oder Massen mit obstruktivem Charakter sowie Anzeichen eines Ileus sind klassische Beispiele. Daneben liefern Röntgenbilder gerade bei chronischen Erkrankungen oft wichtige Zusatzinformationen über andere Organe und Strukturen des Abdomens und des kaudalen Thorax.

Das normale Erscheinungsbild des Darmes in der **Sonographie** ist geprägt durch die Darmschichten. Weil die hypoechoischen Muskel- und Mukosaschichten dominieren, erscheint der MDT in der Übersicht hypoechoisch und ist gegenüber dem echogenen mesenterialen und omentalen Fett gut abgegrenzt. Es sind dies vom Lumen her die hyperechoische Mukosaoberfläche, die hypoechoische Mukosa, die hyperechoische Submukosa, die hypoechoische Muskularis und als feine hyperechoische Linie die Serosa/Subserosa (s. Abb. 8.19a bis d). Bei den Dünndärmen ist meistens nur das Duode-

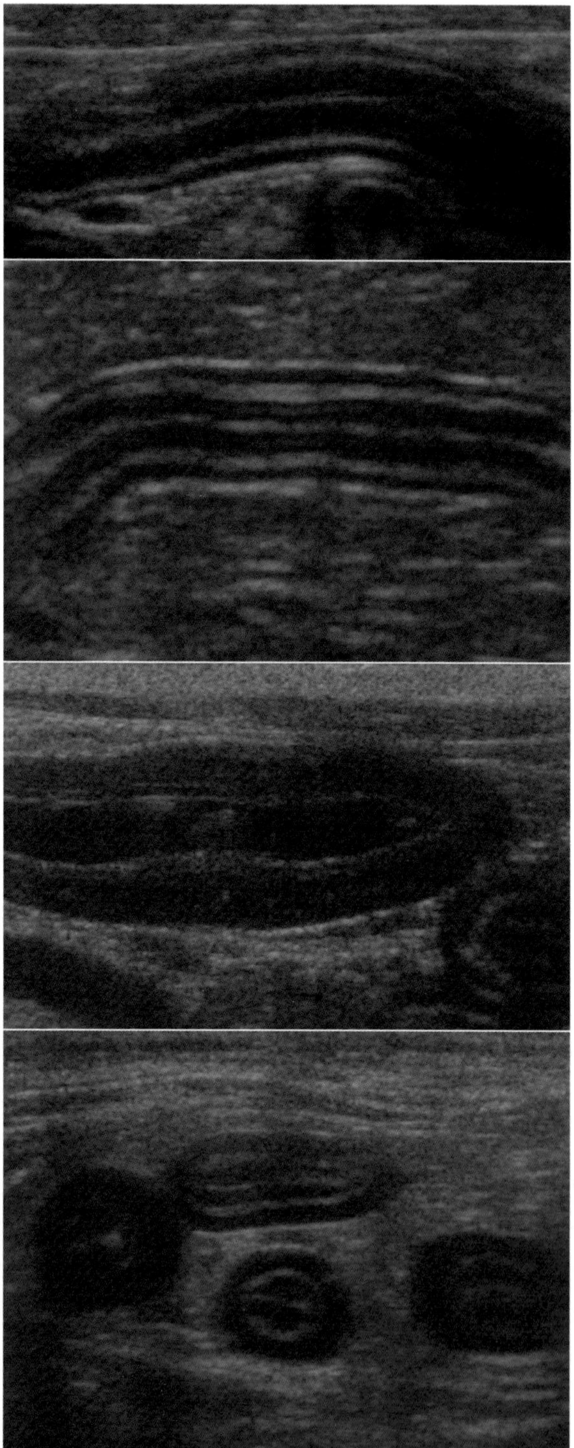

Abb. 8.19 Ultraschalluntersuchungen zum Nachweis von Veränderungen in verschiedenen Darmschichten. Die Schichten vom Lumen her: hyperechoische (weiße) dünne Mukosaoberfläche, hypoechoische (schwarze) Mukosa, hyperechoische (weiße) Submukosa, hypoechoische (schwarze) Muskularis und als feine hyperechoische (weiße) Linie außen die Serosa.
a: normale Schichtung Jejunum längs;

b: Submukosaverdickungen Jejunum längs;

c: Jejunum lymphoplasmazelluläre IBD/CIE mit Verlust der Schichtung;

d: Muskularisverdickungen Jejunum transversal. (Bilder freundlicherweise zur Verfügung gestellt von Daniela Schweizer-Gorgas, Universität Bern) num sicher identifizierbar, weil seine Verbindung zum Antrum dargestellt werden kann und es oft durch eine im Vergleich zum Jejunum etwas dickere Wand auffällt. Dünndärme haben eine Wanddicke von ca. 2–3 mm (etwas dicker bei großen Hunden) und zeigen die gleiche Schichtung wie die Magenwand. Dünndärme kontrahieren 1–2-mal pro Minute. Da das Kolon meist viel Gas enthält, ist es oft schwierig, die Wandschichten darzustellen. Im Dickdarm sieht man normalerweise keine Kontraktionen.

Der Ultraschall ist heute oft die Methode der Wahl, um pathologische Befunde wie Neoplasien, Fremdkörper, Invaginationen oder entzündliche Veränderungen darzustellen und zu entscheiden, ob der Patient eine Chirurgie zur Behebung des Problems braucht (z. B. bei Ileus, Fremdkörper o. ä.) oder ob Magendarmbiopsien je nach Lokalisation und betroffenen Schichten endoskopisch oder chirurgisch entnommen werden sollten (s. auch Abb. 8.2). Zudem zeigen Hunde mit chronischen Enteropathien veränderte Blutflussmessungen im Darmbereich, welche mit dem Schweregrad der histologischen Veränderungen korrelieren können.

8.6.3.3 Endoskopie

Die Endoskopie mit flexiblen Videoendoskopen hat die Diagnostik (und teils auch die Therapie) von Magendarmveränderungen enorm verbessert. Sie ist das diagnostische Mittel der Wahl zur Adspektion der Schleimhaut von Maulhöhle, Larynx, Ösophagus, Magen, Duodenum und Kolon. Einzig ein Großteil des Jejunums ist endoskopisch nicht zugänglich (außer mit einem Doppelballonendoskop), wohingegen das Ileum vom Kolon her zugänglich ist. Kapselendoskopie wird in der Kleintiermedizin bisher nur an Forschungsstätten eingesetzt und hat – nicht zuletzt wegen dem begrenzten Einsatzbereich (> 15 kg KM) – den Weg in die Kleintierpraxis bisher nicht gefunden.

Gastroduodeno- und Koloskopien müssen in Narkose erfolgen, die Kosten sind aber immer noch geringer und die Prozedur weniger invasiv als bei einer Probelaparotomie. Falls die Veränderungen aber im Jejunum oder ausschließlich in den tiefen Schichten des Darms (Submukosa und v. a. Muskularis) zu finden sind, ist eine endoskopische Biopsieentnahme unmöglich und eine Probelaparotomie angezeigt. Für die Endoskopie müssen die Tiere nüchtern sein, für eine Koloskopie zusätzlich 2–3-mal abgeführt werden mit etwa 25–30 ml/kg KM einer speziellen Elektrolytlösung wie Golyte® oder Colyte®. Diese Lösungen werden über eine Magensonde verabreicht und je nach Präferenz 2-mal am Vorabend (mindestens 2 Stunden Abstand) +/- am Morgen vor der Koloskopie verabreicht. Falls die Applikation über eine Magensonde nicht möglich ist, können auch mehrere Warmwassereinläufe möglichst hoch ins Kolon verabreicht werden, die aber das Kolon weniger gut entleeren als die oralen Lösungen.

Die wichtigsten Vorteile der Endoskopie bestehen in der guten Beurteilungsmöglichkeit der Schleimhaut (Falten, Umfangsvermehrungen, Auflagerungen, Blutungen, Erosionen u. a. m.) und der Gelegenheit, gezielt **Biopsien** zu entnehmen. Je nach Läsion und Lokalisation sollten bei guter Biopsiequalität etwa 6–8 Biopsien pro Lokalisation entnommen werden. Die Histologie des MDT ist jedoch nicht sehr leicht auszuwerten und führt auch unter Spezialisten zu großen Differenzen in der Interpretation. Mehrere Studien bei Hunden mit chronischen Enteropathien haben keine Korrelation gefunden zwischen der Aktivität der klinischen Erkrankung und der Histologie. Die WSAVA Gastrointestinal Standardization Group hat mit ihren Richtlinien (Day et al., 2008) Hoffnungen geweckt, dass sich die Histologie wirklich zum Goldstandard entwickeln könnte, aber die initiale Euphorie ist wieder abgeflacht.

8.6.4 Spezifische Krankheiten des Darms

Der Dünndarm ist mit seiner großen Oberfläche sehr wichtig für die Verdauung und die Absorption. Die meisten Dünndarmerkrankungen verursachen eine Reduktion der Oberfläche und somit auch eine verminderte Absorption. Intestinale Parasiten sind der häufigste Grund für Dünndarmsymptome beim Hund, gefolgt von Veränderungen nach der Einnahme von Abfall oder anderen Sachen, welche nicht zum Verzehr geeignet sind. Die wichtigsten Differenzialdiagnosen von Durchfall und Erbrechen sind in Tabelle 8.2 zusammengefasst, wobei die wichtigsten Erkrankungen in der Folge kurz besprochen werden.

8.6.4.1 Infektiöse Ursachen

Parasitäre Erkrankungen

Parasiten sind häufig bei Hund und Katze und sollten bei jedem Tier mit Erbrechen/ Durchfall abgeklärt oder probeweise behandelt werden. Die wichtigsten Magendarmparasiten in Mitteleuropa und die passenden Labortests zu deren Nachweis sind in Tabelle 8.12 zusammengefasst und werden im Detail im Kap. 2.4 behandelt. Die gängigen **Spul- und Hakenwürmer** können mit Fenbendazol (50 mg/kg KM, 1 × tägl. p. o., 3 Tage), Pyrantelpamoat (5–10 mg/kg KM p. o., eventuell nach 2–4 Wochen wiederholen), Febantel (10–20 mg/kg KM, 1 × tägl. p. o., 3 Tage) oder Milbemycin Oxim (0,5–1 mg/kg KM p. o.) behandelt werden, wohingegen bei Bandwürmern v. a. Praziquantel angewendet wird (5–10 mg/kg KM p. o., in 3 Wochen wiederholen).

Die zwei wichtigsten **Protozoen** (s. auch Kap. 2.4.1.1) im Dünndarm sind *Giardia* spp. und *Cryptosporidium* spp. Giardien können subklinisch bleiben oder Magendarmprobleme auslösen. Der potenzielle Zoonoseerreger kommt bei Mensch und Hund nur ausnahmsweise mit demselben Genotyp (Assemblage) vor. Die Diagnose kann durch Direktausstrich (geringe Sensitivität), Flotation (Zentrifugation mit Zinksulfat oder Sodiumacetatformaldehyd), ELISA/RIA (mittlere bis hohe Sensitivität) sowie PCR (sehr sensitiv, aber nicht für Routinediagnostik empfohlen) gestellt werden. Bei der Flotation ist die Sensitivität deutlich besser mit 3 Proben mit 1–2 Tagen Abstand dazwischen. Für die Therapie werden v. a. Fenbendazol (50 mg/kg KM, 1 × tägl., 3–5 Tage) gebraucht und selten Metronidazol (20–30 mg/kg KM, 2 × tägl. p. o. über 5–10 Tage), wobei Fenbendazol beim Hund bessere Resultate zeigt als bei der

Tabelle 8.12: **Die wichtigsten Parasiten von Hund und Katze in Mitteleuropa und die passenden Labortests zum Nachweis**

	Hund	Katze	Diagnose
Spulwürmer	*Toxocara canis* *Toxascaris leonina*	*Toxocara cati* *Toxascaris leonina*	Flotation
Hakenwürmer	*Ancylostoma caninum* *Uncinaria stenocephala*	*Ancylostoma tubeforme*	Eier
Bandwürmer	*Dipylidium caninum* *Echinococcus granulosus* *Echinococcus multilocularis* *Taenia* spp.	*Taenia* spp.	Eier Proglottiden
Kokzidien	*Isospora canis* *Cryptosporidium parvum*	*Isospora felis* *Cryptosporidium parvum*	Oozysten-Ausstrich Flotation
Giardien	*Giardia* spp.	*Giardia* spp.	$ZnSO_4$-Flotation ELISA
Tritrichomonaden		*Tritrichomonas foetus*	Ausstrich, Kultur, PCR (nativ, unfixiert)

Katze. Eine gute Zwingerhygiene mit Anwendung quartärer Ammoniumsalze können bei Betriebs-problemen hilfreich sein.

Cryptosporidiuminfektionen verlaufen oft subklinisch, können aber auch bei immunsupprimierten Menschen ein Zoonoserisiko darstellen. Für eine Behandlung der Cryptosporidiose stehen für Hunde und Katzen keine zugelassenen oder als wirksam beschriebenen Wirkstoffe zur Verfügung (www.esccap.de). Da die Infektion in den meisten Fällen spontan abheilt, steht eine symptomatische Behandlung im Vordergrund (v. a. Flüssigkeitsersatz). Cryptosporidium-Oozysten haben eine hohe Widerstandsfähigkeit, sodass strenge hygienische Maßnahmen empfohlen werden, um das Infektionsrisiko zu reduzieren (siehe dazu aktuelle Desinfektionsmittelliste der Deutschen Veterinärmedizinischen Gesellschaft [DVG] unter www.dvg.net).

Ein Spezialfall bei den Parasitosen stellt *Tritrichomonas foetus* dar. Dieser Erreger wird nur bei der Katze und v. a. im Dickdarm beschrieben. *Tritrichomonas foetus* war früher bekannt als Erreger der bovinen Tritrichomonose (Deckseuche und Aborterreger) und wurde nach und nach in den USA und den meisten Ländern Europas aus dem Darm von Katzen mit Dickdarmdurchfall isoliert. Die Testsysteme der Wahl für den Nachweis sind das InPouch™-Kultursystem für die Kultivierung von frischem, ungekühltem, nicht konserviertem Kot sowie die PCR zum Erregernachweis in frischem Kot (oder Kulturüberstand). Um die Sensitivität jeglicher Diagnostik zu erhöhen, sollten aufgrund der intermittierenden Ausscheidung drei Kotproben über einen Zeitraum von 3–5 Tagen untersucht werden. Sehr häufig werden Rassekatzen positiv getestet, wobei die meisten weniger als ein Jahr alt sind und in einem Mehrkatzenhaushalt ohne

Freilauf leben. Die Katzen zeigen v. a. Dickdarmdurchfall mit vermehrtem Kotabsatz sowie Blut- und Schleimbeimengungen. Häufig werden auch ein entzündeter Anus und Kotinkontinenz festgestellt. In einer Studie wurden 52 % der *Tritrichomonas*-positiven Katzen vorher positiv auf *Giardia* getestet (Burgener et al., 2009), wobei die diesbezügliche Therapie mit Fenbendazol oder Metronidazol meist nur vorübergehend zu einer klinischen Besserung führte. Es gibt keine für die Katze zugelassenen Wirkstoffe zur Behandlung von *Tritrichomonas foetus*. Basierend auf aktuellen Daten ist die momentane Therapieempfehlung Ronidazol in einer Dosierung von 30 (–50) mg/kg KM, 1 × tägl. p. o. über 2 Wochen. Etwa 10 % der Katzen können Nebenwirkungen wie Anorexie oder leichte neurologische Ausfälle zeigen.

Virale Infektionen (s. auch Kap. 2.2 Virale Infektionskrankheiten)

Parvoviren und Staupe beim Hund sowie Coronaviren, Panleukopenie, FeLV und FIV bei der Katze sind die am häufigsten vorkommenden viralen Durchfallerreger und werden in der Folge einzeln besprochen. Rotaviren und Coronaviren befallen zumeist die älteren Enterozyten und beeinflussen dadurch v. a. die absorptiven Fähigkeiten. Diese Durchfälle sind oft mild und selbstlimitierend. Parvoviren hingegen befallen die viel jüngeren Enterozyten in den Krypten und führen dadurch zu verstärkter Permeabilität und begünstigen die bakterielle Translokation und gastrointestinale Blutungen.

Canine Parvoviren (CPV) (s. auch Kap. 2.2.4) sind DNA-Viren, welche in der Umgebung sehr resistent sind, weshalb in Zuchten die Umgebung mit Natriumhypochlorit (z. B. in Bleichmitteln) mitbehandelt werden muss. CPV-2 ist im Gegensatz zu CPV-1 für die meisten klinisch relevanten Erkrankungen zuständig. In der Zwischenzeit sind CPV-2a, 2b und 2c bekannt, welche v. a. bei Junghunden (gehäuft bei Rottweiler, Dobermann, Labrador Retriever, American Staffordshire Terrier, Deutscher Schäferhund, Alaskan Husky u. a. m.) unter 6 Monaten lebensbedrohende Probleme auslösen können. Ältere und ausgewachsene Hunde machen häufig nur eine subklinische Infektion durch, jedoch können auch hier durch negative prädisponierende Faktoren wie Crowding, Parasiten, Stress, andere Viren, Giardien oder Bakterien klinische Probleme auftreten. Nach dem Eintritt über das oronasale Lymphgewebe verteilen sich die Viren v. a. in schnell teilenden Zellen wie Kryptenepithel, Knochenmark und Lymphgewebe. Durch die Zerstörung des Kryptenepithels sind die betroffenen Patienten anfällig für bakterielle Translokation und sekundäre bakterielle Infekte. Vomitus, oft blutiger stinkender Durchfall sowie Dehydratation und Anorexie entwickeln sich schon 2–5 Tage nach der Infektion. Wegen Leukopenie und sekundären bakteriellen Infekten kommt es zudem häufig zu Fieber und Sepsis. Bei einer Infektion *in utero* werden Myokarditisfälle beschrieben bis 8 Wochen post partum. Die Diagnose wird mit einem *in-house*-Schnelltest (zumeist ELISA) einer Kotprobe gestellt, wobei der Test nur bei Virusausscheidung positiv ist (d. h. etwa bis 10–12 Tage nach Infektion). Der Test kann allerdings auch falsch positiv sein nach einer Impfung mit einem attenuierten Lebendimpfstoff, wobei nur eine PCR oder eine Sequenzierung Wildtyp und Impfviren unterscheiden können. Die meisten kommerziellen Schnelltests haben eine hohe Spezifität und sind deshalb nur selten falsch positiv. Eine zumeist mäßige Sensitivität führt jedoch dazu, dass bei einem starken klinischen Verdacht mit negativem Schnelltest eine PCR zur Diagnosesicherung empfehlenswert ist. Die Therapie besteht aus Isolation (zum Schutz der anderen Tiere), einer aggressiven Flüssigkeitstherapie, Breitspektrumantibiose, enteraler Ernährung (Cave: Vomitus) und bei Bedarf Plasma- oder Vollbluttransfusionen. Felines Interferon-Omega und *granulocyte-colony stimulating factor* (G-CSF) werden ebenfalls manchmal gebraucht, wobei in Studien kein positiver Effekt auf das Überleben oder die Hospitalisationsdauer nachgewiesen werden konnte. Neue Studien weisen darauf hin, dass (wiederholte) fäkale mikrobielle Transplantationen (Darminhalt eines gesunden Spenderhundes) eine kürzere Hospitalisation und einen positiven Einfluss auf das Überleben bewirken können. Bei der Prävention (Impfung) gilt es zu beachten, dass die maternalen Antikörper bis zu 16 Wochen im Welpen nachweisbar sein können, weshalb das (veraltete) Impfschema mit 8 und 12 Wochen bei Parvovirose ungenügend und ein Booster nach 16 Wochen wichtig ist. Eine passive Immunisierung mit entsprechenden Antiseren machen v. a. bei der Prävention bei (noch nicht erkrankten) Wurfgeschwistern Sinn – ein positiver Effekt bei bereits erkrankten Welpen ist nicht bewiesen.

Staupeviren (canine distemper virus = CDV) (s. Kap. 2.2.12) führen v. a. bei ungeimpften Jungtieren im Alter von 3–6 Monaten zu Krankheiten. Das Virus breitet sich zumeist von der Lunge ausgehend über das lymphatische Gewebe im MDT und der Leber aus, wodurch Leukopenie und Fieber entstehen können. Zwei Wochen post infectionem sind die Viren entweder komplett aus dem Körper eliminiert oder sie verbreiten sich in der Haut, in exo- und endokrinen Drüsen, dem MDT sowie im Respirationsapparat und den Harnwegen. Die neurologischen Ausfälle sind abhängig von der systemischen Immunantwort des Wirtes.

Im Gegensatz zu CPV und CDV (und selten CAV1), welche zu heftigen teils lebensbedrohenden akuten blutigen Durchfällen führen können, ist die Sachlage bei caninen Circoviren, Coronaviren (CECoV), Rotaviren, Noroviren und auch anderen Viren weniger klar. Diese werden sowohl vereinzelt bei kranken aber auch bei gesunden Hunden im Kot gefunden, sodass eine Infektion mit diesen Viren nicht grundsätzlich zu Symptomen führen muss.

Die **feline Panleukopenie** wird durch feline Parvoviren (FPV) verursacht (s. auch Kap. 2.2.3). Die Viren breiten sich von den Tonsillen über das lymphatische Gewebe zum Knochenmark und in die Kryptenzellen aus. Auch bei den Katzen werden die schlimmsten Formen der Erkrankung bei Jungtieren zwischen 2 und 5 Monaten gesehen, wobei Fieber, Niedergeschlagenheit, Anorexie, Erbrechen, starke Dehydratation, blutiger Durchfall und orale Ulzerationen auftreten können. Bei einer Infektion während der späten Trächtigkeit können cerebelläre Schäden entstehen, welche zum typischen klinischen Bild mit hypermetrischem Gang und Intensionstremor führen können. Die Diagnose wird aufgrund des klinischen Bildes, der Panleukopenie und eines positiven Schnelltests gestellt (zumeist ELISA; Achtung: nicht alle Schnelltests sind für Katzen geeignet!). Auch hier gilt es zu beachten, dass – wie beim Hund – wegen mäßiger Sensitivität der Schnelltests bei einem starken klinischen Verdacht mit negativem Schnelltest eine PCR zur Diagnosesicherung empfehlenswert ist. Die Therapie ist v. a. unterstützend (s. CPV).

Feline Coronaviren können bei der Katze zwei verschiedene Krankheitsbilder auslösen: einen zumeist milden transienten Durchfall oder eine disseminierte granulomatöse Erkrankung (FIP; s. Abb. 8.20a, b; s. Kap. 2.2.5). Die intestinale Infektion ist zumeist mild und selbstlimitierend und braucht höchstens unterstützende Therapie.

Katzen, welche mit **FeLV oder FIV** infiziert sind, zeigen v. a. Zeichen von Immunsuppression, Lymphom, Leukämie oder nicht-regenerativer Anämie. Durchfall ist häufig die Folge der generellen Immunsuppression und Sekundärinfekten mit Viren, Bakterien oder Pilzen. Auch bei Katzen werden andere Viren wie z. B. Rotaviren vereinzelt bei kranken aber auch gesunden Tieren gefunden und haben somit nur eine fragliche klinische Relevanz.

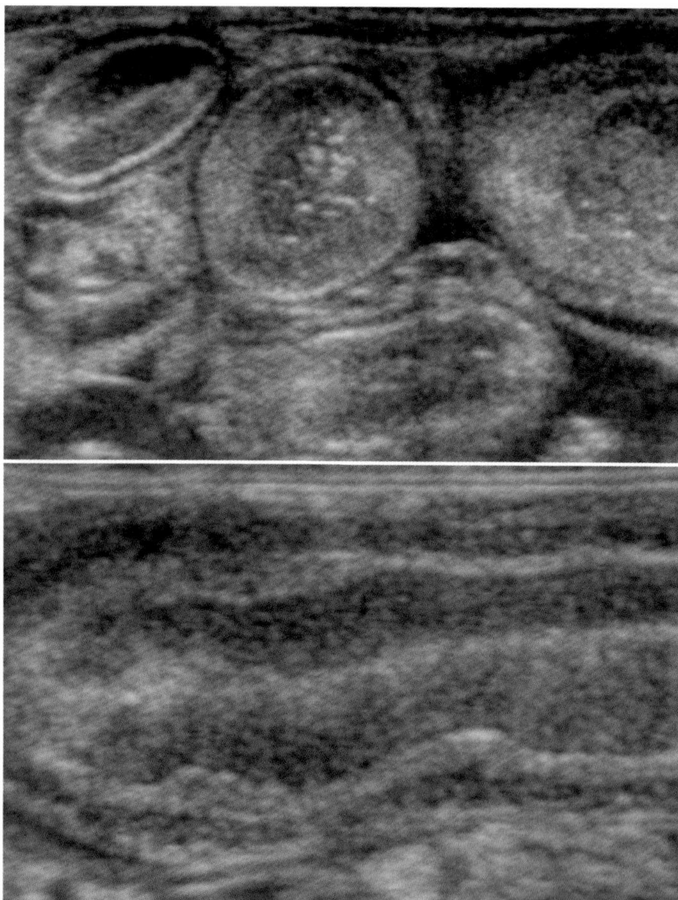

a: Jejunum transversal

b: Jejunum longitudinal

Abb. 8.20 Ultraschallbilder von einer 1,5 Jahre alten Katze mit Darmveränderungen infolge einer felinen infektiösen Peritonitis (a: Jejunum transversal; b: Jejunum longitudinal). Die Schichten sind nicht mehr klar voneinander abgrenzbar, wobei v. a. die Mukosa verdickt und verändert ist. Die pyogranulomatösen Veränderungen führen dazu, dass die ansonsten schwarze Mukosa im Ultraschallbild verdickt und mit weißen Punkten durchsetzt erscheint. In beiden Bildern ist zudem um die Darmschlingen herum freie Flüssigkeit sichtbar. (Bilder freundlicherweise zur Verfügung gestellt von Daniela Gorgas, Universität Bern)

Bakterielle Infektionen (s. auch Kap. 2.1 Bakterielle Infektionskrankheiten)
Obwohl bakterielle Infektionen im Dünndarm nicht sehr häufig auftreten, werden doch immer wieder potenziell pathogene Bakterien beschrieben. Hierzu gehören *Campylobacter* spp., *Clostridium perfringens* und *Clostridioides difficile*, *Salmonella* spp., *Yersinia* spp. sowie einzelne Stämme von *E. coli*. Viele von diesen potenziell pathogenen Keimen können aber nicht nur bei Tieren mit Durchfall, sondern auch bei gesunden Tieren isoliert werden. Zudem können die pathogenen Keime auch nur Opportunisten sein aufgrund einer vorbestehenden Darmschädigung. Deshalb wird davon abgeraten, bei einem potenziell pathogenen Keim Antibiotika anzuwenden, solange nicht sicher ist, ob dieser wirklich die Ursache der Erkrankung ist (mögliche Resistenzprobleme bei potenziellen Zoonoseerregern!). Es sind weitere Studien nötig hinsichtlich der pathogenen Relevanz von Bakterien für den MDT unter verschiedenen Umständen.

Campylobacter spp. sind spiralförmige, gramnegative Stäbchen, welche besonders unter mikroaerophilen Bedingungen gut wachsen. *C. jejuni*, *C. upsaliensis*, *C. helveticus* und andere können im Kot von gesunden und kranken Hunden und Katzen nachgewiesen werden. In einer Studie aus der Schweiz wurden bei 41–42 % der gesunden Hunde und Katzen bei der Impfung *Campylobacter* spp. nachgewiesen (Wieland et al., 2005), wobei Tiere < 3 Jahren deutlich häufiger betroffen waren. Bei der Katze wurde vermehrt *C. helveticus* nachgewiesen, beim Hund *C. upsaliensis*. Falls bei klinisch kranken Tieren eine positive Kultur festgestellt wird, kann bei einer zytologischen Untersuchung eines Kottupfers das Vorhandensein von Leukozyten darauf hinweisen, dass der Erreger ursächlich beteiligt ist und eine adäquate Therapie potenziell sinnvoll ist. Mehrheitlich sind die Fälle jedoch unkompliziert und selbstlimitierend und verschwinden mit unterstützender Therapie. Alternativ können auch mit PCR pathogene Stämme nachgewiesen werden. Da *Campylobacter*-Arten potenzielle Zoonoseerreger sind, sollten gesunde Hunde mit positiven Kulturen v. a. dann behandelt werden, wenn sich Kinder oder immunsupprimierte Menschen im Haushalt befinden.

Clostridien sind grampositive anaerobe Bakterien, welche Endosporen produzieren. Sie können zur normalen Darmflora gehören, wobei *C. perfringens* und *Clostridioides difficile* wahrscheinlich für Magendarmerkrankungen und Enterotoxämie bei Hund und Katze verantwortlich sein können. Beide Erreger können ebenfalls Zoonosen auslösen. *C. perfringens* produziert u. a. Toxin α und Enterotoxin (Syn.: C. perfringens-Enterotoxin, CPE). *C. perfringens* werden bei vielen gesunden und kranken Hunden mit Durchfall gefunden, wohingegen CPE signifikant häufiger bei den Hunden mit Durchfall gefunden wird. Da CPE aber auch bei gesunden Hunden gefunden wird, könnte auch nur eine höhere Konzentration von CPE zu Durchfall führen. Die Zählung der Endosporen bei einem Kotabstrich lässt keine zuverlässige Aussage zu, ob *C. perfringens* nun der Auslöser des Durchfalls ist oder nicht. Neuere Studien weisen darauf hin, dass andere Toxine (NetE/F) vielleicht ursächlich beteiligt sind bei AHDS (s. Kap. 8.6.4.5). *C. difficile* produziert Toxin A und B, welche signifikant häufiger bei Hunden mit Durchfall gefunden werden als bei gesunden. Da *C. difficile* sehr empfindlich ist, überrascht es nicht, dass gesunde wie auch durchfallkranke Hunde in den Kotkulturen fast immer negativ sind. Da eine positive Kultur für *C. perfringens* oder *C. difficile* nicht beweisend ist für einen ursächlichen Zusammenhang, sollten nur Patienten, welche systemisch krank sind (z. B. Fieber, blutiger Durchfall und toxische Neutrophile oder Neutropenie), antibiotisch behandelt werden. Metronidazol (10–15 mg/kg KM, 2 × tägl. p. o.) ist das einzige Antibiotikum, welches sowohl für *C. perfringens* als auch *C. difficile* empfohlen wird. Allerdings weisen 54 % der *C. perfringens* Isolate von Hunden verminderte Empfindlichkeit gegenüber Metronidazol auf (Gobeli et al., 2012). Alternativ können bei *C. perfringens* auch Erythromycin, Amoxicillin oder Tylosin eingesetzt werden.

Gegen **Salmonellen** (s. Kap. 2.1.12.7) sollten adulte Carnivoren resistent sein. Die allermeisten Studien gehen von 1–2 % positiven Kulturen bei Hund und Katze aus, wobei bei Jungtieren und in Tierheimen deutlich höhere Werte gefunden werden können. Trotzdem werden immer wieder potenzielle Zoonosefälle gemeldet. Nach einer Infektion sind prinzipiell 3 Szenarien möglich: asymptomatischer Träger, klinische Symptome mit einer Gastroenteritis oder fulminanter Verlauf mit Bakteriämie, Endotoxämie, Sepsis, DIC bis hin zu Todesfällen. Klinische Zeichen bei Hund und Katze sind Fieber, Erbrechen, Durchfall, Anorexie und Gewichtsverlust. Die Behandlung ist nur bei einem komplizierten Verlauf (Szenario 3) sinnvoll und besteht aus angepasster unterstützender Therapie und Antibiotika (am besten nach Sensitivitätstest). Fluorchinolone (z. B. Enrofloxacin 5 mg/kg KM, 2 × tägl. p. o. [Hund] bzw. 1 × tägl. [Katze]), Aminoglykoside, Tetrazyklin oder Trimethoprim-Sulfonamid sollten wirksam sein.

Shiga-toxin-producing ***E. coli*** (STEC) und *enteropathogenic E. coli* (EPEC) kommen bei gesunden Hunden etwa gleich oft vor wie bei kranken. Im Gegensatz dazu wurde *enterotoxin-producing E. coli* (ETEC) nur von jungen Hunden mit Durchfall, nicht aber von gesunden Hunden isoliert. Ein adhärenter und enteroinvasiver Phänotyp von *E. coli* wurde als Ursache der histiozytären ulzerativen Kolitis identifiziert (s. Kap. 8.6.5.2). Bei der Katze scheinen *E. coli* noch unwichtiger als Durchfallerreger zu sein als beim Hund.

Pilzinfektionen (S. auch Kap. 2.3 Pilze und Algen)

Histoplasma capsulatum ist ein dimorpher Pilz, der in gemäßigten und subtropischen Gebieten im Boden gefunden werden kann (in Mitteleuropa kaum beschrieben)(s. Kap. 2.3.3.3). Er kommt v. a. bei jungen Hunden und Katzen vor, welche die infektiösen Mikrokonidien inhalieren oder fressen. Dementsprechend befällt dieser Pilz häufig die Atemwege, bei der Disseminierung ist der MDT aber meist mitbetroffen, wobei Dickdarmsymptomatik mit Tenesmus, Hämatochezie und Schleimbeimengungen deutlich häufiger vorkommt als Dünndarmsymptomatik. Die Diagnose erfolgt über die Zytologie von Lymphknotenaspiraten, Feinnadelaspirationen anderer befallener Organe oder Dickdarmgeschabsel. Die Therapie der Wahl ist Itraconazol (10 mg/kg KM, 1 × tägl. p. o.) für 4–6 Monate, wobei sicherheitshalber 2 Monate über das Verschwinden der klinischen Symptome hinaus therapiert werden sollte.

Pythium insidiosum (s. auch Kap. 2.3.3.11) gehört zu den Oomyceten, die v. a. in Sumpfgebieten wie im Süden der USA vorkommen. Entsprechend dem Expositionsrisiko sind große männliche Hunde am häufigsten betroffen, wobei neben der Darmform auch Hautsymptome auftreten können. Dünndarmprobleme mit Zeichen von Obstruktion und eventuell palpierbare Massen sind oft vorherrschend. Die Diagnose erfolgt über Histologie (eosinophile oder pyogranulomatöse Enteritis), ELISA oder Immunoblot und ist sehr zuverlässig. Die Prognose muss leider als schlecht bezeichnet werden, außer die Läsion kann vollständig exzidiert werden. Itraconazol (10 mg/kg KM, 1 × tägl. p. o.) und Terbinafin (5–10 mg/kg KM, 1 × tägl. p. o.) können bei unvollständiger Resektion eingesetzt werden.

8.6.4.2 Futtermittelunverträglichkeit

Durchfall und Erbrechen sind nicht zuletzt wegen der Aufnahme von verdorbenem Futter, Müll oder anderer, nicht zum Verzehr geeigneter Dinge, beim Hund deutlich häufiger als bei der Katze. Man vermutet, dass oft bakterielle Toxine am Geschehen beteiligt sind. Ein zu rascher Futterwechsel kann ebenfalls zu akutem Durchfall führen. Dies gilt ebenso für Milch und Milchprodukte, für die bei erwachsenen Tieren oft ungenügend Laktase zur Verfügung steht. Es gilt, falls möglich, die Ursache zu beheben, symptomatisch zu therapieren und Komplikationen zu verhindern. Die chronischen Durchfälle infolge Futtermittelunverträglichkeit oder -allergie werden im Kap. 8.6.4.7 detaillierter besprochen.

8.6.4.3 Ileus, Invagination, Torsion

Epidemiologie, Ätiologie, Pathogenese: Die meisten Verstopfungen im Dünndarm erfolgen aufgrund von **Fremdkörpern** wie Knochen, Maiskolben oder Spielzeugen beim Hund (Abb. 8.21a, b) bzw. linearen Fremdkörpern bei der Katze. Andere mögliche Ursachen sind **Invaginationen, Torsionen oder Neoplasien**, wobei auch Durchblutungsstörungen und Innervationsprobleme einen Ileus auslösen können. Invaginationen werden häufiger bei Jungtieren gesehen, v. a. in Zusammenhang mit starken Entzündungen wie z. B. bei Parvovirose oder Leptospirose oder einem heftigen Parasitenbefall. Ileus sekundär zu Neoplasien tritt jedoch eher bei mittelalten bis alten Tieren auf. Torsionen sind zum Glück sehr selten. Da die Darmschlingen hierbei meistens um die Gekrösewurzel herum verdreht werden, führt dies schnell zu Stau in den Mesenterialarterien sowie Darmnekrose, Bakterientranslokation, Sepsis und Schock.

Klinisches Bild: Die klinischen Symptome sind von der Lokalisation, dem Grad der Verstopfung sowie der Ursache abhängig. Eine vollständige Verstopfung führt zu akutem, heftigem Erbrechen, was wiederum zu Dehydratation bis hin zu einem hypovolämischen Schock führen kann.

Diagnostik, Diagnose: Eine gute klinische Untersuchung ist hier sehr wichtig, wobei der **Zungengrund** (lineare Fremdkörper!) und die **Abdomenpalpation** essenziell sind. Die meisten intestinalen Fremdkörper sowie Ileus und Volvulus sind in erster Linie **radiologisch zu diagnostizieren**. Während röntgendichte Fremdkörper keine diagnostischen Probleme bereiten, sind Fremdkörper mit Weichteildichte radiologisch nicht immer ein-

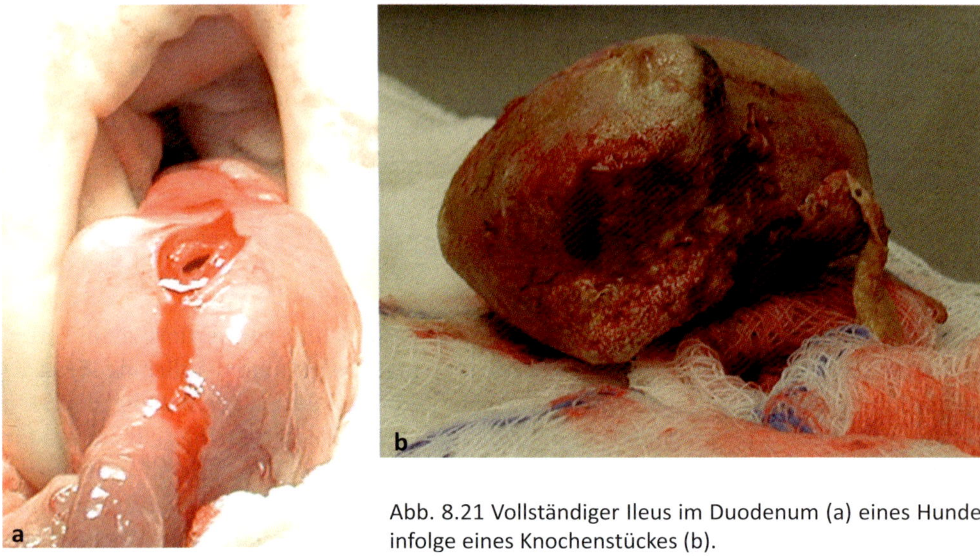

Abb. 8.21 Vollständiger Ileus im Duodenum (a) eines Hundes infolge eines Knochenstückes (b).

fach zu erkennen. Fremdkörper im Magen oder proximalen Duodenum führen zu einer abnormalen Füllung des Magens. Bei der **Ultraschalluntersuchung** kann gesehen werden, dass sich der Magen zwar kontrahiert, aber nicht entleert. Fremdkörper im Dünndarm führen zu einer vermehrten Füllung des Darmkonvolutes. Je nach Lokalisation des Fremdkörpers sind dabei längere oder kürzere Darmabschnitte betroffen. In solchen Fällen muss man den dilatierten Därmen folgen, um hoffentlich auf eine Stelle zu stoßen, wo das Lumen des Darmes obstruiert ist. Liegt die Obstruktion noch nicht sehr lange vor, so können meist gesteigerte Peristaltikwellen beobachtet werden. Bei länger andauernder Obstruktion stellt sich eine Atonie ein. Ähnliches ist beim paralytischen Ileus zu beobachten (z. B. bei Parvovirose). In atonischen Darmschlingen können Fremdkörper (z. B. Teile von Gummibällen, Maiskolben und Holzstücke) leichter identifiziert werden, da die Materialien recht echogen erscheinen und teilweise auch Schallschatten werfen. Bei Invaginationen sind die sonographischen Erscheinungen einer Obstruktion erfassbar. Die Invagination selber stellt sich im Querschnitt als eine runde Läsion mit konzentrischen Ringen dar. Im Längsschnitt sind multiple Darmwandschichten, alternierend hyper- und hypoechoisch, zu erkennen.

Therapie: Ileus, Invagination und Torsion erfordern fast immer eine **Laparotomie** und ggf. chirurgische Versorgung nach Stabilisation des Patienten mit anschließender Therapie mit Infusionen, Antibiotika, Schmerzmitteln und langsamem Wiederanfüttern.

8.6.4.4 Motilitätsstörungen

Definition, Ätiologie: Generell werden primäre und sekundäre Motilitätsstörungen beschrieben, jedoch sind beim Kleintier die primären Probleme nur sehr schlecht definiert. Sekundäre Motilitätsstörungen hingegen sind relativ häufig, wobei zumeist Hypomotilität oder sogar ein paralytischer Ileus nach Abdominalchirurgie, Magendrehung, Ischämie, Peritonitis, Pankreatitis, Parvovirose oder anderen entzündlichen Veränderungen auftreten können.

Therapie: Sie richtet sich nach der Ursache. Falls keine Ursache ersichtlich ist, kann man mit Futterumstellungen arbeiten (z. B. viele kleinere Portionen von leichtverdaulichem Futter, das relativ arm an Fett und Proteinen ist) oder mit prokinetischen Agenzien. Das wohl wirksamste Medikament diesbezüglich ist Cisaprid. Alternativen sind Metoclopramid, Prucaloprid, Ranitidin, Nizatidin oder Erythromycin (s. Kap. 8.5.8).

Die **feline Dysautonomie** (Key-Gaskell Syndrom) wird verursacht durch eine Degeneration der autonomen Ganglien und ist seit mehr als 20 Jahren bei der Katze beschrieben. Seither wurden vereinzelt auch Hunde mit Dysautonomie diagnostiziert. Das klinische Bild ist geprägt durch parasympathische Ausfallserscheinungen wie Regurgitation, Erbrechen, Durchfall, Konstipation, verminderter Analtonus, Mydriase, Nickhautvorfall und Dysurie. Die Therapie ist nur symptomatisch und unterstützend, wobei die Langzeitprognose schlecht ist.

8.6.4.5 Akutes hämorrhagisches Diarrhoesyndrom (AHDS)

Definition: Dieses Syndrom ist geprägt von akutem hämorrhagischem Durchfall +/- Erbrechen und Hämokonzentration infolge Hypovolämie. Die frühere Bezeichnung „hämorrhagische Gastroenteritis" war nicht korrekt, da die mukosalen Läsionen nicht den Magen betreffen (Unterer et al., 2014).

Epidemiologie, Ätiologie: Hunde jeden Alters und jeder Rasse können betroffen sein, wobei mittelalte Hunde kleiner Rassen häufiger betroffen sind. Die Ursache ist nicht vollständig geklärt, wobei *Clostridium perfringens* mit ihren Enterotoxinen (CPE, NetE, NetF) als mögliche Auslöser gesehen werden.

Klinisches Bild, Diagnose: Der Allgemeinzustand ist reduziert und die klinische Untersuchung geprägt von Zeichen eines hypovolämischen Schocks und einem dolenten Abdomen. Eine positive PCR für *Clostridium perfringens* Typ A respektive deren porenbildende Toxine NetE/F unterstützt die Diagnose von AHDS.

Differenzialdiagnostisch ist es sehr wichtig, andere Ursachen auszuschließen:

- Fremdkörper, Ileus (Ausschluss klinisch, mit Röntgen +/- Ultraschall)
- Parvovirose (SNAP-Test positiv, Leukopenie, falls unklar eventuell PCR)
- Hypoadrenokortizismus (oft $Na^+\downarrow$und K^{+-}, basales Cortisol < 2 µg/dl, „flacher" ACTH-Stimulationstest)
- Akutes Leber- oder Nierenversagen (Leberwerte, Nierenwerte)
- Akute Pankreatitis (PLI, abdominaler Ultraschall, eventuell DGGR-Lipase)
- Gerinnungsstörungen (Thrombozyten, PT, aPTT, eventuell TEG)
- Magenerosionen/-ulzerationen (z. B. nach Glukokortikoiden oder NSAIDs) u. a. m.

Therapie, Prognose: Ein aggressiver Flüssigkeitsersatz mit Infusionen sowie symptomatischer Support führen zumeist zu einer schnellen Besserung (24–72 h). Antibiotika sind nur in Fällen mit offensichtlicher systemischer Entzündung angebracht (Anzeichen von Sepsis, Neutrophilie mit Linksverschiebung oder Neutropenie, Fieber, Hypothermie...). Schmerzmittel, eine Kotuntersuchung oder Entwurmen und vorsichtiges Anfüttern mit einem leichtverdaulichen Futter +/- Probiotika gehören zur symptomatischen Therapie dazu. Obwohl die meisten Hunde recht gut und schnell auf die initiale Therapie ansprechen, sind klinische, teils sogar fatale Verschlechterungen möglich. Hierbei gilt es v. a. an Komplikationen wie Sepsis, Hypoglykämie, Hypotension und DIC zu denken und diese entsprechend zu behandeln.

8.6.4.6 Dysbiose

Definition: Die Gesamtheit der Organismen (neben Bakterien auch Archaea, Viren, Pilze und Protozoen), welche alle unsere Schnittstellen zur Umwelt kolonisieren, werden gemeinsam mit ihren Stoffwechselprodukten als **Mikrobiom** bezeichnet. Die **Dysbiose** bezeichnet ein **Ungleichgewicht der Darmflora** mit verminderter Vielfalt und Überwiegen einzelner Bakterienspezies. In der Humanmedizin wird *small intestinal bacterial overgrowth* (SIBO) definiert als ein klinisches Syndrom, verursacht durch einen erhöhten Gehalt an Mikroorganismen im Dünndarm.

Ätiologie, Pathogenese: Mögliche Ursachen von SIBO sind Motilitätsstörungen sekundär zu Stase oder endokrinen Erkrankungen, partielle Obstruktionen (Neoplasie, Fremdkörper, Invagination), verminderte Säureproduktion im Magen (atrophische Gastritis, Protonenpumpenblocker) oder exokrine Pankreasinsuffizienz. Der Dünndarm des Hundes ist jedoch im Vergleich zum Menschen physiologisch relativ stark besiedelt und es gibt Hunde, die den Grenzwert überschreiten, ohne klinische Symptome zu zeigen. Neuere Studien deuten darauf hin, dass eine einfache Überwucherung die pathophysiologischen Zusammenhänge nur unzureichend beschreibt, sondern dass vielmehr eine **Verschiebung des bakteriellen Ökosystems** im Dünndarm vorliegt. Einige dieser Patienten haben gut auf Antibiotika angesprochen (zumeist Metronidazol oder Tylosin), weshalb sich in der Literatur die Namen „Antibiotika-responsiver Durchfall (ARD)“ oder „Tylosin-responsiver Durchfall (TRD)“ etabliert haben.

In den letzten Jahren explodieren die Erkenntnisse über die nachhaltige und tiefgreifende Verzahnung des Mikrobioms mit dem Immunsystem v. a. wegen den immer günstigeren und rascheren molekulardiagnostischen Verfahren wie die Pyrosequenzierung. Im MDT dominieren vier Stämme die bakterielle Mikrobiota: grampositive Firmicutes und Actinobacteria sowie gramnegative Proteobacteria und Bacteroidetes. Zwar ist hinsichtlich der Einflussnahme einzelner Bakterienspezies auf Krankheit und Gesundheit derzeit vieles noch unklar. Bekannt ist aber, dass eine große bakterielle Diversität Ausdruck einer gesunden Mikrobiota («**Eubiose**») ist.

Eine **Dysbiose** mit verminderter Vielfalt und Überwiegen einzelner Bakterienspezies findet sich hingegen bei einer Vielzahl von Erkrankungen und Medikamenten (Antibiotika, Glukokortikoide) und Fehlernährung. In den meisten Fällen kommt es zur Dysbiose sekundär zu anderen Erkrankungen (z. B. Pankreatitis, exokrine Pankreasinsuffizienz, IBD/CIE, Motilitätsstörungen, Stase, endokrine Erkrankungen, verminderte Säureproduktion im Magen, partielle Obstruktionen [Neoplasie, Fremdkörper, Invagination]) – sie kann allerdings auch primär sein. Jeder **Antibiotikaeinsatz führt unweigerlich zu einer Dysbiose** und der Selektion von Antibiotika-resistenten Bakterien. Ein systematischer Einsatz von Antibiotika bei Darmerkrankungen ist somit sicher nicht empfehlenswert, da der potenzielle Schaden größer sein kann als der Nutzen (Cerquetella et al., 2020).

Klinisches Bild, Diagnose: Genaue Kriterien für die Diagnose einer Dysbiose im Darmtrakt existieren nicht. Weder die bakteriologische Untersuchung einer Kotprobe noch jene von Dünndarmsaft lässt eine Diagnose zu, da die meisten Bakterienspezies nicht mit Routinekultursystemen kultivierbar sind. Bei einer Dysbiose kann es zu einer vermehrten Produktion und Aufnahme von Folsäure kommen, wobei die nötigen Carrier im proximalen Dünndarm sind. Die Aufnahme von Cobalamin im Ileum (zusammen mit dem Intrisic Factor) kann gleichzeitig durch Bindung an Bakterien reduziert sein, weshalb Hunde mit Dysbiose einen **zu hohen Folsäure-Wert** zusammen mit einem **zu tiefen Cobalamin-Wert** aufweisen können. Dementsprechend kann es diagnostisch hilfreich sein, Folsäure und Cobalamin zu messen und Cobalamin zu supplementieren.

Die molekularen Profile der Darmflora sind sehr variabel und einmalig für jedes Individuum. In aktuellen Studien wurde bei Hunden mit Pyrosequenzierung nachgewiesen, dass bei AHDS, IBD/CIE, FRE und intestinalem Lymphom ähnliche Veränderungen in der Darmmikrobiota nachzuweisen sind wie bei humaner Dysbiose (weniger Diversität, Verschiebung der Gruppen). Ein Versuch, einen Dysbiose-Index aus der Humanmedizin auf IBD/CIE beim Hund zu übertragen, scheiterte trotz ähnlicher Verschiebungen und führte zur Etablierung eines **fäkalen caninen Dysbiose-Index (DI)** (AlShawaqfeh et al., 2017). Dieser Index misst die fäkale Häufigkeit von 7 Bakterien-Taxa (Faecalibacterium, Turicibacter, Streptococcus, E. coli, Blautia, Fusobacterium und C. hiranonis) sowie die Gesamtbakterienhäufigkeit. Er bietet Referenzintervalle für diese 8 Bakteriengruppen und berechnet zusätzlich eine einzelne Zahl, die das Ausmaß der Darmdysbiose ausdrückt. Ein DI >2 spricht für Dysbiose, ein DI <0 weist auf eine normale Darmflora hin, Werte zwischen 0 und 2 sind nicht eindeutig zuzuordnen. Je höher der DI, desto weniger vielfältig ist das Mikrobiom. So passt z. B. ein erhöhter DI und verminderte *C. hiranonis* sehr gut zu einer IBD/CIE (Galler et al., 2022). Der DI kann verwendet werden, um normale versus abnormale Mikrobiota und Veränderungen der Mikrobiota zu beurteilen im Laufe der Zeit oder als Reaktion auf eine Behandlung wie z. B. eine Futterumstellung oder eine fäkale mikrobielle Transplantation.

Therapie: Die Therapie einer Dysbiose richtet sich immer nach der auslösenden Erkrankung. Zusätzliche Gaben von Probiotika oder fäkale mikrobielle Transplantationen können je nach Grunderkrankung zusätzlich eingesetzt werden.

Typischerweise wird das Cobalamin 1 × pro Woche gespritzt in den ersten 6 Wochen, danach während 6 Wochen alle 2 Wochen und dann je nach Kontrollresultaten 1 × monatlich. Die empfohlenen Dosierungen liegen bei 250 µg (Katzen und Hunde < 5 kg), 400 µg (Hunde 5–15 kg), 800 µg (Hunde 15–30 kg), 1200 µg (30–45 kg) und 1500 µg für Hunde > 45 kg. Eine neuere Studie zeigt jedoch, dass auch eine perorale Cobalaminverabreichung erfolgreich sein kann (Toresson et al., 2016), wobei die Dosierungen zwischen ¼ (1–10 kg KM), ½ (10–20 kg KM) und 1 Tablette von 1 mg (> 20 kg KM) tägl. p. o. eingesetzt wurden.

8.6.4.7 Futtermittelresponsive Enteropathie (FRE)

Definition, Epidemiologie: Futtermittelunverträglichkeit ist ein wichtiges Problem, welches zu Haut- und Magendarmveränderungen wie chronisch-rezidivierendem Durchfall und Erbrechen führen kann. Die wahre Prävalenz dieser Erkrankungen ist jedoch unklar. Prinzipiell kann man unterscheiden zwischen Futtermittelallergie (impliziert immunologische Reaktion, IgE-vermittelt oder nicht) oder Futtermittelintoleranz (oder -unverträglichkeit, nicht immunvermittelt). Zu den nicht immunvermittelten Reaktionen gehören:

- Futtermittelunverträglichkeit (abnormale Reaktion auf Futtermittelbestandteile)
- Futtermittelvergiftung (Bakterien oder Toxine, z. B. Aflatoxine, Botulismus)
- Anaphylaktische Futtermittelreaktion (ähnlich wie anaphylaktischer Schock)
- Metabolische Reaktion (z. B. Laktoseintoleranz)
- Pharmakologische Futtermittelreaktion (Bestandteile wirken wie Medikamente, z. B. Schokoladevergiftung)

Da klinisch die Unterscheidung zwischen Futtermittelallergie und -intoleranz sehr schwierig bis unmöglich ist, wird häufig der Begriff **Futtermittel-responsive Enteropathie (FRE)** gebraucht. Hierbei gilt es aber zu beachten, dass auch Patienten mit IBD/CIE, Soft Coated Wheaten Terrier mit Proteinverlustenteropathie oder Hunde mit Gluten-sensitiver Enteropathie mit der passenden Diät Verbesserungen zeigen können. Während FRE v. a. bei Junghunden vorkommen (⅓ jünger als 1 Jahr), sind die Siamesen bei den Katzen übervertreten.

Ätiologie: In der Humanmedizin sind die Futtermittelallergene fast ausschließlich Glykoproteine mit einem Molekulargewicht zwischen 10–70 kDa, beim Kleintier hingegen fehlen diese Angaben. Bei kommerziellen Futtern ist es oft sehr schwer, die genaue Substanz festzustellen, welche die Futtermittelallergie ausgelöst hat. Aus Metaanalysen vermutet man, dass ≈ ⅔ der Hunde allergisch auf Rind, Milchprodukte und Weizen sind, weitere ≈ 25 % reagieren auf Hühnerfleisch, Hühnereier, Lamm und Soja. Bei der Katze werden ≈ 80 % der Allergien durch Rind, Milchprodukte und Fisch ausgelöst. Es ist umstritten, ob bei Hund und Katze multiple Allergene als Auslöser so oft vorkommen wie beim Menschen.

Futtermittelallergien sind etwa für 1 % der Hauterkrankungen bei Hund und Katze verantwortlich und somit hinter der Flohallergie und atopischer Dermatitis die dritthäufigste Hautallergie (s. Kap. 3.4.7.2).

Klinisches Bild: Die Magendarmsymptome schließen Erbrechen, Durchfall, Gewichtsverlust und Abdominalschmerzen ein. Auch Otitis externa kann sogar als einziges Symptom einer Futtermittelallergie sichtbar sein.

Diagnose: Eine strikte Eliminationsdiät über mindestens 6–10 Wochen ist das sicherste Mittel zur Diagnose von FRE, wobei die Magendarmsymptome fast immer nach 2–3 Wochen deutlich besser sind. In-vitro-Tests wie der Radio-Allergo-Sorbent-Test (RAST) oder ELISA, Biopsien (normal oder eosinophile und/oder lymphoplasmazelluläre Enteritis), Intradermaltests oder gastroskopische Futtersensitivitätstests sind wenig verlässlich für die Diagnose. Kolonoskopisches Testen (COLAP), Doppler-Ultraschall für die Blutflussmessung in der Mesenterialarterie und perinukleäre antineutrophile Antikörper (pANCA) können eine gewisse diagnostische Hilfe sein.

Therapie: Bei der **Eliminationsdiät** wird das momentane Futter abgesetzt und entweder ein Futter mit einer neuen Protein- und einer Kohlenhydratquelle (Selected Protein) oder mit hydrolisierten Proteinen (z. B. Soja oder Hühnerleberhydrolisat) verabreicht (s. Kap. 3.3.3.6). Den Patientenbesitzern muss hierbei klar sein, dass keine zusätzlichen anderen Futter, Tischresten oder Leckerlis zugefüttert werden dürfen. Erfahrungsgemäß ist die optimale Behandlungszeit bei Hautsymptomen 6–10 Wochen, wobei bei Magendarmsymptomen zumeist in 2–3 Wochen eine deutliche Besserung auftritt, bei der Katze möglicherweise schon in 3–7 Tagen. Das Ansprechen auf die Therapie kann mit dem CIBDAI oder dem *canine chronic enteropathy clinical activity index* (CCECAI) objektiviert werden (Details s. Kap. 8.6.4.8). Bei einer chronischen Enteropathie mit zusätzlicher Lymphangiektasie ist eine fettreduzierte Diät („low fat" oder „ultra low fat") für viele Patienten hilfreich. Obwohl die meisten Besitzer nicht bereit sind für eine Provokation und somit für eine genaue Identifizierung des Allergens, ist die **Prognose** generell als gut zu betrachten. Ein Fortschreiten einer FRE über die Jahre hin zu IBD/CIE ist jedoch möglich.

8.6.4.8 Inflammatory bowel disease/chronic inflammatory enteropathies (IBD/CIE)

Definition: Chronische Enteropathien (CE) treten häufig bei Hunden und Katzen auf. IBD/CIE bezeichnet dabei ein **Syndrom**, welches durch **persistierende und/oder rezidivierende Magendarmsymptome** (u. a. Durchfall +/- Erbrechen) und histopathologisch nachgewiesene Entzündung definiert wird. CE, CIE und IBD sind wahrscheinlich verschiedene Facetten der gleichen Erkrankung und werden je nach Autor teils unterschiedlich gebraucht.

Ätiologie: Man geht davon aus, dass IBD/CIE wie beim Menschen aus einem Zusammenspiel von **genetischer Prädisposition**, **fehlreguliertem Immunsystem** sowie **auslösenden Umweltfaktoren** entsteht. Mögliche beitragende Mechanismen sind z. B. eine defekte mukosale Barriere, Toleranzverlust gegenüber luminalen Antigenen wie Bakterien oder Futtermittelbestandteilen, Dysbiose, ungenügende bakterielle Clearance, persistierende spezifische Infektion (z. B. Mykobakterien?) u. a. m.

Pathogenese: Das normale Darmepithel ist trotz des ständigen Kontaktes mit der kommensalen Darmflora nicht entzündet. Die Darmepithelzellen bilden eine Barriere zwischen dem Körper und Bakterien, Viren und Parasiten im Darmlumen. Zudem sind die Epithelzellen auch immunologisch aktiv, indem sie Antigene verarbeiten und präsentieren, Zytokine produzieren sowie Entzündungszellen rekrutieren als Antwort auf den Kontakt mit pathogenen Keimen. Neuere Forschungsresultate deuten darauf hin, dass auch bei Hund und Katze eine **Fehlregulation des Immunsystems** zu einer Prädisposition für IBD/CIE führt. Beim Hund sind u. a. Mutationen und verstärkte Expression bei Rezeptoren der angeborenen Immunität (Burgener et al., 2008), Fehlregulationen bestimmter Lymphozyten-Subpopulationen, sowie eine verzögerte Apoptose der Lymphozyten beschrieben. Als auslösende Faktoren kommen u. a. Futtermittelbestandteile oder bakterielle Produkte infrage. Zudem kommt es bei IBD/CIE zu einem Verlust der Diversität der kommensalen Darmflora und einer Anreicherung von Enterobacteriaceae (Dysbiose; s. Kap. 8.6.4.6). Ein genereller Einsatz von Antibiotika bei chronischen Enteropathien ist somit fragwürdig, zumeist sogar kontraproduktiv.

Diagnostik, Diagnose: Per definitionem ist IBD/CIE eine idiopathische Erkrankung, das heißt aber auch, dass **andere gastrointestinale und metabolische Erkrankungen** getestet und **ausgeschlossen** werden müssen (s. Abb. 8.2). Wegen der intermittierenden Ausscheidung von Eiern bei Peitschenwürmern ist eine Entwurmung selbst bei negativen Kotuntersuchungen angezeigt (z. B. Fenbendazol 50 mg/kg KM, 1 × tägl. p. o. für 3 Tage). Vor einer Endoskopie zur Biopsieentnahme sollten zudem metabolische Krankheiten wie exokrine Pankreasinsuffizienz (TLI), Pankreatitis (Ultraschall, PLI), Hepatopathien, Nephropathien und Endokrinopathien (Hyperthyreose Katze, Hypoadrenokortizismus oder Gastrinom Hund) ausgeschlossen werden. Deshalb sind ein vollständiges Blutbild, klinisch-chemisches Profil (inkl. basalem Cortisol, Cobalamin und Folat), eine Urinanalyse, ein abdominaler Ultraschall sowie etwaige Serologien zwingend. Auf der Seite der gastrointestinalen Infektionen müssen Parasiten (inkl. Giardien und *Tritrichomonas foetus* bei der Katze), Bakterien und Viren (v. a. Parvo-/Coronaviren, aber auch FeLV/FIV/FIP bei der Katze) als Ursache ausgeschlossen werden. Es gibt eine Vielzahl von potenziell hilfreichen neuen Biomarkern (s. Kap. 8.6.3.1 und Tab. 8.11), wobei die klinische Relevanz noch nicht bei allen klar definiert ist. Eine erhöhte bzw. verminderte Konzentration von α_1-Proteinase-Inhibitor in den Faeces bzw. im Blut ist ein guter Indikator für eine Proteinverlustenteropathie (Equilino et al., 2015) (s. Kap. 8.6.4.10), wohingegen die Bestimmung von Folat und v. a. Cobalamin im Blutserum Hinweise zur möglichen Lokalisation des Problems liefern kann. Zudem ist ein tiefes Cobalamin ein negativer prognostischer Faktor bei IBD/CIE.

Die **Histologie** ist zentral für die Diagnostik von IBD/CIE – einerseits gehört der Entzündungsnachweis zur Diagnosestellung von IBD/CIE dazu, andererseits müssen Neoplasien wie intestinales Lymphom (s. Kap. 8.6.4.11), Adeno(karzino)m, Leiomyo(sarko)m oder gastrointestinale stromale Tumoren (GIST) ausgeschlossen werden. Bei segmentalen Veränderungen im Ultraschall muss jedoch genau darauf geachtet werden, dass auch wirklich Biopsien aus der veränderten Region entnommen werden können. Die Endoskopie ist sehr gut für Biopsien aus der Mukosa und eventuell Submukosa von Magen, Duodenum, proximalem Jejunum, Kolon und eventuell Ileum. Falls die Veränderungen jedoch ausschließlich in den tieferen Schichten des Darmes oder im Jejunum auftreten, sind chirurgische Biopsieentnahmen nötig. Im Gegensatz zu den 2 Hauptformen beim Mensch (Morbus Crohn und ulzerative Colitis) sind die Veränderungen bei Hund und Katze nur sehr selten fokal begrenzt. Trotz bis vor kurzem fehlender Standardisierung kann die Histologie ein wichtiges Hilfsmittel sein, v. a. bei chronischen Veränderungen (WSAVA-Richtlinien; Day et al., 2008). IBD/CIE wird durch die prädominierenden Entzündungszellen beschrieben, zusammen mit Veränderungen der Architektur und dem Schweregrad der Veränderungen.

Lymphoplasmazelluläre Enteritis ist die häufigste Form der IBD/CIE bei Hund und Katze. Die meisten Lymphozyten und Plasmazellen sind in der Lamina propria zu finden. Zudem sind Kryptendilatation, Verlust von Oberflächenepithel sowie eine Verminderung der Becherzellen im Kolon häufige histopathologische Veränderungen. Die meisten rassespezifischen Erkrankungen wie Basenji-Enteropathie, Yorkshire Terrier Enteropathie (Galler et al., 2022) und Proteinverlustenteropathie und -nephropathie der Soft Coated Wheaten Terrier gehören wahrscheinlich auch zu dieser Gruppe.

Eosinophile Enteritis ist geprägt von Ansammlungen von eosinophilen Granulozyten in der Lamina propria. Bei diesen Patienten kann zudem eine periphere Eosinophilie auftreten. Diese Form von IBD/CIE ist seltener und tritt v. a. bei jüngeren Tieren auf. Eine ursächliche Beteiligung von Endoparasiten, Infektionen und Futterallergie wird zwar häufig vermutet, ist aber nicht bewiesen. Eine Untersuchung und mögliche Behandlung dieser Ursachen ist trotzdem immer angezeigt.

Granulomatöse Enteritis ist charakterisiert durch das Vorhandensein von *periodic acid-Schiff* (PAS) negativen Makrophagen und anderen Entzündungszellen in der Lamina propria. Die granulomatöse Form ist selten und weist häufig segmentale Verdickungen mit partieller Obstruktion auf. Ileum und Kolon sind am häufigsten betroffen. Der Ausschluss einer Entzündung sekundär zu Pilzerkrankungen, von intestinalen Parasiten, FIP und Fremdkörpern ist wichtig.

Falls die **Biopsien** keine Hinweise auf eine Neoplasie zeigen, so wird die Krankheit weiter definiert aufgrund des **Ansprechens auf die Therapie**.

Therapie: Es handelt sich dann um **FRE** (≈ ⅔ der Fälle; Symptome verschwinden mit einer Eliminationsdiät [neue Proteinquelle] oder hydrolisierten Diät; s. Kap. 8.6.4.7), Antibiotika responsive Enteropathie (**ARE**, heutzutage umstritten; Cerquetella et al., 2020) oder um die eigentliche IBD/CIE, welche manchmal auch Immunosuppressiva responsive Enteropathie (**IRE**) genannt wird. Jene Fälle, welche gar nicht auf eine Therapie ansprechen, werden folgerichtig als nicht responsive Enteropathien bezeichnet (**NRE**). Bei FRE kann ein passendes Futter (eventuell mit zusätzlich erhöhten essenziellen Fettsäuren) eine zusätzliche Verbesserung der klinischen Symptome bringen. Kommt es innerhalb der ersten 2–3 Wochen jedoch zu keiner Verbesserung, so kann je nach Schweregrad der Erkrankung noch ein anderes Futtermittel ausgetestet werden oder es kommen **Immunsuppressiva** zum Einsatz. Die erste Wahl ist hierbei fast immer Prednisolon, als zweite Wahl kommt beim Hund häufig Ciclosporin zum Einsatz oder Chlorambucil bei Hund und Katze. Budenosid und Azathioprin (Hund) sind andere Möglichkeiten, wobei bei Dickdarmerkrankungen auch 5-Aminosalicylate zum Einsatz kommen können (s. Kap. 8.6.5.1). Die früher oft verwendete Zugabe von Metronidazol (oder Tylosin) führt zu keiner zusätzlichen Verbesserung verglichen mit Prednisolon alleine und ist deshalb obsolet. **Cobalamin** sollte immer supplementiert werden falls zu tiefe Werte gemessen werden (s. Kap. 8.6.4.6). Probiotika haben in mehreren Studien positive Effekte gezeigt, zumeist aber nur, wenn sie lange und zusätzlich zur Standardtherapie gegeben wurden.

Immunsuppressiva:
- Prednisolon: 1 mg/kg KM, 2 × tägl. p. o., Reduktion nach Verbesserung, ungefähr alle 2 Wochen halbieren
- Ciclosporin: 5 mg/kg KM, 1 × tägl. p. o. (v. a. Hund; initial eventuell 2 × tägl. während 3–5 Tagen)
- Chlorambucil: 2 mg/Katze alle 2 Tage p. o. oder 0,2 mg/kg KM (2–6 mg/m^2 KO) 1 × tägl. p. o. initial (Katze), 4–6 mg/m^2 KO, 1 × tägl. (Hund, 7–21 Tage, dann reduzieren)
- Budesonid: 1–3 mg 1 × tägl. p. o. (Hund); 1 mg 1-mal tägl. p. o. (Katze)
- Azathioprin: 2 mg/kg KM, 1 × tägl. p. o. (Hund), in Kombination mit Prednisolon

Das Ansprechen auf die Therapie kann mit dem **CIBDAI** (Jergens et al., 2003) oder dem **CCECAI** (Allenspach et al., 2007) objektiviert und verfolgt werden. Der CIBDAI ist eine Summation von 6 klinischen Faktoren (Verhalten/Aktivität, Appetit, Erbrechen, Kotkonsistenz, Kotabsatzfrequenz, Gewichtsverlust), welche von 0–3 bewertet werden. Das Gesamtergebnis (0–18) klassifiziert die IBD/CIE als insignifikant (0–3), mild (4–5), mittelgradig (6–8) oder hochgradig (> 9). Beim CCECAI kommen zusätzlich noch die 3 Faktoren Albumin, Juckreiz und peripheres Ödem/Aszites dazu. Unabhängig von der klinischen Verbesserung zeigen jedoch die meisten Hunde mit IBD/CIE und FRE keine signifikanten Veränderungen in der Histologie.

Während in der Humanmedizin schon länger mit **fäkaler mikrobieller Transplantation (FMT)** gearbeitet wird (v. a. bei wiederholten Infektionen mit *C. difficile*), werden die Erfahrungen in der Veterinärmedizin erst in den letzten Jahren gesammelt. Generell wird davon ausgegangen, dass z. B. bei Parvovirose eine fäkale Transplantation von Mikrobiom einer „gesunden" Darmflora einen positiven Effekt haben kann. In einer aktuellen Studie wurden bei 41 Hunden mit IBD/CIE 1–5 (Median 3) FMTs als rektaler Einlauf in einer Dosis von 5–7 g/kg KM appliziert (Toresson et al., 2023). Von den 41 Hunden, welche zuvor ungenügend auf die Standardtherapie alleine angesprochen hatten, wurden 31 klinisch signifikant besser (verbesserte Kotqualität und Aktivität; CIBDAI). Dabei haben Hunde mit einem initial tieferen Dysbiose-Index besser auf FMTs angesprochen. FMTs könnten somit durchaus eine zusätzliche Therapieoption sein bei Hunden mit IBD/CIE, welche ungenügend auf die Standardtherapie ansprechen (also quasi zur NRE-Gruppe gehören).

Die optimale Therapie einer granulomatösen Enteritis ist umstritten, obwohl oft die Resektion als Therapie der Wahl angesehen wird (s. auch Kap. 8.6.5.2).

8.6.4.9 Feline gastrointestinale eosinophile sklerosierende Fibroplasie (FGESF)

Definition, Epidemiologie: Die feline gastrointestinale eosinophile sklerosierende Fibroplasie (FGESF) ist eine **entzündliche Erkrankung unbekannter Genese**, welche den MDT und die regionalen Lymphknoten betreffen kann. Die betroffenen Katzen sind meist männlich und kastriert (70–80 %) und mittleren Alters (Durchschnitt 7–8,8 Jahre).

Diagnostik, Diagnose: Bei der klinischen Untersuchung können veränderte Dünndarmschlingen (z. T. nicht zu unterscheiden von Ileus oder Invagination) und/oder vergrößerte abdominale Lymphknoten palpiert werden. Im abdominalen Ultraschall findet man die Läsionen häufig intramural im distalen Jejunum oder Ileum und auf Höhe der Ileocaecalklappe. Ulzerierte Massen können dabei nur die inneren Schichten befallen oder alle Schichten durchdringen. Vereinzelt ist auch nur eine deutlich verdickte Tunica muscularis zu finden. Die regionalen Lymphknoten sind oft mitbetroffen, manchmal sogar der Hauptort der Entzündung. Die **Histologie** der Darmwandveränderungen und der befallenen Lymphknoten ist schlussendlich beweisend und ist geprägt von Fibrozyten, Kollagenfasern und eosinophilen Granulozyten, welche der Krankheit den Namen gegeben haben. Eine periphere Eosinophilie ist nur bei ≈ 50 % der Patienten vorhanden.

Therapie, Prognose: Falls nur eine einzelne Darmschlinge oder vereinzelte Lymphknoten befallen sind, gilt die **Resektion** als Therapie der Wahl. So oder so wird danach eine Therapie mit **Glukokortikoiden** empfohlen (Dosierung wie bei IBD/CIE), da diese empirische Therapie deutlich bessere Resultate bringt als eine antibiotische Therapie. Die Prognose scheint deutlich besser mit Resektion als ohne.

8.6.4.10 Proteinverlustenteropathie

Definition: Proteinverlustenteropathie (**protein losing enteropathy = PLE**) ist ein Syndrom, welches durch den exzessiven und nicht selektiven Verlust von Proteinen in das Darmlumen charakterisiert ist. Dieser Verlust kann durch erhöhte Permeabilität der Mukosa, mukosale Erosionen oder Ulzerationen oder veränderte Lymphdrainage zustande kommen.

Epidemiologie: PLE wird häufiger beim Hund als bei der Katze diagnostiziert, wobei Basenjis, Shar-Peis, Deutsche Schäferhunde, Norwegische Lundehunde, Rottweiler, Soft Coated Wheaten Terrier und Yorkshire Terrier prädisponiert sind.

Ätiologie: Die **wichtigsten Auslöser** von PLE sind:
- Chronische Enteropathien (v. a. IBD/CIE als wichtigste Ursache, manchmal auch FRE)
- Neoplasien (Lymphom, Adenokarzinom u. a. m.)
- Lymphangiektasie
- Magenulkus (NSAID, Glukokortikoide)
- Infektionen: Parvovirose, Salmonellose, Dysbiose, Histoplasmose, Pythiose
- Venöse Hypertension (Perikarditis, Rechtsherzversagen, Portalvenenthrombose, Budd-Chiari-Syndrom)
- Systemischer Lupus erythematodes

Pathogenese: Die intestinale Lymphangiektasie ist der wichtigste Pathomechanismus, wobei die dilatierten Lymphgefäße zu rupturierten Laktealen und Verlust von Proteinen, Lymphozyten und Chylomikronen ins Darmlumen führen. Die Lymphangiektasie kann primär/kongenital sein (v. a. bei Yorkshire Terrier und Lundehund) oder sekundär zu lipogranulomatöser Lymphangitis oder IBD/CIE.

Klinische Symptome: Chronischer (intermittierender) Dünndarmdurchfall ist typisch für PLE, wobei auch Vomitus, Anorexie und Gewichtsverlust oft auftreten. Das Fehlen dieser Symptome, d. h. eine normale Kotabsatzfrequenz und Kotkonsistenz, schließt aber eine PLE nicht aus. Ein typischer Patient mit PLE ist in Abb. 8.22 zu sehen.

Labordiagnostik: Zusätzlich zur Panhypoproteinämie können diese Tiere auch Lymphopenie und Hypocholesterolämie aufweisen als Folge des Verlustes mit der Lymphe. Ein tiefes ionisiertes Kalzium und Hypomagnesiämie wird zudem v. a. beim Yorkshire Terrier oft beschrieben (Galler et al., 2022). **CRP** ist bei den meisten PLE-Hunden erhöht und **Cobalamin** vermindert (Equilino et al., 2015).

Diagnose: Panhypoproteinämie (sämtliche Proteinfraktionen sind unabhängig der Größe gleich stark betroffen) in Zusammenhang mit klinischen Zeichen einer Magendarmerkrankung sind charakteristisch für dieses Syndrom. Eine schnelle Diagnose und Therapie ist sehr wichtig, da Tiere mit einer starken Hypoalbuminämie sich schnell verschlechtern und lebensbedrohende Komplikationen wie Thromboembolien und Pleuralerguss entwickeln können (Abb. 8.23).

^{51}Cr-Albumin-Clearance nach intravenöser Applikation von ^{51}Cr und Sammeln der Faeces über 3–5 Tage kann zum Nachweis von exzessivem Proteinverlust über den Darm verwendet werden, ist aber nur an wenigen Forschungseinrichtungen zugänglich. **Alpha$_1$-Proteinase-Inhibitor (α_1-PI)** ist ein Serum-Proteinase-Inhibitor mit ähnlichem Molekulargewicht wie Albumin, welcher bei PLE etwa in derselben Menge

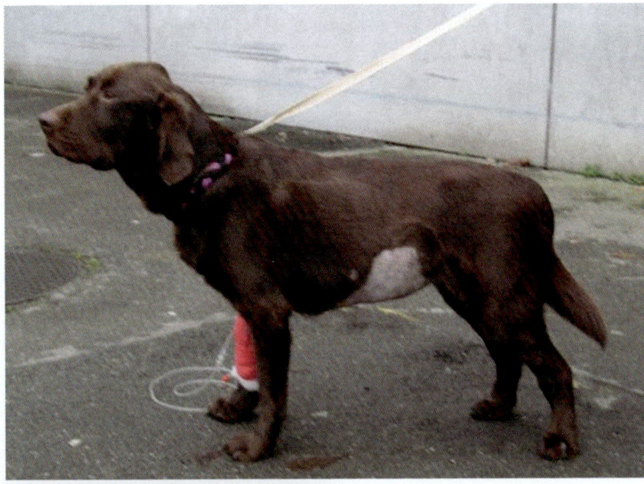

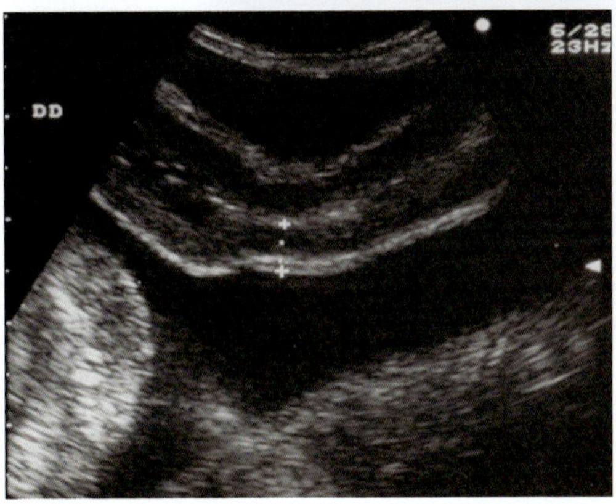

Abb. 8.22 8-jähriger Labrador mit chronischem Durchfall und Proteinverlustenteropathie sekundär zu einer hochgradigen lymphoplasmazellulären Enteritis (IBD/CIE).
a, oben) Auffällig sind v. a. der deutliche Muskelschwund (inkl. Temporal- und Kaumuskulatur), das angefüllte Abdomen und die infolge von zu tiefem onkotischen Druck geschwollenen Extremitäten.
b, unten) Ultraschallbild im Bereich des Jejunums desselben Hundes. Die Darmschichten sind deutlich verändert und verdickt (v. a. die Mukosa), zudem ist viel freie anechogene Flüssigkeit (Transsudat) im Abdomen sichtbar.

verloren geht wie Albumin. α_1-PI wird weder verdaut noch abgebaut und ist deshalb als intaktes Protein ein guter Indikator für den Proteinverlust im Kot, wobei der Test speziell im Frühstadium schon vor dem Absinken von Albumin hilfreich sein kann. Die α_1-PI-Konzentration im Kot zeigt allerdings einen hohen Grad von Variabilität, weshalb drei separate Proben in speziellen Behältern zum Labor geschickt werden sollten. Eine neuere Studie zeigt zudem, dass viele Hunde mit PLE einen deutlich erniedrigten α_1-PI-Wert im Blutserum aufweisen (Equilino et al., 2015).

Differenzialdiagnose: Es müssen andere mögliche Ursachen von Hypoalbuminämie wie verminderte Synthese in der Leber oder vermehrter Verlust über die Niere, exsudative Hautveränderungen oder Blutverlust ausgeschlossen werden.

Therapie: Die Behandlung der PLE ist in erster Linie auf deren Ursache ausgerichtet, wobei eine Futterumstellung oft ein zentraler Punkt ist (Eliminationsdiät oder hydrolisierte Diät für IBD/CIE und FRE, leichtverdauliches *(Ultra-)Low-Fat*-Futter für Lymphangiektasie). In einer aktuellen Studie konnte beim Yorkshire Terrier gezeigt werden,

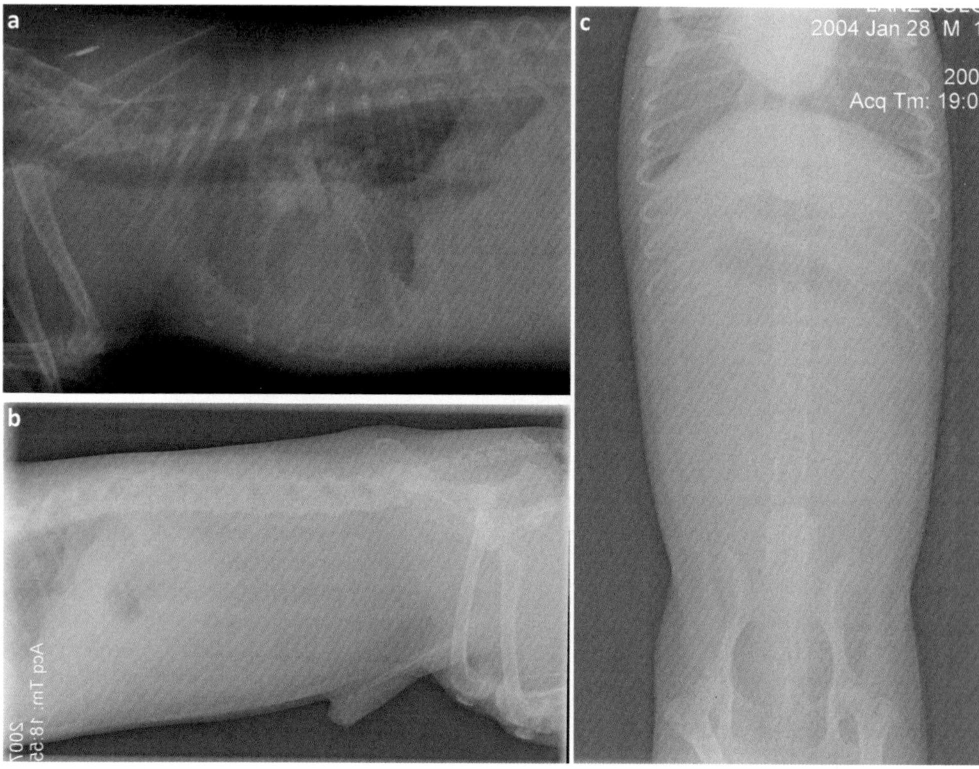

Abb. 8.23 Röntgenbilder von einem 3-jährigen Papillon mit Proteinverlustenteropathie sekundär zu einer hochgradigen IBD/CIE. In beiden Körperhöhlen sind deutliche Zeichen von Flüssigkeitsansammlungen zu sehen, wobei das Punktat jeweils ein Transsudat mit einem sehr tiefen Proteingehalt ergab (< 10 g/l): a) Thorax seitlich; b) Abdomen seitlich; c) Abdomen ventrodorsal.

dass hier eine hydrolisierte Diät deutlich bessere Resultate bringt als eine *Low-Fat*-Diät (Galler et al., 2022). Immunsuppressive Therapie bei IBD/CIE (s. Kap 8.6.4.8), Cobalaminsupplementation (s. Kap. 8.6.4.6) sowie Chirurgie und eventuell Chemotherapie bei Neoplasien sind weitere Therapieoptionen. Hyperkoagulabilität scheint bei Hunden mit PLE recht häufig, wobei prophylaktisch *low dose* Aspirin oder Clopidogrel eingesetzt werden können. Zudem ist eine Supplementation mit Vitamin D und Aminosäuren (v. a. Tryptophan) teils hilfreich. Bei Magenulkus und Erosionen hingegen sind in erster Linie eine Elimination der Ursache und eine Säurereduktion anzustreben (s. Kap. 8.5.7).

8.6.4.11 Neoplasien

Lymphom

Definition: Das feline gastrointestinale Lymphom wird in 3 Haupttypen eingeteilt, welche sich in Auftreten, Therapie und Prognose unterschieden. Das *low grade small cell* Lymphom (SCL; Syn.: low grade intestinalen T Zell Lymphom [LGITL], LGAL) oder kleinzelliges Lymphom genannt), das *intermediate to large cell* Lymphom (LCL) sowie das *large granular lymphocyte* Lymphom (LGL).

Epidemiologie, Ätiologie: Das Lymphom ist der häufigste Tumor generell bei Katzen und im MDT von Hund und Katze. Je nach Studie und Region ist das alimentäre Lymphom für 32–72 % der Lymphome bei der Katze verantwortlich, wobei ein klarer Anstieg zu verzeichnen ist über die letzten 40 Jahre. Die alte Faustregel, dass junge FeLV-positive Katzen mediastinale Lymphome haben und ältere Katzen mit alimentärem Lymphom oft FeLV negativ sind gilt zwar immer noch, jedoch muss die Nachweismethode für FeLV dabei kritisch betrachtet werden (je nach Studie Immunhistochemie ≈ ⅓ positiv, PCR ≈ ⅔ positiv bei alimentärem Lymphom). Katzen mit FIV-, FeLV-Infektion oder beidem haben generell ein etwa 6-, 62- und 77-fach höheres Risiko ein Lymphom zu entwickeln als Retrovirus-negative Katzen. Beim Hund sind 5–20 % der Lymphome im MDT zu finden und das alimentäre Lymphom ist die häufigste extranodale Form. IBD/CIE und intestinale Lymphome sind bei Hund und Katze teils sehr schwer zu unterscheiden, wobei immer wieder diskutiert wird, ob das Lymphom nicht vielleicht sogar aus IBD/CIE entstehen kann resp. eine fortgeschrittene Version davon ist. Eine neue Studie hat zudem nachgewiesen, dass beim alimentären T-Zell-Lymphom der Katze teils gleiche JAK/STAT-Mutationen wie beim Menschen zu finden sind (Kieslinger et al, 2021).

Klinisches Bild, bildgebende Diagnostik: Das Lymphom kann fokal oder diffus sein und zusätzlich auch Leber und Mesenteriallymphknoten betreffen. Speziell beim SCL kann das makroskopische Bild jedoch auch normal sein. Bei einer fokalen Masse sind meistens transmurale Veränderungen mit oder ohne Ulzerationen sichtbar. Im Gegensatz zu intestinalen Karzinomen sind die Veränderungen jedoch meistens exzentrisch und engen das Lumen nicht ein (Abb. 8.24a, b); eine funktionelle Obstruktion ist aber möglich. Palpierbare Verdickungen und vergrößerte Lymphknoten im Ultraschall sind häufig. Falls Invaginationen auftreten, sind diese v. a. im Jejunum zu finden. Bei Mitbeteiligung der Leber kann deren Ultraschallbild relativ normal sein, ein verstärktes lobuläres Muster, fleckige Veränderungen oder Masseneffekte aufweisen. Zusammengefasst ist das Bild des alimentären Lymphoms **sehr variabel** in allen Regionen des MDT und sollte immer als mögliche Differenzialdiagnose bei Darmsymptomen einbezogen werden.

Diagnostik, Diagnose, Differenzialdiagnose: Die Diagnose des Lymphoms ist zumeist recht einfach bei LCL und LGL, welche aber nur einen kleinen Anteil der gastrointestinalen Lymphome ausmachen. Die Differenzierung von der häufig in der älteren (Katzen-) Population vorkommenden lymphoplasmazellulären IBD/CIE von einem SCL kann sehr schwierig sein, da sich klinische Befunde, Labordaten, Ultraschallbefunde und manchmal sogar die histopathologischen Merkmale überlappen. **Histologisch** ist ein gastrointestinales Lymphom charakterisiert durch ein deutliches zelluläres Infiltrat, ein monomorphes Aussehen der einwandernden Zellen, zytologische Unreife des Infiltrates bei LCL sowie die Zerstörung und der Ersatz der normalen Strukturen. Wichtige histologische Aspekte zum Erkennen eines Lymphoms sind dabei lymphoide Infiltra-

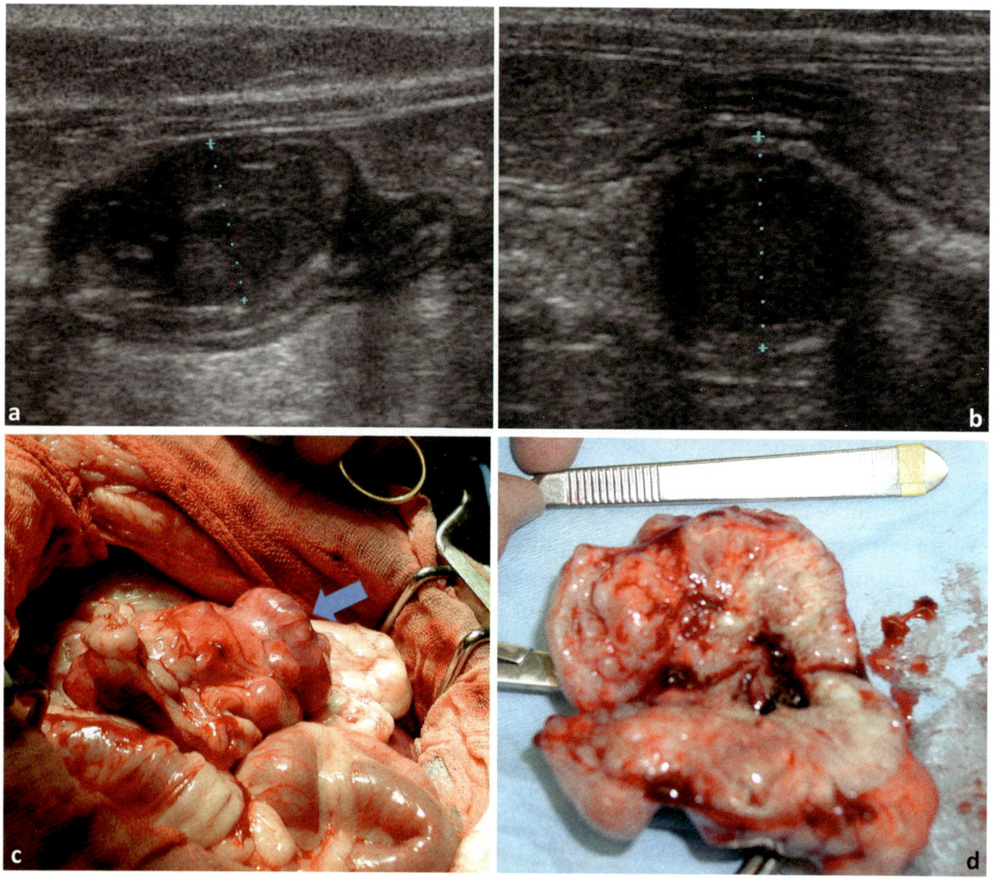

Abb. 8.24 Darmtumoren. a, b. Ultraschallbilder zweier exzentrisch wachsender Massen (12 und 18 mm) im Jejunum einer älteren Katze, welche zytologisch und histologisch als Lymphom diagnostiziert wurden. c, d. Solitäre intrajejunale Masse bei einem mittelalten Hund, welche histologisch als Leiomyosarkom klassifiziert wurde.

tion über die Mukosa hinaus, Epitheliotrophismus (speziell intraepitheliale Nester), Heterogenität und Kerngröße der Lymphozyten. Bei kleinen endoskopischen Biopsien ist es zum Teil schwierig, klare Aussagen diesbezüglich zu treffen. Beim Hund wird die Diagnose eines alimentären Lymphoms mit endoskopischen Biopsien wahrscheinlich oft verpasst, da die Veränderungen nicht selten v. a. die Submukosa befallen.

Bei Unklarheiten können spezielle **immunhistochemische Untersuchungen** sinnvoll sein zur weiteren Charakterisierung und Unterscheidung von SCL (LGITL) und lymphozytärer Entzündung. Manchmal kann eine Analyse der *T cell receptor gamma genrearrangements* (TCRR) mittels PCR hilfreich sein, um die **Klonalität der T-Zellen** zu beweisen. Bisher gibt es aber leider kein einziges diagnostisches Kriterium bzw. keinen bekannten Biomarker, welcher zuverlässig entzündliche Läsionen von neoplastischen Lymphoproliferationen im Darmtrakt von Katzen unterscheiden kann (Marsilio et al.,

2023). Eine Diagnose wird deshalb durch die Integration aller verfügbaren klinischen und diagnostischen Daten gestellt, wobei die Histopathologie weiterhin eine tragende Säule zur Unterscheidung von IBD/CIE und LGITL ist.

Die folgenden Diagnostika können potenziell die Unterscheidung von IBD/CIE und intestinalem Lymphom bei Katze und Hund erleichtern:

- **Biopsien vom Ileum**
  - Oft unterschiedlich zum Duodenum beim Hund
  - Bei der Katze besser zur Diagnose von SCL (LGITL)
- **Immunhistochemie (CD3, CD20, CD79a, Ki-67)**
  - als 2. Schritt nach der Histologie, zur Unterscheidung von T- (CD3) und B-Zellen (CD20, CD79a)
  - Der Proliferationsmarker Ki-67 ist deutlich erhöht beim Lymphom
- **PCR für antigen receptor rearrangement (PARR)**
  - als 3. Schritt nach IHC
  - Resultate leider auch nicht immer eindeutig

Die aktuelle Literatur zum SCL (LGITL) der Katze und deren Unterscheidung zu IBD sind im ACVIM Consensus Statement von 2023 zusammengefasst (Marsilio et al., 2023).

Therapie, Prognose: LCL und LGL sind sehr aggressive Tumoren und haben eine vorsichtige Prognose. Zur **Katze** gibt es mehrere Studien mit Protokollen, welche alle Cyclophosphamid, Vincristin und Prednisolon und verschiedene andere Medikamente beinhaltet haben und eine mittlere Überlebenszeit von 6–8 Monaten zeigen (s. Kap. 15). Für SCL (LGITL) – die mit Abstand häufigste Form des intestinalen Lymphoms bei der Katze – ist die Prognose deutlich besser. Mit Prednisolon und Chlorambucil alleine werden mittlere Überlebenszeiten von 1,5–3 Jahren beschrieben. Patienten, welche die Induktion überleben, erlangen häufig eine Langzeitremission. Chirurgie hat keinen positiven Effekt auf die Überlebenszeit, ist aber bei Obstruktionen des Darms unumgänglich. Die chemotherapeutischen Resultate des **caninen** alimentären **Lymphoms** sind schlecht.

Nicht lymphoide Tumoren

Epidemiologie: Neoplasien des Darms sind bei Hund und Katze **selten** im Vergleich zum Menschen. **Dünndarmtumoren** wurden bei 0,3 % der Hunde und 0,7 % der Katzen in der Sektion gefunden. Neben dem Lymphom sind Adenokarzinome die häufigsten Tumoren bei beiden Tierarten gefolgt vom Leiomyosarkom beim Hund (Abb. 8.24c, d). Zudem werden Leiomyome, Fibrosarkome, undifferenzierte Sarkome, Mastzelltumoren, Karzinoide, Neurilemmome und extramedulläre Plasmozytome beschrieben sowie zusätzlich Hämangiosarkome und extraskeletale Osteosarkome bei der Katze. Die meisten **nicht lymphoiden Tumore** treten **deutlich häufiger im Dickdarm** als im Dünndarm auf. Im Dickdarm des Hundes werden adenomatöse Polypen und Karzinome am häufigsten gefunden, bei der Katze sind Adenokarzinome vorherrschend. Leiomyosarkome und gastrointestinale Stromatumoren (GIST) treten gehäuft im Caecum auf. Ein Großteil der Leiomyome und Leiomyosarkome bei Hunden wurde nach immunhistologischer Untersuchung als GIST umklassifiziert.

Klinisches Bild: Klinisch bleiben die Tumoren oft lange Zeit unerkannt, erst recht bei Katzen, wo die Neoplasien im Dickdarm meistens weiter proximal liegen als beim Hund. Der Verdacht kann aufkommen bei blutigem Kot, Durchfall, Kotabsatzbeschwerden, Gewichtsverlust und Anorexie. Bei Polypen oder Tumoren im distalen Kolon und Rektum ist das klinische Bild etwas klarer mit Hämatochezie, Tenesmus, Dyschezie oder intermittierenden Blutungen aus dem Rektum. Polypen können zudem zu einem Rektumprolaps führen.

Diagnostik, Diagnose: Die Diagnose erfolgt durch **histologische Untersuchung** nach Biopsie, eventuell über Ultraschall-geleitete Feinnadelaspirationen. Zum **Staging** gehören eine detaillierte klinische Untersuchung (inkl. Rektaluntersuchung), Thoraxröntgen auf Metastasen (3 Ebenen) sowie ein abdominaler Ultraschall oder CT falls vorhanden. Die Mesenteriallymphknoten sind am häufigsten von Metastasen betroffen, gefolgt von Leber und Gekröse. Bei kolorektalen Tumoren wird eine prächirurgische Endoskopie oder ein CT empfohlen, da sonst häufig nur die distalen Massen entfernt und die weiter proximal liegenden Massen verpasst werden. Mehr als die Hälfte der Adenokarzinome und 18–54 % der Leiomyosarkome haben zum Zeitpunkt der Diagnose schon metastasiert, was den Bedarf eines prächirurgischen Stagings unterstreicht.

Therapie: Bei nicht lymphoiden Tumoren ist die **Chirurgie** die einzige klar bewiesene hilfreiche Therapie. Eine Probelaparotomie sollte gemacht werden mit dem Ziel, die gefundene(n) Masse(n) zu exzidieren und weitere betroffene Organe zu identifizieren und biopsieren für das Staging. Im Idealfall sollte 4–8 cm im gesunden Gewebe geschnitten werden, was jedoch nicht immer möglich ist. Die Rolle von Chemotherapie und Bestrahlung bei MDT-Tumoren ist unklar. Einzig bei viszeralen Mastzelltumoren wurde Chemotherapie versucht, jedoch nur mit minimalem Erfolg. In den letzten Jahren wurden hier auch Tyrosinkinaseinhibitoren eingesetzt, wobei die Resultate von Fall zu Fall recht unterschiedlich sein können.

Prognose: Die Prognose ist sehr gut bei gutartigen Neoplasien wie Leiomyom, Polypen oder solitären Massen. Falls Patienten mit einem Leiomyosarkom die postoperative Phase überstehen und alles reseziert werden konnte, ist die mittlere Überlebenszeit mit 12–21 Monaten recht gut. Bei caninen GIST liegt die mittlere Überlebenszeit in einer neuen Studie bei 18 Monaten (Dünndarm signifikant kürzer als Caecum). Adenokarzinome haben eine schlechtere Prognose, wobei Hunde im Schnitt etwa 10 und Katzen je nach Studie 2,5–10 Monate überleben.

8.6.5 Spezifische Krankheiten des Dickdarms

8.6.5.1 Kolitis

Definition, Epidemiologie: Kolitis (= eine Entzündung des Kolons) ist die häufigste Ursache für Dickdarmdurchfall.

Ätiologie: Gerade beim Hund wird eine akute Kolitis häufig nach Aufnahme von unpassendem Futter/Fremdmaterial oder als Nebenwirkung von Medikamenten (Antibiotika, NSAIDs) festgestellt.

Pathogenese: Das Kolon spielt eine wichtige Rolle bei der Rückgewinnung von Wasser und Elektrolyten und ist zugleich Speicherort des Kotes bis zu dessen Ausscheidung. Das Kolon hat jedoch auch Funktionen in der Verdauung. Die bakterielle Flora des Kolons fermentiert unverdaute Kohlenhydrate wie Rohfasern. Eine Störung des normalen Gleichgewichtes im Kolon kann zu Problemen bei der Absorption und der Motilität führen, was sich klinisch als Dickdarmdurchfall äußert.

Durch die Entzündung des Kolons werden weniger Wasser und Elektrolyte absorbiert und die Motilität des Kolons ändert sich. Die produzierten Zytokine verändern die Funktion der glatten Muskelzellen, was zu einer **abnormalen Motorik** führt. Die normalen Kontraktionen des Kolons (Kneten und Mischen) werden reduziert und die *giant migrating contractions* (GMCs) werden gesteigert. GMCs führen zur raschen Vorwärtsbewegung von Darminhalt. Diese GMCs treten normalerweise nur 1–2-mal tägl. auf, ihre Frequenz wird aber durch die Entzündung deutlich gesteigert. Dies ist ein wichtiger Faktor beim Entstehen von Durchfall, abdominalen Krämpfen und erhöhtem Drang zum Kotabsatz bei Kolitis. Becherzellen produzieren zudem als Antwort auf die Entzündung vermehrt Schleim.

Klinisches Bild: Dickdarmdurchfall (s. Kap. 8.1.6 und Tab. 8.4) ist das häufigste Symptom bei Kolitis und ist charakterisiert durch mögliche Schleimbeimengungen, Hämatochezie, Tenesmus und manchmal Schmerzen beim Kotabsatz. Zudem zeigen die Tiere häufig einen vermehrten Drang und eine erhöhte Frequenz beim Kotabsatz mit kleineren Mengen pro Mal. Bei Katzen mit chronischer Kolitis ist Hämatochezie ohne Durchfall häufig das einzige Symptom. Erbrechen und Gewichtsverlust können v. a. bei schweren Fällen (z. B. histiozytäre ulzerative Kolitis, s. Kap. 8.6.5.2) oder Krankheiten, welche auch Magen und Dünndarm betreffen, vorkommen.

Diagnostik, Diagnose: Anamnestisch treten die klinischen Symptome zu Beginn oft nur sporadisch auf, verschlimmern sich aber meistens zu persistierenden Erkrankungen. Die klinische Untersuchung ist zumeist unauffällig, wobei Patienten mit hochgradigen Erkrankungen und mit zusätzlichen anderen Problemen deutlich abgemagert sein können. Eine rektale Untersuchung sollte bei jedem Patienten durchgeführt werden, wobei eine unregelmäßige Mukosa, Schmerzen und frisches Blut oder Schleim auf dem Untersuchungshandschuh gefunden werden können. Zudem können bei einer rektalen Untersuchung Hinweise auf rektale Polypen oder bösartige Tumoren gefunden werden, welche eine Kolitis vortäuschen können.

Symptomatische Therapie kann bei akuter Kolitis genügend sein, wohingegen es bei **chronischen Dickdarmproblemen** wichtig ist, eine definitive Diagnose stellen zu können, da viele andere Dickdarmerkrankungen ähnliche Symptome auslösen können wie eine chronische Kolitis. Die **diagnostische Aufarbeitung** sollte systematisch und gründlich sein und Biopsien beinhalten. Andere Erkrankungen, welche eine chronische Kolitis imitieren können (s. u.), sollten ausgeschlossen werden (u. a. auch Neoplasien, s. Kap. 8.6.4.11). Mehrere Kotproben (3-mal nativ, 3-mal Zinksulfat) gehören dazu, da speziell *T. vulpis* (Hund; Flotation) und *T. foetus* (Katze; Ausstrich, In-Pouch-Kultur, PCR) häufig Dickdarmdurchfall auslösen. Eine rektale Zytologie (mit Handschuh, nassem Wattestäbchen oder Spatel) kann ebenfalls hilfreich sein, da epitheliale Zellen sehr leicht exfolieren. Ein Normalbefund beinhaltet epitheliale Zellen, eine Mischkultur von Bakterien, Hefen und Zelldetritus, wohingegen Entzündungszellen, neoplastische Zellen, bestimmte Pilze (z. B. *H. capsulatum*) oder eine größere Menge von Endosporen Hinweise auf die Ursache geben können. Bei Endosporen und dem Verdacht auf eine Clostridienkolitis sollte eine Kultur mit anschließendem Nachweis von *C. perfringens*-Toxinen durchgeführt werden (s. Kap. 8.6.4.1).

Fütterungsversuche (s. Therapie) sind manchmal sinnvoll, bevor weitere Untersuchungen wie eine Koloskopie gemacht werden. Weitere Untersuchungen sind angezeigt, falls die Symptome weiterhin bestehen. Blutbild, Blutchemie sowie Harnuntersuchung sind zumeist normal. Bei Katzen sind FeLV/FIV-Tests sowie ein T_4-Wert in der entsprechenden Altersgruppe sinnvoll. Abdomenröntgenbilder sind zumeist unauffällig, können aber auch Hinweise auf intraluminale Einengungen infolge infiltrativer Prozesse geben (v. a. Lymphom bei der Katze und pathologische Strikturen beim Hund). Veränderungen der Darmschichtung sowie infiltrative Prozesse können aber viel besser mit einem Abdomenultraschall +/- CT festgestellt werden. Die Koloskopie schlussendlich ermöglicht eine genaue visuelle Inspektion der Schleimhaut und gezielte Biopsieentnahmen. Hierbei ist eine gute Vorbereitung inkl. Abführen sehr wichtig, damit kleine und unscheinbare Veränderungen nicht durch Kotpartikel abgedeckt werden. Mehrere Biopsien von Colon ascendens, transversum und descendens sollten auch bei makroskopisch unauffälliger Endoskopie entnommen werden.

Differenzialdiagnose: Parasiten (Hund: *Trichuris vulpis* u. a.; Katze: *Tritrichomonas foetus* u. a.), Bakterien (*C. perfringens*, enteroinvasive *E. coli* [s. Kap. 8.6.5.2]) und Pilzerkrankungen (z. B. *Histoplasma capsulatum* und *Pythium insidiosum*) sind die wichtigsten infektiösen Differenzialdiagnosen. Vor allem bei jüngeren Hunden ist differenzialdiagnostisch immer an eine mögliche Futtermittelunverträglichkeit und bei älteren Hunden an eine Neoplasie (Adenokarzinom, Lymphom u. a. m.) oder einen adenomatösen Polypen zu denken. Diagnostische Probleme bestehen v. a. in der Unterscheidung von Normalbefund und milder Kolitis sowie hochgradiger IBD/CIE und gut ausdifferenziertem Lymphom.

Therapie: In der Veterinärliteratur sind nur sehr wenige Therapien für chronische Kolitis dokumentiert. Die meisten Protokolle beinhalten eine Kombination von (zumeist faserreichem) Futter und Medikamenten +/- lösliche Fasern (z. B. Psyllium = Flohsamen) +/- Probiotika, wobei die Wahl häufig vom Kliniker abhängt.

Hochverdauliche Futter mit oder ohne lösliche Fasern (z. B. Psyllium = Flohsamen) für mindestens 4–6 Wochen sind eine gute Wahl. Psyllium (Metamucil® 1,33 g/kg/Tag) führte zu einer Verbesserung bei 85 % der Hunde mit chronisch-idiopathischem Dickdarmdurchfall. Lösliche Fasern binden Wasser und verbessern so die Kotkonsistenz, stabilisieren die Motilität und verändern den bakteriellen Stoffwechsel im Kolon. Zudem sind in den letzten Jahren (zumeist faserreiche) Futtermittel entwickelt worden, welche ganz gezielt das Mikrobiom stabilisieren und die lokale Entzündung hemmen. Bei Verdacht auf Futtermittelunverträglichkeit und IBD/CIE empfiehlt sich ein Fütterungsversuch mit einer neuen Proteinquelle oder einer hydrolisierten Diät, da die meisten Hunde mit FRE auch Kolonprobleme zeigen.

Die meisten Medikamente sollten über das Verschwinden der Symptome beibehalten werden, bevor sie reduziert werden. Unabhängig von der klinischen Verbesserung zeigen die meisten Hunde mit IBD/CIE und FRE keine signifikanten Veränderungen in der Histologie. Wegen der intermittierenden Ausscheidung von Eiern bei Peitschenwürmern ist eine Entwurmung selbst bei negativen Kotuntersuchungen angezeigt (z. B. Fenbendazol 50 mg/kg KM, 1 × tägl. p. o. für 3 Tage). Bei Verdacht auf IBD/CIE kommen entsprechende Eliminationsdiäten +/- Immunsuppressiva +/- Probiotika zum Einsatz (s. Kap. 8.6.4.8), wohingegen bei typischen Kolitissymptomen beim Hund auch manchmal noch entzündungshemmende 5-Aminosalicylate (z. B. Sulfasalazin, Olsalazin oder Mesalazin) eingesetzt werden. Antibiotika sind nach heutigem Stand der Wissenschaft eigentlich nur bei einer HUC gerechtfertigt (s. Kap. 8.6.5.2), auch wenn die meisten Patienten zumeist eine recht schnelle klinische Verbesserung unter Metronidazol zeigen.

8.6.5.2 Histiozytäre ulzerative Kolitis

Definition, Epidemiologie: Die histiozytäre ulzerative Kolitis (HUC) ist eine hochgradige Entzündung des Kolons, welche v. a. **Boxer und Französische Bulldoggen** jünger als 4 Jahre betrifft. Deshalb wird die Krankheit auch oft granulomatöse Boxerkolitis genannt. Andere Rassen wie Mastiff, Alaskan Malamute und Dobermann werden sporadisch befallen.

Klinisches Bild, Labordiagnostik: Wie der Name schon sagt, liegen der Krankheit progressive Kolitis und Ulzerationen zugrunde. Die Anhäufung von PAS-positiven Makrophagen und der Verlust von Epithel und Becherzellen führen zu Verdickungen und Ulzerationen des Kolons und in der Folge zu blutig-schleimigem Kot, Anämie, Hypoalbuminämie und Gewichtsverlust.

Diagnose: Obwohl das klinische Bild (Kolitissymptome, passende Rasse) zumeist hochverdächtig ist, sollte eine **Endoskopie** mit nachfolgender Histologie gemacht werden.

Die Anhäufung von **PAS-positiven Makrophagen** und der **Verlust von Epithel** und Becherzellen sind dabei typisch. Mit **Fluoreszenz in situ Hybridisierung (FISH)** wurde ein **adhärenter und enteroinvasiver Phänotyp von *E. coli*** als Ursache der Erkrankung identifiziert, wodurch vermehrt Enterobacteriaceaen und *E. coli* auf oder in der intestinalen Mukosa gefunden werden (Simpson et al., 2006).

Therapie, Prognose: Die Erfahrung zeigt, dass die Therapie mit **Enrofloxacin** (5–10 mg/kg KM, 1–2 × tägl. p. o.) über 6–8 Wochen die meisten Fälle heilt. Bei kürzerer Therapiedauer treten teils resistente Keime auf, welche dann nur sehr schwierig zu behandeln sind. Bei gefestigter Diagnose und ungenügendem klinischen Ansprechen gilt es zu bedenken, dass auch Resistenzen gegen Fluoroquinolone vorhanden sein können (eventuell erneute Biopsien mit Resistenzbestimmungen).

8.6.5.3 Irritable bowel syndrome

Definition, Epidemiologie: Irritable bowel syndrome (IBS) ist eine in Anlehnung an die Humanmedizin relativ oft diagnostizierte funktionelle Störung beim Hund, welche nur ungenügend verstanden ist. Es wird vermutet, dass ca. 10–15 % der Patienten mit chronischem Dickdarmdurchfall unter IBS leiden.

Pathophysiologie: Beim Hund ist die Pathophysiologie von IBS nicht bekannt, wobei psychische Stressfaktoren identifiziert werden können oder auch allergische Reaktionen auf Nahrungsallergene diskutiert werden.

Klinisches Bild: Diese Dickdarmstörung tritt zumeist mit intermittierendem, schleimigem Durchfall und hin und wieder Obstipation sowie spastischen Koliken auf.

Diagnose, Differenzialdiagnose: Die Krankheit wird durch eine **Ausschlussdiagnostik** festgestellt, wobei alle bekannten Ursachen von Kolitis ausgeschlossen werden sollten. Die Unterscheidung zu Faser-responsivem Dickdarmdurchfall (s. Kap. 8.6.5.4) oder anderen Kolitisursachen (s. 8.6.5.1) ist nicht immer möglich. Die Diagnose ist anhand der Anamnese und des klinischen Bildes unter Ausschluss anderer Krankheiten zu stellen, ggf. auch bei negativem histologischem Befund nach Endoskopie.

Therapie, Prognose: Der Erfolg der Therapie ist wegen dem oft intermittierenden Verlauf der Erkrankung schwierig zu beurteilen. **Stressvermeidung** so gut es geht kann helfen, ist aber nicht immer möglich. Neben der Verabreichung von **hochverdaulichem Futter** supplementiert mit **löslichen Fasern** werden manchmal auch kurzfristig Medikamente eingesetzt, welche die Motilität verändern und die Kolonsegmentation verstärken (Loperamid, Diphenoxylat). Auch Sedativa wie Chlordiazepoxid oder Anticholinergika wie Propanthelin, Hyoscyamin oder Dicyclomin werden in der Literatur mit fraglichem Erfolg beschrieben.

8.6.5.4 Faser-responsiver Dickdarmdurchfall

Viele Hunde mit chronischem idiopathischem Dickdarmdurchfall können erfolgreich mit einer **hochverdaulichen Diät und Supplementierung mit löslichen Fasern** therapiert werden.

Die **Pathophysiologie** ist wie bei IBS nicht bekannt. Einige von diesen Hunden haben gewisse Verhaltensprobleme oder Stressfaktoren, weshalb der Zusammenhang mit bzw. die Unterscheidung zu IBS (s. Kap. 8.6.5.3) unklar ist.

Die **Diagnose** wird **durch Ausschluss** von anderen Erkrankungen und normaler Histologie nach Endoskopie gestellt, wobei oft auch das Ansprechen auf eine Probetherapie als Diagnostikum gebraucht wird.

Therapie: Sie besteht aus einem hochverdaulichen Futter mit wenig Fasern, welches durch lösliche Fasern wie **Psyllium** (Flohsamen; Metamucil® 1–3 Suppenlöffel) supplementiert wird. Die empfohlene (mittlere) Menge wurde dabei mit ca. 1,33 g/kg KM/Tag angegeben.

8.6.5.5 Felines Megakolon

Definition: Obstipation (Syn.: Konstipation, Verstopfung, s. Kap. 8.1.9) ist definiert durch erschwerten Kotabsatz, erniedrigte Kotabsatzfrequenz und eine Anschoppung von verhärteten, trockenen Kotmassen im Kolon/Rektum. Im englischen Sprachraum wird Obstipation als schwerere Form angesehen als Konstipation. Als **Megakolon** wird ein generalisiert dilatiertes und hypomotiles Kolon bezeichnet.

Epidemiologie: Konstipation, Obstipation und Megakolon können bei Katzen in jedem Alter, bei jeder Rasse und beiden Geschlechtern festgestellt werden, wobei mittelalte männliche Tiere und Siamesen übervertreten sind.

Ätiologie: Die Ursache des **felinen idiopathischen Megakolons** ist immer noch unvollständig geklärt.

Pathogenese: Das Megakolon entwickelt sich dabei durch 2 Hauptmechanismen, **Hypertrophie und Dilatation**, wobei das dilatierte Megakolon das nicht mehr funktionelle Endstadium darstellt. Ein hyperthrophes Megakolon jedoch entsteht bei obstruktiven Läsionen wie Beckenfrakturen, Fremdkörpern oder Tumoren und ist reversibel bei frühzeitiger adäquater Therapie.

Klinisches Bild: Die Besitzer beschreiben reduzierten, abwesenden oder schmerzhaften Kotabsatz und vermehrte, **unproduktive Versuche auf der Katzentoilette**. Gelegentlich zeigen diese Katzen auch Hämatochezie oder Durchfall. Durchfall kann zustande kommen, weil zwischen den harten Kotmassen und der maximal dilatierten Kolonwand flüssiger Chymus vorbeigedrückt wird oder weil durch die Entzündung vermehrt Flüssigkeit in den Darm ausgeschieden wird und Durchfall vortäuscht. Katzen mit **Dysautonomie** können zusätzliche Symptome des Versagens des autonomen Nervensystems zeigen wie Harn- oder Kotinkontinenz, Regurgitation (Megaösophagus), Mydriase, verminderte Tränenflüssigkeit, Nickhautvorfall und Bradykardie.

Diagnostik, Diagnose: Klinisch muss eine Obstipation immer von Harnabsatzproblemen und Kolitis differenziert werden. Bei der **Palpation** des Abdomens fühlt man oft harte Kotmassen, die man über die ganze Länge des Kolons verfolgen kann. Die rektale Untersuchung ist eine wichtige klinische Untersuchung zum Ausschluss von Beckenfrakturen, Strikturen, Fremdkörper oder Neoplasien, wobei bei einigen Patienten eine Sedation notwendig ist. Ein **Abdomenröntgen** sollte bei jedem Tier mit Verstopfung angefertigt werden, um obstipierte Darmschlingen sichtbar zu machen. Abdomenultraschall und selten CT oder MRT können helfen, um Differenzialdiagnosen zum idiopathischen Megakolon zu finden. Blut- und Urinuntersuchungen sind v. a. bei reduziertem Allgemeinbefinden angezeigt. Dabei können Zeichen einer Dehydratation (Hämokonzentration, Hyperproteinämie), bisweilen allerdings auch Hypokaliämie, Hyperkalzämie oder eine Hypothyreose entdeckt werden.

Differenzialdiagnosen: Nach Washabau (2008) sind folgende Differenzialdiagnosen auszuschließen:

- Neuromuskuläre Probleme (Rückenmarksprobleme wie Cauda-Equina-Syndrom oder Sakraldeformitäten wie bei der Manx-Katze, Probleme mit N. hypogastricus oder N. pelvicus, Dysautonomie oder Degeneration)
- Mechanische Obstruktion (Beckenfraktur, Fremdkörper, Neoplasie, Striktur, Perianalhernie)
- Entzündung (z. B. IBD/CIE, Analbeutelabszess, Perianalfisteln)
- Metabolische Probleme (Dehydratation, Hypokaliämie, Hyperkalzämie, Obesitas)
- Medikamente (Opioide, cholinerge Antagonisten, Diuretika, Phenotiazin)
- Verhaltensprobleme

Trotz der langen Differenzialdiagnosenliste geht aus einem Literaturreview von Washabau (2008) hervor, dass 96 % der Katzen mit Obstipation idiopathisch, orthopädisch oder neurologisch sind: 62 % haben ein idiopathisches Megakolon, 23 % eine Stenose des Beckenkanals, 6 % eine Verletzung der Nerven und 5 % eine Deformität der Sakralwirbelsäule wie die Manx.

Therapie, Prognose: Diese ist abhängig vom Grad der Konstipation und deren Ursache. Die erste Episode von Konstipation ist oft vorübergehend und braucht nicht immer eine medizinische Therapie. Mittelgradige bis hochgradige sowie rezidivierende Konstipationen erfordern jedoch ein medizinisches Eingreifen. Oft können diese Fälle ambulant behandelt werden mit einer Kombination von Futterumstellung, Einläufen, Laxanzien und Prokinetika:

- Rektale Zäpfchen (Bisacodyl, Dioctylsodiumsuccinat, Glyzerin)
- Einläufe (über lubrifizierte rektale Sonde):
  - Warmes Wasser oder besser isotonische Infusionslösung (5–10 ml/kg KM)
  - Dioctylsodiumsuccinat (5–10 ml/Katze)
  - Mineralöl, Lactulose (5–10 ml/Katze)

- Orale Laxanzien (bei gut rehydrierten Patienten):
  - Psyllium (1–4 Kaffeelöffel pro Mahlzeit)
  - Lactulose (0,5–1 ml/kg KM, 2–3 × tägl. p. o.)
  - Kürbisfasern (1–4 Suppenlöffel pro Mahlzeit)
  - Weizenkleie (1–2 Suppenlöffel pro Mahlzeit)
- Prokinetika:
  - Cisaprid (0,1–0,5 mg/kg KM, 2–3 × tägl. p. o.)
  - falls Cisaprid nicht erhältlich: alternativ eventuell Prucaloprid, Ranitidin oder Nizatidin

Schwere Fälle benötigen jedoch eine stationäre Aufnahme zur Korrektur der metabolischen Abnormalitäten sowie der Entfernung des Kotes durch Einläufe (eventuell mit Laxanzien) und manueller Extraktion. Klistiere mit Natriumphosphat sollten bei der Katze nicht eingesetzt werden, da sie hochgradige Hypernatriämien, Hyperphosphatämien und Hypokalzämien auslösen können.

Die Folgetherapie besteht in der Korrektur von prädisponierenden Faktoren und der Prävention von Rezidiven. Manche Katzen mit der Endform eines dilatierten Megakolons, welche per definitionem nicht auf medizinische Interventionen ansprechen, brauchen eine subtotale **Kolektomie**. Die meisten Katzen mit einer Kolektomie haben eine gute Prognose, obwohl sie während den ersten Wochen bis Monaten Durchfall zeigen können.

Literatur

AlShawaqfeh MK, Wajid B, Minamoto Y, Markel M, Lidbury JA, Steiner JM, Serpedin E, Suchodolski JS (2017): A dysbiosis index to assess microbial changes in fecal samples of dogs with chronic inflammatory enteropathy. FEMS Microbiol. Ecol. 93: fix136. doi:10.1093/femsec/fix136.

Allenspach K, Wieland B, Gröne A, Gaschen F (2007): Chronic enteropathies in dogs: evaluation of risk factors for negative outcome. J Vet Intern Med 21: 700–708.

Bridgeford EC, Marini RP, Feng Y, Parry NM, Rickman B, Fox JG (2008): Gastric Helicobacter species as a cause of feline gastric lymphoma: a viable hypothesis. Vet Immunol Immunopathol 123: 106–113.

Burgener IA, König A, Allenspach K, Sauter SN, Boisclair J, Doherr MG, Jungi TW (2008): Upregulation of toll-like receptors in chronic enteropathies in dogs. J Vet Intern Med 22: 553–560.

Burgener I (2020): Erbrechen. In: Neiger R (Hrsg): Differenzialdiagnosen Innere Medizin bei Hund und Katze – Vom Leitsymptom zur Diagnose. Thieme Verlag, Stuttgart, 256-269.

Burgener IA, Frey C, Kook P, Gottstein B (2009): Tritrichomonas fetus: ein neuer Parasit im Darm von Schweizer Katzen. Schweiz Arch Tierheilkd 151: 383–389.

Cerquetella M, Rossi G, Suchodolski JS, Salavati Schmitz S, Allenspach K, Rodríguez-Franco F, Furlanello T, Gavazza A, Marchegiani A, Unterer S, Burgener IA, Pengo G, Jergens AE (2020): Proposal for rational antibacterial use in the diagnosis and treatment of dogs with chronic diarrhoea. J Small Anim Pract 61: 211–215. doi: 10.1111/jsap.13122.

Day MJ, Bilzer T, Mansell J, Wilcock B, Hall EJ, Jergens A, Minami T, Willard M, Washabau R (2008): Histopathological standards for the diagnosis of gastrointestinal inflammation in endoscopic biopsy samples from the dog and cat: a report from the World Small Animal Veterinary Association Gastrointestinal Standardization Group. J Comp Pathol 138 Suppl 1: S1–43.

Dossin O (2008): Diagnostic tools for the diagnosis of gastrointestinal disorders. In: Steiner JM (Hrsg.): Small Animal Gastroenterology. Schlütersche, Hannover, 3–9.

Equilino M, Theodoloz V, Doherr M, Heilmann RM, Suchodolski JS, Steiner JM, Burgener IA (2015): Biochemical markers and survival in dogs with protein-losing enteropathy. J Am Vet Med Assoc 246: 91–99.
Galler AI, Suchodolski JS, Steiner JM, Sung CH, Hittmair KM, Richter B, Burgener IA (2022): Microbial dysbiosis and fecal metabolomic perturbations in Yorkshire Terriers with chronic enteropathy. Sci Rep 12:12977. doi.org/10.1038/s41598-022-17244-6.
Gianella P, Pfammatter NS, Burgener IA (2009): Oesophageal and gastric endoscopic foreign body removal: complications and follow-up of 102 dogs. J Small Anim Pract 50: 649–654.
Gobeli S, Berset C, Burgener IA, Perreten V (2012). Antimicrobial susceptibility of canine Clostridium perfringens strains from Switzerland. Schweiz Arch Tierheilkd 154(6): 247-250.
Hedlund CS, Fossum TW (2007): Surgery of the digestive system. In: Fossum TW (ed): Small Animal Surgery, 3rd ed, St. Louis, S. 339–350.
Heilmann RM, Steiner JM (2018): Clinical utility of currently available biomarkers in inflammatory enteropathies of dogs. J Vet Intern Med 32: 1495–1508.
Hugen S, Thomas RE, German AJ, Burgener IA, Mandigers PJJ (2016): Gastric carcinoma in canines and humans, a review. Vet Comp Oncol 15: 692–705.
Jergens AE, Schreiner CA, Frank DE, Niyo Y, Ahrens FE, Eckersall PD, Benson TJ, Evans R (2003): A scoring index for disease activity in canine inflammatory bowel disease. J Vet Intern Med 17: 291–297.
Kieslinger M, Swoboda A, Kramer N, Freund P, Pratscher B, Neubauer HA, Steinborn R, Wolfesberger B, Fuchs-Baumgartinger A, Moriggl R, Burgener IA (2021): A recurrent STAT5BN642H driver mutation in feline alimentary T cell lymphoma. Cancers 13: 5238. doi: 10.3390/cancers13205238.
Marks SL, Kook PH, Papich MG, Tolbert MK, Willard MD (2018): ACVIM consensus statement: Support for rational administration of gastrointestinal protectants to dogs and cats. J. Vet. Intern. Med. 32: 1823-1840.
Marsilio S, Freiche V, Johnson E, Leo C, Langerak AW, Peters I, Ackermann MR (2023): ACVIM consensus statement guidelines on diagnosing and distinguishing low-grade neoplastic from inflammatory lymphocytic chronic enteropathies in cats. J Vet Intern Med 37: 794–816.
Neiger R (2008): Diseases of the stomach. In: Steiner JM (Hrsg.): Small Animal Gastroenterology. Schlütersche, Hannover, 159–175.
Quintavalla F, Menozzi A, Pozzoli C, Poli E, Donati P, Wyler DK, Serventi P, Bertini S (2017): Sildenafil improves clinical signs and radiographic features in dogs with congenital idiopathic megaoesophagus: a randomised controlled trial. Vet Rec 180: 404. doi.org/10.1136/vr.103832.
Simpson K, Dogan B, Rishniw M, Goldstein RE, Klaessig S, Mcdonough PL, German AJ, Yates RM, Russell DG, Johnson SE, Berg DE, Harel J, Bruant G, Mcdonough SP, Schukken YH (2006): Adherent and invasive Escherichia coli is associated with granulomatous colitis in boxer dogs. Infect Immun 74: 4778–4792.
Toresson L, Steiner JM, Suchodolski JS, Spillmann T (2016). Oral cobalamin supplementation in dogs with chronic enteropathies and hypocobalaminemia. J Vet Intern Med 30: 101–107.
Toresson L, Spillmann T, Pilla R, Ludvigsson U, Hellgren J, Olmedal G, Suchodolski JS (2023): Clinical effects of faecal microbiota transplantation as adjunctive therapy in dogs with chronic enteropathies - A retrospective case series of 41 dogs. Vet Sci 10: 271. doi.org/10.3390/vetsci10040271.
Unterer S, Busch K, Leipzig M, Hermanns W, Wolf G, Straubinger RK, Mueller RS, Hartmann K (2014): Endoscopically visualized lesions, histologic findings, and bacterial invasion in the gastrointestinal mucosa of dogs with acute hemorrhagic diarrhea syndrome. J Vet Int Med 28: 52–58.
Washabau RJ (2008): Feline megacolon. In: Steiner JM (Hrsg): Small Animal Gastroenterology. Schlütersche, Hannover, 230–236.
Wieland B, Regula G, Danuser J, Wittwer M, Burnens AP, Wassenaar TM, Stärk KD (2005): Campylobacter spp. in dogs and cats in Switzerland: risk factor analysis and molecular characterization with AFLP. J Vet Med B Infect Dis Vet Public Health 52: 183–189.

9 Leber

Reinhard Mischke

9.1 Anatomische Grundlagen

Auf die Leber entfallen physiologischerweise 2 % (Katze, ca. 70 g) bzw. 3–4 % (Hund) des Körpergewichts. Bei Hund und Katze liegt die gesunde Leber fast vollständig im intrathorakalen Teil der Bauchhöhle und ragt nur mit dem Lobus sinister lat. ventral über den Rippenrand nach kaudal hervor. Die durch verschiedene Bänder fixierte Leber ist von einer derben, bindegewebigen Außenhülle (Leberkapsel) umgeben, die sensible Nervenenden enthält, wodurch bei einer Schwellung der Leber der Leberkapselschmerz entsteht.

Die **Leberlappen** sind bei Hund und Katze durch tiefe Incisurae interlobares deutlich getrennt. Auf der linken Seite liegen die **Lobi sinister lat.** und **med.**, rechts die **Lobi dexter lat.** und **med.**, mehr mittelständig der **Lobus quadratus** und der **Lobus caudatus** mit dem nach rechts reichenden **Processus caudatus** und dem **Processus papillaris**. Wie der Ösophagus zieht die V. cava caudalis, die ggf. ganz von Lebergewebe umgeben ist, dorsal im Bereich der Basis des Processus caudatus über die Leber. Die Gallenblase befindet sich in Höhe des achten Interkostalraumes zwischen den Lobi quadratus und hepatis dexter med.

Das **Leberläppchen** als kleine morphologische Struktureinheit weist einen annähernd hexagonalen Querschnitt mit einem Durchmesser von 1–2 mm auf. Im Zentrum ist die Zentralvene, um die radiär Reihen von Leberzellen (Leberzellbalken bzw. -bälkchen) angeordnet sind. Zwischen den Leberzellbalken liegen die Lebersinusoide (s. u.). Ihre Wand besteht aus gefenstertem Endothel mit Kupfferschen Sternzellen als Filter. Durch die großen Poren gelangen Blutplasmabestandteile einschließlich Makromoleküle über den ca. 10–15 µm breiten Disse-Raum zur basolateralen (sinusoidalen) Zellmembran der Hepatozyten, deren Oberfläche über Mikrovilli stark vergrößert ist.

Die von jeweils drei Leberläppchen begrenzte, drei- oder mehreckige kleine Bindegewebszone ([Peri-]Portalfeld) enthält die sogenannte Glisson-Trias aus (1) Arteria interlobularis (Ast der Arteria hepatica), (2) Vena interlobularis (Ast der Pfortader) und (3) Ductus bzw. Ductuli biliferi interlobulares (Verzweigung des Gallengangs) sowie kleinste Lymphgefäße.

Gallengangsystem: Seitlich zwischen den Hepatozyten formen die apikalen (kanalikulären) Membranen von jeweils zwei Leberzellen – für die Sekretion von Gallenflüssigkeit ebenfalls zahlreiche Mikrovilli tragend – die ca. 1 µm breiten **Gallenkanälchen** (Canaliculi biliferi). Letztere vereinigen sich über kurze Verbindungsstücke (Ductuli biliferi) bei zentrifugalem Gallenfluss zu kleineren epithelausgekleideten interlobulären Gallengängen (Ductuli interlobulares) als Teil der Glisson-Trias, diese dann zu größeren Gallengängen (Ductus biliferi). Diese vereinigen sich im Bereich der Leberpforte zu extrahepatischen **Ductus hepatici**, die nach getrennter Einmündung in den **Ductus cysticus** (Hund) oder Vereinigung mit Letztgenanntem (Katze) zum **Ductus choledochus** werden, welcher zusammen mit dem Ductus pancreaticus auf der **Papilla duodeni** major in den Dünndarm mündet (Anmerkung: Der beim Hund wichtigere Ductus pancreaticus accessorius mündet getrennt auf der Papilla duodeni minor.).

Die Katze weist öfter (bis zu jedem 8. Tier) als andere Spezies Gallenblasenanomalien auf, am häufigsten eine Zweilappung, wesentlich seltener eine doppelte Gallenblase mit zwei Ausführungsgängen (ca. 10 % der hereditären Anomalien).

Blutversorgung: Insgesamt passiert ein Drittel des Herzzeitvolumens die Leber. Die **Vena portae**, die Blut aus dem gesamten Magen-Darm-Trakt einschließlich der Bauchspeicheldrüse und der Milz sammelt, mündet am Leberhilus zusammen mit der Leberarterie (Arteria hepatica propria) in die Leber; diese verzweigen sich zu **Aa.** und **Vv. interlobulares**. Äste der beiden Gefäßsysteme verbinden sich zu Lebersinusoiden, erweiterte Kapillarräume der Leber, die entsprechendes Mischblut für den Leberstoffwechsel enthalten. Zur dualen Blutversorgung trägt das postprandial nährstoffreiche, aber sauerstoffarme Pfortaderblut mit 70–80 % und das sauerstoffreiche Blut der Leberarterie als Ast der Arteria coeliaca mit 20–30 % bei. Die Sinusoide leiten das Blut zu den Zentralvenen im Läppchenzentrum und über die Vv. hepaticae mit einer Mündung nahe am Dorsalrand zur hinteren Hohlvene.

Im Embryonalstadium wird ein Großteil des Pfortaderblutes um die Leber direkt in den Kreislauf geleitet (portosystemischer Shunt), da die Leber noch nicht voll funktionsfähig ist und über die V. portae noch keine Verdauungsprodukte zugeführt werden.

9.2 Physiologie

Die Leber ist das größte innere Organ und besitzt zahlreiche, nachfolgend angeführte wichtige Funktionen. Entsprechend der von periportal nach zentral im Leberläppchen abnehmenden Versorgung mit Sauerstoff und Nährstoffen aus dem sinusoidalen Blut variiert die Enzymausstattung der Leberzellen. Die periportalen Hepatozyten in der Läppchenperipherie weisen bei gutem Sauerstoffangebot eine hohe zytoplasmatische Enzymausstattung auf, z. B. für oxidativen Energiestoffwechsel, Zitratzyklus, ß-Oxidation, Entgiftung von Ammoniak (Harnstoffsynthese) und Glukoneogenese. Hingegen sind sie im Vergleich zu Leberzellen im Läppchenzentrum relativ arm an Mitochondrien und damit mitochondrialen Enzymen. Funktionell überwiegen zentrilobulär Glykolyse, Liponeogenese, Ketogenese und Biotransformationsvorgänge. Enzymausstattung und metabolische Aktivitäten der Hepatozyten in den einzelnen Bereichen der Lobuli passen sich der jeweiligen Ernährungs- und Stoffwechselsituation an.

Stoffwechselorgan: Als zentrales Stoffwechselorgan bewerkstelligt die Leber den wesentlichsten Teil der **Proteinsynthese** (u. a. das gesamte Albumin, Lipoproteine, Gerinnungsfaktoren, Transportproteine wie Ceruloplasmin und Transferrin, akute Phasenproteine, entsprechend 75–90 % der α-Globuline und 50 % der β-Globuline). Die Leber ist ein zentraler Ort der **Kohlenhydrathomöostase**. Die in die Leber nach der Verdauung und Resorption gelangten Monosaccharide werden in die Hepatozyten aufgenommen, unter Insulineinfluss zu Glykogen synthetisiert und in dieser Form gespeichert. Bei Bedarf wird Glykogen unter Glukagoneinfluss zu der v. a. für Nervensystem, Erythrozyten und Nierenmark wichtigen Glukose abgebaut und ins Blut abgegeben. Zudem wird bei Nahrungskarenz die Glukose durch Glukoneogenese aus Nicht-Kohlenhydraten gebildet. Auch im **Lipidstoffwechsel** erfüllt die Leber verschiedene Aufgaben:

- Abbau (β-Oxidation) von Fettsäuren zu Acetessigsäure, als Substrat zur Energiegewinnung für die Körperzellen
- Bildung körpereigener Lipide (Triglyceride, Phospholipide, Sphingolipide, Cholesterin, Lezithin) aus resorbierten Fetten, Kohlenhydraten und Aminosäuren
- Produktion von Apoproteinen für die Bildung von Lipoproteinen für den Lipidtransport im Blut.

Die hohe funktionelle **Reservekapazität** von 70–80 % ist einerseits für das Überleben der Säugetiere unter Krisenbedingungen wichtig, andererseits unter diagnostischen Gesichtspunkten nachteilig und zu beachten, da Auswirkungen auf funktionelle Parameter erst bei entsprechend schwerwiegendem Ausfall von über zwei Drittel zu erwarten sind. Zudem besitzt die Leber eine hohe Regenerationsfähigkeit, sodass selbst eine temporäre Unterschreitung der kritischen Grenze noch toleriert werden kann.

Entgiftung/Biotransformation: Die Leber ist das wichtigste Entgiftungsorgan für körpereigene Stoffe, z. B. Glukuronidierung von lipidlöslichem Bilirubin I zu wasserlöslichem direktem Bilirubin (Bilirubin II, sekundäres Bilirubin), und Fremdstoffe. Indirektes Bilirubin (Bilirubin I) wird nach Abspaltung des Transportproteins Albumin über einen spezifischen Transportmechanismus der Leberzellmembran an der sinusoidalen Seite in die Hepatozyten aufgenommen. Ein wichtiger Teil der Entgiftungsfunktion der Leber entspricht ihrer Filterfunktion zwischen Darmtrakt und den restlichen Körperorganen mit Ab- und Umbau der mit der Pfortader aus dem Verdauungsapparat zugeführten Nährstoffe, möglichen Abbauprodukten, Giftstoffen und Medikamenten, z. B. Ammonium (zu Harnstoff), kurzkettige Fettsäuren, aromatische Aminosäuren, Mercaptan, orale Arzneimittel (First-pass-Effekt).

Exkretorische Funktion: Die Exkretion erfolgt über Mikrovilli an der kanalikulären Seite des Hepatozyten in die Gallenkanalikuli. Über die Galle werden körpereigene Metaboliten (Bilirubin II) und andere Gallenfarbstoffe, Cholesterin, Phospholipide (Lecithin), Steroidhormone und externe Substanzen (Medikamente und Toxine [z. B. Thallium] bzw. deren Stoffwechselprodukte nach Umwandlung) in den Dünndarm ausgeschieden. Andere fettlösliche Substanzen werden in wasserlösliche umgewandelt, um anschließend über die Nieren ausgeschieden zu werden.

Drüsenfunktion (Gallenproduktion): Neben der zuvor beschriebenen Ausscheidungsfunktion dient die produzierte Galle der Verdauung. Sie wird in der Gallenblase gespeichert bis zur Cholecystokinin-gesteuerten Freisetzung nach der nächsten Mahlzeit in das Duodenum. Die Salze der Gallensäuren als Endprodukt des Cholesterinstoffwechsels sind wesentlicher Bestandteil und essenziell für die Fettverdauung und -resorption: Eine Emulgierung durch Mizellenbildung verbessert die Angreifbarkeit für Enzyme. Nach Umwandlung durch die enterale Bakterienflora in sekundäre Gallensäuren (Desoxy- und Lithocholsäure) erfolgt deren nahezu komplette Rückresorption (95–98 %) v. a. im terminalen Ileum. Mit dem Portalblut gelangen die Gallensäuren zurück zur Leber, die sie in einem effizienten Recycling über zelluläre Transportmechanismen der Sinusoidmembran aus dem Portalblut extrahiert, um sie anschließend wieder in die Galle zu sezernieren („enterohepatischer Kreislauf").

Speicher: Die Funktion als Depot wichtiger Nährstoffe wie Kohlenhydrate, fettlöslicher Vitamine A, D, E und K (eingeschränkt), Vitamin B_{12} und Folsäure, Eisen, Kupfer und anderer Mineralstoffe ermöglicht im Bedarfsfall nach Freisetzung die Versorgung der Zellen vieler anderer Organe.

Hormonproduktion und -regulation: Die Leber ist in die Synthese einiger Hormone involviert, u. a. Vitamin D_3 (Hydroxylierung zu 25-Hydroxycholecalciferol), Insulin-like growth factor 1 (IGF-1) und Angiotensinogen. Außerdem werden in der Leber zahlreiche Hormone metabolisiert, sodass dadurch eine unphysiologische Anreicherung vermieden wird.

Abwehrorgan: Die Leber liefert auch einen essenziellen Beitrag zum Immunsystems, indem sie u. a. mit den Kupfferschen Sternzellen eine wichtige Lokalisation des Monozyten-Makrophagen-Systems (MPS) darstellt. Noch größer ist der Gehalt an Lymphozyten (Hepatozyten machen nur etwa zwei Drittel der Zellen der Leber aus), von denen natürliche Killerzellen mit einer hohen Zytotoxizität u. a. gegen Tumorzellen und virusinfizierte Zellen eine besondere Rolle spielen; sie besitzen auch antifibrotische Eigenschaften. Die Bedeutung der Leber als Abwehrorgan schließt zudem die Synthese von Komplementfaktoren und Akute-Phase-Proteinen ein.

Kontrolle: Hepatozyten spielen durch Produktion sowie Metabolisierung und Exkretion eine sehr wichtige Funktion bei der Kontrolle und Regulation der normalen Blutzusammensetzung (Homöostase u. a. von Blutglukose, Hormonen) und sind damit entscheidende Basis für die normale Funktion zahlreicher Organe (z. B. Gehirn). Hierzu durchfließt die Leber etwa ein Drittel des Herzminutenvolumens, überwiegend nährstoffreiches Pfortaderblut und zu einem geringeren Anteil sauerstoffreiches Blut der A. hepatica.

Im fetalen Organismus besitzt die Leber zudem eine wichtige **hämatopoetische Funktion**.

9.3 Pathophysiologie

Wesentliche Säulen der Pathophysiologie der Leber sind als Reaktion auf äußere Noxen einerseits Schäden der Leberzelle, von Störungen der Membranintegrität bis hin zu Leberzellnekrosen, und andererseits Störungen der Synthese-, metabolischen und/oder exkretorischen Funktionen. Zudem können angeborene oder erworbene Zirkulationsstörungen vorliegen.

1. Störungen der Zellwandintegrität
Störungen der Zellwandintegrität können von milden reversiblen Permeabilitätsstörungen bis hin zu Leberzellnekrosen reichen. Hierbei können Zellbestandteile austreten, u. a. intrazelluläre Enzyme, die im Blutplasma erscheinen und diagnostisch bedeutungsvoll sind, ferner antigene Substanzen, die zu einer vermehrten Antikörpersynthese führen.

Zentrilobuläre Schäden entstehen bei vermindertem Sauerstoffgehalt (und/oder Nährstoffgehalt) im Blut (Anämie), da die Zellen des Läppchenzentrums zuletzt versorgt werden, und bei Rückstauungen der Vv. hepaticae. Periportale Schäden entstehen v. a. nach Intoxikationen. Bei schweren Formen kommt es zu Brückennekrosen. Bei multilobulären Nekrosen kommt es zu einem massiven Zerfall der Läppchenarchitektur und ausgeprägter Schädigung der Leberstruktur. Ursachen sind z. B. Amanitinvergiftung und Hepatitiden.

2. Funktionelle Störungen
Aus schweren Hepatopathien mit Verlust der Leberzellmasse (z. B. Leberzirrhose) resultieren eine Vielzahl von Pathomechanismen und assoziierte klinische Symptome, betreffend:

- Metabolismus von Fetten, Proteinen, Zuckern, Mineralstoffen und Vitaminen
- Proteinsynthese
- Gallensäurensynthese, -exkretion und -recycling
- Verstoffwechslung, Detoxifikation und Exkretion vieler endogener Substanzen (z. B. Bilirubin; Ammonium zu Harnstoff) und von Fremdstoffen (Medikamenten, Toxinen)
- MPS-Funktion

Relevante Störungen des **Kohlenhydratstoffwechsels**, die zu Hypo-, eventuell auch Hyperglykämien führen, sind selten und außer der Hypoglykämie bei einem Drittel der Leberzellkarzinome allenfalls bei schwersten, generellen Hepatopathien zu erwarten, da für eine Aufrechterhaltung des Blutzuckerspiegels nur etwa 10 % des Leberparenchyms erforderlich sind. Zur Hypoglykämie tragen Inappetenz, verminderter Glykogenspeicher und gestörte Glukoneogenese aus Aminosäuren infolge Enzymmangel bei.

Proteinstoffwechsel: Störungen der Proteinsynthese können aufgrund der Halbwertzeit von Albumin v. a. bei chronischen Hepatopathien zu einer Hypoalbuminämie führen, die aufgrund eines verminderten kolloidosmotischen Drucks eine Ödemneigung bewirkt. Eine verminderte Synthese von Gerinnungsfaktoren kann bei schweren akuten und chronischen Hepatopathien zur erhöhten Blutungsneigung beitragen. Allerdings sind Konzentrationen von Gerinnungsfaktoren, die gleichzeitig Akute-Phase-Proteine darstellen (z. B. Fibrinogen), eher erhöht.

Hämostasestörungen: Es tragen bei: (1) die bereits angeführte verminderte Synthese von Gerinnungsfaktoren, (2) Störungen der Vitamin-K-Funktion bei cholestatischem Vitamin-K-Mangel, (3) eine i. d. R. chronische Verbrauchskoagulopathie bei Hepatopathien, (4) eine Thrombozytopathie. Bezüglich der verminderten Bildung von Gerinnungsfaktoren bei eingeschränkter Proteinsynthese gilt dies auch für die Inhibitoren, sodass sich ein neues Gleichgewicht einstellt und eine klinisch auffällige Blutungsneigung selten ist. Bei akuter portaler Hypertension besteht, vor Öffnung der erworbenen Shunts, ein erhöhtes Risiko für ggf. lebensbedrohliche Diapedesisblutungen in das Darmlumen.

Lebererkrankungen können in deutlichen sekundären **Dyslipoproteinämien** resultieren. Durch verminderte hepatische Synthese der Lecithin-Cholesterin-Acyltransferase (LCAT) dominiert freies (unverestertes) Cholesterin in verschiedenen Lipoproteinfraktionen. Auch die verminderte Aktivität und ggf. gestörte Funktion (durch Mangel des Cofaktors Apolipoprotein C-II) der hepatischen Triglyzeridlipase führt zu Veränderungen bei der Zusammensetzung von High-Density-Lipoproteinen (HDL) und Very-Low-Density-Lipoproteinen (VLDL). Bei akuter Hepatopathie kommt es zu Hypertriglyzeridämie mit triglyzeridreichen, LDL-ähnlichen Lipoproteinen; bei chronischer hepatozellulärer Insuffizienz (Leberzirrhose) besteht eine Reduktion und veränderte Zusammensetzung aller Lipoproteinfraktionen. Auch durch anhaltende Cholestase nimmt die Synthese von Apolipoproteinen und Cholesterin in der Leber ab. Der bei cholestatischen Lebererkrankungen zu beobachtenden Hypercholesterinämie liegt hauptsächlich die Bildung von Lipoprotein X zugrunde, das nach Austritt von biliären Lipoproteinen ins Blut entsteht. Qualitative Veränderungen der Lipoproteine haben Einfluss auf Zellmembranen mit Konsequenzen für Erythrozytenmorphologie und Plättchenaggregation.

Ammonium: Ein **hepatoenzephales Syndrom** (Syn.: Hepatoenzephalopathie, hepatische Enzephalopathie) tritt infolge akuten Leberversagens, Leberzirrhose (erworbene portosystemische Shunts) und hereditärer portosystemischer Shunts auf und verdeutlicht die Konsequenzen des Verlusts der Entgiftungsfunktion der Leber. Zu einer akuten Symptomatik können ggf. die Aufnahme sehr proteinreichen Futters, gastrointestinale Blutungen, Flüssigkeits- und Elektrolytverluste, systemische Infektionen und zentral dämpfende Medikamente beitragen.

Für die potenziell reversiblen Funktionsstörungen im Gehirn werden v. a. erhöhte Blutkonzentrationen an Ammonium, Mercaptanen (aus dem Abbau schwefelhaltiger Aminosäuren), γ-Aminobuttersäure (GABA), kurzkettigen Fettsäuren und aromatischen Aminosäuren verantwortlich gemacht, die die Blut-Hirn-Schranke durchwandern können. Diese Metaboliten aus dem Gastrointestinaltrakt werden physiologischerweise, bevor sie das Gehirn erreichen, in der Leber verändert, was aber bei Leberfunktionsstörung und/oder portosystemischen Shunts unzureichend erfolgt. Hieraus resultiert die Beeinflussung zahlreicher Neurotransmittersysteme im Gehirn (Glutamat, Dopamin/Noradrenalin, GABA, Benzodiazepin). Die physiologischerweise geringen Mengen an Ammonium, die ins Gehirn gelangen, werden entgiftet durch Bildung von Glutamin in den Astrozyten. Die gesteigerte Glutaminsynthese bei erhöhtem Anfall an Ammonium bewirkt einen vermehrten Übertritt von Glutamin in das präsynaptische Neuron und durch gesteigerte Glutaminaseaktivität eine erhöhte Bildung des exzitatorischen Neurotransmitters Glutamat, der in den postsynaptischen Spalt abgegeben wird. Die Akkumulation der aromatischen Aminosäuren im Gehirn übersteigt die Synthesekapazität entsprechender Neurotransmitter (Dopamin und Noradrenalin), sodass „falsche Neurotransmitter" gebildet werden, die zwar an die Rezeptoren der Katecholamine binden, aber zu Fehlfunktionen führen. Auch wird das inhibitorische GABA-Neurotransmittersystem aktiviert (evtl. unter Einfluss von endogenen Benzodiazepinen).

Synergistische Effekte bestehen zu anderen Pathomechanismen wie erhöhten inflammatorischen Zytokinen im Gehirn, gestörter zerebraler Endothelpermeabilität, gestörter Gehirnperfusion (u. a. Hypotension), Gehirnödem, Hypoxie, mitochondrialen Dysfunktionen, Neuroglykopenie und oxidativen Schäden. Hierdurch kann die Entstehung einer Hepatoenzephalopathie getriggert oder verschlimmert werden.

Die Entwicklung eines **Gehirnödems** ist komplex und nicht vollständig geklärt. Beteiligt sind lokale und systemische Entzündungsmediatoren und zirkulierende Neurotoxine (besonders Ammonium).

Die **Serumaminosäuren-Muster** verändern sich bei Leberkrankheiten und bei portosystemischen Shunts. Nach ihrer Resorption aus dem Darm ist die Metabolisierung der aromatischen Aminosäuren (Tyrosin, Tryptophan, Phenylalanin) gestört und ihre Blutkonzentration erhöht. Damit kann sich ihr molares Verhältnis zu den verzweigtkettigen Aminosäuren Valin, Leucin und Isoleucin, die in der Leber kaum modifiziert werden, von physiologischerweise 1:4 bis auf ein Überwiegen der aromatischen Aminosäuren verändern.

Störungen des Vitaminstoffwechsels: Hier spielt die verminderte Resorption fettlöslicher Vitamine A, D, E und K bei Störungen der Gallensäurensekretion in den Darm und der Speicherung der Vitamine in der Leber (v. a. Vitamin A in den Ito-Zellen) eine Rolle. Allerdings ist die Vitamin-A-Defizienz wie der Mangel an Vitamin D (auch andere Organspeicher) auch bei chronischer Hepatopathie kaum klinisch relevant. Hingegen führt eine Fettabsorptionsstörung bei Gallensäurenmangel rasch zum Vitamin-K-Mangel (geringer Leberspeicher) und entsprechend verminderter Aktivität der Vitamin-K-abhängigen Gerinnungsfaktoren.

Störung des Bilirubinstoffwechsels (Exkretionsfunktion, Ikterus): Bei schweren Lebererkrankungen liegt typischerweise ein intrahepatischer Ikterus vor. Bilirubin I wird vermindert aufgenommen aus den Sinusoiden und/oder vermindert konjugiert durch geschädigte Leberzellen. Durch die verminderte Sekretion von Bilirubin II in die

Gallenkapillaren bei Beschädigung der Mikrovilli an der kanalikulären Seite kommt es zur Rückdiffusion des konjugierten Bilirubins ins Blut und somit einem erhöhten Blutwert (intrahepatische Cholestase). Bei leberkranken Hunden und Katzen dominiert offensichtlich letztgenannter Prozess, sodass abweichend vom Menschen wie bei posthepatischer Cholestase im Zuge von Gallengangserkrankungen (posthepatischer Ikterus) im Blut fast ausschließlich konjugiertes Bilirubin II erhöht ist (s. Kap. 9.4.1.2).

Analog wird bei Leberkrankheiten die **Metabolisation von Medikamenten und Toxinen** behindert, sodass diese sich im Organismus anreichern können und – im Fall von hepatotoxischen Wirkstoffen – ihrerseits die Leber direkt weiter schädigen.

Störungen des Gallensäurenstoffwechsels: Ein vermindertes Recycling der Gallensäuren durch deren reduzierte Clearance aus dem sinusoidalen Blut und/oder herabgesetzte Konjugation und biliäre Exkretion an der kanalikulären Seite der Hepatozyten (intrahepatische Cholestase) oder gestörten Gallentransport (posthepatische Cholestase) führen zu einem erhöhten Spiegel im Blut (oft > 50 µmol/l) und einer verminderten Gallensäurenabgabe ins Duodenum. Letzteres führt zur Störung der Fettverdauung und -resorption (u. a. von Vitamin K). Die Gallensäuren sind starke Detergenzien und damit membranschädigend und zelltoxisch, was wiederum zur verstärkten Freisetzung der Gallensäuren aus Hepatozyten und Gallenkapillaren führen kann und ggf. zu Funktionsstörungen anderer Organe.

Im Rahmen einer Sepsis können Zytokine (v. a. Tumornekrosefaktor-a direkt oder in Verbindung mit Endotoxin) die Gallensäurentransportproteine in der Gallenkapillarmembran des Hepatozyten vermindern und damit die Gallensäurenexkretion reduzieren. Unter diesen Bedingungen ist auch die Bilirubin-Exkretion in die Gallenkapillare gestört (**„funktionelle Cholestase“**, **„Sepsis-assoziierte Cholestase“**). Während einer obstruktiven Cholestase findet ein „Herunterregulieren“ von kanalikulären Gallensäurentransportproteinen statt, sodass die Hepatozyten die Gallensäuren ggf. in die Sinusoide und nicht in die Gallenkapillaren abgeben (sogenannte „Regurgitation“ der Gallensäuren).

Analog zu den Verhältnissen beim Ammonium gelangt bei angeborenen und erworbenen portosystemischen Shunts Pfortaderblut nicht ausreichend in Kontakt zur sinusoidalen Membran zur Wiederaufnahme der Gallensäuren, die ebenfalls in erhöhter Konzentration im Blut vorliegen.

Gestörte Kreislaufverhältnisse: Bei Abnahme des Portalblutflusses kann der arterielle Anteil bis zum Doppelten steigen, was jedoch beim Hund nicht ausreicht und zu Leberzellnekrose und Versagen der MPS-Funktion führt. Eine **portale Hypertension** (normaler Portalblutdruck: 6–10 mmHg) reflektiert einen erhöhten Strömungswiderstand gegenüber dem portalen oder dem intrahepatischen Blutfluss. Sie kann prä-, intra- oder posthepatische Ursachen haben. Prähepatische Ursachen (Verengungen des Pfortadervolumens vor der Leber) betreffen v. a. Thrombosen der Pfortader und ihre Kompression (Pankreaskarzinom, Pankreatitis), ggf. auch Verletzungen. Meistens liegen die Ursachen intrahepatisch. Hierbei werden unterschieden: präsinusoidale (z. B. in Periportalfeldern bei biliärer Zirrhose), sinusoidale (z. B. Ablagerung im Disseschen Raum, Einengung der Sinusoide durch Hepatozytenvergrößerung bei Tumoren oder Lipidose, Bindegewebe bei Leberzirrhose und aktiver chronischer Hepatitis) oder postsinusoidale Strömungshindernisse (Verengung im Bereich der Zentralvenen oder mittelgroßen Venen meist infolge von Zirrhose oder chronischer Hepatitis). Den seltenen posthepatischen Abflussblockaden mit Rückstau in das Pfortadersystem liegt meist eine Rechtsherzinsuffizienz (ggf. Perikarditis) zugrunde, selten auch eine Obstruktion der großen Lebervenen (Thrombose, Tumor, angeborene Gefäßveränderung). Portale Hypertension kann assoziiert sein mit Splenomegalie, Aszites und Shuntbildung (Reaktivierung portokavaler Anastomosen).

Aszites entsteht bei Hepatopathien vorwiegend durch Erhöhung des hydrostatischen Drucks der Kapillaren infolge prä-, intra- oder postsinusoidalen Pfortader-Hochdrucks (begünstigt Aszitesbildung vor Ergüssen andernorts) in Kombination mit vermindertem kolloidosmotischen/onkotischen Druck durch Hypoalbuminämie (kritischer Wert: 1,5 (–2) g/dl [15–20 g/l]) infolge Synthesestörung bei chronischen Hepatopathien.

Hepatorenales Syndrom (sekundärer Hyperaldosteronismus) beschreibt eine potenziell reversible Verschlechterung der Nierenfunktion bei schwerer akuter und chronischer Hepatopathie (v. a. Leberzirrhose, schwere Hepatitis). In der Regel ist es assoziiert mit einem Aszites und kommt dabei besonders bei dessen zu aggressiver Therapie (Punktion, Diurese) vor. Auch Sepsis und akute Blutungen können zu einer kombinierten Leber- und Niereninsuffizienz führen. Wesentlichste pathogenetische Faktoren sind erhöhte Spiegel vasoaktiver Substanzen (Renin, Angiotensin), die zur Vasokonstriktion der Nierengefäße führen, um bei einer Verminderung der renalen Perfusion den Perfusionsdruck konstant zu halten. Histopathologisch liegen keine Veränderungen der Nieren vor. Die Aktivierung des Renin-Angiotensin-Aldosteron-Systems nach Registrierung der verminderten Nierendurchblutung im juxtaglomerulären Apparat entsteht wahrscheinlich v. a. infolge intravasalen Flüssigkeitsmangels bei Wasserverlust in den Aszites und insbesondere bei dessen forcierter Behandlung.

Zur vermehrten Sekretion von Aldosteron kommt dessen verlangsamte Metabolisierung bei gestörter Leberfunktion. Die Retention von Natrium und Wasser resultiert in einer Erhöhung des Blutdrucks und Ausweitung der Wassermenge. Dieser sinnvolle Kompensationsmechanismus führt bei Patienten mit portaler Hypertonie allerdings zu einer weiteren Verschlechterung.

9.4 Diagnostik

Zahlreiche, oft unspezifische **klinische Befunde** können mit Lebererkrankungen assoziiert sein, einschließlich Apathie, Leistungsschwäche, Gewichtsverlust, gastrointestinalen Beschwerden (Anorexie, Erbrechen, Durchfall, besonders bei Hunden und Katzen mit gleichzeitiger IBD), Polyurie/Polydipsie (PU/PD), Gerinnungsstörungen, Ödemen, Aszites, Schmerzen im vorderen Abdomen (bei akuter entzündlicher Lebererkrankung oder gleichzeitiger Pankreatitis/Peritonitis) und neurologischen Symptomen (hepatoenzephales Syndrom: Verhaltensänderungen, Myoklonien, Ataxie, Krampfanfällen, Bewusstseinstrübung bis Koma). Spezifischer, aber nicht pathognomisch sind Ikterus als „Leitsymptom" sowie Lebervergrößerung oder -verkleinerung (Abb. 9.1). Symptomlosigkeit ist anfangs häufig, was die frühe klinische Diagnose erschwert.

Die klinische Untersuchung bei der Diagnostik von Lebererkrankungen muss daher komplett und exakt erfolgen und alle Organe und Funktionen einbeziehen, zumal Erkrankungen vieler anderer Organe (z. B. Rechtsherzinsuffizienz, chronische Magen-Darm-Erkrankungen, Pankreatitis) sekundär zu Leberkrankheiten führen können. Die Leber selbst entzieht sich gewöhnlich der Palpation, kann nur bei deutlicher Vergrößerung im kranioventralen Abdomen palpiert werden. Säulen der Diagnostik von Lebererkrankungen sind daher bildgebende Verfahren, Laboruntersuchungen von Blut und Harn und insbesondere feingewebliche Untersuchungen.

Abb. 9.1 Ikterus infolge Cholangitis bei einer Katze (Gesamtbilirubin 9,9 mg/dl, Referenzbereich < 0,3 mg/dl).

9.4.1 Labordiagnostik

Die Labordiagnostik ist essenziell, erlaubt aber – trotz tendenzieller Unterschiede bei verschiedenen Hepatopathien (z. B. niedrigste Albuminwerte bei Leberzirrhose) – keine definitive Diagnosestellung, die i. d. R. eine feingewebliche Untersuchung erfordert (s. Kap. 9.4.3).

Grundsätzlich eignet sich die Labordiagnostik von Lebererkrankungen vorwiegend dazu,

- die Leber als erkranktes Organ zu erkennen (und damit Hinweise auf die Indikation weiterer diagnostischer Maßnahmen wie bildgebende Diagnostik, Biopsie zu gewinnen),
- deren Schweregrad einzuschätzen,
- den Grad der Funktionseinschränkung der Leber zu erkennen und
- eine entsprechende Verlaufskontrolle (Überwachung eines Therapieerfolges) vorzunehmen.

Die Fülle an klinisch-chemischen Blutanalysen kann in Testverfahren eingeteilt werden, die Aussagen über verschiedene pathogenetische Aspekte liefern:

- Leberzellschädigung (Enzyme)
- Gallenbildung und -exkretionsfunktion bzw. Cholestase
- Metabolische Funktionen wie Proteinsynthese, Ammoniakentgiftung, Glukosehomöostase, Aufnahme, Metabolisierung und Exkretion von exogenen Farbstoffen. Einige der Messgrößen der metabolischen Funktion (Gallensäuren, Ammoniak) werden zusätzlich als Indikatoren von Störungen des portalen Blutflusses verwendet. Als **Suchprofil** für Lebererkrankungen reicht die Kombination eines leberspezifischen Enzyms (z. B. die Kombination von Alaninaminotransferase [ALT]) mit einer Funktionsmessgröße (z. B. Bilirubin, Gallensäuren).

9.4.1.1 Enzyme als Messgrößen der Leberzellschädigung

Gundlagen der Leberenzymdiagnostik

Die Leberenzymdiagnostik beruht darauf, dass Enzyme des Leberzellstoffwechsels bei Schäden der Leber – proportional zur Anzahl und zum Ausmaß der geschädigten Zellen – vermehrt ins Blut freigesetzt werden. Die Aktivität der Leberenzyme im Blutplasma hängt auch von der Enzymkonzentration und Lokalisation in den Leberzellen und ggf. anderen Organen, der Verteilung im Extravasalraum sowie den Exkretionsmechanismen und der Halbwertszeit ab. Enzyme, die sensitive Indikatoren einer Leberzellschädigung darstellen, haben eine hohe intrazelluläre Konzentration und lange Halbwertszeit. Verlaufskontrollen im Abstand von 1–3 Tagen liefern ein genaueres Bild der Situation. Ein Absinken der Plasmaaktivität leberspezifischer Enzyme bedeutet nicht zwingend eine Regenerierung der Leber, sondern im ungünstigsten Fall eine massive Hepatozytenschädigung. Die isolierte Erhöhung nicht leberspezifischer Enzyme erfordert eine zusätzliche Untersuchung, z. B. der Creatinkinase zum Ausschluss einer Muskelschädigung als Ursache einer AST-Erhöhung. Bei verschiedenen Enzymen, v. a.

bei der Alkalischen Phosphatase (AP) und γ-Glutamyl-Transferase (γ-GT), spielt eine Enzyminduktion eine wichtige Rolle beim Anstieg ihrer Aktivität im Blutplasma. Gelegentlich finden sich Enzymerhöhungen ohne erkennbares feingewebliches Korrelat.

Die **Blutplasmaaktivität der „Leberenzyme" erlaubt keinerlei Rückschlüsse auf die Leberfunktion**! So kann es bei einer akuten Schädigung der Leber (z. B. bei einem stumpfen Bauchttrauma nach einem Verkehrsunfall) zu sehr hohen, temporären und reversiblen Enzymaktivitätserhöhungen kommen, die aufgrund der hohen Reservekapazität der Leber keinen signifikanten Einfluss auf die Leberfunktion haben. Andererseits kann bei chronischen Lebererkrankungen die Freisetzung der Enzyme pro Zeiteinheit so gering sein, dass allenfalls leicht erhöhte Enzymspiegel vorliegen, die dann im Endstadium mit einer hochgradigen Funktionsstörung assoziiert sein können. Dies macht auch deutlich, dass die Leberenzyme für chronische, fortgeschrittene Lebererkrankungen nur eine geringe Sensitivität besitzen.

Die **ALT** ist bei Hund und Katze weitestgehend leberspezifisch und liegt frei im Zytosol der Leberzelle. Neben reversiblen und irreversiblen Leberzellschäden (z. B. Entzündung, Hypoxie, Toxine, Trauma) kann es auch bei Reparaturvorgängen von Lebergewebe zur vermehrten ALT-Freisetzung aus Hepatozyten kommen. Beim Hund ist die ALT recht sensitiv und ihre Blutplasmaaktivität bei bis zu 90 % der Hunde mit Leberzellschäden erhöht. Zu ALT-Anstiegen kann es auch durch verschiedene Medikamente (z. B. Antikonvulsiva, Kortikosteroide und Spironolacton) v. a. über Enzyminduktion kommen. Die Halbwertszeit der Plasma-ALT-Aktivität beim Hund liegt bei 2–3 Tagen.

Die **Aspartataminotransferase (AST)** liegt zytoplasmatisch und assoziiert zur Mitochondrienmembran vor; eine erhebliche Freisetzung erfolgt erst bei Zelltod. Die Leberaktivität ist im Vergleich zur Herz- und Skelettmuskulatur vergleichsweise gering, sodass das Enzym v. a. beim Hund weniger lebersensitiv und -spezifisch als die ALT ist, obgleich die AST eine kürzere Halbwertszeit (ca. 12 Stunden) besitzt und damit evtl. ein besserer Marker einer aktiven Leberzellschädigung sein kann. Muskelerkrankungen sind durch parallele Messung der Creatinkinase auszuschließen.

Die **Glutamatdehydrogenase (GLDH)** ist weitgehend leberspezifisch, an die Mitochondrienmatrix der Hepatozyten gebunden und in höchster Aktivität in der sauerstoffarmen zentrilobulären Region zu finden. Ein deutlicher Anstieg (> 3-fach) spricht für eine schwere Hepatopathie bzw. Leberzellnekrose. Eine erhöhte GLDH bei normaler ALT-Aktivität spricht für eine vorwiegend zentrilobuläre Schädigung (v. a. durch Hypoxie, z. B. durch Herzinsuffizienz, schwere Anämie).

9.4.1.2 Messgrößen der Gallenbildung und -exkretionsfunktion bzw. Cholestase

Enzyme: Beim Hund sind **AP**-Erhöhungen (Cave: altersabhängiger Referenzbereich!) sensitive Indikatoren einer v. a. extrahepatischen Cholestase (i. d. R. vor einer Hyperbilirubinämie). Hauptstimulus der gesteigerten AP-Synthese durch Enzyminduktion ist die erhöhte Gallensäurenkonzentration in der Leberzelle. Bei der Katze ist die AP aufgrund der kurzen Halbwertszeit des Leber-Isoenzyms von 6 Stunden (im Vergleich zu 3 Tagen beim Hund) nicht als Suchtest geeignet und Anstiege sind i. d. R. auf schwere, cholestatische Hepatopathien begrenzt.

Differenzialdiagnostisch sind beim Hund Knochenerkrankungen (Osteosarkom, Osteomyelitis; selten über vierfache Erhöhung) und ein erhöhtes glukokortikoid-induziertes AP-Isoenzym (Hyperadrenokortizismus, Stress, Glukokortikoid-Behandlung) zu berücksichtigen (s. Kap. 9.6.5). Die AP-Erhöhung kann noch Wochen nach der Glukokortikoidbehandlung anhalten.

Die für das hepatobiliäre System spezifische **γ-GT** ist an die Zellmembranen der Leberzellen und des Gallenepithels gebunden. Erhöhte Enzymwerte verstehen sich v. a. als Indikator einer Cholestase (Enzyminduktion durch erhöhte Gallensäurenkonzentration wie bei der AP, evtl. auch durch Hyperplasie des Gallengangepithels). Eine Induktion der γ-GT bewirken auch Medikamente (Antikonvulsiva, Psychopharmaka, Steroidhormone). Die γ-GT reagiert wie die AP träger als die Transaminasen und beim Hund träger als die AP. Bei der Katze ist die γ-GT der AP als Parameter für das hepatobiliäre System vorzuziehen.

Gesamtbilirubin, direktes Bilirubin: An Albumin gebundenes Bilirubin I (normalerweise > 75 % des Bilirubins im Blutplasma) entspricht in der Halbwertszeit dem Albumin (10–14 Tage), sodass ein erhöhter Gesamtbilirubinspiegel nach Beheben der Ursache nur langsam absinkt. Bei erhöhtem Gesamtbilirubin empfiehlt sich die Messung des direkten Bilirubins (konjugiertes Bilirubin, Bilirubin II) und Berechnung des indirekten Bilirubins (unkonjugiertes Bilirubin, Bilirubin I) als Differenz. Diese erlaubt beim Menschen die Abgrenzung zwischen den Ikterustypen: (1) prähepatischer Ikterus [Hämolyse]: niedriges direktes Bilirubin, (2) intrahepatischer Ikterus: typischerweise ca. 30–70 % des Gesamtbilirubins direkt bzw. indirekt, (3) posthepatischer Ikterus: typischerweise fast ausschließlich direktes Bilirubin. Bei Hund und Katze ist dies weniger zuverlässig, allerdings ist ein deutlicher Anteil von indirektem Bilirubin (ca. > 20 %) i. d. R. hinweisend auf einen prähepatischen Ikterus, während es beim hepatischen wie beim posthepatischen Ikterus nur einen geringen Anteil des Gesamtbilirubins ausmacht. Bei der Differenzierung der Ikterustypen können auch zusätzliche Laborwertveränderungen helfen, z. B. eine deutliche Anämie bei prähepatischem Ikterus, eine erhöhte γ-GT- oder AP-Aktivität als Indikatoren einer Cholestase. Bilirubin im Urin ist bei der Katze in jedem Fall pathologisch, beim Hund können geringe Mengen physiologisch sein (geringe Nierenschwelle, Bildung von konjugiertem Bilirubin in Tubulusepithelien bei Hämoglobinurie).

Gallensäuren (Nüchternwert): Die Gallensäurenmessung ist ein guter, praktikabler Test der Leberfunktion. Bedingt durch die signifikante Abhängigkeit von der Nahrungsaufnahme sollte der Patient vor der Blutentnahme mindestens 12 Stunden nüchtern sein. Eine erhöhte Gallensäurenkonzentration (Referenzwert: < 20 µmol/l) kann verursacht sein durch schwere Hepatopathien mit Verlust der Leberzellmasse, Cholestase (sensitiver als Bilirubinerhöhung), extra- oder intrahepatischen portosystemischen Shunt (fehlende Resorption vom Portalblut, verminderte funktionelle Lebermasse),

Sepsis (s. Kap. 9.3) und verstärkte Dekonjugation von Gallensäuren im Darm bei Dysbakterie. Konkurrierende Darmerkrankungen können die intestinale Resorption der Gallensäuren vermindern und damit die Sensitivität der erhöhten Gallensäurenwerte für den Nachweis von Hepatopathien reduzieren.

Obgleich die Gallensäuren von der Leber gebildet werden, spielen verminderte Serumgallensäurenkonzentrationen bei Lebererkrankungen keine Rolle, vermutlich wegen niedriger physiologischer Blutspiegel und dem effektiven Recycling. Unerklärlich hohe Nüchternwerte werden z. T. mit spontanen Kontraktionen der Gallenblase erklärt.

Gallensäuren postprandial: Bei zweifelhaftem Ergebnis kann ein Belastungstest, d. h. Messung der Gallensäuren (1 und) 2 Stunden nach Aufnahme einer kleinen Portion Futter Klarheit bringen. Durch die Freisetzung eines Bolus an Galle aus der Gallenblase in den Darm steigen bei Patienten mit Hepatopathie oder portosystemischem Shunt die Gallensäuren im Blut postprandial wesentlich deutlicher (> 40 µmol/l) und länger an als bei lebergesunden Tieren.

9.4.1.3 Messgrößen der metabolischen Leberfunktion

Albumin: Von den Routinemessgrößen erweist sich die Hypoalbuminämie noch als die am besten geeignete Messgröße einer verminderten Proteinsynthese. Für das vollständig in der Leber gebildete Albumin besteht allerdings eine hohe Reservesynthesekapazität, sodass erst 70–80 % des Parenchyms ausgefallen sein müssen. Zudem findet man aufgrund der Halbwertszeit von 8–12 Tagen (Hund) v. a. bei chronischen Hepatopathien verminderte Blutspiegel. Insgesamt wird nur selten ein Niveau erreicht, das im Hinblick auf die Ödembildung Relevanz besitzt (15 g/l).

Differenzialdiagnostisch sind viele andere Ursachen einer Hypoalbuminämie (z. B. Kachexie, Malabsorption, Entzündung, Blutung, Proteinurie, Proteinverlustenteropathie, schwere exsudative Hautkrankheiten, Verbrennungen, Darmparasiten, proteinhaltige Ergüsse) zu bedenken. Vor Verwendung von Albumin als Messgröße der Leberproteinsynthese sind insbesondere eine Proteinurie und Magen-Darm-Erkrankungen auszuschließen. Ferner sind Veränderungen des Flüssigkeitshaushaltes zu bedenken (z. B. Verdünnung des Albumins durch Wasserrückhalt bei Leberzirrhose).

Globuline, Gesamteiweiß: Elektrophoretisch nachweisbare Globulinfraktionen besitzen keine wesentliche Relevanz für die Labordiagnostik von Hepatopathien. Die Veränderungen sind unspezifisch. Oft liegt sogar eine Hyperglobulinämie vor, zu der neben den von den Plasmazellen gebildeten γ-Globulinen (Lebererkrankungen mit reduzierter Phagozytose- und Abwehrfunktion der Leber: v. a. chronische Hepatopathie, portosystemischer Shunt) auch Akute-Phase-Proteine (z. B. bei Hepatitis) in den α- und β-Globulin-Fraktionen beitragen können. Dies erklärt auch die **geringe Sensitivität der Gesamteiweißkonzentration** zur Diagnose einer Syntheseinsuffizienz bei Hepatopathien.

Die **Serumcholinesterase** (Pseudocholinesterase) ist ein Sekretionsenzym, das im Hepatozyten gebildet und in das Blut abgegeben wird, wo sie wahrscheinlich eine Entgiftungsfunktion ausübt. Im Gegensatz zum Menschen (Halbwertszeit kürzer als Albumin; Absinken um 30–50 % bei Hepatopathie) lässt sich die Serumcholinesterase bei Hund und Katze nicht als Messgröße der Proteinsynthese einsetzen.

Blutgerinnung: Bei vielen Leberpatienten finden sich veränderte Ergebnisse bei Gerinnungstests. Die Gerinnungsfaktoren werden überwiegend in der Leber gebildet, sodass sie aufgrund ihrer kurzen Halbwertszeit sensitivere Indikatoren einer verminderten Proteinsynthese der Leber als Albumin sind. Allerdings können auch DIC und Vitamin-K-Mangel zur Verminderung an Gerinnungsfaktoren beitragen. Gerinnungsuntersuchungen sind in jedem Fall vor einer Leberbiopsie angezeigt (s. Kap. 9.4.3).

Ammonium ist ein hervorragender Parameter für die Untersuchung der Leberfunktion, aber aufgrund der Lagerungslabilität besitzt die Ammoniakmessung kaum Praxisrelevanz. Die Messung ist jedoch bei Tieren mit neurologischen Symptomen, Verdacht auf Hepatoenzephalopathie und/oder portosystemischem Shunt empfehlenswert. Wesentlichste Ursachen für eine Erhöhungen des Serumammoniaks (> 100 µg/dl) beim nüchternen Tier sind der Verlust von mindestens ca. 70 % des funktionellen Lebergewebes sowie portosystemische Shunts, bei denen ammoniakreiches Portalblut (Hund: ca. 350 µg/dl; Katze ca. 800 µg/dl) vorbei an der (atrophischen) Leber direkt in den Kreislauf eintritt. Weitere Ursachen sind: Aufnahme proteinreichen Futters, körperliche Belastung (Rennhunde), Harnwegsinfektionen mit Obstruktion der Urethra.

Ammoniumchloridbelastungstest: Bei normalem Nüchternammoniak trotz Verdachts auf verminderte Leberfunktion, portosystemischen Shunt oder hepatoenzepahles Syndrom kann ein Ammoniumtoleranztest zur Klärung führen. Nach 12-stündiger Nahrungskarenz werden 100 mg/kg KM (max. 3 g) Ammoniumchlorid in einem geringen Wasservolumen per os oder über Magensonde (ggf. auch rektal 2 ml einer 5 %igen Ammoniumchloridlösung pro kg KM über einen Katheter 10–20 cm tief) verabreicht. Blutentnahmen zur Ammoniakmessung erfolgen vor und 30 Minuten (bei rektaler Applikation 20 und 40 Minuten) nach Verabreichung. Ein Anstieg über 120 µg/dl bzw. das Zweifache des Ausgangswertes spricht für einen portosystemischen Shunt oder eine deutlich verminderte funktionelle Lebermasse (ggf. hepatoenzephales Syndrom).

Harnstoff: Korrespondierend zum Ammonium können schwere Hepatopathien (Verlust von ≥ 70 % der funktionellen Lebermasse) und portosystemische Shunts zu einer verminderten Blutharnstoffkonzentration führen. Häufiger ist diese im Rahmen von Lebererkrankungen allerdings die Folge einer verminderten Proteinzufuhr durch Diät oder Anorexie.

Blutzucker: Eine Hypoglykämie findet sich v. a. im Endstadium einer Lebererkrankung (Verlust > 80 % des funktionellen Lebergewebes) durch verminderte hepatische Glykogenspeicher, eine verminderte Glukoneogenese und eine verminderte Insulinclearance.

Sie kündigt das Leberversagen an und ist bei einer progressiven chronischen Hepatopathie prognostisch ungünstig. Eine Hypoglykämie wird auch bei etwa bei einem Drittel der Hunde mit Leberzellkarzinom nachgewiesen. Andererseits kann eine verlängerte postprandiale Hyperglykämie als Folge einer verminderten Aufnahme von Glukose durch die Leber vorliegen.

Gegebenenfalls auftretende unspezifische Veränderungen der **Blutlipide** werden in der Veterinärmedizin kaum zur Diagnostik von Lebererkrankungen eingesetzt: Bei akuten, intra- wie extrahepatischen Cholestasen können Hypercholesterinämien beobachtet werden, die durch eine verringerte Gallensäurensynthese und damit erhöhten Cholesterinanfall und dessen vermehrte Abgabe in das Blut erklärt werden. Eine Hypocholesterinämie ist selten und wurde bei Kleintieren vereinzelt bei portosystemischem Shunt und reduziertem funktionellem Leberparenchym beobachtet. Auch die Serumspiegel von Triglyzeriden können bei Lebererkrankungen (u. a. bei intra- und posthepatischer Cholestase) ansteigen.

9.4.2 Bildgebende Verfahren

Neben den klassischen bildgebenden Verfahren Röntgen und Ultraschall gewinnt die CT-Untersuchung zunehmend an Bedeutung. Aber auch moderne sonographische Techniken wie kontrastmittelverstärkter Ultraschall, Ultraschall-Elastographie und Magnetresonanztomographie (MRT) kommen vereinzelt zur Diagnostik von Leber-/Gallengangserkrankungen beim Kleintier zum Einsatz und können zusätzliche Informationen für Diagnose, Prognose und OP-Planung liefern. Als Vorteile für CT und MRT werden das Fehlen überlagernder Strukturen, eine verminderte Untersucher-Abhängigkeit und die Möglichkeit der intravenösen Kontrastmittelgabe angeführt. Nuklearmedizinische Techniken wie die translineale Pfortaderszintigraphie und entsprechende Leberfunktionstests spielen keine wesentliche Rolle.

9.4.2.1 Röntgenuntersuchung

Mittels der Röntgenuntersuchung lassen sich vorwiegend Veränderungen der Größe, Kontur (abgerundeter Rand bei Vergrößerung, Tumoren einzelner Leberlappen) und Lage der gesamten Leber oder einzelner Leberlappen (ggf. abnorm bei Zwerchfellruptur) (Abb. 9.2) sowie ggf. der Röntgendichte erkennen. Weiterhin lassen sich Verkalkungen, Gasansammlungen (Abb. 9.3) und Gallensteine erfassen (Abb. 9.4), deren nähere Lokalisierung i. d. R. ein Röntgen in zwei verschiedenen Ebenen erfordert. Schließlich lassen sich eventuell abnorme Befunde anderer Organe wie Dünndarm, Pankreas und Herz im Hinblick auf mögliche Differenzialdiagnosen und Primärerkrankungen erheben sowie mögliche hepatogen bedingte Flüssigkeitsansammlungen in der Bauchhöhle erkennen.

Die Angiographie mittels Kontrastmittelröntgen zur Darstellung von portosystemischen Shunts wurde weitestgehend durch Doppler-Sonographie und CT-Angiographie abgelöst.

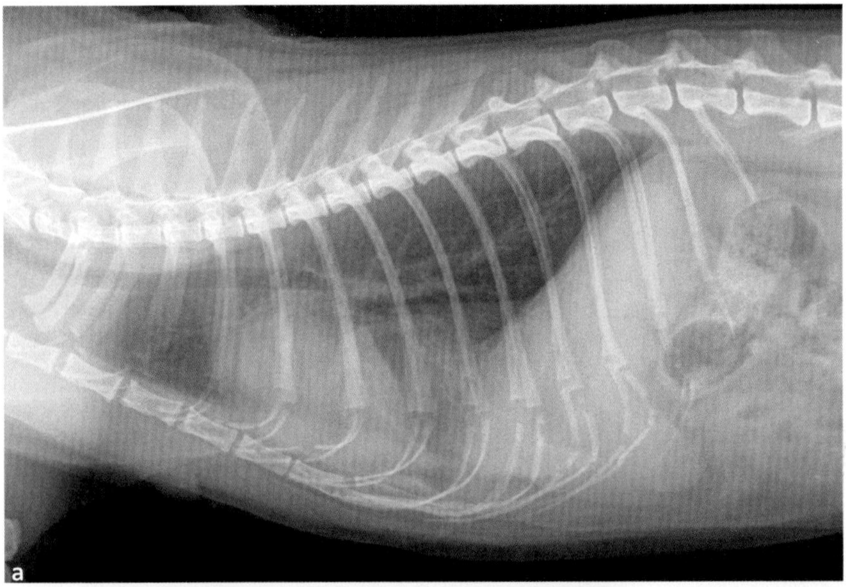

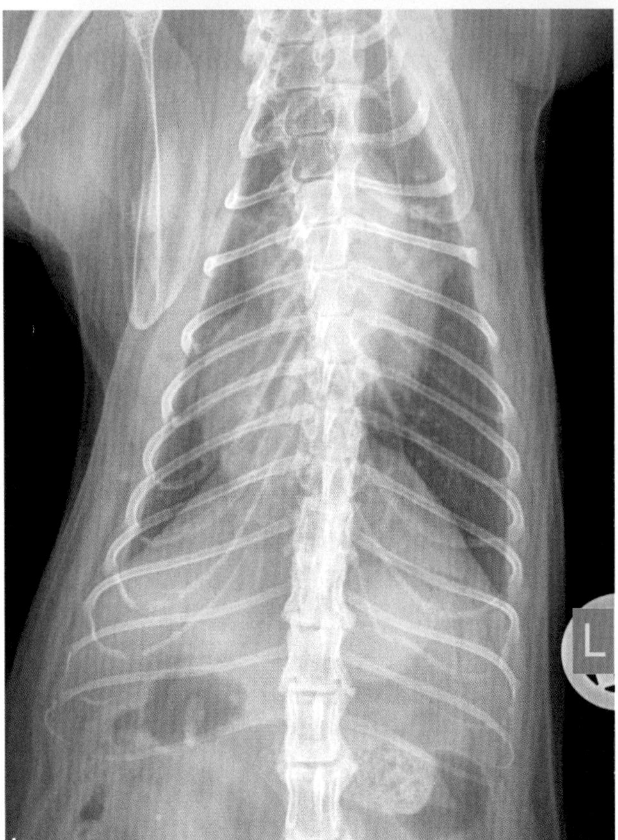

Abb. 9.2 Röntgenbild des Thorax (a. rechtsanliegend laterolateral, b. dorsalventral) einer 12 Jahre alten British Kurzhaar Katze: Der Weichteilschatten im rechten kaudoventralen Lungenfeld (die Patientin war mit Verdacht auf Lungentumor überwiesen worden) stellte sich als umgeknickter Leberlappen heraus, der durch einen medianen Riss im Zwerchfell in die Brusthöhle gelangt war; die Zwerchfellruptur wurde operativ versorgt.

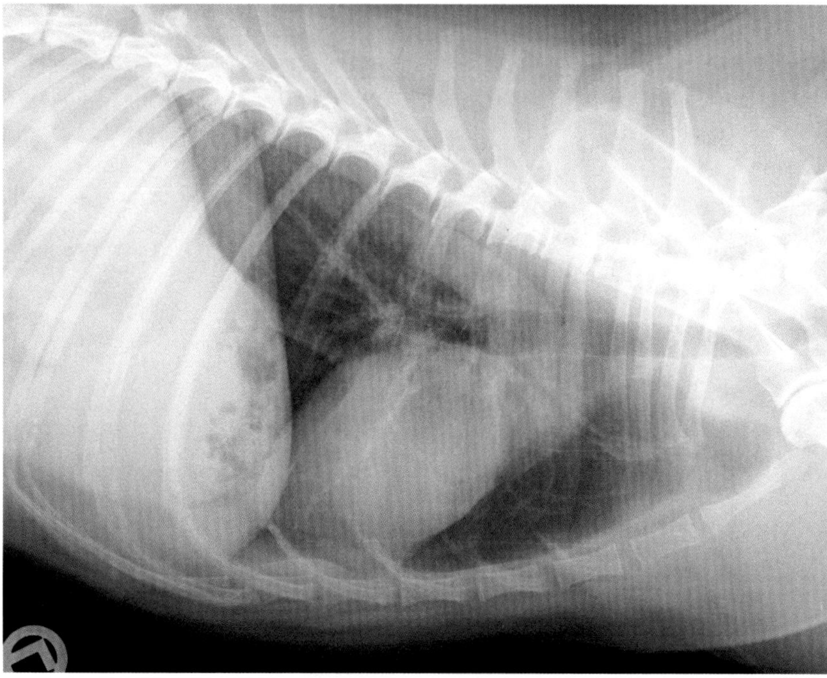

Abb. 9.3 Röntgenbild der Leber zeigt Gaseinschlüsse im Bereich der rechten kranialen Leber eines Hundes, die damit vor allem im linksanliegenden Thoraxbild deutlich wurden: Der Patient litt unter einer eitrig-nekrotisierenden Hepatitis mit Gasbildnern.

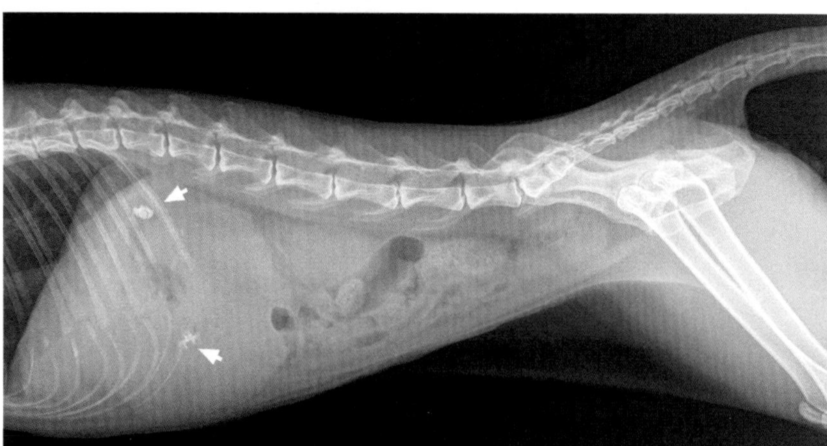

Abb. 9.4 Röntgendichte Konkremente (Pfeile) im Bereich der Leber bei einer inappetenten Katze mit Fieber und Umfangsvermehrung des Abdomens legten den Verdacht auf Gallensteine/Gallengangskonkremente nahe, die mit einer deutlichen Erweiterung des Ductus choledochus assoziiert waren. Ein Konkrement befand sich kurz vor der Duodenalpapille und wurde operativ entfernt (s. Abb. 9.14: OP-Situs).

9.4.2.2 Ultraschalldiagnostik

Indikationen: Die Sonographie der Leber einschließlich des Gallengangsystems gehört zu den Standardverfahren der Leberuntersuchung und ist wegen ihrer guten diagnostischen Aussagekraft u. a. indiziert bei Größenveränderungen der Leber, Ikterus, Aszites, Abdominalschmerz, gastrointestinalen Symptomen und auf Lebererkrankung hinweisenden Laborwertveränderungen. Sie ist ferner indiziert bei Verdacht auf portosystemische Shunts, beim Staging onkologischer Patienten (z. B. beim Lymphom), in Verbindung mit ultraschallgestützter Feinnadelbiopsie, zur Abklärung eines Verdachts auf Zwerchfellruptur mit möglichem Vorfall der Leber und bei ggf. fraglicher Leberlappentorsion.

Aussage: Mit der konventionellen Sonographie können neben lokalisierten Läsionen auch strukturelle diffuse Parenchymveränderungen oder multiple Knoten (wie bei Zirrhose oder bestimmten Neoplasien) erfasst werden. Einzelne Leberlappen lassen sich v. a. bei Aszites abgrenzen, ansonsten ist eine Lokalisierung fokaler Läsionen schwierig. Allerdings ist eine sichere Unterscheidung zwischen degenerativen, entzündlichen und neoplastischen Prozessen i. d. R. nicht möglich und schon gar nicht zwischen verschiedenen Tumortypen. Hingegen lassen sich insbesondere Gefäßmissbildungen im Bereich der Leber und Erkrankungen der Gallenblase (v. a. Gallenblasensteine, Mukozele) gut diagnostizieren, daneben auch Zysten, Gaseinschlüsse im Parenchym und eingeschränkt sogenannte **„Target-Lesions“**. Daher sollten die mit der Sonographie detektierten Veränderungen durch zytologische oder histopathologische Diagnostik abgeklärt werden.

Untersuchungsgang: Es werden Lage, Größe (gegenüber der Röntgenuntersuchung nur eingeschränkt beurteilbar), Ränder (normal: spitzrandig, glatte Oberfläche), insbesondere aber die Echogenität (normal: mittlere Echogenität, echoärmer und etwas grobkörniger als das normale Milzparenchym) und Homogenität des Parenchyms (normal: homogen) bzw. Verteilung und Struktur von Parenchymveränderungen untersucht. Weiterhin werden Verlauf und Größe der Gefäße einschließlich möglicher Thrombosierungen beurteilt sowie die Lage, der Füllungszustand, Inhalt und die Wand der Gallenblase und ggf. des Gallengangsystems. Dabei werden zumindest auch die angrenzenden Organe (Magen, Duodenum, Pankreas) und die Umgebung untersucht, was wichtig für den Ausschluss wichtiger Differenzialdiagnosen oder assoziierter Erkrankungen ist.

Parenchymveränderungen können fokal, multifokal oder generalisiert und abhängig von der Beschaffenheit homogen oder inhomogen vorkommen (Abb. 9.5). Zwar gehen Erkrankungen oft mit typischen sonographischen Mustern einher, ohne dass jedoch i. d. R. vom Ultraschallbefund eindeutig auf die zugrunde liegende Veränderung geschlossen werden kann. Eine diffuse und inhomogene Hyperechogenität liegt u. a. vor bei Fibrose, Zirrhose, Lipidose, Steroidleber, chronischer Hepatitis und meist auch beim Lymphom. Diffuse und inhomogene Hypoechogenität liegt u. a. vor bei Lebervenenstauung, akuter Hepatitis, Cholangiohepatitis, Amyloidose und ggf. beim Lymphom. Daneben können Mischformen auftreten.

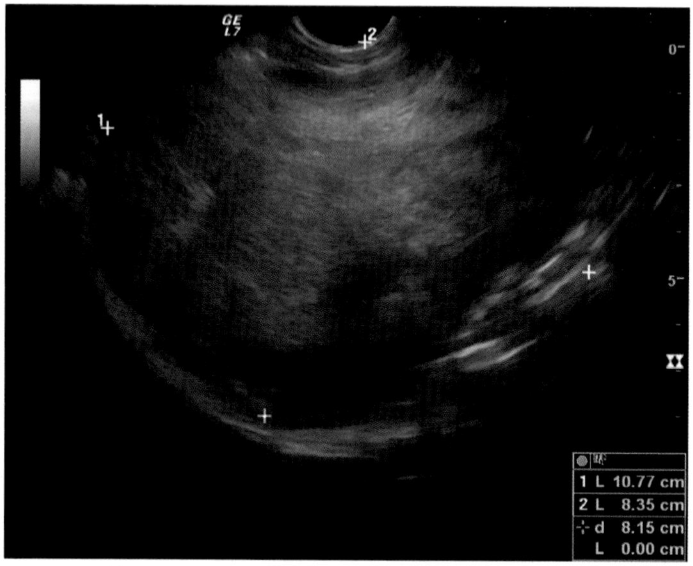

Abb. 9.5 Sonographisches Bild einer hyperechogenen, inhomogenen Lebermasse bei einer 10 Jahre alten kastrierten Mischlingshündin mit unregelmäßigen Rändern markiert durch Kreuze (ca. 8 × 11 cm): Pathologie: hepatozelluläres Karzinom mit Nekrose (teils differenziertere Anteile) (s. hierzu auch Abb. 9.7: CT, Abb. 9.9: Zytologie und Abb. 9.17: OP-Situs)

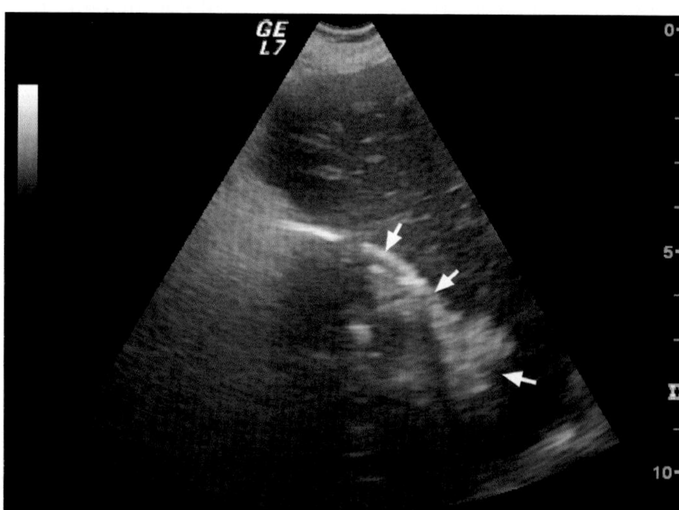

Abb. 9.6 Ultraschallbild einer 10-jährigen Weißen Schäferhündin mit akutem Abdomen: Mittig zeigt sich eine irreguläre, hyperechogene, teilweise deutlich verdickte Gallenblasenwand (Pfeile), deren Lumen aufgrund der Peritonitis (linksseitig: verwaschenes Gekröse; der Bauchhöhlenerguss war sterileitrig) nicht gut beurteilbar ist, rechts im Bild ist die leicht inhomogene Leber dargestellt. In der Probelaparotomie zeigte sich die Gallenblasenwand hochgradig verändert, „kurz vor dem Durchbruch" (s. Abb. 9.15), die histopathologische Untersuchung ergab eine eitrige Entzündung der Gallenblasenwand mit Nekrosen sowie eitrige Hepatitis und Perihepatitis) (Sonographie: Dr. Katja Rumstedt, Klinik für Kleintiere, Stiftung Tierärztliche Hochschule Hannover).

Auch bei fokalen Leberveränderungen kann die Echogenität mögliche Differenzialdiagnosen einschränken; so unterscheidet man folgende Formen, wobei Mehrfachnennungen bereits die Grenzen der Ultraschalldiagnostik dokumentieren:

- Anechogene Läsionen: Zyste, zystischer Tumor, Nekrose, Kaverne, Hämatom (feinkorpuskulärer Inhalt), Abszess
- Hypoechogene Läsionen: knotige Hyperplasie, primärer Lebertumor, Lymphom, Metastase, Abszess, Nekrose, Hämatom, komplexe Zysten
- Hyperechogene Läsionen: knotige Hyperplasie, primärer Lebertumor, Metastase, Mineralisierungen inklusive Gallenkonkremente, Abszess, Granulom, Fett inklusive Myelolipom, Gas
- Gemischte Formen: noduläre Hyperplasie, primäre Neoplasie, Metastase, Abszess, Hämatom

Pfortaderäste, Leberarterien und Lebervenen verlaufen intrahepatisch nahezu parallel und lassen sich in erster Linie durch ihren Verlauf (Portalgefäße und Leberarterien ziehen vom Leberhilus in die Peripherie; Lebervenen ziehen von der Peripherie zur V. cava) v. a. mittels Farbdoppler unterscheiden. Die V. porta teilt sich nach Eintritt im Hilusbereich in zwei Hauptäste und hat eine markante hyperechogene Wandschichtung. Lebervenen haben einen ähnlichen Durchmesser wie Portalgefäße, anschallungsbedingt kann die Wand ebenfalls hyperechogen erscheinen. Leberarterien sind im B-Bild nicht sichtbar, sie lassen sich größenabhängig mit Farbdoppler darstellen und haben einen kleineren Durchmesser als die Portalgefäße. Extrahepatisch liegt die V. porta ventral der V. cava caud. und der Aorta, von denen sie sich durch ihren gewundenen Verlauf und anhand der Gefäßabgänge differenzieren lässt.

Intrahepatische portosystemische Shunts lassen sich durch erfahrene Untersucher häufig gut darstellen, während extrahepatische wesentlich schwieriger nachzuvollziehen sind. Ergänzende Darstellung der umgekehrten Flussrichtung sowie des Strömungsprofils im Shuntgefäß mit dem Doppler-Ultraschall sowie die Messung einer Ratio der Durchmesser von V. porta zur Aorta können hilfreich sein. Ein reduziertes Lebervolumen, vergrößerte Nieren und Urolithen liefern weitere Hinweise.

Die **Gallenblase** stellt sich rechts von der Mitte als anechogene Blase dar. Diffuse Verdichtungen oder Sediment im Lumen („Sludge“) werden beim Hund regelmäßig, v. a. bei fastenden Tieren, beobachtet. Die selten auftretenden Gallensteine erscheinen als Gebilde mit hyperechogener Oberfläche und totalem, distalem Schallschatten. Im Gegensatz zu Verkalkungen der Gallenblasenwand wandern Gallensteine bei Verlagerung des Patienten jeweils zum tiefsten Punkt. Mikrolithe erscheinen als hyperechogener „Bodensatz“ mit totalem Schallschatten. Die Gallenblasenwand ist normalerweise dünn (< 2–3 mm beim Hund, < 1 mm bei der Katze), ohne Wandschichtung und glatt. Bei Cholezystitis oder Cholangiohepatitis kann die Gallenblasenwand durch entzündliche Infiltrate deutlich verdickt sein und einen echoarmen Randsaum als Zeichen eines Gallenblasenwandödems aufweisen (Abb. 9.6). Eine Mukozele stellt sich als hochgradig „Sludge“-gefüllte Gallenblase dar, die im weiteren Verlauf ein sternähnliches, dann Kiwi-ähnliches sonographisches Bild aufweist. Die Untersuchung der Umgebung auf Hyperechogenität und freie Flüssigkeit liefert Hinweise auf eine mögliche Ruptur der Wand. Polypen (und in seltenen Fällen Neoplasien) der Gallenblase ragen als gestielte Gebilde in das Lumen hinein, nicht in jedem Fall lässt sich erfolgreich der Blutfluss im Doppler-Ultraschall darstellen und auch die Abgrenzung von „Sludge“ kann eine Herausforderung sein. Physiologische **Gallengänge** können innerhalb des Leberparenchyms nicht dargestellt werden. Ductus cysticus und Ductus choledochus lassen sich leichter bei der Katze als beim Hund darstellen. Insbesondere bei fastenden Tieren weisen sie oft einen gewundenen Verlauf auf. Der Ductus choledochus verläuft kurze Zeit parallel zur V. porta und mündet dann in der Duodenalpapille. Bei Konkrementen im Ductus choledochus fällt häufig zunächst die Dilatation des Gallengangs auf, die Anschallung des Konkrements ist aufgrund der räumlichen Lage nicht immer einfach. Zur kontrastmittelgestützten Ultraschall-Diagnostik der Leber liegen beim Hund Studien zur Untersuchung der Leberperfusion, zu durch portosystemische Shunts induzierten hämodynamischen Veränderungen und zur Abgrenzung benigner von malignen knotigen Läsionen vor.

9.4.2.3 CT-Diagnostik

Indikation: Abklärung unklarer sonographischer Befunde, z. B. von raumfordernden Prozessen, einer Leberzirrhose, einer Pfortadererweiterung oder eines Pfortaderverschlusses. Abklärung von Größenveränderungen, Form- und Lageveränderungen (z. B. Herniationen), allgemeinen (Verfettung) und lokalisierten Strukturveränderungen (Tumoren, Zysten) sowie Durchblutungsstörungen/portosystemischen Shunts. Das CT liefert wichtige Informationen für die OP-Planung von Tumoren der Leber, Veränderungen des Gallengangsystems und Gefäßmissbildungen.

Technik: Von einer adäquate Auflösung wird i. d. R. ab einem 16-Zeilen-Tomographen (d. h. mit paralleler Aufzeichnung von 16 Schichten [Bilder/Rotation]), ggf. auch erst ab 64-Zeiler-CT ausgegangen. Erst durch Anwendung von jodhaltigen Kontrastmitteln (z. B. 350 µmol/ml: ca. 2–3 ml/kg KM entsprechend 600–880 µmol Kontrastmittel/kg KM) lassen sich differenzierte Aussagen treffen. Der Vergleich mit dem initialen Nativbild erlaubt, Artefakte, Verkalkungen etc. zu erkennen. Neben der üblichen Messung nach 60 s (venöse Phase) empfiehlt sich bei Verdacht auf einen Tumor eine zusätzliche Messung bereits nach 20–30 s (arterielle Phase) zur besseren Darstellung gut durchbluteter Neoplasien.

Interpretation/Aussage: Das Leberparenchym besitzt normalerweise eine homogene Dichte mit einem CT-Wert – in Abhängigkeit von den technischen Rahmenbedingungen – von etwa 60–70 Hounsfield-Einheiten (HE) beim Hund und 42–65 HE bei der Katze. Eine geringere Dichte liegt z. B. bei Leberverfettung, vor, eine erhöhte Dichte bei Stauung, zellulären Infiltraten, Kupferspeicherkrankheit, Hämochromatose, einem raumfordernden Prozess. Bei der Amyloidose der Leber ist die Dichte nicht erhöht, obwohl Zeichen einer portalen Hypertension vorliegen können. Wenn zwei Leberlappen sich in direktem Kontakt befinden, lassen sich die interlobaren Fissuren und damit die Grenzen nicht immer sicher definieren, v. a. bei hochgradigen Leberveränderungen, z. B. Umfangsvermehrungen. Die Kontrastanreicherung im Leberparenchym und in den Gefäßen sowie die Lage der Gallenblase helfen bei der Zuordnung verschiedener anatomischer Strukturen und Leberregionen.

Besonders vorteilhaft ist die CT zur Diagnostik **fokaler bzw. multipler Leberherde**, wobei hierbei allenfalls tendenziell auf die Art des Tumors geschlossen werden kann (Abb. 9.7). Leberzelltumoren (Adenome und Karzinome) sind eher hypodens, noduläre Hyperplasien sind iso- bis hypodens und Metastasen nativ hypo- bis isodens. Nach Kontrastmittelgabe erhöhen sich die HE wegen der guten Durchblutung v. a. beim hepatozellulären Karzinom, das meistens hyperdens wird (zentrale und marginale Anreicherung in der arteriellen Phase). Das weniger stark durchblutete Adenom zeigt überwiegend eine geringgradige diffuse Anreicherung während der arteriellen Phase (manchmal inhomogene Struktur mit zystischen Anteilen, Einschmelzungen oder Einblutungen) und bleibt oft hypodens. Bei Metastasen besteht oft geringe periphere Hyperperfusion (sogenanntes „ring enhancement"). Hämangiosarkome zeigen ebenfalls eine rasche Anreicherung nach Kontrastmittelgabe. Die nodulären Hyperplasien, die – wie die Adenome – ebenfalls oft ein diffuses Anreicherungsmuster besitzen, sind kleiner als hepatozelluläre Tumoren und besitzen nur selten eine Kapsel.

Bei einer **Leberzirrhose** zeigt sich neben dem inhomogenen Muster wegen der Regeneratknoten ein vergrößerter Lobus caudatus, der stets als Indikator von generalisierten Leberveränderungen zu werten ist. Weiterhin liegen eine Erweiterung der Pfortader und ihrer Zuflüsse sowie Kollateralgefäße vor, ggf. zusätzlich Aszites und Splenomegalie. Eine **Leberlappentorsion** ist erkennbar an einer Leberlappenvergrößerung bei fehlender Perfusion (Kontrastmittelanreicherung). Eine **Pfortaderthrom-**

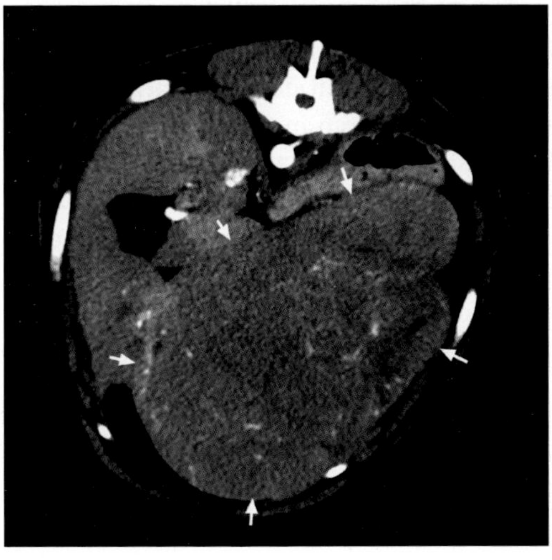

Abb. 9.7 CT-Bild (Transversalschnitt) eines hepatozellulären Karzinoms (Pfeile): beachte die heterogene Zusammensetzung mit hypointensen Arealen (s. hierzu Abb. 9.9: Zytologie und Abb. 9.17: Operationssitus)

bose zeigt sich anhand eines fehlenden Dichteanstiegs nach Kontrastmittelinjektion; Fehlinterpretationsmöglichkeit besteht bei sehr langsamem oder hepatofugalem Fluss. Bei einer **portalen Hypertension** sind die Pfortader und ihre Zuflüsse erweitert; es treten Splenomegalie und Kollateralgefäße auf. Veränderungen des Gallengangsystems (Aussackungen, Erweiterungen, Gallengangszysten, Verlegungen, Obstruktionen, Strikturen) sind gut darstellbar, ebenso intra- und extrahepatische Shunts. Das CT erlaubt eine gute Größencharakterisierung der Leber und – anhand der Anreicherung des Kontrastmittels – eine bessere Mikroshuntdarstellung als der Ultraschall.

9.4.3 Feingewebliche Untersuchung

Zur definitiven Diagnosestellung einer Lebererkrankung ist i. d. R. eine feingewebliche Untersuchung zumindest mittels zytologischer Diagnostik notwendig. Bei Verdacht auf eine bakterielle Ursache sollte das gewonnene Material auch für eine mikrobiologische Untersuchung verwendet werden.

Indikationen für eine feingewebliche Untersuchung der Leber sind:

- anhaltende Leberenzymerhöhung unklarer Genese,
- Größenveränderungen, insbesondere Hepatomegalie unklarer Genese (d. h. Ausschluss von z. B. kongestiver Herzinsuffizienz, Hyperadrenokortizismus), ggf. Leberverkleinerung außer portosystemischen Shunts,
- sonographischer Nachweis von lokalen, disseminierten oder diffusen Veränderungen und
- Verlaufs- und Therapiekontrolle.

Abklärung von Hämostasestörungen: Da bei Hepatopathien regelmäßig deutliche Gerinnungsstörungen vorliegen, sollte deren Ausmaß durch Erheben der Blutungsgeschichte, klinische Untersuchung und Hämostasediagnostik (Plättchenzahl, Prothrombinzeit, aktivierte partielle Thromboplastinzeit (aPTT), ggf. von Willebrandfaktor, ggf. kapilläre Blutungszeit) abgeklärt werden. Das erhöhte Blutungsrisiko bei Feinnnadelpunktionen und v. a. perkutanen Biopsieentnahmen sollte mit dem Tierhalter besprochen werden. Bei deutlichen Veränderungen muss ggf. durch initiale symptomatische Behandlung versucht werden, die hämostaseologische Situation zu verbessern. Bei Gallenstau kann die parenterale Gabe von Vitamin K_1 (0,5–1 mg/kg KM s. c./i. v. 12–24 Std. vor der Biospie) durch Erhöhung der Aktivität der Vitamin-K-abhängigen Faktoren zur Verminderung des potenziellen Blutungsrisikos beitragen. Gegebenenfalls können auch Frisch- oder Frischgefrierplasma oder Desmopressinacetat (DDAVP) sinnvoll sein (s. Kap. 9.5).

Bei der Wahl der individuell am besten geeigneten Biopsietechnik ist der Allgemeinzustand und damit die Narkosefähigkeit des Patienten zu bedenken, d. h. es gilt den möglichen diagnostischen Zugewinn gegenüber der Feinnadelaspiration mit der Belastung und möglichen zusätzlichen Risiken für den Patienten abzuwägen.

9.4.3.1 Leberzytologie, Feinnadelpunktion

Nach Auffassung des Autors kann stets zunächst versucht werden, mittels Feinnadelaspirationszytologie eine Diagnose zu stellen. Viele Autoren sehen die Möglichkeit für therapieentscheidende zytologische Diagnosen (z. B. bei chronischer Hepatitis) deutlich limitierter.

Die bevorzugt ultraschallgeleitete **Feinnadelpunktion** zur Anfertigung eines zytologischen Präparates erfordert bei unruhigen Tieren ggf. eine Sedation, kann aber oft ohne Narkose durchgeführt werden. In Einzelfällen kann es auch hier zu lebensbedrohlichen Blutungen und möglicherweise der Notwendigkeit einer Bluttransfusion kommen.

Mittels zytologischer Diagnostik lassen sich diffuse, noduläre oder lokalisierte Erkrankungen mit charakteristisch veränderter Leberzellmorphologie wie Cholestase, Verfettung, hydropische Degeneration, deutliche Entzündung (einschließlich des Nachweises von Infektionserregern) und einige Tumoren (z. B. Gallengangskarzinom) diagnostizieren (Abb. 9.8, 9.9, s. Abb. 9.13). Hingegen sind jene Diagnosen zytologisch nicht zuverlässig möglich, die wesentlich auf der Beurteilung der Gewebearchitektur beruhen (z. B. knotige Hyperplasie, Hepatom, Leberzirrhose), womit sich u. a. gutartige Neoplasien nicht sicher ausschließen lassen. Die Aussagekraft ist damit eingeschränkter als bei der histologischen Untersuchung (s. Kap. 9.4.3.2).

9.4.3.2 Leberbiopsie

Liefert die Aspirationszytologie nicht die nötigen Informationen, gilt es abzuwägen, ob als nächster Schritt eine perkutane Biopsieentnahme versucht wird oder sofort per Laparotomie (oder Laparoskopie) eine konventionelle Biopsieentnahme erfolgt. Eine **perkutane**

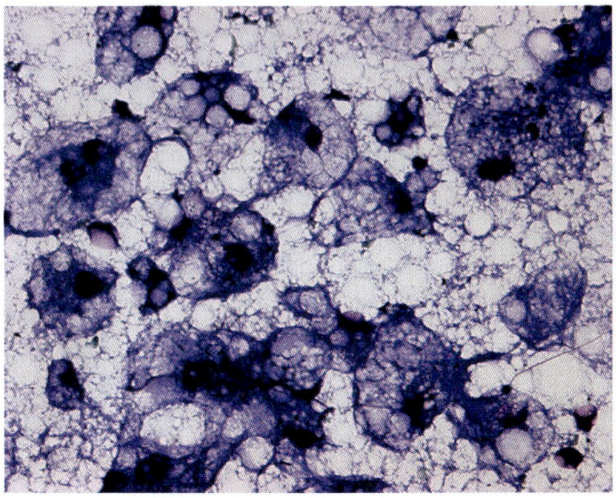

Abb. 9.8 Feinnadelaspirat der Leber einer ikterischen Katze: Die Leberzellen enthalten hochgradig klare Vakuolen als typischen Befund einer hepatischen Lipidose (Pappenheimfärbung, Originalvergrößerung 400 ×)

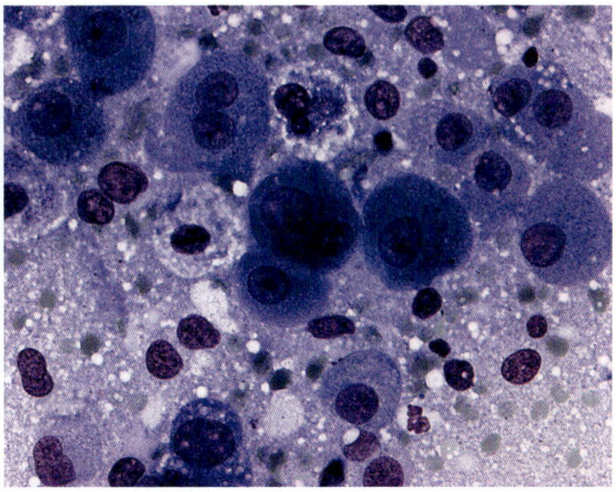

Abb. 9.9 Zytologie einer Lebermasse eines Hundes: Deutliche Anisokaryose, Makrokaryose, Mehrkernigkeit und viele freiliegende Kerne als Indikatoren eines hepatozellulären Karzinoms (derselbe Fall wie in Abb. 9.5: Ultraschall, Abb. 9.7: CT, Abb. 9.17: Operationssitus)

Biopsieentnahme ist schneller und mit geringerem Aufwand und geringerer Belastung für den Patienten durchführbar (keine Chirurgie, keine Narkose). In jedem Fall sollte sie ultraschallgeleitet erfolgen, womit sich selbst aus kleineren Läsionen recht sicher Bioptate entnehmen lassen. Nachteilig sind insbesondere eine geringere Probengröße mit u. U. verminderter diagnostischer Aussagekraft, eine ggf. weniger gezielte Probenentnahme, ein eventuell erhöhtes Risiko für Verletzungen (v. a. der Gallenblase) und Nachblutungen.

Im Rahmen einer **explorativen Laparotomie oder Laparoskopie** kann die Leber grobsinnlich beurteilt werden, und mit **chirurgischer Biopsientnahme** von Keilbiopsien oder laparoskopisch mit Biopsiezangen (vorteilhafterweise mit kleinen Löffeln) können Proben von adäquater Größe aus verschiedenen Leberlappen genommen werden. Laparoskopische Techniken sind nicht empfehlenswert bei Verdacht auf Erkrankungen des Ductus choledochus oder der Gallenblase, die operative Eingriffe erfordern. Leberbiopsien sollten aus verschiedenen Leberlappen genommen werden, im Hinblick auf Lebererkrankungen mit ungleicher Verteilung (z. B. hepatische mikrovaskuläre Dysplasie) und ggf. auch unter Einbeziehung unveränderter Areale. Eine Leberbiopsie sollte auch bei offensichtlicher Gallengangserkrankung entnommen werden. Vor Verbringen in Formalin können Tupfpräparate für zytologische Untersuchungen angefertigt werden. An den histologischen Proben können auch Spezialfärbungen (z. B. Masson's Trichrome zur Darstellung einer Fibrosierung, Rhodanin für Kupfernachweis) durchgeführt werden. Bei Verdacht auf chronische Hepatitis sollte Probenmaterial für die Messung von Kupfer asserviert werden.

Kontraindikationen (v. a. für transkutane Biopsien) sind Peritonitis, stark ausgeprägter Aszites, Verdacht auf kavernöse Tumoren (Hämangiosarkome), Hämatom oder Leberabszesse, bei transthorakaler Biopsie zudem Hydro- oder Hämothorax oder -perikard und Pleuritis. Bei kavernösen Läsionen mit Verdacht auf Hämangiosarkom ist die eingeschränkte diagnostische Aussage (ggf. rein blutig) mit den Risiken (Induktion abdominaler Blutungen mit Gefahr der Tumorzellverschleppung) abzuwägen.

Technik (transkutane Biopsie): In der Regel wird transabdominal bioptiert. Nur eine abnorm verkleinerte Leber (ggf. Röntgen zur Definition der Lebergröße) erfordert eventuell eine transthorakale Bioptierung (von rechts), der aber wegen der Verletzungsgefahr der Lunge eine klassische Bioptierung der Vorzug gegeben werden sollte.

Der sedierte oder auch kurz narkotisierte Patient (i. d. R. bei Katzen erforderlich) wird, bei lokalisierten Läsionen, mit der veränderten Seite nach oben, bei generalisierter Veränderung auf die rechte Seite gelegt (Punktion der linken Seite, da sicherer).

Die Punktionsstelle (zwischen Rippenbogen und Xiphoid; bei transthorakaler Punktion: 6. bis 8. Interkostalraum, dorsal der Rippenfuge, rechte Seite) wird chirurgisch vorbereitet, d. h. rasiert, gereinigt und desinfiziert, bei nicht narkotisierten Patienten zudem lokal im Bereich der Stichinzision anästhesiert. Unter den Biopsiebestecken ist die Tru-Cut™-Biopsienadel, die wie eine Kanüle in das Gewebe eindringt und schneidet wie ein Skalpell, wohl am gebräuchlichsten. Für die Leber eignet sich besonders die 18-Gauge-Größe (1,27 mm Durchmesser), um ein ausreichend großes Stück (mindestens 15 Periportalfelder/Glisson-Dreiecke) zu gewinnen.

Die Nadel wird bei eventueller transthorakaler Punktion zunächst senkrecht durch die Brustwand, dann Richtung Zwerchfell und nach dessen Perforation in die Leber geführt. Die mittels Biopsiebesteck herausgeschnittene, recht dünne Biopsiesäule kann vor Verbringen in Formalinlösung auf einen Karton o. Ä. gelegt werden, um Torsionsartefakte zu vermeiden.

Komplikationen (transkutane Biopsie): Sehr selten sind sie erheblich, v. a. in Form von Verletzungen der Gallenblase oder Gallengänge mit der Notwendigkeit zur Laparotomie (s. Kap. 9.6.3.4), Blutung (selten schwerwiegend), Infektion und Peritonitis bzw. Pleuritis oder Pneumothorax.

9.5 Allgemeine Therapierichtlinien

Bei vielen Lebererkrankungen kann neben einer Schonung des Patienten (Boxenruhe) und Berücksichtigung verschiedener diätetischer Aspekte nur eine supportive, symptomatische Behandlung erfolgen. Bei der medikamentösen Therapie von Leberpatienten ist zu bedenken, dass viele Arzneistoffe über die Leber verstoffwechselt werden, sodass nicht unbedingt erforderliche Medikamente abgesetzt werden sollten und ansonsten Arzneistoffe in verminderter Dosis zu verabreichen sind. Essenziell sind eine ausreichende Flüssigkeitstherapie mit Elektrolyt- und/oder Glukoselösung und Kaliumsubstitution (s. auch Kap. 1.6.2).

Diätetik: Eine adäquate Diät ist wichtiger Bestandteil, insbesondere bei der hepatischen Lipidose der Katze, chronischen progressiven Leberkrankheiten und bei Gefahr einer Hepatoenzephalopathie. Die Diät sollte leicht verdaulich, hochkalorisch, wohlschmeckend und -riechend, d. h. von guter Akzeptanz, sein. Der tägliche Kalorienbedarf beträgt ca. 50 (große Hunde) bis 75 (kleine Hunde) kcal/kg KM und bei der Katze 80–100 kcal/kg KM. Auch auf eine ausreichende Versorgung mit Vitaminen und Mineralstoffen ist zu achten. Es sind ausgewogene kommerzielle Leberdiäten verfügbar. Gegebenenfalls sind spezielle Diäten ratsam, z. B. eine proteinarme Diät bei Hyperammoniämie, insbesondere bei Hepatoenzephalopathie oder beim portosystemischen Shunt. Bei klinischen Anzeichen einer Hepatoenzephalopathie ist die tägliche Proteinaufnahme auf 2,5 g/kg KM (Hund) oder 3,5 g/kg KM (Katze) zu limitieren.

Am besten sind mehrmals täglich kleinere Portionen zu verabreichen. Um die Ernährung sicherzustellen, muss ggf. pürierte Nahrung oder kommerzielle Flüssignahrung mittels Spritze oder über eine nasoösopageale oder Ösophagotomie-Sonde appliziert werden (Abb. 9.10; s. Kap. 9.6.4). Nasensonden sind leicht zu applizieren, kostengünstig und vorteilhaft bei kurzzeitiger Anwendung. Appetitstimulanzien wie Diazepam und Oxazepam sind wegen ihrer Metabolisierung in der Leber umstritten (Dosierungen s. Kap. 9.6.4). Nur im Ausnahmefall sollte eine parenterale Ernährung erfolgen, da diese die Genesung verzögern kann (s. Kap. 9.6.4).

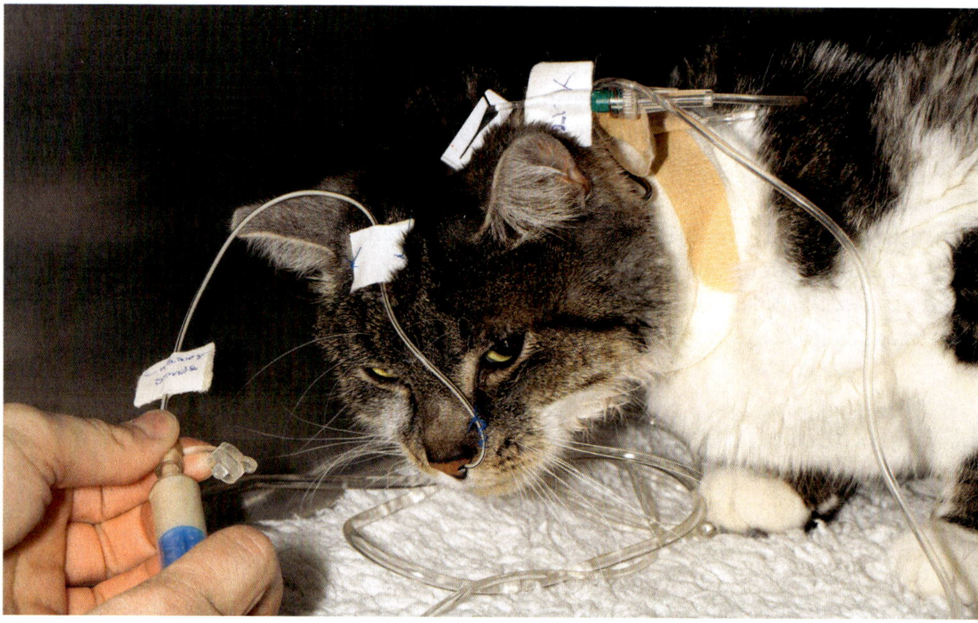

Abb. 9.10 Assistierte Fütterung einer Katze mit hepatischer Lipidose via Nasensonde

Infusionstherapie: Das Legen von Zentralvenenkathetern kann mit Blutungen verbunden sein, sodass auf eine ausreichende Bandagierung zu achten ist. Ringerlösung ist wegen des gestörten Laktatmetabolismus bei akuten Lebererkrankungen zu vermeiden!

Glukose/Dextrose: Eine Hyperglykämie sollte grundsätzlich vermieden werden, da sie ein Hirnödem verstärkt. Insbesondere bei der felinen hepatischen Lipidose ist mit Glukoseinfusionen restriktiv umzugehen (s. Kap. 9.6.4). Eventuelle Hypoglykämien sollten aber vor einer Thiamingabe ausgeglichen werden, da Thiamin als Cofaktor den Glukoseverbauch verstärkt und eine Thiamin-induzierte Neuroglykopenie mögliche neurologische Schäden und klinische Zeichen einer Hepatoenzephalopathie verstärken kann.

Aminosäurepräparate sollten mit Bedacht eingesetzt werden, da die Präparate (Falkamin®-Granulat) vorwiegend verzweigtkettige Aminosäuren (besonders Leucin, Isoleucin, Valin) enthalten und eine vermehrte Zufuhr aromatischer Aminosäuren die Ausbildung eines hepatoenzephalen Syndroms fördert (unter Bakterieneinwirkung entsteht aus Methionin im Darm der „Komastoff" Mercaptan).

Eine Supplementierung mit **L-Carnitin** (250[–500] mg/Katze p. o., 1 × tägl.), das für die Metabolisierung von Fettsäuren benötigt wird, wird vorwiegend zur Metaphylaxe der felinen hepatischen Lipidose eingesetzt.

Antioxidanzien dienen der Reduktion freier Radikale und damit oxidativer Leberschäden. Neben **Vitamin E** (α-Tocopherol, ca. 20 IU/kg KM p. o. [größenabhängig ca. 200–800 IU/

Hund], 1 × tägl. [1 IU = 0,9 mg synthetisches α-Tocopherol]) kommt **S-Adenosylmethionin (SAM,** 20[–40] mg/kg KM, 1 × tägl. p. o. auf nüchternen Magen, nach einer ggf. erfolgten N-Acetylcystein-Therapie, s. u.) zum Einsatz. SAM ist eine Vorstufe des Glutathions, eines potenten Antioxidans, das bei Hunden und Katzen mit Lebererkrankungen reduziert ist, aber wesentlich für verschiedene Leberzellfunktionen ist. Somit wird letztlich Glutathion substituiert. Im Rahmen der hepatoprotektiven Eigenschaften wirkt es dem programmierten Zelltod (Apoptose) entgegen, der bei entzündlichen Lebererkrankungen auftritt. Zur Sicherstellung der Wirkung (Metabolisierung zu Glutathion und Methylgruppendonation für Transmethylierungsreaktionen) sollten (v. a. bei Katzen mit Lipidose) flankierend Vitamin B_{12}, Folsäure und sonstige wasserlösliche Vitamine appliziert werden.

N-Acetylcystein ist an den ersten beiden Tagen einer akuten Hepatopathie induziert; es stellt Cystein für die Glutathionsynthese zur Verbesserung der Mikrozirkulation zur Verfügung und wirkt der SIRS-Entstehung entgegen. 10 %-ige Lösung: Initialdosis von 140 mg/kg KM i. v. als Infusion über 20 Minuten, danach 70 mg/kg KM i. v. alle 6–8 Stunden für 2 Tage. Selten werden unerwünschte Wirkungen in Form von Urtikaria, juckendem Hautausschlag, Vomitus und im schweren Verlauf sogar angioneurotischem Ödem beobachtet.

Mariendistel (Silymarin)-Präparate (20–50 mg/kg KM, 1–2 × tägl. p. o.) finden regelmäßig Anwendung als Futterzusatzstoffe bei Leberpatienten wegen ihrer hepatoprotektiven Eigenschaften (antioxidativ, antifibrotisch und leberregenerationsunterstützend); ihre Wirkung ist aber umstritten, v. a. bei bereits manifesten toxischen oder ischämischen Läsionen. Kommerzielle Futterergänzungsmittel kombinieren u. a. diesen Wirkstoff mit SAM.

Choleretikum: Die orale Gabe der hydrophilen **Ursode(s)oxycholsäure (UDC,** 10–20 mg/kg KM tägl., ggf. aufgeteilt auf zwei Einzeldosen) ist bei Cholestase durch chronische Hepatitis, eitrige und nicht eitrige Cholangitis und Mukozele indiziert. Neben der Förderung des Gallenflusses der Leber werden UDC auch verschiedene leberprotektive und immunmodulierende bzw. antiinflammatorische Effekte zugeschrieben. Hierzu zählen eine Verschiebung der Gallensäuren zu einer hydrophilen, weniger toxischen Population und eine Verminderung der MHC-Klasse-II-Expression. Die Anwendung ist sicher, erfordert aber die Durchgängigkeit des Hauptgallengangs.

Glukokortikoide (z. B. Prednisolon 1 mg/kg KM tägl.) werden u. a. bei der chronischen Hepatitis gegeben, um die Entzündung und Fibrosierung zu reduzieren. Daneben stimulieren sie den Appetit und verbessern oft das Allgemeinbefinden.

Zur **immunsuppressiven Therapie:** Siehe Kap. 9.6.2, 9.6.3.1.

Hemmung der Säureproduktion im Magen (Magenschutzbehandlung): ist oft angezeigt, v. a. durch Gabe von H_2-Rezeptor-Antagonisten (Ranitidin 1 mg/kg KM, 2 × tägl. p. o., Famotidin, schneller Wirkungseintritt) oder HCl-Pumpen-Inhibitoren (Omeprazol 1 mg/kg KM p. o./i. v, 1 [–2] × tägl., langsamer Wirkungseintritt). Durch die Hemmung verschiedener P450-Cytochrome durch Omeprazol kann es zu Interaktionen mit anderen Pharmazeutika kommen. Das schleimhautprotektive Sucralfat (25 mg/kg KM p. o., 2 × tägl.) kann die Resorption von Medikamenten stören und sollte jeweils zwischen den Medikationen (z. B. zur Nacht) gegeben werden.

Antiemetika hemmen auch die durch die Lebererkrankung verursachte Übelkeit: Maropitant 1 (i. v.) oder 2 (p. o.) mg/kg KM 1 × tägl. (nicht länger als 5 Tage), Metoclopramid (auch prokinetisch) 0,1–0,3 (–0,5) mg/kg KM, 3 × tägl. i. v./s. c./p. o., Ondansetron 0,25 (i. v.) oder 0,5 (p. o.) mg/kg KM, 2 × tägl.

Behandlung von Koagulopathien: Vitamin K_1 (0,5–1,0 mg/kg KM, 1[–2] × tägl. i. v./s. c.) bei Tieren mit Cholestase und veränderten Gerinnungswerten, in jedem Fall vor einer geplanten Leberbioptierung. Bei erheblicher Gerinnungsveränderung durch Proteinsynthesestörung (Verminderung der Gerinnungsfaktoraktivität < 30 %) kann u. a. präoperativ (Biopsieentnahme, Tumorresektion) die Transfusion von 20 ml/kg KM Frisch- oder **Frischgefrierplasma** sinnvoll sein. Teilweise wird die Anwendung von DDAVP (0,4 µg/kg KM, 1-malig s. c./i. v. [1:10 verdünnt in isotoner NaCl-Lösung]) durch dessen Aktivierung der primären Hämostase als Hämostypikum empfohlen. Bei durch akuten Pfortaderhochdruck induzierten Diapedesisblutungen kann Propanolol den Pfortaderhochdruck reduzieren; ggf. werden Transfusionen von Blut oder Erythrozytenkonzentrat erforderlich.

Vor allem bei akuten entzündlichen Erkrankungen und schweren degenerativen Erkrankungen (Lebernekrose) kann eine niedrig dosierte Heparinbehandlung (z. B. 75 IE/kg KM, 3 × tägl. s. c.) zur Metaphylaxe einer DIC erwogen werden (s. Kap. 4.3.6).

Vitamine des B-Komplexes, besonders das als Coenzym zur Verstoffwechslung von Glukose benötigte Thiamin (anfangs 50–100 mg/Katze, 1 × tägl. i. m./(langsam) i. v./s. c./p. o. [Cave: bei parenteraler Gabe: selten anaphylaktische Reaktionen oder neuromuskuläre Paralyse]; Erhaltungsbedarf Katze: 5 mg/kg KM tägl.) und Vitamin B_{12} (250[–1000] mg/Katze, 1 × wöchtl. s. c./i. m.), das wie Thiamin nach Resorption im Dünndarm in der Leber phosphoryliert wird und ebenfalls als Coenzym dient, sind wesentliche Bestandteile der Leberschutzbehandlung bei der Katze. Thiaminmangel entsteht v. a. beim Hungern und somit v. a., wenn andere Erkrankungen vorliegen. Gegebenenfalls kann vor Beginn einer Vitamin B12-Gabe Blut zur Messung eines Vitamin-B_{12}-Spiegels (genauer ist die Messung von Methylmalonsäure) entnommen werden. Cobalaminmangel kommt v. a. bei gleichzeitiger Pankreatitis oder IBD vor.

Antibiotische Therapie: Bei nachgewiesener bakterieller Infektion der Leber, ggf. auch empirisch bei Hepatoenzephalopathie, Nierenversagen und Anzeichen von SIRS werden Antibiotika möglichst nach Antibiogramm eingesetzt (z. B. Feinnadelaspirat der Galle bei Cholangitis oder der Leber bei Hepatitis oder ggf. Leberabszess [Cave: Rupturgefahr]). Grundsätzlich sind, im Hinblick auf die biliäre Exkretion, gut geeignet: Amoxicillin (20 mg/kg KM, 2 × tägl. i. v./p. o.), Amoxicillin-Clavulansäure und Ampicillin. Insbesondere Amoxicillin und Ampicillin lassen sich gut mit Metronidazol (7,5[–10] mg/kg KM, 2 × tägl. p. o./i. v.) kombinieren, das v. a. gegen Anaerobier und einige gramnegative Aerobier wirkt und zudem eine immunmodulierende Potenz besitzt. Auch Marbofloxacin (2 mg/kg KM, 1 × tägl.) ist gut geeignet, erfordert aber die Einleitung einer mikrobiologischen Untersuchung mit Resistenztest. Gegebenenfalls können auch Cephalosporine und Gentamicin (4 mg/kg KM, 2 × tägl. i. v./s. c.) Anwendung finden. Tetrazykline wirken nicht im alkalischen pH-Wert-Bereich (Galle) und sind auch im Hinblick auf die Lebertoxizität möglichst zu vermeiden.

Therapieprinzipien Hepatoenzephalopathie: Zusätzlich zu den oben aufgeführten Aspekten (proteinarme Nahrung, Ausgleich von Flüssigkeits- und Elektrolytimbalanzen, leberprotektive Medikamente) ist Wert auf die Regulation der Darmflora und damit Substratverwendung zu legen, wodurch die Stickstofftoleranz erhöht werden kann, durch: (1) spezifische orale Antibiotika wie Metronidazol, (7,5–)10 mg/kg KM, 2 × tägl. p. o. (umstritten), (2) Lactulose-Sirup (66,7 g/100 ml, 0,5 ml/kg KM, 3 × tägl. p. o.), der bei Langzeitanwendung zur Laxierung und Bakterienverarmung im hinteren Darmbereich führt. Weitere therapeutische Aspekte bei Hepatoenzephalopathie sind das erhöhte Lagern von Kopf und Hals, was den intrakraniellen Druck reduzieren kann. Die Lagerung ist so zu erfolgen, dass eine Kompression des Blutflusses in der Jugularvene vermieden wird.

Bei **Krampfanfällen** sind Antikonvulsiva (v. a. Levetiracetam 20 mg/kg KM, 3 × tägl. i. v./p. o.) angezeigt, bei Verdacht auf Gehirnödem Diuretika (Mannit 0,25–1 g/kg KM, i. v. [als Bolus], Furosemid [0,5–]1–2 mg/kg KM i. v. alle 6–8 Std.). Nicht indiziert sind Hypothermie, Barbiturate, hypertone Salzlösungen oder Flumazenil-Infusionen.

Aszitestherapie: Bei begleitendem Aszites (v. a. bei Zirrhose) ist mit Spironolacton (2–4 mg/kg KM tägl.), ggf. auch Furosemid (1–2 mg/kg KM tägl.) und Mannitol (1,5 g/kg KM und Tag bis 0,3 g/kg KM und Std.) zu behandeln. Eine Vermeidung von Belastung ist hier besonders wichtig, um keine Einschränkungen der Nierendurchblutung und -funktion zu riskieren. Die Ernährung sollte natriumarm sein. Nur bei extremem Ausmaß kann als Sofortmaßnahme zur Reduktion der Atembehinderung eine teilweise Abpunktion in Betracht gezogen werden, was mit limitiertem Albuminverlust verbunden sein kann.

Behandlung der Fibrose: Versucht werden kann Colchicin (0,03 mg/kg KM, 1 × tägl. oder jeden 2. Tag p. o., Nebenwirkungen: Erbrechen, blutiger Durchfall). Aufgrund der geringeren Nebenwirkungen kommt auch Phosphatidylcholin (als Polyenylphosphatidylcholin, PhosChol®), 25–50 mg/kg KM, 1 × tägl. p. o.) zur Anwendung. Weitere Medikamente mit möglicher antifibrotischer Potenz sind Prednisolon, D-Penicillamin und Silymarin.

Eine **chirurgische Versorgung** ist bei Leberabszessen und bei verschiedenen Gallenblasen-und Gallengangserkrankungen (Mucocele, Gallensteine mit Verlegung des Ductus choledochus) erforderlich und kann bei isolierten Lebertumoren (Gallengangsadenome, Hepatome, ggf. Karzinome) kurativ sein (s. Kap. 9.6.3; 9.6.9; s. Abb. 9-14, 9-17).

9.6 Ausgewählte Krankheiten des hepatobiliären Systems

9.6.1 Akute Hepatopathie (akute Hepatitis, akute hepatozelluläre Degeneration und Nekrose, akutes Leberversagen)

Definition: Akute entzündliche und degenerative Lebererkrankungen mit lokalen oder diffusen Schädigungen der Hepatozyten bis hin zu Apoptose und Nekrose aufgrund verschiedener Noxen. Akutes Leberversagen kennzeichnet einen plötzlichen Verlust der Leberfunktion, u. a. ablesbar an Hepatoenzephalopathie und Koagulopathie.

Epidemiologie: Regelmäßig vorkommend, selten werden akute Hepatitiden bakteriell verursacht, die Hepatitis contagiosa canis ist als Ursache nicht mehr relevant.

Ätiologie: Die Ursachen sind vielfältig und lassen sich im Einzelfall oft nicht definieren. Als Hepatotoxine sind bekannt: Chemikalien wie Tetrachlorkohlenstoff, Schwermetalle (u. a. Thallium, Cadmium), Rodentizide (Zinkphosphid), biologische Gifte (Mykotoxine wie Aflatoxine, Amanitin [Knollenblätterpilz], Blaualgentoxine), zahlreiche Medikamente wie Azathioprin, Azol-Antimykotika, Caprofen, Diazepam (Katze), Fenbendazol, Griseofulvin, Ivermectin, Mebendazol und Oxibendazol, Metamizol, Methotrexat, Paracetamol, Phenobarbital, Phenylbutazon, Primidon, Propylthiouracil, Tetrazykline, Trimethoprim-Sulfonamid, Xylit (bei einigen Hunden).

Ursächliche **Virusinfektionen** betreffen v. a. Canines Adenovirus-1 (CAV-1; Erreger der Hepatitis contagiosa canis; heute extrem selten!), FIP-Virus und Herpesviren, ursächliche **bakterielle Erreger** umfassen u. a. Leptospiren, Staphylokokken, Streptokokken, *E. coli*, Salmonellen, Nokardien, Clostridien, evtl. *Clostridium piliforme* (Tyzzersche Krankheit) und *Bartonella henselae* sowie Protozoen (*Toxoplasma gondii*).

Weiterhin kann sich eine akute Hepatopathie sekundär nach anderen Organ- oder Stoffwechselerkrankungen entwickeln, u. a. Herz-/Kreislaufinsuffizienz, akute Pankreatitis, Diabetes mellitus, Hyperadrenokortizismus, Hyperthyreose, akute Enteritis, akute hämolytische Anämie und Bauchtraumen (auch iatrogen).

Pathogenese: Die verschiedenen Läsionen führen letztlich – in Abhängigkeit von Noxe und individueller Reaktion – zu ausgedehnter Apoptose und Nekrose der Hepatozyten mit entsprechender Freisetzung von Leberenzymen. Es kann zur Regeneration und Genesung des Patienten kommen, wenn genügend funktionelles Lebergewebe erhalten bleibt.

Während virale Hepatitiden oft die ganze Leber betreffen, führen Bakterien nach hämatogener (Nabelvene, V. portae, A. hepatica) oder cholangiogener Infektion oft zu lokalen Läsionen einschließlich Abszessen. Hepatotoxine einschließlich Endotoxine können die Leber durch Beeinträchtigung der Stoffwechselfunktionen oder durch Schädigung von Membranen beeinflussen. Medikamentös bedingte Nekrosen kommen grundsätzlich vorwiegend bei Langzeitanwendung vor. Unter den Medikamenten-induzierten Hepatopathien besitzen Antikonvulsiva (Phenobarbital, Primidon) eine besondere Bedeutung, wobei es regelmäßig rasch zu oft massiven Leberenzymanstiegen kommt, gelegentlich auch zu intrahepatischen Cholestasen und Zirrhosen.

Akute Pankreatitiden wirken auf zweierlei Weise leberschädigend: Pankreasenzyme, besonders Trypsin, ferner Phospholipase A und Lysolecithin gelangen bei akuten Pankreatitiden vermehrt über das Portalblut in die Leber, wo sie ihre gewebeschädigende Wirkung entfalten. Gleichzeitig werden vasoaktive Substanzen wie Bradykinin aus dem Pankreas entlassen, die zu einer Störung der Lebermikrozirkulation führen. Dies wiederum zieht ein verlängertes Verweilen der proteolytischen Pankreasenzyme in der Leber nach sich. Es kommt zur zentrilobulären Nekrose. Chronische Krankheiten des Digestionstrakts, vorrangig des Colons, können auf mehreren Wegen leberschädigend wirken: Bakterientoxine oder Nahrungsallergene können vermehrt ins Portalblut und damit in die Leber gelangen; Antikörper gegen Colonepithelantigene können auch in der Leber gebildet werden, reagieren mit den Hepatozyten und rufen Entzündungen und Nekrosen hervor. Schwere Anämien und Ischämien (Schock, Thrombose, Herzinsuffizienz) führen infolge Sauerstoffmangels zu Nekrosen besonders im Bereich der Zentralvene.

Das Leberversagen oft begleitende Erbrechen und Diarrhö können zu Dehydratation, Hypokaliämie, Hypochlorämie und metabolischer Alkalose führen. Alkalose und Hypokaliämie können die Ammoniumproduktion in der Niere und damit eine Hyperammoniämie und eventuelle Hepatoenzephalopathie verstärken. Durch Hypoglykämie kann es zu einer Neuroglykopenie kommen, deren neurologische Symptome mit einer Hepatoenzephalopathie verwechselt werden können.

Als Komplikationen können portale Hypertension und Aszites vorliegen. Aszites entsteht bei akutem sinusoidalem Kollaps und Fibrosierungen der Leber. Weitere ernsthafte Komplikationen des akuten Leberversagens sind lebensbedrohliche Infektionen, Gehirnödem und Gerinnungsstörungen.

Klinisches Bild: Die variablen klinischen Symptome umfassen Anorexie, Apathie, Abgeschlagenheit, Vomitus und Gewichtsverlust sowie bei schweren Lebernoxen auch Ikterus, Blutungen und ggf. Anzeichen eines hepatoenzephalen Syndroms (u. a. Ataxie) (Abb. 9.11). Abdominalschmerzen können die Folge einer akuten Leberschwellung (Kapseldehnungsschmerz) oder Gallenblasenentzündung sein. Symptome des akuten Abdomens entstehen v. a. bei Abszess, insbesondere nach dessen Ruptur. Bei einem durch andere Organkrankheiten oder Funktionsstörungen sekundär ausgelösten Leberversagen kommen die Symptome der Grunderkrankung hinzu. Bei der akuten Hepatitis, die beim bis zu 6-jährigen Bedlington Terrier Kupfer-assoziiert auftreten kann und wo es durch ausgeprägte hepatische Nekrose zur Freisetzung von großen Kupfermengen in die Zirkulation kommt, kann sich zusätzlich eine hämolytische Anämie und Hämoglobinurie zeigen.

Labordiagnostik: Es findet sich, in Abhängigkeit von Ausdehnung und Schwere des Leberzellschadens, v. a. eine deutliche ALT- und GlDH-, ggf. auch AST-Erhöhung, während

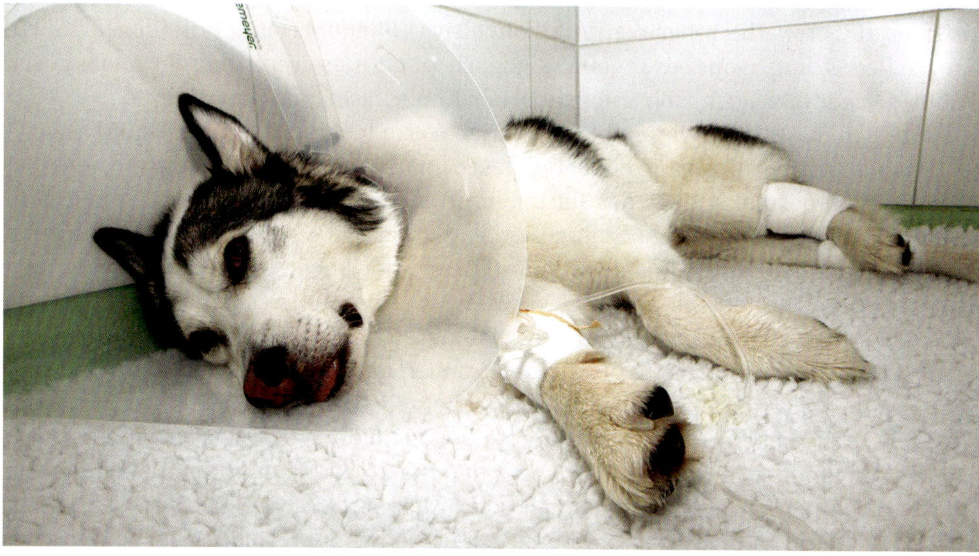

Abb. 9.11 Apathischer 4 jähriger Husky-Rüde mit Leberversagen und schweren gastrointestinalen Beschwerden durch Knollenblätterpilzvergiftung. Der Patient musste wegen Verschlechterung trotz 3-tägiger intensiver Behandlung euthanasiert werden.

die AP in geringerem Ausmaß bzw. verzögert verändert ist. Eine Bilirubinerhöhung deutet auf eine ausgedehnte und damit funktionell relevante Leberzellzerstörung hin oder auf Schäden, die zu Cholestase führen.

Diagnose: Die Diagnose erfordert eine Biopsie (evtl. durch Feinnadelaspiration), die aber wegen des ausgeprägten Blutungsrisikos bei akuten Hepatopathien oft unterbleibt oder sogar kontraindiziert ist. Die Pathohistologie zeigt Schweregrad und Ausprägung der Erkrankung. Bei naheliegender Ursache, d. h. bekannter Grunderkrankung (z. B. Infektionsnachweis) und labordiagnostischem Hinweis der Leberbeteiligung oder leberschädigender Medikation/Intoxikation erübrigt sich ggf. eine Biopsie. Bei Verdacht auf eine bakterielle Hepatitis bzw. einen Leberabszess ist die Ultraschall-gesteuerte Entnahme (Feinnadelpunktate der Leber) mikrobiologischer/bakteriologischer Proben (evtl. auch einer Blutkultur) ratsam, am besten vor Beginn einer Antibiotikatherapie.

Differenzialdiagnose: Andere Hepatopathien, Intoxikationen und andere Ursachen für ein akutes Abdomen (akute Pankreatitis, akute Gastroenteritis).

Prognose: Sie ist recht günstig, wenn die ursächliche Noxe beseitigt bzw. die möglicherweise vorliegende Grunderkrankung erfolgreich behandelt werden kann und – nach Regeneration – dauerhaft genügend funktionelles Lebergewebe (> 30[–50] %) erhalten bleibt. Bei der Kupfer-assoziierten akuten Hepatitis beim Bedlington Terrier kommt es i. d. R. binnen 48–72 Stunden zum Tod. Unbehandelte Überlebende zeigen wiederholt kritische Krankheitsperioden bei Stressereignissen wie Trächtigkeit, Hundeausstellung oder Reise.

Therapie: Entscheidend ist eine frühzeitige Therapie. Bei akutem Leberinsult ohne erkennbare Grundursache zielt eine engagierte hepatoprotektive und supportive Behandlung auf Zeitgewinn für die Regeneration der Leber und Kompensierung des Funktionsverlustes; sie ist daher essenziell für das Überleben. Hepatoprotektiv wirken SAM und N-Acetylcystein an den ersten beiden Tagen. Die supportive Therapie umfasst eine Flüssigkeitstherapie inklusive Plasmaexpander, Elektrolyt- und Säure-Basen-Ausgleich, Überwachung des Glukosestatus und ggf. -Supplementierung, Vitaminzusätze (wasserlösliche B-Vitamine; insbesondere Thiamin und Vitamin B_{12}), Ernährungshilfe durch Päppeln mit Leberdiät/Sondenernährung und Antikoagulation (s. Kap. 9.5). Insbesondere die Sicherstellung eines ausreichenden intravasalen Volumens und der systemischen Perfusion helfen oft, begleitende Funktionsstörungen anderer Organe zu verbessern (z. B. von Niere, Herz, Nebennieren, Pankreas). Besonders wichtig ist die Verhinderung einer Enzephalopathie oder, wenn diese bereits vorliegt, deren Schwere zu reduzieren und das Risiko eines Gehirnödems zu minimieren.

Bei bekannter oder naheliegender Ursache (z. B. Infektion) gilt es, diese zu kontrollieren bzw. abzustellen; dazu sind spezifische Maßnahmen angezeigt. Bei einer Toxinexposition innerhalb der letzten 36 Stunden kann eine **Dekontamination** des Gastrointestinaltrakts (u. a. Magenspülung, Aktivkohle und Abführmittel) einschließlich der Mundhöhle und Haut sinnvoll sein. Nur bei wenigen Hepatotoxinen sind spezifische Antidots verfügbar. Bei Verdacht auf Medikamenten-induzierte Hepatopathie (Medikation mit potenziell lebertoxischen Medikamenten, s. Abschnitt Ätiologie) sollte versucht werden, den Wirkstoff zu wechseln (z. B. von Phenobarbital auf Kaliumbromid). Bei bakterieller Ursache, auch zur Verhinderung von Sekundärinfektionen und empirisch bei Hepatoenzephalopathie, Nierenversagen oder Anzeichen von SIRS sind nicht lebertoxische Breitspektrumantibiotika (z. B. Amoxicillin, Ampicillin; ggf. in Kombination mit Metronidazol) indiziert (s. Kap. 9.5).

Bei Leberabszess ist eine chirurgische Versorgung mit Lobektomie zu erwägen.

9.6.2 Chronische Hepatitis beim Hund

Definition, Terminologie: Beim Hund treten verschiedene chronische entzündliche Erkrankungen der Leber mit ähnlicher Klinik und teilweise überlappenden histologischen Veränderungen auf:

- Chronische aktive/persisitierende Hepatitis (rassetypisch: Dobermann, Cocker Spaniel, Labrador Retriever)
- Kupferspeicherhepatopathie/Kupfer-assoziierte Hepatopathie (Bedlington Terrier, West Highland White Terrier, u. a.)
- Chronische nicht eitrige Hepatitis
- Chronische portale Triaditis
- Chronische Medikamenten-induzierte Hepatitis
- Chronische Cholangitis/Cholangiohepatitis

- Chronische lobuläre Hepatitis
- „Lobular dissecting hepatitis“ (eher spezifisches hepatisches Reaktionsmuster)
- Idiopathische hepatische Fibrose

Epidemiologie: Für verschiedene Hunderassen besteht eine Prädisposition (Bedlington Terrier, Labrador Retriever, West Highland White Terrier, Dalmatiner, Dobermann, Skye Terrier, Cocker Spaniel, Springer Spaniel, Chihuahua, Malteser). Bei Bedlington Terriern wurde durch Zuchtprogramme die Inzidenz mittlerweile drastisch reduziert. Bei den meisten dieser Rassen betrifft dies die Kupfer-assoziierte Hepatopathie, die aber grundsätzlich bei allen Hunderassen auftreten kann. Deren Relevanz ist gestiegen, seit in den letzten Jahrzehnten die Kupferzusätze in Hundefuttern höher bioverfügbar gemacht wurden. Eine Geschlechtsdisposition ist für die Kupfer-assoziierte Hepatopathie nicht bekannt. Die idiopathische Form betrifft v. a. mittelalte und alte Hunde ohne erkennbare Geschlechts- und Rasseprädisposition. Die chronische Hepatitis des Cocker Spaniels wird meist in jungem bis mittlerem Alter diagnostiziert ohne Geschlechtsprädisposition. Die „Lobular dissecting hepatitis“ tritt häufiger bei juvenilen bis jungen adulten Hunden auf mit einer Beschreibung bei einer Familie von Pudeln; es besteht keine eindeutige Rasse-, Geschlechts- und Altersprädisposition.

Bei der Katze sind chronische Hepatitiden, die sich nicht vorwiegend auf das Gallengangsystem fokussieren, deutlich seltener als beim Hund.

Ätiologie: Nur für einen Teil der Kategorien ist eine Ursache bekannt. Bei der idiopathischen chronischen Hepatitis besteht eine chronische, sich selbstunterhaltende nicht eitrige Leberentzündung ohne erkennbare Ursache. Sie schließt die autoimmune Hepatitis ein. Oft liegt ein erhöhter hepatozellulärer Kupfergehalt und Eisenspeicher der Kupffer-Zellen vor. Die ätiologische Relevanz ergibt sich aus dem Grad der Kupferakkumulation und ihre azinäre Lokalisation. Beim Bedlington Terrier, wo die Erkrankung besonders gut charakterisiert ist, besteht eine autosomal rezessiv vererbte Mutation des COMMD1 Kupfer-Transportproteins (Deletion von Exon 2). Diese führt zu einem abnormen Kupferbindungsprotein Metallothionein. Bei anderen Rassen mit Assoziation zur Kupferspeicherung wie Labrador Retriever, West Highland White Terrier (chronische Hepatitis mit oder ohne erhöhtem Kupfergehalt), Dalmatiner und Dobermann wurde noch keine genetische Ursache definiert. Die Erkrankung entspricht der Kupferspeicherkrankheit (Wilson-Erkrankung) des Menschen. Bei der chronischen Hepatopathie des Cocker Spaniels wurde ein α_1-Antitrypsin-Mangel als Ursache postuliert, aber nicht eindeutig bestätigt. Die „Lobular dissecting hepatitis“ ist pathophysiologisch unzureichend charakterisiert und könnte in einem Teil der Fälle die Folge einer Hepatotoxinexposition darstellen.

Als mögliche Ursachen für chronische Hepatitiden kommen weiterhin infrage: Infektionen (Canines Adenovirus-1 [Hepatitis contagiosa canis], Leptospiren) und langanhaltende Expositionen zu Xenobiotica (Medikamente, z. B. Phenobarbital, Chemikalien, biologische Toxine).

Pathogenese: Die Erkrankung ist charakterisiert durch eine anhaltende Leberentzündung bis hin zur Degeneration und Nekrose, besonders zentrilobulär. Die entzündlichen Reaktionen können auf die Glissonschen Dreiecke (in der Umgebung der Zentralvene) beschränkt bleiben (chronische persistierende Hepatitis) oder von dort aus durch Nekrose von Hepatozyten fortschreiten (chronische aktive oder aggressive Hepatitis). Hierbei ist die Leberzellregeneration durch wiederholte Zelluntergänge gestört, die Gitterfasern kollabieren. Es erfolgt eine bindegewebige Proliferation (Fibrose) und Ausbildung von Regeneratknoten mit Verlust der Leberarchitektur (Leberzirrhose). Im späten Stadium kann es durch (intrahepatische) portale Hypertension zur Entwicklung erworbener portosystemischer Shunts (Kurzschlüsse zwischen Sinusoiden und Zentralvene) und entsprechenden metabolischen Konsequenzen und ggf. Anzeichen einer Hepatoenzephalopathie kommen.

Die Kupferhomöostase hängt von verschiedenen Transportproteinen (Chaperonen), Bindungsproteinen und dem Austritt in die Gallenkanälchen ab. Bei der **Kupfer-assoziierten Hepatopathie** führt die gestörte Kupferausscheidung über die Galle zur Akkumulation von Kupfer in den Hepatozyten. Konsequenzen sind chronische Hepatitis, oxidative Schäden der Mitochondrien, Degeneration und Nekrose, eventuell mikro- und makronoduläre Zirrhose und Leberversagen. Betroffene Hunde zeigen eine hohe Leber-Kupferkonzentration im Alter von einem Jahr (> 400 µg/g oder 400 ppm Lebertrockenmasse), die während der ersten 6 Lebensjahre bis auf > 12.000 ppm ansteigen kann. Bereits bei Kupferkonzentrationen von 600 ppm können Leberschäden bzw. erhöhte ALT-Werte vorliegen.

Während bei West Highland Terriern oft eine erhebliche Kupferanreicherung vorliegt, entwicklen nicht alle diese Tiere eine Hepatitis. Hier besteht die maximale Kupferkonzentration mit 6 Monaten und erreicht nicht die Werte des Bedlington Terriers. Beim Bedlington Terrier kann sich die Erkrankung auch als akute Hepatitis äußern (s. Kap. 9.6.1). Bei vielen oben genannten Rassen (Labrador Retriever, West Highland White Terrier, Cocker Spaniel, Sky Terrier) können auch nicht Kupfer-bedingte chronische Hepatitiden auftreten, z. B. beim Labrador lymphoplasmazelluläre, immunvermittelte. Beim Dobermann besteht oft eine idiopathische, chronische, immunvermittelte Hepatitis, v. a. bei Hündinnen mittleren Alters, wobei bei einigen Tieren Kupfer eine Rolle spielt. Beim Cocker Spaniel kann bei einigen Tieren ein moderat erhöhter bis hoher Kupfergehalt vorliegen, wobei mäßig erhöhte Kupfergehalte ggf. nur eine sekundäre Kupferretention nach Cholestase widerspiegeln. Beim Malteser, bei dem entzündlich-degenerative zentrilobuläre Leberläsionen bei Individuen mit mikrovaskulärer Dysplasie bestehen, zeigt sich oft eine Assoziation zur IBD. Die Lebererkrankung wird möglicherweise verursacht durch die Anflutung von inflammatorischen Zytokinen und Entzündungszellen aus dem Darm.

Durch toxische Kupferschäden kann assoziiert (beim Bedlington Terrier) an den Nierentubuli ein erworbenes Fanconi-Syndrom vorliegen (Glukosurie, Aminoazidurie, metabolische Azidose, alkalischer Harn-pH), ggf. bei ansonsten asymptomatischen Patienten. Die akute Freisetzung von Kupfer aus nekrotischen Hepatozyten kann eine hämolytische Anämie auslösen.

Klinisches Bild: Chronische Krankheiten der Leber können lange Zeit asymptomatisch bleiben. Die erst im fortgeschrittenen Stadium (oder bei zusätzlicher Leberschädigung) auftretenden Allgemeinsymptome wie Leistungsschwäche, Lethargie, Inappetenz und Gewichtsverlust sind wenig spezifisch und damit nicht pathognomonisch. Seltener treten andere gastrointestinale Anzeichen (Erbrechen, Durchfall) auf, eventuell auch Abdominalschmerzen, PU/PD und Fieber. Im Endstadium können Ikterus, Aszites und Ödeme, Splenomegalie, Magen-Dünndarm-Ulzera, hämorrhagische Diathese (v. a. gastrointestinale Blutungen) resultierend in Meläna und milder Anämie und ggf. Verhaltensstörungen und neurologische Symptome bis hin zum Koma durch Hepatoenzephalopathie sowie Blindheit bestehen. Selten können die Symptome auch zum Teil ein hepatorenales Syndrom repräsentieren.

Besteht eine Leberbeteiligung sekundär im Verlauf anderer Krankheiten, dann können deren Symptome im Vordergrund stehen.

Labordiagnostik: Es finden sich i. d. R. persisitierende, oft leichte bis moderat in verschiedenen Kombinationen erhöhte Leberenzymwerte (v. a. die ALT, GLDH und ggf. AP). Erst im fortgeschrittenen Stadium zeigen sich zunächst erhöhte Blutwerte von Gallensäuren, Ammonium und Gesamtbilirubin, später auch eine verminderte Albumin-, Cholesterin- und Harnstoffkonzentration und Gerinnungsveränderungen. Gallensäuren- und/oder Ammoniumkonzentration müssen besonders bei Verdacht auf ein hepatoenzephales Syndrom untersucht werden.

Daneben können eine nicht regenerative Anämie, Leukozytose, Thrombozytopenie und Hyperglobulinämie vorliegen. Anzeichen eines erworbenen portosystemischen Shunts sind Mikrozytose und Ammoniumbiurat-Kristallurie.

Bildgebende Diagnostik: Im frühen Stadium ist die Lebergröße normal und es bestehen oft keine sonographisch darstellbaren Veränderungen. Im späten Stadium kann die Leber verkleinert sein, und in der Sonographie können hypoechogene oder auch hyperechogene noduläre Läsionen und damit irreguläre Lebergrenzen erkennbar sein.

Diagnose: Falls nicht bei einer Laborkontrolle Leberenzymerhöhungen auffallen, die frühzeitig abgeklärt werden, erfolgt die Diagnose oft erst im weit fortgeschrittenen Stadium. Eine zeitnahe feingewebliche Untersuchung ist daher bei anhaltenden Leberenzymerhöhungen unklarer Ursache empfehlenswert, umso mehr, wenn es sich um einen Vertreter der prädisponierten Rassen handelt. Die zytologische Diagnostik kann bei deutlicher Entzündung Hinweise geben, die Diagnose wird am besten mittels laparoskopisch oder laparotomisch entnommenen Leberbioptaten gestellt (Cave: ausreichende Größe und aus verschiedenen Lappen!, s. Kap. 9.4.3.2).

Histologisch bzw. zytologisch finden sich gering- bis hochgradige Entzündungszellinfiltrationen des Leberparenchyms durch Plasmazellen, Lymphozyten, Makrophagen und neutrophile Granulozyten (periportal oder lobulär), hepatozelluläre Degeneration bis hin zu Nekrose von Hepatozyten und im fortgeschrittenen Stadium konfluierende läppchenübergreifende Nekrosezonen (Parenchymuntergang) zwischen Glisson-Trias und Zentralvenen sowie überbrückende Fibrose und noduläre Regeneration. Die beteiligte Azinuszone hängt von der Ursache ab, z. B. liegt bei der Kupfer-assoziierten Hepatopathie der Fokus auf der zentrilobulären Region (Zone 3). Bei der chronischen Hepatitis des Cocker Spaniels liegt assoziiert zur oft nur moderaten Entzündung und sinusoidalen Myofibrozytenaktivierung mit Kollagenablagerung eine vakuolige Hepatopathie vor. Bei der zentrilobulären Hepatopathie des Maltesers finden sich typischerweise lymphoplasmazelluläre, ggf. auch eosinophile Infiltrate angrenzend an hepatische Venulen in der zentrilobulären Zone 3 oder diese ummantelnd. Es entwickelt sich eine degenerative Hepatopathie mit Lipogranulomen (Aggregaten schaumiger Makrophagen) neben den hepatischen Venolen, die teilweise oder komplett das Gefäßlumen verdecken. Bei der „Lobular dissecting hepatitis" zeigen sich histologisch intrasinusoidale nicht eitrige Entzündungsinfiltrate, die zu panlobulärer sinusoidaler Fibrose führen.

Mit Spezialfärbungen lässt sich eine Akkumulation von Kupfer in Hepatozyten (s. u.) und Eisen in Makrophagen, Kupffer-Zellen und Hepatozyten (Berliner Blau-Färbung) feststellen. Die definitive phänotypische Diagnose einer **Kupfer-assoziierten Hepatopathie** basiert auf qualitativen Kupferfärbungen in Histoschnitten mit Rhodanin (Kupfergranula in Hepatozyten der Regeneratknoten) und quantitativen Kupfermessungen (verdächtig: 500 ppm, positiv: > 1200 ppm) in einer beim adulten Tier entnommenen Lebergewebeprobe. Eine deutliche lymphoplasmazelluläre Hepatitis ist nicht typisch für eine Kupfer-assoziierte Hepatopathie. Bei gleichzeitigem Auftreten kann möglicherweise eine Sensibilisierung gegenüber Epitopen der Kupfer-geschädigten Hepatozyten ursächlich für die Immunreaktion sein.

Für die quantitative Messung von Kupfer, Eisen und Zink sollte ein Teil der Gewebeprobe asserviert werden (zumindest im Gefrierschrank). Biopsieproben sollten auch mikrobiologisch (einschließlich Anaerobier) untersucht werden. Für den Bedlington Terrier liegt ein Gentest vor, allerdings erfordert die definitive Diagnose auch den Nachweis der angeführten phänotypischen Veränderungen. Die Diagnose der idiopathischen chronischen Hepatitis erfordert Tests auf Infektionserkrankungen, eine sorgfältige Fahndung nach einer möglichen Medikamenten- und Toxinexposition und Fragen nach Diät, Umgebung und Familiengeschichte sowie ggf. die Messung antinukleärer Antikörper.

Zur Bestätigung einer effektiven Therapie, d. h. kompletten Remission, werden Kontrollbiopsien empfohlen. Die Aktivität der Erkrankung wird anhand der ALT- und GLDH-Aktivitäten verfolgt.

Differenzialdiagnose: Infektionen, Medikamentenwirkung, sekundäre Hepatopathien (infolge anderer Ursachen), Tumoren, Speicherkrankheiten, Cholangiohepatitis, chronische Vergiftungen; Enzephalopathien anderer Genese bei hepatoenzephalem Syndrom.

Prognose: Die Krankheit ist unheilbar. Jedoch kann bei rechtzeitigem Therapiebeginn, d. h. vor Auftreten von Symptomen, auch langfristig ein akzeptabler Allgemeinzustand ermöglicht werden. Bei fortgeschrittenen Fällen ist die Prognose ungünstig.

Therapie: Eine spezifische Therapie ist nicht verfügbar, außer wenn eine zugrunde liegende Ursache definiert werden kann, z. B. Antibiotikatherapie bei bakteriellen Infektionen (ggf. auch empirisch bis zum Vorliegen des Antibiogramms), Vermeidung von Toxinexpositionen und von hepatotoxischen Therapiemaßnahmen. Beim Malteser besteht eine Assoziation zur IBD, sodass diese neben der u. a. antioxidativen und immunsuppressiven Therapie mitbehandelt werden muss.

Grundsätzlich (aber insbesondere bei Assoziation zu Kupfer) sind Antioxidanzien wie SAM und Vitamin E wichtig, während Vitamin C bei Kupferspeicher-Hepatopathie kontraindiziert ist, da es schädliche Übergangsmetall-Effekte fördern kann. Eine weitere unterstützende Leberschutztherapie umfasst u. a. Silymarin und UDC (s. Kap. 9.5). Eine Therapie mit Prednisolon, D-Penicillamin, Silymarin hat auch antifibrotische Effekte, ebenso auch Colchicin und PhosChol (s. Kap. 9.5).

Eine **immunsuppressive Therapie** sollte erst nach Ausschluss von infektiösen und toxischen Ursachen und nach Nachweis einer aktiven Leberentzündung durchgeführt werden: Prednisolon wird in folgender Dosierung gegeben: initial 2 mg/kg KM 1(–2) × tägl. über 7–10 Tage, dann 1 mg/kg KM über mehrere Wochen, langsam ausschleichend bis 0,5 mg/kg KM jeden zweiten Tag. Bei Aszites und erworbenen portosystemischen Shunts wird Dexamethason (0,1–0,2 mg/kg KM, 1 × tägl. p. o. über 3 Tage, dann jeden zweiten Tag) wegen seiner fehlenden mineralokortikoiden Eigenschaften empfohlen; es besitzt auch eine längere biologische Halbwertszeit. Zum Glukokortikoid sollte eine immunmodulierende Substanz gegeben werden, um Ersteres besser und sicherer ausschleichen zu können. Unerwünschte Nebenwirkungen von Glukokortikoiden bei chronischer hepatobiliärer Erkrankung sind Natrium- und Wasserretention (kann Aszites verschlimmern), ein katabolischer Effekt (kann Hepatoenzephalopathie fördern), gastrointestinale Ulzerationen und Blutungen (können ebenfalls Hepatoenzephalopathie verschlimmern), Pankreatitis, Prädisposition zu Sekundärinfektionen, Glukoseintoleranz und iatrogener Hyperadrenokortizismus. Mögliche Immunsuppressiva sind Azathioprin ([1–]2 mg/kg KM, 1 × tägl. für 3–5 Tage, dann jeden zweiten Tag; Blutbildkontrollen!), Ciclosporin (5 mg/kg KM, 1 × tägl.) oder Mycophenolat-Mofetil (8 mg/kg KM, 2 × tägl. p. o., ggf. Reduktion auf 1 × tägl., abhängig von Wirkung). Ein komplettes Absetzen empfiehlt sich nicht. Bei Tieren mit immunvermittelter Hepatitis sollte nach Möglichkeit auf Routineimpfungen verzichtet werden.

Die Behandlung der **Kupfer-assoziierten Hepatopathie** basiert auf der Zufuhr von Chelatbildnern und/oder Limitierung der Kupferzufuhr über Nahrung und Trinkwasser (< 0,1 ppm). Letzteres kann bei noch asymptomatischen Hunden ausreichen. Die reduzierte Kupferzufuhr über die Nahrung betrifft einerseits die Zusammensetzung der Diät (z. B. proteinarme Leberdiäten für Hunde mit Enzephalopathie mit Ergänzung des Proteingehalts durch kupferarme Proteinquellen auf 3,5 g Protein/kg KM und Tag; Milchprodukte wie Hüttenkäse und Reis) und andererseits die Hemmung der enteralen Resorption durch Zinksupplementierung (Zinkacetat, -glukonat, -sulfat; 2,5–5 mg/kg KM 2 × tägl., nach einigen Monaten reduzieren auf 1–1,5 mg/kg KM, 2 × tägl., jeweils 30 Min vor Fütterung). Durch Blutspiegelmessung ist sicherzustellen, dass der Blutspiegel nicht den toxischen Bereich (> 800 ppm) erreicht. Zink induziert die Bildung von Metallothioneinen in Enterozyten, die u. a. Kupfer irreversibel binden, sodass dieses nicht absorbiert, sondern mit den abgeschilferten Enterozyten über die Fäzes ausgeschieden wird. Allerdings lässt sich hiermit die enterale Kupferaufnahme wohl nicht sicher regulieren (entsprechend den Ergebnissen beim Menschen). Die Zinktherapie sollte nicht gleichzeitig mit Chelatbildnern gegeben werden, da sich beide behindern können. Manche Hunde vertragen die Zinktherapie nicht gut und zeigen Übelkeit, Vomitus und Inappetenz.

Bei den Chelatbildnern zur „Entkupferung" wird zumeist D-Penicillamin verwendet (10–15 mg/kg KM, 2 × tägl. p. o. [30 Min vor der Fütterung] für 4–6 Monate; dann Erhaltungstherapie in halber Dosierung und dann jeden zweiten Tag). Alternativ kann Triethylentetramin-Dihydrochlorid (Trientin, TETA, weniger Nebenwirkungen, zur Fortführung der Therapie mit Penicillamin): 5–7 mg/kg KM, 2 × tägl. p. o. [30 Min vor der Fütterung]) verwendet werden. Hiermit kann der Kupfergehalt der Leber langsam reduziert und damit das Fortschreiten der Erkrankung gestoppt werden. Begleitend sollte Pyridoxin (Vitamin B_6, 25 mg/kg KM tägl.) verabreicht werden, da Penicillamin Anti-Vitamin-B_6-Wirkung hat. Nach der Chelattherapie muss weiterhin bis zum Lebensende auf eine limitierte orale Kupferaufnahme geachtet werden, womit eine dauerhafte Therapie mit Chelatbildern oder Zink entbehrlich sein kann.

Angezeigt sind zudem ggf. Infusionen, ein Ausgleich von Imbalanzen der Elektrolyte und des Säure-Basen-Haushalts, Maßnahmen zur Verbesserung der Hämostase (Heparin, Vitamin K_1 u. a.), eine Aszitestherapie, die Metaphylaxe gastrointestinaler Ulzera mit Omeprazol und Sucralfat sowie Behandlungsprinzipien der Hepatoenzephalopathie (s. Kap. 9.5). Weiterhin sind allgemeine Maßnahmen wie Vermeidung von körperlicher Anstrengung, die Vermeidung potenziell lebertoxischer Therapiemaßnahmen und eine adäquate Diätetik sinnvoll (s. Kap. 9.5). Eine permanente Urethrostomie kann bei Rüden mit Ammoniumbiurat-Harnsteinbildung erforderlich sein.

Prophylaxe: Betroffene Individuen und Träger des Defektes (Bedlington Terrier) sind von der Zucht auszuschließen.

9.6.3 Entzündliche und obstruktive Erkrankungen des Gallengangsystems

9.6.3.1 Cholangitis, Cholangiohepatitis/feline entzündliche Lebererkrankung

Definition, Systematik: Komplex verschiedener entzündlicher hepatobiliärer Erkrankungen vorwiegend bei der Katze. Entsprechend der Nomenklatur der WSAVA Liver Standardisation Group werden abhängig vom hauptsächlich beteiligten Entzündungszelltyp neutrophile (mit den Subtypen: akut eitrig und chronisch nicht eitrig/gemischt), nicht eitrige/lympho-plasmazelluläre und parasitäre Cholangitis (assoziiert mit Leberegeln) unterschieden. Bisweilen ist auch die Gallenblase erfasst (Cholezystitis). Gegebenenfalls besteht eine biliäre Zirrhose/Fibrose.

Epidemiologie: Cholangitis (bzw. Cholangiohepatitis) ist bei der Katze häufig (etwa ein Viertel aller Lebererkrankungen) mit einer Prädisposition für Perserkatzen. Alle Altersstufen können betroffen sein. Kater sind bei akuter/eitriger Cholangitis überrepräsentiert. Beim Hund ist die Cholangiohepatitis selten, es kommen v. a. eitrige Formen vor.

Ätiologie: Die genaue Ätiologie ist nicht bekannt, wahrscheinlich liegt dem Geschehen ein Ursachenkomplex zugrunde. Eitrige Entzündungen werden durch aufsteigende Infektionen von Bakterien aus dem Duodenum über das Gallengangsystem mit verschiedenen gramnegativen und grampositiven Bakterien (v. a. *E. coli,* Salmonellen, *Campylobacter jejuni*) ausgelöst, die auch bestehende Entzündungen unterhalten können. Beim Hund sind Gallengangsentzündungen oft assoziiert mit Veränderungen, die zur Cholestase führen (biliäre Mucocele, Cholelithiasis, Operationen am Gallengangsystem). Ursächlich für eine nicht eitrige (lymphoplasmazelluläre) oder gemischtzellige Cholangitis (Cholangiohepatitis) werden immunvermittelte Reaktionen oder Hypersensitivitäten verantwortlich gemacht.

Pathogenese: Wahrscheinlich besteht primär zunächst eine Cholangitis, die zur Hypertrophie der Gallengänge führt, sich dann in das umgrenzende Leberparenchym ausdehnt und zu periportalen Fibrosen führt. Neben verschiedenen Stadien eines Erkankungsprozesses könnte es sich hierbei um unterschiedliche Erkrankungen handeln. Für die aufsteigende bakterielle Infektion des Gallengangsystems vom Darm aus (v. a. mit *E. coli*) könnte eine bestehende chronische Erkrankung des Gallengangsystems (v. a. mit Gallenstau, z. B. durch Sludgebildung, chronische Entzündung, Tumor/Gallengangszysten und Fibrose der Papille) und eine bakterielle Überwucherung des Dünndarms begünstigende Rollen spielen.

Bei der Katze ist die regelmäßige Assoziation einer eitrigen Cholangitis mit Pankreatitis und IBD („Triaditis") auf anatomische Besonderheiten dieser Spezies zurückzuführen, da sich hier der Hauptgallengang und der Ausführungsgang des Pankreas vor der Mündung ins Duodenum vereinigen. Somit besteht eine direkte Verbindung zwischen Dünndarm, Pankreas und Leber, und eine zunächst nur eines der Organe betreffende Infektion kann sich auf- oder absteigend auf die anderen beiden ausbreiten. Alternativ kann der ursächliche (immunvermittelte) Prozess auch alle drei Organe parallel betreffen.

Klinisches Bild: Die Symptome entsprechen jenen anderer Lebererkrankungen. Katzen mit eitriger Cholangitis sind schwerer allgemeinkrank und zeigen i. d. R. einen akuten, ggf. auch akut-rezidivierenden Verlauf. Typisch sind Erbrechen, Anorexie, Teilnahmslosigkeit, Gewichtsverlust, PU/PD und folglich Dehydratation, häufig auch Ikterus. Gelegentlich bestehen Fieber, abdominaler Palpationsschmerz, milder Aszites und, v. a. bei assoziierter IBD oder Lipidose, Durchfall. Das Krankheitsbild kann fortschreiten bis zum akuten Leberversagen (s. Kap. 9.6.1). Die lymphozytäre/lymphoplasmazelluläre Form hat eher einen chronischen, milderen Verlauf mit Gewichtsverlust, selten Erbrechen und Hepatomegalie, im Verlauf ggf. Ikterus und Aszites.

Bildgebende Diagnostik: In der sonographischen Untersuchung stellen sich die Wände der Gallengänge verdickt dar, gleiches kann für die Gallenblase in erheblichem Umfang bei Cholezystitis gelten, wobei i. d. R. auch „Sludge“ in erheblicher Menge zu finden ist (s. Abb. 9.6).

Labordiagnostik: Außer im perakuten Stadium sind besonders bei eitriger Cholangitis die Leberenzyme ALT, GLDH und γ-GT meist stark erhöht, tendenziell deutlicher als bei der Lipidose, eventuell sogar die AP (sofern bei der Katze bestimmt, Erhöhung weniger als bei Lipidose). Vor allem bei eitriger Cholangitis besteht eine erhebliche Erhöhung des Bilirubins, ebenso i. d. R. der Gallensäuren, selten der Ammoniumkonzentration. Albumin ist allenfalls in chronischen Fällen und auch dann nur leicht vermindert. Regelmäßig findet man eine oft erhebliche Hyperglobulinämie. Veränderungen des weißen Blutbilds (Neutrophilie mit Kernlinksverschiebung) sind v. a. mit eitriger Cholangitis assoziiert. Der Aszites stellt sich, auch bei der eitrigen Form, als Transsudat oder modifiziertes Transsudat dar.

Diagnose: Die definitive Diagnose ist auch hier nur auf feingeweblicher Basis möglich. Allerdings liefert die Sonographie eine Verdachtsdiagnose und ermöglicht die gezielte Abpunktion der Galle aus der Gallenblase und die Feinnadelpunktion der Leber (Abb. 9.12). Nach Erfahrungen des Autors ist die zytologische Untersuchung von Galle und Leberparenchym oft ausreichend für die Diagnose, auch durch Ausschluss von Differenzialdiagnosen wie Lipidose (ggf. auch kombiniert auftretend). Durch den infolge Gallenstau oft bestehenden Vitamin-K-Mangel ist eine Vitamin-K_1-Injektion (1 mg/kg i. v./s. c.) 12–24 Std vor der Leberpunktion zur Korrektur entsprechender Gerinnungsdefizite und Verminderung des Blutungsrisikos besonders wichtig. Gallenpunktionen können zudem bei zytologischem Nachweis von Bakterien und/oder einer eitrigen Entzündung für eine mikrobiologische Untersuchung mit Resistenztest eingesetzt werden (Abb. 9.13).

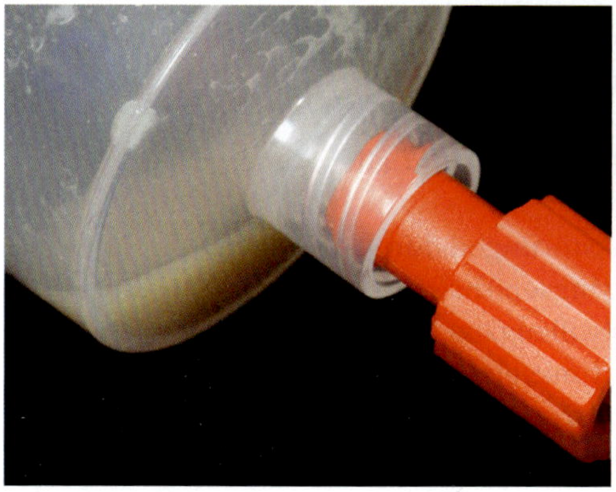

Abb. 9.12 Makroskopisch hochgradig verändertes, nahezu eitriges Gallenpunktat einer Katze mit Cholangitis, gewonnen durch transkutane Gallenblasenpunktion (s. Abb. 9-13: Zytologie)

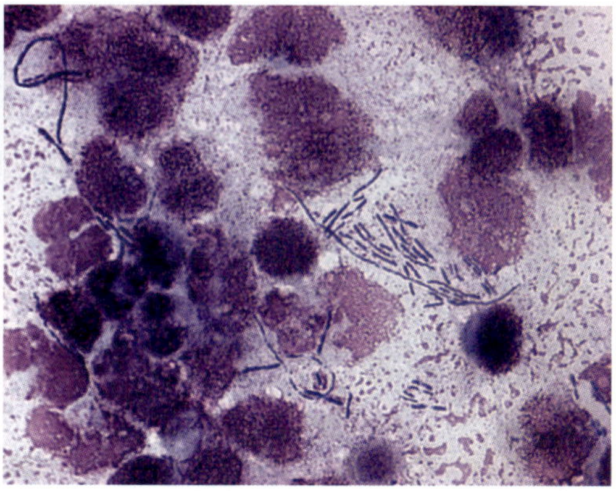

Abb. 9.13 Hochgradiger Gehalt an degenerierten Neutrophilen und stäbchenförmigen Bakterien (mikrobiologische Untersuchung: *E. coli*) im Direktausstrich der Galle einer Katze mit eitriger Cholangitis (Pappenheimfärbung, Originalvergrößerung: 1000 ×; s. Abb. 9-12)

Differenzialdiagnose: Im Hinblick auf deren hohe Inzidenz in erster Linie hepatische Lipidose (eher obese Katzen), daneben andere Lebererkrankungen (z. B. Lymphom und andere Tumoren).

Prognose: Zweifelhaft. Die fortgeschrittenen Fälle mit Sklerosierung der Gallengänge sind sehr therapieresistent.

Therapie: Vor allem bei eitriger Cholangitis sind „gallengängige" Antibiotika mit einer Wirksamkeit gegen gramnegative Bakterien und Anaerobier zu geben, wenn möglich nach Antibiogramm (Punktate von Galle, ggf. auch Leberparenchym). Antibiotika der ersten Wahl sind Amoxicillin-Clavulansäure, Amoxicillin, Ampicillin (jeweils ggf. kombiniert mit Metronidazol) oder Marbofloxacin (Dosierungen s. Kap. 9.5).

Immunsuppressiva sind bei Katzen mit lymphoplasmazellulärer oder gemischtzelliger Cholangitis indiziert und bei therapieresistenter steriler eitriger Cholangitis zu erwägen. Prednisolon wird initial in einer Dosierung von 2 mg/kg KM, 1–2 × tägl. über bis zu 2 Wochen gegeben, später 1 mg/kg KM, 1 × tägl., eventuell letztlich jeden zweiten Tag (Cave: katabole Wirkung der Kortikosteroide!). Als Dauermedikation können als spezifische Immunsuppressiva bei der Katze v. a. Ciclosporin (5 mg/kg KM, 1 × tägl. p. o.) und Chlorambucil (1 mg/Katze < 3,2 kg KM; 2 mg/Katze > 3,2 kg KM, jeweils alle 2 Tage p. o.) eingesetzt werden.

Zudem sind eine unterstützende Ernährungs- und Flüssigkeitstherapie sowie leberprotektive Medikamente (UDC als Choleretikum, Antioxidanzien (SAM), Silymarin) angezeigt (s. Kap. 9.5).

9.6.3.2 Extrahepatobiliäre Gallengangsobstruktion (Gallenflussstörung)

Definition: Der Gallenfluss im biliären System zwischen Leber und Duodenum ist gestört.

Epidemiologie: Akute komplette Beeinträchtigungen des Gallenflusses sind selten.

Ätiologie: Am häufigsten werden Gallenflussstörungen durch chronische Pankreatitis, Pankreastumoren und Tumoren der Gallengangsepithelien ausgelöst, selten bei Hund und Katze auch durch Gallensteine im Hauptgallengang (s. Kap. 9.6.3.3). Weitere Ursachen sind eingedickte Galle (meist assoziiert mit einer Grunderkrankung der Leber), Leberegel und selten auch eine muzinöse zystische Hyperplasie der Gallenblase (Hund).

Pathophysiologie: Bei akuter und chronischer Pankreatitis kann es durch Raumforderungen entzündlicher Infiltrationen, Nekrose und Fibrose von Pankreas und der Umgebung zur anatomischen Obstruktion des Hauptgallengangs einschließlich der Papilla duodeni kommen.

In der Regel bilden sich Narben um die und innerhalb der Gallengänge. Unabhängig von der Ursache führt die Obstruktion zu einem Austritt von Galle aus den interlobulären Gallengängen in das periportale Bindegewebe, woraus in der Folge Gallengangsproliferationen und eine Entzündungszellinfiltration mit pigmentbeladenen Makrophagen, Neutrophilen, Lymphozyten und Plasmazellen resultieren. Daneben können durch den Gallensäurenrückstau und die bei Pankreatitis ins Pfortaderblut und die Pankreasumgebung gelangenden Proteasen degenerative Leberveränderungen entstehen, was sich an abnormen Leberparametern ablesen lässt.

Klinisches Bild: Klinische Anzeichen schließen Anorexie/Inappetenz, Lethargie, Ikterus und – bei Pankreaserkrankungen – Erbrechen ein. Abgesehen vom Ikterus verläuft die klinische Untersuchung weitgehend unauffällig. Wenn der Ikterus bei einer Pankreatitis trotz deren Therapie auch nach über 10 Tagen fortbesteht, sollte von einer biliären Komponente ausgegangen werden.

Labordiagnostik: Von den Enzymen besteht v. a. eine deutliche Erhöhung der AP (s. Kap. 9.4.1.2) und durch sekundäre Schädigung der Hepatozyten (durch Pankreasenzyme und Gallensäuren, s. o.) auch ein Anstieg der ALT/GLDH. Nahezu ausschließlich in konjugierter Form vorliegendes Bilirubin ist Indikator des posthepatischen Ikterus. Unsicherer Indikator einer extrahepatischen Cholestase ist ein fehlendes Urobilinogen im Harn bei deutlicher Bilirubinurie, da die Unterbrechung des Gallenflusses oft inkomplett ist. Andererseits kann Urobilinogen im Harn falsch negativ sein, wenn dessen enterohepatische Zirkulation durch orale Antibiotika und Diarrhö gestört ist. Verminderungen der Vitamin-K-abhängigen Faktoren tragen wesentlich zu Veränderungen der Gerinnung (Prothrombinzeit, aPTT) bei.

Diagnose: Mittels Sonographie lassen sich dilatierte extrahepatische Gallengänge erkennen und ggf. auch ihre Ursache (z. B. Pankreatitis). Auf eine ursächliche Pankreatitis deutet plötzlich einsetzendes Erbrechen vor der Entwicklung eines Ikterus hin. Pankreasläsionen können ggf. mittels Feinnadelaspiration abgeklärt werden (s. Kap. 10). Nur selten wird eine perkutane, Ultraschall-geleitete Cholezystographie durchgeführt. Ansonsten empfiehlt sich ggf. eine Probelaparotomie (s. Therapie) mit Entnahme von Biopsien einschließlich der Leber, insbesondere bei fehlender Obstruktion.

Differenzialdiagnose: Bilirubinämie und deutliche AP- (bzw. γ-GT-) Erhöhung und ggf. ALT-Erhöhung als Laborveränderungen einer extrahepatischen Gallenobstruktion können u. a. auch bei chronischer Hepatitis mit intrahepatischer Cholestase vorliegen.

Therapie: Bei klinischen Beschwerden ist oft eine Laparotomie zur Prüfung der Durchgängigkeit des Hauptgallengangs und der Papille bis in das Duodenum durch Massage/Sondierung und Beurteilung der Operabilität einer obstruierenden Läsion und deren chirurgische Korrektur (bis hin zu Reinsertion des Gallengangs ins Duodenum) oft das Mittel der Wahl (zur Entfernung möglicher Konkremente: s. Kap. 9.6.3.3).

Ursodesoxycholsäure darf nur gegeben werden, wenn keine mechanische Obstruktion vorliegt, daneben sind Leberschutzmaßnahmen einschließlich Antioxidanzien indiziert (s. Kap. 9.5). Wegen der pathogenetischen Relevanz des Vitamin-K-Mangels sollte insbesondere vor geplanten Eingriffen eine parenterale Behandlung mit Vitamin K_1 erfolgen (s. Kap. 9.5).

9.6.3.3 Gallensteine (Cholelithiasis, Choledocholithiasis)

Definition: Konkremente in Gallenblase bzw. Gallengängen.

Epidemiologie: Recht seltener Befund bei Hund und Katze. Zwergschnauzer, Pudel und Sheltie können prädisponiert sein.

Ätiologie: Ursächlich wird verantwortlich gemacht:

1. Ein verminderter Gallenfluss oder eine Störung des Gallenflusses, z. B. durch Funktionsstörungen der Gallenblase oder Sludgebildung oder Gallenstau (z. B. Tumoren der Gallengänge).
2. Eine Übersättigung der Galle mit Pigment, Kalzium und Cholesterin. Eine proteinarme Diät kann die Bildung von Gallenblasensteinen fördern.
3. Ferner besteht vermutlich eine Assoziation zu Entzündungen (Cholangitis, Cholangiohepatitis), auch über Abflussstörung und Zellabschilferung. Umgekehrt begünstigen Gallensteine Entzündungen und die Invasion von Bakterien.

Pathophysiologie: Bei Hund und Katze bestehen Gallensteine vorwiegend aus Kalziumsalzen (u. a. Carbonat und Oxalat, auch Magnesiumverbindungen) und anderen sezernierten Substanzen wie Bilirubin und Muzin, aber gewöhnlich weniger Cholesterin als beim Menschen (wegen der geringeren Sättigung der Galle mit Cholesterin). Durch die Absorption von ionisiertem Kalzium in der caninen Gallenblase und Reduktion der Kalziumkonzentration in der Galle kommen Gallensteine kaum vor. Selten führen Gallensteine durch Verlegung des Hauptgallengangs zum posthepatischen Ikterus, gelegentlich kommt es zur Perforation von Gallenblase oder Gallengang und damit einer Gallenperitonitis.

Klinisches Bild: Konkremente im Gallengangsystem verursachen oft keine klinischen Beschwerden und sind überwiegend Zufallsbefunde bei der bildgebenden Diagnostik oder bei der Sektion. Wenn sie in den Hauptgallengang geraten und zur Gallenobstruktion führen, resultiert ein posthepatischer Ikterus; weitere Allgemeinsymptome sind Anorexie/Apathie, Vomitus, Fieber (bei primärer oder evtl. sekundär entzündlicher Erkrankung der Gallengänge), Abdominalschmerzen, Durchfall (mit erhöhtem Fettanteil im Kot, sogenanntem „Salbenkot") und Dehydratation.

Labordiagnostik: Bei Verlegung des Ductus choledochus finden sich die typischen Veränderungen des posthepatischen Ikterus, d. h. Hyperbilirubinämie mit fast ausschließlich direktem Bilirubin, hohe AP- (Hund) und ggf. γ-GT-Aktivität. Dazu ein geringergradiger Anstieg der ALT und GLDH, Gallensäurenanstieg und eine Leukozytose mit Kernlinksverschiebung.

Diagnose: Gallensteine können wegen teilweise geringer Röntgendichte auf Röntgenbildern oft nicht sicher nachweisbar sein (s. Abb. 9.4). Hingegen ist eine Darstellung der Konkremente als hyperechogene Foci oder in der Gallenblase beginnende Schallschatten durch Ultraschalluntersuchung zuverlässig möglich.

Differenzialdiagnose: Im engeren Sinn sind anderweitige Verlegungen des Gallengangs durch Neoplasien, entzündliche Schwellung oder durch Einwanderung von Endoparasiten und ggf. seltene Gallenblasenzysten zu berücksichtigen. Im weiteren Sinn sind schmerzhafte, mit Ikterus assoziierte Erkrankungen im vorderen Abdomen wie Pankreatitis, Entzündungen von Gallengangsystem und Gallenblase mit Mukozele wie auch – im Hinblick auf den Röntgenbefund – andere röntgendichte Veränderungen (Verkalkungen) in der Leber oder anderen Organen in Projektionsrichtung der Leber in Betracht zu ziehen.

Therapie: Nur Gallensteine, die tatsächlich eine Obstruktion verursachen, müssen chirurgisch entfernt werden (Abb. 9.14); hingegen ist der radiographische Nachweis von Gallensteinen (z. B. in der Gallenblase) auch bei Verdacht auf Hepatopathie keine Indikation für eine Laparotomie. Wichtig ist eine adäquate Flüssigkeitstherapie; bei einer assoziierten bakteriellen Entzündung der Gallengänge sind Antibiotika indiziert. Auch „Leberschutz-Behandlung“ (u. a. SAM) ist nützlich. Bei Vorliegen einer Cholestase-indu-

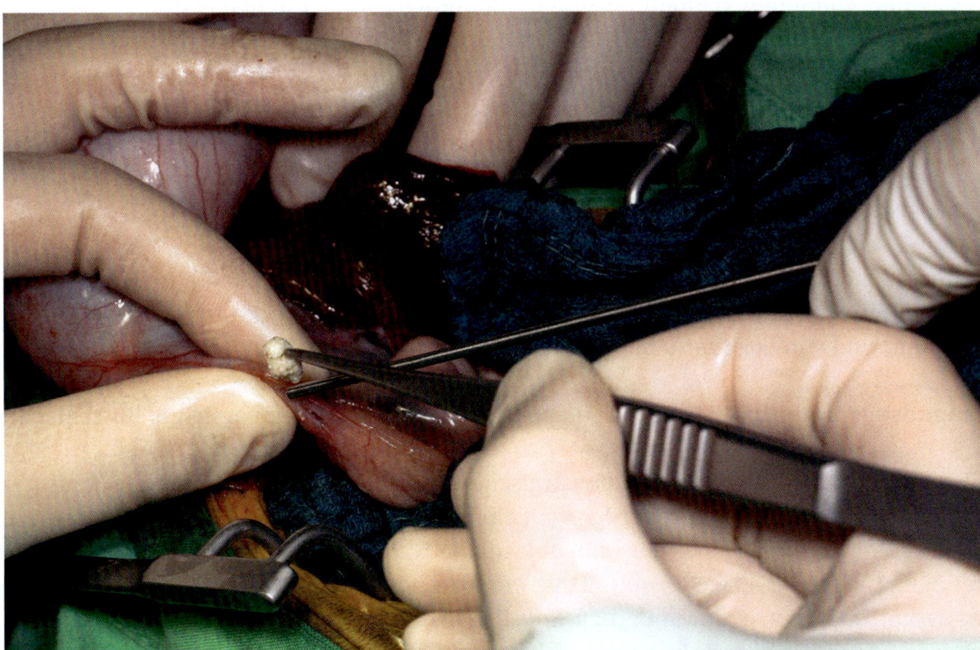

Abb. 9.14 Gallenstein-Operation bei einer Katze (s. hierzu Abb. 9.4: Röntgenbild): Entfernung eines Konkrements aus dem Ductus choledochus kurz vor der Papilla duodeni. Ein zweites größeres Konkrement wurde aus der Gallenblase entfernt.

zierten Gerinnungsstörung ist präoperativ die parenterale (s. c./i. v.) Gabe von Vitamin K_1 indiziert (s. Kap. 9.5).

Prophylaxe: Im Anschluss an die chirurgische Entfernung wird eine UDC-Behandlung empfohlen (s. Kap. 9.5). Die Diät sollte proteinreich und fettarm sein (tierisches Fett ist cholesterinreich!).

9.6.3.4 Ruptur des Gallengangssystems

Ätiologie: Stumpfes Trauma, penetrierende Wunden, Leberbiopsien (als unerwünschte Komplikation), pathologische Wandveränderung und/oder Obstruktion durch Entzündung, Tumor oder Konkremente.

Pathogenese: Am häufigsten ist der Hauptgallengang distal der Öffnung des letzten hepatischen Gallengangs von der Ruptur betroffen. Der Austritt von Galle in die Bauchhöhle führt, auch wenn sie nicht bakteriell infiziert ist, zu einer schweren entzündlichen Reaktion (Gallenperitonitis).

Klinische Symptome: Der oft protrahierte klinische Verlauf mit dem Gesamtbild eines akuten Abdomens schließt eventuell Abdominalschmerz in den ersten 2 Tagen ein, später folgen Apathie, Anorexie, Fieber, zunehmender Abdominalumfang und Ikterus.

Diagnose: Hinweise liefern die Sonographie und Abdominozentese anhand eines gelbgrün gefärbten Exsudats. Die Bestätigung erfolgt durch klinisch-chemische Punktatanalyse mit im Vergleich zum Blutplasma deutlich erhöhtem Gesamtbilirubinwert und zytologischer Diagnostik (Gallepigment in Makrophagen).

Differenzialdiagnose: Hier sind andere Ursachen eines akuten Abdomens, eines abdominalen Flüssigkeitsergusses (FIP bei der Katze), einer Lebererkrankung (inkl. Lebertumoren) und von Ikterus zu bedenken.

Prognose: Bei steriler Peritonitis gut, bei septischem Abdomen vorsichtig bis schlecht.

Therapie: Die Möglichkeiten der chirurgischen Versorgung müssen situationsabhängig nach Laparotomie beurteilt werden (s. Lehrbücher der Chirurgie und Literaturliste), eventuell durch Entfernung der Gallenblase. Die Naht von Gallengängen ist i. d. R. nur bei entsprechender Erweiterung Erfolg versprechend. Eine Rekonstruktion bei traumatischer Ruptur, z. B. durch End-zu-End-Reanastomisierung des Ductus choledochus, ist sehr komplikationsträchtig (Nahtdehiszenz, Gallengangsobstruktion) und oft muss letztlich operativ eine biliodigestive Anastomose durch Cholezystoduodenostomie geschaffen werden. Komplikationen (z. B. Reflux) sind entscheidend von einem adäquaten Ausmaß der Anastomose (Schnittlänge ca. 2,5 cm) abhängig.

9.6.3.5 Mukozele der Gallenblase

Definition: Mukozelen der Gallenblasen äußern sich in Form von einer Dilatation oder Überdehnung der Gallenblase mit Ansammlung von Mukus.

Ätiologie: Eine Funktionsstörung der mukusbildenden Zellen in der Gallenblasenmukosa wird als Ursache angenommen.

Pathogenese: Eine Hypersekretion von Mukus und Bildung eines biliären „Sludge" führen zu einem semisoliden Inhalt der Gallenblase. Die eingedickte Galle kann nicht von der Gallenblase in den Ductus choledochus gelangen. Die Gallenblase überdehnt sich zunehmend und es kann sich eine Cholezystitis entwickeln. Eine erhebliche Distension kann gelegentlich zur Ruptur und nachfolgend zur Peritonitis führen.

Klinische Symptome: Die klinischen Befunde sind unspezifisch (Anorexie, Lethargie, Vomitus; ggf. auch Abdominalschmerz, Fieber, Ikterus), es kann sich auch um einen Zufallsbefund bei der Ultraschalluntersuchung handeln.

Diagnose: Sonographisch können eine Mukozele und ggf. Ruptur der Gallenblase sicher erkannt werden (s. Abb. 9.6).

Differenzialdiagnose: Unter anderem Gallengangsobstruktion, Pankreatitis.

Therapie: Bei fehlenden klinischen Beschwerden, unproblematischem Ultraschallbefund und normaler Bilirubinkonzentration ist die Therapie nicht zwingend. Empfehlenswert sind aber eine choleretische Therapie mit UDC (s. Kap. 9.5) und regelmäßige sonographische Kontrollen. Eine Cholezystektomie ist bei klinischen Beschwerden, ggf. nach einem Therapieversuch mit UDC, empfehlenswert, bei Rupturgefahr dringend anzuraten (Abb. 9.15).

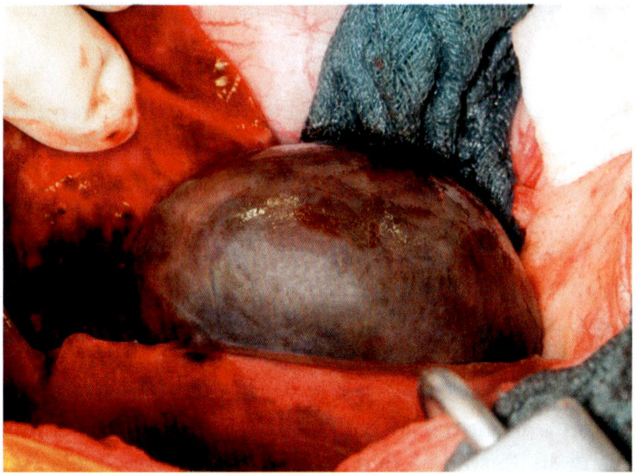

Abb. 9.15 OP-Situs einer Gallenblasenmukozele mit hochgradig veränderter Gallenblasenwand bei einem weißen Schäferhund mit Anzeichen eines akuten Abdomens. Die Gallenblasenwand war kurz vor dem Durchbruch, die Gallenblase wurde entfernt und die Bauchhöhle intensiv gespült (sonographischer und histopathologischer Befund: s. Abb. 9.6).

9.6.4 Leberlipidose der Katze

Definition: Bei der hepatischen Lipidose handelt es sich um ein multifaktorielles Syndrom, bei dem es zur Akkumulation von Fett (v. a. Triglyzeriden) in den Hepatozyten kommt, entweder primär (ohne definierbare Ursache) idiopathisch oder als sekundäre Leberläsion infolge einer Vielzahl verschiedener Erkrankungen. Sie ist assoziiert mit schweren Stoffwechselstörungen (intrahepatischer Cholestase und Leberdysfunktion) und verläuft ohne Behandlung regelmäßig tödlich.

Epidemiologie: Die Leberlipidose ist die häufigste Lebererkrankung der Katze, verantwortlich für jede zweite klinisch relevante Lebererkrankung (und 10 % der leberassoziierten Todesfälle), nur gelegentlich tritt sie beim Hund auf. Meistens sind die Patienten mittleren bis fortgeschrittenen Alters. Katzen mit sekundärer Lipidose sind älter als Tiere mit idiopathischer Lipidose. Für Kätzinnen besteht ein erhöhtes Risiko, es besteht keine deutliche Rassedisposition.

Ätiologie: Wesentlich ist eine über mehrere Tage anhaltende Unterernährung, oft infolge verminderter bis komplett eingestellter Futteraufnahme durch andere Erkrankungen: Etwa die Hälfte bis zwei Drittel der hepatischen Lipidosen ist sekundär, u. a. infolge Mundhöhlenerkrankungen, Gastroenteropathien (IBD), Cholangiohepatitis, Pankreatitis, Diabetes mellitus, Hyperthyreose und Neoplasien. Die Grunderkrankungen initiieren teilweise zusätzliche Pathomechanismen. In einigen Fällen liegen der Inappetenz oder unzureichenden Aufnahme von Kalorien auch eine Ernährungsumstellung (proteinarme Diät, Diät mit fehlender Akzeptanz) oder psychogene Faktoren zugrunde. Umgebungsbedingte Stressfaktoren sind z. B. Umzug und neue oder gestorbene tierische oder menschliche Familienmitglieder. Weitere Ursachen sind das versehentliche Eingeschlossensein, z. B. in Keller oder Garage, oder Entlaufen von Stubenkatzen.

Begünstigend v. a. hinsichtlich schwerwiegender klinischer Verläufe ist Adipositas, mit der Mobilisierungsmöglicheit großer Fettdepots, wobei aber nicht alle betroffenen Katzen übergewichtig sind. Liegt kein erkennbarer Grund vor, kann von einer „idiopathischen Lipidose" gesprochen werden.

Pathogenese: Die Pathogenese ist noch nicht vollends geklärt und wahrscheinlich multifaktoriell unter Beteiligung von metabolischen Veränderungen, u. a. im Rahmen von Hungerzuständen, Proteinmangel, relativem Carnitinmangel, Mangel an essenziellen Fettsäuren, Dysregulation der hormonsensitiven Lipase und einer Insulinresistenz. Entscheidend ist die extreme Lipidakkumulation in Vakuolen des Hepatozytenzytosols, die fast ausschließlich bei der Katze zu einer dramatischen Funktionseinschränkung der Leberzellen führt, u. a. besteht durch Kompression der Gallenkanälchen oft begleitend eine Cholestase.

Die erhöhte Lipidkonzentration in der Leber reflektiert eine Imbalanz zwischen der Belieferung der Leber mit Fettsäuren (durch Mobilisierung von Fettsäuren aus Fettspeichern zur Energiegewinnung in Perioden des katabolen Stoffwechsels bei

Nahrungskarenz, ggf. nach sehr fettreichen Mahlzeiten) und ihrer metabolischen Kapazität (v. a. β-Oxidation zur Energiegewinnung, Verarbeiten und Verwendung in Form von VLDL), die durch Mangel an bestimmten Nährstoffen eingeschränkt ist. In Fettlebern von Katzen konnte elektronenmikroskopisch eine Verminderung von Komponenten, die zur Fettoxidierung notwendig sind, nachgewiesen werden. Eine Schlüsselrolle kommt der verminderten Verfügbarkeit von Aminosäuren durch die limitierte Proteinversorgung bei Anorexie und den dadurch herunterregulierten Proteinmetabolismus einschließlich der Synthese von Apoproteinen zu (u. a. für die VLDL-Bildung). Auch Cobalamin-Mangel kommt oft assoziiert mit hepatischer Lipidose vor, möglicherweise prädisponiert ein Vitamin B_{12}-Mangel durch Störung des Intermediärstoffwechsels zu dem Syndrom. Carnitin, Taurin und essenzielle Fettsäuren besitzen Relevanz im Hinblick auf ihre Bedeutung für die Membranstabilität und die Verwendung von Lipiden zur Energiegewinnung. Carnitin wird benötigt für den Fettsäurentransport durch die hepatische Mitochondrienmembran, wo sie oxidiert werden. Gegebenenfalls übersteigt bei der hepatischen Lipidose der Carnitinbedarf die Speicher- und Synthesekapazität.

Assoziiert zum Syndrom liegen variable weitere Stoffwechselstörungen vor, z. B. oft eine verminderte Glukosetoleranz und verminderte Insulinantwort auf Glukoseinfusionen und somit ein Fehlen der Hemmung der Fettdepotmobilisierung als negativem Feedback-Mechanismus. Hierfür mitverantwortlich kann – durch dessen antiinsulinerge Wirkung – erhöhtes Cortisol (durch Stress der Erkrankung und durch Hungern) sein. Das aus der Insulinresistenz resultierende Energiedefizit limitiert die Metabolisierung der Fettsäuren, während Cortisol andererseits durch Aktivierung der Triglyzerid-Lipase ihre Mobilisierung verstärkt.

Hohe Spiegel nicht veresterter Fettsäuren deuten auf eine Dysregulation der hormonsensitiven Lipase, die die Freisetzung von Lipiden und Fettsäuren aus Adipozyten reguliert. Weiterhin bestehen ein verminderter Glutathiongehalt der Hepatozyten und Erythroyzten, ein verminderter Tauringehalt im Plasma, ein geringer Vitamin-K_1-Gehalt, der zu Gerinnungsstörungen beitragen kann, wofür ein Ansprechen der Gerinnungsstörungen auf eine Vitamin-K_1-Therapie spricht, Mangel an Thiamin, Cobalamin und ggf. anderen B-Vitaminen sowie Elektrolytverschiebungen (Hypokaliämie, Hypophosphatämie). Der bei einigen Tieren bestehende erhebliche renale Kaliumverlust kann durch zugrunde liegende Nierenerkrankungen oder Lipidakkumulation in den Nierentubuli ausgelöst werden. Durch Elektrolytimbalanzen kann es zu Gastroparese und Ileus kommen.

Klinisches Bild: Betroffene Tiere sind meist adipös und nach einer teilweise nicht offensichtlichen Grunderkrankung oder belastendem Faktor kommt es i. d. R. über mehrere Tage (bis Wochen) zu Anorexie (als Ursache und Folge der Lipidose) und Gewichtsverlust. Letzterer übersteigt oft 25 %, was aber eine Dehydratation mit einschließt, bevor andere Symptome beobachtet werden.

Als vorberichtlich zu erfragende Ursachen der Nahrungskarenz können u. a. infrage kommen: stressreiche Ereignisse oder eine entsprechende Umgebung, Veränderungen in der Umgebung, Futterverweigerung einer Diät mit geringer Akzeptanz nach Futterwechsel und Erkrankungen, die zu Anorexie führen.

Die meisten Patienten sind ikterisch, bei ausgeprägter Erkrankung sind die Katzen oft schwach, bewegungsunlustig, apathisch und dehydriert. Trotz des oft noch adipösen oder zumindest normalen Ernährungszustands (Fettdepots v. a. retrosternal und im Bereich des Omentums sind oft erhalten) zeigen die Patienten Muskelschwund – durch Muskelabbau für die Glukoneogenese. Eine bei der Mehrzahl der Katzen bestehende Lebervergrößerung kann palpatorisch oder mittels bildgebender Verfahren (v. a. Röntgen) dokumentiert werden. Gegebenenfalls bestehen Vomitus, Hypersalivation, selten eine Ventroflexion des Halses.

Es können klinische Anzeichen einer Blutungsneigung vorliegen. Selten zeigen sich Anzeichen einer Enzephalopathie als Folge der erheblichen Leberfunktionsstörung (Hepatoenzephalopathie) und/oder durch Arginin- und/oder Thiaminmangel infolge Anorexie. Hinzu kommen die klinischen Anzeichen möglicher Grunderkrankungen, die aber selten im Vordergrund stehen, z. B. wird Diarrhö v. a. bei Katzen mit IBD oder intestinalem Lymphom als Primärerkrankung der hepatischen Lipidose beobachtet. Ein seltener Bauchhöhlenerguss ist Folge einer Grunderkrankung oder eventuell auch einer Überinfusion.

Bildgebende Diagnostik: Im Röntgen zeigt sich meist eine vergrößerte Leber. In der Sonographie präsentiert sich das Leberparenchym infolge der Lipidakkumulation typischerweise homogen hyperechogen. Auch die Nieren können sich hyperechogen darstellen infolge einer fettigen Degeneration der Nierentubuli. Damit sind die Befunde unspezifisch und die wichtigste Funktion insbesondere der Ultraschalluntersuchung besteht darin, wichtige Differenzialdiagnosen und häufig assoziierte Erkrankungen wie z. B. Cholangitis/Cholangiohepatitis, extrahepatische Gallengangsobstruktionen, Pankreatitis und Magen-Darm-Erkrankungen zu erkennen oder auszuschließen. Weiterhin ist die Sonographie nützlich bei der Feinnadelaspiration.

Labordiagnostik: Die Laborbefunde spiegeln die hepatische Lipidose und die Grunderkrankung wider. Oft liegt durch die Cholestase eine Bilirubinämie (teilweise extrem bis 15 mg/dl) und Bilirubinurie vor, eventuell aber erst nach der Enzymerhöhung. In der Regel besteht eine variable Erhöhung der Aktivitäten der Leberenzyme (ALT, AST, GLDH), einschließlich der bei der Katze wenig sensitiven AP. Ein Monitoring von Leberenzymen ist ggf. auch bei Gewichtsreduktion von obesen Katzen angezeigt, um die Entwicklung einer Lipidose frühzeitig zu erkennen. Die γ-GT ist fast nur bei Katzen mit primär entzündlich-nekrotischen Veränderungen der Leber, des Gallengangsystems oder Pankreas erhöht und damit für die Differenzialdiagnose und als Indikator einer ggf. sinnvollen näheren Untersuchung und zusätzlichen Beprobung letztgenannter Organe nützlich.

Auch bestehen über die Hyperbilirubinämie hinaus Abnormalitäten bei anderen Funktionsmessgrößen der Leber, d. h. erhöhte Gallensäuren und ein erhöhter Ammoniumwert im Blut. Oft liegen eine deutliche Stresshyperglykämie, erhöhte Triglyzerid- und

Cholesterinwerte und eine deutliche Hypokaliämie vor. Albumin- und Globulinkonzentration sind oft normal, wenn nicht infolge einer bestimmten Grunderkrankung verändert.

Die Tiere haben eine milde aregenerative, normozytäre, normochrome Anämie. Oft zeigen sich Poikilozytose, ggf. Targetzellen und vermehrt Heinz-Körperchen. Die Leukozytenzahl ist variabel, ggf. besteht eine (Stress-)Neutrophilie. Oft liegen veränderte Gerinnungstests, d. h. eine Verlängerung von Prothrombinzeit und/oder aPTT vor, die oft auf Vitamin K_1 ansprechen.

Im Zusammenhang mit einem möglichen „Refeeding-Syndrom" sind regelmäßige Phosphatmessungen wichtig. Der renale Kaliumverlust kann über eine fraktionierte Exkretion quantifiziert werden (bei hypokaliämischen Katzen würde ein Wert < 1 % erwartet; Werte > 20 % entsprechen einem massiven renalen Kaliumverlust).

Diagnose: Die Basis für eine definitive Diagnose liefert eine feingewebliche Untersuchung von Lebergewebe, in Verbindung mit der Krankheitsgeschichte, Befunden der klinischen Untersuchung, Laborbefunden und der Lebersonographie. Da die Lipidose oft ein sekundäres Phänomen ist, kommt der sorgfältigen Diagnostik wesentliche Bedeutung zu. Für die Feststellung der abnormen Lipidakkumulation reicht in aller Regel eine zytologische Untersuchung eines Feinnadelaspirats, wobei die deutliche Vakuolisierung des Zytoplasmas in über 80 % der Hepatozyten als Zeichen der Triglyzeridakkumulation ein charakteristisches Bild abgibt (s. Abb. 9.8). Oft zeigt sich hiermit assoziiert ein kanalikulärer Gallenstau. Invasivere Biopsietechniken mittels perkutaner (Trucut-)Biopsie, Laparoskopie oder Laparotomie sind i. d. R. entbehrlich (s. Kap. 9.4.3.2). Die histopathologische Diagnose basiert auf dem Nachweis einer hochgradigen vakuolären Fettakkumulation in mehr als 50 % der Hepatozyten eines Azinus. Auch eine Cholangitis/Cholangiohepatitis (entzündliche Veränderungen liegen bei der idiopathischen Lipidose nicht vor) oder ein Leberlymphom als mögliche Ursachen können i. d. R. mittels Aspirationszytologie diagnostiziert werden, sodass auch hier auf eine Biopsie verzichtet werden kann.

Differenzialdiagnose: Im Hinblick auf den Ikterus sind andere Erkrankungen des hepatobiliären Systems (Cholangitis, Cholangiohepatitis, Lymphom und andere Lebertumoren) zu bedenken und auszuschließen, ggf. bei der Katze FIP. Weiterhin sind die im Abschnitt Ätiologie angeführten Erkrankungen (Auslöser der Lipidose) zu berücksichtigen.

Prognose: Die Prognose der hepatischen Lipidose hängt entscheidend vom Ausmaß der therapeutischen Maßnahmen und bei einer sekundären Lipidose von der zugrunde liegenden Erkrankung ab. Ohne entsprechende Therapie erholen sich nur wenige Patienten; so lag die Mortalität nach ersten Beschreibungen des Syndroms anfänglich bei 90 %. Bei frühzeitiger moderner intensivmedizinischer Versorgung unter besonderer Berücksichtigung der Ernährung und Behandelbarkeit einer ggf. vorhandenen Grunderkrankung ist die Prognose hingegen durchaus günstig und drei Viertel bis über 90 % der Patienten genesen komplett. Günstig ist eine Abnahme des Gesamtbilirubins innerhalb der ersten Therapiewoche, während den Leberenzymen keine prognostische Relevanz zukommt. Eine assoziierte Pankreatitis ist ein schlechter prognostischer Faktor. Rezidive sind selten.

Therapie: Im Hinblick auf die Lebensbedrohlichkeit und Komplexität der Stoffwechselentgleisung sind unverzüglich intensivmedizinische Maßnahmen erforderlich. Allerdings sollten die Maßnahmen zunächst so wenig invasiv bzw. belastend wie möglich sein, da sich in dieser Phase der Allgemeinzustand zunächst ggf. noch verschlechtern kann.

Essenziell ist die (1) ausreichende balanzierte Nährstoffzufuhr mit moderatem bis hohem Proteingehalt und Ausgleich von Flüssigkeits- und Elektrolytimbalanzen (s. Kap. 9.5); weitere Aspekte sind (2) eine Leberschutzbehandlung, (3) sonstige supportive Maßnahmen (z. B. bei Hepatoenzephalopathie) und (4) eine Behandlung möglicherweise bekannter Grunderkrankungen.

Zu (1) Eine adäquate Kalorienzufuhr ist bevorzugt über die enterale Applikationsroute sicherzustellen (Hinweise zur Diät: s. Kap. 9.5). Idealerweise wird mit der Fütterung gestartet, wenn eine **Rehydrierung** erfolgte und **Elektrolytimbalanzen ausgeglichen** wurden, sodass eine ungestörte Darmmotilität gewährleistet ist. Bis zur Sicherstellung einer ausreichenden enteralen Versorgung (und ggf. darüber hinaus) sind **Erhaltungslösungen** (mit erhöhtem Kaliumgehalt und ggf. Zusatz wasserlöslicher Vitamine) zu infundieren. Auf eine Supplementierung mit Dextrose sollte i. d. R. verzichtet werden, da diese den Verbrauch von intrahepatischen Fettsäuren durch β-Oxidation vermindert. Ebenso sind Laktat-haltige Lösungen zu vermeiden, da die Patienten oft hohe Spiegel haben und Laktat nicht verstoffwechseln können. Die Flüssigkeitsversorgung muss berücksichtigen, dass die Tiere i. d. R. übergewichtig sind, sodass das Flüssigkeitsvolumen auf das idealisierte Körpergewicht bezogen werden muss, um eine Überinfusion und mögliche Flüssigkeitsergüsse in Körperhöhlen und ein Lungenödem zu vermeiden.

Katzen mit Lipidose leiden oft unter Übelkeit und/oder Inappetenz, sodass die Nahrungsaufnahme unterstützt werden muss. Bei nicht erheblich gestörtem Allgemeinbefinden kann teilweise Futter mit der Hand angeboten oder mittels Spritze „gepäppelt" werden, wobei aber oft nicht die ausreichende Menge verabreicht werden kann. Diese sollte in den ersten Tagen noch reduziert sein (ein Drittel bis die Hälfte des Energiebedarfs) und in den nächsten 2–4 Tagen bis zur Deckung des Tagesbedarfs gesteigert werden. Wenn das Futter abgelehnt wird oder das Tier sogar speichelt, sollte das Futter entfernt werden, um ein Futteraversionssyndrom zu vermeiden. Bei Erbrechen müssen Elektrolyte und eine mögliche Relevanz von Primärerkrankungen überprüft werden, bei Katzen mit Ernährungssonde muss deren Sitz kontrolliert und falls erforderlich korrigiert werden.

Bei schlechtem Allgemeinbefinden und fehlender Toleranz für eine orale Fütterung sollte zeitnah eine **Ernährungssonde** appliziert werden. Nasen-Ösophagus-Sonden (Lage des Endes etwa auf Höhe des 7./8. Interkostalraums, 2–4 cm vor der Cardia, Röntgenkontrolle!) haben den Vorteil, dass i. d. R. keine Sedierung oder gar Narkose erforderlich ist (die Patienten sind initial kaum narkosefähig) (s. Abb. 9.10). Bei länger als einige Tage erforderlicher Sondenernährung (Fütterungssonden sollten bis zur ausreichenden spontanen Futteraufnahme belassen werden) kann diese dann ggf. und nach Erzielen der Narkosefähigkeit durch eine Ösophagostomie-Sonde ersetzt werden. Eine transkutane Ösophagussonde besitzt den Vorteil eines größeren Lumens. Bei erstmaliger Verwendung einer Sonde empfiehlt sich zunächst deren Funktion und Tolerierung durch Applikation eines geringen Wasservolumens (5–10 ml) zu überprüfen. Magensonden (perkutane endoskopische Gastrostomie-[PEG]-Sonden) bieten Vorteile im Hinblick auf die Induktion von Brechreiz, kommen aber selten zum Einsatz. Eventuell kann bei Katzen, die eine Laparotomie bekommen, auch eine Jejunostomiesonde angelegt werden. Für Tiere mit symptomatischer Pankreatitis wurde diese für die Verabreichung von Flüssignahrung gemischt mit Pankreasenzym beschrieben. Die balanzierte Sondennahrung aus püriertem oder Flüssigfutter mit entsprechenden Supplementierungen sollte i. d. R. kalorienreich sein mit hohem Proteingehalt (35–45 %; mindestens 20 % bei Hepatoenzephalopathie), da eine Proteinrestriktion die Fettakkumulation in der Leber verschlimmern kann. Durch Gabe von Laktulose und ggf. Metronidazol kann die Stickstofftoleranz erhöht werden (s. Kap. 9.5).

Eine parenterale Ernährung ist insbesondere bei der hepatischen Lipidose nicht indiziert, da sie zur Triglyzeridretention in der Leber führt!

Kalium muss regelmäßig kontrolliert und ggf. adäquat oral (Kaliumglukonat; sobald Futter aufgenommen wird) und/oder intravenös supplementiert werden. In den ersten 2 Tagen nach Beginn der enteralen Fütterung besteht ein hohes Risiko für ein lebensbedrohliches **„Re-feeding"-Syndrom**, d. h. metabolische Störungen nach Zufuhr von Nahrung bei einem chronisch kalorisch unterversorgten Patienten mit der Folge von Schwäche, Hämolyse, Enzephalopathie (zentralnervöse Störungen) – unter wesentlicher pathogenetischer Bedeutung einer Hypophosphatämie. Dies erfordert ein intensives Monitoring besonders des Blut-Phosphatgehaltes, aber auch anderer Elektrolyte wie Kalium und Magnesium, um Defizite z. B. durch Phosphatsupplementierung rechtzeitig ausgleichen zu können. Kaliumphosphat (0,01–0,03 mmol/kg/Std. i. v.) wird bei Hyophosphatämie (< 2 mg/dl/< 0,65 mmol/l) supplementiert, nach Beginn der Fütterung routinemäßig in erhöhter Dosierung (bis 0,06 mmol/kg/Std.).

Wegen der bei vielen Tieren durch längere Perioden von Krankheit und Anorexie verminderten **Magenmotilität und verzögerten Magenentleerung** können Antiemetika und Prokinetika sinnvoll sein (s. Punkt (3) und Kap. 9.5). Darmmotilität kann auch durch Freilauf (z. B. bei Besitzerbesuchen) gefördert werden.

Wegen des metabolischen Leberversagens wird meist von **Appetitstimulanzien** wie Diazepam (0,05–0,1[–0,25] mg/kg KM, zur Fütterung i. v.) und Cyproheptadin (1[–4] mg/Katze, 1–2-mal tägl. p. o.) abgeraten; Verwendung finden kann ggf. Mirtazapin (Mirataz®; 2 mg/Katze [entsprechend 0,1 g Salbe] 1 × tägl. transdermal auf Innenseite Ohrmuschel), ein Antidepressivum für Menschen, das bei der Katze appetitstimulierende und antiemetische Effekte hat.

Zu (2) Leberschutzbehandlung schließt neben den Standardsubstanzen (S-Adenosylmethionin, Silymarin, ggf. Vitamin E, ggf. UDC; s. Kap. 9.5) während der ersten 2–3 Tage

N-Acetylcystein ein (s. Kap. 9.5). Ursodesoxycholsäure wird bei hepatischer Lipidose teilweise kritisch gesehen, da alle Gallensäuren gewebetoxisch sind, die Konzentration an Gallensäuren ohnehin extrem hoch ist und weil das Gallensäurenmuster demjenigen einer extrahepatischen Gallengangsobstruktion [erhöhte sekundäre Gallensäuren] entspricht – passend zum sistierenden Gallensäurenfluss durch Kompression der Kanälchen. Ergänzend sind besonders Thiamin und Cobalamin zu applizieren, da diese vermindert sind (s. Kap. 9.5) und Cobalamin eventuell pathogenetische Bedeutung für die Lipidose besitzt. Weitere Supplementierungen, die einen positiven Effekt haben, sind L-Carnitin (s. Kap. 9.5), Taurin (250–500 mg/Katze, tägl. p. o.), Vitamin E, ggf. auch Arginin, (1 g/Katze, tägl. p. o.) und weitere B-Vitamine (sonstige Dosierungen: s. Kap. 9.5).

Zu (3) Je nach sonstigen Befunden können zusätzlich indiziert sein:
- H_2-Blocker (Famotidin oder Ranitidin) und ggf. Sucralfat bei Gastritis (s. Kap. 9.5)
- Antiemetika, z. B. Maropitant, Metoclopramid, Ondansetron (s. Kap. 9.5)
- Vitamin K_1 bei möglicherweise Blutungen provozierenden Maßnahmen wie Jugularkatheter, Nasen- oder Ösophagussonde, Zystozentese, Aspirationszytologie (s. Kap. 9.5)
- Antikoagulanzien wie niedrig dosiertes Heparin im Hinblick auf die oft mit schweren Hepatopathien assoziierte chronische DIC (s. Kap. 9.5)
- Bei Anzeichen von Hepatoenzephalopathie Laktulose und ggf. niedrig dosiertes Metronidazol 7,5 mg/kg KM, 2 × tägl. (s. Kap. 9.5)

Zu (4) Bei eitriger Cholangitis als Primärerkrankung sind Antibiotika angezeigt (s. Kap. 9.5). Bei Katzen mit lymphoplasmazellulärer Entzündung oder Entzündungskomponente oder auch bei eitriger Entzündung ohne Ansprechen auf Antibiotika ist eine immunsuppressive Therapie zu erwägen (s. Kap. 9.6.3.1).

Prophylaxe: Bei anorektischen Katzen sollten rechtzeitig Ernährungspläne erstellt werden, um damit möglichst die Entwicklung einer deutlichen Klinik zu verhindern.

9.6.5 Steroid- (Glukokortikoid)-induzierte Hepatopathie

Definition: Es handelt sich um einen spezifischen (und idiosynkratischen) Reaktionszustand der Hundeleber auf eine exogene Glukokortikoidapplikation („iatrogen") oder endogen erhöhte Glukokortikoidspiegel mit Glykogenspeicherung in den Hepatozyten resultierend in einer Umfangsvermehrung (Hepatomegalie) und anderen klinischen und labordiagnostischen Veränderungen.

Epidemiologie: Beim Hund eine häufige Hepatopathie.

Ätiologie: Infrage kommen eine Behandlung mit Glukokortikoiden (ggf. auch lokal) und eventuell anderen Steroidhormonen (Megestrolacetat) sowie ein natürlicher Hyperadrenokortizismus.

Pathogenese: Die Stärke der Reaktion (Glykogenakkumulation) ist individuell sehr unterschiedlich und reicht von nur sehr dezenten Veränderungen bis hochgradiger Hepatomegalie und feingeweblichen Veränderungen (teilweise sogar Nekrose). Glykogenspeicherung und Enzyminduktion führen zur Vergrößerung der Leberzelle als Basis der Hepatomegalie. Veränderungen sind schon nach wenigen Tagen zytologisch nachweisbar und reversibel.

Klinisches Bild: Vorberichtlich besteht oft eine Glukokortikoidtherapie (eventuell auch lokal im Gehörgang oder am Auge). Typische Symptome (bei exogener Induktion oft milder ausgeprägt) eines Hyperkortisolismus umfassen PU/PD, Polyphagie, ggf. mit einer nächtlichen Unruhe, Hypotrichie am seitlichen und ventralen Abdomen, Hautveränderungen (dünne Haut), hängende Bauchdecke, Muskelschwund und Stammfettsucht. Die Hepatomegalie kann palpierbar sein, ein Ikterus liegt i. d. R. nicht vor. Endoskopisch oder bei einer Probelaparotomie erscheint die Leber vergrößert, blasser und etwas brüchiger (Biopsie).

Labordiagnostik: Charakteristischerweise steigt die AP-Aktivität an, meist deutlich ausgeprägter als andere Leberenzyme. Zur hohen AP-Aktivität trägt wesentlich das für den Hund spezifische Glukokortikoid-induzierte Isoenzym (hitzestabil bei 65 °C) bei. Die Bilirubin-Konzentration ist gewöhnlich normal, die Konzentration der Nüchtern-Gallensäuren meist auch, bis minimal leicht erhöht.

Diagnose: Die Diagnose basiert auf Anamnese, klinischen Befunden, der Labordiagnostik (erhöhte Aktivität des hitzstabilen Isoenzyms; Referenz: < 30 % der Gesamt-AP-Aktivität) und der Leberzytologie. Sofern sich vorberichtlich keine Hinweise auf eine Glukokortikoidapplikation (ggf. auch lokal) finden lassen, sollte das Vorliegen eines Hyperadrenokortizismus (Cushing-Syndrom) abgeklärt werden. Die Leberzytologie zeigt meist typische Veränderungen (Leberzellschwellung, diffuse Auflockerung des Zytoplasmas durch Verlust des Glykogens bei der Fixation) und bestätigt die Diagnose.

Differenzialdiagnose: Sie schließt im Hinblick auf die Lebervergrößerungen Lebertumoren und andere Ursachen für eine Hepatomegalie ein, im Hinblick auf den Zytologiebefund die Glykogenspeicherkrankheit.

Therapie: Nach Absetzen (Ausschleichen bei längerer Therapie) der Glukokortikoidtherapie oder Behandlung des Hyperadrenokortizismus ist die Veränderung reversibel. Ursodesoxycholsäure beschleunigt eventuell die Regeneration. Bei fehlender Möglichkeit zur Verwendung alternativer Medikamente sind im Einzelfall die bestehenden Beschwerden mit den möglichen Konsequenzen (Rezidiv einer immunvermittelten Grunderkrankung) des Absetzens der Glukokortikoidtherapie abzuwägen.

9.6.6 Leberzirrhose

Definition, Systematik: Diffuse Lebererkrankung mit einem Verlust der normalen Leberarchitektur und deren Ersatz durch strukturell abnorme Regeneratknoten sowie Fibrose. Hierbei kann es zur Ausbildung portosystemischer Anastomosen kommen. Bei der mikronodulären Form beträgt der Durchmesser der Regeneratknoten bis zu 3 mm, größere Knoten (oft bis mehrere Zentimeter und unterschiedlich groß) kennzeichnen die makronoduläre Zirrhose. Auch kann eine dritte „gemischt noduläre" Form mit variabler Knotengröße auftreten.

Ätiologie: Die variable Ursache lässt sich oft nicht mehr definieren. Sie kann u. a. Folge einer Leberverfettung und -parenchymnekrose (z. B. durch Viren oder Gifte) und Endstadium einer chronischen Hepatitis beim Hund sein.

Epidemiologie: Leberzirrhose wird regelmäßig beim Hund beobachtet, während sie bei der Katze selten ist.

Pathogenese: Der destruktive Umbau der Leber mit Regeneratknoten (Pseudolobuli) und Bindegewebssepten (Fibrose) kann zur erhöhten Gefäßresistenz und portalen Hypertension (Blutstau zwischen Leber und Verdauungstrakt) wie auch Stenosen der Gallenkanälchen führen. Mögliche Folgen sind Aszites, multiple (erworbene) portosystemische Mikroshunts, bei denen Pfortaderblut direkt in die Zentralvenen fließt und die wiederum zur Hepatoenzephalopathie führen können, sowie Ikterus.

Die Leber schrumpft, ihre Oberfläche wird runzelig und knotig. Mikroskopisch lassen sich aktive oder floride (d. h. voranschreitende) und inaktive Zirrhosen unterscheiden. Die verminderte funktionelle hepatozelluläre Masse und damit metabolische Kapazität, der verminderte portale Blutfluss und die Cholestase tragen zur Erhöhung der Gallensäurenkonzentration im Blut bei.

Klinisches Bild: Die Symptome sind sehr variabel ausgeprägt von sehr milde in kompensierten Fällen bis hin zum Leberversagen. Hauptsächlich bestehen unspezifische Symptome (Teilnahmslosigkeit, Inappetenz), oft Aszites. Mitunter zeigen sich gastrointestinale Symptome wie Vomitus und Diarrhö. Regelmäßig treten gastrointestinale Blutungen auf, die an Meläna und/oder Eisenmangelanämie erkennbar sind.
In schweren Fällen können Ikterus (ggf. ohne vorherige Anzeichen einer Lebererkrankung) und äußerliche Anzeichen einer Hämostasestörung vorliegen (Petechien, Ekchymosen). Mögliche neurologische Symptome reichen von Depression bis hin zu Zeichen einer Hepatoenzephalopathie. Selten besteht eine ausgeprägte PU/PD.

Labordiagnostik: Laborveränderungen zeigen sich in sehr variablem Schweregrad: ALT und AP können bei verkleinerter Leberzellmasse nur gering verändert oder sogar normal sein. Aussagekräftiger sind veränderte Messgrößen der verminderten Leberfunktion und des Blutflusses durch die Umbauprozesse (Erhöhung von Gallensäuren,

Ammonium [zuverlässigerer Indikator der Leberfunktion bei Ikterus], ggf. Verminderung von Harnstoff, Albumin). Tendenziell sind Bilirubinämie und Bilirubinurie (vor Ikterus) im fortgeschrittenen Stadium bei zirrhotischen Patienten weniger stark ausgeprägt als bei extrahepatischen Gallengangsobstruktionen.

Diagnose: Bildgebung und Labordiagnostik erlauben allenfalls eine Verdachtsdiagnose. Da selbst der visuelle Befund der Laparotomie oder Laparoskopie keine sichere Abgrenzung von anderen knotigen Prozessen (s. Differenzialdiagnosen) erlaubt und die Erkrankung auch durch zytologische Untersuchung nach Feinnadelpunktion nicht zu diagnostizieren ist, erfordert die Diagnose zwingend eine konventionelle Biopsie.

Differenzialdiagnose: Ikterus kann sich vor anderen klinischen Anzeichen einer Lebererkrankung entwickeln und muss dann von extrahepatischen Ursachen abgegrenzt werden. Mittels Sonographie können extrahepatische Störungen des Gallenflusses (Gallenstau im Gallengangsystem) erkannt werden, die oft zu höheren Bilirubinkonzentrationen führen als die Zirrhose (meist < 6 mg/dl) und auch zu höheren AP-Werten. Im Hinblick auf das grobsinnliche und sonographische Bild sind vorwiegend Lebermetastasen, noduläre Hyperplasien, ggf. auch ein hepatokutanes Syndrom zu bedenken.

Prognose: Leider ist die Prognose schlecht bis infaust, insbesondere, wenn bereits klinische Symptome vorliegen.

Therapie: Medikamente mit möglicher Potenz zur Reduktion von Fibrose (Prednisolon, D-Penicillamin, Colchicin, Silymarin; nähere Angaben und Dosierungen: s. Kap. 9.5, 9.6.2) sind eventuell induziert, solange nicht das Stadium des Leberversagens erreicht ist. Es stehen unterstützende Maßnahmen im Vordergrund, die sich gegen die Komplikationen des chronischen Leberversagens (z. B. Hepatoenzephalopathie, Infektion, Aszites) richten. Aszites sollte durch Gabe einer natriumarmen Diät und behutsamen Einsatz von Kalium-sparenden Diuretika (Patienten mit Fibrose/Zirrhose neigen zur Hypokaliämie!) entgegengewirkt werden (s. Kap. 9.5). Hinweise zu Leberdiät (kalorisch, schmackhaft, proteinreich), zur sinnvollen Leberschutztherapie (u. a. Antioxidanzien wie SAM) und zur Therapie einer symptomatischen Hepatoenzephalopathie (ggf. reduzierter Proteingehalt des Futters, Laktulose, Metronidazol): s. Kap. 9.5.

9.6.7 Hepatokutanes Syndrom

Definition: Metabolische Erkrankung mit schwerer degenerativer Glykogen-ähnlicher vakuoliger Hepatopathie (mit Parenchymkollaps) und ulzerativer, oberflächlicher nekrolytischer Dermatitis (Syn.: superfizielle nekrolytische Dermatitis, nekrolytisches migratorisches/wanderndes Erythem, diabetogene Hepatopathie, metabolische epidermale Nekrose).

Epidemiologie: Seltene Veränderung, von der vorwiegend mittelalte bis alte Hunde (mittleres Alter 10 Jahre) und bevorzugt Rüden betroffen sind. Es liegt keine eindeutige Rasseprädisposition vor, eventuell für West Highland White Terrier, Sheltie, Cocker Spaniel, Deutscher Schäferhund, Scottish Terrier, Lhasa Apso und Border Collie. Bei der Katze ist das Syndrom eine Rarität.

Ätiologie: Diese ist unklar. Beim Hund findet sich im Gegensatz zum Menschen, wo das Syndrom v. a. paraneoplastisch assoziiert mit Glukagonomen auftritt, nur selten ein solcher Tumor. Das Syndrom kommt assoziiert mit Diabetes mellitus, Pankreastumoren und anderen neuroendokrinen Tumoren und bei chronischer Phenobarbital-Therapie vor. In der dermatologischen Literatur wird ätiologisch auch die Leberzirrhose genannt.

Pathogenese: Assoziiert zu Haut- und Leberläsionen liegt eine Hypoaminoazidämie vor, wobei aber der genaue Zusammenhang nicht vollständig bekannt ist. Möglicherweise besteht eine metabolische Störung mit erhöhtem Katabolismus oder Verlust von Aminosäuren, die letztlich zu einem hautschädigenden Environment führt, das sich in inter- und intrazellulärem Ödem, deutlicher Parakeratose, Ulzerationen, Exsudationen und Krustenbildung äußert. Die Leberveränderungen können Ursache oder Folge der Hypoaminoazidämie sein. Teilweise wird auch einem abnormen Zinkmetabolismus pathogenetische Bedeutung beigemessen. Die deutliche hepatozelluläre Degeneration führt zum Parenchymverlust durch Verlust der Läppchenstruktur und nodulären Regeneration. Eine signifikante Entzündung und Fibrose/Zirrhose fehlen.

Klinisches Bild: Klinische Allgemeinsymptome umfassen Lethargie, Anorexie, Gewichtsverlust, PU/PD. Typische bilateral symmetrisch auftretende Hautläsionen des chronischen, progressiven Syndroms umfassen Erythem, Exsudation, Krustenbildung, Ulzeration und Alopezie. Diese Veränderungen zeigen sich an mukokutanen Übergängen und Regionen, die Druckbelastungen ausgesetzt sind (Pfotenballen, Druckpunkten des Rumpfes und Extremitäten, Perineum, Schnauze und periokuläre Regionen). Die Pfotenläsionen verursachen oft Lahmheiten. Selten werden Hunde nur mit einer Lebererkrankung vorgestellt, wobei Lethargie und Anorexie im Vordergrund stehen und ggf. zunächst nur sehr subtile Hautveränderungen bestehen oder sich diese später (nach Wochen) entwickeln.

Bildgebende Diagnostik: Die radiologisch erfassbare Lebergröße ist variabel. Der sonographische Befund kann in Form eines Bienenwaben-Musters (multiple, diffus über die Leber verteilte hypoechogene Bezirke mit echoreichen Rändern, Durchmesser zwischen 0,5 und 1,5 cm, „Schweizer Käse-Muster“) sehr markant bis pathognomonisch sein.

Labordiagnostik: Es zeigen sich erhöhte Leberenzymaktivitäten (ALT, AST, besonders AP), normale bis deutlich abnorme Leberfunktionstests (Hypoalbuminämie, erhöhte Gallensäuren), wechselnde Hyperglykämie ohne Ketoazidose und eine deutliche Hypoaminoazidämie (Reduktion auf 50 %). Die Glukagonkonzentration kann erhöht sein (Glukagonom, Diabetes mellitus, Pankreatitis, chronische Leberinsuffizienz). Eine assoziierte leichte Anämie ist nicht bis leicht regenerativ, im Blutausstrich zeigen sich Erythrozyten mit abnormer Morphologie (Polychromasie, Anisozytose, Poikilozytose, Schießscheibenzellen).

Diagnose: Für die definitive Diagnose sind Hautbiopsien von verschiedenen Regionen einschließlich der Pfoten am aussagekräftigsten. Die histopathologischen Veränderungen sind charakteristisch mit ausgeprägtem inter- und intrazellulärem Ödem in der oberen Hälfte der Epidermis, wodurch es zum Verlust zellulärer Strukturen und der Bildung von intraepidermalen Spalten und Vesikeln kommt, die mit Neutrophilen, nekrotischem Material und Debris gefüllt sind, was eine eosinophile Schicht kreiert. Zudem liegt eine Hyperplasie der Basalzellen und anderer Schichten der Epidermis vor, die von einer deutlichen diffusen parakeratotischen Hyperkeratose überlagert wird. Die Leberzytologie zeigt eine hochgradige vakuolige Degeneration der Hepatozyten. Mögliche Leberbiopsien entsprechen einer hepatozellulären Degeneration mit deutlicher Fettakkumulation. Es zeigen sich ein Verlust der Läppchenstruktur und Regeneratknoten.

Differenzialdiagnose: Makronoduläre Zirrhose, Tumormetastasen, Glukagonom.

Prognose: Sie ist vorsichtig bis schlecht, obgleich einige Hunde gut auf die Therapie ansprechen und ein Langzeitüberleben zeigen können. Oft sterben die Patienten.

Therapie: Wesentlich sind die Supplementierung von Aminosäuren und die symptomatische Therapie der kutanen Läsionen und Leberveränderungen. Die Aminosäurenzufuhr erfolgt z. B. durch Verwendung von Diäten mit hohem Proteinanteil oder Leberdiäten mit Zusatz von Aminosäurenkonzentraten. Alternativ erfolgt sie parenteral über einen Zentralvenenkatheter in Form von Aminosäurenlösungen (z. B. Aminosyn® 10 %, 24 ml/kg KM langsam über 8–12 Std. in eine große Zentralvene). Bei fortbestehenden Hautläsionen werden wiederholte Infusionen im Abstand von 7–10 Tagen empfohlen. Falls nach vier Infusionen keine Besserung eintritt, soll eine weitere Behandlung zwecklos sein. Einige Hunde benötigen dauerhaft monatliche Aminosäureninfusionen. Insbesondere bei Hunden, die bereits Anzeichen einer Hepatoenzephalopathie gezeigt haben, können während der Aminosäureninfusion entsprechende Symptome einer Hyperammoniämie auftreten, die aber innerhalb von 12 Stunden nach Infusionsende wieder verschwinden. Die regelmäßige Messung des Blutammoniumgehalts hilft, die Gefahr der allerdings recht seltenen Hepatoenzephalopathie einzuschätzen, die dann eventuell durch die Therapie verschlimmert werden könnte. Weiterhin sind mit UDC und Antioxidanzien (Vitamin E, SAM) leberprotektive Substanzen indiziert (s. Kap. 9.5)

Die Erkennung und Behandlung einer ggf. zugrunde liegenden metabolischen Störung ist essenziell, z. B. die Umstellung einer Phenobarbitalbehandlung als seltene Ursache bei einigen Hunden. Die Behandlung eines eventuellen Diabetes mellitus kann sich schwierig gestalten, da oft eine Insulinresistenz besteht durch erhöhte Blutspiegel von Insulin-Gegenspielern wie Glukagon und Glukokortikoiden. Bei einem Hund mit hepatokutanem Syndrom infolge metastasierten Glukagonoms wurde erfolgreich ein langwirksames und extrem teures Somatostatinpräparat (Octreatid) eingesetzt.

Symptomatische und unterstützende Maßnahmen zur Behandlung der Hautläsionen schließen eine oberflächliche Reinigung, antibakterielle oder antifungale Behandlung gegen Sekundärinfektionen, eine Supplementierung mit Zinkmethionin (1,5–2 mg/kg KM, tägl. p. o.), wasserlösliche Vitamine und essenzielle Fettsäuren ein, ggf. auch Niacinamid (250–300 mg/Hund, 2 × tägl. p. o.). Glukokortikoide sind hingegen kontraindiziert.

9.6.8 Kongenitale portosystemische Shunts

Definition: Es liegt eine kongenitale Zirkulationsstörung durch Gefäßanomalie des portalen Gefäßsystems unter Einbeziehung von einem oder mehreren Gefäßen vor, wodurch die Pfortader unter Umgehung der Lebersinusoide eine intra- oder extrahepatische Verbindung mit einer großlumigen Vene (meistens V. azygos oder V. cava) außerhalb des Eingeweidegefäßsystems erhält. Es kann auch eine mikrovaskuläre Dysplasie vorliegen.

Epidemiologie: Kongenitale Shunts kommen regelmäßig beim Hund vor, gelegentlich (mit zunehmender Frequenz der Feststellung) auch bei Katzen. Einzelne extrahepatische Shunts kommen v. a. bei kleinen Hunden und Katzen, intrahepatische Shunts v. a. bei großen Hunderassen vor. Beim Malteser ist die mikrovaskuläre Dysplasie häufiger als portosystemische Shunts, in manchen Familien sind 60–90 % der Tiere betroffen. Letztere Veränderung wird auch beim Cairn Terrier, anderen kleinen Hunderassen (erhöhtes Risiko bei Yorki und Zwergschnauzer) und Katzen gefunden.

Ätiologie: Die kongenitale Form hat eine genetische Basis mit Rassedisposition bzw. Häufung in verschiedenen Familien u. a. für Zwergschnauzer, Yorkshire Terrier, Cairn Terrier, Bobtail und Irischen Wolfshund. Bei Katzen besitzen Perser, Himalaya Katzen und entsprechende Mischlinge ein erhöhtes Risiko (v. a. mit kupferfarbener Iris). Bei betroffenen männlichen Hunden und Katzen besteht oft Kryptorchismus.

Hiervon abzugrenzende erworbene portosystemische Shunts entstehen nach Druckerhöhung in der V. portae bei Leberfibrose oder -zirrhose. Durch die Druckerhöhung kommt es zur Ausbildung von meist zahlreichen Kollateralkreisläufen, wodurch der Druck abnehmen kann.

Pathogenese: Meist fließt ein Großteil des Blutes unter Umgehung der Leber direkt über das Shuntgefäß in den großen Kreislauf. Damit liegt eine Minderdurchblutung der Leber vor; nur der Sauerstoffbedarf kann durch eine erhöhte arterielle Durchblutung kompensiert werden. Die fehlende Zwischenschaltung der Leber zwischen dem Verdauungsapparat und großen Kreislauf und damit mangelhafter Verstoffwechselung der Nährstoffe und Toxine aus dem Gastrointestinaltrakt hat jedoch zahlreiche Konsequenzen für die Leber selbst und Homöostase des Gesamtorganismus:

- Das Wachstum der Leber ist vermindert, da bei fehlender Zufuhr von Hormonen wie Insulin und Wachstumsfaktoren in der Leber die Bildung von Hepatozyten-Wachstumsfaktor reduziert ist. Bei teilweise nahezu normal wachsendem Gesamtorganismus besteht ein zunehmendes Missverhältnis zur reduziert wachsenden Leber als ein Grund für das verzögerte Einsetzen der Symptome mit etwa einem halben Jahr. Die makroskopisch kleine und marmorierte Leber weist auf mikroskopischer Ebene verschiedene charakteristische Veränderungen auf (s. Diagnose).
- Ammoniak/Ammonium, Endotoxin und andere toxische Substanzen (z. B. Mercaptan aus schwefelhaltigen Aminosäuren) gelangen aus dem Darm ungefiltert in die Zirkulation und somit u. a. auch ins Gehirn, wo neurotoxische Stoffe ein hepatoenzephales Syndrom auslösen können. Hierbei spielt auch der ungenügende Abbau von aromatischen Aminosäuren eine Rolle, die damit im Verhältnis zu verzweigtkettigen Aminosäuren erhöht sind (1 : < 2, normal 1 : 3–4). Durch die fehlende Ammoniakverstoffwechselung ist der Harnstoffspiegel niedrig und es besteht eine Neigung zur Bildung von Ammoniumuratkristallen und -steinen. Die vermehrte Anflutung von Antigenen aus dem Darmtrakt führt zu einer verstärkten Bildung von Immunglobulinen.
- Oft ist der Glukosestoffwechsel gestört, sodass beim nüchternern Tier leicht verminderte Glukosespiegel (und erhöhte Insulinspiegel) vorliegen. Auch Cholesterin und Triglyzeride nehmen im Blut ab.

Klinisches Bild: Bei der klinischen Untersuchung werden oft keine abnormen Befunde erhoben. Die meisten Patienten entwickeln die Symptome ab dem 4. bis zum 10. Lebensmonat. Vereinzelt werden aber auch ältere Tiere vorgestellt, wenn die Symptome zunächst milde oder kompensiert sind und/oder vom Tierhalter toleriert werden. Tiere mit angeborenem portosystemischen Shunt können als Zeichen der Entwicklungsstörung zu klein für ihr Alter („Kümmerer") und weniger aktiv als ihre Wurfgeschwister sein. Die klinischen Symptome können typischerweise postprandial auftreten oder nach der Futteraufnahme verstärkt sein, aber auch unabhängig davon vorkommen.

Beim Hund zeigen sich oft neurologische Symptome wie Verhaltensänderungen, Apathie, Stupor, Ataxie bis hin zu Krampfanfällen und schließlich Koma. Oft werden auch PU/PD, Hypersalivation und rezidivierende Bildung von Harnsteinen (Uratsteine in Niere, Blase oder Urethra) berichtet. Letztere, ggf. assoziiert mit Harnwegsentzündungen, können das erste klinische Anzeichen sein.

Bei jungen betroffenen Katzen wird vorrangig über Kleinwüchsigkeit, wiederkehrende Verhaltensänderungen und Hypersalivation berichtet, daneben wiederkehrende Depression, Desorientiertheit, Aggression, Kopfpressen gegen die Wand, zeitweiliger Visusverlust, Mydriasis und Anfälle. Palapatorisch und/oder radiologisch lassen sich bei einigen betroffenen Katzen leicht vergrößerte Nieren feststellen.

Auch eine ungewöhnlich lange Aufwachphase nach Narkose und eine ungewöhnlich heftige Wirkung von Tranquilizern können bei Shuntpatienten vorliegen. Das Fell ist oft matt. Im **Röntgen- und Ultraschallbild** fällt die Mikrohepatopathie auf.

Labordiagnostik: Nüchternwerte von Gallensäuren und Ammoniak im Blut sind i. d. R. erhöht, im Zweifelsfall sind Provokationstests durchzuführen, die dann eindeutige (erhöhte) Ergebnisse liefern. Die gestörte Leberfunktion (durch Minderversorgung mit Portalblut und Atrophie) äußert sich bei Leberfunktionsparametern: Blutharnstoffwert und Albumin sind vermindert, auch eine leichte Hypoglykämie kann vorliegen. Leberenzyme (ALT, GLDH, AP) sind nur ausnahmsweise und dann nur geringgradig erhöht. Im Urin finden sich oft Ammoniumuratkristalle. Typischerweise ist das MCV und bei den meisten Hunden auch das Serumeisen vermindert. Die verstärkte Bildung von Immunglobulinen ist in der Elektrophorese anhand der Erhöhung der γ-Globuline erkennbar.

Diagnose: Signalement und Vorbericht geben oft schon entscheidende Hinweise, der Verdacht wird durch eine kleine Leber beim Abdominalröntgen und Befunde der Labordiagnostik (erhöhte Konzentrationen von Ammoniak und Gallensäuren, eventuell als Stimulationstest; niedrige Harnstoffkonzentration; Ammoniumuratkristalle im Harnsediment) unterstrichen. Die definitive Diagnose wird durch bildgebende Diagnostik (Ultraschall mit Farbdoppler, Angio-CT, Szintigraphie, früher: Angio(Porto-)graphie: Gabe von Kontrastmittel meist in eine Mesenterialvene nach Laparotomie) gestellt und der exakte Ort des Shunts definiert (Abb. 9.16).

Pathohistologisch finden sich eventuell eine normale Architektur oder eine milde Atrophie der Leberbälkchen, geringgradige oder fehlende Portalvenen und eine Zunah-

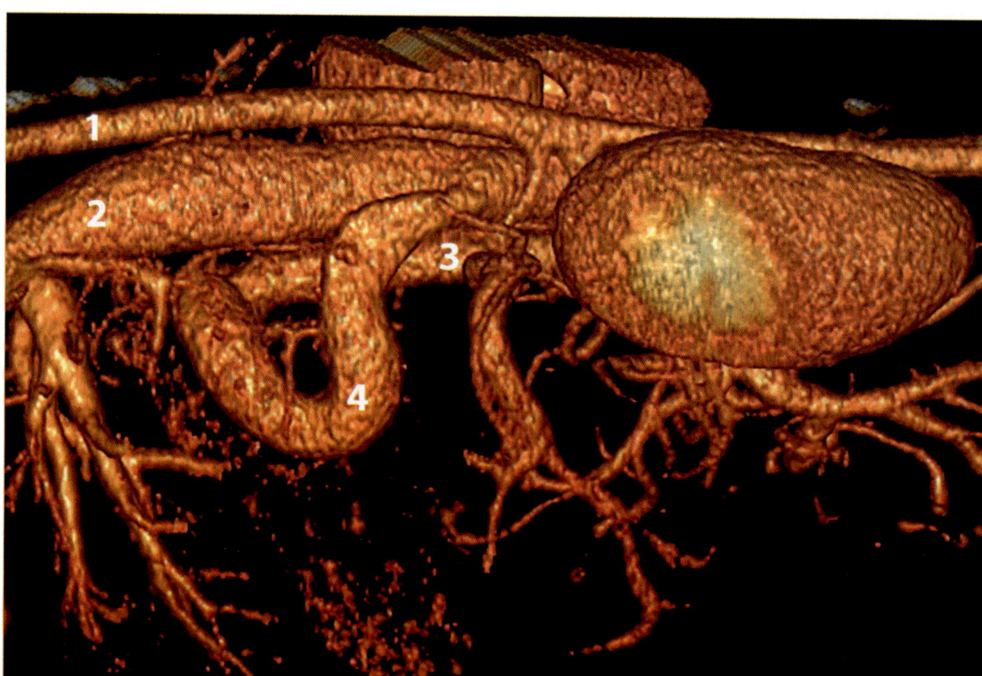

Abb. 9.16 Darstellung eines portocavalen Shunts bei einem 7 Monate alten Malteserrüden mittels Angio-CT, 1: Aorta, 2: V. cava caud., 3: V. portae, 4: Shuntgefäß (B. Länger, Klinik für Kleintiere, Stiftung Tierärztliche Hochschule Hannover, mit freundlicher Genehmigung)

me der Arteriolen. Als weitere unspezifische Veränderungen kommen eine Vakuolisierung des Zytoplasmas der Hepatozyten im Periportalbereich und der mittleren Zone, moderate biliäre Hyperplasie und geringe periportale Fibrose vor. Herdförmig können eisenhaltige fettige Makrophagen (Lipogranulome) vorliegen, die zumindest bei jungen Hunden verdächtig für einen portosystemischen Shunt sind, da sie ansonsten bei Hunden unter 6 Jahren kaum auftreten.

Differenzialdiagnose: Differenzialdiagnostisch kommen einerseits andere Ursachen des Kümmerns infrage wie hypophysärer Zwergwuchs und angeborene Hypothyreose sowie im Hinblick auf das hepatoenzephale Syndrom u. a. Hypoglykämie, idiopathische Epilepsie, Enzephalitis, Staupe, Hydrozephalus, Hepatitis und Leberzirrhose.

Prognose: Erfolgreich chirurgisch versorgte Tiere haben eine deutlich bessere Langzeitprognose als konservativ behandelte Tiere. Einen erfahrenen Chirurgen und frühzeitigen Eingriff vorausgesetzt, wird bei 70 % der Fälle mit extrahepatischem Shunt und bei 50 % der intrahepatischen Shunts eine komplette Regeneration der Leber erreicht, da mit der Erhöhung des Zustroms von Pfortaderblut in die Leber die Produktion lokaler Wachstumsfaktoren angeregt wird.

Therapie: Die chirurgische Therapie ist i. d. R. das Mittel der Wahl bei Hund und Katze, meistens nach Stabilisierung durch medikamentöse Vorbehandlung. Insbesondere bei älteren Tieren kann eine rein medikamentöse Therapie sinnvoll sein.

Medikamentöse Therapie: Die Diät sollte proteinarm (hochwertiges Protein) und kohlenhydratreich sein. Medikamente, die in der Leber verstoffwechselt werden (Sedativa, Tranquilizer, Antiepileptika, Narkotika), müssen mit Vorsicht angewandt werden. Glukokortikoide sind im Hinblick auf ihre katabolen Eigenschaften und gastrointestinalen Wirkungen möglichst zu vermeiden, ebenso wie die Infusion von Aminosäurenlösungen. Durch Behandlung mit Laktulose-Lösung und ggf. Metronidazol wird die Ammoniakproduktion und -absorption direkt oder durch Regulation der Bakterienflora reduziert und damit die Bildung neurotoxischer Stoffe vermindert. Hierdurch kann ggf. für Jahre ein stabiler Zustand erzielt werden (s. Therapie des hepatoenzephalen Syndroms, Kap. 9.5). Diuretika sind vorsichtig zu dosieren wegen der Gefahr der Dehydratation.

Chirurgische Therapie: Es kommen bevorzugt Ameroid-Konstriktoren oder alternativ Zellophanbänder zur Anwendung, die einen kontinuierlichen Verschluss des Shuntgefäßes bewirken. Alternativ kann auch konventionell durch Ligatur ein partieller Verschluss erfolgen, wobei der Pfortaderdruck nicht über 15 cm Wasser (11 mmHg) ansteigen darf. Meist ist dann ein zweiter Eingriff erforderlich, wenn nicht der Restverschluss spontan über eine Thrombusbildung im Shuntgefäß erfolgt. In einzelnen Zentren werden bei ausgewählten Shunts auch, Fluoroskopie-gesteuert, Coil-Implantationen zum Verschluss des Shuntgefäßes eingesetzt.

9.6.9 Lebertumoren, proliferative Lebererkrankungen

Definition, Systematik: Primäre Lebertumoren umfassen hepatozelluläre Adenome und Karzinome sowie Gallengangsadenome und Gallengangskarzinome; seltener liegen primäre neuroendokrine Tumoren (Karzinoid) und Sarkome (u. a. Hämangiosarkom, Leiomyosarkom, Fibrosarkom) der Leber vor. Dazu kommen metastatische Tumoren und Beteiligungen bei systemischen Neoplasien des blutbildenden Systems (Lymphome, Leukämien). Schließlich werden beim Hund bisweilen polypenartige Wucherungen in der Gallenblase als sonographische Zufallsbefunde gesehen.

Primäre Lebertumoren werden zudem anhand ihres makroskopischen Erscheinungsbildes in drei Formen eingeteilt: massiv oder solitär (ein großer Knoten, meist einen einzelnen Leberlappen betreffend), nodulär oder multifokal (mehrere Knoten in mehreren Leberlappen) und diffus (homogene Infiltration).

Epidemiologie: Primäre Tumoren der Leber sind bei Hund und Katze selten, sie entsprechen im Sektionsgut etwa 1 % bzw. 2 % der Tumoren. Beim Hund sind hepatozelluläre Karzinome am häufigsten (ca. 70 % massiv, ca. 30 % nodulär, ca. 10 % diffus), bei der Katze Gallengangstumoren. Letztere entsprechen nur etwa einem Viertel der Lebertumoren beim Hund. Ein gutes Viertel der Lebertumoren beim Hund sind Beteiligungen (selten isolierte Manifestationen) systemischer hämatopoietischer Tumoren (v. a. Lymphom als häufigster Lebertumor, daneben Leukämie, Myelom, systemisches histiozytäres Sarkom), während es sich bei knapp der Hälfte um Metastasen (s. u.) handelt. Die Leber stellt damit das am häufigsten durch Fernmetastasen betroffene Organ dar; bei etwa einem Drittel der an einer Tumorerkrankung verstorbenen Hunde werden bei der Sektion Lebermetastasen gefunden.

Primäre Lebertumoren betreffen v. a. ältere Hunde und Katzen (über 10 Jahre; Ausnahme: Leberkarzinoid) ohne eindeutige Rasse- oder Geschlechtsprädisposition. Rüden scheinen beim hepatozellulären Karzinom überrepräsentiert zu sein.

Ätiologie: In der Regel lässt sich die Ursache primärer Lebertumoren nicht definieren. Potenzielle Ursachen umfassen u. a. kanzerogene Substanzen (mit oft akut hepatozytotoxischem Effekt) wie Nitrosamine und Aflatoxin, Leberegel und radioaktive Substanzen. Bei der Katze ist das FeLV als Ursache v. a. von Lymphomen bekannt. Primärtumoren anderer Organe, die regelmäßig in die Leber metastasieren, betreffen beim Hund besonders Karzinome von Mamma, Pankreas (inkl. Insulinome), Nebennieren, Schilddrüse, Lunge und Gastrointestinaltrakt, Hämangiosarkome der Milz (häufiger als primäre Hämangiosarkome der Leber) und Osteosarkome; bei der Katze sind das vorwiegend Nieren-, Pankreas- und Gastrointestinaltrakttumoren. Beim Scottish Terrier deutet eine Fallkontrollstudie einen Zusammenhang zwischen Hyperadrenokortizismus und hepatozellulärem Karzinom an.

Pathogenese: Primäre Leberneoplasien auslösende Karzinogene reagieren mit RNS, DNS, Zellproteinen und Polysacchariden mit dem Effekt einer chronischen Zellschädigung mit schließlich unkontrollierter Proliferation. Die große Relevanz der Leber für Metastasen erklärt sich dadurch, dass die Leber das erste Kapillarbett darstellt, das vom venösen Blut der Abdominalorgane durchflossen wird. Wie oben beschrieben, tendieren bösartige wie gutartige hepatozelluläre und benigne biliäre Tumoren zu lokalen, umschriebenen Tumoren; Metastasen betreffen v. a. regionäre Lymphknoten. In klinischen Studien können im Gegensatz zu selektiertem Sektionsmaterial beim Leberzellkarzinom selten Metastasen gefunden werden. Solitäre Karzinome treten interessanter- und glücklicherweise in über zwei Drittel der Fälle auf der linken Leberseite auf, wo sie i. d. R. chirurgisch leichter resezierbar sind und daher eine bessere Prognose besteht.

Das biologische Verhalten von nodulären und diffusen Formen ist aggressiver, z. B. zeigten sich in einer Sektionsstudie Metastasenraten beim caninen hepatozellulären Karzinom von 100 % (diffuse Form), 93 % (noduläre Form) im Vergleich zu 37 % (massive Form). Gallengangskarzinome (wie Karzinommetastasen) sind solide oder zystisch, neigen zu multifokalen nodulären (oder diffusen) Mustern und zeigen grundsätzlich ein sehr bösartiges Wachstumsverhalten mit einer hohen Metastasierungsneigung (u. a. Lymphkoten, Peritoneum, Lunge). Diffuse Infiltrationen kommen eher bei hämatopoetischen Neoplasien, aber auch bei Sarkomen und Leberkarzinoiden vor, jeweils bei ebenfalls hoher Neigung zur Bildung von Metastasen. Benigne Lebertumoren wie Zystadenome können ggf. einer malignen Transformation unterliegen.

Auch Hepatome können extreme Ausmaße annehmen und durch diese Raumforderung und Verdrängung Funktionsstörungen anderer Organe (u. a. Magen) verursachen oder eine zentrale Nekrosezone als Basis für Abszesse bilden. Bisweilen können Hepatome wie hepatozelluläre Karzinome aufgrund ihrer brüchigen Konsistenz und starken Durchblutung nach Ruptur zum Hämaskos führen. Auch das Hämangiosarkom, das sich als großer Tumor mit multiplen blutgefüllten Hohlräumen darstellt, neigt aufgrund seiner fragilen Textur zur Ruptur und zur Massenblutung ins Abdomen sowie häufig zur Fernmetastasierung (oft Milz als Primärtumor).

Ein Bauchhöhlenerguss, der eher bei Lebermetastasen auftritt, kann u. a. Folge einer präsinusoidalen und sinusoidalen intrahepatischen portalen Hypertension sein, ausgelöst von einer Kompression durch infiltrierende Tumorzellen.

Lebertumoren können über verschiedene Mechanismen mit Bilirubinämie einhergehen, z. B. bei diffuser Infiltration durch Stau in Gallenkapillaren, oder einen Obturationsikterus, z. B. bei Zystadenom oder Metastasen. Hypoglykämien können eine Folge großer Tumormassen (erhöhter Verbauch) oder paraneoplastischer Phänomene (Insulin-ähnlicher Effekt) sein. Die erhöhte AP-Aktivität kann teilweise mit einer erhöhten Steroidsynthese in Verbindung stehen, wobei Hepatome und dysplastische Areale gehäuft bei atypischer Nebennierenhyperplasie mit erhöhten Blutkonzentrationen von Androgenen und Gestagenen auftreten.

Klinisches Bild: Viele Tiere mit Lebertumoren, besonders mit malignen Tumoren, aber auch sehr großen benignen Tumoren weisen Symptome auf. Die zumeist unspezifischen Symptome entsprechen den üblichen klinischen Anzeichen chronischer Lebererkrankungen wie Leistungsschwäche bis Apathie, Inappetenz bis Anorexie, Gewichtsverlust, Erbrechen (oft einziges Symptom, trotz großer Lebertumoren) und Diarrhö sowie Umfangsvermehrung des Abdomens. Große Massen (v. a. Leberzellkarzinome, Hepatome) oder deutliche Neoplasie-bedingte Hepatomegalien können zum Großteil palpiert werden. Ikterus liegt nur bei einigen Patienten (im Endstadium) vor, v. a. bei Hunden und Katzen mit extrahepatischen Gallengangskarzinomen und diffusen Tumorzellinfiltrationen (z. B. Lymphom). Eventuell zeigen sich PU/PD, Aszites oder Fieber, bei Katzen mit hepatozellulärem oder Gallengangskarzinom auch Alopezie. Selten bestehen neurologische Symptome wie Anfälle, Schwäche und Ataxie durch Hepatoenzephalopathie, Hypoglykämie oder Metastasen im ZNS. Plötzliche Schwäche kann auch die Folge eines Hämoperitoneums nach Ruptur sein.

Bildgebende Diagnostik: Röntgenbilder des Abdomens sind limitiert hilfreich, vielfach sogar unauffällig oder zeigen eine Hepatomegalie oder bei größeren Tumoren (v. a. bei hepatozellulärem Karzinom, ggf. Hepatom) Massen im Bereich der Leber, die aber teilweise nicht sicher der Leber zuzuordnen sind. Aussagekräftiger ist die Sonographie, womit die Morphologie (massiv, nodulär, diffus), Größe und eingeschränkt die Lokalisation der Veränderung (v. a. die Nähe zur Gallenblase und V. cava) meist gut dargestellt und diese gezielt für eine zytologische Diagnostik punktiert werden kann. Allerdings schränken variable Echogenitäten die Diagnostik ein (z. B. hypoechogen, hyperechogen oder heteroechogen beim hepatozellulären Karzinom, s. Kap. 9.4.2.2) und selbst die Unterscheidung zwischen benignen und malignen Prozessen ist sonographisch i. d. R. nicht sicher möglich. Diffuse Infiltrationen wie beim Lymphom und anderen hämatopoietischen Tumoren können sonographisch nicht zuverlässig detektiert werden. Bei erheblichem Ausmaß v. a. hepatozellulärer Karzinome ist auch eine Beurteilung der Beeinträchtigung und Invasion in Nachbarorgane und Gefäße kaum möglich. Vor allem bei Gallengangstumoren ist eine Beurteilung eines möglichen Gallenstaus hilfreich.

Weiterführende diagnostische Techniken wie CT- und MRT-Untersuchungen ermöglichen eine genauere Definition der Ausdehnung und Positionierung der Veränderung im Vergleich zu relevanten anatomischen Strukturen und damit die Beurteilung der Operabilität. Sie sind essenziell für die Planung der Operation. Werden hierbei weitere Läsionen entdeckt, so sollten diese vor der Operation zumindest zytologisch abgeklärt werden, da sie eventuell von anderer Genese sein können. Obwohl auch mit CT nicht sicher zwischen benignen und malignen Läsionen differenziert werden kann, sprechen folgende Charakteristika für ein hepatozelluläres Karzinom: erhebliche Größe, heterogenes Muster mit Hyper-, Iso- und Hypointensitäten sowie in der arteriellen und portalen Phase eine zentrale und marginale Kontrastmittelanreicherung (s. Abb. 9.7). Laut einer Untersuchung erlaubt das MRT eine recht zuverlässige Differenzierung maligner und benigner lokalisierter Lebermassen.

Bildgebende Verfahren sind auch für die Feststellung von Metastasen in lokalen Lymphknoten, Milz (v. a. bei Sarkomen), Peritoneum und Lungen wichtig. Für die Erkennung von Lungenmetastasen sind Röntgenaufnahmen des Thorax in drei Ebenen oder ein Thorax-CT sinnvoll.

Labordiagnostik: Die häufigen hämatologischen und klinisch-chemischen Abweichungen sind unspezifisch. Bei über der Hälfte der Hunde mit Lebertumoren liegt eine Anämie vor, oft nicht regenerativ, ggf. mikrozytär, ggf. mit Schistozyten, wenn Sinusoide infiltriert werden. Bei bis 90 % der caninen Lebertumorpatienten besteht eine Leukozytose/Neutrophilie als Reaktion auf Entzündung und Nekrose; eine deutliche Eosinophilie kann auf ein paraneoplastisches Auftreten bei einem Lymphom oder Mastzelltumor hindeuten. Bei Hunden mit Leberzellkarzinom tritt regelmäßig eine Thrombozytose auf.

Auch bei Tumoren ohne extrahepatische biliäre Obstruktion können neben ALT, AST und GLDH, v. a. in fortgeschrittenen Fällen, AP (beim Hund, teilweise deutlich), γ-GT, Bilirubin und Gallensäuren erhöht sein und eine Hypoalbuminämie, Hyperglobulinämie und Hypercholesterinämie vorliegen. Das Ausmaß des Anstiegs der Leberenzyme erlaubt jedoch keine sicheren Rückschlüsse auf Ausmaß und Dignität eines Tumors. Leberzellkarzinome, teilweise auch hepatische Leiomyosarkome und Hämangiosarkome, können mit einer paraneoplastischen Hypoglykämie assoziiert sein. Da Gerinnungsstörungen auftreten können, empfiehlt sich vor invasiven diagnostischen Maßnahmen oder Operationen eine Analyse der Blutgerinnung und Thrombozytenzahl.

Diagnose: Selbst bei direkter makroskopischer Untersuchung im Rahmen einer Laparotomie ist bei einer von Knoten durchsetzten Leber i. d. R. keine sichere Differenzierung zwischen Neoplasien und Regeneratknoten (Zirrhose) möglich. Eine sichere Diagnose bezüglich Art und Dignität der Läsion erfordert eine Biopsie, die bevorzugt ultraschallgeleitet als perkutane Trucut-Biopsie oder unter Sichtkontrolle erfolgt (s. Kap. 9.4.3.2), während eine „blinde“ perkutane Biopsierung nur bei deutlicher genereller Hepatomegalie versucht werden kann. Bei hepatozellulären Karzinomen, Gallengangskarzinomen, rundzelligen Neoplasien (Lymphomen, Mastzelltumoren) und Spindelzellsarkomen kann ein versierter Zytologe die Diagnose oft auch anhand guter Feinnadelaspirate stellen. Aussagekräftig ist insbesondere der positive Befund. Hingegen gleicht das Hepatom zytologisch unauffälliger Leber, sodass allenfalls in Verbindung mit einem sonographisch nachgewiesenen solitären Lebertumor eine Verdachtsdiagnose gestellt werden kann. Bei einer auf einen Leberlappen begrenzten soliden („massiven“) Neoplasie kann ggf. auch direkt eine operative Entfernung als „exzisionale Biopsie“ durchgeführt werden und die histopathologische Diagnostik anschließend erfolgen. Die Untersuchung der Exzisionsränder und Biospieproben distal des entfernten Leberlappens sind hilfreich, da das Auffinden dysplastischer Areale ein engmaschiges sonographisches und labordiagnostisches Monitoring als Krebsvorsorge ratsam erscheinen lassen.

Differenzialdiagnose: Bei mit genereller Hepatomegalie assoziierten Lebertumoren kommen differenzialdiagnostisch viele Hepatopathien infrage (inkl. Hepatitis, Stauungsleber, Glukokortikoid-induzierte Hepatopathie). Bei sonographisch nachgewiesenen multifokalen Knoten müssen v. a. eine Zirrhose, aber auch Parasitosen berücksichtigt werden. Bei einzelnen Knoten stellen **noduläre Hyperplasien** oder Regeneratknoten der Leber wichtige Differenzialdiagnosen dar. Bei nodulären Hyperplasien bleibt histopathologisch die einschichtige Architektur der Leberzellbalken erhalten.

Sie kommen bei Hunden zwar öfter als kleine multifokale Läsionen vor, seltener aber auch als massive Zubildungen. Sie lösen keine Symptome aus, können aber mit erhöhter Leberenzymaktivität, v. a. der AP, einhergehen. Bei Katzen können Gallengangszysten eventuell makroskopisch mit Gallengangskarzinomen verwechselt werden. Die feingewebliche Untersuchung ist jeweils anzuraten, um nicht Tiere mit ggf. benignen oder gar nicht neoplastischen Läsionen zu euthanasieren.

Prognose: Ist der Tumor lokal umschrieben und operativ entfernbar, so können auch größere Lebertumoren bei Hund und Katze eine gute Prognose mit niedriger Rezidivrate besitzen. ALT-, AST- und GLDH-Erhöhung werden teilweise mit einer schlechten Prognose in Verbindung gebracht. In einer Studie (s. Therapie) lag die mediane Überlebenszeit bei solitären Leberzellkarzinomen nach Chirurgie und Chemotherapie wie u. a. bei 1339 Tagen, bei der nodulären Form bei 983 Tagen und der diffusen Verteilung bei 113 Tagen. Damit haben die meist solitär auftretenden hepatozellulären Karzinome bei geringer Metastasierungsrate von den bösartigen Lebertumoren die günstigste Prognose. Das Risiko intraoperativ bei einer Lobektomie zu versterben, liegt beim Hund bei 5 % und ist bei rechtsseitigem Tumor höher. Operationskomplikationen sind Blutungen, Störungen der Blutversorgung benachbarter Leberlappen, passagere Hypoglykämie, Pfortaderhochdruck und Leberdysfunktion. Bei Katzen liegt die mediane Überlebenszeit nach Lobektomie eines hepatozellulären Karzinoms bei etwa 2 Jahren.

Bei Lebertumoren mit multifokaler Knotenbildung oder ggf. diffuser Infiltration (insbesondere Gallengangskarzinom, oft auch Sarkome und Leberkarzinoid), die auch zu Metastasen neigen und nicht operabel sind, ist die Prognose unabhängig vom histologischen Typ wie bei Metastasen schlecht bis infaust. Die mediane Überlebenszeit beim Gallengangskarzinom liegt bei wenigen Monaten. (Zur Prognose von hämatopoietischen Tumoren: s. Kap. 4.2.4).

Therapie: Therapie der Wahl ist die **Chirurgie** (partielle Hepatektomie), z. B. bei:

- Hepatomen
- Gallengangsadenomen bei der Katze (wenn sie distal der Leberpforte liegen und auf ein oder zwei Leberlappen begrenzt sind)
- Neoplasien der Gallenblase
- Umschriebenen malignen Primärtumoren der Leber (v. a. Leberzellkarzinome, ggf. auch Sarkome: palliativ bei blutenden Hämangiosarkomen) (Abb. 9.17).

Durch die primär lokale Invasion kann die Exzision mit weitem Abstand kurativ sein. Von dem überdimensional mit hoher Reservekapazität angelegten Organ können bis etwa Dreiviertel des Volumens (bezogen auf die normalen Größenverhältnisse der Leberlappen) entfernt werden.

Operationen an der Leber erfordern erfahrene Chirurgen mit guten Kenntnissen der Leberanatomie und der anzuwendenden chirurgischen Techniken, z. B. die stumpfe Parenchymtrennung mittels Fingerdissektion zur Isolierung von Blutgefäßen und Gallengängen und Präparation kleiner Läsionen. Bei der Laparotomie ist zur besseren Darstellung

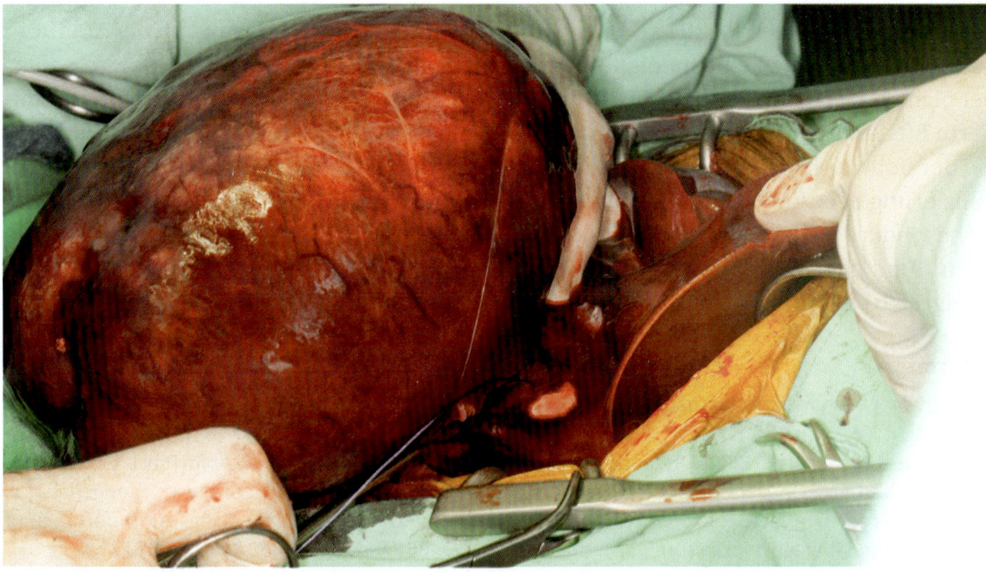

Abb. 9.17 Lobektomie eines hepatozellulären Karzinoms beim Hund (derselbe Patient wie in Abb. 9.5: Ultraschall, Abb. 9.7: CT, Abb. 9.9: Zytologie)

des Leberhilus bei tiefbrüstigen Hunden oder sehr großen Zubildungen das Anlegen eines Pneumothorax durch einen Schnitt in das Zwerchfell empfehlenswert. Operative Entfernungen von Lebertumoren auf der rechten Leberseite sind wegen der Nähe zur kaudalen Hohlvene, Pfortader und großen Gallengängen schwieriger. Generell erfordern die brüchige Konsistenz von hepatozellulären Tumoren, starke Vaskularisierung der Leber und oft bestehende Gerinnungsstörungen ein vorsichtiges Vorgehen und eine sorgfältige Blutstillung. So sollten bei der Lobektomie großer Lebertumoren die großen Gefäße und Gallengänge an der Basis vorsichtig freipräpariert werden und anschließend einzeln doppelt ligiert oder mit einem chirurgischen Klammergerät verschlossen werden, da eine Massenligatur die Gefäße und Gallengänge ggf. nicht ausreichend verschließt. Für Lobektomien und partielle Leberlappenresektionen (ggf. bei kleineren Tumoren in der Leberlappenperipherie) kommen neben den Klammergeräten (überlappende Reihen zum Verschluss der Gefäße im Hilusbereich) auch Elektroscheren zum Einsatz. Blutkonserven sollten zur Verfügung stehen. Bei Neoplasien, die den Ductus choledochus involvieren, kann palliativ ein Stent bis ins Duodenum eingelegt werden oder eine plastische Operation mit Umleitung der Galle versucht werden. Bei einer Laparotomie ist die Bauchhhöhle auf Metastasen zu untersuchen und eine Biopsie aus dem Leberlymphknoten zu entnehmen.

Bei nicht oder inkomplett resezierbaren massiven Lebertumoren wurden bereits andere Behandlungen wie **Chemoembolisierung**, **Chemo**- und **Radiotherapie** durchgeführt. Das Leberzellkarzinom gilt basierend auf humanmedizinischen Studien aber als chemotherapieresistent. In einer nicht kontrollierten Studie an 18 Hunden mit nicht komplett resezierbaren oder inoperablen hepatozellulären Karzinomen wurde Gemcitabin (350–400 mg/m^2 KO, 1 × wöchtl. über 5 Wochen) in Verbindung mit der Chirurgie eingesetzt (Elpiner et al., 2011). Während inkomplett exzidierte Tumoren der solitären oder nodulären Form eine mediane Überlebenszeit von 1339 Tagen hatten, betrug diese bei nicht resezierbaren Tumoren 197 Tage, was die Bedeutung der Chirurgie und limitierte Effektivität der alleinigen Chemotherapie unterstreicht. In Einzelfällen kann auch bei der nodulären Form eine Resektion einzelner Lappen in Kombination mit Chemoembolisierung oder Chemotherapie angewandt werden. Einzig hämatopoietische Tumoren, insbesondere Leberlymphome (oft als Beteiligung eines multizentrischen Lymphoms beim Hund oder als Primärtumor), können wie Mastzelltumoren zumindest kurzfristig erfolgreich chemotherapeutisch behandelt werden (s. Kap. 4.2.4 und Kap. 15).

Literatur (verwendete und empfohlene Literatur)

Armstrong PJ, Blanchard G (2009): Hepatic lipidosis in cats. Vet Clin North Am Small Anim Pract 39: 599–616.

Assawarachan SN, Ongvisespaibool T, Hakhen B, Chuchalermporn P, Maneesaay P, Thengchaisri N (2023): Predictive factors for two-year survival in dogs with hepatobiliary diseases: Importance of clinical and laboratory monitoring. Animals (Basel) 13: 2677. doi: 10.3390/ani13162677

Bahr KL, Sharkey LC, Murakami T, Feeney DA (2013): Accuracy of US-guided FNA of focal liver lesions in dogs: 140 cases (2005–2008). J Am Anim Hosp Assoc 49: 190–196.

Berther M, Carrel T (1989): Rekonstruktion der Gallenwege nach komplexer Verletzung der Gallenblase und der Gallenwege nach stumpfen Abdominaltrauma beim Hund. Schweiz Arch Tierheilk 131: 479–484.

Bexfield N (2017): Canine idiopathic chronic hepatitis. Vet Clin North Am Small Anim Pract 47: 645–663.

Blanchard G, Paragon BM, Milliat F, Lutton C (2002): Dietary L-carnitine supplementation in obese cats alters carnitine metabolism and decreases ketosis during fasting and induced hepatic lipidosis. J Nutr 132: 204–210.

Boland L, Beatty J (2017): Feline cholangitis. Vet Clin North Am Small Anim Pract 47: 703–724.

Buob S, Johnston AN, Webster CR (2011): Portal hypertension: pathophysiology, diagnosis, and treatment. J Vet Intern Med 25: 169–186.

Center SA (2005): Feline hepatic lipidosis. Vet Clin North Am Small Anim Pract 35: 225 –269.

Center SA (2009): Diseases of the gallbladder and biliary tree. Vet Clin North Am Small Anim Pract 39: 543–598.

Center SA, Crawford MA, Guida L, Erb HN and King J (1993): A retrospective study of 77 cats with severe hepatic lipidosis: 1975–1990. J Vet Int Med 7: 349–359.

Center SA, Slater MR, Manwarren T, Prymak K (1992): Diagnostic efficacy of serum alkaline phosphatase and gamma-glutamyltransferase in dogs with histologically confirmed hepatobiliary disease: 270 cases (1980–1990). J Am Vet Med Assoc 201: 1258–1264.

Chapman SE, Hostutler RA (2013): A laboratory diagnostic approach to hepatobiliary disease in small animals. Vet Clin North Am Small Anim Pract 43: 1209–1225.

Choi J, Keh S, Kim H, Kim J, Yoon J (2013): Radiographic liver size in Pekingese dogs versus other dog breeds. Vet Radiol Ultrasound 54: 103–106.

Cole TL, Center SA, Flood SN, Rowland PH, Valentine BA, Warner KL, Erb HN (2002): Diagnostic comparison of needle and wedge biopsy specimens of the liver in dogs and cats. J Am Vet Med Assoc 220: 1483–1490.

Cortright CC, Center SA, Randolph JF, McDonough SP, Fecteau KA, Warner KL, Chiapella AM, Pierce RL, Graham AH, Wall LJ, Heidgerd JH, Degen MA, Lucia PA, Erb HN (2014): Clinical features of progressive vacuolar hepatopathy in Scottish Terriers with and without hepatocellular carcinoma: 114 cases (1980–2013). J Am Vet Med Assoc 245: 797–808.

Cullen JM (2009): Summary of the World Small Animal Veterinary Association standardization committee guide to classification of liver disease in dogs and cats. Vet Clin North Am Small Anim Pract 39: 395–418.

de Rycke LMJH, van Bree HJJ, Simoens PJM (1999): Ultrasound-guided tissue-core biopsy of liver, spleen and kidney in normal dogs. Vet Radiol Ultrasound 40: 294–299.

Dirksen K, Fieten H (2017): Canine copper-associated hepatitis. Vet Clin North Am Small Anim Pract 47: 631–644.

Elhiblu MA, Dua K, Mohindroo J, Mahajan SK, Sood NK, Dhaliwal PS (2015): Clinico-hemato-biochemical profile of dogs with liver cirrhosis. Vet World 8: 487–491.

Elpiner AK, Brodsky EM, Hazzah TN, Post GS (2011): Single-agent gemcitabine chemotherapy in dogs with hepatocellular carcinomas. Vet Comp Oncol 9: 260–268.

Eulenberg VM, Lidbury JA (2018): Hepatic fibrosis in dogs. J Vet Intern Med 32: 26–41.

Fukushima K, Kanemoto H, Ohno K, Takahashi M, Nakashima K, Fujino Y, Uchida K, Fujiwara R, Nishimura R, Tsujimoto H (2012): CT characteristics of primary hepatic mass lesions in dogs. Vet Radiol Ultrasound 53: 252–257.

Gaschen L (2009): Update on hepatobiliary imaging. Vet Clin North Am Small Anim Pract 39: 439–467.

Goussev SA, Center SA, Randolph JF, Kathrani A, Butler BP, McDonough SP (2016): Clinical characteristics of hepatocellular carcinoma in 19 cats from a single institution (1980–2013). J Am Anim Hosp Assoc 52: 36–41.

Gow AG (2017): Hepatic encephalopathy. Vet Clin North Am Small Anim Pract 47: 585–599.

Hardy RM (1988): Hepatic coma. Semin Vet Med Surg (Small Anim) 3: 311–320.

Jacobs G, Cornelius L, Allen S, Greene C (1989): Treatment of idiopathic hepatic lipidosis in cats: 11 cases (1986–1987). J Am Vet Med Assoc 195: 635–638.

Ji S, Jung S, Kim B, Jung J, Yoon J, Choi M (2015): Feasibility of percutaneous contrast ultrasound-guided cholecystography in dogs. Vet Radiol Ultrasound 56: 296–300.

Kinsey JR, Gilson SD, Hauptman J, Mehler SJ, May LR (2015): Factors associated with long-term survival in dogs undergoing liver lobectomy as treatment for liver tumors. Can Vet J 56: 598–604.

Kutara K, Konno T, Kondo H, Aoki K, Yamazoe H, Matsunaga S (2017): Imaging diagnosis-ectopic spleen mimicking hepatic tumor with intra-abdominal metastases investigated via triple-phase helical computed tomography in a dog. Vet Radiol Ultrasound 58: E26–E30.

Kutara K, Seki M, Ishikawa C, Sakai M, Kagawa Y, Iida G, Ishigaki K, Teshima K, Edamura K, Nakayama T, Asano K (2014): Triple-phase helical computed tomography in dogs with hepatic masses. Vet Radiol Ultrasound 55: 7–15.

Kuzi S, Segev G, Kedar S, Yas E, Aroch I (2017): Prognostic markers in feline hepatic lipidosis: a retrospective study of 71 cats. Vet Rec 181:512. doi: 10.1136/vr.104252

Lamb CR (1991): Ultrasonography of the liver and biliary tract. Probl Vet Med. 3: 555–573.

Larson MM (2016): Ultrasound imaging of the hepatobiliary system and pancreas. Vet Clin North Am Small Anim Pract 46: 453–480.

Lawrence YA, Steiner JM (2017): Laboratory evaluation of the liver. Vet Clin North Am Small Anim Pract 47: 539–553.

Lidbury JA (2017): Getting the most out of liver biopsy. Vet Clin North Am Small Anim Pract 47: 569–583.

Lidbury JA, Cook AK, Steiner JM (2016): Hepatic encephalopathy in dogs and cats. J Vet Emerg Crit Care (San Antonio) 26: 471–487.

Liptak JM, Dernell WS, Monnet E, Powers BE, Bachand AM, Kenney JG, Withrow SJ (2004): Massive hepatocellular carcinoma in dogs: 48 cases (1992–2002). J Am Vet Med Assoc 225: 1225–1230.

Lipowitz AJ, Poffenbarger E (1984): Gallbladder perforation in a dog. J Am Vet Med Assoc 184: 838–839.

Loftus JP, Miller AJ, Center SA, Peters-Kennedy J, Astor M (2022): Treatment and outcomes of dogs with hepatocutaneous syndrome or hepatocutaneous-associated hepatopathy. J Vet Intern Med. 36: 106–115.

Marolf AJ (2016): Computed tomography and MRI of the hepatobiliary system and pancreas. Vet Clin North Am Small Anim Pract 46: 481–497.

Marolf AJ (2017): Diagnostic imaging of the hepatobiliary system: An update. Vet Clin North Am Small Anim Pract 47: 555–568.

Mattheisen DT, Lammerding J (1984): Gallbladder rupture and bile peritonitis secondary to cholelithiasis and cholecystitis in a dog. J Am Vet Med Assoc 184: 1282–1283.

May LR, Mehler SJ (2011): Complications of hepatic surgery in companion animals. Vet Clin North Am Small Anim Pract 41: 935–948.

Mori T, Ito Y, Kawabe M, Iwasaki R, Sakai H, Murakami M, Maruo K (2015): Three-dimensional conformal ra-

diation therapy for inoperable massive hepatocellular carcinoma in six dogs. J Small Anim Pract 56: 441–445.
Norton RD, Lenox CE Lenox, Manino P, Vulgamott JC (2016): Nutritional considerations for dogs and cats with liver disease. J Am Anim Hosp Assoc 52: 1–7.
Palić J, Geisen V, Unterer S, Dorsch R (2017): The beauty of bile. Vet Clin Pathol 46: 549–550.
Parchman MB, Flanders JA (1990): Extrahepatic bilary tract rupture – Evaluation of the relationship between the site of rupture and the cause of rupture in 15 dogs. Cornell Vet 80: 267–272.
Partington BP, Biller DS (1995): Hepatic imaging with radiology and ultrasound. Vet Clin North Am Small Anim Pract 25: 305–335.
Pashmakova MB, Piccione J, Bishop MA, Nelson WR, Lawhon SD (2017): Agreement between microscopic examination and bacterial culture of bile samples for detection of bactibilia in dogs and cats with hepatobiliary disease. J Am Vet Med Assoc 250: 1007–1013.
Piewbang C, Dankaona W, Poonsin P, Yostawonkul J, Lacharoje S, Sirivisoot S, Kasantikul T, Tummaruk P, Techangamsuwan S (2022): Domestic cat hepadnavirus associated with hepatopathy in cats: A retrospective study. J Vet Intern Med 36: 1648–1659.
Rothuizen J, Twedt DC (2009): Liver biopsy techniques. Vet Clin North Am Small Anim Pract 39: 469–480.
Rothuizen J, van den Ingh TS (1986): Diagnosis and management of canine and feline liver diseases. Tijdschr Diergeneeskd 111 Suppl 1: 54S–57S.
Salgado M, Cortes Y (2013): Hepatic encephalopathy: diagnosis and treatment. Compend Contin Educ Vet 35: E1–9; quiz E10.
Selmic LE (2017): Hepatobiliary neoplasia. Vet Clin North Am Small Anim Pract 47: 725–735.
Sepesy LM, Center SA, Randolph JF, Warner KL, Erb HN (2006): Vacuolar hepatopathy in dogs: 336 cases (1993-2005). J Am Vet Med Assoc 229: 246–252.
Serrano G, Devriendt N, de Rooster H, Paepe D (2022): Comparison of diet, lactulose, and metronidazole combinations in the control of pre-surgical clinical signs in dogs with congenital extrahepatic portosystemic shunts. J Vet Intern Med 36: 1258–1266.
Snead E (2009): WSAVA standards for clinical and histological diagnosis of canine and feline liver disease. Can Vet J 50: 984–985.
Tams TR (1984): Management of liver disease in dogs and cats. Mod Vet Pract 65: 107–114.
Thawley V (2017): Acute liver injury and failure. Vet Clin North Am Small Anim Pract 47: 617–630.
Thompson SMR (1981): Bilary tract surgery in the dog: a review. J Small Anim Pract 22: 437–450.
Trout NJ, Berg RJ, McMillan MC, Schelling SH, Ullman SL (1995): Surgical treatment of hepatobiliary cystadenomas in cats: five cases (1988–1993). J Am Vet Med Assoc 206: 505–507.
Valtolina C, Favier RP (2017): Feline hepatic lipidosis. Vet Clin North Am Small Anim Pract 47: 683–702.
Wagner KA, Hartmann FA, Trepanier LA (2007): Bacterial culture results from liver, gallbladder, or bile in 248 dogs and cats evaluated for hepatobiliary disease: 1998–2003. J Vet Intern Med 21: 417–424.
Wang KY, Panciera DL, Al-Rukibat RK, Radi ZA (2004): Accuracy of ultrasound-guided fine-needle aspiration of the liver and cytologic findings in dogs and cats: 97 cases (1990–2000). J Am Vet Med Assoc 224: 75–78.
Watson P (2017): Canine breed-specific hepatopathies. Vet Clin North Am Small Anim Pract 47: 665–682.
Webb CB (2018): Hepatic lipidosis: Clinical review drawn from collective effort. J Feline Med Surg 20: 217–227
Webster CR (2017): Hemostatic disorders associated with hepatobiliary disease. Vet Clin North Am Small Anim Pract 47: 601–615.
Webster CRL, Center SA, Cullen JM, Penninck DG, Richter KP, Twedt DC, Watson PJ (2019): ACVIM consensus statement on the diagnosis and treatment of chronic hepatitis in dogs. J Vet Intern Med 33: 1173–1200.
Weingarten MA, Sande AA (2015): Acute liver failure in dogs and cats. J Vet Emerg Crit Care (San Antonio) 25: 455–473.
Wormser C, Reetz JA, Giuffrida MA (2016): Diagnostic accuracy of ultrasound to predict the location of solitary hepatic masses in dogs. Vet Surg 45: 208–213.
Wrigley RH (1985): Radiographic and ultrasonographic diagnosis of liver diseases in dogs and cats. Vet Clin North Am Small Anim Pract 15: 21–38.
WSAVA Liver Standardization Group, Rothuizen J, Bunch SE, Charles JA, Cullen JM, Desmet VJ, Szatmári V, Twedt DC, van den Ingh T, van Winkle T, Washabau RJ (2006): WSAVA Standards for Clinical and Histological Diagnosis of Canine and Feline Liver Disease. Elsevier Saunders, St. Louis.

10 Exokrines Pankreas

Iwan A. Burgener

10.1 Anatomische Grundlagen

Die Bauchspeicheldrüse kann makroskopisch in einen **Körper** (Corpus pancreatis), einen rechten, dem Zwölffingerdarm anliegenden Lappen (Lobus pancreatis dexter, „**Duodenalschenkel**") und einen, der Eingeweidefläche des Magens anliegenden und bis zur Milz reichenden linken Lappen (Lobus pancreatis sinister, „**Milzschenkel**") gegliedert werden. Bei Hund und Katze kann im Gegensatz zum Menschen der Pankreaskörper nicht einfach abgegrenzt werden und ist v. a. durch Arterie, Vene und Pankreasausführungsgang erkennbar.

Der Hund besitzt meistens zwei Ausführgänge. Der Hauptgang, **Ductus pancreaticus major**, mündet zusammen mit dem gemeinsamen Gallengang auf der **Papilla duodeni major** ins Duodenum. Dabei ist das Lumen des Ductus pancreaticus durch den Sphinkter von Oddi vom Duodenum getrennt. Dieser muskuläre Sphinkter ist essenziell zur Verhinderung des Rückflusses von Duodenalinhalt in den Pankreasausführungsgang. Hunde und etwa 20 % der Katzen haben einen zweiten Pankreasausführungsgang (**Ductus pancreaticus minor** oder **accessorius**), welcher auf der **Papilla duodeni minor** 1–3 cm distal von der Papilla duodeni major ins Duodenum mündet. Der Pankreasausführungsgang vereint sich bei der Katze im Gegensatz zum Hund mit dem Ductus choledochus vor Eintritt ins Duodenum, weshalb bei Katzen häufiger Erkrankungen von Leber und Pankreas zusammen auftreten.

Die Blutversorgung der Bauchspeicheldrüse erfolgt arteriell über die A. mesenterica cranialis und die A. coeliaca. Die Venen führen das Blut in die Pfortader ab. Die Innervation erfolgt über den Parasympathikus (N. vagus), der die Funktion steigert, und über den Sympathikus, der sie hemmt. Beide Anteile sind für die Schmerzempfindung mitverantwortlich.

10.2 Physiologie

Das Pankreas stellt eines der wichtigsten Organe des Verdauungstraktes dar. Es ist eine zusammengesetzte Drüse, die sowohl endokrine als auch exokrine Anteile aufweist. Die Drüse besteht aus vielen kleinen Lappen von Pankreasgewebe mit Azinuszellen. Die Azinuszellen produzieren die Verdauungsenzyme und deren Vorstufen (Zymogene), welche in die Ausführungsgänge in Richtung Duodenum freigesetzt werden. Zwischen diesen Lappen liegen die Langerhansinseln, welche eine Ansammlung von neuroendokrinen Zellen darstellen. Diese neuroendokrinen Zellen bilden den endokrinen Anteil des Pankreas und produzieren eine Reihe von regulatorischen Polypeptiden, wovon v. a. Insulin und Glukagon sehr wichtig sind.

Der **exokrine Anteil** des Pankreas ist für die Verdauung von entscheidender Bedeutung. Der hier gebildete Pankreassaft ist leicht alkalisch und enthält v. a. Enzyme zur Verdauung von allen wichtigen Nahrungsbestandteilen, Zymogene von Verdauungsenzymen und Elektrolyte (Tab. 10.1). Obwohl bei der Verdauung der meisten Futtermittelbestandteile mehrere Faktoren eine Rolle spielen (Enzyme im Speichel, Magensäure, Pankreasenzyme, membranständige Enzyme im Dünndarm u. a. m.), ist eine genügende Funktion der Bauchspeicheldrüse auch für Hunde und Katzen essenziell. Generell werden jene Faktoren, welche die Zellmembranen (also Proteine und Phospholipide) angreifen können, als inaktive Vorstufen ausgeschieden, wohingegen Verdauungsenzyme für Bestandteile innerhalb der Zelle als aktive Enzyme sekretiert werden. Bei den Enzymen handelt es sich v. a. um **Proteasen** (Trypsinogen, Chymotrypsinogen, Proelastase, Procarboxipeptidasen), **Lipase** und **Amylase**. Die als inaktive Vorstufen (Zymogene) produzierten Proteasen werden in Granula gespeichert, strikt getrennt von lysosomalen Enzymen, um eine Aktivierung zu verhindern. Die Granula werden bei Bedarf sezerniert und die Zymogene im Duodenum von Enteropeptidasen aktiviert. Dabei aktiviert

Tabelle 10.1: **Zusammensetzung des Pankreassaftes**

Als Zymogene ausgeschiedene Enzyme	In aktiver Form ausgeschiedene Enzyme	Andere sekretorische Produkte
Trypsinogen	Lipase	Wasser
Chymotrypsinogen	Amylase	Bikarbonat
Proelastase	Carboxyesterase	Kalium, Chlorid
Prophospholipase	Desoxyribonuklease	Procolipase
Procarboxypeptidase	Ribonuklease	Intrinsischer Faktor
Kallikreinogen		Antimikrobielle Faktoren
		Pankreatischer sekretorischer Trypsininhibitor (PSTI)
		Trophische Faktoren für den Magen-Darm-Trakt

Trypsin weitere Trypsinogen- und Chymotrypsinogenmoleküle zu aktivem Trypsin und Chymotrypsin. Diese führen die im Magen eingeleitete Proteinspaltung fort, indem Trypsin Peptidverbindungen, die Lysin und Arginin enthalten, weiter zerlegt, während Chymotrypsin nur Tyrosin- und Phenylalaninverbindungen metabolisiert. Die Wirkung wird nur im alkalischen Milieu aufrechterhalten; ein saurer pH-Wert inaktiviert dagegen die Pankreasenzyme. Auch für die Fettverdauung durch die Pankreaslipase ist ein deutlich alkalisches Milieu wichtig. Infolge des hohen Bikarbonatgehaltes im Duodenum werden Lipide zu Seifen umgewandelt, die zusammen mit den Gallensäuren die Fette emulgieren (Mizellenbildung) und dadurch angreifbar für die Lipase machen. Diese spaltet die Fette zu Di- und Monoglyzeriden und Fettsäuren. Die Pankreasamylase spaltet Glykogen und Stärke in Maltose und Maltotriose.

Zusätzlich zu Proteasen und anderen Enzymen produziert die Bauchspeicheldrüse auch andere wichtige Moleküle wie den intrinsischen Faktor (wichtig für die Cobalaminaufnahme), Colipase (beseitigt die Hemmung der pankreatischen Lipase durch Gallensalze), Trypsininhibitoren sowie antimikrobielle und trophische Faktoren.

Die Pankreassekretion wird sowohl humoral als auch nerval gesteuert. Bei Abfall des pH-Wertes im Dünndarm nach Eintritt von Mageninhalt wird vom Duodenum reflektorisch Sekretin freigesetzt, welches das Pankreas zur Sekretion eines stark alkalischen Sekretes anregt. Peptide, Aminosäuren und Fettsäuren mit mehr als 8 Kohlenstoffatomen sind die wichtigsten Stimuli für die Freisetzung von **Cholezystokinin** (CCK) aus den neuroendokrinen Zellen in Duodenum und Jejunum. CCK fördert die Gallenblasenkontraktion und die Freisetzung von Zymogengranula aus dem Pankreas.

10.3 Untersuchungsgang

Symptome, Vorbericht: Während bei der Entzündung v. a. unspezifische Symptome wie Anorexie, Erbrechen, Durchfall, Apathie und mehr oder weniger schwere Störungen des Allgemeinbefindens auftreten können, werden bei einer exokrinen Pankreasinsuffizienz (EPI) Symptome von Maldigestion/Malassimilation mit Polyphagie, Durchfall und Abmagerung sowie allenfalls Entwicklungsstörungen bei Jungtieren (Kümmern) beschrieben.

Bei der **klinischen Allgemeinuntersuchung** kommt bei Verdacht auf eine Pankreatitis der Untersuchung des kranialen Abdomens besondere Bedeutung zu. Bei Dolenz im kranialen Abdomen nehmen v. a. Hunde manchmal eine „Gebetsstellung" zur Entlastung ein, d. h. die Vordergliedmaßen sind ausgestreckt und das Sternum berührt den Boden. Die **Palpation des Vorderbauchs** ist dabei häufig sehr schmerzhaft. Bisweilen kann man eine unklare Masse im Vorderbauch palpieren (ödematöses Pankreas oder Pankreastumor).

Bildgebende Verfahren geben weitere Hinweise auf das Vorliegen und ggf. die Art einer Pankreaserkrankung, wobei eine Ultraschalluntersuchung oft sensitiver ist als eine Computertomographie. Manchmal ist auch eine Ultraschall-geführte Feinnadelpunktion zielführend (Abb. 10.1).

Neben häufig recht unspezifischen Veränderungen im Differenzialblutbild und in der Blutchemie sind verschiedene **Labortests** erhältlich zur Diagnosestellung von Pankreaserkrankungen (besonders Pankreas-spezifische Lipase [PLI] und *Trypsin-like Immunoreactivity* [TLI]). Hierbei ist es wichtig, dass der behandelnde Tierarzt die Stärken und Schwächen der einzelnen Tests kennt und die Resultate dementsprechend interpretieren kann. Die wichtigsten Tests werden in der Folge passend zu den entsprechenden Krankheiten erwähnt.

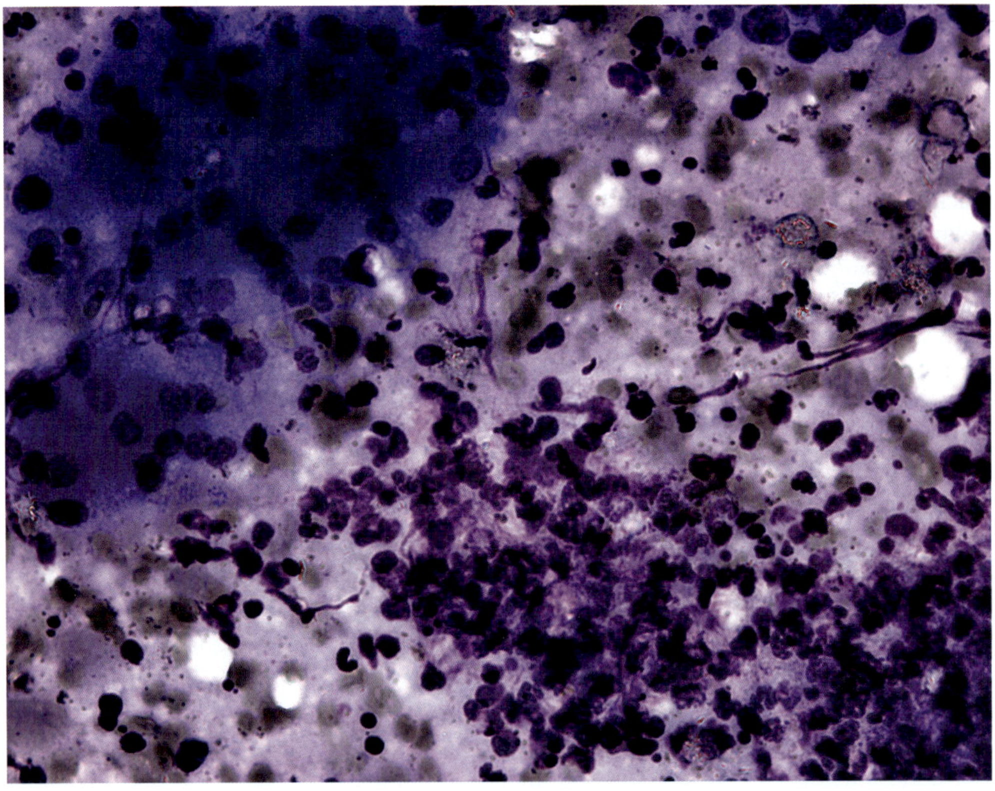

Abb. 10.1 Feinnadelaspirat einer akuten eitrigen Pankreatitis beim Hund. Links oben zeigt sich ein Verband mit Drüsenepithelien des exokrinen Pankreas, in der unteren rechten Bildhälfte eine Anhäufung degenerierter neutrophiler Granulozyten (R. Mischke, Tierärztliche Hochschule Hannover, mit freundlicher Genehmigung).

10.4 Krankheiten des exokrinen Pankreas

Eine Unterfunktion des exokrinen Pankreas (EPI) führt durch Mangel an Enzymen, Bikarbonat und anderen von ihm sezernierten Stoffen (intrinsischer Faktor, antibakterielle und trophische Faktoren) zu einer Maldigestion, die mit Durchfall und Gewichtsverlust einhergeht. Auf der anderen Seite birgt die Synthese und Speicherung von Verdauungsenzymen im Pankreas auch die Gefahr einer Selbstverdauung und einer nachfolgenden Entzündung (Pankreatitis). Eine Pankreatitis kann zu Erbrechen, Dehydratation und Schmerzen im kranialen Abdomen führen. Das exokrine Pankreas kann auch von einer neoplastischen Erkrankung (Pankreasadenokarzinom) betroffen sein. Andere Erkrankungen werden selten beschrieben und sind klinisch von geringer Bedeutung (Tab. 10.2).

Tabelle 10.2: **Übersicht über die wichtigsten Pankreaserkrankungen**

Häufige Krankheiten des exokrinen Pankreas:

- Pankreatitis
- Exokrine Pankreasinsuffizienz
- Exokrine Pankreastumoren

Seltene Krankheiten des exokrinen Pankreas:

- Pankreatische Pseudozysten
- Pankreasabszesse
- Parasiten des Pankreas
- Pankreatische noduläre Hyperplasie

Krankheiten des endokrinen Pankreas (s. Kap. 13 „Endokrinologie“)

- Diabetes mellitus
- Insulinom

Erkrankungen des exokrinen Pankreas kommen bei Hund und Katze häufig vor. In einer retrospektiven Studie zur Pathologie der Erkrankungen des exokrinen Pankreas bei Hund und Katze wurden über 9000 canine resp. 6500 feline Pankreata untersucht. Davon zeigten 1,7 (Hund) resp. 1,3 % (Katze) Veränderungen, die als bedeutsam eingestuft wurden (Hänichen u. Minkus 1990). Dabei war Pankreatitis die am häufigsten festgestellte Veränderung (60 % [Hund] resp. 46 % [Katze] der Tiere mit Pankreasveränderungen), gefolgt von Pankreaskarzinom (25 % resp. 31 %) und Pankreasatrophie (12 % beim Hund; diese Veränderung lässt auf das Vorliegen einer EPI schließen, erlaubt aber keine definitive Diagnose). Diese Daten stehen jedoch zum Teil im Konflikt mit klinischen Beobachtungen, wobei das Pankreaskarzinom beim Hund nur selten und weit weniger häufig als die Pankreasatrophie auftritt. In der Veterinary Medical Database wurden zudem über 10 Jahre nur 1027 von 180.648 kranken Katzen (0,57 %) mit Problemen des exokrinen Pankreas diagnostiziert.

10.4.1 Pankreatitis

Definition: Pankreatitis beschreibt eine Entzündung des Pankreas, welche durch Freisetzung von Verdauungsenzymen zu einer Selbstverdauung führen kann. Sie kann akut oder chronisch verlaufen, wobei eine definitive Zuordnung nur mit einer histologischen Untersuchung möglich ist. Eine **akute Pankreatitis** ist eine entzündliche Erkrankung des Pankreas, die reversibel ist und nach Entfernung und Überwindung der Ursache zur Wiederherstellung von normalem Pankreasgewebe führt (Abb. 10.1). Dagegen stellt die **chronische Pankreatitis** einen fortdauernden entzündlichen Prozess dar, welcher durch irreversible morphologische Veränderungen wie Fibrose und Atrophie gekennzeichnet ist. Beide Formen können mild (minimale systemische Organstörungen, meist Genesung) oder schwer (mit weitreichenden systemischen Organstörungen) verlaufen. Der Verlauf ist abhängig vom Vorhandensein von **lokalen pankreatischen Komplikationen** (Flüssigkeitsansammlungen, Nekrosen, Infektionen, pankreatischen Pseudozysten und Abszessen) und **systemischen Komplikationen** wie Elektrolyt- und Säure-Basen-Störungen, disseminierter intravaskulärer Gerinnung (DIC), akutem Nieren- und/oder Lungenversagen, Myokarditis, neurologischen Symptomen (pankreatische Enzephalopathie) und multiplem Organversagen.

Epidemiologie: Wie oben bereits erwähnt, wurde die Häufigkeit der Pankreatitis bei Hund und Katze basierend auf Sektionsmaterial mit 1 bzw. 0,6 % angegeben. Histopathologische Studien lassen darauf schließen, dass die Häufigkeit der Pankreatitis bisher unterschätzt wurde. Angaben zur Inzidenz von Pankreatitis in Sektionsmaterial von Hunden, die aufgrund von unterschiedlichen Primärerkrankungen verstorben sind, schwanken zwischen 27–64 % (Newman et al., 2004; Watson, 2007), wohingegen bei Katzen nur bei 33 % der Pankreata keinerlei histopathologische Veränderungen gefunden wurden (16 % Anzeichen einer akuten und 60 % Anzeichen einer chronischen Pankreatitis). Histopathologische Veränderungen des exokrinen Pankreas kommen somit bei Hund und Katze weit häufiger vor als bisher angenommen, wobei wahrscheinlich nicht alle histopathologischen Veränderungen klinisch eine Rolle spielen.

Ätiologie: Die genaue Ursache einer Pankreatitis bei Hund oder Katze ist **oft unklar**. Es sind zwar viele Risikofaktoren aus der Humanmedizin bekannt, jedoch gibt es nur wenige (teils experimentell) bewiesene Auslöser bei Hunden und Katzen. Als **Risikofaktoren** gelten die Einnahme von fettreichen Mahlzeiten (v. a. beim Hund), Hypertriglyzeridämie, Traumata (z. B. Verkehrsunfall, chirurgisches Trauma, Fenstersturz), lokale Durchblutungsstörungen (z. B. während einer Anästhesie oder bei Hypotension) und die Einnahme von Medikamenten. Beim Hund werden zudem endokrinologische Erkrankungen wie Hyperadrenokortizismus, Diabetes mellitus und Hypothyreoidismus mit Pankreatitis in Zusammenhang gebracht.

Zwergschnauzer werden häufiger mit einer Pankreatitis vorgestellt als andere Hunderassen, was wahrscheinlich auf **Mutationen im SPINK-Gen** zurückzuführen ist, welches den pankreatischen sekretorischen Trypsininhibitor kodiert (Bishop et al., 2010).

Andere Rassen, welche häufiger Pankreatitis zeigen, sind Cavalier King Charles Spaniel, Cocker Spaniel, Boxer, Collie und Yorkshire Terrier (Watson et al., 2007).

In der Humanmedizin ist eine Vielzahl von Medikamenten für Pankreatitiden verantwortlich gemacht worden. Daher sollte davon ausgegangen werden, dass viele **Medikamente** potenziell Pankreatitis auslösen können. Beim Hund sind L-Asparaginase, Kaliumbromid, Phenobarbital, Azathioprin, Organophosphate und Glukokortikoide sowie vereinzelt Zink, Meglumin und Atovaquon als Risikofaktoren beschrieben worden. Der Kausalzusammenhang ist jedoch nicht für alle Medikamente wirklich bewiesen. Bei der Katze wurden mehrere Pankreatitisfälle nach Gaben von Kalzium, Organophosphaten oder Fenthion beschrieben. Medikamente, die beim Menschen als Risikofaktoren für eine Pankreatitis gelten und bei Hund und Katze zur Anwendung kommen, sind z. B. verschiedene nicht steroidale Entzündungshemmer (NSAID), Thiaziddiuretika, Furosemid, Vincaalkaloide, Cholinesteraseinhibitoren, Östrogene und Salizylate. Generell sollte somit beim Auftreten einer Pankreatitis nach einer Medikamentengabe immer an einen (nicht zwingend kausalen) Zusammenhang gedacht werden.

Sowohl bakterielle als auch fungale **Infektionen** werden bei Hund und Katze sehr selten als Auslöser einer Pankreatitis gefunden. *Babesia canis* ist wohl die einzige Infektion, welche beim Hund bewiesenermaßen zu einer Pankreatitis führen kann. Die Katze ist auch hier ein Sonderfall, werden doch Infektionen mit *Toxoplasma gondii*, *Amphimerus pseudofelineus* und *Eurytrema procyonis* als seltene Auslöser von Pankreatitis beschrieben. Zudem werden FIP, feline Parvo- und Herpesviren, FIV und FeLV als mögliche Ursachen von Pankreatitis angesehen, wobei nicht bei allen Viren der Zusammenhang zwischen Infektion und Pankreatitis bewiesen ist.

Pathogenese: Relativ unabhängig von der Ursache muss die Pathogenese der akuten Pankreatitis als Ungleichgewicht zwischen Stressoren und Schutzmechanismen gesehen werden. Zwei zentrale Punkte sind hierbei die Aktivierung von Trypsinogen und die Freisetzung von *Nuclear Factor Kappa Beta* (NF-κB; Cridge et al., 2022). Die Pankreatitis kann deshalb in zwei Stufen gesehen werden: die Selbstverdauung des Pankreas und die entzündliche Reaktion. Dabei verfügt das exokrine Pankreas über eine Reihe von Mechanismen zum Schutz vor Selbstverdauung (Vorstufen von Enzymen, Speicherung in Granula getrennt von Lysosomen, hoher pH-Wert, gute Durchblutung u. a. m.). Nur wenn alle diese Schutzmechanismen gleichzeitig durchbrochen werden, kommt es zur Erkrankung.

In der ersten Stufe kommt es zur **Freisetzung von Trypsin**, das seinerseits andere Verdauungsenzyme aktiviert und gemeinsam mit diesen zu lokalen Veränderungen wie Ödematisierung, Blutung, Infiltration mit Entzündungszellen und Nekrose von Azinuszellen und von parapankreatischem Fett führt. In der zweiten Stufe kommt es zum eigentlichen Entzündungsprozess mit **Rekrutierung von Entzündungszellen** und Ausschüttung von Zytokinen, welche zu systemischen Organstörungen und zum Tode führen können. Wenn sich die Pankreatitis einmal etabliert hat, so ist die Entzündung für die weitere Krankheitsentwicklung und insbesondere für die meisten systemischen Komplikationen maßgebend verantwortlich.

Klinische Symptome: Pankreatitis, ob akut oder chronisch, kann sich klinisch ausgesprochen unterschiedlich präsentieren – es gibt keine pathognomonischen Symptome. Von Patienten mit einer subklinischen Verlaufsform bis hin zu Patienten, die multiples Organversagen entwickeln, besteht ein fließender Übergang. Patienten mit klassischen klinischen Anzeichen stellen sowohl beim Hund als auch bei der Katze nur einen Teil aller Pankreatitisfälle dar.

Das klinische Bild beim **Hund** entspricht oft dem eines **akuten Abdomens**. Hierbei sind Anorexie, Erbrechen, Schwäche und Abdominalschmerzen bei den meisten Hunden vorhanden, wohingegen Dehydratation, Durchfall und Fieber nur in 20–50 % der Fälle auftreten (Cridge et al., 2021). Die Symptomatik bei **Katzen** mit Pankreatitis ist im Vergleich zum Hund noch **unspezifischer**. Sie ist bei den meisten Patienten gekennzeichnet durch Lethargie, Dehydratation, Anorexie und Hypothermie, wohingegen Gewichtsverlust, Erbrechen, Ikterus, Fieber, Abdominalschmerzen und Durchfall weniger häufig beschrieben werden (Forman et al., 2021).

Beim Hund und besonders bei der Katze werden sehr viel seltener heftige **Abdominalschmerzen** beschrieben als beim Menschen, bei dem fast alle Patienten davon betroffen sind. Die Frage bleibt jedoch offen, ob es sich bei Hund und Katze um weniger schmerzhafte Prozesse handelt oder ob unsere Patienten die Schmerzen weniger zeigen und/oder wir Tierärzte sie weniger wahrnehmen. Das weniger spezifische klinische Bild bei der Katze verglichen mit dem Hund hat aber wahrscheinlich auch damit zu tun, dass bei Katzen mildere chronische Formen häufiger sind als die akuten Episoden, welche beim Hund das klinische Bild prägen. Eine neuere Studie (Schnauß et al., 2019) weist allerdings darauf hin, dass das klinische Bild bei der Katze vielleicht doch nicht so verschieden ist vom Hund und auch abdominale Schmerzen bei der Hälfte der Katzen offensichtlich sind.

In den letzten Jahren wurden beim Hund mehrere klinische Indizes für den **Schweregrad einer Erkrankung** auf der Intensivstation (APPLE; Hayes et al., 2010) resp. bei akuter Pankreatitis entwickelt und validiert (CAPS; Fabrès et al., 2019). Auch wenn beide den Weg in den klinischen Alltag nicht gefunden haben, so sind doch zumindest signifikante Risikofaktoren für ein zeitnahes Versterben der Patienten mit akuter Pankreatitis identifiziert und bewiesen worden (tiefes ionisiertes Kalzium, erhöhtes Kreatinin, Gerinnungsstörungen sowie eine systemische Entzündung [SIRS]; Fabrès et al., 2019).

Labordiagnostik: Befunde von Routineverfahren der Labordiagnostik sind sowohl beim Hund als auch bei der Katze unspezifisch für eine Pankreatitis. Ein **vollständiges Blutbild** zeigt oft eine Thrombozytopenie und eine Neutrophilie mit Linksverschiebung (Hund mehr als Katze), wohingegen Hämokonzentration (durch Dehydratation) und Anämie deutlich seltener auftreten. Die häufigsten abnormalen Befunde in der **Blutchemie** sind in Tabelle 10.3 dargestellt, wobei keine dieser Veränderungen als spezifisch für eine Pankreatitis angesehen werden kann. Hierbei gilt es zu beachten, dass eine Hyperlipidämie mit erhöhten Triglyzeriden beim Hund oft mit einer Pankreatitis verbunden ist – bei der Katze jedoch nicht (Forman et al., 2021). Im Zuge einer starken Entzündung kann es zu einer Erhöhung von C-reaktivem Protein (CRP) beim Hund

Tabelle 10.3: **Die häufigsten abnormalen blutchemischen Befunde bei Hunden und Katzen mit akuter Pankreatitis**

Befund	Hund	Katze
Hyperbilirubinämie	53–92 %	64–86 %
Erhöhung der ALT	61–79 %	48–68 %
Erhöhung der AP	29–79 %	24–50 %
Hypercholesterolämie	48–81 %	64 %
Hyperglykämie	30–64 %	64–86 %
Hypoglykämie	5–39 %	5 %
Hypoalbuminämie	5–50 %	0–24 %
Azotämie (v. a. Harnstoff)	48–59 %	50–57 %
Hypochlorämie	11–81 %	57 %
Hypokaliämie		19–56 %
Hypokalzämie		38 %
Hypophosphatämie	5–68 %	24 %

respektive Serum-Amyloid A (SAA) bei der Katze sowie (seltener) einer Erniedrigung des negativen Akutphasenproteins Albumin kommen. In schweren Fällen können Hinweise auf eine disseminierte intravaskuläre Gerinnungsstörung auftreten mit Thrombozytopenie, verlängerten Gerinnungszeiten sowie erhöhten Fibrinabbauprodukten (Fibrin(ogen)spaltprodukte, D-Dimere).

Lipase- und Amylaseaktivität im Serum werden seit Jahrzehnten zur Pankreatitisdiagnose herangezogen. Während die Amylase v. a. wegen unzureichender Spezifität nicht mehr als Teil des routinemäßigen diagnostischen Ansatzes angesehen wird, ist die Situation bei der Lipase etwas komplexer. Bei einer Pankreatitis werden große Mengen Pankreaslipase aus den Azinuszellen in den systemischen Kreislauf abgegeben. Methodisch sind Lipasetests entweder katalytisch/enzymatisch oder immunologisch. Die meisten enzymatischen Tests verwenden 1,2-Diglycerid als Substrat, andere Triolein und wieder andere DGGR (1,2-o-Dilauryl-rac-glycero-3-glutarsäure-(6'-Methylresorufinester). Bestimmte Studien deuten darauf hin, dass **DGGR-basierte Lipasetests** spezifischer für die Pankreaslipase sind als jene mit anderen Substraten – andere Studien widersprechen diesem Befund (für eine detailliertere Diskussion siehe Cridge et al., 2021). Wenn DGGR ein spezifisches Substrat für Pankreaslipase wäre, sollten Hunde mit EPI mit einem DGGR-basierten Test eine vernachlässigbare Serumlipaseaktivität aufweisen. Die Aktivität ist zwar nachweislich deutlich geringer bei EPI als bei gesunden Kontrollhunden – allerdings weisen die meisten EPI-Hunde Serumlipaseaktivitäten innerhalb des Referenzintervalls auf. Dies deutet darauf hin, dass DGGR nicht ausschließlich durch Pankreaslipase hydrolysiert wird und DGGR-basierte Tests daher nicht spezifisch für die Pankreaslipase sind (siehe auch Lim et al., 2020).

Im Gegensatz zur Lipaseaktivität im Blut wird die **„Pancreatic lipase Immunoreactivity" (PLI)** mittels Sandwich ELISA gemessen, bei welchem die spezifische Pankreaslipase durch 2 monoklonale Antikörper erkannt und gebunden wird. Der ursprüngliche Hunde-ELISA (cPLI) wurde bei Hunden mit EPI untersucht und die Resultate lassen vermuten, dass bei der Messung von cPLI keine nichtpankreatischen Lipasen erkannt werden. Die Serum-PLI-Konzentration des Hundes kann mittels eines kommerziellen Tests (**Spec cPL™**) gemessen werden (Gastrointestinal Laboratory, Texas A&M University; IDEXX). Der Referenzbereich der Spec cPL beträgt < 200 µg/l, wobei ein Wert > 400 µg/l als diagnostisch für eine Pankreatitis beim Hund angesehen werden kann. Die feline PLI-(fPLI-)Konzentration kann mittels **Spec fPL™** gemessen werden. Bei der Katze beträgt der Normalbereich ≤ 4,4 µg/l, der zweifelhafte Bereich (Pankreatitis möglich) 4,5–8,8 µg/l. Eine SpecfPL-Konzentration ≥ 8,9 µg/l weist auf eine Pankreatitis hin. Obwohl bei der Katze weniger Publikationen zur Messung von fPLI (resp. Spec fPL) verfügbar sind, weisen die meisten Daten darauf hin, dass fPLI hochspezifisch und auch sensitiv für die Messung von Pankreas-Lipase ist. Es gilt jedoch zu beachten, dass die Sensitivität von PLI höher ist bei schweren Fällen als bei leichten Pankreatitiden. Des Weiteren wird PLI im Serum nicht durch Nierenversagen, Gastritis oder die Verabreichung von Prednisolon beeinflusst, sodass dieser Test auch bei solchen Patienten zum Einsatz kommen kann.

Seit einigen Jahren sind auch Tests zur Anwendung am Patienten erhältlich: **SNAP cPL und SNAP fPL**. Diese Tests sind semiquantitativ und **sollten zum Ausschluss einer Pankreatitis verwendet werden**. Einem positiven SNAP c/fPL sollte die Bestimmung der Spec c/fPL-Konzentration folgen, zur Diagnosebestätigung und späteren Verlaufskontrolle mittels wiederholter Spec c/fPL-Messung. Die semiquantitativen SNAP-Tests stimmen sehr gut mit den im Labor gemessenen Spec c/fPL-Konzentrationen überein (Schnauß et al., 2019). Zudem haben sowohl SNAP cPL als auch Spec cPL in einer Multicenterstudie eine deutlich höhere Sensitivität und Spezifität für die Diagnose einer akuten Pankreatitis gezeigt als die Bestimmung der Amylase- und Lipaseaktivität (McCord et al., 2012) – zusammen mit guten positiven und negativen prädiktiven Werten.

Bildgebende Diagnostik: Das **klassische Röntgenbild** kann bei Hunden und Katzen mit Pankreatitis Veränderungen zeigen wie eine verminderte Kontrastdarstellung im kranialen Abdomen, dilatierte Darmschlingen und Lageveränderungen der abdominalen Organe, wobei sich das Duodenum nach lateral und dorsal, der Magen nach links und das Colon transversum nach kaudal verschieben können (Abb. 10.2 und 10.3). Diese Befunde sind jedoch sehr subjektiv und Röntgenbilder sind somit zur Diagnose einer Pankreatitis **nicht sehr geeignet**. Allerdings lassen sich andere Differenzialdiagnosen eines akuten Abdomens (z. B. Ileus oder Fremdkörper) durch ein Röntgenbild des Abdomens weitestgehend ausschließen.

Die **Ultraschalluntersuchung** des Abdomens kann von großem Nutzen sein, ihre Aussagekraft hängt aber sehr stark von der **Erfahrung des Untersuchenden** ab. Im Vergleich zum gesunden Pankreas (Abb. 10.4 und 10.5) zeichnet sich eine Pankreatitis durch eine Vergrößerung des Organs, eine Verminderung der Echogenität (Pankreasnekrose) mit

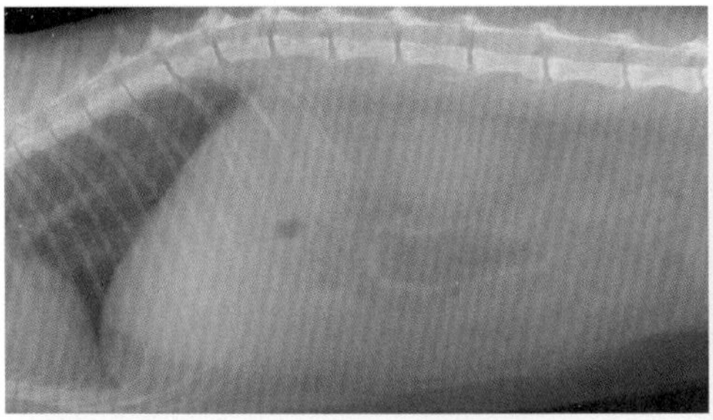

Abb. 10.2 (oben) Laterales Röntgenbild einer Katze mit Pankreatitis. Das Röntgenbild zeigt einen verminderten Kontrast im kranialen Abdomen sowie eine dilatierte Darmschlinge (wahrscheinlich Duodenum), welche nach dorsal verschoben ist (D. Schweizer, Universität Bern, mit freundlicher Genehmigung).

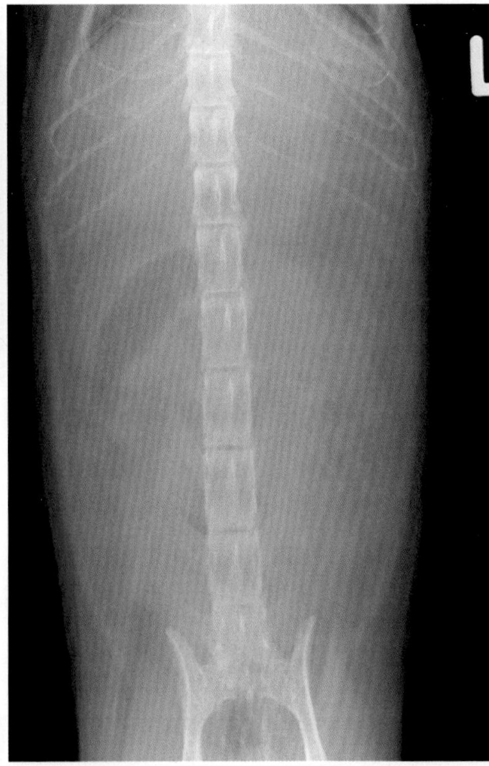

Abb. 10.3 (rechts) Ventrodorsales Röntgenbild derselben Katze mit Pankreatitis wie in Abbildung 10.2. Das Röntgenbild weist einen verminderten Kontrast im kranialen Abdomen auf sowie eine dilatierte Duodenalschlinge, welche höchstwahrscheinlich durch das vergrößerte Pankreas nach medial verschoben wird (D. Schweizer, Universität Bern, mit freundlicher Genehmigung).

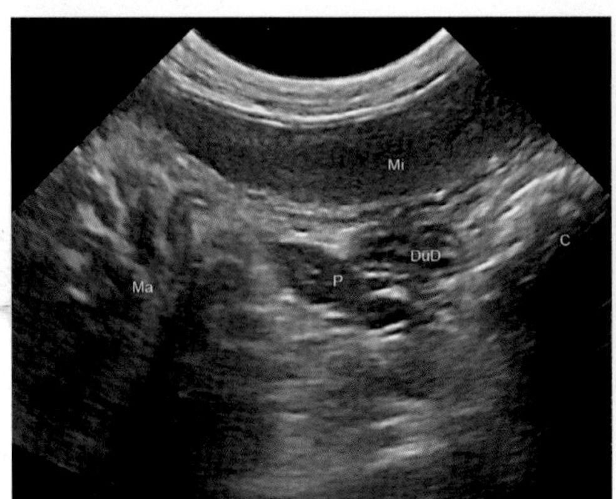

Abb. 10.4 Ultraschallbild des linken Pankreasschenkels einer pankreasgesunden Katze. Der Magen (Ma) ist transversal dargestellt, der linke Pankreasschenkel (P) stellt sich kaudal davon als kleines echoarmes Dreieck dar. Mi – Milz; DüD – Dünndarm; C – Colon. (K. Hittmair, Bildgebende Diagnostik, Veterinärmedizinische Universität, Wien, mit freundlicher Genehmigung).

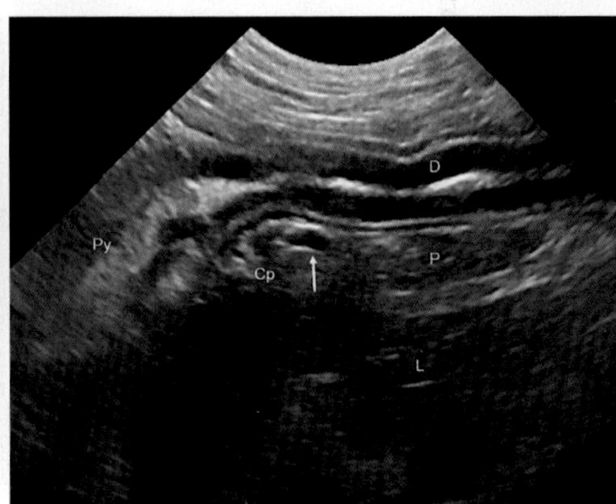

Abb. 10.5 Ultraschallbild des physiologischen rechten Pankreasschenkels eines Hundes. Der rechte Pankreasschenkel (P) liegt parallel zum Duodenum (D). Das Corpus pancreatis liegt am Übergang vom Pylorus (Py) zum Duodenum, mit V. pancreaticoduodenale (Pfeil). L – Leber (K. Hittmair, Bildgebende Diagnostik, Veterinärmedizinische Universität, Wien, mit freundlicher Genehmigung).

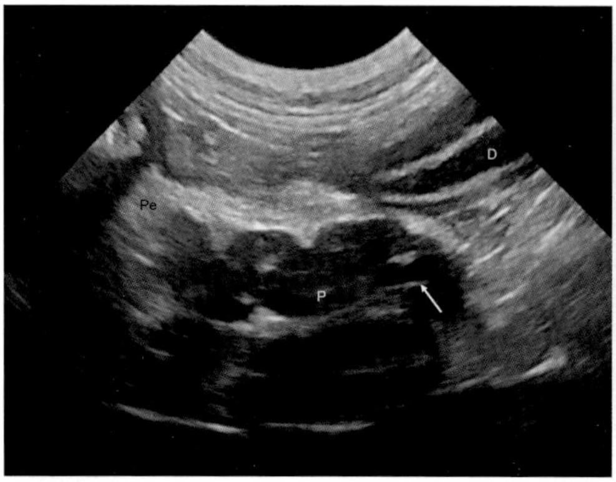

Abb. 10.6 Ultraschallbild einer akuten Pankreatitis, rechter Schenkel, eines Hundes. Der rechte Pankreasschenkel (P) ist echoarm vergrößert, der Pankreasgang ist dilatiert (Pfeil). Das umgebende Mesenterium ist verwaschen echoreich – fokale Peritonitis (Pe). D – Duodenum (K. Hittmair, Bildgebende Diagnostik, Veterinärmedizinische Universität, Wien, mit freundlicher Genehmigung).

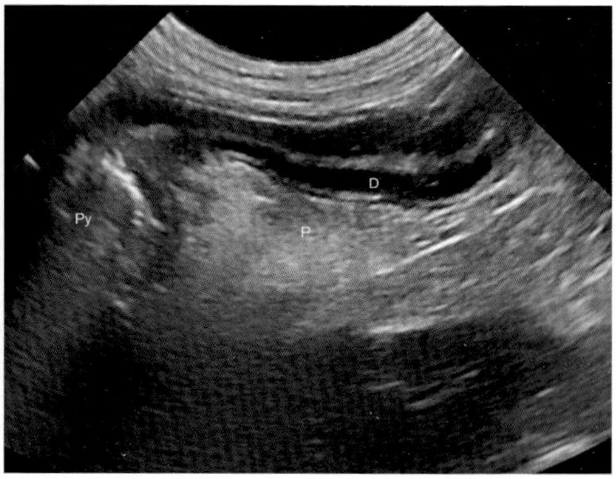

Abb. 10.7 Ultraschallbild einer chronischen Pankreatitis, rechter Schenkel, eines Hundes. Der rechte Pankreasschenkel (P) ist inhomogen echoreich mit echoarmen Arealen. D – Duodenum, Py – Pylorus (K. Hittmair, Bildgebende Diagnostik, Veterinärmedizinische Universität, Wien, mit freundlicher Genehmigung).

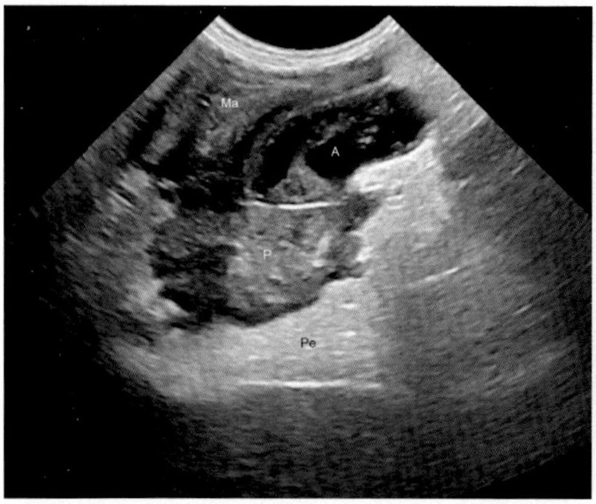

Abb. 10.8 Ultraschallbild einer Pankreatitis mit Abszess im linken Schenkel eines Hundes. Das Pankreas (P) ist inhomogen echoreich bis echoarm. Eine septierte Abszesshöhle (A) ist darstellbar, der Inhalt ist zellreich. Das umgebende Mesenterium ist echoreich verwaschen – Peritonitis (Pe). Ma – Magen (K. Hittmair, Bildgebende Diagnostik, Veterinärmedizinische Universität, Wien, mit freundlicher Genehmigung).

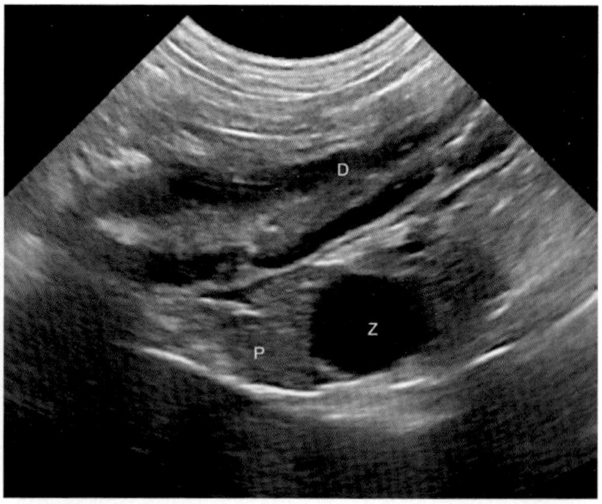

Abb. 10.9 Ultraschallbild einer Pankreaszyste im rechten Schenkel eines Hundes. Die Zyste (Z) ist echofrei im Pankreasgewebe (P). D – Duodenum (K. Hittmair, Bildgebende Diagnostik, Veterinärmedizinische Universität, Wien, mit freundlicher Genehmigung).

Erhöhung der Echogenität in der direkten Peripherie (Fettgewebsnekrose) oder Erhöhung der Echogenität (Pankreasfibrose) und durch Flüssigkeitsansammlungen im peripankreatischen Bereich aus (Abb. 10.6 und 10.7). Gegebenenfalls lassen sich Hinweise auf Differenzialdiagnosen wie Pankreasödem, -abszesse (Abb. 10.8), -zysten (Abb. 10.9) oder -tumoren finden. Eine Vergrößerung des Pankreas und/oder die Ansammlung von Flüssigkeit im Bereich des Pankreas reichen zur Diagnose einer Pankreatitis nicht aus. Auch Veränderungen der Echogenität sind bei der heutigen Auflösung der Ultraschallgeräte nicht unbedingt beweisend. Bei älteren Tieren treten zudem häufig hyperplastische Knötchen auf, welche ebenfalls zu Veränderungen der Echogenität führen können. In einer relativ neuen Studie wurde zudem festgestellt, dass im Ultraschall sichtbare Veränderungen möglicherweise erst zeitlich verzögert zu erkennen sind (Puccini Leoni et al., 2020). Mehrere Studien weisen auch darauf hin, dass die abdominale Ultraschalluntersuchung nur mäßig korreliert mit Spec PL, DGGR-Lipase sowie klinischem Schweregrad. Wenn Pankreasvergrößerung, veränderte Echogenität oder ein hyperechogenes Mesenterium alleine für die Diagnose einer Pankreatitis herangezogen wurden, betrug die Sensitivität der abdominalen Ultraschalluntersuchung 89 % und die Spezifität 43 %. Wenn alle drei Kriterien erforderlich waren, reduzierte sich die Sensitivität auf 43 % mit einer sehr guten Spezifität von 92 % (Cridge et al., 2020). Eine Ultraschalluntersuchung sollte somit nicht isoliert zur Diagnose einer Pankreatitis verwendet werden und ist ein schlechter Indikator für den Schweregrad.

In der Humanmedizin sind kontrastverstärkte **abdominale Computertomographien (CT)** ein sehr wichtiges Diagnosemittel bei der Pankreatitis. CT erwies sich auch beim Hund als überlegen bei der Identifizierung von schweren akuten Pankreatitiden und zusätzlichen Pfortaderthrombosen (10/26 Hunde hatten Thromben im CT im Vergleich zu 1/26 mit Ultraschall; French et al., 2019). Trotz der besseren Visualisierung der Bauchspeicheldrüse gab es aber keinen signifikanten Unterschied in der Erkennung einer akuten Pankreatitis zwischen CT und Ultraschall. Die Magnetresonanz-Tomographie (MRT) und die Magnetresonanz-Cholangiopankreatographie (MRCP) gelten heute in der Humanmedizin zunehmend als bildgebende Verfahren der Wahl für die Bauchspeicheldrüse und das biliäre System, bei Hunden und Katzen gibt es bis heute aber nur wenige Erfahrungen mit diesen Techniken.

Diagnose: Da eine Biopsie in den meisten Fällen nicht praktikabel ist, gibt es gegenwärtig keinen richtigen Goldstandard für die ante-mortem Diagnose der Pankreatitis. Eine definitive (histologische) Diagnose ist durch die Durchführung einer Probelaparotomie, einer Laparoskopie oder im Zuge einer Obduktion möglich. Dabei kann die Diagnose einer Pankreatitis allein durch makroskopische Untersuchung des Organs möglich sein, umgekehrt ist der Ausschluss einer Pankreatitis beim Fehlen von makroskopischen Befunden aber unzulässig. Das Entzündungsgeschehen kann sehr stark lokalisiert sein und eine Vielzahl von Biopsien wäre notwendig, um eine Pankreatitis definitiv auszuschließen. Teilweise gelingt der Nachweis einer Pankreatitis über eine ultraschallgestützte Feinnadelaspiration. In einer Studie mit 92 Hunden wurden dabei nur bei 7,4 % der Patienten Nebenwirkungen festgestellt, wobei diese teilweise durch gleichzeitiges Beproben anderer Organe oder durch lebensbedrohliche Komorbiditäten ausgelöst wurden (Cordner et al., 2015). Die Pankreaszytologie war in 73,5 % der Fälle diagnostisch und zeigte eine hohe Übereinstimmung mit den entsprechenden Histologien (10/11).

Der beste Weg zu einer genauen nicht-invasiven Diagnose ist die kombinierte Interpretation von vollständigem Vorbericht und klinischer Untersuchung, einer Messung der PLI (oder allenfalls der DGGR-Lipase) und der sonographischen Untersuchung des Pankreas. Im Idealfall wird die Diagnose durch die Zytologie und/oder Histopathologie (unter Ultraschallkontrolle, Laparoskopie oder Laparotomie) bestätigt.

Therapie: Die Behandlung der Pankreatitis hat mehrere **Ziele**:
- Entfernung oder Bekämpfung der Ursache (falls bekannt)
- Symptomatische Therapie
- Frühzeitige Erkennung und Behandlung von potenziellen lokalen und systemischen Komplikationen

Bei den meisten Fällen von Pankreatitis bei Hund und Katze ist die Ursache nicht bekannt. Die Krankengeschichte sollte sorgfältig auf verabreichte Medikamente überprüft werden, wobei Medikamente, die nicht zweifelsfrei indiziert sind, abgesetzt oder falls erforderlich durch ähnliche Medikamente ersetzt werden sollten.

Die Eckpfeiler einer **symptomatischen Therapie** für Tiere mit schwerer Pankreatitis sind eine aggressive Flüssigkeitstherapie, möglichst kurzzeitiger Futter- und Wasserentzug, Analgesie und Antiemese. Die **Flüssigkeitstherapie** sollte mit einer Kontrolle der Elektrolytwerte einhergehen. Der Entzug von Futter und Wasser hat zum Ziel, das exokrine Pankreas so wenig wie möglich zu stimulieren. Jüngere Studien in der Humanmedizin zeigen jedoch, dass die Nahrungsaufnahme nicht mit einer Verschlechterung der Erkrankung einhergeht. Somit ist der Futter- und Wasserentzug v. a. bei Patienten mit therapieresistentem Erbrechen angezeigt. Sobald die Patienten nicht mehr erbrechen, werden zunächst mehrmals geringe Mengen Wasser angeboten und sobald möglich eine leichtverdauliche fettarme Diät in kleinen Mengen zum Anfüttern.

Pankreatitis ist eine katabole Erkrankung, weshalb in schweren Fällen, bei denen eine orale Verabreichung von Futter nicht in Betracht kommt, alternative Fütterungsmethoden über eine Oesophagussonde oder einen PEG-Tubus oder eine partielle oder totale parenterale Ernährung zum Einsatz kommen sollten. Dies ist v. a. bei der Katze äußerst wichtig, da diese bei Nahrungskarenz zur Ausbildung einer hepatischen Lipidose neigt. Auch Appetitstimulanzien wie Mirtazapin (aufpassen auf mögliche Nebenwirkungen wie Vomitus, Hypersalivation oder neurologische Störungen) oder Capromorelin (in Europa [noch] nicht erhältlich) können eingesetzt werden. Eine Pilotstudie bei Hunden mit hochgradiger akuter Pankreatitis hat zudem gezeigt, dass Hunde mit einer Oesophagussonde weniger Komplikationen zeigten als Hunde mit totaler parenteraler Ernährung (Mansfield et al., 2011).

Basierend auf den o. a. Beobachtungen beim Menschen ist grundsätzlich davon auszugehen, dass ein Tier mit Pankreatitis unter Abdominalschmerzen leidet, auch wenn dies nicht offensichtlich ist. Aus diesem Grund sollten alle Tiere mit klinisch sichtbarer

Pankreatitis mit Schmerzmitteln behandelt werden. Als **Analgetika** kommen u. a. Buprenorphin oder Butorphanol (0,2–0,4 mg/kg KM i. v./i. m./s. c. alle 2–4 Stunden oder Dauertropf), Fentanyl (initial 4–10 µg/kg KM i. v., dann 4–10 µg/kg KM pro Stunde als Dauertropf) oder auch Lidocain oder Ketamin als Dauertropf zur Anwendung. Bei nicht stationären Patienten kommen oft Butorphanol oder Tramadol oder ein Fentanyl-Patch transdermal zum Einsatz.

Eine erfolgreiche **Behandlung des Erbrechens** und allfälliger Übelkeit ist ebenfalls sehr wichtig. Neben dem oben bereits erwähnten möglichst frühen Anfüttern sind Antiemetika auch wichtig, um Flüssigkeits- und Elektrolytverluste zu minimieren und das Risiko von Regurgitieren und einer sekundären Ösophagitis zu reduzieren. Hierbei gilt es zu beachten, dass Dopaminantagonisten wie Metoclopramid die Durchblutung im Pankreas reduzieren und deshalb keine sehr gute Wahl sind (Ausnahme evtl. bei verzögerter Magenentleerung, dann besser als Dauertropf mit 1–2 mg/kg KM/24 h). Deshalb sollten entweder Maropitant oder Ondansetron eingesetzt werden. Maropitant wirkt zentral und peripher durch Hemmung der Bindung von Substanz P an den NK_1-Rezeptor in Brechzentrum, Chemorezeptor-Triggerzone und Magendarmtrakt. Es kann sowohl oral (1 (Katze) resp. 2 (Hund) mg/kg KM, 1 × tägl.) als auch s. c. (1 mg/kg KM, 1 × tägl.) oder langsam i. v. (1 mg/kg KM, 1 × tägl.) verabreicht werden und hat zusätzliche Vorteile, wie eine gewisse viszerale Analgesie und Entzündungshemmung. Ondansetron ist ein 5-Hydroxytryptamin$_3$ ($5HT_3$) -Rezeptorantagonist, welcher ebenfalls p. o. (0,1–1 mg/kg KM, 2–3 × tägl.) oder i. v. (0,1–0,2 mg/kg KM, 2–4x tägl.) appliziert werden kann. Da Maropitant und $5HT_3$-Antagonisten über unterschiedliche Mechanismen wirken, können diese Medikamente bei Bedarf in Kombination eingesetzt werden.

Frischplasma oder **frisch gefrorenes Plasma** enthält viele Substanzen wie Gerinnungsfaktoren, Proteinaseinhibitoren (z. B. α_1-Plasmininhibitor und α_2-Makroglobulin) und Albumin, welche alle einen positiven Effekt bei Pankreatitiden haben können. So hat eine Studie bei Hunden mit experimentell induzierten Pankreatitiden gezeigt, dass diese nach Verbrauch des α_2-Makroglobulins schnell sterben. Zwar konnte ein positiver Einfluss von Plasma beim Menschen nicht nachgewiesen werden, empirische Daten beim Hund weisen dennoch darauf hin, dass die Gabe von Plasma (oder auch Frischblut) den Verlauf von schweren Pankreatitiden günstig beeinflussen kann.

Alle **weiteren Therapeutika** sind zum gegenwärtigen Zeitpunkt hinsichtlich ihrer Wirksamkeit **umstritten**. Der Nutzen von Antibiotika, obwohl oft gebraucht, ist durchaus fraglich. Es liegen keine Studien vor, die einen günstigen Einfluss von Antibiotika auf die Pankreatitis bei Hund oder Katze aufzeigen. Auf der anderen Seite ist eine für den Patienten schädliche Beeinflussung der Darmflora (Dysbiose) oder gar Verschiebung der Keimflora zugunsten von Keimen mit Multiresistenzen möglich. Außerdem muss bedacht werden, dass im Gegensatz zum Menschen, wo infektiöse Komplikationen einer Pankreatitis häufig auftreten, diese sowohl beim Hund als auch bei der Katze selten vorkommen. Bei einer deutlichen Neutrophilie mit Linksverschiebung, einer Erhöhung der Entzündungsproteine CRP resp. SAA sowie Fieber kann aber über den Einsatz von Antibiotika nachgedacht werden, dies v. a. bei Katzen mit Triaditis (Pankreatitis, neutrophile Cholangitis und IBD).

Auch die Verwendung von entzündungshemmenden Substanzen hat sich als wenig hilfreich erwiesen. Einige NSAIDs sind sogar bekannt als mögliche Auslöser von Pankreatitis und verursachen oft zusätzlich gastrointestinale Probleme. Zudem konnte kein positiver Effekt auf die Pankreatitis nachgewiesen werden. Glukokortikoide wurden lange als Risikofaktor für Pankreatitis angesehen. Die Faktenlage ist allerdings dünn und in der Humanmedizin werden Glukokortikoide nicht mehr zwingend als kontraindiziert bewertet. Glukokortikoide sind jedoch auch mit erheblichen Nebenwirkungen verbunden wie z. B. Diabetes mellitus, wozu Pankreatitispatienten schon sonst prädisponiert sind. Andere Medikamente wie Dopamin (erhöht die Durchblutung im Splanchnikus- und Pankreasbereich), Antioxidantien, Antikoagulanzien, Proteaseinhibitoren, Anticholinergika, Calcitonin, Glukagon oder Somatostatin werden vereinzelt eingesetzt, wobei nur beim Gebrauch von Dopamin in den ersten 12 Stunden nach Auslösen der Krankheit ein positiver Effekt bewiesen ist. Dieses Zeitfenster trifft aber leider nicht auf klinische Patienten zu.

Prognose: Die Prognose für Hunde und Katzen mit Pankreatitis hängt v. a. von der Ursache sowie dem Vorkommen und Schweregrad von lokalen und systemischen Komplikationen ab. Bei milden Formen ist die Prognose günstig einzuschätzen, wohingegen v. a. beim Hund mit fulminant verlaufender schwerer Pankreatitis mit systemischen Komplikationen (z. B. Lungenödem, Gerinnungsstörungen oder Nierenversagen) eine vorsichtige bis ungünstige Prognose zu stellen ist. Bei der Katze wurden Dyspnoe, zusätzliche hepatische Lipidose, Hypokalzämie (ionisiertes Kalzium: $\leq$1 mmol/l), Hyperkaliämie sowie deutlich erhöhte PLI bei Vorstellung als negative prognostische Faktoren identifiziert. Chronisch-rezidivierende Pankreatitiden können zudem bei Hund und Katze zu einer EPI führen.

10.4.2 Exokrine Pankreasinsuffizienz (EPI)

Definition: Die EPI ist ein Syndrom, welches durch die unzureichende Synthese und Sekretion von pankreatischen Verdauungsenzymen ausgelöst wird. Die Hauptursachen dafür sind pankreatische Azinusatrophie, chronische Pankreatitis oder potenziell auch eine Hypo- oder Aplasie des Pankreas, wohingegen Neoplasien nur sehr selten eine EPI verursachen.

Ätiologie, Epidemiologie und Pathogenese: Diese Erkrankung kommt v. a. beim Deutschen Schäferhund, Rauhhaar-Collie, Chow-Chow, Cavalier King Charles Spaniel und Corgi vor, kann aber bei fast allen Rassen festgestellt werden (Batchelor et al., 2007a). Die meisten Fälle von EPI beim Hund werden durch eine **pankreatische Azinusatrophie** (PAA) ausgelöst. Die Ätiologie der PAA ist genetisch bedingt und die Veranlagung für diese Erkrankung scheint autosomal rezessiv vererbt zu werden. Der genaue genetische Defekt ist jedoch nicht bekannt. Vermutlich ist die Atrophie das Resultat einer Autoimmunerkrankung, wobei es zur Infiltration mit Lymphozyten kommt und in der Folge zu Entzündung und Atrophie. Beim Cavalier King Charles Spaniel wird vermutet, dass, wie beim Menschen und bei der Katze, eine **chronische Pankreatitis** als die häufigste Ursache der EPI anzusehen ist (Abb. 10.10). Bei dieser Hunderasse tritt die Erkrankung im Durchschnitt deutlich später auf als bei den meisten anderen Rassen. Einige wenige Fälle von EPI kommen durch die Obstruktion des Drüsenabflusses durch ein Adenokarzinom oder als Komplikation nach einer Resektion des proximalen Dünndarms vor. Auch eine kongenitale Aplasie bzw. Hypoplasie des Pankreas können theoretisch auftreten, sind aber weder beim Hund noch bei der Katze bisher beschrieben worden. Bei der Katze sind auch Fälle von Pankreasegeln (*Eurytrema procyonis*) als Ursache einer EPI beschrieben worden.

Es kommt erst dann zur Ausbildung von klinischen Symptomen, wenn ca. 90 % der funktionellen Kapazität des Pankreas verloren ist. Da die pankreatischen Verdauungsenzyme eine wichtige Funktion bei der Assimilation aller Nahrungsbestandteile einnehmen, ist es wenig erstaunlich, dass es bei einem Mangel an diesen Enzymen zur Malassimilation kommt. Die Nahrung kann nicht mehr in ausreichendem Maße in kleinere Einheiten zerlegt werden und steht damit teils nicht mehr zur Absorption zur Verfügung. Die im Darmlumen zurückbleibenden Nahrungsbestandteile führen zur Ausscheidung von ungeformtem, fettreichem Kot. Die ungenügende Versorgung des Körpers kann zu Gewichtsverlust, aber auch zu Vitaminmangelerscheinungen führen. In Fällen, in denen die EPI auf eine chronische Pankreatitis zurückzuführen ist, kann es auch zur sekundären Ausbildung von Diabetes mellitus kommen.

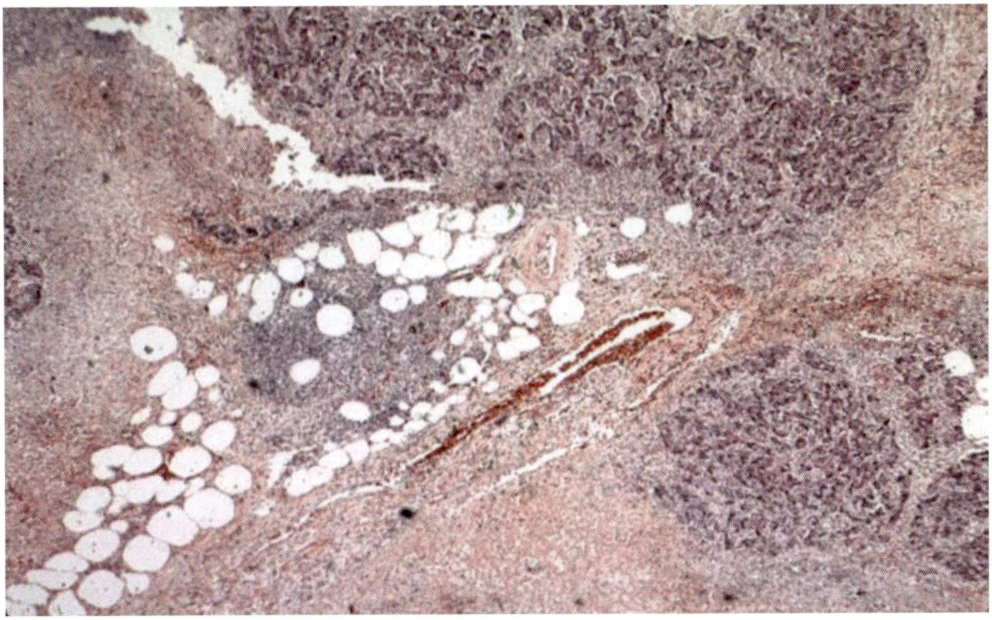

Abb. 10.10 Histologischer Befund einer chronischen Pankreatitis bei einer Katze. Im Bild oben und rechts ist z. T. noch normales Drüsengewebe zu sehen. Zentral und oben links sind Entzündungszellen zu sehen, während das restliche Pankreasgewebe schon größtenteils fibrotisch durchsetzt ist (M. Suter, Universität Bern, mit freundlicher Genehmigung).

Klinische Symptome: Die meisten Hunde mit EPI werden wegen Gewichtsverlust, Polyphagie, Durchfall und/oder Fettstuhl vorgestellt. Beim Durchfall handelt es sich meist um volumenreiche, ungeformte Fäzes, seltener aber auch um einen wässrigen Durchfall. Bei Katzen werden die gleichen Symptome wie beim Hund beobachtet (Xenoulis et al., 2016), wobei Gewichtsverlust fast immer zu sehen ist (91 %), wässrige/ungeformte Fäzes (62 %) und Polyphagie (42 %) jedoch seltener sind als beim Hund. Vereinzelt werden aber auch fettige Verklebungen des Fells in der Analgegend beschrieben.

Labordiagnostik: Routineuntersuchungen des Blutbildes und der Blutchemie sind in den meisten Fällen **ohne besondere Befunde**. In wenigen Fällen kann eine Hyperglykämie durch einen Diabetes mellitus infolge gleichzeitiger endokriner Insuffizienz auftreten.

Diagnose: Die Diagnose wird sowohl beim Hund als auch bei der Katze durch die Bestimmung von **TLI** im Serum gestellt. Beim Hund sind mehrere Tests kommerziell erhältlich. Der am häufigsten verwendete Test ist ein Radioimmunassay mit einem Referenzbereich von 5–45 µg/l. Dabei ist wichtig festzustellen, dass EPI nur dann diagnostiziert werden kann, wenn **TLI im Serum ≤ 2,5 µg/l** beträgt. Bei Patienten, bei denen der Serum-TLI-Wert zwischen 2,5 und 5 µg/l liegt, kann zwar eine EPI vorliegen, in den meisten Fällen leiden diese Tiere jedoch an chronischen Erkrankungen des Dünndarms. Bei Hunden, welche einen Wert in diesem Bereich aufweisen, sollte eine erneute cTLI-Bestimmung nach ca. 4 Wochen durchgeführt werden. Zusätzlich sollte der Patient auch auf mögliche Dünndarmerkrankungen hin untersucht werden. Für die Katze steht ein validierter Test zur Bestimmung der fTLI zur Verfügung, welcher durch das Gastrointestinallabor an der Texas A&M Universität erhältlich ist. Die **PLI** ist zwar ein sehr zuverlässiger Test zur Bestimmung einer Pankreatitis, ist aber der Bestimmung von TLI zur Diagnose von einer EPI deutlich unterlegen, v. a. wegen einer größeren Überlappung der Messwerte mit denen gesunder Hunde.

Vor vielen Jahren wurde ein Test zur Bestimmung der **Elastasekonzentration in den Fäzes** evaluiert (Spillmann et al., 2001). Da Elastase im exokrinen Pankreas synthetisiert wird, kommt es theoretisch bei Hunden mit EPI zur starken Verminderung der Elastasekonzentration in den Fäzes. Dieser Test weist zwar eine akzeptable Sensitivität und Spezifizität auf, liegt aber in der diagnostischen Genauigkeit deutlich hinter TLI. Ein Test zur Bestimmung der Elastasekonzentration in Fäzes der Katze ist nicht erhältlich. Verschiedene andere Verdauungstests sowie die Bestimmung der fäkalen proteolytischen Aktivität werden von verschiedenen Laboren angeboten, weisen aber zumeist große Schwankungen auf und sind viel weniger sensitiv und spezifisch als die TLI. Deshalb sind diese Tests höchstens angezeigt, wenn man keinen Zugang zu der sehr viel zuverlässigeren Bestimmung von TLI hat.

Bei Patienten mit EPI sollten auch Cobalamin und Folsäure im Serum bestimmt werden. 67 % der Hunde (Soetart et al., 2019) und 77 % der Katzen (Xenoulis et al., 2016) mit EPI haben einen **Cobalaminmangel** und sollten entsprechend behandelt werden. In denselben Studien wurden auch erhöhte Folatspiegel gemessen (55 % beim Hund und 47 % bei der Katze), was ein Hinweis auf eine zusätzliche Dysbiose sein kann. In einer anderen Studie wurde zudem gezeigt, dass ein Cobalaminmangel einen negativen Risikofaktor für Hunde mit EPI darstellt (Batchelor et al., 2007b).

Obwohl es sich bei einer EPI um eine Funktionsdiagnose handelt, kann auch eine abdominale Ultraschalluntersuchung zusätzliche Informationen geben. Hierbei sollte eine normale aber verdünnte Bauchspeicheldrüse darstellbar sein, oft in Verbindung mit Hinweisen auf entzündliche Darmerkrankungen.

Therapie: Die Fütterung von **Pankreasextrakten** bildet die wichtigste Maßnahme in der Therapie von Hunden und Katzen mit EPI, wobei die meisten Patienten so erfolgreich behandelt werden können. Dabei können getrocknete kommerzielle Extrakte aus Schweine- oder Rinderpankreas eingesetzt werden in Pulverform (z. B. Pancrex-Vet Pulver, Zoetis; Almazyme, Almapharm) oder in säurestabilen Kapseln (z. B. Primazym, Dechra; Lypex, VetPlus). Präparate in Pulverform sind zumeist billiger als die magensaftresistenten, mikropelletierten Formulierungen und weisen ähnliche Erfolgsquoten auf. Zunächst sollte etwa ein Teelöffel Enzympulver je 10 kg Körpergewicht zu jeder Mahlzeit beigemischt werden. Eine Inkubation des Futters mit dem Extrakt oder eine gleichzeitige Gabe von Gallensalzen ist nicht notwendig. Nachdem eine klinische Besserung eingetreten ist, kann versucht werden, die Menge des gegebenen Pankreasextrakts zu reduzieren. Bei manchen Hunden kommt es durch die Fütterung von Pankreasextrakt zu Ulzera und Blutungen der Mundschleimhaut. Dies kann jedoch in den meisten Fällen erfolgreich durch eine Verminderung der Dosis behandelt werden. Neben den kommerziellen Formulierungen kann jedoch auch rohes Pankreas vom Rind, Schwein oder Wild (ca. 30 g pro 10 kg KM mit jeder Mahlzeit) verfüttert werden.

Eine Reduktion des Fettgehalts im Futter wird immer wieder diskutiert und empfohlen bei Tieren mit einer EPI, wobei dies zur weiteren Fehlernährung des Patienten mit fettlöslichen Vitaminen und essenziellen Fettsäuren führen kann. Nur in wenigen Fällen ist eine fettarme Diät notwendig, um einen Therapieerfolg zu erreichen. Dagegen scheint sich eine **Verringerung des Rohfaseranteils** im Futter günstig auszuwirken, da Rohfasern die Aktivität der pankreatischen Enzyme herabsetzen.

Wie bereits erwähnt, leidet eine große Zahl von Hunden und fast alle Katzen mit EPI an Cobalaminmangel und sollten dementsprechend behandelt werden mit einem reinen Cobalaminprodukt, da die meisten Kombinationspräparate keine ausreichend hohen Mengen an Cobalamin enthalten. Typischerweise wird das **Cobalamin** in den ersten 6 Wochen ein Mal pro Woche gespritzt, in den nächsten 6 Wochen alle 2 Wochen und dann je nach Kontrollresultaten ein Mal monatlich. Die empfohlenen Dosierungen liegen zwischen 250 µg (Katzen und Hunde < 5 kg), 400 µg (Hunde 5–15 kg), 800 µg (Hunde 15–30 kg), 1200 µg (Hunde 30–45 kg) und 1500 µg für Hunde > 45 kg. Da der intrinsische Faktor zur Absorption von Cobalamin im Ileum vom Pankreas (mit-) produziert wird, galt die Cobalamin-Injektion bei EPI lange als sicherer verglichen mit einer peroralen Gaben. Zwei neue Studien haben aber klar gezeigt, dass Cobalamin auch bei einer EPI peroral gut aufgenommen wird (Toresson et al., 2021; Chang et al., 2022). Die empfohlenen Dosierungen liegen zwischen einer Viertel-Tablette (1–10 kg KM), einer halben (10–20 kg KM) und einer ganzen (> 20 kg KM) Tablette mit 1 mg Cyanocobalamin.

Die meisten Patienten sprechen auf Futteranpassungen, Enzym- und Cobalamingaben günstig an. Bei Hunden und Katzen mit unzureichendem Therapieerfolg sollte als nächstes versucht werden, mögliche gleichzeitig auftretende Erkrankungen zu diagnostizieren und zu behandeln. Bei 150 Katzen mit EPI wurden bei 58 % zusätzliche Erkrankungen festgestellt, wobei gastrointestinale Erkrankungen (20 %), Pankreatitis (11 %), Diabetes mellitus (9 %) und hepatische Lipidose (6 %) die häufigsten waren (Xenoulis et al., 2016). Die zusätzliche Gabe von Antacida (z. B. Protonenblocker wie Omeprazol) wird auch oft diskutiert. Die im gefütterten Pankreasextrakt enthaltene Lipase wird durch den niedrigen pH-Wert im Magen schnell abgebaut. Eine Anhebung des pH-Wertes im Magen verheißt jedoch in den meisten Fällen keine Verbesserung der Fettverdauung insgesamt, da die pH-Wert-Veränderung wahrscheinlich negative Auswirkungen auf die gastrische Lipase und auch negative Effekte auf die Proteinverdauung hat.

Prognose: Bei einer angemessenen Behandlung haben die meisten behandelten Tiere eine normale Lebensqualität und Lebenserwartung. In einer Studie (Batchelor et al., 2007b) wurden 19 % der Hunde im ersten Jahr euthanasiert, während die restlichen Hunde eine durchschnittliche Lebenserwartung von mehr als 5 Jahren hatten. Von 150 Katzen mit EPI haben 60 % gut auf die Therapie angesprochen, 27 % teilweise und 13 % nur ungenügend (Xenoulis et al., 2016). Bei 299 Hunden mit EPI (Soetart et al., 2019) waren Hypocobalaminämie bei Diagnose, männliches Geschlecht, verminderter Appetit bei Diagnose und fehlende Enzymersatztherapie signifikante und unabhängige Risikofaktoren für eine verminderte Überlebensrate bei EPI.

10.4.3 Pankreastumoren

Im exokrinen Pankreas können sowohl primäre als auch sekundäre Neoplasien gefunden werden, wobei bei den primären Tumoren zwischen gutartigen und bösartigen unterschieden wird. Pankreasadenome sind gutartige Neoplasien, welche oft nur einzeln auftreten. Sie können durch ihre Kapsel von nodulären Hyperplasien unterschieden werden. Wie auch beim Mensch ist das **Pankreasadenokarzinom** der häufigste bösartige Tumor des Pankreas beim Kleintier, tritt aber verglichen dazu bei Hund und Katze selten auf. Der Ursprung ist zumeist in den Pankreasgängen zu suchen und nur selten in den Azinuszellen.

Die **Prognose** ist sehr gut bei gutartigen Tumoren, welche chirurgisch entfernt werden können (v. a. im Unterschied zu einem Adenokarzinom). Pankreasadenokarzinome haben bei vielen Hunden und bei mehr als 80 % der Katzen zum Zeitpunkt der Diagnosestellung schon metastasiert (Seaman, 2004). Die häufigsten Orte einer Metastasierung sind Leber, abdominale und thorakale Lymphknoten, Darm, Gekrösewurzel und Lunge. Falls keine offensichtlichen Metastasen vorhanden sind, kann eine chirurgische Entfernung probiert werden. Bei bösartigen Tumoren muss aber von einer schlechten

Prognose ausgegangen werden. In der Humanmedizin ist die Behandlung mit Tyrosinkinaseinhibitoren allein oder in Kombination mit Gemcitabin i. v. mäßig wirksam. In einer kleinen Pilotstudie wurde der veterinärmedizinische Tyrosinkinaseinhibitor Toceranibphosphat bei zytologisch oder histologisch bestätigten Pankreaskarzinomen bei 8 Hunden mit mäßigem Erfolg eingesetzt mit einer mittleren Gesamtüberlebenszeit von 89,5 Tagen (14–506 Tage; Musser und Johannes, 2021). Bei einer Katze wurde mit demselben Wirkstoff ein progressionsfreies Intervall von 1148 Tagen beschrieben (Todd und Nguyen, 2020).

Literatur (Zitate und weiterführende Literatur)

Batchelor DJ, Noble PJ, Cripps PJ, Taylor RH, McLean L, Leibl MA, German AJ (2007a): Breed associations for canine exocrine pancreatic insufficiency. J Vet Intern Med 21: 207–214.

Batchelor DJ, Noble PJ, Taylor RH, Cripps PJ, German AJ (2007b): Prognostic factors in canine exocrine pancreatic insufficiency: prolonged survival is likely if clinical remission is achieved. J Vet Intern Med 21: 54–60.

Bishop MA, Xenoulis PG, Levinski MD, Suchodolski JS, Steiner JM (2010): Identification of variants of the SPINK1 gene and their association with pancreatitis in Miniature Schnauzers. Am J Vet Res 71: 527–533.

Chang CH, Lidbury JA, Suchodolski JS, Steiner JM (2022): Effect of oral or injectable supplementation with cobalamin in dogs with hypocobalaminemia caused by chronic enteropathy or exocrine pancreatic insufficiency. J Vet Intern Med 36: 1607–1621.

Cordner AP, Sharkey LC, Armstrong PJ, McAteer KD (2015): Cytologic findings and diagnostic yield in 92 dogs undergoing fine-needle aspiration of the pancreas. J Vet Diagn Invest 27: 236–240.

Cridge H, Sullivant AM, Wills RW, Lee AM (2020): Association between abdominal ultrasound findings, the specific canine pancreatic lipase assay, clinical severity indices, and clinical diagnosis in dogs with pancreatitis. J Vet Intern Med 34: 636–643.

Cridge H, Twedt DC, Marolf AJ, Sharkey LC, Steiner JM (2021): Advances in the diagnosis of acute pancreatitis in dogs. J Vet Intern Med 35: 2572–2587.

Cridge H, Lim SY, Algül H, Steiner JM (2022): New insights into the etiology, risk factors, and pathogenesis of pancreatitis in dogs: Potential impacts on clinical practice. J Vet Intern Med 36: 847–864.

Fabrès V, Dossin O, Reif C, Campos M, Freiche V, Maurey C, Pilot-Storck F, Desquilbet L, Benchekroun G (2019): Development and validation of a novel clinical scoring system for short-term prediction of death in dogs with acute pancreatitis. J Vet Intern Med 33: 499–507.

Forman MA, Steiner JM, Armstrong PJ, Camus MS, Gaschen L, Hill SL, Mansfield CS, Steiger K (2021): ACVIM consensus statement on pancreatitis in cats. J Vet Intern Med 35: 703–723.

French JM, Twedt DC, Rao S, Marolf AJ (2019): Computed tomographic angiography and ultrasonography in the diagnosis and evaluation of acute pancreatitis in dogs. J Vet Intern Med 33: 79–88.

Hänichen T, Minkus G (1990): Retrospektive Studie zur Pathologie der Erkrankungen des exokrinen Pankreas bei Hund und Katze. Tierärztl Umsch 45: 363–368.

Hayes G, Mathews K, Doig G, Kruth S, Boston S, Nykamp S, Poljak Z, Dewey C (2010): The acute patient physiologic and laboratory evaluation (APPLE) score: a severity of illness stratification system for hospitalized dogs. J Vet Intern Med 24: 1034–1047.

Lim SY, Xenoulis PG, Stavroulaki EM, Lidbury JA, Suchodolski JS, Carriere F, Steiner JM (2020): The 1,2-o-dilauryl-rac-glycero-3-glutaric acid-(6′-methylresorufin) ester (DGGR) lipase assay in cats and dogs is not specific for pancreatic lipase. Vet Clin Pathol 49: 607–613.

Mansfield CS, James FE, Steiner JM, Suchodolski JS, Robertson ID, Hosgood G (2011): A pilot study to assess tolerability of early enteral nutrition via esophagostomy tube feeding in dogs with severe acute pancreatitis. J Vet Intern Med 25: 419–425.

McCord K, Morley PS, Armstrong J, Simpson K, Rishniw M, Forman MA, Biller D, Parnell N, Arnell K, Hill S, Avgeris S, Gittelman H, Moore M, Hitt M, Oswald G, Marks S, Burney D, Twedt D (2012): A multi-institutional study evaluating the diagnostic utility of the Spec cPL™ and SNAP® cPL™ in clinical acute pancreatitis in 84 dogs. J Vet Intern Med 26: 888–896.

Musser ML, Johannes CM (2021): Toceranib phosphate (Palladia) for the treatment of canine exocrine pancreatic adenocarcinoma. BMC Vet Res 17: 269.

Newman SJ, Steiner JM, Woosley K (2004): Localization of pancreatic inflammation and necrosis in dogs. J Vet Intern Med 18: 488–493.

Puccini Leoni F, Pelligra T, Citi S, Marchetti V, Gori E, Puccinelli C (2020): Ultrasonographic monitoring in 38 dogs with clinically suspected acute pancreatitis. Vet Sci 7: 180. doi:10.3390/vetsci7040180

Schnauß F, Hanisch F, Burgener IA (2019): Diagnosis of feline pancreatitis with Snap fPL and Spec fPL. J Feline Med Surg 21: 700–707.

Seaman RL (2004): Exocrine pancreatic neoplasia in the cat: a case series. J Am Anim Hosp Assoc 40: 238–245.

Soetart N, Rochel D, Drut A, Jaillardon L (2019): Serum cobalamin and folate as prognostic factors in canine exocrine pancreatic insufficiency: An observational cohort study of 299 dogs. Vet J 243: 15–20.

Spillmann T, Wittker A, Teigelkamp S (2001): An immunoassay for canine pancreatic elastase 1 as an indicator for exocrine pancreatic insufficiency in dogs. J Vet Diagn Invest 13: 468–474.

Todd JE, Nguyen SM (2020): Long-term survival in a cat with pancreatic adenocarcinoma treated with surgical resection and toceranib phosphate. J Feline Med Surg Open rep 6: 2055116920924911

Toresson L, Steiner JM, Spodsberg E, Olmedal G, Suchodolski JS, Lidbury JA, Spillmann T (2021): Effects of oral cobalamin supplementation on serum cobalamin concentrations in dogs with exocrine pancreatic insufficiency: A pilot study. Vet J 269: 105619

Watson PJ, Roulois AJA, Scase T, Johnston PEJ, Thompson H, Herrtage ME (2007): Prevalence and breed distribution of chronic pancreatitis at post-mortem examination in first-opinion dogs. J Small Anim Pract 48: 609–618.

Xenoulis PG, Zoran DL, Fosgate GT, Suchodolski JS, Steiner JM (2016): Feline exocrine pancreatic insuffi ciency: A retrospective study of 150 cases. J Vet Intern Med 30: 1790–1797.

11 Harnorgane

René Dörfelt

11.1 Nieren

11.1.1 Funktionelle Anatomie und Physiologie

Die Nieren, als paarig angeordnete Organe, befinden sich im retroperitonealen Raum, ventral der kranialen Lendenwirbelsäule. Beim Hund liegt die rechte Niere zum Teil intrathorakal, mit dem cranialen Pol im Bereich der 12. Rippe und dem caudalen in Höhe des zweiten bis dritten Lendenwirbels. Die linke Niere ist weiter caudal, auf Höhe des ersten bis vierten Lendenwirbels, zu lokalisieren. Bei der Katze sind beide Nieren etwa auf gleicher Höhe unterhalb des ersten bis vierten (rechte Niere) bzw. zweiten bis fünften Lendenwirbels (linke Niere) zu finden. Im Querschnitt lassen sich **Nierenrinde** (Kortex) und **Nierenmark** (Medulla) unterscheiden. Die Nierenpapille ist als gemeinsame Papille (P. communis) ausgebildet, der seitlich Pseudopapillen zugeordnet sind. Die Papillen begrenzen das aus einem zentralen Hohlraum und zwei seitlichen Recessus zusammengesetzte Nierenbecken.

Die kleinste funktionelle Einheit ist das **Nephron.** Es besteht aus dem Malpighischen Körperchen, welche das **Glomerulum** enthält und von der Bowmanschen Kapsel umschlossen ist. Im Bereich des Glomerulums liegen zwischen den glomerulären Kapillaren die untereinander vernetzten Mesangiumzellen. Die Filtrationsbarriere für den Primärharn bilden die Endothelzellen des Glomerulums, die Basalmembran und die Podozyten. Zwischen Bowmanscher Kapsel und Glomerulum liegt der Spaltraum, der sich am Harnpol öffnet und in das **Tubulussystem** überleitet. Dieses besteht aus dem frühen proximalen Tubulus (Pars convoluta) und dem anschließenden späten proximalen Tubulus (Pars recta). Hierauf folgend durchläuft der Urin die Henlesche Schleife, bestehend aus einem dünnen absteigenden Schenkel und einem dicken aufsteigenden Schenkel. Der anschließende distale Tubulus mündet in die Sammelrohre. Im proximalen Tubulus sind die Tubuluszellen nur lose miteinander verbunden, sodass Wasser und Elektrolyte leicht hindurch diffundieren können. Im distalen Tubulus ist das Epithel dagegen sehr eng. Transportvorgänge benötigen hier aktive Transporter. Der aufsteigende Schenkel der Henleschen Schleife berührt an der Macula densa im Bereich des juxtaglomerulären Apparates sein eigenes Glomerulum. Je nach Eindringtiefe in das Nierenmark werden kortikale und juxtamedulläre Nephrone unterschieden. Letztere zeichnen sich durch eine höhere Konzentrationsfähigkeit des Urins aus und sind besonders bei Katzen in großer Zahl vorhanden.

Die **Blutversorgung** der Nieren erfolgt über die Arteria renalis. Nach Aufzweigung in Aa. interlobares, Aa. arcuatae und Aa. interlobulares gelangt das arterielle Blut über die Vasa afferentia ins Glomerulum und wird in den Vasa efferentia wieder abgeführt. Es versorgt in einem zweiten Kapillargeflecht den Tubulusapparat. Aus den Vasa efferentia entstammen die Vasa recta, die eine wichtige Rolle beim Harnkonzentrierungsvorgang spielen. Das venöse Blut wird in der Vena renalis gesammelt und in die Vena cava caudalis ableitet.

Der **renale Blutfluss** beträgt ca. 20 % des Herzminutenvolumens. Die Nierenrinde wird von 93 %, das äußere Mark von 6 % und das innere Mark von 1 % des renalen Blutflusses durchströmt. Der Sauerstoffbedarf ist von der Natriumrückresorption in den Zellen des proximalen Tubulus und des aufsteigenden Astes der Henleschen Schleife abhängig. Er fällt auf ¼ des normalen Sauerstoffbedarfes ab, wenn keine Natriumrückresorption stattfindet und steigt bei vermehrter Rückresorption. Aufgrund von **Autoregulationsmechanismen** kann die Niere Blutdruckschwankungen von systolisch 80–180 mmHg ausgleichen. Steigt der Druck in den afferenten Arteriolen, kommt es durch den Bayliss-Effekt, eine Kontraktionsreaktion der glatten Muskulatur der Blutgefäße, zur Vasokonstriktion und daher zur Stabilisierung des Drucks in den Glomerulumkapillaren. Aufgrund einer Reduktion des tubulären Urinflusses kommt es zur verminderten Natriumaufnahme der Macula densa Zellen. Dies führt über eine vermehrte Renin- und Angiotensinausschüttung, als tubuloglomeruläres Feedback, zur Reduktion der glomerulären Filtrationsrate (GFR). Etwa 20–33 % des renalen Plasmaflusses werden im Glomerulum filtriert, im Tubulus modifiziert zu 99 % rückresorbiert und ca. 1 % des Primärharns als Urin ausgeschieden.

Im Rahmen der physiologischen Nierenfunktion ergeben sich fünf Hauptaufgaben, die die Nieren erfüllen:

- Exkretion von Stoffwechselprodukten und anderen Fremdstoffen
- Regulation von Wasser und Elektrolythomöostase
- Regulation der Plasmaosmolarität und des arteriellen Blutdrucks
- Regulation des Säuren-Basen-Status
- Sekretion, Metabolismus und Exkretion von Hormonen

Die in den Primärharn filtrierten Stoffe sind zum Teil für den Körper lebensnotwendig und müssen im Laufe der Modifikation des Urins zurückgewonnen werden. Diese Stoffe und auch die auszuscheidenden Urämietoxine sind sehr heterogen in Größe und Ladung. Kleinmolekulare Stoffe werden frei über das Glomerulum filtriert. Zurückzugewinnende Stoffe werden hauptsächlich im proximalen Tubulus resorbiert und große Moleküle werden aktiv in das Tubuluslumen sezerniert.

Funktion des Glomerulums

Die Hauptfunktion des Glomerulums ist die Filtration von Primärharn aus dem Blutplasma. Die Filtrationsrate ist abhängig von der Filtrationsmembran, dem hydrostatischen und dem kolloidalen Druck.

Effektiver Filtrationsdruck (15 mmHg) = hydrostatischer Druck (60 mmHg) – kolloidosmotischer Druck (30 mmHg) – Kapseldruck (15 mmHg)

Zwischen 20 und 35 % des renalen Plasmaflusses werden am Glomerulum filtriert. Die Filtrationsbarriere besteht aus Endothelzellen, Basalmembran und Podozyten. Kleine Moleküle können diese frei passieren, größere Moleküle über 65 kDalton können die Engstelle der Schlitzporen der Podozyten nicht durchdringen und werden zurückgehalten. Negativ geladene Moleküle werden selbst bei geringerem Molekulargewicht zurückgehalten, ebenso proteingebundene Substanzen.

Das Mesangium ist der Raum zwischen den glomerulären Kapillaren. Die Mesangiumzellen sind als Synzytium über Gap junctions mit den Endothelzellen der Kapillaren und über kontraktile Zellen mit dem juxtaglomerulären Apparat verbunden. Die Mesangiumzellen haben auto-, para- und endokrine Funktion. Sie produzieren Wachstumshormone, Thromboxane und Vasokonstriktoren wie Angiotensin II.

Tubuläre Transportmechanismen

Der glomerulär filtrierte Primärharn wird im Tubulussystem durch Resorption, Sekretion und Konzentration modifiziert. Elektrolyte und Wasser werden am Glomerulum frei filtriert. Wasser, Natrium und Chlorid werden vor allem im proximalen Tubulus und in der Henleschen Schleife über Ionenkanäle resorbiert, wobei der tubuläre Natriumtransport meist an ATP verbrauchende aktive Transporter gebunden ist. Der dünne absteigende Ast der Henleschen Schleife besitzt keine Elektrolyttransporter, ist aber für Wasser frei permeabel. Hier werden 25 % des filtrierten Wassers, jedoch keine Elektrolyte rückresorbiert, die Osmolarität des Urins steigt somit. Zusätzlich verläuft der kapilläre Blutfluss hier im Gegenstromprinzip, sodass ein osmotischer Gradient aufgebaut wird, der zur Wasserresorption beiträgt. Im dicken aufsteigenden Ast der Henleschen Schleife wird Natrium und Chlorid über den Natrium-Kalium-Chlorid-Cotransporter resorbiert. An diesem setzt das Diuretikum Furosemid an. Für Wasser ist dieser Teil impermeabel. Die Osmolarität des Urins sinkt wieder. Im distalen Tubulus wird Natrium vor allem durch Natrium-Chlorid-Symporter transportiert, diese können durch Thiaziddiuretika geblockt werden. In den Sammelrohren existieren zum Natriumtransport aldosteroninduzierte Natriumkanäle.

Kalzium liegt im Blut zu 60 % proteingebunden vor. Somit können nur 40 % glomerulär filtriert werden. Der Hauptteil des Kalziums wird im proximalen Tubulus und in der Henleschen Schleife durch apikale Kalziumkanäle und basolaterale aktive Kalziumtransporter resorbiert. Ca. 1 % des filtrierten Kalziums wird ausgeschieden. Phosphat wird frei filtriert und proximal tubulär über aktive Transporter wieder in den Körper aufgenommen. Die Transporter besitzen eine maximale Kapazität. Daher kommt es bei erhöhtem Blutphosphatspiegel zu einer vermehrten Phosphatelimination. Glukose wird glomerulär frei filtriert und im proximalen Tubulus durch aktive Transporter resorbiert. Auch diese besitzen eine maximale Kapazität, sodass es bei Zerstörung der Transporter oder bei einem Blutglukosespiegel über 10 mmol/l beim Hund und 15 mmol/l bei Katzen zur Glukosurie kommt. Filtrierte Aminosäuren werden ebenfalls im proximalen Tubulus wieder aufgenommen. Harnstoff wird im proximalen Tubulus, durch passiven Transport und im Sammelrohr durch aktive Transporter resorbiert. Der Rest des Tubulussystems ist impermeabel für Harnstoff. Ein Teil des in den Sammelrohren zurückgewonnenen Harnstoffes zirkuliert wieder zur Henleschen Schleife. Dies erhöht die Osmolarität des Niereninterstitiums im Gebiet um die Henlesche Schleife und führt zur vermehrten Wasserrückresorption. Nachfolgend wird der Harnstoff in die Kapillaren aufgenommen und wieder in den systemischen Blutkreislauf überführt. Organische Anionen wie Antibiotika und Furosemid werden frei filtriert und zusätzlich im proximalen Tubulus aktiv sezerniert. Organische Kationen (Atropin, Morphin) werden vor allem im proximalen Tubulus aktiv ausgeschieden.

Regulation des Säuren-Basen-Status

Die Nieren nehmen über Bikarbonatresorption, -exkretion, -neubildung und Protonenausscheidung eine Hauptfunktion in der metabolischen Regulation des Säuren-Basen Status ein. Das glomerulär filtrierte Bikarbonat wird über die luminale Carboanhydrase in Kohlensäure und später CO_2 umgewandelt, welches in die Tubuluszellen aufgenommen und wieder zu Bikarbonat umgewandelt wird. Bikarbonat geht somit dem Körper nicht verloren.

$$HCO_3^- + H^+ \rightarrow H_2CO_3 \rightarrow H_2O + CO_2$$

Während einer Alkalose wird die Bikarbonatresorption vermindert und daher mehr Bikarbonat renal eliminiert. Zusätzlich kann über aktive Transporter im Sammelrohr Bikarbonat ausgeschieden werden. Beim Vorliegen einer respiratorischen Azidose wird, durch die intrazelluläre Carboanhydrase, Bikarbonat aus CO_2 produziert und steht damit dem Körper zur Verfügung. Zusätzlich können Protonen durch aktive Transporter ins Tubuluslumen sezerniert werden. Dort werden sie an Hydrogenphosphat und Ammonium gebunden ausgeschieden.

Urinkonzentration und Diurese

Ein Großteil der Urinkonzentration findet in der Henleschen Schleife und den Sammelrohren mithilfe der, im Gegenstromprinzip verlaufenden, peritubulären Kapillaren statt. Im wasserundurchlässigen aufsteigenden Ast der Henleschen Schleife wird Natrium aus dem Lumen resorbiert und ins Interstitium transportiert. Dies erhöht die interstitielle Osmolarität und fördert somit die Wasserrückresorption aus dem absteigenden Ast der Henleschen Schleife. Dieser Konzentrationsgradient kann nur aufrechterhalten werden, wenn das resorbierte Wasser über die im Gegenstromprinzip verlaufenen, peritubulären Kapillaren abtransportiert wird. Des Weiteren wird im Sammelrohr Harnstoff resorbiert und im Interstitium um die Henlesche Schleife angereichert. Dieser trägt zusätzlich zur Erhöhung der Osmolarität bei. Je weiter die Schleife in das Nierenmark reicht, desto größer wird der osmotische Konzentrationsgradient und somit auch die Wasserresorption. Die abschließende Urinkonzentration findet in den Sammelrohren mithilfe der aldosteroninduzierten Aquaporine und Natriumtransporter statt. Eine Hemmung dieses Systems liegt beim Diabetes insipidus vor und kann durch Spironolacton induziert werden.

Eine vermehrte Urinausscheidung kann über eine Wasserdiurese, eine osmotische Diurese oder einen erhöhten medullären Blutfluss erfolgen. Bei der Wasserdiurese werden, durch Medikamente oder das Fehlen von ADH, die Aquaporine im Sammelrohr gehemmt und somit weniger Wasser resorbiert. Dadurch kann die Urinproduktion z. B. beim Diabetes insipidus auf bis zu 15 % des Primärharnvolumens gesteigert werden. Die osmotische Diurese geht mit einer Erhöhung der intraluminalen Osmolarität einher. Sie kann durch die Filtration osmotisch aktiver, aber nicht resorptionsfähiger Substanzen (z. B. Mannitol) induziert werden. Durch eine Erschöpfung der Kapazität von Transportern, wie der Glukosetransporter, kommt es genauso wie bei der medikamentellen Hemmung von Transportern (z. B. Natriumtransporter) zur osmotischen Diurese. Eine Erhöhung des medullären Blutflusses führt über einen vermehrten Abtransport der interstitiellen Osmolyte zur Diurese.

Endokrine Funktion

Die Nieren erfüllen neben den exkretorischen auch endokrine Funktionen. Der wichtigste Regelmechanismus ist das Renin-Angiotensin-Aldosteron-System (RAAS). Renin wird aus den Macula densa Zellen bei Hypotension oder niedriger tubulärer Natriumkonzentration sezerniert. Es fördert die Bildung von Angiotensin I aus Angiotensinogen, welches durch Angiotensin Converting Enzyme (ACE) in Angiotensin II umgewandelt wird. Dieser starke Vasokonstriktor fördert die Ausschüttung von Aldosteron und antidiuretischem Hormon. Erythropoetin wird bei lokaler Hypoxie aus den peritubulären interstitiellen Nierenzellen freigesetzt und stimuliert die Erythropoese im Knochenmark. Die Aktivierung von 1,25-Dihydroxycholecalziferol (Vitamin D_3) findet ebenfalls in den Nieren statt. Ferner werden viele vasoaktive Eikosanoide wie Prostaglandin E in den afferenten Arteriolen der Glomerula synthetisiert.

11.1.2 Akute Nierenschädigung

Als akute Nierenschädigung wird der plötzliche, potenziell reversible Ausfall vor allem der exkretorischen aber auch regulatorischer Nierenfunktionen bezeichnet. Es führt meist zur Verminderung der GFR und zur Azotämie. Die initiale Schädigung liegt in der Regel weniger als 2 Wochen vor Beginn der klinischen Symptome.

11.1.2.1 Ursachen

Die im Rahmen der akuten Nierenschädigung auftretende Azotämie wird nach der Lokalisation der Ursachen in **prä-renale**, **renale** (intrinsische) und **post-renale** Azotämie untergliedert (Abb. 11.1). Prä-renale und post-renale Ursachen können sekundär zur intrinsischen Nierenschädigung führen. Prä-renale Ursachen führen meist über eine Hypoperfusion der Nieren zur Verminderung der GFR und Ansammlung von Urämietoxinen. Bei langanhaltender Hypoperfusion, zum Beispiel durch hypovolämischen Schock, kommt es zur verminderten Sauerstoffversorgung der energieverbrauchenden Transporter und der Zellen des proximalen Tubulus und dadurch zum Absterben der betroffenen Zellen.

Verminderungen des Harnabflusses durch Obstruktionen oder Entleerungsstörungen der Blase führen zum Harnrückstau in die Niere, zur verminderten Ausscheidung der Urämietoxine und zur post-renalen Azotämie. Langanhaltende Stauungen können durch erhöhten Druck die Perfusion der Niere vermindern oder die Nierenzellen direkt schädigen.

Die intrinsische akute Nierenschädigung stellt sich histologisch meist als akute Nekrose der Tubuluszellen (akute Tubulonekrose) dar. Die Tubuluszellschädigung kann durch Hypoperfusion und Hypoxie, Infektionen (z. B. Leptospirose), Medikamente und Toxine, Immunkomplexe oder andere Ablagerungen wie Myoglobin, Hämoglobin oder Kalzium und Entzündungsmediatoren erfolgen. Oben beschriebene Prozesse führen zur sogenannten akuten Nierenschädigung, die klinisch kaum auffällig sein kann und nur im Falle schwerer Urämie als akutes Nierenversagen bezeichnet wird.

Akute Azotämie		
Prä-Renal	**Renal**	**Post-Renal**
Hypovolämischer Schock Herzinsuffizienz Hepatorenales Syndrom Thrombembolie Hypoadrenokortizismus Diabetes insipidus Diabetes mellitus	Medikamente Toxine Infektion Myoglobinurie Hämoglobinurie Immunkomplexe Hyperkalzämie (paraneoplastisches Syndrom) Chronische Nierenerkrankung	Reflexdyssynergie Mechanische Obstruktionen (Konkremente, Neoplasien) Funktionelle Obstruktionen (Urethritis) Pyelonephritis Uroabdomen

Abb. 11.1 Ursachen der akuten Azotämie nach Lokalisation.

11.1.2.2 Pathophysiologie der renalen Nierenschädigung

Die exakte Pathophysiologie der akuten renalen Nierenschädigung ist noch nicht zur Gänze verstanden. Bisher wurden **vaskuläre, tubuläre und zelluläre Störungen** beschrieben. Die akute Nierenschädigung ist durch die **Initialphase, Extentionsphase,**

Erhaltungsphase und die **Heilungsphase** gekennzeichnet (Abb. 11.2). Die **Initialphase** beträgt oft nur wenige Stunden. Es ist die Phase, in der die Niere dem schädigenden Insult ausgesetzt ist, wodurch die Tubuluszellen beeinträchtig werden. Aufgrund des tubuloglomerulären Feedbacks sinkt die GFR. In dieser Phase hat eine sofortige kausale Therapie die besten Erfolge. Leider wird diese Phase aufgrund der kurzen Dauer und der fehlenden klinische Zeichen oft nicht erkannt. Die Initialphase ist häufig durch eine um 45–75 % verminderte Perfusion gekennzeichnet. Diese kann jedoch später wieder Normalwerte annehmen. Ursache dieser Minderperfusion sind humorale und neurogene Faktoren wie Vasokonstriktion durch Aktivierung des Renin-Angiotensin-Aldosteron-Systems und Einflüsse des sympathikoadrenergen Systems. Durch Nekrosen der Tubuluszellen kommt es zur Ansammlung von Zelldetritus und Proteinen im Tubuluslumen. Diese führen zur Druckerhöhung im Tubulus und somit zur weiteren direkten Zellschädigung und Abnahme der GFR. Die durch Ischämie im Tubulusbereich hervorgerufene Hypoxie vermindert die Aktivität der Natrium-Kalium-ATPase und der Kalzium-ATPase. Mit der dadurch erhöhten intrazellulären Natriumkonzentration erhöht sich die intrazelluläre Osmolarität, welche aufgrund des nachfolgenden osmotischen Wassereinstroms zum Zellödem und zur Nekrose der Zellen führt. Die Verminderung der Funktion der Kalzium-ATPase führt über vermehrten Kalziumeinstrom in die Zelle zusätzlich zum Ausfall vieler Second-Messenger-Mechanismen. Dies endet in einer Desintegration und Zerstörung der Zellmembran. In der Extentionsphase kommt es unter anderem zur Reperfusion mit Bildung und Freisetzung von reaktiven Sauerstoffradikalen und damit zur weiteren oxidativen Zerstörung der zellulären Phospholipidmembran. Die **Erhaltungsphase** hält mehrere Tage bis Wochen an und geht mit der Entwicklung der klinischen Symptome der Urämie einher. Im Verlauf der **Heilungs-**

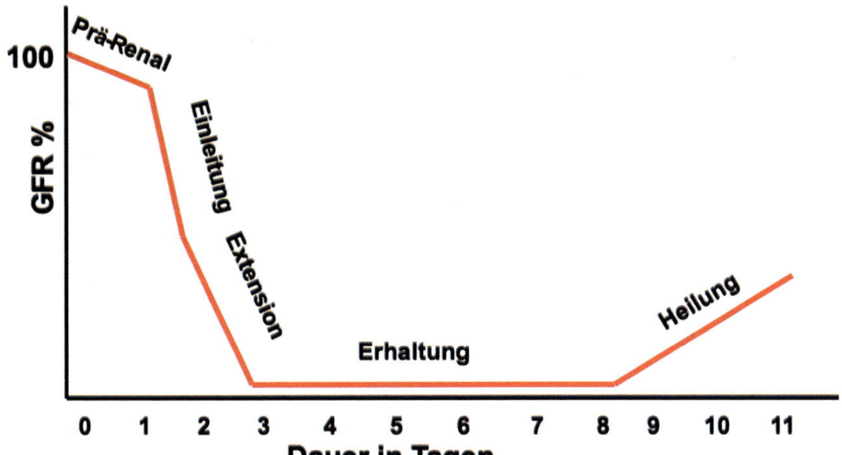

Abb. 11.2 Phasen der akuten Nierenschädigung.

phase wird durch Zellteilung und Abschwemmung von Detritus und Obstruktionen die Nierenfunktion schrittweise wiederhergestellt. Erst in der Heilungsphase kommt es zur schrittweisen Verbesserung der GFR und somit zur Reduktion der Harnstoff- und Kreatininwerte.

Durch die Ausscheidungsbehinderung harnpflichtiger Stoffe kommt es im Verlauf der Erkrankung zur Entwicklung einer **Urämie**. Diese ist ein klinisches Syndrom, gekennzeichnet durch Anorexie, Übelkeit und Vomitus. Durch die Ausscheidungsstörung sammeln sich harnpflichtige Stoffwechselprodukte des Protein- und Nukleoproteinstoffwechsels im Blut an. Hierzu zählen insbesondere Substanzen wie Parathormon, Phosphorsäure, Schwefelsäure, Kalium- und Wasserstoffionen. Diese Stoffwechselabbauprodukte werden als urämische Toxine zusammengefasst. Ihre Wirkung beruht hauptsächlich auf der Behinderung enzymatischer Prozesse, in die praktisch alle Körperzellen einbezogen sind. Hinzu kommen die Störungen des Wasserhaushalts, sowie die Behinderung der Ausscheidung bestimmter Enzyme über dem Harn (z. B. Gastrin), andererseits aber auch die verminderte Synthese von Hormonen in der Niere selbst (z. B. 1,25-Dihydroxycholecalciferol). Die Urämie kann also als die klinische Manifestation der Störung des Wasser-Elektrolyt-Haushalts einschließlich des Säuren-Basen-Gleichgewichts, der Ansammlung toxischer, harnpflichtiger Stoffwechselprodukte, Synthesestörung renaler Hormone und Verminderung der Elimination nicht-renaler Enzyme bezeichnet werden. Die Folgen der Urämie sind außerordentlich vielfältig. Durch die Beeinträchtigung der Wasserrückresorption bei renaler Urämie, meist zusätzlich verstärkt durch Erbrechen und Durchfall, entwickelt sich häufig eine Dehydratation, die zu einer Kreislaufinsuffizienz und damit zu einer prä-renalen Komplikation der renalen Urämie führen kann. Andererseits können Dehydratation und Hypovolämie im Sinne einer prä-renalen Azotämie Ursache der Urämie sein. Etwa ⅓ der Tiere mit akuten Nierenschädigungen entwickeln im Verlauf der Erkrankung eine Hyperkaliämie. Diese ist vor allem bei oligurischen und anurischen Nierenschädigungen vorhanden. Im Falle einer Polyurie sind die Tiere eher hypokaliämisch. Eine Hyperkaliämie über 6 mmol/l kann Störungen der Erregungsleitung am Herzen zur Folge haben, die sich im EKG in Form von Bradykardie, erniedrigter P-Welle und erhöhter T-Welle darstellen. Bei einer Kaliumkonzentration von über 8 mmol/l können diese letal enden.

Das Hämostasesystem ist ebenfalls, wenn auch weniger auffallend, betroffen. Während die Thrombozytenzahl meist kaum verändert ist, ist ihre Funktion durch einen Mangel an Plättchenfaktor 3, verminderte Adhäsionsfähigkeit, Herabsetzung der Aggregationsfähigkeit und verminderte Prothrombinverwertung beeinträchtigt. Diese Funktionsstörungen führen zu Blutverlusten über den Intestinaltrakt, die in Form von Meläna und Hämatemesis klinisch auffällig werden.

Die bei Urämie vermehrte Ausscheidung von Harnstoff über die Schleimhäute führt unter dem Einfluss Urease-bildender Bakterien zu einer lokalen Anreicherung von Ammoniak. Dieses starke Zellgift ist die Ursache von Erosionen bzw. in weiterer Folge Ulzera im Magen-Darm-Trakt. Durch Stimulation des Brechzentrums durch Urämietoxine oder pharmakologische Wirkstoffe, die durch eine nicht angepasste Dosierung bzw. unzureichende Ausscheidung im Körper kumulieren, sowie peripher durch eine urämische Gastritis, wird häufig Erbrechen ausgelöst, das wiederum den Wasser- und Elektrolyt-Verlust verstärkt. Außerdem wird durch die verminderte Clearance des Gastrins in der Niere eine Hypergastrinämie hervorgerufen, die über eine vermehrte Säuresekretion die Schleimhaut schädigt. Der bei Urämie entstehende Foetor (uraemicus) ex ore kommt durch die Ausatmung des Ammoniaks sowie anderer flüchtiger Substanzen zustande. Weniger häufig als Erbrechen kommen blutige Durchfälle vor.

Das Herz-Kreislauf-System ist bei Urämie ebenfalls beeinträchtigt. Vermutlich durch die Natriumretention, die Aktivierung des Renin-Angiotensin-Aldosteron-Systems und die verminderte Synthese medullärer Prostaglandine ist eine Hypertension bedingt. Eine Herzinsuffizienz wird als Folge der im oligurischen Stadium auftretenden Hyperkaliämie beobachtet. Ebenso sind Arrhythmien aufgrund der urämischen Störung des Myokards zu sehen.

Am Respirationstrakt fällt die tiefe Atmung (Kussmaul-Atmung) als Folge von Azidose und Anämie auf. Nicht selten werden Pneumonien durch verminderte Resistenz gegenüber Infektionskrankheiten beobachtet. Bei schweren Urämien kann es aufgrund der vermehrten Harnstoff- und Ammoniakausscheidung zu einer chemischen Zerstörung der Alveolen und somit zu einer urämischen Pneumonitis kommen.

Störungen des Nervensystems in Form von Apathie und urämischer Enzephalopathie mit Neigung zu Krampfanfällen sind relativ häufig zu beobachten. Verantwortlich gemacht wird, außer der Azidose, der Hyperparathyreoidismus. Die Ausschüttung von Parathormon wird durch die Hyperphosphatämie gefördert und als renaler Hyperparathyreoidismus bezeichnet.

Es ist bekannt, dass urämische Patienten im fortgeschrittenen Studium gegenüber Infektionen gefährdeter sind als gesunde. Dies liegt offensichtlich zum einen an einem Hyperkortisolismus, der zu einer Immunsuppression führt; zum anderen soll die Bildung von Immunglobulin vermindert und die Funktion der neutrophilen Granulozyten gestört sein.

11.1.2.3 Diagnostik

Akut auftretende Azotämien sind zu differenzieren in:

- prä-renale Azotämie
- durch prä-renale Azotämie komplizierte chronische Nierenerkrankungen
- akute Nierenschädigung
- durch prä-renale Azotämie komplizierte akute Nierenschädigung
- dekompensierte chronische Nierenerkrankungen
- post-renale Azotämie

Da einzelne diagnostische Parameter keine spezifische Diagnose zulassen, wird die Kombination von Befunden aus Anamnese, klinischer Untersuchung, Labordiagnostik, bildgebender Diagnostik und eventuell Biopsie zur Unterscheidung von akuter Nierenschädigung und chronischer Nierenerkrankung herangezogen.

Anamnese: Bereits die Anamnese kann Hinweise zur Differenzierung geben. Dabei ist besonders auf die Dauer der unspezifischen Symptome Apathie, Anorexie, Vomitus und Diarrhoe zu achten. Eine Dauer der Krankheitssymptome von unter einer Woche weist auf eine akute Nierenerkrankung hin. Der Kontakt zu Chemikalien (Ethylenglykol), toxischen Pflanzen (Lilien bei Katzen, Rosinen und Weintrauben bei Hunden) und kranken Tieren muss genauso beachtet werden wie Impfstatus, Traumata, diagnostische Tests mit nephrotoxischen Kontrastmitteln, Medikamentenapplikation und Blutverlust. Auch Symptome wie Lähmungen, Schmerzhaftigkeiten, Polyurie, Polydipsie, Nocturie und bereits diagnostizierte Nierenerkrankungen sind in die Anamnese aufzunehmen.

Klinische Untersuchung: Patienten mit dem Verdacht einer Nierenschädigung müssen einer eingehenden klinischen Allgemeinuntersuchung mit besonderem Augenmerk auf Hydratationsstatus und Herz-Kreislauffunktion unterzogen werden. Wichtig ist auch die Palpation der Nieren. Man achtet besonders auf stumpfes Haarkleid, Hypothermie, orale Ulzera, Zungenverfärbungen, sklerale Gefäßinjektion, Schleimhautverfärbungen, Tachypnoe, Abdominal- und Muskelschmerzen, Lahmheiten, Urinverfärbungen und Zeichen von Dysurie. Für eine akute Erkrankung sprechen z. B. Ikterus und Schmerzhaftigkeit bei Palpation des Abdomens. Bei hochgradigen Urämien fällt oft eine Hypothermie unter 38 °C auf. Sollte eine Normothermie oder eine Hyperthermie vorhanden sein, ist eine infektiöse Genese oder das Vorliegen einer Neoplasie wahrscheinlich.

Labordiagnostik: Bei Verdacht auf Nierenfunktionsstörungen sollten Befunde aus Blutbild, klinisch-chemischer Untersuchung, Elektrolytbestimmung, Urinanalyse inklusive Beurteilung des Sediments und einer bakteriologischen Harnuntersuchung zur Diagnostik herangezogen werden.

- **Hämatologie:** Bei akuten Nierenschädigungen wird ähnlich wie bei chronischen Nierenerkrankungen gelegentlich eine normochrome, normozytäre, nicht-regenerative Anämie beobachtet. In den meisten Fällen weisen die Patienten jedoch einen Hämatokritwert im Referenzbereich auf. Als Ursache der Anämie kommen verminderte Erythropoetinbildung in den peritubulären Fibroblasten der Nierenrinde, verminderte Lebensdauer der Erythrozyten bei Urämie, Eisenmangel aufgrund einer Mangelernährung, Erythropoese inhibierende Substanzen im urämischen Plasma, Blutverluste über gastrointestinale Ulzera und Myelofibrose infrage. Eine Erhöhung der Leukozytenzahlen wird oft bei akuter Nierenschädigung infektiöser Genese beobachtet. Eine normale Leukozytenzahl stellt aber keinen sicheren Parameter zum Ausschluss eines akuten Prozesses dar. Bei massiven Urämien ist trotz normaler Thrombozytenzahl eine Störung der Thrombozytenfunktion möglich. Dies hat vielfältige Ursachen, wie z. B. verminderte Thrombozytenaggregation, Störungen in der Thromboxanproduktion und intrazellulären Kalziummobilisation. Infolgedessen kann es zu starken Blutverlusten über gastrointestinale Ulzera kommen. Eine Thrombopenie wird oft bei Leptospireninfektionen beobachtet. Auch bei Nierenschädigungen aufgrund eines paraneoplastischen Syndroms, wie z. B. bei der akuten lymphatischen Leukämie, wird häufig eine Thrombopenie diagnostiziert.

- **Klinische Chemie:** Schwere Urämien sind durch deutlich erhöhte Harnstoff-, Kreatinin- und Phosphatkonzentrationen gekennzeichnet. Die Höhe der Werte lässt keine Differenzierung zwischen akuten und chronischen Prozessen zu. Allerdings zeigen Tiere mit akuten Prozessen bei vergleichbar hohen Werten ein deutlich schlechteres Allgemeinbefinden als Tiere mit chronischen Prozessen. Der Harnstoff-Kreatinin-Quotient gibt dagegen Hinweise auf das Vorliegen eines prä-renalen Prozesses. So weisen hohe Harnstoffwerte bei moderat erhöhten Kreatininwerten auf einen prärenalen Prozess wie Dehydratation, kardiale Grunderkrankung, Morbus Addison oder gastrointestinale Blutungen hin. Bei urämischen Patienten sind die Phosphatwerte oft erhöht. Bei akuter Nierenschädigung sieht man oft höhere Werte als bei chronischen Nierenerkrankungen. Als Ursache kommen verminderte Phosphatausscheidung über die verminderte glomeruläre Filtration und sekundärer Hyperparathyreoidismus bei chronischen Nierenerkrankungen infrage. Ab einem Kalzium-Phosphat-Produkt (in mmol/l) von 10 kommt es zur Bildung von Kalziumphosphatkomplexen, die sich in Organen und Gefäßen ablagern und somit zu metastatischen Verkalkungen führen.

  Die Leberenzyme Alanin-Aminotransferase (ALT), Aspartat-Aminotransferase (AST) und Alkalische Phosphatase (AP) sind bei Patienten mit akuter Nierenschädigung häufig erhöht. Dies ist mit einer gleichzeitigen hepatischen Beteiligung, vor allem im Falle einer Leptospireninfektion, zu erklären. Weitere Ursachen für die Erhöhung der Leberenzyme stellen, neben primären Lebererkrankungen, Medikamentennebenwirkungen, Neoplasien und systemische Infektionen dar. Bei urämischen Patienten fällt oft eine gering- bis hochgradige Erhöhung der Bilirubinwerte auf. Dabei sind bei Patienten mit akuter Nierenschädigung aufgrund einer hepatischen Mitbeteiligung am Erkrankungsprozess oft deutlich höhere Werte als bei Patienten mit chronischen Nierenerkrankungen zu finden.

  Bei Tieren mit renaler Azotämie wird vor allem bei Oligurie oder Anurie eine Hyperkaliämie beschrieben. Bei Hyperkaliämie und gleichzeitiger Hyponatriämie sollte ein Hypoadrenokortizismus immer als Differenzialdiagnose in Betracht gezogen werden. Bei vielen Patienten mit Harnstoffwerten über 50 mmol/l kommt es aufgrund des osmotischen Effektes des Harnstoffs zum Anstieg der Serumosmolarität und nachfolgend zur reaktiven Reduktion des Natriums.

  Bei urämischen Hunden sind die Werte für das biologisch aktive, ionisierte Kalzium oft erniedrigt. Ursächlich kommt ein Verlust über eine Polyurie, eine Kalziumphosphatkomplexbildung und, vor allem bei Patienten mit chronischen Nierenerkrankungen ein sekundärer Hyperparathyreoidismus infrage. Falls eine Hyperkalzämie beobachtet wird, kommen ursächlich ein tertiärer Hyperparathyreoidismus oder ein paraneoplastisches Syndrom und ein primärer Hyperparathyreoidismus infrage. Daher ist es sinnvoll, Tumoren der Perinealregion, malignes Lymphom und lymphatische Leukose in die Differenzialdiagnostik einzubeziehen.

  Hypoproteinämie und speziell Hypoalbuminämie sind oft bei Patienten mit erhöhter renaler Proteinausscheidung, infektiöser oder neoplastischer Genese der Nierenschädigung zu finden. Als Ursache der niedrigen Protein- und Albuminwerte kommen, neben der erhöhten renalen Exkretion, Proteinverlust über eine urämische Gastroenteritis, verminderte alimentäre Aufnahme und reduzierte Bildung des Albumins als „negatives Akute-Phase-Protein“ infrage.

- **Urinuntersuchung:** Zur Uringewinnung stehen mehrere Methoden zur Verfügung. Das Auffangen des spontan abgesetzten Urins hat den Vorteil der einfachen Gewinnung und ist zugleich für den Patienten am wenigsten invasiv. Nachteilig ist die Kontamination des Urins mit Bakterien und Sekreten. Die Uringewinnung per Blasenkatheter sollte aufgrund der Gefahr der Einschleppung von Bakterien in die Blase unter sterilen Bedingungen erfolgen. Die saubersten Proben lassen sich mittels transabdominaler Punktion der Harnblase unter palpatorischer oder sonographischer Kontrolle, gewinnen. Die Urinanalyse gibt zuverlässigere Ergebnisse, wenn sie innerhalb von 30 min nach Entnahme des Urins durchgeführt wird. Jede Urinuntersuchung sollte die Beurteilung des spezifischen Gewichtes (sG) beinhalten. Ein hohes sG über > 1030 g/l spricht für ein extrarenale, ein niedriges sG <1020 g/l für eine intrinsische Nierenschädigung. Die bei Nierenerkrankungen in der Regel beobachtete Isosthenurie (sG = 1008–1012 g/l) wird vor allem bei Patienten mit chronischen Nierenerkrankungen beobachtet. Bei Tieren mit akuten Nierenschädigungen liegt die Urindichte oft im isosthenurischem Bereich oder leicht darüber (sG 1012–1020 g/l). Eine Glukosurie ohne Erhöhung des Blutglukosespiegels spricht für eine tubuläre Schädigung. Bei akuter Nierenschädigung wird eine Glukosurie bei 23–92 % der Tiere beobachtet. Eine Proteinurie wird bei 66–95 % der urämischen Hunde festgestellt. Sowohl Hunde mit einer infektiösen Genese der Nierenschädigung als auch Hunde mit chronischen Glomerulumschäden weisen eine stark erhöhte Proteinausscheidung auf. Die Bestimmung des Protein-/Kreatinin-Verhältnisses im Urin (UPC) ist bei der Ermittlung der Ursache der Nierenerkrankung und der Differenzierung zwischen akuten Nierenschädigungen und chronischen Nierenerkrankungen hilfreich. Werte unter 3 sollen für einen akuten und Werte über 3 für einen chronischen Prozess (Schaden am Glomerulum) sprechen. Dabei liegt die Sensitivität der UPC für die Diagnose einer akuten Nierenschädigung bei 90 %, die Spezifität bei 24 %. Die UPC Messung wird beeinträchtigt vom Zellreichtum des gewonnenen Urins, vor allen das Vorhandensein von Erythrozyten und Leukozyten führt zu falsch hohen Werten. Daher erlaubt die UPC nur bei einem inaktiven Sediment genaue Aussagen zur tatsächlichen Proteinausscheidung. Bei der Untersuchung des Urinsediments gilt besondere Aufmerksamkeit der Anwesenheit von Erythrozyten, Leukozyten, Bakterien, Zylindern, Kristallen, Hefen und anderen Pilzen. Im normalen Harn können bis zu acht Erythrozyten pro Gesichtsfeld bei 40-facher Vergrößerung als Normalbefund gewertet werden. Eine erhöhte Zahl kann unter anderem bei Infektionen, Neoplasien und Traumata beobachtet werden. Leukozyten im Zystozenteseharnsediment von mehr als 3 pro Gesichtsfeld weisen auf einen infektiösen Prozess im Harntrakt, wie Pyelonephritis oder Infektionen der harnableitenden Wege, hin. Ein gleichzeitiges Vorhandensein intrazellulärer Bakterien ist beweisend für einen infektiösen Prozess. Zum einfachen und schnellen Nachweis einer Bakteriurie ist eine mikroskopische Untersuchung eines zum Beispiel mit Diff-Quick gefärbten Sedimentausstrichs hilfreich. Granulierte Zylinder im Harnsediment können bei 11–33 % der Hunde mit akuter Nierenschädigung nachgewiesen werden. Kalziumoxalatkristalle sind ein Hinweis auf Ethylenglykol- oder

Lilienvergiftungen. Bei bakteriellen Harnwegsinfektionen durch ureasehaltige Staphylokokken und Proteus spp. kommt es zum Anstieg des Urin pH-Wertes in einen deutlich alkalischen Bereich und somit zur Bildung von Struvitkristallen.

Leptospirendiagnostik: Bei allen Hunden mit Verdacht auf akute Nierenschädigung sollte eine Leptospirendiagnostik durchgeführt werden. Den Goldstandard stellt die wiederholte Titerbestimmung mittels mikroskopischem Agglutinationstest (MAT) dar. Einzeltiter von mehr als 1/3200 können als positiv angesehen werden, sind aber nur sehr selten zu beobachten. Mehr als 4-fache Titeranstiege von Titerpaaren, die im Abstand von 3 Wochen gewonnen wurden, gelten als positiv.

Ein Gennachweis mittels der Polymerase-Kettenreaktion (PCR) aus dem Urin erlaubt eine frühere Diagnose als eine Serumtiterbestimmung. Da Leptospiren aber diskontinuierlich im Urin ausgeschieden werden und nach antibiotischer Therapie oft keine Ausscheidung mehr erfolgt, ist nur der positive Befund beweisend. Der Nachweis mittel IgM Bestimmung kann schneller im Laufe der Erkrankung erfolgen als die MAT Testung. Bei nicht geimpften Tieren besteht eine sehr gute Spezifität. Allerdings können Hunde einige Wochen nach einer Impfung auch positive IgM Ergebnisse aufweisen.

Ethylenglykoldiagnostik: Der Verdacht einer Ethylenglykolintoxikation wird durch eine hohe Serumosmolalität, eine metabolische Azidose und Kalziumoxalatkristalle im Urin erhärtet. Die Messung von Ethylenglykol und seiner Metaboliten im Serum und im Urin wird auch von kommerziellen Laboren angeboten.

Bildgebende Diagnostik: In der diagnostischen Abklärung der Urämie haben Röntgen und Ultraschalluntersuchungen ein breites Einsatzgebiet.

- **Röntgen:** Eine abdominale Röntgenaufnahme, sowohl im latero-lateralen als auch im ventro-dorsalen Strahlengang, wird für jeden urämischen Patienten zur Bewertung der Nierengröße und zur Übersicht über die intraabdominalen Verhältnisse empfohlen. Röntgenaufnahmen geben keine Auskunft über die Struktur der Nieren, stellen aber ein wichtiges Diagnostikum zur Detektion post-renaler Ursachen (v. a. Obstruktionen) dar. Die intravenöse Ausscheidungsurographie gestattet eine Beurteilung von Nierenfunktion, Nierenbecken, Harnleiter sowie Blase und Urethra. Man lässt die Patienten 12 Stunden hungern und klistiert zwei Stunden vor der Untersuchung. Ein jodhaltiges Kontrastmittel (0,5 ml/kg KM) wird intravenös injiziert. Ventro-dorsale und latero-laterale Aufnahmen werden sofort, 5, 10, 15 und 30 min später hergestellt. Im Falle einer verminderten GFR, wie bei anurischen Nierenerkrankungen oder Ureterenobstruktion, gelangt das Kostrastmittel oft nicht bis ins Nierenbecken, die Ureteren oder die Blase. In diesen Fällen kann eine direkte sonographisch kontrollierte Verabreichung des Kontrastmittels in die Nierenbecken (Pyelographie) oder retrograde Kontraststudien sinnvoll sein.
- **Ultraschall:** Die sonographische Untersuchung des gesamten Abdomens, mit besonderem Augenmerk auf die Nieren und den übrigen Urogenitaltrakt, ist ein sehr wichtiger Bestandteil der Diagnostik und ermöglicht häufig einen Hinweis auf die Ursache

der Urämie. Bei akuten Nierenschädigungen sind die Nieren sonographisch oft unauffällig, vergrößert oder weisen ein subkapsuläres Ödem auf. Die Nierenrinde kann verdickt und hyperechogen erscheinen. Eventuelle Obstruktionen des Nierenbeckens und der Ureteren können ebenso mithilfe des Ultraschalls erkannt werden. Die Sonographie dient außerdem der ultraschallkontrollierten Biopsie, die zur Bewertung der morphologischen Veränderungen der Nieren entnommen werden kann. Die Beurteilung des intrarenalen Blutflusses mithilfe der Dopplertechnologie gibt ebenfalls Hinweise, die eine Differenzierung zwischen akuter Nierenschädigung und chronischer Nierenerkrankung ermöglichen.

Biopsie: Eine Nierenbiopsie sollte immer dann durchgeführt werden, wenn durch die histologische oder zytologische Untersuchung eine Sicherung der Diagnose mit Einfluss auf das weitere Vorgehen erwartet wird. Die Technik der Biopsie wird im Abschnitt Glomerulopathien beschrieben.

Ähnlich wie für chronische Nierenerkrankungen existiert auch für die Akute Nierenschädigung ein **Schema zur Gradeinteilung**, erstellt von der Renal Interest Society. Es beruht auf der Höhe der Kreatininwerte sowie auf dem Verlauf, z. B. Anstieg der Kreatininwerte, und auf der Urinproduktion (Tab. 11.1).

Tabelle 11.1: **Grade der akuten Nierenschädigung (ANS) nach der International Renal Interest Society (IRIS)**

	Kreatinin (µmol/l)	Klinik
Grad I	< 140	Nicht azotämisch • Dokumentierte ANS • Progressiv (Kreatinin Anstieg > 26,3 µmol/l/48 h • < 1 ml/kg/h Urin über 6 h
Grad II	141–220	Milde ANS • Dokumentierte ANS • Progressiv (Kreatinin Anstieg > 26,3 µmol/l/48 h • < 1 ml/kg/h Urin über 6 h
Grad III	221–439	Moderate bis schwere ANS • Dokumentierte ANS mit Azotämie und Funktionsstörung
Grad IV	440–880	
Grad V	> 880	

11.1.2.4 Management

Die akute Nierenschädigung ist aufgrund lebensbedrohlicher Säuren-Basen- und Elektrolytabweichungen als Notfallsituation anzusehen und entsprechend konsequent zu behandeln. Bei bekannter Ursache sollte nach Möglichkeit eine **kausale Therapie** durchgeführt werden. Parallel dazu muss eine **symptomatische Behandlung der Urämie** erfolgen.

Jede akute Nierenschädigung beim Hund ist potenziell aufgrund einer **Leptospiren**infektion entstanden. Daher sollten diese Patienten mit einfachen β -Lactam-Antibiotika wie Amoxicillin oder Ampicillin behandelt werden. Bei erfolgtem Leptospirennachweis sollte nach Verbesserung der Nierenfunktion durch die Gabe von Doxycyclin die Eliminierung der noch im Nierengewebe vorhandenen Leptospiren angestrebt werden.

Bei nachgewiesener Infektion der Harnwege oder der Nieren ist ein gut nierengängiges Antibiotikum, nach Möglichkeit nach dem Befund des Resistenztests, zu verwenden. Die Anwendung von Fluorchinolonen muss aufgrund der potenziell nephrotoxischen Wirkung restriktiv und nur nach klarer Indikationsstellung und Resistenztest erfolgen. Nephrotoxische Medikamente wie Polypeptid- und Aminoglykosidantibiotika wie Gentamicin sollten nicht eingesetzt werden.

Zur Behandlung der **prä-renaler Ursachen der Azotämie** muss die Perfusion der Nieren wiederhergestellt werden. Dies erfolgt durch eine gezielte Flüssigkeitstherapie und gegebenenfalls in der Therapie von zugrunde liegenden kardialen Erkrankungen. Bei postrenalen Ursachen ist die Obstruktion oder Leckstelle schnellstmöglich zu beseitigen. Sollte dazu eine Sedation oder Anästhesie notwendig sein, sind im Vorfeld eventuell vorhandene Säuren-Basen und Elektrolytabweichungen durch Infusionen oder Dialyse zu korrigieren.

In seltenen Fällen kommt es auch in unseren Breiten zu akuten Nierenschädigungen, bedingt durch die Aufnahme von **Ethylenglykol**. Bei Vorstellung weniger als eine Stunde nach Toxinaufnahme kann zur Elimination des Ethylenglykols Erbrechen induziert werden. Flüssigkeitsdefizite und Dehydratation sind durch gezielte Infusionstherapie auszugleichen. Die Urinproduktion sollte durch Infusion und Diuretika, wie Furosemid und Mannitol, erhöht werden. Zur Verminderung der Metabolisierung des Ethylenglykols durch die Alkoholdehydrogenase kann den Tieren 5,5 ml/kg 20 %iger Ethanol i. v. verabreicht werden. Die Gabe sollte alle 6 Stunden für 5 Gaben und danach alle 8 Stunden für 4 Gaben wiederholt werden. Als spezifisches Antidot steht 4-Methyl-Pyrazol zur Verfügung. Dieses besitzt geringere Nebenwirkungen, ist aber deutlich kostenintensiver. Hiervon wird Hunden initial 20 mg/kg, danach 15 mg/kg nach 12 und 24 Stunden, sowie 5 mg/kg nach 36 Stunden verbreicht; Katzen benötigen inital 125 mg/kg, gefolgt von 31 mg/kg nach 12 , 24 und 36 Stunden. Zur Toxinelimination eignet sich, falls vorhanden, der Einsatz der Hämo- oder Peritonealdialyse. Bei Hunden ist die Therapie bis zu 8 Stunden nach Toxinaufnahme bzw. vor Einsetzen der Urämie Erfolg versprechend. Katzen reagieren empfindlicher auf Ethylenglykol und sollten daher innerhalb von 3 h nach Aufnahme therapiert werden. Vor Auftreten der Azotämie besteht eine bis zu 100 % Chance auf Heilung, nach Auftreten der Azotämie liegt die Prognose bei unter 20 %.

Die unspezifische **Therapie der Urämie** beinhaltet Infusionstherapie, Ausgleich von Säuren-Basen- und Elektrolytabweichungen, Verminderung des Erbrechens, Behandlung von Ulzera des Magen-Darm-Traktes und gezielte enterale oder parenterale Ernährung der Tiere. Die Urinproduktion kann durch den Einsatz von Diuretika unterstützt werden. Eine schnelle Senkung der Urämietoxine ist mit den Techniken der Dialyse möglich.

Viele Tiere mit akuten Nierenschädigungen sind initial oft **dehydriert**. Nach Vorbehandlung kann aber vor allem bei oligurischen Tieren häufig eine Überhydratation beobachtet werden. Daher ist es besonders wichtig, bei der Vorstellung den Hydratationsgrad der Tiere zu beurteilen. Eine eventuelle Dehydratation ist nach folgendem Schema auszugleichen:

Gewicht (kg) × Dehydratation (%) × 10 = Flüssigkeitsdefizit (l)

Die Rehydratation sollte je nach Geschwindigkeit der Entstehung der Dehydratation innerhalb ca. 10–20 Stunden erfolgen. Dabei sind über einen kurzen Zeitraum entstandene Dehydratationen schnell, über einem längeren Zeitraum entstandene nur langsam zu ersetzen. Gleichzeitig und auch in der weiteren Therapie sind dem Patienten der Erhaltungsbedarf und zusätzlich laufender Verlust, z. B. Polyurie, Vomitus oder Diarrhoe zu ersetzen. Besonders wichtig scheint in diesem Rahmen die Überwachung der Urinproduktion, da vor allem olig- und anurische Patienten zur Überhydratation neigen. Da sich der Erhaltungsbedarf zu ⅔ aus Verlusten über den Urin und nur zu ⅓ aus insensiblen Verlusten über Atmung, Magen-Darm-Trakt und Metabolismus zusammensetzt, sollte diesen Tieren nach Rehydratation nur ⅓ des Erhaltungsbedarfes und die laufenden Verluste infundiert werden. Zusätzlich wird die Menge der Urinproduktion in Form von kristalloiden Lösungen infundiert.

⅓ Erhaltungsbedarf (ml/h) + laufende Verluste (ml/h) + Urinproduktion (ml/h) = Infusionsmenge (ml/h)

Da über Medikamente und Ernährung den Patienten oft Flüssigkeit verabreicht wird, werden vor allem überhydrierte Tiere unter praktischen Gesichtspunkten bis zum Einsetzen der Polyurie nicht infundiert.

Im Falle von trotz gezielter Flüssigkeitstherapie weiterhin nicht zu korrigierender Überhydratation oder schweren Säuren-Basen- oder Elektrolytabweichungen kann versucht werden, diese durch den Einsatz von **Diuretika** zu kontrollieren. Bisher gibt es keine sicheren Beweise, dass Diuretika die Überlebensrate erhöhen. Allerdings sind Patienten mit gesteigerter Urinproduktion besser zu managen als Tiere mit Anurie. Zur medikamentös Diureseanregung stehen Schleifendiuretika, osmotische Diuretika und vasoaktive Substanzen zur Verfügung. Schleifendiuretika wie Furosemid können bei überhydrierten Patienten oder bei Hyperkaliämie hilfreich sein. Zur Diurese sind 4–8 mg/kg KM Furosemid i. v. oder i. m., bei einsetzender Diurese alle 8–12 Stunden in ggf. verminderter Dosis zu verabreichen. Dem osmotischen Diuretikum Mannitol werden viele positive Eigenschaften wie Reduktion von zellulären Ödemen der Tubuluszellen, Beseitigung von Zelldetritus in den proximalen Tubuli und Radikalfängerwirkung zugeschrieben. Diese Wirkungsweisen machen es zu einem interessanten Medikament für Patienten mit akuter Nierenschädigung. Leider ist auch hier bisher keine Steigerung der Überlebensrate bei Tieren mit akuter Nierenschädigung nachgewiesen worden. Mannitol sollte nur nach erfolgter Rehydratation eingesetzt werden. Ein Bolus von 0,25–0,5 g/kg KM i. v. über ca. 15–20 min führt gelegentlich innerhalb einer halben Stunde zur Steigerung der Urinproduktion. Ein derartiger Bolus kann bis zu viermal täglich wiederholt werden. Bei ausbleibender Urinproduktion sollte kein weiterer Einsatz erfolgen, da Mannitol selbst zur Schädigung der Nierenzellen führen kann. In der Literatur findet man immer wieder Aufzeichnungen über den Einsatz von Dopamin in der sogenannten „Nierendosis“ zur Steigerung der Urinproduktion. Leider gibt es auch dafür keine sicheren Hinweise auf eine Verbesserung der Überlebensrate.

Vor allem bei oligurischer und anurischer Nierenschädigung ist häufig eine **Hyperkaliämie** zu finden. Diese kann bei Werten über 6 mmol/l zu Erregungsleitungsstörungen am Herzen und zum Tod des Patienten führen. Zur Behandlung milder Hyperkaliämien bis 6 mmol/l ist es ausreichend, dem Patienten eine kaliumarme Infusionslösung zu infundieren. Bei Hyperkaliämien zwischen 6 und 8 mmol/l ist das Therapieziel, so viel Kalium wie möglich renal zu eliminieren oder nach intrazellulär zu verschieben. Dazu wird der Patient weiterhin kaliumarm infundiert und Furosemid verabreicht. Durch eine Erhöhung des pH-Wertes mithilfe von Bikarbonat 1–2 mmol/kg KM über 20 min i. v. kommt es zum einen zur vermehrten renalen Kaliumelimination und zum anderen zum Kaliumtransport in die Zelle. Mit der Applikation von 0,5 g/kg KM i. v. einer 20 %igen Glukoselösung erreicht man eine Insulinfreisetzung und somit einen transzellulären Kaliumtransport in die Zelle. Dieser Prozess wird durch die Applikation von 0,1–0,25 I.U./kg KM i. m. oder i. v. Kurzzeitinsulin noch unterstützt. Bei schwerer Hyperkaliämie kann man die kardialen Folgen der Hyperkaliämie mit der i. v.-Gabe von 0,5–1,5 ml/kg KM 10 %igen Kalziumglukonat über 10–15 min unter EKG Kontrolle vermindern. Dies hat jedoch keinen Einfluss auf den Kaliumspiegel, sodass die oben erwähnten Maßnahmen zur Kaliumsenkung trotzdem durchgeführt werden müssen. Falls vorhanden kann eine schwere Hyperkaliämie mit Hämo- und Peritonealdialyse erfolgreich therapiert werden.

Bei polyurischer Nierenschädigung neigen die Tiere zur **Hypokaliämie.** Diese kann zu Erregungsleitungsstörungen an Herz und Muskulatur führen. Die Substitution sollte bei anorektischen Patienten über die Infusion erfolgen. Dazu sollte der Infusionslösung so viel Kaliumchlorid beigemischt werden, bis die gewünschten Konzentrationen erreicht sind (Tabelle 11.2.). Bei der Berechnung der Kaliumsubstitution ist unbedingt zu beachten, dass in einigen Infusionslösungen bereits Kalium enthalten ist. Auch bei normokaliämischen Patienten sollte der Infusion vor allem bei Polyurie und Anorexie 4–20 mmol/l Kalium zugesetzt werden. Die Kaliumsubstitution darf aufgrund der Gefahr einer Hyperkaliämie nicht schneller als 0,5 mmol/kg/h erfolgen. Besonders bei der Behandlung hochgradiger Hypokaliämien ist eine Überwachung der Herzfunktion erforderlich. Bei drohender Hyperkaliämie besteht eine Tendenz zu Bradykardie, Überhöhung der T-Welle (zeltförmiges T) und Verbreiterung des QRS-Komplexes.

Im Rahmen der akuten Urämie kommt es häufig zur Entwicklung einer **metabolischen Azidose**. Diese kann in milden Formen – mit Serumbikarbonatwerten über 12 mmol/l und einem pH-Wert über 7,2 – in den meisten Fällen mit der Infusion von Vollelektrolytlösungen und Azetat-, Laktat- oder Zitratpuffer kontrolliert werden. In

Tabelle 11.2: **Kaliumsubstitution zur Infusionstherapie mit Kaliumchlorid. Maximale Kaliumrate 0,5 mmol/kg/h**

Serumkalium	Kaliumsubstitution	Maximale Infusionsrate
3,0–3,5 mmol/l	20 mmol/l	25 ml/kg/h
2,5–3,0 mmol/l	40 mmol/l	12,5 ml/kg/h
2,0–2,5 mmol/l	60 mmol/l	8 ml/kg/h
< 2 mmol/l	80 mmol/l	6 ml/kg/h

schweren Fällen wird die Applikation von Natriumbikarbonat nach folgender Formel empfohlen. Der Bikarbonatmangel ist dabei die Differenz zwischen tatsächlichem und gewünschtem (ca. 16 mmol/l) Bikarbonatwert.

Bikarbonatmangel mmol/l × kg KM × 0,3 = mmol Natriumbikarbonat

Die Hälfte der berechneten Menge sollte über 20 min i. v. infundiert werden, der Rest in den folgenden 2–4 h. Zur Überwachung der Therapie und Vermeidung einer iatrogenen Alkalose sollte eine regelmäßige Bestimmung des Säuren-Basen-Status erfolgen. Der Einsatz von Bikarbonat ist zur Zeit umstritten und sollte nur bei Patienten ohne Einschränkung der Atmung durchgeführt werde.

Übelkeit und Erbrechen durch schwere Urämien sollte unbedingt therapiert werden, um das Allgemeinbefinden der Tiere zu verbessern. Außerdem kommt es während des Vomitus zu einer Erhöhung des Vagotonus, der zu schwerer Bradykardie bis hin zum Tod der Patienten führen kann. Zugleich müssen evtl. vorhandene Ulzera im Magen-Darm-Trakt behandelt bzw. deren Entstehen vorgebeugt werden. Oft wird die Kombination mehrere Antiemetika nötig sein. Die zur Verfügung stehenden Medikamente sind in Tabelle 11.3 zusammengefasst.

Tabelle 11.3: **Medikamente zur Therapie des Vomitus und gastrointestinaler Ulzera bei Patienten mit Nierenerkrankungen**

Wirkstoff	Dosis	Eisatzgebiet
Famotidin	0,5–1 mg/kg KM 1–2 × tägl. i. v., p. o.	H_2-Rezeptorantagonist
Maropitant	1 mg/kg i. v., s. c.	Antiemetikum
Metoclopramid	0,3–0,5 mg/kg KM 3–4 × tägl. s. c., p. o.	Antiemetikum
Omeprazol	1 mg/kg KM 2 × tägl. i. v., p. o.	Protonenpumpenblocker
Ondansetron	0,1–0,3 mg/kg KM 1–3 × tägl. i. v., p. o.	Antiemetikum
Sucralfat	0,5–1 g/kg KM 3 × tägl. p. o.	Magenschutz

Anorexie und Vomitus führen schnell zu einer katabolen Stoffwechselsituation und damit verbundenen vielfältigen Abweichung in Metabolismus, Immunsystem und neuroendokrinem System. Daher sollte bei jedem Patienten mit akuten Nierenschädigungen auf eine ausreichende Ernährung geachtet werden. Der Energiebedarf der Tiere lässt sich mit folgender Formel berechnen.

$$\mathbf{kg^{0,75} \times 70 = kcal}$$

Empirisch ist meist eine Steigerung des Energiebedarfes auf 120–150 % nötig, um das Gewicht zu halten.

Ist eine enterale Ernährung durch häufiges Erbrechen nicht möglich, sollten die Tiere parenteral über einen zentralvenösen Katheter ernährt werden. Dazu stehen verschiedene kommerzielle Aminosäure-, Glukose- und Lipidlösungen zur Verfügung. Falls der Patient nicht erbricht, kann bei ausbleibender Futteraufnahme eine Ernährung über eine Nasensonde bis zu 3 Tagen oder Ösophagussonde über mehrere Wochen durchgeführt werden.

Sowohl Hunde als auch Katzen mit akuter Nierenschädigung entwickeln sehr oft im Verlauf der Erkrankung eine **Hypertension**. Sie führt zur weiteren Schädigung der Glomerula und den bekannten systemischen Folgen. Daher sollte eine Hypertension mit einem systolischen Blutdruck über 160 mmHg unter strenger Kontrolle der Nierenfunktion mit Amlodipin 0,125–0,4 mg/kg KM 1–2 × täglich p. o. therapiert werden. Bei Hunden ist zur Kontrolle der Hypertension oft die höchste Dosis nötig.

Erythropoetinmangel, Blutungen, Knochenmarksuppression und verminderte Lebensdauer der Erythrozyten im urämischen Plasma können bei akuter Nierenschädigung schwere **Anämien** hervorrufen. Bei Hämatokritwerten (Hkt) unter 20–25 % sollte zur Aufrechterhaltung der renalen Sauerstoffversorgung, eine Transfusion durchgeführt werden. Bei sinkenden Hkt-Werten unter 30 % und nicht regenerativer Anämie kann es sinnvoll sein, bereits mit der Erythropoetinsubstitution zu starten. Aktuell wird Darbepoetin 0,7–1 µg/kg s. c. alle 7 Tage dem kürzer wirksamen humanen rekombinanten Erythropoetin vorgezogen.

Die Tiere mit schwerer Urämie sind wie alle Intensivpatienten oft nicht in der Lage, sich selbst sauber zu halten und sollten daher intensivpflegerisch unterstützt werden. Zur **Pflege** zählt auch die regelmäßige Reinigung von Fell und Käfig. Falls eine Polyurie vorliegt, muss den Tieren häufiger die Chance zum Harnabsatz gegeben werden. Ein zum Zweck der Überwachung der Urinproduktion gelegter Harnkatheter erleichtert dies deutlich. Hierfür sollte, wenn möglich ein Katheter aus weichem Material, z. B. Foley-Katheter, verwendet werden. Unsere Patienten leiden häufig unter oralen Ulzera. Um diese zu vermindern, sollte die Maulschleimhaut mindestens dreimal täglich mit einer chlorhexidinhaltigen Lösung gereinigt werden. Verbände sind wenigstens alle 24 h zu wechseln und Katheter auf ihren Sitz, Funktion und etwaige Entzündungen zu kontrollieren.

Falls mit konventionellen Maßnahmen die Urämie sowie Elektrolyt- und Säuren-Basen-Abweichungen nicht kontrolliert werden können, empfiehlt es sich, eine **Peritoneal- oder Hämodialyse** durchzuführen. Eine Dialyse ist bei Harnstoffwerten über 30 mmol/l und Kreatininwerten über 500 µmol/l und gleichzeitiger erfolgloser Behandlung mit konventionellen Methoden (Infusion, Diuretika) indiziert. Zusätzlich können Elektrolyt- und Säuren-Basen-Abweichungen, Hypothermie und Überhydratation kontrolliert werden.

Während der Peritonealdialyse wird das Dialysat über einen Katheter in das Peritoneum eingeleitet. Im Verlauf der Einwirkzeit kommt es über das Peritoneum zum Ausgleich des Konzentrationsgradienten der Urämietoxine durch Diffusion. Nach 30 Minuten wird das Dialysat abgelassen. Dieser Zyklus wird je nach Schweregrad und Dauer der Urämie wiederholt. Im Rahmen der Akutdialyse kommen kommerzielle Peritonealdialysekatheter oder Katheter für andere Indikationen wie Venenkatheter, Zentralvenenkatheter und Thoraxdrainagen zum Einsatz. Diese können ohne Allgemeinanästhesie gelegt werden, sollten aber nicht länger als 72 Stunden im Abdomen verbleiben. Für längerfristige Peritonealdialysen werden chirurgisch platzierte Langzeitkatheter verwendet. Hier haben sich z. B. Jackson-Pratt Drainagen bewährt. Das Dialysat hat die Aufgabe, die Urämietoxine vom Peritoneum zu übernehmen und abzutransportieren. Dazu stehen kommerzielle Lösungen aus der Humanmedizin zur Verfügung. Alternativ können selbst hergestellte Dialysatlösungen auf Basis von Ringer-Laktat oder 0,9 %iger Natriumchloridlösung zum Einsatz kommen. Der Zusatz von 30 ml einer 50 %igen Glukoselösung zu 1 Liter Ringer-Laktat ergibt eine zufriedenstellende Dialyselösung. Zusätzlich können dem Dialysat 33–39 mmol/l Bikarbonat als Puffer zugesetzt werden. Aufgrund der hohen Kontaminationsgefahr muss unter streng aseptischen Bedingungen gearbeitet werden. Bei der manuellen kontinuierlichen Peritonealdialyse wird das Dialysat zyklisch aus einem Dialysatbehälter über einen Dreiwegehahn ins Abdomen infundiert und nach einer Einwirkzeit von 30–60 Minuten in einen Auffangbehälter abgeleitet. Im Rahmen der initialen Behandlung sollten über 48 h kontinuierlich aufeinanderfolgende Dialysezyklen mit einer Dauer von ca. 60 Minuten durchgeführt werden. Ein Zyklus beinhaltet 10 min Einlaufzeit, 30–40 min Einwirkzeit und 20–30 min Ausflusszeit. Falls z. B. bei Vergiftungen eine höhere Effektivität benötigt wird, kann die Einwirkzeit auf 10–20 min verkürzt und das Dialysatvolumen erhöht werden. Das pro Zyklus ausgetauschte Volumen sollte für die ersten 10–12 Zyklen 15–20 ml/kg KM betragen und kann später auf 30–40 ml/kg KM gesteigert werden. Um dem Köper durch zu kaltes Dialysat nicht zusätzlich Energie zu entziehen, wird dieses auf 38–39 °C erwärmt. Wenn nach 24–48 h die Harnstoffkonzentration unter 28 mmol/l liegt, der Säuren-Basen- und Elektrolythaushalt korrigiert und Flüssigkeitshaushalt, Vomitus und Diarrhoe unter Kontrolle sind, können die Dialysezyklen auf 3–6 h ausgedehnt werden. Drei bis vier Zyklen am Tag sollten bis zum Wiedereinsetzen der Nierenfunktion fortgeführt werden.

Die Technik der Hämodialyse bietet die Möglichkeit, dem Körper über einen kurzen Zeitraum große Mengen Urämietoxine zu entziehen und den Säuren-Basen- sowie den Elektrolythaushalt zu kontrollieren. Um diese durchführen zu können, benötigt man neben einer Hämodialysemaschine, pädiatrischen Schlauchsystemen und Dialysatoren umfangreiches apparatives und labordiagnostisches Monitoring und besonders geschultes Personal. Daher ist diese Technik zurzeit nur in wenigen Kliniken verfügbar.

Während der Hämodialyse wird dem Körper über einen in der Vena jugularis platzierten Doppellumenkatheter Blut entnommen, im Dialysator über diffusions-, filtrations- und osmotische Kräfte von Urämietoxinen gereinigt und nachfolgend dem Körper zurückgegeben. Die Hämodialyse muss im Akutstadium der Urämie je nach eingesetzter Technologie jeden Tag für ca. 2–24 h und später alle 2–3 Tage über 4–5 h durchgeführt werden. Diese erfolgt, bis die Filtrationsleistung der Nieren durch Reparationsprozesse wieder einsetzt. Die Indikationen sind wie bei der Peritonealdialyse zu stellen. Zur Verminderung der Blutgerinnung im extrakorporalen System ist eine Gerinnungshemmung, meist mit Heparin oder Zitrat, notwendig. Um mögliche lebensbedrohliche Komplikation möglichst gering zu halten, sollte die Hämodialyse nur von speziell geschultem Personal durchgeführt werden.

Wenn möglich sollte versucht werden, das Entstehen einer akuten Nierenschädigung zu verhindern. Dies ist besonders bei vorauszusehenden, potenziell nephrotoxischen

Ereignissen, wie chirurgischen Interventionen oder bekannten Nebenwirkungen von Arzneimitteln, wie bei Amphotericin B, Gentamicin oder einigen Zytostatika (besonders Cisplatin), gut möglich. Bei diesen Patienten ist auf einen ausreichenden Volumenstatus und einen stabilen Blutdruck über 80 mmHg systolisch zu achten. Sie sollten in jedem Fall eine ausreichende Infusionstherapie erhalten.

11.1.2.5 Prognose

Die Prognose der akuten Nierenschädigung ist stark von der zugrunde liegenden Ursache anhängig. Im Falle von prä- und post-renalen Ursachen der Nierenschädigung ist sie mit gut zu beurteilen. Bei renaler Nierenschädigung sind infektiöse Ursachen mit einer Überlebensrate von 60–85 % mit einer deutlich besseren Prognose belegt als toxische Ursachen z. B. einer Ethylenglykolvergiftung mit bereits vorhandenen Urämiesymptomen (> 20 %). Mit der Verwendung von Blutreinigungsverfahren wie der Hämodialyse lassen sich auch Patienten mit schweren Urämien bis zur Reparationsphase und somit zur Wiederherstellung der Nierenfunktion unterstützen. Besonders Hunde mit Leptospirose haben auch bei dialysepflichtiger akuter Nierenschädigung eine Überlebenschance von bis zu 85 %. Ein Teil der Patienten entwickelt nach einer akuten Nierenschädigung eine meist kompensierte chronische Nierenerkrankung. Bei Katzen liegt die Chance, eine akute Nierenschädigung zu überstehen bei 40–50 % und ist ebenfalls von der Ursache abhängig. Das Zurückbleiben einer chronischen Nierenerkrankung ist bei Katzen warscheinlicher als bei Hunden. Auch wenn bei Katzen die initiale Keratinin-Konzentration keine prognostische Aussage zulässt, spricht ein Abfall des Kreatinins zum nächsten Tag unter Therapie für eine bessere Prognose, als ein ausbleibender Abfall.

11.1.3 Chronische Nierenerkrankung

Die chronischen Nierenerkrankungen (CNE) sind irreversible Prozesse mit Leistungseinschränkung der Nieren, gekennzeichnet durch makroskopische und mikroskopische Veränderungen des Nierengewebes, einer Zeitdauer von mehr als 3 Monaten und einer um mind. 50 % reduzierten GFR. Von chronischen Nierenerkrankungen sind sowohl die exkretorische als auch die endokrine und regulatorische Funktion der Nieren betroffen.

11.1.3.1 Ursachen

Chronische Nierenerkrankungen sind durch progressiven Ausfall der Nierenfunktion aufgrund einer Verminderung der Anzahl funktionstüchtiger Nephrone gekennzeichnet. Häufig bleibt die auslösende Ursache unbekannt. Potenziell kann jeder Insult, der zum Funktionsverlust einzelner Nephrone führt, allein oder in Kombination mit anderen Insulten und körpereigenen Adaptationsvorgängen schlussendlich zur chronischen Nierenerkrankung führen. Ebenso kann eine primäre akute Nierenschädigung in eine chronische Nierenerkrankung übergehen. Im Folgenden sind häufige Ursachen chronischer Nierenerkrankungen aufgelistet:

- Angeborene Krankheiten: Rindenhypoplasie, polyzystische Nierenerkrankung (Polycystic kidney disease)
- Infektionskrankheiten: FIP, Leishmaniose
- Autoimmunkrankheiten: Lupus erythematodes, Glomerulonephritis
- Neoplasien: renales Adenokarzinom, malignes Lymphom, Nierenmetastasen anderer Neoplasien
- Diabetische Glomerulopathie
- Amyloidose
- Idiopathisch
- Chronische interstitielle Nephritis

11.1.3.2 Pathophysiologie

Auf morphologischer Ebene handelt es sich bei der CNE vor allem um eine Schädigung des **Glomerulumapparat**es, aber auch um eine chronische interstitielle Nephritis. Die CNE läuft unabhängig von der Ursache meist in 3 Phasen ab. In der **ersten Phase** kommt es durch Antikörper, Entzündungsmediatoren und Komplementfaktoren zum Einstrom von aktivierten Leukozyten in das Nierengewebe. Diese verursachen eine Schädigung der glomerulären Zellen und der extrazellulären Matrix. Die **zweite Phase** ist gekennzeichnet durch eine überschießende Proliferation, induziert durch Zytokine und Wachstumsfaktoren. Im Rahmen der **dritten Phase**, die als Reparationsphase bezeichnet wird, kommt es zur Apoptose geschädigter Zellen und zur Neoangiogenese. Die reparativen Vorgänge können nur an teilungsfähigen Mesangium- und Endothelzellen erfolgen. Die nicht teilungsfähigen Podozyten haben lediglich die Möglichkeit zur Hypertrophie. Daher ist in erster Linie der Verlust der Podozyten verantwortlich für die langfristige Verminderung der Filtrationsleistung und das Fortschreiten der CNE. Nach einer Schädigung der Glomerula kommt es zur Veränderung der renalen Hämodynamik bis zur Entwicklung einer **renalen Hypertension**. Daraus resultieren weitere Zellproliferationen, die in zunehmender Fibrose und **Sklerosierung** des Glomerulumapparates und des Interstitiums münden. Diese Sklerosierung wird durch weitere Faktoren wie erhöhte Proteinzufuhr, Hyper- und Dyslipidämie, diabetische Stoffwechselstörungen, Hyperphosphatämie und metabolische Azidose verstärkt. Durch den Funktionsausfall einer zunehmenden Anzahl von Nephronen wird zunächst die Menge des Primärharns eingeschränkt, bisher noch ohne Retention der harnpflichtigen Stoffe. Daraufhin steigt in den intakten Nephronen die auszuscheidende Harnmenge an und die tubuläre Rückresorption wird überlastet. Das aus diesem Grund eingeschränkte Konzentrationsvermögen resultiert in einer osmotischen Diurese und somit in einer Polyurie. Erst beim

Absinken des gesamten Glomerulumfiltrates auf ein Viertel der physiologischen GFR infolge des fortschreitenden Untergangs weiterer Nephrone steigen die harnpflichtigen Substanzen im Serum, gemessen als Harnstoff und Kreatinin. In weiterer Folge nimmt die Konzentrationsfähigkeit immer weiter ab. Es kommt zur Isosthenurie. Bei progressiver Abnahme funktionsfähiger Nephrone entsteht eine Verminderung des Harnvolumens. Zugleich werden weniger harnpflichtige Substanzen im Harn ausgeschieden, die dadurch im Blut ansteigen. Im **Endstadium** der CNE werden subnormale Urinmengen produziert (terminale Oligurie). Diese Vorgänge ziehen zunehmend schwere Entgleisungen des gesamten Stoffwechsels nach sich und führen zu dem klinischen Syndrom der Urämie. Die Hyperkaliämie als Ausdruck distal-tubulärer Ausscheidungsinsuffizienz und gleichzeitiger Verminderung der glomerulären Filtration des Kaliums ist im Gegensatz zur akuten Nierenschädigung ein Spätsymptom. Durch Verringerung der H^+-Ionen Ausscheidung und durch die verminderte Reabsorption von Bikarbonat entsteht eine Azidose, die die Hyperkaliämie verstärkt. In fortgeschrittenen Stadien nimmt die Phosphatausscheidung ab, was zu einer **Hyperphosphatämie** führen kann. Der bei der CNE verminderten Sekretion von Calciferol, der daraus resultierenden Hypokalzämie und Hyperparathyreoidismus mit vermehrter Sekretion von **Parathormon** (PTH), wird heute eine Schlüsselstellung in der Progression der CNE zugeschrieben. Die Calcitriolsekretion wird bereits in frühen Stadien der CNE gehemmt. Calcitriol hemmt die Sekretion von PTH. Wenn Calcitriol im Serum absinkt, wird die Resorption von Kalzium im Darm gehemmt. Die Folge ist eine Hypokalzämie. Unter dem Einfluss von PTH wird nun Kalzium zusammen mit Phosphat aus dem Skelett mobilisiert. Damit kann der Serum-Kalziumspiegel aufrechterhalten werden, in seltenen Fällen sogar physiologische Werte überschreiten (Hyperkalzämie). Infolge der verminderten glomerulären Filtration von Phosphat bei der CNE steigt dieses im Blutserum an (Hyperphosphatämie). Durch die Wirkung des Parathormons kommt eine Entkalkung des Skeletts zustande (osteorenales Syndrom). Im weiteren Verlauf des Hyperparathyreoidismus wird das Skelett gegenüber dem PTH refraktär, sodass es weiter ansteigt, auch wenn der Serum-Kalziumspiegel im Referenzbereich oder sogar darüber liegt. Ursächlich liegt diesem Phänomen wiederum der Mangel an Calcitriol zugrunde. Während das Skelett eine Tendenz zur Entkalkung zeigt, kommt es in mehreren Organen zu vermehrter Kalkablagerung, wovon neben den Nieren besonders Lunge, Blutgefäße (speziell Arterien), Magen und Myokard betroffen sind. Die fortschreitende Nephrokalzinose lässt die chronische Nierenerkrankung weiter fortschreiten. Die CNE führt zur Aktivierung der Nebennierenrindenhormone und damit zur erhöhten Infektanfälligkeit. Durch den Hyperparathyreoidismus soll die Immundefizienz noch begünstigt werden. Da das Parathormon ein Urämietoxin ist und durch Calcitriol gehemmt wird, ist hier ein sinnvoller Therapieansatz zu suchen. Die bei der CNE häufig zu findende **Anämie** kommt hauptsächlich durch einen absoluten oder relativen Erythropoetinmangel zustande. Der niedrige Erythropoetinspiegel wird auf dreierlei Weise erklärt: Durch die Verringerung der Nierenmasse vermindert sich die Sekretionskapazität der Niere. Die Niere reagiert auf Hypoxie weniger sensibel und der Erythropoetinmetabolismus ist erhöht, sodass es rascher abgebaut wird. Abgesehen von den Bildungsstörungen ist die Lebensdauer der

Erythrozyten herabgesetzt. Es besteht also eine nicht regenerative Anämie mit geringen Regenerationszeichen und Neigung zur Hämolyse. Renal bedingte Anämien sind bei Urämie infolge chronischer Nierenerkrankungen häufig anzutreffen. Gleichzeitige Thrombozytopenie und -pathie steigern die Blutungsbereitschaft.

Die **International Renal Interest Society** hat ein Schema zur Klassifizierung des Schweregrades der chronischen Nierenerkrankungen aufgestellt. Dieses gibt Hinweise zur Diagnostik, Therapie und Prognose der CNE: http://www.iris-kidney.com/

Grundlage der Einteilung ist die glomeruläre Filtrationsrate (GFR), zu deren Beurteilung das Serumkreatinin herangezogen wird. Dieses ist von vielen Einflussfaktoren abhängig und daher in Kombination mit der Klinik zu beurteilen. Um weitere, stabilere Informationen zu erhalten, wurde das symmetrische Dimethylarginin (SDMA) zur Beurteilung hinzugefügt. Zur weiteren Unterteilung werden Höhe der Proteinurie und des arteriellen Blutdrucks hinzugezogen (Tabellen 11.4, 11.5 und 11.6).

Tabelle 11.4: **Stadien der Chronischen Nierenerkrankung nach der International Renal Interest Society (IRIS).** SDMA: Symmetrisches Dimethylarginin

Stadium	Kreatinin (µmol/l)		SDMA (µg/dl)		Kommentar
	Hund	Katze	Hund	Katze	
1	< 120	< 140	< 18	< 18	Nicht azotämisch, Hinweise auf Nierenschäden durch andere Untersuchungen wie Ultraschall oder Biopsie. In serieller SDMA Messung persistent erhöhte SDMA Werte > 14 können bei früher CKD vorliegen
2	125–179	140–249	18–35	18–25	Milde Azotämie, keine oder leichte klinische Symptome
3	180–439	250–439	36–54	26–38	Moderate Azotämie, ohne klinische Symptome frühes Stadium 3, mit klinischen Symptomen spätes Stadium 3
4	> 440	> 440	> 54	> 38	Erhöhtes Risiko systemischer klinischer Symptome und einer urämischen Krise

Tabelle 11.5: **Substadien der Chronischen Nierenerkrankung bezüglich Proteinurie nach der International Renal Interest Society (IRIS).** UP/C: Urin-Protein/Kreatinin Ratio, berechnet mit Kreatinin in mg/dl

UP/C		Substadium
Hund	Katze	
< 0,2	< 0,2	Nicht proteinurisch
0,2–0,5	0,2–0,4	Grenzwertig proteinurisch
> 0,5	> 0,4	Proteinurisch

Tabelle 11.6: **Substadien der Chronischen Nierenerkrankung bezüglich Hypertension nach der International Renal Interest Society (IRIS)**

Systolischer Blutdruck	Substadium	Risiko der Endorganschädigung
< 140 mmHg	Normotensiv	Minimal
140–159 mmHg	Prä-hypertensiv	Gering
160–179 mmHg	Hypertensiv	Moderat
> 180 mmHg	Schwer hypertensiv	Hoch

Die **Stadien 1 und 2** umfassen Tiere ohne bzw. mit leichter Azotämie und nur milden klinischen Zeichen wie Polyurie. Einige Katzen im Stadium 2 zeigen Gewichtsverlust und einen etwas verminderten Appetit. Zusätzliche klinische Probleme wie Proteinurie und Hypertension können vorhanden sein. Die Erkrankung ist stabil und schreitet nur langsam infolge der Grunderkrankung fort. In diesen Stadien ist die Suche nach der Grunderkrankung zur gezielten spezifischen Therapie Erfolg versprechend. **Stadium 3-**Patienten haben eine moderate Azotämie mit klinischen Symptomen wie Gewichtsverlust, verminderte Futteraufnahme und Polyurie. Das Fortschreiten der Erkrankung wird durch die Grunderkrankung, aber auch durch die sekundären Veränderungen gefördert. Die Therapie richtet sich sowohl gegen die Ursache als auch gegen die Sekundärschäden. Das **Stadium 4** geht mit schweren Urämien (Kreatinin > 440 µmol/l) und Urämiesymptomen wie Vomitus einher. Therapeutisch wird besonderes Augenmerk auf die Urämiesymptome und deren Folgen gelegt.

Eine Unterklassifizierung anhand von Proteinurie und Blutdruck ist sowohl prognostisch als auch therapeutisch sinnvoll. Die Proteinurie wird anhand der Urin-Protein-Kreatinin Ratio (UPC) spezifiziert. Diese ist nur bei inaktivem Urinsediment aussagekräftig. Eine UPC über 1 wird als Proteinurie, unter 0,5 als nicht proteinurisch bezeichnet. Werte von 0,5 bis 1 sind grenzwertig und sollten nach 2 Monaten erneut kontrolliert werden. Eine CNE mit Proteinurie ist mit einer schlechteren Prognose vergesellschaftet. Tiere mit einem systolischen Blutdruck (SBD) unter 150 mmHg ohne systemische Zeichen einer Hypertension an anderen Organen gelten als nicht hypertensiv. Ein systolischer Blutdruck von 150–180 mmHg wird als grenzwertig hypertensiv, über 180 mmHg als hypertensiv bezeichnet. Die Stadien werden zusätzlich nach einer eventuell vorhandenen hypertensiven Schädigung andere Organe in komplizierte oder unkomplizierte Hypertensionen unterteilt.

11.1.3.3 Diagnostik

Wie bei der akuten Nierenschädigung ist auch zur Diagnose der CNE die Kombination verschiedener Befunde notwendig. Dazu gehören Anamnese, klinische Untersuchung, Labordiagnostik, bildgebende Diagnostik und unter Umständen die Biopsie der Nieren. Zur Diagnostik früher Stadien eignen sich die Methoden der Clearancebestimmung.

Anamnese: Die Anamnese sollte neben den klassischen Fragen nach der Art der Symptome und der Dauer eventueller Vorerkrankungen, Auslandsaufenthalte und Vorbehandlungen enthalten. Der klassische Patient mit CNE leidet an zunehmendem Gewichtsverlust, zunehmender Polyurie und Polydipsie und Anorexie, unter Umständen begleitet von Vomitus.

Klinische Untersuchung: Bei der klinischen Untersuchung fallen meist ein verminderter Ernährungszustand und ein stumpfes Haarkleid auf. Allerdings können diese Befunde auch unauffällig sein. Bei Verminderung der Hautelastizität und trockenen Schleimhäuten wird eine Dehydratation des Patienten angenommen. Im späten Stadium der Urämie können die Patienten aufgrund einer Anämie blasse Schleimhäute, Tachykardie und durch urämische Schleimhautschädigung Foetor ex ore und orale bzw. gastrointestinale Ulzera aufweisen. Bei entsprechenden Befunden aus Anamnese und klinischer Untersuchung ist in jedem Fall zur Abklärung einer Urämie eine hämatologische und klinisch-chemische Untersuchung vorzunehmen.

Blutdruckmessung: Ein Großteil der Patienten mit CNE leidet an einer Hypertension mit systolischem Blutdruck über 160 mmHg. Dieser führt, neben zunehmender Schädigung der Nierenglomerula, zur Schädigung anderer Organe wie Gehirn und Retina. Zur Beurteilung des Stadiums der Nierenerkrankung und als Entscheidungskriterium zur Therapie sollte bei jedem urämischen Patienten eine Blutdruckmessung erfolgen.

Labordiagnostik:

- **Klinisch-chemische Blutuntersuchung:** Die Nierenwerte Harnstoff und Kreatinin sind im Stadium 3 und 4 über die Referenzbereiche erhöht. Bei langandauernden, langsam ansteigenden Urämien werden zum Teil sehr hohe Werte, mit z. B. Kreatinin über 1000 µmol/l, bei erstaunlich gutem Allgemeinbefinden der Tiere, beobachtet. Dies ist ein Hinweis darauf, dass Harnstoff und Kreatinin per se keine Urämietoxine, sondern nur ein diagnostischer Parameter der exkretorischen Nierenfunktion sind.

  Um die Einflussfaktoren auf das Kreatinin zu kompensieren, wurde das Symmetrische Dimethylarginin (SDMA) als diagnostischer Marker der chronischen Nierenerkrankung eingeführt. Es soll Nierenfunktionsstörungen bereits bei noch normalen Kreatininwerte erkennen können. Wie beim Kreatinin scheint allerdings der Verlauf der Werte auch im Referenzbereich ein aussagekräftigerer Parameter zu sein, als eine Einzelmessung.

  Das Phosphat im Serum ist auch bei der CNE oft erhöht. Es stellt ein Urämietoxin dar und sollte daher in Rahmen der Therapie reduziert werden. Zur Beurteilung der Nebenschilddrüsenfunktion und zum Ausschluss andere Differenzialdiagnosen, wie Hyperparathyreoidismus und Neoplasien, sollte der Kalziumspiegel bestimmt werden. Bei polyurischen Nierenerkrankungen ist das Kalzium häufig erniedrigt. Bei einer Erhöhung ist der Ursache auf den Grund zu gehen. Im Falle einer Polyurie wird häufig eine Hyponatriämie und Hypokaliämie beobachtet. Im oligurischen Endstadium der CNE ist eher eine Hyperkaliämie vorhanden. Auch hier gilt, dass bei einer Hyperkaliämie ein Hypoadrenokortizismus in die Differenzialdiagnostik einbezogen werden sollte. Bei der klassischen CNE ist aufgrund einer verminderten Erthyropoetinbildung recht häufig eine **nichtregenerative Anämie** zu finden. Zur Abklärung einer Regeneration wird die Retikulozytenzahl im Blut bestimmt. Werte über 60.000/µl weisen auf eine regenerative Anämie hin. Falls bei Patienten mit CNE eine Leukozytose vorhanden ist, sollte immer nach möglichen infektiösen Ursachen oder Neoplasien gesucht werden. Ebenfalls untypisch für eine CNE ist eine Thrombopenie. Falls eine solche auffällig ist, kommen differenzialdiagnostisch andere Erkrankungen wie Infektionen, disseminierte intravasale Gerinnung und Neoplasien im Knochenmark infrage.

- **Urinuntersuchung**: Bei Patienten mit chronischer Nierenerkrankung ist häufig ein heller, wenig konzentrierter Urin ohne Beimengungen zu finden. Das spezifische Gewicht liegt mit 1008–1012 g/l meist im isosthenurischen Bereich. Im Urin wird in der Regel eine vermehrte Proteinausscheidung beobachtet. Durch die starke Verdünnung des Harns ist oft mit der Teststreifenuntersuchung semiquantitativ nur wenig Protein zu finden. Die tatsächlich ausgeschiedene Gesamtmenge ist jedoch oft deutlich höher. Diesen Fehler kann man mit der Bestimmung des Urin-Protein-Kreatinin-Verhältnis (UPC) ausgleichen. Werte über 0,5 sind verdächtig und Werte über 1 weisen deutlich auf das Vorhandensein einer Proteinurie hin. Gelegentlich ist eine Glukosurie vorhanden. Dies ist vor allem bei Endstadium CNE oder zusätzlicher Tubulusschädigung der Fall. Das Urinsediment ist bei der CNE normalerweise unauffällig. Granulierte Zylinder sind ein Hinweis auf eine zusätzliche Tubulusschädigung, hyaline Zylinder treten bei Proteinurie auf.

Bildgebende Diagnostik:
Eine **Röntgen**untersuchung des Abdomens ist vorteilhaft, um die Größe der Nieren einzuschätzen, Verkalkungsherde darzustellen und eventuelle zusätzliche Veränderungen im Abdomen zu erkennen. Im fortgeschrittenen Stadium der chronischen Nierenerkrankung kann man unter Umständen eine Verkleinerung der Nieren erkennen.

Im **Ultraschall** stellen sich chronisch erkrankte Nieren meist klein und mit grobhöckriger Oberfläche dar. Die Rinde erscheint im Verhältnis zur Milz hyperechogen und die Rinden-Mark-Grenze ist verwaschen. Leider sind diese Befunde nicht bei allen Patienten in entsprechender Ausprägung vorhanden, sodass eine Differenzierung akute/chronische Schädigung nicht immer möglich ist.

Mithilfe der Szintigraphie kann man die Ausscheidungsfunktion beider Nieren getrennt voneinander beurteilen. Dies eignet sich sehr gut zur Beurteilung der glomerulären Filtrationsrate vor geplanten Eingriffen, wie z. B. einer Nephrektomie.

Zur Abgrenzung der chronischen Nierenerkrankung von akuten Nierenschäden und von Glomerulonephritiden eignet sich die **Nierenbiopsie**. Sie ist allerdings nur sinnvoll, falls die zu erwartenden Ergebnisse einen Einfluss auf die Therapie oder Prognose des Patienten haben. Die Technik wird im Abschnitt Glomerulonephritis genauer beschrieben.

Vor allem im Stadium 1 und 2 der CNE ist es wichtig, die Restfunktion der Niere zu quantifizieren. Diese Information kann aus den klassischen Laborparametern Harnstoff und Kreatinin nicht gewonnen werden. Die Methoden der **Clearance**messung liefern hier deutlich sensitivere Aussagen. Testsubstanzen wie Kreatinin, Inulin und radioaktive Substanzen werden hierfür meist von extern appliziert und ihr Blutspiegel durch regelmäßige Messungen bestimmt. Für die klassische endogene Kreatininclearance muss die Blut- und Urin-Kreatinin-Konzentration über 24 h beobachtet werden. Zusätzlich ist die Urinmenge zu messen. Weniger aufwändig, jedoch geringer in ihrer Sensitivität und Spezifität, ist die endogene Kreatininbestimmung über zwei Stunden. Seit einigen Jahren hat sich auch eine exogene Kreatininclearancemessung etabliert. Hierfür wird dem Patienten eine definierte Menge Kreatinin appliziert und über acht Stunden drei Blutproben entnommen. Am Verlauf des Kreatininabfalls kann man mit speziellen Formeln die GFR berechnen. Dieser Test wird mittlerweile von kommerziellen Labors angeboten.

11.1.3.4 Management

Die Therapie chronischer Nierenerkrankungen ist an das Stadium anzupassen und beinhaltet in den frühen Stadien die Kontrolle von Proteinurie, Hypertension und primärer Ursache. Im Stadium 4 umfasst die Therapie zusätzlich Kontrolle der Urämiesymptome, Ausgleich von Elektrolyt- und Säuren-Basen-Abweichungen, Unterstützung des Energie- und Proteinhaushaltes und Verminderung des Fortschreitens der Nierenerkrankung.

Eine **kausale Therapie** ist vor allem bei begleitenden Infektionskrankheiten möglich. Antibiotika und Chemotherapeutika sollten nur nach dem Ergebnis eines Antibiogramms konsequent und langfristig angewandt werden. Es muss allerdings berücksichtigt werden, dass Antibiotika über die Niere ausgeschieden werden und bei Ausscheidungsinsuffizienz im Organismus kumulieren und damit gegebenenfalls toxisch werden können. Nephrotoxische Antibiotika müssen vermieden werden. Nach Verabreichung der Initialdosis vermindert man die Erhaltungsdosis bei geringgradigen Nierenerkrankungen auf die Hälfte, bei schwerer Azotämie auf ein Viertel der sonst erforderlichen Menge; bei Besserung der Azotämie wird die nächst höhere Dosisstufe verabreicht. Eine entsprechende Anpassung der Dosis sollte nicht nur für Antibiotika, sondern für alle Medikamente, die der Patient bekommt, erfolgen. Dabei ist jedoch zu beachten, dass jedes Medikament unterschiedlich metabolisiert wird.

Diätetische Maßnahmen stellen einen Grundstein der Therapie der CNE dar und sollten möglichst früh begonnen werden. Ein Hauptteil der Diät zielt auf die Phosphatreduktion im Futter ab. Phosphat wird im Stadium 3 und 4 vermindert renal eliminiert und kann sich im Körper anreichern. Seine Erhöhung steigert den Parathormonspiegel und führt zum sekundären Hyperparathyreoidismus. Das Parathormon trägt zur weiteren Schädigung der Nieren bei. Im Falle einer Hyperphosphatämie kommt es ab einem Kalzium-Phosphor-Produkt von über 10 (in mmol/l) durch Ausfällung von Kalzium-Phosphat-Komplexen unter anderem in die Nieren zum Fortschreiten der Nierenschädigung. Ein Einsatz von mehrfach ungesättigten Omega-3-Fettsäuren wird insbesondere zur Therapie von Stadium 3 und 4 empfohlen. Eine Verminderung der Proteinaufnahme führt bei Patienten im Stadium 4 zur Reduktion der Urämietoxine und somit der Symptome der Urämie. Eine Verbesserung der Überlebensrate und Lebensqualität konnte bei Hunden und Katzen im Stadium 3 und 4 CNE nachgewiesen werden. Wichtig scheint allerdings die Fütterung von hoch bioverfügbaren Proteinen zu sein. Vor allem Katzen verweigern immer wieder die angebotene Diät. Eine Aufnahme ihres bevorzugten Futters ist in jedem Falle einer ausbleibenden Futteraufnahme vorzuziehen, auch wenn dies zu einer Verkürzung der Überlebenszeit führen kann.

Wie bereits angesprochen ist ein Ziel der Therapie, den **Serumphosphatgehalt** zu senken. Der Einsatz proteinreduzierter Futtermittel ist nicht bei jedem Patienten ausreichend. Zusätzlich werden bei diesen Tieren orale Phosphatbinder eingesetzt. Hierfür sind aluminium- und kalziumbasierte Medikamente auf dem Markt. Die aluminium-basierten Phosphatbinder sind billig und effektiv, haben aber beim Menschen den Nachteil, Aluminiumintoxikationen hervorzurufen. Auch bei Hunden und Katzen wurden diese in seltenen Fällen beim Dauereinsatz beschrieben. Aluminiumbasierte Phosphatbinder wie Aluminiumhydroxid sollten in Dosen von 10–30 mg/kg dreimal täglich mit dem Futter verabreicht werden. Vorsicht ist geboten bei der gleichzeitigen Verabreichung anderer Medikamente, da die Phosphatbinder nicht nur das Phosphat im Futter, sondern auch andere gleichzeitig oral verabreichte Wirkstoffe binden. Ein Zeitintervall von mindestens einer Stunde zwischen den beiden Medikationen löst diese Problematik. Kalziumbasierte Phosphatbinder wie Kalziumkarbonat bieten ebenfalls die Möglichkeit, Phosphat aus der Nahrung zu eliminieren. Allerdings können beträchtliche Anteile des Kalziums resorbiert werden und eine Hyperkalzämie hervorrufen. Bei Patienten unter dieser Medikation sollte eine engmaschige Kalziumkontrolle erfolgen.

Eine bestehende **Hypovolämie oder Dehydratation**, die bei vielen Patienten im Stadium 4 beobachtet wird, sollte mit intravenöser Flüssigkeitstherapie mit Vollelektrolytlösungen behandelt werden. Zur Erhaltung des Hydratationsstatus bei polyurischen Patienten eignen sich diese Lösungen aufgrund des vermehrten Natrium- und Chlorideintrages weniger. Hierfür sind kaliumangereicherte ½- oder ⅔-Elektrolytlösungen heranzuziehen. Ein Einsatz dieser Lösungen bei olig- oder anurischen Patienten kann allerdings eine Hyperkaliämie und Ödembildung provozieren. Manchmal wird in der Literatur wird der Einsatz einer täglichen, häuslichen, subkutanen Flüssigkeitstherapie empfohlen. Eine derartige Behandlung ist in erster Linie bei polyurischen Tieren sinnvoll, birgt allerdings die Gefahr von Nebenwirkungen und Komplikationen aufgrund des Handlings durch den Besitzer, die bis zum Lungenödem und zu Infektionen reichen können.

Viele Patienten mit CNE leiden aufgrund verminderter Kaliumaufnahme und erhöhter Kaliumausscheidung an einer **Hypokaliämie**. Sie kann allgemeine Mattigkeit und Muskelschwäche, sowie die Entwicklung weiterer tubulointerstitieller Läsionen zur Folge haben. Die Kaliumsubstitution kann auf oralem oder parenteralem Weg erfolgen. Zur oralen Substitution sollen 40–60 mg/kg/Tag Kaliumzitrat oder -glukonat verwendet werden. Je nach klinischen Symptomen sollte der Kaliumspiegel initial alle 2–14 Tage kontrolliert werden. Die parenterale Kaliumsubstitution erfolgt über eine Infusionstherapie, wie bei der akuten Nierenschädigung beschrieben, mit maximal 0,5 mmol/kg/h Kaliumchlorid.

Vor allem bei Tieren im Stadium 4 der CNE wird eine **metabolische Azidose** in Form von schlechtem Allgemeinbefinden, Anorexie, Muskelschwäche, Beeinträchtigung des Proteinmetabolismus und vermehrter Demineralisation des Knochens klinisch manifest. Über eine alkalisierende Therapie, die bei einem pH-Wert unter 7,1 und Bikarbonat unter 12 mmol/l trotz gezielter Flüssigkeitstherapie (wie bei der akuten Nierenschädigung beschrieben) erfolgen sollte, kann diese Azidose bekämpft werden. Zusätzlich kann dem Körper Pufferkapazität über das Futter in Form von Bikarbonattabletten 8–12 mg/kg KM alle 8–12 Stunden, zugeführt werden. Die dadurch bedingte Alkalisierung des Magens vermindert zudem die Entstehung von Ulzera. Alternativ kann Kaliumzitrat als Puffer und zur Kaliumsubstitution in einer Dosierung von 40–60 mg/kg KM alle 8 bis 12 Stunden eingesetzt werden.

Im Laufe der CNE kommt es häufig zur Entwicklung einer **Hypertension.** Diese sollte im Rahmen mehrerer Messungen, bei denen zusätzliche Stressfaktoren möglichst geringgehalten werden müssen, verifiziert werden. Zur Therapie stehen ACE-Hemmer, Angiotensinrezeptorblocker und Kalziumkanalblocker zur Verfügung. Ziel der Therapie sollte es sein, den systolischen Blutdruck unter 160 mmHg zu senken. ACE-Hemmer, wie Enalapril oder Benazepril, haben einen nur geringen Einfluss auf den Blutdruck. Sie beeinflussen allerdings die renalen hämodynamischen Prozesse positiv, vermindern eine Proteinurie und führen somit zur Stabilisierung der Nierenerkrankung. Verabreicht werden sie in Dosen von 0,5 mg/kg KM alle 24 Stunden. Eine deutlich stärkere Senkung des Blutdrucks wird mit den Kalziumkanalblocker Amlodipin erreicht. Sein nephroprotektiver Effekt ist allerdings umstritten. Es sollte bei Hypertensionen mit systolischen Blutdrücken von über 180 mmHg mit 0,125–0,4 mg/kg alle 24 Stunden oral verabreicht werden und senkt den Blutdruck um ca. 30–50 mmHg.

Da eine Proteinurie ein negativ prognostischer Faktor bei Patienten mit CNE ist, sollte diese bei Erhöhung der UPC therapiert werden. Dies ist zum einen mit ACE-Hemmern in den oben angegeben Dosen als auch mit Angiotensinrezeptorblockern möglich. Telmisartan aus dieser Stoffgruppe ist für die Anwendung bei Katzen zugelassen. Es wird einmal täglich mit 1 mg/kg KM oral verabreicht. Eine regelmäßige Kontrolle der Proteinausscheidung mittels UPC-Bestimmung sollte auch unter Therapie erfolgen.

Bei vielen CNE Patienten liegt aufgrund von Erythropoetinmangel, verminderter Überlebenszeit der Erythrozyten, gastrointestinalen Blutungen und nicht zuletzt Blutverlust über Blutprobenentnahmen eine oft nicht regenerative **Anämie** vor. Falls ein Eisenmangel zugrunde liegt, sollte dieser mit der oralen Applikation von Eisensulfat 50–100 mg/Tag (Katzen) bzw. 100–300 mg/Tag (Hunde) substituiert werden. Gleichzeitig ist auf eine adäquate Proteinzufuhr über die Nahrung zu achten. Bei schwerer Anämie mit Hämatokritwerten unter 0,20 l/l oder geplanten Operationen kann die Sauerstofftransportkapazität kurzfristig durch Bluttransfusionen gesteigert werden. Der Effekt der Transfusion hält je nach Alter der Blutkonserve und Schwere der Urämie nur einige Tage bis zu zwei Wochen an. Bei nicht regenerativen Anämien mit einem Hämatokritwert (Hkt) unter 0,20 l/l kann mit der Applikation von rekombinantem humanem Erythropoetin (rHuEPO) versucht werden, die Erythropoese anzuregen. Dazu werden 50–150 IU rHuEPO dreimal wöchentlich subkutan appliziert. Es dauert im Durchschnitt zwei bis acht Wochen, bis ein Anstieg der Erythrozyten zu beobachten ist. Ab einem Hkt von 0,3 l/l sollte die Dosis soweit reduziert werden, dass der Hkt stabil gehalten werden kann. Dazu werden meist 50–100 IU zweimal wöchentlich benötigt. Leider entwickeln viele Tiere nach einer Therapiedauer von mehreren Wochen Antikörper gegen das rHuEPO. Diese richten sich auch gegen eventuell noch vorhandenes körpereigenes EPO. Somit sinkt nachfolgend auch die Erythrozytenproduktion wieder ab. Die Antikörper können nur durch eine Beendigung der EPO Therapie vermindert werden. Es wurden einige Erfolg versprechende Studien zum Einsatz speziesspezifischen EPO's veröffentlicht. Leider sind diese Produkte nicht kommerziell erhältlich.

Alternativ ist ein länger wirksames synthetisches Erytropoetin auf dem Markt. Dieses Darbepoethin alpha muss nur alle 7 Tage mit 0,75–1,25 µg/kg KM s. c. appliziert werden. Es wird angenommen, dass mit der geringeren Antigenapplikation auch die Antikörperbildung reduziert werden kann.

Zur Bekämpfung des sekundären **Hyperparathyreoidismus** wird der Einsatz von Calcitriol propagiert. Es senkt die Ausschüttung des Urämietoxins Parathormon und soll zur Verbesserung des Allgemeinbefindens und der Lebenserwartung der CNE Patienten beitragen. Calcitriol sollte nicht bei Hyperkalzämie eingesetzt werden. Empfohlen wird eine orale Verabreichung von 2,5–3,5 mg/kg/Tag. Die exakte Dosis für den jeweiligen Patienten muss mit der regelmäßigen Kontrolle von Parathormon, Kalzium und Phosphat festgelegt werden. Die Erhaltungsdosis ist erreicht, wenn sich der Parathormonspiegel im physiologischen Bereich befindet. Falls sich unter der Therapie eine Hyperkalzämie entwickeln sollte, ist die Therapie zu unterbrechen und erst bei Normalisierung der Kalziumwerte wieder zu beginnen.

Die **Urämiesymptome** Übelkeit und Vomitus sind insbesondere bei Stadium 4 Patienten zu finden. Sie sollten, wie bei Patienten mit akuter Nierenschädigung, mit Antiemetika wie Maropitant, Metoclopramid und Ondansetron therapiert werden. Zur Verminderung der Azidität des Magens können H_2-Rezeptorantagonisten (wie Famotidin) oder Protonenpumpenhemmer (wie Omeprazol) verwendet werden. Des Weiteren ist es sinnvoll, den Tieren mit vorhandenen Ulzera Sucralfat mit dem Futter zu verabreichen (siehe auch Tabelle 11.3).

Wie auch bei akuten Nierenschädigungen kann die Technik der **Peritoneal- und Hämodialyse** zur Milderung der Urämie eingesetzt werden. Dies ist vor allem bei Patienten, deren Ursache der Nierenerkrankung unklar ist, bis zur definitiven Diagnose hilfreich. Darüber hinaus wird die Hämodialyse zum Management von Transplantationspatienten eingesetzt. Die Nierentransplantation wird in den USA hauptsächlich bei der Katze, zur Therapie der chronischen Nierenerkrankung durchgeführt.

11.1.3.5 Prognose

Die mittlere Überlebenszeit für Katzen im Stadium 2 und 3 liegt bei 1–3 Jahren. Hunde im Stadium 3 haben eine Überlebenszeit von 6–12 Monaten. Diese Angaben sind stark von den individuellen Gegebenheiten abhängig. Einen deutlichen Einfluss haben die Intensität der Therapie und die konsequente Bereitschaft der Besitzer zur Überwachung und Therapie. Höhere Kreatininwerte sind mit einer schlechteren Kurzzeitprognose behaftet als niedrigere. Dabei ist jedoch der Verlauf während der Therapie zur Beurteilung wichtiger als einzelne Werte. Patienten mit starker Proteinurie und Hypertension haben eine schlechtere Prognose als Tiere ohne diese Abweichungen.

11.1.4 Familiäre Nierenerkrankungen

11.1.4.1 Ursachen

Die meisten familiären oder angeborenen Nierenerkrankungen äußern sich klinisch als chronische Nierenerkrankung im jungen Alter (meist unter 5 Jahren). Einige wenige sind durch Tubulusschäden oder Hämaturie gekennzeichnet. Familiäre Erkrankungen treten bei bestimmten Katzen- und Hunderassen (Tab. 11.7) im Vergleich zur Gesamtpopulation häufiger auf. Kongenitale Erkrankungen sind von Geburt an vorhanden, werden aber oft erst später klinisch manifest. Viele familiäre Erkrankungen können unter dem Begriff der Nierendysplasie, einer fehlerhaften Differenzierung des Nierenparenchyms, zusammengefasst werden. Am häufigsten treten sie in Form einer asynchronen Differenzierung der Nephrone in Erscheinung. Gelegentlich werden persistierendes Mesenchym, atypisches Tubulusepithel oder dysontogenetische Metaplasie beobachtet. Die Behandlung beschränkt sich auf die gleichen Methoden, die bei chronischen Nierenerkrankungen üblich sind.

11.1.4.2 Diagnostik

Beim Auftreten von Urämiesymptomen bei jungen Tieren sollten familiäre Nierenerkrankungen immer in die Differenzialdiagnosenliste einbezogen werden. Die betroffenen Tiere werden mit klassischen Symptomen einer chronischen Nierenerkrankung, wie Anorexie, Kachexie, Polydipsie, Polyurie, vermindertem Wachstum und bei einigen Erkrankungen (z. B. Teleangiektasie) auch Hämaturie, vorgestellt. Die labordiagnostischen Befunde familiärer Nierenerkrankungen entsprechen denen der chronischen Nierenerkrankung und beinhalten Azotämie, Hyperphosphatämie, Anämie und Isosthenurie. Bei einigen Erkrankungen liegt aufgrund des sich entwickelnden nephrotischen Syndroms eine Proteinurie mit einer Hypoproteinämie vor. Bei Erkrankungen mit tubulärer Beteiligung ist oftmals eine Glukosurie zu beobachten.

11.1.4.3 Management

Das Management der betroffenen Patienten beschränkt sich auf die symptomatische Therapie von Urämie, Hypoproteinämie und Hypertension, wie bei chronischen Nierenerkrankungen.

11.1.4.4 Prognose

Die Langzeitprognose ist generell als vorsichtig bis schlecht zu beurteilen, da die vorhandenen Veränderungen nicht rückgängig gemacht werden können und die Prozesse in den Nieren oft progressiven Charakter haben.

Im Folgenden werden einige familiäre Nephropathien genauer dargestellt:

Familiäre Glomerulonephritis
Diese progressive Erkrankung der Glomerula kann im Alter von wenigen Monaten bis zu mehreren Jahren klinisch in Erscheinung treten. Symptome sind in erster Linie Abmagerung, Zurückbleiben im Wachstum, gefolgt von Polyurie, evtl. Proteinurie und den klassischen Urämiesymptomen. Histologisch sind neben den primären Veränderungen oft sekundäre Umbildungen wie interstitielle Fibrose, mononukläre Infiltration und Kalzifizierung vorhanden. Die primären Veränderungen treten meist in Form von immaturen Glomerula, Hyperplasie oder adenomatoiden Proliferationen der Sammelrohre bei Rassen wie Lhasa Apso, Shih Tzu, Soft Coated Wheaten Terrier, Pudel, Chow-Chow und Zwergschnauzer auf. Andere Rassen wie Samojede, Englischer Cocker Spaniel und Bullterrier weisen Veränderungen des Kollagens der glomerulären Basalmembran auf (Tab. 11.7).

Amyloidose
Die Amyloidose umfasst eine Gruppe von angeborenen und erworbenen Erkrankungen, die mit einer extrazellulären Ablagerung von Proteinpräzipitaten an den Glomerula einhergeht. Das Amyloid (Amyloid A) wird als Folge chronisch-entzündlicher Prozesse in der Leber gebildet. Dieses lagert sich in Beta-Faltblattstruktur an der glomerulären Basalmembran, aber auch an Gefäßwänden und tubulärer Basalmembran ab und ist histologisch als homogene eosinophile Masse zu erkennen. Eine deutlichere Darstellung als mit der klassischen Hämatoxylin-Eosin-Färbung gelingt mit einer Kongorotfärbung. Auch andere Organe sind bei systemischen entzündlichen Prozessen von Amyloidablagerungen betroffen. Eine Amyloidose wird für ca. ¼ aller glomerulären Erkrankungen beim Hund verantwortlich gemacht. Sie stellt sich meist als erworbene Erkrankung älterer Hunde dar, kann aber vor allem beim Beagle, englischem Fuchshund und Shar Pei als familiäre Nephropathie auftreten. Die Symptome entsprechen denen anderer glomerulärer Erkrankungen. Wobei die Amyloidose häufig mit starkem Proteinverlust und daraus hervorgehender Ödembildung einhergeht. In der Urinuntersuchung ist eine Proteinurie mit einem Urin-Protein-Kreatinin-Verhältnis von zum Teil über 10 auffällig.

Tabelle 11.7: **Häufige angeborene Nierenerkrankungen**

Rasse	Erkrankung
Abessiner	Amyloidose
Alaskan Malamute	Glomerulosklerose, zystische glomeruläre Atrophie
Basenji	Fanconi Syndrom
Beagle	Amyloidose
Berner Sennenhund	Membranoproliferative Glomerulonephritis
Bullterrier	Familiäre Nephritis
Chow Chow	Nierendysplasie
Cocker Spaniel	Familiäre Nephritis
Cairn Terrier	Polyzystische Nierenerkrankung
Dalmatiner	Familiäre Nephritis
Deutscher Schäferhund	Zystadenokarzinom der Niere
Dobermann	Glomerulosklerose, zystische glomeruläre Atrophie
Englischer Fuchshund	Amyloidose
Golden Retriever	Nierendysplasie
Greyhound	Glomeruläre Vaskulopathie und Nekrose
Lhasa Apso	Nierendysplasie
Neufundländer	Glomerulosklerose
Norwegischer Elchhund	Periglomeruläre Fibrose
Pudel	Zystische glomeruläre Atrophie
Rottweiler	Zystische glomeruläre Atrophie
Samojede	Familiäre Nephritis, membranoproliferative Glomerulonephritis
Shar Pei	Amyloidose
Shih Tzu	Nierendysplasie
Soft Coated Wheaten Terrier	Membranoproliferative Glomerulonephritis, Nierendysplasie
Welsh Corgi	Renale Teleangiektasie
West Highland White Terrier	Polyzystische Nierenerkrankung
Zwergschnauzer	Nierendysplasie

Eine kausale Therapie ist aufgrund der Unlöslichkeit des Amyloids nicht möglich. In der Humanmedizin und beim Sharp Pei wird ein Einsatz von Colchizin, in der Initialphase zur Verminderung der Amyloidbildung, im fortgeschrittenen Stadium zur symptomatischen Kontrolle der Proteinurie, empfohlen. Auch Dimethylsulfoxid (DMSO) soll in der Initialphase die Amyloidbildung aufgrund seiner antiinflammatorischen Eigenschaften herabsetzen. Der Einsatz ist aufgrund der Nebenwirkungen wie Übelkeit, Erbrechen und strengem Körpergeruch umstritten. Die weitere Therapie sollte auf die Verminderung der Amyloidproduktion (Bekämpfung der Inflammation), den Proteinverlust und die Symptome der Urämie abzielen. Die Prognose für Tiere mit Amyloidose ist generell schlecht. Die Überlebenszeit beträgt ab Diagnosestellung 2–20 Monate.

Bei Abessinierkatzen wird die Amyloidose autosomal dominant vererbt. Die Amyloidablagerung beginnt im Alter von 9–24 Monaten und führt im Alter von 1–5 Jahren zu klinischen Symptomen. In der histologischen Untersuchung sind die Amyloidablagerungen vor allem im Nierenmark vergesellschaftet mit Papillennekrosen und tubulointerstitieller Nephritis, seltener auch am Glomerulum zu finden. Es sind in erster Linie Symptome der CNE vorhanden. Die Proteinurie ist bei ihnen weniger ausgeprägt.

Die aus der autosomal rezessiv vererbten familiären Amyloidose resultierende, chronische Nierenerkrankung des Shar Pei tritt durchschnittlich im Alter von 4 Jahren auf. Histologisch sind die Amyloidablagerungen im Nierenmark und bei ⅔ der Patienten auch am Glomerulum zu finden. Je nach Glomerulumbeteiligung ist eine mehr oder weniger schwere Proteinurie und Hypoproteinämie (nephrotisches Syndrom) vorhanden.

Fanconi Syndrom

Das Fanconi Syndrom ist eine angeborene, familiär bei **Basenjis** auftretende Störung des proximalen Tubulus. Sie geht mit Glukosurie, Proteinurie, Phosphaturie und Hypophosphatämie einher. Es tritt bei 10–30 % aller Basenjis auf. Der Erbgang ist bisher unklar. Das Fanconi Syndrom kann jedoch auch erworben nach Gentamicin und Ethylenglykolintoxikation oder beim primären Hyperparathyreoidismus auftreten. Funktionell wird eine erhöhte Ausscheidung einiger Substanzen wie Proteine, Phosphat, Bikarbonat, Natrium, Kalium und Glukose im Urin und daher eine osmotische Diurese beobachtet. Die klinischen Symptome wie Polyurie/Polydipsie, Gewichtsverlust, stumpfes Haarkleid und Schwäche treten im Alter von 4–8 Jahren auf. Einige Tiere entwickeln innerhalb kurzer Zeit eine akute Nierenschädigung, andere bleiben jahrelang klinisch stabil. Die histologischen Befunde sind unspezifisch und beinhalten tubuläre Atrophie und interstitielle Fibrose. Häufig sind vergrößerte, chromatinreiche Tubuluszellkerne, Papillennekrose oder Pyelonephritis vorhanden. Die Behandlung besteht ausschließlich in der symptomatischen Therapie der Urämie, Hypoproteinämie, Hypophosphatämie und metabolischen Azidose. Die Langzeitprognose ist aufgrund der nicht vorhandenen Heilungschancen vorsichtig bis schlecht.

Polyzystische Nierenerkrankung (PKD)

Die PKD tritt vor allem bei **Perserkatzen** und Persermischlingen, aber auch bei anderen Rassekatzen und verschiedenen Hunderassen auf. Bei Perserkatzen wird die PKD autosomal dominant vererbt. Die Prävalenz beträgt 35–57 %. Die vom proximalen und distalen Tubulus ausgehenden Zysten sind bereits im Alter von wenigen Wochen vorhanden, führen aber erst im Alter von durchschnittlich 7 Jahren durch Zunahme ihres Volumens zur Druckatrophie des Nierengewebes und damit allmählich zum Funktionsverlust der Nieren und Urämiesymptomen. Bis dahin bleiben die betroffenen Tiere klinisch unauffällig. Bei bereits urämischen Tieren können sehr häufig vergrößerte, grobhöckrige aber nicht schmerzhafte Nieren palpiert werden. Zur Diagnostik sollte eine Ultraschalluntersuchung der Nieren durchgeführt werden, dabei sind in der Nierenrinde und gelegentlich im Nierenmark unterschiedlich große hypoechogenen Areale zu sehen. Im Spätstadium ist kaum noch Rindengewebe vorhanden. Bereits im Alter von 6–8 Wochen können mit der Ultraschalluntersuchung erste kleine Zysten gefunden werden, von den Zuchtverbänden wird eine Ultraschalluntersuchung zur PKD Diagnose aber erst ab einem Alter von 6 Monaten anerkannt. Seit einigen Jahren sind auch Gentests auf dem Markt, mit denen die Veranlagung zur PKD eruiert werden kann. Die Therapie der PKD richtet sich ausschließlich gegen die Urämiesymptome. Kausal besteht nur die Möglichkeit, eine kostenintensive und in Europa nicht verfügbare Nierentransplantation durchzuführen. Die Langzeitprognose bei vorhandenen Urämiesymptomen ist infaust.

11.1.5. Glomerulopathie

Unter Glomerulopathie wird eine ganze Gruppe von Erkrankungen unterschiedlicher Ursache und histologischer Ausprägung zusammengefasst. Sie können in jedem Alter auftreten, sind jedoch meist bei Tieren im mittleren bis höheren Alter zu finden. Nur selten sind Glomerulopathien als primäre Erkrankungen vorhanden. Häufig liegt eine andere Erkrankung zugrunde.

11.1.5.1. Pathogenese

Im Rahmen der primären Erkrankung kommt es zur Bildung von Immunkomplexen, die in weiterer Folge im Glomerulum abgelagert werden. Dadurch werden neutrophile Granulozyten und Monozyten aktiviert. Durch Freisetzung von Entzündungsmediatoren, Komplementfaktoren und proteolytischen Enzymen, Aktivierung des Gerinnungssystems und folgenden Perfusionsstörungen mit der Entwicklung lokaler Hypoxie kommt es durch Apoptose und Nekrose zur progressiven Zerstörung weiterer glomerulärer Zellen. Mögliche primäre Ursachen für Glomerulopathien können Infektionskrankheiten, chronisch-entzündliche Prozesse, Neoplasien oder hormonelle Abweichungen sein (Tabelle 11.8).

11.1.5.2 Diagnostik

Die klinischen Befunde glomerulärer Erkrankungen variieren entsprechend der Stärke der Ausprägung der Erkrankung. Bei geringer Ausprägung ist gelegentliche Schwäche, verminderte Futteraufnahme, Gewichtsverlust und stumpfes Haarkleid auffällig. Manchmal finden sich Hinweise auf die zugrunde liegende Erkrankung. Eine schwere Proteinurie äußert sich in Hypoproteinämie, Ödem- und Ergussbildung. Eine eventuell vorhandene Hypertension kann zu Schäden in ZNS, Gehirn und Auge führen. Bei starker Beeinträchtigung der exkretorischen Nierenfunktion sind Polyurie und Polydipsie vorhanden. Häufig wird bei der Urinuntersuchung nur eine Proteinurie gefunden. Ein Urin-Protein-Kreatinin-Verhältnis von über 0,5 ohne Hämaturie ist hinweisend auf eine

Tabelle 11.8: **Primäre Ursachen für Glomerulopathien**
FIV: Felines immundefizienz Virus; FIP: Feline infektiöse Peritonitis; FeLV: Felines Leukämie Virus

Ursachen	Hunde	Katzen
Infektiös		
Bakterien	Borrelien, Bartonellen, Brucellen, Endokarditis, Pyelonephritis, Pyometra, Podermie und andere	Chronische bakterielle Infektionen, Mycoplasmen
Viren	Canines Adenovirus Typ 1	FIV, FIP, FeLV
Protozoen	Babesien, Hepatozoon, Leishmanien, Trypanosomen	-
Parasiten	Dirofilarien	-
Rickettsien	Ehrlichien, Anaplasmen	-
Pilze	Blastomyces, Coccidiomyces	-
Neoplasie	Leukämie, Lymphosarkom, Mastozytose, Histiozytose und andere	Leukämie, Lymphosarkom, Mastozytose, andere Neoplasien
Entzündlich	Chronische Dermatitis, inflammatory bowel disease, Pakreatitis, peridontale Entzündungen, Polyarthritis, Lupus erythematodes, andere immunmediierte Erkrankungen	Pankreatitis, Cholangiohepatitis, Polyarthritis, Lupus erythematodes, andere immunmediierte Erkrankungen
Sonstiges	Kortikoide, Trimethoprim/Sulfonamid, Hyperlipidämie	Akromegalie, Quecksilbervergiftung
Familiär	Siehe Tabelle 11.7	
Idiopathisch	-	-

Proteinurie und bedarf einer weiteren Abklärung. Noch vor Auftreten der Proteinurie ist bei vielen Tieren eine Mikroalbuminurie vorhanden. Diese Tiere sollten engmaschig auf eine Entwicklung einer Proteinurie überwacht werden. Besonders bei Patienten mit Amyloidose und membranoproliferativer Glomerulonephritis wird eine Erniedrigung des spezifischen Gewichtes des Harns in den isosthenurischen Bereich beobachtet. In der Sedimentuntersuchung des Urins können bei betroffenen Patienten regelmäßig hyaline Zylinder gefunden werden. Nur selten kommt es bei schweren Glomerulumschäden zu einer Hämaturie. Schwere Proteinurien führen aufgrund des Albuminmangels zur Hypoproteinämie. Diese ist bei 60–70 % der Tiere mit Glomerulonephritis auffällig. Ein Azotämie, Hyperphosphatämie und metabolische Azidose ist nur bei ca. 50 % der Patienten vorhanden. Hämatologische Abweichungen, wie nichtregenerative Anämie und Thrombozytose, werden bei einigen Patienten ebenfalls beobachtet. Auf Röntgenaufnahmen des Abdomens können die Nieren unverändert, verkleinert oder auch vergrößert erscheinen. In der Ultraschalluntersuchung wird häufig eine erhöhte Echogenität der Nierenrinde, ein Verlust der Rinden-Mark-Grenze und unter Umständen ein dilatiertes Nierenbecken auffällig. Die Diagnostik sollte sich auch auf die Suche nach auslösenden Faktoren, wie Infektionen oder Neoplasien, beziehen. Thoraxröntgen, Serologie und zytologische Untersuchungen auffälliger Areale sind hierfür hilfreich.

Die definitive Diagnose der Glomerulopathie kann nur mittels einer Biopsie gestellt werden. Mit ihr kann der Typ und der Schweregrad der Glomerulopathie bestimmt bzw. eingeschätzt werden. Daraus leiten sich wichtige Informationen zu Therapie und Prognose ab. Eine Nierenbiopsie sollte aber immer nur dann durchgeführt werden, wenn durch die histologische oder zytologische Untersuchung eine Sicherung der Diagnose mit Einfluss auf das weitere Vorgehen erwartet wird. Zur Diagnose der Ursache einer schweren Proteinurie sollte eine Stanzbiopsie herangezogen werden. Zur Tumordiagnostik kann eine Feinnadelbiopsie durchgeführt werden. Ebenso ist die Untersuchung zur Differenzierung einer akuten Nierenschädigung von einer chronischen Nierenerkrankung wichtig. Kontraindikation besteht bei Hydronephrose und Gerinnungsstörungen. Vorsicht ist bei Abszessverdacht geboten. Die Biopsie kann perkutan (blind oder ultraschallgeführt), durch Laparoskopie und Laparotomie, durchgeführt werden. Bei Katzen ist wegen der guten Fixierbarkeit der Nieren die Blindbiopsie oder ultraschallgestütze Biopsie einfach durchführbar. Gezielte Biopsien sind nur unter Sichtkontrolle oder Sonographie möglich. Die Biopsie wird nach Ausschluss von Gerinnungsstörungen unter Allgemeinanästhesie durchgeführt. Das Operationsgebiet muss chirurgisch vorbereitet werden. Verwendet wird in der Regel eine 16–18 Gauge Vim-Silverman- oder Tru-Cut-Kanüle, die im Fall der sonographisch geführten Biopsie auf den Schallkopf aufgesetzt werden kann. Die Stichrichtung wird so gewählt, dass möglichst nur die Nierenrinde bioptiert wird. Das Nierenmark sollte unbedingt verschont werden, da durch eine Verletzung desselben längere Blutungen entstehen. Dazu führt man die Kanüle flach tangential durch die Niere. Zu vermeiden sind Verletzungen des Nierenbeckens, des Harnleiters und der großen Gefäße. Daher sollte man die Biopsiekanüle auf der – dem Nierenbecken abgewandten – lateralen Seite, einführen. Es werden mindestens 2 Bioptate mit mindestens 5 Glomerula aus der Nierenrinde entnommen. Bei der Laparotomie kann man den Stichkanal einige Minuten mit dem Finger komprimieren. Das Bioptat wird für die lichtmikroskopische Untersuchung in Formalin eingelegt. Das zweite Stück wird nach den Anweisungen des Labors für Elektronenmikroskopie und Immunfluoreszenzmikroskopie vorbereitet. Die Proben sollten an ein in der Diagnostik von Glomerulonephritiden erfahrenes, pathologisches Labor (z. B. European VETERINARY RENAL PATHOLOGY SERVICE in Italien; http://www.evrps.net) versandt werden.

11.1.5.3 Therapie

Die Behandlung glomerulärer Erkrankungen teilt sich in spezifische Therapie der zugrunde liegenden **Ursache, Reduktion der Proteinurie** und **Management der Urämie** auf. Über eine Verminderung der hydrostatischen Druckdifferenz am Glomerulum führen ACE-Hemmer zur Reduktion der Proteinurie. Initial sollte z. B. Enalapril 0,5 mg/kg einmal täglich oral verabreicht werden. Falls in zwei bis vier Wochen hinsichtlich der Proteinurie keine Besserung eintritt, sollte die Dosis auf zweimal täglich 0,5 mg/kg erhöht werden. Während der Therapie sind die Kreatininwerte regelmäßig zu kontrollieren. ACE-Hemmer haben nur wenig Einfluss auf den systemischen Blutdruck, daher sollte schweren Hypertensionen, mit einem systolischen Blutdruck über 160 mmHg, zusätzlich mit Amlodipin 0,125–0,4 mg/kg KM 1 × täglich p. o. entgegengewirkt werden. Antiproteinurisch (1 mg/kg 1 × tägl.) und antihypertensiv (2 mg/kg 1 × tägl.) kann auch Telmisartan zum Einsatz kommen.

Im Rahmen der Glomerulopathie entstehende Zellschädigungen bewirken vermehrte Bildung von Thromboxanen, welche eine lokale Entzündung und Gerinnung aktivieren. Daher wird in der Literatur der Einsatz von sehr niedrigen Dosen Aspirin (0,5 mg/kg KM 1 × täglich p. o.) oder alternativ Clopidogrel 1–3 mg/kg KM 1 × tägl. empfohlen. Bei der Katze sollte die Applikation von Aspirin nur alle 3 Tage erfolgen.

Diätetische Maßnahmen stellen einen Grundbestandteil der Therapie von Glomerulopathien dar. Die Diäten sollten proteinrestriktiert sein. Eine proteinreiche Diät würde die renale Proteinausscheidung und somit das Fortschreiten der Erkrankung verstärken. Die Supplementierung von Omega-3-Fettsäuren hat aufgrund deren nephroprotektiver Eigenschaften ebenfalls Einzug in die Diätetik gefunden. Die Herabsetzung des Natriumgehaltes im Futter bewirkt eine Blutdrucksenkung und vermindert damit eine weitere sekundäre Schädigung der Glomerula.

Der Einsatz von **Immunsuppressiva** bei Glomerulopathien ist zur Zeit umstritten, da es bisher keine prospektiven Studien gibt, die eine Verbesserung der Patienten bestätigt. Die einzige Indikation zum Einsatz von Prednisolon stellen systemische Erkrankungen (z. B. Lupus erythematodes) dar, für deren kausale Therapie Kortikoide verabreicht werden. Auch der Einsatz von Ciclosporin zeigte in den bisherigen Studien keinen positiven Effekt. Bei klinisch stabilen Patienten empfiehlt es sich, alle 3 bis 6 Monate Körpergewicht, Serumalbumin, Totalprotein und Kreatininkonzentration zu kontrollieren, sowie eine Urinanalyse mit Bestimmung der UPC durchzuführen. In ähnlichen Abständen sollte der Blutdruck beurteilt werden. Bei Reduktion der Proteinurie um 50 % und stabilen Kreatininwerten kann von einem Ansprechen der Therapie ausgegangen werden.

Im Verlauf der Therapie können **Komplikationen** wie Ödembildung, Hypertension und Thrombembolismus auftreten. Die Bildung von peripheren Ödemen wird durch den infolge der Hypoproteinämie sinkenden kolloidosmotischen Druck und die somit entstehende Extravasation von Flüssigkeit hervorgerufen. Dies ist besonders bei Albuminspiegeln unter 20 g/l der Fall. Unter einem Serumalbumingehalt von 15 g/l kann die daraus resultierende Hypovolämie so schwer sein, dass eine Therapie der Ödeme mit Diuretika kontraindiziert ist. Weitere Mechanismen der Ödembildung sind Aktivierung des RAAS und folgende Natriumretention. Hierdurch steigen Gefäßtonus und Blutdruck. Dies führt zum Abpressen von Flüssigkeit ins Interstitium. Das sich im Körper anreichernde Natrium verteilt sich primär im Interstitium und zieht aufgrund seiner osmotischen Aktivität zusätzlich Wasser in den Interzellularraum. Folgen der Hypertension können Retinaablösung, hypertensive Enzephalopathie, linksventrikuläre Hypertrophie mit daraus resultierenden Kardiomyopathien und eine weitere Progression der Glomerulopathie sein. Patienten mit Glomerulopathien befinden sich aufgrund eines Verlustes von Antithrombin III über den Urin häufig in einem hyperkoagulabilen Status. Als mögliche Folge treten bei 5–15 % der Patienten Thrombembolien von Pulmonal-, Koronar-, Mesenterial- oder Nierengefäßen auf.

11.1.5.4 Prognose

Die Prognose glomerulärer Erkrankungen hängt vom auslösenden Faktor ab. Die meisten Erkrankungen sind deutlich progressiv. Vereinzelt ist eine spontane Remission oder ein Ansprechen auf die Therapie möglich. Je früher die Erkrankung erkannt wird, desto besser kann das Fortschreiten vermindert werden. In der Humanmedizin haben Patienten mit vorhandener Azotämie, Hypertension und schwerer Proteinurie eine deutlich schlechtere Prognose als Patienten ohne diese Symptome. Bei azotämischen Hunden sind in der Literatur Überlebenszeiten von durchschnittlich 28 Tagen bis 3 Monaten angegeben. In Einzelfällen kompensieren die Tiere ihre Erkrankung bis zu 3 Jahre lang.

Membranoproliferative Glomerulonephritis

Die membranoproliferative Glomerulonephritis (MPGN) wird als die häufigste glomeruläre Erkrankung des Hundes bezeichnet. Bei nicht ordnungsgemäßer pathohistologischer Untersuchung ohne Verwendung von Immunhistologie und Elektronenmikroskopie werden allerdings auch andere Erkrankungen als MPGN interpretiert, sodass die Inzidenz überbewertet sein kann.

Die Erkrankung tritt gehäuft bei älteren Hunden im Alter von ca. 10 Jahren auf. Beim Berner Sennenhund liegt eine familiäre Prädisposition vor. Es werden die Typ 1 MPGN mit Immunkomplexablagerungen an der subendothelialen Seite der glomerulären Basalmembran und Typ II MPGN mit Ablagerungen nichtimmunassoziierter Präzipitate beschrieben, wobei der Typ 1 deutlich häufiger diagnostiziert wird als der Typ II. Histologisch sind vor allem verdickte glomeruläre Kapillaren und mesangiale Hyperzellularität mit Verdickung des gesamten Glomerulum auffällig. Die Ablagerungen können mit der Immunfluoreszenzmikroskopie differenziert werden. Mit der Elektronenmikroskopie kann Typ I von Typ II unterschieden werden. Die spezifische Therapie beinhaltet vor allem die Therapie der zugrunde liegenden Infektion oder Neoplasie. Genauere Studien zur Prognose fehlen bislang. Bekannt ist allerdings, dass Urämie, Hypertension und schwere Proteinurie mit einer schlechteren Prognose verbunden sind.

Membranöse Nephropathie

Die membranöse Nephropathie (MN) ist die zweithäufigste glomeruläre Erkrankung beim Hund und die häufigste bei Katzen: Bei dieser Erkrankung sind kaum Immunreaktionen vorhanden. Die Symptome können beim Hund in allen Altersgruppen auftreten. Bei der Katze ist die MN vor allen bei jungen Tieren im Alter von durchschnittlich 3,6 Jahren zu finden. In der Urinuntersuchung fällt eine starke Proteinurie, in Bereichen wie sie bei der Amyloidose zu finden sind, auf. Die Tiere werden häufig mit nephrotischem Syndrom oder Urämie vorgestellt. Die MN entsteht meist primär, seltener als Folge einer Grunderkrankung. Bei beiden Formen werden Immunkomplexe im Bereich der glomerulären Kapillaren gefunden. Es wird vermutet, dass die primäre Form ein autoimmunes Geschehen ist. Neben der unspezifischen Therapie scheint bei dieser Erkrankung eine immunsuppressive Therapie mit Kortikoiden, evtl. in Kombination mit Chlorambucil, Erfolg versprechend. Leider gibt es bei Hund und Katze hierzu noch keine aussagekräftigen Studien. Mit entsprechender immunsuppressiver Therapie ist mit einer Überlebenszeit von 4 Monaten bis 10 Jahren zu rechnen. Bei schon vorhandenem nephrotischen Syndrom sind die Überlebenschancen schlechter. Spontane Remissionen sind ebenfalls möglich.

Proliferative Glomerulonephritis

Etwa 2–15 % der Glomerulopathien beim Hund sind von proliferativer Natur, endokapillärer oder mesangialer Ausprägung. Als Ursache kommt eine IgA Nephropathie infrage. Häufig lässt sich jedoch kein auslösender Faktor finden. Die betroffenen Hunde werden meist im Alter von sieben bis neun Jahren mit Proteinurie und milder bis moderater Nierenerkrankung vorgestellt. Histologisch sind Immunkomplexablagerungen an der glomerulären Basalmembran und mesangiale Proliferation zu finden. Da sich meist keine spezifische Ursache der Erkrankung finden lässt, sollte eine symptomatische Therapie der Glomerulopathie erfolgen. Eine definitive Prognose kann aufgrund fehlender Studien nicht gestellt werden. Allgemein verschlechtert sich diese wiederum bei vorhandener Urämie, starker Proteinurie und Hypertension.

Immunglobulin A Nephropathie

Das polymere Immunglobulin A wird in einigen Berichten als Immunkomplexablagerung am Mesangium gefunden. Die betroffenen Hunde sind meist männlich und im Alter von 4–7 Jahren. Klinische Zeichen sind Hämaturie, Proteinurie und Urämie und Hypertension unterschiedlicher Ausprägung. Die Behandlung sollte in der Therapie der evtl. zugrunde liegenden systemischen Krankheit bestehen. Die Bekämpfung der Hypertension und der Proteinurie, z. B. mit Futter, das reich an Omega-3-Fettsäuren ist, wird ebenfalls als wichtiger Bestandteil der Therapie angesehen.

Minimum Change Disease

Diese Glomerulopathie ist beim Hund wahrscheinlich unterdiagnostiziert, da sie nur mithilfe der Elektronenmikroskopie zu erkennen ist. Die betroffenen Hunde werden mit Proteinurie und nephrotischem Syndrom vorgestellt. Die meist idiopathisch entstandenen Immunkomplexe schädigen die glomeruläre Basalmembran und erhöhen deren Permeabilität, sodass vor allem Albumin vermehrt in den Urin ausgeschieden wird. Durch die fehlenden lichtmikroskopischen Veränderungen wird diese Form der Glomerulopathien selten erkannt. Elekronenmikroskopisch kann ein deutlicher Verlust der Fußfortsätze der Podozyten erkannt werden. Die spezifische Therapie besteht in der Applikation von Kortikoiden, auf die sie sehr gut anspricht. Die Prognose ist aufgrund der geringen Anzahl an bisher beschriebenen Fällen unklar.

Glomerulosklerose

Am Ende vieler Glomerulopathien steht meist als Sekundärschädigung die Glomerulosklerose. Sie wird besonders bei schwerer Hypertension oder Patienten mit Diabetes mellitus beobachtet.

Tubulointerstitielle Läsionen im Zusammenhang mit Glomerulopathien

Die Proteinurie selbst trägt zur weiteren Schädigung bei, vor allem des Tubulussystems und des Interstitiums. Die Proteine wirken toxisch auf die Tubuluszellen und führen zur lokalen Inflammation und Fibrose. Die durch die Proteinurie notwendige Proteinresorption ist energieaufwändig und führt zur Zellzerstörung und Inflammation. Diese Prozesse fördern eine interstitielle Fibrose und letztendlich das Fortschreiten der Erkrankung mit zunehmendem Verlust der Nierenfunktion.

Die **angeborene Nephritis** gehört ebenfalls in die Gruppe der Glomerulopathie, wurde aber bereits im Abschnitt angeborene Nierenerkrankungen behandelt. Gleiches gilt für die **Amyloidose**, die sowohl vermehrt glomeruläre als auch tubuläre Ausprägung haben kann.

Weiterführende Literatur

11.1 Nieren

Acierno MJ, Brown S, Coleman AE, Jepson RE, Papich M, Stepien RL, Syme HM (2018): ACVIM consensus statement: Guidelines for the identification, evaluation, and management of systemic hypertension in dogs and cats. J Vet Intern Med. Nov; 32(6): 1803–1822. doi: 10.1111/jvim.15331. Epub 2018 Oct 24. PMID: 30353952; PMCID: PMC6271319

IRIS Canine GN Study Group Diagnosis Subgroup; Littman MP, Daminet S, Grauer GF, Lees GE, van Dongen AM (2013): Consensus recommendations for the diagnostic investigation of dogs with suspected glomerular disease. J Vet Intern Med. Nov–Dec; 27 Suppl 1: S19–26. doi: 10.1111/jvim.12223. PMID: 24635376

IRIS Canine GN Study Subgroup on Immunosuppressive Therapy Absent a Pathologic Diagnosis; Pressler B, Vaden S, Gerber B, Langston C, Polzin D (2013): Consensus guidelines for immunosuppressive treatment of dogs with glomerular disease absent a pathologic diagnosis. J Vet Intern Med. Nov–Dec; 27 Suppl 1: S55–9. doi: 10.1111/jvim.12222. PMID: 24635381

IRIS Canine GN Study Group Established Pathology Subgroup; Segev G, Cowgill LD, Heiene R, Labato MA, Polzin DJ (2013): Consensus recommendations for immunosuppressive treatment of dogs with glomerular disease based on established pathology. J Vet Intern Med. Nov–Dec; 27 Suppl 1: S44–54. doi: 10.1111/jvim.12228. PMID: 24635379

http://iris-kidney.com

Lees GE, Brown SA, Elliott J, Grauer GE, Vaden SL (2005): American College of Veterinary Internal Medicine. Assessment and management of proteinuria in dogs and cats: 2004 ACVIM Forum Consensus Statement (small animal). J Vet Intern Med. May–Jun; 19(3): 377–85. doi: 10.1892/0891-6640(2005)19[377:aamopi]2.0.co;2. PMID: 15954557

Schuller S, Francey T, Hartmann K, Hugonnard M, Kohn B, Nally JE, Sykes J (2015): European consensus statement on leptospirosis in dogs and cats. J Small Anim Pract. Mar; 56(3): 159–79. doi: 10.1111/jsap.12328. PMID: 25754092

Segev G, Cortellini S, Foster JD, Francey T, Langston C, Londoño L, Schweighauser A, Jepson RE (2024): International Renal Interest Society best practice consensus guidelines for the diagnosis and management of acute kidney injury in cats and dogs. Vet J. Feb 6: 106068. doi: 10.1016/j.tvjl.2024.106068. Epub ahead of print. PMID: 38325516

Sykes JE, Francey T, Schuller S, Stoddard RA, Cowgill LD, Moore GE (2023): Updated ACVIM consensus statement on leptospirosis in dogs. J Vet Intern Med. Nov–Dec; 37(6): 1966–1982. doi: 10.1111/jvim.16903. Epub 2023 Oct 20. PMID: 37861061; PMCID: PMC10658540

Sykes JE, Hartmann K, Lunn KF, Moore GE, Stoddard RA, Goldstein RE (2011): 2010 ACVIM small animal consensus statement on leptospirosis: diagnosis, epidemiology, treatment, and prevention. J Vet Intern Med. Jan–Feb; 25(1): 1–13. doi: 10.1111/j.1939-1676.2010.0654.x. Epub 2010 Dec 13. PMID: 21155890; PMCID: PMC3040842

Rafael Nickel

11.2 Hydronephrose

Eine Behinderung der Urinabfuhr aus der Niere über die Harnleiter kann zu einer Dehnung des Nierenbeckens führen. Abhängig von Grad und Dauer des Harnstaus steigt der Druck und das Nierenbecken erweitert sich kontinuierlich. Zunächst kann dabei die Funktion der Niere erhalten bleiben, aber ab einem gewissen Druck kommt es zur Atrophie des Nierenmarks und der Rinde, bis unter Umständen keine Filtration und Ausscheidung mehr erfolgt. Die Niere erscheint dann wie eine große Zyste, zum Teil mit einem erheblichen Umfang, der die normale Nierengröße um ein Vielfaches übersteigen kann. Gelingt es, den Transport des Harnleiters rechtzeitig wieder herzustellen, kann auch eine Normalisierung des Nierenbeckens beobachtet werden. Allerdings nur, wenn noch keine Druckatrophie aufgetreten ist. Bei partiellen Stauungen oder Stenosen ist dies noch im Zeitraum von Monaten möglich, bei komplettem Verschluss noch ca. 2–3 Wochen. Der Prozess kann ohne Symptome ablaufen, sodass es nicht selten ein Zufallsbefund bildgebender Untersuchungen ist. Symptomatisch werden viele Fälle von Hydronephrose erst, wenn es zur Infektionen kommt oder Blutungen in den Hohlraum auftreten, man spricht dann von Pyo- oder Hämonephrose. Die Ursachen sind ausschließlich im Ureter-und Harnblasenbereich zu suchen, zu den Ursachen siehe dort.

Klinisches Bild: Auffällig werden manche Hunde und Katzen nur durch eine erkennbare Umfangsvermehrung im Bauchraum oder es ist ein Zufallsbefund bei der Palpation oder bei bildgebenden Untersuchungen. Erst bei Blut oder Eiter im Hohlraum kommt es zu klinischen Symptomen, dann entweder Hämaturie oder Pyurie, meistens Störungen des Allgemeinbefindens mit Fieber, Abdominalschmerz, Apathie, Anorexie.

Diagnostik: Bei Röntgenübersichtsaufnahmen kann man eine Vergrößerung einer Niere oder eine große Umfangsvermehrung darstellen. Der tatsächliche Nachweis gelingt mit der Sonographie und nur in Ausnahmefällen braucht man aufwendigere Methoden, wie die Ausscheidungsurographie, Computer- oder Kernspintomographie. Letztere Methoden ermöglichen leichter den Nachweis der Ursache und bei Verwendung von Kontrastmitteln lässt sich unter Umständen indirekt auf das Ausscheidungsverhalten bzw. die verbleibende Leistung der Niere schließen. Da bei Obstruktionen aber das Ausscheidungsverhalten beeinträchtigt sein kann, besteht auch die Möglichkeit, unter sonographischer Kontrolle Kontrastmittel direkt in das Nierenbecken zu injizieren. Damit kann der Ureter im Verlauf deutlicher dargestellt werden. Eine Beurteilung der Funktion der betroffenen Niere ist durch die Szintigraphie möglich.

Therapie: Rechtzeitige Erkennung und Behandlung der im Bereich des Ureters oder der Harnblase vorliegenden Ursache kann die Niere retten und die Funktion bleibt erhalten bleiben. Nur bei eindeutigem Nachweis der verminderten Funktion und deutlichen Symp-tomen muss die Niere entfernt werden, was bedeutet, dass bei klassischer

Hydronephrose ein Eingriff vielleicht nicht notwendig ist, wohl aber bei Pyo- oder Hämonephrose.

11.3 Tumoren der Nieren

Berichte zum Auftreten von primären Tumoren der Nieren beim Hund nennen eine Häufigkeit von bis 1,7 % aller Tumoren und bei der Katze eine relative Häufigkeit bis zu 5 % aller Tumoren. Die Nieren können auch ein Ort für Metastasen sein.

Karzinom

Retrospektive Studien von Hunden mit Nierentumoren zählten Karzinome in bis zu 60 % der Fälle. Histologisch werden unterschieden maligne Tumoren aus dem Epithel der Tubuli und Übergangszellkarzinome, die dem Nierenbecken entstammen. Tubuläre Karzinome kommen eher bei älteren Hunden vor (im Mittel zwischen 8 und 9 Jahren) und relativ häufiger bei männlichen Tieren, was auf hormonale Einflüsse schließen lässt. Mehr als 50 % der Hunde hatten Metastasierung zum Zeitpunkt der Diagnose, wobei Lungenmetastasen vorherrschen und deutlich häufiger sind als beim Übergangszellkarzinom. Letztere haben aber besondere Merkmale in der klinischen Symptomatik, da es deutlich häufiger zu Hämaturie kommt, was für die Früherkennung und Diagnostik von Bedeutung ist. Karzinome der Niere können aber auch durch sekundäre Veränderungen, wie z. B. hypertrophische Osteopathie an den Gliedmaßen in Zusammenhang mit Lungenmetastasen, auffällig werden. Sie sind für eine Anzahl von paraneoplastischen Syndromen verantwortlich, wobei eine Polyzytämie (erhöhte Anzahl roter Blutkörperchen) durch erhöhte Erythropoetinausschüttung beschrieben wird, sowie auch hochgradige Neutrophile. Für die Leukozytose wird eine Ausschüttung von Wachstumsfaktoren durch das Tumorgewebe verantwortlich gemacht (granulocyte-macrophage colony-stimulating factor).

Cystadenokarzinom

Es handelt sich um eine erbliche Form der multiplen zystösen Adenokarzinome, die in Kombination mit einer nodulären Dermatofibrose beim Deutschen Schäferhund bilateral auftreten. Im Gegensatz zu den anderen Tumoren der Niere kann es durch Zerstörung des Nierengewebes beider Nieren auch zu einem Nierenversagen kommen, wobei die Tiere mit einer mittleren Lebenserwartung von ca. 9 Jahren meistens schon im Alter von 6 Jahren (Mittelwert) wegen der Hautveränderungen vorgestellt werden. Dabei kann auch eine Metastasierung auftreten. Die Hautveränderungen können das Allgemeinbefinden und sogar die Funktion der Gliedmaßen beeinträchtigen. Ebenfalls beschrieben wurde das parallele Auftreten von uterinen Leiomyomen.

Es ist gelungen, Mutationen im Genom des Hundes zu lokalisieren, die für die Codierung des Enzyms Fumarat Hydratase verantwortlich sind. Auf dem caninen Chromosom 5 (CFA 5) ist eine Mutation in Exon 7 für den homozygoten lethalen Defekt verantwortlich.

Nephroblastom

Ebenfalls eine besondere Rolle spielt ein Tumor, der bereits im Embryonalstadium entsteht und beim Menschen als Wilms-Tumor bezeichnet wird. Nephroblastome sind zusammengesetzte Tumoren aus metanephrogenen Blastemen und stromalen und epithelialen Überresten in verschiedenen Stadien der Differenzierung. Das biologische Verhalten ist abhängig vom Differenzierungsgrad, ausdifferenzierte Tubuli und Glomerula werden schon einem benignen Verhalten zugeordnet, was in ca. 15–17 % der Fälle vorkommt, anaplastisches und sarkomatoides Wachstum des Stromas sind häufiger von Streuung begleitet und deshalb erheblich ungünstiger im Verlauf.

Nicht alle Fälle sind schon im jungen Alter symptomatisch, auch ältere Hunde werden beschrieben, wobei der Tumor meist durch seine Größe und sein expansives Wachstum auf sich aufmerksam macht, aber auch durch Wachstum im Rückenmark zu neurologischen Ausfällen der Hintergliedmaße führen kann.

Sarkom

Sarkome machen laut retrospektiven Studien ca. ⅓ aller Nierentumoren aus. Dabei war die mediane Überlebenszeit mit 9 Monaten kürzer als bei Hunden mit Karzinom (Median 16 Monate). Die individuelle Prognose hängt allerdings vom Typ des Sarkoms ab, denn Hämangiosarkom und Osteosarkom haben in der Regel einen anderen Verlauf als weniger maligne mesenchymale Tumoren, wie das Leiomyom oder Hämangiom. Wenig differenzierte Tumoren, anaplastische Neoplasien, sind selten, aber nicht so außergewöhnlich wie die gutartigen mesenchymalen Neoplasien (Leiomyom, Hämangiom, Fibrom oder Lipom).

Lymphosarkome sind bei Hunden selten, im Gegensatz zum Auftreten bei der Katze, bei der dieser Tumor häufiger als die anderen Formen festgestellt wird, selten. Bei Katzen werden häufiger bilaterale Lymphome der Niere beobachtet, aber auch unilaterales Auftreten. In der Mehrheit sind die Katzen FeLV negativ.

Klinisches Bild: Symptome, die auftreten können und eventuell auch auf das Vorliegen einer Neoplasie der Niere hinweisen, sind vor allem die makroskopisch sichtbare Hämaturie ohne gleichzeitige Dysurie und Pollakisurie. Zu den häufig beobachteten klinischen Symptomen bei Karzinomen gehören neben der Hämaturie die Inappetenz, Lethargie, Gewichtsabnahme und Umfangsvermehrung im Bereich des Abdomens. Bei Katzen mit bilateralem Lymphom der Nieren können die Symptome des Nierenversagens im Vordergrund stehen. Schäferhunde mit Zystadenokarzinomen zeigen zunächst nur die noduläre Dermatofibrose. Paraneoplastische Syndrome, wie z. B. die Polyzythämie, zeigen unter Umständen nur die hiermit verbundene Symptomatik.

Diagnostik: Die Harnuntersuchung ergibt möglicherweise Hinweise auf eine Hämaturie, selten können abweichende Zellen aus dem Nierenbereich im Harnsediment nachgewiesen werden. Indirekte Hinweise ergeben sich aus hämatologischen Untersuchungen, wenn deutlich zu viele rote Blutkörperchen oder auch Granulozyten vorhanden sind (Polyzytämie, Granulozytose). Der entscheidende Schritt ist die Sonographie, die in den meisten Fällen zumindest eine deutliche Strukturveränderung nachweist. Bei jüngeren Tieren ist der Unterschied zwischen Dysplasie und Tumor aber nicht unbedingt zu erkennen. Die Feinnadelaspiration für Material zur zytologischen Untersuchung ist sehr nützlich, vor allem zum Nachweis der Lymphome. Hämangiome oder Sarkome können schwieriger im Nachweis sein. Ob es allerdings ratsam ist, bei Verdacht auf Hämangiosarkom eine traumatischere Art der Nierenbiopsie, die sog. Trucut-Methode, anzuwenden, oder bei Nierenzellkarzinom eine mögliche Zellsaat (engl. Tumor seeding) zu riskieren, ist fraglich. Prognostischen Wert konnte man allerdings nachweisen. Entscheidend ist auch das sogenannte „tumor staging" (engl.), die Klassifikation anhand der Ausbreitung und der Metastasierung. Hier eignet sich besonders die Computertomographie, die bei Verwendung von Kontrastmitteln auch einen indirekten Schluss auf die Nierenfunktion zulässt. Für den Fall einer chirurgischen Behandlung, in der Regel die Nephrektomie, ist die Beurteilung der Nierenfunktion sehr wichtig. Bei herabgesetzter Gesamtleistung beider Nieren kann die Entfernung der veränderten Niere die verbleibende überlasten. Die Bestimmung der glomerulären Filtrationsrate, z. B. mit der exogenen Kreatinin Clearance, ist daher nützlich, besser ist allerdings die Einzeldarstellung der Nieren mit einer Gammakamera unter Anwendung von ^{99m}Tc-DTPA, also eine Nierenszintigraphie, die die Anteile der beiden Nieren an der Gesamtfiltrationsleistung anzeigt. Die Verfügbarkeit dieser Technik ist aber begrenzt.

Therapie: Mit Ausnahme der Lymphome ist die Nephrektomie die Therapie mit den besten Ergebnissen. In einer retrospektiven Studie war der Überlebenszeitraum bei Karzinom 0–70 Monate (median 16 Monate), bei Sarkom 0–59 Monate (median 9 Monate), Nephroblastom 0–25 Monate (median 6 Monate). Bei den Schäferhunden mit Zystadenokarzinom war in einer Studie auch ohne Behandlung die Zeit zwischen Diagnose (median 8 Jahre) und Euthanasie median 13 Monate.

Resultate adjuvanter Therapien nach Nephrektomie sind nicht ausreichend dokumentiert. Beim Lymphom der Nieren kann unter den Routineprotokollen zur Behandlung des multizentrischen Lymphoms in einigen Fällen eine Besserung der Nierenfunktion beobachtet werden.

11.4 Harnblase

11.4.1 Anatomie und Physiologie

Die Harnblase empfängt den Harn aus den Ureteren und ist für die vorübergehende Sammlung und gezielte Entleerung verantwortlich. Sie ist ein muskulomembranöses Hohlorgan, das sich abhängig vom Füllungsgrad in der Größe und in der Position ändert.

Die reguläre Position der Harnblase ist vor dem Beckenkanal im kaudalen Abdomen, wobei die Harnblase der Bauchwand aufliegt und sich bei Füllung nach kranial und dorsal ausdehnt. Man unterscheidet den kranialen Teil, Apex oder Fundus genannt, vom

Körper und dem Blasenhals, der in die Harnröhre übergeht. In der dorsalen Region am Übergang zum Blasenhals wird der Bereich, in den die Harnleiter einmünden, als Trigonium bezeichnet. Die innere Schicht der Harnblase besteht aus einem 3–5-schichtigen Epithel, das sich bei leerer Harnblase in feine, unregelmäßige Falten legt und bei Dehnung verstreicht. Darunter befindet sich eine Schicht aus losem Bindegewebe, feinen Blutgefäßen, Nervenfasern und retikuloendothelialen Zellen. Dann folgt der Detrusormuskel, bestehend aus glatten Muskelzellen, die in einem nicht deutlich unterteilten Netzwerk verlaufen. Der Faserverlauf ist zum Blasenhals hin zunehmend schräg. Zur Bauchhöhle hin ist die Harnblase durch einen serösen Überzug abgegrenzt, der zum Peritoneum gehört.

Die Blutversorgung der Harnblase erfolgt vorrangig aus Ästen der A.u.V. iliaca interna, die auch die Prostata oder Vagina versorgen und sich dann über die lateralen Aufhangbänder aufzweigen. Von dort führt ein feines Geflecht von Gefäßen durch die gesamte Blasenwand. Die Abfuhr von Lymphe erfolgt in die sublumbaren Lymphknoten.

Der Detrusormuskel und die Submukosa enthalten Nervenfasern aus den parasympathischen Neuronen des sakralen Rückenmarks. Die präganglionären Fasern treten aus dem ventralen Horn der Rückenmarkssegmente S2–4 aus, bilden dann den N. pelvicus und verflechten sich dann mit den sympathischen Fasern zum Plexus pelvicus. Die sympathischen Fasern entspringen aus den Rückenmarkssegmenten L1–4. Die verflochtenen Fasern des Plexus erreichen den Detrusor über die lateralen Aufhangbänder.

Die neuronale Verflechtung des Plexus pelvicus führt entlang der Bahnen des Rückenmarks über den rostralen Teil des Hirnstammes bis in das in der Pons gelegene Miktionszentrum, inzwischen als Barringtons Nucleus bezeichnet. Hier sind Zellgruppen, die in das sakrale Rückenmark projizieren und stimulierende und hemmende Einflüsse auf die Detrusoraktivität haben.

Die Aufgabe der Harnblase zur zeitweiligen Sammlung des Harns erfordert sowohl mechanische als auch neuronale Mechanismen, die durch Dehnung der Wand eine Vergrößerung des Lumens erlauben und gleichzeitig die für die Entleerung nötige Stimulation des Detrusormuskels hemmen. Dies wird durch Aktivierung absteigender sympathischer Fasern des N. hypogastricus erreicht, die in der Muskulatur und Submukosa lokalisierte adrenerge Rezeptoren stimulieren und gleichzeitig die Stimulation der cholinergen, parasympathisch innervierten Rezeptoren hemmen. Im Rahmen der Dehnung durch Zunahme der Füllung der Harnblase kommt es zur Aktivierung von Dehnungsrezeptoren, die über afferente parasympathische Fasern zunächst schwache Signale an das Rückenmark abgeben, sodass es in Folge zu sympathischer Hemmung des M. detrusor kommt und auch zur Hemmung parasympathischer Ganglien. Während der Füllphase der Harnblase übersteigt der Druck in der Harnblase 5–10 mmHg zunächst nicht, bis die Blasenkapazität erreicht ist. Je nach Schwelle der individuellen Harnblase wird dann wohl eher im Rahmen einer gewissen Dehnung der Wand ein Miktionsreflex bewusst oder unbewusst ausgelöst. Hier kommt es zu starker Aktivität in den efferenten parasympathischen und somatischen Fasern, Hemmung der sympathischen Fasern und dadurch zur Kontraktion des Detrusormuskels.

11.4.2 Erkrankungen der Harnblase

11.4.2.1 Kongenitale Erkrankungen der Harnblase

Hypoplasie

Eine äußerst seltene Problematik und eher Folge eines Fehlers in der Anlage der Ureteren oder Harnröhre, sodass durch die resultierende Harninkontinenz es gar nicht zu einer Füllung der Harnblase kommen kann. Die Folge der Hypoplasie ist eine dauerhafte Harninkontinenz. Die Behandlungsoptionen werden im Kapitel Harninkontinenz diskutiert.

Exstrophie

Ein unzureichender Schluss der Bauchhöhle, Harnblase und der externen Genitalien in der Embryonalentwicklung resultiert in der sogenannten Exstrophie. Dieser Zustand ist mit normaler Funktion nicht vereinbar und wird meist zum Anlass genommen, betroffene Welpen zu euthanasieren.

Duplikation der Harnblase

Sehr selten beobachtet und auch nur anekdotisch in der Literatur beschrieben ist die embryonale Fehlentwicklung durch Teilung des Sinus urogenitalis, was zu einer Art Doppelblase führt. Die vereinzelten Berichte waren unterschiedlicher Ausprägung und die Folgen der Anomalie waren Harninkontinenz, Infektion und Entzündung und vermehrter Harnabsatz, sowie Erweiterung des Abdomens.

Urachus persistens

Die unzureichende Rückbildung der Verbindung des Urachus zur Harnblase im Rahmen der postembryonalen Entwicklung kann in verschiedenen Graden auftreten. In geringem Maß wird die trichterförmige Ausstülpung der kranialen Harnblase eher als Divertikel bezeichnet und ist nicht immer eindeutig in ihrer pathophysiologischen Relevanz. Sie kann also auch als Folge eines hohen Drucks in der Harnblase im Rahmen entzündlicher Zustände ausgeprägter sein und sich dann wieder zurückbilden. Die deutlichere Form des Urachus persistens ist in ihrem Zustand unveränderlich und fällt abhängig von einer möglichen Öffnung am Nabel durch eine lokale Symptomatik auf, zu der Nässe in dem Bereich mit Irritation der Haut und aufsteigende Infektionen (Abb. 11.3) gehören. Häufiger ist aber eine Kanalbildung ohne Öffnung nach außen, was trotzdem auch zu Infektionen führen kann, wohl durch Restharn im Urachus verursacht.

Klinisches Bild: Die klinische Symptomatik ist meist chronisch rezidivierend Blut im Harn, erhöhter Harndrang und häufiger Harnabsatz.

Diagnostik: Vor allem bei chronischen oder rezidivierenden Beschwerden werden in der Harnuntersuchung Blut, Leukozyten und Bakterien nachgewiesen. Bei Katzen sind die Divertikel selten von Infektionen begleitet.

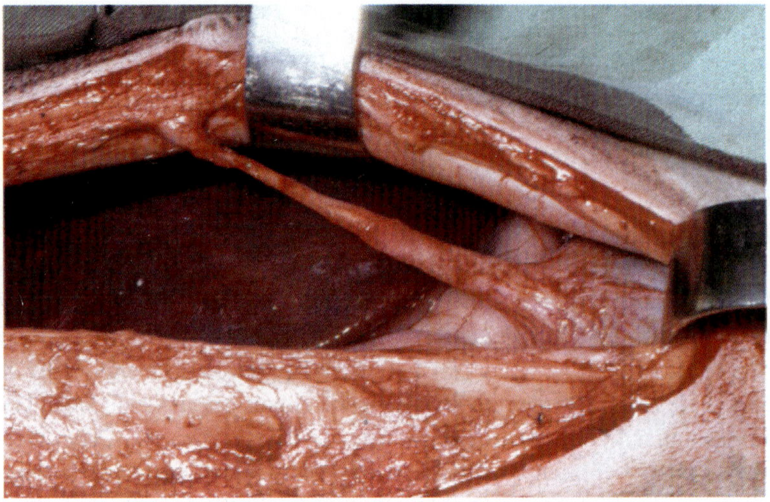

Abb. 11.3 Urachus persistens: Persistierender Urachus bei einem Hund mit rezidivierender bakterieller Zystitis (Op-Situs).

Die entscheidende Rolle in der Diagnostik spielt die Bildgebung. Häufig gelingt der sonographische Nachweis, bei Unsicherheit ist eine retrograde Röntgenkontrastuntersuchung oder Endoskopie indiziert.

Therapie: Mit Ausnahme der Divertikel bei Katzen, die meist keinen infizierten Harn haben, ist die chirurgische Entfernung die Methode der Wahl. Bei Hunden mit rezidivierenden Infektionen ist die Entfernung des Urachus meistens kurativ. Der chirurgischen Behandlung geht eine antimikrobielle Therapie voraus.

11.4.2.2 Entzündliche Erkrankungen der Harnblase

Infektiöse Zystitis

Die häufigste Erkrankung der Harnblase beim Hund, erheblich seltener bei der Katze, ist die Entzündung als Folge einer Infektion mit pathogenen Bakterien. Die Pathogenitätsmechanismen der Bakterien, die teilweise auch den Entzündungsreiz auslösen, sind Veränderung des pH-Wertes, hämolysierende Eigenschaften, Zilien, Fimbrien und Adhäsine. Die Harnblase reagiert nach Schädigung der Oberfläche des Epithels mit Blutung, Rötung und Schmerz, dieser aber eher als Reizzustand, der zu erhöhtem Harndrang führt. Die Bakterien selbst können eine Aktivierung der polymorphkernigen Granulozyten hervorrufen mit anschließender Phagozytose. Voraus geht der Infektion aber eine Schwäche der lokalen Abwehr oder auch der humoralen Abwehr.

Zu den bekannten Abwehrmechanismen der Harnblase gehört zunächst die komplette Entleerung. Wenn im Rahmen von anatomischen Defekten oder Funktionsstörungen der Harn oder ein Teil davon im System verbleibt, kommt es fast unweigerlich zur Anreicherung von Bakterien und abhängig von deren Anzahl und Pathogenität zur Entzündung. Eine besonders häufig betroffene Gruppe von Patienten sind Hunde mit neurologischen Problemen, deren Blasenfunktion über mehrere Tage bis Wochen gestört sein kann und die im Rahmen der Behandlung immunsuppressive Medikamente bekommen.

Ein weiterer wichtiger Aspekt der Abwehr ist die Integrität des Urothels, die vor allem von den Glykosaminglykanen abhängt. Bei urologischen Patienten in der Humanmedizin wurden verminderte Ausscheidungen dieser Substanz in den Harn gemessen. Aber auch der Einbau oder Aufrechterhaltung kann gestört sein, wobei zum Beispiel auch der pH-Wert des Harns eine Rolle spielt. So gelingt es beispielsweise dem Bakterium Proteus mirabilis durch das Enzym Urease (auch von Staphylokokken freigesetzt), den pH des Urins in den alkalischen Bereich zu erhöhen und damit offensichtlich die Funktion der Glykosaminoglykanschicht zum Teil außer Gefecht zu setzen. Speziell bei diesen Infektionen ist im Verlauf zu beobachten, dass sich langfristig auch tiefere Schichten entzünden, aber vor allem an der Oberfläche Proliferationen des Epithels auftreten. Zu den wichtigen Schäden am Urothel gehören natürlich die Einflüsse von Harnsteinen, aber vor allem iatrogene Ursachen, also häufiges Katheterisieren und chirurgische Intervention. Auch wenn gesunde Harnwege im Experiment eine erhebliche Schädigung durch derartige Einflüsse zur Entstehung einer infektiösen Zystitis bedürfen, so ist bei manchen Patienten im Verlauf das Problem, dass besonders ungewöhnliche Bakterien in die Harnwege eindringen und drastische Folgen haben können. Zu diesen besonders problematischen Erregern, die fast nie oder zumindest sehr selten auf natürlichem Wege eine Infektion hervorrufen können, gehören Pseudomonas spp. und Corynebakterium spp. Neben ihrer besonders ausgeprägten Resistenz gegen handelsübliche Antibiotika zeichnen sie sich auch durch ihre extremen Gewebeschädigungen aus, die Nekrosen und Verkalkungen zur Folge haben und damit lebensbedrohlich für die Tiere werden.

Abhängig von den zugrunde liegenden Ursachen verlaufen die Infektionen der unteren Harnwege sehr unterschiedlich, wobei auch die Art der Besiedlung entscheidet. Bei Defekten der lokalen Abwehr kommt es auch häufig zu Infektion mit nicht-pathogenen Stämmen, vor allem E. coli und Enterokokken. Allgemein herrschen bei den akuten, zunächst unkompliziert verlaufenden Infektionen E. coli, Streptokokken und Staphylokokken vor, seltener ist Klebsiella spp. Bei chronisch verlaufenden Infektionen spielt Proteus spp. die größte Rolle. Hunde mit nur vorrübergehender Schwächung der humoralen Abwehr sind wahrscheinlich in der Lage, akute Infektionen selbstständig zu eliminieren, während Tiere mit lokalen Abwehrschwächen, die sich nicht korrigieren lassen, nicht ohne Behandlung auskommen.

Die chronische Zystitis stellt eine morphologische Veränderung der Harnblase dar. Auch abhängig von der Art der Erreger kommt es zu einer Hypertrophie der Muskularis, im Verlauf auch mit Einlagerung von Bindegewebe und damit Verlust der Elastizität und Kapazität. In der Mukosa kommt es zu proliferativen Veränderungen bis hin zur Polypenbildung, aber häufiger zur Unregelmäßigkeit der Oberfläche, die in der bildgebenden Diagnostik nachzuvollziehen ist. Eine Normalisierung der Funktion und der Oberfläche tritt häufig nicht mehr auf.

Klinisches Bild: Die klassische Form der Harnblasenentzündung hat als klinische Symptomatik Blut im Harn (Hämaturie), schmerzhaften Harndrang (Dysurie) und häufigen Absatz kleiner Mengen (Pollakisurie). Selten werden allgemeine Krankheitssymptome wie Fieber, Apathie oder abdominaler Schmerz beobachtet. Untypische Symptome, wie z. B. augenscheinlicher Kotdrang (Tenesmus alvi) und Harninkontinenz, treten allerdings auch gelegentlich auf.

Diagnostik: Zum Nachweis einer infektiösen Zystitis bei eindeutiger Symptomatik reicht die Harnuntersuchung, wobei es allerdings nicht immer gelingt, Bakterien in der Kultur nachzuweisen. Entscheidend ist der Nachweis von Leukozyten als Antwort auf pathogene Erreger. Eine Harnsedimentuntersuchung (Abb. 11.4) kann sowohl die Leukozytenreaktion als auch eine Zuordnung der Bakterien ermöglichen (z. B. Kokken oder Stäbchen). Für die Harnuntersuchung ist es allerdings von entscheidender Bedeutung, wie die Probe entnommen wurde und wann sie untersucht wurde. Aufgefangener Harn kann durch Veränderungen im Präputium und in der Vulva Verunreinigungen zeigen, die die Zuordnung der Lokalisation unmöglich machen. Die Entnahme von Harn durch einen Katheter ergibt eine erheblich geringere Kontamination, aber eben auch nicht einen Ausschluss. Die Methode der Wahl ist die Zystozentese, also Punktion des Harns direkt aus der Harnblase. Ist die Harnblase allerdings nicht ausreichend gefüllt, kann die Methode erschwert und der Gebrauch eines Katheters sinnvoller sein. Einen nicht zu unterschätzenden Einfluss auf die Harnuntersuchung nimmt die Dauer bis zur Untersuchung, da sich die Harneigenschaften über die Zeit und auch temperaturabhängig verändern.

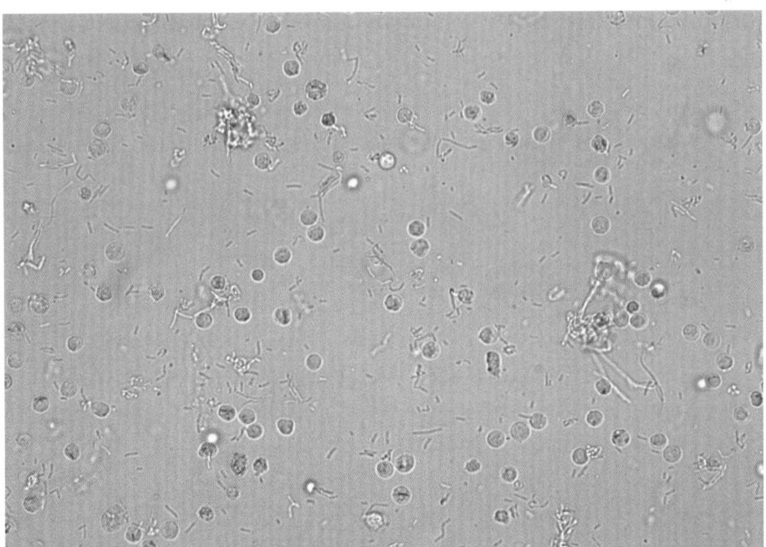

Abb. 11.4 Mikroskopische Darstellung eines Harnsediments mit zahlreichen Leukozyten und Bakterien, erstellt mit einem automatisierten Harnsedimentanalysesystem (SediVue, IDEXX).

Neben der zeitnahen mikroskopischen Untersuchung eines Harnsediments hat sich auch die Verwendung eines sogenannten Uricultsystems bewährt. Nach Bebrütung für 48 Stunden kann zumindest bakterielles Wachstum erkennbar sein und dann zur weiteren Untersuchung eingesendet werden, was dann eine Differenzierung und einen Resistenztest mit Bestimmung der minimalen inhibitorischen Hemmstoffkonzentration ermöglicht. Direkter Versand von Harn führt häufiger zu falsch negativen Befunden. Der gebräuchliche Einsatz von Teststreifen zur Harnuntersuchung ist mit einem gewissen Fehler behaftet und die Ergebnisse sollten immer mit Vorsicht interpretiert werden. Ein Nitritnachweis z. B. ist zwar ein Hinweis auf Bakterienaktivität, er kann aber auch fehlen trotz Infektion. Leukozyten werden vor allem im Katzenharn häufig falsch positiv angezeigt. Der Nutzen der Teststreifen liegt eher in Hinweisen auf Störungen im Abwehrsystem (wie z. B. Glukosenachweis bei Diabetes mellitus oder primärer renaler Glukosurie).

Der Nachweis einer Entzündung im Harn und auch der Nachweis von Bakterien sollten immer die oben beschriebenen Störungen der lokalen oder allgemeinen Abwehr berücksichtigen. Spontan sollten Harnwegsinfektionen nicht auftreten. In der Diagnostik konzentriert man sich also am besten auch auf Faktoren, die das lokale oder humorale Abwehrsystem stören (Tabelle 11.9).

Die bildgebende und endoskopische Diagnostik ist daher in der Regel sehr nützlich und sollte das gesamte System erfassen, also Nieren, Harnleiter, Blase, Urethra, Prostata und auch den Genitalbereich. Dies berücksichtigt nicht nur disponierende Faktoren, sondern hilft auch bei der Lokalisation des Entzündungsherdes. Bei klassischer Symptomatik (Hämaturie, Dysurie, Pollakisurie) ist die Harnblase in der Regel sowieso betroffen, aber die Entzündung und Infektion kann auch in den Nieren bzw. Nierenbecken, der Prostata oder dem Genitalbereich vorhanden sein und erfordert eine Anpassung der Therapie.

Tabelle 11.9: **Infektiöse Zystitis. Wirkung bakterieller Pathogenitätsfaktoren gegen körpereigene Abwehrmechanismen**

Infektion vs.	**Abwehr**
Pathogenitätsfaktoren	*lokal*
Zilien	Glykosaminoglykane
Adhäsine	IgA
Enzyme (Urease)	Lysozym
Hämolyse	Osmolalität
	pH
	Tamm Horsfall Protein
	Mikroflora?
Infektionsdruck	*humoral*

vs = versus (gegen)

Bei chronisch rezidivierenden Entzündungen der Harnblase finden sich in der Sonographie und in der retrograden Röntgenkontrastuntersuchung typische Veränderungen, die aufgrund der Unruhe der Oberfläche manchmal an Tumorwachstum denken lassen. Allerdings sind diese Veränderungen anders lokalisiert, entweder weiträumig oder, vor allem, im kranialen Harnblasenbereich lokalisiert.

Therapie der Infektiösen Zystitis: Zur Elimination von Bakterien aus dem Urin können Antibiotika eingesetzt werden. Bei akuten unkomplizierten Infektionen ist auch eine Selbstheilung möglich, wenn man die körpereigenen Mechanismen zur schnellen und häufigen Elimination der Bakterien durch Förderung der Diurese unterstützt, damit das lokale Immunsystem die Situation evtl. wieder unter Kontrolle bekommt. Antibiotika erzielen aber eine schnelle Linderung der Symptome und sind daher erste Wahl.

Die hemmenden und keimtötenden Eigenschaften der gebräuchlichen Antibiotika sind bekannt, sodass die Wahl der Präparate für die Bekämpfung der vorliegenden Bakterien und ihre Dosierung unproblematisch ist. Viel schwieriger ist es, dem individuellen Bedarf Rechnung zu tragen, d. h. vor allem die Anwendungsdauer in Abhängigkeit von der Abwehrkraft des Patienten festzulegen. Es muss somit neben der Wahl des Medikaments, seiner Applikationsart und Dosierung auch die Dauer der Behandlung individuell angepasst werden. Für unkomplizierte akute Fälle sehen die aktuellen Richtlinien (von 2019) eine Behandlungsdauer von zunächst 4–5 Tagen vor. Bei Menschen mit akuter unkomplizierter Harnwegsinfektionen ist allerdings auch die Wirksamkeit einer einzelnen Anwendung nachgewiesen. Auch beim Hund zeigten Wirksamkeitsstudien nach experimenteller Infektion z. B. für Marbofloxazin eine erfolgreiche Bakterienelimination nach einmaliger Anwendung.

Dieses Vorgehen ist bei den chronisch-rezidivierenden Entzündungen, bei denen ein gravierender, nicht korrigierbarer Abwehrfehler vorliegt – wie z. B. bei neurologischen Patienten mit gestörter Entleerung der Harnblase, der in vielen Fällen nicht korrigiert werden kann, nicht ausreichend. Hier müssen Therapieprotokolle anhand der Kultur und des Antibiogramms individuell gestaltet werden und längere Anwendungen von verträglichen Antibiotika in Erwägung gezogen werden.

Eine exakte Anpassung an die Bedürfnisse des Patienten müsste eine minimal inhibierende Konzentration (engl.: MIC) des Wirkstoffs im entsprechenden Gewebe ergeben. Dabei ist zu berücksichtigen, dass für Bakterien im Urin bereits relativ niedrige Wirkstoffkonzentrationen ausreichen, was aber beim erkrankten Hund nicht ohne weiteres feststellbar ist, zumal sich Bakterien auch in der Blasenwand, der Prostata oder dem Nierenbecken festgesetzt haben können. Deshalb hält man sich zunächst an die Dosierungsrichtlinien und macht eventuelle Anpassungen vom Krankheitsverlauf abhängig. Für die Anwendung einiger Antibiotika bestehen ausreichende Erfahrungen in Bezug auf die wirksame Dosierung und die Empfindlichkeit der häufig bei einer infektiösen Zystitis nachgewiesenen Bakterien (siehe ISCAID guidelines 2019).

Über die Applikation von Antibiotika hinaus richten sich zusätzliche Maßnahmen nach den Eigenschaften der einzelnen Erreger und nach der klinischen Symptomatik, bzw. deren Persistenz. Prinzipiell ist die Verdünnung des Urins mit häufigerer Ausscheidung durch Erhöhung der täglichen Trinkwasseraufnahme mit oder ohne Einsatz von Diuretika sinnvoll. Weiterhin kann man durch Ansäuerung des Urins einen Teil der Pathogenitätsmechanismen Urease bildender Bakterien (Staphylokokken und Proteus) außer Kraft setzen. Der Wirkungsnachweis für die Ansäuerung des Harns im Bereich um pH 6 ist für kommerzielle Diäten erbracht, die zur Auflösung von Struvitsteinen angeboten werden. Ansonsten ist auch die Anwendung von Ammoniumchlorid in der Dosis von 200 mg/kg KM/Tag, verteilt auf 2 Mahlzeiten, möglich. Dabei kommt es aber zu einer metabolischen Azidose.

Der Einsatz von Spasmolytika zur Verminderung der Pollakisurie ist umstritten. Im Regelfall verschwinden die Symptome der Zystitis bei erfolgreicher Elimination der Bakterien innerhalb von 1–2 Tagen.

Besonders problematisch ist das Management bei Infektionen mit Pseudomonaden oder Corynebakterien, selten auch bei tiefgreifenden, nekrotisierenden Entzündungen mit Streptokokken. Hier ist die frühzeitige Wahl eines wirksamen Antibiotikums essenziell, wobei u. U. auch eine höhere Dosis (z. B. 4,0 mg statt 2,5 mg/kg KM für Marbofloxazin) angewendet werden muss. Bei der Nutzung eines Antibiogramms besteht die Gefahr, dass nur Antibiotika als wirksam nachgewiesen werden, die nicht oral anwendbar sind und ein erhebliches toxisches Potential haben. Als Beispiel sei das Gentamyzin erwähnt, das maximal nur über 6 Tage unter optimaler Flüssigkeitsversorgung angewendet werden kann, weil sonst das Risiko einer renalen Tubulopathie zu groß wird. Die Wahl solcher Substanzen sollte die letzte der möglichen Maßnahmen darstellen.

Feline idiopathische Zystitis

Streng genommen ist diese Zystitis keine Entzündung der Harnblase im klassischen Sinn. Lediglich die klinischen Symptome entsprechen einer Entzündung der Harnblase, aber histologische Untersuchungen und die im Urin nachgewiesenen Zellen stimmen nicht mit dem überein, was man zum Beispiel im Fall einer klassischen, bakteriellen Infektion beobachten kann. So fehlen vor allem die Leukozyten und auch andere Entzündungszellen. Die roten Blutzellen, die man allerdings nicht in allen Fällen vorfindet, sind wahrscheinlich eher die Folge mechanischer Belastung der Mukosa durch das heftige Pressen bzw. der unfreiwilligen Kontraktionen der Harnblase. In der Blasenwand werden aber manchmal vermehrt Mastzellen nachgewiesen, was man im Rahmen der zurzeit gängigen Hypothesen zur Pathophysiologie so erklärt: Eine Schädigung oder Anfälligkeit der obersten Schicht der Mukosa, der Glykosaminoglykanschicht, führt zu einer Funktionsstörung des Epithels. Im Harn befindliche Stoffe, wie z. B. Kristalle, Ionen, Mikroorganismen oder Proteine, können damit in engeren Kontakt mit dem Epithel kommen und so sensorische Neuronen (sogenannte C-Fasern) stimulieren. Dies kann entweder zu Schmerzempfindung im Gehirn führen aber auch lokal zur Freisetzung von Neurotransmittern (z. B. Substanz P), die Einfluss auf die Gefäßwände und die Infiltration von Mastzellen und damit Freisetzung von Entzündungsmediatoren, wie z. B. dem Histamin, haben. Außerdem kann Substanz P direkt zur Stimulation der glatten Muskeln und deren Kontraktion führen. Aber auch sympathische Nervenfasern übertragen Signale des Gehirns und führen zur Freisetzung von Neuropeptiden und verstärken damit die Reaktion in der Blasenwand.

Ergebnisse vergleichender Studien bei Menschen und Katzen haben zu dem Schluss geführt, dass die idiopathische Zystitis der Katze weitestgehend mit Charakteristika der interstitiellen Zystitis beim Menschen übereinstimmt. Dies ergaben Studien an der Universität von Ohio, die sich zunehmend mehr mit Stress verarbeitenden Systemen des Hypothalamus, der Hypophyse und der Nebennieren auseinandersetzen. Katzen mit idiopathischer Zystitis reagieren zum Beispiel heftiger auf akustische Reizmuster, was auf höhere sensorische und sympathische Aktivität, reduzierte Glukokortikoidausschüttung u. a. zurückzuführen sein kann. Letzteres bestätigt sich aus einer Studie mit der Anwendung von Corticotropin Releasing Faktor Antagonisten, die eine höhere ACTH-Ausschüttung bei geringerer adrenaler Cortisol Produktion in der Gruppe der Katzen mit idiopathischer Zystitis zeigte. Also liegt wahrscheinlich eine leichte Unterfunktion oder Erschöpfung der Nebennierenrinde vor.

Konsequenzen daraus sind auch im Rahmen verhaltensorientierter Studien zu erkennen, denn Stressfaktoren wie Konflikte im Mehrkatzenhaushalt korrelieren positiv mit dem Auftreten der Zystitis. Weitere nachgewiesene Stressfaktoren für Katzen mit einer offensichtlichen Störung des Stressverarbeitungssystems betreffen Futterart, Futternapf, Wassernapf, Katzentoilette, Besucher, andere Tiere im Haushalt, Kleinkinder und mehr.

Klinisches Bild: Hämaturie, Dysurie und Pollakisurie sind die klassischen Symptome der Zystitis, ungeachtet der Ursache. Manchmal werden Sie von Klagelauten oder anderen Schmerzäußerungen und von Anorexie begleitet. Nicht selten ist der Harnabsatz dann auch außerhalb der Katzentoilette und wird als Periurie bezeichnet. Dies lässt sich vorberichtlich meistens vom Urinmarkieren unterscheiden.

Die Katzen mit der Diagnose der idiopathischen Zystitis waren in jungem bis mittleren Alter, beiderlei Geschlechts, und es gab keine Rassedisposition. Besondere Merkmale der Erkrankung sind das mehrmalige Auftreten, bis zu 15-mal in einem Jahr. Der natürliche Krankheitsverlauf der einzelnen Episoden ist meistens begrenzt auf 7 Tage; in einzelnen Fällen können die Symptome aber auch mehrere Wochen anhalten.

Diagnose: In retrospektiven Studien wurde bei 53–69 % aller Katzen, die mit den oben beschriebenen klinischen Symptomen vorgestellt wurden, keine Ursache für das Problem ermittelt. Als Krankheitsursachen konnten in den anderen Fällen Kristallurie oder Urolithiasis, Infektion, anatomische oder morphologische Defekte der Harnblase und Neoplasien ermittelt werden.

Außer den typischen Läsionen, die bei der Katze wie auch beim Menschen bei der Hochdruckzystoskopie beobachtet werden (die sogenannten Glomerulationen), gibt es keine spezifischen Befunde in der Routinediagnostik. Die Diagnose wird also durch Ausschluss der oben genannten anderen Krankheitsursachen gestellt. Dazu dient die sorgfältige Anamnese, die Sedimentuntersuchung eines frischen Katheter- oder Zystozenteseharns und einer röntgenologischen und/oder sonographischen

Darstellung der Harnblase. Der nächste entscheidende Schritt ist der Ausschluss von Bakterien und Leukozyten im Harnsediment. Da Teststreifen häufig falsch-positive Leukozytenbefunde ergeben, sollte besser eine mikroskopische Sedimentuntersuchung durchgeführt werden. Im klassischen Fall werden viel Erythrozyten beobachtet und kaum Leukozyten. Wenige Bakterien darf man nur in spontan abgesetzten Harn finden. Über die Rolle der Kristalle im Sediment bestehen gewisse Zweifel. Es ist nämlich nicht deutlich, welche Kristalle in welcher Menge und Zusammensetzung zur Reizung der Harnblase beitragen oder als Zufallsbefund gewertet werden müssen. Auch zur Frage der bei bildgebenden Verfahren beobachteten Befunde besteht nicht immer Deutlichkeit. Veränderungen der kranialen Harnblasenwand, sogenannte Urachusdivertikel, können zwar Infektionen fördern, aber sind bei Katzen nicht eindeutig von pathophysiologischer Relevanz. Die bildgebenden Verfahren dienen eher dem Ausschluss von Steinen und Harngrieß, Polypen und malignen Tumoren. Andere Veränderungen, die zum Teil gravierend aussehen, sind wahrscheinlich auch eher als Folge der Harnblasenüberreizung zu sehen. Die Wand verliert ihre natürliche Elastizität und Kontrast dringt in die tieferen Schichten ein oder verursacht Reflux in die Ureteren.

Behandlungsoptionen bei der idiopathischen Zystitis: Bei der Behandlung akuter Beschwerden sind bisher nur 3 Wirkstoffe im Rahmen kontrollierter Studien untersucht worden. Dabei hat sich für das Anticholinergikum Propanthelin, das Glukokortikoid Prednisolon und für das tricyclische Antidepressivum Amitryptilin herausgestellt, dass innerhalb der ersten Tage kein signifikanter Unterschied des Krankheitsverlaufes im Vergleich zur Gabe eines Placebo nachzuweisen war. Auch für andere Wirkstoffe gibt es keine objektiven Resultate, die eine Wirksamkeit belegen. Es wird aber im Konsens von Experten eine Analgesie befürwortet, auch wenn die Symptomatik nicht erkennbar beeinflusst wird.

Im Langzeitmanagement, gerichtet auf eine Minderung rezidivierender Episoden, gibt es vergleichende Studien zum Einfluss von tricyclischen Antidepressiva, Pheromonen, Substitutionen von Glykosaminoglykanen, Umstellung der Ernährung mit und ohne spezifische Zusatzstoffe und Veränderung der Umgebung (engl. environmental enrichment oder multimodal environmental modification –MEMO). Diese werden hier etwas detaillierter beschrieben.

Amitryptilin

Dieser Stoff gehört zu der Gruppe der tricyclischen Antidepressiva und zu seinen bisher bekannten Wirkungen gehört die Potenzierung von Neurotransmittern durch Inhibition ihrer Wiederaufnahme an den Nervenendigungen. Amitryptilin verursacht aber auch zentrale und periphere anticholinerge Aktivität und blockiert H_1-histaminerge Rezeptoren mit dem Effekt der Sedation. Die daraus resultierenden Nebenwirkungen, nämlich Beeinflussung der Sehkraft, trockener Mund, Konstipation und Harnretention, haben schließlich zum gezielten Einsatz bei Erkrankungen der Harnwege geführt. Im Hinblick auf diese Effekte kann ein kurzfristiger Wirkungseintritt erwartet werden, während die verhaltenstherapeutische Anwendung erst nach mehreren Wochen bis Monaten nachvollziehbare Wirkung zeigt.

Dies erklärt vielleicht auch, warum die kurzfristige Anwendung im Vergleich zu einem Placebo bei der idiopathischen Zystitis keinen erkennbaren Nutzen hatte, während das langfristige Auftreten von Rezidiven bei chronischen Fällen vermindert werden konnte (diese Beobachtungen waren aber nicht im Rahmen einer kontrollierten Studie). Bei der empfohlenen Dosis von 10 mg pro Tier und Tag werden von den Besitzern allerdings regelmäßig verminderte Aktivität und Teilnahmslosigkeit beobachtet, langfristig kommt es zur Gewichtszunahme und Verschlechterung des Fells. Aus der Sicht der Praktikabilität hat Amitriptylin gegenüber anderen Stoffen den Vorteil, nur einmal täglich verabreicht werden zu müssen und dabei als kleine, geschmacksneutrale Tablette erhältlich zu sein (z. B. Amineurin® 10 mg, Hexal). Amitriptylin ist kein Tierarzneimittel.

Glykosaminoglykane

Viel Hoffnung beruhte zunächst auf dem möglichen Langzeiteffekt von oral applizierten Glukosaminoglykanen (N-Azetyl Glukosamin und Pentosanpolysulphat) zur Wiederherstellung einer intakten Schleimhaut. In mehreren placebokontrollierten Studien konnte aber kein signifikanter Effekt nachgewiesen werden.

Spezielle Diäten

Eine vergleichende Studie, in der eine zum Management der Urolithiasis konzipierte, kommerzielle Diät mit pH-senkenden Eigenschaften entweder als Trockenfutter oder als Dosenfutter eingesetzt wurde, ergab deutlich weniger Rezidive der Zystitis in der Gruppe der mit Dosenfutter versorgten Katzen. Die Hypothese hinter dem positiven Einfluss des Dosenfutters liegt im Absenken des spezifischen Gewichtes des Harns, wodurch möglicherweise weniger potenziell reizende Stoffe auf die Blasenwand einwirken können.

Bei einem NaCl Gehalt im Futter von 1,02 % der Trockenmasse gegenüber 0,46 % kommt es zu signifikant höherer Wasseraufnahme und geringerer Urinosmolalität ohne erkennbare Effekte auf Blutdruck und Futteraufnahme. Von der Anwendung einer salzreichen Diät bei Katzen mit verminderter Nierenfunktion wird aber abgeraten.

Der Zusatz von Stoffen, die auch bei Verhaltensstörungen angewendet werden, wie das Alpha-Casozepin und L-Tryptophan, hat nach aktuellen Erkenntnissen zu einer deutlichen Besserung im Verlauf geführt und könnte ein wichtiger Bestandteil des Managements sein.

Pheromon

Synthetisches Katzenpheromon wurde über 2 Monate in der Umgebung von gesunden und betroffenen Katzen angewendet, was nicht zu statistisch signifikanten Unterschieden führte, aber doch häufiger zu allgemein besserem Befinden, geringerer Zahl an Rezidiven und weniger Aggression und Furchtverhaltensmuster. Ergebnisse der Studie lassen demnach eine Rechtfertigung zum Einsatz von Pheromonen erkennen.

MEMO
„Multimodal environmental modification" ist eine an der Universität von Ohio entwickelte Methode, im Gespräch und Zusammenarbeit mit den Tierhaltern die Umgebung für die Katzen möglich angenehm und reizarm zu gestalten. Dazu gehören Details wie Art und Lokalisation der Katzentoilette, Beschaffenheit der Streu, Art und Weise des Wasserangebots (bevorzugt werden z. B. spezielle Trinkbrunnen), Schaffung von Spielmöglichkeiten, Freihalten von Fluchtwegen etc.

Abschließend zum Thema der idiopathischen Zystitis kann festgestellt werden, dass eine Aufklärung des Tierhalters zu der Erkrankung sehr wichtig ist, die Haltungsbedingungen überprüft und eventuell angepasst werden sollten und eine oder die Kombination mehrerer der oben genannten Maßnahmen sinnvoll ist.

Hämorrhagische Zystitis
Eine seltenere Form der Zystitis, die zwar auch mal idiopathisch auftreten kann, aber in der Regel durch Anwendung von bestimmten Zytostatika beim Hund hervorgerufen wird. Die wohl toxischen Einflüsse vor allem des Cyclophosphamids schädigen zunächst die oberflächliche Schicht mit der Folge der Hämaturie, aber können auch in tiefere Schichten vordringen. Dann kommt es zu einer Fibrosierung mit Verlust der Harnblasenkapazität. In schlimmen Fällen führt dies zu unbehandelbarer Harninkontinenz.

Klinisches Bild: Zunahme der Harnabsatzfrequenz und blutiger Harn in Zusammenhang mit einer Chemotherapie (Cyclophosphamid).

Diagnostik: Makroskopisch und mikroskopisch Blut im Harn ohne weitere Hinweise auf Entzündung, also z. B. keine Leukozyten oder Erreger. Erst im fortgeschrittenen Stadium in der Bildgebung erkennbar, endoskopisch auch schon vorher.

Therapie: Verdünnung des Harns. Entzündungshemmende Medikamente, z. B. nichtsteroidale Antiphlogistika. Beschrieben wurde auch der Einsatz von Dimethylsuolfoxid (DMSO) intravesikal.

Follikuläre Zystitis
Eine in zunehmendem Maße erkannte Veränderung der Harnblase stellt sich in Form von Lymphfollikeln dar, die sich in der Mukosa der Harnblase befinden. Diese Follikel überziehen häufig die gesamte Oberfläche und werden in Verbindung mit unterschiedlichen Krankheitszuständen der Harnblase beobachtet. Auch wenn häufiger Proteus mirabilis Infektionen festgestellt wurden, ist nicht immer eine Infektion nachzuweisen und die Beschwerden sind auch unterschiedlich, also von der Harninkontinenz bis zur Dysurie. Die Pathophysiologie dieses Zustandes ist gänzlich ungeklärt, ebenso der natürliche Verlauf und die Behandlung. Eigene Erfahrungen lassen aufgrund der Diversität keine relevanten Schlussfolgerungen zu.

Zystitis bei Urolithiasis

Die Bildung von Harnsteinen ist ein komplexes Geschehen und kann abhängig oder unabhängig von einer Erkrankung der Harnblase auftreten. Abhängig von der Zusammensetzung der Steine kommt es entweder zu einer Infektion mit Folge der Zystitis oder ab einem gewissen Grad von Oberflächenbelastung und Schädigung auch zur klassischen Entzündung und ihren Symptomen, z. T. auch ohne Infektion.

11.4.2.3 Tumoren der Harnblase

Tumoren der Harnblase sind selten bei Hund und Katze. Sie machen weniger als 1 % aller Tumorerkrankungen bei diesen Spezies aus, wobei Hündinnen viel häufiger erkranken als Rüden. Das durchschnittliche Alter der Patienten ist um die 10 Jahre. Das biologische Verhalten, und damit auch die Behandlung und Prognose hängen von der Art des Tumors ab.

Das Übergangsepithelkarzinom ist bei weitem die häufigste Form der Harnblasenneoplasie, gefolgt von Plattenepithel, undifferenziertem und Adenokarzinom. Bei der Entstehung dieser Tumoren kann der Kontakt der Harnblase mit bestimmten Stoffen, wie z. B. Cyclophosphamid, eine Rolle spielen und ein gehäuftes Auftreten ist in Gebieten mit intensiver Industrialisierung. Es wurde auch eine Häufung beim Scotch und West Highland White Terrier festgestellt und bei Tierhaltung auf Grundstücken mit Rasenflächen, für die Unkrautvernichter benutzt werden.

Epithelkarzinome trifft man bei vor allem bei älteren Tieren an, aber gelegentlich auch schon im 6. Lebensjahr. Zum Zeitpunkt der Diagnose sind bei diesen Tumoren in ca. der Hälfte der Fälle meist schon Infiltrationen entlang der Lymphbahnen und auch Lungenmetastasen festgestellt worden. Die Lokalisation innerhalb der Harnblase ist häufig im Bereich des Trigoniums und des Blasenhalses, was auch zum Verschluss der Ureteren führen kann. Eine beiderseitige Hydronephrose und Urämie sind allerdings selten und stellen eher eine späte Komplikation dar. Die klinischen Symptome von Patienten mit Epithelkarzinom gleichen sehr denen einer Zystitis als Folge von Infektion oder Urolithiasis. Häufig sind im Krankheitsverlauf Harnwegsinfektionen festzustellen, die auf eine Verminderung der lokalen Abwehr zurückzuführen sind. Dies erklärt auch, warum es nach antimikriobieller Behandlung zeitweilig zur Besserung kommen kann. Aber in den meisten Fällen persistieren oder rezidivieren das Blut im Harn und der schmerzhafte, frequente Harndrang. In sehr seltenen Fällen kommt es auch zu anderen Symptomen und Erscheinungen, die durch pulmonäre Osteoarthropathie hervorgerufen werden.

Weniger häufig sind Fibrome, Leiomyome und Papillome der Harnblase. Diese müssen allerdings auch noch von den sogenannten Entzündungspolypen abgegrenzt werden, die manchmal äußerliche Übereinstimmungen zeigen.

Fibrosarkome, Leimyosarkome und Hämangiosarkome sind äußerst selten vorkommende Tumore der Harnblase. Eine Sonderstellung nimmt das Rhabdomyosarkom ein, denn es kommt bei jungen Hunden vor. Meistens sind Tiere unter dem Alter von 2 Jahren von größeren Rassen betroffen. Eine besondere Form dieses embryonalen Tumors ist der botroyide Typ. Es kommt meistens zu einem schnellen invasiven Wachstum, wobei die bevorzugte Lokalisation das Trigonium ist. Metastasen sind selten.

Klinisches Bild: Neben der Hämaturie, Dysurie und frequentem Harnabsatz, typisch im frühen Stadium, kann es aber gelegentlich auch zur Harninkontinenz kommen. Im fortgeschrittenem Stadium einer Obstruktion der Harnröhre ist kein Harnabsatz mehr möglich (Strangurie) oder Obstruktion der Ureteren führt zu entsprechenden Konsequenzen. Zum Zeitpunkt der Euthanasie wegen unzumutbarer Beschwerden oder des schlechten Zustandes sind seltener die Fernmetastasen ursächlich, sondern eher Eskalation der regionalen Ausbreitung mit Tenesmus alvi, abdominalen Schmerz, Anurie oder Strangurie, bei Knochenmetastasen hochgradiger Skelettschmerz.

Diagnose: Nach Beschreibung der Symptome durch den Besitzer, die klassischerweise denen einer Zystitis entsprechen, sollte man entweder eine sonographische oder Röntgenkontrastuntersuchung der Blase und Harnröhre durchführen. Die Zystoskopie ist natürlich auch eine sehr geeignete Methode. Außer mit der Sonographie kann man auch die Harnröhre gut darstellen. Der Verdacht maligner Tumoren ergibt sich aus den luminalen Veränderungen mit unruhiger Oberfläche in der oben beschriebenen Lokalisation. Zur Bestätigung der Diagnose dient die Zytologie eines Harnsedimentes, Nachweis einer Mutation des BRAF Gens im Harn, einer Kathetersaugbiopsie oder einer endoskopischen Biopsie. Danach versucht man – abhängig von der Bereitschaft der Besitzer – eine Klassifizierung vorzunehmen, die auch der Planung der Therapie dient. Dazu gehört die sonographische oder röntgenologische Darstellung der lokalen Lymphknoten und Röntgenuntersuchung der Lungen. Sekundär häufig auftretende Infektionen der Harnwege müssen nachgewiesen und behandelt werden. Die Funktion der Nieren ist auch entscheidend, wenn Medikamente angewendet werden sollen.

Therapie: Bei den weniger malignen Tumoren der Harnblase gibt es häufig die Möglichkeit der chirurgischen Entfernung. Hier sind auch im Bedarfsfall rekonstruktive Techniken sinnvoll, wenn mehr Gewebe entfernt werden müsste als zur Aufrechterhaltung der Funktion nötig ist. Bei den Übergangszellkarzinomen ist der Nutzen einer Operation etwas umstritten, auf jeden Fall bei der doch recht häufigen Beteiligung der Urethra und des Blasenhalses. In Anbetracht der Lebenserwartung ohne weitere Therapiemaßnahmen, die deutlich unter 6 Monaten liegt, ist für die Mehrheit der Patienten eine medikamentöse Therapie sinnvoll, wobei auch hier der zusätzliche Einsatz der Zellverminderungstechniken (sog. Zytoreduktion) z. B. mit Laser, Coblation oder konventionell chirurgisch für die Lebensqualität, aber nicht unbedingt für die Lebenserwartung, einen Unterschied macht. Bei der Behandlung des Übergangszellkarzinoms sind zurzeit folgende Strategien sinnvoll, mit denen mediane Überlebenszeiten zwischen 6 und 13 Monaten erreicht werden:

- **Nicht-steroidale Antiphlogistika (NSAID):**
Die bahnbrechenden Erkenntnisse des Einsatzes von Rheumamitteln zur Tumortherapie durch Deborah Knapp von der Purdue University hat dazu geführt, dass fast alle Therapieformen auch auf die Applikation nicht-steroidaler Antiphlogistika (engl. NSAID) zurückgreifen. Obwohl die größeren Studien nur mit Piroxicam ausgeführt wurden, kann aufgrund des Nachweises der selektiven Cyclooxygenase-Inhibition im Tumorstoffwechsel auch eine Wirkung der moderneren Cyclooxygenase-2 Hemmer postuliert werden. Piroxicam allein hat zwar in einer der ersten Studien nur eine mediane Überlebenszeit von 6 Monaten erbracht, aber auch Fälle von Remission, was bei diesem Tumor sehr ungewöhnlich ist. Neben möglichen gastrointestinalen Nebenwirkungen hat die Applikation häufig eine Besserung der Lebensqualität und Linderung der Symptome zur Folge.
- **Kombination mit Chemotherapeutika:**
Die Kombination von Piroxicam mit dem Anthrazyklin Mitoxantron (5 mg/qm Körperoberfläche alle 3 Wochen i. v., insgesamt 4 mal) oder mit Vinblastin (3 mg/qm Körperoberfläche alle 2 Wochen i. v., bis zur Remission oder Progression) ist zur Zeit die Therapie mit der besten Lebenserwartung bei guter Verträglichkeit. Obwohl die Kombination mit Cisplatin statistisch in der medianen Überlebenszeit etwas besser abschneidet, wird es wegen der Nephrotoxizität, die durch die Antiphlogistika wohl noch gesteigert wird, und häufiger gastrointestinaler Probleme nicht empfohlen. Gleiches gilt für die Verwendung von Carboplatin.
Vielversprechend sind auch vorläufige Studienergebnisse zum Einsatz eines in der metronomischen Chemotherapie angewendeten Medikaments, dem Chlorambucil. Häufige orale Anwendung in niedrigen Dosen zeigen eine gute Verträglichkeit und deutlichen Effekt auf den Verlauf. Chlorambucil wird mit 4 mg/qm Körperoberfläche einmal täglich verabreicht. Überwachung der Thrombozyten in monatlichen Abständen lässt früh erkennen ob sich Gerinnungsstörungen entwickeln.
- **Immuntherapie:**
Beim Menschen mit Übergangszellkarzinom der Harnblase wird in frühen Stadien BCG (Bacillus Calmette-Guerin) lokal eingesetzt. Die antitumoröse Wirkung wird unter anderem auf die Wirkung der dadurch aktivierten Zytokine zurückgeführt und hat die Anwendung lokal applizierter T-Zell Helferstoffe wie dem Interleukin-2 indiziert. Humanes rekombinantes IL-2 führt bei lokaler Infiltration in die Tumorregion zu einer eosinophilen Reaktion vor Ort, manchmal auch systemisch. Die eosinophilen Zellen haben zytotoxische Eigenschaften. Interleukin-2 Anwendung bei Hunden und Katzen mit Übergangszellkarzinom hat auch das Potential zur Remission, die mediane Überlebenszeit bei lokaler Infiltration von ca. 9 Mill. IU rHuIl-2 (Proleukin, Novartis) bei in ca. 1 ml Glukose 5 % aufgelöster Trockensubstanz war bei den Katzen mit 13 Monaten deutlich besser als bei Hunden mit 7 Monaten. Teilt man die behandelten Hunde aber in 2 Gruppen, so zeigt sich eine deutliche therapieempfindliche Gruppe mit 40 %, die länger als 12 Monate überlebten. Die Verfügbarkeit und die Kosten variieren sehr.

11.4.2.4 Ischämische Zustände der Harnblase

Krankheitszustände der Harnblase können ihren Ursprung auch außerhalb des Organs haben. Dislokation der Harnblase, wie bei Hernia perinealis möglich, sowie auch Obstruktion der Harnröhre, können entweder die Blutzufuhr durch die versorgenden Gefäße stören oder zur Perfusion der Harnblasenwand durch Überdehnung führen. Abhängig von der Dauer und dem Ausmaß der Sauerstoffunterversorgung des Gewebes kommt es bis zur Ischämie und Nekrose; oder weniger akut, aber langfristig sehr nachteilig, zur Fibrose. Akut ischämische Zustände machen sich durch hochgradige Schmerzhaftigkeit bemerkbar, später kommt es zur Freisetzung von Toxinen mit möglichen Folgen eines Schocks oder einer Koagulopathie; oder es kommt, wie bei traumatischen Zuständen, zur Ruptur mit Austritt von Urin in die Bauchhöhle. Die Konsequenzen eines Uroabdomens werden beim Trauma beschrieben.

11.4.2.5 Trauma der Harnblase

Die häufigste Lokalisation von Rupturen der Harnwege durch traumatische Einflüsse von außen, also vor allem Folge von Kontakt mit Autos, ist in der Harnblase. Am ehesten gibt der Bereich des Apex nach, aber auch andere anatomische Bereiche der Harnblase sind möglich. Das Ausmaß kann ganz unterschiedlich sein, davon hängt auch der Verlauf ab. Wenn schnell viel Urin in die Bauchhöhle austritt, kommt es durch Resorption der harnpflichtigen Stoffe innerhalb von 48 Stunden zu einer ausgeprägten Urämie. Ohne adäquate Maßnahmen kommt es nach 2–4 Tagen zum Tod des Tieres, wobei sowohl die Konsequenzen der Urämie eine Rolle spielen, also metabolische Azidose und Hyperkaliämie, aber auch die sich langsam entwickelnde chemische Peritonitis. Innerhalb der ersten 24 Stunden spielt die Reaktion des Peritoneums allerdings noch keine entscheidende Rolle.

Klinisches Bild: Rupturen der Harnblase findet man häufig bei Hunden und Katzen mit multiplen Traumata, sodass das Allgemeinbefinden der Tiere zunächst wenig Hinweise gibt, da entweder bereits ein Schock vorliegt oder die allgemeine Schmerzhaftigkeit das Befinden erheblich beeinträchtigt. Wenn man ausbleibenden Harnabsatz als Hinweis nimmt, erkennt man den Zustand eigentlich viel zu spät, denn die resultierende postrenale Urämie tritt verzögert auf.

Diagnostik: Die Überprüfung der Integrität der Harnblase sollte fester Bestandteil einer Untersuchung traumatisierter Hunde und Katzen sein. Wenn als Folge eines Schocks und Dehydratation aber zunächst wenig Urinproduktion erfolgt, kann manchmal erst eine weitere Darstellung der Harnblase nach erfolgter Rehydratation und Infusionstherapie zur Schockbehandlung den sicheren Hinweis liefern. Detailverluste bei der Befundung von Röntgenübersichtaufnahmen, die auch zur Erkennnung weiterer traumatischer Schädigungen dienen, sind zunächst ein Indikator. Viel nützlicher ist allerdings die Sonographie, die sowohl die freie Flüssigkeit im Abdomen anzeigt, als auch die Lokalisation der Schädigung in den meisten Fällen erlaubt. Dort wo die Lokalisation nicht möglich ist, können retrograde Röntgenkontrastuntersuchungen verwendet werden.

Bei der Beurteilung der freien Flüssigkeit ist zur Abgrenzung von möglichen Blutungen oder anderen Ergüssen die chemische Analyse eines Bauchhöhlenpunktates sinnvoll. Man vergleicht die Konzentrationen von Harnstoff und Kreatinin im Punktat zu denen aus dem Serum. Die Harnkonzentrationen sind in der Regel mindestens um den Faktor 2 höher, nur in Ausnahmefällen sind kaum Unterschiede messbar.

Therapie: Das Ziel der Behandlung sollte zunächst die Entfernung des Harns aus der Bauchhöhle sein, um weitere Resorption harnpflichter Substanzen zu verhindern, ebenso wie die später einsetzende chemische Peritonitis. Der Zustand des Tieres kann ein chirurgisches Vorgehen unter allgemeiner Anästhesie aber infrage stellen und die Größe der Läsion lässt vielleicht auch konservative Maßnahmen zu. Deshalb hat es sich bewährt, einen Katheter, bzw eine Drainage in die Bauchhöhle zu legen, was unter lokaler Anästhesie ohne erhebliche Unannehmlichkeiten möglich ist, und ebenso einen Harnröhrenkatheter. Beide Katheter werden an geschlossene Auffangsysteme angeschlossen (z. B. Urinauffangbeutel) und erlauben passiven Abtransport des Harns aus der Harnblase und der Bauchhöhle. Darüber hinaus ist auch eine Instillation steriler isotonischer Flüssigkeit in die Bauchhöhle möglich, u. a. zur Verdünnung des verbleibenden Harns. Innerhalb von maximal 48 Stunden gelingt es so, selbst hochgradig urämische Patienten durch Flüssigkeitstherapie zu stabilisieren und abhängig von der Größe des Schadens sogar eine sekundäre Heilung zu erreichen. Bei Unsicherheit über diesen Zustand kann noch einmal Kontrastmittel für eine Röntgendarstellung lokal appliziert werden. In der Mehrheit der Fälle ist dann allerdings eine Laparotomie und chirurgische Auffrischung und Verschluss der Blasenverletzung erforderlich.

11.4.2.6 Neuromuskuläre Erkrankungen der Harnblase

Die Harnblase kann Funktionsstörungen entwickeln, die entweder die Entleerung verhindern oder aber eine zu schnelle Entleerung verursachen. Ist die Muskulatur direkt betroffen, so handelt es sich häufig um Folgen und Komplikationen der oben beschriebenen Krankheitszustände, wobei vor allem Reparaturprozesse zur Vernarbung der funktionellen Einheiten, also den Muskelfasern des Detrusors, führen. Kommt es zu einer unvollständigen oder gar keiner Entleerung, so ist häufig eine Harninkontinenz die Folge, wobei die Harnblase im Prinzip überläuft. Bei partieller Entleerung gibt es eher Restharnprobleme, die sich als Harninkontinenz zeigen, aber auch zu Infektionen Anlass geben können. Infektionen des Restharns werden vom Besitzer häufig bemerkt wegen des strengen Geruches, es kommt aber aus verständlichen Gründen nicht unbedingt zu den klassischen Symptomen.

Entleerungsstörungen ohne Veränderungen in der Muskulatur, also im Sinne einer Paralyse, sind häufig durch Erkrankungen im Rückenmarksbereich oder der austretenden

Nervenwurzeln verursacht. Dabei führen Läsionen im Lumbosakralbereich, die also das untere Motorneuron betreffen, zu einer schlaffen Lähmung der Harnblase und Überlaufinkontinenz. Läsionen im thorakolumbaren Bereich, wie bei der häufigsten Form der Diskopathie, haben je nach Grad einen unkontrollierten bis gar keinen aktiven Harnabsatz zur Folge, wobei es allerdings auch zur Autonomie der Harnblase kommen kann, die sich in einer unkontrollierten Entleerung bei Aktivierung der Dehnungsrezeptoren darstellt.

Der Krankheitsverlauf der neurogen bedingten Entleerungsstörungen hängt unter Umständen vom Management der eigentlichen Ursache ab, aber ungeachtet dessen schädigt sich die Harnblase bei andauernder Überfüllung dann auch selbst, sodass dem bei der Behandlung auch Rechnung getragen werden muss.

Subtilere Formen von Funktionsstörungen spielen bei der Entstehung der Harninkontinenz möglicherweise eine Rolle, wobei die beobachteten Phänomene auch von der Art der Darstellung geprägt und ihr Nachweis wohl auch davon abhängig ist. Die sogenannte Instablität des M. detrusor und veränderte Volumen/Druckverhältnisse sind bei inkontinenten Hündinnen mithilfe komplexer urodynamischer Messmethoden nachgewiesen worden. Sie lassen sich aber nicht am klinischen Erscheinungsbild ableiten und entziehen sich der Routinediagnostik. Wenn auch im Rahmen von medikamentösen Behandlungen, z. B. durch Anwendung von Anticholinergika oder Östrogenen, eine Bestätigung der Diagnose möglich sein kann, ist ein Therapieerfolg nicht garantiert und ermöglicht keine Gegenkontrolle zum Nachweis der Funktionsstörung.

Diagnose: Die Beurteilung der Funktion der Harnblase setzt die Beobachtung eines Harnabsatzes voraus, wobei natürliche Reflexmuster erkennbar sein sollten, also Beugung der Hintergliedmassen, Anheben des Schwanzes, Bewegung bzw. Zuckungen im Bereich des Perineums und der strahlförmige Harnabsatz an sich. Beim erwachsenen, konditionierten Hund kann man erwarten, dass die Harnblase für mindestens 6 Stunden den Harn sammeln kann. Katzen können abhängig von den Umständen vielleicht sogar nur einmal am Tag Harn absetzen. Traumatisierte oder gelähmte Patienten können die oben genannten Voraussetzungen nicht mehr erfüllen. Man muss also den Füllungszustand der Harnblase zunächst palpatorisch einschätzen. Bei leichtem Druck kann es dann zu einem spontanen Harnabsatz kommen. Normalerweise reagiert der Harnöhrenschließmechanismus und erzeugt Gegendruck, sodass der manuelle Druck auf die Blase beim Tier schnell Schmerzen auslöst. Unter Anwendung von α-adrenergen Rezeptorblockern (Phenoxibenzamin, Alfuzosin, Tamsolusin u. a.) fällt es vor allem den paretischen Tieren, aber auch den schmerzhaften Patienten leichter, den Harn abzusetzen, wobei eine zusätzliche Unterdrückung der somatischen Innervation durch den Muskeltonus senkende Stoffe, wie z. B. Diazepam, den Harnabsatz erleichtern kann. Entscheidend ist dann der verbleibende Restharn. Ein Restharnvolumen von mehr als 4 ml/kg KM nach dem Harnabsatz ist eindeutig pathologisch, gesunde Hunde habe Volumen von bis zu 3,4 ml/kg KM.

Die Messung des Restharns kann durch Einbringen eines Katheters und einem Volumengefäß bzw. der für das Abziehen benutzten Spritze erfolgen, oder auch sonographisch. Eine recht exakte Volumenberechnung ergibt sich aus den Messungen der Harnblase in longitudinaler, sagittaler und transversaler Richtung nach der Formel Länge × Höhe × Breite × 0,625 = Harnvolumen in ml , wobei der Fehler volumenabhängig und trotzdem zu vernachlässigen ist.

Wie ist eigentlich das zu erwartende Harnvolumen zu beurteilen, sei es palpatorisch, radiologisch oder sonographisch? Aus urodynamischen Untersuchungen bei normalen Hündinnen konnte man ersehen, wie variabel das Volumen der Harnblase sein kann, bevor ein Miktionsreflex vom individuellen System ausgelöst wird – die Werte erstreckten sich von 10–64 ml/kg. Die erhebliche interindividuelle Variation sollte bei bildgebenden Untersuchungen berücksichtigt werden. Von außerordentlich entscheidender Bedeutung ist in der Diagnostik von Blasenfunktionsstörungen immer der sichere Ausschluss einer Abflussstörung im Bereich der Harnröhre oder Genitalbereich. Dabei reicht es nicht aus, durch manuellen Druck die Harnblase entleeren zu können oder gar einen Katheter ohne Schwierigkeiten zu platzieren. Die Kraft der Harnblase bzw. des Detrusormuskels ist nicht annähernd vergleichbar und schon subtile Hindernisse können den normalen Miktionsreflex und den Harnabfluss behindern. Im Zweifelsfall ist deshalb eine endoskopische oder Röntgenkontrastdarstellung der Harnröhre nötig.

Therapie: In den seltensten Fällen kann man den Verlauf bei neurologischen Patienten beeinflussen, wenn die Schädigung schon stattgefunden hat. Wann und ob eine Lähmung der Harnblase wieder verschwindet, lässt sich auch nicht vorhersagen. Die Therapie richtet sich also auf Vermeidung einer dauerhaften Überdehnung des Detrusormuskels und der Kontrolle der Überlaufinkontinenz bzw. daraus resultierender Komplikationen. Bei Katzen kann eine manuelle Entleerung der Harnblase teilweise auch von den Tierhaltern erlernt werden. Die Entleerung setzt eine gewisse Kooperation voraus, ist nicht immer vollständig, aber möglicherweise ausreichend. Erleichtert wird die manuelle Entleerung in der Regel durch Applikation sympathikolytisch wirkender Medikamente, wie dem Phenoxybenzamin oder Alfuzosin. Bei Katzen kann auch eine Entspannung des externen Sphinkters mit Muskelrelaxantien hilfreich sein (z. B. mit Diazepam). Toleriert die Katze die Entleerung nicht, kommt als Alternative, wie bei größeren Hunden, bei denen die manuelle Entleerung meist sowieso nicht gelingt, das Implantieren eines präpubischen Katheters infrage. Hier wird ein Foley Ballonkatheter oder auch Pigtailkatheter teilweise subkutan getunnelt und durch die Bauchwand in der Harnblase platziert (transkutan mit Spezialkanülen oder chirurgisch) (Abb. 11.5). Der präpubische Katheter ermöglicht schmerzfrei eine regelmäßige Entleerung der Harnblase, kann zwischenzeitlich verschlossen werden und frühestens nach 5 Tagen (oder später), bei wiederkehrender Funktion einfach gezogen werden (Abb. 11.6). Die Methode ist natürlich nicht frei von Komplikationen (Katheterverlust, Schädigung, selten Peritonitis) aber deutlich vorteilhaft gegenüber wiederholter Katheterisation (höheres Risiko gravierender aufsteigender Infektionen, Unannehmlichkeiten für den Patienten).

Die Verwendung cholinerger Substanzen (Betanechol, Carbachol, Pyrridostigmin o. ä.) zur Anregung des Detrusormuskels ist eine umstrittene Maßnahme, da kein vollständiger Miktionsreflex induziert und der Verlauf nicht beeinflusst wird, geschweige denn die Ursache behandelt.

Muskuläre Schäden, wie z. B. Fibrosen und erhebliche Hypertrophien, können Indikation für eine partielle Resektion sein, im Bedarfsfall mit Rekonstruktion, sogenannten Augmentationstechniken. Die Harnblase kann nach erheblichen Resektionen schon ihre ursprüngliche Kapazität zurückgewinnen, vorausgesetzt es ist noch Gewebe mit Regenerationseigenschaften vorhanden. Reicht die Blasenkapazität nicht, kommen die chirurgischen Augmentationstechniken infrage, wobei Darm oder biologische Implantate (z. B. SIS = small intestinal submucosa) zur Volumenvergrößerung erfolgreich zum Einsatz gekommen sind.

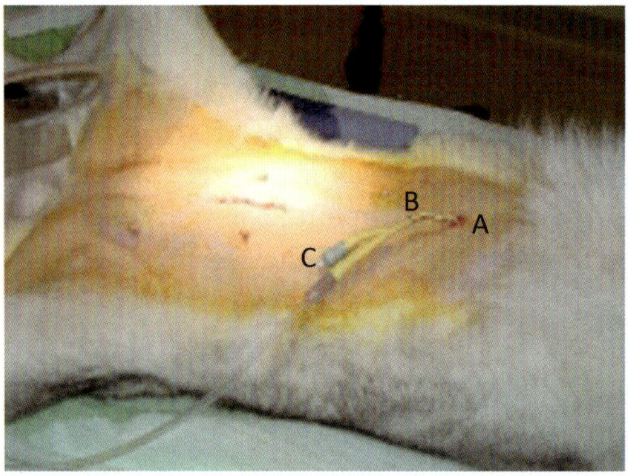

Abb. 11.5 Präpubischer Katheter: Zustand nach Implantation eines Foley Ballonkatheters, angeschlossen an einen Harnauffangbeutel, in die Harnblase eines Hundes mit Blasenentleerungsstörung.
A = Wunde des Zugangs zur Harnblase, B = chinese finger trap Fixation des Katheters am Ausgang des subkutanen Tunnels, C = Ventil zur Füllung des in der Blase befindlichen Katheterballons

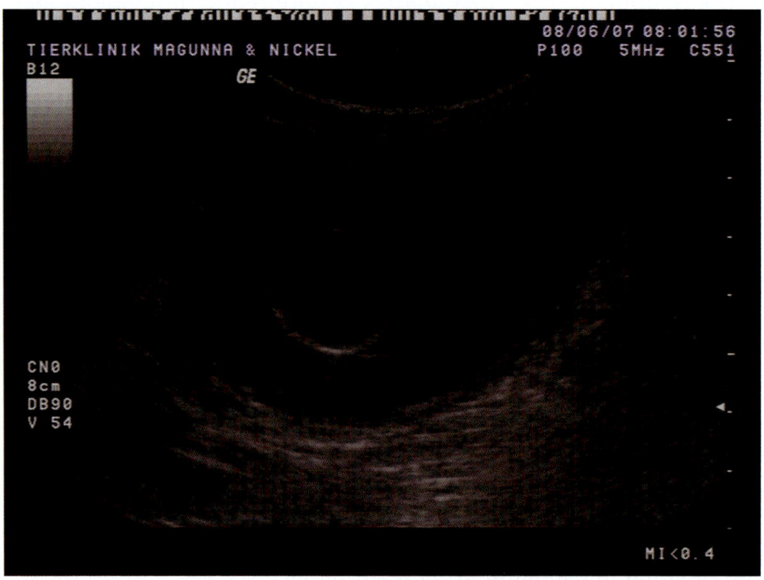

Abb. 11.6 Sonographische longitudinale transabdominale Darstellung der Harnblase mit dem sichtbaren Katheterballon des präpubischen Katheters im Lumen (gefüllt mit isotonischer Kochsalzlösung).

11.5 Ureteren

11.5.1 Anatomie und Physiologie

Die beiderseits angelegten Ureteren transportieren den Urin aus dem Nierenbecken in die Harnblase. Sie sind feine tubuläre Strukturen, die zunächst retroperitoneal nahe der Aorta und V. cava verlaufen. Im unteren Drittel sind sie von Peritoneum bekleidet und münden, über das laterale Blasenligament verlaufend, von dorsolateral in das Trigonum der Harnblase. Die Ureteren unterliegen der sympathischen Innervation durch Stimulation α- und β-adrenerger Rezeptoren. Die Rolle cholinerger Beeinflussung ist bisher nicht eindeutig geklärt. Schmerzrezeptoren werden durch Dehnung stimuliert. Bei der Einmündung der Ureteren in die Harnblase verläuft der Ureter innerhalb der Blasenwand, also intramural. Der Transport von Urin in die Harnblase verläuft über peristaltische Wellen, mit einer Kontraktionsrate von 3–6/Minute, die durch Ureterdehnungen im oberen oder unteren Teil hervorgerufen werden. Die Ureteren sind während des Urintransportes sehr dehnfähig. Es wurden beim Hund Innendurchmesser bis zu 0,9 mm gemessen.

11.5.2 Erkrankungen der Ureteren

Folgende Erkrankungen der Ureteren sind zu berücksichtigen:

- Missbildungen
  - Ektopische Ureteren
  - Ureterozele
- Traumatische Erkrankungen
- Obstruktionen (Urolithiasis, Strikturen)
- Neoplasien

11.5.2.1 Missbildungen

Ektopische Ureteren

Ätiologie, Pathogenese und Vorkommen

Die häufigste Missbildung im Bereich der Ureteren ist die Ektopie der Einmündung in die unteren Harnwege. Im Verlauf der embryonalen Entwicklung kann es zu einer veränderten Form und Lokalisation der Einmündung eines oder beider Ureteren kaudal des Trigonums vesicae kommen. Der Urin wird dementsprechend nicht in die Blase transportiert, sondern in die Harnröhre oder sogar in die Vagina. Die Häufigkeit der ektopischen Lokalisation wird von verschiedenen Autoren sehr unterschiedlich angegeben. Eigene Untersuchungen ergaben in 75 % der Fälle eine Lokalisation der ektopischen Einmündung in die Harnröhre.

Die Art der Ektopie kann also unterschiedlich sein, was für die Behandlung und Prognose von entscheidender Bedeutung ist. Aus anatomischer Sicht kann zwischen verschiedenen Formen differenziert werden, die sich klinisch durch daraus resultierende Funktionsstörungen unterscheiden. Der intramurale Verlauf der ektopischen Ureteren kaudal der normalen Einmündung in die Harnblase ist unterschiedlich ausgeprägt. Manchmal trennt den/die Ureter nur eine hauchdünne Membran vom Lumen der Urethra, manchmal verläuft er innerhalb der Harnröhrenwand und ist nur durch seine Öffnung zu erkennen. Die Konsequenzen betreffen vor allem den Urintransport, wobei der Urinstau und damit der Grad der Ureterdilatation mit nachfolgender Bildung von Megaureter und Hydronephrose in Abhängigkeit vom Widerstand für den Urinfluss zunehmen, je weiter nach kaudal der Ureter mündet. Dies erklärt sich durch den zunehmenden Widerstand für den Fluss des Urins.

Urinstau und Megaureterbildung werden als entscheidendes Kriterium für die resultierende Funktionsstörung der Harnröhre angesehen. Denn der unfreiwillige bzw. unbewusste Verlust von Urin, als Symptom der Harninkontinenz bezeichnet, hängt von der Lokalisation der Einmündung ab. Es hat sich gezeigt, dass eine ektopische Einmündung der Ureteren in der kranialen Harnröhre oder dem Blasenhals bei normaler Sphinkterfunktion der Harnröhre nicht zur klinischen Symptomatik führen, sodass der Nachweis ein Zufallsbefund sein kann. Wiederum führt die chirurgische Korrektur bei Hunden mit eindeutig ektopisch liegenden Ureteren häufig nicht zum Erfolg. Dies ist dann auf eine Inkompetenz des Sphinktermechanismus der Harnröhre zurückzuführen. Die gleichzeitig auftretende anatomische und funktionelle Störung stellt ein komplexes Problem für den Tierarzt dar.

Dies spiegelt sich auch in dem Auftreten der Erkrankung bei den verschiedenen Rassen wider. Überrepräsentiert in Anbetracht ihres Anteils an der Hundepopulation in einer englischen Studie sind Sibirische Huskies, Neufundländer, Bulldoggen, West Highland White Terrier, Fox Terrier und Zwergpudel. In den Niederlanden stellten den erheblich größten Anteil betroffener Patienten ohne Berücksichtigung der Population Labrador und Golden Retriever dar. In Deutschland waren besonders viele Briards betroffen, in der Schweiz Entlebucher und Appenzeller Sennenhunde. Bei den Rassen war auch eine prognostische Korrelation erkennbar, mit guten Behandlungsergebnissen bei den Labrador Retrievern und mäßigen bis schlechten bei Golden Retrievern und Huskies. Das familiär gehäufte Auftreten konnte aber bisher nicht auf eine konkrete Vererbung zurückgeführt werden, es gibt bisher lediglich Modelle mit statistisch errechneter Wahrscheinlichkeit.

Von prognostischer Bedeutung ist das Geschlecht. Zwar kommt beim Rüden im Verhältnis zur Hündin die Ektopie etwas seltener vor, dafür führt die chirurgische Korrektur aber fast immer zum Erfolg. Neuere Untersuchungen im Rahmen von Populationsstudien zeigen aber ein erheblich häufigeres Auftreten bei den Rüden disponierter Rassen, wobei die ektopischen Ureteren auch bei asymptomatischen Hunden nachgewiesen werden. Bei Katzen sind ektopische Ureteren ausgesprochen selten, wenn, dann wird aber eher ein extramuraler Verlauf beobachtet.

Klinisches Bild: Im klassischen Fall fällt Feuchtigkeit an den Haaren des Perineums und der Hinterbeine, in schwereren Fällen ein urinöses Ekzem der Haut in der Region der Vulva auf. Damit ist meist auch ein störender Geruch verbunden. Das Auffinden von Harn in der Umgebung und Beobachtung des Träufelns sind auch Teil des Vorberichts. Nicht immer werden diese Symptome frühzeitig dem Tierarzt gemeldet, da viele Hundehalter den Harnverlust noch auf juvenile Unsauberkeit zurückführen. Bei Rüden tritt die Harninkontinenz meist erheblich später auf und wird von vielen Tierhaltern auch eher toleriert, zumindest bis zu einem gewissen Maß. Bei einigen Zuchtrüden wurde auch Urospermie beobachtet.

Bei Hündinnnen wird ständiges Harnträufeln häufiger bei Ektopie ohne zusätzliche Schließmuskelschwäche beobachtet, während intermittierendes Träufeln, vor allem nachts oder im Liegen, auf eine zusätzliche Schwäche des Harnröhrenschließmuskels hinweist. Über 60 % der Hunde mit ektopischem Harnleiter haben zum Zeitpunkt der Diagnose eine Infektion der Harnwege, mehrheitlich mit E. coli. Eine daraus resultierende Zystitis mit den dafür typischen Beschwerden wird aber selten beobachtet.

Diagnostik: Zur Diagnostik von ektopischen Ureteren sind bildgebende Verfahren unersetzlich. Obwohl die klassische Darstellungstechnik der Ureteren die Ausscheidungsurographie ist, kann für den Nachweis der Ektopie eine andere Technik vorteilhaft sein. So reicht die sonographische Untersuchung oftmals aus (Abb. 11.7) und nur in Zweifelsfällen und zur Feststellung der genauen Lokalisation der Mündung der Ureteren muss dann noch die Ausscheidungsurographie (vor allem mittels Computertomographie) oder Endoskopie hinzugezogen werden. Zum Nachweis eignen sich auch die einfacher auszuführenden retrograden Röntgenkontrastuntersuchungen, allerdings nicht zum sicheren Ausschluss, wie z. B. bei Erblichkeitsuntersuchungen.

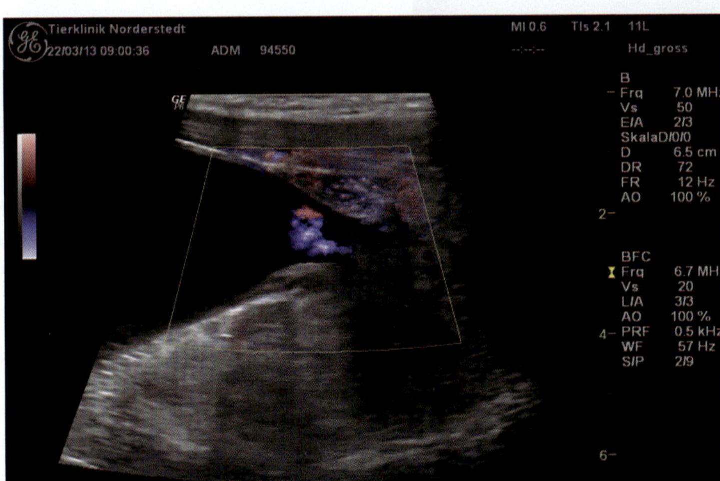

Abb. 11.7 Sono ektopischer Ureter: Sonographische longitudinale transabdominale Darstellung des Blasenhalses und der Prostata mit optischer Verstärkung des Effekts des aus einer ektopisch gelegenen Harnleitermündung ausströmenden Harns (B-Flow Modus) bei einem inkontinenten Rüden. Darunter erkennbar der intramurale Verlauf des ektopisch mündenden Harnleiters.

Management: Wenn aufgrund der bildgebenden Diagnostik oder Endoskopie die Diagnose gestellt ist und Hinweise auf eine zusätzliche Sphinkterfunktionsstörung nicht vorliegen, ist durch eine chirurgische Korrektur der Einmündung eine funktionelle Wiederherstellung des Systems in der großen Mehrheit der Fälle möglich. Wenn allerdings Hinweise dafür bestehen, dass die Ektopie der Ureteren vielleicht nicht ursächlich ist, sollte zunächst eine medikamentöse Therapie versucht werden. Zur Anwendung kommen α-Sympathikomimetika, die den Tonus der glatten Muskulatur der Harnröhre erhöhen und nachweislich eine Druckerhöhung im Urethralumen hervorrufen. Phenylpropanolamin wird in einer oral applizierten Dosis von 1,5 mg/kg 2 × täglich meistens sehr gut vertragen und hat eine hohe Erfolgsquote bei Harnröhrensphinkterschwäche der Hündin. Zur juvenilen Harninkontinenz, vor allem in Kombination mit Ureterektopie, gibt es bisher aber keine Studienresultate. Zu berücksichtigen ist auch der unterschiedliche Verlauf bei angeborener Funktionsschwäche der Harnröhre (siehe auch Erkrankungen der Urethra). Sollte die Gabe von Phenylpropanolamin das Symptom lindern oder aufheben, kann es bis nach der ersten Läufigkeit angewendet werden. Dann gibt es Fälle, die zu diesem Zeitpunkt keiner weiteren Therapie bedürfen, für die anderen gibt es die im Kapitel Harnröhrenerkrankungen beschriebenen Optionen.

Bei Ausschluss der Sphinkterschwäche der Urethra gibt es diverse chirurgische Techniken zur Korrektur der ektopischen Harnleiter und endoskopischer Korrektur mithilfe eines Diodenlasers (Abb. 11.8). So attraktiv die endoskopische Laserablation aufgrund der minimalen Invasivität ist, so hat sie ihre Limitationen beim Einsatz bei der Hündin, da die Harnröhrenfunktion dabei erheblich leiden kann. Beim Rüden ist sie allerdings sehr erfolgreich.

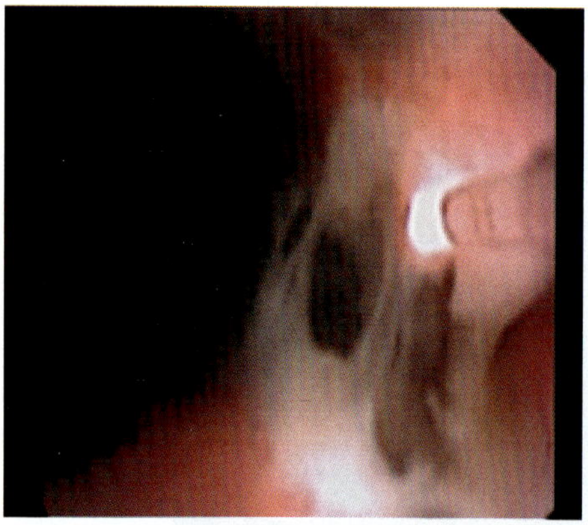

Abb. 11.8 Laserablation ektopischer Ureter: Endoskopisches Bild der Spitze einer Glasfaser zur Übertragung von Laserenergie während der Ablation einer ektopischen Uretermündung in der prostatischen Harnröhre eines Rüden mit Harninkontinenz.

Ureterozele

Die zystische Erweiterung der Mukosa im Bereich der Einmündung der Ureteren wird als Ureterozele bezeichnet und stellt einen seltenen Befund dar. Dabei kann eine ektopische Ureterozele von einer orthothropen Ureterozele unterschieden werden. Die Mukosa der Harnblase scheint über der Einmündung der Ureteren eine dünne Membran zu bilden. Dies kann für die oberen Harnwege eine Stauung des Urinflusses zur Folge haben und damit auch zu Megaureteren und Hydronephrose führen.

Klinisches Bild: Als klinische Symptomatik kann aus den im Blasenhalsgebiet lokalisierten Zelen eine Irritation der Harnblase resultieren, sodass in manchen Fällen ein frequenter Urinabsatz und weiteres Pressen nach dem Urinabsatz beobachtet werden kann. Im Zusammenhang mit Ektopie wird Harninkontinenz beobachtet.

Diagnostik: Die sonographische Untersuchung ergibt ein deutliches Bild, sodass vor allem im Zusammenhang mit den gestauten Ureteren und der Erweiterung des Nierenbeckens auf das Vorliegen einer Zele geschlossen werden kann. Im Zweifelsfall kann auch die Röntgenkontrastdarstellung eingesetzt werden.

11.5.2.2 Traumatische Erkrankungen

Als traumatische Erkrankungen der Ureteren kommen Unfallfolgen mit der Konsequenz eines Abrisses des Ureters am Nierenbecken oder eher im kaudalen Drittel, oder direkte Schädigung durch Schuss- oder Stichverletzungen infrage. Häufiger sind allerdings iatrogene Ursachen, also direkte Schädigung während eines Eingriffs oder indirekte Folgen von Verklebungen und Granulomen in unmittelbarer Nähe der Ureteren. Als Komplikation nach Kastration der weiblichen Hündin wurde in 18 von 109 untersuchten Fällen eine Schädigung der Ureteren festgestellt mit der Folge einer Hämonephrose, Pyonephrose oder Hydronephrose. Diese Komplikationen können auch verzögert auftreten und werden manchmal erst Jahre nach dem verursachenden Eingriff bemerkt.

Stumpfes Trauma im oberen Bereich des Ureters verursacht einen anderen Krankheitsverlauf als im unteren Bereich, da der austretende Urin im Retroperitoneum eher zu lokalen chemotaktischen Gewebeschäden führt, bevor es durch Resorption zu einer Urämie kommt. Verletzungen im unteren Bereich mit Austritt von Urin in das Abdomen führen eher zu einer postrenalen Urämie.

Klinisches Bild: Im Zusammenhang mit Unfällen sind die Tiere in der Regel multimorbide. Spezifische Symptome sind daher eher selten. Das Spektrum erstreckt sich, abhängig vom Ausmaß und der Lokalisation der Verletzung, von abdominalem Schmerz, Zunahme des Bauchumfangs und Schwäche bis zu Anorexie, Erbrechen, Anurie, Fieber oder Schock.

Diagnostik: Hinweise auf eine Verletzung der Ureteren ergibt nur die bildgebende Diagnostik, wobei im Vorfeld das klinische Bild und die Bestätigung einer Urämie vorliegen. Häufig kommt es zu einer sogenannten post-renalen Urämie, aber nicht in allen Fällen. Retroperitoneale Ansammlungen von Urin sind verzögert und auch in der Bildgebung schwerer zu deuten. Röntgenübersichtsaufnahmen zeigen Verschattungen und Detailverlust, die sonographische Darstellung zeigt freie Flüssigkeit oder schallarme

Strukturveränderungen des Retroperitonealraums. Den Nachweis von Urin im Abdomen erbringt die chemische Analyse eine Bauchhöhlenpunktats, wobei der Harnstoff- und Kreatininwert im Punktat im Vergleich zum Blutplasma gemessen wird. Die Werte im Punktat sind meist deutlich höher, aber die Differenz variiert sehr.

Die Verletzung des Ureters an sich lässt sich eindeutiger mithilfe von Röntgen- oder CT-Kontrastdarstellungen nachweisen (Abb. 11.9). Die Ausscheidungsurographie ist hier Methode der Wahl, allerdings sollten anurische Zustände der Nieren und deren Empfindlichkeit für Kontrastmittel bei nicht ausreichender Hydratation berücksichtigt werden, sodass die Methode auch Risiken birgt. Deshalb kann im Verdachtsfall auch eine diagnostische Laparotomie gerechtfertigt sein.

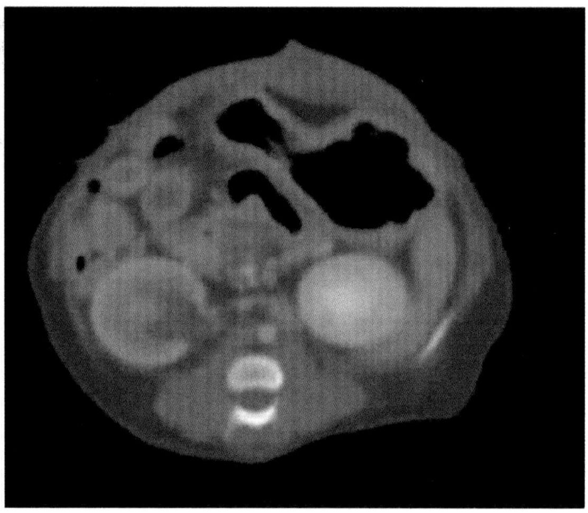

Abb. 11.9 Ureterabriss: Transversaldarstellung der Nieren durch kontrastmittelverstärkte Computertomographie bei einem Hund mit Abriss des rechten Harnleiters am Nierenbecken.

Management: Beim Nachweis einer Läsion des Ureters ist eine chirurgische Behandlung im Verlauf nötig. Entscheiden muss der Chirurg, ob er eine Reparatur des Ureters anstrebt, in Form einer Auffrischung und eventuell Anastomose, oder die betroffene Niere und den Harnleiter entfernt. Verletzungen im distalen Bereich können durch eine Neoanastomose an die Harnblase erfolgreicher behandelt werden. Reparaturen und Anastomosen im mittleren und kranialen Bereich des Ureters haben häufig Strikturen und Stenosen zur Folge.

11.5.2.3 Obstruktionen

Ätiologie, Pathogenese und Vorkommen: Obstruktionen der Ureteren durch Urinsteine haben an Bedeutung zugenommen. Entweder kommt es durch kolikartige Erscheinungen zum schnellen Erkennen der Problematik, oder die Steine sitzen sehr fest und führen zu lokalen Gewebeschäden mit der Folge einer lokalen Nekrose und Austritt von Urin. Es kann in milder verlaufenden Fällen aber auch zu einem dauerhaften

Verschluss durch Gewebereaktionen kommen und im weiteren Verlauf dann zu einer Hydronephrose. Bei Katzen führen vor allem Kalziumoxalatsteinchen zum kompletten oder partiellen Verschluss, nicht selten auch beiderseits. Während der chirurgischen Behandlung solcher Patienten konnte beobachtet werden, dass die Steinchen nicht das primäre Problem des Verschlusses darstellen, sondern die durch lokale Reizung entstehenden Gewebeveränderungen, die auch nach Entfernung der Steine bestehen bleiben. Eine Sonderstellung nimmt die Chirurgie der Ureteren ein. Rekonstruktive Eingriffe am Ureter können zu einer Striktur führen, denn wie sich auch im Experiment zeigte, ist vor allem eine Schädigung der lokalen Blutversorgung von den Folgen einer verengenden Narbenbildung oder Fistel begleitet. Operationen im mittleren und proximalen Bereich des Ureters bei Katzen sind auch von einer hohen Morbidität und Mortalität begleitet. Eine weitere Problematik im Bereich der Ureteren ist iatrogenen Ursprungs. Der Verschluss oder die partielle Einengung des Ureters kann durch unglücklich platzierte Ligaturen, aber auch durch Granulome und andere Gewebereaktionen in der Umgebung hervorgerufen werden. Am häufigsten entstehen die kurz- bis langfristigen Komplikationen nach Ovariektomie oder Ovariohysterektomie. Solange die Obstruktion nur zu einer Hydronephrose führt, können klinische Symptome ausbleiben. Wenn im Verlauf aus der Hydronephrose aber eine Pyonephrose wird, kommt es zur Sepsis und lokalen Schmerzhaftigkeit.

Klinisches Bild: Je nach Grad des Verschlusses eines Harnleiters kommt es zur Stauung des kranial liegenden Teils und des Nierenbeckens, dies kann, muss aber nicht von kolikartigen Schmerzen begleitet sein. Solange die kontralaterale Niere nicht verändert ist, kommt es nicht zu weiteren Symptomen. Ein Verschluss des Ureters kann später im Verlauf zu einer Pyonephrose führen und damit zu allgemeinen Krankheitssymptomen, wie Apathie, Fieber, Anorexie und schmerzhaftem Abdomen. Beiderseitige Veränderungen führen zu verminderter Nierenfunktion und verhalten sich wie chronisches Nierenversagen. Komplizierte Zustände sind verminderte Nierenfunktion durch primäre Nierenerkankungen und zusätzlich einseitige Ureterobstruktion. Dies führt zu einer Dramatisierung des Krankheitsverlaufes.

Therapie: Ureterobstruktion durch Steine sind nur selten erfolgreich zu korrigieren, da die sekundären Gewebeschäden auch nach der Entfernung der Steine den Abfluss behindern können. Ausserdem ist die chirurgische Entfernung von Narbenbildung begleitet und kann damit selbst wieder zu einer Stenose führen. Nur im distalen Bereich sind durch Neoanastomosen gute Ergebnisse zu erzielen, wobei der distale Teil des Ureters entfernt wird und eine Neozystostomie ausgeführt wird. Abhängig von der sekundären Schädigung und der Funktion der kontralateralen Niere muss eine Ureternephrektomie erwogen werden. Bei Katzen kommt aufgrund der meist kontralateral ebenfalls funktionsgeschädigten Niere dies nicht in Betracht, aber durch das Einbringen von sehr dünnen Doppelpigtailkathetern, die als Stent funktionieren, oder durch die Umgehung des Harnleiters mit einem subkutan verlaufenden Bypass (engl. SUB) kann das Leben dieser Tiere in der Mehrheit erheblich verlängert werden (Abb. 11.10). Das implantierte

Kathetersystem besteht aus einem Nierenkatheter, einem Port zum Spülen des Systems und einem Blasenkatheter. Durch das Spülen des Systems kann Obstruktion durch Kristalle in der Mehrheit verhindert werden, aber relevante Komplikationen werden in bis zu 48 % der Fälle im Langzeitverlauf berichtet.

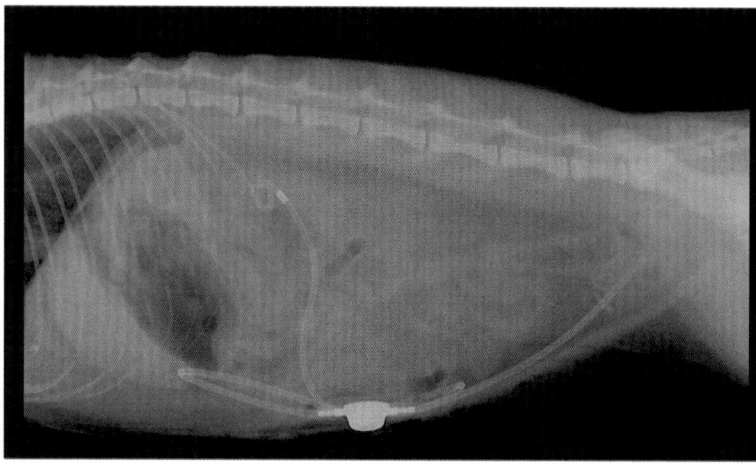

Abb. 11.10 Ureter Bypass: Ureter Bypass bei einer Main Coone Katze, geboren 2009, mit Ureterobstruktion und chronischer Niereninsuffizienz, eingepflanzt im Jahr 2014, im Verlauf weiterer Bypass der anderen Niere 2017. Lebenszeit mit Bypässen 8 Jahre.

11.5.2.4 Neoplasien

Primäre Tumoren der Ureteren sind sehr selten. Die bisher beschriebenen Fälle waren vorwiegend mesenchymalen Ursprungs, also Fibropapillom, Leiomyom bzw. Leiomyosarkom oder Fibrosarkom, aber auch Karzinome wurden beobachtet. Klinisch auffällig wurden die meisten Fälle durch Obstruktion der Harnleiter und sekundärer Pyonephrose bzw. Hydronephrose und damit verbundener Symptomatik. Diagnostik und Therapieoptionen entsprechen den oben genannten Erkrankungen der Ureteren, wobei die Karzinome aufgrund ihres biologischen Verhaltens prognostisch ungünstig sind.

11.6 Harnröhre

11.6.1 Funktionelle Anatomie

Harnröhre und Harnblase dienen dem Sammeln und der Ausscheidung des Harns. Diese Vorgänge sind sehr komplex reguliert und bedürfen bestimmter anatomischer Voraussetzungen.

Es gibt 3 wichtige Zonen in der Harnröhre mit unterschiedlichen Aufgaben:

1. Der Blasenhals
2. Die mittlere Harnröhre (beim Rüden die prostatische Harnröhre)
3. Die kaudale Harnröhre (beim Rüden der kaudale Anteil der prostatischen Harnröhre)

Alle Zonen haben eine Mukosa, eine Submukosa, eine Muskelschicht und eine Serosa. Im Blasenhalsgebiet sind die Muskelfasern alle glatt und kreuzweise miteinander verflochten, sodass in der Sammelphase eine Entspannung vorliegt und diese Zone zum Verschluss beiträgt. Bei der Entleerung kommt es zur Kontraktion des Muskelgeflechts mit trichterförmiger Eröffnung.

Die mittlere Harnröhre ist der Bereich, der bei Druckmessungen den höchsten Widerstand erzeugt und bildet mit dem Blasenhals die Zone des passiven Widerstandes gegen den Harn. Die hier deutlich überwiegenden glatten Muskelzellen sind zunehmend zirkulär angeordnet. Die Elemente, die dem Verschluss dienlich sind, gliedern sich wie folgt:

1. Mukosa mit Längsfalten
2. Submukosa mit Gefäßplexus
3. Glatte Muskelzellen mit sympathischem Tonus

Die kaudale Harnröhre hat hauptsächlich zirkulär angelegte glatte und quergestreifte Muskelfasern mit dem U-förmigen M. ischiourethralis beim weiblichen Tier und dem beidseitig angelegten M. ischicavernosus bei männlichen Tieren. Die männliche Harnröhre im Bereich des Penis ist von zwei Schwellkörpern umgeben, dem corpus spongiosum urethrae zirkulär und außerhalb paarig vom corpus cavernosum, also dem Penisschwellkörper. Beim Rüden ist eine anatomische Besonderheit der Penisknochen, in den die Harnröhre im Verlauf ventral eingebettet ist. Im kaudalen Penisknochenbereich ist die engste Stelle der Harnröhre, was bei Urolithiasis dazu führt, dass hier Steine festhängen. Beim Kater ist die Penisharnröhre eine Prädilektionsstelle für Obstruktionen, da sie einen deutlich geringeren Durchmesser hat als die kranial liegende Beckenharnröhre.

Während der Sammelphase der Harnblase unterliegt die glatte Muskulatur der Harnröhre einer erhöhten adrenergen Stimulation. Die α-Adrenorezeptoren binden vermehrt Neurotransmitter wie Phenylephrin. Das Bindungverhalten der Adrenorezeptoren ist abhängig vom Einfluss der Geschlechtshormone. In der Phase erhöhter adrenerger Aktivität in den Fasern des Plexus pelvicus (sogenannter N. hypogastricus) ist wenig cholinerge Aktivität messbar. Die mehr im Blasenhals lokalisierten Rezeptoren für Neurotransmitter wie dem Acetylcholin werden erst bei Aktivierung von Regionen im rostralen Hirnstamm angesteuert, der die sensorischen Vorgänge durch Dehnung, Schmerz oder Druckerhöhung in der Harnblase vorausgehen. Sehr sorgfältig abgestimmt mit dem sogenannten Detrusorreflex schlägt die neuronale Aktivität um. Damit der Harn über die entspannte Harnröhre leicht abfließen kann, nimmt die adrenerge Aktivität ab und die neuronale Aktivität der cholinergen Fasern zu. Das Ganze wird offensichtlich übergeordnet beeinflusst von der Aktivität der quergestreiften Muskelfasern im sogenannten externen Sphinkter, der durch Fasern des N. pudendus innerviert wird. Die sogenannten Fast-Twitch-Fasern des externen Sphinkters reagieren ultraschnell auf Druckerhöhungen im Abdomen, sodass bei Husten oder Bellen ein zusätzlich aktiver Verschluss der Harnröhre erzielt wird. Obwohl Schädigung der Neuronen des N.pudendus im sakralen Rückenmarksegment oder dahinter auch einen Verlust der vegetativen Steuerung der Harnblase und Urethra bedeuten, ist eine Entfernung des externen Sphinkters allein nicht damit verbunden. Es kommt zwar zu einer sogenannten Stressinkontinenz, Träufeln bei abdominaler Druckerhöhung, der passive Verschlussmechanismus der Harnröhre bleibt aber prinzipiell bestehen. Für die Ejakulation beim Rüden und Kater hat die Innervation eine Sonderfunktion, die auch Grundlage pathologischer Zustände sein kann. Damit die Prostatasekrete und der Samen nicht als Reflux in die Harnblase fließen, kann der externe Sphinkter entspannt werden und der interne Sphinkter im Bereich des Blasenhalses am Übergang zur prostatischen Harnröhre den Tonus erhöhen; also besteht eine Aufrechterhaltung des sympathischen Tonus der glatten Muskulatur und Hemmung der zirkulär verlaufenden quergestreiften Muskulatur.

11.6.2 Funktionsstörungen der Harnröhre

Wenn die Harnröhre ihren Aufgaben durch pathologische Zustände nicht gerecht werden kann, ergeben sich im Prinzip 2 Funktionsstörungen: Behinderung der Harnabflusses bis zur Obstruktion oder unzureichender Verschluss in der Sammelphase der Harnblase mit der Konsequenz der Harninkontinenz (unbewusstes Träufeln von Harn ohne Detrusorreflex). Ausnahme sind traumatische Einflüsse, bei denen der Harn in das umliegende Gewebe austritt. Die Themen der Harnröhrenobstruktion und der Harninkontinenz werden deshalb zunächst übergeordnet besprochen und die zugrunde liegenden Ursachen nochmal im Einzelnen aufgeführt.

11.6.2.1 Harnröhrenobstruktion

Die Behinderung des Harnflusses kann partiell oder komplett sein. Partielle Obstruktionen stellen ein Problem dar, da sie meist nicht erkannt werden. Die Harnblase reagiert auf Hindernisse in der Harnabfuhr unter Umständen mit erhöhter Aktivität des Detrusormuskels, sodass sich im Verlauf eine Hypertrophie entwickelt. Der kräftiger erscheinende Detrusormuskel lässt sich aber nicht beliebig trainieren, um den nötigen höheren Druck zu produzieren und es kommt in einem allerdings unbekannten Zeitraum zu einer Veränderung des Gewebes mit mehr Bindegewebsanteil, darunter leiden die Elastizität und die Kontraktilität. Folgen sind verminderte Kapazität und Restharn. Grundsätzlich ist der Blasenmuskel sehr dünn und schwach, benötigt er bei Entspannung der Harnröhre ja auch kaum Kraft, um die Blase zu entleeren. Daher sind auch kleinere Hindernisse, die man weder bei manueller Entleerung noch beim Einbringen eines Katheters wahrnehmen muss, für das System selbst ein Problem. Gelingt es dem Detrusor nicht, die Harnblase aktiv zu entleeren, hängt der weitere Verlauf vom Grad und der Art der Obstruktion ab. Minimale Passage des Harns würde ähnlich einer Überlaufinkontinenz ein dauerhaftes Träufeln bei voller Blase hervorrufen. Dabei wird die Harnblase zwar sehr gedehnt, aber nicht derart geschädigt wie bei kompletter Obstruktion. Dort kommt es zu Perfusionsstörungen, die je nach Dauer der Sauerstoffunterversorgung zunächst zum Absterben der Mukosa, später auch der Muskularis führen. Nekrosen verschiedenen Grades sind eine Komplikation vor allem bei Urolithiasis und geben sich manchmal erst Tage nach initialer Therapie zu erkennen. Nur im akuten, unbehandelten Fall treten die ischämischen Zustände durch Freisetzung von Toxinen in den Vordergrund und führen zu hochgradiger Störung des Allgemeinbefindens, Schock, Koagulopathie und multiplem Organversagen.

Im zeitlichen Verlauf entstehen durch den Harnstau eher irreversible Schäden der Harnblasenwand als der Nieren. Die Konsequenzen des behinderten Abflusses des Harns in die Harnblase führen zwar zu einer Urämie, aber die Verminderung der glomerulären Filtration mit dem Anstieg der Harnstoff- und Kreatininkonzentration dauert bis zu 48 Stunden, die Schädigung der Mukosa und Muskulatur der Harnblase mit Ischämie oder gegebenenfalls Reperfusionsverletzung tritt innerhalb weniger Stunden auf. Deshalb ist die frühe Dekompensation der Harnblase die erste entscheidende Maßnahme im Notfallmanagement.

Druckschädigungen mit weniger dramatisch verlaufenden Nekrosen können bei Urolithiasis auch im Bereich der Harnröhre auftreten, meistens kommt es zu einer sehr lokalisierten Schädigung mit verdeckt ablaufender Reparatur, die später Stenosen und Strikturen hinterlassen.

Diagnostik bei Harnröhrenobstruktion: Aus dem oben Beschriebenen ergibt sich die Ungenauigkeit der manuellen Untersuchung und des Einbringens eines Katheters. Trotzdem sind diese Maßnahmen unverzichtbar, da sie, wenn auch nicht zum Ausschluss, ja doch zum Nachweis geeignet sind. Der palpatorische Nachweis einer zu stark gefüllten Harnblase ist leider erfahrungsabhängig, eine zusätzliche erkennbare Schmerzreaktion hilfreich, plötzlicher spontaner Harnabsatz bei Palpation aufschlussreich. Adspektion und Palpation des äußeren Genitale ermöglichen in seltenen Fällen Hinweise auf Ursachen außerhalb der Harnwege. Es folgt die rektale Untersuchung, sowohl bei Rüden als auch bei Hündinnen. Auch wenn bei Hündinnen seltener Ursachen in der Beckenharnröhre fühlbar sind, muss sich der Untersucher schulen, um einen normalen Tastbefund von einem abweichenden Befund unterscheiden zu können.

Nächster Schritt ist das Einbringen eines Katheters. Wenn dies grundsätzlich bei Rüden und Katern einfacher erscheint, so ist es doch bei der Hündin und Kätzin nur in Ausnahmefällen deutlich erschwert. Da es sich um eine unangenehme bis schmerzhafte Manipulation handelt, ist es wichtig, eine Gegenwehr des Patienten ernst zu nehmen. Ob sich eine Sedation oder allgemeine Anästhesie zu diesem Zeitpunkt eignet, hängt sehr von der Situation und vom Allgemeinzustand des Tieres ab.

Die Wahl des Durchmessers des Katheters ist vor allem beim Rüden nicht einfach, da z. B. Boxer bei einem Körpergewicht von fast 30 kg unter Umständen nur einen Harnröhrendurchmesser von 2,3 mm an der engsten Stelle im hinteren Bereich des Penisknochens haben können, ein Dackelrüde mit ca. 10 kg aber durchaus über 3 mm. Kater lassen im Bereich der Penisharnröhre 1 bis 1,3 mm Durchmesser passieren, Kätzinnen grundsätzlich bis ca. 3 mm, bei Hündinnen je nach Grösse und Rasseeinflüssen 3–8 mm. Bei der Auswahl des Kathetermaterials berücksichtigt man die Zielsetzung, also zur Abnahme des Harns und Kontrolle der Passage lassen sich die härteren, recht starren Polyurethankatheter leichter einführen, können aber auch eher Verletzungen herbeiführen, beim Rüden am Beckenumschlag, beim Kater am Übergang zur Beckenharnröhre, vor allem wenn bei Urolithiasis sowieso schon Schäden am Gewebe bestehen. In diesen Regionen ist immer Vorsicht geboten.

Die ideale Untersuchungstechnik der Harnröhre wäre die Endoskopie, mit der sich alle Bereiche der Harnröhre darstellen lassen. Es gibt bereits Endoskope mit einem Durchmesser unter 1 mm, mit der man die Penisharnröhre beim Kater untersuchen kann, gängige flexible Endoskope haben eher 2,3–3,3 mm Durchmesser und erlauben die Untersuchung der gebogen verlaufenden Rüdenharnröhre, bei der Hündin und Kätzin nutzt man in der Regel starre Endoskope mit einem Durchmesser von 1,9 bis 4 mm (bei einer Länge von max. 29 cm). Da die Endoskopie mindestens ebenso unangenehm ist wie das Einbringen eines Katheters (bei starren Optiken auch schmerzhaft), aber auch zum Schutz der Apparatur, wird die Untersuchung in allgemeiner Anästhesie ausgeführt. Limitiert wird der Einsatz in der Praxis auch durch die Kosten, sodass meist nur speziell ausgerüstete Kliniken über diese Möglichkeit verfügen.

Röntgenuntersuchungen sind daher in der Routinediagnostik immer der erste Schritt, da sie eine gute Übersicht verschaffen und häufige Ursachen, wie z. B. Urolithiasis, in den meisten Fällen nachweisen können (abhängig von der Art der Steine). Wichtig ist allerdings auch, alle Bereiche der Harnröhre zu belichten und Überlagerung, z. B. durch den Femur, an den entscheidenden Stelle zu vermeiden. Aber schon die nicht-röntgendichten Konkremente und alle Weichteilveränderungen lassen sich so nicht nachweisen. Die retrograde Applikation von Kontrastmitteln ist dafür erforderlich, mit der die Harnröhre auch unter Praxisbedingungen ausführlich untersucht werden kann (Urethrographie). Beim Kater und Rüden ergibt sich lediglich das Problem, dass ein Katheter oder stumpfe Kanüle zumindest für einige Millimeter in das Lumen eingeführt und die Penisspitze darüber komprimiert werden muss – und damit dieser Bereich nicht zu beurteilen ist. Bei der Hündin und Kätzin kann das Kontrastmittel auch in das Vestibulum der Scheide eingebracht werden und läuft bei Abdichtung der Vulva dann passiv auch in die Harnröhre (Vaginourethrographie). Mit den retrograden Röntgenkontrastaufnahmen unter Verwendung von wasserlöslichen, jodhaltigen Kontrastmittel (z. B. Iohexol) gelingt der Nachweis der großen Mehrheit der Harnröhrenerkrankungen mit einer hohen Aussagekraft.

Sofortmaßnahmen bei Harnröhrenobstruktion: Aus dem oben Beschriebenen ergibt sich als wichtigste initiale Maßnahme die Dekompensation der überfüllten Harnblase. Gelingt das Einbringen eines Katheters, ist viel erreicht und vor allem beim Kater die Möglichkeit der konservativen Therapie, indem der Katheter für 3–5 Tage belassen und an ein Dauerauffangsystem angeschlossen wird. Gelingt das Einbringen eines Katheters nicht, dann sollte die Harnblase über eine Punktion oder sogenannte Zystozentese entleert werden. Diese Maßnahme ist auch bei einem gewissen Risiko der Ruptur oder Austritt von Harn aus der Punktionsstelle sinnvoller als andere Schritte zu diesem Zeitpunkt, denn erstens wird die Perfusion der Blasenwand wieder hergestellt, zweitens die Niere zum Abtransport des Harns befähigt und drittens Raum geschaffen für

Spülungen der Harnröhre von retrograd. Selbst im Falle einer Ruptur, die eine seltene Komplikation darstellt, erlaubt der Zustand eine Stabilisierung des Patienten vor weiteren Maßnahmen, die auch eine Anästhesie erfordern würden. Im Falle metabolischer Konsequenzen der Obstruktion mit postrenaler Urämie, Hyperkaliämie und Azidose, können trotzdem eine Flüssigkeitstherapie und weitere Therapiemaßnahmen eingeleitet werden und die Behandlung der Obstruktion oder des Uroabdomens zu einem späteren Zeitpunkt (je nach Grad der Urämie und Hyperkaliämie 24–48 Stunden später). Die Punktion zielt auf eine möglichst vollständige Entleerung der Harnblase, wobei zwar großlumige Nadeln eine schnellere Entleerung ermöglichen, aber auch mehr Trauma verursachen. Also beschränkt man sich in der Regel auf Kanülen mit einem Maß von 20–23 G. Diese können über eine Verlängerung an einen Dreiwegehahn angeschlossen werden, was bei größeren Harnmengen das Wechseln von Spritzen zum Evakuieren (meistens 60 ml) vermeidet – man kann über den Dreiwegehahn entleeren.

Sobald der Allgemeinzustand bzw. der metabole Zustand des Patienten eine Anästhesie zulassen, kann die Behandlung der Ursache der Obstruktion erfolgen. In schwerwiegenden Fällen kann es aufgrund der schnellen erneuten Füllung der Harnblase innerhalb von wenigen Stunden nötig sein, eine erneute Punktion auszuführen.

- **Spültechniken zur Behandlung von Obstruktionen durch Harnsteine, Harngrieß oder Gewebepfropfen beim Kater und Rüden:**
  Das sogenannte Freispülen der Harnröhre ist eine gängige Maßnahme im Rahmen der Therapie. Das Ziel ist, die Durchgängigkeit der Harnröhre – zumindest zeitweise – wieder herzustellen. Dies erlaubt die Anwendung eines Dauerkatheters und grundsätzlich die Vermeidung chirurgischer Eingriffe an der Harnröhre. Gelingt es, die Gewebepfropfen (engl. Urethral plugs), Harngrieß oder Harnsteine in die Harnblase zurückzuspülen, erschließen sich die Möglichkeiten der Auflösung durch Medikamente, Futterumstellung oder die chirurgische oder endoskopische Entfernung aus der Harnblase. Dies ist erheblich unkomplizierter und prognostisch besser als eine Operation an der Harnröhre.
- **Harnröhrenspülung beim Kater:**
  Für das Spülen der Harnröhre beim Kater unter allgemeiner Anästhesie nutzt man bevorzugt Kanülen mit endständiger Öffnung, wie z. B. Knopfkanülen oder auch Venenverweilkatheter mit einem Durchmesser von 1–1,3 mm. Eine Muskelrelaxation und Tonusverminderung des Schwellkörpers sind vorteilhaft. Lokalanästhetika und Gleitmittel können der körperwarmen physiologischen Spüllösung (Natriumchlorid 0,9 %) beigefügt werden. Es ist wichtig, dass die Harnblase vorher entleert wurde (wie oben beschrieben). Das verwendete Spülvolumen sollte der maximalen Blasenkapazität Rechnung tragen, also zwischen 2–5 ml/kg KM liegen. Der Jet an der Öffnung der Kanüle schafft es häufig, vor allem Gewebepfropfen zu beseitigen, Harngrieß (meist Struvit) mehrheitlich, aber bei soliden Konkrementen, meist Kalziumoxalatsteinen, gelingt es selten. Lässt sich die Kanüle während des Spülens weiter einbringen, kann anschließend ein Harnröhrenkatheter platziert werden. Dieser stellt auch sicher, dass eine Blasenentleerung möglich ist und kein Trauma vorliegt (Nachweis der Urinabfuhr oder Rückgewinnung der Spülflüssigkeit). Wichtig beim

Einbringen: die Position des Penis gestreckt nach kaudodorsal, damit Penis- und Beckenharnröhre eine Linie bilden.

- **Harnröhrenspülung beim Rüden:**
  Die sogenannte „urohydropulsion" (engl.) nach Carl Osborne macht sich die flüssigkeitsbedingte Dehnung der Harnröhre um einen Harnröhrenstein herum zunutze. Um diese Dehnung zu erreichen, wird die Beckenharnröhre durch einen Finger im Rektum komprimiert und über einen retrograd eingeführten Katheter so viel Druck erzeugt, dass sich die Mukosa möglichst vom Stein abhebt und dieser nach Lösen der Kompression in einem Strudel davongetragen wird. Dieses Verfahren ist in vielen Fällen erfolgreich. Sind die Steine in der Harnblase, kommen chirurgische Entfernung und bei einigen Steinen auch eine Auflösung mittels Diät und/oder Medikamenten infrage. An Bedeutung gewinnt die Laserlithotripsie, die vor allem bei festsitzenden Harnröhrensteinen wertvoll ist und auch für Blasensteine genutzt werden kann.

11.6.2.1 Harninkontinenz

Definiert ist das Symptom der Harninkontinenz durch das unbewusste Träufeln von Harn, wenn gerade kein Miktionsreflex zu erkennen ist. Die Beobachtung des Symptoms ist sehr entscheidend, denn es gibt keine Messmethode oder Diagnostik, die eine Fehlfunktion der Harnröhre absolut zuverlässig nachweist. Ebenso ist es schwer, eine Funktionsstörung des gesamten Systems, also Harnblase und Harnröhre, nachzuweisen. Funktionstests mit hohem technischem Aufwand, sogenannte urodynamische Untersuchungen, zeigen zu einem nicht unerheblichen Prozentsatz keine Unterschiede zu gesunden bzw. symptomfreien Tieren trotz der Beobachtung des Symptoms (in eigenen Studien 8 von 77 Hunden). Diese Einschränkung der diagnostischen Aussagekraft macht aber auch deutlich, dass vielleicht nicht alle pathophysiologischen Mechanismen erkannt werden können.

Das pathophysiologische Grundprinzip der Harninkontinenz geht von einem gestörten Druckgradienten aus. Ist der Druck in der Harnröhre nur gleich oder niedriger als in der Harnblase, tritt in der Sammelphase der Harnblase Urin aus. Dementsprechend können pathologische Veränderungen der Harnblase zum Symptom führen, vor allem die mit Verminderung der Kapazität und Compliance (Druck/Volumenverhältnis), wenn die Harnröhre nicht den adäquaten Widerstand erbringen kann. Darüber hinaus können sogenannte unfreiwillige Kontraktionen des M. Detrusor auftreten (Detrusorinstabilität). Der Harnröhrenwiderstand ist sehr variabel und interindividuell, schwankt während der Füllphase auch noch erheblich und muss sich den Verhältnissen in der Harnblase anpassen. Auch im Bereich der Harnröhre wurden plötzliche Druckschwankungen gemessen, man spricht auch hier von einer Instabilität.

Die Beobachtung, dass bei Hündinnen schon wenige Monate nach Entfernung der Eierstöcke offensichtlich aufgrund der veränderten hormonalen Einflüsse der Harnröhrenwiderstand signifikant absinkt, erklärt zwar das gehäufte Auftreten des Symptoms, aber nicht warum nur ein gewisser Prozentsatz klinisch auffällig wird (je nach Studie zwischen 5 und 20 %, rassespezifisch bis zu 60 %). Die zum Widerstandverlust führenden Veränderungen der Harnröhre bezüglich der Funktion und des Gewebes sind zwar dokumentiert (Adrenorezeptorenaktivität vermindert bzw. Tonus niedriger, Wassergehalt des Urothels niedriger, Verringerung des submukösen Plexus, Veränderung der Kollagenstruktur u. a.) aber warum ein Hund inkontinent wird und der andere nicht, ist nicht vollständig geklärt. Auch wenn aus urodynamischen Untersuchungen keine eindeutigen Zusammenhänge zwischen einer Verlagerung der Harnblase nach kaudal und der Harnröhrenfunktion gefunden wurden, so ist die sogenannte „Beckenblase", ein im Beckenkanal liegender Blasenhals, mit 80 bis 85 % als abweichender Befund der bildgebenden Untersuchungen (Abb. 11.11) bei inkontinenten Hündinnen ein wichtiger Faktor.

Bei der häufigsten Form der Harninkontinenz, der sogenannten Sphinkterinkompetenz, die in Anbetracht des Auftretens bei intakten Hündinnen von nur 0,3 % eine Folge der Kastration sein muss, ergeben sich noch eine Anzahl anderer disponierender Faktoren, zumindest aus epidemiologischer Sicht. Bei Rüden wiederum ist trotz statistischer Signifikanz bezüglich des Einflusses der Kastration die Entstehung weniger eindeutig verteilt.

Bei Katzen ist Harninkontinenz ein seltenes Symptom.

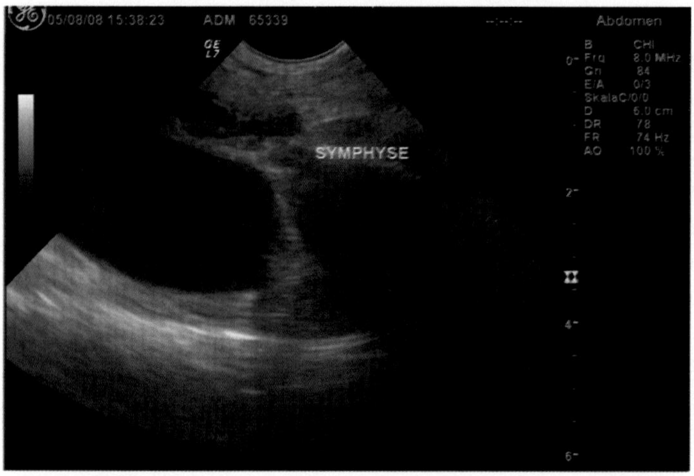

Abb. 11.11 Sonographische Darstellung der sog. „Beckenblase".

11.6.3 Primäre pathologische Zustände der Harnröhre

11.6.3.1 Urethritis

Entzündliche Veränderungen des Übergangsepithels können im Rahmen einer Infektion auftreten, verhalten sich aber anders als Entzündungen der Harnblase. Klinisch relevant oder auffällig werden sie erst bei deutlich erkennbaren Funktionsstörungen wie der Obstruktion. Diese wird durch Verklebungen, oberflächliche Nekrosen, Granulombildung oder in Folge Vernarbungen hervorgerufen, man spricht dann von obstruktiver Urethritis. Laut Literatur und eigenen Erfahrungen ist dies ein seltener Befund, eher bei Hündinnen nach der Läufigkeit beobachtet.

Inwieweit bei Entzündungen der Harnblase und Harnröhre mit infektiösem Hintergrund überhaupt zwischen der Beteiligung der beiden Strukturen auch hinsichtlich der Symptomatik unterschieden werden kann, ist nicht bekannt.

Die Therapie der obstruktiven Urethritis erfordert das Einbringen eines Katheters, der für einige Tage belassen wird, um die Harnblase kontinuierlich zu entleeren. In Ausnahmefällen reicht die Applikation von entzündungshemmenden Medikamenten (Steroide und nichtsteroidale Antiphlogistika) und Antibiotika, wie sie auch bei der infektiösen Zystitis eingesetzt werden. Zusätzliche Anwendung von sympathikolytisch wirkenden Stoffen, wie Phenoxibenzamin oder Alfuzosin, kann den Harnabsatz möglicherweise eher wieder herstellen.

11.6.3.2 Striktur

Strikturen sind Narbenbildungen nach traumatischen Einflüssen, vor allem durch festsitzende Harnsteine und deren Entfernung, aber auch infolge von chirurgischen Interventionen an der Harnröhre aus anderen Gründen, wie z. B. Trauma oder Tumor. Reparaturprozesse an der Harnröhre hinterlassen häufig ein anderes Kollagen mit geringerer Elastizität. Zirkulär, wie nach chirurgischen Anastomosen, können sie sich über lange Zeiträume entwickeln, manchmal auch noch viele Monate später und behindern den Harnabfluss erheblich, auch wenn sie nicht das Lumen komplett einengen.

Die Behandlung von Strikturen ist schwierig. Aufbrechen oder forcierte Dilatation mit dafür geeigneten Stäben (sog. Bougieren), Einbringen von starren Kathetern mit zunehmendem Durchmesser oder Dilatation mit Ballonkathetern ermöglicht zeitweise eine Besserung der Funktion, aber es kommt fast immer wieder zum Rezidiv. Chirurgische Lösungen mit Ausnahme von sogenannten Fisteln oder Stomata, die nur im Bereich der Penisharnröhre infrage kommen, tragen leider ein erneutes Risiko der Stenose. Mehr Erfolg wurde in einigen Fällen mit einem selbst entfaltenden Harnröhrenstent aus Nitinol erzielt.

11.6.3.3 Polypen

Polypen sind in der Harnröhre äußerst selten. Wenn, dann werden sie nahe am Orifizium festgestellt und verursachen Blutungen aus der Harnröhre beim Rüden. Damit gehören sie zu den Differenzialdiagnosen bei Bluttträufeln aus dem Penis oder Präputium (häufig fälschlich einer Prostatahyperplasie zugeordnet).

11.6.3.4 Prolaps

Bei englischen Bulldoggen gelegentlich und sehr selten bei anderen Rassen kann sich die Mukosa der Harnröhre aus der Penisspitze hervorschieben. Auffällig werden die Rüden durch Blutungen aus dem Penis oder Präputium. Obstruktionen treten nicht auf.

Die Behandlung ist chirurgisch und besteht aus der Amputation des vorgefallen Teils, bei Rezidiven muss auch mal die Penisspitze mit entfernt werden.

11.6.3.5 Dyssynergie

Die fehlende Koordination der Harnblase mit der Harnröhre während des Miktionsreflexes kann den Harnabsatz komplett unterbinden. Man unterscheidet eine sogenannte idiopathische detrusor-urethrale Dyssynergie von anderen Formen, die erkennbar Folge neurologischer Störungen im Bereich des Rückenmarks sind. In Abwesenheit von Schmerzen und Störungen des Bewegungsapparates sowie abweichenden Befunden der neurologischen Untersuchung wird die idiopathische detrusor-urethrale Dyssynergie durch Ausschluss anderer Ursachen, die den Harnabfluss behindern können, diagnostiziert. Im Rahmen medikamentöser Therapie kann man unter Umständen unterscheiden, ob die Störung mehr in der sympathischen Innervation, also einer Art Spasmus der glatten Muskulatur der Harnröhre, oder der somatischen Steuerung, also Ausbleiben der Entspannung des externen Sphinkters, zu suchen ist. Die idiopathische Dyssynergie tritt deutlich gehäuft bei Rüden großer Rassen in mittlerem Alter auf. Es scheint keine Rolle zu spielen, ob die Hunde kastriert sind, zumindest hat eine Kastration keinen Einfluss auf den Verlauf. Viele Hunde zeigen die Harnblasenentleerungsstörungen nur temporär und periodisch, manche Tierhalter beobachten sie nach deutlicher körperlicher Belastung, z. B. Schwimmen, manche auch nach Erregung durch läufige Hündinnen in der Umgebung. In manchen Fällen versucht der Rüde sich vergeblich zu entleeren oder hat nur kurze Phasen unterbrochenen Harnflusses, eventuell auch einen sehr dünnen Strahl. Bei Entspannung im Anschluss kann es auch mal zu passiver, unbewusster Entleerung kommen. Die große Mehrheit bedarf innerhalb eines Tages der tierärztlichen Behandlung, in der Regel Entleerung über das Einbringen eines Katheters.

Bei der Behandlung wird versucht, zunächst den Tonus der glatten Muskulatur der Harnröhre herabzusetzen. Dazu werden wahlweise α-Adrenozeptorantagonisten wie Phenoxybenzamin (ca. 0,5 mg/kg/Tag KM 1–2 × tägl. oral), Alfuzosin (ca. 0,1 mg/ kg KM 1 × tägl. oral) oder Tamsulosin (ca. 10 µg/kg KM 1 × tägl. oral) eingesetzt. Alfuzosin und Tamsulosin haben pharmakologisch die günstigsten Eigenschaften, da nachweislich der Harnröhrenwiderstand bei Druckmessungen des Hundes sinkt, aber erst bei hohen Dosierungen auch der Blutdruck steigt, erheblich später als bei den wirksamen Dosen der anderen Sympathikolytika. Es gibt allerdings im Gegensatz zum Prazosin, das sich in klinischen Studien bei Hunden mit Dyssynergie als wirkungsvoll erwiesen hat, noch wenig Erfahrungen. Prazosin ist aber inzwischen nicht mehr auf dem europäischen Markt erhältlich.

Sollte innerhalb eines Tages kein ungestörter Harnabsatz zurückkehren, müsste die Harnblase wieder über einen Katheter entleert werden. Danach kann man versuchen auf die erheblich seltener auftretende somatische Dyssynergie zu behandeln, also Anwendung klassischer Muskelrelaxantien, wie z. B. dem Diazepam. Bei einer Dosis von 0,25–0,5 mg/kg KM 3 × tägl. ist mit einer Wirkung zu rechnen, ohne die Hunde zu sehr zentral und in der Bewegung zu beeinträchtigen. Ebenfalls in Einzelfällen führt die Anwendung cholinerger Wirkstoffe zu einem positiven Ergebnis, wobei nicht deutlich ist, ob eine Applikation in Kombination mit α-Adrenozeptorantagonisten notwendig ist. Möglicherweise führt die Applikation von Betanechol (5–25 mg/Hund/Tag und 2,5–5 mg/Katze/Tag oral), Carbachol (ca. 0,1 mg/kg/Tag verteilt auf 3 × tägl. oral) oder Pyridostigmin (0,5–1 mg/kg/Tag verteilt auf 3 × tägl. oral) zu einer Umschaltung des Systems, sodass die sympathische Innervation wie beim Miktionsreflex unterdrückt wird. Es handelt sich hier um rein empirische Informationen.

Im Rahmen der medikamentösen Therapien ist es trotzdem wichtig, größere Restharnmengen rechtzeitig zu entfernen.

In den letzten Jahren wurden mehr therapieresistente Fälle beobachtet, sodass langzeitig ein Katheter Management durchgeführt werden musste. Hier hat sich das System eines präpubischen Katheters bewährt, wenn es auch nicht frei von Komplikationen ist. Das Risiko verheerender iatrogener Infektionen ist deutlich geringer als bei intermittierender Katheterisierung und ermöglicht, außer dem einmaligen Akt des Einbringens selbst, eine schmerzfreie Entleerung der Harnblase durch den Tierhalter. Der Katheter muss mindestens 5 Tage verbleiben, danach bildet sich eine Fistel und der Katheter könnte dann jederzeit einfach gezogen werden. Bei einigen Patienten ist das Management mit einem präpubischen Katheter lebenslang notwendig. Der Katheter muss allerdings immer wieder ausgetauscht werden, in der Regel erfolgt dies vierteljährlich.

Bei Katzen mit häufig auftretenden Verletzungen des sakralen Rückenmarks (sogenannter Schwanzabriss) kommt es im Verlauf zunächst zum Verlust des freiwilligen Harnabsatzes, später jedoch auch zu einer Zunahme des Widerstandes der Harnröhre beim manuellen Entleeren der Harnblase. Dies entspricht einer häufig beobachteten Komplikation bei querschnittsgelähmten Menschen. Auch hier kann der dyssynerge Zustand mit den oben genannten Medikamenten manchmal nicht mehr korrigiert werden, aber im Gegensatz zu den dyssynergen Hunden gibt es die Möglichkeit einer chirurgischen Technik mit guter Prognose, bei der der Blasenhals längs eingeschnitten und quer wieder zusammengenäht wird (Blasenhalsplastik nach Grevel).

11.6.3.6 Hypospadie

Eine embryonale Entwicklungsstörung kann bei Rüden dazu führen, dass der Sinus urogenitalis bei der Bildung der Urethra und des Penis unvollständig differenziert. Dies führt in sehr variabler Form zu Öffnungen der Harnröhre im Penisbereich. Es kommt leichter zu aufsteigenden Infektionen und lokal zu Reizungen der Haut durch den Fistelcharakter der Veränderung. In manchen Fällen ist deshalb eine chirurgische Korrektur nötig.

11.6.3.7 Urethrahypoplasie

Im Englischen auch als „short urethra syndrome" bezeichnete angeborene Veränderung der Harnröhre, die zur Harninkontinenz führt. Unter Umständen beim Hund schlecht von der Beckenblase zu unterscheiden, bei der Katze aber sehr deutlich in der Bildgebung erkennbar, da die normalerweise lange Urethra nicht bis in das Abdomen hineinreicht.

Diese Form der anatomischen Fehlentwicklung macht sich aufgrund der verringerten Fläche, die für den passiven Widerstand zur Verfügung steht, schon im juvenilen Zustand bemerkbar. Die Korrektur erfolgt chirurgisch durch Verlängerung der Röhrenstruktur, wobei man eine Schwenkplastik der Harnblasenschleimhaut verwenden kann.

11.6.3.8 Sphinkterinkompetenz

Klassischerweise versteht man hierunter die Harninkontinenz der kastrierten Hündin, aber nur weil es die häufigste Problematik in der Praxis darstellt. Grundsätzlich kann die Unterfunktion der Harnröhre mit der Konsequenz des unbewussten Harnträufelns bei Hunden und Katzen beiderlei Geschlechts auftreten. Abhängig ist der Zeitpunkt vom Grad der Veranlagung. Bei weiblichen Golden Retrievern und Neufundländern scheint zum Beispiel eine verzögerte Entwicklung im Aufbau des passiven Widerstandes vorzukommen, die dann aber im Lauf des Wachstums mit Erreichen der Geschlechtsreife einen ausreichenden Grad erreicht, sodass die Tiere auch ohne Behandlung asymptomatisch werden. Man kann demnach zwischen juveniler und erworbener Harninkontinenz sprechen, wobei letztere im Unterschied zur Hündin bei Rüden das Auftreten nicht so eng in Zusammenhang mit einer Kastration gesehen wird, ebenfalls nicht so häufig die zu weit kaudal im Beckenkanal gelegene Harnblase.

Letztendlich ist die Sphinkterkompetenz in der Praxis auch eine Ausschlussdiagnose. Hilfreich bei der Zuordnung des Problems kann die Beobachtung der Symptomatik sein, denn Harnträufeln in ruhender, liegender Position, vor allem, nachdem die Harnblase gerade entleert wurde, wäre ein klassisches Symptom. Therapieversuche sind in vielen Fällen nötig, um die Verdachtsdiagnose zu bestätigen. Kompliziert wird es erst bei Versagen der gängigen Therapieformen. Für die Sphinkterinkompetenz der Hündin ist die initiale medikamentöse Therapie allerdings sehr häufig erfolgreich (82-97 %).

Im Verdachtsfall kann man bei Hunden und Katzen beiderlei Geschlechts α-Adrenozeptorantagonisten anwenden. Die Erfolgsraten sind allerdings unterschiedlich, bei Katzen zu selten für statistische Aussagen sind viele Rüden bei der Anwendung unverändert, nur bei kastrierten Hündinnen werden je nach Medikament ein Erfolg von 60–93 % (Ephedrin) bis zu 82–97 % (Phenylpropanolamin) berichtet.

α-Adrenozeptorantagonisten steigern nachweislich den Druck und damit den passiven Widerstand der Harnröhre im Bereich des Sphinkters, vor allem im mittleren Bereich mit glatter Muskulatur in länglicher und zirkulärer Anordnung. Zugelassen als Tierarzneimittel sind zum Zeitpunkt des Verfassens dieses Beitrages Ephedrin (als Tablette mit 20 und 50 mg) und Phenylpropanolamin (als Sirup mit 50 mg/ml). Die Anwendung von Ephedrin ist in retrospektiven Studien bei einer Dosis von 1–3 mg/kg KM 2–3 × tägl. von mehr Nebenwirkungen behaftet (26 %). Dazu gehören Unruhe, Apathie, Ängstlichkeit und Hecheln. Die Wirkung lässt auch bei Steigerung der Dosis in einer anderen Studie bei 68 % der Patienten in einem Zeitraum von 3 Jahren deutlich nach. Phenylpropanolamin zeigte vergleichbare Nebenwirkungen in nur 9 % der Fälle und war bei einer Dosis von 1,5 mg/kg KM 2–3 × tägl. während einer Beobachtung von 2 Jahren noch bei 95 % der Patienten wirksam. Ein Präparatwechsel von Ephedrin zu Phenylpropanolamin war bei 80 % der Hündinnen mit Therapieversagen erfolgreich.

Ein anderes Konzept zu Behandlung der Sphinkterinkompetenz ist die Behandlung mit Östrogenen. Allerdings hebt das Medikament die durch die Kastration beobachteten Veränderungen nicht komplett auf. Östrogene können beim Hund eine Knochenmarksdepression induzieren, was bisher aber nicht bei der Anwendung des schwächsten natürlichen Östrogens, dem Östriol, beobachtet wurde. Östriol steigert ebenfalls den Druck in der Harnröhre, beeinflusst aber auch andere Funktionsparameter der Harnblase. In klinischen Studien wird bei einer täglichen oralen Dosis von 1–2 mg/Hündin nach 6 Wochen Kontinenz in 61 % und Besserung des Zustandes in 22 % der Fälle erreicht. Nebenwirkungen sind bisher nur bei einer hohen Dosis in Form von Läufigkeitsanzeichen beobachtet worden. Ein besonderes therapeutisches Potential bietet die Gabe von Östriol in Kombination mit α-Adrenozeptorantagonisten. Die Bindungseigenschaften der α-adrenergen Rezeptoren optimieren sich unter dem Hormoneinfluss. Man kann also mit geringeren Dosierungen einen Effekt erzielen oder bei Therapieversagen der einzelnen Medikamente mit der Kombination erfolgreich die Symptome kontrollieren.

Der Nachweis von FSH/LH Rezeptoren in den Harnorganen und die vergleichsweise geringeren Plasmakonzentrationen bei den kastrierten inkontinenten Hündinnen haben auch zur therapeutischen Anwendung von Gonadotropin Releasing Hormonen geführt. In einer Gruppe therapieresistenter Hündinnen hatte die Anwendung von Buserelin in 71 % der Fälle noch einen Erfolg von 2 Monaten bis zu 2 Jahren.

Vor allem bei Rüden, im Verlauf aber auch regelmäßig bei Hündinnen, haben die oben genannten Medikamente keinen Effekt. Ebenso können Nebenwirkungen bei den Hunden beim Tierhalter den Wunsch nach anderen Therapieformen hervorrufen. In diesen Fällen gibt noch Möglichkeiten der endoskopischen und chirurgischen Therapie der Sphinkterinkompetenz. Eine vor allem von den Tierhaltern wegen der nichtinvasiven Methodik bevorzugte Behandlung ist die endoskopisch begleitete Injektion von pastenförmigen Bioimplantaten unter die Mukosa der Harnröhre bei Hündinnen. Drei zirkulär angeordnete Depots im mittleren Bereich der Harnröhre (je 0,2–0,7 ml) erreichten in einer Studie Kontinenz in ca. 55 % der Fälle bei einmaliger Injektion, die Wirkung hielt 2 Monate bis 4 Jahre an (gemittelt 1,5 Jahre). Eine Wiederholung der Injektion erhöhte die Erfolgschancen. Zeitweilig durchgesetzt hatte sich die Verwendung von Kollagen (glutaraldehyd cross-linked), es war leichter zu applizieren als Teflonpaste oder flüssige Keramik. Da dies vom Markt genommen wurde, konnte nur Dextranomer Copolymer mit einem 15 %igen Anteil an Hyaluronsäure, ebenfalls aus der Humanmedizin, eingesetzt werden. Seit 2020 sind alle diese Präparate nicht mehr verfügbar, sodass der Autor Polyacrylamidgel nutzt, welches auch bei Gelenkerkrankungen bei Pferden und Kleintieren eingesetzt wird. In einer ebenfalls aktuellen Pilotstudie war die Verwendung von Cross-Linked Gelantine recht erfolgreich.

Ein deutlicher Vorteil der Methode ist die niedrige Komplikationsrate, bei eigenen Studien gab es gar keine. Beim Rüden ist die Applikation komplizierter, aber technisch möglich, die Resultate aber deutlich schlechter.

Chirurgische Methoden sind in vielen Variationen beschrieben, bei Rüden und Hündinnen ist zur Zeit die Implantation einer Silikonmanschette, verbunden mit einem subkutanen Port, am erfolgreichsten (engl. artificial sphincter oder hydraulic occluder). Die Komplikationen dieser Methode sind aber recht schwerwiegend und erfordern möglicherweise eine Entfernung des Implantats.

11.6.3.9 Trauma der Harnröhre

Der pelvikale Anteil der Harnöhre wird vorrangig durch Splitterfrakuren des Beckenknochens geschädigt, dann folgen schon die iatrogenen Ursachen, sei es versehentliche Verletzungen bei chirurgischer Präparation oder durch Katheter im Rahmen von Obstruktionsbehandlungen. Beim Rüden und Kater sind Verletzungen der Penisharnröhre sehr selten, auch hier eher iatrogene Schädigungen zu beobachten.

Die im Beckenteil der Harnröhre gelegenen Schäden führen zum Austritt von Harn in das umliegende Gewebe. Es kommt nicht so zügig zur Resorption harnpflichtiger Stoffe, da das Peritoneum nicht als große Oberfläche zur Verfügung steht. Eher sind kaustische Einflüsse nachvollziehbar, die man als Urinphlegmone bezeichnet. Die dadurch verursachten Gewebeschäden sind in der Regel nicht durch körpereigene Aufräum- und Reparaturprozesse zu korrigieren und bedürfen der chirurgischen Behandlung.

Die einzelnen Schichten der Harnröhre, das Epithel, darunter der submuköse Plexus, dann die glatten und/oder quergestreiften Muskelfasern und die Serosa unterliegen unterschiedlichen Heilungsmustern. Experimentelle Studien, bei denen unterschiedlich große und tiefe Defekte gesetzt wurden, zeigten, dass mit ausreichender Mukosa in der Nähe auch eine tiefe Wunde innerhalb von 7 Tagen regeneriert, wobei der submuköse Plexus innerhalb von 3 Wochen wiederhergestellt ist. Dabei sollte aber der Harn zeitweilig umgeleitet werden, entweder über eine Harnröhrenkatheter oder einen Blasenkatheter. Auch größere Defekte heilen über einem Katheter innerhalb von 5–21 Tagen ohne weitere Versorgung.

Chirurgische Behandlungen von Harnröhrenverletzungen sind die Hauptursache für Strikturen. Deswegen wird im Management von Harnsteinen mit Obstruktion auch häufig eine dauerhafte Fistel (Urethrostomie) angelegt oder, zur besseren Heilung bei einer einfachen Eröffnung (Urethrotomie), nur ein Katheter mit Auffang des Harns für ca. 48 Stunden.

11.6.3.10 Tumoren der Harnröhre

Auch im Harnröhrenbereich ist das Übergangszellkarzinom der bei weitem häufigste Tumor. Für das biologische Verhalten gilt im Grunde das Gleiche wie bei der Harnblase beschrieben, mit der Ausnahme, dass es eher zu Obstruktionen und damit zur Strangurie kommt, aber auch mal zu vaginalem Ausfluss. Bei einer retrospektiven Studie von 13 Hunden mit Übergangszellkarzinom der Harnblase hatten 7 Hunde auch Tumorwachstum in der Harnröhre. Die Fälle, in denen sich der Tumor in der Blasenhalsregion in der Bildgebung nicht zu erkennen gibt und sich auf die Urethra beschränkt, sind eine Ausnahme.

Andere Tumoren sind ebenfalls selten, dazu gehören das Rhabdomyosarkom bei jungen Hunden, das maligne Lymphom und benigne Tumoren wie das Leiomyom.

Besonderheiten der Therapie beim Übergangszellkarzinom im Vergleich zur Harnblase betreffen nur die obstruktiven Zustände. Hier wird von den Tierhaltern nachvollziehbar eher zur Euthanasie entschieden, aber es gibt Möglichkeiten des Managements, die einige Tierhalter für ihre Hunde gern in Anspruch nehmen. Dazu gehört der präpubische Katheter als Möglichkeit, schmerzfrei den Harn abzuführen, oder auch die Verwendung von Stents. Die Lebenserwartung ist aber trotzdem deutlich niedriger als bei den Harnblasentumoren.

Ein Lymphom in der Harnröhre kann genauso wie das multizentrische Lymphom als systemische Erkrankung behandelt werden. Für die Leiomyome oder Leiomyosarkome kommt bei akzeptabler Aussicht auf Erfolg eine chirurgische Entfernung infrage.

11.7 Urolithiasis

11.7.1 Entstehung von Harnsteinen

Von den verschiedenen Zustandsformen, die in Zusammenhang mit Urolithiasis beschrieben sind, ist zunächst die Unterscheidung von **Kristall** und **Harnstein** wichtig. Kristalle sind die solide Form von in einer Lösung befindlichen Substanzen. Sie nehmen abhängig von der jeweiligen Substanz spezifische interne Strukturen und symmetrische Oberflächenmuster an. Das zurzeit gängigste Konzept der Kristall- bis zur Steinbildung beruht auf der Übersättigung mit normalerweise in Lösung befindlichen Substanzen. Trifft die Übersättigung mit anderen disponierenden Faktoren zusammen, wie zum Beispiel einem bestimmten pH-Wert oder auch dem Mangel an inhibitorischen Subtanzen (z. B. Glykosaminoglykan), dann kommt es zur Präzipitation, Bildung eines sogenannten Nidus und von dort zum Kristall. Abhängig von der Menge der Kristalle und ihrer Lokalisation bildet sich dann auch der Stein, was also nur gelingt, wenn er nicht frühzeitig durch Herausspülen aus den Harnwegen eliminiert wird. Berücksichtigt man die anatomischen Unterschiede zwischen Mensch und Tier, so erklärt die Position der Harnblase bei Hund und Katze, nämlich liegend, im Vergleich zu der nach unten mündenden Harnblasenöffnung bei Menschen das viel häufigere Auftreten von Harnsteinen in der Harnblase bei Tieren. Beim Mensch werden Kristalle und Konkremente, die, ausgehend vom Nierenbecken, erst einmal die Harnblase erreicht haben, von dort direkt mit dem nächsten Harnabsatz ausgespült. Im Rahmen der Therapie kann man sich dies allerdings für Hund und Katze zunutze machen (Miktionsurohydropropulsion, s. u.).

Die beiden anderen Theorien zur Bildung von Harnsteinen sind das Matrix-Nukleationskonzept und die Kristallisationshemmungstheorie. Erstere nimmt den vom Knochenaufbau bekannten Ablauf an (mit einer organischen Matrix) und letztere geht davon aus, dass bei Anwesenheit inhibitorischer Faktoren keine Steinbildung stattfinden kann. Die Abwesenheit dieser Faktoren kann demnach auch als Disposition angenommen werden.

Aufgelistet sind die disponierenden Faktoren bis zur Steinbildung wie folgt:

1. Erhöhte renale Ausscheidung kristalloider Substanzen, z. B. als Folge eines angeborenen tubulären Resorptionsdefektes
2. Unzureichende Flüssigkeitsausscheidung, z. B. durch zu hohe tubuläre Rückresorption von Wasser
3. Saurer oder alkalischer pH-Wert
4. Mangel an inhibitorischen Substanzen (bisher nachgewiesen für Kalziumsteine)
   a. Organische Säuren (wie Zitrat, welches mit Kalzium einen Chelatkomplex bildet)
   b. Nephrocalcin, ein Glykoprotein, das Aggregation der Kristalle verhindert
   c. Tamm-Horsfall Protein, ein Mukoprotein, das sich an die Oberfläche bindet
   d. Glykosaminglykane, die u. a. das Anheften an der Oberfläche der Mukosa verhindern

Nach der initialen Kristallbildung kommt es nicht zwangsläufig zur Bildung eines Steins. Deshalb ist der Nachweis von Kristallen bei der mikroskopischen Untersuchung von Harn auch vorsichtig zu interpretieren. Nur unter Voraussetzung einer hohen Konzentration der Kristalle und einer unzureichenden Elimination aus den Harnwegen kommt es dann zur Steinbildung.

Im weiteren klinischen Verlauf besteht die Möglichkeit der selbständigen Auflösung, Ausscheidung und Zunahme der Anzahl oder auch der Größe.

Im Folgenden werden die verschiedenen Kristall- bzw. Steinformen in der Reihenfolge der Häufigkeit Ihres Auftretens im deutschen Sprachraum beschrieben, die sich zum Teil deutlich vom englischen Sprachraum unterscheiden (vor allem den USA).

Ammoniummagnesiumphosphat (Struvit)

Im Gegensatz zu Katzen ist die Bildung von Ammoniummagnesiumphosphat-Hexahydrat beim Hund beinahe ausschließlich Folge einer Infektion mit Bakterien, die mit dem Enzym Urease den Harn in ein alkalisches Milieu bringen und die Konzentration von Phosphor und Ammonium erhöhen. In experimentellen und klinischen Studien konnte gezeigt werden, dass sich Steine innerhalb von 2–8 Wochen nach Beginn der Infektion bilden und bei Hunden bereits im Alter von 5 Wochen gefunden werden können. Seltene Ausnahmen wurden z. B. bei Cocker Spanieln beobachtet.

Die Entstehungsmechanismen von Struvitkristallen bei der Katze sind komplexer, allerdings spielt auch hier der pH-Wert eine Rolle und in geringeren Maß die relative Übersättigung mit Magnesium und Phosphor. Der stark konzentrierte Harn der Katzen prädisponiert sowieso, dazu kommen andere Ernährungseinflüsse, Möglichkeiten und Art der Wasseraufnahme, Kastration und Übergewicht. Das Auftreten von Struvitsteinen im Verhältnis zu anderen Steinsorten, vor allem Kalziumoxalat ist bei Katzen international sehr unterschiedlich und war im Ländervergleich schon mal variierend von 35–79 %. Innerhalb eines Beobachtungszeitraumes von 4 Jahren haben sich die Verhältnisse zwischen dem Auftreten von Kalziumsteinen und Struvit im Jahr 2022 aber schon wieder deutlich geändert und es werden wieder mehr Struvitsteine in den unteren Harnwegen nachgewiesen. Kalziumsteine sind nur noch häufiger in den oberen Harnwegen von Katzen.

Struvitsteine haben meist eine klassische Form, rundoval mit relativ glatter Oberfläche, die vor allem im Röntgenbild ein typisches Muster bilden können und die Kristallstruktur hat unter Idealbedingungen eine Oktaederoberfläche, die an „Sargdeckel" erinnert. Eine Besonderheit von Struvitsteinen ist die mögliche Bildung im Nierenbecken, wobei sich dann auch die typische Gestalt in Form des Nierenbeckens ergeben kann. Man findet im Kern von Struvitsteinen auch andere Kristallstrukturen, wie z. B. Urat oder Kalzium. Man geht davon aus, dass es sich hier um Folgen einer Sekundärinfektion handelt, wobei zunächst Steine aus anderem Material entstanden sind und diese unter Veränderung des Milieus einen Mantel aus Struvit bekommen haben.

Für das Management von Struvitsteinen ist darüber hinaus von Bedeutung, dass in der Steinanalyse mit empfindlichen Techniken, wie der Infrarotspektroskopie, Elektronenmikroskopie und Energiedispersionsröntgenanalyse ein hoher Anteil der Steine nicht nur aus Magnesium Ammonium Phosphat bestehen, sondern vermischt sind mit anderen Komponenten, vorwiegend Kalziumapatit.

Eine der entscheidendenden Eigenschaften von Struvit in Bezug auf das Management ist die Auflösung der Konkremente. Ändern sich die Bedingungen im Harn können auch größere Steine an Umfang abnehmen bis sie ausgeschieden werden oder sich auch ganz auflösen.

Kalziumsalze

Eine erhöhte Ausscheidung von Kalzium kann unter gewissen Bedingungen zur Kristallbzw. Steinbildung führen. Kalzium verbindet sich u. a. mit Hydrogenposphat zu Brushit, mit Phosphat zu Apatit, mit Oxalsäure zu Kalziumoxalatmonohydrat (Whewellit) und Kalziumoxalatdihydrat (Whedellit). Häufig lassen sich bei der Steinanalyse Mischformen dieser Salze nachweisen, wobei die Oxalate vorherrschen und Spuren von Phosphaten dabei sind. Bei Katzen hatte der Anteil an Kalziumsteinen eine Zeitlang erheblich zugenommen, was auf Einflüsse der kommerziellen Fütterung hinweist.

Die Salze zeigen in der Urindiagnostik unter dem Mikroskop verschiedene Kristallstrukturen, wobei die pyramidale Struktur von Whedellit besonders leicht zu identifizieren ist und sich erheblich von der sogenannten Hantelform, in der Whewellit vorzufinden ist, unterscheidet. Die Phosphate erscheinen im Urinsediment meist weniger strukturiert. Die Kalziumsteine werden in der Regel nur wenig größer als Cystin und Urate, bleiben aber deutlich kleiner als Struvit. Whedellit hat eher eine helle Farbe und raue, scharfkantige Oberfläche und Whewellit eher eine dunklere bis braune Farbe mit glatterer Oberfläche. Die Phosphate sind auch eher kleinere rundlich ovale Steine und unterscheiden sich nicht immer eindeutig von z. B. Cystinsteinen.

Im Gegensatz zu den anderen Steinformen kommt es bei Kalziumsteinen nicht zur Rückbildung oder Auflösung, was für das Management und die Prognose von entscheidender Bedeutung ist.

Bei der Entstehung von Kalziumsteinen unterscheidet man drei entscheidende Mechanismen, erstens die Hypercalciurie als Folge einer Hyperkalzämie, zweitens die Hypercalciurie mit Normokalzämie und drittens die Folge der intestinalen Hyperabsorption. Mit Ausnahme der Phosphate als Monourolithen bilden die Kalziumsalze Steine bei einem sauren pH-Wert des Harns.

Cystin

Cystinsteine können sich bilden bei Hunden mit einem Defekt der renalen Tubuli, der zu einer verminderten Rückresorption der Aminosäure Cystein führt und damit zu nachweisbaren Konzentrationen im Harn. Bei manchen Tieren werden auch andere Aminosäuren nicht rückresorbiert, z. B. Lysin. Bei diversen Rassen wurden Gene identifiziert, die unter anderem zur Cystinurie führen, dazu gehören Neufundländer, Irish Terrier, Mastiffs, Scottish Deerhound, Australian Cattle Dog, Labrador, Landseer, Miniatur Pinscher. Von den 4 verschiedenen Phänotypen ist nur einer androgenabhängig in Bezug auf die Harnsteinbildung. Für die Rassen Mastiff, Scottish Deerhound und Irish Terrier spielt das eine wichtige Rolle in der Therapie, da die Kastration oder Hemmung der Androgene durch GnRH Analoga die Steinbildung verhindert.

Die Harnsteine sind relativ klein, rund und glatt, daher werden betroffene Rüden in der Regel erst durch Obstruktion der Harnröhre auffällig. Cystinsteine bilden sich im Harn eher bei saurem pH-Wert. Bei Katzen sind Cystinsteine extrem selten.

Ammoniumurat und andere Urate

Bei Dalmatinern führt ein homozygot rezessiver genetischer Fehler im Purinmetabolismus (SLC2a9-Gen) zu einer unvollständigen Umsetzung von Harnsäure in Allantoin. Der Uratoxidasedefekt (oder Uricase) bzw. Mangel resultiert in einer ca. 10-fach erhöhten Uratkonzentration im Harn (400–600 mg/Tag). Der gleiche Defekt dieses Leberenzyms kommt aber auch regelmäßig bei anderen Hunden bzw. Hunderassen vor, wobei der Erbgang bzw. die Mutation ungeklärt sind. Die hohe Harnsäurekonzentration disponiert zwar zur Steinbildung, aber auch hier sind zusätzliche Faktoren von Einfluss. Dementsprechend kommt es bei der Steinbildung dann neben der reinen Harnsäure (was selten ist) sowohl zu Natriumsalzen als auch (und am häufigsten) zu Ammoniumsalzen. Eine hohe Konzentration von Ammonium im Urin wird zwar auch durch Urease bildende Bakterien hervorgerufen, aber beruht bei den meisten Hunden und Katzen mit klinisch auffälligen Ammoniumuratsteinen auf einer Durchblutungsstörung der Leber. Portovaskuläre Anomalien sind ebenfalls familiär gehäuft auftretende Zustände und es gibt eine Reihe von Hunden und Katzen, bei denen lediglich die Harnsteinbildung ausgeprägt ist und zu erkennbaren Konsequenzen führt.

Urate sind meist auch kleine rundliche Steine, unterscheiden sich von Cystin aber durch ihre braun-grünliche Farbe. Ammoniumurat und andere Urate bilden sich im Harn bei saurem pH-Wert.

Xanthin

Spontane Xanthinurie ist selten bei Hunden und dem autosomal rezessiv erblichen Defekt der Xanthinoxidasedefizienz beim Menschen vergleichbar, wurde bisher beim Cavalier King Charles Spaniel beschrieben. Der Enzymdefekt führt zur erhöhten Exkretion von Hypoxanthin und Xanthin im Harn, ein Zustand, der ebenso als Folge der Behandlung von Uratsteinen mit dem Wirkstoff Allopurinol auftreten kann. Allopurinol hemmt das Enzym Uricase. Komplikationen der Allopurinolbehandlung in Form von Xanthinsteinbildung kommt häufiger vor als die spontane Form. Xanthinsteine sind rundovale beige Steine, die sich auch bevorzugt in saurem Milieu bilden.

Silikat
Sehr seltene Steinform mit typischer Formgebung (engl. Jackstone), die gehäuft bei Deutschen Schäferhunden nachgewiesen wurden und im Zusammenhang mit glutenreicher Fütterung und/oder einem hohen Sojabohnenanteil steht.

11.7.2 Diagnostik

In der Diagnostik von Harnsteinen sind die folgenden Schritte von Bedeutung:

1. **Verdacht anhand der klinischen Symptome**
   a. Hämaturie
   b. Dysurie
   c. Pollakisurie
   d. Strangurie bei Harnröhrenobstruktion
   e. Kolikartiger Schmerz bei Nieren- bzw Uretersteinen
2. **Verdacht anhand von Befunden der Urinsedimentuntersuchung**
   Kristallurie
   a. Kristallurie kann zwar den Defekt nachweisen, ist aber nicht gleichbedeutend mit Steinbildung. Aufschlussreich ist der Nachweis von
      I. Urat
      II. Cystin
      III. Kalzium
      IV. Xanthin
3. **Nachweis von röntgendichten Strukturen in der Röntgenübersichttechnik**
   a. Struvit
   b. Kalzium
4. **Nachweis von röntgenundichten Strukturen in der Röntgenkontrastuntersuchung**
   a. Phosphat
   b. Cystin
   c. Urat
   d. Xanthin
5. **Sonographischer Nachweis von Nachweis von Steinbildung allgemein**
6. **Nachweis mittels Zystourethroskopie**
7. **Definitiver Nachweis anhand des konservativ, endoskopisch oder chirurgisch entfernten Steins**
   a. Chemische Analyse (nur semi-quantitativ)
   b. Infrarotspektroskopie (gängigste akkurate Methode, quantitativ und qualitativ)
   c. Elektronenmikroskopie
   d. Röntgendiffraktionstechnik
8. **Weiterführende Untersuchungen anhand der Steinanalyse**
   a. Struvit
      I. Bakteriologische Harnuntersuchung
   b. Urat
      I. Nachweis oder Ausschluss einer portokavalen Anomalie
   c. Kalzium
      I. Blutkalziumbestimmung (bevorzugt ionisiertes Kalzium)

11.7.3 Management von Hunden und Katzen mit Harnsteinen

Allgemeine Aspekte zur Therapie von Harnsteinen

Das Diagnostikschema macht deutlich, dass der Nachweis einer Steinbildung anhand bildgebender Techniken oder der Endoskopie erfolgt, nur in sehr seltenen Fällen kann durch spontanes Ausscheiden eines Steins ein Verdacht bestätigt werden. Ewas komplexer wird die Entscheidung für das weitere Vorgehen, wenn noch nicht deutlich ist, um welchen Stein es geht. Die Befunde der allgemeinen Harnuntersuchung und der mikroskopischen Sedimentuntersuchung in Zusammenhang mit dem Bildnachweis der Steinbildung können zwar in vielen Fällen eine Entscheidung ermöglichen, ergeben aber nicht immer eine deutliche Situation. Im Vordergrund steht meistens die Frage, ob eine chirurgische oder konservative Behandlung sinnvoll ist. Auch wenn es möglich ist, Struvit, Urate und Cystin aufzulösen, so ist der Erfolg einer solchen Behandlung nicht garantiert, manchmal sogar die Ausnahme und es besteht das nicht unerhebliche Risiko von Obstruktionen der Harnröhre bei Rüden und für persistierende klinische Symptome. Darüber hinaus setzt der Versuch der Auflösung die exakte Diagnose des Steins voraus.

Der Autor vertritt die Überzeugung, dass grundsätzlich eine schnelle Eliminierung oder Fragmentierung der Steine dem Patienten eine andauernde Symptomatik und Komplikationen erspart und eine Analyse der Steine ermöglicht. Anhand der Analyseergebnisse kann dann zielstrebig an der Prävention einer erneuten Steinbildung gearbeitet werden.

Entfernung der Harnsteine

Abhängig von der Größe der Harnsteine besteht die Möglichkeit, sie auf natürlichem Wege aus Blase und Harnröhre zu entfernen. Jody Lulich von der Universität von Minnesota hat die Methode entwickelt und populär gemacht. Wenn der Durchmesser der Steine den der Harnröhre nicht überschreitet, dann kann mit der Kraft des Miktionsreflexes und zusätzlichem manuellen Druck auf die Bauchdecke bei aufrechter Haltung des Patienten ein optimales „Herausspülen" erwirkt werden. Die aufrechte Haltung erlaubt es dann auch dem Tier, ähnlich wie beim Menschen, die Steine im Blasenhals oder der oberen Harnröhre zu sammeln, während von oben ein erheblicher Flüssigkeitsstrom entsteht und die Konkremente viel effektiver als sonst abschwemmt.

Für diesen Vorgang kann man das folgende Protokoll übernehmen:

Miktionsurohydropropulsion nach Lulich (1993)

1. Ausmessen der Harnsteine im Röntgenbild oder sonographisch
2. Einschätzung des Harnröhrendurchmessers
   a. Richtwerte sind der Katheterdurchmesser, der noch an der engsten Stelle der Harnröhre passieren kann, beim Rüden im kaudalen Penisknochenbereich, beim Kater im Bereich der Penisspitze, bei der Hündin und Kätzin am Orifizium urethrae
   b. Berichtet wurde von erfolgreicher Entfernung von Steinen mit maximalem Durchmesser von 7 mm bei einer Hündin mit 7,4 kg Gesamtgewicht und 5 mm bei einem Rüden mit 9 kg Gesamtgewicht.
3. Zur Vorbereitung ist eine allgemeine Anästhesie sinnvoll
4. Über einen Harnröhrenkatheter wird die Harnblase langsam mit körperwarmer physiologischer Kochsalzlösung gefüllt, bis Widerstand an der Spritze oder muskuläre Reaktionen des Perineums erkennbar werden
5. Das Tier wird dann in eine aufrechte Haltung gebracht – vorzugsweise durch Halten an der Schulter oder den Vorderbeinen – und über einem Auffanggefäß positioniert
6. Der Harnröhrenkatheter wird entfernt und mit beiden Händen stetiger Druck auf die Harnblase ausgeübt. Ein maximales Ergebnis ergibt sich bei gleichzeitig verlaufendem Miktionsreflex
7. Die Prozedur kann nach Bedarf wiederholt werden, bis alle Steine entfernt sind

Komplikationen sind Obstruktionen der Harnröhre, die aber durch Einbringen des Harnröhrenkatheters meistens schnell wieder behoben sind, Hämaturie oder im schlimmsten Fall eine Harnblasenruptur, die dann in der Regel eine Laparotomie erfordert.

Diese Methode eignet sich auch sehr gut zum Management von Steinen, die trotz adäquater Präventivmaßnahmen oder auch bei mangelnder Konsequenz dieser Maßnahmen kurzfristig rezidivieren. Wird eine bildgebende Kontrolluntersuchung im Abstand von 8–12 Wochen ausgeführt, können neu gebildete Steine aufgrund ihres zu diesem Zeitpunkt noch relativ kleinen Durchmessers unkompliziert entfernt werden.

Größere Steine müssen entweder chirurgisch (siehe auch bei Harnröhrenobstruktion) oder mit endoskopischer Laserlithotripsie fragmentiert und mit einem Steinfänger oder Hydropropulsion entfernt werden. Bei fast allen Methoden, auch der chirurgischen Entfernung aus der Harnblase, gibt es einen Prozentsatz von verbleibenden Steinen (bis zu 20 %). Lediglich die perkutane endoskopisch assistierte Zystolithotomie hatte in einer Studie die Entfernung aller Steine erreichen können.

Management von Struvitsteinen

Aus der Ätiologie der Struvitsteine ergibt sich sowohl für den Versuch der Auflösung als auch Prävention erneuter Steinbildung nach Entfernung das Konzept der den Harn ansäuernden Fütterung, Verminderung von Substraten wie Harnstoff, Magnesium und Phosphor und antimikrobieller Behandlung beim Hund und bei Katzen mit nachgewiesener Harnwegsinfektion.

Im Vordergrund eines erfolgreichen Managements steht die Kontrolle über den pH-Wert. Dies gelingt bei Hunden mit Infektion der Harnwege aber nur bei Kontrolle der Bakterien. Es sind vor allem die Urease bildenden Staphylokokken- und Proteus-Stämme, die hier eine Rolle spielen. Harnansäuernde Maßnahmen, sei es in Form eines speziellen Futters oder auch unter Anwendung von harnansäuernden Stoffen (z. B. Ammoniumchlorid) können unter Umständen nicht ausreichend zur Wirkung kommen, wenn die Bakterienaktivität nicht vermindert wird. Andererseits ergänzen sich die Behandlungen auch, wenn das pH-Optimum gewisser Antibiotika durch zusätzliche Ansäuerung erreicht wird und das Wachstumsoptimum der Bakterien gestört wird. Eine andere Möglichkeit der Kontrolle über das Enzym Urease bietet die Anwendung von Azetohydroxaminsäure (25 mg/kg/Tag verteilt auf 2 Dosen), einem Ureaseinhibitor. Der Autor hat mit diesem Stoff allerdings keine eigenen Erfahrungen.

Berichte von der Auflösung von Blasensteinen mit einer Kombination eines speziellen Diätfutters und Gabe von Antibiotika (beim Hund) gaben einen Zeitraum von 2 Wochen bis 7 Monaten an (im Mittel 3 Monate) und bei Nierenbeckensteinen 3 bis 11 Monate (im Mittel 6 Monate).

Die für die Auflösung von Steinen entwickelten kommerziellen Diätfuttermittel sind nicht für die dauerhafte Anwendung geeignet und es wird empfohlen, zur Prävention eine moderate Zusammenstellung zu wählen. Aber auch bei den präventiv wirkenden Diäten steht ein pH-Wert im sauren Bereich und Verminderung des Angebots an Phosphor, Magnesium und Harnstoff über die Eiweißzusammensetzung im Vordergrund.

Im Rahmen der Prävention wird den Besitzern von Hunden mit Struvitsteinen empfohlen, stichprobenweise oder auch intensiver den pH-Wert des Urins zu überwachen. Mit Ausnahme der postprandialen Phase sollte der pH kleiner als 7 sein. Ist der Morgen- bzw. Nüchternharn zwischen 7 und 8, sollte der Urin auf Anwesenheit von Bakterien untersucht werden. Bei Katzen zielen die kommerziellen Diäten zunehmend auf eine Beeinflussung der Supersaturation als auf den pH, die Katzen produzieren erkennbar mehr Harn bei herabgesetzter Dichte.

Management von Cystinsteinen

Cystinsteine können durch Kombination einer eiweißreduzierten, den Harn alkalisierenden Diät mit Thiol enthaltenden Medikamenten aufgelöst werden, wobei ein Zeitraum von ca. 1 bis 7 Monaten (im Mittel knapp 2 Monate) berichtet wird. Die auch für die Fütterung niereninsuffizienter Hunde entwickelten kommerziell verfügbaren Futtermittel reduzieren das Angebot an Protein, eventuell auch Methionin und sorgen für einen pH-Wert um 7,5, wodurch die Löslichkeit von Cystin erhöht wird. Zur Alkalisierung des Harns kann auch Kaliumzitrat eingesetzt werden.

Es gibt zwei Thiol enthaltende Medikamente, die durch eine Austauschreaktion mit dem Cystinmolekül eine Disulfidverbindung eingehen, welche eine erheblich höhere Löslichkeit im Urin hat. Das D-Penicillinamin (30 mg/kg/Tag verteilt auf 2 Dosen), das auch zur Behandlung der Kupferspeicherkrankheit der Leber genutzt wird, kann allerdings zu Fieber und Lymphadenopathie führen. Das N-(2-Mercaptopropionyl)-Glycin (abgekürzt: MPG) ist die gebräuchlichere Variante und wird in der ebenfalls mit 30 mg/kg/Tag, verteilt auf 2 Dosen, eingesetzt. In der Prävention von Cystinsteinen bei Hunden mit Cystinurie kann auch eine niedrigere Dosis verwendet werden. In der praktischen Anwendung fällt es aber vielen Tierärzten und Besitzern wohl doch schwer, ein solches Medikament langfristig zur Prophylaxe anzuwenden, sodass es im Vertrauen auf eine diätetische und alkalisierende Maßnahme doch zu einer hohen Zahl von Rezidiven kommt.

Management von Uratsteinen

Bei Hunden und Katzen mit portovaskulärer Anomalie besteht die Möglichkeit der chirurgischen Korrektur und damit einer Normalisierung der Ammoniumausscheidung. Es ist deshalb naheliegend, die Steine in den Harnwegen bei dieser Gelegenheit mitzuentfernen, außer eine obstruktive Situation der Harnleiter oder Harnröhre erfordern einen unmittelbaren Eingriff. Für Hunde ohne portovaskuläre Anomalie besteht die Möglichkeit, die Steine aufzulösen, was allerdings nur etwa in einem Drittel der Fälle erfolgreich verläuft. Außer mit einer Alkalisierung des Harns und erhöhten Diurese wird mit dem Xanthinoxidaseinhibitor Allopurinol, einem synthetischen Hypoxanthinisomer, gearbeitet. Allopurinol führt entsprechend zu höheren Konzentrationen von Hypoxanthin und Xanthin im Harn und es ist kaum oder wenig Harnsäure bzw. Allantoin nachzuweisen. Die Löslichkeit des Xanthins und Hypoxanthins ist erheblich höher als die der Harnsäure und dadurch kommt es nur in Ausnahmefällen zur Bildung dieser Konkremente.

Allopurinol wird in der Auflösung in einer Dosis von 30 mg/kg/Tag verteilt auf 2–3 Gaben oral verabreicht und zur Prävention von Uratsteinen in einer Dosis von 10–20 mg/kg/Tag. Als alleinige Komplikation dieser Anwendung wurde bisher nur von Xanthinsteinbildung berichtet, die Verträglichkeit bei langfristiger Anwendung ist also gut.

Bei dem Einsatz von speziellen Diätfuttern, vor allem arm an Purinen, wurde beobachtet, dass die Harnsäurekonzentration im Plasma deutlich gesenkt werden konnte. Die Fütterung dieser eiweißarmen, den Harn alkalisierenden Diäten hat aber nicht grundsätzlich im Verhältnis zu normalen Futtermitteln zu einer deutlichen Reduktion der Harnsäureausscheidung geführt und es bestehen auch bei purinfreien Diäten noch erhebliche Konzentrationen von Harnsäure im Harn. Eine diätetische Maßnahme als Monotherapie und zur Prävention scheint daher, auch aus eigener Erfahrung, nicht ausreichend.

Also ist als Richtlinie zum Management wieder eine chirurgische oder oben beschriebene Entfernung der Steine mit anschließender Analyse empfohlen und nach Bestätigung der Urat-Zusammensetzung und Ausschluss einer Infektion wird eine eiweißreduzierte, alkalisierende Diät in Kombination mit der täglichen Gabe von Allopurinol eingesetzt.

Management von Kalziumsteinen

Kalziumsalze lassen sich im Gegensatz zu den anderen Steinarten gar nicht auflösen. Dem langfristigen Management geht also eine chirurgische oder endoskopische Entfernung oder Miktionsurohydropropulsion (s. o.) aus den unteren Harnwegen voraus. Bei Katzen hat sich die Prävalenz in den oberen Harnwegen im Laufe der Zeit erhöht und die Obstruktion der Harnleiter zugenommen. Diese werden bevorzugt durch Implantation eines Bypass Katheters (SUB) behandelt, da Chirurgie der sehr kleinen Ureteren mehr Komplikationen verursacht.

Anhand der Steinanalyse wird dann für die Prävention erneuter Steinbildung unterschieden zwischen den Oxalaten und den Phosphaten. Lässt sich eine Hyperkalzämie feststellen, wird versucht, die Ursache hierfür nachzuweisen und zu behandeln.

Für die Prävention der Oxalate gilt zunächst die Empfehlung, den pH-Wert des Harns im neutralen bis alkalischen Bereich zu halten und das spezifische Gewicht des Harns zu senken, also das Urinvolumen zu erhöhen, um das Angebot an Kalzium und Oxalsäure zu senken. Dies gelingt durch Diätfutterung mit Restriktion von Eiweiß, Kalzium, Oxalsäure und Natrium, adäquater Zufuhr von Phosphor und Magnesium und ausreichendem Wasserangebot. Kaliumzitrat ist häufig Bestandteil kommerzieller Diäten zum Zweck der Steinbehandlung und Prophylaxe, kann aber auch als Zusatzstoff in der Dosis von 100–150 mg/kg/Tag verteilt auf 2 Dosen verabreicht werden. Weitere Maßnahmen beim Management werden abhängig von monatlichen Kontrolluntersuchungen gemacht, wobei man sich an der Anwesenheit und Anzahl von Kristallen im mikroskopischen Gesichtsfeld bei der Urinsedimentuntersuchung orientiert und/oder am Nachweis von kleineren Teilchen im Röntgenbild oder Ultraschall in Kombination mit pH Messungen des Harns. Sollte es trotz der eingeleiteten Maßnahmen zu einer deutlichen Kristallurie kommen, kann Vitamin B_6 supplementiert werden, wobei eine Dosis von 2 mg/kg/Tag empfohlen wird. Das Konzept der Behandlung mit Vitamin B_6 (Pyridoxin) beruht auf einer Steuerung der Oxalsäureausscheidung, aber ein Wirkungsnachweis in einer kontrollierten Studie liegt nicht vor. Besser dokumentiert ist auch bei Menschen mit Kalziumoxalatsteinen empfohlene Verabreichung von Thiaziddiuretika. Die erhöhte Rückresorption von Kalzium durch Thiazide geht zwar auf Kosten eines erhöhten Kaliumverlustes, relevante Hypokaliämien werden aber auch bei langfristiger Anwendung bei einer Dosis von 4–8 mg/kg/Tag verteilt auf 2 Dosen (Hydrochlorothiazid (HCT)) ausgesprochen selten nachgewiesen. Katzen zeigen bei der beim Hund verträglichen Dosis des HCT häufig Nebenwirkungen. Die Dosis sollte deshalb 2 mg/kg Körpergewicht nicht überschreiten.

Für viele Patienten stellt aber eine regelmäßige Kontrolle und rechtzeitige Erkennung erneuter Steinbildung mit anschließender Miktionsurohydropropulsion (siehe oben) die einzige funktionierende Lösung bei Blasensteinen dar.

Bei Phosphaten stellen die grundsätzlichen Mechanismen der verminderten Kalziumausscheidung ebenfalls die Basis der Prävention dar, allerdings muss der pH-Wert konträr manipuliert werden. Wenn allerdings mit Ansäuerung des Harns gearbeitet wird, sind engmaschige Kontrollen zum Ausschluss einer Kalziumoxalat Kristallurie notwendig.

Bei der zunehmenden Zahl von Katzen mit einem Ureterbypassimplantat wird das System bei Verstopfung auch mit einer TRIS-EDTA Lösung gespült.

Management von Xanthinsteinen

Ob Xanthinsteine aufgelöst werden können, ist nicht bekannt. Empfehlungen für die Prävention von Xanthinsteinen berücksichtigen die Bildung in saurer Umgebung, sodass außer einer prinzipiell purinarmen Ernährung eine Alkalisierung des Harns anzustreben ist.

Literatur

11.3 Tumoren der Nieren

Bryan JN, Henry CJ, Turnquist SE, et al (2006): Primary renal neoplasia of dogs. J Vet Intern Med.; 20: 1155–1160.

Chew DJ, DiBartola SP, Schenk PA (2011): Tumors of the urinary system. In: Chew DJ, DiBartola SP, Schenk PA (Hrsg.): Canine and Feline Nephrology and Urology, Elsevier Saunders, St. Louis, USA, 434–464.

Carvalho S, Stoll AL, Priestnall SL, Suarez-Bonnet A, Rassnick K, Lynch S, Schoepper I, Romanelli G, Buracco P, Atherton M, de Merlo EM, Lara-Garcia A (2017): Retrospective evaluation of COX-2 expression, histological and clinical factors as prognostic indicators in dogs with renal cell carcinomas undergoing nephrectomy. Vet Comp Oncol. Dec; 15(4): 1280–1294.

Crivellenti LZ, Cianciolo R, Wittum T, et al (2018): Associations of patient characteristics, disease stage, and biopsy technique with the diagnostic quality of core needle renal biopsy specimens from dogs with suspected kidney disease. JAVMA.; 252(1): 67–74.

Edmondson EF, Hess AM, Powers BE (2015): Prognostic significance of histologic features in canine renal cell carcinomas: 70 nephrectomies. Vet Pathol. Mar; 52(2): 260–8.

Haers H, Vignoli M, Paes G, et al (2010): Contrast harmonic ultrasonographic appearance of space occupying renal lesions. Vet Radiol Ultrasound.; 51: 516–522.

Henry CJ, Turnquist SE, Smith A, et al (1999): Primary renal tumors in cats: 19 cases (1992–1998). J Feline Med Surg.; 1: 165–170.

Klein MK, Cockerell GL, Harris CK, et al (1988): Canine primary renal neoplasms. A retrospective review of 54 cases. J Am Anim Hosp Assoc.; 24: 443–452.

Moe L, Lium B (1997): Hereditary multifocal renal cystadenocarcinomas and nodular dermatofibrosis in 51 German shepherd dogs. J Small Anim Pract.; 38: 498–505.

Mooney SC, Hayes AA, Matus RE, et al (1987): Renal lymphoma in cats: 28 cases (1977–1984). J Am Vet Med Assoc.: 191; 1473–1477.

O'Dell-Anderson KJ, Twardock R, Grimm JB, et al (2006): Determination of glomerular filtration rate in dogs using contrast-enhanced computed tomography. Vet Radiol Ultrasound; 47: 127–135.

Taylor A, Finotello R, Wilar-Saavedra P, et al (2019): Clinical characteristics and outcome of dogs with presumed primary renal lymphoma. J Small Anim Pract; Vol 60, Issue 11; 663–670.

Teske E, van Straten G, van Noort R, et al (2002): Chemotherapy with cyclophosphamide, vincristine and prednisolone (COP) in cats with malignant lymphoma: new results with an old protocol. J Vet Intern Med.; 16: 179–186.

11.4 Harnblase

Anderson LM, Cole G, Hammond LJ (2023): Urine Residual Volume in Normal Dogs Determined by Direct Measurement and Comparison to Two-Dimensional Ultrasonographic Measurement. J Am Anim Hosp Assoc. Mar 1; 59(2): 69–73.

Aupperle-Lellbach H, Grassinger J, Hohloch C, Kehl A, Pantke (2018): Diagnostische Aussagekraft der BRAF Mutation V595E in Urinproben, Ausstrichen und Bioptaten beim kaninen Harnblasenkarzinom. Tieraerztliche Praxis Kleintier; 46: 289–295.

Baigi SR, Vaden SL, Olby NJ (2017): The frequency and implications bacteriuria in chronically paralyzed dogs. J Vet Intern Med 31; 1790–1795.

Bailiff NL, Nelson RW, Feldman EC, et al (2006): Frequency and risk factors for urinary tract infection in cats with diabetes mellitus. J Vet Intern Med.; 20: 850–855.

Barsanti JA (2012): Genitourinary infections. In Greene CE, ed. Infectious diseases of the dog and cat. St Louis: Elsevier Saunders Mo, 1013–1031.

Bartges JW, Barsanti JA (2000): Bacterial urinary tract infections in cats. In Bonagura JD, ed. Current Veterinary Therapy XIII. Philadelphia: W.B. Saunders Pa, 880–883.

Bubenik LJ, Hosgood GL, Waldron DR, et al (2007): Frequency of urinary tract infection in catheterized dogs and comparison of bacterial culture and susceptibility testing results for catheterized and noncatheterized dogs with urinary tract infections. J Am Vet Med Assoc.; 231: 893–899.

Buffington CAT, Westropp JL, Chew DJ, et al (2006): Clinical evaluation of multimodal environmental modification (MEMO) in the management of cats with idiopathic cystitis. J Feline Med Surg;8: 261–268
BuffingtonCAT, WestroppJL, ChewDJ, et al (2006):A case-control study of indoor-housed cats with lower urinary tract signs. J Am Vet Med Assoc; 228: 722–725.
Cameron ME, Caey RA, Bradshaw JW, Waran NK, Gunn-Moore DA (2004): A study of environmental and behavioural factors that may be associated with feline idiopathic cystitis. J Small Anim Pract; 45: 144–7.
Chew DJ, Dibartola SP, Schenck P (2011): Cystitis and urethritis: urinary tract infection. In Chew DJ, Dibartola SP, Schenck P eds. Canine and feline nephrology and urology. St Louis: Elsevier Saunders Mo, 240–271.
Chew DJ, Buffington CAT et al (1998): Amitriptyline treatment for severe recurrent idiopathic cystitis in cats. J Am Vet Med Assoc; 213: 1282–1286.
Cohn LA, Gary AT, Fales WH, et al (2003): Trends in fluoroquinolone resistance of bacteria isolated from canine urinary tracts. J Vet Diagn Invest.; 15: 338–343.
Freitag T, Squires RA, Schmid J, et al (2006): Antibiotic sensitivity profiles do not reliably distinguish relapsing or persisting infections from reinfections in cats with chronic renal failure and multiple diagnoses of Escherichia coli urinary tract infection. J Vet Intern Med; 20: 245–249.
Gatoria IS, Saini NS, Rai TS (2006): Comparison of three techniques for the diagnosis of urinary tract infections in dogs with urolithiasis. J Small Anim Pract.; 47: 727–732.
Gunn-Moore DA, Cameron ME (2004): A pilot study using synthetic feline facial pheromone for the management of feline idiopathic cystitis. J Feline Med Surg; 6: 133–8.
Gunn-Moore DA, Shenoy CM (2004): Oral glucosamine and the management of feline idiopathic cystitis. J Feline Med Surg; 6: 219–225.
Henry CJ, McCaw DL, Turnquist SE, et al (2003): Clinical evaluation of mitoxantrone and piroxicam in a canine model of human invasive urinary bladder carcinoma. Clin Cancer Res.; 9: 906–911.
Hume C, Seiler G, Porat-Mosenco Y, et al (2010): Cystosonographic measurements of canine bladder tumors. Vet Comp Oncol.; 8: 122–126.
Kraijer M, Fink-Gremmels J, Nickel RF (2003): The short-term clinical efficacy of amitryptiline in the management of idiopathic feline lower urinary tract disease: a controlled clinical study. J Feline Med Surg; 5: 191–6.
Labato MA (2009): Uncomplicated urinary tract infection. In Bonagura JD, Twedt DC, (eds). Current Veterinary Therapy XIV. St Louis: Saunders Elsevier; Mo: 918–921.
Leach TN, Childress MO, Greene SN, Mohamed AS, Moore GE, Schrempp DR, Lahrman SR, Knapp DW (2011): Prospective trial of metronomonic chlorambucil chemotherapy in dogs with naturally occuring cancer. Vet Comp Oncol; 10: 102–112.
Lulich JP, Osborne CA (2004): Urine culture as a test for cure: why, when and how? Vet Clin North Am: Small Anim Pract.; 34: 1027–1041.
Magunna C, Spellmeyer O, Hund,M, Nickel RF (1999): Augmentation der Harnblase nach radikaler Reseketion: erste klinische Erfahrungen mit einem Xenoimplantat aus der Dünndarmsubmukosa des Schweins bei Hund und Katze. Kleintierpraxis 44: 805–884.
Nickel RF, Venker-van Haagen AJ (1999): Functional anatomy and neural regulation of the lower urinary tract in female dogs: a review. Vet Quart 21: 83–85.
Nickel RF (2012): Tumoren der Nieren. Harnleiter, Harnblase und Harnröhre In: Kessler M . Kleintieronkologie , Enke Verlag, Stuttgart: 352–360.
Nickel R, Eiermann C, Teske E, Zaal M, ven den Ingh T, den Otter W (1999): Local IL-2 treatment of lower urinary tract carcinomas in dogs. Anticancer Res 19, 2009–10.
Perondi F, Pucinelli C, Della Santa D, et al (2020): Ultrasonographic Diagnosis of Urachal Anomalies in Cats and Dogs: Retrospective Study of 98 Cases. Vet Sci; 7(3): 84.
Rocha T, Mauldin G, Patnaik A, Bergman P (2000): Prognostic factors in dogs with urinary bladder carcinoma. J Vet Intern Med 14, 486–90.
Senior D (2011): Urinary tract infection-bacterial. In Bartges J & Polzin D J eds. Nephrology and Urology of Small Animals. Chichester: Wiley-Blackwell, UK: 710–717.
Smee N, Loyd K, Grauer G (2013): UTIs in small animal patients: part 1: etiology and pathogenesis. J Am Anim Hosp Assoc.; 49: 1–7.

Stella JL, Lord LK, Buffington CAT (2011): Sickness behaviors in response to unusual external events in healthy cats and cats with feline interstitial cystitis. J Am Vet Med Assoc;238: 67–73.

Stengel H, Kirchhof N, Möller-Seeling A (1997): Botryoide Rhabdomyosarkome in der Harnblase junger Hunde. Prakt Tierarzt., 78: 186–194.

Tish MM, Geerling JC (2020): The brain and the bladder: Forebrain control of urinary (in)continence. Frontiers in Physiology July, Vol. 11, Article 568.

Visser J, Kummeling A, Van Nugteren MA, et al (2019): Resection of urachal anomalies in dogs with recurrent lower urinary tract disease. Vet. Surg.; 49: 214–221.

Way LI, Sullivan LA, Jhonson V, et al (2013): Comparision of routine urinalysis and urine Gram stain for detection of bacteriuria in dogs. J Vet Emerg Crit Care; 23: 23–28.

Weese JC, Blondeau J, Boothe D, et al (2019): International Society for Companion Animals Infectious Diseases (ISCAID) guidelines for the diagnosis and management of bacterial urinary tract infections in dogs and cats. The Veterinary Journal; 247: 8–25.

Westropp JL, Buffington CAT (2004): Feline idiopathic cystitis: current understanding of pathophysiology and management. Vet Clin North Am Samll Anim Pract; 34: 1043–55.

Westropp JL, Sykes JE, Irom S, et al (2012): Evaluation of the efficacy and safety of high dose short duration enrofloxacin treatment regimen for uncomplicated urinary tract infections in dogs. J Vet Intern Med.; 26: 506–512.

11.5 Ureteren

Berent AC, Mayhew PD, Porat-Mosenco Y (2008): Use of cystoscopic-guided laser ablation for treatment of intramural ureteral ectopia in male dogs: Four cases (2006–2007). J Am Vet Med Assoc, 232: 1026–1034.

Cannizzo KL, McLoughlin MA, Mattoon JS (2003): Evaluation of transurethral cystoscopy and excretory urography for diagnosis of ectopic ureters in female dogs: 25 cases (1992–2000). J Am Vet Med Assoc; 223: 475–481.

Dirrig H, Lamb CR , Kulendra N, Halfacree Z (2020): Diagnostic imaging observations in cats treated with the subcutaneous ureteral bypass system. Journal of Small Animal Practice 61, 24–31.

Fritsche, R., Dolf, G., Schelling, C., Hungerbuehler, S. O., Hagen, R. and Reichler, I. M. (2014), Inheritance of ectopic ureters in Entlebucher Mountain Dogs. Journal of Animal Breeding and Genetics, 131: 146–152.

Günzel-Apel AR, Wolf K, Werhahn Beining F, Baumeister A, Bach JP, Hungerbühler S, Nickel RF (2019). Urospermie als Hinweis auf ektopische Ureteren bei Zuchtrüden – 3 Fälle. Tierarztl Prax Ausg K Kleintiere Heimtiere; 47(02): 119–124.

Holt PE, Moore AH (1995): Canine ureteral ectopia: an analysis of 175 cases and comparison of surgical treatments. Vet Rec; 136: 345–349.

Holt PE, Thrusfied MV, Moore AH (2000): Breed predisposition to ureteral ectopia in bitches in the UK. Vet Rec; 146 (19): 561.

Kulendra NJ, Borgeat K, Syme H, Dirrig H, Halfacree Z (2021): Survival and complications in cats treated with subcutaneous ureteral bypass. Journal of Small Animal Practice; 62, 4–11.

Lamb CR, Gregory SP (1998): Ultrasonographic findings in 14 dogs with ectopic ureter. Vet Radiol Ultrasound; 39: 218–223.

Lorange M, Monnet E (2020): Postoperative outcomes of 12 cats with ureteral obstruction treated with ureteroneocystostomy. Vet Surg. Oct; 49(7): 1418–1427.

Pavia PR, Berent AC, Weisse CW, Neiman D, Lamb K, Bagley D (2018): Outcome of ureteral stent placement for treatment of benign ureteral obstruction in dogs: 44 cases (2010–2013). J Am Vet Med Assoc.; 252: 721–731.

Reichler IM, Eckrich Specker C, Hubler M et al. Ectopic Ureters in Dogs (2012): Clinical Features, Surgical Techniques and Outcome. Vet Surg; 41 (4): 515–522.

Smith AL, Radlinsky MG, Rawlings CA (2010): Cystoscopic diagnosis and treatment of ectopic ureters in female dogs: 16 cases (2005–2008). J Am Vet Med Assoc; 237: 191–195.

Sutherland-Smith J, Jerram RM, Walker AM, Warman CGA. Ectopic Ureters and Ureteroceles in Dogs (2004): Presentation, Cause, and Diagnosis. Compend Contin Educ Pract Vet; 26: 303–310.

Wiegand U, Nickel RF, van den Brom W (1996): Zur Prognose bei der Behandlung von ektopischen Ureteren beim Hund. Kleintierpraxis 41, 153–234.

11.6 Harnröhre

Barth A., Reichler I, et al. (2005): Evaluation of long-term effects of endoscopic injection of collagen into the urethral submucosa for treatment of urethral sphincter incompetence in female dogs: 40 cases (1993–2000). J Am Vet Med Assoc; 226: 73–76.

Beauvais W, Cardwell JM, Brodbelt DC (2012): The effect of neutering on the risk of urinary incontinence in bitches-a systematic review. J Small Anim Pract; 53: 198–205.

Beck AL, Grierson JM, Ogden DM, Hamilton MH, Lipscomb VJ (2007): Outcome of and complications associated with tube cystostomy in dogs and cats: 76 cases (1995–2006). J Am Vet Med Assoc. Apr 15;230(8): 1184–9.

Blackburn AL, Berent AC, Weisse CW, Brown DC (2013): Evaluation of outcome following urethral stent placement for the treatment of obstructive carcinoma of the urethra in dogs: 42 cases (2004–2008). J Am Vet Med Assoc; 242: 59–68.

Bohlen M, Nickel R (2022): Artificial urethral sphincter in male dogs with urethral sphincter mechanism incompetence: 19 cases (2010–2017). J Small Anim Pract. May;63(5): 397–402.

Bray JP, Doyle RS, Burton CA (2009): Minimally invasive inguinal approach for tube cystostomy. Vet Surg. Apr;38(3): 411–6.

Byron JK, March PA, Chew DJ, DiBartola SP (2007): Effect of phenylpropanolamine and pseudoephedrine on the urethral pressure profile and continence scores of incontinent female dogs. J Vet Intern Med; 21(1): 47–53.

Byron JK, Chew DJ, McLoughlin ML (2011): Retrospective evaluation of urethral bovine cross-linked collagen implantation for treatment of urinary incontinence in female dogs. J Vet Intern Med.; 25(5): 980–984.

Byron J, Chew D (2011): Diagnostic urologic endoscopy. In: Bartges JW, Polzin DJ (Hrsg.): Nephrology and Urology of Small Animals, Iowa State University Press, USA: 173–187.

Chin H, Shopov A, Seggev G (2020): Evaluation of cross-linked gelatin as a bulking agent for the management of urinary sphincter mechanism incompetence in female dogs. J Vet Intern Med.; 34: 1914–1919.

Claeys S, de Leval J, Hamaide A (2010): Transobturator vaginal tape inside out for treatment of urethral sphincter mechanism incompetence: preliminary results in 7 female dogs. Vet Surg; 39: 969–979.

Claeys S, Rustichelli F, Noël S, Hamaide A (2011): Clinical evaluation of a single daily dose of phenylpropanolamine in the treatment of urethral sphincter mechanism incompetence in the bitch. Can Vet J.; 52(5): 501–505.

Currao RL, Berent AC, Weisse C, Fox P (2013): Use of a percutaneously controlled urethral hydraulic occluder for treatment of refractory urinary incontinence in 18 female dogs. Vet Surg.; 42(4): 440–447.

Dhein CR, Person MW, Leathers CW, et al. (1989): Prepubic (suprapubic) catheterization of the dog. J Am Anim Hosp Assoc.; 25: 261–264.

Diaz Espineira MM, Viehoff FW, Nickel RF (1998): Idiopathic detrusor-urethral dyssynergia in dogs: a retrospective analysis of 22 cases. J Small Anim Pract; 39: 264–270.

De Bleser B, Brodbelt DC, Gregory NG, Martinez TA (2011): The association between acquired urinary sphincter mechanism incompetence in bitches and early spaying: a case-control study. Vet J; 187(1): 42–47.

Della Maggiore AM, Steffey MA, Westropp JL (2013): Treatment of traumatic penile urethral stricture in a dog with a self-expanding, covered nitinol stent. J Am Vet Med Assoc; 242: 1117–1121.

Delisser PJ, Friend EJ, Chanoit GP, Parsons KJ (2012): Static hydraulic urethral sphincter for treatment of urethral sphincter mechanism incompetence in 11 dogs. J Small Anim Pract.; 53(6): 338–343.

Forsee KM1, Davis GJ, Mouat EE, Salmeri KR, Bastian RP (2013): Evaluation of the prevalence of urinary incontinence in spayed female dogs: 566 cases (2003–2008). J Am Vet Med Assoc.;242(7): 959–962.

Hadar EN, Morgan MJ, De Morgan O (2011): Use of a self-expanding metallic stent for thet reatment of a urethral stricture in a young cat. J Fel Med Surg; 13: 597–601.

Hall JL, Owen L, Riddell A, Church DB, Brodbelt DC, O'Neill DG (2019): Urinary incontinence in male dogs under primary veterinary care in England: prevalence and risk factors. J Small Anim Pract. Feb; 60(2):86–95.

Hamaide AJ, Grand JG, Farnir F, Le Couls G, Snaps FR, Balligand MH, Verstegen JP (2006): Urodynamic and morphologic changes in the lower portion of the urogenital tract after administration of estriol alone and in combination with phenylpropanolamine in sexually intact and spayed female dogs. Am J Vet Res.; 67(5): 901–908.

Hill TL, Berent AC, Weisse CW (2014): Evaluation of urethral stent placement for benign urethral obstructions in dogs. J Vet Intern Med; 28: 1384–1390.

Holt PE (1990): Long-term evaluation of colposuspension in the treatment of urinary incontinence due to incompetence of the urethral sphincter mechanism in the bitch. Vet Rec; 127: 537–542.

Lüttmann K, Merle R, Nickel R (2019): Retrospective analysis after endoscopic urethral injections of glutaraldehyde-cross-linked-collagen or dextranomer/hyaluronic acid copolymer in bitches with urinary incontinence J Small Anim Pract;60: 96–101.

McMillan SK, Knapp DW, Ramos-Vara JA et al. (2012): Outcome of urethral stent placement for management of urethral obstruction secondary to transitional cell carcinoma in dogs: 19 cases (2007–2010). J Am Vet Med Assoc; 241: 1627–1632.

Mandigers P, Nell T (2001): Treatment of bitches with acquired urinary incontinence with oestriol. Vet Rec; 22, 764–767.

Martinoli S, Nelissen P, White RA (2014): The outcome of combined urethropexy and colposuspension for management of bitches with urinary incontinence associated with urethral sphincter mechanism incompetence. Vet Surg; 43(1): 52–57.

Nickel RF, Wiegand U, van den Brom WE (1998): Evaluation of a transpelvic sling procedure with and without colopsuspension for treatment of female dogs with refractory urethral sphincter mechanism incompetence. Vet Surg; 27: 94–104.

Nickel RF, Vink-Noteboom M, van den Brom WE (1999): Clinical and radiographic findings compared with urodynamic findings in neutered female dogs with refractory urinary incontinence. Vet Rec 145, 11–15.

Noël S, Cambier C, Baert K, Gustin P, Denooz R, Massart L, Hamaide A (2010): Combined pharmacokinetic and urodynamic study of the effects of oral administration of phenylpropanolamine in female Beagle dogs. Vet J; 184: 201–207.

Okkens AC, Kooistra HS, Nickel R (1997): Comparison of long-term effects of ovariectomy versus ovariohysterectomy in bitches. J Reprod Fertil; 51: 227–231.

Reeves L, Adin C, McLoughlin M, Ham K, Chew D (2013): Outcome after placement of an artificial urethral sphincter in 27 dogs. Vet Surg; 42(1): 12–18.

Reichler IM, Jöchle W, Piché CA, Roos M, Arnold S (2006): Effect of a long acting GnRH analogue or placebo on plasma LH/FSH, urethral pressure profiles and clinical signs of urinary incontinence due to sphincter mechanism incompetence in bitches. Theriogenology; 66(5): 1227–1236.

Rose SA, Adin CA, Ellison GW, et al. (2009): Long-term efficacy of a percutaneously adjustable hydraulic urethral sphincter for treatment of urinary incontinence in four dogs. Vet Surg; 38: 747–753.

Spain CV, Scarlett JM, Houpt KA (2004): Long term risks and benefits of early-age gonadectomy in dogs. J Am Vet Med Assoc; 224: 380–387.

Vogt S, Schneider M, Peppler C. et al. (2014): Urethraler Stent zur Therapie einer refraktären traumatisch induzierten Urethrastriktur bei einem Jagdhundrüden. Tierärztliche Praxis; 3: 180–186.

Weisse C, Berent A, Todd K, Clifford C, Solomon J (2006): Evaluation of palliative stenting for management of malignant urethral obstruction in dogs. J Am Vet Med Assoc 2006; 229: 226–234.

Wood MW, Vaden S, Cerda-Gonzalez S, Keene B (2007): Cystoscopic-guided balloon dilation of a urethral stricture in a female dog. Can Vet J; 48: 731–733.

11.7 Urolithiasis

Adams LG, Berent AC, Moore GE, Bagley DH (2008): Use of laser lithotripsy for fragmentation of uroliths in dogs: 73 cases (2005–2006). J Am Vet Med Assoc; 232(11): 1680–1687.

Albasan H, Osborne CA, Lulich JP et al. (2009): Rate and frequency of recurrence of uroliths after an initial ammonium urate, calcium oxalate, or struvite urolith in cats. J Am Vet Med Assoc; 235: 1450–1455.

Aldrich J, Ling GV, Ruby AL, Johnson DL, Franti CE (1997): Silica-containing urinary calculi in dogs (1981–1993). J Vet Intern Med.; 11: 288–295.

Allen HS, Swecker WS, Becvarova I, Weeth LP, Werre SR (2015): Associations of diet and breed with recurrence of calcium oxalate cystic calculi in dogs. J Am Vet Med Assoc.; 246: 1098–1103.

Arulpragasam SP, Case JB, Ellison GW (2013): Evaluation of costs and time required for laparoscopic-assisted versus open cystostomy for urinary cystolith removal in dogs: 43 cases (2009–2012). J Am Vet Med Assoc; 243(5): 703–708.

Bevan JM, Lulich JP, Albasan H, Osborne CA (2009): Comparison of laser lithotripsy and cystotomy for the management of dogs with urolithiasis. J Am Vet Med Assoc; 234(10): 1286–1293.

Brons AK, Henthorn PS, Raj K, et al. (2013): SLC3A1 and SLC7A9 mutations in autosomal recessive or dominant canine cystinuria: a new classification system. J Vet Intern Med.; 27.

Carr SV, Grant DC, DeMonaco SM, et al. (2020): Measurement of preprandial and postprandial urine calcium to creatinine ratios in male Miniature Schnauzers with and without urolithiasis. J Vet Intern Med.; 34: 754–760.

Chik C, Berent AC, Weisse CW, Ryder M. (2019): Therapeutic use of tetrasodium ethylenediaminetetra-acetic acid solution for treatment of subcutaneous ureteral bypass device mineralization in cats. J Vet Intern Med. Sep; 33(5): 2124–2132.

Dear JD, Larsen JA, Bannasch M, et al. (2019): Evaluation of a dry therapeutic urinary diet and concurrent administration of antimicrobials for struvite cystolith dissolution in dogs. BMC Vet Res.; 15:273.: 1400–1408.

Dijcker JC, Hagen-Plantinga EA, Everts H, Bosch G, Kema IP, Hendriks WH (2012): Dietary and animal--related factors associated with the rate of urinary oxalate and calcium excretion in dogs and cats. Vet Rec.; 171:46–52.

Florey J, Ewen V, Syme H (2017): Association between cystine urolithiasis and neuter status of dogs within the UK. J Small Anim Pract.; 58: 531–535.

Furrow E, Pattersen EE, Armstrong JP, et al. (2015): Fasting urinary calcium- to-creatinine and oxalate-to creatinine ratios in dogs with calcium oxalate urolithiasis and breed-matched controls. J Vet Intern Med.; 29: 113–119.

Gerber B, Boretti FS, Kley S, et al. (2005): Evaluaton of clinical signs and causes of lower urinary tract disease in European cats. J Small Anim Pract; 46: 571–577.

Grant DC, Werre SR, Gevedon ML. Holmium (2008):YAG Laser Lithotripsy for Urolithiasis in Dogs. J Vet Intern Med; 22: 534–539.

Grant DC, Harper TA, Were SR (2010): Frequency of incomplete urolith removal, complications, and diagnostic imaging following cystotomy for removal of uroliths from the lower urinary tract in dogs: 128 cases (1994–2006). JAVMA; 236 (7): 763–766.

Hamaide AJ, Martinez SA, Hauptman J, et al. (1998): Prospective comparison of four sampling methods (cystocentesis, bladder mucosal swab, bladder mucosal biopsy, and urolith culture) to identify urinary tract infections in dogs with urolithiasis. J Am Anim Hosp Assoc; 34: 423–430.

Hesse A, Hoffmann J, Orzekowsky H, Neiger R (2016): Canine cystine urolithiasis: a review of 1760 submissions over 35 years (1979-2013). Can Vet J.; 57: 277–281.

Hunprasit V, Schreiner PJ, Bender JB, Lulich JP (2019): Epidemiologic evaluation of calcium oxalate urolithiasis in dogs in the United States: 2010-2015. J Vet Intern Med.; 33: 2090–2095.

Karmi N, Brown EA, Hughes SS, et al. (2010): Estimated frequency of the canine hyperuricosuria mutation in different dog breeds. J Vet Intern Med.; 24: 1337–1342.

Karmi N, Safra N, Young A, Bannasch DL (2010): Validation of a urine test and characterization of the putative genetic mutation for hyperuricosuria in Bulldogs and Black Russian Terriers. Am J Vet Res.; 71: 909–914.

Kennedy SM, Lulich JP, Ritt MG, Furrow E (2016): Comparison of body condition score and urinalysis variables between dogs with and without calcium oxalate uroliths. J Am Vet Med Assoc.; 249: 1274–1280.

Kopecny L, Palm CA, Segev G, et al. (2021): Urolithiasis in cats: Evaluation of trends in urolith composition and risk factors (2005–2018). JVIM; 35(3): 1397–1405.

Kyles AE, Hardie EM, Wooden BG, et al. (2005): Management of cats with ureteral calculi: 153 cases (1984–2002). J Am Vet Med Assoc; 226: 1644.

Lekcharoensuk C, Osbonre CA, Lulich JP, et al. (2001): Association between dietary factors and calcium oxalate and magnesium ammonium phosphate urolithiasis in cats. J Am Vet Med Assoc; 219: 1228–1237.

Lekcharoensuk C, Osborne CA, Lulich JP, et al. (2002): Associations between dry dietary factors and canine calcium oxalate uroliths. Am J Vet Res.; 63: 330-337.

Lekcharoensuk C, Lulich JP, Osborne CA, et al. (2000): Patient and environmental factors associated with calcium oxalate urolithiasis in dogs. J Am Vet Med Assoc.; 217: 515 519.

Ling GV, Franti CE, Johnson DL, Ruby AL (1998): Urolithiasis in dogs III: prevalence of urinary tract infection and interrelations of infection, age, sex, and mineral composition. Am J Vet Res.; 59: 643–649.

Ling GV, Franti CE, Ruby AL, Johnson DL, Thurmond M (1998): Urolithiasis in dogs I: mineral prevalence and interrelations of mineral composition, age, and sex. Am J Vet Res.; 59: 624–629.

Low WW, Uhl JM, Kass PH, Ruby AL, Westropp JL (2010): Evaluation of trends in urolith composition and characteristics of dogs with urolithiasis: 25,499 cases (1985–2006). J Am Vet Med Assoc.; 236: 193–200.

Lulich JP, Osborne CA, Carlson M, et al. (1993): Nonsurgical removal of urocystoliths in dogs and cats by voiding urohydropropulsion. JAVMA; 203(5): 660–663.

Lulich JP, Osborne CA, Albasan H, et al. (2009): Efficacy and safety of laser lithotripsy in fragmentation of urocystoliths and urethroliths for removal in dogs. JAVMA; 234(10): 1279–1285.

Lulich JP, Osborne CA, Albasan H, Koehler LA, Ulrich LM, Lekcharoensuk C (2013): Recent shifts in the global proportions of canine uroliths. Vet Rec.; 172: 363–369.

Lulich JP, Berent AC, Adams LG, Westropp JL, Bartges JW, Osborne CA (2016): ACVIM small animal consensus recommendations on the treatment and prevention of uroliths in dogs and cats. J Vet Intern Med.; 30: 1564–1574.

Osborne CA, Lulich JP, Polzin DJ (1999): Canine retrograde urohydropropulsion. Vet Clin North Am Small Animal Pract; 29: 267–281.

Roe K, Pratt A, Lulich J, Osborne C, Syme HM (2012): Analysis of 14,008 uroliths from dogs in the UK over a 10-year period. J Small Anim Pract.; 53: 634–640.

Ross SJ, Osborne CA, Lekcharoensuk C, et al. (2007): A case-control study of the effects of nephrolithiasis in cats with chronic kidney disease. J Am Vet Med Assoc; 230: 1854–1859.

Runge JJ, Berent AC, Mayhew PD, Weisse C (2011): Transvesicular percutaneous cystolithotomy for the retrieval of cystic and urethral calculi in dogs and cats: 27 cases (2006–2008. JAVMA; 239(3): 344–349.

Singh A, Hoddinott K, Morrison S, et al. (2016): Perioperative characteristics of dogs undergoing open versus laparoscopic-assisted cystotomy for treatment of cystic calculi: 89 cases (2011–2015). JAVMA; 249 (12): 1401–1407.

Stevenson AE, Blackburn JM, Markwell PJ, Robertson WG (2004): Nutrient intake and urine composition in calcium oxalate stone-forming dogs: comparison with healthy dogs and impact of dietary modification. Vet Ther.; 5: 218–231.

Stevenson AE, Robertson WG, Markwell P (2003): Risk factor analysis and relative supersaturation as tools for identifying calcium oxalate stone- forming dogs. J Small Anim Pract.; 44: 491–496.

Van Zuilen CD, Nickel RF, van Dijk TH, et al. (1997): Xanthinuria in a family of Cavalier King Charles spaniels. Vet Q.; 19: 172–174.

12 Geschlechtsorgane

Anne-Rose Günzel-Apel

12.1 Gynäkologie

Vorbemerkung

Die in den Kapiteln 12.1.1 und 12.1.2 dargelegten Grundlagen zum Sexualzyklus und zur Zyklusdiagnostik bei der Hündin und der Katze sind nicht nur für die tierärztliche Betreuung von Zuchttieren relevant. Vielmehr stellen ihre Kenntnis und Anwendung generell, d. h. auch bei jeder als Haus- und Begleittier gehaltenen Hündin und Katze, die essenzielle Voraussetzung für eine optimale Diagnostik und Therapie von Genitalerkrankungen dar. Diese ist nur unter Einbeziehung des Zyklusstandes bzw. der diagnostischen Umsetzung der im Folgenden dargelegten Symptomatik der Zyklusphasen möglich.

12.1.1 Anatomische und physiologische Grundlagen und diagnostische Anwendung

Der weibliche Genitaltrakt von Hündin und Katze setzt sich von kaudal nach kranial zusammen aus Vulva (Scham), Vestibulum vaginae (Scheidenvorhof), Vagina (Scheide), Zervix (Gebärmutterhals), Uterus (Gebärmutter), Tuba uterina, Salpinx (Eileiter) und Ovarien (Eierstöcke). Der Uterus besteht aus dem relativ kurzen Uteruskörper (Corpus uteri) und zwei langen Uterushörnern (Cornua uteri), in deren Spitze beidseits die Eileiter münden. Diese bestehen jeweils aus dem uteruswärtigen Isthmus, der Ampulle und dem Infundibulum. Letzteres nimmt die im Rahmen der Ovulation aus den Ovarien freigesetzten Oozyten (Eizellen) auf. Bei Zuchthündinnen und -katzen sind die Eileiter zudem als Ort der Befruchtung von Bedeutung.

Der weibliche Genitaltrakt unterliegt aufgrund der zyklischen Dynamik der Ovarfunktion ständigen und wiederkehrenden morphologisch-funktionellen Veränderungen, denen nicht nur im Rahmen der Zyklusdiagnostik, sondern auch bei der Diagnostik und Therapie von Genitalerkrankungen Rechnung getragen werden muss. Der Eintritt der Pubertät ist gekennzeichnet vom Einsetzen der ovarialen Aktivität. Sie ist erkennbar am Beginn der ersten Läufigkeit bei der Hündin und der ersten Rolligkeit bei der Katze. Bei der Mehrzahl der Hündinnen geschieht dies im Alter von 9 bis 12 Monaten, kann jedoch im Einzelfall früher oder später sein. Hauskatzen werden mehrheitlich im Alter von 7 bis 9 Monaten geschlechtsreif mit einer Variationsbreite von 5 bis 18 Monaten. Hier spielen Einflussfaktoren wie die Rassezugehörigkeit, der Zeitraum zwischen der Geburt und der ersten Fortpflanzungsperiode (Kap. 12.1.1.2), der Ernährungsstatus und die Haltungsbedingungen eine Rolle.

12.1.1.1 Hündin

Zyklusphasen und Nomenklatur: Die Definition/Benennung und Zuordnung der caninen Zyklusphasen wird im Schrifttum und in der Lehre unterschiedlich gehandhabt. Dies führt häufig zu Verwirrung und soll deshalb an dieser Stelle Beachtung finden. Unterschiede betreffen die der Läufigkeit (Proöstrus und Östrus) folgenden Zyklusphasen, für welche die Termini „Metöstrus", „Diöstrus" und „Anöstrus" mit unterschiedlichem Bezug zu den ovarialen Prozessen Verwendung finden (Abb. 12.1). Das Einsetzen der Läufigkeit (früher Proöstrus) ist erkennbar an der beginnenden und von Tag zu Tag fortschreitenden Ödematisierung der Vulva und dem Austritt unterschiedlicher Mengen von blutigem bis blutig-serösem Läufigkeitssekret aus dem ventralen Schamwinkel bei noch fehlender Paarungsbereitschaft. Letztere bildet das Leitsymptom des Östrus und setzt bei der Mehrzahl der Hündinnen 2 bis 3 Tage vor der Ovulation ein (Abb. 12.1, Abb. 12.2). Nach Abschluss der Ovulation beginnt die Lutealphase mit sich rasch anbildenden Gelbkörpern (Abb. 12.2). Mit dem Abklingen der Paarungsbereitschaft ca. 6 bis 8 Tage nach der Ovulation endet die Läufigkeit. Der darauffolgende Zyklusabschnitt wird in der Literatur uneinheitlich mit dem Terminus „Diöstrus" (Abb. 12.1B) oder „Metöstrus" bezeichnet (Abb. 12.1C). Der „Diöstrus" benennt den Zeitraum vom Ende der Läufigkeit bis zum Ende der Lutealphase. Mit dem vollständigen Abbau der Gelbkörper beginnt die „Ruhephase" der Ovarien, der Anöstrus. Dagegen berücksichtigt der Terminus „Metöstrus" über die Lutealphase hinaus die nach dem Abbau der Gelbkörper stattfindenden Regenerationsvorgänge am Endometrium (sog. „Endometriumreparation) mit einer Dauer von 2 bis 2,5 Monaten. Sie können diagnostisch nicht erfasst werden, müssen aber wegen der höheren Sensitivität des Endometriums (z. B. gegenüber exogenen Gestagengaben) bei der Abschätzung des Zyklusstandes unbedingt berücksichtigt werden. Das vollständig regenerierte Endometrium weist diesbezüglich eine höhere Stabilität auf. Folglich charakterisiert der Anöstrus bei dieser Zykluseinteilung neben der bereits bestehenden Ovarruhe den Status des intakten Endometriums bzw. der endometrialen Ruhephase (Abb. 12.1C).

Die Dauer der ovarialen Ruhephase ist maßgeblich für die Gesamtdauer des Zyklus, welche individuell unterschiedlich 5 bis 12 Monate betragen kann. Dementsprechend kann eine Hündin zwei- (bis drei) mal oder einmal pro Jahr oder dreimal innerhalb von zwei Jahren läufig werden.

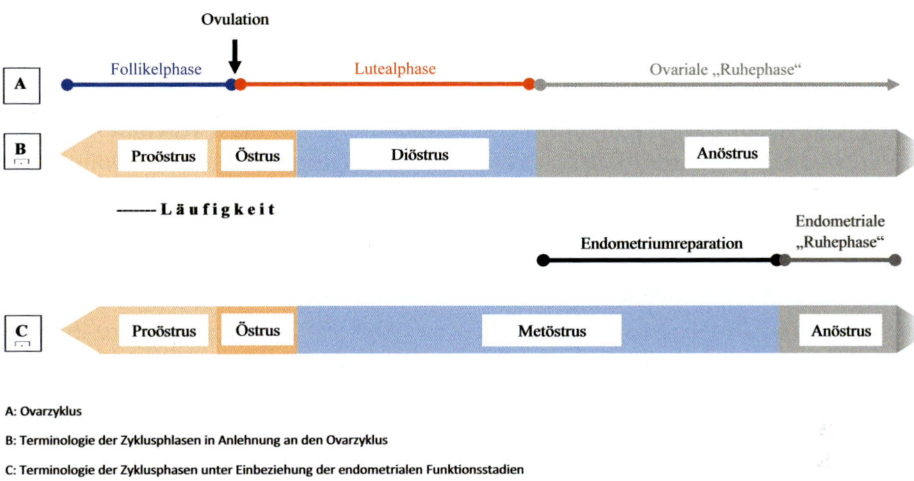

Abb. 12.1 In Schrifttum und Praxis verwendete Terminologie der caninen Zyklusstadien unter Bezugnahme auf die ovarialen und endometrialen Funktionsstadien. In diesem und allen folgenden Kapiteln zur Gynäkologie der Hündin werden die Termini Metöstrus und Anöstrus entsprechend C verwendet.

Endokrinologie des Ovar- und Endometriumzyklus: Nach einer mehrmonatigen ovarialen Ruhephase (Anöstrus) setzt im Proöstrus die Follikelanbildung und -reifung ein (Abb. 12.2). Die heranwachsenden Follikel beherbergen die Eizellen (Oozyten) und synthetisieren Östrogene, u. a. das biologisch aktive Östradiol 17-β. Mit fortschreitender Follikelreifung steigen die Östradiol 17-β-Konzentrationen im peripheren Blut an. Ihr Maximum initiiert im positiven Feedback die kurzfristige Freisetzung von LH (luteinisierendes Hormon). Zeitgleich sinken die Östradiol 17-β-Konzentrationen ab, während Progesteron ansteigt. Durchschnittlich 2 bis 3 Tage nach dem LH-Peak kommt es zur Ovulation. Als Folge einer präovulatorischen Follikelluteinisierung überschreitet Progesteron das basale Niveau (<1 ng/ml) bereits vor der Ovulation (Abb. 12.2), sodass die Konzentration zum Zeitpunkt der Ovulation messbar angestiegen ist. Je nach verwendetem Assay liegt sie bei 3 bis 5 ng/ml (z. B. Immulite®, Siemens Healthcare) oder 5 bis 8 ng/ml (z. B. miniVidas®, bioMérieux). Die Mehrzahl der Hündinnen befindet sich dann seit etwa 2 bis 3 Tagen im Östrus (Phase der Paarungsbereitschaft, Akzeptanz des Rüden). Im Zuge der Ovulation werden die Oozyten aus den herangereiften Follikeln in die Eileiter abgegeben. Dieser Prozess erstreckt sich über 12 bis 24 (maximal 36) Stunden. Der Ovulation folgt die Gelbkörperanbildung mit steigender Progesteronsynthese. Aufgrund dessen bestehen am Ende der Läufigkeit (ca. 6 bis 8 Tage post ovulationem/ov.) bereits erhöhte Progesteronkonzentrationen (Abb. 12.2, Tab. 12.1). Die Gelbkörperphase setzt sich in den Metöstrus hinein fort und dauert im Mittel etwa 2 Monate (55 bis 70 Tage). Die etwa in der Mitte der Lutealphase (ca. Tag 30 post ov.) einsetzende Regression der Gelbkörper geht mit einer stetigen Verringerung ihrer endokrinen Aktivität einher. Sie ist anhand sinkender peripherer Progesteronkonzentrationen erkennbar. Zeitgleich wird aus dem Hypophysenvorderlappen vermehrt Prolaktin freigesetzt, welches aufgrund seiner luteotropen Wirkung die Gelbkörperfunktion aufrechterhält. Dies betrifft die nicht gravide und die gravide Hündin gleichermaßen. Der vollständige Abbau der zyklischen Corpora lutea kann sich über weitere 3 bis 5 Wochen hinziehen. Ihm folgt etwa in der zweiten Hälfte des Metöstrus die Desquamation und vollständige histologische Wiederherstellung des Endometriums (Endometriumreparation) (Abb. 12.1C).

Diagnostik: Der in einer festen Sequenz stattfindende Wechsel steigender und sinkender Östrogen- und Progesteronkonzentrationen (Abb. 12.2) nimmt unmittelbar Einfluss auf den Funktionszustand des Endo- und Myometriums und der Zervix sowie auf die Gewebeschichten der Vaginalmukosa. Die charakteristischen Veränderungen der Vaginalmukosa können unter klinischen Bedingungen durch Adspektion (Vaginoskopie) sehr effizient zur Bestimmung des Läufigkeits- bzw. Zyklusstandes genutzt werden.

Die gynäkologische Untersuchung verläuft im Rahmen der Zyklus- und der Krankheitsdiagnostik stets nach demselben Schema:

- Äußere Untersuchung (Adspektion und Palpation der Vulva und deren Umgebung)
- Innere Untersuchung (Vaginoskopie), vorzugsweise unter Verwendung eines Röhrenspekulums Modell Hannover (Länge 150 mm, Durchmesser für kleine Hündinnen 8 mm, für mittelgroße Hündinnen 10 mm, für große Hündinnen 15 mm, Fa. Eickemeyer, Tuttlingen) mit Entnahme einer Vaginalsekretprobe für die zytologische Untersuchung. Die Technik der Probenentnahme entspricht der in Kapitel 12.1.2 beschriebenen Gewinnung von Material zum Nachweis des bakteriellen Keimgehaltes. Das am Tupfer befindliche Sekret wird auf einen Objektträger ausgerollt, fixiert und angefärbt.

Mithilfe der vaginoskopischen Befunde sind die Veränderungen der Östradiol 17-β-Konzentrationen und damit die Follikelreifung nachvollziehbar. Die zytologischen Befunde dienen der Differenzierung in frühe, mittlere und fortgeschrittene Follikelphase.

Zur Eingrenzung der Ovulation und Beurteilung der Gelbkörperanbildung bzw. -funktion muss zusätzlich – beginnend in der fortgeschrittenen Follikelphase – die Progesteronkonzentration im peripheren Blutserum oder -plasma bestimmt werden.

Die für die Zyklusdiagnostik relevanten vaginoskopischen, vaginalzytologischen und endokrinologischen Befunde sind in Tabelle 12.1 aufgeführt.

Die sonographische Untersuchung von Ovarien und Uterus kann bei Hündinnen, bei welchen der vorausgegangene Zuchteinsatz trotz Deckterminbestimmung und Bedeckung durch einen fertilen Rüden nicht zu einer Trächtigkeit geführt hat oder bei Zyklusstörungen und Uteropathien wertvolle ergänzende Informationen liefern (Kap. 12.1.3 und 12.1.4).

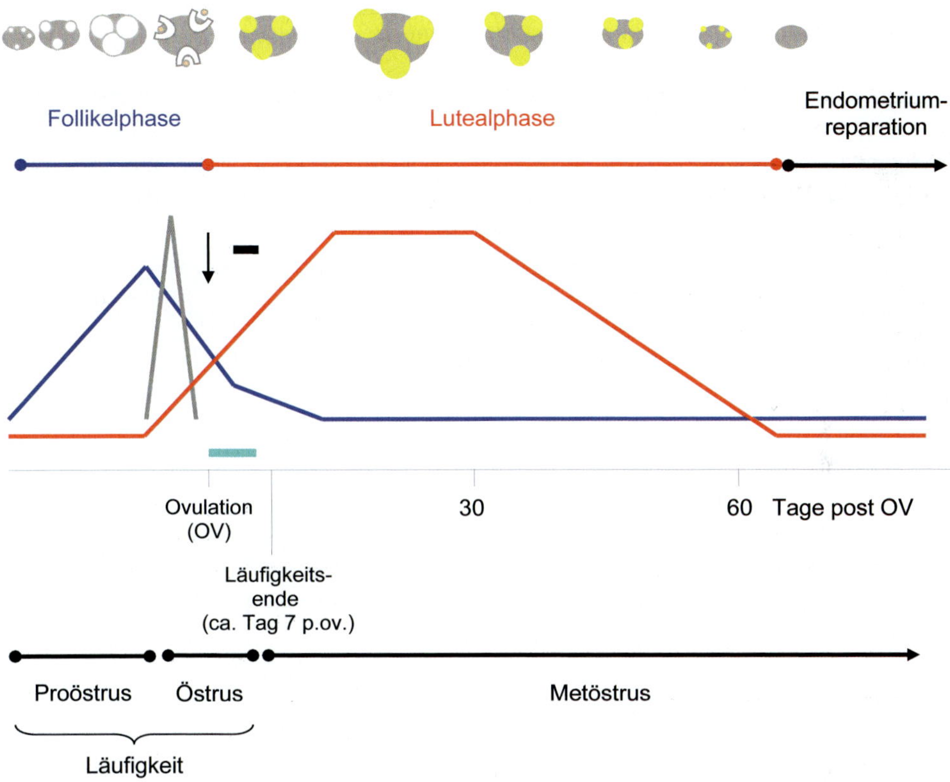

Abb. 12.2 Schema der Verlaufsmuster der Östradiol 17-β- und **Progesteron**-konzentrationen sowie des präovulatorischen LH-Gipfels im Zyklus der Hündin (blau = Östradiol 17-β, rot = Progesteron, grau = LH). Die Ovulation (↓) findet 2 bis 3 Tage nach dem **LH**-Peak statt, die fertile Phase der Oozyten (▬) besteht von Tag 3 bis 5 post ovulationem (OV). Optimaler Bedeckungszeitraum (▬): Tag der Ovulation bis Tag 5 post OV. Follikel- und Lutealphase repräsentieren die aktive Phase des Ovarzyklus. Zu Beginn der insgesamt 2 bis 2,5 Monate dauernden Endometriumreparationsphase haben beide Hormone basale Konzentrationen erreicht. Ihr folgt der Anöstrus bei weiterhin niedrigen Hormonkonzentrationen (Dauer 2 bis 6 Monate, hier nicht dargestellt), bevor die nächste Läufigkeit einsetzt.
Aus Gründen der Übersichtlichkeit wurde auf die Darstellung der physiologischen täglichen und tageszeitlichen Schwankungen der Hormonkonzentrationen verzichtet. Diese müssen bei der Beurteilung von individuellen Hormonwerten stets berücksichtigt werden.

Tabelle 12.1: **Vaginoskopische und vaginalzytologische Befunde sowie Progesteronkonzentrationen im Zyklusverlauf der Hündin. (blau: Östrogen-vermittelte Befunde, rot: Progesteron-assoziierte Befunde)**

Befunde der **Läufigkeits-/ Zyklusstadium**	**Vaginoskopie** Vaginalmukosa (Ödematisierung, Farbe, Feuchtigkeitsgrad)	**Vaginalzytologie** Epithelzellen anteilig (entsprechend der Reihenfolge)	**Endokrinologie** Progesteronkonzentration
Anöstrus Östrogene und Progesteron basal	- Flach, keine Ödematisierung, Zarte Längsfalten - Tosa bis rosarot - Spiegelnd feucht	Basalzellen	Basal < 1 ng/ml
Frühe Follikelphase (früher Proöstrus) Zunehmender Östrogeneinfluss	- Gering- bis mittelgradig, ödematisiert, runde Falten - Rosa - Spiegelnd feucht	Parabasalzellen Tiefe und hohe Intermediärzellen Superfizialzellen Schollen	
Mittlere Follikelphase (Proöstrus) Zunehmender Östrogeneinfluss	- Mittel- bis hochgradig, ödematisiert, runde Falten - Rosa - Spiegelnd feucht	Hohe Intermediärzellen Superfizialzellen Schollen	
Fortgeschrittene Follikelphase (Übergang Proöstrus-Östrus) Zunehmender Östrogeneinfluss	- Hochgradig ödematisiert, große runde Falten - Blassrosa - Spiegelnd feucht	Superfizialzellen Schollen (Ggf. einzelne hohe Intermediärzellen)	
Späte (präovulatorische) Follikelphase (früher Östrus) Präovulatorische Follikelluteinisierung Abnehmender Östrogeneinfluss	- Abnehmende Ödematisierung, zarte Sekundärfalten auf runden Primärfalten - Blassrosa bis blass - Geringgradig feucht bis trocken	Superfizialzellen Schollen	1 bis 3 ng/ml Initialer Progesteronanstieg Indiz für präovulatorischen LH-Anstieg
Ovulationsnähe (Tag 2–3 des Östrus)	- Abnehmende Ödematisierung, deutliche Sekundärfalten, zunehmend eckig - Blass - Trocken, pappig	Superfizialzellen Schollen	**5 bis 8 ng/ml*** Fortschreitender Progesteronanstieg

Befunde der **Läufigkeits-/ Zyklusstadium**	**Vaginoskopie** Vaginalmukosa (Ödematisierung, Farbe, Feuchtigkeitsgrad)	**Vaginalzytologie** Epithelzellen anteilig (entsprechend der Reihenfolge)	**Endokrinologie** Progesteronkonzentration
Gelbkörperanbildung (Östrus)	- Abnehmende Ödematisierung, eckige Falten (krepppapierähnlich) - Blass bis blassrosa - Trocken bis geringgradig feucht	Superfizialzellen Schollen	>10 ng/ml** Fortschreitender Progesteronanstieg
Gelbkörperanbildung (Tag 1 des Metöstrus, Ende der Läufigkeit, ca. 6-8 Tage post ov.)	- Geringgradige Ödematisierung, runde Längsfalten - Blassrosa, fleckig - Geringgradig feucht	Superfizialzellen Schollen Hohe und tiefe Intermediärzellen (sog. Zellumschwung)	>15 ng/ml** Fortschreitender Progesteronanstieg
Gelbkörperanbildung (früher Metöstrus)	- Flach bis geringgradig ödematisiert, zarte Längsfalten - Blassrosa - Feucht	Hohe und tiefe Intermediärzellen Parabasalzellen Polymorphkernige Granulozyten in geringer Zahl	>15 ng/ml** Hohe Progesteronkonzentrationen
Gelbkörperphase Hohe Gelbkörperaktivität (bis etwa Tag 25/30 post ov.) (Abb. 12.2)	- Flach, zarte Längsfalten - Blassrosa - Feucht	Tiefe Intermediärzellen Parabasalzellen Basalzellen Polymorphkernige Granulozyten in geringer Zahl	>20 ng/ml** Hohe Progesteronkonzentrationen
Gelbkörperregression Abnehmende Gelbkörperaktivität (etwa ab Tag 25/30 bis 65) (Abb. 12.2)	- Flach, zarte Längsfalten - Rosa - Feucht	Tiefe Intermediärzellen Parabasalzellen Basalzellen ggf. einzelne polymorphkernige Granulozyten	Allmählich absinkend auf <1 ng/ml
Abgeschlossene Gelbkörperregression, Endometriumregeneration (etwa ab Tag 65-70 p.ov. über 2 bis 2,5 Monate)	- Flach, zarte Längsfalten - Rosa - Feucht	Parabasalzellen Basalzellen	Basal < 1ng/ml

* Die um die Ovulation gemessene Progesteronkonzentration variiert je nach beauftragtem Labor bzw. verwendetem Assay. **Maximale Konzentrationen können 20 ng/ml deutlich überschreiten, doch ist der Messbereich verschiedener Assays auf maximal 20 ng/ml begrenzt.

12.1.1.2 Katze

Bei der Katze besteht in unseren Breitengraden eine ausgeprägte Saisonalität der zyklischen Ovaraktivität. Sie setzt unter dem Einfluss zunehmender Tageslichtdauer etwa im Februar ein und klingt mit abnehmender Tageslichtdauer (ab Juli/August) allmählich ab.

Eine weitere tierartliche Besonderheit der Ovarfunktion der Katze besteht in der durch vaginale Stimulation im Zuge der Bedeckung ausgelösten (induzierten) Ovulation. Ab Tag 3 des Östrus kann mit ovulationsbereiten Ovarfollikeln und folglich mit coitus-induzierten Ovulationen gerechnet werden. Bleibt dieser Stimulus aus, geht die Rolligkeit ohne Ovulation zu Ende. Der daraus resultierende anovulatorische Zyklus ist somit bei der Katze als physiologisch zu bezeichnen (Abb. 12.3). Dabei kommt es nach Follikelanbildung im Proöstrus und Östrus zur Follikelatresie, begleitet von ansteigenden und absinkenden Östradiol 17-β-Konzentrationen. Es folgt eine kurze Phase der Ovarruhe (Postöstrus). Insbesondere bei älteren pluriparen Katzen können auch spontane Ovulationen auftreten. Nach erfolgter Ovulation setzt die Anbildung von Gelbkörpern ein. Ist die Katze nicht tragend, beträgt die Dauer der Lutealphase 5 bis 6 Wochen (35–42 Tage). Diese wird auch als Pseudogravidität bezeichnet. Die Progesteronkonzentrationen erreichen 10 bis 15 Tage nach einem zügigen postovulatorischen Anstieg maximale Werte und bleiben für ca. weitere 15 Tage auf hohem Niveau, bevor sie im Zuge der Gelbkörperregression allmählich auf basale Werte absinken. Im Falle einer Gravidität erstreckt sich die Lutealphase über ca. 9 Wochen (durchschnittlich 63 Tage). Während, im Gegensatz zur Hündin, in der Lutealphase der nicht graviden Katze keine vermehrte Prolaktinausschüttung stattfindet, wird die Gelbkörperfunktion bei der trächtigen Katze, wie bei der Hündin, durch eine gesteigerte hypophysäre Sekretion von Prolaktin unterstützt.

Diagnostik: Bei der Katze stehen für die Zyklusdiagnostik die Vaginalzytologie und die Progesteronanalyse zur Verfügung. Die Sonographie kann wie bei der Hündin wertvol-

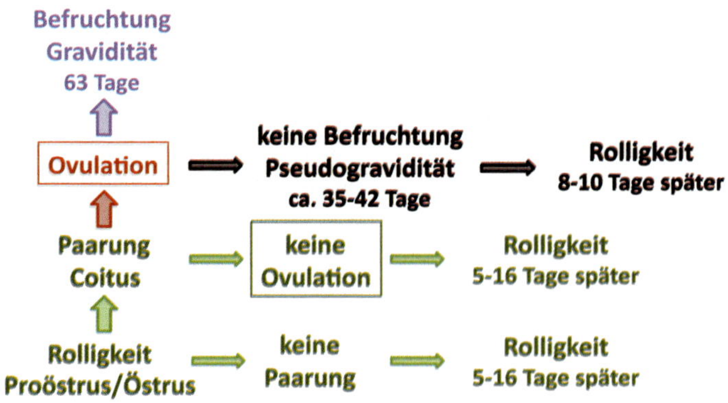

Abb. 12.3 Reproduktionsstadien der Katze und deren Dauer (grün: anovulatorischer Zyklus, schwarz: Pseudogravidität, violett: Gravidität).

le Zusatzinformationen liefern. Die Vaginalzytologie ermöglicht die Feststellung einer Rolligkeit durch den Nachweis verhornter Superfizialzellen und Schollen. Die Ovulation ist retrospektiv anhand eines Progesteronanstiegs auf suprabasale Werte nachweisbar. Die Aktivität der Gelbkörper kann während der Lutealphase durch Verlaufsuntersuchungen der Progesteronkonzentrationen im peripheren Blutplasma oder -serum dargestellt bzw. geprüft werden.

12.1.2 Tierärztliche Betreuung während des Zuchteinsatzes

12.1.2.1 Hündin

Die Bestimmung des Decktermins ist essenziell für ein optimales Zuchtmanagement. Ziel ist die Diagnose der Ovulation, um das Zusammentreffen der weiblichen Keimzellen (Eizellen, Oozyten) und der männlichen Gameten (Samenzellen, Spermien) am Ort der Befruchtung, dem Eileiter (Tuba uterina, Salpinx), zeitlich zu koordinieren. Die Notwendigkeit dieser tierärztlichen Maßnahme begründet sich in der Tatsache, dass bei ca. 80 % der erfolglosen Zuchteinsätze ein ungünstiger, und zwar meistens zu früher, Decktermin gewählt wird. Das ist bedingt durch die physiologische Besonderheit der postovulatorischen Oozytenreifung beim Hund, wodurch die Oozyten erst ca. 3 Tage nach der Ovulation ihre Befruchtungsfähigkeit erlangt haben. Danach bleiben sie für durchschnittlich 3 Tage fertil.

Als optimaler Bedeckungszeitraum ist demzufolge die Phase vom Tag der Ovulation bis Tag 4 nach der Ovulation anzusehen (Abb. 12.2 Kap. 12.1.1.1). Um die in der Tabelle 12.1 (Kap. 12.1.1.1) dargestellten, die Ovulation kennzeichnenden Befunde erheben zu können, sind Verlaufsuntersuchungen in dreitägigen Abständen, beginnend innerhalb der ersten drei Läufigkeitstage, zu empfehlen. Wichtig ist, dass die Bedeckung erst **nach** erfolgter Ovulation anberaumt wird. Unter dieser Voraussetzung findet die Bedeckung bei der Mehrzahl der Hündinnen am Tag 1 oder 2 post ov. statt. Da die Spermien mindestens 4 Tage im Genitaltrakt der Hündin befruchtungsfähig bleiben, kann aus dieser Vorgehensweise eine Trächtigkeitsrate von über 90 % resultieren.

Die tierärztliche Betreuung der Zuchthündin beinhaltet auch den **kulturellen** Nachweis des vaginalen bakteriellen Keimgehaltes, insbesondere bei Hündinnen, bei denen sich vorberichtlich der Verdacht auf eine Genitalinfektion ergibt: z. B. aufgrund von vaginalem Ausfluss post coitum oder während der Lutealphase, wiederholter erfolgloser Zuchteinsätze, und/oder des Nachweises von polymorphkernigen Granulozyten in hohem Aufkommen im vaginalzytologischen Ausstrichpräparat. Weitere Indikationen stellen Störungen der Gravidität (Fruchtresorptionen, Aborte) dar.

Die Beurteilbarkeit bakteriologischer Scheidenbefunde hängt wesentlich von der Technik der Probengewinnung ab. Sie muss grundsätzlich unter sterilen Kautelen erfolgen, um eine Kontamination mit Bakterien z. B. von der Hand des Untersuchers, vom Haarkleid der Hündin oder von unsterilen Instrumenten oder Unterlagen zu vermeiden. Empfehlung:

- Trockene Reinigung von Vulva und Umgebung
- Vorsichtiges Spreizen der Schamlippen und Einführen eines sterilen, mit steriler isotoner Kochsalzlösung oder steriler weißer Vaseline gleitfähig gemachten Röhrenspekulums adäquater Größe
- Vorschieben eines sterilen Wattestieltupfers entsprechender Länge durch das Röhrenspekulum, sodass die Probengewinnung etwa in der Mitte der Vagina erfolgt
- Zurückziehen des Tupfers und Verbringen in ein mit Transportmedium versehenes Röhrchen (z. B. Bakteriette®)
- Versand an ein bakteriologisches Labor zur Keimdifferenzierung und -quantifizierung sowie ggf. Resistenzprüfung

Entscheidend für die Bewertung des vaginalen Keimgehaltes im Hinblick auf die Notwendigkeit einer antibiotischen Behandlung sind stets der Vorbericht und vor allem die klinischen Befunde. Auch der semiquantitative kulturelle Keimgehalt (gering-, mittel-, hochgradig) muss als Kriterium in die Entscheidung für oder gegen eine antibiotische Behandlung einbezogen werden. Ganz wichtig ist zudem, dass die Tierärztin/der Tierarzt sich die Entscheidung für oder gegen eine antibiotische Therapie nicht von dem mit der bakteriologischen Untersuchung beauftragten Labor aus der Hand nehmen lässt. Nur sie/er kennt den Vorbericht und die klinischen Befunde der jeweiligen Patientin und ist demzufolge in der Lage, die nachgewiesenen Bakterien als physiologische Keimbesiedlung oder als pathogene Agenzien einzustufen.

Im Fall einer notwendigen Behandlung ist der systemischen Antibiose der Vorzug zu geben, weil nur auf diese Weise der Wirkstoff hämatogen auch im Uterus wirksam werden kann. Eine lokale Spülung kann sich aufgrund der besonderen anatomischen Verhältnisse der caninen Vagina und Zervix nur auf den Vaginaltrakt beschränken.

Das Ergebnis eines erfolgreichen Zuchteinsatzes der Hündin besteht im Nachweis einer Gravidität. Dieser erfolgt am besten sonographisch am Tag 24/25 nach der Ovulation. Dabei wird die Integrität und etwaige Anzahl der Fruchtkammern bestimmt und die Vitalität der Früchte anhand des embryonalen Herzschlags ermittelt. Erweist sich die Hündin als nicht tragend, sollte zu diesem Zeitpunkt nochmals die Progesteronkonzentration im peripheren Blutserum oder -plasma bestimmt werden, um die Gelbkörperfunktion zu überprüfen (Abb. 12.2, Kap. 12.1.1.1 und 12.1.3.1) und die bakteriologische Untersuchung eines Vaginaltupfers eingeleitet werden, um eine infektiöse Ursache auszuschließen bzw. zu erfassen und ggf. eine gezielte antibiotische Behandlung einleiten zu können.

12.1.2.2 Katze

Die tierärztliche Betreuung des Zuchteinsatzes einer Katze beinhaltet die Empfehlung des Decktermins in der fortgeschrittenen Rolligkeit (nicht vor Tag 3 des Östrus) und der Zusammenführung der Katze mit einem begattungsfähigen, fertilen Kater für zweimal 2 bis 3 Stunden an einem Tag oder an zwei aufeinanderfolgenden Tagen. Auf diese Weise kann gewährleistet werden, dass die Katze zur sicheren Auslösung der Ovulation (mindestens) vier- bis fünfmal gedeckt wird.

Im Falle undeutlicher Rolligkeitssymptome ist der Zyklusstand mithilfe einer vaginalzytologischen Untersuchung zu überprüfen (Östrus: Superfizialzellen, Schollen; Anöstrus: Basalzellen; Interöstrus, Pseudogravidität: Gemisch aus Intermediärzellen, Parabasalzellen, einzelnen/wenigen Basalzellen und Superfizialzellen).

Liegen anamnestische Hinweise auf eine zuvor aufgetretene und gegebenenfalls therapierte infektiöse Genitalerkrankung vor, ist eine umfassende gynäkologische Untersuchung mit vaginalzytologischer und sonographischer Befunderhebung sowie Ermittlung des vaginalen bakteriellen Keimgehaltes im Vorfeld des Zuchteinsatzes sinnvoll. Alle im Rahmen des Zuchteinsatzes feststellbaren Normabweichungen sind als Hinweise auf Störungen der Fruchtbarkeit zu werten, welche im Hinblick auf den aktuellen Zuchteinsatz, die weitere Zuchtverwendung oder die Beendigung der Zuchtkarriere berücksichtigt werden müssen.

Auch bei der Zuchtkatze stellt die frühzeitige Erfolgskontrolle, vorzugsweise durch sonographischen Nachweis einer Gravidität, einen wichtigen Teil im Rahmen der tierärztlichen Betreuung des Zuchteinsatzes dar. Diese sollte bereits am Tag 17 (bis 20) post coitum nach einfühlsamer abdominaler Palpation terminiert werden. Zu diesem Zeitpunkt können die Fruchtkammern sicher dargestellt, ihre Anzahl relativ präzise bestimmt und der Herzschlag als Merkmal der embryonalen Vitalität herangezogen werden.

Erweist sich die Katze als nicht gravid, sollte durch Messung der Progesteronkonzentration im Blutserum oder -plasma retrospektiv geprüft werden, ob die Ovulation ausgeblieben ist, sofern dies nicht bereits anhand des Einsetzens einer erneuten Rolligkeit abgeleitet werden kann.

12.1.3 Störungen der Ovarfunktion

Die in den folgenden Abschnitten beschriebenen Eierstockerkrankungen betreffen insbesondere die endokrin aktiven Ovarstrukturen „Follikel" und „Corpora lutea" und gehen demzufolge mit charakteristischen Veränderungen des Zyklus- oder Trächtigkeitsverlaufs einher. Erste spezifische Hinweise auf eine ovariale Dysfunktion ergeben sich somit bereits aus der Anamnese und ermöglichen auf dieser Grundlage eine gezielte diagnostische Vorgehensweise.

12.1.3.1 Hündin

Zyklusstörungen können in Form einer Verlängerung oder Verkürzung des gesamten Zyklus (Läufigkeitsintervall) oder der Läufigkeit in Erscheinung treten. Die von der Norm abweichenden Zeitabläufe werden entweder an den bekannten physiologischen Gegebenheiten oder an den bei der Hündin herrschenden individuellen Verhältnissen bemessen. Auch anamnestische Hinweise auf bereits erfolgte Graviditätsverluste können u. a. auf einer Funktionsstörung der Ovarien beruhen (Kap. 12.1.3.1.2).

12.1.3.1.1 Zyklusstörungen

Ausbleiben der Läufigkeit (Azyklie)
Das Ausbleiben der zyklischen Ovaraktivität und damit der Pubertät ist selten. Unter den möglichen Ursachen ist das völlige Fehlen der Ovarien (ovariale Agenesie) als Ausnahme anzusehen. Sie ist i. d. R. mit weiteren Anomalien des Genitaltraktes verknüpft. Auch eine ursächlich infrage kommende Hypothyreose ist in dem jungen Alter eher selten, sollte aber ggf. diagnostisch abgeklärt werden. Des Weiteren kann bei einer in einer Gruppe gehaltenen Hündin eine niedrige Rangordnung für eine Verzögerung der Pubertät eine Rolle spielen. Differenzialdiagnostisch muss immer eine sog. „Stille Läufigkeit“ oder „Weiße Hitze“ in Betracht gezogen werden. Hierbei laufen die ovarialen Prozesse der Follikelreifung und Ovulation normal ab (Abb. 12.2 Kap. 12.1.1.1), sodass die vaginoskopischen und vaginalzytologischen Befunde (Tab. 12.1 Kap. 12.1.1.1) in der Mehrzahl der Fälle normal ausgeprägt sind. Auch Eintritt und die Dauer der Paarungsbereitschaft/des Östrus sind häufig nicht beeinträchtigt. Dagegen fehlen die äußeren Läufigkeitssymptome, insbesondere der blutige Vaginalausfluss.

Verkürzte Läufigkeit (sog. Split-Östrus)
Der Eindruck einer verkürzten Läufigkeit (< 14 Tage) kann durch ein verzögertes Auftreten der Läufigkeitsblutung, z. B. erst in der fortgeschrittenen Follikelphase kurz vor der Ovulation, hervorgerufen werden. Diese fehlende Übereinstimmung äußerer und innerer Läufigkeitsmerkmale kann durch frühzeitige Untersuchung der Hündin (erstmals innerhalb der ersten drei Tage nach Einsetzen der Läufigkeitsblutung) sicher aufgedeckt werden.

Eine **reale Verkürzung der Läufigkeit** besteht, wenn nach Anlaufen der Follikelreifung mit initialer Ödematisierung der Vulva und sichtbarem Abgang von blutigem Läufigkeitssekret diese Symptome nach einigen Tagen sistieren oder ganz verschwinden. Die Follikel stellen ihre endokrine Aktivität ein. Dies geschieht in der Mehrzahl der Fälle im mittleren Drittel der Follikelphase (4 bis 6 Tage nach Läufigkeitsbeginn), ohne dass Paarungsbereitschaft (Östrus) zu beobachten ist. Fast in allen Fällen kommt es innerhalb weniger Wochen zu einem erneuten Anschub der Ovaraktivität mit äußeren Läufigkeitssymptomen, physiologischer Follikelreifung, Ovulation und Gelbkörperanbildung. Die Ursachen solcher Läufigkeitsunterbrechungen (sog. Split-Östrus) sind nicht bekannt. Bei einer jungen Hündin kann das Auftreten des Split-Östrus in der ersten Läufigkeit Merkmal einer noch nicht voll ausgereiften hormonellen Steuerung in der Hypothalamus-Hypophyse-Gonaden-Achse sein. Bei einzelnen Hündinnen ist in jeder Läufigkeit ein Split-Östrus zu beobachten, ohne dass der Uterus bzw. die Fruchtbarkeit beeinträchtigt wird.

Diagnostik: Sie erfolgt durch vaginoskopische und vaginalzytologische Befunderhebung (Kap. 12.1.2.1). Das Sistieren der Follikelaktivität kommt in Form einer abnehmenden Ödematisierung der Vaginalmukosa bei Zunahme des Anteils kernhaltiger Vaginalepithelzellen (Parabasalzellen, tiefe Intermediärzellen) zum Ausdruck. Die Progesteronkonzentration bleibt auf basalem Niveau (< 1 ng/ml).

Therapie: Eine Therapie des Split-Östrus ist nicht erforderlich. Es ist allerdings angezeigt, den zweiten Läufigkeitsschub in seinem Verlauf bis zur Ovulation zu überwachen, um die Diagnose abzusichern und im Falle eines Zuchteinsatzes den Bedeckungszeitpunkt präzise festlegen zu können.

Verlängerte Läufigkeit

Bei der verlängerten Läufigkeit handelt es sich um eine **deutlich über vier Wochen bestehende östrogendominierte Phase** mit meist ausgeprägter Absonderung von blutig-serösem Ausfluss aus der Vulva mit oder ohne Paarungsbereitschaft bei deutlicher Attraktivität für Rüden. Dabei muss ein noch im Rahmen der individuellen Schwankungsbreite liegender physiologischer Proöstrus von einem durch ovariale Fehlfunktion verursachten Zustand sorgfältig abgegrenzt werden.

Abweichend von der „Standard"-Situation, in welcher der Abgang von blutigem Läufigkeitssekret erstmals 10 bis 14 Tage vor der Ovulation zu beobachten ist, kann dies bei einzelnen Hündinnen bereits 3 bis 4 Wochen vor der Ovulation, gelegentlich in Form einer „Schmierblutung", der Fall sein. Die vaginoskopischen und vaginalzytologischen Befunde entsprechen dabei noch weitgehend dem Anöstrus oder weisen lediglich Symptome eines schwachen Östrogeneinflusses auf (Tab. 12.1 Kap. 12.1.1.1). Durch eine zweite Kontrolle im Abstand von 5 bis 7 Tagen kann der Fortgang der Läufigkeit verifiziert werden. Zum Ovulationsnachweis müssen weitere Untersuchungen in dreitägigen Abständen folgen (Kap. 12.1.2.1).

Eine unphysiologisch verlängerte Läufigkeit ist ursächlich immer mit einer persistent erhöhten ovarialen Östrogenproduktion verknüpft. Hier kommen differenzialdiagnostisch Ovarialzysten oder ein Östrogene-produzierender Ovartumor (meist Granulosazelltumor) in Betracht. In der Mehrzahl der Fälle sind ältere Hündinnen (> 8 Jahre) betroffen, doch muss auch bei jüngeren Tieren damit gerechnet werden.

Diagnostik: Die klinischen Symptome sind bei beiden mit verlängerter Läufigkeit einhergehenden Eierstockerkrankungen identisch: das vaginoskopische Bild und der vaginalzytologische Ausstrich weisen über einen entsprechend prolongierten Zeitraum einen deutlichen Östrogeneinfluss auf. Hormonanalysen liefern gewöhnlich keine der Diagnosefindung dienlichen Befunde. Die Konzentration von Östradiol 17- β liegt meist in oder nur geringfügig über dem im Proöstrus geltenden Normbereich bei basalen (< 1 ng/ml) oder wenig erhöhten Progesteronkonzentrationen. Demgegenüber sind durch sonographische Befunderhebung diagnostisch wertvolle Hinweise auf die bestehende Eierstockerkrankung zu erwarten. Häufig ist jeweils nur ein Ovar zystisch oder tumorös entartet, während das kontralaterale Ovar vergleichsweise klein und inaktiv erscheint (Abb. 12.4).

Therapie: Bei Hündinnen, die nicht im Zuchteinsatz stehen, ist sowohl im Falle von Ovarialzysten als auch Ovarialtumoren die Ovariohysterektomie die Therapie der Wahl. Bei Zuchthündinnen kann im Einzelfall die medikamentöse „Sprengung" von **Ovarialzysten** mit einem Ovulationsauslöser (GnRH oder hCG) erwogen werden. Dabei ist zu

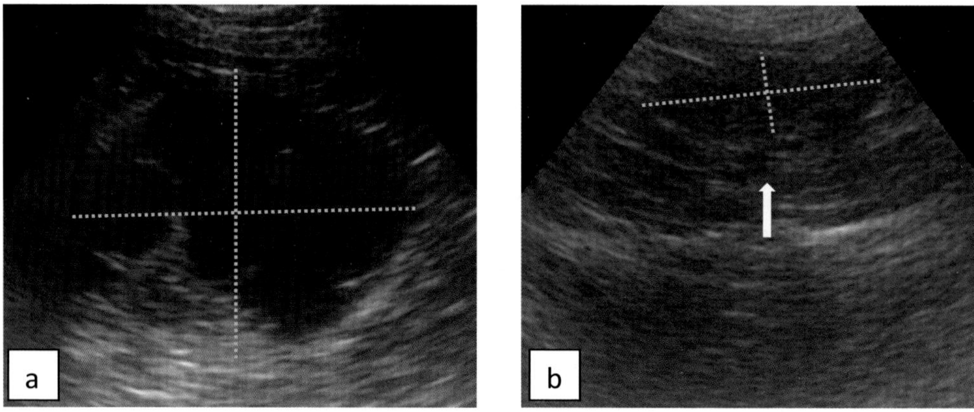

Abb. 12.4 Sonographisches Bild a) des zystisch veränderten Ovars einer seit > 30 Tagen läufigen Hündin (max. Durchmesser 4,4 cm), b) des kontralateralen inaktiven Ovars (gestrichelte Linie, max. Durchmesser 3,1 cm). Die histologische Untersuchung erbrachte die Diagnose „Granulosazelltumor".

bedenken, dass sich an den betroffenen Ovarien neben Follikelzysten auch Luteinzysten mit entsprechend unphysiologischer Östrogen- und Progesteronsekretion befinden können, wodurch die Entstehung einer glandulär-zystischen Endometriumhyperplasie begünstigt wird (Knaus et al., 2014, 2018). Aufgrund dessen kann die Anwendung ovulationsauslösender Pharmaka die Entwicklung einer Pyometra provozieren. Ebenfalls als Ausnahme kann bei einer jüngeren Zuchthündin nach intraoperativem Ausschluss uteriner Veränderungen die chirurgische Entfernung nur des zystisch oder tumorös veränderten Ovars (Hemikastration) erwogen werden. In der Folge kann es zu einer funktionellen Aktivierung des verbliebenen Eierstocks kommen und ggf. ein weiterer Zuchteinsatz ermöglicht werden.

Verkürzter Zyklus/verkürztes Läufigkeitsintervall
Der Zyklus kann, gemessen an der normalen Dauer von 6 ± 1 Monaten, mehr oder weniger deutlich verkürzt sein. Ein Läufigkeitsintervall von (4 bis) 5 Monaten ist als untere Norm anzusehen. Eine **Verkürzung auf < 4 Monate** kann auf einem Ausbleiben der Ovulation bzw. einer anovulatorischen Läufigkeit beruhen. Der Verdacht einer anovulatorischen Läufigkeit liegt ebenfalls nahe, wenn die betreffende Hündin bei physiologischer Läufigkeitsdauer bisher nicht tragend wurde. Dagegen weist ein verkürztes Läufigkeitsintervall bei gleichzeitig verlängerten Läufigkeiten auf eine Eierstockerkrankung mit **prolongierter** Östrogensekretion (siehe Ovarialzysten und Granulosazelltumor) hin.

In der **anovulatorischen Läufigkeit** kommt es zur Atresie der herangebildeten Follikel. Äußerlich geht die Läufigkeit nach einer normalen Dauer von 2 bis 4 Wochen zu Ende. Die Deckbereitschaft solcher Hündinnen kann deutlich oder schwach ausgeprägt sein oder gänzlich fehlen. Das Ausbleiben der Ovulation hat das völlige Fehlen der ca. zweimonatigen Gelbkörperphase zur Folge, woraus häufig eine entsprechende Verkürzung des Zyklus resultiert.

Bei jungen Hündinnen kann die Ovulation in der ersten Läufigkeit aufgrund einer noch nicht voll ausgereiften hormonellen Steuerung in der Hypothalamus-Hypophyse-Gonaden-Achse ausbleiben. In der aufgrund dessen meist nach 2 bis 3 Monaten eintretenden zweiten Läufigkeit laufen die ovarialen Prozesse gewöhnlich vollständig ab.
Diagnostik: Während der Läufigkeit wird die vaginoskopische und vaginalzytologische Befunderhebung in dreitägigen Abständen durchgeführt, beginnend innerhalb der ersten drei Läufigkeitstage. Ab der fortgeschrittenen bis späten Follikelphase wird zusätzlich die Progesteronkonzentration im peripheren Blutplasma oder -serum bestimmt. In diesem Zeitraum wird die an das Absinken der Östradiol 17-β-Konzentrationen gekoppelte Abquellung, beginnende Sekundärfältelung und Abtrocknung der Vaginalmukosa vom initial leichten Anstieg der Progesteronkonzentration begleitet (Tab. 12.1 Kap. 12.1.1.1). Dieser findet oft auch in der anovulatorischen Läufigkeit statt, doch bleibt der weitere, die Ovulation kennzeichnende Anstieg aus (Abb. 12.5).

Retrospektiv kann das Ausbleiben der Ovulation am sichersten innerhalb der ersten 4 Wochen nach der Läufigkeit diagnostiziert werden, z. B. auch im Zusammenhang mit einem negativen Trächtigkeitsnachweis ca. 4 Wochen nach der Bedeckung. Das Ausbleiben der Ovulation in der zurückliegenden Läufigkeit ist zu diesem Zeitpunkt zweifelsfrei anhand einer basalen, allenfalls geringfügig erhöhten Progesteronkonzentration verifizierbar.

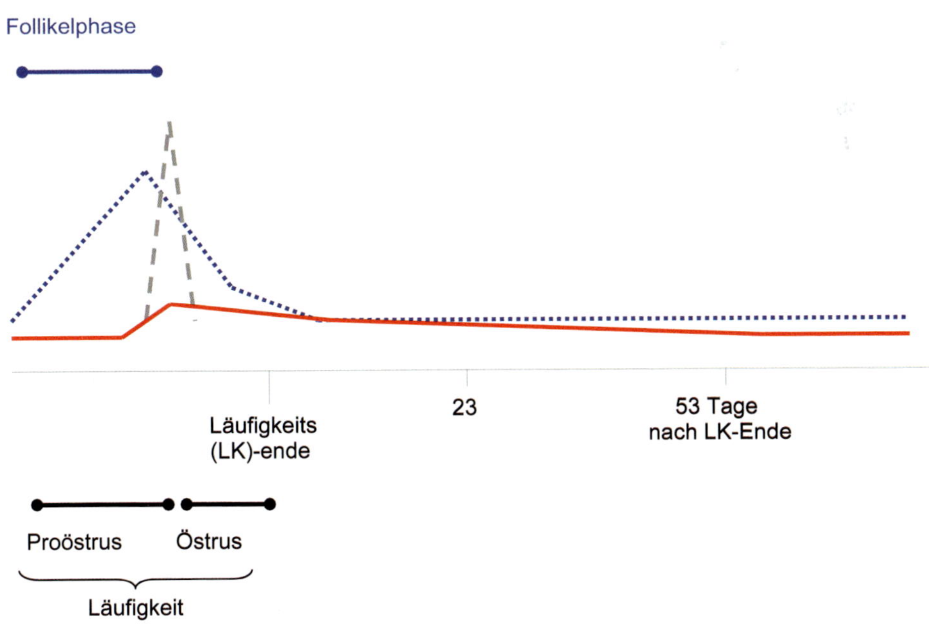

Abb. 12.5 Schema des Verlaufsmusters der Progesteronkonzentrationen bei anovulatorischer Läufigkeit. Die Gelbkörperphase bleibt aus, woraus häufig eine Zyklusverkürzung um ca. 2 Monate resultiert. Die LH- und Östradiol 17-β-Konzentrationen wurden zur besseren Vergleichbarkeit mit den physiologischen Verlaufsmustern (Abb. 12.2) hinzugefügt.

Therapie: Die Erfolgsaussichten einer medikamentösen Ovulationsinduktion sind erfahrungsgemäß gering. Ein Versuch kann frühestens in der nächsten Läufigkeit unternommen werden. Bei Sistieren des initialen Progesteronanstiegs im Konzentrationsbereich von 1 bis 3 ng/ml über mehr als 3 Tage kann humanes Choriongonadotropin (250 bis 1000 I.E./Hund je nach Körpergewicht des Tieres, 1 × oder 2 × im Abstand von 24 Stunden) oder GnRH (Buserelin 0,0002 mg/kg KM 3 × im Abstand von 12 Stunden) intramuskulär verabreicht werden. Der Behandlungseffekt muss in jedem Fall durch eine erneute Progesteronanalyse zwei bis drei Tage nach der letzten Injektion überprüft werden, da die Bedeckung der Hündin nur bei erfolgter Ovulation sinnvoll ist.

Verlängerter Zyklus/verlängertes Läufigkeitsintervall

Bei einem verlängerten Läufigkeitsintervall verändert sich der bisher übliche individuelle Läufigkeitsrhythmus einer Hündin dahingehend, dass die Zeitspanne zwischen zwei Läufigkeiten um mehrere Monate zunimmt. Dabei handelt es sich immer um eine **Verlängerung der ovarialen Ruhephase (Anöstrus)**. In der Anamnese wird berichtet, dass die zu einem bestimmten Zeitpunkt erwartete und eventuell für einen Zuchteinsatz vorgesehene Läufigkeit nicht eingetreten ist.

Pathogenese: Der verlängerte Zyklus kann auf verschiedene endokrine Störungen hinweisen. Immer sollte in derartigen Fällen an einen kausalen Zusammenhang mit einer Schilddrüsenunterfunktion (Hypothyreose) gedacht werden. Dabei kann ein direkter Einfluss einer zu geringen peripheren Schilddrüsenhormonkonzentration offensichtlich ebenso eine Rolle spielen wie eine latente, durch vermehrte hypothalamische Ausschüttung von Thyreotropin-Releasing-Hormon (TRH) hervorgerufene Stimulation der hypophysären Prolaktinsekretion und eine darauf beruhende, meist geringgradige Hyperprolaktinämie. Letztere verhindert die Ausschüttung der Gonadotropine (follikelstimulierendes Hormon/FSH und luteinisierendes Hormon/LH), sodass die Läufigkeit ausbleibt.

Weiterhin wird angenommen, dass, unabhängig von einer Hypothyreose, die in der vorausgegangenen Lutealphase oder in der Laktation physiologisch gesteigerte Prolaktinsekretion weiterhin geringfügig (und durch Messung der peripheren Prolaktinkonzentration nicht verifizierbar) über der basalen Sekretion bleibt und die zur Induktion der Läufigkeit erforderliche Aktivierung der FSH- und LH-sezernierenden Hypophysenareale unterbindet. Dieser Mechanismus wird aus den läufigkeitsinduzierenden Effekten von Prolaktinhemmern abgeleitet (s. Abschnitt „Therapie").

Diagnostik: Folgende Untersuchungen sollten durchgeführt werden:

1. Gynäkologische Untersuchung (vaginoskopische und vaginalzytologische Befunderhebung) zur Überprüfung des Zyklustandes bzw. Verifizierung des verlängerten Anöstrus.
2. Nachweis bzw. Ausschluss einer innerhalb der vorausgegangenen 8 Wochen eingetretenen, vom Besitzer übersehenen Läufigkeit mittels Progesteronanalyse in einer Blutplasma- oder -serumprobe (Progesteronkonzentration von > 2,0 ng/ml spricht für aktive Gelbkörper und damit für eine maximal zwei Monate zurückliegende Läufigkeit).

3. Ausschluss einer Hypothyreose, da nur unter dieser Voraussetzung therapeutische Maßnahmen zur Läufigkeitsinduktion zu rechtfertigen und als aussichtsreich zu beurteilen sind (s. Kapitel 13.3 Schilddrüse).

Therapie: Im Falle einer nachgewiesenen **Hypothyreose**: lebenslange Substitution mit Schilddrüsenhormon (Thyroxin). Diese dient primär und wesentlich dem lebensnotwendigen Ausgleich des endogenen Defizits an Schilddrüsenhormon. Der Wiedereintritt einer zyklischen Eierstockstätigkeit ist zwar als Folge der Substitutionstherapie zu erwarten, sollte aber nicht zwangsläufig zum weiteren Zuchteinsatz der Hündin überleiten, da von einer erblichen Komponente bzw. rasseabhängigen oder familiären Disposition zur Schilddrüsenunterfunktion auszugehen ist.

Bei **Euthyreose: Induktion einer Läufigkeit** mithilfe eines Dopaminagonisten/Prolaktinantagonisten, vorzugsweise Cabergolin. Ein entsprechender Effekt kann nach Cirit et al. (2007) mit einer deutlich reduzierten Dosierung von 0,0006 mg/kg KM entspr. 0,012 ml/kg KM erzielt werden. Da alle derzeit verfügbaren Präparate arzneimittelrechtlich für die Therapie der Scheinträchtigkeit und Suppression der Laktation zugelassen sind (Kap. 12.1.5.2), müssen sie für die Anwendung zur Läufigkeitsinduktion umgewidmet werden. Als Wirkungsmechanismus der Dopaminagonisten wurde neben der Herabsetzung der hypophysären Prolaktinsekretion eine direkte Stimulation der GnRH-Sekretion im Hypothalamus nachgewiesen. Die Behandlungsdauer richtet sich nach dem Eintritt der Läufigkeit. Dieser variiert erfahrungsgemäß von wenigen Tagen (< 1 Woche) bis zu mehreren Wochen. Sollte sich innerhalb von 14 Tagen keine Läufigkeit einstellen wird empfohlen, die Cabergolin-Gaben einzustellen und abzuwarten. Sind eindeutige Läufigkeitssymptome (Schwellung der Vulva, Abgang von blutigem Sekret, Interesse von Rüden) zu beobachten, ist die Behandlung zu beenden. Eine durch Cabergolin induzierte Läufigkeit entspricht in ihrer Ausprägung und ihrem Verlauf einer spontanen Läufigkeit mit Follikelreifung, Ovulation und Anbildung funktionstüchtiger Gelbkörper.

Aufgrund der „sanften" Wirkungsweise und der beschriebenen Qualität der induzierten Läufigkeiten ist dieses Verfahren als Methode der Wahl zu empfehlen.

Als Alternative stehen derzeit lediglich GnRH-Analoga mit eingeschränkter Anwendbarkeit zur Verfügung. Alle kurz wirksamen GnRH-Analoga wie Gonadorelin (0,1 mg/ml) oder Präparate mit dem Wirkstoff Buserelinacetat (Wirkstoffkonzentration einheitlich 0,004 mg/ml) sind nicht für die Anwendung beim Hund zugelassen. Zudem sind sie aufgrund der Notwendigkeit der pulsatilen intravenösen Gabe (alle 90 Minuten) über einen Zeitraum von ca. 7 bis 15 Tagen für den praktischen Einsatz ungeeignet.

Trotz positiver Ergebnisse in einer Vielzahl experimenteller Studien ist die Anwendung des Deslorelin-Implantats Suprelorin® (Virbac Tierarzneimittel GmbH Bad Oldesloe) zur Läufigkeitsinduktion bisher nicht in die Praxis eingegangen. Entsprechend besteht für diese Indikation keine arzneimittelrechtliche Zulassung, sodass grundsätzlich eine entsprechende Umwidmung notwendig ist. Experimentelle Studien haben gezeigt, dass bei subkutaner Verabreichung des Implantats mit 4,7 mg Deslorelinacetat im Anöstrus mit einer guten Ansprechbarkeit der Ovarien bei relativ geringem Risiko für eine Beeinträchtigung der Fruchtbarkeit und/oder Gebärmuttergesundheit gerechnet werden kann. Eine wesentliche Voraussetzung hierfür dürfte sein, das Implantat erst nach abgeschlossener Endometriumregeration zu setzen (Kap. 12.1.1.1). Um den suppressiven Effekt der über mehrere Wochen andauernden Deslorelin-Abgabe aus dem Implantat zu beenden, sollte das Implantat mit Nachweis der Ovulation (Kap. 12.1.2.1) entfernt werden. Dies setzt voraus, dass es an einer gut zugänglichen Lokalisation gesetzt wird, vorzugsweise in der Nabelregion. Im Falle einer Trächtigkeit empfiehlt es sich zudem, die Gelbkörperfunktion zu überprüfen und ggf. eine Substitutionstherapie vorzunehmen (Kap. 12.1.3.1.2).

Bei jeder zum Zwecke des Zuchteinsatzes induzierten Läufigkeit ist eine diagnostische Begleitung bezüglich ihres Fortgangs und des Ovulationsnachweises zur Bestimmung des Bedeckungszeitraums (Tag 1 bis 4 nach der Ovulation) essenziell.

Der Versuch, bei einer Hündin mit einer Zyklusdauer von ≤ 6 Monaten vorzeitig eine Läufigkeit zu induzieren und damit den Zyklus zu verkürzen, ist nicht Erfolg versprechend, da die Ovarien auf die verabreichten Hormone nicht ansprechen. Zudem ist zu bedenken, dass die Endometriumregeneration noch nicht abgeschlossen ist und somit auch die Voraussetzungen für die Etablierung einer Gravidität ungünstig sind (Kap. 12.1.1.1).

Unvollständige Ovarektomie (OE) oder Ovariohysterektomie (OHE), Ovarrestsyndrom (ORS)

Treten bei einer vorberichtlich kastrierten Hündin Symptome einer Läufigkeit oder einer Pseudogravidität (Kap. 12.1.1.1 und 12.1.5.2) auf, ist ursächlich von verbliebenem Ovar(rest)gewebe auszugehen. Es handelt sich hierbei um das sog. Ovarrestsyndrom (ORS), welches klinisch auf unterschiedliche Weise in Erscheinung tritt. Nach unvollständiger Kastration kann das Ovarrestgewebe bereits nach wenigen Wochen aktiv werden, sodass die betreffende Hündin im gewohnten Rhythmus wieder läufig wird. In anderen Fällen ruht das Ovarrestgewebe über mehrere Monate oder Jahre, bevor es durch die übergeordneten Hormone reaktiviert wird.

Diagnostik: Unabhängig vom Zeitraum zwischen OE/OHE und dem Auftreten von Läufigkeitssymptomen ist die Diagnose „Ovarrestgewebe" bei einer läufigen Hündin unmittelbar und zweifelsfrei durch vaginoskopische und vaginalzytologische Befunderhebung zu stellen (Tab. 12.1 Kap. 12.1.1.1). Die äußere Symptomatik variiert in Abhängigkeit davon, ob die Kastration als OE oder OHE durchgeführt und ob der Uterus vollständig oder ebenfalls nur teilweise entfernt wurde (Tab. 12.2).
Die Befunde einer vollständig kastrierten Hündin entsprechen denen im Anöstrus. Bei einer vorberichtlich kastrierten Hündin, die innerhalb der vorausgegangenen 4 bis 6 Wochen Symptome einer Läufigkeit gezeigt hat oder die aktuell Symptome der Pseudogravidität aufweist, ist die zusätzliche Messung der peripheren Progesteronkonzentration sinnvoll. Ein erhöhter Wert spricht für das Vorhandensein von Ovar(rest)gewebe in

der Lutealphase. Geht es darum, bei einer asymptomatischen Hündin mit unbekanntem Genitalstatus einen Kastrationsnachweis zu führen, stehen als Labortests die Bestimmung der Konzentrationen des Luteinisierenden Hormons (LH) oder des Anti-Müller-Hormons (AMH) im peripheren Blutserum zur Verfügung. Im Falle von LH sind die Werte bei vollständig kastrierten Tieren höher, für AMH niedriger als bei intakten Tieren.

Dem auf diese Weise geführten Nachweis von „Ovarrestgewebe“ sollte eine sonographische Untersuchung folgen, um seine Größe und Lokalisation zu bestimmen. Der Durchmesser aktiver Ovarreste kann weniger als <1 bis mehrere cm betragen, das Gewebe kann sich homogen oder heterogen, hypo- oder hyperechogen darstellen. Bei der Mehrzahl der Hündinnen ist Ovarrestgewebe auf der rechten Seite zu finden, doch kann ein Ovarrest ebenso links- oder auch beidseitig existieren. Ovarrestgewebe, das nach einer mehrjährigen Ruhephase aktiviert wird, liegt fast ausnahmslos in Form eines Granuloszelltumors vor (Kap. 12.1.3.1.1 Abschnitt „Verlängerte Läufigkeit“). Entsprechend stehen die betroffenen Hündinnen unter einem latenten m.o.w. stark erhöhten Östrogeneinfluss mit Dauerläufigkeit, verbunden mit dem Risiko einer Östrogenintoxikation in Form schwerer, lebensbedrohlicher Blutbildungsstörungen.

Tabelle 12.2: **Klinische Befunde am äußeren Genitale nach vollständiger Ovarektomie (OE)/Ovariohysterektomie (OHE) und bei diversen Formen des Ovarrestsyndroms (ORS) der Hündin.**

Klinische Befunde			**Mögliche Differenzialdiagnosen (Verdachtsdiagnosen)**	**Diagnostische Maßnahmen**
Ödematisierung der Vulva	**Vaginalausfluss**	**Gesäugeanbildung**		
-	-	-	vollständige OE oder OHE Ovar(rest)gewebe in der späten Lutealphase oder im Anöstrus	Vaginoskopie, Vaginalzytologie, ggf. Progesteronmessung Analyse von LH oder AMH
(+)	-	+	Ovar(rest)gewebe in der Lutealphase	Vaginoskopie, Vaginalzytologie, Progesteronmessung
+	blutig, serös-blutig	-	Östrogene-produzierendes Ovargewebe, aktivierter Uterus → unvollständige OE oder OHE	Vaginoskopie, Vaginalzytologie, Sonographie
+	blutig-eitrig, eitrig	(+)	Östrogene-produzierendes, ggf. entartetes Ovargewebe, Uteropathie → unvollständige OE oder OHE	

Therapie: In allen Fällen eines ORS stellt die zeitnahe Resektion des ovarialen und uterinen (Rest-)Gewebes die einzige therapeutische Option dar. Dabei ist, unabhängig von der sonographischen Darstellbarkeit, beidseitig der Bereich des kaudalen Nierenpols sorgfältig auch auf kleine Anteile von Ovarrestgewebe zu überprüfen. Das Vorhandensein aktiver Gelbkörper am Ovarrest erleichtert das Auffinden der Struktur. Seine Entfernung kann zu einem reflektorischen Anstieg von Prolaktin und einer darauf beruhenden, individuell unterschiedlich starken Anbildung des Gesäuges und zu Symptomen einer Pseudogravidität (Kap. 12.1.5.2) führen. Diese kann ggf. mit Cabergolingaben (0,005 mg/kg entspr. 0,1 ml/kg KM 1 × tägl. p. o. an 4 bis 6 aufeinanderfolgenden Tagen) therapiert werden. Bei der Entfernung von Ovarrestgewebe mit aktiven Follikeln oder einem Granulosazelltumor ist der östrogenbedingt erhöhten Blutungsneigung Rechnung zu tragen.

12.1.3.1.2 Störungen der Lutealfunktion in der Gravidität

Bei einem Graviditätsverlust (embryonaler Fruchttod mit Fruchtresorption oder fetaler Fruchttod mit Abort) muss nach Ausschluss einer bakteriellen oder viralen Ursache eine **ovariale Funktionsstörung in der Lutealphase** in Betracht gezogen werden. Diese bedingt eine unzureichende Verfügbarkeit des für die Etablierung und Aufrechterhaltung einer Gravidität essenziellen Hormons Progesteron (**Lutealinsuffizienz, Hypoluteinismus**). Eine ggf. bestehende moderate Verkürzung des Zyklus/Läufigkeitsintervalls ist von nachgeordneter anamnestischer Bedeutung. Die Störung kann primär im Ovar liegen oder auf einer unzureichenden Prolaktinsekretion in der Hypophyse beruhen. Auch eine Störung auf hypothalamischer Ebene (Dopaminstoffwechsel) ist denkbar, jedoch bisher nicht erwiesen. Obwohl aufgrund der Ergebnisse einer neueren Studie nur eine geringe Inzidenz der Lutealinsuffizienz beim Hund zu erwarten ist (Hinderer et al., 2021), sollte diese ovariale Funktionsstörung im Verdachtsfall diagnostisch nachgewiesen bzw. ausgeschlossen werden.

Vorberichtlich werden erfolglose Zuchteinsätze (keine Trächtigkeit bzw. Ausbleiben des Wurfes) oder Aborte erwähnt. Auch kleine Würfe (1–2 Welpen) können ein Indiz für eine Lutealinsuffizienz sein. Demnach ist davon auszugehen, dass die Implantation von Embryonen völlig ausbleiben oder es nach Etablierung einer Trächtigkeit zum Fruchttod mit Resorption oder Abort einiger oder aller Früchte kommen kann.

Diagnostik: Anhand des Verlaufs der zyklischen Lutealphase kann keine Aussage über die Lutealfunktion in der Gravidität getroffen werden. Daher muss die Diagnostik während einer bestehenden Trächtigkeit erfolgen. Dabei ist eine im Verdachtsfall durchgeführte Substitution von Progesteron kontraindiziert, da das exogen zugeführte Progesteron die ovariale Progesteronkonzentration überdeckt und folglich die im peripheren Blut gemessenen Progesteronwerte keine Aussage bezüglich der endogenen, lutealen Progesteronsynthese erlauben. Gleichzeitig wird bei dieser Vorgehensweise in Kauf genommen, dass Hündinnen mit einer Lutealinsuffizienz wiederholt in der Zucht eingesetzt werden und damit eine ggf. bestehende genetische Veranlagung an die Nachkommen weitergegeben wird. Andererseits wird die Chance, bei einer Zuchthündin eine ungestörte Ovarfunktion nachzuweisen, vertan. Hierfür wird eine „diagnostische Therapie“ empfohlen, mit der eine bestehende Gravidität erhalten und gleichzeitig die Gelbkörperfunktion überprüft werden kann. Ihre Anwendung setzt die Kenntnis des Ovulationstermins als Bezugszeitpunkt für die erforderlichen Maßnahmen und den Ausschluss einer Endometritis (Kap. 12.1.4.1.2) oder Plazentitis voraus. Letztere können unter der Zufuhr von Hormonen mit gestagener Wirkung in eine Pyometra oder Septikämie münden. In derartigen Fällen sind reduzierte Progesteronkonzentrationen ursächlich eher einer entzündungsbedingten Prostaglandinfreisetzung als einer Lutealinsuffizienz zuzuordnen. Aufgrund dessen ist die Kontrolle des Blutstatus sowie eine mindestens 10-tägige systemische Begleittherapie mit einem nicht embryotoxischen Breitbandantibiotikum (z. B. Amoxicillin-Clavulansäure) zu erwägen.

Diagnostische Therapie: Die erste Progesteronanalyse im peripheren Blutplasma oder -serum erfolgt im Zusammenhang mit dem frühen sonographischen Trächtigkeitsnachweis Tag 24/25 post ov. Wegen deutlicher tageszeitlicher Schwankungen der Progesteronkonzentration sollten die Blutproben immer zur selben Tageszeit, möglichst vormittags, gewonnen werden, um Fehlinterpretationen zu vermeiden. Diesbezüglich ist es auch wichtig, die Analysen einer Blutprobenserie in demselben Labor durchführen zu lassen. Unabhängig davon, ob alle darstellbaren Fruchtkammern intakt sind oder sich einige bereits in Resorption befinden, sind zu diesem Zeitpunkt gewöhnlich Progesteronwerte > 15 ng/ml zu erwarten (Tab. 12.1). Bei deutlich geringeren Konzentrationen und/oder in Resorption befindlichen Früchten kann bereits eine Substitution mit Progesteron sinnvoll sein. Da derzeit kein Progesteronpräparat ad us. vet. verfügbar ist, kann z. B. Utrogest® (Weichkapseln mit 100 mg Wirkstoff/Kapsel, Dr. Kade Besins) in einer Dosierung von 100–200 mg/Hund je nach KM 3 × tägl. p. o. verabreicht werden. Die Progesterongaben sollten bis zum 35. Tag post ov. beibehalten werden. Erst danach ist die Fortführung der Substitution mit einem **niedrig** dosierten Gestagen (z. B. Medroxyprogesteronacetat, MPA, 0,1 mg/kg KM 1 × tägl. p. o., Görlinger et al., 2005) vertretbar, da die Früchte zu diesem Zeitpunkt bereits das Fetalstadium erreicht haben und damit das Risiko einer gestagenbedingten geschlechtlichen Fehlentwicklung vernachlässigt werden kann. Die MPA-Substitution dient zum einen der weiteren Aufrechterhaltung der Gravidität, zum anderen der Kontrolle der Gelbkörperfunktion. Unter MPA-Gabe wird mit den üblichen Analyseverfahren nur das ovariale Progesteron gemessen und damit die reale Lutealfunktion erfasst. Dies sollte ab dem ersten Tag der MPA-Therapie durch weitere Progesteronanalysen in wöchentlichen Abständen erfolgen (Abb. 12.6). Zeigt der Progesteronverlauf eine ungestörte Gelbkörperfunktion an, können die MPA-Gaben zwischen Tag 50 und 55 post ov. eingestellt werden. Ist die Progesteronkonzentration in diesem Zeitraum bereits auf basale Werte abgesunken, muss die Applikation von MPA bis Tag 58 post ov. fortgeführt werden, da erst zu diesem Zeitpunkt mit der Geburt ausgereifter, lebensfähiger Welpen gerechnet werden kann. Die Geburt kann bereits am Tag nach dem Absetzen der Medikation oder erst Tage später einsetzen. Daher ist die sorgfältige Überwachung des präpartalen Zeitraums im Hinblick auf eine mögliche Verzögerung der Geburt über den errechneten Geburtstermin (Tag 63 +/-2 p. ov.) hinaus essenziell (Günzel-Apel u. Bostedt, 2016).

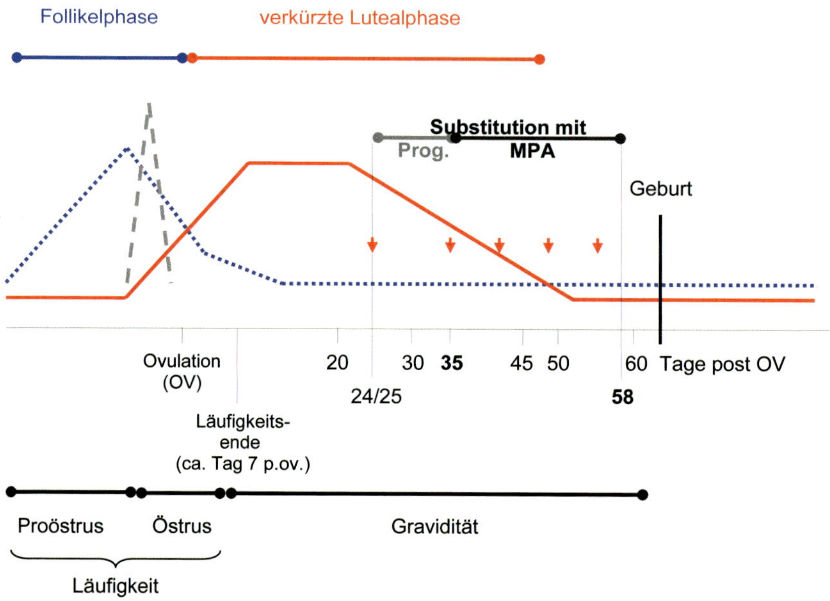

Abb. 12.6 Beispiel eines **Progesteron**konzentrationsverlaufsmusters (schematisch) bei unzureichender Gelbkörperfunktion (Lutealinsuffizienz) und auf ca. 50 Tage verkürzter Lutealphase. Als „diagnostische Therapie" erfolgt die Substitution mit Progesteron (**Prog.**) bis Tag 35 p.ov., danach mit Medroxyprogesteronazetat (**MPA**) bis Tag 58 p.ov., weil ausreichende Mengen an endogenem Progesteron bereits seit mehreren Tagen nicht mehr verfügbar sind und ein hohes Abortrisiko besteht. Die roten Pfeile kennzeichnen die in einwöchigen Abständen durchzuführenden Progesteron**kontrollen** zur Festlegung des Substitutionszeitraumes.
Die LH- und Östradiol 17-β-Konzentrationen wurden zur besseren Vergleichbarkeit mit den physiologischen Verlaufsmustern (Abb. 12.2) hinzugefügt.

In Abbildung 12.6 ist beispielhaft der Verlauf der Progesteronkonzentration bei unzureichender Gelbkörperfunktion (Lutealinsuffizienz) und auf ca. 50 Tage verkürzter Lutealphase dargestellt.

Cave: Die Verwendung injizierbarer synthetischer Gestagene ist kontraindiziert, da ihre prolongierte Wirkung zur Verschleppung der Geburt mit Fruchttod und daraus resultierenden schwerwiegenden, lebensbedrohlichen Komplikationen für die Hündin führt! Die empfohlenen Präparate/Wirkstoffe müssen für den Einsatz beim Hund (Utrogest) bzw. für die Indikation "Diagnostik Lutealinsuffizienz" (MPA) umgewidmet werden.

12.1.3.2 Katze

Bei der Katze sind prinzipiell alle für die Hündin beschriebenen Formen der Ovarfunktionsstörung möglich, doch sind im Hinblick auf die Diagnostik die verschiedenen Reproduktionsstadien (Anovulatorischer Zyklus, Pseudogravidität, Gravidität) zu beachten.

12.1.3.2.1 Zyklusstörungen

Ausbleiben der Rolligkeit (Azyklie)

Die Azyklie bzw. das Ausbleiben der ovarialen Aktivität führt bei jungen Katzen zur Verzögerung der Pubertät (sog. primärer Anöstrus). Da die erste Rolligkeit erst mit 21 Monaten auftreten kann, sollte die Diagnose „Azyklie" frühestens im Alter von 2 Jahren gestellt werden. Als Ursachen kommen neben einer embryonalen Entwicklungsstörung eine geringe Tageslichtzufuhr z. B. im Herbst und Winter oder infolge ungünstiger Haltungsbedingungen (z. B. zugezogene Gardinen oder Jalousien) infrage. Wie bei der Hündin kann differenzialdiagnostisch eine sog. „stille Rolligkeit" vorliegen, welche anhand der typischen vaginalzytologischen Befunde erkennbar ist. Sie kann Folge einer niedrigen Rangordnung innerhalb einer Katzengruppe sein. Unter dem Begriff „Azyklie" kann auch die iatrogene Zyklusausschaltung mit Gestagen-wirksamen Pharmaka eingeordnet werden. Das Wiedereintreten des Zyklus ist in diesen Fällen nicht sicher prognostizierbar und kann sich im Einzelfall um mehr als ein Jahr verzögern.

Eine Therapie zur Rolligkeitsinduktion ist nach Ausschluss ovarialer Entwicklungsstörungen oder iatrogener Zyklusausschaltung primär bei allgemein- und geschlechtsgesunden Zuchtkatzen angezeigt. Hierzu kann das FSH-Analog equines Choriongonadotropin (eCG) in einer Dosierung von 100–150 I.E. einmalig i.m. appliziert werden. Die Bedeckung sollte 3 bis 4 Tage später erfolgen, wenn das Verhalten und die vaginalzytologischen Befunde für eine fortgeschrittene Follikelreifung sprechen. Wichtig sind dabei wiederholte Bedeckungen an zwei aufeinanderfolgenden Tagen zur sicheren Auslösung der Ovula-tion (Kap. 2.1.2.2). Zur Unterstützung der Ovulation kann ggf. das LH-Analog hCG oder ein GnRH-Analogon verabreicht werden (s. Abschnitt „Ausbleiben der Ovulation).

Ausbleiben der Ovulation

Bei der nicht gedeckten **Katze** ist die **anovulatorische Rolligkeit** als physiologisch anzusehen (Kap. 12.1.1.2). Bleibt die Ovulation trotz Paarung mit einem intakten Kater (Kap. 12.2.1) aus, kann die Ursache darin bestehen, dass die Bedeckungen zu früh, d. h. bei noch unzureichender Ansprechbarkeit der Ovarfollikel auf den LH-Stimulus, erfolgt sind oder die Anzahl der Bedeckungen zu gering war und demzufolge die Gesamtmenge des von der Hypophyse freigesetzten LH nicht ausgereicht hat. Dieser Zusammenhang wurde bei 50 % nur einmal gedeckter Katzen nachgewiesen (Concannon et al., 1980) und muss beim Zuchteinsatz berücksichtigt werden (Kap. 12.1.2.2).

Der Nachweis der anovulatorischen Rolligkeit gelingt zum einen anhand des Eintritts der nächsten Rolligkeit innerhalb von 1 bis 3 Wochen nach der Bedeckung, zum anderen durch Progesteronanalyse im peripheren Blutplasma oder -serum wenige Tage nach der Bedeckung (Progesteronkonzentration < 1 ng/ml). Erbringt die Überprüfung des Bedeckungszeitpunktes und der -frequenz keinen Hinweis auf bestehende Mängel, kann die Auslösung der Ovulation medikamentös mithilfe von hCG in einer Dosierung von 100–150 I.E./Tier i. m. oder eines kurz wirksamen GnRH-Analogs (Gonadorelin, 0,025 mg/Tier i. m.; Buserelin 0,0002 mg/kg KM i. m.) unterstützt werden.

Verlängerte Rolligkeit
Auch bei der Katze kann aufgrund von **Ovarialzysten** eine latent erhöhte Östrogensekretion mit Dauerrolligkeit bestehen. Dabei kann es sich um eine Einzelzyste oder um mehrere Zysten an einem oder beiden Ovarien handeln. Als Therapieversuch kommt die Provokation der endogenen LH-Ausschüttung durch im Tagesverlauf wiederholte vaginale Stimulation mit einem Wattetupfer und zusätzlich die einmalige Applikation von hCG in einer Dosierung von 250–500 I. E/Tier oder von GnRH (Gonadorelin 0,025 mg/Katze; Buserelin 0,0002 mg/kg KM) in Betracht. Bei erfolgreicher Behandlung wird die „Ovulation" einiger oder aller Zysten ausgelöst, sodass die Rolligkeit abklingt. Im Zusammenhang mit der ovarialen Dysfunktion und der im Zuge der postovulatorischen Gelbkörperanbildung steigenden Progesteronkonzentrationen kann sich eine glandulär-zystische Hyperplasie des Endometriums entwickeln (Kap. 12.1.4.2.2). **Ovartumoren** sind bei der Katze generell sehr selten zu finden, erfordern jedoch wie bei der Hündin die umgehende chirurgische Entfernung. Im Falle eines Granulosazelltumors sollte der Eingriff jedoch erst nach Ausschluss von Metastasen erfolgen, da diese Tumorart bei der Katze eine im Vergleich zur Hündin stärkere Metastasierungsneigung aufweist.

Unvollständige Ovarektomie (OE) oder Ovariohysterektomie (OHE), Ovarrestsyndrom (ORS)
Bei der überwiegenden Mehrzahl der als Haustier gehaltenen Katzen wird eine OE mit dem Ziel der Unfruchtbarmachung durchgeführt. Gewöhnlich wird nur im Falle einer Uteropathie auch die Gebärmutter entfernt (OHE). Bei sog. „Fundkatzen" ist der Kastrationsstatus (kastriert oder intakt) häufig nicht bekannt.

Diagnostik: Das Auftreten von Symptomen einer Rolligkeit stellt immer ein Indiz für aktiviertes Ovarrestgewebe dar. Die Diagnose „Ovar(rest)gewebe" kann unmittelbar und sicher während der Rolligkeit durch Nachweis von Superfizialzellen im vaginalzytologischen Ausstrichpräparat gestellt werden. Auch nach dem Abklingen der Rolligkeitssymptome (Interöstrus) oder nach induzierter oder spontaner Ovulation (Lutealphase bzw. Pseudogravidität) sind Zellen aus oberflächlichen Vaginalepithelschichten zu beobachten (Kap. 12.1.2.2), während bei einer vollständig kastrierten Katze ausschließlich Basalzellen zu finden sind. Ein vergleichbares Zellbild besteht bei Katzen im saisonalen Anöstrus (Kap. 12.1.2.2). Erbringt die vaginalzytologische Untersuchung keinen eindeutigen diagnostisch verwertbaren Befund, kann der Nachweis oder Ausschluss von Ovar(rest)gewebe durch Analyse der LH- oder AMH-Konzentration im peripheren Blutserum erfolgen (Kap. 12.1.3.1.1). Bei vollständig kastrierten Katzen ist die LH-Konzentration höher, die AMH-Konzentration niedriger als bei intakten Tieren. Diese labordiagnostischen Verfahren bieten sich auch bei nicht rolligen „Fundkatzen" an, um den Kastrationsstatus festzustellen.

Der sonographische Nachweis von Ovar(rest)gewebe geringer Größe ist bei Katzen häufig schwierig. Gelingt das Auffinden an der für intakte Ovarien typischen Lokalisation im Bereich des kaudalen Nierenpols nicht, ist an versprengtes Ovargewebe zu denken.

Therapie: Die einzige Therapie besteht in der zeitnahen vollständigen Extirpation des Ovar(rest)gewebes sowie des ggf. vorhandenen Uterus. Dabei sind, unabhängig von der sonographischen Auffindbarkeit, intra operationem beide Seiten sorgfältig auf vorhandenes Ovargewebe zu überprüfen. Wie die Erfahrung zeigt, ist versprengtes Ovargewebe oft nicht sicher auffindbar.

12.1.3.2.2 Störungen der Lutealfunktion in der Gravidität

Eine Störung der Gelbkörperfunktion einhergehend mit unzureichender Progesteronsekretion kann bei der Katze, ähnlich wie beim Hund, vorkommen und zum Verlust einer Trächtigkeit führen. Bisher ist jedoch bei dieser Tierart kein Fall einer Lutealinsuffizienz dokumentiert.

12.1.4 Erkrankungen von Vagina und Uterus

12.1.4.1 Hündin

12.1.4.1.1 Vaginopathien

Vaginitis

- Juvenile Hündin (sog. Junghundvaginitis)

Definition: Vor Erreichen der Geschlechtsreife (präpubertär), in einigen Fällen schon im Alter von 2 bis 3 Monaten, liegen entzündliche Veränderungen der Vagina in Verbindung mit einem wässrig-trüben oder milchigen, weißlichen oder gelblichen Vaginalausfluss in unterschiedlichen Mengen vor. Das Allgemeinbefinden ist in aller Regel ungestört.

Die **Diagnostik** besteht in der **Adspektion** des äußeren Genitale und seiner Umgebung zur Feststellung von Ausfluss im ventralen Schamwinkel, Krusten an Schwanzunterseite, Schenkelinnenflächen und Sprunggelenken. Obwohl es sich in der Mehrzahl der Fälle nicht um ein infektiöses Geschehen handelt, sollte ein Vaginalsekretabstrich, möglichst unter Verwendung eines Vaginoskops (kleinste Größe) zur Ermittlung des bakteriellen Keimgehaltes und für die zytologische Untersuchung gewonnen werden (Kap. 12.1.1.1 und 12.1.2.1).

Differenzialdiagnostisch ist auf das Vorliegen kongenitaler Veränderungen (z. B. Zwitter, Scheidenenge) zu achten.

Therapie: Zunächst sollte auf eine Behandlung verzichtet werden, da die Symptome in der Mehrzahl der Fälle mit Erreichen der Geschlechtsreife bzw. der ersten Läufigkeit spontan verschwinden. Nur bei Vorliegen eines kulturell hochgradigen Gehaltes an potenziell pathogenen Bakterien (z. B. hämolysierende oder anhämolysierende *E. coli,*

Streptococcus canis, Staphylococcus pseudintermedius) im Zusammenhang mit dem Nachweis von Leukozyten im Vaginalsekretausstrich (Zytologie) ist eine systemische antibiotische Behandlung nach Antibiogramm für mindestens 7 Tage durchzuführen. Ferner können Scheidenspülungen auf Kamillebasis (z. B. Kamillosan®-Konzentrat, MEDA Pharma GmbH & Co. KG, 1 : 20 verdünnt mit steriler isotoner NaCl-Lösung an drei aufeinanderfolgenden Tagen) sinnvoll sein. Dabei ist eine mechanische Schädigung der zarten juvenilen Vaginalmukosa zu vermeiden. Zu empfehlen ist zudem eine unspezifische Stimulation des Immunsystems, z. B. durch Gabe von Zylexis® (Zoetis Deutschland GmbH, 1,0 ml pro Tier 1 × tägl. s.c. an drei aufeinanderfolgenden Tagen).

Cave: Eine Junghundvaginitis sollte **keinesfalls (!)** Anlass zur Kastration vor der ersten Läufigkeit sein, weil dadurch die Chance der spontanen Besserung bzw. Ausheilung im Zuge der pubertätsbedingten hormonellen Umstellung vertan wird und in der Folge eine persistierende, therapieresistente Situation entstehen kann.

- Adulte Hündin

Dieser Erkrankung liegt fast ausnahmslos eine chronische kongenitale oder erworbene Ursache zugrunde. **Vorberichtlich** wird vaginaler Ausfluss, häufiges intensives Belecken der Vulva sowie Attraktivität der Hündin für Rüden genannt. Das Allgemeinbefinden ist gewöhnlich ungestört.

Diagnostik: Am äußeren Genitale ist mukopurulenter oder purulenter Ausfluss, gelegentlich mit Blutbeimengungen zu erkennen. Vaginoskopisch erscheint die Vaginalschleimhaut deutlich gerötet. Im vaginalzytologischen Ausstrichpräparat finden sich polymorphkernige Granulozyten und dem jeweiligen Zyklusstand entsprechende Zellen des Vaginalepithels. Der kulturelle Nachweis potenziell pathogener Bakterien im Vaginalsekret ist essenzielle Voraussetzung für eine gegebenenfalls erforderliche antibiotische Behandlung.

Differenzialdiagnostisch kommen als Ursachen des krankhaften Vaginalausflusses kongenitale vaginale Missbildungen (z. B. Scheidenspange), Vaginalzysten oder Fremdkörper (auffindbar mithilfe eines schlanken, starren Endoskops angemessener Länge) infrage. Im seltenen Fall einer außergewöhnlich großen, präzervikal befindlichen Vaginalzyste kann es zu Harnverhaltung und Tenesmus ani kommen (Hauer et al., 2020).

Die **Therapie** richtet sich nach der jeweiligen Ursache der Vaginitis. Kongenitale Missbildungen sind ggf. durch chirurgische Maßnahmen in Allgemeinnarkose oder bei Lokalanästhesie zu korrigieren bzw. zu entfernen. Eine relativ dünnwandige Vaginalzyste kann unter Zuhilfenahme eines starren Endoskops und einer durch den Arbeitskanal geführten Biopsiezange geöffnet und entleert werden. Im Falle einer chronischen Vaginitis bestehen die Behandlungsmaßnahmen in einer mindestens 7-tägigen systemischen Antibiose nach Resistenztest, ggf. milden Scheidenspülungen sowie der Verabreichung eines Paramunitätsinducers (s. Junghundvaginitis).

Vaginalprolaps, Hyperplasie der Vaginalmukosa

Definition: Es handelt sich um einen Prolaps von hyperplastischem Scheidengewebe in das Vaginallumen, bei stärkerer Ausprägung mit Austritt zwischen den Schamlippen nach außen. Ursache sind i.d.R. die physiologisch ansteigenden Östrogenkonzentrationen im Proöstrus und frühen Östrus, woraus auch der Terminus „Läufigkeitsprolaps" resultiert. Bei außerhalb der Läufigkeit oder präpartal auftretendem Vaginalprolaps ist von anderen Ursachen auszugehen (z. B. Vaginaltumor, schwerer Aszites, verletzungsbedingte Veränderungen des Perineums und der Vulva). Hündinnen mittelschwerer und schwerer Rassen sind häufiger betroffen als kleinere Tiere. Ein erblicher Einfluss ist aufgrund familiärer Häufungen nicht auszuschließen.

Klinische Symptomatik: Es werden drei Ausprägungsgrade unterschieden: Grad I – gering- bis mittelgradige Aufwölbung des Scheidenbodens ohne äußerlich sichtbare Ausstülpung; Grad II – birnenförmiger Vorfall des Scheidenbodens und der Scheidenwände aus der Vulva (Abb. 12.7a); Grad III – kompletter doughnut-förmiger Vorfall der Scheidenwand mit zentralem Lumen und ventral sichtbarem Orificium urethrae externum (Abb. 12.7b).

In die Überlegungen zur **Therapie** ist das aktuelle Läufigkeitsstadium einzubeziehen, da ab der späten Follikelphase (Kap. 12.1.1.1 und 12.1.2.1) in Koinzidenz mit den absinkenden Östrogenkonzentrationen und dem Einsetzen der präovulatorischen Luteinisierung mit einer spontanen Rückbildung des Prolapses zu rechnen ist. Bis zu diesem Zeitpunkt sollte vorgefallenes Gewebe sauber gehalten und vor Verletzungen geschützt werden. Da-

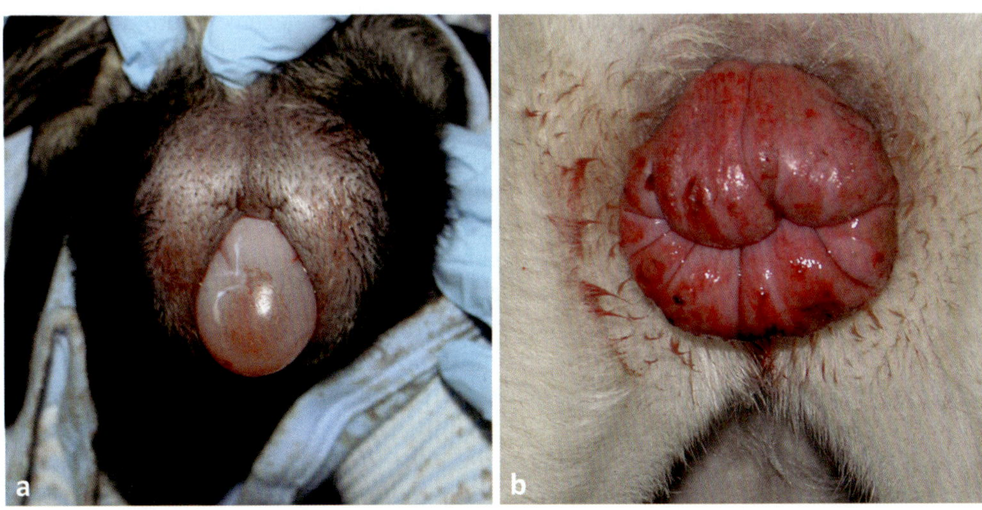

Abb. 12.7 Hyperplasie der Vaginalmukosa, a) birnenförmiger Vorfall des Scheidenbodens und der Scheidenwände aus der Vulva (Grad II), b) seit vier Wochen bestehender, hochgradig ödematisierter, doughnut-förmiger Vorfall der Scheidenwand (Grad III) mit ulzerativ-nekrotisierender Schleimhaut.

bei ist es wichtig, die betroffene Hündin mithilfe eines Halskragens am Belecken des Prolapses zu hindern. Da bei einem Vaginalprolaps dritten Grades keine spontane Regression zu erwarten ist, muss das vorgefallene Gewebe durch ringförmige Exzision entfernt werden. Insgesamt ist wegen der hohen Rezidivrate (> 70 %) in späteren Läufigkeiten und einer häufig zu beobachtenden Zunahme der Ausprägung die Ovariohysterektomie zu empfehlen. Im Falle einer Zuchthündin sollte aufgrund des bestehenden Verdachts einer erblichen Veranlagung der weitere Zuchteinsatz kritisch hinterfragt werden.

12.1.4.1.2 Uteropathien

Der Uterus ist, wie der gesamte übrige Genitaltrakt, direktes Zielorgan der Ovarhormone und somit in seiner Funktion unmittelbar abhängig vom geregelten Ablauf des Ovarzyklus. Insbesondere Zyklusstörungen, die mit verlängerter Östrogensekretion und infolgedessen verlängerter Läufigkeit einhergehen (Ovarzysten, Granulosazelltumor; Kap. 12.1.3.1.1), bilden die Grundlage für Endometritiden. Der Schweregrad ist abhängig von der Ausprägung und der Dauer der mit der Ovarfunktionsstörung einhergehenden hormonellen Dysregulation (Verschiebung der klaren Sequenz von Östrogen- zu Progesterondominanz) sowie von der Beteiligung pathogener bakterieller Erreger.

Glandulär-zystische Endometriumhyperplasie (GZEH)

Definition und Pathogenese: Primäre Folge einer ovarialen hormonellen Dysregulation ist die zystische Veränderung der Uterindrüsen. Betroffen sind in erster Linie ältere Tiere. Bei jungen Hündinnen kann es im Einzelfall aufgrund einer noch nicht vollständig ausgereiften Hypothalamus-Hypophyse-Gonaden-Achse zu einer unausgewogenen, klinisch meist inapparenten Sekretion von Östrogenen und Progesteron kommen. Infolge einer prolongierten Einwirkung ovarialer Östrogene bei gleichzeitig mehr oder weniger ausgeprägter Progesteronsekretion im Rahmen der Follikelluteinisierung wird die Östrogen-vermittelte Proliferation, Durchblutung und Ödematisierung der Gebärmutterschleimhaut aufrechterhalten und die durch Progesteron vermittelte Sekretion der Uterindrüsen induziert. In der Folge entstehen durch Verlegung der in das Uteruslumen mündenden Drüsenausführungsgänge glanduläre Zysten. Diese Uteropathie kann auch iatrogen ausgelöst werden, wenn ein Gestagen in einer durch endogene Östrogene beeinflussten Zyklusphase verabreicht wird, z. B. bei Unterdrückung einer bestehenden Läufigkeit mit Proligeston oder Medroxyprogesteronacetat. Die Gabe von Östrogenen in einer von endogenem Progesteron dominierten Zyklusphase sollte endgültig der Vergangenheit angehören, da hierfür verwendete Analoga von Östradiol-17-β wegen dieser Risiken und ihrer toxischen Wirkung bereits seit einigen Jahren nicht mehr auf dem deutschen Arzneimittelmarkt erhältlich sind.

Bei einer GZEH kann es zu einer sterilen Ansammlung von Schleim in der Gebärmutter kommen und – bei geschlossener Zervix – eine Mukometra entstehen. Im Falle einer bakteriellen Infektion besteht ein hohes Risiko für die Entwicklung einer Pyometra (s. Abschnitt Endometritis-Pyometra-Komplex).

Symptomatik: Bei offener Cervix und demzufolge vorhandenem Vaginalausfluss sind meist keine spezifischen Symptome eines ungestörten Allgemeinbefindens festzustellen. Diese werden häufig erst nach erfolgter OHE an einer spürbaren Zunahme der Lebensfreude der Hündin offensichtlich. Kommt es bei geschlossener Cervix zur intrauterinen Sekretansammlung mit Vergrößerung des Uterusvolumens können Apathie, Anorexie und Erbrechen auftreten.
Die **Diagnostik** besteht in der vaginoskopischen und vaginalzytologischen Untersuchung zur Bestimmung des Zyklusstandes bzw. Ovarstatus (Tab. 12.1, Kap. 12.1.1.1) und zum Nachweis entzündlicher Prozesse (polymorphkernige Granulozyten im Vaginalsekretausstrich), des Weiteren in der Entnahme einer zusätzlichen Tupferprobe zur Bestimmung des bakteriellen Keimgehaltes (Kap. 12.1.2.1). Die sonographische Untersuchung der Ovarien und des Uterus dient der Verifizierung pathologischer Befunde. Typische, für eine GZEH sprechende Befunde sind ein im Verlauf unregelmäßig vergrößerter Uterusdurchmesser (> 1 cm), Füllung des Uteruslumens mit gering- bis mittelgradigen Mengen einer anechogenen oder hypoechogenen Flüssigkeit sowie eine deutliche Schichtung der Uteruswand und darin enthaltene zystische Strukturen unterschiedlicher Größe (bei geringer Größe nur mit hochauflösenden Schallköpfen > 10 MHz erkennbar) (Abb. 12.8 a,b). Bei geschlossener Zervix (Mucometra) stellt sich der gefüllte Uterus mittel- bis hochgradig dilatiert dar.

Therapie: Bei der Mehrzahl der betroffenen Hündinnen, insbesondere aber bei älteren Tieren im Zusammenhang mit verlängerter Läufigkeit stellt die Ovariohysterektomie die einzige therapeutische Option dar. Ein konservativer Behandlungsversuch (s. Abschnitt Endometritis-Pyometra-Komplex) sollte sich auf jüngere Hündinnen beschrän-

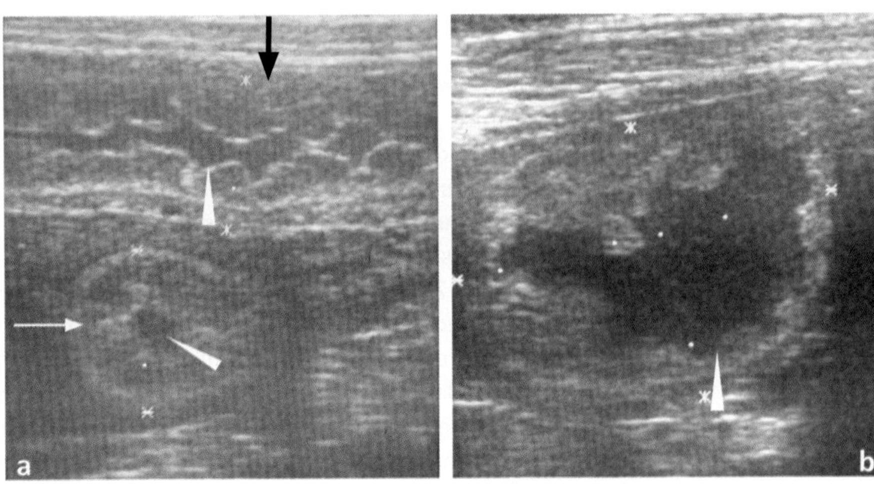

Abb. 12.8 Sonographische Befunde einer hochgradigen glandulärzystischen Hyperplasie des Endometriums. Zystisch verändertes Endometrium a) im Längs- (schwarzer Pfeil) und Querschnitt (weißer Pfeil) mit gering- bis mittelgradiger Flüssigkeitsansammlung (weiße Dreiecke), Durchmesser 1,4 cm und b) mit mittel- bis hochgradiger Flüssigkeitsansammlung im Uteruslumen (weißes Dreieck) Durchmesser 2,5 × 3,4 cm.

ken, bei welchen keine eindeutigen sonographisch darstellbaren Veränderungen des Uterus nachweisbar sind. In diesem Fall ist in der nächsten Läufigkeit die Überprüfung der Ovarfunktion durch vaginoskopische und vaginalzytologische Verlaufskontrollen sowie Progesteronmessungen im peripheren Blut (Tab. 12.1 Kap. 12.1.1.1) ergänzt durch sonographische Untersuchungen der Ovarien und der Gebärmutter in angemessenen Abständen (z. B. einmal pro Woche) zu empfehlen.

Endometritis-Pyometra-Komplex

Definition und Pathogenese: Die **Endometritis** ist eine akute oder chronische Entzündung der Uterusschleimhaut bei offener Zervix und ist typischerweise von vaginalem Ausfluss gekennzeichnet. Sie kann in jedem Reproduktionsstatus auftreten und somit nicht gravide und gravide Hündinnen sowie Tiere in der postpartalen Phase betreffen. Während eine im Zyklus oder in der Gravidität auftretende Endometritis i.d.R. unter dem Einfluss erhöhter Konzentrationen ovarialer Hormone, insbesondere von Progesteron steht, entfällt dieser Einflussfaktor nach der Geburt. Zu dieser Zeit befindet sich die endokrine Ovaraktivität auf basalem Niveau. Unabhängig vom Reproduktionsstatus ist der intrauterinen Ausbreitung bedingt pathogener Bakterien eine wesentliche ursächliche Rolle zuzuordnen. So kann sich eine Endometritis im Rahmen eines medikamentösen Trächtigkeitsabbruchs infolge einer aufsteigenden Infektion noch vorhandener Früchte und/oder Fruchthüllen oder nach infektiösem Abort manifestieren. Bei letzterem ist auch Brucella canis als Aborterreger in Betracht zu ziehen. In der postpartalen Phase kann vor allem infolge einer Infektion retinierter Plazenten oder Feten, nach unhygienischer, traumatisierender Geburtshilfe oder aufgrund einer verzögerten Rückbildung des Uterus eine Endometritis resultieren.

Bei der **Pyometra** handelt es sich um eine Eiteransammlung im Uterus bei geschlossener oder offener Zervix. Sie kann im Zusammenhang mit einer GZHE entstehen oder sich unabhängig von einem bereits chronisch geschädigten Endometrium entwickeln. Der sog. Endometritis-Pyometra-Komplex bezeichnet eine Verknüpfung der beiden Krankheiten. Im Falle der nicht graviden, zyklischen Hündin kommt es bei prolongiertem Östrogeneinfluss zu einem verzögerten Verschluss der Zervix, sodass bakterielle Krankheitserreger aus der Vagina in den Uterus aufsteigen können. Das im Zuge der post-ovulatorischen Gelbkörperanbildung rasch ansteigende Progesteron (Kap. 12.1.1.1) führt physiologischerweise zum Verschluss der Zervix, zur Erschlaffung des Myometriums und zur Sekretion der Uterindrüsen. Aufgrund seiner immunsuppressiven Wirkung verringert Progesteron zudem die Abwehrbereitschaft des Endometriums. Es kommt zur massiven intrauterinen Vermehrung der Bakterien, zur Toxinbildung und Exsudation des Endometriums. Exsudat und Uterindrüsensekret sammeln sich im Lumen der Gebärmutter. Die Pyometra kann bereits kurz nach Abklingen der Läufigkeit bzw. in der frühen Lutealphase/im frühen Metöstrus (1 bis 2 Wochen nach der Ovulation), im mittleren Drittel der Lutealphase (3 bis 6 Wochen nach Ende der Läufigkeit) oder gegen deren Ende (7 bis 10 Wochen nach Ende der Läufigkeit) klinisch apparent werden.

Die **Anamnese** dient der Eingrenzung des Zyklusstandes bzw. zeitlicher Zusammenhänge mit möglichen Ursachen und betrifft den Zeitpunkt und die Dauer der letzten Läufigkeit sowie den Zeitpunkt eventueller Hormonbehandlungen (z. B. Gestagengaben zur Läufigkeitsunterdrückung).

Klinische Symptomatik:

- Bei **offener** Pyometra: gestörtes Allgemeinbefinden mit Lethargie, Anorexie, Polyurie und Polydipsie oder Erbrechen bei erhöhter oder erniedrigter Körpertemperatur. Die Bauchdecke kann gespannt sein. Langfristig kann sich eine Hinterhandschwäche entwickeln. Typisch ist übelriechender, gelblich-bräunlicher teils zähflüssiger Vaginalausfluss.
- Bei **geschlossener** Pyometra entspricht der Symptomkomplex grundsätzlich dem der offenen Form, geht jedoch meist mit ausgeprägter Polydipsie und Polyurie sowie Erbrechen einher. Die Bauchdecke ist stark gespannt. Jedoch ist **kein** Vaginalausfluss zu beobachten!

Diagnostik: Nach der Adspektion des äußeren Genitale und der Umgebung hinsichtlich Ödematisierung der Vulva und Vaginalausfluss kann eine vorsichtige abdominale Palpation zum Ertasten der vergrößerten Uterushörner durchgeführt werden. Es folgt die vaginoskopische und vaginalzytologische Befunderhebung zur Charakterisierung des Zyklusstandes und etwa vorhandenen Vaginalausflusses (Vaginoskopie: Menge, Konsistenz, Farbe; Zytologie: hoher Gehalt an polymorphkernigen Granulozyten) sowie die Entnahme einer Vaginalsekretprobe (Kap. 12.1.2.1) für den mikrobiologichen Nachweis des ursächlichen Agens (in der Mehrzahl der Fälle *E. coli* hämolysierend oder anhämolysierend, ferner *Streptococcus canis* und *Staphylococcus pseudintermedius* sowie ggf. andere Bakterien). Die sonographische Untersuchung des Uterus liefert wertvolle zusätzliche Befunde bezüglich des Durchmessers, der Wandbeschaffenheit (Dünnwandigkeit) und des Inhaltes der Gebärmutter. Zur genaueren Erfassung der Schwere der Erkrankung sind hämatologische (Blutbild) und klinisch-chemische Untersuchungen (Harnstoff, Kreatinin) einzuleiten. Charakteristische Befunde sind eine Leukozytose mit Neutrophilie und Linksverschiebung sowie eine Monozytose und eine normochrome regenerative Anämie. Erhöhte Harnstoff- und Kreatininwerte sowie Eiweißkonzentrationen weisen auf eine Beeinträchtigung der Nierenfunktion hin. Im Hinblick auf eine im Einzelfall zu erwägende konservative Behandlung (s. u.) sollte die Progesteronkonzentration im peripheren Blutplasma oder -serum bestimmt werden.

Therapie: Bei Hündinnen mit Pyometra handelt es sich immer um **Notfallpatienten**. Bei kausalem Zusammenhang mit einer irreparablen ovarialen Funktionsstörung (z. B. verlängerte Läufigkeiten infolge von Ovarzysten oder Granulosazelltumor) ist die Ovariohysterektomie die Behandlungsmethode der Wahl. Dies gilt für die Mehrzahl der älteren Hündinnen (> 8 Jahre). Der Eingriff sollte in möglichst enger zeitlicher Nähe zur Diagnosestellung erfolgen. Die medikamentöse Behandlung muss jungen, für die Zucht vorgesehenen Hündinnen mit regelmäßigem Zyklus und ungestörtem oder allenfalls geringgradig gestörtem Allgemeinbefinden vorbehalten bleiben. Sie richtet sich auf die Erhaltung bzw. Wiederherstellung der Uterusgesundheit und der Fruchtbarkeit. Ziele und entsprechende Komponenten der Therapie sind in Tabelle 12.3 aufgeführt.

Für die unmittelbar nach Befunderhebung und Diagnosestellung einzuleitende antibakterielle Therapie sollte ein Antibiotikum mit breitem Wirkspektrum (vorzugsweise Enrofloxacin, 5 mg/kg KM 1 × tägl. p. o.) eingesetzt werden. Die Wirksamkeit ist nach Vorliegen des Antibiogramms zu überprüfen. Eine **geschlossene Pyometra** erfordert immer zunächst die Ausschaltung der Progesteronwirkung mittels Aglepriston (10 mg/kg KM 1 × tägl. s.c. an zwei aufeinanderfolgenden Tagen) zur Öffnung der Zervix. Die Applikation von natürlichem ProstglandinF2α (PGF2α) oder eines Analogons darf erst einsetzen, wenn dieser Effekt am Austritt von Ausfluss aus der Vulva erkennbar ist. Andernfalls besteht die Gefahr der Uterusruptur. Die Verabreichung einer nebenwirkungsfreien PGF2α-Dosis (0,02–0,05 mg/kg KM 3 × tägl. ca. alle 8 Std. s. c.) gewährleistet die wiederholte Auslösung von Myometriumkontraktionen zur Austreibung des Uterusinhaltes. Ein weiterer günstiger Effekt besteht in der Beschleunigung des Gelbkörperabbaus (Luteolyse) mit Absenkung der Progesteronkonzentration im peripheren Blut. Bei **offener Pyometra** richtet sich die Notwendigkeit der Aglepriston-Gabe nach dem Zyklusstand bzw. der im peripheren Blut gemessenen Progesteronkonzentration. Die Elimination einer ggf. bestehenden Progesteronwirkung ist erforderlich, damit das

Tabelle 12.3: **Medikamentöse Therapie bei Pyometra**

Behandlungsziel	Medikamente (Präparat, Wirkstoff, Dosierung)
1. Eliminierung ursächlicher Bakterien	systemische Antibiose gemäß Resistenzprüfung mindestens 10 Tage
2. Aufhebung der Progesteronwirkung am Endo- und Myometrium (Sekretion, Erschlaffung) und an der Zervix (Verschluss)	Aglepriston, 10 mg/kg KM 1 × tägl. s. c. an zwei aufeinanderfolgenden Tagen, im Falle hoher Progesteronkonzentrationen ggf. Wiederholung nach 6 Tagen[1]
3. Zügige Entleerung des Gebärmutterinhaltes, Luteolyse	Dinoprost/PGF2α[2], 0,02–0,05 mg/kg KM 3 × tägl. s. c. bzw. alle 8 Stunden, oder Cloprostenol[3] 0,01–0,02 mg/kg KM 1 bis 2 × tägl. alle 12–24 Stunden mindestens 7 Tage bzw. nach Ultraschallbefund des Uterus

[1] Alizin®, Virbac Tierarzneimittel GmbH
[2] Dinolytic® 5 mg/ml, Pharmacia GmbH, Dosierung für Hund und Katze entspr. 0,004–0,01 ml/kg KM
[3] z. B. Synchroprost 0,250 mg/ml, CEVA Tiergesundheit GmbH, Dosierung für Hund und Katze entspr. 0,04–0,08 ml/kg KM
[2] und [3] Prostaglandine sind für Hund und Katze arzneimittelrechtlich nicht zugelassen. Produktinformation sorgfältig lesen, auch hinsichtlich Nebenwirkungen für Anwender!

Myometrium auf die kontraktilen Stimuli des PGF2α reagieren kann. Bei basalen Progesteronkonzentrationen (≤ 1 ng/ml) ist die Verabreichung von Aglepriston unnötig. Die Dauer der PGF2α-Behandlung orientiert sich an der Effizienz der Therapie (sonographische Kontrollen des Uterus in wöchentlichen Abständen) und kann beendet werden, sobald ein Uterusdurchmesser < 1 cm und die vollständige Entleerung der Gebärmutter (keine intrauterine Flüssigkeit, kein Vaginalausfluss) erreicht wurde.

Differenzialdiagnostisch kommen Uterustumoren (meist gutartige Leiomyome, Fibrome) in Betracht. Klinische Symptome treten erst bei starkem Wachstum durch Verdrängung abdominaler Organe auf. Auch ein erfolgloser Zuchteinsatz kann auf einem Tumor im Bereich des Uteruskörpers beruhen. Die Diagnose kann mittels sonographischer Untersuchung sowie ggf. mittels zytologischer Untersuchung eines Feinnadelaspirates gestellt werden.

12.1.4.2 Katze

12.1.4.2.1 Vaginopathien

Vestibulovaginitis

Aufgrund des „fließenden" Übergangs von Vestibulum vaginae und Vagina und der geringen gemeinsamen Länge (ca. 4,5 bis 5 cm) sind bei der Katze im Falle einer Entzündung i.d.R. beide Abschnitte betroffen. Die Vestibulovaginitis beruht häufig auf einer Infektion mit bedingt pathogenen Bakterien, doch können auch Viren oder Pilze beteiligt sein. Die Diagnostik stützt sich auf die äußere Symptomatik (häufiger, auch schmerzhafter Harnabsatz, frequentes Belecken der Vulva, Verklebungen der Haare, Sekretflecke auf der Liegefläche), Vaginalzytologie (Nachweis von Entzündungszellen/ polymorphkernigen Granulozyten) und die Bestimmung von Erregern durch Entnahme von Vaginalabstrichen. Aufgrund der entzündungsbedingten Empfindlichkeit des kaudalen Genitalbereichs müssen die Untersuchungen gewöhnlich in Allgemeinanästhesie durchgeführt werden. In diesem Fall kann der Vestibulovaginalbereich unmittelbar nach der Probenentnahme vorsichtig mit steriler isotoner Kochsalzlösung gespült werden. Der Nachweis von Infektionserregern erfordert eine mindestens 7-tägige systemische antimikrobielle Therapie gemäß Resistenzbestimmung.

12.1.4.2.2 Uteropathien

Glandulär-zystische Endometriumhyperplasie (GZEH)

Die GZEH resultiert bei Katzen häufig aus der Verabreichung von Gestagen-Tabletten (z. B. Medroxyprogesteronacetat) zur Unterdrückung einer bereits bestehenden Rolligkeit oder zu einer längerfristigen Verschiebung der Rolligkeit. Diese Vorgehensweise, die zwangsläufig zu einem unphysiologischen Konzentrationsverhältnis von Östradiol 17-β und Gestagenen im peripheren Blut führt, ist bei Katzenzüchtern weit verbreitet und kann in der

Folge – wie zuvor bei der Hündin beschrieben – zu einer chronischen, irreparablen Schädigung des Endometriums, ggf. auch in Form einer Mukometra, führen (Kap. 12.1.4.1.2).

Pyometra

Auch bei der Katze stellt die Pyometra eine lebensbedrohliche Erkrankung dar und erfordert die umgehende Einleitung diagnostischer und therapeutischer Maßnahmen. Das Risiko für eine Pyometra nimmt mit fortschreitendem Alter zu. Wie bei der Hündin spielen ätiologisch hormonelle und bakterielle Faktoren eine Rolle. So kann sich unter dem Einfluss des nach coitus-induzierter oder spontaner Ovulation einsetzenden Progesteronanstiegs im Zusammenhang mit einer intrauterinen Ausbreitung bedingt pathogener Bakterien, meist von *Escherichia coli*, eine Pyometra entwickeln. Die klinische Symptomatik entspricht weitgehend der bei der offenen und geschlossenen Pyometra der Hündin (Kap. 12.1.4.1.2). Diagnostik und Therapie richten sich weitgehend nach der bei der Hündin beschriebenen Vorgehensweise, mit Priorisierung der Ovariohysterektomie als Behandlungsmethode der Wahl. In Einzelfällen kann bei jüngeren, im Zuchteinsatz stehenden Katzen ein medikamentöser Therapieversuch zur Erhaltung der Fruchtbarkeit vorgenommen werden (Tab. 12.3 – 1. und 2.). Dabei kann die Aglepriston-Dosierung ggf. auf 15 mg/kg KM entspr. 0,5 ml/kg KM erhöht werden. Allerdings ist die Möglichkeit der Behandlung mit $PGF_{2\alpha}$ (Tab. 12.3 – 3.) aufgrund der geringeren Verträglichkeit und der bei Katzen schlechten Akzeptanz mehrmaliger Injektionen pro Tag begrenzt.

12.1.5 Erkrankungen des Gesäuges bei Hündin und Katze

12.1.5.1 Physiologische Grundlagen

Hündin

Auch das Gesäuge unterliegt den hormonellen Einflüssen des Ovarzyklus (Kap. 12.1.1.1). Die Entwicklung der Mamma setzt mit Eintritt der Geschlechtsreife im Rahmen der ersten Läufigkeit ein. Eine weitere funktionelle Entwicklung erfährt die Mammogenese während der Gravidität und Säugeperiode. Während der Läufigkeit führen die steigenden Östrogenkonzentrationen zur Proliferation des Drüsenepithels und zu einer Vergrößerung und Dilatation der Gangsysteme. Der schon während der postovulatorischen Phase der Läufigkeit zunehmende Einfluss von Progesteron bewirkt eine leichte bis moderate Proliferation des Gangsystems und des Stromas mit Differenzierung der Gangstrukturen. Die maximale Gesäugeentwicklung wird im Zuge der ca. zweimonatigen Lutealphase erreicht. Das hypophysäre Prolaktin, das als wichtigster endokriner luteotroper Faktor etwa ab Tag 30 nach der Ovulation vermehrt sezerniert wird, induziert die Laktogenese mit fortschreitender Proliferation und Sekretfüllung der Alveolen. Gegen Ende der Gelbkörperregression (ca. 60 bis 90 Tage post ov.) kommt es zur Involution der Alveolen bei starker Sekretion in den Alveolen und Milchdrüsengängen. Diese nimmt im weiteren Verlauf mit fortschreitender Regression der Drüsenstrukturen ab. Gleichzeitig nehmen Bindegewebe und subkutanes Fettgewebe an Volumen zu.

Katze
Bei der Katze ist die funktionelle Mammogenese und Laktogenese für gewöhnlich auf die Gravidität beschränkt, da es in der sog. „Pseudogravidität" (Kap. 12.1.1.2) nicht zu einer vermehrten Prolaktinsekretion kommt.

12.1.5.2 Lactatio sine graviditate (Scheinträchtigkeit/Pseudogravidität)

Hündin
Definition und Pathogenese: Da auch bei der nicht graviden **Hündin** Prolaktin als luteotroper Faktor während der zweiten Hälfte der Lutealphase in erhöhten Konzentrationen im peripheren Blut zirkuliert (Kap. 12.1.1.1), kann es zu einer mehr oder weniger ausgeprägten Gesäugeanbildung und Milchsekretion (Lactatio sine graviditate) kommen. Dieser Zustand wird auch als Scheinträchtigkeit bzw. Pseudogravidität bezeichnet. Physiologischerweise liegen die durchschnittlichen Prolaktinkonzentrationen bei nicht graviden Hündinnen auf deutlich niedrigerem Niveau als während der Trächtigkeit. In diesem Fall zeigen die Tiere allenfalls eine geringe Gesäugeanbildung und ein ruhigeres Verhalten. Die Ausbildung einer klinisch apparenten Scheinträchtigkeit beruht auf einer verstärkten Prolaktinsekretion, die derjenigen gravider Tiere weitestgehend entspricht.

Die **klinische Symptomatik** besteht in einer deutlichen Gesäugeanbildung mit gering- bis hochgradiger Milchsekretion sowie charakteristischen Verhaltensweisen wie Unruhe, Nestbau, Umhertragen und Bemuttern von Kissen oder Stofftieren und anderen Gegenständen.

Therapie: In vielen Fällen klingen die Symptome innerhalb von 4 bis 6 Wochen ohne Behandlung ab. Gegenstände, die das mütterliche Verhalten der Hündin wecken können, sollten weggeräumt werden. Temporäre Reduktion des Wasserangebotes und viel Bewegung können die Rückbildung des Gesäuges beschleunigen. Ein häufiges Betasten des Gesäuges sollte vermieden werden, weil dies reflektorisch zu einer Stimulation der Prolaktinsekretion und damit zu einer Verschlimmerung der Situation führen kann. Besteht bei starker Milchsekretion das Risiko des Milchstaus (Galaktostase) und der Gesäugeentzündung (Mastitis) (Kap. 12.1.5.3), ist die medikamentöse Suppression der Prolaktinsekretion erforderlich. Hierzu steht als ölige Lösung der Dopaminagonist Cabergolin zur Verfügung. Die Dosierung beträgt 0,005 mg/kg entspr. 0,1 ml/kg KM 1 × tägl. p. o.an 4 bis 6 aufeinanderfolgenden Tagen. Zusätzlich können lokale sanfte kühle Duschen, Acetatanstrich oder Quarkumschläge die Rückbildung unterstützen.

Aufgrund der durch Cabergolin bewirkten Unterdrückung des luteotropen Faktors Prolaktin kann es zu einer Beschleunigung der Gelbkörperregression und in der Folge zu einer Verkürzung des Zyklus, d. h. Vorverlegung der nächsten Läufigkeit, kommen.

Katze
Der Terminus „Pseudogravidität" charakterisiert bei der Katze die 5- bis 6-wöchige Lutealphase (Kap. 12.1.1.2). Gewöhnlich kommt es aufgrund des fehlenden Prolaktin-assoziierten

Stimulus nicht zur Anbildung des Gesäuges. Allerdings wurde dies bei einzelnen, in Gruppenhaltung lebenden Katzen, mit und ohne Laktation und, in Anwesenheit von Welpen, sogar mit mütterlichem Verhalten bis zum Säugen beobachtet (Georgiev et al., 2003). Ein ursächlicher Zusammenhang mit einer erhöhten Prolaktinsekretion wurde nicht belegt.

12.1.5.3 Milchstau und Mastitis

Hündin und Katze

Milchstau (Galaktostase)

Definition und Pathogenese: Ein Milchstau ist häufig die Folge eines Ungleichgewichts zwischen Milchproduktion und Milchbedarf, z. B. bei einem Verlust von Welpen während der Säugeperiode oder im Zusammenhang mit dem Absetzen der Welpen. Auch im Zusammenhang mit einer ausgeprägten Lactatio sine graviditate kann ein Milchstau entstehen (Kap. 12.1.5.2). Als weitere Ursache kommt eine Verlegung oder Verklebung der Zitzenkanalöffnung aufgrund einer Missbildung infrage.

Klinische Symptomatik: Aufgrund der unzureichenden Milchabgabe sind die betroffenen Gesäugekomplexe vergrößert, fest und vermehrt warm. Das Allgemeinbefinden kann weitgehend ungestört sein, doch können die Tiere aufgrund einer fortschreitenden Druckerhöhung in den betroffenen Gesäugekomplexen Unruhe und Unbehagen, bei hochgradigem Milchstau auch Schmerzen äußern.

Als **Therapie** kommen zunächst lokale Maßnahmen wie sanfte Massagen, vorsichtiges Abmelken, kühlende Umschläge oder Salben zur Anwendung. Zur Entlastung der betroffenen Gesäugekomplexe kann die Milchabgabe durch wiederholte Oxytocingaben (Hündin 1,0–2,0 I.E./Tier, Katze 0,5–1,0 I.E./Tier i. m. oder s. c.) stimuliert werden. Tritt der Milchstau nach dem Verlust aller Welpen oder am Ende der Laktationsperiode auf, ist die Verabreichung des Prolaktinantagonisten Cabergolin (0,005 mg/kg KM entspr. 0,1 ml/kg KM 1 × tägl. p. o.) zur zügigen Reduktion der Laktationsleistung zu empfehlen.

Mastitis

Definition und Pathogenese: Eine Mastitis kann innerhalb kurzer Zeit als Folge eines zu spät entdeckten, unbehandelten Milchstaus entstehen. Es handelt sich um eine **infektiöse Entzündung** mit akutem, chronischem oder subakutem Verlauf. Sie kann einen einzelnen Gesäugekomplex oder mehrere Gesäugekomplexe betreffen. Eine **akute Mastitis** tritt meist während der Laktation, seltener in der fortgeschrittenen Gravidität auf. Auch im Rahmen einer *Lactatio sine graviditate* (Kap. 12.1.5.2) kann eine Mastitis entstehen. Als bakterielle Erreger stehen Staphylokokken (*Staphylococcus aureus, - pseudintermedius* oder *- epidermidis*) im Vordergrund, ferner *Escherichia coli* und *Streptococcus canis*. Diese gelangen in der Mehrzahl der Fälle auf laktogenem Weg in das Gesäuge, z. B. nach oberflächlicher Traumatisierung des Gesäugekomplexes, Einbringung von Erregern aus der Umgebung oder aus kontaminierter Materie (z. B. infiziertem Speichel von Muttertier oder Welpen, infiziertem Vaginalausfluss) durch das Saugen der Welpen oder Belecken durch die Mutter.

Klinische Symptomatik: Das Allgemeinbefinden ist mit erhöhter Körpertemperatur, Apathie und Anorexie hochgradig gestört. Die betroffenen Gesäugekomplexe weisen typische Entzündungssymptome auf wie Hautrötung, vermehrte Wärme, hochgradige Schmerzhaftigkeit sowie Schwellung mit derb-fester Konsistenz. Das meist schwer zu ermelkende Sekret ist blutig-serös, wässrig-flockig oder purulent und ohne Milchcharakter. In schweren Fällen kann sich an einzelnen Gesäugekomplexen eine gangränöse Mastitis oder ein Abszess entwickeln (Abb. 12.9). Aufgrund der Schmerzen weigert sich das Muttertier, die Welpen zu säugen. Die **Welpen** schreien, sind unruhig und gelangen schnell in eine Unterversorgung, die unmittelbar in eine Hypoglykämie münden kann. Im Falle einer Toxinbildung kommt es bei den Welpen zum sog. Toxischen Milchsyndrom (Bostedt 2016) mit akutem Abdomen, Gewichtsverlust, Diarrhoe und Exsikkose.

Die **Diagnose** wird anhand der beschriebenen Symptome gestellt. Dabei können die unruhigen, schreienden Welpen ein erstes Indiz für die Gesäugeerkrankung sein. Zur Klärung der Ätiologie werden aus den betroffenen Gesäugekomplexen nach sorgfältiger Reinigung und Desinfektion der Zitzenöffnung und deren Umgebung vorsichtig wenige Tropfen Sekret ausgedrückt (der erste Tropfen sollte verworfen werden). Diese werden mit einem sterilen Stieltupfer aufgesaugt, der Tupfer wird in ein mit Transportmedium (z. B. Amies-Medium, Bakteriette® EMTE-Vertrieb) versehenes Röhrchen verbracht und zur mikrobiologischen Untersuchung eingeschickt.

Therapie: Bei akutem Zustand sollte unmittelbar nach Abschluss der Untersuchung und Probengewinnung eine antibakterielle Behandlung mit einem Breitbandantibiotikum eingeleitet werden. Dabei ist zu berücksichtigen, dass jedes Antibiotikum mit der

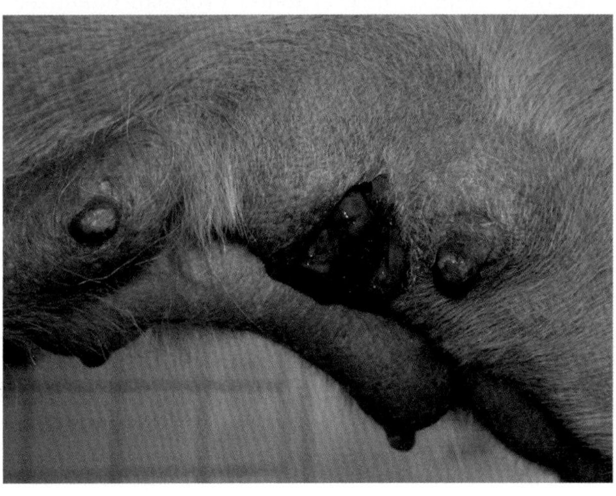

Abb. 12.9 Aufgebrochener Abzess in einem Gesäugekomplex einer laktierenden Hündin.

Milch von den Welpen aufgenommen wird. Zu empfehlen ist daher insbesondere im Falle vorhandener Welpen zunächst die Verabreichung von Amoxillin-Clavulansäure (Dosierung: 10 mg Amoxicillin und 2,5 mg Clavulansäure pro kg KM 2 × tägl.p. o.) über mindestens 7 Tage. Da es für die Welpen als unbedenklich gilt, können diese weiter an den nicht betroffenen Gesäugekomplexen trinken. Sollte die Resistenzprüfung eine unzureichende Wirkung auf die nachgewiesenen Bakterien erbringen, muss das Antibiotikum unter strenger Indikationsprüfung gewechselt werden. Dabei sind die Produktinformationen bezüglich möglicher schädigender Nebenwirkungen für die Welpen sorgfältig zu prüfen und zu beachten. Im Zweifelsfall sollten die Welpen im Therapiezeitraum abgesetzt und mit handelsüblicher Welpenmilch ernährt werden. Welpen im Alter von mehr als 4 Wochen können endgültig abgesetzt werden. In diesem Fall ist zeitgleich eine Unterdrückung der Laktation durch Gabe von Cabergolin in öliger Lösung (0,005 mg/kg KM entspr. 1,0 ml/kg KM 1 × tägl. p. o. für 4 bis 6 Tage) vorzunehmen. Begleitende lokale Behandlungsmaßnahmen wie sanfte warme Duschen, Acetat- oder Quarkanstriche oder Umschläge mit essigsaurer Tonerde können zur Schmerzlinderung beitragen. Bei starken Schmerzen sollte ein nicht steroidales Antiphlogistikum (z. B. Carprofen, 4,0 mg/kg KM 1 × tägl. p.o.) verabreicht werden. Dies erfordert ebenfalls das Absetzen der Welpen.

Im Falle einer Abszedierung sind täglich mehrfache gründliche Spülungen der Abszesshöhle mit steriler NaCl-Lösung oder einer milden desinfizierenden Lösung (z. B. Vetericyn VF plus Lösung) bis zur vollständigen Ausgranulierung erforderlich. Zum Schutz vor Verschmutzung oder Verletzung sollten die betroffenen Komplexe abgedeckt werden (z. B. durch Überziehen eines Bodies).

12.1.5.4 Feline Fibroadenomatose (Feline Gesäugehyperplasie)

Definition und Pathogenese: Es handelt sich um eine hormonell bedingte, reversible Erkrankung der Milchdrüse der **Katze**. Unter dem Einfluss erhöhter Progesteronkonzentrationen sowohl in der Lutealphase der Pseudogravidität als auch in der Gravidität, sowie nach Gestagengaben (z. B. zur Rolligkeitsunterdrückung oder -verschiebung), wird die Synthese von Wachstumshormon im Gesäuge stimuliert. In der Folge kommt es zur Zubildung von mesenchymalen und epithelialen Zellen und Entstehung von Fibroadenomen. Von der Erkrankung sind überwiegend junge Katzen betroffen. Eine durch exogene Gestagengaben bedingte Proliferation der Milchdrüse kann auch bei Katern auftreten.

Klinische Symptomatik: Innerhalb weniger Tage ist – zunächst ohne Störung des Allgemeinbefindens – eine starke Umfangsvermehrung meist aller Gesäugekomplexe bis zur Größe einer Mandarine, gelegentlich auch darüber hinaus, zu verzeichnen (Abb. 12.10). Die Konsistenz ist derb, die äußere Haut gespannt. Sekundär können Verletzungen und Hautirritationen infolge des ständigen Beleckens durch die Katze selber oder durch äußere Einwirkung (Schleifen am Boden oder an Gegenständen) auftreten. Das Laufen kann erschwert sein. Im fortgeschrittenen Stadium treten aufgrund des erhöhten Druckes Durchblutungsstörungen (Ischämie) und Gewebenekrosen auf, häufig begleitet von Anorexie.

Die **Diagnose** gelingt anhand der typischen Symptomatik im zeitlichen Zusammenhang mit der letzten Rolligkeit (meist innerhalb der darauffolgenden 4 bis 6 Wochen) oder einer Gestagenbehandlung.

Die **Therapie** besteht im Progesteronentzug durch Ovarektomie/Ovariohysterektomie oder durch Antagonisierung der Progesteron- bzw. Gestagenwirkung mithilfe des Antigestagens Aglepriston (10 mg entspr. 0,33 ml/kg KM 1 × tägl. streng s. c. an zwei aufeinanderfolgenden Tagen). Bei unzureichender Wirkung kann die Dosis auf 15 mg entspr. 0,5 ml/kg KM erhöht werden. Mindestens eine weitere Injektion sollte nach 6 Tagen erfolgen. Da Aglepriston arzneimittelrechtlich für die Indikation „Nidationsverhütung und Trächtigkeitsabbruch beim Hund" zugelassen ist, bedarf es der Umwidmung.

Mit einem deutlichen Rückgang der Gesäugeproliferation kann innerhalb von vier Wochen post castrationem bzw. nach Behandlungsbeginn mit Aglepriston gerechnet werden, ist aber häufig schon nach einer Woche zu beobachten. Beruht die Erkrankung auf der Injektion eines Langzeitgestagens, können bis zur vollständigen Rückbildung weitere Aglepriston-Gaben in wöchentlichen Abständen erforderlich sein. Hautnekrosen und -geschwüre müssen mit desinfizierenden und hautpflegenden Agenzien, gegebenenfalls auch chirurgisch, versorgt werden. Bei bestehender Trächtigkeit kommt es nach Aglepriston immer zum Abort.

Bei vielen Katzen tritt die Fibroadenomatose nur einmalig auf. Im Falle eines Rezidivs in späteren Pseudograviditäten oder Graviditäten sollten die betroffenen Katzen kastriert werden.

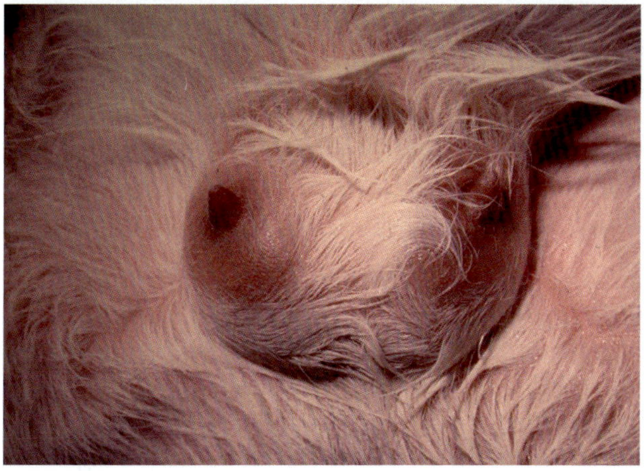

Abb. 12.10 Fibroadenomatose der kaudalen Gesäugekomplexe einer graviden Katze.

12.2 Andrologie

12.2.1 Anatomische und physiologische Grundlagen

Der männliche Genitaltrakt besteht aus den im Hodensack (Skrotum) befindlichen, paarig angelegten Hoden (Testes) und Nebenhoden (Epididymides), den Samenleitern (Ductus deferentes), den akzessorischen Geschlechtsdrüsen (**Rüde**: Prostata; **Kater**: Prostata, Bulbourethraldrüse) und dem Begattungsorgan (Penis) bestehend aus dem Peniskörper (Corpus penis) und der Eichel (Glans penis).

Das Skrotum befindet sich beim **Rüden** meist körpernah caudal im Schenkelspalt. Die intraskrotale Lage der üblicherweise ovoiden Hoden ist bei der Mehrzahl der Rüden annähernd horizontal, mit leichter Neigung nach cranioventral. Dem cranialen Hodenpol liegt der Nebenhodenkopf (Caput epididymidis), dem kaudalen Hodenpol der Nebenhodenschwanz (Cauda epididymidis) auf. Beide werden durch den dem Hoden dorsolateral aufliegenden länglichen Nebenhodenkörper (Corpus epididymidis) verbunden. Individuell und rasseabhängig ist ein relativ langes, pendelndes Skrotum zu beobachten, oft vergesellschaftet mit einer eher vertikalen Position und lockeren Aufhängung der Gonaden. Beim **Kater** liegt das meist dicht behaarte Skrotum direkt unter dem After. Die intraskrotale Position der rundlich ovalen Hoden und der angelagerten Nebenhodenabschnitte ist der für den Hund beschriebenen Situation vergleichbar.

Beim **Hund** variiert die Hodengröße in Abhängigkeit vom Körpergewicht der betreffenden Rüden (Tab. 12.4).

Tabelle 12.4: **Richtwerte und noch tolerierbare untere Grenzwerte (minimal) der Hodengröße (Länge und Breite) bei Rüden (nach Günzel-Apel et al., 1994)**

Hodengröße (cm)	Körpergewicht (kg)				
	≤ 10	11–20	21–40	41–60	> 60
Länge (minimal)	2,5 (2,0)	3,5 (2,8)	3,8 (3,0)	4,3 (3,4)	4,5 (3,6)
Breite (minimal)	1,8 (1,4)	2,4 (1,9)	2,7 (2,2)	3,1 (2,5)	3,1 (2,5)

Dagegen sind beim **Kater** keine ausgeprägten Unterschiede der Hodengröße in Relation zur Körpermasse zu erwarten. Trotz ihrer geringen Ausmaße sind die Gonaden palpatorisch deutlich erfassbar. Dies gilt auch für die Nebenhoden, insbesondere die dem kaudalen Hodenpol jeweils anliegenden Nebenhodenschwänze.

In den paarig angelegten Hoden findet die Bildung der Gameten (Samenzellen/Spermien/Spermatozoen) und die Synthese von Hormonen statt. Im Rahmen der Diagnostik und Therapie kommt dem in den Leydigschen Zwischenzellen produzierten Testosteron und den in den Sertolizellen synthetisierten Östrogenen besondere Bedeutung zu. Ferner besitzt das in den Nebenhoden und der Prostata durch enzymatische Reduktion (5α-Reduktase) gebildete 5α-Dihydrotestosteron (5α-DHT) klinische Relevanz. Die **Nebenhoden** nehmen die Spermien über das im Nebenhodenkopf befindliche Gangsystem auf und leiten sie durch den im Nebenhodenkörper verlaufenden Nebenhodenkanal weiter in den als Spermienspeicher fungierenden Nebenhodenschwanz. Von dort werden sie im Zuge der Ejakulation durch den Samenleiter in das Beckenstück der Harnröhre transportiert, wo sie sich mit den Sekreten der akzessorischen Geschlechtsdrüsen zum Ejakulat vermischen. Dieses wird bei der Paarung durch die im Inneren des Begattungsorgans verlaufende Urethra in den Genitaltrakt des weiblichen Paarungspartners abgegeben.

Typische Merkmale der Paarung sind beim Hund eine relativ lange Dauer von durchschnittlich 15 (5 bis >30) Minuten und die genitale Verankerung der Paarungspartner. Dagegen ist der Paarungsvorgang bei der Katze kurz (<1 bis 2 Minuten). Dabei sorgen kleine Hornfortsätze im apikalen Bereich der Glans penis des Katers auf neuro-humoralem Wege bei der gedeckten Katze für die LH-Ausschüttung und die Auslösung der Ovulation (Kap. 12.1.1.2, 12.1.2.2 und 12.1.3.2.1).

Die übergeordnete hormonelle Steuerung verläuft in der Hypothalamus-Hypophyse-Gonaden-Achse ausgehend vom Gonadotropin-Releasing-Hormon (GnRH) über die Gonadotropine FSH (follikelstimulierendes Hormon) und LH (luteinisierendes Hormon, beim männlichen Individuum auch als ICSH/Interstitial Cell Stimulating Hormone entspr. Zwischenzellen stimulierendes Hormon bezeichnet). Wie der Name sagt, regt es die Leydigschen Zwischenzellen zur Testosteronausschüttung an. Dagegen ist die Wirkung von FSH in erster Linie auf die Sertolizellen und auf die Spermatogenese gerichtet. GnRH unterliegt einem pulsatilen Sekretionsmodus, welcher sich auf die Freisetzung von FSH und LH und weiter auf die Testosteronausschüttung auswirkt.

Die **Prostata** besteht aus einem zweigelappten Corpus prostatae (Pars externa) und einer Pars disseminata (Pars interna). Beim **Rüden** umgibt das Corpus prostatae das Beckenstück der Harnröhre, während sich die Pars disseminata auf einige in der submukösen Propria der Harnröhre verstreut gelegene Drüsenkomplexe beschränkt. Beim **Kater** liegt das Corpus prostatae der Urethra dorsal und seitlich auf. Kleine Läppchen der Pars disseminata ziehen bis zu der kleinen paarigen **Bulbourethraldrüse**. Das Prostataparenchym setzt sich aus zahlreichen tubuloalveolären Drüsen zusammen. Die Ausführungsgänge (Ductuli prostatici) münden auf dem Samenhügel und seitlich davon in die Urethra. Das Drüsenepithel der Prostata erreicht erst mit der Geschlechtsreife seine volle Ausbildung. Physiologischerweise liegt die Prostata retroperitoneal innerhalb des Beckens und wird kranial vom Harnblasenhals, dorsal vom Rektum und ventral von der Beckensymphyse begrenzt. Beim Hund liegt sie im Welpenalter (≤ 2 Monate) intraabdominal, etwa ab dem 3. bis 8. Lebensmonat in der Beckenhöhle. Mit dem Abschluss der Geschlechtsreife erreicht die Prostata ihre normale Größe. Diese nimmt im fortgeschrittenen Alter zu, wodurch sie sich aus der Becken- in die Bauchhöhle absenken kann.

Entwicklung und Funktion der Prostata sind hormonabhängig. Östrogene stimulieren das Wachstum des fibromuskulären Gewebes, Androgene sind vorwiegend an der sekretorischen Histogenese beteiligt. Die Funktion der Prostata wird durch beide Hormone in einem Gleichgewichtssystem aufrechterhalten, das von der Hypothalamus-Hypophyse-Gonaden-Achse gesteuert wird.

12.2.2 Erkrankungen der Hoden und Nebenhoden

Vorbemerkung

Im Folgenden wird auf erworbene Erkrankungen eingegangen, welche in Einzelfällen auch im Zusammenhang mit Erkrankungen anderer Organe und Organsysteme differenzialdiagnostisch abzuklären sind. Die Ausführungen zur spermatologischen und endokrinologischen Diagnostik sind in erster Linie bei Zuchtrüden und -katern von Bedeutung. Informationen über die technische Durchführung der Gewinnung von Genitalsekreten, Spermaentnahme und -untersuchung sind der speziellen Fachliteratur zu entnehmen (Günzel-Apel u. Bostedt, 2016).

12.2.2.1 Akute Orchitis und Epididymitis

Akute Entzündungen der Hoden (Orchitis) und Nebenhoden (Epididymitis) treten meist vergesellschaftet auf. Bei Zuchttieren führen sie, wenn sie nicht rechtzeitig erkannt und angemessen behandelt werden, zur Verringerung der Fruchtbarkeit bis zur vollständigen Unfruchtbarkeit (Sterilität).

Dabei handelt es sich um eine fibrinös-eitrige oder nekrotisierende Entzündung eines oder beider Hoden/Nebenhoden, häufig in Verbindung mit einer Entzündung der Hodenhüllen (Periorchitis).

Als **Ursache** kommt eine Infektion mit pathogenen Keimen nach Trauma oder durch hämatogene, seltener lymphogene oder aszendierende Ausbreitung infrage.

Klinische Symptomatik und Diagnostik: Das Allgemeinbefinden ist hochgradig gestört (Fieber, Inappetenz, Lethargie), die betroffenen Organe sind vergrößert und schmerzhaft bei eingeschränkter Verschiebbarkeit gegen die Hodenhüllen. Das Skrotum kann mehr oder weniger tiefgreifend traumatisiert sein. Die palpatorische Untersuchung ist häufig aufgrund der Schmerzhaftigkeit erheblich erschwert. Die aufgrund dessen nur nach sorgfältiger Abwägung durchzuführende sonographische Untersuchung zeigt typischerweise eine intraskrotale Flüssigkeitsansammlung.

Therapie: Eine schwere, ggf. bereits verschleppte Entzündungssituation mit hochgradig gestörtem Allgemeinbefinden erfordert neben kreislaufstabilisierenden Maßnahmen die zügige Einleitung einer antimikrobiellen und antiphlogistischen Therapie. Bezüglich der Hoden und Nebenhoden ist nach dem Abklingen der akuten Symptome von Fall zu Fall abzuwägen, ob diese intraskrotal erhalten bleiben oder ein- oder beidseitig entfernt werden. Bei Zuchtrüden/-katern sollte die therapeutische Vorgehensweise neben der Behandlung der akuten Entzündungsprozesse die Erhaltung der Fruchtbarkeit einbeziehen. Dies erfordert allerdings die frühzeitige Vorstellung des Patienten und einen umgehenden Beginn der Behandlung in Form einer mindestens 14-tägigen oralen Antibiose mit breitem Wirkungsspektrum (z. B. Amoxicillin-Clavulansäure, 10 mg Amoxicillin und 2,5 mg Clavulansäure pro kg KM 2 × tägl. p.o.; Enrofloxacin 5 mg/kg KM 1 × tägl. p. o.), sanfte Duschen mit kühlem Wasser mehrmals täglich und die orale Gabe eines nicht steroidalen Antiphlogistikums (z. B. Carprofen). Bei einseitiger Erkrankung ist nach Abklingen der akuten Symptome die Entfernung der betroffenen Gonade (Hemikastration) zu empfehlen, um die spermatogenetische Funktion des ungeschädigten Hodens zu erhalten. Diese Maßnahme ermöglicht eine morphologische und funktionelle Kompensation des einseitigen Gonadenverlustes durch den verbliebenen gesunden Hoden (Günzel-Apel et al., 1987) und ist insbesondere bei jüngeren Tieren (< 6 Jahre) Erfolg versprechend. Die endokrine Funktion der intraskrotalen Hoden bleibt nach Abklingen der akuten Symptomatik i.d.R. unbeeinflusst, sodass der männliche Habitus und die Libido der betroffenen Rüden/Kater erhalten bleiben.

Prognose: In Bezug auf die Wiederherstellung der klinischen Allgemeingesundheit und das Abklingen der Entzündungsprozesse an Hoden und Nebenhoden: gut nach zügigem Beginn und konsequenter Durchführung der Therapie. Bezüglich der Erhaltung der spermatogenetischen Funktion des unmittelbar betroffenen Hodens: zweifelhaft, abhängig vom Umfang der Traumatisierung sowie von der Zeitspanne bis zum Behandlungsbeginn. Bezüglich der Erhaltung der Befruchtungsfähigkeit bei einseitiger Erkrankung: gut bis unsicher, abhängig vom Zeitpunkt und Erfolg der eingeleiteten Behandlungsmaßnahmen inkl. Hemikastration.

12.2.2.2 Chronische Orchitis und Epididymitis

Eine chronische Entzündung der Hoden und Nebenhoden kann Folge der akuten Erkrankung sein, schleichend durch eine subklinische bakterielle Infektion entstehen oder, insbesondere beim Rüden, aufsteigend von einer chronischen Prostatitis ausgehen.

Sie entsteht und verläuft daher meist klinisch inapparent und wird erst im Zusammenhang mit einer chronischen Prostatitis diagnostiziert (Kap. 12.2.3.5). Bei Zuchtrüden beinhaltet die **Anamnese** typischerweise eine fortschreitende Verschlechterung der Befruchtungsergebnisse mit Verringerung der Trächtigkeits- oder Wurfrate sowie der Wurfgröße.

Klinische Symptomatik und Diagnostik: Das Allgemeinbefinden ist meist ungestört. Die Palpation von Hodensack und Inhalt ist nicht schmerzhaft, die Verschiebbarkeit der Hoden gegen die Hodenhüllen mehr oder weniger deutlich eingeschränkt. Die Hodengröße kann noch im Normbereich liegen oder ein- oder beidseitig verringert sein bei weicher oder derber Konsistenz. Die Nebenhoden sind ein- oder beidseitig verdickt, ihre Konsistenz ist weich oder derb. Sonographisch kann das Hodenparenchym unauffällig oder von unregelmäßigen echoreichen Arealen (Fibrosen oder Verkalkungen) durchsetzt sein (Abb. 12.11); Nebenhoden partiell oder in toto verdickt und mäanderartig strukturiert (Abb. 12.12).

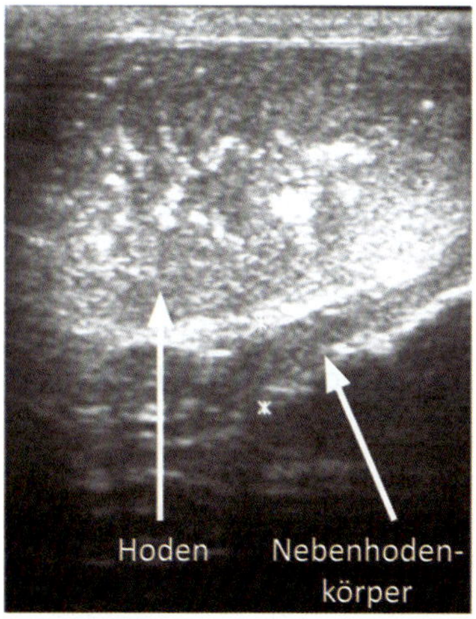

Abb. 12.11 Sonographischer Befund eines Hodens mit zahlreichen hyperechogenen Gewebsanteilen als Zeichen einer ausgeprägten Fibrosierung.

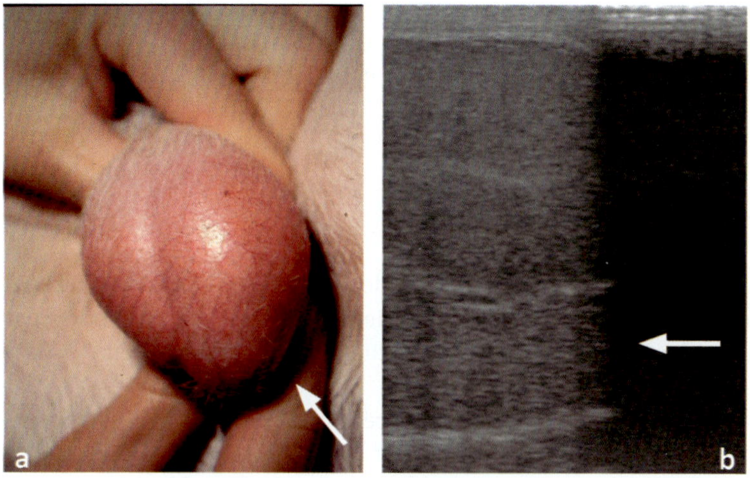

Abb. 12.12 Chronische Epididymitis mit a) sichtbarer Asymmetrie des Skrotums infolge palpatorisch und b) sonographisch erfassbarer Umfangsvermehrung des Nebenhodenkörpers (Pfeil). Differenzialdiagnostisch ist ein Hodentumor abzugrenzen.

Aufgrund des insbesondere bei Rüden möglichen ursächlichen Zusammenhangs mit einer chronischen Prostatitis sollte die Diagnostik auf die Prostata ausgeweitet werden (Kap. 12.2.3.5).

Im Zuchteinsatz sind Libido und Paarungsverhalten gewöhnlich unbeeinträchtigt. Die Ejakulatbeschaffenheit weist aufgrund der Erkrankung im Bereich der spermienbildenden, -leitenden und -bewahrenden Organe mittel- bis hochgradige Mängel auf. Möglich sind eine zu geringe Gesamtspermienzahl (Oligozoospermie), ein zu geringer Anteil motiler Spermien (Asthenozoospermie), ein erhöhter Anteil formabweichender Spermien (Teratozoospermie) oder das völlige Fehlen von Spermien (Azoospermie). Bei chronischer Prostatitis kann zudem eine Hämospermie (Blutbeimengung im Sperma) vorliegen.

Die weiterführende **Diagnostik** beinhaltet insbesondere bei Zuchtrüden mit gering- bis mittelgradigen Ejakulatmängeln einen Bakteriennachweis im Prostatasekret (Vorsekret) oder Sperma, in Einzelfällen unter Einbeziehung von Mykoplasmen, im Verdachtsfall auch eine serologische Untersuchung auf Antikörper gegen das canine Herpesvirus (CHV) oder Virusnachweis im Sperma oder Rachensekret. Allerdings kann die primäre Krankheitsursache häufig nicht eindeutig festgestellt werden, da zwischen der Auslösung und der Diagnose der chronischen Erkrankung in der Mehrzahl der Fälle mehrere Monate liegen.

Die **Therapie** besteht in einer mindestens vierwöchigen systemischen Behandlung mit einem nach Antibiogramm ausgewählten Antibiotikum. Bei Zuchtrüden ist eine mehrwöchige Deckruhe einzuhalten. Bei älteren Rüden ist, insbesondere bei gleichzeitigem Bestehen einer chronischen Prostatitis, die Kastration zu empfehlen.

Die **Prognose** bezüglich der Eliminierung ursächlicher Erreger ist unsicher bis gut. Bezüglich der Fruchtbarkeitslage ist eine Prognose wegen irreversibler chronischer Gewebeveränderungen meist ungünstig, kann letztlich aber nur auf der Basis des Ergebnisses einer spermatologischen Kontrolluntersuchung gestellt werden. Diese ist in Anlehnung an die Dauer eines Spermatogeneszyklus frühestens 9 Wochen nach Therapieende sinnvoll.

12.2.2.3 Atrophie der Hoden und Nebenhoden

Aufgrund degenerativer Veränderungen des Keimepithels (selten auch der Leydigzellen) eines oder beider Hoden kommt es zur fortschreitenden Verkleinerung des betroffenen Organs einschließlich des Nebenhodens einhergehend mit einer Reduktion bis zum vollständigem Sistieren der Spermatogenese. Bei der Mehrzahl der Patienten handelt es sich um Tiere im fortgeschrittenen Alter (> 8 Jahre).

Ursachen können zurückliegende Traumen, Infektionen, Thermoregulationsstörungen, Gefäßläsionen, Gangverlegungen, Tumoren, Intoxikationen, exogene Hormone (z. B. zur „chemischen Kastration“) sein.

Vorberichtliche Angaben variieren in Abhängigkeit von den möglichen Ursachen und deren äußerlicher Wahrnehmbarkeit (z. B. bei Traumen, Infektionen, Hormonbehandlungen). Bei Zuchtrüden und -katern stehen unbefriedigende Befruchtungsergebnisse (geringe Trächtigkeits- oder Wurfraten, kleine Würfe) oder das Ausbleiben einer Trächtigkeit bei mehreren Hündinnen/Kätzinnen im Vordergrund.

Klinische Symptomatik und Diagnostik: Das Allgemeinbefinden ist i.d.R. ungestört. Die Palpation von Hodensack und Inhalt ist nicht schmerzhaft, die Größe eines oder beider Hoden ist deutlich zu gering, die Konsistenz weich. Bei Feststellung einer m.o.w. deutlichen Asymmetrie der Hoden sind differenzialdiagnostisch Hodentumoren einzubeziehen (Kap. 12.2.2.4).

Bei Zuchtrüden/-katern erbringt die spermatologische Untersuchung hochgradige Ejakulatmängel in Form einer zu geringen Spermienzahl (Oligozoospermie), eines zu geringen Anteils motiler Spermien (Asthenozoospermie), eines erhöhten Anteils formabweichender Spermien (Teratozoospermie) oder des völligen Fehlens von Spermien (Azoospermie). Die Libido ist meist unbeeinträchtigt. Eine in seltenen Fällen bestehende Beteiligung der Leydigzellen ist beim Rüden anhand einer durch den Androgenmangel verursachten Atrophie der Prostata, beim Kater anhand der Atrophie der an der Eichel befindlichen Hornfortsätze ableitbar. Damit einhergehend besteht eine Aspermie (es wird trotz normal ablaufender Paarungsreflexkette kein Ejakulat abgegeben).

Therapie: Bei ungestörtem Allgemeinbefinden und nach Ausschluss entzündlicher oder tumoröser Veränderungen der Hoden ist in der Mehrzahl der Fälle keine Therapie erforderlich. Ist vorberichtlich eine „Chemische Kastration“ mittels Deslorelinacetat-Implantat Ursache der beidseitigen Hodenatrophie, handelt es sich um einen therapeutisch gewünschten, reversiblen und demzufolge temporären Zustand. Bei Zuchtrüden/-katern ist die Einleitung eines Therapieversuchs zur Anregung der Spermatogenese nur sinnvoll, wenn im Ejakulat noch Spermien nachweisbar sind. Dazu kann das GnRH-Analog Buserelin (Rüde und Kater: 0,0002 mg/kg KM (bei einer Wirkstoffkonzentration von 0,004 mg/ml entspr. 0,05 ml/kg KM) s. c. oder i. m. 2 bis 3 × wöchtl. mit 2- bis 3-tägigen Intervallen über insgesamt vier Wochen verabreicht werden.

Prognose: Die Effekte der Hormontherapie auf die Ejakulatbeschaffenheit sind frühestens 9 Wochen nach Therapieende anhand des Ergebnisses einer spermatologischen Kontrolluntersuchung erkennbar. Bei hochgradig herabgesetzter Fruchtbarkeit oder Infertilität (Azoospermie) ist der Zuchtausschluss unumgänglich. Bei in seltenen Fällen nachgewiesenem gutem bis mäßigem Behandlungserfolg (Steigerung der Spermienzahl) ist ein weiterer Zuchteinsatz nur unter tierärztlicher Begleitung sinnvoll. Diese besteht beim **Rüden** in der Bestimmung des optimalen Bedeckungszeitpunktes der vorgestellten Hündin und ein- maximal zweimaliger Bedeckung im Zeitraum Tag 1 bis 3 nach der Ovulation (Kap. 12.1.1.1 und 12.1.2.1), für den **Kater** in der Kontrolle der Paarungen und der Mehrfachbedeckung der Katze ab Tag 3 des Östrus (Kap. 12.1.3.2.1 Abschnitt Ausbleiben der Ovulation).

12.2.2.4 Hodentumoren

Neoplasien der Hoden treten gewöhnlich bei älteren Rüden (Durchschnittsalter 9 bis11 Jahre), selten bei Katern auf. Die mit Abstand häufigsten Tumoren sind das Seminom, der Sertolizelltumor und der Leydigzelltumor. Sertolizell- und Leydigzelltumoren gehören zu den Neoplasien des Gonadenstromas, während es sich beim Seminom um einen Keimzelltumor handelt. Die drei Tumorarten können uni- oder bilateral, einzeln oder in verschiedenen Kombinationen angetroffen werden. Sertolizelltumoren und Seminome sind häufiger bei Hoden in abdominaler (etwa 14-fach) und inguinaler (etwa 5-fach) Lage zu finden, was ursächlich auf der höheren Umgebungstemperatur beruhen dürfte. Unvollständig abgestiegene Hoden können schon bei jungen Rüden (< 5 Jahre) tumorös entarten.

Klinische Symptomatik und Diagnostik: Adspektorisch und palpatorisch ist der betroffene skrotale Hoden in Abhängigkeit vom Tumorwachstum mehr oder weniger deutlich vergrößert und weist Areale unterschiedlicher Konsistenz (weich bis derb) auf. Kleine Tumoren im Inneren des Hodengewebes sind sehr häufig nicht palpierbar. Die Sonographie ermöglicht neben der Charakterisierung des Hodenparenchyms die Lokalisation inguinaler und abdominaler Hoden. Das sonographische Erscheinungsbild der Tumoren ist sehr variabel. Es kann weitestgehend echoarm sein oder eine heterogene Echodichte aufweisen bei deutlicher oder geringer Abgrenzbarkeit vom umgebenden Hodengewebe. Das Fehlen oder eine dezentrale Lage des Mediastinum testis sind als Hinweis auf ein tumoröses Geschehen zu bewerten. Die Hodenarchitektur kann vollständig zerstört sein (Abb. 12.13). Die definitive Charakterisierung des Tumors ist nur durch histo-pathologische Untersuchung möglich.

Aufgrund einer gesteigerten endokrinen Aktivität sind im Falle von **Sertoli- und Leydigzelltumoren** typische **Begleitsymptome** zu beobachten: eine gesteigerte Östrogensynthese ruft häufig und insbesondere bei abdominal oder inguinal liegenden Neoplasien Feminisierungserscheinungen (hängendes Präputium, Gynäkomastie) und Alopezien (bilateral symmetrisch an Rumpf, Nacken, Perineum, Oberschenkeln) hervor. Im Präputialsekretabstrich befinden sich verhornte Superfizialzellen. Ferner kann eine squamöse Metaplasie der Prostata bestehen (Kap. 12.2.3.3). Die Gefahr der Östrogenintoxikation und Knochenmarkhypoplasie ist relativ gering, da die periphere Östradiol 17-β-Konzentration trotz klinischer Symptome eines Hyperöstrogenismus häufig innerhalb des physiologischen Referenzbereiches liegt. Deshalb ist sie nicht zur Diagnosefindung geeignet.

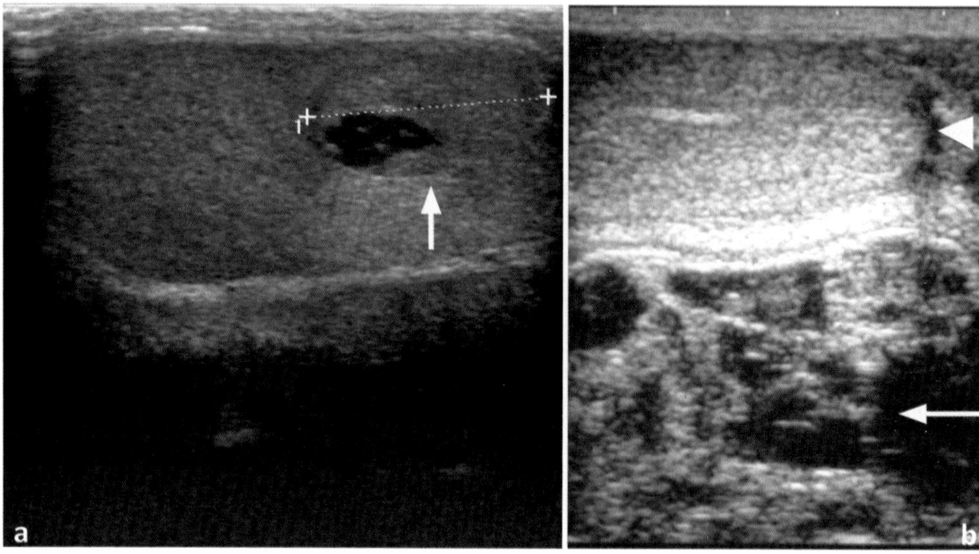

Abb. 12.13: Sonographische Befunde tumorös veränderter Hoden: a) nicht bzw. kaum palpierbarer Tumor mit einem Längsdurchmesser von 1,6 cm (Pfeil) bei weitgehend erhaltener Textur des Hodengewebes, b) großer, mit massiver Umfangsvermehrung des betroffenen Hodens einhergehende tumoröse Veränderung (hier: Sertolizelltumor); vollständige Zerstörung der Hodenarchitektur (Pfeil). Das Gewebe des kontralateralen Hodens (Dreieck) erscheint sonographisch unverändert.

Bei einem **Leydigzelltumor** kann eine gesteigerte Androgensynthese zur Ausbildung einer Prostatahyperplasie führen. Die Perianaldrüsen können ebenfalls hyperplastisch oder adenomatös verändert sein.

Therapie: Als Therapie der Wahl gilt die bilaterale Orchiektomie (Kastration) auch bei nur einseitiger tumoröser Entartung.

Prognose: Nach vollständiger chirurgischer Entfernung des Tumors ist die Prognose bezüglich der Allgemeingesundheit aufgrund geringer Metastasierungsraten (Sertolizelltumor 3 %, Seminom 6 %) in der Regel günstig.

12.2.2.5 Hodentorsion

Eine Hodentorsion ist in erster Linie bei Rüden, sehr selten bei einem Kater zu erwarten. Sie kann in Form einer geringen habituellen Drehung ohne klinische Symptomatik und ohne Auswirkung auf die Hodenfunktion oder als hochgradige akute Drehung von Hoden und Nebenhoden entlang des Samenstrangs mit Unterbrechung der Blutzirkulation und hämorrhagischer Infarzierung auftreten. Letztere Situation ist als akuter Notfall einzustufen! Das Risiko einer hochgradigen Hodentorsion ist bei abdominalen Hoden erhöht.

Klinische Symptomatik: Charakteristisch sind meist plötzlich auftretende, gelegentlich auch schleichend zunehmende Schmerzen. Bei Drehung eines abdominalen Hodens sind die Schmerzen kolikartig, die Bauchdecke ist gespannt. Adspektorisch ist eine Rötung des den betroffenen Hoden bedeckenden Skrotums zu erkennen. Die behutsam durchzuführende transskrotale Palpation ergibt eine Schwellung des betroffenen Hodens. Mittels farbkodierter Sonographie sind insbesondere bei gedrehtem abdominalen Hoden gestaute (dilatierte) und verdrehte Gefäße im Samenstrang darstellbar.

Therapie: Eine geringgradige habituelle Drehung des frei beweglichen Hodens erfordert keine Therapie. Unabhängig von der Lage der betroffenen Gonade (skrotal, abdominal) ist im Falle einer hochgradigen Torsion deren umgehende chirurgische Extirpation angezeigt. Bei einem Kryptorchiden ist die beidseitige Kastration zu empfehlen.

12.2.3 Erkrankungen der akzessorischen Geschlechtsdrüsen

Erkrankungen der akzessorischen Geschlechtsdrüsen treten beim Kater höchst selten auf, während ältere, nicht kastrierte Rüden aller Rassen gehäuft Prostataerkrankungen aufweisen. Das Spektrum der Prostataerkrankungen umfasst die benigne Prostatahyperplasie (BPH), Prostatazysten, die squamöse Metaplasie, Prostatitis, Prostataabszesse und Neoplasien.

12.2.3.1 Benigne Prostatahyperplasie (BPH)

Es handelt sich um eine Kombination aus Hypertrophie (Zunahme der Zellgröße) und Hyperplasie (Zunahme der Zellzahl) in erster Linie des sekretorischen Drüsenepithels und z. T. der stromalen Drüsenbestandteile. Eine BPH kann schon ab einem Alter von 2,5 Jahren einsetzen mit zunehmender Tendenz zur zystischen Hyperplasie ab dem 5. Lebensjahr. Über ein rassegebunden früheres Einsetzen (Alter 1,5 bis 2 Jahre) und eine erhöhte Inzidenz der BPH wurde bisher nur bei Rüden der Rasse Rhodesian Ridgeback berichtet (Werhahn Beining et al., 2020).

Ätiopathogenese: Voraussetzung für die Entstehung einer BPH ist das Vorhandensein endokrin aktiver Gonaden. Die BPH ist mehrheitlich auf Veränderungen des intraprostatischen Testosteron- und Östrogenstoffwechsels zurückzuführen. Sie kommen durch einen drei- bis vierfachen Anstieg der Gewebekonzentration von 5α-Dihydrotestosteron (5α-DHT) und Testosteron zum Ausdruck. In der Drüse gebildetes 5α-DHT wird als primäre Ursache der Hyperplasie angesehen. Einhergehend mit der Hyperplasie der Prostatadrüsen nimmt das periurethrale bindegewebige Gerüst kontinuierlich ab. Die Ursachen der Umfangsvermehrung sind hyperplastisches Drüsengewebe und Infiltration von Entzündungszellen häufig unter Beteiligung von Zysten.

Klinische Symptomatik und Diagnostik: Bei Zuchtrüden mit frühen, klinisch symptomlosen Stadien der Prostatahyperplasie und Prostatazysten ergeben sich erste diagnostische Hinweise im Rahmen einer Zuchttauglichkeitsuntersuchung in Form eine Hämospermie (Blutbeimengung im Samen) oder eines sonographischen Zufallsbefundes. Bei Rüden, die als reine Haus-/Begleithunde gehalten werden, wird eine BPH i.d.R. erst im Alter von ≥ 8 Jahren aufgrund klinischer Symptome diagnostiziert. Bei weit fortgeschrittener Prostatahyperplasie kann das Allgemeinbefinden hochgradig beeinträchtigt sein. Typische Symptome sind z. B. klammer Gang bei steifen Hinterextremitäten, Beschwerden beim Kotabsatz, Rektumdivertikel, Miktionsbeschwerden, Harnblasendivertikel, Balkenblase, Hydronephrose mit Urämie und Perinealhernien. Die rektale digitale Palpation der in die Bauchhöhle abgesenkten Drüse ist nur unter deren gleichzeitiger Rückverlagerung mit der freien Hand nach kaudal ins Becken möglich. Die Abschätzung der Größe gelingt durch gleichzeitige rektale und abdominale Palpation. Dabei ist die Prostata selber schmerzfrei, symmetrisch vergrößert und von prallelastischer Konsistenz.

Als bildgebendes Untersuchungsverfahren der Wahl ermöglicht die transabdominale (ggf. auch transrektale) **Sonographie** die präzise Erfassung der Prostatagröße im Längs- und Querschnitt und der Lage der Drüse (intrapelvin, abdominal) sowie die Darstellung der Gewebetextur und etwa vorhandener intra- oder paraprostatischer Zysten oder Abszesse. Ferner gestattet sie die Wirkungskontrolle therapeutischer Maßnahmen.

Mittels **Röntgen** ist eine Einengung des Enddarms und Kranialverlagerung der Harnblase aufgrund der vergrößerten Prostata darstellbar. Die Prostata selbst ist als pflaumen- bis faustgroßer, glatt gerandeter und weitgehend homogener Schatten vor dem Schambeinrand abgrenzbar.

Laboruntersuchungen erbringen meist unauffällige Befunde. Gelegentlich wird eine Hämaturie festgestellt. In den letzten Jahren haben sich zahlreiche wissenschaftliche Studien mit der Bedeutung der Caninen Prostataspezifischen Argininesterase (CPSE) als Marker für die BPH befasst. So kann die Messung der CPSE im Blutserum zur Unterstützung der Diagnostik, als präventives Screening bei klinisch gesunden Rüden und im Rahmen von Verlaufsuntersuchungen bei Erkrankungen der Prostata und zur Erfassung therapeutischer Effekte sinnvoll sein. Tageszeitliche Schwankungen auf die Messwerte können vernachlässigt werden, ebenso Einflüsse einer vorausgehenden rektalen Untersuchung. Allerdings sollte vor der Untersuchung eine mindestens 24-stündige sexuelle Karenz eingehalten werden. Erhöhte CPSE-Werte sind lediglich als Hinweis auf eine BPH zu werten, können jedoch eine eingehende Untersuchung der Drüse im Hinblick auf mögliche Differenzialdiagnosen (akute bakterielle Prostatitis, chronische Prostatitis, Prostatakarzinom) nicht ersetzen.

Therapie: Bei asymptomatischer BPH ist keine Behandlung erforderlich. Therapie der Wahl bei Hunden mit klinischer Symptomatik ist der Androgenentzug durch beidseitige Kastration. Sie bewirkt eine signifikante und permanente Atrophie der Prostata, die bereits innerhalb von 7 bis 14 Tagen post operationem nachweisbar ist und nach 8 Wochen 70 bis 80 % ausmacht. Alternativ kann (nach sonographischem Ausschluss eines Hodentumors) eine medikamentöse Therapie zur Reduktion des Prostatavolumens durchgeführt werden. Hierfür steht Osateronacetat in vier verschiedenen Stärken (S, M, L, XL, 1,875 bis 15 mg) entsprechend vier Körpergewichtsklassen der Rüden (3,75–7,5 kg; 7,5–15 kg; 15–30 kg; 30–60 kg) zur Verfügung. Die Dosierung beträgt eine Tablette 1 × tägl. über 7 Tage. Osateronacetat hemmt kompetitiv die Bindung der Androgene an die Prostatarezeptoren und blockiert den Transport von Testosteron in die Prostata. Aufgrund seiner geringen Auswirkungen auf die Spermatogenese ist es auch zur Anwendung bei Zuchtrüden zu empfehlen. Ferner ist das Gestagen Delmadinonacetat für die hormonelle Therapie der BPH einsetzbar. Rüden bis 20 kg KM erhalten 1–1,5 mg/kg KM, Rüden > 20 kg KM 1 mg/kg KM einmalig s.c. oder i.m. Zur Erzielung eines nachhaltigeren Effektes kann die Behandlung insgesamt 2 bis 3 × in Abständen von 4 bis 6 Wochen wiederholt werden, doch können insbesondere bei längerdauernder Anwendung z. T. erhebliche Nebenwirklungen auftreten. Diese bestehen u. a. in vorübergehender Polydipsie/Polyurie, Manifestation eines latenten Diabetes mellitus und Veränderungen des Gesäuges (Tumoren, Hyperplasie, Zysten, Milchsekretion).

Im Falle eines Therapienotstandes kann das GnRH-Analog Deslorelin als subkutan zu verabreichendes Implantat mit einem Wirkstoffgehalt von 4,7 mg oder 9,4 mg verwendet werden. Es ist zugelassen zur Erzielung einer vorübergehenden Unfruchtbarkeit bei gesunden, nicht kastrierten, geschlechtsreifen Rüden. Als Nachteil bei der Behandlung der BPH ist der initiale stimulierende GnRH-Effekt auf die Prostata zu beachten. Dieser kann ggf. durch einmalige Applikation von Delmadinonacetat in der o. g. Dosierung ca. 7 bis 10 Tage vorher unterdrückt werden. Der Eintritt der Deslorelinwirkung ist an einer sichtbaren Verkleinerung der Hoden erkennbar und erfolgt gewöhnlich 4 bis 6 Wochen nach Setzen des Implantats. Die durchschnittliche Wirkungsdauer beträgt 6 Monate für das 4,7 mg- und 12 Monate für das 9,4 mg-Implantat. Dabei kommt es zur Downregulation der hypophysären GnRH-Rezeptoren infolge einer Maskierung der physiologischen pulsatilen GnRH-Sekretion durch permanente Abgabe des GnRH-Analogs aus dem Implantat und in der Folge zum völligen Sistieren der hypophysären Gonadotropinsynthese (FSH, LH) sowie der testikulären Androgensynthese. Dieser nachhaltige temporäre Testosteronentzug bedingt eine deutliche Schrumpfung der Prostata mit ähnlichem Ausmaß wie nach Kastration. Das Nachlassen der Deslorelinwirkung kommt anhand des wiedereinsetzenden Hodenwachstums zum Ausdruck. Zeitgleich ist mit einer allmählichen Größenzunahme der Prostata zu rechnen. Zur Verlängerung der Wirkungsdauer können nach und nach Folgeimplantate gesetzt werden.

12.2.3.2 Prostatazysten

Klassifizierung und Charakterisierung:

- **Multiple kleine intraprostatische Zysten** in Verbindung mit einer Prostatahyperplasie sind zystische Erweiterungen der Drüsenläppchen infolge Dilatation der epithelialen Acini bei gleichzeitiger Atrophie des Drüsenepithels (Abb. 12.14).
- **Intraprostatische Retentionszysten** befinden sich innerhalb des glandulären Gewebes und entstehen durch Verlegung der Ausführungsgänge und Hypersekretion (Abb. 12.15).
- **Paraprostatische Zysten** können sich aus Überresten des Müllerschen Ganges oder durch starke Vergrößerung einer Retentionszyste entwickeln. Sie liegen außerhalb des Prostataparenchyms. Die Verbindung mit der Drüse besteht durch einen Stiel oder eine Adhäsion (Abb. 12.16).

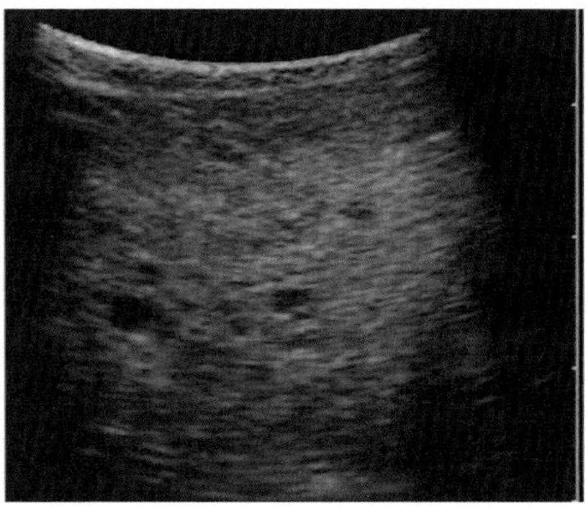

Abb. 12.14 Sonographischer Befund bei Benigner Prostatahyperplasie: aufgelockertes, inhomogenes Drüsengewebe mit multiplen kleinen Zysten; Untersuchung mittels Rektalsonde.

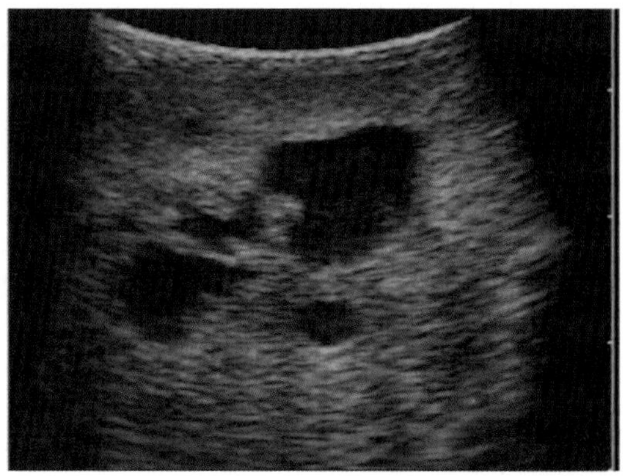

Abb. 12.15 Sonographischer Befund einer Prostata mit umfangreicher, im Drüsengewebe verzweigter intraprostatischer Zyste.

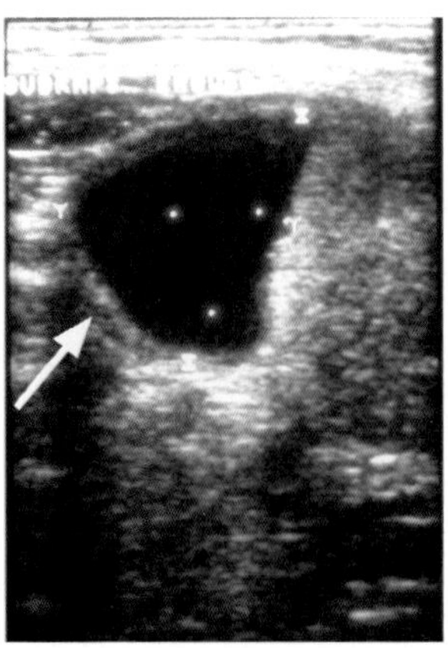

Abb. 12.16 Sonographischer Befund einer Prostata mit paraprostatischer Zyste (Durchmesser 2,5 × 2,1 cm, Pfeil).

Retentionszysten und paraprostatische Zysten können solitär oder multipel auftreten und bis zu Kindskopfgröße heranwachsen. Eine stark zystisch veränderte Prostata ist in der Bauchhöhle zu finden, wo sie das Colon descendens und das Rektum sowie andere Beckenorgane komprimieren kann. Prostatazysten können einen wasserklaren, milchig-trüb/schleimigen, rötlichen oder schokoladefarbenen Inhalt aufweisen. In seltenen Fällen sind Kalkherde vorhanden. Durch bakterielle Infektionen kann es zu einer eitrigen Entzündung mit Abszessbildung kommen (Kap. 12.2.3.6).

Klinische Symptomatik und Diagnostik: Bei Einengung von Enddarm und Urethra bestehen Tenesmus und Dysurie. Die digitale rektale Palpation zeigt eine Asymmetrie der Drüsenlappen in Abhängigkeit von der Größe und Anzahl der Zysten. Die prallelastische Konsistenz bleibt meist erhalten. Zystische Veränderungen sind je nach Lage und Größe als weiche, teils fluktuierende Strukturen palpierbar. In der Mehrzahl der Fälle bestehen Leukozytose und Hämaturie.
Mittels **Sonographie** sind die Präsenz, die Lokalisation und die Größe (Länge, Breite, Volumen) von Zysten eindeutig feststellbar. Ferner ermöglicht sie die Ultraschallgeleitete Feinnadelbiopsie zur Gewinnung von Zysteninhalt und Prostatagewebe für weiterführende Untersuchungen (Zytologie, Mikrobiologie, Histologie). Im Röntgenbild sind die Umfangsvermehrungen meist nicht klar erkennbar.

Die **Therapie** besteht in der Resektion und Marsupialisation der Zysten. Gleichzeitig empfiehlt sich die Kastration zur nachhaltigen und irreversiblen Verringerung des Prostatavolumens.

12.2.3.3 Squamöse Prostatametaplasie

Ätiopathogenese: Die squamöse Metaplasie des Prostatadrüsenepithels ist Folge eines Hyperöstrogenismus. Das einschichtige Zylinderepithel entwickelt sich dabei zu einem mehrschichtigen verhornenden Epithel. Häufigste endogene Ursache ist ein Sertolizelltumor. Schleimhaut und submuköse Schichten der Prostata und Urethra sowie das Stroma der Drüse und das periurethrale Drüsengangepithel sind mit Östrogenrezeptoren ausgestattet, welche durch die latent erhöhten Östrogenkonzentrationen deaktiviert werden. Metaplastisch veränderte Zellen werden im weiteren Verlauf inaktiv, sodass es zu einer Stauung der Prostataflüssigkeit innerhalb der Drüse mit sekundärer Bildung von Zysten oder Abszessen kommen kann.

Klinische Symptomatik und Diagnostik: Bei der digitalen rektalen **Palpation** ist eine mittelgradige Vergrößerung der Prostata feststellbar Die **sonographischen Befunde** ähneln denjenigen einer BPH. Im Falle eines östrogenproduzierenden Hodentumors sind entsprechende Veränderungen der Hoden und der Haut zu beobachten (Kap. 12.2.2.4). Im Präputialabstrich und im Prostatasekret sind verhornte Epithelzellen nachweisbar.

Die **Therapie** besteht in der Entfernung der Östrogenquellen, im Falle von Hodentumoren in der beidseitigen Kastration.

12.2.3.4 Akute bakterielle Prostatitis

Ätiologie: Eine bakterielle Prostatitis entsteht durch aszendierende (ausgehend von Urethra, Harnblase, Nieren oder Hoden und Nebenhoden) oder hämatogene Infektion vor allem mit *Escherichia coli*, Pseudomonaden, Staphylokokken und Streptokokken. *Brucella canis* als weitere mögliche Ursache beschränkt sich meistens auf die Hoden und Nebenhoden.

Prädisponierend für eine akute Prostatitis sind morphologische Organveränderungen wie Hyperplasie oder Zysten. Die Entzündung kann fokal oder diffus im Prostatagewebe lokalisiert sein. Aus nicht ausgeheilten akuten Entzündungen können chronische Prostatitiden entstehen, wobei es aufgrund der Verlegung exkretorischer Gänge zur Abszedierung kommen kann (Kap. 12.2.3.5 und 12.2.3.6).

Klinische Symptomatik und Diagnostik: Das Allgemeinbefinden ist hochgradig gestört mit Apathie, Anorexie, Fieber und evtl. Vomitus infolge einer lokalen Peritonitis. Die Rüden zeigen einen steifen Gang in der Hinterhand, Kotverhaltung oder eitrig-blutigen Ausfluss aus der Urethra ausgehend von einer häufig assoziierten Blaseninfektion. Der Versuch einer rektalen **Palpation** muss aufgrund hochgradiger Schmerzhaftigkeit im Bereich des kaudalen Abdomens häufig abgebrochen werden. **Sonographisch** stellt sich die Drüse meist vergrößert dar. Die Echogenität des Drüsengewebes ist ohne besonderen Befund.

Das Blutbild zeigt eine Leukozytose mit Linksverschiebung, der Harnstatus Leukozyten, Erythrozyten, Bakterien. Bei hochgradiger Schmerzhaftigkeit kann die Gewinnung von Prostatasekret für die Durchführung eines mikrobiologischen Bakteriennachweises durch rektale Massage nicht möglich sein. Aufgrund der Lokalisation der Prostata im Bereich des Beckenstücks der Harnröhre besteht die Möglichkeit des Refluxes von Prostatasekret in die Harnblase, sodass der bakterielle Keimgehalt in einer Harnprobe als Grundlage für eine antibiotische Therapie der Prostata dienen kann.

Die **Therapie** zielt primär auf die Verbesserung des Allgemeinbefindens durch intravenöse Flüssigkeitssubstitution (Elektrolytlösung) und orale Gaben eines nicht steroidalen Antiphlogistikums (z. B. Carprofen, 4,0 mg/kg KM 1 × tägl. oder 2,0 mg/kg KM 2 × tägl.). Die Behandlungsdauer richtet sich nach dem klinischen Verlauf, dabei kann die Dosierung ggf. reduziert werden. Eine antibiotische Behandlung wird unmittelbar nach der Probengewinnung mit einem Breitbandantibiotikum (vorzugsweise Enro- oder Marbofloxacin, Kap. 12.2.3.5) eingeleitet. Nach der mikrobiologischen Analyse der Bakterien muss ggf. eine Umstellung der Antibiose gemäß Resistenzbestimmung erfolgen.

12.2.3.5 Chronische bakterielle Prostatitis

Ätiologie: Die chronische Prostatitis kann schleichend oder als Folge einer nicht ausgeheilten akuten Prostatitis entstehen.

Klinische Symptomatik und Diagnostik: Hinweisende Symptome sind rezidivierende Blasenentzündungen oder ein intermittierender oder kontinuierlicher blutiger Ausfluss aus der Urethra. Bei der rektalen **Palpation** ist die Drüse nicht schmerzhaft, ihre Oberfläche glatt, die Konsistenz unverändert (prallelastisch) oder infolge Fibrosierung des Drüsengewebes etwas fester. Eine Asymmetrie der Drüsenlappen ist möglich. **Sonographisch** stellt sich die Prostata vergrößert mit inhomogener Binnenstruktur bei gut abgrenzbarer Oberfläche dar. Im **Röntgen**bild können Anzeichen einer Mineralisation als Folge der chronischen Entzündung zu sehen sein.

Das Blutbild weist keine Normabweichungen auf. Die Absicherung der Diagnose kann durch histologische Untersuchung einer Biopsie oder durch zytologische Untersuchung eines unter Ultraschallkontrolle entnommenen Feinnadelpunktates erfolgen. Gewinnung von Prostatasekret für die mikrobiologische Untersuchung kann durch rektale Massage oder – bei Zuchtrüden – im Zuge einer Spermaentnahme erfolgen.

Die **Therapie** besteht in der gezielten antibakteriellen Behandlung nach mikrobiologischer Untersuchung gemäß Antibiogramm mit einem Antibiotikum mit hoher Säuredissoziationskonstante (pKs-Wert) und hoher Fettlöslichkeit, das die Blut-Prostata-Schranke passieren und somit in die Drüse eindringen kann (z. B. Enro- oder Marbofloxacin). Wichtig ist die Einhaltung einer Therapiedauer von 6 Wochen, um einen ausreichend hohen und anhaltenden Wirkstoffspiegel im Prostatagewebe zu erzeugen. Die begleitende Kastration ist zur Herabsetzung der Rezidivgefahr zu erwägen.

12.2.3.6 Prostataabszess

Bei einem Prostataabszess handelt es sich um die schwerste Form einer chronisch eitrigen Prostatitis. Dabei kommt es zur lokalen Einschmelzung von Drüsengewebe.

Ätiopathogenese: Prostataabszesse entstehen meist infolge Infektion von Prostatazysten. Begünstigend für entzündliche Prostataerkrankungen sind Erkrankungen der Urethra, Urolithiasis, Traumen, Harnwegsinfektionen, Prostatazysten und Tumoren. Als Infektionswege kommen die Harnröhre, Harnblase, Blut sowie eine direkte oder lymphogene Besiedlung aus dem Rektum infrage. Abszesse können ihren Inhalt in die Urethra entleeren. In 70 % der Fälle stellt *E. coli* das kausale Agens dar. Bei schweren Prostatainfektionen und insbesondere bei Prostataabszessen besteht die Gefahr einer Sepsis und eines sich daraus entwickelnden toxischen Schocks.

Klinische Symptomatik und Diagnostik: Das Allgemeinbefinden ist meist hochgradig gestört. Je nach Lokalisation des Abszesses kommt es zur Einengung der Urethra mit nachfolgender Dysurie, Überdehnung der Blase, Schädigung oder Dysfunktion des Sphinkters mit Inkontinenz oder Überlaufblase. Aus der Urethra tropft intermittierend oder kontinuierlich eitriger oder hämorrhagischer Ausfluss ab. Bei Ruptur des Abszesses und Entleerung des Eiters ins Abdomen entwickelt sich eine Peritonitis mit Fieber, hochgradigem Abdominalschmerz und Vomitus.

Die rektale **Palpation** löst in der Mehrzahl der Fälle Schmerzhaftigkeit aus. Auch zur Vermeidung einer Abszessruptur ist dabei grundsätzlich sehr behutsam vorzugehen. Je nach Lokalisation des Abszesses ist eine fluktuierende Umfangsvermehrung häufig mit Asymmetrie der Drüsenlappen und eine ungleichmäßige Konsistenz der Prostata aufgrund fibröser und flüssigkeitsgefüllter Hohlräume zu ertasten. Im **Röntgen**bild stellt sich die Prostata als Umfangsvermehrung im kaudalen Abdomen dar. Gelegentlich sind vergrößerte sublumbale Lymphknoten zu erkennen (differenzialdiagnostisch sind Zysten, BPH, Hämozysten und Hämatome abzugrenzen). Die **sonographische Untersuchung** zeigt einen umschriebenen hypoechogenen, meist inhomogenen Bezirk im Drüsengewebe. Durch ultraschallgeführte Punktion der Prostata können ggf. zusätzliche diagnostisch verwertbare Proben gewonnen werden. Dabei ist das Risiko einer bakteriellen Infektion des umgebenden Gewebes beim Zurückziehen der Punktionsnadel zu bedenken.

Das Blutbild weist häufig eine Leukozytose mit regenerativer Linksverschiebung auf. Der Harnstatus ist ähnlich wie bei einer Harnwegsinfektion. Ein Bakteriennachweis kann in der aus der Harnröhre abtropfenden Flüssigkeit erfolgen. Die zytologische Untersuchung der Prostataflüssigkeit zeigt abnorme große Epithelzellen mit Merkmalen einer Anisozytose und Anisokaryose.

Die **Therapie** beinhaltet die mehrwöchige orale Gabe eines Antibiotikums nach Resistenzbestimmung (s. Kap. 12.2.3.5). Als chirurgische Intervention ist die Laparotomie mit Abszessabsaugung und Marsupialisation oder Omentopexie erforderlich. Zur Verringerung des Rezidivrisikos ist die begleitende Kastration zu empfehlen.

12.2.3.7 Prostatatumoren

Prostatatumoren machen etwa 5 % der Prostataerkrankungen beim Rüden aus. Am häufigsten handelt es sich um Adenokarzinome, seltener um Übergangsepithelkarzinome, sehr selten um Plattenepithelkarzinome, Leiomyosarkome, Lymphosarkome, Hämangiosarkome und Metastasen aus anderen Organen.

Ätiopathogenese: Prostatatumoren können bei kastrierten und unkastrierten Rüden auftreten. Da das Risiko, an einem Adenokarzinom zu erkranken, bei kastrierten Rüden um 2,4 % höher als bei intakten Rüden ist, kann von einer androgen-unabhängigen

Entstehung ausgegangen werden. Prostatakarzinome neigen zur Metastasierung in die lumbalen Lymphknoten, die Wirbelkörper und die Lunge. Andere Orte der Metastasierung sind der Blasenhals, die Ureteren, das Kolon und die Beckenmuskulatur.

Klinische Symptomatik und Diagnostik: Im fortgeschrittenen Stadium kommt es zu starken Beeinträchtigungen des Allgemeinbefindens mit Fieber, Anorexie, Lethargie, Erbrechen und teilweise Dyspnoe. Etwa 40 % der betroffenen Tiere zeigen Bewegungsstörungen der Hinterhand. Die rektale **Palpation** ist häufig schmerzhaft. Dabei ist eine Vergrößerung der Prostata mit Asymmetrie und unregelmäßigen knotigen Verhärtungen feststellbar. Auch vergrößerte regionale Lymphknoten (Lnn. Iliaci) können ggf. ertastet werden.

Im **Röntgen**bild erscheint die Prostata asymmetrisch oder unregelmäßig vergrößert. Kolon und Harnblase können verdrängt sein. Etwaige Parenchymverdichtungen (Verkalkungen) sind schlecht abgrenzbar. Metastasen sind besonders im Bereich der Lendenwirbelkörper, der regionalen Lymphknoten und der Lunge zu erwarten. **Sonographisch** weist das tumorös veränderte Prostatagewebe aufgrund echoreicher und echoarmer Areale ein ausgeprägt inhomogenes Reflexmuster auf. Zum Nachweis von Tumorgewebe können unter Ultraschallkontrolle Feinnadelbioptate aus verschiedenen Lokalisationen der Drüse gewonnen werden. Das Risiko der Tumorverschleppung nach Feinnadelpunktion wird in der Humanmedizin mit 0,003 % angegeben. Je dünner die Nadel, je kürzer der Punktionsweg und je schneller der Punktionsvorgang, desto geringer sind die Komplikationen. Es kann zu einem geringgradigen vorübergehenden Hämatom kommen.

Therapie: Da Prostatatumoren androgen-unabhängig entstehen, ist von der Kastration intakter Rüden kein therapeutischer Effekt zu erwarten. Gaben eines nichtsteroidalen Antiphlogistikums (z. B. Carprofen) scheinen das Tumorwachstum zu verzögern. Aufgrund der starken Metastasierungsneigung ist die Anwendung von Behandlungsmaßnahmen wie Chemotherapie, Bestrahlungen oder die Prostatektomie sorgfältig abzuwägen. Beim Nachweis von Metastasen mit Beeinträchtigung des Allgemeinbefindens ist die Euthanasie anzuraten.

Literatur

12.1 Gynäkologie

Aguiar J, Crossley VJ, Davison LJ, Fowkes RC, Syme HM (2021): Long-term effect of neutering on plasma luteinising hormone concentration in cats. J Feline Med Surg; 23: 867–874. doi.org/10.1177/1098612X20977788

Alm H, Ström Holst B (2018): Identifying ovarian tissue in the bitch using anti-Müllerian hormone (AMH) or luteinizing hormone (LH). Theriogenology; 106: 15–20. doi.org/10.1016/j.theriogenology.2017.09.028

Arbeiter K, Barsch E (1988): Möglichkeiten der Läufigkeitsinduktion mit einem Ergolinderivat. J Vet Med A; 35: 111–117.

Beijerink NJ, Dieleman SJ, Kooistra HS, Okkens AC (2003): Low doses of bromocriptine shorten the interoestrous interval in the bitch without lowering plasma prolactin concentration. Theriogenology; 60: 1379–1386. doi.org/10.1016/s0093-691x(03)00170-5

Bostedt H (2016): Toxisches Milchsyndrom. In: Günzel-Apel AR, Bostedt H. (Hrsg.) Reproduktionsmedizin und Neonatologie von Hund und Katze. Verlag Schattauer, S. 607–608.

Cirit U, Bacinoglu S, Cangul IT, Kaya HH, Tas M, Ak K (2007): The effects of a low dose of cabergoline on induction of estrus and pregnancy rates in anestrous bitches. Anim Reprod Sci; 101: 134–144. doi.org/10.1016/j.anireprosci.2006.09.005

Concannon PW (2011): Reproductive cycles of the domestic bitch. Anim Reprod Sci; 124: 200–210. doi.org/10.1016/j.anireprodsci.2010.08.028

Concannon P, Hodgson B, Lein D (1980): Reflex LH release in estrous cats following single and multiple copulations. Biol Reprod; 23: 111–117.

Galac S, Kooistra HS, Dielemann SJ, Cestnik V, Okkens AC (2004): Effects of aglepristone, a progesteron receptor agonist, administered during the early luteal phase in non-pregnant bitches. Theriogenology; 62: 494–500. doi.org/10.1016/j.theriogenology.2003.11.004

Ganz S, Olschewski C, Failing K, Bostedt H (2021): Beziehungen zwischen klinischen Symptomen und hormonanalytischen Befunden bei Hündinnen mit Lactatio sine graviditate. Tierarztl Prax; 49 (K): 174–182. DOI 10.1055/a-1505-1046

Georgiev P, Wehrend A, Dimitrov M, Bostedt H (2003): Untersuchungen zur Pseudogravidität der Katze – Einfluss der Haltungsbedingungen auf die klinische Ausprägung. Kleintierpraxis; 48: 183–186.

Görlinger S, Galac S, Kooistra HS, Okkens AC (2005): Hypoluteoidism in a bitch. Theriogenology; 64: 213–219. doi.org/10.1016/j.theriogenology.2004.12.011

Gozer A, Bahan O, Dogruer G, Kutlu T (2023): Serum antimüllerian hormone concentrations in female cats. Relation with ovarian remnant syndrome, ovarian cysts and gonadectomy status. Theriogenology 2023; 200: 106–113. doi.org/10.1016/j.theriogenology.2023.02.010

Gudermuth GF, Newton L, Daels P, Concannon P (1997): Incidence of spontaneous ovulation in young, group-housed cats based on serum and faecal concentrations of progesterone. J Reprod Fertil; Suppl 51: 177–184.

Günzel-Apel AR (2020): Arzneimittelrechtliche Aspekte bei Hormonanwendungen in der Reproduktionsmedizin von Hund und Katze. Prakt Tierarzt; 101:954–974. DOI 102376/0032-681X-2037

Günzel-Apel AR, Bostedt H (2016): Reproduktionsmedizin und Neonatologie von Hund und Katze. Gynäkologie und Geburtshilfe. Verlag Schattauer, S. 1–528.

Günzel-Apel AR, Buschhaus J, Urhausen C, Masal C, Wolf K, Meyer-Lindenberg A, Piechotta M, Beyerbach M, Schoon HA (2012): Klinische Symptomatik, diagnostische Vorgehensweise und Therapie beim so genannten Ovarrest-Syndrom der Hündin. Tierärztl Prax; 40 (K): 35–42.

Günzel-Apel AR, Lübke A, Rohde J (1999): Vergleichende Untersuchung der vaginalen und uterinen Zytologie und Keimflora im Sexualzyklus und Puerperium von Beagle Hündinnen. Tierärztl Prax; 27: 112–119.

Günzel-Apel AR, Urhausen C, Wolf K, Einspanier A, Oei C, Piechotta M (2012): Serum progesterone in pregnant bitches supplemented with progestin because of expected or suspected luteal insufficiency. Reprod Dom Anim; 47 (Suppl 6): 55–60. doi.org/10.1111/rda.12029

Hagman R (2022): Pyometra in Small Animals 2.0. Vet Clin Small Anim; 52: 631–657. doi.org/10.1016/j.cvsm.2022.01.004

Hauer J, Pfleghaar S, Pack A, Hausmann L (2020): Tenesmus ani und Retentio urinae durch vaginale Retentionszyste bei einem Hund. Kleintierpraxis; 65: 339–348. DOI 10.2377/0023-2076-65-339

Hecker RB, Wehrend A, Bostedt H (2000): Konservative Behandlung der Pyometra bei der Katze mit dem Antigestagen Aglepristone. Kleintierpraxis; 45: 845–848.

Hinderer J, Lüdeke J, Riege L, Haimerl P, Bartel A, Kohn B, Weber C, Müller E, Arlt SP (2021): Progesterone concentrations during canine pregnancy. Animals, 11, 3369. doi.org/10.3390/ani11123369

Hoffrogge S, Eichberger JA, Neiger R (2021): Diöstrus-bedingter Diabetes mellitus bei der Hündin – eine Übersicht. Kleintierpraxis; 66: 664–675. DOI 10.2377/0023-2076-66-664

Hussein HA , Schuler G , Conze T, Wehrend A (2022): Comparison of three progesterone quantification methods using blood samples drawn from bitches during the periovulatory phase. Veterinary World; 15: 119–123. doi.org/10.14202/vetworld.2022.119–123

Kloß S, Wehrend A, König A, Bostedt H (2004): Untersuchungen zur aeroben bakteriellen Besiedlung der Vaginalschleimhaut klinisch gesunder Katzen. Tierärzt Prax; 32 (K): 88–91.

Knauf Y, Bostedt H, Failing K, Knauf S, Wehrend A (2014): Gross pathology and endocrinology of ovarian cysts in bitches. Reprod Dom Anim.; 49: 463–468. doi:org/10.1111/rda.12311

Knauf Y, Köhler K, Knauf S, Wehrend A (2018): Histological classification of canine ovarian cyst types with reference to medical history. J Vet Sci; 19: 725–734. doi.org/10.4142/jvs.2018.19.6.725

Siesenop U, Günzel-Apel A-R, Hackbarth H (1995): Die mikrobielle Vaginalflora bei Hündinnen einer Beaglegruppe vor und im Verlauf des ersten Sexualzyklus. Kleintierpraxis; 41: 449–455.

Ström Holst B, Bergström A, Lagerstedt AS, Karlstam E, Englúnd L, Braverud V (2003): Characterization of the bacterial population of the genital tract of adult cats. Am J Vet Res; 64: 963–968. doi.org/10.2460/ajvr.2003.64.963

Tammer J, Blendinger K, Sobiraj A, Bostedt H (1994): Über den Einsatz der exfoliativen Vaginalzytologie im Rahmen der gynäkologischen Befunderhebung bei der Hündin. Tierärztl Prax; 22: 199–207.

Trasch K, Wehrend A (2008): Klinische, sonographische und mikrobiologische Untersuchungen bei Hündinnen mit akuter Mastitis. Tierärztl Prax; 36 (K): 191–199.

Trasch K, Wehrend A, Bostedt H (2006): Follow-up Untersuchungen von Hündinnen nach konservativer Behandlung der Pyometra mit Antigestagenen. Prakt Tierarzt; 87: 174–180.

Tsutsui T (1989): Gamete physiology and timing of ovulation and fertilization in dogs. J Reprod Fertil; Suppl 39: 269–275.

Tsutsui T, Kirihara N, Hori T, Concannon PW (2007): Plasma progesterone and prolactin concentrations in overtly pseudopregnant bitches: A clinical study. Theriogenology; 67: 1032–1038. doi.org/10.1016/j.theriogenology.2006.05.022

Waberski D, Günzel-Apel AR (1990): Zyklusdiagnostik als Grundlage für fruchtbarkeitsfördernde und -hemmende Maßnahmen bei der Hündin. Kleintierpraxis; 35: 573–580.

Walter B (2020): Anti-Müllerian hormone in dogs and cats reproduction. Reprod Dom Anim; 55 (Suppl. 2): 26–31. doi.org/10.1111/rda.13603

Wehrend A, Hospes R, Gruber AD (2001): Treatment of feline mammary fibroadenomatous hyperplasia with a progesterone-antagonist. Vet Rec; 148: 346–347. doi.org/10.1136/vr.148.11.346

Yilmaz ÖT, Toydemir TSF, Kirsan, Ucmak ZG, Karacam EC (2015): Anti-Müllerian hormone as a diag nostic tool for ovarian remnant syndrome in bitches. Vet Res Commun; 39:159–162. DOI 10.1007/s11259-015-9639-0

12.2 Andrologie

Alonge S, Melandri M, Leoci R, Lacalandra GM, Aiudi G (2018): Canine prostate specific esterase (CPSE) as an useful biomarker in preventive screening programme of canine prostate: CPSE threshold value assessment and its correlation with ultrasonographic prostatic abnormalities in asymptomatic dogs. Reprod Dom Anim; 53: 359–364. DOI 10.1111/rda.13113

Dreimanis U, Vargmar K, Falk T, Cigut M, Toresson L (2012): Evaluation of preputial cytology in diagnosing oestrogen producing testicular tumors in dogs. J Small Anim Pract; 53: 536–541. doi.org/10.1111/j.1748-5827.2012.01261.x

Goericke-Pesch S, Hoffmann B (2008): Benigne Prostatahyperplasie-Ätiologie, Klinik, Diagnostik und Therapie bei Rüden; eine Übersicht. Kleintierpraxis; 53: 178–188.

Grassinger JM, Aupperle-Lellbach H, Erhard H, Merz S, Klopfleisch R (2019): Nachweis der BRAF-Mutation bei kaninen Prostataerkrankungen. Tierarztl Prax Ausg K Kleintiere Heimtiere; 47: 313–320. DOI 10.1055/a-0987-8212

Günzel-Apel AR (2020): Arzneimittelrechtliche Aspekte bei Hormonanwendungen in der Reproduktionsmedizin von Hund und Katze. Der prakt. Tierarzt; 101:954-974. DOI 102376/0032-681X-2037

Günzel-Apel AR, Bostedt H (2016): Reproduktionsmedizin und Neonatologie von Hund und Katze. Andrologie. Verlag Schattauer, S. 626–738.

Günzel-Apel AR, Heilkenbrinker T, Heilkenbrinker M, Messow C, Krause D (1987): Ist ein Deckrüde nach einseitigem Verlust von Hoden und Nebenhoden noch zuchttauglich? Dtsch tierärztl Wochenschr; 94: 481–483.

Günzel-Apel AR, Terhaer P, Waberski D (1994): Hodendimensionen und Ejakulatbeschaffenheit fertiler Rüden unterschiedlicher Körpergewichte. Kleintierpraxis; 39: 483–486.

Karpenstein-Klumpp H, Keuerleber N, Klumpp S (2018): Mineralisierte paraprostatische Zyste bei einem Golden Retriever. Prakt Tierarzt; 99: 1240–1251. DOI 10.2376/0023-681X-18-27

Levy X, Nizański W, von Heimendahl A, Mimoluni P (2014): Diagnosis of common prostatic conditions in dogs: an update. Reprod Dom Anim; 49 (Suppl 2): 50–57. doi.org/10.1111/rda.12296

Melandri M, Alonge S (2021): Highlights on the Canine Prostatic Specific Esterase (CPSE): A diagnostic and screening tool in veterinary andrology. Vet Med Sci; 7: 35–40. DOI 10.1002/vms3.349

Meurer DG, Mischke R (2000): Klinik der Hodentumoren des Hundes. Prakt Tierarzt; 8: 628–637.

Nizański W, Levy X, Ochota M, Pasikowska J (2014): Pharmacological treatment for common prostatic conditions in dogs – benign prostatic hyperplasia and prostatitis: an update. Reprod Dom Anim; 49 (Suppl 2): 8–15. doi.org/10.1111/rda.12297

Schäfer-Somi, S (2019): Andrologische Erkrankungen des Rüden – moderne Diagnostik und Medikation. Teil I: Erkrankungen des Hodens. Kleintierpraxis; 64: 519–535. DOI 10.2377/0023-2076-64-519

Schäfer-Somi, S (2020): Andrologische Erkrankungen des Rüden – moderne Diagnostik und Medikation. Teil II: Erkrankungen der Prostata. Kleintierpraxis; 65: 610–629. DOI 10.2377/0023-2076-65–610

Werhahn Beining F, Urhausen C, Wolf K, Schmicke M, Rohn K, Schuler G, Günzel-Apel AR (2020): Rhodesian Ridgebacks have an increased risk to develop benign prostatic hyperplasia. Reprod Dom Anim; 55: 283–292. doi.org/10.1111/rda.13616

13 Endokrinologische Erkrankungen

Denise S. Riggers, Romy M. Heilmann

Das endokrine System wirkt sich auf nahezu alle Bereiche des Organismus aus, weshalb die klinischen Symptome bei Erkrankungen des endokrinen Systems häufig vielfältig sind. Zudem ist das endokrine System sehr eng mit der Funktion des Nervensystems, des Gastrointestinaltrakts und des Immunsystems verknüpft. Die Kommunikation erfolgt vorwiegend über chemische **Boten- bzw. Signalstoffe**, die über das Blut (endokrin) oder innerhalb von Geweben (parakrin) an intra- oder extrazelluläre **Rezeptoren** gelangen und spezifische Reaktionsketten (Signalkaskaden) auslösen. Diese Signalstoffe können von Gewebezellen als **chemische Mediatoren** abgegeben werden (z. B. Histamin, Prostaglandine), als **Neurotransmitter** an Nervensynapsen übertragen werden oder als **Hormone** direkt am Syntheseort (parakrin) oder nach Abgabe an das Blut (endokrin) an entfernten Geweben ihre Wirkung entfalten.

Die zentrale übergeordnete Regulationsfunktion im Endokrinium nimmt das **Hypothalamus-Hypophysen-System** ein. Durch *Releasing*-Hormone und glandotrope Hormone wirkt es stimulierend auf die nachgeordneten Zentren bzw. Drüsen, aus welchen rückkoppelnde Signale an das Hypothalamus-Hypophysen-System gesandt werden (*Feedback*-Mechanismus). Zudem wird die Hypothalamus-Hypophysen-Achse durch andere Organsysteme (z. B. Nerven- oder Immunsystem) moduliert. Neurovegetative und hormonelle Funktionen vereinen sich besonders im Hypothalamus, aus welchem Signalstoffe über den Hypophysenstiel an das Kapillarnetz der Adenohypophyse (Hypophysenvorderlappen) oder an die Neurohypophyse (Hypophysenhinterlappen) abgegeben werden.

13.1 Erkrankungen der Hypophyse

13.1.1 Diabetes insipidus

Definition: Endokrinopathie mit gestörter Rückresorption von Wasser in den distalen Nierentubuli, entweder durch einen Mangel an antidiuretischem Hormon (ADH, Vasopressin; zentraler Diabetes insipidus) oder vermindertes Ansprechen der ADH-Rezeptoren im distalen Nierentubulus (renaler Diabetes insipidus).

Ätiologie: Beim zentralen Diabetes insipidus ist entweder die ADH-Synthese und -Sekretion im Hypothalamus (*Nucl. supraopticus, Nucl. paraventricularis*) oder der ADH-Transport über den Hypophysenstiel in die Neurohypophyse gestört, wobei ursächlich v. a. Trauma (1) und Neoplasien (2), seltener hypophysäre Fehlbildungen, Zysten, Infektionen oder idiopathische Entzündung infrage kommen. Ein transienter zentraler Diabetes insipidus ist auch nach Hypophysektomie zu erwarten. Der renale Diabetes insipidus basiert auf einem (meist angeborenen) Defekt der tubulären Vasopressin-V2-Rezeptoren, welche unvollständig oder nicht auf ADH ansprechen.

Pathogenese: Beim *zentralen Diabetes insipidus* resultiert der ADH-Mangel in einer reduzierten Aktivierung renaler V2-Rezeptoren, wodurch die Wasserrückresorption durch Einbau von Wasserkanälen (Aquaporine) in den distalen Nierentubulusepithelzellen gestört ist und zum Verlust großer Wassermengen sowie stark verdünntem (hypoosmolaren) Urin führt (Polyurie: > 50 ml/kg KM tägl.). Kompensatorisch wird über das Durstzentrum die Wasseraufnahme stimuliert (Polydipsie: >100 ml/kg KM tägl.). Dieser Zustand kann bei Transportstörungen im Bereich des Hypophysenstiels (mit adäquater ADH-Synthese im Hypothalamus) transient bestehen, bis kompensatorisch der Transport über das Blut greift. Beim *renalen Diabetes insipidus* wird ausreichend oder sogar vermehrt ADH synthetisiert und sezerniert, auf welches die Nierentubuli jedoch ungenügend oder nicht ansprechen. Die Folge ist auch hier, dass die fehlende Aktivierung der Nierentubulusepithelien zu einem ungenügenden Einbau von Wasserkanälen in die apikale Membran und somit einer ungenügenden Rückresorption von Wasser führt. Abzugrenzen davon ist eine verminderte Wasserrückresorption und Aufkonzentration des Urins infolge verminderter Hypertonizität des medullären Interstitiums (z. B. medullärer Washout). Beim zentralen Diabetes insipidus handelt es sich um eine seltene Erkrankung, die Hunde und Katzen jeden Alters betreffen kann; noch seltener ist die renale Form des Diabetes insipidus.

Klinisches Bild: Betroffene Tiere fallen meist aufgrund der hochgradigen Polyurie und Polydipsie (mehrere Liter Wasser täglich) auf, welche auch nachts zu beobachten ist (Nykturie). Vorberichtlich wird meist von einem ständigen Aufsuchen von Trinkquellen berichtet. Solange der ungehinderte Zugang zu solchen Trinkquellen besteht, ist das Allgemeinbefinden generell ungestört oder es bestehen klinische Symptome im Zusammenhang mit der Grunderkrankung (z. B. neurologische Symptome wie Ataxie, Apathie, Desorientierung oder zentrale Blindheit bei Neoplasien im Bereich des Hypothalamus). Ist die kompensatorische Flüssigkeitsaufnahme jedoch eingeschränkt oder wird unterbunden, kommt es relativ zügig zu hypertoner Dehydratation (mit Hypernatriämie), Gewichtsverlust, Somnolenz und schweren zentralnervösen Störungen (Anfälle, Koma). Bei einem transienten zentralen Diabetes insipidus (ADH-Transportstörung) bessert sich die Symptomatik meist innerhalb einiger Wochen.

Diagnose: Die Hämatologie und Blutchemie, einschließlich Elektrolytbestimmung, dient dem Aufspüren von Hypernatriämie und Plasma-Hyperosmolalität sowie der Abklärung anderer Ursachen von Polyurie/Polydipsie. In der Harnuntersuchung zeigt sich eine Hyposthenurie (spezifisches Harngewicht [USG]: 1,001–1,007), die mikrobiologische Harnuntersuchung ist ohne bakteriologischen Befund.

Sind andere Differenzialdiagnosen abgeklärt und es besteht der Verdacht auf einen Diabetes insipidus, können Funktionstests bei der Abgrenzung von bspw. einer primären Polydipsie helfen:

- **Urinkonzentrationstest (Durstversuch)**, welcher nur bei nicht-azotämischen und gut hydrierten Tieren durchgeführt werden darf. Vor Beginn des Versuchs wird ein Harnröhrenverweilkathether gelegt und die Harnblase möglichst vollständig entleert, danach das Körpergewicht bestimmt und eine minimale Labordatenbasis erhoben (Hämatokrit, Gesamtproteinkonzentration, Plasma-Osmolalität, USG und Harn-Osmolalität).

  Phase I – Unter engmaschiger Kontrolle des Tieres wird der Zugang zu Wasser unterbunden und alle 2 (–4) Stunden bis zum Erreichen eines ≥ 5 %igen Gewichtsverlustes (bzw. Verschlechterung des Allgemeinbefindens) die Harnblase erneut möglichst vollständig über den Katheter entleert und Körpergewicht, USG, Plasma- und Harn-Osmolalität kontrolliert.
  Während sich physiologischerweise Anzeichen einer Dehydratation nach 42–96 Stunden finden (Harn stark aufkonzentriert), zeichnet sich eine solche (mit fehlender Harnkonzentrierung) bei Diabetes insipidus bereits innerhalb weniger (≤ 12) Stunden ab.
  Phase II – Ist ein ≥ 5 %iger Verlust des ursprünglichen Körpergewichts erreicht oder in drei aufeinanderfolgenden Messungen die Harn-Osmolalität um ≤ 5 % bzw. USG um ≤ 10 % gestiegen, wird Vasopressin (DDAVP; 0,25–0,5 IE/kg KM bzw. max. 5 IE/Tier s.c.) verabreicht und Harn-Osmolalität sowie USG nach 30, 60 und 120 Min. kontrolliert.
  Bei Tieren mit zentralem Diabetes insipidus führt die DDAVP-Applikation rasch zu einer Verbesserung der Harnkonzentrierung. Bei primärer (z. B. psychogener) Polydipsie und gesunden Hunden bringt diese keinen Mehrwert im bereits vorhandenen Ansprechen auf ADH, und bei Tieren mit renalem Diabetes insipidus bewirkt DDAVP keine signifikante Aufkonzentrierung des Harns.

→ Ein **Trinkmengen-Reduktionsplan** (über 3 Tage) kann helfen, die diagnostische Aussagekraft des Durstversuchs zu verbessern, indem er die sekundäre Auswaschung des Konzentrationsgradienten im Nierenmark (medullary washout) vermindert. Hierzu wird die Wasseraufnahme 72 Stunden vor Beginn des Durstversuchs auf 120 ml/kg KM pro Tag, 48 Stunden vorher auf 90 ml/kg KM pro Tag und 24 Stunden vorher auf 60 ml/kg KM pro Tag begrenzt. Alternativ kann die angebotene Trinkwassermenge über 3–5 Tage um jeweils täglich 10 % reduziert werden (60 ml/kg KM pro Tag dürfen nicht unterschritten werden!). Bei primärer (psychogener) Polydipsie erhöht dies die ADH-Sekretion und stellt die physiologische Hypertonizität im Nierenmark wieder her.

- **Exogener ADH (Vasopressin)-Test**, welcher bei Patienten mit reduziertem Allgemeinbefinden oder Durstversuch ohne eindeutiges Ergebnis durchgeführt werden kann. Über einen Harnröhrenverweilkathether wird die Harnblase möglichst vollständig entleert und die Plasma-Osmolalität, USG und Harn-Osmolalität bestimmt. Während und 2 Stunden über die Gabe von Vasopressin (10 mU/kg KM über 60 Min. i.v.) hinaus werden diese Parameter alle 30 Min. kontrolliert (Blase zu jeder Messung entleert). Wasser muss ad lib. zur Verfügung stehen.
  Alternativ kann der Test mit Vasopressin-Tannat (3–5 IE/Tier i.m.) erfolgen und Plasma-Osmolalität, USG und Harn-Osmolalität vor und 6, 9, 12 und 24 Stunden nach der Injektion bestimmt werden. Um das Risiko einer Wasserintoxikation zu vermeiden, sollte dem Tier für die Dauer des Tests kein Trinkwasser zur Verfügung stehen. Vasopressin-Tannat ist aktuell nicht verfügbar.
- Beim **Osmoregulationstest** (Hickey-Hare-Test), welcher nur bei kardiovaskulär stabilen Patienten durchgeführt werden darf, wird Wasser (20 ml/kg) oral oder über eine Magensonde verabreicht, ein Harnröhrenverweilkatheter gelegt, und die Harnproduktion (ml/min) bestimmt. Nach einer Stunde wird dann über 45 Min. eine 2,5 %ige (hypertone) Kochsalzlösung i. v. (0,25 ml/min/kg KM) verabreicht und die Harnproduktion alle 15 Min. während der Infusion und bis 45 Min. danach bestimmt. Physiologisch sinkt während der Infusion die Harnproduktion als Reaktion auf eine gesteigerte ADH-Sekretion (infolge Plasma-Hyperosmolalität).
  Dieser Test kann bei der Abgrenzung einer primären Polydipsie (mit sekundärer Auswaschung des medullären Konzentrationsgradienten) gegenüber einem renalen Diabetes insipidus helfen, wenn sowohl der Urinkonzentrationstest (Durstversuch) als auch der exogene ADH-Test zu keinem eindeutigen Ergebnis geführt haben. Während bei primärer (psychogener) Polydipsie der Konzentrationsgradient rasch wieder hergestellt ist (NaCl-Auffüllung) und die Harnproduktion sinkt, verändert sich die Harnproduktion beim renalen Diabetes insipidus nicht oder kann sogar ansteigen. Ist ein zentraler Diabetes insipidus noch nicht ausgeschlossen, kann 30 Min. nach der Infusion Vasopressin (5 IE/Tier i. m.) gegeben werden, was bei dieser Diagnose zu einem raschen Rückgang der Harnmenge führt. Dieser Test wird selten durchgeführt, da der Durstversuch mit vorheriger schrittweiser Trinkmengenreduktion meist bevorzugt wird.

Differenzialdiagnosen: Hierzu zählen alle Erkrankungen, die mit Polyurie/Polydipsie einhergehen: chronische Nierenerkrankung, Hyperadrenokortizismus, Diabetes mellitus, Hyperkalzämie, paraneoplastische Polyurie, Hepatopathien, Hyperthyreose, Hyperaldosteronismus, Pyometra, Pyelonephritis, iatrogene Ursaschen (z. B. Glukokortikosteroide, Diuretika), Fanconi-Syndrom, psychische Polydipsie.

Therapie: Für die ADH-Substitutionstherapie beim zentralen Diabetes insipidus eignet sich Desmopressin (DDAVP), ein Vasopressin-Strukturanalogon mit stärkerer antidiuretischer (geringerer vasopressiver) Wirkung als Vasopressin, entweder parenteral (0,5–2 µg/Tier 1–2× tägl. s.c.) oder konjunktival appliziert (1–4 Tropfen 1–2× tägl.). Auch eine Tablette zur p. o. Verabreichung und ein Nasenspray (10 µg/Sprühstoß, 1–2× tägl. i. n.) sind erhältlich. Argipressin und Lysopressin sind alternative Optionen, zu denen weniger Erfahrungen vorliegen. Mit Chlorpropamid (10–40 mg/kg KM pro Tag p. o.), ein Sulfonylharnstoff (Hypoglykämikum) der die ADH-Rezeptoren in den Nierentubuli hochreguliert, besteht bei Hund und Katze wenig Erfahrung. Zusätzlich zur Behandlung des Diabetes insipidus ist auch dessen Grundursache anzugehen.

Beim renalen Diabetes insipidus sind Thiaziddiuretika (Chlorothiazid: 20–40 mg/kg KM 2× tägl. p. o., Hydrochlorothiazid: 2–5 mg/kg KM 2× tägl. p. o.) das Mittel der Wahl. Die Wirkung beruht auf der Aktivierung kompensatorischer Mechanismen einer verminderten Na^+-Rückresorption in der Henleschen Schleife und somit ggr. Dehydratation und Na^+-Verarmung. Im Nierentubulus resultiert eine verstärkte Na^+-Rückresorption, welcher Wasser folgt, mit dem Nettoeffekt eines verminderten Harnvolumens (um ca. 20–50 %). Unter der Therapie sollten die Serumelektrolyte ca. alle 6–12 Wochen kontrolliert werden. Die Fütterung einer kochsalzarmen Diät mit moderatem Proteingehalt senkt zusätzlich die Menge an harnpflichtigen Stoffen, die mit dem Urin ausgeschieden werden müssen (obligatorischer Wasserverlust), und wirkt somit der Polyurie entgegen. Die Kombination mit DDAVP kann eine weitere Verbesserung bringen.

13.1.2 Primäre Polydipsie

Synonym: *Psychogene Polydipsie*

Ätiologie: Beim Hund handelt es sich um eine seltene Erkrankung, welche bei der Katze bislang in nur wenigen Fällen vermutet wurde (3). Da sie häufig bei verhaltensauffälligen Tieren auftritt (z. B. bei Trennungsangst) und sich durch Verhaltenstherapie oder Umgebungsänderung bessern kann, ist ursächlich von einer psychischen Komponente bzw. einem primären Verhaltensproblem (z. B. Übersprungshandlung) auszugehen. Da die Wasseraufnahme primär gesteigert ist (d. h. keinen übermäßigen Flüssigkeitsverlust kompensiert), stellt sich sekundär eine Polyurie ein, um eine Volumenüberladung zu vermeiden. Es handelt sich um eine Ausschlussdiagnose, wenn andere relevante Differenzialdiagnosen für Polyurie/Polydipsie ausgeschlossen wurden und das Tier nachweislich zur Harnkonzentration fähig ist (ggf. nach schrittweiser Trinkmengenreduktion bei Auswaschung des Konzentrationsgradienten im Nierenmark infolge chronischer sekundärer Polydipsie).

Klinisches Bild: Betroffene Patienten werden mit teilweise sehr ausgeprägter Polyurie/Polydipsie vorgestellt und gleichen solchen mit Diabetes insipidus. Im Unterschied zu dieser Differenzialdiagnose laufen Patienten mit primärer Polydipsie bei unterbundenem Zugang zu Trinkwasser allerdings deutlich weniger schnell Gefahr einer massiven Dehydratation mit neurologischen Konsequenzen. Häufig verschwindet die Polydipsie sogar bei Beschäftigung oder aktiver Auslastung.

Diagnose: Neben einer minimalen Datenbasis zum Ausschluss anderer relevanter Ätiologien von Polyurie/Polydipsie, gelingt die Abgrenzung gegenüber einem Diabetes insipidus am besten durch einen Durstversuch, welcher bei primärer Polydipsie eine Aufkonzentrierung des Harns zu erkennen gibt (Abb. 13.1). Es empfiehlt sich vor dem Test eine schrittweise Reduktion der täglichen Trinkwassermenge, um das Risiko eines falsch-positiven bzw. unschlüssigen Befundes im Durstversuch zu vermindern (s. Kap. 13.1.1). Bei wiederholter sporadischer Bestimmung des spezifischen Harngewichts (USG) können mitunter bereits Hinweise auf einen konzentrierten Harn bestehen und den Verdacht auf eine primäre Polydipsie lenken.

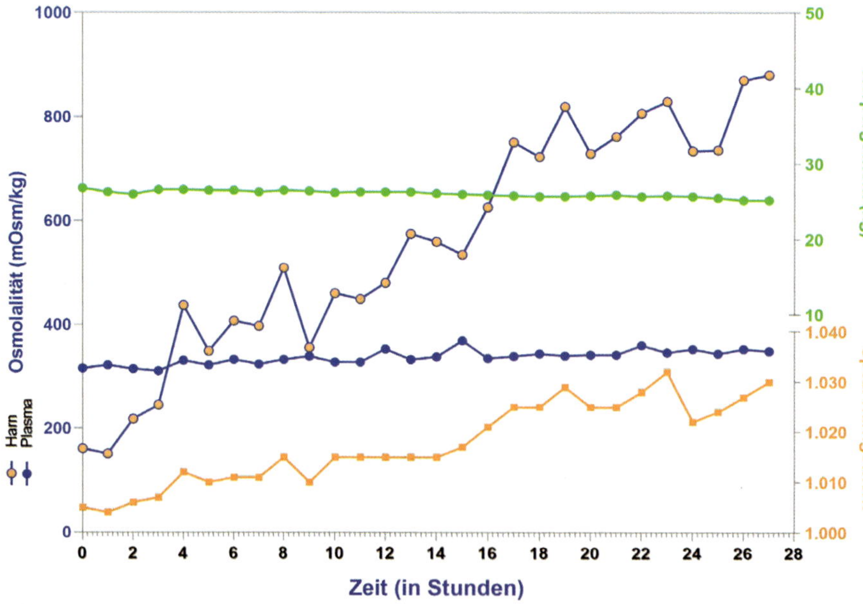

Abb. 13.1 Ergebnis des Durstversuchs bei einem 13-jährigen Border Collie-Rüden mit primärer Polydipsie. Neben stabilem Körpergewicht und Plasmaosmolalität zeigt sich eine Aufkonzentrierung des Urins von 1,004 (Hyposthenurie) zu Beginn des Versuchs bis auf 1,030 nach 28 Stunden, mit einem nahezu parallelen Anstieg der Harn-Osmolalität.

Differenzialdiagnosen: Infrage kommen auch eine Vielzahl anderer Ursachen von Polyurie/Polydipsie (z. B. chronische Niereninsuffizienz, Diabetes mellitus, Hyperadrenokortizismus, Hepatopathien, Hyperkalzämie, Diabetes insipidus).

Therapie: Eine medikamentöse Behandlung ist nicht zwingend erforderlich, wenn die Verhaltenstherapie (z. B. spielerische Aktivitäten, feste Routine/Tagesplan, Partnertier) und Umgebungsanpassung (z. B. Ausweitung des Bewegungsradius, Hundekindergarten bei langen Abwesenheitszeiten) zu einer deutlichen Besserung der Symptomatik führen. Der Einsatz von Nutrazeutika, Pheromonen oder Psychopharmaka ist im Einzelfall abzuwägen.

13.1.3 Krankheiten in Verbindung mit dem Wachstumshormon

Das Wachstumshormon (= Somatotropin, STH bzw. *Growth hormone*, GH) ist ein speziesspezifisches Hormon, welches in der Adenohypophyse synthetisiert und sezerniert wird. Seine Produktion wird durch Somatotropin-*Releasing-Hormon* (SRH, Somatoliberin) aus dem Hypothalamus stimuliert und durch Somatotropin-Release-Inhibiting-Hormon (SIH, Somatostatin) aus dem Hypothalamus, des Pankreas und der Magen-/Dünndarmschleimhaut gehemmt. GH wird pulsatil sezerniert, dies wiederum durch hypothalamische GH-Releasing Hormone (GHRH) und Somatostatin reguliert. Die Sekretion von GH und IGF-1 bewirkt eine negative Rückkoppelung an Hypothalamus und Hypophyse zur Drosselung der GH-Freisetzung.

Die Wirkung von GH kann direkt oder indirekt durch den Insulin-ähnlichen Wachstumsfaktor-1 (*Insulin-like growth factor-1*, IGF-1) vermittelt werden. IGF-1 wird GH-abhängig in der Leber oder lokal in verschiedenem Gewebe gebildet. Die IGF-1-Serumkonzentration korreliert daher physiologischerweise mit der GH-Sekretion und der Körpergröße des Tieres. Allerdings erreicht die Kapazität der Leber zur IGF-1-Produktion bei GH-Überschuss ein Plateau.

Das GH stimuliert die Lipolyse und Proteinbiosynthese, fördert die Glukose-Freisetzung aus der Leber und hemmt die Glukose-Aufnahme in periphere Gewebe (z. B. Fett-, Muskelzellen) und wirkt somit antagonistisch zu Insulin. Dagegen entfaltet IGF-1 eine Insulin-ähnliche Wirkung, indem die Glukose-Aufnahme in die Zellen gefördert und die Glukose-Freisetzung aus der Leber gehemmt wird. Sowohl GH als auch IGF-1 fördern die Proliferation und Hypertrophie der Chondrozyten in den Epiphysenfugen und somit das Knochenwachstum.

13.1.3.1 Hyposomatotropismus

13.1.3.1.1 Angeborener Hyposomatotropismus

Synonym: kongenitaler Hyposomatotropismus, hypophysärer Zwergwuchs.

Definition: Zwergwuchs durch einen angeborenen Mangel an GH sowie auch Thyreotropin (TSH), Prolaktin und Gonadotropinen (LH, FSH). Die Sekretion von Adrenocorticotropin (ACTH) ist dagegen meist nicht gestört.

Ätiologie: Meist durch eine autosomal rezessiv vererbte Mutation im *Lhx3*-Transkriptionsfaktor-Gen bedingt, die eine effektive Vermehrung von Hypophysen-Stammzellen nach der Differenzierung kortikotroper Zellen (daher kein ACTH-Mangel) verhindert und zur Unterentwicklung und -funktion der Hypophyse führt. Eine zystische Entartung oder Persistenz von Anteilen des Hypophysenstiels, die während der Entwicklung zur Druckatrophie der Hypophyse führt, gilt heute als unwahrscheinliche Ursache. Eine Rasseprädisposition ist v. a. beim Deutschen Schäferhund beschrieben sowie beim Karelischen Bärenhund, Tschechoslowakischen Wolfshund und Saarloos-Wolfshund. Selten auftretend bei anderen Rassen wie Weimaraner, Spitz oder Pinscher bzw. Katzen. Aufgrund des autosomalen Erbgangs sind männliche und weibliche Tiere gleichermaßen betroffen.

Pathophysiologie: Neben dem GH-Mangel besteht häufig auch ein Mangel an TSH (sekundäre bzw. hypophysäre Hypothyreose) sowie FSH und LH. In ihrer Gesamtheit führt es zu einer Kombination von Endokrinopathien, die sich als hypophysärer Zwergwuchs bzw. Panhypopituitarismus äußern.

Klinisches Bild: Die ersten Hinweise fallen bereits häufig im Alter von 2–3 Monaten auf. Vordergründig ist eine proportionale Wachstumsverzögerung („altgewordener Welpe" mit „Fuchsgesicht") im Vergleich zu den Wurfgeschwistern, verzögerter Zahnwechsel, mitunter Brachygnathie oder offene Fontanelle und das bleibende Welpenfell bzw. -haarkleid mit fehlendem Deckhaar und symmetrischer Alopezie insbesondere an Rumpf, Hals und Hintergliedmaßen. Je nach Stärke der Beeinträchtigung der Schilddrüsenachse (sekundäre Hypothyreose) können auch Apathie und verminderte Lernfähigkeit beobachtet werden. Als Hypogonadismus-Symptome können Kryptorchismus oder häufige Läufigkeitsanzeichen (anovulatorischer Zyklus ohne Gelbkörperphase) auffallen.

Diagnose: Hämatologie und Blutchemie, ggf. weiterführende Diagnostik, dienen der Abklärung anderer Differenzialdiagnosen. Infolge unterentwickelter Nierenglomeruli kann eine (ggr.) erhöhte Serum-Kreatininkonzentration oder eine Azotämie auffallen. Das Schilddrüsenprofil kann auf eine Hypothyreose deuten (s. Kap. 13.3.1).

Schwankungsbedingt ist die Bestimmung der Basal-GH-Konzentration im Serum nicht aussagekräftig, sondern es muss die GH-Konzentration vor und 20–30 Min. nach der Gabe von GH-Releasing-Hormon (GHRH; 1 µg/kg KM i. v.) bestimmt werden. Alternativ kann ein Clonidin- (10 µg/kg KM i. v.) oder Xylazin-Stimulationstest (100 µg/kg KM i. v.) durchgeführt werden. Physiologischerweise steigt die GH-Konzentration um das 2- bis 4-Fache bzw. auf >10 ng/ml, bei Hyposomatotropismus bleibt eine Stimulation dagegen aus. Ghrelin, welches effizient die GH-Sekretion fördert, kann ebenfalls zum Einsatz kommen (2 µg/kg KM i. v.). Ist die Messung von Serum-GH nicht möglich, kann der GH-abhängig produzierte insulinähnliche Wachstumsfaktor-1 (IGF-1) bestimmt werden; niedrige bzw. nicht messbare Werte sind mit einem Hyposomatotropismus vereinbar. Schnittbildverfahren (Computertomographie [CT], Magnetresonanztomographie [MRT]) können helfen, strukturelle Veränderungen im Bereich der Hypophyse (z. B. Zysten) zu diagnostizieren.

Im Rahmen der Zuchthygiene können Träger der *Lhx3*-Mutation beim Deutschen Schäferhund und verwandten Rassen mit einem spezifischen DNA-Test identifiziert werden.

Differenzialdiagnosen: Kongenitale Hypothyreose (Kretinismus), juveniler Diabetes mellitus, Hyperparathyreoidismus, Hypoadrenokortizismus, Hyperadrenokortizismus (unabhängig oder zusammen mit Hyposomatotropismus), portosystemischer Shunt, Chondrodystrophie, hereditärer Cobalaminmangel, exokrine Pankreasinsuffizienz (Pankreasatrophie), lysosomale Speicherkrankheiten.

Therapie: Aufgrund der gleichen Aminosäuresequenz eignet sich porzines GH für die Anwendung beim Hund (0,1–0,3 IE/kg KM 3× wöchtl. s. c.). Humanes und bovines GH dagegen induzieren die Bildung von Antikörpern und sind daher weniger geeignet. Die Therapiekontrolle erfolgt durch die Bestimmung von Serum-IGF-1. Da es unter der GH-Therapie zur Entwicklung eines Diabetes mellitus kommen kann, ist die Blutglukosekonzentration regelmäßig zu kontrollieren. Unter Ausnutzung der Gestageninduzierten GH-Produktion und -Freisetzung durch die Milchdrüse kann auch Medroxyprogesteronacetat (MPA) zum Einsatz kommen (2,5–5,0 mg/kg KM alle 3 Wochen s. c. für insgesamt 5 Dosen, danach alle 6 Wochen), unter Berücksichtigung möglicher Nebenwirkungen (z. B. zystische Endometriumshyperplasie, Mukometra, Mammatumoren, Akromegalie). Vor Beginn der Therapie sollte daher eine Ovariohysterektomie in Betracht gezogen werden und die Serum-IGF-1-Konzentration unter der Behandlung kontrolliert werden. Liegt gleichzeitig eine Hypothyreose vor, ist Thyroxin zu substituieren (s. Kap. 13.3.1). Ob ein Wachstum zu verzeichnen sein wird, hängt davon ab, ob die Wachstumsfugen bei Therapiebeginn noch offen sind. Zu einer Besserung von Haut und Haarkleid kommt es in den meisten Fällen. Auch wenn die GH-Substitution bzw. MPA- (und Levothyroxin-) Therapie die Prognose verbessert, ist Langzeitprognose vorsichtig und die Lebenserwartung deutlich geringer als bei gesunden Tieren.

13.1.3.1.2 Erworbener Hyposomatotropismus

Definition: Erworbener oder beim adulten Tier auftretender GH-Mangel infolge Schädigung der Hypophyse (z. B. Hypophysektomie, Bestrahlung, Trauma, Neoplasie) oder auch als spontan erworbene Form, deren Pathogenese nicht vollständig geklärt ist.

Ätiologie: Entzündungen, Traumen, Tumoren, andere raumfordernde Prozesse (Granulome, Echinokokkose), Thrombose bzw. lokale Ischämie im Bereich der Hypophyse können zur Störung der GH-Produktion und -Freisetzung führen.

Pathogenese: Entspricht den Prinzipien beim angeborenen Hyposomatotropismus, mit Ausnahme eines nicht verzögerten Körperwachstums. Ist die ACTH-Produktion gestört, können auch Hinweise auf einen Hypoadrenokortizismus (z. B. isolierter Hypokortisolismus) bestehen.

Klinisches Bild: Vordergründig sind die dermatologischen Auffälligkeiten, welche eine symmetrische Alopezie, Hyperpigmentation, Atrophie, Falten- und Schuppenbildung beinhalten können. Weitere Symptome können je nach Einbezug weiterer Endokrinopathien (z. B. Polydipsie/Polyurie bei beeinträchtigter ADH-Sekretion, Gewichtszunahme und Apathie bei TSH-Mangel) auffallen.

Diagnose: Nach Ausschluss der wichtigsten Differenzialdiagnosen (Hypothyreose, Hyperadrenokortizismus, Hyperöstrogenismus) erfolgt die Diagnosesicherung durch die unvollständige GH-Sekretion nach Stimulation der somatotropen Zellen bzw. niedrige Plasmakonzentrationen von IGF-1 (s. Kap. 13.1.3.2). Allerdings kann der erworbene Hyposomatotropismus aus gleichen Ursachen wie die hypophysäre Hypothyreose entstehen.

Therapie: Entspricht der Therapie des angeborenen Hyposomatotropismus (porzines GH oder Gestagene).

13.1.3.1.3 Alopezie X

Synonyme: Pseudo-Cushing-Syndrom, Hyposomatotropismus, kastrationsresponsive Alopezie, Biopsie-responsive Alopezie (4)

Definition: Unter „Alopezie X" werden Hautveränderungen aktuell nicht gänzlich geklärter Ursache, gekennzeichnet durch meist symmetrische, nicht entzündliche, scharf begrenzte Areale mit progressiver Hyperpigmentation, Atrophie der Haarfollikel und Alopezie, zusammengefasst (4).

Ätiologie: Die Pathogenese dieses Krankheitsbildes ist bislang noch nicht identifiziert, es wird jedoch eine Störung der komplexen Interaktion von Hormonen, Zytokinen, Wachstumsfaktoren und Rezeptorexpression mit Beteiligung des Glukokortikosteroid-Regelkreises vermutet (5). Zudem scheinen Haarfollikelrezeptordefekte und veränderte Rezeptorreaktionen auf physiologische Hormonkonzentrationen zur Pathogenese beizutragen (4). Da sich beim Hund eine rassespezifische Häufung der Erkrankung bei Zwerg- und Wolfsspitz, Zwergpudel und nordischen Hunderassen mit langem, dichtem Fell (z. B. Husky, Chow-Chow, Samojede) findet, wird zudem eine genetische Ursache vermutet (4, 6). Beide Geschlechter sind ungeachtet des Kastrationszustands betroffen, männliche Tiere jedoch etwas häufiger. Meist beginnen die Symptome im Alter von 1–2 Jahren, aber auch ein späteres erstes Auftreten ist möglich (4, 7).

Klinisches Bild: Die Alopezie beginnt meist an Schwanzansatz und Hals (unter dem Halsband) und breitet sich dann auf Nacken, Rumpf, Perineum, kaudale Oberschenkel und Rute (sog. „Rattenschwanz") aus. Kopf und distale Gliedmaßen sind dagegen meist nicht betroffen. Nach einem initialen Verlust der Primärhaare und Entwicklung eines „Welpenfells" folgt dann die eigentliche Alopezie mit vollständigem lokalen Haarverlust. Systemisch scheinen die Tiere in der Regel gesund (7).

Diagnose: Charakteristisch ist das Haarwachstum auf einer vormals alopezischen Stelle nach erfolgter Biopsie oder im Bereich eines Traumas. Den Verdacht einer „Alopezie X" bekräftigen das Signalement und klinische Gesamtbild. Ein wesentlicher Teil der diagnostischen Abklärung besteht im Ausschluss von Differenzialdiagnosen (7).

Differenzialdiagnosen: Die wichtigsten Differenzialdiagnosen sind Endokrinopathien wie Hypothyreose, Hyperadrenokortizismus, Hyperöstrogenismus oder -androgenismus. Auch Follikeldysplasien, saisonale Flankenalopezie, Demodikose, Dermatophytose oder oberflächliche Pyodermie sind differenzialdiagnostisch zu bedenken (7).

Therapie: Eine Therapie ist nicht zwingend erforderlich und aktuell auch nur symptomatisch möglich. Allerdings können verschiedene Hormonbehandlungen zumindest zeitweise zu einem Nachwachsen der Haare beitragen. Beschrieben sind hierfür bspw. Antiandrogene (Ypozane®, Suprelorin®), Trilostan (Vetoryl®) sowie der Einsatz von Wachstumshormonen oder Melatonin (3 mg/Hund 2× tägl. p. o.). Bei unkastrierten Rüden kann auch die Kastration eine zumindest zeitlich begrenzte Besserung bewirken. Mikrotraumen (z. B. Dermaroller mit Mikronadeln und topisch angewandtes Minoxidil) können über lokal erhöhte Prostaglandinkonzentration und gesteigerte Haarfollikeldurchblutung das Haarwachstum stimulieren (4). Allerdings ist im Einzelfall abzuwägen, ob die Behandlung dieser rein kosmetischen Erkrankung das Risiko möglicher Nebenwirkungen der Therapie rechtfertigt. Insbesondere Minoxidil kann bei nicht korrekter Anwendung/Überdosierung toxische Wirkungen entfalten (8).

13.1.3.2 Hypersomatotropismus

Definition: *Akromegalie* beschreibt die phänotypischen Veränderungen bei adulten Tieren durch Überschuss des Wachstumshormons (GH); *Hypersomatotropismus* bezieht sich auf die GH-Überproduktion, ungeachtet des Phänotyps (9).

Ätiologie: Hypersomatotropismus entsteht infolge einer Überproduktion und -sekretion von GH bei adulten Tieren (d. h. nach Schluss der Epiphysenfugen). Bei der Katze resultiert der GH-Überschuss hauptsächlich aus einer Überproduktion der Hypophyse durch einen zumeist benignen Tumor (Adenom). Beim Hund dagegen treten solche Tumore sehr selten auf und der GH-Überschuss entsteht in der Regel durch eine erhöhte GH-Produktion in hyper- oder neoplastischem Mammagewebe (9).

Pathogenese: Beim Hund wird der Hypersomatotropismus vorwiegend durch Progesteron vermittelt, welches die GH-Produktion in der Mamma stimuliert. Physiologisch wird Progesteron während der Gelbkörperphase im Diöstrus verstärkt sezerniert (10). Führt ein längerfristiger Einsatz von Progestagenen (Läufigkeitsunterdrückung) oder eine gelegentlich bei älteren unkastrierten Hündinnen vorkommende autonom erhöhte Produktion zu längerfristig erhöhten Progesteronspiegeln, kann die daraus folgende überschüssige GH-Produktion in der Mamma die typischen Symptome einer Akromegalie sowie auch einen Diabetes mellitus hervorbringen (9). Bei der Katze kommt als Ursache des Hypersomatotropismus praktisch ausschließlich ein Hypophysenadenom infrage, da zwar auch in der felinen Mamma GH produziert wird, dieses aber nur lokal (parakrin) wirkt und nicht in den Blutkreislauf gelangt.

Klinisches Bild: Je nach Ursache (Hypophysentumor oder Progesteron-induziert) können die klinischen Symptome variieren. In beiden Fällen können Polydipsie/Polyurie infolge eines sekundären Diabetes mellitus (s. Kap. 13.5.1) auftreten. Polyphagie kann im direkten Zusammenhang mit Hypersomatotropismus, aber auch infolge eines sekundären Diabetes mellitus, zu beobachten sein. Dem Tierbesitzer kann ein inspiratorischer Stridor auffallen, der aus einer Vergrößerung des Gaumensegels und mitunter des laryngopharyngealen Bindegewebes resultiert. Chronische respiratorische Störungen und ein mögliches Lungenemphysem können daraus folgen und mitunter zu sekundärer Herzinsuffizienz und systemischer Hypertension führen. Kopf, Hals und Gliedmaßen wirken häufig plump (Abb. 13.2). Durch die Verbreiterung des Gesichtsschädels können die Schneidezähne auseinanderweichen und die charakteristisch erweiterten Zahnzwischenräume ausbilden. Die Besitzer berichten häufig, dass das Halsband zu eng geworden scheint bzw. nicht mehr passt. Auch die Gliedmaßen werden dicker, länger und plumper, die Haut dicker und faltiger, bei Palpation wirkt sie ödematös. Auch eine Abdomenvergrößerung infolge Hepato- und Renomegalie ist möglich (11).

Bei der Katze sind diese charakteristischen phänotypischen Veränderungen häufig milder bis nicht merklich ausgeprägt. Bei betroffenen Katzen zeigen sich häufig eine Gewichtszunahme, hypertrophe Kardiomyopathie, Arthropathien und neurologische Symptome wie Ataxie, Tetraparese und plantigrade Fußung auch ohne gleichzeitigen Diabetes mellitus (11). Infolge der Insulin-antagonistischen Wirkung von GH ist der Diabetes mellitus bei Akromegalie selbst mit hohen Insulindosen schlecht bis nicht therapeutisch einstellbar.

Diagnose: Wichtig für die Diagnose ist der gründliche Vorbericht in Verbindung mit dem Signalement und klinischen Bild. Bei Hündinnen ist vorab zu klären, ob die Symptome erstmals im Diöstrus bemerkt wurden, wann die letzte Läufigkeit auftrat und ob vorberichtlich eine Progestagen-Behandlung erfolgte. Die Messung von IGF-1 im Serum ist ein routinemäßig verfügbarer Test mit hoher Sensitivität, erhöhte Werte unterstützen die Diagnose eines Hypersomatotropismus (9, 12). Die GH-Bestimmung entweder im Rahmen eines Glukosetoleranztests oder anhand mehrmaliger Messungen wird aufgrund stark eingeschränkter Verfügbarkeit der GH-Bestimmung nicht routinemäßig durchgeführt (9). Die Bestätigung der Verdachtsdiagnose gelingt durch die Darstellung der vergrößerten Hypophyse im CT oder MRT, welche auch bei betroffenen Rüden empfohlen wird. Selbst bei phänotypisch weniger offensichtlich betroffenen Katzen, die klinisch Hinweise auf eine Akromegalie zeigen, bleibt der Hypersomatotropismus eine wichtige Differenzialdiagnose, insbesondere bei Katzen mit insulinresistentem Diabetes mellitus.

Therapie: Bei Hündinnen mit iatrogenem, durch langfristige Progesterongabe ausgelöstem Hypersomatotropismus besteht die Therapie der Wahl im Absetzen der Medikation. Bei spontanem Hypersomatotropismus unkastrierter Hündinnen ist eine Ovariohysterektomie und/oder Mastektomie angezeigt. Bei Katzen mit Hypophysenadenomen führt die chirurgische Hypophysektomie zu einer 85 %igen Erfolgsrate (13). Alternative Therapieoptionen sind eine Bestrahlung (Tomotherapie) oder die medikamentöse Behandlung (14) mit dem Somatostatin-Analogon Pasireotid (0,03 mg/kg KM 1–2× tägl. s.c.) (15) oder dem Dopamin-Agonist Cabergolin (10 µg/kg KM 1× tägl. p.o.) (16). Weiterhin ist bei Katzen eine Therapie des meist (95 %) gleichzeitig auftretenden Diabetes mellitus nötig (14).

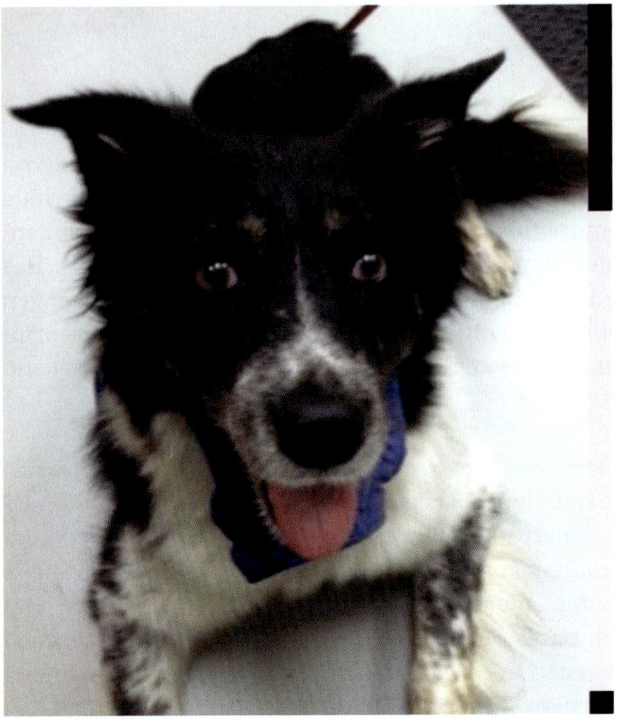

Abb. 13.2 Phänotyp der Akromegalie beim Hund. Typisches klinisches Bild einer mittelalten Border Collie-Hündin mit Hypersomatotropismus (Akromegalie) und charakteristisch verbreitertem Gesichtsschädel. Die Serum-IGF-1-Konzentration betrug > 131 nmol/l (Referenzintervall: 4–95 nmol/l).

13.2 Erkrankungen der Nebenniere

Die Nebenniere unterteilt sich in die **Nebennierenrinde** (Cortex) und das Nebennierenmark (Medulla). Funktionell werden in der Nebennierenrinde die äußere *Zona glomerulosa* (Mineralokortikosteroidproduktion, z. B. **Aldosteron**), die mittlere *Zona fasciculata* (Glukokortikosteroidproduktion, z. B. **Kortisol**) und die innere *Zona reticularis* (Sexualhormonproduktion, v. a. Androgene) unterschieden. Die Hormonproduktion in der Nebennierenrinde steht unter der übergeordneten Kontrolle durch den Hypophysenvorderlappen (Adenohypophyse), in welchem das adrenokortikotrope Hormon (ACTH) gebildet wird, und die *Nucll. infundibularis* und *ventromedialis* des Hypothalamus mit der Produktion von Corticoliberin (Corticotropin-Releasing Hormone, CRH) zusammen als **Hypothalamus-Hypophysen-Nebennierenrinden-Achse** bezeichnet.

Das **Nebennierenmark** entstammt der Neuralleiste (Neuroektoderm) und beherbergt modifizierte Nervenzellen, die **Adrenalin** und **Noradrenalin** produzieren (neuroendokrines Gewebe) und der Regulation durch das vegetative Nervensystem (Sympathikus und Parasympathikus) unterliegen.

13.2.1 Hyperadrenokortizismus

Synonym: *Morbus Cushing*[1]

Definition: Überfunktion der Nebennierenrinde mit der Folge einer Überproduktion von Glukokortikoiden (Hyperkortisolismus), deren Ursache in der Nebennierenrinde (adrenaler oder peripherer Hyperadrenokortizismus) oder dem übergeordneten Zentrum (hypophysärer oder zentraler Hyperadrenokortizismus) liegt (Abb. 13.3). Das **Cushing-Syndrom** beschreibt die klinischen und klinisch-chemischen Veränderungen infolge der chronischen Überproduktion von Glukokortikoiden. Die Nebennierenrindensteroide (Kortisol, Aldosteron, Androgene) werden vom Cholesterin ausgehend synthetisiert.

Ätiologie: Beim *hypophysären Hyperadrenokortizismus* (häufigste Form, ca. 85 %) wird vermehrt ACTH durch adrenokortikale Hyperplasie oder ein Adenom (sehr selten Adenokarzinome) der Hypophyse sezerniert und führt zur Hyperplasie beider Nebennierenrinden. Beim *adrenalen Hyperadrenokortizismus* (ca. 15 %) produziert ein meist einseitiges Nebennierenadenom oder -adenokarzinom autonom Kortikosteroide und hemmt über ein negatives hypophysäres Feedback die Funktion der kontralateralen Nebennierenrinde. Zu einem *iatrogenen Hyperadrenokortizismus* können über längere Zeit in hoher Dosis verabreichte Kortikosteroide (Glukokortikosteroide) führen.

1 Dr. Harvey Cushing (1869–1939, Chirurg, Philadelphia) beschrieb im Jahr 1932 bei 15 Personen das später nach ihm benannte Krankheitsbild.

Neben diesen mit erhöhter Glukokortikosteroid-Sekretion einhergehenden typischen Formen des Hyperadrenokortizismus gibt es auch atypische Formen mit erhöhter Produktion der Glukokortikosteroid-Vorläufermoleküle.

Eine Rasseprädisposition ist für Dackel, Pudel, Terrier (hypophysäre Form), Pudel, Dackel, Labrador Retriever, Deutsche Schäferhunde (adrenale Form) und Pomeranian (atypische Form) beschrieben; bei Katzen kommt die Erkrankung selten vor.

Pathophysiologie: Im Hypothalamus gebildetes CRH gelangt über den Hypophysenstiel an die kortikotropen (chromophil-basophilen) Zellen der Adenohypophyse. Endogene und exogene Stressfaktoren (z. B. Anstrengung, Erregung, Trauma, Schmerz, Infektionen, Trächtigkeit, Geburt, Kälte) fördern die CRH-Sekretion, welche pulsatil erfolgt. In der Adenohypophyse bewirkt CRH die Sekretion von ACTH in das Blut, welches in der *Zona fasciculata* (und *reticularis*) der Nebennierenrinde die Glukokortikosteroidsynthese und -sekretion aktiviert. In geringerem Ausmaß stimuliert ACTH auch die Sekretion von Mineralokortikosteroiden (Aldosteron) in der Z. glomerulosa und von Androgenen in der Z. reticularis (sowie Z. glomerulosa und Z. fasciculata). Hauptsächlich wird die Aldosteronsekretion jedoch durch das Renin-Angiotensin-System reguliert.
Über negative Rückkoppelung im Regelkreis der Hypothalamus-Hypophysen-Nebennierenrinden-Achse führt ein erhöhter Kortisolspiegel im Blut (endogen produziert oder exogen zugeführt) physiologischerweise zu einer verminderten ACTH- und CRH-Sekretion in den übergeordneten Zentren. Eine autonom verstärkte ACTH-Sekretion durch ein Hypophysenadenom führt zur Hypertrophie und Hyperplasie beider Nebennierenrinden, die vermehrt Kortikosteroide sezernieren. Umgekehrt bewirkt ein permanent erhöhter Kortisolspiegel, der aus einem autonomen Nebennierenadenom/-adenokarzinom oder iatrogener Kortikosteroidgabe (längere Zeit in hoher Dosis) stammt, einen deutlichen Rückgang der ACTH-Synthese und -sekretion, was wiederum die Kortikosteroidsekretion in der kontralateralen Nebennierenrinde hemmt.

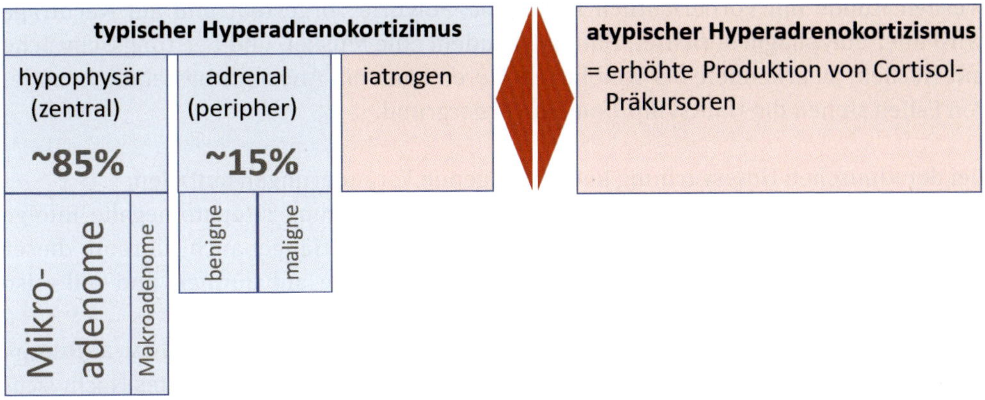

Abb. 13.3 Klassifizierung des Hyperadrenokortizismus beim Hund. Unterschieden werden verschiedene Formen und Lokalisationen der typischen Erkrankungsform und diese wiederum abgegrenzt gegenüber der atypischen Form der Erkrankung.

Die Pathomechanismen folgen aus der vielfältigen biologischen Wirkung der Glukokortikoide:

- Proteinstoffwechsel: katabole Wirkung durch verstärkten Abbau von Körperprotein (Muskelatrophie) und Freisetzung von Aminosäuren (negative Stickstoffbilanz); Hemmung der Synthese von Nukleinsäuren und Proteinen
- Fettstoffwechsel: Ab-/Umbau von Körperfett (Lipolyse) und Umverteilung der Fettdepots (Stammfettsucht)
- Kohlenhydratstoffwechsel: Erhöhung der Blutglukose (diabetogen), Fettsäuren und Aminosäuren, Freisetzung von Energieträgern, Insulinresistenz
- Leber: Induktion von Leberenzymen (v. a. ALP-Aktivität) sowie Erhöhung der Glukoneogenese aus Aminosäuren, Glukoseaufnahme in die Leber und der Glykogensynthese; einhergehend mit Hepatomegalie
- Niere: Erhöhung der Na^+-/Wasserrückresorption (Hypernatriämie), K^+-Exkretion (Hypokaliämie) und Ca^{2+}-Ausscheidung (Kalziurese), Polydipsie/Polyurie (Wechselwirkung mit ADH)
- Kardiovaskuläres System: Erhöhung des intravasalen Volumens, systemische Hypertension
- Darm: Verminderung der Kalziumabsorption
- Knochen: Knorpelschäden, Herabsetzung der Knochendichte
- Haut: Hautatrophie
- Blut und Immunsystem: Stressleukogramm (Eosinopenie, Lymphopenie, Monozytose, Neutrophilie), auch Monozytopenie/Hemmung der Chemotaxis, verminderte Phagozytosefähigkeit der neutrophilen Granulozyten, Membranstabilisation, Komplement-Hemmung, Hemmung von Entzündungsmediatoren (Phospholipase A2), Dämpfung von Immunreaktionen/Immunsuppression mit Infektanfälligkeit
- Verhalten: Verhaltensänderung (z. B. Aggression, Euphorie).

Klinisches Bild: Die klinische Symptomatik ergeht aus den Pathomechanismen. Meist werden Hunde mit vorberichtlich Polydipsie/Polyurie vorgestellt und auf Nachfrage wird über Polyphagie berichtet. Häufig ist zudem eine Muskel- und Leistungsschwäche mit Hecheln zu erkennen, bei weiblichen Tieren kann ein Anöstrus bestehen. In anderen Fällen stehen die Hautsymptome im Vordergrund.

Bei der klinischen Untersuchung können folgende Veränderungen auffallen:

- Adipositas mit Stammfettsucht, durch Organvergrößerung (Hepatomegalie infolge Steroidhepatopathie) und Bauchmuskelschwäche zum Hängebauch führend, dieser gegensätzlich erscheinend infolge der Muskelschwäche auf dünnen und teilweise übermäßig durchtretenden Gliedmaßen.
- Alopezie (symmetrisch, ohne Juckreiz), stumpfes und glanzloses Fell (v. a. Rumpf, Hals, Schwanz, proximale Gliedmaßen), z. T. auch Aufhellung, verzögertes Nachwachsen nach Schur
- Haut- und Hautdrüsenatrophie mit pergamentartigem Erscheinungsbild (markante Falten) und deutlicher Blutgefäßzeichnung am Bauch, Hyperpigmentation, Komedo-

nen (schwarze punktförmige Veränderungen), in wenigen Fällen auch *Calcinosis cutis* (kristalline Körnchen bis flache Knötchen mit entzündlicher, teils purulenter Reaktion; Abb. 13.4), Otitiden und purulenter Analbeutelinhalt infolge gesteigerter Infektanfälligkeit. Bei der Katze kann neben der mitunter ausgeprägten Hautfragilität (Abb. 13.5) ein charakteristisches Einrollen der Ohrspitzen (Knorpelschwäche) auffallen.
- Hecheln und Atembeschwerden verstärken die Leistungsintoleranz und ergehen aus der Kombination von Adipositas, Zwerchfellhochstand (durch Hepatomegalie), Atemmuskelschwäche, verminderter Atemwegs-Compliance (Kalkeinlagerung), Tracheal-/Bronchialkollaps und z. T. pulmonaler Hypertension; dazu mögliche kardiovaskuläre Komplikationen einer systemischen Hypertension (systolischer Blutdruck > 140 mmHg).
- Polydipsie und Polyurie fallen den Besitzern meist auf (auch Nykturie), wenn die Wasseraufnahme deutlich gesteigert ist (> 100 mg/kg KM/Tag; physiologisch: 50–70 ml/kg KM/Tag). Ein sekundärer Diabetes mellitus kann die Polyurie/Polydipsie verstärken.
- Hämostasestörungen (Hyperkoagulabilität) können zu Thrombosen und Thrombembolien führen.
- Hodenatrophie (männl. Tiere) oder ausbleibende Läufigkeit (weibl. Tiere) können beobachtet werden
- Neurologische Symptome (selten) können auf ein hypophysäres Makroadenom deuten.

Diagnose: Neben der gründlichen Anamnese (einschließlich vorberichtlicher Medikamentengabe) und klinischen Untersuchung (mit Blutdruckmessung) helfen labordiagnostische Befunde die Verdachtsdiagnose einzugrenzen. Ein Stressleukogramm findet sich regelmäßig, mitunter eine Thrombozytose. Infolge Steroidhepatopathie und Steroid-induzierbarer Isoform der alkalischen Phosphatase (ALP) beim Hund sind die Serum-Leberenzymaktivitäten meist erhöht (Serum-ALP-Aktivität >> ALT-Aktivität). Hypercholesterinämie ist ein häufiger Befund und eine Hyperglykämie kann auf einen Diabetes mellitus deuten. Die Harnuntersuchung zeigt Isosthenurie (mitunter Hyposthenurie) – außer bei einem gleichzeitigen Diabetes mellitus – und häufig eine (ggr.) Proteinurie. Das Risiko einer bakteriellen Zystitis trotz inaktivem Sediment (> 50 %), infolge gehemmter Immunreaktionen, rechtfertigt eine mikrobiologische Harnuntersuchung. Die Gesamtthyroxinkonzentration im Serum ist meist erniedrigt und aufgrund des klinisch ähnlichen Bildes nicht mit einer Hypothyreose zu verwechseln.

Das Vorgehen in der speziellen endokrinologischen Diagnostik hängt von der Stärke des klinischen Verdachts ab:
- **Kortisol-Kreatinin-Verhältnis im Urin** (*urine cortisol/creatinine ratio, UCCR*), bestimmt in zu Hause gewonnenem Morgenurin (Spontanprobe) von drei aufeinanderfolgenden Tagen, ist ein sensitiver (95–100 %) aber wenig spezifischer (20–25 %) Test, da erhöhte Werte nicht nur beim Hyperadrenokortizismus sondern auch anderen Erkrankungen und Stress vorkommen können. Aufgrund der hohen Sensitivität

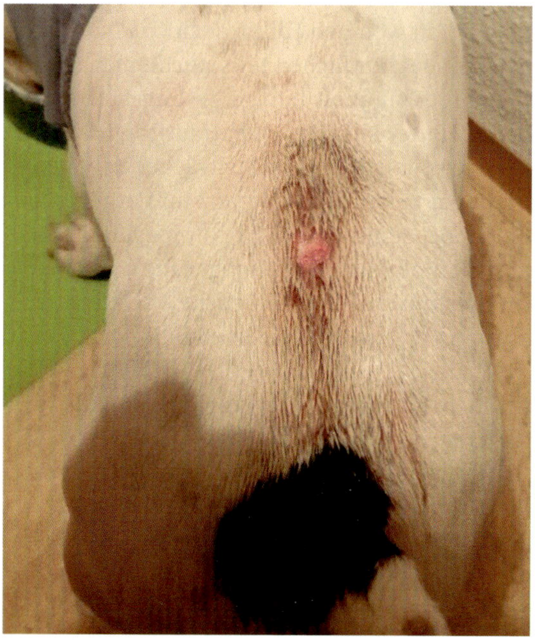

Abb. 13.4 Calcinosis cutis mit purulenter Reaktion bei einer 5-jährigen Französische Bulldogge mit hypophysärem Hyperadrenokortizismus. Der Hund war generell schlecht bemuskelt, hatte einen dezenten "Pendelbauch", mehrere alopezische Stellen (apruritisch) über dem Rücken sowie generell trockene Haut. Bildverwendung mit Genehmigung: Dr. Tanja Töpfer, Universität Leipzig.

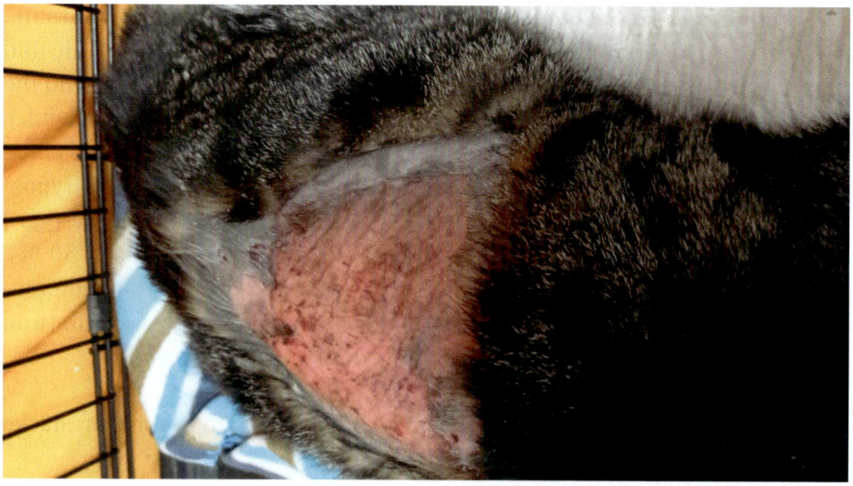

Abb. 13.5 Hyperadrenokortizismus der Katze. Typisches Hautbild einer Katze mit spontanem Hyperadrenokortizismus. Die Katze zeigt eine pergament-ähnliche, dünne Haut von ausgeprägter Fragilität (spontanes Einreißen). Zudem litt die Katze an Diabetes mellitus, welcher sich trotz medikamentöser Therapie mit Trilostan als schlecht einstellbar erwies. Bildverwendung mit Genehmigung: Tierärztin Anja Rodewohl, TP Köthen.

eignet sich die UCCR zum **Ausschluss** eines Hyperadrenokortizismus, insbesondere wenn der klinische Verdacht eher gering ist.

- **ACTH-Stimulationstest**, für welchen vor und 1 Stunde nach der Injektion (Hund) bzw. 30 und 60 Min. nach Injektion (Katze) von synthetischem ACTH (5 µg/kg KM bzw. max. 250 µg/Tier i. v. oder i. m.) die Serum-Kortisolkonzentration bestimmt wird, ist ein sensitiver (60–95 %) und spezifischerer Test (86–91 %) für die **Diagnose** eines Hyperadrenokortizismus bei stärkerem Verdacht der Erkrankung. Das Prinzip des ACTH-Stimulationstests basiert darauf, dass hyperplastische oder tumorös entartete Nebennierenrinden nach Stimulation mit ACTH mehr Kortisol produzieren und sezernieren. Durch exogene Glukokortikosteroidgabe supprimierte Nebennierenrinden (iatrogene Form) sind dagegen nicht stimulierbar (Abb. 13.6). Eine Serum-Kortisolkonzentration nach ACTH-Gabe von ≤ 440 nmol/l (≤ 16 µg/dl) gilt als „negativ", ≥ 550 nmol/l (≥ 20 µg/dl) als „positiv", dazwischen als „Graubereich". Falsch-negative Ergebnisse sind möglich.

Die **Serum-Basalkortisolkonzentration** ist für die Diagnose eines Hyperadrenokortizismus nicht aussagekräftig, kann aber unter bestimmten Voraussetzungen in der Therapiekontrolle genutzt werden (s. Therapie). Der Grad des Serum-Kortisol-Anstiegs im ACTH-Stimulationstest ist, bis auf den Ausschluss eines funktionellen Nebennierentumors (Differenz < 21 nmol/l bzw. < 0,78 µg/d (17), nicht aussagekräftig. Der ACTH-Stimulationstest wird neben der klinischen Beurteilung des Patienten auch zur Therapiekontrolle herangezogen (s. Therapie).

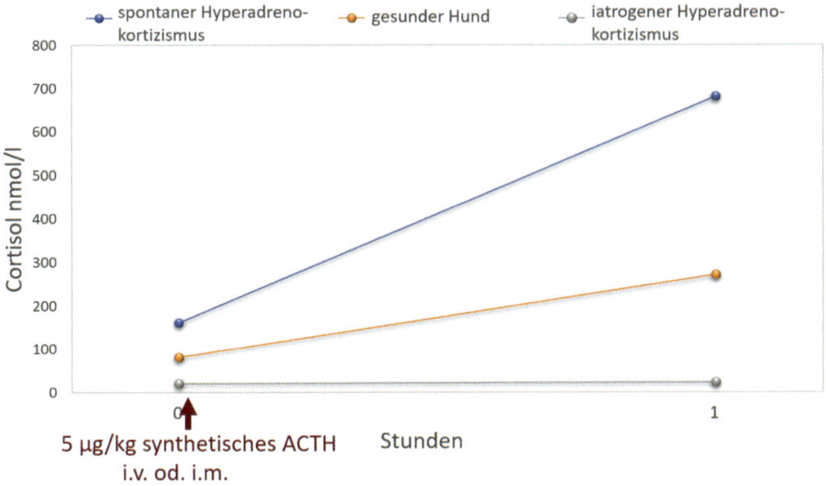

Abb. 13.6 Endokrinologische Diagnostik bei Verdacht eines Hyperadrenokortizismus: ACTH-Stimulationstest. Da hyperplastische oder tumorös entartete Nebennierenrinden infolge Stimulation mit ACTH mehr Kortisol produzieren und freisetzen, kommt es im Vergleich zu gesunden Tieren zu einer Überstimulation im ACTH-Stimulationstest. Beim iatrogenen Hyperadrenokortizismus dagegen ist die Kortisolproduktion in den Nebennierenrinden durch die exogenen Glukokortikosteroide so stark gehemmt, dass es zu keinem Ansprechen im ACTH-Stimulationstest kommt.

- **Low-Dose-Dexamethason-Suppressionstest (LDDST)**, für welchen vor und 4 sowie 8 Stunden nach der Injektion von Dexamethason (Hund: 0,01 mg/kg KM i. v., Katze: 0,1 mg/kg KM i. v.) die Serum-Kortisolkonzentration bestimmt wird, ist ein im Vergleich zum ACTH-Stimulationstest sensitiverer (85–100 %) und ähnlich spezifischer Test (44–95 %) für die **Diagnose** eines Hyperadrenokortizismus bei Verdacht der Erkrankung. Das Prinzip des LDDST besteht darin, dass Dexamethason physiologischerweise die Kortisolsynthese und -sekretion in der Nebennierenrinde hemmt, während diese Dexamethason-induzierte Hemmung der Kortisolproduktion beim Hyperadrenokortizismus unvollständig ist oder ausbleibt (Abb. 13.7).

  Eine **8-Stunden-Kortisolkonzentration** von > 41 nmol/l (> 1,5 µg/dl) bzw. > 50 % der Basalkortisolkonzentration ist als „positiv" zu beurteilen, während ein Wert von < 28 nmol/l (< 1,0 µg/dl) als „negativ" gilt, Werte dazwischen (28–41 nmol/l bzw. 1,0–1,5 µg/dl) sind als nicht eindeutig zu beurteilen und weitere Befunde (High-Dose-Dexamethason-Suppressionstest, endogene ACTH-Konzentration, bildgebende Diagnostik) heranzuziehen.

  Spricht der 8-Stunden-Wert für einen Hyperadrenokortizismus, kann die **4-Stunden-Kortisolkonzentration** zur Abgrenzung der hypophysären Form dienen (< 41 nmol/l bzw. < 1,5 µg/dl); Werte > 41 nmol/l (> 1,5 µg/dl) sind mit adrenaler oder hypophysärer Form vereinbar, auch inverse Kurvenverläufe sind möglich. Weitere Optionen zur Differenzierung zwischen hypophysärem und adrenalem Hyperadrenokortizismus sind: High-Dose-Dexamethason-Suppressionstest, endogene ACTH-Konzentration, Sonographie der Nebennieren und bildgebende Diagnostik Kopf (Computertomographie, Magnetresonanztomographie).

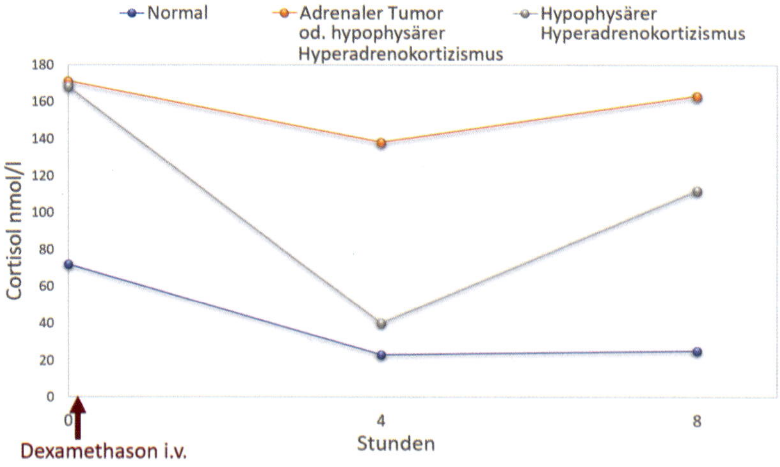

Abb. 13.7 Endokrinologische Diagnostik bei Verdacht eines Hyperadrenokortizismus: Low-Dose-Dexamethason-Suppressionstest (LDDST). Eine erhöhte 8-Stunden-Kortisolkonzentration ist mit einem Hyperadrenokortizismus vereinbar, da die Hemmung der Kortisolproduktion unvollständig ist oder ausbleibt. Eine Suppression im 4-Stunden-Wert spricht für einen hypophysären Hyperadrenokortizismus, wohingegen eine unvollständige oder ausbleibende Hemmung des 4-Stunden-Wertes sowohl bei der adrenalen als auch der hypophysären Form zu beobachten sein kann.

- **High-Dose-Dexamethason-Suppressions-Test (HDDST)**, dessen Durchführung – bis auf eine höhere Dosis Dexamethason (0,1 mg/kg KM i. v.) – dem LDDST entspricht. Das Prinzip des HDDST beruht darauf, dass die Kortisolsekretion durch autonome adrenale Tumoren auch durch eine höhere Dexamethason-Dosis nicht gehemmt wird, während bei der hypophysären Form die Serum-Kortisolkonzentration nach 4 h oder 8 h oder an beiden Zeitpunkten bei < 41 nmol/l (< 1,5 µg/dl) bzw. < 50 % der Basalkortisolkonzentration liegt.
- **Bestimmung von endogenem ACTH (eACTH) im Serum**, aufgrund des zirkadianen Rhythmus in einer Blutprobe aus den Morgenstunden, deutet bei erhöhten Werten (> 50 pg/ml; Referenzintervall laborabhängig ca. 10–65 pg/ml) auf einen hypophysären Hyperadrenokortizismus, während eACTH-Konzentrationen < 10 pg/ml mit der adrenalen Form vereinbar sind.
- **Sonographische Untersuchung** der Nebennieren, wodurch Größe, Form und Binnenstruktur sowie Symmetrie beurteilbar und hypophysäre vs. adrenale Form weiter eingrenzbar sind. Die normale Form der Nebennieren ist hantel-, zigarren- oder kommaförmig; je nach Körpergröße gelten als max. Durchmesser der Nebennieren (18):

Körpergewicht	≥ 2.5–5 kg	> 5–10 kg	> 10–20 kg	> 20–40 kg
max. Durchmesser linke Nebenniere	5,1 mm	5,5 mm	6,4 mm	7,3 mm
max. Durchmesser rechte Nebenniere	5,3 mm	6,8 mm	7,5 mm	8,7 mm

  Bei hypophysärem Hyperadrenokortizismus erscheinen beide Nebennieren plump oder sind vergrößert, während funktionelle Neoplasien der Nebennierenrinde als asymmetrische, unförmige Vergrößerung mit Verlust der normalen Echostruktur und ggf. Einbruch in die *V. cava*, periadrenale Blutung und Hinweise auf Metastasierung (z. B. Leber) auffallen. Ein häufiger Befund ist die Hepatomegalie mit reflexreicher Echostruktur der Leber (Steroidleber).

  Die **Röntgenuntersuchung** des Abdomens gibt dagegen meist wenig Aufschluss über die Nebennieren, mit Ausnahme von Kalzifizierungen kranial bis medial der Nieren bzw. bei offensichtlicher Adrenomegalie, die für einen adrenalen Hyperadrenokortizismus sprechen. Hepatomegalie und ein gutes serosales Detail (Fett) sind weitere Befunde.
- **Computertomographische (CT) Darstellung** bzw. **Magnetresonanztomographie (MRT)** zur Diagnose größerer Adenome (Makroadenome) der Hypophyse. Für die Darstellung von Nebennierentumoren sowie möglicher Einbrüche in die *V. cava caudalis* sind Schnittbildverfahren der Sonographie überlegen.
- **Präkursoren-Profile** vor und nach ACTH-Stimulation (17α-Hydroxyprogesteron, Progesteron, Östradiol, Androstendion) können für die Abklärung eines atypischen Hyperadrenokortizismus herangezogen werden.

Differenzialdiagnosen: Während das klinische Bild des Hyperadrenokortizismus sehr charakteristisch ausgeprägt sein kann, ist die Abgrenzung gegenüber anderen Krankheiten mit ähnlichen oder überlappenden Symptomen mitunter herausfordernd. Hierzu zählen andere Endokrinopathien (z. B. Hypothyreose), dermatologische Erkrankungen, Hepatopathien und Nephropathien.

Therapie: Je nach Ätiologie der Erkrankung kommen konservative (medikamentöse) und chirurgische Therapieoptionen infrage, welche individuell auf den Patienten abzustimmen sind.

Die **konservative Therapie** eignet sich bei hypophysärem Hyperadrenokortizismus sowie bei der adrenalen Form, wenn ein chirurgischer Eingriff nicht geplant werden kann bzw. soll, bereits Metastasen vorliegen oder ein Gefäßeinbruch des Tumors erfolgt ist.

- Trilostan (Vetoryl®), ein reversibler 3β-Hydroxysteroid-Dehydrogenase-Hemmer, der kompetitiv in die Synthese von Steroidhormonen (z. B. Kortisol und Aldosteron) eingreift, ist mit einer Startdosis von 1–3 mg/kg KM 1× tägl. p.o. das Mittel der ersten Wahl. Je nach Therapieansprechen kann (nicht früher als 4 Wochen nach Beginn der Therapie) eine Dosis-Anpassung durch entweder Wechsel von 1× tägl. auf 2× tägl. Gabe oder Erhöhung der Einzeldosis erfolgen. Häufig zeigt sich eine beginnende Besserung der klinischen Symptome innerhalb von Tagen bis wenigen Wochen. Folgendes Kontrollschema wird empfohlen (Abb. 13.8):

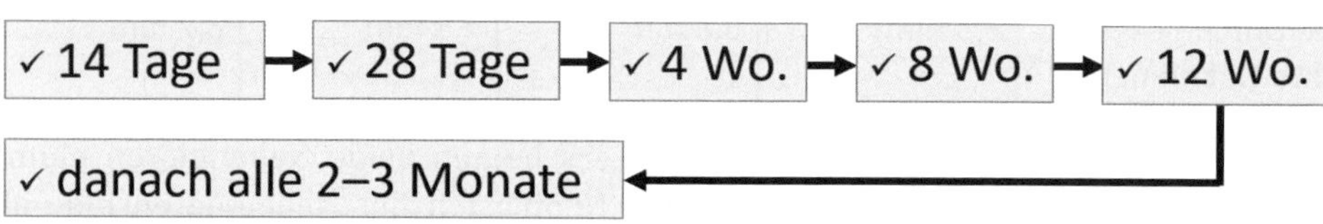

Abb. 13.8 Empfohlenes Schema für die Therapiekontrolle beim Hyperadrenokortizismus. Jede Dosisanpassung bedarf erneut einer zunächst engmaschigeren Kontrolle.

Für die Besitzer empfiehlt sich ein (analoges od. digitales) Tagebuch, um insbesondere Allgemeinbefinden, Aktivität, Futter- und Wasseraufnahme, Harnabsatz, etwaiges Erbrechen, Durchfall oder andere Probleme während der Therapie festzuhalten und bei Wiedervorstellung genaue Angaben für die Beurteilung der Qualität der medikamentösen Einstellung liefern zu können. Zusätzlich zur klinischen Beurteilung des Patienten erfolgt die klinisch-chemische Kontrolle, entweder mittels ACTH-Stimulationstest 3–4 h nach der Gabe von Trilostan (traditionelle Kontrolle) oder der Serum-Basalkortisolkonzentration morgens vor der Trilostan-Gabe (neues *Pre-Pill-Monitoring*). Vorteile des *Pre-Pill-Monitoring* sind, dass es auch bei Nichtverfügbarkeit von synthetischem ACTH durchführbar sowie schneller und kostengünstiger ist als der ACTH-Stimulationstest. Als Nachteil unterliegt die Serum-Kortisolkonzentration Schwankungen und ist stressanfällig (z. B. Temperament des Tieres, Anfahrtsweg berücksichtigen) und die zeitliche Planung kann schwierig sein (z. B. bei üblicherweise frühmorgendlicher Medikamentengabe).

- *o,p'-DDD* (*Mitotan*, Lysodren®), ein Chemotherapeutikum mit atrophischer Wirkung auf die Nebennierenrinde (Z. fasciculata und Z. reticularis, aber auch Z. glomerulosa), muss vor Anwendung umgewidmet werden und wird selten eingesetzt. In der Einleitungsphase (25 mg/kg KM 2× tägl. p.o. mit der Fütterung, um die Resorption zu gewährleisten) bedarf es einer engmaschigeren Kontrolle von klinischen Befunden und ACTH-Stimulationstest (bereits 3–5 Tage nach Therapiebeginn), während die Kontrolle unter Langzeittherapie (25 mg/kg KM 2× wöchtl. p. o.) dem bei Trilostan-Gabe angewandten Schema (mit ACTH-Stimulationstest) ähnlich ist. Je nach Wirkung muss eine Glukokortikosteroid-Substitution mitunter bereits während der Initialphase erfolgen um einem iatrogenen Hypoadrenokortizismus (M. Addison) vorzubeugen, seltener auch eine Mineralokortikosteroid-Substitution.

Bei adrenalem Hyperadrenokortizismus wird die **chirurgische Entfernung** der erkrankten Nebenniere (*Adrenalektomie*) empfohlen, sofern noch keine Hinweise auf Metastasen bestehen oder solche mit einbezogen werden können. Der operative Zugang kann über eine Laparoskopie oder Laparotomie erfolgen, ist in beiden Fällen aber aufwendig und technisch schwierig. Die **Hypophysektomie** (Entfernung der Hypophyse mit Zugang über die Maulhöhle) ist eine mögliche Therapie beim hypophysären Hyperadrenokortizismus. Auch diese Methode (und die postoperative Nachsorge) ist sehr anspruchsvoll und wird nur von sehr wenigen Chirurgen weltweit durchgeführt.

Eine **stereotaktische Bestrahlung** von Hypophysenadenomen kann die Größe von Makroadenomen eindämmen, die funktionelle Aktivität von Adenomen der Hypophyse lässt sich durch die Strahlentherapie jedoch nur wenig beeinflussen.

13.2.2 Hyperaldosteronismus

Synonym: Conn-Syndrom

Ätiologie: Eine autonome Überfunktion der Nebennierenrinde führt zum Mineralokortikosteroid-Überschuss. Ursächlich sind hierfür entweder eine mikronoduläre Hyperplasie oder ein Aldosteron-produzierenden Tumor der Nebennierenrinde, insbesondere der Zona glomerulosa, meist als unilaterales (selten bilaterales) Adenom oder Karzinom (mit gleicher Wahrscheinlichkeit), welche neben Aldosteron auch andere Steroidhormone (z. B. Progesteron) im Übermaß produzieren können. Hyperaldosteronismus ist die häufigste Nebennierenrindenerkrankung der Katze und tritt meist bei älteren Tieren (mitunter im Zusammenhang mit chronischer Nierenerkrankung) auf; bei Hunden gibt es nur wenige beschriebene Einzelfälle. (19).

Pathogenese: Der chronisch erhöhte Aldosteronspiegel hat ein Ungleichgewicht im Renin-Angiotensin-Aldosteron-System (RAAS) zur Folge. Die erhöhte Na^+- und Wasserrückresorption über die Nieren führt zur einer erhöhten K^+- und H^+-Ausscheidung. Stark erhöhte Aldosteronspiegel bedingen eine Vasokonstriktion mit Erhöhung des peripheren Gefäßwiderstands und Entwicklung einer systemischen Hypertension (ca. 70 %

der betroffenen Katzen). Infolge der proinflammatorischen und profibrotischen Eigenschaften von Aldosteron können langfristige Komplikationen wie Nieren-, Herz- und Gefäßschäden auftreten (20).

Klinische Symptomatik: Die klinischen Symptome des Hyperaldosteronismus lassen sich im Wesentlichen aus der Hypokaliämie und systemischen Hypertension (in ca. 50 % der betroffenen Katzen > 180 mmHg) ableiten. Zu Beginn der Erkrankung können diese unspezifisch sein (z. B. Apathie, Inappetenz oder Polyphagie, Polyurie/Polydipsie, Gewichtsverlust). Bei schwerer Hypertension können okuläre Symptome wie (plötzliche) Blindheit und Mydriasis durch intraokuläre Hämorrhagien und Retinaablösung (hypertensive Retinopathie; Abb. 13.9) oder neurologische Komplikationen wie Ataxie, Kopfpressen, Anfälle (hypertensive Enzephalopathie) zu beobachten sein.

Die hypokaliämische Polymyopathie kennzeichnet sich klinisch durch generalisierte Schwäche besonders in den Hintergliedmaßen (ca. 40 % der betroffenen Katzen), Ataxie (ca. 10 %), Lahmheit, steifen Gang bis hin zu zervikaler Ventroflexion (ca. 15 %). Diese können in verschiedenen Schweregraden und häufig intermittierend zu beobachten sein. Seltener zeigen betroffene Tiere Dysphagie und Dyspnoe bis hin zum Atemstillstand, wobei die Dyspnoe auch Folge einer kongestiven Herzinsuffizienz mit systolischem Herzgeräusch (ca. 55 %) oder Arrhythmien darstellen kann. Häufig finden sich Symptome von Begleiterkrankungen wie Hyperthyreose (s. Kap. 13.3.2) oder chronischer Nierenerkrankung. Sehr selten verdichten sich Hinweise auf eine Polyendokrinopathie, die einen Hyperprogesteronismus und/oder Hyperadrenokortizismus (s. Kap. 13.2.1) einschließt.

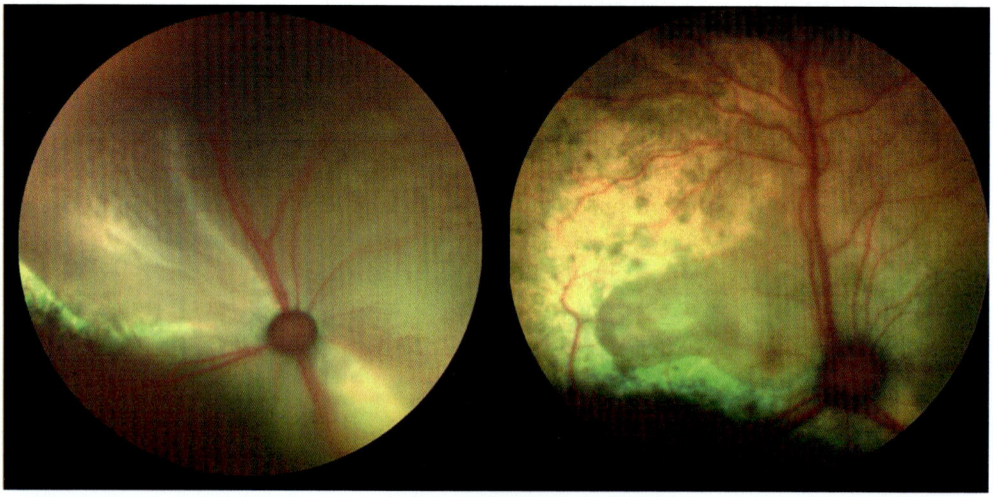

Abb. 13.9 Funduskopie bei Katzen mit hypertensiver Retinopathie. Typisches funduskopisches Bild hypertensiver Schäden im Bereich der Retina mit nahezu kompletter Netzhautablösung (linkes Bild) und gewundenen Netzhautgefäßen, multifokalen Netzhauthämorrhagien und fokaler Netzhautablösung (rechtes Bild). Bildverwendung mit Genehmigung: Dr. Andrea Steinmetz, Universität Leipzig.

Diagnose: Ein für die Therapie essenzieller Bestandteil der diagnostischen Abklärung ist die **Blutdruckmessung**, die häufig eine mgr. bis hgr. systemische Hypertension (> 180 mmHg; Abb. 13.10) aufzeigt. Die klinische Untersuchung bringt sonst eher unspezifische Befunde hervor, bis auf sehr seltene Ausnahmen ist die Palpation des Abdomens auf eine umfangsvermehrte Nebenniere unergiebig. Das charakteristische Signalement sind mittelalte oder ältere Katzen mit meist unauffälliger Hämatologie, **Hypokaliämie** (91 %) mit oder ohne Hypernatriämie und häufig metabolischer Alkalose; auch eine Hypophosphatämie oder Hypomagnesiämie sind möglich und infolge der hypokaliämischen Polymyopathie kann die Kreatinkinase stark erhöht sein. Etwa die Hälfte aller Katzen ist zudem azotämisch, mit isosthenurischem Harn, was auf eine Hyperaldosteronismus-bedingte chronische Nierenerkrankung schließen lässt (21).

Das Abdomenröntgen ist meist unergiebig, bei einer deutlich sichtbaren Umfangsvermehrung im Bereich der Nebenniere sollte zusätzlich ein Thoraxröntgen zur Metastasensuche erfolgen. In der Abdomensonographie fällt häufig (94 %) – und dann überwiegend (77 %) einseitig – eine Adrenomegalie auf (22). Mithilfe der sonographischen Untersuchung kann die kontralaterale Nebenniere hinsichtlich ihrer Größe (Symmetrie) beurteilt werden, ebenso die *V. cava* für eine Abschätzung einer lokalen Tumorausdehnung. Dazu sind alle anderen Organe, v. a. auf Hinweise für eine Fernmetastasierung zu beurteilen. Insbesondere bei idiopathischer Hyperplasie der Nebennierenrinde kann die Abdomensonographie unauffällig und die Nebennieren höchstens plump erscheinen. Sensitiver als die Sonographie sind Schnittbildverfahren (CT, MRT), mit deren Hilfe beide Nebennieren hinsichtlich Größe und Struktur beurteilt und verglichen werden können, ebenso die *V. cava*, andere Bauchorgane und ggf. auch der Thorax hinsichtlich pulmonaler Metastasen. Auch vorab einer geplanten Adrenalektomie können CT und MRT eine gute Planungsgrundlage bieten. Der bildgebende Nachweis einer Nebennierenmasse in Kombination mit einer erhöhten Serum-Aldosteronkonzentration (ggf. mit Hypertension und/oder Hypokaliämie) gilt als diagnostisch.

Als **Screeningtest** kann die **Aldosteron-Basalkonzentration** im Serum oder Plasma bestimmt werden, welche meist erhöht ist. Allerdings kann, insbesondere bei nodulärer Hyperplasie, der Aldosteron-Basalwert auch im oberen Referenzintervall angesiedelt sein. Dies spricht im Zuge einer Hypokaliämie und systemischen Hypertension

Risikokategorie	systolischer Blutdruck**	diastolischer Blutdruck**	IRIS-Kategorie	Risiko für Organschäden
I	<140 mmHg	<95 mmHg	normotensiv	minimal (AP0)
II	140–159 mmHg	95–99 mmHg	lgr. hypertensiv	gering (AP1)
III	160–179 mmHg	100–119 mmHg	hypertensiv	mittel (AP2)
IV	≥180 mmHg	≥120 mmHg	hgr. hypertensiv	hoch (AP3)

**10–20 mmHg höher bei Windhunden

Abb. 13.10 Klassifizierung des systemischen Blutdrucks bei Hund und Katze nach Risikokategorien. IRIS = International Renal Interest Society; lgr. = leichtgradig; hgr. = hochgradig.

jedoch für eine unangemessen hohe Aldosteronkonzentration, die einen physiologischen Regelkreis ausschließt. Falsch-positive Resultate sind jedoch bei der Gabe von Aldosteronantagonisten (z. B. Spironolakton), ACE-Hemmern (z. B. Benazepril) oder Angiotensin-Rezeptor-Blockern (z. B. Telmisartan) möglich, weshalb solche RAAS-Inhibitoren für mind. 2 Wochen vor dem Test abgesetzt werden müssen.

Möglich ist die Bestimmung der gepaarten Renin-Konzentration im Blut, welche jedoch nicht breit verfügbar und bezüglich der Präanalytik sehr anspruchsvoll ist. Das Blut muss in eisgekühlte Röhrchen gefüllt, sofort zentrifugiert und eingefroren werden, um aussagekräftige Ergebnisse zu liefern. Hieraus kann der **Aldosteron/Renin-Quotient (ARR)** berechnet werden, dessen Erhöhung mit einem Hyperaldosteronismus vereinbar ist. Auch hier sind falsch-positive Resultate durch die Gabe von Medikamenten, die mit RAAS interferieren, möglich.

Die **Diagnose** lässt sich mit dem **Fludrokortison-Suppressionstest** bestätigen, wofür über 4 Tage Fludrokortison (0,05 mg/kg KM 2× tägl. p. o.) verabreicht und vor, während und nach der Gabe der Aldosteron/Kreatinin-Quotient im Urin (UACR) bestimmt wird. Bei primärem Hyperaldosteronismus lässt sich in diesem Test keine Suppression nachweisen (23). Diagnose und Charakterisierung der Erkrankung erfordern jedoch zusätzlich eine bildgebende Diagnostik. Nach einer Adrenalektomie kann die pathohistologische Untersuchung die Diagnose bestätigen.

Therapie: Ziel der Therapie ist zunächst die Stabilisierung des Patienten und die Normalisierung des Serum-Kaliumspiegels sowie des Blutdrucks. Je nach Ätiologie kommen konservative (medikamentöse) oder chirurgische Therapieoptionen in Betracht.

1. Die **medikamentöse Therapie** ist bei einer nodulären Hyperplasie bzw. für mind. 2 Wochen vor einer chirurgischen Versorgung indiziert und beinhaltet drei wichtige Komponenten:
   - Aldosteron-Antagonismus, um dem Überschuss an Aldosteron zu begegnen: Spironolakton (1–2 mg/kg KM 2× tägl. p. o.)
   - Kaliumsubstitution, um die Hypokaliämie zu beseitigen: meist als Kaliumglukonat (2–6 mmol/Katze 2× tägl. p. o.), initial ggf. Kaliumchlorid i. v. (max. 0,5 mmol/kg/Std.)
   - Antihypertensivum zur Reduktion und Normalisierung der systemischen Hypertension: Kalziumkanalblocker (Amlodipin: 0,625–1,25 mg/Katze 1× tägl. p. o.) bzw. α_1-Rezeptorblocker (Prazosin: 0,25 mg/Katze 1× tägl. p. o.; oder Phenoxybenzamin: 0,25 mg/Katze 2× tägl. p. o.).

   Ziele der antihypertensiven Therapie (Abb. 13.11) sind:
     - Verhinderung von Endorganschäden und Folgeerkrankungen (Niere: chronische Nierenerkrankung und -insuffizienz; Auge: hypertensive Retinopathie; Nervensystem: hypertensive Enzephalopathie/zerebraler Insult; und Herz-Kreislaufsystem: linksventrikuläre Hypertrophie, kongestive Herzinsuffizienz)
     - systolischer Blutdruck < 140 mmHg
     - langsame Blutdrucksenkung (außer bei hypertensiver Krise: Abb. 13.12)
     - Vermeidung einer Hypotension

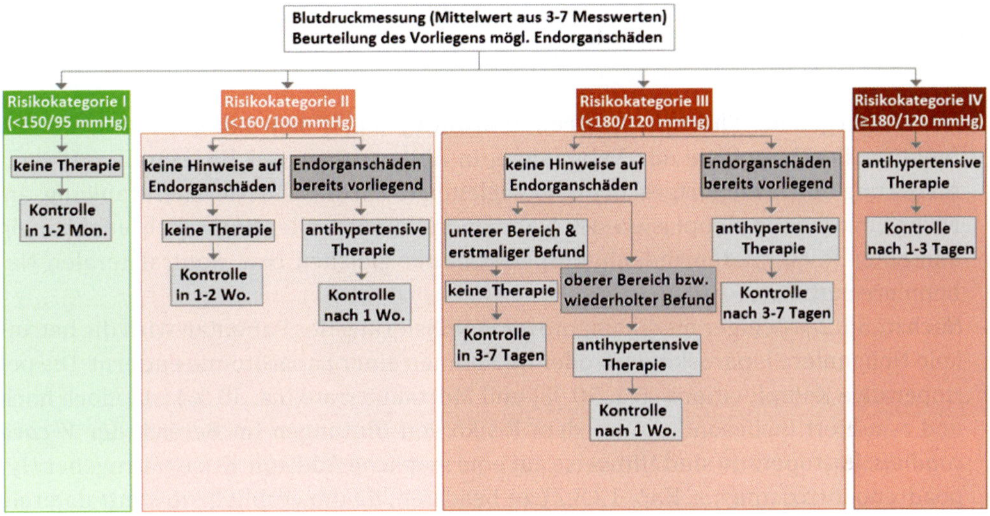

Abb. 13.11 Diagnostisches und therapeutisches Vorgehen bei systemischer Hypertension nach Risikokategorie.

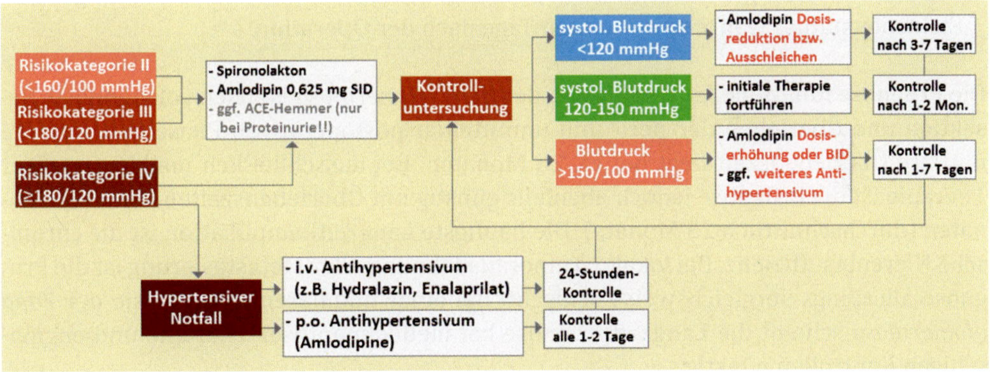

Abb. 13.12 Therapeutisches Vorgehen bei Hypertension und hypertensiver Krise. SID = einmal täglich.

Die früher empfohlene diätetische Na^+-Reduktion gilt heute als obsolet, da durch eine solche Fütterung das RAAS aktiviert und so der Hyperaldosteronismus forciert werden kann.

- Essenzieller Bestandteil der Therapie sind **regelmäßige Kontrolluntersuchungen**, bei welchen das Hauptaugenmerk auf der Blutdruckkontrolle sowie Hinweisen auf mögliche Endorganschäden (Niere, Auge, zentrales Nervensystem, Herz-Kreislaufsystem) liegt. Neben der Blutdruckmessung werden daher eine gründliche klinische Untersuchung (Herzauskultation, Pulsbeurteilung) und ggf. neurologische Untersuchung, Blutchemieprofil (mit Harnstoff-Stickstoff [BUN]-, Kreatinin-, Phosphat- und Kaliumbestimmung), Harnuntersuchung (spezifisches Harngewicht), Funduskopie und ggf. Thoraxröntgen, Echo- und Elektrokardiogramm zur regelmäßigen Therapiekontrolle herangezogen.

2. Die **chirurgische Therapie (Adrenalektomie)** bietet sich bei einer unilateralen funktionellen Neoplasie der Nebenniere, in Abwesenheit von Hinweisen auf Metastasierung oder eine fortgeschrittene begleitende chronische Nierenerkrankung, an. Nicht-funktionelle Neoplasien der Nebenniere können allerdings auch unabhängig von einer Nebennierenrindenhyperplasie in der gleichen bzw. kontralateralen Nebenniere auftreten.
   Nach mind. 2-wöchiger medikamentöser Stabilisierung des Patienten wird die betroffene Nebenniere laparoskopisch oder im Rahmen einer Laparotomie entfernt. Die perioperative Komplikations- (ca. 50 %) und Mortalitätsrate (ca. 30 %) ist jedoch hoch und resultiert insbesondere aus dem Risiko von Blutungen im Bereich der *V. cava caudalis*. Postoperativ sind Hinweise auf eine mögliche Addison-Krise (iatrogener Hypoadrenokortizismus; s. Kap. 13.3.2) zu beachten, da die verbliebene kontralaterale Nebenniere zunächst die Suppression überwinden muss. Eine großzügige Na^+-Aufnahme sollte gewährt werden und, wenn nötig, kann für einige Tage Fludrokortison verabreicht werden. Essenziell für eine gute Heilungschance ist eine strenge Patientenüberwachung (klinische Untersuchung, Blutdruckkontrolle, Gerinnungs- und Elektrolytstatus) während der ersten Tage nach der Operation.

Die Prognose funktioneller Neoplasien der *Zona glomerulosa* ist nach vollständiger Resektion und Überleben der peri- und unmittelbar postoperativen Phase gut (24); die mittlere Überlebenszeit liegt bei ca. 26 Monaten. Bei ausschließlich medikamentöser Therapie ist die Prognose jedoch ebenfalls günstig mit Überlebenszeiten von 6–30 Monaten (durchschnittlich 23 Monate). Die häufigste Langzeitkomplikation ist die chronische Niereninsuffizienz. Bei lokaler Tumorausdehnung oder Metastasierung ist die Prognose allerdings vergleichsweise schlecht. Bei einer nodulären Hyperplasie der *Zona glomerulosa* scheint die Langzeitprognose bei medikamentöser Therapie und engmaschigen Kontrollen günstig.

13.2.3 Hypoadrenokortizismus

Synonyme: *Morbus Addison*[2]

Definition: Primäre oder sekundäre Unterfunktion der Nebennierenrinde mit der Folge reduzierter Mineralokortikosteroid- und/oder Glukokortikosteroidsekretion. Die typische Form des Hypoadrenokortizismus beschreibt einen Glukokortikosteroid- und dekompensierten Mineralokortikosteroidmangel, während die atypische Form als ent-

[2] Sir Thomas Addison (1793–1860, englischer Arzt, London) beschrieb im Jahre 1855 den Hypoadrenokortizismus beim Menschen.

weder reiner Glukokortikosteroidmangel oder Kombination aus Glukokortikosteroid- und kompensiertem Mineralokortikosteroidmangel definiert ist.

Ätiologie: Eine entzündliche, immun-bedingte Genese oder idiopathische Funktionsstörung ist die häufigste Ursache für die primäre (adrenale) Form der Erkrankung beim Hund. Seltener sind granulomatöse (z. B. Mykose) oder vaskuläre Ursachen (Durchblutungsstörung/Infarkt, Blutungen, Verbrauchskoagulopathie), Amyloidose, Trauma, Nekrose, metastatische Neoplasie ursächlich. Erkrankungen im Bereich Hypophyse oder Hypothalamus (entzündlich, neoplastisch, vaskulär) können durch ACTH- bzw. CRH-Mangel zur sekundären Form der Erkrankung führen. Meist transienter Natur, sind je nach Vorbericht auch iatrogene Ursachen (adrenostatische Therapie, Adrenalektomie) möglich. Im Vergleich zum Hund tritt die Erkrankung bei Katzen selten auf. Eine Rasseprädisposition betrifft Pudel, Portugiesische Wasserhunde, Nova Scotia Duck Tolling Retriever und Bearded Collies.

Pathogenese: Durch Insuffizienz der Nebennierenrinde (Zona fasciculata) oder verminderte Sekretion von ACTH (oder CRH) werden vermindert Glukokortikosteroide produziert und freigesetzt. Deren vielfältige Wirkung hat eine verminderte Glukoneogenese in der Leber, Fettstoffwechselstörung und Fettmobilisation (kataboler Stoffwechsel, Energiedefizit) zur Folge. Bei Nahrungskarenz kann sich eine Hypoglykämie entwickeln, die Leistungsfähigkeit des Tieres (z. B. Sport, Arbeit) ist reduziert und die Adaptationsfähigkeit insbesondere bei Stress (z. B. Aktivität, Anstrengung, Erregung) eingeschränkt.

Ein Mangel des in der *Zona glomerulosa* gebildeten Mineralokortikosteroids Aldosterons kann zu Störungen im Elektrolythaushalt führen, da vermehrt Na^+, Cl^- und Wasser über die Nieren ausgeschieden und K^+ zurückgehalten wird. Daraus ergeben sich eine Hyponatriämie, Hypochloridämie, Dehydratation, Hypovolämie und Hyperkaliämie, mit der Folge von systemischer Hypotension, reduziertem Herz-Zeit-Volumen und verminderter Durchblutung peripherer Organe, bspw. der Nieren (hypovolämischer Schock). Aus der verminderten Nierendurchblutung und glomerulärer Filtrationsrate ergibt sich eine prärenale Azotämie, metabolische Azidose und Oligurie. Gleichzeitig regen Hypotension und Dehydratation die Sekretion von antidiuretischem Hormon (ADH, Vasopressin) aus dem Hypothalamus an und fördern so die Wasserrückresorption über die Nieren, wodurch Na^+ und Cl^- weiter verdünnt und die Serum-Osmolalität weiter vermindert wird.

Klinisch ist die Hyperkaliämie bezeichnend, welche durch die Azidose (im Austausch für H^+ folgt ein Übertritt aus intrazellulärem K^+ ins Blut) verstärkt wird und zu Depolarisationsstörungen der quergestreiften und Herzmuskulatur führt. Myokardstörungen und körperliche Schwäche, wiederum verstärkt durch die Hypoxie, verschlimmern die Symptomatik und können eine lebensbedrohliche Bradykardie, Arrhythmien, Kammerflimmern und Herzstillstand bewirken.

Klinisches Bild: Ein Spektrum von perakuter bis chronische Präsentation ist möglich, wobei die klinischen Symptome häufig unspezifisch sind und von Zittern, Schwäche, Leistungsintoleranz, Inappetenz, Gewichtsverlust, Vomitus oder Regurgitation (infolge Megaösophagus), Diarrhoe (mitunter hämorrhagisch), Polyurie und Polydipsie bis hin zu Anfällen (Hypoglykämie), hypovolämischem Schock und Kollaps reichen können. Da sich die Symptome häufig schleichend entwickeln, sind sie mitunter selbst für aufmerksame Besitzer erst nach der Diagnose (insbes. der atypischen Form) und Therapiebeginn als solche zuzuordnen. In der klinischen Untersuchung ergehen bei mildem Erkrankungsbild häufig unspezifische Befunde (Dehydratation, mäßige Körperkondition). Klinisch auffälliger ist dagegen die subakute bis perakute Dekompensation der typischen Form („Addison-Krise"), bei welcher die Symptome des hypovolämischen Schocks (mittel- bis hochgradige Dehydratation, schwacher Puls, Hypothermie, verlängerte kapilläre Rückfüllungszeit) aufgrund der Elektrolytverschiebungen (Hyperkaliämie) mit einer Bradykardie einhergehen können.

Diagnose: Labordiagnostische Befunde sind insbesondere bei der atypischen Form entweder unspezifisch oder auf den ersten Blick sogar unauffällig. Ein Stressleukogramm fehlt jedoch meist und es zeigt sich entweder eine Lymphozytose und Eosinophilie oder Zellzahlen im oberen Teil des Referenzintervalls (≥ 750 Lymphozyten/µl bzw. ≥ 570 Eosinophile/µl). Häufig liegt der Neutrophilen/Lymphozyten-Quotient ≤ 2,3.

Bei der typischen Form fallen Hyperkaliämie, Hyponatriäme (Na^+/K^+-Quotient ≤ 24) und eine prärenale Azotämie mit Hyperphosphatämie auf. Da das spezifische Harngewicht infolge Hyponatriämie-bedingter Reduktion des medullären Konzentrationsgradienten meist < 1,030 beträgt, kann der Eindruck einer Niereninsuffizienz bestehen. Mitunter findet sich auch eine Hyperkalzämie. Durch eine Hypalbuminämie, Hypocholesterinämie, Hypoglykämie und erhöhte Leberenzymaktivitäten kann eine Lebererkrankung im Verdacht stehen. Eine erhöhte Serum-TSH-Konzentration kann zudem den Eindruck einer Hypothyreose erwecken.

Als Screening-Test dient eine **Serum-Basalkortisolkonzentration** von > 55 nmol/l (> 2 µg/dl) dem Ausschluss der Erkrankung beim Hund (keine Daten zu Katzen). Bei einer Konzentration von ≤ 55 nmol/l bzw. einem hochgradigen Erkrankungsverdacht dient der **ACTH-Stimulationstest** der Diagnose, wenn die Serum-Kortisolkonzentration vor und 1 Stunde nach der Injektion von synthetischem ACTH (Tetracosactid; 5 µg/kg KM bzw. max. 250 µg/Hund i. v. oder i. m.) bei ≤ 165 nmol/l (≤ 6 µg/dl; in den meisten Fällen < 55 nmol/l bzw. < 2 µg/dl) liegt und die vorherige Gabe nebennierenrindensuppressiver Medikamente (z. B. Glukokortikoide, Antimykotika) ausgeschlossen wurde. Die endogene ACTH-Konzentration kann, insbesondere bei atypischer Form, zur Abgrenzung eines primären (> 50 pmol/l) von einem sekundären Hypoadrenokortizismus herangezogen werden. Die Serum-Aldosteronkonzentration, vor und nach der Gabe von synthetischem ACTH, bzw. das Aldosteron:Renin-Verhältnis (wenn vorhanden) kann bei der atypischen Form einen Aldosteronmangel ausfindig zu machen und in der Therapie- bzw. Kontrollplanung (Elektrolyte) helfen.

Röntgen- und Ultraschalluntersuchung dienen vornehmlich der Abklärung anderer Differenzialdiagnosen bzw. der Untersuchung auf seltenere Ätiologien (Nebennierenblutungen, -tumoren). Sonographisch erscheinen die Nebennieren häufig schmal (Durchmesser < 3,2 mm). Im Thoraxröntgen kann sich ein Megaösophagus offenbaren. Das Elektrokardiogramm (EKG) in der Überwachung kritisch kranker Patienten kann Arrhythmien aufzeigen.

Differenzialdiagnosen: Infrage kommen alle Krankheiten, die mit allgemeiner Schwäche, gastrointestinalen Symptomen oder Hyperkaliämie einhergehen, ferner Nieren- und Lebererkrankungen (einschließlich portosystemischer Shunt), Kardiopathien (z. B. Herzinsuffizienz, Arrhythmien), primärer Cobalaminmangel oder Myasthenia gravis.

Therapie:

1. Akute Präsentation („Addison-Krise"):

- Schockinfusion Vollelektrolytlösung (alternativ 0,9 %ige Kochsalzlösung) plus 5 %ige Glukoselösung: 15–20 ml/kg KM über 10–15 Min. i. v., danach Reevaluation und ggf. wiederholen (max. 40–60 ml/kg KM in der ersten Stunde, danach 20–40 ml/kg KM)
  →Mineralokortikoid-Mangel führt zu einer chronischen hypovolämischen Hyponatriämie (Plasmahypotonie) mit Anpassung des Gehirns, sodass eine zu schnelle Na^+-Korrektur das Risiko einer osmotischen Demyelinisierung birgt. Hinweise darauf sind neurologische Symptome (spastische Tetraparese, verminderte Propriozeption, Dysphagie, Trismus, verminderter Drohreflex, Anfälle), welche sich um einige Tage verzögert entwickeln. Eine klinische Besserung ist möglich, aber langwierig. Daher wird von einigen Klinikern eine Vollelektrolytlösung (z. B. Ringerlösung 130 mmol Na^+/l) gegenüber einer 0,9 %ige Kochsalzlösung (154 mmol Na^+/l) bevorzugt.
- Nach Ausgleich der Dehydratation: Glukokortikosteroide
  Dexamethason: 0,05–0,2 mg/kg KM 1× i. v., danach 0,01 mg/kg KM 2× tägl. i. v. oder
  Prednisolon: 0,5–2,0 mg/kg KM 2× tägl. p. o. oder
  Hydrokortison: 2,0 mg/kg KM 4× tägl. i. v. oder im Dauertropf 0,5–0,625 mg/kg KM/Std.
- Bei refraktärer Hyperkaliämie nach Ausgleich der Dehydratation: kurzwirksames Insulin
  reguläres Insulin (100 IE/ml): 0,25 IE/kg KM i. v. zusammen mit 2–3 g Glukose/IE Insulin im Dauertropf
- Mineralokortikosteroid-Substitution
  Desoxycortonpivalat: je nach Größe 1,5–2,2 mg/kg KM 1× s. c. alle 25–28 Tage oder
  Desoxycorticosteronpivalat: 2,2 mg/kg KM 1× i. m. alle 25–28 Tage oder
  Fludrokortison: 0,01 mg/kg KM 2× tägl. p. o.

2. Subakute Präsentation:

- Infusionstherapie mit Vollelektrolytlösung (alternativ 0,9 %ige Kochsalzlösung) plus 5 %ige Glukoselösung in Abhängigkeit vom Dehydratationsgrad.
- Glukokortikosteroid-Substitution nach Ausgleich der Dehydratation
  Prednisolon: 0,5–2,0 mg/kg KM 2× tägl. p. o. oder
  Dexamethason: 0,05–0,2 mg/kg KM 1× i. v., danach Umstellung auf Prednisolon
- Mineralokortikosteroid-Substitution
  Desoxycortonpivalat: je nach Größe 1,5–2,2 mg/kg KM 1× s. c. alle 25–28 Tage oder
  Desoxycorticosteronpivalat: 2,2 mg/kg KM 1× i. m. alle 25–28 Tage oder
  Fludrokortison: 0,01 mg/kg KM 2× tägl. p. o.

3. Langzeittherapie:
Sie ist individuell anzupassen und wird lebenslang benötigt. Regelmäßige Kontrollen helfen, den Patienten gut einzustellen.

- Glukokortikosteroid-Substitution (ggf. Dosis bei zu erwartendem Stress für kurze Zeit verdoppeln)
  Prednisolon: 0,05–0,2 mg/kg KM 1× tägl. p. o.
- Mineralokortikosteroid-Substitution (Dosisanpassung je nach Serumelektrolytkonzentration und Blutdruck)
  Desoxycortonpivalat: je nach Größe 1,5–2,2 mg/kg KM s. c. alle 25–28 d oder
  Desoxycorticosteronpivalat: 2,2 mg/kg KM i.m. alle 25–28 d oder
  Fludrokortison: 0,01 mg/kg KM 2× tägl. p. o.

13.2.4 Phäochromozytom

Definition: Funktionell aktiver Tumor der chromaffinen Zellen des zum sympathischen Nervensystem gehörenden Nebennierenmarks, der autonom Katecholamine (Adrenalin, Noradrenalin) und mitunter auch Dopamin sezerniert.

Ätiologie: Physiologischerweise werden im Nebennierenmark des Hundes sowohl Adrenalin (Epinephrin) als auch Noradrenalin (Norepinephrin) sezerniert, bei der Katze hingegen nahezu ausschließlich Noradrenalin. Die neoplastisch entarteten chromaffinen Zellen produzieren diese Katecholamine autonom und pulsatorisch im Überschuss. In der Regel kommen diese Tumoren im Nebennierenmark vor, selten können sie sich aber auch extra-adrenal im Bereich der sympathischen Ganglien auftreten. Phäochromozytome sind nahezu ausschließlich maligne Neoplasien und bei Hunden hin und wieder zu finden, bei Katzen selten. Eine Rasse- oder Geschlechtsprädisposition ist nicht beschrieben. Zum Zeitpunkt der Diagnose finden sich in bis zu 40 % der Fälle bereits Metastasen (z. B. Leber, Milz, Lunge, tributäre Lymphknoten) und bei bis zu 80 % ein Gefäßeinbruch (z. B. *V. cava*).

Pathophysiologie: Physiologischerweise wird die Sekretion von Katecholaminen durch eine erhöhte Noradrenalinkonzentration im Blut über eine negative Rückkoppelung (Hemmung der Tyrosinhydroxylase) reduziert. Dieser Rückkoppelungsmechanismus mit Regulation durch das vegetative Nervensystem (Sympathikus und Parasympathikus) ist beim Phäochromozytom weitgehend außer Kraft gesetzt, sodass pulsatorisch (episodisch) oder auch kontinuierlich eine erhöhte Menge von Katecholaminen synthetisiert und sezerniert wird. Die klinische Symptomatik lässt sich anhand der Wirkung der Katecholamine (v. a. kardiovaskulär) an ihren Rezeptoren ableiten: über die Aktivierung der α-Rezeptoren kommt es vorwiegend zur Vasokonstriktion mit Erhöhung des Blutdrucks und über die Aktivierung der β-Rezeptoren zur Stimulation der Herzaktion mit Tachykardie.

Klinisches Bild: Phäochromozytome kommen vorwiegend bei mittelalten bis älteren Tieren vor. Der klinischen Symptomatik liegen einerseits die erhöhte Sekretion von Katecholaminen und andererseits mögliche lokale (Gefäßeinbruch, Blutungen) oder auch systemische Komplikationen (Thrombembolie) zugrunde.

Erfolgt die Katecholaminfreisetzung episodisch, können die klinischen Symptome (Hecheln, Dyspnoe Angst, Unruhe, Inappetenz, Leistungsintoleranz, Schwäche, Kollaps) intermittierend auftreten und zum Untersuchungszeitpunkt fehlen. Häufig finden sich vorberichtlich Polyurie/Polydipsie und Gewichtsverlust. Während der klinischen Untersuchung können Tachypnoe oder Hecheln, Tachykardie, Arrhythmien, Schwäche bis plötzlicher Kollaps und Blutdruckveränderungen (v. a. systemische Hypertension) auffallen. Auch eine hypertensive Krise mit Kreislaufschock durch schwere Tachyarrhythmie (Vorhof- bis Kammerflimmern) und kardiogenes Lungenödem ist möglich. Zudem können Hinweise auf Endorganschäden infolge der systemischen Hypertension (plötzliche Blindheit infolge Netzhautablösung bzw. -blutungen, Epistaxis, neurologische Symptome) bestehen.

Raumforderung und Gefäßeinbruch des Tumors in die *V. cava* können durch Rückstau zu Aszites, Schwäche und Ödem der Hintergliedmaßen sowie gastrointestinalen Symptomen (Durchfall, Erbrechen) führen.

Diagnose: Bei Vorstellung und Untersuchung können milde bis sehr eindrückliche Befunde ergehen, das Tier kann sich aufgrund der episodischen Katecholaminfreisetzung aber auch unauffällig zeigen. Der wiederholten Blutdruckmessung kommt eine wichtige Bedeutung zu, um Blutdruckschwankungen und die mitunter hochgradige Hypertension (systemischer Blutdruck ≥ 180 mmHg; Abb. 13.10) zu erfassen. In der Regel ist der Tumor nicht palpierbar, ebenso ist er im Röntgenbild meist nicht zu erkennen. Thoraxröntgenaufnahmen sind jedoch zur Beurteilung des kardiovaskulären Systems und zur Erkennung von Lungenmetastasen hilfreich. In der routinemäßigen Labordiagnostik (Blutbild, Serumchemieprofil und Harnanalyse) gibt es bei Phäochromozytomen keine spezifischen Befunde (z. B. erhöhte Serum-ALP- und ALT-Aktivität, Hypalbuminämie).

Die sonographische Untersuchung liefert häufig (ca. 90 %) Hinweise auf einen Nebennierentumor (meist einseitig, mitunter auch beidseitig) mit Aufhebung der typischen Nebennierenstruktur, welcher auch einen Zufallsbefund während der Abklärung anderer Differenzialdiagnosen darstellen kann. Zudem kann die Sonographie Hinweise auf eine metastatische Erkrankung bzw. einen Tumoreinbruch in die *V. cava* liefern. Im Unterschied zu Neoplasien der Nebennierenrinde sind Thrombosen der *V. cava* bei Phäochromozytomen häufiger, Gewebekalzifizierungen jedoch seltener. Noch sensitiver für die Darstellung der Tumordimensionen sowie die Erkennung von Metastasen und Gefäßeinbrüchen sind Schnittbildverfahren unter der Verwendung von Kontrastmitteln (CT, MRT), deren Befunde auch der chirurgischen Planung dienen.

Labordiagnostisch kann die übermäßige Katecholaminsekretion als Plasma- bzw. Urinkonzentration von Adrenalin und Noradrenalin (beide instabil) sowie deren Metaboliten (Metanephrin und Normetanephrin) erfasst werden. Routinemäßig erfolgt der Nachweis dieser Abbauprodukte, insbesondere Normetanephrin, entweder im Blut (als Gesamt-Normetanephrin oder freies Normetanephrin) oder im Urin als Verhältnis zu Kreatinin (Normetanephrin/Kreatinin-Quotient). Eine wichtige abzugrenzende Differenzialdiagnose ist der adrenale Hyperadrenokortizismus (Nebennierenrindentumor), bei welchem der Normetanephrin/Kreatinin-Quotient im Urin ebenfalls erhöht sein kann. Ein Metanephrin/Kreatinin-Verhältnis oberhalb des 4-fachen Referenzlimits spricht jedoch für das Vorliegen eines Phäochromozytoms (25). Je nach Anforderungen des Labors muss der Urin mit Salzsäure angesäuert bzw. direkt nach der Entnahme eingefroren werden, um die Katecholamin-Metaboliten stabil zu halten.

Differenzialdiagnosen: Da das klinische Bild von Phäochromozytomen unspezifisch und anderen Erkrankungen ähnlich sein kann, die selbst mit erhöhter Katecholaminsekretion einhergehen können, sind insbesondere ein Diabetes mellitus, Hyperthyreose, Hyperadrenokortizismus, Kardiopathie/Herzinsuffizienz, Pankreatitis, Enteropathien, Hepatopathien, Nephropathien sowie andere Neoplasien differenzialdiagnostisch zu berücksichtigen.

Therapie: Die chirurgische Entfernung der betroffenen Nebenniere (Adrenalektomie) ist die Therapie der Wahl bei einem einseitigen Tumor ohne Einbruch in die *V. cava* oder Hinweise auf Metastasierung. Neben dem Faktor, dass es sich um einen technisch und aus Sicht der peri- sowie postoperativen Versorgung sehr anspruchsvollen Eingriff handelt, ist das Ansprechen der entarteten Nebenniere nicht immer eindeutig möglich, wenn bspw. die kontralaterale Nebenniere ebenfalls hyper- oder neoplastisch (Nebennierenrinde oder -mark) verändert ist. Während der Narkoseeinleitung und Tumormanipulation können lebensbedrohliche Komplikationen (Hyper- oder Hypotension bzw. beide stark wechselnd, Tachyarrhythmien) auftreten, deren Risiko sich um ein 3,5-Faches mindern lässt, wenn präoperativ für 2–3 Wochen ein α-Antagonist (Phenoxybenzamin: 0,1–2,5 mg/kg KM 2× tägl. p.o.) gegeben wird. Bei Tachyarrhythmien sollte ein β-Blocker (Atenolol, Propranolol) eingesetzt werden nachdem bereits der α-Blocker begonnen wurde (sonst Gefahr der Hypertension infolge α-adrenerger Stimulation). Die Bestätigung eines Phäochromozytoms erfolgt histologisch mit Färbung für Chromogranin A.

Als konservative Option (bspw. bei Metastasierung) kommt die Behandlung mit Phenoxybenzamin, gegebenenfalls kombiniert mit einem β-Blocker, in Betracht. Phäochromozytome sprechen sehr schlecht auf herkömmliche zytostatische Chemotherapieprotokolle an. Erste Daten zum klinischen Einsatz des Tyrosinkinaseinhibitors Toceranibphosphat bei Hunden mit primären und metastatischen Phäochromozytomen sind jedoch vielversprechend (26).

13.3 Erkrankungen der Schilddrüse

Die Schilddrüse (Thyreoidea) ist paarig angelegt und liegt jeweils kaudal des Kehlkopfs lateral der Trachea an. Sie ist das einzige Organ, das zur **Speicherung** endokriner Botenstoffe (Hormone) in inaktiver Form befähigt ist. Die Thyreozyten der Schilddrüsenläppchen bilden die Schilddrüsenfollikel, in deren Lumina neben Kolloid das an ein Trägermolekül (Globulin) gebundene Schilddrüsenhormon (**Thyroxin**) als inaktives Thyreoglobulin gespeichert wird. Gebildet wird das Thyreoglobulin in den Thyreozyten, von welchen es in Vesikel verpackt an die follikuläre Membran und durch Exozytose in das Follikellumen gelangt.

Alimentär aufgenommenes **Jod** spielt eine wichtige Rolle in der Synthese von Schilddrüsenhormon. Nach Aufnahme und Anreicherung in den Thyreozyten gelangt es über die follikelseitige Membran und wird im Lumen vermittels Thyreoperoxidase an Thyreoglobulin gebunden (Iodisation), wodurch Trijodthyronin (T3) und Tetrajodthyronin (T4) entstehen. Nach Aufnahme von Kolloid aus dem Follikellumen wird Thyreoglobulin in den Thyreozyten hydrolysiert und dabei freiwerdendes Thyroxin (T4), sowie eine geringere Menge T3, in den Körperkreislauf abgegeben und zirkuliert vorwiegend proteingebunden. Nach Aufnahme in die Zielzellen des Körpers entsteht dann der überwiegende Anteil von stoffwechselaktiverem T3 durch 5-Monodejodierung aus **freiem T4** (fT4), insbesondere in Leber, Nieren und Muskeln. Ein Teil des fT4 wird durch 5-Monodejodierung in inaktives reverses T3 (rT3) umgewandelt.

Die Schilddrüsenfunktion wird durch das im Hypophysenvorderlappen (basophile Zellen der Adenohypophyse) gebildete thyreotrope Hormon (*Thyroid-stimulating hormone*, **TSH**) reguliert. Über das Blut gelangt TSH an die Thyreozyten, wo es durch Bindung an spezifische Membranrezeptoren die Synthese von Thyreoglobulin stimuliert. Die TSH-Sekretion wiederum untersteht der Sekretion des *Thyreotropin-Releasing-Hormons* (**TRH**) aus dem Hypothalamus, die durch Serotonin, Dopamin, Histamin und Noradrenalin moduliert wird. Die negative Rückkoppelung innerhalb der Schilddrüsenachse erfolgt indirekt (Inhibitorprotein) durch die Wirkung der Schilddrüsenhormone. Hypophysär hemmt aus Thyroxin (T4) gebildetes Trijodthyronin (T3) die TSH-Sekretion.

Schilddrüsenhormone stimulieren die Stoffwechselaktivität vieler Zellen. Beispielsweise wirken sie auf das Herz-Kreislaufsystem (Einfluss auf Herzschlagfrequenz und Blutdruck), Nervensystem, Atmungsapparat, Geschlechtsapparat und Knochenmark; aktivieren Kohlenhydrat-, Protein-, Fett- und Bindegewebsstoffwechsel; beeinflussen Schweiß- und Talgdrüsen der Haut sowie Nieren- und Darmtätigkeit; sind wesentlich an vielen Wachstumsprozessen beteiligt und steigern Grundumsatz, Sauerstoff- und Energieverbrauch des Körpers. Zelluläre Zielstrukturen sind insbesondere die Zellmembran, Mitochondrien und Zellkern. Erkrankungen der Schilddrüse, die mit einer Über- oder Unterfunktion einhergehen, haben daher weitreichende Konsequenzen, die sich auch im klinischen Bild dieser Erkrankungen widerspiegeln.

13.3.1 Hypothyreose

Definition: Unterfunktion der Schilddrüse mit Mangel an Schilddrüsenhormonen und in der Folge schweren Entwicklungsstörungen (Kretinismus) beim Jungtier oder Ausfallserscheinungen zahlreicher Gewebe und Organsysteme beim adulten Tier.

Ätiologie: Folgende Ursachen können unterschieden werden:
1. Primäre (thyreogene) Form: lymphozytäre Thyreoiditis, idiopathische Atrophie, tumoröse Zerstörung der Schilddrüse; iatrogen (bilaterale Thyreoidektomie ohne Verbleib ektopischen Schilddrüsengewebes, Übersuppression durch Thyreostatika, Radiojodbehandlung, Strahlentherapie). **Häufigste Form.** Auch kongenitale Form (Kretinismus) möglich.
2. Sekundäre (hypophysäre) Form: tumoröse Zerstörung der Hypophyse, andere Erkrankungen der Hypophyse; iatrogen (beeinträchtigte TSH-Sekretion durch andere Krankheiten oder Medikamente, Hypophysektomie). **Selten bis sehr selten.**
3. Tertiäre (hypothalamische) Form: verminderte TRH-Sekretion. **Bislang bei Hund und Katze nicht beschrieben.**
4. Alimentäre Form: durch Jodmangel. **Heute sehr selten.**

Pathogenese: Die häufigsten Ursachen (ca. 95 %) der Hypothyreose des Hundes sind die lymphozytäre Thyreoiditis, bei welcher Antikörper gegen Thyreoglobulin eine Rolle spielen, und die idiopathische Atrophie der Schilddrüse, deren Auslöser bislang nicht bekannt ist. Betroffen sind v. a. Hunde mittleren Alters, mit einer Rasseprädisposition bei mittelgroßen bis großen Rassen (bspw. Golden Retriever, Labrador Retriever, English Setter, Dobermann, Hovawart, Cocker Spaniel, Rhodesian Ridgeback, Riesenschnauzer). Bei Katzen tritt die spontane Form der Hypothyreose deutlich seltener auf als beim Hund und vornehmlich als hyperplastische (goitreale) Form (27).

Die **lymphozytäre Thyreoiditis** ist eine langsam fortschreitende Erkrankung mit charakteristischem Entzündungsbild, geprägt von Lymphozyten, Plasmazellen und Makrophagen sowie Veränderung der Thyreozyten unter dem Einfluss erhöhter TSH-Spiegel. Die Erkrankung beginnt mit einem subklinischen Stadium, in welchem lediglich der Thyreoglobulinautoantikörper (TgAA)-Spiegel erhöht ist. Erst im Stadium der subklinischen Hypothyreose ist eine erhöhte Serum-TSH-Konzentration messbar (Abb. 13.13). Mit dem Auftreten klinischer Symptome (ab einem Verlust von ca. 75 % funktionellen Schilddrüsengewebes) sind verminderte Thyroxinkonzentrationen im Blut zu erwarten und im fortgeschrittenen klinischen Stadium der Erkrankung fallen die TgAA-Spiegel wieder ab, sodass die Abgrenzung gegenüber der idiopathischen Atrophie nur histologisch möglich wäre. Die Ursache für die Bildung von Autoantikörpern gegen Thyreoglobulin (TgAA) ist unklar und es können transient erhöhte TgAA-Spiegel auch bei euthyreoten Hunden mit nicht-thyreoidalen Erkrankungen (NTE) sowie klinisch gesunden Hunden (z. B. nach Impfung) vorkommen. Daher lässt sich einzig aus einem positiven TgAA-Befund die Entwicklung einer Hypothyreose nicht verlässlich abschätzen (28, 29). Bei der **idiopathischen Atrophie** nimmt funktionelles Schilddrüsengewebe

Stadium	Klinische Symptome	Serum tT4-/ fT4-Konz.	TSH-Konz.	Serum-Auto-Antikörper
subklinische Thyreoiditis ↓	nein	normal	normal	positiv
subklinische Hypothyreose ↓	nein	normal	↑	positiv
Antikörper-pos. Hypothyreose ↓	ja	↓	↑	positiv
Antikörper-neg. (idiopathische) Hypothyreose	ja	↓	↑	negativ

Abb. 13.13 Stadien der lymphozytären Thyreoiditis. Dargestellt sind die labordiagnostischen Befunde der verschiedenen Stadien, welche bis zur klinischen Hypothyreose durchlaufen werden. ↓ = vermindert; ↑ = erhöht.

ab und wird ohne Entzündungsreaktion (negative TgAA-Spiegel) durch Fettgewebe ersetzt. Histologisch ergibt sich ein Bild, welches dem Endstadium der lymphozytären Thyreoiditis ähnelt und es ist nicht auszuschließen, dass beide Ätiologien tatsächlich das Spektrum eines gleichen Krankheitsprozesses abbilden (Abb. 13.13).

Eine **neoplastisch-bedingte Zerstörung von Schilddrüsengewebe** (z. B. Karzinome oder Sarkome) kann – mit Ausnahme differenzierter, funktionell aktiver Adenokarzinome – zur Hypothyreose führen, ebenso Krankheiten der Hypophyse (Zysten, Neoplasien, Hämorrhagien, Verletzungen) einschließlich angeborener Entwicklungsstörungen (mitunter als Polyendokrinopathie auftretend).

Klinisches Bild: Die Hypothyreose gehört zu den häufig diagnostizierten Erkrankungen beim Hund, das klinische Bild überlappt jedoch mit dem anderer Endokrinopathien (z. B. Hyperadrenokortizismus). Die klinischen Symptome variieren mit der Ätiologie und Spezies:

1. Kretinismus (angeborene bzw. im Welpenalter erworbene Hypothyreose):
Auffällig ist die Entwicklungsstörung mit disproportionalem Zwergwuchs (runder Kopf, „tonnenförmiger" Körper, kurze und dicke Gliedmaßen mit plantigrader Fußung und ataktischem Gang; verlangsamter Zahnwechsel), Welpenfell und Apathie sowie verminderter Lernfähigkeit. Die Darmmotilität kann vermindert sein (Obstipation) und sekundäre Dermatitiden (Seborrhoe) können hinzukommen. In der klinischen Untersuchung kann eine umfangsvermehrte Schilddrüse (bilaterale Struma) auffallen und im Röntgenbild die verzögerten Wachstums- und Reifungsvorgänge an den Gliedmaßenknochen und der Wirbelsäule nachvollziehbar (verzögerter Epiphysenfugenschluss) sein.

2. Hypothyreose des adulten Hundes

Aufgrund der Wirkung der Schilddrüsenhormone auf den Stoffwechsel vieler Gewebe und Organe ergeben sich weitreichende Konsequenzen und klinische Symptome im Zusammenhang mit nahezu allen Organsystemen. Besonders auffallend sind Veränderungen von Fell bzw. Haarkleid und Haut, Körpergewicht und Stoffwechsel, seltener auch Herz-Kreislauf- und Nervensystem, Gastrointestinaltrakt und Reproduktionsstörungen.

Häufig zu beobachten sind: Gewichtszunahme (ca. 50 %), Lethargie und Trägheit (35 %), Leistungsintoleranz und Verhaltensänderung. Hautsymptome bestehen v. a. in einer Hyperkeratose, bilateral-symmetrischen Alopezie (bes. Rumpf, Rute und Nasenrücken), dünnem Haarkleid, trockener Haut mit sekundärer Seborrhoe, schuppendem Ekzem, Otitis externa, Hyperpigmentation und Myxödem (ödematöse Auftreibung der Unterhaut durch verminderten Abbau und Einlagerung von Glukosaminoglykanen, im Bereich des Kopfes zu „traurigem Gesicht" führend). Es besteht eine Tendenz zur Hypothermie (Aufsuchen von Wärmequellen). Hündinnen können Östrus-/Reproduktionsstörungen zeigen. Seltener fallen Obstipation, Diarrhoe, neurologische Symptome (Schwäche, Polyneuropathie, Ataxie, Facialis-Parese, Vestibularsyndrom, Larynxparalyse, Megaösophagus, Epilepsie) oder kardiovaskuläre Komplikationen (Bradykardie, Arrhythmie, verminderte Kontraktilität des Myokards, Thrombosen/Thrombembolien) auf. Infolge der Hyperlipidämie kann eine Gallenblasenmukozele oder korneale Lipidose entstehen.

3. Hypothyreose der adulten Katze

Das klinische Bild gleicht dem des Hundes, wobei Katzen v. a. durch Gewichtszunahme, Apathie und Haarkleid- sowie Hautveränderungen auffallen.

Diagnose: Die Diagnose der Hypothyreose basiert auf der Kombination verschiedener Befunde und kann eine Herausforderung darstellen. Insbesondere das Überlappen des klinischen Bildes mit anderen Endokrinopathien (z. B. Hyperadrenokortizismus) und der Einfluss anderer nicht-thyreoidaler Erkrankungen sowie einiger Medikamente auf die Schilddrüsenachse – und somit die endokrinologische Diagnostik – können die Diagnosestellung erschweren. Einerseits kann dabei die inkorrekte Diagnose einer Hypothyreose unterstellt werden, andererseits eine solche aber auch übersehen werden. Über die gründliche klinische Untersuchung hinaus stehen folgende Diagnostika zur Verfügung:

- **Routine-Labordiagnostik**: ergibt vorwiegend unspezifische Befunde. In der Hämatologie kann eine ggr. Anämie (aregenerativ, normochrom/normozytär) auffallen. Blutchemisch zeigt sich häufig (>75 %) eine teilweise ausgeprägte Hyperlipidämie/Hypercholesterinämie (Abb. 13.14) trotz Nüchternzustand (d. h. mind. 8- bis 12-stündige Nahrungskarenz), dazu mitunter eine ggr. erhöhte ALP-, ALT- und AST-Aktivität (selten) und eine ggr. Fruktosamin-Erhöhung (durch verminderten Grundumsatz).
- **Gesamt-Thyroxinkonzentration (tT4)** im Serum: erfasst an Transportprotein (Thyroxin-bindendes Globulin) gebundenes (>99 %) sowie ungebundenes (freies) T4 (<0,5 %) im Blut. Je nach Labor und Bestimmungsmethode (Radioimmunoassay [RIA]

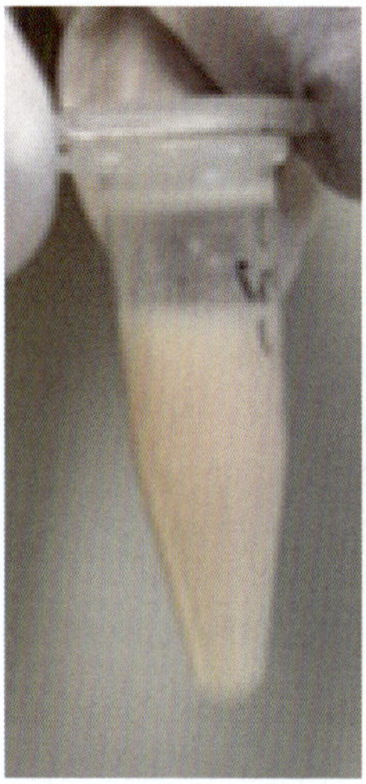

Abb. 13.14 Hochgradige Hyperlipidämie bei einem Hund mit Hypothyreose. Es handelt sich hierbei um eine im nüchternen Zustand (mind. 8-stündige Nahrungskarenz) gewonnene Serumprobe. Blutchemisch bestätigte sich die Hyperlipidämie.

oder **Enzyme-linked-Immunoassay** [ELISA]), liegt das untere Referenzlimit bei 1,0–1,5 µg/dl (13–19 nmol/l). Serum-tT4-Konzentrationen unterhalb dieses Grenzwertes zeigen verlässlich eine Hypothyreose an (Sensitivität 90–100 %), wenn durch weitere spezifischere Diagnostika bestätigt. Die Werte in diesem Bereich überschneiden sich stark mit denen euthyreoter Tiere mit anderen (nicht-thyreoidalen) Erkrankungen (sog. *euthyroid-sick syndrome* mit verminderter TSH-Sekretion und T4-Synthese) und auch Medikamente (Tabelle 13.1), Rasse (z. B. physiologisch niedrigere Werte bei Windhunden) und tageszeitliche Schwankungen können die Serum-tT4-Konzentration beeinflussen (Spezifität 75–82 %). Damit bietet die Bestimmung der Serum-tT4-Konzentration einen guten **Screening-Test**, eignet sich jedoch nicht zur Diagnosesicherung. Falsch höhere (bzw. normale) Serum-tT4-Konzentrationen können durch TgAA (lymphozytäre Thyreoiditis) bedingt sein.

Tabelle 13.1: **Häufig eingesetzte Medikamente mit Einfluss auf die Gesamtthyroxinkonzentration im Serum.**

- **Prednisolon, Dexamethason**
- **Sulfonamide**
- **Carprofen, Ketoprofen, Aspirin**
- **Phenobarbital**
- **Clomipramin**
- **Furosemid**
- **Progestagene**
- **Thyreostatika (Methimazol)**

- **Freie Thyroxinkonzentration (fT4)** im Serum: erfasst den geringen Anteil (< 0,5 %) biologisch aktiven, nicht-protein gebundenen Thyroxins im Blut, welches den Körperzellen zur Umwandlung in die endokrinologisch wirksame Form (T3) – alternativ in unwirksames rT3 – zur Verfügung steht. Die Bestimmung der Serum-fT4-Konzentration erfolgt nach Equilibrium-Dialyse (RIA oder Chemilumineszenz-Immunassay [CLIA]), mit einem Referenzintervall von ca. 0,6–3,7 ng/dl (8–48 pmol/l) beim Hund. Auch wenn die fT4-Konzentration im Serum weniger bzw. nicht durch andere Faktoren (z. B. andere Erkrankungen, TgAA) beeinflusst wird und der tT4-Konzentration als diagnostischer Test überlegen ist (Spezifität 80–95 %), sich aber weniger als Screening-Test eignet (Sensitivität 80–98 %), ist die Beurteilung der fT4-Konzentration im Rahmen der Schilddrüsendiagnostik nur zusammen mit der tT4-Konzentration sinnvoll.
  Die Bestimmung von tT3 und fT3 spielt in der Kleintiermedizin (Hypothyreosediagnostik) keine Rolle, da beide zum größten Teil (> 80 %) in den Körperzellen – nicht in der Schilddrüse – gebildet werden.
- **Canines TSH im Serum:** erfasst das endogen produzierte TSH, welches infolge des verminderten negativen Feedbacks bei Hypothyreose erhöht ist (Sensitivität 60–90 %, Spezifität 82–100 %). Das obere Referenzlimit beträgt, je nach Labor, ca. 0,5 ng/ml. Eine deutlich erhöhte Serum-TSH-Konzentration mit verminderter Serum-tT4-Konzentration bestätigt die Hypothyreose. Da bis zu 15 % der Hunde mit Hypothyreose normale endogene TSH-Werte aufweisen, muss der Wert immer zusammen mit tT4/fT4 beurteilt werden. Eine erhöhte TSH-Konzentration bei normalem tT4-/fT4-Spiegel kann (besonders bei gleichzeitig erhöhtem TgAA-Spiegel) auf eine subklinische Hypothyreose hinweisen.
- **Thyreoglobulin-Autoantikörper (TgAA) im Serum:** werden bestimmt bei Verdacht auf eine frühe (subklinische) Hypothyreose infolge lymphozytärer Thyreoiditis (Sensitivität 90–100 %). Da bis zu 15 % euthyreote Hunde mit anderen (nicht-thyreoidalen) Erkrankungen bzw. gesunde Hunde transient erhöhte TgAA-Spiegel zeigen können (Spezifität 95–100 %) und einzig ein positiver TgAA-Spiegel keine Vorhersage über die Entwicklung einer klinischen Hypothyreose erlaubt, sind TgAA-Spiegel immer zusammen mit tT4/fT4 und TSH im Serum sowie unter Berücksichtigung von Verlaufskontrollen zu beurteilen.
- **TSH-Stimulationstest,** welcher die Reservekapazität der Schilddrüse beurteilt, gilt als Referenztest für die Diagnose der Hypothyreose. Hierfür wird vor und 6 Stunden nach der Applikation von (rekombinantem) human-TSH (50–150 µg/Tier i. v.) die Thyroxinkonzentration (tT4 oder fT4) im Serum bestimmt. Das Prinzip des TSH-Stimulationstests basiert darauf, dass bei hypothyreoten Tieren die physiologische Stimulation der Schilddrüse und der Anstieg der Schilddrüsenhormone im Blut entweder ausbleibt oder unvollständig ist (Abb. 13.15). Der Test unterscheidet nicht zwischen primärer (thyreogener) und sekundärer (hypophysärer) Hypothyreose, da auch bei sekundären Formen eine einmalige TSH-Gabe die inaktive Schilddrüse nicht vollständig stimuliert. Medikamente (außer Schilddrüsenhormon oder antithyreoidaler Therapie) oder andere nicht-thyreoidale Erkrankungen beeinflussen die Aussagekraft des TSH-Stimulationstests nicht. Da der Test relativ aufwendig und teuer ist, wird er trotz seiner Zuverlässigkeit selten durchgeführt.

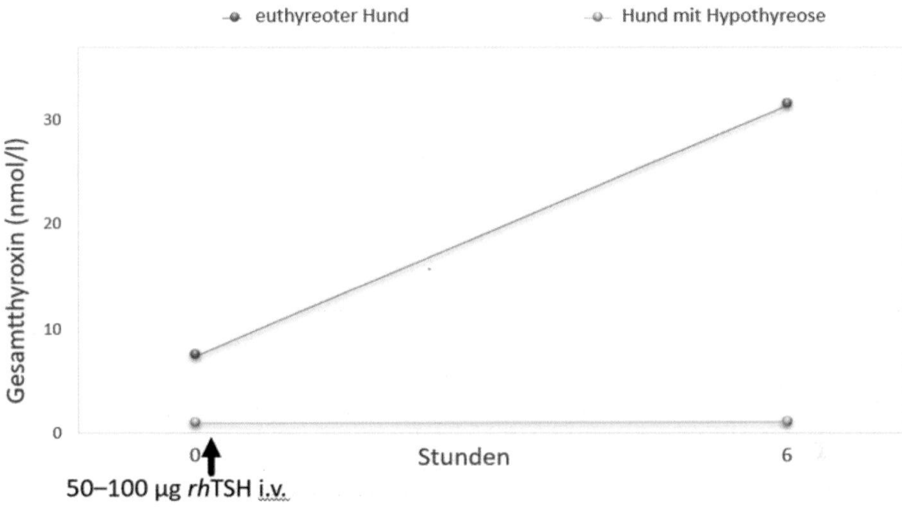

Abb. 13.15 TSH-Stimulationstest zur Beurteilung der Reservekapazität der Schilddrüse. Im Gegensatz zu euthyreoten Tieren, bei welchen die Stimulation mit TSH (rekombinantes human-TSH, rhTSH) eine vermehrte Ausschüttung von Schilddrüsenhormon bedingt, bleibt bei hypothyreoten Tieren der Anstieg des Serum-Gesamtthyroxins unvollständig oder aus.

- **TRH-Stimulationstest,** bei welchem die Serum-TSH-Konzentration vor und 30 bzw. 45 Minuten (tlw. 4–8 h) nach TRH-Gabe (10 µg/kg KM i. v.; speziesunspezifisches Tripeptid) bestimmt wird. Das Prinzip des Tests besteht darin, dass bei primärer (thyreogener) Hypothyreose die Serum-TSH-Konzentration nicht wesentlich über den bereits erhöhten Ausgangswert steigt, während diese bei sekundärer (hypophysärer) Hypothyreose vor und nach TRH-Stimulation niedrig ist und bleibt. Falsch-positive Ergebnisse sind jedoch bei anderen (nicht-thyreoidalen) Erkrankungen möglich. Die gleichzeitige Messung der Basal- und TRH-stimulierten Konzentration von Wachstumshormon (*Growth Hormone*, GH), dessen TRH-vermittelte Sekretion bei Hypothyreose erhöht ist, kann bei Hunden mit niedriger Serum-tT4-Konzentration und TSH-Konzentration im Referenzintervall für eine noch sicherere Abgrenzung einer Hypothyreose von einer nicht-thyreoidalen Erkrankung sorgen (30). Praktikabilität und Kosten setzen der breiten Anwendung aber Grenzen.
  Im Gegensatz zu TRH (tierartunabhängiges Tripeptid), bestehen für TSH Speziesunterschiede. Diese spielen für Stimulationstests (Verwendung von rekombinant-humanem TSH beim Hund) eine untergeordnete Rolle, erschweren aber die Diagnostik (bei Verwendung caniner TSH-Tests wichtig).
- *Sonographie der Schilddrüse,* ein statischer diagnostischer Test, welcher wertvolle Befunde liefern kann, wenn er von erfahrenen Untersuchern durchgeführt wird. Bei Hypothyreose ist häufig ein heterogenes, hypoechogenes Schilddrüsenparenchym zu sehen. Röntgenuntersuchungen sind für die Schilddrüse selbst bedeutungslos. Kalzifi-

zierungen im Bereich der Schilddrüse können allenfalls auf einen malignen Schilddrüsentumor deuten. Bei Verdacht darauf drängt sich jedoch die Röntgenuntersuchung – oder Computertomographie (CT) – des Thorax auf, um mögliche Tumormetastasen im Lungen- und Herzbasisbereich zu erkennen. Indikation für eine *CT- oder MRT-Untersuchung* ist der Verdacht einer sekundären (hypophysären) Hypothyreose, um die Möglichkeit von Umfangsvermehrungen, Zysten oder Blutungen abzuklären.

- *Schilddrüsenszintigraphie,* ein funktioneller diagnostischer Test, welcher die Aufnahme und Anreicherung von ^{99m}Tc in die Schilddrüse – im Vergleich zur ^{99m}Tc-Aufnahme in die Speicheldrüsen – beurteilt und so die Menge funktionellen Schilddrüsengewebes reflektiert. Das Prinzip des Tests besteht darin, dass bei einer Hypothyreose keine oder eine deutlich verminderte Aufnahme von ^{99m}Tc in die Schilddrüse erfolgt. Auch wenn die Szintigraphie die höchste Sensitivität und Spezifität für die Diagnose der Hypothyreose (**Gold-Standard**) bietet, handelt es sich um ein teures Verfahren, das außerdem eine kurzzeitige Quarantäne erfordert.

Differenzialdiagnosen: Hierzu zählt eine Vielzahl von Erkrankungen, die durch Gewichtszunahme, Alopezie und Hyperpigmentation, veränderte Verhaltensmuster, kardiovaskuläre, neurologische und gastrointestinale Symptome oder Fortpflanzungsstörungen auffallen. Besonders zu beachten gilt, dass viele solcher nicht-thyreoidalen Erkrankungen sowie auch deren Behandlung die Schilddrüsenachse bzw. -funktionstests beeinflussen und somit die Abgrenzung gegenüber einer Hypothyreose erschweren können.

Therapie: Im Gegensatz zur Diagnosestellung ist die Behandlung der Hypothyreose – ungeachtet der zugrunde liegenden Ätiologie – weniger kompliziert und besteht in der oralen Substitution von L-Thyroxin. Je nach Präparat wird die Substitutionstherapie mit 10–20 µg/kg KM 1–2× tägl. p. o. begonnen und erstmals nach 3–4 Wochen der Therapieerfolg kontrolliert, indem neben der Beurteilung der klinischen Symptome die Serum-tT4-Konzentration (ggf. auch die Normalisierung der endogenen TSH-Konzentration) 4–6 h nach der Gabe der Medikation kontrolliert wird. (ggf. Dosis-Anpassung). Ziel der Therapie ist die Kontrolle und Besserung der klinischen Symptome – insbesondere Aktivität, Leistungstoleranz, Körpergewicht, Haut- und Fellzustand (letzterer folgt aufgrund des Haarfollikelzyklus verzögert und kann sogar für die ersten 3–4 Wochen verschlimmert scheinen) – sowie eine Serum-tT4-Konzentration im oberen Referenzbereich oder gerade oberhalb des Referenzintervalls. Dazu sollen keine Nebenwirkungen (z. B. Unruhe, Zittern, Tachykardie, Polyurie/Polydipsie, Polyphagie, Diarrhoe) auftreten. Ist der Patient gut eingestellt, genügt eine Kontrolle alle 3–6 Monate; jede Dosisanpassung erfordert jedoch anfänglich erneut eine engmaschigere Kontrolle.

13.3.2 Hyperthyreose

Definition: Überfunktion der Schilddrüse (Thyreotoxikose) mit verstärkter Sekretion von Thyroxin (T4) und Trijodthyronin (T3), die zu einem Hypermetabolismus führt.

Ätiologie: Die feline Hyperthyreose wird zu 98 % bedingt durch eine adenomatöse Hyperplasie oder Adenome der Schilddrüse, die entweder einen oder beide Schilddrüsenlappen erfassen. In seltenen Fällen (2 %) liegt der Erkrankung eine maligne Neoplasie (funktionelles Adenokarzinom) zugrunde (31). Beim Hund kann eine Hyperthyreose ebenfalls neoplastisch bedingt sein, meist durch ortho- und/oder ektope Schilddrüsenkarzinome oder selten Schilddrüsenadenome. Als iatrogene Ursache kann sie durch eine Übersubstitution von Schilddrüsenhormon bei der Behandlung der caninen Hypothyreose (s. Kap. 13.3.1) entstehen. Eine häufige Ursache ist zudem eine alimentäre Hyperthyreose durch den Verzehr rohen Fleisches, insbesondere rohen oder getrockneten Schlunds mit anhaftendem Schilddrüsengewebe.

Pathophysiologie: Der auslösende Faktor der Erkrankung ist noch unbekannt, vermutlich handelt es sich um eine komplexe Pathogenese unter Beteiligung mehrerer Risikofaktoren (z. B. genetische Grundlage) sowie umwelt- und fütterungsbedingter Goitrogene (Substanzen, welche die Jodaufnahme in die Schilddrüse oder den Jodeinbau in die Schilddrüsenhormone beeinträchtigen und so über einen erhöhten TSH-Einfluss zu einer Überfunktion und Vergrößerung der Schilddrüse führen) (32). Aus dem daraus folgenden Überfluss an Schilddrüsenhormonen ergibt sich eine generelle Steigerung des Stoffwechsels mit erhöhtem Grundumsatz und Sauerstoffverbrauch. Dies wiederum erhöht den Energiestoffwechsel, steigert die Wärmeproduktion und bedingt eine vermehrte Futteraufnahme (Polyphagie) bei gleichzeitigem Gewichtsverlust sowie eine rasche Erschöpfung bei körperlicher Aktivität bzw. Leistung. Ähnliche Auswirkungen bestehen auf die Leber, den Gastrointestinaltrakt und das Kreislaufsystem.

Die chronische Nierenerkrankung (chronische Niereninsuffizienz, CNI) ist eine häufige Begleiterkrankung der Hyperthyreose bei älteren Katzen. Da der Überschuss an T4 (bzw. T3) durch Wirkung an den Arteriolen/Muskulatur der Gefäße die glomeruläre Filtrationsrate (GFR) steigert, kann die Hyperthyreose eine CNI (bzw. deren Ausmaß) maskieren. Ein geringer Teil (ca. 10 %) der Katzen ist bereits zum Diagnosezeitpunkt azotämisch und besitzt eine schlechtere Prognose (mittlere Überlebenszeit ca. 6 Monate).

Klinisches Bild: Die Symptome der Hyperthyreose sind in Ableitung der Pathogenese vielfältig und umfassen:

- Gewichtsverlust bis zur Kachexie, meist bei gleichzeitiger guter Futteraufnahme oder sogar Polyphagie
- Polyurie/Polydipsie
- Vomitus, Diarrhoe
- vermehrte Stressanfälligkeit, Wärmeintoleranz mit vermehrtem Aufsuchen kühler Plätze

- Ruhelosigkeit bis Hyperaktivität, Verhaltensänderungen (z. T. Aggressivität)
- Stumpfes, struppiges Fell; selten auch Alopezie
- Tachykardie, oft mit Galopprhythmus und Herzgeräuschen

Diese klinischen Symptome treten mit unterschiedlicher Häufigkeit auf und müssen nicht in jedem Fall alle gleichzeitig vorliegen. Bei unspezifischen klinischen Symptomen älterer Katzen (Alter >7 Jahre) ist die Hyperthyreose immer als wichtige Differenzialdiagnose zu berücksichtigen.

Diagnose: Die Diagnose beruht auf der Kombination des klinischen Bildes, labordiagnostischer und ggf. bildgebender Befunde sowie endokrinologischer Diagnostik.

- In der **klinischen Untersuchung** sowie der gründlichen Anamnese ergehen die genannten Symptome bzw. Befunde. Bei 83 % der betroffenen Katzen ist uni- oder bilateral eine vergrößerte Schilddrüse tastbar (sog. *thyroid slip*). Vor allem große, schwere Knoten der Schilddrüse können aber auch intrathorakal liegen und daher nicht palpierbar sein (33).
- In 25–87 % der Fälle liegt außerdem eine systemische Hypertension vor, weshalb bei Verdacht einer Hyperthyreose immer eine Blutdruckmessung erfolgen sollte.
- Charakteristische Befunde der minimalen Labordatenbasis aus Hämatologie, Blutchemie und Harnuntersuchung sind unauffällige hämatologische Befunde, ein erhöhter BUN/Kreatinin-Quotient, erhöhte Leberenzymaktivitäten und ein vermindertes spezifisches Harngewicht (USG).
- Die Röntgenuntersuchung des Thorax kann eine vergrößerte Herzsilhouette (Kardiomegalie) zeigen. Bei Malignomen, bisweilen auch bei funktionellem ektopischen Schilddrüsengewebe, können sich im Brustraum Umfangsvermehrungen finden. Sonographisch lässt sich häufig eine dezente bis ausgeprägte Herzhypertrophie nachweisen. Im Elektrokardiogramm (EKG) können dann Sinustachykardie, Hypervoltage (erhöhte R-Zacke) und oft Extrasystolen auffallen.
- Besteht auf der Basis dieser Untersuchungen der klinische Verdacht einer Hyperthyreose, ist der nächste Schritt der diagnostischen Abklärung die gezielte endokrinologische Diagnostik.
- In der **endokrinologischen Diagnostik** kommen vordergründig Hormonuntersuchungen zum Einsatz:
    - **Gesamtthyroxin (tT4)**, bestimmt im Serum, ist ein guter Screening-Test und bei > 90 % der betroffenen Katzen diagnostisch erhöht. Zur Messung stehen verschiedene veterinärmedizinische Tests zu Verfügung, von denen aktuell der RIA und CLIA am verlässlichsten sind. Humanmedizinische Tests liefern dagegen weniger zuverlässige Ergebnisse bei Hund und Katze; der veterinärmedizinische SNAP® T4 neigt zu höheren Messwerten.

  Normale bis hoch-normale tT4-Werte können bei asymptomatischen Tieren eine „okkulte Hyperthyreose“ anzeigen und durch tageszeitliche Schwankungen der Serum-tT4-Konzentration bedingt sein (34) (Abb. 13.16).

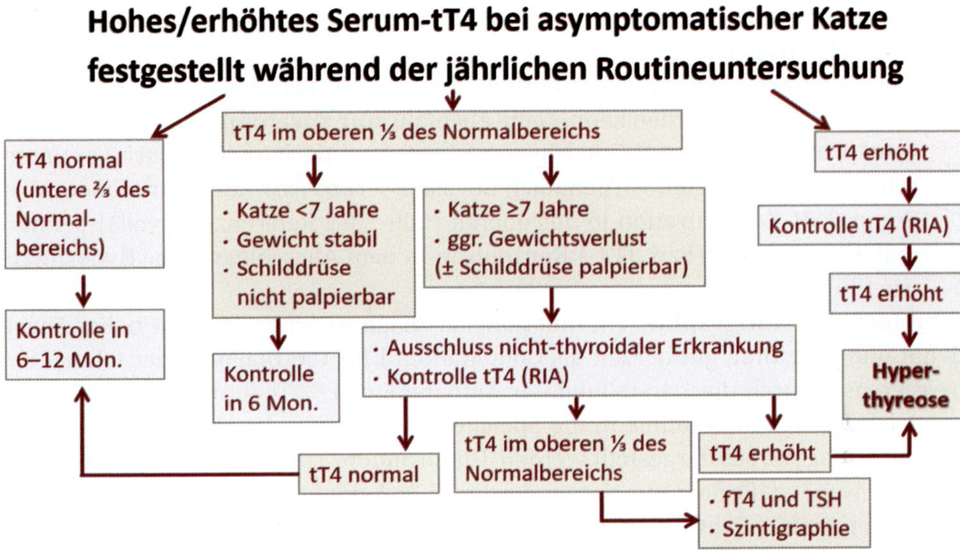

Abb. 13.16 Interpretation der Gesamtthyroxin (tT4)-Konzentration im Serum und Integration in das weitere Vorgehen zur diagnostischen Abklärung einer Hyperthyreose.

Häufigste Ursache für falsch-negative Resultate ist das *Euthyroid-Sick-Syndrome*, bei dem es durch eine nicht-thyreoidale Begleiterkrankung (z. B. Diabetes mellitus, Neoplasie, Leber-, Herz- oder chronische Nierenerkrankung) zu fälschlicherweise niedrigeren bzw. scheinbar normalen Serum-tT4-Konzentrationen kommt (35).

Liegt die Serum-tT4-Konzentration also trotz des klinischen Verdachts einer Hyperthyreose im oberen Drittel des Referenzintervalls, sind nicht-thyreoidale Begleiterkrankungen auszuschließen und die Serum-tT4-Messung nach 3–4 Wochen zu wiederholen.

Liegt die Serum-tT4-Konzentration bei der Nachkontrolle im mittleren oder unteren Drittel des Referenzintervalls, ist eine Hyperthyreose unwahrscheinlich und die Serum-tT4-Messung in 4–6 Monaten erneut zu kontrollieren. Ist die Serum-tT4-Konzentration erhöht, spricht das für die Diagnose einer Hyperthyreose. Liegt die Serum-tT4-Konzentration erneut im oberen Referenzintervall, ist eine Hyperthyreose möglich und durch die Bestimmung von freiem T4 (fT4), Thyreotropin (TSH) oder Schilddrüsenszintigraphie weiter abzuklären.

- **Freies Thyroxin (fT4)**, die biologisch aktive, nicht-proteingebundene Form von Thyroxin, kann nach Equilibrium-Dialyse (ED) mittels RIA oder CLIA bestimmt werden. fT4 ist ein sensitiverer, aber weniger spezifischer Parameter als tT4 und kann bei nicht-thyreoidalen Erkrankungen erhöht sein und zu falsch-positiven Resultaten führen. Daher sollte die **Interpretation von fT4 nur zusammen mit tT4 erfolgen**:

→ Serum-fT4-Konzentration erhöht + Serum-tT4-Konzentration im mittleren bis unteren Referenzintervall (oder erniedrigt) → nicht-thyreoidale Erkrankung

→ Serum-fT4-Konzentration erhöht + Serum-tT4-Konzentration hoch-normal (oder erhöht) → Hyperthyreose
- ◦ **Thyreotropin (TSH)**, welches mithilfe des caninen TSH-Assays (cTSH) auch bei Katzen bestimmt werden kann, sollte ebenfalls **nur zusammen mit tT4 bzw. fT4 interpretiert** werden. Da niedrige und nicht detektierbare Werte schwer unterscheidbar sind, dienen vornehmlich normale Serum-TSH-Konzentrationen (d. h. Serum-TSH-Konzentration in der oberen Hälfte des Referenzintervalls) bei normaler Serum-tT4- (bzw. fT4-) Konzentration dem Ausschluss einer Hyperthyreose (36).
- **Schilddrüsenszintigraphie**, ein funktioneller diagnostischer Test mit hoher Sensitivität und Spezifität, gilt derzeit als Gold-Standard für die Diagnose der felinen Hyperthyreose. Durch die Darstellung der Aufnahme von ^{99m}Tc in die Schilddrüse (im Vergleich zur ^{99m}Tc-Aufnahme in die Speicheldrüsen) kann die Menge funktionellen Schilddrüsengewebes dargestellt werden. Durch andere Tumoren verdrängtes Schilddrüsengewebe stellt sich mit verminderter ^{99m}Tc-Aufnahme oder nicht dar, ebenso entdifferenzierte (nicht-funktionelle) Schilddrüsentumoren. Bei Hyperthyreose dagegen sind der betroffene oder die betroffenen Schilddrüsenlappen vergrößert und nehmen vermehrt ^{99m}Tc auf („heiße Knoten"). Auch Ektopien und Metastasen sind auf diese Weise sichtbar zu machen, sofern sie hormonell aktiv und ^{99m}Tc-speicherfähig sind. Allerdings ist das Verfahren kostenintensiv und nach der Untersuchung mit ^{99m}Tc (radioaktiv) ist eine Quarantäne nötig, weshalb diese Diagnostik nur wenigen Spezialeinrichtungen vorbehalten ist.
- Eine **Röntgen- oder CT-Untersuchung** des Thorax empfiehlt sich zum Ausschluss von Metastasen bei Verdacht auf eine Neoplasie.

Therapie: Eine unbehandelte Hyperthyreose kann lebensbedrohlichen Konsequenzen zur Folge haben (s. Kap. 13.3.2.1) und muss daher zwingend behandelt werden. Die Therapie verfolgt dabei zwei Ziele:
1. Kontrolle der klinischen Symptome.
2. Einstellung der Serum-tT4-Konzentration im mittleren Normalbereich.

Diese Ziele können mit reversiblen (Einsatz von Thyreostatika; diätetische Jodrestriktion) und irreversiblen Therapieoptionen (Thyreoidektomie; Radiojodablation) erreicht werden. Welche Therapieform für Patient und Besitzer am geeignetsten ist und die bestmögliche Lebensqualität bietet, muss für den jeweiligen Einzelfall entschieden werden.
- **Thyreostatika**, als reversible Therapieoption, werden entweder als Langzeittherapie oder zur Patientenstabilisierung vor einer geplanten irreversiblen Therapie angewandt. Therapiebegleitend sind Kontrolluntersuchungen, einschließlich einer Hämatologie und Blutchemie, nach 2 und 4 Wochen zu empfehlen, sowie eine Kontrolle der Serum-tT4-Konzentration zunächst alle 3–4 Wochen, später ca. alle 3 Monate.
  Begonnen wird bei Methimazol-Gabe mit einer Dosis von 1,25–2,5 mg/Tier 2× tägl. p. o. Für Carbimazol ist die Startdosis 10–15 mg/Katze 1× tägl. p. o. Bei gering- bis mittelgradiger Serum-tT4-Erhöhung (< 195 nmol/l bzw. < 15 µg/dl) wird mitunter eine

niedrigere Anfangsdosierung empfohlen (37). Ist die orale Gabe nicht möglich, kann eine Salbe zur transdermalen Applikation angefertigt werden.
Je nach Zustand des Patienten und Serum-tT4-Konzentration in der Kontrolluntersuchung muss die Dosierung – unter erneut regelmäßiger Kontrolle – angepasst und ggf. hochtitriert werden: Methimazol in 1,25–2,5 mg/Tag-Schritten, Carbimazol in max. 5 mg/Tag-Schritten (38, 39). Langfristiges Ziel der Therapie ist das Erreichen der niedrigsten noch wirksamen Dosierung bei einer Serum-tT4-Konzentration im mittleren Drittel des Referenzintervalls.
Neben der Notwendigkeit für eine regelmäßige Medikamentengabe und Kontrolluntersuchungen als potenzielle Nachteile aus Besitzersicht, birgt der Einsatz von Thyreostatika das Risiko von Nebenwirkungen. Bekannt sind (in absteigender Reihenfolge entsprechend ihrer Häufigkeit) Anorexie und Vomitus, Blutdyskrasien (Neutropenie, Thrombozytopenie), Exkoriationen insbesondere in Gesicht und Hals, toxische Hepatopathien und Lymphadenomegalien. Sehr selten kommt es zu Koagulopathien oder Myasthenia gravis. Treten schwere Nebenwirkungen auf, muss die Medikation zwingend abgesetzt werden.
Bei der im Vergleich zur oralen Medikamentengabe anwenderfreundlicheren transdermalen Applikationsform werden weniger gastrointestinale Nebenwirkungen beobachtet, allerdings ist die Wirksamkeit um 67–82 % geringer. Die Applikation des transdermal angewendeten Wirkstoffs erfolgt am unbehaarten Teil der Pinna, wobei unbedingt Handschuhe zu verwenden sind (potenziell teratogen!). Die orale Medikation ist dagegen auch ohne besondere Schutzmaßnahmen weniger riskant für die Anwendenden (40).
Wichtig ist, dass Thyreostatika nicht zur Heilung, sondern im besten Fall zur Symptomfreiheit führen, Neoplasien aber fortbestehen und weiterwachsen können (37). Das Fortschreiten der Erkrankung kann eine Dosiserhöhung erfordern und mit zunehmender Erkrankungsdauer steigt das Risiko für die Entartung eines Adenoms zum Karzinom (41).

- **Diätische Jodrestriktion**, als mögliche Alternative bei einer Kontraindikation irreversibler Therapieoptionen oder Thyreostatika-Therapie, basiert auf einer reduzierten Jodzufuhr und somit verminderten Bereitstellung von Jod für die Synthese von Schilddrüsenhormon. Ziel ist ein Jod-Gehalt von < 300 µg Jod/kg Futter (z. B. Hill's® Prescription Diet Feline y/d).
  Während der diätischen Jodrestriktion sind Thyreostatika abzusetzen, um die Entwicklung einer iatrogenen Hypothyreose zu vermeiden. Nebenwirkungen sind bislang keine bekannt, allerdings gibt es aktuell noch keine Daten zu Langzeitwirkung und -risiken einer jodarmen Diät (37). Bis zur Euthyreose sollte monatlich eine Therapiekontrolle erfolgen, danach der Serum-tT4-Spiegel alle 6 Monate überprüft werden. Während die diätische Jodrestriktion für viele Tiere eine erfolgsversprechende, komplikationsarme Therapieform (ca. 90 % Euthyreose inert 4–8 Wochen) darstellt, ist sie für einige Patienten jedoch ungeeignet (z. B. bei anderen diätischen Ansprüchen bspw. infolge fortgeschrittener chronischer Nierenerkrankung oder chronisch-entzündlicher Darmerkrankung, Freigänger-Katzen oder in Mehrkatzenhaushalten).

Ist eine regelmäßige Medikamentengabe oder diätische Therapie nicht möglich und/ oder führt nicht zum gewünschten Erfolg, können irreversible Therapieoptionen eine Alternative bieten. Insbesondere für jüngere Patienten (Katzen < 12 Jahre) oder ältere Katzen ohne Begleiterkrankungen eignen sich irreversible Therapieoptionen, da diese nicht nur die klinischen Symptome lindern, sondern die Chance auf eine Heilung bieten. Allerdings gehen sie immer mit dem Risiko der Entwicklung einer therapiepflichtigen iatrogenen Hypothyreose (s. Kap. 13.3.1) einher.

- **Radiojodablation** (^{131}I), die mit einer 85–95 %igen Erfolgsrate als Goldstandard-Therapie der felinen Hyperthyreose gilt, sieht die intravenöse Verabreichung des radioaktiven Isotops ^{131}I vor, welches sich ausschließlich in der Schilddrüse anreichert. Die emittierte β-Strahlung führt zur lokalen Gewebezerstörung des hyperaktiven Schilddrüsengewebes. Vorteil dieser vergleichsweise komplikationsarmen Therapie ist, dass auch ektopes Schilddrüsengewebe erreicht und zerstört wird, ohne das umliegende Gewebe zu schädigen.
  Voraussetzung für eine ^{131}I-ablation ist ein stabiler hyperthyreoter Patient, der seit mindestens 2 Wochen keine thyreostatische Therapie erhalten hat. Eine Besserung der klinischen Symptome ist 2–3 Wochen nach ^{131}I-Gabe zu erwarten. Kontrolluntersuchungen, einschließlich Serum-tT4-Bestimmung sollten nach 3–4 und 12 Wochen erfolgen, danach alle 6–12 Monate.
  Die ^{131}I-ablation ist ausschließlich in entsprechend spezialisierten Zentren möglich und mit hohen, wenn auch einmaligen Kosten verbunden. Neben des Risikos der Entwicklung einer iatrogenen Hypothyreose (in bis zu 30 % der Fälle), ist die nach der Therapie erforderliche Quarantänezeit von bis zu 4 Wochen zu berücksichtigen. Allerdings sind häufig deutlich kürzere Isolationszeiten und eine Entlassung nach 2 Wochen möglich (42). Vorab dieser Therapie bedarf es folglich einer ausführlichen Aufklärung und Information sowie ein gründliches Abwägen von Vorteilen und Risiken (43).
  Da während der auf die ^{131}I-Anwendung folgende Isolation jeglicher Kontakt zum Tier auf das Nötigste beschränkt werden muss, ist die Therapie für chronisch kranke Tiere, die bspw. auf regelmäßige Medikamentengabe (insbesondere, wenn nicht p. o. gegeben) angewiesen sind, Katzen mit fortgeschrittener chronischer Nierenerkrankung oder neoplastischen Erkrankungen ungeeignet.
- **Thyreoidektomie**, die chirurgische Entfernung oder Teilentfernung der Schilddrüse, bietet sich bei neoplastischen Erkrankungen der Schilddrüse an, insbesondere bei unilateraler Betroffenheit. Neben einer hohen Erfolgsrate (90 %) besteht der Vorteil, dass ein pathohistologischer Befund des betroffenen Gewebes erhoben werden kann. Ist eine Radiojodablation nicht verfügbar oder stellt eine Kontraindikation dar, ist sie die Therapie der Wahl.
  Nachteile der Thyreoidektomie sind die teilweise lange Nachsorge und mit der Operation einhergehenden Risiken durch die Anästhesie, eine mögliche Schädigung des *N. laryngeus recurrens* sowie eines iatrogenen Hypoparathyreoidismus (s. Kap. 13.4.1). Vorab des chirurgischen Eingriffs empfiehlt sich eine Szintigraphie, um bilaterale Tumoren oder ektopes Schilddrüsengewebe auszuschließen, da in solchen Fällen aufgrund der erhöhten Rezidivgefahr von einer Operation abzuraten ist (37, 44).

Bei geriatrischen hyperthyreoten Patienten ist, insbesondere mit Blick auf etwaige Begleiterkrankungen, zwischen reversiblen (medikamentöse oder diätische Therapie) und irreversiblen Therapieoptionen abzuwägen und die Patientenbesitzer eingehend über die verschiedenen Therapieoptionen aufzuklären, um für sich und ihr Tier die bestmögliche Option wählen zu können. Wichtige Kriterien in der Entscheidungsfindung sind dabei:

- Patientenalter
- Klinischer Schweregrad der Hyperthyreose
- Begleiterkrankungen
- Größe und Art des Schilddrüsentumors
- Verfügbarkeit eines erfahrenen Chirurgen
- Verfügbarkeit der Radiojodtherapie in näherer Umgebung
- Kooperationsbereitschaft von Tier und Besitzer zur Medikamentengabe
- Lebensbedingungen (Freigänger/Wohnungskatze; Einzelkatze/Mehrkatzenhaushalt)
- Kosten (unmittelbare und Langzeitkosten)
- Potenzielle Nebenwirkungen der Behandlungsoptionen

Je nach klinischen Befunden im Zusammenhang mit der Hyperthyreose können weitere Therapieoptionen notwendig sein. Bei systemischer Hypertension kann der Kalziumkanalblocker Amlodipin (0,625–1,25 mg/Katze 1× tägl. p. o.), der Angiotensin-Rezeptor-Blocker Telmisartan (1 mg/kg KM 1× tägl. p. o.) oder die ACE-Hemmer Benazepril (0,5 mg/kg KM 2× tägl. p. o.) oder Enalapril (0,5 mg/kg KM 2× tägl. p. o.) eingesetzt werden. Bei vorhandenen Tachyarrhythmien empfiehlt sich der β-Blocker Atenolol (3,125–6,25 mg/Katze p. o. 2× tägl.)

Besonderer Berücksichtigung in der Behandlung und Therapiekontrolle bedarf es der Einschätzung und Stadien-basierten Therapie einer häufig bei Katzen mit Hyperthyreose begleitend vorliegenden chronischen Nierenerkrankung (chronische Niereninsuffizienz, CNI) (45). Als Folge des deutlich reduzierten Überschusses an Schilddrüsenhormon im Zuge der antithyreoidalen Therapie fällt die ohne Therapie gesteigerte glomeruläre Filtrationsrate, wodurch die CNI demaskiert (altersabhängig bei 15–50 % der Fälle) und das eigentliche Stadium offensichtlich wird (Abb. 13.17). Zudem vermindert sich der Einfluss von Proteinkatabolismus/Sarkopenie auf die Serum-Kreatininkonzentration. Häufig wird dies als Nebenwirkung der Thyreostatika oder anderer Therapieoptionen fehlinterpretiert. Von einer restriktiven antithyreoidalen Therapie ist abzusehen, da das Vorliegen einer Azotämie bei Euthyreose nicht prognostisch ist. Eine iatrogene Hypothyreose gilt es jedoch zu vermeiden, da sie zu höheren Azotämie-Raten (31–80 %) und kürzeren Überlebenszeiten führt.

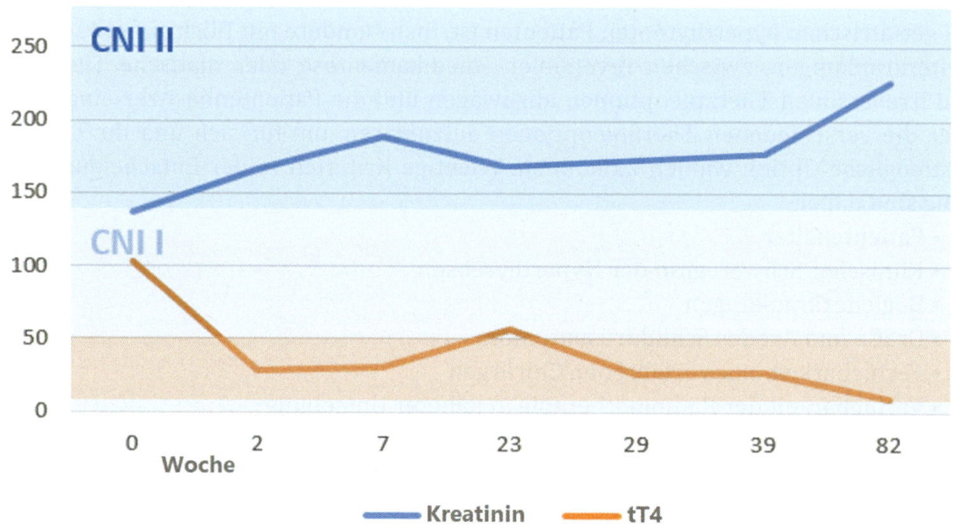

Abb. 13.17 Demaskierung der chronischen Niereninsuffizienz (CNI) nach Beginn der antithyreoidalen Therapie. Dargestellt sind die Kreatinin- (blaue Linie) und tT4-Spiegel (orange Linie; Referenzintervall: oranger Bereich) im Serum zu Beginn und während Methimazol-Gabe bei einer 17-jährigen Katze mit klinischer Hyperthyreose. Mit dem Erreichen der Euthyreose offenbart sich das CNI-Stadium II (dunkelblauer Bereich), während die Serum-Kreatinin-Konzentration zum Therapiebeginn für ein CNI-Stadium I (hellblauer Bereich) sprach.

13.3.2.1 Thyreotoxische Krise

Definition: Als Komplikation der Hyperthyreose kann es zur lebensbedrohlichen thyreotoxischen Krise (*thyroid storm*) kommen. Von dem akuten, hochgradigen Hypermetabolismus werden mehrere Organe in ihrer Funktion gestört. Die damit einhergehende sehr hohe Mortalitätsrate erfordert eine frühzeitige Erkennung und gezieltes therapeutisches Eingreifen.

Mögliche Auslöser: Die thyreotoxische Krise kann durch verschiedene Umstände ausgelöst werden, bspw. eine übermäßige Palpation der Schilddrüse, Traumata, Stress oder die plötzliche Beendigung einer thyreostatischen Therapie; selten auch bei Radiojodtherapie. Vor einer Thyreoidektomie sollten daher Patienten mit einer Hyperthyreose klinisch gut eingestellt sein und präventiv einen β-Blocker (z. B. Atenolol) erhalten. Die β-Blocker-Gabe empfiehlt sich ebenfalls vor einer Radiojodablation bei Beendigung der reversiblen antithyreoidalen Therapie.

Diagnosekriterien: Zur zügigen Erfassung einer thyreotoxischen Krise sind folgende 6 Kriterien heranzuziehen:

1. **Störung der Thermoregulation:** Körpertemperatur >40°C
2. **Zentralnervöse Symptome:** z. B. Ataxie, Hyperästhesie, Ruhelosigkeit, Anfälle, Koma

3. **Neuromuskuläre Symptome:** z. B. Ventroflexion des Halses, generalisierte Schwäche
4. **Gastrointestinale und Leberfunktionsstörung:** Vomitus/Diarrhoe, Hyperbilirubinämie
5. **Kardiovaskuläre Symptome:** z. B. hgr. Tachykardie, kongestive Herzinsuffizienz, Arrhythmie, Thrombembolie
6. **Vorliegen auslösender Faktoren:** z. B. Stress, Manipulation der Schilddrüse

Therapie: Zur Hemmung der Wirkung von T4 (bzw. T3) an den Zielgeweben kommen β-Blocker (Atenolol: 1–3 mg/kg 1–2× tägl. p. o.; oder Esmolol: 200–500 µg/kg KM i. v. über 1 Min. und anschließend 25–200 µg/kg KM/Min i. v. als Dauertropf), Glukokortikosteroide (Prednisolon oder Dexamethason) und Thyreostatika (Methimazol: 2,5–5 mg/Tier 2× tägl. p. o.) zum Einsatz. Weiterhin bedarf es, je nach klinischer Symptomatik, einer symptomatischen Begleittherapie, bspw. Glukosesubstitution bei Hypoglykämie, K^+-Substitution bei Hypokaliämie und intravenöser Flüssigkeitstherapie bei Dehydratation.

13.3.3 Euthyreote Schilddrüsentumoren

Definition: Benigne (z. B. Zysten) oder maligne Umfangsvermehrungen der Schilddrüse bzw. deren Ektopien, welche weder zu einer Überfunktion (Hyperthyreose) noch Unterfunktion (Hypothyreose) führen.

Ätiologie: Unbekannt und vermutlich komplexer Natur.

Pathophysiologie: Kleine benigne Adenome gehen meist mit einem unauffälligen klinischen und Schilddrüsenbefund einher. Zystische Entartungen sind dagegen häufig palpierbar. Zu den möglichen malignen Neoplasien zählen Follikelzellkarzinome, kompakte Karzinome, papilläre Karzinome, anaplastische Karzinome und C-Zell-Karzinome (ausgehend von den Calcitonin-sezernierenden C-Zellen der Schilddrüse, auch als parafollikuläre Karzinome bezeichnet), welche überwiegend einseitig auftreten, lokal infiltrativ wachsen und eine hohe Tendenz zur Metastasierung (z. B. Lunge) besitzen (Abb. 13.18).

Klinisches Bild: Zunächst fällt die zervikale Umfangsvermehrung auf, während Symptome einer Hypo- oder Hyperthyreose fehlen. Im fortgeschrittenen Stadium können, je nach Lokalisation und Größe der Umfangsvermehrung, weitere Symptome durch Beeinträchtigung benachbarter Strukturen hinzukommen (z. B. Husten durch Druck auf die Trachea oder Lungenmetastasen, Kopf- und Halsödem durch Gefäßkompression, Kehlkopflähmung und Heiserkeit durch *N. vagus*- oder *N. recurrens*-Lähmung). Zudem findet sich häufig eine Tumorkachexie.

Diagnose: Die klinische Untersuchung, insbesondere Adspektion und Palpation des Halses, deutet auf die Erkrankung. Das Schilddrüsenprofil ist unauffällig (tT4 und TSH im Referenzintervall). Sonographisch ist das veränderte Schilddrüsengewebe meist gut darstellbar. Das Thoraxröntgen oder eine CT-Untersuchung von Hals/Thorax hilft bei der Suche nach Metastasen, szintigraphisch lassen sich Größe und Funktion des Tumors („kalter Knoten") beurteilen. Die pathohistologische Untersuchung eines Schilddrüsenbioptats bestätigt die Diagnose, die zytologische Untersuchung kann dagegen unergiebig sein, insbesondere bei starker Blutbeimengung oder Aspiration von Zysteninhalt.

Therapie: Die Methode der Wahl ist die Entfernung der veränderten Schilddrüsenanteile (partielle oder totale Thyreoidektomie), was bei stark infiltrativem Tumorwachstum oder schwierigem Zugang zum Tumorgewebe (z. B. Ektopie am Zungengrund) nicht immer gelingt. Die Radioablation gelingt nur bei Jodspeicherung des Tumors, wobei eine TSH-Gabe vor der Behandlung hilfreich sein kann. Die Strahlentherapie (kurative oder palliative Protokolle) kann bei nicht-resezierbaren Tumoren oder als neoadjuvante Therapie vor der chirurgischen Resektion zum Einsatz kommen. Traditionelle Chemotherapie-Protokolle bei malignen nicht-resezierbaren oder metastatischen Neoplasien beinhalten Doxorubicin, Cisplatin oder Mitoxantron; vielversprechend sind zudem erste Daten zum Einsatz von Toceranibphosphat. Im Rahmen der Nachsorge empfiehlt sich alle 2–3 Monate eine klinische, endokrinologische (Schilddrüsenhormone) und röntgenologische (Thorax) Kontrolle.

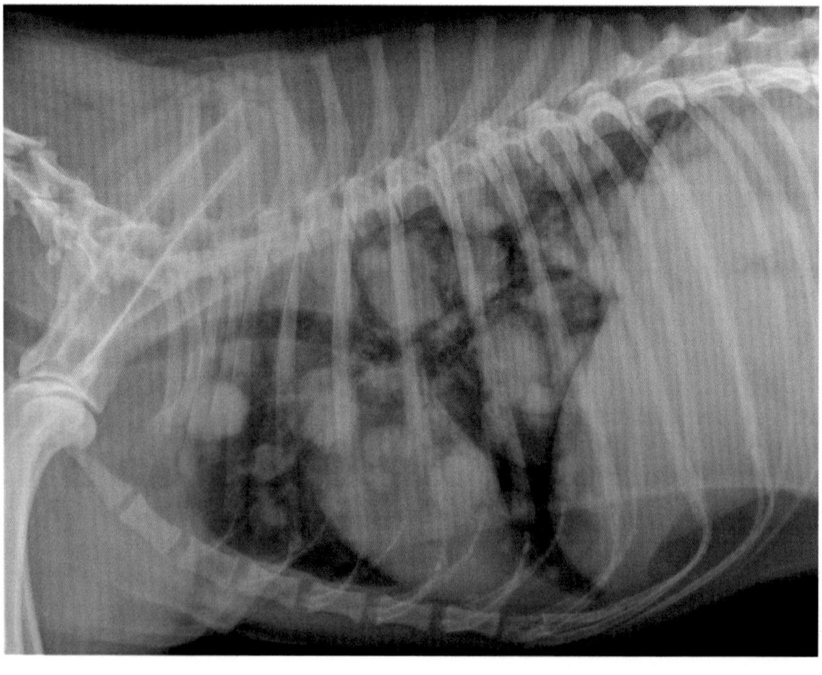

Abb. 13.18 Metastatisches Schilddrüsenkarzinom beim Hund. Noduläre Lungenzeichnung bei einem 10-jährigen Mischlingsrüden mit einer zervikalen Umfangsvermehrung, diagnostiziert als Schilddrüsenkarzinom. Bildverwendung mit Genehmigung: Dr. Ingmar Kiefer, Universität Leipzig.

13.4 Krankheiten der Nebenschilddrüse

Die Nebenschilddrüse (*Glandulae parathyreoideae*, Epithelkörperchen) findet sich mit ihren vier etwa stecknadelkopf- bis linsengroßen, jeweils paarig angelegten Anteilen an den kranialen Polen (äußere Epithelkörperchen) und innerhalb beider Schilddrüsenlobi (innere Epithelkörperchen). Dazu können akzessorische Epithelkörperchen in der Schilddrüsenumgebung oder entlang der zervikalen Trachea vorkommen.

In den Hauptzellen wird das Polypeptid *Parathormon* (PTH) gebildet und durch Exozytose an das Blut abgegeben, in welchem PTH mit einer Halbwertszeit von nur wenigen Minuten zirkuliert, bevor es durch Leber und Niere abgebaut wird. Neben den hellen und dunklen Hauptzellen gibt es in der Nebenschilddrüse oxyphile Zellen, deren Funktion noch nicht endgültig geklärt ist. PTH trägt zur Aufrechterhaltung des Serum-Kalziumspiegels bei, indem es die Kalziumabsorption im Darm (Wirkmechanismus über Calcitriol) und die Kalziumbereitstellung aus Knochensubstanz fördert sowie in den Nieren die Kalziumrückresorption und Phosphatausscheidung erhöht (Abb. 13.19).

In die Regulation des Serum-Kalziumspiegels sind weiterhin Calcitriol (1,25-Dihydroxycholecalciferol, aktive Form von Vitamin D) und Calcitonin aus den C-Zellen der Schilddrüse beteiligt (Abb. 13.19). Bei einem Mangel an Calcitriol sinkt die Kalziumresorption im Darm ab. Der Serum-Kalziumspiegel ist der Feedback-Mechanismus für die PTH-Sekretion, welche durch hohe Serum-Kalziumspiegel gehemmt und niedrige Spiegel gefördert wird; eine übergeordnete hormonelle Regulation gibt es nicht.

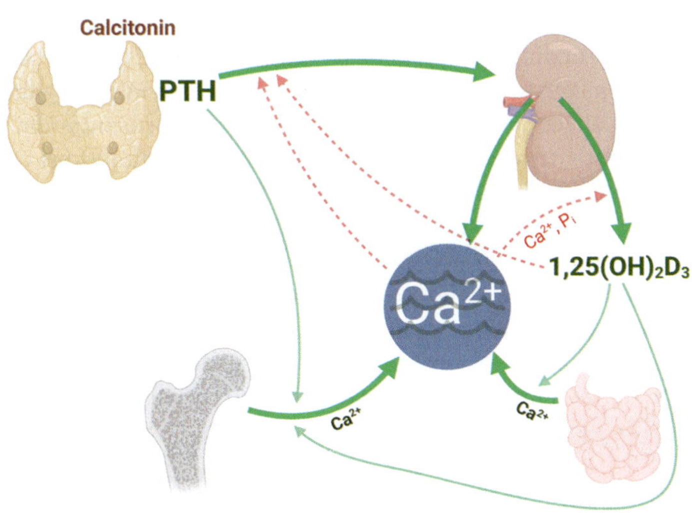

Abb. 13.19 Vereinfachte Darstellung des Zusammenspiels der Hormone im Kalziumstoffwechsel. Stimulierende Einflüsse: grün, hemmende Wirkung: rot.

Calcitriol wird, nach Aufnahme über die Nahrung als Vitamin D_3 oder Bildung in der Haut durch UV-Strahlung und Hydroxylierung in der Leber, in der Niere gebildet. Im Gegensatz zu PTH fördert es die Resorption von Kalzium und Phosphat im Darm und die Mineralisation im Knochen. *Calcitonin* senkt den Serum-Kalziumspiegel indem es die Osteoklastenaktivität der Knochen sowie die Kalziumrückresorption in den Nieren hemmt.

Die Untersuchung der Nebenschilddrüsenfunktion erfolgt über die Bestimmung der Kalzium- und Phosphatkonzentration im Blut sowie die Bestimmung von Parathormon (Referenzintervall ca. 20–65 pg/ml), um einen Hyper- bzw. Hypoparathyreoidismus abzuklären. Über die routinemäßige Bestimmung der Gesamtkalziumkonzentration im Serum bedarf es für die Beurteilung des Kalziumhaushalts der Bestimmung der biologisch aktiven Kalziumfraktion (ionisiertes Kalzium, iCa^{2+}). Je nach Fragestellung wird dazu häufig auch der Vitamin D-Spiegel (1,25-Dihydroxycholecalciferol/25-Hydroxy-Vitamin D_3) oder das PTH-ähnliche Peptid (*PTH-related peptide*, PTHrp) bestimmt.

Die Darstellung von Anteilen der Nebenschilddrüse kann insbesondere bei einer Hypertrophie oder tumorösen Veränderung sonographisch gelingen (normaler Durchmesser: ≤2 mm, Vergrößerung ab 4 mm); häufig entziehen sich die unveränderten Epithelkörperchen jedoch der sonographischen Darstellung. Schnittbildverfahren (CT oder MRT) unter Einsatz von Kontrastmittel haben eine höhere Sensitivität für die Lokalisierung der Nebenschilddrüsen-Anteile.

13.4.1 Hypoparathyreoidismus

Definition: Nebenschilddrüsenunterfunktion mit verminderter Sekretion von PTH.

Ätiologie: Idiopathisch, immun-bedingt (lymphozytäre Parathyreoiditis) mit Rassedisposition beim Mittelschnauzer, Scottish Terrier, Zwergschnauzer, West Highland White Terrier und Dackel; Gewebezerstörung durch malignen Schilddrüsentumor, iatrogen durch partielle (transiente, reversible Nebenschilddrüsenunterfunktion) oder totale Thyreoidektomie (permanente, irreversible Unterfunktion).

Pathophysiologie: Der PTH-Mangel führt am Darm zur verminderten Kalzium- und Phosphatresorption, am Knochen zur verminderten Kalzium- und Phosphatmobilisation durch reduzierte Osteoklastenaktivität und an den Nierentubuli zur verminderten Kalzium- und verstärkten Phosphatrückresorption. Daraus ergeben sich eine Hypokalzämie und Hyperphosphatämie mit der Folge gesteigerter Erregbarkeit bis hin zu Krämpfen (Tetanie).

Klinisches Bild: Aus den pathophysiologischen Zusammenhängen ist die Symptomatik ableitbar. Infolge neuromuskulärer Störungen fallen häufig Muskelzuckungen und -krämpfe, Tremor, ein steifes Gangbild und Reiben des Gesichts (aufgrund von Parästhesie) auf, mitunter auch eine allgemeine Muskelschwäche und Verhaltensänderung bestehend aus Ruhelosigkeit, gesteigerter Aggression, Orientierungslosigkeit und Überempfindlichkeit. In leichteren Fällen können die klinischen Symptome subtil sein oder betroffene Tiere asymptomatisch erscheinen. Hecheln, Fieber, Tachykardie, Anorexie, Apathie und Nickhautvorfall werden gelegentlich gesehen. Hypokalzämische Krämpfe bis hin zu generalisierten Tetanien treten vor allem bei rapiden Veränderungen (z. B. nach [Para-]Thyreoidektomie) auf. Seltener sind Polydipsie/Polyurie, Bradykardie, systemische Hypotension oder schwere Verläufe mit plötzlichem Atemstillstand.

Diagnose: Bestimmung der Serum-Gesamtkalziumkonzentration liefert den Verdacht auf eine Hypokalzämie (Hund: < 2,0 mmol/l, Katze: < 1,8 mmol/l), welche sich durch die Messung von ionisiertem Kalzium (iCa^{2+}) bestätigt (Hund: <1,25 mmol/l, Katze: < 1,1 mmol/l), sowie Hyperphosphatämie oder eine hoch-normale Serum-Phosphatkonzentration bei normaler Nierenfunktion. Der sekundär verminderte Vitamin D-Spiegel kann eine Hypomagnesiämie begünstigen. Im Elektrokardiogramm (EKG) fällt eine verlängerte QT- bzw. ST-Strecke auf. In der Anamnese ist die Möglichkeit einer kürzlichen Thyreoidektomie in Erfahrung zu bringen.

Die Diagnose lässt sich durch einen verminderten Serum-PTH-Spiegel sichern. Findet sich dieser trotz Hypokalzämie im (oberen) Referenzintervall, spricht dies ebenfalls für einen Hypoparathyreoidismus. Bei der Bestimmung von Calcitriol zeigt sich dessen sekundäre Verminderung.

Differenzialdiagnosen:
Labordiagnostisch bzw. durch bildgebende Diagnostik auszuschließen:
- Hypokalzämien anderer Ursache (Nebenschilddrüsen-unabhängig): Puerperalstörungen (puerperale Tetanie), akute oder chronische Niereninsuffizienz, akute Pankreatitis, Tumorlyse-Syndrom, Ethylenglykolvergiftung, primärer Vitamin D-Mangel (dabei Hypophosphatämie), Rhabdomyolyse, Hypomagnesiämie.
- Erkrankungen des Zentralnervensystems (z. B. Epilepsie, Meningoenzephalitis, Neoplasie)
- Hypoglykämie (s. Kap. 13.5.3)
- Hepatoenzephalopathie
- Hyperkaliämie

Therapie: Der individuelle Therapieplan richtet sich nach dem Schweregrad der klinischen Symptome, Ausmaß und Chronizität der Hypokalzämie, der Ätiologie und der Entwicklung der Hypokalzämie vor und nach Therapiebeginn. Eine PTH-Substitutionstherapie ist derzeit nicht verfügbar, sodass Kalzium und Vitamin D_3 (verzögerten Wirkeintritt beachten!) substituiert werden.
Sofortmaßnahmen bei hypokalzämischen Krämpfen (Tetanie) und Anfällen:
- Kalziumglukonat-Infusion 0,5–1,5 ml/kg KM einer 10 %igen Lösung (entspricht 50–150 mg/kg KM) langsam über 15–20 Min. i. v. unter EKG-Kontrolle (Unterbrechung bei Arrhythmien oder Bradykardie) bzw. im Dauertropf 0,5–1,5 ml/kg KM/Std. der 10 %igen Lösung i. v.

- Bis zur Stabilisierung den Serum-Kalziumspiegel (iCa^{2+}) alle 4–6 Stunden kontrollieren
- Antikonvulsiva (z. B. Diazepam) bei fortbestehenden Krampfanfällen in Erwägung ziehen.

Umstellung auf **Langzeittherapie** nach Stabilisierung des Patienten:
- Nach Thyreoidektomie selten nötig, da verbleibendes bzw. ektopisches oder autotransplantiertes Nebenschilddrüsengewebe aktiviert wird; bei spontanem Hypoparathyreoidismus dagegen meist erforderlich.
- Vitamin D-Substitution: Calcitriol (Vitamin D_3) als bevorzugtes Präparat (1–4 Tage bis Wirkeintritt) mit 10–15 ng/kg KM p. o. 2× tägl. für 3–4 Tage (Einleitung) und anschließend 2,5–7,5 ng/kg KM p. o. 2× tägl. (Erhaltung) unter regelmäßiger Kontrolle des Serum-iCa^{2+}. Alternativ Ergocalciferol (Vitamin D_2, längerer Wirkeintritt von 5–21 Tagen) mit 2000–3000 IE/kg KM p. o. 2× tägl. für 3–4 Tage (Einleitung) und dann 1000–2000 ng/kg KM p. o. tägl. bis wöchtl. je nach Serum-iCa^{2+} (Erhaltung).
- Kalziumsubstitution überbrückend bis zum Wirkeintritt des Vitamin D-Präparats: Kalziumkarbonat (bevorzugt, da gleichzeitig Phosphatbinder) 25–50 mg/kg KM tägl. p. o.; alternativ Kalziumglukonat oder Kalziumlaktat. Ausschleichen oraler Kalziumgabe bei Wirkeintritt des Vitamin D-Präparats (langsame Dosisreduktion um jeweils 10–20 %) unter regelmäßiger Serum-iCa^{2+}-Kontrolle (wöchtl. bis Therapieziel erreicht, danach alle 2–3 Monate).
- Therapieziel ist eine Serum-Kalziumkonzentration **gerade unterhalb des Referenzintervalls** (nicht zwangsläufig deren Normalisierung) mit Abklingen klinischer Symptome. Diese Therapie erhöht die Kalziumrückresorption in den Nieren nicht, sodass die Hyperkalziurie die Entstehung von Harnsteinen und Mineralisationen (Nephrokalzinose) mit Folge einer chronischen Niereninsuffizienz begünstigt. Eine iatrogene Hyperkalzämie ist unbedingt zu vermeiden.

13.4.2 Hyperparathyreoidismus

Definition: Nebenschilddrüsenüberfunktion mit erhöhter Sekretion von PTH.

Ätiologie: Unterteilung des Hyperparathyreoidismus in
1. primärer Hyperparathyreoidismus
   - autonomes Adenom (Rasseprädisposition: Deutscher Schäferhund, Keeshond), seltener funktionelles Adenokarzinom der Nebenschilddrüse
   - Hyperplasie (seltener)
2. sekundärer Hyperparathyreoidismus
   - infolge chronischer Niereninsuffizienz (renaler sekundärer Hyperparathyreoidismus)
   - durch alimentären Kalziummangel bzw. Phosphorüberschuss (alimentärer sekundärer Hyperparathyreoidismus) oder Vitamin D-Mangel (Rachitis)
3. tertiärer Hyperparathyreoidismus
   - autonome PTH-Überproduktion durch die Nebenschilddrüse („Verselbständigung“ bei sehr lange bestehendem sekundären Hyperparathyreoidismus)

Pathophysiologie: Beim *primären Hyperparathyreoidismus* wird autonom vermehrt PTH aus der Nebenschilddrüse sezerniert, dessen Hemmung als negative Rückkoppelung auf die resultierende Hyperkalzämie jedoch ausbleibt. Daraus folgt eine verstärkte Kalziumrückresorption und Ausscheidung von Phosphat (mit Na^+, K^+ und Aminosäuren) durch die Nieren sowie eine erhöhte Kalziummobilisierung aus den Knochen mit Entwicklung einer Osteofibrose (fibröse Osteodystrophie).

Beim *renalen sekundären Hyperparathyreoidismus* resultiert die vermehrte PTH-Sekretion aus der Phosphatretention (durch Komplexierung freien Kalziums zur Hypokalzämie führend) und wird durch Calcitriol-Mangel (verminderte Bildung in den Nieren) verstärkt, was wiederum die Kalziumabsorption im Darm und den Serum-Kalziumspiegel vermindert (bei Anstieg des Serum-Phosphatspiegels). Die kompensatorische Aktivierung der Nebenschilddrüse führt zur Mobilisierung von Knochen-Kalzium mit Entwicklung einer fibrösen Osteodystrophie (renale Osteopathie) und kann bei Chronizität zum *tertiären Hyperparathyreoidismus* übergehen.

Der *alimentäre sekundäre Hyperparathyreoidismus*, resultierend aus einem Kalziummangel oder unausgewogenem Kalzium-Phosphat-Verhältnis in der Nahrung, kommt heute selten vor und ist v. a. anamnestisch zu erfassen (besondere Fütterungstrends, z. B. ausschließlich oder vornehmlich phosphatreiche und kalziumarme Innereien-Fütterung). Ebenso selten ist heute ein Vitamin D-Mangel.

Klinisches Bild: Patienten mit primärem Hyperparathyreoidismus können lange Zeit asymptomatisch scheinen und die Hyperkalzämie als Zufallsbefund (z. B. in der routinemäßig durchgeführten Jahresuntersuchung) ergehen. Die Symptome einer Hyperkalzämie sind oft unspezifisch und im Schweregrad von Dauer sowie Ausmaß der Hyperkalzämie abhängig. Häufig zeigen betroffene Patienten Inappetenz, Lethargie und Diarrhoe. Polydipsie/Polyurie ergeben sich einerseits aus der Hyperkalzämie, andererseits führt diese zu Nephrokalzinose (Kalzifizierung der Nieren) und Entwicklung einer chronischen Niereninsuffizienz sowie Kalziumoxalat- oder Struvit-Urolithiasis. Seltener werden generalisierte Muskelschwäche, Zuckungen, Zittern, Anfälle, Arrhythmien, Anorexie, Vomitus und Konstipation beobachtet. Eine Dehydratation kann in der klinischen Untersuchung auffallen, umfangsvermehrte Anteile der Nebenschilddrüse entziehen sich jedoch meist der Palpation.

Bei Patienten mit sekundärem Hyperparathyreoidismus stehen die klinischen Symptome der zugrunde liegenden Ätiologie (z. B. chronische Niereninsuffizienz) im Vordergrund. Aus der Knochenverdünnung und -demineralisierung können Formveränderungen zu Bewegungseinschränkungen und Schmerzen führen. Klinische Symptome, die insbesondere beim tertiären Hyperparathyreoidismus aus der Kalzifizierung von Organen (z. B. Lunge) resultieren, können ebenfalls zu beobachten sein.

Diagnose: *Primärer Hyperparathyreoidismus*: Bezeichnend ist die Hyperkalzämie (Gesamtkalzium Hund: > 3,0 mmol/l, Katze: > 2,8 mmol/l), bestätigt durch die Bestimmung des ionisierten Kalziums (iCa^{2+}; Hund: < 1,5 mmol/l, Katze: > 1,4 mmol/l). Dies ist zwar nicht pathognomonisch, sollte aber nie ignoriert werden, da schwerwiegende Erkrankungen zugrunde liegen können (s. Differenzialdiagnosen). Die Serum-Phosphatkonzentration ist erniedrigt oder niedrig-normal, solange sich eine chronische Niereninsuffizienz nicht offenbart. Die Serumaktivität der alkalischen Phosphatase kann erhöht sein. Die Sonographie der Nebenschilddrüsen kann ein oder auch mehrere vergrößerte Anteile zu erkennen geben, Schnittbildverfahren (CT, MRT) haben hierfür jedoch eine höhere Sensitivität (Abb. 13.20). Eine erhöhte oder trotz Hyperkalzämie (hoch-)normale PTH-Konzentration im Serum kann die Diagnose weiter sichern (Tabelle 13.2).

Bei *sekundärem Hyperparathyreoidismus* ist die Serum-Kalziumkonzentration tendenziell geringer bzw. kann variieren. Bei der alimentären Form kann die gründliche Anamnese richtungsweisend sein. Die renale Form lässt sich durch das Vorliegen einer chronischen Niereninsuffizienz aufspüren, wobei der Serum-Kalziumspiegel meist (niedrig-)normal oder vermindert ist, im frühen Stadium der chronischen Nierenerkrankung infolge reduzierter renaler Kalziumausscheidung aber auch leicht erhöht sein kann. Mitunter ist die Abgrenzung gegenüber einer chronischen Niereninsuffizienz infolge eines primären Hyperparathyreoidismus schwierig, häufiger finden sich in diesem Fall jedoch röntgenologisch, sonographisch oder in Schnittbildverfahren Hinweise für Kalzifizierungen in Organen (z. B. Niere, Lunge, Herz). Eine Demineralisierung der Knochen fällt in Röntgen- oder CT-Aufnahmen durch verminderten Röntgenkontrast und eine dünn erscheinende Kortikalis auf, mitunter auch mit Formveränderungen der Knochen.

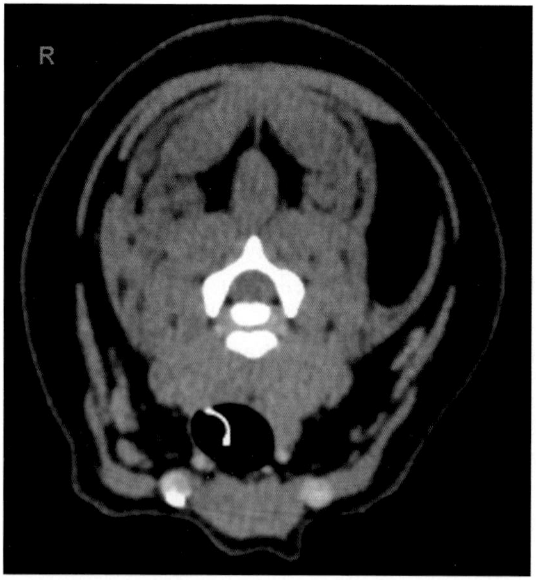

Abb. 13.20 Computertomographisches Bild einer rechtsseitig veränderten Nebenschilddrüse beim Hund. Dargestellt ist die vergrößerte, kontrastanreichernde Nebenschilddrüse eines 12-jährigen Jack Russel Terrier-Rüden mit einem primären Hyperparathyreoidismus. Bildverwendung mit Genehmigung: Dr. Ingmar Kiefer, Universität Leipzig.

Tabelle 13.2: **Zusammenspiel der verschiedenen labordiagnostischen Veränderungen bei Erkrankungen mit Hyperkalzämie.** rot = erhöht, grün = im Referenzintervall, blau = vermindert.

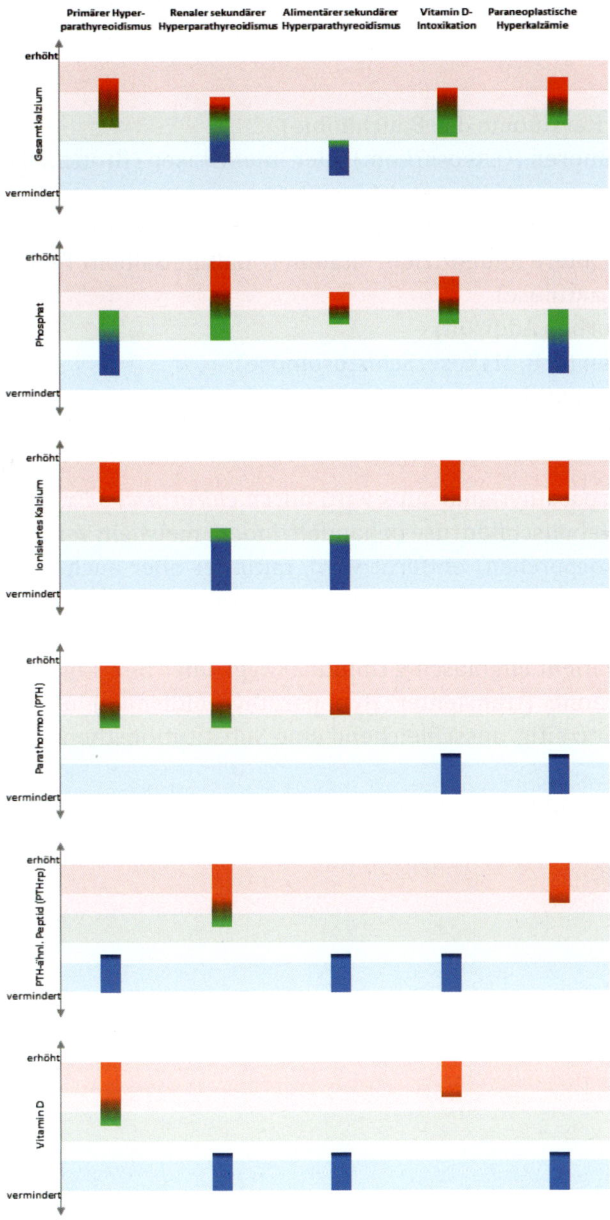

Differenzialdiagnosen: Hyperparathyreoidismus ist eine eher seltene Ursache für Hyperkalzämie; eine Vielzahl anderer Ursachen dagegen weitaus häufiger. Hierzu zählen:

- Neoplasien mit paraneoplastischer Hyperkalzämie
  - Malignes Lymphom
  - Multiples Myelom
  - Analbeutelkarzinom
  - Thymom
  - Andere Neoplasien (z. B. Karzinome der Bauchhöhle)
  - Osteolytische Knochentumoren (Osteosarkom) oder -metastasen (Bronchialkarzinom, Prostatakarzinom)
- Akute (polyurische) oder chronische Niereninsuffizienz (frühes Stadium)
- Vitamin D-Intoxikation (z. B. ältere Rodentizide, Vitamin D-haltige Salben/Tabletten), andere Medikamente (z. B. Laktulose)
- Hypoadrenokortizismus (Morbus Addison)
- Granulomatöse Erkrankungen (z. B. Mykose, Schistosomose)
- Knochenerkrankungen (Osteopathien)
- Idiopathische Hyperkalzämie (Katze)

Therapie: Der primäre Hyperparathyreoidismus wird durch *chirurgische Exstirpation* des betreffenden Anteils der Nebenschilddrüse behandelt, indem meist ein veränderter Anteil (vergrößertes Epithelkörperchen) entfernt wird, mitunter aber auch mehr als ein Epithelkörperchen betroffen oder eine Ektopie zu berücksichtigen ist. Auch eine lokale Ablationstherapie mit Ethanol, Hitze oder Kälte (Kryotherapie) kann erfolgreich sein. Postoperativ sollte der Patient engmaschig (mind. 2× tägl. über 5–7 Tage) auf die Entwicklung einer Hypokalzämie (transienter Hypoparathyreoidismus) überwacht werden und bei Indikation kurzzeitig, ausschleichend eine Substitutionstherapie (Kalzium, Vitamin D) erfolgen.

Sekundärer Hyperparathyreoidismus wird durch Therapie der Grundursache behandelt (diätetische Umstellung bei alimentärer Form, Stadien-basierte Therapie bei chronischer Nierenerkrankung).

13.5 Erkrankungen des endokrinen Pankreas

Das Pankreas gliedert sich in einen exokrinen und einen endokrinen Teil. Das endokrine Pankreas repräsentieren die Langerhans-Inseln, in welchen vordergründig vier Hormone gebildet werden: **Glukagon** in den α-Zellen, **Insulin** in den β-Zellen, **Somatostatin** in den δ-Zellen und **pankreatische Polypeptide** in anderen Zellen.

Glukagon wirkt teilweise insulinantagonistisch. Durch Aktivierung der hepatischen Adenylzyklase fördert es die Glykogenolyse und somit die Glukosefreisetzung. Zudem wird die Glukoneogenese aus Aminosäuren erhöht. Die Glukagonsekretion steigt beim Absinken der Blutglukose und trägt so zur Glukosehomöostase (insbesondere in Notfallsituationen) bei; es aktiviert zudem (direkt und indirekt via Glukoseanstieg) die Insulinsekretion. Die Glukagonsekretion steigt zudem nach Proteinaufnahme und bei erhöhtem Sympathikotonus (sekretionsförderne Wirkung der α-Rezeptoren), gehemmt wird es durch Glukose, Fettsäuren, Ketonkörper und Somatostatin.

Insulin ist ein Polypeptid, dessen hormonelle Wirksamkeit von der Struktur zweier durch Disulfidbrücken verbundenen speziesspezifischen Ketten (A- und B-Kette) abhängt. In den β-Zellen wird Insulin als Proinsulin gebildet und über β-Granula aus der Zelle geschleust und in die Blutbahn sezerniert. Fördernd auf die Insulinsekretion wirken Zucker (Glukose, Mannose), Aminosäuren, Ketonkörper und Hormone (ACTH, GH, Glukagon); eine hemmende Wirkung haben u. a. Katecholamine, Insulin, Diazoxid. Dabei stimulieren oral aufgenommene Glukose und Aminosäuren die Insulinsekretion stärker als die parenterale Gabe, da intestinale Hormone (z. B. Sekretin, Gastrin, Glukagon) die Insulinsekretion zusätzlich fördern und dieser Mechanismus bei der parenteralen Glukose- oder Aminosäuren-Gabe umgangen wird. Im Blut wird Insulin in ungebundener Form und mit kurzer Halbwertszeit (wenige Minuten) transportiert. Mit Ausnahme des Gehirns wirkt es an peripheren Geweben (Leber, Niere, Fettgewebe, Muskulatur) über einen Glykoproteinrezeptor in der Zellmembran. Dieser Mechanismus ist insbesondere bei Adipositas gestört (metabolisches Syndrom).

Der **Wirkmechanismus** des Insulins schließt den Kohlenhydrat-, Fett-, Protein- und Energiestoffwechsel sowie Elektrolyte (besonders K^+) ein. Im **Kohlenhydratstoffwechsel** erleichtert es den Glukosetransport in Muskel- und Fettgewebe (jedoch nicht in die Leber) und fördert dort die Glykogensynthese sowie Glukoneogenese und Glykogenolyse. Im **Fettstoffwechsel** hemmt es über die Triglyceridlipase den Abbau von Depotfett, gleichzeitig dienen Metaboliten aus dem verstärkten Glukoseabbau der gesteigerten Fettsäuresynthese (Lipogenese). Infolge der Verstoffwechselung von Acetyl-CoA aus dem Fettsäurestoffwechsel sinken zudem die Ketonkörperspiegel. Im **Proteinstoffwechsel** erhöht Insulin die Aminosäuren-Aufnahme in die Leber- und Muskelzellen. Vermehrt bereitgestellte energiereiche Phosphate stehen der Proteinsynthese zu Verfügung. Insgesamt ergibt sich eine anabole Wirkung.

Bei einem absoluten oder relativen **Insulinmangel** ergeben sich somit weitreichende metabolische Konsequenzen. Im **Fettstoffwechsel** führt die reduzierte Hemmung der Triglyceridlipase zu einem erhöhten Fettabbau (Lipolyse). Anfallende Fettsäuren und Glycerin werden nicht als Triglyceride im Depotfett eingebaut, sondern gelangen über das Blut vermehrt in die Leber (diabetogene Fettleber). Zudem wird im Fettgewebe weniger Glukose für die Lipogenese verbraucht. Im **Kohlenhydratstoffwechsel** wird durch das Überwiegen von Glukagon die Glukoneogenese aus glukoplastischen Aminosäuren, Pyruvat und Laktat erhöht; gleichzeitig wird die Glykogenolyse sowie die Synthese von Ketonkörpern aus ketoplastischen Aminosäuren und Acetyl-CoA (im Zitratzyklus vermindert metabolisiert) verstärkt. Diese verbrauchen K^+ und Na^+, welche über die Ausscheidung im Urin verloren gehen (hyponatriämische, hypokaliämische Ketoazidose). Im **Proteinstoffwechsel** führt die verminderte Glukoseverfügbarkeit in der Muskulatur zum Proteinabbau für die Energiegewinnung (Verlust von Körpergewicht und Muskelschwäche). Aus der intrazellulären Hypoglykämie folgt ein osmotischer Wasserverlust aus dem Intra- in den Extrazellulärraum (intrazelluläre Dehydratation). Die Hyperglykämie-bedingte Hyperosmolalität im Intravasalraum erhöht die Aldosteronfreisetzung. Insgesamt resultiert eine katabole Stoffwechsellage mit dem Risiko einer Stoffwechselentgleisung.

13.5.1 Diabetes mellitus

Definition: Durch eine verminderte Sekretion bzw. Wirkung von Insulin kommt es zur Hyperglykämie mit Störungen in Kohlenhydrat-, Fett-, Protein- und Energiestoffwechsel.

Ätiologie: Der genaue Entstehungsmechanismus ist unklar, derzeit wird von einer multifaktoriellen Pathogenese sowie einer genetischen Prädisposition bestimmter Rassen ausgegangen (46, 47). Dazu scheint Mikrobiom-Veränderungen eine Rolle in der Pathogenese des Diabetes mellitus zuzukommen (48, 49).

Vorstufen des Diabetes mellitus sind die *subklinische Phase*, in der Funktion bzw. Masse der β-Zellen bereits reduziert sind, aber noch Euglykämie besteht, gefolgt von *Prädiabetes* mit erhöhtem Glukose-Nüchternwert und reduzierter Glukosetoleranz des Tieres (Abb. 13.21). Der eigentliche Diabetes mellitus kehrt von einer zunächst insulinunabhängigen in eine insulinabhängige Phase, aus welcher die Entgleisung zur diabetischen Ketose oder Ketoazidose folgt (50).

Derzeit gibt es zwar keine allgemein anerkannte veterinärmedizinische ätiologische Klassifizierung des Diabetes mellitus, zur besseren Therapieplanung und Prognostizierung erfolgt jedoch folgende Einteilung des Diabetes mellitus:

1. Diabetes mellitus-Typ 1 (ehem. **Insulin-abhängig**): absoluter Insulinmangel durch autoimmune Zerstörung oder idiopathische Verminderung (v. a. beim Hund) von mind. 50 % der funktionellen β-Zellmasse (51)
2. Diabetes mellitus-Typ 2 (ehem. **nicht-insulinabhängig**): relativer Insulinmangel durch ungenügende Insulinausschüttung bzw. -resistenz (v. a. bei der Katze), häufig im Zusammenhang mit Adipositas/metabolischem Syndrom.

3. Diabetes mellitus sekundär zu anderen Erkrankungen (Diabetes mellitus-Typ 3) bzw. Ursachen mit erhöhter Insulinresistenz
   - Akute oder chronische Pankreatitis
   - Infektionserkrankungen (z. B. Viruserkrankungen beim Jungtier)
   - Endokrine Neoplasien (z. B. Glukagonom, Somatostatinom)
   - Kongenitale Pankreas-Hypoplasie (z. B. Keeshond)
   - Exokrine Pankreasatrophie (z. B. Deutscher Schäferhund, Greyhound, Golden Retriever)
   - Endokrinopathien
     - Hypersomatotropismus/Akromegalie (ca. 25 % der Katzen mit Diabetes mellitus, (52)
     - Hyperadrenokortizismus (8 % beim Hund, 80 % bei der Katze)
   - Therapeutika/Hormone
     - Progesteron-abhängige GH-Überproduktion durch Progestingabe (auch physiologisch in Gestation und Diöstrus möglich, Sonderform Progesteron-induzierter caniner Diabetes mellitus)
     - Medikamente wie Ciclosporin, Glukokortikoide, Tacrolimus

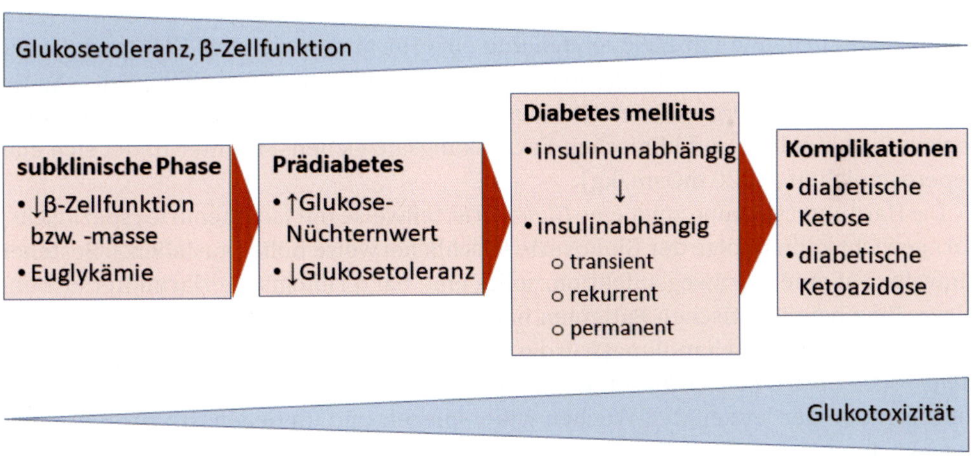

Abb. 13.21 Gegensätzlicher Verlauf von Glukosetoleranz und Glukosetoxizität während der verschiedenen Stufen des Diabetes mellitus.

Pathogenese: Die chronische Hyperglykämie (Blutglukosekonzentration > 8–12 mmol/l bzw. > 144 mg/dl) hat eine glukotoxische Wirkung. Der verminderte Verbrauch von Glukose, Fett- und Aminosäuren in peripheren Geweben führt zudem zu einer gesteigerten Glukoneogenese und Glykogenolyse in der Leber und somit in Summe zu einer Verstärkung der Hyperglykämie. Übersteigt der Blutglukosespiegel den Schwellenwert für die renale Rückresorption (10–12 mmol/l bzw. 180–220 mg/dl), folgen Glukosurie und osmotisch-bedingte Polyurie mit kompensatorischer Polydipsie. Durch den Insulinmangel wird Glukose in den Geweben weniger gut verwertet, was in Gewichtsverlust, Energiedefizit und kompensatorischer Polyphagie resultiert. Tiere mit Diabetes mellitus scheinen zudem ein erhöhtes Risiko für die Entwicklung von Neoplasien der Nebennierenrinden zu haben (53).

Klinisches Bild: Je nach Ätiologie und Stadium der Erkrankung können unterschiedliche klinische Schweregrade zu beobachten sein. Typisch sind Polydipsie und Polyurie, in vielen Fällen zumindest im Anfangsstadium auch Polyphagie bei häufig ausgesprochener Adipositas (besonders bei der Katze), die zunehmend in Gewichtsverlust übergeht. Hierbei ist der Diabetes mellitus noch kompensiert. Bei Dekompensation der Erkrankung sind unmittelbare sensorische Störungen, Diarrhoe, Vomitus und Anorexie zu beobachten. Beim Hund tritt mitunter eingeschränkter Visus und Katarakt durch eine Akkumulation von Sorbitol in der Linse des Auges auf. Eine diabetische Neuropathie mit plantigrader Fußung kommt v. a. bei Katzen vor. Die Entgleisung zu einer diabetischen Ketoazidose (DKA) bzw. zum hyperosmolaren hyperglykämischen Syndrom (HHS) äußert sich als hochgradiger Erkrankungsverlauf mit systemischer Hypotension und Dehydratation (s. Kap. 13.5.2).

Diagnose: Die minimale Datenbasis beim Verdacht eines Diabetes mellitus umfasst Hämatologie, Blutchemie mit Elektrolyten und eine Harnuntersuchung. Während die Hämatologie in der Regel bis auf ein mögliches Stressleukogramm unauffällig ist, zeigt die Blutchemie eine *Hyperglykämie* mit einem Nüchternwert von >7–8 mmol/l, mitunter begleitet von Azidose und klinischen Erkrankungsanzeichen. Mitunter findet sich eine Hyperosmolalität (>320 mOsm/kg).

Die Harnuntersuchung zeigt eine *Glukosurie*, teilweise mit Isosthenurie (spezifisches Harngewicht kann infolge der Glukosurie fälschlicherweise höher ausfallen!). Bestehen Hinweise auf eine Harnwegsinfektion, sollte eine bakteriologische Harnuntersuchung folgen. Eine bei diabetischen Patienten häufig vorkommende subklinische Bakteriurie ist jedoch zwingend behandlungswürdig (54). Ein wichtiger Parameter ist die *Fruktosamin- oder HbA1c-Konzentration im Serum*, welche die durchschnittliche Blutzuckerkonzentration der letzten 2–3 Wochen widerspiegelt und im Gegensatz zur Blutglukose nicht durch Stress beeinflusst wird. Als Hinweis auf eine begleitende Pankreatitis kann die Konzentration der spezifischen Pankreaslipase im Serum erhöht sein. Auch um weitere Begleiterkrankungen bzw. Ursachen eines sekundären Diabetes mellitus abzuklären, empfiehlt sich eine bildgebende Diagnostik (Sonographie des Abdomens, Thoraxröntgen). Mit einem 95 %igen Vorhersagewert kann eine Serumkonzentration des Insulin-ähnlichen Wachstumsfaktors-1 (*insulin-like growth factor-1*, IGF-1) von > 700–1000 ng/ml das Vorliegen eines Hypersomatotropismus – einer der Hauptgründe für hochgradige Insulinresistenz bei Katzen (52) – bestätigen.

Therapie: Hauptziel der Therapie ist eine gute Lebensqualität für Patient und Besitzer sowie das Abwenden von Komplikationen. Insbesondere bei der Katze (nur sehr selten beim Hund) besteht die Möglichkeit einer diabetischen Remission (55).

Zum Diabetesmanagement gehören neben der medikamentösen Therapie mit Insulin regelmäßige Kontrollen und ggf. Therapieanpassungen. Diese Kontrollen beinhalten ein Blutglukose-Tagesprofil und die Bestimmung von Serum-Fruktosamin (bzw. HbA1c), Körpergewicht sowie ggf. spezifischer Pankreaslipase und Harnuntersuchungen. Sie zielen darauf ab, das Risiko von Komplikationen durch starke glykämische Variation bzw. Gegenregulation auf Phasen von Hypoglykämie (Somogyi-Effekt) und Komplikationen aus suboptimaler Therapieeinstellung (erneute Entgleisung zu diabetischer Ketose/Ketoazidose, periphere Neuropathie) zu vermindern.

Ein wesentlicher Bestandteil der Therapie bei adipösen Patienten ist eine Gewichtsreduktion um max. 1–2 % pro Woche. Diabetogene Medikamente (z. B. Prednisolon, Ciclosporin, Gestagene) sollten nach Möglichkeit abgesetzt oder ausgeschlichen werden. Bei einem vermuteten Zusammenhang zu hormonellen Schwankungen (z. B. schlechtere Kontrolle unter Progesteron-Einfluss im Diöstrus) ist eine Ovariohysterektomie in Betracht zu ziehen. Eine begleitend vorliegende Pankreatitis sollte (je nach klinischem Schweregrad) mit Antiemetika, Analgetika, ggf. Infusionstherapie und Sondenernährung therapiert werden.

Für die **medikamentöse Therapie** stehen verschiedene Insuline zur Verfügung. *Orale Antidiabetika* aus der Humanmedizin (Dipeptidylpeptidase-4-Hemmer wie Linagliptin oder Glukagon-ähnliches Peptid-1-Rezeptorantagonisten wie Exenatid) spielen bislang eine untergeordnete Rolle in der Langzeittherapie des Diabetes mellitus bei Hund oder Katze und sind ggf. in Betracht zu ziehen, wenn eine Insulingabe nicht möglich und die einzige Alternative die Euthanasie ist. Mit der Einführung von Gliflozinen (SGLT2-Hemmern wie Velagliflozin) gibt es seit Kurzem eine aussichtsreiche orale Therapieoption für die Senkung der Blutglukose und somit Reduktion der Glukotoxizität und Verbesserung der Insulinwirkung bei der Katze mit stabilem Diabetes mellitus ohne Ketonämie bzw. -urie.

Die Behandlung mit *Insulin* erfordert eine gute Therapieeinstellung mit regelmäßiger Kontrolle sowie die richtige Wahl des Insulins (Tab. 13.3). Die Wirkdauer schwankt individuell, sodass die Einstellung immer einer Einzelfallbetrachtung bedarf. Man unterscheidet

- Insuline ohne Depoteffekt mit rasch einsetzender Wirkung (0,5–2 Std.) und kurzer Wirkdauer (1–4 Std.)
- Intermediär-Insuline, deren Wirkung nach 2–8 Std. beginnt und deren Wirkungsdauer 4–12 (24) Std. beträgt
- Depot-Insuline mit einem Wirkungsmaximum von 2–8 (16) Std. und einer Wirkdauer bis zu 24 (32) Std.

Weitere in der Humanmedizin angewandte Therapieverfahren wie neuartige Insuline mit Wirkdauern bis zu einer Woche, Insulin-Transport Systeme oder therapeutischer β-Zell-Ersatz könnten zukünftig auch in der Veterinärmedizin Anwendung finden (56–59).

Als **diätischer Therapieansatz** empfiehlt sich bei Hunden eine fettrestriktive, faserreiche Fütterung (z. B. Hill's® w/d oder Royal Canin® Diabetic), bei Katzen ein Futter mit hohem Protein-(min. 40 % ME) und niedrigem Kohlenhydratanteil (max. 15–20 % ME). Eine gute Akzeptanz vorausgesetzt, wird für beide Tierarten ein Feuchtfutter bevorzugt, was zumindest bei Katzen mit höheren Remissionsraten verbunden ist (60).

Tabelle 13.3: **Auflistung der aktuell verfügbaren Insuline.** In Rot hervorgehoben sind die veterinärmedizinisch (Hund, Katze) zugelassenen Insuline.

Insulin	Typ	Wirkdauer	Depotwirkung	IE/ml	Tierart
Glargine (Lantus®, Tujeo®)	synthetisch	lang	pH-abhängige Präzipitation in der Subkutis	U-100 U-300	Katze Hund
Degludec (Tresiba®)	synthetisch	lang	Bindung an C16-Fettsäure, s.c. Multihexamer-Bildung	U-100	Katze Hund
PZI (ProZinc®)	human, rekombinant	lang	Bindung an Protamin und Komplexbildung mit Zink	U-40	Katze Hund
Detemir (Levemir®)	synthetisch	lang	reversible Bindung an Albumin	U-100	Katze (Hund)
Vetsulin® (Caninsulin®)	porzines Insulin/Lente	mittel	Komplexbildung mit kristallinem Zink (65%)	U-40	Hund (Katze)
NPH (Novolin N®)	human, rekombinant	mittel	Bindung an Protamin	U-100	Hund Katze
reg. Insulin (Novolin R®)	human, rekombinant	kurz	*(keine Depotwirkung)*	U-40 U-100	Hund Katze

Übergewichtige Tiere (Body Condition Score >5/9) können nach Beginn der Insulin-Therapie durch die anabole Insulin-Wirkung etwas an Gewicht zunehmen. Diabetische Tiere sollten ihre Tagesration auf zwei Portionen verteilt mit 12-stündigem Abstand voneinander aufnehmen und die jeweilige Insulindosis stets zur gleichen Zeit direkt nach der Fütterung erhalten (46). Zwischenmahlzeiten sollten vermieden werden (61). Bei Katzen muss mitunter geringfügig von diesem Schema abgewichen werden. Kontrollierte körperliche Aktivität des Patienten ist zu empfehlen, um die Normalisierung der Blutglukose sowie dessen Insulin-vermittelte Aufnahme und Verwertung durch die Muskulatur zu fördern. An Tagen starker, körperlicher Auslastung kann der Insulinbedarf um ca. 50 % reduziert sein (46).

Therapiekontrolle: Eine regelmäßige Therapiekontrolle ist für die Diabetesbehandlung essenziell. Für die Blutzuckermessung werden meist tragbare Glukometer verwendet, die tierartspezifisch kalibrierbar sind. Humanmedizinische Geräte liefern beim Tier nicht immer genaue Ergebnisse (62) und im Gegensatz zu diesen kommen tiermedizinische Glukometer mit sehr kleinen Blutmengen (0,3 µl) aus, welche bspw. vom Ohrrandgefäß gewonnen werden können. Auch funktionieren humanmedizinische Systeme für die intermittierende (z. B. FreeStyle Libre®; Abb. 13.22) (63) oder kontinuierliche Überwachung der interstitiellen Glukosekonzentration (z. B. EversenseXL®) (64) als Indikator der Blutglukose und machen wiederholte Blutentnahmen entbehrlich.

Aus den Glukosemessungen wird ein Blutglukoseprofil (z. B. Tagesprofil) erstellt. Dafür sind Messungen alle 2 Stunden nötig, beginnend unmittelbar vor der Mahlzeit mit

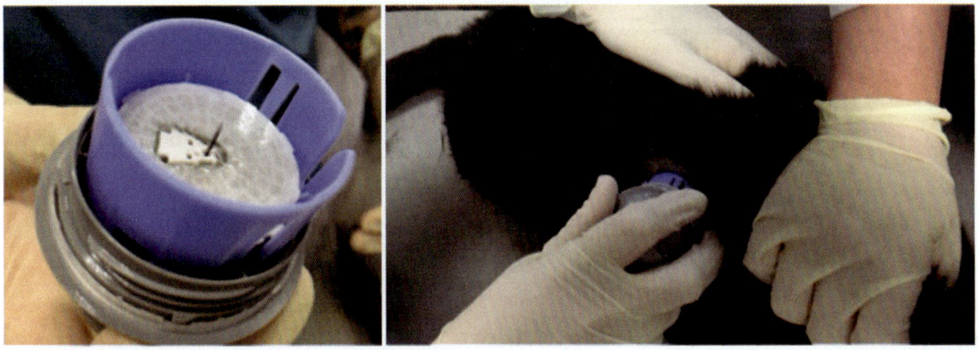

Abb. 13.22 Intermittierende kontaktlose Glukosemessung bei der Katze. Sensor des FreeStyle Libre® 2 (linkes Bild), welcher auf einer ausgeschorenen Stelle rechts dorsal über dem Thorax der Katze angebracht wird (rechtes Bild) und für bis zu 2 Wochen die kontaktlose Messung der interstitiellen Glukosekonzentration erlaubt.

gleichzeitiger Insulingabe und darauffolgend über einen Zeitraum von 8–12 Stunden im Tagesverlauf. Mit dem entstehenden Blutglukosetagesprofil lässt sich die Wirksamkeit des verwendeten Insulins überprüfen und der glykämische Nadir (tiefster Glukosewert im Tagesverlauf), die Zeit bis zur glykämischen Spitze und die Schwankungsbreite der Blutglukosewerte ausmachen (46). Die optimalen Zielgrößen sind:

- Blutglukose-Nadir zwischen 4,5–8,5 mmol/l (bzw. 80–150 mg/dl). Wird dieser nicht erreicht, ist die Insulindosis anzupassen.
- Blutglukose-Nadir ca. 8–10 Stunden nach Insulingabe. Wird dieses Ziel nicht erreicht, muss ggf. auf ein anderes Insulin umgestellt werden.
- Durchschnittliche Blutglukose von < 14 mmol/l (bzw. <250 mg/dl).
- Blutglukose idealerweise bei ≤ 17 mmol/l (≤300 mg/dl).

Bei den Kontrolluntersuchungen ist neben den klinischen Symptomen das Körpergewicht einzubeziehen (Abb. 13.23). Die optimalen Zielgrößen sind als Richtwerte aufzufassen, für das weitere Vorgehen ist in erster Linie der Patientenzustand (nicht die reinen Zahlenwerte) relevant. Bei 2× täglicher Insulingabe mit Glukosetagesprofil und Therapieanpassung im Falle einer Hypoglykämie sollte jeweils nach 7–10 Tagen eine erneute Kontrolle der klinischen Symptome und des Körpergewichts erfolgen, ggf. mit erneuter Dosisanpassung. Eine gute Einstellung vorausgesetzt, sind Kontrolluntersuchungen im Abstand von jeweils 3 Monaten zu empfehlen.

Prognose: Eine adäquate Diät, Besitzer-Compliance und Insulintherapie sichern dem Patienten eine gute Lebenserwartung. Das Ziel einer diabetischen Remission ist nur bei der Katze realistisch (Abb. 13.24) und nur erreichbar, wenn über längere Zeit eine stabile Euglykämie vorliegt. Durch eine unmittelbare, spezifische Therapie und engmaschige Überwachung der Blutglukose lässt sich eine progressive Glukotoxizität verhindern. Das Vorgehen hierbei hängt von der zugrunde liegenden Ursache ab und kann durch einen individuellen Therapieplan optimiert werden. Die beste Chance auf Remission

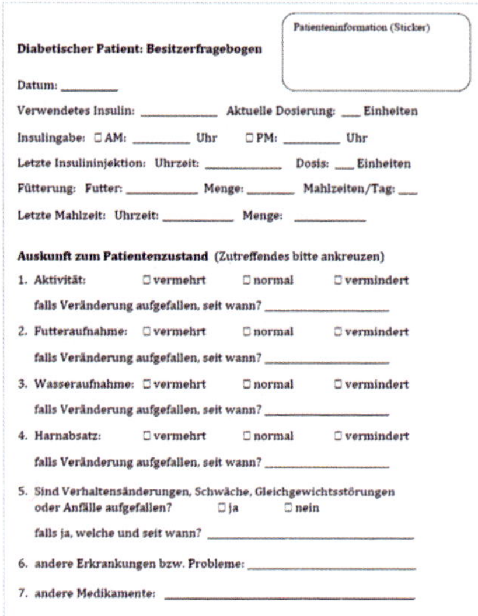

Diabetischer Patient: Besitzerfragebogen

Patienteninformation (Sticker)

Datum: ________

Verwendetes Insulin: ________ Aktuelle Dosierung: ___ Einheiten

Insulingabe: ☐ AM: ________ Uhr ☐ PM: ________ Uhr

Letzte Insulininjektion: Uhrzeit: ________ Dosis: ___ Einheiten

Fütterung: Futter: ________ Menge: ________ Mahlzeiten/Tag: ___

Letzte Mahlzeit: Uhrzeit: ________ Menge: ________

Auskunft zum Patientenzustand (Zutreffendes bitte ankreuzen)

1. Aktivität: ☐ vermehrt ☐ normal ☐ vermindert
   falls Veränderung aufgefallen, seit wann? ________
2. Futteraufnahme: ☐ vermehrt ☐ normal ☐ vermindert
   falls Veränderung aufgefallen, seit wann? ________
3. Wasseraufnahme: ☐ vermehrt ☐ normal ☐ vermindert
   falls Veränderung aufgefallen, seit wann? ________
4. Harnabsatz: ☐ vermehrt ☐ normal ☐ vermindert
   falls Veränderung aufgefallen, seit wann? ________
5. Sind Verhaltensänderungen, Schwäche, Gleichgewichtsstörungen oder Anfälle aufgefallen? ☐ ja ☐ nein
   falls ja, welche und seit wann? ________
6. andere Erkrankungen bzw. Probleme: ________
7. andere Medikamente: ________

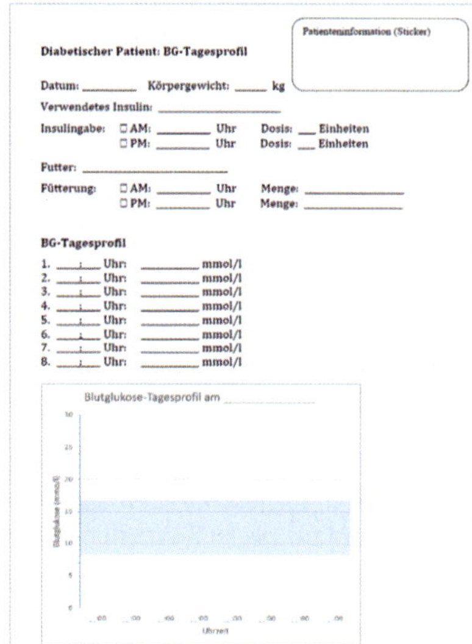

Diabetischer Patient: BG-Tagesprofil

Patienteninformation (Sticker)

Datum: ________ Körpergewicht: _____ kg

Verwendetes Insulin: ________

Insulingabe: ☐ AM: ________ Uhr Dosis: ___ Einheiten
☐ PM: ________ Uhr Dosis: ___ Einheiten

Futter: ________

Fütterung: ☐ AM: ________ Uhr Menge: ________
☐ PM: ________ Uhr Menge: ________

BG-Tagesprofil

1. ___:___ Uhr: ________ mmol/l
2. ___:___ Uhr: ________ mmol/l
3. ___:___ Uhr: ________ mmol/l
4. ___:___ Uhr: ________ mmol/l
5. ___:___ Uhr: ________ mmol/l
6. ___:___ Uhr: ________ mmol/l
7. ___:___ Uhr: ________ mmol/l
8. ___:___ Uhr: ________ mmol/l

Blutglukose-Tagesprofil am ________

Abb. 13.23 Besitzerfragebogen für die Kontrolluntersuchung diabetischer Hunde und Katzen. Der Fragebogen erleichtert die Anamnese und Beurteilung des Patienten, um im Zusammenhang mit dem Blutglukosetagesprofil die optimale Therapie- und Kontrollstrategie planen zu können.

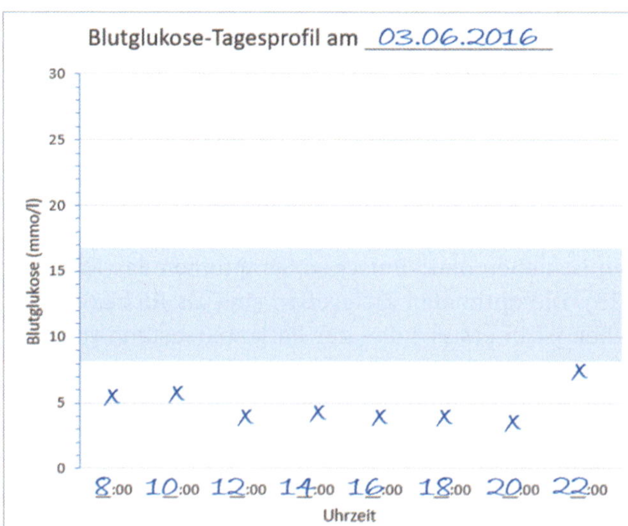

Abb. 13.24 Blutglukosetagesprofil bei diabetischer Remission. Dargestellt ist das Blutglukosetagesprofil einer 9-jährigen Katze mit Diabetes mellitus seit 9 Monaten und vorberichtlich schrittweiser Reduktion der Insulindosis (aktuell: 0,5 IE 2× tägl. s.c.). Ersichtlich sind lediglich hypoglykämische Messwerte. Blauer Bereich = Referenzintervall für die Blutglukosekonzentration.

bestehen in den ersten 6 Monaten nach der Diagnose – je nach Therapieprotokoll liegt die Erfolgsquote bei bis zu 90 % und sinkt danach auf ca. 40 % ab. Auch nach Erreichen der Remission erleiden 25 % der Patienten einen Rückfall, eine zweite Remission ist dann deutlich schwerer zu erreichen. Positiv prognostisch sind dabei ein Glukokortikosteroid-induzierter Diabetes mellitus und höheres Patientenalter, negativ prognostisch dagegen eine bereits vorhandene plantigrade Haltung und Hypercholesterinämie.

13.5.2 Diabetische Ketose/Ketoazidose

Definition: Die diabetische Ketoazidose ist eine komplexe Erkrankung durch hormonelle Störungen mit der Folge diverser Veränderungen in Flüssigkeits-, Säure-Basen- und Elektrolythaushalt. Eine Verschiebung des Verhältnisses von Insulin und Glukagon (bzw. anderer gegenregulatorischer Hormone wie Cortisol, GH und Katecholamine) führt zu einem Zustand metabolischer Entgleisung, der zwingend als **medizinischer Notfall** zu betrachten ist.

Ätiologie: Der *Insulinmangel* resultiert intrazellulär in einer Hypoglykämie mit Energiemangel, im Gegensatz zur Plasma-Hyperglykämie. Aus der verstärkten Lipolyse der Adipozyten gehen vermehrt freie Fettsäuren als Energiequelle hervor. Diese gelangen in die Leber (diabetische Fettleber) und führen zu verstärkter Produktion von *Ketonkörpern* mit der Folge einer Ketoazidose. Der *Glukagon-Überschuss* fördert in der Leber die Glukoneogenese und Glykogenolyse, was die Plasma-Hyperglykämie verstärkt und zu Hyperosmolalität (in der Folge Hyponatriämie) und osmotischer Diurese (folglich Dehydratation, Hypovolämie und systemischer Hypotension) beiträgt. Die verstärkte Aufnahme freier Fettsäuren und Bildung von Ketonkörpern führt zu Ketonämie und Ketonurie, daraus folgen wiederum eine metabolische Azidose und ein Verlust von Kationen durch renale Co-Elimination. Die *Erhöhung gegenregulatorischer Stresshormone* (z. B. endogen durch Stress oder Erkrankung, exogen durch Medikamente) bekräftigt über eine Insulinresistenz die Hyperglykämie und gesteigerte Ketogenese.

Klinische Symptome: Je nach Schweregrad tritt bei betroffenen Patienten Apathie und reduziertes Bewusstsein, Anorexie, Polyurie/Polydipsie und Vomitus auf. Zum Teil ist beim Hund eingeschränkter Visus und (v. a. bei der Katze) plantigrade Fußung zu beobachten. In der klinischen Untersuchung ist ein gestörtes Allgemeinbefinden, Dehydratation, generalisierte Schwäche, mitunter Kachexie und ein schlechtes Haarkleid festzustellen. In hochgradigen Fällen können die Tiere außerdem Tachypnoe, teilweise Ketongeruch (durch Aceton), Katarakt (beim Hund) und/oder neurologische Symptome zeigen.

Diagnose: Die hämatologische Untersuchung ergibt unspezifische Veränderungen mit Anzeichen einer Dehydratation/Hypovolämie, verbunden mit einem Stressleukogramm. In der blutchemischen Untersuchung fallen Hyperglykämie, prärenale Azotämie, eine vergrößerte Anionenlücke und erhöhte Leberenzymaktivitäten auf. Häufig findet sich dazu eine Hypercholesterinämie und Hypertriglyzeridämie, mitunter eine erhöhte Plasma-Osmolalität.

Die Untersuchung des Harns zeigt Glukosurie, Isosthenurie (! fälschlicherweise höheres spezifisches Harngewicht durch den Einfluss der Glukosurie) und Ketonurie. Für den Nachweis der Ketonkörper ist der Teststreifen anhand von Urin verlässlich. Bei Vorliegen einer Ketonämie bzw. -urie ist eine Blutgasanalyse zur Beurteilung des Säure-Basenhaushalts nötig. Liegt eine (kompensierte oder dekompensierte) metabolische

Azidose vor, spricht man von diabetischer Ketoazidose, ohne einen solchen Befund von diabetischer Ketose. Erhöhte Fruktosamin-/HbA1c- und spezifische Pankreaslipase-Konzentrationen untermauern das Vorliegen eines Diabetes mellitus und einer begleitenden Pankreatitis.

Bei Indikation kann die weiterführende endokrinologische Diagnostik helfen beim Hund eine Hypothyreose (s. Kap. 13.3.1) oder einen Hyperadrenokortizismus (s. Kap. 13.2.1), bei der Katze eine Hyperthyreose (s. Kap. 13.3.2) oder Akromegalie (s. Kap. 13.1.3.2) weiter abzuklären. Bei Verdacht auf solche Endokrinopathien sollte die Diagnostik aber erst im Anschluss an die vollständige Genesung durchgeführt werden, um verlässliche Ergebnisse zu erhalten. Thoraxröntgen und die Sonographie des Abdomens können Hinweise auf weitere begleitende Erkrankungen (z. B. Neoplasien, hepatische Lipidose, Cholangitis) liefern.

Therapie: Ziele der Therapie der diabetischen Ketoazidose sind:

1. Ausgleich der Dehydratation (Rehydratation)
2. Ausgleich der Elektrolytstörungen (Substitution)
3. Beseitigung der Hyperglykämie (Insulingabe)
4. Beseitigung der metabolischen Azidose
5. Behebung von Komplikationen, wie Hirnödem oder Anämie
6. Therapie von Begleiterkrankungen wie Hyperadrenokortizismus, Pankreatitis, Harnwegsinfektion oder chronische Nierenerkrankung

Rehydratation

Als Flüssigkeitstherapie empfiehlt sich die Verwendung einer Vollelektrolytlösung wie Ringer-Laktat- oder Ringer-Acetatlösung, die je nach blutchemischen Befunden mit Kaliumchlorid und ggf. Dextrose (2,5–5 %ig) supplementiert werden kann.

Während der Infusionstherapie sollten Na^+ und K^+ mind. alle 12–24 Std. und die Blutglukose mind. alle 2–4 Std. kontrolliert werden. Eine hochgradige Hypalbuminämie rechtfertigt mitunter auch den Einsatz einer kolloidalen Infusionslösung.

Substitution von Elektrolyten

Einer Hypokaliämie kann durch Zusatz von Kaliumchlorid in die Vollelektrolytlösung begegnet werden, wobei 0,5 mmol/kg KM/Std. für die K^+-Gabe nicht überschritten werden dürfen!

Bei der Korrektur einer Hyponatriämie (häufig aber Pseudohyponatriämie infolge Hyperglykämie) sollte die Korrektur max. 10–12 mEq/l/Tag (<0,5 mEq/l/Std.) betragen, da sonst das Risiko einer osmotischen Demyelinisierung mit neurologischen Komplikationen erhöht ist.

Je nach Indikation kann auch ein Ausgleich von Phosphat (als Na^+- oder K^+-Phosphat in Ca^{2+}-freier Lösung) oder Magnesium (als Magnesiumsulfat in 5 %iger Dextroselösung) nötig sein. In dem Fall sollten Phosphat und Ca^{2+} regelmäßig nachkontrolliert und Magnesium nach erfolgreicher Substitution langsam ausgeschlichen werden.

Antihyperglykämische Therapie

Die effektivste Reduktion der Hyperglykämie gelingt mit schnell wirksamem, kristallinen (regulären) Insulin. Die i. v.-Gabe als Dauertropf ist gut steuerbar und erlaubt die Anpassung der Infusionsrate nach Glukosemessung alle 1–2 Std. Alternative Applikationswege sind die i. m.- oder s. c.-Gabe, die allerdings weniger gut steuerbar sind. Die i. m.-Insulingabe erfolgt alle 2–4 Std. nach Glukosemessung, die s. c.-Gabe alle 6–8 Std. und ist stabilen Patienten vorbehalten.

Nach Stabilisierung des Patienten kann auf ein intermediär wirksames Insulin umgestellt werden. Voraussetzungen dafür sind, dass der Patient vollständig rehydriert ist, selbstständig Futter aufnimmt, in Urin bzw. Blut keine Ketonkörper mehr nachweisbar sind und die Blutglukose während des Insulin-Dauertropfs stabil ist (<10 mmol/l). Ein 2-stündiges Blutglukose-Tagesprofil zur weiteren Kontrolle vor und nach Entlassung dient der Rückversicherung, dass der Patient auch auf intermediärem Insulin klinisch stabil bleibt.

Ausgleich metabolischer Azidose

Der Ausgleich der metabolischen Azidose erfolgt primär durch die Infusionstherapie und Insulingabe. Bei einer hochgradigen, refraktären Azidose (pH < 7,1) kann eine restriktive Bikarbonattherapie (max. 10–25 % des errechneten Defizits) in Erwägung gezogen werden. Allerdings birgt eine solche immer das Risiko einer paradoxen zerebralen Azidose.

Die **Prognose** der diabetischen Ketoazidose bzw. Ketose ist vorsichtig und hängt von etwaigen Begleiterkrankungen ab. Die Überlebenswahrscheinlichkeit liegt bei ca. 70 %.

13.5.3 Hyperinsulinismus

Ätiologie: Primäre Form durch funktionell aktiven β-Zell-Tumor der pankreatischen Langerhans-Inseln mit vermehrter Sekretion von Insulin sowie anderer regulatorischer Polypeptide. Tritt vor allem bei mittelalten bis älteren Hunden, vereinzelt auch bei Katzen auf. Eine Rasseprädisposition scheint nicht zu bestehen.

Davon abzugrenzen: iatrogen (sekundär) durch relative oder absolute Insulinüberdosierung.

Pathogenese: Die β-Zell-Tumoren sind in ca. 95 % der Fälle maligne und tendieren zu frühzeitiger Metastasierung. Infolge gesteigerter Glukokinaseaktivität produzieren tumoröse β-Zellen autonom Insulin sowie häufig weitere Hormone (z. B. pankreatisches Polypeptid, Gastrin, ACTH, Glukagon, Serotonin). Als Folge bleibt die physiologische Reduktion der Insulinsekretion aus unveränderten β-Zellen bei sich anbahnender oder bestehender Hypoglykämie (Blut-Glukosekonzentration < 3,1 mmol/l bzw. < 55 mg/dl) aus und der β-Zell-Tumor sezerniert auch bei Hypoglykämie weiter Insulin. Zudem wird die Glukosefreisetzung aus der Leber gehemmt. Gegenregulatorisch erfolgt im hypoglykämischen Zustand eine vermehrte Bereitstellung von Katecholaminen, Glukagon und auch Glukokortikoiden.

Der Schweregrad der klinischen Symptome hängt vom Ausmaß der Hypoglykämie ab. Es ist allerdings festzustellen, dass Patienten mit chronischer Hypoglykämie niedrige Blut-Glukosekonzentrationen verhältnismäßig gut tolerieren. Die klinischen Symptome resultieren aus der verminderten Verfügbarkeit von Energie. Insbesondere betroffen ist das auf Glukose angewiesene zentrale Nervensystem (Neuroglukopenie) und hierbei vor allem die Hirnrinde und bei anhaltender Hypoglykämie auch das Stammhirn. Der intrazelluläre Glukosemangel führt zur Energieverarmung der Zellen durch reduzierte Bereitstellung des Energieträgers Adenosintriphosphat (ATP) mit der Folge hypoxischer Zellschäden bis hin zum Zelltod. Eine andauernde Hypoglykämie kann so zu irreversiblen Gehirnschäden führen.

Klinisches Bild: Die klinischen Symptome ergeben sich aus den pathophysiologischen Mechanismen. Vorrangig sind dabei zentralnervöse Ausfälle festzustellen, welche durch körperliche Anstrengung und Aufregung (z. B. Spaziergang, Besitzerbegrüßung) sowie längere Abstände zwischen den Mahlzeiten verstärkt und/oder ausgelöst werden. In der Anamnese kann von einer generalisierten muskulären Schwäche (Hintergliedmaßen meist mehr betroffen), Ataxie, Apathie und Synkopen (plötzliches Zusammenbrechen gefolgt von zügiger Erholung) berichtet werden. In schwereren Fällen führt die Hypoglykämie zu epileptischen Anfällen und der Patient kann im Status epilepticus oder in tiefer Bewusstlosigkeit vorgestellt werden. Der gegenregulatorisch zur Hypoglykämie erhöhte Sympathikotonus vermag Muskelzuckungen und Zittern hervorzubringen. Über Phasen von gesteigertem Appetit und Gewichtszunahme kann ebenfalls berichtet werden.

Diagnose: Zum Zeitpunkt der Vorstellung kann der Patient offensichtliche klinische Symptome zeigen, jedoch auch klinisch unauffällig (symptomlos) und die gründliche Anamnese richtungsweisend sein. Dabei ist insbesondere auf Hinweise für Symptome bei Aktivität, Anstrengung, Erregung oder Nahrungskarenz zu achten.

Die Serum-Glukosekonzentration ist bei Vorstellung häufig vermindert (< 3,1 mmol/l bzw. < 55 mg/dl). Sie kann jedoch im unteren Referenzintervall liegen, besonders wenn das Tier unlängst Futter erhalten hat. Dies bestätigt die sog. **Wipple-Trias** mit (1) blutchemischem Nachweis der Hypoglykämie, (2) klinischer Symptome einer Hypoglykämie und (3) Besserung der Symptome nach Beseitigung der Hypoglykämie.

Gegensätzlich zur Serum-Glukosekonzentration ist die gepaarte Serum-Insulinkonzentration erhöht (> 20 µU/ml) oder liegt im oberen Referenzintervall (> 10 µU/m; gesunde Hunde: 5–20 µU/ml), was bei gleichzeitiger Hypoglykämie nicht dem physiologischen Regelkreis entspricht und den starken Verdacht auf ein Insulinom lenkt.

Das Insulin/Glukose-Verhältnis ist nicht spezifisch für ein Insulinom und wird heute nicht mehr für die Insulinom-Diagnostik herangezogen. Auch der Provokationstest, bei welchem der Patient für 24–36 Stunden nüchtern gehalten, dabei die Blutglukosekonzentration alle 2–3 Stunden überwacht und bei Erreichen der Hypoglykämie eine gepaarte Insulinbestimmung veranlasst wird, gilt aufgrund des Risikos für hypoglykämische Komplikationen als obsolet.

Die Abdomensonographie ist von geringer Sensitivität (36–50 %) für die Darstellung von Insulinomen und somit nur im positiven Fall beweisend. Da der Tumor häufig sehr klein ist, kann er sich der sonographischen Diagnose entziehen. Die Sonographie bietet sich zur Beurteilung der Lymphknoten und anderen Organe (z. B. Leber) auf Hinweise für eine Metastasierung des Tumors an. Schnittbildverfahren (CT oder MRT) unter Einsatz von Kontrastmittel haben eine höhere Detektionsrate für den Tumor (71–96 %) und Metastasen (40–75 %), gefolgt von der diagnostischen Laparotomie mit Adspektion und vorsichtiger Palpation des Pankreas. Bei der Tumorlokalisierung kann auch die endoskopische Sonographie und Somatostatin-Rezeptor-Szintigraphie hilfreich sein. Das Thoraxröntgen ist in der Regel unauffällig und dient dem Ausschluss anderer Differenzialdiagnosen.

Differenzialdiagnosen:
- Hypoglykämie anderer Ursache (s. Tab. 13.4).
- Herzinsuffizienz: Arrhythmien (EKG), Kardiopathien
- Enzephalopathien einschließlich epileptischer Anfälle (Ausschlussverfahren, MRT oder CT, Liquoruntersuchung, ggf. weiterführende Untersuchungen)
- Hepatoenzephales Syndrom (Serum-Ammoniakkonzentration, Gallensäurenstimulationstest, ggf. Leberbeprobung für Histologie und weitere Untersuchungen)
- Myasthenia gravis (Serum-Acetylcholinrezepor-Antikörper)
- Hypoadrenokortizismus (Basalkortisol bzw. ACTH-Stimulationstest)
- Hypokaliämie (Bestimmung der Serum-K^+-Konzentration)
- Hypokalzämie (Bestimmung der ionisierten Kalziumkonzentration im Serum)

Tabelle 13.4: **Ursachen für Hypoglykämie.**

• Insulinom	**• Leberinsuffizienz**
• extrapankreat. Neoplasie (paraneoplastisches Syndrom)	**• Hypoadrenokortizismus**
• Sepsis	**• Nierenversagen**
• Infektionen (z. B. Babesia, CPV)	**• Hypophyseninsuffizienz**
• neonatale Hypoglykämie	**• iatrogen (z. B. Insulin-Überdosierung)**
• Hypoglykämie beim Jagdhund	**• Toxine (z. B. Xylitol, Ethylenglykol)**
	• hgr. Polyzythämie

Therapie:

1. Antihypoglykämische Therapie:
Ziel ist die Stabilisierung des Patienten, nicht zwangsläufig das Erreichen von Euglykämie. Im Rahmen der Notfalltherapie erfordert der hypoglykämische Schock eine streng intravenöse Gabe einer 20 %igen Glukoselösung (1 ml/kg KM über 5–15 Min. langsam i. v.), gefolgt von der Fütterung einer kleinen Mahlzeit, mit engmaschiger Kontrolle der Serum-Glukosekonzentration. Da unter Glukosezufuhr die Insulinsekretion durch den Tumor gesteigert und die Hypoglykämie verstärkt werden kann, ist bei ausbleibender oder unvollständiger Stabilisierung des Patienten eine weitere Dauertropfinfusion mit 2,5–5 %iger Glukoselösung (2–4 ml/kg KM/Std.) und engmaschige Kontrolle der Serum-Glukosekonzentration der (wiederholten) Bolusgabe vorzuziehen.

Bessert sich unter der Therapie, trotz verbessertem oder ausgeglichenem Serum-Glukosespiegel, die klinische Symptomatik nicht, ist von einem Gehirnödem auszugehen und mit Mannitol sowie hochdosiertem Kortikosteroid (Dexamethason 0,05–0,1 mg/kg KM/Std. über 6 Stunden i. v.) zu behandeln. Bei anhaltenden Krampfanfällen sind Antikonvulsiva wie Diazepam (1,0 mg/kg KM) oder Levetiracetam (20–30 mg/kg KM) angezeigt.

2. Chirurgische Therapie:
Die Resektion des Tumors, entweder als Enukleation oder (bevorzugt) partielle Pankreatektomie, ist die Therapie der Wahl und bietet längere Überlebenszeiten als die konservative (palliative) Therapie, wenn der Tumor lokalisiert werden kann. Die vollständige Exstirpation gelingt jedoch häufig nicht, sodass die Rezidivrate hoch ist und die Überlebenszeit (im Mittel ca. 12 Monate; 18 Monate ohne und 6 Monate mit Metastasierung) primär vom Vorhandensein von Metastasen zum Diagnosezeitpunkt sowie auch dem Ki67-Index des Tumorgewebes abhängt. Die Metastasektomie kann erfolgreich sein und die Überlebenszeit verlängern.

Ziel ist auch hier die Aufrechterhaltung einer Blut-Glukosekonzentration von > 3,1 mmol/l (> 55 mg/dl). In Vorbereitung auf die Operation muss der Patient stabilisiert werden, indem mehrmals täglich eine kleine Menge leichtverdauliches Futter (hoher Protein-/Fettgehalt) gefüttert und, je nach Blutglukose-Profil, Prednisolon 0,25–0,5 mg/kg KM 2× tägl. p. o. gegeben wird. Peri- und postoperativ bietet sich die Gabe einer 2,5–5 %igen Glukoselösung im Dauertropf an, bei Hypoglykämie kann unmittelbar präoperativ oder auch intraoperativ (bei Manipulation des Tumors) über 10–15 Min. ein Glukosebolus gegeben werden. Risiken der Operation sind die Entwicklung einer (transienten) akuten Pankreatitis (10 %) und Diabetes mellitus (20–30 %), welche eine engmaschige peri- und postoperative Überwachung des Patienten erfordern. Eine anhaltende Hypoglykämie spricht für eine unvollständige Resektion von Tumorgewebe oder Metastasen und verschlechtert die Prognose für den Patienten.

3. Konservative Behandlung:
Besteht eine Kontraindikation für die chirurgische Resektion, scheint diese nicht vollständig möglich oder treten Rezidive bzw. Metastasen auf, kann eine konservative (palliative) Therapie in Erwägung gezogen werden. Folgende Möglichkeiten bestehen:

- Stärkere körperliche Anstrengung und Belastungen möglichst vermeiden
- Mehrmals (4–6×) täglich kleine Mengen füttern (hoher Protein-/Fettgehalt, keine Einfachzucker)
- Diazoxid als Hyperglykämikum (5–10 mg/kg KM 2× tägl. p. o. mit einer Mahlzeit); Dosissteigerung (bis 30 mg/kg KM 2× tägl. p. o.) je nach Wirkung, ggf. Kombination mit Thiaziddiuretikum
- Ggf. Glukokortikoidgabe: Prednisolon nach Wirkung 0,25–2,0 mg/kg KM 2× tägl. p. o.
- Ggf. Octreotid als Somatostatin-Analogon (initial 10–40 µg/kg KM 2–3× tägl. s. c., dann Dosisreduktion auf 2–4 µg/kg KM 2–3× tägl. s. c.); ca. 50 % Ansprechrate.

Wirksame Chemotherapie-Protokolle bzw. Präparate gibt es bislang nicht, erste Daten zum Einsatz von Toceranibphosphat sind jedoch vielversprechend.

Literaturverweise

1. Foley C, Bracker K, Drellich S (2009): Hypothalamic-pituitary axis deficiency following traumatic brain injury in a dog. J Vet Emerg Crit Care; 19:269–274.
2. Simpson CJ, Mansfield CS, Milne ME, Hodge PJ (2011): Central diabetes insipidus in a cat with central nervous system B cell lymphoma. J Fel Med Surg; 13:787–792.
3. Long CT, Williams M, Savage M, Fogle J, Meeker R, Hudson L (2015): Probable primary polydipsia in a domestic shorthair cat. JFMS Open Rep; 1:2055116915615370
4. Horn M (2017): Post-clipping Alopezie vs. Alopecia X – Fakten, Diagnostik und Therapieansätze. Veterinär-Spiegel; 27:135–140.
5. Alopezie. In: Neiger R, Allenspach K, Burgener IA, Dahlem D, Gerber B, Glanemann B , et al. (Eds.): Differenzialdiagnosen Innere Medizin bei Hund und Katze: Vom Leitsymptom zur Diagnose. Stuttgart: Georg Thieme Verlag; 2020a.
6. Kang YH, Hyun JE, Hwang CY (2022): The number of mitochondrial DNA mutations as a genetic feature for hair cycle arrest (alopecia X) in Pomeranian dogs. Vet Dermatol; 33:545–552.
7. Peters S, Koch HJ (2014): Dermatologie-Atlas Hund: Krankheitsbilder und typische Verteilungsmuster. Stuttgart: Enke Verlag, p. 497.
8. Tater KC, Gwaltney-Brant S, Wismer T (2021): Topical minoxidil exposures and toxicoses in dogs and cats: 211 cases (2001–2019). J Am Anim Hosp Assoc; 57:225–231.
9. Kleinwuchs und Großwuchs. In: Neiger R, Allenspach K, Burgener IA, Dahlem D, Gerber B, Glanemann B, et al. (Eds.) Differenzialdiagnosen Innere Medizin bei Hund und Katze: Vom Leitsymptom zur Diagnose. Stuttgart: Georg Thieme Verlag; 2020b.
10. Eigenmann JE, Eigenmann RY (1981): Influence of medroxyprogesterone acetate (Provera) on plasma growth hormone levels and on carbohydrate metabolism. II. Studies in the ovariohysterectomized, oestradiol-primed bitch. Acta Endocrinol (Norway); 98:603–608.
11. Gouvêa FN, Pennacchi CS, Assaf ND, Branco Ld, Costa PB, dos Reis PA, et al. (2021): Acromegaly in dogs and cats. Ann Endocrinol; 82:107–111.
12. Smith TJ (2021): Insulin-like growth factor pathway and the thyroid. Front Endocrinol; 12:653627.

13. Fenn J, Kenny PJ, Scudder CJ, Hazuchova K, Gostelow R, Fowkes RC, et al. (2021): Efficacy of hypophysectomy for the treatment of hypersomatotropism-induced diabetes mellitus in 68 cats. J Vet Intern Med; 35:823–833.
14. Corsini A, Niessen SJ, Miceli DD, Caney S, Zeugswetter FK, Sieber-Ruckstuhl NS, et al. (2022): Quality of life and response to treatment in cats with hypersomatotropism: the owners' point of view. J Fel Med Surg; 24:e175–182.
15. Zublena F, Tamborini A, Mooney CT, North SM, Lobacz MA, Andrew D, et al. (2018): Radiotherapy and pasireotide treatment of a growth hormone producing pituitary tumor in a diabetic dog. Can Vet J; 59:1089–1093.
16. Scudder CJ, Hazuchova K, Gostelow R, Church DB, Forcada Y, Fowkes RC, et al. (2021): Pilot study assessing the use of cabergoline for the treatment of cats with hypersomatotropism and diabetes mellitus. J Fel Med Surg; 23:131–137.
17. Jaffey JA, Hess RS, Webster CR, Blois SL, Hostnik ET, Heilmann RM, et al. (2020): Diagnostic contribution of individual components of adrenal function tests to diagnose canine hyperadrenocorticism. Vet J; 263:105520.
18. Melián C, Pérez-López L, Saavedra P, Ravelo-García AG, Santos Y, Jaber JR (2021): Ultrasound evaluation of adrenal gland size in clinically healthy dogs and in dogs with hyperadrenocorticism. Vet Rec; 188:e80.
19. Primärer Hyperaldosteronismus der Katze. VetCenter, Thieme; 2023 [cited 2023 Mar 29]. Available from: https://vetcenter.thieme.de/ebooks/cs_18755387?context=ebook&contextId=cs_18755387#/ebook_cs_18755387_cs9004
20. Rossi G-P, Sechi LA, Giacchetti G, Ronconi V, Strazzullo P, Funder JW (2008): Primary aldosteronism: cardiovascular, renal and metabolic implications. Trends Endocrinol Metab; 19:88–90.
21. Javadi S, Djajadiningrat-Laanen SC, Kooistra HS, van Dongen AM, Voorhout G, van Sluijs FJ, et al. (2005): Primary hyperaldosteronism, a mediator of progressive renal disease in cats. Domest Anim Endocrinol; 28:85–104.
22. Griffin S (2021): Feline abdominal ultrasonography: what's normal? what's abnormal? The adrenal glands. J Fel Med Surg; 23:33–49.
23. Koutinas CK, Soubasis NC, Djajadiningrat-Laanen SC, Kolia E, Theodorou K (2015): Urinary aldosterone/creatinine ratio after fludrocortisone suppression consistent with PHA in a cat. J Am Anim Hosp Assoc; 51:338–341.
24. Del Magno S, Foglia A, Rossanese M, Montinaro V, Cola V, Pisoni L, et al. (2023): Surgical findings and outcomes after unilateral adrenalectomy for primary hyperaldosteronism in cats: a multi-institutional retrospective study. J Fel Med Surg; 25:1098612X221135124
25. Quante S, Boretti FS, Kook PH, Mueller C, Schellenberg S, Zini E, et al. (2010): Urinary catecholamine and metanephrine to creatinine ratios in dogs with hyperadrenocorticism or pheochromocytoma, and in healthy dogs. J Vet Intern Med; 24:1093–1097.
26. Musser ML, Taikowski KL, Johannes CM, Bergman PJ (2018): Retrospective evaluation of toceranib phosphate (Palladia®) use in the treatment of inoperable, metastatic, or recurrent canine pheochromocytomas: 5 dogs (2014-2017). BMC Vet Res; 14:272.
27. Peterson ME, Carothers MA, Gamble DA, Rishniw M (2018): Spontaneous primary hypothyroidism in 7 adult cats. J Vet Intern Med; 32:1864–1873.
28. Deeg C, Kaspers A, Hartmann K, Kraft W, Kaspers B (1997): Canine Hypothyreose: Nachweis von Autoantikörpern gegen Thyreoglobulin. Tierarztl Prax; 25:170–173.
29. Graham PA, Nachreiner RF, Refsal KR, Provencher-Bolliger AL (2001): Lymphocytic thyroiditis. Vet Clin North Am Small Anim Pract; 31:915–933.
30. Pijnacker T, Kooistra HS, Vermeulen CF, van der Vinne M, Prins M, Galac S, et al. (2018): Use of basal and TRH-stimulated plasma growth hormone concentrations to differentiate between primary hypothyroidism and nonthyroidal illness in dogs. J Vet Intern Med; 32:1319–1324.
31. Peterson ME, Broome MR (2015): Thyroid scintigraphy findings in 2096 cats with hyperthyroidism. Vet Radiol Ultrasound; 56:84–95.

32. Peterson M (2012): Hyperthyroidism in cats: what's causing this epidemic of thyroid disease and can we prevent it? J Fel Med Surg; 14:804–818.
33. Broussard JD, Peterson ME, Fox PR (1995): Changes in clinical and laboratory findings in cats with hyperthyroidism from 1983 to 1993. J Am Vet Med Assoc; 206:302–305.
34. Peterson ME (2013): More than just T_4: diagnostic testing for hyperthyroidism in cats. J Fel Med Surg; 15:765–777.
35. Peterson ME, Melián C, Nichols R (2001): Measurement of serum concentrations of free thyroxine, total thyroxine, and total triiodothyronine in cats with hyperthyroidism and cats with nonthyroidal disease. J Am Vet Med Assoc; 218:529–536.
36. Urbanschitz T, Burgener IA, Zeugswetter FK (2022): Nutzen eines caninen TSH-Assays zur Diagnose und Therapieüberwachung der felinen Hyperthyreose. Tierärztl Prax Ausg K Kleintiere Heimtiere; 50:93–100.
37. Häuser M-K, Bauer N, Hazuchova K (2021): Feline Hyperthyreose – Welche Therapieoption ist die beste? Kleintier.konkret; 24:38–49.
38. Daminet S, Kooistra HS, Fracassi F, Graham PA, Hibbert A, Lloret A, et al. (2014): Best practice for the pharmacological management of hyperthyroid cats with antithyroid drugs. J Small Anim Pract; 55:4–13.
39. Carney HC, Ward CR, Bailey SJ, Bruyette D, Dennis S, Ferguson D, et al. (2016): 2016 AAFP guidelines for the management of feline hyperthyroidism. J Fel Med Surg; 18:400–416.
40. Schils G, Paepe E de, Lapauw B, Vanden Broecke E, van Mulders L, Vanhaecke L, et al. (2022): Evaluation of potential thiamazole exposure of owners of orally treated hyperthyroid cats. J Fel Med Surg; 24:e138–141.
41. Peterson ME, Broome MR, Rishniw M (2016): Prevalence and degree of thyroid pathology in hyperthyroid cats increases with disease duration: a cross-sectional analysis of 2096 cats referred for radioiodine therapy. J Fel Med Surg; 18:92–103.
42. Peak K, Alonzi C, Gower L, Walker D, Johnson B (2022): A model to determine at-home restrictions for cats after treatment of hyperthyroidism with radioiodine. J Small Anim Pract; 63:763–768.
43. Voogt C de, Williams L, Stammeleer L, Peremans K, Vandermeulen E, Paepe D, et al. (2023): Radioiodine treatment in hyperthyroid cats: insights into the characteristics of owners and their cats, and owner motivation and perceptions. J Fel Med Surg; 25:1098612X221150191
44. Naan EC, Kirpensteijn J, Kooistra HS, Peeters ME (2006): Results of thyroidectomy in 101 cats with hyperthyroidism. Vet Surg; 35:287–293.
45. Geddes R, Aguiar J (2022): Feline comorbidities: balancing hyperthyroidism and concurrent chronic kidney disease. J Fel Med Surg; 24:641–650.
46. Corradini S, Pilosio B, Dondi F, Linari G, Testa S, Brugnoli F, et al. (2016): Accuracy of a flash glucose monitoring system in diabetic dogs. J Vet Intern Med; 30:983–988.
47. Denyer AL, Catchpole B, Davison LJ (2021): Genetics of canine diabetes mellitus part 1: Phenotypes of disease. Vet J; 270:105611.
48. Jaffey JA, Okwumabua O, Graves TK, Al-Nakkash L, Monasky R, Wilson A, et al. (2022): Evaluation of Candida spp. and other fungi in feces from dogs with naturally occurring diabetes mellitus. Vet Sci; 9:567.
49. Laia NL, Barko PC, Sullivan DR, McMichael MA, Williams DA, Reinhart JM (2022): Longitudinal analysis of the rectal microbiome in dogs with diabetes mellitus after initiation of insulin therapy. PLoS One; 17:e0273792
50. Gal A, Odunayo A (2023): Diabetes ketoacidosis and hyperosmolar hyperglycemic syndrome in companion animals. Vet Clin North Am Small Anim Pract; S0195.
51. Bergomi V, Beck S, Dobromylskyj M, Davison LJ, Wills JW, Hughes K (2022): Insulin expression in β cells is reduced within islets before islet loss in diabetic cats. J Small Anim Pract; 63: 809–815.
52. Niessen SJ (2023): Hypersomatotropism and other causes of insulin resistance in cats. Vet Clin North Am Small Anim Pract; S0195.

53. Manoharan SA, Hess RS (2022): The odds of neoplasia in dogs with and without diabetes mellitus. J Vet Intern Med; 36:726–732.
54. Nelson V, Downey A, Summers S, Shropshire S (2023): Prevalence of signs of lower urinary tract disease and positive urine culture in dogs with diabetes mellitus: A retrospective study. J Vet Intern Med; 37:550–555.
55. Gostelow R, Hazuchova K (2023): Pathophysiology of prediabetes, diabetes, and diabetic remission in cats. Vet Clin North Am Small Anim Pract; S0195.
56. Gilor C, Hulsebosch SE, Pires J, Bannasch MJ, Lancaster T, Delpero A, et al. (2021): An ultra-long-acting recombinant insulin for the treatment of diabetes mellitus in cats. J Vet Intern Med; 35:2123–2130.
57. Reinhart JM, Graves TK (2023): The future of diabetes therapies: new insulins and insulin delivery systems, glucagon-like peptide 1 analogs, and sodium-glucose cotransporter type 2 inhibitors, and beta cell replacement therapy. Vet Clin North Am Small Anim Pract; S0195.
58. Schneider EL, Reid R, Parkes DG, Lutz TA, Ashley GW, Santi DV (2020): A once-monthly GLP-1 receptor agonist for treatment of diabetic cats. Domest Anim Endocrinol; 70:106373
59. Klotsman M, Adin CA, Anderson WH, Gilor C (2021): Safety, tolerability, and proof-of-concept study of OKV-119, a novel exenatide long-term drug delivery system, in healthy cats. Front Vet Sci; 8:661546
60. Rothlin-Zachrisson N, Öhlund M, Röcklinsberg H, Ström Holst B (2023): Survival, remission, and quality of life in diabetic cats. J Vet Intern Med; 37:58–69.
61. Rosé A (2019): Der Hund mit Diabetes mellitus – Klinik, Management und Troubleshooting im Praxisalltag. Veterinär-Spiegel; 29:139–147.
62. Dos Santos MA, Vargas AM, Rosato PN, Andrade CG, Martins CM, Petri G (2022): Evaluation of three human-use glucometers for blood glucose measurement in dogs. Vet Med Internat; 2022:9112961
63. Del Baldo F, Fracassi F (2023): Continuous glucose monitoring in dogs and cats: application of new technology to an old problem. Vet Clin North Am Small Anim Pract; S0195.
64. Tardo AM, Irace C, Del Baldo F, Foglia A, Fracassi F (2022): Clinical use of a 180-day implantable glucose monitoring system in dogs with diabetes mellitus: a case series. Animals; 12.

14 Neurologie und Krankheiten der Muskeln

Andrea Tipold

14.1 Neurologische Untersuchung

Die neurologische Untersuchung wird nach Erheben des Signalementes und der Anamnese im Anschluss an die allgemeine Untersuchung durchgeführt. Mithilfe der Allgemeinuntersuchung wird vor allem festgestellt, ob das Nervensystem sekundär zu einer Störung anderer Organsysteme oder primär erkrankt ist. Spezialuntersuchungsgänge, wie die orthopädische Untersuchung oder Abklärung von Augenerkrankungen, sollten nicht vergessen werden. Die neurologische Untersuchung wiederum dient der Feststellung, ob ein neurologisches Problem überhaupt vorhanden ist. Sollte dies der Fall sein, kann mit dieser Technik eine anatomische Lokalisation der Läsion festgehalten werden, die dann erst mit verschiedenen Spezialuntersuchungen auf deren Ursache abgeklärt werden muss. Es ist wichtig, die Läsion im Nervensystem zuerst zu lokalisieren, da jede Region aufgrund ihrer Funktion, Anatomie, Biochemie und topographischen Lage bis zu einem gewissen Grad spezifische Störungen hat. Dies bedingt, dass die neurologische Untersuchung die Basis und das wichtigste Werkzeug der klinischen Neurologie ist. Innerhalb von 10–15 Minuten kann bereits viel Information über den Patienten erworben werden.

Signalement
Die neurologische Untersuchung beginnt mit der Erhebung des Signalements. Dies ist bei der Erstellung einer Differenzialdiagnose von Bedeutung. Neben altersabhängigen Erkrankungen (z. B. Missbildungen: Neurologische Symptome treten meist bei Jungtieren auf; die steril eitrige Meningitis-Arteriitis kommt gehäuft beim jungen adulten Hund vor), gibt es auch Krankheiten, die rassespezifisch sind (z. B. angeborene Taubheit beim Dalmatiner), bzw. Krankheiten, bei denen zumindest eine Rassenprädisposition in Betracht gezogen werden muss (z. B. Bandscheibenvorfall beim Dackel, degenerative Myelopathie beim Deutschen Schäferhund). Geschlechtsprädispositionen sind selten.

Vorbericht
Der Vorbericht muss besonders gründlich erhoben werden und wird Fragen nach der Haltung, der Fütterung, dem Impfstatus und vor allem nach dem Verlauf der Erkran-

kung (akut, chronisch, progressiv, rezidivierend) beinhalten. Der Verlauf kann einen wichtigen Hinweis auf die mögliche Differenzialdiagnose liefern (z. B. steril eitrige Meningitis-Arteriitis rezidivierend; ischämischer oder hämorrhagischer Infarkt perakut – akut). Ähnliche Symptome in der Familie des Kleintieres können einen Hinweis auf ein erbliches Problem geben. Eine wichtige Frage, wenn Tiere in eine Überweisungspraxis kommen, betrifft die Vorbehandlung. Sehr viele Kleintiere werden bei Auftreten von neurologischen Symptomen mit Glukokortikosteroiden behandelt. Dies verändert in vielen Fällen die neurologische Symptomatik und einige Befunde bei Spezialuntersuchungen (z. B. Blutbild, Zellzahl und Differenzialzellbild des Liquor cerebrospinalis), was die Erstellung einer Diagnose erschwert.

Die neurologische Untersuchung sollte systematisch und immer in der gleichen Reihenfolge durchgeführt werden, um nicht durch Vergessen eines Untersuchungspunktes zu Fehlschlüssen zu gelangen. Es ist günstig, die spinalen Reflexe zum Schluss der Untersuchung durchzuführen, da die Tiere dann den Untersucher und dessen Manipulationen gewöhnt sind und sich eher entspannen. Ähnliches gilt auch für die Überprüfung der Sensibilität.

Folgende Punkte werden nach Signalement, Vorbericht und allgemeiner Untersuchung berücksichtigt:
- Bewusstsein und Verhalten
- Haltung und Gang
- Kopfnerven
- Haltungs- und Stellreaktionen
- spinale Reflexe
- Schmerzempfindung

Bewusstsein
Die Beurteilung erfolgt über Beobachtung und Untersuchung, ob und wie das Tier auf Anrufe, Berührungen oder andere Stimuli reagiert. Im groben Sinne wird damit eine Funktion des **Hirnstammes** getestet, vor allem die der **Formatio reticularis**, die ein großes Kerngebiet in diesem Bereich darstellt. Sie reicht von der Medulla oblongata bis zum Dienzephalon. Die Formatio reticularis erhält Informationen aus der Umwelt und des Körpers, die nach Erregung der entsprechenden Rezeptoren über sensorische (aufsteigende) Bahnen weitergeleitet wurden. Diese werden über Zwischenschaltung im Dienzephalon diffus zur **Großhirnrinde** projiziert. Die Folge ist das zu beobachtende Maß an Wachheit oder das Bewusstsein.

Als Abweichungen gelten Apathie, Stupor und Koma. Als „normale" Veränderungen müssen Tierarten-, Rasse- und altersspezifische Unterschiede bedacht werden.
- **Apathie:** Teilnahmslosigkeit, Interesselosigkeit an der Umgebung, das Tier ist zu ruhig.
- **Stupor:** Die Tiere haben erhöhte Schlafneigung, zeigen keinen Kontakt zur Umgebung und können nur durch starke oder schmerzhafte Stimuli geweckt werden. Stu-

por wird bei intrazerebralen Erkrankungen beobachtet, wenn es zu einer unvollständigen Trennung zwischen Formatio reticularis und der Großhirnrinde gekommen ist (Hirnstammläsion, sehr ausgedehnte bzw. diffuse Großhirnläsion).
- **Koma:** komplette Bewusstlosigkeit. Das Tier reagiert nicht einmal mehr auf schmerzhafte Stimuli und kann nicht geweckt werden. Koma wird bei intrazerebralen Erkrankungen beobachtet, wenn es zu einer vollständigen Trennung zwischen Formatio reticularis und der Großhirnrinde gekommen ist (vor allem bei schwerer Hirnstammläsion).

Verhalten
Die Beurteilung des Verhaltens erfolgt durch lange Beobachtung. Der Vorbericht gibt hier die wichtigsten Aufschlüsse, um zu erfahren, wie sich das Tier in gewohnter Umgebung benimmt. Verhaltensstörungen können funktioneller Natur sein oder Ausdruck einer primären Läsion im Gehirn. Für das Verhalten sind das limbische System, kortikale und subkortikale Zentren und ein Teil der Formatio reticularis verantwortlich. Bei Erkrankung dieser Strukturen kann es zu Verhaltensstörungen kommen; dies wird vor allem bei Veränderungen im Großhirnbereich gesehen. Das Verhalten ist eine komplexe Funktion des Nervensystems, das auf angeborenen und erlernten Vorgängen beruht. Selten kann eine Verhaltensstörung nur einer der verantwortlichen Strukturen zugeordnet werden, da die klinischen Symptome bei Erkrankung dieser Gebiete sehr ähnlich sein können. Die häufigsten Veränderungen sind Übererregbarkeit, Aggressivität, Schreckhaftigkeit, Ängstlichkeit, verstärkte Vokalisation, Verlust erlernter Verhaltensweisen etc. Eine vollständige neurologische Untersuchung und Zusatzuntersuchungen, wie z. B. Blut- und Liquoruntersuchung, Elektroenzephalographie, bildgebende Verfahren werden Aufschluss darüber geben, ob eine primäre bzw. sekundäre ZNS-Erkrankung oder keine organisch nachweisbare Ursache vorliegt.

Haltung
Der nächste Untersuchungspunkt ist die Haltung. Diese ist als physiologisch zu bezeichnen, wenn sich das Tier mit allen vier Gliedmaßen gegenüber der Schwerkraft mit normalem Muskeltonus aufrecht halten kann. Beispiele einer unphysiologischen Haltung sind Kopfschiefhaltung, Torticollis, Tiefstellung von Kopf und Hals, Kyphose, Lordose, Skoliose, breitbeiniger Stand bei herabgesetztem Muskeltonus etc. Die Regulierung der Haltung ist eine komplexe Funktion des Nervensystems. Rezeptoren aus der Peripherie (Beine, Körper, Gesichts- und Gleichgewichtssinn) liefern Informationen über die Position der einzelnen Körperteile über aufsteigende Bahnen, Hirnstamm und Kleinhirn zur Großhirnrinde. Über absteigende Bahnen wird der Muskeltonus dann entsprechend reguliert, was über Beeinflussung der Alpha- und Gamma-Motoneuronen der grauen Substanz des Rückenmarkes erfolgt. Von Bedeutung sind der Einfluss des Vestibularapparates und des Kleinhirnes.

Gang
Die wichtigste komplexe Funktion, die wir bei unseren Patienten beurteilen können, ist jedoch der Gang. Für dessen Beobachtung und Beurteilung sollte daher genügend Zeit eingeräumt werden. Abnormitäten sind unkoordinierte Bewegung (Ataxie), Propriozeptionsstörungen (spontanes Überköten), Lähmungen, Zwangsbewegungen und Dysmetrien (zu kurze oder zu weit ausgeführte Schritte). Gangerschwernis, wie z. B. Treppensteigen, erleichtert oft die Beurteilung von leichtgradigen Störungen.

Um eine komplexe Bewegung, einen physiologischen Gang, ausführen zu können, wird ein großer Teil des Nervensystems benötigt. Die Lokomotionszentren (spinale Schrittmacher in der Zervikal- und Lumbalschwellung, Mittelhirn und subthalamische Kerne) werden durch Großhirnrinde, Hirnstamm, Kleinhirn und Vestibularapparat moduliert. Das Großhirn ist für die Initiation der Bewegung verantwortlich. Bei einer Großhirnläsion ist der Gang meist normal (Ausnahme Passgang, Drangwandern). Die Koordination des Ganges erfolgt beim Tier im Hirnstamm, die Feinabstimmung der Bewegung im Kleinhirn. Um dies bewerkstelligen zu können, muss zuerst die Information aus der Peripherie (Muskeltonus, Lage der Beine und des Körpers etc.) über die peripheren Nerven und aufsteigende Bahnen zum zentralen Nervensystem (ZNS) gewährleistet sein. Da so viele Strukturen des Nervensystems im Bewegungsablauf involviert sind, wird meist die vollständige neurologische Untersuchung benötigt, um eine Gangstörung einer Lokalisation zuordnen zu können.

Ein paar typische Gangstörungen und deren mögliche Lokalisation sind:
- Lähmungen (Paresen, Paralysen): mit abgeschwächten Reflexen – Läsion im unteren motorischen Neuronsystem (UMN; graue Substanz des Rückenmarks, periphere Nerven, Muskulatur als Effektorgan); mit gesteigerten Reflexen – Läsion im oberen motorischen Neuronsystem (OMN; zum Beispiel Rückenmark oberhalb des Reflexbogens, Hirnstamm)
- Ataxie: Hirnstamm, Kleinhirn, Vestibularapparat, Rückenmark, sensible Nerven
- Hypermetrie: Kleinhirn, Rückenmark (spinozerebelläre Bahnen)
- Kreisbewegungen, Drangwandern: Großhirn

Kopfnerven
Die Kopfnerven entstammen mit Ausnahme der beiden ersten (N. olfactorius, N. opticus) aus dem Hirnstamm und werden mithilfe einfacher Funktionen überprüft.

I. Nervus olfactorius: Dieser Nerv ist zuständig für den Riechsinn und hat seine Rezeptoren in der Nase, der Riechschleimhaut. Der Stimulus wird über den Tractus olfactorius in die Riechrinde im Lobus piriformis und zu weiteren basalen Kortexregionen geführt, wo die bewusste Wahrnehmung erfolgt. Verbindungen zum limbischen System bestehen (Verhalten bei bestimmten Gerüchen!). Der Riechsinn ist schwierig zu evaluieren. Der Vorbericht liefert wertvolle Hinweise. Das Tier kann bei der Futtersuche oder beim Verfolgen einer gelegten Spur beobachtet werden. Stark reizende Stoffe sollten vermieden werden, da durch Trigeminusreizung eine Abwehrreaktion erfolgen kann. Der Verlust des Riechsinnes heißt Anosmie und tritt vor allem bei peripheren Erkrankungen auf (Tumore oder Entzündungen im Bereich der Nasenhöhle).

II. Nervus opticus: Dieser Nerv ist für den Gesichtssinn zuständig. Die Rezeptoren befinden sich in der Retina. Der Sehnerv hat eine Kreuzungsstelle im Chiasma opticum. Der Impuls läuft weiter über den Tractus opticus zur Vierhügelplatte und zur Großhirnrinde (okzipital), wo er bewusst wahrgenommen wird. Im Chiasma kreuzt ein Großteil der Fasern auf die andere Seite. Bei einer einseitigen Großhirnläsion wird daher eine einseitige Blindheit auf der kontralateralen Seite beobachtet. Ein Teil der Fasern zieht zum Mittelhirn und ist für den Pupillarreflex verantwortlich. Die Untersuchung des Gesichtssinnes erfolgt durch *Beobachten* des Tieres beim Laufen über/oder gegen Hindernisse in einem unbekannten Raum. Verschieben des Tieres gegen die Tischkante provoziert meist eine Abwehrbewegung. Beim *Wattebauschtest* wird ein Wattebäuschchen oder ein ähnlich leichtes Gebilde, das geräuschlos zu Boden fällt, auf jeder Gesichtshälfte fallen gelassen. Als Antwort erfolgt ein Hinwenden des Kopfes. Um *die Drohreaktion/Drohantwort* beurteilen zu können, wird eine abrupte Bewegung mit der Hand (ohne einen Luftzug zu erzeugen) in Richtung Auge ausgeführt. Ein Lidschluss ist die Reaktion. Jedes Auge muss einzeln untersucht werden. Am besten wird das andere Auge zugehalten. Neben dem Gesichtssinn sind der Nervus facialis und das Kleinhirn bzw. Bahnen, die durch große Teile des Gehirnes ziehen, an dieser Reaktion beteiligt. Die Drohantwort ist eigentlich eine erlernte Reaktion und daher bei Welpen noch nicht vorhanden. Zur vollständigen Beurteilung des Gesichtssinnes gehört neben der Evaluation des Pupillarreflexes auch eine ophthalmoskopische Untersuchung.

III. Nervus oculomotorius und sympathische Versorgung der Pupille: Der Durchmesser der Pupille ist durch parasympathische Fasern des Nervus oculomotorius und durch sympathische Fasern, die im Bereich des Rückenmarkes (Th1–3) das zentrale Nervensystem verlassen und im Nervus ophthalmicus zum Auge ziehen, beeinflusst. Bei Erkrankungen des 3. Gehirnnervens entsteht eine zu weite Pupille (Mydriase); bei Veränderungen des Sympathikus eine zu enge Pupille (Miose). Sind beide Strukturen betroffen, sind die Pupillen oft ungleich groß (Anisokorie). Bei Schädigung der sympathischen Fasern an irgendeiner Stelle ihres Verlaufs wird ein Horner-Syndrom beobachtet (Ptosis, Miosis, Enophthalmus). Der *Pupillarreflex* testet neben der Funktion des Sehnervens auch den 3. Gehirnnerv. Bei Lichteinfall kommt es zu Kontraktion des M. sphincter iridis und zu Pupillenverengung auf der belichteten (direkter Pupillarreflex) und auf der kontralateralen Seite (indirekter Pupillarreflex). Der indirekte Pupillarreflex ist physiologischerweise etwas schwächer als der direkte.

Mithilfe der Beurteilung des Gesichtssinnes und des Pupillarreflexes kann eine Läsion im visuellen System näher lokalisiert werden (vereinfachte Darstellung):

- einseitige Läsion des N. opticus, des Tractus opticus, bzw. Erkrankung der Retina: einseitige Blindheit und verzögerter oder abwesender Pupillarreflex
- Läsion im Bereich des Chiasmas: beidseitige Blindheit und verzögerter oder abwesender Pupillarreflex
- Läsion im Bereich der Vierhügelplatte oder der Großhirnrinde: Blindheit, normaler Pupillarreflex
- Läsion des N. oculomotorius: erweiterte, nicht responsive Pupille, ventrolateraler Strabismus (Abb. 14.1)

III. Nervus oculomotorius, IV. Nervus trochlearis, VI. Nervus abducens: Diese drei Nerven sind für die Augenbewegungen verantwortlich und haben Verbindungen zum Vestibularapparat und motorischen Zentren. Die Augenstellung und Augenbewegungen werden in Ruhe und während passiver Bewegung untersucht. Bei passiven Seitwärts-, Aufwärts- und Abwärtsbewegungen des Kopfes entstehen „vestibulare Augenbewegungen", ein sogenannter physiologischer Nystagmus, wobei die schnelle Komponente in Richtung der Kopfbewegung erfolgt. Erkrankungen im Bereich dieser 3 Nerven führen zu verschiedenen Formen des Strabismus:

- ventrolateral mit dilatierter Pupille: III. Gehirnnerv
- rotatorisch: IV. Gehirnnerv. Diese Veränderung ist nur bei Katzen leicht zu sehen. Beim Hund kann bei der ophthalmoskopischen Untersuchung eine nach temporal verlagerte V. retinalis superioris bemerkt werden.
- medial: VI. Gehirnnerv

V. Nervus trigeminus: Der V. Gehirnnerv ist ein gemischter, sehr großer Nerv. Er versorgt die Kaumuskeln und ist neben dem X. Gehirnnerven für die Schmerzempfindung im Kopfbereich verantwortlich. Veränderungen im Bereich des motorischen Anteils des Nervus trigeminus bewirken Unterkieferlähmung, Kaustörungen, Speichelfluss, Muskelatrophie. Der sensorische Anteil des Nervus trigeminus wird durch Überprüfung des *Korneal- und Palpebralreflexes* und der *Sensibilität im Kopfbereich* beurteilt. Bei Berühren der Kornea bzw. der Haut um den Augenbereich erfolgt ein reflektorischer Lidschluss. Diese Reflexbögen verlaufen über Rezeptoren der Kornea bzw. der Haut über den N. trigeminus zum Hirnstamm. Von dort erfolgt eine Umschaltung zum N. facialis, der motorische Fasern beinhaltet und für den folgenden reflektorischen Lidschluss verantwortlich ist. Die Sensibilität im Kopfbereich wird am besten im Bereich der Nasenschleimhaut oder der Oberlippe überprüft. Seitenunterschiede sollten beachtet werden (Abb. 14.2 und 14.3).

VII. Nervus facialis: Der 7. Kopfnerv innerviert die Muskeln, die für den Gesichtsausdruck zuständig sind, und die Tränen- und Speicheldrüsen. Bei Fazialislähmung sieht man hängende Ohren, Ptose des oberen Augenlides, und schlaffe Oberlippe, Asymmetrie bzw. Unbeweglichkeit der Nasenlöcher. Die Kornea kann sekundär infolge verminderten Tränenflusses und fehlenden Schließens des Augenlides geschädigt werden. Untersucht wird der Nervus facialis weiters durch den Korneal- und Lidreflex (siehe N. trigeminus) (Abb. 14.4). Die Tränenproduktion kann mithilfe des Schirmer-Tränen-Tests überprüft werden. Bei speziellen Läsionen ist der Tonus im Bereich der Muskulatur, die vom Nervus facialis innerviert wird, erhöht und Hyperreflexie im Kopfbereich wird beobachtet. Dies tritt auf bei Läsionen in Teilen des Gehirnes, die „hemmend" auf den Nervus facialis einwirken (Großhirnrinde und Thalamus). Auch irritative Erkrankungen, wie Meningoenzephalitiden oder Nervenentzündungen, können diese Übererregbarkeit des Nervus facialis auslösen.

VIII. Nervus vestibulocochlearis: Der VIII. Gehirnnerv ist für Gehör und Gleichgewichtssinn verantwortlich. Das Hören ist sehr komplex. Akustische Signale werden, vereinfacht dargestellt, über Rezeptoren im Felsenbein und die Pars acustica des VIII. Gehirnnervens, über Kochlearkerne und die obere Olive zum Mittelhirn geleitet. Von dort erfolgt die weitere Übertragung über den Thalamus zur Großhirnrinde, wo wiederum die bewusste Wahrnehmung stattfindet. Die klinische Untersuchung gibt meist nur einen Hinweis auf reduziertes Hörvermögen bzw. Taubheit. Eine nähere Lokalisation der Schädigung im Bereich der Hörbahn ist mit elektrodiagnostischen Methoden möglich (Hirnstamm evozierte Potentiale).

Im Innenohr befinden sich die Rezeptoren für den Gleichgewichtsapparat. Impulse, die durch Positionsänderung des Kopfes etc. entstehen, werden über den VIII. Gehirnnerven zu den Vestibularkernen im Hirnstamm geleitet. Von dort gibt es Verbindungen zum Rückenmark, Kleinhirn und den Kernen des III., IV. und VI. Gehirnnervens. Störungen im Gleichgewichtsapparat resultieren in Kopfschiefhaltung, vestibulärer Ataxie, Nystagmus, Strabismus. Die Unterschiede zwischen den Befunden, die bei einer zentralen bzw. peripheren Läsion im Vestibularapparat erhoben werden können, sind in Tabelle 14.1 dargestellt.

Abb. 14.1 ventrolateraler Strabismus

Abb. 14.2 Sensibilität Kopfbereich

Abb. 14.3 Sensibilität Nase

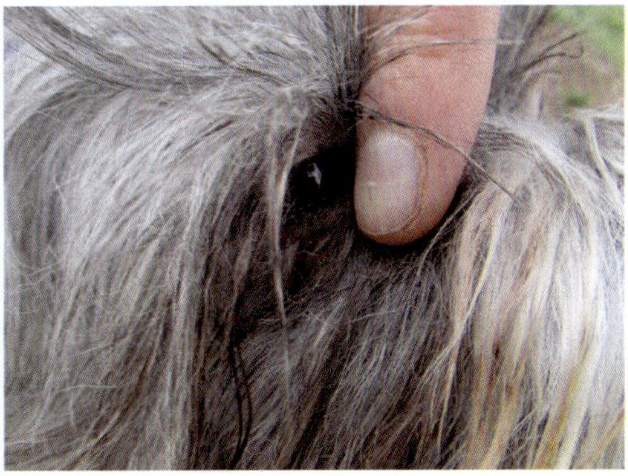

Abb. 14.4 Lidreflex

Tabelle 14.1: **Läsion im Vestibularapparat**

Neurologische Untersuchung	**Befunde: Läsion zentral-vestibulär**	**Befunde: Läsion peripher-vestibulär**
Verhalten/Bewußtsein	Apathie – Stupor	Normal, evtl. leichte Apathie oder Unruhe
Haltung	Kopfschiefhaltung/ Umfallen	Kopfschiefhaltung/ Umfallen
Gang	Vestibuläre Ataxie	Vestibuläre Ataxie
Kopfnerven:		
VII	Parese möglich	Parese möglich
V-XII	Ausfälle möglich	–
Horner-Syndrom	–	Möglich
Strabismus (ventrolateral)	Meist vorhanden	Meist vorhanden
Nystagmus		
Horizontal	Möglich	Möglich
Rotatorisch	Möglich	Möglich
Vertikal	Möglich	Selten
Positionell	Möglich	Selten
Wechselnd	Möglich	–
Haltungs- und Stellreaktionen:		
Korrekturreaktion	**Abnormal**	–
Aufrichtung	Abnormal	Abnormal
Allgemeine Untersuchung	Erbrechen, vermehrter Speichelfluss möglich	Erbrechen, vermehrter Speichelfluss möglich

IX. Nervus glossopharyngicus, X. Nervus vagus: Diese Nerven sind für die sensible und motorische Innervation von Larynx und Pharynx zuständig. Bei Ausfällen kommt es zu Schluckbeschwerden oder Atemgeräuschen. Sie werden mithilfe des *Schluckreflexes* überprüft. Druck im Pharynx-Larynx-Bereich bewirkt ein Abschlucken.

XI. Nervus accessorius: Dieser Nerv versorgt Teile der Halsmuskulatur. Störungen sind meist nur schwer diagnostizierbar und werden durch sorgfältige Palpation erkannt.

XII. Nervus hypoglossus: Dieser Nerv ist verantwortlich für Zungenbewegungen. Bei Erkrankung des XII. Gehirnnervens kommt es zu Störungen bei der Futter- und Wasseraufnahme. Die Zunge kann aus dem Maul hängen und asymmetrisch sein (Muskelatrophie und damit Deviation zur Seite der Läsion) (Abb. 14.5).

Haltungs- und Stellreaktionen

Diese Reaktionen helfen oft, eine Gangstörung zu verdeutlichen oder näher zu charakterisieren. Vor allem wird besser gesehen, wie viele Extremitäten an einer Bewegungs-

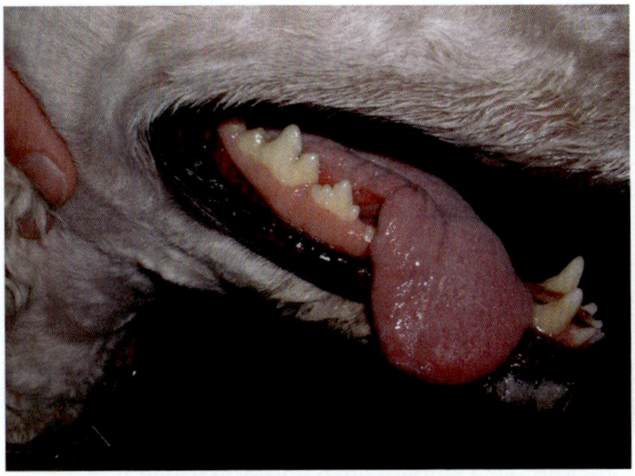

Abb. 14.5 Hypoglossusparese

störung beteiligt sind und ob Seitenunterschiede bestehen. Es sind dabei alle Niveaus des Nervensystems einschließlich Motorik und Sensibilität beteiligt. Die Reaktionen sind immer beidseitig auszuführen und vergleichend zu beurteilen. Aufgrund der Komplexität dieser Untersuchungsmethoden können diese Reaktionen nicht allein dazu dienen, eine Läsion im Nervensystem zu lokalisieren. Dies ist nur in Kombination mit den anderen Untersuchungsmethoden möglich.

- Korrekturreaktion: Nach passivem Überköten einer Gliedmaße erfolgt ein rasches Wiedereinnehmen der physiologischen Haltung. Diese Reaktion ist vor allem an den Hinterextremitäten gut ausführbar, es wird die Propriozeption getestet (Abb. 14.6).
- Hüpfreaktion: Bei Hüpfen auf einem Bein (das Tier wird angehoben) erfolgt ein Strecken der belasteten Gliedmaße und ein koordiniertes Auffangen des Körpergewichtes (Abb. 14.7).
- Gehen mit den Vorderbeinen: Das Tier wird aufgehoben, unter dem Abdomen leicht unterstützt und muss mit den Vorderbeinen laufen (Schubkarrenfahren). Dies kann mit oder ohne Hochheben des Kopfes untersucht werden. Diese Untersuchung ist vor allem günstig, um feine Bewegungsstörungen an den Vorderbeinen zu verdeutlichen. Um Seitenunterschiede besser zu sehen, müssen die Tiere auch auf einem ipsilateralen Beinpaar zur Seite hüpfen (Abb. 14.8).
- Unterstützungsreaktion: Die Tiere werden aufgehoben und sollen, um das Körpergewicht auffangen zu können, die Hinterbeine dem Boden entgegenstrecken, koordiniert auffußen und einige Tritte nach hinten laufen (günstige Untersuchung bei Katzen).
- Aufrichtereaktion: Nach Aufheben des Tieres wird es mit dem Kopf nach unten in Richtung Boden bewegt. Eine normale Reaktion besteht aus einer Streckung der Vorderbeine und des Halses und einem Anheben des Kopfes. Für diese Reaktion sind visuelle, vestibuläre, propriozeptive und motorische Systeme verantwortlich.
- Weitere Möglichkeiten sind die Tischkantenprobe: Ein Tier soll beim Annähern an einen Tisch oder ein Hindernis mit der jeweilig untersuchten Gliedmaße auffußen (Abb. 14.9). Bei der tonischen Nackenreaktion werden am stehenden Tier durch Hochheben des Kopfes eine Extension der Vorderbeine und eine Flexion der Hinterbeine hervorgerufen.

Abb. 14.6 Abwesende Korrekturreaktion linke Vorderextremität

Abb. 14.7 Hüpfen linke Vorderextremität

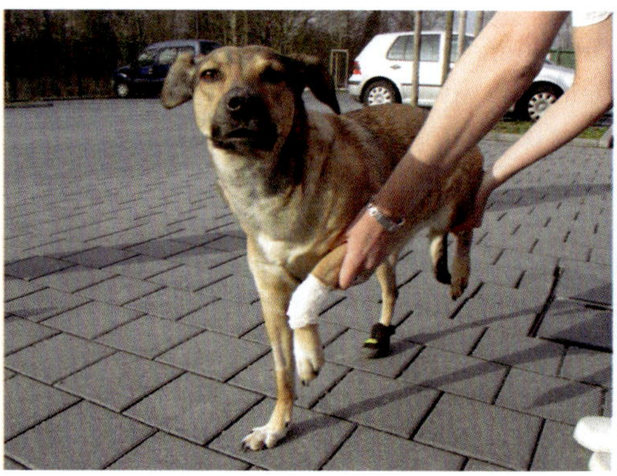

Abb. 14.8 Gehen auf einem ispilateralen Beinpaar

Abb. 14.9 Tischkantenprobe

Spinale Reflexe

Die spinalen Reflexe sind von der Intaktheit der motorischen und sensiblen Nerven, der Muskeln und der grauen Substanz des entsprechenden Rückenmarksabschnittes abhängig. Sollten sie herabgesetzt oder gar abwesend sein (Hypo-, Areflexie), spricht dies für eine Läsion in einer dieser Strukturen (Läsion vom unteren motorischen Neurontyp, UMN). Im Gegensatz dazu spricht Hyperreflexie (gesteigerte Reflextätigkeit) für eine Läsion in einem Bereich, der kranial des Reflexbogens liegt (Läsion vom oberen motorischen Neurontyp, OMN). Bei Muskelstreckreflexen werden durch Beklopfen mit dem Reflexhammer die neuromuskulären Spindeln gedehnt. Der Stimulus wird über sensorische Nerven zur grauen Substanz des Rückenmarkes und zum motorischen Nerven geleitet. Eine Muskelkontraktion ist die Folge. Im Gegensatz dazu wird beim Oberflächenreflex eine reflektorische Beugung der Extremität durch Stimulation an der Haut hervorgerufen. Die spinalen Reflexe werden beim Kleintier nach Möglichkeit in Seitenlage durchgeführt. Das Tier sollte entspannt sein, um die Reflexe auch richtig beurteilen zu können.

Reflexe der Nachhand: die wichtigsten sind der Patellar-, Tibialis cranialis- und der Flexorreflex.

- Patellarreflex: Die Extremität wird im Bereich des Oberschenkels unterstützt. Bei Beklopfen des Kniescheibenbandes kommt es zur Kontraktion der Quadrizepsmuskulatur und einem Nachvorneschleudern des Unterschenkels. Das Reflexzentrum liegt bei L4-L6, der verantwortliche periphere Nerv ist der N. femoralis.
- Tibialis cranialis-Reflex: Nach Stimulation am M. tibialis cranialis wird das Sprunggelenk gebeugt. Das Reflexzentrum liegt bei L6-S1, der verantwortliche periphere Nerv ist der N. fibularis.
- Flexorreflex: Nach Stimulation im Bereich der Zehen oder Zwischenzehenhaut wird die Extremität reflektorisch angezogen. Das Reflexzentrum liegt bei L4-S1, der hauptverantwortliche periphere Nerv ist der N. ischiadicus, einige Äste des N. femoralis sind mitinvolviert (Abb. 14.10).

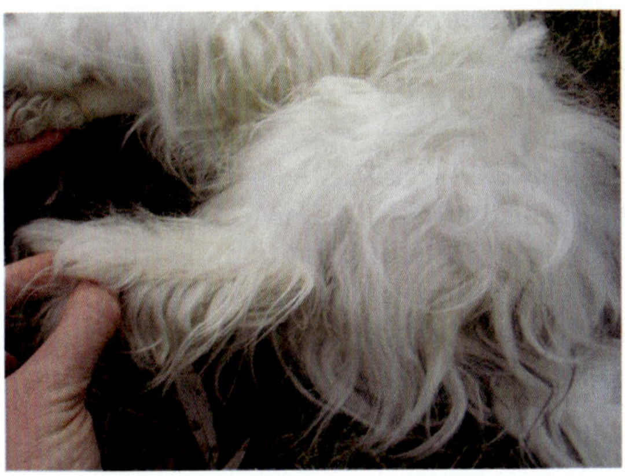

Abb. 14.10 Flexorreflex

Reflexe der Vorhand: die wichtigsten sind der Extensor carpi radialis- und der Flexorreflex.

- Extensor carpi radialis-Reflex: Die Extremität wird im Bereich des Ellbogens unterstützt. Nach Stimulation im Bereich des M. extensor carpi radialis kommt es zu leichtem Strecken im Karpalgelenksbereich. Das Reflexzentrum liegt bei C7-Th1, der verantwortliche periphere Nerv ist der N. radialis.
- Flexorreflex: Nach Stimulation im Bereich der Zehen oder Zwischenzehenhaut wird die Extremität reflektorisch angezogen. Das Reflexzentrum liegt bei C6-Th2, alle peripheren Nerven der Vordergliedmaße sind mitbeteiligt (vor allem N. radialis, aber auch N. medianus, N. ulnaris, N. muskulokutaneus, N. axillaris).

Bei einer Läsion oberhalb des Reflexzentrums kann als Zeichen einer Hyperreflexie ein *gekreuzter Extensor-Flexorreflex* beobachtet werden. Bei Beugung der stimulierten Gliedmaße wird die kontralaterale Extremität gestreckt. Weitere abnormale Reflexe nach schweren oder chronischen Schädigungen im Rückenmark oberhalb des Reflexzentrums sind der *Streck- oder Spreizreflex* (Strecken der Gliedmaße und Spreizen der Zehen) und *Massenreflexe* (Strampeln).

Pannikulusreflex/Cutaneus-Trunci-Reflex: Mithilfe dieses Reflexes kann eine Rückenmarksläsion im thorakolumbalen Bereich näher lokalisiert werden. Die Haut im Bereich des Rückens wird mit einer stumpfen Arterienklemme stimuliert. Der Impuls geht über die Hautnerven in die weiße Substanz des Rückenmarkes und wird zum Reflexzentrum bei C8-Th2 weitergeleitet. Über den N. thoracicus lateralis erfolgt dann eine Kontraktion der Hautmuskeln (M. cutaneus trunci). Kaudal einer Rückenmarksläsion kann der Reflex abwesend sein.

Perineal-, Vulva- und Bulbourethralreflex: Das Zentrum für diese Reflexe liegt im Sakralmark (S1-S3), die Nerven der Cauda equina sind die verantwortlichen peripheren Nerven, einschließlich des N. pudendus. Bei Berühren der Perinealgegend kommt es zur Kontraktion des M. sphincter ani und zum Niederdrücken der Rute. Eine ähnliche Reaktion wird beobachtet bei leichtem Druck auf den Bulbus penis bzw. auf die Vulva.

Sensibilität

Eine mögliche Überprüfung der Sensibilität ist die Propriozeption, die schon bei den Haltungs- und Stellreaktionen untersucht wurde. Die in der Tierneurologie verwertbare Komponente der Oberflächensensibilität ist die **Schmerzempfindung.** Dabei wird überprüft, ob an irgendeiner Stelle des Körpers Schmerz (Hyperästhesie) vorhanden, wo dieser lokalisiert ist und ob die Schmerzempfindung bewusst wahrgenommen werden kann. Letzter Punkt ist wichtig zur Erstellung einer Prognose z. B. bei einer Rückenmarksläsion. Die Fasern, die für die tiefe Schmerzempfindung zuständig sind, sind dünn, haben viele intersegmentale Verbindungen und ziehen bilateral und diffus im Rückenmark zum Thalamus und weiter zur Großhirnrinde. Dort wird der Schmerz bewusst wahrgenommen und löst eine Antwort (Beißen, Ausweichen etc.) aus. Diese Fasern sind relativ lang, liegen im Rückenmark gut geschützt und werden erst bei sehr schweren Läsionen komplett geschädigt. Eine Läsion im ZNS sowie im peripheren Nervensystem (PNS) erzeugt eine herabgesetzte (Hypalgesie – durch Vergleich mit Reaktion nach Stimulation an anderen Körperstellen eruierbar) oder abwesende Schmerzempfindung (Analgesie). Die Überprüfung der Schmerzempfindung im Bereich des Körpers und der Extremitäten erfolgt mit einer Klemme. Sollte schon eine oberflächliche Schmerzempfindung vorhanden sein, ist es nicht mehr nötig, die tiefe zu untersuchen. Ein reflektorisches Wegziehen der Extremität ist nicht gleichbedeutend mit einer vorhandenen Schmerzempfindung. Erst eine Antwort, wie Hinwenden des Kopfes zum Stimulus, Beißversuche, Ausweichbewegungen, lassen auf eine intakte Schmerzempfindung schließen. Die peripheren Nerven werden mithilfe der autonomen Zonen, die nur von einem Nerven versorgt sind, beurteilt. So hat z. B. der N. radialis eine gut untersuchbare autonome Zone dorsal im Karpalgelenksbereich, der N. muskulokutaneus im medialen Ellbogenbereich, der N. fibularis dorsal im Tarsalgelenksbereich und der N. tibialis plantar im Pfotenbereich.

14.2 Lokalisation von Läsionen im Nervensystem und deren wichtigste Erkrankungen in Tabellenform

Jede Region im Nervensystem hat bis zu einem gewissen Grad spezifische Krankheitsprobleme. Daher werden nach der neurologischen Untersuchung die abnormalen Befunde zusammengefasst und anhand der Kombination dieser abnormalen Befunde wird die Läsion im Nervensystem lokalisiert. Danach können Spezialuntersuchungsmethoden zur Erfassung der Ursache der Läsion gezielt eingesetzt werden.

14.2.1 Großhirn

Die wichtigsten Funktionen des Großhirnes sind die bewusste Wahrnehmung von sensiblen Impulsen, motorische Funktionen, Steuerung von Verhalten und gewissen viszeralen Funktionen (Hunger, Durst, Temperatur, endokrine Funktionen). Im Hypothalamus liegen übergeordnete Zentren für das autonome Nervensystem (Sympathikus, Parasympathikus).

Symptome bei Großhirnerkrankungen
Verhaltensänderungen: z. B. Vergessen von erlernten Verhaltensregeln wie Stubenreinheit, Aggression, Übererregbarkeit; Bewusstseinsstörungen (nur bei diffusen und sehr massiven Großhirnerkrankungen). Der Gang ist normal oder es treten subtile Störungen auf; Passgang, Drangwandern können beobachtet werden. Bei einseitigen Defekten können Kreisbewegungen zur Richtung der Läsion auftreten. Bei der Beurteilung der Kopfnerven kann ein veränderter Gesichtssinn entdeckt werden (z. B. Laufen in Hindernisse, kontralateraler Ausfall der Drohreaktion, normaler Pupillarreflex). Die Haltungs- und Stellreaktionen sind auf der kontralateralen Seite der Läsion verändert. Ein Anfallsleiden ist häufig.

Symptome bei Erkrankung des Hypothalamus
Neben den erwähnten Symptomen bei Veränderungen im Großhirn ist der Gesichtssinn häufig bilateral gestört, bei Mitbetroffenheit des Chiasma opticum fallen erweiterte Pupillen und ein herabgesetzter Pupillarreflex auf. Die Temperaturregulation ist verändert (Hyperthermie, Hypothermie, Poikilothermie), der Appetit kann abnorm sein (Hyperphagie/Obesitas, Anorexie/Kachexie, Allotriophagie). Zusätzlich werden endokrine Störungen beobachtet (Diabetes insipidus, Diabetes mellitus, Hyperadrenokortizismus, Akromegalie/Wachstumshormon).

Tabelle 14.2: **Wichtigste Erkrankungen Großhirn**

Erkrankung	**Symptome**
Vaskuläre Erkrankungen	Blutung, Infarkt
Entzündliche/ immunbedingte Störungen	Virale Enzephalitiden wie Hundestaupe, Tollwut, zentraleuropäische Zeckenenzephalitis, protozoäre Infektionen, wandernde Wurmlarven, Enzephalitiden unbekannter Genese (MUO), bakterielle Enzephalitis, Abszess, Feline Infektiöse Peritonitis (FIP) bei der Katze
Trauma	Schädelhirntrauma, Fraktur, Kommotio, Kontusion, posttraumatische Epilepsie
Anomalie	Hydrozephalus
Metabolisch/ toxische Störungen	Polioenzephalomalazie, Ammonshornnekrose, metabolische Enzephalopathie, portocavaler Shunt bzw. Hepatoenzephalopathie, Intoxikationen
Idiopathische Erkrankungen	Epilepsie, Kataplexie, Narkolepsie
Neoplasien	Primär, sekundär
Degenerative Erkrankungen	Speicherkrankheiten (z. B. Gangliosidose, Fucosidose, Ceroid-lipofuszinose, Globoidzellleukodystrophie, Mannosidose), Hypomyelinogenese, nekrotisierende Enzephalopathie

14.2.2 Hirnstamm

Unter Hirnstamm werden in diesem Abschnitt Mittelhirn, Pons und Medulla oblongata besprochen. Das Mittelhirn grenzt an den Thalamus und besteht aus der Vierhügelplatte (visuelle und akustische Funktionen), weißer Substanz (auf- und absteigende Bahnen) und ausgedehnten Kerngebieten. Diese beinhalten den Nucleus ruber, die Substantia nigra (Motorik) und Kerne für die Kopfnerven, die für die Augenbewegungen zuständig sind (III, IV). Pons und Medulla oblongata enthalten die restlichen Kopfnervenkerne, die Oliven (obere: auditorische Funktion, untere: Verbindung zum Kleinhirn, Motorik) und die Dorsalstrangkerne (Propriozeption). Die Formatio reticularis ist ein ausgedehntes Kerngebiet, das über den ganzen Hirnstamm verteilt ist (Bewusstsein). Ebenfalls laufen hier wichtige auf- und absteigende Fasersysteme, wie aufsteigende Bahnen für die Propriozeption, aufsteigende Kleinhirnbahnen, vestibulospinale und reticulospinale Bahnen (Körperhaltung und Streckmuskeltonus), rubrospinale Bahnen (Motorik) und die absteigenden Fasersysteme zur Verbindung Kortex – Pons – Medulla oblongata – Rückenmark. Die rubrospinalen Bahnen kreuzen im Mittelhirn, die propriozeptiven und kortikospinalen in der Medulla oblongata. Die wichtigsten Funktionen des Hirnstammes sind somit die Kontrolle von Körperhaltung und Bewegung, die Aufrechterhaltung des Bewusstseins und von vitalen Funktionen (z. B. Atmung, Herz, Schlucken).

Im Hirnstamm befinden sich auch die Kerne des VIII. Gehirnnervens (Vestibularkerne). Von diesen gibt es Verbindungen zum Rückenmark (vestibulospinale Bahnen), zu den

Kopfnervenkernen, die für die Augenbewegungen zuständig sind (III, IV, VI), zur Formatio reticularis, die auch das Brechzentrum enthält und zum Vestibularanteil des Kleinhirnes.

Symptome bei Hirnstammerkrankungen

Das Bewusstsein ist beeinträchtigt, bei Beurteilung der Haltung können Kopfschiefhaltung, Tetraplegie, Hemiparese, Hemiplegie etc. beobachtet werden. Ebenfalls sind bei der Untersuchung des Ganges starke Störungen zu sehen (Ataxie, vestibuläre Ataxie, Tetraparese, Tetraplegie). Abnorme Kopfnervenfunktionen sind charakteristisch (multiple Kopfnervenausfälle). Die Haltungs- und Stellreaktionen sind an allen vier Extremitäten beeinträchtigt, eine Seitenbetonung ist häufig. Zusätzlich können unregelmäßige Atmung und kardiale Dysfunktion auftreten.

Tabelle 14.3: **Wichtigste Erkrankungen Hirnstamm**

Erkrankung	Symptome
Vaskuläre Erkrankungen	Blutung, Infarkt
Entzündliche/ immunbedingte Störungen	Virale Enzephalitiden wie Hundestaupe, Tollwut, zentraleuropäische Zeckenenzephalitis, Aujeskysche Krankheit, postvakzinelle Enzephalitis, Enzephalitiden unbekannter Genese (MUO), bakterielle Enzephalitis, Abszess, mykotische Infektionen, FIP
Trauma	Schädelhirntrauma, Kontusion, Fraktur, Blutung, Kleinhirnherniation mit Hirnstammkompression als Folge einer intrakraniellen Druckerhöhung
Anomalie	Hydrozephalus mit Hirnstammkompression
Metabolische Störungen	Thiaminmangel
Neoplasien	Z. B. Gliome, Meningeom, Plexustumor, Metastasen, Kopfnerventumor, Lymphosarkom

Tabelle 14.4: **Peripherer Vestibularapparat, die wichtigsten Erkrankungen (zentrale Läsion siehe Hirnstamm)**

Erkrankung	Symptome
Entzündliche/ immunbedingte Störungen	Otitis media/interna
Trauma	Felsenbeinbereich
Anomalie	Kongenitale vestibuläre Störungen (z. B. beim Deutscher Schäferhund, Dobermann, Beagle, Siamkatze)
Metabolisch/ toxische Störungen	Hypothyreose, Intoxikation (z. B. Aminoglykoside)
Idiopathische Erkrankungen	Idiopathisches/geriatrisches Vestibularsyndrom
Neoplasien	Im Bereich des Felsenbeines, Tumor des VIII. Gehirnnervens

Die **Symptome bei Erkrankungen des Vestibularapparates** wurden bereits bei der Untersuchung des VIII. Gehirnnervens beschrieben. Hier muss unterschieden werden, ob die Läsion im peripheren Anteil, also im Innenohr oder dem VIII. Gehirnnerven liegt oder im ZNS (siehe Tabelle 14.1).

14.2.3 Kleinhirn

Das Kleinhirn hat viele Verbindungssysteme: spinozerebelläre Bahnen, zum Gleichgewichtsapparat (Nodulus-Flocculus), zum auditorischen und visuellen System und zu motorischen Zentren. Die Verbindung zum Nucleus ruber ist die wichtigste, um die Motorik zu beeinflussen. Infolge Wechselwirkung einer Inhibition durch die Purkinjezellen und einer bahnenden Wirkung durch die Kleinhirnkerne auf die motorischen Zentren des Hirnstammes hat das Kleinhirn einen modulierenden Effekt auf die Bewegung. Es kann die Motorik durch Verknüpfung von sensiblen und motorischen Informationen regulieren.

Symptome bei Kleinhirnerkrankungen
Verhalten und Bewusstsein sind bei dieser Läsion normal, die Haltung ist durch breitbeinigen Stand, evtl. grobe Schwankungen gekennzeichnet. Generalisierte Ataxie, Hypermetrie, verzögertes Stoppen und Laufen in Hindernisse sind typische Gangstörungen. Bei Untersuchung der Kopfnerven fällt eine fehlende Drohreaktion (ipsilateral) bei normaler Sehfähigkeit auf. Die Haltungs- und Stellreaktionen werden häufig spastisch ausgeführt, eine hypermetrische Reaktion ist möglich. Intentionstremor und vestibuläre Symptome können beobachtet werden.

Tabelle 14.5: **Wichtigste Erkrankungen Kleinhirn**

Erkrankung	Symptome
Vaskuläre Erkrankungen	Blutung; septischer, hämorrhagischer, ischämischer Infarkt
Entzündliche/ immunbedingte Störungen	Hundestaupe, Enzephalitis unbekannter Genese (MUO), Zerebellitis, protozoäre Infektionen (Neospora caninum Infektion beim erwachsenem Hund), FIP
Trauma	Schädelhirntrauma
Anomalie	Hypoplasie, Agenesie, Zysten, Dandy Walker Syndrom
Neoplasien	Z. B. Gliome, Meningeom, Medulloblastom
Degenerative Erkrankungen	Diffuse degenerative Störungen, Abiotrophie, Speicherkrankheiten

14.2.4 Rückenmark

Das Rückenmark liegt im Wirbelkanal und reicht von der Medulla oblongata bis zur Cauda equina. Es besteht aus der grauen Substanz, die verschiedene Nervenzellen beinhaltet (sensible, motorische, Zwischen- und Schaltneurone). Im Bereich der Zervikal- bzw. der Lumbalschwellung verlassen die Axone der motorischen Neurone aus dem Ventralhorn das Rückenmark und nach einer Verbindung mit den sensiblen Fasern auch den Wirbelkanal durch die Foramina intervertebralia als paarige spinale Nerven. Aufgrund des Ascensus medullae befinden sich die einzelnen Rückenmarkssegmente nicht genau auf der Höhe der Wirbelkörper, sondern sind nach kranial verschoben. Dies ist besonders im Bereich des Lumbalmarkes ausgeprägt. Bei Hunden liegt die Lumbalschwellung (L4–L7) ca. im Bereich der Wirbelkörper L3–L4, wobei es individuelle Unterschiede gibt. Bei Katzen ist der Ascensus medullae nicht so stark ausgeprägt. Die graue Substanz des Rückenmarkes ist das Zentrum der Reflextätigkeit, in der weißen laufen die langen auf- und absteigenden Bahnen. Diese stellen die Verbindung von der Peripherie zum Gehirn dar und bestehen auch aus Fasern, die die einzelnen Rückenmarksabschnitte miteinander verbinden. Die letzteren sind wichtig, da sie die beiden Bewegungszentren – Lumbal- und Zervikalschwellung – miteinander verbinden, aber auch die linke Rückenmarkshälfte mit der rechten und umgekehrt. Auf dieser Ebene findet bereits im Rückenmark eine wichtige Steuerung der Bewegung statt.

Symptome bei Rückenmarkserkrankungen

Die Befunde bei Rückenmarkserkrankungen hängen von der Lokalisation der Läsion im Rückenmark ab. Bei Halsmarkläsionen ist eine Gangstörung an allen vier Extremitäten (generalisierte Ataxie, Tetraparese, Tetraplegie, Hemiparese, Hemiplegie) zu sehen. Die Haltungs- und Stellreaktionen sind an allen vier Extremitäten verändert, eine eventuelle Seitenbetonung ist ipsilateral zur Läsion. Die spinalen Reflexe im Bereich der Vordergliedmaßen sind bei Läsionen im oberen Halsmark normal oder gesteigert, bei Läsion in der Zervikalschwellung liegt Hyporeflexie oder Areflexie vor. Eine Hyperästhesie kann zervikal beobachtet werden.

Bei Läsionen kaudal der Zervikalschwellung ist die Gangstörung auf die Hinterbeine beschränkt (Ataxie, Paraparese, Paraplegie). Die Haltungs- und Stellreaktionen sind ebenfalls nur im Bereich der Hinterextremitäten verzögert oder abwesend, eine Seitenbetonung der abnormen Reaktion befindet sich ipsilateral zur Läsion. Bei Erkrankung des Thorakolumbalmarkes sind die spinalen Reflexe im Bereich der Hinterextremitäten normal oder gesteigert, bei Läsion im Bereich der Lumbalschwellung abgeschwächt oder abwesend. Hyperästhesie im Bereich der Läsion und Hypalgesie kaudal der Läsion können bemerkt werden. Bei Erkrankung der Lumbalschwellung fallen zusätzlich ein herabgesetzter Muskeltonus und Muskelatrophie der Hinterbeine, evtl. bei Mitbeteiligung des Sakralmarkes ein herabgesetzter Bulbourethral-Reflex und Analreflex, sowie Inkontinenz auf.

Tabelle 14.6: **Wichtigste Erkrankungen Rückenmark/Meningen/Wirbelsäule**

Erkrankung	Symptome
Vaskuläre Erkrankungen	Fibrokartilaginöse Embolie (Infarkt), hämorrhagische Myelomalazie, Blutungen
Entzündliche/ immunbedingte Störungen	Kompressiv: Osteomyelitis der Wirbelsäule, Abszess, Diskospondylitis; nicht kompressiv: virale Myelitis wie z. B. Hundestaupe, protozoäre Infektionen, Myelitis unbekannter Genese, steril eitrige Meningitis-Arteriitis, FIP
Trauma	Frakturen, Luxationen und Subluxationen der Wirbelsäule, Blutungen, Kommotio, Kontusion
Anomalie	Kompressiv: Atlantoaxiale Subluxation, zervikale Spondylopathie (Malformation-Malartikulation), Hemivertebrae, Arachnoidalzyste; nicht kompressiv: Syringomyelie, Spina bifida, Dysraphie
Metabolische Störungen	Kompressiv: Hypervitaminose A (Katze)
Neoplasien	Kompressiv: Wirbelsäulentumore, Meningeome, Nervenwurzeltumore, Lymphome; nicht kompressiv: Gliome, Lymphome, Thorakolumbaler Tumor des jungen Hundes
Degenerative Erkrankungen	Kompressiv: degenerative Bandscheibenerkrankung + Bandscheibenvorfall + sekundäres Rückenmarkstrauma, multiple kartilaginöse Exostosen; nicht kompressiv: degenerative Myelopathie der großen Hunderassen, Motoneuronkrankheit, spinale Muskelatrophie, hereditäre Ataxie (Jack Russell Terrier, Parson Russell Terrier, Glatthaar-Foxterrier), Globoidzellleukodystrophie, nekrotisierende Myelopathie

14.2.5 Periphere Nerven

Die motorischen Anteile der peripheren Nerven innervieren die Muskulatur über die motorische Endplatte. Sie haben ihre Nervenzellen im Bereich des Hirnstammes oder im Ventralhorn der grauen Substanz des Rückenmarkes. Die sensorischen Anteile bringen Impulse von den verschiedenartigsten Rezeptoren in der Peripherie über die spinalen oder Kopfnervenganglien zum Rückenmark bzw. Hirnstamm. Die peripheren Nerven bestehen aus Axonen, die von einer von den Schwann–Zellen gebildeten Markscheide umhüllt sind. Diese Axone sind in Faserbündeln angeordnet und von einer Bindegewebshülle umgeben. Um eine rasche Erregungsleitung zu gewährleisten, ist die Markscheide durch die Ranvier'schen Schnürringe in Segmente unterteilt. Für den Kliniker hat sich folgende Unterteilung der peripheren Nerven als übersichtlich erwiesen: Kopfnerven, spinale Nerven bzw. Cauda equina-Nerven.

Symptome bei Erkrankung peripherer Nerven (siehe auch Tabelle 14.7.)
Motorische Nerven: schlaffe Parese oder Paralyse der innervierten Strukturen (Bein, Gesichtsmuskeln, Ösophagus); neurogene Muskelatrophie, herabgesetzte oder abwesende spinale Reflexe, herabgesetzter Muskeltonus.

Sensorische Nerven: eine isolierte Erkrankung ist selten, die meisten Nerven sind gemischte Nerven. Hypalgesie, Parästhesie, Ausfälle bei den Haltungs- und Stellreaktionen, Ataxie, Automutilation, herabgesetzte spinale Reflexe ohne rasche Muskelatrophie.

Autonome Nerven: Anisokorie oder dilatierte Pupillen, herabgesetzte Tränensekretion, herabgesetzter Speichelfluss, Bradykardie

Tabelle 14.7: **Ausfallserscheinungen bei Schädigung einzelner peripherer Nerven**

geschädigter Nerv	Ausfallserscheinungen
N. suprascapularis	Verminderte Extension im Bereich der Schulter
N. axillaris	Reduzierte Schulterflexion
N. musculocutaneus	Verminderte Beugung im Ellbogenbereich, abgeschwächter Flexorreflex, Analgesie medialer Oberarmbereich
N. radialis	Überköten, verminderte Extension von Ellbogen und Karpalgelenk, Unfähigkeit, die Extremität zu belasten, Ausfall des Flexorreflexes und des Extensor-carpi-radialis-Reflexes, Analgesie dorsaler Pfotenbereich
N. medianus	Geringgradige Bewegungsstörung, verminderte Flexion im Karpalgelenk, Hypalgesie palmarer Pfotenbereich
N. ulnaris	Geringgradige Bewegungsstörung, verminderte Flexion im Karpalgelenk, Hypalgesie kaudaler Vorderarmbereich
Plexus brachialis-Avulsion	Gesamter Abriss: Überköten, Unfähigkeit die Extremität zu belasten, Ausfall des Flexorreflexes, Analgesie Vorderbein, Horner-Syndrom, einseitiger Ausfall des Pannikulusreflexes; partieller Schaden: je nach Mitbeteiligung der einzelnen Nerven
N. femoralis	Verminderte Extension im Kniegelenk, Kollabieren der Extremität bei Belastung, abgeschwächter Patellarreflex, Hypalgesie medialer Oberschenkel
N. obturatorius	Seitwärtsgleiten der Extremität
N. ischiadicus	Überköten, Unfähigkeit die Extremität zu belasten, Ausfall des Flexorreflexes
N. fibularis	Überköten, Ausfall des Flexorreflexes, Analgesie dorsale Pfotenfläche
N. tibialis	Tarsalgelenk kann nicht gestreckt werden – Beugung bei Belastung, Analgesie plantarer Pfotenbereich
N. pudendus	Ausfall des Anal- und Bulbourethral-Reflexes, Hypalgesie perianal
N. pelvicus	Inkontinenz

Tabelle 14.8: **Wichtigste Erkrankungen periphere Nerven**

Erkrankung	Symptome
Vaskuläre Erkrankungen	Ischämische Polyneuromyopathie
Entzündliche/ immunbedingte Störungen	Akute idiopathische Polyradikuloneuritis, Plexus brachialis-Neuritis, paraneoplastische Polyneuropathie, Trigeminus-Neuritis, (Fazialislähmung bei Otitis media/interna), sensorische Ganglioneuritis
Trauma	Trauma einzelner Nerven, Plexus brachialis-Abriss, Frakturen der Wirbelsäule mit Cauda equina-Kompression, Wurzelkompression, Wurzelquetschung
Anomalie	Sakrococcygeale Agenesie, kongenitale Stenose im Cauda equina-Bereich, Hypoplasie des Nervus opticus
Metabolisch/ toxische Störungen	Metabolische Polyneuropathien (Hypothyreose, Insulinom, Diabetes mellitus), Zeckenparalyse, Botulismus, Intoxikationen (Bleivergiftung, chronische Phosphorsäureesther-Intoxikation)
Idiopathische Erkrankungen	Akute idiopathische Polyradikuloneuritis, idiopathische Fazialislähmung
Neoplasien	Periphere Nervenwurzeltumore
Degenerative Erkrankungen	Laryngeale Paralyse beim Bouvier, distale Denervation, hypertrophe Neuropathie, Riesenaxonneuropathie, sensorische Neuropathie, spinale Muskelatrophie, Polyneuropathie mit Hypomyelinisierung (Golden Retriever), meist erbliche Erkrankungen
Autonomes Nervensystem	Degenerative Erkrankung: Dysautonomie bei der Katze (Key-Gaskell-Syndrom) und beim Hund

14.2.6 Muskulatur

Die Muskeln sind ein wichtiges Effektororgan des Nervensystems. Die motorischen Nerven beeinflussen die Muskelaktivität über die motorische Endplatte. Im Bereich der quergestreiften Muskulatur gibt es zwei Fasertypen: Typ 1 (langsam kontrahierend) und Typ 2 (schnell kontrahierend). Diese beiden Typen lassen sich durch Spezialfärbungen unterscheiden.

Symptome bei Erkrankung der Muskulatur

Es ist nicht immer einfach, eine Bewegungsstörung nach der klinisch-neurologischen Untersuchung einer Erkrankung im Bereich der Muskulatur, der neuromuskulären Endplatte oder des UMN zuzuordnen. Systemische Erkrankungen der Muskulatur werden daher immer in einem Kapitel über neurologische Störungen miterwähnt. Die wichtigsten Symptome bei Erkrankung der Muskulatur sind generelle Schwäche oder anstrengungsabhängige Schwäche und steifer Gang. Lokale oder generalisierte Muskelatrophie oder Muskelhypertrophie können beobachtet werden. Einige Erkrankungen erzeugen Muskelschmerz, die Gelenke können sekundär versteift sein und dadurch die Bewegungsstörung verschlimmern. Bei Mitbeteiligung des Ösophagus und Entstehen eines Megaösophagus wird Regurgitieren beobachtet. Tabelle 14.9.

Tabelle 14.9: **Wichtigste Erkrankungen Muskulatur**

Erkrankung	Symptome
Vaskuläre Erkrankungen	ischämische Polyneuromyopathie
Entzündliche/ immunbedingte Störungen	protozoäre Myositis (Toxoplasmose, Neospora caninum-Infektion), Polymyositis, Kaumuskelmyositis (Kaumuskelatrophie), Myasthenia gravis (erworbene Form)
Metabolische Störungen	Myopathie bei Cushing, Steroidmyopathie, maligne Hyperthermie, hyperkaliämische und hypokaliämische (Katze) Myopathie, Belastungsmyopathie beim Greyhound
Idiopathische Erkrankungen	Scotty Cramp (erblich)
Degenerative Erkrankungen	Myasthenia gravis (angeborene Form), erbliche Myopathie beim Labrador Retriever, fibrotische Myopathie (Deutscher Schäferhund), Muskeldystrophie

14.3 Spezialuntersuchungen

Nach Lokalisation der Läsion im Nervensystem wird eine Liste der möglichen **Differenzialdiagnosen** erstellt. Der Katalog der Erkrankungen wird folgendermaßen eingeteilt:

Vaskuläre Erkrankungen, **E**ntzündliche Veränderungen, **T**rauma, **A**nomalien, **M**etabolisch/toxische Erkrankungen, **I**diopathische Störungen, **N**eoplasien und **D**egenerative Erkrankungen (Merkwort **VETAMIN D**).

Je nach vermuteter Krankheitskategorie wird eine Liste an Spezialuntersuchungen aufgestellt. Bei vaskulären Erkrankungen, wie z. B. septischer Infarkt, sind zum Beispiel Blutuntersuchung, bildgebende Verfahren der extraneuralen Organe zum Auffinden eines Primärherdes, Liquoruntersuchung, Kernspintomographie/Magnetresonanztomographie (MRT) zur Abklärung notwendig. Bei entzündlichen Erkrankungen stehen Blutbild und Liquoruntersuchung sowie ein entsprechender Antigennachweis im Vordergrund. Eine MRT hilft das Verteilungsmuster zu beurteilen, um die entzündliche Erkrankung näher zu charakterisieren. Zur Abklärung eines Traumas ist neben der klinischen Untersuchung, des Vorberichtes sicherlich die Röntgendiagnostik oder eine Computertomographie (CT) wesentlich. Anomalien werden mit bildgebenden Verfahren dargestellt. Bei metabolisch/toxischen Erkrankungen sind eine sorgfältige Blut- und Harnanalyse, evtl. Biopsien und ein toxikologisches Screening zur Abklärung nötig. Als idiopathisch wird eine Krankheit bezeichnet, wenn die Ursache unbekannt ist und auch keine histopathologische Veränderung gefunden werden kann. Das heißt für die Klinik, dass die Diagnose nur im Ausschlussverfahren gestellt werden kann (zum Beispiel idiopathische Epilepsie, idiopathisches Vestibularsyndrom). Zur Diagnostik von Neoplasien bedient man sich vor allem der bildgebenden Verfahren: 1. Röntgenuntersuchung des Thorax und Ultraschall des Abdomens oder CT zur Feststellung von Metastasen, 2. Wirbelsäulen- oder ev. Schädelröntgen. CT und MRT tragen wesentlich zur Diagnostik bei und sind mittlerweile zur exakten klinischen Diagnosestellung unverzichtbar geworden. Degenerative Erkrankungen haben unterschiedlichen Charakter und es müssen daher unterschiedliche Untersuchungsmethoden zur Abklärung herangezogen werden. Degenerative Erkrankungen der Bandscheiben, ein daraus resultierender Bandscheibenvorfall und ein sekundäres Rückenmarkstrauma werden mithilfe der Myelographie, des CT oder MRT diagnostiziert; degenerative Myelopathie z. B. im Ausschlussverfahren von kompressiven Rückenmarkserkrankungen. Eventuell sind Biopsien oder ein metabolisches Screening zur Diagnosenstellung von degenerativen Erkrankungen nötig und die endgültige Diagnose kann nur histopathologisch oder mit einem bereits vorhandenem Gentest gestellt werden.

14.4 Spezielle Krankheiten des Nervensystems

Im folgendem Kapitel werden die wichtigsten Krankheiten im Nervensystem beschrieben, siehe auch Tabellenauflistung (Tabellen 14.2, .3, .4, .5, .6, .8, .9). Bezüglich selten vorkommender Störungen sei auf die Spezialliteratur verwiesen.

14.4.1 Intrakranielle Erkrankungen

Unter diesem Kapitel werden Erkrankungen des Großhirnes, Hirnstammes und des Kleinhirnes zusammengefasst beschrieben, um Überschneidungen zu vermeiden.

14.4.1.1 Vaskuläre Veränderungen

Zu den vaskulären Störung im ZNS gehören hämorrhagische und ischämische Infarkte und septische Thromboemboli (s. Kap. 14.4.1.2.1 Bakterielle Infektionen des ZNS). Verstopfung größerer Gefäße führen zu Malazien bzw. Blutungen. Bei generellen Kreislaufstörungen werden Infarkte im Bereich der Endstrombahn gefunden. Eine typische Lokalisation dafür ist die Capsula interna. Diese Infarkte müssen nicht immer klinische Bedeutung haben und können bei der histopathologischen Untersuchung als Zufallsbefund auftreten. Seitdem das MRT eine Standarduntersuchung bei intrakraniellen Erkrankungen geworden ist, konnte gezeigt werden, dass hämorrhagische und ischämische Infarkte bei Kleintieren keine seltenen Erkrankungen sind. Diese werden vor allem in Groß- und Kleinhirn diagnostiziert, entsprechende klinische Symptome treten auf. Es sollte versucht werden, eine Grundkrankheit zu finden (z. B. Nierenerkrankung und erhöhter Blutdruck, endokrinologische Störungen, Neoplasien). In ca. der Hälfte der Fälle wird die Grunderkrankung jedoch nicht erkannt. Blutungen können z. B. im Rahmen von Gerinnungsstörungen auftreten oder nach Infektion mit Angiostrongylus vasorum. Ursachen hämorrhagischer Insulte (Blutungen) sind:

- Gefäßrupturen im Gehirnparenchym oder Subarachnoidalraum
- Rupturen vaskulärer Malformationen
- Primäre oder sekundäre Hirntumore
- Zerebrale Amyloidangiopathie

- Nekrotisierende Vaskulitiden
- Disseminierte intravaskuläre Koagulopathie
- Bakterielle Infektionen
- Angiostrongylus vasorum

Die Tiere werden mit perakuten/akuten intrakraniellen Symptomen vorgestellt. Eine intensive Suche nach einer möglichen Grundkrankheit ist notwendig, um diese auch gezielt therapieren zu können. Die minimale Abklärung beinhaltet:

- Blutdruckmessung (zur Abklärung einer Hypertension)
- Suche nach hormonellen Imbalancen wie Hypothyreose und Hyperadrenokortizismus
- Blutgerinnung
- Herz- und Nierenerkrankungen
- Parasitologische Untersuchung

Der Gehirninfarkt selber wird rein symptomatisch behandelt mit Infusiontherapie, evtl. Sauerstoffgabe. Kann die Grunderkrankung gut behandelt werden, ist die Prognose als günstig zu betrachten.

14.4.1.2 Entzündliche intrakranielle Erkrankungen

14.4.1.2.1 Bakteriell bedingte Entzündungen im ZNS

Bakterielle Infektionen im ZNS sind bei Kleintieren selten. Die bakterielle Infektion entsteht am häufigsten entweder durch direkte Infektion nach Schädeltrauma (Bissverletzungen bei kleinen Hunderassen) oder metastatisch über den Blutweg nach entzündlichen Erkrankungen z. B. der Herzklappen oder des Urogenitaltraktes. Dabei verlegen septische Thromben Gehirngefäße und führen neben der Entzündung auch ischämische Läsionen oder Blutungen herbei. Fokale Abszessbildung ist auch möglich. Eine weitere Ursache besteht in einer Ausbreitung einer bakteriellen Entzündung im Schädelbereich, wie z. B. bei Otitis interna, Zahnwurzelabszessen, retrobulbären Abszessen oder Infektion der Nebenhöhlen und einer sekundären Mitbeteiligung des Gehirnes. Eine Auswahl von Bakterien, die bei Hund und Katze isoliert werden konnten, ist: *Staphylococcus, Streptococcus, Pasteurella, Actinomyces* und *Nocardia* species und einige anaerobe Bakterien, wie *Bacteroides, Fusobacterium, Peptostreptococcus* und *Eubacterium*.

Klinisches Bild: Bakterielle Infektionen des ZNS werden vor allem beim erwachsenen Kleintier gefunden. Die Hunde haben zum Teil eine erhöhte innere Körpertemperatur, Konjunktivitis, Durchfall und Symptome, die dem Primärherd zuzuschreiben sind, häufig verbunden mit schlechtem Allgemeinzustand. Die neurologischen Symptome variieren stark, treten akut auf, zeigen progressive Verschlechterung und sind oft seitenbetont. Neben multifokalen Läsionen können auch Ausfälle im Sinne einer Großhirnläsion, einer Hirnstammläsion oder einer zentral vestibulären Störung auftreten.

Diagnose: Die wichtigste Hilfe bei der Erstellung einer Diagnose ist der Allgemeinbefund und der extraneurale Infektionsherd. Dieser wird mit unterschiedlichsten Hilfsuntersuchungen gesucht, wie Röntgen, Ultraschall etc. Bei der Blutuntersuchung wird in vielen Fällen eine Leukozytose mit Neutrophilie und Linksverschiebung bemerkt. Die Blutchemie gibt eventuell einen Hinweis auf den extraneuralen Infektionsherd; eine Harnuntersuchung ist immer indiziert und kann in den Fällen mit Pyelonephritis weiterhelfen. Die endgültige Diagnose liefert in vielen Fällen die Bildgebung und die Liquoruntersuchung, wobei in nicht vorbehandelten Fällen hohe Proteinwerte und eine starke Pleozytose gefunden werden. Neutrophile Granulozyten sind die vorherrschende Zellpopulation. Es sollte weiterhin versucht werden, die die Krankheit verursachenden Bakterien zu erkennen: z. B. Gram-Färbung des Zytospinpräparates. Auf jeden Fall sollte eine Liquor- und Blutkultur einschließlich Antibiogramm angesetzt werden. Eine Kultivierung von Bakterien aus dem Liquor ist schwierig. In dieser Flüssigkeit sind selten genügend Bakterien vorhanden, um positive Resultate liefern zu können. Ist diese Untersuchung allerdings positiv, dann ist sie beweisend für eine bakterielle Infektion. Eine PCR konnte in Einzelfällen die Diagnose bestätigen. Mithilfe der MRT kann die Ausdehnung der Entzündung im Gehirn bzw. im Schädel dargestellt werden.

Differenzialdiagnose: andere Enzephalitiden, intrakranielle Tumore.

Prognose: Die Prognose muss als vorsichtig bezeichnet werden. Wird die Ursache der klinischen Symptome früh erkannt und wird sofort mit einer aggressiven Therapie begonnen, bestehen gute Heilungsaussichten.

Therapie: Im Idealfall besteht die Therapie in hochdosierter Antibiotikagabe nach Antibiogramm. Es kann jedoch nicht abgewartet werden, bis ein Ergebnis eintrifft, sondern eine sofortige „unspezifisch-spezifische“ Behandlung mit einem Breitspektrumantibiotikum muss eingeleitet werden. Bei metastatischer Erkrankung muss auch der Primärherd saniert werden. Folgende Wirkstoffe sind empfehlenswert: Trimethoprim-Sulfadiazin, 15–20 mg/kg KM 2–3 × tägl., Metronidazol, 10–15 mg/kg KM 3 × tägl.. Die Penetration der Blut-Hirnschranke von Penicillinen ist nicht gut, sensible Streptokokken können auch mit Ampicillin, 22 mg/kg KM 3–4 × tägl. behandelt werden, evtl. in Kombination mit Chloramphenicol, 25 mg/kg KM 4 × tägl., das wiederum eine gute Penetration aufweist, aber in vorliegender Dosierung nur bakteriostatisch wirkt. Die Behandlung muss mindestens 14 Tage lang durchgeführt werden, besser 3 bis 6 Wochen. Eine zusätzliche entzündungshemmende Therapie ist in Diskussion. Gehirnödem und Bildung von Zytokinen oder Sauerstoffradikalen, die im Zuge der Entzündung zusätzlichen Schaden im Gehirn anrichten, könnten so bekämpft werden. Allerdings besteht z. B. nach Glukokortikoidgabe die Gefahr, dass rezidivierende Infektionen entstehen können und die Todesrate ansteigt. Sollten entzündungshemmende Medikamente (steroid, nicht steroid, Mannitol zur Bekämpfung des Gehirnödems) eingesetzt werden, dann einmal in hoher Dosierung und nur zu Beginn der Erkrankung.

14.4.1.2.2 Viral bedingte entzündliche intrakranielle Erkrankungen

14.4.1.2.2.1 Hundestaupe

Staupe wird durch ein Morbillivirus verursacht und tritt derzeit vor allem bei Importhunden auf. Infizierte Hunde scheiden das Staupevirus über Speichel, Exsudate der Konjunktival- und Nasenschleimhaut, Urin und Kot aus. Die Infektion mit dem Virus geschieht meist über Aerosole. Nach einer ersten Vermehrung in lymphoidem Gewebe kann das Virus 10–14 Tage post infectionem im ZNS nachgewiesen werden. Zwei Formen werden unterschieden: eine akute (nicht entzündliche) Form und eine chronische (entzündliche) Form der Erkrankung. Bei der histopathologischen Untersuchung fallen bei der akuten Form Demyelinisierung vor allem in den Prädilektionsstellen Tractus opticus, Kleinhirn und Rückenmark auf. Diese Form ist als Resultat der Virusvermehrung in Gliazellen anzusehen. Während dieser Zeitspanne haben die Hunde eine systemische Immunsuppression. Erst in einem 2. Stadium entsteht eine Entzündung im ZNS. Diese chronische Form ist von einer späten oder unvollständigen Immunantwort begleitet. Die Entzündung kann zu weiterführender Schädigung des Nervengewebes führen.

Klinisches Bild: Jede Altersgruppe kann erkranken, eine erhöhte Inzidenz ist jedoch bei jungen Hunden vorhanden. Der Beginn der Erkrankung ist meist akut mit progressiver Verschlechterung der Symptome. Bei ca. ⅔ der Hunde mit der neurologischen Form der Hundestaupe werden extraneurale Symptome bemerkt. Dies sind: Konjunktivitis, erhöhte innere Körpertemperatur, Hyperkeratose, Dyspnoe/Pneumonie, Durchfall und Erbrechen, Tonsillitis und Pharyngitis, Kachexie, Rhinitis, Pyodermie, Veränderungen des Augenhintergrundes (Hyperreflexie und Rötung der Papilla optica). Diese Symptome treten entweder kurz vor den ersten neurologischen Ausfallserscheinungen oder in Kombination mit diesen auf.

Folgende neuroanatomische Lokalisationen und entsprechende neurologische Ausfallserscheinungen wurden gefunden: multifokal, spinale Symptomatik (vor allem bei der entzündlichen, chronischen Form der Erkrankung), Hirnstamm und zentral vestibuläre Störungen, Großhirn, Kleinhirn, solitärer Ausfall im Bereich des Nervus opticus (selten). Ein Anfallsleiden, das vermehrt bei der akuten Form der Hundestaupe auftritt (meist generalisierte Anfälle, seltener Status epilepticus und fokale Anfälle) kann nur schwer therapeutisch beeinflusst werden. Die Anfallshäufigkeit nimmt meist rasch zu. Myoklonus, unwillkürliche, rhythmische Muskelkontraktionen, der in ca. 40 % der Fälle mit Staupe gefunden werden kann, wurde als pathognomon für Staupe angesehen. Dieses Phänomen kann allerdings auch bei anderen entzündlich/infektiösen Erkrankungen des ZNS festgestellt werden.

Diagnose:

1. Beurteilung des Blutbildes: Lymphopenie (häufig: 70–90 % der Fälle). Diese Lymphopenie kann mit einer Leukopenie, aber auch mit Leukozytose kombiniert sein. Seltener treten Monozytose, Anämie und Thrombozytopenie auf.
2. Liquor cerebrospinalis: *Akute Form*: der Liquor (Beurteilung der Zellzahl und des Proteingehaltes) ist in den meisten Fällen im Normbereich, selten kann eine leichte Pleo-

zytose gefunden werden. Das Differenzialzellbild ist rein mononukleär – Lymphozyten, Plasmazellen, Monozyten und Makrophagen werden nach Zytozentrifugation identifiziert. *Chronische Form*: Der Liquor cerebrospinalis ist meist verändert: Pleozytose oder erhöhter Proteingehalt können getrennt oder in Kombination festgestellt werden. Das Differenzialzellbild besteht in den meisten Fällen aus mononukleären Zellen, gelegentlich werden einige neutrophile bzw. eosinophile Granulozyten gefunden. Der Virusnachweis dient der Sicherung der Diagnose (PCR, Immunfluoreszenz).
3. Staupe-spezifische Antikörper: die Antikörperuntersuchung im Liquor hat seine Grenzen. Bei entzündlichen Prozessen im ZNS wandern Lymphozyten unspezifisch in den Liquorraum ein, um eine rasche Immunantwort bewerkstelligen zu können. Falsch positive Befunde sind das Resultat. Bei starker Immunsuppression werden zu wenig Antikörper produziert; in diesem Fall sind falsch negative Resultate zu erwarten. IgM-Antikörper gegen das Nukleokapsidprotein des Staupevirus sind am besten für die Diagnostik geeignet.

Die klinische Diagnosenstellung einer Staupeenzephalitis kann schwierig sein. Gesichert ist sie bei „klassischen" Anzeichen: Neurologische Symptome im Sinne einer multifokalen Läsion entwickeln sich nach einer systemischen Infektionskrankheit; eine Lymphopenie wird bemerkt, der Liquor ist pathologisch verändert, Staupeantigen kann evtl. nachgewiesen werden. Hyperkeratose und Myoklonus unterstützen die klinische Diagnose. In den anderen beschriebenen Fällen kann Staupe nur als Verdachtsdiagnose gestellt werden.

Differenzialdiagnose: Andere Enzephalitiden mit mononukleärer Pleozytose im Liquor cerebrospinalis, degenerative Erkrankungen (akute Form).

Prognose: Bei der neurologischen Form der Hundestaupe ist die Prognose generell als vorsichtig bis schlecht zu bezeichnen. Dies gilt vor allem in Fällen mit starker Immunsuppression und rasch progressiven neurologischen Ausfallserscheinungen. Krampfanfälle, die durch Veränderungen im ZNS im Rahmen einer Staupevirusinfektion ausgelöst wurden, sind prognostisch als ungünstig zu werten. Eine Therapie sollte jedoch begonnen und für ca. 1–2 Wochen durchgeführt werden, da sich einige Hunde erholen können.

Therapie: symptomatisch: Antibiotika bei sekundären bakteriellen Infektionen, evtl. Infusionstherapie oder parenterale Ernährung, Halten der Tiere in sauberer, ruhiger und warmer Umgebung, nicht steroidale Antiphlogistika bei erhöhter innerer Körpertemperatur. Glukokortikosteroide sind umstritten. Sie können zwar die entzündlichen Prozesse im ZNS reduzieren, die Viruspersistenz wird jedoch gefördert. Antikonvulsiva/anfallssuppressive Medikamente werden bei Anfallsleiden appliziert, eventuell können Radikalfänger wie Vitamin E oder Interferone nutzbringend sein (keine beweisenden klinischen Studien über die Effektivität dieser Medikamente). Die beste Therapie bei Staupe ist noch immer die Verhinderung dieser Erkrankung, die durch aktive Impfung erfolgt.

14.4.1.2.2.2 Zentraleuropäische Zeckenenzephalitis

Die zentraleuropäische Zeckenenzephalitis wird durch ein Flavivirus verursacht. Dieses gehört zu den Arboviren, die für epidemische und sporadische Enzephalitiden bei Mensch und Tier verantwortlich sein können. Vor allem in Endemiegebieten beim Menschen ist die sogenannte zentraleuropäische Zeckenenzephalitis von Bedeutung, die auch als Frühsommermeningoenzephalitis (FSME) bekannt wurde und durch Zecken (*Ixodes ricinus*) übertragen wird. Beim Hund tritt diese Erkrankung nicht so häufig auf, sollte vor allem aber in Endemiegebieten, die sich aktuell im deutschsprachigem Raum Richtung Norden ausweiten, nicht vergessen werden. Das Flavivirus ist ein neurotropes Virus, das eine Polioenzephalomyelitis auslöst. Der Hund gilt allgemein als verhältnismäßig resistent gegenüber dieser Flavivirusinfektion, wie Übertragungsversuche gezeigt haben. Prädisponierende Faktoren sind wahrscheinlich notwendig, damit Hunde erkranken können.

Klinisches Bild: Bei der allgemeinen Untersuchung werden außer einer erhöhten inneren Körpertemperatur (39,8–40,2 °C) keine besonderen Befunde erhoben. In klassischen Fällen treten die Symptome akut auf, der Verlauf ist rasch progressiv. Die neurologischen Ausfallserscheinungen entsprechen bei den meisten Hunden einem multifokalen Geschehen mit Vorherrschen einer Hirnstammsymptomatik, seltener einer Rückenmarksläsion. Die Hunde können apathisch oder übererregt und schreckhaft sein und Krampfanfälle haben. Eine Hyperalgesie im Halsbereich ist auffällig, oder es treten sogar generalisierte Schmerzen auf. Neben deutlich klinisch erkrankten Tieren gibt es wahrscheinlich auch Fälle, die einen mehr protrahierten Verlauf haben oder eventuell spontan genesen. Antikörper können auch bei gesunden Tieren nachgewiesen werden und Antikörpertiterbestimmungen im Liquor können mit Fehlinterpretation verbunden sein. Ein PCR ist nicht bei allen Hunden mit bewiesener Erkrankung positiv. Sensitivität und Spezifität des PCR sind nicht ausführlich untersucht.

Diagnose: Bei der Beurteilung des Blutbildes kann eine Leukopenie mit Lymphopenie auffallen. Antikörperuntersuchungen im Serum gegen das zentraleuropäische Zeckenenzephalitisvirus werden positiv sein (Cave! auch bei gesunden Hunden möglich, die von einer infizierten Zecke befallen waren!). Sollte der Hund diese schwere Erkrankung überleben, ist zur Sicherung der Diagnose bei eingangs negativem oder positivem Antikörpertiter eine zweite Untersuchung notwendig, um einen Antikörperanstieg nachzuweisen. Der Liquor cerebrospinalis ist deutlich verändert. Die Pleozytose besteht vor allem aus einer Vermehrung der Lymphozyten und Monozyten, in Ausnahmefällen können wenige neutrophile Granulozyten gefunden werden. Der Eiweißgehalt ist mäßig bis deutlich erhöht. Ein Antigennachweis erfolgt mittels PCR.

Differenzialdiagnose: Staupe, Tollwut, Meningoenzephalomyelitis unbekannter Genese (MUO).

Prognose: Die Prognose ist unterschiedlich zu beurteilen, da einige Hunde nur subklinisch erkranken können. Bei Auftreten schwerer neurologischer Symptomatik ist sie als vorsichtig zu bezeichnen, in einer Studie aus der Schweiz hat ein großer Teil der Hunde überlebt.

Therapie: Symptomatisch, siehe Hundestaupe. Die Applikation von schmerzstillenden Medikamenten ist anzuraten. Zurzeit ist im deutschsprachigen Raum kein Impfstoff für den Hund gegen zentraleuropäische Zeckenenzephalitis zugelassen.

14.4.1.2.2.3 Tollwut

Die Tollwut wird durch ein RNA-Virus aus der Familie der Rhabdoviridae verursacht und tritt weltweit auf. Einige Länder sind derzeit frei von Tollwut. Die Infektion erfolgt fast ausschließlich durch einen Biss eines infiziertes Tieres, bei dem Virus im Speichel vorhanden ist. Andere Möglichkeiten der Übertragung bei Hund und Katze sind selten, können aber bei wild lebenden Tieren auftreten und so die Infektionskette aufrecht erhalten (Aerosole, Fressen von virushaltigem Gewebe). Trotz der Tatsache, dass Tollwut in fast jeder Warmblutspezies auftreten kann, ist das Tollwutvirus in enzootischen Gebieten fast immer auf eine Reservoirspezies beschränkt. Die Inkubationszeit variiert beträchtlich, ist relativ lang. Nach dem Biss erfolgt eine lokale Replikation in Myozyten, von wo es innerhalb von Tagen oder sogar Wochen in neuromuskuläre Spindeln oder motorische Endplatten eindringt. Das Virus verbreitet sich weiter zentripetal in den peripheren Nerven und gelangt ins ZNS. In natürlich vorkommenden Tollwutfällen liegt die Inkubationszeit beim Hund zwischen 3 Wochen und 6 Monaten, bei der Katze zwischen 2 und 6 Wochen. Die Enzephalomyelitis ist meist disseminiert, der Hirnstamm ist häufig am stärksten befallen. Nach einer Vermehrung im ZNS dringt das Virus in andere Gewebe über den Weg peripherer Nerven. So gelangt es z. B. über Kopfnerven in die Speicheldrüsen. Die Ausscheidung des Tollwutvirus im Speichel erfolgt in typischen Fällen kurz vor Beginn der ersten neurologischen Symptome und hält bis zum Tod an, der meist rasch erfolgt (bis zu 20 Tage oder weniger). Allerdings muss bedacht werden, dass nach experimenteller Infektion von Hunden das Virus bereits bis zu 13 Tage vor Auftreten der klinischen Erscheinungen im Speichel nachgewiesen werden konnte.

Klinisches Bild: Die klinischen Symptome treten meist akut auf und verlaufen schnell progredient. Der Tod tritt meist in wenigen Tagen auf (Cave! Beschreibung von Ausnahmefällen). Einzig zu beobachtendes extraneurales Symptom ist eine erhöhte innere Körpertemperatur. Wie bei anderen Enzephalitiden gibt es auch bei Tollwut keine typischen Symptome. Als Grundsatzhaltung gilt: Bei jedem Hund, der aus einem Endemiegebiet stammt und multifokale ZNS-Symptomatik hat, insbesondere Kopfnervenausfälle aufweist, muss an Tollwut gedacht werden (Reisetätigkeit, Importtiere)! Möglich sind folgende Symptome, die nicht nach einer bestimmten Reihenfolge auftreten müssen: Zerebrale Erscheinungen wie Verhaltensstörungen und Krampfanfälle, Rückenmarkssymptomatik mit Parese bzw. Paralyse vom Typ des unteren motorischen Neurons (abgeschwächte Reflexe), Hirnstammsymptomatik mit Gangstörungen bis Tetraplegie, Apathie und Kopfnervenausfällen (Schluckstörungen und dadurch auffallender Speichelfluss, Strabismus, abnormale Pupille, Unterkieferlähmung etc.).

Diagnose: Tollwutverdacht besteht, wenn der Hund aus einem Endemiegebiet stammt, ein akuter Verlauf der neurologischen Symptomatik beobachtet wird, eine fehlende, unsichere oder unbekannte Impfanamnese vorliegt und ein Kontakt zu Wildtieren nicht ausgeschlossen werden kann. Die Blutuntersuchung bringt keine hilfreichen Resultate. Der Liquor cerebrospinalis ist verändert – Proteinerhöhung, mononukleäre Pleozytose. Werden überhaupt diagnostische Maßnahmen bei tollwutverdächtigen Tieren durchgeführt oder werden diese untersucht, muss entsprechend vorsichtig vorgegangen werden (Handschuhe). **Meldepflicht beachten!** Der wichtigste Test in Europa ist die post mortale Untersuchung und der Nachweis des Virusantigen im Gehirn erkrankter Tiere mittels Immunfluoreszenz in entsprechenden Instituten.

Differenzialdiagnose: Andere Virusenzephalitiden

Prognose und Therapie: Die Prognose ist infaust, eine Therapie nicht bekannt oder verboten. Die Schutzimpfung ist die wichtigste prophylaktische Maßnahme und hat beträchtlichen Erfolg, sodass Deutschland als praktisch tollwutfrei gilt. Die Impfung von Wildtieren hat die Krankheit ebenfalls effektvoll beeinflusst. Bei begründetem Tollwutverdacht ist der Amtstierarzt zu benachrichtigen, der über Euthanasie oder Quarantäne entscheidet.

14.4.1.2.2.4 Feline infektiöse Peritonitis (FIP)

Die FIP ist eine häufige vorkommende ZNS Erkrankung bei Katzen und sollte in der Liste der Differenzialdiagnosen unbedingt aufgenommen werden. Siehe ausführliche Beschreibung im Kapitel Infektionskrankheiten (2.2).

14.4.1.2.2.5 „Staggering Disease“

Eine nicht-eitrige Enzephalomyelitis kann bei der Katze durch ein Rustrelavirus ausgelöst werden. In älteren Studien wurde der Katze, seltener beim Hund, das Bornavirus als Erreger verdächtigt. Die Erkrankung wird bei der Katze als „staggering disease“ bezeichnet, da die Tiere vielfach deutliche Ataxie zeigen. Die Läsionen sind vor allem deutlich in Hirnstamm und Ammonshorn ausgeprägt. Als potenzielles Reservoir wurde in Schweden eine Mäuseart identifiziert.

Klinisches Bild: Es besteht keine Rassen-, Geschlechts- oder Altersprädisposition, die Erkrankung tritt bei Katzen mit Freilauf auf. Die klinischen Symptome haben einen protrahierten und mehr schleichenden Verlauf. Hauptsymptome sind fluktuierendes Fieber, Ataxie, Hypermetrie, steifer Gang und Parese vor allem im Bereich der Hinterextremitäten und Verhaltensstörungen, wie vermehrtes Vokalisieren.

Diagnose: In der Klinik kann von einer Verdachtsdiagnose gesprochen werden. Diese besteht, wenn die Katze Freilauf hat, in einem Gebiet lebt, wo das Virus vorkommt, chronisch progressive neurologische Symptome mit Ataxie und Verhaltensstörungen bemerkt werden und im Liquor cerebrospinalis eine mononukleäre Pleozytose gefunden wird.

Differenzialdiagnose: andere entzündliche Erkrankungen, Lymphom.

Prognose und Therapie: Die Prognose ist bis dato als vorsichtig zu bezeichnen, die Katzen können aber, wie eine Studie gezeigt hat, die Krankheit ziemlich lange überleben. Derzeit werden symptomatisch unterstützende Maßnahmen ergriffen.

14.4.1.2.2.5 FIV

Das feline Immundefizienzvirus (FIV) kann eine Enzephalopathie verursachen, in experimentellen Infektionsstudien wurde eine Enzephalitis nachgewiesen. Die Infektion kann subklinisch verlaufen oder in wenigen Fälle auch Ursache für ein Anfallsleiden, Verhaltensstörungen und abnormale Pupillenreaktion sein. Siehe ausführliche Beschreibung im Kapitel Infektionskrankheiten (2.2).

14.4.1.2.3 Protozoäre Meningoenzephalomyelitis

Neospora caninum kann eine entzündliche ZNS-Erkrankung verursachen, selten ist Toxoplasma gondii das infektiöse Agens. Neben peripheren Läsionen (Myositis, Neuritis) wird das ZNS befallen und Granulome im Rückenmark, Hirnstamm, Cortex cerebri und cerebelli sind verantwortlich für die klinische Symptomatik. Die protozoäre Infektion kann auch als Komplikation bei der Staupe vorkommen. Die Hauptwege der Infektion sind kongenitale Übertragung, Aufnahme von befallenem Gewebe oder mit Oozysten kontaminiertem Futter und Wasser.

Klinisches Bild: Die Krankheit tritt bei Welpen und Jungtieren auf, es können aber auch ältere Tiere erkranken, die dann vor allem Symptome von Seiten des ZNS (Kleinhirn) zeigen. Die Hälfte der Tiere hat Ausfallserscheinungen mit akutem und rasch progressivem Verlauf, der Rest hat einen mehr chronisch progressiven Verlauf mit einer Krankheitsdauer über mehrere Wochen oder Monate. In ca. 10 % der Fälle kommen extraneurale Symptome vor, wie erhöhte innere Körpertemperatur, Atembeschwerden und Störungen von Seiten des Magen-Darm-Traktes. Bei Beurteilung des Augenhintergrundes kann eine Chorioretinitis toxoplasmica auffallen. Zusätzlich können sich protozoäre Myokarditis, Hepatitis und generalisierte Lymphknotenhyperplasie ausprägen. Ist das ZNS mitbetroffen, so fallen Läsionen im Bereich des Rückenmarkes auf. Diese können solitär oder in Kombination mit Muskelläsionen auftreten. Neben den Rückenmarksläsionen werden Ausfälle, die einer multifokalen Läsion entsprechen, bemerkt, aber auch Großhirn- oder Hirnstammläsionen können auftreten. Neospora caninum-Infektion führt bei erwachsenen Tieren häufig zu Kleinhirnsymptomatik, Granulome können im MRT dargestellt werden. Die Infektion ist eine wichtige Differenzialdiagnose zur Meningoenzephalomyelitis unbekannter Genese.

Diagnose: Die Diagnose ist im Falle einer Mitbeteiligung der Muskulatur eindeutig in der Klinik intra vitam zu stellen (Muskelbiopsie). In 80 % der Fälle wird eine Eosinophilie bei Beurteilung des Blutbildes gesehen. Diese kann mit oder ohne Leukozytose auftreten. In ca. 70 % der Fälle ist die Kreatininkinase mittel- bis hochgradig erhöht.

Der Liquor cerebrospinalis ist in 90 % der Fälle verändert mit Proteinerhöhung und gering- bis mittelgradiger Pleozytose. Bei der Beurteilung des Differenzialzellbildes wird in ca. 3/4 der Fälle eine gemischtzellige Pleozytose, bei einigen Hunden mit eosinophilen Granulozyten, gefunden. In ¼ der Fälle ist eine mononukleäre Pleozytose auffällig, die die Interpretation erschwert. Im EMG können bei Mitbeteiligung der Muskulatur Fibrillationspotentiale auftreten. Im MRT können granulomatöse Veränderungen, die mit Kontrastmittel anreichern, gesehen werden. Diese Befunde können in Kombination mit anderen Untersuchungstechniken wertvolle Information liefern. Ein gutes diagnostisches Hilfsmittel sind sicherlich die Antikörperbestimmung im Serum mit ansteigendem Titer innerhalb von 2–3 Wochen und eine PCR aus dem Liquor cerebrospinalis.

Prognose: Bei Enzephalomyelitis ist die Prognose als vorsichtig anzusehen, ein Teil der Hunde kann sich jedoch erholen. Rezidive sind beschrieben. Die Prognose verschlechtert sich bei Vorbehandlung mit Glukokortikosteroiden und rascher Verschlechterung der Symptome.

Therapie: Die Therapie wird entweder mit Clindamycin oder Sulfadiazin durchgeführt. Clindamycin ist laut Literatur besser geeignet für Myositiden, hat keine so gute Penetrationsfähigkeit ins Gehirngewebe wie Trimethoprim/Sulfonamid-Kombinationen. Die Liquorgängigkeit steigt allerdings bei entzündlichen Veränderungen und wird dann als gut bezeichnet. Die Dosis für die Kombination Trimethoprim-Sulfadiazin beträgt bei Hund und Katze 15 mg/kg KM 2 × tägl., für Clindamycin 10–20 mg/kg KM, 2x tägl. beim Hund, bei der Katze 12–25 mg/kg KM, 2 × tägl. für mindestens 14 Tage. Eine Kombination von beiden Wirkstoffen wird empfohlen. Eine Langzeittherapie ist häufig notwendig, vor allem in Fällen mit Rezidiven. Zur Vermeidung einer Knochenmarkssuppression wird Folsäure gegeben (5 mg/Tag) oder Bierhefe (100 mg/kg KM/Tag).

14.4.1.2.4 Meningoenzephalomyelitis unbekannter Genese (Meningoencephalomyelitis of unknown origin, MUO)

Zu dieser Gruppe von entzündlichen Gehirnerkrankungen mit immunpathologischer Genese, die teilweise eine genetische Prädisposition haben, gehören unter anderem die granulomatöse Meningoenzephalomyelitis (GME), nekrotisierende Enzephalitis, eosinophile Enzephalitis und das „Little White Shaker“-Syndrom (Tremorsyndrom, Zerebellitis). Eine MUO wird in Deutschland häufiger gesehen als Enzephalitiden infektiöser Ursache. Neben pathologisch gut definierten Krankheitsbildern, werden immer wieder entzündliche Enzephalitiden beobachtet, die nicht in das beschriebene Muster passen. Die Diagnose ist in der Klinik ohne Beurteilung einer Biopsie eine Verdachtsdiagnose, infektiöse Ursachen sollten ausgeschlossen werden, bevor eine immunsuppressive Therapie begonnen wird. Die Diagnose wird aufgrund einer Reihe von Faktoren gestellt, die Klinik, Bildgebung, Labordiagnostik einschließlich Untersuchung des Liquor cerebrospinalis enthalten.

Granulomatöse Meningoenzephalomyelitis (GME)
GME wird weltweit beim Hund beobachtet und ist durch disseminierte entzündliche Veränderungen im ZNS mit perivaskulärer Granulombildung mit Beteiligung von Makrophagen charakterisiert. Die Ätiologie ist unbekannt. Es besteht aber ein starker Verdacht, dass ein infektiöses Agens die Ursache ist, bzw. das Immunsystem aufgrund eines unbekannten und bereits wieder eliminierten Antigens überreagiert. Eine genetische Komponente ist wahrscheinlich.

Klinisches Bild: Die Hälfte der Patienten zeigt einen mehr akuten und rasch progressiven Krankheitsverlauf, die andere einen chronischen, langsam progredienten. Mit Ausnahme einer erhöhten inneren Körpertemperatur können keine extraneuralen Symptome bemerkt werden. Bei der ophthalmoskopischen Untersuchung wird häufig ein abnormaler Fundus entdeckt (gerötete und geschwollene Sehnervenpapille, Retinitis mit Hyperreflexie und Blutungen). Die Tiere mit genannten Veränderungen sind ein- oder beidseitig blind. Die neurologischen Symptome variieren, abhängig davon, ob die Läsion mehr disseminiert oder fokal auftritt. Symptome im Sinne einer Hirnstammläsion werden am häufigsten gesehen, die entweder den gesamten Hirnstamm betreffen oder zentral vestibuläre Ausfallserscheinungen nach sich ziehen. Neben dieser Hirnstammsymptomatik können multifokale neurologische Symptome auftreten, seltener sind Ausfälle im Sinne einer Großhirnläsion. Bei fokaler GME ist auch reine fokale Rückenmarkssymptomatik (vom oberen oder unteren motorischen Neurontyp) möglich.

Diagnose: Die Diagnose wird aufgrund einer Reihe von Faktoren gestellt und kann in der Klinik ohne histopathologische Beurteilung einer Biopsie nur als Wahrscheinlichkeitsdiagnose bezeichnet werden. Es gibt jedoch einige recht gute Anhaltspunkte, die in typischen Fällen hilfreich sind: das Alter (erwachsene und ältere Hunde), Verlauf, Symptome, die Liquoruntersuchung und das Ansprechen (Besserung, in wenigen Fällen Ausheilung) auf Glukokortikosteroide bzw. Immunsuppressiva. Die Blutuntersuchung ist in den meisten Fällen normal; wenige Hunde haben eine Leukozytose. Der Liquor ist verändert: mittelgradige Proteinerhöhung und Pleozytose. Die Zellzahl kann sehr hohe Werte, vor allem bei nicht vorbehandelten Tieren erreichen (80 → 400 Zellen/ml). Die Beurteilung des Differenzialzellbildes schwankt jedoch deutlich. Ein Teil der Fälle (ca. 40 %) hat ein mononukleäres Zellbild mit Lymphozyten, Monozyten und Makrophagen. Bei den restlichen 60 % wird eine gemischtzellige Pleozytose vorgefunden (+ neutrophile oder eosinophile Granulozyten). Bildgebende Verfahren, vor allem die Magnetresonanztomographie (MRT), können weiteren Aufschluss bieten, speziell bei der fokalen Form. In Einzelfällen wurde eine unauffällige MRT Untersuchung beobachtet. Eine Biopsie wird eine endgültige klinische Diagnose liefern.

Differenzialdiagnose: Neoplasie bei der fokalen Form, andere entzündliche Erkrankungen

Prognose: Die Prognose ist unterschiedlich. Beim akuten, rasch progressiven Verlauf mit Hirnstammsymptomatik oder multifokaler neurologischer Ausfallserscheinungen wird sie als schlecht zu bezeichnen sein. Bei fokaler Symptomatik gilt sie als vorsichtig, aber nicht extrem ungünstig. Die Hunde können einige Jahre bei gutem Allgemeinbefinden überleben.

Therapie: Hunde mit GME sprechen gut, oft aber nur vorübergehend auf Glukokortikosteroide an. Die Dosierung muss individuell gewählt werden, meist wird mit 2–4 mg/kg KM Prednisolon gestartet und die Dosierung so schnell wie möglich reduziert. Es werden so viel Glukokortikosteroide verabreicht, wie nötig sind, um die Symptombildung zu verhindern. In einigen Fällen kann die Therapie sogar ausgesetzt werden, bis wiederum Symptome auftreten, andere Tiere benötigen eine Dauertherapie. Da nicht alle Hunde gut auf Prednisolon ansprechen, werden Immunsuppressiva verabreicht: Azathioprin, Cytarabinosid, Procarbazine, Lomustin, Mofetil Mycophenolat, Ciclosporin etc. In einer Studie sprachen die Hunde auch relativ gut auf eine Bestrahlungstherapie an. Häufig wird Cytarabinosid (Beispiel einer Dosierung: 100 mg/m^2 intravenös oder subkutan über 4 Tage bei einer monatlichen Wiederholung) verabreicht.

Nekrotisierende Enzephalitis (NE)

Die NE wurde ursprünglich beim Yorkshire Terrier, Mops und Malteser beschrieben, später auch bei anderen Hunderassen und umfasst die nekrotisierende Leukoenzephalitis und die nekrotisierende Meningoenzephalitis. Eine Ätiologie ist nicht bekannt, eine infektiöse Ursache wird vermutet, eine genetische Prädisposition bestätigt. In der Klinik kann ähnlich wie bei der GME ohne Biopsieentnahme nur eine Verdachtsdiagnose gestellt werden, im MRT sind die Nekrosen häufig darstellbar, was die Diagnose relativ sicher macht. Die klinische Diagnose erfolgt aufgrund der Rasse, des chronisch-progressiven Verlaufs, des Fehlens von extraneuralen Symptomen, einer mononukleären Pleozytose im Liquor und der MRT Veränderungen, die auf einen nekrotisierenden Prozess hinweisen. Die Prognose ist im Prinzip ungünstig, jedoch können Tiere ähnlich wie bei GME einige Jahre überleben. Therapie siehe GME.

Tremorsyndrom, Zerebellitis

Diese Erkrankung wird bei einigen Rassen, meist bei jungen, adulten Tieren, beobachtet (Malteser, West Highland White Terrier, Beagle, Samoyede, Yorkshire Terrier etc.). Eine Autoimmunreaktion wird vermutet. Die Symptome sprechen auf Therapie mit Prednisolon an.

14.4.1.3 Trauma

Ein Schädel-Hirn-Trauma entsteht meist nach einem Unfall. Neben funktionellen Störungen ohne morphologisch sichtbare Veränderung (Commotio cerebri), die mit vorübergehenden Bewusstseinsstörungen einhergehen können, können verschiedene Läsionen auftreten: zum Beispiel Verletzung der Weichteile des Kopfes, Schädelfrakturen, Gehirnkontusion, -lazeration, Gehirnödem, Hämorrhagien, subtentoriale Hernie.

Bei Traumen kommt es meist nicht nur zur Schädigung des Gehirnparenchyms am Ort des Geschehens (coup), sondern, da das Gehirn in der Schädelkalotte „schwimmt", auch zu Zerstörungen an der gegenüberliegenden Seite (contrecoup) durch Einwirkung von Beschleunigungskräften. Blutungen, Gehirnödem und Ansteigen des intrakraniellen Druckes können lebensbedrohliche Komplikationen sein. Steigt der Druck, kann es zur Herniation von Teilen des Großhirnes unter das Tentorium cerebelli bzw. des Kleinhirns durch das Foramen magnum kommen, was zu lebensbedrohlichen Zuständen führt (Hirnstammkompression).

Klinisches Bild: Das klinische Bild ist sehr variabel. Die Symptome setzen entweder direkt nach dem Unfall ein oder erst Stunden oder Tage danach, bzw. sie können sich in dieser Zeit verschlimmern (Blutung, Ödem). Eine posttraumatische Epilepsie kann Folge eines Schädel-Hirn-Traumas sein. Je nach Ausmaß und Ort der Gewebeschädigung kommt es zu den unterschiedlichsten neurologischen Ausfällen. Neben einer sorgfältigen Allgemeinuntersuchung zur Feststellung von extraneuralen lebensbedrohlichen Verletzungen ist die neurologische Untersuchung wichtig zur Prognosestellung, zur Verlaufskontrolle und für die Therapie. Bei Traumapatienten müssen regelmäßig (ca. alle 10 Minuten) zumindest Bewusstsein, Pupillen und Tiefensensibilität überprüft werden, bis das Tier stabilisiert ist. Bewusstseinsverlust direkt nach dem Unfall kann eine Commotio cerebri (Prognose günstig bis vorsichtig) oder eine Blutung bzw. schwere Hirnstammläsion sein (Prognose vorsichtig bis ungünstig). Langsam eintretender Bewusstseinsverlust spricht dagegen mehr für ein entstehendes Ödem, eine intrakranielle Druckerhöhung und evtl. Herniation. Einen weiteren Hinweis für eine Prognosestellung gibt die Untersuchung der Pupille: gut responsive Pupillen (Prognose günstig bis vorsichtig), bilateral miotische Pupillen oder Anisokorie (Prognose reserviert), bilateral mydriatische, nicht responsive Pupillen (Prognose schlecht). Letzteres spricht für eine starke Mittelhirnläsion, möglicherweise für eine Herniation. Sehstörungen sind häufig Folgen eines Kopftraumas. Eine regelmäßige Kontrolle der Gehirnnervenfunktion sollte erfolgen, um das Ausmaß der Schädigung erfassen zu können. Die modifizierte Glasgow-Koma-Skala kann diese Untersuchungen numerisch unterstützen, indem für Bewusstsein, Motorik und Pupillenreaktionen eine Graduierung der Ergebnisse nach einer Punktvergabe von 1–6 in lebensbedrohlich (<8), vorsichtig (9–14) und gut (>15) erfolgt.

Diagnose: Schädeltraumapatienten sind Notfälle! Bevor eine exakte Diagnostik durchgeführt wird, müssen an erster Stelle Sofortmaßnahmen stehen (siehe Notfallbehandlung, Kapitel 16.1, ABCDE Schema):

1. Schockbehandlung (intravenösen Zugang sichern!), Kreislauf stabilisieren, Atmung kontrollieren, beatmen
2. Blutungen stoppen, allgemeine Untersuchung (weitere Blutungen? – Abdomen, Thorax? Blasenruptur?)
3. Wiederholte neurologische Untersuchungen: die Tiere sollten zunächst sehr vorsichtig gehandhabt werden, um nicht zusätzliche Schäden zu erzeugen (Vorsicht bei Manipulation der Wirbelsäule, da auch hier Läsionen vorliegen können)

Zusatzuntersuchungen werden nur dann gemacht, wenn es der Zustand des Tieres erlaubt und wenn ein diagnostischer Gewinn erwartet wird. Auf eine Liquorentnahme muss verzichtet werden. Ein Kopfröntgen wird angefertigt (ohne Sedation oder Narkose – daher sicherlich von minderer Qualität), Wirbelsäulenröntgen, Thoraxröntgen und weitere Abklärung eventueller Verletzungen im Abdomen (Röntgen, Ultraschall, Punktion). Der Harnabsatz muss kontrolliert werden. Eine Ganzkörper-CT hilft oft, alle Läsionen aufzudecken. Wird eine Operation der Verletzungen nötig, wird diese mithilfe einer Computertomographie geplant, in einigen Fällen hilft die Kernspintomographie das Ausmaß des Weichteilschadens zu verifizieren. Blutuntersuchungen, um einen extraneuralen Organschaden oder eine Blutungsanämie nachzuweisen, sind zu empfehlen, sowie Blutdruckmessungen, um die Infusionstherapie zu regulieren.

Differenzialdiagnose: Commotio cerebri, Schädelfrakturen, Gehirnkontusion, Gehirnlazeration, Gehirnödem, Hämorrhagien, Herniation.

Prognose: Die Prognose ist je nach Ausmaß der Schädigung günstig bis schlecht. Ungünstige Zeichen sind: langes Koma, nicht responsive Pupillen, multiple Kopfnervenausfälle, keine Tiefensensibilität, Enthirnungsstarre (Bewusstlosigkeit, Opisthotonus, Streckkrämpfe), unregelmäßige Atmung, progressive Verschlechterung der neurologischen Ausfallserscheinungen. Spätfolgen sind auch nach Erholung möglich: posttraumatische Epilepsie, Abszess, Meningoenzephalitis nach Schädelfraktur.

Therapie:

1. Schockbehandlung: Infusionsmenge so einstellen, dass ein Blutdruck im Referenzbereich erreicht bzw. erhalten wird (normovolämisch, um eine gute Durchblutung des Gehirns sicher zu stellen).
2. Beatmung: über Maske, Sauerstoffbox oder über Trachealtubus. Ist künstliche Beatmung notwendig, sollte sie mit 10–20 Atemzügen/min eingestellt werden.
3. Behandlung extraneuraler lebensbedrohlicher Läsionen, Blutungsstillung, Wundbehandlung, Infektionsvorbeugung (Breitspektrumantibiotika).
4. Behandlung akut auftretender Krampfanfälle (siehe auch Status epilepticus).
5. Bekämpfung des Hirnödems und des intrakraniellen Druckanstieges: Wichtigste Maßnahme ist eine Sauerstoffapplikation (Kap. 16). Weitere Möglichkeiten nach individuellem Einschätzen für den Einzelpatienten sind eine intravenöse Gabe einer hypertonen, 7,5 %igen Salzlösung (4 ml/kg oder 5,3 ml/kg einer 3 %igen Lösung), wenn im Blut eine Hypernatriämie und/oder Dehydration ausgeschlossen wurde. Der intrakranielle Druck kann auch durch Mannitolgabe (nicht Einsetzen bei hypovolämischen und dehydrierten Tieren) reduziert werden: 20 %ige Lösung, 1–2 g/kg KM i. v. über ca. 20 Minuten. Eine Glukokortikosteroidtherapie wird nicht empfohlen.
5. Weitere Maßnahmen: Kopfhochlagerung, regelmäßiges Wenden, Temperaturregelung, Blasenkontrolle, bei rekonvaleszenten Tieren Ernährung beachten, strenge Überwachung und wiederholte neurologische Untersuchungen.
6. Chirurgische Behandlung bei offenen Frakturen, bei verlagerten Knochenfragmenten etc.

14.4.1.4 Anomalien

14.4.1.4.1 Hydrozephalus

Die am häufigsten auftretende Missbildung beim Hund ist der Hydrozephalus. Dieser kann unterschiedliche Ursache haben, übermäßige Liquoransammlung in den Hohlräumen des Gehirnes führt zu Verdrängung des Gewebes. Der kongenitale Hydrozephalus tritt gehäuft bei Zwergrassen auf (Malteser, Chihuahua, Yorkshire Terrier etc.). Die Symptome treten in mehr als der Hälfte der Fälle mit einem Lebensalter von unter einem Jahr auf. Hydrozephale Jungtiere können ein vergrößertes Kranium, offene Fontanellen haben, Verhaltensstörungen bzw. Schwierigkeiten beim Training aufweisen, Ausfälle im Visus und Gehör sind häufig, Krampfanfälle können auftreten. Symptome im Sinne einer Hirnstammläsion sind eher selten.

Diagnose: Klinische Untersuchung, Kopfröntgen, Computertomographie oder MRT, Ultraschall, EEG. Mithilfe der Liquoruntersuchung kann eine periventrikuläre Enzephalitis, die bei jungen Hunden Ursache eines Hydrozephalus sein kann, ausgeschlossen werden. Vorsicht ist bei erhöhtem intrakraniellem Druck bei dieser Untersuchung geboten. Bei offenen Fontanellen können die Seitenventrikel für die Liquorentnahme punktiert werden.

Prognose: Vorsichtig.

Therapie:

1. Kongenitaler Hydrozephalus, jedoch stabiler neurologischer Status: keine Therapie, bei Krampfanfällen siehe Epilepsie, Hund kann ein akzeptabler Begleithund sein. Vorsicht: infolge der dünnen Schädelkalotte sind diese Tiere sehr empfindlich bei Traumata.
2. Schwere zerebrale und progressive Ausfälle: chirurgisch: ventrikulärer Shunt mithilfe eines Katheters zwischen einem Seitenventrikel und dem Peritonealraum oder dem venösen System. Konservativ: Glukokortikoide: Dexamethason beginnend mit einer Dosierung von 0,05 mg/kg KM über 2–3 Wochen, hemmt die Liquorproduktion. Eine Gabe von Omeprazol oder Acetazolamid wird häufig durchgeführt, die Wirksamkeit jedoch unterschiedlich diskutiert. Bevor eine chirurgische Therapie durchgeführt wird, kann überprüft werden, ob der Hund nach Glukokortikoidtherapie Besserung zeigt.

14.4.1.4.2 Kleinhirnanomalien

Bei Katzen kann eine **Kleinhirnhypoplasie** bei transplazentaler Infektion mit dem Parvovirus entstehen, beim Hund kann sie kongenital auftreten und in Einzelfällen infektiös oder toxisch bedingt sein. Die Symptome werden bemerkt, wenn die Welpen zu laufen beginnen. Bei leichtgradigen Störungen können die Tiere eventuell kompensieren, eine Gangstörung bleibt meist bestehen. Eine Therapie ist nicht möglich. Eine weitere Missbildung im Kleinhirnbereich ist die Dandy-Walker-Malformation, wobei der Klein-

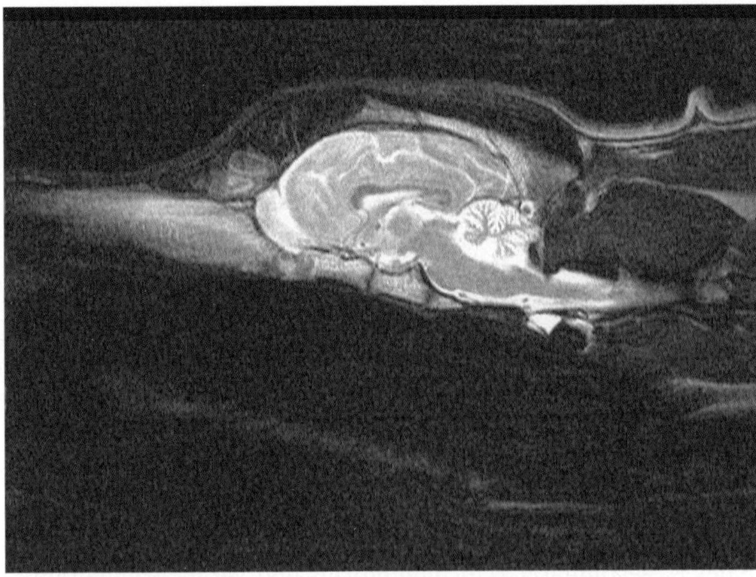

Abb. 14.11 Kernspintomographie, T2, sagittal, Kleinhirnabiotrophie. Der Liquorraum, der das Kleinhirn umgibt, ist sehr deutlich ausgeprägt.

hirnwurm hypoplastisch ist und eine Ventrikeldilatation gemeinsam auftreten kann. Eine **Kleinhirnabiotrophie** ist Folge von intrinsischen metabolischen Defekten, was zu Nervenzellzerstörung vor allem der Purkinjezellen führt (zum Beispiel beim Gordon Setter, Berner Sennenhund, Kerry Blue-Terrier, Staffordshire Terrier, Airedale-Terrier etc.). Die Welpen sind zunächst normal, entwickeln aber zunehmend Symptome einer Kleinhirnläsion, welche in einigen Rassen erst im Erwachsenenalter auftreten können. Die Prognose ist ungünstig, eine Therapie nicht bekannt (Abb. 14.11).

14.4.1.5 Metabolisch bedingte ZNS-Erkrankungen

Extraneurale metabolische Störungen können das Nervensystem schädigen und sekundär zu neurologischen Ausfallserscheinungen führen. Das Gehirn ist dabei diffus betroffen, neurologische Symptome im Sinne einer Großhirnläsion mit möglichen Krampfanfällen überwiegen. Zur Diagnosestellung sind eine sorgfältige allgemeine und neurologische Untersuchung notwendig und ausgedehnte Laboruntersuchungen (Blut, Harn), evtl. bildgebende Verfahren zur Charakterisierung der extraneuralen Störung. Folgende Ursachen einer sekundären metabolischen Störung des Nervensystems sind möglich: portokavaler Shunt, fortgeschrittene Hepatopathie, Hypoglykämie (Insulinom, schwere Lebererkrankung, Sepsis), Hyperglykämie (Diabetes mellitus, Cushing, evtl. Hyperthyreose bei der Katze), Hyperkaliämie, Hypokaliämie, Hyperkalzämie (Tumorsuche), Hypokalzämie, Hyponatriämie, Cushing, Hypothyreose.

14.4.1.6 Thiaminmangel-Enzephalopathie

Bei Katzen häufiger als beim Hund tritt eine Störung in Zusammenhang mit Thiaminmangel, nach Thiaminase enthaltendem oder übermäßig erhitztem Futter auf. Bei Katzen kann dies auch auftreten, wenn sie aufgrund eines extraneuralen Leidens schlecht oder nicht fressen. Durch Thiaminmangel kommt es zu degenerativen Veränderungen in Kerngebieten des Hirnstammes.

Klinisches Bild: Die neurologischen Symptome treten meist perakut oder akut auf, zentral-vestibuläre Symptome dominieren. Die Katzen sind apathisch-komatös, gelegentlich werden auch Krampfanfälle beobachtet. Starke Mydriase und Ventroflexion von Kopf und Hals sind weitere typische Befunde.

Diagnose: Anamnese, allgemeine und neurologische Untersuchung, niedriger Pyruvat- und Laktatspiegel im Blut, niedrige Thiamin-Werte im Blut, rasches Ansprechen auf die Therapie mit Thiamin. Wird ein MRT angefertigt, fallen bilateral symmetrisch veränderte Kerne des N. vestibularis, N. oculomotorius und Veränderungen im Bereich der Vierhügelplatte auf, die Blutungen und Malazie widerspiegeln.

Prognose und Therapie: Die Prognose ist bei frühzeitiger Therapie gut, bei lang andauernden Mangelerscheinungen und Koma ungünstig. Als Therapie wird Thiamin verabreicht (12,5–50 mg/kg KM/Tag).

14.4.1.7 Epilepsie

Epileptische Anfälle sind die Folge lokaler Entladungen im Gehirn. Die Gehirnfunktion ist vorübergehend gestört, die Krampfanfälle stoppen spontan. Solche paroxysmalen Funktionsstörungen treten bei allen Formen der Epilepsien auf und sind ausgelöst durch eine leichte Erregbarkeit der Nervenzellen. Eine niedrige „Krampfschwelle“ des Gehirnes kann entweder erblich, unbekannter Genese oder erworben sein. Bei der erblichen Form ist die Krampfbereitschaft erhöht, bei der erworbenen dagegen sind starke Reize notwendig, um die bestehende Krampfschwelle zu reduzieren und Anfälle auszulösen. Strukturelle und idiopathische Epilepsie werden unterschieden. Strukturelle Epilepsie hat eine organisch fassbare Läsion im Gehirn als Ursache. Metabolische Störungen, bzw. extrazerebrale Erkrankungen und Intoxikationen, sind Ursache reaktiver Krampfanfälle und werden nicht zur Epilepsie gezählt. Bei einer „idiopathischen“ Epilepsie ist die klinische Untersuchung normal und bei der Bildgebung kann eine strukturelle Läsion im Gehirn ausgeschlossen werden.

Klinisches Bild: Das Erscheinungsbild der Epilepsien ist variabel. Am häufigsten werden generalisierte Anfälle gesehen: einer prodromalen Phase (Verhaltensveränderungen) folgt der eigentliche Iktus, der entweder plötzlich beginnen kann oder fokalen

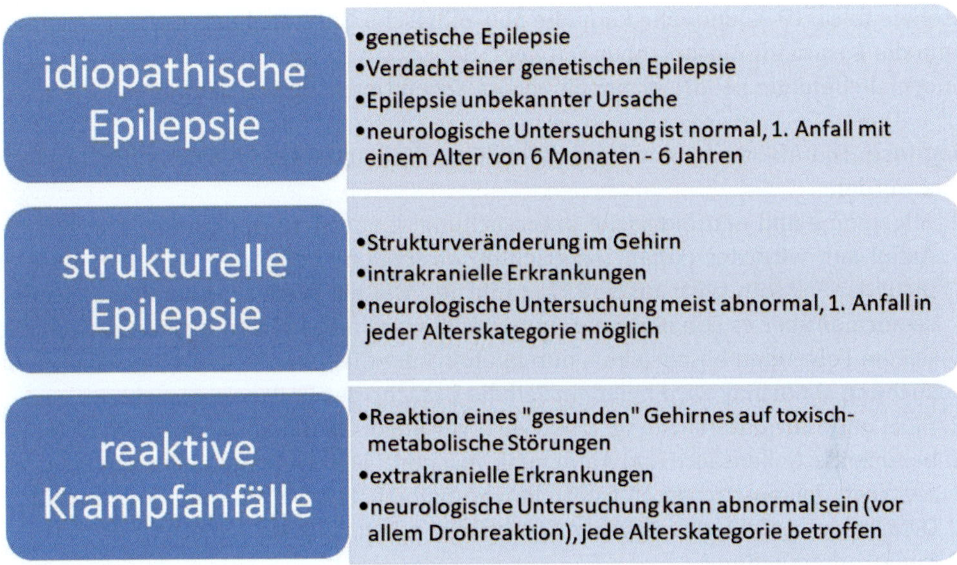

Abb. 14.12 Nach Berendt et al. wurden in einem Consensus Statement die Krampfanfälle in folgende Formen eingeteilt.

Muskelzuckungen folgt. Der Iktus ist durch tonisch-klonische Krämpfe und Bewusstseinsstörungen charakterisiert. In der tonischen Phase versteifen sich alle Extensormuskeln (gestreckte Gliedmaßen, Opisthotonus), in der klonischen Phase werden Lauf- und Kaubewegungen beobachtet. Gleichzeitig können viszerale Symptome wie Salivation, Kot- und Harnabsatz auftreten. Der Iktus kann einige Sekunden bis zu zwei Minuten dauern. In der postiktalen Phase, die sehr kurz sein oder bis zu einer Woche dauern kann, sind die Tiere desorientiert, manchmal blind, zeigen Drangwandern oder abnormales Verhalten (Heißhunger etc.).

Bei fokalen Anfällen sind die Tiere meist bei normalem Bewusstsein, Muskelzuckungen oder tonische Krämpfe beschränken sich auf einen Teil des Körpers. Fokale Anfälle können auch in generalisierte übergehen. Bei Cluster-Anfällen treten zwei oder mehr Anfälle innerhalb von 24 Stunden auf. Im Status epilepticus wiederholen sich generalisierte Anfälle ohne dazwischenliegende Erholungsphase oder der Iktus dauert länger als 5 Minuten. Die beiden letzten Formen sind als Notfall zu behandeln.

Bei der idiopathischen Epilepsie werden weder bei der allgemein klinischen noch bei der neurologischen Untersuchung Besonderheiten entdeckt. Sie ist in einigen Rassen genetisch oder vermutlich genetisch bedingt (z. B. Golden und Labrador Retriever, Belgische Schäferhunde, etc.), oder eine familiäre Häufung tritt auf. In der Regel werden die Anfälle mit einem Alter von 6 Monaten bis zu 6 Jahren erstmals beobachtet, sie sind häufig generalisiert, Schweregrad, Dauer und Frequenz variieren. Bei der strukturellen Epilepsie werden in den meisten Fällen Symptome im Sinne einer Großhirnläsion gesehen. In ca. 10 % der Fälle kann die neurologische Untersuchung normal ausfallen, wenn die Läsion im Riechhirnbereich liegt. Bei reaktiven Krampfanfälle werden meist abnormale Befunde bei der allgemeinen klinischen Untersuchung gefunden.

Diagnose: Die Abklärung der Krampfanfälle sollte nach folgendem Schema durchgeführt werden:

1. Allgemeine und neurologische Untersuchung: Ist diese normal und es trat nur ein Anfall auf, wird der Patient beobachtet, ob weitere Anfälle auftreten. Sollte dies nicht der Fall sein, wird auf eine Therapie und weitere Abklärung verzichtet. Ist diese normal, aber es gab mehr als einen Anfall, wird eine vollständige Untersuchung, wie im Folgenden beschrieben, durchgeführt. Ist die klinisch-neurologische Untersuchung abnormal, wird in jedem Fall die Ursache der Epilepsie gesucht.
2. Blut- und Harnuntersuchung. (Hier wird vor allem auf Blutglukose, Elektrolyte, Leberenzyme, Gallensäure und Ammoniak geachtet.) Je nach Befund wird versucht, mit weiteren diagnostischen Hilfsmitteln, wie bildgebende Verfahren, die extraneurale Ursache des Anfallsleidens näher abzuklären (z. B. Insulinom, Hepatopathie etc.).
3. Liquoruntersuchung.
4. Bildgebende Verfahren im Bereich des Schädels (MRT). Eine Untersuchung in Allgemeinanästhesie mittels MRT wird empfohlen, wenn die neurologische Untersuchung abnormal war und reaktive Krampfanfälle ausgeschlossen wurden. Ebenso wird diese empfohlen, wenn die Hunde bei Auftreten des ersten Krampfanfalles älter als 6 Jahre alt waren, Frequenz und Intensität der Anfälle steigen und Hunde und Katzen nicht auf antikonvulsive Medikation ansprechen.
5. EEG. Diese Untersuchung ist Spezialkliniken vorbehalten, kann bei entsprechender Erfahrung der auswertenden Person jedoch sehr wertvolle Hinweise geben.

Differenzialdiagnose:

1. Intrakranielle Läsionen können zu struktureller Epilepsie führen: Enzephalitiden, Neoplasien, vaskuläre Störungen und degenerative Veränderungen (Speicherkrankheiten), Trauma, Hydrozephalus, Polioenzephalomalazie
2. Extrakranielle Krankheiten können reaktive Krampfanfälle auslösen: Hepatopathie, portokavaler Shunt, Thiaminmangel, Hypoxie, Hypoglykämie – evtl. durch Insulinom bedingt, Urämie, Polyzythämie, Intoxikation, Hyperthermie, Hypothyreose, Hypokalzämie

Prognose: Bei idiopathischer Epilepsie werden ca. ⅓ der Fälle mit entsprechender und frühzeitig einsetzender Therapie anfallsfrei. Ansonsten kann als Therapieerfolg eine Verminderung der Frequenz und des Schweregrades der Anfälle bezeichnet werden. Therapieresistenz (ebenfalls ca. ⅓ der Fälle) wird eher bei großen Hunderassen und einigen Hütehunden beobachtet und auch bei Tieren, die erst spät eine adäquate Therapie erhalten. Die besten Therapieerfolge konnten bei folgenden Hunden erzielt werden: erster Anfall erst im Erwachsenenalter (ca. 3 Jahre) und geringe Anfallsfrequenz vor der Erstuntersuchung.

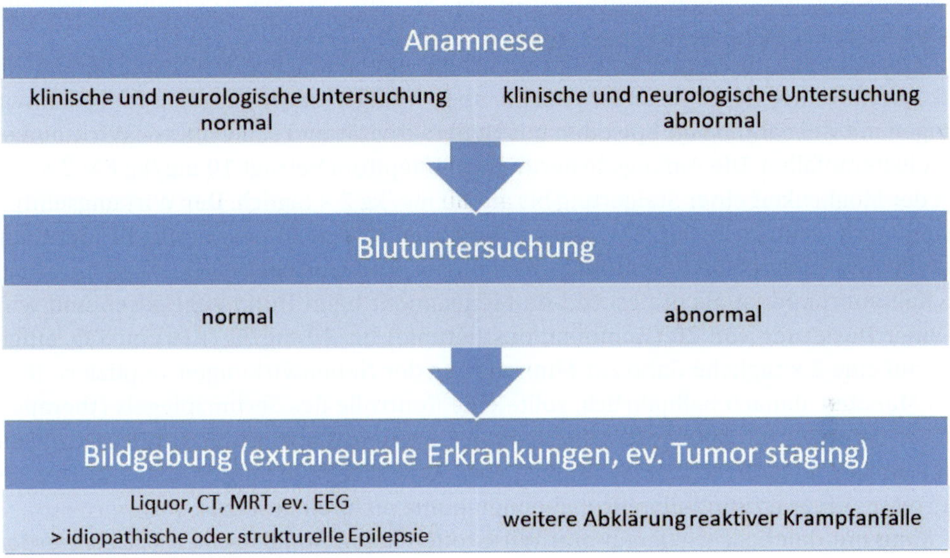

Abb.: 14.13 Schema Abklärung Epilepsie.

Therapie:

Strukturelle Epilepsie und reaktive Krampfanfälle: Die auslösende Ursache muss behandelt werden (z. B. Antibiotika bei bakterieller Enzephalitis, operative Therapie einer Gefäßmissbildung in der Leber, Entfernung eines Insulinoms etc.). Zusätzlich müssen die Krampfanfälle therapiert werden. Dies geschieht nach dem Muster der Therapie der idiopathischen Epilepsie.

Idiopathische Epilepsie: Eine gute Zusammenarbeit zwischen Tierarzt und Tierbesitzer ist notwendig, um eine Therapie erfolgreich zu gestalten. Die Erfolgsrate und eventuell mögliche Nebenwirkungen sollten vor Beginn der Therapie besprochen werden. Eine Therapie bei Hunden wird dringend empfohlen, wenn sie einen Status epilepticus oder Cluster-Anfälle hatten, wenn sie zwei oder mehr Anfälle innerhalb von 6 Monaten erleiden, eine schwere postiktale Phase zu beobachten ist oder eine Erhöhung der Anfallsfrequenz, Anfallsschwere oder Anfallslänge auffällt.

Phenobarbital wird in einer Anfangsdosierung von 2 (–2,5) mg/kg beim Hund alle 12 Stunden appliziert. Für Katzen beträgt die Anfangsdosierung 1 mg/kg 2 × täglich. Der Wirkstoff wird verabreicht, bis ein Serumspiegel beim Hund zwischen 20 und 35 µg/ml, bei der Katze zwischen 10 und 30 µg/ml erreicht wird (nach ca. 2–3 Wochen). Sollte der Serumspiegel mit angegebener Dosierung nicht erreicht werden, kann höher dosiert werden bis 6 mg/kg 2 × täglich. Es ist jedoch nicht nötig, bei Patienten mit guter Anfallskontrolle aber niedrigem Serumspiegel eine Dosiserhöhung vorzunehmen. Eine Kontrolluntersuchung sollte mindestens halbjährlich erfolgen. Bekannte Nebenwirkungen sind: ein sedativer Effekt, Erhöhung der Leberenzyme, idiosynkratische Arzneimittelreaktion,

Dyskrasie des Blutes, Pankreatitis, Polydipsie, Polyurie, Polyphagie. Phenobarbital kann zusätzlich mit vielen Arzneimitteln eine unerwünschte Interaktion bilden.

Imepitoin hat im Vergleich zu Phenobarbital eine ähnliche Effektivität bei der Reduktion einzelner generalisierter Anfälle, aber weniger stark ausgeprägte Nebenwirkungen mit Ausnahme von Episoden mit Hyperaktivität und schlechterer Wirksamkeit bei Clusteranfällen. Die Anfangsdosierung von Imepitoin beträgt 10 mg/kg KM 2 × tägl. mit der Möglichkeit einer Steigerung bis auf 30 mg/kg 2 × täglich. Der Wirkungseintritt erfolgt nach wenigen Tagen, Wirkspiegelkontrollen sind nicht notwendig. Bei der Katze war die Anwendung von Imepitoin in vorläufigen Studien sicher.

Kaliumbromid ist als orales Add-on-Medikament beim Hund zugelassen und wird in einer Dosierung von 20 (Kombinationstherapie) bis 40 mg/kg/KM und Tag, aufgeteilt auf eine 2 × tägliche Gabe zur Minimierung der Nebenwirkungen, appliziert. Nach drei Monaten, danach halbjährlich, sollte eine Kontrolle des Serumspiegels (therapeutischer Bereich: 100–200 mg/dl) durchgeführt werden. Ein gleichbleibender Salzgehalt der Nahrung ist zu beachten. Bei Katzen wird Kaliumbromid aufgrund des Risikos des Auftretens einer eosinophilen Bronchopneumonie nicht eingesetzt.

Kann mit den beschriebenen drei Wirkstoffen keine Anfallsfreiheit erzielt werden, bzw. kommt es zum Auftreten von Nebenwirkungen, werden Antikonvulsiva aus der Humanmedizin umgewidmet. Am häufigsten kommt Levetiracetam zur Anwendung mit einer Dosierungsempfehlung von 10–20 mg/kg 3–4 × täglich p. o. oder i. v. Bei Hunden mit einer Add-on-Therapie zu Phenobarbital sind eventuell höhere Dosierungen notwendig. Weitere Möglichkeiten sind zum Beispiel die Umwidmung von Zonisamid, Gabapentin und Pregabalin. Laufend werden Wirkstoffe, die z. B. die entzündliche Komponente im Gehirn bzw. die Schädigung der Blut-Hirnschranke beeinflussen können, auf ihre Wirksamkeit getestet. Diäten mit mittelkettigen Triglyceriden (MCT; C8, C10) oder eine transkranielle Magnetstimulation in Spezialkliniken sind eine hilfreiche Ergänzung (hier sei auf die Spezialliteratur verwiesen).

Ein Status epilepticus wird mit einer Applikation von Benzodiazepinen wie Diazepam (Hund 0,5–2 mg/kg, Katze 0,5–1 mg/kg i. v. oder intranasal, rektal) oder Midazolam (0,1–0,3 mg/kg i. v., rektal, intranasal) therapiert, deren Gabe bei Nichtansprechen bis zu 3 × im Abstand von 5 Minuten wiederholt werden kann. Parallel dazu erfolgen Stabilisierung bzw. Stabilerhaltung der Vitalparameter und Diagnose und Therapie zugrunde liegender Erkrankungen. Bei anhaltenden Anfällen wird Phenobarbital (Hund 2 mg/kg i. v., Katze 1mg/kg i. v.) oder bei Lebererkrankungen Levetiracetam (20 mg/kg i. v., verdünnt in NaCl) appliziert. Dies kann im Abstand von 5 Minuten bei Phenobarbitalgabe bis zu 4 × wiederholt werden bzw. bis zu 2 × bei Levetiracetamgabe. Sollte kein Stoppen der Anfälle möglich sein, wird eine Allgemeinanästhesie eingeleitet.

Eine wichtige Differenzialdiagnose zur Epilepsie ist die **paroxysmale Dyskinesie**, die mit episodischen Bewegungsstörungen einhergeht. Auch hier wurden bereits Gentests entwickelt, wie zum Beispiel für den Sheltie. Die Beschreibung der einzelnen Formen würde den Rahmen dieses Buchkapitel überschreiten und es muss auf die Spezialliteratur verwiesen werden.

14.4.1.8 Intrakranielle Neoplasien

Primäre Tumore des ZNS bei Hunden und Katzen kommen häufiger im Gehirn als im Rückenmark oder in den peripheren Nerven vor. Im Gehirn kommen Metastasen, neuroektodermale und mesenchymale Tumore in vergleichbarer Frequenz vor. Obwohl Neoplasien in jeder Altersstufe gefunden werden können, steigt die Anzahl der Tumorerkrankungen mit zunehmendem Alter deutlich an, bei Katzen ist sie die häufigste ZNS-Erkrankung bei über 10-jährigen Tieren. Bei Hunden scheinen genetische Faktoren eine Rolle zu spielen. Gliome kommen häufiger bei brachyzephalen Hunderassen vor, z. B. Boxer und Boston Terrier. Bei Katzen ist keine Rassenprädisposition bekannt. Bei Katzen sind, neben Lymphosarkomen, Meningiome häufig zu findende Tumore.

Klinisches Bild: Der Beginn der klinischen Symptome kann chronisch progressiv oder akut sein. Die Befunde entsprechen je nach Lokalisation entweder einer Großhirn-, Kleinhirn- oder Hirnstammläsion oder einzelne Kopfnerven sind befallen.

Diagnose: Zur Diagnose werden vor allem bildgebende Verfahren herangezogen. Dabei sollte auch ein Tumorstaging durchgeführt werden. CT oder MRT sind die Methoden der Wahl. Ein Kontrastmittel wird intravenös verabreicht. Je nach Anreicherungsmuster kann dann oft bereits auf den Tumortyp geschlossen werden. Eine exakte Charakterisierung liefert allerdings erst die histopathologische Diagnose nach Biopsie. Blut- und Harnuntersuchung sind meist normal. Der Liquor cerebrospinalis kann entweder normal sein, die sekundäre Entzündungsreaktion widerspiegeln (bei Meningiomen häufig Beteiligung von neutrophilen Granulozyten) oder zur Diagnose beitragen. Es sollte daher bei Tumorverdacht immer ein Zytospinpräparat angefertigt werden. Bei lymphoiden Tumoren hilft die zytologische Beurteilung in vielen Fällen. Bei anderen Tumortypen findet man nur äußerst selten Tumorzellen im Liquor, eine albuminozytologische Dissoziation wird häufig gesehen.

Prognose: Die Prognose ist generell ungünstig, obwohl in den letzten Jahren starke Bestrebungen stattgefunden haben, mit kombinierten Therapieverfahren die Überlebensrate der Tiere zu steigern.

Therapie: Unterstützende und lebensverlängernde Maßnahmen sind die Gabe von Glukokortikosteroiden (Verminderung des Gehirnödems und des intrakraniellen Druckes) und Behandlung von Krampfanfällen. Mit dieser Therapie überleben die Tiere im Mittel ca. 3 Monate. Direkte Therapieformen beinhalten die chirurgische Entfernung des Tumors, Bestrahlungen und Chemotherapie. Die Überlebensrate mit chirurgischer Therapie schwankt stark und ist vom Tumortyp, dem Zugang sowie der postoperativen Nachsorge abhängig. Die Hunde überleben Tage bis zu einigen Jahren, wobei Meningiome die höchste Überlebensrate garantieren. Hoch ist die Überlebenszeit bei Katzen mit Meningiomen (im Mittel bis zu zwei Jahren). Bestrahlung verbesserte den Therapieerfolg (Überleben abhängig vom Tumortyp und der Lokalisation des Tumors im Gehirn im Mittel bis zu ca. 3 Jahre). Möglicherweise ist eine kombinierte Therapie am erfolgreichsten. Chemotherapeutika wurden ebenfalls zur Behandlung von Gliomen und Meningiomen eingesetzt (Carmustine und Lomustine). Diese Arzneimittel sind fettlöslich und können die Blut-Hirn-Schranke überwinden.

14.4.1.9 Degenerative Erkrankungen

Speicherkrankheiten:
Bei dieser Krankheitsgruppe liegen Defekte in katabolen Enzymsystemen vor. Das bestimmte Substrat kann nicht abgebaut werden und sammelt sich in Zellen an, was zu deren Absterben führen kann. Meist sind junge Hunde von dieser Krankheitskategorie betroffen. Eine erwähnenswerte Ausnahme ist das Auftreten von **Ceroidlipofuszinose** bei adulten Hunden (Auftreten der Symptome oft erst mit einem Alter von 1–9 Jahren). Eine weitere Speicherkrankheit, die zum Beispiel beim Basset, Dackel und Beagle auftreten kann, ist die sogenannte **Lafora-Krankheit**. In der Klinik wird eine sogenannte Myoklonus-Epilepsie gesehen. Ein Gentest liegt vor. Andere Speicherkrankheiten und degenerative Läsionen sind in der Spezialliteratur beschrieben, die Forschung schreitet derzeit schnell voran, Gentests sind für viele Erkrankungen bereits vorhanden oder werden entwickelt.

14.4.2 Vestibuläre Störungen

Hier werden Erkrankungen des peripheren Vestibularapparates beschrieben. Zentrale Störungen, die im Bereich des Hirnstammes oder Kleinhirnes liegen können: siehe intrakranielle Erkrankungen.

14.4.2.1 Otitis media/interna

Eine Otitis media/interna ist häufig Folge einer Otitis externa oder einer Entzündung im Pharynxbereich oder der Tonsillen und anschließender Ausbreitung über die Eustachische Röhre. Seltener wird sie durch hämatogene Streuung von einem anderen Infektionsherd im Körper ausgelöst. Verschiedenste Bakterienarten sind die Ursache der Otitis, am häufigsten werden Streptokokken oder Staphylokokken isoliert.

Klinisches Bild: Jede Altersgruppe und jede Hunde- oder Katzenrasse kann erkranken. Am meisten sind „langohrige“ bzw. langhaarige Rassen mit häufig auftretender Otitis externa betroffen. Die Symptome eines peripheren Vestibularsyndroms können akut auftreten oder sich langsam entwickeln (siehe auch Tabelle 14.1). Fazialisparese und Horner-Syndrom können beobachtet werden. Bei beidseitiger Innenohrerkrankung können die Tiere Ataxie mit weit ausschwingenden Bewegungen des Kopfes zeigen. Zusätzlich sind diese Tiere meistens schwerhörig oder sogar taub.

Diagnose: Die Diagnose wird mithilfe der Otoskopie, der exakten Beurteilung des Trommelfelles und mit einer Myringotomie gestellt. Diese beiden Untersuchungen sind am besten in Allgemeinanästhesie durchzuführen. Feine Veränderungen im Trommelfellbereich können so besser entdeckt werden. Für eine Myringotomie wird eine Spinalkanüle verwendet. Sollte kein Exsudat aspiriert werden können, wird sterile Kochsalzlösung in das Innenohr eingebracht und wieder aspiriert. Das mithilfe der Myringotomie gewonnene Material wird bakteriologisch, mykologisch und zytologisch untersucht. Ein Antibiogramm sollte immer angefertigt werden. Bei Ansammlung von Flüssigkeit oder verdickten Sekreten bzw. bei Mitbeteiligung der Knochenstruktur ist ein Kopfröntgen mit Beurteilung der Bullae osseae aussagekräftig. Bei akuten Infektionen kann das Kopfröntgen normal sein. Die Diagnose kann natürlich auch mit CT oder MRT gestellt werden. Meist werden diese bildgebenden Verfahren bei chronisch-rezidivierenden Prozessen angewendet. Die Elektrodiagnostik (akustisch evozierte Hirnstammpotentiale) hilft, die Lokalisation zu bestätigen. Bei rezidivierenden Erkrankungen sollten dermatologische Ursachen (Atopie, Futtermittelunverträglichkeit etc.) ausgeschlossen oder diagnostiziert und entsprechend behandelt werden.

Differenzialdiagnose: Idiopathisches (geriatrisches) Vestibularsyndrom, Hypothyreose, Tumor, Trauma Felsenbeinbereich, Ototoxizität.

Prognose: Sowohl die Prognose als auch die Therapie für eine Otitis media/interna variieren mit der Schwere der klinischen und der radiologischen Befunde. Frühe und aggressive medikamentöse Therapie bedingt eine günstige Prognose, Knochenveränderungen bzw. Eindringen des Krankheitsprozesses in den intrakraniellen Raum und Entstehen einer Meningoenzephalitis eine vorsichtige bis schlechte. Auch bei Ausheilung der Otitis kann eine leichte Kopfschiefhaltung lebenslang persistieren.

Therapie: Antibiotika nach Antibiogramm für 4–6 Wochen. Bis zum Erhalt eines Antibiogrammes müssen Breitspektrumantibiotika appliziert werden. Glukokortikoide sollten nicht eingesetzt werden, eine einmalige Gabe zu Beginn der Erkrankung kann den Entzündungsprozess hemmen. Bei zusätzlicher Otitis externa werden regelmäßige Spülungen in Narkose durchgeführt (1 ×/wöchtl.). Topische Medikationen für den Ohrkanal sollten vermieden werden, vor allem bei Schädigung des Trommelfelles. Bei stark vermehrtem Exsudat, Nichtansprechen auf die Antiobiotikatherapie und bei Mitbeteiligung der knöchernen Strukturen wird ein chirurgisches Eröffnen der Bulla und anschließende Drainage erforderlich sein. Nasopharyngeale Polypen, eine mögliche Ursache von rezidivierenden Infektionen, sollten ebenfalls chirurgisch entfernt werden. Pilzinfektionen müssen in die Liste der Differenzialdiagnosen aufgenommen und entsprechend behandelt werden.

14.4.2.2 Kongenitales Vestibularsyndrom

Angeborene vestibuläre Störungen kommen beim Deutschen Schäferhund, Glatthaar-Foxterrier, Beagle, Dobermann, einigen anderen Hunderassen und bei Siam- und Burmakatzen mit einem Alter von 3–12 Wochen vor. Die Tiere sind häufig auch taub. Die speziellen Untersuchungen werden normal verlaufen. Die Symptome sind nicht progredient, manche Tiere können kompensieren (Spontanheilung) oder eine leichte Kopfschiefhaltung bleibt bestehen. Ein angeborener spontaner Nystagmus oder Strabismus kann bei Siamkatzen und einigen Hunderassen gesehen werden. Dieser Nystagmus der Siamkatze ist jedoch durch eine Störung im visuellen System bedingt.

14.4.2.3 Ototoxizität

Aminoglykoside, aber auch einige andere Medikamente, können eine degenerative Veränderung im vestibulären und/oder akustischen System auslösen. Neben vestibulären Symptomen wird daher in einigen Fällen auch Taubheit bemerkt. Wird das Medikament rechtzeitig abgesetzt, können die Tiere meist kompensieren.

14.4.2.4 Hypothyreose, Neurinom (siehe Kopfnervenerkrankungen)

14.4.2.5 Geriatrisches Vestibularsyndrom

Diese Erkrankung heißt auch idiopathisches Vestibularsyndrom, da keine morphologische Veränderung, weder *intra vitam* noch histopathologisch, als Ursache der Störung gefunden werden kann. Ein Missverhältnis in Produktion und Resorption von Endolymphe wurde vermutet. Die Krankheit tritt bei Katzen jeden Alters, bei Hunden vor allem bei älteren Tieren auf.

Klinisches Bild: Die Tiere haben akut einsetzende Symptome eines peripheren Vestibularsyndroms (siehe Symptome bei Erkrankung des Vestibularapparates). Zu Beginn sind die Tiere schwer beeinträchtigt, stabilisieren sich jedoch in wenigen Tagen. Eine Fazialisparese wird im Gegensatz zur Otitis media/interna seltener beobachtet (kombinierte idiopathische Fazialisparese und idiopathisches Vestibularsyndrom).

Diagnose: Die Diagnosenstellung in der Klinik erfolgt im Ausschlussverfahren anderer Ursachen eines peripheren Vestibularsyndroms. Vor allem eine Otitis media/interna sollte ausgeschlossen werden. Die wichtigsten Untersuchungsmethoden hierfür sind die Otoskopie und das Röntgen, evtl. CT und MRT. Bei Trübung des Trommelfells, das oft bei alten Hunden gesehen wird, sollte auch eine Myringotomie durchgeführt werden. Der Liquor cerebrospinalis ist normal.

Differenzialdiagnose: Häufig wird diese Erkrankung aufgrund des perakuten Auftretens mit einem Infarkt im Hirnstamm verwechselt. Diese Unterscheidung muss mithilfe der neurologischen Untersuchung getroffen werden. Bei geriatrischem Vestibularsyndrom entspricht die Läsion einem peripheren Vestibularsyndrom. Die Haltungs- und Stellreaktionen sind zu Beginn der Erkrankung manchmal schwierig zu überprüfen, nach 1–2 Tagen jedoch ohne besonderen Befund. Weitere Differenzialdiagnosen: Otitis media/interna, Ototoxizität.

Prognose: Die Prognose ist gut, Spontanheilung erfolgt in einigen Tagen oder 2–3 Wochen. Eine leichte Kopfschiefhaltung kann bestehen bleiben. In seltenen Fällen wurde ein Rezidiv beobachtet.

Therapie: Eine Reihe von Therapiemöglichkeiten wurde versucht, ohne den Krankheitsverlauf wesentlich zu beeinflussen. Günstig ist zu Beginn der Erkrankung, wenn die Tiere meist sehr aufgeregt sind und vermutlich starkes „Schwindelgefühl" haben, Diazepam zu verabreichen. Auch Medikamente zur Behandlung eines Brechreizes oder von Übelkeit sind empfehlenswert (Metoclopramid, Maropitant, Ondansetron). Bei fehlender Futter- und Wasseraufnahme erfolgt eine Infusionstherapie.

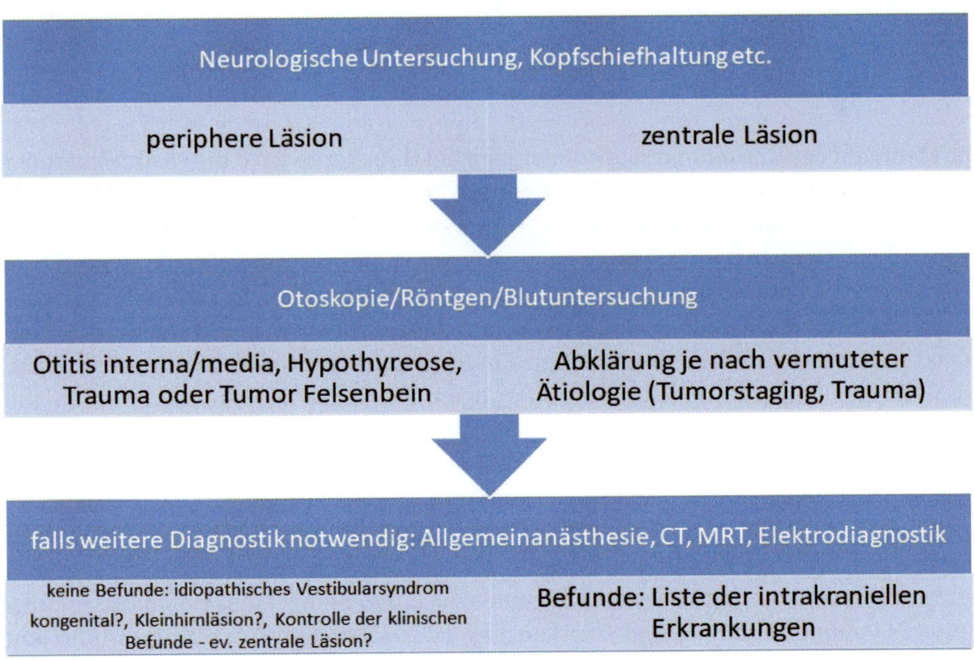

Abb. 14.14 In diesem Diagramm wird die Abklärung von Läsionen im Vestibularapparat zusammengefasst.

14.4.3 Rückenmarkserkrankungen

Rückenmarkserkrankungen werden in kompressive und nicht kompressive Störungen eingeteilt. Die Prognosestellung erfolgt nach Art der Läsion, aber auch nach den klinischen Symptomen (Lokalisation und Ausmaß der Gewebezerstörung). Ein wichtiger Punkt ist dabei die Schmerzempfindung: Ist keine Schmerzempfindung mehr vorhanden, ist die Prognose je nach Ätiologie der Erkrankung als vorsichtig bis schlecht zu bezeichnen. Cave! akute kompressive Läsion! Die Schmerzempfindung kann infolge der Ödembildung abwesend sein und nach Beseitigung der kompressiven Läsion und Ödembekämpfung wieder zurückkehren.

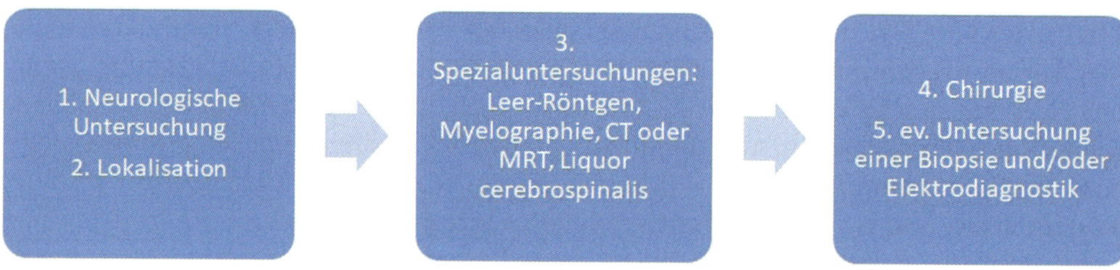

Abb.: 14.15 Spinale Läsionen werden nach diesem Schema abgeklärt.

14.4.3.1 Kompressive Rückenmarkserkrankungen

Die Mehrzahl der Rückenmarkserkrankungen bei Haustieren wird durch eine kompressive Läsion verursacht. Mithilfe bildgebender Verfahren können Bandscheibenvorfälle, Frakturen/Luxationen, Missbildungen, Tumoren der Wirbelsäule, Osteomyelitis, Diskospondylitis und Instabilität festgestellt werden. Kompressive Erkrankungen führen relativ rasch zu pathologischen Veränderungen durch Verdrängung des Rückenmarkes, da es verhältnismäßig wenig Raum zwischen dem Rückenmark und den knöchernen Strukturen des Wirbelkanals gibt. Der Entwicklungszeitraum der Kompression bestimmt dabei die pathologischen Veränderungen, aber auch die klinische Symptomatik. Schwerwiegende Störungen, wie Myelomalazie, werden durch schnell auftretende Erkrankungen (Fraktur, perakuter Bandscheibenvorfall) ausgelöst. Langsam entstehende Kompressionen (Diskusprolaps Hansen Typ II, Tumor) schädigen das Rückenmark nicht im gleichen Ausmaß. Neben dem direkten mechanischen Schaden des Rückenmarkes, der durch die Kompression bedingt ist, kommt es zu sekundären Störungen, da der venöse Abfluss behindert wird. Es kommt zur Entwicklung eines Ödems, das infolge weiterer Volumenzunahme und Druckanstieg zu zusätzlicher Komplikation führt und das bereits eingeengte Rückenmark weiter schädigt. Die klinischen Symptome sind fast immer bilateral, da auch durch einseitige Kompression das Rückenmark gegen die starre Wand der anderen Wirbelkanalseite gedrängt wird.

14.4.3.1.1 Diskospondylitis

Eine Diskospondylitis kann nach iatrogenem Trauma (z. B. Curettage einer Bandscheibe), Wanderung von Fremdkörpern, penetrierendes Trauma, paravertebraler Injektion und wohl am häufigsten durch septische Emboli, die von einem Primärherd abstammen, entstehen. Meist wird dieser Primärherd nicht gefunden, er kann im Bereich des Urogenitaltraktes, der Haut, Gingiva und der Herzklappen liegen. Eine bakterielle Infektion ist die häufigste Ursache einer Diskospondylitis. Folgende Bakterien wurden isoliert: *Staphylococcus aureus* oder *intermedius*, *Brucella canis*, *Nocardia*, *Streptococcus canis*; aber auch Pilze konnten kultiviert werden (z. B. Aspergillen).

Klinisches Bild: Diese Erkrankung tritt vor allem bei jungen bis erwachsenen Tieren großer Hunderassen auf, nur selten erkranken Katzen. Im Prinzip kann jede Bandscheibe befallen sein. Die klinischen Symptome sind variabel und reichen von leichten Schmerzen im Bereich der Wirbelsäule, zu Steifheit und starken Schmerzen bis zu schwerer Parese oder gar Paralyse, je nach Ausmaß einer entstehenden Rückenmarkskompression. Zusätzlich können bei einigen Tieren Apathie, Anorexie und erhöhte innere Körpertemperatur gefunden werden.

Diagnose: Die Diagnose einer Diskospondylitis wird mithilfe des Röntgens gestellt. Im Akutstadium kann dieses jedoch normal sein, ein MRT mit Kontrastmittelapplikation ist dann notwendig, um die Läsion darstellen zu können. Sind im Röntgen Veränderungen sichtbar, wird zu Beginn des Prozesses eine konzentrische Lyse an den angrenzenden Endplatten der Wirbelkörper gesehen. Chronische Formen sind durch unterschiedliche Stärke von Knochenlyse, Knochenproliferation, Sklerose, verkürzte Wirbelkörper und eingeengte Intervertebralspalten gekennzeichnet. Knochenproliferation im Ventralbereich der Wirbelkörper kann zu Brückenbildung führen. Diskospondylitis kann mehrere Bandscheiben befallen. Am häufigsten sind die kaudale Zervikalregion, Thorax, thorakolumbale Region und der Lumbosakralbereich betroffen. Die Stärke der radiologischen Veränderungen korreliert nicht immer mit der Klinik.

Es sollte immer versucht werden, die verursachenden Bakterien zu isolieren. Eine antibiotische Langzeittherapie ist notwendig, die Prognose wird günstiger, wenn das wirksame Antibiotikum bekannt ist und nach Antibiogramm eingesetzt werden kann. Nachdem häufig septische Thromben die Entzündung verursachen, sollte eine Blut- und Harnkultur angelegt werden (in 40–45 % werden positive Kulturen erhalten). Perkutane Aspiration der infizierten Bandscheibe kann versucht werden.

Differenzialdiagnose: Kompressive Rückenmarkserkrankungen, Meningitis, Polyarthritis.

Prognose: Die Prognose ist in den meisten Fällen günstig, wenn eine frühzeitige und aggressive Therapie durchgeführt wird. Bei chronischen Prozessen und starker Mitbeteiligung des Rückenmarkes wird sie vorsichtig.

Therapie: Die Antibiotikagabe muss mindestens 1–4 Monate lang aufrecht erhalten werden. Bis ein anderer Befund eintrifft, wird eine Diskospondylitis so behandelt, als würde eine Staphylokokken-Infektion vorliegen. Cephalosporine oder Chinolone werden erfolgreich in der Therapie beim Kleintier eingesetzt (z. B. Cephalexin, 22 mg/kg KM 2 × tägl. p. o.). Bei anders lautendem Antibiogramm muss das Antibiotikum umgestellt werden. Eine entsprechende individuell eingestellte Schmerztherapie wird eingeleitet. In einigen Fällen – bei Nicht-Ansprechen auf die konservative Therapie – wird eine Curettage empfohlen. Bei schweren neurologischen Ausfallserscheinungen (Paresen, Paralyse) und Rückenmarkskompression ist eine chirurgische Dekompression und Stabilisierung indiziert. Bei Besserung ist ein Stagnieren der Knochenlyse zu sehen (regelmäßige klinische und radiologische Kontrollen!) und ein schrittweiser Ersatz mit neuem Knochen, was zu einer Wirbelfusion führen kann.

14.4.3.1.2 Bandscheibenvorfälle

Ursprünglich wurden zwei Typen von Bandscheibenvorfällen beim Hund beschrieben: Ein Diskusprolaps Hansen Typ I führt gewöhnlich zu einer Extrusion von Nucleus pulposus-Material nach Einriss des Anulus fibrosus. Dieser Typ ist durch eine chondroide Degeneration der Bandscheibe, die vor allem bei chondrodystrophen Hunderassen gefunden wird, verursacht. Beim Hansen Typ II kommt es infolge einer fibroiden Degeneration nur zu Teileinrissen des Anulus fibrosus, die in einer Vorwölbung von Diskusmaterial in den Wirbelkanal resultieren. Diese Form wird gehäuft bei nicht chondrodystrophen Hunderassen gefunden. Überschneidungen dieser beiden Typen sind möglich. Zusätzlich können noch andere Formen gesehen werden: nicht kompressive Bandscheibenvorfälle (acute noncompressive nucleus pulposus extrusion, ANNPE) und akute hydrierte Nucleus pulposus Extrusion (AHNPE, HNPE). Nucleus pulposus Material kann bei hohem Druck auch direkt in das Rückenmark eindringen und dort Malazien und Nekrosen verursachen.

Klinisches Bild: Am häufigsten werden Bandscheibenvorfälle im thorakolumbalen Bereich gefunden (Th10-L2), die klinisch zu Gangstörungen der Nachhand führen (Abb. 14.16). Die klinischen Symptome treten oft plötzlich auf (Hansen Typ I), können jedoch bei Teilrupturen einen schleichenden, chronisch-rezidivierenden Verlauf haben. Neben den klinischen Befunden, wie sie bei der Besprechung der Lokalisation einer Rückenmarksläsion beschrieben wurden, kommt es bei Bandscheibenvorfällen häufig zu starken Schmerzen.

Diagnose: Nach Erfassen der Lokalisation der Läsion mithilfe der neurologischen Untersuchung und Erstellung einer Verdachtsdiagnose werden bildgebende Verfahren durchgeführt. MRT ist die Bildgebung, die am besten geeignet ist, die verschiedenen Formen der Bandscheibenvorfälle zu unterscheiden und den Rückenmarksschaden direkt darzustellen. Häufige Röntgenbefunde sind verengter oder keilförmiger Zwischenwirbelraum, veränderte Form oder Verschattung der Foramina intervertebralia, verkalkte Zonen im Zwischenwirbelbereich, verkalktes Diskusmaterial im Spinalkanal.

Abb. 14.16 Laufen mit Unterstützung, paraplegischer Hund.

Mithilfe der Myelographie wird die Rückenmarkskompression in latero-lateralen, ventro-dorsalen Projektionen sowie Schrägaufnahmen dargestellt. Bei sekundärer Ödembildung ist die Kontrastmitteldarstellung häufig nur durch Applikation des Kontrastmittels von lumbal möglich. Mit der Computertomographie können vorgefallene, verkalkte Bandscheiben dargestellt werden. Im MRT sind sowohl die Bandscheibe als auch die Rückenmarksveränderung gut darstellbar. ANNPE und HNPE können nur mithilfe der MRT diagnostiziert werden. Bei nicht kompressiven, in den Rückenmarksbereich eindringenden Bandscheibenvorfällen ist die Bandscheibendegeneration sichtbar und darüber im Rückenmark das eingedrungene Bandscheibengewebe mit entsprechenden Rückenmarksveränderungen. Bei einem HNPE ist im Transversalschnitt eine zur Umgebung hyperintense Läsion darstellbar, die „mövenartige" Umrisse hat.

Differenzialdiagnose: Andere kompressive Rückenmarkserkrankungen, Rückenmarksinfarkt.

Prognose: Die Prognose hängt bei jeder Rückenmarkserkrankung vom Ausmaß der neurologischen Störungen, von der Natur der Läsion sowie von den therapeutischen Möglichkeiten ab. Sind therapeutische Möglichkeiten gegeben (Operationsmöglichkeit innerhalb vernünftiger Zeit), muss eine vorsichtige Prognose bei einer Plegie mit Ausfall des Tiefenschmerzes kaudal der Läsion gestellt werden. Die Prognose ist als günstig anzusehen bei akut auftretenden gehfähigen Paresen, normalen Reflexen und erhaltener Schmerzempfindung.

Therapie:

1. Sind nur Schmerzen vorhanden und handelt es sich nicht um ein Rezidiv, wird eine konservative Therapie angeraten. Das heißt, der Hund muss für 2–3 Wochen ruhig gehalten werden. Eine individuell angepasste Schmerztherapie und Physiotherapie werden begonnen.
2. Bei Rezidiven der Schmerzsymptomatik, deutlichen Gehstörungen, Paresen und Paralysen wird eine chirurgische Therapie durchgeführt.
3. Sollte es nicht möglich sein, eine chirurgische Therapie durchzuführen, kann auch bei Lähmungen eine konservative Therapie versucht werden. Kommt es zu Heilung, ist bei dieser Art der Behandlung die Heilungsphase deutlich länger und es besteht Rezidivgefahr.

Chirurgie: Das Ziel besteht in einer Dekompression des Rückenmarkes und in der Entfernung des vorgefallenen Bandscheibenmaterials. Zur Anwendung kommen Hemilaminektomie oder Laminektomie oder Korpektomie in Kombination mit Fenestration der vorgefallenen Bandscheiben. Im Halsbereich wird ein „Ventral Slot“ bevorzugt.

Nicht kompressive Bandscheibenvorfälle werden konservativ behandelt. Auch bei HNPE hat sich neben chirurgischer Intervention die konservative Therapie durchgesetzt, die Boxenruhe und Physiotherapie beinhaltet.

Weitere Maßnahmen: Physiotherapie, Blasenkontrolle und regelmäßige Entleerung, evtl. mit medikamentöser Unterstützung.

14.4.3.1.3 Frakturen/Luxationen/Subluxationen

Ähnlich wie bei Bandscheibenvorfällen kommt es je nach Lokalisation der Frakturen zu unterschiedlichen Befunden bei der neurologischen Untersuchung. Das Ausmaß der Kompression und die Intensität des Traumas (Kontusion, Coup, Contre-Coup) bestimmen den Schweregrad der spinalen Störungen. Die Diagnose wird mithilfe des Röntgen und/oder CTs gestellt. Die Röntgenuntersuchung sollte bei Traumata immer zuerst ohne Allgemeinanästhesie durchgeführt werden. Eine Verminderung des Muskeltonus in Allgemeinanästhesie könnte die Kompression oder Instabilität verschlimmern. Die Prognose ist je nach Befund bei der neurologischen Untersuchung zu stellen und nicht ausschließlich nach Röntgenbefund. Eine schlechte Prognose ergeben die schon bei den Bandscheibenvorfällen beschriebenen Anzeichen. Vorsicht bei Beurteilung der Schmerzempfindung bei einem Tier im Schockzustand – dies ist häufig nicht möglich und sollte nach Stabilisierung des Tieres wiederholt werden.

Therapie:

1. Siehe Schädel-Hirntrauma, Behandlung nach dem ABC Schema, Diagnose und Versorgung extraneuraler Traumata (Cave! Harnblase), Schmerzmedikation.
2. Wirbelsäule – keine Instabilität und nur geringe neurologische Ausfälle: konservativ.
3. Wirbelsäule – bei Verschlechterung nach konservativer Therapie, bei Instabilität und schweren neurologischen Ausfallserscheinungen: chirurgische Dekompression und Stabilisierung. Um zu entscheiden, ob eine Instabilität gegeben ist, wird die

Wirbelsäule in 3 Säulen/Kompartimente geteilt. Instabilität ist anzunehmen, wenn 2 oder 3 Kompartimente der Wirbelsäule betroffen sind.

14.4.3.1.4 „Kippfensterkatze"

Bei der Katze kann eine spezielle traumatische Erkrankung, verursacht durch das Hängenbleiben in einem Kippfenster, gesehen werden. Je nach Ausmaß sind hier die unterschiedlichsten Symptome zu finden (Extraneural: Blasenquetschung, bzw. -ruptur, Nierenverletzungen, jede Art von Bauchtrauma). Neurologische Ausfallserscheinungen können durch Rückenmarkskompression (Fraktur/Luxation) oder Rückenmarkskontusion ohne Knochenveränderungen bedingt sein. Die Diagnose dieser Störungen wird mithilfe bildgebender Verfahren gestellt. Zusätzlich zu einem Rückenmarkstrauma besteht häufig eine Minderdurchblutung der Hinterextremitäten, die sich klinisch in einer Nachhandschwäche äußert. Die schlechte Durchblutung ist durch eine Quetschung der Aorta oder ihrer Aufzweigungen bedingt und resultiert ähnlich wie die Aortenstenose bei der Katze in einer Polyneuromyopathie. Die Prognose ist je nach Ausmaß der Läsion zu stellen. Die Therapie richtet sich nach Art und Schwere der Organschäden: evtl. chirurgische Therapie des Bauchtraumas oder der Frakturen. Besteht nur eine Rückenmarkskontusion, wird konservativ behandelt. Regelmäßige Blutuntersuchungen sind notwendig, um CK, Nierenwerte, Blutgase und Elektrolyte (Gefahr der Hyperkaliämie) zu kontrollieren und evtl. Abweichungen therapieren zu können. Physiotherapie wird eingeleitet. Cave! ständige Kontrolle der Blase.

14.4.3.1.5 Zervikale Spondylopathie (Malformation-Malartikulation, kaudale zervikale Spondylomyelopathie)

Die Ursache dieser Störung ist multifaktoriell. Vor allem bei großen Hunderassen (Dobermann, Deutsche Dogge) können Missbildungen der Halswirbel beobachtet werden. Durch diese Anomalien kommt es zu Verschiebungen der Wirbelkörper, die entweder eine statische oder eine dynamische Rückenmarkskompression verursachen. Neben Wirbelveränderungen können ein verdicktes Lig. longitudinale dorsale, Lig. flavum, bzw. Bandscheibenprotrusionen eine Stenose des Wirbelkanals bewirken.

Klinisches Bild: Hunde mit dieser Erkrankung werden in der Umgangssprache oft auch als „Wobbler" bezeichnet. Meist sind große Hunderassen betroffen. Die Symptome treten im Jugendalter (Deutsche Dogge) auf, aber auch erst bei erwachsenen Tieren. Die klinischen Symptome reflektieren die Rückenmarkskompression im Halsbereich. Neben zervikaler Dolenz werden spinale Ataxie und Tetraparese beobachtet. Bei Kompression im Bereich der Zervikalschwellung tritt Hyporeflexie oder Areflexie im Bereich der Vorderbeine auf.

Diagnose: Die Diagnose wird mithilfe der Bildgebung, meist einer Kombination von Röntgen und MRT gestellt.

Differenzialdiagnose: Andere zervikale Rückenmarkserkrankungen.

Prognose: Vorsichtig. In leichten Fällen ist ein Stagnieren der Erkrankung durch konservative Therapie möglich. Bei chirurgischen Eingriffen erfolgt zwar eine Dekompression und evtl. Stabilisierung, ein Fortschreiten der Erkrankung auf andere Wirbelkörper kann jedoch auftreten (Domino-Effekt in ca. 20 % der Fälle, je nach Operationstechnik). Postoperative Komplikationen sind möglich. Die Prognose ist bei Auftreten nur einer Läsion günstiger als bei multiplen.

Therapie:

1. Konservativ: Brustgeschirr, Ruhigstellung des Hundes für mehrere Wochen, Physiotherapie, Schmerzmedikation. Einige Hunde sprechen gut auf diese Therapie an.
2. Chirurgische Dekompression und Stabilisierung; die Technik erfolgt je nach Art und Ausmaß der Läsion und den Möglichkeiten der Chirurgin/des Chirurgen. Verschiedenste Techniken werden diskutiert und schließen neben einer Stabilisierung auch künstliche Bandscheiben ein.

14.4.3.1.6 Atlanto-Axiale Subluxation

Bei Zwergrassen kann eine kongenitale Hypoplasie oder Aplasie des Dens zu Instabilität im Bereich des ersten und zweiten Halswirbelgelenkes führen. Nach Abriss des dorsalen atlanto-axialen Ligamentes wird eine Subluxation und starke Rückenmarkskompression hervorgerufen. Die Diagnose wird mithilfe der Röntgenuntersuchung oder anderer bildgebender Verfahren gestellt, die Therapie erfolgt je nach Art und Ausmaß der Läsion entweder konservativ oder durch chirurgische Stabilisierung.

14.4.3.1.7 Hypervitaminose A

Bei Katzen kann nach zu reichlicher Vitamin-A-Gabe (Leberverfütterung) eine hypertrophe Skelettveränderung an Gliedmaßen und Wirbelsäule entstehen mit sekundärer Einengung der Zwischenwirbellöcher und kompressiver Schädigungen der Spinalnerven. Die Beweglichkeit ist häufig auch mechanisch eingeschränkt (Ankylose). Die Diagnose wird mithilfe der Röntgenuntersuchung gestellt. Die Prognose bei starken Knochenveränderungen ist ungünstig.

14.4.3.1.8 Rückenmarkstumoren

Die Mehrzahl der Tumoren entsteht in der Wirbelsäule als primäre Knochentumoren oder Metastasen. Sie werden je nach Lokalisation in intramedulläre, intradural-extramedulläre und extradurale Tumore eingeteilt, wobei bei Hund und Katze extramedulläre Tumoren viel häufiger sind als neuroektodermale. Gliome (Astrozytome oder Oligodendrogliome) kommen seltener im Rückenmark vor als im Gehirn. Tumore können auch von den Meningen (Meningiom) oder den Nervenwurzeln ausgehen. Sie verursachen Störungen durch Rückenmarkskompression, einzelne können infiltrativ in das Rückenmark einwachsen. Primäre invasive Rückenmarkstumoren komprimieren zusätzlich das noch nicht erkrankte Gewebe. Bei Katzen sind die am häufigsten vorkommenden Tumorformen im Bereich des Rückenmarkes oder des Spinalkanals Lymphosarkome.

Klinisches Bild: Meist sind ältere Tiere betroffen, aber auch junge können erkranken (z. B. Lymphom bei der Katze oder thorakolumbaler Tumor des jungen Hundes). Die neurologischen Ausfallserscheinungen können langsam oder akut einsetzen und sind meist progressiv. Die weiteren Symptome sind von der Lokalisation abhängig und entsprechen einer fokalen Läsion (siehe Symptome bei Rückenmarkserkrankungen).

Diagnose: CT, MRT und Röntgenuntersuchung: Knochentumore sind meist im Röntgen sichtbar, Weichteiltumore sind am besten mithilfe der MRT darstellbar. Bei einigen Tumorformen ist der Liquor cerebrospinalis verändert (Erhöhung des Protein- und Zellgehaltes, vor allem bei sekundärer entzündlicher Reaktion). Selten können Tumorzellen im Liquor nachgewiesen werden. Beim Lymphosarkom kann das Differenzialzellbild hilfreich sein (große lymphoblastenähnliche Zellen oder atypische Lymphozyten liegen neben kleineren „normalen" Lymphozyten). Die endgültige Diagnose liefert die Biopsie nach chirurgischer Dekompression des Rückenmarkes.

Differenzialdiagnose: Andere fokale Rückenmarkserkrankungen.

Prognose: Die Prognose ist je nach Therapiemöglichkeit und Art des tumorösen Prozesses (gut abgrenzbar oder infiltrativ) von vorsichtig bis ungünstig zu stellen. Ungünstig ist sie vor allem bei intramedullären Prozessen.

Therapie: Die Therapie erfolgt je nach Tumorart chirurgisch, mit Bestrahlung, oder medikamentös bei Lymphomen. Einige extradurale Tumore, die nicht die knöchernen Umgebungsstrukturen betreffen, und einige intradurale-extramedulläre Tumorarten können erfolgreich chirurgisch entfernt werden. Wenn in diesen Fällen eine Therapie durchgeführt wird, sollte dies möglichst aggressiv geschehen. Eine postoperative Therapie ist unumgänglich, wenn nicht das gesamte Tumormaterial entfernt werden kann (Chemotherapie, Bestrahlung).

14.4.3.1.9 Ankylosierende Spondylose

Bei adulten oder älteren Tieren großer Hunderassen werden radiologisch häufig massive Exostosen mit Bildung von Knochenbrücken zwischen den Wirbelkörpern gefunden. Diese Brücken verursachen keine Einengung des Spinalkanals und damit keine direkte Schädigung des Rückenmarkes und sind daher auch keine Ursache einer Rückenmarkserkrankung. In seltenen Fällen können bei lateraler Brückenbildung die Foramina intervertebralia eingeengt werden und durch Wurzelkompression Schmerzen verursachen oder es kommt zu mechanischer Beeinträchtigung der Wirbelsäule. Davon ist die diffuse idiopathische skelettale Hyperostose (DISH) zu unterscheiden, eine häufige, nicht-entzündliche systemische Erkrankung der Wirbelsäule und des peripheren Skeletts beim Hund. Eine genetische Prädosposition wird bei DISH vermutet, beim Boxer kommt sie am häufigsten vor. Beide Erkrankungen werden konservativ mit Schmerzmedikation und Physiotherapie behandelt, eine chirurgische Intervention erfolgt in Einzelfällen bei starker Einengung der Foramina oder Wirbelfraktur.

14.4.3.2 Nicht kompressive Rückenmarkserkrankungen

14.4.3.2.1 Rückenmarksinfarkt (fibrokartilaginöse Embolie)

Nucleus pulposus-Material der Bandscheiben kann in spinalen Gefäßen zu Verschlüssen und anschließender anämischer Infarzierung in der grauen und weißen Substanz der betroffenen Rückenmarkssegmente führen.

Klinisches Bild: Jede Hunderasse und jede Altersgruppe kann betroffen sein. Am häufigsten treten jedoch fibrokartilaginöse Embolien bei adulten, großen Hunden auf. Katzen können auch erkranken, jedoch deutlich seltener als Hunde. Die Symptome treten meist akut oder perakut auf. Die Infarkte sind häufig in der Lumbalschwellung bzw. Zervikalschwellung lokalisiert. Daher sind die Gehstörungen oft mit Hypo- oder Areflexie kombiniert. Da die Infarkte häufig einseitig sind, sind die Symptome oft lateralisiert.

Diagnose: Die Diagnosenstellung erfolgt mithilfe der MRT und einer Darstellung der Infarzierung, ansonsten im Ausschlussverfahren.

Prognose: Die Prognose ist je nach Lokalisation und Ausmaß der Veränderung von günstig bis vorsichtig (thorakolumbal, gute Schmerzempfindung) bis ungünstig (Rückenmarksschwellung, Areflexie, abwesende Schmerzempfindung) zu stellen.

Therapie: Eine ätiologische Therapie ist nicht möglich, der Hund muss vor allem unterstützend behandelt werden: Blasenkontrolle und Entleerung, Physiotherapie.

14.4.3.2.2 Myelitis

Entzündliche Erkrankungen des zentralen Nervensystems treten meist multifokal auf, können sich aber auch nur auf das Rückenmark beschränken. Bakterielle Infektionen sind meist die Folge von Bissverletzungen oder anderer perforierender Traumata. Auch Myelitiden unbekannter Genese (siehe auch „MUO“) sind wichtige Differenzialdiagnosen. Virale Infektionen, wie z. B. Staupe, können mit rein spinaler Symptomatik einhergehen (siehe intrakranielle Erkrankungen).

14.4.3.2.3 Steril eitrige Meningitis-Arteriitis des Hundes

Die Ätiologie der steril eitrigen Meningitis-Arteriitis (SRMA) ist unbekannt. Ein exogener Stimulus kann vermutet werden (infektiöses Agens, Toxin etc.) aufgrund epidemiologischer Studien in großen Beagle-Kolonien. Über die Pathogenese ist mittlerweile viel geforscht worden und immunpathologisch bedingte Veränderungen konnten nachgewiesen werden. IgA scheint bei der Pathogenese eine zentrale Rolle zu spielen. Neben IgA produzierenden Plasmazellen wurden Th17 Zellen entdeckt, eine spezielle Form der Helfer-Zell-Population, die vermutlich die autoimmune Reaktion und die starke neutrophile Pleozytose auslöst.

Klinisches Bild: Die Hunde werden meist wegen rezidivierender Schmerzen und aufgrund von Fieberschüben beim Tierarzt vorgestellt. Bei dieser Krankheit können anhand der klinischen Untersuchung und der unterschiedlichen Veränderungen des Liquor cerebrospinalis zwei Formen unterschieden werden. Die klassische Form ist durch steife Kopf-Hals-Haltung, Schmerzen und erhöhte innere Körpertemperatur charakterisiert. Bei der zweiten, atypischen, mehr protrahiert verlaufenden Form fallen zusätzlich bei der neurologischen Untersuchung neben den Schmerzen vermehrt Ausfallserscheinungen, im Sinne einer Rückenmarkserkrankung oder einer multifokalen Läsion, auf.

Diagnose: Blutuntersuchung: Bei der akuten Form werden Leukozytose, Neutrophilie mit Linksverschiebung und erhöhte CRP-Werte gesehen. Bei der protrahierten Form ist die Blutuntersuchung oft unauffällig. Die Untersuchung des Liquor cerebrospinalis ergibt bei der akuten Form eine gering- bis mittelgradige Eiweißerhöhung und eine hochgradige Pleozytose bis zu mehreren Tausend Zellen/µl. Im Differenzialzellbild herrschen die neutrophilen Granulozyten vor. In der protrahierten Form kann der Liquor normal sein oder eine geringgradige Pleozytose mit gemischtem oder mononukleärem Zellbild (Lymphozyten, Monozyten, Makrophagen) liegt vor. Da die Liquoruntersuchung in der protrahiert verlaufenden Form keine eindeutig interpretierbaren Resultate liefert, müssen andere Rückenmarksläsionen im Ausschlussverfahren gesucht werden. Unterstützend ist eine Untersuchung von Serum und Liquor auf IgA. Eine gemeinsame Erhöhung des IgA-Spiegels unterstützt die Diagnose SRMA mit einer Sensitivität von 91 % und einer Spezifität von 78 %. Eine intrathekale IgA-Produktion alleine – ohne systemische Erhöhung – ist uncharakteristisch und tritt bei jeder entzündlichen Veränderung im Bereich des Zentralnervensystems auf (Enzephalitis, Reaktion auf Tumorgewebe).

Differenzialdiagnose: Entzündliche Erkrankungen (Meningitis, Polyarthritis, Polymyositis, Diskospondylitis); Malformation; Tumor der Meningen; degenerative Störung (Bandscheibenvorfall).

Therapie: Prednisolon: Langzeittherapie. Die Dosis und die Dauer der Medikation muss individuell unter laufenden Kontrolluntersuchungen eingestellt werden. Sollte die klinische Untersuchung im Verlauf unauffällig und der Liquor cerebrospinalis o. b. B. sein, wird die Dosierung halbiert. Bei pathologischem Liquorbefund wird die Prednisolondosis beibehalten oder sogar erhöht, da ein Rezidiv befürchtet werden muss (Rezidive verschlechtern die Prognose). Beispiel einer Dosierung: 1–2 Tage 4 mg/kg KM und Tag, danach ca. 1 Woche 2 mg/kg KM und Tag, anschließend 1 mg/kg KM und Tag und individuelle Weiterdosierung. Eine Kombination mit Immunsuppressiva bei häufigen Rezidiven und schlechtem Ansprechen auf Prednisolon oder starken Nebenwirkungen wird empfohlen. Antibiotika können zu Beginn gegeben werden bis zum Ergebnis einer negativen bakteriologischen Untersuchung des Liquor cerebrospinalis. Bakteriologische Meningitiden sind beim Hund allerdings selten (Ausnahme Verletzungen, Bisswunden, hämatogene Streuung). Bei einem ersten Auftreten der Symptome und nur geringgradiger Pleozytose ist eine Spontanheilung nach Schmerzmedikation (nicht steroidale Antiphlogistika) möglich.

Prognose: Die Prognose ist als gut bis vorsichtig zu bezeichnen. Je häufiger die Schmerzschübe zu beobachten sind, desto schwieriger und langwieriger gestaltet sich die Therapie und die Prognose wird ungünstig. Ebenfalls wird die Prognose vorsichtig, wenn es zu starken Blutungen nach Gefäßruptur gekommen ist. Aber auch in diesen Fällen kann es zu einer Ausheilung kommen. Die Prognose ist günstig, wenn es sich um junge Tiere handelt und frühzeitig mit der adäquaten Therapie begonnen wird.

14.4.3.2.3 Missbildungen
Nicht kompressive Missbildungen des Rückenmarkes sind zum Beispiel dysraphische Störungen, wie Syringomyelie oder Spina bifida. Die Symptome treten meist sehr früh im Jugendalter auf und hängen von Lokalisation und Ausdehnung des Prozesses ab. Zusätzlich zu den schon beschriebenen spinalen Symptomen können Gangstörungen gefunden werden. Die Diagnose kann mithilfe der MRT gestellt werden. Die Prognose ist je nach Ausmaß der Läsion als vorsichtig bis ungünstig zu stellen.

14.4.3.2.4 Degenerative Veränderungen
Bei jungen Hunden können degenerative Erkrankungen der weißen oder grauen Substanz des Rückenmarkes auftreten. Die Symptome sind meist progressiv, bei einigen Fällen wurde ein Gentest entwickelt. Der Verdacht einer degenerativen Veränderung besteht, wenn die klinischen Symptome bei:

1. Jungtieren bestimmter Rassen auftreten;
2. bei langsam progressiver Entwicklung der spinalen Symptome;
3. wenn mehrere Tiere eines Wurfes betroffen sind.

Ist die weiße Substanz betroffen, kommt es vor allem zu Ataxie, bei Erkrankung der grauen Substanz zu Lähmungen und Muskelatrophie. Kompressive Erkrankungen oder Missbildungen müssen mit bildgebenden Verfahren ausgeschlossen werden.

14.4.3.2.5 Degenerative Myelopathie (DM) der großen Hunderassen
Bei dieser Erkrankung liegt ein genetischer Einfluss vor. In einer großen Studie konnte eine Mutation im Gen der Superoxid-Dismutase (SOD) in vielen Fällen nachgewiesen werden. Diese Mutation ist ein Risikofaktor, an degenerativer Myelopathie zu erkranken.

Klinisches Bild: DM ist eine häufige Erkrankung bei älteren Tieren großer Hunderassen. Am häufigsten sind Deutsche Schäferhunde und Collies betroffen, es können jedoch fast alle große Hunderassen erkranken. Der größte Anteil der Hunde, die wegen degenerativer Myelopathie an die Klinik kommen, ist über 10 Jahre alt. Es erkranken jedoch auch schon Hunde ab einem Alter von 5–6 Jahren. Die Lokalisation ist meist im Thorakalmark gelegen. Den Besitzern fällt zuerst Nachhandschwäche und Zehenschleifen auf. Der Verlauf ist chronisch-progressiv. Die Tiere haben keine Druckdolenz. Bei der Beurteilung des Ganges fallen Paraparese und Ataxie der Hinterextremitäten auf, die spinalen Reflexe sind mit Ausnahme des Patellarreflexes normal oder gesteigert (Läsion in der weißen Substanz). Die Propriozeption ist an den Hinterbeinen verzögert oder aufgehoben.

Diagnose: Die Diagnose stützt sich auf die Befunde der neurologischen Untersuchung, den chronischen Verlauf und bildgebende Verfahren, die keine kompressiven Läsionen erkennen lassen. Der Liquor kann eine Eiweißvermehrung aufweisen. Im Prinzip kann in der Klinik im Ausschlussverfahren nur eine Verdachtsdiagnose gestellt werden, ein Nachweis einer SOD 1 Mutation unterstützt nach Ausschluß einer kompressiven Erkrankung die Diagnose. Die endgültige Diagnose erbringt die Histopathologie.

Prognose: Die Prognose ist auf lange Zeit als ungünstig anzusehen.

Therapie: Eine ätiologische Therapie ist nicht bekannt. Verschiedene Therapieversuche mit Glukokortikoiden, Immunstimulantien, DMSO, Aminokapronsäure, Vitamin E und B-Komplex haben nicht zu durchschlagendem Erfolg geführt. Physiotherapie ist die wichtigste unterstützende Maßnahme.

14.4.4 Erkrankungen im Bereich der Cauda equina

Bei Veränderungen im Bereich der Wirbelkörper L6-S1 betrifft die Schädigung nicht das Rückenmark, sondern bereits die peripheren Nerven. Folgende Nerven können betroffen sein: N. ischiadicus, N. pelvicus, N. pudendus, Schwanznerven.

Klinisches Bild: Bei der neurologischen Untersuchung werden Gangstörungen im Bereich der Hinterextremitäten, wie Lahmheit und Parese, gesehen. Bei Beurteilung der Haltungs- und Stellreaktionen fallen Ausfälle an den Hinterextremitäten auf, meist mit einer Seitenbetonung ipsilateral zur Läsion. Die spinalen Reflexe können abnormal sein: abgeschwächter Tibialis cranialis- und Flexorreflex, der Patellarreflex kann normal bis gesteigert sein, herabgesetzter Bulbokavernosus-Reflex, Analreflex und Perinealreflex. Harn- und Kot-Inkontinenz, herabgesetzter Sphinktertonus und Schwanzlähmung sind möglich. Meist treten Sensibilitätsstörungen auf: Hyperästhesie, Hypalgesie, Parästhesien. Je nach Ausmaß der Läsion sind alle oder nur einzelne Symptome vorhanden, daher ist die klinische Diagnosestellung eines Cauda equina-Syndroms oft schwierig. Häufigstes klinisches Zeichen ist der Schmerz! Neben Druckschmerz von dorsal sollte auch eine rektale Untersuchung Auskunft über einseitigen Schmerz geben.

Differenzialdiagnose: Diese vielfältigen klinischen Befunde, die bei Erkrankungen der Cauda equina gefunden werden, können unterschiedliche Ursachen haben. Die häufigste Kompression im lumbosakralen Bereich ist durch Bandscheibenvorfälle bzw. Osteochondrose bedingt. Daneben können kongenitale Stenosen im Zusammenhang mit Wirbelmissbildungen zur Cauda equina-Symptomatik führen. Auch Tumore (Meningiome), die den Spinalkanal einengen oder die Spinalwurzeln infiltrieren (Nervenwurzeltumore), können diagnostiziert werden. Osteomyelitiden sowie Diskospondylitis der Wirbelsäule können auch in diesem Bereich gefunden werden (siehe kompressive Rückenmarkserkrankungen).

Diagnose: Die Diagnose wird mithilfe von bildgebenden Verfahren zu stellen sein. Aufgrund der Beteiligung von peripheren Nerven wird im EMG Spontanaktivität in den Extremitätenmuskeln, Schwanzmuskeln oder M. sphincter ani zu finden sein. Tumoröse infiltrative Erkrankungen sind nur mit MRT und/oder einer Biopsie nachzuweisen.

Prognose: Die Prognose ist je nach Art und Ausmaß der Läsion günstig bis ungünstig.

Therapie: Die Therapie ist abhängig von der Art der Läsion und kann konservativ oder chirurgisch erfolgen. Konservativ wird beim ersten Schmerzschub behandelt, was Ruhighaltung und Bewegungsmanagement für mehrere Wochen, Physiotherapie und Schmerzmedikation, Infiltration beinhaltet. Eine chirurgische Intervention erfolgt nach erfolgloser konservativer Behandlung, starkem Schmerz und schweren neurologischen Ausfallserscheinungen einschließlich Inkontinenz. Eine anschließende Ruhigstellung des Hundes und Physiotherapie sind auch hier notwendig, um eine Rezidivgefahr zu vermindern.

14.4.5 Erkrankungen der peripheren Nerven

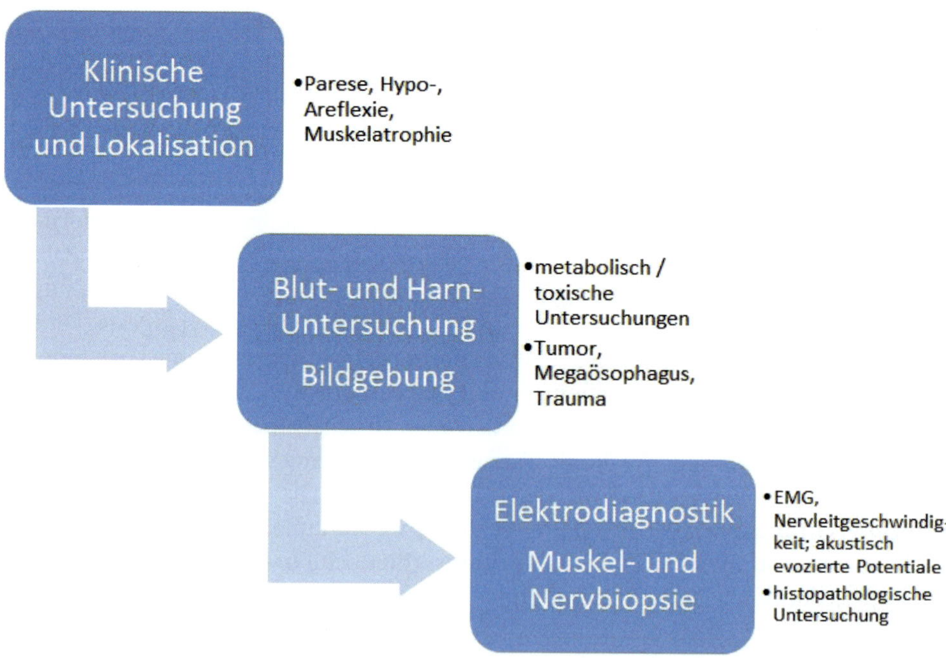

Abb. 14.17 Schritte zur Abklärung von Erkrankungen peripherer Nerven.

14.4.5.1 Trauma peripherer Nerven

Ein Trauma im Bereich der peripheren Nerven ist die häufigste Ursache einer Neuropathie beim Kleintier. Dies resultiert nach Autounfällen, Frakturen, Schusswunden, Quetschung oder Überdehnung. Aber auch iatrogen kann der Nerv geschädigt werden, z. B. nach Injektionen, operativen Frakturbehandlungen oder drückenden und schlecht sitzenden Verbänden.

Pathogenese: Es kommt durch das Trauma entweder zu einem Ausriss, wie z. B. Plexus brachialis-Avulsion, oder einer starken Quetschung oder Dehnung des Nerven.

Klinisches Bild:
Siehe Tabelle 14.7.

Diagnose: Die Diagnose basiert vor allem auf dem Vorbericht und der klinischen Untersuchung. Elektrodiagnostische Untersuchungen geben Aufschluss über das Ausmaß der Schädigung (Veränderungen im EMG erst ca. 1 Woche nach dem Trauma; Beurteilung der Nervenleitgeschwindigkeit an mehreren Stellen). Bei Plexus-Abriss: bildgebende Verfahren. Eine Röntgenuntersuchung dient auch dem Feststellen von Frakturen. Eventuell muss eine explorative Chirurgie durchgeführt werden, um den Nervenschaden bei postoperativen Schäden darstellen zu können.

Differenzialdiagnose: Der Vorbericht sollte eindeutig sein.

Prognose: Sie ist generell vorsichtig bis ungünstig, jedoch abhängig von:
1. Ausmaß der Läsion (totaler Abriss hat eine schlechte Prognose, bei partiellen Schäden kann Regeneration eintreten).
2. Erholungsrate (nach ca. 1–2 Monaten sollten Anzeichen einer Erholung eintreten, Reinnervationspotentiale im EMG; regelmäßige Kontrolluntersuchungen sind anzuraten).
3. Lokalisation der Läsion (je weiter proximal die Läsion liegt, desto schlechter ist die Prognose).
4. Schwere der Ausfallserscheinungen (Paresen günstiger als Paralysen mit Analgesie).

Parästhesien mit Automutilation stellen eine häufige Komplikation dar.

Therapie: Die Regeneration kann medikamentös nicht beeinflusst werden. **Physiotherapie** ist wichtig, um Muskelatrophie, Ankylosen und Sehnenverkürzungen zu verhindern! Ein Schutz vor Hautverletzungen muss durchgeführt werden. Chirurgische Maßnahmen, wie Loslösen von entzündetem Gewebe nach iatrogenen Schäden, schützen vor weitergreifenden Veränderungen. Bei Plexusabriss wird bei kleineren Hunderassen und störender Gliedmaße auch eine Amputation der betroffenen Gliedmaße empfohlen. Weitere chirurgische Maßnahmen und Orthesen sind in Diskussion.

14.4.5.2 Chronische Wurzelreizung

Lahmheit kann auch durch eine neurologische Erkrankung entstehen. Im Bereich der Foramina intervertebralia kann es meist durch Bandscheibenvorfälle oder durch Nervenwurzeltumoren zu einer Schädigung des Nervens kommen. Dies führt zu Schmerzen. In der Klinik wird Lahmheit meist mit fluktuierendem Verlauf gesehen. Nur eine sorgfältige neurologische Untersuchung und Palpation zur Suche von Muskelatrophien kann auf feine Ausfallserscheinungen hinweisen und helfen, das Problem richtig zu lokalisieren.

14.4.5.3 Nervenwurzeltumore

Die Häufigkeit von Tumoren der Kopfnerven und spinalen Nerven beim Hund wird in unterschiedlichen Studien verschieden angegeben. Sie schwankt zwischen selten und relativ häufig (27 % aller Tumore des Nervensystems). Meist sind die Nervenwurzeln des Plexus brachialis oder der Cauda equina betroffen, sie treten jedoch auch im Bereich der Kopfnerven auf. Die Symptome sind langsam progredient und hängen von der Lokalisation des Tumors ab. Zu Beginn wird oft nur eine Lahmheit gesehen mit Muskelatrophie. Zu deren Feststellung ist sorgfältige Palpation und Seitenvergleich notwendig. Sind die Kopfnerven befallen, entstehen dementsprechende klinische Zeichen. Meist wird eine Hirnstammsymptomatik mitbeobachtet, da es sekundär zu Kompression des Hirnstammes kommt.

Diagnose: Klinische Untersuchung mit sorgfältiger Palpation. Im Plexus brachialis-Bereich kann der Tumor tastbar sein. Im Ultraschall und/oder MRT sind die Tumore in vielen Fällen darstellbar. Die Elektrodiagnostik hilft, die Lokalisation zu bestätigen. Eine endgültige Diagnose liefern die explorative Chirurgie und Biopsie mit anschließender histopathologischer Untersuchung. Wichtigste Differenzialdiagnose ist eine entzündliche Reaktion.

Prognose und Therapie: Die Prognose ist vorsichtig bis schlecht. Der Tumor kann chirurgisch entfernt werden. Auch dann ist die Rezidivrate relativ hoch. Bestrahlung allein oder in Kombination mit chirurgischer Therapie erhöht die Überlebenszeit deutlich.

14.4.5.4 Polyneuropathien

14.4.5.4.1 Akute idiopathische Polyradikuloneuritis des Hundes

Ätiologie und Pathogenese sind teilweise noch unklar. Ursprünglich wurde vermutet, dass die Erkrankung durch den Biss von Waschbären (Nachweis von Antikörpern gegen Waschbärenspeichel, „Coonhound Disease") ausgelöst wird. Sie tritt aber auch bei Hunden auf, die nie Kontakt mit Waschbären hatten. Es handelt sich vermutlich um eine autoimmune Reaktion, entsprechende Autoantikörper konnten nachgewiesen werden. Beim Menschen tritt die Erkrankung in Kombination mit Campylobacter jejuni-Infektionen, Virusinfektionen oder Vakzination auf. Die Erkrankung der peripheren Nerven wird als eine Art „molecular mimicry"-Reaktion angesehen. Auch beim Hund wurde in einer Studie ein Zusammenhang zwischen Campylobacter-Infektion und Auftreten einer Polyneuropathie beobachtet.

Als wahrscheinliche Sonderform der Erkrankung gilt eine isolierte **Plexus brachialis-Neuritis**. Hier ist die Ätiologie unbekannt, es wird aber angenommen, dass sie ähnlich ist wie die der akuten idiopathischen Polyradikuloneuritis.

Klinisches Bild: Es sind vor allem große Hunderassen betroffen. Die Erkrankung ist die häufigste Polyneuropathie beim Hund. In seltenen Fällen tritt sie auch bei der Katze auf. Eine genetische Prädisposition ist nicht bekannt. Die Erkrankung verläuft meist akut, selten mehr protrahiert. Klinisch fallen Paresen bis Paralysen aller 4 Extremitäten auf. Die allgemeine Untersuchung ist unauffällig. Eine Ausnahme ist ein sich entwickelnder Megaösophagus, der ein Regurgitieren zur Folge hat. Zu Beginn sind die Hunde oft überempfindlich im Bereich der Rücken- und Extremitätenmuskulatur und schreien bei leichten Berührungen.

Diagnose: Die Blutuntersuchung dient zum Ausschluss metabolischer Polyneuropathien; die Elektrodiagnostik zur Bestätigung der bei der klinischen Untersuchung gefundenen Lokalisation. Mithilfe einer Röntgenuntersuchung des Thorax wird ein eventuell vorkommender Megaösophagus nachgewiesen, was für die Prognosestellung von Bedeutung ist. Eine gute allgemeine Untersuchung dient der Suche nach Tumoren, unterstützt durch bildgebende Verfahren, um eine paraneoplastische Polyneuropathie auszuschließen. Muskel- und Nervbiopsien bringen die endgültige Diagnose.

Differenzialdiagnose: Metabolisch bedingte Polyneuropathien (Insulinom, Hypothyreose); paraneoplastische Polyneuropathie.

Prognose: Die Erkrankung hat, da sie selbstlimitierend ist, eine günstige Prognose (Ausnahme Megaösophagus und Entstehen einer Aspirationspneumonie). Um diese günstige Prognose aussprechen zu können, muss allerdings eine intensive Pflege der Tiere und eine ausreichende Physiotherapie gewährleistet sein. In Einzelfällen sind Rückfälle beim Hund beobachtet worden.

Therapie: Die Erkrankung ist im Prinzip selbstlimitierend. Die wichtigste Therapie ist die Physiotherapie, um eine rasch progrediente Muskelatrophie zu verhindern.

14.4.5.4.2 Paraneoplastische Polyneuropathie

In Zusammenhang mit verschiedenen Tumoren können paraneoplastische Polyneuropathien auftreten. Beim Hund verlaufen diese meist subklinisch. Der genaue Prozentsatz einer klinisch manifesten Polyneuropathie ist nicht bekannt. Sie wird beim Hund vor allem bei Bronchuskarzinomen, Mammatumoren (Adenokarzinom), malignem Melanom, Insulinom, Osteosarkom und bei Mastzelltumoren gesehen. Es wird vermutet, dass die Polyneuropathie durch Antikörper-vermittelte Zellschädigung ausgelöst wird: Tumore exprimieren Antigene, deren Strukturen auch im peripheren Nervensystem vorkommen. Eine Immunantwort, die gegen den Tumor gerichtet ist, schädigt dann auch periphere Nerven (molecular mimicry). Am bekanntesten ist beim alten Hund eine Polyneuropathie, die in Zusammenhang mit Insulinomen auftritt. Neben dem paraneoplastischen Phänomen wird angenommen, dass die Nerven durch die Hypoglykämie und die Hyperinsulinämie zusätzlich geschädigt und in ihrem Stoffwechsel beeinträchtigt werden.

Klinisches Bild: Die Hunde haben mehr oder weniger starke Tetraparesen bis Tetraplegien mit abgeschwächten Reflexen. Häufig ist diese Polyneuropathie in Zusammenhang mit Insulinomen mit einem Anfallsleiden kombiniert.

Diagnose: Die Blutuntersuchung dient zum Ausschluss metabolischer Polyneuropathien; die Elektrodiagnostik zur Bestätigung der bei der klinischen Untersuchung gefundenen Lokalisation. Mit bildgebenden Verfahren werden die extraneuralen Tumore nachgewiesen. Muskel- und Nervbiopsien bringen die endgültige Diagnose.

Differenzialdiagnose: Metabolisch bedingte Polyneuropathien (Hypothyreose); akute idiopathische Polyradikuloneuritis.

Prognose: Die Prognose ist abhängig vom Tumor – lässt sich dieser entfernen und entstehen keine Metastasen, dann ist die Prognose zur Abheilung der Polyneuropathie günstig.

Therapie: Chirurgische Entfernung des Tumors.

14.4.5.4.3 Polyneuropathien bei metabolisch/toxischen Störungen

Polyneuropathien können im Rahmen folgender metabolischer und toxischer Störungen auftreten: Hypothyreose, Hypoglykämie bei Insulinomen (zusätzlich zu paraneoplastischem Phänomen), Diabetes mellitus (bei Katzen Gangstörung vor allem im Bereich der Hintergliedmaßen, tiefgestellter Tarsus), Botulismus (Toxin kann die neuromuskuläre Übertragung beim Hund blockieren), Zeckenparalyse (durch ein Toxin von Dermazentorzecken), subakute Organophosphatintoxikation, Bleivergiftung und einige andere Toxine, wie z. B. Karbamate und bei der Katze Kalzium-Ionophore, sowie Medikamente (z. B. Vincristin).

14.4.6 Erkrankungen der Kopfnerven

14.4.6.1 Trigeminus-Neuritis

Eine Trigeminus-Neuritis ist durch eine nicht eitrige, entmarkende Neuritis gekennzeichnet. Die Vermutung liegt nahe, dass es eine immunbedingte Erkrankung ist.

Klinisches Bild: Die Erkrankung tritt akut auf, kommt vor allem beim erwachsenen Hund, aber auch sporadisch bei der Katze vor. Meist entsteht eine Parese oder Paralyse des Unterkiefers (Schlotterkiefer), aber auch ein Trismus kann beobachtet werden. Die Kaumuskeln atrophieren.

Diagnose: Klinisches Bild, Elektrodiagnostik, Muskelbiopsie.

Differenzialdiagnose: Kaumuskelmyositis, Enzephalitiden mit Trigeminusneuritis, Unterkieferfraktur.

Prognose und Therapie: Die Erkrankung ist innerhalb einiger Wochen selbstlimitierend. Einige Fälle mit sehr starker Axondegeneration regenerieren nicht oder schlecht – die Prognose ist dann ungünstig. Den Tieren muss meist bei der Futteraufnahme geholfen werden, in schweren Fällen durch Legen einer Magensonde. Physiotherapie zur Anregung der Kaumuskeln ist anzuraten.

14.4.6.2 Idiopathische Fazialislähmung

Diese Lähmung tritt meist bei erwachsenen oder älteren Hunden und Katzen auf. Eine gewisse Rassenprädisposition gibt es für Cocker Spaniels, Welsh Corgis, Boxer, English Setter und langhaarige Rassekatzen. Die Symptome treten akut auf und können einseitig oder bilateral sein. Differenzialdiagnostisch müssen Mittelohrentzündungen, Trauma, Hypothyreose und Hirnstammläsionen ausgeschlossen werden. Die Prognose schwankt zwischen günstig (spontane Erholung innerhalb einiger Wochen) und ungünstig (keine Erholung). Eine Therapie ist nicht bekannt. Die Augen müssen mithilfe künstlicher Tränenflüssigkeit vor dem Austrocknen geschützt werden.

14.4.6.3 Kopfnervenerkrankung bei Hypothyreose

Bei Hypothyreose kann es neben einer Polyneuropathie auch zu solitären Erkrankungen der Kopfnerven kommen. Meist sind die Fazialisnerven oder Vestibularnerven betroffen. Die Ursache der klinischen und pathologischen Veränderung könnte Einlagerung von Mukopolysacchariden und Myxödembildung in den Nerven sein. In der Schädelkalotte kann es zu Kompression der verdickten Nerven kommen. Die neurologischen Ausfallserscheinungen sind reversibel, wenn eine Substitutionstherapie durchgeführt wird.

14.4.6.4 Taubheit

Taubheit wird beim Kleintier meist durch eine periphere Störung ausgelöst und tritt bei vielen Rassen als kongenitale Veränderung auf. Es werden 3 Formen der Taubheit unterschieden:

1. Erblich, kongenital, sensorineural
2. Erworben sensorineural (Ototoxizität – z. B. bei Applikation von Aminoglykosiden, Presbykusis)
3. Erworben konduktiv (z. B. chronische Otitis externa/media, Anomalie).

Die **erbliche Form der Erkrankung** hat häufig eine Korrelation mit bestimmten Haarfarben (weiße Katzen mit blauen Augen, Piebald-Gen beim Dalmatiner und Bullterrier, Merle-Faktor beim Collie etc.). Beim Dalmatinerwelpen, bei dem die Taubheit mit einem Alter von ca. 3–5 Wochen einsetzt, ist die Pathogenese bekannt: es gibt keine Melanozyten im Bereich der Stria vascularis, die degenerativ verändert ist. Dies führt zu einem Kollaps der Reissnerschen Membran, zu Degeneration der Haarzellen, Degeneration der Spiralganglionzellen bis zu einer Verkleinerung der Hörrinde. Beim Dobermann kommt es zu einer direkten Degeneration der Haarzellen. Viele Züchtervereinigungen verlangen Hörtests, um ein Tier zur Zucht zuzulassen. Eine Therapie ist nicht möglich.

Geriatrische Taubheit: Diese Form der erworbenen Taubheit wird auch „Presbykusis" genannt. Die pathologischen Veränderungen bei den meisten Hunden und Katzen sind sensorineural. Das heißt, es kommt zu Neuronenatrophie und -verlust im Spiralganglion und zu Verlust von Haarzellen und unterstützenden Zellen im Cortischen Organ. Zusätzlich wird die Schwerhörigkeit oder Taubheit durch verminderte Flexibilität des Trommelfelles und der Gehörknöchelchen verstärkt (konduktive Taubheit). Obwohl dies eine chronisch-progressive Veränderung ist, fällt den meisten Besitzern die Taubheit ihres Tieres plötzlich auf. Vermutlich können die meisten Haustiere ihre Schwerhörigkeit lange kompensieren. Eine exakte Diagnose wird mithilfe der Elektrodiagnostik, akustisch evozierten Hirnstammpotentialen, gestellt.

14.4.7 Autonomes Nervensystem

14.4.7.1 Dysautonomie

Diese Erkrankung wurde vor allem bei der Katze beschrieben (Key-Gaskell-Syndrom), kommt aber auch beim Hund vor. Pathologische Veränderungen betreffen vor allem

Nervenzellen der autonomen Ganglien, sowohl parasympathische als auch sympathische. Autonome Nerven sind degenerativ verändert, Läsionen finden sich im Vaguskern und in einigen anderen Kopfnervenkernen, sowie im Bereich des Ventralhornes und der intermediolateralen grauen Substanz des Rückenmarkes.

Klinisches Bild: Katzen jeder Alterskategorie können erkranken. Folgende klinische Symptome werden beobachtet:

1. Schluckbeschwerden, Würgen, Erbrechen, Regurgitieren (Entwicklung eines Megaösophagus).
2. Durchfall oder Obstipation, Anorexie, evtl. Kotinkontinenz.
3. Die Pupillen sind erweitert und nicht responsiv auf Lichtstimulation, evtl. Anisokorie, Nickhautvorfall, D-förmige Pupille.
4. Trockene Kopfschleimhäute, verminderte Tränen- und Speichelproduktion.
5. Apathie, Exsikkose, Abmagerung.
6. Bradykardie.

Beim Hund sind die Symptome nicht immer so deutlich ausgeprägt.

Diagnose: Klinisches Bild, Röntgen (Megaösophagus), Schirmertest zum Nachweis verminderter Tränenproduktion, evtl. pharmakologisches Austesten sympathischer und parasympathischer Dysfunktion.

Differenzialdiagnose: Andere Ursachen einer Pupillendilatation, eine Kombination der beschriebenen Symptome ist eigentlich recht typisch.

Prognose: Vorsichtig bis ungünstig. Eine symptomatische Therapie kann anfänglich empfohlen werden, da sich einige wenige Tiere erholen können. Dies ist der Fall, wenn eine Schleimhautsekretion wieder stattfindet und die Tiere zu fressen beginnen. Die Erholungsphase kann jedoch bis zu 12 Monate dauern.

Therapie: Die Therapie erfolgt nur symptomatisch: Korrektur der Hypovolämie, der Hypoglykämie, von Elektrolytstörungen, Blasen- und Darmentleerung, künstliche Ernährung (Magensonde), künstliche Tränenflüssigkeit etc.

14.4.8 Erkrankungen der Muskulatur

14.4.8.1 Aortenthrombus

Bei der Katze, seltener beim Hund, kann im Rahmen einer Kardiomyopathie ein Thrombus die Aorta oder abzweigende große Gefäße verstopfen. Dies führt zu einer Minderdurchblutung der Hinterextremitäten, die sich klinisch in einer Nachhandschwäche oder gar Paraplegie äußert (Polyneuromyopathie).

Klinisches Bild: Zu Beginn der Erkrankung sind die Muskeln äußerst schmerzhaft, oft geschwollen und die Extremitäten kalt. Der Femoralispuls ist abgeschwächt oder nicht fühlbar. Nach ein paar Tagen oder nach entsprechender Vorbehandlung ist die Schmerzhaftigkeit dieser Störung nicht mehr so ausgeprägt, oder die Tiere zeigen diese nicht mehr so deutlich. Die Muskelschwellung geht zurück, was die klinische Diagnose erschwert.

Diagnose: Die Diagnose dieser Störung wird mithilfe des Ultraschalles gestellt (Nachweis des Thrombus). Bei einer elektromyographischen Untersuchung (EMG) können sehr niedrige oder abwesende Insertionspotentiale gesehen werden. Die zugrunde liegende Herzerkrankung muss dementsprechend abgeklärt werden. Bei der blutchemischen Untersuchung ist im Anfangsstadium die Kreatininkinase stark erhöht.

Differenzialdiagnose: Rückenmarkserkrankungen in der Lumbalschwellung.

Prognose und Therapie: Die Prognose ist je nach Ausmaß der Läsion und der Herzerkrankung zu stellen. Therapie siehe Herzerkrankungen.

14.4.8.2 Myasthenia gravis

Bei Myasthenia gravis entsteht bei der erworbenen Form eine autoimmune Reaktion gegen Azetylcholinrezeptoren. Diese werden dadurch vermindert, was zu einer Blockierung der neuromuskulären Übertragung führt. Die Ätiologie dieser Autoimmunerkrankung ist unbekannt. Sie wurde teilweise in Zusammenhang mit Thymustumoren beobachtet. Die autoimmune Reaktion ist durch IgG, aber auch durch Komplement bedingt. Durch diese Immunreaktion können folgende Ereignisse ausgelöst werden, die alle mit dem Resultat enden, dass zu wenig Azetylcholinrezeptoren vorhanden sind:

- „Cross-linking" von Rezeptoren durch Antikörper (Blockierung der Adenylzyklase – keine Muskelkontraktion; enzymatische Zerstörung der gebildeten Komplexe durch Myozyten oder Phagozyten)
- Erhöhte Degradationsrate bzw. direkte Zerstörung der Rezeptoren (Komplement oder zellvermittelt), wobei die Neubildungsrate gleich bleibt
- Direkte Blockade der Rezeptoren durch AK, herabgesetzte Synthese der Rezeptoren.

Neben der erworbenen Form der Myasthenia gravis, die durch Autoantikörper ausgelöst wird, gibt es eine **angeborene, erbliche Form**. Die Symptome treten schon in den ersten Lebensmonaten auf und sind durch eine zu geringe Anzahl an Azetylcholinrezeptoren verursacht.

Klinisches Bild: Bei der klinischen Untersuchung und in der Anamnese ist die anstrengungsabhängige Schwäche das auffallendste Merkmal. Die neurologische Untersuchung kann leichte Ausfallserscheinungen wie Defizite bei den Haltungs- und Stellreaktionen sowie bei den spinalen Reflexen ergeben, ist jedoch meist normal. Die Gesichtsmuskeln können auch solitär befallen werden (abgeschwächter Lidreflex, schlaffe Gesichts- und Kaumuskulatur) oder ein Megaösophagus ist die alleinige Manifestation der Erkrankung. Bevor ein Megaösophagus als „idiopathisch“ bezeichnet wird, sollten immer Antikörpertiter gegen Azetylcholinrezeptoren bestimmt werden.

Diagnose:

- Tensilontest: Tensilon = Edrophonium, ein kurz wirkender Azetylcholinesterasehemmer wird intravenös injiziert, wenn das Tier extreme Schwäche zeigt: Die Dosierung ist 0,1 mg/kg KM intravenös, die Maximalmenge beträgt 5 mg/Hund. Falls Tensilon nicht vorhanden ist, kann auch Neostigmin (0,05 mg/kg KM) verwendet werden. Zu beachten ist hier jedoch, dass Nebenwirkungen wie Speicheln, Bradykardie, Bronchokonstriktion auftreten können. Eine Vorbehandlung mit Atropin (0,04 mg/kg KM intramuskulär) kann hilfreich sein. Weiter muss beachtet werden, dass bei der Applikation in seltenen Fällen ein Schock eintreten kann. Eine dramatische Verbesserung der Schwäche spricht für eine Myasthenie. Allgemein können jedoch Verbesserungen bei jeder Erkrankung, die mit anstrengungsabhängiger Schwäche einhergehen, beobachtet werden!
- Elektrodiagnostik: repetitive Nervenstimulation; Abnahme der Amplitude nach wiederholter Stimulation (Abb. 14.18)
- Röntgenuntersuchung des Thorax: Megaösophagus, Thymustumor möglich, Aspirationspneumonie
- Blutuntersuchung: Blutbild (Aspirationspneumonie?)
- Antikörper (IgG) gegen Azetylcholinrezeptoren (in über 80 % der Fälle positiv).

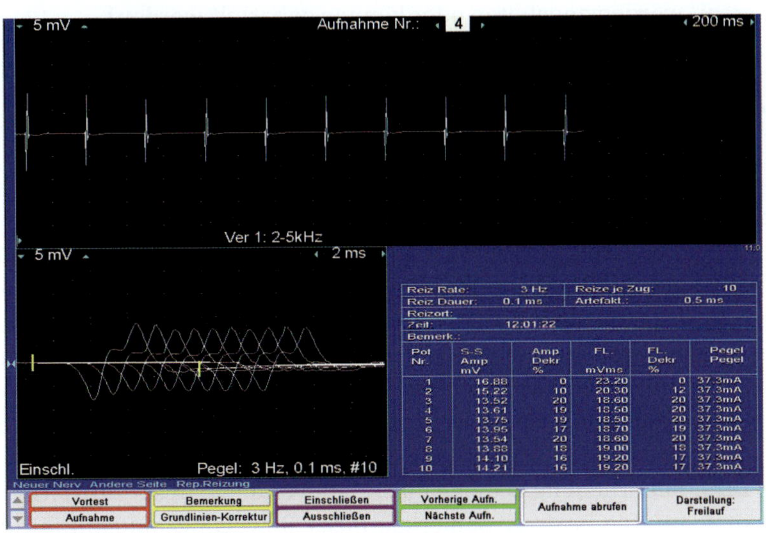

Abb. 14.18 Elektrodiagnostik, repetitive Nervenstimulation, Dekrement, Myasthenia gravis.

Differenzialdiagnose: Folgende Erkrankungen, die ebenfalls zu anstrengungsabhängiger Schwäche führen, müssen in Betracht gezogen werden: Polymyositis, Polyneuropathie, metabolische Störungen (z. B. Glukose, Elektrolyte), Hypoxie, evtl. angeborene Myopathien.

Prognose: Die Prognose ist sehr unterschiedlich und schwierig zu stellen. Verlaufsuntersuchungen mit Kontrolle der Antikörpertiter können sehr hilfreich sein. Spontane Erholung ist bei beiden Formen der Erkrankung möglich, bei Megaösophagus ist die Prognose vorsichtig zu stellen.

Therapie:

- Azetylcholinesterasehemmer: z. B. Mestinon, Pyridostigmin, ein lang wirkender Azetylcholinesterasehemmer in einer Dosierung von 30–60 mg/Hund, 2–3 × tägl. p. o. (0,2 bis 2,0 mg/kg KM); Katze 2,5 mg, 2 × tägl. Vorsicht bei hohen Dosierungen: Nebenwirkungen im Sinne einer cholinergischen Krise können auftreten (Miose, Schwäche, Bradykardie, Speicheln, Durchfall etc.). Bei der kongenitalen Form der Welpen werden nur 7,5–10 mg/Hund tägl. verabreicht.
- Glukokortikosteroide: Bei der erworbenen Form der Myasthenia gravis und schlechtem Ansprechen auf Mestinon kann zusätzlich mit Glukokortikosteroiden oder immunsuppressiven Medikamenten therapiert werden. Eine individuelle Einstellung der Therapie ist notwendig. Ein Schema, das für jeden Hund hilfreich ist, gibt es nicht! Merke: verwende immer die niedrigste mögliche Dosierung, die hilft, die Symptome zu unterdrücken (gilt für Mestinon und Glukokortikosteroide). Antikörpertiter sollten alle 4–8 Wochen bestimmt werden. Bei Genesung werden zunächst Steroide, danach Mestinon ausgeschlichen.
- Eventuelle Therapie einer Aspirationspneumonie, Megaösophagus (Fütterung, spezielle „Sessel“ werden angeboten oder können gebastelt werden).

14.4.8.3 Polymyositis

Die Pathogenese wird als immunbedingt bezeichnet, vor allem, da die Hunde auf Glukokortikosteroide ansprechen. Es werden Autoantikörper des Isotyps IgG gegen Muskelbestandteile gebildet. Antikörper oder Immunkomplexe können an der Sarcolemma-Membran abgelagert und dort auch immunhistochemisch nachgewiesen werden. Zusätzlich findet man auch noch zirkulierende Antikörper gegen das Sarcolemma. Beim Hund wurde auch vermutet, dass große granuläre Lymphozyten (NK-Zellen), eine Komplement-vermittelte Lyse und anschließende Muskelnekrose sowie T-Zellen vom CD8-Typ eine Rolle bei der Pathogenese spielen. Folge dieser autoimmunen Reaktion ist eine Muskelnekrose.

Klinisches Bild: Bei Erhebung der Anamnese fällt vor allem der rezidivierende Verlauf der Erkrankung auf. Die Besitzer bemerken meist Bewegungsunlust. Die Hunde können bei Berührung Schmerzen äußern. Die klinische Untersuchung ist vor allem durch einen steifen Gang und Muskeldolenz charakterisiert. Bei starker Muskelnekrose wird auch eine Myoglobinurie bemerkt. In schweren Fällen besteht die Möglichkeit, dass sich ein Megaösophagus entwickelt (regurgitieren). Es sind vor allem große Hunderassen betroffen, aber auch Katzen können an dieser Erkrankung leiden. Bei Untersuchung der Altersverteilung fällt auf, dass vor allem junge, bereits erwachsene Tiere erkranken.

Diagnose: Bei der Blutuntersuchung kann eine Leukozytose festgestellt werden. Diese kann bei schwerer Muskelnekrose mit einer Neutrophilie verbunden sein. Zeitweise tritt auch eine Eosinophilie auf, was eine Unterscheidung zu protozoärer Myositis erschwert. Die Kreatininkinase ist im akuten Stadium erhöht (beachte die kurze Halbwertszeit dieses Enzyms, Normalwerte sind möglich). Häufig wird auch eine Hyperproteinämie gefunden. Bei der Untersuchung des Harns kann eine Myoglobinurie bemerkt werden. Im EMG tritt Spontanaktivität auf. Diagnostisch ist die Muskelbiopsie. Histologisch findet man eine Muskelnekrose der Typ 1- und 2-Fasern und entzündliche Infiltrate mit mononukleären Zellen. Eine Röntgenuntersuchung des Thorax ist wegen der Prognosestellung unbedingt notwendig. Ein eventuell auftretender Megaösophagus würde die Prognose verschlechtern.

Differenzialdiagnose: Protozoäre Myositis (Toxoplasmose, *Neospora caninum*-Infektion).

Prognose: Die Prognose ist günstig, wenn die Diagnose frühzeitig gestellt und dementsprechend rasch therapiert wird. Sie ist schlecht bei protrahiertem Verlauf und Megaösophagus.

Therapie: Glukokortikosteroide: Prednisolon, 1–3 mg/kg KM und Tag, p. o., mit individueller Reduktion der Dosis. Die Therapiedauer sollte mindestens 3 Monate betragen. Sollte kein Erfolg eintreten, wird eine Kombination mit Immunsuppressiva angeraten. Physiotherapie ist wichtig, damit keine allzu rasche Muskelatrophie eintritt.

14.4.8.4 Kaumuskelmyositis

Neben der beschriebenen Form der immunbedingten Myositis gibt es beim Hund eine zweite Form: die sog. **Kaumuskelmyositis**, die die Kaumuskeln (M. masseter, M. temporalis, M. pterygoideus) betrifft. Sie wurde auch als **eosinophile Myositis** bezeichnet. Von dieser Kaumuskelmyositis gibt es auch eine 2. Form: die atrophische Myopathie-Myositis, die vermutlich die Endphase der Kaumuskelmyositis darstellt.

Aus entwicklungsgeschichtlichen Gründen werden nur die Kaumuskeln befallen. Die Kaumuskeln entstammen dem Mesoderm der ersten gepaarten Kiemenbögen. Sie haben eine eigene Isoform des Myosins und vor allem Typ 2M-Muskelfasern (Vergleich dazu: Extremitätenmuskeln haben Typ 1 und 2A-Fasern). Man findet zirkulierende Antikörper gegen diese Typ 2M-Fasern, die Komplement fixieren. Eine Inkubation von normaler Muskulatur eines Hundes mit Seren von betroffenen Hunden ergibt eine Färbung der Typ 2M-Muskelfasern (Unterschied zu Polymyositis).

Klinisches Bild: Bei der klinischen Untersuchung fällt eine Schwellung oder Atrophie der Kaumuskeln auf, Schmerzen und eine eingeschränkte Beweglichkeit des Kiefergelenkes. Die Kaumuskelmyositis tritt häufiger auf als die Polymyositis. Der Deutsche Schäferhund und der Dobermann haben eine Rassenprädisposition (Abb. 14.19).

Diagnose: Die Diagnose wird durch das charakteristische klinische Bild gestellt, ein EMG und eine Muskelbiopsie sichern diese. Eine Kiefergelenkserkrankung sollte ausgeschlossen werden (Röntgen). In unklaren Fällen kann ein MRT weiterhelfen, betroffene Muskeln sind verändert.

Differenzialdiagnose: Kiefergelenkserkrankung, Trigeminusneuritis.

Prognose: Diese ist günstig bei der akuten Form und geschwollenen Muskeln, wenn die Therapie rechtzeitig durchgeführt wird. Bei starker Kaumuskelatrophie bzw. -fibrose wird sie ungünstig.

Therapie: Siehe Polymyositis. Physiotherapie: aktive und passive Bewegungen des Kiefers (z. B. Kauknochen, hartes Futter).

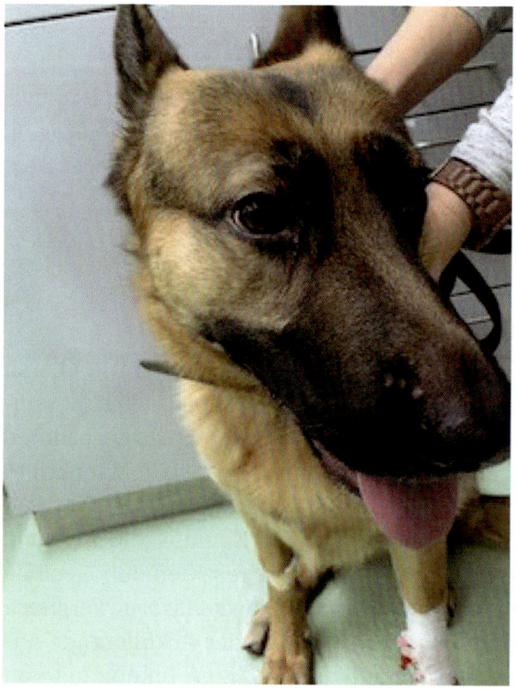

Abb. 14.19 Deutscher Schäferhund, männlich, 3 Jahre, Kaumuskelmyositis, geschwollene Kaumuskeln.

14.4.8.5 Protozoäre Myositis

Neben *Toxoplasma gondii* verursacht vor allem *Neospora caninum* diese Störungen. Neben peripheren Läsionen (Myositis, Neuritis) wird auch das ZNS befallen und erzeugt dort Granulome. Die beiden Parasiten lassen sich immunhistochemisch und mit molekularbiologischen Methoden voneinander unterscheiden. Die Hauptwege der Infektion sind kongenitale Übertragung, Aufnahme von befallenem Gewebe oder mit Oozysten kontaminiertem Futter und Wasser. In der Pathologie wird eine disseminierte nekrotisierende Myositis mit Nachweis von protozoären Organismen gesehen. Die spinalen Wurzeln und peripheren Nerven können ebenfalls entzündlich-nekrotisierende Veränderungen aufweisen.

Klinisches Bild: Die Krankheit tritt vor allem bei Welpen und Jungtieren auf, es können aber auch ältere Tiere erkranken, die dann vor allem Symptome von Seiten des ZNS zeigen. Bei Welpen sind meist Muskulatur und/oder periphere Nerven betroffen. Die Hunde haben dann einen hasenartigen, hüpfenden Gang oder Hyperextension und starke Spastizität der Hinterextremitäten, die wahrscheinlich durch die Nervenwurzelentzündung und später durch entstehende Muskelfibrose ausgelöst wird. Neben dieser „klassischen" Hyperextension werden häufiger schmerzhafte, harte Muskeln palpiert oder die Hunde haben Muskelatrophie. Eine Komplikation der auftretenden Myositis kann die Entstehung eines Megaösophagus sein.

Diagnose: Die Diagnose stützt sich auf eine Reihe von Labordaten und ist im Falle einer Mitbeteiligung der Muskulatur in der Klinik zu stellen. In 80 % der Fälle kann eine Eosinophilie mit oder ohne Leukozytose bei Beurteilung des Blutbildes gesehen werden. In ca. 70 % der Fälle ist die Kreatininkinase mittel- bis hochgradig erhöht. Im EMG tritt Spontanaktivität auf, die Nervleitgeschwindigkeit kann bei Miterkrankung der peripheren Nerven verlangsamt sein. Die Diagnose wird mithilfe der Muskelbiopsie gesichert. Untersuchungen auf Antikörper (IFAT) mit Bestimmung eines Titerverlaufes bzw. PCR zum Antigennachweis können wertvoll sein (ansteigender Titer innerhalb von 2–3 Wochen).

Differenzialdiagnose: Polymyositis, Polyneuropathien.

Prognose: Die Prognose ist unterschiedlich. Welpen mit starker Hyperextension der Hinterbeine haben aufgrund der bereits bindegewebig veränderten Struktur der Muskulatur kaum eine Chance, sich zu erholen. Ein Megaösophagus ergibt ebenfalls eine schlechte Prognose. Eine Myositis im Anfangsstadium, die frühzeitig erkannt wird, kann jedoch erfolgreich therapiert werden.

Therapie: Die Therapie wird entweder mit Clindamycin oder Sulfadiazin oder einer Kombination von beiden durchgeführt. Die Dosis für die Kombination Trimethoprim-Sulfadiazin beträgt bei Hund und Katze 30 mg/kg KM/Tag, für Clindamycin 10–20 mg/

kg KM, 2 × tägl. beim Hund, bei der Katze 12–25 mg/kg KM, 2 × tägl. für mindestens 14 Tage, besser länger. Zur Vermeidung einer Knochenmarkssuppression wird Folsäure gegeben, 5 mg/Tag, oder Bierhefe, 100 mg/kg KM/Tag. Der Effekt der Sulfonamide wird dadurch nicht aufgehoben, da der parasitäre Folsäurestoffwechsel durch diese Medikamente stärker beeinträchtigt wird als der der Säugetierzellen.

14.4.8.6 Hypokaliämische Myopathie

Diese Stoffwechselstörung verursacht eine Myopathie bei der Katze. Klinisch wird eine Ventroflexion des Halses beobachtet, aber auch generalisierte Muskelschwäche und anstrengungsabhängige Schwäche. Einige Katzen haben dolente Muskeln, speicheln vermehrt und schreien. Kaliumverlust kann bei Nierenerkrankungen, Magen-Darm-Problemen oder Mangelernährung auftreten. Die Prognose hängt von der Schwere der Grundkrankheit ab und variiert zwischen günstig und infaust. Zur Behandlung eignen sich perorale Kaliumgaben (2–4 mEq 2x tägl. p. o.), in schweren Fällen als intravenöse Infusion (0,2–0,4 mEq/kg/Stunde verdünnt in der individuell berechneten Infusionslösung und unter Kontrolle der Herzfunktion). Die Dosierung wird nach mehrmaligen Kontrollen der Serumkaliumwerte adaptiert.

Literatur

Berk BA, et al. (2020): A multicenter randomized controlled trial of medium-chain triglyceride dietary supplementation on epilepsy in dogs. J. Vet. Intern. Med. 34, 1248–1259.

Bhatti SF, et al. (2015): International Veterinary Epilepsy Task Force consensus proposal: medical treatment of canine epilepsy in Europe. BMC Vet Res. 11:176.

Berendt M, et al. (2016): Epilepsie aktuell – Zusammenfassung der Konsenspapiere der IVETF zur Definition der Epilepsie, ihrer Klassifikation und der Terminologie sowie zur Genetik der Erkrankung bei Rassehunden. Kleintierpraxis 61, 425–435.

Cerda-Gonzalez S, et al. (2021): International veterinary canine dyskinesia task force ECVN consensus statement: Terminology and classification. J. Vet. Intern. Med. 35, 1218–1230.

Charalambous M, et al. (2024): ACVIM Consensus Statement on the management of status epilepticus and cluster seizures in dogs and cats. J. Vet. Intern. Med. 38, 19–40.

Core DM et al. (1983): Hindlimb hyperextension as a result of toxoplasmosis gondii polyradiculitis. JAAHA. 19, 713–716.

De Decker S, Fenn J (2018): Acute Herniation of Nondegenerate Nucleus Pulposus: Acute Noncompressive Nucleus Pulposus Extrusion and Compressive Hydrated Nucleus Pulposus Extrusion. Vet. Clin. North Am. Small Anim. Pract. 48, 95–109.

De Risio L, et al. (2016): Epilepsie aktuell - Zusammenfassung des Konsenspapiers des IVETF "Vorschlag für die diagnostische Herangehensweise bei Hunden mit Epilepsie". Kleintierpraxis 61, 477-487.

Fisher C et al. (2024): Insights into the clinical presentation, diagnostics and outcome in dogs presenting with neurological signs secondary to infection with Neospora caninum: 41 cases (2014-2023). J. Small Anim. Pract. 1–7.

Goncalves R et al. (2024): Prognosis in meningoencephalitis of unknown origin in dogs: risk factors associated with survival, clinical relapse, and long-term disability. J. Vet. Intern. Med. 1–8.

Greene CE (2012): Infectious diseases of the dog and cat. Elsevier, St.Louis, USA, 4. Auflage.

Kim DH et al. (2022): Antiviral activity of canine interferon lambda 3 expressed using a recombinant adenovirus against canine coronavirus, canine parvovirus, and canine distemper virus. Vet. Res. Commun. 46, 1363–1368.

Kleeb C et al. (2021): Canine Tick-Borne Encephalitis: Clinical Features, Survival Rate and Neurological Sequelae: A Retrospective Study of 54 Cases (1999–2016). Front. Vet. Sci. 10:8:782044. doi: 10.3389/fvets.2021.782044

Lewis RM (1994): Immune mediated muscle disease. Vet. Clinics North America: Small Animal Pract. 24, 703–710.

Maiolini A et al. (2012): Determination of immunoglobulin A concentrations in the serum and cerebrospinal fluid of dogs: An estimation of its diagnostic value in canine steroid-responsive meningitis-arteritis. Vet. J. 191, 219–224.

Matiasek K, et al (2023): Mystery of fatal 'staggering disease' unravelled: novel rustrela virus causes severe meningoencephalomyelitis in domestic cats. Nat. Commun. 14, 624.

Moirano SJ et al. (2018): Survival times in dogs with presumptive intracranial gliomas treated with oral lomustine: a comparative retrospective study (2008–2017). Vet. Comp. Oncol. Epub ahead of print.

Munana KR et al. (1995): Sequential Measurement of Toxoplasma-gondii-specific Antibodies in the Cerebrospinal Fluid of Cats with Experimentally Induced Toxoplasmosis. Prog. Vet. Neurol. 6, 27–31.

Nessler J. et al. (2020): Mitochondrial PCK2 Missense Variant in Shetland Sheepdogs with Paroxysmal Exercise-Induced Dyskinesia (PED). Genes (Basel), 11, 774.

Nowakowska M., et al. (2022): Neurostimulation as a Method of Treatment and a Preventive Measure in Canine Drug-Resistant Epilepsy: Current State and Future Prospects. Front. Vet. Sci. 9: 889561.

Ohlert S et al. (2016): Diffuse idiopathische skelettale Hyperostose (DISH) beim Hund: Eine Übersicht. Schw. Arch. Tkd. 158, 331–339.

Olby NJ, et al. (2022): ACVIM consensus statement on diagnosis and management of acute canine thoracolumbar intervertebral disc extrusion. J. Vet. Intern. Med. 36, 1570–1596.

Platt S, Olby N (2013): BSAVA Manual of Canine and Feline Neurology. British Small Animal Veterinary Association, Gloucester, UK.

Sharp NJ, Wheeler SJ (2005): Small Animal Spinal Disorders. Diagnosis and Surgery. Elsevier-Mosby, 2nd ed.

Strain GM (2011): Deafness in dogs and cats. Cabi, Oxfordshire, UK.

Sykes JE (2023): Greene´s Infectious Diseases of the Dog and Cat. 5th Edition, Elsevier.

Tipold A, Fatzer R, Holzmann H (1993): Zentraleuropäische Zeckenenzephalitis beim Hund. Kleintierpraxis 38, 619–628.

Tipold A et al. (1997): Entzündungen im Zentralnervensystem. Hund – Katze – Pferd. Vetspecial, Enke Verlag, Stuttgart.

Treggiari E et al. (2017): Retrospective comparison of three-dimensional conformal radiation therapy vs. prednisolone alone in 30 cases of canine infratentorial brain tumors. Vet. Radiol. Ultrasound 58, 106–116.

Vandevelde M, Fankhauser R (1987): Einführung in die veterinärmedizinische Neurologie. Parey Verlag, Hamburg, Berlin.

Vandevelde M, Higgins RJ, Oevermann A (2012): Veterinary Neuropathology. Wiley-Blackwell, Oxford, UK.

Wensmann JJ et al. (2014): Borna disease virus infection in cats. Vet. J. 201, 142–149.

Wohlsein JC, Tipold A (2023): Steroid-responsive meningitis-arteritis: What have we learned since 2010? A narrative review. The Vet. J., 300–302.

15 Klinische Onkologie

Isabella Pfeiffer, Johannes Hirschberger

Die Bedeutung von Tumorkrankheiten hat in der Kleintiermedizin zugenommen. Der in den vergangenen Jahren immer weiter ausgebaute Wissensstand ermöglicht es dem Tierarzt, den Tierhalter in Bezug auf Prognose und Therapie eines malignen Tumors umfassend zu informieren. Zahlreiche wissenschaftliche Studien haben Therapieprotokolle validiert. Der Erfahrungsschatz, welche Tumorkrankheiten zu behandeln und auszuheilen sind, wird größer. Das therapeutische Maß und die mit der Therapie verbundenen Risiken und Nebenwirkungen können besser eingeschätzt werden. Die Durchführung onkologischer Behandlungen setzt umfassende chirurgische und medizinische Kenntnisse und Fertigkeiten voraus.

Auch von Seiten des Tierhalters wird eine onkologische Fragestellung mehr und mehr an den Tierarzt herangetragen. Die herausragenden Erfolge der heutigen Krebstherapie in der Humanmedizin – wenn diese auch hinter den vor 30 Jahren in sie gesetzten Erwartungen zurückbleiben – wecken in dem Tierhalter die Hoffnung auf Hilfe für sein krebskrankes Tier. Dank der Pflege und der tierärztlichen Versorgung erreichen Hunde und Katzen oft ein fortgeschrittenes Alter. Mit zunehmendem Alter nimmt auch beim Tier die Inzidenz von Tumorkrankheiten zu (Abb. 15.1). Das Alter mit der größten Tumorhäufigkeit ist beim Hund 11 Jahre (Pauling 1990) und bei der Katze 12 Jahre (Trimborn 1990). In vergleichbarer Weise tritt beim Menschen die Hälfte aller Tumorkrankheiten erst nach dem 65. Lebensjahr auf, obwohl nur ca. 15 % der Bevölkerung dieser Altersgruppe angehören (Wagenknecht 1990).

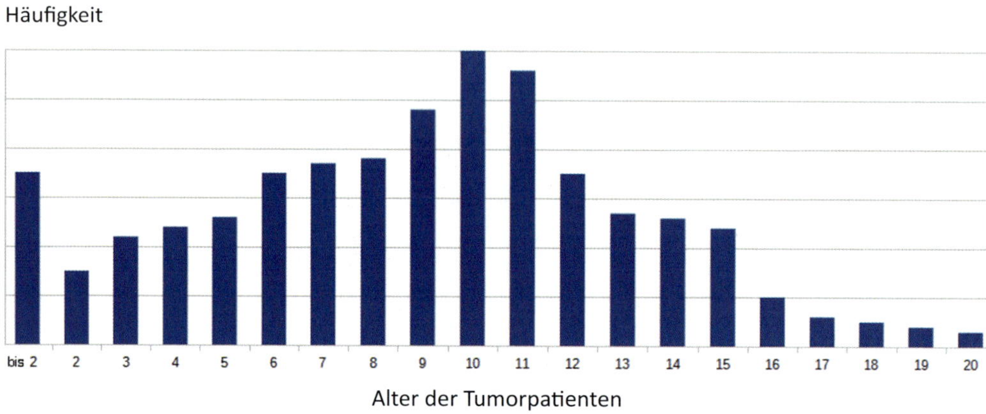

Abb. 15.1 Der Höhepunkt der Tumorinzidenz liegt in der Kleintierpopulation (Hund und Katze) im 10. Lebensjahr (Kitchell 1993).

15.1 Tumorgenese

Veränderungen am Genom einer Zelle können zur Entstehung eines malignen Tumors führen oder seine Entstehung begünstigen. Veränderungen dieser Art sind teilweise auf Chromosomenaberrationen zurückzuführen. Viele Faktoren – chemische und physikalische Einflüsse – können an der Transformation einer Zelle beteiligt sein. Im Einzelfall lässt sich die Ursache i. d. R. nicht ermitteln. Die Wahrscheinlichkeit der Entstehung maligner Tumoren steht auch mit der Proliferationsgeschwindigkeit des Gewebes in Verbindung. Eine schnelle Proliferation bewirkt eine höhere Anfälligkeit für Störungen und eine häufigere Entwicklung von bösartigen Neoplasien. Mit zunehmendem Alter findet eine Kumulation von Noxen statt, die die Gefahr einer Tumorbildung steigen lässt. Zudem nimmt die Fähigkeit des Organismus, DNA-Schäden zu beseitigen, ab. Ebenso lässt die Kontrolle des Immunsystems über entartete Zellen im Alter nach. Damit steigt die Häufigkeit der Entstehung maligner Zellen und deren Beseitigung ist eingeschränkt.

15.2 Proliferation von Tumorzellen und ihre therapeutische Relevanz

Das Wachstums- und Metastasierungsverhalten von Tumorzellen ist ein komplexes Thema und hat für das Verständnis der Pathogenese einer malignen neoplastischen Krankheit und für deren Therapie große Bedeutung. Das Wachstum eines Tumors beginnt aus einer einzelnen, maligne transformierten Zelle heraus. Mit dem Wachstum des Tumors muss sich auch eine eigene Gefäßarchitektur entwickeln, um den Transport von Nährstoffen und Stoffwechselprodukten zu gewährleisten, anderenfalls geht der Tumor zugrunde. Sind diese Voraussetzungen gegeben, kann das Tumorwachstum bis zu einer gewissen Tumorgröße exponentiell verlaufen. Später verlangsamt sich das Wachstum durch Hypoxie und Nährstoffmangel wieder. In dieser Entwicklungsphase ist der Tumor klinisch noch nicht festzustellen. Erst ab einer Tumorgröße von einem Gramm, das entspricht 10^9 Zellen, ist ein Tumor klinisch erkennbar. In diesem scheinbar frühen Entwicklungsstadium hat der Tumor schon 30 Zellverdopplungen durchlaufen. Nach zehn weiteren Zellverdopplungen würden 10^{12} Zellen vorliegen. Der Tumor hätte ein Gewicht von einem Kilogramm. Diese Entwicklung wird in der Gompertzschen Wachstumskurve dargestellt (Abb. 15.2). Die klinische Bedeutung der Wachstumsgeschwindigkeit von Tumorzellen liegt in ihrer Vulnerabilität während der Zellvermehrung. Sowohl chemotherapeutisch als auch radiotherapeutisch sind schnell proliferierende Tumoren erfolgreicher anzugehen als langsam wachsende. Die Tumorbehandlung wäre am effektivsten in einer Entwicklungsphase des Tumors, in der dieser noch nicht klinisch manifest und daher nicht bekannt ist. Die Behandlung von erkennbaren, d. h. sichtbar großen Neoplasien wird daher in den meisten Fällen chirurgischer Art sein und eine Tumorexstirpation in geeigneter Form notwendig machen. Eine Ausnahme bilden sogenannte systemische Tumorosen, die im Stadium ihrer Diagnose immer schon systemisch metastasiert haben. Hier besteht nur in besonderen Einzelfällen die Indikation zu einer Resektion des Tumors (z. B. beim malignen Lymphom der Darmwand mit Ileus). Große Tumoren können nicht allein wegen ihres verlangsamten Wachstums schlechter chemotherapeutisch angegangen werden, sondern auch wegen

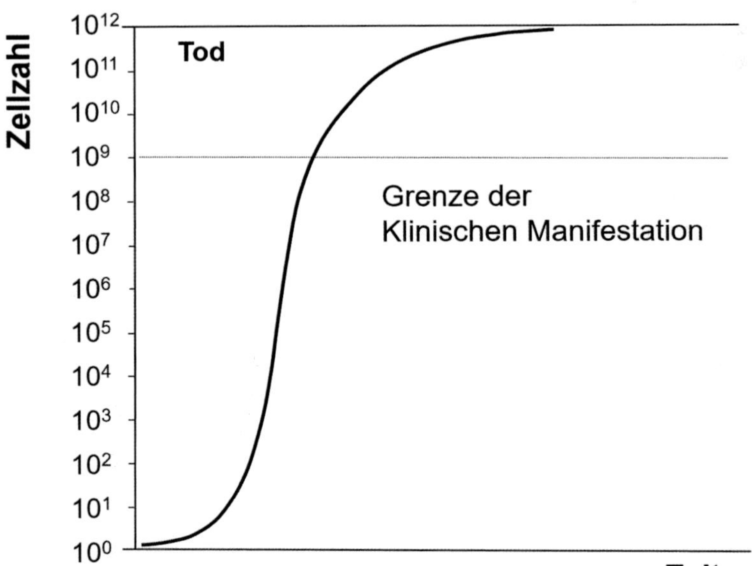

Abb. 15.2 Die Geschwindigkeit der Zellproliferation wird in der Gompertzschen Wachstumskurve als sigmoide Kurve dargestellt. Nach einer initial langsamen Zellvermehrung folgt zwischenzeitlich ein exponentielles Wachstum und daraufhin ein Retardieren der Proliferationsgeschwindigkeit. Während der exponentiellen Wachstumsphase ist der Tumor noch nicht klinisch manifest.

der größeren Distanz zwischen Tumorzelle und Blutgefäß. Chemotherapeutika müssen durch das Gewebe zur Tumorzelle hin diffundieren und erreichen daher nur einen geringeren Wirkspiegel im Tumorzentrum als erforderlich. Eine Steigerung der Dosis kann aufgrund der Nebenwirkungen der Chemotherapie nicht vorgenommen werden.

Die Resektion erkennbarer Tumoren bedeutet einen Rückschritt auf der Gompertzschen Wachstumskurve. Die kleinen, nicht auffindbaren Metastasen, von deren Existenz bei bestimmten Tumoren auszugehen ist (z. B. Osteosarkom, Hämangiosarkom), befinden sich noch in einer schnellen Wachstumsphase und sind radio- oder chemotherapeutisch zurückzudrängen. Somit schafft die Exstirpation eines Primärtumors günstige Voraussetzungen für die nachfolgende Chemo- oder Radiotherapie.

15.3 Anzeichen einer Tumorerkrankung, bildgebende Diagnostik

Tumorerkrankungen gehen oft mit unspezifischen Symptomen einher. Knotenbildungen oder ulzeröse Prozesse, die sichtbar sind, werden vom Tierhalter festgestellt. Tumoren innerer Organe verursachen Beschwerden durch die Beeinträchtigung von Organfunktionen. Darmtumoren führen zu gastrointestinalen Symptomen wie Diarrhö oder auch Ileus. Lungentumoren können Dyspnoe und Husten bewirken.

Kitchell (1989) stellte folgende häufige Anzeichen maligner Erkrankungen bei Hund und Katze zusammen:

1. abnormale Schwellung, die nicht zurückgeht oder wächst
2. nicht heilende Wunden und Entzündungen
3. Gewichtsverlust
4. Inappetenz
5. Blutung oder ungewöhnliche Sekretion aus Körperöffnungen
6. unangenehmer Geruch
7. Kau- und Schluckstörung
8. Apathie
9. Leistungsschwäche
10. anhaltende Lahmheit
11. Atmungs-, Harnabsatz- oder Kotabsatzstörung

Die klinische Untersuchung der Patienten ist zur Feststellung der Neoplasie oftmals durch weiterführende bildgebende Maßnahmen wie Röntgen und Sonographie zu ergänzen. Die Computertomographie und Magnetresonanztomographie, wenn auch in der Tiermedizin Spezialkliniken vorbehalten, leisten hervorragende Dienste bei der optischen Darstellung von Tumorknoten oder einer durch Tumorinfiltration ausgelösten Gewebsalteration. Allerdings können mit bildgebenden Verfahren festgestellte Veränderungen der physiologischen Struktur oder Form meist nicht sicher als maligne Neoplasie eingestuft werden. Benigne Neoplasien, Inflammationen und andere Gewebemodifikationen sind durch Biopsie voneinander abzugrenzen. Indirekte Möglichkeiten zum Nachweis eines Tumors (Tumormarker) sind sehr eingeschränkt verfügbar (z. B. Parathormon-related-Protein bei Hyperkalzämie infolge eines malignen Lymphoms oder Karzinoms, BRAF Mutation im Urin bei Übergangsepithelkarzinom der Blase, u. a.).

15.4 Diagnose, Biopsie

Indikation: Die Diagnose einer Tumorkrankheit kann nur durch eine feingewebliche Untersuchung des verdächtigen Gewebes erfolgen. Keinem Knoten ist anzusehen, ob er gut- oder bösartig ist. Auch wenn ein Tumor klein ist (ein kleiner Tumor wäre günstig zu therapieren!), er schon lange besteht, verschieblich und/oder weich ist, kann er nicht als bedeutungslos eingestuft werden. Eine frühzeitige Bioptierung ist immer ratsam. Hingegen ist es risikoreich – ohne das Ergebnis einer feingeweblichen Untersuchung – mit einer Operation zu warten, bis der Knoten zusehends wächst (Gefahr der Metastasierung oder Infiltration). Die präoperative Biopsie darf ausnahmsweise nur dann unterlassen werden, wenn das Untersuchungsergebnis den Therapieplan nicht beeinflussen würde (z. B. Lobektomie bei einem solitären Knoten in der Lunge).

Grundsätzlich sollte auch jeder entfernte Knoten feingeweblich (histologisch) untersucht werden. So kann die Nachversorgung eines malignen Tumors entscheidend wichtig sein. Im Nachhinein bringt es den Tierarzt in Verlegenheit, wenn ein exstirpierter Tumor rezidiviert oder metastasiert und seine maligne Genese bis dahin unbekannt geblieben war. Grundsätzlich sollte kein Knoten chemo- oder radiotherapeutisch angegangen werden, dessen gewebliche Zuordnung unklar ist.

Die Biopsienahme sollte nicht aus Angst vor einer durch die Punktion ausgelösten Metastasierung unterbleiben. Der Metastasierungsprozess eines Tumors ist sehr komplex. Das Abschwemmen kleiner Zellverbände in die Blut- und Lymphbahnen bei einer Biopsienahme führt nicht zu einer Fernmetastasierung. Klinisch relevant ist hingegen das Verschleppen von Tumorgewebe in die direkte Umgebung – den Stichkanal einer Nadelbiopsie oder das Operationsgebiet – als Anlass einer lokalen Metastasenbildung bzw. eines Rezidivs. Der Stichkanal ist daher so zu wählen, dass er bei der Exstirpation des Tumors mit entfernt wird. Die Punktion eines Tumors in Organen der großen Körperhöhlen birgt das Risiko der Tumorzellverschleppung in die Körperhöhle mit der Möglichkeit der Zellausbreitung auf der Serosa.

Eine korrekte Biopsienahme hat keinen negativen Einfluss auf die Überlebenszeit des Patienten, auch wenn Abschwemmungen von Tumorzellen in den Gefäßen nachzuweisen sind. Das Verzögern einer fachkundigen Diagnostik und Tumortherapie gefährdet den Patienten mehr als eine korrekte Probenahme.

Biopsietechniken: Die Biopsie kann als Feinnadelaspiration, Stanz- oder Exzisionsbiopsie genommen werden. Die **Feinnadelaspiration** ist eine wenig traumatisierende Biopsiemethode. Organverletzungen und Blutungen sind nach einer Feinnadelaspiration wesentlich seltener festzustellen als nach einer Stanzbiopsie. Daher ist die Akzeptanz für die Methode beim Tierbesitzer hoch, was den Einsatz als frühzeitiges Diagnostikum und prä- oder intraoperative Entscheidungshilfe für u. U. radikale Operationen erleichtert. Die Sensitivität der Zytologie ist in Bezug auf die Erkennung eines malignen Tumors der Histologie unterlegen. Auch wenn ein Tumor zytologisch „benigne" aussieht, kann eine Malignität des Knotens nicht sicher ausgeschlossen werden. Die Gewebearchitektur ist im Zellausstrich nicht zu sehen, sodass ein Tumor mit veränderter Gewebestruktur, der aber Zellen ohne deutliche Malignitätskriterien aufweist, zytologisch fälschlicherweise nicht als maligne eingestuft werden kann, obwohl in der histologischen Untersuchung ein Malignom erkannt worden wäre. Die zytologische Untersuchung des Feinnadelaspirats kann maligne Zellen aber mit großer Spezifität (Sicherheit der positiven Aussage) als Malignomzellen erkennen. Wird der klinische Verdacht auf einen malignen Prozess durch die zytologische Untersuchung nicht bestätigt, hat der Kliniker ggf. über die Entnahme einer Stanz- oder Exzisionsbiopsie zu entscheiden. In einer Studie wurden fast 270 zytologische Proben von verschiedenen Tierarten, darunter viele Proben von Hunden und Katzen, mit histologischen Proben verglichen. Bei 38 % der Proben (33–66 % je nach Art der Läsion und Organ) stimmte die zytologische mit der histopathologischen Diagnose vollständig überein, bei weiteren 18 % der Fälle teilweise. Die beste Korrelation lag bei Proben von Haut- und Unterhautläsionen sowie neoplastischen Veränderungen vor (Cohen et al. 2003).

Das zur **histologischen Untersuchung** entnommene Material muss hinreichend umfangreich sein und sollte die Ränder zum Gesunden einschließen. Der Pathologe hat die Ränder der Tumorprobe auf das Vorkommen von Tumorzellen hin gewissenhaft mikroskopisch zu untersuchen und die „Exzision im Gesunden" ggf. zu bestätigen. Diese Bestätigung ist jedoch mit Vorsicht zu interpretieren, da meist nur wenige Schnitte des Tumorrandes angefertigt werden. Die Exzisionsränder werden somit nicht im Gesamten auf Tumorfreiheit untersucht. Dies wäre auch wegen des großen Material- und Zeitaufwandes in der Tiermedizin nicht durchweg praktikabel. Das Einfärben einer einzelnen Kante des entnommenen Gewebes mit einem Farbstoff oder das Kennzeichnen mit einem Faden ermöglicht es dem Operateur nach der Beschreibung des Pathologen, den Bereich an der Operationsstelle wiederzufinden, in dem noch Tumorgewebe vorhanden sein muss, und nachzuoperieren. Tumorbettbiopsien von kritischen Bereichen, in denen der Operateur den Tumor nur marginal exzidieren kann, lassen sich vom Pathologen sehr schnell und gut auswerten und werden meist kostenfrei angeboten – Tumorbettbiopsien sind daher eine empfohlene, praktikable Methode für die Tiermedizin. An den Akren sollte eine longitudinale Schnittführung vorgenommen werden, um eine primäre Wundheilung zu ermöglichen. Elektrokauter sind zur Schnittführung für eine Gewebeentnahme ungeeignet, weil sie das Material zerstören. Sie sind lediglich zur Blutstillung einzusetzen. Die Gewebeprobe ist in 10 %iger Formalinlösung zu fixieren. Das Verhältnis Gewebemenge zu Formalinmenge hat mindestens 1 : 10 zu betragen. Die Probenstücke dürfen nicht dicker als ein Zentimeter sein, damit eine schnelle Fixation des Materials erreicht werden kann.

15.5 Stadieneinteilung („Staging“)

Tumorerkrankungen werden vor einer Therapie in Stadien eingeteilt, die sich nach dem Ausbreitungsgrad des Tumors richten (Tab. 15.1, 15.2). Die meisten Tumoren machen folgende Entwicklung:

- lokale Tumorentstehung
- Größenzunahme des Tumors
- Ausbreitung in die direkte Umgebung
- Metastasierung in die regionären Lymphknoten
- Metastasierung in entfernte Lymphknoten
- Metastasierung in andere Organe

Tabelle 15.1: **Stadieneinteilung am Beispiel des caninen Mammakarzinoms (nach WHO 1978)**

T: Primärtumor
- T_1: < 3 cm maximaler Durchmesser
- T_2: 3–5 cm maximaler Durchmesser
- T_3: > 5 cm maximaler Durchmesser

N: Status der regionären Lymphknoten
- N_0: Histologie: keine Metastase
- N_1: Histologie: Metastase

M: Fernmetastasen
- M_0: keine Fernmetastasen nachzuweisen
- M_1: Fernmetastasen festzustellen

Stadieneinteilung			
Stadium I	**T_1**	N_0	M_0
Stadium II	**T_2**	N_0	M_0
Stadium III	**T_3**	N_0	M_0
Stadium IV	T_{1-3}	**N_1**	M_0
Stadium V	T_{1-3}	N_{0-1}	**M_1**

Tabelle 15.2: **Stadieneinteilung am Beispiel des caninen malignen Lymphoms (nach WHO 1978)**

Stadium I	Ein Lymphknoten oder lymphatisches Gewebe in einem Organ (exkl. Knochenmark) neoplastisch verändert
Stadium II	Mehrere regionäre Lymphknoten betroffen
Stadium III	Generalisierte Lymphknotenvergrößerung
Stadium IV	Leber oder Milz (± Lymphknoten) betroffen
Stadium V	Knochenmark, peripheres Blut, andere Organe betroffen (extranodale Formen)
Eine Unterteilung der Stadien in „a“ und „b“ erfolgt entsprechend dem Allgemeinbefinden des Patienten: „a“ bei ungestörtem, „b“ bei gestörtem Allgemeinbefinden	

Die Bestimmung des Tumorstadiums eines Patienten erfolgt aus verschiedenen Gründen:

- Grundlage für therapeutisches Vorgehen: lokale oder systemische Therapie; Kombination von chirurgischer, radiotherapeutischer oder chemotherapeutischer Behandlung
- Prognose: nach erheblichem Tumorwachstum und erfolgter Metastasierung ist die Prognose i. d. R. ungünstiger
- Therapiestudien: standardisierte Beschreibung der Tumorausbreitung ermöglicht vergleichende Bewertung verschiedener Therapieprotokolle und Vergleich von Studien

Die Stadieneinteilung erfolgt spezifisch für jeden Tumor. Solide Tumoren – Karzinome und Sarkome – werden nach dem TNM-System der WHO eingeteilt (Tab. 15.1). Hämatopoetische Tumoren werden nach einem eigenen Schlüssel eingestuft (Tab. 15.2). Das TNM-System bezieht sich auf die Tumorgröße (T), die Metastasierung in die regionären Lymphknoten (N) und die Metastasierung in entfernte Organe (M).

15.6 Tumortherapie

Die drei großen Bestandteile der Tumortherapie sind **Chirurgie** (s. Kap. 15.4), **Radiotherapie** und **Chemotherapie**. Systemische Tumoren, wie z. B. das maligne Lymphom oder andere hämatopoetische Neoplasien sind i. d. R. hauptsächlich chemotherapeutisch zu behandeln, lokale Prozesse werden chirurgisch und/oder radiotherapeutisch angegangen. Auch in diesen Fällen ist die Chemotherapie eine mögliche, begleitende Behandlungsform.

Der Therapieerfolg hängt vielfach vom Ausmaß des ersten chirurgischen Eingriffs ab. Die Heilungsaussichten sind bei einer frühzeitigen Tumorexstirpation „im Gesunden" mit einem ausreichend weiten peripheren Sicherheitsabstand in die Breite und auch in die Tiefe am günstigsten. Das erforderliche Ausmaß einer chirurgischen Tumorentfernung hängt von der Gewebezugehörigkeit und dem bekannten Infiltrations- und Metastasierungsverhalten des Tumors ab. Ein kleiner Tumor verlangt eine große Operation, ein großer Tumor meist eher eine kleine. Die Operation sollte radikal sein, wenn bei einem kleinen Tumor eine vertretbare Heilungschance besteht, aber weniger aggressiv, wenn der große Tumor vorhersehbar nicht komplett entfernt werden kann. Hier kann ggf. die post-operative Indikation zur Strahlentherapie bestehen. Der Tierhalter wird von der Notwendigkeit einer radikalen Operation – Amputation einer Gliedmaße oder Entfernung einer Kieferhälfte – nur zu überzeugen sein, wenn ihm eine sichere Diagnose und Prognose mitgeteilt werden kann. Die entscheidenden Parameter für die Prognose sind Gewebezugehörigkeit, Dignität, histologisches Grading, Größe, Metastasierungs- und Infiltrationsverhalten (Staging) des Tumors.

15.6.1 Allgemeine Aspekte der Chemotherapie

15.6.1.1 Relevanz des Zellzyklus

Zytostatische Medikamente wirken direkt auf die DNS oder auf Prozesse ein, die bei der Zellteilung und der DNS- und RNS-Synthese beteiligt sind. Viele zytostatische Wirkstoffe sind phasenspezifisch. Ihre Wirkung setzt in einer bestimmten Phase des Zellzyklus ein (Abb. 15.3, Tab. 15.3). Andere sind phasenunabhängig.

Maligne Zellen proliferieren schneller als die meisten normalen Zellen, durchlaufen den Zellzyklus daher häufiger und sind durch eine Chemotherapie leichter angreifbar. Schnell wachsende, physiologische Zellpopulationen, z. B. des Knochenmarks und der Darmwand, werden von einer zytostatischen Behandlung ebenfalls in Mitleidenschaft gezogen.

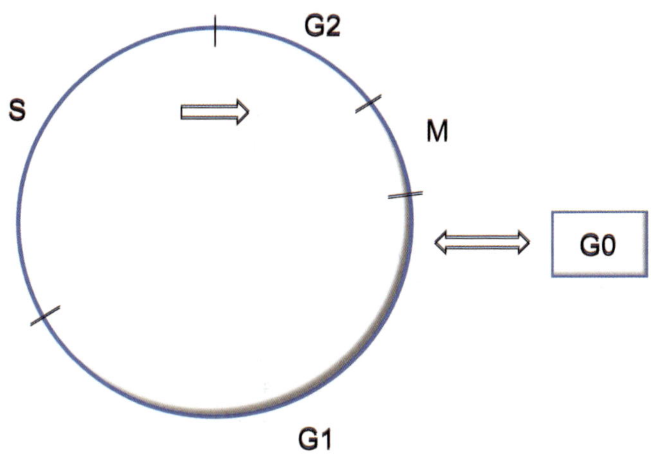

Abb. 15.3 Zellzyklus. Zyklusphasen G1, S, G2 und M mit proliferierenden Zellen. G0-Phase mit ruhenden Zellen.

Tabelle 15.3 **Die fünf Phasen des Zellzyklus**

G1-Phase	Präsynthetische, postmitotische Phase, diploide Zelle, kontinuierliche Erhöhung der RNA- und Proteinsynthese, potenzieller Übergang in G0-Phase
G0-Phase	Ruhephase, Stimulation zur Fortsetzung des Zyklus möglich, z. T. erst nach Jahren (Rezidiv)
S-Phase	Synthesephase, DNA-Synthese, tetraploide Zelle
G2-Phase	Postsynthetische, prämitotische Phase, Enzym- und Proteinsynthese für Mitose
M-Phase	Mitose-Phase, zwei diploide Tochterzellen

15.6.1.2 Ziele der Chemotherapie

In Abhängigkeit von der Prognose und den therapeutischen Möglichkeiten werden drei medikamentöse Therapieformen unterschieden:
1. kurativ (curare = heilen)
2. adjuvant (adiuvare = unterstützen, helfen) nach chirurgischer Therapie, neoadjuvant vor chirurgischer Tumortherapie
3. palliativ (palliare = mit einem Mantel bedecken)

Die **kurative** Chemotherapie wird mit dem Ziel der vollständigen Heilung des Patienten von seinem Tumorleiden oder einer lange andauernden, vollständigen Remission eingeleitet. Bei akuten Leukämien des Menschen sind gute Erfolge allein mit einer Chemotherapie zu erzielen. Mit der Chance auf Genesung werden jedoch erhebliche therapeutische Risiken und Nebenwirkungen in Kauf genommen. Eine derart intensive und u. U. in weiten Passagen der Therapie notwendige intensivmedizinische Versorgung stoßen in der Tiermedizin noch auf Probleme und moralische Bedenken. In der Tiermedizin werden daher in erster Linie adjuvante oder neoadjuvante und palliative zytostatische Behandlungen durchgeführt.

Die **adjuvante** Chemotherapie unterstützt den therapeutischen Erfolg einer primären, meist chirurgischen Therapie. Die Überlebenszeit und die rezidivfreie Zeit können durch eine geeignete medikamentöse Behandlung nach Resektion des Tumors teilweise um ein Vielfaches verlängert werden. Sie richtet sich meist nicht gegen den Primärtumor, sondern gegen eine bestehende Mikrometastasierung. Ein gutes Beispiel hierfür ist die Chemotherapie nach Gliedmaßenamputation wegen eines Osteosarkoms.

Neoadjuvant eingesetzt, bewirkt die Chemotherapie eine Tumorreduktion vor dem chirurgischen Eingriff und richtet sich gegen eine bestehende Mikrometastasierung. Durch eine Tumorreduktion kann ein chirurgischer Eingriff in einigen Fällen erst möglich gemacht werden oder ein funktionell und kosmetisch besseres Resultat erzielen.

Eine **palliative** Behandlung versucht, die Krankheitsbeschwerden zu lindern und die Lebensqualität des Patienten zu verbessern. Eine Reduktion der Tumorgröße soll Schmerzen verringern und ggf. tumorbedingte Störungen, z. B. eine Atemwegsstenose, beheben. Die palliative zytostatische Therapie, die ohne das Ziel einer Heilung vorgenommen wird, darf keine relevanten zusätzlichen Probleme schaffen. Die Nebenwirkungen der Zytostatika müssen zu ihrem therapeutischen Nutzen wohl abgewogen werden. Das heißt, der Patient sollte sich mit der Therapie besser fühlen als mit der Krankheit.

15.6.1.3 Indikationen einer Chemotherapie

Eine direkte Indikation zur Chemotherapie besteht bei allen systemischen Tumorkrankheiten, die zum Zeitpunkt ihrer klinischen Manifestation schon eine Ausbreitung über große Teile des Organismus erlangt haben. Zu diesen malignen Krankheiten zählen insbesondere maligne Lymphome, Leukämien und multiple Myelome. Eine adjuvante Chemotherapie ist vorzunehmen, wenn der exzidierte Tumor erfahrungsgemäß schon frühzeitig, evtl. vor seiner klinischen Manifestation, metastasiert ist und eine alleinige chirurgische und lokale Bestrahlungstherapie nicht zu einer Heilung führen wird (z. B. Hämangiosarkom, Osteosarkom, felines Mammakarzinom). Eine alleinige zytostatische Intervention kann bei lokalen Tumoren v. a. dann angezeigt sein, wenn der Tumor aufgrund seiner Lokalisation oder Größe nicht resezierbar ist und ein paraneoplastisches Syndrom mit erheblichen klinischen Auswirkungen hervorruft (z. B. eine Hyperkalzämie), oder wenn bekannt ist, dass dieser Tumor sensitiv auf bestimmte Zytostatika reagiert (z. B. Mastzelltumoren).

15.6.1.4 Therapiemodus

Eine zytostatische Therapie kann mit einem einzelnen Wirkstoff – **Monotherapie** – oder auch mit einer Kombination durchgeführt werden – **Polychemotherapie**. Die Polychemotherapie erzielt durch den gepaarten oder gestaffelten Einsatz mehrerer Chemotherapeutika einen größeren zytostatischen Effekt als die Verwendung eines einzelnen Wirkstoffs. Jedes in der Kombination eingesetzte Medikament muss nachgewiesenermaßen auch als Einzelwirkstoff gegen den entsprechenden Tumor effektiv sein. Die Nebenwirkungen sollen sich nicht überlappen und sich somit bei zeitnaher Applikation nicht addieren. Der Angriffspunkt und die Wirkungsweise der Zytostatika in der Zelle sollen unterschiedlich sein und verschiedene Phasen des Zellzyklus betreffen, damit möglichst viele Zellen in einer vulnerablen Phase getroffen und abgetötet werden. Dieser breit gefächerte Einsatz von Chemotherapeutika kann primär resistente Zellklone vernichten und im besten Fall die Ausbildung sekundärer Resistenzen einschränken. Die Rate der Zellabtötung kann durch eine Polychemotherapie verbessert werden, die Nebenwirkungen müssen aber tolerabel bleiben. Eine Monochemotherapie ist gewöhnlich mit weniger Nebenwirkungen behaftet und für weniger Erfahrene besser überschaubar. Der geringere therapeutische Aufwand und das etwas geringere therapeutische Risiko sprechen in manchen Situationen für eine Monotherapie.

Zytostatische Chemotherapeutika sind in zwei Gruppen zu unterteilen: phasenunabhängige und phasenspezifische. Zu den **phasenunabhängigen Zytostatika** gehören die große Kategorie der Alkylanzien (Cyclophosphamid, Chlorambucil, Lomustin) und bestimmte Antibiotika (Doxorubicin, Epirubicin, Mitoxantron). Alkylanzien zeigen eine dosisabhängige zytostatische Wirkung, wobei mit zunehmender Dosis ein zunehmender Anteil an Tumorzellen (d. h. keine feste Zahl!) abstirbt. Aufgrund der Nebenwirkungen kann die Dosis nicht so hoch gesetzt werden, dass alle Tumorzellen absterben. Die Dosis wird so hoch gewählt, dass das Therapeutikum möglichst effektiv ist, aber erhebliche Nebenwirkungen nur bei wenigen Individuen auftreten. Die Behandlung hat in ausreichender Dosierung in Intervallen zu erfolgen, die groß genug sind, dass die physiologischen Körperzellen sich erholen können (Abb. 15.4). Deren Reparaturmechanismen sind meist besser ausgeprägt, und sie erholen sich schneller als Tumorzellen. Die

Höhe der einzelnen Dosis und das Behandlungsintervall bestimmen die Gesamtmenge des verabreichten Chemotherapeutikums.

Beide Faktoren sind in Therapieprotokollen aufeinander abgestimmt. Sowohl eine Veränderung des Protokolls in Bezug auf eine verminderte Dosis (z. B. bereits eine geringfügig erscheinende Dosisreduktion um 20 %) als auch ein verlängertes Intervall erhöhen die Zellüberlebensrate erheblich und können erhebliche negative Auswirkungen auf den Therapieerfolg haben. Auch wenn der Tumor nur noch subklinisch besteht, zieht ein Therapiestopp ein neues, ungehemmtes Tumorwachstum nach sich. Die Zellen eines Rezidivs haben im Allgemeinen Resistenzen ausgebildet und sind auch bei einer wiederholten, intensiven Polychemotherapie weniger empfindlich als naive Tumorzellen. Eine zweite Remission hält erfahrungsgemäß wesentlich kürzer als die erste. Als Faustregel gilt hier, die zweite Remission ist meist nur halb so lang wie die erste. Somit muss der behandelnde Tierarzt hartnäckig, aber der Situation und dem Patienten angepasst, auf die strikte Einhaltung des Therapieprotokolls achten. Dem Tierhalter ist die Notwendigkeit der exakten Einhaltung der Intervalle zu erläutern und verständlich

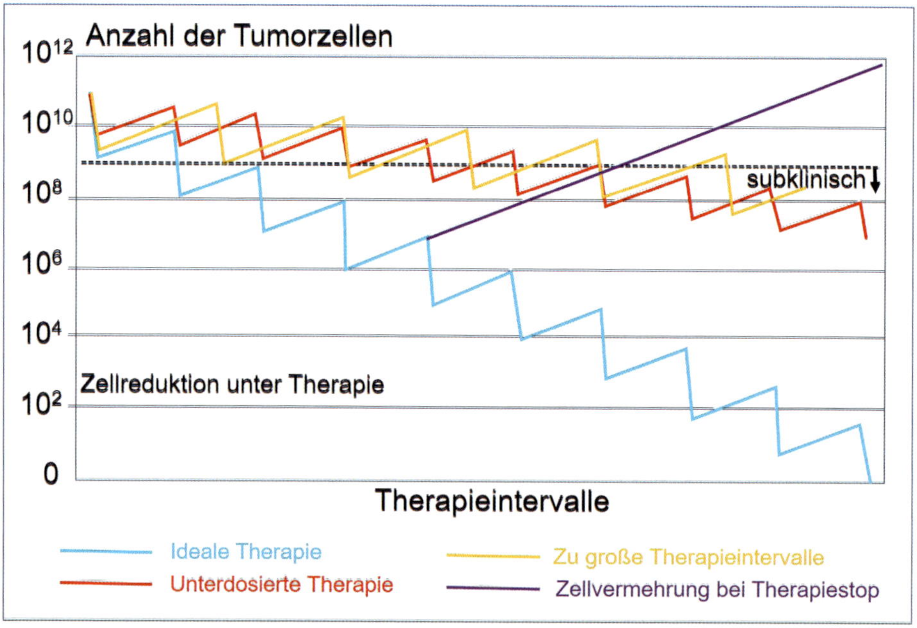

Abb. 15.4 Einfluss von Dosis und Behandlungsintervall auf die Zellreduktion. Die durchgezogene Linie zeigt die ideale Therapie. Die Tumorzellzahl geht stufenförmig abwärts und kann sich nur geringgradig zwischen den Applikationen erholen. Wird die Dosis verringert oder das Intervall vergrößert, findet lediglich eine mäßige Zellreduktion statt, die einen subklinischen Fortbestand des Tumors zulässt. Eine Therapiepause gibt dem Tumor Raum für ungehemmtes Wachstum.

zu machen, denn auch er muss sich schon frühzeitig auf diese Verpflichtung einstellen (Dienstreisen, Urlaub). Ebenso sollten ihm ausführlich die potenziellen Nebenwirkungen und Risiken für sein Tier sowie Vor- und Nachteile verschiedener Protokolle erläutert werden.

Im Gegensatz zu den Alkylanzien und anderen Wirkstoffen (bestimmte Antibiotika), die phasenunspezifisch ansetzen, sind viele Chemotherapeutika **phasenspezifisch**. Ihr Wirkungsmechanismus greift lediglich in einer Phase des Zellzyklus ein. Vinkaalkaloide (Vincristin, Vinblastin) hemmen die kontraktilen Proteine des Spindelapparates in der Mitose. Sie sind M-Phasen-spezifisch. Antimetaboliten (5-Fluorouracil, Methotrexat u. a.) hemmen in der Synthesephase Schlüsselenzyme der DNA-Synthese. Diese Wirkstoffe hemmen lediglich die Zellen, die sich in der entsprechenden Phase des Zellzyklus befinden. Eine einmalige Behandlung kann daher grundsätzlich keine Vernichtung eines Großteils der Tumorzellen erzielen. Wiederholte, engmaschige Behandlungen sind erforderlich. Hieraus lässt sich zudem folgern, dass Tumorzellen, die nur sehr langsam proliferieren (z. B. bei einer chronischen lymphatischen Leukämie [CLL]), chemotherapeutisch schlechter zu beeinflussen sind. Je schneller der Tumor wächst, desto besser ist er chemotherapeutisch zu beeinflussen. So kann z. B. gerade beim hochmalignen Lymphom des Hundes, welches innerhalb kurzer Zeit ein schweres Krankheitsbild hervorrufen kann, wegen dieser außerordentlichen Progredienz eine Therapie wirkungsvoll durchgeführt werden. Das schnelle Tumorwachstum ist der Zugang zu einer effektiven zytostatischen Therapie.

15.6.1.5 Dosierung von Zytostatika

Die Dosierung von Medikamenten kann nach Körpermasse (KM, -gewicht) oder Körperoberfläche (KOF) erfolgen. Da die Wirkung von Chemotherapeutika in einer gewissen Abhängigkeit zur Stoffwechselintensität des Organismus steht und die Stoffwechselaktivität enger mit der Körperoberfläche korreliert, werden die meisten Chemotherapeutika in Bezug auf die KOF dosiert. Die Beziehung von KM zu KOF wird von folgender Formel wiedergegeben:

$$\text{Körperoberfläche } [m^2] = 10{,}0 \times \frac{(\text{Körpermasse } [g])^{2/3}}{10^4}$$

Die Konstante 10,0 gilt für die Katze und muss beim Hund durch 10,1 ersetzt werden.

Tab. 15.4 gibt die Umrechnungswerte für Hund und Katze an. Ein Hund von 31 kg KM hat rechnerisch eine KOF von 1 m^2. Ein Hund mit nur 11 kg KM, ungefähr einem Drittel von 31 kg, besitzt jedoch 0,5 m^2 KOF. Gleichermaßen hat ein Hund von 4 kg sogar noch 0,25 m^2 KOF. Das heißt, ein um zwei Drittel leichterer Patient besitzt jeweils eine um lediglich 50 % geringere KOF. Der Effekt der Dosisunterschiede ist ganz erheblich. Erfahrungsgemäß werden weder die generelle Dosierung über die KOF noch nach KM be-

Tabelle 15.4: **Körpermasse [kg] und entsprechende Körperoberfläche [m²] (nach Plumb 1995a)**

Hund			
kg	**m²**	**kg**	**m²**
0,5	0,06	33	1,03
1	0,10	34	1,05
2	0,15	35	1,07
3	0,20	36	1,09
4	0,25	37	1,11
5	0,29	38	1,13
6	0,33	39	1,15
7	0,36	40	1,17
8	0,40	41	1,19
9	0,43	42	1,21
10	0,46	43	1,23
11	0,49	44	1,25
12	0,52	45	1,26
13	0,55	46	1,28
14	0,58	47	1,30
15	0,60	48	1,32
16	0,63	49	1,34
17	0,66	50	1,36
18	0,69	52	1,41
19	0,71	54	1,44
20	0,74	56	1,48
21	0,76	58	1,51
22	0,78	60	1,55
23	0,81	62	1,58
24	0,83	64	1,62
25	0,85	66	1,65
26	0,88	68	1,68
27	0,90	70	1,72
28	0,92	72	1,75
29	0,94	74	1,78
30	0,96	76	1,81
31	0,99	78	1,84
32	1,01	80	1,88

Katze			
kg	**m²**	**kg**	**m²**
2,0	0,159	6,5	0,348
2,5	0,184	7,0	0,366
3,0	0,208	7,5	0,383
3,5	0,231	8,0	0,400
4,0	0,252	8,5	0,416
4,5	0,273	9,0	0,432
5,0	0,292	9,5	0,449
5,5	0,311	10,0	0,464
6,0	0,330		

sonders großen oder kleinen Tieren gerecht. Große Tiere mit Behandlung nach KM und kleine Tiere bei einer Dosisberechnung über die KOF werden mitunter überdosiert therapiert. Aufgrund der geringen therapeutischen Breite der meisten Chemotherapeutika kommt diesen Differenzen besondere Bedeutung zu. Demzufolge ist z. B. für Doxorubicin bei kleinen Tieren unter 10 kg KM eine Dosis von 1 mg/kg KM anstelle von 30 mg/m² KOF anzuraten.

Um die Gefahr von Fehlern bei der Kalkulation der Dosis einzuschränken, hat es sich als vorteilhaft erwiesen, von den verwendeten Zytostatika die erforderliche Dosis in Gewicht- (Milligramm) und Volumeneinheiten (Milliliter oder Tabletten) für einzelne Gewichtsgruppen, 4 kg KM (0,25 m² KOF), 11 kg KM (0,5 m² KOF) und 31 kg KM (1,0 m² KOF) zu berechnen und als Beispiel zu notieren. Der Vergleich einer ermittelten Dosis mit den Beispielrechnungen erleichtert die Überprüfung der Dosis für den individuellen Patienten, v. a. wenn nicht täglich Zytostatika appliziert werden. Da hier auch ein nur kleiner Rechenfehler für den Patienten schwerwiegende Auswirkungen – im schlimmsten Fall den Tod – zur Folge haben kann, empfiehlt sich eine sorgfältige Überprüfung der Dosis vor Applikation.

15.6.1.6 Chemotherapie bei Organdysfunktion

Die angegebenen Dosierungen gehen von einer uneingeschränkten Organfunktion aus. Die adäquaten Funktionen, vor allem von **Leber** und **Niere**, sind zur Elimination und bei verschiedenen Medikamenten auch zur Aktivierung der Wirkstoffe erforderlich. Eine verminderte Inaktivierung von Zytostatika in Niere und/oder Leber könnte zu einer gesteigerten Toxizität führen. Umgekehrt kann eine verminderte Leberfunktion bei Wirkstoffen, die zunächst eine Metabolisierung in der Leber erfahren müssen, zu einer geringeren Effektivität dieser Zytostatika führen. Zudem haben viele Chemotherapeutika eine hepato- und nephrotoxische Wirkung (Tab. 15.5).

Tabelle 15.5: **Elimination und Organtoxizität zytostatischer Chemotherapeutika**

Leber	
Toxizität	**Elimination**
Cyclophosphamid Doxorubicin Lomustin Vinblastin Vincristin	Doxorubicin Mitomycin C Mitoxantron Vinblastin Vincristin

Niere	
Toxizität	**Elimination**
Carboplatin Cisplatin Cyclophosphamid (Harnblase) Doxorubicin (Ktz.) Methotrexat	Bleomycin Cisplatin Cyclophosphamid-Metaboliten Methotrexat

Knochenmark		
hochgradig myelosuppressiv	**mittelgradig myelosuppressiv**	**geringgradig myelosuppressiv**
Actinomycin D Carboplatin Cisplatin Cyclophosphamid Cytarabin Doxorubicin Lomustin Vinblastin	Chlorambucil Melphalan Methotrexat	Bleomycin Kortikosteroide L-Asparaginase*# Vincristin*

* bei gemeinsamer Applikation stärkere Myelosuppression
# begrenzte Verfügbarkeit

Eine verminderte exkretorische Funktion der Leber kann anhand der Gallensäuren- und Bilirubinkonzentration im Blut überprüft werden. Bei einer Bilirubinkonzentration von mehr als 1,5 mg/dl ist eine Dosisreduktion um 50 % anzuraten. Die Gabe nephrotoxischer Zytostatika sollte an die Kreatinin-Clearance angepasst werden. Bei einer Verminderung der glomerulären Filtrationsrate (Kreatinin-Clearance) um 75 %, die an einer erhöhten Serumkreatinin-Konzentration abgelesen werden kann, ist die Cyclophosphamid-Dosierung um 50 % zu reduzieren und auch die Dosierungen anderer Chemotherapeutika mit renaler Elimination (z. B. von Methotrexat und Carboplatin) sollten proportional zur Kreatinin-Clearance reduziert und diese nicht in Kombination gegeben werden. Zusätzlich sollte die Neutrophilenzahl nach 4 und 7 Tagen kontrolliert werden, um den tatsächlichen Tiefpunkt der Neutrophilenzahl zu finden und ggf. bei weiteren Applikationen die Dosis nochmals zu reduzieren.

Melphalan und Cisplatin sind im Plasma in hohem Maße proteingebunden. Bei Patienten mit **Hypoalbuminämie**, z. B. infolge Leberinsuffizienz oder Glomerulopathie, kann daher eine höhere freie Plasmakonzentration vorliegen und zu einer verstärkten Wirkung und ebenso stärkeren Nebenwirkung führen. In Kombination verabreichte Medikamente können auch mit dem Zytostatikum um die Plasmaproteinbindung konkurrieren. Wirkstoffe, die in besonderem Maße hepatotoxisch und nephrotoxisch oder auch myelosuppressiv wirken, sind in Tab. 15.5 aufgelistet.

15.6.1.7 Chemotherapie bei Myelosuppression

Fast alle Chemotherapeutika haben einen als gering- bis hochgradig einzustufenden myelosuppressiven Effekt (Tab. 15.5). In erster Linie werden die kurzlebigen Blutzellen von der Myelosuppression betroffen und Zytopenien sind im peripheren Blut festzustellen. Kurzlebige Blutzellen sind neutrophile und eosinophile Granulozyten sowie Thrombozyten. Aufgrund der längeren Lebensdauer von Erythrozyten führt eine Unterbrechung der Hämatopoese in den meisten Fällen nicht zu einer Anämie.

Der sog. Nadir (der tiefste Punkt, in diesem Fall der Zahl der neutrophilen Granulozyten) liegt bei den meisten Medikamenten um den Tag 7 nach Therapie. Jedoch kann der Nadir sehr individuell ausfallen und bei manchen Tieren um Tage verschoben sein. Auch gibt es bestimmte Medikamente, die bekannterweise einen sehr frühen (z. B. Paclitaxel) oder sehr späten Nadir (z. B. Lomustin, Carboplatin) aufweisen.

Um den Nadir und für den Patienten gefährliche Zytopenien rechtzeitig zu erkennen, ist vor jeder Chemotherapie die Zahl von Neutrophilen und Thrombozyten im peripheren Blut zu bestimmen. Liegt eine Neutropenie (Neutrophile < 3000/µl) oder Thrombozytopenie (Thrombozyten < 100 000/µl) vor, ist die Behandlung um ca. drei Tage zu verschieben, nachdem erneut das Blutbild kontrolliert wurde. Sollten die Werte dann über den angegebenen Referenzen liegen, kann die Therapie durchgeführt werden.

Neutropenien und Thrombozytopenien von weniger als 1500 Neutrophilen/µl bzw. 60 000 Thrombozyten/µl nach Applikation eines myelosuppressiven Medikamentes machen bei der nächsten Applikation dieses Medikamentes eine Dosisreduktion um 20 % notwendig. Bei späteren Applikationen kann wieder eine vorsichtige Steigerung der Dosis versucht werden. Eine Dosisreduktion und damit Abweichen von einem Therapieprotokoll darf nur aus zwingenden medizinischen Gründen erfolgen, da sie wie o. a. mit einer drastisch verminderten Effektivität einhergeht.

Ebenso ist bei starken Neutropenien (< 1500 Neutrophilen/µl) eine antibiotische Abdeckung des Patienten mit engmaschiger Überwachung hinsichtlich Anzeichen einer Sekundärinfektion angezeigt. Im Falle einer bedrohlichen Neutropenie kann der Einsatz eines hämatopoetischen Wachstumsfaktors (Filgrastim, rekombinanter humaner Granulozyten-stimulierender-Faktor, rh-G-CSF) der Myelosuppression effektiv entgegenwirken; rh-G-CSF kann zur Beschleunigung der Regeneration der Neutrophilen eingesetzt werden (Dosierung: 5 µg/kg KM s. c. an drei aufeinanderfolgenden Tagen). Der Einsatz von rh-G-CSF hat in der Humanmedizin entscheidend zur Therapiesicherheit beigetragen und eine wesentlich intensivere und damit erfolgreichere Behandlung ermöglicht. Kleintiere bilden erst nach längerer Behandlung Antikörper gegen das humane Zytokin, dessen Wirkung damit eingeschränkt oder auch ausgeschaltet wird. Bei Katzen scheint die Effektivität von rh-G-CSF infolge einer Antikörperinduktion schneller als beim Hund nachzulassen (Fulton et al., 1991). In den meisten Fällen mit unkomplizierten Neutropenien ist der Einsatz von rh-G-CSF jedoch nicht notwendig. Auch ist es eine kostspielige Therapie.

15.6.1.8 Chemotherapie bei geriatrischen Patienten

Bei **älteren Patienten** muss in mancher Hinsicht auf verminderte Organleistungen oder gesteigerte Empfindlichkeiten, v. a. aber auf die im Alter nicht seltene Multimorbidität Rücksicht genommen werden (Tab. 15.6, Kitchell 1993). **Doxorubicin** kann bei herzkranken Hunden nur eingeschränkt zur Anwendung kommen, weil Doxorubicin die Entwicklung einer dilatativen Kardiomyopathie sowohl unterstützt als auch auslöst und demzufolge eine bestehende Krankheit exazerbieren kann. Beim älteren Menschen werden zudem nach Infusionen im Plasma höhere Doxorubicin-Konzentrationen festgestellt. Eine größere **Kardiotoxizität** (s. Kap. 15.6.1.13) kann die Folge sein (Begg u. Carbone 1983). Auf Doxorubicin kann aber vielfach nicht ohne Weiteres verzichtet werden. Der Ersatz des Doxorubicins durch einen anderen Wirkstoff kann zu einem frühzeitigen Rezidiv führen. Vielfach ist es schwierig, sorgfältig abzuwägen, ob eine Begrenzung der Lebenszeit eher durch einen Verzicht auf Doxorubicin und ein Tumorrezidiv oder durch eine Doxorubicin-bedingt verstärkte Herzinsuffizienz hervorgerufen wird. Sollte jedoch Doxorubicin bei einem Patienten definitiv nicht eingesetzt werden können, kann es in den meisten Fällen durch Epirubicin oder Mitoxantron ersetzt werden. Auch wenn eine enge Verwandtschaft in der Wirkungsweise besteht, kann jedoch eine ebenbürtige Effektivität nicht garantiert werden.

Pharmakokinetische Unterschiede bestehen bei alten Patienten vielfach durch eine kontinuierliche Reduktion der glomerulären Filtrationsrate mit zunehmendem Lebensalter. Wirkstoffe mit renaler Elimination – Methotrexat, Bleomycin, Cisplatin und Cyclophosphamid-Metaboliten – werden somit verzögert ausgeschieden.

Im Alter scheint die **metabolische Aktivität der Leber** und somit der Abbau von Doxorubicin, Mitoxantron, Mitomycin C und Vinkaalkaloiden wie auch der Umbau von Cyclophosphamid, Ifosfamid, Lomustin, Dacarbazin und Mitomycin C zu aktiven Metaboliten meist uneingeschränkt. Die metabolische Aktivität der Leber kann jedoch im Rahmen der Multimorbidität durch Krankheiten eingeschränkt sein. Eine verminderte Inaktivierung von Zytostatika könnte zu einer gesteigerten Toxizität, eine reduzierte Aktivierung von Wirkstoffen, die einer Metabolisierung bedürfen, zur inadäquaten Wirkung führen.

Bei älteren Tieren ist wie bei älteren Menschen der **Verteilungsraum** für die Medikamente im Organismus gelegentlich ein anderer als bei jüngeren. Fettlösliche Wirkstoffe (Nitrosoharnstoffe, z. B. Lomustin) können im umfangreicheren Fettgewebe länger zurückgehalten werden und eine stärkere Knochenmarksuppression hervorrufen.

Tabelle 15.6: **Altersbedingte pharmakokinetische Veränderungen (nach Kitchell 1993)**

Parameter	Veränderung	involvierte Medikamente
Hepatische Metabolisation	verminderte mikrosomale Aktivierung und Inaktivierung	Cyclophosphamid, Dacarbazin (verminderte Aktivierung) Doxorubicin, Vinkaalkaloide (vermehrte Toxizität)
Renale Exkretion	im Alter vermindert	Cisplatin, Methotrexat, Bleomycin, Melphalan, Cyclophosphamid
Verteilungsvolumen	abnehmende Verteilung von wasserlöslichen, zunehmende Verteilung von fettlöslichen Medikamenten; verminderter Plasmaproteingehalt	Nitrosoharnstoffe, Doxorubicin, Melphalan, Cisplatin
Absorption	evtl. geringgradig vermindert	orale Applikation: Cyclophosphamid, Methotrexat, Melphalan, Chlorambucil

Die **Absorption oral** applizierter Zytostatika ist, soweit beim geriatrischen Menschen bekannt, nicht in relevantem Maße beeinträchtigt (Kitchell 1993). Die orale Applikation betrifft u. a. Cyclophosphamid, Methotrexat, Melphalan, Lomustin und Chlorambucil.

Eine vermehrte **Neurotoxizität** von **Vincristin** und **Cisplatin** im Alter ist nicht bewiesen, scheint aber beim Menschen nicht selten beobachtet zu werden. Möglicherweise wird aber lediglich eine bislang subklinische Neuropathie intensiviert.

Eine ausgeprägtere **pulmonale Toxizität** wird beim alten Menschen bei **Bleomycin** und auch bei Mitomycin C, Lomustin und Busulfan festgestellt. Eine geringere Hydrolaseaktivität könnte ursächlich verantwortlich sein.

Beim geriatrischen Menschen ist bekannt, dass eine Chemotherapie-bedingte **Myelosuppression** länger anhält und sich langsamer erholt. Die Ursache ist unbekannt. Möglicherweise liegt eine Dysfunktion der Hämatopoese, ein nicht ausreichendes Reagieren hämatopoetischer Wachstumsfaktoren oder auch ein Mangel an pluripotenten Stammzellen des Knochenmarks vor (Balducci et al., 1992).

Um bei einem älteren Patienten aufgrund der vielen, die Effektivität des Zytostatikums beeinflussenden Faktoren kein weniger kalkulierbares Risiko einzugehen, sollte, auch wenn keine organischen Krankheiten oder Dysfunktionen bekannt sind, der erste Therapiezyklus vorsichtig mit lediglich **80 % der errechneten Dosis** begonnen werden. Die Leukozyten sind in diesem Fall nicht nur am bekannten Nadir zu messen, sondern zwei- bis dreimal wöchentlich. Die Dosis des zweiten Therapiezyklus wird an den Nadir angepasst (Wilmanns 1994). Ein höheres Maß an Sicherheit wird zu Lasten eines evtl. geschmälerten Therapieerfolgs gewonnen. Letztendlich ist es nicht in erster Linie das Alter eines Patienten, welches Anlass zu einer reduzierten, vorsichtigen Therapie gibt, sondern die mit dem Alter vielfach einhergehende Multimorbidität.

15.6.1.9 Handhabung von Zytostatika

Der Umgang mit Zytostatika in der tierärztlichen Praxis sollte allein fachkundigem Personal vorbehalten sein. Anderes Personal ist vom Umgang mit Zytostatika auszuschließen. Folgende Punkte sind beim Umgang mit zytostatischen Medikamenten besonders zu beachten:

1. Kontakt mit Haut vermeiden
2. Einrichtungsgegenstände vor Kontakt schützen
3. gummierte Zellstoffdecke auf Arbeitsfläche zum Schutz vor Flüssigkeiten
4. Schutzkleidung: spezielle Handschuhe für Chemotherapie, damit keine Flüssigkeit durch Undichtigkeiten mittels Kapillarkraft eingesaugt und auf die Haut gebracht wird, spezielle Chemotherapiekittel
5. Schutzbrille
6. Druckausgleich in der Injektionsflasche (PhaSeal® u. a.)
7. Luer-Lock-Verbindungen
8. Lamina-flow oder Abzug beim Auflösen von Medikamenten
9. geschlossener Abfallbehälter (Vermeidung von Kontakt und Dämpfen)
10. Beseitigung von Körperflüssigkeiten des Patienten mit Latex-Handschuhen und gründliche Reinigung mit viel Wasser
11. Kennzeichnung und Umgang mit Zytostatika entsprechend den gesetzlichen Vorschriften
12. Kinder und Schwangere dürfen weder Zytostatika handhaben noch Kontakt mit Körperflüssigkeiten frisch behandelter Patienten haben
13. schriftliche Anweisungen an den Tierbesitzer abgeben
14. Beseitigung aller Abfälle entsprechend den lokalen, aktuellen Vorschriften

15.6.1.10 Applikation von Chemotherapeutika

Chemotherapeutika werden meist systemisch, in bestimmten Fällen auch lokal appliziert (Injektion in den Tumor, in die Körperhöhle, in den Epiduralraum, Auftragen auf den Tumor). Die systemische Gabe kann enteral oder parenteral erfolgen. Verschiedene Chemotherapeutika sind so sehr gewebetoxisch, dass ihre systemische Applikation nur streng intravenös erfolgen kann. **Doxorubicin**, **Cisplatin**, **Vincristin**, **Vinblastin** und **Actinomycin D** gehören in diese Gruppe. Seit einiger Zeit gibt es hierfür spezielle Systeme, die die Handhabung und Applikation von Zytostatika deutlich sicherer machen. Diese Systeme (z. B. das System PhaSeal®) sind darauf ausgelegt, ein vollständig geschlossenes System zur Zubereitung und Verabreichung von Zytostatika zu schaffen; und nach kurzer Eingewöhnungszeit sind sie auch sehr leicht und gut zu handhaben.

Grundsätzlich sollten folgende Sicherheitsvorkehrungen zur Vermeidung einer paravenösen Injektion beachtet werden:

1. Venenverweilkatheter legen (auf den 1. Stich ohne Korrektur!).
2. Infusion (0,9 %ige NaCl- oder Vollelektrolytlösung, je nach Lösungsmittel des Chemotherapeutikums) schnell tropfend laufen lassen
3. Venenstauprobe: Infusion stoppt
4. Infusionsflasche abhängen und unter Niveau des Behandlungstisches halten: Blut läuft in Infusionsschlauch zurück
5. Zytostatikum über Adapter in Infusionsschlauch oder über spezielles System (z. B. PhaSeal®; siehe oben) einspritzen (Infusion läuft währenddessen schnell, verdünnt Medikament, schont Venenwand)
6. Nach Möglichkeit 4. Punkt dieser Liste durch Helfer wiederholen lassen
7. Venenverweilkatheter vor dem Entfernen frei spülen (per Infusion)

Falls das Legen des Venenverweilkatheters nicht sofort gelingt und dessen Sitz korrigiert werden muss, oder die Venenwand verletzt oder sogar perforiert wird, ist ein neuer Venenverweilkatheter an einer anderen Vene zu legen. Mit dieser Vorsichtsmaßnahme kann eine toxische Schädigung und Entzündung der Venenwand vermieden werden.

Die paravenöse Injektion eines Chemotherapeutikums führt meist nicht zu einer sofortigen Schmerzreaktion des Patienten. Das Ausbleiben von Abwehrbewegungen oder Schmerzäußerungen durch den Patienten darf daher keinesfalls als Zeichen für eine gute Lage des Venenverweilkatheters gedeutet werden.

Doxorubicin, Idarubicin und Cisplatin können aufgrund ihrer Toxizität nur als Infusion über längere Zeit verabreicht werden (Tab. 15.7). Doxorubicin wird einer kleinen Menge Infusionslösung zugemischt und innerhalb eines Zeitraumes von mindestens einer halben Stunde langsam infundiert. Anaphylaktoide Reaktionen und Erscheinungen einer akuten Kardiotoxizität (d. h. Arrhythmien) lassen sich dadurch fast vollständig verhindern. Prophylaktisch können dem Patienten einige Minuten vor der Doxorubicingabe Prednisolon 2 mg/kg KM i. v. gegeben werden. Prednisolon-21-hydrogensuccinat (Solu-Decortin H) ist wegen seines schnellen Wirkungseintritts besonders geeignet. Aufgrund der Nephrotoxizität des Cisplatins muss vor und nach der über mindestens 20 Minuten erfolgenden Cisplatingabe eine vier- bzw. zweistündige Infusion von isotonischer NaCl-Lösung zur Steigerung der Diurese erfolgen. Trotz Einhaltung des sehr aufwendigen Diureseprotokolls kann es zu nephrotoxischen Nebenwirkungen kommen. Deshalb sollten regelmäßig vor Applikation die Nierenwerte kontrolliert und eine Urinuntersuchung durchgeführt werden, um frühzeitig eine Schädigung erkennen zu können. Es ist daher anzuraten, Cisplatin durch das viel verträglichere Carboplatin zu ersetzen.

Einige Wirkstoffe können sowohl enteral als auch parenteral verabreicht werden (Cyclophosphamid, Methotrexat). Die Vor- und Nachteile sind im Einzelfall abzuwägen. Die parenterale Applikation ist an einen Besuch der Tierarztpraxis gebunden. Dies bietet

Tabelle 15.7: **Wirkungsmechanismus, Dosierung, Indikation und Toxizität zytostatischer Chemotherapeutika bei Hund und Katze**

Wirkstoff	Wirkungsmechanismus	Indikation	Dosierung	Toxizität
Actinomycin D	Antibiotikum, Interkalation, inhibiert DNA-abhängige RNA-Synthese, Phasen-unspezifisch	Maligne Lymphome, einzelne Karzinome und Sarkome	0,7 mg/m² KOF alle 7 Tage; 0,5–0,9 mg/m² KOF alle 3 Wochen, i. v. über 20 Min. (Hund + Katze)	Myelosuppression, ulzerative Gastroenteritis, Stomatitis, Hepatotoxizität, Gewebstoxizität
L-Asparaginase (begrenzte Verfügbarkeit)	Enzym, katalysiert Hydrolyse von L-Asparagin zu Asparaginsäure und Ammoniak, hemmt DNA- und Proteinsynthese, Tumorzellen Defekt Asparagin-Synthetase, späte S-Phase	Malignes Lymphom, akute lymphatische Leukämie	400 IU/kg KM wöchtl.; 10 000 IU/m2 KOF alle 1–3 Wochen, s. c. (Hund + Katze), aktuell sehr kostspielig	Hypersensitivität besonders nach Sensibilisierung und bei i. v.-Gabe, hämorrhagische Pankreatitis, gastrointestinale Störungen, Hepatotoxizität, Koagulopathien, milde Myelosuppression
Bleomycin	Antibiotikum, Hemmung der DNA-Polymerase und DNA-Reparatur, Phasen-unspezifisch	Plattenepithelkarzinom (bei verschiedenen Tumoren in Kombination mit Elektrochemotherapie)	10 IU/m² KOF tägl. 3–4 Tage, dann 1-mal wöchtl., maximale kumulative Dosis 200 IU/m² KOF i. v., s. c. (Hund + Katze); 0,3–0,5 IU/kg KM wöchtl., i. v., s. c. (Katze)	Lungenfibrose bei Mensch und Hund (kumulative Dosis 125–200 IU/m²)
Busulfan	Alkylans, hemmt Zellteilung durch Verknüpfung der DNA-Stränge, Phasen-unspezifisch	Chronische myeloische Leukämie, Polyzythämie	3–4 mg/m² KOF tägl. bis Leukozytenzahl 15 000/µl erreicht, p. o. (Hund + Katze)	Myelosuppression (Nadir nach 11–30 Tagen)

Wirkstoff	Wirkungsmechanismus	Indikation	Dosierung	Toxizität
Carboplatin	Platinpräparat, Verknüpfung der DNA-Stränge wie Alkylanzien	Karzinome, Osteosarkom u. a. Sarkome	300 mg/m^2 KOF über 15–60 Min. i. v. (Hund); 150–280 mg/m^2 KOF alle 3 Wochen, versuchsweise (Katze)	Myelosuppression, weniger nephro- und neurotoxisch als Cisplatin
Chlorambucil	Alkylans, hemmt Zellteilung durch Verknüpfung der DNA-Stränge, Phasen-unspezifisch	Chronische lymphatische Leukämie, Ersatz für Cyclophosphamid bei steriler hämorrhagischer Zystitis, multiples Myelom, Polycythämia vera	2–6 mg/m^2 KOF tägl. oder jeden 2. Tag p. o. (Hund); 2 mg/m^2 KOF jeden 2. Tag, p. o.; 20 mg/m^2 KOF jede 2.–3. Woche, p. o. (Katze)	Wenig myelosuppressiv, Alopezie, weniger toxisch als Cyclophosphamid
Cisplatin	Platinpräparat, Verknüpfung der DNA-Stränge wie Alkylanzien	Osteosarkom, Plattenepithel-, Harnblasen-, Schilddrüsenkarzinom	60–70 mg/m^2 KOF über 20 Min. i. v., ausgiebige NaCl-0,9 %-Infusion (18 ml/kg/Stunde) 4 Stunden vor und 2 Stunden nach Cisplatingabe, Cave: Urin Cisplatin-belastet! *kontraindiziert bei Katzen*	Übelkeit, Vomitus, Diarrhö, Nephrotoxizität, Myelosuppression, Ototoxizität, Krämpfe, periphere Neuropathie (Hund); hochgradige Lungentoxizität bei der Katze
Cyclophosphamid	Alkylans, Metabolit, hemmt Zellteilung durch Verknüpfung der DNA-Stränge, Phasen-unspezifisch	Malignes Lymphom, Mastzelltumor, Sarkome, Mammakarzinom	200 mg/m^2 KOF alle 3 Wochen, i. v.; 250 mg/m^2 alle 3 Wochen, p. o.; 50 mg/m^2 KOF jeden 2. Tag oder an 4 aufeinanderfolgenden Tagen, p. o. (Hund + Katze)	Myelosuppression (Nadir nach 7–14 Tagen), gastrointestinale Toxizität, Alopezie, sterile hämorrhagische Zystitis, zusätzlich Gabe von Furosemid oder MESNA

Wirkstoff	Wirkungsmechanismus	Indikation	Dosierung	Toxizität
Cytarabin	Antimetabolit, kompetitiv zu Deoxycytidintriphosphat, hemmt DNA-Synthese, S-Phase-spezifisch	Malignes Lymphom, ZNS-Lymphom	100 mg/m² KOF tägl. 4 Tage (Hund); 100 mg/m² KOF tägl. 2 Tage; 10 mg/m² KOF tägl. über 2 Wochen (Katze); s. c.	Myelosuppression (Nadir nach 5–7 Tagen), gastrointestinale Toxizität
Doxorubicin	Antibiotikum, Interkalation, interferiert mit DNA-, RNA- und Proteinsynthese, Phasenunspezifisch	Malignes Lymphom, lymphatische Leukämie, Mamma-, Schilddrüsenkarzinom u. a. Karzinome, Osteosarkom u. a. Sarkome, Myelome	30 mg/m² KOF alle 3 Wochen, über 30 Min. streng i. v. (Hund); 1 mg/kg KM alle 3 Wochen, über 30 Min. streng i. v. (Hund < 10 kg KM); 1 mg/kg KM alle 3 Wochen, über 30 Min. streng i. v (Katze); zur Schockprophylaxe 2 mg/kg KM Prednisolon 15 Min. vor Infusion i. v.	Myelosuppression (Nadir nach 7–10 Tagen), akute und kumulative Kardiotoxizität (kumulative Dosis 180–240 mg/m²), Alopezie, Gastroenteritis, Stomatitis, Hypersensitivität vom Soforttyp durch direkte Auslösung einer Mastzelldegranulation, Nephrotoxizität (v. a. Katze), Gewebstoxizität
5-Fluorouracil	Antimetabolit, hemmt Bildung von Thymidinphosphat aus Deoxyuridinphosphat, S-Phasen-spezifisch	Mamma-, Magen-Darm-, Lungenkarzinom	150 mg/m² alle 7 Tage, i. v., intrakavitär (Hund); kontraindiziert bei Katzen	Zerebelläre Ataxie (Hund); extreme Neurotoxizität bei der Katze
Gemcitabin	Antimetabolit, Pyrimidinanalogon aus der Gruppe der Deoxycytidine, S-Phasen-spezifisch	Wegen mangelnder Effektivität nicht in der Veterinärmedizin gebräuchlich	675 mg/m² KOF alle 2 Wochen alternativ 300 mg/m² KOF wöchtl. in 3 von 4 Wochen; 30 Min. Infusion (Hund)	Myelosuppression

Wirkstoff	Wirkungsmechanismus	Indikation	Dosierung	Toxizität
Hydroxyurea	Hemmt Thymidineinbau in DNA, S-Phasen-spezifisch	Polyzythämie, chronische granulozytäre Leukämie	50 mg/kg KM 3-mal wöchtl., p. o. (Hund); 25 mg/kg 3-mal wöchtl. (Katze); nur Polyzythämie: 30 mg/kg tägl. über eine Woche, dann 15 mg/kg tägl. bis zur Remission, dann entsprechend Hämatokritkontrolle (Hund + Katze)	Myelosuppression, gastrointestinale Toxizität, Stomatitis, Krallenverlust, Alopezie, Dysurie
Idarubicin	Antibiotikum, Interkalation, inhibiert DNA- und RNA-Synthese, Phasen-unspezifisch	Malignes Lymphom	0,2 mg/kg KM am Tag 1, 2 und 3 alle 3 Wochen, i. v., p. o. (Hund + Katze); 2 mg/Katze, i. v., p. o. (Katze)	Myelosuppression, Gastroenteritis, Verlust der Schnurrhaare
Lomustin	Alkylierender Nitrosoharnstoff, Phasenunspezifisch	Histiozytäres Sarkom, malignes Lymphom, epitheliotropes T-Zelllymphom, Mastzelltumor, ZNS-Tumor	Hund: 60–90 mg/m^2 KOF oral alle 3–6 Wochen; Katze: 50–60 mg/m^2 KOF alle 4–6 Wochen	Myelosuppression, Hepatopathie, Gefahr der kumulativen Toxizität
Melphalan	Alkylans, hemmt Zellteilung durch Verknüpfung der DNA-Stränge, Phasen-unspezifisch	Multiples Myelom, chronische lymphatische Leukämie	2–4 mg/m^2 KOF alle 2 Tage, p. o.; 0,1 mg/kg KM tägl. für 10 Tage, p. o. (Hund); 0,1 mg/kg KM tägl. für 10 Tage, dann 0,05 mg/kg KM oder 6–8 mg/m^2 KOF für 5 Tage, alle 21 Tage wiederholen; 2 mg/m^2 KOF jeden 2. Tag, p. o. (Katze)	Myelosuppression, gastrointestinale Toxizität, Alopezie

Wirkstoff	Wirkungsmechanismus	Indikation	Dosierung	Toxizität
Methotrexat	Antimetabolit, inhibiert Folsäurereduktase, hemmt Bildung von Purinen und Pyrimidinen (Leucovorin Kalzium, Derivat der Tetrahydrofolsäure ist Antidot zu Methotrexat), S-Phasen-spezifisch	Malignes Lymphom, lymphatische Leukämie, Karzinome, Sarkome (Osteosarkom), Sticker-Sarkom (Transmissible Venereal Tumor, TVT), Sertolizelltumor	2,5–5 mg/m² KOF 2- bis 3-mal wöchtl., p. o. (malignes Lymphom); 10–15 mg/m² KOF alle 1–3 Wochen (Karzinome und Sarkome), p. o.; 0,3–0,8 mg/m² KOF alle 7 Tage, i. v.; 0,8 mg/kg KM i. v. am Tag 14 eines Lymphomprotokolls (Hund + Katze); Metoclopramidgabe bei oraler Applikation zur Verkürzung der Verweildauer im Magen	Gastrointestinale Toxizität, Myelosuppression (Nadir nach 4–9 Tagen), Hepatopathie, Nierentubulusnekrose, Alopezie, Lungenfibrose
Mitoxantron	Antibiotikum, Interkalation, hemmt DNA- und RNA-Synthese, Phasen-unspezifisch	Mittelgradige Effektivität bei malignen Lymphomen, Plattenepithelkarzinomen, Harnblasenkarzinomen, Mammakarzinomen, Weichteilsarkomen	5–6 mg/m² KOF alle 2–3 Wochen, i. v. über 15 Min. (Hund); 6–6,5 mg/m² KOF alle 3–4 Wochen, i. v. über 15 Min., 4–6 Behandlungen (Katze)	Myelosuppression (Nadir nach 10 Tagen), Alopezie, Gastroenteritis
Prednisolon	Hormon, bindet an zytoplasmatische Zellrezeptoren, die auf DNA einwirken, hemmt Zellteilung, lymphozytolytisch, Phasen-unspezifisch	Malignes Lymphom, lymphatische Leukämie, Mastzelltumoren, Hirntumoren	30 mg/m² KOF tägl. über 4 Wochen, dann 15 mg/m² KOF tägl. über 3 Wochen, dann alle 2 Tage; 1 mg/kg KOF tägl. über 4 Wochen, dann jeden 2. Tag, p. o. (Hund + Katze)	Iatrogenes Cushing-Syndrom

Wirkstoff	Wirkungsmechanismus	Indikation	Dosierung	Toxizität
Vinblastin	Vinca-Alkaloid, hemmt Spindelapparat in Metaphase der Mitose, M-Phasen-spezifisch	Malignes Lymphom, Mastzelltumoren, Karzinome	2 mg/m² KOF alle 1–2 Wochen, streng i. v. (Hund + Katze)	Myelosuppression (Nadir nach 4–9 Tagen), Gastroenteritis, Gewebstoxizität, periphere Neurotoxizität (weniger als Vincristin)
Vincristin	Vinca-Alkaloid, hemmt Spindelapparat in Metaphase der Mitose, M-Phasen-spezifisch	Malignes Lymphom, Mastzelltumoren, Karzinome, Sarkome, Sticker-Sarkom (Transmissible Venereal Tumor, TVT)	0,50–0,75 mg/m² KOF wöchtl., streng i. v. (Hund + Katze)	Gewebstoxizität, periphere Neurotoxizität, selten und milde Myelosuppression, Hepatopathie, inadäquate ADH-Sekretion, Kieferschmerzen, Alopezie, Stomatitis, Krämpfe
Vinorelbin	Synthetisches Vincaalkaloid der 3. Generation; hemmt in der Mitose den Tubulusapparat	Partiell erfolgreich bei Mastzelltumoren und Lungentumoren des Hundes	15 mg/m² streng i. v. über 5–10 Min.; 1 : 5 mit physiologischer NaCl-Lösung verdünnt alle 1–2 Wochen (Hund)	Myelosuppression

jedoch den Vorteil, dass der Gesundheitszustand und ggf. auch die Konzentration der Neutrophilen und der Thrombozyten im Blut vor Applikation des Chemotherapeutikums untersucht werden können.

Bei einer intravenösen Applikation besteht keine Abhängigkeit von der enteralen Resorption und es kann eine exakte Dosis berechnet und appliziert werden. Das injizierte Medikament ist in der berechneten Dosis im Organismus. Dahingegen hängt bei oraler Gabe die aufgenommene Menge vom Grad der Resorption ab. Die tatsächlich resorbierte Menge ist variabel und bleibt unbekannt. Ebenso kann bei einigen oralen Medikamenten nicht die genau errechnete Dosis verabreicht werden, da die vorgegebene Tablettengröße bei mittelgroßen und kleinen Tieren (v. a. Katzen) problematisch sein kann. Tabletten oder Dragees mit zytostatischen Wirkstoffen dürfen nicht geteilt, sondern müssen immer im Ganzen verabreicht werden, um eine Gefahr der Kontamination mit Tablettenkrümeln zu vermeiden. Ebenso ist bei Dragees eine gleichmäßige Verteilung des Wirkstoffes nicht gegeben. In Einzelfällen können in einer Apotheke Kapseln in niedrigerer Dosierung hergestellt werden. Dies ist jedoch nicht für alle Wirkstoffe möglich.

Manche Patienten erbrechen einen Teil oder die gesamte Dosis nach oraler Gabe. Um eine Überdosierung auszuschließen, sollte im Falle des Erbrechens nach der Medikamentengabe nicht sofort nachdosiert werden. Hierdurch kann jedoch auch eine Therapielücke entstehen, die dringend zu vermeiden ist. Die intravenöse Applikation vermeidet diese Dosierungsunsicherheiten. Besondere Beachtung ist dem Schutz des Tierhalters vor Zytostatika zu schenken. Der Kontakt mit Erbrochenem nach oraler Verabreichung kann zu einer Exposition mit dem Wirkstoff führen, was bei parenteraler Gabe nicht direkt vorkommen kann.

Zusammenfassend ist die intravenöse Gabe die technisch aufwendigere Form, bietet aber ein höheres Maß an therapeutischer Sicherheit. In Einzelfällen – bei langen Therapieprotokollen – kann eine orale Applikation erwogen werden. Auch können manche Medikamente, wie z. B. Lomustin, nur oral verabreicht werden.

15.6.1.11 Wirkung von Chemotherapeutika

Zytostatische Chemotherapeutika haben je nach Stoffklasse einen unterschiedlichen Wirkungsmechanismus, der für die in der Veterinäronkologie gebräuchlichen Zytostatika mit Indikationen und Nebenwirkungsspektrum in Tab. 15.7 dargestellt wird. Der hemmende Effekt kann die DNA direkt betreffen oder auch Enzyme der Zellvermehrung und Vorgänge der Zellteilung. Therapiestudien haben bei vielen neoplastischen Krankheiten die Einsatzmöglichkeit von Wirkstoffen überprüft. Bei vielen Tumorkrankheiten kann daher der Effekt einer zytostatischen Behandlung mit einer gewissen Sicherheit vorausgesagt werden. Der kombinierte Einsatz von Zytostatika hat die mögliche Toxizität zu berücksichtigen (s. Kap. 15.6.1.13).

15.6.1.12 Therapieprotokolle

Therapieprotokolle umfassen die Dosis, das Behandlungsintervall und die Kombination von Zytostatika. Das Ziel der Behandlung ist das Erreichen einer Remission, die Tumorgröße geht zurück. Eine Remission kann komplett oder partiell sein. In manchen Protokollen wird über eine sogenannte **Initial- oder Intensivtherapie** eine Remission des Tumors angestrebt. Nach Erreichen der Remission wird oft ein weniger intensives **Erhaltungsprotokoll** durchgeführt. Nach Auftreten eines Rezidivs kann entweder das **Initialprotokoll** wiederholt werden oder ein spezielles **Intensivierungsprotokoll** begonnen werden. Letzteres enthält andere Chemotherapeutika, welche noch nicht verwendet wurden, sodass eine Resistenz unwahrscheinlicher ist.

Eine Polychemotherapie, die Kombination verschiedener zytostatischer Chemotherapeutika, bietet eine höhere Effektivität als eine Monotherapie. Die Erfolge der Therapie maligner hämatopoetischer Tumore v. a. in der Humanmedizin sind auf Polychemotherapieprotokolle zurückzuführen. Die kombinierten Chemotherapeutika müssen bestimmte Voraussetzungen erfüllen. Sie müssen auch einzeln gegen den vorliegenden

Tumor sicher wirksam sein und ihre Wirkungsmechanismen sollten sich ergänzen. Nebenwirkungen dürfen sich nicht überschneiden, damit der Einsatz eines jeden zytostatischen Chemotherapeutikums in voller therapeutischer Dosis erfolgen kann. Die Intervalle sind möglichst kurz zu bemessen. Die Länge des Intervalls beträgt bei den meisten Protokollen sieben Tage und hängt bei den meisten Chemotherapeutika vom jeweiligen Neutrophilennadir ab. Die am stärksten betroffenen normalen Gewebe des Organismus (Knochenmark, Darmepithel, Harnblasenepithel) sollen sich gerade noch vor der nächsten Applikation erholen können.

Abänderungen eines Therapieprotokolls sind häufig erforderlich. Medizinische Gründe wie Zytopenien oder eine sterile hämorrhagische Zystitis (nach Cyclophosphamid) machen eine Verlängerung der Intervalle bzw. den Ersatz eines Chemotherapeutikums durch ein anderes notwendig. Gelegentlich liegen auch rein praktische Gründe vor. Zur Umstellung eines Protokolls muss der behandelnde Tierarzt den Wirkungsmechanismus und das Nebenwirkungsprofil der Chemotherapeutika sowie die erforderlichen Erholungszeiten kennen.

Verbreitete Therapieprotokolle sind in den Tab. 15.8 bis 15.18 zusammengestellt.

Tabelle 15.8: 12-Wochen-Chemotherapieprotokoll zur Behandlung des Lymphoms beim Hund
Lymphome vom blastischen Typ sind die häufigsten Lymphome beim Hund. Sie werden intensiv, aber nur für 12 Wochen behandelt. Dann erfolgt eine Therapiepause. Bei einem Rezidiv wird der Patient nach demselben Protokoll erneut behandelt (Simon et al., 2006).

Chemotherapeutikum und Dosis	**Woche**												
	1	2	3	4	5	6	7	8	9	10	11	12	13
L-Asparaginase[1] 400 IU/kg KM s. c. in 20 ml NaCl-0,9 %-Depot (optional, da aktuell sehr kostspielig)	X												
Vincristin 0,7 mg/m^2 KOF i. v.		X			X			X			X		
Cyclophosphamid[2] 200 mg/m^2 KOF i. v.			X			X			X			X	
Doxorubicin[1] 30 mg/m^2 KOF i. v.*				X			X			X			X
Prednisolon 50 mg/m^2 KOF p. o. bis 3 Tage nach Therapie	X	X	X	X	X	X	X	X	X	X	X	X	X

[1] Vorbehandlung mit Dexamethason 0,1 mg/kg KM s. c. oder i. v., begrenzte Verfügbarkeit
[2] Nachbehandlung mit Furosemid 0,5 mg/kg KM 2-mal tägl. für 2 Tage nach Therapie
* intravenöse Applikation über 20 Min.

Tabelle 15.9: Erhaltungsprotokoll beim blastischen Lymphom des Hundes

Bei einem Lymphom-Rezidiv wird die Behandlung nach dem sogenannten 12-Wochen-Protokoll 3 Wochen über die komplette Remission hinaus durchgeführt und dann auf dieses Erhaltungsprotokoll umgestellt. Beim Erhaltungsprotokoll wird der Patient alle 6 Wochen intravenös in der Tierklinik/Praxis therapiert und bekommt die orale Medikation (Chlorambucil, Cyclophosphamid) zu Hause.

Chemotherapeutikum und Dosis	**Woche**												
	1	2	3	4	5	6	7	8	9	10	11	12	etc.
Vincristin 0.7 mg/m² KOF streng i. v. **oder Doxorubicin1** 30 mg/m² KOF i. v.* **oder Mitoxantron** 6 mg/m² KOF i. v.*	X						X						fort-laufend
Chlorambucil 12,5 mg/m² KOF p. o. je an 2 aufeinanderfolgenden Tagen			X						X				fort-laufend
Cyclophosphamid[2] 250 mg/m² KOF p. o.					X						X		fort-laufend
Prednisolon 50 mg/m² KOF p. o. bis 3 Tage nach Therapie	X	X	X	X	X	X	X	X	X	X	X	X	fort-laufend

[1] Vorbehandlung mit Dexamethason 0,1 mg/kg KM s. c. oder i. v.

[2] Nachbehandlung mit Furosemid 0,5 mg/kg KM 2-mal tägl. für 2 Tage nach Therapie

* streng intravenöse Applikation über 20 Min.

Tabelle 15.10: **Behandlungsschema des epitheliotropen Lymphoms beim Hund (kutanes Stadium)**

Chemotherapeutikum und Dosis	**Woche**												
	1	2	3	4	5	6	7	8	9	10	11	12	etc.
Lomustin (CeCeNU®) 50 mg/m² KOF p. o.	X			X			X			X			Stopp
Masitinib (Masivet®) 12,5 mg/kg KM tägl. p. o.	X	X	X	X	X	X	X	X	X	X	X	X	fortlaufend
Prednisolon 1 mg/kg KM jeden 2. Tag p. o.	X	X	X	X	X	X	X	X	X	X	X	X	fortlaufend
Sonnenblumenöl 3 ml/kg KM alle 3 Tage p. o.			X	X	X	X	X	X	X	X	X	X	fortlaufend
Vitamin A+E Hevert Kapseln, Weichkapsel 5000 IE Vitamin E und 200 mg α-Tocopherol/Tag/15 kg p. o.	X	X	X	X	X	X	X	X	X	X	X	X	fortlaufend

10 Tage nach Lomustin Neutrophilen- und Thrombozytenzahl kontrollieren
vor der ersten Therapie und vor jeder Lomustingabe zusätzlich Serumprofil (Leber, Niere)
bei systemischer Ausbreitung (Lnn., innere Organe) modifiziertes CHOP (12-Wochen-Protokoll)

Tabelle 15.11: Chemotherapieprotokoll zur Behandlung des blastischen Lymphoms der Katze nach Cotter
Die Behandlung nach dem „Cotter"-Protokoll hat sich seit 30 Jahren in der Therapie Lymphom-kranker Katzen bewährt. Bei Katzen mit schlechtem Allgemeinbefinden kann die erste Applikation von Vincristin und Cyclophosphamid im Abstand von einer Woche gegeben werden, um die initiale Belastung des Patienten durch die Chemotherapie zu mindern.

Chemotherapeutikum und Dosis	**Woche**											
	1	2	3	4	5	6	7	8	9	10	...	25
Vincristin 0,7 mg/m² KOF i. v.*	X	X	X	X			X			X	Weiter so im 3-Wochen-Rhythmus bis Woche 25	X
Cyclophosphamid 200 mg/m² KOF streng i. v.	X			X			X			X		X
Prednisolon 2 mg/kg KM p. o.	X	X	X	X	X	X	X	X	X	X		X

* streng intravenöse Applikation über 20 Min.
Prednisolon nach der Woche 25 über 6 Wochen ausschleichen

Tabelle 15.12: **Chemotherapieprotokoll mit Doxorubicin für die Behandlung des blastischen Lymphoms der Katze (nach Limmer et al., 2016)**

Chemotherapeutikum und Dosis	**Woche**												
	1	2	3	4	5	6	7	8	9	10	11	12	13
L-Asparaginase 400 IU/kg KM s. c. in 10 ml NaCl-0,9 %-Depot (optional, da aktuell sehr kostspielig)	X												
Vincristin 0,025 mg/kg KM streng i. v.	X			X			X			X			
Cyclophosphamid 10 mg/kg KM i. v.		X			X			X			X		
Doxorubicin 1 mg/kg KM streng i. v. als Infusion (über 20 Min.)			X			X			X			X	
Prednisolon p. o. jeweils 7 Tage	X[1]	X[2]	X[3]										

[1] 2 mg/kg KM tägl. p. o.
[2] 1 mg/kg tägl. p. o.
[3] 0,5 mg/kg tägl. p. o.

Tabelle 15.13: Protokoll zur Behandlung des reifzelligen Lymphoms der Katze
Katzen weisen im Gegensatz zu Hunden häufig ein reifzelliges (kleinzelliges) Lymphom auf. Die Therapie erfolgt weniger intensiv, weil der Tumor nur eine langsame Proliferation zeigt.

Chemotherapeutikum und Dosis	**Woche**												
	1	2	3	4	5	6	7	8	9	10	11	12	etc.
Chlorambucil	X		X		X		X		X		X		fort-laufend
(Leukeran®) 20 mg/m² KOF p. o.													
Prednisolon 20 mg/m² KOF alle 2 Tage p. o.	X	X	X	X	X	X	X	X	X	X	X	X	fort-laufend

vor der ersten Therapie und alle 4 Wochen: Blutbild und Leber- plus Nierenwerte kontrollieren
bei gastrointestinalem Lymphom der Katze **Cobalamin** applizieren 250 µg/Katze alle 2 Wochen

Tabelle 15.14: **Doxorubicin-Protokoll zur Behandlung des malignen Lymphoms beim Hund (30 mg/ m^2 KOF) und bei der Katze (1 mg/kg KM)**

Woche	Doxorubicin
1	X
4	X
7	X
10	X
13	X
16	X
keine weitere Therapie bis zum Rezidiv	

Tabelle 15.15: Protokoll der Mastzelltumor-Behandlung „Vinblastin + Pred" beim Hund
Die klassische Therapie von Hunden mit einem Mastzelltumor Grad III (nach Patnaik et al., 1984) oder high grade (nach Kiupel et al., 2011) erfolgt mit einer Kombinationstherapie mit Vinblastin und Prednisolon.

Chemotherapeutikum und Dosis	Woche												
	1	2	3	4	5	6	7	8	9	10	11	12	Ende
Vinblastin[1] 2 mg/m^2 KOF streng i. v.	X	X	X	X		X		X		X		X	
Prednisolon 2 mg/kg reduzierend auf 0,5 mg/kg KM p. o. tägl.	2	1,5	1	1	1	0,5	0,5	0,5	0,5	0,5	0,5	0,5	

[1] vor jeder Vinblastintherapie: Blutbild mit Differenzialblutbild
vor der ersten Therapie und in Woche 4, 8 und 12 zusätzlich Serumprofil (Leber, Niere)
Alternativ und konsekutiv stehen die oral applizierbaren Wirkstoffe Toceranib und Masitinib zur Verfügung.

Tabelle 15.16: Sarkom-Chemotherapie

Manche Sarkome metastasieren so früh, dass die Erkrankung schon bei der Diagnosestellung als systemisch angesehen werden muss. Infolgedessen ist eine lokale Therapie nicht ausreichend. Es muss eine systemische zytostatische Chemotherapie angeschlossen werden. Grad III-Sarkome sind hochgradig maligne Sarkome und besitzen ein großes Metastasierungsrisiko (Hämangiosarkom der Milz nach Splenektomie, Osteosarkom appendikulär nach Amputation [Carboplatin effektiver als Doxorubicin], felines Fibrosarkom nach OP und Strahlentherapie).

Chemotherapeutikum und Dosis	**Woche**															
	1	2	3	4	5	6	7	8	9	10	11	12	13	14	15	16
Doxorubicin Hund: 30 mg/m² KOF i. v.*; Katze: 1 mg/kg KM i. v.* **oder** (z. B. bei Kardiomyopathie) **Carboplatin** Hund: 300 mg/m² KOF i. v.*; Katze: 250 mg/m² KOF i. v.*	X			X			X			X			X			X

* streng intravenöse Applikation über 20 Min.

Tabelle 15.17: Protokoll für die Chemotherapie beim Übergangszellkarzinom (transitional cell carcinoma) des Hundes

Bei Harnblasentumoren handelt es sich in den meisten Fällen um Übergangszellkarzinome. Diese Tumoren breiten sich flächig in der Harnblase aus und metastasieren frühzeitig, sodass eine systemische zytostatische Chemotherapie erforderlich ist.

Chemotherapeutikum und Dosis	**Woche**												
	1	2	3	4	5	6	7	8	9	10	11	12	etc.
Mitoxantron 5 mg/m² KOF i. v.*	X			X			X			X			fortlaufend
Meloxicam (Metacam®) 0,1 mg/kg KM tägl. p. o. **oder** **Piroxicam (Pirobeta® 10/20)** 0,3 mg/kg KM tägl. p. o.	X	X	X	X	X	X	X	X	X	X	X	X	fortlaufend
Bei Tumorprogression: • Vinblastin 3 mg/m² KOF, alle 2 Wochen i. v.* (Cave: Hund < 15 kg 2,5 mg/m² KOF) oder • Doxorubicin 30 mg/m² KOF, alle 3 Wochen i. v.* oder • Carboplatin 300 mg/m² KOF, alle 3 Wochen i. v. oder • Cyclophosphamid alle 2 Tage 50 mg/m² KOF p. o.													

* streng intravenöse Applikation über 20 Min.

Tabelle 15.18: Protokoll der TVT (Transmissible Venereal Tumor) Behandlung beim Hund
Die klassische Therapie von Hunden mit einem TVT erfolgt mit einer Monotherapie mit Vincristin und einer sehr hohen kompletten Remissionsrate.

Chemotherapeutikum und Dosis	Woche					
	1	2	3	4	5	6
Vincristin 0,7 mg/m² KOF streng i. v.	X	X	X	X	X	X
Bei Tumorprogression: • Doxorubicin 30 mg/m² KOF, alle 3 Wochen i. v.* **oder** • Cyclophosphamid alle 2 Tage 50 mg/m² KOF p. o. • Bacillus Calmette-Guérin (BCG; BCG medac) 0,1 x 10^8 IE 4-mal im Abstand von 1 Woche, intratumoral						

* streng intravenöse Applikation über 20 Min.

15.6.1.13 Nebenwirkungen von Chemotherapeutika

Die i. d. R. starken Nebenwirkungen der Chemotherapeutika (Tab. 15.5, 15.19) schränken die therapeutische Anwendung ein. Die Dosierung vieler Wirkstoffe richtet sich nicht nach deren optimaler zytostatischer Wirkung, sondern nach dem Ausmaß der Nebenwirkungen. Die Nebenwirkungen der Chemotherapeutika sollten sich bei einem kombinierten Einsatz möglichst nicht überschneiden. Myelosuppression und gastrointestinale Toxizität können allerdings bei vielen Chemotherapeutika festgestellt werden.

Jeder Therapeut hat die möglichen Nebenwirkungen zu kennen, um mögliche bedrohliche Begleiterscheinungen frühzeitig zu erkennen, bevor weitere Komplikationen eintreten, z. B. eine Neutropenie mit nachfolgender Sepsis. Zur rechtzeitigen Behandlung der Neutropenie (mit Zytokinen) und möglicher Folgen wie Sepsis (mit einer Kombination von bakteriziden Antibiotika) ist bei myelosuppressiven Zytostatika die Neutrophilenkonzentration im Blut am zu erwartenden Nadir zu bestimmen. Obwohl der Nadir der Neutrophilen bei den meisten üblichen Zytostatika um den Tag sieben nach Therapie liegt, kann er bei einzelnen Zytostatika stark unterschiedlich sein, sodass sich der Kliniker diesbezüglich über die eingesetzten Medikamente informieren sollte.

Der Tierarzt muss den Tierhalter auf Nebenwirkungen hinweisen und beurteilen, ob die zu erwartenden toxischen Erscheinungen dem Patienten und auch dem Tierhalter zuzumuten sind. Der Tierhalter sollte in den Entscheidungsprozess, welche Therapie vorgenommen wird, intensiv einbezogen werden. Die Kommunikation mit dem Besitzer ist der zeitaufwendigste Bestandteil einer onkologischen Behandlung. Es sollten alle Therapiemöglichkeiten, inklusive der Option „keine Therapie" mit all ihren Vor- und Nachteilen mit dem Tierhalter ausführlich diskutiert werden. Die zu erwartenden Folgen für das Tier, insbesondere Nebenwirkungen, sind genau zu erläutern. Hierfür bietet es sich an, beispielhaft verschiedene Szenarien inklusive aller Kosten, Risiken,

Tabelle 15.19: **Checkliste wichtiger toxischer Erscheinungen einer Chemotherapie und deren Behandlung**

Lokale Toxizität von Vincristin und Doxorubicin

Gewebsentzündung und Nekrosen

Maßnahmen bei Extravasation:

- **Vincristin**
  - 8,4 %ige Natriumbikarbonat-Lösung (5 ml) in Extravasationsstelle (chem. Präzipitation)
  - Hyaluronidase (150 µg) in Extravasationsstelle (erhöhte Absorption)
  - warme Kompressen
- **Doxorubicin**
  - s. Vincristin, jedoch kalte Kompressen für mehrere Stunden
  - evtl. Injektion von Dexrazoxane s. c. (10-Fache der Doxorubicindosis) in Extravasationsstelle bis 3 Stunden nach Extravasation
  - evtl. chirurgisches Debridement

Hämatologische Toxizität

Myelosuppression zumeist nach 6–10 Tagen

Erholung der neutrophilen Granulozyten nach 2–3 Tagen

Maßnahmen:

- Absetzen der Therapie (Langzeit-Kortisongabe nicht plötzlich absetzen), Verlängern der Therapieintervalle, Dosisreduktion
- Antibiotika: bei < 500 neutrophilen Granulozyten/µl (Sepsisgefahr): Amoxicillin/Clavulansäure + Marbofloxacin und evtl. Filgrastim (Neupogen) 5 µg/kg KM 3 Tage s. c.

Gastrointestinale Toxizität

Vomitus, Diarrhö, Inappetenz

Maßnahmen:

- symptomatische Therapie

Anaphylaktische Reaktion

Maßnahmen:

- Sauerstoff per Maske oder Flow by
- Infusion Sterofundin ISO 20 ml/kg KM über 10 Min., ggf. bis zu 4-mal wiederholen
- Diphenhydramin 1–2 mg/kg KM i. v.
- Prednisolon (Solu-decortin) 1–2 mg/kg KM i. v.
- bei schwerem Schock: Adrenalin/Epinephrin 0,01 mg/kg KM i. v.
- prophylaktisch Prednisolon und Diphenhydramin

Kardiotoxizität

Doxorubicin: akut Arrhythmien, chronische kumulative Toxizität ab ca. 180 mg/m^2 KOF

Maßnahmen:

- symptomatische Therapie
- Doxorubicin absetzen/ersetzen

Nephrologische Toxizität

Cyclophosphamid: sterile hämorrhagische Zystitis

Maßnahmen:

- *Absetzen der Cyclophosphamid-Therapie, Diurese (lokale Toxizität)*
- *Cyclophosphamid durch Chlorambucil oder Melphalan ersetzen*

etc. zu beschreiben (bester vs. schlechtester Fall). Wenn dies beachtet wird, gewinnt der Patientenbesitzer meist eine realistische Sicht gegenüber der Behandlung, dem möglichen Behandlungserfolg bzw. -misserfolg, und die weitere Zusammenarbeit mit dem Tierarzt verläuft fast immer ohne größere Probleme.

Myelosuppression: Die Eigenschaft zytostatischer Wirkstoffe, schnell wachsende Zellen abzutöten, macht das Knochenmark mit seiner permanenten hohen Zellproliferationsrate zu einem Angriffsort für diese Substanzen (Tab. 15.5). Zytopenien treten im peripheren Blut insbesondere bei den kurzlebigen Zellen auf. Neutrophile (und andere) Granulozyten haben, gefolgt von Thrombozyten, die kürzeste Halbwertszeit der Blutzellen. Neutropenien werden daher zuerst und auch am häufigsten gemessen. Bei einem Neutrophilengehalt von unter 500/µl ist die Gefahr einer Sepsis sehr hoch. In diesen Fällen ist eine gute Breitbandantibiotikabehandlung, z. B. mit der Kombination von Amoxicillin/Clavulansäure und Marbofloxacin vorzunehmen. Im Einzelfall ist der Einsatz des Wachstumsfaktors rh-G-CSF zur Stimulierung der Neutropoese zu erwägen (s. Kap. 15.6.1.7)

Patienten, die mit einem septischen Schock eingeliefert werden, sollten keine laktathaltige Infusionslösung, sondern eine laktatfreie Vollelektrolytlösung erhalten. Tumorpatienten leiden aufgrund der Glykolyse durch Tumorzellen vielfach unter einer Hyperlaktatämie, die die Energiebilanz des Organismus negativ beeinflusst. Bei einem Schockgeschehen wird in der Peripherie zusätzlich vermehrt Laktat gebildet und nach der Volumensubstitution in die Zirkulation eingebracht.

Eine Thrombozytopenie von weniger als 30 000 Thrombozyten/µl kann zu schwerwiegenden spontanen Blutungen Anlass geben. Therapeutisch sind Thrombozytenkonzentrate oder eine Vollblutinfusion einzusetzen. Vincristin und Glukokortikoide können die Ausschüttung von Thrombozyten aus dem Knochenmark beschleunigen. Der Effekt kann aber nur eintreten, wenn auch genügend Megakaryozyten im Knochenmark vorhanden sind.

Aufgrund der langen Halbwertszeit von Erythrozyten werden Anämien nur sehr selten infolge des zytostatischen Effekts gesehen. In diesem Fall würden sie sich erst nach Monaten und sehr schleichend entwickeln. Meist entsteht eine Anämie als paraneoplastisches Syndrom, z. B. als Anämie der chronischen Krankheit, durch Blutverlust oder aufgrund einer Hämolyse.

Gastrointestinale Toxizität: Vomitus, Diarrhö und Inappetenz werden als Symptome einer gastrointestinalen Toxizität beobachtet. Erbrechen und Durchfall sind meist nicht schwerwiegend und in vielen Fällen selbstlimitierend. Eine Therapie hat ggf. allein symptomatisch zu erfolgen. In seltenen Fällen ist eine Infusionstherapie notwendig. So sehr wie eine Myelosuppression aus Sicht des Tierarztes gefährlich ist, werden aus Sicht des Tierhalters die gastrointestinalen Symptome als dramatisch aufgenommen. Sichtbare Nebenwirkungen erinnern ihn an die mögliche weitere Präsenz des Tumors und führen ihm die Toxizität der Chemotherapie vor Augen.

Katzen sind häufig inappetent. Die Inappetenz ist gelegentlich auch das erste Symptom einer Tumorkrankheit. Die unter der Therapie (z. B. nach Doxorubicin) einsetzende oder fortbestehende Inappetenz ist schwer zu beeinflussen. Mirtazapin (Hund 0,6 mg/

kg KM p. o. 1-mal tägl., Katze 3 mg/Katze p. o. alle 3 Tage), Cyproheptadin (Peritol®, 4 mg/Tablette, 0,2 mg/kg KM 2-mal tägl.) oder Diazepam (Valium®, 0,1 mg/kg KM i. v.) können als Appetitstimulans effektiv sein. Diazepam muss in dieser geringen Dosis intravenös gegeben werden. Die Wirkung setzt sofort ein und dauert nur kurz. Cyproheptadin wirkt erst nach 24 Stunden.

Verschiedene Wirkstoffe (z. B. Methotrexat) haben eine akute gastrointestinale Toxizität, die gleich nach der oralen Applikation einsetzt und zum Erbrechen führt. Die Symptome werden nicht durch zytotoxische Schädigung der Epithelien, sondern durch Reizung von Rezeptoren ausgelöst. Präventiv kann die Gabe von Metoclopramid (0,2–0,5 mg/kg KM p. o.) die Verweildauer des Medikamentes im Magen verkürzen. Eine intravenöse Applikation des Medikamentes ist in diesen Fällen günstiger. Auf dem Markt befindet sich ein sehr effektives zentrales, für den Einsatz beim Hund zugelassenes Antiemetikum: Maropitant (1 mg/kg KM 1-mal tägl. s. c., kann auch oral gegeben werden) ist ein zentral wirksamer Neurokinin-1-Rezeptorantagonist und sehr effektiv bei Chemotherapie-induziertem Erbrechen.

Lokale Toxizität: Doxorubicin, Idarubicin, Cisplatin, Vincristin, Vinblastin und Actinomycin D ziehen bei paravenöser Applikation umfangreiche Gewebenekrosen nach sich. Wenn der Tierarzt den Tierbesitzer überzeugt hat, dass eine Chemotherapie erforderlich ist, und Risiko und Nebenwirkungen abgewogen wurden, muss mit größter Sorgfalt vermieden werden, dass gerade durch ein fehlerhaftes Eingreifen des Tierarztes dem Patienten ein besonderer gesundheitlicher Schaden entsteht. Hinweise zur sicheren intravenösen Applikation sind im Abschnitt „Applikation von Chemotherapeutika“ (s. Kap. 15.6.1.10) aufgeführt. Dexrazoxan (Cardioxane®) kann bei Extravasation von Anthrazyklinen wie Doxorubicin infundiert werden. Die Dosis beträgt das 10-Fache der applizierten Doxorubicindosis und kann bis zu 3 Stunden nach der Extravasation gegeben werden.

Alopezie: Haarverluste als Folge einer Chemotherapie sind aus medizinischer Sicht ohne große Bedeutung, für den Tierhalter aber wichtig. Äußerliche Veränderungen des Tieres machen die Behandlung für jedermann offensichtlich, und der Tierhalter muss Fragenden Rede und Antwort über den Sinn einer intensiven und kostspieligen medizinischen Versorgung eines Tieres leisten. Diesen Umstand scheuen viele Besitzer.

Haarausfall ist lediglich bei den Hunderassen von Bedeutung, die einen permanenten Haarwuchs haben. Dies sind alle die Hunderassen, die regelmäßig getrimmt werden müssen (Pudel, Bobtail etc.). Haare in der Ruhephase ihrer Entwicklung werden von einer zytostatischen Therapie nicht beeinträchtigt. Die genannten Hunderassen können eine ausgeprägte Ausdünnung des Fells und stellenweise eine Haarlosigkeit aufweisen. Die Alopezie ist reversibel und das Fell wächst schnell nach. Geringgradiger Haarausfall und Fellveränderungen können auch bei anderen Rassen auftreten. Katzen können unter einer zytostatischen Therapie z. T. ihre Schnurrhaare verlieren.

Kardiotoxizität: Nach Doxorubicingaben werden bei Hunden häufig, bei Katzen seltener kardiotoxische Erscheinungen festgestellt. Doxorubicin besitzt eine akute und eine chronisch-kumulative Kardiotoxizität. Arrhythmien in direktem Zusammenhang mit der Doxorubicin-Applikation werden als akute Kardiotoxizität bezeichnet. Die chronisch-kumulative Kardiotoxizität tritt nach wiederholten Gaben auf. Die Wahrscheinlichkeit steigt mit der Anzahl der Doxorubicindosen. Nach der achten Doxorubicingabe, einer kumulativen Dosis von 240 mg/m^2 KOF, ist das Risiko, eine dilatative Kardiomyopathie hervorzurufen, recht hoch. Das Risiko steigt jedoch schon ab einer kumulativen Dosis von 180 mg/m^2 KOF (ca. 5–6 Dosen). Patienten, die Doxorubicin erhalten, sind kardiologisch (EKG, Echokardiographie) gut zu überwachen, um Anzeichen einer Dilatation des Herzens frühzeitig zu erkennen und die Doxorubicintherapie zu beenden. Mehr als sechs Dosen von 30 mg/m^2 KOF sollten möglichst nicht gegeben werden. Bei vorher schon bestehenden Herzkrankheiten oder bei Rasseprädispositionen (z. B. Dobermann, Irischer Wolfshund) sind Therapiechance und -risiko einer Doxorubicinbehandlung abzuwägen und Doxorubicin ggf. durch ein anderes Medikament (z. B. Epirubicin, Mitoxantron) zu ersetzen.

Allergische Reaktionen: L-Asparaginase, ein Enzym, wird aus Bakterien gewonnen. Der Patient kann gegen dieses Fremdprotein und Produktbeimengungen sensibilisiert werden. Die wiederholte Applikation zieht vielfach allergische Reaktionen nach sich. Die Sensibilisierung erfolgt schneller nach intravenöser als nach intramuskulärer oder subkutaner Verabreichung. Die intravenöse Applikation wird für L-Asparaginase auch nicht mehr empfohlen. Bei wiederholter L-Asparaginasegabe kann prophylaktisch eine Prämedikation mit Prednisolon (2 mg/kg KM) und Diphenhydramin (5 mg/kg KM) vorgenommen werden.

Doxorubicin kann direkt eine Mastzelldegranulation auslösen und sofort zu einem anaphylaktischen Schock führen. Eine langsame intravenöse Infusion von verdünntem Doxorubicin über 30 Minuten und eine Prämedikation mit Prednisolon machen die Induktion sowohl einer allergischen Reaktion als auch einer akuten kardiotoxischen Symptomatik sehr unwahrscheinlich.

Zystitis: Eine sterile hämorrhagische Zystitis entwickelt sich in einzelnen Fällen infolge von Cyclophosphamidgaben. Der Patient kann unter einem ausgeprägten Tenesmus vesicae und einer Hämaturie leiden. Sollte eine sterile hämorrhagische Zystitis aufgetreten sein, sollte Cyclophosphamid durch ein anderes Alkylanz, z. B. Chlorambucil oder Melphalan, ersetzt werden. Diese Art der Zystitis ist für das Tier sehr schmerzhaft und kann Wochen bis Monate bis zur vollständigen Abheilung andauern. Prophylaktisch kann MESNA infundiert werden. Mesna (Uromitexan) wird zum Zeitpunkt null, vier und acht Stunden nach der Cyclophosphamidgabe intravenös als Bolus (jeweils 20 % der Cyclophosphamiddosis) appliziert. Alternativ zu Mesna kann die Gabe von Furosemid begleitend zur Cyclophosphamidtherapie erfolgen. Furosemid wird begleitend oral oder intravenös verabreicht. Es reduziert sehr effektiv das Risiko einer sterilen hämorrhagischen Zystitis (Charney 2003), ist wesentlich einfacher zu verabreichen als Mesna und deutlich preiswerter.

Neurotoxizität: Man unterscheidet zwischen einer zentralen und einer peripheren Neurotoxizität. Störungen des zentralen Nervensystems (durch Vincristin, 5-Fluorouracil) können sich in Krämpfen äußern. Parästhesien, propriozeptive Ausfälle und spinale Hyporeflexie sind Anzeichen einer Schädigung des peripheren Nervensystems (Vincristin). Cisplatin – bei der Katze nicht anzuwenden – kann beim Hund Taubheit hervorrufen. Bei der Katze führt 5-Fluorouracil zu letalen neurotoxischen Nebenwirkungen. Auch tonische oder tonisch-klonische Krämpfe wurden bei Katzen nach Chlorambucilgabe beschrieben (Benitah 2003).

Pankreas-Toxizität: L-Asparaginase-, Doxorubicin-, Cisplatin- und hochdosierte Glukokortikoidgaben können eine Pankreatitis induzieren. Schwere, klinisch manifeste Pankreatitiden treten jedoch nur sehr selten auf. Möglicherweise werden leichte Pankreatitiden mit den Symptomen Apathie, Erbrechen oder Durchfall als Gastroenteritis diagnostiziert und nicht zutreffend als Pankreatitis, sodass letztere eventuell häufiger vorkommt, als sie festgestellt wird.

Lungentoxizität: Cisplatin ruft bei Katzen eine akute Vaskulitis in der Lunge und ein hochgradiges letales Lungenödem hervor. Cisplatin darf demnach bei Katzen nicht eingesetzt werden.

Kanzerogenität: Humanpatienten, die aufgrund einer malignen Neoplasie über längere Zeit mit Cyclophosphamid behandelt wurden, weisen in signifikant häufigerem Maße Harnblasenkarzinome oder maligne Lymphome auf.

Das Wissen um die Kanzerogenität von Chemotherapeutika sollte zu besonders gewissenhaftem und vorsichtigem Umgang mit diesen Wirkstoffen Anlass sein.

15.6.2 Therapie ausgewählter Neoplasien

Chirurgische Behandlung, **Radiotherapie** und **Chemotherapie** spezieller caniner und feliner Neoplasien sind in Tab. 15.20 in alphabetischer Folge, nach der Lokalisation sortiert, zusammengestellt.

Tabelle 15.20: **Indikationen zur chirurgischen Behandlung, Radiotherapie oder Chemotherapie spezieller Neoplasien von Hund und Katze**

Lokalisation	Tumor	Chirurgische Therapie	Radiotherapie	Chemotherapie
Analbeutel	Adenokarzinom	Resektion	Radiotherapie	Mitoxantron, Carboplatin oder Toceranib
Auge/Orbita	Melanom	Enukleation (bei Katze frühe Metastasierung)		
	Ziliarkörperadenom, -adenokarzinom	Enukleation		
	Sarkom	Enukleation (frühe Metastasierung)		
	Osteo-, Fibrosarkom, Mastzelltumor, malignes Lymphom, Plattenepithelkarzinom (aus Mundhöhle, Katze)	Orbitektomie (falls primär)	Radiotherapie	Polychemotherapie (nur malignes Lymphom) Vinblastin + Prednisolon oder Toceranib (Mastzelltumor)

Lokalisation	Tumor	Chirurgische Therapie	Radiotherapie	Chemotherapie
Darm	Adenokarzinom, Leiomyosarkom	Resektion		
	Malignes Lymphom	Resektion bei Ileus		Polychemotherapie
Endokrinium	Hypophysentumor (Adenom)	Resektion	Radiotherapie	Trilostan
	Nebennierenrinde (Karzinom)	Resektion		
	Insulinom (Karzinom)	Resektion		oder symptomatische Therapie gegen Hypoglykämie, u. U. Streptozocin, Doxorubicin
	Schilddrüse (Karzinom beim Hund)	Resektion	Radiotherapie	
	Schilddrüse (Adenom bei Katze)	Resektion (oft bilateral, postoperativ vorübergehend Hypoparathyreoidismus und Hypothyreose)		
Hämatopoese	malignes Lymphom			Polychemotherapie
	akute lymphatische Leukämie			Polychemotherapie
	chronische lymphatische Leukämie			Chlorambucil, Prednisolon oder exspektative Therapie
	akute myeloische Leukämie			keine Therapie
	chronische myeloische Leukämie			Busulfan, Hydroxyurea oder exspektative Therapie
	Polycythämia vera			Aderlass + Hydroxyurea
	Mastzelltumor	Resektion	Radiotherapie post OP	Toceranib, Masitinib, Vinblastin, Cyclophosphamid, Prednisolon, H2-Blocker symptomatisch
	multiples Myelom			Melphalan, Prednisolon
	kutane und extramedulläre Plasmozytome	Resektion	Radiotherapie	Melphalan, Prednisolon, Doxorubicin
Harnblase	Karzinom	nur palliativ: Resektion		Mitoxantron, Cisplatin, Doxorubicin, Cyclophosphamid + NSAIDS
	malignes Lymphom (Katze)			Polychemotherapie

Lokalisation	Tumor	Chirurgische Therapie	Radiotherapie	Chemotherapie
Haut	Plattenepithelkarzinom (Hund)	Resektion		+ lokal 5-Fluorouracil (nicht Katze), Carboplatin bei Metastasen (Hund)
	Plattenepithelkarzinom Ohrrand, Nasenspiegel (Katze)		Radiotherapie photodyn. Therapie	
	Basalzelltumor	Resektion		
	Melanom kutan	Resektion		
	epitheliotropes kutanes Lymphom (Mycosis fungoides)		(Radiotherapie)	Lomustin, Mastinib
	Mastzelltumor „low grade"	Resektion	Radiotherapie (falls nicht im Gesunden exstirpiert)	
	Mastzelltumor „high grade"	Resektion	Radiotherapie (falls nicht im Gesunden exstirpiert)	Toceranib, Masitinib, Vinblastin, Cyclophosphamid, Prednisolon, H2-Blocker symptomatisch
	Histiozytom (junger Hund)	Resektion (falls keine Spontanregression)		
	Hämangioperizytom (Hund)	Resektion	+ Radiotherapie	
	Hämangiosarkom	Resektion		+ Doxorubicin
	Papillom, Warze (Hund)	Resektion falls notwendig		
	Talgdrüsenadenom (Hund)	Resektion		
	Talgdrüsenadenokarzinom (Hund)	Resektion		
	Keratoakanthom (Hund)	Resektion falls notwendig		
	Trichoepitheliom	Resektion falls notwendig		
	epidermale Inklusionszyste	Resektion falls notwendig		
	Weichteilsarkom (Fibrosarkom; Myxosarkom; Hämangioperizytom; Neurofibrosarkom; Leiomyosarkom; Liposarkom; Riesenzellsarkom, Fibrosarkom (Katze)	Resektion weiträumig	+ Radiotherapie	+ Doxorubicin, ggf. metronomische Chemotherapie
	Weichteiltumor benigne (Fibrom, Myxom, Neurofibrom, Schwannom, Neurilemmom, Leiomyom, Lipom [Hund])	Resektion falls notwendig		

Lokalisation	Tumor	Chirurgische Therapie	Radiotherapie	Chemotherapie
Herz	Hämangiosarkom	Resektion		+ Doxorubicin
Hoden	Sertolizelltumor, Seminom, Leydigzelltumor	Resektion		
Knochen	osteoblastisches Osteosarkom	Amputation	Leitungsanästhesie + Radiotherapie (palliativ)	Carboplatin
	Osteochondrosarkom (Hund)	Resektion	+ Radiotherapie	
	Chondro-, Fibro-, Hämangiosarkom (Hund)	Resektion	+ Radiotherapie	
	Synovialzell-Sarkom (Hund)	Amputation	Radiotherapie palliativ	
	periartikuläres histiozytäres Sarkom	Amputation/Resektion	Radiotherapie	Lomustin
Körperhöhle	Mesotheliom			Carboplatin intrakavitär
	Thymom	Resektion	oder Radiotherapie	
Leber	Hepatom	Resektion, oft solitär und groß. Lebertumoren (Hepatome) sind benigne und oft mit guter Prognose zu resezieren.		
	hepatozelluläres Karzinom, Gallengangskarzinom (Katze)	Resektion, falls nicht disseminiert, sondern solitär		
	malignes Lymphom			Polychemotherapie
Lunge	Adenokarzinom	Lobektomie	(Radiotherapie)	Carboplatin, Vinorelbin, Doxorubicin
Magen	Adenokarzinom, Leiomyosarkom	Resektion		
	malignes Lymphom	Resektion bei Ileus		Polychemotherapie
Mamma	benigne Mischtumoren, Fibroadenom, Adenom (Hund)	Resektion		
	Karzinom, Adenokarzinom (Hund)	Resektion		Doxorubicin, Cyclophosphamid, Mitoxantron falls Lymphknotenmetastasen oder Lymphangiosis karzinomatosa (Effektivität nicht wissenschaftlich gesichert)
	Fibroadenom (Katze)	Ovariohysterektomie		
	Adenokarzinom (Katze)	Resektion		Doxorubicin, Cyclophosphamid

Lokalisation	Tumor	Chirurgische Therapie	Radiotherapie	Chemotherapie
Milz	malignes Lymphom	Resektion		Polychemotherapie
	Hämangiosarkom (meist Deutscher Schäferhund)	Resektion		+ Doxorubicin
	Leiomyo-, Osteo-, Fibrosarkom			+ Doxorubicin
Mundhöhle	malignes Melanom	Resektion	Radiotherapie	(+ Carboplatin), Melanomvakzine
	Plattenepithelkarzinom (Hund)	Resektion	Radiotherapie	
	Plattenepithelkarzinom (Katze)	Resektion	Radiotherapie	keine effektive Therapie
	Fibrosarkom		Radiotherapie	
Nase	Adenokarzinom, Karzinom		Radiotherapie	Carboplatin
	malignes Lymphom (Katze)		Radiotherapie	Polychemotherapie
	Sarkom		Radiotherapie	
Nervensystem	Meningiom	Resektion	Radiotherapie	
	Gliom		Radiotherapie	
	malignes Lymphom (bes. Katze)		Radiotherapie (wenn lokalisiert)	Polychemotherapie
	Neurofibrosarkom (peripher)	Resektion	Radiotherapie	
	Hypophysentumor (Adenom)	Resektion	Radiotherapie (siehe Endokrinium)	

Lokalisation	Tumor	Chirurgische Therapie	Radiotherapie	Chemotherapie
Niere	Karzinome, Adeno-karzinome Cystadenokarzinom + Dermatofibrosis(DSH) malignes Lymphom (Katze)	frühzeitige Resektion		Polychemotherapie
Ovar	Adenom (Hund) Adenokarzinom (Hund) Granulosazelltumor (Katze)	Resektion Resektion Resektion		Carboplatin
Pankreas,exokrin	Karzinom			Oft keine Therapie, meist metastasiert Streptozotozin kann versucht werden
Prostata	Adenokarzinom		Radiotherapie	nicht-steroidale Anti-phlogistika, ggf. Stent Mitoxantron, Carbo-platin
Speicheldrüse	Adenokarzinom	Resektion	Radiotherapie	
Uterus	Leiomyom, Fibrom	Resektion		
Vagina Vagina und Vulva	Leiomyom, Fibrom Sticker-Sarkom (trans-missible venereal tumor, TVT) (Hund)	Resektion		Vincristin, bei Resistenz Doxorubicin. Cyclo-phosphamid

15.7 Paraneoplastisches Syndrom

Das paraneoplastische Syndrom ist definiert als Effekt einer malignen Neoplasie auf Struktur und Funktion des Körpers ohne direkten Zusammenhang mit dem Tumor. Diese Fernwirkung wird meist durch Mikromoleküle ausgelöst, die vom Tumor in die Zirkulation entlassen werden.

Erscheinungen eines paraneoplastischen Syndroms sind oftmals die ersten klinisch manifesten Anzeichen eines malignen Tumors.

Die Auswirkungen des paraneoplastischen Syndroms können so schwerwiegend sein, dass nicht der Tumor das Leben des Patienten akut bedroht, sondern seine Fernwirkungen.

15.7.1 Krebskachexie

Die häufigste Erscheinung des paraneoplastischen Syndroms ist die sogenannte „Krebskachexie". Eine Krebskachexie entwickelt sich trotz ausreichender Nahrungszufuhr. Sie ist prognostisch wichtig. Patienten, die schon einen Gewichtsverlust zeigen, haben erfahrungsgemäß eine ungünstigere Prognose als Patienten ohne klinische Befunde (exkl. Neoplasie). Die Krebskachexie bedingt auch eine Immunschwäche und Wundheilungsstörungen.

Veränderungen des Kohlenhydrat-, Protein- und weniger des Fettstoffwechsels können schon vor Beginn des Gewichtsverlusts festgestellt werden.

- **Kohlenhydratstoffwechsel**: unvollständige Glykolyse mit Laktatproduktion (Nettoenergieverlust)
- **Proteinstoffwechsel**: Proteinabbau für Proteinsynthese der Tumorzellen und für Glukoneogenese mit glukoplastischen Aminosäuren
- **Fettstoffwechsel**: kaum Verstoffwechselung von Fett durch Tumorzellen; Energieträger für Organismus

Um den Organismus ausreichend mit Kalorien zu versorgen, sollten diese in Form von Fetten zur Verfügung gestellt werden. Der Patient ist mit der 1,5- bis 3-fachen Kalorienmenge des Basalbedarfs zu versorgen. Zudem sind ausreichend hochwertige Proteine zu geben. Kohlenhydrate sind nur in geringer Menge zu verabreichen, weil diese in erster Linie von Tumorzellen verstoffwechselt werden.

15.7.2 Hormonproduktion

Die Hormonproduktion in Zusammenhang mit einem paraneoplastischen Syndrom kann topisch und ektopisch sein. Eine **topische** Hormonproduktion geht von Tumoren endokriner Drüsen aus, z. B. adrenaler und hypophysärer Hyperadrenokortizismus sowie Hyperthyreose. Eine **ektopische** Hormonproduktion findet bei nichtendokrinen

Tumoren statt, z. B. Pseudoparathormon (Parathormon-related Protein) aus Zellen eines malignen Lymphoms oder eines Karzinoms.

15.7.3 Hyperkalzämie

Ursache, Pathogenese:

- Parathormon-related Protein (PTHrP) aus folgenden Tumoren: malignes T-Zell-Lymphom, Adenokarzinom der apokrinen Analbeuteldrüsen, der Mamma, des Pankreas, des Magens, der Schilddrüse
- Osteolytische Prozesse (osteoklastenaktivierender Faktor aus Tumorzellen) infolge von Neoplasien, z. B. Mammakarzinom, Prostatakarzinom, Fibrosarkom, multiples Myelom
- Prostaglandinsynthese in Tumorzellen (PGE 1, PGE 2)

Symptome: Polyurie, Hyposthenurie, Polydipsie, Dehydratation (durch Vasokonstriktion in den Nieren, Antagonisierung des ADH, Mineralisation der Nieren), Anorexie, Vomitus, Obstipation, Bradykardie, Muskelschwäche, Apathie, Koma, Krämpfe.

Diagnose: Entscheidend für die Diagnose „Hyperkalzämie" ist die Konzentration des biologisch aktiven ionisierten Kalziums, nicht die des Gesamtkalziums. Ursache für einen hohen Gesamtkalziumgehalt bei physiologischem ionisierten Kalziumgehalt sind Hyperproteinämien.

Therapie:

- Isotonische **NaCl**-Infusion, 100–125 ml/kg KM tägl. i. v., gegen Dehydratation; Infusionsmenge dem Dehydratationsgrad anpassen; Urinproduktion kontrollieren
- **Furosemid**, 2–4 mg/kg KM 2-mal tägl. i. v., s. c., p. o. verstärkt Kalziumexkretion durch Hemmung der Rückresorption im aufsteigenden Schenkel der Henleschen Schleife, zuvor Volumenersatz erforderlich
- **Natriumbikarbonat**, 1–4 mEq/kg KM (oder anhand Blutgaskontrolle) langsam als Bolus i. v., Alkalisierung verdrängt Kalzium aus ionisierter Form
- **Glukokortikoide**: Prednisolon, 1–2 mg/kg KM oder Dexamethason, 0,1–0,2 mg/kg KM 2-mal tägl. i. v., s. c., p. o., verstärken renale Exkretion, vermindern intestinale Resorption von Kalzium, hemmen osteoklastische Aktivität; Glukokortikoide erst nach Diagnosestellung, weil die häufigste Ursache einer Hyperkalzämie, das maligne Lymphom, nach Glukokortikoidgabe schwieriger zu diagnostizieren ist
- **Kalzitonin**, 4,5 U/kg KM, 3-mal tägl. s. c., senkt Kalziumgehalt schnell; kontroverse Erfahrungen in der Tiermedizin; schnelle Resistenzentwicklung durch Herunterregulation des Rezeptors, dann 2 Tage Therapiepause
- **Mithramycin** (Plicamycin), 25 µg/kg KM i. v. in NaCl-Infusion über 4 Stunden, senkt Kalziumkonzentration für 1–3 Tage; höhere Dosis hepatotoxisch

- **Biphosphonate**: Aredia®, Pamidronat, (1,3–1,5 mg/kg KM alle 6–8 Wochen i. v.) und Zometa®, Zoledronat, (bis 0,25 mg/kg KM i. v.) senken den Kalziumspiegel durch verschiedene Mechanismen; 15 Minuten lang alle 4 Wochen i. v.
- **Peritonealdialyse** bei Hyperkalzämie und Niereninsuffizienz
- **Kalziumkanalblocker**: Diltiazem, 0,5–1,5 mg/kg KM 3-mal tägl. p. o.; Verapamil, 0,05 mg/kg KM, alle 10–30 Minuten i. v. (max. kumulative Dosis 0,15 mg/kg KM, bei kardialen Störungen [Arrhythmien] infolge Hyperkalzämie)

Vorsicht mit Digitalistherapie bei Hyperkalzämie!

15.7.4 Hypoglykämie

Ursache, Pathogenese: Insulinproduktion durch Insulinom (Inselzelltumor des Pankreas). Bei anderen Tumoren Produktion eines Insulin-ähnlichen Stoffes (Hypoglykämie wird verstärkt durch Glukoseverbrauch der Tumorzellen): hepatozellulärem Karzinom, Hepatom, Plasmazelltumor, malignem Lymphom.

Symptome: Schwäche, Krämpfe (besonders nüchtern), Tod.

Therapie:
- Tumorexstirpation
- Glukoseinfusion im akuten Notfall
- Prednisolon, 0,25–1 mg/kg KM 2-mal tägl. p. o., fördert Glukoneogenese in Leber und hemmt Glukoseverbrauch in Peripherie
- Diazoxid, 3–13 mg/kg KM 3-mal tägl. p. o., hemmt Insulinsekretion des Pankreas
- Propranolol, 0,2–1,0 mg/kg KM 3-mal tägl. p. o., hemmt Insulinsekretion des Pankreas durch Blockade der b-adrenergen Rezeptoren

15.7.5 Hypertrophe Osteopathie

Bei primären und sekundären Lungentumoren. Kann die Primärerkrankung therapiert werden, bilden sich die Veränderungen zurück.

15.7.6 Hämatologische Veränderungen

Anämie: Verschiedene Anämieformen können, oft kombiniert, zugrunde liegen:
- chronische Entzündung infolge des Tumors mit ungenügender Erythrozytenproduktion des Knochenmarks
- Blutverluste durch akute oder chronische Blutungen aus Tumoren des Gastrointestinaltraktes

- mikroangiopathische hämolytische Anämie infolge Zerstörung der Erythrozyten in der Zirkulation durch defekte Endothelien der Kapillaren (Hämangiosarkom) oder durch Fibringerinnsel in der Zirkulationsbahn (DIC)
- immunvermittelte hämolytische Anämie durch Antikörper oder Immunkomplexe auf Erythrozyten, dadurch Phagozytose und intravasale Lyse der Erythrozyten
- Chemotherapie; verkürzte Lebenszeit der Erythrozyten und verminderte Regeneration; teilweise hämolytische Prozesse

Polyzythämie: Möglicherweise Erythropoetinproduktion durch Tumorzellen selbst (insbesondere primäre Nierentumoren) oder durch Tumor- oder nichtneoplastische Erkrankung der Nieren mit lokaler Hypoxie und konsekutiver Ausschüttung von Erythropoetin.

Leukozytose:
- Monozytose und Neutrophilie durch Nekrose von Tumorzellen und peripherem Gewebe
- gesteigerter Granulozytenverbrauch infolge von Entzündungen
- Freisetzung eines granulopoetischen Faktors aus Tumorzellen

Thrombozytopenie: bei etwa einem Drittel aller Tumorpatienten durch:
- verminderte Thrombozytenproduktion des Knochenmarks
- vermehrter Thrombozytenverbrauch im peripheren Blut infolge einer DIC
- immun-vermittelte Zerstörung der Thrombozyten

Hyperglobulinämie: verursacht Hyperviskositätssyndrom, Blut zähflüssig infolge des hohen Eiweißgehalts, insbesondere bei IgM-Molekülen (Makroglobulinämie):
- Plasmazelltumoren produzieren monoklonal ein bestimmtes Immunglobulin aus einem Zellklon.
- malignes Lymphom (s. Plasmazelltumoren)
- Lymphatische Leukämie (s. Plasmazelltumoren)
- primäre Makroglobulinämie (IgM aus Plasmazell- oder B-Zelltumor) mit Hyperviskosität des Blutes

15.7.7 Fieber

Fieber wird ausgelöst durch Interleukine aus Tumoren und reaktiven Makrophagen.

15.7.8 Neurologische Störungen

Als paraneoplastisches Syndrom können neurologische Symptome durch verschiedene Pathomechanismen ausgelöst werden:

- Hyperkalzämie (s. oben)
- Hyperviskosität infolge einer Polyzythämie oder Hyperglobulinämie (s. oben)
- hepatoenzephales Syndrom (Hepatopathie mit Shuntbildung)
- Hypoglykämie durch insulinsezernierende Pankreastumoren oder andere Tumore (s. oben)
- Thymom mit sekundärer Myasthenia gravis

Hingegen stellen ZNS-Störungen durch direkte Tumorzellinfiltration oder -metastase des ZNS kein paraneoplastisches Syndrom dar.

Literatur

Argyle DJ (2016): Canine and feline lymphoma. Vet Comp Oncol 14: 1–7.
Balducci L, Mowrey K, Parker M (1992): Pharmacology of antineoplastic agents in older patients. In: Balducci L, Lyman GH, Ershler WB (eds.): Geriatric Oncology. J.B. Lippincott, Philadelphia, 169–180.
Begg CB, Carbone PP (1983): Clinical trials on drug toxicity in the elderly. Cancer 52: 1986–1992.
Benitah N, de Lorimier LP, Gaspar M, Kitchell BE (2003): Chlorambucil-induced myoclonus in a cat with lymphoma. J Am Anim Hosp Assoc 39: 283–287.
Charney SC, Bergmann PJ, Hohenhaus AE, McKnight JA (2003): Risk factors for sterile hemorrhagic cystitis in dogs with lymphoma receiving cyclophosphamide with or without concurrent administration of furosemide: 216 cases (1990–1996). J Am Vet Med Assoc 222: 1388–1393.
Childress MO, Ramos-Vara JA, Ruple A (2016): RCT of the effect of Prednisone omission multidrug chemotherapy protocol on treatment outcome in dogs with peripheral nodal lymphomas. J Am Vet Med Assoc 249: 1067–1078.
Cohen M, Bohling MW, Wright JC, Welles EA, Spano JS (2003): Evaluation of sensitivity and specificity of cytologic examination: 269 cases (1999–2000). J Am Vet Med Assoc 222: 964–967.
Collette SA, Allstadt SD, Chon EM, Smith AN, Garrett LD, Choy K, Rebhun RB, Rodriguez CO, Skorupski KA (2015): Treatment of feline intermediate to high-grade lymphoma with a modified university of Wisconsin-Madison protocol: 119 cases (2004–2012). Vet Comp Oncol. doi: 10.1111/vco.12158
Cotter SM, Kanki PJ, Simon M (1985): Renal disease in five tumor-bearing cats treated with Adriamycin. J Am Anim Hosp Assoc 21: 405–407.
Danckert D (1998): Lebenserwartung und Krankheitsinzidenzen beim alten Hund. Vet. Diss. München.
Ernst T, Kessler M, Lautscham E, Willimzig L, Neiger R (2016): Das multizentrische Lymphom bei 411 Hunden – eine epidemiologische Studie. Tierärztliche Praxis Kleintiere 44: 245–251.
Fulton R, Gasper PW, Ogilivie GK et al. (1991): Effect of recombinant human granulocyte colony-stimulating factor on hematopoiesis in normal cats. Exp Hematol 19: 759–767.
Holtermann N, Kiupel M, Kessler M, Teske E, Betz D, Hirschberger J (2016): Masitinib monotherapy in canine epitheliotropic lymphoma. Vet Comp Oncol. doi: 10.1111/vco.12157
Iwamotoa KS, Bennetta LR, Normana A, Villalobos AE, Hutson CA (1992): Linoleate produces remission in canine mycosis fungoides. Cancer Letters 64: 17–22.
Jugan MC, August JR (2015): Serum cobalamin concentrations and small intestinal ultrasound changes in 75 cats with clinical signs of gastrointestinal disease: a retrospective study. J Feline Med Surg: 1–9, DOI: 10.1177/1098612X15598184

Kitchell BE (1989): Feline geriatric oncology. Compend Contin Educ Pract Vet 11: 1079–1084.
Kitchell BE (1993): Cancer therapy for geriatric dogs and cats. J Am Anim Hosp Assoc 29: 41–48.
Kiupel M, Webster JD, Bailey KL et al. (2011): Proposal of a 2-tier histologic grading system for canine cutaneous mast cell tumors to more accurately predict biological behavior. Vet Pathol 48: 147–155.
Limmer S, Eberle N, Nerschbach V, Nolte I, Betz D (2014): Treatment of feline lymphoma using a 12-week, maintenance-free combination chemotherapy protocol in 26 cats. Vet Comp Oncol 14: 21–30.
Limmer S, Eberle N, Nerschbach V, Nolte I, Betz D (2016): Feline lymphoma maintenance free 12-week, maintenance-free combination chemotherapy protocol in 26 cats. Vet Comp Oncol 14: 21–30.
Mandara MT, Motta L, Calo P (2016): Distribution of feline lymphoma in the central and peripheral nervous systems. Vet J 216: 109–116.
Mineccia M, Massari S, Linguiti G, Ceci L, Ciccarese S, Antonacci R (2012): New insight into the genomic structure of dog T cell receptor beta (TRB) locus inferred from expression analysis. Comparative Immunology 37: 279–293.
Moore AS, London CA, Wood CA, Williams LE, Cotter SM, L'Heureux DA, Frimberger AE (1999): Lomustine (CCNU) for the Treatment of Resistant Lymphoma in Dogs. J Vet Int Med 13: 395–398.
Moore AS (2016): Treatment of T cell lymphoma in dogs. Vet Rec 179: 277–281.
Ogilvie GK, Vail DM (1990): Nutrition and cancer: Recent developments. Vet Clin North Am (Small Anim Pract) 20: 969–986.
Ogilvie GK, Moore AS (1995): Chemotherapy: Properties, uses, and patient management. In: Ogilvie GK, Moore AS (eds.): Managing the veterinary cancer patient: A practice manual. Vet Learn Systems a, Trenton, NJ, 64–86.
Ohmura S, Leipig M, Schöpper I, Hergt F, Weber K, Rütgen BC, Tsujimoto H, Hermanns W, Hirschberger J (2015): Detection of monoclonality in intestinal lymphoma with polymerase chain reaction for antigen receptor gene rearrangement analysis to differentiate from enteritis in dogs. Vet Comp Oncol. doi: 10.1111/vco.12151
Patnaik AK, Ehler WJ, MacEwen EG (1984): Canine cutaneous mast cell tumor: morphologic grading and survival time in 83 dogs. Vet Pathol 21(5): 469–474.
Pauling U (1990): Altersmultimorbidität beim Hund – eine prospektive Studie. Vet. Diss. München.
Plumb DC (1995): Conversion tables for weight in kilogramms to body surface area (m2). In: Plumb DC (ed.): Veterinary Drug Handbook a. Iowa State University Press, Ames, 739.
Risbon RE, de Lorimier LP, Skorupski K, Burgess KE, Bergman PJ, Carreras J, Hahn K, LeBlanc A, Turek M, Impellizeri J, Fred R, Wojcieszyn JW, Drobatz K, Clifford CA (2006): Response of Canine Cutaneous Epitheliotropic Lymphoma to Lomustine (CCNU): A Retrospective Study of 46 Cases (1999–2004). J Vet Int Med 20: 1389–1397.
Sato M, Yamazaki J, Goto-Koshino Y, Setoguchi A, Takahashi M, Kenji Baba K, Fujino Y, Ohno K, Tsujimoto H (2016): Minimal residual disease in canine lymphoma: An objective marker to assess tumour cell burden in remission. Vet J. doi: 10.1016/j.tvjl.2016.05.012
Sawa M, Yabuki A, Setoguchi A, Yamoto O (2015): Development and application of multiple immunofluorescence staining for diagnostic cytology of canine and feline lymphoma. Vet. Clin. Pathol. 44: 580–585.
Schöpper I, Ohmura S, Rütgen B, Tsujimoto H, Weber K, Hirschberger J (2016): Melting curve analysis in canine lymphoma by calculating maximum fluorescence decrease. Vet Comp Oncol. doi: 10.1111/vco.12200
Simon D, Nolte I, Eberle N, Abbrederis N, Killich M, Hirschberger J (2006): Dogs with Lymphoma using a 12-week, maintenance-free combination chemotherapy protocol. J Vet Int Med 20: 948–954.
Takanosu M, Kagawa Y (2015): Comparison of primer sets for T-cell clonality testing in canine intestinal lymphoma. J Vet Diagn Invest 27: 645–650.
Trimborn A (1990): Altersmultimorbidität bei der Katze – eine prospektive Studie. Vet. Diss. München.
Vail DM, Husbands BD, Kamerling SG, Simpson H, Kurzman ID, McDonnel A (2012): Phase I Study to Determine the Maximal Tolerated Dose and Dose-Limiting Toxicities of Orally Administered Idarubicin in Dogs with Lymphoma. J Vet Int Med 26: 608–613.

Wagenknecht L (1990): Das Karzinom im Alter. In: Martin E, J.P. Junod JP (Hrsg.): Lehrbuch der Geriatrie. Verlag Hans Huber, Bern, 218–224.
WHO (1978): Report of the Second Consultation on the Biological Behaviour and Therapy of Tumors of Domestic Animals. World Health Orgaization, Geneva.
Williams LE, Rassnick KM, Power HT, Lana SE, Morrison-Collister KE, Hansen K, Johnson JL (2006): CCNU in the Treatment of Canine Epitheliotropic Lymphoma. J Vet Intern Med 20: 136–143.
Wilmanns W (1994): Zytostatikatherapie im hohen Lebensalter. In: Wilmanns W, Huhn D, Wilms K (Hrsg.): Internistische Onkologie. Thieme Verlag, Stuttgart, 230–235.
Wolfesberger B, Skor O, Hammer SE, Flickinger I, Kleiter M, Rütgen BC, Schwendenwein I, Tichy A, Hittmair KM, Degasperi B, Fuchs-Baumgartinger A (2016): Does categorisation of lymphoma subtypes according to the World Health Organization classification predict clinical outcome in cats? J Feline Med Surg: 1–10. doi: 10.1177/1098612X16666119

16 Intensivmedizin

Sabine Kästner

Im Bereich der Intensivmedizin kann die akute Notfallmedizin und die Intensivmedizin/Intensivpflege unterschieden werden, wobei sich prinzipielle diagnostische und therapeutische Vorgehensweisen häufig überschneiden.

16.1 Notfallmedizin

16.1.1 Vorgehen bei Notfällen

In der Notfallmedizin müssen potenzielle Defizite der Vitalfunktionen so schnell wie möglich erkannt und behandelt werden, um eine Versorgung der Zellen mit Sauerstoff aufrechtzuerhalten. Deshalb muss die übliche „vertikale" Vorgehensweise (klinische Untersuchung – diagnostische Tests – Diagnose – Therapie) durch ein „horizontales" Fallmanagement mit fast gleichzeitiger Untersuchung, Diagnose und Soforttherapie ersetzt werden. Bei der **Triage** stehen die Erkennung und Therapie des **am stärksten lebensbedrohlichen Problems** an erster Stelle. Deshalb müssen beim Notfallpatienten zunächst vor allem die **respiratorische** und die **kardiovaskuläre** Funktion beurteilt und stabilisiert werden. Dabei ist es günstig, nach einem immer gleichbleibenden Schema vorzugehen. Die Untersuchung nach dem klassischen ABC-Prinzip beinhaltet z. B. die Beurteilung folgender Organe bzw. Organfunktionen:

- **A** – **A**temwege, **A**tmung (airways),
- **B** – **B**lutungen, **B**eatmung (breathing, bleeding),
- **C** – Zirkulation (**c**irculation),
- **D** – **D**iverses, neurologische **D**efizite (disability),
- **E** – **e**xterne Beurteilung (external assessment),

gefolgt von weiterführender Diagnostik.

Eine ähnliche Vorgehensweise, die sich fast automatisch aus dem ABC-Prinzip ergibt, ist eine Beurteilung/Untersuchung der verschiedenen Körperregionen von kranial nach kaudal:

Kopf → Hals → Thorax → Abdomen

Dieses immer gleichbleibende Notfall-ABC findet Anwendung in der ersten Besitzerbefragung, der Erstuntersuchung, der Therapie, der Reevaluation der Situation und auch in der Wiederbelebung bei eingetretenem Herz-Kreislauf-Stillstand.

16.1.1.1 A – Atemwege, Atmung

Die Beurteilung der Atemwege und der Atmung erfolgt oft in einem Schritt.

Adspektorische Beurteilung von Atemfrequenz, Atemexkursionen und Atemarbeit in Kombination mit einer Auskultation von Kehlkopf und einer vergleichenden Auskultation beider Thoraxhälften sollte sofort erfolgen, gefolgt von einer externen Palpation von Kehlkopf und Ösophagus und, wenn möglich, eine Adspektion der Maulhöhle und des Kehlkopfes. Eine zyanotische Verfärbung der Schleimhäute bei Hypoxämie kann vom menschlichen Auge erst ab einer Konzentration von etwa 5 g/dl desoxygeniertem Hämoglobin erkannt werden. Dies ist bei normalem Hämatokrit ca. ein Drittel des vorhandenen Hämoglobins und stellt damit bereits eine hochgradige Hypoxämie dar. Bei gleichzeitigem Vorliegen einer hochgradigen Anämie kann eine Hypoxie deshalb oft nicht als Zyanose erkennbar werden.

Eine Atemwegsobstruktion (Fremdkörper, Erbrochenes, Schleim, Trauma, Tumor, Kehlkopflähmung, Kehlkopfödem) kann sich durch eine erschwerte, dyspnoeische Atmung oder spezifische in- und/oder exspiratorische Atemgeräusche bemerkbar machen (Tab. 16.1). Eine inspiratorische Dyspnoe mit einem Stridorgeräusch weist auf eine Obstruktion der Atemwege außerhalb des Thorax hin, eine inspiratorische Dyspnoe ohne Stridorgeräusch lässt eine Obstruktion der Atemwege innerhalb der Brusthöhle vermuten. Eine asynchrone Atmung (Einwärtsbewegung des Abdomens während der Inspiration) macht ein akutes Problem innerhalb des Pleuralraumes, wie eine Zwerchfellhernie, Pneumomediastinum, Liquidothorax oder Pneumothorax wahrscheinlich.

Liegt der Verdacht auf einen Pneumothorax vor (meist einseitig, aber auch beidseitig fehlende Atemgeräusche möglich), sollte sofort eine Thorakozentese mit einer Kanüle vorgenommen werden. Dies ist in der Notfallsituation auch ohne vorherige Verifizierung durch eine Röntgenaufnahme indiziert. Die Gefahr einer iatrogenen Lungenschädigung ist geringer im Vergleich zu einem nicht erkannten/therapierten Spannungspneumothorax.

Liegt eine Obstruktion der oberen Atemwege vor und kann diese nicht schnell therapiert werden, muss eine endotracheale Intubation oder eine Tracheotomie durchgeführt werden.

Tabelle 16.1: **Typische Atemmuster mit möglicher Lokalisation und Ursache des Problems**

Atemmuster	Lokalisation des Problems	Differenzialdiagnose
Inspiratorische Dyspnoe mit lautem (ohne Stethoskop hörbarem) inspiratorischen Stridor	Extrathorakale, obere Atemwege: Nase, Pharynx, Larynx, extrathorakale Trachea	Schwellung des Oropharynx, Fremdkörper, Erbrochenes, Tumoren, Larynxparalyse, Kehlkopfödem, Lympknotenvergrößerung, zervikaler Trachealkollaps
Inspiratorische Dyspnoe ohne Stridor	Intrathorakale Atemwege: intrathorakale Trachea, Bronchien	Intrathorakaler Trachealkollaps, Fremdkörper, Tumoren
Angestrengte Inspiration mit Expansion (Auswärtsbewegung) des Abdomens während der Inspiration	Lungenparenchym	Lungenödem, Lungenblutung, Pneumonie
Angestrengte Inspiration mit Einwärtsbewegung des Abdomens während der Inspiration (paradoxe Atmung)	Pleuralraum	Zwerchfellhernie, Pneumomediastinum, Liquidothorax, Pneumothorax
Exspiratorische Dyspnoe, Exspirationsversuche ohne Atemfluss	Bronchien, kleine Atemwege	Asthma
Inspirationsversuche mit minimaler Thoraxexpansion	Atemmuskulatur	Zwerchfellhernie, Neuropathien, Myopathien

Wenn keine vollständige Verlegung der Atemwege vorliegt, kann der Patient vor einer Tracheotomie mithilfe einer großlumigen transtrachealen Kanüle oder eines Katheters schnell mit Sauerstoff per Insufflation oder einem O_2-Jet versorgt werden. Die Kanüle wird auf der Höhe des Lig. cricothyreoideum (Übergang Kehlkopfringknorpel – 1. Trachealring) oder zwischen den Trachealspangen distal der Obstruktion eingeführt. Die Kanüle kann mithilfe einer gekürzten 2 ml Spritze z. B. mit einem Anästhesiesystem verbunden werden (Abb. 16.1). Eine solche transtracheale Sauerstoffversorgung darf nur durchgeführt werden, wenn ein passives Abfließen des insufflierten Sauerstoffs über die oberen Atemwege noch gewährleistet ist. Bei vollständiger Obstruktion ist diese Methode aufgrund der Gefahr einer Ruptur der Alveolen/Lunge kontraindiziert.

Für eine Tracheotomie stehen spezielle Tracheotomietuben zur Verfügung. Falls kein Tracheo(s)tomietubus verfügbar ist, ist für den Notfall ein herkömmlicher Endotrachealtubus ausreichend. Dabei muss darauf geachtet werden, den Tubus nicht über die Bifurkation hinaus in einen Hauptbronchus vorzuschieben, um eine unbeabsichtigte Einlungenbeatmung zu vermeiden (bei Bedarf Tubus kürzen).

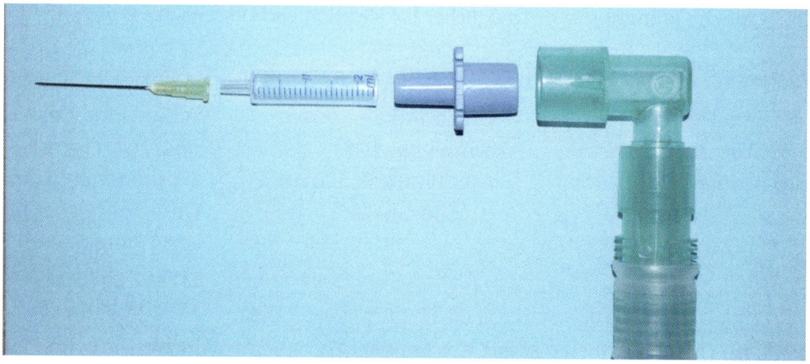

Abb. 16.1 Injektionskanüle, 2-ml-Spritze, Tubusadapter und Atemsystem eines Anästhesiegerätes zur transtrachealen Sauerstoffapplikation.

Bei Apnoe muss eine sofortige endotracheale Intubation erfolgen. Eine starke Hyperextension (z. B. bei Intubation in Brustlage) des Kopfes und Halses sollte bei Traumapatienten oder bei unbekannter Anamnese vermieden werden, um eine Wirbelluxation oder Frakturdislokation zu vermeiden.

16.1.1.2 B – Blutungen

Bei Vorliegen aktiver, äußerer Blutungen aus großen Gefäßen mit hochgradigem Blutverlust kann die Blutstillung zusammen mit der Kreislaufstabilisation im Vordergrund stehen.

Geringer ausgeprägte Blutungen können nach der Stabilisierung von Atmung und Kreislauf versorgt werden. Die Diagnose innerer Blutungen in Thorax oder Abdomen erfordert eine strukturierte ultrasonographische Untersuchung (Focused Assessment with Sonography in Trauma **A**bdomen [**A**FAST] oder **T**horax [**T**FAST]) und eine Punktion, die ebenfalls nach der Erststabilisierung erfolgen sollte. Innere Blutungen müssen bei Traumapatienten immer aktiv ausgeschlossen werden. Es kann hilfreich sein, das normale zirkulierende Blutvolumen des betroffenen Patienten zu berechnen, um das Ausmaß eines Blutverlustes besser abschätzen zu können. Dabei wird für die Katze ein Blutvolumen von 7 % der Körpermasse (Katze 4 kg, ca. 280 ml) und für den Hund 8 % der Körpermasse (Hund 30 kg, ca. 2400 ml) angenommen. Ab einem Blutverlust von ca. 20–30 % treten Symptome eines hämorrhagischen Schocks auf. Der Verlust von 50 % des Blutvolumens ist tödlich.

16.1.1.3 C – Zirkulation, Kreislauf

Die Zirkulation wird von einer Vielzahl von Parametern bestimmt, wobei eine ausreichende Sauerstoffversorgung der Gewebe das Endziel ist (Abb. 16.2). Jeder einzelne dieser Parameter für sich kann unverändert sein, obwohl die Gesamtfunktion insuffizient ist.

In der Notfallsituation wird zuerst geprüft, ob das Herz schlägt und ob ein Puls fühlbar ist. Ist dies nicht der Fall, muss sofort mit Wiederbelebungsmaßnahmen begonnen werden. Schlägt das Herz, liefern Qualität der Herztöne, Frequenz und Rhythmus bereits wichtige Informationen. Abgeschwächte oder dumpfe Herztöne weisen auf einen Pleural- oder Perikarderguss oder eine fortgeschrittene Herzinsuffizienz hin.

Eine Bradykardie (< 60–80 Schläge pro Minute, bei der Katze bereits < 140 Schläge pro Minute) ist ein unerwarteter Befund beim gestressten Notfallpatienten, vor allem bei der Katze. Mögliche Ursachen für eine Bradykardie in dieser Situation können neben atrioventrikulären Überleitungsstörungen und Organversagen im Endstadium vor allem Hyperkalämie, Hypothermie, terminale, hochgradige Hypoxie sowie Medikamentenwirkungen und Vergiftungen sein, die differenzialdiagnostisch ausgeschlossen werden müssen. Im Gegensatz zum Hund geht bei der Katze eine Bradykardie auch mit Hypovolämie und Schock einher. In der Regel sind Notfall- und Traumapatienten jedoch tachykard. Die häufigsten Ursachen sind Hypovolämie und Schock, Aufregung, Schmerzen, Hypoxämie, Hyperkapnie, Hyperthermie, Fieber und Sepsis. Ein Pulsdefizit und/ oder eine totale Arrhythmie weisen auf das Vorliegen ektopischer Schrittmacheraktivität hin und müssen mithilfe eines EKG identifiziert werden. Es sollte immer bedacht werden, dass das Elektrokardiogramm die elektrische Aktivität im Herzen aufzeigt, jedoch keine Auskunft über die Pumpleistung des Herzmuskels gibt.

Schleimhautfarbe, kapilläre Füllzeit (KFZ), Pulsqualität und die Geschwindigkeit der Staubarkeit der Jugularvene geben Auskunft über die globale periphere Durchblutung.

Wenn verfügbar, kann die Bestimmung des Sauerstoffpartialdrucks in anaerob gewonnenem venösem Blut aus einer großen Vene (pO_2 < 35 mmHg weist auf Mangeldurchblutung hin) und die Laktatkonzentration im Blut hilfreich sein, um das Ausmaß einer Mangeldurchblutung abzuschätzen und auch den Therapieerfolg zu überprüfen.

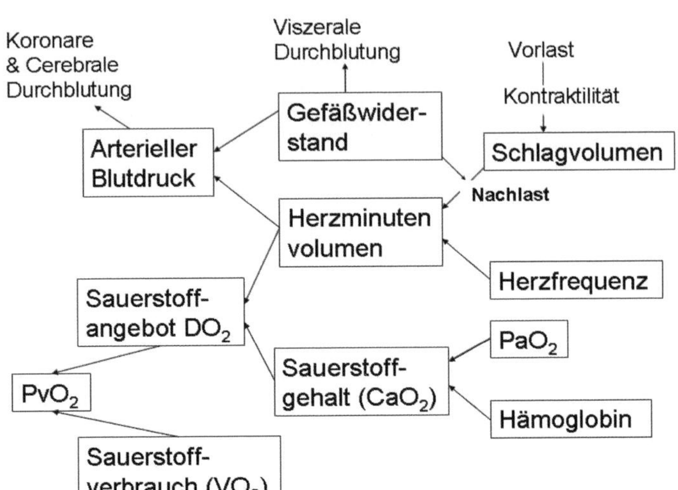

Abb. 16.2 Herz-Kreislauf-Parameter, die Gewebeperfusion und Sauerstofftransport bestimmen.

Das frühe Stadium eines Schocks, ein hyperdynamisches Stadium, mit Vasokonstriktion der venösen Gefäße mit Erhöhung der Vorlast und damit des Herzminutenvolumens, ist gekennzeichnet von einer verkürzten KFZ und stark durchbluteten, rot gefärbten Schleimhäuten. Ein hyperdynamisches Stadium kann auch im Zusammenhang mit Fieber und beginnender Sepsis beobachtet werden. Meist werden Notfallpatienten jedoch in einem bereits fortgeschrittenen Schockstadium mit blassen Schleimhäuten, verzögerter KFZ und schlechter Anstauung der Jugularvene vorgestellt. Die 3 wichtigsten Ursachen für einen Schock sind: Hypovolämie (absoluter Volumenmangel mit inneren und äußeren Flüssigkeits- und Blutverlusten), Vasodilatation (relativer Volumenmangel, Sepsis, Anaphylaxie, Reperfusionssyndrom) oder Herzversagen. Eine sofortige aggressive Akutflüssigkeitstherapie (Tab. 16.2) mit dem Ziel, normale kardiovaskuläre Parameter wiederherzustellen, ist bei fast allen Schockpatienten indiziert, außer bei kardiogenem Schock mit Hypervolämie und Verlust der Pumpfunktion des Herzmuskels. Weiterhin kann im Fall aktiver innerer oder äußerer Blutungen eine weniger aggressive Volumentherapie bis zur erfolgten Blutstillung angezeigt sein, um eine leichte Hypotonie zu erhalten. Um große Flüssigkeitsmengen schnell infundieren zu können, ist es von Vorteil, großlumige und kurze Venenkatheter zu verwenden. Bei großen Hunden ist die Platzierung mehrerer Katheter hilfreich. Bei stark kollabierten Venen erleichtert ein Hautschnitt oder die chirurgische Freilegung der Vene (cut-down) das Einführen des Katheters. Bei sehr kleinen Tieren oder wenn die Venen nicht identifizierbar sind, sollte auf einen intraossären Zugang ausgewichen werden.

Tabelle 16.2: **Infusionslösungen zur akuten Flüssigkeitstherapie bei Hypovolämie und Schock**

Infusionslösung	Tierart	Infusionsrate	Bemerkung
Isotone kristalloide Lösungen: • NaCl (0,9 %) • Ringer-Laktat, Ringer-Acetat • Balancierte Elektrolytlösungen	Hund	20 ml/kg über 15 Min. nach Reevaluation ggf. wiederholen	Vorsicht: nur 20 % verbleiben intravasal, keine Erhaltungslösungen (K^+↑)[1] verwenden Keine glukosehaltigen Lösungen verwenden
	Katze	10 ml/kg über 15 Min. nach Reevaluation ggf. wiederholen	
Hypertone kristalloide Lösung: • NaCl (z. B. 7,5 %)	Hund	5 ml/kg über 15 Min.	Wirkt schnell, aber nur kurz Vorsicht: Hypernatriämie Bei Bedarf Na kontrollieren
	Katze	2–4 ml/kg über 15 Min.	
Kolloidale Lösung • Gelatine (z. B. Gelafundin 4 %; Geloplasma) • (Hydoxethylstärke) in vielen Ländern nicht mehr verfügbar		5–10 ml/kg Boli bis maximal 20 ml/kg	Langanhaltende intravasale Volumenwirkung Immer in Kombination mit isotoner kristalloider Lösung Vorsicht bei bestehender Niereninsuffizienz

1 Erhaltungslösungen haben einen erhöhten K-Gehalt und dürfen nicht für akute Schocktherapie verwendet werden.

Zum Zeitpunkt des Legens eines Venenkatheters ist es günstig, eine Blutprobe für die Erhebung einer minimalen Labordatenbasis zu entnehmen. Zu diesen Laborparametern gehören:

- Hämatokrit
- Gesamteiweiß
- Blutzucker
- Plasmaelektrolyte und Säure-Basen-Haushalt
- Blutharnstoff
- Blutlaktat
- Blutausstrich
- Gerinnungszeiten

Dabei spielen die ersten 4 Parameter die wichtigste Rolle für die Ersteinschätzung. Manchmal kann es notwendig sein, zunächst mit der Infusionstherapie zu beginnen, bevor eine Blutprobe gewonnen werden kann.

16.1.1.4 D – Neurologische Defizite, Diverses

Eine wichtige und sehr einfache Möglichkeit, den Bewusstseinszustand und die neurologische Funktion eines Notfallpatienten grob zu erfassen, ist die Frage, ob der Patient laufen kann. Jeder Hund und jede Katze, die nach einem Trauma nicht laufen kann, sollte als Patient mit einer potenziellen Rückenmarksverletzung behandelt und sofort immobilisiert werden. Der Bewusstseinszustand in Kombination mit der Reaktion auf verbale Ansprache, die Fähigkeit sich zu bewegen und die Schmerzempfindung in allen vier Gliedmaßen muss beurteilt werden (z. B. mit der Glasgow Coma Scale).

Bewusstseinsveränderungen wie Depression, Stupor und Koma erfordern sofortige Aufmerksamkeit. Dabei muss immer bedacht werden, dass eine hochgradige kardiovaskuläre Beeinträchtigung durch die verminderte Sauerstoffversorgung des Gehirns zu einer Bewusstseinstrübung führen kann. Krampfaktivität erfordert sofortige Behandlung und eine Blutzuckerkontrolle.

In der Besitzerbefragung sollte die mögliche Aufnahme toxischer Substanzen abgeklärt werden. Hypothermie und vor allem Hyperthermie erfordern sofortige Maßnahmen zur Regulierung der Körpertemperatur. Nahezu jeder potenzielle Schädel-Hirn-Trauma- oder Rückenmark-Trauma-Patient profitiert von einer Sauerstoffsupplementierung.

16.1.1.5 E – Externe Beurteilung

Eine externe Beurteilung ist vor allem für den akuten Traumapatienten relevant.

Eine intensive, aktive „Suche" nach Blutungen inklusive Maulhöhle und Körperöffnungen, Abrasionen, Kontusionen, Schwellungen, Krepitation, Palpationsschmerz, abnormer Beweglichkeit, Deformierungen, Luxationen, offenen Frakturen und Hernien sollte durchgeführt werden.

Nach der ersten schnellen, orientierenden Untersuchung und Stabilisierung des Patienten erfolgen eine oder mehrere wiederholte ausführliche klinische Untersuchungen einschließlich neurologischer und orthopädischer Untersuchung und bildgebender Verfahren. Beim akuten Traumapatienten stehen dabei vor allem die ultrasonographische und die Röntgenuntersuchung zunächst im Vordergrund, um innere Verletzungen wie Pneumothorax, Hämothorax, Rippenfrakturen, Blasenruptur und innere Blutungen auszuschließen.

16.1.2 Stress und Schmerzen bei Notfällen

Fast alle Notfallpatienten leiden unter Stress und Schmerzen. Aber bei akuten Notfallpatienten wird oft aufgrund der respiratorischen und kardiovaskulären Instabilität mit der Anwendung von Schmerzmitteln oder Sedativa gezögert. Hochgradige, unbehandelte Schmerzen können die Symptome einer Minderdurchblutung wie Tachykardie, Tachypnoe und blasse Schleimhäute verstärken oder auslösen. Eine effektive Schmerztherapie trägt zur Stressreduktion, Beruhigung und häufig zu einer verbesserten Atmung und damit zur Stabilisierung des Notfallpatienten bei.

Die Opioide Methadon, Buprenorphin, Fentanyl und Butorphanol besitzen eine gute therapeutische Breite und sind für den Einsatz bei instabilen Notfallpatienten zur Schmerztherapie und Sedation gut geeignet. Bei sehr starken somatischen Schmerzen ist Butorphanol nicht geeignet; Buprenorphin zeigt auch bei intravenöser Gabe einen verzögerten Wirkungseintritt (ca. 10–20 Minuten) und ist für eine sehr schnelle Akuttherapie weniger geeignet. Dabei sollte mit einer Dosis im unteren bis mittleren Dosierungsbereich begonnen und bei Bedarf nachdosiert werden. Bei Anzeichen einer Überdosierung kann mit Naloxon antagonisiert werden. Butorphanol und Buprenorphin besitzen stärker sedative Eigenschaften als Methadon, was jedoch dosisabhängig variiert. Die Kombination eines Benzodiazepins (Diazepam, Midazolam) mit einem Opioid verursacht nur eine geringe kardiovaskuläre Depression und ist bei Notfallpatienten zur Sedation gut verträglich.

Bei Hypovolämie und Schock sind nicht steroidale Antiphlogistika (NSAIDs) aufgrund einer Mangelperfusion von Magen- und Darmschleimhaut und der Niere kontraindiziert und es sollte auf andere Analgetika zurückgegriffen werden. Ebenso sind mit wenigen Ausnahmefällen stark kreislaufdepressive Sedativa wie Xylazin oder Medetomidin bei instabilen, hypovolämischen Notfallpatienten nicht angezeigt. Acepromazin sollte ebenfalls aufgrund seiner möglichen langanhaltenden blutdrucksenkenden Wirkung vor allem bei Hypovolämie/Schock nicht eingesetzt werden. Bei Tieren mit einer Obstruktion der oberen Atemwege (z. B. brachyzephale Hunde) kann jedoch eine niedrige Dosis Acepromazin durch Angstreduktion zur Verbesserung der Atmung beitragen.

16.2 Wiederbelebung (CPR, cardiopulmonary resuscitation)

Ein strukturiertes und geübtes Vorgehen bei der Wiederbelebung von Patienten mit Atem- und Herzstillstand ist notwendig, um die Chancen für eine Rückkehr der spontanen Zirkulation zu erhöhen. Im Rahmen der RECOVER (Reassessment Campaign on Veterinary Resuscitation) Initiative ist es möglich, ein zertifiziertes Wiederbelebungstraining zu absolvieren (https://recoverinitiative.org). Insgesamt ist die Prognose bei Hunden und Katzen, die einen Atem- und Herzstillstand erleiden, bisher schlecht. Nur 6–10 % der Patienten überleben bis zur Entlassung; dies ist jedoch von den Begleitumständen und vom elektrischen Rhythmus bei Verlust der Pumpfunktion des Myokards (= Herzstillstand) abhängig. Anästhesiezwischenfälle, ein vagal induzierter Herzstillstand (hochgradige Bradykardie, AV-Block), Herzstillstand bei bisher gesunden Traumapatienten oder bei Patienten mit potenziell reversibler Ursache des Herzstillstandes (z. B. Hyperkalämie) haben eine bessere Überlebensrate als Tiere mit Herzversagen, multimorbide Tiere, Patienten mit chronischen Erkrankungen im Endstadium (Tumorpatienten, Nierenversagen usw.) oder bei unbeobachtetem Herzstillstand.

Auch bei zunächst erfolgreicher Wiederherstellung der spontanen Zirkulation muss bedacht werden, dass durch die globale Ischämie und Hypoxie und anschließende Reperfusion eine Kaskade an pathophysiologischen Prozessen in Gang gesetzt wird, die den Patienten zum Intensivpatienten mit hohem und kostenintensiven Überwachungs- und Therapieaufwand machen. Deshalb kann es von Vorteil sein, vor allem bei Tieren mit chronischen Erkrankungen, mit dem Besitzer bereits bei der Aufnahme abzusprechen, ob und in welchem Ausmaß Wiederbelebungsmaßnahmen erwünscht sind und dies in der Krankenkarte zu vermerken.

Die Wahrscheinlichkeit für eine erfolgreiche Wiederbelebung wird durch eine gute Vorbereitung der Ausrüstung und der beteiligten Personen mit geübten Entscheidungsabläufen erhöht (Abb. 16.3). Ein Notfallraum, Notfallwagen oder mindestens ein Notfallkoffer mit der notwendigen Ausrüstung (Tab. 16.3) und definiertem Standort sollten vorbereitet sein. Nichtauffinden/Zugänglichkeit von Ausrüstung und Medikamenten führt zu erheblichen Verzögerungen im Beginn der Wiederbelebungsmaßnahmen. Eine Liste mit den wichtigsten Medikamenten, die bei der Wiederbelebung eingesetzt werden, ist hilfreich und sollte griffbereit sein. Dabei erleichtert eine Tabellierung nach Milliliter-Dosierungen für verschiedene Gewichtsklassen für die in der eigenen Praxis verwendeten jeweiligen Medikamentenkonzentrationen die schnelle Anwendung in der Notfallsituation (Tab. 16.4). Bei raschem Erkennen des Kreislaufstillstandes und sofortigem Beginn von Wiederbelebungsmaßnahmen konnte bei 50 % der Fälle eine spontane Zirkulation wiederhergestellt werden.

16.2.1 Erstmaßnahmen – basic life support

Das herkömmliche Notfall-ABC (Atemwege, Beatmung, Zirkulation) ist auch die Grundlage für alle Wiederbelebungsbemühungen. In der Humanmedizin werden unter dem Begriff „basic life support“ alle nicht invasiven Maßnahmen verstanden, die ohne spezielle Ausrüstung auch durch Laien durchgeführt werden können. In der veterinärmedizinischen Literatur werden die **rasche Erkennung** des Herzkreislaufstillstandes, die Etablierung eines **durchgängigen Atemwegs, adäquate Beatmung** und die **Generati-**

on eines Blutflusses durch Thoraxkompressionen (Herzmassage) unter basic life support zusammengefasst. Dabei wird traditionell die Reihenfolge des ABC eingehalten, dies kann jedoch den Beginn der Thoraxkompressionen verzögern, bis der Patient intubiert ist. Neue Empfehlungen stellen den frühzeitigen Beginn von Thoraxkompressionen in den Vordergrund (BAC), um einen Blutfluss zu erzeugen, dies sollte jedoch eine Intubation nicht verzögern. Hypoxie und Hyperkapnie reduzieren die Wahrscheinlichkeit einer erfolgreichen Wiederherstellung der spontanen Zirkulation (ROSC). Vor allem bei nicht primär kardiogen induziertem Kreislaufstillstand (überwiegt in der Veterinärmedizin) sind frühzeitige Intubation und Beatmung notwendig.

16.2.1.1 Atemwege

Die Etablierung eines freien Atemwegs ist meist über eine einfache endotracheale Intubation möglich. Die Verwendung eines Laryngoskops und eines Führdrahtes erleichtern die Intubation. Absaugen des Pharynx ist hilfreich, wenn Erbrochenes, Speichel oder Blut die Sicht auf den Larynx verlegen. Bei starker Weichteilschwellung ist eine digitale Identifikation des Larynx und ein manuelles Einführen des Tubus eine schnelle Alternative.

In einer hektischen Notfallsituation und mit den Manipulationen während einer Wiederbelebung ist es nicht selten, dass der Tubus nicht korrekt platziert wird oder verrutscht. Deshalb **muss** die richtige Lage des Tubus in der Trachea verifiziert werden. Handelt es sich um einen Narkosezwischenfall mit einem bereits intubierten Tier, muss ebenfalls die korrekte Lage und die Durchgängigkeit des Tubus überprüft werden. Direkte visuelle Überprüfung der Lage zwischen den Aryknorpeln, Palpation des Tubus im Ösophagus am Hals (Palpation von „zwei Tracheen“ weist auf Fehlintubation hin), Auskultation von Atemgeräuschen über beiden Thoraxhälften und ausreichende Brustwandbewegungen bei Beatmung sind Möglichkeiten, die korrekte Lage zu überprüfen. Ist ein Kapnograph vorhanden, kann die Messung der endexspiratorischen CO_2-Konzentration nach einem Beatmungshub hilfreich sein, wobei bei vorliegendem Herzstillstand nur niedrige Werte (<< 10 mmHg oder << 1,3 kPa oder << 1 %) erwartet werden können und die Aussagekraft dadurch eingeschränkt ist. Häufig kann bei Patienten mit primärem Atemstillstand nach initial hohen Werten (Kumulation von CO_2 in Lunge durch Apnoe) erst nach einigen Beatmungshüben ein für die Kreislaufsituation repräsentativer Wert abgelesen werden.

Der Endotrachealtubus muss sorgfältig am Kopf oder Kiefer des Tieres fixiert werden, um ein Verrutschen/Herausrutschen während der Thoraxkompressionen zu verhindern. Wenn eine orotracheale Intubation nicht möglich ist, kann kurzfristig eine Sauerstoffinsufflation/Sauerstoffjet über eine tracheale Punktion erfolgen oder es muss eine Notfalltracheotomie durchgeführt werden.

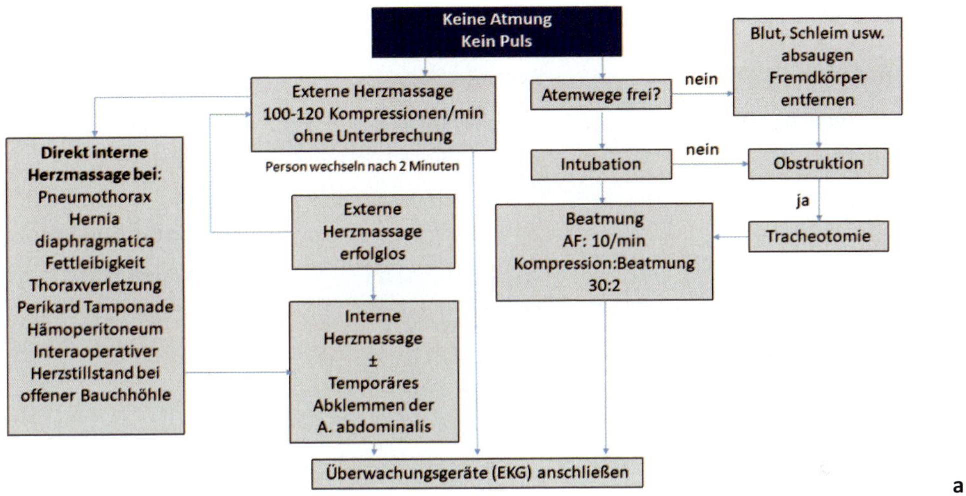

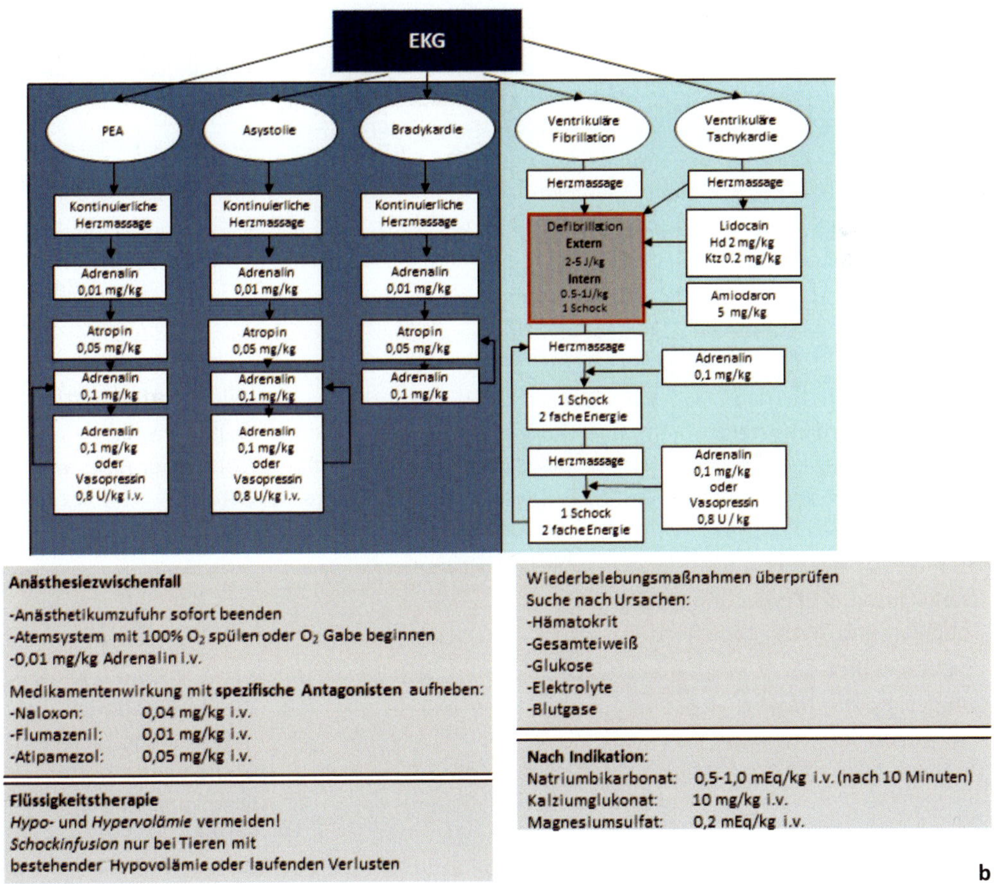

Abb. 16.3 Entscheidungsdiagramm in der Wiederbelebung: a) Erstmaßnahmen. b) nach Rhythmusanalyse.

Tabelle 16.3: **Benötigte Ausrüstung zur Behandlung von akuten Notfällen (Notfallkoffer)**

Material	Spezifikation	Zweck
Endotracheal-Tuben	ID 2–12 mm	Intubation
Laryngoskop	verschiedene Spatelgrößen	Intubation
Mullbinden		Fixierung des Tubus
Spritzen	1, 2, 5, 10, 20 ml	Medikation
Kanülen	18, 20, 22, 24 G	Medikation
Periphere Venenkatheter	18, 20, 22 G	
Spinalkanülen, Knochenmarkkanüle Intaossäre Nadelsets oder Trokare	18, 20 G	Intraossärer Zugang
Butterfly-Kanülen	21, 23 G	Thorakozentese Katze
Langer Harnkatheter oder Ernährungssonde		Intratracheale Applikation
Thorakozentese-Set	50-ml-Spritze, Heidelberger Infusionsverlängerung, Dreiweghahn oder kommerzielle Thorakozentese-Sets	Thorakozentese Hund
AMBU-Beutel	ideal mit O2-Reservoirbeutel	Beatmung
Sterile Handschuhe		
Schermaschine		
Infusionsset		Infusionstherapie
Kleines Chirurgiebesteck	Tupfer, Skalpell, Skalpellklingen, Nadelhalter, Tupfer, Abdecktuch, Arterienklemmen, Pinzetten, Nahtmaterial	Tracheotomie Notfallthorakotomie Cutdown
Medikamententabelle und Notfallmedikamente in der tabellierten Konzentration		
Uhr, Stoppuhr, Timer		Wiederbelebungszeit und zeitliche Steuerung wiederholter Medikamentenapplikation

Tabelle 16.4: **Beispielhafte Medikamentenliste und Defibrillatoreinstellungen (J) für die Notfallversorgung mit Tabellierung in Millilitern nach Gewichtsklassen. Alle Angaben für i.v. oder i.o. Verabreichung**

Wirkstoff	Konzentration	Dosierung	Körpergewicht (kg)			
			1	5	10	20
Adrenalin niedrig	Adrenalin 1:1000; 1 mg/ml	0,01 mg/kg	0,01	0,05	0,1	0,2
Adrenalin **hoch**	Adrenalin 1:1000; 1 mg/ml	0,1 mg/kg	0,1	0,5	1	2
Vasopressin	20 U/ml	0,8 U/kg	0,04	0,2	0,4	0,8
Atropin	0,5 mg/ml	0,05 mg/kg	0,1	0,5	1	2
Amiodaron	50 mg/ml	5 mg/kg	0,1	0,5	1	2
Lidocain	20 mg/ml	2–4 mg/kg	0,1	0,5	1	2
Atipamezol	5 mg/ml	0,05 mg/kg	0,01	0,05	0,1	0,2
Flumazenil	0,1 mg/ml	0,01 mg/kg	0,1	0,5	1	2
Naloxon	0,4 mg/ml	0,04 mg/kg	0,1	0,5	1	2
Defibrillator	Externe Elektroden	2–10 J/kg	5	25	50	100
Defibrillator	Interne Elektroden	0,2–1 J/kg	0,5	2,5	5	10
Kalziumglukonat	100 mg/ml	10 mg/kg	0,1	0,5	1	2
Doxapram	20 mg/ml	1 mg/kg	0,05	0,25	0,5	1
Furosemid	50 mg/ml	2 mg/kg	0,04	0,2	0,4	0,8
Natriumbikarbonat	1 mEq/ml = 8,4 %	0,5–1 mEq/kg	0,5	2,5	5	10
Magnesium	4 mEq/ml	0,2 mEq/kg	0,05	0,25	0,5	1

16.2.1.2 Beatmung

Nach der Intubation sollte möglichst mit 100 % Sauerstoff beatmet werden. Dazu eignet sich ein Anästhesiegerät mit einem halboffenen Atemsystem (Kuhn-System, Bain-System, T-Piece usw.), einem Kreissystem oder ein selbstexpandierender Beatmungsbeutel (AMBU-Beutel) idealerweise mit angeschlossenem Sauerstoff-Reservoirbeutel oder einem demand valve (Last-Ventil) (Abb. 16.4). Wenn kein Sauerstoff und AMBU-Beutel zur Verfügung stehen, kann eine Beatmung von Mund zu Nase oder Mund zu Tubus erfolgen.

Die empfohlene Beatmungsfrequenz liegt bei 10–12 pro Minute mit einem Atemzugvolumen von ca. 10 ml/kg und kurzer Inspirationszeit (ungefähr 1 s). Dabei sollten normale oder leicht reduzierte Thoraxexkursionen erreicht werden. Physiologische Atemfrequenzen und Atemzugvolumina führen im Zustand einer schlechten Lungendurchblutung zu Hypokapnie mit Vasokonstriktion von cerebralen und myokardialen Gefäßen. Untersuchungen aus der Human- und Veterinärmedizin haben gezeigt, dass die empfohlenen Beatmungsfrequenzen bei Wiederbelebungsmaßnahmen häufig überschritten werden. Eine Hyperventilation in dieser Situation erhöht den intrathorakalen Druck und führt zu verminderter Myokardperfusion und niedrigeren Überlebensraten als geringere Beatmungsfrequenzen mit längerer exspiratorischer Pause.

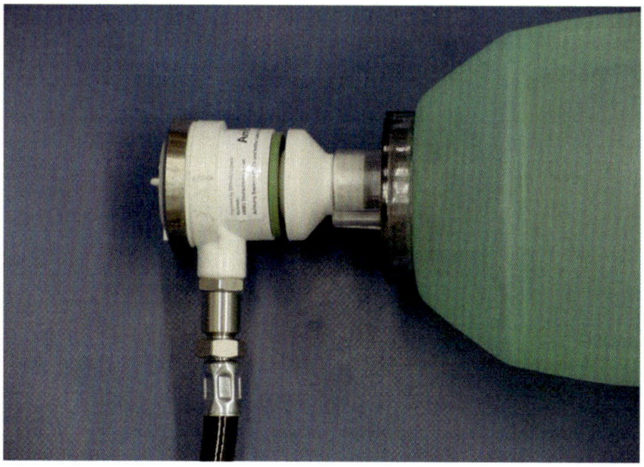
Abb. 16.4 AMBU-Beutel mit demand valve (Last-Ventil) zur Beatmung mit reinem Sauerstoff.

Verminderte Thoraxexkursionen und eine verminderte Thoraxelastitzität mit erschwerter Beatmung sind Hinweise auf Veränderungen des Lungenparenchyms (Ödem, Pneumonie, Lungenkontusion, Neoplasie, acute respiratory distress syndrome (ARDS)) oder der Brusthöhle (Liquidothorax, Pneumothorax, Zwerchfellhernie). Vor allem ein Pneumothorax muss schnell erkannt werden (Auskultation, Thoraxröntgen), da er sich unter Druckbeatmung verschlechtern und zum Spannungspneumothorax führen kann.

Die Beatmung wird in einem Team unabhängig von den Thoraxkompressionen durchgeführt. Bei Wiederbelebung durch eine Person erfolgen Thoraxkompressionen und Beatmung im Wechsel von 30:2.

16.2.1.3 Zirkulation

Die Aufrechterhaltung/Wiederherstellung der Durchblutung des Myokards und des Gehirns sind die wichtigsten Ziele bei allen Wiederbelebungsmaßnahmen und sind positiv mit einer erfolgreichen Rückkehr der spontanen Zirkulation korreliert. Der Blutfluss während einer Wiederbelebung wird durch externe Thoraxkompression oder durch direkte Kompression des Herzens (offener Thorax) erzeugt, wobei in der Veterinärmedizin die externe Thoraxkompression häufiger zum Einsatz kommt. Dabei wird bei Tieren < 15 kg angenommen, dass es durch eine direkte Kompression des Herzens, v. a. des linken Ventrikels, zu einem Vorwärtsfluss des Blutes kommt (Herzpumpe; „cardiac pump theory"). Bei Tieren > 15 kg tragen phasische Druckveränderungen im Thorax in Kombination mit dem Klappenschluss zum Vorwärtsfluss des Blutes bei (Thoraxpumpe; „thoracic pump theory"). Bei einem weichen, elastischen Thorax scheint eine externe Herzmassage effektiver zu sein, aber auch bei fehlerlos durchgeführter externer Thoraxkompression können nur 10–25 % des normalen Herzminutenvolumens erzeugt werden.

Externe Thoraxkompressionen werden am Patienten in rechter oder linker Seitenlage auf einer festen Unterlage mit einer Frequenz von 120 Kompressionen pro Minute durchgeführt. Dabei sollte der Thorax um ca. 30 % komprimiert werden, mit einem zeitlichen Wechsel zwischen Kompression und Relaxation von 1:1. Dies bedeutet schnelle und sehr feste Kompressionen. Die vollständige Relaxation ist ebenfalls wichtig, um eine Füllung des Herzens und der großen Gefäße zu ermöglichen. Bei Ermüdung erfolgt häufig ein „Aufstützen" auf dem Thorax und die Relaxation bleibt aus. Bei Tieren > 15 kg erfolgen die Kompressionen über der weitesten Stelle des Thorax mit beiden Händen parallel übereinandergelegt. Der Druck wird mit dem Handballen, bei fixiertem Ellbogengelenk, ausgeübt und die Schultern sollten sich senkrecht über den Händen befinden (eventuell Tischhöhe anpassen, am Boden über dem Tier knien), um mit dem Gewicht des Oberkörpers arbeiten zu können. Bei Tieren mit einem keilförmigen Thorax (z. B. Windhundrassen) kann der Druck auch direkt über dem Herzen ausgeübt werden („cardiac pump"). Bei Hunden mit tonnenförmigem Thorax (z. B. Mops, Bulldoggen) können die Kompressionen in Rückenlage ebenfalls direkt über dem Herzen ausgeübt werden.

Bei kleinen Patienten erfolgen die Kompressionen im Bereich des 4.–6. Interkostalraums direkt über dem Herzen auf der Höhe des kostochondralen Übergangs. Die Kompressionen können einhändig zwischen Daumen und Hand ausgeführt werden. Die durchführende Person sollte am Rücken des Patienten stehen, um ein „Herunterschieben" des Patienten vom Tisch zu vermeiden (Abb. 16.5). Da es vor allem bei großen Hunden sehr schwierig sein kann, eine solche Kompressionsfrequenz und vor allem Kompressionstiefe über längere Zeit aufrechtzuerhalten, sollte die Person, die die Kompressionen ausübt, häufig wechseln (ideal alle 2 Minuten).

16.2.1.4 Interne Herzmassage

In der Veterinärmedizin kommt die interne Herzmassage weniger häufig zum Einsatz als die externe Herzmassage. Die interne Herzmassage erlaubt eine direkte Kompression des Herzmuskels und eine Beurteilung der Kammerfüllung mit Anpassung der Volumentherapie. Die Indikationen für eine interne Herzmassage sind Thoraxtrauma mit Rippenfrakturen, Pneumothorax, Liquidothorax, Zwerchfellhernie, intraoperativer Herzstillstand und inadäquate externe Herzmassage vor allem bei großen Hunden.

Dabei ist bei abdominalen operativen Eingriffen der Zugang über das Zwerchfell naheliegend, eine Eröffnung des Thorax erfolgt links im 5. oder 6. Interkostalraum. Nach schneller Schur und Desinfektion erfolgt ein Schnitt durch Haut und subkutanes Gewebe unterhalb der Stammmuskulatur bis zum kostochondralen Übergang. Die Interkostalmuskulatur und die Pleura werden mit einer Schere entlang des kranialen Randes der Rippe eröffnet. Das Perikard wird an der Herzspitze eröffnet und das Herz wird von der Spitze zur Herzbasis hin komprimiert. Bei großen Hunden kann das Herz gegen die gegenüberliegende Brustwand gedrückt werden. Ein kurzfristiges Abklemmen/Abdrücken der Aorta kann während der Kompression des Herzmuskels die Durchblutung des Gehirns und des Myokards verbessern.

Nach Rückkehr der spontanen Zirkulation erfolgt eine intensive Lavage der Brusthöhle, der chirurgische Verschluss und eine systemische antimikrobielle Behandlung.

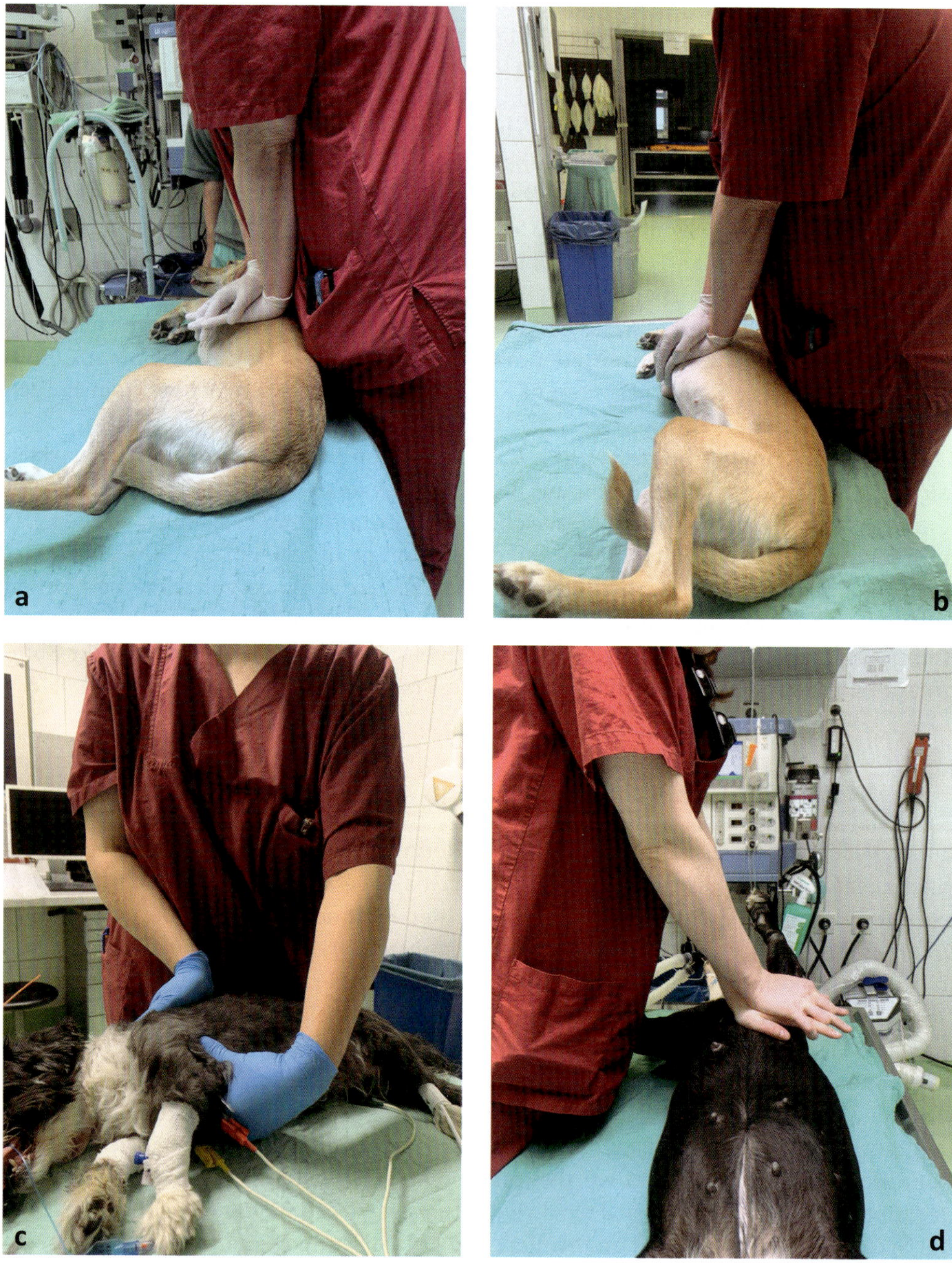

Abb. 16.5 Herzmassage. a) in rechter Seitenlage mit parallel übereinanderliegenden Händen und gestreckten Armen über der höchsten Stelle des Thorax („Thoraxpumpe"). b) in rechter Seitenlage mit parallel übereinanderliegenden Händen und gestreckten Armen direkt über dem Herzen („Herzpumpe"). c) bei einem kleinen Tier mit einer Hand den Thorax umfassend zwischen Daumen und Hand. d) in Rückenlage mit parallel übereinanderliegenden Händen und gestreckten Armen über dem Sternum.

16.2.1.5 Rhythmusanalyse

Die Feststellung des elektrischen Rhythmus während des Herzstillstandes ist für die weitere zielgerichtete Therapie und die Prognose unerlässlich. Die EKG-Aufzeichnung sollte jedoch die Wiederbelebungsmaßnahmen so kurz wie möglich unterbrechen. Es gibt nur wenige EKG–Rhythmen, die mit einem pulslosen Herzstillstand einhergehen:

- Hochgradige Sinusbradykardie
- AV-Block
- Asystolie
- Pulslose elektrische Aktivität (PEA)
- Ventrikuläre Tachykardie (Kammertachykardie)
- Ventrikuläre Fibrillation (Kammerflimmern)

Sinusbradykardie, AV-Block

Mögliche Ursachen für eine hochgradige Sinusbradykardie sind erhöhter Vagotonus, Hypothermie, Hyperkalämie, erhöhter Hirndruck (Cushing-Reflex), Opioide, Sedativa, Anästhetika und andere Medikationen.

Asystolie und pulslose elektrische Aktivität

Die Asystolie als vollständiger Ausfall der elektrischen Erregung ist der am häufigsten diagnostizierte Rhythmus bei Herzstillstand bei Hund und Katze. Es sollte nicht mit einer feinen ventrikulären Fibrillation verwechselt werden. Die Überlebensrate bei Asystolie ist auch beim Menschen sehr schlecht und es gibt keine effektive Medikation. Ein Defibrillationsschock ist nutzlos und sogar schädlich. Die Therapiebemühungen stützen sich auf Herzmassage, Beatmung und eventuelle Therapie der zugrunde liegenden Erkrankung.

Bei der pulslosen elektrischen Aktivität fehlt die Myokardkontraktion trotz eines normalen EKG-Rhythmus. Eine frühere Bezeichnung für PEA war elektromechanische Dissoziation. Es gibt wie bei der Asystolie keine effektive Medikation und eine Defibrillation ist ebenfalls ineffektiv. Die Therapiebemühungen stützen sich auf Herzmassage und eventuelle Therapie der zugrunde liegenden Erkrankung.

Kammertachykardie

Ventrikuläre Tachykardien (repetitive Erregung eines oder mehrerer ektopischer Foki im Kammermyokard oder Purkinje-System) können durch Hypoxie, Schmerz, Ischämie, Sepsis, Elektrolytstörungen, Trauma, Pankreatitis, Magendrehung und primäre kardiale Erkrankungen ausgelöst werden. Die Therapie richtet sich vor allem gegen die zugrunde liegende Erkrankung. Kammertachykardien können zu Kammerflimmern führen.

Kammerflimmern

Kammerflimmern ist eine unorganisierte ventrikuläre Erregung, die zu einer nicht synchronisierten und inadäquaten Myokardkontraktion führt. Ventrikuläre Fibrillation kann als feine Fibrillation mit niedriger Amplitude oder als grobe Fibrillation mit hoher Amplitude auftreten. Feine Fibrillationen sind ein Hinweis auf eine hochgradige globale myokardiale Ischämie und können schwieriger in einen Sinusrhythmus konvertiert werden.

Defibrillation

Als Defibrillation wird die Beendigung eines Kammerflimmerns durch die Applikation eines elektrischen Stromstoßes bezeichnet. Dabei werden alle Myokardzellen gleichzeitig depolarisiert und die ungeordnete elektrische Aktivität des Herzmuskels kann durchbrochen und ein Neustart mit regulärem Rhythmus ermöglicht werden. Die Defibrillation ist bei Kammerflimmern und pulsloser ventrikulärer Tachykardie das Mittel der Wahl, jedoch bei Asystolie, pulsloser elektrischer Aktivität und Sinusbradykardie nicht angezeigt.

In Abhängigkeit von der Art des verwendeten Stromstoßes werden Defibrillatoren in monophasische (Stromfluss unidirektional) und biphasische (Stromfluss bidirektional) Defibrillatoren unterteilt. Biphasische Defibrillatoren sind in der Lage, mit niedrigerer Energie zu arbeiten und dabei geringere Myokardschäden zu induzieren. Neuere Modelle sind i. d. R. biphasische Defibrillatoren. Je früher ein Defibrillationsschock eingesetzt wird, desto höher ist die Chance, eine Konvertierung in einen Sinusrhythmus zu erreichen. Eine wichtige Voraussetzung für die Applikation eines effektiven Defibrillationsschocks bei veterinärmedizinischen Patienten sind Maßnahmen zur Optimierung des Kontaktes zwischen Brustwand und den Defibrillator-Elektroden (Reduktion des Widerstandes). Die Haare sollten rechts und links des Brustkorbes geschoren werden und reichlich spezielles, leitendes Kontaktgel auf die Elektroden aufgetragen werden. Ultraschallgel ist weniger geeignet, Alkohol kann entflammen! Alternativ sind Klebeelektroden erhältlich.

Zur Applikation des Stromstoßes wird das Tier in Rückenlage verbracht und die Plattenelektroden werden mit Druck rechts und links am Brustkorb über dem Herzen angesetzt, das Tier in dieser Haltung fixiert und ein Stromstoß so schnell wie möglich abgegeben (Abb. 16.6). Bei Auslösen des Stromstoßes muss jeder Kontakt mit dem Tier, dem Tisch oder anderen am Tier befindlichen Überwachungsgeräten vermieden werden. Ein klares Kommando wie **„Alle weg“** muss für alle Helfer hörbar erfolgen.

Alternativ kann das Tier in Seitenlage verbleiben und eine flache Löffelelektrode oder eine Klebelektrode an die untenliegende Brustwand angebracht und eine Standardelektrode an der obenliegenden Seite verwendet werden.

Bei eröffnetem Brustkorb kann mit speziellen sterilen Löffelelektroden direkt am Herzen defibrilliert werden. Dabei müssen mit Kochsalzlösung getränkte Tupfer zwischen Herzmuskel und die Elektroden gelegt werden.

Für die externe Defibrillation wird initial eine Energie von 2–5 J/kg KM empfohlen. Die Energie für die direkte, interne Defibrillation beträgt 1/10 (0,2–0,5 J/kg KM) der externen Defibrillation über die Brustwand. Ein regelmäßiges Trainieren des Lade- und Entladevorgangs des Defibrillators ist für einen korrekten Einsatz im Notfall unabdingbar.

Nach der Applikation eines Defibrillationsschocks muss sofort die Herzmassage weitergeführt werden. Eine sofortige Evaluation des EKG direkt nach dem Stromstoß ist nicht sinnvoll. Nach 2 Minuten erfolgt eine kurze Überprüfung des EKG und eventuell

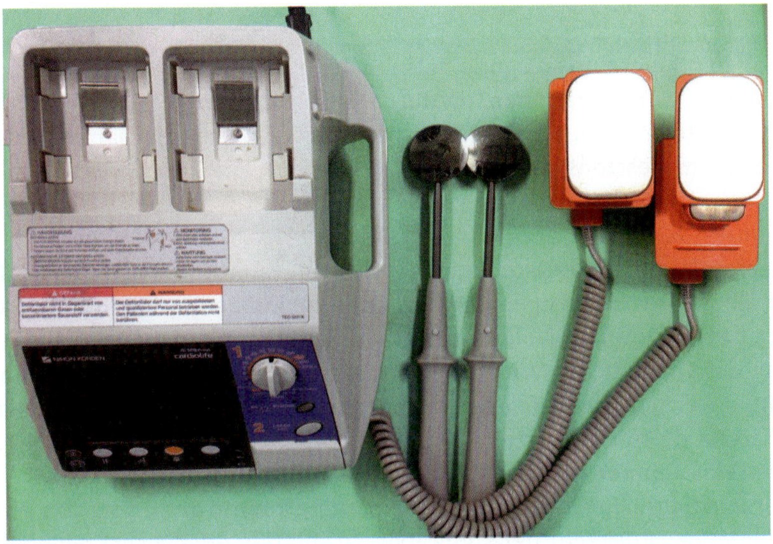

Abb. 16.6 Biphasischer Defibrillator mit großen und kleinen übereinander gesteckten Flachelektroden (Paddles) für die externe, transthorakale Defibrillation sowie Löffelelektroden für die direkte, interne Defibrillation des Myokards.

die Applikation eines weiteren Stromstoßes mit erhöhter Energie. Eine direkte 3-malige Defibrillation ohne interponierte Herzmassage wird nicht mehr empfohlen, da sich gezeigt hat, dass ohne eine kontinuierliche effektive Herzmassage die Wahrscheinlichkeit auf eine erfolgreiche Konvertierung des Kammerflimmerns sehr schnell abnimmt.

Bei Fehlen eines elektrischen Defibrillators kann eine mechanische Defibrillation durch einen präkardialen Faustschlag versucht werden, die Erfolgschancen sind jedoch gering.

16.2.1.6 Überwachung der Qualität/Effektivität der Wiederbelebungsmaßnahmen

Elektrokardiogramm – EKG

Das EKG ist Voraussetzung für die Diagnose des Arrestrhythmus und nachfolgender Entscheidungen bezüglich der medikamentösen Therapie und/oder der Defibrillation.

Blutdruckmessung

Nicht invasive Blutdruckmesstechniken wie Doppler-Sphygmomanometrie oder oszillometrische Methoden sind während des Einsatzes von Wiederbelebungsmaßnahmen nicht geeignet, sinnvolle Informationen zu liefern (hoher venöser Druck durch Herzmassage). Im seltenen Fall des Vorhandenseins eines arteriellen Katheters mit invasiver Blutdruckmessung (z. B. Anästhesiezwischenfall) muss ein diastolischer Blutdruck von mindestens 30 mmHg erreicht werden, um eine ausreichende Koronargefäßdurchblutung zu garantieren.

Pulsoxymetrie

Die Messung der Sauerstoffsättigung mithilfe der Pulsoxymetrie gibt in dieser Situation wenig sinnvolle Informationen, da durch die Herzmassage ausgelösten Bewegungen viele Artefakte entstehen und keine echte Pulskurve detektierbar ist (Pulsoximeter zeigt evtl. die Kompressionsfrequenz an).

Kapnographie

Am intubierten Tier gibt die Kapnographie des endexspiratorischen CO_2 ($ETCO_2$) Auskunft über die CO_2-Produktion im Gewebe, über die Lungendurchblutung (dadurch indirekt über das Herzminutenvolumen) und das Atemminutenvolumen. Zur sinnvollen Beurteilung der Qualität der Wiederbelebungsmaßnahmen muss die Beatmung konstant gehalten werden. Eine effektive Herzmassage sollte $ETCO_2$-Werte über 15 mmHg erreichen; wenn diese nicht erzielt werden können, muss über eine Änderung/Optimierung der Maßnahmen nachgedacht werden (z. B. Wechsel der Person, Wechsel zur offenen Herzmassage). In einer prospektiven Studie konnte der Erfolg von Wiederbelebungsmaßnahmen (Rückkehr der spontanen Zirkulation oder nicht) mit einem Grenzwert (cut off) von $ETCO_2$ von 18 mmHg am genauesten (Sensitivität 80 %; Spezifität 95 %) vorhergesagt werden (Hogen et al 2018). Ein $ETCO_2$-Wert von < 10 mmHg nach 20 Minuten Reanimation ohne Rückkehr der spontanen Zirkulation muss als prognostisch sehr ungünstig betrachtet werden und eine Beendigung der Maßnahmen muss in Betracht gezogen werden. Eine Rückkehr der Pumpfunktion des Herzens und der spontanen Zirkulation zeigt sich in einem sehr schnellen, fast exponentiellen Anstieg des $ETCO_2$.

16.2.2 Weiterführende Maßnahmen – advanced life support

Die sogenannten weiterführenden Maßnahmen werden aus systematischen Gründen getrennt von den Erstmaßnahmen dargestellt, sollten im Ablauf jedoch synchron oder zeitlich rasch aufeinanderfolgen.

16.2.2.1 Gefäßzugang

Die Wahl der Applikationsroute von Medikamenten während der Reanimation hängt davon ab, ob und welche Gefäßzugänge bereits vorhanden sind und an der Anzahl an Hilfspersonen und deren Können. Bei einem peripheren Zugang sollte, wenn möglich, die *V. cephalica* gegenüber der *V. saphena* und *V. femoralis* bevorzugt werden, da dies eine schnellere Medikamentenwirkung erlaubt. Die *V. jugularis externa* kann bei einer Kreislaufdepression häufig besser identifiziert werden und die Zirkulationszeit für die Medikamente ist sehr schnell. Obwohl ein zentralvenöser Zugang in der Reanimation ideal wäre, sollte in der Notfallsituation nicht versucht werden, einen Zentralvenenkatheter zu legen, da dies bei mangelnder Übung sehr zeitraubend sein kann. Über einen peripheren Zugang kann die Verzögerung der Medikamentenzirkulation durch die Applikation eines Flüssigkeitsbolus (5–10 ml physiologische NaCl-Lösung) verringert werden. Bei pädiatrischen Patienten oder auch anderen Tieren, bei denen kein Gefäßzugang möglich ist, sollte auf einen intraossären Zugang ausgewichen werden. Zirkulationszeiten und erreichte Medikamentenkonzentrationen entsprechen einem peripher venösen Zugang. Möglichkeiten für einen intraossären Zugang mithilfe einer Spinalkanüle oder speziellen intraossären Sets sind die *Tuberositas tibiae*, *Fossa trochanterica femoris*, die *Crista iliaca* der Darmbeinschaufel (Abb. 16.7) und die *Crista humeri*.

Nur wenn keine Möglichkeit für einen intravenösen oder intraossären Zugang besteht, ist die intratracheale (IT) Applikation einiger Notfallmedikamente möglich. Dabei muss die Dosierung gegenüber einer intravenösen Applikation bis 10-fach erhöht werden und in einem Volumen von 5–10 ml sterilem Wasser (bessere Resorption) oder alternativ physiologischer NaCl-Lösung über eine Ernährungssonde oder einen langen Harnkatheter über die Spitze eines Endotrachealtubus hinaus in die Lunge appliziert werden. Mangelnde klinische Effektivität hat die Erwartungen an die IT-Route als First-line-Zugang in der Rettungsmedizin gedämpft. Auch eine effektive Herzmassage kann keine physiologische Lungendurchblutung erzeugen und somit ist die Resorption über die Lungengefäße ebenfalls sehr stark verzögert.

Intrakardiale Injektionen als blinde Injektion in den linken Ventrikel am nicht-schlagenden Herz sollten aufgrund hoher Komplikationsraten (Blutung in Herzbeutel, Injektion in den Herzmuskel) vermieden werden. Eine Ausnahme stellt der offene Thorax, mit der Möglichkeit der visuellen Kontrolle, dar.

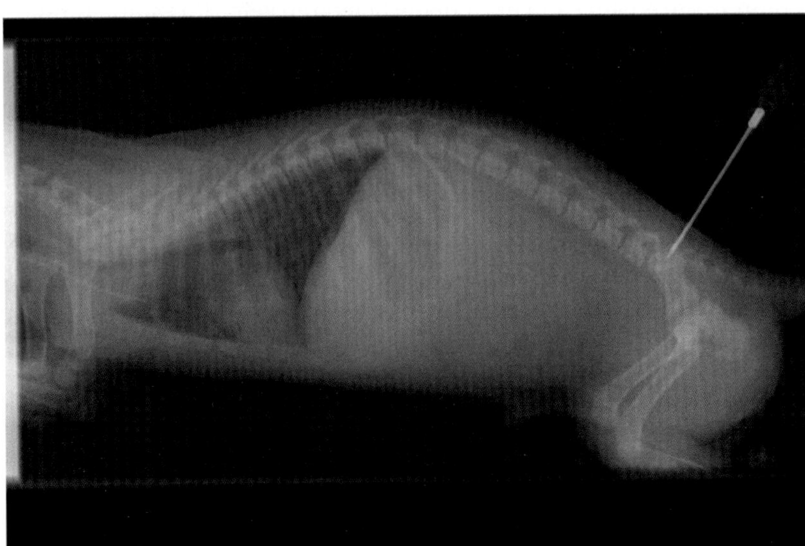

Abb. 16.7 Intraossärer Zugang bei einem Welpen mit einer Spinalkanüle.

16.2.2.2 Medikamente

Bei der medikamentösen Therapie steht, wenn möglich, die Behandlung spezifischer Ursachen für den Herzstillstand, wie z. B. Anästhetikaüberdosierung, Bradykardie, Hypokalzämie, oder Hyperkalämie an erster Stelle. Biochemische Abweichungen wie metabolische Azidose, Hyperkalämie, ionisierte Hypokalzämie, Hypoglykämie und Hyperglykämie können auch während und nach Rückkehr der Spontanzirkulation auftreten und müssen entsprechend therapiert werden. Die prognostische Aussagekraft solcher Veränderungen muss noch bestimmt werden (Hopper et al 2014).

Flüssigkeitstherapie

Hohe Flüssgkeitsvolumina sollten nur dann verabreicht werden, wenn der Patient vor dem Herzstillstand hypovolämisch war. Bei euvolämischen Patienten werden für die Katze 10 ml/kg und für den Hund 20 ml/kg KM einer isotonen kristallinen Lösung als i. v.-Bolus empfohlen. Exzessive Flüssigkeitsmengen können die Wirksamkeit einer Herzmassage aufgrund ungünstiger Druckverhältnisse verschlechtern. Um einen schnellen Volumeneffekt zu erreichen, können alternativ 4–6 ml/kg KM hypertone (7 %) NaCl-Lösung oder 5 ml/kg KM Gelatine verabreicht werden. Eine Glukoseinfusion ist in der Wiederbelebung nur bei einer nachgewiesenen Hypoglykämie angezeigt. Hyperglykämie kann zu einer Verstärkung von neurologischen Defiziten bei Wiederbelebungspatienten führen.

Adrenalin

Adrenalin ist der klassische gemischt-adrenerge Agonist mit Wirkung an alpha- und beta-Rezeptoren. Adrenalin ist in der Wiederbelebung kein „Kickstart" für das Herz.

Adrenalin besitzt sowohl beta1- (Erhöhung der Myokardkontraktilität, der Herzfrequenz und des Sauerstoffverbrauchs des Myokards, proarrhythmogen) als auch $beta_2$-Wirkungen (Relaxierung der glatten Muskulatur mit Bronchodilatation, Vasodilatation und Hypotension).

In der Reanimation bei Herzstillstand sind dies aber nicht die primär erwünschten Wirkungen, sondern dort steht die **Erhöhung des peripheren Gefäßwiderstandes** mit Erhöhung des koronaren und cerebralen Perfusionsdrucks durch alpha-adrenerge vasokonstriktive Wirkungen ($alpha_1$, $alpha_2$) im Vordergrund. Diese vasokonstriktive Wirkung von Adrenalin ist bei starker Azidose (Mangeldurchblutung) abgeschwächt.

Die optimale Dosis für Adrenalin in der Veterinärmedizin ist nicht bekannt. Es gibt Empfehlungen für eine niedrige Dosis (0,01 mg/kg KM) und eine hohe Dosis (0,1 mg/kg KM). Die hohe Dosis ist für die Erhöhung des Perfusionsdrucks effektiver, kann aber selbst stark arrhythmogen sein und Kammerflimmern auslösen. Als Empfehlung für die Veterinärmedizin kann gelten, initial über die ersten 10 Minuten die niedrige Dosis zu verabreichen, wenn keine Wirkung zu beobachten ist, bei Wiederholung die hohe Dosis. Bei Herzstillstand muss Adrenalin alle 3–5 Minuten appliziert werden (z. B. Stoppuhr/Timer stellen), da die Halbwertszeit sehr kurz ist. Wenn die Wiederbelebungsmaßnahmen über längere Zeit erfolgen, muss an eine Pufferung der vorliegenden Azidose mit Bikarbonat gedacht werden, auch aufgrund des Wirkungsverlustes von Adrenalin.

Vasopressin

Arginin-Vasopressin ist ein endogenes, nicht adrenerges Peptid mit vasopressorischer Wirkung über die Stimulation spezifischer V_{1A}-Rezeptoren in der glatten Muskulatur der Gefäßwände. Es führt zu einer Vasokonstriktion vor allem von peripheren Gefäßen und in geringerer Ausprägung der Herzkranzgefäße und der Nierengefäße. Dies bewirkt eine Umverteilung des Blutflusses zum Gehirn und zum Myokard. Die vasopressorische Aktivität an den V_{1A}-Rezeptoren bleibt auch bei starker Azidose erhalten.

Bei humanmedizinischen Studien und tierexperimentellen Untersuchungen hat sich Vasopressin bei der Therapie der ventrikulären Tachykardie, des Kammerflimmerns und der pulslosen elektrischen Aktivität gegenüber Adrenalin als gleichwertig und bei Asystolie (häufig bei Hund und Katze) als überlegen erwiesen. Vasopressin kann i. v. (0,2–0,8 IE/kg KM) oder i. t. (0,4–1,2 IE/kg KM) verabreicht werden. In der Veterinärmedizin kann derzeit kein vollständiger Ersatz von Adrenalin durch Vasopressin empfohlen werden, sondern es wird von RECOVER eine alternierende Anwendung vorgeschlagen: 1. Dosis Adrenalin, 2. Dosis Vasopressin, 3. Dosis Adrenalin, 4. Dosis Vasopressin usw.

Atropin

Atropin ist ein klassisches Anticholinergikum mit parasympatholytischer Aktivität am Herzen über die Wirkung an muskarinergen Rezeptoren. Atropin erhöht die Herzfrequenz und die Automatizität des Sinusknotens und die Überleitung am AV-Knoten. Es wird angenommen, dass während eines Herzstillstandes der Vagotonus hoch ist und somit die Automatizität unterdrückt wird. Bei bradykardem Herzstillstand, Asystolie und pulsloser elektrischer Aktivität wird Atropinsulfat bei Hund und Katze in einer Dosierung von 0,04 mg/kg KM i. v. empfohlen, mit Wiederholung nach 3–5 Minuten (maximal 3 Dosen).

Lidocain

Lidocain ist ein Klasse-Ib-Antiarrhythmikum, es wirkt über die Blockade von spannungsabhängigen Natrium-Kanälen. Lidocain senkt die Myokardautomatizität und erhöht die Defibrillationsschwelle. Neben der klassischen Indikation für Lidocain in der Therapie der ventrikulären Extrasystolen und der ventrikulären Tachykardie hat Lidocain in der Sofortmedikation in der Wiederbelebung keine Vorteile, aber in der Therapie von Arrhythmien nach erfolgreicher Reanimation und Rückkehr der spontanen Zirkulation kann der Einsatz von Lidocain sinnvoll sein. Die Dosierung für den Hund liegt bei 2–4 mg/kg KM i. v. oder i. o. oder 2 mg/kg KM gefolgt von 0,05 mg/kg/min (3 mg/kg/Stunde) als Dauertropfinfusion. Bei der Katze sollte Lidocain sehr vorsichtig mit einer reduzierten Dosierung von 0,2 mg/kg KM i. v. oder i. o. eingesetzt werden.

Bikarbonat

Eine routinemäßige Natriumbikarbonat-Pufferung wird aufgrund vieler nachteiliger Wirkungen in dieser Situation (u. a. Abnahme des Gefäßwiderstandes, Linksverschiebung der Sauerstoffdissoziationskurve mit herabgesetzter Sauerstofffreisetzung in die Gewebe) in der Reanimation nicht mehr uneingeschränkt empfohlen.

Indikationen für Natriumbikarbonat sind eine bestehende hochgradige Azidose bei länger bestehendem Kreislaufstillstand (10 Minuten). Die Dosierung beträgt 0,5–1 mEq/kg KM i. v.. Natriumbikarbonat darf nicht intratracheal verabreicht werden. Katecholamine (Adrenalin, Dobutamin) werden durch Natriumbikarbonat inaktiviert (Vorsicht bei Applikation über den gleichen Katheter).

Kalzium

Die routinemäßige Verwendung von Kalzium zur Erhöhung der Myokardkontraktilität in der Wiederbelebung bringt keine Vorteile. Indikationen für Kalzium als Teil von Wiederbelebungsmaßnahmen sind Hyperkalämie, nachgewiesene Hypokalzämie (ionisiertes Kalzium) und Intoxikation durch Kalziumkanal-Blocker (Verapamil, Diltiazem).

Die Dosierung liegt bei 10–50 mg/kg KM, dies entspricht 0,1–0,5 ml/kg KM Kalziumglukonat (10 %). Bei der Verwendung von Kalziumchlorid muss darauf geachtet werden, dass bei der gleichen Dosierung das Injektionsvolumen nur ein Drittel der Menge von Kalziumglukonat beträgt.

Magnesium

Magnesiumsulfat wird in der Veterinärmedizin in der Wiederbelebung selten eingesetzt, deshalb gibt es keine gesicherten Empfehlungen zur Anwendung. Ein intrazelluläres Magnesium-Defizit verändert das Depolarisations- und Repolarisationsverhalten der Muskelzelle und die Schrittmacheraktivität mit einer Erhöhung der Myokarderregbarkeit. Eine Indikation in der Reanimation ist die Behandlung der lebensbedrohlichen polymorphen ventrikulären Tachykardie – torsade de pointes. Die Dosierung für Magnesiumsulfat liegt bei 0,15–0,3 mEq/kg KM langsam als Kurzinfusion über 10 Minuten. Es kann wiederholt appliziert werden bis zu einer Maximaldosis von 0,75 mEq/kg/Tag.

Amiodaron

Amiodaron ist ein Klasse-III-Antiarrhythmikum mit verschiedenen Wirkmechanismen. Es verlängert die Dauer des Aktionspotenzials und der Refraktärzeit der Herzmuskelzellen über Wirkungen an Natrium- und Kalzium-Kanälen und nicht kompetitiver alpha- und beta-adrenerger Hemmung. Es wird in der Humanmedizin bei defibrillationsresistentem Kammerflimmern eingesetzt. In der Veterinärmedizin gibt es derzeit keine kontrollierten Untersuchungen zur Effektivität von Amiodaron in der Wiederbelebung. Die Dosierung für Amiodaron ist 5 mg/kg KM sehr langsam i. v. (Vorsicht Hypotonie) und i. o. über 10 Minuten.

Antagonisten

Tritt der Herzstillstand durch eine absolute oder relative Überdosierung von Sedativa oder Anästhetika ein, muss die Zufuhr sofort gestoppt (und bei Inhalationsanästhetika aus dem Atemsystem durch anästhetikumfreien Sauerstoff ausgespült werden) und wenn möglich für die entsprechenden Substanzen der verfügbare Antagonist appliziert werden:

Für die Antagonisierung von Alpha-2-Agonisten wie Xylazin, Medetomidin, Dexmedetomidin, steht Atipamezol (0,05–0,1 mg/kg KM sehr langsam i. v./i. o.) zu Verfügung, für die Benzodiazepine (Diazepam, Midazolam) Flumazenil (0,02–0,04 mg/kg KM i. v./i. o.)

und als Opioid-Antagonist wird in der Notfallmedizin Naloxon (0,02–0,04 mg/kg KM i. v./i. o.) verwendet.

Doxapram
Das zentrale Analeptikum und Atemstimulans Doxapram, ein Inhibitor der TASK-1 Kaliumkanäle, wird in der Veterinärmedizin vor allem häufig im Zusammenhang mit Anästhesiezwischenfällen eingesetzt und beschrieben. Die Atemstimulation führt zu einer Hyperventilation mit einer nachfolgenden Hypokapnie und Gefahr eines erneuten Atemstillstandes, wenn die Ursache der ursprünglichen Atemdepression nicht behoben ist (z. B. zu tiefe Anästhesie). Wann immer möglich sollte auf eine Intubation und Beatmung zurückgegriffen werden. Doxapram führt aufgrund seiner zentral analeptischen Wirkungen zur Erhöhung des Sauerstoffbedarfs des Gehirns und kann zu Krämpfen führen, deshalb ist Doxapram im Zusammenhang mit einem Herzstillstand und globaler Ischämie und Hypoxie nicht zur Wiederbelebung geeignet.

Die „Reassessment Campaign on Veterinary Resuscitation (RECOVER) Initiative" hat strukturierte Evidenz-basierte Leitlinien zur Herz-Kreislauf Wiederbelebung in der Tiermedizin entwickelt. Die Leitlinien wurden im Journal of Veterinary Emergency and Critical Care im Jahr 2012 open access publiziert (https://onlinelibrary.wiley.com/toc/14764431/22/s1) und sind im Posterformat über die Veterinary Emergency and Critical Care Society erhältlich. https://veccs.org/product-category/posters/

16.2.3 Nachsorge nach Herz- und Atemstillstand

Nach erfolgreicher Wiederbelebung und Rückkehr zu einer spontanen Zirkulation entwickeln sich infolge von globaler Ischämie und Hypoxie und nachfolgender Reperfusion eine Reihe komplexer Veränderungen, die als *post resuscitation syndrome* zusammengefasst werden. Dieses Syndrom besteht vor allem aus kardiovaskulären und neurologischen Dysfunktionen in Kombination mit Sepsis-ähnlichen Veränderungen, wie Gerinnungsstörungen, Anzeichen einer systemischen Entzündungsreaktion (systemic inflammatory response syndrome – SIRS) und relativer Nebenniereninsuffizienz. Akutes Nierenversagen und Schädigung der Schleimhautbarriere des Magen-Darm-Traktes (Schockdarm v. a. beim Hund) können aufgrund der Mangelperfusion auftreten.

Die Gefahr eines erneuten Herz- und Atemstillstandes ist in dieser Phase sehr hoch und erfordert eine intensive und zeitlich sehr engmaschige Überwachung. Als kritische Phase gelten die ersten 48 Stunden nach der Wiederbelebung. Generell sind eine intensive Überwachung (s. Kap. 16.3) und eine aggressive Therapie notwendig, um die langfristige Prognose zu verbessern.

Um eine adäquate Sauerstoffversorgung zu garantieren, sollte Sauerstoff über eine Nasensonde, ein Sauerstoffzelt, ein High Flow System oder einen Sauerstoffkäfig verabreicht werden. Bei ungenügender Atemtätigkeit (Hypoventilation) muss der Patient mechanisch beatmet werden.

Ein sehr wichtiger und kritischer Faktor ist die Aufrechterhaltung oder Wiedererlangung einer adäquaten Perfusion der peripheren Gewebe und Organe durch eine angepasste Flüssigkeitstherapie (siehe Flüssigkeitstherapie), Inotropika und Vasopressoren. Hohe Flüssigkeitsvolumina sind nach einer Wiederbelebung nur bei bestehender Hypovolämie angezeigt, da das Herz durch den hypoxisch/ischämischen Schaden in seiner Kontraktilität häufig eingeschränkt ist.

Transiente neurologische Dysfunktionen (z. B. Blindheit) treten aufgrund der Empfindlichkeit von Nervenzellen gegenüber Ischämie/Hypoxie und dem hohen Sauerstoffbedarf der Retinazellen sehr häufig nach einer Wiederbelebung auf. Diese Defizite können sich innerhalb von 24–48 Stunden nach der Wiederbelebung verbessern. Deshalb sollten 48 Stunden abgewartet werden, bis eine endgültige Prognose bezüglich bleibender neurologischer Störungen abgegeben werden kann. Um einen erhöhten Sauerstoffbedarf des Gehirns zu vermeiden, müssen eine Hyperthermie bzw. Fieber vermieden und eventuell auftretende Krampfanfälle sofort therapiert werden (s. Kap. 14.4.1.7). In der Humanmedizin hat sich eine leichte, gezielt gesteuerte Hypothermie als vorteilhaft gezeigt. Eine Erhöhung des intrakraniellen Drucks durch Husten und Stauung der *Vena jugularis* (zu enge Halsverbände) sollte vermieden und der Kopf erhöht gelagert werden. Hohe Glukokortikoid-Dosierungen sind kontraindiziert, da sie durch eine induzierte Hyperglykämie die neurologischen Schäden verstärken können.

16.3 Betreuung intensivmedizinischer Patienten

16.3.1 Häufige Probleme und Beurteilungskriterien

Dieses Kapitel soll sich nicht mit einzelnen spezifischen Erkrankungen, die einen Patienten zum Intensivpatienten machen, auseinandersetzen, sondern die allgemeinen Prinzipien in der täglichen Überwachung und intensivmedizinischen Pflege solcher Patienten darstellen.

Die tägliche Beurteilung eines intensivmedizinischen Patienten basiert auf der Kombination einer gründlichen klinischen Untersuchung mit relevanten Laborparametern und weiteren diagnostischen Verfahren (Röntgen, Ultraschall, Computertomographie, Magnetresonanztomographie etc.). Die Art und Häufigkeit des Monitorings sollte sich an der zugrunde liegenden Erkrankung, den physiologischen Reserven des Patienten und erwarteten Problemen orientieren. Idealerweise sollte die Überwachung frühzeitig metabolische und physiologische Entgleisungen aufzeigen. Überwachungsprotokolle und Checklisten sind hilfreich im Monitoring von Intensivpatienten und verringern das Risiko, die Beurteilung wichtiger Organfunktionen zu übersehen. Aber ein allzu starres „Standardmonitoring" kann auch dazu führen, dass fallspezifische Probleme übersehen werden. Eine besondere Bedeutung in der Überwachung von Intensivpatienten liegt in der **Antizipation** von möglichen Problemen, um möglichst frühzeitig einer Entgleisung entgegenwirken zu können.

Tabelle 16.5: **Liste für die tägliche Beurteilung von Intensivpatienten (Kirby´s Rule of 20)**

1. Flüssigkeitsbalance	**12. Nierenfunktion und Harnproduktion**
2. Onkotischer Druck	**13. Immunstatus, Antibiotika, Leukozytenzahl**
3. Glukose	**14. Gastrointestinale Motilität, Schleimhautintegrität**
4. Elektrolyte und Säure-Basen-Haushalt	**15. Medikamentendosierungen und Metabolismus**
5. Oxygenierung und Ventilation	**16. Ernährung**
6. Bewusstsein	**17. Schmerztherapie**
7. Perfusion und Blutdruck	**18. Pflege und Mobilisierung**
8. Herzfrequenz, Rhythmus und Kontraktilität	**19. Wundmanagement, Verbandwechsel**
9. Albumin	**20. Zuwendung und Pflege (tender loving care)**
10. Gerinnung	
11. Erythrozyten, Hämoglobin-Konzentration	

Die Vorgehensweise nach dem Prinzip der „The Rule of 20“ (Tab. 16.5), an dem sich diese Darstellung orientiert, wurde ursprünglich für die Überwachung von Kleintierpatienten mit septischem Schock entwickelt, wird aber seit vielen Jahren als problemorientierte Vorgehensweise bei vielen Krankheitsprozessen zur intensivmedizinischen Überwachung verwendet.

16.3.1.1 Flüssigkeitsbalance

Der inadäquate Ersatz und Erhalt des intravaskulären und des interstitiellen Flüssigkeitsvolumens und eine Endothel- bzw. Glycokalixschädigung ist eine der häufigsten Ursachen für eine Dekompensation und den Tod von Intensivpatienten. Die Beurteilung der Flüssigkeitsbalance kann bei Intensivpatienten sehr schwierig sein. Sie stützt sich auf eine Synthese der Befunde der klinischen Untersuchung, der Flüssigkeitsaufnahme und Flüssigkeitsausscheidung des Patienten und der Kenntnis der pathophysiologischen Prozesse der zugrunde liegenden Erkrankung.

Dehydration (extravaskuläres vor allem interstitielles Flüssigkeitsdefizit) und Hypovolämie (intravaskuläres Flüssigkeitsdefizit) sind unterschiedliche Probleme, die verschiedene Therapien erfordern. Eine Hypovolämie kann ohne nennenswerte Dehydration auftreten und umgekehrt.

Das **intravaskuläre Volumen** (Perfusion) wird klinisch beurteilt durch: Schleimhautfarbe, kapilläre Rückfüllzeit, Herzfrequenz, Pulsqualität, Temperatur der Extremitäten, Verlaufsuntersuchung des Zentralvenendrucks, systemischer Blutdruck und Urinproduktion.

Das **extravaskuläre Volumen** wird beurteilt durch: Feuchtigkeit der Schleimhäute, Hautturgor, Hämatokrit, Gesamtprotein, wiederholtes Wiegen.

Bei vielen Intensivpatienten liegen eine erhöhte Gefäßpermeabilität mit Glycokalixschädigung und/oder erniedrigte Albuminkonzentrationen vor. Dabei verändert sich die Flüssigkeitsverteilung zwischen intravaskulärem und interstitiellem Kompartiment mit einer Ansammlung von Flüssigkeit im interstitiellen Gewebe (Ödembildung). Bei diesen Patienten geht ein adäquates oder gar erhöhtes interstitielles Volumen nicht unbedingt mit einem normalen intravaskulären Volumen einher.

16.3.1.2 Onkotischer Druck

Der kolloidosmotische Druck hält Wasser intravaskulär. Er wird normalerweise von Plasmaproteinen wie Albumin, die nicht durch die Kapillarmembran diffundieren können, aufrechterhalten. Hypoalbuminämie und/oder erhöhte Kapillarpermeabilität (Vaskulitis, Sepsis) tragen zu einem vaskulären Flüssigkeitsverlust und peripherer Ödembildung bei. Der physiologische kolloidosmotische Druck liegt bei ca. 20 mmHg, bei einem Abfall auf 15 mmHg steigt das Risiko für eine Ödembildung. Die Messung des kolloidosmotischen Drucks ist sehr aufwändig und wird nicht routinemäßig durchgeführt. Deshalb wird meist die Albuminkonzentration zur Abschätzung herangezogen (s. u.). Zur Therapie kommen natürliche oder synthetische Kolloide (z. B. Gelatine, Frischplasma, frisch gefrorenes Plasma, Vollblut, humanes Albumin) zum Einsatz.

16.3.1.3 Glukose

Eine Hypoglykämie kann bei Intensivpatienten schnell und unerwartet auftreten, deshalb sollte die **Blutglukosekonzentration** regelmäßig überwacht werden: in Abhängigkeit der Schwere des Krankheitsbildes mindestens **alle 12 Stunden oder häufiger**. Die Entwicklung einer Hypoglykämie weist häufig auf eine Sepsis hin. Glukose kann in einer balancierten Elektrolytlösung und über enterale oder parenterale Ernährung supplementiert werden. Aus der Humanmedizin sind Studien bekannt, die eine erhöhte Morbidität und Mortalität bei Intensivpatienten mit Hyperglykämie nachweisen konnten. Deshalb sollte eine normale Blutglukosekonzentration zwischen 80 und 140 mg/dl (4,5–7,8 mmol/l) angestrebt, jedoch bei Katzen häufig höhere toleriert werden.

16.3.1.4 Elektrolyte und Säure-Basen-Haushalt

Abweichungen der Serumelektrolytkonzentrationen sind bei Intensivpatienten sehr häufig. Serum-**Natrium, -Chlorid, -Kalium** und **-Kalzium** müssen wiederholt bestimmt und nach Bedarf supplementiert werden. **Magnesium**mangel wird bei veterinärmedizinischen Intensivpatienten ebenfalls häufig beobachtet und kann eine therapieresistente Hypokaliämie nach sich ziehen. Die Blutgasmessung in venösen Blutproben ist geeignet, den metabolischen Säure-Basen-Status (Basendefizit, Bikarbonat) und über den Kohlendioxidpartialdruck (pCO_2) die Ventilation zu beurteilen. Eine metabolische Azidose spiegelt sehr häufig eine Mangeldurchblutung wider und erfordert eine Abklärung der Ursache und entsprechende Therapie. In Abhängigkeit des Krankheitsprozesses sollten mindestens alle 24 Stunden bis mehrmals am Tag die Blutgase gemessen werden.

16.3.1.5 Oxygenierung und Ventilation

Eine eingeschränkte Lungenfunktion wird bei Intensivpatienten häufig beobachtet: Lungenkontusion und Hypoventilation bei Traumapatienten, Aspiration nach Erbrechen vor allem bei Tieren mit zentraler Depression, acute respiratory distress syndrome (ARDS) bei Sepsis oder SIRS-Patienten.

Atemfrequenz, Atemmuster und Atemgeräusche sollten mehrmals am Tag überprüft werden. Bei sich verschlechternder Lungenfunktion ist eine objektive Beurteilung der Oxygenation und des pulmonalen Gasaustausches über den arteriellen Sauerstoffpartialdruck (paO_2) inklusive abgeleiteter Indices wie paO_2:FiO_2 Ratio oder SpO_2:FiO_2 Verhältnis etc. und der Ventilation über den arteriellen Kohlendioxidpartialdruck ($paCO_2$) angezeigt. Die nicht invasive Pulsoxymetrie erlaubt eine kontinuierliche Messung der arteriellen Oxygenation, ist jedoch eine wenig sensitive Methode zur Beurteilung des pulmonalen Gasaustausches, da bei einem SpO_2 über 90 % große Veränderungen im paO_2 mit nur geringen Veränderungen im SpO_2 einhergehen.

16.3.1.6 Mentaler Status

Jede plötzliche Veränderung des mentalen Status sollte zu einer Evaluation der **Serumosmolalität**, der **Blutglukose** und jeder möglichen Ursache für einen erhöhten **intrakraniellen Druck** führen. Bei mental gedämpften Patienten besteht die Gefahr der Aspirationspneumonie und präventive Maßnahmen müssen eingeleitet werden.

16.3.1.7 Perfusion und Blutdruck

Veränderungen von Blutdruck und Perfusion treten sehr häufig bei Intensivpatienten auf und müssen schnell therapiert werden. Interne und externe Flüssigkeitsverluste und -verschiebungen sowie globale und lokale Vasodilatation tragen zur Mangelperfusion bei. Klinisch wird die Perfusion über den mentalen Status, Schleimhautfarbe, KFZ, Herzfrequenz, Pulsqualität und Extremitätentemperatur beurteilt. Der Blutdruck kann indirekt über Doppler-Ultraschall und oszillometrische Methoden oder direkt über einen arteriellen Katheter gemessen werden. Der Blutdruck sollte mindestens einmal am Tag bestimmt werden, bei hämodynamisch instabilen Patienten kann eine kontinuierliche Messung indiziert sein. Hypotension ist definiert als ein mittlerer arterieller Blutdruck < 70 mmHg. Als minimalster Druck zur Aufrechterhaltung einer adäquaten Perfusion des Gehirns und der Niere wird 60 mmHg angesehen. Hypertension ist definiert als ein mittlerer arterieller Blutdruck > 145 mmHg und kann im Zusammenhang mit Nierenerkrankungen, Hyperthyreodismus, Hyperadrenokortizismus und neoplastischen Erkrankungen auftreten.

Es ist wichtig zu verstehen, dass eine Hypoperfusion trotz eines normalen Blutdruckes vorliegen kann. Indikatoren eines anaeroben Stoffwechsels (Laktat, Basenexzess) oder einer erhöhten Sauerstoffextraktion (niedrige gemischtvenöse oder zentralvenöse Sauerstoffsättigung) sind sensitivere Parameter für die Perfusion als der Blutdruck.

Wenn eine Flüssigkeitstherapie nicht ausreichend ist, werden inotrope und vasopressive Katecholamine (Dobutamin, Dopamin, Noradrenalin, Adrenalin) eingesetzt.

16.3.1.8 Herzfrequenz, Rhythmus und Kontraktilität

Hypovolämie und Hypoxie tragen zur Entwicklung von Arrhythmien und herabgesetzter myokardialer Kontraktilität bei. Herzfrequenz und Rhythmus sollten regelmäßig durch Auskultation oder ein Elektrokardiogramm kontrolliert werden. Bei Risikopatienten kann eine kontinuierliche EKG-Überwachung angezeigt sein. Mediatoren der Entzündungskaskade reduzieren die Myokardkontraktilität. Arrhythmien sind sehr häufig bei Intensivpatienten und sollten vor allem durch eine Therapie der zugrunde liegenden pathophysiologischen Prozesse behandelt werden. Eine anti-arrhythmische Therapie sollte nur nach Ausschluss einer extrakardialen Ursache (Hypoxie, Schmerz, Elektrolytimbalancen) und bei einer Beeinträchtigung der Perfusion oder bei elektrischer Instabilität durchgeführt werden. Wird eine herabgesetzte Kontraktilität vermutet, kann eine orientierende Echokardiographie der Ventrikelfüllung bei der Therapieführung hilfreich sein.

16.3.1.9 Albumin

Hypoalbuminämie ist ein häufiger Befund bei Intensivpatienten und sollte alle 24–28 Stunden kontrolliert werden. Idealerweise sollte die **Albuminkonzentration** über 2 mg/dl gehalten werden. Natürliche Kolloide, wie Plasma oder Vollblut oder humanes Albumin, können zur Therapie eingesetzt werden.

16.3.1.10 Gerinnung

Gerinnungsstörungen treten bei Intensivpatienten als primärer Krankheitsprozess oder als Begleitkrankheit auf oder sind im Rahmen der schweren Erkrankung (dilutional coagulopathy, disseminierte intravasale Koagulopathie – DIC) erworben. Die Entstehung einer DIC sollte bei allen schwer erkrankten Intensivpatienten vermutet werden. Entzündungsmediatoren in Kombination mit einer beeinträchtigten kapillären Perfusion begünstigen die Entstehung von Gerinnungsstörungen. Früh im Krankheitsprozess liegt eine Hyperkoagulabilität vor.

Routinemäßig durchgeführte Gerinnungsprofile können keine gesteigerte Gerinnungsaktivität aufzeigen. Bei Risikopatienten sollten täglich mindestens die aktivierte Gerinnungszeit (ACT) und die Thrombozytenzahl bestimmt werden, um ein Fortschreiten in die Hypokoagulabilität einer DIC frühzeitig zu erkennen. Genauere Informationen können mit einem vollständigen Gerinnungsprofil (Prothrombinzeit, partielle Thromboplastinzeit, Fibrinogen, Fibrinogenabbauprodukte, Antithrombin-III-Konzentration, Thrombelastographie) gewonnen werden.

16.3.1.11 Erythrozyten, Hämoglobin-Konzentration

Der Sauerstoffgehalt (CaO_2) des Blutes wird neben der arteriellen Sauerstoffsättigung (SaO_2) und der Menge an gelösten Sauerstoff (paO_2) maßgeblich von der Menge des funktionellen Hämoglobins bestimmt:

$$CaO_2\ (ml/dl) = [Hb]\ (g/dl) \times SaO_2\ (\%)/100 \times 1{,}36\ ml + paO_2\ (mmHg) \times 0{,}003$$

Dabei stellt der an Hämoglobin (Hb) gebundene Sauerstoff ($[Hb] \times SaO_2$) den bedeutendsten Anteil am Sauerstoffgehalt dar. Hämoglobinkonzentration oder Hämatokrit (Hb ca. HKT/3) sollten mindestens einmal täglich oder nach Bedarf häufiger kontrolliert werden. Der Hämatokrit für einen optimalen Sauerstofftransport liegt zwischen 27 % und 33 %. Normalwerte für den arteriellen Sauerstoffgehalt liegen zwischen 16-20 ml/dl bei einer [Hb] von 12–15 mg/dl. Humanmedizinische Untersuchungen unterstützen einen Transfusionstrigger von 7 g/dl Hämoglobin. Dabei ist zu beachten, dass das Sauerstoffangebot an die peripheren Gewebe neben dem Sauerstoffgehalt auch vom Blutfluss (Herzminutenvolumen) abhängig ist. Deshalb sollte nicht von einem starren Transfusionstrigger ausgegangen werden, sondern die Indikation zu einer Transfusion immer von der aktuellen Herzkreislaufsituation abhängig gemacht werden. Frischblut, Erythrozytenkonzentrat oder hämoglobinhaltige Lösungen sollten nach Bedarf verabreicht werden.

16.3.1.12 Nierenfunktion und Urinproduktion

Die Urinproduktion ist bei Intensivpatienten ein sehr wichtiger Parameter und muss genau überwacht werden. Eine herabgesetzte Perfusion und der Einsatz von potenziell nephrotoxischen Medikamenten (Gentamicin, NSAID) erhöhen das Risiko für ein akutes Nierenversagen. Die normale Urinproduktion liegt zwischen 1–2 ml/kg/Stunde. Sowohl bei Oligurie als auch bei Polyurie kann die Bilanz der Flüssigkeitsaufnahme/Infusionsmenge und der Ausscheidung zur Steuerung der Infusionstherapie verwendet werden. Alternativ kann als einfache Methode mehrmaliges Wiegen eingesetzt werden. Eine genaue Bestimmung der Urinproduktion erfordert einen Harnkatheter mit einem geschlossenen Beutelsystem. Das Risiko einer potenziellen Harnwegsinfektion muss gegenüber dem Nutzen für den individuellen Risikopatienten abgewogen werden.

Ohne Harnkatheter kann vor allem bei festliegenden Patienten durch Wiegen von absorbierenden Unterlagen (Windeln, Windelunterlagen) die produzierte Harnmenge abgeschätzt werden. Serumkreatinin und/oder -harnstoff und Glukose im Harn sollten in Krisensituationen täglich bestimmt werden.

Aufgrund von Untersuchungen aus der Humanmedizin an Sepsispatienten mit erhöhter Dialysepflicht und Todesfällen nach Hydroxyethylstärke, wurden diese Präparate für diese Indikation vom Markt genommen. Auch bei den polymerisierten Gelatinelösungen sollte bei Sepsispatienten und bei Patienten mit bereits eingeschränkter Nierenfunktion eine sorgfältige Risiko-Nutzen-Abwägung erfolgen.

16.3.1.13 Immunstatus, Antibiotika und Leukozytenzahl

Schwere bakterielle Infektionen sind häufig die Ursache für eine intensivmedizinische Behandlung. Weiterhin besteht ein hohes Risiko für sekundäre Infektionen durch Aspirationspneumonien, permanente Katheter oder bakterielle Translokation aus dem Magen-Darm-Trakt. Eine empirische antimikrobielle Therapie mit einem breiten Spektrum muss häufig begonnen werden, bevor die Ergebnisse der bakteriologischen Untersuchung und des Resistenztests vorliegen. Die empirische Therapie sollte sich auf die bekannten lokalen Keime und/oder eine Gramfärbung stützen. Eine empirische antimikrobielle Therapie sollte sich auf einige wenige Substanzen beschränken, um die Entwicklung resistenter nosokomialer Keime einzuschränken. Die Wahl der antimikrobiellen Medikamente sollte nach den Ergebnissen der bakteriellen Untersuchung und des Resistenztests angepasst werden (antibiotic stewardship).

Die Leukozytenzahl und die Leukozytendifferenzierung sollten überwacht werden, um Hinweise auf die Entwicklung neuer oder nicht responsiver Infektionen frühzeitig zu erkennen. Kultur und Resistenztests müssen wiederholt werden, wenn die initiale Therapie nicht anspricht oder Zeichen einer sekundären Infektion vorliegen.

16.3.1.14 Gastrointestinale Motilität, Schleimhautintegrität

Störungen der gastrointestinalen Motilität führen zu Erbrechen und erhöhen das Risiko für die Entstehung von Ulzera. Festliegende Patienten können dabei leicht aspirieren. Deshalb sollte die Motilität angeregt werden. Wenn eine Obstruktion ausgeschlossen werden kann, kann die Motilität mit Metoclopramid angeregt werden. Über eine Magensonde kann akkumulierte Flüssigkeit abgesaugt werden und eine enterale Ernährung erfolgen. Enterale Ernährung hilft die Entwicklung von Ulzera zu reduzieren. Die unkritische Verwendung von Protonenpumpenblockern, ohne konkrete Indikation, wird nicht empfohlen, da eine Veränderung des pH-Werts des Magens zu bakterieller Kolonisation mit erhöhtem Risiko für eine nosokomiale Aspirationspneumonie führen kann. Antiemetika (Metoclopramid 1–2 mg/kg/Tag als Infusion, Maropitant 1 mg/kg s. c./i. v. oder 2 mg/kg p. o. alle 24 Stunden, Ondansetron 0,5–1 mg/kg i. v., p. o. alle 24 Stunden) sollten eingesetzt werden, wenn das Erbrechen wiederholt auftritt oder zu Elektrolytstörungen führt.

16.3.1.15 Medikamentendosierungen und Metabolismus

Tiere mit renaler oder hepatischer Funktionseinschränkung haben einen veränderten Metabolismus von Medikamenten häufig mit verzögerter Ausscheidung, sodass Dosierungen oder Dosierungsintervalle angepasst werden müssen. Medikamenteninteraktionen und Inkompatibilitäten müssen beachtet werden.

16.3.1.16 Ernährung

Die Ernährung ist ein sehr wichtiger und häufig übersehener Anteil eines erfolgreichen Patientenmanagements. Intensivpatienten entwickeln sehr schnell eine negative Energie- und Proteinbilanz. Dies führt zur Beeinträchtigung der Immunabwehr, Abnahme der Muskelmasse, Dysfunktion viszeraler Organe und Störung der gastrointestinalen Schleimhautbarriere, Pneumonie, Sepsis und Tod. Als Faustegel kann gelten, dass kein Patient länger als 3 Tage ohne Nahrung sein darf. Mangelnde Nutzung des Darms führt zu Zottenatrophie und Schleimhautläsionen und prädisponiert für eine bakterielle Translokation und sekundäre Sepsis. Deshalb sollte, wenn immer möglich, eine enterale (z. B. über Handfütterung, Nasen-Schlundsonden, ösophageale Sonden, perkutane Magensonden) der parenteralen Ernährung vorgezogen werden (siehe auch Kapitel 1).

16.3.1.17 Schmerztherapie

Tachykardie, Tachypnoe, Hypertension, Ruhelosigkeit und mentale Depression können durch Schmerzen ausgelöst sein. Schmerzen müssen sowohl aus Tierschutzgründen und zur Verbesserung des Wohlbefindens als auch zur Stabilisierung des kardiovaskulären Status konsequent behandelt werden. Die Effektivität der Schmerztherapie muss wiederholt evaluiert werden und den Bedürfnissen des Patienten angepasst werden, dabei sollte zur Überwachung ein evaluierter Schmerzscore verwendet werden (z. B. Glasgow composite measure pain scale GCMPS für Hunde oder Katzen).

16.3.1.18 Pflege und Mobilisierung

Festliegende Patienten müssen alle 4 Stunden gewendet und die Gliedmaßen passiv bewegt werden. Urin- und Kotverschmutzung sollte verhindert werden. Katheter- und Drainageeintrittsstellen müssen täglich kontrolliert und gepflegt werden.

16.3.1.19 Wundmanagement und Verbandwechsel

Operationswunden und Punktionsstellen sollten mehrmals am Tag kontrolliert werden. Verbände müssen trocken und sauber gehalten werden.

16.3.1.20 Zuwendung –tender loving care

Die mentale Gesundheit hat neben der physischen Gesundheit eine große Bedeutung. Ein bequemes, trockenes Lager, vorsichtiger Umgang und Zuwendung sind wichtige Faktoren. Manchmal können Besitzerbesuche (Futteraufnahme!) hilfreich sein, dies muss patientenabhängig entschieden werden. Es sollte auch versucht werden, den Biorhythmus der Patienten so wenig wie möglich zu stören und Ruhezeiten ohne Kunstlicht einzuhalten.

Weiterführende Literatur

Boller M, Fletcher DJ, Brainard BM, Haskins S, Hopper K, Nadkarni VM, Morley PT, McMichael M, Nishimura R, Robben JH, Rozanski E, Rudloff E, Rush J, Shih A, Smarick S, Tello LH (2016): Utstein-style guidelines on uniform reporting of in-hospital cardiopulmonary resuscitation in dogs and cats. A RECOVER statement. J Vet Emerg Crit Care 26: 11–34.

Boysen SR, Gommeren K (2021): Assessment of Volume Status and Fluid Responsiveness in Small Animals. Front Vet Sci. 28;8:630643.

Calabro JM, Prittie JE (2013): Palma DA Preliminary evaluation of the utility of comparing SpO2 /FiO2 and PaO2 /FiO2 ratios in dogs. J Vet Emerg Crit Care (San Antonio). 2013 May-Jun; 23(3):280–5. doi: 10.1111/vec.12050. Epub 2013 Apr 26. PMID: 23621542.

Catoire P, Tellier E, de la Rivière C, Beauvieux MC, Valdenaire G, Galinski M, Revel P, Combes X, Gil-Jardiné C (2021): Assessment of the SpO2/FiO2 ratio as a tool for hypoxemia screening in the emergency department. Am J Emerg Med. 44: 116–120.

Davis H, Jensen T, Johnson A, Knowles P, Meyer R, Rucinsky R, Shafford H (2013): American Association of Feline Practicioners; American Animal Hospital Association. 2013 AAHA/AAFP fluid therapy guidelines for dogs and cats. J Am Anim Hosp Assoc. 49: 149–59.

Duxbury S, Sorah E, Tolbert MK (2022): Evaluation of proton pump inhibitor administration in hospitalized dogs in a tertiary referral hospital. J Vet Intern Med. 36: 1622–1627.

Fletcher DJ, Boller M, Brainard BM, Haskins SC, Hopper K, McMichael MA, Rozanski EA, Rush JE, Smarick SD (2012): RECOVER evidence and knowledge gap analysis on veterinary CPR. Part 7: Clinical guidelines. J Vet Emerg Crit Care 22, Suppl 1: S102–131.

Hoehne SN, Epstein SE, Hopper K (2019): Prospective Evaluation of Cardiopulmonary Resuscitation Performed in Dogs and Cats According to the RECOVER Guidelines. Part 1: Prognostic Factors According to Utstein-Style Reporting. Front Vet Sci. 6: 384.

Hoehne SN, Hopper K, Epstein SE (2019): Prospective Evaluation of Cardiopulmonary Resuscitation Performed in Dogs and Cats According to the RECOVER Guidelines. Part 2: Patient Outcomes and CPR Practice Since Guideline Implementation. Front Vet Sci. 10;6: 439.

Hofmeister E, Brainard B, Egger C, Kang S (2009): Prognostic indicators for dogs and cats with cardiopulmonary arrest treated by cardiopulmonary cerebral resuscitation at a university teaching hospital. J Am Vet Med Assoc 235: 50–57.

Hofmeister E, Thompson B, Brainard B, Kegge S, Kube S, Egger C, Kimura Y, Jehn C, Green B (2008): Survey of academic veterinarians' attitudes toward provision of cardiopulmonary-cerebral resuscitation and discussion of resuscitation with clientele. J Vet Emerg Crit Care 18: 133–141.

Hogen T, Cole SG, Drobatz KJ (2018): Evaluation of end-tidal carbon dioxide as a predictor of return of spontaneous circulation in dogs and cats undergoing cardiopulmonary resuscitation. J Vet Emerg Crit Care 28: 398–407.

Hopper K, Borchers A, Epstein SE (2014): Acid base, electrolyte, glucose, and lactate values during cardiopulmonary resuscitation in dogs and cats. J Vet Emerg Cri Care 24: 208–214.

Kirby R (1995): Septic shock. In: Bonagura JD (ed), Kirk's Current Veterinary Therapy XII. WB Saunders, Philadelphia, 139–146.

Textbook of Small Animal Emergency Medicine. (2018), eds Kate Hopper, Deborah Silverstein, Elizabeth A. Rozanski, Kenneth J. Drobatz. Wiley. Vereinigtes Königreich

van den Berghe G, Wouters P, Weekers F (2001): Intensive insulin therapy in the critically ill patient. N Engl J Med 345: 359–365.

17 Vergiftungen

Manfred Kietzmann, Jessica Meißner, Wilfried Kraft

17.1 Allgemeine Maßnahmen

Als wichtigste Sofortmaßnahme steht immer die Aufrechterhaltung der Lebensfunktionen im Vordergrund. Diese wird mit dem sogenannten „ABCD der Wiederbelebung" zusammengefasst (s. auch Kap. 16 „Intensivmedizin"):

A = Freihaltung der **A**temwege
B = **B**eatmung
C = Aufrechterhalten der Kreislauffunktion (**C**irculation)
D = Medikamentöse Behandlung (**D**rug)

Die Freihaltung der Atemwege umfasst Vorlagerung der Zunge, Befreien der Mundhöhle und des Rachens von Schleim oder Erbrochenem, ggf. Absaugen von Schleim- oder Futterbestandteilen aus den tieferen Atemwegen. Die Einführung eines Trachealtubus kann für die weitere Freihaltung der Atemwege notwendig und sinnvoll sein. Sie ermöglicht außerdem die künstliche Beatmung.

Die medikamentöse Behandlung richtet sich nach den im Einzelfall vorliegenden Bedingungen.

Eine wichtige Maßnahme ist die Verhinderung einer weiteren Giftaufnahme durch Entfernung des Patienten aus der kontaminierten Umgebung. Gerade bei Vergiftungen durch Gase und Dämpfe ist jedoch dringend darauf zu achten, dass Ersthelfer sich nicht der Gefahr aussetzen, selbst vergiftet zu werden.

Sofern Haarkleid und Haut mit Gift in Berührung gekommen sind, ist es sinnvoll, den Patienten zu scheren und zu waschen. In der Regel erfolgt dies mit lauwarmem Wasser. Wasch- und Reinigungsmittel können die dermale Giftaufnahme durch eine Störung der Barrierefunktion der Haut steigern; sie sollten daher möglichst vermieden werden. So darf beispielsweise nicht versucht werden, fettlösliche Gifte mit resorbierbaren Ölen aus dem Magen-Darm-Trakt zu entfernen; hier können nicht resorbierbare synthetische Produkte (z. B. Paraffinum subliquidum) sinnvoll sein. Ist ein Giftstoff oral aufgenommen worden, so ist die Entfernung in der Regel nur innerhalb der ersten, maximal zweiten Stunde nach Aufnahme des Giftes möglich; allerdings können Gifte, die zu Motilitätsstörungen des Magen-Darm-Traktes geführt haben, eventuell auch noch nach Stunden im Gastrointestinaltrakt gefunden und damit entfernt werden. Folgende Maßnahmen werden empfohlen:

- Anwendung von Emetika
- Magenspülungen
- Magen-Darm-Spülungen
- Anwendung von Adsorbentien

Beim Hund eignet sich als Emetikum Apomorphin in einer Dosis von 0,05 mg/kg KM i. m. Sofern danach unstillbares Erbrechen auftritt, kann die Wirkung mit Naloxon unterbrochen werden (bis zu 0,05 mg/kg KM i. v.).

Bei der Katze sollte die Verwendung von Apomorphin unterlassen werden, da es nur unsicher zum Erbrechen, dagegen zu starken Exzitationen führt. Bei dieser Tierart bewährt sich Xylazin in einer Dosis von 0,25–0,5 mg/kg KM i. m. Der dabei zusätzlich auftretende Sedierungseffekt kann bei Krämpfen durchaus erwünscht sein.

Kontraindikationen für Emetika bestehen bei zentralnervösen Störungen mit Beeinträchtigung des Bewusstseins und des Schluckreflexes, außerdem nach Aufnahme von Tensiden, Mineralölderivaten, Säuren oder Laugen.

Eine Magenspülung kann auch beim bewusstlosen Patienten durchgeführt werden, nachdem vorab ein Trachealtubus eingesetzt wurde. Verwendet wird eine möglichst großlumige Magensonde, die in einer Länge eingeführt wird, die der Entfernung von der Nasenspitze bis zum Xiphoid entspricht. Der Patient wird in rechte Seitenlage mit leichter Kopftiefhaltung verbracht. Danach werden 5–10 ml/kg KM Wasser durch die Magensonde appliziert und mit einer Spritze entfernt. Die Abheberung kann 10- bis 15-mal wiederholt werden. Durch Zugabe von Aktivkohle kann die Wirkung durch Adsorption des Giftes erhöht werden. Mit wiederholten Magenspülungen gehen erhebliche Elektrolytverluste einher, die durch intravenöse Infusionen ausgeglichen werden müssen. Bei Patienten ohne Bewusstseinstrübung kann Aktivkohle auch in Kapseln, Tabletten oder mit einer Sonde eingegeben und nach 30 Minuten durch Applikation eines Emetikums durch Erbrechen wieder entfernt werden.

Eine Möglichkeit der Giftentfernung aus dem Darm ist die gleichzeitige Gabe von Aktivkohle und Natriumsulfat. Bei der Dosierung des Laxans ist zu beachten, dass der Arzneistoff Natriumsulfat sowohl als Natriumsulfat mit Hydratwasser (bezeichnet als Glaubersalz) als auch als wasserfreies Natriumsulfat verfügbar ist; dies ist für die Dosierung von großer Bedeutung. Oral verabreicht werden bis zu 1 g/kg KM Glaubersalz oder bis zu 0,5 g/kg wasserfreies Natriumsulfat, bevorzugt jeweils als 3,7 %ige beziehungsweise 3,3 %ige Lösung. Bei Aufnahme von lipophilen Giften ist die Gabe von resorbierbarem Fett – auch von Milch – unbedingt zu vermeiden. Hingegen können Mineralöle jedoch gegeben werden (z. B. Paraffinum perliquidum je nach Größe 2 bis 60 ml p. o.). Vorsicht bei der Eingabe von Paraffinum perliquidum ist insbesondere bei sich widersetzenden Tieren (Katzen!) und bei eingeschränktem Bewusstsein geboten, da hierbei leicht eine außerordentlich schwere, behandlungsresistente Aspirationspneumonie ausgelöst werden kann.

Die renale Ausscheidung derjenigen Gifte, die nach der Resorption zumindest teilweise über die Nieren aus dem Körper ausgeschieden werden, kann durch Diuretika gefördert werden. Eingesetzt werden in der Regel Mannitol (2 g/kg KM) oder Furosemid (1–2 (–5) mg/kg KM) i. v. Es ist gleichzeitig dafür zu sorgen, dass genügend Flüssigkeit zugeführt wird. Insbesondere ist darauf zu achten, dass unter der Giftwirkung kein Nierenversagen, erkenntlich an einer ungenügenden Harnproduktion, auftritt; die Harn-Mindestmenge sollte 1 ml/kg Körpergewicht und Stunde betragen. Bei eingetretener Oligurie/Anurie kann eine Peritonealdialyse mit Natriumchlorid-Glucose-Lösung (Natriumchlorid 0,45 g, Glucose 2,5 g/100 ml), der bei Hypokaliämie 15 mmol KCl/l hinzugefügt werden, durchgeführt werden. Appliziert werden 10–20 ml/kg Körpergewicht i. p. Je nach Körpertemperatur wird die Lösung warm oder kühl infundiert und nach 30 bis 60 Minuten entfernt. Die Dialyse ist so lange fortzusetzen, bis die Nieren wieder normale oder erhöhte Flüssigkeitsmengen ausscheiden.

Wichtig ist bei den Notfallpatienten stets eine Temperaturkontrolle. Ist ein Verbringen in eine ausreichend warme Umgebung nicht möglich, kann die Körperwärme des vergifteten Tieres bei Hypothermie durch Einpacken in Wolldecken und Metallfolien zum Ausgleich genutzt werden. Eine Hyperthermie sollte durch Kühlung (Eisbeutel, kalte Klysmen, kalte Waschungen) behandelt werden.

Bei Auftreten von Krampfanfällen kann Phenobarbital in Dosierungen von 2–10 mg/kg KM i. v. gegeben werden. Auch Diazepam ist geeignet (1 mg/kg KM i. v.). ZNS-Depressionen werden mit Doxapram behandelt (3–5 mg/kg KM). Gegebenenfalls ist eine künstliche Beatmung durchzuführen.

17.2 Klinisch wichtige Vergiftungen

Amitraz *Insektizid, Akarizid*	
Wirkung	$alpha_2$-Rezeptor-agonistische Wirkung
Klinisches Bild	Sedation, Muskelrelaxation, Bradykardie, Blutdruckabfall, Ataxie, gastrointestinale Störungen
Diagnose	Vorbericht, klinisches Bild
Behandlung	Atipamezol (Antisedan), 0,1–0,2 mg/kg KM i. m., Wiederholungsbehandlung nach 4 bis 8 Stunden
Antu *α-Naphthylthioharnstoff, Rodentizid*	
Wirkung	Blockade von Zellenzymen, dadurch Kapillarschädigung, in der Folge Hämorrhagien und Ödeme (Magen-Darm, Pleura, Lunge und andere Organe)
Klinisches Bild	Einsetzen der Symptome binnen 6 Stunden: Erbrechen (evtl. sofort), Konjunktivitis; als Symptome eines akuten Lungenödems Husten, schaumiger Nasenausfluss, evtl. blutig, Dyspnoe, Zyanose, Tachykardie; Unruhe, später Apathie
Diagnose	Vorbericht, photometrisch im Mageninhalt; Nachweis im Blut über 24 Stunden nach Aufnahme möglich
Behandlung	Bis etwa 2 Stunden nach Giftaufnahme Apomorphin 0,05 mg/kg KM (nicht bei Lungenödem), alternativ Magen-Darm-Spülung, zusätzlich Behandlung des Lungenödems
Arsen *Früher als Arzneimittel (Roborans) eingesetzt*	
Wirkung	Blockade zahlreicher enzymatischer Prozesse des Kohlenhydrat- und Fettstoffwechsels mit Herabsetzung der Zellatmung
Klinisches Bild	Bei perakutem Verlauf Kollaps aufgrund sehr rasch einsetzender Vasodilatation und Transsudation. Bei akutem Verlauf einige Stunden nach Giftaufnahme Erbrechen, Durchfall, Unruhe, später Apathie, Kolik, Muskelkrämpfe, periphere Kreislaufinsuffizienz, Exsikkose. Bei chronischer Vergiftung Hyperkeratose, Hyperpigmentation, Tracheitis, Polyneuritis (Parästhesie); EKG: flaches, T, ST-Senkung
Diagnose	Vorbericht, Giftnachweis im Urin
Behandlung	Dimercaptopropansulfonat (DMPS; 5–10 mg/kg KM, 3 × tägl. über 10 Tage p. o.) oder Dimercaprol (BAL; initial 5 mg/kg KM i. m. Wiederholungsbehandlungen in mehrstündigem Abstand mit 2 mg/kg KM), zusätzlich Bluttransfusion bzw. Infusionsbehandlung

Blei *Rostschutzfarben (Mennige), bleihaltige Fremdkörper, Bleigeschosse, Bleirohre (!), Akkuabfälle*	
Wirkung	Hemmung von Enzymen, z. B. der δ-Aminolävulinsäuredehydratase; Störung der Porphobilinogensynthese; Hemmung der Decarboxylierung von Koproporphyrinogen III zu Protoporphyrin IX; Hemmung des Einbaus von Fe^{++} in Protoporphyrin IX
Klinisches Bild	• Gastrointestinaltrakt: Salivation, Erbrechen, Kolik, Koprostase, Inappetenz, Abmagerung • Nervensystem: Erregungserscheinungen (Bellanfälle, Ruhelosigkeit), Krampfanfälle, Aggressivität, Paresen, Myoklonien • Blut: basophile Erythrozytentüpfelung, Erythroblasten, Anämie
Diagnose	Vorbericht, Bleinachweis im Urin; indirekter Nachweis über Bestimmung von Koproporphyrin III oder δ-Aminolävulinsäure im Urin, Bestimmung der Aktivität der δ-Aminolävulinsäure-Dehydratase
Behandlung	$CaNa_2$-EDTA (10–25 mg/kg KM, in vier Dosen/Tag, insgesamt über fünf Tage, max. Gesamtdosis 0,5 g/Tier), evtl. erneute Behandlung nach Pause von fünf Tagen
	Alternativ Dimercaptopropansulfonat (DMPS; 5–10 mg/kg KM, 3 × tägl. über 10 Tage p. o.) oder D-Penicillamin (8 mg/kg 4 × tägl. oder 10–55 mg/kg 2 × tägl. p. o. auf nüchternen Magen (Achtung: Erbrechen, evtl. zusätzlich Antiemetikum)
2-Chlor-4-dimethylamino-6-methylpyrimidin („Castrix“) *Rodentizid*	
Klinisches Bild	Krämpfe, Unruhe, Salivation, Polydipsie, Durchfall
Diagnose	Vorbericht, klinisches Bild
Behandlung	Magenspülung, wenn Patient rechtzeitig vorgestellt wird; kein spezifisches Antidot; symptomatische Behandlung mit Sedativa und Pyridoxin (Vitamin B_6; 25 mg/kg KM)
Cumarinderivate *Rodentizid, Arzneimittel*	
Wirkung	Vitamin-K_1-Antagonist, Hemmung der Synthese der Gerinnungsfaktoren II, VII, IX, X; wiederholte kleine Dosen gefährlicher als einmalige große Dosis, aber auch einmalige Aufnahme gefährlich aufgrund der höheren Toxizität neuerer Cumarinderivate
Klinisches Bild	• Symptome der Hypovolämie: Schwäche, Taumeln, Festliegen, Blässe, Polypnoe, Tachykardie, Puls nicht fühlbar • Organsymptome: je nach Lokalisation von inneren Blutungen Bluterbrechen, blutiger Durchfall, Hämaturie, Hämoperikard, -thorax, -peritoneum u. a., besonders gefährlich sind Blutungen im ZNS
Diagnose	Vorbericht; klinisches Bild; Quicktest, PPT; Thrombozytenzahl normal bis vermindert. Nachweis von Cumarinderivaten in Ködern

Behandlung	• Vitamin K_1 5 (–10) mg/kg KM i. v., nachfolgend 1–2 mg/kg KM p. o. • Bluttransfusion, abhängig vom Verlust (Vorsicht bei Blutungen in Lunge oder ZNS) • Lagerung in ruhiger und warmer Umgebung • Ggf. Thorakozentese nach Normalisierung der Gerinnung, Beatmung
Diquat, Paraquat *Herbizide*	
Wirkung	Binnen weniger Tage lokale Verätzungen; nach inhalativer Aufnahme Irritation der Atemwege
Klinisches Bild	Schmerzhafte Haut- und/oder Schleimhautirritationen, Erregungszustände, Diarrhoe, Leber- und Nierenversagen, toxisches Lungenödem
Diagnose	Vorbericht, klinisches Bild.
Behandlung	Magenspülung (Bentonit als Adsorbens), forcierte Diurese, Ansäuern des Urins; symptomatische Behandlung mit Infusionen, Analgetika sowie Glukokortikoide bei Lungenödem
Ethylenglykol *Frostschutzmittel*	
Wirkung	Generalisierte Kapillarschädigung, ZNS-Schädigung, Schädigung durch Anreicherung im Liquor cerebrospinalis, Ablagerung von Oxalat-Kristallen in den Nieren, Azidose
Klinisches Bild	Nach 30 bis 60 Minuten: Erbrechen, Benommenheit, Ataxie, Taumeln. Nach einigen Stunden Koma, vorher bisweilen Ruderbewegungen, Anurie, Urämie, Azidose, Oxalaturie
Diagnose	Vorbericht, klinische Symptome, schwere Oxalaturie, Ethylenglykolnachweis im Blut und im Gastrointestinaltrakt
Behandlung	Hund: Fomepizol, initial 20 mg/kg KM, dann nach 12 und 24 Stunden 15 mg/kg KM, alternativ alle 4 Stunden Ethanol 20 %ig 5,5 ml/kg KM i. v. sowie im Abstand von 4 Stunden jeweils 4 ml $NaHCO_3$ 8,4 %ig i. v. (i. p.). Nach fünf Behandlungen auf 6-Stunden-Abstände reduzieren oder Infusion von Elektrolytlösungen mit Zusatz von $NaHCO_3$. Katze: Fomepizol, initial 125 mg/kg KM, dann 30 mg/kg KM, alternativ alle 6 Stunden 5 ml Ethanol 20 %ig/kg KM i. p. sowie alle 6 Stunden 3 ml $NaHCO_3$ 8,4 %ig i. p. Nach fünf Behandlungen auf 8-Stunden-Abstände reduzieren
Makrozyklische Lactone *Avermectine (z. B. Ivermectin)*	
Wirkung	Besondere Gefährdung von Tieren mit Mutation im MDR1-Gen (P-Glykoproteinpumpe Efflux Blut-Hirn-Schranke) sowie von Neugeborenen
Klinisches Bild	Nach bis zu 12 Stunden zentralnervöse Störungen: Apathie, Somnolenz, Ataxie, Hypothermie, anhaltendes Koma sowie Hypersalivation, Erbrechen, Mydriasis

Diagnose	Vorbericht, klinisches Bild
Behandlung	Infusionsbehandlung, evtl. Beatmung, künstliche Ernährung, warme Lagerung
Metaldehyd *Schneckengift, „Trockenspiritus"*	
Wirkung	Bereits im Magen Entstehung von Acetaldehyd (→ Gastroenteritis) und Essigsäure (→ Azidose), Hämolyse, Methämoglobinämie
Klinisches Bild	Innerhalb von 30 bis 60 Minuten Erbrechen und Salivation; nach mehreren Stunden: Ataxie, Hyperthermie, Hyperästhesie, Krämpfe (nicht durch äußere Reize verstärkbar), Opisthotonus, Atemstillstand, Azidose
Diagnose	Vorbericht, klinisches Bild, plötzlich einsetzende Hyperthermie
Behandlung	• Magen-Darm-Spülung, Abführmittel, kein resorbierbares Öl! • Symptomatisch: Sedation mit Diazepam (0,5–1 mg/kg KM i. v.) oder Pentobarbital (10 mg/kg KM i. v.). Ggf. künstliche Beatmung. Infusionsbehandlung (Ringer-Laktat-Lösung), Natriumbicarbonat nach Blutgasanalyse
Methylxanthine *Koffein, Theophyllin, Theobromin (enthalten z. B. in Kaffee, Tee, Kakao, Schokolade)*	
Klinisches Bild	Unruhe, Hyperästhesie, Krämpfe, Erbrechen, Tachykardie, Tachypnoe, Dyspnoe; Tod durch Atemlähmung und Herzstillstand
Diagnose	Vorbericht, klinisches Bild, Nachweis von Methylxanthinen in Blutplasma oder Urin
Behandlung	Emetika, Laxantien, forcierte Diurese; symptomatische Behandlung
Natriumfluoracetat *Rodentizid, Insektizid*	
Wirkung	Umwandlung des relativ ungiftigen Natriumfluoracetats zu Zitronenflusssäure im Zitronensäurezyklus; Enzymhemmung; Störung der Zellatmung
Klinisches Bild	Symptome binnen 30 bis 120 Minuten (Dauer der o. a. Biotransformation) Hund: Im Vordergrund ZNS-Symptomatik mit Exzitationen und Krämpfe (durch Reize nicht verstärkbar); Paralyse, Erbrechen, Exsikkose, Azidose Katze: ZNS-Störungen und Herzarrhythmie.
Diagnose	Vorbericht; Symptome wenig pathognomonisch; Nachweis in Erbrochenem
Behandlung	Symptomatische Behandlung (Barbiturate, Benzodiazepine)
Organophosphate, Carbamate *Insektizide, Akarizide*	
Wirkung	Hemmung von Esterasen
Klinisches Bild	Akute Vergiftung innerhalb von Minuten, bei wiederholten kleinen Dosen mehr schleichend beginnend: Erbrechen, Salivation, Tränenfluss, Miosis, Muskelzuckungen, tonische Krämpfe (durch Reiz nicht verstärkbar), Kolik, Durchfall, unwillkürlicher Harn- und Kotabsatz, Bronchospasmus, Laryngospasmus, Lungenödem, Bradykardie

Diagnose	Vorbericht; klinisches Bild; Serum-Cholinesterase-Aktivität stark vermindert (oft < 1000 IE/l); Nachweis in Ködern
Behandlung	• Atropin i. v. nach Wirkung (Pupillenerweiterung, trockene Schleimhaut), Richtwert 0,1–0,2 mg/kg KM • Obidoxim (2–5 mg/kg KM i. v.), nur bei Organophosphatvergiftung (außer Dichlorvos; nicht bei Carbamatvergiftung), Anwendung erst nach Atropinbehandlung; evtl. notwendige Wiederholungsbehandlung nach zwei Stunden; Anwendung später als 24 Stunden nach Giftaufnahme nicht sinnvoll • Diazepam bei Krämpfen • Evtl. Azidosebehandlung mit Natriumbikarbonat
Phenol- und Holzteerderivate *Phenol, Kresol, Kreosot, Guajakol, Naphthalin, Paraffin, Toluen, Xylen, Chinosol, Kreolin, Sasol, Naphthol, Hexachlorophen, Resorkinol, Holzteer, Karbolineum, Lysol*	
Wirkung	Starke Protoplasmagifte. Aufnahme durch die intakte Haut, oral, selten per inhalationem, per injectionem. Lokal Denaturierung von Zellproteinen. Systemisch Leber- und Nierentoxizität, Stimulation des Atemzentrums, nachfolgend respiratorische Alkalose, später über Kompensationsmechanismen metabolische Azidose; Methämoglobinämie und Hämolyse
Cave	Glukuronidierungsschwäche von Katzen für Phenolderivate; Katzen sind daher besonders empfindlich
Klinisches Bild	Salivation, Muskelschwäche, Hypothermie, Krämpfe, Paralyse, Ataxie, Aggressivität, Tachykardie, Polypnoe, Gastroenteritis, Dermatitis (Nekrose), Schleimhautentzündung
Diagnose	Vorbericht, klinisches Bild
Behandlung	Bei Hautkontakt sofortige Reinigung der Haut (z. B. Olivenöl, Erdnussöl; Polyethylenglykol; kein Alkohol, Äther oder Glycerin)
	Bei oraler Aufnahme Gabe von Olivenöl und Eiweiß; Magenspülung (10 % Aktivkohle in Wasser), Glaubersalz. Wenn notwendig, Augenspülung mit Natriumchloridlösung
Pyrethroide *Permethrin, Cypermethrin, Deltamethrin*	
Wirkung	Auslösung von Erregungszuständen, besondere Unverträglichkeit der Stoffgruppe insbesondere für Katzen, Vergiftungen durch Inhalation, Hautkontakt und orale Aufnahme
Klinisches Bild	Vorbericht, klinisches Bild mit Erregungszuständen, Zittern und evtl. Krampfanfällen
Behandlung	Symptomatisch, Waschen/Rasieren der kontaminierten Hautstellen, Sedation, Lipidemulsionen i. v.

Säuren, Laugen	
Wirkung	In Abhängigkeit vom Kontakt Verätzungen von Haut und Schleimhäuten
Klinisches Bild	Koagulationsnekrosen mit Schorfbildung durch Säuren, Kolliquationsnekrosen durch Laugen
Behandlung	Möglichst rasche Dekontamination mit größeren Mengen lauwarmen Wassers
Seifen, Tenside	
Wirkung	Haut- u. Schleimhautirritationen
Klinisches Bild	Bei Resorption: Hämolyse, Oligurie, Anurie; lebensbedrohliche Aspirationspneumonie bei oraler Aufnahme möglich
Behandlung	Polysiloxan, keine (!) Emetika
Strychnin *Rodentizid*	
Wirkung	Krampfgift, Enthemmung von Interneuronen, Steigerung vorwiegend sensibler Funktionen des Rückenmarks, in größeren Dosen lähmend
Klinisches Bild	Wenige Minuten bis zwei Stunden nach Aufnahme: Erregung, Zittern, tonische Krämpfe durch äußere Reize verstärkbar, Opisthotonus, Trismus, Atemnot, Apnoe, Zyanose, Tod durch Schwäche oder Atemlähmung
Diagnose	Vorbericht, klinisches Bild
Behandlung	Barbiturate; Glycerin-Guajakol-Äther, 110 mg/kg KM i. v., O_2-Beatmung; forcierte Diurese (Furosemid, 5 mg/kg KM i. v.; Mannitol 15 %ig, 2 g/kg KM/Stunde). Ansäuern des Urins, Natriumbicarbonat oder Ringer-Laktat-Infusion; Lagerung des Patienten in ruhiger und verdunkelter Umgebung
Thallium *Rodentizid (früher)*	
Wirkung	Verhalten im Organismus wie Kalium, jedoch ohne dessen physiologisch bedeutsame Wirkungen. Affinität zum Nervensystem. Beeinflussung mitochondrialer Enzyme
Klinisches Bild	Binnen 18 bis 24 Stunden nach Aufnahme Erbrechen, Durchfall (blutig), kolikartige Schmerzen; nach 2 bis 4 Tagen Schleimhautrötung, Tonsillenschwellung, Ulzeration (Katze Zungenläsion), Konvulsionen, Exzitation, Ataxie, Parese, Paralyse, Darmatonie, Dyspnoe, Herzinsuffizienz, Niereninsuffizienz; nachfolgend Erytheme (Nase, Ohren, Achsel-, Inguinalgegend, Zwischenzehenräume) und Dermatitis pustulosa; nach etwa einer Woche diffuser Haarausfall (büschelweise)
Diagnose	Vorbericht; klinisches Bild (typischer zeitlicher Verlauf); Giftnachweis im Urin
Behandlung	Antidot: Eisen-III-Hexacyanoferrat (Berliner Blau; 50–100 mg/kg KM, 3–6 × tägl. über bis zu bis zwei Wochen); Infusionsbehandlung mit Zusatz von KCl (10 mg/kg KM) unter EKG-Kontrolle; bei Hautentzündungen abdeckende Salben

Pflanzengifte	
Klinisches Bild (Beispiele)	*Oxalate enthaltende Pflanzen (Dieffenbachia, Efeutute, Anthurie, Purpurtute, Einblatt, Philodendron, Kalla)*: Schleimhautirritation, Brennen auf Mundschleimhaut, Salivation. *Wolfsmilchgewächse*: Erbrechen, Durchfall, Koma, Tod. *Oleander*: Gastroenteropathie (Kolik), Bradykardie, Mydriasis, Hypotonie, Exzitationen, Koma, Atemstillstand, Tod. *Efeu*: Apathie, Krämpfe bis Opisthotonus, Leber- und Nierenversagen.
Behandlung	Magenspülung; in der Regel symptomatische Behandlung mit Infusionen, evtl. Schmerzmittel
Weitere Giftpflanzen	Bittersüß, Hortensie, Mistel, Taxus, Buchsbaum, Goldregen, Glyziniasamen, Lupine, Tabak, Maiglöckchen, Rittersporn, Eisenhut, Fingerhut, Amaryllis, Rhododendron, Nachtschattengewächse, Rizinussamen, Eibe (außer unzerkauten Früchten). Informationen über Pflanzenvergiftungen unter http://www.vetpharm.uzh.ch/perldocs/index_x.htm
Tierische Gifte: Schlangenbisse In Mitteleuropa hauptsächlich durch Kreuzottern, selten durch importierte Giftschlangen	
Wirkung	Neurotoxine, Hämolysine und Hämorrhagine. Mitteleuropäische Giftschlangen gehören ausnahmslos der hämolytisch-hämorrhagischen Gruppe an. Giftwirkung durch Hydrolasen (Proteasen, Peptidasen, Phosphatasen, Phospholipasen) und Desmolasen sowie auch Hyaluronidase. Im Gift der Kobra und der nordamerikanischen Korallenschlange findet sich Cholinesterase, die den europäischen Vipern fehlt. Nach dem Biss wird das Gift auf dem Lymphweg, normalerweise jedoch nicht auf dem Blutweg, transportiert. Wenn das Gift allerdings direkt in eine größere Vene injiziert wird, erfolgt durch die sofortige Verbreitung ein akutes Kreislaufversagen. Das Gift der Kreuzotter enthält verschiedene Enzyme, die u. a. für die Schockwirkung verantwortlich sind. Die Phospholipasen spalten Fettsäuren aus Phospholipiden und wirken so grenzflächenaktiv. Sie führen zu Hämolyse und Gewebsnekrose. Durch Histamin- und Bradykininfreisetzung kommt ein Blutdruckabfall (Kreislaufversagen) zustande. Die Hyaluronidase fördert die Resorption des Giftes durch eine Erleichterung der Diffusion.

Klinisches Bild	Bissverletzungen oft im Gesichts-Hals-Bereich, sonst an den Gliedmaßen. Symptome: • Gegend der Bissstelle stark umfangsvermehrt, bei Palpation schmerzhaft • Schwäche, teilweise Taumeln • Erbrechen, Durchfall, Tachypnoe mit gehäuftem Hecheln, ausgeprägte Tachykardie • Selten ausgeprägte Schocksymptomatik • Serum unterschiedlich stark hämolytisch • Mittel- bis hochgradige Leukozytose • Gering- bis hochgradige hämolytische Anämie • Thrombozytopenie • Gerinnungshemmung (Quick-Test, Partielle Thromboplastinzeit und Thrombinzeit) • Bisweilen Aktivitätserhöhung des „Leberenzyms" ALT
Behandlung	Sofortmaßnahmen: Ruhigstellung der Gliedmaße, Beruhigung des gebissenen Tieres. Umstritten: Abbinden der Gliedmaße und Eröffnung der Bisswunden, Absaugen des Giftes aus der Wunde allenfalls in den ersten Minuten nach dem Biss (Wirkung umstritten); Absaugen mit dem Mund nur mit Mundschutz (Gummimembran)! Auf keinen Fall Einschneiden oder Umschneiden der Bissstellen. • Schlangengiftantiserum i. v. oder i. m. (Nebenwirkungen! Nicht umspritzen!) innerhalb von sechs, höchstens zehn Stunden und nur bei lebensbedrohlichen Schockzuständen. Verträglichkeitsprobe durch Intrakonjunktivaltest • Schockbehandlung (Infusionsbehandlung, Adrenalin auch bei eventueller Antiserum-Unverträglichkeit 0,5–1 µg/kg KM als Dauertropfinfusion oder i. m.) • Kortikosteroide: Prednisolon, initial 5–10 mg/kg KM i. v., danach je nach Befinden reduzieren oder – bei Symptomlosigkeit – als einzige Dosis verabreichen • Evtl. Antihistaminika: Diphenhydramin, 0,5–1,0 mg/kg KM s. c., i. v. • Antibiotika (z. B. Tetrazykline, 3–4 × tägl. 25 mg/kg KM p. o. oder Cephalexin, 2–3 × tägl. 25 mg/kg KM oder Amoxicillin, 2–3 × tägl. 20 mg/kg KM oder Chloramphenicol, 3–4 × tägl. 50 mg/kg KM) • Zusätzliche symptomatische Behandlung entsprechend dem klinischem Bild

Literatur

Bailey EM, Szabuniewicz M (1975): Use of glyceryl guiacolate ether in treating strychnine poisoning in the dog. Vet Med Small Anim Clin 70, 170, 173-174.

Bates N, Rawson-Harris P, Edwards N. Common questions in veterinary toxicology. J Small Anim Pract. 2015 May;56(5):298-306. doi: 10.1111/jsap.12343. Epub 2015 Feb 27. PMID: 25728477.

Coyle V (1980) Diagnosis and treatment of thallium toxicosis in the dog. J Small Anim Pract 21, 391-397.

Gfeller RW & Messonnier SP (2004): Handbook of Small Animal Toxikology and Poisonings; Mosby, St. Louis, 265-268.

Humphreys DJ (1988): Veterinary Toxicology, Baillere Tindall, London, 205-207.

Kietzmann M (1993): Arzneimittelunverträglichkeiten und Intoxikationen bei der Katze. Mh Vet Med 48, 507-511.

Kovalkovičová N, Sutiaková I, Pistl J, Sutiak V. Some food toxic for pets. Interdiscip Toxicol. 2009 Sep;2(3):169-76. doi: 10.2478/v10102-009-0012-4. Epub 2009 Sep 28. PMID: 21217849; PMCID: PMC2984110.

Kraft W, Reiner B & Bodner C (1998): Schlangenbisse bei Hunden. Tierärztl Prax 26, 104-109.

Kraft W (1980): Differentialdiagnose der häufigsten Vergiftungen in der Kleintierpraxis. Therapie der Vergiftungen in der Kleintierpraxis. Prakt Tierarzt 61, 63-66.

Kraft W (2005): Dosierungsvorschläge für Arzneimittel bei Hund und Katze, 4. Aufl., Schattauer Stutt gart.

Kühnert M, Gaede W (1991): Vergiftungen durch Emissionen und Immissionen. In: Veterinärmedizinische Toxikologie (M Kühnert, ed) Gustav Fischer, Jena, 197-306.

Löscher W, Richter A, Potschka H (2014): Pharmakotherapie bei Haus- und Nutztieren. 9., aktualisierte und erweiterte Auflage, Enke, Stuttgart

Niemand, HG et al. (2012): Praktikum der Hundeklinik DOI: 10.1055/b-0036-132845 https://www.thieme-connect.de/products/ebooks/html/10.1055/b-0036-132845; Zugriff am 07.08.2024

Peacock RE, Hosgood G, Swindells KL & Smart L (2015): A randomized, controlled clinical trial of intravenous lipid emulsion as an adjunctive treatment for permethrin toxicosis in cats. J Vet Emerg Crit Care 25(5), 597-605.

Plumb DC (2011): Plumb´s Veterinary Drug Handbook 7th Edition. Wiley-Blackwell

Vetidata: www.vetidata.de; Zugriff am 07.08.2024

https://www.vetpharm.uzh.ch/perldocs/index_x.htm; Zugriff am 12.08.2024

https://www.vetpharm.uzh.ch/clinitox/toxdb/klt_001.htm; Zugriff am 07.08.2024
https://www.vetpharm.uzh.ch/clinitox/toxdb/klt_041.htm; Zugiff am 07.08.2024
https://www.vetpharm.uzh.ch/clinitox/toxdb/klt_015.htm; Zugriff am 07.08.2024

18 Erkrankungen neonataler Welpen

Axel Wehrend

18.1 Entwicklung des Welpen

Welpen werden nach einer Trächtigkeitsdauer von 58 bis 72 Tagen geboren, wobei der arithmetische Mittelwert bei 63 ± 4 Tagen nach der Bedeckung liegt. Neonaten, die vor dem 57. Tag geboren werden, sind in der Regel nicht lebensfähig.

Der canine Neonat ist ein Nesthocker, dessen Organsysteme und endogenen Regulationsmechanismen postnatal nachreifen. Dies hat Konsequenzen für die Anfälligkeit gegenüber Erkrankungen (z. B. Hypothermie-Hypoglykämie-Syndrom), für die Haltungsbedingen (z. B. Temperaturanforderung) und therapeutische Maßnahmen im Erkrankungsfall.

Herz-Kreislaufsystem: Mit der Geburt kommt es zur Umstellung des fetalen zum postnatalen Kreislauf. Die Belüftung der Lungen, die zunehmende Leberdurchblutung sowie der Wegfall der Blutversorgung über die Plazenta und den Nabel führen zu Druckveränderungen und Blutströmungsumkehr, die einen Verschluss des *Ductus arteriosus* und des *Foramen ovale* sowie eine Obliteration des *Ductus venosus* bedingen. Störungen in diesem Ablauf wie ein persistierender *Ductus venosus*, *Ductus ateriosus persistens* und ein *Foramen ovale persistens* manifestieren sich klinisch meist erst nach der achten Lebenswoche (s. Kapitel 5.2). Typisch für einen Welpen in den ersten Lebenstagen ist eine Herzfrequenz von 180 bis 220 Schlägen pro Minute, die mit zunehmendem Alter abfällt.

Respirationstrakt: Direkt nach der Geburt zeigen Welpen eine unregelmäßige Atmung, wobei Apnoephasen auftreten. Nach etwa zwei Minuten *post natum* sollte die Atmung regelmäßig sein. Die Atemfrequenz liegt in den ersten 14 Lebenstagen zwischen 15 bis 35 Zügen pro Minute.

Thermoregulation: Die Körpertemperatur neugeborener Welpen hängt stark von der Umgebungstemperatur ab, da die Mechanismen der eigenständigen Thermoregulation noch nicht ausgereift sind. Dies prädisponiert für eine Hypothermie. Ab der ersten

Lebenswoche steigt die Körpertemperatur allmählich an, sodass erst nach der zweiten Lebenswoche Werte von über 38 °C physiologisch sind.

Verdauungstrakt: Welpen werden zahnlos geboren. Im Alter von drei Wochen treten die ersten Milchzähne auf, mit sechs Wochen ist das Milchgebiss mit 28 Zähnen komplett. In den ersten 24 Lebensstunden werden kolostrale Antikörper im Darm resorbiert. Die Aktivität von Leberenzymen, die in der Metabolisierung und Ausscheidung von pharmakologischen Wirkstoffen involviert sind, erreicht erst im Alter von fünf Monaten das Niveau adulter Tiere. Der Kotabsatz muss bis zur dritten Lebenswoche von der Mutterhündin durch Lecken stimuliert werden.

Nierenfunktion: Die Niere erreicht erst in der achten Lebenswoche eine Filtrations- und Resorptionsfähigkeit, welche einem adulten Hund vergleichbar ist. Der Nachweis von Proteinen und Glukose im Harn muss beim Welpen daher nicht pathologisch sein, sondern ist auf die Nierenunreife zurückzuführen. Die verminderte Harnkonzentrationsfähigkeit ist einer der Gründe, warum Welpen schneller als adulte Tiere einen hypovolämischen Schock entwickeln können.

Nervensystem und Sinnesorgane: Welpen werden neurologisch unreif geboren. Postnatal kommt es zur Ausdifferenzierung (z. B. zunehmende Myelinisierung von Nervenfasern), was sich in der verbesserten Koordination und steigenden Bewegungsaktivität widerspiegelt. Augen und Ohren öffnen sich zwischen dem 10. und 16. Lebenstag. Die Blut-Hirnschranke zeigt eine erhöhte Durchlässigkeit.

Verhalten: Gesunde Welpen verbringen in der ersten Lebenswoche 90 % der Zeit schlafend. Muskelzuckungen im Schlaf sind typisch. Ab dem siebten Lebenstag nimmt die Länge der Wachphasen zu. Aktivitätsphasen entstehen, wenn die Welpen Hunger verspüren, ihre Körpertemperatur absinkt oder Schmerzen empfunden werden. Diese Zusammenhänge können bei der adspektorischen Kontrolle eines Wurfes herangezogen werden. Die Suche nach den Zitzen ist durch Pendelbewegungen des Kopfes gekennzeichnet, an der Zitze zeigen sie Tretbewegungen der Vorderbeine gegen das Gesäuge (sogenannter Milchtritt).

Tabelle 18.1: **Entwicklung und klinische Normwerte von Hundewelpen**

Parameter	Alter
Gewichtsentwicklung	Geburtsgewichte: - Zwergrassen: 100–200 g - Mittelgroße Rassen: 200–300 g - Große Rassen: 400–500 g - Riesenrassen: bis zu 800 g In den ersten 24 Stunden kommt es häufig zu einer Reduktion des Geburtsgewichtes um bis zu 10 % 8. bis 10. Lebenstag: Verdopplung des Geburtsgewichtes
Körperinnentemperatur	1.–5. Lebenstag: 35,5–36,5°C 6.–10. Lebenstag: 36,5–37,5°C 11.–15. Lebenstag: 37,5–38,5°C Ab 2. Lebenswoche: > 38°C
Steh- und Laufversuche	Ab 10. Lebenstag
Öffnen der Augenlider	10. bis 14. Lebenstag, normales Sehvermögen ab 28. Tag
Öffnen der Ohren	10. bis 16. Lebenstag
Selbstständiger Harn- und Kotabsatz	ab 16. Lebenstag

18.2 Haltung des Welpen

Die rechtlichen Mindestvorgaben zur Haltung neugeborener Welpen und der Mutterhündin gibt die Tierschutz-Hundeverordnung vor. So dürfen Welpen erst im Alter von über acht Wochen getrennt von der Mutterhündin gehalten werden. Ausnahmen gelten, wenn eine Trennung nach tierärztlichem Urteil zum Schutz der Mutterhündin oder der Welpen notwendig ist.

Besonderes Augenmerk ist auf eine ausreichende Umgebungstemperatur zu legen. Sie sollte in den ersten sieben Lebenstagen zwischen 30 und 32 °C in unmittelbarer Umgebung der Welpen liegen. Danach wird die Temperatur bis zur dritten Lebenswoche auf 20 bis 22 °C abgesenkt. Zur Beurteilung der Umgebungstemperatur kann neben einem Thermometer das Verhalten der Welpen herangezogen werden. Wird ein Platz möglichst weit entfernt von der Wärmequelle aufgesucht, weist dies auf eine zu hohe Temperatur hin. Liegen die Welpen aufeinander, spricht dies für eine zu niedrige Umgebungstemperatur.

In den ersten 14 bis 16 Lebenstagen wird der Wurfplatz in der Regel nicht verlassen. Störungen sind zu vermeiden. Auf Sauberkeit in der Wurfkiste ist zu achten. Mit Öffnen der Augen und Ohren erweitert sich der Aktionsradius. Mit der vierten Lebenswoche steigt der Bewegungsbedarf. Den Welpen sollte die Möglichkeit gegeben werden, die Wurfkiste zu verlassen. Ab der fünften Lebenswoche ist es sinnvoll, die Welpen mit Reizen der Außenwelt zu konfrontieren. Durch eine vielseitige Umweltgestaltung wird eine gute Sozialisierung für das spätere Leben erreicht.

18.3 Untersuchung des Welpen

Nach Erfassung der Herz- und Atemfrequenz sowie der rektalen Körperinnentemperatur und des Gewichtes wird der Welpe systematisch von kranial nach kaudal untersucht. Dieses Vorgehen hat den Sinn, die Gefahr des Übersehens von Missbildungen zu minimieren. In jedem Fall ist die Maulhöhle zu öffnen und der Gaumen auf Missbildungen zu kontrollieren (Abb. 18.1) sowie die physiologische Anlage des Afters darzustellen. Ein feuchter Nabel – in der Regel ist der Hautnabel drei Stunden *post natum* abgetrocknet – kann Hinweis auf eine Urachusfistel sein. Neben der Einzeltieruntersuchung wird der Wurf beurteilt. Die körperliche Entwicklung sollte ausgeglichen und das Haarkleid der Welpen sauber und trocken sein.

Labordiagnostische Untersuchungen scheitern beim Neugeborenen häufig daran, ausreichende Mengen Blut zu gewinnen. Bei einem Körpergewicht über 300 Gramm können mit etwas Übung 1–2 ml Blut aus der *Vena jugulares* gewonnen werden. Bei der Interpretation der Werte sind altersabhängige Referenzbereiche zu beachten (Tab. 18.2 und 18.3).

Da die Niere postnatal nachreift, werden in den ersten acht Lebenswochen regelmäßig Proteine und Glukose im Harn nachgewiesen, ohne dass eine Nierenerkrankung vorliegt.

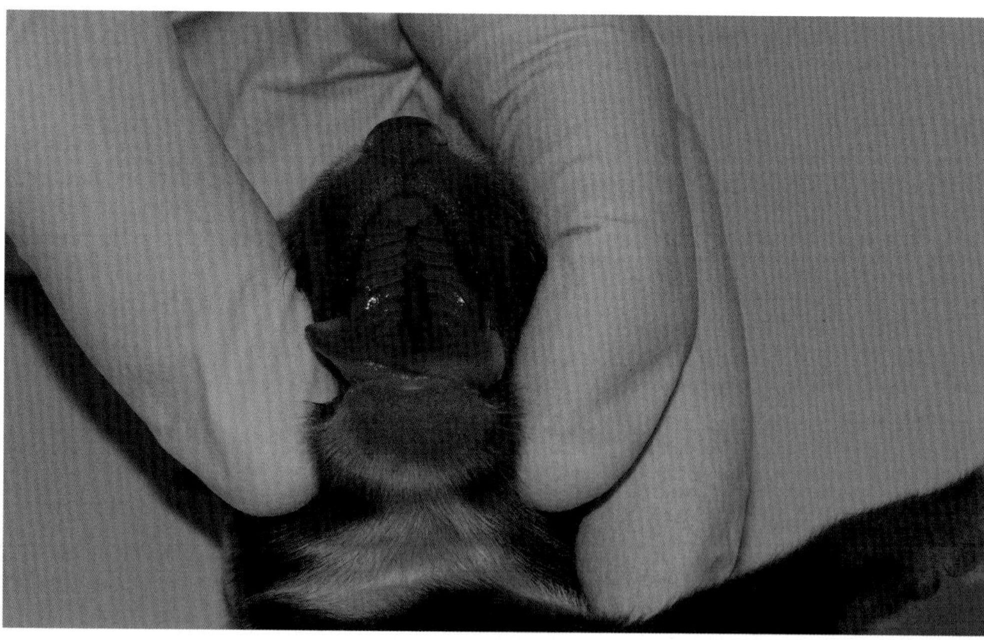

Abb. 18.1 Typische Symptome einer Gaumenspalte sind Austritt von Milch aus den Nasenlöchern bei oder nach dem Saugen, Aspirationspneumonie und mangelnde Gewichtszunahme, da aufgrund des Unvermögens, beim Saugen einen ausreichenden Unterdruck in der Mundhöhle zu bilden, nur unzureichend Milch aufgenommen wird.

Tabelle 18.2: **Referenzbereiche einiger klinisch-chemischer Parameter für Welpen bis zum Alter von 33 Tagen (nach Kuhl et al., 2000)**

Parameter	1.–3. Tag	8.–10. Tag	28.–33. Tag
AP (U/l)	2455 ± 1826	20 ± 13,5	6,4 ± 4,2
ALT (U/l)	378 ± 188	9,8 ± 6,5	8,9 ± 3,6
GLDH (U/l)	279 ± 94	8,9 ± 3,6	3,1 ± 1,6
Glukose (mmol/l)	6,4 ± 1,1	7,3 ± 0,8	7,7 ± 0,6
Totalprotein (g/l)	44,4 ± 5	36,9 ± 3	42,1 ± 3
Kreatinin (mmol/l)	48 ± 15	30 ± 4	35 ± 12
Harnstoff (mmol/l)	11,4 ± 4,2	7,8 ± 1,6	4,5 ± 1,9

Tabelle 18.3: **Referenzbereiche einiger Parameter des Blutbildes für Welpen (nach Lund et al., 2000)**

Parameter	0.–5. Tag	5.–15. Tag	14.–28. Tag
Erythrozyten (T/l)	2,9–6,5	2,6–4,8	2,9–5,3
Hämoglobin (g/dl)	8,0–19	7,0–15	5–12
Hämatokrit (l/l)	26–60	22–45	17–36
Leukozyten (G/l)	15–18	12–14	13–15

18.4 Pharmakologische Besonderheiten des Welpen

Aufgrund der Unterschiede in der Körperzusammensetzung im Vergleich zum adulten Hund und der Unreife der Organfunktionen sollten Stoffe mit pharmakologischer Wirkung nur nach strenger Indikationsstellung eingesetzt werden. Eine Reihe von Wirkstoffen, die beim adulten Hund in der Regel ohne unerwünschte Nebenwirkungen eingesetzt werden, können beim Welpen zu irreversiblen Veränderungen führen (Tabelle 18.4). Eine Zusammenstellung von Medikamenten, die beim Welpen eingesetzt werden können, findet sich in Tabelle 18.5. In jedem Fall muss das exakte Körpergewicht bestimmt werden, um Überdosierungen zu vermeiden.

Aufgrund des hohen Körperwassergehaltes dehydrieren Welpen relativ schnell. Der tägliche Flüssigkeitsbedarf im Alter unter acht Wochen liegt bei 100 ml/kg KM. Treten klinische Anzeichen einer Dehydratation auf, ist von einem Flüssigkeitsverlust von mindestens 6 % des Körpergewichtes auszugehen. Ebenso kann eine Hypervolämie schlechter ausgeglichen werden als beim adulten Tier. Es muss beachtet werden, dass Welpen zwar einen hohen Flüssigkeitsbedarf aufweisen, die absoluten Volumina im Rahmen einer Infusionstherapie jedoch gering sind.

Tabelle 18.4: **Antibiotika mit unerwünschten Nebenwirkungen beim Welpen, die aus diesem Grund nicht eingesetzt werden sollten (Auswahl)**

Wirkstoffgruppe / Wirkstoff	Unerwünschte Wirkung
Tetrazykline	Wachstumshemmung, Zahnschmelzhyperplasie, Zahnverfärbungen
Aminoglykoside	Nephrotoxizität, Ototoxizität
Fenicole (z. B. Chloramphenicol)	Vielfältige Symptome möglich durch Hemmung der Mitochondrienfunktion, da beim Neonaten eingeschränkte Metabolisierung (Erbrechen, Zyanose, Herzversagen)
Sulfonamide	Erst ab 3. Lebenswoche einsetzen, da Verdrängung von Bilirubin aus der Plasmaproteinbindung (Ikterusgefahr)
Gyrasehemmer	Chondrotoxischer Effekt
Cephalosporine	Nephrotoxisches Potential

Tabelle 18.5: **Auswahl von Medikamenten, die beim neugeborenen Welpen eingesetzt werden können**

Wirkstoffgruppe	Wirkstoff /Dosierung	Bemerkung
Antibiotika	Kombination von Amoxicillin (10 mg/kg KM) und Clavulansäure (2,5 mg/kg KM) oral alle 12 Stunden	Sollte die orale Gabe nicht möglich sein, kann ein Injektionspräparat Verwendung finden, das s. c. verabreicht wird
Analgetika	Metamizol (20 mg/kg KM)	Bewährt hat sich der Einsatz humanmedizinischer Formulierungen, die per os in Tropfenform verabreicht werden können
Sekretolytika	Bromhexin (0,5 mg/kg KM) s. c.	Wiederholungsbehandlung im Abstand von acht Stunden Mit Inhalationstherapie kombinieren

18.5 Mutterlose Aufzucht

Zur mutterlosen Aufzucht stehen verschiedene kommerzielle Milchaustauscher zur Verfügung, die nach Herstelleranweisung zubereitet werden. Klümpchenbildung muss vermieden werden, da diese zu Indigestionen führen. Es sollten nur tierarztspezifische Präparate Verwendung finden, da diese der Zusammensetzung der Hundemilch angepasst sind. Haben Welpen kein Kolostrum aufgenommen, erhalten sie einmalig zur Vitaminsubstitution 5 mg Vitamin E/kg KM und 0,25 ml Vitamin B-Komplexlösung s. c. und wenn möglich innerhalb der ersten 24 Lebensstunden 2 ml Serum der Mutterhündin oder eines gesunden, geimpften Hundes zur Antikörpersubstitution per oral. Die Welpen sollten sich bei der Fütterung in Brust-Bauchlage befinden, um einer Aspirationspneumonie vorzubeugen. In den ersten drei Lebenswochen beträgt der Energiebedarf etwa 600 kJ pro kg KM pro Tag. Entspricht der Milchaustauscher dieser Anforderung, werden in den ersten drei Lebenswochen 15 ml pro 100 g KM pro Tag verfüttert. Die Öffnung des Saugers der Milchflasche sollte so groß sein, dass sich langsam ein Tropfen formt, wenn die Flasche nach unten gekippt wird. Bei einem zu großen Loch bestünde die Gefahr des Verschluckens. In der ersten Lebenswoche verteilt sich die Tagesmenge auf zweistündige Fütterungsintervalle, in der zweiten Woche wird der Abstand auf alle drei Stunden, in der dritten Woche auf alle vier Stunden ausgedehnt. In den ersten zwei Lebenswochen wird nach der Fütterung durch Massage der Perianalregion mit einem warmen, angefeuchteten Tuch oder Wattebausch der Absatz von Kot und Harn stimuliert. Erfolgt kein Kotabsatz bei gespanntem Abdomen, sollten dem Milchaustauscher einige Tropfen Paraffinöl beigegeben werden. Nehmen Welpen keine Milch auf, kann eine Sondenfütterung durchgeführt werden. Die weiche Sonde wird oral eingeführt. Die Einführtiefe entspricht der Strecke zwischen Nasenspiegel und kaudalem Rippenbogen. Der korrekte Sitz im Magen wird sonographisch kontrolliert. Alternativ ist es möglich, das Sondenende in ein Gefäß mit Wasser zu tauchen und den Thorax zu komprimieren. Steigen keine Luftblasen auf, kann davon ausgegangen werden, dass sich die Sonde nicht in der Trachea befindet.

Ab der dritten Woche kann auf Fütterung aus einer flachen Schale umgestellt werden. Wird die Schale angenommen, erfolgt eine allmähliche Umstellung auf Festfutter, wobei anfangs Welpenfuttermittel in Milchaustauscher aufgeweicht werden. Die Konsistenz des Futterbreies sollte in den nächsten Wochen fester werden, damit die Welpen zum Zeitpunkt des Absetzens sicher Festfutter aufnehmen können.

18.6 Erkrankungen unmittelbar nach der Geburt

18.6.1 Angeborene Missbildungen

Im Rahmen der ersten Untersuchung ist auf angeborene Missbildungen zu achten. Die Größenordnung von Welpenverlusten in den ersten Lebenswochen aufgrund von Missbildungen liegt bei 15 %. Durch die klinische Untersuchung des Neugeborenen lassen sich das Fehlen von Körperteilen und Hemmungsmissbildungen in der Regel leicht diagnostizieren. Am häufigsten kommen Nabelbrüche, Gaumenspalten, Rutenmissbildungen, Hypospadie und Atresia ani vor. Missbildungen der inneren Organe und angeborene Stoffwechselstörungen können in der Regel erst beim heranwachsenden Hund diagnostiziert werden. Grundsätzlich sind bei Erkrankungen des Welpen und Junghundes angeborene Missbildungen differenzialdiagnostisch auszuschließen. Sie kommen aufgrund des Alters häufiger als Krankheitsursache vor als beim adulten Tier.

18.6.2 Neonatales Atemnotsyndrom

Definition des Krankheitsbildes: Unter der Bezeichnung Neonatales Atemnotsyndrom (NA) werden alle Störungen des pulmonalen Gasaustausches unmittelbar post natum zusammengefasst. Die Ursachen sind vielfältig. Sie können zum Beispiel in einer mangelhaften Lungenreife, einer intrauterinen Fruchtwasseraspiration insbesondere im Zusammenhang mit verlängerten Geburten, einer mechanischen Verlegung der Atemwege oder einer Dämpfung des Atemzentrums durch Medikamente, welche im Rahmen eines Kaiserschnittes an das Muttertier verabreicht wurden, liegen. Das NA gilt als die Haupttodesursache in der frühen postnatalen Phase.

Symptomatik und Diagnose: Nach der Geburt setzt die Atmung nicht ein oder ist unregelmäßig. Häufig sind die Schleimhäute zyanotisch. Nach einer Fruchtwassersaspiration können an den Nasenlöchern Austritt von serösem Sekret und Bläschen auftreten. Betroffene Welpen sind häufig vitaldepressiv. Sie zeigen keinen oder einen verminderten Saug- und Schluckreflex. Die Diagnose ergibt sich aus dem klinischen Bild.

Therapie und Prophylaxe: Grundsätzlich werden im ersten Schritt die oberen Atemwege freigelegt. Bewährt hat sich die Verwendung eines Nasensaugers für Babys (Abb. 18.2). Das Schleudern von Welpen sollte vermieden werden, da es leicht zu Hirnblutungen führen kann.

Im zweiten Schritt wird an Welpen, die aus einem Kaiserschnitt stammen, ein Antidot gegen das an das Muttertier verabreichte Narkotikum gegeben, um dessen atemdepressive Wirkung zu kompensieren. Anschließend erfolgt die Gabe des Atemstimulanz Doxapram, welches in einer Dosierung von 2 mg pro Welpe unter die Maulschleimhaut verabreicht wird. Die Wirkung setzt innerhalb von 10 Sekunden ein. Eine Wiederholungsbehandlung kann nach 15 Minuten durchgeführt werden. Welpen, die nicht aus einem Kaiserschnitt stammen, erhalten sofort nach dem Freilegen der Atemwege das Doxapram. Zur Erhöhung des Sauerstoffpartialdruckes in der Umgebung kann eine Atemmaske oder Inkubator verwendet werden. Als nächstes wird der Welpen mit einem angewärmten, feuchtigkeitsaufnehmenden Tuch abgetrocknet und erhält 3 ml einer 5 %igen Glukoselösung subkutan verabreicht. Bei anhaltender Apnoe wird eine laterale Brustkorbkompression in einer Frequenz von 24 Kompressionen pro Minute durchgeführt (Thorax zwischen Daumen und Zeigefinger). Die Reanimationsmaßnahmen sind bei Nachweis von Herzschlag über 20 Minuten durchzuführen, bevor sie bei Erfolglosigkeit abgebrochen werden. Liegt ein Herzstillstand vor, wird die Kompressionshäufigkeit der Thorax auf 100 pro Minute erhöht und Ephedrin in einer Dosierung von 0,01 mg/kg KM verabreicht. Ist nach drei Minuten kein Herzschlag nachweisbar, kann die Dosis auf 0,1 mg/kg KM erhöht werden.

Nach initial erfolgreicher Behandlung stellt sich häufig ein Rückfall ein, sodass betroffene Welpen über 24 Stunden intensiv überwacht werden müssen. Insbesondere ist auf eine ausreichende Kolostrumaufnahme zu achten.

Dem NA kann vorgebeugt werden, wenn von einer vorzeitigen Beendigung der Gravidität durch Geburtseinleitung oder präterminalen Kaiserschnitt abgesehen wird. Welpen aus Sectio caesarea sollten konsequent nach der Entwicklung mit einem Antidot, welches gegen das an die Mutterhündin verabreichte Narkotikum ausgerichtet ist, versorgt werden. Der unsachgemäße Einsatz von Oxytocin in der konservativen Geburtshilfe ist zu vermeiden, da er zu intrauteriner Hypoxie führen kann.

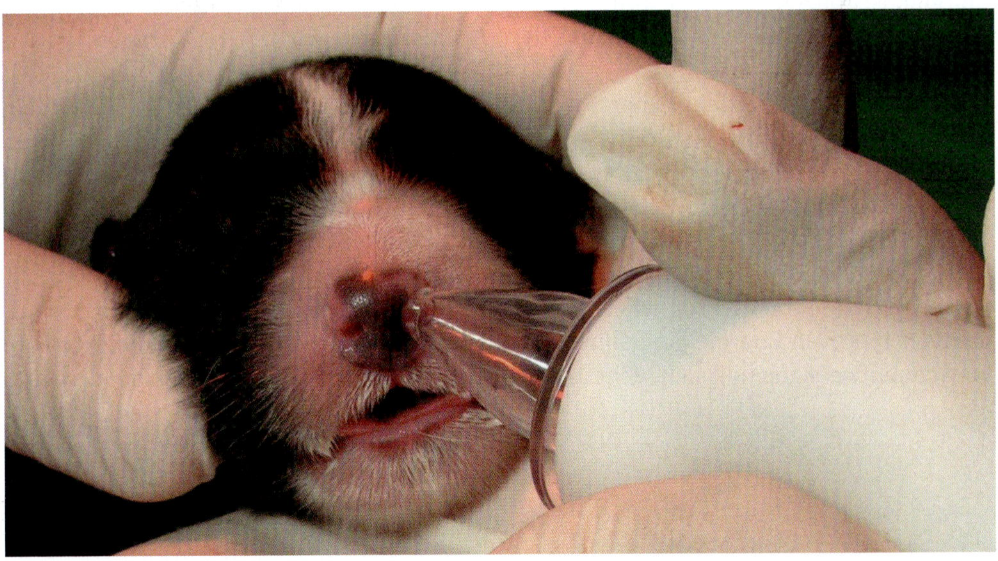

Abb. 18.2 Verwendung eines Nasensaugers für Babies zum Freilegen der Atemwege und des Oropharynx von Welpen mit Neonatalem Atemnotsyndrom. Durch Druck auf den Plastikball entsteht ein Unterdruck, der die Flüssigkeit schonend aus den oberen Atemwegen entfernt.

18.7 Erkrankungen in den ersten beiden Lebenswochen

18.7.1 Hypothermie – Hypoglykämie-Syndrom

Definition des Krankheitsbildes: Es liegt eine Kombination einer Hypothermie und Hypoglykämie vor. Beide Zustände beeinflussen sich gegenseitig, da bei unzureichender Energiezufuhr die Körpertemperatur abfällt. Die Hypothermie bedingt initial eine Reduktion des Energieverbrauches, führt jedoch durch sensomotorische Depression dazu, dass das Energiedefizit nicht ausgeglichen werden kann und sich vergrößert. Dieser Teufelskreis führt letztendlich zum Tod. Die Ursache einer Hypothermie und Hypoglykämie können vielfältig sein. Grundsätzlich liegt immer ein relativer oder absoluter Energiemangel vor. Faktoren, die zu dieser Situation führen, können antepartal (z. B. geringe Ausprägung der fetalen Energiedepots durch Hyperfetation oder Verkürzung der Graviditätslänge), intrapartal (z. B. Schwergeburt, Neonatales Atemnotsyndrom) oder post natal wirksam sein (z. B. Milchmangel der Mutterhündin, zu niedrige Umgebungstemperatur, gestörtes Brutpflegeverhalten, angeborene Stoffwechselerkrankungen, Durchfall).

Symptomatik und Diagnose: In der Initialphase zeigen Welpen Zitzensuchverhalten, um das Energiedefizit auszugleichen. Dieses Stadium wird häufig übersehen, sodass die Tiere erst durch Apathie, niedrige Körpertemperatur, verringerte Atem- und Herzfrequenz auffallen. Ab der zweiten Lebenswoche kommen auch Krämpfe vor. Wird die Blutglukosekonzentration bestimmt, liegt eine Hypoglykämie vor. Viele Mutterhündinnen sortieren hypotherme Welpen aus der Wurfkiste aus.

Therapie und Prophylaxe: Zuerst werden die aktuellen Defizite ausgeglichen, wobei die Körpertemperatur nicht ohne vorherige Energiesubstitution angehoben werden sollte, da die Steigerung der Köpertemperatur zu einer Erhöhung der Stoffwechselrate führt (Tab. 18.6). Im zweiten Schritt muss die Ursache des Energiemangels behoben werden. Viele Welpen zeigen nach erfolgreicher Initialbehandlung innerhalb von 48 Stunden ein Rezidiv.

Die wirkungsvollste Prophylaxe besteht darin, Risikofaktoren, die zu einem absoluten oder relativen Energiemangel führen können, zu vermeiden. Die Behandlung sollte konsequent erfolgen und sich nicht in der einmaligen Gabe von Glukoselösung erschöpfen.

Tabelle 18.6: **Behandlung des Hypothermie-Hypoglykämie-Syndroms**

Maßnahme
Körpertemperatur < 32 °C: Gabe von warmer 5 %iger Glukose-Lösung (2 % der KM) intraabdomial Körpertemperatur > 32 °C: Gabe von warmer 5 %iger Glukose-Lösung (2 % der KM) subkutan an mehrere Stellen
Aufwärmen des Welpen über zwei bis drei Stunden in einem Inkubator: Körpertemperatur < 32 °C: Umgebungstemperatur 1. Stunde: 32 °C, 2. Stunde: 34 °C, 3. Stunde: 36 °C Körpertemperatur > 32 °C: Umgebungstemperatur 1. Stunde: 34 °C, 2. Stunde: 36 °C Nach 60 Minuten erneute Gabe von 5 %iger Glukose-Lösung
Saug- und Schluckreflex auslösbar: 5 %ige Glukoselösung (3 % der KM) oral
Saug- und Schluckreflex nicht auslösbar: 5 %ige Glukoselösung (3 % der KM) per Magenschlundsonde Fütterung stündlich wiederholen, erst bei ausgeprägtem Saug- und Schluckreflex (Gefahr der Aspirationspneumonie) Milchaustauscher verfüttern, dabei die Menge pro Mahlzeit im Vergleich zur mutterlosen Aufzucht halbieren, dafür die Fütterungsfrequenz erhöhen (Magenüberladung vermeiden, da bei Hypothermie die Magenentleerung verzögert ist)
Erst bei konstanter Normothermie und deutlichem Saug- und Schluckreflex Welpen unter Beobachtung an das Gesäuge der Mutter anlegen und Milchaufnahme durch Wiegen vor und nach dem Saugen kontrollieren

18.7.2 Toxisches Milchsyndrom

Definition des Krankheitsbildes: Durch die Aufnahme von Muttermilch kommt es zu Verdauungsstörungen bei den Welpen. Die Ursache sind Toxine in der Milch, die aufgrund von Gesäugeerkrankungen oder von Involutionsstörungen der Gebärmutter in diese übertreten. Im Zusammenhang mit einer Mastitis können auch Bakterien beim Saugen aufgenommen werden.

Symptomatik und Diagnose: In der Regel ist der gesamte Wurf betroffen. Die Symptome reichen von Blähungen, Schreien, Unruhe, Koprostase bis zu Durchfall. Als Sekundärkomplikationen können Dehydration, Hypothermie und Hypoglykämie auftreten. Neben den Welpen muss die Mutterhündin untersucht werden, um die Ursache des Toxischen Milchsyndroms zu finden.

Therapie und Prophylaxe: Die Welpen werden von der Mütterhündin getrennt bzw. solange das Saugen verhindert, bis die Grunderkrankung erfolgreich behandelt ist. Die Welpen werden mit Milchaustaucher gefüttert. Bei Koprostase wird mit einer 1ml-Spritze mit aufgesetztem Plastikhütchen vorsichtig 0,4 ml Paraffinöl rektal verabreicht. Bei Bauchschmerzen wird Metamizol oral verabreicht.

Zur Vorbeugung des Toxischen Milchsyndroms sollten Puerperalerkrankungen der Mutterhündin frühzeitig und konsequent behandelt werden.

18.7.3 Swimmer-Puppy-Syndrom

Definition des Krankheitsbildes: Betroffenen Welpen gelingt es nicht, im Alter von 10 bis 14 Tagen ihre Gliedmaßen unter den Körper zu führen, Last aufzunehmen und zu laufen. Die Tiere liegen auf dem Bauch und führen mit ihren Gliedmaßen seitlich vom Körper paddelnde Bewegungen aus. Durch die anhaltende Lagerung auf Bauch und Brust kann es zu einer ventrodorsalen Abflachung des Thorax kommen. Unter der Bezeichnung Swimmer Puppies verbergen sich zwei unterschiedliche Krankheitsbilder: eine irreversible erbliche Form und eine reversible Ausprägung des Krankheitsbildes. Bei der erblichen Form, die eine angeborene Paralyse aller vier Gliedmaßen darstellt, zeigen die Tiere häufig einen Kopftremor und sind zum Teil blind. Sie ist beim Irish Terrier und Retriever-Rassen beschrieben. Der Erbgang ist monogen autosomal rezessiv. Die reversible Form kann bei allen Rassen vorkommen, es sind jedoch häufiger Welpen großer Rassen betroffen. Die Pathogenese ist nicht klar. Als Risikofaktoren für das Auftreten wirken ein hohes Körpergewicht (zu große Zunahmen bei mutterloser Aufzucht) und glatte Böden.

Symptomatik und Diagnose: Bezeichnend sind die paddelnden Bewegungen der Gliedmaße in Brustbauchlage. Bei der reversiblen Form sind häufig nur die Hintergliedmaßen betroffen und es liegen keine sensorischen Störungen vor. Zur Darstellung von Brustkorbveränderungen kann eine laterolaterale Röntgenaufnahme sinnvoll sein.

Therapie und Prophylaxe: Eine Therapie ist nur bei der reversiblen Form der Erkrankung sinnvoll, solange noch keine starke Abflachung des Thorax vorliegt. Die Hinterbeine werden unter den Körper gebracht und im Abstand von 2 cm zueinander mit Klebeband fixiert. Sechs- bis achtmal täglich wird über zehn Minuten der Welpe aufgestellt, damit Last auf die Beine aufgenommen werden kann. Um der Krankheit vorzubeugen, sollten die oben genannten Risikofaktoren vermieden werden.

18.7.4 Hypogammaglobulinämie

Definition des Krankheitsbildes: Der intrauterine Übertritt von maternalen Antikörpern auf die Feten reicht beim Hund nicht aus, um einen optimalen passiven Infektionsschutz post natum zu gewährleisten. Innerhalb der ersten 24 Lebensstunden werden kolostrale Antikörper aus der Muttermilch resorbiert und ergänzen die bereits bestehende passive Immunität. Ein relativer oder absoluter Mangel an kolostralen Antiköpern wird als Hypogammaglobulinämie bezeichnet. Sie führt zu einer erhöhten Infektionsanfälligkeit. Die Ursachen sind vielfältig. Als Risikofaktoren gelten verspätete Kolostrumaufnahme (z. B. verlängerte Nachschlafphase der Hündin nach Kaiserschnitt, mehr Welpen als Zitzen), Milchmangel oder Brutpflegestörung der Hündin und Trinkschwäche der Welpen.

Symptomatik und Diagnose: Das klinische Bild ist unspezifisch. Da die Antikörperkonzentration in der Regel nicht im Welpenblut bestimmt wird, ergibt sich die Verdachtsdiagnose, wenn innerhalb der ersten 24 Lebensstunden kein Kolostrum aufgenommen wurde bzw. einer der oben genannten Risikofaktoren vorliegt.

Therapie und Prophylaxe: Bei Welpen unter 24 Lebensstunden kann oral Hundekolostrum oder Hundeserum (siehe Abschnitt: mutterlose Aufzucht) verabreicht werden. Bei älteren Welpen werden 0,2 ml Serum pro 100 g Körpergewicht subkutan verabreicht. Zur Vermeidung einer Hypogammaglobulinämie ist auf zeitiges Säugen nach der Geburt zu achten. Bei vitaldepressiven Welpen muss darauf geachtet werden, dass ausreichend Milch aufgenommen wird. Um qualitativ hochwertiges Kolostrum zu erhalten, sollte die Hündin über einen ausreichenden Impfschutz verfügen und während des letzten Drittels der Gravidität bedarfsgerecht ernährt werden.

18.7.5 Fading-Puppy-Syndrom

Definition des Krankheitsbildes: Die Bezeichnung Fading-Puppy-Syndrom wird für Welpen verwendet, die nach anfänglich ungestörter Entwicklung einen zunehmenden Vitalitätsverlust zeigen. Als Ursachen sind eine ganze Reihe von Erkrankungen möglich, die derzeit nur unzureichend diagnostiziert werden können. Dazu gehören hypoxische Organschädigungen, angeborene Stoffwechselerkrankungen, Unverträglichkeitsreaktionen und bakterielle Infektionen. Im Rahmen von infektiös bedingten Welpenverlusten werden am häufigsten *Escherichia coli*, Staphylokokken und Streptokokken, seltener Klebsiellen, Pseudomonaden und Salmonellen nachgewiesen. Der häufig von Hundezüchtern unkritische Gebrauch von Antibiotika bei neugeboren Welpen und Zuchthündinnen führt zunehmend zu Problemen mit Resistenzen gegen die für Welpen unbedenklichen Antibiotika.

18.7.6 Aspirationspneumonie

Definition des Krankheitsbildes: Durch Fremdmaterial (Fruchtwasser, Mekonium, Medikamente, Milchaustaucher), welches in die Lunge gelangt, kommt es zur Verlegung von Atemwegen und entzündlichen Reaktionen. Bakterielle Sekundärinfektionen sind häufig.

Symptomatik und Diagnose: Betroffene Welpen zeigen Atemnot und bei der Lungenauskultation rasselnde Geräusche. Sie sind matt und können Fieber entwickeln.

Therapie und Prophylaxe: Ziele der Behandlung sind es, die Entzündungsreaktion abzuschwächen, den Atemwiderstand zu senken und den bronchoalveolären Clearance zu erhöhen (Tab. 18.7).

Um die Erkrankung zu vermeiden, muss bei Fütterung mit Milchaustauscher darauf geachtet werden, dass sich der Welpe in Bauchlage befindet und nicht zu viel Milchaustauscher durch das Loch des Saugers austritt.

Tabelle 18.7: **Behandlung der Aspirationspneumonie**

Maßnahme
Gabe von Bromhexin (0,5 mg/kg KM s. c.): über zwei Tage alle acht Stunden wiederholen
Inhalationstherapie: 0,45 %ige Kochsalzlösung im Wechsel mit 10 %iger Acetylcysteinlösung dreimal täglich mindestens über drei Tage
Bei erheblicher Atemnot kann eine Bronchodilatation durch die Gabe von Theophyllin (5 mg/kg KM i. v.) ausgelöst werden
Systemische Antibiotikatherapie über zehn Tage (z. B. Kombination von Amoxicillin (10 mg/kg KM) und Clavulansäure (2,5 mg/kg KM) oral alle 12 Stunden

Literatur

Arnold-Gloor S (2006): Zuchtmanagement und Neonatologie. In: Suter PF, Kohn B: Praktikum der Hundeklinik, 10. Auflage Parey-Verlag, 904–915.

Günzel-Apel AR, Bostedt H (Hrsg.) (2016): Reproduktionsmedizin und Neonatologie von Hund und Katze. Schattauer.

Kuhl S, Mischke R, Lund C, Günzel-Apel AR (2000): Referenzwerte klinisch chemischer Blutparameter bei Hundewelpen in den ersten acht Lebenswochen. Dtsch. Tierärztl. Wschr. 107: 438–443.

Lund C, Kuhl S, Mischke R, Günzel-Apel AR (2000): Referenzwerte des roten Blutbildes bei Hundewelpen der Rassen Beagle, Deutscher Schäferhund und Golden Retriever. Berl. Münch. Tierärztl. Wschr. 113: 447–453.

Pereira KHNP, da Mata Fuchs K, Corrêa JV, Chiacchio SB, Gomes Lourenço ML (2022): Neonatology: Topics on Puppies and Kittens Neonatal Management to Improve Neonatal Outcome Animals (Basel);12(23): 3426. doi: 10.3390/ani12233426

Wehrend A (Hrsg.) (2013): Neonatologie beim Welpen. Von der Geburt bis zum Absetzen, Schlütersche Verlagsanstalt.

Register